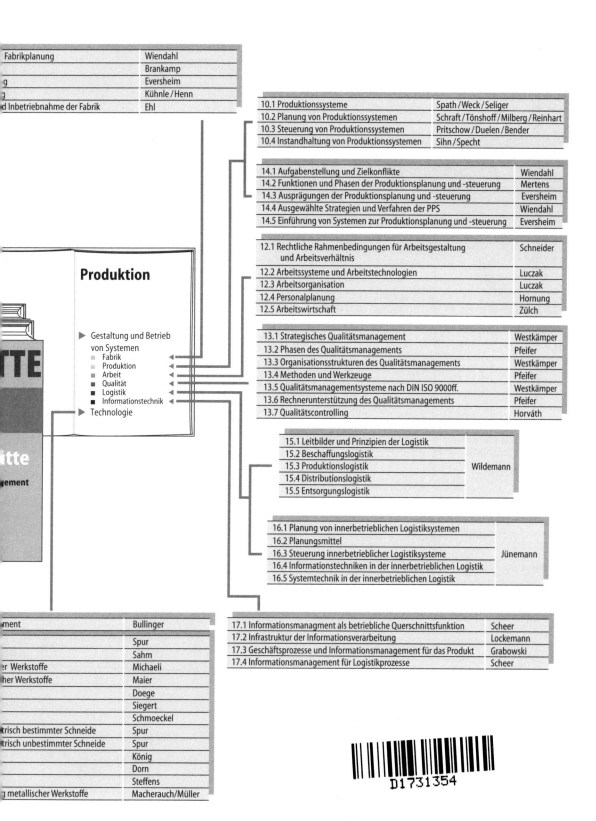

Fabrikplanung	Wiendahl
	Brankamp
g	Eversheim
g	Kühnle / Henn
d Inbetriebnahme der Fabrik	Ehl

10.1 Produktionssysteme	Spath / Weck / Seliger
10.2 Planung von Produktionssystemen	Schraft / Tönshoff / Milberg / Reinhart
10.3 Steuerung von Produktionssystemen	Pritschow / Duelen / Bender
10.4 Instandhaltung von Produktionssystemen	Sihn / Specht

14.1 Aufgabenstellung und Zielkonflikte	Wiendahl
14.2 Funktionen und Phasen der Produktionsplanung und -steuerung	Mertens
14.3 Ausprägungen der Produktionsplanung und -steuerung	Eversheim
14.4 Ausgewählte Strategien und Verfahren der PPS	Wiendahl
14.5 Einführung von Systemen zur Produktionsplanung und -steuerung	Eversheim

12.1 Rechtliche Rahmenbedingungen für Arbeitsgestaltung und Arbeitsverhältnis	Schneider
12.2 Arbeitssysteme und Arbeitstechnologien	Luczak
12.3 Arbeitsorganisation	Luczak
12.4 Personalplanung	Hornung
12.5 Arbeitswirtschaft	Zülch

Produktion

▶ Gestaltung und Betrieb
  von Systemen
  ▪ Fabrik ◀
  ▪ Produktion ◀
  ▪ Arbeit ◀
  ▪ Qualität ◀
  ▪ Logistik ◀
  ▪ Informationstechnik ◀
▶ Technologie

13.1 Strategisches Qualitätsmanagement	Westkämper
13.2 Phasen des Qualitätsmanagements	Pfeifer
13.3 Organisationsstrukturen des Qualitätsmanagements	Westkämper
13.4 Methoden und Werkzeuge	Pfeifer
13.5 Qualitätsmanagementsysteme nach DIN ISO 9000ff.	Westkämper
13.6 Rechnerunterstützung des Qualitätsmanagements	Pfeifer
13.7 Qualitätscontrolling	Horváth

15.1 Leitbilder und Prinzipien der Logistik	
15.2 Beschaffungslogistik	
15.3 Produktionslogistik	Wildemann
15.4 Distributionslogistik	
15.5 Entsorgungslogistik	

16.1 Planung von innerbetrieblichen Logistiksystemen	
16.2 Planungsmittel	
16.3 Steuerung innerbetrieblicher Logistiksysteme	Jünemann
16.4 Informationstechniken in der innerbetrieblichen Logistik	
16.5 Systemtechnik in der innerbetrieblichen Logistik	

17.1 Informationsmanagment als betriebliche Querschnittsfunktion	Scheer
17.2 Infrastruktur der Informationsverarbeitung	Lockemann
17.3 Geschäftsprozesse und Informationsmanagement für das Produkt	Grabowski
17.4 Informationsmanagement für Logistikprozesse	Scheer

ment	Bullinger
	Spur
	Sahm
r Werkstoffe	Michaeli
her Werkstoffe	Maier
	Doege
	Siegert
	Schmoeckel
trisch bestimmter Schneide	Spur
trisch unbestimmter Schneide	Spur
	König
	Dorn
	Steffens
g metallischer Werkstoffe	Macherauch / Müller

Unserem Vorstand,
Blue Müller,
als Dank für seinen steten Einsatz
für unseren Verein
vom Wissenschaftlichen Ausschuß des AVHütte
mit den besten Wünschen überreicht.

Berlin, den 3. 12. 1996

Springer

Berlin
Heidelberg
New York
Barcelona
Budapest
Hongkong
London
Mailand
Paris
Santa Clara
Singapur
Tokio

HÜTTE

Herausgeber: Akademischer Verein Hütte e. V., Berlin

Produktion und Management
»Betriebshütte«
Teil 2

7.

völlig neu bearbeitete Auflage

Herausgegeben von

Walter Eversheim · Günther Schuh

Springer

Prof. Dr.-Ing. Dr. h.c. Dipl.-Wirt. Ing. WALTER EVERSHEIM
Laboratorium für Werkzeugmaschinen und Betriebslehre (WZL) der RWTH Aachen
Steinbachstraße 53/54, D-52056 Aachen

Prof. Dr.-Ing. Dipl.-Wirt. Ing. GÜNTHER SCHUH
Institut für Technologiemanagement
Universität St. Gallen
Unterstrasse 22, CH-9000 St. Gallen

Wissenschaftlicher Ausschuß des Akademischen Vereins Hütte e.V., Berlin
Dr.-Ing KARL FEUTLINSKE, Vorsitzender

Springer-Verlag, Redaktion HÜTTE
Dipl.-Ing. ULRICH KLUGE
Carmerstraße 12, D-10623 Berlin

Das vorliegende Werk erscheint in zwei Teilbänden, die nur zusammen abgegeben werden.
Es enthält 1319 Abbildungen.

ISBN 3-540-59360-8   Springer-Verlag Berlin Heidelberg New York

Die Deutsche Bibliothek - CIP-Einheitsaufnahme
Hütte : Taschenbuch fürBetriebsingenieure ; (Betriebshütte) / Hrsg.: Akademischer Verein Hütte e.V., Berlin. Hrsg.
von Walter Eversheim und Günther Schuh. - Berlin ; Heidelberg ; New York ; Barcelona ; Budapest ; Hongkong ;
London ; Mailand ; Paris ; Santa Clara ; Singapur ; Tokio : Springer.
NE : Eversheim, Walter [Hrsg.]; Schuh, Günther [Hrsg.]; Akademischer Verein Hütte,.<Berlin>
Produktion und Management, - 7., neu bearb. Aufl. - 1996
   ISBN 3-540-59360-8 (Berlin…)
   ISBN 3-387-59360-8 (New York…)

Einbandgestaltung: MetaDesign plus GmbH, Berlin
Herstellung: gaby maas - PRODUserv Springer Produktions-Gesellschaft, Berlin
Satz und graphische Gestaltung: Lewis & Leins, Berlin
Druck und Binden: Bercker, Kevelaer
SPIN 10465587   62/3020 - 5 4 3 2 1 0 - Gedruckt auf säurefreiem Papier

Inhalt

Der Verfasser eines bestimmten Abschnitts geht aus dem Vorschaltblatt des betreffenden Kapitels hervor, während sämtliche Beiträge eines Verfassers im Autorenverzeichnis angegeben sind.

Inhalt Teil 1:

Kapitel 9

Koordinator

Prof. Dr. Jürgen Warnecke

Autoren

Prof. Dr. Hans-Peter Wiendahl (9.1)
Prof. Dr. Klaus Brankamp (9.2)
Prof. Dr. Walter Eversheim (9.3)
Dr. Gunter Henn / Prof. Dr. Hermann Kühnle (9.4)
Dr.-Ing. Reinhard Ehl (9.5)

Mitautoren

Dipl.-Ing. Volker Ahrens (9.1)
Dipl.-Ing. Michael Burmeister (9.1)
Dr.-Ing. Jens Möller (9.1)
Dipl.-Ing. Holger Stritzke (9.1)
Dipl.-Ing. Paul Dörken (9.3)
Dipl.-Ing. Gerd Kubin (9.3)
Dipl.-Wirtsch.-Ing. Erhard Vollmer (9.4)

9 Fabrikplanung

Fabrikplanung

9.1 Grundlagen der Fabrikplanung

9.1.1 Aufgaben der Fabrikplanung

9.1.1.1 Einführung

Die Fabrikplanung umfaßt die Planung und Auslegung industrieller Produktionsstätten sowie die Überwachung der Realisierung bis zum Anlauf der Produktion. Der Umfang reicht dabei von der Umplanung einer einzelnen Maschine mit ihren Nebeneinrichtungen bis zur Erstellung eines neuen Werks. Die Aufgaben werden wegen ihres einmaligen Charakters in Form von Projekten durch ein Team mit Methoden des Projektmanagements abgewickelt.

Das Konzept einer Fabrikplanung unterliegt zahlreichen Randbedingungen und hat mehrere Ziele zu verfolgen (Bild 9-1).

Die herzustellenden *Produkte* sind gekennzeichnet durch steigende Variantenzahlen und damit sinkende Losgrößen bei gleichzeitiger Verbesserung der Qualität, kürzeren Lieferzeiten, verbesserter Liefertreue und meist einem scharfen Preiswettbewerb. Seitens der *Produktionstechnik* stehen dauernd neue Verfahren und Prozesse zur Verfügung, hinzu kommt die fortschreitende Automatisierung einzelner Verfahren mit ihren Nebenprozessen wie Werkstück- und Werkzeugwechsel sowie Qualitätsprüfung. Die Integration verschiedener Fertigungsprozesse in einer einzigen Maschine mit dem Ziel der Komplettbearbeitung ist eine weitere wichtige Entwicklungslinie der Produktionstechnik mit unmittelbarem Einfluß auf die Fabrikplanung. Neben diesen technischen Randbedingungen sind die Belange der *Mitarbeiter* sowie *ökologische Überlegungen* von großer Bedeu-

tung. Die Arbeitsorganisation ist zunehmend geprägt durch die stärkere Delegation von Kompetenz und Verantwortung und die Gliederung in weitgehend autonome Arbeitsgruppen, die ihre engere Arbeitsumgebung möglichst selbst gestalten. Ökologische Forderungen zielen auf einen möglichst geringen Schadstoffausstoß der Fabrik, die rationelle Energieumsetzung und das weitgehende Schließen von Material- und Hilfsstoffkreisläufen innerhalb der Fabrik. Ergänzt werden diese Randbedingungen durch zahlreiche *Gesetze* und Vorschriften, welche hauptsächlich die Gestaltung der Arbeitsplätze, die Arbeitssicherheit, Umweltschutzmaßnahmen sowie die Mitbestimmung der Mitarbeiter betreffen.

Vor diesem Hintergrund und der auf Basis des zukünftigen Produktionsprogramms ist in einem strukturierten Planungsprozeß ein Fabrikkonzept zu entwerfen, das die erforderlichen Betriebsmittel, die inner- und außerbetriebliche Logistik, die Ablauforganisation sowie die Gebäude und Grundstücksaufteilung umfaßt. Dabei sind im wesentlichen drei Zielfelder zu betrachten. Im Vordergrund steht die *Wirtschaftlichkeit* der Produktion. Es gilt, die Teile, Baugruppen und Erzeugnisse unter Vermeidung jeglicher nichtwertschöpfender Tätigkeiten in möglichst kurzer Zeit und mit möglichst niedrigen Beständen herzustellen. Dabei sind die vorhandenen Einrichtungen und das Personal bestmöglich zu nutzen. Wegen der raschen Veränderungen des Marktbedarfs, des Produktionsaufbaus und der Produktionstechnik ist jedoch auf eine möglichst hohe *Flexibilität* der Einrichtungen und Abläufe zu achten. Diese bezieht sich zum einen auf die Möglichkeit einer raschen Anpassung an die schwan-

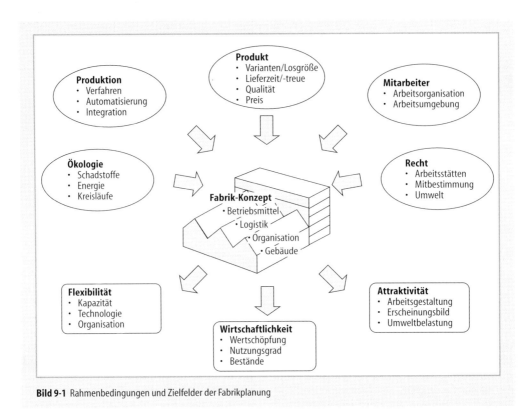

Bild 9-1 Rahmenbedingungen und Zielfelder der Fabrikplanung

kende Nachfrage bezüglich der Menge und Zusammensetzung der Produkte. Zum anderen sollte eine rasche Umstellung auf ein verändertes Fertigungsverfahren oder auf eine andere Fertigungsorganisation dadurch erleichtert werden, daß die Betriebsmittel und die Ver- und Entsorgungseinrichtungen ohne großen Aufwand räumlich verschiebbar sind. Schließlich ist die *Attraktivität* der Fabrik ständig durch eine motivierende Arbeitsorganisation und -umgebung und eine immer geringere Umweltbelastung zu verbessern. Ergänzt werden diese Bemühungen durch das äußere Erscheinungsbild der Fabrik, das wesentlich durch die Architektur der Gebäude und ihre Anordnung bestimmt wird.

Fabrikplanungsprojekte unterscheiden sich hinsichtlich Bedeutung, Umfang und Dauer und werden wesentlich durch den Anlaß, den zu planenden Bereich und die beabsichtigte Verwendung der Planungsergebnisse bestimmt, woraus wiederum unterschiedliche Stufen der Planungsgenauigkeit resultieren (Bild 9-2).

Der häufigste *Anlaß* für eine Fabrikplanung ist der stetige Zwang zur Rationalisierung. Er kann von der Ersatzbeschaffung einer einzelnen Maschine ausgehen, vielfach sind aber auch teile- oder erzeugnisbezogene Kostensenkungsmaßnahmen der Auslöser. Eine Ausweitung des Absatzvolumens oder die Aufnahme neuer Produkte in das Produktionsprogramm bedingten meist eine Erweiterung der Fabrik, in seltenen Fällen eine Neuplanung. Letztere ist eher die Folge einer Verlagerung oder Zusammenlegung von Betriebsstätten. Zu den schwierigsten Planungen gehören die Verkleinerungen einer Fabrik aufgrund eines geschrumpften Absatzes oder einer Verringerung der Fertigungstiefe, da auch die Nebenbetriebe wie Instandhaltung und Energieversorgung sowie die indirekten Produktionsbereiche Arbeitsvorbereitung und Betriebsmittelbau mit angepaßt werden müssen.

Gegenstand der Fabrikplanung sind in erster Linie die Fertigung und Montage, ferner die Lager- und Transporteinrichtungen für Rohmaterial, Teile, Baugruppen und Fertigerzeugnisse. Vergleichsweise selten werden demgegenüber Hilfs- und Nebenbetriebe wie Instandhaltungswerkstätten für Betriebseinrichtungen, Betriebs-

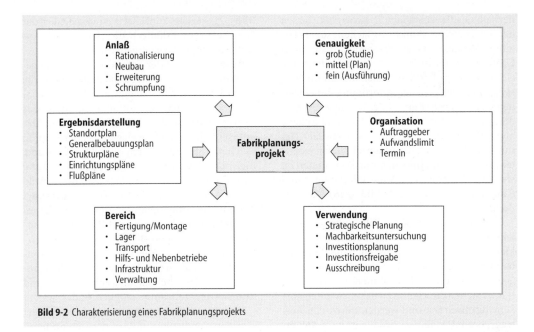

Bild 9-2 Charakterisierung eines Fabrikplanungsprojekts

mittelbau, Versuchseinrichtungen usw. geplant. Planungen von Infrastruktureinrichtungen zur Energie- und Wasserversorgung, Abfallstoffaufbereitung und -entsorgung sowie Bürobauten sind meist eine Folge größerer Umstrukturierungen, behördlicher Auflagen oder des Endes der technischen oder wirtschaftlichen Lebensdauer der betreffenden Einrichtungen.

Die *Ergebnisse* eines Fabrikplanungsprojekts dienen unterschiedlichen Verwendungszwecken. Typisch sind sog. Feasibility-Studien, mit denen der strategischen Unternehmensplanung Aussagen über die Durchführbarkeit der Produktion eines bestimmten Produkts zu bestimmten Kosten oder logistischen Bedingungen ermöglicht werden. Hieraus resultieren Entscheidungen über Neubau, Erweiterungen oder Verlagerungen. Im Rahmen der Investitionsplanung sind ähnliche Aussagen gefordert, um Wirtschaftlichkeitsberechnungen anstellen zu können. Zur Freigabe von Investitionen sind meist detailliertere Ausarbeitungen erforderlich, die bereits Kostenabschätzungen für die einzelnen Investitionskategorien wie Gebäude, Betriebsmittel und Infrastruktureinrichtungen ermöglichen. Die genaueste Planung ist erforderlich, wenn Angebote möglicher Lieferanten einzuholen sind und daher eine Ausschreibung erfolgt. Neben diesen Arten der Verwendung sind die Planungsergebnisse unverzichtbar für die Verhandlungen mit einer Reihe von Behörden, die gegebenenfalls an der Grundstücksbereitstellung, der Betriebserlaubnis bis hin zum Denkmalschutz beteiligt sind.

Die *Planungsergebnisse* lassen sich vereinfacht in drei Genauigkeitsstufen gliedern:

Eine sog. Grobplanung dient i. allg. der Überprüfung der Durchführbarkeit im Rahmen von strategischen Studien über neue Geschäftsfelder. Hierzu zählt z. B. eine Flächenbedarfsermittlung, bevor ein neues Grundstück gesucht wird. Ein mittlerer Genauigkeitsgrad ist demgegenüber zur Darstellung des logistischen Konzepts erforderlich. Dabei müssen bereits Größe und Anordnung der Bearbeitungs-, Montage-, Lager- und Transporteinrichtungen sowie der Materialfluß erkennbar sein. Die feinste Genauigkeitsstufe dient als Ausführungsunterlage und ermöglicht entweder die Ausschreibung oder die Errichtung durch firmeneigene Kräfte.

Für die *Ergebnisdarstellung* der Planungen haben sich typische Formen herausgebildet, die hauptsächlich der Veranschaulichung der Menge, Dimension und Anordnung der Planungsobjekte dienen. Der *Standortplan* beschreibt die Lage und die Anbindung des Fabrikgrundstücks an die lokale Umgebung. Der Generalbebauungsplan zeigt die Bebauungsgebiete, Haupttransportachsen und Freiflächen sowie die geplanten Erschließungseinrichtungen innerhalb des Grundstücks. *Strukturpläne* lassen bereits einzelne Funktionsflächen für Fertigung, Montage, Lager, Transport usw. nach Größe und Anordnung sowie die erforderlichen Gebäude erkennen. Schließlich dienen *Einrichtungspläne* der genauen Anordnung der einzelnen Betriebsmittel einschließlich ihrer Anbindung an den Materialfluß zur Ver- und Entsorgung. Die genannten Pläne sind statischer Natur. Zur Darstellung der Material-, Betriebsmittel-, Personal- und Informationsflüsse finden im wesentlichen Matrizen, Materialflußbilder und Sankey-Diagramme (vgl. Bild 9-16) Verwendung.

Der *Auftraggeber* für ein Fabrikplanungsprojekt ist in der Regel die Geschäftsführung; bei kleineren Vorhaben kann es auch die Bereichsleitung sein, die ein Vorhaben im Rahmen eines genehmigten Investitionsrahmens realisiert. Fast immer stehen die Planungsvorhaben unter starkem Termindruck und werden durch den Auftraggeber mit einem Aufwandslimit für den internen und externen Planungsaufwand versehen.

9.1.1.2 Fabrikplanung und die übrige betriebliche Planung

Die bisherigen Ausführungen lassen erkennen, daß die Fabrikplanung eine Reihe sehr unterschiedlicher Planungsaufgaben umfaßt, die mit zahlreichen anderen betrieblichen Planungsaktivitäten eng verknüpft sind. Anhand von Bild 9-3 werden zunächst Planungsfelder der Fabrikplanung erläutert, die sich logisch aus dem Planungsprozeß ergeben.

Ausgangspunkt der Fabrikplanung im engeren Sinne ist eine *strategische Zielplanung*, die entweder als Bestandteil der Unternehmensplanung oder in enger Abstimmung mit dieser das strategische Produktionskonzept bestimmt. Damit ist ein Rahmen festgelegt, was überhaupt in welchem Umfang selbst hergestellt werden soll. Als Folge dieser Überlegungen stellt sich häufig auch die Frage nach dem Standort der Fabrik, wobei Alternativen wie Neubau, Verlagerung, Zusammenlegung mehrerer Standorte oder eine deutliche Reduzierung des Produktionsumfangs zur Diskussion stehen. Ziel der *Standortplanung* ist es, diese Alternativen so weit zu konkretisieren, daß grobe Aussagen über die prinzipielle technische Machbarkeit, Kosten und Realisierungszeiträume möglich sind.

Die eigentliche Fabrikplanung konzentriert sich auf vier Planungsfelder, die sich an je einem charakteristischen Begriff ausrichten. Ausgangspunkt ist der Produktionsprozeß mit seinen Teilfunktionen Teileherstellung, Montage und Qualitätsprüfung. Hierzu sind Betriebsmittel wie Werkzeugmaschinen, Vorrichtungen, Werkzeuge und Meßmittel erforderlich. Die *Prozeß- und Einrichtungsplanung* bestimmt in enger Abstimmung mit der Arbeits- und Methodenplanung die Anzahl und Dimension dieser Betriebsmittel. Es handelt sich demnach primär um Fragen der Fertigungstechnik.

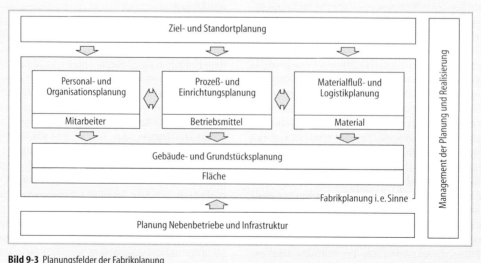

Bild 9-3 Planungsfelder der Fabrikplanung

Eng verknüpft mit der Fertigungstechnik ist der Einsatz der Mitarbeiter. Zum einen ist ihre Anzahl und Qualifikation zu bestimmen, zum anderen muß die zentrale Frage entschieden werden, in welcher Organisationsform die Produktion ablaufen soll. Bei der *Personal- und Organisationsplanung* handelt es sich demnach um arbeitswissenschaftliche und arbeitsorganisatorische Fragestellungen.

Eine Entscheidung über das Produktionskonzept kann erst fallen, wenn auch der *Materialfluß* untersucht wurde und sich ein *Logistikkonzept* abzeichnet. Ziel ist die bestandsarme, durchlaufzeitminimale und reaktionsschnelle Produktion. Dieses Planungsfeld reicht daher über die Fabrik hinaus und betrachtet neben dem innerbetrieblichen Materialfluß sowohl die Anbindung der Zulieferanten als auch die Güterverteilung und -bereitstellung bis zum Verbrauchsort. Das Lösungskonzept des Fabrikationsablaufs und der Logistik entsteht also in einem Wechselspiel zwischen technologischen, organisatorischen und logistischen Überlegungen, die stufenweise verfeinert werden.

Die Betriebsmittel, die Mitarbeiter und das Material benötigen Fläche, die daher die vierte wichtige Bezugsgröße der Fabrikplanung bildet. Das entsprechende Planungsfeld hat die Dimensionierung und Anordnung von Flächen zur Aufgabe. Diese Flächen sind wiederum Grundlage der *Gebäude- und Grundstücksplanung* (vgl. 9.4.7). Hierbei sind übergeordnete Gesichtspunkte des Erscheinungsbildes, der Grundstückserschließung und der späteren Ausbaumöglichkeiten zu beachten. In diesem Planungsfeld treten daher Fragen der Architektur in den Vordergrund, wobei Form und Bauart der Gebäude, ihre äußere und innere Gestaltung, die Anordnung sowie die Geländeerschließung mit Außenanlagen und auch die landschaftliche und städtebauliche Einbindung der Fabrik als Ganzes zu lösen sind. Das Erscheinungsbild der Fabrik wird damit Bestandteil der Corporate Identity des Unternehmens. Gebäudegestalt und Grundstücksplanung haben naturgemäß Rückwirkungen auf das technisch-organisatorische Fabrikkonzept.

Wenn das Gesamtkonzept schärfere Konturen angenommen hat, sind in einem weiteren Planungsfeld die erforderlichen *Nebenbetriebe* wie Reparaturwerkstätten und Versuchsanlagen sowie die *Infrastruktureinrichtungen* zur Energie- und Maschinenversorgung (elektrische Energie, Wasser, Druckluft, Dampf) zu planen. Besondere Bedeutung kommt der Planung der Sammlung, Aufbewahrung, Aufbereitung und Entsorgung von Abwasser und Abfallstoffen zu. Die Einrichtungen sind so zu gestalten, daß eine einfache Umstellung der Betriebsmittel möglich ist.

Fabrikplanungsprojekte greifen meist tief in die bestehenden Abläufe ein. Zum einen ist daher die Planung durch ein *Projektmanagement* zu begleiten, um die funktionalen, terminlichen und kostenmäßigen Ziele zu erreichen. Die Aufgaben umfassen die Gliederung des Projekts in Teilprojekte, die Aufstellung von Termin- und Kostenplänen, die Erarbeitung der Projektorganisation, Wirtschaftlichkeitsberechnungen und die Berichterstattung an die Geschäftsführung. Zum anderen bedeutet die Realisierung eines Projekts meist für eine bestimmte Zeit eine Produktionsstörung bis hin zu einem längeren Produktionsausfall. Die Produktionsumstellung ist daher ein Projekt für sich, das in enger Abstimmung mit der Produktionsleitung gesteuert wird. Häufig ist der Produktionsleiter auch gleichzeitig der Projektleiter.

Wie aus den bisherigen Ausführungen hervorgeht, umfaßt die Fabrikplanung ein weites Aufgabenfeld, das infolge der Dynamik der Umwelt von einer früher eher seltenen zu einer dauernden Aufgabe geworden ist. Diese kann nicht von einer einzelnen Fachdisziplin, Person oder Abteilung wahrgenommen werden. Vielmehr sind bestimmte Planungsgrundsätze und Spielregeln zu beachten, die darauf abzielen, die Planung und Realisierung möglichst rasch und unter möglichst frühzeitiger Beteiligung der produktiven Mitarbeiter durchzuführen. Eine schnelle Umsetzung ist oft wichtiger als eine perfekte Lösung.

9.1.1.3 Planungsgrundsätze

Die Komplexität von Fabrikplanungsprojekten bedingt, daß es keine einfachen Lösungen oder die objektiv beste Lösung gibt. Die Dynamik der Randbedingungen, die Vielfältigkeit der Ziele und die unterschiedlichen Fachdisziplinen erfordern vielmehr ein schrittweises Vorgehen vom Konzept bis zum Detail, höchstmögliche Transparenz durch Visualisierung der Ergebnisse sowie die Förderung des Dialogs zwischen den Planern und den Nutzern der neuen Fabrikeinrichtung. Hieraus haben sich einige Planungsgrundsätze entwickelt, die anhand von Bild 9-4 kurz beschrieben werden sollen.

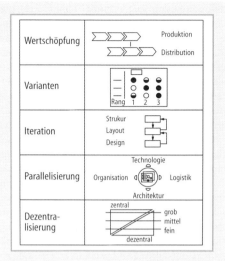

Wertschöpfung	Produktion Distribution
Varianten	Rang 1 2 3
Iteration	Strukur Layout Design
Parallelisierung	Technologie Organisation ⊲⊳ Logistik Architektur
Dezentra- lisierung	zentral grob mittel fein dezentral

Bild 9-4 Planungsgrundsätze der Fabrikplanung

Wegen des Gebots einer möglichst wirtschaftlichen Produktion steht am Beginn der Planung die *Wertschöpfungskette* der Teile und Produkte. Mit zunehmendem Detaillierungsgrad ist zu untersuchen, ob ein Prozeßschritt eine Wertsteigerung des Teils, der Baugruppe oder des endgültigen Erzeugnisses im Hinblick auf seine Verwendung bedeutet. Sortieren, Verpacken, Transportieren, Lagern, Handhaben sind keine wertschöpfenden Tätigkeiten und sind möglichst zu vermeiden. Mit ihrem Wegfall werden gleichzeitig unnötige Liegezeiten vermieden, die Durchlaufzeit sinkt, und die Lieferfähigkeit im Sinne einer schnellen Reaktion gegenüber dem Kunden wird verbessert. Wichtige Kenngrößen sind in diesem Zusammenhang das Verhältnis von wertschöpfenden und nichtwertschöpfenden Tätigkeiten, bewertet in Vorgabezeit oder Kosten, sowie das Verhältnis von Durchlaufzeit und Prozeßzeit.

Zu jedem Teilproblem eines Fabrikplanungskonzepts sind beliebig viele Lösungen denkbar. Es sollte aber auch nicht eine einzige Lösung von vornherein favorisiert werden, vielmehr sind immer mindestens drei *Varianten* zu erzeugen und zu bewerten. Darunter sollte eine sog. Ideallösung sein, die unabhängig von vermeintlichen oder tatsächlichen Restriktionen einen Maßstab für die anderen Lösungen liefert. Die Bewertung der Varianten sollte im Team erfolgen. Ihre Diskussion fördert die Akzeptanz der schließlich gewählten Lösung, weil damit deutlich wird, daß es keine Lösung ohne Nachteile gibt.

Planungsprojekte erfolgen in Stufen zunehmender Konkretisierung mit Rückwirkung *(Iteration)*. So sehr es aus der Sicht der Planer wünschenswert ist, daß das Ergebnis eines einmal verabschiedeten Planungsabschnitts nicht mehr verändert wird, läßt es sich doch häufig nicht vermeiden, daß bei einer weiteren Detaillierung eine Änderung bereits verabschiedeter Planungsergebnisse erforderlich wird. Es ist sinnlos, dann auf früher gefaßten Beschlüssen zu beharren. Vielmehr sind die Auswirkungen auf das Gesamtprojekt zu betrachten, und es ist zu klären, ob wesentliche Projektziele gefährdet sind. Hier ist in erster Linie das Projektmanagement gefordert, die notwendigen Entscheidungen vorzubereiten und herbeizuführen.

Der hohe Zeitdruck, unter dem Fabrikplanungsprojekte typischerweise stehen, erfordert weitgehend die *Parallelisierung* der Planungsprozesse. Statt also das Konzept nacheinander von den verschiedenen Fachdisziplinen bearbeiten zu lassen (in größeren Unternehmen sind dies meist verschiedene Abteilungen), sollten interdisziplinäre Teams mit wechselnder Zusammensetzung in einem einzigen oder mehreren benachbarten Räumen entsprechend dem Projektfortschritt für die Laufzeit des Projekts zusammenarbeiten. Dabei sind die wichtigsten Ergebnisse möglichst für alle sichtbar an Schauwänden zu präsentieren.

Eine weitere wichtige Möglichkeit, Projekte zu verkürzen, ist der Verzicht auf eine unnötige Detaillierung. Sobald sich aus den Konzepten die ersten Strukturen entwickeln, sollten zunächst die Meister und Vorarbeiter, später auch die produktiven Mitarbeiter selbst in die Gestaltung einbezogen werden. Dies ist insbesondere bei der Umgestaltung von Fabrikabläufen zu empfehlen. Erfahrungen haben gezeigt, daß nach einer Einarbeitungszeit von 6 – 8 Monaten Umstellungen eines Fertigungsbereichs mit 6 – 8 Arbeitsplätzen von der Planung bis zur Umsetzung und Wiederaufnahme der Produktion innerhalb einer Woche möglich sind. Dieses Vorgehen setzt eine entsprechende Flexibilität der Infrastruktur hinsichtlich Energie, Medien, Beleuchtung, Belüftung und Fußbodenbeschaffenheit voraus. Mit diesem Ansatz wird also die *Dezentralisierung* von Planungsfunktionen unterstützt und den Mitarbeitern die Möglichkeit der aktiven Mitgestaltung ihrer unmittelbaren Arbeitsumgebung ermöglicht. Die Fabrikplanung wird damit Bestandteil eines kontinuierlichen Verbesserungsprozesses.

9.1.2 Ablauf der Fabrikplanung

Für die erfolgreiche Abwicklung von Fabrikplanungsprojekten ist eine systematische Vorgehensweise zu empfehlen, um die einzelnen Teilaufgaben in eine anforderungsgerechte Gesamtlösung überführen zu können. Aus diesem Grund sollen zunächst anhand eines systemtechnischen Ansatzes grundsätzliche Lösungswege für Fabrikplanungsprobleme aufgezeigt werden, aus denen die einzelnen Phasen bzw. Ablaufschritte einer Fabrikplanung hergeleitet werden können.

9.1.2.1 Systemtechnischer Ansatz

Aus den in 9.1.1 dargestellten vielschichtigen Einflüssen auf den Fabrikplanungsprozeß resultiert u.a. die Erkenntnis, daß zur Bewältigung dieser Aufgabe in der Regel mehrere alternative Vorgehensweisen denkbar sind. Es empfiehlt sich daher, die Lösung derartiger Aufgaben nicht – wie es früher häufig der Fall war – ausschließlich der Intuition und Erfahrung des einzelnen Planers zu überlassen [Ket84: 10ff.]. Vielmehr sollte ein für alle Beteiligten überschaubarer und nachvollziehbarer Lösungsweg angestrebt werden, bei dessen Erarbeitung sich die *Systemtechnik* als bewährte Methodik zur Problemlösung einsetzen läßt [Agg87: 47ff.].

Der systemtechnische Ansatz liefert dabei nicht die eigentliche Lösung der Aufgabe bzw. des Problems, sondern er ermöglicht den strukturierten Zusammenfluß der benötigten Informationen aus den einzelnen Unternehmensbereichen. Zur Problemlösung sind dabei je nach Komplexität der Aufgabe die folgenden Informationen bzw. Kenntnisse in unterschiedlicher Gewichtung erforderlich [Dae92: 81ff.]:

- *Problembezogene* Informationen, die sich aus dem Fachwissen (Know-how) und der Kenntnis der konkreten Situation ergeben (Problemkenntnis),
- *Organisationsbezogene* Informationen, die aus der Struktur der Unternehmens- bzw. Mitarbeiterorganisation sowie aus der grundsätzlichen Organisation des Projektmanagements resultieren (Organisationskenntnis),
- *Lösungsbezogene* Kenntnisse, die sich aus dem systemtechnischen Ansatz, der Systemanalyse und den Grundsätzen der Entscheidungstheorie zusammensetzen (Methodenkenntnis).

Der eigentliche *Systemansatz* besagt nun, daß sich jedes System aus Elementen zusammensetzen läßt, die zueinander in Beziehung stehen. Das System selbst ist dabei als Ganzheit und von seiner Umgebung abgegrenzt zu verstehen. Die funktionalen Beziehungen innerhalb des Systems bilden die sog. Systemstruktur. Besitzt das System weiterhin Verbindungen zu seiner Umwelt, spricht man von einem offenen System, das somit als Teil eines übergeordneten Systems betrachtet werden kann. Das jeweils betrachtete Hauptsystem besteht wiederum aus einer Reihe von untergeordneten Subsystemen. Auf diese Weise besteht eine Hierarchie zwischen den Systemen [Spu94: 19ff.].

In Bild 9-5 wird ein Beispiel vorgestellt, das ein Hauptsystem mit drei Subsystemen zeigt. Hierbei stellt das Hauptsystem einen Produktionsbereich dar, dem die Subsysteme Mechanische Bearbeitung, Oberflächenbearbeitung und Montage zugeordnet sind. Betrachtet man das System unter anderen Aspekten, wie z.B. dem Materialfluß, so ergeben sich zusätzlich Teilsysteme, die eine vom Hauptsystem abweichende Struktur aufweisen können.

Bevor nun die eigentliche Problemlösung in Angriff genommen wird, sind im Rahmen einer *Problemanalyse* Art, Umfang und Komplexität des Problems zu definieren. Der beschriebene

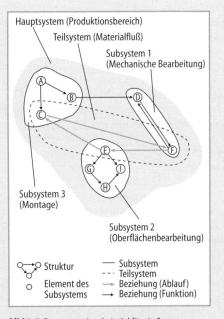

Bild 9-5 Demonstrationsbeispiel für ein System

Systemansatz unterstützt dabei die Stufen der Problemanalyse, die, ausgehend von dem Unbehagen über einen unbefriedigenden Zustand, zunächst die Situationsverhältnisse und das Zusammenwirken einzelner Subsysteme transparent machen. Durch das Auffinden von Beeinflussungsmöglichkeiten läßt sich schließlich das konkrete Problem definieren und die anzustrebenden Ziele für eine mögliche Lösung können festgelegt werden.

Bezogen auf das angeführte Beispiel in Bild 9-5 erscheinen die folgenden Problemstellungen denkbar:

- Das Subsystem Mechanische Bearbeitung ist historisch gewachsen und u.U. über mehrere Werkhallen räumlich stark zergliedert. Die Anpassung der räumlichen Struktur an die im Systemansatz dargestellte funktionelle Struktur kann somit zu einer entscheidenden Erhöhung der Transparenz in diesem Fertigungsbereich führen.
- Das Teilsystem Materialfluß weist einen stark ungerichteten Verlauf auf, der durch die Wahl einer günstigeren Lage des umzustrukturierenden Subsystems Mechanische Bearbeitung deutlich verbessert werden kann.
- Das Subsystem Montage zeichnet sich durch eine unübersichtliche Vermischung von Vorund Endmontagetätigkeiten aus. Die Bildung eines Subsystems für die Vormontage und eines weiteren Subsystems für die abschließende Endmontage führt zu kleineren, überschaubareren Montageeinheiten.

Sinnvoll erscheinende Verbesserungen derartiger Systeme sind zur Rechtfertigung der erforderlichen Investitionen in der Regel auf ihre *Zielerfüllung* zu erproben. Aufgrund der Größe und der Komplexität einer Fabrik oder eines Produktionsbereichs kommt es häufig vor, daß sich die entsprechenden Experimente aus Zeitbzw. Kostengründen nicht an dem realen System (Realwelt) durchführen lassen. In diesen Fällen ist das betrachtete System mit Hilfe eines Modells nachzubilden, wobei diese Modellwelt je nach Art der Aufgabe lediglich den Realitätsausschnitt abbilden muß, der in der Problemanalyse als wesentlich definiert wurde [Wie91: 63ff.].

Die zu lösende Aufgabe in der Realwelt (Realproblem) wird als eine abstrahierte Aufgabe (Formalproblem) in diese Modellwelt übertragen (Bild 9-6). In der Modellwelt lassen sich durch Auswertungen und Interpretationen von Experimenten zunächst Erkenntnisse gewinnen, die zur Lösung des Formalproblems führen. Der gefundene Lösungsweg kann anschließend zur Lösung des Realproblems auf die Realität zurückgeführt werden. Darüber hinaus können die erzielten Erfahrungen u.U. auch bei der Lösung ähnlich gearteter Realprobleme genutzt werden.

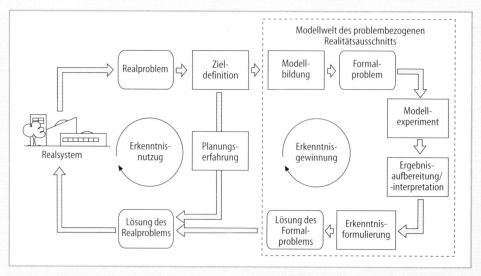

Bild 9-6 Modellbasierter Erkenntnisprozeß zur Lösung von Realproblemen

Die Systementwicklung und deren Abbildung in Modellen stellen einen gestalterischen Prozeß dar, der von einem ständigen Wechselspiel zwischen kreativen Tätigkeiten wie Konzipieren und Modellieren sowie von praxisorientierten Routinetätigkeiten wie Datenerhebung und -analysen gekennzeichnet ist. Aus diesem Grund ist eine Vorgehensstrategie erforderlich, nach der die notwendigen Einzelaktivitäten bei der System- bzw. Modellentwicklung koordiniert und auf das Gesamtziel abgestimmt werden.

9.1.2.2 Problemlösungszyklus

Diese Vorgehensstrategie wird in der Systemtechnik als Problemlösungszyklus bezeichnet, dessen Schwerpunkte auf der Zielsuche, der Lösungssuche und der Lösungsauswahl liegen [Dae92: 81ff.]. Bild 9-7 stellt diese Strategie im Zusammenhang dar.

Der Problemlösungszyklus wird eingeleitet durch eine *Situationsanalyse*. Sie hat die Aufgabe, das Problem zu strukturieren, die Einzelaktivitäten und Aufgaben festzulegen, den Ist-Zustand zu erheben und zukünftige Veränderun-

gen problemrelevanter Größen zu prognostizieren. Die Systemtechnik stellt für die Durchführung einer Situationsanalyse eine Reihe von Methoden und Techniken bereit [Dae92, 426ff., Fra94]. Sie dienen der Systembeschreibung (z.B. Regelkreise, Graphen, Matrizen oder Ablaufdiagramme), der Systemanalyse (z.B. ABC- oder Wertanalyse) und der Beschaffung von Informationen (z.B. Fragebögen, Multimomentaufnahmen oder Methoden der Statistik und Prognose), die eine Bewertung des Ist-Zustands ermöglichen (s. 9.1.4).

Der zweite Abschnitt innerhalb des Problemlösungszyklus – die *Zielformulierung* – verfolgt den Zweck, die sich eventuell bereits in der Situationsanalyse abzeichnenden Ziele zu bereinigen, systematisch zu strukturieren, zu ergänzen, auf Vollständigkeit zu prüfen und zum Abschluß in einer verbindlichen Form festzuhalten. Wesentlich hierbei ist die Festlegung der unterschiedlichen Zieldimensionen, d.h., wann, wo und wie die angestrebte Wirkung eines Ziels erreicht werden soll.

Der Ablauf einer Zielformulierung ist zunächst von der Suche nach Teilzielen bzw. der Formulierung dieser Ziele gekennzeichnet, die anschließend in einem *Zielsystem* strukturiert werden, um mögliche Ausprägungen von Ziel- und Interessenkonflikten zu erkennen. Als Beispiel sei hier das logistische Zielsystem angesprochen (s. 14.1.2), das im wesentlichen aus den Teilzielen Durchlaufzeitverkürzung, Terminabweichungsminimierung, Bestandsreduzierung und Auslastungsmaximierung besteht. Ein deutlicher Zielkonflikt liegt in diesem Zielsystem beispielsweise in der Forderung nach minimalen Beständen vor einem Arbeitssystem bei einer gleichzeitig anzustrebenden, maximalen Auslastung dieses Arbeitssystems. Bei der Zielformulierung sind demzufolge mögliche Wechselwirkungen der einzelnen Teilziele in Form von Gewichtungen entsprechend zu berücksichtigen.

Im weiteren Verlauf des Problemlösungszyklus erfolgt nach der Zielformulierung als nächster Schritt die Lösungssuche. Charakteristisch für diesen Schritt ist ein ständiges Wechselspiel zwischen synthetischem und analytischem Vorgehen. In der Synthese sollen Lösungsideen gefunden und Konzepte erarbeitet werden, die anschließend systematisch zusammengefügt werden. Die Analyse hingegen hat die Aufgabe, untaugliche Varianten bzw. deren Mängel herauszufinden. Sie unterscheidet sich damit von

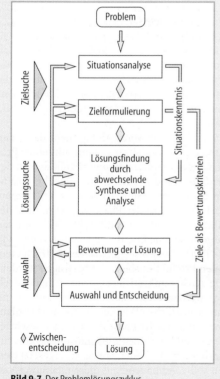

Bild 9-7 Der Problemlösungszyklus

der im Problemlösungszyklus nachfolgenden Lösungsbewertung; denn in diesem Fall besteht die Aufgabe darin, aus den tauglichen Lösungsvarianten die beste zu ermitteln.

Art und Ablauf dieses Wechselspiels zwischen Synthese und Analyse können je nach Problemstellung unterschiedlich sein. So läßt sich bei der *Vorgehensrichtung* unterscheiden, ob von außen nach innen, d.h. vom Groben ins Feine, oder von innen nach außen, also vom Feinen ins Grobe, vorgegangen wird. Die Art der Vorgehensweise kann zyklisch oder linear erfolgen, wobei Optimierungen ein- oder mehrstufig durchgeführt werden können. Zur Unterstützung der Lösungssuche lassen sich die folgenden systemtechnischen Methoden und Techniken einsetzen:

- Visualisierungsmethoden zur Darstellung relevanter Sachverhalte [Ket84: 31ff., Dae92: 426] (Blackbox-Methode, Input-Output-Modelle, Graphen, Matrizen, Ablaufdiagramme und Regelkreismodelle),
- Kreativtechniken [Dae92: 426, Fra94] (Brainstorming, Kärtchentechnik, Methode 635, Morphologie und Synektik),
- Analysemethoden [Agg90a: 15ff., Fra 94] (ABC-Analyse, Entscheidungstabellen, Wertanalyse, Marktstrukturanalyse, Sensibilitätsanalyse, Sicherheitsrisikoanalyse und Checklisten),
- Bewertungs- und Entscheidungstechniken [Fra94, Han87] (Nutzwertanalyse, Wirtschaftlichkeitsrechnung und Entscheidungsbaumverfahren),
- Optimierungsverfahren [Agg90a: 229ff., Dae92: 426, Kuh 93] (Lineare Optimierung, dynamische Optimierung, Branch and Bounding, Simulation und genetische Algorithmen).

Der Problemlösungszyklus schließt mit der *Lösungsauswahl*. Diese setzt eine Lösungsbewertung voraus, denn nur so kann eine bewußte, methodisch gestützte Entscheidung gefällt werden. Zur Bewertung der alternativen Lösungen werden Wirtschaftlichkeitsrechnungen, Kosten-Nutzen-Analysen, Nutzwertanalysen oder das Entscheidungsbaumverfahren herangezogen. Das Ergebnis dieser Bewertung führt zu einer qualitativen Rangordnung der Lösungsvarianten, die eine weitgehend objektive Entscheidung ermöglichen soll. Unter Abwägung der jeweiligen Vor- und Nachteile ist dabei die Lösungsvariante zu wählen, die den größten Erfolg verspricht. Um schließlich auch die erfolgreiche Umsetzung der Lösung zu gewährleisten, ist es sehr wichtig, die späteren Nutzer oder Anwender bereits in den Phasen Lösungsfindung, Bewertung und Auswahl mit in den Entscheidungsprozeß einzubeziehen [Ket84: 4ff.].

Bei der bisherigen Beschreibung des Problemlösungszyklus könnte der Eindruck entstehen, daß es sich um einen linearen Ablauf handelt, der exakt in der angegebenen Schrittfolge abgewickelt werden muß und schließlich zum optimalen Ergebnis führt. In der Praxis werden sich im Rahmen der Projektarbeit immer wieder eine Reihe von Restriktionen ergeben, die zu Beginn des Projekts als weniger relevant betrachtet wurden. Aus diesem Grund sind insbesondere Rücksprünge, aber auch Vorgriffe manchmal unvermeidlich. Im Extremfall muß ein Ablauf teilweise oder sogar vollständig wiederholt werden, wenn sich aus der Projektbearbeitung neue Zielvorstellungen oder veränderte Wertmaßstäbe ergeben. Sollte sich bei der abschließenden Bewertung der Lösungsvarianten herausstellen, daß sich keine Lösungen für alle Beteiligten als insgesamt zufriedenstellend erweisen, so ist auch in diesem Fall der Lösungszyklus mit entsprechend umformulierten Zielvorstellungen erneut zu durchlaufen.

9.1.2.3 Phasen der systematischen Fabrikplanung

Überträgt man den geschilderten allgemeinen Problemlösungszyklus auf die Fabrikplanung, so lassen sich zunächst vier unterschiedliche Planungsphasen darstellen, die bei jedem Planungsprojekt durchlaufen werden müssen (Bild 9-8):

Die Phase der *Vorbereitung* dient dazu, den betrachteten Realitätsausschnitt mit seinen Problemfeldern zu erfassen und abzubilden. In der *Strukturierung* werden grundsätzliche Lösungen für einzelne Subsysteme bzw. Teilsysteme erarbeitet, die in der Phase der *Gestaltung* detailliert auszuplanen sind. Schließlich müssen die gewonnenen Erkenntnisse und Lösungen in der Phase der *Umsetzung* in den betrachteten, realen Produktionsbereich übertragen werden.

Je nach Konkretisierung der Aufgabenstellung werden diese Planungsphasen mit einem unterschiedlichen Detaillierungsgrad durchlaufen, wobei in jeder Phase der in 9.1.2.2 beschriebene, grundsätzliche Problemlösungszyklus zur Erarbeitung von Teilergebnissen eingesetzt werden sollte. Aufbauend auf diesen Planungsphasen, stellt sich der Ablauf einer systematischen

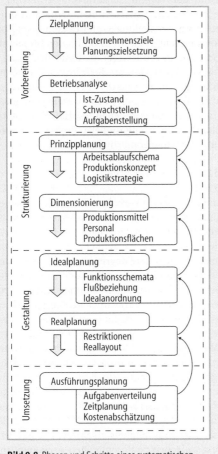

Bild 9-8 Phasen und Schritte eines systematischen Planungsablaufs

Fabrikplanung mit den wesentlichen Planungsschritten in ihrer zeitlichen und funktionalen Verknüpfung wie folgt dar [Ket84: 10ff.]:

Die *Vorbereitungsphase* der Fabrikplanung beginnt mit der Zielplanung, bei der die grobe Zielsetzung der Planungsaufgabe in Abstimmung mit der Unternehmensplanung festgelegt wird. Die sich anschließende Betriebsanalyse der zu betrachtenden Unternehmensbereiche zeigt die Schwachstellen des Ist-Zustands auf und liefert die Grundlagen für die weiteren Planungsschritte. Sie führt darüber hinaus zu einer Konkretisierung bzw. Detaillierung der in der Zielplanung vereinbarten Aufgabenstellungen [Agg90a: 15ff.].

Im Rahmen der *Strukturierung* werden in einer iterativen Vorgehensweise grundsätzliche Lösungen zur Gestaltung der Arbeitsabläufe entwickelt. Dazu wird in der Prinzipplanung zu-

nächst ein ideales Arbeitsablaufschema erarbeitet, das die erforderliche Abfolge der einzelnen Bearbeitungsschritte in der Gesamtheit wiedergibt. Aufbauend auf diesem idealen Ablauf- oder Funktionsschema, sind anschließend Fertigungs- und Montagestrukturen festzulegen sowie logistikgerechte Lager- und Transportkonzepte auszuwählen [Eve90, Dol81: 129ff.]. Parallel dazu sind für mögliche alternative Strukturen die jeweiligen Produktionseinrichtungen mit ihren Bedarfswerten hinsichtlich Art und Anzahl der erforderlichen Produktionsmittel und Personen sowie der benötigten Produktionsflächen zu dimensionieren. Zum Abschluß der Strukturierungsphase erfolgt unter Berücksichtigung der angestrebten Zielsetzung eine Bewertung der Planungsergebnisse unter technologischen, logistischen und wirtschaftlichen Kriterien. Diese soll zu einer ersten Einschränkung der Lösungsvielfalt führen.

In der dritten Phase steht die *Gestaltung* von Layouts im Vordergrund. Ausgehend von dem idealen Funktionsschema wird in der Idealplanung zunächst anhand der ermittelten Produktionsflächen ein flächenmaßstäbliches Funktionsschema auf der Basis von Teilbereichen wie beispielsweise Werkhallen, Fertigungsbereichen und Kostenstellen erarbeitet. Unter Berücksichtigung von Flußbeziehungen, wie z.B. von Material, Personal oder auch Information, entsteht anschließend eine von den betrieblichen Restriktionen weitestgehend losgelöste Idealanordnung der einzelnen Funktionsbereiche. Insbesondere für den häufig auftretenden Fall der Umplanung bestehender Produktionsstrukturen werden anschließend aus diesem Ideallayout unter sukzessiver Berücksichtigung der baulichen Gegebenheiten Reallayouts entwickelt. Eine erste Detaillierungsstufe zeigt dabei in Form sogenannter Groblayouts realisierbare Anordnungsvarianten der einzelnen Funktionsbereiche unter Berücksichtigung der erforderlichen Verkehrswege. Je nach Aufgabenstellung kann in einer weiteren Detaillierung dieser Phase schließlich die Entwicklung von Feinlayouts erfolgen, die sich in Maschinenaufstellungsplänen, in der Gestaltung der einzelnen Arbeitsplätze, z.B. unter ergonomischen Gesichtspunkten, sowie in der Festlegung von Ver- und Entsorgungseinrichtungen dokumentiert. Ein wesentlicher Aspekt dieser Phase liegt darin, daß jeweils alternative Layoutvarianten erarbeitet werden, die nunmehr detailliert in bezug auf ihre Zielerfüllung unter technologischen, logistischen und wirtschaftlichen Gesichtspunkten zu bewerten sind [Ket84: 226ff., Agg90a: 586ff.].

Schließlich ist nach Abschluß der eigentlichen Fabrikplanung die *Umsetzung* der resultierenden Planungsergebnisse erforderlich. Hierbei gilt es, insbesondere bei umfangreichen Projekten, den zeitlichen Ablauf und den Einsatz der erforderlichen Mittel zu koordinieren. So ist die Umstrukturierung am Fabrikstandort oder der Umzug an den neuen Standort derart zu gestalten, daß Unterbrechungen der laufenden Produktion auf ein Minimum reduziert werden können [Agg90b: 95ff.]. Detaillierte Ausführungen zu dieser Problemstellung sind dem folgenden Kapitel zu entnehmen.

9.1.3 Abwicklung der Fabrikplanung

9.1.3.1 Einführung

Wie bei der Erläuterung des prinzipiellen Ablaufs der Fabrikplanung in 9.1.2 deutlich wurde, besteht jedes Fabrikplanungsprojekt aus mehreren Phasen mit einer Vielzahl von unterschiedlichen Teilaufgaben. Diese haben zumeist tiefgreifende Auswirkungen auf die bestehenden Abläufe innerhalb des betreffenden Industriebetriebs. Dabei sind neben den technischen Randbedingungen aus der Produktionstechnik, der Arbeitsorganisation und der Arbeitswissenschaft auch betriebswirtschaftliche Gesichtspunkte, ökologische Forderungen sowie Belange der Mitarbeiter zu berücksichtigen (vgl. 9.1.1.1). Die daraus resultierenden Aufgaben können nicht im Rahmen der üblichen Aufgabenverteilungen gelöst werden, da diese an den Funktionen der Auftragsabwicklung orientiert sind. Um eine möglichst hohe Effizienz zu erzielen, bedient man sich deshalb bei der Abwicklung von Fabrikplanungsprojekten einer bestimmten Methodik, die als *Projektmanagement* bezeichnet wird (s. 9.5).

Das Projektmanagement ermöglicht es, Entwicklungen überschaubarer zu machen, Problemsituationen rechtzeitig zu erkennen und den steuernden Eingriff frühzeitig vorzunehmen. Die Anfänge des modernen Projektmanagements liegen in den USA und wurden stark von militärischen Auftraggebern geprägt. Dabei waren die Konzepte hauptsächlich an der Luft- und Raumfahrtindustrie orientiert und wurden mit der Einführung der Netzplantechnik in den fünfziger Jahren ständig weiterentwickelt. Auf-

grund der Verschiedenartigkeit der Projekte, Technologien, Unternehmen, Organisationen und Aufgabenstellungen gibt es kein Erfolgssystem, das automatisch zur optimalen Projektabwicklung führt oder aber die Basis für Patentlösungen abgeben könnte. So führen z.B. eine ungeeignete Projektorganisation oder Störungen in der Beziehungsebene der Beteiligten sowie andere im menschlichen (sozial-psychologischen) Bereich angesiedelte Probleme häufig zum Mißerfolg von Projekten [Lit93: 15].

9.1.3.2 Begriffsbestimmung

Ein *Projekt* ist ein Vorhaben, das im wesentlichen durch die Einmaligkeit der Bedingungen in seiner Gesamtheit gekennzeichnet ist (DIN 69901), wie z.B. Zielvorgabe, zeitliche, finanzielle, personelle oder andere Begrenzungen, Abgrenzung gegenüber anderen Vorhaben oder eine projektspezifische Organisation. Damit kann als Projekt jede Aufgabe bezeichnet werden, „ ... die einen definierbaren Anfang und ein definierbares Ende besitzt, die den Einsatz mehrerer Produktionsfaktoren für die miteinander verbundenen und wechselseitig voneinander abhängigen Teilvorgänge erfordert, die ausgeführt werden müssen, um das dieser Aufgabe vorgegebene Ziel zu erreichen" [Sch73: 15]. Die unterschiedliche Auslegung der Begriffe wie Komplexität und Einmaligkeit erschwert die Abgrenzung zwischen routinemäßigen Aufgaben und denjenigen der Projektplanung und kann deshalb oft nicht eindeutig vorgenommen werden. So ist z.B. ein Bauvorhaben aus der Sicht eines Bauherrn ein Projekt, aus der Sicht des Architekten oder der Baufirma aber ein Auftrag, der mehr oder weniger routinemäßig abgearbeitet wird.

Unter dem Begriff *Management* ist die Leitung soziotechnischer Systeme in personen- und sachbezogener Hinsicht mit Hilfe von professionellen Methoden zu verstehen. Dabei geht es in der sachbezogenen Dimension des Managements um die Bewältigung der Aufgaben, die sich aus den obersten Zielen des Systems ableiten lassen und in der personenbezogenen Dimension um den richtigen Umgang mit den Mitarbeitern, auf deren Kooperation das Management zur Aufgabenerfüllung angewiesen ist. Das Management ist also ein eindeutig identifizierbarer Prozeß, bestehend aus den Teilaufgaben Planung, Organisation, Führung und Kontrolle, der über den Einsatz von Menschen zur

Formulierung und Erreichung von Zielen führt [Lit93: 18].

Der zusammengesetzte Begriff *Projektmanagement* beinhaltet damit die Gesamtheit von Führungsaufgaben, -organisation, -techniken und -mitteln für die Abwicklung eines Projekts (DIN 69 901). Darunter ist demzufolge einerseits das Konzept zur Leitung eines komplexen, neuartigen und einmaligen Vorhabens (funktionelles Projektmanagement) zu verstehen und andererseits die Institution selbst, die dieses Vorhaben plant, steuert und überwacht (institutionelles Projektmanagement).

Betrachtet man den in 9.1.2.2 beschriebenen Problemlösungszyklus als grundsätzlichen Lösungsweg für Fabrikplanungsprojekte, so erkennt man zwei voneinander abgrenzbare Komponenten. Zum einen ist dies die *Systemgestaltung*, die eigentliche konstruktive Arbeit, die sich mit den Fragen der Problemabgrenzung, der Ziel- und Lösungssuche sowie der Auswahl beschäftigt. Zum anderen ist das Projektmanagement mit den Aufgaben der *Organisation* und *Koordination* des Problemlösungsprozesses betraut. Dabei geht es im wesentlichen um die Zuteilung von Aufgaben, Kompetenzen und Verantwortung an die am Projekt beteiligten Personen oder Gruppen.

9.1.3.3 Organisation von Projekten (vgl. 3.3.2)

Jedes Unternehmen besitzt eine bestimmte Führungsstruktur und organisatorische Regeln. Diese permanente Struktur ist auf die Erledigung sich wiederholender oder bekannter Aufgaben ausgerichtet. Ein Projekt hingegen beinhaltet – wie in 9.1.3.2 dargestellt – eine neuartige Augabenstellung, die die Beteiligung verschiedenster Fachdisziplinen erforderlich macht. Bei der Abwicklung von Fabrikplanungsprojekten ergeben sich Konflikte bei der fachübergreifenden Zusammenarbeit sowohl im sachlichen Bereich – aufgrund der unterschiedlichen Betrachtungsweisen der Fachbereiche – als auch im Führungsbereich – bedingt durch veränderte disziplinarische Beziehungen. Wird die Lösung dieser Konflikte auf herkömmliche Organisationsformen übertragen, müssen Entscheidungen auf einer hohen Hierarchiestufe gefällt werden. Dies führt zu einer Überlastung der Führungskräfte und zu Verzögerungen im Projektablauf. Um derartige Probleme zu vermeiden, wird eine spezielle Organisation für Projekte, die *Projektorganisation*, eingeführt [Dre75: 20]. Darunter versteht man die mit der Durchführung eines Projekts beauftragte Organisation und ihre Eingliederung in die bestehende Firmenorganisation.

Die rechtzeitige Einführung eines wirkungsvollen Organisationskonzepts, verbunden mit der Nominierung des entsprechenden Schlüsselpersonals und der klaren Festlegung von Zuständigkeiten, Verantwortlichkeiten und Vollmachten, ist eine wichtige Voraussetzung für die erfolgreiche Projektabwicklung.

Jedes Unternehmen braucht sein eigenständiges *Führungskonzept* zum Projektmanagement. Die Gestaltung der einzelnen Komponenten muß an die jeweilige Situation, das heißt insbesondere an die Art und die Größe des Projekts sowie an die bestehende Unternehmensorganisation, angepaßt werden. *Daher kann es keine allgemeingültigen Regeln für die Entwicklung eines Projektmanagementkonzepts geben.* In der Literatur werden jedoch Strukturen aufgezeigt, die als Orientierungsrahmen dienen können. Bild 9-9 zeigt einen typischen Strukturierungsansatz.

Für ein Projekt ist immer ein *Auftraggeber* vorhanden, der intern die Unternehmensleitung oder extern ein Kunde sein kann. Der *Fachausschuß* ist ein regelmäßig tagendes Gremium, das gegenüber dem Vorstand eine beratende Funktion wahrnimmt. Liegen mehrere Projektaufträge vor, entscheiden die Mitglieder des Fachausschusses im Hinblick auf die Unternehmensstrategie und unter Berücksichtigung finanzieller, technischer und personeller Ressourcen

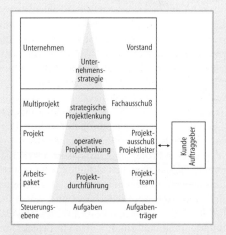

Bild 9-9 Strukturierungskonzept für das Projektmanagement

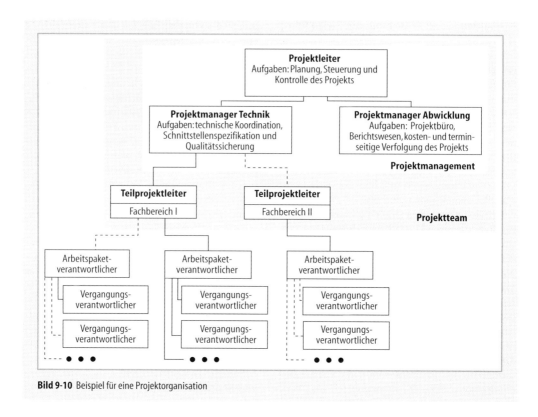

Bild 9-10 Beispiel für eine Projektorganisation

über die Priorität der verschiedenen Projekte (Multiprojektmanagement). Hat der Fachausschuß die Durchführung eines oder mehrerer Projekte beschlossen, bestimmt er die Mitglieder des *Projektausschusses*. Die Einrichtung eines Projektausschusses ist nur bei sehr komplexen Innovationsvorhaben, die mehrere Anwendungsgebiete berühren, sinnvoll.

Der *Projektleiter* wird vom übergeordneten Management, dem Projektausschuß, bestimmt. Projektaufgaben können entweder von einem Mitarbeiter oder von einer Mitarbeitergemeinschaft gelöst werden, die einzelne Arbeitspakete bearbeiten. Im letzten Fall spricht man von einem *Projektteam*. Der Projektleiter, häufig auch als Projektmanager bezeichnet, bildet entsprechend der in 9.1.3.2 gegebenen Definitionen das institutionelle Projektmanagement (Bild 9-10). Bei größeren Projekten kann das Projektmanagement neben dem Projektleiter weitere Projektmanager umfassen, die dem Projektleiter disziplinarisch unterstellt sind und Aufgaben aus den Bereichen Technik und Projektabwicklung übernehmen. Häufig wird ein Projekt von einem Projektmanagement geleitet, welches aus drei Projektmanagern besteht: dem *Projektlei-*

ter, dem *Projektmanager Technik* und dem *Projektmanager Abwicklung*. Der Projektmanager Abwicklung ist der Leiter des Projektbüros und trägt Verantwortung für die Berichterstattung und damit für die kosten- und terminseitige Verfolgung im Projekt. Dem Projektmanager Technik unterstehen i.allg. die *Teilprojektleiter*. Das Projektmanagement bildet gemeinsam mit den Teilprojektleitern das *Projektteam*. Unter der Ebene der Teilprojektleiter können ein oder mehrere Arbeitspaketverantwortliche aus den verschiedenen Fachbereichen folgen. Auf der untersten Ebene befinden sich die Vorgangsverantwortlichen. Die Teamgröße wird in der Praxis durch den Projektleiter bestimmt. Dabei greift er auf Erfahrungen aus vergangenen Projekten zurück. Als Anhaltswerte werden in der Literatur Teamgrößen von 2 – 8 Mitarbeitern empfohlen.

9.1.3.4 Einordnung der Projektorganisation in die Unternehmensorganisation

Die Einführung einer Projektorganisation darf nicht zu einer Auflösung der bestehenden und langfristig angelegten Linienorganisation führen. Es muß daher eine überschaubare und jedem verständliche Zusammenarbeit zwischen den beiden Organisationen vereinbart werden. Grundsätzlich bieten sich drei verschiedene Grundtypen an, um die projektspezifische Organisation in ein Unternehmen zu integrieren.

Einfluß-Projektmanagement. Diese auch als Stabs-Projektmanagement bezeichnete Organisationsform ist weit verbreitet. Die funktionale Hierarchie innerhalb der Primärorganisation des Unternehmens bleibt erhalten. Ergänzt wird die Primärorganisation lediglich durch eine Stabsstelle, den Projektkoordinator. In der Regel haben diese Stabsstellen kein Entscheidungs- und Weisungsrecht. Der *Projektkoordinator* (Projektleiter im Stab) hat gegenüber den Fachbereichen nur Informations- und Beratungsbefugnisse. Er trägt damit auch keine Verantwortung für das Erreichen der Projektziele, sie bleibt in den einzelnen mitarbeitenden Fachabteilungen. Die Stabsstelle muß in der Unternehmenshierarchie genügend hoch angesiedelt sein, damit der Projektleiter direkten Zugang zu einer Führungskraft hat, die Konflikte in wesentlichen Fragen entscheiden kann. Diese Organisationsform ist für die Projektdurchführung die unwirksamste und findet nur in Unternehmen Anwendung, in denen selten Projekte anfallen und die keine Erfahrung mit der Projektorganisation haben. Der relativ hohe Verbreitungsgrad ist damit zu erklären, daß sie problemlos und ohne organisatorische Umstellung einzuführen ist [Lit93: 77].

Reines Projektmanagement. In dieser Organisationsform wird eine speziell für das Projekt eingerichtete Organisationseinheit gebildet. In ihr werden die an der Projektdurchführung beteiligten Mitarbeiter und alle für das Projekt benötigten materiellen Kapazitäten zusammengefaßt, entweder durch Neuanwerbung, Neuaufbau oder durch Rekrutierung aus der Stammorganisation. Für die Dauer des Projekts erhalten die Mitarbeiter ihre Anweisungen ausschließlich vom Projektleiter und haben damit allein die Bearbeitung des Projekts zur Aufgabe. Der *Projektleiter* besitzt formal alle notwendigen Kompetenzen, um das Projekt rasch und wirksam abwickeln zu können. Seiner Weisungsbefugnis unterliegen sämtliche Produktionsfaktoren, die zur Durchführung des Projekts erforderlich sind. Er trägt die volle Verantwortung für die Erreichung der Projektziele. Die Organisationsform des reinen Projektmanagements stellt die nachhaltigste Anpassung an die Projektanforderungen dar und eignet sich für außergewöhnliche Vorhaben großen Umfangs, die relativ wenig Berührung zu den herkömmlichen Aufgaben haben, wie z. B. die Entwicklung einer völlig neuen Produktlinie [Lit93: 76].

Matrix-Projektmanagement. Sind in einem Unternehmen gleichzeitig eine Reihe verschiedener Projekte nebeneinander und zusätzlich zu den regulären Aufgaben abzuwickeln, ist eine flexible Integration der Projekte in die Unternehmensorganisation gefordert. In diesem Fall wird die häufigste Organisationsform, das Matrix-Projektmanagement, eingesetzt. Die Projektabwicklung erfolgt durch die Linienabteilungen entsprechend ihren Funktionen als eine Dienstleistung mit dem notwendigen Knowhow. Die Organisationsform des Matrix-Projektmanagements beruht auf der *Kompetenzaufteilung* zwischen dem funktionsorientierten und dem projektorientierten Leitungssystem. Jede Organisationseinheit wird zwei Instanzen unterstellt: zum einen der Fachabteilung und zum anderen dem Projektleiter. Die Mitarbeiter verbleiben in ihren Fachabteilungen und sind damit ihrem jeweiligen Vorgesetzten disziplinarisch unterstellt. Projektbezogene Anweisungen erhalten sie von der Projektleitung, die an anderer Stelle der Organisation eingeordnet ist. So entstehen zwei sich ergänzende und überlagernde Leitungssysteme: die Linienorganisation mit ihren Untergliederungen, in denen Kapazität und Fachkompetenz enthalten sind und die Projektorganisation mit dem Projektleiter, der die Arbeit der beteiligten Fachabteilungen koordiniert. Beide Leitungsgremien tragen gemeinsam die Verantwortung für den Projekterfolg. Das Matrix-Projektmanagement ist die aufwendigste Organisationsform. In vielen Fällen stellt es aber die wirkungsvollste und – unter Berücksichtigung der materiellen und insbesondere der verfügbaren personellen Ressourcen – die wirtschaftlichste Lösung dar.

In der Praxis erfahren diese Organisationsmodelle oft Abwandlungen und Variationen, die wesentlich von Größe, Dauer, Komplexität und geschäftspolitischer Bedeutung des Projekts sowie vom terminlichen, wirtschaftlichen und technischen Risiko abhängen.

Eine einmal gewählte Organisationsform wird nicht zwangsläufig über alle Phasen des Projektablaufs beibehalten. In den verschiedenen Phasen – Konzeption, Detaillierung, Realisierung, Nutzung – kann sich der jeweils beteiligte Personenkreis ändern, und die Arbeitsschwerpunkte können sich verschieben. Die Organisationsform wird häufig der jeweiligen Phase situativ angepaßt [Lit93: 83].

9.1.3.5 Abwicklung von Projekten

Die *Projektabwicklung* beinhaltet die Projektplanung, die Projektkontrolle und die Projektsteuerung. Die *Projektplanung* erarbeitet die Vorgaben bezüglich des technischen Ergebnisses, der Termine, Kosten und Kapazitäten für die Projektdurchführung. Die *Projektkontrolle* führt Soll-Ist-Vergleiche durch und meldet Abweichungen an die Projektsteuerung und die Projektplanung. Die *Projektsteuerung* leitet Maßnahmen ein, um Abweichungen in der Projektdurchführung zu korrigieren.

Jedes Projekt durchläuft einen ganz bestimmten Weg, den man in die Phasen Problemanalyse, konzeptionelle Grundlegung, detaillierte Gestaltung, Realisierung, Nutzung und Außer-

dienststellung einteilen kann [Say79] (Bild 9-11). Dabei muß ein Projekt nicht alle Phasen aufweisen. Der gesamte Projektablauf – insbesondere jedoch die Phasen mit Planungscharakter – besteht aus der Abfolge einer großen Anzahl von Problemlösungsprozessen mit ihren Iterationszyklen. In den Phasen der Problemanalyse, der konzeptionellen Grundlegung und der detaillierten Gestaltung kommt dem Problemlösungsprozeß die größte Bedeutung zu. Dagegen gewinnen in der Realisations- und Nutzungsphase Routineprozesse und situationsbedingte Improvisation an Bedeutung. Auch die einzelnen Stufen des Problemlösungsprozesses ändern ihre Bedeutung im Verlauf der Lebensphasen. So besitzt die Zielsuche in der Phase der Problemanalyse ihre größte Bedeutung, während die Lösungssuche in der Phase der konzeptionellen Gestaltung an Gewicht gewinnt und sich in der Phase der detaillierten Gestaltung auf Teilsysteme ausdehnt [Say79: 44]. Der phasenweise Projektablauf soll dazu beitragen, daß anfangs bei allen Projekten vorhandene technische, terminliche und wirtschaftliche Risiko mit geringem Aufwand möglichst schnell abzubauen.

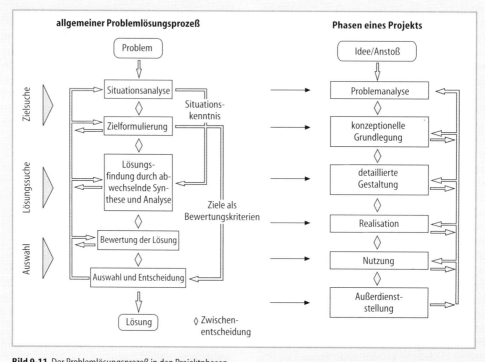

Bild 9-11 Der Problemlösungsprozeß in den Projektphasen

Projektplanung

Die Entscheidung, daß die Lösung eines Problems in Angriff genommen werden soll, ist der Ausgangspunkt für eine Projektplanung. Dabei werden systematisch Informationen über den zukünftigen Projektablauf gesammelt und die zum Erreichen der Projektziele notwendigen Maßnahmen ermittelt. Die Definition klarer und eindeutiger Ziele ist die Grundvoraussetzung bei jeder Planung. Das Ziel der Projektplanung ist die *Ermittlung realistischer Sollvorgaben* hinsichtlich der zu erbringenden Arbeitsleistung (technisches Ergebnis), der Termine, der Kosten und der notwendigen Kapazitäten, ferner die Ermittlung von Einzelschritten der Projektdurchführung. Die Projektplanung ist die Basis für die Steuerung des Projekts und für die Kontrolle des Projektfortschritts [Lit93: 90]. Sie ist kein einmaliger Vorgang zu Beginn eines Projekts, sondern eine sich mehrfach während des Projektablaufs wiederholende Aufgabe (*rollende Planung*). Dafür werden folgende Methoden, Verfahren und Hilfsmittel eingesetzt:

- Projektstrukturplan,
- Projektablaufplan,
- Terminplan,
- Kapazitätsplan,
- Personalplan,
- Projektkostenplan.

Projektkontrolle

Um das definierte Projektziel erreichen zu können, muß während des Projektablaufs eine regelmäßige Überwachung erfolgen. Die Planung liefert mit den Sollwerten Kriterien dafür, ob ein Projekt befriedigend verläuft. Wenn keine Planzahlen für Kosten und Termine einzelner Aktivitäten oder Teile des Projekts vorliegen, kann erst am Ende des Projekts festgestellt werden, ob die Projektziele erreicht wurden [Dre75: 225]. Eine wirkungsvolle Projektkontrolle kann also nur auf der Basis detaillierter, aktueller und vollständiger Planungsvorgaben erfolgen.

Im Rahmen der Projektkontrolle werden zunächst die Istwerte, die die aktuelle Projektsituation widerspiegeln, erhoben. Anschließend erfolgt der *Vergleich* dieser Istwerte mit den Sollwerten. Bei der Feststellung von *Abweichungen* werden die Ursachen analysiert und alternative *Korrekturmaßnahmen* zur Behebung der Differenz aufgezeigt. Notwendige Um- oder Neuplanungen müssen dokumentiert werden. Die Projektkontrolle ist ein parallel zur Projektdurchführung ablaufender, iterativer Prozeß.

Die Kontrolle bezieht sich einerseits auf den Projektgegenstand und andererseits auf den Projektablauf. In Verbindung mit dem Projektgegenstand wird überprüft, inwieweit die Leistungsanforderungen hinsichtlich Funktion und Qualität erfüllt sind. Dies ist die Aufgabe der *Qualitätssicherung*. Erst wenn ein Arbeitspaket die Prüfung durch die Qualitätssicherung bestanden hat, gilt es als fertiggestellt, womit dann Kosten und Termine überprüfbar werden. Termine und Kosten sind die wichtigen Parameter zur Überwachung des Projektablaufs [Lit93: 159].

Projektsteuerung

Die Projektsteuerung erfolgt kontinuierlich während der gesamten Laufzeit des Projekts. Projekte sind nur in der Planungsphase grundlegend beeinflußbar. Die Planung kann den Projektablauf lediglich gedanklich vorwegnehmen. Sie wird daher in der Regel mit *Unsicherheiten* behaftet sein, die zu Abweichungen zwischen dem geplanten und dem realen Projektablauf führen. Das Projektziel kann nur erreicht werden, wenn eine aktive, wirkungsvolle Steuerung die Abweichungen ausgleicht. Grundlage für die Steuerung sind die Ergebnisse der Projektkontrolle. Bei der Projektkontrolle werden Abweichungen zwischen Istwerten und Sollwerten festgestellt und ihre Ursachen analysiert. Die anschließende Einleitung und Lenkung von Maßnahmen, die erforderlich sind, um den weiteren Projektablauf im Rahmen der Planungswerte zu ermöglichen, ist Aufgabe der Projektsteuerung.

Der Projektleiter verantwortet die Entscheidungen, die den Einsatz von Steuerungsmaßnahmen betreffen. Insbesondere entscheidet er über die Auswahl der Steuerungsmaßnahme, den Zeitpunkt ihres Einsatzes, die Behandlung der Nebenwirkungen und über eine eventuelle Um- oder Neuplanung. Voraussetzung für die *Auswahl der geeigneten Steuerungsmaßnahmen* ist die Ermittlung der Ursachen jeder Abweichung. Ergibt die Abweichungsanalyse, daß die Ursachen der Abweichung beeinflußbar sind, werden Maßnahmen eingeleitet, um diese so zu verändern, daß der Projektplan wieder erreicht wird [Sth90: 124]. Die Entscheidung über den *Einsatzzeitpunkt der Steuerungsmaßnahmen* ist entscheidend für ihre Wirkung. Je geringer die Zeitspanne vom Eintreten einer Abweichung bis zur Einleitung der Gegensteuerung ist, desto effektiver greifen die Steuerungsmaßnahmen und desto einfacher können sie angewandt werden.

Jede im Projektablauf durchgeführte Steuerungsmaßnahme ist mit *Nebenwirkungen* verbunden. So verursacht beispielsweise der Einsatz zusätzlicher Personalkapazität zum Ausgleich von Terminverzögerungen zusätzliche Kosten. In diesem Fall muß vor Einleitung einer Steuerungsmaßnahme entschieden werden, ob das Einhalten von Planterminen eine höhere Priorität hat als das Einhalten von Plankosten. Typische Steuerungsmaßnahmen sind z. B.:
- Suche nach technischen Alternativen,
- Änderung des Abwicklungsprozesses,
- Reduzierung des Leistungsumfangs,
- Streichen von Arbeitspaketen,
- Lieferantenwechsel,
- Beschäftigung zusätzlicher Mitarbeiter,
- Fremdvergabe von Arbeitspaketen,
- Parallelisierung von Vorgängen.

Wenn nicht beeinflußbare Ursachen für Abweichungen vom Projektplan erkennbar sind oder die Abweichungen bereits zu groß sind, muß eine *Um- oder Neuplanung* erfolgen.

Mit Hilfe der dargestellten Methode des Projektmanagements werden Fabrikplanungsprojekte durchgeführt. Die Anwendungen werden in 9.5 beschrieben.

9.1.4 Verfahren und Hilfsmittel der Fabrikplanung (vgl. 3.4)

9.1.4.1 Einführung

Die Fabrikplanung hat die Aufgabe, Planungsleistungen für solche Abteilungen zu erbringen, die dafür weder über die erforderliche Zeit noch über das Know-how verfügen. Insofern ist es für Planer charakteristisch, daß sie sich in mehr oder weniger fremde Sachverhalte und Prozesse hineindenken müssen. Hierzu haben sie in der Regel nur begrenzte Zeit und Finanzmittel zur Verfügung. Daher ist jede Planung mit einer Unschärfe behaftet und naturgemäß stets abhängig von den getroffenen Annahmen. Verfahren und Hilfsmittel der Fabrikplanung sind daher allgemein mit dem Ziel entwickelt worden, diese beiden Hauptprobleme zu bewältigen. Es geht darum,
- effizient, also schnell und kostensparend, die wesentlichen Informationen über den zu planenden Betriebsbereich zu erhalten und

- die erkannten Zusammenhänge der bisherigen Produktion unter Berücksichtigung neuer Ziele und Möglichkeiten als Planungsannahme für die Zukunft fortzuschreiben.

Vor diesem Hintergrund besteht die Hauptaufgabe der Planung schließlich darin, für den betroffenen Betriebsbereich und die dazugehörigen Teilbereiche eine Struktur zu finden und die Dimension der Einrichtungen und Flächen festzulegen.

Zur Unterstützung des Planungsprozesses wurden zahlreiche Methoden und Verfahren entwickelt, die folgende Aufgaben haben [Bec81]:
- Sie stellen die einzelnen *Schritte*, die zur Lösung eines bestimmten Planungsproblems notwendig sind, übersichtlich dar.
- Sie geben dem Planer *Hilfestellung*, die Komplexität der Aufgabe zu beherrschen.
- Sie geben Planungserfahrung als *Arbeitsanleitung* weiter.
- Sie garantieren in formaler Hinsicht eine *Lösung* des Problems.
- Probleme, Planungsverfahren und erarbeitete Lösungen können als potentielles *Reiz- und Reaktions-Schema* gedeutet werden, da für bestimmte Planungsprobleme mit bereits entwickelten Planungsverfahren nahezu automatisch eine Lösung gegeben wird.

Allgemein beschreibt ein Verfahren den Weg zur Bewältigung einer bestimmten Aufgabe bzw. eines Aufgabenteils. Daenzer hat eine Zuordnung der gängigen Verfahren zu den verschiedenen Phasen der Fabrikplanung vorgenommen [Dae92: 428], bei der jedoch berücksichtigt werden muß, daß Verfahren nicht nur während einer Phase, sondern auch phasenübergreifend eingesetzt werden können.

Planungsverfahren sind sowohl subjekt- als auch objektbezogen. Das Subjekt, d.h. der Anwender eines Planungsverfahrens, besitzt bestimmte Kenntnisse und Fertigkeiten und steht in der Regel zu anderen an der Planung beteiligten Subjekten in einem arbeitsteiligen Verhältnis. Objekte von Planungsverfahren sind die dem Planer vorliegenden Informationen, die durch den Einsatz des Planungsverfahrens verändert werden. Dieser informationsverarbeitende Charakter von Planungsverfahren kommt auch bei deren Klassifizierung zum Ausdruck. Methoden und Verfahren lassen sich zweckmäßig entsprechend den in 9.1.2 aufgeführten Phasen und Schritten eines systematischen Fabrikplanungsablaufs in folgende fünf Verfahrensgruppen ordnen:

Die erste Verfahrensgruppe, die *Vorbereitung,* beinhaltet die Verfahren, die zur Aufnahme und Analyse von Betriebsdaten benötigt werden. Damit soll das Problem gelöst werden, auf effiziente Weise Informationen über ein zunächst mehr oder weniger unbekanntes Objekt zu bekommen. Zur *Strukturanalyse,* der zweiten Verfahrensgruppe, gehören die Verfahren, die mit Hilfe der gewonnenen Informationen die existierenden Strukturen und Abläufe bewerten und neue Strukturen bestimmen. Die dritte Verfahrensgruppe bezieht sich auf die *Gestaltung,* welche die räumliche Anordnung, die physische Machbarkeit und die Ergonomie der einzelnen Teilbereiche umfaßt. Zur vierten Verfahrensgruppe, der *Umsetzung,* gehören die in 9.3 genannten Verfahren des Projektmanagements. Keine noch so gute Planung führt zu einem eindeutigen, objektiv besten Ergebnis. Die notwendigen Entscheidungen müssen daher rational vor dem Hintergrund systematischer Bewertungen getroffen werden. Insofern bilden *Bewertungsverfahren* die fünfte und letzte Verfahrensgruppe.

9.1.4.2 Datenerfassung

Die Verfahren der Datenerfassung lassen sich in die direkte und die indirekte Datenerfassung (Bild 9-12) gliedern, die oft auch als primäre und sekundäre Datenerfassung bezeichnet werden. Bei der Auswahl eines geeigneten *Erfassungsverfahrens* sind neben Untersuchungsobjekten und Zielen auch die zur Verfügung stehenden Planungsmitarbeiter (Qualifikation, Anzahl), der vorgegebene Zeitraum und der Finanzrahmen zu berücksichtigen. Die Vollständigkeit der Daten sollte mit Checklisten [Ket84, Agg90]

überprüft werden. Gegebenenfalls sind Datenaufnahmeblätter vorzubereiten.

Die *direkte Datenerfassung* kann gemäß Bild 9-12 im laufenden Betrieb durch Befragung und Beobachtung vorgenommen werden. Die *Befragung* kann entweder mündlich oder schriftlich unter Verwendung vorbereiteter Fragebögen oder durch Selbstaufschreibung erfolgen. In der Praxis ist eine kombinierte und sich teilweise ergänzende Anwendung dieser Möglichkeiten üblich. Bei schriftlichen wie auch bei mündlichen Befragungen ist auf eindeutige und sachlich objektive Formulierung besonderer Wert zu legen, um ein sinnvolles Ergebnis der Befragung sicherzustellen. Die Aussagefähigkeit der Befragung steigt, wenn sie parallel bei mehreren, möglichst sachkundigen Personen durchgeführt wird und somit ein Abgleich zwischen den Aussagen möglich ist.

Bei der *Beobachtung* ist zwischen der in einem bestimmten Zeitraum permanent durchgeführten Dauerbeobachtung und der nach statistischen Regeln abzuwickelnden Stichproben- bzw. Kurzzeitbeobachtung zu differenzieren. Die permanent durchgeführten Beobachtungen bringen jedoch erst dann gute Ergebnisse, wenn die Beobachtung deutlich länger dauert als der zu beobachtende Vorgang. Man sollte im allgemeinen den Beobachtungszeitraum fünfmal länger wählen als die Dauer des Vorgangs ist. Aufgrund des damit einhergehenden Zeitaufwands wird in der Praxis die Beobachtung nach statistischen Regeln der permanenten Beobachtung vorgezogen. Das am häufigsten eingesetzte statistische Verfahren ist das *Multimomentverfahren.* Es basiert auf einer nach dem Zufallsprinzip durchgeführten Anzahl von Beobachtungen. Es wird angewendet zur

- Erfassung der Nutzungszeiten von Maschinen, Anlagen, Vorrichtungen, Werkzeugen und Fördermitteln (Auslastungskontrolle),

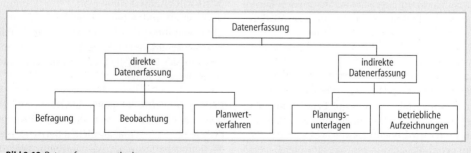

Bild 9-12 Datenerfassungsmethoden

- Ermittlung von Tätigkeits- und Verteilzeiten (Vorgabezeitermittlung),
- Kontrolle von Lagervorräten (Bestandskontrolle),
- Analyse von Tätigkeitsbereichen (Ablaufanalyse) und
- Erfassung von Materialbewegungen (Durchlaufanalyse).

Hierbei ist darauf zu achten, daß die Genauigkeit der Auswertung stark von der Anzahl der Beobachtungen abhängig ist. Bei Einhaltung bestimmter statistischer Regeln liefern diese Verfahren verbindliche Aussagen über die prozentuale Häufigkeit oder über die Dauer von Vorgängen und andere Größen in jeder gewünschten Genauigkeit mit einer statistischen Sicherheit von bis zu 95 %. Um die erforderliche Anzahl der Beobachtungen in Abhängigkeit von der angestrebten Genauigkeit bestimmen zu können, verwendet man die Hauptformel der Multimomentaufnahme [Agg90: 248].

Im Gegensatz zur direkten Datenerfassung wird die *indirekte Datenerfassung* nicht im laufenden Betrieb durchgeführt, sondern stützt sich auf vorhandene betriebliche Unterlagen. Dabei handelt es sich typischerweise um Lagepläne, Bebauungs- und Hallenbelegungspläne, Flächenstatistiken, Produktions- und Absatzstatistiken, Transporttabellen, Maschinenkarteien, Fertigungsunterlagen und Lagerstatistiken. Der Rückgriff auf betriebliche Unterlagen, besonders wenn diese auf Datenträgern abgelegt sind, kann den Erhebungsaufwand im Rahmen der Ist-Zustands-Aufnahme reduzieren und stört den Produktionsablauf erheblich weniger. In jedem Fall ist jedoch vor der Weiterverwendung betrieblicher Daten ihre Aktualität, Vollständigkeit und Reproduzierbarkeit zu überprüfen. Die Praxis zeigt, daß die im Betrieb vorhandenen Unterlagen in einigen Fällen unzureichend, für die spezielle Aufgabenstellung nicht geeignet oder nicht mehr aktuell sind. Sie müssen dann durch eine direkte Datenerfassung vervollständigt werden.

9.1.4.3 Analyse

Wichtige Hilfsmittel bei der Aufnahme und Analyse sind Verfahren, die zur Ermittlung von Kenngrößen bei Massenphänomenen dienen. Mit ihnen wird Wichtiges von weniger Wichtigem getrennt, Sachverhalte oder Probleme werden in der Reihenfolge ihrer Bedeutung geord-

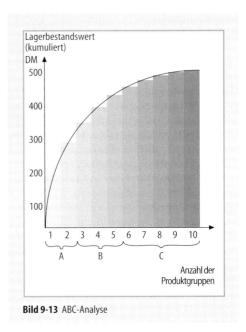

Bild 9-13 ABC-Analyse

net. Ein typisches Verfahren ist die *ABC-Analyse* (Bild 9-13), die auf dem von Pareto untersuchten, sozialökonomischen Sachverhalt basiert, daß ein sehr geringer Teil der Bevölkerung einen großen Anteil am individuellen Volksvermögen besitzt. Übertragen auf einen Produktionsbetrieb bedeutet dies, daß sich in jeder betrachteten Menge abgesetzter Produkte, beschaffter Materialien usw. stets eine relativ kleine Anzahl von Produkten, Materialien und Artikeln befindet, die einen großen Anteil am Absatz, Einkauf, Verbrauch aufweisen bzw. besitzen (Klasse A). Demgegenüber gibt es eine relativ große Anzahl von Produkten, deren Anteil gering ist (Klasse C). Dazwischen liegt eine dritte Gruppe (Klasse B). Die quantitative Festlegung der Grenzen zwischen den Klassen A, B und C kann nach freiem Ermessen erfolgen.

Die ABC-Analyse dient primär zur Ordnung, Darstellung und Analyse von Planungsdaten. Daneben gibt es eine Vielzahl weiterer Verfahren, insbesondere zur kritischen Prüfung und Wertung der Daten, die hier nur kurz charakterisiert werden sollen:

Betriebsvergleich. Vergleich der Daten mit denen anderer Betriebe mit ähnlichen Produktionsprogrammen und ähnlichen Betriebs- bzw. Fertigungsstrukturen, in der Literatur [Wat93] auch als *Benchmarking* bezeichnet.

Plausibilitätskontrollen. Prüfung der Daten auf ihre logische Richtigkeit, indem man z.B. die Summe der aufgenommenen Bereichsflächen mit der Fläche der dazugehörigen Halle vergleicht.

Verhältnis- und Kennzahlen. Prüfung und Kontrolle der Planungsdaten mit Hilfe von Kennzahlen [Wie91, Dol81], wobei ihre Vergleichbarkeit u.a. durch exakte Definition der Bezugsgrößen sichergestellt sein muß.

Die Analyse eines Unternehmens mit Hilfe von Kennzahlen ist gerade zur schnellen, numerischen Abbildung von Sachverhalten sinnvoll. Sie stellen in der Regel das Verhältnis zwischen zwei Größen dar, können jedoch auch als absolute Größe genutzt werden. Die gängigsten *Kennzahlen* sind:

- die *Gliederungskennzahlen:* Verhältnis zweier Größen von der gleichen Art (z.B. Kunststoffanteil zum Gesamtverbrauch),
- die *Beziehungskennzahlen:* Verhältnis zwischen Größen verschiedener Art (z.B. produzierte Teile pro Monat) und

- die *Meßkennzahlen:* Verhältnis zweier Größen zu verschiedenen Zeitpunkten (z.B. Lagerbestand Ende 1995 zu Lagerbestand Ende 1996) oder über zwei unterschiedliche, aber gleich lange Zeiträume.

9.1.4.4 Verfahren zur Strukturanalyse

Für den Fabrikplaner bildet der Arbeitsplan eine der wichtigsten Planungsgrundlagen, da er die Arbeitsvorgänge und ihre Reihenfolge sowie ihre Zuordnung zu den Betriebsmitteln festlegt. Zur Darstellung der Arbeitsvorgangsfolge von Erzeugnissen hat sich ein *Arbeitsablaufschema* bewährt, das für die verschiedenen Vorgänge bestimmte Symbole verwendet (Bild 9-14). Sie basieren auf Empfehlungen der American Society of Mechanical Engineers (ASME) bzw. des Vereins Deutscher Ingenieure (VDI) [Spu94: 117]. Für den Durchlauf eines Erzeugnisses ist die Darstellungsform nach Bild 9-14b gebräuchlich, sie wird auch als *Operationsfolgediagramm* bezeichnet. Für die Darstellung des Arbeitsab-

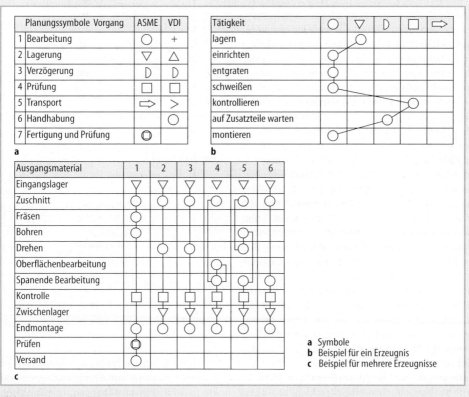

Bild 9-14 Arbeitsablaufschema

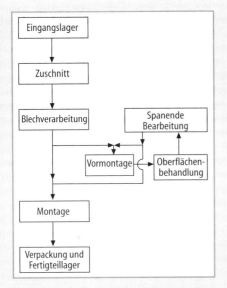

Bild 9-15 Beispiel für ein ideales Funktionsschema

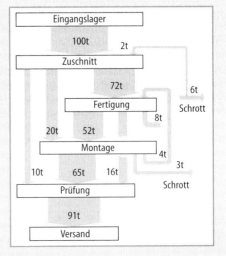

Bild 9-16 Sankey-Diagramm des Materialflusses

laufs mehrerer Erzeugnisse ist eine tabellarische Übersicht (Bild 9-14c) zu empfehlen. Diese kann bereits zu einer ersten qualitativen Analyse der Belastung einzelner Arbeitstationen herangezogen werden und erlaubt ferner eine Aussage über gleichartige Arbeitsfolgen bei verschiedenen Erzeugnissen. Bei der Analyse der Abläufe einer größeren Anzahl von Erzeugnissen wird der Arbeitsaufwand relativ hoch. In diesen Fällen kann entweder eine Beschränkung auf repräsentative Teile (vgl. ABC-Analyse, 9.1.4.3) oder – in Betrieben mit Arbeitsplänen in datenverarbeitungsfähiger Form – eine Vollauswertung auf EDV-Basis vorgenommen werden.

Eine wichtige Basis für die Ermittlung des Fertigungsprinzips bildet die Analyse der Arbeitsabläufe. Das Arbeitsablaufschema zeigt alle wesentlichen, für die Herstellung eines Teils oder Erzeugnisses erforderlichen Arbeitsvorgänge in ihrer funktionalen Verknüpfung. Es empfiehlt sich, die Funktionseinheiten tabellarisch zu ordnen und mit ihren funktionalen Abhängigkeiten in einer Beziehungsmatrix darzustellen. Hierzu werden in den Spalten die Auftragsnummern (1–6) und in den Zeilen die in dem Betrieb vorhandenen Arbeitsgänge zur Bearbeitung der Aufträge eingetragen (Bild 9-14c) [Ket84: 99].

Die ablauf- und funktionsorientierte Zuordnung der betrieblichen Einheiten kann in einem *idealen Funktionsschema* dargestellt werden.

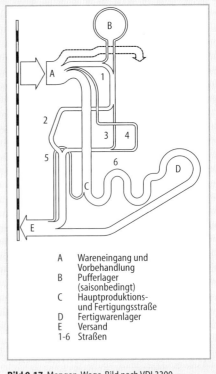

A	Wareneingang und Vorbehandlung
B	Pufferlager (saisonbedingt)
C	Hauptproduktions- und Fertigungsstraße
D	Fertigwarenlager
E	Versand
1-6	Straßen

Bild 9-17 Mengen-Wege-Bild nach VDI 3300

Die Darstellung erfolgt je nach Umfang des Erzeugnisspektrums auf Arbeitsplatzebene oder, wie in Bild 9-15 zu sehen ist, mit funktionell gleichartigen oder eng miteinander verknüpf-

		Materialbereitstellung	Anreißen, Zuschnitt	Fräsen	Bohren	Drehen	Oberflächenbearbeitung	Schweißen	Montage	Lackieren	Prüfen Versand	Summe
		1	2	3	4	5	6	7	8	9	10	11
Matrialbereitstellung	1	x	650	10	15	50						725
Anreißen, Zuschnitt	2		x	200	200	245		5				650
Fräsen	3		120	x	140	165	80	5				510
Bohren	4		65	75	x	220	60	45	50			515
Drehen	5		95		95	x	120	175	165		20	670
Oberflächenbearbeitung	6			80			x	60	190	10		340
Schweißen	7				70			x	140	20	50	280
Montage	8			50		35			x	340	35	460
Lackieren	9			50		35		105		x	370	560
Prüfen,Versand	10										x	0
Summe	11	0	930	465	520	750	260	395	545	370	475	

Bild 9-18 Materialflußmatrix

ten Arbeitsvorgängen (Kostenstellen- bzw. Bereichsebenen).

Als Alternative hierzu kann das *Sankey-Diagramm* (Bild 9-16) verwendet werden. Dem Vorteil des Sankey-Diagramms, nämlich der übersichtlichen und einfachen Darstellung des Materialflusses bezüglich Bearbeitungsfolgen und -stufen, steht der Nachteil gegenüber, daß die räumliche Anordnung und teilweise auch die Entfernungen zwischen den Fertigungseinheiten nicht wiedergegeben werden können. Dies kann dagegen durch ein *Mengen-Wege-Bild* (Bild 9-17) geschehen, das eine qualitative Beurteilung der räumlichen Zuordnung gestattet. Bei zahlreichen und zudem sich kreuzenden Materialströmen wird diese Darstellung jedoch rasch unübersichtlich.

Wenn die Auswertung des Arbeitsablaufes um Faktoren wie Menge, Volumen oder Anzahl der transportierten Teile oder Transporthilfsmittel erweitert wird, ist damit die Voraussetzung für die Erstellung einer *Transportmatrix* (Von-nach-Matrix) gegeben. Eine Darstellung in Matrizenform ist dann sinnvoll, wenn die Zahl der Stationen größer als 10 ist, da eine graphische Darstellung in diesem Fall zu unübersichtlich wäre. Bild 9-18 zeigt eine solche Matrix. In der oberen Zeile sind die Empfangsstellen und in der ersten Spalte die Absendestellen eingetragen. Die Felder der Matrix enthalten Maßzahlen für den Fluß (z. B. Gewicht, Volumen oder Anzahl der Transporthilfsmittel bezogen auf die Zeit); daneben können aber auch noch andere Daten (transportierte Materialarten oder verwendete Fördermittel) eingetragen werden. In der unteren Zeile und in der rechten Spalte werden die Summenwerte aufgezeigt, die den von der absendenden Stelle verschickten bzw. den von der ankommenden Stelle empfangenen Mengen entsprechen. Hierbei können Abweichungen zwischen der Summe der Zugänge und der Summe der Abgänge auftreten, sofern nicht alle Stellen in der Matrix aufgeführt wurden, die Materialflußbeziehungen zu dem betrachteten Bereich besitzen. Die Anschaulichkeit von Matrizen läßt sich verbessern, indem man die Felder mit besonders starken Transportbeziehungen durch Schraffur oder Farbe kennzeichnet [War93: 102].

Das Auffinden von Ähnlichkeiten wird vor allem durch die *Clusteranalyse* [Dei85] unterstützt. Sie stellt eine ganze Reihe von Verfahrensvarianten zur Verfügung, welche ihren Ursprung hauptsächlich in heuristischen, teilweise aber auch statistischen und entscheidungstheoretischen Überlegungen haben. Im Kern geht es darum, in einer komplexen Struktur Objekte mit ähnlichen Eigenschaften zu erkennen und diese in Clustern (engl.: Haufen) zu bündeln. Bei einer entsprechenden Strukturierung können auf dieser Basis z. B. Synergieeffekte angestrebt werden.

Objekte	Merkmal 1: Maschinenstundensatz DM	Merkmal 2: Kapazität Std/Tag	Merkmal 3: Leistung Std/Tag	Merkmal P: ....
Drehmaschine	98,45	6	4,7	· · ·
Fräsmaschine	107,50	8	7,4	· · ·
Bohrmaschine	68,32	7	3,2	· · ·
...n	· · ·	· · ·	· · ·	· · ·

Bild 9-19 Objektdatenmatrix

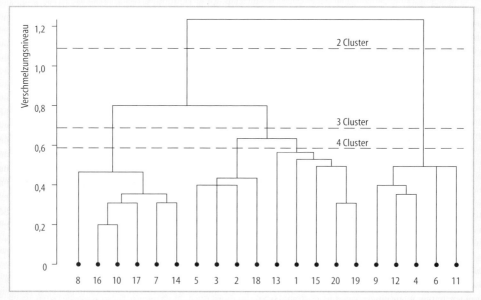

Bild 9-20 Dendrogramm

Voraussetzung ist, daß alle n zu analysierenden Objekte jeweils durch p numerisch formulierbare Merkmale charakterisiert werden können. Diese Zuordnung wird in der sog. Objektdatenmatrix X in der Form $X = (X_{ij})$; $i = 1, ..., n$; $j = 1, ..., p$ zum Ausdruck gebracht (Bild 9-19). Davon ausgehend werden die Cluster entweder auf der Basis eines Ähnlichkeitsmaßes (für Binärzahlen z.B. nach Tanimoto) oder eines Distanzmaßes (für Binärzahlen z.B. das euklidische Distanzmaß) gebildet.

Bei den sog. unscharfen Clusterverfahren werden für die einzelnen Objekte Wahrscheinlichkeiten angegeben, mit denen sie zu bestimmten Clustern gehören, wobei sich die einzelnen Cluster auch überschneiden können. Dagegen ordnen disjunkte Verfahren jedes Objekt genau einer Klasse zu. Für produktionstechnische Anwendungen typisch sind vor allem hierarchische Verfahren. Als Ergebnis ergibt sich jeweils eine Hierarchie disjunkter Cluster, die oft in Form eines Dendrogramms dargestellt wird. In Bild 9-20 ist dies an einem Beispiel gezeigt. Auf der senkrechten Achse sind die Distanzen der einzelnen Gruppen aufgetragen. Je nach Wahl der Grenzdistanz ergeben sich daraus zwei, drei, vier oder mehr Cluster, die in der Folge problemspezifisch bewertet werden müssen.

9.1.4.5 Layoutentwicklung

Zur Lösung des Problems einer optimalen Betriebsmittelanordnung wurden zahlreiche manuelle und rechnergestützte Verfahren entwickkelt, deren gemeinsames Zielkriterium in der *Minimierung des Transportaufwands* liegt. Die Zuordnung von Abteilungen oder Maschinen erfolgt in der Praxis auch heute noch weitgehend durch Probieren oder empirisches Vorgehen. Als Grundlage dienen Arbeitsablaufschemata, Transporttabellen oder Transportdiagramme wie z. B. das Sankey-Diagramm (vgl. 9.1.4.4).

Probierverfahren. Als Probierverfahren kann man die zeichnerische Erstellung von Zuordnungsalternativen bezeichnen, die mit den genannten Grundlagen und betrieblicher sowie planerischer Erfahrung erarbeitet werden. Eine wesentliche Arbeitserleichterung bringt hierbei die Verwendung maßstäblicher *Betriebsmittelschablonen*, die z. B. als Transparent, Karton, Magnet- oder Klebefolie vorliegen und auf entsprechenden Layoutplänen beliebig positioniert werden können. Ebenso findet man in Unternehmen häufig CAD-Systeme vor, mit deren Hilfe man die betreffenden Objekte auf dem abgebildeten Hallengrundriß frei anordnen kann.

Als Vorstufe für eine mathematisch orientierte Anordnungsoptimierung kann man die Zuordnung nach dem *Kreisverfahren* von Schwerdtfeger bezeichnen [Ket84: 229] (Bild 9-21). Bei diesem Verfahren werden die Abteilungen oder Betriebsmittel auf einem Kreis bzw. den Eckpunkten eines Vielecks angeordnet. Die Beziehungen zwischen ihnen werden durch Pfeile oder Verbindungslinien dargestellt. Durch Umgruppierung versucht man, eine Anordnung zu erreichen, bei der die Einheiten mit den intensivsten Transportbeziehungen möglichst dicht beieinanderliegen. Außerdem dürfen die mengenmäßig wichtigen Beziehungen nicht quer durch den Kreis verlaufen, sondern sollten weitgehend auf dem Kreisumfang angeordnet sein. Das Verfahren läßt damit auch erste Rückschlüsse auf die Möglichkeit einer Linienauslegung der Fertigung zu.

Analytische Verfahren. Bei den analytischen Verfahren kann die optimale Lösung für ein vorgegebenes Zielkriterium durch exakte Be-

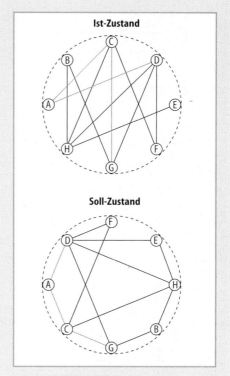

Bild 9-21 Kreisverfahren nach Schwerdtfeger

rechnung ermittelt werden. Der Rechenaufwand wird jedoch schon bei einer relativ geringen Anzahl anzuordnender Objekte sehr hoch, so daß diese Verfahren, wie z. B. das Entscheidungsbaumverfahren [Dae92], für die Fabrikplanung praktisch kaum eingesetzt werden.

Heuristische Verfahren. Bei den heuristischen Verfahren wird der Nachteil eines zu großen Rechenaufwands durch Verwendung einfacher Rechenvorschriften (Algorithmen) vermieden. Damit läßt sich zwar nicht immer ein Optimum, jedoch mit vertretbarem Aufwand eine relativ gute Lösung erreichen. Die heuristischen Anordnungsverfahren lassen sich nach ihren Lösungsprinzipien in *Aufbauverfahren*, *Vertauschungsverfahren* und *Kombinationsverfahren* untergliedern. Innerhalb dieser Gruppen unterscheidet man zwischen Verfahren, die lediglich die Anordnung gleich großer Flächen erlauben, und solchen, die unterschiedliche Flächengrößen berücksichtigen können.

Bei den *Aufbauverfahren* – häufig auch als konstruktive Verfahren bezeichnet – wird in einem ersten Schritt das Objektpaar mit der größ-

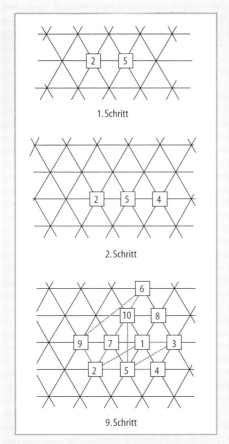

Bild 9-22 Modifiziertes Dreiecksverfahren

wird das Betriebsmittel mit der größten Materialflußmenge zu allen schon im Rasterfeld eingesetzten Betriebsmitteln bestimmt. In Frage kommende Standorte sind prinzipiell alle Kreuzungspunkte in der Nachbarschaft der schon eingesetzten Betriebsmittel. Sofern die optimale Position des anzuordnenden Bereichs nicht offensichtlich ist, muß eine Beurteilung aller möglichen Positionen durch eine Gewichtung der Materialflußmengen mit den zum Transport notwendigen Strecken erfolgen [Ket84: 231].

Das *Dreieckverfahren* wird bevorzugt in Bereichen mit vernetzten Materialflüssen eingesetzt. Soll hingegen ein Bereich mit geradlinigem Materialfluß optimiert werden, ist dem Ringverfahren der Vorzug zu geben. Bei dem *Ringverfahren* von Schmigalla [Smi92: 157] wird die Optimierung in ähnlicher Art und Weise vollzogen, wobei die Anordnungspunkte auf einem Kreis und nicht mehr auf einem Dreieckraster liegen und somit die Optimierung ähnlich dem Kreisverfahren nach Schwerdtfeger erreicht wird.

Beim *Vertauschungsverfahren* wird eine vorhandene oder nach einfachen Gesichtspunkten manuell erstellte Anordnung der Betriebseinheiten als Ausgangslösung vorgegeben. Durch schrittweises Vertauschen einzelner Betriebseinheiten wird dann versucht, den Zielwert der Anordnung zu verbessern. Wenn keine weitere Verminderung des Zielwerts mehr erreicht wird bzw. eine vorgegebene Anzahl von Vertauschungen durchgeführt ist, bricht das Verfahren ab. Der erreichbare Endzielwert hängt dabei wesentlich von der Güte der Ausgangsanordnung ab. Die Vertauschungsverfahren unterscheiden sich in der Vorschrift, nach der die zu vertauschenden Objekte ausgewählt werden. Da die Vertauschung von Betriebseinheiten mit ungleich großen Grundflächen mit Schwierigkeiten verbunden ist, bieten nur wenige Verfahren entsprechende Lösungsmöglichkeiten an. Die meisten Vertauschungsverfahren arbeiten mit Einheitsflächen und vorgegebenen Standorten in einem Dreieck- oder Viereckrasternetz [Ket84: 231].

Die *Kombinationsverfahren* versuchen, die spezifischen Vorzüge von Aufbau- und Vertauschungsverfahren zu vereinen und ihre Nachteile zu eliminieren. So wird bei diesen Verfahren das Anfangslayout nicht willkürlich gewählt oder manuell erstellt, sondern durch ein konstruktives Verfahren errechnet. Im zweiten Schritt wird dann versucht, dieses bereits vorop-

ten Transportintensität auf einem vorher definierten Platz angeordnet. In den folgenden Schritten werden die Betriebseinheiten ausgewählt und angeordnet, die zu den bereits plazierten Objekten die größte Transportintensität aufweisen. Das ausgewählte Objekt „umkreist" dabei den bereits angeordneten Kern, bis der Anordnungspunkt mit dem günstigsten Zielwert gefunden ist.

Ein in der Praxis vielfach erprobtes Verfahren stellt das erweiterte *Dreieckverfahren* von Schmigalla dar. Dieses Verfahren ist eine konstruktive Methode, bei der die einzelnen Betriebsmittel nach und nach auf die Kreuzungspunkte eines Dreieckrasters gesetzt werden (Bild 9-22). Zuerst werden diejenigen zwei Betriebsmittel in die Mitte des Rasterfelds eingesetzt, zwischen denen die größten Mengen zu transportieren sind. Dabei bietet es sich an, die Hin- und Rückflüsse zu addieren. Anschließend

timierte Layout durch ein Vertauschungsverfahren zu verbessern. Die unregelmäßige Außenkontur kann durch ein weiteres Teilprogramm einem vorgegebenen Gebäudeumriß angepaßt werden.

Es hat sich gezeigt, daß beim praktischen Einsatz aufgrund der Vielzahl von Einflußfaktoren bei der Anordnung der Bereiche oder deren Betriebsmittel die einfacheren Verfahren, wie z. B. das Aufbauverfahren, schnell zu sinnvollen Ergebnissen führen und daher bevorzugt eingesetzt werden.

9.1.4.6 Bewertung

Da es aufgrund des fakultativen Zusammenhangs zwischen der Anzahl der anzuordnenden Betriebseinrichtungen und der Zahl der Lösungsmöglichkeiten ausgeschlossen ist, ein objektives Optimum zu finden, muß die verbleibende Unsicherheit durch eine Entscheidung ausgeräumt werden. Das Hilfsmittel hierzu stellt eine systematische Bewertung dar. Dabei hat es sich als günstig erwiesen, eine überschaubare Anzahl von guten Lösungsvarianten einander gegenüberzustellen und diese vergleichend zu bewerten.

Nutzwertanalyse. Die Nutzwertanalyse ist eine Bewertungsmethode, die zur Bewertung von Lösungsvarianten dient. Die Entscheidungssituation, bei welcher die Anwendung des Verfahrens zweckmäßig ist, läßt sich wie folgt kennzeichnen:
- Es liegen quantifizierbare Faktoren vor, die in Geldwert umgerechnet werden können.
- Die bekannten Faktoren können zwar quantifiziert werden, jedoch in einer Maßeinheit,

Nw Nutzwert B Bewertung (1–7) mit Nw = B·Gewicht				Ideal-variante		Variante 1		Variante 2	
Kriteriengruppe	Gewicht	**Kriterium**	Gewicht	B	Nw	B	Nw	B	Nw
Anordnung der Produktionsbereiche	50%	Wärmebehandlung	2%	7	14	5	10	4	8
		Mechanische Bearbeitung 1	8%	7	56	6	48	5	40
		Mechanische Bearbeitung 2	8%	7	56	6	48	5	40
		Einbindung des Bohrweks	8%	6	48	6	48	6	48
		Drehen	3%	7	21	2	6	3	9
		Nacharbeit	6%	4	24	6	36	3	18
		Qualitätssicherung	6%	4	24	5	30	7	42
		Verwaltung	2%	7	14	6	12	4	8
		Endkontrolle	2%	5	10	5	10	5	10
		Versand	2%	6	12	3	6	5	10
		Staubentwicklung	3%	5	15	2	6	3	9
Materialfluß	30%	Materialflußstruktur	10%	7	70	6	60	6	60
		Materialflußlänge	8%	7	56	5	40	4	32
		Transporthilfsmittel	5%	7	35	5	25	6	30
		Transportraster	7%	7	49	5	35	1	7
Flächennutzung	20%	Flexibilität	8%	4	32	6	48	2	16
		Nutzungsmöglichkeiten	5%	3	15	6	30	7	35
		Zuordnung Bereitstellflächen	7%	5	35	4	28	4	28
Summe	100%		100%		586		526		450
Rangliste					1		2		3

Bild 9-23 Nutzwertanalyse

die nicht oder nur bedingt in Geldwert umgerechnet werden kann, wie z.B. technische Daten, Parameter oder Kennzahlen der Betriebsplanung usw.

– Es bestehen Unwägbarkeiten, die nicht quantifizierbar sind und nur subjektiv beurteilt werden können.

Um die vorliegenden Varianten mit Hilfe der Nutzwertanalyse bewerten zu können, müssen zuerst Kriterien bestimmt und in ihrer Gewichtung festgelegt werden [Agg90: 322ff.]. Die Summe aller *Kriteriengewichte* sollte zweckmäßigerweise den Wert 100 ergeben (Bild 9-23). Der *Beurteilungswert* für die Kriterien kann frei gewählt werden, wobei darauf zu achten ist, daß die Differenzierung gemäß dem Informationsstand erfolgt.

Liegen vage Aussagen vor, empfiehlt sich eine Skala von 1–3, bei genaueren Informationen eine von 1–5 und in Ausnahmefällen von 1 bis 10. Der Aufwand, eine Entscheidung zu treffen, steht im direkten Zusammenhang mit der Abstufung der Beurteilungswerte. Durch Aufsummieren der Produkte der einzelnen Beurteilungswerte und ihrer Kriteriengewichte erhält man dann den *Gesamtnutzwert* der Variante. Der Vorteil dieser Methode liegt in der umfassenden Berücksichtigung aller aufgeführten Kriterien. Damit ist eine Abwägung in technischer und wirtschaftlicher Hinsicht möglich. Es ist zu beachten, daß ein subjektiver Einfluß beim Aufstellen der Kriterienhierarchie sowie bei ihrer Gewichtung und Punktbewertung gegeben ist [Ket84: 120ff.]. Eine Nutzwertanalyse stellt in erster Linie eine Möglichkeit zur geordneten Diskussion von Lösungen in einem Bewertungsteam dar und fördert damit die Akzeptanz der ausgewählten Lösung.

Infolge der quantitativen und qualitativen Vielfalt der Beurteilungskriterien gibt es zahlreiche weitere Bewertungsverfahren für die Ermittlung der Vorteilhaftigkeit von Lösungsvorschlägen. Dies gilt sowohl für die gesamte Wertung von Projektalternativen und die Bewertung der Teilsysteme als auch für die verschiedenen Beurteilungskriterien (Gesichtspunkte, Eigenschaften). Ein Teil dieser Verfahren beruht auf mathematischen Algorithmen. Ihre Anwendung erfordert recht umfangreiche Vorbereitungsarbeiten und zum Teil großen Rechenaufwand, so daß diese Verfahren vorwiegend zur Beurteilung der engeren Auswahl der Varianten für wichtige Teilsysteme oder Gesamtkonzepte angewendet werden.

Polaritätsprofil. Ein oft verwendetes Hilfsmittel und eine gute Darstellungstechnik für die Erfassung und Veranschaulichung verschiedener skalierbarer Eigenschaften von Objekten und Systemen ist das Polaritätsprofil oder auch Kennzahlenprofil [Wie91: 48]. Damit kann sowohl das Anforderungsprofil, bezogen auf die verschiedenen Kriterien, festgehalten als auch der Erfüllungsgrad je Variante eingetragen werden. Ein besonderer Vorteil des Polaritätsprofils ist das Entfallen jeglicher Umrechnungen der Bewertungen auf einen gemeinsamen Nenner.

Investitionsrechnung. Eines der wichtigsten Ziele der Fabrikplanung ist die Wirtschaftlichkeit einer Lösung (ökonomische Vorteilhaftigkeit). Dieser Faktor zielt auf die bestmögliche Erfüllung des ökonomischen Prinzips ab. Das bedeutet, ein vorgegebenes Ergebnis oder eine Leistung mit möglichst geringem Einsatz von Mitteln zu erzielen oder aber mit vorgegebenen Mitteln das bestmögliche Ergebnis zu erreichen. Die Investitionsrechnungen sind Rechenverfahren für die Bewertung von Einzelprojekten aus monetärer Sicht. Sie eignen sich somit nur für Beurteilungskriterien, die in Geldwert ausgedrückt werden können und zwar sowohl für die erforderlichen Aufwendungen als auch für den erzielbaren Nutzen [Agg90, War91]. Aus der Vielzahl von entwickelten Investitionsrechnungen sei hier auf das Verfahren der Kapitalwertmethode und der Amortisationsrechnung hingewiesen, da diese sich bei der Bewertung von Varianten besonders bewährt haben.

Bei der *Kapitalwertmethode* werden sämtliche durch eine Investition verursachten Ausgaben und Einnahmen mit einem gegebenen Kalkulationszinsfuß auf den Zeitpunkt unmittelbar vor Beginn der Investition abgezinst. Die Differenz zwischen abgezinsten Ausgaben und Einnahmen ergibt den Kapitalwert. Die Kapitalwertmethode ist vor allem dazu geeignet, die Vorteilhaftigkeit eines Investitionsobjektes im Vergleich zur Anlage der finanziellen Mittel auf dem Kapitalmarkt bzw. ihrer Verwendung zur anderweitigen Schuldentilgung aufzuzeigen.

Mit Hilfe der *Amortisationsrechnung* wird der Zeitraum berechnet, in dem der Kapitaleinsatz für eine Investition über die damit erzielten Erlöse wieder in das Unternehmen zurückgeflossen ist. Das Ziel besteht darin, diesen Zeitraum möglichst kurz zu halten. Die Amortisationszeit ist somit ein Maß für das Risiko einer beabsichtigten Investition.

Der Wandel, dem die Industrie seit Beginn der 80er Jahre in verstärktem Maße unterworfen ist, macht auch vor dem Aufgabenfeld der Fabrikplanung nicht halt. So wurden in den vergangenen Jahren viele industrielle Aufgaben dezentralisiert. Stichworte wie Segmentierung, Fabrik in der Fabrik, Profit Center oder Fraktale Fabrik bestätigen dies. Das bedeutet, daß auch eine Reihe von Aufgaben, die ursprünglich in den Bereich der Fabrikplanung gehörten, mehr und mehr auf das direkt produktive Personal übertragen werden. Dies betrifft z.B. die Arbeitsplatzgestaltung oder die Betriebsmittelanordnung auf Bereichsebene.

Hinzu kommt noch ein zweiter Aspekt, der das Aufgabenfeld der Fabrikplanung verändert. So haben die genannten Planungsverfahren und -hilfsmittel in den letzten Jahren zwar eine große Leistungsbreite und -tiefe entfaltet, doch gleichzeitig haben sich die Hauptprobleme der Planung deutlich verschärft. Zum einen sind die Produkt- und Systemlebenszyklen inzwischen so kurz, daß die Anpassung von Strukturen und Dimensionen zu einer permanenten Aufgabe geworden sind, und zum anderen läßt die Kurzatmigkeit der Entwicklungsdynamik Prognosen, wie sie als Grundlage für die Fabrikplanung unerläßlich sind, nur noch mit extrem kurzen Zeithorizonten zu. Sowohl die Geschwindigkeit als auch die Ungewißheit des Wandels macht die Fortschreibung einmal erkannter Gesetzmäßigkeiten oft nahezu unmöglich, und die Komplexität der Strukturen und Abläufe sowohl im Unternehmensumfeld wie auch im Unternehmen selbst läßt sich mit den etablierten Verfahren und Werkzeugen oft nur noch unzureichend beherrschen.

Diese beiden miteinander in Zusammenhang stehenden Aspekte führen zu einer Veränderung der Planungsstrategien, die in erheblichem Umfang von der industriellen Praxis geprägt werden. Obwohl diese Strategien wissenschaftlich noch nicht abschließend erfaßt und fundiert sind, zeichnen sich bereits drei Entwicklungsschwerpunkte ab, die im folgenden kurz erläutert werden sollen.

Experimentelles Planen. Die experimentelle Planung bietet einen Mittelweg zwischen der klassischen Planung, wie sie in 9.4 beschrieben ist, und dem reinen Evolutionsprinzip von Versuch und Irrtum. Verzichtet wird auf den Anspruch, Maßnahmen für einen längeren Zeitraum im Detail vorauszuplanen. Planungsphasen werden vielmehr dazu genutzt, den Umgang mit komplexen Produktionssystemen zu trainieren, um mit dem dabei erworbenen Wissen in konkreten Situationen die Chance zu verbessern, richtig zu reagieren.

Als Hilfsmittel kommt die *Simulation* in Frage, die in VDI 3633 definiert ist als Nachbildung eines Systems mit seinen dynamischen Prozessen in einem experimentierfähigen Modell, um zu Erkenntnissen zu gelangen, die auf die Wirklichkeit übertragbar sind. Es geht also darum, an einem Modell unter dem kontrollierten Risiko eines Fehlschlages ein mit theoretischen Erwartungen belastetes Experiment durchzuführen [Kuh93]. Benötigt werden dafür
- ein Modell,
- ein methodisches Vorgehen zur Erzeugung gewollter Effekte sowie
- nützliche Daten.

Marktgängige Simulatoren bieten heute durchweg eine gute Unterstützung bei der Modellierung von Produktionssystemen. In der Regel werden dabei am Grafik-Bildschirm Bausteine angeordnet und miteinander verknüpft, die die Elemente einer Fabrik, wie z.B. Maschinen, Lager und Transportmittel, repräsentieren. Bei der Durchführung von Experimenten können verschiedene Parameter verändert werden. Dies kann nach dem Prinzip von Versuch und Irrtum geschehen, bringt dann aber einen großen Aufwand mit sich. Besser geeignet ist ein methodisches Vorgehen. So erlaubt das mathematisch fundierte Verfahren der *statistischen Versuchsplanung*, die Anzahl der Experimente, die zur Klärung einer gezielten Frage notwendig sind, deutlich zu reduzieren [Kle87]. Nützliche Daten sollten möglichst nicht künstlich erzeugt werden, was dennoch oft auf der Basis von Zufallsgeneratoren geschieht. Vielmehr sollten sie mit den oben genannten Verfahren im realen Betrieb erhoben und für die Simulation aufbereitet werden. Erfahrungen sammelt der Planer sowohl im Falle eines im Sinne der theoretischen Erwartungen geglückten wie auch im Falle eines mißglückten Experiments.

Besonders geeignet ist dieses Vorgehen für den Fall, daß das direkt produktive Personal vor Ort zu planende Aufgaben, also z.B. die lokale Anordnung der Betriebsmittel und ihre Dimensionierung im direkten Arbeitsumfeld, eigenverantwortlich durchführt. Bevor die geplanten

Maßnahmen durchgeführt werden, kann am Modell ausprobiert werden, welche Folgen diese für den eigenen Bereich sowie auch für andere Bereiche haben.

Interventionistisches Planen. Beim interventionistischen Planungsansatz geht es im Kern ebenfalls darum, daß der Planer nicht wie bisher auf direktem Wege versucht, Maßnahmen umzusetzen. Vielmehr versucht er, ein Produktionssystem durch Vorgabe neuer Randbedingungen zu destabilisieren. Dies geschieht in der Hoffnung, daß die Produktion selbst ein neues Gleichgewicht findet, und das Ziel der Planung ist erreicht, wenn dieser neue Zustand mit der Zielvorstellung kompatibel ist.

Konkret kann eine Intervention in der Vorgabe von Sollwerten und Fristen bestehen, mit denen sich die Produktion zu arrangieren hat. Dabei kann es z.B. um Zeit-, Kosten- oder Qualitätsziele gehen, die mit dem direkt produktiven Personal vereinbart und nach einiger Zeit überprüft werden. Auf welche erwartete oder unerwartete Weise die Reaktion der Produktion ausfällt, bleibt dem System selbst überlassen.

Die Stärke dieses Planungsansatzes liegt in seiner Schwäche. Der eigentliche Systemumbau wird vom System selbst vorgenommen. Die Planung konzentriert sich lediglich darauf, über die Randbedingungen wirkungsvolle Eingriffsmöglichkeiten zu identifizieren.

Transformatorisches Planen. Das Konzept der transformatorischen Planung konzentriert sich auf das Problem, daß die ausführenden Personen in der Produktion die Maßnahmen planender Abteilungen oft ganz anders interpretieren, als sie gemeint sind. Vor diesem Hintergrund ist es üblich, daß sich die Werker damit auf ihre Weise arrangieren – und damit nicht selten der Absicht der Planung entgegenwirken. Lösen will die transformatorische Planung dieses Problem dadurch, daß sie z.B. „runde Tische" institutionalisiert, an denen die verschiedenen Vorstellungen der Planer einerseits und der ausführenden Personen andererseits in die jeweils andere Gedanken- und Erfahrungswelt transformiert werden. Die „runden Tische" bieten einen Raum für die Konfrontation von Interessen sowie auch für gemeinsame Planungen. Die Übersetzbarkeit von Plänen kann getestet werden, und die tatsächliche Übersetzung läßt sich systematisch verfolgen. Bekannt geworden sind vor allem die sog. Qualitätszirkel, in denen Elemente des transformatorischen Planens zum Ausdruck kommen.

Auch in diesem Fall besteht die Rolle des Planers eher darin, den Ausführenden mit Rat und Anregungen zur Seite zu stehen (Coach-Funktion, Supervisor), während ein erheblicher Teil der eigentlichen Planung bei den von dieser Planung direkt Betroffenen liegt. Daß Ziele dabei nur in kleinen, stetigen Schritten erreicht werden können, die immer wieder der Korrektur und Anpassung bedürfen, ist unmittelbar einsichtig. Insofern handelt es sich um ein Konzept, das den angestrebten „kontinuierlichen Verbesserungsprozeß" nachdrücklich unterstützt und Innovationen, also sprunghafte Verbesserungen, wie sie durch klassische Planungsprojekte hervorgerufen werden sollen, nahezu ausschließt.

Literatur zu Abschnitt 9.1

[Agg87]: Aggteleky, B.: Fabrikplanung, Bd. 1: Grundlagen. München: Hanser 1987

[Agg90] Aggteleky, B.: Fabrikplanung, Bd. 2: Werksentwicklung und Betriebsrationalisierung. München: Hanser 1990

[Agg90a]: Aggteleky, B.: Fabrikplanung, Bd. 2: Betriebsanalyse. München: Hanser 1990

[Agg90b]: Aggteleky, B.: Fabrikplanung, Bd. 3: Ausführungsplanung. München: Hanser 1990

[Agg92] Aggteleky, B.; Bajna, N.: Projektplanung. München: Hanser 1992

[Bech81] Bechmann, A.: Grundlagen der Planungstheorie und Planung. Bern: 1981

[Dae92]: Daenzer, W. F.; Huber, F. (Hrsg.): Systems Engineering. Zürich: Vlg. Industrielle Organisation 1992

DIN 69901: Projektmanagement; Begriffe (08.87)

[Dei85] Deichsel, G.; Trampitsch, H.J.: Clusteranalyse und Diskriminanzanalyse. Stuttgart: Fischer 1985

[Dol81]: Dolezalek, C. M.; Warnecke, H.-J., Dangelmaier, W.: Planung von Fabrikanlagen. Berlin: Springer 1981

[Dre75] Dreger, W.: Projekt-Management. Wiesbaden/Berlin: Bauverlag 1975

[Eve90]: Eversheim, W.: Organisation in der Produktionstechnik. Bd. 4: Fertigung und Montage. Düsseldorf: VDI-Vlg. 1990

[Fra94]: Franke, R.; Zerres, M. P.: Planungstechniken. Frankfurter Allgemeine Zeitung, Frankfurt, 1994

[Han87]: Hanf, C.-H.: Entscheidungslehre. München: Oldenbourg 1987

[Ket84]: Kettner, H.; Schmidt, J.; Greim, H.-R.: Leitfaden der systematischen Fabrikplanung. München: Hanser 1984

[Kle87] Kleijnen, J.P.C.: Statistical tools for simulation practitioners. New York: Marcel Dekker 1987

[Kuh93]: Kuhn, A.; Reinhardt, A.; Wiendahl, H.-P.: Handbuch Simulationsanwendungen in Produktion und Logistik. Braunschweig: Vieweg 1993

[Kum86] Kummer, W.; Spühler, R.W.; Wyssen, R.: Projekt-Management. Zürich: Verlag Industrielle Organisation 1986

[Lit 93] Litke, H.-D.: Projektmanagement. München: Hanser 1993

[Mad90] Madauss, B.J.: Handbuch Projektmanagement. Stuttgart, 1990

[Pla86] Platz, J.; Schmelzer, H.: Projektmanagement in der industriellen Forschung und Entwicklung. Berlin: Springer 1986

[Res89] Reschke, H.; Schelle, H.; Schnopp, R.: Handbuch Projektmanagement. Köln: n 1989

[Rin85] Rinza, P.: Projektmanagement. Düsseldorf: VDI Verlag 1985

[Say79] Saynisch, M.; Schelle, H.; Schub, A.: Projektmanagement. München: Oldenbourg 1979

[Sch86] Schmitz, H.; Windhausen, M.P.: Projektplanung und Projektcontrolling. Düsseldorf: VDI Verlag 1986

[Sch73] Schröder, H.: Projekt-Management. Wiesbaden: Gabler 1973

[Smi92] Schmigalla, H.; Stanek, W.: Logistikgerechte Anordnung von Produktionseinheiten mit Hilfe eines Ringverfahrens. In: VDI Ber. 949: Rechnergestützte Fabrikplanung '92. Düsseldorf: VDI Vlg. 1992

[Spu94] Spur, G.: Fabrikbetrieb. München: Hanser 1994

[Stg90] Steinberg, C.: Projektmanagement in der Praxis. Stuttgart: VDI Verlag 1990

[Sth90] Steinbuch, P.A.: Organisation. Ludwigshafen: 1990

[Ulr84] Ulrich, P.; Fluri, E.: Management. Bern: Haupt 1984

[War91] Warnecke, H.-J.; u.a.: Wirtschaftlichkeitsrechnung für Ingenieure. München: Hanser 1991

[War93] Warnecke, H.-J.: Der Produktionsbetrieb, Bd. 1: Organisation, Produkt, Planung. Berlin: Springer 1993

[Wat93] Watson, G. H.: Vom Besten lernen. Landsberg a. Lech: Moderne Industrie 1993

[Wie91]: Wiendahl, H.-P. (Hrsg.): Analyse und Neuordnung der Fabrik. Berlin: Springer; Köln: TÜV Rheinland 1991

[Wis92] Wischnewski, E.: Modernes Projektmangement. Braunschweig: Vieweg 1992

9.2 Zielplanung

9.2.1 Einordnung und Aufgaben der Zielplanung

9.2.1.1 Abgrenzung der Betrachtungsfälle

Zur Sicherung und langfristigen Steigerung der Konkurrenz- und Wettbewerbsfähigkeit müssen produzierende Unternehmen ständig auf Änderungen der Marktanforderungen und der unternehmensspezifischen Randbedingungen reagieren und ggf. geeignete Anpassungsmaßnahmen ergreifen [AWK87, Bra75, Wie83]. Dies führt dazu, daß in Einzelbereichen kontinuierlich Rationalisierungsmaßnahmen und -investitionen geplant bzw. durchgeführt werden.

Daneben existieren Planungsmaßnahmen, die nicht einzelne Bereiche, sondern die ganze Fabrik oder zumindest erhebliche Bereiche betreffen. Diese Fabrikplanungsmaßnahmen sind meist von diskontinuierlicher Natur und werden nur im Bedarfsfall durchgeführt. Insgesamt lassen sich sechs unterschiedliche Planungsfälle unterscheiden:

– Neuplanung,
– Erweiterungsplanung,
– Strukturerneuerungsplanung,
– Reduzierungsplanung,
– Verlagerungsplanung,
– Ausgliederungsplanung.

Die einzelnen Planungsfälle lassen sich durch den Grad der Neuheit bzw. den Grad der Veränderung der einzelnen fabrikbestimmenden Faktoren voneinander abgrenzen. Bild 9-24 gibt diese Abgrenzung der Fabrikplanungsfälle wieder.

Die Impulse, die diese Fabrikplanungsmaßnahmen auslösen, sind vielfältiger Natur und sowohl innerbetrieblicher als auch von außen wirkender Art [AWK93, Bra73]. Letztendlich läßt sich die Vielzahl der Impulse jedoch unter folgenden Oberbegriffen zusammenfassen:

– erhebliche Volumensteigerung,
– erheblicher Volumenrückgang,

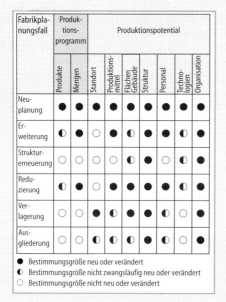

Fabrikplanungsfall	Produktionsprogramm		Produktionspotential						
	Produkte	Mengen	Standort	Produktionsmittel	Flächen/Gebäude	Struktur	Personal	Technologien	Organisation
Neuplanung	●	●	●	●	●	●	●	●	●
Erweiterung	◐	●	○	●	◐	●	●	◐	●
Strukturerneuerung	○	○	○	○	◐	●	○	◐	●
Reduzierung	◐	●	○	●	●	●	●	◐	●
Verlagerung	○	○	●	◐	●	●	◐	○	●
Ausgliederung	○	○	◐	◐	◐	●	◐	○	●

● Bestimmungsgröße neu oder verändert
◐ Bestimmungsgröße nicht zwangsläufig neu oder verändert
○ Bestimmungsgröße nicht neu oder verändert

Bild 9-24 Abgrenzung der Fabrikplanungsfälle

– erhebliche Änderung der Volumenzusammensetzung,
– strategische/unternehmenspolitische Entscheidungen (Marktpräsenz, Nutzung regionaler Kostenvorteile usw.),
– veränderte Marktanforderungen (Kosten, Zeit usw.).

9.2.1.2 Aufgabe und Ergebnis der Zielplanung

Um den Erfolg der stets sehr komplexen Fabrikplanungsmaßnahmen sicherzustellen, ist eine systematische Vorgehensweise unabdingbar [Ket84]. Auf die Methodik der Fabrikplanung wurde bereits in 9.1 eingegangen. Innerhalb der dort beschriebenen Vorgehensweise zur Fabrikplanung stellt die Zielplanung die erste Planungsstufe dar.

Unter Berücksichtigung von Unternehmenszielen, Prämissen und Randbedingungen hat die Zielplanung zur *Aufgabe*, ein strategisch abgeleitetes Grobkonzept für den Fabrikplanungsfall zu entwickeln. Dieses Grobkonzept kann, wenn erforderlich oder sinnvoll, aus mehreren Planungsvarianten bestehen.

Die zu berücksichtigenden Unternehmensziele sind Richtlinien für alle planerischen Maßnahmen. Sie drücken den angestrebten zukünftigen Zustand des Unternehmens aus und sind daher die Grundlage für die Ableitung möglicher Planungsvarianten. Als grundsätzliche Unternehmensziele können z. B. formuliert werden:
– Finanzziele (z.B. Kapitalstruktur, Kostenstruktur, Ergebnis, Liquidität usw.),
– Marktziele (z.B. Anzahl der Absatzmärkte, Marktanteile, neue Produkte usw.),
– Sicherung des Unternehmensbestands und abgeleitete Ziele (z.B. Erhaltung der Arbeitsplätze, Erhalten des Qualitätsniveaus, Verbesserung des Firmenimages usw.).

Aus diesen übergeordneten Zielen der Fabrikplanung sind mittels der Zielhierarchie die Einzelziele für die zu planende Fabrik abzuleiten.

Die Prämissen wie normative und strategische Vorgaben (z.B. Festschreibung bestimmter Standorte, Bindung an bestimmte Kunden usw.) sowie die unternehmensspezifischen Rahmenbedingungen schränken die Freiheit bei der Planung bzw. der Ableitung von Varianten ein.

Auf die Vorgehensweise zur Festlegung der Unternehmensziele sowie der normativen und strategischen Vorgaben wird in 2.1 – 2.4 sowie 5.1 und 5.2 näher eingegangen.

Eine grobe Abschätzung des Investitionsbedarfs der notwendigen Aufwendungen und der Wirtschaftlichkeit des Grobkonzepts bzw. der Varianten gehört mit zu den Aufgaben der Zielplanung. Auf dieser Basis kann dann anhand qualitativer und quantitativer Kriterien die Zielvariante bestimmt werden.

Ergebnis der Zielplanung ist ein strategisch abgeleitetes, bewertetes und gegenüber alternativen Planungsmöglichkeiten abgegrenztes Grobkonzept, auf dessen Grundlage die Entscheidungsträger im Unternehmen die Freigabe der nachfolgenden Planungsstufen und der Realisierung einleiten können (Bild 9-25).

Um ein solches entscheidungsreifes Grobkonzept vorlegen zu können, müssen im Rahmen der Zielplanung bereits einige Planungsschritte aus der Fabrikstrukturplanung – im Sinne einer Prefeasibility-Study – auf grober Ebene durchgeführt werden.

9.2.2 Ablauf der Zielplanung

In 9.2.1.1 wurde erläutert, daß es diskontinuierliche Fabrikplanungsfälle mit unterschiedlichem Umfang gibt. Der im folgenden beschriebene Ablauf der Zielplanung bezieht sich auf Planungsfälle mit größerem Umfang und mit hohem Veränderungsbedarf der Fabrik. Für Fäl-

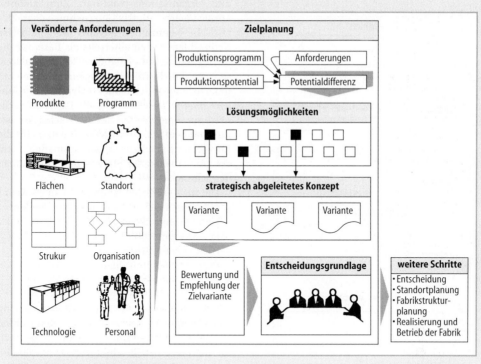

Bild 9-25 Aufgabe und Ergebnis der Zielplanung

le geringeren Umfangs ist der Ablauf bedarfsgemäß anzupassen.

9.2.2.1 Ermittlung der Anforderungen an die Fabrik

Aufsetzpunkt für die Zielplanung ist die Fabrik im Ist-Zustand. Dieser wird im wesentlichen durch das aktuelle Produktionsprogramm und das zur Verfügung stehende Produktionspotential beschrieben. Das Produktionspotential beschreibt wiederum die Gesamtheit der Möglichkeiten eines Unternehmens, das Produktionsprogramm zu erfüllen. Hierbei muß die Fabrik im wesentlichen den folgenden Anforderungen gerecht werden:

– Anforderungen des Marktes (z.B. Preis, Lieferzeit, Qualität, Flexibilität, Just-in-Time usw.),
– Anforderungen des Unternehmens (z.B. Kosten, Liquidität, Kapitalbedarf, Image usw.),
– Normative Anforderungen (Umwelt, Arbeitssicherheit usw.).

Das Produktionspotential einer Fabrik wird neben den Faktoren Technologie und Produktionsmittel wesentlich durch die *Fabrikstruktur*

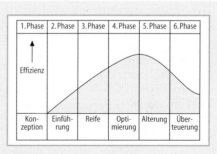

Bild 9-26 Lebensphase von Fabrikstrukturen und -organisationen

und die *Fabrikorganisation* bestimmt [Dro94]. Fabrikstruktur und Fabrikorganisation durchlaufen, ähnlich den Lebenskurven von Produkten, verschiedene Lebensphasen. Bild 9-26 zeigt den Verlauf der Effizienz der Fabrikstruktur und -organisation von ihrer Entwicklung bis hin zur Überalterung.

Aus diesem Grunde kann man bei der Fabrikplanung nicht davon ausgehen, daß das vorhandene Produktionspotential optimal auf die bisherigen Anforderungen abgestimmt ist. Dis-

Kennzahlen
Unternehmenskennzahlen
• Umsatz (Mio. DM)
• Marktanteil (% Weltmarkt)
• Produktergebnis (Mio. DM)
• Umsatzrendite (%)
• Rohertrag (Mio. DM)
• Materialkostenanteil (% Gesamtkosten)
• Personalkostenanteil (% Gesamtkosten)
Personalkennzahlen
• Gesamtpersonal
• gewerbliches Personal
• Auszubildende
• Angestellte
• direktes Personal (mit Wertschöpfung)
• indirektes Personal (ohne Wertschöpfung)
• Umsatz pro Kopf (Mio. DM/MA)
Flächenkennzahlen
• Grundstücksfläche (m²)
• Gebäudefläche (m²)
• Prodktionsfläche (m²)
• Hallenfläche (m²)
• Bürofläche (m²)
• Umsatz flächenbezogen (Mio. DM/m²)
Produktionskennzahlen
• Stückzahl/Jahr
• Losgrößen (∅)
• Durchlaufzeiten (∅)
• Bestandsbindung (Mio. DM)
• Sachanlagenbindung (Mio. DM)
• Anzahl Maschinen
• Investitionsvolumen/Jahr (Mio. DM p. a.)
• Instandhaltungskosten/Jahr (Mio. DM p. a.)
Wertschöpfungskennzahlen
• Wertschöpfung p.a. (Umsatz-Materialkosten)
• DM Wertschöpfung pro 1 DM Personalkosten
• DM Wertschöpfung p.a. pro m² Produktionsfläche
• DM Wertschöpfung p.a. pro DM Sachanlage-vermögen

Bild 9-27 Kennzahlen zur Stärken- und Schwächenbestimmung innerhalb der Zielplanung

und Organisationsstrukturen. Zum anderen können hierbei für das Unternehmen charakteristische Kennzahlen gebildet werden. Diese Kennzahlen dienen einerseits als Basis für die Auslegung der zu planenden Fabrik. Andererseits werden durch ihren Vergleich mit anderen unternehmensinteren oder -externen Kennzahlen – *Internal Benchmarking* bzw. External Benchmarking – die Stärken und Schwächen im Ist-Zustand deutlich. Dieses bietet die Basis für die Entwicklung von Farbrikplanungsmaßnahmen, die zum Ausbau der Stärken und zum Abbau der Schwächen beitragen.

Die für die Fabrikplanung relevanten Kennzahlen lassen sich in fünf Gruppen einteilen:
– Unternehmenskennzahlen,
– Personalkennzahlen,
– Flächenkennzahlen,
– Produktionskennzahlen,
– Wertschöpfungskennzahlen.

Um die Möglichkeit des Internal Benchmarking zu nutzen, ist es zweckmäßig, die Kennzahlen sowohl für das Gesamtunternehmen als auch für die einzelnen Produktgruppen zu bilden. Bild 9-27 gibt ein Beispiel für ein solches Kennzahlenprofil.

Eine weitere wichtige Planungsgrundlage für die Ableitung geeigneter Planungsmaßnahmen ist das zukünftige *Produktionsprogramm* nach Art und Menge. Dies ist in der Regel eine Eingangsgröße der Fabrikplanung, die innerhalb der Produktprogramm- und Produktionsgestaltung (5.3) festgelegt wird.

Bei jeder Fabrikplanung gibt es *Prämissen* und Randbedingungen, die die Freiheitsgrade bei der Planung einschränken. Diese Prämissen und Randbedingungen müssen bereits im Stadium der Zielplanung erfaßt und damit der Rahmen der Planungsfreiheitsgrade abgesteckt werden.

Ebenso ist bereits bei der Zielplanung eine *Trendanalyse* bzgl. der Anforderungen an die Fabrik zu erstellen. Hierin wird festgehalten, welchen Veränderungen die Fabrik in der Zukunft unterworfen sein wird. Somit können die notwendige Flexibilität und Reagibilität bei der Fabrikplanung Berücksichtigung finden. Bild 9-28 zeigt ein Beispiel für eine solche Trendanalyse.

Aus der Kenntnis des Ist-Zustands der Fabrik und der Formulierung der zukünftigen Anforderungen an die Fabrik kann nun der Veränderungsbedarf abgeleitet werden. Hieraus lassen sich dann Prämissen, Anforderungen und Ein-

kontinuierliche Fabrikplanungen sollten deshalb zur grundsätzlichen Erneuerung und Optimierung des Produktionspotentials genutzt werden [Scho88].

Bei der Untersuchung des Produktionspotentials reicht es daher nicht aus, nur punktuell auf die veränderten Anforderungen einzugehen. Es ist im Gegenteil eine umfassende Aufnahme und Analyse des Potentials erforderlich, deren Ziel es sein muß, die Leistungsfähigkeit und die Schwächen des Unternehmens in der Produktion zu verdeutlichen. Die Erfassung des Ist-Zustands liefert zum einen qualitative Aussagen über vorhandene Technologien und Produktionsmittel sowie über die vorhandenen Fabrik-

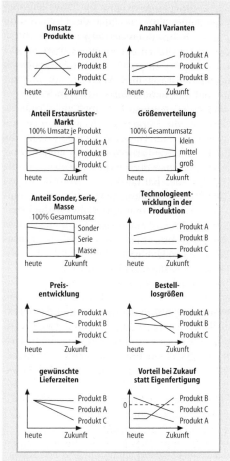

Bild 9-28 Trendanalyse zur Berücksichtigung der notwendigen Flexibilität und Reagibilität der Fabrik

- **Masse/Serie/Sonder**
  - Anforderung Massenproduktion = hohe Automatisierung, weniger Flexibilität
  - Anforderung Serienproduktion = hohe Produktivität, hohe Flexibilität
  - Anforderung Sonderproduktion = höchste Flexibilität

- **High Quality/Standard Quality**
  - High Quality z.B. mit hohem Aufwand für Prüfung, Dokumentation und Auditierung durch Kunden oder Prüfstellen
  - Standard Quality braucht diesen Aufwand nicht zu betreiben

- **Erstausrüster/Handel**
  - Erstausrüster z.B. mit Dokumentation, Abrufeinträge, Verpackung in Liefergebinden, just-in-time
  - Handel z.B. ohne Dokumentation, aber Designvarianten, Handelsverpackungen, Sammel- oder Einzelbestellung

- **Weitere Möglichkeiten**
  - Unterschiedliche Anforderungen

Bild 9-29 Mögliche Strukturierungsprinzipien und -kriterien bei der Fabrikstrukturierung in Teilfabriken

zelzielsetzungen für die weiteren Planungsmaßnahmen ableiten. Dies sind in der Regel:

- das zu erbringende Produktionsprogramm,
- einsetzbare Fertigungstechnologien,
- zugrunde zu legende Maschinennutzung,
- vorzusehende Schichtigkeit,
- angestrebte Fertigungstiefe,
- zu berücksichtigende Fixpunkte (räumlich),
- zu berücksichtigende Kundenanforderungen (Flexibilität, Lieferzeit, Bestellosgrößen),
- angestrebte Kennzahlenwerte,
- zu erreichende Kostenflexibilität,
- Umsetzungsstrategien (Fristigkeit, Übergang),
- einzuhaltender Finanzrahmen (Liquidität).

9.2.2.2 Erarbeitung des strategischen Konzepts

Das innerhalb der Zielplanung zu erarbeitende Konzept soll sicherstellen, daß die Fabrik im

Zielzustand optimal auf die Anforderungen zugeschnitten ist. In der Regel gibt es nicht nur einen möglichen Zielzustand, so daß es einer *strategischen Ableitung* des Konzepts bedarf. Dies bedeutet, daß im ersten Schritt zunächst alle Lösungsmöglichkeiten bedacht werden müssen. In einem zweiten Schritt sind die Möglichkeiten auszugrenzen, die am wenigsten zur Zielerfüllung beitragen bzw. deren Machbarkeit von vornherein in Frage zu stellen ist (sog. K.-o.-Kriterien). Schließlich werden für die weitere Betrachtung bzw. Variantenbildung nur die bestgeeigneten Lösungsmöglichkeiten selektiert. Dieses Vorgehen ist für die spätere Entscheidung nachvollziehbar zu machen, um sicherzugehen, daß man nicht die optimale Lösung übergangen hat, nur weil man sich von vornherein auf eine andere konzentriert hat.

Einer der wesentlichen Faktoren für die Festlegung des Produktionspotentials ist, wie schon in 9.2.2.1 ausgeführt, die Fabrikstruktur. Bei der strategischen Ausrichtung der Fabrik stellt deshalb die *Fabrikstrukturierung* eine wesentliche Aufgabe der Zielplanung dar.

Hierzu müssen zunächst das *Strukturierungsprinzip* und die *Strukturierungskriterien* festgelegt werden. Bild 9-29 zeigt mögliche Strukturierungsprinzipen und -kriterien. Ziel der Fabrikstrukturierung ist es, Teilfabriken (oder Factory Units) zu definieren, in denen die Anforderungen den höchstmöglichen Grad der Homogenität haben [Bra90, Wil88]. Dies schafft im folgenden die Möglichkeit, die jeweiligen Teilfabriken speziell auf diese Anforderungen auszurichten und vermeidet den Zwang zu Ausrichtungskompromissen. Diese strategische Vorgehensweise soll an einigen Beispielen verdeutlicht werden:

Ist eine Fabrik zu planen, in der Massenprodukte, Serienprodukte aber auch Kleinserien- und Sonderprodukte hergestellt werden sollen, besteht einerseits die Notwendigkeit zur hohen Automatisierung, um bei den Massenprodukten wettbewerbsfähig zu sein, und andererseits der Zwang zur hohen Flexibilität, um bei Kleinserien- und Sonderprodukten auftragsbezogen arbeiten zu können. Somit bestehen für die Fabrik zwei gegensätzliche Anforderungen. Eine gleichzeitige Ausrichtung auf beide schließt sich aus bzw. ist nur mit hohem Investitionsaufwand – und nicht optimal – zu erreichen. Hier kann jedoch die Strukturierung in Massen-, Serien- und Sonderfabriken die Möglichkeit schaffen,

diese optimal bezüglich der maschinellen Ausstattung aber auch bezüglich der Organisation auf die jeweiligen Anforderungen auszurichten.

Ein anderes Beispiel ist eine Fabrik, in der zum einen Produkte mit hohem Anspruch an die Qualität hinsichtlich Prüfung, Dokumentation und Auditierung durch den Kunden hergestellt werden, zum anderen aber auch Produkte entstehen, die diesen Anforderungen nicht genügen müssen. Die Planung einer Fabrik, die nun die hohen Anforderungen für alle Produkte sicherstellen würde, hätte zur Folge, daß die Produkte mit den geringeren Anforderungen nicht wettbewerbsfähig produziert werden könnten, denn der Markt würde nicht für die Übererfüllung der Anforderungen bezahlen. Auch in diesem Fall kann man mit der Fabrikstrukturierung (High Quality Factory / Standard Quality Factory) dem Dilemma entgehen.

Hat man die übergeordnete Struktur der Fabrik in Teilfabriken festgelegt, wird es in den meisten Fällen sinnvoll sein, innerhalb der Teilfabriken weitere Unterstrukturen (wie Fertigungslinien, Fertigungsinseln oder Small Factory Units) zu schaffen. Diese sind grundsätz-

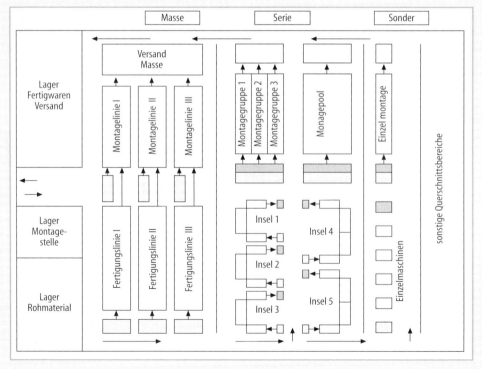

Bild 9-30 Beispiel für eine moderne Fabrikstruktur (hier nach dem Prinzip: Masse/Serie/Sonder)

lich heute nicht mehr verrichtungsorientiert (wie nach dem Werkstattprinzip: z.B. Dreherei, Härterei, Schleiferei, Montage), wenn es nicht aus technologischen Gründen erforderlich ist. Inzwischen richtet man die Strukturen so aus, daß möglichst wenig Unterbrechungen in der Wertschöpfungskette entstehen. Das heißt, man schafft *prozeßorientierte Struktureinheiten*, in denen möglichst der komplette Produktionsprozeß abläuft und damit in diesen Einheiten gesteuert, optimiert und verantwortet werden kann [Shi88, Suz89]. Hierbei werden die Grundlagen für moderne Fabrikorganisationsformen wie Gruppenarbeit, Werkerselbstkontrolle, Kontinuierlicher Verbesserungsprozeß (KPV), Gruppen-Prämienlohn usw. geschaffen [Eng81, Hor91, Mas91]. Bild 9-30 zeigt ein Beispiel für eine moderne Fabrikstruktur.

Ist die Gesamtstruktur der Fabrik festgelegt bzw. sind Strukturvarianten erarbeitet, kann die Grob-*Dimensionierung* der Fabrik erfolgen. Die verschiedenen Typen von Produktionseinheiten (z.B. Linien, Inseln, Einzelmaschinen) werden dimensioniert und hinsichtlich maschineller Ausstattung, logistischer Anforderungen, Personal- und Flächenbedarfs beschrieben. Dann wird das Produktionsvolumen qualitativ und auf grober Ebene quantitativ den Typen zugeordnet, woraus sich die Anzahl der notwendigen Produktionseinheiten ergibt. Die Einzelbedarfe der Produktionseinheiten bilden dann ergänzt um eventuelle Bedarfe von Querschnittsfunktionen (z.B. Wareneingang, Versand usw.) den Bedarf der Teilfabrik. Die Summe der Bedarfe der Teilfabriken stellt den Gesamtbedarf der zu planenden Fabrik dar.

Handelt es sich nicht um die Neuplanung einer Fabrik, muß nun der Gesamtbedarf der zu planenden mit dem Bestand der vorhandenen Fabrik abgeglichen werden (Soll-Ist-Vergleich). Hieraus entsteht die *Potentialdifferenz*, die die Basis für die weiteren Maßnahmen der Fabrikplanung bildet. Die Potentialdifferenz wird in der Regel folgende Maßnahmen erfordern:
– Fabrikneubau, -anbau oder umbau,
– Schaffen neuer Flächen und neuer Infrastruktur (in Verbindung mit Investitionen),
– Freiziehen vorhandener Flächen für andere Verwertung (in Verbindung mit Desinvestitionen),
– Umzüge von Maschinen und Anlagen auf andere Flächen oder innerhalb vorhandener Flächen,
– Neueinstellung und Schulung von Personal,

– Sozialverträgliche Freisetzung von Personal (Sozialplan),
– Anlauf der neuen Produktion,
– Auslauf der bisherigen Produktion.

9.2.2.3 Bewertung und Selektion der Planungsvarianten

Die aus der Potentialdifferenz hervorgehenden Maßnahmen sind in der Regel mit Investitionen und Einmalkosten verbunden. Andererseits verbessern sie, wenn sie durchgeführt sind, die Kostenstruktur des Unternehmens. Um mit dem Ergebnis der Zielplanung eine Entscheidungsgrundlage für die weiteren Schritte der Fabrikplanung zu erarbeiten, ist in den meisten Fällen der industriellen Praxis eine *Wirtschaftlichkeitsbewertung* notwendig. Hierbei sind zunächst die notwendigen Investitionen abzuschätzen. Sie bilden einerseits einen Teil des notwendigen Liquiditätsbedarfs und erhöhen andererseits die laufenden Kosten durch Abschreibungen und kalkulatorische Zinsen. Darüber hinaus sind die *einmaligen Aufwendungen* für die Maßnahmen auf grober Ebene zu ermitteln. Dies können z.B. liquiditätswirksame Aufwendungen sein wie:
– Umzugskosten für das Abbauen, Transportieren, Aufbauen und Inbetriebsetzen von Anlagen und Maschinen,
– Infrastrukturkosten für das Vorbereiten neuer oder anders belegter Flächen bzw. für das Bereinigen nicht weiter genutzter Flächen,
– Mehrkosten der Produktion wegen motivationsbedingter Verluste bei auslaufender Produktion (Verlagerung, Stillegung usw.),
– Mehrkosten der Produktion wegen Anlaufs der Produktion mit neuen Anlagen und/oder Mitarbeitern,
– Mehrkosten der Produktion zur Erzielung der geplanten Leistung trotz Umzüge, Umbau usw. (durch Vorarbeit, Nacharbeit mit Überstunden oder durch Zukauf),
– Schulungskosten für ggf. neues Personal an ggf. neuen Anlagen,
– Sozialplankosten für freizusetzendes Personal,
– Kosten für die interne Projektabwicklung,
– Kosten für externe Beratung.

Aber auch nicht liquiditätswirksame einmalige Aufwendungen, wie z.B. Einmalabschreibung für nicht weiter genutzte Flächen, Maschinen

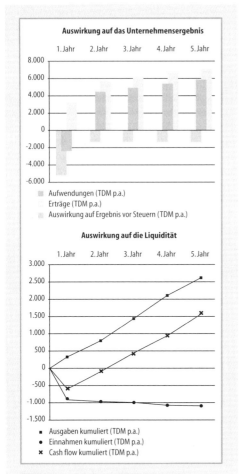

Bild 9-31 Beispiel für eine Wirtschaftlichkeitsbetrachtung als Entscheidungsgrundlage bei der
Zielplanung

Ohne eine Abschätzung dieser wirtschaftlichen Auswirkungen ist in der industriellen Praxis eine Entscheidung zur Detailplanung und
Realisierung der Fabrik nicht zu treffen. Bild
9-31 zeigt ein Beispiel für eine solche Wirschaft-
lichkeitsbetrachtung.

Neben der Auswirkung auf das Ergebnis und
die Liquidität des Unternehmens ist aber auch
die Auswirkung auf die *Kostenflexibilität* sehr
wesentlich. Diese wird durch das Verhältnis der
variablen Kosten zu den Fixkosten bestimmt
und ist gekennzeichnet durch die Lage des *Break-even*-Punkts auf der Auslastungsskala der
Fabrik. Fällt die Auslastung der Fabrik unter
diesen Punkt, wird ein negatives Ergebnis er-
wirtschaftet (Bild 9-32). Ziel der Fabrikplanung
ist es in jedem Fall, den Break-even auf der Auslastungsskala möglichst weit unten (bzw. in Bild
9-32 links) zu halten. Nur bei ausreichender Kostenflexibilität ist ein Unternehmen in der Lage,
Auslastungstäler zu überstehen, ohne ein negatives Ergebnis hinnehmen zu müssen.

Neben den rein wirtschaftlichen Bewertungskriterien sind jedoch auch noch qualitative Kriterien für die Bewertung heranzuziehen. Dies
können sein:
– Grad der Erfüllung der Unternehmensziele,
– Machbarkeit und Komplexität der Realisierung,
– Risiken der Realisierung.

Diese qualitativen Kriterien können für die einzelnen Planungsvarianten in einer *Analyse* quantifiziert werden. Hierbei werden zunächst die
Kriterien gesammelt und festgelegt. Dann wird
jedes Kriterium in seiner Wichtigkeit für das
Unternehmen bzw. das Projekt beurteilt. Daraus
ergibt sich eine Gewichtung der Kriterien.

Danach werden die einzelnen Kriterien für die
Planungsvarianten beurteilt und eine Punktzahl,
beispielsweise zwischen 0 und 6, vergeben. Die
Planungsvariante, die hinsichtlich des Kriteriums den größten positiven Effekt erzielt, erhält
die volle Punktzahl. Bei den anderen Planungsvarianten wird die Punktzahl entsprechend ab-
gestuft. Mit dieser Methode lassen sich qualitative Beurteilungen wie z. B. „am besten", „nicht
so gut" oder „hohes Risiko", „Risiko nicht so
hoch" relativ sicher quantifizieren.

Schließlich werden die Punkte der Planungsvarianten mit der Gewichtung je Kriterium multipliziert und ergeben in der Summe eine relative Bewertung der Varianten untereinander. Um
eine zusätzliche Absicherung der Planung zu er-

und Anlagen, sind zu berücksichtigen, da sie
Einfluß auf das Unternehmensergebnis im Rea-
lisierungsjahr haben.

Neben den einmaligen Aufwendungen sind
für die Wirtschaftlichkeitsbewertung aber besonders die laufenden Aufwendungen und die
laufenden Einsparungen ausschlaggebend. Diese müssen für die verschiedenen Kostenarten
anhand der ermittelten Potentialdifferenz abgeschätzt werden.

Aus den einmaligen und laufenden Auswirkungen lassen sich dann die jährlichen Auswirkungen auf das Unternehmensergebnis und die
Kapitalrücklaufzeit (Payback) ermitteln. Dies ist
der Zeitraum vom Realisierungsstart bis zu
dem Punkt, an dem die kumulierten Einnahmen die kumulierten Ausgaben übersteigen.

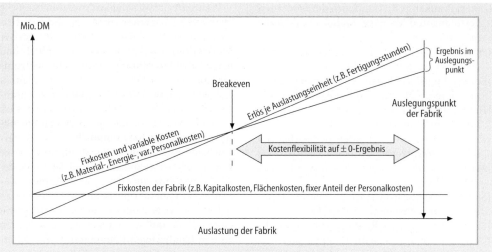

Bild 9-32 Breakeven-Diagramm für die Beurteilung der Kostenflexibilität einer Fabrik

Kriterien		Kriterien		Kriterien		Kriterien	
Kriterium	Wichtung	Pkte.	Erläuterungen	Pkte.	Erläuterungen	Pkte.	Erläuterungen
• Grad der Zielerfüllung							
- Ziel 1	3	3	nur 50%	6	am besten	5	kl. Einschränkungen
- Ziel 2	2	6	am besten	5	kl. Einschränkungen	4	kl. Einschränkungen
- Ziel 3	1	3	nur 50%	6	am besten	6	kaum erwartet
• Machbarkeit							
- Durchsetzbarkeit	2	4	Einschränkungen	5	kl. Einschränkungen	5	problemlos
- Umsetzungzeit	1	1	sehr lang	3	sehr lang	3	kürzeste
• Risiken	3	3	mittel	1	hoch	1	geringst
Ergebnis = Σ (Wichtung x Pkte.)		60		78		84	

Bild 9-33 Analyse zur relativen Quantifizierung qualitativer Kriterien als Entscheidungsgrundlage bei der Zielplanung

halten oder wenn nicht mehrere Planungsvarianten erarbeitet wurden, kann auch der Ist-Zustand in diese Bewertung mit einbezogen werden. Bild 9-33 zeigt ein Beispiel einer solchen Analyse.

Aus den Ergebnissen der Wirtschaftlichkeitsbewertung und der Analyse kann jetzt die Planungsvariante selektiert werden, die zur Entscheidung vorgeschlagen werden soll. Mit ihr ist somit der anzustrebende *Zielzustand der Fabrik* soweit definiert, daß die Entscheidungsträger im Unternehmen auf einer soliden Grundlage die weiteren Schritte der Fabrikplanung freigeben können. Dies kann zum einen die Standortplanung sein, sofern der Standort nicht vorgegeben ist. Sie wird in 9.3 beschrieben. In jedem Fall folgt der Zielplanung jedoch die Fabrikstrukturplanung (9.4), die den bislang für die

Entscheidungsfindung grob erarbeiteten Zielzustand der Fabrik nun im einzelnen zu detaillieren und in einer umsetzungsfähigen Planung zu beschreiben hat.

Literatur zu Abschnitt 9.2

[AWK87] Aachener Werkzeugmaschinen Kolloquium: Produktionstechnik. Düsseldorf: VDI 1987

[AWK93] Aachener Werkzeugmaschinen Kolloquium: Wettbewerbsfaktor Produktionstechnik. Düsseldorf: VDI 1993

[Bra73] Brankamp, K.: Aspekte industrieller Zukunftsplanung. Schweizer Maschinenmarkt 73, Heft 2, 1973

[Bra90] Brankamp, K.: Strategische Produktionseinheiten. VDI-Z 132, Nr. 7, S. 24–26, 1990

[Bra75] Brankamp, K.: Handbuch der modernen Fertigung und Montage. München: moderne industrie 1975

[Dro94] Drosdek, A.: Der Samurai Faktor. München: Langen Müller Herbig 1994

[Eng81] Engel, P.: Japanische Organisationsprinzipien. München: moderne industrie 1981

[Hor91] Horváth, I.: Prozeßkostenmanagement. München: Vahlen 1991

[Ket84] Kettner, H.: Leitfaden der systematischen Fabrikplanung. München: Hanser 1984

[Mas91] Masaaki, I.: Kaizen. München: Langen Müller Herbig 1991

[Shi88] Shingo, S.: Non-stock production. Cambridge, Mass. Productivity Pr. 1988

[Scho88] Schonberger, R.: Produktion auf Weltniveau. Frankfurt a. Main: Campus 1988

[Suz89] Suzaki, K.: Modernes Management im Produktionsbetrieb. München: Hanser 1989

[Wdm88] Wildemann, H.: Die modulare Fabrik. München: gfmt 1988

[Wie83] Wiendahl, H.-P., Betriebsorganisation für Ingenieure. München: Hanser 1983

9.3 Standortplanung

9.3.1 Einordnung der Standortplanung

Im Rahmen der Standortplanung werden Entscheidungen getroffen, die einen sehr langen Planungshorizont haben. In Bild 9-34 wird die Standortplanung qualitativ im Vergleich zu anderen Planungsarten eingeordnet.

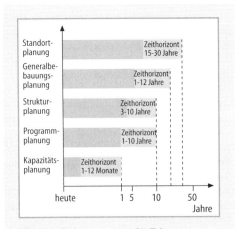

Bild 9-34 Zeithorizonte unterschiedlicher Planungsarten

Während sich die Kapazitätsplanung auf die operativen Tätigkeiten mit kurz- und mittelfristigem Planungshorizont bezieht, wird bei der Produktionsprogrammplanung die mittel- und langfristige Ausrichtung des Produktspektrums für eine Zeit von ca. einem Jahr bis zehn Jahren festgelegt. Dieses Intervall ergibt sich aus branchenspezifischen Produktlebenszyklen. Mit ca. 3 – 10 Jahren ist der Planungshorizont für Strukturierungsmaßnahmen ähnlich. In der Generalbebauungsplanung werden die flächenmäßige Aufteilung des Grundstücks und die Gebäudestrukturen festgelegt. Diese Maßnahmen können einen Planungshorizont von ca. 20 Jahren betreffen. Die Festlegung des Standorts ist mit einem Planungshorizont von bis zu 30 Jahren zu den langfristigen Planungsarten im Unternehmen zu rechnen. In Einzelfällen können die Planungshorizonte die beschriebenen Zeiträume in allen Planungsarten erheblich überschreiten.

Anstoß für die Standortplanung sind Entscheidungen, die im Rahmen der Zielplanung getroffen werden. Grundsätzlich lassen sich drei Planungsvarianten unterscheiden [Agg87: 291]:
– Neugründung,
– Verlagerung und
– Dezentralisierung.

Kennzeichen der Neugründung ist die Produktion neuer Produkte an einem neuen Standort. Dabei wird davon ausgegangen, daß alle im Unternehmen benötigten Ressourcen wie Flächen, Gebäude, Personal und Betriebsmittel neu beschafft werden müssen. Dieser eher seltenen Variante stehen die Verlagerung und die Dezentralisierung als wesentlich häufiger auftretende Planungsvarianten gegenüber. In beiden Fällen werden Unternehmensteile aus einem vorhandenen Standort ausgegliedert und an einen neuen Standort verlagert. Dabei werden in größerem Umfang vorhandene Ressourcen weiter genutzt, so z. B. vorhandene Betriebsmittel. Auch Mitarbeiter können an dem neuen Standort weiterbeschäftigt werden. Der Unterschied im Hinblick auf die Planungsmaßnahmen liegt darin, daß bei der Verlagerung in der Regel externe Gründe für die Entscheidung ausschlaggebend sind, z. B. geringere Lohnkosten, Steuern oder Abgaben. Bei der Dezentralisierung stehen interne Gründe im Vordergrund. So kann z. B. eine geforderte Serviceleistung ein Montagewerk vor den Werktoren des Kunden erfordern. Ein anderer Grund kann die Notwendigkeit einer regionalen Präsenz auf einem wichtigen Zielmarkt sein.

Einige Gründe, die eine Verlagerung oder eine Dezentralisierung erforderlich machen können, werden im folgenden exemplarisch aufgeführt:

Änderung von Abnehmermärkten. Durch Änderungen der Marktstruktur kann es erforderlich werden, dezentrale Standortkonzepte zu wählen. Ein Beispiel dafür ist der Aufbau herstellernaher Just-in-Time-Werke von Automobilzulieferern, wobei die Zulieferer aus Servicegründen in unmittelbarer Nähe der Automobilhersteller Montagewerke errichten. Ein anderes Beispiel ist die Notwendigkeit, auf bestimmten Abnehmermärkten auch als Produzent tätig zu sein. Dies ist besonders dann erforderlich, wenn Staaten ihre Märkte mit Handelsbarrieren („local content") wie hohen Einfuhrzöllen oder sonstigen Handelsbeschränkungen vor Importen abschotten.

Transportaufwände. Eine häufige Ursache für die Dezentralisierung oder die Verlagerung des Unternehmens liegt in veränderten Anforderungen an den bisherigen Standort. Auch im Bereich des Transportes können neue Logistikkonzepte, wie z. B. Just-in-Time, zu Problemen führen. Gerade in dichtbesiedelten Gebieten mit hohem Verkehrsaufkommen sind Transportzeiten auf langen Strecken schwer zu kalkulieren. Eine termingerechte Belieferung von Kunden ist hier nur durch kurze Transportwege zu gewährleisten. Auch können aufgrund zu hoher Transportkosten kürzere Transportwege zu den Kunden erforderlich werden.

Ver- und Entsorgung. Bei der Versorgung stehen Elektrizität, Wasser und fossile Brennstoffe im Vordergrund. Voraussetzung für eine zuverlässige Elektrizitätsversorgung ist ein stabiles Stromnetz, durch das eine Versorgung mit der benötigten Anschlußleistung sichergestellt werden kann. Unabhängig von der Jahreszeit muß die Wasserversorgung gewährleistet werden. Brennstoffe werden teilweise über große Entfernungen transportiert. Dabei können sich Probleme beim Transport, z. B. durch Pipelines in erdbebengefährdeten Regionen oder auch durch Embargomaßnahmen in Krisenregionen, ergeben.

Bei der Entsorgung stehen Abwässer und die Entsorgung fester oder gasförmiger Abfälle im Vordergrund. Hier sind die gesetzlichen Auflagen zu beachten. Für Kläranlagen und Filteranlagen können erhebliche Investitionen erforderlich werden.

Personalverfügbarkeit. In einigen Regionen steht das erforderliche Personal nicht in ausreichendem Umfang oder mit der erforderlichen Qualifikation auf dem Arbeitsmarkt zur Verfügung. Zwar ist es häufig möglich, durch höhere Löhne Arbeitskräfte aus anderen Regionen anzuwerben, langfristig können die entstehenden Kosten aber so hoch sein, daß eine Verlagerung des gesamten Standorts oder eine Dezentralisierung durch Ausgliederung der betroffenen Teilbereiche erforderlich wird.

Wirtschaftlichkeit. Bei der wirtschaftlichen Bewertung von Standorten stehen die standortbezogenen Kostenfaktoren im Vordergrund. Wesentlich sind dabei die Personalkosten, Steuern und Abgaben. Ziel einer Dezentralisierung oder Verlagerung aus wirtschaftlichen Gründen ist die Verringerung der standortbezogenen Kosten. Neben der Bewertung der derzeit aktuellen Kosten ist es unbedingt erforderlich, die voraussichtliche Entwicklung der Kostenfaktoren abzuschätzen. Nur so kann mit ausreichender Genauigkeit vorhergesagt werden, ob sich die Kosten für die Verlagerung in angemessener Zeit amortisieren.

Gesetze und Auflagen. Durch Gesetze oder behördliche Auflagen können Investitionen in einer Höhe erforderlich werden, durch die eine Produktion an einem Standort unwirtschaftlich wird. In diesem Zusammenhang sind besonders Umweltschutzmaßnahmen zu nennen. Die Lösung dieses Problems besteht häufig in einer Verlagerung des Standorts in ein anderes Land mit weniger restriktiven Gesetzen. Diese Vorgehensweise kann jedoch nicht nur aus ökologischer Sicht fatale Folgen haben, langfristig muß in den meisten Ländern mit einer verschärften Umweltgesetzgebung gerechnet werden.

Zu behördlichen Auflagen kann es z. B. auch kommen, wenn Wohngebiete in direkter Nähe zu Industriegebieten liegen. Geruchs- und Geräuschbelästigung von Wohngebieten durch Industrieanlagen führen zu Auflagen bezüglich Luftreinhaltung und Lärmschutz, deren Erfüllung je nach Produktionsart erhebliche Investitionen erfordert. Unumgänglich wird unter Umständen die Veränderung des Standorts bei einem Betrieb von explosionsgefährdeten Anlagen, wenn die Mindestentfernung zu Wohngebieten nicht gegeben ist.

Fehlende Erweiterungsmöglichkeiten am Standort. Falls die Flächenreserven am Standort erschöpft sind, müssen bei Erweiterungen zumindest Teilbereiche des Unternehmens ausgelagert werden. Dabei kann es sich sowohl um produzierende Abteilungen, als auch um indirekte Bereiche handeln. Auf diesem Weg werden zusätzliche Flächenpotentiale erschlossen. Eine detaillierte Analyse muß ergeben, ob die Teildezentralisierung im Vergleich zu einem vollständigen Standortwechsel kostengünstiger ist.

Teilerneuerung und Renovierung. Bei einer Teilerneuerung oder Renovierung des bisherigen Produktionsbetriebs kann eine Dezentralisierung für einen begrenzten Zeitraum sinnvoll sein, um während der Erneuerung die Produktion ungestört weiterzuführen.

9.3.2 Vorgehensweise zur Standortplanung

9.3.2.1 Begriffsdefinitionen

Gliederungsebenen

Bei der Standortplanung lassen sich drei Gliederungsebenen unterscheiden, die einen unterschiedlichen Detaillierungsgrad aufweisen [Ket84: 107] (Bild 9-35).

Durch das globale Standortprofil wird der Wirtschaftsraum eines Standorts beschrieben. Die Standortkennzeichen sind vorwiegend politisch-wirtschaftlicher Natur, z.B. das existierende politische System oder die Wirtschaftspolitik. Das Ergebnis der globalen Standortsuche ist das Festlegen eines Staates in einer Wirtschaftsregion, z.B. der Europäischen Gemeinschaft oder Südostasiens.

Auf der regionalen Betrachtungsebene soll eine für die Standortplanung geeignete Stadt bzw. Region ermittelt werden. Die Regionen können dabei in ihren flächenmäßigen Ausdehnungen stark variieren. Die Standortkennzeichen sind vorwiegend technisch-wirtschaftlicher Natur, wie z.B. die existierende Infrastruktur oder regionale Arbeitskosten.

Im Rahmen der lokalen Standortplanung wird die Auswahl eines Fabrikgeländes durchgeführt. Zur Beschreibung des lokalen Standorts werden zum einen technische Kennzeichen, z.B. Energieversorgung und Energiepreise, zum anderen topographische Merkmale, z.B. Grundstücksgefälle, berücksichtigt.

Durch die Gliederung der Standortplanung auf drei Ebenen ist es möglich, die Zahl potentieller Standortalternativen schnell einzuschränken, um für die sehr detaillierte lokale Betrachtung nur noch wenige Standortalternativen analysieren und bewerten zu müssen. Außerdem begünstigt diese hierarchische Vorgehensweise eine transparente und nachvollziehbare Entscheidung.

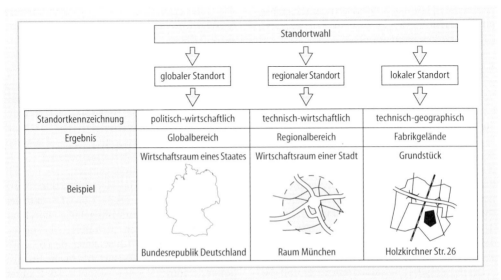

Bild 9-35 Gliederungsebenen bei Standortplanung

Standortfaktoren

Die Beschreibung der Standorte erfolgt durch Standortfaktoren, die qualitativer und quantitativer Art sein können.

Die Standortbeschreibung erfolgt neutral, d.h. nicht wertend. Für die verschiedenen Gliederungsebenen existieren globale, regionale und lokale Standortfaktoren.

Standortkriterien

Die Anforderungen an einen Standort werden durch Standortkriterien beschrieben. Standortkriterien sind aus den unternehmensspezifischen Zielsetzungen ableitbar und werden an den Standortfaktoren gespiegelt.

Standortanforderungsprofil

Die Standortkriterien werden zu einem Standortanforderungsprofil zusammengefaßt [Eve77: 68ff.]. Dabei werden drei verschiedene Arten der Ausprägung von Anforderungen unterschieden (Bild 9-36):
- Festforderungen,
- Mindestforderungen und
- Wunschforderungen.

Festforderungen müssen in jedem Fall erfüllt sein. Erfüllt ein Standort diese Festforderungen nicht, kommt diese Standortalternative nicht in Frage. Solche Kriterien bezeichnet man daher als k.-o.-Kriterien.

Mindestforderungen sind bis bzw. ab einem bestimmten Grenzwert, dem Schwellenwert, verbindlich. Wird dieser unter- bzw. überschritten, sind auch sie k.-o.-Kriterien.

Wunschforderungen sind Forderungen, die zusätzlich zu den Fest- und Mindestforderungen definiert werden. Die Wunschforderungen müssen nicht erfüllt werden. Bei der Standortbewertung finden sie zumeist dann positive Berücksichtigung, wenn Fest- und Mindestforderungen bei zwei Standortalternativen in gleicher Weise erfüllt sind.

9.3.2.2 Ablauf der Standortplanung

Die Standortplanung erfolgt in systematisch aufeinander aufbauenden Planungsschritten (Bild 9-37).

Im ersten Planungsschritt wird eine Grobauswahl des Standorts vorgenommen. Ziel ist die Ermittlung von Standortalternativen, die an-

	Festforderungen	Mindestforderungen
global	• stabile politische Verhältnisse • freie Marktwirtschaft • freier Kapitalverkehr • freier Warenverkehr	• Anteil der Industrie am Bruttosozialprodukt > 40 % • Anteil der Industriearbeiter an der Bevölkerung > 10% • Arbeitszeit pro Jahr 1550 Stunden • ⌀ Lohn pro Monat < 3500 DM
regional	• Straßenverkehr • Schienenverkehr • Verfügbarkeit von Grundstücken • kurzfristige Verfügbarkeit qualifizierter Arbeitskräfte	• Investitionshilfen > 15 % • Anteil der Industriearbeiter an der Bevölkerung > 10% • ⌀ Gehalt eines Angestellten < 35DM/Std. • ⌀ Lohn eines Facharbeiters < 25DM/Std. • Verhältnis Facharbeiter/ ungelernte Arbeiter > 1 • Grundstückspreis incl. Erschließung < 40DM/m²
lokal	• Straßenanschluß • Lage in Industriegebiet • Wasseranschluß • Kanalisation • Erschließung beendet • Grundstücksfläche > 100.000 m²	• Grundstückspreis incl. Erschließung < 40 DM/m² • Grundwasserspiegel > 4 m unter Geländeniveau • Grundstücksgefälle < 1% • Elektrizität: Spannung > 10 kV Leistung > 8 MV

Bild 9-36 Fest- und Mindestforderungen bei der Festlegung von Standortkriterien (Beispiele)

schließend einer detaillierten Bewertung unterzogen werden. Zuerst werden in einem Standortanforderungsprofil Eigenschaften des gesuchten Standorts festgeschrieben (vgl. 9.3.2.4). Im Standortanforderungsprofil sind somit die Standortanforderungen in Form von Fest-, Mindest- oder Wunschforderungen dokumentiert. Fest- und Mindestforderungen werden zunächst auf globaler, dann auf regionaler und lokaler Ebene mit den Standortfaktoren potentieller Standorte abgeglichen (vgl. 9.3.2.5). Standorte, die auf übergeordneter Ebene nicht dem Standortanforderungsprofil genügen, müssen auf den untergeordneten Ebenen nicht weiter betrachtet werden.

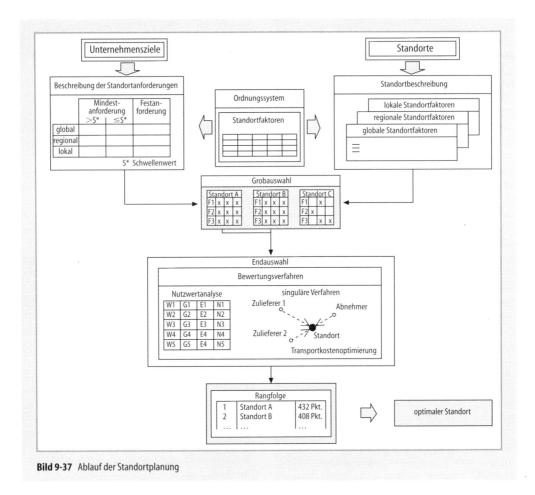

Bild 9-37 Ablauf der Standortplanung

Nach dem Ermitteln der geeigneten Standortalternativen werden diese detailliert bewertet (vgl. 9.3.2.6). Eine detaillierte Bewertung darf erst nach dem Durchlaufen aller drei Gliederungsebenen erfolgen, um die Berücksichtigung aller Standortkriterien für ein Gesamtoptimum sicherzustellen.

9.3.2.3 Informationsbeschaffung

Bei der Informationsbeschaffung empfiehlt sich aufgrund der Vielzahl möglicher Quellen ein systematisches Vorgehen. Dabei ist es sinnvoll, die Informationsmittel nach periodischen und einmaligen Veröffentlichungen aufzuteilen und den einzelnen Quellen ihre Wirkungsbereiche für die Standortplanung zuzuweisen. Durch die zu globalen, regionalen und lokalen Wirkungsbereichen zugeordneten Informationen wird die Informationsmenge überschaubar und zielgerichtet auswertbar. Dieser Zusammenhang wird in Bild 9-38 dargestellt.

Für die durchzuführende Bewertung von Standorten ist umfassendes Informationsmaterial aus zuverlässigen Quellen von hoher Bedeutung. Eine Bewertung der Informationsmittel im Hinblick auf ihre Aussagekraft ist notwendig, um eine objektive Standortauswahl sicherzustellen und damit Fehlplanungen zu verhindern.

Falls einzelne Faktoren für die Wahl eines Standorts von entscheidender Wichtigkeit sind, sollten diesbezüglich mehrere Quellen ausgewertet werden, um die Entscheidungen abzusichern.

Es läßt sich feststellen, daß mit steigendem Detaillierungsgrad der Informationen und damit der Gliederungsebene die Befragung von Spezialisten zur Informationsbeschaffung immer wichtiger wird. So ist z. B. für geologische Untersuchungen fundiertes Fachwissen not-

Informationsquellen		Wirkungsbereich für Standortplanung		
Art	Benennung	global	regional	lokal
industriell — Institutionen	• Industrie- und Handelskammern	○	●	○
	• Wirtschaftsverbände	○	●	○
	• multinationale Unternehmungen	○	●	○
	• Tarifpartner	○	●	○
	• Fachtagungen	○	●	
	• Messen	●	●	○
industriell — Veröffentlichungen	• Wirtschaftshandbücher	●	○	
	• Verbands- und Kammerstatistiken	○	●	○
	• Daten der Wirtschaftsverbände	○	●	○
	• Fachzeitschriften	○	●	○
	• Messe- und Ausstellungskataloge	●	●	○
	• Firmen- und Branchenverzeichnisse		●	●
	• Industrieveröffentlichungen		●	●
	• Normen- und Bauvorschriften			●
	• Prospektmaterial		○	●
statistisch — Institutionen	• Arbeitsämter		●	
	• Wirtschaftsförderungsämter	○	●	●
	• regionale Entwicklungsgesellschaften		●	○
	• Entwicklungshilfe	●	●	
	• Auslandsvertretungen	●	●	
statistisch — Veröffentlichungen	• staatliche Förderungsprogramme	○	●	○
	• Wirtschaftskarten	●	●	○
	• statistische Jahrbücher	●	●	
	• amtliche Bundesmitteilungen	●	●	
	• Atlanten, Landkarten	●	●	
	• Stadtpläne, Flurkarten			○
	• Lexika	●	●	●
	• Banken	●	●	○
privat — Institutionen	• private Firmenkontakte	○	●	○
	• ausländische Beraterstellen	○	●	○
	• Unternehmensberater	●	●	●
	• Hochschulen	●	●	○
	• statistische Dienste	●	●	
privat — Veröffentlichungen	• Bundesbankberichte	○	●	○
	• Publikationen der Geschäftsbanken	●	●	○
	• Veröffentlichungen von Wirtschaftsdiensten	●	●	○
	• Zeitschriften		○	●
	• Wirtschaftszeitschriften	○	●	○
	• Bücher	●	●	

○ zusätzliches Informationsmaterial ● wesentliches Informationsmaterial

Bild 9-38 Informationsquellen für die Standortplanung

wendig, daß nur in seltenen Fällen in produzierenden Unternehmen vorhanden ist.

9.3.2.4 Standortanforderungsprofil

Eingangsgrößen zur Erstellung des Standortanforderungsprofils sind Unternehmensziele und Standortfaktoren. Unternehmensziele werden auf strategischer, taktischer und operativer Ebene berücksichtigt, indem

- neutralen Standortfaktoren unternehmensspezifische Standortkriterien gegenübergestellt werden. Hierbei werden den einzelnen Standortfaktoren quantitative oder qualitative Werte zugeordnet, die in Form von Fest-, Mindest- oder Wunschforderungen festgeschrieben werden;
- Sonderkriterien ermittelt werden, die sich nicht unmittelbar aus Standortfaktoren ableiten lassen. Ein Beispiel ist die lokale oder regionale Festlegung des Standorts für einen Zulieferer der Automobilindustrie, die sich durch eine Verpflichtung zur Just-in-Time-Belieferung ergibt. Sonderkriterien werden als Fest- oder Mindestforderungen beschrieben. Sie können eine direkte Planung auf regionaler oder lokaler Ebene ermöglichen.

9.3.2.5 Grobauswahl

Die Grobauswahl ist im Sinne einer schnellen und einfachen Planung hilfreich, da so der notwendige Bewertungsaufwand für die Vorauswahl prinzipiell geeigneter Standorte auf ein Minimum reduziert werden kann.

Die Grobauswahl erfolgt durch einen Vergleich von Standortanforderungsprofil und Standorteigenschaften entsprechend der in Bild 9-39 aufgezeigten Vorgehensweise.

Wird auf der globalen oder der regionalen Ebene festgestellt, daß der Standort nicht geeignet ist, entfällt die Betrachtung der verbleibenden Ebenen. Als Auswahlkriterien werden die Fest- und Mindestforderungen herangezogen. Nur wenn ein Standort alle Festforderungen sowie die Schwellenwerte aller Mindestforderungen erfüllt, kommt er als Standort in Frage.

9.3.2.6 Endauswahl

Die Bewertung von Standorten zur endgültigen Auswahl erfolgt mit unterschiedlichen Methoden und Hilfsmitteln. Die Verfahren unterscheiden sich hinsichtlich der Zielsetzung. Exempla-

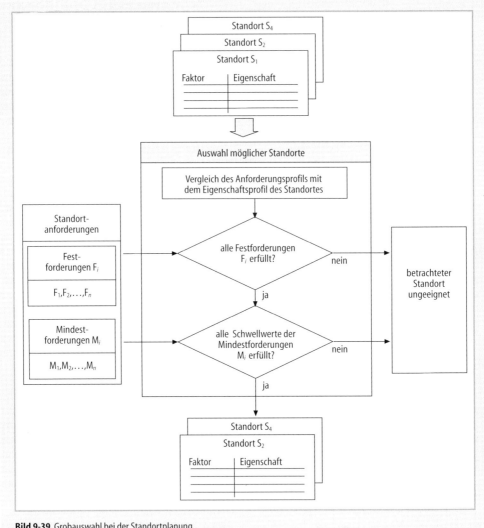

Bild 9-39 Grobauswahl bei der Standortplanung

risch werden die Nutzwertanalyse und der Sensitivitätstest als Verfahren zur Bewertung eines Standorts auf Basis einer großen Anzahl von Standortkriterien und damit Zielsetzungen vorgestellt. Demgegenüber sind Verfahren der Kosten-Nutzen-Analyse sowie das Verfahren der Transportkostenoptimierung Verfahren mit singulärer Zielsetzung.

Die genannten Verfahren unterscheiden sich hinsichtlich ihrer Genauigkeit, ihres Betrachtungsbereichs und dadurch auch in ihrer Aussagekraft. Prinzipiell ist durch sehr genaue Verfahren die detaillierte Betrachtung vieler Aspekte möglich. Der Aufwand zur Durchführung solcher Analysen ist allerdings sehr hoch. Deshalb

sollte das durchgeführte Bewertungsverfahren anforderungsgerecht und damit nur so genau wie nötig gewählt sein.

Nutzwertanalyse

Zur Ermittlung des optimalen Standorts auf einem hohen Detaillierungsgrad wird ein Bewertungsverfahren benötigt, das alle quantitativen und qualitativen Kenngrößen berücksichtigt. Zudem muß ein Vergleichsmaßstab erstellt werden, der die unterschiedliche Standorteignung durch eine Rangfolge wiedergibt. Diese Anforderungen erfüllt die Nutzwertanalyse [Eve77:

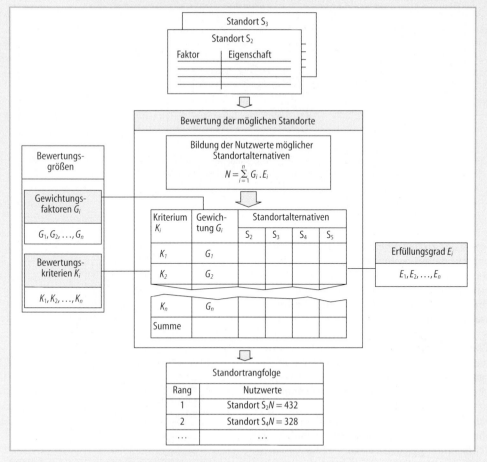

Bild 9-40 Nutzwertanalyse bei der Standortbewertung

8o ff.], deren Vorgehensweise in Bild 9-4o dargestellt ist.

Die Nutzwertanalyse ist ein Verfahren, bei dem qualitative Kriterien durch die subjektive Einschätzung der Planer quantifiziert und so mit einander vergleichbar gemacht werden. Die Bewertung einer Standortalternative S_i erfolgt durch die Ermittlung ihres Nutzwerts N. Der Gesamtnutzwert wird durch Summierung der Teilnutzwerte N_i ermittelt, die dieser Alternative bzgl. ihrer zu beurteilenden Kenngrößen zukommen. Diese Teilnutzwerte N_i werden durch Multiplikation eines Erfüllungsgrads E_i mit einem Gewichtungsfaktor G_i ermittelt. Der Erfüllungsgrad drückt aus, in welchem Maß ein Standortkriterium K_i an einem Standort erfüllt ist. Durch den Gewichtungsfaktor G_i wird die Bedeutung des Standortkriteriums K_i innerhalb des Standortanforderungsprofils berücksichtigt. Die Nutzwerte der verschiedenen Alternativen repräsentieren die Rangfolge der Eignung von Standortalternativen. Es ist zu berücksichtigen, daß die Festlegung der Gewichtungsfaktoren und der Erfüllungsgrade aufgrund von Erfahrungen, d.h. subjektiv erfolgt (vgl. Sensitivitätstest, Bild 9-44).

Zur Durchführung einer Nutzwertanalyse sind vor allem drei Bestimmungsgrößen von Bedeutung:
– die verschiedenen Beurteilungskriterien K_i (hier Standortkriterien),
– deren Gewichtungsfaktoren G_i sowie
– deren Erfüllungsgrade E_i.

Je nach Art und Ausprägung dieser Größen ergeben sich i.allg. unterschiedliche Gesamtnutz-

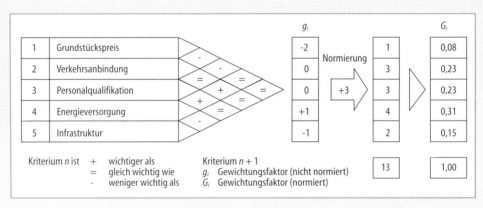

Bild 9-41 Paarweiser Vergleich

werte der zu beurteilenden Standortalternativen. Die daraus ermittelte Rangfolge bildet eine Basis für die Standortentscheidung. Daher ist eine möglichst sorgfältige Ermittlung dieser drei Bestimmungsgrößen für die Standortbewertung von großer Bedeutung.

Einsatz von Standortkriterien. Um die ermittelten Standortalternativen sowohl in ihrem Gesamtnutzen als auch ihrem Teilnutzen vergleichen zu können, müssen einheitliche Standortkriterien zugrunde gelegt werden. Beurteilungskriterien sind dabei die qualitativen oder quantitativen Standortfaktoren. Grundlage ihrer Ermittlung ist die neutrale Standortbeschreibung, in der wichtige Gesichtspunkte zu den einzelnen Standortfaktoren enthalten und erläutert sind (s. 9.3.3).

Ermittlung der Gewichtungsfaktoren. Mit den Gewichtungsfaktoren wird die relative Bedeutung festgelegt, die den einzelnen Standortkriterien bei der Bewertung zukommen soll. Gewichtungsfaktoren werden häufig intuitiv festgelegt, es können aber auch systematische Methoden unterstützend herangezogen werden.

Eine Methode um Gewichtungsfaktoren systematisch festzulegen, ist der paarweise Vergleich (Bild 9-41). Dabei werden alle Kriterien jeweils einmal einzeln gegeneinander gewichtet. Es ist jeweils festzustellen, ob das Kriterium K_n wichtiger als, gleich wichtig wie oder weniger wichtig als das Kriterium K_{n+1} ist. Durch die Auswertung der Matrix ergeben sich die Gewichtungsfaktoren g_i, durch die eine Rangreihe der Wichtigkeit der Kriterien erstellt werden kann. Durch Normierung werden dann die Ge-

	1 Grundstückspreis	2 Verkehrsanbindung	3 Personalqualifikation	4 Energieversorgung	5 Infrastruktur	Σ	G_i
1 Grundstückspreis	1	0	0	1	1	3	0,11
2 Verkehrsanbindung	2	1	1	2	1	7	0,27
3 Personalqualifikation	2	1	1	2	1	7	0,27
4 Energieversorgung	1	0	0	1	0	2	0,08
5 Infrastruktur	2	1	1	2	1	7	0,27
Σ						26	1

Punkteverteilung
2 : 0 Zeilenkriterium wichtiger als Spaltenkriterium
1 : 1 Zeilenkriterium gleich wichtig wie Spaltenkriterium
0 : 2 Zeilenkriterium weniger wichtig wie Spaltenkriterium
G_i = Gewichtungsfaktor (normiert)

Bild 9-42 Bewertungsmatrix

wichtungsfaktoren G_i ermittelt, die für die Nutzwertanalyse verwendet werden können.

Eine weitere Methode, die alternativ eingesetzt werden kann, um systematisch Gewichtungsfaktoren zu ermitteln, ist die Bewertungsmatrix (Bild 9-42). Ähnlich wie beim paarweisen Vergleich werden die Standortkriterien einzeln gegeneinander gewichtet. Durch Summieren ergibt sich der Gewichtungsfaktor G_i des Kriteriums K_i Die Gewichtung eines Kriteriums

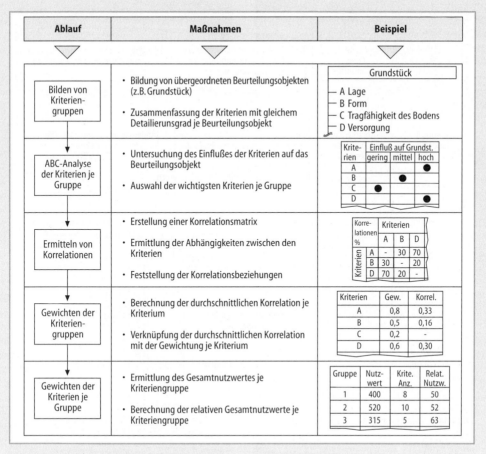

Ablauf	Maßnahmen	Beispiel

Bilden von Kriteriengruppen
- Bildung von übergeordneten Beurteilungsobjekten (z.B. Grundstück)
- Zusammenfassung der Kriterien mit gleichem Detailierunsgrad je Beurteilungsobjekt

Grundstück
— A Lage
— B Form
— C Tragfähigkeit des Bodens
— D Versorgung

ABC-Analyse der Kriterien je Gruppe
- Untersuchung des Einflußes der Kriterien auf das Beurteilungsobjekt
- Auswahl der wichtigsten Kriterien je Gruppe

Krite-rien	Einfluß auf Grundst.		
	gering	mittel	hoch
A			●
B		●	
C	●		
D			●

Ermitteln von Korrelationen
- Erstellung einer Korrelationsmatrix
- Ermittlung der Abhängigkeiten zwischen den Kriterien
- Feststellung der Korrelationsbeziehungen

Korre-lationen %	Kriterien		
	A	B	D
A	-	30	70
B	30	-	20
D	70	20	-

Gewichten der Kriteriengruppen
- Berechnung der durchschnittlichen Korrelation je Kriterium
- Verknüpfung der durchschnittlichen Korrelation mit der Gewichtung je Kriterium

Kriterien	Gew.	Korrel.
A	0,8	0,33
B	0,5	0,16
C	0,2	-
D	0,6	0,30

Gewichten der Kriterien je Gruppe
- Ermittlung des Gesamtnutzwertes je Kriteriengruppe
- Berechnung der relativen Gesamtnutzwerte je Kriteriengruppe

Gruppe	Nutz-wert	Krite. Anz.	Relat. Nutzw.
1	400	8	50
2	520	10	52
3	315	5	63

Bild 9-43 Korrelationsermittlung bei der Nutzwertanalyse

nach dieser Vorgehensweise erlaubt es, den vielfältigen Zielen eines Unternehmens in ausreichendem Maße Rechnung zu tragen.

Ermittlung der Erfüllungsgrade. Als dritte Bestimmungsgröße der Nutzwertanalyse müssen die Erfüllungsgrade E_i festgelegt werden, die den Standortkriterien K_i zugewiesen werden. Um einen nachvollziehbaren Bewertungsablauf zu erzielen, werden für die einzelnen Kriterien Wertebereiche festgelegt, die einerseits ausreichend differenziert, andererseits aber auch ausreichend transparent sind. In der Regel sind die Werte von 1 – 10 ausreichend.

Bei den Bestimmungsgrößen muß darauf geachtet werden, daß zwischen den Standortkriterien gegenseitige Abhängigkeiten bestehen können, die zu einer Überbewertung einzelner Kriterien führen. Die Aussagefähigkeit einer Nutzwertanalyse kann auch durch einseitige subjekti-

ve Einschätzungen des Planers verfälscht werden. Dagegen werden im folgenden mögliche Abhilfemaßnahmen vorgestellt.

Abhängigkeiten zwischen Kriterien können in unterschiedlicher Stärke auftreten. So kann z.B. auf lokaler Ebene das Standortkriterium „niedriger Grundstückspreis" vom Kriterium „niedriger Grundwasserspiegel" abhängen. Diese Kriterien werden deshalb überbewertet und somit kann es vorkommen, daß das Gesamtergebnis verfälscht wird. Solche Abhängigkeiten können durch Anwendung statistischer Verfahren berücksichtigt werden. Deren Anwendung setzt jedoch mathematisch formulierte Korrelationsbeziehungen voraus, die bei Standortkriterien in den wenigsten Fällen ermittelt werden können. Deshalb werden die Korrelationsbeziehungen häufig mit Hilfe einer Schätzung quantifiziert. Die Vorgehensweise ist in Bild 9-43 veranschaulicht.

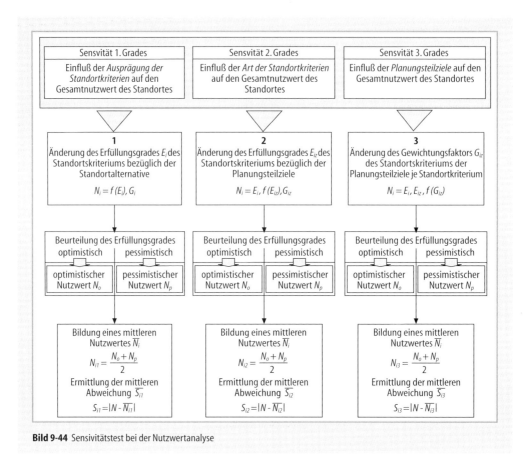

Bild 9-44 Sensitivitätstest bei der Nutzwertanalyse

Zur Kennzeichnung der Abhängigkeit eines Kriteriums von allen übrigen Kriterien wird je Kriterium der Durchschnittswert der festgestellten Korrelationen ermittelt. Durch die Verknüpfung dieses Durchschnittswerts mit dem Gewichtungsfaktor wird die Korrelation bei der Bewertung der Einzelkriterien berücksichtigt. Der Gesamtnutzwert ergibt sich aus dem relativierten Teilnutzen der beurteilten Kriteriengruppen.

Die subjektiv bewerteten Bestimmungsgrößen bei der Nutzwertanalyse können ebenfalls objektiviert werden. Geht man davon aus, daß die Gewichtungsfaktoren aus den Teilzielen und ihrer Rangfolge hergeleitet werden, und setzt man eine gleichbleibende Gesamtzielsetzung der Standortplanung voraus, so können nur noch folgende Größen subjektiv beeinflußt werden:
– die Erfüllungsgrade der Standortkriterien,
– die Erfüllungsgrade der Standortkriterien bezüglich der Teilziele und

– die Rangfolge der Teilziele.

Um diesen Einfluß abzuschätzen, bietet sich unter anderem der Einsatz sog. Empfindlichkeits- oder Sensitivitätstests an [Eve77: 86 ff.].

Im Rahmen dieser Tests wird untersucht, in welchem Maße sich bei gezielter Änderung einer subjektiven Größe der Gesamtnutzwert einer Standortalternative ändert. Hierbei können in Abhängigkeit von der zu ändernden Größe drei verschiedene Sensitivitätsgrade unterschieden werden (Bild 9-44):
– Sensivität 1. Grades: Sie kennzeichnet den Einfluß der Kriteriengröße auf den Gesamtnutzwert und resultiert aus einer Änderung des Erfüllungsgrads des Standortkriteriums. Ein Beispiel wird exemplarisch in Bild 9-45 vorgestellt.
– Sensivität 2. Grades: Sie kennzeichnet den Einfluß des jeweiligen Standortkriteriums auf den Gesamtnutzwert durch Änderung des entsprechenden Erfüllungsgrads.

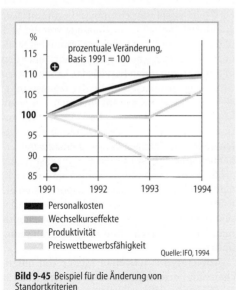

Bild 9-45 Beispiel für die Änderung von Standortkriterien

– Sensivität 3. Grades: Sie kennzeichnet den Einfluß der Planungsteilziele auf den Gesamtnutzwert und ergibt sich durch Änderung des Rangs der Ziele.

Es kann ein Vergleichsmaß gebildet werden, um den Einfluß der Sensitivitätsgrade quantitativ darstellen zu können. Es wird aus der Abweichung σ ermittelt, die der geänderte Nutzwert N gegenüber einem mittleren Nutzwert $\bar{n}$ aufweist.

Durch das gezielte Ändern der oben genannten Größen kann relativ einfach der subjektive Einfluß eines Bewerters auf den Standortnutzwert ermittelt werden. Je größer die hierbei auftretenden einzelnen Abweichungen sind, desto stärker ist i. allg. der persönliche Einfluß des Bewerters bei der Nutzwertbildung. Der subjektive Einfluß des Planers kann auch dadurch relativiert werden, daß die Nutzwertanalyse durch mehrere Personen durchgeführt wird. Aus den Nutzwerten, die von den verschiedenen Planern ermittelt wurden, kann für jede Standortalternative ein Durchschnittsnutzwert errechnet werden. Dadurch wird der Einfluß von „Ausreißern" reduziert.

Neben der Nutzwertanalyse existieren andere Verfahren, die Algorithmen für eindeutige Lösungen liefern.

Singuläre Verfahren. Verfahren mit singulärer Zielsetzung berücksichtigen bei der Standortbewertung nur einzelne Aspekte. Sie werden dann eingesetzt, wenn diese Aspekte entschei-

denden Einfluß auf die Wahl des Standorts haben und die übrigen Aspekte von vergleichsweise geringer Bedeutung sind.

Kosten-Nutzen-Analyse. Bei vielen Standortentscheidungen ist das Verhältnis zwischen Kosten und Nutzen der alternativen Standorte ausschlaggebend. Um unterschiedliche Standorte zu bewerten, müssen deshalb die entstehenden Kosten erfaßt werden. Hierbei sind z. B. Personalkosten, Transportkosten, Energiekosten usw. zu berücksichtigen. Wenn die Kosten ermittelt sind, kann für jeden Standort mit folgender Formel die Eigenkapitalrentabilität ermittelt werden [Ket84: 123f.]:

$$R_{EK} = \frac{U-K}{C \cdot \eta_{EK}} \cdot 100$$

R_{EK} Rentabilität des Eigenkapitals %,
U Umsatz DM / Periode,
K Kosten DM / Periode,
C Gesamtkapital DM,
η_{EK} Eigenkapitalquote %.

Der optimale Standort weist die höchste Eigenkapitalrentabilität auf. Bei einer großen Zahl von Standortalternativen müssen für dieses Verfahren große Mengen an Kostendaten ermittelt und verarbeitet werden. Deshalb ist es zur Entscheidungsfindung häufig zu aufwendig und langwierig. Nachteilig ist zudem, daß alle nicht monetär quantifizierbaren Größen nicht oder nur unzureichend einbezogen werden können. Da aber bei ausführlichen Vorarbeiten und zuverlässiger Datenaufnahme der aus betriebswirtschaftlicher Sichtweise optimale Standort ermittelt werden kann, ist dieses Verfahren mit seinen Ergebnissen besonders für die Kapitalgeber interessant. Sein Einsatzbereich liegt somit in der Feinplanung von Standortentscheidungen, die durch externe Kapitalgeber finanziert werden.

Transportkostenoptimierung. Bei der Standortplanung wird im Rahmen der Transportkostenoptimierung nur der außerbetriebliche Transport berücksichtigt. Folgende Aspekte können mit Kostengrößen bewertet werden:
– Transportentfernungen und Transportzeiten sowie
– Anzahl der Transportmittelwechsel.

Transportkostenorientierte Methoden werden unter der Annahme angewendet, daß die Transportkosten ausschließlich von der geographischen Lage des Standorts abhängig sind. Alle anderen, monetär quantifizierbaren Größen, wie z. B. der erzielbare Erlös und das betriebsnotwendige Kapital, werden dabei unabhängig vom Standort ermittelt. Die Transportkosten sind bei diesen Bewertungsverfahren die bestimmende Größe. Daraus folgt, daß alle anderen Standortkriterien vernachlässigt werden [Dol81: 45 ff.].

In diesem Zusammenhang können zwei Problemtypen definiert werden, die den möglichen Ausgangssituationen entsprechen.

Problemtyp 1a: Aus mehreren geeigneten und auch verfügbaren Standorten ist der Standort mit den insgesamt geringsten Transportkosten auszuwählen. Die Standorte der Zulieferer und Abnehmer werden daher als bekannt vorausgesetzt.

Für alle potentiellen Standorte (E_i) wird die Summe der Transportkosten zwischen Standort (E_i) und Zulieferant (Z_k) sowie zwischen Standort und Abnehmer (A_k) gebildet. Zulieferer können sowohl interne als auch unternehmensexterne Betriebe sein, entsprechendes gilt für die Abnehmer. Dieser Zusammenhang kann auch geometrisch dargestellt werden. Die mathematische Lösung des Optimierungsproblems erfolgt mit der Gleichung [Ket84: 119]:

$$K_{Ti} = \sum_{k=1}^{n} m_{ik} \cdot s_{ik} \cdot z_{ik} \cdot k_{ik}$$

K_{Ti} gesamte Transportkosten je Standort [DM],

m_{ik} Transportmenge zwischen Zulieferer / Abnehmer k und Standort i [t],

s_{ik} Entfernung zwischen Zulieferer / Abnehmer k und Standort i [km],

z_{ik} Anzahl der Transporte je Zeiteinheit zwischen Zulieferer / Abnehmer k und Standort i,

k_{ik} Transportkosten zwischen Zulieferer / Abnehmer j und Standort i (konstant) $\frac{DM}{t \cdot km}$.

Optimal ist in diesem Zusammenhang der Standort mit der niedrigsten Transportkostensumme. Die Rechnung erlaubt die Berücksichtigung realer Transportkosten und damit den Vergleich verschiedener Verkehrsmittel.

Problemtyp 1b: Wie Problemtyp 1a, aber ohne Vorgabe von Standortalternativen. Dadurch wird ein absolutes Optimum bestimmt. Die Standortsuche erfolgt unabhängig von der Verfügbarkeit von Grundstück am optimalen Standort. In der Praxis hat es sich bewährt, über den in Frage kommenden Bereich der Landkarte ein Gitternetz zu ziehen und die Kreuzungspunkte als mögliche Standorte anzunehmen. Für jeden Kreuzungspunkt können die Transportkostensummen ermittelt werden. Da durch eine Verfeinerung des Netzes der Rechenaufwand erheblich ansteigt, ist es ratsam, zunächst relativ große Punktabstände zu wählen und dann in dem Bereich mit niedrigen Transportkosten die Knotenanzahl zu erhöhen. So läßt sich mit diesem iterativen Prozeß der transportkostenoptimale Standort auch ohne EDV-Unterstützung finden.

Problemtyp 2: Aus einer Menge von möglichen Standorten soll der optimale Standort für ein neues Werk ermittelt werden, wobei als Randbedingung der Einfluß bereits existierender eigener Werke berücksichtigt wird [Zim77, Spä78]. Für diesen Problemtyp ist die gleiche Vorgehensweise wie für Problemtyp 1a anzuwenden.

9.3.3 Standortfaktoren

Eigenschaften und Anforderungen an Standorte sind durch Standortfaktoren beschreibbar, die dem Planer einen umfassenden Überblick über die einen Standort kennzeichnenden Größen verschaffen. Sie werden in globale, regionale und lokale Standortfaktoren eingeteilt.

9.3.3.1 Globale Standortfaktoren

Durch die globalen Standortfaktoren wird die nationale Situation eines Staates oder eines Wirtschaftsraumes (z. B. Triade: Nordamerika, Westeuropa, Südostasien) insbesondere hinsichtlich der politischen, ökonomischen und sozialen Verhältnisse gekennzeichnet.

Außen- und Wirtschaftspolitik, Marktwirtschaft. Diese drei Faktoren haben einen entscheidenden Einfluß auf die betriebliche Geschäftspolitik, da durch sie die Rahmenbedingungen für unternehmerische Tätigkeiten definiert sind. Entsprechend der politischen und wirtschaftlichen Grundordnung eines Staates kann das Unternehmen entweder frei und in eigener Verantwortung entscheiden, oder es muß wesentliche Eingriffe von staatlicher Seite in Kauf nehmen.

Insbesondere die jeweilige Form des Wirtschaftssystems (freie bzw. soziale Marktwirtschaft, sozialistische Marktwirtschaft, Planwirtschaft) ist ein wichtiges Merkmal eines Staates.

Politisches System. Das politische System ist ein Indiz für die Stabilität eines Staates. Wesentliche Aspekte für die Standortentscheidung sind z.B. die Berechenbarkeit von Regierungen, die zu erwartenden Änderungen bei einem Regierungswechsel sowie der Einfluß außerparlamentarischer und religiöser Gruppen auf die politischen Entscheidungen.

Finanz- und Steuerpolitik. Relevant für die Ansiedlung eines Unternehmens im Ausland ist der Kapitalverkehr. Hierbei steht in der Regel die Frage des Gewinntransfers in die inländische Unternehmenszentrale im Vordergrund. Dieser ist in marktwirtschaftlich orientierten Ländern frei von staatlichen Auflagen.

Neben der Frage des Kapitalverkehrs ist auch zu prüfen, mit welcher steuerlichen Belastung ein Unternehmen belegt wird. Einige Länder bieten als Anreiz zur vermehrten Industrieansiedlung verringerte Besteuerung oder sogar teilweise Steuerbefreiung an. Des weiteren ist von Interesse, ob Wirtschaftsförderprogramme vorhanden sind, welche Neuansiedlungen, z.B. durch Subventionen, fördern.

Gesetze. Von weitreichender Bedeutung ist die Gesetzgebung eines Landes. Dabei ist für die Industrieansiedlung neben den allgemeinen Rechts- und Schutzvorschriften besonders das Handelsrecht von Interesse. Ein- und Ausfuhrzölle beeinflussen die Absatzmöglichkeiten wesentlich und erschweren den freien Wettbewerb.

Ebenfalls von Bedeutung sind arbeitsrechtliche Vorschriften, die Umweltschutzgesetzgebung, Bauvorschriften sowie Steuer- und Strafgesetze. Diesen gebührt besondere Beachtung, da sie großen Einfluß auf die erforderlichen Investitionen haben können.

Industrialisierung. Der Grad der Industrialisierung der betreffenden Nation ist besonders für die technische Struktur des künftigen Betriebs von Bedeutung. Dabei stehen Fragen nach Art und Größe bereits vorhandener Industrien, eingesetzten bzw. durchsetzbaren Technologien, Struktur des Arbeitsmarktes usw. im Vordergrund. Des weiteren ist zu prüfen, mit welcher Einstellung staatliche Organe der Industrie

i. allg. und der Branche des betreffenden Unternehmens im besonderen gegenüberstehen. Auch die Technologieakzeptanz der Bevölkerung ist zu berücksichtigen.

Neben dem Grad der Industrialisierung geben auch Informationen über Konjunktur und Wachstum, Bruttosozialprodukt, Bruttoinlandsprodukt, Kaufkraft, Inflationsrate, Zahlungsbilanz und Wechselkurse wichtige Informationen zur Beurteilung der Wirtschaftskraft eines Landes.

9.3.3.2 Regionale Standortfaktoren

Regionale Standortfaktoren kennzeichnen die Wirtschaftsräume eines Staates. Sie haben vorwiegend einen technisch-wirtschaftlichen Charakter. Beispiele für Regionen sind z.B. das Ruhrgebiet oder der Großraum München.

Da die Abgrenzung zwischen regionalen und lokalen Faktoren in einigen Fällen, z.B. der Verkehrsanbindung, nicht exakt möglich ist, können Überschneidungen entstehen. Die betroffenen Faktoren müssen dann sowohl bei der regionalen als auch bei der lokalen Bewertung berücksichtigt werden.

Verkehrsanbindung. Für die regionale Standortbetrachtung ist unter anderem zu untersuchen, wie der jeweilige Wirtschaftsraum in das Gesamtverkehrsnetz eingebunden ist. Dabei sind nationale und internationale Land-, Wasser- und Luftverkehrswege zu betrachten.

Wesentlich ist, in welcher Entfernung Lieferanten, Abnehmer bzw. Auslieferungslager und Lohnbetriebe liegen und über welche Verkehrsanbindung sie verfügen. Die Lage zu den Beschaffungs- und Absatzmärkten hat ebenfalls starken Einfluß auf die Liefergeschwindigkeit und -sicherheit sowie auf die Transportkosten. Je nach Unternehmensart ist eine unterschiedlich starke Gewichtung vorzunehmen. Rohstofforientierte Betriebe werden sich in der Regel nahe den Rohstoffquellen ansiedeln, während sich absatzorientierte Unternehmen in unmittelbarer Umgebung des jeweiligen Absatzmarkts niederlassen, um eine rasche und zuverlässige Belieferung ihrer Kunden zu ermöglichen.

Arbeitskräfte. Die Situation des regionalen Arbeitsmarkts ist für viele Industriebetriebe von ausschlaggebender Bedeutung. Im einzelnen ist die Zahl der verfügbaren Arbeitskräfte und ihre Qualifikation zu ermitteln. Dazu sind die finanziell relevanten Daten über Arbeitskosten und Arbeitszeit zu untersuchen. Im besonderen sind Informationen zur Bevölkerungsstruktur, Erwerbstätigkeit, Arbeitslosigkeit und Streikhäufigkeit zu beachten.

Es müssen Informationen zur Einwohnerzahl des Ansiedlungsortes und der umliegenden Gemeinden beschafft und die Zahl der Pendler festgestellt werden. Hierdurch kann die Anzahl potentieller Arbeitskräfte ermittelt werden. Besonders die Zahl der Pendler kann Aussagen über die „Sogwirkung" von Wirtschaftsräumen geben, die ein eventuell vorhandenes Arbeitskräftepotential aufnehmen.

Die gesetzlichen Regelungen der Arbeitszeit, d.h. Wochenarbeitszeit, Schichtarbeit und Wochenendarbeit, beeinflussen die Personalverfügbarkeit und damit auch die Auslastung der Fertigungsstätte. Einige Firmen haben allein aufgrund des Wettbewerbsvorteils, der mit längeren Arbeitszeiten verbunden ist, ihren Standort verlagert. Auch die Urlaubsdauer, die Entlohnung während der Urlaubszeit und die gesetzlichen Feiertage müssen bei der Berechnung der Arbeitskosten berücksichtigt werden.

Infrastruktur. Der Begriff Infrastruktur wird vielfach zur Beschreibung der in einer Region vorhandenen sozialen Einrichtungen verwendet. Unter den Oberbegriff Infrastruktur kann aber auch das Angebot an Dienstleistungen gefaßt werden.

Bei der Beurteilung eines Standorts ist die Infrastruktur vielfach von hoher Bedeutung. Dies gilt vor allem, wenn Arbeitskräfte beschafft und aus anderen Regionen Arbeitskräfte abgezogen werden müssen. Besonders bei hochqualifizierten Führungskräften und hochspezialisierten Facharbeitern kann sich eine attraktive Infrastruktur positiv auswirken.

Einige Unternehmen lassen einen Teil ihrer Aktivitäten durch Dienstleistungsunternehmen abwickeln. Diese häufig hochspezialisierten Unternehmen können vielfach Teilarbeiten schneller und günstiger erledigen. Beispiele hierfür sind Transportunternehmen, Sicherungsfirmen, EDV-Anbieter, Laboratorien und wissenschaftliche Einrichtungen.

Energieversorgung. Um die Energieversorgung zu beurteilen, müssen alle im Unternehmen benötigten Energieverbräuche wie Strom, Gas, Erdöl und eventuell Kohle berücksichtigt werden. Bei der Auswahl eines Standorts steht häufig die Versorgung mit elektrischer Energie im Vordergrund. Für die Ermittlung der benötigten Leistung muß der Durchschnitts- und Spitzenbedarf bestimmt werden. In der Bedarfsplanung für die Fertigungsstätten werden diese Werte mit Hilfe der Maschinendaten ermittelt.

Grundsätzlich ist bei der Versorgung mit elektrischer Energie zur Kraft- und Lichterzeugung zu prüfen, welche Stromart vorhanden ist, wie hoch die Strompreise, d.h. Arbeits- und Leistungspreise, sind und welche Spannungen zur Verfügung stehen.

Neben diesen quantitativen Aspekten ist vor allem die Qualität und Zuverlässigkeit der Stromlieferung von Interesse, was besonders bei Standorten außerhalb von Verbundnetzen berücksichtigt werden muß.

Zusätzlich ist zu klären, ob der Strombedarf durch das öffentliche Netz oder durch Eigenerzeugung gedeckt werden soll. Kleine Unternehmen, die einen Standort für ihre Fabrik suchen, decken ihren Bedarf an elektrischer Energie in der Regel aus dem öffentlichen Netz. Bei Betrieben mit extrem hohem elektrischen Energiebedarf, wie z.B. erzverarbeitenden Betrieben oder Aluminiumhütten, kann eine Eigenerzeugung wirtschaftlich sein. In solchen Fällen sind bei der Standortplanung nicht nur Kriterien für die eigentliche Fabrik, sondern auch für ein Kraftwerk zu berücksichtigen.

Neben der Versorgung mit elektrischer Energie ist für viele Betriebe auch die Versorgung mit Brennstoffen relevant. Für einige Industrien kann die Standortwahl aus kostenorientierter Sichtweise vorrangig durch die Beschaffung günstiger Brennstoffe wie Kohle, Gas und Erdöl geprägt sein.

Klima. Die meteorologischen Elemente Temperatur, Niederschlag, Luftfeuchtigkeit, Luftdruck u.a. charakterisieren das Wetter bzw. Klima. Neben diesen Daten ist auch die Luftreinheit, Hauptwindrichtung und Windstärke für manche Unternehmen von Bedeutung.

Das Klima ist ein regionales Standortkriterium, da die Klimavarianz bereits auf regionaler Ebene eine starke Rolle spielen kann. Die meisten klimatischen Anforderungen können durch bauliche Maßnahmen erfüllt werden (z.B. Klimaanlagen). Dies erfordert jedoch häufig hohe Investitionen und laufende Kosten, die eventuell durch die Auswahl eines anderen Standorts vermieden werden könnten.

Behörden und Verwaltung. Verschiedene Wirtschaftsräume eines Staates können häufig unterschiedlichen Gesetzen und Vorschriften unterliegen. Insbesondere in föderalistischen Staaten sind neben staatlichen Gesetzen und Verordnungen auch regionale Bestimmungen zu beachten.

Hervorzuheben sind besonders Umweltschutzgesetze oder Gesetze zur Regelung von Eigentumsverhältnissen. Zudem werden vielfach Gebühren und Abgaben regional unterschiedlich festgesetzt. So können die Gewerbesteuersätze, die Grund- und Baulandsteuer erheblich variieren.

Wichtige Rahmenbedingungen für die spätere Nutzung eines Geländes werden durch den kommunalen Flächennutzungsplan und den Bebauungsplan vorgegeben. Der Flächennutzungsplan stellt die in der Stadt- und Raumplanung beabsichtigte Art der Flächennutzung dar, z.B. durch die Ausweisung von Industriegebieten, Verkehrsflächen und Wohngebieten, außerdem die Auflagen, die die Nutzung einschränken.

Der Bebauungsplan dagegen ist ein von der Komune verabschiedetes und damit rechtskräftiges Dokument, das über konkrete Vorgaben bei der Nutzung des Geländes nach Art, Maß, Bauweise, Mindestabstand usw. Auskunft gibt. Dabei handelt es sich z.B. um die Art der Bebauung und die Abstände zwischen den Gebäuden.

Häufig werden bei Industrieansiedlungen auch finanzielle Vergünstigungen gewährt, wie z.B. Sonderabschreibungen, Subventionen, Kredite und günstiger Energie- und Wasserbezug. Zu beachten ist, daß solche Vergünstigungen häufig nur in strukturschwachen Regionen angeboten werden. Diese finanziellen Vorteile müssen eventuell durch Zugeständnisse bei anderen Standortfaktoren erkauft werden.

9.3.3.3 Lokale Standortfaktoren

Die lokalen Standortfaktoren beschreiben konkrete Standorte und deren Umfeld.

Gelände. Ein Gelände ist im wesentlichen durch seine Größe und Form, die Bodenbeschaffenheit und den Preis gekennzeichnet.

Bei rechteckigem Schnitt des Grundstücks ist eine optimale Flächennutzung möglich. Erwünscht ist ebenes Gelände, um kostspielige Erdarbeiten zu vermeiden. Ein geringes Gefälle kann sich positiv auf den Abfluß von Niederschlägen auswirken. Vorhandene Gefälle können auch beim innerbetrieblichen Transport aufgrund der Schwerkraft zur Energieeinsparung genutzt werden. Beim Bau von Fabrikhallen ist besonders auf die Tragfähigkeit des Bodens zu achten. Sumpfiges Gelände oder Moorböden können hohe Gründungskosten verursachen.

Für den Geländepreis ist es wichtig, wie das vorhandene Gelände eingestuft wird und ob es erschlossen oder unerschlossen angeboten wird. Unter Erschließung wird die Anbindung durch Straßen und Gleise sowie Ver- und Entsorgungseinrichtungen für Energie und Wasser verstanden. An Bedeutung gewinnen Altlasten, die besonders in solchen Geländen vorliegen, die schon lange Zeit industriell genutzt wurden. Diese Böden müssen oft mit hohen Kosten saniert werden.

Verkehrsanbindung. Nachdem im Rahmen der regionalen Standortbetrachtung die grundsätzlich im Wirtschaftsraum vorhandenen Verkehrsmittel untersucht wurden, ist nun die Möglichkeit der Anbindung des Geländes an das lokale Verkehrsnetz zu überprüfen. Die weitere Analyse der Verkehrsanbindung erfolgt für die Verkehrsarten. Je nach Anforderungen sind Straßen-, Bahn-, Luftverkehrs- und Hafenanschluß bei der Standortplanung zu berücksichtigen.

Wasserversorgung. Die Wasserversorgung hat in den letzten Jahrzehnten an Bedeutung gewonnen. Für viele Industriezweige ist eine ausreichende Versorgung mit geeignetem Brauch- und Trinkwasser unabdingbar. Die Unternehmen benötigen Wasser in unterschiedlichen Mengen und Qualitäten. Daher ist vor allem die Leistungsfähigkeit des Anschlusses zu überprüfen. Zudem ist die Zuverlässigkeit ein relevantes Kriterium, da durch eventuellen Wassermangel in Trockenperioden die Produktion u.U. empfindlich gestört werden kann.

Entsorgung. Grundsätzlich sind bei der Entsorgung feste, flüssige und gasförmige Bestandteile zu unterscheiden. Abfälle, Abwasser und Abgase müssen entsorgt werden.

Die Abfallentsorgung ist in Regionen mit strengen Umweltschutzgesetzen von großer Bedeutung. Teilweise dürfen Abfälle nicht mehr wie der Hausmüll auf öffentlichen Deponien gelagert werden, sondern müssen auf speziell präparierte Sondermülldeponien verbracht werden. Für Unternehmen mit hochbelasteten Abfällen ist aufgrund der daraus resultierenden hohen Kosten zu prüfen, ob Technologien zur Wiederaufbereitung vorhanden oder realisierbar sind.

Die Grenzwerte der zuständigen Behörden müssen beachtet werden. Bei Mißachtung drohen häufig drastische Strafen. In einigen Ländern existieren zwar noch keine strengen Gesetze, aber vermutlich wird eine umweltgerechte Gesetzgebung langfristig in den meisten Länder und Regionen anzutreffen sein.

Daher sollten bei der lokalen Standortplanung die Angaben über die Möglichkeit der Einleitung von Regen-, Fäkal- und Gebrauchswasser (Trenn- oder Mischsysteme) in biologische und chemische Klär-, Entgiftungs-, und Neutralisationsanlagen beachtet werden. Hierbei sind besonders die verfügbaren Kapazitäten von Interesse.

Die Entsorgung von Abluft, Abgas und Staub unterliegt ebenfalls umfangreichen und detaillierten Gesetzen. Falls vorgegebene Grenzwerte nicht eingehalten werden, müssen Filteranlagen, Rauchgasentschwefelungsanlagen usw. errichtet werden. Die erforderlichen Investitionskosten sind in der Regel sehr hoch.

Ökologische Aspekte. Da in den letzten Jahren die ökologischen Auswirkungen der Industrie immer stärker beachtet werden, soll hier neben den bereits erwähnten gesetzlichen Bestimmungen noch einmal auf die Problematik eingegangen werden. Wichtige Gesichtspunkte sind der Naturschutz und der Gewässerschutz.

Unter den Begriff Naturschutz fallen z.B. Landschaftsschutzmaßnahmen, die Errichtung von Naturschutzgebieten usw. Landschaftsschutzmaßnahmen können sich in Form von Auflagen zur besseren Integration eines Betriebs in die Umgebung auswirken, wenn z.B. der Landschaftscharakter erhalten bleiben soll. Dies betrifft besonders die Fabrikarchitektur.

Ebenfalls von hoher Bedeutung ist der Gewässerschutz. So ist bei der Nähe zu Grundwasserschutzgebieten mit besonderen Auflagen zu rechnen. Des weiteren sind auch die Wasserentnahmemöglichkeiten aus natürlichen Gewässern für Betriebs-, Kühl- und Löschwasser von Interesse.

Nachbarbetriebe. Unter diesem Aspekt sollen die positiven und negativen Einflüsse von der Umgebung auf einen Standort betrachtet werden.

Die Zusammenarbeit mit anderen Unternehmen kann wirtschaftlich vorteilhaft sein. Gemeinsam genutzte Anlagen, wie z.B. eine gemeinsame Kläranlage oder ein gemeinsames Heizkraftwerk, sind Beispiele hierfür.

Des weiteren können sich Agglomerationsvorteile, d.h. positive Effekte durch Verdichtungen, ergeben, wenn durch die Konzentration von Unternehmen in gleichen oder ähnlichen Branchen bereits zahlreiche Zulieferanten und Dienstleistungsunternehmen vor Ort ansässig sind und in die eigenen betrieblichen Abläufe intergriert werden können.

Neben diesen positiven Auswirkungen können sich aber auch negative Effekte durch Nachbarbetriebe ergeben. Vor allem Belästigungen in Form von Lärm, Rauch oder Geruch sind zu bedenken. Zusätzlich ist auch das Gefährdungspotential des Nachbarbetriebs von Bedeutung. Bei explosionsgefährdeten Anlagen kann z.B. der eigene Betrieb mitgefährdet sein.

Literatur zu Abschnitt 9.3

[Agg87] Aggteleky, B.: Fabrikplanung, Band 1: Grundlagen, Zielplanung,Vorarbeiten. München: Hanser 1987

[Blo70] Bloech, J.: Optimale Industriestandorte. Würzburg: Physika 1970

[Cyp78] Cypris, W.: Auslandsproduktion. Stuttgart: Krausskopf 1978

[Döp92] Döpper, W.; Eversheim, W.: Tendenzen Internationale Produktion, Risiken und Chancen der Globalisierung. Tagungsband zur 54. wissenschaftlichen Jahrestagung des Verbandes der Hochschullehrer für Betriebswirtschaft e.V. Bern: Paul Haupt 1992

[Dol81] Dolezalek, C.M.; Warnecke, H.J.: Planung von Fabrikanlagen. Berlin: Springer 1981

[Eve77] Eversheim; W. Robens, M.; Witte, K.W.: Entwicklung einer Systematik zur Verlagerungsplanung. Opladen: Westdt. Vlg. 1977

[Han72] Hansmann, K.W.: Entscheidungsmodelle zur Standortplanung der Industrieunternehmen. Diss. Univ. Hamburg 1972

[Her90] Hermann, W.: Standortwahl im EG-Binnenmarkt. Industrie-Anz., Heft 34/1990

[Hum81] Hummeltenberg, W.: Optimierungsmethoden zur betrieblichen Standortwahl. Würzburg: Physika 1981

[Ket84] Kettner, H.; Schmidt, J.; Greim, H.R.: Leitfaden zur systematischen Fabrikplanung. München: Hanser 1984

[Pfl79] Pflieger, G.F.: Standortbezogene Betriebsmittelauswahl. Stuttgart: Krausskopf 1979

[Rie68] Riehm, K.: Vergleich der Standorttheorien. Diss. Univ. Göttingen 1968

[Sie94] Sieben, G.: Betriebswirtschaftliche Entscheidungstheorie. Düsseldorf: Werner 1994

[Spä78] Späth, H.: (Hrsg.): Fallstudien Operation Research, Bd. 2. München: Osldenbourg 1978

[Tru93] Truijens, T.: Standortentscheidungen japanischer Unternehmen, Konstanz: Universitätsverlag 1993

[War84] Warnecke, H.J.: Der Produktionsbetrieb. Berlin: Springer 1984

[Zim77] Zimmermann, W.: Planungs- und Entscheidungstechnik, Braunschweig: Vieweg 1977

9.4 Strukturplanung

9.4.1 Aufgabe der Fabrikstrukturplanung (vgl. 10.2.3)

Die Fabrikstrukturplanung hat im Fall der Neuplanung und der grundlegenden Umplanung von Produktionsunternehmen die Aufgabe, technisch, organisatorisch und ökonomisch funktionsfähige Struktureinheiten zu generieren, die eine Startstruktur für die Produktionsprozesse eines Unternehmens bilden. Diese Startstruktur beinhaltet alle wesentlichen Funktionen der Fabrikabläufe.

Die Aufgabe der Mitarbeiter in den operativen Bereichen ist es dann, diese Struktur den sich ändernden Anforderungen anzupassen und somit eine Nachsteuerung des Fabrikbetriebs an die zunehmende Dynamik der Umwelt zu ermöglichen.

9.4.1.1 Der Strukturierungsprozeß

Der *Strukturierungsprozeß* bestimmt maßgeblich die Wirtschaftlichkeit des zukünftigen Betriebs und ist aufgrund seiner Komplexität sehr anspruchsvoll. Die Strukturplanung stützt sich deshalb auf zwei grundsätzliche Arbeitsweisen des Strukturierens [Gae74: 62]:
– das problemlösungsorientierte Zerlegen und Aufgliedern in Elemente und
– das problemlösungsorientierte Ordnen und Gruppieren von ungeordneten Elementen.

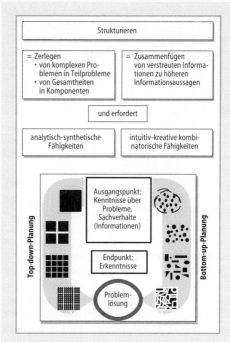

Bild 9-46 Arbeitsweisen des Strukturierens [Gae 74: 63]

Aus den in Bild 9-46 dargestellten Arbeitsweisen lassen sich zwei verschiedene Planungsverfahren ableiten:
– Top-down-Planung: Ausgehend von der Unternehmensplanung werden durch die schrittweise Zerlegung der Unternehmensbereiche neue Strukturen entwickelt. Da für das gesamte Unternehmen geplant wird, ist es Ziel der Strukturplanung, sämtliche entstehenden Betriebsbereiche einheitlich auf den Gesamtnutzen des Unternehmens auszurichten.
– Bottom-up-Planung: Relativ isolierte Teilbereiche werden planerisch festgelegt, optimiert und anschließend zusammengefügt [Bru92: 99].

Die in der Praxis vorherrschende Vorgehensweise der Top-down-Planung führt zwar zu einem einheitlichen und schlüssigen Planungsergebnis, doch die fehlende oder ungenügende Beteiligung der zu nutzenden Bereiche führt zu Informations- und Identifikationsproblemen und erschwert oder verhindert dadurch die erfolgreiche Realisierung des Planungsergebnisses. Deshalb sollte die Top-down-Planung mit der Bottom-up-Planung kombiniert werden, damit die Planungserkenntnisse „von oben" mit

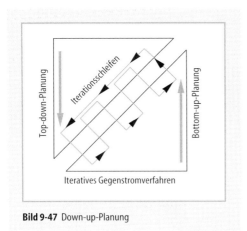

Bild 9-47 Down-up-Planung

den Planungserkenntnissen „von unten" zusammenfließen und so eine Optimierung der Einzelergebnisse erfolgen kann. Diese Synthese der beiden Planungsverfahren wird in der Literatur als *Down-up-Planung* oder *Iteratives Gegenstromverfahren* [Bru92: 100] bezeichnet (Bild 9-47). Die Integration der beiden Planungskonzepte erfordert es, daß Mitarbeiter aus allen Hierarchieebenen des Unternehmens an der Planung beteiligt sind.

9.4.1.2 Neue Ansätze zur Fabrikstrukturierung

Im Zusammenhang mit Dezentralisierungsbestrebungen rückt der Begriff der *Struktureinheit* in den Vordergrund der planerischen Betrachtung. Eine Struktureinheit soll hier verstanden werden als ein Baustein oder Konstruktionselement komplexer Strukturen, das eine bestimmte Funktion durchführt. Die planerische Aufgabe besteht bei der Bildung von Struktureinheiten hauptsächlich darin, Elemente der Struktureinheit und ihre Beziehungen zu definieren. Es sind verschiedene Vorgehensweisen zur Bildung von Struktureinheiten und zur strategischen Neuausrichtung einer Fabrik bekannt. Die wichtigsten sind:

- Segmentierung,
- Gruppenarbeit,
- Fertigungsinseln,
- Profit-Center.

Seit den 80er Jahren hat sich vor allem das Konzept der *Segmentierung* als wichtigster Strukturierungsansatz erwiesen [War92: 9]. Diesen Ansatz zur Bildung von Struktureinheiten beschreibt Wildemann als Fertigungssegmentierung [Wil89: 54]. Dabei wird eine Fabrik hinsichtlich ihrer Erfolgsfaktoren in einzelnen

Segmenten betrachtet. Der Vorteil der Betrachtung der Fabrik in Segmenten besteht darin, daß sofort zu erkennen ist, woher besondere Stärken und Schwächen der Fabrik kommen, wo Engpässe vorhanden sind oder wo sich die schwächsten Glieder befinden.

Häufig werden Fabriken nach dem Kriterium Produkt segmentiert. Als Ergebnis einer solchen Aufteilung erhält man beispielsweise verschiedene Geschäftsfelder. Insgesamt aber hat sich die Segmentierung hinsichtlich der Kriterien Standort, Personal, Produkt, Produktstruktur, Betriebsmittel, Organisation und Funktionen durchgesetzt. Die Problematik der Segmentierung besteht jedoch darin, daß einmal gewählte Strukturen über der Zeit fortgeschrieben werden. In einer zunehmend dynamischen Umwelt der Fabrik können aber vermeintliche Stärken sehr schnell in entscheidende Wettbewerbsnachteile umschlagen. Die maßgebliche Anforderung an die Struktureinheiten einer Fabrik ist somit eine hohe *Strukturdynamik*.

Eine Weiterentwicklung der Segmentierten Fabrik, die diesen Anforderungen gerecht wird, ist die Fraktale Fabrik [War93b]. Sie geht von dem Gedanken einer Gliederung in selbstähnliche, sich selbstorganisierende, dynamische Einheiten aus, die als Fraktale bezeichnet werden. Der Begriff Fraktal entstammt der Lehre der fraktalen Geometrie [Man87]. Die Fraktale Fabrik beschreibt einen ganzheitlichen Lösungsansatz, um die Eigendynamik von teilautonomen Strukturen zu initiieren, zu stärken und zu lenken. Hinweise zur Realisierung der Fraktalen Fabrik finden sind bei Warnecke [War95].

Neben der Fraktalen Fabrik versuchen weitere Konzepte, den Anforderungen an die Reaktionsfähigkeit der Unternehmen zu entsprechen. Sie sind aber überwiegend noch im Forschungsstadium (z. B. Bionic Manufacturing, Ökologiegerechte Produktion, s. [Zah94]).

Die folgenden Ausführungen beschreiben unabhängig von einem speziellen Leitbild den eigentlichen Strukturierungsprozeß.

9.4.1.3 Ablauf der Fabrikstrukturplanung

Die Aufgabe der Fabrikstrukturplanung ist es, basierend auf den Vorgaben der Zielplanung und der Betriebsanalyse, alternative Strukturkonzepte einer Fabrik zu entwickeln, die bevorzugte Variante auszuwählen und in maßstäbliche Strukturpläne umzusetzen, welche dann zur Ausführungsplanung weitergegeben werden

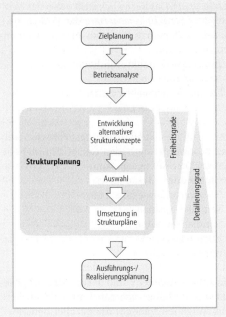

Bild 9-48 Ablauf der Strukturplanung

(vgl. Bild 9-48). Der Detailierungsgrad des zu planenden Systems nimmt dabei von Schritt zu Schritt zu, wogegen die Freiheitsgrade der Planung ständig abnehmen.

Der erste Schritt der Strukturplanung, die Entwicklung von Strukturkonzepten, ist die kreativ anspruchsvollste Phase der Planung. Ein Strukturkonzept stellt eine Überlagerung von organisatorischen und räumlichen Strukturen dar (s. Bild 9-49). Zur Visualisierung der verschiedenen Strukturierungsprinzipien dienen Organisationsstrukturbilder, die den Optimierungsgesichtspunkt, unter dem die Struktureinheiten gebildet werden, beschreiben. Zur Darstellung der Form und Anordnung von Gebäuden oder Gebäudeteilen finden Raumstrukturbilder Verwendung, welche bereits ein stilisiertes Layout darstellen.

Die Entwicklung von Strukturkonzepten stellt einen zeit- und kostenaufwendigen Prozeß dar, der in mehrere Stufen unterteilt werden muß. Ausgehend von der Planungsaufgabe wird mit jeder weiteren Planungsstufe versucht, sich dem Planungsziel – dem Strukturkonzept der Fabrik –

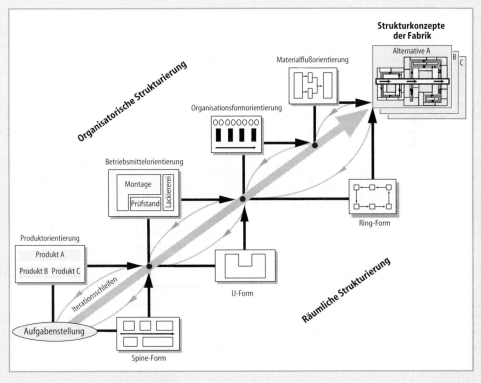

Bild 9-49 Entwicklung von Strukturkonzepten

möglichst weit anzunähern. Die Ergebnisse der organisatorischen und der räumlichen Strukturierung werden überlagert. Jeder einzelne Planungsschritt liefert neue Informationen, die in den sich anschließenden und auch in parallel laufenden Planungsstufen berücksichtigt werden müssen. Aus diesem Grund ist in dieser Phase der *Strukturplanung* eine enge Zusammenarbeit und Abstimmung aller an der Planung beteiligten Personen in Form eines Projektteams erforderlich (s. 9.1.3.3). Diese Vorgehensweise gewährleistet einen in sich schlüssigen und reibungsarmen Planungsablauf, was sich in einer guten Planungsqualität und einer schnellen Planungsdurchlaufzeit widerspiegelt.

Der erste Abschnitt des Strukturplanungsprozesses, die Erarbeitung *alternativer Strukturkonzepte*, basiert auf den Planungsvorgaben, die aus den Unternehmenszielen im Rahmen der Zielplanung abgeleitet werden, den Randbedingungen, die im Rahmen der Betriebsanalyse erhoben wurden und den Informationen über die erforderlichen Prozesse und Ausrüstun-

gen (s. 9.4.2). Das Kernstück stellt dabei das *Netzwerk der Strukturgenerierung* dar [Vol94: 7ff.]. Es setzt sich gemäß Bild 9-50 aus vier Elementen zusammen:
- Bildung von Struktureinheiten (s. 9.4.3),
- Vernetzung (s. 9.4.4),
- Dimensionierung (s. 9.4.5),
- Anordnung (s. 9.4.6).

Innerhalb des Strukturierungsprozesses werden bestimmte Methoden und Hilfsmittel eingesetzt. Die wichtigsten sind:
- Clusteranalyse (s. 9.1.4.4),
- Nutzwertanalyse (s. 9.1.4.6),
- Sensitivitätsanalyse (s. 9.3.2.6),
- Simulation (s. 9.1.4.7),
- Planungssysteme zur Layout- und Lagerplanung (s. 9.1.4.5).

Ein entscheidender Punkt bei der *Strukturgenerierung* ist, daß es sich dabei um ein Netzwerk von Aufgaben handelt, die parallel behandelt werden müssen. Die Generierung von Struktur-

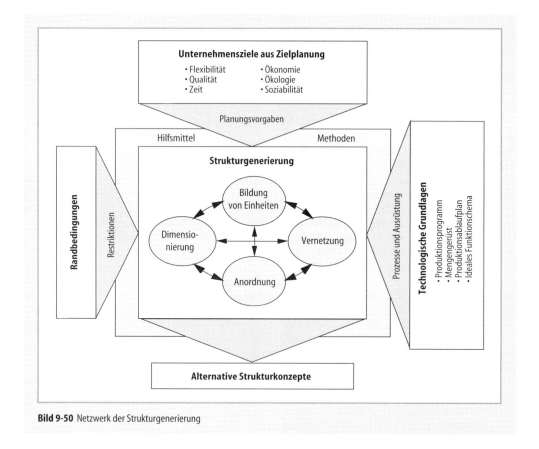

Bild 9-50 Netzwerk der Strukturgenerierung

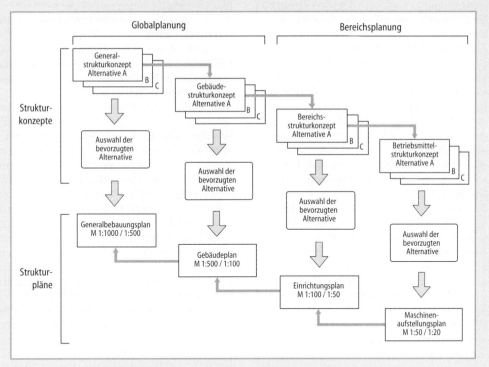

Bild 9-51 Ebenen der Strukturkonzepte und deren Umsetzung in Strukturpläne

einheiten erfolgt in einem iterativen Prozeß, der durch sich abwechselnde Aufgaben gekennzeichnet ist.

Das Ergebnis des Strukturierungsprozesses sind alternative Strukturkonzepte in Form von Blocklayouts, die sich, entsprechend der Sichtweise des betrachteten Systems, auf vier Ebenen der Fabrikstruktur beziehen lassen (s. Bild 9-51). Das *Generalstrukturkonzept* beinhaltet die Struktur der gesamten Fabrik. Dabei stehen die materialflußgerechte Zuordnung der Nutzungsbereiche und die Anordnung der Bauten, die Gestaltung der Hauptverkehrswege und der Ver- und Entsorgungssysteme sowie die Erschließung des Werksgeländes im Vordergrund. Das *Gebäudestrukturkonzept* zeigt die Umrisse der Gebäude, ihre Anschlußstellen an den innerbetrieblichen Materialfluß, die gebäudeinterne Materialflußführung sowie Anforderungen für bestimmte Produktions- und Funktionsbereiche. Das *Bereichsstrukturkonzept* bestimmt die Anordnung der einzelnen Produktionseinheiten im Gebäude und legt großen Wert auf die Kommunikationsbeziehungen der Einheiten untereinander. Dabei werden neben den Produkti-

onsbereichen insbesondere Besprechungs- und Sozialzonen sowie Transportwege und Gänge festgelegt. Das *Betriebsmittelstrukturkonzept* beinhaltet die genaue Größe, Position und spezielle Anforderungen einzelner Betriebsmittel in den Produktionseinheiten, deren materialflußtechnische Verknüpfung sowie spezielle Anforderungen an Ver- und Entsorgungseinrichtungen.

Bei der Entwicklung der Strukturkonzepte können jeweils verschiedene Unternehmensziele lösungsbestimmend sein, oder es nehmen unterschiedliche Rahmenbedingungen auf die Planungsergebnisse Einfluß. So stehen bei der Entwicklung des Generalstrukturkonzepts häufig Materialflußgesichtspunkte im Vordergrund, während im Bereichsstrukturkonzept meist besonderer Wert auf die Vernetzung der Produktionseinheiten gelegt wird (s. 9.4.4). Das Netzwerk der Strukturgenerierung läßt sich prinzipiell auf allen Betrachtungsebenen einsetzen. Es stellt damit eine generelle Methodik zur Ermittlung sowohl der General- und Gebäudestruktur im Rahmen der Globalplanung als auch für die Bereichs- und Betriebsmittelstuktur der Bereichsplanung dar. Auf der obersten Ebene bilden Gebäude die Elemente des Systems zur Generalstrukturplanung, während auf der untersten Ebene als Elemente einzelne Arbeitssysteme zur Planung der Bereichsstruktur betrachtet werden.

Im Rahmen der *Globalplanung* werden, evtl. unter Federführung eines Architekten, grundlegende Entscheidungen zur Bebauung und Gebäudeanordnung getroffen. Die daraus entstehenden alternativen Strukturkonzepte werden in Form von Groblayouts festgehalten, in denen alle bereits verfügbaren Informationen berücksichtigt sind.

Bei der *Bereichsplanung* werden die Arbeitssysteme und die wesentlichen organisatorischen Zusammenhänge aus dem Produktionsprozeß abgeleitet und zu *Produktionseinheiten* zusammengefaßt. Ausgehend von einem Ideallayout werden unter Einbeziehung der Randbedingungen und Restriktionen alternative Strukturkonzepte in Form von Reallayouts erstellt (s. 9.4.6).

Die alternativen Strukturkonzepte jeder Planungsebene werden einander gegenübergestellt und hinsichtlich der in der Aufgabenstellung gesetzten Ziele bewertet. Unter Abwägung aller Einflußfaktoren wird die bevorzugte Lösungsvariante, meist mit Hilfe einer Nutzwertanalyse (s. 9.3.2.6), ermittelt.

Bei der Umsetzung wird die ausgewählte Alternative einer näheren, verfeinerten Untersuchung und Optimierung unterzogen, woraus schließlich maßstäbliche Strukturpläne für die entsprechenden Betrachtungsebenen erstellt werden.

In der sich anschließenden Ausführungs- und Realisierungsplanung werden die Strukturpläne weiter detailliert, um Fragen der Bauplanung und Haustechnik komplettiert und anschließend im Rahmen eines Realisierungsprojekts umgesetzt (s. 9.5).

9.4.2 Ableitung der Prozesse und Ausrüstungen (vgl. 10.1 und 10.2)

9.4.2.1 Prozeßanalyse

Das vorgegebene *Produktionsprogramm* einer Fabrik (s. 5.3) stellt die Ausgangsbasis für die Strukturplanung dar. Es legt fest, welche Produktarten und -mengen innerhalb einer Zeitperiode hergestellt werden sollen [Ket84: 43]. Die im Produktionsprogramm festgelegten Rahmenwerte werden für die *Produktionsablauf-*

planung konkretisiert, wobei die Reihenfolge der nacheinanderfolgenden Produktionsschritte festgelegt wird.

Dazu wird auf der Basis des bestehenden Produktionsablaufplans unter Berücksichtigung erforderlicher Modifikationen (Kapazitätssteigerung, Modernisierung, Strukturanpassung usw.) und der sich anbietenden Verbesserungsmöglichkeiten (Produktivitätssteigerung, Rationalisierung, Kostensenkung usw.) ein *Produktionsablaufschema* entwickelt. Darin werden alle wesentlichen, zur Erfüllung der Produktionsaufgabe erforderlichen Arbeitsschritte in ihrer funktionellen Verknüpfung und Reihenfolge festgehalten. Bild 9-52 zeigt als Beispiel das Produktionsablaufschema eines lebensmittelverarbeitenden Betriebs.

Bei der Planung einer kleineren betrieblichen Einheit für eine geringe Anzahl von Erzeugnissen kann aus dem Produktionsprogramm direkt ein Produktionsablaufplan entwickelt und als Grundlage für die Zuordnung der Arbeitsplätze und Maschinen verwendet werden. Für die Planung größerer Einheiten (Betriebsberei-

Bild 9-52 Produktionsablaufschema (Praxisbeispiel)

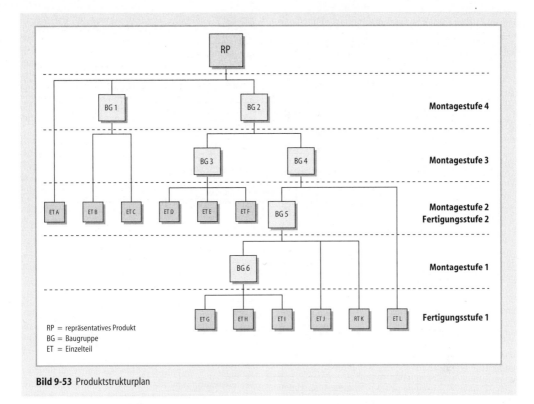

Bild 9-53 Produktstrukturplan

che oder ganze Fabriken) sowie bei einem umfangreichen Erzeugnisspektrum empfiehlt es sich aus Gründen der Übersichtlichkeit, zunächst funktionell gleichartige oder eng miteinander verknüpfte Arbeitsvorgänge zu *Funktionseinheiten* zusammenzufassen [Ket84: 101]. Auch die Gleichartigkeit technologischer oder raumqualitativer Anforderungen sowie organisatorische Zusammenhänge können hierbei eine wichtige Rolle spielen.

Bei komplexen Erzeugnissen, die aus mehreren Bestandteilen bzw. Teilsystemen zusammengesetzt werden, empfiehlt es sich zudem, für die oft recht anspruchsvolle Aufgabe der Zusammenführung bzw. Zusammenfügung der Teile, Gruppen und Teilsysteme, einen *Produktstrukturplan* für ein repräsentatives Produkt zu erstellen.

Ein Produktstrukturplan soll folgende Informationen enthalten [Agg87: 443]:
- alle Bestandteile der Erzeugnisse,
- die montagetechnische Reihenfolge der Zusammenfügung der Einzelteile, die je nach Komplexität der Produkte aus mehreren Stufen besteht,

- die zeitliche Koordinierung der Zusammenfügung der Teile, Gruppen und Systeme im Sinne des Montageplans.

In Bild 9-53 ist ein einfaches Beispiel eines Produktstrukturplans aufgezeigt, in dem diese Zusammenhänge über einzelne Fertigungs- und Montagestufen dargestellt sind.

Unter Berücksichtigung der vorgegebenen technologischen Notwendigkeiten (Fertigungstechnik, Raumanforderung usw.) und des Produktstrukturplans erfolgt eine ablauf- und funktionsgerechte Zuordnung der Funktionseinheiten in einem *idealen Funktionsschema* [Ket84: 101]. Ein ideales Funktionsschema stellt die unmaßstäbliche Verknüpfung der auf der jeweiligen Planungsebene betrachteten Funktionen dar, für die Ressourcen (Personal, Betriebsmittel, Fläche) erforderlich sind. Bild 9-54 zeigt den Vorschlag eines idealen Funktionsschemas für den in Bild 9-52 dargestellten Produktionsablauf. Je nach Planungsstufe und -tiefe, Größe und Organisationsform der zu planenden Struktureinheiten können so die erforderlichen Funktionen einer ganzen Fabrik, eines Betriebsbe-

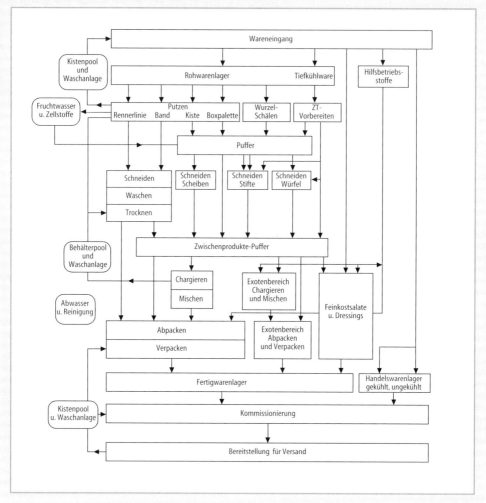

Bild 9-54 Ideales Funktionsschema (Praxisbeispiel)

reichs, einer Produktionseinheit oder eines einzelnen Arbeitssystems abgebildet werden.

Diese Darstellung beschränkt sich i. allg. auf die Hauptfunktionen des Produktionsbereichs, sie ist aber auch auf die Konzeption indirekter Struktureinheiten (z. B. der Auftragsabwicklung oder der Arbeitsvorbereitung) übertragbar. Der Hauptzweck des idealen Funktionsschemas ist es, die Zuordnung der Funktionseinheiten im Produktionsprozeß unter dem Gesichtspunkt kurzer Transportwege zu verdeutlichen, ohne Rücksicht auf reale Gegebenheiten und Randbedingungen nehmen zu müssen. Dadurch wird eine klare und übersichtliche Vorstellung über die betrieblichen Abläufe und die gegenseitigen

Beziehungen der einzelnen Funktionseinheiten vermittelt.

Neben den rein funktionellen Fragen der Strukturplanung kommt den mengenmäßigen Angaben des Betriebsablaufs eine wichtige Rolle zu. Die Auswahl der Fertigungssysteme, die Dimensionierung der Anlagen, Betriebs- und Transportmittel und schließlich auch die Ermittlung des Flächenbedarfs hängen stark vom *Mengengerüst* der Produktion ab. Das Mengengerüst wird unter Berücksichtigung der Mengenvorgaben des Produktionsprogramms in der Regel aus dem Produktionsablaufschema abgeleitet. Dabei werden die Mengen des Fertigungsmaterials (Rohmaterial, Halbfabrikate,

Gliederungsaspekt		
Grad der Lieferbereitschaft	Grad der Fertigungstiefe	Zuordnung der Betriebsmittel
• Fertigung auf Bestellung (lange Lieferzeit, hohe Flexibilität, hohe Fertigungskosten)	• reine Eigenfertigung	• direkte Zuordnung der Produkte an die Produktionsmittel (kontinuierliche Fertigung)
• Fertigung auf Lager (Sofort-Lieferung, keine Sonderwünsche möglich, geringe Fertigungskosten, hohe Bestandskosten)	• Eigenfertigung mit Zukaufteilen • Eigenfertigung mit auswärtiger Lohnarbeit • Eigenfertigung, ergänzt mit Handelsware (vertikale Teilung der Produktpalette)	• Fertigung von verschiedenen Erzeugnissen mit den gleichen Produktionsmitteln nacheinander (intermittierende Fertigung mit Umrüsten)
• Teilfertigung auf Lager und Konfektionierung auf Bestellung (kurze Lieferzeit, beschränkte Flexibilität, kostengünstige Produktion)	• Fertigung in Produktgemeinschaft (horizontale Teilung der Produktpalette)	• Fertigung der gleichen Produkte in parallelen Anlagen

(Agg87: 449)

Bild 9-55 Einteilung der Fertigungsstrategien

Zwischen- und Fertigprodukte), der wichtigsten Hilfsstoffe und der Nebenprodukte von Operation zu Operation berechnet. Zugleich werden auch die jeweiligen Ausbringungsfaktoren der einzelnen Prozesse ermittelt sowie die erwarteten Abfallmengen und Ausschußquoten der Fertigung berücksichtigt.

Großen Einfluß auf die Festlegung des Produktionsablaufs und des Mengengerüsts haben die strategischen Aspekte der Produktion (s. a. 9.2). Die *Fertigungsstrategie* einer Fabrik (s. Bild 9-55) beeinflußt maßgeblich den Produktionsablauf und die damit verbundene kapazitive Auslegung und Dimensionierung der einzelnen Struktureinheiten. Die Wahl der Fertigungsstrategie wird hauptsächlich durch die Beschaffenheit der Produkte und deren qualitativen und quantitativen Bedarf am Markt bestimmt.

Der Grad der Lieferbereitschaft ist ein bestimmendes Maß für die Kundenorientiertheit der Fabrik und hat entscheidenden Einfluß auf die Dimensionierung der Lager-, Bereitstell- und Montagebereiche sowie auf die Gestaltung und Organisation des Material- und Informationsflusses (s. 9.4.4). Die technische Ausrüstung der Struktureinheiten hängt im wesentlichen von der Fertigungstiefe ab.

Eine hohe Fertigungstiefe (reine Eigenfertigung) erfordert meist einen großen Maschinenpark, was oftmals mit Auslastungsproblemen und hohen Betriebsmittelkosten verbunden ist. Aus diesem Grund strebt man häufig eine Verringerung der Fertigungstiefe an, was bis hin zu reinen Montagebetrieben führen kann, die keine eigene Fertigung mehr besitzen und alle Einzelteile des Produkts zukaufen.

Die Zuordnung der Betriebsmittel wird maßgeblich durch die Kapazität und die Flexibilität der Betriebsmittel bestimmt. Ein entscheidender Punkt ist auch die Kontinuität des Absatzes eines Produkts. Bei konstanter Nachfrage ist eine starre Zuordnung von Produkt und Anlage sinnvoll, während bei Produkten mit starken Nachfrageschwankungen, wie z.B. Schokoladen-Weihnachtsmänner und -Osterhasen, eine flexible Zuordnung von Produkten zu Anlagen zweckmäßig ist.

Hinweise zur Wahl der Fertigungsstrategie finden sich auch bei Wildemann [Wil87] und Eidenmüller [Eid91].

9.4.2.2 Auswahl der Fertigungs- und Funktionssysteme

Bei der Wahl der Fertigungs- und Funktionssysteme soll in der Strukturplanungsphase bereits eine technisch-wirtschaftlich optimale Lösung angestrebt werden, ohne jedoch die technischen Einzelheiten und die detaillierten Kostenfaktoren zu kennen. Die Lösung dieses Problems erfordert eine intensive Zusammenarbeit des Strukturplaners mit dem Produktionssystemplaner (s. 9.5), da zwischen der Auswahl der Produktionssysteme und der Anordnung der Produktionsmittel eine enge, gegenseitige Beziehung besteht (s. iteratives Gegenstromverfahren, in 9.4.1.2).

Für die *Auswahl von Fertigungssystemen* sind zwei grundsätzlich verschiedene Beschreibungsformen zu unterscheiden. Diese sind
– die Fertigungsart und
– die Fertigungsform.

Man unterscheidet bei der *Fertigungsart* zwischen
– Einzelanfertigung (Fertigung einzelner oder weniger Werkstücke),
– Serienfertigung (ununterbrochene Fertigung gleicher Werkstücke, ggf. in mehreren Fertigungslosen) und
– Massenfertigung (ununterbrochene Fertigung gleicher Werkstücke in großen Mengen) [Dol81: 130].

Die Einteilung richtet sich primär nach dem mengenmäßigen Auftragsumfang und nach der Art des Auftragdurchlaufs. Die zu wählende Fertigungsart ist somit hauptsächlich vom Produktionsprogramm, der Produktstruktur und dem Produktionsablauf abhängig. Besondere Bedeutung kommt der Kennzeichnung von Produktgruppen bzw. Teilefamilien zu, die auf die gleiche oder ähnliche Art und mit Hilfe der gleichen Produktionsmittel gefertigt werden können.

Unter der *Fertigungsform* wird einerseits die räumliche Anordnung der Arbeitsplätze, andererseits aber auch der organisatorische Aufbau und Ablauf der Fertigung verstanden. Die wesentlichen Fertigungsformen sind
– Punktfertigung oder stationäre Fertigung (Arbeitsvorgänge erfolgen an einer Stelle),
– Werkstattfertigung (verrichtungsorientierte Aufstellung der Produktionsmittel),
– Gruppen-, Insel- oder Zellenfertigung (örtliche Zusammenfassung der funktionell zusammenwirkenden Maschinen und Handarbeitsplätze) und
– Linienfertigung (Zweckaufstellung der Betriebsmittel und Arbeitsplätze) [Dol81: 133].

In den meisten Betrieben mit Mehrproduktfertigung können, wie in Bild 9-56 dargestellt, bestimmte Fertigungsarten in verschiedenen Fertigungsformen organisiert sein. Demnach kann beispielsweise eine Serienfertigung zum einen als Werkstattfertigung, zum anderen aber auch als Gruppenfertigung durchgeführt werden.

Eine endgültige Festlegung der günstigsten Fertigungsformen kann erst dann getroffen

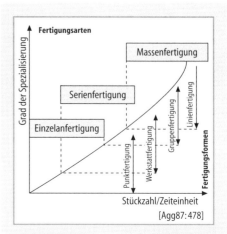

Bild 9-56 Zusammenhang zwischen Fertigungsarten und Fertigungsformen

werden, wenn die genauen Arbeitsabläufe und die Anzahl der erforderlichen Fertigungseinrichtungen aus der Produktionssystemplanung (s. Kap. 10) bekannt sind. Erst dann kann ermittelt werden, welche verschiedenen Teile bei gemeinsamer Bearbeitung, z. B. in einer Gruppenfertigung, genügend Maschinenauslastung für eine wirtschaftliche Fertigung ergeben.

Bei der *Wahl der Funktionssysteme* werden während der Phase der Strukturplanung nur recht grobe Festlegungen getroffen. Dabei handelt es sich um die funktionelle Gestaltung und Dimensionierung der Sekundärbereiche wie Lager- und Transportwesen, Ver- und Entsorgungstechnik, Energie- und Wasserwirtschaft, Nebenbetriebe usw. In Abschn. 9.4.4–9.4.7 zur Fabrikstrukturplanung sowie in Kap. 10 und 16 wird darauf näher eingegangen.

9.4.3 Bildung der Struktureinheiten (vgl. 10.2.3)

Die *Bildung von Struktureinheiten* stellt das erste Element der Strukturgenerierung dar. Sie hat die Generierung von Einheiten (Gebäude, Betriebsbereiche, Produktionseinheiten, Arbeitssysteme sowie Einheiten der indirekten Funktionen) auf den in Bild 9-57 dargestellten Betrachtungsebenen der Strukturplanung zum Ziel. Diese Ebenen entsprechen weitgehend den in Bild 9-51 dargestellten Ebenen der Strukturkonzepte. Sie werden noch um die Ebene der Standortstruktur ergänzt, in der die Position

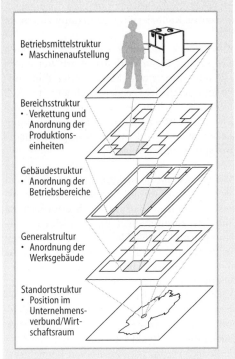

Bild 9-57 Strukturierungsebenen der Fabrik

Betriebsmittelstruktur
• Maschinenaufstellung

Bereichsstruktur
• Verkettung und Anordnung der Produktionseinheiten

Gebäudestruktur
• Anordnung der Betriebsbereiche

Generalstrultur
• Anordnung der Werksgebäude

Standortstruktur
• Position im Unternehmensverbund/Wirtschaftsraum

der Fabrik in einem Unternehmensverbund oder in einem Wirtschaftsraum berücksichtigt wird (z. B. Anbindung an Zulieferer, Lohnniveau der Region usw.).

Für die Gestaltung von anforderungsgerechten Fabrikstrukturen sind nach Wildemann [Wil88: 7] folgende Grundsätze zu berücksichtigen:

- Ausrichtung an den fabrikspezifischen Anforderungen des Markte,
- Orientierung an den unternehmerischen Zielsetzungen,
- Umsetzung einer produktorientierten Aufgabenerfüllung,
- Erweiterung des Betrachtungsraums entlang der Logistik- bzw. Wertschöpfungskette,
- Erweiterung der Aufgaben einer Einheit durch Integration indirekter Funktionen,
- Eigenverantwortung der Einheiten bzgl. Aufgabenerfüllung, Herstellkosten, Termineinhaltung, Service usw.

Die Bildung von Einheiten kann durch die Vorgehensweise der *Clusteranalyse* (s. 9.1.4.4) unterstützt werden.

9.4.3.1 Prinzipien der Strukturbildung

Die Bildung der Struktureinheiten erfolgt durch die Anwendung und Kombination verschiedener *Prinzipien der Strukturbildung.* Diese Strukturierungsprinzipien beschreiben und charakterisieren den Optimierungsgesichtspunkt, unter dem die Einheiten gebildet werden. Wesentliche Prinzipien zur Strukturbildung sind:

Produktorientierung. Bei der produktorientierten Strukturbildung erfolgt eine Trennung in Produktgruppen, die in ihrer Funktion, Bauart und Marktausrichtung prinzipiell unterschiedlich sind und dadurch unabhängige Einheiten ergeben. Anhand des prognostizierten Produktionsvolumens muß entschieden werden, ob sich der Aufbau von eigenständigen Einheiten unter Auslastungsgesichtspunkten lohnt. Die Produktorientierung stellt in gewisser Weise ein übergeordnetes Konzept dar, da jede produktorientierte Einheit die gesamte Wertschöpfungskette der nachfolgenden Strukturierungsebenen beinhaltet, wodurch innerhalb eines Produkts eine weitere Aufteilung unter weiteren Strukturierungsprinzipien nötig wird. Beispiel: Eine Firma stellt Schraubzwingen, Möbelrollen und Mülleimer her und produziert diese jeweils in einem separaten Gebäude.

Fertigungsformorientierung. Treten innerhalb einer Produktgruppe Varianten mit hohen Stückzahlen und solche mit relativ geringen Stückzahlen auf, kann innerhalb einer produktorientierten Einheit entlang der Logistikkette eine Trennung in fertigungsformorientierte Bereiche erfolgen. Es entstehen parallele Einheiten, die wiederum die gesamte Wertschöpfungskette des entsprechenden Bereichs beinhalten. Beispiel: Produktvarianten mit hohen Stückzahlen (sog. Renner) werden auf einer automatisierten Linie in Serie gefertigt. Varianten mit mittleren Stückzahlen (sog. Läufer) werden auf flexiblen, verketteten Einrichtungen produziert. Sondervarianten (sog. Exoten) werden in Werkstattfertigung hergestellt.

Materialflußorientierung. Dieses Strukturierungsprinzip weist eine produktbezogene Gliederung mit einer Hauptmaterialflußrichtung auf und ist für unterschiedliche Produktgruppen mit ähnlichen technologischen und ablaufbedingten Anforderungen geeignet. Diese Einteilung bietet die Möglichkeit, die Struktureinheitcn entsprechend den bestehenden Materialversorgungs- und -entsorgungsbedingungen, den vor- und nachgelagerten Einheiten sowie dem Transportsystem anzupassen. Diese Einheiten werden im Layout entsprechend dem Materialflußaufkommen und der Richtung des Materialflusses angeordnet. Beispiel: In der Walzstraße eines Stahlwerks werden in hintereinander geschalteten Anlagen 10 mm, 5 mm und 2 mm Bleche hergestellt.

Produktstrukturorientierung. Durch die Gliederung in Einheiten entsprechend den Integrationsebenen eines Produkts (Vor- bzw. Baugruppenmontage, Endmontage usw.) ergeben sich produktstrukturorientierte Einheiten, die über ihre Ecktermine miteinander verknüpft sind. Beispiel: Ein Automobilhersteller montiert in einer Vormontagezone Autotüren und stellt diese zu einem bestimmten Zeitpunkt an einem bestimmten Ort des Endmontagebandes bereit.

Betriebsmittelorientierung. Ausschlaggebend für eine Einteilung in betriebsmittelorientierte Einheiten können der Einsatz von Spezialmaschinen, die Trennung aufgrund von unterschiedlichen Umweltanforderungen sowie Arbeitsschutzvorschriften sein. Eine zentrale Rolle können die Verfügbarkeit von Energieanschlüssen sowie die Be- und Entlüftungseinrichtungen bei der Verarbeitung von gefährlichen Gütern spielen. Zudem kann der Traglast- und Einsatzbereich der Hallenkrane ein wesentliches Kriterium darstellen. Dieser Typ der Bereichseinteilung erfordert jedoch einen erhöhten Synchronisationsaufwand der Struktureinheiten. Beispiel: Betriebsmittel für Präzisionsbearbeitung werden zusammen in einem klimatisierten, schwingungsisolierten Raum aufgestellt, um die geforderte Genauigkeit zu erreichen.

Personal- / Tätigkeitsorientierung. Bei dieser Form der Aufteilung werden die Einheiten nach der benötigten Personalqualifikation oder den durchzuführenden Tätigkeiten gebildet. Die qualifikationsbezogene Einteilung der Einheiten richtet sich in erster Linie nach der Personalart und nach der Erfordernis eigenständiger Kompetenzbereiche. Neben der reinen Arbeitsaufgabe stehen hier aber auch Personalfragen wie Entlohnungssysteme, Arbeitszeitmodelle und das Selbstverständnis der Mitarbeiter im Vordergrund. In einem Kalibrierlabor werden Know-how und Prüftechnologie konzentriert, um zentral Kalibriertätigkeiten durchzuführen.

Werkstofforientierung. Hier werden Einheiten nach Art und Eigenschaft der verarbeiteten Materialien (Kunststoffe, Metalle oder Empfindlichkeit, Gefährlichkeit usw.) gebildet. Beispiel: Stähle und Leichtmetalle werden an verschiedenen Stellen bearbeitet, um eine Vermischung der Späne und die damit verbundenen Entsorgungsprobleme zu vermeiden.

Kommunikationsorientierung. Bei dieser Form der Einteilung werden Bereiche, die einen intensiven Informationsaustausch erfordern, zu Einheiten zusammengefaßt. Beispiel: Der Forschungs- und Entwicklungsbereich oder auch der Prototypen- und Werkzeugbau unterhalten enge gegenseitige Kontakte und werden daher nebeneinander angeordnet.

Diese Strukturierungsprinzipien, die hier vornehmlich für die direkten Bereiche der Produktion aufgezeigt wurden, können im Sinne einer ganzheitlichen Strukturplanung ebensogut auf die Strukturierung der indirekten Bereiche einer Fabrik übertragen werden. Bei der *Strukturierung indirekter Bereiche* können auch andere Prinzipien in den Vordergrund treten, wie z.B. die Kunden-/Auftragsorientierung in der Auftragsabwicklung, die Projektorientierung oder die Funktionsorientierung in F&E-Bereichen usw.

9.4.3.2 Visualisierung der Strukturierungsprinzipien

Zur Visualisierung der Strukturierungsprinzipien werden *Strukturbilder* verwendet, die in grafischer Form den Optimierungsgesichtspunkt, unter dem die Struktureinheiten gebildet werden, verdeutlichen (s. Bild 9-58). Man unterscheidet Strukturbilder, die nach Markt/Kunden-Anforderungen, Prozeßanforderungen und Fähigkeitsanforderungen ausgerichtet sind. Dabei können Aspekte wie Zusammengehörigkeiten, Abstoßungen, Flußrichtungen oder Trennungen zwischen verschiedenen Einheiten dargestellt werden. In der Praxis besteht selten die Möglichkeit, sich auf ein einziges Prinzip festzulegen. Die Schwierigkeit für die reine Anwendung eines Prinzips liegt, insbesondere in der Einzel- und Serienfertigung, häufig darin, daß die Kapazitäten und die Stückzahlen nicht ausreichen, um z.B. produkttyp- bzw. variantenspezifische Einheiten zu schaffen.

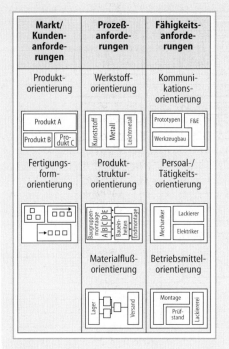

Bild 9-58 Strukturbilder der organisatorischen Struktur

Struktur der Fabrik hat. Eine Orientierung der Ausgangsstruktur an Fähigkeitsanforderungen hingegen bietet die meisten Freiräume für die weitere Strukturierung.

Durch die Überlagerung der Strukturierungsprinzipien entstehen Strukturkombinationen, die neue, kleinere Struktureinheiten enthalten. Diese Struktureinheiten werden auf ihre Lebensfähigkeit hin untersucht, indem sie einer Plausibilitätsprüfung unterzogen werden. Dabei überprüft man, ob sie den gestellten Anforderungen entsprechen und ob sich ihre Arbeitsinhalte wirtschaftlich organisieren lassen. Strukturkombinationen, welche die Anforderungen nicht erfüllen, werden gestrichen. Die verbleibenden Kombinationen werden im nachfolgenden Schritt wiederum mit den verbliebenen Strukturbildern überlagert und die Ergebnisse auf Plausibilität und Wirtschaftlichkeit geprüft. Die Überlagerung wird solange fortgesetzt, bis ein oder auch mehrere erfolgsversprechende Strukturkonzepte entwickelt sind. Die einzelnen Bestandteile eines solchen Strukturkonzepts sind die gesuchten Struktureinheiten.

9.4.3.4 Bewertung und Auswahl der Strukturkonzepte

Die Bewertung und Auswahl der Strukturkonzepte erfolgt am zweckmäßigsten mit Hilfe einer Nutzwertanalyse (s. 9.3). Zur Beurteilung der Strukturkonzepte werden *Bewertungskriterien* aufgestellt, die sich zum einen aus den Kriterien zur Strukturbildung, zum anderen aus dem Unternehmenszielsystem ableiten (s. 9.2). Die folgenden Bewertungskriterien haben sich in der Praxis bewährt:
- Gestaltung von Arbeitsumfang, -ablauf und -umfeld,
- Möglichkeit von Job-Enrichment und Job-Enlargement,

9.4.3.3 Überlagerung von Strukturierungsprinzipien

Praxistaugliche Lösungen für die Abgrenzung von Struktureinheiten stellen meist Mischformen dar, die durch die *Überlagerung verschiedener Strukturierungsprinzipien* entstehen (s. Bild 9-59). Im ersten Schritt listet der Planer die für das Unternehmen relevanten Strukturbilder gemäß Bild 9-60 in einer Matrix auf und überlagert sie der Reihe nach. Bei der Überlagerung ist zu beachten, daß eine Orientierung an Markt/Kunden-Anforderungen als Ausgangsstruktur sehr restriktiven Charakter für die

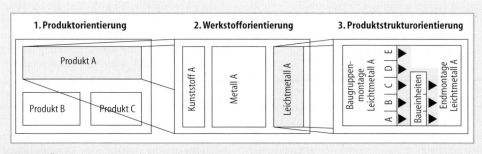

Bild 9-59 Überlagerung von Organisationsstrukturbildern

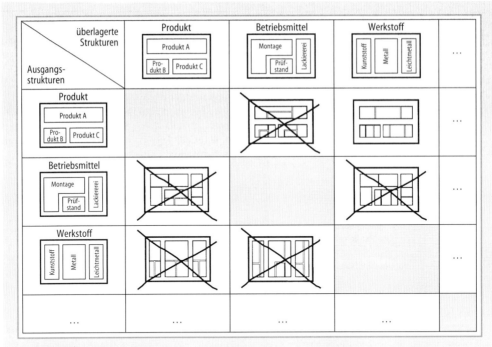

Bild 9-60 Überlagerungsmatrix

- durchgängige Verantwortungsbereiche,
- Durchlaufzeit,
- Organisations- und Steuerungsaufwand,
- Fertigungssicherheit (Was passiert beim Ausfall von Betriebsmitteln?),
- Transparenz der Abläufe,
- Reaktionsfähigkeit auf Mengenveränderung,
- Reaktionsfähigkeit auf Änderung der Losgröße,
- Transport- und Handlingaufwand,
- Flexibilität bei Produktänderungen,
- Betriebsmittelauslastung.

Die Unternehmensleitung ermittelt in einem Workshop die für das Projekt relevanten Bewertungskriterien, anhand derer dann die bevorzugte Variante ermittelt wird.

9.4.4 Vernetzung (vgl. 16.1)

9.4.4.1 Ermittlung logistischer Anforderungen

Die *Vernetzung* beschäftigt sich mit der anforderungsgerechten Gestaltung der logistischen Verbindungen zwischen den Struktureinheiten. Wesentliche Ziele dabei sind eine Verringerung der Warenbestände, eine Verkürzung der Durch-

laufzeit und eine Verbesserung der Anlagennutzung. Dabei werden speziell die beiden Gestaltungselemente Materialfluß und Informationsfluß untersucht. Der physische *Materialfluß* enthält alle Transportfunktionen, die zur Leistungserstellung erforderlich sind und beschreibt deren Zusammenwirken innerhalb des Produktionsprozesses. Der *Informationsfluß* ist der Strom von Informationen innerhalb und zwischen funktionalen Vorgängen und Prozessen, der die organisatorische Abwicklung des Produktionsbetriebs regelt.

Die Grundlage für die Vernetzung stellen die Struktureinheiten dar, die während der Strukturbildung ermittelt worden sind. Aufgrund der großen Abhängigkeiten zwischen der Strukturbildung und der Vernetzung ist dabei eine enge, gegenseitige Abstimmung erforderlich. Zum Zweck der Gestaltung der Vernetzung werden Informations- und Materialflußuntersuchungen durchgeführt.

Informationsflußuntersuchung

Der informationstechnischen Verknüpfung kommt durch die ständig zunehmende Kundenorientierung der Fabriken eine große Bedeutung zu. Zur

Einfluß auf / Einfluß von	Einheit 1	Einheit 2	Einheit n	AS (Einflußnahme)	Q
Einheit 1	–	5	2	7	2,33
Einheit 2	2	5	0	2	0,4
Einheit n	1	0	0	1	0,5
PS (Beeinflußbarkeit)	3	5	2	Σ10	
P	21	10	2		MBS: 3,33

Legende: AS = Aktiv-Summe
PS = Passiv-Summe
P = Produkt AS * PS
Q = Quotient AS / PS
MBS = Mittlere Beeinflussungssumme (Σ AS / n bzw. Σ PS / n)

Bild 9-61 Vernetzungsmatrix der Einheiten [Bru92: 87]

Untersuchung des Informationsflusses zwischen den Struktureinheiten bieten sich zur Feststellung der gegenseitigen Beziehungen verschiedene *Cross-Impact-Analysen* an [Bru92: 82, Wel77: 557]. Exemplarisch für diese Art der Analysen soll im folgenden die Methode der *Beeinflussungsanalyse* beschrieben werden.

Bei der Beeinflussungsanalyse wird die Rolle von Systemelementen und deren relative Bedeutung im Gesamtsystem eingeschätzt. Als Systemelemente können verschieden große Struktureinheiten betrachtet werden, von ganzen Werken bis hin zu einzelnen Arbeitsplätzen. Im nachfolgenden Beispiel soll deshalb allgemein von Einheiten stellvertretend für die verschiedenen Struktureinheiten auf den verschiedenen Ebenen als Systemelemente gesprochen werden.

Bei der Analyse wird einerseits das *Beeinflussungspotential* einer einzelnen Einheit auf andere ermittelt, andererseits wird auch der Grad der *Beeinflußbarkeit* durch andere Einheiten bestimmt. Das Ergebnis läßt sich in einer *Vernetzungsmatrix* (Bild 9-61) darstellen, die Informationen enthält über
- den Einfluß einzelner Einheiten auf andere,
- die gesamte Einflußnahme von einer Einheit im Vergleich zu anderen und
- die gesamte Beeinflußbarkeit der Einheit im Vergleich zu anderen Einheiten.

In der Vernetzungsmatrix wird die Wirkungsintensität durch Intensitätsklassen wiedergegeben, wozu beispielsweise eine Fünferskala verwendet werden kann. In diesem Fall geht die Wertung von 0 (kein Einfluß) bis 5 (sehr starker Einfluß). Die Zahlenwerte werden in den Zeilen und Spalten addiert und in Beziehung zu der Gesamtzahl n der betrachteten Einheiten gesetzt (in diesem Fall $n = 3$). Der Quotient $P = AS/PS$ ist ein Maß für die Einflußnahme einer Einheit auf die anderen. Das Produkt $P = AS \cdot PS$ gibt die Beeinflußbarkeit einer Einheit durch andere an. In Abhängigkeit von der Aktiv- (AS), Passiv- (PS) und der mittleren Beeinflussungssumme (MBS) lassen sich die Einheiten gemäß Bild 9-62 klassifizieren in:

Einfluß-nahme / Beein-flußbarkeit	starker Einfluß	geringer Einfluß
starke Beeinflussung	kritische Einheiten	reaktive Einheiten
geringe Beeinflussung	aktive Einheiten	träge Einheiten

Bild 9-62 Klassifizierung der Einheiten nach der Beeinflussungsintensität [Ulr88: 114]

- Aktive Einheiten, die andere Einheiten stark beeinflussen, selbst aber von anderen wenig beeinflußt werden (AS > MBS > PS),
- Reaktive (passive) Einheiten, die andere Einheiten nur schwach beeinflussen, selbst aber von anderen stark beeinflußt werden (AS < MBS < PS),
- Kritische Einheiten, die andere Einheiten stark beeinflussen, selbst aber auch stark von anderen beeinflußt werden (AS > MBS und PS > MBS) und
- Träge Einheiten, die andere Einheiten nur schwach beeinflussen und auch von anderen nur schwach beeinflußt werden (AS < MBS und PS < MBS) [Bru92: 88].

Auf der Grundlage dieser Klassifizierung können Schlußfolgerungen für die Vernetzung der Einheiten gezogen werden. Dabei kann von folgenden Grundthesen der Beeinflussungsanalyse ausgegangen werden :
- Aktive Einheiten (z.B. Fertigungslinien, Verkauf) üben Steuerungsfunktionen aus. Die Vernetzung sollte die gezielte Ausgabe von Informationen ermöglichen, durch die Änderungen in der gesamten Struktur bewirkt werden können. Von den aktiven Einheiten geht i.allg. der größte Einfluß auf die Gesamtstruktur aus.
- Kritische Einheiten (z.B. Produktionsvorbereitung, Einkauf) übernehmen Regelfunktionen. Es ist sowohl auf eine gezielte Ausgabe als auch auf eine korrekte Rückmeldung von Informationen zu achten. Dabei muß berücksichtigt werden, daß sich nicht nur positive Auswirkungen auf andere Einheiten ergeben,

sondern auch mit negativen Rückwirkungen zu rechnen ist.
- Reaktive und träge Einheiten (z.B. Wareneingang, Versand) beinhalten meist nur ausführende Funktionen. Der Informationsfluß beschränkt sich dabei größtenteils auf den Erhalt von Informationen.

Die Einordnung der Einheiten in die entsprechenden Klassen wird in einem *Aktiv-Passivsummen-Portfolio* (Bild 9-63) graphisch verdeutlicht. Durch Abtragen der Aktiv- und der Passiv-Summe einer Einheit wird deren Position im Portfolio und damit deren Klassifizierung entsprechend dem jeweiligen Quadranten bestimmt.

Materialflußuntersuchung

Bei der Materialflußuntersuchung wird auf der Basis des Mengengerüsts (s. 9.4.2) das Materialflußaufkommen bestimmt. Dabei werden folgende Daten ermittelt:
- die Art und Ausdehnung, evtl. auch das Gewicht der zu transportierenden Objekte sowie
- die Mengen, die innerhalb eines bestimmten Zeitraums an einen bestimmten Ort bewegt werden müssen.

Für die Vernetzung sind diese Daten durch eine Materialflußaufnahme zu erheben. Dabei werden die Materialflußbeziehungen eines repräsentativen Produktspektrums innerhalb eines repräsentativen Zeitraums analysiert, um daraus den physischen Materialfluß abzuleiten [War93a: 98].

Zur Ermittlung repräsentativer Produkte gibt es drei Methoden:
- Betrachtung von Zufallsteilen (nur sinnvoll bei sehr großer Artikelmenge),
- Vertreter von Teilefamilien mit Zuordnung zu den Umsatzzahlen (nur möglich, wenn Teilefamilien identifiziert werden können),
- ABC-Analyse (zuverlässigste Methode, s. 9.1.4.3).

Zur Wahl eines repräsentativen Zeitraums sind ungeeignet:
- Perioden saisonaler Höchst- und Tiefstwerte des Umsatzes oder der Produktionsbelastung,
- Perioden mit starker Verschiebung des Produktionsprogramms (Modeartikel, Weihnachtssortiment usw.).

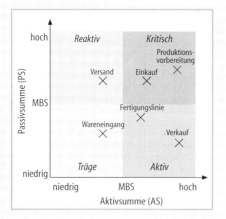

Bild 9-63 Aktiv-Passiv-Portfolio

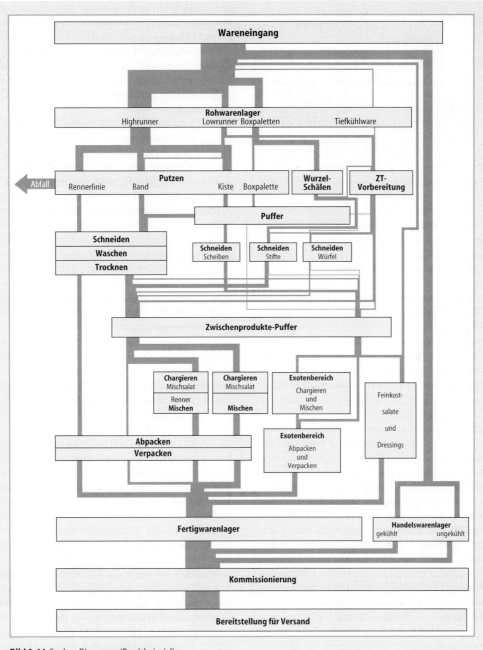

Bild 9-64 Sankey-Diagramm (Praxisbeispiel)

Das Sankey-Diagramm (Bild 9-64 zeigt ein Beispiel für das in Bild 9-54 entwickelte ideale Funktionsschema) ist für die Aufgabe der Vernetzung der Struktureinheiten wegen seiner einfachen und übersichtlichen Darstellung die geeignetste Form zur Visualisierung der Materialflußbeziehungen. Es berücksichtigt lediglich die Reihenfolge der Logistik-Einheiten aber nicht deren tatsächliche räumliche Anordnung. Es gibt einen ganzheitlichen Überblick über die komplexen Materialflußbeziehungen im Produktionsablauf, bildet die Hauptmaterialflußströme ab und zeigt die Materialflußstärken durch die Breite der Verbindungslinien an.

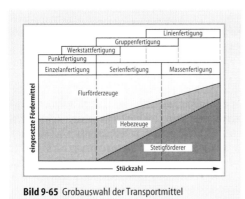

Bild 9-65 Grobauswahl der Transportmittel

Die Materialflußuntersuchung stellt eine wichtige Informationsbasis für folgende Planungsaufgaben dar:
- Dimensionierung der Struktureinheiten in 9.4.5,
- Anordnung der Struktureinheiten unter dem Gesichtspunkt der Materialflußoptimierung in 9.4.6,
- Bestimmung der erforderlichen Transportmittel und -hilfsmittel,
- Festlegung von Kommissionierfunktionen,
- Festlegung der Lager- und Bereitstellorganisation.

Zur *Bestimmung der Transportmittel und -hilfsmittel* soll an dieser Stelle nur auf einige grundlegende Aspekte eingegangen werden. Näheres kann 16.5 entnommen werden.

Grundsätzlich kann zwischen den *Transportmittelarten* Hebezeuge, Flurförderzeuge und Stetigförderer unterschieden werden. Bei der *Auswahl der Transportmittel* kann eine grobe Entscheidung nach der gegebenen Fertigungsart und -form getroffen werden (s. Bild 9-65).

Bei der zu treffenden *Auswahl der Transporthilfsmittel* sollen die im Betrieb zu verwendenden Arten von Transporthilfsmitteln analysiert und normiert werden. Allgemein gilt, daß man sich auf möglichst wenig verschiedene, zueinander passende Transporthilfsmittel festlegen sollte. Da es bei einer Mehrproduktefertigung meist unmöglich ist, für jedes Werkstück das optimale Transporthilfsmittel bereitzustellen, empfiehlt es sich, die Auswahl für einige repräsentative Produkte durchzuführen.

Die *Festlegung der Lager- und der Bereitstellorganisation* steht in einem engen Zusammenhang und muß auch in Verbindung mit der Kommissionierfunktion betrachtet werden. Bei

den *Lagerarten* unterscheidet man zwischen Vorratslager, Kommissionierlager, Bereitstellager und Handlager. Die in den Struktureinheiten benötigten Flächenanteile für Lagerung, Kommissionierung, Bereitstellung und Transport (s. 9.4.5) sind in erster Linie von den Ausprägungen der Lager- und Bereitstellorganisation abhängig.

Die Zusammenhänge der Funktionen Lagern, Kommissionieren, Bereitstellen und Transportieren sowie deren Einfluß auf die Transportwege, den Flächenbedarf sowie den logistischen Aufwand sind in Bild 9-66 am Beispiel eines Montageprozesses dargestellt.

Das Vorratslager enthält Elemente der Produkte, die in der Montage zusammengeführt werden. Die Produkte sind nach Identnummern geordnet. Dabei können sich hinter Identnummern sowohl Eigenfertigungs- und Zukaufteile als auch vormontierte Baugruppen und Teilesätze verbergen. Wichtig ist allerdings, daß der Zugriff auf den Lagerbestand ausnahmslos über die Identnummer zu erfolgen hat.

Das Kommissionierlager dient vornehmlich einer Sortierfunktion. Die Materialien verlassen diese Lagerart in einem anderen Zustand als sie eingegangen sind. Zwischen Ein- und Ausgang findet eine mengen- und/oder artmäßige Sortierung statt. Die Kommissionierung ist eine der wichtigsten Funktionen des Lagersystems.

Das Bereitstellager hat die Aufgabe, die fertig zusammengestellten Kommissionen aus dem Kommissionierlager aufzunehmen und zwischenzulagern bis es zur Bereitstellung in der Montage kommt. Der Zugriff auf die Materialumfänge ist nur über die Kommissionsnummer möglich. Über sie wird eine genaue Zuordnung zu den entsprechenden Montagen vorgenommen.

Bei der Materialanlieferung kann grundsätzlich zwischen einer direkten und einer indirekten Anlieferung unterschieden werden. Bei der direkten Anlieferung erfolgt die bedarfsorientierte Bereitstellung unmittelbar aus vorgelagerten Betriebseinheiten wie Fertigung oder Wareneingang mit eventueller JIT-Steuerung der Objekte. Bei der indirekten Anlieferung werden die zu verarbeitenden Objekte bedarfsorientiert über das Lagersystem in den Montagebereichen bereitgestellt.

Die Materialbereitstellung kann zum einen kommissionsorientiert auf Bereitstellflächen oder verbrauchsorientiert über Handlager erfolgen. Von der Art der Bereitstellung (zentral

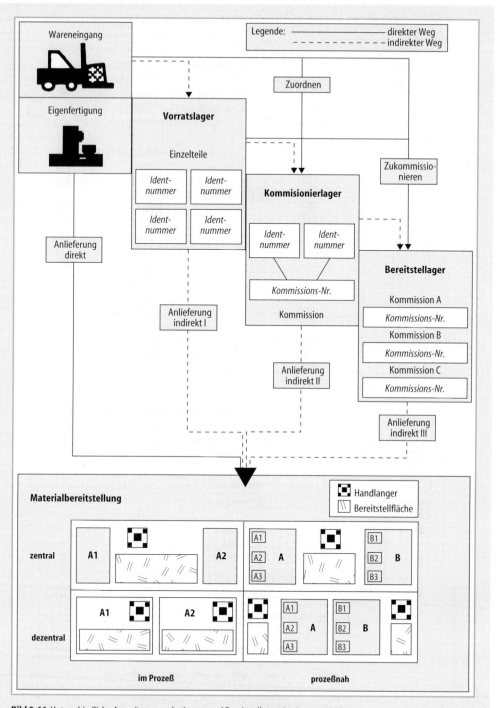

Bild 9-66 Unterschiedliche Ausprägungen der Lager- und Bereitstellorganisation

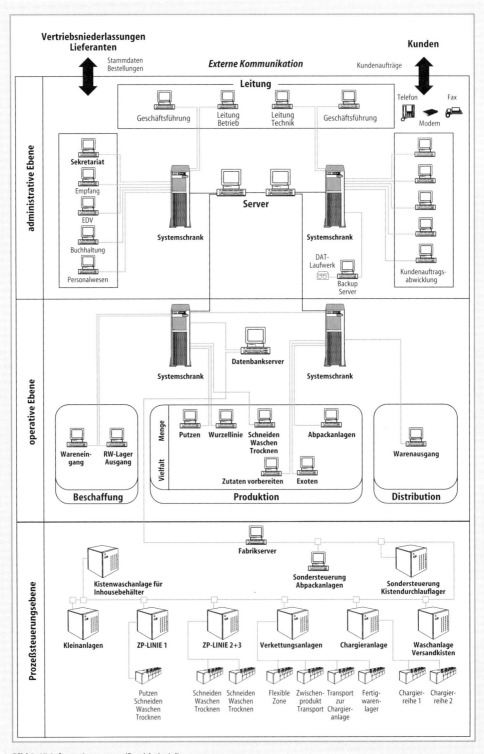

Bild 9-67 Informationssystem (Praxisbeispiel)

oder dezentral; im Prozeß oder prozeßnah) hängt die räumliche Anordnung und die Zuordnung der Bereitstellfunktionen zu den Montagebereichen ab.

9.4.4.2 Infrastrukturplanung

Im Rahmen der Vernetzung ist unter dem Begriff *Infrastruktur* die Ver- bzw. Entsorgung der Struktureinheiten mit allen zur Produktion erforderlichen Medien zu sehen. Dies umfaßt die informationstechnischen Verknüpfungen, die verkehrstechnischen Anbindungen sowie die Ver- und Entsorgung der Struktureinheiten mit Hilfs- und Betriebsstoffen.

Informationssystem

Damit die Struktureinheiten autonom und selbstorganisierend arbeiten können, muß ein geeignetes, durchgängiges EDV-System zur Informationsverarbeitung konzipiert werden, in dem dezentral Informationen bereitgestellt werden.

Ein *Informationssystem* kann grundsätzlich in drei Ebenen gegliedert werden, zwischen welchen ein durchgängiger Informationsfluß gewährleistet sein muß [War95: 238ff]. Bild 9-67 zeigt das Informationssystem des zuvor bereits erwähnten, lebensmittelverarbeitenden Betriebs.

Auf der *administrativen Ebene* werden zentrale Leitungs- und Verwaltungsfunktionen durchgeführt. Neben den von der Produktion unabhängigen Verwaltungstätigkeiten wie Personalwesen oder Buchhaltung wird dort beispielsweise auch die Kundenauftragsabwicklung durchgeführt, welche allesamt direkten Einfluß auf die operative Ebene des Informationssystems haben. Auf der *operativen Ebene* werden zum einen Informationen aus den Produktionsprozessen, Qualitätsdaten und Bestände visualisiert. Zum anderen bietet diese Ebene den Mitarbeitern die Möglichkeit, aktiv in den Produktionsprozeß einzugreifen, indem Aktionen ausgelöst und/oder veranlaßt werden. Diese wiederum beeinflussen die *Prozeßsteuerungsebene*, in der Steuerungskomponenten wie Prozessoren, Signalgeber und Meßfühler angesiedelt sind, die im wesentlichen die Steuerung und Kontrolle von automatischen Produktionsanlagen und Verkettungseinrichtungen, Medienverbräuchen und Umgebungsbedingungen übernehmen.

Zur Sicherstellung eines störungsfreien Betriebs sind verschiedene EDV-organisatorische und -technische Maßnahmen vorzusehen, wie
– die Aufteilung des Netzwerks in unabhängige Zonen,
– die sternförmige Verkabelung zu einem Systemschrank in jeder Zone,
– der Einsatz von Lichtwellenleitern zur Erzielung hoher Übertragungsraten und Störunempfindlichkeit gegen äußere Einflüsse,
– die unterbrechungsfreie Stromversorgung zum Schutz vor Stromausfall.

Obwohl im Rahmen der Strukturplanung die Informationstechnik keinen großen Einfluß auf die Dimensionierung und Anordnung der einzelnen Einheiten hat, muß dennoch die Einrichtung von Informationssystemen berücksichtigt werden, und es müssen Funktionsflächen für entsprechende Anlagen vorgesehen werden.

Verkehrswegesystem

Bei der Planung der verkehrstechnischen Anbindung ist für den innerbetrieblichen Transport ein *Verkehrswegesystem* zu konzipieren, das die geplante organisatorische Abwicklung unterstützt. Dieses Verkehrswegesystem setzt sich meist aus verschiedenen *Transportsystemen* zusammen, deren gängigste Typen in Bild 9-68 dargestellt sind.

Beim Direktverkehr erfolgt der Transport auf dem kürzesten Weg vom Aufnahme- zum Abgabeort. Anschließend fährt das Transportmittel leer zum nächsten Transportauftrag.

Beim Sternverkehr werden ausgehend von einem Zentrum verschiedene Fahrstrecken abge-

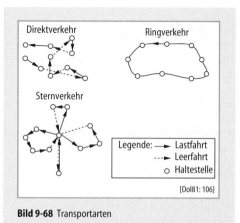

Bild 9-68 Transportarten

fahren. Dabei werden auf dem kürzesten Weg je nach Bedarf eine oder mehrere Stationen bedient.

Beim Ringverkehr werden verschiedene Stationen auf immer gleichbleibenden, geschlossenen Fahrtstrecken abgefahren.

Meist wird eine Kombination dieser Transportarten eingesetzt; so wird beispielsweise für den Transport zwischen Werksteilen ein fahrplanmäßiger Ringverkehr durchgeführt, von Bahnhöfen des Ringverkehrs aus übt ein Sternverkehr Zubringerfunktionen zu den einzelnen Gebäuden aus und die Produktionseinheiten innerhalb der Gebäude werden per Direktverkehr auf Abruf versorgt.

Ver- und Entsorgungssysteme

Zu den Ver- und Entsorgungssystemen zählen alle Hilfs- und Nebenbetriebe, die zur Erfüllung des täglichen Geschäfts dienen. Dazu zählen beispielsweise die Stromversorgung, Heizung, Wasserver- und -entsorgung, Druckluftversorgung, Kühlwasser- und Schmierstoffver- und -entsorgung usw. Mit der technischen Entwicklung auf dem Gebiet der Kompaktanlagen zeichnet sich ein Trend zur Dezentralisierung solcher Systeme ab [Agg90: 524]. Kompaktanlagen steigern die Flexibilität und Unabhängigkeit bei der Planung, Anordnung und Gestaltung der einzelnen Funktionseinheiten und vereinfachen die Leitungsnetze, was der Forderung einer erhöhten Strukturdynamik entgegenkommt.

Dies gilt speziell für die Ver- und Entsorgung von vereinzelten, isoliert angeordneten Kleinabnehmern aber auch für Großverbraucher, wenn sie nicht in der Nähe von Zentralanlagen stehen oder für Spezialmedien wie Schnelldampferzeugung, Kälteerzeugung, Entstaubung oder Lösungsmittel-Rückgewinnung, die nur von einigen wenigen Einheiten benötigt werden.

Für Medien, die in größeren Mengen oder für eine größere Zahl von Verbrauchern benötigt werden, sind nach wie vor die zentralen Systeme mit entsprechenden Ver- und Entsorgungsnetzen die optimale Lösung. Im Zweifelsfall kann die optimale Lösung mit Hilfe einer Kostenvergleichsrechnung ermittelt werden (s. 8.1.1).

9.4.5 Dimensionierung (vgl. 10.2.4)

Die *Dimensionierung* bezieht sich auf die drei Größen Betriebsmittel, Personal und Fläche. Sie umfaßt zwei wesentliche Planungsschwerpunkte. Zum einen ist auf Basis des Kapazitätsbedarfs, der zur Erfüllung des vorgegebenen Produktionsprogramms erforderlich ist, die räumliche Ausdehnung der Struktureinheiten selbst zu bestimmen. Zum anderen sind die Dimensionen von Flächen und Einrichtungen zu bestimmen, die das Zusammenspiel der einzelnen Struktureinheiten regeln und deren Integration in eine anforderungsgerechte Prozeßstruktur gewährleisten.

Der *Kapazitätsbedarf* setzt sich aus einer statischen und einer dynamischen Komponente zusammen. Der *statische Kapazitätsbedarf* ergibt sich, indem, ausgehend vom Produktionsprogramm, aus den Arbeitsplänen repräsentativer Teile die jährlich effektiv benötigten Kapazitäten entnommen und unter Berücksichtigung von Verlustzeiten und entsprechenden Arbeitsschichtmodellen hochgerechnet werden. Der *dynamische Kapazitätsbedarf* wird ermittelt, indem durch die Einbeziehung zu erwartender Saisonalitätsfaktoren, vorhersehbarer Verkaufs- und/oder Produktionsschwankungen sowie geplanter strategischer Verkaufsmaßnahmen eine fiktive Verteilung der Produktionsstückzahlen über das Jahr prognostiziert wird.

Die *Kapazitätsauslegung* wird weiterhin von marktmäßigen Erwägungen und unternehmerischen Absichten beeinflußt, wobei zwei unterschiedliche Standpunkte eingenommen werden können, die zu entsprechend unterschiedlichen Strategien führen [Agg87: 467]:

Passive Strategie. Anstreben einer ständigen Vollbeschäftigung, wobei Absatzspitzen durch den Bezug von Handelsware oder durch bewußtes Überlassen an die Konkurrenz abgedeckt werden.

Expansive Strategie. Anstreben einer guten Durchschnittsauslastung, die es ermöglicht, auch Absatzspitzen wahrzunehmen und eventuelle Möglichkeiten zur Absatzsteigerung und Erhöhung des Marktanteils prompt wahrzunehmen.

Von der gewählten Strategie hängt maßgeblich die zu installierende maximale Kapazität ab, die entsprechend höher sein muß, je expansiver die Produktion ausgelegt ist. Die Wahl der Strategie ist in der Regel jedoch nicht Gegenstand der Strukturplanung, sondern wird meist im Rahmen der Zielplanung (s. 9.2) festgelegt.

Die maximale Kapazität einer Struktureinheit wird von den betriebstechnischen Daten bestimmt, die den Engpaß für die weitere Leistungssteigerung bilden. Diese *Kapazitätsgrenze* kann bestimmt werden durch [Agg87: 466]:

- die Leistungsfähigkeit der Arbeitsplätze bei menschlicher Arbeit,
- die Anzahl der möglichen Arbeitsschichten,
- die Leistungsgrenze der Schlüsselmaschinen,
- die verfügbare Betriebsfläche (Belastbarkeit, lichte Höhe usw.),
- die Kapazität der Verkehrswege und Transportsysteme,
- die Grenzen der Lagerungs- und Bereitstellmöglichkeiten,
- die Leistungsgrenze der Energieversorgung,
- die Möglichkeiten der Ver- und Entsorgung.

Diese Engpässe sind schon aus ökonomischen Gründen so auszulegen, daß die Leistungsgrenze in allen Einheiten in etwa der geplanten Kapazität entspricht. Um jedoch eine Überdimensionierung neuer Anlagen zu vermeiden, sollte eine Realisierung in *Ausbaustufen* vorgenommen werden. Dies hat den Vorteil, daß in späteren Ausbaustufen dann wieder die entsprechend neueste Technologie eingesetzt werden kann. Lediglich bei der Dimensionierung der Infrastruktur (Hauptverkehrswege, Hauptleitungsnetze, Ver- und Entsorgung usw.) empfiehlt es sich, längerfristig zu planen und zu dimensionieren, da hier der Mehraufwand und das Risiko einer Fehlauslegung relativ gering sind und spätere Erweiterungen sehr schwierig und mit erheblichen Kosten verbunden sein können [Agg87: 447].

Im Anschluß an die Erarbeitung des Kapazitätsbedarfs und der erforderlichen Ausbaustufen müssen für die einzelnen Struktureinheiten spezifische Strategien und Maßnahmen erarbeitet werden, die das erfolgreiche Zusammenspiel innerhalb und zwischen den Struktureinheiten bestimmen und ihre gegenseitige Abstimmung gewährleisten. Dieser Abstimmungsprozeß, der den Ausgleich von Störungen sowie Zeit- und Mengenunterschieden zwischen voneinander abhängigen Einheiten vornimmt, wird als *Synchronisation* bezeichnet. Grundsätzlich sind zwei Synchronisationsarten zu unterscheiden:

- Überprüfung des Fließvermögens (Ausbringungsmenge, Ausbringungsbedarf) und ggf. Optimierung der Kapazitätssituation über den Abgleich der spezifischen Kapazitäten der Struktureinheiten,
- Einführung von Materialpuffern und/oder Lagerstufensystemen zwischen den Struktureinheiten für eine produktionsgerechte Lager- und Bereitstellorganisation.

Für solche Synchronisationsaufgaben stehen zahlreiche Grobsimulationssysteme zur Verfügung (s. [ASI94], [VDI83]), mit denen Kapazitäts- und Auftragsdurchlaufzeitbetrachtungen bereits im Grobplanungsstadium durchgeführt werden können. Aufgrund der ständig wachsenden Komplexität der zu planenden Systeme erlangen solche *Simulationen* immer größere Bedeutung, besonders deshalb, weil analytische Methoden oft sehr aufwendig, wenn nicht gar unpraktikabel sind [Dan90].

Auf Basis der Kapazitätssituation und der eingesetzten Synchronisationsarten werden, entsprechend der in Bild 9-69 dargestellten Vorgehensweise, die einzelnen Flächenanteile einer Produktioneinheit ermittelt. In iterativen Prozessen werden dabei der Personal- und Betriebsmittelbedarf, das Materialflußaufkommen, der Planungs- und Steuerungsaufwand sowie der Transportaufwand der einzelnen Produktioneinheiten bestimmt und die dafür erforderlichen *Flächenanteile* ermittelt.

Podolsky [Pod77] hat dazu branchenspezifische Flächenkennzahlen für den Flächenbedarf von Produktionsunternehmen erstellt. Er unterscheidet bei der Nettogrundfläche für direkte Bereiche in Produktionsfläche, Bereitstell-, Puffer- und Lagerfläche, Funktionsfläche und Verkehrsfläche.

Die *Produktionsfläche* ist der Flächenanteil, der zum Fertigen, Montieren, Handhaben und Prüfen der Werkstücke erforderlich ist. Die Dimension der Produktionsfläche wird in erster Linie von der ausgewählten Fertigungsform (s. 9.4.2) bestimmt. Aufgrund der Kapazitätssituation und der Organisationsform der Produktioneinheit wird über die verfügbare Arbeitszeit pro Jahr die Art und Anzahl der erforderlichen Betriebsmittel und Arbeitsplätze sowie der Bedarf an direkten Mitarbeitern bestimmt, woraus sich, unter Verwendung der Flächenkennzahlen, der entsprechende Flächenbedarf für den Produktionsprozeß ergibt.

Die *Bereitstellfläche* in einer Produktioneinheit ist für die An- und Ablieferung sowie die Bereitstellung der Werkstücke für den Bearbeitungsprozeß vorzusehen. Dieser Flächenanteil ist im wesentlichen von den Zyklen und der Zusammensetzung der angelieferten Teileumfänge sowie von der Anzahl und den Abmessungen der darin enthaltenen Werkstücke abhängig.

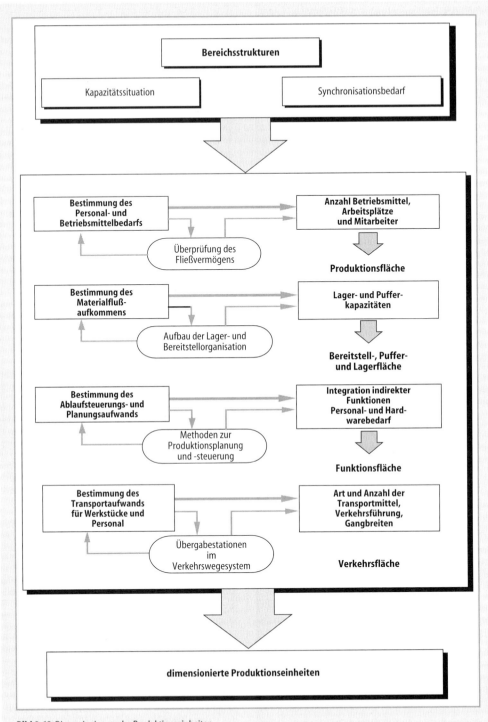

Bild 9-69 Dimensionierung der Produktionseinheiten

Die Pufferflächen dienen der kurzzeitigen Zwischenlagerung von Werkstücken zum Zweck der Prozeßsynchronisation. Die Lagerflächen hängen von der Art der Arbeitsverteilung ab und können entweder in einem Zentrallager oder in der Produktionseinheit selbst untergebracht sein. Die Dimension der Lagerflächen ist von der Anzahl und den Abmessungen der Lagerobjekte und der Lagerart (Bodenlager, Regallager usw.) abhängig.

Die *Funktionsfläche* ist der Flächenanteil, der in der Produktionseinheit bzw. im gesamten Betriebsbereich für die Ausführung indirekter Funktionen zur Ablaufplanung, -steuerung und -kontrolle vorzusehen ist. Derartige Einrichtungen können Meisterbüros, Arbeitsplätze zur Werkstattprogrammierung oder auch Systeme zur Materialbewirtschaftung und Transportorganisation sein. Aus dem Integrationsumfang solcher indirekter Funktionen in einer Produktionseinheit ist der erforderliche Flächenanteil zu ermitteln.

Die *Verkehrsfläche* ist der Flächenanteil, der ausschließlich zu Transportzwecken von Werkstücken und Personal in den Produktionseinheiten freigehalten bzw. genutzt wird. Die Verkehrsfläche wird zum einen von der Art der Transportmittel (z. B. Kran oder Flurfördermittel) und den Abmessungen der in der Produktionseinheit auftretenden Transportobjekte (Werkstücke, Hilfsmittel oder ganze Arbeitsplätze) bestimmt. Zum anderen hat auch die Art, Anzahl und Anordnung der Übergabestationen zwischen dem Transportsystem der Struktureinheit und dem Verkehrswegesystem, welches die verschiedenen Einheiten transporttechnisch miteinander verknüpft, wesentlichen Einfluß auf die Dimensionierung der Verkehrsfläche.

Analog zur Unterteilung der Betriebsmittel und Anlagen in Ausbaustufen müssen auch bei der Dimensionierung der Fläche zunächst kleinere Bauabschnitte geplant werden, die ebenfalls auch langfristige Erweiterungsmöglichkeiten bieten.

9.4.6 Anordnung der Struktureinheiten

Die Leistungserstellung in einer Fabrik wird in hohem Maße durch die Struktur der Fabrik beeinflußt, die ihrerseits wiederum durch die Anordnung der Betriebsbereiche und Produktionseinheiten geprägt ist. Dieser Aufgabenkomplex der Strukturplanung, die sog. *Layoutplanung,* erweist sich als die variantenreichste Phase der Fabrikplanung. Einerseits wird dies durch die zahlreichen Einflußfaktoren und Bewertungskriterien verursacht, andererseits durch eine kaum überschaubare Zahl von Lösungsmöglichkeiten.

Bei der *Anordnung* werden die Struktureinheiten, die erforderlichen Funktionsbereiche (Aggregateräume, Sperrflächen, Energieversorgung usw.) sowie die indirekten Bereiche zu *alternativen Flächenlayouts* angeordnet. In dieser Phase der Strukturplanung ist eine intensive Zusammenarbeit des Fabrikplanungsteams mit den an der Planung beteiligten Architekten erforderlich, da die organisatorischen Strukturen einer Fabrik mit den räumlichen Strukturen abgestimmt werden müssen (s. 9.4.7).

Der Ablauf des eigentlichen *Anordnungsprozesses* ist zusammen mit den integrierten Planungsinhalten in Bild 9-70 dargestellt.

Inputgrößen für diesen Arbeitsprozeß sind die dimensionierten Struktureinheiten und Funktionsbereiche. Der Flächenbedarf der Struktureinheiten ist in maßstäbliche, geometrische

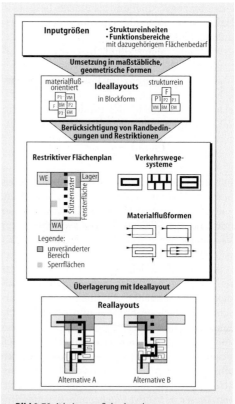

Bild 9-70 Arbeitsprozeß der Anordnung

Formen, meist Rechtecke oder Quadrate, umzusetzen. Die Arbeitsinhalte der Struktureinheiten und die darin enthaltenen Arbeitssysteme bestimmen die Anforderungen an deren Standort. Beispielsweise stellen Arbeitsplätze für schwere Betriebsmittel besondere Anforderungen an die Bodentragfähigkeit und das Fundament, manuelle Arbeitsplätze erfordern eine höhere Lichtintensität, und präzise auszuführende Montageverrichtungen stellen hohe Anforderungen an die Raumqualität. Neben den produktionstechnischen, materialflußbedingten und räumlichen Anforderungen müssen dabei sowohl die bautechnischen Möglichkeiten, die einschlägigen behördlichen Vorschriften sowie die örtlichen Gegebenheiten berücksichtigt werden.

Für die stufenweise Durchführung der *Layoutplanung* haben sich in der Praxis klar definierte Planungsschritte bewährt:

Als erstes wird ein *Ideallayout* erstellt, in dem die bestmögliche Lösung ohne Rücksicht auf Restriktionen angestrebt wird. Die einzelnen Struktureinheiten werden entsprechend bestimmter Anordnungsgesichtspunkte optimal einander zugeordnet und als Blöcke dargestellt. Dabei sind folgende Optimierungsgesichtspunkte denkbar:
– minimaler Materialfluß- bzw. Transportaufwand,
– größte Transparenz im Produktionsgeschehen,
– höchste „Reinheit" der Produktionsstruktur (Zuordnung von Lohnformen, Arbeitszeitmodellen oder Funktionsbereichen),
– Nutzungsflexibilität usw.

Für die Anordnung der Struktureinheiten in einem Ideallayout stehen zahlreiche Verfahren, wie z. B. das Kreisverfahren nach Schwerdtfeger oder das modifizierte Dreiecksverfahren, zur Verfügung. Diese Verfahren werden in 9.1.4.5 näher erläutert.

Aufbauend auf den Ergebnissen der Idealplanung werden bei der *Realplanung* die vorhandenen Gegebenheiten, Randbedingungen, Vorschriften sowie technische und ökonomische Einschränkungen berücksichtigt. Auf Basis der zur Verfügung stehenden Grundfläche bzw. den räumlichen Voraussetzungen des Gebäudes ist ein Flächenplan zu erstellen, der sämtliche Restriktionen und Einschränkungen berücksichtigt. Dieser *restriktive Flächenplan* ist unter Einbeziehung der möglichen Verkehrswegesysteme

den Ergebnissen der idealen Anordnung zu überlagern. Ziel der Realplanung ist es, alternative Reallayouts zu erarbeiten. Die Reallayouts werden, wie die Strukturkonzepte in 9.4.1.3, mittels einer Nutzwertanalyse verglichen und bewertet, um die bevorzugte Alternative zu ermitteln.

Bei der Anpassung der Ideallayouts an die bestehende Hallensituation bzw. ihrer Übertragung auf die verfügbaren Flächen sind mehrere Einflußfaktoren zur Layoutgestaltung zu beachten:
– die Anbindung der Struktureinheit an die angrenzenden Struktureinheiten,
– die Anbindung an das Verkehrswegesystem der Fabrik,
– die Möglichkeit verschiedener Materialflußformen,
– die Anbindung der Struktureinheit an die Versorgungs- und Sozialeinrichtungen der Fabrikbereiche,
– die Restriktionen und Randbedingungen der realen Hallensituation.

Für die Erstellung eines Reallayouts werden zunächst die einzelnen Struktureinheiten unter Beachtung dieser Einflußfaktoren gemäß den Beziehungen des Ideallayouts im restriktiven Flächenplan angeordnet. Dazu ist ggf. die Form der einzelnen Flächenelemente den Restriktionen und Randbedingungen anzupassen. So wird beispielsweise aus einer quadratischen eine rechteckige Fläche, wobei aber der geforderte Flächeninhalt erhalten bleiben muß. Ebenso müssen die Anforderungen an die einzelnen Flächen (z. B. Unterbringung langgestreckter Anlagen) gewährleistet sein.

Die Gestaltung des *Verkehrsnetzes* für die Ver- und Entsorgung der Struktureinheiten stellt einen wichtigen Einflußfaktor für deren Anordnung im Reallayout dar und kann unter verschiedenen Gesichtspunkten geschehen. Ausschlaggebend für die Entscheidung zugunsten der einen oder anderen Alternative sind letztlich Kriterien wie
– Flexibilität,
– Erweiterungsfähigkeit,
– Modularität und
– funktionale Integrierbarkeit.

Neben diesen übergeordneten Faktoren der Vernetzung sind für die einzelnen Konzepte die Form der Prozeßabwicklung und des Materialflusses in den jeweiligen Struktureinheiten zu

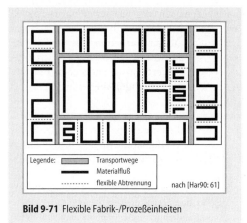

Legende:　Transportwege
　　　　　Materialfluß
　　　　　flexible Abtrennung　　nach [Har90: 61]

Bild 9-71 Flexible Fabrik-/Prozeßeinheiten

klären, sofern dies Auswirkungen auf die Gestalt der Fabrik hat.

Für die reale Anordnung der Produktionsmittel gibt es zumeist keine Form, die in allen Fällen einen optimalen Fluß gewährleistet. Allgemein gilt die Forderung nach der Verwirklichung des *Flußprinzips*, d.h. nach der weitgehenden Eliminierung bzw. Minimierung der erforderlichen Transportaufgaben, Zwischenlagerungen und Bereitstellplätze.

Die *Transportwege* sind dabei möglichst kurz zu halten, wobei aber Gegenläufigkeiten oder Kreuzungen des Materialflusses zu vermeiden sind. Ideal ist ein linearer Materialfluß, der in Abhängigkeit von der eingesetzten Fertigungsform oder aufgrund von gebäudetechnischen Restriktionen abgewinkelt, geteilt und wieder vereint werden kann.

Stellvertretend für die Vielzahl der Gestaltungsmöglichkeiten zeigt Bild 9-71 ein Beispiel einer materialflußoptimierten Anordnung von Flächenelementen. Als besondere Kennzeichen dieser Anordnung sind zu nennen:
- die Ein- und Ausgänge jedes Prozesses sind so nahe wie möglich am Gang angelegt,
- kurzfristige Änderungen im Flächenelement sind leicht durchführbar,
- jeder Gang ermöglicht Prozesse auf beiden Seiten (hohes Verhältnis von Prozeß- zu Gangfläche).

Als weiteres Spezifikum sind in derartigen Anordnungen Prozesse in Serpentinen und U-Form zu nennen, für die wiederum besondere Gegebenheiten gültig sind:
- weniger Verschwendung durch Leertransporte,
- Serpentinen und U-Formen sind relativ leicht zu verdichten und auszuweiten,
- gute Raumnutzung und kurze Wege.

Für die Aufgaben der Idealplanung sowie der Realplanung stehen zahlreiche rechnergestützte, interaktive Planungstools und Simulationssysteme zur Verfügung. Sie ermöglichen es, nach bestimmten Kriterien optimierte Layouts zu planen und zu bewerten (s. [Noc91]).

Die Anordnung der Struktureinheiten kann durch *Layoutplanungssysteme* unterstützt werden, die durch Planungsalgorithmen die jeweils optimalen Anordnungsmöglichkeiten ermitteln [Dan86]. Das Ergebnis ist ein Flächenlayout, das eine statische Bewertung hinsichtlich verschiedener Größen wie Anordnungsparamater, Transportleistung und Materialflußkennziffern möglich macht.

Mit Hilfe von *Simulationssystemen* können auf unterschiedlichen Detaillierungsstufen komplexe Fertigungsprozesse verschiedener Anordnungsvarianten in kurzer Zeit getestet und beurteilt werden. Die dabei ermittelten Ausgabewerte wie Betriebsmittelauslastungsprofil, Pufferbelastungsprofil, Durchlaufzeitstruktur und Transportsystemauslastung erlauben eine dynamische Bewertung der Alternativen [Bec91a: 70, Bec91b: 44].

9.4.7 Gebäudestrukturplanung

Die innere und äußere Gestalt des Fabrikgebäudes kann nicht allein aus den Anforderungen des Materialflusses, der Arbeitsprozesse oder der Logistikkonzepte hergeleitet werden, sondern entsteht auch aus der konkreten Situation des Ortes, den klimatischen Bedingungen, den Anforderungen des Menschen und dem kulturellen Kontext. Der Entwurf resultiert nicht zwingend und deduktiv logisch aus einer eindeutigen, definierbaren Vorgabe, sondern wächst in einem erfinderischen Vorgang, in den alle Aspekte des komplexen Kontexts einfließen müssen.

Vor Präzisierung und Realisierung muß der Entwurf getestet werden, um herauszufinden, ob er den komplexen Anforderungen gerecht wird. Es gibt nie nur eine „richtige" Lösung. Mehrere Enwurfsalternativen zeigen die Bandbreite des möglichen Lösungs- und Interpretationsspektrums. Die Unschärfe, die hier ins Spiel kommt, bietet eine Chance und eine Notwendigkeit über die funktionellen Anforderungen hinaus mit dem Gebäude Haltungen, Ein-

Bild 9-72 Kommunikationsorientierte Produktionsstruktur

stellungen und Sichtweisen zum Ausdruck zu bringen.

Neben den prozeßseitigen Strukturen sind für die Gestaltung der räumlichen Strukturen die Kommunikationsbeziehungen einer Fabrik von entscheidender Bedeutung.

In der Vorstufe des Fabrikgebäudes, dem Handwerksbetrieb, verliefen Kommunikationsbeziehungen in kleinen Einheiten ausgehend von Familienstrukturen. Einfache Einwegverbindungen der Kommunikation zwischen Handwerker und Auftraggeber reichten aus, um Produkte herzustellen.

Als maßgeschneiderte Einzelstücke entstanden diese in abgeschlossenen Dialogverbindungen über fest definierte Bedarfsituationen in einem weitgehend stabilen Umfeld. Schnittstellen nach außen waren nicht notwendig, da ein einheitliches Wertesystem eine Basis für einen allgemeinen, beständigen Konsens in der Gesellschaft herstellte. Die Architektur entsprach dieser Situation in klar ablesbaren, baulichen Strukturen.

Die Massenproduktion hat in der tayloristischen Fabrik eine neue Situation geschaffen. Die Optimierung der Einzelhandgriffe von Mitarbeitern, denen der Gesamtüberblick über die Produktionsschritte fehlt, entspricht in der Architektur einer Bauform, in der nach außen keine Strukturierung der Fertigung zu erkennen ist. Große Hallen sind hier entstanden, die wie riesige Schuhschachteln in ihrem Umfeld stehen.

Heute wird in der Fabrikplanung wieder eine stärker differenzierte, kleinteiligere Struktur angestrebt. Die Strukturen der Fertigungsprozesse werden nach innen und außen wieder ablesbarer. Die Mitarbeiterkommunikation ist das zentrale, strukturgebende Element. Der Transparenz der gemeinsamen Unternehmensziele für die Mitarbeiter entspricht die Ablesbarkeit von Strukturen in der Architektur. Total Quality Managment erhält dadurch eine konkrete räumliche Wirklichkeit. Orte der Mitarbeiterkommunikation erlauben es, Fehler in der Produktion schon bei der Entstehung zu erkennen. Im Team können diese vor Ort behoben werden. Die Übereinkunft der Mitarbeiter zu übergeordneten Unternehmenszielen bis hin zum Maßnahmenkatalog für Qualitätssicherung und Fehlerkorrektur wird in der unmittelbaren Vernetzung zwischen Kommunikationsorten und Produktion im Gebäude realisierbar (s. Bild 9-72).

Die Fabrikplanung darf daher nicht isoliert betrachtet werden. Sie ist nicht nur im Kontext von Standort und Umfeld zu sehen. Die Produktion muß vielmehr in ihrer Vernetzung mit Verwaltung und Entwicklung ganzheitlich geplant werden. Die Architektur wird zum Bindeglied zwischen Fertigung und Organisation. Sie bildet mit den zukunftsgerichteten Organisationskonzepten eine Synergie. Ziel ist die lebendige Fabrik mit dem Menschen als Kommunikator und Entscheider im Mittelpunkt.

9.4.7.1 Methoden der Strukturbildung

Durch Visualisierung und Strukturbildung gelingt es, die Komplexität der Gebäudeplanung zu bewältigen. Mit der PROGRAMMING-Methode [Hen95] steht dafür ein effektives Werkzeug zur Verfügung.

PROGRAMMING mit qualifizierten Diagrammen

In unbewußten Prozessen sind Problem und Lösung direkt miteinander verbunden. Bei der Entwicklung komplexer Baustrukturen sind die Erarbeitung der Aufgabe und die Lösung (das Bauwerk) getrennte und bewußte Vorgänge. Meistens werden diese von unterschiedlichen Personen bearbeitet. Das Lastenheft wird dabei in der Regel sprachlich formuliert, die Lösung ist aber visuell.

Die PROGRAMMING-Methode und die daraus entwickelten Strukturbilder schaffen eine visuelle Plattform des Dialogs zwischen Bauherr und Architekt. Die Aufgabe kann hier bereits mit Kommunikationsmitteln der Lösung beschrieben werden – und zwar mit Bildern und Piktogrammen, den qualifizierten Diagrammen. Das Problem wird in diesen Darstellungen visualisiert und evaluiert. Die Struktur des Problems wird deutlich erkennbar. Das qualifizierte Diagramm (s. Bild 9-73) ermöglicht in einem bewußten Vorgang die unmittelbare Verknüpfung des Aufgabe-Lösung-Regelkreises in Analogie zu dem beschriebenen, unbewußten Prozeß. Je anschaulicher die Aufgabe dargestellt wird, desto besser gelingt es, die Anforderungen in ihrer gesamten Komplexität frühzeitig in die Planung einzubeziehen. Zur Vermeidung aufwendiger Nachbesserungen nach Entwurfs- oder Baufertigstellung aufgrund von spät getroffenen Entscheidungen wird der Entscheidungszwang vorverlegt [Pen82, Pre85, Due93].

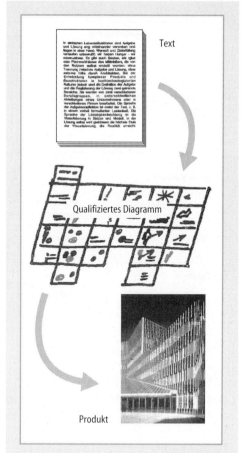

Bild 9-73 Mit Eigenschaften der Lösung die Aufgabe beschreiben

Strukturbildentwicklung und Überlagerung

Zunächst werden alle für die Aufgabe wichtigen Faktoren in abstrakten Prinzipdarstellungen visualisiert. Diese werden anschließend miteinander verbunden und konkretisiert. So können aus den qualifizierten Diagrammen mit ihrem hohen Abstraktionsgrad in den anschließenden Planungsschritten Strukturbilder entwickelt werden, die an Konkretheit zunehmen und sich immer mehr der architektonischen Struktur, dem konkreten Lösungsvorschlag, nähern (s. Bild 9-74).

Strukturbilder zu unterschiedlichen Themen wirken in Regelkreisen zusammen. In diesen werden verschiedene Alternativen im Kontext der benachbarten Faktoren auf ihre Wirksamkeit im Gesamtsystem überprüft. Die Strukturbilder für unterschiedliche Anforderungen (wie

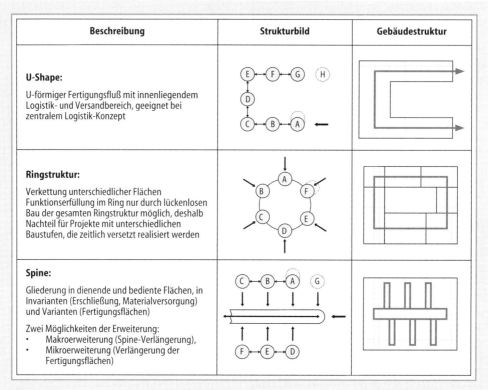

Beschreibung	Strukturbild	Gebäudestruktur
U-Shape: U-förmiger Fertigungsfluß mit innenliegendem Logistik- und Versandbereich, geeignet bei zentralem Logistik-Konzept		
Ringstruktur: Verkettung unterschiedlicher Flächen Funktionserfüllung im Ring nur durch lückenlosen Bau der gesamten Ringstruktur möglich, deshalb Nachteil für Projekte mit unterschiedlichen Baustufen, die zeitlich versetzt realisiert werden		
Spine: Gliederung in dienende und bediente Flächen, in Invarianten (Erschließung, Materialversorgung) und Varianten (Fertigungsflächen) Zwei Möglichkeiten der Erweiterung: • Makroerweiterung (Spine-Verlängerung), • Mikroerweiterung (Verlängerung der Fertigungsflächen)		

Bild 9-74 Beispiele für Strukturbilder der räumlichen Struktur

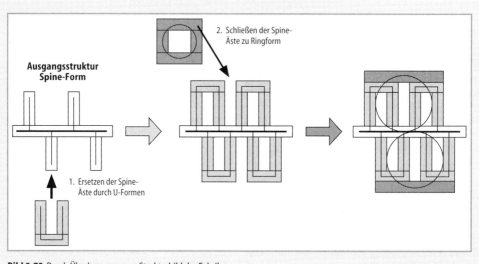

Bild 9-75 Durch Überlagerung zum Strukturbild der Fabrik

Fertigung, Vorfertigung, Lager, Logistik usw.) werden einander überlagert und führen in ihrer Synthese zum Strukturbild der Fabrik (s. Bild 9-75).

Die Gebäudestruktur bildet ein faktisches Raster und braucht Eigenschaften, die eine notwendige Bandbreite der Veränderungen für eine Vielzahl dynamischer Faktoren nicht einschränken, sondern begünstigen. Durch Strukturbilder gelingt es, faktische und dynamische Anforderungen zu synchronisieren. Damit wird gewährleistet, daß das Gebäude trotz der starren Struktur der Stützen, Wände und Kerne dynamische Prozesse ermöglicht.

9.4.7.2 Die Beteiligten an der Gebäudestrukturplanung

Der Entwurfs- und Planungsprozeß in der Industriearchitektur ist ein Vorgang mit hoher Komplexität. Zahlreiche Beteiligte müssen einbezogen werden, um die verschiedenen Fach- und Funktionsbereiche zu bearbeiten. Die unterschiedlichsten öffentlichen und nichtöffentlichen Anliegen sind zu berücksichtigen. Es ist Aufgabe der planenden Architekten, die Beteiligten zu koordinieren, ihre Anforderungen in den Entwurfs- und in den Planungsprozeß zu integrieren sowie die Abstimmung mit den Aufsichtsbehörden und den Durchlauf durch die Genehmigungsverfahren (z.B. TÜV, Betriebsgenehmigung, Bundes-Immissionsschutz und -Emmissionsschutzverfahren) zu unterstützen. Besondere Verantwortung gilt dabei dem Menschen, seinen physischen und psychischen Bedürfnissen. Die wichtigsten Beteiligten sind:
– Materialflußplaner,
– Logistikplaner,
– Verkehrsplaner,
– Datennetzplaner,
– Architekt: Entwurf, Planung, Bauleitung,
– Bauingenieur: Tragwerksplanung, Statik, Prüfstatik, Bauphysik,
– Landschaftsplaner: Außenanlagen,
– Tiefbauingenieur: Straßen, Brücken, Gleisbau, Leitungskanäle,
– Gebäudetechnikplaner: Heizung, Lüftungs- und Klimaanlagen, Gas- und Wasserversorgung, Elektrische Versorgung, Abwasser,
– Lichtplaner: Beleuchtung,
– Vermessungsingenieur: Grundstücksgrenzen, vorhandene Gebäude, Einmessen der neuen Gebäude und Außenanlagen,

– Geologe: Baugrund,
– Emissions- und Immissionsschutz-Fachleute.

Entsprechend den spezifischen Anforderungen des Projekts müssen weitere Fachleute für bestimmte Fragen hinzugezogen werden, z.B. für Akustik, Meteorologie oder Hydrologie.

9.4.7.3 Die Einflußfaktoren der Gebäudestrukturplanung

Ziel der Gebäudestrukturplanung ist es, einen ganzheitlichen Entwurf für eine neue Fabrik zu entwickeln, in einem Planungs- und Bauprozeß zu realisieren und eine optimale Nutzung zu erreichen. Diese Nutzung ist das Ziel eines Unternehmens, nicht die Planung und der Bau von Gebäuden (vgl. Bild 9-76). Bei Einzelbetrachtungen der Anforderungen kann man zwischen primären und sekundären Einflußfaktoren unterscheiden. Die primären Einflußfaktoren entstehen aus dem Anlaß für ein neues Fabrikgebäude. Primäre Einflußfaktoren sind:
– Grundstruktur,
– Produktionsstruktur,
– Materialfluß,
– Informations- und Kommunikationsfluß,
– Logistik,
– Mitarbeiter, Personal,
– Organisationsstruktur,
– Betriebsmittelstruktur,
– Erscheinungsbild des Unternehmens.

Die sekundären Einflußfaktoren entstehen als Folgefaktoren, weil ein Gebäude an einem konkreten Ort, unter bestimmten spezifischen Umfeldbedingungen entsteht. Sekundäre Einflußfaktoren sind:
– Bebauungsplan,

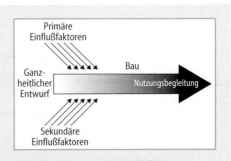

Bild 9-76 Zusammenspiel der Einflußfaktoren

- Flächennutzungsplan,
- Baurecht,
- Standort, Umfeld, Klima,
- Erschließung,
- Flächenarten,
- Gestaltung,
- Städtebau,
- Gebäudekonstruktion,
- Versorgungstechnik,
- Energieversorgung,
- Entsorgung.

In der Gestalt des Gebäudes werden alle Einflußfaktoren zu einem Zusammenspiel vernetzt und in der Realität anschaulich sichtbar.

9.4.7.4 Strukturbestimmende Elemente der Gebäudeplanung

Materialfluß und Logistik

Der innere und der äußere Materialfluß (Anlieferung, Erschließung, Ver- und Entsorgung) prägen wesentlich die Gebäudestruktur.

Das Beispiel in Bild 9-77 zeigt eine sehr kompakte, materialflußorientierte Produktionsstruktur. Ein zentrales Logistikzentrum mit Hochregallager für Halbfabrikate und Fertigprodukte bildet den Kern der Struktur und bleibt auch bei Erweiterung der Struktur an zentraler Stelle. Eine einzige Ladezone dient sowohl für den Wareneingang als auch für den Versand. Die Fertigungsbereiche gliedern sich in Vorfertigung und Endmontage, wobei alle Bereiche durch eine zentrale Erschließungsstraße (spine / engl. Rückgrat, Wirbelsäule) verbunden sind. Ein Kopfbau dient als Bürozone und Haupteingang.

Informations- und Kommunikationsfluß

Neben dem Materialfluß ist der Informations- und Kommunikationsfluß eine bestimmende Größe für die Gebäudestrukturplanung. Die Mitarbeiterwege, Büros und Besprechungsräume sollten so angeordnet sein, daß eine hohe Kommunikationsvernetzung erreicht wird.

Das Beispiel in Bild 9-78 zeigt eine innovative Produktionsstruktur eines Automobilwerks, bei der der Fertigungsfluß von außen nach innen verläuft. Die Rohstoffe und Halbfabrikaten werden dezentral in den Vormontagezonen angeliefert und verarbeitet. Die Endmontage erfolgt in einem zentralen „Spine". Die Mitte des „Spines" dient nicht als Fahrerschließung, sondern als durchgehende Kommunikationszone (Büros, Besprechungsräume, Pausenzonen), wie in Bild 9-72 bereits gezeigt. Durch diese Anordnung können Büros in die Fertigung integriert werden, wodurch eine visuelle und aktive Vernetzung des Material- und Informationsflusses erreicht wird.

Konstruktion und Fassade

Das Stützenraster der Konstruktion sollte möglichst groß sein, um ein Höchstmaß an Flexibilität zu erhalten. Bei Geschoßbauten werden große Stützweiten jedoch schnell unwirtschaftlich. Bevorzugte Stützenraster im Hallenbau sind:
- ungerichtet (quadratisches Raster): 15 m × 15 m bis 18 m × 18 m,
- gerichtet (basierend auf rechteckiger Struktur): 7 m × 14 m bis 10 m × 25 m.

Größere Stützweiten sollten nur bei besonderen Anforderungen gewählt werden, z. B. wenn Pro-

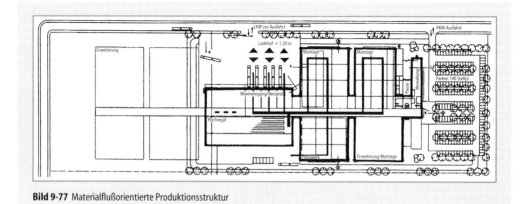

Bild 9-77 Materialflußorientierte Produktionsstruktur

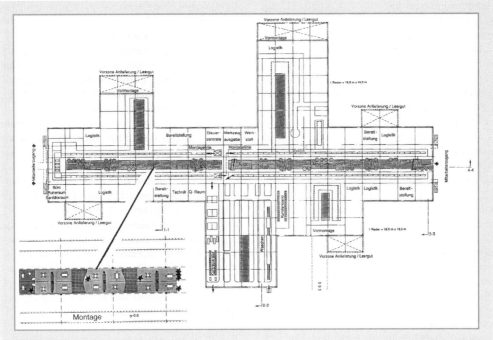

Bild 9-78 Kommunikationsorientierte Produktionsstruktur

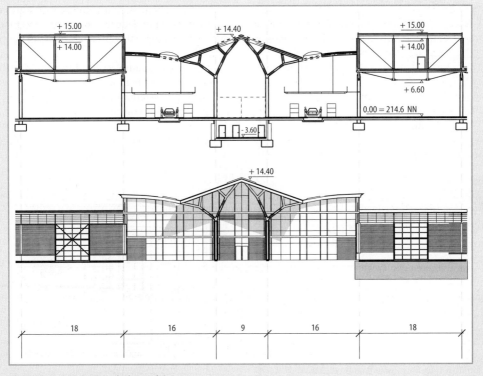

Bild 9-79 Modulartige Fassadenkonstruktion

duktionsabläufe oder die Größe von Maschinen, Teilen und Rohstoffen dies notwendig machen.

Bei der Fassadenkonstruktion ist darauf zu achten, daß diese auf die Stützenkonstruktion abgestimmt ist (s. Bild 9-79). Es ist ein modulartiger Aufbau der Fassade anzustreben, um eine Systematik für Fenster- und Türöffnungen zu erhalten. Aus wirtschaftlichen Gesichtspunkten ist auch auf kurze Montagezeiten für Dach und Fassade zu achten.

Lüftung und Beleuchtung

Die technischen Ver- und Entsorgungseinrichtungen eines Gebäudes richten sich nach den notwendigen Arbeitsbedingungen für die Mitarbeiter, der klimatischen Situation und den Fertigungsanforderungen. Es ist ein systematischer Aufbau und ein Höchstmaß an Veränderbarkeit anzustreben.

Bei der Lüftung sind zwei verschiedene Prinzipien möglich:
- zentrale Lüftung mit Lüftungszentralen, die vorwiegend im Untergeschoß oder auf dem Dach untergebracht sind, wobei eine Kanalführung zur Verteilung im Gebäude erforderlich ist,
- dezentrale Lüftungsgeräte, die flexibler sind und keine Kanalführung benötigen, jedoch

einen höheren Steuerungs- und Wartungsaufwand erfordern.

Die Wahl der bevorzugten Alternative hängt im wesentlichen von den Anforderungen der Räume und der Organisationsstruktur ab und muß im Einzelfall durch eine Wirtschaftlichkeits- und Nutzenbetrachtung entschieden werden.

Bei der Beleuchtung der Gebäude ist auf eine gleichmäßige Ausleuchtung mit Tageslicht (Zenitlicht) und Kunstlicht zu achten. Der Lichteinlaß in Hallendecken sollte vorwiegend durch Nordlicht erfolgen, um direkte Sonneneinstrahlung und eine damit verbundene, ungewollte Erwärmung der Hallenluft zu vermeiden (s. Bild 9-80).

Bei Bildschirmarbeitsplätzen ist auf Blendfreiheit zu achten, d.h. die Bildschirmfront muß vom Tageslicht abgewandt sein. Seitliche Fenster für einen Ausblick verbessern das Arbeitsklima.

Grünanlagen und Parkmöglichkeiten

Die Gestaltung von Grünanlagen und Parkplätzen bindet die Gebäude in das Grundstück und das Umfeld ein. Das Erschließungskonzept des Betriebsgeländes bietet die Grundlage dafür.

Das Grünkonzept sollte durchgängig für das gesamte Werksgelände festgelegt werden, wobei auch ein übergeordnetes Grünkonzept der Rand-

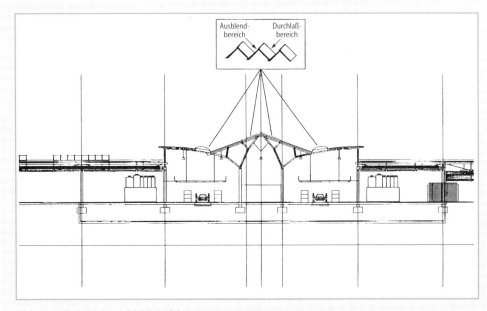

Bild 9-80 Hallenbeleuchtung durch Tageslicht

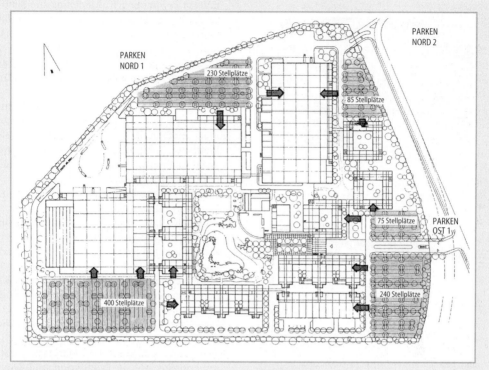

PARKEN NORD 2

PARKEN NORD 1

230 Stellplätze

85 Stellplätze

75 Stellplätze

PARKEN OST 1

400 Stellplätze

240 Stellplätze

Bild 9-81 Beispiel für die Anordnung von Parkflächen auf einem Betriebsgelände

zonen des Grundstücks zu berücksichtigen ist. Die Grünerschließung stellt einen Übergang zum Umfeld des Unternehmens dar.

Eine Anordnung der Parkplätze auf dem Betriebsgelände führt zu einer günstigen Verteilung der Parkfläche (s. Bild 9-81). Eine Anordnung außerhalb des eingezäunten Geländes kann aus Sicherheitsgründen notwendig sein, führt aber zu längeren Wegen.

Erschließungsflächen sind als befestigte Flächen anzulegen, Parkplätze selbst sind möglichst mit Rasensteinen oder Kies zu versehen, um eine unnötige Versiegelung der Bodenfläche zu vermeiden.

Für die Zufahrt sollte möglichst nur eine Pforte vorgesehen werden, die jedoch PKW und LKW getrennt abfertigen kann. Auch sollten überdachte Fahrradständer in der Nähe des Eingangs nicht vergessen werden.

9.4.7.5 Die Fabrik der Zukunft

Für die Fakultät für Maschinenwesen der Technischen Universität München wurde in Garching ein innovativer Neubau errichtet (Inbe-

triebnahme 1996). Vielleicht kann dies ein Prototyp für die Fabrik von morgen sein?

Bild 9-82 zeigt einen Entwurf dieses Projekts. Dieser Gebäudestruktur liegen mehrfach überlagerte Strukturbilder zugrunde (s. auch Bild 9-75). Durch die Kombination von Mustern werden unterschiedliche Organisationsstrukturen in der Architektur ermöglicht. Auf diese Weise entsteht eine Strukturkombination, die bei verschiedenen Fachgebieten und Aufgabenfeldern Anwendung finden kann.

Flächen und Funktionsbeziehungen waren von vornherein klar definierte Planungsvorgaben. Durch Kommunikationsmuster wurde ein „Quantensprung" erreicht. Es gelang 28 Lehrstühle mit 7 Instituten, 4000 Studenten, 1800 Lehrpersonen und Personal sowie Besucher zu koordinieren. An eine zentrale Straße fügen sich Kommunikationszonen an und an diese die Lehrstühle und Werkstätten. Mit zunehmender Entfernung von der „Hauptstraße" nimmt der Öffentlichkeitsgrad der Kommunikationsmuster ab. Mit dieser Ordnung wurde eine optimale Vernetzung der verschiedenen Bereiche und Nutzer erreicht.

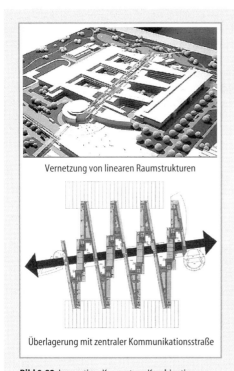

Vernetzung von linearen Raumstrukturen

Überlagerung mit zentraler Kommunikationsstraße

Bild 9-82 Innovatives Konzept zur Kombination räumlicher Strukturen

Literatur zu Abschnitt 9.4

[Agg87] Aggteleky, B.: Fabrikplanung, Bd. 2: Betriebsananalyse und Feasibility-Studie. München: Hanser 1987

[ASI94] N.N.: Handbuch der Simulationstechnik. Kuhn, A.; Reinhardt, A.; Wiendahl, H.-P. (Hrsg.), Arbeitskreis Simulation. Braunschweig: Vieweg 1994

[Bec91a] Becker, B.; Vollmer, E.: Simulation geht neue Wege. Logistik Heute, Nr. 9, S 70–71, München: Huss 1991

[Bec91b] Becker, B.; Vollmer, E.: Vom Groben zum Feinen. Logistik Heute, Nr. 10, S 43–44, München: Huss 1991

[Bru92] Bruhn, M.: Integrierte Unternehmenskommunikation. Stuttgart: Poeschel 1992

[Dan86] Dangelmaier, W.: Algorithmen und Verfahren zur Erstellung innerbetrieblicher Anordnungspläne. Universität Stuttgart, Fakultät Fertigungstechnik, Institut für Industrielle Fertigung und Fabrikbetrieb, Habilitations-Schrift. Berlin: Springer 1986

[Dan90] Dangelmaier, W.; Vollmer, E.: Integration of Planning and Simulation in Strategic Enterprice Planning. In: Modelling and Simulation. Proceedings of the 1990 European Simulation Multiconference, Nürnberg, 10.–13. Juni 1990

[Dol81] Dolezalek, C.M.; Warnecke, H.J.: Planung von Fabrikanlagen. 2. Aufl. Berlin: Springer 1981

[Due93] Duerk, D.P.: Architectural programming, New York: n 1993

[Eid91] Eidenmüller, B.: Die Produktion als Wettbewerbsfaktor. Köln: TÜV Reinland 1991

[Gae74] Gaelweiler, A.: Unternehmensplanung. Frankfurt: Herder und Herder 1974

[Har90] Harmon, R.L.; Peterson, L.: Die neue Fabrik. Frankfurt a. Main: Campus 1990

[Hen95] Henn, G.: Visuelles Systemdenken für Kommunikationsarchitekturen. In: Sommer, D. (Hrsg.): Industriebau. Basel: Birkhäuser 1995

[Ket84] Kettner, H.; Schmidt, J.; Greim, H.-R.: Leitfaden der systematischen Fabrikplanung. München: Hanser 1984

[Man87] Mandelbrot, B.: Die fraktale Geometrie der Natur. Basel: Birkhäuser 1987

[Noc91] Noche, B.; Wenzel, S.: Marktspiegel Simulationstechnik in Produktion und Logistik. Köln: TÜV Rheinland 1991

[Pen82] Peña, W.: Ways of thinking. Houston: Beuth 1982

[Pod77] Podolsky, J. P.: Flächenkennzahlen für die Fabrikplanung. Berlin, Köln: Beuth 1977

[Pre85] Preiser, W.F.E.: Programming the built environment. New York: Beuth 1985

VDI 3633: Anwendung der Simulationstechnik zur Materialflußplanung. 1983

[Vol94] Vollmer, E.; Bertagnolli, P.: Produktionsbereiche planen und gestalten. In: Der Teamleiter. Raabe, Stuttgart, G1, 1994

[War92] Warnecke, H.-J.; Kühnle, H.; Vollmer, E.: Durch integrierte Planung zur Fraktalen Fabrik. Rechnergestützte Fabrikplanung '92, VDI-Fachtagung, Stuttgart, 29. und 30. Juni 1992

[War93a] Warnecke, H.J.: Der Produktionsbetrieb, Bd.1. 2. Aufl. Berlin: Springer 1993

[War93b] Warnecke, H.J.: Revolution der Unternehmenskultur. 2. Aufl. Berlin: Springer 1993

[War95] Warnecke, H.J.: Aufbruch zum Fraktalen Unternehmen. Berlin: Springer 1995

[Wel77] Welters, K.: Cross Impact Analyse als Instrument der Unternehmungsplanung. Betriebswirtschaftliche Forsch. u. Praxis 29 (1977), Nr. 6

[Wil89] Wildemann, H.: Die modulare Fabrik. München: gfmt 1989

[Zah94] Zahn, E. ; Dillup R.: Fabrikstrategien und -strukturen im Wandel. In: Zülich, G. (Hrsg.): Vereinfachen und Verkleinern: die neue Strategie in der Produktion. Stuttgart: 1994

9.5 Realisierung und Inbetriebnahme der Fabrik

An die Planung der Fabrik schließen sich Realisierung, Inbetriebnahme und der Betrieb der Fabrik an (Bild 9-83). Durch konkrete Erfahrungen beim Betrieb, die in spätere Planungen einfließen, schließt sich der Kreis.

Die Realisierung und die Inbetriebnahme der Fabrik wird durch eine vorgangsorientierte Sichtweise geprägt. Es ist festzulegen, welche Maßnahmen und Aktivitäten definiert und eingeleitet werden müssen, um einen bestimmten Planungszustand zu erreichen. Der Erfolg hängt im wesentlichen von der Planung, der Beschaffung und der zeitlichen Koordination der hierzu erforderlichen Ressourcen (Personal, Investitionsbudget, Einrichtungen für Umzüge usw.) ab. Dies schließt das Controlling und die Absicherung von Maßnahmen und Vorgängen mit ein.

9.5.1 Realisierungsplanung

Mit den Ergebnissen der Fabrikplanung wird festgelegt, was zu realisieren ist. Die Frage nach dem „Wie" bleibt hierbei offen und bedingt in der Regel ein umfassendes, komplexes Leistungspaket an Aktivitäten und Maßnahmen, das meist von mehreren Personen bearbeitet wird. Die Realisierung einer Fabrik wird daher als Projekt betrachtet, bei dem zwei grundlegende Bereiche zu planen sind:
– Definition und Terminierung der einzelnen Aufgaben und deren Inhalte mit dem Ziel, einen Ablauf- und Terminplan zu erstellen,
– Klärung und Kommunikation der Verantwortlichkeiten, um die definierten Aufgabengebiete termingerecht abzuarbeiten.

Die Realisierungsplanung gliedert sich in die in Bild 9-84 aufgelisteten Bereiche Strukturierung, Ablauf- und Ressourcenplanung, Projektorganisation und Absicherungsmaßnahmen.

9.5.1.1 Strukturierung des Leistungsumfangs

Die Realisierungsplanung beginnt in der Regel mit der Strukturierung des Leistungsumfangs mit dem Ziel, für den jeweiligen Realisierungs-

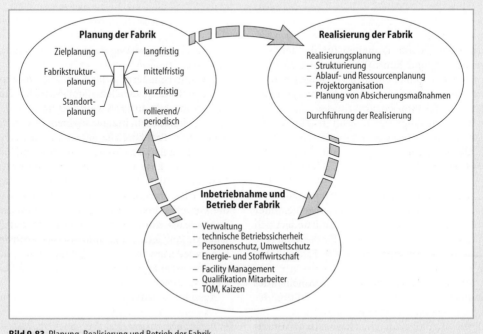

Bild 9-83 Planung, Realisierung und Betrieb der Fabrik

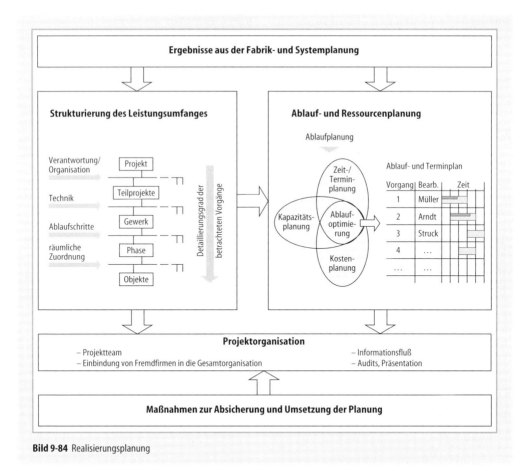

Bild 9-84 Realisierungsplanung

prozeß angepaßte Einheiten für die zeitliche Verfolgung und Kontrolle zu definieren (Bild 9-84). Diese Einheiten, auch Vorgänge genannt, ergeben sich aus der Untergliederung der unabhängigen Strukturierungskriterien

– Verantwortung/Organisation in Teilprojekte,
– Technologie/Technik   in Gewerke,
– Ablaufschritte   in Phasen,
– räumliche Zuordnung   in Objekte.

Je nach gewünschtem Detaillierungsgrad können die Strukturierungskriterien feiner oder gröber untergliedert werden. Damit ändert sich auch die Anzahl der Vorgänge, für die dann eine Ablauf- und Ressourcenplanung durchgeführt werden muß.

Da die Strukturierungskriterien voneinander unabhängig sind, gibt es bei der Definition der für die Planung notwendigen Vorgänge keine allgemeingültige Vorgehensweise. In der Praxis hat sich jedoch die oben beschriebene Möglich-

keit zur Strukturierung des Leistungsumfangs bewährt.

Die Untergliederung des Leistungsumfangs in Teilprojekte ist vor allem dann sinnvoll, wenn es sich um ein sehr großes Projekt handelt, das zur besseren Bearbeitung in kleinere Organisations- oder Fachbereiche aufgeteilt wird (z.B. Teilprojekte Bau, Produktion, Logistik und Organisation). Eine weitere Untergliederung in Gewerke erfolgt in erster Linie aus technischer Sicht. Beispielsweise kann das Teilprojekt Bau in die Gewerke Betonbau, Stahlbau, Technische Gebäudeausrüstung usw. untergliedert werden. Jedes Gewerk kann hinsichtlich seiner Realisierung wiederum in einzelne Ablaufschritte, die sog. Projektphasen, aufgelöst werden. Üblicherweise sind dies:

– Ausschreibungen,
– Angebotsauswertungen,
– Vergabeverhandlungen/Vergabe
– Erstellung der vergebenen Leistungen,

- Lieferung/Montage/Implementierung,
- Abnahme/Inbetriebnahme.

Die Phaseneinteilung ist sowohl im Bereich der Hardware (technische Einrichtungen, Maschinen usw.) als auch für die Dienstleistungen im Softwarebereich (z. B. Organisationskonzeption usw.) anwendbar. Je nach erforderlicher Genauigkeit oder vertretbarem Aufwand für Kontrolle und Steuerung können die Phasen auch mehr oder weniger stark zusammengefaßt werden. Eine weitere Untergliederung nach Objekten resultiert aus dem Wunsch, räumlich abgegrenzte Einheiten zu definieren (z. B. Bürogebäude, Halle 1 einer Fabrik). Die Definition der Objekte erleichtert den Bezug der Vorgänge zu Gebäuden oder Teilbereichen von Gebäuden.

Die Definition der Strukturierungskriterien bestimmt den Detaillierungsgrad und die Aussagefähigkeit der Planung. Der Wunsch nach genaueren Ergebnissen erhöht in der Regel den Aufwand von Analysen, Strukturierungen und Steuerungs- oder Controllingmaßnahmen nicht linear sondern progressiv. Aus wirtschaftlichen Gründen ist daher die Abbildungsgenauigkeit hinsichtlich einer Nutzen-Aufwands-Betrachtung zu beschränken. In der Regel wird zu Projektanfang nur eine grobe Unterteilung des gesamten Leistungsumfanges vorgenommen, die im Laufe der Planung je nach Bedarf verfeinert wird. Tendenziell läßt sich folgendes sagen:

- Es soll nicht zu stark detailliert werden. Das heißt, die Detailpläne sind als Balkenpläne auszuführen (Job-Listen) oder die Dispositionsfreiheit ist den zuständigen Verantwortlichen zu überlassen.
- Der Detaillierungsgrad ist von der Verwendung des Plans abhängig zu machen.
- Die geplante Überwachung begrenzt die Detaillierung.
- Die Komplexität soll durch möglichst wenig Abhängigkeiten gemindert werden.

Im Rahmen der Strukturierung beschränkt sich die Terminierung auf die Festlegung von Eckterminen und die zeitliche Definition von Meilensteinen. Für die grobe Projektstruktur kann anhand der definierten Ecktermine auch ein grober Zeitstrahl geplant werden. Die Ausplanung der einzelnen Zeitabschnitte und Aufgabengebiete ist Gegenstand der Entwicklung des Umsetzungskonzepts, bei dem die definierten Ecktermine und Meilensteine als unveränderbare Planungsparameter einfließen.

9.5.1.2 Ablaufplanung

Die Ablaufplanung beinhaltet die Analyse und Darstellung des logischen und zeitlichen Aufeinanderfolgens von Vorgängen. Um eine Ablaufstruktur zu erhalten, müssen für jeden Vorgang alle unmittelbaren Vorgänger ermittelt werden. Das Ergebnis läßt sich als Netzplan in Grafiken oder Listen festhalten. Es sind hier ausschließlich technologische Abhängigkeiten zu betrachten. Überlegungen hinsichtlich Kapazitäten oder Budget sollten bei der Ermittlung der Ablaufstrukturen zunächst nicht berücksichtigt werden, es könnten sonst möglicherweise optimale Ablaufstrukturen vorschnell ausscheiden.

Die Frage einer eventuellen Überlappung von Vorgängen erfolgt ebenfalls erst zu einem späteren Zeitpunkt. In einem Netz hat jeder Vorgang zumindest einen unmittelbaren Vorgänger und/oder Nachfolger. Folgende Möglichkeiten bieten sich an:

1. Beginn bei Projektanfang (progressives Vorgehen)

   Checkfrage: „Welche Schritte können beginnen, wenn Vorgang X erledigt ist?"

2. Beginn bei Projektende (retrogrades Vorgehen)

   Checkfrage: „Welche Schritte müssen erledigt oder welche Situation muß eingetreten sein, damit Vorgang X beginnen kann?"

Die Überlegungen müssen mit den Experten, die mit der Ausführung betraut sind, abgestimmt sein. Zweckmäßigerweise kann in dieser Runde auch der Grad einer Überlappung zweier Vorgänge definiert werden, falls genauere Kenntnisse der Vorgänge und ihrer Zwischenschritte bekannt sind.

Es ist nicht von vornherein auszuschließen, daß im Lauf des Entwurfs eines Netzplans oder nach Beginn des Projekts neue Aktivitäten oder Vorgänge auftreten, die nachträglich in den Plan mit einzubeziehen sind.

Bereits in der Grobplanungsphase muß ein genereller Ablaufplan, z. B. in Form eines Netzplans, erstellt werden, der entsprechend dem Planungsfortschritt weiter detailliert wird. Die frühzeitige Erstellung eines Ablaufplans stellt sicher, daß

- die Planung mit allen notwendigen Leistungen, den richtigen Qualifikationen und Kapazitäten konsequent durchgeführt wird. Somit können die Ressourcen in den eigenen Fach-

abteilungen und die Einbeziehung externer Leistungen geplant und optimal genutzt werden,
- die Ecktermine und Meilensteine einen realistischen Hintergrund haben und nicht nur das Wunschdenken widerspiegeln,
- das Vertragsmanagement bereits Grundlagen für sinnvolle Terminvorgaben bei externen Vergaben besitzt,
- durch die Kopplung von Ablaufplänen mit anderen Informationen (wie z.B. Kostenschätzungen) alle beteiligten Stellen frühzeitig informiert werden.

Der Ablaufplan ist hierbei durch einen erfahrenen Projektcontroller in direkter Zusammenarbeit mit den Mitarbeitern der betroffenen Fachabteilungen zu erstellen und mit allen Beteiligten abzustimmen. Für die Erstellung des Ablaufplans sind vor allem die Kernfragen nach Bild 9-85 zu beantworten und zu dokumentieren.

Es ist darauf zu achten, daß es nur einen jeweils gültigen Ablaufplan gibt und die notwendigen Daten und Informationen immer über den zuständigen Projektcontroller laufen.

Für die Erstellung der Ablaufplanung sowie die Darstellung der Ergebnisse kommen die verschiedensten Hilfsmittel zum Einsatz. Die wichtigsten sind:

- Balkenpläne:
  • vernetzte Balkenpläne,
  • Planungstafeln.
- Liniendiagramme, Geschwindigkeitsdiagramme mit problemspezifischen Ausprägungen wie etwa:
  • Weg-Zeit-Diagramm,
  • Menge-Zeit-Diagramm, Volumen-Zeit-Diagramm,
  • Wert-Zeit-Diagramm (Wertschöpfungsdiagramm),
- Listen:
  • Arbeitspläne (für lineare Vorhaben),
  • Terminliste, Stufenpläne (Liste der Projekt-Meilensteine)
- sowie Netzpläne.

Die planerische Vorbereitung von Projekten basiert in der Regel nicht nur auf einer einzigen Planungsmethode. In vielen Fällen werden die Termin- und Ablaufpläne auf der Basis von Balkenplänen erstellt, die vielen Planern und Projektleitern am angenehmsten sind. Der Geschäftsleitung oder dem Auftraggeber reichen oft schon einige Meilenstein-Informationen aus, um über das Projekt grob Bescheid zu wissen. Für die beteiligten Projekt- und Fachbereiche sollen dagegen sehr detaillierte Balkenpläne und/oder Netzpläne erstellt werden, aus denen

| | Endleistungen | | benötigte Basiskomponenten und Einflußgrößen bestimmen | Interdependenzen und mögliche Störvariablen analysieren | Maßnahmen definieren, Verantwortliche und Termine festlegen |
	– Definieren – Quantifizieren – Priorisieren	– Ausführungsanweisungen festschreiben und prüfen			
Phase	1a	1b	2	3	4
Kernfragen	– Was? • Welche Endleistungen? • Welche Teilleistungen? – In welchem Umfang? – Ab wann? – Mit welcher Priorität?	– Wie sollen die Endleistungen erbracht werden? – Sind die Anweisungen vollständig und plausibel?	– Welche Voraussetzungen müssen vorhanden sein? • Basiskomponenten? • Einflußgrößen? • Sekundärleistungen? – In welchem Umfang? – Ab wann?	– Welche Endleistungen hängen ab von gleichen • Basiskomponenten? • Einflußgrößen? • Sekundärleistungen? – Ist die Vernetzung vollständig/plausibel? – Welche Hauptrisiken sind erkennbar?	– Inwiefern sind die nötigen Basisgrößen vorhanden? – Welche Maßnahmen müssen ergriffen werden? • Allgemein • Speziell – Bis wann? – Von wem?
Endprodukte	– vollständiger, nach Prioritäten gegliederter Endleistungskatalog	– umfassende und machbare Ausführungsanweisungen je Endleistung	– genaue Spezifikation der notwendigen Voraussetzungen mit Erfüllungstermin	– genaue Spezifikation der notwendigen Voraussetzungen mit Erfüllungstermin	– detaillierte Maßnahmenliste mit Terminen und Verantwortlichen

Bild 9-85 Fragestellungen bei der Ablaufplanung

sich der Zusammenhang der Projektabläufe im einzelnen darstellt.

Insbesondere für die mit der Netzplantechnik weniger Vertrauten besteht das Problem, ein gedanklich gegebenes Projekt so zu erfassen und zu analysieren, daß eine möglichst vollständige Vorgangsliste einschließlich zugehöriger Abhängigkeiten vorliegt. Dieser Schritt erfordert ein exaktes Durchdenken des gesamten Projekts. Zugleich ist dies der größte Gewinn bei der Anwendung von Netzplantechniken. Alle weiteren Vorteile dieser Planungsmethoden bauen darauf auf.

In Bild 9-86 werden die Zusammenhänge aufgezeigt zwischen
– Meilensteinplan,
– Projektstrukturplan,
– Arbeitspaketen/Vorgängen und
– Projektablaufplan.

Der wesentliche Gedanke in der Netzplantechnik – im Unterschied zu den übrigen Planungsinstrumenten – ist, daß Struktur- und Zielplanung planungstechnisch getrennt sind. Das heißt, daß die Ablaufstruktur bei Änderungen im Zeitbereich nicht beeinflußt wird. Dadurch erweist sich die Netzplantechnik als sehr vorteilhaft bei der Steuerung und Überwachung komplexer Vorhaben. Die wesentlichen Vorteile der Netzplantechnik – insbesondere gegenüber dem Balkenplan – sind:
– die Darstellung der sich aus der Ablaufstruktur ergebenden technologischen Abhängigkeiten,
– die Aussagen über die Auswirkung einer terminlichen Verzögerung und/oder Verlängerung hinsichtlich der Projektdauer und Einhaltung von Eckterminen,
– die Entscheidungshilfen für die optimale Auswahl korrektiver Maßnahmen,
– die übersichtliche und handliche Darstellung umfangreicher Projekte,
– die Lieferung von geänderten Listen bei Änderung von Bewertungen (Zeit, Kapazitäten, Kosten) während die Ablaufstruktur beibehalten wird,
– die vernetzte Betrachtung zwischen Technologie, Zeit, Kapazitäten und Kosten,
– Entlastung von Routinearbeiten durch den Einsatz der EDV, z.B. automatische Aktuali-

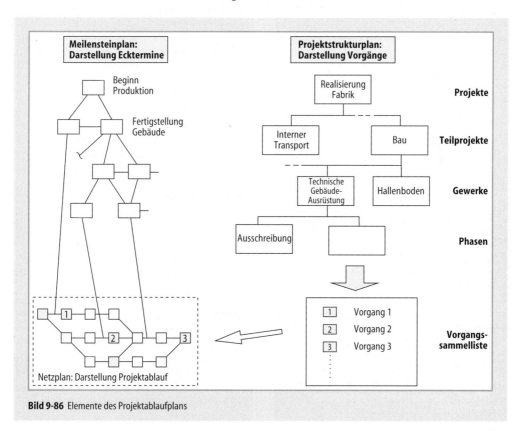

Bild 9-86 Elemente des Projektablaufplans

sierung nachfolgender abhängiger Vorgänge bei Zeitverschiebungen.

Den Vorteilen der Netzplantechnik stehen aber auch einige Nachteile gegenüber:
– der Netzplan ist für den unmittelbar Ausführenden i.allg. schwer verständlich, da in der Darstellung die zeitliche Analogie fehlt;
– im Netzplan ist es nicht möglich, eine Kapazitätsplanung vorzunehmen. Dazu muß der Zeitmaßstab in die Darstellung eingeführt werden.

Besonders bei knappen Zeiten und Kapazitäten ist eine genaue Planung und Projektsteuerung am wirksamsten und wirtschaftlich gerechtfertigt. Gegenargumente, die oft zu hören sind, wie: „Wir haben keine Zeit“, „Wir können uns nicht mit so einer lästigen Planung aufhalten“, „Das Projekt muß endlich weitergehen“, „So eine Planung ist viel zu teuer, wir wissen auch ohne Planung, wie es weitergeht“ sind daher mit Vorsicht zu betrachten.

Die Netzplantechnik kann für folgende Planungszwecke eingesetzt werden:
– Planung der Ablaufstruktur,
– Ermittlung der Projektdauer und -termine,
– Planung der Gesamtprojektdauer unter Beachtung gegebener Kapazitäten.

Aus diesem Grunde wird in der Praxis diese Technik zur Erstellung des Projektablaufplans eingesetzt.

Grundelement der Netzplantechnik ist die Vorgangsbeschreibung und die Vorgangsbeziehungsstruktur, wie sie in Bild 9-87 prinzipiell dargestellt ist. Die Arten der Netzplanung
– Vorgangspfeil-Netzplan (VPN),
– Vorgangsknoten-Netzplan (VKN),
– Ereignisknoten-Netzplan (EKN)

und ihre Darstellung werden in der einschlägigen Literatur beschrieben [DIN, Fle66, Jac69, Wag68]. Die Planung in der Praxis greift hierbei auf EDV-Systeme zurück, die auf Basis von Netzplänen arbeiten.

Bild 9-88 zeigt ein Beispiel für einen Ablaufplan, der in Form eines Netzplans dargestellt ist.

9.5.1.3 Zeit- und Terminplanung

Während die Ablaufanalyse den Inhalt eines Projekts und dessen Verlauf aus technischer Sicht zum Thema hat, soll die Zeit- und Terminplanung die Frage beleuchten: „Wie lange dauert das Projekt und welche Vorgänge sind kritisch?“

Hierzu sind vor allem die unterschiedlichen Vorgangsdauern zu ermitteln, aus denen sich wiederum die wesentlichen Termine berechnen lassen.

Ermittlung der Vorgangsdauer

Hierzu sind alle Methoden der Zeitstudien (Zeitermittlungen) anwendbar. Insbesondere:
– Schätzung,
– statistische Verfahren, Regressionsverfahren,
– synthetische Verfahren (Richtwerte, Standards).

Für die Ermittlung der Vorgangsdauer sind einige Regeln zu beachten:
– Die Ermittlung der Vorgangsdauer basiert auf der Überlegung einer „Durchlaufzeit“, d.h., die geschätzten Zeiten dürfen weder bewußte noch unbewußte Zeitpolster (Zeitreserven) enthalten. Ein Vorsehen von Reserven würde den Plan unnötig strecken und seine Aussagekraft stark reduzieren.
– Die Schätzungen für die Vorgangsdauer müssen mit den für den Vorgang Verantwortlichen (Ausführenden, Subkontraktoren) erarbeitet und abgestimmt werden. Wenn die Möglichkeit besteht, sollten die Vorgangsdauern von verschiedenen Personen geschätzt werden.
– Die Schätzung einer Vorgangsdauer basiert gedanklich auf einem üblichen Mitteleinsatz. Ausgehend von der Normaldauer, die für die Ausführung eines Vorgangs vorgesehen ist, haben deutliche Abweichungen meist eine überproportionale Änderung des Zeit-/Kostenverhältnisses zur Folge.

Bild 9-87 Vorgangsbeschreibung als Kernelement eines Netzplans

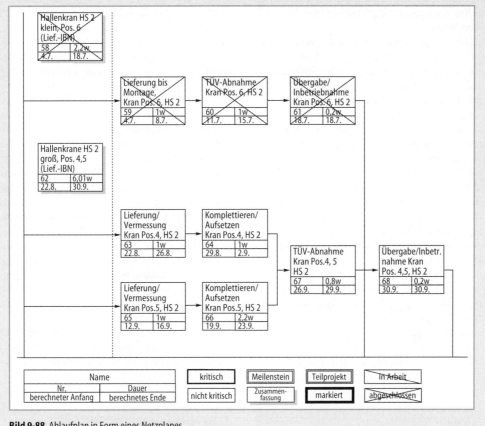

Bild 9-88 Ablaufplan in Form eines Netzplanes

– Die Schätzungen sind unter der Annahme der Unabhängigkeit vorzunehmen. Das heißt: Vorgangsdauer A ist unabhängig von allen vorher fertiggestellten Vorgängen, oder zeitliche Nachwirkungen sind in der Ablaufplanung nicht vorgesehen.

– Schätzungen sind in der gewählten Zeiteinheit (Tag, Woche, Monat, …) anzugeben, nicht in Kapazitätseinheiten, wie z.B. in Mannmonaten.

– Berücksichtigung des Wettereinflusses

Die Erstellung einer Fabrik kann speziell im Winter stark durch ungünstige Witterung behindert werden. Der Witterungseinfluß darf daher nicht vernachlässigt werden. Die Berücksichtigung kann nach folgenden Methoden erfolgen:

– *Globale Methoden.* Es wird eine Sensitivität des Gesamtprojekts hinsichtlich der relevanten Witterungseinflüsse geschätzt (z.B. 10 % Leistungsverlust bei Regen).

– *Analytische Methoden.* Es werden die kritischen Vorgänge einzeln analysiert und so eine Projektverlängerung aufgrund von Witterungseinflüssen ermittelt.

Berechnung der Termine

Die Zeitrechnung eines Netzplans ist eine Extremwertanalyse. Der zeitliche Spielraum wird durch Ermittlung der frühesten (frühest möglichen) und spätesten (spätest erlaubten) Lage der Vorgänge abgesteckt.

Die Durchrechnung selbst geschieht nach zwei prinzipiellen Vorgehensweisen:

– *Vorwärtsrechnung.* Ausgehend vom frühesten Zeitpunkt werden die Termine nachfolgender Vorgänge in Abhängigkeit zu ihrer Vorgangsdauer errechnet.

– *Rückwärtsrechnung.* Ausgehend vom spätesten Zeitpunkt werden die Termine der vorgeschalteten Vorgänge in Abhängigkeit ihrer Vorgangsdauer errechnet.

Ein wesentlicher Punkt bei der Zeitplanung ist die Bestimmung der Pufferzeiten und des kritischen Wegs:

Nach der Rückwärtsrechnung liegen für jeden Vorgang vier Zeitpunkte vor: „frühester Anfangszeitpunkt" (FAZ), „spätester Anfangszeitpunkt" (SAZ), „frühester Endzeitpunkt" (FEZ) und „spätester Endzeitpunkt" (SEZ).

Die Anfangszeitpunkte sind links am Knoten angeschrieben, die Endzeitpunkte rechts. Frühestwerte stehen oben, Spätestwerte unten. Bei richtiger Rechnung muß

SAZ ≥ FAZ und SEZ ≥ FEZ und
SAZ – FAZ = SEZ – FEZ

sein. Die zuletzt genannte Differenz heißt gesamte Pufferzeit oder kurz Gesamtpuffer (GP).

Es können folgende Fälle auftreten:
– GP < o: Negativer Puffer, d.h., der Vorgang ist überkritisch.
– GP = o: Der Vorgang wird als kritisch bezeichnet. Eine Ausdehnung oder Verschiebung des Vorganges um eine bestimmte Zeitdauer wirkt sich im vollen Maße auf das Projektende aus.
– GP > o: Es ist eine Zeitreserve vorhanden. Projektende wird nur dann verzögert, wenn die Verschiebung des Vorganges größer als die Gesamtpufferzeit ist.

In einer reinen Ketten-/Serienschaltung besitzen alle Vorgänge den gleichen Gesamtpuffer. Jedes auch nur teilweise Konsumieren des Gesamtpuffers geht auf Kosten der Nachbarvorgänge. Diese müssen Teile ihres Gesamtpuffers opfern. Um diese Beschränkung der durch den Gesamtpuffer repräsentierten Freiheit besser in den Griff zu bekommen, wurden weitere Pufferzeitbegriffe definiert:
– *Frei-Pufferzeit*. Die freie Pufferzeit (FP) ist die Zeitspanne, um die ein Vorgang gegenüber seiner frühesten Lage verschoben werden kann, ohne die früheste Lage anderer Vorgänge zu beeinflussen.
– *Kritischer Weg*. Alle Vorgänge mit dem Gesamtpuffer = o, d.h. alle kritischen Vorgänge, bilden ein zusammenhängendes Teilnetz vom Start bis zum Ende. Im leichtesten Fall ist dies ein einfacher Weg. Jedes Netz besitzt zumindest einen „kritischen Weg".
– *Subkritisch, überkritisch*. Vorgänge mit relativ geringem Gesamtpuffer (GP) nennt man subkritisch. Ergibt sich aufgrund von vorgegebe-

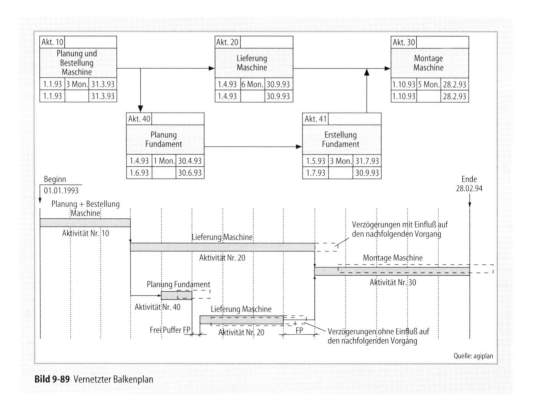

Bild 9-89 Vernetzter Balkenplan

nen Fixterminen rein rechnerisch ein GP < 0 (negativer Puffer), so nennt man diese Vorgänge „überkritisch".

Gesamtpuffer (GP) wie auch freie Puffer FP kann man illustrieren, indem das Netz als vernetzter Balkenplan zeitmaßstäblich aufgetragen wird, s. Bild 9-89.

Während der kritische Weg den Abstand der beiden fixen Zeitpunkte bestimmt, innerhalb derer das Projekt verläuft, besitzen die Balken aller nicht-kritischen Vorgänge ein zeitliches Spiel. Sie können zwischen den beiden Extrempunkten beliebige Lagen einnehmen.

Projektkalender (Kalendrierung):

Aus rechentechnischen Gründen werden die Ausführungszeiten der Vorgänge in Planungseinheiten erfaßt. Die errechneten Vorgangszeitpunkte (Relativdaten), müssen anschließend in Kalendertage überführt werden (Terminplan).

Für diese Kalendrierung müssen bekannt sein:
– der Starttermin des Projekts (als Kalenderdatum),
– die Feiertage, die in den Durchführungszeitraum fallen, wobei sich hier regional bedingt Veränderungen ergeben können, die dann festgehalten werden müssen,
– die Planungseinheiten, die für die Netzplanberechnungen angesetzt wurden (Tag, Woche usw.),
– Fixtermine (muß, nicht später als, nicht früher als, soll),
– Stillstandszeiten (Zeiten, in denen nicht gearbeitet werden kann).

Um die Umrechnung in Kalendertermine zu ermöglichen, müssen ein oder mehrere Projektkalender definiert werden, in denen alle Arbeitstage des in Frage kommenden Zeitraums enthalten sind. Bei den meisten Netzplantechnik-Programmen erfolgt die Umrechnung in Kalendertage automatisch. Damit wird eine Überführung von Zeitpunkten in Kalendertermine vollzogen.

9.5.1.4 Kapazitätsplanung

Bei der Kapazitätsplanung ist zu berücksichtigen, daß Vorgangsdauer und Mitteleinsatz zusammenhängen und sich auf die Kosten aus-

wirken. Das Problem der Kostenoptimierung eines Projekts zerfällt somit in die Kapazitätsoptimierung und Zeitoptimierung, die sich gegenseitig beeinflussen.

Während ein Vorgang in der Terminplanung als zeitverbrauchender und in der Kostenplanung als kostenverursachender Teilprozeß der Fabrikrealisierung betrachtet wird, ist der Vorgang für die Kapazitätsplanung der Träger des Bedarfs an betrieblicher Kapazität. Seine Durchführung erfordert die Bereitstellung und den Einsatz von Arbeitskräften, Maschinen und Materialien. Es ist dabei für jeden Vorgang zu ermitteln,
– welche Einsatzmittel erforderlich sind,
– wieviele dieser Arbeitskräfte oder Betriebsmittel gebraucht werden (technologiebezogene Bedarfsermittlung),
– wann diese Kapazitäten benötigt werden (projektbezogene Bedarfsermittlung),
– wo sie zum Einsatz kommen sollen.

Um den Planungsaufwand in Grenzen zu halten, werden in der Praxis Kapazitätsgruppen gebildet. In ihnen werden Produktionsfaktoren zusammengefaßt, die im weiteren Sinne als substitutional anzusehen sind. Innerhalb der einzelnen Abteilung werden beispielsweise Arbeitskräfte ähnlicher Qualifikation oder ungefähr gleiche Maschinen zu Kapazitätsgruppen zusammengefaßt.

Ausgehend vom Arbeitsumfang und der Dauer läßt sich der Kapazitätsbedarf eines jeden Vorgangs bestimmen durch:

$$\text{Kapazitätsbedarf} = \frac{\text{Arbeitsmenge[AT]}}{\text{Vorgangsdauer[AT]}}$$

Es wird immer davon ausgegangen, daß ein Vorgang mit konstantem Mitteleinsatz über die Dauer durchgeführt wird. Da für jeden Vorgang die zeitliche Lage und die erforderlichen Einsatzmittel bekannt sind, lassen sich für jede Kapazitätsgruppe Bedarfspläne aufstellen. Dazu werden je Zeitabschnitt die jeweils benötigten Einsatzmittel einer Kapazitätsgruppe über alle Vorgänge summiert. Entsprechend der frühesten und spätesten Lage der einzelnen Vorgänge werden zwei Bedarfsprofile erzeugt, die den Kapazitätsspielraum im Rahmen der Pufferzeit widerspiegeln.

Diese Bedarfspläne zeigen, welcher Kapazitätsbedarf bei frühestmöglicher sowie spätesterlaubter Lage der Vorgänge bei einem Terminplan je Zeiteinheit gegeben ist.

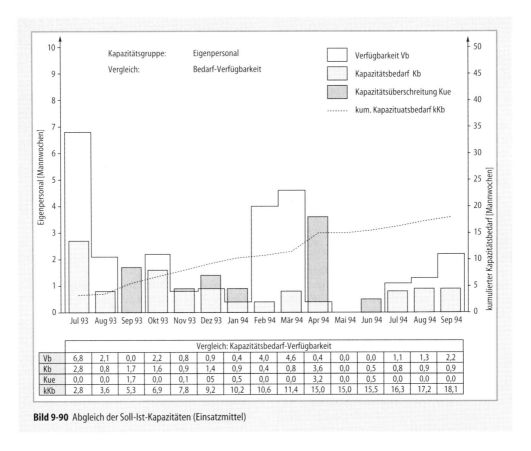

Bild 9-90 Abgleich der Soll-Ist-Kapazitäten (Einsatzmittel)

Vergleich: Kapazitätsbedarf-Verfügbarkeit														
Vb	6,8	2,1	0,0	2,2	0,8	0,9	0,4	4,0	4,6	0,4	0,0	0,0	1,1	1,3	2,2
Kb	2,8	0,8	1,7	1,6	0,9	1,4	0,9	0,4	0,8	3,6	0,0	0,5	0,8	0,9	0,9
Kue	0,0	0,0	1,7	0,0	0,1	05	0,5	0,0	0,0	3,2	0,0	0,5	0,0	0,0	0,0
kKb	2,8	3,6	5,3	6,9	7,8	9,2	10,2	10,6	11,4	15,0	15,0	15,5	16,3	17,2	18,1

Schwerpunkt bei der Kapazitätsplanung ist der Vergleich der geforderten mit den vorhandenen Kapazitäten, s. Bild 9-90. Da die Verteilungen in der Regel nicht übereinstimmen, führt dies zu einer Unter- oder Überbelastung der Kapazitäten. Als Folge ergeben sich Kapazitätsengpässe oder Kapazitätsbrachzeiten.

Um dem Aspekt der Wirtschaftlichkeit Genüge zu tun, ist es die Aufgabe der Kapazitätsplanung, hier möglichst einen deckungsgleichen Verlauf der Kapazitäten zwischen geforderten und vorhandenen Kapazitäten herbeizuführen. Dies kann erfolgen durch
– eine zeitliche Verschiebung von Vorgängen innerhalb ihres Gesamtpuffers;
– das Dehnen, Stauchen und Splitten von Vorgängen, soweit dies technisch möglich ist.

Beide Maßnahmen sind bereits Bestandteile der Ablaufoptimierung.

Ein starkes Schwanken des Bedarfsprofils ist in der Regel zu vermeiden, da dies zu erhöhtem Bedarf an Einsatzmitteln und den damit verbundenen Fixkosten führt.

Ist trotz Verschieben der Vorgänge innerhalb ihres Gesamtpuffers kein Kapazitätsbedarfsprofil zu erreichen, das der vorgegebenen fixen Verfügbarkeit entspricht, so sind Änderungen im Terminplan über den Gesamtpufferbereich hinaus vorzunehmen oder die Kapazitäten aufzustocken.

Die Optimierung in einem kapazitätsorientierten Ablauf stellt damit ein Abwägen unterschiedlich zu gewichtender Einzelziele des Projektmanagements dar:
– Der Projekttermin soll/muß eingehalten werden.
– Der Umfang der Einsatzmittel soll/muß beibehalten werden.
– Eine gleichmäßige Auslastung der Einsatzmittel soll/muß erzielt werden.

Alle Maßnahmen der Kapazitätsplanung verursachen rückwirkend Modifikationen des Terminplans, in dem die zeitliche Lage bestimmter Vorgänge fixiert wird. Unter Umständen muß auch die Kostenplanung hinsichtlich der Veränderung überprüft werden.

9.5.1.5 Kosten-/Finanzmittelplanung

Die Kostenplanung beinhaltet die Aufschlüsselung verschiedener Investitionsausgaben und Budgets, die sich an der Projektstruktur orientieren.

Werden Fremdleistungen in Anspruch genommen, so werden in der Regel die notwendigen Ausgaben im Angebot festgeschrieben, die als Planungsbasis dienen. Ist man für die Budgetierung selbst verantwortlich, so ist die Synthese aus den einzelnen Komponenten

- Umfang der Einsatzmittel,
- Verrechnungssätze,
- Einsatzdauer der Einsatzmittel inkl. Leerlaufzeiten

zu errechnen. Wie aufwendig die Kostenplanung wird, hängt von dem Detaillierungsgrad und der Feinstrukturierung der einzelnen Positionen ab.

9.5.1.6 Ablaufoptimierung

Die Ablaufoptimierung steht im Spannungsfeld zwischen Terminen, Kapazitäten und Kosten. Da sich alle drei Komponenten gegenseitig beeinflussen, ist der jeweilige Planungsstand immer wieder hinsichtlich eines Gesamtoptimums zu überprüfen. Je nach Anforderung –

- Optimierung der Projektdauer mit dem Ziel minimaler Realisierungskosten,
- Minimierung des Zeitbedarfs für die Ausführung,
- Vorgabe eines festen Endtermines aus bestimmten unternehmerischen Überlegungen,
- Einhaltung der vorgegebenen Zwischentermine,
- Berücksichtigung der beschränkten Kapazitäten –

fallen die sich daraus ergebenden Maßnahmen unterschiedlich aus.

Hierbei stellt sich die Frage, was eine bestimmte Zeitspanne kostet.

Für den Standardfall, daß die Dauer eines Projekts kostenoptimal zu reduzieren ist, liefert der Netzplan unmittelbar Entscheidungsgrundlagen.

Prinzipielle Maßnahmen zur Reduktion der Projektdauer sind etwa:

Kapazitätsbezogen:

- Überstunden, weitere Arbeitsschichten, Sonn- und Feiertagsarbeit,
- Kapazitätsaufstockung durch zusätzliche, gleiche Einsatzmittel,

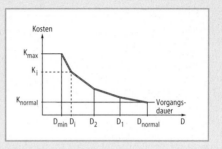

Bild 9-91 Zeit-/Kostenabhängigkeit eines Vorgangs

- Auswärtsvergabe, Zukauf von Leistungen,
- Leistungsanreizsysteme, Prämien oder sonstige Maßnahmen der Motivation.

Technologischer Art:

- Zeitabstände verkürzen, Überlappungen vorsehen oder vergrößern,
- leistungsfähigere Einsatzmittel durch Technologiewechsel,
- Abhängigkeiten eliminieren durch Einsatz von Hilfsmitteln, Vorrichtungen und Zusätzen,
- Splitten von Vorgängen, Umordnen, Ausnützen von Belegungslücken bei den Kapazitäten.

Unter der Voraussetzung, daß für einen bestimmten Vorgang Zeitverkürzungen möglich sind, ergeben sich näherungsweise folgende Kosten-Zeit-Abhängigkeiten, s. Bild 9-91.

Die Anstiege des Polygons liefern die jeweiligen Beschleunigungskosten. Beschleunigungskosten sind die Mehrkosten bezogen auf die eingesparte Vorgangsdauer:

$$\text{Beschleunigungskosten} = \frac{\text{Kosten}_i - \text{Kosten}_{normal}}{\text{Dauer}_{normal} - \text{Dauer}_{Di}}$$

Bei der Planung von Kapazitäten und der Terminierung ist darauf zu achten, daß der Einsatz auf der Baustelle möglichst geschlossen und einmalig vonstatten geht. Dies erfordert eine Abstimmung der Gewerke, damit die verschiedenen Kapazitäten zwischen ihren Einsatzdauern keine Leerlaufzeiten haben. Als Folge würden sich Mehrkosten für Warten und andere Organisationszeiten ergeben. Alternativ würden das Personal und die Arbeitsmittel die Baustelle verlassen, was in der Regel ebenfalls zu Mehraufwendungen führt.

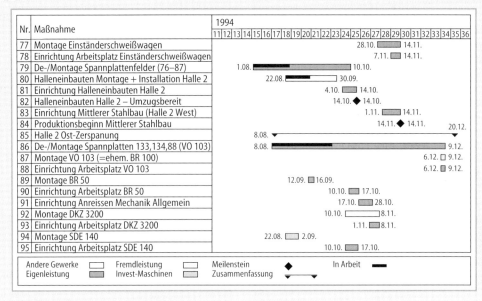

Bild 9-92 Ausschnitt eines Termin- und Ablaufplans

Folgende Sequenz von Regeln ist beim Komprimieren einzelner Vorgangsdauern zum Zweck der kostenoptimalen Reduktion der Gesamtdauer einzuhalten:
– Kürzung nur von kritischen Vorgängen auf dem kritischen Pfad,
– Kürzung jenes Vorgangs oder Zeitabstands auf dem kritischen Weg, der die geringsten Beschleunigungskosten aufweist,
– Kürzung des gewählten Vorgangszeitabstands nur um soviel Zeiteinheiten, wie nötig sind, um den Engpaß auszuschalten (negativer Gesamtpuffer) oder bis andere Vorgänge mit sehr geringem Gesamtpuffer nunmehr kritisch werden.

Ist dies eingetreten, so liegt eine andere, neue Situation für die Ermittlung der kostenoptimalen Kürzungsmaßnahmen vor.

Durch die Kürzungsmaßnahmen nach o.g. Regeln, werden schrittweise immer mehr Vorgänge im Netz kritisch, die Zeitreserven werden schrittweise eliminiert, Projektzeit wird auf kostengünstige Weise „gekauft". Diesen Kosten muß ein entsprechender Nutzen in Form von z.B.:
– Gewinn an Produktionszeiten einer Fertigungsanlage nach Projektabschluß,
– Vermeidung von Vertragsstrafen oder Konventionalstrafen,

– Erhalt einer Prämie
gegenüberstehen.

Das Ergebnis der Optimierung wird in einem Termin- und Ablaufplan dargestellt, wie Bild 9-92 zeigt. Hiermit können direkt oder indirekt folgende Informationen ermittelt werden:
– Überblick über alle vertragsrelevanten Eck- und Vertragstermine,
– Start- und Endtermine aller für die Auftragsabwicklung notwendigen Aktivitäten,
– Dauer der Aktivitäten und die noch verbleibende Zeit bis zu ihrer Beendigung,
– Stand des Erfüllungsgrads jeder Aktivität für die terminliche Risikoabschätzung,
– Überblick der noch zur Verfügung stehenden Gesamtpufferzeit als Reserve von terminlichen Überschreitungen von Aktivitäten,
– Kapazitätsbedarf für die zeitgerechte Erfüllung der Aktivitäten.

9.5.1.7 Projektorganisation

Die planenden und steuernden Tätigkeiten zur Realisierung einer Fabrik können in der Regel aufgrund ihrer Vielzahl und ihrer Umfänge nicht nur durch eine Person bewältigt werden. Das Zusammenwirken und -arbeiten mehrerer Personen erfordert aber eine Projektorganisation, bei der im einzelnen zu klären sind:

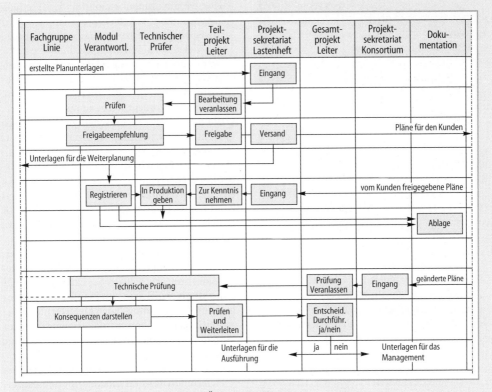

Fachgruppe Linie	Modul Verantwortl.	Technischer Prüfer	Teil-projekt Leiter	Projekt-sekretariat Lastenheft	Gesamt-projekt Leiter	Projekt-sekretariat Konsortium	Doku-mentation
erstellte Planunterlagen				Eingang			
	Prüfen		Bearbeitung veranlassen				
	Freigabeempfehlung		Freigabe	Versand			Pläne für den Kunden
Unterlagen für die Weiterplanung							
	Registrieren	In Produktion geben	Zur Kenntnis nehmen	Eingang		vom Kunden freigegebene Pläne	
							Ablage
	Technische Prüfung			Prüfung Veranlassen	Eingang		geänderte Pläne
	Konsequenzen darstellen		Prüfen und Weiterleiten	Entscheid. Durchführ. ja/nein			
			Unterlagen für die Ausführung	ja	nein	Unterlagen für das Management	

Bild 9-93 Ausschnitt eines Ablaufs zur Freigabe und Änderung von Plänen

- Struktur und Besetzung des Projektteams,
- Struktur des Informationsflusses,
- erforderliche Koordinationsmechanismen.

Die Zusammenarbeit einzelner Personen und die Definition ihrer Verantwortlichkeit innerhalb des Projektteams kann prinzipiell nach unterschiedlichen Organisationsformen erfolgen. Wichtig aber ist die eindeutige Definition der Kompetenzen und Verantwortungen der einzelnen Positionen innerhalb des Organigramms.

Besonders bei komplexen Projekten ist innerhalb der Projektorganisation ein eindeutiger, reibungsfreier und zügiger Informationsfluß sicherzustellen. Bild 9-93 zeigt beispielsweise die Abläufe für die Freigabe oder Änderung von Plänen. Derartige Ablaufpläne erhöhen die Transparenz, klären die Zuständigkeiten und erleichtern die Analyse von Kommunikationsschwachstellen bzw. -verzögerungen.

Der eigentliche Informationsaustausch erfordert Koordinationsmechanismen, die zwingend vorzugeben sind. In der Regel sind dies Besprechungen mit Inhalten wie z.B.:

- Verabschiedung grundsätzlicher Zielsetzungen und Entscheidungen,
- Klärung von Schnittstellen, Abstimmungen,
- Statusinformationen,
- weitere Vorgehensweisen usw.

In komplexen Projekten zur Realisierung von Fabriken hat es sich bewährt, die folgenden, in Bild 9-94 dargestellten, drei Informations- und Besprechungsebenen zu installieren:

Besprechungen des Steuerungsausschusses:

- Entgegennahme, Durchsprache und Bericht mit der Gesamtprojektleitung (Termine, Kosten, Projektstatus),
- Neudefinition und respektive Fortschreibung der Projektziele,
- Konfliktmanagement,
- Grundsatzfestlegungen

Konsortialbesprechungen:

- Bericht der Teilprojektleiter zur Terminsituation,
- Bericht der Teilprojektleiter zum Projektstand,

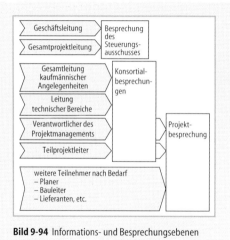

Bild 9-94 Informations- und Besprechungsebenen

– Schnittstellenprobleme,
– Fortschreibung der Projektziele,
– Konfliktmanagement,
– nächste Aktivitäten und deren terminliche Festlegung.

Projektbesprechungen:
– Abarbeiten des letzten Protokolls,
– Aufgabenstellung mit Terminsetzung für die nächste Periode,
– Abfragen von Terminsituation, Projektstatus,
– Schnittstellenklärung,
– Konfliktmanagement.

Im Vorfeld sind für jede Besprechung mindestens folgende Punkte festzuschreiben:
– Teilnehmer,
– Besprechungsort,
– Besprechungsintervall,
– Besprechungsvorbereitung/Tagesordnung,
– Gesprächsleitung,
– Inhalte,
– Protokollant,
– Verteiler.

9.5.1.8 Maßnahmen zur Terminabsicherung

Vertragliche Absicherung

Neben den gängigen Vertragsinhalten ist bei Verträgen zur Realisierung von Fabriken der Terminabsicherung besonderes Augenmerk zu schenken. Ein solcher Vertrag muß enthalten:
– die Festlegung der Zuständigkeiten des Projektmanagements,

– einen Maßnahmenkatalog für den Fall von Terminüberschreitungen,
– die Festlegung der zusätzlichen Verpflichtungen der Vertragspartner, die im Falle einer Terminüberschreitung oder sonstiger quantitativer oder qualitativer Nichterfüllung der vertraglichen Pflichten von sich aus oder auf Verlangen erbracht werden müssen,
– die Festlegung der Entschädigung für durch Terminüberschreitung verursachte Schäden.

Die einschlägigen Bestimmungen der Verkaufsbedingungen reichen in der Regel nicht dazu aus, die Verbindlichkeit der Terminzusagen auf kaufmännisch-juristischem Wege wirksam abzusichern, da sie hinter den gesetzlich maximalen Möglichkeiten zurückbleiben.

Die Konventionalstrafe, die in praktisch allen Fällen von Terminvereinbarungen angewendet werden kann, erweist sich bei richtiger Anwendung als eine wirksame und einfache Maßnahme zur Vermeidung von Lieferterminüberschreitungen. Es kommt dabei allerdings der Verhältnismäßigkeit der Mittel eine wichtige Rolle zu:
– Einerseits soll die Konventionalstrafe den Lieferanten dazu veranlassen, im Interesse einer termingerechten Lieferung alle möglichen und zumutbaren Maßnahmen tatsächlich zu ergreifen, die Arbeiten mit besonderer Aufmerksamkeit zu verfolgen und gegebenenfalls den Auftrag bevorzugt zu behandeln.
– Andererseits soll vermieden werden, daß der Auftragnehmer sich veranlaßt fühlt, wegen übertriebener Forderungen in der Konventionalstrafenregelung zusätzliche terminliche Reserven oder kostenmäßige Sicherheiten einzubauen.

Daher hat es sich bei der Festlegung von Konventionalstrafen als vorteilhaft erwiesen, die Vertragsstrafe gestaffelt, in Abhängigkeit des Verzuges und der Bearbeitungsphasen, festzulegen.

Der Lieferant sieht sich demnach mit zunehmendem Verzug einer immer höher werdenden Konventionalstrafe gegenüber, was ihn zunehmend zwingt, Gegenmaßnahmen zu ergreifen.

Überdies kann der Auftraggeber im Vorfeld der Auswahl der ausführenden Firmen allgemeingültige Entscheidungen treffen, die einer Einhaltung der Termine förderlich sind. Solche Entscheidungen sind beispielsweise:
– Mitwirkung des Auftraggebers bei der Materialbeschaffung, bei der Auswahl von Unter-

lieferanten, bei Abschluß von Verträgen mit denselben,
- Vereinbarung von Zusatzzahlungen für Leistungen, die terminverkürzend wirken und gleichzeitig dem Projektfortschritt dienen (Überstundenzuschläge, Winterbaumaßnahmen, Eiltransport usw.)

Terminabsicherung durch Motivation

Je mehr die Interessen der beteiligten Firmen mit der plangerechten Abwicklung der Aufgaben übereinstimmen, desto wahrscheinlicher ist eine termingerechte Abarbeitung. Motivierende Faktoren sind z. B.:
- Aussicht auf Folgeaufträge und gute Referenz,
- kostengünstigste Abwicklung der Aufgaben bei zügiger, reibungsloser und termingerechter Leistungserbringung ermöglicht einen höheren Gewinn,
- die Vermeidung finanzieller Nachteile, die bei Verschulden von Terminüberschreitungen entstehen würden,
- die Aussicht auf Prämien für besondere Leistung (Einhaltung von terminlichen Meilensteinen unter schwierigen Umständen, Aufholen von Verspätungen usw.).

Je mehr die mitwirkenden Firmen motiviert sind und ihre Interessen bei der Abwicklung der Aufgaben erfüllt sehen, desto eher entsteht ein positives Arbeitsklima, bei dem gute zwischenmenschliche Kontakte möglich sind und bei dem beide Parteien im Interesse der Termineinhaltung zu einem Maximum an gemeinsamen Anstrengungen veranlaßt werden.

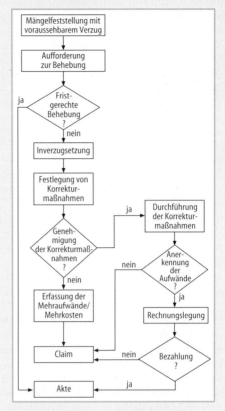

Bild 9-95 Vorgehen bei Leistungsstörungen des Vertragspartners

Claim Management

Unter Claim Management versteht man die Sammlung, Aufbereitung und Aktualisierung sämtlicher sich abzeichnender oder bereits angemeldeter Ansprüche/Forderungen aufgrund nicht vertragskonformer Leistungen. Wegen der Vielzahl der Gewerke, Schnittstellen und Fehlermöglichkeiten bei der Erstellung einer Fabrik kommt diesem Thema eine sehr große Bedeutung zu. Die Nichtbeachtung oder nachlässige Behandlung derartiger Ansprüche kann zu empfindlichen finanziellen Einbußen führen.

Wesentlich hierbei ist das frühzeitige Erkennen und Aufzeigen von möglichen Claims bereits im Stadium des Auftretens von Leistungsstörungen, Vertragsabweichungen u. ä. Selbst-

verständlich wird unter Claim Management nicht nur die Behandlung eigener (möglicher) Ansprüche verstanden, sondern ebenso jener, die vom Vertragspartner angemeldet werden können.

Um den gestellten Anforderungen gerecht zu werden, ist es erforderlich, das Claim Management mit entsprechenden Kompetenzen auszustatten und demgemäß in die Projektorganisation einzubinden. Es wird hierbei unterschieden:
- Vorgehen bei Feststellung von Leistungsstörungen durch den Vertragspartner, s. Bild 9-95,
- Vorgehen bei eigenen Mängeln/Verzügen, die zu Forderungen von Dritten führen können.

Der Aufgabenschwerpunkt des Claim Managements liegt in einer vollständigen und schlüssigen Dokumentation. Unabhängig von den einzusetzenden Hilfsmitteln oder Instrumenten kommt dem „Wie" entscheidende Bedeutung zu. Hierzu ist es erforderlich, alle in Frage kommenden Datenträger auf Inhalt und Eignung zu sichten und zu bewerten. Die wichtigsten Dokumente sind:

- Vertragswerke mit sämtlichen Anhängen und Zusatzvereinbarungen,
- Besprechungsprotokolle,
- Briefverkehr,
- Angebote, Bestellungen und Auftragsbestätigungen,
- Gesprächs- und Aktenvermerke,
- Pläne mit eingetragenen Schnittstellen,
- Montageplanung,
- Liefer- und Leistungsnachweise,
- Standards, Normen und gesetzliche Vorschriften,
- Übernahmeprotokolle.

9.5.2 Durchführung der Realisierung

9.5.2.1 Aufgabe

Die Durchführung der Realisierung besteht in der Umsetzung der Realisierungsplanung. Es sind dabei Projektziele zu berücksichtigen, Randbedingungen zu beachten und es ist auf unvorhersehbare Störungen zu reagieren, wie in Bild 9-96 dargestellt. Auch zur Durchführung dieser Aufgaben haben sich verschiedene Methoden und Hilfsmittel bewährt.

Das Ergebnis ist eine zur Inbetriebnahme bereite Fabrik.

9.5.2.2 Erforderliche Aktivitäten

Die Tätigkeiten bei der Durchführung der Realisierung lassen sich in die drei Blöcke: Einweisung der Projektbeteiligten, Zuweisung der Arbeitspakete und Abarbeitung der Vorgänge unterteilen, s. Bild 9-97.

Einweisung der Projektbeteiligten

In einem ersten Schritt sind alle Projektbeteiligten über die Aufgabenstellung, die wesentlichen Zielsetzungen, die Projektstruktur, die Projektaufbauorganisation und vor allem die Projektablauforganisation zu informieren. Weiterhin sind Informationen zu geben über Realisierungsvorschriften, allgemeine Regeln oder Richtlinien, die bei der Durchführung der Realisierung von jedem Mitarbeiter zu beachten sind. Besonders sind die Projektbeteiligten auf die Bedeutung der Termineinhaltung und die umgehende Meldung von Störungen hinzuweisen. Die Information der beteiligten Projektmitarbeiter findet am besten im Rahmen eines Eröffnungsworkshops statt.

Zuweisung von Arbeitspaketen

Jeder Projektbeteiligte bekommt ein „Arbeitspaket" zugeteilt, das alle ihn betreffenden Vorgänge mit Beschreibung, Termin und Dauer, ei-

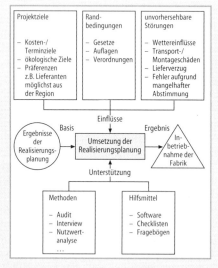

Bild 9-96 Durchführung der Realisierung

Bild 9-97 Aktivitäten bei der Durchführung der Realisierung

nem evtl. dafür zur Verfügung stehenden Kostenbudget und sonstigen Anmerkungen enthält. Zur Beschreibung der Arbeitspakete haben sich tabellarische Übersichten sehr gut bewährt.

Abarbeitung der Vorgänge

Wie in 9.5.1 beschrieben, besitzt jedes Projekt eine individuelle Struktur, die für Fabrikplanung und -realisierung in der Regel auch eine Einteilung in Phasen beinhaltet. Für die praktische Durchführung sind dabei folgende Hinweise oder anzuwendende Methoden zu berücksichtigen.

Ausschreibung
Eine Ausschreibung sollte mindestens folgende Punkte enthalten:
- Allgemeines (z.B. Projektinformation, Projektbearbeitung, Richtlinien zur Angebotserstellung, Abkürzungsverzeichnis),
- Projektbeschreibung (z.B. Aufgabenstellung, Leistungsdaten und Randbedingungen, Ablaufbeschreibung, Schnittstellen),
- Leistungsverzeichnis (z.B. Anforderungen an die Anlage, Daten zur Anlage, Steuerung, Abnahme),
- Preise und Anerkenntnis (z.B. Preiszusammenstellung, Ausschreibungsanerkenntnis),
- Vertragsbedingungen (z.B. Allgemeine Vertragsbedingungen wie Vertragsgrundlagen und Leistungsumfang, Projektabwicklung, technische/kaufmännische Bedingungen, Einkaufsvertragsbedingungen, projektspezifische Bedingungen),
- Anhang (z.B. Baustellenordnung, Abnahmeprotokoll, Leistungsverzeichnis-Eintrag, Pflichtenheft, Lastenheft, technische Spezifikation, beigefügte Pläne).

Die Ausschreibung stellt die Grundlage und die Rahmenbedingungen für den objektiven Vergleich der angebotenen und der geforderten technischen Einrichtungen oder Dienstleistungen dar. Für den Planer ergibt sich hier die Frage, in welchem Detaillierungsgrad er diese Ausschreibung verfaßt. Werden die Ausschreibungen nur durch Leistungseckdaten grob beschrieben, so besteht eine Vielzahl von unterschiedlichen Möglichkeiten für die Systemlösungen. Dadurch hat der Lieferant die Möglichkeit, sein technisches Know-how einzubringen und die kostengünstigste Lösung herbeizuführen. Bei der Versendung dieser Ausschreibungen an mehrere Anbieter (Verschickung nach Bieterliste) ergeben sich jedoch in der Rückantwort die verschiedensten Varianten, die oft sehr schlecht vergleichbar sind. Werden die Ausschreibungen jedoch sehr speziell gefaßt, u.U. sogar auf spezielle Systeme aus dem Katalog begrenzt, so ist zwar der direkte Vergleich zwischen den einzelnen Systemen gegeben, aber es besteht die Gefahr, die optimale Lösung nicht berücksichtigt zu haben.

Es ist sinnvoll, die Verschickung der Ausschreibungen an die einzelnen Firmen mit dem Projektverantwortlichen vorher abzustimmen. Dies betrifft sowohl die inhaltlichen Punkte, wie z.B. Leistungsbeschreibung usw., als auch die Auswahl der anzuschreibenden Firmen (Bieterliste). Der Umfang der Bieterliste ist dabei ein Kompromiß zwischen dem Wunsch, den Aufwand gering zu halten und dem Bestreben, aus einer möglichst großen Menge wählen zu können. Ein optimaler Umfang einer Bieterliste kann nicht allgemein definiert werden, da der erforderliche Umfang vom Beschaffungsobjekt und insbesondere von der Erfahrung des Planers abhängt.

Sind die geforderten Dienstleistungen oder Einrichtungen Standardobjekte aus Katalogen, so kann die Ausschreibung reduziert werden auf eine sog. Anfrage. Bei Anfragen wird jedoch vorausgesetzt, daß innerhalb der Realisierungsplanung das Pflichtenheft und die Anforderungen an die Systeme bekannt sind und daß aus dem Katalog das gewünschte System oder die Dienstleistung spezifiziert und ausgewählt werden kann (Beispiel: Stapler).

Innerhalb der Ausschreibung sollte der Systemanbieter verpflichtet werden, den Zeitstrahl für die Erstellung, Implementierung und Abnahme seines angebotenen Systems zu definieren. Dies könnte ein Kriterium für die Vergabe sein.

Angebotserstellung
Aufgrund der Ausschreibung erstellt der Dienstleister oder Systemhersteller ein Angebot, das entsprechend seinen Möglichkeiten den Leistungsumfang der Ausschreibung abdeckt. Ergeben sich hierbei Differenzen, so sind diese bei den Soll-Anforderungen K.-o.-Kriterien, während bei den Wunschanforderungen die Sachlage im einzelnen geprüft werden kann. Erfüllt keine der Ausschreibungen die Sollanforderungen, so ist innerhalb der Realisierungsplanung die Überprüfung der Rahmenbedingungen oder die Festsetzung von Systemlösungen nochmals zu überdenken.

Die Zeit für die Angebotserstellung darf nicht zu knapp bemessen sein. Es empfiehlt sich, zur Absicherung der Abgabefrist bei den Anbietern rückzufragen, wie der aktuelle Bearbeitungsstand bei der Angebotserstellung ist.

Angebotsauswertung
Es ist die Aufgabe dieser Realisierungsphase, eine Empfehlung in Form einer Rangfolge der angebotenen Gewerke auszusprechen. Neben dem Preis und anderen quantitativen Kriterien sind hierbei auch qualitative Kriterien zu berücksichtigen. Üblicherweise erfolgt dies durch die Nutzwertanalyse [Rin77, Zan71]. Die Bewertung erfolgt hier systematisch über Bewertungskriterien und deren Gewichtung.

Vergabeverhandlung/Vergabe
Die Vergabe der Aufträge erfolgt in zwei Stufen:
1. Vorauswahl der eingegangenen Angebote,
2. Verhandlung mit den Systemanbietern und Dienstleistern.

Innerhalb dieser Vergabeverhandlungen werden im einzelnen nochmals die technischen Bedingungen abgesprochen und Unklarheiten ausgeräumt. Dabei sind alle mündlich gegebenen Aussagen zu dokumentieren, da sie Bestandteil des Vertrags werden.

Bei den Vergabeverhandlungen empfiehlt es sich, in umgekehrter Reihenfolge der Bieterrangliste die Systemhersteller und Dienstleister einzuladen. Aufgrund vorangegangener Verhandlungen ist man dann in der Lage, größeren Einfluß auf die Preisgestaltung zu nehmen oder Zugeständnisse bezüglich der Leistungen zu erreichen.

Werden Leistungen in eigener Regie erstellt, so entfallen die o.g. Phasen von der Ausschreibung bis zur Auftragsvergabe. Als Vorleistung sind in diesem Falle jedoch mindestens folgende Punkte auszuarbeiten:
- Beschreibung der Leistungen in Form von Vorgängen, Tätigkeiten, Maßnahmen,
- Erstellung eines Investitions- und Kostenplans,
- Erstellung eines Zeitplans für die Realisierungsphasen,
- Erstellung eines Plans für die Kostenverrechnung.

Erstellung der Leistung
Auch bei der Leistungserstellung empfiehlt sich eine gelegentliche Überprüfung des Bearbeitungsstands, um vorsorglich spätere Termine abzusichern. Dies kann geschehen durch Rückfrage, Kontrollbesuch o.ä.

Lieferung/Montage/Implementierung
In dieser Phase ist mit einer Checkliste bei Lieferung die Vollständigkeit und Richtigkeit zu prüfen. Bei Montage und Implementierung ist die Qualität der Leistung sporadisch zu überprüfen.

Abnahme/Übergabe/Inbetriebnahme
Für diese rechtlich wichtige Phase empfiehlt sich die Verwendung eines Abnahme- oder Übergabeprotokolls in dem evtl. noch zu beseitigende Mängel und die zur Beseitigung durchzuführenden Maßnahmen dokumentiert werden. Umfangreiche Erfahrungen des Abnahmeverantwortlichen sind hierbei unabdingbar.

Kontrolle und Steuerung der Abarbeitung

Kontrolle
Management und Projektleitung müssen jederzeit über den aktuellen Projektstand informiert sein. Die Projektkontrolle als zentrale Funktion in der Realisierung stellt die zur Beurteilung des Projektzustands erforderlichen Informationen bereit. Nur aufgrund aktueller Informationen über den Ist-Zustand des Projekts können bei einer Abweichung vom Soll-Zustand sofort Gegenmaßnahmen eingeleitet werden, d.h. es kann steuernd eingegriffen werden. Die Wirksamkeit der eingeleiteten Steuerungsmaßnahme wird dann wiederum beim nächsten Kontrollauf abgefragt und bewertet.

Der Soll-Ist-Vergleich von Projektfortschritt und -kosten gibt Aufschluß über Effizienz und Wirtschaftlichkeit der Projektabwicklung. Die Kontrolle dieser Größen zu bestimmten Zeitpunkten läßt Antworten auf die folgenden Fragen zu:
- Entsprechen Projektfortschritt und Projektkosten den Planvorgaben?
- Sind Projektfortschritt und Projektkosten miteinander im Einklang?
- Ist mit Terminverschiebungen oder Budgetüberschreitungen zu rechnen?

Für die zu kontrollierenden „Projektzustandsgrößen" Kosten, Termine, Ergebnisse (Umfang, Qualität, Mitarbeiterleistung) wird der Ist-Zustand ermittelt und eine Abweichungsanalyse gegenüber dem Soll-Zustand durchgeführt.

Die Kontrolle der Termine und des Projektfortschritts kann grundsätzlich auf zweierlei Weise erfolgen:

1. Der Abschluß einer geplanten Aktivität wird vom Bearbeiter unaufgefordert gemeldet. Bei langen Aktivitäten können zusätzlich Zwischenmeldungen nach definierten Fertigstellungsgraden vereinbart werden, z. B. bei 25 %, 50 %, 75 % Fertigstellungsgrad.
2. Im Gegensatz dazu werden Kontrollen in regelmäßigen Zeitabständen oder zu bestimmten Stichtagen durch den Projektmanager durchgeführt (z. B. jede Woche mittwochs). Haben Planabweichungen gravierende Auswirkungen auf die Gesamtprojektsituation, sind diese berichtsmäßig zu dokumentieren.

Beide Arten der Kontrolle sind nur möglich, wenn die benötigten Informationen rechtzeitig und vollständig vorliegen. Auf der Basis von Projektfortschrittsmeldeformularen, die regelmäßig ausgegeben werden und bis zu einem Stichtag ausgefüllt zurückgeschickt sein müssen, wird der Projektfortschritt permanent erfaßt. Auf dem Formular sind für jeden Vorgang vom jeweiligen Verantwortlichen folgende Angaben zu machen: tatsächliche Anfangs- und ggf. Endtermine, prozentuale Fertigstellung, verbleibende Restdauer des Vorgangs. Die Termin- und Fortschrittskontrolle soll nicht nur den Zustand des Projekts ermitteln, sondern auch die voraussichtlichen Auswirkungen der festgestellten Abweichungen auf den weiteren Projektverlauf prognostizieren. Letzteres ist Voraussetzung für die Einleitung notwendiger Anpassungsmaßnahmen.

Eine weitere Möglichkeit, den tatsächlichen Projektfortschritt zu ermitteln, liegt bei ausführenden Arbeiten in der Kontrolle der für die jeweilige Arbeit eingesetzten Kapazitäten. Alle ausführenden Unternehmen haben ausreichende Erfahrung in der Festlegung der notwendigen Kapazitäten, die für eine bestimmte Leistungserbringung erforderlich sind. Es kann also davon ausgegangen werden, daß, wenn die Kapazitäten vorhanden sind, auch die Leistung termingerecht erbracht wird. Darum empfiehlt es sich, die erforderlichen Kapazitäten vertraglich festzuschreiben.

In der Kontroll- und Steuerungsphase läßt sich damit durch Überprüfung der Anwesenheit auf der Baustelle eine termingerechte Leistungserbringung wesentlich einfacher feststellen als durch den Abgleich des Arbeitsfortschrittes mit dem Terminplan. Bei diesem Vorgehen sind sich abzeichnende Terminüberschreitungen eher erkennbar als bei der Abprüfung von Zwischen- oder Endterminen. Bei Leistungserbringung in den Werkstätten des Auftragnehmers ist die Kontrolle der Kapazitäten schwieriger. Hier sollte vertraglich das Recht eingeräumt werden, jederzeit oder zu bestimmten Zeitpunkten Zwischenkontrollen in Form einer Besichtigung o. ä. durchführen zu dürfen.

Bei der Terminüberwachung müssen vor allem die kritischen Aktivitäten beobachtet werden. Weist ein Vorgang eine Verspätung auf, so ist zu untersuchen, wie sich diese Verspätung auf andere Aktivitäten auswirkt. Dazu sind Verspätungen und Pufferzeiten abzugleichen:

- Ist die Verspätung kleiner als die freie Pufferzeit, so hat sie keine Auswirkungen auf andere Vorgänge.
- Ist die Verspätung größer als die freie, aber kleiner als die gesamte Pufferzeit, so sind in der Regel die geplanten Anfänge der abhängigen Vorgänge zu verschieben. Der Endtermin wird aber gehalten.
- Ist eine Verspätung größer als die gesamte Pufferzeit, tritt – genau wie bei der Verspätung kritischer Vorgänge – eine Verzögerung des Endtermins ein, wenn es nicht gelingt, durch Kapazitätserhöhung oder Umstrukturierungen bei den davon abhängigen Vorgängen die verlorene Zeit wieder aufzuholen.

Auch bei drohenden Verzögerungen im Projektverlauf sollte zunächst die Strategie verfolgt werden, an der Planung festzuhalten und den Zeitverlust in den Folgevorgängen aufzuholen.

Kontrollinstrumente

Kontrolliert werden kann nur das, was auch geplant ist. Daher ist für die Projektkontrolle und -steuerung der Ablauf- und Terminplan als Basisunterlage von ausschlaggebender Bedeutung.

Als Basis der Kontrolle dient ein Netzplan. Die Notwendigkeit, den Projektablauf über einen Netzplan zu simulieren und nicht durch konventionelle Balkenpläne abzubilden, ergibt sich aus der Forderung, die Ablaufplanung dynamisch zu gestalten. Bei Änderung eines Termins oder einer Dauer ergeben sich so automatisch die neuen Termine der damit in Beziehung stehenden Aktivitäten.

Da die Projektkontrolle ein projektbegleitender Vorgang ist, muß der aktuelle Projektstatus schritthaltend mit dem Projektverlauf dokumentiert werden. Der Projektfortschritt kann z.B. sowohl im Balkendiagramm als auch im Netzplan aktuell eingezeichnet werden, um den notwendigen Überblick zu verschaffen.

Pläne sind als Kontrollinstrumente nur insoweit geeignet, als sie von der Projektleitung und den Projektmitarbeitern ernst genommen werden. Häufige Änderung von Plänen oder inoffizielle Planungen im Kopf des Projektmanagers führen dazu, daß das Kontrollinstrument an Wert verliert.

Erschwernisse bei der Ermittlung des Ist-Zustands

Die Beurteilung und Bewertung des Projektfortschritts bereitet häufig unerwartete Schwierigkeiten. Wenn z.B. für ein Projekt zwanzig Vorgänge geplant wurden und zum Kontrollzeitpunkt zehn Vorgänge abgeschlossen sind, dann beträgt der Fertigstellungsgrad beispielsweise nicht unbedingt 50%. Bei stark unterschiedlichen Zeitdauern der Vorgänge kann der Fertigstellungsgrad deutlich von diesem Wert abweichen.

Die Schätzung der Mitarbeiter über den Fertigstellungsgrad fällt – wie die Erfahrung zeigt – meist zu optimistisch aus. Etwas besser ist i. allg. die Einschätzung des noch benötigten Aufwands.

Auf alle Fälle müssen mehrere Projektzustandsgrößen gleichzeitig betrachtet werden, um ein sorgfältiges Urteil bilden zu können. Schließlich müssen alle Größen an der Qualität gemessen werden, die produziert wurde. Wird der Abschluß eines Vorganges nach Termin und Kosten plangerecht beendet, beträgt der Fertigstellungsgrad nicht 100%, wenn die geplanten Qualitätsstandards nicht erreicht wurden.

Steuerung

Die Steuerung von Abläufen und Terminen erfordert einen umfassenden Überblick über das Projekt und den jeweiligen Stand der laufenden Arbeiten. Weiterhin muß eine Fähigkeit zur Beurteilung der erforderlichen Zeit und Kapazitätsbedarfe vorausgesetzt werden. Der Verantwortliche für das Terminwesen wirkt darüber hinaus als Vermittler zwischen unterschiedlichen Stellen, wie z.B. internen Fachleuten und externen Liefer-, Bau- und Montagefirmen. Die Steuerung eines Fabrikerstellungsprojekts setzt, ebenso wie die Planung, gute methodische Kenntnisse und auch Führungsqualifikationen voraus.

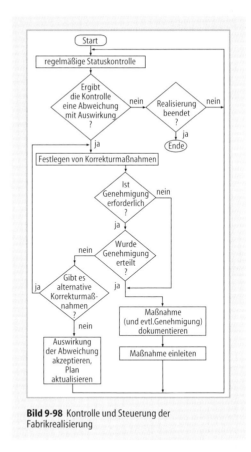

Bild 9-98 Kontrolle und Steuerung der Fabrikrealisierung

Steuerungsaktivitäten sind genau dann durchzuführen, wenn sich bei der Kontrolle tatsächliche oder absehbare Planabweichungen ergeben und sich diese auf die weitere Realisierung auswirken. In diesem Fall sind Korrekturmaßnahmen zusammen mit den zuständigen Projektmitarbeitern zu überlegen. Mögliche Maßnahmen sind auf ihre Machbarkeit hin zu untersuchen (z.B. Kapazitätssituation, technische Randbedingungen o.ä.). Eventuell sind für konkrete Maßnahmen noch Genehmigungen der Projekt- oder Geschäftsleitung einzuholen.

Ein Ablaufdiagramm über die Steuerung zeigt Bild 9-98.

Mögliche Abweichungen vom geplanten Ablauf der Fabrikrealisierung, deren Auswirkungen und einzuleitende Korrekturmaßnahmen sind tabellarisch in Bild 9-99 aufgeführt:

Bei sich anzeigenden Terminverzögerungen ist ein sofortiges und nachhaltiges Eingreifen und Initiieren von Gegenmaßnahmen besonders wichtig. Um Rückstände möglichst gezielt aufzuholen, werden insbesondere folgende Maß-

Ab-weichung	Auswirkung	Korrekturmaßnahmen
Termin-verzögerung	Verschiebung nachfolgender Vorgänge, evtl. Endtermin-gefährdung	Umplanung, Kapazitätserhöhung, stärkere Überlappung aufeinanderfolgender Vorgänge
Ist-Kosten > Soll-Kosten	Budget-überschreitung	Einsparung an anderer Stelle
mangelnde Qualität	fehlende Funktion, Gefahr von Folgeschäden	Nacharbeit, Ersatz

Bild 9-99 Abweichungen, Auswirkung und Korrekturmaßnahmen

nahmen durchgeführt: Kapazitätssteigerung, Einsatz alternativer, terminlich jedoch günstigerer Lösungen, Eilbestellungen.

Teamarbeit, Führung und Kommunikation

Folgende Regeln bei der Realisierung einer Fabrik sollte der Projektleiter berücksichtigen:

1. Der Projektleiter gibt den Führungsaufgaben im Projektteam Priorität gegenüber der Einschaltung von fachlichen Detailfragen.
2. Der Projektleiter gibt klare Aufgabenstellungen vor und berücksichtigt dabei die persönlichen Qualifikation. Er erwartet von den Teammitgliedern eine entsprechende Aufgabengliederung und eine hieraus abgeleitete Einzelzielplanung.
3. Die Teammitglieder werden durch sinnvolle Aufgaben und Kompetenzen motiviert und dabei durch Argumentation überzeugt. Der Projektleiter stellt durch Kontrolle sicher, ob Verständnis, Akzeptanz und Kompetenz für die Aufgaben beim Mitarbeiter vorhanden sind.
4. Der Führungsstil im Projekt ist konsequent zielgerichtet. Da der Erfolg komplexer Projekte jedoch stark vom Engagement jedes einzelnen abhängt, ist es auch wichtig, daß der Projektleiter Motivation und gute Arbeitsatmosphäre sicherstellt.
5. Der Projektleiter gewährleistet rechtzeitige Kontrolle in technischer, zeitlicher und personeller Hinsicht. Dies geschieht in mündli-

cher und/oder schriftlicher Form unter Beteiligung der Teammitglieder. Die Kontrolle muß in Form und Umfang zeitangemessen sein.
6. Der Projektleiter sorgt für richtige Infomationsverteilung (Beschaffung und Zuführung) durch Vorgabe des Gesamtziels und von Teilzielen. Hierfür werden regelmäßige Informationsgespräche mit dem gesamten Team, Teilen des Teams oder Einzelpersonen geführt. Die Teilnehmer sind frühzeitig über Zeitpunkt, Inhalt und Dauer dieser Gespräche zu informieren.
   Im Gegensatz zu betrieblichen Abläufen fallen bei der Durchführung von Projekten wie einer Fabrikrealisierung vorwiegend spezifische Daten und Fakten an, die neben aller Schematisierung (Listen, Pläne, Protokolle) zu einem großen Teil individuell zu behandeln sind. Die Informationen sind von besonderer Qualität und daher von großer Bedeutung!
7. Durch seine Führung sorgt der Projektleiter für eine konkrete Problemerfassung und ggf. -lösung sowie für die Auflösung von Konfliktsituationen, die nicht vom Team selbst bereinigt wurden.
8. Um seiner Aufgabe als Projektleiter gerecht zu werden, hat er das ausdrückliche Recht auf Information von den Fachabteilungen, den Projektmitarbeitern sowie von Teammitgliedern, die zu Kunden oder anderen Abteilungen Kontakt haben.
9. Der Projektleiter vertritt die Teamergebnisse nach außen. Er ist hierfür vom Team zu unterstützen und behält damit den sachlichen, terminlichen und personellen Gesamtüberblick. Er hat das Recht, gezielte Fortschrittskurzinformationen einzuholen.
10. Der Projektleiter schirmt – soweit erforderlich – das Team gegen Einwirkungen von außen ab und steuert alle Einflußmaßnahmen, die von außen kommen.
    Er gibt umgehend Ressourcen zurück, wenn diese für das Projekt nicht mehr erforderlich sind.

9.5.2.3 Methoden und Hilfsmittel

Methoden, die in der Durchführung der Realisierung angewendet werden, sind im wesentlichen die Einberufung unterschiedlicher Besprechungsrunden zur Ermittlung des Projektstandes und zur Findung und Klärung von proble-

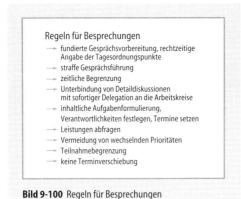

Bild 9-100 Regeln für Besprechungen

Regeln für Besprechungen
- fundierte Gesprächsvorbereitung, rechtzeitige Angabe der Tagesordnungspunkte
- straffe Gesprächsführung
- zeitliche Begrenzung
- Unterbindung von Detaildiskussionen mit sofortiger Delegation an die Arbeitskreise
- inhaltliche Aufgabenformulierung, Verantwortlichkeiten festlegen, Termine setzen
- Leistungen abfragen
- Vermeidung von wechselnden Prioritäten
- Teilnahmebegrenzung
- keine Terminverschiebung

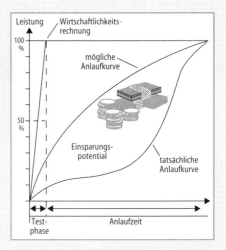

Bild 9-101 Anlaufkurve von Projekten

matischen Fragestellungen, die Informationsbeschaffung über Interviews oder die Durchführung von Audits zur Absicherung der Qualität und plangerechten Umsetzung des Projekts. Je nachdem, welche Größen kontrolliert und gesteuert werden sollen, unterscheidet man verschiedene Hilfsmittel:
- Hilfsmittel der Projektfortschrittskontrolle (z.B. Planungsunterlagen, Tätigkeitsnachweis, Schätzung der Mitarbeiter bzgl. Fertigstellungsgrad, Ermittlung beendeter Aktivitäten, vorliegende Dokumentation, Projektsitzungen),
- Hilfsmittel der Kostenkontrolle (z.B. Projektkostenplan mit Aktivitäten und Kostenarten),
- Hilfsmittel der Qualitätskontrolle (z.B. Planungsunterlagen, projektphasenabhängige Checkliste der Qualitätssicherungsschwerpunkte).

Im Gegensatz zum Betrieb einer Fabrik ist deren Erstellung ein einmaliges Ereignis, bei dem i.allg. viele Beteiligte nicht auf Erfahrungen zurückgreifen können. Mangelnde Routine gepaart mit Termin- und Kostendruck sowie unerwarteten Zwischenfällen führt in den Besprechungen oft zu Spannungen, gereizter Atmosphäre und emotionsgeladenen Diskussionen. Der planmäßige Projektfortschritt wird hierdurch oftmals stark behindert. Die Beachtung der Regeln für Besprechungen, wie in Bild 9-100 dargestellt, ist daher ein wesentlicher Faktor für den Erfolg eines derartigen Projekts.

9.5.3 Inbetriebnahme und Betrieb der Fabrik

Nach Erstellung der Fabrikgebäude und Installation der technischen Einrichtungen folgen In-

betriebnahme und Betrieb der Fabrik. Während die Schwierigkeiten der Planung und Realisierung einer Fabrik i.allg. klar gesehen werden, was meist zu einer Beauftragung externer Experten führt, werden die mit der Inbetriebnahme verbundenen Probleme sehr häufig vernachlässigt.

Wirtschaftlichkeitsrechnungen legen oft einen Hochlauf in Nullzeit zugrunde. Häufig konzentriert man sich dabei hauptsächlich auf den technischen oder scheinbar technisch machbaren Hochlauf einer neuen Fabrik und vergißt bedeutsame Anlaufverluste, wie Bild 9-101 zeigt. Die Untersuchungen von diversen komplexen Planungsprojekten haben gezeigt, daß in der Praxis schnell ungeplante Verzögerungen von mehreren Monaten und Hochlaufverluste in Millionenhöhe entstehen können.

In der Regel wird vergessen, auch bei sog. „ganzheitlichen Vorgehensweisen", das Umfeld in seiner ganzen Komplexität einzubeziehen und z.B. die Mitarbeiter bereits in der Planungsphase zu beteiligen. Es wird versäumt, sich rechtzeitig Gedanken zu machen über die zu erwartenden Technologiesprünge und die damit verbundenen anderen Qualifikationsanforderungen oder die zusätzlichen Anforderungen an die Mitarbeiter aufgrund einer neuen Arbeitsorganisation.

Sowohl bei herkömmlichen Fertigungsstrategien wie der rechnergeführten Produktion (CIM) als auch bei moderneren Philosophien wie „lean production" steht der Mensch mit seiner Qualifikation im Mittelpunkt, komplexe Systeme zu betreiben, zu optimieren sowie Störungen am Ablauf zu beseitigen. Nur soziotechnische Systeme sind lernfähig. Das führt zu einem Bedeutungszuwachs der gesamten Aus- und Weiterbildung, der schnellen und effizienten Vermittlung von Wissen und Fertigkeiten und der Akkumulation und Nutzung von Erfahrungen. Die Inbetriebnahme einer Fabrik sollte nicht nur eine einmalige Leistung darstellen, sondern einen Prozeß von Innovation und kontinuierlicher Verbesserung (KVP). Damit werden die Mitarbeiter und deren Motivation und Bereitschaft diesen Prozeß zu gestalten, zum entscheidenden Erfolgsfaktor.

9.5.3.1 Mitarbeiterqualifikation

Die Erhebung der Qualifizierungsdefizite und die Ermittlung von Qualifizierungsbedarfen für die neue Fabrik stellen Unternehmen in der Regel vor relativ große Probleme. Zum einen, weil in den wenigsten Fällen, vor allem in Klein- und Mittelbetrieben, ein kultiviertes Datenfeld vorhanden ist und selbst die direkt greifbaren Informationen weder erfaßt noch aufbereitet werden.

Die zweite Schwierigkeit besteht darin, daß Qualifizierungsbedarf nicht etwas ist, nach dem man ohne weiteres direkt fragen kann. Grund dafür ist das einfache menschliche Phänomen, daß niemand gerne zugibt, Qualifikationslücken in dem Bereich aufzuweisen, in dem er tätig ist. Zudem sind die heute wichtiger werdenden außerfachlichen Qualifikationen schwerer zu erfassen als die rein fachlichen Fähigkeiten und Fertigkeiten.

Hinzu kommt der Umstand, daß gerade die notwendigen Qualifikationen sehr stark von der Marktsituation eines Unternehmens und von den strategischen Zielsetzungen abhängen. Nur vor diesem Hintergrund ist es schlüssig und sinnvoll, Schlüsselqualifikationen zu ermitteln und strategisch aufzubauen, wie in Bild 9-102 dargestellt.

Zur Erhebung des Qualifizierungsbedarfs gibt es inzwischen neben dem klassischen Instrument der Interviewmethode auch EDV-gestützte Hilfsmittel.

Aufbauend auf den Ergebnissen der Qualifizierungsbedarfsanalyse wird ein unternehmensspezifisches Programm erarbeitet, in welcher Art und Weise, bei welchem Einsatz, mit welcher Methode und in welcher zeitlichen Rangfolge

Bild 9-102 Qualifizierungsbedarfsanalyse

Qualifizierungsmaßnahmen durchzuführen sind. Folgende Maßnahmen sind möglich:
- Durchführung unternehmensspezifischer Seminare,
- Vermittlung offener Seminare,
- Moderation von Workshops zur Qualifizierung an Firmenprojekten,
- Einrichtung von firmenübergreifenden Arbeitskreisen zur Synergienbildung zwischen Unternehmen mit ähnlichen Problemstellungen,
- Vermittlung von Fremdkursen zur Basisqualifikation, deren Veranstalter mit einem Gütesiegel versehen sind,
- Durchführung von kleinen Beratungsprojekten in speziellen Fällen,
- Exkursionen zu realisierten Projekten.

Ergebnis dieser Phase ist ein unternehmensspezifisches, nach Prioritäten und zeitlicher Rangfolge geordnetes Qualifizierungsprogramm, das einen Maßnahmenplan enthält, um die spezifischen Qualifizierungsbedarfe der Mitarbeiter eines Unternehmens zu erfüllen.

Grundsätzlich gilt, daß außerfachliche Qualifikationen so früh wie möglich vermittelt werden müssen, weil sie mit Einstellungsänderungen und Werthaltungen verbunden sind, die sich nur langsam wandeln. Dies gilt insbesondere, wenn mit der neuen Fabrik auch neue Formen der Arbeitsorganisation wie „lean production" und Gruppenarbeit eingeführt werden, denn sie erfordern einen deutlichen Umdenkungsprozeß. Fachliche Qualifikationen sollen eher spät erfolgen, möglichst direkt vor der praktischen Anwendung, damit der „Vergessenskurve" entgegengewirkt wird.

Bei der Realisierung der Maßnahmen kommt dem Bildungscontrolling eine wichtige Funktion zu, damit rechtzeitig korrigierend eingegriffen werden kann und ggf. weitere Maßnahmen angestoßen werden können.

9.5.3.2 Betrieb der Fabrik

Der Betrieb der Fabrik umfaßt ein sehr breites Aufgabenfeld. Die wesentlichen Themen sind in eigenen Kapiteln ausführlich beschrieben. Daher soll hier nur darauf eingegangen werden, wie die im Rahmen der Fabrikplanung und -realisierung gewonnenen Daten und Informationen über die installierten Anlagen möglichst effizient für eine systematische Anlagenwirt-

schaft sowie für das Anlagencontrolling zu nutzen sind.

Da gerade in Industrieunternehmen meist der größte Teil des Unternehmensvermögens in Sachanlagen gebunden ist, stellt die effiziente Anlagenwirtschaft einen wesentlichen Faktor zur Kostenbeeinflussung dar. Für die in Bild 9-103 dargestellte integrierte, EDV-gestützte Sachanlagenwirtschaft setzt sich zunehmend der englische Begriff Computer-Integrated Facilities Management (CIF) durch.

Ergänzende Literatur hierzu: [Bit91, Göb87, Lib90, Pip90, Ulr88, War92, Wie89].

Gegenstand einer integrierten Anlagenwirtschaft sind alle Sachanlagen im Unternehmen wie:
– Grundstücke,
– Infrastrukturanlagen,
– Gebäude und bauliche Anlagen,
– Ver- und Entsorgungsinstallationen,
– Einrichtungen, wie Maschinen, Möbel und Geräte.

Die Basis für CIF ist eine Werksstrukturdatenbank, die sowohl die räumliche Anordnung aller physisch vorhandenen Sachanlagen als auch deren Eigenschaften abbildet. Unabdingbar für den Aufbau einer solchen Gesamtdatenbank ist der Einsatz eines geeigneten datenbank-integrierten CAD-Systems, welches sämtliche grafischen und alphanumerischen Informationen

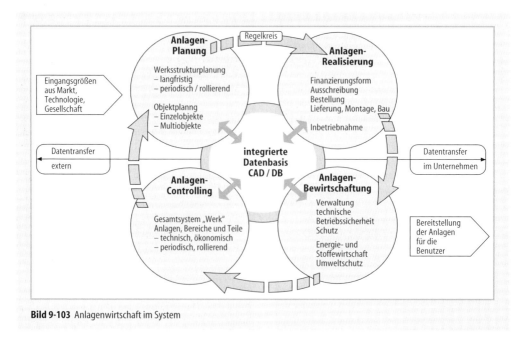

Bild 9-103 Anlagenwirtschaft im System

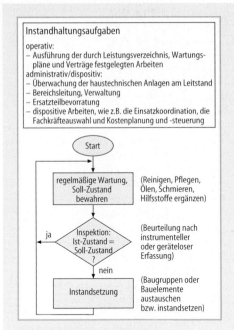

Instandhaltungsaufgaben

operativ:
– Ausführung der durch Leistungsverzeichnis, Wartungs-
  pläne und Verträge festgelegten Arbeiten
administrativ/dispositiv:
– Überwachung der haustechnischen Anlagen am Leitstand
– Bereichsleitung, Verwaltung
– Ersatzteilvorratung
– dispositive Arbeiten, wie z.B. die Einsatzkoordination, die
  Fachkräfteauswahl und Kostenplanung und -steuerung

Start

regelmäßige Wartung,
Soll-Zustand
bewahren

(Reinigen, Pflegen,
Ölen, Schmieren,
Hilfsstoffe ergänzen)

ja

Inspektion:
Ist-Zustand =
Soll-Zustand
?

(Beurteilung nach
instrumenteller
oder geräteloser
Erfassung)

nein

Instandsetzung

(Baugruppen oder
Bauelemente
austauschen
bzw. instandsetzen)

Bild 9-104 Instandhaltungskreislauf

über die Anlage umfassend, durchgängig, visuell und integriert speichert. Das Ergebnis ist eine möglichst realistische Abbildung der Sachanlagen eines Unternehmens im rechnerinternen Modell.

Auf der Basis dieser Informationen ist dann
die systematische Anlagenbewirtschaftung möglich. Neben reinen Verwaltungsaufgaben, wie
beispielsweise der Belegungsplanung von Büros,
umfaßt diese als weiteren Kernpunkt den gesamten Instandhaltungskreislauf, wie ihn Bild
9-104 zeigt. Gerade für eine umfassende präventive Instandhaltung komplexer Fabriken ist CIF
eine unverzichtbare Basis.

Ein weiteres wichtiges Einsatzfeld von CIF ist
die Verwaltung und Koordination der gesamten
Schutz- und Sicherheitseinrichtungen.

Die letzte Funktion in diesem Kreis, das An-
lagen-Controlling, hat die Aufgabe, entstehende

Schwachstellen gezielt und frühzeitig zu erkennen und Vorgaben für Verbesserungen zu machen. Zum einen werden diese Vorgaben in einem kontinuierlichen Verbesserungsprozeß
laufend umgesetzt. Zum anderen dienen prinzipielle Erkenntnisse natürlich auch als Planungsvorgaben für Neuplanungen und schließen damit den Kreis zur Fabrik- oder Anlagenplanung.

Literatur zu Abschnitt 9.5

[Bit91] Bitzer, A.: Beteiligungsfinanzierung zur
  Gestaltung von technischen und organisato-
  rischen Innovationen. Diss. TH Aachen. Düs-
  seldorf: VDI 1991
DIN 69900, Teil 1 und 2
[Fle66] Fletcher, A.; Clarke, G.: Mathematische
  Hilfsmittel der Unternehmensführung. München: Moderne Industrie 1966
[Göb87] Göbel, U. Schlaffke, W. (Hrsg.): Die Zu-
  kunftsformel: Technik-Qualifikation-Kreati-
  vität. Köln: Dt. Instituts-Vlg. 1987
[Jac69] Jacob, H.: Anwendung der Netzplan-
  technik im Betrieb. Wiesbaden: Gabler 1969
[Lib90] Lichtenberg, I.: Organisations- und
  Qualifikationsentwicklung bei der Einfüh-
  rung neuer Technologien. Köln: v. Hackstein
  1990
[Pip90] Pieper, A.: Strötgen, J. Produktive Ar-
  beitsorganisation: Handbuch für die Betriebs-
  spraxis. Köln: Dt. Instituts-Vlg. 1990
[Rin77] Rinza, P.; Schmitz, H.: Nutzwert-Kosten-
  Analyse. Düsseldorf: VDI 1977
[Ulr88] Ulrich, H.; Probst, G.: Anleitung zum
  ganzheitlichen Denken und Handeln. Bern:
  Haupt 1988
[Wag68] Wagner, G.: Netzplantechnik in der
  Fertigung. München: Hanser 1968
[War92] Warnecke, H.J.: Die fraktale Fabrik.
  Berlin: Springer 1992
[Wie89] Wiendahl, H.-W.: Betriebsorganisation
  für Ingenieure. München: Hanser 1989
[Zan71] Zangemeister, Chr.: Nutzwertanalyse in
  der Systemtechnik. München: Wittmannsche
  Buchhandlung 1971

Kapitel 10

Koordinatoren

PROF. DR. JOACHIM MILBERG
PROF. DR. GUNTHER REINHART

Autoren

PROF. DR. DIETER SPATH (10.1.1)
PROF. DR. MANFRED WECK (10.1.2, 10.1.3)
PROF. DR. GÜNTER SELIGER (10.1.4)
PROF. DR. WALTER EVERSHEIM (10.2.1)
PROF. DR. ROLF DIETER SCHRAFT (10.2.2)
PROF. DR. HANS KURT TÖNSHOFF (10.2.3)
PROF. DR. JOACHIM MILBERG (10.2.4)
PROF. DR. GÜNTHER REINHART (10.2.5)
PROF. DR. GÜNTHER PRITSCHOW (10.3.1.1, 10.3.1.2)
PROF. DR. GÉRARD DUELEN (10.3.1.3, 10.3.1.4)
PROF. DR. KLAUS BENDER (10.3.2, 10.3.3)
DR.-ING. WILFRIED SIHN (10.4.1, 10.4.3, 10.4.5)
PROF. DR. DIETER SPECHT (10.4.2, 10.4.4, 10.4.5)

Mitautoren

DIPL.-WIRTSCH.-ING. SIMONE RIEDMÜLLER (10.1.1)
DIPL.-ING. JOACHIM HÜMMLER (10.1.2)
DIPL.-ING. DIRK PRUST (10.1.3)
DIPL.-ING. MICHAEL SWOBODA (10.1.3)
DIPL.-ING. STEFFEN NEU (10.1.4)
DIPL.-ING. GERD KUBIN (10.2.1)
DIPL.-WIRTSCH.-ING. RÜDIGER PROKSCH (10.2.2, 10.4.1, 10.4.3, 10.4.5)
DIPL.-ING. MARTIN EBLENKAMP (10.2.3)
DIPL.-ING. BERNHARD EICH (10.2.4)
DR.-ING. NIKLAS FICHTMÜLLER (10.2.4)
DIPL.-ING. TILO KÖHNE (10.2.4)
DR.-ING. MICHAEL ZÄH (10.2.4)
DIPL.-ING. KURT HEITMANN (10.2.5)
DR.-ING. CHRISTIAN DANIEL (10.3.1.1)
DIPL.-ING. JÜRGEN HOHENADEL (10.3.1.2)
DIPL.-ING. MATTHIAS MARTIN (10.3.1.3, 10.3.1.4)
DIPL.-ING. GEBHARD HAFER (10.4.4)
DIPL.-ING. FRANK FEHLER (10.4.5)

10 Produktionssystemplanung

Produktionssystemplanung

10.1 Produktionssysteme

10.1.1 Fertigungsmittel

Aufgabe der Fertigungstechnik ist das Herstellen oder Verändern von Werkstücken mit geometrisch bestimmter Gestalt [Dol65: 3], die ohne weitere Modifikation verbraucht oder zu Erzeugnissen zusammengesetzt werden können. Dabei sind verschiedene technische und wirtschaftliche Gesichtspunkte zu berücksichtigen. Einzelheiten über das Werkstück und seine Bearbeitung sind in einer technischen Zeichnung festgelegt. Abmessungen, die geforderte Fertigungsgenauigkeit, verwendete Werkstoffe und teilespezifische Eigenschaften stellen dabei neben den betrieblichen Rahmenbedingungen die wesentlichen Restriktionen bei der Wahl des Fertigungsverfahrens dar. Damit sind implizit auch die Fertigungsmittel festgelegt, mit denen die wertschöpfende Werkstücktransformation ausgehend vom Rohteil bzw. Rohmaterial durchgeführt wird.

Unter dem Begriff *Fertigungsmittel* werden alle Einrichtungen zusammengefaßt, die zur direkten oder indirekten Form-, Substanz- oder Zustandsänderung mechanischer bzw. chemisch-physikalischer Art von Werkstücken beitragen und ihr Nutzungspotential über längere Zeiträume abgeben können. Sie dienen zur Durchführung der Fertigungsverfahren Urformen, Umformen, Trennen, Fügen, Beschichten und Ändern der Stoffeigenschaften [Zäp89: 99, VDI83]. Bild 10-1 stellt die Einteilung der Fertigungsmittel entsprechend ihrer Aufgaben im Transformationsprozeß dar.

Werkzeuge sind Fertigungsmittel, die durch Relativbewegung gegenüber dem Werkstück un-

ter Energieübertragung die Bildung einer Form oder die Änderung seiner Form und Lage, bisweilen auch seiner Stoffeigenschaften bewirken (DIN8580), (s. 10.1.1.1.).

Vorrichtungen dienen dazu, die Werkstücke zu positionieren, zu halten oder zu spannen und gegebenenfalls ein oder mehrere Werkzeuge zu führen. Sie sind direkt an Werkstücke gebunden und stehen in unmittelbarer Beziehung zum Arbeitsvorgang (DIN6300, S. 3), (s. 10.1.1.2.).

Fertigungsmaschinen sind mit Kraftantrieb versehene Fertigungseinrichtungen, die eine geometrisch definierte Form oder eine vorgegebene Veränderung am Werkstück erzeugen. Bei der Werkzeugmaschine geschieht dies durch eine Relativbewegung zwischen Werkstück und Werkzeug (nach DIN 69 651). Es werden dabei Einzelmaschinen und Mehrmaschinensysteme (s.10.1.2) unterschieden.

Energiezufuhr, Antrieb oder lenkende Aufgaben, die infolge des differenzierten Informa-

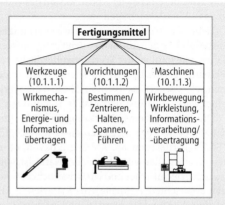

Bild 10-1 Gliederung der Fertigungsmittel

tionsbedarfs während des räumlich-zeitlichen Transformationsprozesses notwendig sind, müssen nicht mehr ausschließlich vom Menschen übernommen werden, sondern können ebenfalls auf eine Fertigungsmaschine übertragen werden. Abhängig vom Umfang dieser Aufgaben spricht man von Mechanisierung bzw. Automatisierung der Fertigung (s. 10.1.1.3).

10.1.1.1 Werkzeuge

Abhängig von der bestehenden Bearbeitungsaufgabe, die im wesentlichen durch die zu fertigende Werkstückgeometrie und die ausgewählte Technologie (s. Kap. 11) festgelegt ist, wird ein Werkzeug zur formgebenden Modifikation am Werkstück konstruiert bzw. ausgewählt. Die Wahl eines Werkzeuges bestimmt neben den ausführbaren Bearbeitungsoperationen auch die Wirtschaftlichkeit des Fertigungsprozesses, da die Fertigungshauptzeiten u.a. auch von den Werkzeugeigenschaften abhängen.

Mit den Eigenschaften sind Art und mengenmäßiger Bedarf an Werkzeugen festgelegt. Eine grundlegende Eigenschaft ist die *Werkzeuggeometrie*. In der Werkzeugform kann dabei bereits ein Teil der Geometrieinformation über das Werkstück enthalten sein, wie z.B. bei Hohlformwerkzeugen für umformende Fertigungsverfahren, die eine Abbildung der Werkstückendform in Teilen oder komplett enthalten. Die Werkzeuggeometrie kann sich jedoch auch an diversen wirtschaftlichen Kriterien orientieren, wie z.B. dem universellen Einsatz des Werkzeugs für verschiedene Bearbeitungsaufgaben. Die Sicherung der Wirkstellenzugänglichkeit sowie die beanspruchungsgerechte Gestaltung des Werkzeugs beim Einsatz sind weitere wesentliche Faktoren, die bereits bei der Konstruktion des Werkzeugs zu berücksichtigen sind.

Neben der Werkzeuggeometrie ist bei einigen, insbesondere den umformenden Fertigungsverfahren die Rauheit der Werkzeugoberfläche von Bedeutung. Dies betrifft vor allem Zonen, in denen, wie z.B. bei Gesenken, ein Fließen des Werkstückwerkstoffs erwünscht ist, (s. 11.2 und 11.3.).

Die *Standzeit* eines Werkzeugs gibt die Einsatzdauer bis zum Erreichen eines festgelegten (Stand-)Kriteriums an. Abhängig davon, ob es technischer oder wirtschaftlicher Natur ist, wird zwischen technischer und wirtschaftlicher Standzeit unterschieden [Mei89]. Als Kriterien für die technische Standzeit werden die *Verschleißform* und der *Verschleißbetrag* des Werkzeugs sowie die Maßhaltigkeit der entstehenden Werkstückgeometrie herangezogen. Je größer die technische Standzeit bzw. je geringer der Werkzeugverbrauch ist, desto weniger Werkzeugwechsel fallen an, wodurch eine gleichbleibende Fertigungsqualität unterstützt wird. Daneben können die Kosten für Werkzeugwechsel gesenkt werden. Eine hohe technische Standzeit kann durch die geeignete Wahl der Werkzeugwerkstoff-Werkstückwerkstoff-Paarung erreicht werden, die eine wesentliche Rolle für das Prozeßverhalten insbesondere bei spanender Bearbeitung spielt [Wei84]. Übersteigen die Kosten für die Werkzeugaufbereitung vor einem erneuten Einsatz die Differenz zwischen Anschaffungswert und Restwert des Werkzeugs, so ist die wirtschaftliche Standzeit eines Werkzeugs erreicht [Eve89: 85].

Werkzeuge werden in der Regel nach ihrer Einsatzflexibilität in Universal- und Sonderwerkzeuge untergliedert. Letztere können in zwei Gruppen aufgeteilt werden:
– Werkzeuge, die durch ihre Geometrie an einen speziellen Arbeitsvorgang gebunden sind.
– Werkzeuge, die mehr als einen Arbeitsgang gleichzeitig ausführen können.

Abhängig von Fertigungsverfahren, Komplexität der Bearbeitungsaufgabe und wirtschaftlichen Kriterien (z.B. Wiederholhäufigkeit, Anschaffungskosten, Aufbereitungsaufwand, Bestands- bzw. Verwaltungskosten) müssen geringere Kosten bei Verwendung von Universalwerkzeugen gegen mit Sonderwerkzeugen erreichbare kürzere Bearbeitungszeiten abgewogen werden.

Eine Sonderstellung nehmen modular aufgebaute Werkzeuge ein. Sie bestehen aus mehreren Komponenten, die nach Bedarf zu einem Komplettwerkzeug zusammengesetzt werden können (Bild 10-2). Damit wird eine Anpassung der Werkzeuge an bestimmte Bearbeitungsaufgaben bzw. an unterschiedliche Maschinen durch Verwendung entsprechender Aufnahmen möglich. Der Austausch von Verschleißteilen vereinfacht

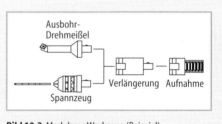

Bild 10-2 Modulares Werkzeug (Beispiel)

sich für *modulare Werkzeuge* erheblich. Einerseits fallen geringere Aufbereitungskosten an, da nur das verbrauchte Modul ausgetauscht werden muß und das Ersetzen einzelner Module leicht handhabbar ist. Andererseits kann gleichzeitig das notwendige Lager- und Investitionsvolumen für den Werkzeugersatz gesenkt werden, da mehr und mehr Standardkomponenten eingesetzt werden können. Beispielhaft für modulare Werkzeuge sind die zur Drehbearbeitung häufig eingesetzten Wendeschneidplatten in Verbindung mit entsprechenden Klemmhaltern zu nennen.

10.1.1.2 Vorrichtungen

Zur Sicherung der definierten Lage des Werkzeuges zum Werkstück werden *Vorrichtungen* eingesetzt. Sie ermöglichen die Austauschbarkeit von Werkstücken und Werkzeugen und damit eine Verbesserung des Nutzungsgrads der Fertigungsmittel. Dadurch werden Arbeitsgänge einfacher, mit verbesserter Qualität bzw. überhaupt erst ausführbar gemacht. Die Senkung von Nebenzeiten z. B. für Spannen und Messen, sowie eine Vereinfachung und Verbesserung des Fertigungsvorganges bei gleichzeitiger Erfüllung der Arbeitssicherheit stellen weitere (Rationalisierungs-)Potentiale des Vorrichtungseinsatzes dar [Mau76: 3, Lem81: 7].

In der spanenden Fertigung unterteilt man Vorrichtungen in *Werkstück-* und *Werkzeugspanner*. Die Kopplung zwischen Werkstück und Maschine wird über die Werkstückspannstelle hergestellt. Die Schnittstelle zwischen Werkzeug und Grundmaschine bildet die Werkzeugaufnahme, deren Aufgabe zum einen in der Übertragung der Bearbeitungskräfte vom Antrieb auf das Werkzeug und zum anderen in der eindeutigen Positionierung des Werkzeuges im Arbeitsraum besteht. Um einen hinsichtlich der Bearbeitungsaufgabe flexiblen Einsatz der Maschinen zu gewährleisten, sind standardisierte oder besser noch genormte Ausführungen zu bevorzugen. Bild 10-3 macht das Zusammenspiel der Fertigungsmittel am Beispiel Fräsen deutlich.

Vorrichtungen können in die Klassen der *Standard-*, *Spezial-* und *Baukastenvorrichtungen* eingeteilt werden [Hah67: 137]. *Standardvorrichtungen* sind innerhalb eines festgelegten Anwendungsbereiches unabhängig von der Aufgabenstellung wiederverwendbare Vorrichtungen, die an die Geometrie des Werkstücks angepaßt werden können (z. B. Schraubstock, Spannfutter, Spannzangen). Sind Vorrichtungen nach den Er-

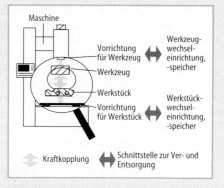

Bild 10-3 Zusammenspiel der Fertigungsmittel im Fertigungsprozeß am Beispiel Fräsen

fordernissen einer bestimmten Werkstückgeometrie und der dazugehörenden Bearbeitungsaufgaben ausgelegt, so spricht man von *Spezialvorrichtungen*. *Baukastensysteme* verknüpfen die Vorteile beider oben genannter Vorrichtungsarten. Aus standardisierten Elementen wird eine der Aufgabe entsprechende Vorrichtung zusammengestellt. Sie kann z. B. auf T-Nuten oder Rasterbohrungen mit lösbaren Verbindungen aufgebaut und nach Benutzung wieder in die Einzelteile zerlegt werden [Brü79].

Auf der Basis einer funktionalen Vorrichtungsbeschreibung, die Hauptfunktion, Anwendungsgebiet, Bestimmungsgeometrie, Vorrichtungsanordnung, Spann- und Aufnahmegeometrie sowie Vorrichtungsausführung beinhaltet, können ausgehend von der gegebenen Bearbeitungsaufgabe geeignete Vorrichtungen im Rahmen der Vorrichtungsplanung ausgewählt bzw. zusammengestellt werden [Eve89: 111].

Hauptfunktionen von *Spanneinrichtungen* sind das Bestimmen und Zentrieren, das Spannen und Halten sowie das Führen von Werkzeugen [Wec91: 264 ff.]. Beim Bestimmen und Zentrieren wird die Lage des Werkstücks in der Vorrichtung entsprechend der in der Konstruktion zur funktions- und fertigungsgerechten Vermaßung des Werkstücks festgelegten Bezugsebenen räumlich fixiert. Um eine definierte Lage während der Bearbeitung beizubehalten und die auftretenden Kräfte sicher aufnehmen und weitergeben zu können, muß das Werkstück bzw. das Werkzeug gespannt werden. Die Vorrichtungen werden dabei manuell, pneumatisch oder hydraulisch betätigt. Für Eisenwerkstoffe (Ausnahme: austenitische Stähle) können auch magnetische Spannplatten eingesetzt werden. Sie verknüpfen ideal die zwei Hauptforderungen an eine Vorrichtung – das sichere Aufnehmen und Übertragen der Bearbeitungskräfte, sowie das Freihalten des Bearbeitungsbereiches zur Verhinderung von Kollisionen. Sofern die Funktion des Führens von Werkzeugen nicht von der Maschine selbst erfüllt werden kann, übernehmen Vorrichtungen die Führungsfunktion für die fehlenden Achsen. Bei der Kopierbearbeitung kann ein Führen im Sinne eines „Steuerns" des Werkzeugs durch die Verwendung von Konturmodellen erreicht werden.

Zusätzlich zu den oben aufgeführten Hauptfunktionen können in Vorrichtungen Nebenfunktionen verwirklicht sein, beispielsweise Einrichtungen zur Unterstützung der Zu- und Abfuhr von Hilfs- und Betriebsstoffen und zur Unterstützung der Handhabung oder Dreh- und Schwenkeinrichtungen zur Bearbeitung mehrerer Zonen ohne Umspannen.

10.1.1.3 Maschinen

Im folgenden sollen neben den Hauptkomponenten der Grundmaschine diverse Maschineneigenschaften, verschiedene Maschinentypen, sowie Aspekte der Automatisierung beleuchtet werden.

Grundmaschine

Die *Grundmaschine* besteht aus den Hauptkomponenten Gestell, Antriebe, kinematisches System, Steuerung, Meßsysteme und Hilfssystemen.

Das *Gestell* bildet das Grundgehäuse der Maschine und hat die Aufgabe, den Kraftfluß zwischen Werkzeug und Werkstück durch die räumliche Anordnung von Werkzeug und Werkstück zu schließen. Man unterscheidet vier Gestellgrundformen: Bettgestell, Winkelgestell, C-Gestell und O-Gestell (Portalgestell). Als gängige Gestellwerkstoffe werden Guß, Stahl oder Reaktionsharzbeton eingesetzt. Üblich ist auch eine Mischbauweise aus mit Zementbeton oder Reaktionsharzbeton gefüllten Stahlblech- bzw. Stahlrohrkonstruktionen. Zur Dimensionierung von Maschinengestellen ist die zulässige Verformung als wesentlicher Einflußfaktor auf die Arbeitsqualität maßgeblich: Anforderungen an das Gestell sind neben statischer und dynamischer Steifigkeit die thermische Stabilität [Sch90] sowie die Erfüllung von Unfallschutzvorschriften, das Verhindern des Austritts von Kühlschmierstof-

fen im Zusammenhang mit gesetzlichen Umweltschutzauflagen sowie die Erfüllung ergonomischer Kriterien.

Die *Antriebe* stellen die Leistung für die Relativbewegung zwischen Werkstück und Werkzeug zur Verfügung. Zu ihnen können auch die Getriebe hinzugerechnet werden, die für Drehzahl-Drehmomentenwandlung eingesetzt werden. Man unterscheidet Hauptantriebe, die z.B. bei Werkzeugmaschinen die Schnittleistung bereitstellen müssen, und Vorschubantriebe, die für die Relativbewegung zwischen Werkzeug und Werkstück eine geringere Leistung zur Verfügung stellen müssen [Lin92]. Der Antrieb erfolgt im allgemeinen durch Elektromotoren, die stufenlos regelbar sind oder denen in vielen Fällen ein stufenloses Getriebe oder ein Stufengetriebe nachgeschaltet ist [Mei89: 389ff., Küm86].

Das *kinematische System* dient zur Übertragung der Antriebsleistung von den Antrieben zum Wirkort. Darunter sind hauptsächlich die entsprechenden Wellen oder Spindeln mit den dazugehörigen Lagern und Führungen zu verstehen. Das kinematischen System ist maßgeblich für die Bearbeitungsqualität und die Leistungsfähigkeit der Maschine verantwortlich [Sch92: 211ff.].

Die *Steuerung* koordiniert den Bearbeitungsablauf / -prozeß. Im einfachsten Fall handelt es sich hier um eine manuelle Steuerung durch den Bediener. Es werden neben mechanischen Kurven- und Nockensteuerungen auch hydraulische und pneumatische Steuerungen bis hin zu elektrischen bzw. elektronischen Steuerungen eingesetzt. Letztere erlauben im Rahmen eines CIM-Konzeptes auch die Verknüpfung mit anderen Rechnern, z.B. zur Qualitätssicherung oder zur Maschinen- und Betriebsdatenerfassung (MDE/BDE) [Wec89] (s. 10.3.2.3).

Meßsysteme nehmen prozeßrelevante Größen wie Wege oder Kräfte auf und liefern somit die Istwerte für die Steuerung bzw. den Aufbau von Regelkreisen. Man unterscheidet zwischen digitaler und analoger Meßwerterfassung [Wec92]. Digitale Verfahren arbeiten entweder inkremental mit Strichmaßstäben oder absolut durch Codierung aller möglichen Meßwerte. Bei der analogen Meßwerterfassung wird die Meßgröße proportional auf eine andere physikalische Meßgröße abgebildet (z.B. Lage – Widerstandsänderung – Spannung – Weg).

Hilfssysteme sind Einrichtungen, die indirekt am Fertigungs- bzw. Bearbeitungsvorgang beteiligt sind, wie Zufuhreinrichtungen für Betriebs- und Hilfsstoffe, Abfuhreinrichtungen für Betriebs- und Abfallstoffe (z. B. Späneförderer), zentrale Schmieranlagen oder Temperiergeräte, Kühlmitteleinrichtungen usw. [Mei89: 119 ff., Wec 94: 604 ff.].

Maschinentypen

Entsprechend der Einsatzfähigkeit für unterschiedliche Werkstückspektren bzw. variable Bearbeitungsaufgaben können Universal- und Sondermaschinen unterschieden werden: *Universalmaschinen* sind Einzelmaschinen, die für ein breites Werkstückspektrum flexibel eingesetzt werden können. Mit dem Begriff der *Sondermaschinen* werden Einzweckmaschinen und mitunter mehrspindlige Einzelmaschinen bezeichnet. *Einzweckmaschinen* sind nicht universell einsetzbare Maschinen, die für eine Aufgabe zugeschnitten sind und nur mit großem Aufwand auf andere Werkstücke umgerüstet werden können. Mehrspindlige Maschinen dienen der Produktivitätserhöhung. Dabei werden entweder mehrere Werkstücke gleichzeitig, arbeitsteilig oder synchron gefertigt oder ein Werkstück wird mit mehreren Spindeln gleichzeitig bearbeitet (DIN 69 651, S. 3).

Maschineneigenschaften

Die Beschreibung von Fertigungsmaschinen kann unter Einbeziehung von Eigenschaften in Abhängigkeit
– von der Bearbeitungsaufgabe,
– vom lokalen Umfeld,
– von Umweltaspekten und
– von der Bedienung der Maschine
erfolgen.

Abhängig vom gewünschten Werkstückspektrum und den geforderten Bearbeitungsaufgaben und -genauigkeiten können Eigenschaften der Einzelmaschine definiert werden. So bestimmt die Größe und Form der Werkstücke die Größe und Form des Arbeitsraumes. Durch die Arbeitsaufgabe selbst wird die notwendige Maschinenleistung festgelegt. Dabei kann auch der zeitliche Verlauf von aufzubringenden Kräften oder Geschwindigkeiten eine Rolle spielen. Die maximal erzielbare Mengenleistung einer Fertigungsmaschine ist abhängig von den Möglichkeiten zur Verkürzung der *Rüstzeit* (Zeit zur auftragsbezogenen Vorbereitung der Maschine), der *Hauptzeit* (reine Bearbeitungszeit eines Werkstücks) oder der *Nebenzeiten* (Zeit für Messen, Positionieren, Spannen), z. B. durch hauptzeitparalleles Rüsten oder durch die Automatisierung des Werkzeug- bzw. Werkstückhandlings.

Die *statische Steifigkeit* einer Maschine beschreibt das Verhältnis zwischen Kraft und Verformungsweg, das sich infolge einer statischen Belastung durch Gewichts- und Prozeßkräfte ergibt. Die *dynamische Steifigkeit* setzt die Amplitude der Wechselkraft zur Wegamplitude der Kraftrichtung ins Verhältnis. Wechselkräfte treten infolge von Schwingungen aufgrund von Unwuchten rotierender Massen, Lagerfehlern oder durch Stoßkräfte bei zerteilenden und umformenden Fertigungsverfahren auf [Mei89: 309 ff., Wec77].

Thermische Belastungen durch interne (Motoren, Fertigungsprozeß) und externe Wärmeeinflüsse erzeugen ein inhomogenes und instationäres Temperaturfeld über der Maschine und führen zur Verformung des Gestells, was zu Ungenauigkeiten bei der Fertigung führen kann [Wec94: 65 ff.].

Um die auftretenden Belastungen zu vermindern, kann die Maschinensteifigkeit bei der Konstruktion durch entsprechende Gestaltung (Doppelständerausführung bzw. Einsatz von Rippen) und die Wahl eines günstigen Werkstoffes positiv beeinflußt werden. Die thermischen Einflüsse können durch eine gezielte Kühlung und die Verlagerung der Antriebe in unkritische Bereiche gesenkt werden. Für hohe Genauigkeiten ist die Maschinenaufstellung in klimatisierten Räumen notwendig.

Bekannte Maschinenfehler (z. B. unterschiedliche Verformungen durch Gewichtskräfte bei verschiedenen Achspositionen) können über eine Korrektur der Steuerungsdaten verringert werden. Weitere Probleme können im Bereich der Steuerung und der verwendeten Meßsysteme auftreten. So kann die Bahnplanung bei hohen Vorschubgeschwindigkeiten zu langsam sein und dadurch ein „Stottern" der Bewegung verursachen. Bei den Meßsystemen entscheiden in erster Linie die Art der Aufnahme sowie Teilungsfehler der Maßstäbe über den erreichbaren Genauigkeitsgrad.

Zur Anpassung an verschiedene Bearbeitungsaufgaben oder Losgrößen ist die Erweiterungsfähigkeit bzw. Umbaufähigkeit einer Maschine von Bedeutung. Dies kann z. B. durch das gezielte Austauschen von Komponenten, durch Integration neuer Verfahren oder das Hinzufügen zusätzlicher Spindeln oder Bewegungsachsen erfolgen [Kie93]. Die Erweiterungsfähigkeit hinsichtlich der Bearbeitungsaufgabe einer Maschine wird im wesentlichen durch die Automatisierung der Steuerung bestimmt.

Verschiedene Eigenschaften der Maschine beeinflussen auch ihr lokales Umfeld. Neben den Abmessungen der Maschine ist das Maschinengewicht im Rahmen der Layoutplanung einer Fertigungseinrichtung von Interesse, da es die notwendige Tragkraft der Fundamente bestimmt. Die elektrischen Anschlußwerte bestimmen den Strombedarf, der zur Verfügung gestellt werden muß. Zusätzlich ist auf weitere Anschlüsse, wie z.B. das Pneumatiknetz, zu achten. Von der Maschine ausgehenden Belastungen wie Schwingungen, Staub, spritzende Flüssigkeiten und Gase, Lärm oder elektromagnetische Felder sollten sowohl die in der Maschinenumgebung beschäftigten Personen, als auch andere Betriebsmittel möglichst wenig belasten. Von besonderer Bedeutung ist hier sowohl aus der Sicht der Gesundheits-, als auch der Umweltgefährdung der Einsatz von Kühlschmierstoffen (KSS) [Was94]. Lösungsansätze liegen in der
- Vermeidung von Kühlschmierstoffen, z.B. durch Trockenbearbeitung,
- Reduktion von Kühlschmierstoffen, z.B. durch Einsatz von Minimalmengenkühlschmiersystemen oder Einsatz von KSS mit langer Nutzungsdauer,
- Substitution von Kühlschmierstoffen, z.B. durch Einsatz von KSS mit niedrigerer Wassergefährdungsklasse.

Unter den Gesichtspunkten der anfallenden Abfallmenge und Abfallart (z.B. Sondermüll) ist die Umweltverträglichkeit der notwendigen Hilfs- und Betriebsstoffe, sowie der anfallenden Abfälle zu berücksichtigen. Insbesondere bei der Entsorgung ist hier eine direkte Kostenbeeinflussung möglich. Auf Möglichkeiten des Recyclings oder der Entsorgung der ausgedienten Maschine ist besonders infolge zunehmender Restriktionen seitens des Gesetzgebers und eines wachsenden allgemeinen Umweltbewußtseins bei der Beschaffung bzw. Konstruktion von Fertigungsmaschinen zu achten.

Die gute Zugänglichkeit einer Maschine für die Bedienung, Wartung und Instandhaltung, die einfache Austauschbarkeit von verschleißbehafteten Komponenten für Instandhaltungstätigkeiten, sowie die Benutzerführung sind wesentliche Aspekte bei der ergonomischen Gestaltung der mit der Maschine verknüpften Arbeitsplätze [Bul94].

Mechanisierung ist die Substitution von menschlicher durch mechanische Leistung durch technische Hilfsmittel. *Automatisieren* heißt, einen Vorgang darüber hinaus mit technischen Mitteln so einzurichten, daß der Mensch weder ständig noch in einem erzwungenen Rhythmus für den Ablauf des Vorgangs tätig zu werden braucht. Einzelne Vorgänge oder komplette Fertigungsabläufe werden selbsttätig in programmierter Weise durchgeführt (nach [Dol81, Wes77]). Es werden also über das Antreiben der Maschine hinaus je nach Automatisierungsgrad steuernde, regelnde, optimierende oder lernende Funktionen von der Maschine übernommen [Zäp89: 109]. Verschiedene Motivationsgründe für die Automatisierung sind in Bild 10-4 dargestellt.

Eine *Fertigungsmaschine* ist dadurch gekennzeichnet, daß der Antrieb zur Erzeugung der Bearbeitungskräfte und möglichst auch der Antrieb der Bewegungen zur Erzeugung der geometrischen Form der Werkstücke nicht manuell erfolgt. Automatisierte Schaltfunktionen können vorliegen. Der Benennung „-maschine" wird das Fertigungsverfahren, für das die Maschine hauptsächlich gebaut ist und / oder der Automatisierungsgrad vorangestellt (z.B. Biegemaschine, NC-Fräsmaschine) (DIN 69651, S. 3). Können mehrere Verfahren angewandt werden, so wird der Ausdruck „Bearbeitungs-" vorangestellt und entsprechend ergänzt (z.B. Bearbeitungsmaschine für Drehteile).

Automaten sind Fertigungsmaschinen, bei denen neben den Antrieben auch alle Schalt-, Steuerungs- und Handhabungsfunktionen für den automatischen Ablauf eingerichtet sind (DIN 69651, S. 3). Entsprechend dem Anteil der auto-

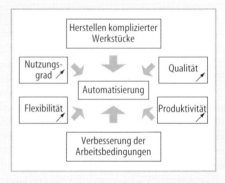

Bild 10-4 Motivationsgründe für die Automatisierung

matisierten Funktionen unterscheidet man teilautomatisierte und vollautomatisierte Maschinen.

Ein *Bearbeitungszentrum* ist eine vollautomatisierte Maschine, auf der unterschiedliche Werkstücke in beliebiger Reihenfolge bearbeitet und mehrere Verfahren vollwertig verwirklicht werden können. Abgesehen vom Werkstückwechsel, laufen alle Funktionen einschließlich des Werkzeugwechsels vollautomatisch ab. Ein Bearbeitungszentrum zeichnet sich durch Flexibilität hinsichtlich des Anwendungsfeldes und durch eine große Anzahl von einsetzbaren Werkzeugen aus (DIN 69 651, S. 3), die in einem eigenen Werkzeugspeicher bereitgestellt werden (s. 10.1.2.1).

Eine *flexible Fertigungszelle* (s. 10.1.2.3) enthält verschiedene Bearbeitungsstationen (z.B. Fertigungsmaschinen in Universal- oder Sonderbauart). Sie kann mit automatisierten Materialflußeinrichtungen für Werkstück- und gegebenenfalls Werkzeugwechsel und deren Bereitstellung in einem gemeinsamen zentralen Speicher ausgerüstet sein. Hinsichtlich Materialfluß- und Informationssystem kann dabei an mindestens zwei Werkstücken mehr als ein Arbeitsgang automatisch ausgeführt werden. In eine flexible Fertigungszelle können automatisierte Einrichtungen zum Reinigen, Prüfen, Entgraten und andere die Bearbeitung ergänzende Funktionen (s. 10.1.2.4) integriert sein (nach [REF93]).

Die Automatisierungsmöglichkeiten in der Fertigung können zusätzlich nach Haupt- und Nebenfunktionen betrachtet werden.

Zur Automatisierung des eigentlichen Bearbeitungsvorgangs ist die Steuerung zu automatisieren, in einem weiteren Schritt kann durch Meßaufnehmer der Prozeß überwacht und eine Regelung in Abhängigkeit von Meßgrößen aufgebaut werden. Die Automatisierungsfähigkeit einer Maschine wird in erster Linie durch die Art der Steuerung bestimmt.

Die Steuerdaten setzen sich je nach Automatisierungsgrad aus technischen (Geometrie-, Technologiedaten) und organisatorischen Steuerdaten (Material-, Produktionsplanungs-, Identifikationsdaten) zusammen. Bei der Automatisierung der Steuerung wird zwischen starrer und flexibler Automatisierung unterschieden. Erfolgt die Steuerung der Bearbeitung mechanisch (z.B. Kurven- und Nockensteuerungen), pneumatisch oder hydraulisch, so liegt eine *starre Automatisierung* vor. Dabei sind Funktionsabläufe durch die Schaltung bzw. Verdrahtung festgelegt und nur mit relativ hohem Aufwand veränderbar. Mechanische Steuerungen haben sich als sehr robust und sicher, jedoch auch verschleißbehaftet erwiesen. Sie sind durch einen erhöhten Platzbedarf für die Aufbewahrung des Programmspeichers (z.B. Steuerkurven) und eine zeitaufwendige Umrüstung und eine eingeschränkte Flexibilität gekennzeichnet. Bei pneumatischen oder hydraulischen Steuerungen sind Aufbau und Wartung der Steuerung aufwendig. Sie haben sich jedoch insbesondere in explosionsgefährdeter Umgebung durchgesetzt.

Elektrische Steuerungen sind Kontaktsteuerungen, wobei die Kontakte in der Regel als Schließer und Öffner realisiert sind und von Hand, mechanisch oder elektromagnetisch betätigt werden. Änderungen sind mit großem Aufwand verbunden, da das Programm durch eine fixe Drahtverbindung realisiert ist. Hier ermöglichen Kreuzschienenverteiler eine relativ schnelle Umprogrammierung des Steuerablaufs durch Stecker oder Schalter.

Die Vorteile der *flexiblen Automatisierung* durch programmierbare elektronische Steuerungen liegen in der leichten Anpassung an unterschiedliche, häufig wechselnde Aufgabenstellungen sowie der Verschleißfreiheit.

Bei *NC-gesteuerten (Numerical-Control-) Maschinen* werden Weg- und Schaltbefehle in Form von Zahlencodes schrittweise zusammengestellt und über automatisch lesbare Datenträger (z.B. Lochstreifen) eingelesen (s. 10.3.1.2). Wird die Steuerinformation rechnerintern verwaltet, so spricht man von *CNC-Steuerungen* (Computerized Numerical Control). CNC-Steuerungen sind numerische Steuerungen, die einen oder mehrere freiprogrammierbare Mikroprozessoren besitzen und vor allem zur Steuerung von Verfahrbewegungen verwendet werden. Der NC-Kern wird auf dem Mikroprozessor ausgeführt und bestimmt das Verhalten der NC-Maschine. Durch das Erzeugen und Festlegen der Steuerfunktion im NC-Kern entsteht eine hohe Flexibilität, sowie die Möglichkeit der Anpassung. Die Funktionsmerkmale werden dabei im wesentlichen durch die Programmierung des Rechners bestimmt. Im NC-Programm sind die Informationen zur Bearbeitung eines Werkstückes abgelegt. Bei CNC-Steuerungen kann zur Senkung der Ausschußkosten beim Einfahren neuer Programme eine Möglichkeit zur Simulation des Fertigungsvorganges enthalten sein. Überdies können *SPC-(Statistical-Process-Control-) Module* zur Unterstützung der Qualitätssicherung in die Steuerung integriert sein.

Im Rahmen der programmierbaren Steuerungen sind Möglichkeiten vorzusehen, die
- eine Programmierung an der Maschine und
- einen Austausch mit extern erstellten Programmen und ein Speichern der benutzten, korrigierten Programme auf einem Archivierungsdatenträger zur Dokumentation im Rahmen der Qualitätssicherung erlauben [Weu92].

Eine Programmierung an der Maschine kann durch eine einfache interaktive Benutzerschnittstelle realisiert werden. Komfortabler sind Steuerungen mit integrierter *Werkstattorientierter Programmierung (WOP)*, bei denen geometrische und technologische Informationen getrennt und leicht verständlich an der Maschine programmiert werden können. Diese Programmierung kann zusätzlich parallel zur Bearbeitung anderer Werkstücke auf der Maschine erfolgen [Kie93].

Für den Austausch und das Speichern von Programmen sind Datenschnittstellen vorzusehen. Gebräuchlich sind Lochstreifen, Magnetbandkassetten oder Disketten. Ein DNC-Rechner (Direct Numerical Control), der die Programme verwaltet und zuordnet, erlaubt einen direkten Datenaustausch der Maschinen innerhalb eines Rechnernetzes [Kie93].

Bei *SPS (Speicherprogrammierbare Steuerungen*, DIN 19 223) wird ein Programm mit Hilfe eines Programmiergeräts erstellt und festgelegt, wie die Signaleingänge miteinander verknüpft werden, um die entsprechenden Ausgangssignale zu erzeugen. Das Programm wird in elektronischen Bausteinen gespeichert. SPS werden hauptsächlich für Schaltfunktionen eingesetzt und übernehmen je nach Ausstattung zusätzliche Überwachungs- und Anzeigeaufgaben. Häufig werden CNC-Steuerungen mit integrierten oder busgekoppelten SPS eingesetzt (s. 10.3.1.1).

Zur Überwachung des aktuellen Maschinenzustandes für Planungen in der Werkstattsteuerung oder im PPS-System und der Bearbeitungszeiten für die Kostenrechnung können Funktionen der Betriebsdatenerfassung (BDE) und Maschinendatenerfassung (MDE) in der Steuerung verwirklicht sein (s. 10.3.2.3) [Wec89: 16 ff., Lin89].

Insbesondere bei Schleifmaschinen sind *Adaptive Regelungen* gebräuchlich (s. 10.3.1.1). Hier wird zum einen das *Verfahren der Grenzwertregelung (Adaptive Control Constraint, ACC)*. eingesetzt: Eine Größe (z. B. Anpreßdruck der Schleifscheibe) wird so geregelt, daß sie an der oberen Grenze des zulässigen Bereiches liegt. Zum anderen kann das Verfahren der *Optimierregelung (Adaptive Control Optimization, ACO)* zum Einsatz kommen. Hier werden mehrere Größen so geregelt, daß eine (z. B. nach wirtschaftlichen Kriterien) optimale Bearbeitung möglich ist [Wec89: 364 ff.].

Nebenfunktionen sind alle Funktionen, die nicht direkt an der Wertschöpfung beteiligt sind. Um den Anforderungen eines höheren Automatisierungsgrads gerecht zu werden, sind insbesondere Maßnahmen bzgl. Werkzeug- und Werkstückhandhabung sowie Überwachungs- und Kontrollfunktionen zu ergreifen, die bisher manuell ausgeführte Tätigkeiten ersetzen.

Voraussetzung einer automatisierten Werkzeugbereitstellung sind *Werkzeugaufnahmesysteme*, die das Werkzeug aufnehmen und gleichzeitig einen Bezugspunkt für die Voreinstellung festlegen. Sie können modular aufgebaut sein. Die Werkzeugvoreinstellung ermöglicht eine definierte Einstellung und Vermessung des Werkzeugs zu diesem Bezugspunkt, wodurch der Steuerung die Werkzeugposition im Raum bekannt ist. Eine Werkzeugcodierung erlaubt das schnelle Auffinden des im Programm angesprochenen Werkzeugs. Die *Werkzeugcodierung* kann am Werkzeug selbst z. B. durch Strichcode, auf einem Speicherchip oder als feste oder variable Platzcodierung der Magazinplätze im Werkzeugspeicher erfolgen. *Werkzeugspeichersysteme* garantieren die an die jeweilige Maschine angepaßte Bereitstellung der Werkzeuge in Trommel-, Scheiben-, Teller-, Kugelmagazinen oder Kassetten. *Werkzeugwechseleinrichtungen* erlauben das schnelle Austauschen der Werkzeuge hauptzeitparallel, wodurch die Wirtschaftlichkeit der Maschine aufgrund einer höheren Ausnutzung steigt. Werkzeuge, Werkzeugwechsel- und Werkzeughandhabungseinrichtungen bilden zusammen das Werkzeugsystem [DIN 69 651 S. 4].

Die Automatisierung der Werkstückbereitstellung ermöglicht das Senken der Nebenzeiten für Spannen, Ausrichten sowie Be- und Entladen, indem diese Funktionen außerhalb des Arbeitsbereichs der Maschine und während der Hauptzeit durchgeführt werden. Der Einsatz von *Palettenspeichersystemen* mit Palettencodierung und -wechseleinrichtung verringert zusätzlich die Notwendigkeit eines direkten Bedienereingriffs in den Fertigungsprozeß. Das Werkstück wird meist manuell, hydraulisch oder pneumatisch aufgespannt, wobei z. B. modulare Raster- oder Nutenspannsysteme zum Einsatz kommen. Palettenspeichersysteme wie Rundmagazine

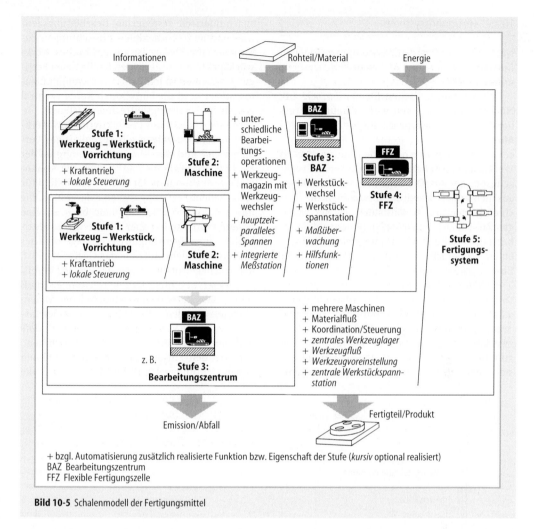

Bild 10-5 Schalenmodell der Fertigungsmittel

oder Palettenpool ermöglichen die Bereitstellung von mehreren aufgespannten Werkstücken außerhalb des Arbeitsraums. Palettenwechseleinrichtungen (z.B. Drehtische) bringen das aufgespannte Werkstück dann auf die Maschine. Einrichtungen zur Handhabung von Werkstücken werden im Werkstückhandhabungssystem zusammengefaßt (s. Kap. 16).

Mittels direkter oder indirekter Meßverfahren und eventuell integrierter Meßstationen können Werkzeug- und Werkstückzustände vor, während und nach der Bearbeitung zur Überwachung im Rahmen der Qualitätssicherung erfaßt werden (s. Kap. 13). Die Steuerung berechnet anhand der ermittelten Zustände Korrekturdaten und leitet entsprechende Maßnahmen ein. Die Überwachung der Maschine auf einwandfreie Funktion erfolgt in den meisten Fällen durch

Kraft- und Körperschallsensoren, die bei Überschreiten einer Toleranzgrenze Alarmfunktionen auslösen. Die Systemverfügbarkeit kann durch die Automatisierung der Überwachungs- und Diagnosefunktionen bei gleichzeitiger Senkung des Personaleinsatzes erhöht werden.

Die starre oder flexible Verkettung von mehreren Maschinen führt zu einer weiteren Erhöhung des Automatisierungsgrads. Weitere Kennzeichen neben dem Materialfluß sind eine einheitliche Koordination und Steuerung, ein zentrales Werkzeuglager mit Werkzeugvoreinstellung und eine zentrale Werkstückspannstation. Diese Mehrmaschinensysteme werden auch als (flexible) Fertigungssysteme bezeichnet (s.10.1.2). Die verschiedenen Stufen von der Grundmaschine bis zum Fertigungssystem, werden in Bild 10-5 zusammenfassend dargestellt.

Nach DIN 69 651 werden Werkzeugmaschinen in *Einzelmaschinen* und *Mehrmaschinensysteme* unterteilt [DIN 69651, 1-6].

Der von mechanischen Elementen, wie z.B. Nocken, gesteuerte *Automat* ist heute weitgehend von der mikroprozessorgesteuerten *NC-Maschine* abgelöst (s. 10.1.1). Die *Bearbeitungszentren* zeichnen sich neben dem automatischen Werkzeugwechsel durch einen eigenen Werkzeugspeicher aus. Die *Zelle* besteht in der Regel aus mehreren Bearbeitungsmaschinen, die über einen gemeinsamen Werkstückspeicher verfügen. Zusätzlich können Meßstationen und Handhabungsgeräte in der Zelle integriert sein. Durch einen Zellenrechner werden die Aufgaben der Einzelmaschinen zentral koordiniert.

Flexible Fertigungssysteme und *Transferstraßen* besitzen einen automatischen Werkstückfluß zwischen allen Stationen. Während Transferstraßen aus einer Vielzahl von Einzweckmaschinen bestehen, die für eine bestimmte Bearbeitungsaufgabe zusammengestellt sind, setzen sich flexible Fertigungssysteme aus numerisch gesteuerten Bearbeitungszentren und anderen flexiblen Einrichtungen zusammen. Ihr Einsatz ist auf ein breites Werkstückspektrum ausgerichtet. Bei flexiblen Fertigungssystemen ist häufig der Werkzeugfluß automatisiert und alle Funktionen werden zentral von einem Fertigungsleitrechner gesteuert.

Die Flexibilität und Produktivität von Werkzeugmaschinen zeigen ein gegenläufiges Verhalten und sind vom *Automatisierungsgrad* der Systeme abhängig. In Bild 10-6 ist die Abhängigkeit der Produktivität von der Flexibilität für verschiedene Fertigungssysteme dargestellt. Die höher automatisierten Systeme besitzen eine höhere Produktivität aber eine geringere Flexibilität. Eine allgemeingültige Aussage, welches System für welche Aufgabe das Geeignetste ist, kann nicht getroffen werden, da zu viele Einflußparameter beachtet werden müssen. Es muß sehr genau abgewogen werden, welches System eingesetzt werden soll. Grob unterscheiden lassen sich *starre Mehrmaschinensysteme, flexible Mehrmaschinensysteme* und Einzelmaschinen.

Durch den Einsatz von Fertigungssystemen lassen sich unterschiedliche Ziele, wie z.B. die

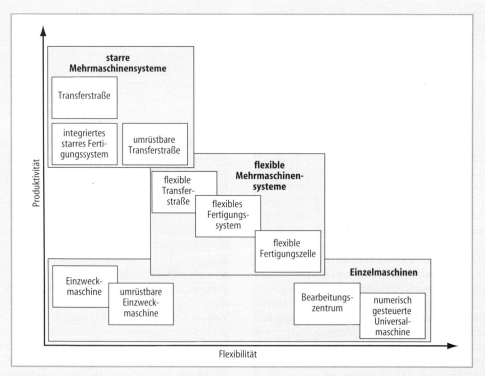

Bild 10-6 Zusammenhang zwischen Produktivität und Flexibilität verschiedener Fertigungssysteme

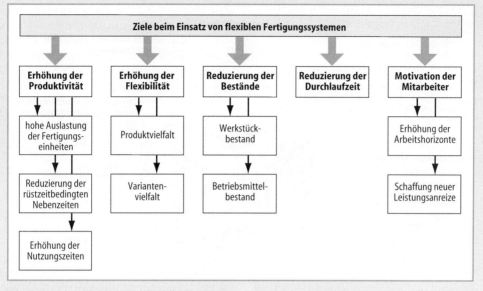

Bild 10-7 Ziele beim Einsatz von flexiblen Fertigungssystemen

Erhöhung der Produktivität, die Erhöhung der Flexibilität, Reduzierung der Bestände und der Durchlaufzeit sowie die Erhöhung der Motivation der Mitarbeiter, erreichen. Welche Zielvorgaben durch welche Maßnahmen erreichbar sind, kann nur im Einzelfall entschieden werden. Die Ziele beim Einsatz von flexiblen Fertigungssystemen und Maßnahmen zum Erreichen der Ziele sind in Bild 10-7 dargestellt.

10.1.2.1 Konventionelle Fertigungssysteme

Als konventionelle Fertigungssysteme werden in der Regel numerisch gesteuerte *Universalmaschinen* oder *Bearbeitungszentren* eingesetzt, wenn eine hohe Flexibilität bei einer zwangsläufigen geringen Produktivität gefordert ist (s. 10.1.1). Die Komponenten eines Bearbeitungszentrums sind in Bild 10-8 dargestellt.

Höhere Produktivitäten können nur unter Verringerung der Flexibilität durch *Einzweckmaschinen* oder umrüstbare Einzweckmaschinen erreicht werden (s. 10.1.1). Die Bearbeitungszentren und die Einzweckmaschinen können in drei verschiedenen *Fertigungsformen* eingesetzt werden: in der Werkstattfertigung, in der Gruppenfertigung und der Fließfertigung.

Die *Werkstattfertigung* zeichnet sich dadurch aus, daß der zeitliche Ablauf an die Losfertigung geknüpft ist, d.h. das Los bleibt bei der gesam-

ten Fertigung zusammen. Dies führt dazu, daß bei jeder Fertigungsoperation gewartet werden muß, bis die anderen Werkstücke fertig sind. Erst nach der Fertigung des ganzen Loses wird dieses zur nächsten Fertigungseinrichtung transportiert. Wegen der Vielzahl und Vielartigkeit und des ständigen Wechsels der Werkstücke ist eine geregelte zeitliche Abstimmung nicht möglich. Um trotzdem eine gute Maschinenauslastung und kurze Durchlaufzeiten zu erreichen, muß erheblicher Aufwand bezüglich Kapazitätsterminierung und Fertigungssteuerung betrieben werden.

Ein anderes wesentliches Merkmal der Werkstattfertigung besteht in der räumlichen Anordnung der Maschinen. Fertigungssysteme, die gleiche Verrichtungen ausüben, werden zusammengefaßt, z.B. zu einer Dreherei oder Fräserei. Der Materialfluß und der Werkzeugfluß sind dadurch gekennzeichnet, daß ein stetiger Fluß fehlt, daß Teile vielmehr durch Personen transportiert werden. Dies erfolgt schrittweise und unregelmäßig.

Folgende Vor- und Nachteile für die Werkstattfertigung lassen sich aufführen:
Vorteile:
– Die räumliche Anordnung ähnlicher Maschinen erleichtert die Planung der Maschinenhalle, da z.B. für die Bodenbelastung gleichartige Belastungen zugrunde gelegt werden können.

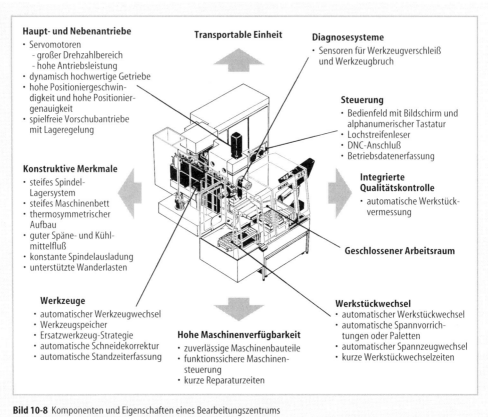

Haupt- und Nebenantriebe
- Servomotoren
  - großer Drehzahlbereich
  - hohe Antriebsleistung
- dynamisch hochwertige Getriebe
- hohe Positioniergeschwin-
  digkeit und hohe Positioniergenauigkeit
- spielfreie Vorschubantriebe
  mit Lageregelung

Transportable Einheit

Diagnosesysteme
- Sensoren für Werkzeugverschleiß
  und Werkzeugbruch

Steuerung
- Bedienfeld mit Bildschirm und
  alphanumerischer Tastatur
- Lochstreifenleser
- DNC-Anschluß
- Betriebsdatenerfassung

Konstruktive Merkmale
- steifes Spindel-
  Lagersystem
- steifes Maschinenbett
- thermosymmetrischer
  Aufbau
- guter Späne- und Kühl-
  mittelfluß
- konstante Spindelausladung
- unterstützte Wanderlasten

**Integrierte
Qualitätskontrolle**
- automatische Werkstück-
  vermessung

Geschlossener Arbeitsraum

Werkzeuge
- automatischer Werkzeugwechsel
- Werkzeugspeicher
- Ersatzwerkzeug-Strategie
- automatische Schneidekorrektur
- automatische Standzeiterfassung

Hohe Maschinenverfügbarkeit
- zuverlässige Maschinenbauteile
- funktionssichere Maschinensteuerung
- kurze Reparaturzeiten

Werkstückwechsel
- automatischer Werkstückwechsel
- automatische Spannvorrichtungen oder Paletten
- automatischer Spannzeugwechsel
- kurze Werkstückwechselzeiten

Bild 10-8 Komponenten und Eigenschaften eines Bearbeitungszentrums

– Das Personal und das Fertigungssystem können sehr flexibel eingesetzt werden.
– Das beaufsichtigende Personal besitzt eine gute Übersicht über die Maschinen.

Nachteile:

– Es müssen sehr lange Transportwege und hohe Transportkosten berücksichtigt werden.
– Lange Durchlaufzeiten und entsprechend hoher Kapitalaufwand beeinflussen die Fertigung.
– Es besteht ein großer Raumbedarf an Maschinen für die Zwischenlagerung der Bauteile.

Die Nachteile könne z.B. durch ein zentrales Zwischenlager oder durch eine zentrale Arbeitsverteilung verringert werden.

Bei der *Gruppenfertigung* werden Maschinen und Handarbeitsplätze verschiedener Art und Funktion örtlich zusammengefaßt, um eine Reihe gleicher, gleichartiger oder verwandter Teilprozesse auszuführen. Als Maschinen werden häufig Universalmaschinen eingesetzt, wobei sich die Gruppenfertigung gegenüber der Werkstattfertigung durch einen wesentlich geringeren Transportaufwand auszeichnet. Die Rüstzeiten sind ebenfalls geringer, da in der Regel nur ähnliche Teile hergestellt werden. Somit eignet sich die Gruppenfertigung auch für kleinere Stückzahlen. Die Gruppenfertigung kann als Zwischentyp zwischen Werkstattfertigung und Fließfertigung mit der räumlichen Anordnung der Fließfertigung und dem zeitlichen Ablauf der Werkstattfertigung betrachtet werden.

Die Maschinen für die Gruppenfertigung sind üblicherweise Universalmaschinen, zwischen denen keine Abtaktung erfolgt. Aus diesem Grund sind Zwischenlager (Puffer) erforderlich.

Die *Fließfertigung* ist durch eine räumliche Anordnung der Fertigungsstellen in der Reihenfolge der durchlaufenden Operationen charakterisiert. Die Fertigungsoperationen sind so abgestimmt, daß eine gewisse Taktung möglich ist. Die zeitliche Abstimmung kann aber dazu führen, daß bestimmte Maschinen voll ausgelastet sind, während andere Maschinen nur sehr wenig ausgelastet sind, was zu einer schlechten

Gesamtausnutzung führt. In der Fließfertigung werden häufig Spezialmaschinen eingesetzt, da eine weitgehende Arbeitsspezialisierung vorhanden ist.

10.1.2.2 Fest verkettete Mehrmaschinensysteme

Fest verkettete Mehrmaschinensysteme sind auf eine spezielle Bearbeitungsaufgabe zugeschnitten. Dies äußert sich in der Regel darin, daß nur ein Werkstück, evtl. mit kleinen Variationen, bearbeitet werden kann. Ist die Bearbeitungsaufgabe für eine Bearbeitungsstation zu umfangreich, so wird sie nicht allein auf einer Bearbeitungsstation durchgeführt, sondern auf verschiedene Stationen verteilt. Das Werkstück wird hierbei linear von Station zu Station weiterbefördert (z.B. Transferstraße) oder über Rundtische verteilt (z.B. Rundtakttischanlage).

Translatorische Takttischmaschinen setzt man zur ein- und mehrseitigen Bearbeitung komplexer Werkstücke mittlerer und hoher Stückzahl ein, die Bohr-, Senk-, Gewinde- und Fräsoperationen erfordern. Entsprechend der Fertigungsaufgabe werden die Werkstücke an allen Bearbeitungsstationen vorbei geführt und an allen Stationen gleichzeitig bearbeitet. Hierzu werden

die Bearbeitungseinheiten entsprechend der vorgewählten Vorschubgeschwindigkeit auf die Werkstücke zubewegt. Sobald alle Bearbeitungsstationen ihren Arbeitsgang beendet haben, taktet der Tisch um einen Schritt weiter. Nach jedem Arbeitstakt ist ein Werkstück fertig. Es kann von Hand oder mittels einer Handhabungseinrichtung der Maschine entnommen werden.

Bei *Rundtakttischmaschinen* führt der Maschinentisch keine translatorische, sondern eine rotatorische Bewegung durch. An jeder Station wird eine andere Operation durchgeführt. Wesentliche Vorteile der Rundtakttischmaschinen liegen in ihrer hohen Produktivität, die hier durch folgende Eigenschaften gekennzeichnet ist: Die Spannzeiten fallen in die Hauptzeit, es entsteht ein kontinuierlicher Arbeitsablauf bei einer hohen Ausbringrate. Ferner benötigt die Maschine wenig Platz und hat einen vergleichsweise geringen Anschaffungspreis. Allerdings wird für jede Werkstückgeometrie eine spezielle Spannvorrichtung benötigt. Diese Art von Maschinen werden vorwiegend in der Groß- und Mittelserienfertigung eingesetzt.

Transferstraßen bestehen aus einer Vielzahl hintereinandergereihter Bearbeitungsstationen, wie z.B. Dreh-, Bohr- und Fräsmaschinen, die

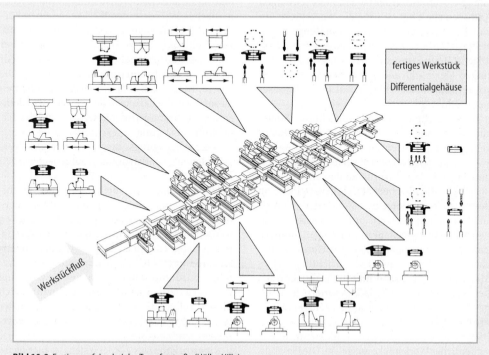

Bild 10-9 Fertigungsfolge bei der Transferstraße (Hüller Hille)

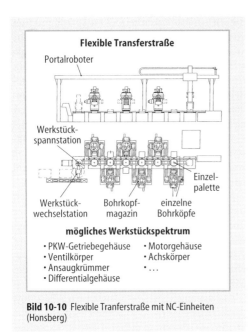

Flexible Transferstraße

Portalroboter

Werkstück-spannstation

Einzel-palette

Werkstück-wechselstation — Bohrkopf-magazin — einzelne Bohrköpfe

mögliches Werkstückspektrum

- PKW-Getriebegehäuse
- Ventilkörper
- Ansaugkrümmer
- Differentialgehäuse
- Motorgehäuse
- Achskörper
- ...

Bild 10-10 Flexible Tranferstraße mit NC-Einheiten (Honsberg)

durch eine automatische Werkstücktransporteinrichtung räumlich und evtl. auch zeitlich miteinander verkettet sind. Der Arbeitsfortschritt geschieht getaktet oder mit Zwischenpuffern ungetaktet. Sobald eine der getakteten Maschinen alle Bearbeitungseinheiten ihrer jeweiligen Aufgabe erfüllt hat, werden die Werkstücke um einen Taktweg zur nächsten Bearbeitungsstation weiterbefördert. Das Beispiel einer Fertigungsfolge ist in Bild 10-9 zu sehen. Aufgrund der geringen Flexiblität und der hohen Investitionskosten sind solche Anlagen nur in der Großserienproduktion wirtschaftlich einsetzbar.

Die Weiterentwicklung hinsichtlich Steuerungs- und Antriebstechniken sowie der Datenverarbeitung führten zu der Entwicklung *flexibler Transferstraßen*. Sie dienen zur Herstellung eines Teilespektrums, an dessen Produktion jeweils die gleichen Maschinenstationen in derselben Reihenfolge beteiligt sind. Es handelt sich hier meistens nicht um Einzweckmaschinen mit festvorgegebenen Werkzeugen, sondern um Bearbeitungsmaschinen mit Werkzeugmagazin und Werkzeugwechseleinrichtungen. Der Materialfluß wird auch hier in getakteter oder, bei Verwendung von Zwischenpuffern, in nichtgetakteter Weise vorgenommen [Haa 84, Fis 87, Fro 86]. Die 6-Stationen-Transferstraße nach Bild 10-10 ist für ein weites Spektrum unterschiedlicher Werkstücke ausgelegt. Die Flexibilitätserhöhung bei flexiblen Transferstraßen durch den Einsatz CNC-gesteuerter Bearbeitungsstationen mit Einzelwerkzeugbearbeitung hat gegenüber der starren Transferstraße mit angepaßten Mehrspindelbohrköpfen den Nachteil einer stark reduzierten Produktivität. Aus diesem Grund wird in zunehmender Weise versucht, die Mehrspindeltechnologie in flexible Transferstraßen zu integrieren. Hierbei müssen aber auch die Mehrspindelköpfe auswechselbar sein.

10.1.2.3 Flexibel verkettete Mehrmaschinensysteme

Ausgehend von der Forderung, ein Fertigungssystem zu schaffen, das gleichzeitig die konträren Ziele einer noch relativ hohen Produktivität bei hoher Flexibilität gut verbindet, wurden sogenannte *flexible Fertigungssysteme* (FFS) oder auch flexibel verkettete Mehrmaschinensysteme entwickelt. Über ein rechnergestütztes Werkstücktransportsystem werden hierbei mehrere, sich ergänzende oder ersetzende CNC-Maschinen, in der Regel Bearbeitungszentren, Meßmaschinen und andere, verknüpft. Auch die automatisch bedienbaren Werkstückspeicher für Roh- und Fertigteil sind zum Teil mit dem Transportsystem gekoppelt. Eine weitere Steigerung der Flexibilität wird dadurch erreicht, daß auch eine automatische Bereitstellung und ein automatisches Wechseln der Werkzeuge über Förder- und Handhabungssysteme möglich sind. Die Zuführung der Werkstücke geschieht über fahrerlose Flurförderfahrzeuge, Rollengänge oder Palettenübergabeeinrichtungen (s. 16.5.2). Die Konzeption von flexiblen Fertigungssystemen ist auf die Anforderungen der Einzel-, der Kleinserien-, insbesondere der Ersatzteil- und der Teilefamilienfertigung zugeschnitten.

Flexible Fertigungssysteme können in vier verschiedenen Grundstrukturen aufgebaut werden [Kie 92]:

Linienstruktur: Hierbei werden die Maschinen rechts und links der Transportlinie angeordnet. Für die Versorgung mit Werkstücken werden in der Regel schienengebundene Transportsysteme eingesetzt. Der Vorteil der Linienstruktur liegt darin, daß nur wenig Platz benötigt wird und sehr einfach eine Erweiterung realisiert werden kann. Allerdings wird durch diesen Aufbau die Wartung und ein manueller Werkstückwechsel bei Störungen im Transportsystem sehr erschwert.

Ringstruktur: Das Fördersystem ist hier oval-, ringförmig oder rechteckig angeordnet, wobei

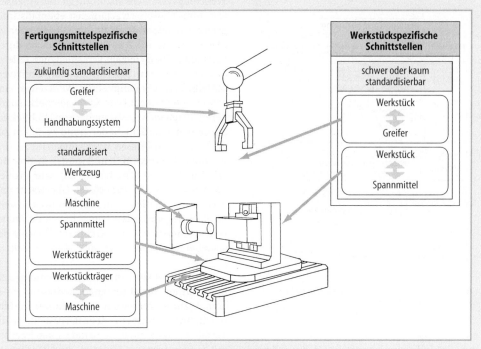

Bild 10-11 Fertigungsmittel- und werkstückspezifische Schnittstellen im Materialfluß

die Versorgung von einer zentralen Stelle aus erfolgt. Die Bearbeitungsmaschinen sind auch hier rechts und links des Transportsystems angeordnet. Die Ringstruktur besitzt die gleichen Vor- und Nachteile wie die Linienstruktur.

Flächenstruktur: Die Maschinen werden bei der Flächenstruktur auf den zur Verfügung stehenden Flächen nach systemabhängigen oder fertigungstechnischen Gesichtspunkten aufgestellt. Der Werkstücktransport erfolgt über induktiv geführte Transportwagen oder durch Flächen-Portalroboter. Die Vorteile dieser Struktur sind die gute Zugänglichkeit zu den Maschinen und die gute spätere Erweiterungsmöglichkeit. Nachteilig sind hierbei der große Flächenbedarf und die langen Fahrstrecken für das Transportsystem.

Leiterstruktur: Die Paletten mit den Werkstücken fahren auf einem Fördersystem um die Maschinen und warten in Eingangspufferstrecken bis die zugewiesene Maschine frei ist. Als Transportsystem eignen sich Staurollen-Fördersysteme oder Doppelgurt-Transportbänder. Diese Struktur hat den großen Nachteil, daß die Maschine von dem Transportsystem eingeschlossen und dadurch nur sehr schwer zugänglich ist.

Bei den flexiblen Fertigungssystemen kommt den mechanischen Schnittstellen eine besondere Bedeutung zu. Die einzelnen Komponenten sind in Bild 10-11 dargestellt.

Die Bereitstellung von Werkstücken wird meist individuell für jede Aufgabe gelöst. Für die Bereitstellung von Werkzeugen wurden technische Lösungskonzepte erarbeitet. Bild 10-12 gibt einen Überblick über die verschiedenen technischen Möglichkeiten zur Erweiterung des Werkzeugzugriffbereiches der Bearbeitungszentren.

Eine günstige Lösung hinsichtlich der Zusatzinvestitionen stellt die Erweiterung durch ein verlängertes Kettenmagazin dar. Nachteilig ist jedoch die im Durchschnitt dadurch verlängerte Zugriffzeit. Eine grundsätzlich andere Lösung stellt das maschinennahe Werkzeuglager als Ergänzung der Werkzeuggrundkapazität der Maschine dar. Ein automatisches Handhabungssystem tauscht Werkzeuge zwischen allen Maschinen und dem Werkzeuglager aus (s. 10.1.3). Die große Speicherkapazität und die gute Ausbaumöglichkeit sowie die Tatsache, daß die Werkzeuge von mehreren Maschinen genutzt werden können, kommen den Idealvorstellungen eines FFS sehr entgegen. Eine prinzipiell ähnliche Lö-

Bild 10-12 Alternative Konzepte zur Versorgung der Maschine mit Werkzeugen

sung wird in Form eines ortsfesten Beistellmagazins angeboten. Dieses Zusatzmagazin dient zur Aufnahme von ersatz- und auftragsspezifischen Sonderwerkzeugen, während das eigentliche Werkzeugmagazin der Maschine mit einem Grundvorrat von Standardwerkzeugen bestückt ist. Auch hierbei werden die Werkzeuge durch ein Handhabungssystem automatisch zwischen Maschinen- und Beistellmagazin ausgetauscht.

Nicht einzelne Werkzeuge, sondern das ganze Magazin wird bei der vierten Lösung getauscht. Jedes der bis zu vier in einem Magazinwechsler an der Maschine integrierten Scheibenmagazine nimmt dabei einen vollständigen Werkzeugsatz für die Bearbeitung eines oder mehrerer Aufträge auf. Bei Auftragswechsel wird in der Regel auch das Magazin gewechselt.

Werden verschiedene Bearbeitungsvorgänge auf einer Maschine, in der Regel einem Bearbeitungszentrum, ausgeführt, so wird diese Einheit als *flexible Fertigungszelle* bezeichnet, wenn diese Maschine mit Einrichtungen für einen zeitlich begrenzten, bedienerlosen Betrieb zur Komplettbearbeitung von Werkstücken ausgerüstet ist. Integriert ist ein Palettensystem oder ein Einzelteilspeicher für die Bereitstellung von Werkstücken. Die Maschine wird automatisch mit Werkzeugen beschickt und ist in der Lage neue Werkzeuge aufgrund von Werkzeugbruch oder

Werkzeugverschleiß anzufordern und einzusetzen. Eine Maßüberwachung ist ebenfalls integriert, um automatisch auf Maßänderungen zu reagieren. Um die Anwendungsbereiche durch Fertigung einer Vielzahl verschiedener Teile zu erhöhen und um bei Ausfall bzw. Grenzverschleißüberschreitung eines Werkzeugs eine ausreichende Anzahl von Schwesterwerkzeugen bereitzustellen, ist insbesondere im Hinblick auf die bedienarme Schicht der Trend zu einem Zugriff auf einen großen Werkzeugvorrat zu verzeichnen. Aus diesem Grund werden flexible Bearbeitungszellen sehr häufig mit sehr großen Werkzeugspeicher ausgerüstet. Überwacht und gesteuert wird die flexible Fertigungszelle über einen übergeordneten Leitrechner und Steuerungsrechner, der den Maschinen die Daten der anstehenden Werkstücke zur Verfügung stellt (s. 10.3.2).

Zunehmend wird in einer Bearbeitungszelle nicht nur ein Verfahren angewandt, sondern es kommt zur Kombination von mehreren Verfahren. In Bild 10-13 ist eine Zelle dargestellt, die die Verfahren Stanzen/Nibbeln und Laserschneiden mit automatisierter Material- und Werkzeughandhabung kombiniert.

Flexible Fertigungszellen können, ebenso wie numerisch gesteuerte Einzelmaschinen, in der Regel Bearbeitungsmaschinen, als Grundbausteine flexibler Fertigungssysteme dienen. Ein Beispiel für die Integration einer flexiblen Drehzelle in ein flexibles Fertigungssystem zeigt Bild 10-14.

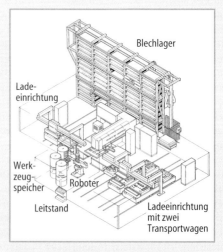

Bild 10-13 Flexible Fertigungszelle für die Blechbearbeitung (Trumpf)

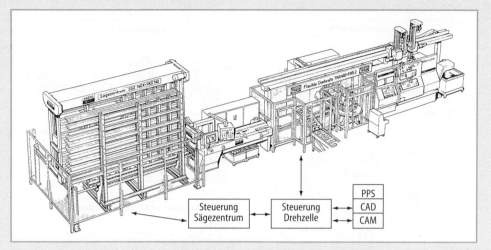

Bild 10-14 Flexibles Fertigungszentrum mit Sägezentrum und Drehzelle (Traub, Kasto, Prime, WZL)

10.1.3 Montagemittel

Montieren ist die Gesamtheit aller Vorgänge, die dem Zusammenbau von geometrisch bestimmten Körpern dienen. Dabei kann zusätzlich formloser Stoff (z. B. Gleit- und Schmierstoffe, Kleber usw.) zur Anwendung kommen [VDI 2860].

Die Montage gliedert sich in Haupt- und Nebenfunktionen. Die eigentliche Wertschöpfung entsteht beim Fügen von Bauteilen, das somit die Hauptfunktion der Montage beschreibt. Als Fügen wird das dauerhafte Verbinden von zwei oder mehr geometrisch bestimmten Körpern oder von geometrisch bestimmten Körpern mit formlosem Stoff bezeichnet [DIN 8593]. Als Nebenfunktionen der Montage werden dem Fügen vor- oder nachgelagerte Tätigkeiten durchgeführt, die nicht unmittelbar zur Wertschöpfung beitragen. Dazu gehören das Handhaben, Transportieren, Lagern, Anpassen und Kontrollieren [Eve89]. Alle zur Erfüllung dieser Funktionen eingesetzten Werkzeuge und Hilfsmittel werden unter dem Begriff *Montagemittel* zusammengefaßt.

10.1.3.1 Montagewerkzeuge

Per Definitionem sind Werkzeuge Betriebsmittel, mit denen Werkstücke bearbeitet oder gehandhabt werden. Neben den bekannten Standardwerkzeugen wie Schraubenschlüssel, Hämmer und Zangen sind im Bereich der handgeführten Montagehilfsmittel zahlreiche, auf spezielle Aufgaben zugeschnittene Sonderwerkzeuge im Einsatz. Ähnlich wie bei den Handwerkzeugen sind auch bei den Handprüfmitteln Standard- und Sonderausführungen bekannt. Im Bereich der Mittel- und Großserienproduktion werden mit steigendem Automatisierungsgrad zunehmend mechanisierte Geräte wie beispielsweise pneumatische oder elektrische Schrauber, Dosiergeräte für den Klebstoffauftrag sowie elektronische Meßmittel, gekoppelt an die Betriebsdatenerfassung zur Dokumentation des Qualitätsniveaus, eingesetzt. Neben den genannten, handgeführten Standardwerkzeugen, gibt es in automatisierten Montagebereichen Standard- und Sonderwerkzeuge für Roboter (s. 10.1.3.4).

10.1.3.2 Vorrichtungen und Hilfsmittel

In der Montage wird, wie auch in der Fertigung, eine große Vielfalt an Vorrichtungen und Hilfsmitteln benötigt, die den Montageprozeß unterstützen. Eine besondere Bedeutung kommt dabei den Werkstückspannvorrichtungen zu. Mit steigendem Automatisierungsgrad werden vermehrt Verkettungsmittel und Sortier- bzw. Vereinzelungseinrichtungen in der Montage eingesetzt.

Spannvorrichtungen

Je nach Montagevorgang werden an die *Spannvorrichtungen* (s. 10.1.1) unterschiedliche Anforderungen gestellt. Die primäre Funktion der Vorrichtungen ist dabei, die Werkstücke ausrei-

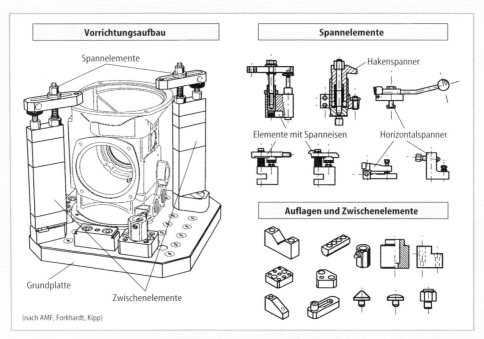

Bild 10-15 Einsatzbeispiel einer Spannvorrichtung aus standardisierten Elementen

chend stabil zu fixieren. Zusätzlich sollte ein größtmöglicher Bearbeitungsfreiraum verbleiben. Einführhilfen und Sicherungen gegen falsches Einlegen sind insbesondere bei der Automatisierung des Spannvorganges wichtige Optionen. Abhängig von der Größe des Werkstückspektrums werden Vorrichtungen unterschiedlicher Flexibilität eingesetzt. Bild 10-15 zeigt beispielhaft den Aufbau einer Spannvorrichtung, für die ausschließlich standardisierte Elemente verwendet wurden. *Baukastenvorrichtungssysteme* (s. 10.1.1) sind im Vergleich zu teilespezifischen Vorrichtungen universell nutzbar. Sie zeichnen sich durch ihre große Anpaßbarkeit in bezug auf unterschiedliche Werkstücke bei gleichzeitig geringem Umrüstaufwand und minimaler Umrüstzeit aus. Ihre Elemente werden aus einzelnen standardisierten Bauteilen zusammengefügt bzw. lösbar verbunden. Die Vorrichtungselemente werden auf Grundplatten positioniert, die durch Nuten oder Bohrungen gerastert sind.

Verkettungsmittel

Häufig eingesetzte Verkettungsmittel zwischen Montagestationen sind Drehtische und *Palettenfördersysteme* (s. 16.5.2). Bei *Drehtischen* (s. 10.1.1)

arbeiten alle Stationen innerhalb eines vorgegebenen Taktes, da alle Werkstücke auf demselben Träger, dem *Rundtakttisch* (s. 10.1.1), fixiert sind. Eine größere Flexibilität bieten hier Palettenfördersysteme durch integrierbare Verzweigungen und Pufferzonen. Als weitere Steigerungsform der Flexibilität sind *fahrerlose Flurförderfahrzeuge* (s. 16.5.2) bekannt. Diese können zwischen frei programmierbaren Orten in beliebiger Abfolge verkehren. Die Verkettungsmittel verbinden Personen- wie Maschinenarbeitsplätze miteinander.

Sortier- und Vereinzelungseinrichtungen

Für die Automatisierung von Montageaufgaben müssen hinsichtlich der Hilfsmittel weitere Teilarbeitspunkte im Vorfeld der Montage berücksichtigt werden: das Zuführen, Ordnen und Vereinzeln der zu montierenden Teile (s. 16.5.3). Typische Einrichtungen zur Erfüllung dieser Aufgabe sind *Wendel-* und *Schwingfördersysteme* (s. 16.5.3). Mit beiden Systemen kann jeweils ein sehr großes Teilespektrum sortiert werden, woraufhin die Bauteile vom Montageautomaten entweder direkt übernommen, oder zunächst in größerer Anzahl in einem Magazin zwischengespeichert werden.

Die Automatisierung der Montage ist zumeist sehr stark auf das zu montierende Produkt- oder Teilespektrum zugeschnitten. Demnach sind auch die hier eingesetzten Maschinen Einzweckgeräte oder ganze Anlagen, die nach einem Produktwechsel nicht mehr eingesetzt werden. Da sich die Einzweckgeräte durch immer kürzere Produktlebenszyklen kaum noch amortisieren können, wird die Wiederverwendbarkeit von Teilen einer Montageanlage angestrebt. Eine gute Möglichkeit dazu bieten modulare Baukastensysteme, deren Elemente beliebig konfigurierbar und einfach montierbar sowie demontierbar sind (Bild 10-16). Aus den Modulen, die in unterschiedlichen Bau- und Leistungsgrößen erhältlich sind, lassen sich bei geänderten Anforderungen Anlagen völlig neuer Funktion aufbauen. Als Antriebe kommen elektrische, pneumatische und hydraulische Systeme zum Einsatz. Die Steuerung von Einzweckanlagen wird zumeist mit speicherprogrammierbaren Geräten realisiert (SPS, s. 10.3.1.1), die als Eingangsgrößen überwiegend Signale von Positionsschaltern verarbeiten. Über die Ausgänge werden die Aktoren ein- oder ausgeschaltet; in Ausnahmefällen kommen auch frei positionierbare Achsen zum Einsatz.

Handhaben ist das Schaffen, definierte Verändern oder vorübergehende Aufrechterhalten einer räumlichen Anordnung von geometrisch bestimmten Körpern in einem Bezugskoordinatensystem [VDI 2860].

Unter Handhabungsgeräten im engeren Sinne versteht man Geräte, die diese Körper in bestimmte „Posen" bewegen. Die Pose, die ein Körper einnimmt, setzt sich dabei aus seiner Position und seiner Orientierung in je drei Freiheitsgraden zusammen. Man unterscheidet *Manipulatoren*, *Teleoperatoren*, *Einlegegeräte* und *Industrieroboter* (s. 16.5.4).

Manipulatoren und Teleoperatoren

Manipulatoren sind manuell gesteuerte Bewegungseinrichtungen und werden im wesentlichen als Kraftverstärker oder in gesundheitsgefährdender Umgebung eingesetzt. Die Bedienung erfolgt direkt am Gerät. Im Gegensatz dazu werden *Teleoperatoren* ferngesteuert bedient.

Einlegegeräte

Einlegegeräte werden eingesetzt, wenn einfache, immer wiederkehrende Bewegungsabläufe aus-

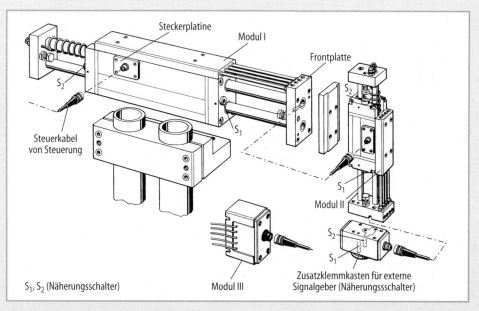

Bild 10-16 Modulares Baukastensystem für Montagegeräte

zuführen sind. Beschleunigungs- und Geschwindigkeitsverläufe können nicht frei programmiert werden. Die Weginformationen werden durch Anschläge oder Schaltnocken in Verbindung mit Schaltern und Ventilen vorgegeben. Diese Anschläge und Schaltnocken sind für eine geänderte Einlegeaufgabe entsprechend in ihrer Lage zu verstellen. Die Ablaufsteuerung wird vielfach in Form einer Kreuzschienensteuerung oder einer speicherprogrammierbaren Steuerung (SPS) realisiert.

Dank ihrer problemangepaßten Kinematik haben Einlegegeräte oft sehr kurze Taktzeiten. Sie werden in großer Zahl in der Serien- und Massenproduktion in automatischen Montagelinien sowie für Verpackungsaufgaben, aber auch zur Werkzeugmaschinenbeschickung eingesetzt. Insbesondere in diesem Bereich werden häufig Geräte eingesetzt, die aus standardisierten Modulen aufgebaut sind (Bild 10-16). Der Einsatz von modularen Baukastensystemen bringt hier die gleichen Vorteile mit sich, die

auch ihre Verwendung für Einzweckgeräte und -anlagen begünstigen (s. 10.1.3.3).

Industrieroboter

Industrieroboter sind universell einsetzbare Bewegungsautomaten mit mehreren Bewegungsachsen, deren Bewegungen hinsichtlich der Bewegungsfolge und der Wege bzw. der Winkel frei programmierbar (d.h. ohne mechanischen Eingriff veränderbar) und ggf. sensorgeführt sind. Sie sind mit Greifern, Werkzeugen oder anderen Fertigungsmitteln ausrüstbar und können Handhabungs- und/oder Fertigungsaufgaben ausführen [VDI 2860].

Industrieroboter werden etwa seit Anfang der siebziger Jahre in großen Stückzahlen eingesetzt. Von Einlegegeräten unterscheiden sie sich durch die freie Programmierbarkeit in typischerweise vier bis sechs Bewegungsachsen. Als Aktoren werden lineare und translatorische Achsen eingesetzt. Je nach Konfiguration der Achsen er-

	Benennung	Prinzip	Achsen	Nutzlast	Arbeitsraum	
Hauptachsen	Vertikaler Knickarm	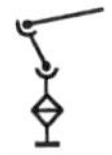	3	$\leq$ 150 kg	Halbkugel	$r \leq$ 3,0 m
	Horizontaler Knickarm (SCARA)	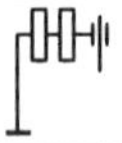	3	$\leq$ 15 kg	Sichel	$r \leq$ 1,5 m $h \leq$ 0,5 m
	Zylinder Koordinaten	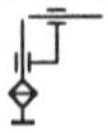	3	$\leq$ 80 kg	Zylinder	$r \leq$ 2,0 m $h \leq$ 1,0 m
	Linienportal		2	$\leq$ 500 kg	Fläche	$l \leq$ 30,0 m $h \leq$ 2,0 m
	Flächenportal		3	$\leq$ 500 kg	Quader	$l \leq$ 30,0 m $b \leq$ 10,0 m $h \leq$ 2,0 m
Nebenachsen	Doppelwinkelhand	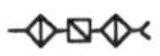	3	$\leq$ 150 kg	Halbkugelfläche	
	Zentralhand	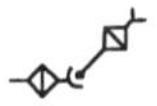	3	$\leq$ 150 kg	Halbkugelfläche	
	Dreh-Schwenkgelenk		2	$\leq$ 200 kg	Halbkugelfläche	
	Drehgelenk		1	$\leq$ 500 kg	Punkt	

Bild 10-17 Roboterbauarten und maximale Leistungsdaten

gibt sich eine Vielzahl theoretisch möglicher Roboterkinematiken. Dabei haben sich einige Bauarten als die gebräuchlichsten durchgesetzt (Bild 10-17). Als Hauptachsen werden die Gelenke eines Roboters bezeichnet, die zur Positionierung eines Körpers im Raum nötig sind. Entsprechend der drei translatorischen Freiheitsgrade im Raum kommen maximal drei Hauptachsen zum Einsatz, es sei denn, der eigentliche Arbeitsraum soll durch zusätzliche Achsen erweitert werden. Diese können ausschließlich aus Rotationsachsen, wie beispielsweise beim Vertikalknickarmroboter, oder aus Linearachsen, wie bei den Portalrobotern, aufgebaut sein. Die am häufigsten eingesetzte Mischform der Hauptachsen stellt der Horizontalknickarmroboter, auch SCARA genannt, dar. Der Zylinderkoordinatenroboter ist im Verhältnis seltener anzutreffen.

Aus den angegebenen realisierbaren Nutzlasten und Arbeitsräumen wird ersichtlich, daß nicht jede Roboterbauart für beliebige Applikationen einsetzbar ist. Insbesondere erreichen Rotationsachsen die Grenzen ihrer Belastbarkeit, wenn hohe Momente schon allein durch das Robotereigengewicht aufgenommen werden müssen. Dadurch werden große Nachgiebigkeiten der Getriebe in den Gelenken hervorgerufen, die, verstärkt durch die Armlängen, große Positionierfehler bedingen. Beim SCARA-, Zylinderkoordinaten- und Portalroboter hingegen werden die durch das Eigengewicht bedingten Kräfte und Momente außer in der Hubachse von Lagern und Führungen aufgenommen. Diese sind wesentlich steifer als der Antrieb selbst, so daß höhere Positioniergenauigkeiten erreicht werden. Der Einfluß des Eigengewichtes ist deshalb so bedeutend, weil die Nutzlast eines Roboters selten einen Anteil von mehr als zehn Prozent an der gesamten bewegten Masse hat. Die bewegte Masse je Hauptachse reduziert sich zum Handgelenk hin immer weiter, so daß möglichst erst die letzte Hauptachse gegen das Erdschwerefeld arbeitet.

Das Handgelenk eines Industrieroboters schließt sich an die Hauptachsen des Handhabungsgerätes an und wird aus den sogenannten Nebenachsen gebildet, mit denen die gewünschte Orientierung des Effektors eingestellt wird. Die drei rotatorischen Freiheitsgrade im Raum werden von maximal drei Rotationsachsen aufgenommen. Je nach Anforderung an den Handhabungsvorgang reichen jedoch oftmals eine oder zwei Nebenachsen aus. Auch bei den Ne-

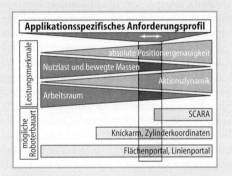

Bild 10-18 Roboterbauarten und charakteristische Leistungsmerkmale

benachsen sind den realisierbaren Momenten Grenzen gesetzt, wodurch dreiachsige Handgelenke bei gleichzeitig kompakter Bauweise am geringsten belastbar sind. Jedoch ist mit den handelsüblichen Robotern mit Nutzlasten bis 150 kg der größte Bereich aller Anwendungen im Montagebereich abgedeckt.

Bei der Auswahl eines Roboters für eine Applikation werden bestimmte Anforderungen an die Leistung des Handhabungsgerätes gestellt. Da die wesentlichen Leistungsmerkmale eines Roboters jedoch aus technologischer Sicht widersprüchliche Zielgrößen beinhalten, muß hier ein Kompromiß geschlossen werden (Bild 10-18). Der technologische Spielraum, im Bild durch die Breite des Auswahlfensters markiert, läßt dabei nur ein begrenztes Spektrum an Variationen offen. Sind die Anforderungen an die Nutzlast eines Handhabungsgerätes beispielsweise gering, kann prinzipiell jede Roboterbauart eingesetzt werden. Muß jedoch ein großer Arbeitsraum abgedeckt werden, gibt es keine Alternative zu linearen Hauptachsen. Die langgestreckten Träger beeinflussen aber wiederum die Positioniergenauigkeit des Roboters aufgrund der statisch und thermisch bedingten Verformungen negativ.

In der Montage ist der Einsatz von Robotern überall dort möglich, wo gleiche Bewegungsabläufe immer wieder durchgeführt werden müssen. Dabei kann ein Roboter die unterschiedlichsten Werkzeuge in Gestalt von Greifern, Schraubern, Schweißköpfen, Beschichtungsgeräten, usw. handhaben. Der überwiegende Anteil aller Roboter in der Montage wird derzeit zum Punktschweißen und Bahnschweißen eingesetzt. Üblich ist auch deren Einsatz zum Beschichten, Lackieren oder Auftragen von Klebstoff oder

Dichtungsmasse. Sehr häufig werden Montageroboter zur Bestückung von Baugruppen mit Einzelteilen eingesetzt. Insbesondere in der Elektronik-, Elektro- und Kleingeräteindustrie werden dazu überwiegend schnelle Roboter mit kleinem Arbeitsraum bei hoher Wiederholgenauigkeit eingesetzt. Hier sind nicht zuletzt aufgrund der gesteigerten Genauigkeitsanforderungen oftmals sensorische Fähigkeiten des Roboters integriert, um Positionierfehler zu minimieren. Sensoren können außerdem dazu beitragen, die Flexibilität von Robotern zu steigern und deren Programmierung zu vereinfachen.

Antrieb der Achse 3 werden die Belastungen durch eine möglichst gleichmäßige Massenverteilung reduziert. So befinden sich die Handachsenantriebe am rückwärtigen Ende des Armes, um ein Gegenmoment zu erzeugen. Von dort aus wird die Drehbewegung mittels kardanischer Wellen zu den Nebenachsen übertragen. Die Getriebe zur Untersetzung der hohen Drehzahl sind im Handgelenk integriert. Auf diese Weise werden erst am Abtrieb des Kompaktgetriebes hohe Momente übertragen, was der Antriebssteifigkeit und der Spielfreiheit zugute kommt.

Vertikal-Knickarmroboter

Bild 10-19 zeigt einen Roboter mit vertikalem Knickarm. Das Karussell, die Schwinge und der Arm bilden die tragende Struktur des Roboters, an die sich die Nebenachsen, hier als Zentralhand, anschließen. Über den Ständer, der die Achse 1 aufnimmt, ist die gesamte Struktur am Boden, an der Wand oder an der Decke verschraubbar.

Die Schwinge ist so gestaltet, daß der Oberarm über die gestreckte Lage hinaus nach hinten durchschwenken kann. Zur Gewichteinsparung bestehen Arm und Schwinge aus Aluminiumguß. Trotzdem muß der Antrieb der Schwinge durch einen im Bild nicht sichtbaren hydraulischen Gewichtsausgleich statisch entlastet werden. Auf diese Weise sind das Getriebe und der Antrieb der Achse 2 kleiner dimensionierbar. Im

Horizontaler Knickarmroboter·

Der horizontale Knickarmroboter, auch als SCARA-Roboter (Selective Compliance Assembly Robot Arm) bezeichnet, ist vorwiegend für Montageaufgaben konzipiert worden (Bild 10-20). In der horizontalen Ebene ist er wegen der be-

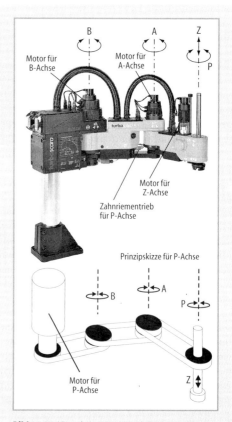

Bild 10-20 Vierachsiger Horizontal-Knickarmroboter (nach Bosch)

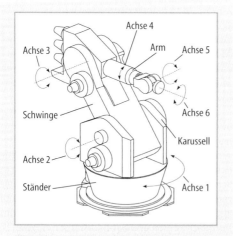

Bild 10-19 Sechsachsiger Vertikal-Knickarmroboter (nach Kuka)

grenzten Verdrehsteifigkeit der Antriebsstränge relativ nachgiebig. In der Vertikalen ist er sehr steif, da vertikale Kräfte keine Momente um die Schwenkachsen bewirken, sondern von den Gelenklagern aufgenommen werden. In der Hubachse kommen Kugelgewindetriebe oder Ritzel-Zahnstangen-Antriebe zum Einsatz, die ebenfalls eine gute Steifigkeit aufweisen. Dieses Verhalten ist beim Fügen vorteilhaft, da die meisten Fügeoperationen nach der Positionierung in der horizontalen Ebene eine senkrechte Fügebewegung erfordern, und in dieser Richtung große Fügekräfte ohne Verkanten aufgenommen werden können. Bei geringeren Anforderungen an die Steifigkeit ist auch ein pneumatischer Hubantrieb möglich, der sich durch hohe Fahrgeschwindigkeiten auszeichnet. Die unterhalb des Arms erkennbaren Zahnriemen dienen zum Antrieb der P-Achse vom Stativ aus. Durch diese Konstruktion ist die P-Achse von den vorherigen Achsen kinematisch entkoppelt und muß nicht mitbewegt werden. Dadurch bleibt ihre Orientierung im Raum konstant, wenn die Achsen A oder B verfahren werden. Genügt für den Anwendungsfall eine einzige Greiferorientierung, so kann der Antrieb der P-Achse ganz entfallen, der Zahnriemen wird dann im Stativ in der gewünschten Position festgelegt.

Flächenportal

Das Gestell eines Flächenportalroboters ist aus Standardprofilen aufgebaut (Bild 10-21). Als Trägerwerkstoff kommt Stahl oder Aluminium zur Anwendung. Aluminiumprofile werden oft bis zur mittleren Arbeitsraumgröße eingesetzt und bieten den Vorteil, daß sie als komplettes Modul mit Führung und Antrieb zu beziehen sind und somit die Konstruktion vereinfachen. Stahlprofile sind werkstoffseitig kostengünstiger und haben bezüglich ihrer Belastbarkeit Vorteile. Ihr höheres Eigengewicht ist beim Gestell ohne Bedeutung, da es sich hier nicht um bewegte Massen handelt.

Die Linearführungen der Hauptachsen stellen wegen ihrer großen Länge einen merklichen Kostenfaktor dar. Die gängigsten Lösungskonzepte verwenden, wie die gezeigte Ausführung, Laufrollen auf flachen oder prismatischen Führungsleisten, teilweise werden aber auch Linearführungen mit Kugelumlaufbüchsen eingesetzt. Der Hauptführungsträger bildet das Festlager der X-Führung, während der Nebenfüh-

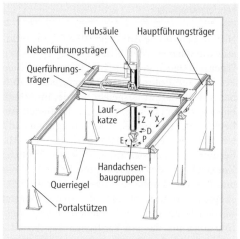

Bild 10-21 Sechsachsiger Flächenportalroboter mit Zweiträgerbrücke [Sta92]

rungsträger die Brücke nur in Z-Richtung stützt und somit die Funktion des Loslagers übernimmt. Der Portalroboter in Bild 10-21 verfügt, im Gegensatz zum Standard, über zwei parallele Querführungsträger aus Aluminium, in denen die Laufkatze mittig geführt ist. Durch diese Anordnung wird die Torsion der Brücke aufgrund von Achsbeschleunigungen oder Bearbeitungskräften gering gehalten. In der Laufkatze wiederum ist die Hubsäule geführt, die am unteren Ende die Nebenachsbaugruppe aufnimmt. Oben an der Hubsäule ist der Antrieb der D-Achse montiert, dessen Moment über eine lange Hohlwelle in die Zentralhand eingeleitet wird. Die Antriebe der E- und P-Achse sind hier direkt integriert.

Die Hauptachsen werden von den mitfahrenden Motoren über Getriebe, Ritzel und Zahnstange angetrieben. Bei kleinen oder sehr schnellen Portalrobotern werden anstelle mitfahrender auch traversierende Antriebe vorgesehen, um die bewegten Massen zu reduzieren. Bei traversierenden Antrieben ist der Motor ortsfest und zieht das anzutreibende Bauteil mit einem Zugmitteltrieb (z. B. Zahnriemen) oder mit einer Spindel hin und her. Da die Steifigkeit des Antriebes mit zunehmendem Verfahrweg abnimmt, wird dieses Prinzip nur bis etwa 4 m Verfahrweg eingesetzt. Bei der konsequentesten Anwendung dieses Prinzips sind die Antriebe aller drei Hauptachsen ortsfest auf dem Gestell angeordnet und wirken über entsprechend aufwendige Antriebsstränge auf Brücke, Laufkatze und Hubbalken.

Neben den Standardkinematiken von Industrierobotern werden Roboter mit speziellen Eigenschaften angeboten. Bild 10-22 zeigt einen Pendelarmroboter, dessen kinematischer Aufbau gezielt darauf ausgelegt wurde, innerhalb eines auf Montagezwecke zugeschnittenen Arbeitsraumes mit großen Beschleunigungen und Geschwindigkeiten verfahren zu können. Außerdem zeichnet sich diese außergewöhnliche Konstruktion des sogenannten Tricept durch eine besonders hohe Steifigkeit aus, da die Teleskopspindeln nur auf Zug oder Druck belastet werden. Dazu sind die Spindeln und das Längsführungsrohr, das ein Verdrehen des Arbeitskopfes verhindert, kardanisch aufgehängt. Die drei Hauptantriebe der Teleskopspindeln werden bis auf geringfügiges Schwenken nicht bewegt, wodurch entsprechend hohe Beschleunigungswerte erreichbar sind. Je nach eingestellter Länge der drei Spindeln, die am Arbeitskopf in Kugelgelenken gelagert sind, ist jede Position im Arbeitsraum erreichbar. Auf dem Längsführungsrohr werden die zwei Handachsenantriebe mitgeführt, so daß die Werkzeugorientierung frei wählbar ist. Eine Erweiterung des Arbeitsraums ist denkbar, indem der komplette Roboter mit einer Zusatzachse linear verfahren wird. Durch seine hohe Steifigkeit ist der Tricept für Fügeoperation in der Montage prädestiniert.

Roboter sind lediglich Geräte, mit denen Werkzeuge oder Greifer geführt werden können. Ohne diese zusätzliche Ausstattung am Greifer- oder Werkzeugflansch kann keine Aufgabe erfüllt werden. Je nach Anwendung sind die Robotergreifer sehr einfach bis hin zum komplexen Gerät mit sensorischen Eigenschaften ausgeführt. Für einfache Greifaufgaben wird eine Vielzahl von Greifmodulen unterschiedlicher Funktionsweise angeboten, von denen Bild 10-23 eine Auswahl zeigt. In der Regel werden diese Greifer pneumatisch betätigt. Die Spannbacken sind nicht dargestellt, sie werden für die zu greifenden Werkstücke passend gefertigt. Sind unterschiedliche Werkstücke zu greifen, so werden gegebenenfalls die Spannbacken oder ganze Greifer ausgetauscht, was von Hand oder vollautomatisch geschehen kann. Greifer für große, schwere Teile oder Greifer, deren Flexibilitätsgrad dadurch erhöht ist, daß sie einen großen Spannbereich oder integrierte Sensoren besitzen, werden kaum nach Katalog angeboten. Es handelt sich fast immer um Sonderanfertigungen.

Bild 10-24 zeigt als Beispiel einen nach dem Schraubstockprinzip arbeitenden Greifer, der speziell für Montagezwecke mit einem Schrauber ausgerüstet ist. Durch die Integration zweier Funktionen in eine Baueinheit wird ein Werkzeugwechsel zwischen den Montagevorgängen eingespart. Die Finger dieses Greifers sind austauschbar, wodurch unterschiedliche Werkstückgeometrien handhabbar sind. Sie sind in einer Linearführung gelagert und werden durch eine Gewindespindel mit einseitig positiver Steigung und andererseits negativer Steigung bewegt. Dazu sind die Spindelmuttern in die Finger integriert. Die Spindel wiederum wird über eine Kette von einem Pneumatikmotor angetrieben. Dabei wird die Fingerposition über einen Drehgeber am anderen Spindelende erfaßt. Die geringfügig schwenkbaren Finger betätigen kurz nach dem ersten Kontakt mit dem Werkstück einen induktiven Näherungsschalter im Fingerbett, der das Abschalten des Fingerantriebs initiiert. Durch die selbsthemmende Auslegung der Spindelsteigung wird das Nachgeben der Finger infolge der Greifkraft verhindert.

Der zusätzlich integrierte Schrauber wird ebenfalls pneumatisch angetrieben. Dabei ist das gewünschte Anzugsmoment über den Luftdruck einstellbar. Außerdem kann der Drehwinkel der

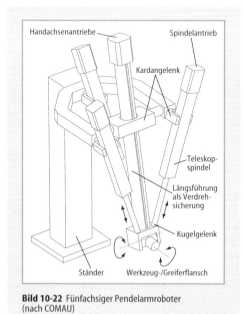

Bild 10-22 Fünfachsiger Pendelarmroboter (nach COMAU)

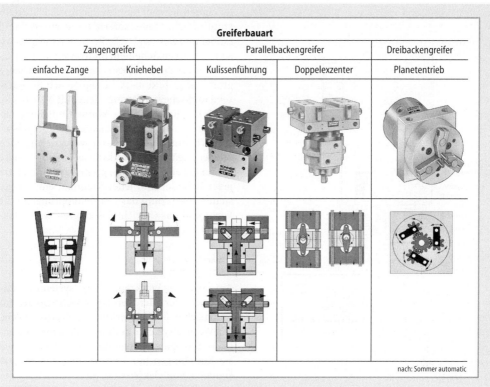

Bild 10-23 Funktionsprinzipien für Greifmodule (Sommer Automatic)

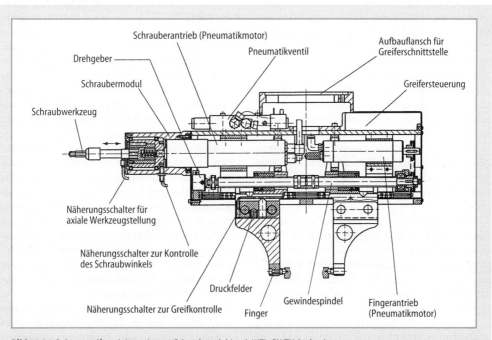

Bild 10-24 Robotergreifer mit integriertem Schraubmodul (nach WZL, RWTH Aachen)

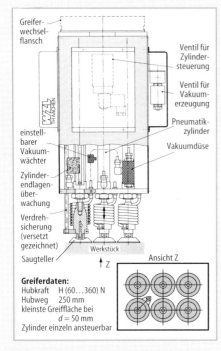

Greifer-
wechsel-
flansch

Ventil für
Zylinder-
steuerung

Ventil für
Vakuum-
erzeugung

Pneumatik-
zylinder

einstell-
barer
Vakuum-
wächter

Vakuumdüse

Zylinder-
endlagen-
über-
wachung

Verdreh-
sicherung
(versetzt
gezeichnet)

Saugteller

Werkstück

Ansicht Z

↑ Z

Greiferdaten:
Hubkraft   H (60...360) N
Hubweg   250 mm
kleinste Greiffläche bei
              d = 50 mm
Zylinder einzeln ansteuerbar

Bild 10-25 Sauggreifer zum Kommissionieren (nach WZL, RWTH Aachen)

fer eignen sich gut für großflächige, leichte oder empfindliche Teile, sofern diese ausreichend sauber und glatt sind (z. B. Bleche, Kartons, Kunststoffsäcke, Glasscheiben, Bildröhren).

Einen für ebene Werkstücke entwickelten Sauggreifer zeigt Bild 10-25. Er eignet sich für kubische und scheibenförmige Teile mit bis zu 25 kg Gewicht. Die Saugnäpfe können mit Pneumatikzylindern um 250 mm aus dem Greifergehäuse nach unten ausgefahren werden, um auch schwer zugängliche Werkstücke (beispielsweise in den Ecken einer Kiste) greifen zu können. Da jeder Zylinder und jeder Saugnapf einzeln gesteuert wird, kann das Greifbild optimal an die Form und das Gewicht des zu greifenden Bauteils angepaßt werden.

Werkzeugwechselsysteme

Automatische Werkzeugwechselsysteme gestatten es, Greifer oder Werkzeuge während des automatischen Betriebs in kurzer Zeit zu wechseln. Die Wechselsysteme besitzen mechanische Zentrier- und Spannelemente. Je nach Bedarf haben sie Kupplungen zur Übertragung von Steuersignalen, von elektrischer, pneumatischer oder hydraulischer Energie.

Bild 10-26 zeigt ein Werkzeugwechselsystem, das drei radial angeordnete Verriegelungsbolzen besitzt. Diese sind in ihrem hinteren Teil als Pneumatikzylinder ausgebildet. Aus Sicherheitsgründen werden die Bolzen mit Federkraft in der geschlossen Stellung gehalten und mit Luftdruck gegen die Federkraft geöffnet, so daß das Werkzeug bei Energieausfall nicht herausfallen kann. Drei Nasen dienen zur Vorzentrierung während des Andockvorgangs, die endgültige Zentrierung wird durch die konische Form des Wechselsystems erreicht.

Als Besonderheit besitzt das System zusätzlich eine pneumatische Überlastkupplung. Diese Kupplung hat die Aufgabe, Roboter, Greifer, Werkstücke und Vorrichtungen vor Beschädigung zu schützen, wenn es durch Bedienfehler oder einen nicht ordnungsgemäßen Funktionsablauf zur Kollision kommt. Die Überlastkupplung besteht aus drei mit Dehnmeßstreifen beklebten Zugstreben sowie einem luftdruck- und federbelasteten Taumelkolben. Im Normalbetrieb ist die Überlastkupplung steif, da der auf den Taumelkolben wirkende Luftdruck den werkzeugseitigen Teil der Kupplung gegen die Zugstreben drückt. An den Zugstreben werden die zwischen Roboter und Werkzeug wirkenden

Schraubspindel über einen induktiven Näherungsschalter, der die vorbeilaufenden Nocken eines zahnradähnlichen Ringes detektiert, berücksichtigt werden. Für den Schraubvorgang setzt der Roboter den Schrauber so weit an die Schraube an, daß die federbelastete Schraubspindel axial nachgibt. Hierdurch werden einerseits Positionierfehler des Roboters kompensiert und andererseits ein selbsttätiges Nachführen des Werkzeuges beim Einschrauben gewährleistet. Zudem kann das erfolgreiche Ansetzen des Schraubers durch einen weiteren Näherungsschalter am Spindelabsatz abgefragt werden. Das Schraubwerkzeug ist mit dem Roboter an einer Wechselstation automatisch austauschbar.

Durch die in den Greifer integrierte Steuerung, die die Signale des Drehgebers und der Näherungsschalter auswertet, wird mit der Robotersteuerung nur noch in Form einfacher Befehle und Rückmeldungen kommuniziert. Die logische Verarbeitung der Befehle erfolgt in der Greifersteuerung.

Neben den mechanischen Greifern werden auch Magnetgreifer (für ferritische Werkstücke) und vor allem Sauggreifer eingesetzt. Sauggrei-

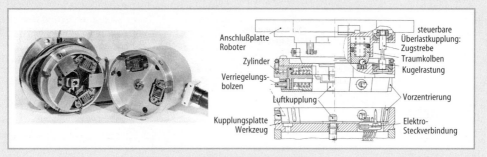

Bild 10-26 Werkzeugwechselsystem mit steuerbarer Überlastkupplung [Wec88]

Stückzahl	Organisationsform	räumliche Anordnung	Grad menschlichen Eingriffs
• Einzelfertigung • Kleinserienfertigung • Serienfertigung • Großserienfertigung • Massenfertigung	• Baustellenmontage • Einzelplatzmontage • Reihenmontage • Fließmontage • Taktstraßenmontage	• Zelle • offene Linie • geschlossener Ring • Netz • Fläche	• manuelle Montagesysteme • mechanisierte Montagesysteme • automatisierte Montagesysteme • hybride Montagesysteme

Bild 10-27 Gliederung von Montagesystemen [Deu89]

Kräfte und Momente gemessen. Überschreiten diese die frei vorgebbaren Grenzwerte, so wird der Roboter über Not-Aus stillgesetzt. Gleichzeitig wird die auf den Taumelkolben wirkende Druckluft abgelassen, wodurch die Kupplung nachgiebig wird. Die ballige Form des Taumelkolbens und die gelenkige Aufhängung der Zugstreben in Kugelscheiben ermöglichen, daß das Werkzeug dem Hindernis ausweicht.

10.1.4 Montagesysteme

Ein *Montagesystem* ist eine Anordnung von technischen Einrichtungen zum Zusammenbau von Baugruppen und Fertigprodukten unter möglicher Einbeziehung formloser Stoffe, wobei die Teilsysteme sowohl energie-, material-, als auch informationstechnisch verbunden sind [Sev82]. Zu den Komponenten eines Montagesystems zählen:
– die Montagemittel,
– die Zuführ- und Bereitstelleinrichtungen und
– die materialflußtechnische Verkettung.

Die Montagemittel führen die einzelnen Montageoperationen aus. Die Zuführ- und Bereitstelleinrichtungen sind um ein Montagemittel angeordnet und haben die Aufgabe, die zu montie-

renden Werkstücke und Werkzeuge zeit- und mengengerecht bereitzustellen und der Montagestelle zuzuführen. Die dritte Komponente eines Montagesystems ist die materialflußtechnische Verkettung. Diese hat die Funktion, die Montageobjekte von Station zu Station zu fördern [Eve86a]. Eine Beschreibung einzelner Montagemittel findet man in 10.1.3.

Die Vielfalt der Bauteile, sowie die unterschiedlichen Fügeverfahren führen zu einem differenzierten Spektrum von Montagesystemen. Bild 10-27 zeigt die charakteristischen Klassifizierungsmerkmale für eine Einteilung.

Nach dem Kriterium der Leistungswiederholung an gleichen Arbeitsobjekten, d.h. der Häufigkeit, mit der ein bestimmter Montagevorgang wiederholt wird, lassen sich Einzel-, Serien- und Massenfertigung unterscheiden, wobei sich die Serienfertigung über einen breiten Bereich erstreckt, und der Übergang zur Massenfertigung fließend ist.

10.1.4.1 Organisationsformen und räumliche Anordnung

Unter dem Begriff *Organisationsform* wird die Form der räumlichen und zeitlichen Zusammenfassung von Arbeitskräften und Betriebs-

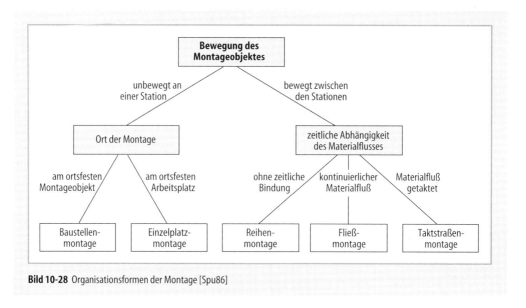

Bild 10-28 Organisationsformen der Montage [Spu86]

mitteln zu organisatorischen Einheiten verstanden. Ein wesentliches Kriterium zur Bestimmung der Organisationsform des Montagesystems bzw. -teilsystems stellt das Montageobjekt dar. In Bild 10-28 wird unterschieden, ob das Montageobjekt unbewegt an einer Station oder an mehreren Stationen montiert wird und zwischen diesen bewegt werden muß. Die ortsgebundenen Organisationsformen können nach dem Ort der Montage, und die Organisationsformen mit ortsveränderlichen Montageobjekten nach der zeitlichen Abhängigkeit des Materialflusses unterschieden werden.

Bei der *Baustellenmontage* werden alle erforderlichen Montageoperationen stationär an einem Objekt ausgeführt. Diese Form wird insbesondere im Endmontagebereich von großen schweren Aggregaten gewählt. Da häufig mehrere Arbeiter am Montageprozeß beteiligt sind, wird auch von *Gruppenmontage* gesprochen [Bic92]. Bei der *Einzelplatzmontage* ist der Montageort durch einen ortsfesten Arbeitsplatz vorgegeben, und die zu montierenden Komponenten werden zu diesem Arbeitsplatz gefördert. Da alle Einzelteile und Werkzeuge an diesem Arbeitsplatz bereitgestellt werden müssen, ist diese Organisationsform nur für kleine Erzeugnisse sinnvoll (s. 12.2.3).

Wird die Montage arbeitsteilig an mehreren Stationen ausgeführt, so muß das Objekt zwischen diesen gefördert werden. Der Materialfluß zwischen den einzelnen Stationen richtet sich nach Reihenfolge der durchzuführenden Montageoperationen. Infolge dieser Anordnung liegt eine zeitliche Abhängigkeit durch laufend ankommende, zu bearbeitende und weiterzugebende Montageobjekte vor. Bei der *Reihenmontage* wird der Materialfluß zeitlich nicht festgelegt. Bevorzugtes Anwendungsgebiet ist die Klein- und Mittelserienfertigung. Bei der *Taktstraßenmontage* folgt der Materialfluß in starren Schritten. Erst wenn die Montageprozesse in allen Stationen ausgeführt sind, werden die Montageobjekte zur nächsten Station gefördert. Dies erfordert eine genaue Taktzeitabstimmung und Synchronisierung der einzelnen Stationen. Der längste Arbeitsvorgang bestimmt hierbei den Takt. Bei der *Fließmontage* wird das Fördermittel ununterbrochen bewegt. Im Gegensatz zur kontinuierlichen Fließmontage, bei der alle Montageoperationen am kontinuierlich bewegten Montageobjekt durchgeführt werden, wird das Montageobjekt bei der stationären Fließmontage für die Dauer der Montageoperation vom Fördermittel getrennt. Der Weitertransport erfolgt nach Beendigung des Montageprozesses unabhängig vom Gesamtsystem.

Die verschiedenen Möglichkeiten der räumlichen Anordnung der Montagestationen werden in Bild 10-29 einander gegenübergestellt. Die einfachste Form stellt die *Montagezelle* dar, die dadurch gekennzeichnet ist, daß alle Montagevorgänge an einem Montagemittel in einer Station durchgeführt werden. Aufgrund der begrenzten Fläche zur Bereitstellung von Teilen ist die Komplexität der Montageaufgabe eingeschränkt. Die

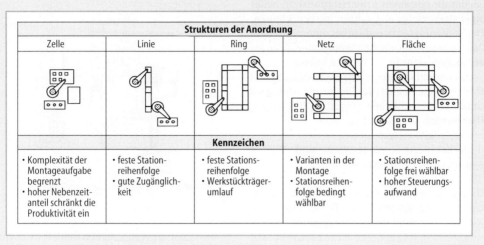

Bild 10-29 Anordnungsstrukturen [Spu86]

Strukturen der Anordnung				
Zelle	Linie	Ring	Netz	Fläche
Kennzeichen				
• Komplexität der Montageaufgabe begrenzt • hoher Nebenzeitanteil schränkt die Produktivität ein	• feste Stationreihenfolge • gute Zugänglichkeit	• feste Stationsreihenfolge • Werkstückträgerumlauf	• Varianten in der Montage • Stationsreihenfolge bedingt wählbar	• Stationsreihenfolge frei wählbar • hoher Steuerungsaufwand

Aufgabenbereiche	manuell	mechanisiert	automatisiert	hybrid
Zuführung der Energie				
Führung der Werkzeuge				
Steuern des Prozesses				
Überwachen und Optimieren	Mensch Lehre		Sensoren	Mensch Sensoren

Bild 10-30 Systemgestaltung (nach [Spu86])

Notwendigkeit von Greiferwechseln erhöht die Nebenzeiten und mindert die Produktivität. Werden im Zuge der Arbeitsteilung mehrere Stationen in einer offenen Struktur verkettet, entsteht eine *Montagelinie*. Wenn eine Linie wegen ihrer Stationenzahl die räumlichen Gegebenheiten überschreitet, so kann eine *U-Form* gewählt werden. Durch die feste Reihenfolge der Stationen sind Variationen im Montageablauf nur durch das Durchfahren von Stationen ohne Ausführung von Montageoperationen möglich. Soll das Montageobjekt zu vorherigen Stationen zurückkehren, eignen sich nur geschlossene Strukturen wie die *Ringstruktur*. Bei der Verwendung von Werkstückträgern, werden diese nach Entnahme der montierten Objekte wieder an die Ausgangsstation zurückgeführt. Sind variantenbedingt unterschiedliche Montageabläufe erforderlich, so werden die variantenspezifischen Vormontagen in den Zweigen einer Netzstruktur angeordnet. Eine frei wählbare Stationsreihenfolge ist mit einer Flächenstruktur zu erreichen, bei der die einzelnen Arbeitsstationen in beliebiger Reihenfolge angefahren werden können. Der Steuerungsaufwand ist bei automatischem Betrieb sehr hoch, da die Montageobjekte an jeder Station identifiziert werden müssen.

Das wesentliche Kriterium zur Einteilung von Montagesystemen ist die Gliederung nach dem Grad des menschlichen Eingriffs (Bild 10-30). Hier werden unterschieden:
- manuelle Montagesysteme,
- mechanisierte Montagesysteme und
- automatisierte Montagesysteme.

Häufig werden nicht alle oder nur wenige Montagestationen automatisiert. Diese Mischform wird hybride Montagesysteme genannt.

10.1.4.2 Manuelle Montagesysteme

Kennzeichen *manueller Montagesysteme* ist, daß keine technischen Energieformen zum Einsatz gelangen, und die ausführenden Bewegungen, die Steuerung bzw. Regelung des Prozesses durch den Menschen realisiert wird [Lot94]. Arbeitsvereinfachungen und Leistungssteigerungen werden dadurch erreicht, daß die Körperkräfte durch ergonomische Arbeitsplatzgestaltung wirksamer eingesetzt werden und der informatorische Aufwand durch direkte Kommunikation reduziert wird [Luc93]. Da in manuellen Montagesystemen die Arbeitshandlungen zum Erreichen des Systemzwecks im wesentlichen durch Arbeitspersonen durchgeführt werden, bestimmen die Fähigkeiten des Menschen die Möglichkeiten und Grenzen der manuellen Montage. Dabei können Humanität und Produktivität komplementäre, independente oder konkurrierende Gestaltungsziele sein [Luc86]. Hierfür gibt es unterschiedliche Ansätze für die einzelnen Sichten:

Die *Anthropometrie* betrachtet die technische Aufgabenstellung unter ergonomischen Gesichtspunkten [Luc93]. Die *Arbeitsmedizin* und die *Arbeitsphysiologie* stützen sich auf ergonomische und medizinische Betrachtung zur Beurteilung der Erträglichkeit der Rahmenbedingungen eines Arbeitsplatzes. Mangelnde Möglichkeiten der persönlichen Einbringung in den Montageprozeß und geringe Beurteilbarkeit der eigenen Arbeit senken die Motivation der Mitarbeiter. Als Abhilfe haben sich vorwiegend die Möglichkeiten des Arbeitsplatzwechsels, der Arbeitserweiterung und die teilautonome *Gruppenarbeit* durchgesetzt [Lot94] (s. 12.3).

Bild 10-31 Manuelles Montagesystem [Lot94]

Da sich diese verflochtenen Gebiete nicht voneinander trennen lassen, erfolgt die Planung und Gestaltung von manuellen Montagesystemen in den Stufen:
- technologische Gestaltung,
- organisatorische Gestaltung und
- ergonomische Gestaltung [Luc86].

Im Rahmen der technologischen Gestaltung wird entschieden, bei welchen Funktionen und Teilfunktionen das System die Arbeitspersonen unterstützen kann. In einer organisatorischen Gestaltung als zweiter Stufe der Planung erfolgt die Aufteilung des gesamten Montageprozesses in einzelne Arbeitsstationen. Dazu gehört neben der Festschreibung der einzelnen Tätigkeiten einer Arbeitsgruppe nach Art, Ort, Menge, Zeit und Termin die Verbindung der Arbeitsstationen nach räumlichen und zeitlichen Aspekten. Als dritte Stufe schließt sich die ergonomische Gestaltung an. Hier geht es um eine Arbeitsplatzgestaltung unter Berücksichtigung der Maße und Bewegungsbereiche des menschlichen Körpers sowie der im Arbeitsraum bei der Montage auszuübenden Kräfte. Bild 10-31 zeigt einen unter arbeitswissenschaftlichen Gesichtspunkten konzipierten Arbeitsplatz innerhalb eines manuellen Montagesystems (s. 12.2).

Im allgemeinen ist es sinnvoll, zunächst die Möglichkeiten der arbeitswissenschaftlichen Methoden und Platzgestaltung auszuschöpfen, bevor größere Investitionen für die Automatisierung erwogen werden [Eve86a]. Desweiteren können auch Maßnahmen zur Weitergabe von Erfahrungswissen durch Mitarbeiter, Qualitätszirkel oder kontinuierliche Verbesserungsprozesse die Produktivität manueller Montagesysteme verbessern.

10.1.4.3 Mechanisierte Montagesysteme

In *mechanisierten Montagesystemen* erfolgt eine Substitution menschlicher durch technische Energieformen. Auch hier kann der informatorische Aufwand zwar eingeschränkt werden, es erfolgt aber keine Substitution menschlicher Informationsverarbeitung im Sinne einer technisch realisierten Steuerung oder Regelung [Luc93].

Bei hohen Stückzahlen und gleichbleibender Qualität der zu montierenden Produkte und bei einfachen Bewegungsabläufen lassen sich durch eine Mechanisierung des Montageablaufs durch eine Vorrichtung die Arbeitsbedingungen verbessern und die Produktivität erhöhen. Hierfür gibt es verschiedene Bewegungseinrichtungen, deren Bewegungen sich hinsichtlich Bewegungsfolge und Wegen bzw. Winkeln nur durch mechanischen Eingriff verändern lassen, wie:
- kurvengetriebene Bewegungseinrichtungen und
- pneumatisch (hydraulisch) angetriebenen Bewegungseinrichtungen [Spi84].

Mit kurvengetriebenen Bewegungseinrichtungen werden eine Vielzahl unterschiedlicher Montagevorgänge automatisch durchgeführt, wie zum Beispiel Schrauben, Einlegen, Einpressen, Kleben, Löten, Schweißen, Stanzen, Induktionshärten, Ausrichten, Auftragen von Ölen und Fetten [Spi84]. Ihre Vorteile sind die hohe Positionier- und Wiederholgenauigkeit und der erschütterungsarme Bewegungsablauf auch bei schnellen Bewegungen. Daher wird der untere Taktzeitbereich bis ca. 5 s fast ausschließlich mit kurvengetriebenen Montageautomaten abgedeckt [Spi84]. Der Antrieb erfolgt entweder über einzelne Elektromotoren oder über einen zentralen Antrieb. Durch die Steuerung mit Kurvenscheiben ist der Bewegungsablauf für eine bestimmte Aufgabe fest vorgegeben. Bei einer Veränderung der Montageaufgabe können die Bewegungen oder der Montageablauf nur durch Austausch der Kurvenscheiben geändert werden.

Aufgrund der vergleichbaren Kinematik kommen pneumatisch angetriebene Bewegungseinrichtungen bei ähnlich einfachen Montagevorgängen zum Einsatz wie kurvengetriebene Systeme. Zur Festlegung von Wegen und Winkeln werden zumeist Endanschläge eingesetzt, die entweder verstellbar sind oder deren Positionen teilweise auch automatisch verändert werden können (z. B. durch Ein- oder Ausschwenken). Bedingt durch die längeren Ansprechzeiten der Schaltelemente und Baueinheiten sind pneumatisch angetriebene Bewegungseinrichtungen langsamer, aber aufgrund ihrer bedingten Programmierbarkeit etwas flexibler als die kurvengetriebenen und somit für die Montage von Produktvarianten besser geeignet [Spi84]. Daher liegt das Haupteinsatzgebiet pneumatisch angetriebener Bewegungseinrichtungen im Taktzeitbereich zwischen ca. 3 und 10 s [Spi82].

Pneumatisch angetriebene Baueinheiten werden von vielen Herstellern serienmäßig hergestellt und oftmals ab Lager angeboten. Die einzelnen modularen Baueinheiten lassen sich nicht zuletzt auch wegen der Trennung von Antrieb und Steuerung nahezu beliebig kombinieren. Dies ermöglicht es dem Anwender auch aus Modulen unterschiedlicher Hersteller komplexe Montagesysteme aufzubauen [Spi84].

10.1.4.4 Automatisierte Montagesysteme

Bei neueren Anlagen übernehmen häufig numerische Kontrollsysteme (NC) oder speicherprogrammierbare Steuerungen (SPS) die Steuerung und Überwachung des Systems, so daß automatisierte Montagesysteme vorliegen. Die Automatisierung der Montage ist dadurch gekennzeichnet, daß über eine Mechanisierung hinaus auch die Steuerung des Prozesses durch ein technisches System erfolgt. Verschiedene Stufen der Automatisierung richten sich nach Art und Umfang der Steuerungsaufgaben, die das technische System übernimmt [Luc93].

Der Einsatz automatisierter Montagesysteme ist aufgrund der hohen Investitionen mit einem hohen Risiko verbunden, daher ist eine Automatisierung eines Montageprozesses wirtschaftlich nur sinnvoll, wenn wesentliche Kriterien wie:
- hohe Stückzahlen,
- ein montagegerechter Produktaufbau,
- handhabungsgerechte Einzelteile,
- hohe Qualität der Einzelteile und
- automatisierungsgerechte Fertigungsqualität der Einzelteile [War84]
erfüllt werden.

Im Gegensatz zu den mechanisierten Montagesystemen lassen sich die Bewegungseinrichtungen automatisierter Systeme ohne mechanischen Eingriff frei programmieren und verstellen. Hier wird unterschieden zwischen:
- *Montagesystemen mit modular aufgebauten Bewegungseinrichtungen* und
- *Montagesystemen mit Industrierobotern*, deren Bewegungen in mehreren Achsen frei pro-

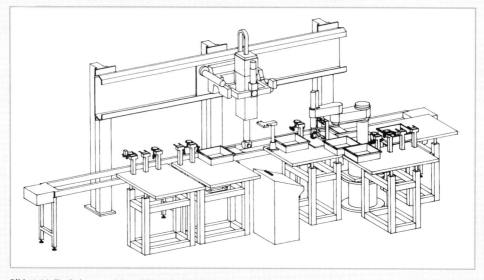

Bild 10-32 Flexibel automatisiertes Montagesystem mit Industrieroboter

grammierbar und gegebenenfalls sensorgestützt sind [Spi84].

Die einzelnen Achsen flexibler modularer Bewegungseinrichtungen werden elektrisch oder pneumatisch angetrieben. Sie werden als standardisierte Einheiten gefertigt und als Elemente eines Baukastensystems an die kundenspezifische Aufgabe angepaßt und kombiniert. Dieses Baukastensystem ist eine wichtige Voraussetzung, um Montagesysteme unter Ausnutzung umstellbarer oder einfacher umbaubarer Bauelemente an verschiedene Montageaufgaben anzupassen. Die modulare Konzeption dieser Systeme gewährleistet eine Verminderung des Investitionsrisikos durch:
– eine leichte Veränderbarkeit und Ergänzungsmöglichkeit,
– einen hohen Wiederverwendungsgrad und
– die Ausbaufähigkeit der Steuerungstechnik [Spi84].

Montagesysteme mit flexiblen modularen Bewegungseinrichtungen arbeiten hauptsächlich im Taktbereich zwischen 10 und 60 s. Sie werden häufig für die automatische Montage von Produktvarianten bei großen bis mittleren Stückzahlen eingesetzt.
Für die Montage von Produktvarianten bei kleinen und mittleren Stückzahlen und für komplexe Fügeaufgaben eignen sich aufgrund ihrer

höheren Flexibilität besonders Montagesysteme mit Montagerobotern (Bild 10-32). Zum Ausrüsten des Montageroboters für eine bestimmte Montageaufgabe werden nur wenige produkt- und aufgabenspezifische Vorrichtungen benötigt. Meist beschränkt sich der Aufwand auf Magazine zur Bereitstellung, eine Montagevorrichtung und entsprechend gestaltete Greifer.
Wegen der geringen Steifigkeit der Montageroboter werden – im Vergleich zu einzeln angesteuerten Achsen – nur relativ geringe Verfahrgeschwindigkeiten erreicht. Dieses führt zusammen mit dem höheren Umfang der Montageaufgaben zu längeren Taktzeiten, die vorwiegend im Bereich von ca. 15 s bis zu mehreren Minuten liegen [Spi82]. Das Spektrum der Produkte, die mit diesen Systemen montiert werden, reicht von kleinen feinwerk- oder elektrotechnischen bis zu großvolumigen Produkten [Spi84].

10.1.4.5 Hybride Montagesysteme

Da in einem Montageprozeß teilweise sehr komplexe Montageaufgaben zu lösen sind, ist eine vollständige Automatisierung eines Montageprozesses oft nicht sinnvoll. Deshalb werden *hybride Montagesysteme* gewählt, in denen automatisierte Montagestationen mit manuellen oder mechanisierten oder manuellen und mechanisierten Arbeitsstationen kombiniert werden [Sel 92].

Eine hybride Auslegung von Montagesystemen erfolgt, wenn die Automatisierung aller Montageoperationen
– technisch zu aufwendig oder nicht möglich,
– nicht wirtschaftlich, oder
– nur langfristig angestrebt ist.

Zum Beispiel ist beim heutigen Stand der Technik die Handhabung biegeschlaffer Bauteile mit komplexer Geometrie nur mit hohem technischen Aufwand zu automatisieren. Weitere Automatisierungshemmnisse, wie Verrichtungen mit hohen sensomotorischen Anforderungen oder Bewegungen mit einer sehr komplexen Kinematik, können dazu führen, daß es günstiger ist, einzelne Montageoperationen nicht zu automatisieren. Beispielsweise ist auch ein häufiges Umrüsten der Montagemittel mit neuen Werkzeugen schwierig. Darüber hinaus ist es häufig wirtschaftlicher, die Verrichtung einzelner variantenspezifischer Montageoperationen bei geringen Produktionsvolumen manuell oder mechanisiert zu realisieren, während solche Operationen automatisiert werden, die in allen Varianten vorkommen. Da eine vollständige Automatisierung ein hohes Investitionsrisiko darstellt, ist es häufig sinnvoll, zunächst nur Teilbereiche zu automatisieren und die vollständige Automatisierung erst langfristig anzustreben. Die erste Stufe stellt dabei die Automatisierung der Fügevorgänge dar, die ohne mechanische Kraftunterstützung nicht manuell auszuführen sind, daneben wird eine Automatisierung des Materialflusses zwischen den Bearbeitungsstationen angestrebt. Dabei bleibt die einmal erzeugte Ordnung der Montageobjekte während des Transportes erhalten. Daneben können auch die Zuführ- und Bereitstelleinrichtungen der Montagestationen automatisiert werden. Der letzte Schritt liegt in der Automatisierung der Überwachung des Montageablaufs. Aufgabe des Montagepersonals ist es dann, vom System diagnostizierte Störungen zu beheben. Durch diese schrittweise Automatisierung besteht die Möglichkeit, das benötigte Know-how in der Belegschaft aufzubauen und die organisatorischen Veränderungen den neuen Rahmenbedingungen anzupassen.

10.1.4.6 Flexibilität und Produktivität

Die wesentlichen Kennzahlen zur Beurteilung von Montagesystemen sind die Produktivität, der Flexibilitäts- und der Automatisierungsgrad.

Die *Produktivität* einer Anlage ist ein Maß für ihre Leistungsfähigkeit. Die Produktivität wird ausgedrückt durch das Verhältnis zwischen Produktionsergebnis und Produktionseinsatz oder Faktoreinsatz [Eve89].

Der *Flexibilitätsgrad* kann zur Kennzeichnung der Anpassungsfähigkeit eines Montagesystems an sich ändernde Anforderungen genutzt werden. Die Änderungen können sich auf das Produkt, das Montageobjekt, den Prozeß, die Verrichtung sowie die Organisationssteuerung, die Auftragsabwicklung beziehen [Spu86]. Der zeitliche Rahmen, in dem die Änderungen auftreten, kann kurz-, mittel- oder langfristig sein. Es muß dann zwischen der Auslegungsflexibilität bei der Systemgestaltung, der Anpaß- oder Änderungsflexibilität bei Auftragswechsel sowie der Integrations- und Umbauflexibilität bei Produkt- und Prozeßumstellungen unterschieden werden [Mer84].

Der *Automatisierungsgrad* beschreibt den Anteil, den die automatisierten Verrichtungen an allen Verrichtungen einer Anlage haben. Er kann nur für ein festgelegtes System, dessen Grenzen genannt sein müssen, angegeben werden. Er wird angegeben als Quotient aus der Summe der bewerteten automatisch getroffenen Entscheidungen zur Summe der bewertbar automatisierbaren Entscheidungen, die insgesamt – einschließlich menschlicher Mitwirkung – getroffen werden können. Der Berechnungsschlüssel, nach dem die Bewertung vorgenommen wurde, muß angegeben werden [DIN 19 233]. Vollautomatisierte Systeme haben einen Automatisierungsgrad gleich eins. Liegt der Automatisierungsgrad unter eins, so wird von Teilautomatisierung gesprochen.

In der Vergangenheit waren Automatisierungsgrad und Flexibilitätsgrad konkurrierende Zielgrößen bei der Beurteilung von Montagesystemen [Sev82]. Kurvengesteuerte Montageautomaten haben einen sehr geringen Flexibilitätsgrad, zählen aber aufgrund der hohen realisierbaren Prozeßablaufgeschwindigkeit zu den produktivsten Betriebsmitteln. Manuelle Arbeitsplätze hingegen sind sehr flexibel, sind aber in ihren Mengenleistungen begrenzt.

Eine hohes Flexibilitätspotential ohne Einschränkung des Automatisierungsgrads erlauben Montagesysteme mit programmierbaren Handhabungsgeräten. Diese Montageroboter eignen sich besonders für die Montage von Produktvarianten, für die herkömmliche Montageautomaten nicht genügend flexibel sind, und der

Technische Kriterien	Organisatorische Kriterien	Wirtschaftliche Kriterien	Personalbezogene Kriterien
• Montagetechnische Flexibilität • Ausbaufähigkeit • Automatisierungsgrad • Grad der Arbeitsteilung • Ausnutzung bestehender Einrichtungen • Wartung und Instand-haltung • Verfügbarkeit • Flächen- und Raumbedarf • Nutzung vorhandenen Know-hows	• Projektierungsaufwand • Installationszeitraum • Lieferfristen • Kundendienst	• Investition • Variable Montagekosten/ Stück • Fixe Montagekosten/Zeit • Amortisationsdauer	• Zahl der Arbeitskräfte • Qualifikation der Arbeitskräfte • Arbeitsbedingungen • Dauer der Einarbeitungs-zeit

Bild 10-33 Bewertungskriterien für Montagesysteme in Anlehnung an [Eve89b]

Arbeitsinhalt bei manueller Montagetätigkeit den Anforderungen menschengerechter Montagesysteme nicht entspricht [War84]. Die Weiterentwicklung dieser Systeme führt dazu, daß Sensoren und rechnergestützte Steuerungsstrategien Aufgaben der Überwachung und Optimierung übernehmen [Spu86]. So wird es möglich, auftretende Abweichungen rechtzeitig zu erkennen und Ausweichstrategien wirksam werden zu lassen.

Doch den Vorteilen der Montageroboter, wie:
– freie Programmierbarkeit und Anpassungsfähigkeit an unterschiedliche Montageaufgaben,
– Einsatzmöglichkeiten über die Lebensdauer eines bestimmten Produkts hinaus und
– der Einsatz von Sensoren,
stehen die Nachteile:
– langer Zykluszeiten, – im Vergleich zu Einzweckmontagestationen
– hoher Anschaffungsaufwand und
– hoher Qualifizierungsanforderungen an das Bedienungspersonal
entgegen.

Diese Gegenüberstellung zeigt, daß Montagesysteme mit Industrierobotern trotz ihres hohen Flexibiltäts- und Automatisierungsgrads nicht die ideale Lösung für jede Montageaufgabe darstellen, sondern daß bei der Planung und Auswahl eines Montagesystems verschiedene Kriterien beachtet werden müssen. Eine Zusammenfassung der Beurteilungskriterien zeigt Bild 10-33.

Literartur zu Abschnitt 10.1

[Bic92] Bick, W.: Systematische Planung hybrider Montagesysteme. Diss. TU München 1992

[Brü79] Brüninghaus, G.: Rechnerunterstützte Konstruktion von Baukastenvorrichtungen. Diss. RWTH Aachen 1979

[Bul94] Bullinger, H-J.: Ergonomie. Stuttgart: Teubner 1994

[Deu89] Deutschländer, A.: Integrierte rechnerunterstützte Montageplanung. Diss. TU Berlin 1989

DIN 8593. Fügen. Berlin: Beuth, 1995

DIN 8580. Fertigungsverfahren (07.85)

DIN 19233: Automat; Automatisierung; Begriffe (07.72)

DIN 6300: Vorrichtungen für formändernde Fertigungsverfahren, Benennungen und deren Abkürzungen (07.70)

DIN 69651. Werkzeugmaschinen für die Metallbearbeitung. Entwurf, März 1981

DIN 69651,1–6: Werkzeugmaschinen für die Metallbearbeitung. Berlin: Beuth 1981/82.

[Dol65] Dolezalek, C.M.: Die industrielle Produktion in der Sicht des Ingenieurs. Technische Rundschau 35 (1965)

[Dol81] Dolezalek, C.M.; Warnecke, H.J.: Planung von Fabrikanlagen. Berlin: Springer 1981

[Eve86a] Eversheim, W.: Maschinelle Montagesysteme. In: Spur, G.; Stöferle, Th. (Hrsg): Handbuch der Fertigungstechnik, Bd. 5. München: Hanser 1986, 683–772

[Eve86b] Eversheim, W.: Wirtschaftlichkeit von Montagesystemen. In: Spur, G.; Stöferle, Th. (Hrsg.): Handbuch der Fertigungstechnik, Bd. 5. München: Hanser 1986, 793–800

[Eve89] Eversheim, W.: Organisation in der Produktionstechnik, Bd. 4: Fertigung und Montage. Düsseldorf: VDI-Vlg. 1989

[Fis87]: Fischer, P.: Flexible Transferstraße. tz für Metallbearbeitung, 81 (1987)H. 2.

[Fro86]: Froese, N.: Leitrechner für flexible Transferstraßen auf PC-Basis. ZwF 81 (1986), Nr. 9, S. 493–495.

[Haa84]: Haas, M.: Flexibilität von Transferstraßen. wt-Werkstatttechnik, Z. f. ind. Fertigung 74 (1984), S. 163–166.

[Hah67] Hahn, E.: Planung von Betriebsmitteln mit Hilfe der Datenverarbeitung. Fertigungstechnik und Betrieb 17 (1967), Nr. 3

[Kie92]: Kief, H. B.: FFS-Handbuch '92/'93, Einführung in flexible Fertigungssysteme, 3. Aufl. München: Hanser, 1992, S. 40–49.

[Kie93] Kief, H.B.: NC/CNC Handbuch '93/94. München: Hanser 1993

[Küm86] Kümmel, F.: Elektrische Antriebstechnik, 2 Teile. Berlin: VDE-Vlg. 1986

[Lem81] Lemke, E.: Vorrichtungsbau. Stuttgart: Teubner 1981

[Lin89] Link, E.: Betriebsdatenerfassung. Diss. Univ. Mannheim 1989

[Lin92] Linse, H.: Elektrotechnik für Maschinenbauer. Stuttgart: Teubner 1992

[Lot94] Lotter, B.: Manuelle Montage. Düsseldorf: VDI-Vlg. 1994

[Luc86] Luczak, H.: Manuelle Montagesysteme. In: Spur, G.; Stöferle, Th. (Hrsg): Handbuch der Fertigungstechnik, Bd. 5. München: Hanser 1986, 620–682

[Luc93] Luczak, H.: Arbeitswissenschaft. Berlin: Springer 1993

[Mau76] Mauri, H.: Vorrichtungen I. Berlin: Springer 1976

[Mei89] Meins, W.: Handbuch der Fertigungs- u. Betriebstechnik. Braunschweig: Vieweg 1989

[Mer84] Mertins, K.: Steuerung rechnergeführter Fertigungssysteme. Diss. TU Berlin 1984

[REF93] REFA: Lexikon der Betriebsorganisation. REFA, Verband für Arbeitsstudien und Betriebsorganisation, 1993

[Sch90] Schmidt, J.; Minges, R.: Thermische Verlagerung an Werkzeugmaschinen. wt Werkstattsstechnik 80 (1990), 80–82, 577–580

[Sel92] Seliger, G.; Barbey, J.: Schrittweise Automatisierung durch hybride Montagesysteme. ZwF 87 (1992), Nr. 1, 8–12

[Sev82] Severin, F.: Flexibel automatisierte Montageeinrichtungen. ZwF 77 (1982), 529–540

[Spi82] Spingler, J.; Bäßler, R.: Montage mit Industrierobotern. Maschinenmarkt 89 (1982), 84, 1914–1917

[Spi84] Spingler, J.: Maschinen zur Montageautomatisierung. In: Warnecke, H.-J.; Schraft, R.D. (Hrsg.): Hb. Handhabungs-, Montage- und Industrierobotertechnik. Bd. III: Montagetechnik. Landsberg a. Lech: Vlg. Moderne Industrie 1984

[Spu86] Spur, G.: Einführung in die Montagetechnik. In: Spur, G.; Stöferle, Th. (Hrsg.): Hb. der Fertigungstechnik, Bd. 5. München: Hanser 1986, 591–606

[Sch92] Schmidt, J.: Karlsruher Kolloquium Fräsen, 26. Februar 1992, Tagungsband. Karlsruhe: Inst. f. Werkzeugmachinen u. Betriebstechnik Univ. Karlsruhe 1992

[Sta92] Stave, H.: Möglichkeiten und Grenzen der mechanischen Optimierung von Portalrobotern. Diss. RWTH Aachen 1992

[VDI83] Elektronische Datenverarbeitung bei der Produktionsplanung und -steuerung. (VDI-Taschenbücher, 77). Düsseldorf: VDI-Vlg. 1976

VDI 2860. Montage und Handhabungstechnik, Berlin: Beuth, 1990

[War75] Warnecke H.J.; Löhr H.G.; Kiener W.: Montagetechnik. Mainz: Krauskopf 1975

[War84] Warnecke H.-J.: Der Produktionsbetrieb. Berlin: Springer 1984

[Was94] Wassmer, R.: Verschleißentwicklung im tribologischen System Fräsen. Diss. Univ. Karlsruhe 1994

[Wec77] Weck, M.; Teipel, K.: Dynamisches Verhalten spanender Werkzeugmaschinen. Berlin: Springer 1977

[Wec89] Weck, M.: Werkzeugmaschinen, Fertigungssysteme, Bd. 3. Düsseldorf: VDI-Vlg. 1989

[Wec91] Weck, M.: Werkzeugmaschinen, Fertigungssysteme, Bd. 1. Düsseldorf: VDI-Vlg. 1991

[Wec92] Weck, M.: Werkzeugmaschinen, Fertigungssysteme, Bd. 4. Düsseldorf: VDI-Vlg. 1992

[Wec94] Weck, M.: Werkzeugmaschinen, Fertigungssysteme, Bd. 2. Düsseldorf: VDI-Vlg. 1994

[Wes77] Westkämper, E.: Automatisierung in der Einzel- und Serienfertigung. Diss. RWTH Aachen 1977

[Wei84] Weiß, H.: Fräsen mit Schneidkeramik. Diss. Univ. Karlsruhe 1984

[Weu92] Weule, H. (Hrsg.): Nahtstellen in der Fabrik. Berlin: Springer ; Köln: TÜV Rheinland 1992

[Zäp89] Zäpfel, G.: Taktisches Produktionsmanagement. Berlin: de Gruyter 1989

10.2 Planung von Produktionssystemen

10.2.1 Analyse der Produktionsaufgabe

Die Analyse der Produktionsaufgabe ist der erste Schritt bei der Planung eines Produktionssystems. Ziel ist die Ermittlung der notwendigen Bearbeitungsaufgaben als sog. Bearbeitungsprofil für alle Werkstücke und die technologisch sinnvolle Zusammenfassung der Werkstücke zu Teilegruppen.

10.2.1.1 Festlegung der Bearbeitungsaufgaben

Eine genaue Analyse und Beschreibung der Aufgaben, für deren Bearbeitung ein Produktionssystem eingesetzt werden soll, ist Grundlage und Voraussetzung für ein anforderungsgerechtes Fertigungskonzept [Eve95]. Hierzu ist zunächst eine vollständige Beschreibung der Bearbeitungsaufgabe erforderlich, welche durch die in Bild 10-34 aufgezeigten geometrischen, technologischen und ablauforganisatorischen Daten gegeben ist.

Um den Aufwand in der Analysephase zu begrenzen, ist es sinnvoll, die erforderlichen Daten nicht für das gesamte Teilespektrum zu erheben, sondern sich auf einen repräsentativen Ausschnitt zu konzentrieren. Voraussetzung für ein derartiges Vorgehen ist jedoch, daß die ausgewählten Teile die Anforderungen des gesamten Werkstückspektrums repräsentieren. Die Praxis hat gezeigt, daß eine ausreichende statistische Sicherheit vorliegt, wenn eine zufällige Auswahl von ca. 20 % der Werkstücke zugrunde gelegt wird [Eve89a]. Handelt es sich bei der vorliegenden Planungsaufgabe jedoch um die Fertigungsmittelauswahl für eine Teilmenge des Gesamtspektrums (z. B. bei einer Erweiterungsinvestitionen), so ist sinnvollerweise eine ABC-Analyse durchzuführen, wobei als ein mögliches Sortierkriterium der Kapazitätsbedarf herangezogen werden kann. Zur Durchführung einer ABC-Analyse ist es daher notwendig, bereits Informationen über einzelne Parameter (z.B. Stückzahlen und Bearbeitungszeiten) des gesamten Teilespektrums zu beschaffen, bevor eine Auswahl des detaillierter zu untersuchenden Ausschnitts getroffen werden kann. Aus diesem Grund entspricht ein derartiger Arbeitsschritt inhaltlich einer Teilegruppenbildung, auf die in 10.2.1.2 näher eingegangen wird.

Eine weitere Möglichkeit, den Aufwand für die Informationsbeschaffung gering zu halten, liegt in der Nutzung elektronisch gespeicherter Daten. Der positive Nebeneffekt einer derartigen Datenauswertung liegt in der großen Geschwindigkeit und der geringen Häufigkeit von Übertragungsfehlern. Vor der Nutzung vorhandener Daten muß deren Homogenität überprüft wer-

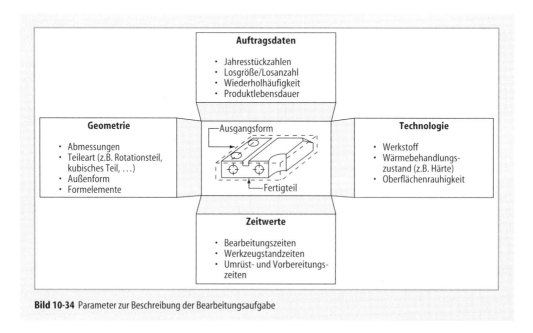

Bild 10-34 Parameter zur Beschreibung der Bearbeitungsaufgabe

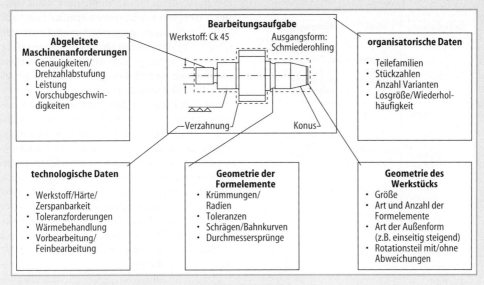

Bearbeitungsaufgabe
Werkstoff: Ck 45   Ausgangsform: Schmiederohling

Verzahnung   Konus

Abgeleitete Maschinenanforderungen
- Genauigkeiten/ Drehzahlabstufung
- Leistung
- Vorschubgeschwindigkeiten

organisatorische Daten
- Teilefamilien
- Stückzahlen
- Anzahl Varianten
- Losgröße/Wiederholhäufigkeit

technologische Daten
- Werkstoff/Härte/ Zerspanbarkeit
- Toleranzforderungen
- Wärmebehandlung
- Vorbearbeitung/ Feinbearbeitung

Geometrie der Formelemente
- Krümmungen/ Radien
- Toleranzen
- Schrägen/Bahnkurven
- Durchmessersprünge

Geometrie des Werkstücks
- Größe
- Art und Anzahl der Formelemente
- Art der Außenform (z.B. einseitig steigend)
- Rotationsteil mit/ohne Abweichungen

Bild 10-35 Bestandteile einer vollständig beschriebenen Bearbeitungsaufgabe

den. Durch die Dateneingabe in verschiedenen Abteilungen liegen häufig Informationen mit unterschiedlichem Aktualisierungsgrad und/ oder unterschiedlichem Abstraktionsgrad vor.

Die vollständige Beschreibung der Bearbeitungsaufgabe ist in Bild 10-35 an einem Beispiel dargestellt. Es wird deutlich, daß nur ein Teil der notwendigen Informationen direkt aus der Einzelteilzeichnung zu entnehmen ist. Die fehlenden Angaben müssen aus vorhandenen Arbeitsplänen entnommen oder geschätzt werden.

Die Auswertung der Beschreibungsparameter eines einzelnen Werkstücks gibt zunächst nur die spezifischen Anforderungen dieses einen Teiles wieder, läßt aber noch keine Aussage über die Anforderungen eines ganzen Teilespektrums zu. Hierzu ist es erforderlich, alle Werkstücke – oder zumindest repräsentative Stichproben – in entsprechender Form zu beschreiben.

Nach der Ermittlung der notwendigen Bearbeitungsaufgabe für die einzelnen Werkstücke können diese in sinnvolle, technologische Teilegruppen zusammengefaßt werden. Diese Teilegruppen dienen als Grundlage zur Auswahl der benötigten Betriebsmittel und zur Planung der Maschinenkapazitäten [Wil93].

10.2.1.2 Bildung von Teilegruppen

Die Grundlagen zur Bildung von Teilefamilien wurden von S. P. Mitrofanow [Mit58] entwickelt,

wobei sich seine Betrachtung anfänglich auf die Zusammenfassung von Einzelteilen allein aus fertigungstechnischer Sicht beschränkte. Der Bedeutung der Teilefamilienbildung als Mittel zur Rationalisierung von Produktionsabläufen wird eine zu enge Sichtweise aber nicht gerecht.

Bei der Analyse der Produktionsaufgabe besteht das Ziel der Teilefamilienbildung darin, Werkstücke des gesamten Teilespektrums eines Unternehmens zu ermitteln, die Maßähnlichkeiten, Formähnlichkeiten oder auch technische Ähnlichkeiten aufweisen [Opi71]. Dabei kommt es nicht nur auf die geometrische Ähnlichkeit, sondern auch auf die fertigungstechnische Verwandtschaft der Werkstücke an, denn in der Fertigung sollen vor allem gleichartige Bearbeitungen zusammengefaßt werden. Dadurch verringert sich der erforderliche Aufwand für Umstellarbeiten, Umrüstvorgänge und Anpaßarbeiten an den Fertigungseinrichtungen.

In Abhängigkeit des betrachteten Merkmals ergeben sich unterschiedliche Gruppen ähnlicher Werkstücke. Hierbei können durch die unterschiedlichen Gruppierungen anforderungsgerechte und spezifische Rationalisierungserfolge erzielt werden [Auc89, Eng90].

Es lassen sich drei Ähnlichkeitsstufen unterscheiden, auf denen eine Gruppenbildung erfolgen kann (Bild 10-36).

Die Teilefamilienart „Formgleichheit", bei der Form und in der Regel auch Funktion der Teile

Voraussetzung		Mittel	Wirkungen
(a)	Form-gleichheit	Wiederhol-teilver-wendung	Verminderung des Aufwandes in Konstruktion und Arbeits-vorbereitung
(b)	Formähn-lichkeit; gleiche oder ähnliche Arbeitsvor-gänge	Additiv-serien Maschinen-fließreihe	Verminderung der Durchlaufzeit
(c)	Gleiche Arbeitsvor-gänge bei ähnlichen Werk-stücken	Maschinen höheren Automati-sierungs-grades	Verminderung der Stückzeiten

Bild 10-36 Definition von Teilefamilien

identisch sind, führt zunächst in der Konstruktion zu einer stärkeren Wiederholteilverwendung und damit zur Aufwandsminderung. In der Fertigung wirkt sich dies durch höhere Stückzahlen für bestimmte Standardteile aus, für die der Einsatz von Sondermaschinen oder Systemen wie Transferstraßen möglich wird. Hierdurch wird eine besonders hohe Produktivität erreicht.

Die Teilefamilienart „Formähnlichkeit", die aufgrund der Formähnlichkeit der Werkstücke gleiche oder ähnliche Arbeitsvorgangsfolgen voraussetzt, erlaubt eine Produktion in Additivserien. Besonders durch den Einsatz von Maschinenfließreihen läßt sich mit relativ geringem Investitionsaufwand die Durchlaufzeit für Werkstücke stark verkürzen; außerdem erreicht man eine Verminderung der Umlaufbestände.

Ziel der Teilefamilienbildung nach der Teilefamilienart „Gleiche Arbeitsvorgänge" ist die Zusammenfassung von gleichen Arbeitsvorgängen bei ähnlichen Werkstücken. Diese Teilefamilienbildung führt zu einer optimierten Auslastung der Maschinen bei gleichem Materialfluß der ausgewählten Werkstücke. Hierdurch wird häufig der Einsatz von Maschinen mit höherem Automatisierungsgrad möglich.

Aufgrund der Vielfältigkeit möglicher Merkmale muß bei der Bildung der Teilegruppen eine große Anzahl von Informationen ausgewertet werden. Ein organisatorisches Hilfsmittel hierzu sind Klassifizierungssysteme zur Beschreibung der Werkstücke. Bei der Klassifizierung wer-

den zunächst die für die Ähnlichkeitssuche wichtigen Werkstückkenngrößen ermittelt und entsprechend einem vorgegebenen Schema verschlüsselt [Mah70]. Die Gruppenbildung erfolgt nach dem Prinzip, daß ähnliche Werkstücke gleiche oder nur in wenigen Positionen abweichende Schlüssel aufweisen.

Die Ableitung der Teilefamilien umfaßt zwei wesentliche Arbeitsschritte. In einem ersten Schritt ist die Ähnlichkeit der betrachteten Werkstücke zu messen. Da der Aufwand für eine manuelle Messung, bei der die Methode der mehrdimensionalen Skalierung zugrundegelegt wird [Boc80], mit dem Quadrat der zu untersuchenden Merkmale ansteigt, sind EDV-unterstützten Analysemethoden zur Ähnlichkeitsmessung einzusetzen. Beispiele solcher Analysemethoden sind die Cluster- und die Faktorenanalyse [Spä75, Rev76, Dei85, Bac94].

Der zweite Schritt ist die Gruppenbildung. Bei der automatischen Gruppenbildung können disjunkte oder nicht disjunkte Gruppen entstehen [Boc74]. Bei disjunkten Gruppen sind die Objekte eindeutig nur einer Gruppe zugeordnet, während bei nicht disjunkten Gruppen ein Objekt gleichzeitig mehreren Gruppen angehören kann. Bei den gebräuchlichsten Clusteranalyseverfahren werden disjunkte Gruppen gebildet, während bei der Faktorenanalyse nicht disjunkte Gruppen entstehen. Da im Rahmen der Teilegruppenbildung die Werkstücke eindeutig einer Gruppe zugeordnet werden sollen, sind bevorzugt Clusteranalyseverfahren einzusetzen.

Wesentlichen Einfluß auf die Zusammensetzung der abgeleiteten Teilefamilien hat die Festlegung der zu analysierenden Merkmale sowie die Abgrenzung der zusammenzufassenden Ausprägungsklassen. Zwei Beispiele für die Formulierung der Beschreibungskriterien für unterschiedliche Gruppen von Rotationsteilen zeigt Bild 10-37 anhand einiger typischer Werkstücke der jeweils beschriebenen Teilefamilie. Die Kriterien sind in die drei Gruppen Form, Technologie und Bearbeitungsverfahren eingeteilt. Hinsichtlich der Abmessungsähnlichkeit werden Rotationsteile vor allem durch das Verhältnis von Länge zu Durchmesser beschrieben. Im vorliegenden Beispiel kennzeichnet dieses Verhältnis den wesentlichen Unterschied zwischen den beiden Gruppen der „scheibenförmigen Drehteile" und der „wellenförmigen Drehteile". Die weiteren geometrischen Kriterien können bei den vorliegenden Beispielen in verschiedenen Ausprägungen auftreten. Eine weitere Einschrän-

		Werkstückgruppen	
	Art der Werkstücke	Scheibenförmige Drehteile	Wellenförmige Drehteile
	Beispiel	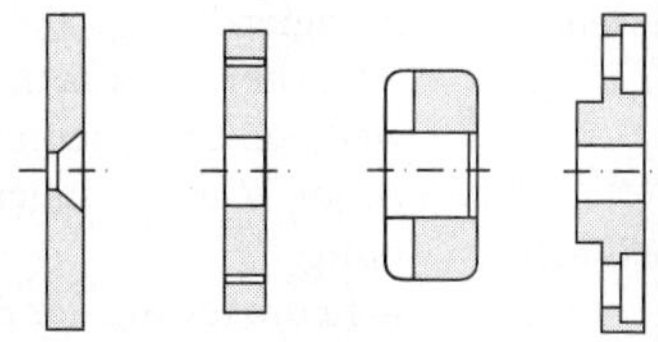 Scheibe Flansch Schlitzmutter Deckel	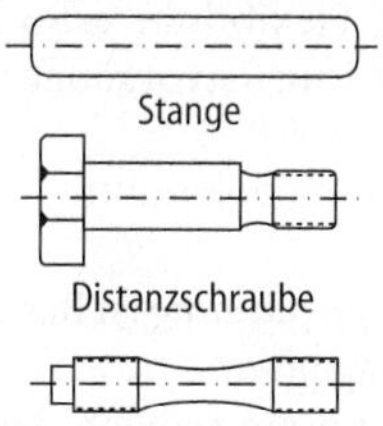 Stange Distanzschraube Bolzenschraube
Form	Teileklasse	Rotationsteile, L/D <0,5	Rotationsteile, L/D <3
	Außenform	ohne Merkmal, glatt, einseitig – mehrfach steigend, Gewinde	
	Innenform	ohne Bohrung, glatt, einseitig – mehrfach steigend, Gewinde	
	Flächenform	ebene Flächen, Schlüsselflächen, Nut, Schlitz	
	Hilfsbohrung	ohne, axial ohne u. mit Teilung	ohne, radial ohne Teilung
Technologie	Durchmesser	≤ 250 mm	≤ 160 mm
	Werkstoff	GG, Stahl, Stahl legiert	Stahl, Stahl legiert
	Rohteil	Stange, Blech, Platte	Stange
	Genauigkeit	beliebig	Außen-, Innen-, Flächenform
	Gewicht	ca. 5 kg	ca. 3 kg
	Anzahl der Formelemente	8–15 Formelemente	5–10 Formelemente
	Lage der Formelemente	normal	normal
Bearbeitung	Operationsart	Spitzendrehen, Revolverdrehen, Bohren, Fräsen, Brennschneiden	Zentrieren, Spitzendrehen, Gewinderollen, Fräsen
	Reihenfolge	unterschiedliche Operationsfolgen gleiche Kombinationen	gleiche Operationsfolgen
	Anzahl Operationen je Teil	durchschn. 3 Operationen/Teil	durchschn. 4 Operationen/Teil
	mittl. Losgröße	32 Stck./Los	26 Stck./Los
	mittlere Bearbeitungszeit	durchschn. 8 min/Operation	durchschn. 10 min/Operation

Bild 10-37 Teilefamilienbildung zur Gruppen- und Fließfertigung

kung der Teilegruppen würde nicht zu weiteren Vorteilen in organisatorischer oder fertigungstechnischer Hinsicht führen.

Vor allem bei Betrachtung der technologischen Kennwerte läßt sich zeigen, welche Maßnahmen hinsichtlich der Fertigungsmittel im vorliegenden Beispiel ergriffen werden sollten. Alle wellenförmigen Teile werden von der Stan-

ge gefertigt; sie weisen eine relativ geringe Anzahl von Formelementen auf. Bei nur vier unterschiedlichen Bearbeitungsverfahren treten bei allen Werkstücken gleiche Arbeitsvorgangsfolgen auf. Die vorliegenden Bedingungen lassen für das Beispiel der wellenförmigen Teile eine Fließfertigung unter Einsatz angepaßter Maschinen – wie etwa Drehautomaten –sinnvoll erscheinen. Im Gegensatz dazu sind bei den scheibenförmigen Teilen unterschiedliche Operationsfolgen anzutreffen; erst auf der Stufe von Teilfolgen innerhalb der Arbeitsvorgangsfolgen sind Übereinstimmungen festzustellen. Bezüglich der Fertigungsmittel macht diese Tatsache eine höhere Flexibilität erforderlich, um den Aufwand für Umrüstvorgänge zu reduzieren.

10.2.2 Technologieplanung

Die *Technologieplanung* ist Bestandteil des Technologiemanagements (s. 4.2). Inhalt der Technologieplanung sind sowohl Themen des *strategischen* wie auch des *operativen* Bereiches (Bild 10-38).

Entsprechend Produkten der Konsum- und Investitionsgüterindustrie sind Technologien einem Lebenszyklus unterworfen, in dessen Verlauf sie von der Entwicklung bis zur Degeneration unterschiedliche Phasen der Marktdurchdringung und Leistungsfähigkeit durchlaufen, bevor sie durch andere Technologien substituiert werden [For67]. Der Wechsel zum richtigen Zeitpunkt in die richtige Technologie ist damit einer der zentralen Faktoren zur Sicherung der Wettbewerbsfähigkeit eines Unternehmens [Eve93: 78ff.]. Aus dieser Tatsache leitet sich die originäre Aufgabe der Technologieplanung ab: das Bestimmen der einzusetzenden Technologie nach Art und Zeitpunkt. Indirekte Aufgaben sind dabei die Bewertung bzw. Abschätzung der Potentiale vorhandener und zukünftiger Technologien.

Bei der Umsetzung dieser Aufgaben in den jeweiligen Unternehmen gelten grundsätzlich folgende Zielsetzungen für die Technologieplanung:

– Reduzierung der Betriebskosten, Personalkosten usw.,
– Erhöhung der Produktivität,
– Reduktion der Durchlaufzeit,
– Erhöhung der Verfügbarkeit und
– Einstellung der gewünschten Flexibilität.

Um diese Zielsetzungen der Technologieplanung erfolgreich durchzuführen, werden in Zusammenhang mit der mittelfristigen Produktionsprogrammplanung der einzelnen Unternehmen Entscheidungen über den Standort, die Zusammensetzung des Maschinenparks sowie über den Personal- und Kapazitätsbedarf ge-

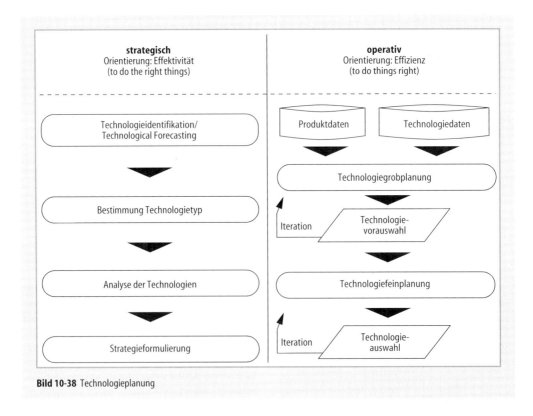

Bild 10-38 Technologieplanung

troffen. Folglich ist die Technologieplanung mit weiteren Planungsprozessen im Unternehmen zu koordinieren, vor allem mit der Forschungs- und Entwicklungsplanung (s. 6.3) sowie der Investitions- und Finanzplanung (s. 9.5.1.5 und 18.3).

Bei der Durchführung der Technologieplanung zur Einführung *komplexer Produktionsanlagen* ist zu berücksichtigen, daß diese in der Regel nicht auf dem Einsatz einer, sondern auf dem Einsatz mehrerer Technologien basieren. Solche *Technologiebündel* stellen erhöhte Anforderungen an die Technologiekompetenz der Unternehmen. Die strategische Zusammenführung verschiedener *Technologiestränge* wird zunehmend wichtiger. Sie erlaubt die Realisierung von Synergiepotentialen, eröffnet Chancen für neue Geschäfte und erschwert die Nachahmung von technischen Innovationen [Zah95].

Die Orientierung der *strategischen Technologieplanung* (Bild 10-38) richtet sich in Anlehnung an M. E. Porter nach folgenden wesentlichen Einflußfaktoren [Por92]:
- technische Entwicklungs- und Substitutionsmöglichkeiten von Produkten und Produktionsprozessen,
- Kostensenkungsmöglichkeiten bei Produkten und Prozessen,
- Art der Verbindung zwischen Produktprogramm und Produktionstechnik sowie Entwicklung der Nachfrage, z. B. in bezug auf definierte Produktmerkmale.

Im Rahmen der strategischen Technologieplanung wird das Ziel verfolgt, Potentiale zu schaffen, um die Wettbewerbsfähigkeit des Unternehmens zu erhalten bzw. auszubauen und Produkt- und Prozeßinnovationen zu ermöglichen. Dazu müssen die technologische Wettbewerbsposition, die Ausrichtung der F&E- und Innovationsprozesse auf wettbewerbsrelevante Technologien und die Einbringung technologischer Leistungspotentiale realisiert werden [Bul94]. Die Effektivität der einzusetzenden Technologie, d. h. das Ermitteln und Auswählen der optimalen Technologie(n), steht dabei im Brennpunkt der Untersuchung. Es werden die bei der operativen Technologieplanung zu berücksichtigenden Rahmenbedingungen und Vorgaben festgelegt.

Im Rahmen der *operativen Technologieplanung* (Bild 10-38) erfolgt die Umsetzung der in der strategischen Technologieplanung gefaßten kurz- bis mittelfristigen Ziele. Die Effizienz der einzusetzenden Technologie, d. h. der optimale Einsatz der ausgewählten Technologie, steht dabei im Fokus der Betrachtung.

Vorgehensweise
bei der operativen Technologieplanung

Die wesentlichen Schritte der operativen Technologieplanung lassen sich in eine Grobplanungsphase
- Analyse des Bauteilspektrums,
- Ermittlung alternativer Fertigungsverfahren und
- technisch-wirtschaftliche Grobbewertung
und eine Feinplanungsphase
- Planung der Anlagenparameter,
- Planung der Peripherie und Verkettung und
- Feinbewertung
gliedern (Bild 10-39).

Die *Technologiegrobplanungsphase* ist gekennzeichnet durch eine hohe Anzahl an Technologie-Alternativen und einen geringen Detaillierungsgrad der zur Verfügung stehenden Planungsdaten. Nach der Zusammenstellung alternativer Technologien erfolgt eine *Vorauswahl* anhand der technischen Machbarkeit und wirtschaftlicher Kriterien, welche die Planungsvielfalt für die Feinplanungsphase eingrenzt und den Planungsaufwand reduziert. Es werden vor allem Ausschlußkriterien betrachtet (Negativselektion). Planungsgrundlage bildet die Produktbeschreibung, die neben organisatorischen Daten vor allem Geometrieabmessungen, Material- und Oberflächeneigenschaften umfaßt. Aus diesen wird ein Anforderungsprofil an das Betriebsmittel erstellt, an dem die Technologiepotentiale gespiegelt werden. Diejenigen Alternativen, die das Anforderungsprofil am besten erfüllen, kommen in die engere Wahl für die Feinplanungsphase.

In der *Technologiefeinplanungsphase* wird die *abschließende Technologieauswahl* durchgeführt. Eingangsdaten sind auch hier die das Produkt und die Technologie beschreibenden Informationen. Sie unterscheiden sich in dieser Planungsphase von denen der Technologiegrobplanung durch höhere Sicherheit und Detaillierung. Im Rahmen der Planung der Anlagenparameter wird die Spezifikation der einzusetzenden Betriebsmittel z. B. hinsichtlich Arbeitsraum und Leistung durchgeführt. Anschließend wird die Planung der Verkettung der Betriebsmittel, der Handhabungseinrichtungen und der einzuset-

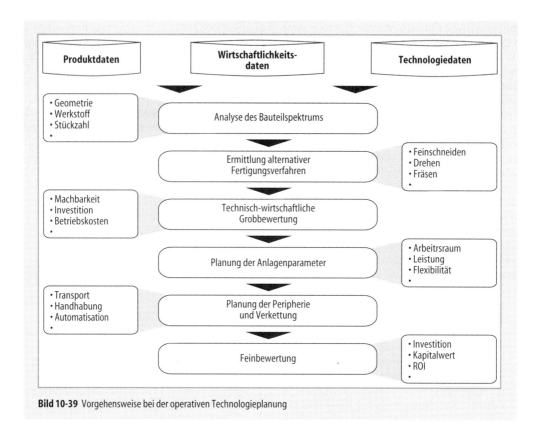

Bild 10-39 Vorgehensweise bei der operativen Technologieplanung

zenden Transportmittel durchgeführt. Auch muß bei der Aufstellung der unterschiedlichen Maschinen die Technologieverträglichkeit sichergestellt werden. So sollte „Massivumformen" nicht in unmittelbarer Nähe von „Präzisionsbearbeitungen" erfolgen. Abschließend erfolgt die Bewertung der wirtschaftlichen Vorteilhaftigkeit der generierten Anlagenkonzepte. Dabei werden wirtschaftliche Kennwerte, wie z.B. *Kapitalwert* oder *ROI* (return on investment), bestimmt. Darüber hinaus geben Risikoanalysen (Sensitivitäts- und Szenarioanalysen) Aufschluß über das mit einem Investitionsprojekt verbundene Risiko. Dazu werden Parameter der Investitionsrechnung, wie z.B. Personalkosten, Stückzahlen oder Betriebsmittelkosten variiert und deren Auswirkung auf die wirtschaftlichen Kenngrößen berechnet. Die Feinplanung wird in der Regel parallel zur Strukturplanung durchgeführt, da hier neben technologischen auch technische und organisatorische Fragestellungen zu beantworten sind (s. 10.2.3). Alle Phasen der Technologiegrob- und Technologiefeinplanung können zur Optimierung der Ergebnisse iterativ durchlaufen werden.

Methoden zur Umsetzung
der operativen Technologieplanung

Im Gegensatz zur strategischen Technologieplanung gibt es für die operative Technologieplanung *keine* übergeordneten Methoden, die sich grundsätzlich für jede Planung verwenden lassen. Dazu unterscheiden sich die Technologien in ihrem jeweiligen Bauteil-, Parameter-, Peripherie-, Kosten- und Anwendungsspektrum sowie ihrem unternehmensspezifischen Einsatzgebiet zu sehr. Lediglich der Technologiekalender (TK) und die Technologiebewertung können, obwohl diese Methoden grundsätzlich eher strategisch ausgerichtet sind, zur Unterstützung der operativen Technologieplanung genutzt werden.

Technologiekalender (TK)

Von Westkämper wurde die Notwendigkeit erkannt, neue Produktionskonzepte langfristig und mit einer Strategie zu planen, in der vorausschauend die Produkt- und Prozeßentwicklung harmonisiert werden. So wurde als Hilfsmittel ein *Technologiekalender* entwickelt, um unter langfristigem Planungshorizont die Unternehmensressourcen wie Personal, Entwicklungsaufwendungen und Investitionen aufeinander abzustimmen [Wes87].

Der Technologiekalender ist ein unternehmensspezifischer Leitfaden für die Anwendung neuer Technologien, der auf der Basis des künftigen Produktionsspektrums generiert wird. Anhand eines Technologiekalenders wird versucht, „den zeitlichen Zusammenhang zwischen der Einführung neuer Produkte und neuer Produktionskonzepte herzustellen". Einbezogen in die Darstellung des Technologiekalenders sind daher die unternehmensspezifischen Prämissen und Prognosen zukünftiger Produkt- und Produktionsprogramme. Diese werden mit den zu ihrer Herstellung erforderlichen, neuen Technologien im weiten Sinne in Beziehung gesetzt. Zu

diesem Zweck werden Prognosen erstellt, ab welchem Zeitpunkt diese Technologien den notwendigen Reifegrad erlangt haben werden [AWK87].

Zur Erstellung eines Technologiekalenders gilt es, ausgehend vom Unternehmen, die für neue Produkte relevanten zukünftigen Technologien zu identifizieren, zu beschreiben und zu klassifizieren. Anschließend ist eine Verknüpfung von Produkt- und Technologieinformationen erforderlich. Entscheidend für diese Zuordnung ist die potentielle technische Realisierbarkeit einer Technologie. Die Zuordnung wird in erster Linie anhand geometrischer, funktioneller und werkstoffspezifischer Merkmale durchgeführt. Das Ergebnis sind mehrere konkrete Bauteil-Fertigungsverfahren-Kombinationen [Sch92]. Anhand einer mehrdimensionalen Bewertung der ausgewählten Produkt-Verfahren-Kombinationen hinsichtlich technologischer,

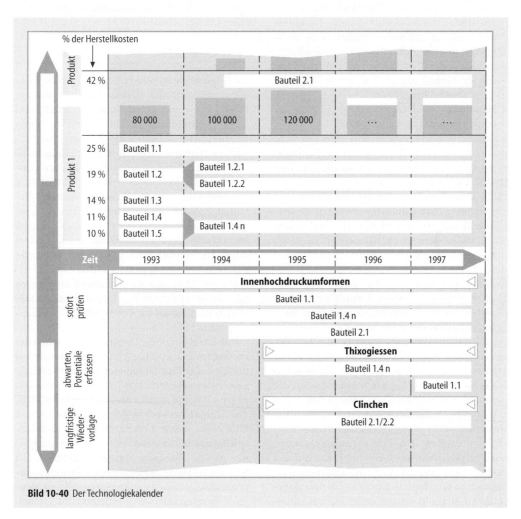

Bild 10-40 Der Technologiekalender

organisatorischer und wirtschaftlicher Aspekte erfolgt die weitergehende Feinauswahl. In Abhängigkeit vom Planungshorizont werden dabei auch temporäre Entwicklungen berücksichtigt. Die aus der Verknüpfung und Bewertung resultierenden Ergebnisse werden anschließend in einem Technologiekalender abgebildet (Bild 10-40). In diesem werden die unternehmensspezifischen *Einsatzzeitpunkte* für innovative Werkstoffe und Verfahren auf der Zeitachse aufgetragen [Sch95].

Technologiebewertung

Nach der VDI-Richtlinie 3780 bedeutet *Technologiebewertung* das planmäßige, systematische, organisierte Vorgehen, das
– den Stand einer Technologie und ihre Entwicklungsmöglichkeiten analysiert,
– unmittelbare und mittelbare technische, wirtschaftliche, gesundheitliche, ökologische, humane, soziale und andere Folgen einer Technologie und möglicher Alternativen abschätzt,
– aufgrund definierter Ziele und Werte diese Folgen beurteilt oder auch weitere wünschenswerte Entwicklungen fordert,
– Handlungs- und Gestaltungsmöglichkeiten daraus herleitet und ausarbeitet,
so daß begründete Entscheidungen ermöglicht und gegebenenfalls durch geeignete Maßnahmen getroffen und verwirklicht werden können [Bul94, VDI3780].

Die Bewertung der Eignung einer Technologie orientiert sich zunächst primär am Kriterium der *technischen Machbarkeit*. Die technische Machbarkeit liefert eine Aussage darüber, ob durch Anwendung des Produktionsverfahrens die Produktgeometrie für den Konstruktionswerkstoff mit der geforderten Qualität reproduzierbar hergestellt werden kann. Eine Analyse der labormäßig und industriell realisierten Technologieapplikationen sowie der F&E-Schwerpunkte gibt zusätzlich die Entwicklungstendenzen für die technologische Eignung sowie deren Dynamik an. Der Einsatz eines neuen Produktionsverfahrens ist erst dann möglich, wenn die geforderten technologischen Randbedingungen erfüllt werden. Mit dem zweiten Kriterium zur Bewertung des Technologiewerts, die marktorientierte Eignung des Produktionsverfahrens, wird gezeigt, daß eine Technologie dann einen hohen Wert besitzt, wenn sie die unternehmerischen Soll-Vorgaben in bezug auf die marktrelevanten Zielgrößen erfüllt. Die hierbei zu beurteilenden technologieinduzierten Meßgrößen umfassen dabei sowohl unternehmens*interne* als auch *-externe* Parameter [Mar95].

Wirtschaftliche Bewertung

Für die *wirtschaftliche Bewertung* der erarbeiteten Lösungsalternativen stehen verschiedene Verfahren zur Verfügung. Bei relativ geringen Investitionssummen reichen *die statischen Verfahren* der Investitionsrechnung, wie z.B. *Kostenvergleichsrechnung, Gewinnvergleichsrechnung* oder *Rentabilitätsrechnung*, aus. Umfangreiche Investitionsvorhaben werden unter Verwendung eines *dynamischen Investitionsrechnungsverfahrens* bewertet. Solche dynamischen Investitionsrechnungsverfahren sind z.B. die *interne Zinsfußmethode* und *Kapitalwertmethode* zur Bestimmung des Kapitalwerts einer Investition oder die *dynamische Amortisationsrechnung* [Alb84, Sch76].

10.2.3 Strukturplanung

Die *Struktur eines Produktionssystems* beschreibt die Anordnung der Arbeitsstationen, die ein Produkt zu seiner Herstellung durchläuft, und deren Verknüpfung im Stoff- und Informationsfluß. Die Stationen des Systems sind Maschinen, manuelle Arbeitsplätze oder automatische Anlagen, an denen das Produkt durch Anwendung der Verfahren Urformen, Umformen, Trennen, Fügen, Beschichten oder Ändern der Stoffeigenschaften einen Wertzuwachs im Sinne der Funktionserfüllung erfährt. Das Erzeugnis durchläuft außerdem solche Stationen, die nicht direkt zur Wertschöpfung beitragen, beispielsweise für Prüfvorgänge oder Puffer. Die Verbindung der Stationen erfolgt durch manuellen oder automatisierten Teiletransport, der ebenfalls keinen Anteil an der Produktwertschöpfung hat.

Es besteht eine enge Verbindung zwischen der Produktionsaufgabe und einer geeigneten Struktur. Eine Struktur ist um so wirtschaftlicher, je besser sie an die Arbeitsablauffolge des Produkts angepaßt ist. So werden die nicht wertschöpfenden Tätigkeiten auf ein Minimum beschränkt. Eine konsequente Umsetzung findet man beispielsweise in der getakteten Fließfertigung einer gleichbleibenden Massenproduktion. Oft bestimmt jedoch das wechselnde Produktionsprogramm, welche Erzeugnisse in welcher Menge zu fertigen oder zu montieren sind. Es muß

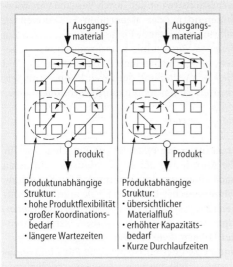

Bild 10-41 Strukturierung von Produktionssystemen

abgewogen werden zwischen Rüstaufwand, Automatisierungsgrad, Flexibilität und enger Ausrichtung der Betriebsmittel am Materialfluß (Bild 10-41).

Zwischen der Struktur eines Produktionssystems und der Ablauforganisation besteht zwar keine Zwangsbeziehung, doch ist der Aufwand für die Ausführung einer bestimmten Organisationsform in der Praxis, z. B. bei der Steuerung der Produktionsaufträge oder in bezug auf die Konkurrenz um die Produktionshilfsmittel, unterschiedlich hoch. Daher haben sich, z. B. im Bereich der Produktionssteuerung, bestimmte Verbindungen zwischen Strukturen und Organisationsformen bewährt, wie die *belastungsorientierte Auftragsfreigabe* für das Werkstattprinzip oder *die Steuerung mit Fortschrittszahlen* für die Serienfertigung (s. 14.4).

Inhaltlich schließt die Strukturplanung von Produktionssystemen an die Fabrikplanung an, die Werksstruktur und Flächenvorgaben bestimmt (s. 9.4.3). Sie gibt Randbedingungen für die Auslegung der technischen und organisatorischen Details des zu planenden Produktionssystems vor.

10.2.3.1 Einordnung der Strukturplanung

Vorleistungen

Die wichtigsten Eingangsgrößen für die Strukturplanung eines Produktionssystem liefert die Analyse der Produktionsaufgabe (s. 10.2.1). Bei der Auswahl der benötigten Produktionsverfahren müssen, angelehnt an [Kie66], die vier *Grundkriterien der Produktionstechnik*:
– Haupttechnologie,
– Fehlertechnologie,
– Mengenleistung und
– Mensch-Umwelt-Technologie
gleichermaßen berücksichtigt werden. Mittels einfacher statistischer Verfahren, wie der *ABC-Analyse*, oder durch multivariate statistische Verfahren, wie der *Clusteranalyse* [Ste77, Gra84], werden vertiefende Informationen zum Produktspektrum gefunden, nämlich:
– geometrische Ähnlichkeiten,
– Fertigungsfolgen,
– Größenklassen,
– Stückzahlklassen,
– Einlastfrequenzen und Losgrößen,
– benötigte Fertigungshilfsmittel,
– Kapazitätsbedarfe bzw. Arbeitsinhalte,
– Umsatzanteile oder
– verwendete Werkstoffe.

Als übergeordnete Vorgaben sind aus der Fabrik- bzw. Absatzplanung für das Produktionssystem zu berücksichtigen (s. 9.4.1.3):
– Layoutvorgaben für Fertigungs-, Montage-, Bereitstell- und Transportflächen,
– angrenzende Produktionsbereiche,
– Einrichtungen zum Werkstücktransport,
– Infrastruktur des Produktionsbereiches,
– Absatzprognosen und
– Produktionsprogramm.

Das Datenmaterial wird im Fall einer Neuplanung aus der technischen Investitionsrechnung, aus Prognosen, aus den Ergebnissen der vorgelagerten Planungsschritte oder aus Simulationsuntersuchungen gewonnen. Im Falle einer Umplanung bestehender Produktionssysteme muß eine Analyse des Ist-Zustands die benötigten Daten liefern. Wertvolle Quellen zur indirekten Datengewinnung sind PPS-Systeme, BDE-Systeme, Arbeitspläne und Zeichnungen. Eine direkte Datengewinnung erfolgt durch Datenaufnahmen, Beobachtungen oder Messungen im Betrieb.

Ziele

Zur Ausrichtung und Umsetzung einer Strukturierungsmaßnahme benötigt man konkrete Teilziele, die übergeordnete Ziele in produktionstechnische Vorgaben fassen. Sie dienen außer-

Ziele	meßbar	nicht meßbar
kurzfristig	• keine Produktions-unterbrechung • geringer Um-stellungsaufwand • Nutzung vorhan-dener Betriebsmittel	• Motivationsschub • gute Mitarbeiter-akzeptanz
mittelfristig	• kurze Durchlauf-zeiten • hohe Termintreue • hohe Flexibilität • gute Rentabilität • Qualitätsver-besserung	• humane Arbeits-bedingungen • gute Anpassung von Struktur und Produktionsauf-gabe
langfristig	• gute Nutzung der Betriebsmittel • Sicherung der Arbeitsplätze	• Sicherung der Unter-nehmensexistenz • dauernder Anpassungsprozeß

Bild 10-42 Ziele der Strukturierung

dem der Erfolgskontrolle während und nach Ab-schluß des Planungsprojekts. Die Amortisa-tionszeit für die wirtschaftlich meßbaren Effek-te der Strukturgestaltung kann dabei sehr ver-schieden sein (Bild 10-42).

Der Erfolg von indirekten Auswirkungen und Nebeneffekten aus der Produktionssystemstruk-tur ist mit der herkömmlichen Kostenstellen-rechnung nur schlecht abzuschätzen. Es ist je-doch unbestritten, daß auch durch die Kosten-rechnung nicht direkt meßbare Teilziele dem Unternehmen wirtschaftlich zugute kommen können. Ein produktives Betriebsklima kann beispielsweise die Kommunikation verbessern und dadurch die Reaktionszeit auf Kunden-wünsche verkürzen. Eine ausgewogene Arbeits-belastung kann zu einer verbesserten Produkt-qualität beitragen.

Strukturen und Abläufe

Ein klares Konzept zur Produktionsentwicklung und für Investitionen sichert eine gute Nutzung der vorhandenen Betriebsmittel. Oftmals sind dabei historisch gewachsene Strukturen und ge-bäudetechnische Randbedingungen, wie z.B. Hallenhöhe, Fundamente oder zulässige Schall-und Hitzeemissionen zu berücksichtigen.

Die Vorstellung vom Ablauf der Produktions-vorgänge muß von Beginn an die Suche nach ei-ner neuen bzw. nach einer anderen Struktur be-gleiten. Die künftige räumliche Anordnung soll die Abläufe auf eine geeignete Weise, beispiels-weise durch Verkürzung der Material- oder In-formationswege oder durch Vergabe von koor-dinierenden oder steuernden Funktionen an selbstorganisierende Einheiten, unterstützen. Ein besseres Verständnis vom Produktionsgesche-hen, eine angemessene Arbeitsbelastung und die klare Verteilung der Produktions- und Ser-vicefunktionen sollten damit verbunden sein.

Strukturbeschreibung

Strukturierung bedeutet die Entscheidung für die Anordnung der Produktionseinrichtungen nach einem strukturbestimmenden Kriterium. Für die Beschreibung von Strukturen werden für Fertigungssysteme die Begriffe *Fertigungsprin-zip*, *Fertigungstyp* und *Organisationstyp* verwen-det [Wie89, Eve89b, War93, Agg82], 10.1.2 ver-mittelt darüber eine Übersicht. Für Montagesy-steme spricht man von *Montagestrukturtypen* oder der *Organisationsformen der Montage* [Eve 89b, War93], die in 10.1.4 vorgestellt werden.

Die Struktursuche beginnt mit der Wahl des für die Produktionsaufgabe am besten geeig-neten Strukturierungskriteriums. Klassische Kriterien für die strukturelle Anordnung sind im Bereich der Fertigung:
– Mensch, Werkbank,
– Arbeitsaufgabe oder Verrichtungsprinzip,
– Produkt, Produktgruppe
– Arbeitsablauffolge und Verfahrensfolge.

Montagesysteme werden gegliedert nach:
– kinematisch bewegtem Objekt: Arbeitsplatz oder Erzeugnis,
– Produkt,
– Materialfluß,
– Qualifikation der Arbeitskräfte,
– Organisationsform im Montagebereich,
– Betriebsmittel oder
– Produktstruktur.

In flexiblen Fertigungs- und Montageanlagen, sofern sie für ein festes Produktspektrum aus-gelegt wurden, folgt die Struktur gewöhnlich ei-ner Arbeitsablauf- bzw. Verfahrensfolge. In uni-versellen Produktionsanlagen, die aus mehreren flexiblen Fertigungs- oder Montagezellen beste-hen, ist die Anordnung nicht vom Erzeugnis be-stimmt.

Die Systemgrenze des betrachteten Produk-tionssystems ist vom Organisationstyp unab-hängig. So kann ein einzelner Arbeitsplatz, eine Gruppe von Maschinen, ein Fertigungsbereich oder ein ganzer Betrieb der Gegenstand der Betrachtung sein. Eine Fertigungsinsel kann nach dem Erzeugnisprinzip gestaltet sein, mit anderen Maschinengruppen jedoch in Form der Werkstättenfertigung zusammenarbeiten, um schließlich eine Fließmontage mit Teilen zu beliefern.

Ablaufbeschreibung

Organisatorische Abläufe und Materialfluß stehen in engem Zusammenhang mit der Struktur des Produktionssystems. Für Strukturierungsformen, die an der Vorgangsfolge des Produkts ausgerichtet sind, wird dies sogar unmittelbar aus der Anordnung der Betriebsmittel deutlich. Hier wird zur Produktionssteuerung oft ein Verfahren verwendet, das zu Beginn der Produktion Aufträge einlastet (*Push-Prinzip*) oder am Ende der Produktion fertige Produkte abfordert (*Pull-Prinzip*). Die Abläufe innerhalb des Produktionssystems bleiben internen Ablaufsteuerungen überlassen – der *Autonomiegrad*, d.h., das Maß für die Unabhängigkeit des Produktionssystems, bezüglich der Steuerung ist hoch.

Produktionssysteme, die erzeugnisunabhängig strukturiert wurden, benötigen eine explizite Steuerung zur Koordination des Materialflusses. Es entwickelt sich ein ungerichteter Materialfluß zwischen den produzierenden Stationen – der Autonomiegrad bezüglich der Steuerung ist hier geringer.

Der Ablaufsteuerung liegen verschiedene Modellvorstellungen zugrunde. Sie geben das wahre Betriebsverhalten je nach Fertigungsprinzip oder Montagestruktur aus unterschiedlichen Blickrichtungen wieder (Bild 10-43).

Im *deterministischen Ansatz* werden die Produktionsabläufe als eine Folge von Zusammenhängen, die durch Ursache und Wirkung verbunden sind, verstanden. Wenn alle Ausgangsgrößen bekannt sind, soll es danach möglich sein, alle zeitlich nachfolgenden Vorgänge aus dem Ausgangszustand abzuleiten. Voraussetzungen dafür sind die Kenntnis des gegenwärtigen Systemzustands, das exakte Verständnis der Abläufe und eine entsprechende Rechenleistung zur Datenverarbeitung. Ein Anwendungsfeld für die deterministische Steuerung ist die Fließmontage von Produktvarianten, wie sie aus dem Automobilbau bekannt ist.

Der *stochastische Ansatz* versteht die Produktion als ein System, das nur über statistische Größen wie Mittelwerte und Streuungen zu beschreiben ist. Arbeitsstationen verfügen über eine mittlere Arbeitsleistung, die von Aufträgen mit einem bestimmten Arbeitsinhalt in Anspruch genommen wird. Man versucht nicht, exakte Zeitpunkte von Produktionsereignissen einzuhalten. Die Auftragsdurchlaufzeit und die Termintreue ergeben sich aus den Produktionsabläufen als Durchschnittswerte mit einem Streubereich. Typisches Anwendungsfeld hierfür ist Steuerung der Werkstattfertigung mit einem ungerichteten Materialfluß [Wie89].

Nach jüngsten Erkenntnissen wird, im *chaotischen Ansatz*, das Produktionssystem als ein System verstanden, das sich im physikalischen Sinne chaotisch verhält. Mit entsprechenden mathematischen Werkzeugen aus der Physik der Chaosforschung lassen sich für diese Systeme Kenngrößen gewinnen. Gegenwärtig gibt es noch keine konkreten Anleitungen für die Steuerung von Produktionsabläufen aus diesen Ansätzen. Es ist jedoch bekannt, daß selbstorganisierte Strukturen, wie Fraktale oder Fertigungsinseln, grundsätzlich ein stabileres und zugleich flexibleres Ablaufverhalten zeigen als zentral gesteuerte. Das weniger flexible Verhalten der Werkstattfertigung ist auf Chaos-Phänomene zurückzuführen [Hor89, War92, Tön92, Mas93, Glö94].

10.2.3.2 Ergebnisse der Strukturplanung

Durch die Strukturplanung wird das zu planende Produktionssystem an die Produktionsaufgabe angepaßt. Das wichtigste Ergebnis ist die Strukturfestlegung durch die Entscheidung für ein Fertigungs- oder Montageprinzip. Darauf basierend leiten sich die weiteren Ergebnisse ab. Sie werden bei der Auslegung des Produktionssystems verwendet.

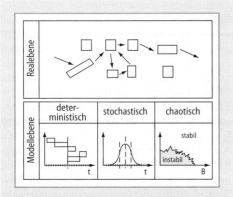

Bild 10-43 Modelle der Ablaufbeschreibung

Die Dokumentation der Strukturalternativen umfaßt:
- eine Flächenaufteilung des Produktionssystems,
- Pläne zur Maschinenaufstellung und
- Aufgabenbereiche im System.

Zur Dokumentation der erarbeiteten Fertigungs- und Montageabläufe dienen:
- Vorranggraphen [REF87: 157 ff.],
- Arbeitspläne,
- Operationsfolgebeschreibungen und
- Montageablaufpläne.

Den Materialfluß im Produktionssystem beschreiben:
- Übergangs- bzw. Transportmatrizen,
- Sankey-Diagramme oder
- Eintragungen im Layout.

Für die weitere Dimensionierung der Maschinen und Arbeitsplätze werden aus der Strukturplanung die folgenden Kennwerte weitergegeben:
- Stückzahlen für Produkte und Produktgruppen,
- der Kapazitätsbedarf für Produkte und Produktgruppen,
- Vorgangsfolgebeschreibungen für typische Erzeugnisse und
- die Aufgaben- und Funktionsverteilung im Produktionssystem.

Wenn der laufende Betrieb nicht unterbrochen werden soll, muß als weiteres Ergebnis eine Strategie zur Migration von der alten zur neuen Struktur erarbeitet und z.B. in Form von Terminplänen, Netzplänen, Aufgabenbeschreibungen oder Checklisten festgehalten werden.

10.2.3.3 Ausführung der Strukturplanung

Planungsablauf

Die Übersicht in Bild 10-44 zeigt eine zweistufige Vorgehensweise mit der aus dem Produktionsprogramm auf geeignete Strukturkonzepte geschlossen werden kann. Ausgehend von der Analyse der Produktionsaufgabe werden zunächst ideale Strukturen bestimmt. Die daraus erstellten Ideallayouts dienen danach als Maßstab für die Feinplanung der tatsächlichen Anordnung im vorhandenen Produktionsumfeld des Betriebs.

Eine besondere Bedeutung kommt der Einbindung der im Produktionssystem beschäftigten Mitarbeiter bei der Planung und Umsetzung zu (Kap. 12). Die Akzeptanz der geschaffenen Strukturen und Abläufe, bis hin zur Gestaltung der Arbeitsplätze, ist eine unabdingbare Voraussetzung für den reibungslosen Betriebsablauf.

Eine effektive Fertigungs- und Montagegestaltung beginnt mit einer *fertigungs- und montagegerechten Konstruktion*. Die interdisziplinäre Zusammenarbeit von Fachleuten verschiedener Betriebsabteilungen bereits während der Produktentwicklung hilft, überflüssigen Aufwand frühzeitig zu vermeiden. Besonders bei Umstrukturierungen mit dem Ziel einer Vereinfachung der organisatorischen Abläufe, ist eine übergreifende Teambildung unverzichtbar.

Kriterien zur Strukturbestimmung

Eine Produktionsaufgabe kann prinzipiell durch verschieden strukturierte Produktionssysteme erfüllt werden. Zuerst wird daher mittels *Kostenvergleichsrechnungen* versucht, die günstigste Alternative zu bestimmen. Doch auch nicht rechnerisch erfaßbare Einflußgrößen können, wie bereits dargestellt, dem Unternehmen Wettbewerbsvorteile verschaffen. Diese und andere Faktoren können durch eine geeignete Strukturierung unterstützt werden. Die zu errichtende Struktur für ein Produktionssystem ist immer auch das Ergebnis einer unternehmerischen Entscheidung.

Im folgenden werden daher zur Entscheidungsvorbereitung und -unterstützung grundsätzliche Kriterien und Zusammenhänge für den Vergleich der verschiedenen Strukturkonzepte diskutiert (Bild 10-45). Dabei folgt die Beschreibung insgesamt dem in Bild 10-44 gezeigten Planungsablauf. Die Kriterien können zur Aufstellung eines konkreten betriebsspezifisch gewichteten Kataloges für eine *Nutzwertanalyse* genutzt werden.

Den wichtigsten Einfluß auf die Struktur des Produktionssystems hat die Stückzahl der Erzeugnisse (Bild 10-46). Linien- und Reihenstrukturen sind oft mit einem hohen *Automatisierungsgrad* verbunden. Die dadurch erforderlichen Investitionen können sich nur bei langfristig hohen Stückzahlen amortisieren. Diese Produktionssysteme erzielen die höchste Produktivität, sind aber unflexibel gegenüber Änderungen des Produkts und der Produktions-

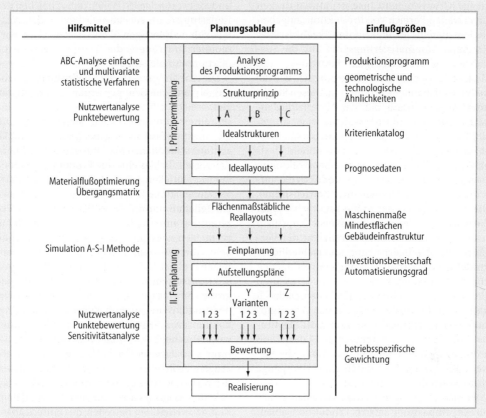

Bild 10-44 Vorgehensweise und Hilfsmittel

Bild 10-45 Kriteriensystem

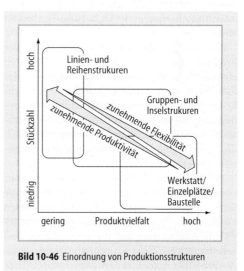

Bild 10-46 Einordnung von Produktionsstrukturen

menge. Gruppen- und Inselstrukturen decken einen weiten Bereich von Produktionsaufgaben ab. Für dieselbe Produktionsstückzahl ist hier ein hoher Automatisierungsgrad und die Spezialisierung der beteiligten Fertigungs- und Montageeinrichtungen ebenso möglich, wie die weitgehend manuelle Produktion. Diesen Strukturen ist gemeinsam, daß der Materialfluß innerhalb des Produktionssystems leicht an geringfügige Änderungen der Arbeitsablauffolge anzupassen ist. So erklärt sich die höhere Flexibilität gegenüber Linien- und Reihenstrukturen. Dagegen steht eine geringere Produktivität aufgrund kurzfristig freistehender Betriebsmittel. Die Produktion nach dem Werkstattprinzip, auf Einzelplätzen oder nach dem Baustellenprinzip zeichnet sich durch hohe Parallelität der Vorgänge aus. Die Bearbeitung unterschiedlicher Produkte oder Arbeitsvorgänge in verschieden hohen Stückzahlen kann in diesen Strukturen gleichzeitig nebeneinander geschehen. Dadurch und durch die Unabhängigkeit von Arbeitsablauf- oder Verfahrensfolgen sind diese Strukturen hochflexibel. Der ungünstige Materialfluß und lange Wartezeiten bedingt durch die losweise Produktion und durch Umrüstvorgänge vermindern die Produktivität.

Es muß abgewogen werden zwischen struktureller Anpassung an den Produktionsablauf oder organisatorischer Anpassung durch eine Produktionssteuerung. Hinsichtlich der Auftragswechselflexibilität muß zwischen Umrüsten der Anlagen, Schaffen weiterer Kapazitäten oder Investitionen in die technische Flexibilität entschieden werden.

Eine große Rolle spielt die Ähnlichkeit der Produkte. Sie drückt sich technologisch durch eine ähnliche Verfahrens-, Arbeitsablauf- oder Stationenfolge aus. Die geometrische Ähnlichkeit ist für die Handhabung der Bauteile von Bedeutung. Sie wird durch Länge/Breite-Verhältnis, Gewicht, umschreibenden Quader oder durch die Trennung nach rotatorischen und prismatischen Werkstücken beschrieben.

Eine Verlagerung von koordinierenden Funktionen in das Produktionssystem bewirkt eine Entlastung der übrigen Produktion von diesen Funktionen. Besonders effektiv ist die konsequente Ausrichtung auf die selbständige und selbstverantwortliche Komplettbearbeitung eines Produkts. *Autonome Strukturen* weisen diese Eigenschaften auf. Unabhängig vom Automatisierungsgrad zählen dazu Segmente, Insel- und Gruppenstrukturen oder flexible Fertigungs- und Montageanlagen [Wil88, Tem92]. Neben der Entlastung der Steuerung wird durch den Wegfall von halbfertigen Werkstücken oder vormontierten Gruppen die Transparenz der Produktionsabläufe verbessert.

Die Annäherung an das Fließprinzip in produktabhängigen Gruppenstrukturen erlaubt für Teilbereiche, z. B. innerhalb einer Fertigungsinsel, einen kontinuierlichen Materialfluß. Die gleichzeitige Bearbeitung mehrerer Werkstücke an unterschiedlichen Maschinen führt zu einem Zeitvorteil für das einzelne Produkt gegenüber der sequentiellen Arbeitsweise einer Werkstattfertigung. Hinzu kommt, daß durch den direkten Teilefluß unproduktive Wartezeiten der Erzeugnisse innerhalb des Produktionssystems vermieden werden. Wartezeiten entstehen nur beim Übergang zwischen Produktionssystemen. Bei etwa gleichen Taktzeiten innerhalb des Produktionssystems kann als Extremfall eine Losgröße von eins gewählt werden. Dies entspricht der Produktivität einer Fließfertigung. Der Produktionsprozeß verhält sich deterministisch und wird berechenbar. Produktunabhängige Strukturen sind dagegen flexibel bezüglich des zu erzeugenden Produkts. Sie nutzen die Kapazitäten der vorhandenen Betriebsmittel am besten aus.

Kriterien aus dem Personalbereich werden in Kap. 12 vertieft. Sie betreffen die Einführungsfreundlichkeit, die Qualität des Arbeitsumfeldes und die Entlohnung. Flache Hierarchien mit einem großen Anteil an Verantwortung und kurzen Entscheidungswegen begünstigen allgemein Motivation und Kreativität der Mitarbeiter. Während Gruppen- oder Inselstrukturen die Teambildung fördern, muß in anderen Produktionsstrukturen durch geeignete Maßnahmen die persönliche Einbringung der Mitarbeiter angeregt werden.

Zwingende Randbedingungen legen die Fabrikplanung bzw. die vorhandene Infrastruktur fest. Ausgehend von der idealen Strukturvorstellung sind bei der Umsetzung in die Realität Hallenmaße, Energieversorgung, Flächenvorgaben, ortsfeste Anlagen, Transportwege usw. zu berücksichtigen.

Für die Feinplanung spielt der geplante Automatisierungsgrad eine wichtige Rolle. Auf dieser Detaillierungsebene ergeben sich durch die enge Abstimmung mit der Auslegungsplanung ständige Rückwirkungen auf die Struktur des Produktionssystems. Unter anderem muß abgewogen werden zwischen automatisierter oder manueller Verrichtung, Kapazitätsanpassung durch Parallelmaschinen oder durch den Einsatz von mehrspindeligen Maschinen. Rationalisierungsmaßnahmen durch Adaption oder Integration von Produktionsschritten führen zum Wegfall von Arbeitsstationen.

Hilfsmittel

Die Festlegung der Produktionsstruktur findet zu einem frühen Zeitpunkt während der Gestaltung des Produktionssystems statt. Durch die engen Beziehungen mit der Fabrikplanung und mit der Auslegungsplanung sind die Wechselwirkungen zwischen den Planungsebenen zu Beginn nicht absehbar. Durch eine *Top-down-bottom-up-Vorgehensweise* kann dieses Problem gelöst werden. Zunächst wird von oben kommend (top-down, deduktiv) mit den bekannten Größen für vorhandene Fläche, Stückzahlen usw. eine Struktur bestimmt. Mit dieser Vorgabe wird weitergearbeitet, bis sich bei weiterer Detaillierung Rückwirkungen für die ursprünglichen Vorgaben ergeben – der Vorschlag wird von unten kommend (bottom-up, induktiv) korrigiert. Dieses abwechselnde Vorgehen führt in mehreren Durchläufen zu einer Optimierung der Struktur.

Ein einfaches aber wirkungsvolles Hilfsmittel zur Entscheidungsfindung ist die Durchführung der Nutzwertanalyse. Bild 10-47 verdeutlicht ihre Anwendung zur Auswahl einer Montagestruktur. Zunächst werden Beurteilungskriterien festgelegt. Anschließend muß das Bewertungsteam eine Gewichtung der Kriterien finden. Schließlich wird die Erfüllung der Kriterien für jede Va-

riante bewertet. Das Summieren der gewichteten Bewertungsnoten ergibt die Variantennutzwerte als Anhaltspunkt für die Entscheidung.

Für eine materialflußgerechte Aufstellungsplanung im Produktionssystem bieten einfache Anordnungsverfahren, beispielsweise das *Dreiecksverfahren* nach Schmigalla oder das *Kreisverfahren* von Schwerdtfeger, eine Hilfestellung. Ausgangspunkt für viele Materialflußuntersuchungen ist die Matrix der Übergangszeiten.

Zur Abstimmung der dynamischen Vorgänge kann durch Anwendung der *Simulationsverfahren* in iterativer Vorgehensweise, bestehend aus Simulation, Auswertung und Modellvariation, eine optimale Lösung erarbeitet werden.

Rationalisierung zur Verbesserung der Wirtschaftlichkeit darf nicht nur an einzelnen Arbeitsvorgängen oder Produktionsstufen ansetzen, sondern muß auf ein Gesamtoptimum der Verfahrensfolge abzielen. Zur Beschleunigung aufeinanderfolgender Prozeßschritte im Produktionssystem kann nach Möglichkeiten der Adaption, Substitution oder Integration gesucht werden (A-S-I-Methode, Bild 10-48) [Tön87]. Adaption bezeichnet die günstige Abstimmung aufeinanderfolgender Prozesse, wie z. B. die Rohteilherstellung durch Schmieden und die anschließende spanende Bearbeitung. Kostengründe oder technologische Neuerungen können der Anlaß für die Substitution eines Verfahrens durch

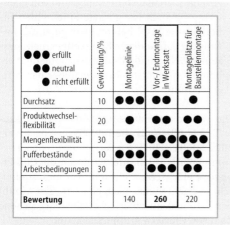

Bild 10-47 Zuordnung einer Struktur mit der Nutzwertanalyse

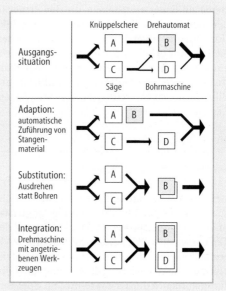

Bild 10-48 A-S-I-Methode zur Bestimmung von Rationalisierungspotentialen

ein anderes sein, wie z. B. Ausdrehen statt Bohren eines kleinen Durchmesssers oder Kleben statt Schrauben von Metallverbindungen. Die Integration verkürzt die Arbeitsfolge und führt daher oft zu Kosteneinsparungen. Ein Beispiel hierfür ist die Komplettbearbeitung von Bauteilen auf Drehmaschinen mit angetriebenen Werkzeugen.

Selbstverständlich müssen zum Vergleich stehende konkrete Strukturalternativen durch eine *Wirtschaftlichkeitsrechnung* hinsichtlich ihrer Amortisationszeit und Rentabilität überprüft werden.

Ein weiteres Hilfsmittel zum Variantenvergleich bieten *Sensitivitätsanalysen*. Bei diesem Verfahren wird die Auswirkung der Änderung eines Parameters ermittelt. Durch die Variation der Parameter erhält man eine Vorstellung vom Verhalten des Systems bei Schwankungen der Eingangsgrößen der Planung. Angewandt in der Wirtschaftlichkeitsrechnung, können damit die monetären Effekte verschiedener Bediengrade, Kapazitäten und Investitionshöhen auf Amortisationszeit und Rentabilität festgestellt werden. Bei getrennter Kostenerfassung für einzelne Produktionsverfahren lassen sich mit der Analyse sogar die Auswirkungen verschiedener Produktionsprogramme in Kostengrößen fassen.

Mit dem Schwerpunkt auf der Planung und Auslegung flexibler Fertigungs- und Montageanlagen wurden rechnergestützte Planungsverfahren entwickelt. In der Regel basieren diese Systeme auf Expertensystemen, die den Planer in der interaktiven Konfiguration des Produktionssystems unterstützen. Zur dynamischen Feinplanung arbeiten diese Systeme häufig mit einer Anlagensimulation zusammen, so daß die Auswirkungen von Änderungen unmittelbar am Bildschirm sichtbar werden [Spu94: 118 ff., Hau89, Lan93].

10.2.3.4 Beispiele

Beispiel 1: Fertigungsstrukturierung

Bei einem Aggregatehersteller soll zur Ausrichtung zukünftiger Investitionen ein langfristig angelegtes Konzept zur Neustrukturierung der Fertigung entwickelt werden. Mittelfristige Ziele der Maßnahmen sind die Verkürzung der Durchlaufzeit, eine Verringerung der Bestände an Halbfertigfabrikaten und eine Vereinfachung der Fertigungssteuerung. Insbesondere sollen die Rationalisierungspotentiale durch Integration und

Substitution von Fertigungsverfahren untersucht werden.

Für eine erste Analyse des Werkstückspektrums wird anhand der Stammdaten, Arbeitspläne, Arbeitsgangbeschreibungen, Werkstoff- und Maschinendaten das Werkstückspektrum allgemein hinsichtlich Stückzahlklassen, Stückzahlanteilen am Gesamtausstoß und Umsatzanteilen der Stückzahlklassen untersucht. Als Hilfsmittel dienen statistische Verfahren: die *ABC-Analyse* und die *Produkt-Quantum-Analyse*, mit der der Anteil eines Produkts an bestimmten Größen, wie Gesamtstückzahl, Umsatz oder Fertigungsverfahren, festgestellt wird. Die Voruntersuchung liefert erste Anhaltspunkte für das weitere Vorgehen. Insbesondere ergeben sich die folgenden Strukturierungsalternativen zur Diskussion:

- Strukturierung nach Produkt: Hohe Empfindlichkeit gegenüber Absatzveränderungen. Es werden keine Produkte gefunden, die alleine eine Fertigungsinsel auslasten würden.
- Strukturierung nach Stückzahlklassen: Der Schwerpunkt würde auf Teilen liegen, die wenig betriebsspezifisches Wissen widerspiegeln. Diese Kriterium scheidet daher sofort aus.
- Strukturierung nach Fertigungstechnologie: Eine Strukturierung nach diesem Kriterium führt zu einer klassischen Werkstättenfertigung. Sie verspricht die bestmögliche Kapazitätsauslastung jedoch mit den bekannten Nachteilen: hohe Durchlaufzeiten, geringe Transparenz, hoher Steuerungsaufwand usw.
- Strukturierung nach Verfahrensfolge: Dies ist eine für das Unternehmen sehr flexible Lösung. Vorteile dieser Strukturierungsform sind geringe Durchlaufzeiten, aufgrund von Fließfertigung auch für geringe Stückzahlen innerhalb der Insel, bei trotzdem guter Ausnutzung der vorhandenen Komplettbearbeitungszentren. Nachteilig ist der prinzipbedingt erhöhte Kapazitätsbedarf gegenüber der vorigen Lösung.

Die weitere Untersuchung hat das Ziel, konkrete Teilefamilien für die Bildung der nach Verfahrensfolge gebildeten Fertigungsinseln zu bestimmen. Als Hilfsmittel wird nun die *Clusteranalyse* eingesetzt – ein multivariates, statistisches Verfahren, das nach einer großen Anzahl von Ähnlichkeitskriterien in eine vorgegebene Zahl von Clustern gruppieren kann.

Dazu erfolgt die Beschreibung der Arbeitsgänge in einem an die DIN 8580 angelehnten

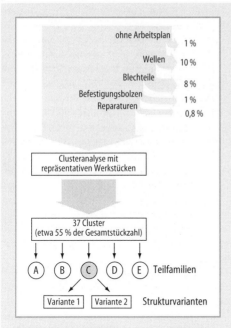

Bild 10-49 Strukturzuordnung nach einer Analyse des Produktionsprogramms

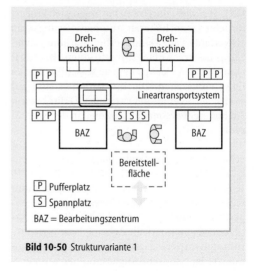

Bild 10-50 Strukturvariante 1

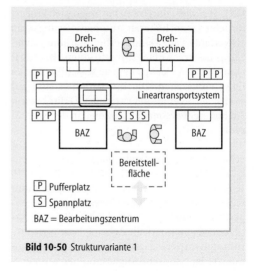

Bild 10-51 Strukturvariante 2

Verfahrensschlüssel. Die Analyse nach Verfahrensfolgen ergibt zunächst 37 Cluster. Die weitere Interpretation der Cluster „von Hand" nach den ablaufbestimmenden Verfahren und die Zuordnung von entsprechenden Maschinenkonzepten führt auf fünf Werkstückfamilien, die eine wirtschaftliche Auslastung einer Fertigungsinsel versprechen. Sie repräsentieren 55 % der Sachnummern und 90 % der Drehbearbeitungskapazität (Bild 10-49). Die restlichen Werkstücke sollen wie bisher in der Werkstättenfertigung produziert werden.

Das Beispiel wird nun für die Ausgestaltung der Struktur zu einer konkreten Teilefamilie fortgesetzt. Die Teilefamilie C umfaßt die Fertigung von Gehäuseteilen. Für die Bildung der Fertigungsinsel werden die folgenden Bearbeitungsmaschinen diskutiert:

– eine Horizontaldrehmaschine mit Bearbeitungszentrum (bisherige Lösung),
– Dreh-Bohr-Fräszentren mit 5-Achsen-Bearbeitung,
– Vertikal-Drehzentren mit angetriebenen Werkzeugen und Wechselpaletten,
– 4-Achsen-Bearbeitungszentren mit horizontaler Spindel und Möglichkeit der Verfahrenssubstitution von Drehbearbeitung durch Ausspindeln oder Zirkularfräsen und

– Dreh-Bohr-Fräszentren auf Basis eines 4-Achsen-Bearbeitungszentrums mit schwenkbarem Horizontal-/Vertikalspindelkopf und Rundpalettentisch.

Der Vergleich der Strukturvarianten durch eine Nutzwertanalyse bezüglich der Kriterien:

– Durchlaufzeit,
– technische Flexibilität,
– Werkstückqualität,
– Arbeitsqualität,
– Einführungsfreundlichkeit,
– Mitarbeiterflexibilität,

führt zu den in Bild 10-50 und Bild 10-51 dargestellten gleichberechtigten Strukturvarianten.

Variante 1 weist durch den vorgesehenen Linear-förderer einen höheren Automatisierungsgrad als Variante 2 auf. Damit verbunden sind gleich-zeitig höhere Anfangsinvestitionen. Bei Vari-ante 2 werden vier Werker zur Maschinenbedie-nung vorgesehen. Die Investitionen sind zu-nächst geringer als bei Variante 1. Dafür besteht ein höherer Personalkostenanteil in der Kosten-stelle.

Beispiel 2: Montagestrukturierung

In einem Industrieunternehmen wird die Mon-tage bisher an identisch ausgestatteten Montage-plätzen manuell durchgeführt. Bei der Ar-beitsverteilung sind alle Arbeitsplätze gleichbe-rechtigt. Durch eine Restrukturierungsmaßnah-me soll eine bessere Anpassung der Montage-strukturen an die Vorgangsfolgen erreicht werden. Man erhofft sich daraus eine Verkürzung der Durchlaufzeit sowie Einsparungen durch eine reduzierte Ausstattung der Arbeitsplätze mit Montagehilfsmitteln wie Werkzeugen und Vor-richtungen.

Im ersten Schritt werden aus den Montagean-weisungen eines repräsentativen Teilespektrums mit etwa 35 Endvarianten sämtliche Tätigkeiten erfaßt. Diese werden im nächsten Schritt zu-nächst grob den vier Bereichen: vorgelagerte Tätigkeiten, Montagevorbereitung, Vormontage und Endmontage zugeordnet. Getrennt nach diesen Bereichen wird mit einer 5stufigen Skala, von 1 (ungleich) bis 5 (gleich) die Ähnlichkeit der Tätigkeiten bezüglich der vier Kriterien: Hilfs-mittel, Kleinteile, Bewegungsablauf und Zeit-aufwand bewertet. Dies führt schließlich zu ei-ner Dreiecksmatrix, aus der mit Werten zwi-schen 4 (alle Kriterien ungleich) bis zu 20 (alle Kriterien gleich) die Ähnlichkeit der Montage-vorgänge ersichtlich wird. Mit dem Anord-nungsverfahren nach Schmigalla wird jetzt mit Hilfe dieser Matrix in einem Dreiecksraster auf geometrische Weise eine Gruppierung für die Vorgänge vorgenommen. Es ergeben sich insge-samt 16 Gruppen ähnlicher Montagetätigkeiten. Bild 10-52 zeigt davon die Gruppen 4 – 6, die dem Bereich Montagevorbereitung zugeordnet sind.

Sämtliche Montageabläufe können nun durch die Gruppenzugehörigkeit der Tätigkeiten be-schrieben werden, z. B. Teil A: Tätigkeit aus Grup-pe 4, 8 und 12, Teil B: Tätigkeit aus Gruppe 3, 4, 7 und 14. Mit Unterstützung eines Tabellenkal-kulationsprogramms werden alle Vorgangsfol-gen der 35 ausgewählten Erzeugnisse durch sol-

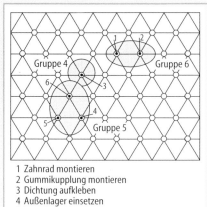

1 Zahnrad montieren
2 Gummikupplung montieren
3 Dichtung aufkleben
4 Außenlager einsetzen
5 Innenlager einsetzen
6 Wellendichtring einlegen

Bild 10-52 Gruppen ähnlicher Tätigkeiten für den Bereich „Montagevorbereitung"

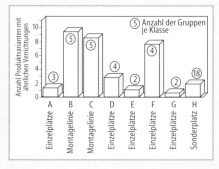

Bild 10-53 Klassen ähnlicher Montageabläufe

che Gruppendurchläufe beschrieben. Es ergeben sich 7 Klassen (A-G), in denen die Erzeugnisse jeweils mit Tätigkeiten aus den gleichen Grup-pen montiert werden (Bild 10-53).

Die in Bild 10-53 gebildeten Klassen bilden die Basis zur Strukturauswahl. Nach Stückzahl und Art der Tätigkeiten wird eine passende Struktur zugeordnet. Für die stückzahlstärksten Klassen B und C, wird eine Reihenmontage gewählt, in der die Tätigkeiten aus jeweils 5 Gruppen ausge-führt werden. Für die anderen Klassen wird eine produktorientierte Montagestruktur gewählt, weil damit die an den Arbeitsplätzen benötigten Hilfsmitteln auf die jeweilige Produktgruppe be-schränkt werden können. Für die Sonderfälle bleibt ein Montagebereich (H) erhalten, der, wie schon in der Ausgangssituation, mit allen erforderlichen Hilfsmitteln ausgerüstet ist. Schwankungen im Produktionsprogramm stellen für den Betrieb keine kritische Größe dar, da die benötigten Montagewerkzeuge und -vorrichtungen kurzfristig an anderer Stelle eingesetzt werden können. Durch die Umstrukturierung konnten die zu Beginn angestrebten Ziele erreicht werden. Einen großen Anteil an der Durchlaufzeitverkürzung hat die Errichtung der Reihenmontage.

Beispiel 3: Fertigungsstrukturierung

Ein Unternehmen der Fördertechnik plant vorbeugend die Anpassung der historisch gewachsenen Produktionssystemstrukturen an zu bestimmende optimale Strukturen. Durch die Restrukturierung sollen Durchlaufzeiten und Bestände sinken. Die Transparenz der Fertigungs- und Montageabläufe soll erhöht werden. Als weitere Folge wird eine Entlastung der Mitarbeiter durch verbesserte organisatorische Abläufe und durch eine erneuerte Flächen- und Raumgestaltung erwartet.

Ausgangsbasis für die Untersuchung bildet eine Ist-Analyse. Eine Betriebsaufnahme erfaßt die bisher angewandten Fertigungs- und Montageprinzipien für die verschiedenen Produkte. Transporte zwischen den Arbeitssystemen, der Flächenbedarf und die Lagersituation werden aufgenommen.

Unter Berücksichtigung der Absatzprognose kann der voraussichtliche Flächenbedarf prognostiziert werden. Nach einer Anordnungsoptimierung ergibt sich das ideale Groblayout. Davon ausgehend werden die Produktionsbereiche im realen Hallenplan festgelegt. Das Groblayout gibt die zur Strukturplanung der Produktionssysteme verfügbare Fläche vor.

Nach Art einer Nutzwertanalyse wird jetzt eine Zuordnung zwischen der Produktgruppe und einer geeigneten Produktionssystemstruktur vorgenommen. Bild 10-54 zeigt eine Einordnung gemäß der Kriterien Stückzahl, Arbeitsvorgangsfolge, Fertigungsverfahren, Streuung der Arbeitsinhalte und Größe des Arbeitsinhalts. Zum Vergleich stehen die drei verschiedenen Strukturierungsprinzipien Werkstattfertigung, Inselfertigung bzw. Reihen- oder Fließfertigung. Beurteilt wird nach einer dreistufigen Skala von 1 (ungeeignet) über 2 (nicht maßgeblich) bis 3 (geeignet).

In der anschließend durchgeführten Aufstellungsplanung werden die Betriebsmittel gemäß

Struktur / Eignung für:	Werkstatt-fertigung	Insel-fertigung	Fließ- oder Reihen-fertigung
große Stückzahlen	1	2	3
gleichbleibende Vorgangsfolgen	1	3	3
viele verschiedene Fertigungsverfahren	1	3	3
schwankende Arbeitsinhalte	3	2	1
kleine Arbeitsinhalte	1	2	3
Punktesumme:	7	12	13

Bild 10-54 Nutzwertanalyse zur Auswahl des Strukturprinzips

der zuvor bestimmten Produktionsfläche und dem Strukturierungsprinzip angeordnet. Auf eine weitere Anordnungsoptimierung, z. B. nach dem Schmigalla-Verfahren, innerhalb der Produktionssysteme wird verzichtet. Stattdessen erfolgt die Maschinenaufstellung unter besonderer Berücksichtigung einer materialflußgerechten Anordnung der Bereitstell- und Zwischenlagerflächen.

10.2.4 Auslegungsplanung

Die *Auslegungsplanung* ist der letzte Schritt bei der Planung eines Produktionssystems. Sie beinhaltet die Auswahl der Betriebsmittel, die zur Durchführung der gegebenen Produktionsaufgabe notwendig sind. Weiterhin sind auch die gegenseitigen Beziehungen der einzelnen Betriebsmittel eines Produktionssystems zueinander sowie die Auslegung der Schnittstellen Gegenstand der Auslegungsplanung.

Bei der Auslegungsplanung muß der Planer eines Produktionssystems über genaue Kenntnis der technologischen und funktionalen Anforderungen an die Betriebsmittel verfügen. Häufig wird daher dieser Planungsschritt nicht durch den späteren Anlagennutzer, sondern durch den Lieferanten des Produktionssystems oder auch in gemeinsamer Abstimmung bearbeitet.

Als Planungseingangsgrößen werden die Ergebnisse der in den vorigen Abschnitten beschriebenen Planungsschritte verwendet. Die Geometriedaten der zu bearbeitenden Einzelteile, die beispielsweise zur Bestimmung des notwendigen Arbeitsraumes einer Maschine benötigt werden, oder die geplanten Mengengerüste werden in der „Analyse der Produktionsaufgabe" (10.2.1) zusammengestellt. Aus der Technologieplanung (10.2.2) können die Fertigungs- oder Montageverfahren mit den entsprechenden Randbedingungen und die Fertigungsvorgangsfolgen übernommen werden, während in der Strukturplanung (10.2.3) unter anderem die maximale Zykluszeit für die Bearbeitungsvorgänge im System und auch das Groblayout sowie die Organisationsstruktur festgelegt werden.

10.2.4.1 Ergebnis dieses Planungsschritts

Im Rahmen der Auslegungsplanung findet die Feinplanung des Produktionssystems statt, wobei hier neben den Grundsystemen, beispielsweise eine Werkzeugmaschine, auch die einzelnen Werkzeuge, Vorrichtungen und Einrichtungen zur Qualitätssicherung sowie deren Informations- und Logistikschnittstellen festgelegt werden. Damit steht als Ergebnis eine genaue Beschreibung der benötigten Betriebsmittel sowie deren Wechselwirkungen zur Verfügung. Typische Beschreibungsformen sind

- Pflichten- oder Lastenhefte, in welchen auf individueller Präzisierungsstufe einem Lieferanten die Vorgaben für die Entwicklung des Produktionssystems beschrieben sind,
- Anforderungslisten mit zu erfüllenden Eigenschaften des Produktionssystems,
- Auflistungen von Standardbetriebsmitteln, die zuzukaufen sind, oder auch
- Konstruktionszeichnungen und bei größeren Anlagen Layoutdarstellungen, die die Gestalt und Funktionalität des Produktionssystems oder seiner Komponenten exakt festlegen.

Weiterhin werden in der Auslegungsplanung auch Daten wie der *Automatisierungsgrad*, der den Anteil der automatisierten Prozesse an der Gesamtzahl aller Prozesse ausdrückt, der Personalbedarf, die notwendigen Investitionen sowie der endgültige Raumbedarf bestimmt.

10.2.4.2 Methoden und Vorgehensweise bei der Auslegungsplanung

Für die Auslegungsplanung gibt es bisher keine Vorgehensweise, die direkt auf die jeweils optimale Lösung leitet, da verschiedene Kriterien parallel zu optimieren sind. Es ist deshalb notwendig, eine iterative Vorgehensweise zu nutzen, die ausgehend von einer groben Planung in mehreren Schleifen zu einer detaillierten Betrachtung der Systembestandteile und deren Beziehungen führt. In den Schleifen werden die Lösungen aus den vorhergehenden Stufen mit den Kenntnissen der nachfolgenden Schritte noch einmal überarbeitet. Speziell bei komplexen Systemen bietet es sich darüber hinaus an, die zu planenden Einrichtungen weiter zu strukturieren, um auf den verschiedenen hierarchischen Ebenen beherrschbare Einzelprobleme bearbeiten zu können. Dementsprechend muß eine Auslegungsplanung auch in diesen einzelnen hierarchischen Ebenen ansetzen und sich an den jeweils für die Ebene spezifischen Auslegungskriterien orientieren.

Die Struktur von Produktionssystemen läßt sich modellhaft in fünf hierarchische Ebenen gliedern, die in Bild 10-55 am Beispiel der Montage dargestellt sind [Sch92]. Es wird dabei unterschieden zwischen der Anlagen-, Zellen-, Komponenten-, Funktions- und Prozeßebene. Jede Ebene baut sich aus jeweils untergeordneten Ebenen auf, ausgehend von den elementaren Prozessen, wie es z.B. das Abtrennen eines Spanes oder das Verbinden zweier Bauteile darstellt, bis hin zu komplexen und aus vielen Einzelsystemen bestehenden Anlagen.

Als Planungsmethode kann auf jeder Stufe die unten vorgestellte Vorgehensweise verwendet werden.

Vorstellung der Planungsmethode

Die nachfolgend vorgestellte Methode zur Systemplanung (Bild 10-56) basiert auf der 6-Stufen-Methode nach REFA [REF78a] und der Planungssystematik nach [Gro82]. Sie kann sowohl zur Neuplanung eines Systems als auch zur Weiterentwicklung einer bestehenden Lösung beispielsweise aus Rationalisierungsgründen angewendet werden.

Bei der Auslegungsplanung wird in der Regel von den Ergebnissen aus der Analyse der Produktionsaufgabe sowie der Technologie- und Strukturplanung ausgegangen. In der ersten Bearbeitungsstufe müssen zunächst die Einzelziele der Auslegung und deren Hierarchie genau definiert werden. Das Ergebnis sind für eine später durchzuführende Bewertung notwendige Systemkriterien, die quantitativer und qualitativer Art sein können. Die darauf folgende Abgrenzung der Aufgabenstellung beinhaltet zum einen

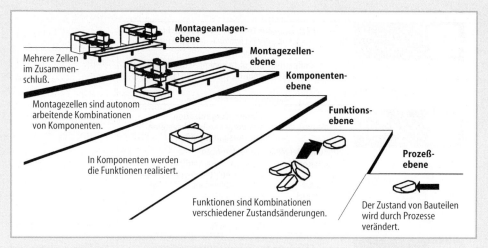

Bild 10-55 Strukturelle Ebenen in der Montage [Sch92]

Bildbeschriftungen:
- Montageanlagen-ebene
- Mehrere Zellen im Zusammen-schluß.
- Montagezellen-ebene
- Komponenten-ebene
- Montagezellen sind autonom arbeitende Kombinationen von Komponenten.
- Funktions-ebene
- In Komponenten werden die Funktionen realisiert.
- Prozeß-ebene
- Funktionen sind Kombinationen verschiedener Zustandsänderungen.
- Der Zustand von Bauteilen wird durch Prozesse verändert.

die Festlegung der Planungsorganisation. Es ist z. B. ein Planungsteam mit den notwendigen Kompetenzen zu bilden. Zum anderen erfolgen die Definition der Systemgrenzen, der Ein- und Ausgangsgrößen des Systems, die Unterteilung in Subsysteme sowie die Festlegung der Minimalanforderungen. Das Ergebnis ist ein Pflichtenheft mit Fest- und Wunschforderungen für den Planer oder Konstrukteur. Es ist zu beachten, daß der größte Planungsspielraum und die stärkste Innovation dann erreicht werden kann, wenn nur die absolut unentbehrlichen Anforderungen an das Produktionssystem definiert und intuitiv mit bestehenden Lösungen verknüpfte Forderungen explizit ausgegrenzt werden. Die 3. und 4. Stufe stellen den kreativen Prozeß der Methode dar. Zunächst werden im Projektteam die Lösungsansätze grob skizziert, die entsprechend der Aufgabenabgrenzung als Ideallösung angesehen werden. Dabei sollen bewußt möglichst viele Restriktionen aus Stufe 2 unbeachtet bleiben, um den schöpferischen Horizont nicht einzuzuengen. In der 4. Stufe sollen die Ideallösungen zu technisch und wirtschaftlich realisierbaren geformt werden. Hierzu werden die Merkmale der Lösungsansätze schrittweise mit den Systemkriterien bzw. Minimalforderungen abgeglichen und entsprechende Lösungsvarianten entwickelt. Als Ergebnis dieser Phase hat sich die Aufstellung eines *Morphologischen Kastens* mit allen Lösungsvarianten als sinnvoll erwiesen (VDI 2212, VDI 2225). Um die in der 4. Stufe entworfenen Lösungen bewerten zu können, bedarf es neben einer Beurteilung der Erfüllung tech-

nischer Anforderungen der Ermittlung quantitativer Größen, insbesondere im Bereich der Wirtschaftlichkeit, und qualitativer Größen, beispielsweise bei der Beurteilung der Flexibilitätsarten. Zur wirtschaftlichen Bewertung können je nach vorliegendem Detaillierungsgrad der Daten die gängigen statischen und dynamischen Verfahren der Investitionsrechnung wie z. B. die *Kostenvergleichs-* und die *Amortisationsrechnung* oder die *Kapitalwertmethode* eingesetzt werden [War80]. In vielen Unternehmen werden auch eigene Mischformen der Berechnungsverfahren eingesetzt. Zur Beurteilung qualitativer Größen hat sich eine *Arbeitssystemwertermittlung* nach Art einer *Nutzwertanalyse* als sehr hilfreich erwiesen [Gro82]. Aus der Gegenüberstellung der quantitativen (wirtschaftlichen) und der qualitativen Bewertung kann nun die optimal an die Aufgabe angepaßte Lösung ermittelt werden.

Die 6. Stufe bildet die Realisierung des Systems und eine anschließende Zielkontrolle.

Arbeitsschritte und Hilfsmittel

Im folgenden werden am Beispiel einer Drehzelle das methodische Vorgehen bei der Auslegungsplanung sowie der Einsatz einiger Arbeitshilfsmittel beschrieben. Die einzusetzenden Hilfsmittel sind in 10.5.2 zusammengestellt. Die Zielvorgabe, die Auslegung einer Produktionszelle zur Bearbeitung eines Gehäusedeckels, wird aus den Vorgaben der Strukturplanung gebildet. Die Systemkriterien wie

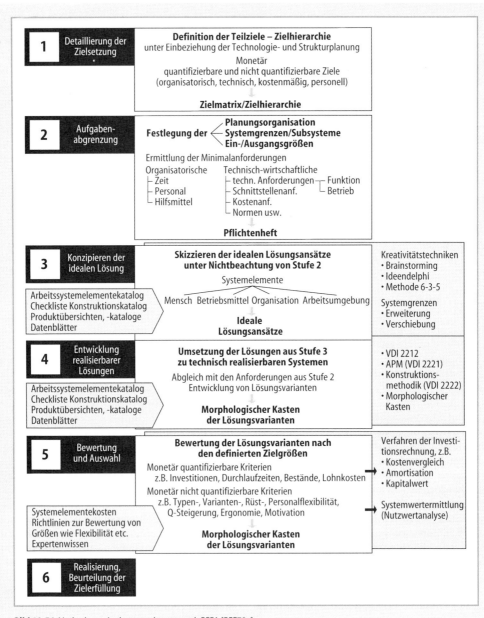

Bild 10-56 Methode zur Auslegungsplanung nach REFA [REF78a]

Durchlaufzeit oder Flexibilität (Bild 10-57) werden aus der Technologie- und Strukturplanung erarbeitet. Mit den Rohteilen, den Hilfsmitteln und Informationen als Eingangsgrößen und den Fertigteilen sowie dem Abfall als Ausgangsgrößen werden die Systemgrenzen und -funktionen in einer Black-box-Darstellung (Bild 10-58) abgegrenzt. Bild 10-59 stellt die Einzelziele in einem Pflichtenheft dar. Nun erfolgt aufgrund der Erfüllung der Festforderungen des Pflichtenhefts eine Vorauswahl unter den Lösungsvarianten innerhalb eines morphologischen Kastens (Bild 10-60), nach der drei Varianten für die abschließende Bewertung verbleiben. Die wirtschaftliche und technische Bewertung der drei Lösungsvarianten bezüglich ihrer Kosten und Zielerfüllung in Bild 10-61 führt zur Auswahl von Variante 1, einer CNC-

Quantitativ bewertbare Ziele	Qualitativ bewertbare Ziele
• Durchlaufzeit max. 60 min • Taktzeit max. 1 min • Ausschuß < 1 % • …	• Flexibilität bezüglich Stückzahlschwankungen • Ergonomische Arbeits-platzgestaltung • Motivation

Bild 10-57 Zielsystem

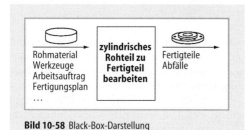

Bild 10-58 Black-Box-Darstellung

lfd. Nr.	Anforderung	Wert (Toleranz)	Typ
1.	Zeitspanungsvolumen Schruppen	170 cm³/min	MF
2.	Maximaler Rohteildurchmesser	200 mm	MF
…	…	…	…
27.	Beachtung der Firmenvorschriften		F
28.	Maximale Investitonskosten	700 TDM	F
29.	Amortisation bis	1. Dez. 97	F
30.	Produktionsbeginn	1. Dez. 94	F

MF Mindestforderung, F Festforderung

Bild 10-59 Pflichtenheft

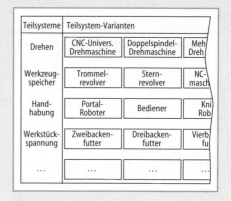

Bild 10-60 Morphologischer Kasten

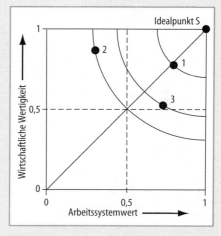

Bild 10-61 Technisch-wirtschaftliche Bewertung – Stärkediagramm

Universalmaschine mit Trommelrevolver, Portalroboter und einem Dreibackenfutter zur Werkstückspannung.

10.2.4.3 Beispiele von Planungsinhalten (Typische Auslegungen in Beispielen)

Beginnend mit der Komponentenauslegung werden die Auslegungsaufgaben im folgenden erst allgemein und dann problemspezifisch dargestellt. Beispiele zur Zellen- und Anlagenauslegung folgen im Anschluß.

Planung von Produktionssystemkomponenten

Die konkrete Auslegung der einzelnen Komponenten, die die Schritte drei und vier der vorher beschriebenen Methodik darstellt, erfolgt zum einen nach für alle Auslegungen ähnlichen Kriterien und zum anderen nach Kriterien, die spezifisch für die auszulegenden Komponenten sind. Auf diese spezifischen Problemstellungen wird unten anhand einer Darstellung von typischen Beispielen eingegangen.

Für jede Komponente müssen folgende fünf allgemeine Kriterien ausgelegt werden (Bild 10-62): Der notwendige Arbeitsraum, die Leistung, die benötigte Zykluszeit, die Investitions- und Betriebskosten sowie die Schnittstellen für einen Informations- und Materialfluß.

1. Beispiel: Auslegung eines Fräs- und Bohrprozesses

In diesem Beispiel wird ein Bearbeitungszentrum für prismatische Rohteile inklusive der

Kriterium	Arbeitsraum	Leistung	Zykluszeit	Kosten	Material- und Informationsfluß
Beispiele für zu berücksichtigende Werte	Produktgeometrie, Erreichbarkeit, technologisch benötigter Raum, …	Zerspankräfte, Vorschubkräfte, Tragkraft eines Roboters, Fügekräfte, Preßkräfte, Prozeßgeschwindigkeit …	Hauptzeit, Bearbeitungszeit, Verfahrzeit, Nebenzeit, Anlaufzeit, Rückhub, Rüstzeit …	Investitonen, Wartungskosten, Betriebskosten, Personalkosten, Kapitalkosten, Werkzeugkosten …	Werkstückpositionierung, Werkstücktransport, Werkzeugtransport, Codierung, Auftragseinlastung, Vorgangsbeschreibung …

Bild 10-62 Allgemeine Kriterien zur Auslegung von Komponenten

Bohren Fräsen	Anforderung	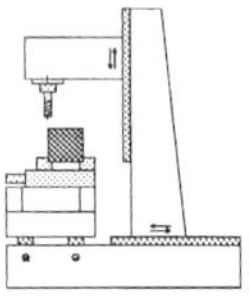 BAZ 3-Achsen Vertikalspindel	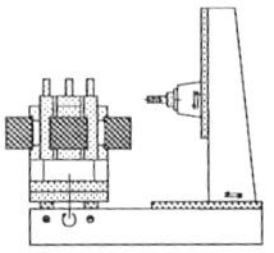 BAZ 3-Achsen + Rundschalttisch Horizontalspindel
Arbeitsbereich	Teil 300x 300x 300	630 x 500 x 500 mm	1000 x 800 x 800 mm
Spindelleistung 40 % ED	14 kW	16,5 kW	37 kW
Zykluszeit	240 s	211 s	198 s
Invest. variable Kosten		630 TDM 3,25 DM	820 TDM 3,11 DM
Materialfluß Info.-fluß		Maschinentisch DNC	Maschinentisch DNC
Werkzeug kapazität	40 Stk.	60	50
Werkzeug aufnahme		SK 40	SK 50
Teil je Aufsp.		1	4

Bild 10-63 Auslegung einer Bearbeitungsaufgabe am Beispiel Bohren und Fräsen

benötigten Spannvorrichtungen ausgelegt. Als Lösungsmöglichkeiten ergeben sich zwei unterschiedliche Bauarten von Bearbeitungszentren (Bild 10-63). Hinsichtlich des Arbeitsbereichs muß neben der maximalen Rohteilgröße – ein Würfel mit 300 mm Kantenlänge – beachtet werden, daß die Bearbeitung der Rohteile in unterschiedlichen Spannvorrichtungen zu unterschiedlichen benötigten Arbeitsbereichen führt. Die

notwendige Spindelleistung von 14 kW bei 40 % Einschaltdauer ergibt sich aus der Betrachtung der Zerspanleistung, die sich aus den Bearbeitungsparametern Schnittgeschwindigkeit und Spanungsquerschnitt errechnet. Die Berechnung der Zykluszeiten erfolgt anhand einer Zeitermittlung nach REFA [REF78b]. Die notwendige Kapazität des Werkzeugspeichers beruht einerseits auf den Anforderungen aus der Technologieplanung, andererseits auf dem Bedarf an Ersatzwerkzeugen und der gewünschten Flexibilität hinsichtlich der Bearbeitung anderer Werkstücke und beträgt hier 40 Stück. Zudem sollte die Kompatibilität der Werkzeugaufnahmen mit anderen in der Fertigung genutzten Systemen beachtet werden. Für das Rüsten der Spannvorrichtungen müssen die Anzahl und Lage der Teile je Aufspannung in bezug auf die vorhandenen oder geplanten Rüstplätze beachtet werden.

2. Beispiel: Auslegung einer Sägemaschine (Kreis- oder Bandsägemaschine)

Als weiteres Beispiel sei die Auslegung einer Sägemaschine erläutert (Bild 10-64). Zum Trennen von Werkstücken des Querschnitts 200 mm x 200 mm besteht die Möglichkeit, eine Kreis- oder eine Bandsägemaschine einzusetzen. Auslegungskriterien sind der Arbeitsraum, die erreichbare Abschnitt-Taktzeit, die Antriebsleistung und die Fertigungskosten. Es sei vorausgesetzt, daß für die auszulegende Maschine bereits eine Vorauswahl nach allen übrigen technologischen Kriterien getroffen wurde.

Der erste Auslegungsschritt besteht in der Bestimmung der Arbeitsraumabmessungen in der Sägeblattebene. Das Werkstückspektrum wird durch den maximalen Querschnitt (200 x 200 mm), die Maschine durch den maximalen

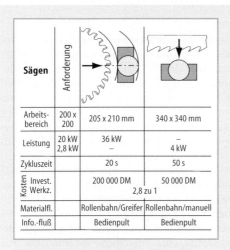

Sägen	Anforderung		
Arbeits-bereich	200 x 200	205 x 210 mm	340 x 340 mm
Leistung	20 kW 2,8 kW	36 kW –	– 4 kW
Zykluszeit		20 s	50 s
Kosten Invest. Werkz.		200 000 DM 2,8 zu 1	50 000 DM
Materialfl.		Rollenbahn/Greifer	Rollenbahn/manuell
Info.-fluß		Bedienpult	Bedienpult

Bild 10-64 Varianten: Kreis- und Bandsägen für die Sägeprozeßauslegung

Hub in Vorschubrichtung und die Spannhöhe charakterisiert. Der Hub in Vorschubrichtung ist die Summe aus dem zurückzulegenden Säge-weg, dem Anlaufweg und dem Überlaufweg (Bild 10-64). Im Beispiel erfüllen beide Maschinen die Anforderungen an den Arbeitsraum. Da das Kreissägeblatt nur auf einem Teil des Durchmessers genutzt werden kann, hat bei vergleichbarer Maschinengröße die Bandsäge Vorteile.

Die Zykluszeit bzw. Abschnitt-Taktzeit setzt sich aus der Addition der Taktzeiten für den Arbeitshub, für den Rückhub und für die Werkstückhandhabung zusammen. Der Zeitanteil für die Werkstückhandhabung stellt die Summe der Zeitdauer für das Werkstückspannen und -lösen sowie das Nachschieben des Werkstückes und die Entfernung des Abschnittes dar. Wegen der höheren Eigensteifigkeit des Kreissäge-werkzeuges kann hier mit größerer Trennrate gearbeitet werden, so daß eine deutlich kürzere Zykluszeit für den Bearbeitungsfall von 20 gegenüber 50 Sekunden erreichbar ist.

Für den Haupt- und den Vorschubantrieb ist eine Auslegung hinsichtlich der zu installierenden Antriebsleistung erforderlich. Dazu werden die an der Zerspanstelle geforderte Schnittleistung und die Vorschubleistung als Multiplikation der Schnittkraft bzw. Vorschubkraft mit den jeweiligen Geschwindigkeiten errechnet. Die Berechnung der Kräfte erfolgt über die Zerspankraftgleichung nach Kienzle und Victor [Mil95], wobei vom ungünstigsten Fall des Leistungsbedarfs auszugehen ist. Wegen der größeren Werkzeugbreite und der höheren Trennrate ist auch

die zu installierende Antriebsleistung der Kreissägemaschine (20 kW) deutlich höher als bei der Bandsäge (2,8 kW).

Die höheren Leistungswerte und der technologische Nachteil, nur einen Teil des Werkzeugdurchmessers zum Trennen nutzen zu können, ist der Grund für die höheren Investitionskosten der Kreissäge. Auch bei den Werkzeugkosten besitzt die Bandsäge Vorteile, da hier preisgünstige Einmalwerkzeuge verwendet werden. Diese Nachteile der Kreissäge werden durch die wesentlich höhere Trennrate und die daraus resultierende kürzere Maschinenbelegungszeit für einen Auftrag kompensiert, was für das Auslegungsbeispiel zur Entscheidung führt.

3. Beispiel: Auslegung eines Handhabungssystems

Als Beispiel zur Auslegung einer Handhabungsaufgabe sollen zwei Bauteile eines Pneumatikventils dienen, die in der Endmontage mit 25 N gefügt werden. Die Kraft ergibt sich aus der Existenz eines Dichtrings, der gleichzeitig als Einführschräge verwendet werden kann. In der Lösungssuche ergeben sich drei Möglichkeiten, diesen Montageschritt durchzuführen (Bild 10-65): Ein Mensch, der beide Teile manuell zusammenfügt, ein freiprogrammierbarer Roboter oder ein Pick-&-Place-Gerät. Alle beteiligten Lösungen besitzen einen ausreichenden Arbeitsraum, um die 200 mm voneinander entfernt bereitgestellten Bauteile fügen zu können, sowie genug Leistungsfähigkeit, um die Trag- und Fügekräfte aufzubringen. Mittels MTM-Analyse für manuelle Arbeitsschritte und aus Versuchen bei den anderen Betriebsmitteln wird eine ausreichend kurze Zeit von unter 3,3 s ermittelt. Die Kopplung des Fügeprozesses an den Materialfluß bedingt eine Positionierung des Basiswerkstücks mit einer Genauigkeit von maximal 0,5 mm Lageabweichung beim Roboter und beim Pick-&-Place-Gerät, während der Mensch nur ein möglichst stillstehendes Werkstück benötigt. Bei der abschließenden Auswahl des Systems ist zu beachten, daß die drei Versionen jeweils unterschiedliche Rahmenbedingungen bei den Zuführgeräten sowie bei der Sensorik erfüllen müssen. Manuell kann Schüttgut montiert werden, der Roboter benötigt eine Bereitstellung der Bauteile in definierter Lage, kann aber variable Positionen anfahren, und das Pick-&-Place-Gerät kann ein Bauteil nur in einer Position und Lage zur Montage aufnehmen. Bei der geforder-

Fügen zweier Einzelteile	Anforderung	Mensch 	Roboter 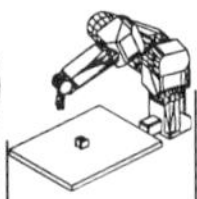	Pick & Place 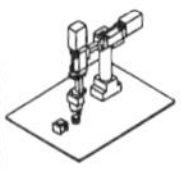
Arbeitsraum	200 mm	Rad. 750 mm	Rad. 900 mm	200 mm
Tragkraft Fügekraft	5 N 25 N	100 N 150 N	100 N 100 N	80 N 120 N
Zykluszeit	3,3 s	2,6 s	3,1 s	3,3 s
Invest. variable Kosten		2.000,– DM 0,0325 DM	100.000,– DM 0,008 DM	11.000,– DM 0,008 DM
Materialfluß Info.-fluß		Schüttgut	Lage fest variable Pos.	Lage und Position fest
Bereitstell. Einzelteile		Stillstand Anleitung	exakte Pos. Pos.-progr.	exakte Pos. über SPS
zusätzliche Geräte			Sensorik	Sensorik SPS

Bild 10-65 Lösungsmöglichkeiten und Kriterien zur Auslegung einer Handhabungsaufgabe

ten Stückzahl erweist sich das Pick-&-Place-Gerät trotz einer zusätzlichen Komponente für die Teilebereitstellung hinsichtlich der Kostenstruktur als die günstigste Variante.

Das Beispiel der Verschraubung als eine der häufigsten Verbindungstechniken in der Montage wird hier gewählt, da dies eine typische Planungsaufgabe darstellt. Es sollen ein Blechteil (z. B. Gehäusedeckel) und ein Sockel mit acht am Sockelrand verteilten Kreuzschlitzschrauben M4x10 verschraubt werden (Bild 10-66). Die Bereitstellung der Schrauben erfolgt dabei üblicherweise als Schüttgut. Es sind je nach Stückzahl und Automatisierungsgrad fünf Lösungsmöglichkeiten denkbar: eine rein manuelle Tätigkeit mit einem herkömmlichen Schraubendreher, die Erzeugung von Drehbewegung und -moment mit einem Elektro- oder Druckluftschrauber, eine zusätzliche automatische Zuführung der Schraube zum Fügeort (Handzuführschrauber) und letztendlich als zwei vollautomatisierte Lösungen eine Schraubstation mit Positioniereinrichtung sowie ein Mehrspindel-Schraubautomat.

Alle fünf Möglichkeiten erfüllen die Anforderungen bezüglich Arbeitsraum, Drehmoment und Einschraubtiefe. Die geforderte Zykluszeit wird bei den ersten beiden Varianten nicht erreicht, was durch den jeweils vorliegenden Anteil manueller Arbeitsabläufe bedingt ist. Dies wirkt sich entsprechend in den variablen Kosten für den Montagevorgang aus. Zu beachten ist

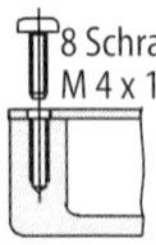 8 Schrauben M 4 x 10	Anforderung	 Schraubendreher	 Pneum.-schrauber	 Zuführschrauber	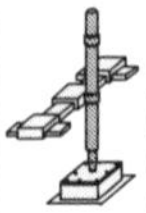 Schraubstation mit Positionierung	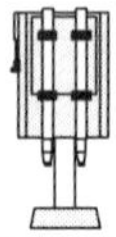 Mehrspindelautomat
Einschraubtiefe	10 mm	unbegrenzt	unbegrenzt	unbegrenzt	40 mm	40 mm
Arbeitsraum	200 x 250 mm	750 mm	750 mm	750 mm	400 x 400 mm	200 x 250 mm
Drehmoment	1,0 Nm		0,4 - 3 Nm	0,4 - 3 Nm	0,4 - 3 Nm	0,4 - 3 Nm
ges. Zykluszeit	32 s	96 s	48 s	23 s	24 s	5 s
Investition variable Kosten		15 DM 1,2 DM	2.000 DM 0,6 DM	17.000 DM 0,3 DM	80.000 DM 0,023 DM	150.000 DM 0,023 DM
Materialfluß Basisteil Bereitstell. Schraube		Stillstand ungeordnet	Stillstand ungeordnet	Stillstand geordnet	exakte Position geordnet	exakte Position geordnet
Info.-fluß (über)		Anleitung	Anleitung	Anleitung + SPS	NC + SPS	SPS
zus. Geräte				Wendelförderer	Wendelförderer Sensorik	Wendelförderer Sensorik

Bild 10-66 Lösungsmöglichkeiten und Einflüsse für eine Systemkomponente Schrauber

auch in diesem Beispiel, daß bei den Varianten unterschiedliche Voraussetzungen bezüglich der Bauteil- und Schraubenbereitstellung erfüllt sein müssen.

Planung von Produktionszellen

Analog zur Beschreibung der Komponentenauslegung sei zunächst auf einige allgemeine Kriterien eingegangen. Die Zellenauslegung ist charakterisiert durch eine enge Verflechtung der Auslegungskriterien, denn sie muß ein abgestimmtes Zusammenwirken aller Zellenkomponenten und die Einbindung in eine Produktionsanlage sicherstellen.

Im ersten Schritt muß zunächst bestimmt werden, welche und wieviele Komponenten notwendig sind und welche Abläufe umgesetzt werden müssen. Die weitere Auslegung läßt sich prinzipiell unterteilen in räumliche und zeitliche bzw. leistungsbezogene Kriterien sowie die Auslegung der Zellensteuerung (Bild 10-67). Sind mehrere Lösungsvarianten erstellt, so erfolgt durch eine Bewertung (z. B. Kostenbetrach-tung) nach den gleichen Kriterien wie bei der Komponentenauslegung die Lösungsauswahl.

Im weiteren wird die Auslegung einer Produktionszelle am Beispiel einer Montagezelle beschrieben, die die in Bild 10-68 dargestellte Bohrmaschinenspindel automatisch montiert. Es sind dabei Komponenten für den Montageprozeß (Handhaben und Fügen), die Bereitstellung des Basisteils „Welle" und der anderen Bauteile, die Prozeß- und Qualitätskontrolle sowie die Steuerung der Zellenkomponenten und des Gesamtablaufs zu berücksichtigen.

Als Handhabungsgerät wird ein 4achsiger SCARA-Roboter gewählt, dessen Arbeitsraum, Positioniergenauigkeit und Bewegungsmöglichkeiten den Anforderungen genügen.

Die automatische Montage bedingt, daß alle Bauteile positioniert und orientiert zum Greifen bzw. Fügen bereitgestellt werden müssen. Die leicht zu sortierenden Scheiben werden mit Hilfe eines Vibrationswendelförderers mit Sortierstrecke und Vereinzelungseinrichtung zugeführt. Die Kugellager werden in Stangen magaziniert und die oberflächenempfindlichen Zahn-

	Kriterien	Ausprägungen
Räumliche/ geometrische Auslegung	Zusammenwirken der Komponenten	Abstimmung geometrischer Schnittstellen • Positioniergenauigkeit bei Übergabevorgängen/-stationen usw.
	Durchführbarkeit der Arbeits-/Bewegungsfolgen	Arbeitsräume der Komponenten Erreichbarkeit von Greifpunkten Kollisionsfreiheit und Zeitoptimierung von Bewegungsbahnen
	Ver- und Entsorgung	Strukturierte Versorgungswege für Roh-/Bau-/Fertigteile
	Sicherheitsbereiche	
Zeitliche Auslegung	Zellendurchlaufzeit	Zykluszeiten Fertigungs-/Montagekomponenten, Materialflußoperationen, Bewegungsfolgen, Werkzeugwechsel, Ver- und Entsorgung der Teile usw. Parallelisierung der Vorgänge usw.
	Abstimmung der Leistung der Komponenten	Geschwindigkeiten und Kapazitäten von Personal, Fertigungs-/Montagekomponenten, Materialfluß-, Bereitstellungseinrichtungen, Handhabungsgeräten usw.
Steuerung	Koordination der Zellenabläufe	Ablaufprogramme, Arbeitsanweisungen
	Auslösung von Funktionen	Anzahl und Art der Steuerungsausgangssignale für Aktorsteuerung, Programmauslösung usw.
	Überwachung von Funktionen	Anzahl und Art der Steuerungseingangssignale zur Überwachung der Funktionsfähigkeit der Komponenten, Bauteilanwesenheit usw.
	Sicherheitsfunktionen	Not-Aus-/Störungsbehandlung usw.
	Zellenbedienung	Starten und Stoppen, Bedienerführung, Arbeitsanweisungen
	Betriebsdatenerfassung	

Bild 10-67 Kriterien bei der Auslegung von Produktionszellen

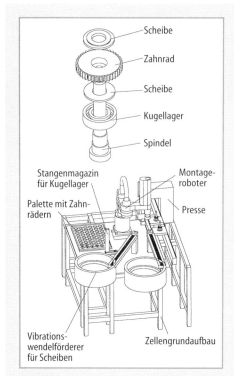

Bild 10-68 Einzelteile und Darstellung des Beispiels einer Montagezelle

Labels in figure:
- Scheibe
- Zahnrad
- Scheibe
- Kugellager
- Spindel
- Stangenmagazin für Kugellager
- Palette mit Zahnrädern
- Montageroboter
- Presse
- Vibrationswendelförderer für Scheiben
- Zellengrundaufbau

räder auf Palettenmagazinen bereitgestellt. Diese Bereitstellungs- und Zuführeinrichtungen sind bzgl. ihrer Leistungfähigkeit und Größe auf die anderen Komponenten abgestimmt.

Für die vom Roboter ausgeführten Handhabungsvorgänge kommt ein Multifunktionsgreifer zum Einsatz, da eine Verwendung von Einzelgreifern aufgrund des dann notwendigen häufigen Greiferwechsels eine zu hohe Taktzeit verursachen würde. Das Basisbauteil „Antriebsspindel" wird auf einem Werkstückträger von einem Doppelgurtförderband transportiert und bereitgestellt, dessen Fördergeschwindigkeit auf die Verkettung mit nachfolgenden Arbeitsschritten bzw. Zellen abgestimmt ist. Die externe Versorgung mit Bauteilen erfolgt manuell von einem Maschinenbediener, der aufgrund der günstig gestalteten Materialflußwege und -hilfsmittel auch für weitere Aufgaben wie Störungsbehebung und Kontrolltätigkeiten eingesetzt werden kann.

Die Abläufe in der Montagezelle werden durch die Robotersteuerung und eine speicherprogrammierbare Steuerung (SPS) koordiniert, welche über eine ausreichende Anzahl von Steuerungssignalen (Ausgangs- und Eingangssigna-

le) verfügen. Zur Koordination der Abläufe sind u. a. Bauteilanwesenheitskontrollen an den Greifpunkten für Scheiben, Zahnräder und Kugellager mittels Lichtschranken vorgesehen. Die Kommunikation und Koordination der beiden Steuerungen erfolgt über entsprechend belegte Signalein- und ausgänge. Die Bedienung der Zelle sowie die Abfrage von Betriebsdaten erfolgt über die SPS mittels eines Bedienterminals.

Planung von Produktionsanlagen

Das Hauptaugenmerk bei der Auslegung der Anlage liegt einerseits auf einer Abstimmung der beinhalteten Zellen zueinander und andererseits auf der Definition des Material- und Informationsflusses zwischen den Zellen sowie über die Systemgrenze der Anlage hinweg.

Im folgenden wird die Auslegung einer Anlage zur Fertigung rotationssymetrischer Teile bei großer Teilevielfalt und kleinen Losgrößen mit mannarmer dritter Schicht dargestellt. Die Anlage soll aus zwei Bearbeitungszellen, einem Materialflußsystem und einer Meßzelle bestehen. Die Art und Anzahl der Zellen sowie deren Anordnung ergibt sich aus den Ergebnissen der Strukturplanung. Eine mögliche Anlagenvariante wird in Bild 10-69 dargestellt. Die Zellen werden miteinander durch Material- und Informationsflußsysteme verbunden. In der dargestellten Variante sind dies ein fahrerloses Transportsystem (FTS) und ein lokales Netzwerk, bestehend aus DNC-fähigen Maschinensteuerungen, Zellenrechnern und einem Leitrechner. Kennzeichnend für das FTS ist neben der Transportkapazität die Flexibilität und Erweiterbarkeit des Materialflusses. Die informationstechnischen Schnittstellen werden hinsichtlich Datenübertragungsrate und Datenformat ausgelegt. Die Auslegung der Roh-, Zwischen- und Fertigteilelager erfolgt hinsichtlich der Kapazitäten, die für den mannarmen Betrieb in der dritten Schicht notwendig sind. Die Lager müssen derart gestaltet sein, daß ein Bediener während dieser Schicht keine Rüst- und Bereitstellungsaufgaben zu tätigen hat, sondern lediglich die Anlage kontrollieren und Störungen beheben muß. Weitergehende Hinweise zur Planung von Produktionsanlagen gibt [Agg82].

10.2.5 Planungshilfsmittel

Die zunehmende Komplexität und Kapitalintensität moderner Produktionssysteme stellt

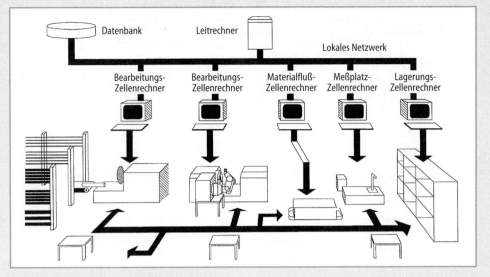

Bild 10-69 Beispiel für eine Fertigungsanlage

wachsende Anforderungen an den Planungsprozeß. Mit konventionellen Hilfsmitteln läßt sich eine hohe Planungseffizienz bei geringem Planungsrisiko kaum mehr erreichen. Rechnergestützte Planungshilfsmittel helfen, insbesondere bei komplexen Planungsaufgaben, die Eigenschaften eines Produktionssystems in einem frühen Planungsstadium zu erkennen. Von zunehmender Bedeutung sind beispielsweise Simulationssysteme. Diese stellen ein kostengünstiges Experimentierfeld dar, welches es ermöglicht, Investitionen bereits im Vorfeld abzusichern.

Ein weiterer Vorteil des Einsatzes rechnergestützter Planungshilfsmittel liegt in der Möglichkeit einer durchgängigen Planung. In jedem Planungsschritt kann auf die Ergebnisse vorgelagerter Schritte in Form von Daten zurückgegriffen werden. Die Planungsergebnisse sind deswegen in der Regel inhaltlich vollständiger, exakter und übersichtlicher dokumentiert als ohne den Einsatz solcher Planungshilfsmittel. Damit wird es möglich, ein präziseres und detailliertes Pflichtenheft für die Realisierungsphase zu erstellen. Im Hinblick auf eine durchgängige Planung ist die Integration der Planungshilfsmittel anzustreben, entweder über Datenschnittstellen oder in einem gemeinsamen Modell. So wird sichergestellt, daß einmal generierte Informationen allen Planungshilfsmitteln zugänglich sind. Eine Redundanz der Daten und die damit verbundene Gefahr von Inkonsisten-

zen wird vermieden. Der Aufwand für die Datenerfassung und -verwaltung wird dadurch erheblich reduziert.

Zu unterscheiden sind grundsätzlich statische und dynamische Planungshilfsmittel. *Statische Hilfsmittel* (z. B. CAD) unterstützen den Planer in erster Linie bei der Variation der Planungsergebnisse und bei der statischen Bewertung von Planungsalternativen. *Dynamische Hilfsmittel* (z. B. Simulationssysteme) berücksichtigen das zeitliche Verhalten des Produktionssystems und liefern somit in der Regel wichtige zusätzliche Erkenntnisse. Allerdings erfordert der Einsatz dieser Hilfsmittel meist einen höheren Aufwand bezüglich Bedienpersonal und Rechnerausstattung.

Von allen dynamischen Hilfsmitteln besitzt die Simulation die größte Bedeutung. *Simulation* ist das Nachbilden eines Systems mit seinen dynamischen Prozessen in einem experimentierfähigen Modell, um zu Erkenntnissen zu gelangen, die auf die Wirklichkeit übertragbar sind (VDI 3663: 3). Sie eignet sich insbesondere zur Lösung von Problemen, die zu kompliziert sind, um sie als ein geschlossen lösbares Formalproblem darstellen zu können [Mül72]. Damit eignet sie sich auch zur Abbildung komplexer Systeme mit nichtlinearem Verhalten, wie z. B. Produktionssysteme, bei denen analytische Methoden des Operation Research meist versagen. Einen Überblick über Simulationswerkzeuge und -methoden und die Ebenen ihres Einsatzes gibt

Planungsebene	Planungsinhalt	Simulationswerkzeuge und -methoden
Anlage 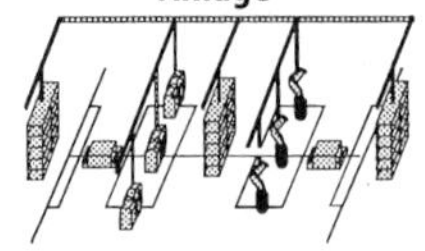	• Anlagenlayout • Materialfluß/Logistik • Systemleistung • Fertigungsprinzip • Steuerstrategien • Entstörungsstrategien	Ablaufsimulation (grob)
Zelle 	• Zellenlayout • Ablaufvorschriften • Kollisionsvermeidung • Taktzeitoptimierung	Ablaufsimulation (fein) Graphische 3D-Simulation Zellenrechnersimulation
Komponente 	• Betriebsmittelbelastung • Prozeßparameter • Werkzeuge • Hilfsmittel	Finite-Elemente-Methode (FEM) 3D-Bewegungssimulation

Bild 10-70 Ebenen des Simulationseinsatzes

Planungshilfsmittel / Planungsaufgabe	wissensbasierte Systeme	CAD	Ablaufsimulation	Graphische 3D-Simulation	Zellenrechnersimulation	FEM
Technologieplanung:						
Technologieauswahl	●					
Strukturplanung:						
Layoutplanung			●	○		
Layoutoptimierung			○	●		
Dimensionierung		○		●		
Ablaufvorschriften (Leitebene)				●		
Auslegungsplanung:						
Feinlayoutplanung		○	●	○	●	
Feinlayoutoptimierung			○	●	●	
Dimensionierung	●			●	○	
Ablaufvorschriften (Zellenebene)				●		●
Kinematik				●		○
Belastung				○		●
Produktionshilfsmittel				●		●

Legende: ● gut geeignet ○ geeignet

Bild 10-71 Übersicht der beschriebenen Planungshilfsmittel

Bild 10-70. Im Laufe der letzten Jahre hat sich bereits eine Vielzahl von Simulationsinstrumenten am Markt etabliert. Einen Überblick darüber gibt u. a. [Noc92]. Der aktuelle Stand der Simulationstechnik ist u. a. in [Kuh93] dargestellt.

Im folgenden werden die wichtigsten Planungshilfsmittel, gegliedert nach den verschiedenen Planungsinhalten, erläutert (Bild 10-71).

10.2.5.1 Hilfsmittel zur Technologieplanung

Die Technologieplanung wird nur in geringem Maße von Planungshilfsmitteln unterstützt. Bekannt sind *wissensbasierte Systeme*, welche die Auswahl geeigneter Technologien unterstützen sowie deren Randbedingungen und Ausschlußkriterien prüfen.

10.2.5.2 Hilfsmittel zur Strukturplanung

Für die Strukturplanung kommen sowohl statische als auch dynamische Planungshilfsmittel in Frage.

Computer-Aided Design (CAD)

CAD-Systeme haben sich bereits in vielen Unternehmen als Hilfsmittel bei der Produktkonstruktion durchgesetzt. Sie leisten aber auch bei der Planung von Produktionssystemen wertvolle Unterstützung. Die Einbindung des Produktionssystems in die Fabrikinfrastruktur, das Systemlayout, die Flächenaufteilung, die Materialflußwege und die Aufstellungsorte der Maschinen lassen sich mit Hilfe eines CAD-Systems planen. Es wird ermöglicht, ein Geometriemodell des Produktionssystems wie mit einem Baukasten aus den Modellen der benötigten Betriebsmittel zusammenzustellen und die Planung schrittweise zu verfeinern und zu optimieren.

Zweidimensionale CAD-Systeme eignen sich für die Planung ebener Strukturen. Die Anwendung eines solchen Systems ist relativ einfach und der Aufwand für die Planung gering. Die Erstellung dreidimensionaler CAD-Modelle erfordert einen höheren Aufwand. Mit ihnen lassen sich auch komplexere räumliche Strukturen, wie z.B. ein Produktionssystem, welches über mehrere Etagen eines Gebäudes verteilt ist, abbilden.

Der Einsatz von CAD-Systemen ist erst dann rationell, wenn die generierten Modelle wiederverwendet werden. Das ist insbesondere der Fall, wenn einzelne Elemente oder Strukturen mehrmals benötigt werden, oder wenn im Laufe einer iterativen Planung häufig Änderungen vorgenommen oder mehrere Planungsalternativen gebildet werden müssen. Bei regelmäßigen Planungen empfiehlt sich die Anlage einer CAD-Objektbibliothek, mit deren Hilfe die erstellten Geometrien und Modelle leicht archiviert, aufgefunden und wiederverwendet werden können.

Im Sinne einer durchgängigen Planung bietet es sich an, CAD-Modelle in den anschließenden Planungsschritten und auch im späteren Betrieb weiterzuverwenden. Beispielsweise kann ein 2D-oder 3D-Modell für die Visualisierung von Ablaufsimulationsstudien eingesetzt werden. Ein 3D-Modell stellt eine wertvolle Vorarbeit für die graphische Simulation dar. Bild 10-72 zeigt das 3D-CAD-Modell einer flexiblen Montageanlage für Kleingeräte. Dieses Modell wurde in späteren Planungsphasen bei Simulationsstudien weiterverwendet.

Im Rahmen der Feinplanung eines Produktionssystems stehen u.a. Fragen der Dimensionierung, wie z.B. die Bemessung der Pufferflächen, im Vordergrund. Aus diesem Grund ist es dringend erforderlich, die statische Betrachtungsweise um die dynamische zu ergänzen. Für die Abbildung der Systemdynamik haben sich Simulationsinstrumente vielfach bewährt.

Ablaufsimulation

Die Ablaufsimulation wird schwerpunktmäßig für die dynamische Optimierung des Systems

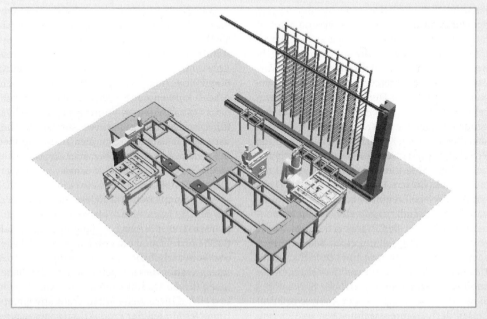

Bild 10-72 Layoutplanung mit 3D-CAD

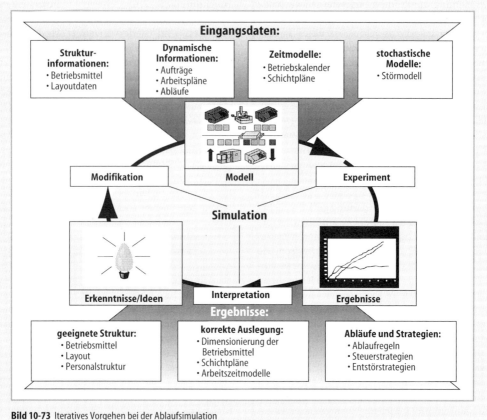

Bild 10-73 Iteratives Vorgehen bei der Ablaufsimulation

hinsichtlich der logistischen Zielgrößen Bestände, Durchlaufzeiten, Termintreue und Kapazitätsauslastung eingesetzt (s. 16.2.2). Manche Simulationssysteme verdichten diese Kenngrößen zusätzlich auf Kostenkennzahlen. Im Vordergrund steht Untersuchungen über das Systemlayout und die Dimensionierung der einzelnen Systemkomponenten sowie die grundlegenden Steuerungsstrategien und Ablaufvorschriften [Ama94, Kup91]. Bei der Planung von Produktionssystemen zur Stückgutfertigung und -montage kommen *ereignisdiskrete* Simulatoren zum Einsatz. Diese simulieren die zeitliche Abfolge von Ereignissen, d.h. die Auslösung von Zustandsänderungen der Systemkomponenten, wie z.B. des Transports eines Werkstücks, der Fertigstellung eines Bearbeitungsschritts oder der Störung eines Betriebsmittels. Um den Verlauf von Zustandsänderungen abzubilden, werden *kontinuierliche* Simulatoren eingesetzt. Dies ist z.B. bei der Analyse von Prozessen der verfahrenstechnischen und chemischen Industrie notwendig.

Eine Simulationsstudie setzt auf die Ergebnisse der statischen Planungshilfsmittel (z.B. CAD und wissensbasierte Systeme) auf. Das Systemlayout sowie die material- und informationsflußtechnische Verknüpfung wird in einer Simulationsumgebung nachgebildet. Mit diesem Modell können nun Experimente für verschiedene Systemlasten und Auftragsmixe durchgeführt werden. Mit geeigneten Auswertemethoden, wie z.B. Gantt-Diagrammen, Histogrammen der logistischen Kenngrößen oder Zugangs-/Abgangsdiagrammen, werden Schwächen des geplanten Systems erkannt [Zet94]. Beispielsweise können Engpässe identifiziert und lokalisiert werden. Es kann überprüft werden, ob die geplanten Transportwege zu lang oder materialflußhemmend sind oder ob Fördermittel, Lager und Puffer falsch dimensioniert wurden. Aus der Interpretation dieser Ergebnisse leitet der Planer Ideen für die Modifikation des Modells ab (Bild 10-73). Auf diese Weise erhält er iterativ ein optimiertes Modell des Produktionssystems. Dies beinhaltet beispielsweise die optimale Anordnung und materialflußtechnische Verkettung der Betriebsmittel, Art und Anzahl der erforderlichen Fördermittel und Werkstückträger, die notwendige Anzahl der Bearbeitungsstationen, die richtige Dimensionierung von Bearbeitungsstationen und Puffern, die Anzahl und Qualifikation der erforderlichen Mitarbeiter, grundlegende Steuerungsstrategien und Ablaufvorschriften auf Leitebene und Aussagen über Anlauf- und Störverhalten der Anlage.

Simulationsmodelle aus der Planungsphase eines Produktionssystems können anschließend auch betriebsbegleitend, z.B. zur Systemüberwachung und zur Produktionsregelung, eingesetzt werden [Ama94, Bur92, Tho90].

10.2.5.3 Hilfsmittel zur Auslegungsplanung

Graphische 3D-Simulation

Viele Planungen, insbesondere von komplexen, automatisierten und kapitalintensiven Produktionssystemen, rechtfertigen die Durchführung von 3D-Simulationsstudien. Die graphische 3D-Simulation dient der Analyse und Optimierung der Bewegungsabläufe der Komponenten eines Produktionssystems. Sie wird vorzugsweise zur Planung von Montagesystemen auf Zellen- und Komponentenebene eingesetzt. Die Grundlagen der graphischen Simulation von Robotern werden u.a. in [Wlo91] dargestellt.

Mit der graphischen Simulation kann u.a. das dynamische Zusammenspiel von Komponenten getestet werden. Auf diese Weise läßt sich beispielsweise ein Zellenlayout optimieren, indem das Layout systematisch variiert und bewertet wird. So kann am Simulator interaktiv oder automatisch eine optimale Anordnung der Komponenten, beispielsweise hinsichtlich der Zielgrößen Taktzeit, Erreichbarkeit und Kollisionsrisiko, gefunden werden [Woe94]. Die materialflußtechnische Anbindung und der zelleninterne Materialfluß lassen sich visuell überprüfen und optimieren. Bei der Planung manueller Arbeitssysteme stehen neben wirtschaftlichen Gesichtspunkten auch ergonomische, wie z.B. Erreichbarkeit, Körperhaltung und Krafteinsatz im Vordergrund [Kum92].

Das Beispiel zeigt die Optimierung der Anordnung von Komponenten einer Montagezelle (Bild 10-74). Mittels graphischer Simulation und eines implementierten Optimierungsalgorithmus wurde der Aufstellungsort des Werkstückträgers relativ zum Montageroboter optimiert.

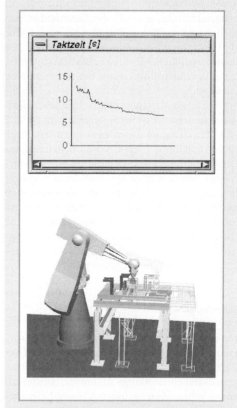

Bild 10-74 3D-Layoutoptimierung

Resultat der Untersuchung war ein Zellenlayout, das eine minimale Taktzeit bei ausreichender Positioniergenauigkeit des Roboters für die spezifische Montageaufgabe ermöglichte.

Im Rahmen der Auslegungsplanung einzelner Komponenten wird die graphische Simulation auch zum Analysieren und Testen der erforderlichen Kinematik eingesetzt. Am Simulationsmodell können Bewegungsabläufe von Fertigungs- und Montageprozessen auf ihre Machbarkeit und Effizienz hin untersucht werden. Aus den Ergebnissen der Simulationsstudien lassen sich neben den erforderlichen Kinematikachsen und deren Belastung durch den Prozeß auch Optimierungsmöglichkeiten der Werkstückgeometrie sowie Anforderungen an Werkzeuge und Vorrichtungen ableiten. Diese Erkenntnisse unterstützen die Auswahl geeigneter Betriebs- und Hilfsmittel. Für diese Art von Simulationsstudien auf Komponentenebene ist ein höherer Detaillierungsgrad der Geometrien und der Bewegungsabläufe notwendig als bei Bewegungsstudien auf Systemebene.

Weitere Anwendungsfälle sind Prozesse mit Materialauftrag, wie z.B. das Beschichten, das Kleben und das Bahnschweißen [Her90]. Dafür sind allerdings Simulatoren mit zusätzlichen Funktionalitäten, wie z.B. der Berücksichtigung technologischer und physikalischer Parameter, notwendig.

Für einen effizienten Einsatz graphischer Simulatoren ist eine durchgängige Anwendung über alle Planungsstufen hinweg anzustreben. Aufbauend auf den 3D-CAD-Modellen aus der Layoutplanung lassen sich die 3D-Simulationsmodelle erstellen. Nach Abschluß der Auslegungsplanung bleibt das Simulationsmodell erhalten und kann betriebsbegleitend für die permanente Optimierung des Produktionssystems und die Off-line-Programmierung der Systemkomponenten, z.B. bei Produktwechsel oder zur Prozeßoptimierung, weiter genutzt werden.

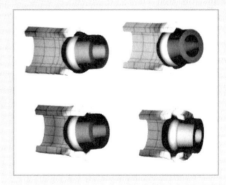

Bild 10-75 Prozeßplanung mittels FEM

Zellenrechnersimulation

Neben der Hardware ist die anlagenspezifische Steuerungssoftware ein wichtiger Inhalt bei der Planung eines Produktionssystems. Ziel ist es, grundsätzlich lauffähige Ablaufvorschriften zu entwickeln und zu optimieren [Rai92]. Getestete Ablaufvorschriften auf Zellen- und Leitebene ermöglichen kurze Inbetriebnahmezeiten von Produktionssystemen. Mittels der Zellenrechnersimulation ist es möglich, Steuerungssoftware rechtzeitig vor der Installation interaktiv zu entwerfen und am Simulator zu testen [Mil92].

Finite-Elemente-Methode (FEM)

Verschiedene Produktionstechnologien, insbesondere von Montageprozessen, werden sowohl stark von der Bauteilgeometrie, als auch von den mechanischen Werkstoffeigenschaften beeinflußt. Komplexe Geometrien und nichtlineares Werkstoffverhalten führen in der Regel zu einem intransparenten und komplizierten Prozeß. Diese Problemstellung ergibt sich häufig bei der Montage biegeschlaffer Bauteile (z.B. Schläuche und Dichtungen), bei der Montage von Kunststoffteilen, beim Nieten, Einpressen und Druckfügen. Die relativ geringe Positioniergenauigkeit von Industrierobotern erschwert die Automatisierung solcher Prozesse zusätzlich. Der Wunsch nach der vollständigen oder teilweisen Automatisierung erfordert somit einen einfachen und robusten Prozeß.

Die Finite-Elemente-Methode (FEM) ermöglicht es, Geometrien der verformten Werkstücke in verschiedenen Phasen des Prozesses zu analysieren und so die Werkstückbeanspruchung und die Prozeßkräfte und -momente abzuleiten. Dies stellt die Basis für eine prozeßorientierte Gestaltung der Werkstückgeometrie dar [Mik93]. Weiterhin lassen sich die Prozeßparameter, wie z.B. der Bewegungsablauf und die zu erwartenden Prozeßkräfte, im voraus bestimmen. Dies hilft bei der Auswahl geeigneter Betriebsmittel sowie bei der Planung und Konstruktion geeigneter Werkzeuge, Hilfsmittel und Vorrichtungen.

Bild 10-75 zeigt die FEM-Untersuchung des Prozesses „Fügen eines Schlauchs auf einen Nippel". Ziel war es, einerseits die Geometrie eines Nippels zu optimieren und andererseits eine geeignete Fügebewegung zu ermitteln. Durch die Analyse konnte ein robuster Prozeß gestaltet werden, der es zuläßt, bei der Auslegung der Montagezelle auf teure Sensorik zu verzichten.

Literatur zu Abschnitt 10.2

[Agg82] Aggteleky, B.: Fabrikplanung, Bd. 2. München: Hanser 1982

[Agg82] Aggteleky, B.: Fabrikplanung, Bd. 2: Betriebsanalyse und Feasibility-Studie. München: Hanser 1982

[Alb84] Albach, G.: Betriebswirtschaftslehre mittelständischer Unternehmen. Stuttgart: Poeschel 1984

[Ama94] Amann, W.: Eine Simulationsumgebung für Planung und Betrieb von Produktionssystemen. Berlin: Springer 1994

[Auc89] Auch, M.: Fertigungsstrukturierung auf der Basis von Teilefamilien. Berlin: Springer 1989

[AWK87] Integrierte Systeme der Produktionstechnik im wirtschaftlichen und sozialen Umfeld. In: Aachener Werkzeugmaschinen Kolloquium (Hrsg.): Produktionstechnik: Auf dem Weg zu integrierten Systemen. Düsseldorf: VDI-Vlg. 1987, 523–574

[Bac94] Bacher, J.: Clusteranalyse. München: Oldenbourg 1994

[Boc74] Bock, H.-H.: Automatische Klassifizierung. Göttingen: Vandenhoeck & Rupprecht 1974

[Boc80) Bock, H.-H.: Clusteranalyse. OR Spektrum 1 (1980)

[Bul94] Bullinger, H.-J. (Hrsg.): Einführung in das Technologiemanagement. Stuttgart: Teubner 1994

[Bur92] Burger, C.: Produktionsregelung mit entscheidungsunterstützenden Informationssystemen. Berlin: Springer 1992

[Dei85] Deichsel, G., Trampisch, H.-J.: Clusteranalyse und Diskriminanzanalyse. Stuttgart: G. Fischer 1985

[Eng90] Engroff, B.: Integrierte Fertigung von Teilefamilien. Köln: TÜV Rheinland 1990

[Eve89a] Eversheim, W.: Organisation in der Produktionstechnik, Bd. 3. Düsseldorf: VDI-Vlg. 1989

[Eve89b] Eversheim, W.: Organisation in der Produktionstechnik, Bd. 4: Fertigung und Montage. Düsseldorf: VDI-Vlg. 1989

[Eve93] Eversheim, W.; Böhlke, U.; Martini, C.; Schmitz, W.: Neue Technologien erfolgreich nutzen, Teil 1/2. VDI-Z. 135 (1993), Nr. 8/9, 78–81, Nr. 9, 47–52

[Eve95] Eversheim, W.: Prozessorientierte Unternehmensorganisation. Berlin: Springer 1995

[For67] Ford, D.; Ryan, C.: Taking technology to market. In: Harvard Business Review „The Management of Technological Innovation", 129 ff.: Zusammenstellung weiterer Artikel 1967 bis 1982. Review, Boston, Mass.

[Glö94] Glöckner, M: Durchlaufzeitbeeinflussende Strukturelemente mechanischer Fertigungen. (Fortschritt-Ber. VDI, Reihe 2, Nr. 349) Düsseldorf: VDI-Vlg. 1995

[Gra84] Granow, R.: Strukturanalyse von Werkstückspektren. Diss. Univ. Hannover 1984

[Gro82] Grob, R.; Haffner, H.: Planungsleitlinien Arbeitsstrukturierung. Berlin, München: Siemens 1982

[Har94] Harder, K.; Lehmann, H.: Kopplung von CAD und Ablaufsimulation für die Materialflußplanung. ZwF 89 (1994), 442–444

[Hau89] Hausknecht, M.: Expertensystem zur Konfigurationsplanung flexibler Fertigungsanlagen. (Fortschritt-Ber. VDI, Reihe 2, Nr. 178, VDI). Düsseldorf: VDI-Vlg. 1989

[Her90] Herkommer, T.F.; Kahmeyer, M.; Stühlen, U.: Rechnergestütztes Planen von Industrierobotereinsätzen. Z. f. wirtschaftliche Fertigung u. Automatisierung 84 (1990), Nr. 4, S. 188–192

[Hor89] Horns, A.: Job shop control under influence of chaos phenomena. Proc. IEEE Int. Symp. on Intelligent Control, Albany, N.Y., 25-26 Sept. 1989, 227–232

[Kie66] Kienzle, O.: Begriffe und Benennungen der Fertigungsverfahren. Werkstattstechnik 56 (1966), 169–173

[Kuh92] Kuhn, R.: Technologieplanungssystem Fräsen. Diss. Univ. Karlsruhe 1992

[Kuh93] Kuhn, A.; Reinhardt, A.; Wiendahl, H.-P. (Hrsg.): Hb. Simulationsanwendungen in Produktion und Logistik (Fortschritte in der Simulationstechnik, 7). Braunschweig: Vieweg 1993

[Kum92] Kummetsteiner, G.: Planung manueller Arbeitssysteme mit 3D-Simulation. pa – Produktionsautomatisierung 2 (1992), 34–37

[Kup91] Kuprat, T.: Simulationsgestützte Beurteilung der logistischen Qualität von Produktionsstrukturen. Düsseldorf: VDI-Vlg. 1991

[Lan93] Lange, V.: Entwerfen von Fertigungsanlagen. (Fortschritt-Ber. VDI, Reihe 2, Nr. 302). Düsseldorf: VDI-Vlg. 1993

[Lot86] Lotter, B.: Wirtschaftliche Montage. Düsseldorf: VDI-Vlg. 1986

[Mah70] Mahn, R.; Kuhner, W.; Roschmann, U.: Die Teileklassifizierung. Heidelberg: Gehlen 1970

[Mar95] Martini, C. J.: Marktorientierte Bewertung neuer Produktionstechnologien. Diss. Hochschule St. Gallen 1995

[Mas93] Massotte, P.: Behavioural analysis of a complex system. Actes du Congres AFCET 1993 Systemique et Cognition, Versailles, 8-10 Juni 1993, 71–82

[Mil92] Milberg, J.; Amann, W.; Raith, P.: Beschleunigte Inbetriebnahme von Produktionsanlagen durch getestete Ablaufvorschriften. VDI-Z. Nr.2, (1992), 32–37

[Mik93] Miksch, R.: Methoden und Modelle zur rechnergestützten Optimierung automatisierter Montageprozesse. Diss. TU München 1993

[Mil95] Milberg, J.: Werkzeugmaschinen – Grundlagen. 2. Aufl. Berlin: Springer 1995

[Mit58] Mitrofanow, S.P.: Wissenschaftliche Grundlagen der Gruppentechnologie. Berlin: Vlg. Technik 1958

[MTM90] MTM-Handbuch I: Grundlehrgangs-unterlage. Hamburg: Dt. MTM-Vereinigung 1990

[Mül72] Müller-Merbach, H.: Operations Research. 3. Aufl. München: Vahlen 1972

[Noc92] Noche, B.; Wenzel, S.: Marktspiegel der Simulationstechnik. Köln: TÜV Rheinland 1992

[Opi71] Opitz, H.: Werkstückbeschreibende Klassifizierungssysteme. Essen: Giradet 1971

[Por92] Porter, M. E.: Wettbewerbsvorteile. 3. Aufl. Frankfurt a. Main: Campus 1992

[Rai92] Raith, P.; Amann, W.: Erstellen und Testen von Ablaufvorschriften für Produktionssysteme. Z. f. wirtschaftliche Fertigung u. Automatisierung 87 (1992), 383–386

[REF78a] REFA – Methodenlehre des Arbeitsstudiums, Teil 3: Kostenrechnung, Arbeitsgestaltung. München: Hanser 1978

[REF78b] REFA – Methodenlehre des Arbeitsstudiums, Bd. 2: Datenermittlung. München: Hanser 1978

[REF87] REFA: Planung und Gestaltung komplexer Produktionssysteme. München: Hanser 1987

[Rev76] Revenstorf, D.: Lehrbuch der Faktorenanalyse. Stuttgart: Schaeffer-Poeschel 1976

[Roh91] Rohr, M.: Automatisierte Technologieplanung am Beispiel der Komplettbearbeitung auf Dreh-/Fräszellen. Diss. Univ. Karlsruhe 1991

[Sch76] Schneider, E.: Wirtschaftlichkeitsrechnung. Zürich: Polygraph. Vlg. 1976

[Sch92] Schuh, G.; Martini, C.; Böhlke, U.; Schmitz, W.: Planung technologischer Innovationen mit einem Technologiekalender. io Management Z. 61 (1992), 31–35

[Sch92] Schmidt, M.: Konzeption und Einsatzplanung flexibel automatisierter Montagesysteme. (iwb-Forschungsber., 41). Berlin: Springer 1992

[Sch95] Schmitz, W.; Pelzer, W.: Die Potentiale neuer Technologien frühzeitig erkennen und nutzen. Handelsblatt v. 16.8.1995, B9

[Spä75] Späth, H.: Clusteranalyse-Algorithmen. München: Hanser 1975

[Spu94] Spur, G.; Stöferle, Th.: Hb. der Fertigungstechnik, Bd. 6: Fabrikbetrieb. München: Hanser 1994

[Ste77] Steinhausen, D.; Langer, K.: Clusteranalyse. Berlin: de Gruyter 1977

[Tem92] Tempelmeier, H.; Kuhn, H.: Flexible Fertigungssysteme. Berlin: Springer 1992

[Tho90] Thome, H.G.: Simulationsgestützte Planung und Betrieb von flexiblen Produktionssystemen im Regelkreis. Diss. RWTH Aachen 1990

[Tön87] Tönshoff, H.K.; Stanske, C.: Processing alternatives for cost reduction. Ann. CIRP 36/2 (1987), 445–447

[Tön92] Tönshoff, H.K.; Glöckner, M.: Chaos und Produktionsprozesse. Z. f. wirtschaftliche Fertigung 87 (1992), Nr. 6, 336–339

VDI 3663: Simulation von Logistik-, Materialfluß- und Produktionssystemen; Anwendung der Simulationstechnik zur Materialflußplanung. 1993

VDI 3780: Technikbewertung. Begriffe und Grundlagen.

VDI 2212: Systematisches Suchen und Optimieren konstruktiver Lösungen. 1990

VDI 2225, Bl. 3 E: Technisch-wirtschaftliches Konstruieren; Technisch-wirtschaftliche Bewertung. 1990

[War80] Warnecke, H.J.: Wirtschaftlichkeitsrechnung für Ingenieure. München: Hanser 1980

[War92] Warnecke, H.-J.: Die Fraktale Fabrik: Revolution der Unternehmenskultur. Berlin: Springer 1992

[War93] Warnecke, H.-J.: Der Produktionsbetrieb 2. Produktion, Produktionssicherung. Berlin: Springer 1993

[Wes87] Westkämper, E.: Strategische Investitionsplanung mit Hilfe eines Technologiekalenders. In: [Wil87], 143–181

[Wie89] Wiendahl, H.-P.: Betriebsorganisation für Ingenieure. München: Hanser 1989

[Wil87] Wildemann, H. (Hrsg.): Strategische Investitionsplanung für neue Technologien in der Produktion, Bd. 3. Stuttgart: gmft 1987

[Wil88] Wildemann, H.: Die modulare Fabrik. München: gfmt 1988

[Wil93] Wildemann, H.: Fertigungsstrategien. München: Transfer-Centrum-Vlg. 1993

[Wlo91] Wloka, D. (Hrsg.): Robotersimulation. Berlin: Springer 1991

[Woe94] Woenckhaus, C.: Rechnergestütztes System zur automatisierten 3D-Layoutoptimierung. Berlin: Springer 1994

[Zah95] Zahn, E.: Gegenstand und Zweck des Technologiemangements. In: Hb. Technologiemangement. Hrsg.: Zahn, E.: Stuttgart: Schäffer-Poeschel 1995

[Zet94] Zetlmayer, H.: Verfahren zur simulationsgestützten Produktionsregelung in der Einzel- und Kleinserienproduktion. Berlin: Springer 1994

10.3 Steuerung von Produktionssystemen

10.3.1 Maschinensteuerungen

10.3.1.1 Steuerungsprinzipien

Übersicht zur Steuerung und Regelung

Definition der Begriffe Steuern und Regeln. Die Beeinflussung eines technischen Prozesses durch eine Information kann auf zwei Arten erfolgen. Im offenen Wirkungsweg (*open loop*) steuern eine oder mehrere Eingangsgrößen eines Systems eine oder mehrere Ausgangsgrößen, indem sie den eigentümlichen Gesetzmäßigkeiten des Systems entsprechend wirken (Bild 10-76).

Im geschlossenen Wirkungsweg (*closed loop*) werden die Ausgangsgrößen (Regelgrößen) eines Systems erfaßt, mit den Eingangsgrößen (Führungsgrößen) verglichen und der Prozeß im Sinne einer Angleichung der Regelgrößen an die Führungsgrößen beeinflußt bzw. geregelt (DIN 19226) (Bild 10-77).

Entsprechend der allgemeinen Definition nach DIN 19226 ergeben sich die Strukturbilder für Steuerkette und Regelkreis nach Bild 10-78.

Die Definition der Begriffe Steuern und Regeln nach DIN 19226 schließt nicht aus, daß einzelne Glieder einer Steuerkette geregelt betrieben werden können. Eine Steuerung enthält oft eine Mischung aus Steuerungsgliedern und Regelkreisen. Hier ist an den amerikanischen Ausdruck „control" zu denken, der übergeordnet beide Wirkungsprinzipien umfaßt.

Weitere wichtige Begriffsdefinitionen zur Steuerungstechnik findet man in den Normen DIN 19237, 40719-6, 40700-14 und 19235 sowie IEC 1131.

Informationsdarstellung. Bei der Informationsdarstellung unterscheidet man zwischen *analog* (z.B. Kurven-, Nocken-, Nachformsteuerungen) und *digital* (NC-Steuerungen) arbeitenden *Steuerungen.* Letztere arbeiten mit digitalen Signalen, die üblicherweise binär (zweiwertig) dargestellt werden. Eine weitere Art der Steue-

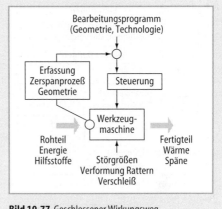

Bild 10-77 Geschlossener Wirkungsweg (Regelkreis)

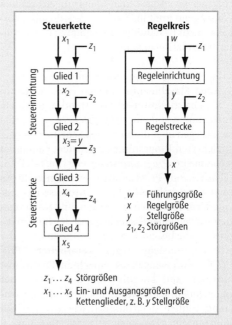

Bild 10-78 Steuerkette und Regelkreis

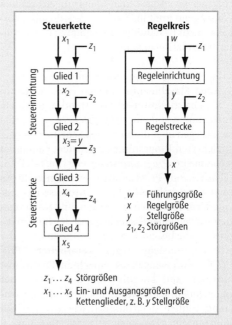

Bild 10-76 Offener Wirkungsweg (Steuerkette)

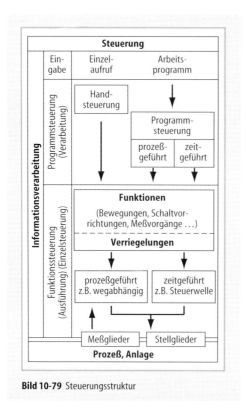

Bild 10-79 Steuerungsstruktur

The figure contains:

Steuerung

| Eingabe | Einzelaufruf | Arbeitsprogramm |

Handsteuerung

Programmsteuerung

| prozeßgeführt | zeitgeführt |

Funktionen

(Bewegungen, Schaltvorrichtungen, Meßvorgänge ...)

Verriegelungen

| prozeßgeführt z.B. wegabhängig | zeitgeführt z.B. Steuerwelle |

| Meßglieder | Stellglieder |

Prozeß, Anlage

Left side labels: Informationsverarbeitung; Programmsteuerung (Verarbeitung); Funktionssteuerung (Einzelsteuerung); Funktionssteuerung (Ausführung) (Einzelsteuerung)

---

tion der Zeit –, dann wird von einer zeitgeführten Steuerung gesprochen (z. B. Kurvensteuerung). Alle anderen Programmsteuerungen sind prozeßgeführt, d. h. die Weiterschaltbedingungen zum nächsten Programmschritt sind vom Erreichen bestimmter Werte der Prozeßgrößen wie Weg, Temperatur, Kraft abhängig. Für die Steuerung von Werkzeugmaschinen kommen häufig *Wegplansteuerungen* zur Anwendung, deren bekannteste Variante die *numerische Steuerung* (NC, Numerical Control) ist.

Die Umsetzung der von Hand oder per Programm aufgerufenen Funktionen einer Maschine erfolgt über eine *Funktionssteuerung*, die z. T. auch Einzelsteuerung genannt wird (Bild 10-79). Diese zerlegt die aufgerufene Funktion in eine festgelegte Folge von Arbeitsschritten und leitet deren Ausführung ein. Der Funktionssteuerung untergeordnet sind hier Stell- und Meßglieder. Als Stellglieder werden diejenigen Elemente bezeichnet, die als Ausgang der Regel- oder Steuerungseinrichtungen direkten Einfluß auf die Anlage oder den Prozeß nehmen. Zu stellende Elemente sind z. B. Hydro- und Elektromotoren, hydraulische und pneumatische Stellzylinder, Kupplungen und Getriebe. Läuft das Arbeitsprogramm prozeßgeführt ab, so sind an der Maschine Meßglieder, z. B. Wegmeßsysteme angebracht. Sie melden den Zustand des Prozesses, z. B. die Lage des Werkzeugs, an die Steuerung. Damit ist es möglich, in Abhängigkeit von zurückgelegten Wegen oder bestimmten Positionen Bearbeitungsschritte einzuleiten oder zu beenden.

rungsklassifizierung nach der Informationsdarstellung stellt die Einteilung in *digitale* und *binäre Steuerungen* dar. Binäre Steuerungen arbeiten vorwiegend mit binären Signalen, die üblicherweise nicht Bestandteil zahlenmäßig dargestellter Informationen sind.

Programmsteuerung und Funktionssteuerung. Werden Maschinenfunktionen (z. B. Bewegungen, Schaltfunktionen) von Hand aufgerufen, spricht man von einer *Handsteuerung*. Werden sie dagegen über die einzelnen Schritte eines gespeicherten Programms aufgerufen, handelt es sich um eine *Programmsteuerung* [Ber75]. Digital arbeitende Programmsteuerungen verfügen über ein Schaltwerk, das schrittweise das Anwenderprogramm interpretiert. Bild 10-79 zeigt den Aufbau einer Steuerung von der Informationseingabe bis zur Prozeßbeeinflussung.

Programmsteuerungen verarbeiten Programmanweisungen zu einzelnen Funktionsaufrufen und koordinieren den Ablauf der Funktionen selbsttätig. Ist der Steuerungszustand zeitlich determiniert, wie z. B. bei der Führung eines Drehmeißels durch eine Kurvenscheibe – hier ist die Drehwinkellage eine Funk-

Signaleingabe und -ausgabe. Ein Signal am Eingang eines Funktionsglieds bezeichnet man als Eingangs- oder Eingabesignal. Analog dazu nennt man Signale am Ausgang Ausgangs- oder Ausgabesignale. Vor oder nach der Verarbeitung werden Signale häufig einer Behandlung durch Ein- bzw. Ausgabeglieder unterzogen. Wichtige Funktionen im Bereich der Ein- und Ausgabe sind dabei für

– das Eingabeglied: Entstören, Umformen, Umsetzen, Potential trennen, Anpassen, Wandeln (Analog/Digital, Digital/Analog);
– das Ausgabeglied: Verstärken, Wandeln, Sichern, Entkoppeln.

Eingabe- und Ausgabeglieder können entfallen, wenn die Schaltungstechnik der Signalumgebung der Steuerung angepaßt ist (systemgerechte Signale).

Signalbildung. Eingangs- und Ausgangssignale einer Steuerung sind Signale einer Signalbildungsquelle. Je nach Art der Signale unterscheidet man zwischen
- Meldung: Signal über den Zustand der Steuerung oder des Prozesses zur Information des Menschen (optische und akustische Signalisierung nach DIN 19235) und
- Rückmeldung: Signal, das als unmittelbare Auswirkung auf einen Befehl erfolgt.

Signalverarbeitung. Jede Steuerungsfunktion, unabhängig vom Umfang und der Steuerungsebene, läßt sich strukturell in Signaleingabe, Signalverarbeitung und Signalausgabe gliedern.

Die Signalverarbeitung erfolgt entweder in Form der Verknüpfungssteuerung oder der Ablaufsteuerung. Je nach Art des Steuerungsproblems (verknüpfungs- oder ablauforientiert) kann sowohl die eine als auch die andere Art der Beschreibung die günstigere sein. Die Anzahl der signalverarbeitenden Grundfunktionen (n_S) bezogen auf die Zahl der Ein- und Ausgänge (n_E, n_A) bezeichnet man als *Verarbeitungstiefe V*:

$$V = \frac{n_s}{n_E + n_A}.$$

Werden Ausgangssignale im Sinne von Verknüpfungen bestimmten Eingangssignalen zugeordnet, spricht man von Verknüpfungssteuerungen (Bild 10-80). Die Signalverarbeitung erfolgt über *Grundfunktionsglieder*.

Beispiele für Grundfunktionsglieder sind:
- Verknüpfungsglieder: UND-Glied, ODER-Glied,
- Zeitglieder zur Signalverkürzung, -verzögerung, -verlängerung,
- bistabile Speicherglieder wie RS-Flipflop, D-Flipflop, JK-Master-Slave-Flipflop [Tie93].

Steuerungen mit zwangsläufig schrittweisen Abläufen nennt man *Ablaufsteuerungen*. Hierbei unterscheidet man Steuerungen mit zeit- oder prozeßgeführten Weiterschaltbedingungen. Das Steuerungsproblem läßt sich dabei in Form einer Ablaufkette beschreiben (Bild 10-81).

Wichtige Merkmale einer prozeßgeführten Ablaufsteuerung sind:
- Nur ein Ablaufglied ist gesetzt.
- Es wird weitergeschaltet, wenn die Weiterschaltbedingung des folgenden Ablaufglieds erfüllt ist.
- Jeder Schritt löst eine oder mehrere Aktionen aus, die aus Sicherheitsgründen verriegelt sein können.
- Sicherheitsverriegelungen erfolgen unabhängig vom Zustand der Ablaufkette (z. B. wird bei einer offenen Abdeckhaube der Hauptantrieb gesperrt).
- Umfangreiche Steuerungsaufgaben verlangen häufig mehrere unabhängige Ablaufketten.

Eine besondere Form der Ablaufsteuerung entsteht über die Beschreibung des Steuerungsproblems durch sog. Zustandsgraphen. Ein bestimmter Zustand des Systems (z. B. Greifer eingefahren – in Bewegung – ausgefahren, entspricht

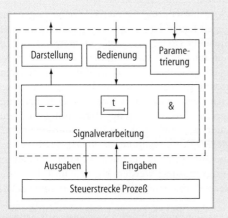

Bild 10-80 Struktur der Verknüpfungssteuerung

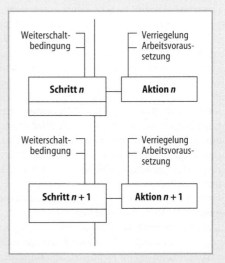

Bild 10-81 Beschreibung einer Ablaufkette [DIN 40719-6]

drei unterschiedlichen Zustanden) wird in einen anderen durch erfüllte Übergangsbedingungen übergeführt, die den Weiterschaltbedingungen der Ablaufkette entsprechen. Die Vernetzungsstruktur zwischen den Zuständen ist allerdings – anders als bei der Ablaufkette – beliebig vielfältig und bietet für die Beschreibung des Steuerungsproblems somit besonders einfache und vielseitige Möglichkeiten.

Das Ablaufverhalten erhält man über eine sequentielle Anordnung von Anweisungen, wie es von der Programmierung programmgesteuerter Rechenautomaten bekannt ist.

Durch die Gerätetechnik und hier insbesondere durch den Einsatz *speicherprogrammierbarer Steuerungen* (SPS) sind die Übergänge von Verknüpfungs- zu Ablaufsteuerungen heute fließend geworden. Die Verknüpfungsform ist bei SPS lediglich die Form der Beschreibung des Steuerungsproblems und ist funktional zu sehen, die Abarbeitung des Programms erfolgt steuerungsintern sequentiell und hat damit Ablaufcharakter. Zur Wirkung kommt dieses Verhalten bei zeitlich sehr kurzen Eingangssignalen, wo sich die Zeit der zyklischen Bearbeitung des Programms kritisch bemerkbar macht. Somit ist in jedem Fall der Überbegriff Programmsteuerung ohne Einschränkung anwendbar, wobei für die SPS auch die Verknüpfungssteuerung als ablauforientierte Darstellung programmiert würde.

Ein weiteres Unterscheidungsmerkmal ergibt sich aufgrund der zeitlichen Steuerung der Signalverarbeitung. Bei einer taktsynchronen Steuerung erfolgt die Signalverarbeitung nur zu bestimmten Zeitpunkten, die durch einen Takt synchronisiert werden. Sie wird insbesondere bei elektronischen Steuerungen eingesetzt. Dagegen ist eine asynchrone Steuerung bedarfs- und laufzeitorientiert und nicht an einen festen Takt geknüpft.

Steuerungsprogramme. Das Programm einer Steuerung umfaßt die Gesamtheit aller Anweisungen und Vereinbarungen für die Signalverarbeitung, durch die eine zu steuernde Anlage (Prozeß) aufgabengemäß beeinflußt wird. Es kann in unterschiedlichen Formen vorliegen. Starre Systeme arbeiten mit festen Programmen, wobei eine Auswahl zwischen mehreren Programmen möglich sein kann. Ändern sich die Programme häufig, werden zweckmäßigerweise austauschbare, freiprogrammierbare Programmspeicher eingesetzt. Bei mechanischen Steuerungen sind dies z.B. Kurvenscheiben, Nocken,

Anschläge oder Kerbleisten, bei elektronischen Steuerungen wurden früher Programmwalzen, Kreuzschienenverteiler und Lochstreifen eingesetzt; heute sind es überwiegend elektronische Datenträger.

Wenn die austauschbaren Programme vom Anwender des zu steuernden Prozesses erstellt werden, heißen sie Anwenderprogramme. Elektronische Steuerungen benötigen zur Interpretation und Verarbeitung dieser Anwenderprogramme zusätzliche interne Systemprogramme. Diese bestehen aus einem Betriebssystem, das alle Hilfsprogramme zum Betrieb der Hardware enthält, sowie zusätzlichen Funktionsprogrammen, die unveränderlich sind und die Systemeigenschaften bestimmen.

Steuerungsstrukturen

Je nach Programmverwirklichung unterscheidet man nach DIN 19237 *verbindungsprogrammierte Steuerungen (VPS)* und *speicherprogrammierte Steuerungen (SPS)*. VPS können entweder festprogrammiert, d.h. unveränderbar, z.B. durch feste Draht- oder Leiterplattenverbindungen, oder umprogrammierbar, d.h. veränderbar, z.B. durch steckbare Leitungsverbindungen, Diodenmatrizen, Lochkarten, änderbare Kreuzschienenverteiler oder austauschbare Bauelemente, verwirklicht werden. Bei SPS lassen sich freiprogrammierbare Steuerungen von austauschprogrammierbaren Steuerungen unterscheiden.

Bei freiprogrammierbaren elektronischen Steuerungen ist der Programmspeicher ein Schreib-Lese-Speicher (*RAM, random-access memory*), dessen gesamter Inhalt ohne mechanischen Eingriff frei, d.h. auch in kleinem Umfang, geändert werden kann.

Austauschprogrammierbare Steuerungen hingegen haben als Programmspeicher Nur-Lese-Speicher (*ROM, read-only memory*), deren Inhalt nach erfolgtem Programmieren nur durch mechanischen Eingriff in die Steuerungseinrichtung verändert werden kann. Hierbei lassen sich Steuerungen mit Nur-Lese-Speichern unterscheiden, die nach der Herstellung programmiert und mehrmals verändert werden können (*RPROM, reprogammable ROM*), sowie solche, die nur einmalig bei oder nach der Herstellung programmiert werden können und dann unveränderbar sind (*PROM, programmable ROM*).

Aufbauorganisation von Steuerungen. Große Bedeutung kommt für industrielle Anwendungen dem hierarchisch organisierten, prozeßgeführten Steuerungssystem zu. Die den unterschiedlichen Hierarchieebenen zugehörigen Steuerungen werden in den folgenden Abschnitten kurz dargestellt.

Einzelsteuerung: Die Einwirkung einer Steuerungseinrichtung auf den Prozeß erfolgt i. allg. durch Stelleingriffe von der Einzelsteuerung aus. Sie dient als kleinste Steuerungseinheit der Ansteuerung von Antriebselementen und kann entweder von Hand oder durch eine übergeordnete Einheit betätigt werden. Die Gesamtheit aller Einzelsteuerungen (Antriebssteuerungen) nennt man Einzelsteuerungsebene (Antriebssteuerungsebene).

Gruppensteuerung: Die zum Steuern eines Teilprozesses erforderliche Funktionseinheit wird Gruppensteuerung genannt. Sie ist den zum Teilprozeß zugehörenden Einzelsteuerungen (Antriebssteuerungen) übergeordnet. Sollte es die geplante Beeinflussung des Prozesses erfordern, so können mehrere Gruppensteuerungen hierarchisch übereinander angeordnet sein. Die Gesamtheit aller Gruppensteuerungen nennt man Gruppensteuerungsebene.

Leitsteuerung: Die Leitsteuerung ist die der Gruppensteuerungsebene übergeordnete Funktionseinheit zur Steuerung des Gesamtprozesses. Die Unterteilung in Einzel-, Gruppen- und Leitsteuerung ist eine Strukturierung in Funktionseinheiten, wobei i. allg. die darüberliegende Ebene jeweils Führungsebene der darunterliegenden ist.

Die Unterteilung der Steuerungsaufgaben in Ebenen führt zu einer Dezentralisierung der Datenverarbeitungsaufgaben und damit zu überschaubaren Teilsystemen mit eigener Datenhaltung und standardisierbaren Schnittstellen sowie zu modularer Software. Die Vorteile der autonomen Teilsysteme liegen in einer höheren Verfügbarkeit des Gesamtsystems sowie in vereinfachten Bedingungen für die Inbetriebnahme oder für Anpassungen.

Datenquellen und Verbindungsstrukturen in der Fertigung. Die Anforderung an die Produktion, Marktwünsche flexibel und häufig bis zur Losgröße 1 erfüllen zu können, erfordert ein Höchstmaß an flexibler Automatisierung der Betriebsmittel. Dieses Ziel kann nur erreicht werden, wenn alle Planungs- und Ausführungsebenen über ein Kommunikationssystem in einem Rechnerverbund integriert sind. Eine CIM-orientierte (CIM, Computer-Integrated Manu-

facturing, s. 17.2) Datenbankstruktur sichert die geforderte Reaktionsfähigkeit, die Datenvollständigkeit und die Mächtigkeit der dezentral arbeitenden, aber miteinander kommunizierenden fertigungstechnischen Regelkreise. Damit stellt sich aus steuerungstechnischer Sicht die Fabrik dar als eine Vielzahl von rechnergestützten Funktionen zur Führungsgrößenerzeugung und als Wissensspeicher, dessen Inhalt allen Funktionen im direkten Zugriff nutzbar sein sollten.

Als geeignete, überschaubare Architektur eignet sich das Prinzip der beauftragbaren Funktionsblöcke, die intern in Abhängigkeit von der Komplexität der Aufgabe Programmsteuerungen mit weiteren untergeordneten und beauftragbaren Funktionen enthalten können. Nach dieser Methode läßt sich das Geschehen in einem Produktionsbetrieb in Form eines dezentralisierten *Steuerungskonzepts* mit jeweils überschaubaren und gut wartbaren Einzelfunktionen zerlegen, die eine einfache Inbetriebnahme gewährleisten und deren Strukturgrenze sich am geringstmöglichen Kommunikationsaufwand für eine Beauftragung dieser Funktion orientiert (Bild 10-82).

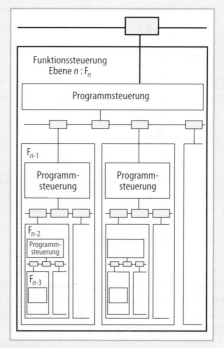

Bild 10-82 Einheitliche Strukturierung von Funktionssteuerungen

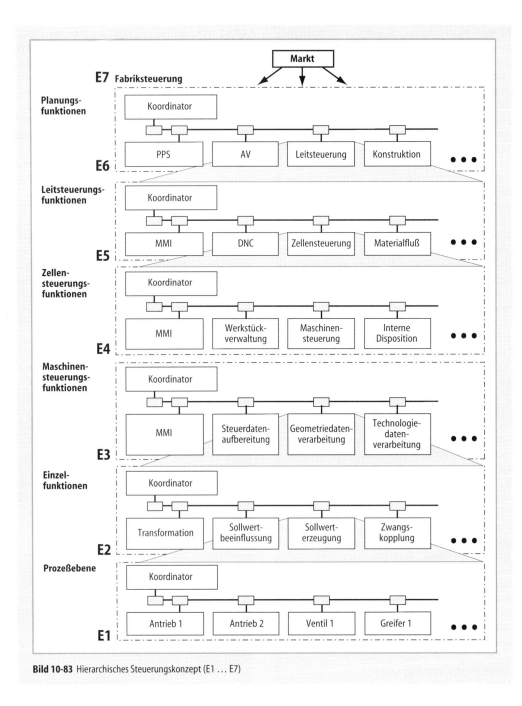

Bild 10-83 Hierarchisches Steuerungskonzept (E1 ... E7)

Folgt man diesem Gedanken konsequent, wird die Fabrik in hierarchischen Dienstleistungsebenen mit den entsprechenden Funktionen (Bild 10-83) organisiert [Pri86, Pri91a].

Auf die Funktionen der physikalischen Ebene folgt die Einzelfunktions- sowie die Maschinensteuerungsebene, die z.B. über die Geometriesteuerungsebene, die z.B. über die Geometriedatenverarbeitung oder auch Technologiedatenverarbeitung (SPS) die Einzelfunktionen beauftragt. Die Maschinensteuerung ist ihrerseits ein Funktionsblock der Zellensteuerungsebene, die als eine Funktion in der Leitebene eingebunden ist. Die Leitsteuerung stellt einen Funktionsblock der Planungsebene dar, und damit ist die Fabrik beschrieben, die nun auch einen Funktionsblock im Markt darstellt, der vom Kunden beauftragt werden kann.

In Ergänzung zu dieser vorgestellten Architektur ist der Informationsfluß neben den Belangen der Fertigung auszudehnen auf die Aspekte Materialwirtschaft, Lager und Transport. Der technisch-organisatorische Informationsfluß in der Werkstatt wird über die Leitsteuerung auf der Planungsebene zusammengefaßt; der Transport des Materials zwischen den Lagern und den Bearbeitungs- und Montagezellen wird über den entsprechenden Leitrechner synchronisiert. Der Funktion Auftragsdisposition fällt eine Schlüsselrolle zu. Sie vergibt die Aufträge an das Transport- und Lagersystem zur Bereitstellung des Materials an den Zellen und beauftragt die Zellen gleichzeitig mit der Bearbeitung bzw. Montage der entsprechenden Teile. Die schrittweise Bearbeitung von Aufträgen wird gesteuert über Rückmeldungen zur Auftragsausführung.

Die Zellen selbst organisieren ihren Materialfluß dezentral innerhalb der Zelle. Die Synchronisation zwischen Transportsystem und Bearbeitung bzw. Montage erfolgt hier mit Hilfe des Auftragsverwaltungssystems.

Komplexe Fertigungsanlagen werden heute in Fertigungszellen unterteilt, die von einem übergeordneten Leitrechner organisatorisch verknüpft werden. Diese CAM (Computer-Aided-Manufacturing)-Ebene ist wiederum eingebettet und vernetzt mit den rechnergestützten Bereichen Konstruktion (CAD), Arbeitsplanung (CAP) und Fertigungssteuerung (PPS). Die Vernetzung innerhalb eines geschlossenen Betriebsbereiches erfolgt über sog. lokale Netze (LAN, Local-Area Network). Kommunikation über Grundstücksgrenzen hinaus kann durch öffentliche oder private Dienstanbieter unter Verwendung von Weitverkehrsnetzen (WAN, Wide-Area Network) abgewickelt werden [Fär84].

10.3.1.2 Ausführungsformen nach Art der Programme

Die Grundlage der Automatisierung bildet die Anwendung technischer Mittel, mit deren Hilfe nach vorgegebenem Programm Arbeitsprozesse selbständig ablaufen. Die Vorgabe des Programms ist verknüpft mit der Art der Programmspeicherung.

Die ersten Automaten enthielten Kurven, Trommeln und Anschläge als feste Programmspeicher. Einen großen Fortschritt in Richtung Fle-

xibilität erbrachte der Einsatz von verstellbaren Nocken als Wegspeicher. Als konsequente Weiterentwicklung der Nockensteuerung stellt die NC-Technik die Vollendung der flexiblen Programmierung dar.

Mechanische Steuerungen

Kurvensteuerungen. Zur periodischen Gewinnung von Weg- und Geschwindigkeitsverläufen können Kurvengetriebe eingesetzt werden, d.h., Kurven stellen Speicher für Weg- und Geschwindigkeitsverläufe dar. Die Kurven laufen meist mit konstanter Drehzahl um. Während einer Umdrehung wird der geforderte Bewegungsverlauf nach Weg und Geschwindigkeit über die Tastspitze des Übertragungsgliedes auf das zu bewegende Bauteil, z. B. den Werkzeugmaschinenschlitten übertragen. Die Kurven können entweder dreidimensional als Trommelkurven oder zweidimensional als Scheibenkurven ausgebildet sein. Nachteilig bei den Trommelkurven ist die Notwendigkeit, die Kurve als Doppelkurve auszubilden, da dies zu einem Spiel zwischen Taster und Kurve führt. Bei der Scheibenkurve wird die Gegenkurve durch eine Kraft ersetzt, so daß eine spielfreie Übertragung der Kurvenbewegung möglich ist. Bei Werkzeugmaschinen wird für die Vorschubbewegung i. allg. eine konstante Steuergeschwindigkeit gefordert. Da die Geschwindigkeit nicht in unendlich kleiner Zeit gesteigert bzw. vermindert werden kann, werden die Übergänge als Kreis-, Parabel- oder Sinusbögen ausgebildet. Die zu beschleunigenden Massen begrenzen die Steuergeschwindigkeit.

Ein wichtiges Anwendungsgebiet für Kurvensteuerungen liegt auf dem Gebiet der Drehautomaten. Die Steuerung des Fertigungsprozesses erfolgt automatisch über Kurven und Nocken, die auf Steuerwellen angebracht sind und sich i. allg. mit konstanter Drehzahl drehen (Zeitplansteuerung). Die Kurven, die als Ein- oder Mehrkurven ausgebildet sein können, bilden die Programmspeicher für die Wege und Geschwindigkeiten und übertragen die am Stellglied benötigte Vorschubleistung sowie die zur Beschleunigung erforderlichen Momente bzw. Kräfte. Der Übertragungsmechanismus besteht aus mechanischen Elementen wie Rolle, Hebel, Zahnstange mit Ritzel oder Zahnsegment. Eine derartige mechanische Steuerung ist einerseits wenig störanfällig, andererseits können jedoch Verformungen und Spiele in den Übertragungsgliedern die Arbeitsgenauigkeit beeinträchtigen.

Ferner begrenzen hohe zu beschleunigende Massen das dynamische Verhalten. Die pro Werkstück benötigten Stückzeiten sind sehr kurz; sie liegen in der Regel im Sekundenbereich. Infolge der hohen Programmier- und Rüstzeiten und relativ hohen Fertigungskosten für die Kurven ist der Einsatz von Automaten auf die Großserien- und Massenfertigung beschränkt.

Nockensteuerungen. Nocken bewegen beim Überfahren einen Stößel, der eine Schaltfunktion mechanischer, elektrischer, pneumatischer oder hydraulischer Art auslöst. Sie werden auf Nockenleisten oder -walzen befestigt und sind an beliebiger Stelle klemmbar. Die am Werkzeugbett oder -schlitten befestigte Nockenleiste dient als Wegplanspeicher, wohingegen die sich mit der Steuerwelle drehende Nockenwalze einen Zeitplanspeicher darstellt.

Numerische Steuerungen

Der Begriff numerische Steuerung besagt wörtlich, die Steuerung erfolgt über Zahlen. Der Vorteil der NC-Technik wirkt sich insbesondere in der Klein- und Mittelserienfertigung aus, wo es darauf ankommt, das Programm eines Automaten schnell und flexibel an die wechselnden Aufgaben anzupassen. Nachformmaschinen oder Maschinen mit Programmspeichern über Nocken und Anschläge erlauben zwar einen relativ schnellen Programmwechsel, doch ist die Programmerstellung nicht billig und die Archivierung für Wiederholaufträge platzaufwendig.

Verschlüsselt man die geometrischen und technologischen Anweisungen zur Herstellung eines Werkstücks in Form von Zahlen, so bieten sich Informationsträger an, die sowohl billig herstellbar als auch leicht auswechselbar und archivierbar sind.

Bei handbedienten Maschinen wird das Werkstück anhand eines grobstrukturierten Arbeitsplans und einer Zeichnung ausgeführt; der Facharbeiter übernimmt dabei die Aufgabe der Detailarbeitsplanung und Funktionssteuerung. Bei der numerisch gesteuerten Maschine muß jeder einzelne Arbeitsschritt bis in alle Einzelheiten vorgeplant und schrittweise in Form eines Programms vorgegeben werden.

Das Programm oder hier genauer Teileprogramm wird von der Arbeitsvorbereitung (s. Kap. 7) entweder manuell oder maschinell (mit Sprachhilfen wie APT, EXAPT usw.) erstellt und besteht aus sog. Sätzen, wobei jeder Satz mindestens aus einer Einzelanweisung der vorhandenen programmierbaren Funktion besteht. Innerhalb eines Programms sind alle technologischen und geometrischen Anweisungen in der Reihenfolge angegeben, wie sie für die Erzeugung des Fertigteils benötigt werden. Die Informationen werden codiert und der Steuerung als Programm vorgegeben.

Als Programmträger dienen Magnetbandkassetten, Disketten oder die heute sehr verbreitete Methode der direkten Eingabe von NC-Informationen aus einem beigeordneten Rechner mit Speicherperipherie (DNC, Direct Numerical Control).

Informationsverarbeitung. Informationen bei sequentiell einzulesenden Programmen, wie z.B. Lochstreifen, stehen nur für die Lesezeit eines Zeichens zur Verfügung. Die eingelesenen Zeichen müssen somit entschlüsselt und in den entsprechenden Funktionsregistern wie Vorschub, Drehzahl, Weginformation satzweise zwischengespeichert werden. Als Wortadressen dienen Buchstaben, wie z.B. F für Vorschubgeschwindigkeit oder N für Satznummer.

Ein NC-Satz enthält eine programmtechnische, geometrische und/oder technologische Anweisung, was zu einer funktionalen Gliederung einer numerischen Steuerung führt (Bild 10-84). Geometrische Anweisungen beinhalten Angaben über zu verfahrende Strecken bzw. zu erreichende Endpositionen der Werkstück- bzw. Werkzeugträger (Weginformationen), sowie über den Ablauf der Werkzeug(stück)bewegung (Wegbedingung). Die Wegbedingung legt z.B. fest, ob eine bestimmte funktionelle Zuordnung der Bewegungskomponenten entlang der Maschinenachsen (Bahnsteuerung) für die Bewegung des Werkzeug(stück)trägers vorgegeben ist.

Technologische Anweisungen stellen Schaltinformationen dar, die über die Einzelsteuerungsebene z.B. das Schalten von Hauptspindeldrehzahlen, Vorschubgeschwindigkeiten, Werkzeugwechseleinrichtungen, Kühlmittelzuflüssen usw. bewirken. Programmierte Schaltfunktionen gelangen über die Schaltfunktionsregister durch die Funktionssteuerung zur Ausführung, wobei eine Anpassung insbesondere zur Energiebereitstellung erfolgt.

Wegbedingung und Weginformation beinhalten die Parameter zur Geometrieerzeugung, wobei man Punkt-, Strecken- und Bahnsteuerungsverhalten zu unterscheiden hat:

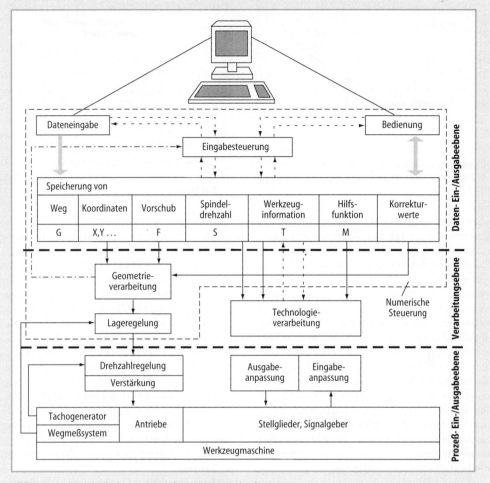

Bild 10-84 Funktionale Gliederung einer Anlage mit numerischer Steuerung

– Die *Punktsteuerung* gestattet ein Verfahren von Punkt zu Punkt unter Eilgangbedingungen (Bohrwerke).

– Die *Streckensteuerung* erlaubt das Verfahren einer Achse unter einer definierten Geschwindigkeit. Die Ankopplung mehrerer Achsen an den geschwindigkeitsgeregelten Antrieb ist häufig möglich und damit auch das Verfahren unter einem Winkel von 45°.

– *Bahnsteuerungen* bieten die Möglichkeit, einige ausgewählte Bahnen, vorwiegend Gerade und Kreis, unter definierter Geschwindigkeit zu durchfahren. Beliebige Konturen werden aus den verfügbaren Elementen wie Gerade und Kreis zusammengesetzt.

Das Durchfahren einer beliebigen Bahn mit konstanter Geschwindigkeit in einer Ebene oder im Raum erfordert eine gesonderte Geschwindigkeitsberechnung für die an der Bahnerzeugung beteiligten Achsen. Die Berechnung erfolgt mit Hilfe eines Interpolationsverfahrens, wobei heute allgemein über einen Interpolationsalgorithmus innerhalb der Steuerung interpoliert wird. Übliche Interpolationsfunktionen sind Geraden- und Kreisinterpolation. Moderne Steuerungen arbeiten nach den Verfahren der direkten oder rekursiven Funktionsberechnung.

Die Vorgabe des Geschwindigkeitssollwerts einer Achse erfolgt heute i. allg. auf der Basis von Servoantrieben mit Hilfe der Lageregelung. Die Geschwindigkeit u einer Achse wird beim Lageregelkreis durch die Differenz zwischen Lagesoll- und -Istwert, dem sog. Schleppabstand Δx, gebildet.

Der Quotient $K_V = u / \Delta x$ bildet die Geschwindigkeitsverstärkung. Man ist bestrebt, K_V mög-

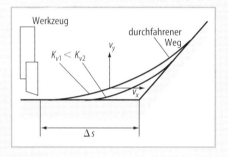

Bild 10-85 Konturverzerrung beim Fahren (Betriebsart) ohne Eckenhalt

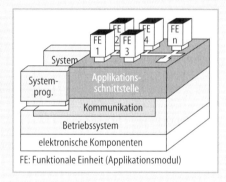

FE: Funktionale Einheit (Applikationsmodul)

Bild 10-86 Steuerungsplattform

lichst groß zu wählen, da der Schleppabstand zu Konturverzerrungen bei Bahnrichtungsänderungen führen kann. Der optimale K_v-Wert wird dabei durch die Antriebszeitkonstante T_A und der erwünschten Dämpfung des Antriebssystems (D ~0,7) bestimmt. Mittlere K_v-Betriebswerte liegen bei Werkzeugmaschinen zwischen 10 und 50 1/s (der Index v steht für Geschwindigkeit). Zur Vermeidung von zusätzlichen Konturverzerrungen beim Durchfahren einer Ecke ohne Halt (Bild 10-85) muß der K_v-Faktor für alle beteiligten Achsen gleich groß sein. Dieses bedingt, daß die maximale Momentengrenze der Antriebe (z.B. Strombegrenzung bei Gleichstromantrieben) nicht erreicht werden darf. Ungleiche Antriebszeitkonstanten führen bei einfacher P-Lageregelung zu Konturverzerrungen während der Beschleunigungsphase.

Strukturierung der Steuerungssoftware im Rahmen offener Systeme. Aufgrund der unterschiedlichen Einsatzbereiche für numerische Steuerungen ist es notwendig, die Funktionalität und Struktur der Steuerungssoftware an die Steuerungsaufgabe anzupassen. Die eigentliche Steuerungstechnik spielt sich in der Applikationssoftware ab, die in funktionale Einheiten (Applikationsmodule) zergliedert wird. Durch die Konzeption einer Steuerungsplattform mit einer Systemsoftware-Schicht, die als Bindeglied zwischen der Applikation und Hardware fungiert, können Steuerungsfunktionen unabhängig von der Hardwareauslegung realisiert werden (Bild 10-86).

Die Systemsoftware-Schicht mit einheitlichen Standarddiensten aus den Bereichen Kommunikation, Datenhaltung, Grafik, Konfiguration und Betriebssystem verdeckt die spezifischen Charakteristika von Prozessoren, Betriebssyste-

men und Kommunikationsmedien, die in der Plattform zum Einsatz kommen.

Durch Integration und Kombination von Applikationsmodulen wird aus einer neutralen Plattform eine an die spezielle Aufgabe angepaßte Steuerung. Für die Modellierung der Software werden heute objektorientierte Methoden gewählt, die es ermöglichen, diese Module wiederverwendbar zu gestalten [Pri93]. Der interne Aufbau bleibt für den Anwender verborgen; durch Zugriff über einheitliche Schnittstellen (Dienste) kann ihre Funktionalität genutzt werden. Bei einer groben Strukturierung der numerischen Steuerung unterscheidet man zwischen fünf Hauptbereichen:

– *Mensch-Maschinen-Steuerung* (Man Machine Control)

Dieser Bereich umfaßt alle bedienerorientierten Funktionen, wie beispielsweise Maschinenbedienung, Programmierung, Simulation, Diagnose und Inbetriebnahme.

– *Bewegungssteuerung* (Motion Control)

Hier werden alle NC- und RC-Kernfunktionen (RC, Robot Control) zusammengefaßt, die das Abarbeiten eines Teileprogramms bis hin zur Interpolation im Bahnzusammenhang ermöglichen. Diesem Bereich sind Funktionen wie z.B. Decodierung von NC-Programmen mitsamt dem Auflösen von Unterprogrammen und Zyklen, Werkzeuggeometriekorrektur, Interpolationen und Transformationen zugeordnet.

– *Achsensteuerung* (Axis Control)

Die von der Bewegungssteuerung erzeugten Sollwerte werden in diesem Bereich für die Antriebsverstärker der zu steuernden Maschinenachsen aufbereitet. Die Hauptaufgaben sind in der Regelung und in der Feininterpo-

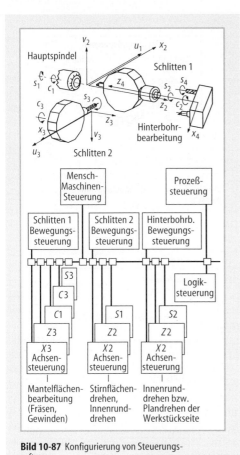

Bild 10-87 Konfigurierung von Steuerungs-software

lation unter Berücksichtigung der jeweiligen Antriebsschnittstelle zu sehen.

– *Logiksteuerung* (Logic Control)
Darunter wird eine Anpaßsteuerung verstanden (SPS), die im wesentlichen binäre Ein- und Ausgänge verknüpft.

– *Prozeßsteuerung* (Process Control)
Dieser Bereich umfaßt die Berechnung von Korrekturwerten auf Basis von Temperatur-, Kraft- oder Momentenmessungen in der Maschine. Die aufbereiteten Informationen können durch andere Bereiche genutzt werden.

In Abhängigkeit von der erwünschten Modularisierungstiefe können diese Hauptbereiche in weiteren zwei hierarischen Ebenen in Teilaufgaben detailliert werden. Durch Konfigurierung einer Steuerungsstruktur aus den resultierenden Applikationsmodulen können auch komplexe Fertigungseinrichtungen für verschiedene Bearbeitungstechnologien ausgerüstet werden

(Bild 10-87). Komponenten verschiedener Hersteller können zu Gesamtsystemen kombiniert werden, falls die Module an einer Referenzarchitektur ausgerichtet sind.

10.3.1.3 Ausführungsformen nach der Art der Komponenten

Elektromechanische Steuerungen

Das Kernstück von Schütz und Relais ist eine Spule mit einem Eisenkern, der sich beim Anlegen einer Spannung an die Spule bewegt und somit mechanisch die Kontakte schaltet. Je nach Bauform der Kontakte können Zu- oder Abschaltungen unterschiedlicher Leistungsklassen realisiert werden. Unterteilt man die Kontakte in Hauptkontakte (Arbeitskontakte) und Hilfskontakte (Steuerkontakte), so wird der Unterschied zwischen Schütz und Relais deutlich. Ein *Schütz* besitzt Arbeitskontakte zum Schalten großer Leistungen (bis 500 kW) von Motoren, Kupplungen und anderen Aktoren sowie Steuerkontakte zum Schalten von Steuer- und Kontrolleinrichtungen. Ein *Relais* hingegen besitzt nur Steuerkontakte. Es unterscheidet sich daher sowohl in der Bauform als auch in der Schaltleistung von einem Schütz. Das Relais wird deshalb meistens als fernbedienter Taster eingesetzt.

Für den Einsatz von Schütz- und Relaisschaltungen sprechen vor allem sicherheitstechnische Überlegungen, wie die galvanische Trennung zwischen Ein- und Ausgängen bei geöffneten Kontakten, die Trennung von Arbeits- und Steuerstromkreis, geringere Störanfälligkeit gegenüber Halbleiterschaltungen bei Stromspitzen und Brummspannungen und der wirtschaftliche Vorteil bei Klein- und Kleinstanwendungen. In großem Umfang werden Relais und Schütze heute in Verbindung mit speicherprogrammierbaren Steuerungen eingesetzt, um bei entsprechenden Steuersignalen das Schalten von Betriebsspannungen für Antriebsmotoren oder Zu-/Abschaltungen anderer Aktoren zu realisieren.

Beim Einsatz von Schütz- und Relaissteuerungen kommt es durch die mechanischen Schalter gegenüber elektronischen Steuerungen zu einem höheren Geräuschpegel, zu einem größeren Platzbedarf und zu einem Wartungsaufwand, der in der Lebensdauer der Kontaktflächen begründet ist. Um diese Nachteile weitestgehend zu kompensieren, gibt es zum Beispiel Reedrelais bzw. Relais in kleinen Baugrößen für den Einsatz auf Leiterplatten und Schütze mit gekapselten und gasgeschützten Kontakten, die bei größeren Schaltgeschwindigkeiten weniger Verschleiß haben.

Digitale elektronische Steuerungen

Das Spektrum der elektronischen Steuerungen ist sehr breit und hat im Zuge der Entwicklung den überwiegenden Teil der elektromechanischen Steuerungen abgelöst. In digitalen Schaltungen werden binäre (zweiwertige) Signale verwendet. Die zwei Werte werden i. allg. als LOW (o) oder HIGH (1) bezeichnet.

Mit Hilfe elektronischer Bauelemente (logische Verknüpfungselemente, Speicherelemente, Zähler) werden binäre Steuersignale miteinander verknüpft, gegebenenfalls zwischengespeichert und ausgegeben.

Unter Verwendung von Rechenregeln der Schaltalgebra können logische Verknüpfungsschaltungen in andere Formen umgewandelt und minimiert werden.

Eine binäre Steuerung, bei der sich die momentanen Eingangssignale direkt auf die Ausgangssignale auswirken, wird auch *kombinatorische Steuerung* oder *Schaltnetz* genannt. Werden dagegen (zusätzlich zu den logischen Verknüpfungen) Speicherelemente (z. B. Flipflops) eingesetzt, spricht man von *sequentiellen Steuerungen* bzw. *Schaltwerken* [Gil80, Fas88].

Aus den Realisierungsmöglichkeiten digitaler elektronischer Steuerungen gilt es – entsprechend den Anforderungen und den technisch-ökonomischen Gegebenheiten – die jeweils geeignetste auszuwählen. Die erste Möglichkeit besteht in der hardwaremäßigen Verknüpfung der logischen Bauelemente bzw. integrierter Schaltkreise. Dies ist für Klein- und Einzelanwendungen mit minimalem Aufwand lösbar. Eine zweite Möglichkeit besteht in der Verwendung programmierbarer Logik. Hierbei wird die elektronische Schaltung mit geeigneten Methoden in programmierbare Chips implementiert. In diesen Chips, die auch löschbar und damit mehrfach programmierbar sein können, wird die gewünschte Funktionslogik mit den benötigten Bauelementefunktionen realisiert. Die dritte Realisierungsmöglichkeit digitaler elektronischer Steuerungen ist der Einsatz eines universellen *Prozessors* [Bor77, Tie93, Fli90]. Die Befehle zur Verknüpfung der Eingangssignale (die im Programmspeicher hinterlegt sind) werden im Prozessor ausgeführt und als Ausgangssignal

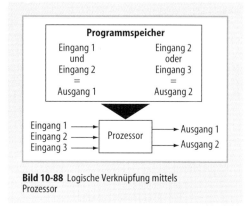

Bild 10-88 Logische Verknüpfung mittels Prozessor

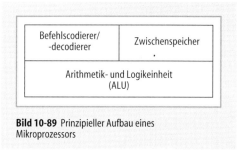

Bild 10-89 Prinzipieller Aufbau eines Mikroprozessors

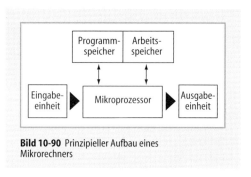

Bild 10-90 Prinzipieller Aufbau eines Mikrorechners

ausgegeben Bild 10-88. Um einen universellen Einsatz zu erreichen, wird anstelle des Prozessors ein *Mikroprozessor* eingesetzt. Der Mikroprozessor kann aufgrund seiner erweiterten Struktur Bild 10-89 zusätzlich Rechenoperationen durchführen. Die Mikroprozessoren sind das Kernstück eines Mikrocomputers, den Ein- und Ausgabebaugruppen, Programmspeicher und Arbeitsspeicher komplettieren Bild 10-90. Mikrocomputer werden in ihrer Architektur und in der Art und Weise der Datenein- und -ausgabe ihren jeweiligen Einsatzgebieten angepaßt.

Die speicherprogrammierbare Steuerung (SPS) (s. 10.3.1.1) als ein dem Anwendungsgebiet Prozeßsteuerung angepaßtes Mikrorechnersystem hat eine sehr große Verbreitung erfahren. Die Vorteile liegen vor allem im funktionsneutralen Aufbau (das Programm bestimmt die Funktion), den damit verbundenen universellen Einsatzmöglichkeiten und der Möglichkeit der Fehlerdiagnose und Kommunikation [Aue90, Wra 89]. Speicherprogrammierbare Steuerungen gibt es in der kompakten Bauform (bis max. 64 Ein- und Ausgänge) und in der modularen Bauform (mehr als 64 Ein- und Ausgänge, Bild 10-91). Die modulare Bauform von SPS besteht aus drei Komponenten: der Zentralbaugruppe, den Peripheriebaugruppen und der Stromversorgung. Die kompakte Bauform unterscheidet sich von der modularen Bauform dadurch, daß die drei Komponenten fest miteinander verbunden und somit kein Austausch und keine Erweiterung möglich sind. Mittels eines Programmiergerätes

(Handprogrammiergerät oder Mikrorechner) wird ein Programm, bestehend aus Anweisungen erstellt, Bild 10-92. Der Operationsteil bestimmt die funktionale Verarbeitung (z.B. Verknüpfungsart, Zuweisung). Der Operandenteil bezeichnet das Objekt auf welches die Operation anzuwenden ist. Das Programm ist somit eine Sequenz von Steueranweisungen, die in der vorgegebenen Reihenfolge abgelegt und vom Mikroprozessor seriell abgearbeitet werden. Die Erstellung des Programms sollte strukturiert erfolgen und wird überwiegend in den Programmiersprachen Anweisungsliste, Kontaktplan und Funktionsplan geschrieben (Bild 10-93). Die Programmierung erfolgt mit zur SPS gehörender Software, die es gestattet, zwischen den Programmiersprachen umzuschalten. Im Speicher für die Betriebsdaten werden sowohl das Prozeßabbild der Eingänge (PAE) und das Prozeßabbild der Ausgänge (PAA) als auch der Merker, die Zähler und Zeitglieder hinterlegt. Diese Daten werden bei Bedarf vom Mikroprozessor abgerufen. Im Mikroprozessor wird entsprechend

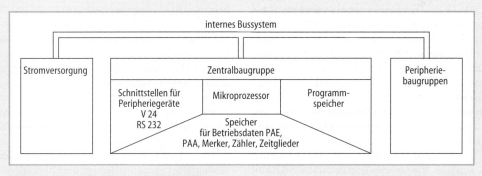

Bild 10-91 Prinzipieller Aufbau einer modularen SPS

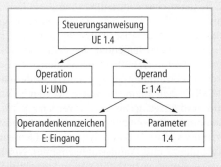

Bild 10-92 Aufbau einer Steuerungsanweisung

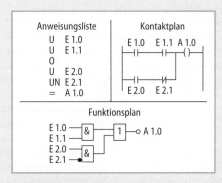

Bild 10-93 Programmiersprachen einer SPS

des PAE und des Programms die Verarbeitung realisiert, um anschließend die Ergebnisse im PAA für die Ausgangsbaugruppen bereitzustellen. Die Programmabarbeitung innerhalb der Zentralbaugruppe erfolgt zyklisch. Alle Eingangssignale (vom Prozeß kommende Signale) werden in das Prozeßabbild der Eingänge transferiert und bleiben dort über die gesamte Zykluszeit unverändert erhalten. Nun wird das gesamte Programm sequentiell abgearbeitet, und die dabei entstehenden Ausgangssignale werden in das Prozeßabbild der Ausgänge transferiert. Ist das Programm vollständig abgearbeitet, werden die Ausgangssignale (zum Prozeß gehende Signale) den Ausgangsbaugruppen bereitgestellt. Die nun neu vom Prozeß übergebenen Eingangssignale werden in das PAE eingelesen und der Zyklus beginnt von vorn. Die Zeit für einen vollständigen Programmdurchlauf, die als Kenngröße einer SPS in Millisekunden für 1024 Programmanweisungen angegeben wird, ist die Zykluszeit. Die Ein- und Ausgabebaugruppen für analoge und digitale Signale stehen neben anderen Peripheriebaugruppen wie Reglerbaugruppen, Positionierbaugruppen, Zählerbaugruppen und Kommunikationsbaugruppen zur Leitrechnerankopplung an vorderer Stelle in bezug auf die Anwendungshäufigkeit. Die Eingangsbaugruppen wandeln die vom Prozeß (von Gebern und Sensoren) kommenden Signalspannungen in binäre Signale um, führen die galvanische Trennung mittels Optokopplern durch, schützen die SPS vor Überspannung und Verpolung und zeigen den 1-Zustand mit einer Signallampe (LED) an. Die Ausgangsbaugruppen wandeln die Binärsignale in Schaltsignale für die Aktoren um, die in den Bereichen von 24 V Gleichspannung, 230 V Wechselspannung und Stromstärken von 20 mA bis 3 A liegen.

Hydraulische Steuerungen

In hydraulischen Steuerungen wird mit dem Druck in einer Flüssigkeit, die nahezu inkompressibel ist, eine Kraft erzeugt und übertragen. Einsatzgebiete der Hydraulik sind vor allem Bereiche, wo große Kräfte gesteuert und übertragen werden, wie der Schwermaschinenbau (Pressen), der Kran- und Baumaschinenbereich (Hub- und Schubbewegungen) [Amm73, Kau88]. Im Werkzeugmaschinenbau finden hydraulische Steuerungen ihre Anwendung beim Spannen von Werkzeugen und Werkstücken, bei Transport- und Vorschubbewegungen. Vorteile der Hydraulik liegen vor allem in der großen Kraftübertragung durch platz- und gewichtssparende Bauteile und den hohen Geschwindigkeits- und Positioniergenauigkeiten in Verbindung mit elektronischen Steuereinrichtungen. Beim Einsatz von hydraulischen Steuerungen sind vor allem mögliche Lecköverluste und die Temperaturabhängigkeit der Hydauliköle zu beachten. Der prinzipielle Aufbau einer hydraulischen Steuerung läßt sich als eine Steuerkette beschreiben. Die Steuerkette umfaßt die Energieumwandlung aus elektrischer oder mechanischer Energie (z. B. Pumpe), die Beeinflussung des Hydraulikstromes in bezug auf Richtung, Menge und Druck (z. B. Ventile verschiedener Bauformen) und die Umwandlung der Energie über Hydraulikmotoren oder Zylinder in mechanische Bewegungsenergie. Die einzelnen Elemente der Steuerkette lassen sich durch mechanische, elektrische, pneumatische und hydraulische Signaleinrichtungen steuern. Um zum Beispiel die Arbeitsgeschwindigkeit eines Hydraulikmotors oder -zylinders zu steuern, muß der Förderstrom einer Hydraulikanlage geändert werden.

Pneumatische Steuerungen

Pneumatische Steuerungen beruhen auf dem Einsatz des Mediums Druckluft. Mit Druckluft können Werkzeuge angetrieben, Werkstücke gespannt werden oder ganze Fertigungsanlagen betrieben werden [Hen70, Hau70]. Einen entscheidenden Vorteil bietet die Pneumatik vor allem durch die relativ hohe Unempfindlichkeit des Mediums Luft gegen Temperaturänderungen und dem damit verbundenen Einsatz in explosions- und brandgefährdeten Anlagen. Große Arbeitskräfte sind mit der Pneumatik jedoch nicht erreichbar, da der Arbeitsdruck in der Regel unter 10 bar liegt.

Eine pneumatische Steuerkette besteht aus den Bauteilen zur Druckluftaufbereitung (Kompressor, Filter, Öler, Druckregler), den Bauteilen zur Steuerung (pneumatische Verknüpfungsglieder) und den Arbeitselementen (Druckluftmotoren, Druckluftzylinder) Bild 10-94. Bei den pneumatischen Verknüpfungsgliedern unterscheidet man die statischen Elemente mit bewegten Teilen (Ein- und Ausgangsanschlüsse werden z. B. über Membranen, Tellersitze oder Kolbenschieber miteinander verbunden) und dynamische Elemente (Turbulenz- und Wandstrahlelemente). Neben den rein pneumatischen Steuerungen wird in vielen Bereichen die Verbindung zwischen

Bild 10-94 Pneumatische Kette

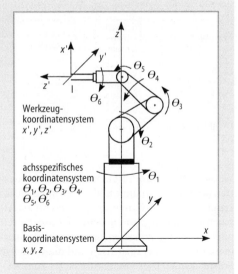

Bild 10-95 Koordinatensysteme eines Industrieroboters

pneumatischer und elektrischer Steuerung zum Einsatz gebracht. Dabei wird ein elektrisches Steuersignal zum Antrieb von Pneumatikventilen benutzt, die in Verfolgung der Steuerkette ein pneumatisches Arbeitselement antreiben (z.B. Öffnen und Schließen einer Werkstück- oder Werkzeugspanneinrichtung).

Numerische Steuerungen

Zur Bearbeitung eines Werkstücks auf einer numerisch gesteuerten Werkzeugmaschine ist ebenso wie zur Bewegung der Roboterachsen eines Schweißroboters ein entsprechendes Programm notwendig [Wec89]. Dieses Programm enthält neben den technologischen Anweisungen, wie Schnittgeschwindigkeiten oder Materialzuführungen, in der Hauptsache Bewegungsanweisungen für einzelne Achsen bezogen auf ein Koordinatensystem. Für die Koordinatenachsen und Bewegungsrichtungen numerisch gesteuerter Werkzeugmaschinen wird gemäß DIN 66217 nach der Dreifingerregel ein rechtshändiges und rechtwinkliges Koordinatensystem – kartesisches Koordinatensystem – mit den Achsen x, y und z verwendet. Ein frei beweglicher Körper im Raum hat sechs Freiheitsgrade und kann durch mindestens drei translatorische und/oder rotatorische Bewegungen in eine andere Lage gebracht werden. Bei Industrierobotern wird die Positionierung des Werkzeugmittelpunktes mit Hilfe von kartesischen Koordinaten in bezug auf die Roboterbasiskoordinaten definiert [Spu79, Due88]. Durch achsspezifische Roboterkoordinaten wird die räumliche Anordnung der Robo-

tergelenke beschrieben. Werkzeugkoordinaten sind in einem roboterunabhängigem Koordinatensystem definiert, das seinen Ursprung im Werkzeugnullpunkt hat Bild 10-95. Die den Maschinenbewegungen zugrundeliegenden Koordinatensysteme werden in kartesische und nichtkartesische Systeme eingeteilt. Maschinen mit kartesischer Kinematik geben Werte an den Lageregler in kartesischen Koordinaten weiter, während Maschinen mit nichtkartesischer Kinematik eine Transformation erfordern, die die kartesischen Werte in achsspezifische umzurechnet.

Für die Positionierung des Werkzeuges bzw. Werkstückes bei Werkzeugmaschinen wird ein rechtwinkliges und rechtshändiges Koordinatensystem mit den Achsen x, y und z verwendet. Bei nichtkartesicher Kinematik muß zusätzlich die Orientierung (A, B, C) beachtet werden. Eine kartesische Kinematik haben Drehmaschinen, Schleifmaschinen, Bohrmaschinen, 4-Achsen-Fräsmaschinen und Bearbeitungszentren.

Industrieroboter mit fünf oder sechs Freiheitsgraden haben nichtkartesische Kinematiken, bei denen die kartesischen Werte durch eine Transformation in Winkelkoordinaten bzw. Polarkoordinaten (achsspezifische Koordinaten) umgerechnet werden müssen (oder umgekehrt). Die Umrechnung der Roboterkoordinaten in kartesische Koordinaten wird Vorwärtstransformation und die Transformation der kartesischen

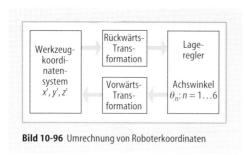

Bild 10-96 Umrechnung von Roboterkoordinaten

Werte in Winkelkoordinaten wird Rückwärtstransformation genannt Bild 10-96. Auch Werkzeugmaschinen können zu den nichtkartesischen Maschinen gehören, wenn sie zusätzlich eine Orientierung aufweisen. Beispiele sind Schleifmaschinen mit Schrägachsen und die 5-achsige Fräsmaschine. Diese Maschine bietet zum NC-Fräsen von Werkstücken mit gekrümmten Flächen neben den geometrischen und technologischen auch wirtschaftliche Vorteile wegen der zusätzlichen Freiheitsgrade der Maschine gegenüber dem dreiachsigen NC-Fräsen.

10.3.1.4 Bauelemente der Sensor-/Aktorebene

Aktoren

Aktoren haben die Aufgabe, Signale aus der Steuerung zu verarbeiten und mit dem Ergebnis auf den Prozeß einzuwirken. Das geschieht am häufigsten über *Antriebe*. Grundsätzlich sind folgende Varianten des Antriebes denkbar: elektrisch, hydraulisch, pneumatisch, Verbrennungsmotoren, Piezo- oder Magnetantriebe. Dabei haben die elektrischen Antriebe mit ihrer Vielzahl von Motorenvarianten den größten Anteil, wogegen pneumatische und hydraulische Antriebe meist nur Spezialanwendungen vorbehalten sind. Elektromotoren [Wec89, Mül85] dienen der Umwandlung von elektrischer in mechanische Energie. Vorteile von Elektromotoren sind der hohe Wirkungsgrad, die zentrale Erzeugung der elektrischen Energie und der relativ einfache Transport, sofortige Betriebsbereitschaft, leichte Anpaßbarkeit an den jeweiligen Verwendungszweck, ein geräuscharmer und sauberer Betrieb. Auf dem heutigen Markt werden vor allem für automatisierungstechnische Aufgaben Antriebe mit großem Drehzahlsteuerbereich und guten Regelungseigenschaften verlangt. Obwohl fast keine Gleichstromnetze zur Verfügung stehen,

ist der Gleichstrommotor bei der Einspeisung über steuerbare Stromrichter besonders gut geeignet, da er den genannten Forderungen entspricht. Die wichtigsten Eigenschaften der Gleichstrommaschine sind die einfache Drehzahlsteuerung, das große Drehmoment bei kleiner Drehzahl und die einfache Anpassung der Betriebscharakteristika an die vielfältigen Betriebsanforderungen. Am häufigsten eingesetzt wird jedoch der Drehstrom-Asynchronmotor. Er hat einen einfachen und robusten Aufbau, ist belastungsunempfindlich und wartungsarm. Deshalb sollte bei der Antriebsplanung vor allem sein Einsatz geprüft werden. Nachteilig sind jedoch die begrenzte Drehzahlregelbarkeit sowie die Abhängigkeit einer konstanten Motordrehzahl von der Frequenzkonstanz des speisenden Drehfeldes. Speziell in der Ausführung als Kurzschlußläufer ist die Maschine sehr betriebssicher und kann billig gefertigt werden. Die Asynchronmaschine wird vorwiegend als dreiphasige Drehstrom-Asynchronmaschine ausgeführt, nur in Sonderfällen werden Einphasen-Asynchronmaschinen verwendet. Für Einsatzzwecke, die eine belastungsunabhängige starre Drehzahl benötigen und bei denen nur kleine Leistungen abverlangt werden, finden Einphasen-Synchronmaschinen Anwendung. Als Stellantrieb setzt man auch Schrittmotoren ein, die sich bei jedem Ansteuerimpuls einen kleinen Winkelschritt drehen. Bei kleinen Drehzahlen (ca. 20 Schritte/ Sekunde) erfolgt die Drehung merklich schrittweise. Wegen der Schwungmasse des Läufers wird mit zunehmender Schrittfrequenz die Bewegung gleichförmiger. Schrittmotoren ermöglichen Schrittfrequenzen bis zu 40 000 Schritte/ Sekunde. Ein charakteristisches Anwendungsgebiet eines Schrittmotors ist der Papiertransport beim Plotter.

Pneumatische Antriebe (Motoren und Arbeitszylinder) wandeln pneumatische Energie in mechanische um. Druckluftmotoren werden als Antriebe verschiedener Werk- und Hebezeuge eingesetzt. Leistung, Drehzahl, und Drehmoment werden durch Verändern des Arbeitsdruckes beeinflußt. Die Drehrichtung ist leicht umsteuerbar, die Drehzahl jedoch sehr lastabhängig. Druckluftzylinder erzeugen geradlinige Bewegungen zum Heben oder Zuführen von Werkstücken oder zum Betreiben von Spann- und Arbeitszylindern. Hydraulische Aktoren ähneln den pneumatischen im Aufbau, jedoch sind sie den höheren Arbeitsdrücken und dem Medium Öl konstruktiv angepaßt.

Die Sensorik erfüllt die Aufgabe, reale Prozeßdaten aufzunehmen und für die weitere Verarbeitung aufzubereiten. Mittels der Sensorik werden Prozeßzustandsgrößen wie Druck, Temperatur, Kraft, Länge, Geschwindigkeiten, Drehwinkel u. a. erfaßt [Wec89, Sch93]. Für die meisten physikalischen Größen gibt es Sensoren (Fühler), die empfindlich auf diese Größen reagieren und entsprechende Signale weitergeben. Verfahren zur Weg- und Winkelmessung unterteilt man in die direkte Messung (z. B. Linearmaßstäbe) und indirekte Messung (Maßübertragung über Spindel oder Getriebe). Beide Meßverfahren können ihre Informationsparameter sowohl analog als auch digital abbilden. Ein analog- absolutes Meßsystem ist z. B. ein Drehmelder, der eine Weglänge in eine analoge Größe, meist eine Spannung, umwandelt. Diese Systeme arbeiten nach induktiven Prinzipien, und die Umwandlung in die analoge Größe erfolgt stufenlos. Digitale Systeme arbeiten entweder inkremental oder absolut. Digital-inkrementale Wegmeßsysteme können sowohl translatorisch als auch rotatorisch arbeiten. Sie basieren überwiegend auf opto-elektronischen Prinzipien. Eine mit einer Teilung versehene Scheibe (rotatorischer inkrementaler Geber) oder ein linearer Maßstab (linearer oder translatorischer inkrementaler Geber) werden optisch abgetastet. Bei digital-absoluten Wegmeßsystemen wird die zu messende Weglänge in kleine digitale Wegschritte zerlegt. Dabei ist aber, im Gegensatz zu den inkrementalen Systemen, jeder Schritt gegenüber einem festen Nullpunkt eindeutig. Jeder Position ist ein Signal zugeordnet das sich von den anderen eindeutig unterscheidet. Zur Kennzeichnung werden aus technischen Gründen ausschließlich binäre Signale verwendet, d.h. der abgetastete Wert wird durch eine Folge von 0- oder 1-Aussagen dargestellt.

Zum Messen von Winkelgeschwindigkeiten verwendet man Geichstromtachogeneratoren. Sie liefern eine durch die Drehung eines Ankers in einem konstanten Magnetfeld erzeugte Gleichspannung, die der Drehzahl proportional ist. Zur Dehnungsmessung an Bauteilen und Bauwerken verwendet man Dehnungsmeßstreifen. In Dehnungsmeßreifen erhöht sich mit zunehmender Drahtlänge und abnehmenden Querschnitt der Widerstand. Beschleunigungssensoren haben als Fühler meist einen Piezokristall als Kraftmeßelement. Durch die Beschleunigung einer auf das Piezokristall aufgeklebten Masse wird eine Beschleunigungskraft erzeugt, die der Beschleunigung proportional ist.

10.3.2   Produktionssystemsteuerung

Die Steuerung eines Produktionssystems, z. B. eines flexiblen Fertigungssystems (FFS, s. 10.1.2.4), umfaßt organisatorische und technische Aufgabenstellungen. Zum einen geht es darum, die Ausführung von Produktionsaufträgen unter Termin- und Kapazitätsgesichtspunkten zu organisieren. Dies geschieht auf Grundlage der auftragsbezogenen Vorgabedaten der Produktionsplanung (s. 14.1). Zum anderen müssen die Produktionseinrichtungen technisch in die Lage versetzt werden, die Aufträge auszuführen. Hierfür werden die Ergebnisse der Arbeitsvorbereitung benötigt.

10.3.2.1 Produktionssteuerung

Die Produktionssteuerung bildet die Schnittstelle zwischen den planenden und den ausführenden Bereichen eines Unternehmens. Ihre wesentlichen Funktionen sind die Werkstattsteuerung, die NC/RC-Programm-Verwaltung, die Materialflußsteuerung und die Betriebsmittelverwaltung.

Aufgabe der *Werkstattsteuerung* ist es, die Auftragsausführung in der Produktion den Planvorgaben entsprechend zu steuern. Dies geschieht in drei Schritten:

– Die von der Produktionsplanung freigegebenen und grob terminierten Aufträge werden anhand der Arbeitspläne in einzelne Arbeitsgänge aufgeteilt. Der periodisch erstellte Maschinenbelegungsplan (Bild 10-97) ordnet jeden Arbeitsgang einem bestimmten Produktionsmittel zu (Feinplanung). Neben der Verfügbarkeit der Produktionseinrichtung muß dabei für den betreffenden Zeitraum die Verfügbarkeit weiterer Ressourcen, wie Personal, Betriebsmittel usw. sichergestellt sein. Zwischen den einzelnen Arbeitsgängen eines Auftrags sind ausreichende Übergangszeiten einzuplanen.

– Im Zuge der Arbeitsverteilung werden den Arbeitsplätzen die für die Auftragsausführung relevanten Daten übermittelt. Außer den auftragsbezogenen Daten wie Stückzahlen, Ausführungszeiten und Terminen, sind dies technische Informationen (NC/RC-Programme, Spannpläne usw.), Lohnabrechnungsdaten u. a.

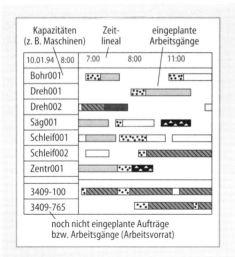

Kapazitäten (z. B. Maschinen)	Zeit-lineal	eingeplante Arbeitsgänge

Bild 10-97 Maschinenbelegungsplan

Die *Materialflußsteuerung* sorgt dafür, daß Ausgangsmaterialien und benötigte Werkzeuge rechtzeitig an den Arbeitsplätzen bereitstehen. Zusätzlich verwaltet sie Zwischenläger im maschinennahen Bereich (s. 16.3). Die Pflege betriebsmittelbezogener Daten (z. B. Reststandzeit, NC-Korrekturwerte) im Rahmen der *Betriebsmittelverwaltung* erlaubt den richtigen und wirtschaftlichen Einsatz von Werkzeugen, Vorrichtungen und Prüfmitteln. Die *NC/RC-Programm-Verwaltung* schließlich übernimmt Steuerungsprogramme aus der Arbeitsvorbereitung und führt die Versionshaltung durch.

Die konkurrierenden Ziele der Produktionssteuerung

– kurze Durchlaufzeiten,
– hohe Termintreue,
– niedrige Bestände,
– hohe Kapazitätsauslastung,
– hohe Reagibilität,
– geringer Rüstaufwand, geringer Transportaufwand usw.

lassen sich nicht unabhängig voneinander, sondern nur im Sinne eines Gesamtoptimums verfolgen [Bei91, Spu94]. Eine Verbesserung der Kapazitätsauslastung etwa führt in der Regel zu verlängerten Durchlaufzeiten (Dilemma der Produktionssteuerung). Während man in der Vergangenheit primär eine hohe Anlagenauslastung anstrebte, werden heute die zeitbezoge-

– Während der Auftragsausführung auftretende Störungen, z. B. ein Werkzeugbruch, können Planabweichungen zur Folge haben. Die Produktionssteuerung überwacht daher permanent den tatsächlichen Auftragsfortschritt und führt gegebenenfalls eine Umplanung durch. Auf diese Weise unterliegt der Belegungsplan ständigen Änderungen. Er wird jeweils nur für einen kleinen Zeithorizont festgeschrieben.

	zentrale Organisation	dezentrale Organisation mit vertikaler Kommunikation	dezentrale Organisation mit horizontaler Kommunikation
Grob-planung / Fein-planung			
Reagibilität bei Produktänderungen	gering	mittel	hoch
Reagibilität bei Prozeßänderungen	gering	mittel	hoch
Planungsstabilität	gering	mittel	sehr hoch
Datenumfang	gering	mittel	mittel
Abstimmungsaufwand	mittel	mittel	hoch
Anwendungsgebiete	Großserien- und Massenfertigung eines Standarderzeugnisses	Mittelserien-, Kleinserien- und Einzelfertigung kundenspezifischer Varianten eines Erzeugnisses	Kleinserien- und Einzelfertigung kundenspezifischer Erzeugnisse

Bild 10-98 Formen der Produktionssteuerung [Bul93]

nen Ziele Durchlaufzeitverkürzung, Termintreue und Reaktionsschnelligkeit höher gewichtet. Trotzdem wird man bei einer ausgesprochenen Engpaßmaschine nach wie vor auf eine hohe Auslastung achten, d.h., lokale oder zeitlich befristete Abweichungen von der generellen Zielsetzung sind nicht ausgeschlossen.

Unter organisatorischen Gesichtspunkten unterscheidet man drei Formen der Produktionssteuerung (Bild 10-98) [Bul93]:

– Bei zentraler Organisation erfolgt die Termin- und Kapazitätsplanung bereichsübergreifend in einer Steuerzentrale. Jede Störung im Produktionsablauf macht eine umfassende Neuplanung erforderlich. Den einzelnen Produktionsbereichen kommt lediglich eine ausführende Funktion zu.

– Bei dezentraler Organisation mit vertikaler Kommunikation erfolgt die Grobplanung in der zentralen Produktionssteuerung, die kurzfristige Planung und Steuerung dagegen in den Produktionsbereichen. Kleinere Störungen können damit bereichsintern ausgeglichen werden, erst bei groben Planabweichungen führt die zentrale Steuerung eine Umplanung durch.

– Bei dezentraler Organisation mit horizontaler Kommunikation erfolgt die Feinplanung ebenfalls vor Ort. Können Planvorgaben nicht eingehalten werden, so stimmen sich die Produktionsbereiche selbständig untereinander ab.

Eine zentrale Steuerung kommt in erster Linie für den Einsatz in der Großserien- und Massenproduktion in Betracht. Komplexe Abläufe und häufige Auftragswechsel lassen sich besser mit dezentralen Konzepten beherrschen.

An die Stelle von Plantafeln, Karteikästen und anderen klassischen Hilfsmitteln der Produktionssteuerung treten in zunehmendem Maße rechnergestützte Werkzeuge: Leitsysteme unterstützen die Auftragsfeinplanung und ihre Durchsetzung. Betriebsdatenerfassungssysteme melden den aktuellen Stand der Auftragsausführung aus der Produktion zurück. Systeme zur Steuerung flexibler Produktionszellen ermöglichen eine weitgehend automatische Auftragsausführung. Über Schnittstellen können diese Systeme Daten mit übergeordneten und unterlagerten Bausteinen der rechnerintegrierten Produktion austauschen.

Gemäß Bild 10-99 sind die genannten Systeme zu einem Regelkreis zusammengeschlossen [Wie93]. Dank der Rückkopplung über das Betriebsdatenerfassungssystem kann die Leitebene Planabweichungen sehr schnell erkennen und korrigierend eingreifen. Dem Produktionsplanungs- und -steuerungssystem (PPS-System) werden Abweichungen nur dann gemeldet, wenn sie über den Dispositionsspielraum des Leitsystems hinausgehen.

Die Steuerung eines Produktionssystems erfolgt auf mehreren Ebenen, die sich in ihrer Pla-

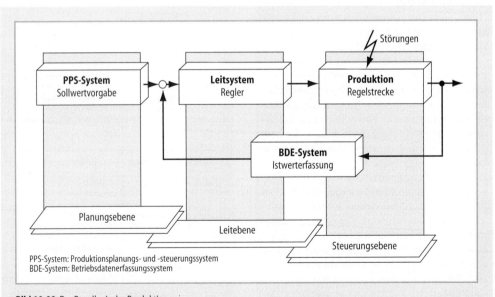

Bild 10-99 Der Regelkreis der Produktion

Ebene	Planungshorizont	Anforderungen an die Informationstechnik Datenmenge	Reaktionszeit
Planungsebene	Wochen/Tage	MByte	Minuten
Leitsteuerungsebene	Tage/Stunden	MByte	Sekunden
Zellensteuerungsebene	Stunden/Minuten	kByte	Sekunden
Maschinensteuerungsebene	Minuten/Sekunden	Byte	Millisekunden
Aktor-/Sensorebene	Sekunden/Millisekunden	Bit	Millisekunden

Bild 10-100 Die Ebenen der Produktionssteuerung

nungsgenauigkeit und ihrem Planungshorizont unterscheiden. Je größer die Nähe zur Produktion ist, desto kürzer ist der Planungszeitraum. Daraus ergeben sich Unterschiede bezüglich der Reaktionsgeschwindigkeit der Systeme und der zu übertragenden Datenmengen. Dies setzt sich auf den untergeordneten Ebenen (Maschinensteuerungen, Aktoren/Sensoren) fort (Bild 10-100).

10.3.2.2 Leitsysteme

Produktionsleitsysteme sind aus der Erfahrung heraus entstanden, daß sich die mehr langfristig orientierten PPS-Systeme für eine reaktionsschnelle Steuerung von Fertigung und Montage nicht eignen. Die größte Verbreitung haben sie in Betrieben gefunden, die nach dem Werkstattprinzip produzieren, doch kommen sie prinzipiell in allen Fertigungsformen (Werkstattfertigung, Linienfertigung, Inselfertigung usw.) zum Einsatz [Bul93]. Dezentrale Organisationsformen der Produktionssteuerung (s. 10.3.2.1) finden ihre Entsprechung in dezentralen Leitsystemkonzepten, welche sich gegenüber den zentralen Systemen weitgehend durchgesetzt haben.

Urform der heutigen Systeme war der „elektronische Leitstand", welcher die bis dahin gebräuchliche Plantafel auf dem Rechner nachbildete und so eine schnellere Umplanung ermöglichte. Moderne Leitsysteme bieten eine umfassende Unterstützung aller Aufgaben der Produktionssteuerung. Tabelle 10-1 gibt einen Überblick über wichtige Funktionen der Leittechnik.

Die höchsten Anforderungen an ein Leitsystem stellt die Maschinenbelegungsplanung.

Zum einen sind bei der Auftragseinplanung eine Vielzahl von Gesichtspunkten zu berücksichtigen und Entscheidungen zu treffen, insbesondere dann, wenn mehrere Ressourcen (Maschinen, Personal usw.) gleichzeitig geplant werden sollen. Zum anderen läßt sich das anzustrebende Gesamtoptimum (s. 10.3.2.1) nicht ohne weiteres als meßbare Zielgröße vorgeben. Trotz zahlreicher Planungs- und Zuweisungsmethoden [Bei91], existiert kein Verfahren zur Ermittlung des optimalen Maschinenbelegungsplans [Har91].

Tabelle 10-1 Typische Funktionen eines Leitsystems

Unterstützung der ...	durch ...
Belegungsplanung	– Datenübernahme aus dem PPS-System – Kapazitätsabgleich – Reihenfolgeoptimierung – Splitten. Raffen von Arbeitsgängen – automatische Terminierung
Arbeitsverteilung	– automatische Auftragsveranlassung – Drucken der Arbeitspapiere – Datenübergabe an BDE-System
Fortschrittsüberwachung	– Anlagenvisualisierung
Materialflußsteuerung	– Generieren von Transportaufträgen – Lagerverwaltung
Betriebsmittelverwaltung	– Betriebsmitteldatenbank – Bereitstellorganisation – Standzeitberechnung
NC-Programm-Verwaltung	– Schnittstelle zum NC-Programmiersystem – NC-Programm-Datenbank

Die Belegungsplanung erfolgt deshalb nicht vollautomatisch, sondern im Dialog mit dem Planer.

Für die Unterstützung von Planungsentscheidungen bestehen folgende, sich ergänzende Möglichkeiten:
- Entscheidungsrelevante Informationen werden erfaßt und dem Planer in geeigneter Form zur Verfügung gestellt.
- Teilfunktionen, z. B. die Anwendung eines Terminierungsverfahrens, können automatisch ausgeführt werden.
- Mit wissensbasierten Methoden gelingt es, Expertenwissen (z. B. in Form von Regeln) im Leitsystem abzubilden und zur automatischen Generierung von Planungsvorschlägen zu nutzen.
- Mit Hilfe der Simulation lassen sich Planungsalternativen durchspielen und - anhand geeigneter Kennzahlen oder einer begleitenden Visualisierung der Produktionsabläufe (Animation) – bewerten [Zel92] (s. 10.2.5).

Die Realisierung eines Leitsystems erfolgt auf Workstation- oder PC-Basis. Die Software ist in der Regel modular aufgebaut. Eine anwenderspezifische Lösung besteht aus entsprechend konfigurierten Standardmodulen und individuell erstellten Zusatzfunktionen. Eine wichtige Komponente ist die graphische, an Standards (z. B. X-Windows, Motif) orientierte Bedienoberfläche. Eine Datenbank, meist auf dem relationalen Modell und der Standardabfragesprache SQL (standard query language) basierend, übernimmt die Datenhaltung. Schnittstellen zum übergeordneten PPS-System und zu den unterlagerten Zellen- und Maschinensteuerungen ermöglichen einen rationellen Datenaustausch.

Neuere Entwicklungen im Bereich der Produktionsleittechnik zielen darauf ab,
- den Produktionsprozeß besser als bisher möglich zu steuern,
- den Erfordernissen neuer Organisationsformen Rechnung zu tragen (Beispiel: die Zusammenfassung von planenden und ausführenden Tätigkeiten und ihre Übertragung an eine Gruppe von Mitarbeitern),
- den individuellen Entwicklungsaufwand zu verringern.

Dazu gehören die Anwendung der Fuzzy-set-Theorie [VDI93], die Steuerung auf Basis eines umfassenden Modells der Produktion [Dan94],

die Entwicklung adaptierbarer Leitsysteme [Pri 91b] und der multimediale Leitstand.

10.3.2.3 Zellensteuerungssysteme

Eine flexible Produktionszelle besteht aus mehreren, mit eigener Steuerungsintelligenz ausgestatteten Komponenten (Bearbeitungsmaschine, Handhabungsgerät usw.). Die übergeordnete Zellensteuerung sorgt für das koordinierte Zusammenwirken dieser Komponenten während der Auftragsausführung. Sie ist Bestandteil der Zelle und ermöglicht so ein weitgehend autonomes Arbeiten (s. 10.1.2).

Der Funktionsumfang einer *Zellensteuerung* (Bild 10-101) läßt sich in die drei Bereiche Auftragsorganisation, Ablaufsteuerung und Diagnose gliedern. Im Rahmen der Auftragsorganisation nimmt die Zellensteuerung Aufträge vom Leitsystem entgegen und nutzt den in den Vorgaben enthaltenen Dispositionsspielraum zur Reihenfolgeoptimierung. Sie erfaßt die aktuellen Maschinen- und Betriebsdaten und meldet sie dem Leitsystem zurück. Die Ablaufsteuerung stimmt Bearbeitungs- und Handhabungsvorgänge aufeinander ab und steuert den zelleninternen Materialfluß. Dazu werden Programme in die Komponentensteuerungen geladen und zur Ausführung gebracht. Die Diagnose umfaßt das Erkennen, Lokalisieren und – möglichst automatische – Beheben von Störungen.

Ziel ist es, durch Minimierung von Rüst- und Störzeiten große Flexibilität bei gleichzeitig hoher Verfügbarkeit der Zelle zu erreichen.

Sämtliche Funktionen der Zellensteuerung sind in Form von Software-Modulen realisiert. Für umfangreiche Diagnosefunktionen kann ein

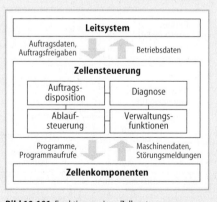

Bild 10-101 Funktionen eines Zellensteuerungssystems

Expertensystem zur Anwendung kommen. Bezüglich der Hardware bieten sich zwei Möglichkeiten:

- Eine Komponentensteuerung (z.B. die NC-Steuerung einer Werkzeugmaschine) übernimmt zusätzlich die Funktion der Zellensteuerung. Diese Lösung kommt vor allem für einfach aufgebaute Zellen in Frage.
- Die Zellensteuerungssoftware läuft auf einem eigenständigen Rechner, beispielsweise einem Industrie-PC, ab. Mit dieser Lösung lassen sich auch komplizierte Abläufe steuern.

Über die Schnittstelle zum Leitsystem erhält die Zellensteuerung Auftragsdaten und NC-Programme und meldet den aktuellen Produktionsfortschritt zurück. Die Übertragung erfolgt in der Regel über ein Bussystem oder ein lokales Netzwerk. Für den Datenaustausch mit den verschiedenen Zellenkomponenten (z.B. Laden von Programmen, Starten von Programmen, Fertigmeldungen) kommen Punkt-zu-Punkt-Verbindungen oder ein Feldbussystem zum Einsatz. Über die Bedieneinheit kann der Werker Informationen abrufen und in die Abläufe eingreifen. Häufig erfolgt eine Visualisierung der Abläufe am Bildschirm.

Dezentrale Steuerungsstrukturen („verteilte Intelligenz") führen dazu, daß die Anzahl der von der Zellensteuerung zu koordinierenden Teilsysteme erheblich zunimmt. Gleichzeitig setzen sich Bussysteme als zelleninternes Kommunikationsmedium immer mehr durch. Weitere aktuelle Entwicklungen beschäftigen sich mit der Erstellung möglichst universell einsetzbarer Zellensteuerungssoftware [Bux94, Gla93].

10.3.2.4 Systeme zur Betriebsdatenerfassung

Aufgabe der Betriebsdatenerfassung (BDE) ist es, die Produktionssteuerung mit aktuellen Daten über den Stand der Auftragsdurchführung zu versorgen und, in umgekehrter Richtung, die Vorgaben der Werkstattsteuerung an die Arbeitsplätze in der Produktion zu übermitteln (s. 16.4.2.6). Darüber hinaus decken BDE-Systeme eine Vielzahl weiterer Aufgaben ab, die jedoch nicht in direktem Zusammenhang mit der Produktionssteuerung stehen. Beispiele hierfür sind die Personalzeiterfassung, die Zutrittskontrolle und die Unterstützung von Kostenrechnung und Controlling.

Der Vielfalt der Aufgaben entsprechend versteht man unter Betriebsdaten ein breites Spektrum organisatorischer und technischer Daten:
- Auftragsdaten, z.B. produzierte Menge, benötigte Rüstzeit,

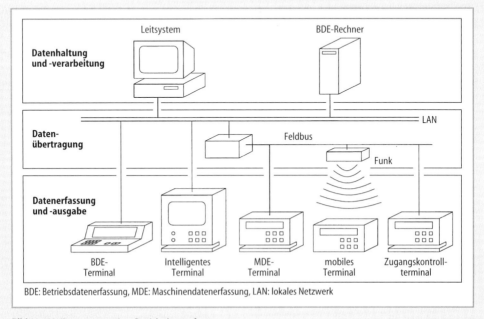

Bild 10-102 Komponenten eines Betriebsdatenerfassungssystems

- Maschinendaten, z. B. Ausfallursache, Auslastung, Wartungsinformation,
- Personalzeitdaten, z. B. Arbeitsbeginn, Arbeitsende,
- Materialdaten, z. B. Materialeingang, -ausgang, Fehlbestand,
- Qualitätsdaten, z. B. Meßdaten, Ausschußzahlen.

Beim Aufbau eines BDE-Systems sind die Funktionen Datenerfassung und -ausgabe, Datenübertragung sowie Datenhaltung und -verarbeitung zu realisieren. Daraus resultieren die Systemkomponenten Endgerät (BDE-Terminal), Kommunikationssystem und BDE-Rechner (Bild 10-102).

Die über den Betrieb verteilten BDE-Endgeräte dienen der Erfassung und der Ausgabe von Daten. In der Regel verfügen sie über eine Tastatur und ein Display. Integrierte Lesegeräte (Einsteckleser, Durchzugsleser oder Lesestift) ermöglichen eine schnelle und fehlerfreie Identifikation von Belegen und Ausweisen auf Basis der in Bild 10-103 dargestellten Verfahren. Besonderes hoch entwickelte Terminals sind mit einem graphikfähigen Bildschirm, eigener Intelligenz und eigener Datenhaltung ausgestattet. Die Installationsdichte der BDE-Endgeräte orientiert sich am jeweiligen Bedarf. Man unterscheidet in diesem Zusammenhang Arbeitsplatzterminals und Bereichsterminals. Die Erfassung von Maschinendaten läßt sich mit Endgeräten, die direkt an eine Maschinensteuerung

angeschlossen werden, automatisieren (MDE). In ähnlicher Weise erlauben DNC-Terminals die direkte Übertragung von Steuerungsprogrammen und NC-Korrekturdaten in den Speicher der Steuerung sowie die Rückübertragung korrigierter Programme zur NC-Programm-Verwaltung (DNC, direct numerical control; s. 10.3.1.2).

Als Übertragungseinrichtungen kommen lokale Netzwerke (z. B. Ethernet), geeignete Feldbussysteme (z. B. Profibus) oder einfache Punkt-zu-Punkt-Verbindungen zum Einsatz (s. 10.3.3). Der Anschluß stationärer Endgeräte erfolgt über Draht- oder Lichtwellenleiter. Mobile Terminals sind mittels drahtloser Übertragungstechniken wie Funk und Infrarot ständig erreichbar oder werden von Zeit zu Zeit an stationäre Koppelstationen angeschlossen.

Der BDE-Rechner übernimmt die Speicherung und Verarbeitung der Betriebsdaten. Die BDE-Applikation bildet ein eigenständiges Software-Paket oder ist als Modul im Funktionsumfang des Leitsystems (s. 10.3.2.2) enthalten.

Die Anbindung der Endgeräte an den BDE-Rechner kann grundsätzlich auf zwei Arten erfolgen [Ros93]:
- Bei *On-line-Betrieb* werden eingegebene Daten sofort vom Rechner übernommen, durch ihn überprüft und mit einer Meldung an das Terminal quittiert.
- Im *Off-line-Betrieb* erfolgt die Datenübertragung erst auf Anforderung des BDE-Rechners. Eingegebene Daten werden von „intelligenten" Terminals überprüft und zwischengespeichert.

Während der On-line-Betrieb eine hohe Aktualität der rückgemeldeten Daten gewährleistet und mit einfach aufgebauten Endgeräten auskommt, stellt die Off-line-Anbindung geringere Zeitanforderungen an das Kommunikationssystem; sie ermöglicht zudem eine Datenerfassung auch bei Ausfall des BDE-Rechners und vermeidet lange Antwortzeiten infolge Überlastung des BDE-Rechners. In der Praxis werden häufig beide Verfahren kombiniert: Alarmmeldungen u. ä. werden sofort weitergeleitet, weniger zeitkritische Daten dagegen erst auf Abruf zur Verfügung gestellt.

10.3.3 Datenübertragungssysteme

Durch den Einsatz moderner Rechnerkommunikationslösungen erreicht man durchgängig

Verfahren		Vor- und Nachteile
Strichcode (Barcode)		+ einfach herstellbar (Drucker) aus Entfernung lesbar
		– schmutzanfällig
Klarschrift		+ vom Menschen lesbar
		– schmutzanfällig umständlicher Lesevorgang
Magnet-streifen		 + schmutzunempfindlich große Datenmenge
		– teuer
Induktiv-codierung		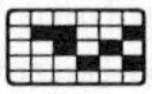 + unempfindlich fälschungssicher
		– teuer
programmierbarer Datenträger		+ frei programmierbar
		– teuer

Bild 10-103 Maschinenlesbare Informationsdarstellung [Jan93]

eine automatische Weitergabe von Informationen auf elektronischem Weg. Umfangreiche Standardisierungsbemühungen in der Kommunikationstechnik ermöglichen es, auch heterogene Inseln und Einzelrechner zu vernetzen. Durch diese Technik bilden die Abteilungen eines Unternehmens einen durchgängigen Informationsverbund, in dem verschiedenartige Daten wie Konstruktionszeichnungen, Teilelisten oder Maschinensteuerungsprogramme zwischen Mitarbeitern, Rechnern und Steuerungen ausgetauscht werden können.

10.3.3.1 Industrieller Informationsverbund

In der Produktionswirtschaft gibt es parallel zum Produkt- und Materialfluß den Informationsfluß. Da die Informationsflüsse in einem Unternehmen sehr komplex sein können, werden in der Regel zu ihrer Strukturierung verschiedene Hierarchieebenen innerhalb des Informationsverbunds gebildet (Bild 10-104) (s. 17.1). Diesen lassen sich jeweils Kommunikationsebenen zuordnen, welche unterschiedliche Anforderungen an die Kommunikationstechnologie stellen. Die einzelnen Hierarchieebenen sind (s. 17.2.3):

Feldebene

Die Feldebene ist die unterste Ebene der Automatisierungshierarchie. Ihr gehören die prozeßunmittelbaren elektronischen Feldgeräte wie Sensoren und Aktoren (s. 10.3.1.4) an. Die Aufgabe

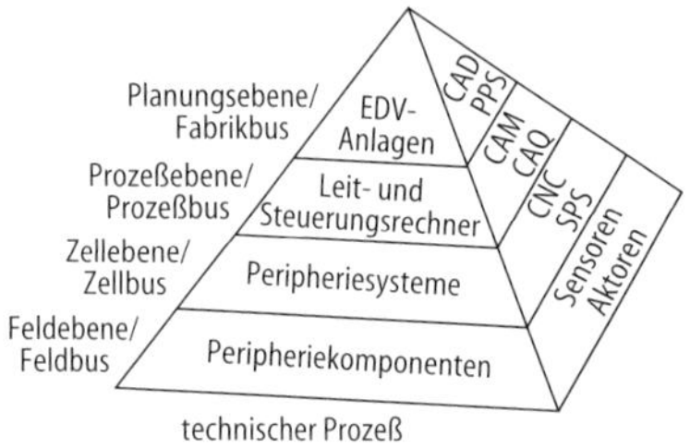

CAD Computer Aided Design
PPS Produktionsplanungs- und -steuerungssystem
CAM Computer Aided Manufacturing
CAQ Computer Aided Quality Assurance
CNC Computer Numerical Control
SPS Speicher Programmierbare Steuerung

Bild 10-104 Hierarchieebenen im Informationsverbund

dieser Geräte ist es, den technischen Prozeß zu vermessen und auf ihn einzuwirken. Durch Messen per Sensoren und Stellen per Aktoren wird das Steuern und Regeln eines technischen Prozesses ermöglicht.

Die in Bild 10-104 nicht eingezeichnete Control-Ebene kann der Feldebene unmittelbar überlagert sein, was insbesondere für Funktionen wie Regeln und Steuern (control) gilt. Die Verarbeitung hat in diesem Fall eine unmittelbare Rückwirkung auf die Feldebene in Form von Stellsignalen. Optimierungsdaten, diagnostische Daten und Überwachungsdaten (monitoring) werden in großen Regelkreisen der Leitebene als der überlagerten Funktion zugeleitet und haben unmittelbar keinen zeitlichen oder funktionellen Einfluß auf die Feldebene.

Zellenebene

Der Zellen-Begriff entstammt der Produktionsstruktur der flexiblen Fertigung, in der abgeschlossene Teilaufgaben in autonomen Teilproduktionseinrichtungen, den Fertigungs- oder Montagezellen, ausgeführt werden. Die produktabhängige Kettung dieser flexibel konfigurierbaren Zellen ermöglicht eine Anpassung an wechselnde Produkte und Stückzahlen.

In der Zellenebene besteht der Informationsfluß zu einem hohen Anteil aus dem Laden von Programmen, Parametern und Daten. Wenn Maschinenstillstandzeiten und Umrüstzeiten kurz sind, erfolgt dieser Verkehr während der laufenden Fertigung der Produkte.

Prozeßleitebene

Die Leitebene, auch „plant supervisory management" genannt, faßt Gruppen von Zellen zur Überwachung eines technischen Prozesses zusammen. Neben der Hauptfunktion der Leitebene, der Überwachung und Steuerung von technischen Prozessen, gibt es noch Funktionen wie Installation, An- und Abfahren der Anlage sowie Noteingriffe. Anlagenoptimierung und -diagnose werden in Zukunft den Informationsfluß in der Leitebene erheblich mitbestimmen.

Planungsebene

In der Planungsebene werden z.B. CAD-Systemen zur Konstruktion von Maschinen oder PPS-Systeme (Produktionsplanungs- und -steuerungssystem; s. Kap. 14) eingesetzt.

Um die Komplexität eines Kommunikationssystems beherrschbar zu machen, wurde in den 80er Jahren unter dem Dach der ISO (= International Organization for Standardization) von Forschung und Industrie ein aus sieben Schichten (layer) bestehendes Modell entwickelt, das als Referenz- und Abstimmungsbasis für vorhandene und zu entwickelnde Kommunikationsprotokolle dient [ISO7498]. Dieses Schichtenmodell (Bild 10-105) ist unter dem Namen *ISO/OSI-Basisreferenzmodell* (OSI, Open Systems Interconnection) bekannt. Es dient der Schaffung und Verbindung offener Kommunikationssysteme und stellt den ersten Schritt zur Standardisierung von verbindungsorientierten Kommunikationsprotokollen dar.

Jede Schicht des ISO/OSI-Basisreferenzmodells stellt ihrer oberen Nachbarschicht Leistungen, auch „Services" oder „Dienste" genannt, zur Verfügung und nimmt ihrerseits die Dienste der unteren Nachbarschicht in Anspruch, um ihre Aufgaben zu erledigen. Während der Kommunikation werden die sieben Schichten beim Sender nacheinander von oben nach unten, beziehungsweise auf der Gegenseite (Empfänger) in umgekehrter Reihenfolge durchlaufen. Die Aufgaben der einzelnen Schichten werden im folgenden kurz beschrieben (s. auch [Tan92]).

Schicht 1: Bitübertragungsschicht (Physical Layer): Die Bitübertragungsschicht legt die elektrischen, mechanischen, funktionalen und prozeduralen Parameter der physikalischen Verbindung fest. Die Hauptaufgabe dieser Schicht ist die Übertragung eines rohen Bitstroms und

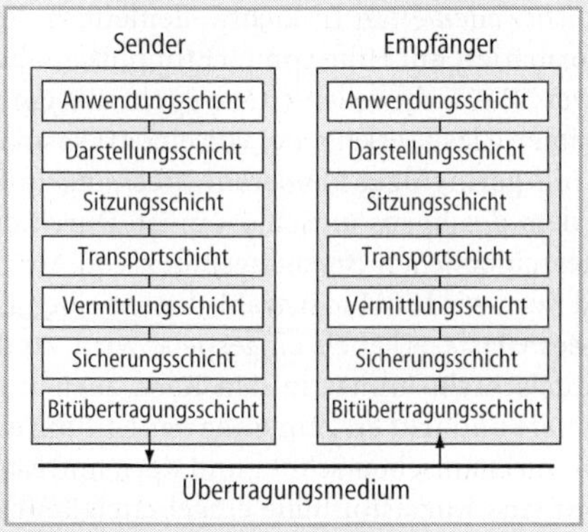

Bild 10-105 ISO/OSI-Basisreferenzmodell

die Aufrechterhaltung der physikalischen Verbindung. Ein weitverbreitetes Beispiel für eine Spezifikation, welche den Rahmen der Bitübertragungsschicht ausfüllt, ist die V.24-Schnittstelle zum Anschluß einfacher Terminals an den Rechner.

Schicht 2: Sicherungsschicht (Data Link Layer): Die Sicherungsschicht ist für den Aufbau und die Unterhaltung einer „logischen" Verbindung zwischen zwei benachbarten OSI-Systemen zuständig. Die Aufgaben der Sicherungsschicht umfassen die Zeichen- und Datenblocksynchronisation, die Erkennung von Datenblockbegrenzungen sowie die Fehlererkennung und -behandlung. Falls das Übertragungsmedium von mehreren Teilnehmern gemeinsam genutzt wird (Bus, Ring), erhält die Sicherungsschicht zusätzlich eine Zugriffssteuerung (s. 10.3.3.3) für das Medium (z. B. HDLC).

Schicht 3: Vermittlungsschicht (Network Layer): Die Vermittlungsschicht ist verantwortlich für das „routing", d.h. die Auswahl des Weges durch ein Netz von Knoten, auf dem der Datenverkehr stattfindet. Wege dürfen nicht überlastet sein; man versucht, den kürzesten, den schnellsten oder auch den kostengünstigsten Weg zu finden. Eine weitere Hauptaufgabe der Vermittlungsschicht ist die Flußkontrolle innerhalb des Netzes. Dadurch wird sichergestellt, daß die Zwischenspeicher beim Empfänger einer Nachricht nicht überlaufen. Ein typisches Beispiel für ein Protokoll der Vermittlungsschicht ist X.25 (Datex–P), welches in Weitverkehrsnetzen (WAN; s. 10.3.1.1) bei Postdiensten für die Datenpaketvermittlung Verwendung findet.

Schicht 4: Transportschicht (Transport Layer): Die Transportschicht bietet der nächsthöheren Schicht einen zuverlässigen Transportdienst dergestalt an, daß sie alle Details des Datentransports gegenüber der höheren Ebene abschirmt. Dazu richtet sie oft einen oder mehrere logische Kanäle ein, welche sie mit Hilfe der Dienste der unteren Schichten verwaltet. Die Transportschicht führt Fehlerkontrollen von Endsystem zu Endsystem durch. Wenn nötig, zerlegt sie Nachrichten in kleinere Einzelpakete. Sie reagiert auf Wiederholungsanforderungen anderer Stationen im Falle eines Verlustes oder der Verfälschung von Datenpaketen. Sie bringt durcheinandergeratene Paketfolgen in die richtige Reihenfolge und setzt nach Fehlern selbständig wieder auf (z. B. TCP).

Schicht 5: Sitzungsschicht (Session Layer): Die fünfte Schicht, die Sitzungsschicht, sorgt für die

Synchronisation der Kommunikation und ermöglicht zum Beispiel den Dialogverkehr zwischen zwei Rechensystemen. Sie überwacht den gesamten Ablauf einer Kommunikationsbeziehung (Sitzung oder Session) vom Anfang bis zum Ende der Sitzung. Dazu werden von der Kommunikationssteuerungsschicht Dienste zur Eröffnung, zur geordneten Durchführung und zur Beendigung einer Sitzung geboten.

Schicht 6: Darstellungsschicht (Presentation Layer): Die Darstellungsschicht hat die Aufgabe, Dienste für die Anwendungsschicht (Schicht 7) bereitzustellen, welche die Bedeutung der ausgetauschten Daten interpretieren. Die übermittelten Daten werden so umgeformt, daß die kommunizierenden Anwendungsprozesse diese verstehen können. Die Darstellungsschicht gewinnt eine besondere Bedeutung im Zusammenhang mit dem Schutz der Daten vor dem Zugriff durch unberechtigte Benutzer: Verfahren zur Verschlüsselung können hier implementiert werden.

Schicht 7: Anwendungsschicht (Application Layer): Die Anwendungsschicht ist die oberste Schicht des ISO/OSI-Basisreferenzmodells. Sie ermöglicht dem Benutzer bzw. dem Anwendungsprogramm den Zugang zum Kommunikationssystem. Sie stellt ihm dazu eine Reihe von Diensten zur Verfügung, die jeweils spezielle Kommunikationsaufgaben bieten. Diese Anwendungsdienstaufrufe bewirken recht komplexe Abläufe im Kommunikationssystem, die aber dem Anwender verborgen bleiben. Er gibt nur seine Aufträge an das System und erwartet nach einiger Zeit die gewünschte Reaktion.

10.3.3.3 Technische Realisierung der Kommunikationssysteme

Übertragungsmedium

Die Auswahl eines Kommunikationsmediums hängt von den Anforderungen ab, die an das Kommunikationssystem gestellt werden. Die wesentlichen Kenngrößen der Medien sind die Kosten, die Übertragungskapazität, die Störanfälligkeit und die Abhörsicherheit. Zu den Kosten zählen nicht nur die Materialkosten der Leitungen, sondern auch die Kosten für die Installation sowie die Kosten für die Anschlüsse einer Station an das Medium.

Verdrillte Zweidrahtleitung (twisted pair): Das älteste und immer noch gebräuchlichste Medium ist die verdrillte Zweidrahtleitung (Telefonleitung). Sie besteht normalerweise aus zwei ca.

0,3 bis 1 mm dicken isolierten Kupferdrähten, die miteinander verdrillt sind. Die verdrillte Form ist weniger anfällig gegen elektromagnetische Störungen als parallelgeführte Drähte. Verdrillte Leitungen sind bezüglich der Anschlußkosten billig und einfach zu verlegen. Die Anfälligkeit gegenüber elektromagnetischen Störungen ist allerdings höher, als bei den folgenden beiden Übertragungsmedien.

Geschirmte verdrillte Zweidrahtleitung: Bei der geschirmten verdrillten Leitung wird die verdrillte Zweidrahtleitung zusätzlich durch ein abschirmendes Drahtgeflecht und einen schützenden Kunststoffmantel umschlossen (Mikrophonkabel). Diese Leitung hat eine deutlich bessere Störfestigkeit als reine verdrillte Leitungspaare. Diese Leitung ist etwas teurer als die ungeschirmte Zweidrahtleitung, aber günstiger als das Koaxkabel. Aufgrund der guten Störfestigkeit und der einfachen Installation wird es relativ häufig für die Übertragung von störempfindlichen Prozeßsignalen und zur Feldbusankopplung verwendet.

Koaxkabel: Ein weiteres, sehr gebräuchliches Medium ist das Koaxkabel, wie sie etwa in der Fernsehtechnik als Antennenkabel verwendet wird. Es besteht meistens aus einem Kupferdraht als Kern, der von einem Isolator umschlossen ist. Der Isolator wiederum ist von einem zylindrischen Leiter umgeben, der aus einem gewobenen Drahtgeflecht besteht oder in Metallfolie ausgeführt ist. Geschützt wird das Kabel durch einen äußeren Kunstoffmantel. Dieser Aufbau macht das Kabel sehr unempfindlich gegen elektromagnetische Störungen und bietet gleichzeitig eine hohe Übertragungsbandbreite. Koaxkabel sind im Vergleich zu verdrillten Zweidrahtleitungen relativ teuer und aufgrund ihrer Dicke schwieriger zu verlegen.

Lichtwellenleiter: In Lichtwellenleitern wird Information mit Hilfe von Lichtimpulsen übertragen. Ein Lichtwellenleiter besteht aus einem flexiblen Glasfaserkern, der von einem Glasmantel mit geringfügig kleinerem Brechungsindex als dem des Kerns umschlossen ist. Durch den unterschiedlichen Brechungsindex von Mantel und Kern wird ein Lichtstrahl, der am einen Ende des Glasfaserkabels eingespeist wird, an der Mantelschicht immer in den Kern zurück reflektiert und tritt erst am Ende der Leitung aus. Zum mechanischen Schutz sind Kern und Mantel in eine Kunststoffhülle eingebettet. Statt einer Glasfaser wird aus Kostengründen oft auch Kunststoff verwendet. Allerdings ist bei einer

Kunststoffaser die Dämpfung höher, so daß die nutzbare Länge auf wenige 10 m begrenzt ist. Als Lichtquellen dienen Leuchtdioden (LED) und Laserdioden. Auf der Empfängerseite setzt eine Photodiode oder ein Phototransistor die eingehenden Lichtimpulse in Stromimpulse um. Mit Glasfasern können große Entfernungen und hohe Übertragungsbandbreiten realisiert werden. Glasfasern sind sowohl in explosionsgefährdeter Umgebung einsetzbar (keine Funkenbildung möglich) als auch sehr abhörsicher, da das Kabel zum Anschluß eines Empfängers aufgetrennt werden muß.

Nicht leitungsgebundene Übertragungstechnik: Die Übertragung erfolgt hier mittels Ultraschall, Infrarot- oder Laserlicht oder per Funk. Diese Technik findet häufig Anwendung bei frei beweglichen Objekten (z. B. fahrerlose Transportsysteme) oder bei schwer verkabelbaren Objekten (z. B. Sensoren in rotierenden Werkzeugen).

Topologie

Unter der *Netzwerktopologie* versteht man den räumlichen Zusammenhang (die Struktur) der Netzknoten und Netzverbindungen. Bild 10-106 zeigt die Grundtopologien Ring, Stern, Bus, Baum und ein Netz. Jede Topologie hat bestimmte Vor- und Nachteile und entsprechende Anwendungsgebiete.

Ring: In einem Ring sind die Stationen reihum miteinander verbunden. Jede Station hat einen Vorgänger und einen Nachfolger. Nachrichten werden immer in der gleichen Richtung von Station zu Station weitergereicht, bis sie den Empfänger erreicht haben. Die Steuerung und Überwachung des Netzes ist meist auf alle Teilnehmer (Netzknoten) verteilt. Nachteilig ist, daß in der Regel jede Station betriebsbereit sein muß.

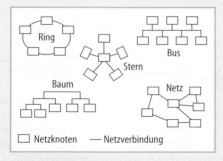

Bild 10-106 Netzwerktopologien

Fällt eine Station aus, ist der Ring unterbrochen und die Kommunikation ist gestört.

Stern: Beim Stern wird die gesamte Kommunikation über die zentrale Station abgewickelt. Jede Station ist direkt an die Zentrale angeschlossen. Die Erweiterung eines Sternnetzes ist nicht problemlos. Für jeden Teilnehmer muß die zentrale Station eine Anschlußmöglichkeit besitzen. Fällt die Zentrale aus, bricht die Kommunikation zusammen. Ein weiterer Nachteil ist auch, daß die Verkabelungskosten sehr hoch sind, da zu jedem Teilnehmer ein separates Kabel gezogen werden muß. Die Verwaltung des Netzes ist allerdings einfach. Sie wird ganz von der zentralen Station bewerkstelligt.

Bus: Alle Teilnehmer sind durch kurze Abzweigungen (Stichleitungen) an ein gemeinsames Kabel angeschlossen. Die Verwaltung des Netzes ist wie bei der Ringstruktur meist auf alle Stationen am Netz verteilt. Der Bus verursacht relativ geringe Verkabelungskosten. Nachteilig ist, daß immer nur eine Station zu einem Zeitpunkt Daten über den Bus versenden kann.

Baum: Von einer Wurzel ausgehend teilen sich die Verbindungen in immer feinere Äste, an denen die einzelnen Netzknoten (Blätter) angeschlossen sind. Diese Art der Topologie verursacht die geringsten Verkabelungskosten. Der Baum weist ansonsten die gleichen Eigenschaften wie der Bus auf.

Netz: Ein Netz ist die allgemeine Form der Topologien und die obengenannten Topologien sind spezielle Netzformen. In einem Netz gibt es keine feste Regeln, nach denen die Netzknoten miteinander verbunden sind. Im extremen Fall ist jeder Knoten mit jedem anderen verbunden. Vorteilhaft bei Netzen ist die Ausfallsicherheit. In dem Fall einer Übertragungsstörung können die Nachrichten evtl. über einen Umweg zum Ziel transportiert werden. Nachteilig ist, daß die Verwaltung des Netzes schwieriger ist als bei den einfachen Topologien. Netze kommen fast ausschließlich in der Weitverkehrstechnik vor.

Zugriffsverfahren (Netz-Arbitration)

Benutzen mehrere Stationen das gleiche Medium zum Datenaustausch, wie das normalerweise bei Kommunikationsnetzen der Fall ist, muß organisiert werden, wer gerade eine Nachricht senden darf und wer zuhören muß. Greifen mehrere Stationen unkoordiniert aktiv auf das Netz zu, kommt es zu einer Kollision am Netz. Die Nachrichten werden dabei durch Überlagerung mehrerer Signale zur Unkenntlichkeit verstümmelt.

Zugriffsverfahren regeln den Zugriff der Stationen auf das Medium, so daß Kollisionen entweder nicht möglich sind, oder zumindest erkannt und aufgelöst werden können. Man unterscheidet Zugriffsverfahren danach, ob eine ausgezeichnete Station für die Vergabe der Zugriffsberechtigung an die Teilnehmer verantwortlich ist (zentrale Zugriffsverfahren), oder ob die Verantwortlichkeit bei allen oder mehreren Stationen liegt (dezentrale Zugriffsverfahren). Im folgenden werden drei verbreitete Verfahren vorgestellt.

CSMA/CD: Das *CSMA/CD-Verfahren* (Carrier Sense Multiple Access with Collision Detection) ist ein dezentrales Zugriffsverfahren. Es beruht darauf, daß jede Station ständig am Medium mithört (Carrier Sense). Will eine Station auf das Medium zugreifen, also eine Nachricht senden, wartet sie ab, bis sie am Medium eine gewisse Zeit nichts mehr hört. Sie geht dann davon aus, daß das Medium frei ist und sendet die Nachricht ab. Während sie sendet, hört sie das Medium weiter ab und erkennt sofort, wenn eine andere Station, die ebenfalls gewartet hat, bis das Medium frei ist, zufällig gleichzeitig sendet (Collision Detection). Kommt es tatsächlich zu einer solchen Kollision, stellen beide Stationen sofort das Senden ein und warten ein zufälliges Zeitintervall ab und versuchen erneut zu senden. CSMA/CD ist ein nicht deterministische Zugriffsverfahren, weil nicht exakt vorherbestimmt werden kann, innerhalb welcher Zeitgrenzen eine Station sicher ihre Nachricht absetzen kann. Dadurch ist es für die zeitkritische Automatisierungstechnik nicht so gut geeignet. Bei einer Auslastung von mehr als 35 % der Netzkapazität tritt infolge häufiger Kollisionen ein signifikanter Leistungsabfall auf.

Token-Ring: Der Token-Ring ist ebenfalls ein dezentrales Zugriffsverfahren. Er ist speziell für Netze mit Ringtopologie entwickelt worden. Beim Token-Ring kreist ständig eine bestimmte Nachricht, das Token (engl.: Staffelholz), über den Ring von Station zu Station. Das Token stellt die Sendeberechtigung dar. Erhält eine Station das Token, gibt sie es weiter, wenn sie keine Nachricht senden will. Besteht ein Kommunikationswunsch, behält die Station das Token zurück und sendet statt dessen ihre Nachricht. Die Nachricht wird dann von Station zu Station bis zum Empfänger weitergereicht. Der Empfänger nimmt dann diese Nachricht vom Netz. Nach einer ma-

ximalen Token-Haltezeit muß allerdings das Token weitergegeben werden. Durch diesen Mechanismus ist das Token-Ring-Verfahren ein deterministisches Verfahren, da sich die maximale Zeitspanne, in der eine Station sicher eine Nachricht absetzen kann, vorherbestimmen läßt.

Token-Bus: Der Token-Bus (oder das Token-Passing-Verfahren) ist eine Variante des Token-Rings, bei der alle Teilnehmer an einem gemeinsamen Bus angeschlossen sind. Im Gegensatz zum Token Ring ist hier der Vorgänger und Nachfolger nicht durch den physikalischen Anschluß gegeben. Das heißt, der Ring muß hier auf einer logischen Ebene nachgebildet werden. Dazu wird durch eine Stationsnummer die Reihenfolge für die Weitergabe des Tokens über den Bus festgelegt. Dieses Zugriffsverfahren vereint durch diesen Ansatz die Vorteile der einfachen Installation und die für die Automatisierungstechnik wichtige zeitlich deterministische Eigenschaft.

10.3.3.4 Netzkoppeleinrichtungen

Es gibt verschiedene Gründe für das Koppeln einzelner Kommunikationsnetze. Zum Beispiel kann es aus organisatorischen Gründen wünschenswert sein, Daten zwischen der Prozeßleitebene und der Feldebene direkt austauschen zu können. Des weiteren ist es auch möglich, daß ein Netz nicht alle Rechner geographisch erreichen kann und deswegen zwei Netze zu betreiben sind, die trotzdem miteinander verbunden sind.

Die Netze, die gekoppelt werden müssen, können sich je nach Anwendungsfall stark unterscheiden. Um diese Unterschiede anpassen zu können, müssen Netzkoppeleinrichtungen (Inter-Networking Unit) eingesetzt werden. Netzkoppeleinrichtungen sind Rechner, die an mehreren Netzen gleichzeitig angeschlossen sind. Sie haben die Aufgabe, die sich unterscheidenden Protokolle der Schichten ineinander zu transformieren. Je nach dem Grad der Unterschiedlichkeit muß der Koppler nicht alle Protokolle transformieren. Deswegen werden diese nach der Schicht des ISO/OSI-Basisreferenzmodells unterschieden, auf der sie die Protokolle umsetzen.

Eine Netzkoppeleinrichtung, die Protokolle auf der Schicht 1 umsetzt, heißt *Repeater*. Repeater werden eingesetzt, wenn ein Netz über seine maximale Länge ausgedehnt werden soll. Repeater nehmen den Bitstrom in Form von Signalen aus einem Teilnetz auf, verstärken diese und senden sie in ein anderes Teilnetz. Unterscheiden sich zwei Netze in ihren Zugriffsverfahren, müssen die Protokolle der Schicht 2 transformiert werden. Diese Netzkoppeleinrichtungen nennt man *Bridge*. Müssen bei der Protokolltransformation auch die Routingfunktionen der Schicht 3 berücksichtigt werden, so benötigt man einen sog. *Router*. Alle Netzkoppeleinrichtungen, die auch höhere Protokolle umsetzen müssen, nennt man entsprechend der Schicht N, bis zu der die Protokolle sich unterscheiden, ein *Schicht-N-Gateway*.

10.3.3.5 Standardnetze

Ethernet

Ethernet wurde vom IEEE (Institute of Electrical and Electronics Engineers) genormt [IEE802.3]. Die Datenübertragungsrate liegt bei 10 oder 100 Mbit/s und als Zugriffsverfahren wird CSMA/CD (s. 10.3.3.3) eingesetzt. Bei Verwendung von Koaxialkabel weist Ethernet eine Bus-Struktur auf, bei Twisted Pair (10Base-T) wird sternförmig verkabelt. Als Koaxialkabel findet das „Thin Ethernet" (10Base-2) und das dickere „Thick Ethernet" (10Base-5; „Yellow Cable") Verwendung. Mit dem dickeren Kabel erreicht Ethernet ohne Repeater eine max. Ausdehnung von 500 m, mit max. 2 Repeatern wird eine Länge von 1,5 km erreicht.

Ethernet ist nur bis einschließlich zur unteren Hälfte der Sicherungsschicht 2 spezifiziert. Für die höheren Protokollschichten wird z. B. in der UNIX-Welt für die Vermittlungsschicht das *Internet Protocol* (IP) und für die Transportschicht das *Transmission Control Protocol* (TCP) verwendet (kurz TCP/IP). In der PC-Welt haben sich statt IP das *Internet Packet Exchange* Protokoll (IPX) und statt TCP das *Sequenced Packet Exchange* Protokoll (SPX) der Firma Novell etabliert. Aufgrund des undeterministischen Zugriffsverfahrens ist Ethernet nicht ohne weiteres für zeitkritische Echtzeitaufgaben geeignet, sondern wird weitgehend im Bereich der Bürokommunikation und im administrativen und technischen Umfeld eingesetzt.

Manufacturing Automation Protocol (MAP)

Das Manufacturing Automation Protokoll (MAP) wurde von General Motors als Standard initiiert. MAP schreibt alle sieben Schichten des ISO/OSI-Basisreferenzmodells vor. Es ist spezi-ell für den Bereich der Fabrikautomation konzipiert und verbindet als „Kommunikations-Rückgrat" (Backbone-Netz) einzelne Automatisierungsinseln auf der Zellenebene untereinander und übergeordnete Steuerrechner mit der Leitebene. Wegen der zeitkritischen Anforderungen im Automatisierungsbereich nutzt MAP die deterministische Token-Bus-Technik für den Medienzugriff. Als Medium selbst werden Koaxkabel und Glasfaserkabel eingesetzt mit Übertragungsraten zwischen 5 und 10 Mbit/s. MAP umfaßt weiterhin mit der sog. Manufacturing Message Specification (MMS) eine Sammlung von speziellen Anwendungsdiensten zur Ansteuerung von fertigungsnahen Geräten wie CNC-Maschinen, Robotern und Speicherprogrammierbaren Steuerungen (SPS). Eine weitverbreitete Variante von MAP nutzt Ethernet als Transportmedium, da hier die Vorteile des bis zur Schicht 7 standardisierten MAP mit dem kostengünstigen Ethernet vereinigt sind.

PROcess FIeld BUS (PROFIBUS)

PROFIBUS (Process Field Bus) ist eine international anerkannte deutsche Norm für ein Feldbussystem (DIN 19 425-1/2). Er wird zur Vernetzung von Feldgeräten wie Temperatur-, Drucksensoren, Motoren und Pneumatikventilen benutzt. Diese Feldgeräte verbindet der PROFIBUS mit der Zellenebene und mit den Steuerrechnern der Leitebene. Die Norm spezifiziert eine Bus-Topologie, die auf einer geschirmten, verdrillten Zweidrahtleitung basiert. Die Leitung darf bis maximal 4,8 km lang sein. An den PROFIBUS können bis zu 122 Teilnehmer angeschlossen werden. Die Übertragungsrate liegt zwischen 9,6 kbit/s und 12 Mbit/s [Ben92].

Für den PROFIBUS wurde ein hybrides Zugriffsverfahren spezifiziert. Der PROFIBUS kennt zwei Arten von Teilnehmern: aktive Stationen, sog. Master, und passive Stationen, sog. Slaves. Die Master bilden untereinander einen logischen Ring. Sie tauschen die Sendeberechtigung nach dem Token-Passing-Prinzip aus (s. 10.3.3.3). Slaves können von dem Master, der gerade das Token besitzt, durch die Polling-Technik aufgerufen werden. Die Slave-Stationen gehören dem logischen Ring nicht an.

Controller Area Network (CAN)

Das Controller Area, Network (CAN) ist ein kostengünstiger Feldbus für zeitkritische Anwendungen. CAN wurde zunächst für den Einsatz in Automobilen entwickelt. Heute wird es vor allem in der automobilen Luxusklasse eingesetzt. Statt der herkömmlichen Kabelbäume zieht sich eine Zweidrahtleitung zuzüglich einer Stromversorgungsleitung zur Versorgung der Elektronikkomponenten durch das gesamte Fahrzeug. CAN wird auch in der Automatisierungstechnik zur Vernetzung von Sensoren und Aktoren (s. 10.3.1.4) innerhalb komplexer Maschinen eingesetzt.

CAN spezifiziert Übertragungsgeschwindigkeiten von 10 kbit/s bis zu 1 Mbit/s bei einer maximalen Ausdehnung von einem Kilometer und einer unbegrenzten Anzahl von Knoten. Das Zugriffsverfahren ist ein CSMA/CR (CR, Collision Resolve) Verfahren, das eine verzögerungsfreie Auflösung von Kollisionen ermöglicht.

Aktuator-Sensor-Interface (ASI)

ASI ist ein extrem aufwandsarmes und kostengünstiges, aber dennoch schnelles Bussystem für den untersten Feldbereich. ASI dient dazu, vor allem binäre Sensoren und Aktoren in der Maschinenebene mit den dort installierten Steuerungen zu vernetzen.

Wie der PROFIBUS kennt auch ASI zwei Arten von Netzteilnehmern: Master und Slaves. An ASI kann allerdings nur ein Master angeschlossen werden. Dazu können noch bis zu 31 Slaves kommen. Entsprechend handelt es sich beim Medienzugriff um ein Master-Slave-Verfahren. ASI-Netze weisen eine Baumtopologie auf. Als Medium wird eine ungeschirmte Zweidrahtleitung eingesetzt. Die maximale Leitungslänge beträgt ca. 100 m. Bei ASI wird die Energie für den Betrieb der Stationen über das Medium mitübertragen. Das hat den Vorteil, daß an die Komponenten keine zusätzlichen Stromversorgungskabel geführt werden müssen.

Literatur zu Abschnitt 10.3

[Amm73] Ammann, J.: Grundlagen der Pneumatik und Hydraulik. 3. Aufl. Heidenheim: Halscheidt 1973

[Aue90] Auer, A.: SPS Aufbau und Programmierung. Heidelberg: Hüthig 1990

[Bei91] Beier, H. H.; Schwall, E.: Fertigungsleittechnik. München: Hanser 1991

[Ben92] Bender, K.; Katz, M. (Hrsg.): PROFIBUS: Der Feldbus für die Automation. München: Hanser 1992

[Ber75] Berthold, H.: Programmgesteuerte Werkzeugmaschinen. Berlin: Vlg. Technik 1975

[Bor77] Borncki, L.: Grundlagen der Digitaltechnik. Stuttgart: Teubner 1977.

[Bul93] Bullinger, H.; Thines, M.; Bamberger, R.: Werkstattsteuerung mit Leitständen, Teil 1. Technica 10 (1993), 14–21

[Bux94] Buxbaum, H.-J.: Steuerung roboterintegrierter flexibler Fertigungszellen. atp 8 (1994)

[Dan94] Dangelmaier, W.; Schneider, U.: Modellbasierte Fertigungsplanung und -steuerung. wt 7/8 (1994), 348–352

DIN 19226: Regelungstechnik und Steuerungstechnik; Begriffe und Benennungen.

DIN 19235: Steuerungstechnik; Meldung von Betriebszuständen.

DIN 19237: Steuerungstechnik; Begriffe.

DIN 19425-1: PROFIBUS-Norm, Teil 1. (1989)

DIN 19425-1: PROFIBUS-Norm, Teil 2. 1990

DIN 40700-14: Schaltzeichen; Digitale Informationsverarbeitung

DIN 40719-6: Schaltungsunterlagen; Regeln und graphische Symbole für Funktionspläne.

DIN 66217: Koordinatenachsen und Bewegungsrichtungen für numerisch gesteuerte Arbeitsmaschinen. 1975

[Due88] Duelen, G.: Robotersteuerungen. Automatisierungstech. Praxis 30 (1988) 4–10

[Fär84] Färber, G.: Bussysteme. München: Oldenbourg 1984

[Fas88] Fasol, K.H.: Binäre Steuerungstechnik. Berlin: Springer 1988

[Fli90] Flick, Th.; Liebig, H.: Mikroprozessortechnik. Berlin: Springer 1990

[Gil80] Giloi, W.; Liebig, H.: Logischer Entwurf digitaler Systeme. Berlin: Springer 1980

[Gla93] Glas, J.: Standardisierter Aufbau anwendungsspezifischer Zellenrechnersoftware. Berlin: Springer 1993

[Har91] Hars, A.; Scheer, A.-W.: Stand und Entwicklungstendenzen von Leitständen. In: Scheer, A.-W. (Hrsg.): Fertigungssteuerung. München: Oldenbourg 1991, 247–268

[Hau70] Haug, R.: Pneumatische Steuerungstechnik. Stuttgart: Teubner 1970

[Hen70] Henning, W.: Steuern mit Pneumatik. Kreuzlingen: Archimedes 1970

IEC 1131: Speicherprogrammierbare Steuerungen. Teil 3, Programmiersprachen

IEEE 802.3: Carrier sense multiple access with collision detection. 1985

ISO 7498: Open Systems Interconnection Management Framework. 1983

[Jan93] Jansen, F. J.; Berghäuser, K.-H.; Grimm, O.; Balgheim, N.: Rechnergestützte Betriebsorganisation. Berlin: Springer 1993

[Kau88] Kaufmann, E.: Hydraulische Steuerungen. Braunschweig: Vieweg 1988

[Kri94] Kriesel, W.; Madelung, O.W. (Hrsg.): ASI: das Aktuator-Sensor-Interface für die Automation. München: Hanser 1994

[Mül85] Müller, G.: Elektrische Maschinen: Grundlagen Aufbau und Wirkungsweise. 6. Aufl. Berlin: VDE-Vlg. 1985

[Pri86] Pritschow, G.: Integrationskonzepte für rechnerunterstützte Produktionsstrukturen. Tagungsband IPK. Produktionstechnisches Kolloquium Berlin. Berlin: IWF der TU Berlin 1986, 90–96

[Pri91a] Pritschow, G.: CIM. (VDI-Ber. 881). 1991

[Pri91b] Pritschow, G.; Spur, G.; Weck, M. (Hrsg.): Leit- und Steuerungstechnik in flexiblen Produktionsanlagen. München: Hanser 1991

[Pri93] Pritschow, G.; Daniel, C.; Junghans, G.; Sperling, W.: Open System Controllers. CIRP Ann. 42/1/1993, 449–452

[Ros93] Roschmann, K.; Junghanns, J.: Zeit- und Betriebsdatenerfassung. Landsberg a. Lech: Vlg. Moderne Industrie 1993

[Sch93] Schnell, G. (Hrsg.): Sensoren in der Automatisierungstechnik Braunschweig: Vieweg 1993

[Spu79] Spur, G.; Auer, B.H.; Sinnig, H.: Industrieroboter. München: Hanser 1979

[Spu94] Spur, G. (Hrsg.): Fabrikbetrieb. München: Hanser 1994

[Tan92] Tanenbaum, A.S.: Computernetzwerke. 2. Aufl. Altenkirchen: Wolfram 1992

[Tie93] Tietze, U.; Schenk, C.: Halbleiter-Schaltungstechnik. 10. Aufl. Berlin: Springer 1993

[VDI93] VDI-Ber. 1084: Fuzzy: Verfahren und Einsatz; Nutzen in der Produktionssteuerung. Düsseldorf: VDI-Vlg. 1993

[Wec89] Weck, M.: Werkzeugmaschinen, Bd. 3: Automatisierung und Steuerungstechnik. 3. Aufl. Düsseldorf: VDI-Vlg. 1989

[Wra89] Wratil, P.: Speicherprogrammierbare Steuerung in der Automatisierungstechnik. Würzburg: Vogel 1989

[Wie93] Wiendahl, H.-P.; Pritschow, G.; Milberg, J.: Produktionsregelung – interdisziplinäre Zusammenarbeit führt zu neuen Ansätzen, Teil 1. ZwF 6 (1993), 265–268

[Zel92] Zell, M.: Simulationsgestützte Fertigungssteuerung. München: Oldenbourg 1992

10.4 Instandhaltung von Produktionssystemen

10.4.1 Instandhaltungsaspekte bei der Planung von Produktionssystemen

10.4.1.1 Aufgaben und Ziele der Instandhaltung

Der *Instandhaltung* werden in Anlehnung an DIN 31051 folgende Aufgaben zugeordnet: Wartung, Inspektion und Instandsetzung des mobilen und immobilen Anlagevermögens. Darunter sind Maßnahmen zur Bewahrung und Wiederherstellung des Sollzustands sowie zur Feststellung und Beurteilung des Istzustands von technischen Mitteln eines Systems zu verstehen (DIN 31051). Ein Abweichen des Ist-Zustands einer technischen Betrachtungseinheit von ihrem Soll-Zustand wird durch die Abnahme des Abnutzungsvorrats beschrieben. Mit Hilfe präventiver oder störungs-/ausfallbedingter Instandhaltungsmaßnahmen beabsichtigt man, den Vorrat der möglichen Funktionserfüllungen zu einem gegebenen Zeitpunkt der Betrachtung zu erkennen und ggf. wiederherzustellen [Sch88]. Neben der Zuständigkeit für Anlagen, Maschinen, Betriebsmittel und Gebäude übernimmt die Instandhaltung auch Aufgaben in der Haustechnik, wie etwa den Betrieb von Versorgungseinrichtungen (z. B. Luft- und Klimatechnik) oder die Entsorgung von Wertstoffen.

Legt man den Überlegungen zur Zielsetzung des Bereichs Instandhaltung ein betrieblich funktionales Verständnis zugrunde, so kommt der Instandhaltung nicht nur eine unterstützende Hilfsfunktion, sondern eine für das Unternehmen allgemein notwendige Erhaltungsfunktion von Sachanlagevermögen zu. Dabei verfolgt sie das übergeordnete Ziel, die Funktionsfähigkeit der technischen Einrichtungen eines Betriebs bei minimalen Kosten zu gewährleisten.

Daraus lassen sich zwei quantifizierbare Zielsysteme ableiten [Jac92]. Eine Betrachtung anlagenspezifischer Zeitspannen und Häufigkeiten (Anzahl, Menge) mit dem Ziel,
- die technische Störungs- und/oder Ausfalldauer abhängig vom zeitlichen Anlagenkapazitätsbestand zu reduzieren und
- die Häufigkeit des Auftretens technischer Störungen und/oder Ausfälle zu minimieren.

Diese Grundbeurteilungsgrößen werden unter Berücksichtigung der geplanten Einsatzzeiten der Anlage der Kennziffer Verfügbarkeit zuge-

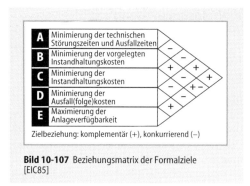

A	Minimierung der technischen Störungszeiten und Ausfallzeiten	
B	Minimierung der vorgelegten Instandhaltungskosten	
C	Minimierung der Instandhaltungskosten	
D	Minimierung der Ausfall(folge)kosten	
E	Maximierung der Anlageverfügbarkeit	

Zielbeziehung: komplementär (+), konkurrierend (−)

Bild 10-107 Beziehungsmatrix der Formalziele [EIC85]

ordnet, die die Zeitdauer des störungsfreien Einsatzes zu der gesamten theoretisch möglichen Einsatzdauer der Anlage ausdrückt.

Eine funktionsbezogene Betrachtung von Zeitspannen, Häufigkeiten und Mengen beabsichtigt die Minimierung der
– Instandhaltungsauftragszeiten und damit verbunden der notwendigen Personalkapazitäten an Eigen- und Fremdpersonal,
– Anzahl der Auftragsdurchführungen und der
– Bestände an Ersatzteilen, Werkzeugen, Geräten und sonstigen Hilfsmitteln.

Die Beziehungen einzelner Zielsetzungen zueinander können komplementär oder auch konkurrierend sein (Bild 10-107). Alle Strategien, die das Hauptziel einer kostenminimalen, aber technisch angemessenen Lösung verfolgen, hängen stark von den betrieblichen Rahmenbedingungen und der jeweiligen Unternehmenssituation ab. Ein vorzeitiger Austausch von Teilen oder ein Betreiben der Anlage bis zum Ausfall, die Inanspruchnahme von externen Instandhaltungsleistungen, die Bildung zentraler oder dezentraler Instandhaltungswerkstätten oder die Bevorratung von Ersatzteilen, müssen sich den jeweils gesetzten Prioritäten unterordnen. Die dabei entstehenden Zielkonflikte lassen sich nur durch die Festlegung ständig anzupassender Prioritäten, denen eine Risikoabschätzung zugrunde liegt, beilegen.

10.4.1.2 Instandhaltungsgerechte Planung bei der Konstruktion

Die während der Nutzungsdauer anfallenden Instandhaltungskosten werden vielfach durch Determinanten beeinflußt, die bereits während der Entwicklungs- und Konstruktionsphase eines Produkts festgelegt werden. Dazu gehören Kriterien wie die voraussichtliche Lebensdauer von Bauteilen, die Zugänglichkeit bestimmter Systemelemente oder auch konstruktiv bestimmte Wartungs- und Inspektionsintervalle. Ziel des instandhaltungsgerechten Konstruierens muß es daher sein, funktionssichere, verschleißarme und leicht austauschbare Baugruppen zu entwickeln, die einen möglichst geringen späteren Instandhaltungsaufwand bei hoher Verfügbarkeit der technischen Systeme nach sich ziehen.

Anforderungen an das instandhaltungsgerechte Konstruieren im Produktentstehungsprozeß

Instandhaltungsgerechte Anforderungen an die konstruktive Auslegung eines Produkts werden i. allg. im Pflichtenheft oder einer Liste technischer Spezifikationen dokumentiert. Die Möglichkeiten einer frühen Einflußnahme hängen von den verschiedenen zeitlichen Phasen der Produktplanung, -entwicklung und -gestaltung sowie von den Konstruktionsarten Varianten-, Anpassungs- und Neukonstruktion ab.

Während bei der Varianten- bzw. Anpassungskonstruktion auf vorliegende Untersuchungsdaten bestehender Produkte aus dem Bereich der Garantieschäden, Ersatzteilverbräuche oder dem technischen Kundendienst zugegriffen und daraus abgeleitete Schwachstellen bei der weiterführenden Konstruktionsarbeit behoben werden können, erschwert bei Neukonstruktionen der Mangel an Erfahrungswerten eine Beurteilung der Instandhaltungseignung deutlich.

Vorgehen zur Durchsetzung instandhaltungsgerechter Konstruktionslösungen

Parallel zum Konstruktionsprozeß werden zur Verbesserung der Instandhaltungseignung folgende Maßnahmen ergriffen:

Festlegen des Instandhaltungskonzepts. Während der Konzeptionsphase muß bereits festgelegt werden, in welchem Umfang an welchen Bauteilen Instandhaltungstätigkeiten während der späteren betrieblichen Nutzung durchgeführt werden sollen. Dazu muß geklärt werden, welche Instandhaltungsarten beim künftigen Anwender für welche Instandhaltungsmaßnahmen zur Verfügung stehen. Eine Instandhaltungsart gibt dabei an, wo, von wem und unter welchen Umständen eine Instandhaltungsmaßnahme durchgeführt wird.

Festlegen der Instandhaltungsanforderungen. Abhängig von der jeweiligen Instandhaltungskonzeption werden zwischen Konstrukteur und Abnehmer bei auftragsbezogener Fertigung die Anforderungen an die technischen Betrachtungseinheiten definiert. Diese müssen quantitativ durch geeignete Meß-, Prüf- und Abnahmeverfahren nachvollziehbar sein und sich in erster Linie auf die Bedürfnisse der Instandhaltung beziehen. Während für die gesamte Anlage Forderungen an die konstruktive Auslegung und den voraussichtlich zulässigen Arbeitszeitaufwand für Wartungs-, Inspektions- und Instandsetzungsaufgaben gelten, erweitern sich diese für Baugruppen und Einzelteile um Forderungen hinsichtlich der Standardisierung, Kennzeichnung und Kenntnis instandhaltungsspezifischer Daten von Bauteilen.

Ein wichtiges Hilfsmittel zur Prüfung von Instandhaltungsanforderungen stellt VDI -Richtlinie 4003 dar, in der in Form einer Checkliste wesentliche konstruktive Anforderungen aufgeführt sind. Dazu gehören Kriterien, wie Standardisierung, Prüfbarkeit und Zugänglichkeit von Bauteilen, Pflege und Schmierung, Lagerungs- und Transportfähigkeit.

Entwurfsüberprüfungen. In der Phase der Produktgestaltung ist es notwendig, die bereits realisierten Entwürfe im Hinblick auf die spezifizierten instandhaltungsrelevanten Kriterien zu prüfen. Dies sollte, wenn möglich, von einem Team abteilungs- bzw. unternehmensübergreifender Spezialisten aus Konstruktion, Kundendienst, Entwicklung und externen Kundenvertretern durchgeführt werden. Gerade bei Neukonstruktionen, wo man nur auf einen geringen Erfahrungsschatz zurückgreifen kann, sind Entwurfsüberprüfungen in einer frühen Phase der Produktentwicklung notwendig.

Analyse und Optimierung der Instandhaltungsabläufe. Im Anschluß an die Festlegung der instandhaltungsgerechten Anforderungen an die Konstruktion sollte eine Analyse und Verbesserung der potentiell auftretenden Instandhaltungsabläufe vorgenommen werden. Diese beziehen sich u.a. auf den erforderlichen Zeit- und Personalaufwand sowie die erforderliche Qualifikation von Instandhaltungspersonal, die Reihenfolge und voraussichtliche Dauer anfallender Instandhaltungsarbeiten und die Bereitstellung notwendiger Kapazitäten. Insbesondere ist die Optimierung inspektionsbedingter Instandhaltungsmaßnahmen, für die feste Zyklen entfallen, mit einem hohen mathematischen Aufwand verbunden.

Aufwandsnachweis der Instandhaltung. Bereits während der Konstruktionsphase wird vielfach mittels theoretischer Überlegungen versucht, den zukünftigen Instandhaltungsaufwand abzuschätzen. Dabei versucht man unter erheblichem Aufwand hypothetische Arbeitspläne für Instandhalter aufzustellen, in denen für Instandhaltungsszenarien vor- und nachbereitete Maßnahmen, Aufwendungen für Personal und Material sowie Ausfallzeiten ermittelt werden. In einer späteren Phase der Konstruktion, in der bereits erste Prototypen des geplanten Produkts vorliegen, können diese Szenarien realistisch nachgestellt werden. Schwierig wird eine solche Simulation aufgrund der mangelnden Kenntnis über die Auswirkungen auf benachbarte Bauteile, des Ausmaßes vor- und nachbereitender Maßnahmen, aber auch wegen der Vielzahl möglicher Ausfallursachen.

10.4.1.3 Analyse und Bewertung der Instandhaltungseignung

Die Instandhaltungseignung technischer Betrachtungseinheiten orientiert sich am absoluten oder relativ gemessenen Instandhaltungsaufwand, der schon in der Phase der Produktentwicklung bzw. beim Zukauf wichtiger Produktbestandteile anhand zeitlicher oder aufwandsverursachender Kenngrößen wie Kosten, Personalqualifikation, Werkzeug- und Hilfsmittelausrüstung analysiert und bewertet werden kann.

Vorgehensweise bei der Analyse und Bewertung der Instandhaltungseignung

Die nachfolgend dargestellten Verfahren zur Analyse und Bewertung der Instandhaltungseignung orientieren sich an folgenden drei Vorgehensschritten [Uet92]:

1. Schritt: Die zu erwartenden Instandhaltungsmaßnahmen werden für jede relevante technische Betrachtungseinheit auf der Grundlage von Zuverlässigkeits- und Ausfalldaten vergangener Perioden ermittelt oder geschätzt.

2. Schritt: Abhängig vom jeweils angewandten Verfahren können Kenngrößen wie die Instandhaltungszeit oder der Instandhaltungsaufwand, der Erfüllungsgrad oder ein anderer aussagefähiger Index verwendet werden.

3. Schritt: Mittels Summation solcher gewichteter Kenngrößen wird eine Gesamtbewertung der jeweils betrachteten Untersuchungseinheit eines Anlagenteils vorgenommen. Eine quantitative Erfassung und Bewertung der verwendeten Kenngrößen ist bei vorbeugender Instandhaltung, deren Einsatzzeitpunkt, Material- und Personalaufwand geplant werden kann, einfacher und sicherer als bei störungsbedingten oder korrektiven Instandhaltungsmaßnahmen.

Verfahrensvergleich

Folgende drei Verfahren kommen bei der Analyse und Bewertung der Instandhaltungseignung zum Einsatz:

Analytische Verfahren. Mit Hilfe der exakten Erfassung der zu erwartenden Instandhaltungsaktivitäten wird der damit verbundene Aufwand auf eine bestimmte Einsatzdauer hochgerechnet. Dabei wird allerdings eine umfassende Kenntnis des Ausfallverhaltens von Baugruppen bei Planern und Konstrukteuren vorausgesetzt.

Kennzahlenverfahren. Bei diesen Verfahren versucht man eine Abschätzung der Instandhaltbarkeit durch die Bildung von Kennzahlen zu erreichen, die charakteristische Merkmale von Baugruppen und Tätigkeiten erfassen. Durch anschließende Gewichtung und Summation können für bestimmte Produktbereiche Indikatoren gebildet werden, die eine einfache und schnelle Bewertung der Instandhaltbarkeit ermöglichen.

Checklistenverfahren. Diese Verfahren werden aufgrund ihrer geringen Detaillierung meist bei komplexen Anlagen angewandt, bei denen eine analytische Vorgehensweise nicht möglich ist. Mit Hilfe einer Checkliste wird die Gestaltung geplanter Baugruppen mit denen bereits bestehender, instandhaltungsgerechter Konstruktionslösungen verglichen und bewertet. Sie dienen dem Konstrukteur somit als Mindestanforderungen für weitere konstruktive Entwicklungen.

10.4.1.4 Nachweis und Beeinflussung der Instandhaltung in der Nutzungsphase

Ein exakter, quantitativ nachvollziehbarer Nachweis der an eine technische Betrachtungseinheit gestellten Anforderungen ist wegen des z. T. stochastischen Charakters der Instandhaltungseignung schwierig. Zwar ist es möglich, bestimmte Instandhaltungsaufgaben repräsentativ zu demonstrieren und zu Aussagen über einen möglichen Gesamtinstandhaltungsaufwand zu kommen. Ein solches Vorgehen bleibt jedoch zeitaufwendig, teuer und beruht lediglich auf Stichprobenaussagen.

Datennutzer	Datenarten
Produkt-benutzer	· Schwachstellenermittlung · Instandhaltungsplanung · Ersatzteile-Planung · Sicherheitsüberwachung · Kostenkontrolle · Investitionsplanung
Konstruktion	· Entwurf und Konstruktion neuer Produkte · Verifizierung und Auslieferung neuer Produkte · Änderung ausgelieferter Produkte · Bewertung konkurrierender Produkte
Qualitäts-sicherung	· Gütesicherung · Zulieferer-Überwachung · Garantieleistungs-Bemessung · Sicherheits-Überwachung
Kundendienst/ Produkt-support	· Zuverlässigkeits- und Instandhaltbarkeits-Überwachung · Beanstandungs-Planung · Instandhaltungs-Planung · Ersatzteile-Planung · Aktualisieren der technischen Dokumentation · Effektivitätskontrolle von Wartungs- und Inspektionsprogrammen · Ausbildungsoptimierung

Bild 10-108 Mögliche Nutzer von Daten zur Instandhaltbarkeit und Art der Daten

Eine Beeinflussung der Instandhaltbarkeit einer technischen Betrachtungseinheit nach Abschluß der Konstruktionsarbeiten ist meist mit hohen Kosten verbunden und nur noch in Teilbereichen möglich. Ein nachträgliches Erkennen von Schwachstellen zum Zweck einer laufenden Produktverbesserung oder zur Entwicklung neuer Produkte beruht z.B. auf der Auswertung von [Lew92]:
– Stör- und Instandhaltungsdatensystemen,
– Lebensdauerüberwachung,
– Analytischen Zustandsinspektionen,
– Betriebskostenrechnung.

Mögliche Nutzer und die Art der Daten zeigt Bild 10-108.

10.4.2 Instandhaltungsmethoden und -techniken

10.4.2.1 Ausfallverhalten technischer Systeme

Ausfall: Definition und Gliederung

Der *Ausfall* eines Funktionselements ist in DIN 40041 definiert. Als *Ausfall* wird die Beendigung der Funktionsfähigkeit einer materiellen Einheit im Rahmen der zugelassenen Bean-

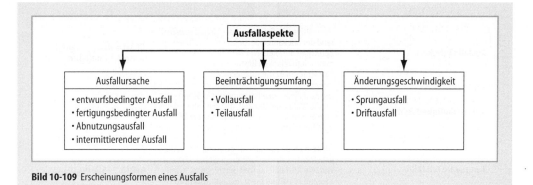

Bild 10-109 Erscheinungsformen eines Ausfalls

spruchung definiert. Diese Definition grenzt den *Ausfall* gegenüber einer *Störung* ab, die bereits bei einer fehlerhaften oder unvollständigen Funktion der Einheit eintritt. Der *Ausfall* einer Funktionseinheit bedingt in vielen Fällen nicht den *Ausfall* des gesamten Systems; das System weist jedoch in der Regel eine *Störung* auf.

Bild 10-109 zeigt die Erscheinungsformen des *Ausfalls* eines Systems oder Systemelements. Ein Ausfall ist in der Regel nicht durch ein einzelnes Kriterium beschreibbar. Die Ausfallaspekterscheinungen können in unterschiedlicher Kombination auftreten. Der Beeinträchtigungsumfang wird in den Vollausfall, der den Ausfall aller Funktionen der Einheit bedeutet, sowie den Teilausfall, bei dem nicht alle Funktionen der Einheit ausfallen, unterschieden. Daneben kann hinsichtlich der Änderungsgeschwindigkeit des Systemzustandes differenziert werden. Erfolgt der Ausfall aufgrund einer schnellen Änderung von Merkmalswerten, so spricht man von einem Sprungausfall. Beim Driftausfall erfolgt die Änderung der Merkmalswerte langsam. In bezug auf die Ausfallursache unterscheidet man den Ausfall als Folge von Entwurfsfehlern, durch Fertigungsfehler, den Ausfall, verursacht durch Abnutzung sowie den intermittierende Ausfall. Der intermittierende Ausfall basiert auf Mechanismen, die zu behebbaren Änderungen von Teileelementen bzw. deren Funktion führen.

Zuverlässigkeitskenngrößen

Bei Konstruktion, Fertigung und Einsatz von Maschinen und Anlagen wird die Vermeidung von Ausfällen als wichtiges Teilziel verfolgt. Technische Systeme sowie einzelne Systemelemente sollen bei vorgegebenen Anwendungsbedingungen über einen bestimmten Zeitraum hinaus ihre festgelegte Funktionen erfüllen. Diese Funktionserfüllung wird als *Zuverlässigkeit* bezeichnet. Die *Zuverlässigkeit* eines Elementes läßt sich mittels Zuverlässigkeitskenngrößen, wie in Bild 10-110 dargestellt, beschreiben. In der Praxis werden häufig auch Kenngrößen wie die mittlere Betriebsdauer zwischen zwei Ausfällen Mean Time Between Failures (MTBF) zur Beschreibung der *Zuverlässigkeit* von Maschinen und Anlagen eingesetzt.

Zuverlässigkeitsparameter geben die Wahrscheinlichkeitsverteilung bestimmter Zuverlässigkeitsmerkmale wieder. Im Gegensatz zu den Zuverlässigkeitskenngrößen, die den diskreten Zustand zu einem bestimmten Zeitpunkt oder in einem Zeitintervall abbilden, geben die Zuverlässigkeitsparameter den stetigen funktionalen Verlauf der Größen wieder (Bild 10-111). Die im folgenden angegebenen Parameter basieren auf der sog. „Badewannenkurve" der Ausfallrate $a(t)$. Grundlage dieses Modells ist die Annahme, daß es während des ersten Betriebsabschnittes zu einer Häufung von Ausfällen, den Frühausfällen, kommt. Im weiteren zeitlichen Verlauf folgen nur wenige Ausfälle, die als zufällig bezeichnet werden können. Nach Überschreitung der durchschnittlichen Lebensdauer einer Einheit treten im starken Maße Alterungs- und Verschleißausfälle auf.

Die Ausfallrate ist als Funktion $a(t) = \lim[q(t)]$ für $\Delta t \rightarrow 0$ definiert. Sie beschreibt die temporäre Häufigkeitsdichte von Ausfällen für ein Zeitintervall, das gegen null geht, sowie die Wahrscheinlichkeit für den in unmittelbarer zeitlicher Folge zum Betrachtungszeitpunkt eintretenden Ausfall. Anhand der Ausfallrate läßt sich die Ausfallwahrscheinlichkeit $P_a(t)$ ermitteln. Die Ausfallwahrscheinlichkeit gibt die Wahrscheinlichkeit für einen Ausfall vor dem Ende

Ausfallhäufigkeit	Die relative Häufigkeit, mit der Einheiten während der relevanten Betriebsdauer ausfallen. Berechnet aus: Relativer Bestand am Anfang minus dem relativen Bestand am Ende einer betrachteten Betriebsdauer.	$H(\Delta t) = ng(t_1)_r - ng(t_2)_r$ $= (ng(t_1) - ng(t_2))/n(t=0)$
Ausfallhäufigkeitssumme	Die Ausfallhäufigkeitssumme ist ein Schätzwert für die Wahrscheinlichkeit, daß die Lebensdauer eine angestrebte Betriebsdauer nicht erfüllt. Sie wird berechnet aus: Eins minus relativer Bestand.	$n_s(t)_r = 1 - n_g(t)_r$
Temporäre Ausfallhäufigkeit	Die temporäre Ausfallhäufigkeit stellt den zeitlichen Bezug zur Ausfallhäufigkeit her. Dazu wird die Ausfallhäufigkeit durch den relativen Bestand zu Beginn des Betrachtungszeitraums dividiert.	$H(\Delta t)_t = H(\Delta t)/n_g(t_1)_r$
Temporäre Ausfallhäufigkeitsdichte	Die temporäre Ausfallhäufigkeitsdichte gibt die Wahrscheinlichkeit für den Ausfall zum Betrachtungszeitpunkt an. Dazu wird die temporäre Ausfallhäufigkeit durch die vorangegangene Betriebsdauer dividiert.	$q(t) = H(\Delta t)_t/(t_2 - t_1)$

Bild 10-110 Zuverlässigkeitskenngrößen

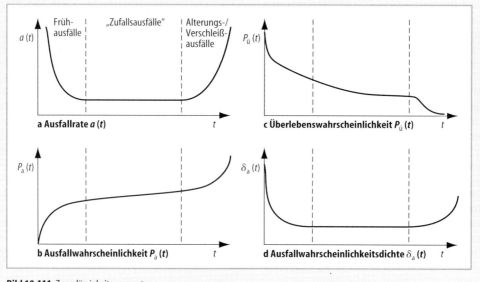

Bild 10-111 Zuverlässigkeitsparameter

der Betriebsdauer an. Entgegengerichtet zur Ausfallwahrscheinlichkeit sinkt deren Komplement, die Überlebenswahrscheinlichkeit $P_{\ddot{u}}(t)$ mit zunehmender Betriebsdauer. Zwischen Überlebenswahrscheinlichkeit und Ausfallwahrscheinlichkeitsdichte besteht die Beziehung $\delta_a(t) = -P_{\ddot{u}}(t)$. Damit gibt die Ausfallwahrscheinlichkeitsdichte die Ausfallwahrscheinlichkeit über den Zeitraum der Betriebsdauer an.

Verfügbarkeit von Systemen und Anlagen

Die *Verfügbarkeit* ist nach DIN 40 041 als die Wahrscheinlichkeit definiert, mit der eine Maschine oder Anlage im Rahmen der Anwendungsdauer in einem funktionsfähigen Zustand anzutreffen ist. Als Kenngröße wird der Quotient aus der Betriebsdauer und der gesamten Anwendungsdauer der Einheit gebildet. Bei der

Kenngrößenermittlung wird die mittlere Betriebsdauer zwischen zwei Ausfällen, MTBF, als Nenner verwendet. Die Anwendungsdauer der Einheit setzt sich aus der Betriebsdauer und der mittleren Störungsdauer (englische Kurzbezeichnung: MDT, mean down time) zusammen. Damit ergibt sich für die Berechnung der *Verfügbarkeit*

$$V = \text{MTBF} / (\text{MTBF} + \text{MDT})$$

Es wird deutlich, daß sowohl die *Zuverlässigkeit* eines Systems wie auch die erforderliche Instandsetzungsdauer dessen *Verfügbarkeit* bestimmen.

Instandsetzungskenngrößen

Die Erfassung und statistische Auswertung von Instandsetzungsaktivitäten stellen wichtige Aufgaben zur Ermittlung der Instandsetzungseignung von Fertigungseinrichtungen dar. Bei der Betrachtung eines größeren Fertigungsabschnitts können darüber hinaus Erkenntnisse über das zeitliche Auftragsprofil der anfallenden Instandsetzungstätigkeiten gewonnen werden.

Bild 10-112 ist ein Anwendungsbeispiel zugrundegelegt, bei dem im Betrachtungszeitraum 130 unterschiedliche Instandsetzungen erforderlich waren. Die relative Instandsetzungshäufigkeit $h(t)$ gibt die prozentuale Verteilung der erhobenen Instandsetzungsaktivitäten für einzelne Intervalle der Instandsetzungsdauer T_R wieder. Anhand der Darstellung ist ersichtlich, daß bei ca. 19 % aller erfaßten Fälle eine Bearbeitungsdauer von bis zu 2 Minuten erforderlich war. Weniger gebräuchlich als die relative Darstellung ist die absolute Instandsetzungshäufigkeit $H(t)$. Mit dieser Kenngröße wird die Anzahl von Instandsetzungsaktivitäten mit einer bestimmten Zeitdauer angegeben. Im Rahmen der Fertigungsorganisation werden häufig Angaben über die Anzahl von Instandsetzungsaktivitäten benötigt, die bis zu einem bestimmten Zeitpunkt abgeschlossen wurden. Diese Angabe ist, wie dargestellt, mittels der absoluten Instandsetzungssummenhäufigkeit $H_S(t)$ möglich. Daneben ist auch die relative Instandsetzungssummenhäufigkeit $h_S(t)$ als prozentuale Kenngröße definiert. Die Instandsetzungsquote $q(t)$ gibt die Anzahl von Instandsetzungen in einem Zeitintervall im Verhältnis zu der Anzahl von Instandhaltungsaktivitäten an, die eine ebenso lange oder längere Bearbeitungsdauer erfordern. Der

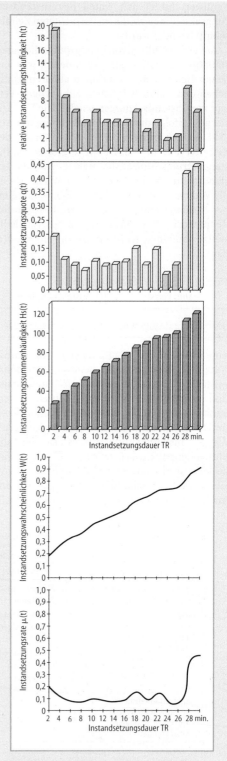

Bild 10-112 Wichtige Instandsetzungskenngrößen

Kennwert bildet den Anteil der Instandsetzungsaktivitäten ab, die im betrachteten Zeitabschnitt beendet wurden.

Auf der Grundlage von Kenngrößen, die durch statistische Erhebungen gewonnen wurden, lassen sich lineare Funktionen ableiten. Diese geben den wahrscheinlichen zukünftigen Verlauf von Instandsetzungen wieder. Die Linearisierung erfolgt durch den Grenzübergang Anzahl der Erhebungen $IN \rightarrow \infty$ und Dauer der Zeitintervalle $\Delta t \rightarrow 0$. Damit folgt aus der Instandsetzungssummenhäufigkeit $H_S(t)$ die Instandsetzungswahrscheinlichkeit $W(t)$. Dies ist die Wahrscheinlichkeit, für die Beendigung einer Instandsetzung bis zu einem bestimmten Zeitpunkt. Die Instandsetzungsrate $\mu(t)$ stellt die stetige Abbildung der Instandsetzungsquote $q(t)$ dar.

10.4.2.2 Analyseverfahren zur Diagnose und Verbesserung des Ausfallverhaltens

Definition und Systematisierung von Schwachstellen

Eine *Schwachstelle* ist laut DIN 31 051 eine „durch Nutzung bedingte Schadenstelle oder schadensverdächtige Stelle, die mit technisch möglichen und wirtschaftlich vertretbaren Mitteln so verändert werden kann, daß Schadenshäufigkeit und / oder Schadensumfang sich verringern". Ziel der Instandhaltung muß es also sein, alle vorhandenen *Schwachstellen* vor einem Ausfall zu lokalisieren sowie deren Ursache zu analysieren und wirtschaftlich vertretbare Gegenmaßnahmen in geeigneter Weise einzuleiten.

Folgende Schwachstellengruppen lassen sich systematisieren:
- herstellungsbedingte *Schwachstellen*, deren Auftreten zwangsläufig, jedoch nicht vorhersagbar ist,
- herstellungsbedingte *Schwachstellen*, die erst durch Betriebsfehler in Erscheinung treten,
- betriebsbedingte *Schwachstellen*,
- *Schwachstellen*, die eine schrittweise Leistungsreduzierung zur Folge haben (Durch die Beeinflussung der Ursachen kann der fortschreitende Prozeß der Leistungsverminderung verlangsamt oder abgebrochen werden.) sowie
- *Schwachstellen*, die zwar vorhanden sind, jedoch nicht wirksam werden.

Darüber hinaus ist eine Einordnung der *Schwachstellen* mit Bezug auf den Zeitpunkt der Verursachung möglich. Es ist jedoch festzuhalten, daß in der Praxis häufig keine eindeutige Ursachenzuweisung möglich ist. Die in Bild 10-113 gezeigte Gliederung stellt eine Klassifikationshilfe dar.

Methoden der Schwachstellenermittlung

Grundsätzlich lassen sich die Vorgehensweisen zum Auffinden von *Schwachstellen* wie in Bild 10-114 dargestellt einteilen. Dabei wird unterschieden nach kenngrößenbezogener Schwachstellenermittlung, nach schadensstatistikbezogener Schwachstellenstatistik sowie nach der theoretischen Schwachstellenermittlung. Die kenngrößenbezogene Schwachstellenermittlung findet vorwiegend beim betrieblichen Einsatz

Schwachstellen			
konstruktionsbedingt	werkstoffbedingt	fertigungtechnisch bedingt	funktions- u. betriebsbedingt
• direkt dem ausfallenden Bauteil zuordenbar, • indirekt lokalisierbar, z. B. wenn ein Element aufgrund einer Beschädigung durch ein anderes defektes Teil ausfällt, • falsche Dimensionierung, • fehlende fertigungstechnisch erforderliche Konstruktionselemente, z. B. Fasen, Rundungen, Aussparungen.	• falsche Werkstoffauswahl/ Werkstoffpaarung, • fehlende Berücksichtigung von Notlaufeigenschaften, • unzureichender Korrosionsschutz, • Werkstoffinhomogenitäten.	• Bearbeitungsfehler, • Anwendung ungeeigneter Fertigungsverfahren, • Montagefehler, • Beschädigung während der Bearbeitung, z. B. Risse, Riefen, Beulen, Verschmutzung.	• Überlastung, • Einsatzbedingungen entsprechen nicht der Spezifikation, • ungeeignete Umweltbedingungen, • mangelhafte Einhaltung der Wartungsintervalle.

Bild 10-113 Einteilung von Schwachstellen

Kenngrößenbezogene Schwachstellenermittlung	Schadensstatistikbezogene Schwachstellenermittlung	Theoretisch vorbeugende Schwachstellenermittlung
Subjektive Methoden (Direktes Erkennen ohne Maßstab) • keine systematische Aufschreibung, • Identifizierung von Schwachstellen aufgrund von Vorfällen.	• Systematische Aufnahme von Schäden, Stillständen und Beanstandungen. • Durchführung von systematischen Schadenanalysen. • Speicherung der Ereignisse in Schadenserfassungssystemen (SES). • Katalogisierung der Ereignisse. • Manuelle oder DV-gestützte Auswertung. • Verwendung von Kenngrößen. • Vorwiegende Anwendung im Bereich von Versicherungen und Forschungsinstituten. • Ziel ist die Erarbeitung von Maßnahmen für Hersteller und Anwender sowie zur Erstellung von Checklisten und Maßnahmeblättern.	**Funktionsanalyse** • Funktionsschwachstellen, • Betriebsmedien-Schwachstellen, • Schnittpunkte der Funktionsstränge, • parallellaufende Funktionen, • Funktionszeiten- und intervalle.

Die linke Spalte trägt am linken Rand die Zeilenbeschriftungen: **Kosten**, **Standzeit**, **Standzeit**, **Stillstandzeit**.

Kosten — **Objektive Methoden** (Indirektes Erkennen mit Maßstab)
Summarische Methode
• objektiver Erfassung durch Belege,
• Identifizierung der Schwachstellen durch periodische Vergleiche,
• Unterstützung durch DV-Systeme.

Standzeit — **Detailmethode (Maßstab: Fein)**
• Schadensaufschreibung
• Identifizierung durch Vergleich von Einsatz- und Normal- bzw. Sollzeit,
• Durchführung durch Arbeitsplaner.

Standzeit — **Detailmethode (Maßstab: Mittel)**
• Schadensaufschreibung,
• Identifizierung durch Analyse der Reserveteilaufrechnungen,
• Unterstützung durch DV-Systeme.

Stillstandzeit — **Detailmethode (Maßstab: Grob)**
• Schadensaufschreibung,
• Identifizierung durch Analyse der Stillstandzeiten,
• Durchführung manuell oder DV-unterstützt.

Ausfalleffektenanalyse
• Fehlerannahme,
• Primär- und Sekundärversagen,
• einwirkende äußere Einflüsse,
• Kommando-Versagen
• Fehlerverzweigung,
• Fehlerfortpflanzung,
• Fehlerfolgen,
• Ausfallrate und -wahrscheinlichkeit,
• Zuverlässigkeit,
• Verfügbarkeit.

Schwachstellenanalyse
• Fehlerbestimmung am Bauteil/Anlage,
• Fehlergewichtung,
• Verhalten von Bauteil/Anlage,
• Schadensfaktoren.

Objektive Methoden
Gegenüberstellung von theoretisch ermittelten Schwachstellen zu statistischen oder betrieblich festgestellten Schwachstellen.

Bild 10-114 Arten und Methoden zur Schwachstellenermittlung

Anwendung. Mögliche *Schwachstellen* werden durch die Dokumentation der Betriebsabläufe und -zustände erkannt. Von besonderer Bedeutung ist darüber hinaus die Erfassung von *Störungen* und *Ausfällen*. Anhand dieser Daten lassen sich geeignete Gegenmaßnahmen und Instandhaltungsstrategien entwickeln. Verfahren zur schadensstatistikbezogenen Schwachstellenermittlung werden bevorzugt im wissenschaftlichen Bereich eingesetzt. Aber auch Versicherungen sowie die technischen Überwachungsvereine zählen zu den Anwendern. Anliegen ist hier die Schadenanalyse mit dem Ziel der Schadenverhütung sowie der Definition von Anwendungsrichtlinien. Im Gegensatz zu diesen beiden Arten der Schwachstellenermittlung steht die theoretisch vorbeugende Schwachstellenermittlung, da diese Verfahren auf die Ermittlung potentieller, verdeckter *Schwachstellen* zielen. Die theoretisch vorbeugende Schwachstellener-

mittlung wird häufig auch als *Komplexionsanalyse* bezeichnet. Zum frühzeitigen Ermitteln von *Schwachstellen* ist es notwendig, Fehler an Bauteilen oder komplexen Funktionselementen bereits vor dem Auftreten einer *Störung* zu erkennen.

Diagnose- und Verbesserungsverfahren

Zur Diagnose und Untersuchung von *Schwachstellen* sowie in der Folge zur Verbesserung der Fertigungseinrichtungen werden die *Funktionsanalyse*, die *Fehlerbaumanalyse* und die *Schwachstellenanalyse* eingesetzt. Bei der *Funktionsanalyse* wird eine Maschine oder Anlage hinsichtlich der Eigenschaften untersucht, die durch die Konstruktion, die eingesetzten Werkstoffe, die angewandten Fertigungsverfahren sowie die funktions- und betriebsbedingten Eigenschaften bestimmt werden. Das kann entweder bereits in

Rahmen der Produktentwicklung erfolgen oder im Verlauf bzw. unmittelbar vor Beginn der Nutzungsphase. Angestrebt wird dabei die Konstruktionsoptimierung oder die Gewährleistung der betriebstechnischen Funktionsfähigkeit. Schließt man der *Funktionsanalyse* eine Ausfalleffektenanalyse an, so können die Ursachen eines angenommenen Störfalls näher untersucht werden. Besonders die Fortpflanzung des Störfalls sowie die möglichen Folgen für das Gesamtsystem stellen weitere Fragestellungen dar.

Nach DIN 25 424 ist es das Ziel der *Fehlerbaumanalyse*, auf der Grundlage eines vorgegebenen unerwünschten Ereignisses die Ursachen zu ermitteln, die für das Eintreten dieser *Störung* verantwortlich sein könnten. Die Analyse dient dabei der systematischen Identifizierung aller möglichen Ausfallkombinationen sowie zur Ermittlung von Zuverlässigkeitskenngrößen. Der *Fehlerbaum* zeigt die graphische Darstellung der logischen Zusammenhänge zwischen den Fehlerbaumeingängen, den Ausfällen der Funktionselemente, und den vorgegebenen unerwünschten Ereignissen.

10.4.2.3 Schwachstellenanalyse (Ursachenanalyse)

Bedeutendes Einsatzfeld der *Schwachstellenanalyse* ist die Untersuchung von Mängeln eines Bauteils oder einer komplexen Funktionseinheit. Sie zielt dabei auf die Fehlererkennung während des Entwicklungs- und Konstruktionsprozesses beim Hersteller. Daneben findet sie Anwendung zum Auffinden von *Schwachstellen* bereits im Betrieb befindlicher Maschinen und Anlagen. Das heißt, der Anwender setzt die *Schwachstellenanalyse* als Hilfsmittel zur Ermittlung und Beseitigung von Fehlern während des Einsatzes ein. Dieses stellt die instandhaltungstechnische Ausprägung der *Schwachstellenanalyse* dar.

Die *Schwachstellenanalyse* beinhaltet Fragestellungen der Bereiche Konstruktion, Werkstoffwissenschaften, Fertigungstechnik, Ergonomie, Mathematik sowie der Datenerfassung und statistischen Auswertung. Bild 10-115 zeigt kritische Erfolgsfaktoren auf, die neben der Vielfalt der angesprochenen Fachgebiete die Problematik der Durchführung von Schwachstellenanalysen wiedergeben.

Im Umfeld moderner Strategien des *Qualitätsmanagements* gewinnt die Einbeziehung der Anwender in den Verbesserungsprozeß zunehmend an Bedeutung. Zunehmend wird die *Schwachstellenanalyse* als Teil des Instandhaltungs- und *Qualitätsmanagements* parallel zum gesamten *Produktlebenszyklus*, eingesetzt. Das erfordert die unternehmensübergreifende organisatorische und informationstechnische Integration von instandhaltungstechnischer *Schwachstellenanalyse* und Ursachenanalyse.

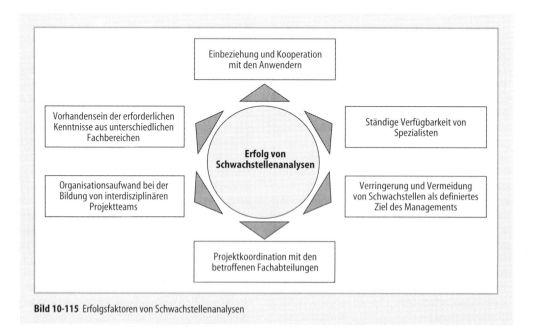

Bild 10-115 Erfolgsfaktoren von Schwachstellenanalysen

10.4.3 Planung und Organisation der Instandhaltung

10.4.3.1 Auswahl der geeigneten Instandhaltungsmethode

Die Gewährleistung einer hohen Systemverfügbarkeit und Funktionszuverlässigkeit sowie die Verlängerung der Nutzungsdauer bei wachsender Anlagenkomplexität stellen an die flexible Planung und Koordinierung von Instandhaltungsmaßnahmen hohe Anforderungen. Gleichfalls müssen auch technische Diagnoseverfahren und neue Technologien zur Instandsetzung, Wartung und Inspektion den wachsenden Ansprüchen genügen [Bit86].

Geeignete Instandhaltungsmethoden sind an den jeweils geltenden Rahmenbedingungen des Produktionsprozesses und anderer strategischer Unternehmenskenngrößen auszurichten [Kra81: 352f., Wol92: 377] (Bild 10-116).

Ausfallmethode

Instandhaltungsmethoden, bei denen eine Instandsetzung erst bei Ausfall oder Störung der Anlage oder einer ihrer Komponenten durchgeführt und bewußt auf eine regelmäßige Inspektion oder Wartung verzichtet wird, werden vorwiegend dann angewendet, wenn der Nutzungsgrad und die notwendige Verfügbarkeit einer Anlage gering ist und deren Ausfall nicht zum Stillstand einer ganzen Maschinenkette führt. Gleichfalls müssen gesundheitliche Beeinträchtigungen des Anlagenpersonals sowie Umweltschäden ausgeschlossen und die kalkulierten direkten und indirekten Instandhaltungskosten im Vergleich zu denen einer präventiven Strategie gering sein.

Präventivmethode

Bei der Wahl der vorbeugenden Instandhaltungsmethode wird die weitgehende Kenntnis des Ausfallzeitpunkts einer technischen Betrachtungseinheit vorausgesetzt. Dieser hängt vor allem vom zeitlichen Ausfallverhalten, der objektspezifischen Belastung und der Nutzungszeit der Anlage ab. Zusätzlich beeinflussen Störgrößen wie Belastungsschwankungen, Umwelteinflüsse und Bedienfehler eine Vorhersage des möglichen Ausfalltermins [Smi93]. Um das Risiko eines nicht geplanten Ausfalls zu reduzieren, wird meist lange vor dem tatsächlichen Ausfallzeitpunkt ein Teiletausch durchgeführt, was die effektive Nutzungsdauer eines Objekts deutlich unter die mögliche Betriebszeit sinken läßt.

Die Notwendigkeit einer vorbeugenden Instandhaltung muß für jedes Bauteil einer technischen Betrachtungseinheit getrennt, seiner funktionalen Bedeutung im Produkt entspre-

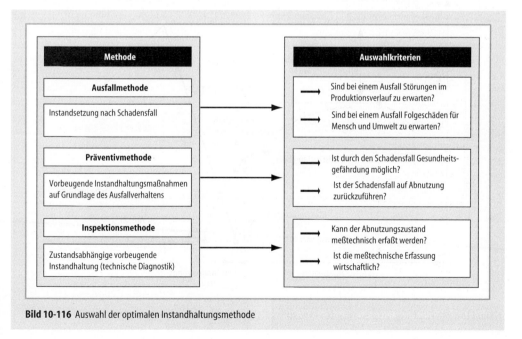

Bild 10-116 Auswahl der optimalen Instandhaltungsmethode

chend beurteilt werden. Dies kann nach folgenden Kriterien erfolgen:
- Ausfallart der instandzuhaltenden Betriebseinheit,
- Gesundheitsgefährdung von Anlagenbedienern und Beeinträchtigung der Umwelt im Schadensfall,
- Art und Umfang technischer Folgeschäden und Folgekosten.

Inspektionsmethode

Ist eine diagnostische Erfassung des Abnutzungsvorrats eines Instandhaltungsobjekts möglich und wirtschaftlich sinnvoll, so werden bei der Inspektionsmethode Art, Umfang und Durchführungsintervall für die Ermittlung des Ist-Zustands festgelegt (Bild 10-117). Zeigt das Ergebnis der Inspektion eine Verschlechterung über ein zulässiges Maß hinaus, so wird das überprüfte Teil instandgesetzt oder ganz erneuert. Die Inspektionsmethode eignet sich in erster Linie für diejenigen Bauteile, die eine mit der Zeit ansteigende Ausfallneigung besitzen, wie z.B. mechanische Teile, während elektrische Teile tendenziell ein von der Nutzungszeit unabhängiges, spontanes Ausfallverhalten zeigen.

10.4.3.2 Aufbauorganisation der Instandhaltung

Die Strukturierung des Instandhaltungsbereichs erfordert die Berücksichtigung der Abhängigkeiten zwischen Zielen und Strategien, Struktur- und Organisationsmerkmalen (Zentralisierungsgrad, Unterstellung, Befugnisse). Daraus ergibt sich ein Anforderungsprofil an eine Instandhaltungsstruktur hinsichtlich Kommunikation, Koordination, Entscheidungsfindung und -umsetzung.

Grundsätzlich ist zwischen zentralen (funktionalen, objektorientierten oder nach dem Verrichtungsprinzip ausgerichteten) und dezentralen Organisationsstrukturen zu unterscheiden, wobei gerade auch ein paralleler Einsatz beider Konzepte sowie Formen der Integration von Instandhaltern in den Produktionsbereich verstärkt in Unternehmen umgesetzt werden [Win 92a, Fra93, Fuc93]. Unter Berücksichtigung von Kostenaspekten und personellen Unterkapazitäten können Instandhaltungsfunktionen auch an Fremdfirmen vergeben werden [Dau88].

Zentrale Struktur der Instandhaltung

Charakteristisch für eine zentral organisierte Instandhaltung ist die Planung, Steuerung und

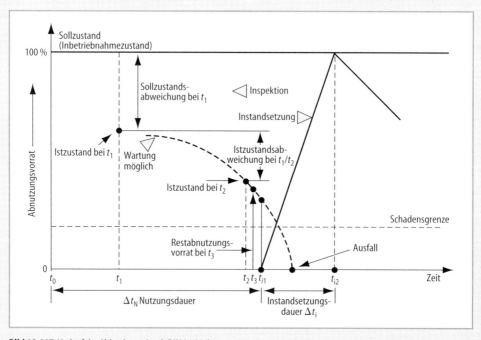

Bild 10-117 Verlauf der Abbaukurve (nach DIN 31 051)

Überwachung von Instandhaltungtätigkeiten – bei räumlicher Betrachtung – in einer Zentralwerkstatt. Dies vereinfacht bei kleinen und mittleren Unternehmen mit kurzen Informations- und Kommunikationswegen in der Regel die Abwicklung von Instandhaltungsaufträgen und führt zu einer hohen Auslastung der verfügbaren maschinellen und personellen Kapazitäten. Bei Unternehmen mit großer räumlicher Distanz der Anlagen können lange Wegezeiten zu einer Verlängerung von Störungszeiten führen.

Dezentrale Struktur der Instandhaltung

Die dezentrale Anordnung von Instandhaltungsstützpunkten in der Nähe der Produktionsbereiche ist gerade bei großer räumlicher Distanz der Produktionsstätten sinnvoll. Kurze Wege- und Kommunikationszeiten sowie die Konzentration von anlagenspezifischem Know-how sprechen für die Dezentralisierung. Dabei kann neben diesen Stützpunktwerkstätten eine zentrale Instandhaltung existieren, die Spezialisten und Spezialwerkzeuge vorhält und bei Unterkapazität in dezentralen Bereichen Personal abstellt.

Integration von Instandhaltern in die Produktion

Die Trennung der Verantwortung hinsichtlich der Produktionsmenge, der produzierten Qualität und der technischen Anlagenverfügbarkeit bei zentralen und dezentralen Strukturen war ein wesentliches Motiv für alle Überlegungen hinsichtlich der Integration als Organisationskonzept.

Bei der Integration von Mitarbeitern der indirekten Bereiche wie Instandhaltung, Qualitätssicherung oder Arbeitsvorbereitung, kann eine funktionale oder personelle Einbindung in den Produktionsprozeß erfolgen. Die funktionale Integration betrifft die partielle Übergabe von Tätigkeiten und Verantwortung für deren Durchführung.

Bei der personellen Integration dagegen wird der indirekte Bereich Instandhaltung teilweise der Produktion disziplinarisch unterstellt und Instandhaltungsmitarbeiter direkt in den Wertschöpfungsprozeß integriert. Dort übernehmen sie nicht nur Aufgaben der Instandhaltung, sondern auch der Schulung und Einweisung von Werkern in zunächst einfache Instandhaltungsaufgaben. Der z.T. hohe fachliche Ausbildungsgrad der Produktionsmitarbeiter stellt ein oftmals ungenutztes Potential dar, das durch höhere Eigenverantwortung sowie durch motivationsfördernde Entgelt- und Arbeitszeitregelungen unterstützt werden muß. Mit der Zeit ist auch eine Übernahme von Produktionsaufgaben durch Instandhalter vorzusehen, was die Flexibilität innerhalb der Gruppe erhöht. Möglich sind auch die Integration in Fertigungsteams oder Gruppen (z.B. Prämiengruppen) und die Betreuung festgelegter Anlagen- oder Produktionsbereiche. Dies erhöht die Identifikation und den Kenntnisstand des Instandhalters, aber auch des Produktionsmitarbeiters, über die zu betreuenden Anlagen und schafft kürzere Informations- und Entscheidungswege bei Störungen und Anlageausfällen.

Daneben ist es notwendig, eine zentrale Stelle, ein sog. Service-Center beizubehalten, das Aufgaben des Engineering und der präventiven Instandhaltung, wie z.B. die Erstellung von objektspezifischen Wartungs- und Inspektionsplänen oder die Durchführung technischer Schwachstellenanalysen, wahrnimmt. Diese Leistungen müssen von den dezentralen Bereichen bei Bedarf eingekauft werden. Eine solche Kombination von Vorteilen dezentraler, selbständig agierender Produktionseinheiten mit einem zentralen Know-how-Träger spiegelt sich auch in dem Organisationskonzept der dezentralen Anlagen- und Prozeßverantwortung (DAPV) wider [Sih 94].

10.4.3.3 Ablauforganisation in der Instandhaltung

Die planerische und terminliche Abwicklung von Arbeitsabläufen, die Erstellung, Erteilung und Überwachung von Instandhaltungsaufträgen – letztlich das koordinierte Zusammenwirken aller am Instandhaltungsprozeß beteiligten Bereiche – ist Aufgabe der Ablauforganisation.

Ablauforganisatorische Grundgrößen

Unterschieden werden informelle, ablaufbezogene und fachliche Grundgrößen. Als Informationsquelle einer notwendig werdenden Instandhaltungsaktion kann der Anlagenbediener oder ein Meßgerät fungieren, das Stördaten über Maschinendatenerfassung (MDE) (s. 10.3.2.3) oder zentrale Leittechnik (ZLT) (s. 10.3.2.2) an eine Erfassungsstelle meldet. Träger der Information ist in diesem Fall die EDV-Vernetzung zwischen Quelle und Senke. Gespeichert werden die Informationen entweder auf Formularen oder Belegen oder EDV-gestützt in Datenbanken auf Massenspeichern.

Die ablaufbezogenen Grundgrößen orientieren sich an der zeitlichen Abwicklung von Planung, Steuerung, Durchführung und Überwachung von Instandhaltungstätigkeiten. Im Hinblick auf die Planung der notwendigen Aktionen müssen die verfügbaren Ressourcen an qualifiziertem Personal, Ersatzteilen und Zeit eingeteilt und zur Erzielung einer optimalen Anlagenverfügbarkeit des Gesamtbetriebs aufeinander abgestimmt werden. In Bearbeitung befindliche sowie anstehende Aufträge werden ständig hinsichtlich ihres Fortschritts überwacht, und notfalls werden getroffene Maßnahmen wieder korrigiert.

Jede Instandhaltungsaktivität wird in Form eines Auftrags dokumentiert. Unter Einhaltung eines festgelegten Budgets und in Kenntnis bestimmter Stammdaten wie Informationen über instandzuhaltende Objekte, notwendiges Personal und Hilfsmittel werden, abhängig von der jeweilig angewandten Strategie, die Aufträge eingesteuert. Störungsbedingte Instandhaltungsaufträge genießen dabei höhere Priorität als die geplanten Maßnahmen.

Die Gestaltung der Ablauforganisation

Stammdaten. Wesentliches Kernstück der Koordination und Abwicklung von Instandhaltungsaufträgen ist die Erfassung und Verarbeitung der Stammdaten aller instandzuhaltenden Objekte eines Betriebs. Dazu zählen Informationen über die Objektstruktur, Personal, Ersatzteile, die erforderlichen Hilfs- und Betriebsmittel, aber auch die zuständigen Gewerke, um eine anschließend eindeutige Zuordnung von erbrachter Leistung und angefallenen Kosten treffen zu können. Die Pflege und Haltung der Stammdaten kann in Papierform oder EDV-gestützt mit Hilfe von Datenbanksystemen erfolgen, um einen schnellen und einfachen Zugriff darauf jederzeit zu ermöglichen.

Instandhaltungsplanung. Die *Instandhaltungsplanung* hat im wesentlichen drei Aufgaben: Die Strategie-, die Bereitstellungs- und die Arbeitsablaufplanung. Dabei stellt man sich die Frage, nach welchen Kriterien eine Instandhaltungsaktivität ausgelöst und mit welchen Ressourcen und Hilfsmitteln sie effizient durchgeführt werden kann. Instandhaltungsmaßnahmen können folgende Auslöser haben:

- Störung (nicht planbar),
- regelmäßig, in gleicher Form wiederkehrende Maßnahme (planbar),
- zyklisch wiederkehrende Maßnahme (planbar),
- zyklisch wiederkehrende Maßnahme (planbar), deren Auslösung aufgrund einer vorangegangenen Aktivität erfolgt.

Die jeweilige Strategie der Instandsetzung im Störungsfall, die Anwendung präventiver Maßnahmen oder die Durchführung regelmäßiger Inspektionen hängt vom Ausfallverhalten der betrachteten Bauteile ab (s. 10.4.2.1). Während mechanische Bauteile eine annähernd meßbare Erfassung des Abnutzungsvorrats ermöglichen, zeigen elektronische Elemente ein spontanes, nicht planbares Ausfallverhalten. Davon hängen Art, Umfang und Häufigkeit der Instandhaltungsarbeiten ab, für die bei der Bereitstellungsplanung die Bedarfe an Instandhaltungspersonal, -material und -betriebsmitteln mit Hilfe von Bedarfs- und Bestandsplanungen termingerecht disponiert werden.

Die Bereitstellungsplanung liefert bereits wesentliche Parameter für die Arbeitsablaufplanung, bei der die Instandhaltungstätigkeiten ihrer logischen Reihenfolge nach beschrieben und nach Maßgabe der Kapazitäten eingeplant werden. Während der Aufwand für ein differenziertes Arbeitsplanwesen bei präventiven Instandhaltungsmaßnahmen vergleichbar hoch ist, reichen für störungsbedingte Tätigkeiten einfache Tätigkeitsbeschreibungen aus.

Instandhaltungssteuerung. Aufgabe der *Instandhaltungssteuerung* ist die Umsetzung der Arbeitsablaufpläne durch die Bildung und Erteilung von Aufträgen unter Berücksichtigung der verfügbaren Ressourcen an Personal und Material. Ziel ist dabei die termingerechte Durchführung aller instandhaltungsrelevanten Arbeiten bei maximaler Verfügbarkeit der Produktionsanlagen und hoher Auslastung der Kapazitäten. Eine flexible Steuerung wird gerade bei nicht-planbaren Störungen notwendig, die einen erheblichen Anteil am Instandhaltungsaufkommen einnehmen und für die Kapazitäten vorgehalten oder bereits verplante Kapazitäten abgezogen werden müssen. Die verwaltungstechnische Abwicklung erfolgt in der Regel durch Aufträge, die auf die besonderen Belange zur Störungsbehebung abgestimmt sind, z. B. Daueraufträge mit vordefinierten Auftragsnummern.

Die Einsteuerung der geplanten Aufträge sollte erst erfolgen, wenn die notwendigen Ressourcen an Personal und Material dafür bereitgestellt sind. Zunächst werden mit Hilfe einer Grobterminierung für einen Zeitraum von 1–2 Wochen anstehende Aufträge eingeplant. Die anschließende tatsächliche Einsteuerung findet dann innerhalb eines Meisterbereichs kurzfristig je nach Priorität des Auftrags statt (Feinsteuerung). Ob eine Anwendung algorithmierter Kapazitätsplanungsverfahren zur Auftragsvergabe sinnvoll ist, hängt von der Größe des Instandhaltungsbereichs und des verfügbaren Personals ab. Der Auftragsstand eines abgeschlossenen oder z.B. wegen einer kurzfristigen Störung abgebrochenen Instandhaltungsauftrags wird per Beleg oder mittels BDE-Terminal in der Werkstatt rückgemeldet.

Instandhaltungsüberwachung. Durch die permanente Überwachung des Auftragsfortschritts und die Überprüfung der Ist- mit den gesetzten Soll-Werten kann in den Planungs- und Steuerungsprozeß rechtzeitig eingegriffen und Auftragsprioritäten bei kurzfristiger Änderung des Kapazitätsbestands neu vergeben werden. Eine wesentliche Stellgröße ist auch das periodisch verfügbare Instandhaltungsbudget, dessen Überschreiten oft zum zeitlichen Verschieben geplanter Aufträge nach hinten führt. Daneben spielen auch der geplante Auftragsendtermin, der Auftragsfortschritt, aber auch technische Parameter, wie das Ausfallverhalten oder der Abnutzungsvorrat eine wichtige Rolle für die Steuerung. In manchen Unternehmen sind die Schlüsselmaschinen mit BDE/ZLT ausgerüstet, die Anlagendaten einem Instandhaltungssystem zur Auftragsplanung und -generierung zuleiten, was die Transparenz der Ablauforganisation deutlich verbessert (s. 10.3.2).

10.4.4 Instandhaltungscontrolling

10.4.4.1 Begriffe und Definitionen

Das *Controlling* soll die Unternehmensführung mit Informationen versorgen, bei der Lösung von Anpassungs- und Koordinationsproblemen unterstützen und am Planungsprozeß mitwirken. Zusätzlich soll der Auf- und Ausbau eines Planungs- und Kontrollsystems, die Mitwirkung bei der Festlegung von Unternehmenszielen sowie die Federführung und Koordinierung der Planungs- und Budgetarbeiten und die Abstimmung der Teilpläne und Teilziele zu einem Gesamtplan durchgeführt werden. Die Analyse von Soll-Ist-Vergleichen und die Gestaltung eines Informationssystems zählen ebenfalls zu den Aufgabenbereichen des *Controlling*. Als *Instandhaltungscontrolling* läßt sich ein Führungs- und Steuerungssystem verstehen, das durch seine Mitwirkung bei der Planung, Ermittlung von Abweichungen sowie Entwicklung von Verbesserungsmaßnahmen der abgestimmten und somit zielgerichteten wirtschaftlichen Lenkung aller Instandhaltungsaktivitäten dient. Unterstützende Mitwirkung ist bei der Planung von Instandhaltungsmaßnahmen, insbesondere bei der *Instandhaltungskosten*planung und bei der Ermittlung von relevanten Abweichungen bei den Soll-Ist-Kosten vorgesehen. Bei der Erarbeitung von Abhilfe- bzw. Verbesserungsmaßnahmen durch beispielsweise kostenmäßige Untermauerung von schwachstellenbeseitigenden Maßnahmen ist eine Mitwirkung erforderlich. Dadurch wird eine zielgerichtete Lenkung der Instandhaltung, eine permanente Abstimmung der Instandhaltungsmaßnahmen mit den Maßnahmen anderer Bereiche wie beispielsweise der Fertigung und eine Entscheidungshilfe für Wirtschaftlichkeitsbetrachtungen durch beispielsweise die Bestimmung der fixen und variablen *Instandhaltungskosten* für Eigen- und Fremdinstandhaltung realisiert.

10.4.4.2 Erfassung von Instandhaltungskosten

Die Gesamtkosten für Instandhaltung setzten sich aus den Kosten, die durch die Stillstandszeit verursacht werden und den eigentlichen *Instandhaltungskosten* zusammen. Da in die Gesamtkosten auch die Anzahl der Instandhaltungsmaßnahmen, der Arbeitszeitaufwand für die Instandhaltung und die Instandhaltungskosten eingehen, ist das Kostenkriterium eine der wichtigsten Zielgrößen des Instandhaltungsprozesses. Instandhaltungskosten sind Kosten, die mit dem Verbrauch von Produktionsfaktoren für die Planung, Durchführung und Kontrolle von Instandhaltungsleistungen anfallen. Sie werden vielfach auch als direkte Instandhaltungskosten bezeichnet und damit begrifflich von den indirekten Instandhaltungskosten oder Ausfallkosten unterschieden. Die Instandhaltungskosten werden vielfach untergliedert in Inspektions-, Wartungs- und Instandsetzungskosten. Verschleiß führt zu einem Rückgang der Leistungsfähigkeit der Anlage in Form eines Entfalls von Leistungen oder einer Abnahme der Leistungsqualität unter ein Mindestniveau. Die dadurch hervorgerufenen Nachteile können direkte Erlös- bzw. Deckungsbeitragsverluste oder Konventionalstrafen sein. Diese werden auch als Anlagenausfallkosten bezeichnet. Als Mehrkosten zum Ausgleich des Leistungsentfalls sind solche Kosten zu nennen, die dadurch entstehen, daß Zwischenprodukte einer höheren Verarbeitungsstufe fremdbezogen werden, die Leistungen nach Reparatur der ausgefallenen Anlage durch Mehrarbeit nachgeholt oder Redundanzanlagen zum Ausgleich des Entfalls von Leistungen bereitgehalten und während des Ausfalls eingesetzt werden.

10.4.4.3 Auswertung von Instandhaltungskosten

Um eine Transparenz des Betriebsgeschehens für die Betriebsüberwachung und -führung zu erzeugen, sind Unterlagen zur Planung und Disposition des Instandhaltungsgeschehens zu erstellen. Die Kosteninformation ist nach Einzelzielen aufzubereiten und in geeigneter Form zu gruppieren. Die Auswertung kann auftragsbezogen, objektbezogen und betriebsbezogen durchgeführt werden. Eine auftragsbezogene Auswertung beinhaltet bei vorangegangener Vorkalkulation einen Soll-Ist-Vergleich. Sie dient dem nachfragenden Betrieb zur Kontrolle seiner Kostenstellenbelastung. Dabei sollen die geleisteten Arbeitsstunden, die Arbeitskosten, der Materialaufwand, externe Leistungen wie beispielsweise Arbeit und Material sowie die kumulierten Monatskosten bei längerdauernder Bearbeitung ausgewiesen werden.

Die objektbezogene Auswertung dient vornehmlich der ingenieurmäßigen Schwachstellenauswertung. Über die Identifizierung der Verbrauchsschwerpunkte durch Beobachtung des Verhältnisses zwischen Anlagenwert und Instandhaltungskosten werden Sonderuntersuchungen über Umfang, Häufigkeit und Ursache der Schäden ausgelöst. Eine betriebsbezogene Auswertung wird für die Instandhaltungsbetriebe zur Kostenstellenrechnung nach Sollvorgabe durchgeführt. Auch bei der Ermittlung des Verhältnisses von Instandhaltungsaufwands zu Produktionsdaten und für die Auswertung der Budgetrechnungen finden betriebsbezogene Auswertungen ihren Einsatz.

10.4.4.4 Planung von Instandhaltungskosten

Für die Planung von Instandhaltungskosten stehen mehrere Ansätze zur Verfügung. Zunächst kann die Planung aufgrund von Instandhaltungskosten vergangener Perioden als Basis von Kostenvorgaben erfolgen. Neben anlagenwertorientierten Ansätzen existieren auch Mischverfahren als Kombination aus anlagewert- und anlagealtersorientierten Planungsverfahren. Ein weiterer Ansatz basiert auf der Betriebszeit, ein weiterer orientiert sich an den Produktionsstückzahlen. Die Instandhaltungskostenplanung aufgrund vergangener Perioden läßt sich mit relativ geringem Aufwand durchführen. Das Instandhaltungskostenbudget wird in Höhe eines Durchschnittswerts vergangener Perioden oder des letzten Jahres erstellt. Der geringe Planungsaufwand und die Möglichkeit, Preissteigerungen von Löhnen und Material pauschal einzubeziehen, bieten Vorteile gegenüber anderen Verfahren. Nachteilig wirken sich die Nichtbeachtung der Struktur von Instandhaltungskosten aus. Die Einflußgrößen des Instandhaltungsvolumens, des Bedarfs an Einsatzfaktoren wie beispielsweise der Grad an Eigen- und Fremdinstandhaltung, veränderte Verfahren und Technologien und die veränderte Bereitstellung der Einsatzfaktoren durch beispielsweise andere Bevorratungsstrategien der Einsatzstoffe machen eine stärkere Differenzierung der Instandhaltungskosten notwendig. Das anlagenwertorientierte Kostenvorgabeverfahren ermittelt die jährlichen Instandhaltungskosten in Höhe eines bestimmten Prozentsatzes des Anlagewerts. Diese Prozentsätze für die einzelnen Anlagetypen werden entweder aus Ist-Daten der Vergangenheit oder aus Betriebsvergleichen ermittelt. Ebenso ändern sich die Preise für die Einsatzgüter der Instandhaltung im Zeitablauf. Bei der anlagenwert- und anlagenaltersorientierten Planung der Instandhaltungskosten wird neben dem Anlagenwert auch das Alter als Einflußgröße auf die Instandhaltungskosten berücksichtigt. Dazu werden zunächst Anlagen gleichen Typs zusammengefaßt und nach dem Alter geordnet. Für die so gebildeten Anlagengruppen werden dann aus einem bestimmten Zeitraum der Vergangenheit die Instandhaltungskosten erfaßt und in das Verhältnis zum Wiederbeschaffungswert gesetzt. Unter der Voraussetzung, daß die Instandhaltungskosten ab einem bestimmten Nutzungsjahr einen gleichbleibenden Höchstwert erreichen und die Anlagen dann regelmäßig ersetzt werden, entspricht das Durchschnittsalter aller Anlagen der Hälfte der normalen Nutzungsdauer des Anlagentyps. In Abhängigkeit von diesem durchschnittlichen Alter der Anlagen errechnet sich schließlich ein mittlerer Wert für die Höhe der Instandhaltungskosten als Prozentsatz vom Wiederbeschaffungswert. Dieses Verfahren erfaßt die effektiven durchschnittlichen Kosten besser als die einfache anlagenwertbezogene Kostenvorgabe. Probleme bereiten allerdings die Ermittlung einer normalen Nutzungsdauer. Daher wurden Planungsansätze entwickelt, die vor allem auf die produktionsbedingte Inanspruchnahme der Anlagen abstellen. Diese werden an der Betriebszeit der Anlagen oder an den von ihnen bearbeiteten Stückzahlen gemessen. Die auf die Betriebszeit abstellende Kostenplanung ermittelt die aus einem oder mehreren Jahren der Vergangenheit entstandenen Instandhaltungskosten der Anlagen eines Typs und setzt diese zu deren Betriebsstunden in Beziehung. Es wird ein Durchschnittswert für die Instandhaltungskosten je Betriebsstunde der Anlagen gebildet. Dieser Wert wird dann mit der für die Planperiode erwarteten Betriebszeit multipliziert und über alle Anlagen aggregiert. Der Vorteil dieser Methode liegt darin, daß mit dem Produktionsvolumen eine wesentliche Einflußgröße auf den Anlagenverschleiß und insofern auch auf das Leistungsvolumen der Instandhaltung in die Instandhaltungskosten eingeht. Nachteilig bei diesem Verfahren ist die erneute Berücksichtigung von nur einer Einflußgröße. Eine weitere Möglichkeit der Kostenplanung ist eine Orientierung an den Produktionsstückzahlen. Die Instandhaltungskosten werden dabei statistisch in eine von den Produktionsstückzahlen abhängige und unabhängige Menge geteilt. Zunächst werden die Instandhaltungslohnkosten hinsichtlich ihrer Abhängigkeit vom Produktionsvolumen untersucht und der fixe und variable Anteil ermittelt. Als rechnerisches Mittel dieses Zusammenhanges wird die Regressionsanalyse zugrundegelegt. Dabei wird das Produktionsvolumen und die Instandhaltungslohnstunden zueinander in Beziehung gesetzt. Der Grad der Enge der Beziehung zwischen den Entwicklungen dieser beiden Reihen wird überprüft.

Die bisher vorgestellten Ansätze haben darauf verzichtet, die Kostenplanung auf der Planung des Leistungsvolumens der Instandhaltung aufzubauen. Ein Grund ist darin zu sehen, daß die Instandhaltung ein breites Leistungsspektrum aufweist. Eindeutig läßt sich eine Instandhaltungsleistung immer nur in Verbindung mit dem Instandhaltungsobjekt angeben. Daher bietet sich für die Erfassung und Planung der Instandhaltungsleistungen eine Konzentration auf Bauteile und Baugruppen an. Eine Möglichkeit der intensiven Leistungsplanung besteht darin, Art und Anzahl der Leistungen aus der Strategieplanung für möglichst homogene Klassen von Baugruppen oder Bauteilen abzuleiten. Die Strategieplanung basiert auf der Analyse und Prognose der Verschleißentwicklung. Ein solches Vorgehen verursacht einen hohen Planungsaufwand. An die Planung des Leistungsvolumens schließt sich die Planung des Bedarfs an Einsatzfaktoren der Instandhaltung an. Dazu ist zunächst festzulegen, wie das gesamte Leistungsvolumen auf Eigen- und Fremdleistungen aufzuteilen ist. In Wirtschaftlichkeitsrechnungen werden die kostenmäßigen, qualitativen und zeitlichen Unterschiede zwischen Eigen- und Fremdinstandhaltungen ermittelt und für alternative Umfänge der Eigeninstandhaltung miteinander verglichen. Bei der Planung von Fremdleistungskosten sind Leistungs- und Bereitschaftskosten zu unterscheiden. Bereitschaftskosten fallen für eine Vielzahl von Leistungen an, für die pauschale Entgelte zu zahlen sind. Hier wird vereinfachend von Durchschnittskosten je Leistung einer Leistungsart wie beispielsweise regelmäßigen Reinigungsarbeiten ausgegangen. Für die Planung von Eigenleistungen bietet es sich an, auf die Zerlegung der Instandhaltungskosten in schadensvorbeugende und schadensbehebende Instandhaltungsmaßnahmen zurückzugreifen. Die Stufen der Instandhaltungs-Plankostenrechnung ergeben sich folgendermaßen. Zunächst sind die Empfänger der Instandhaltungsleistungen zu ermitteln. Der Planung der Leistungsprogramme der Instandhaltung schließt sich die Aufteilung des Leistungsprogramms in Eigen- und Fremdleistungen und in die Kostenstellen der Instandhaltung an. Basierend auf diesen Daten erfolgt eine Ermittlung des Bedarfs an Einsatzfaktoren der Instandhaltung und der Dienstleistungen anderer Stellen. Die Planung des Einsatzes der Bereitstellung, Bereithaltung und Freisetzung der Einsatzfaktoren dient als Basis für die Planung der Höhe der Faktorentgelte und der Bewertung des Faktoreinsatzes.

10.4.4.5 Steuerung und Überwachung von Instandhaltungskosten

Im Instandhaltungsbereich wird verstärkt versucht, Sekundärerscheinungen in Form von Kosten für die Leistungserstellung zu kontrollieren. Als einfacher Bewertungsmaßstab werden Vergleichszahlen aus Vorperioden, an denen die Ist-Kosten gemessen werden, benutzt. Die üblichen Bezugsbereiche für solche Vergleiche sind der Zeitvergleich, der Betriebsvergleich und der Soll-Ist-Vergleich. Der Zeitvergleich stellt die Ist-Kosten der vorhergehenden Perioden den Ist-Kosten der laufenden Abrechnungsperiode gegenüber. Die Ist-Kosten sind allerdings kein geeigneter Maßstab für die Wirtschaftlichkeit. Der Betriebsvergleich ermöglicht einen Vergleich der Ist-Kosten der Instandhaltungsbetriebe einer Branche. Dadurch wird eine Feststellung der Kostensituation gegenüber den Konkurrenten ermöglicht. Eine eindeutige Aussage, ob die Kosten gerechtfertigt sind oder nicht, kann der Betriebsvergleich aufgrund der individuellen Abgrenzungen und Einflußgrößen auf die Instandhaltungskosten nicht geben, eine Anregung zu genaueren Analysen der zu vergleichenden Größen ist aber möglich. Mit Hilfe des Soll-Ist-Vergleichs der Instandhaltungskosten kann eine betriebsindividuelle Kosten- und Wirtschaftlichkeitskontrolle durchgeführt werden. Im Rahmen einer Kontrollrechnung werden die tatsächlich angefallenen Verbräuche und Kosten mit den Plan- und Richtwerten verglichen und entstandene Abweichungen zu klären versucht. Die Kontrollrechnung wird i. allg. periodisch durchgeführt. Die Abweichungen werden nach Ablauf der Periode ermittelt. Für die Kontrollrechnung stehen Abweichungsanalysen zur Verfügung. Diese Abweichungsanalyse kann zunächst bei den leistungsempfangenden Betrieben durchgeführt werden. Diese Betriebe ermitteln die Abweichungen getrennt für ordentliche und außerordentliche Instandhaltungsleistungen. Mögliche Abweichungen können resultieren aus einer Umdisposition von Erzeugnismengen und Produktionsablauf, einer zeitlichen Verschiebung außerordentlicher Instandhaltungsaufträge oder störungsbedingten Instandhaltungsmaßnahmen. Unterschieden wird nach Abweichungen für ordentliche und für außerordentliche Instandhaltungsleistungen. Die Abweichungen für die ordentlichen Instandhaltungsleistungen werden durch Vergleich von Plan- und Ist-Größen ermittelt. Dazu zählen beispielsweise Beschäftigungsänderungen, Leistungsänderungen, Plan-Instandhaltungs- und Reparaturkosten sowie Richt-Instandhaltungskosten bei Ist-Instandhaltungsstundenverbrauch. Werden die Plan- und Ist-Mengen der Instandhaltungsstunden mit einem Plan-Verrechnungs-

preis bewertet, können Abweichungen auf der Basis verrechneter Instandhaltungskosten ermittelt werden. Die Abweichung entsteht als Folge der Beschäftigungsänderung im Hauptbetrieb und damit aus einer abweichenden Beanspruchung der Instandhaltungskosten beim Plan-Instandhaltungsstundenverbrauch. Bei den Abweichungen für die außerordentlichen Instandhaltungsleistungen können periodische und auftragsweise Abweichungsanalysen vorgenommen werden. In einer periodischen Abweichungsanalyse kann zunächst kontrolliert werden, ob eine zeitliche Verschiebung der jeweiligen außerordentlichen Instandhaltungsmaßnahme gegenüber dem ursprünglich festgelegten Plan-Zeitpunkt vorgenommen wurde. Den Schwerpunkt bei der Untersuchung der außerordentlichen Instandhaltungskosten bildet jedoch eine auftragsweise Abweichungsanalyse. Abweichungen können durch auftragsweise Nachkalkulation auf Basis der auf den Auftrag verrechneten Instandhaltungskosten ermittelt werden. Dabei ist zu beachten, ob die Instandhaltungsbetriebe Leistungen erbracht haben, die sich qualitativ von den geplanten Leistungen unterscheiden. Eine objektweise Analyse kann neben den auftragsweisen und periodischen Kontrollen auch für die ordentlichen und außerordentlichen Instandhaltungskosten durchgeführt werden. Die Abweichungsanalyse bei den Instandhaltungsbetrieben wird bezogen auf die leistende Kostenstelle durchgeführt. Hinweise für Abweichungen gibt die Differenz zwischen den kostenstellenweisen, im Instandhaltungsbetrieb anfallenden Ist-Kosten und den verrechneten Kosten. Abweichungen können entstehen durch Änderung der Verbrauchsmengen von Einsatzfaktoren wie Personal, Energie und Werkzeugen. Außerdem bewirken Preisänderungen für diese Verbrauchsmengen, Veränderungen in der Struktur der Personalkapazität und Veränderungen der Leistungsinanspruchnahme gegenüber dem Plan. Voraussetzung für diese Abweichungsanalyse ist das Vorliegen von Leistungs- und Verbrauchsfunktionen. Diese sind in der Regel in zentralen Werkstätten vorhanden. Für den Fall, daß keine detaillierten Verbrauchsfunktionen für Leistungen einzelner Kostenstellen der Instandhaltungsbetriebe vorliegen, findet die Kontrolle der Leistungsmengen im Rahmen der auftragsweisen Nachkalkulation in der Kostenstellenrechnung der Hauptbetriebe statt. Eine erweiterte Kostenkontrolle und -interpretation kann mit Hilfe einer *Schwachstellenanalyse* eines Betriebsmittels erfolgen. Für Schwachstellenermittlungen haben sich Rangordnungen von Objekten aus *ABC-Analysen* des Instandhaltungsaufwands, der Unterbrechungszeiten und der anteiligen Stillstandszeiten bewährt. Diese ABC-Analyse kann nach den Kriterien Unterbrechungszeit, Instandhaltungsaufwand, Schwachstellenkosten und anteilige Stillstandszeiten durchgeführt werden. Die Schwachstellenreihen-Übersichten zeigen dem Instandhalter den Weg, auf dem der größte Effekt zur Senkung der Kosten und der Erhöhung der Nutzungszeit erzielt wird.

10.4.5 Rechnergestützte Hilfsmittel zur Instandhaltung

10.4.5.1 Kennzeichen der rechnergestützten Instandhaltung

In der Instandhaltung werden vorwiegend Systeme zur Verwaltung von Instandhaltungsobjekten in Form von Datenbanken, zur Auftragsplanung und -steuerung, zur Diagnose von Störungen, zur Ersatzteilplanung und -bestellung und zum Kostencontrolling angewendet [Blo93, Män90].

Gerade bei einer großen Anzahl von Instandhaltungsobjekten, wiederkehrenden Maßnahmen, zu verwaltenden Ersatzteilen und bei der Koordination von Eigen- und Fremdpersonal können durch den EDV-Einsatz Verbesserungen in der Wirtschaftlichkeit erzielt werden.

Die Konzeption von Instandhaltungssystemen wird in drei verschiedenen Anforderungstypen realisiert [Ham92]:
- Integrierte Instandhaltungssysteme auf Hostrechnern,
- dezentrale Instandhaltungslösungen auf Systemen der mittleren Datentechnik,
- PC-orientierte Instandhaltungslösungen der individuellen Datenverarbeitung.

10.4.5.2 Integration in die betriebliche Informationsstruktur

Informationstechnische Schnittstellen
von Instandhaltungssystemen

Bild 10-118 stellt die Integration eines *IPS-Systems* in die industrielle Informationsverarbeitungsstruktur dar. Es wird deutlich, daß ein überwiegender Teil der IPS-Komponenten Kommunikationsschnittstellen zu den anderen Systemen aufweist. Sämtliche Planungsaktivitäten im Instandhaltungsbereich bedürfen der Abstimmung und Koordination mit anderen betrieblichen Funktionen. Die Planungsmodule sind eng mit dem PPS-System verknüpft. Für die Generierung von Arbeitsplänen ist zusätzlich eine Koordination mit dem CAM-System erforderlich. Die wichtigsten Datenaustausche mit betriebswirtschaftlichen Systemen betreffen die Bereiche Finanzbuchhaltung, Kostenrechnung sowie Investitionsrechnung. Mittels aktueller Betriebs- und Maschinendaten sowie unter Heranziehung der Grundlage der Prüfstatistiken lassen sich Maschinen- und Anlagendiagnosen durchführen. Darüber hinaus stellen die so gewonnenen Daten die Basis für das Aufstellen von Schwachstellenanalysen dar. Eine Schnittstelle zum CAD-System ist in zahlreichen Unternehmen nur von untergeordneter Bedeutung. Sie dient der Übernahme von konstruktiven Maschinen- und Anlagendaten als Grundlage der einzuleitenden Instandhaltungsaktivitäten.

Organisationsorientierte Instandhaltungssoftware
für dezentrale Fertigungsstrukturen

Im Rahmen einer prozeßorientierten Strukturierung der Fertigungsorganisation gewinnt die Instandhaltung ein neues Profil. Umfangreiche Instandhaltungsaktivitäten werden nicht mehr von einer Zentralabteilung wahrgenommen, sondern den nach Fertigungsobjekten strukturierten Organisationseinheiten zugeordnet [Spe94]. Analog zur Fertigungsorganisation ist auch die DV-Struktur auszurichten [Krc93]. Eine allgemeingültige Aufgabenzuordnung zu den einzelnen Unternehmensbereichen ist nicht möglich. Jedoch läßt sich ein Zusammenhang zwischen der Struktur der Fertigungsorganisation, der Komplexität der einzelnen Instandhaltungsaufgaben sowie der resultierenden Dezentralisierung von DV-Funktionen angeben (Bild 10-119).

Modulare Instandhaltungssysteme ermöglichen die Entwicklung einer DV-Architektur, die sich an der unternehmensspezifischen Organisationsstruktur orientiert. Dabei werden komplexe IPS-Systeme in Module zerlegt, die den Funktionen zur Unterstützung der Instandhaltung entsprechen. Auf der Grundlage einer genauen Analyse der angestrebten Aufgabenteilung zwischen der Zentralabteilung Instandhaltung, den dezentralen Fertigungseinheiten sowie externen Kapazitäten läßt sich eine individuelle DV-Architektur formulieren (Bild 10-120). Dabei können bestimmte Aufgaben allein durch

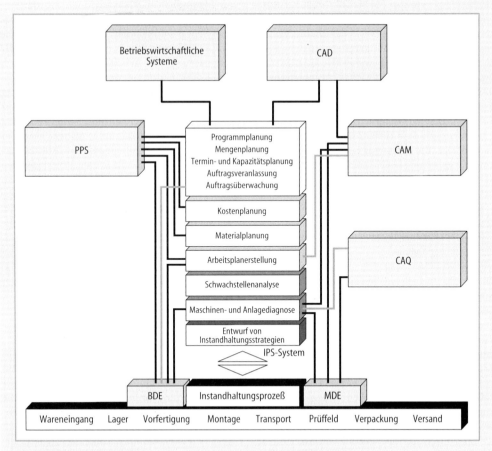

Bild 10-118 Integration von IPS-Systemen in die industrielle Informationsstruktur

einen Unternehmensbereich wahrgenommen werden, während andere Tätigkeiten in Abhängigkeit vom Instandhaltungsobjekt den einzelnen Bereichen zugeordnet werden. Zur Realisierung des Systems werden die unterschiedlichen Softwaremodule in anwendungsspezifischen Applikationen zusammengeführt.

10.4.5.3 Diagnosesysteme in der Instandhaltung

Diagnosesysteme im Instandhaltungsbereich werden zur frühzeitigen Erkennung von Maschinenstörungen und deren Ursachen mit dem Ziel eingesetzt, Produktionsausfallzeiten zu reduzieren bzw. diese bereits im Vorfeld durch Inspektions- und Wartungsmaßnahmen zu vermeiden [Moh88]. Solche Diagnosen werden zunehmend durch wissensbasierte Systeme unterstützt, die gerade beim Komponentenausfall hoch automatisierter Anlagen die Fehlerlokalisierungszeit senken können [War89]. Für den Aufbau wissensbasierter Diagnosesysteme ist eine Dreiteilung kennzeichnend: Die Akquisition, die Repräsentation und die Verarbeitung von Wissen (s. 17.2.7.5).

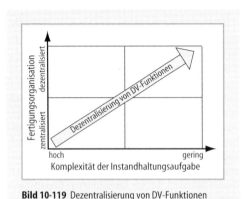

Bild 10-119 Dezentralisierung von DV-Funktionen

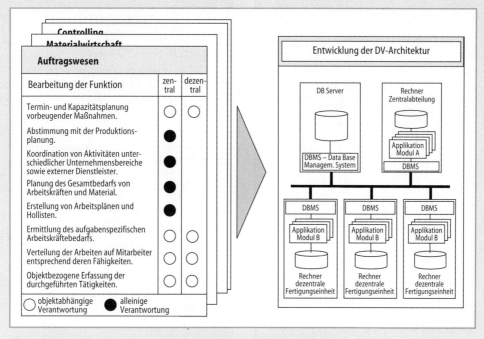

Bild 10-120 Entwicklung einer DV-Architektur auf Basis modularer Instandhaltungssysteme

Methoden der Wissensakquisition

Bei der Übertragung von Wissen an ein Expertensystem ist zwischen dem erstmaligen, manuellen Aufbau der Wissensbasis und dem ergänzenden Ausbau und der Pflege des Wissens mit Hilfe von Wissensakquisitionswerkzeugen zu unterscheiden [Sto89].

Bei der manuellen Akquisition unterscheidet man vorwiegend Interviewtechniken sowie Beobachtungstechniken in Form der Technik des lauten Denkens und der Protokollanalyse [Sch88]. Während im einen Fall das Expertenwissen strukturiert und detailliert erfragt wird, versucht man bei der zweiten Methode die zunächst formlosen und während der Problemlösung laut geäußerten Vorgehensweisen zu protokollieren und anschließend zu analysieren. Die Schnittstelle zwischen dem Instandhaltungsexperten und dem Diagnosesystem bildet ein Wissensingenieur, was auch als indirekte Wissensakquisition bezeichnet wird.

Die automatische Wissensakquisition erfolgt entweder durch die direkte Eingabe von Informationen durch den Experten oder durch die Übernahme bereits vorhandener Daten aus externen Quellen, wie z.B. Instandhaltungsinformationssystemen, Maschinendatenerfassung und Überwachungssystemen [Noe91] (Bild 10-121).

Methoden der Wissensrepräsentation

Die Struktur der Wissensbasis muß nicht nur die einfache, rechnerinterne Verarbeitung von Wissen zulassen, sondern auch die Abbildung unterschiedlicher Wissensarten der technischen Diagnostik, wie z.B. kausales, physikalisches, funktionales Wissen. Zu den bekannten Formaten der Wissensrepräsentation zählen die Prädikatenlogik, Produktionsregeln, semantische Netze und Frames. Während die Prädikatenlogik aufgrund ihrer mangelnden Implementierbarkeit [Pup88] und der beschränkten Einsatzmöglichkeiten ihrer Konstrukte in den komplexeren Wissensrepräsentationen, wie sie für die technische Diagnostik erforderlich sind, nur in geringem Maße zur Anwendung kommt, basieren die meisten der heute im Einsatz befindlichen wissensbasierten Diagnosesysteme auf einer Regelbasis.

Die Uniformität der Regeln und die starke Anlehnung an eine einfache Ausdrucksweise lassen regelbasierte Diagnosesysteme zunächst als leicht anpaßbar an unterschiedliche Problem-

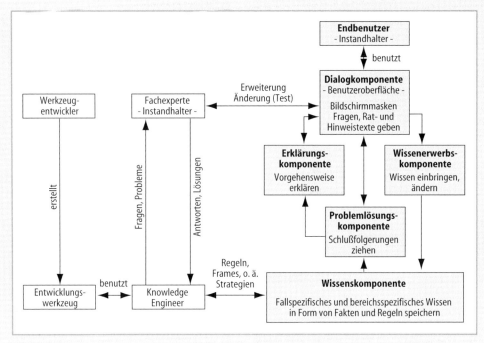

Bild 10-121 Schnittstellen zu den Expertensystemkomponenten

stellungen erscheinen. Wächst allerdings die Komplexität der Wissensbasis und damit die Anzahl und Verknüpfung von Regeln, führt dies dazu, daß die erstellten Programme nur noch sehr schwer verständlich und nachvollziehbar werden.

Semantische Netze sind aus Knoten und Kanten aufgebaut und besitzen die Struktur eines Netzwerks. Während die Knoten Objekte oder Deskriptoren darstellen, mit denen z.B. physikalische Gegenstände, Funktionen oder Ereignisse abgebildet werden können, stellen die Kanten beliebige Beziehungen zwischen diesen Objekten dar. Diese Struktur, sowie das Prinzip, semantisch Nahes auch im Netzwerk nahe beieinander zu plazieren, verringern den Suchaufwand deutlich. Diese Form der Wissensrepräsentation wird heute vorwiegend für die graphische Darstellung von Wissen, nicht aber für eine rechnerinterne Repräsentation von Diagnosewissen verwendet, da sich regelhafte Zusammenhänge sowie einschränkende Bedingungen nur unvollständig abbilden lassen [Rei91].

In Form von Frames stellen Objekte abgegrenzte Wissenseinheiten dar, die Nachrichten miteinander austauschen. Der Austausch von Nachrichten führt zur Aktivierung von Methoden, die zu einer Reaktion führen. Synonyme Objekte lassen sich zu Klassen bündeln, die wiederum Eigenschaften vererben können. Die Übersichtlichkeit der Wissensdarstellung in Objekten und die Vorteile der Vererbung führen dazu, daß ein Großteil der gegenwärtigen Entwicklungen im Bereich der wissensbasierten Diagnosesysteme auf einer objektorientierten Wissensrepräsentation aufbaut.

Methoden der Wissensverarbeitung

Auf der Grundlage der Methodenlehre der künstlichen Intelligenz ist jedes Diagnoseproblem ein Klassifikationsproblem. Das Wissen über die Zusammenhänge von erkannten Symptomen und ihrer potentiellen Ursache(n) ist oft unsicher oder unzuverlässig. Auch aus technischen, organisatorischen oder wirtschaftlichen Gründen können nicht alle Ursachen-Symptom-Relationen erhoben werden und werden solange durch plausible Hypothesen ersetzt, bis diese aufgrund realer Erfahrungen falsifiziert wurden.

Neben statistischen Methoden der Wissensverarbeitung (Klassifikation), bei denen aufgrund von Auftrittswahrscheinlichkeiten Ursachen-Symptom-Abhängigkeiten ermittelt werden, sind gerade die heuristischen oder auch regelbasierten (kausalen) Systeme zur Fehlerdiagnose weit verbreitet. Die heuristische Klassifikation basiert auf dem Erfahrungswissen von Experten, wobei mit Hilfe von Hypothesize-and-test-Strategien aus bereits bekannten Symptomen hypothetische Ursachen abgeleitet werden [Pup90]. Der wesentliche Nachteil liegt darin, daß funktionales Wissen über ein Diagnoseobjekt nicht explizit und im geforderten Umfang verarbeitet werden kann.

Daneben existieren auch modellbasierte Methoden der Wissensverarbeitung, die basierend auf einer detaillierten Repräsentation eine im Idealfall richtige Beschreibung der Realität darstellen. Ein solches, oft auch als „funktional" bezeichnetes Modell besteht aus einer Struktur- und Verhaltensbeschreibung. Dies ermöglicht über die Festlegung von Ein- und Ausgangsgrößen eine Bestimmung von Soll-Ist-Abweichungen in der technischen Diagnostik. Die Strukturierung von Wissen erfolgt dabei oft in Form einer Fehlerbaumanalyse als deduktiver Ansatz bzw. einer Ausfalleffektanalyse als induktiver Ansatz [War89].

In neueren Überlegungen zur Diagnose gewinnt die fallbasierte Klassifikation zunehmend an Bedeutung [Win92]. Ziel ist hierbei, das reale Problemlösungsverhalten eines Diagnoseexperten durch protokollierte Fallbeispiele zu repräsentieren. In seiner einfachsten Form besteht ein Fall aus einer Liste von Symptomen (Merkmalen) zusammen mit einem daraus resultierenden Ergebnis (Ursache). Über einen Ähnlichkeitsvergleich kann vom praktischen Fall auf den in der Wissensbasis abgelegten Fall geschlossen werden.

10.4.5.4 DV-Systeme zur Planung und Steuerung in der Instandhaltung

Instandhaltungssysteme zur Planung und Steuerung, auch als IPS-Systeme bezeichnet, bestehen je nach Ausführung aus verschiedenen Modulen zur Stammdatenverwaltung von Objekten, zur Abwicklung des Auftragswesens, der Materialwirtschaft und des Controllings sowie aus Werkzeugen zur Aufbereitung von Instandhaltungsmanagementdaten. Aufbauend auf einem Basissystem läßt sich auf die einzelnen Module unabhängig voneinander zugreifen, so daß sich jeder Anwender seine gewünschte Konfiguration zusammenstellen kann [Nas89].

Stammdatenverwaltung

Die vollständige und systematische Erfassung und Ablage von Stamm- und Historiendaten der technischen Betrachtungseinheiten (Objekte) eines Instandhaltungsbereichs bilden die Basis eines jeden IPS-Systems. Mit Hilfe verschiedener Verwaltungsfunktionen können diese Daten geändert und aktualisiert werden. Dazu gehören u. a.:
- Identifizierungsdaten (z. B. Identnummer, Bezeichnung von Objekten),
- Zuordnungsdaten (z. B. Kostenstelle, Klassifizierung),
- technische Daten (z. B. Leistungsdaten, Verbrauchsdaten),
- Geometriedaten (z. B. Abmessungen, Gewicht, Größe),
- organisatorische Daten (z. B. Baujahr, Inbetriebnahme).

Bei der Festlegung der hierarchischen Objektstruktur sollte man mit einer Grobstrukturierung beginnen, die dann im Praxisbetrieb verfeinert wird. Alle Objekte sollten durch Identnummern, gleichartige Objekte durch eine Klassifizierungsnummer gekennzeichnet werden.

Auftragswesen

Das Auftragswesen umfaßt die technische und terminliche Planung und Steuerung von Instandhaltungsaufträgen. Umfang und Detaillierungsgrad der gespeicherten Auftragsinformationen ermöglichen eine vereinfachte Auftragsabwicklung bei wiederkehrenden Maßnahmen und eine spätere Auswertung technischer und organisatorischer Daten. Geplante Aufträge führen zu Arbeitsplänen, in denen die notwendigen Kapazitäten an Zeit, Personal und Material festgelegt und in eine Reihenfolge gebracht werden. Gerade bei störungsbedingten Unterbrechungen der geplanten Auftragsreihenfolge ermöglicht die DV-technische Verarbeitung eine einfachere neue Planung und Einsteuerung der Aufträge sowie eine Überwachung des aktuellen Auftragsstands durch die Auswertung der Rückmeldedaten.

Materialwirtschaft

Im Teilmodul Materialwirtschaft werden alle Planungen vorbereitet und abgewickelt, die die Bereitstellung von Material bzw. Ersatzteilen nach Art, Menge und Terminen zur fristgerechten Durchführung von Instandhaltungsarbeiten umfassen. Neben der Verwaltung von Materialstammdaten sollten auch Informationen zur Beschaffung wie Wiederbeschaffungszeiten, Liefertermine und Bedarfsinformationen im System zur Verfügung stehen. Vorteilhaft ist auch eine Bereitstellung objektbezogener Daten über die zeitliche Entwicklung von Materialverbräuchen, um daraus optimale Lagerbestände abzuleiten.

Instandhaltungscontrolling

DV-Systeme, die nicht nur die Verwaltung, sondern auch die aktive Steuerung von Kosten (Controlling) ermöglichen, sollten zumindest die Funktionen der Budgetierung, der Kostenerfassung, Kostenverbuchung sowie Vergleiche von Plan- und Ist-Kosten bereitstellen. Das Festlegen und Überwachen von Instandhaltungsbudgets kann sowohl für eine einzelne Kostenstelle, für den Gesamtbereich oder auch für einzelne Objekte oder Aufträge erfolgen. Bei der Erfassung und Verwaltung von Kosten ist die zeitgenaue und transparente Abrechnung und die DV-technische Anbindung an andere betriebliche Systeme der Finanzbuchhaltung erforderlich. Die Möglichkeit, geplante mit tatsächlichen Budgetwerten zu vergleichen, ermöglicht den aktiven korrektiven Eingriff des Instandhaltungsmanagements (s. 10.4.4).

Auswertung von Instandhaltungsdaten

Zu Planungs- und Steuerungszwecken sollte die flexible und komprimierte Aufbereitung und Analyse von Daten möglich sein, um dem Instandhaltungsmanagement eine bessere und aktuelle Entscheidungstransparenz zu geben. Von Vorteil ist es, wenn die Analyseergebnisse nicht nur in Form von Listenausdrucken abrufbar sind, sondern in übersichtlichen Graphiken aufbereitet werden können.

Literatur zu Abschnitt 10.4

[Bit86] Bitter, P.; Groß, H.; u.a.: Technische Zuverlässigkeit. 3. Aufl. Berlin: Springer 1986

[Blo93] Bloß, C.: Standardsoftware für die Instandhaltung. FB/IE 42 (1993) 3, 120–127

[Dau88] Daube, H.: Dienstleistungen gezielt einkaufen. In: Schulte W.; Küffner G.: Instandhaltungsmanagement der 90er Jahre. Frankfurter Allgemeine Zeitung – Blick durch die Wirtschaft, Frankfurt, 1988

DIN 25424: Fehlerbaumanalyse 1990

DIN 31051: Instandhaltung; Begriffe und Maßnahmen. 1985

DIN 40041: Zuverlässigkeit 1990

[Eic85] Eichler, Ch.: Instandhaltungstechnik. Köln: TÜV Rheinland 1985

[Fra93] Francke, H.: Instandhaltung im Zugzwang von Produktivität und Qualität. Instandhalter-Tagung Nürnberg, 28. und 29.9.1993. Vlg. Moderne Industrie 1993

[Fuc93] Fuchs, B.: Lean Production und die Konsequenzen für die Instandhaltung. IH-Leiter-Forum, Sindelfingen 9. und 10.3.1993. Landsberg a. Lech: Vlg. Moderne Industrie 1993

[Ham92] Hammer, A.: Software mit Lücken. Wo haben IH-Softwaresysteme noch Schwachstellen? Instandhaltung, Mai 1992, 26–27

Horvath, P.: Controlling. 4. Aufl. München: Vahlen 1991

[Jac92] Jacobi, H.F.: Ziele des Instandhaltungsbereichs. In: HbIM, S. 33

[Kra81] Kraus, Th.: Ablauforganisation. In: HbIM, S. 352

[Krc93] Krcmar, H.; Strasburger, H.: Informationsmanagement und Informationssystem-Architekturen. In: Krcmar, H.: Client-Server-Architekturen. Angewandte Informations Technik, Hallbergmoos 1993

[Lew92] Lewandowski, K.: Nachweis und Beeinflussung der Instandhaltbarkeit in der Nutzungsphase. In: HbIM, S. 115

[Män90] Männel, W.: Moderne Softwaresysteme und erfolgreiche Praxislösungen für die Instandhaltung: Verlag der GAB 1990, S. 8

[Moh88] Mohrmann D.: Rechtzeitig Störungen an Produktionsanlagen erkennen. In: Schulte, W.; Küffner, G.: Instandhaltungsmanagement der 90er Jahre. Frankfurter Allgemeine Zeitung - Blick durch die Wirtschaft, Frankfurt 1988

[Nas89] Naß, T.; u.a.: Marktspiegel Instandhaltungsplanungs- und steuerungssysteme. Köln: TÜV Rheinland 1989, S. 8

[Noe91] Noe, T.: Rechnergestützter Wissenserwerb zur Erstellung von Überwachungs- und Diagnoseexpertensystemen für hydraulische Anlagen. Diss. Univ. Karlsruhe 1991

[Pup88] Puppe, F.: Einführung in Expertensysteme. Berlin: Springer 1991

[Pup90] Puppe, F.: Problemlösungsmethoden in Expertensystemen. Berlin: Springer 1990

[Rei91] Reimer, U.: Einführung in die Wissensrepräsentation. Stuttgart: Teubner 1991

[Sch88] Schirmer, K.: Techniken der Wissensakquisition. In: Künstliche Intelligenz, Heft 4, Springer Verlag, 1988

[Sih94] Sihn, W.; Stender, S.; Wincheringer, W.: Schlanke Instandhaltung in dezentralen Produktionsstrukturen. Königbrunner Seminare, 1994

[Smi93] Smith, A.M.: Reliability-centered maintenance. New York: McGraw-Hill 1993

[Spe94] Specht, D.; Fehler, F.: Organisationsorientierte Informationsverarbeitung für die Gruppenarbeit. ZwF 7-8 (1994), 362–365

[Sto89] Storr, A., Wiedemann H.: Funktionen einer Expertensystemshell für technische Diagnosesysteme. In: Künstliche Intelligenz in der Fertigungstechnik. München: Hanser 1989, 37–58

[Uet92] Uetz, H.; Lewandowski K.: Analyse und Bewertung der Instandhaltbarkeit. In: HbIM, S. 100

[War89] Warnecke, H.-J.; Jacobi, H.F.; Schmidt, T.: Wie wird ein Computersystem zum Experten? Techn. Rdsch. 49/89, 54–59

[Win92] Wincheringer, W.: Ursachendiagnose von Maschinenstörungen und Prozeßsicherung durch ein wissensbasiertes Diagnosesystem. 1. Intern. Fachkongreß, Instandhaltung-Realität 1992, Vision 2000, Köln 1992, S. 206

[Win92a] Wincheringer, W.: Strukturierung des Instandhaltungsbereichs. In: HbIM, S. 313

[Wol92] Wolf, A.; Haase, J.: Optimierung von Instandhaltungsstrategien. In: HbIM

Kapitel 11

Koordinator

PROF. DR. GÜNTER SPUR

Autoren

PROF. DR. WALTER EVERSHEIM / PROF. DR. GÜNTER SPUR (11.1)
PROF. DR. PETER R. SAHM (11.2)
PROF. DR. WALTER MICHAELI (11.3)
PROF. DR. HORST R. MAIER (11.4)
PROF. DR. ECKART DOEGE (11.5)
PROF. DR. KLAUS SIEGERT (11.6)
PROF. DR. DIETER SCHMOECKEL (11.7)
PROF. DR. GÜNTER SPUR (11.8)
PROF. DR. GÜNTER SPUR (11.9)
PROF. DR. WILFRIED KÖNIG / PROF. DR. FRITZ KLOCKE (11.10)
PROF. DR. LUTZ DORN (11.11)
PROF. DR. H.-D. STEFFENS (11.12)
PROF. DR. ECKARD MACHERAUCH / PROF. DR. HERMANN MÜLLER (11.13)

Mitautoren

DR.-ING. DIPL.-WIRT. ING. ALEXANDER POLLACK (11.1)
DIPL.-ING. PETER MERZ (11.1)
DR.-ING. ANDREAS BÜHRIG-POLACZEK (11.2)
DR.-ING. MARKUS PHILIPP (11.3)
DR.-ING. ACHIM GREFENSTEIN (11.3)
DIPL.-ING. WILFRID POLLEY (11.5)
DIPL.-ING. BERND STEIN (11.7)
DIPL.-ING. EDGAR FRIES (11.8)
DIPL.-ING. DIPL.-KFM. GÖSTA KRIEG (FH) (11.9)
DIPL.-ING. MICHAEL SPARRER (11.10)

11 Produktionstechnologie

Produktionstechnologie

Kosten und Qualität von Produkten hängen maß-geblich von den angewendeten Fertigungstech-nologien ab. Der folgende Überblick über die in der industriellen Praxis wichtigsten Fertigungs-verfahren soll es dem Betriebspraktiker ermög-lichen, für konkrete Fertigungsaufgaben die an-wendbaren Fertigungsverfahren zu identifizie-ren, miteinander zu vergleichen und eine Vor-auswahl günstiger Verfahren zu treffen.

11.1 Einführung

Aus betriebswirtschaftlicher Sicht wird unter Produktion i. allg. die Hervorbringung von Pro-dukten durch den Einsatz von Elementarfakto-ren, die unter Zuhilfenahme dispositiver Fakto-ren kombiniert werden, verstanden [BE-17: 512–513]. Corsten definiert Produktion als die Kombination von Gütern zur Erstellung anderer Güter [Cor94: 7]. Als Elementarfaktoren werden hier die ausführende Arbeit, die Betriebsmittel, wie Maschinen, Werkzeuge und Transportmit-tel, sowie die Werkstoffe bezeichnet, da sie eine unmittelbare Beziehung zum Produktionsob-jekt haben [Gut73].

Die industrielle Produktionstechnik zur Wei-terverarbeitung von Rohstoffen kann in folgen-de Teilgebiete gegliedert werden:
– Energietechnik,
– Verfahrenstechnik und
– Fertigungstechnik.

Dabei umfaßt die Energietechnik die direkte Nutzung physikalischer Energie, die Umwand-lung von Energiearten ineinander sowie den Transport und die Speicherung von Energie. Die Verfahrenstechnik befaßt sich mit der Herstel-lung von Stoffen definierter chemischer und phy-sikalischer Eigenschaften und mit deren Wand-lung.

Durch die Fertigungstechnik werden Werk-stücke aus vorgegebenem Werkstoff nach vor-gegebenen geometrischen Bestimmungsgrößen geformt, in ihren Eigenschaften angepaßt und als Bauteile zu funktionsfähigen Produkten zu-sammengesetzt. Dazu werden die Werkstücke im Fertigungsprozeß durch die Einwirkung von Werkzeugen und Wirkmedien vom Rohzustand in den Fertigzustand überführt. Für diese Auf-gabe stehen unterschiedliche Fertigungsverfah-ren zur Verfügung. Nach DIN 8580 sind Ferti-gungsverfahren alle Verfahren, die zur Herstel-lung von geometrisch bestimmten festen Kör-pern, wie Halbzeugen, Einzelteilen technischer Gebilde oder zusammengesetzten Objekten, die-nen. Die Einteilung der Fertigungsverfahren ist im folgenden dargestellt. Zusätzlich werden grundsätzliche Aspekte der Auswahl von Ferti-gungsverfahren insbesondere hinsichtlich des technologischen und wirtschaftlichen Verfah-rensvergleiches diskutiert.

11.1.1 Einteilung der Fertigungsverfahren

Bei der Nutzung von Fertigungsverfahren zur Herstellung von geometrisch bestimmten fest-en Körpern erfolgt entweder die Schaffung ei-ner Ausgangsform aus formlosem Stoff, die Ver-änderung der Form oder die Veränderung der Stoffeigenschaften. Dabei wird zwischen Teil-chen eines festen Körpers oder Bestandteilen ei-nes zusammengesetzten Körpers Zusammen-halt geschaffen, beibehalten, vermindert oder vermehrt. Auf dieser Betrachtungsweise basiert

Schaffen der Form	Ändern der Form				Ändern der Stoffeigenschaften
Zusammenhalt schaffen	Zusammenhalt schaffen	Zusammenhalt vermindern	Zusammenhalt vermehren		
Hauptgruppe 1 Urformen	Hauptgruppe 2 Umformen	Hauptgruppe 3 Trennen	Hauptgruppe 4 Fügen	Hauptgruppe 5 Beschichten	Hauptgruppe 6 Stoffeigenschaft ändern

Bild 11-1 Merkmale für die Hauptgruppen der Fertigungsverfahren

die Einteilung der Fertigungsverfahren in sechs Hauptgruppen nach DIN 8580 (Bild 11-1) [DIN85]:
- Urformen,
- Fügen,
- Umformen,
- Beschichten,
- Trennen,
- Stoffeigenschaft ändern.

Die Fertigung von festen Körpern aus formlosem Stoff durch Schaffen des Zusammenhalts erfolgt durch *Urformen*. Als formloser Stoff werden dabei Gase, Flüssigkeiten, Pulver, Fasern, Späne, Granulat und ähnliche Stoffe bezeichnet. Die Urformverfahren werden dementsprechend in Urformen aus dem flüssigen, plastischen und breiigen Zustand, aus dem festen körnigen, pulver-, span- und faserförmigen Zustand, aus dem gas- und dampfförmigen Zustand sowie aus dem ionisierten Zustand eingeteilt. *Umformen* ist Fertigen durch bildsames (plastisches) Ändern der Form eines festen Körpers unter Beibehaltung der Masse und des Zusammenhalts. Verfahren dieser Hauptgruppe sind Druck-, Zugdruck-, Zug-, Biege- und Schubumformen. Auch beim *Trennen* findet eine Veränderung der Form fester Körper statt. Im Gegensatz zu umformenden Verfahren kommt es dabei jedoch zu einer örtlichen Aufhebung des Zusammenhalts, so daß dieser im ganzen vermindert wird. Darüber hinaus ist die durch die Anwendung trennender Verfahren herstellbare Endform in der Ausgangsform enthalten. Zu den trennenden Fertigungsverfahren werden das Zerteilen, das Spanen mit geometrisch bestimmter und unbestimmter Schneide, das Abtragen, das Zerlegen und das Reinigen gezählt. *Fügen* ist das Verbinden oder sonstige Zusammenbringen von zwei oder mehr Werkstücken geometrisch bestimmter fester Form oder von ebensolchen Werkstücken mit formlosem Stoff, wobei Zusammenhalt örtlich geschaffen und damit vermehrt wird. Unter Fügen versteht man im einzelnen das Zusammensetzen, das Füllen, das An- und Einpressen, das Fügen durch Ur- und Umformen, das Schweißen, das Löten und das Kleben. Das Fertigen fest haftender Schichten durch das Aufbringen von formlosem Stoff auf ein Werkstück bezeichnet man als *Beschichten*. Der Beschichtungsvorgang kann in Analogie zum Urformen aus dem flüssigen, plastischen und breiigen Zustand, aus dem festen körnigen oder pulverförmigen Zustand, aus dem gas- und dampfförmigen Zustand, aus dem ionisierten Zustand sowie durch Schweißen und Löten erfolgen. Die *stoffeigenschaftändernden Verfahren* der sechsten Hauptgruppe dienen der Veränderung der Eigenschaften des Werkstoffes, aus dem ein Werkstück besteht. Dies geschieht i. allg. im submikroskopischen Bereich, beispielsweise durch die Diffusion von Atomen, die Erzeugung und Bewegung von Versetzungen oder chemische Reaktionen. Formänderungen, die dabei teilweise unvermeidlich auftreten, gehören nicht zum Wesen dieser Verfahrensgruppe. Die Fertigungsverfahren zum Stoffeigenschaft ändern werden in Verfestigen durch Umformen, Wärmebehandeln, thermo-mechanisches Behandeln, Sintern und Brennen, Magnetisieren, Bestrahlen sowie photochemische Verfahren eingeteilt (DIN8580) [Spu94].

11.1.2 Verfahrensauswahl

Die Auswahl und Festlegung des oder der Verfahren, mit denen ein Werkstück vom Roh- in den Fertigzustand überführt wird, gehören in die Zuständigkeit der betrieblichen Fertigungsplanung (s. 7.4.2.2). Die Verfahrensauswahl stellt die Basis weiterer Planungsaktivitäten dar, da beispielsweise Fertigungsmittelauswahl und Arbeitsablaufplanung auf ihr aufbauen. Die Schlüsselstellung von Konstruktion und Fertigungsplanung hinsichtlich der Kostenfestlegung eines Produkts läßt sich anhand der Verteilung von festgelegten und tatsächlich entstehenden Kosten auf die betrieblichen Bereiche eindrucksvoll belegen (s. 7.3.1). In den Bereichen Fertigung und Montage entstehen aufgrund sehr investitionsintensiver Fertigungs- und Montageeinrichtungen sowie des Material- und Personaleinsatzes je nach Fertigungsvorgang mehr als 80 % der Herstellkosten eines Produkts [Eve89b: 5]. Die Festlegung dieser Kosten erfolgt zu einem Anteil von bis zu 90 % in den Bereichen Konstruktion und Fertigungsplanung, wobei in diesen Bereichen lediglich 20 % der Kosten verursacht werden. Da die Verfahrensauswahl ein Teilgebiet der Fertigungsplanung ist und in enger Verbindung zur Produktkonstruktion steht, ist sie auch für den betriebswirtschaftlichen Erfolg der Produktfertigung von erheblicher Bedeutung.

In der Regel wird die Verfahrensbewertung, die in die Verfahrensauswahl mündet, zweistufig vorgenommen [Eve89a: 34ff.]. Im ersten Schritt erfolgt die Ermittlung der technologisch möglichen Verfahrensalternativen und ihrer Reihenfolge (Arbeitsvorgangsfolgeermittlung) (s. 11.1.2.1), die im zweiten Schritt hinsichtlich ihrer Wirtschaftlichkeit (s. 11.1.2.2) bewertet werden.

11.1.2.1 Technologischer Verfahrens- und Variantenvergleich

In der Regel kann ein vorgegebenes Werkstück mit unterschiedlichen Fertigungsverfahren bzw. durch Kombinationen verschiedener Fertigungsverfahren hergestellt werden. Die Verfahrensauswahl wird daher durch eine Vielzahl von Randbedingungen beeinflußt. Bei folgenden betrieblichen Ereignissen liegt eine solche Entscheidungssituation vor [War90]:

- Aufnahme neuer Produkte in das Produktionsprogramm,
- Anpassung des Fertigungsablaufs an konstruktive Änderungen des Werkstücks,
- Veränderung der Kapazität aufgrund variierender Absatzerwartungen und
- Ersatz bestehender Verfahren aufgrund technischer Veralterung.

Die Vielfältigkeit aller möglichen Roh- und Fertigteilgeometrien sowie die Anzahl der verfügbaren Fertigungsverfahren macht eine Algorithmierung und die daraus resultierende Automatisierung der Zuordnung von Fertigungsverfahren zu Fertigungsaufgaben kaum möglich [Spu94: Bd. 6, S. 151]. Auch darf der Entscheidungsprozeß nicht als isolierte Handlung angesehen werden, da in der Regel bereits im Frühstadium der Konstruktionsphase das bzw. die Fertigungsverfahren festgelegt und die Rückwirkung auf konstruktive Details berücksichtigt werden. Dennoch ist eine Systematisierung der Vorgehensweise, die allerdings stark auf der Erfahrung des Planenden (Expertenwissen) aufbaut, möglich.

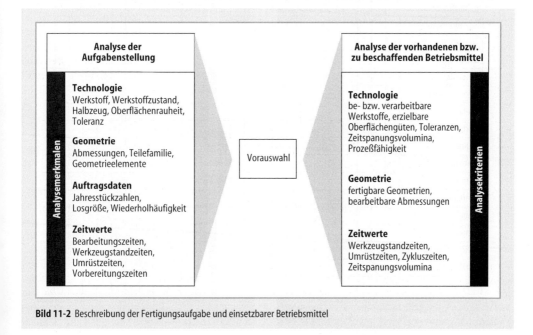

Bild 11-2 Beschreibung der Fertigungsaufgabe und einsetzbarer Betriebsmittel

Die für eine objektive Entscheidungsfindung benötigten Informationen umfassen die Beschreibung der Fertigungsaufgabe sowie die Analyse der betrieblich verfügbaren Fertigungsmittel (Bild 11-2). Die hierzu notwendigen Informationen werden in Form von Zeichnungen, Stücklisten, Auftragsdaten bzw. Maschinendaten und Erfahrungswissen aus abgeschlossenen Fertigungsaufträgen geliefert. Eine Systematisierung der Beschreibungsmerkmale kann nach folgenden Kategorien erfolgen [Eve89b: 26]:

– Technologie,   – Auftragsdaten,
– Geometrie,   – Zeitwerte.

Erfordert die Fertigungsaufgabe die Steigerung des betrieblichen Leistungspotentials, z. B. hinsichtlich des Mengenausstoßes oder der anzu-wendenden Fertigungstechnologie, können auch Fertigungsverfahren berücksichtigt werden, die entweder die Investitionen in neue Fertigungsmittel notwendig machen oder durch Fremdvergabe des (Teil-) Auftrags (Outsourcing) prinzipiell zur Verfügung stehen. Bei der Entscheidung, ob Outsourcing oder Investition und Eigenfertigung zu bevorzugen ist, sind eine Vielzahl strategischer, wirtschaftlicher und technologischer Randbedingungen zu beachten [Rom 94, 208ff]. Insbesondere die Möglichkeit, Kostenvorteile des Zulieferes in eigene Kostenvorteile umzusetzen, läßt eine Fremdfertigung vielfach attraktiv erscheinen. Es lassen sich aber auch technologische Vorteile durch Outsourcing nutzen, wenn der dienstleistungsanbietende Betrieb über spezielles Know-how verfügt und dieses in

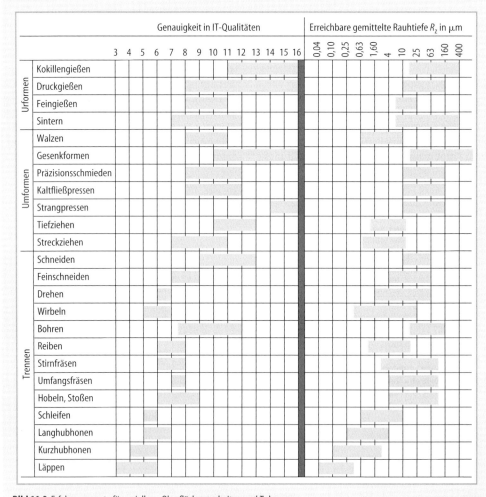

Bild 11-3 Erfahrungswerte für erzielbare Oberflächenrauheiten und Toleranzen

das herzustellende Produkt einfließt. Auch langfristig und in Großserien können sich unter bestimmten Bedingungen, wie z. B. bei einem polypolistischen Zuliefermarkt, Fremdaufträge als günstiger erweisen als Eigenfertigung.

In der Kategorie *Technologie* sind Daten über den Werkstoff, die geforderten Oberflächenrauheiten, Toleranzen, Oberflächenhärten und Festigkeiten enthalten. Einige Daten, wie die Oberflächenrauheit und die geforderten Toleranzen, lassen sich quantitativ mit den entsprechenden Merkmalen der Fertigungsverfahren vergleichen, da für viele Verfahren Erfahrungswerte vorliegen (Bild 11-3). Die angegebenen Werte sind als Anhaltswerte zu verstehen, da sie zusätzlich von Randbedingungen, wie dem Werkzeug, der Werkzeugmaschine, der Werkstückgeometrie, dem Werkstoff, den Verfahrensparametern und dem Bedienpersonal, abhängig sind [Raa84]. Auch können Verfahrensvarianten und spezielle Werkzeuge die angegebenen Bereiche zu kleineren oder größeren Werten erweitern. Ur- und um-

formende Verfahren weisen z. B. i. allg. größere Toleranzen und schlechtere Oberflächen auf als spanende Verfahren. Sie besitzen jedoch den nicht quantifizierbaren Vorteil der größeren Gestaltungsfreiheit. Durch Kombination von urformenden und spanenden Verfahren können die Vorteile beider Verfahrensgruppen genutzt werden. Als Beispiel sei die spanende Bearbeitung von Funktionsflächen an gegossenen Bauteilen genannt. Vorteilhaft können umformende Verfahren zur Eigenschaftsverbesserung eingesetzt werden, um die vorgeschriebenen Anforderungen an den Werkstoff zu erfüllen. Beispielsweise führt das Gewindewalzen zu beträchtlichen Härte- und Wechselfestigkeitssteigerungen des Werkstoffes [Zim89: 170]. Der vorgesehene Werkstoff besitzt ebenfalls Auswirkungen auf die Wahl des Fertigungsverfahrens. Polymere werden z. B. wegen ihrer im Vergleich zu Metallen vergleichsweise geringen Verarbeitungstemperaturen – für Standardpolymere liegen diese zwischen 140 und 320 °C – aus maschinentechnischen, energe-

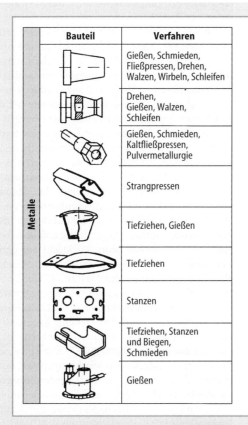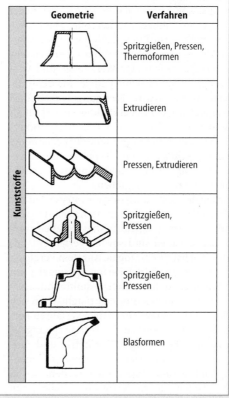

Bild 11-4 Prinzipielle Möglichkeiten zur Fertigung verschiedener Bauteilgeometrien

tischen und wirtschaftlichen Gründen bevorzugt urgeformt.

Ein wichtiges Hilfsmittel für die Verfahrenswahl stellt die Klassifizierung von Werkstücken nach geometrischen Merkmalen dar [Zim89: 147, Nie70: 3–43], wobei z. T. noch nach Werkstoffen differenziert wird [Nie70: 3–43]. Bild 11-4 zeigt die vorgenommene Unterteilung mit jeweils einem Beispiel je Bauteilklasse. Die umformenden Verfahren, wie Schmieden und Fließpressen, eignen sich für dickwandige, gedrungene Bauteile, während das Tiefziehen und Stanzen (trennend) in der Blechverarbeitung zum Einsatz kommt. Komplex geformte Bauteile aus Polymerwerkstoffen werden in der Regel spritzgegossen, Profile extrudiert, großflächige Teile durch Pressen umgeformt oder thermogeformt und Hohlkörper vielfach blasgeformt. Bei Kunststoffen sind auch die spanenden Verfahren mit geometrisch bestimmter Schneide anwendbar, jedoch sind die Stückzahlen in der Regel so groß, daß urformende Verfahren günstiger sind.

In den Auftragsdaten sind die für die Wirtschaftlichkeit relevanten Daten enthalten, beispielsweise Losgröße, Werkstoff und Toleranzen. Aus den Auftragsdaten geht in der Regel hervor, ob eine Einzel-, Serien- oder Massenfertigung vorliegt. Die Einzelfertigung ist durch flexible Maschinen und Verfahren unter Verzicht auf werkstückabhängige Werkzeuge und Vorrichtungen gekennzeichnet. In der Massenfertigung hingegen wird der Fertigungsprozeß eines Erzeugnisses in der Regel ständig wiederholt, so daß auch große Investitionen in hochproduktive Spezialmaschinen mit teuren Spezialwerkzeugen gerechtfertigt sind. Typische Massenfertigungsverfahren für Metalle sind das Gesenkformen und das Druckgießen.

Neben der Fertigungsaufgabe müssen auf der anderen Seite auch die Eigenschaften der vorhandenen Fertigungsmittel beschrieben werden. Die Angaben sind sowohl verfahrens- als auch betriebsmittelbezogen. Aus dem Vergleich der Anforderungen der Fertigungsaufgabe mit den Eigenschaften der Betriebsmittel hinsichtlich der genannten Kriterien kristallisieren sich in der Regel mehrere alternative Verfahren heraus, die die Machbarkeit der Fertigungsaufgabe hinsichtlich Technologie, Geometrie und Auftragsdaten gewährleisten. In diesem Zusammenhang muß darauf hingewiesen werden, daß in vielen Fällen die zu fertigenden Teile ihren Gebrauchszustand nicht durch die Anwendung eines Verfahrens erhalten, sondern durch eine

Verfahrenskette. Erfahrungsgemäß ist die Anzahl der Verfahren, die die prinzipielle Machbarkeit eines Bauteiles gewährleisten, sehr groß. Deshalb sollte bereits in diesem Planungsstadium aufgrund von Erfahrungen oder durch Vergleiche mit ähnlichen Fertigungsaufgaben eine zahlenmäßige Reduzierung der in Betracht gezogenen Verfahren stattfinden.

11.1.2.2 Wirtschaftlichkeit

Wirtschaftlichkeit ist die Relation zwischen Ertrag bzw. Leistung und Aufwand bzw. Kosten. Entsprechend der Zielsetzung der Fertigungstechnik, Werkstücke möglichst wirtschaftlich herzustellen, stellt diese Relation ein wesentliches Kriterium bei der Verfahrensauswahl dar. Im Falle des Vergleichs zweier, hinsichtlich der Fertigungsaufgabe technologisch gleichwertiger Verfahren, ist die aus der Wirtschaftlichkeitsrechnung resultierende Kenngröße in der Regel das ausschlaggebende Entscheidungskriterium (s. 8.1.6). Wichtige Eingangsgrößen seitens der Fertigungsaufgabe sind die Auftragsdaten.

Die Betriebswirtschaft stellt eine Vielzahl von Methoden zur Wirtschaftlichkeitsrechnung zur Verfügung (s. 8.1.4). Dabei wird zwischen statischen und dynamischen Verfahren unterschieden. Die statischen Verfahren sind dadurch gekennzeichnet, daß zeitliche Unterschiede beim Anfall von Aufwand und Ertrag nicht berücksichtigt werden. Wegen ihrer Einfachheit und schnellen Umsetzbarkeit besitzen die statischen Verfahren breite Anwendung in der betrieblichen Praxis. Statische Wirtschaftlichkeitsrechnungen sind Vergleichsrechnungen, bei denen Durchschnittskosten, Durchschnittserlöse und Durchschnittseinsparungen, die durch eine Investition oder Verfahrensänderung anfallen, für einzelne Erzeugnisse ohne Rücksicht auf den Zeitpunkt des Kostenanfalls durch Kenngrößen absolut verglichen werden [Wis71: 38]. Der Umfang des Vergleichs ist davon abhängig, ob eine beabsichtigte unternehmerische Maßnahme alle Kostenarten und den Gewinn beeinflußt oder – beispielsweise bei einer Verfahrensumstellung auf andere Werkzeuge – nur einzelne Kostenarten (Lohnkosten, Werkzeugkosten, Betriebsmittelkosten u. a.) berührt werden. Je nach Art des Vergleiches kommt der Kosten-Gewinn-Vergleich bzw. der einfache Kostenvergleich zur Anwendung. Für die Verfahrensauswahl hat sich insbesondere die Kostenvergleichsrechnung als einfach zu handhabendes Berechnungsverfahren etabliert und findet bei Wahlproblemen (Vergleich mehrerer Alternativen) und Ersatzproblemen (Anschaffung einer neuen Anlage) Anwendung [War81].

Die Kostenvergleichsrechnung bietet den besonderen Vorteil, daß Einflußgrößen, die für alle Alternativen identisch sind, beispielsweise das Halbzeug, nicht erfaßt werden müssen, d. h., es gehen nur die Aufwände in die Rechnung ein, in denen sich die Alternativen unterscheiden.

Eine Wirtschaftlichkeitsbewertung von Produktionsverfahren ist in der betrieblichen Praxis vor allem in zwei Arten von Entscheidungssituationen erforderlich:
- Entscheidung über eine Neuinvestition (ergänzende oder ersetzende Technologie),
- Entscheidung über den Einsatz bzw. die Anwendung unterschiedlicher, bereits im Unternehmen existierender Technologien.

Im Rahmen der Arbeitsplanung ist vielfach eine Entscheidung zwischen verschiedenen im Unternehmen vorhandenen Herstellalternativen zu treffen. Dabei sind die Investitionen in die Fertigungsmittel bereits getätigt und können außer Betracht bleiben. Bei der Investitionsplanung hingegen, die in der Regel eher langfristigen Charakter hat, ist der Kapitaleinsatz für die Anwendung einer neuen Technologie den dadurch erzielbaren Einsparungen gegenüberzustellen. Dabei finden insbesondere die oben erwähnten Methoden der Investitionsrechnung Anwendung [Eis92].

Im folgenden wird eine grundlegende Systematik zum wirtschaftlichen Verfahrensvergleich beschrieben, die unabhängig vom Betrachtungsfall und von den jeweiligen Technologien angewendet werden kann [Eve89: 35].

Bewertungsschema zum wirtschaftlichen Verfahrensvergleich

Die Wirtschaftlichkeit eines Verfahrens ist außer von den zu fertigenden Stückzahlen auch von der speziellen Bearbeitungsaufgabe abhängig, also beispielsweise von der Komplexität der Geometrie oder den geforderten Toleranzen. Eine Wirtschaftlichkeitsbewertung kann somit meist nicht pauschal, sondern nur anwendungsbezogen vorgenommen werden.

Bei der Anwendung der Kostenvergleichsrechnung in der betrieblichen Praxis sind häufig die folgenden Defizite zu erkennen (Bild 11-5):

Die Kosten der durch die Verfahrenswahl induzierten vor- und nachgelagerten Prozesse werden oft nur unzureichend berücksichtigt. So werden Kostenunterschiede, die sich bei verschiedenen Verfahren beispielsweise durch vorbereitende Prozesse, wie die Programmierung von NC-Bearbeitungsmaschinen, ergeben, häufig vernachlässigt. Ebenso können sich in Abhängigkeit der erzeugten Teilequalitäten auch in nachgelagerten Bereichen Kostendifferenzen ergeben, die z. B. aus unterschiedlichem Aufwand für die notwendige Nachbearbeitung resultieren. Solche Einflüsse bleiben bei einem aus-

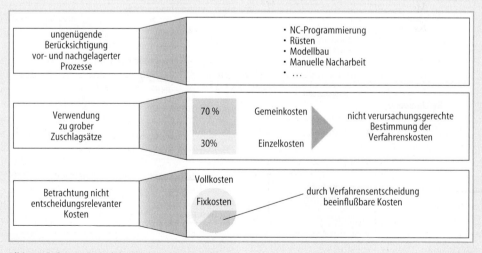

Bild 11-5 Defizite herkömmlicher Kostenrechnungsverfahren

schließlichen Vergleich der direkten Verfahrenskosten unberücksichtigt [EHP94].

Ferner werden die für die Nutzung von Ressourcen veranschlagten Kosten häufig nicht verursachungsgerecht auf die einzelnen Prozesse bzw. Verfahren verrechnet. Zwar gelingt es i. allg., die für eine Herstellaufgabe anfallenden Einzelkosten (s. 8.1.2) genau zu bestimmen. Die Verrechnung des Gemeinkostenblocks (s. 8.1.2), der in den letzten Jahren einen immer größeren Anteil an den Gesamtkosten ausmacht, wird jedoch meist nur über sehr grobe (d.h. verfahrensunabhängige) Zuschlagsätze vorgenommen. Dies kann zu erheblichen Ungenauigkeiten führen [HoRe90].

Viele Unternehmen haben versucht, die Gemeinkostenverteilung durch eine Kalkulation auf der Basis von Maschinenstundensätzen (s. 8.1.2) zu verbessern. Die Maschinenstundensatzrechnung ist jedoch eine Vollkostenrechnung (s. 8.1.2), bei der alle mit der Maschinennutzung verbundenen Kosten (d.h. auch kalkulatorische Abschreibungen und Zinsen) verrechnet werden. Verwendet man diese Maschinenstundensätze für die Verfahrensauswahl im Rahmen der Arbeitsplanung, so werden Unterschiede beispielsweise bei den kalkulatorischen Abschreibungen

berücksichtigt, obwohl diese Kosten im Falle bereits vorhandener Maschinen durch die Verfahrensentscheidung nicht beeinflußt werden können. Dabei werden kapitalintensive moderne Fertigungsverfahren aufgrund ihrer hohen Gemeinkostenbelastung häufig als ökonomisch ungünstig bewertet, obwohl der durch ihre Nutzung entstehende Aufwand im Vergleich zu den laufenden Kosten konventioneller, in der Anschaffung günstigerer Maschinen vergleichsweise gering ist [EHP94].

Infolge der genannten Mängel herkömmlicher Kostenrechnungssysteme empfiehlt sich im Rahmen des wirtschaftlichen Verfahrensvergleichs die Durchführung einer *prozeßorientierten* Kalkulation, die sich unabhängig von den zu bewertenden Verfahren an folgendem Schema orientiert (Bild 11-6A):

Zunächst sind die bei den alternativen Verfahren zu durchlaufenden Prozeßketten zu identifizieren. Dabei sollten neben dem Herstellprozeß selbst auch vor- und nachgelagerte Prozesse betrachtet werden, die der Planung, Vorbereitung oder Überwachung der Verfahrensdurchführung dienen. Durch eine Gegenüberstellung der alternativen Prozeßketten wird zunächst ersichtlich, in welchen Bereichen sich verfahrens-

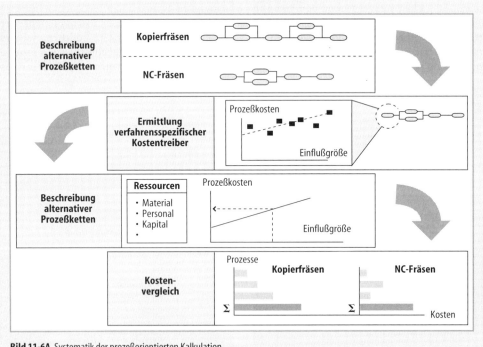

Bild 11-6A Systematik der prozeßorientierten Kalkulation

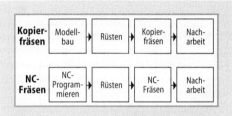

Bild 11-6B Alternative Prozeßketten bei der Herstellung von Preßwerkzeugen

abhängig Kostenunterschiede ergeben können. Ein Vergleich alternativer Prozeßketten für die mechanische Bearbeitung von Preßwerkzeugen (Bild 11-6B) läßt beispielsweise erkennen, daß neben den reinen Zerspanvorgängen auch vorbereitende Prozesse (NC-Programmierung, Modellbau usw.) sowie die Nacharbeit zu berücksichtigen sind [EHP94].

Danach sind für die Elemente der Prozeßketten die kostenbeeinflussenden Faktoren, die sog. Kostentreiber, zu bestimmen. Diese Kostentreiber dienen beim Verfahrensvergleich als Größe zur Bestimmung der Prozeßkosten. Dabei kann zwischen allgemeinen und verfahrensspezifischen Kostentreibern unterschieden werden. Ein allgemeiner, d.h. verfahrensunabhängiger

Kostentreiber ist z.B. die Prozeßzeit, zu der sich die Prozeßkosten häufig proportional verhalten. Die Prozeßzeit ist gerade im Bereich der Verfahrensplanung oft eine geeignete Größe, denn der Arbeitsplaner ist es gewohnt, Prozesse zeitlich zu planen.

Andererseits ist die Prozeßzeit stets eine abgeleitete Größe, die sich aus der jeweiligen Bearbeitungsaufgabe ergibt. Daher hat es sich in der Praxis als sinnvoll erwiesen, verfahrensspezifische Kostentreiber zu identifizieren, über die die Dauer des Prozesses und damit auch die Prozeßkosten bestimmt werden können. Der Zusammenhang zwischen verfahrensspezifischen und allgemeinen Kostentreibern sowie Prozeßkosten kann anschaulich mit Hilfe von Nomogrammen dargestellt werden (Bild 11-6C, [EGK94]).

Geeignete verfahrensspezifische Kostentreiber lassen sich in Abhängigkeit von der jeweiligen Technologie identifizieren. Hierzu sei auf Tabelle 11-1 am Ende dieses Abschnitts sowie auf die nachfolgenden Abschnitte dieses Kapitels verwiesen. Zur Beschreibung des Zusammenhangs zwischen verfahrensspezifischen Kostentreibern und der Prozeßzeit existieren für gängige Herstellverfahren sog. Vorgabezeitformeln (s. 7.4.2.2, [Eve90: 56]).

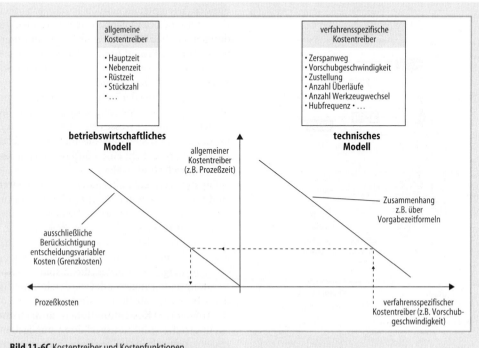

Bild 11-6C Kostentreiber und Kostenfunktionen

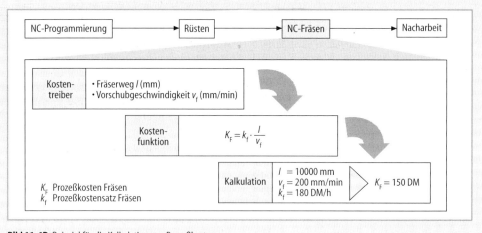

NC-Programmierung → Rüsten → NC-Fräsen → Nacharbeit

| Kostentreiber | • Fräserweg l (mm) • Vorschubgeschwindigkeit v_f (mm/min) |

| Kostenfunktion | $K_F = k_f \cdot \dfrac{l}{v_f}$ |

| Kalkulation | $l = 10000$ mm $v_f = 200$ mm/min $k_f = 180$ DM/h | $K_F = 150$ DM |

K_F Prozeßkosten Fräsen
k_f Prozeßkostensatz Fräsen

Bild 11-6D Beispiel für die Kalkulation von Prozeßkosten

Bei der Aufstellung von Kostenfunktionen für den wirtschaftlichen Verfahrensvergleich sollten nur diejenigen Kostenarten berücksichtigt werden, die durch die Verfahrensentscheidung beeinflußt werden. Sind die zur Auswahl stehenden Technologien bereits im Unternehmen vorhanden, so dürfen die kalkulatorischen Abschreibungen beispielsweise nicht zu den Prozeß-

kosten gerechnet werden, da sie unabhängig davon anfallen, ob das betrachtete Verfahren eingesetzt wird oder nicht. Beim Verfahrensvergleich sind dann anstatt der Vollkosten die Grenzkosten (s. 8.1.2) eines Prozesses anzusetzen [EHP94].

Andere Rahmenbedingungen liegen i. allg. bei einer Investitionsplanung vor. Durch die Entscheidung für eine neue Technologie wird in der Regel eine beträchtliche Menge an Kapital gebunden. Die entsprechenden kalkulatorischen Kosten können bei solchen Verfahrensentscheidungen durchaus relevant sein. Wenn im Unternehmen neue Produktionsverfahren zu installieren sind, ist somit ein Kostenvergleich auf Vollkostenbasis durchzuführen.

Die Anwendung der Kostenfunktionen für eine bestimmte Bearbeitungsaufgabe ergibt die Kosten einzelner Prozesse (Bild 11-6D). Die Summe der Prozeßkosten über die alternativen Prozeßketten ermöglicht einen differenzierten Kostenvergleich (Bild 11-6E).

Für den Vergleich alternativer Prozeßketten sind Kostenfunktionen für alle, d. h. auch für indirekte, Prozesse erforderlich. Da deren Ermittlung einen nicht unerheblichen Aufwand darstellt, sollten Kalkulationsschemata für wichtige, im Unternehmen existierende Technologien einmalig aufgestellt werden, die in späteren Anwendungsfällen angewendet werden können. In der Übersicht Tabelle 11-1 sind geeignete Kostentreiber und Kostenfunktionen für die heute wichtigsten Produktionsverfahren angegeben. Die Kostenfunktionen basieren insbesondere auf der Hauptzeit des jeweiligen Verfahrens.

Vergleich der Verfahrenskosten zur Herstellung eines Tiefziehstempels

DM

46730 · 32310 · 29750

Kopierfräsen · 3-Achsen-Fräsen · 5-Achsen-Fräsen

Rüsten · Modellbau
Nacharbeit · Programmierung
· Zerspanung

Bild 11-6E Beispiel für einen wirtschaftlichen Verfahrensvergleich

Tabelle 11-1 Verfahrensspezifische Kostentreiber und Kostenfunktionen (K Prozeßkosten, k maschinenspezifischer Kostensatz

Verfahren	Kostentreiber	Kostenfunktion	Anmerkungen
Blechumformung (Tiefziehen)	• Werkzeugkomplexität • Anzahl der Stufen • Hubzahl • Ziehverhälnis		• Eine allgemeine Formel kann aufgrund der Vielzahl der Einflußgrößen nicht angegeben werden
Bohren	• Bohrwegslänge L • Vorschubgeschwindigkeit v_f • Rückzugsgeschwindigkeit v_R • Drehzahl n • Vorschub pro Umdrehung f	$K = \dfrac{L \cdot (v_f + v_R)}{v_f \cdot v_R} \cdot K$ $v_f = n \cdot f$	$L = L + L_a + L_A + L_ü$ • $L_a = \dfrac{D}{2} \cdot \dfrac{1}{\tan\left(\frac{\sigma}{2}\right)}$ mit Bohrungslänge L, Anfahrweg L_a, Anbohrweg L_A, Überlauflänge $L_ü$ und Spitzenwinkel σ
Drahterodieren	• Schnittrate V_w • Werkstückhöhe h • Schnittlänge s	$K = \dfrac{(h \cdot s)}{V_w} \cdot k$	• V_w kann aus Technologietabellen entnommen werden und ist abhängig vom zu bearbeitenden Werkstoff und der Werkstückhöhe h
Extrusion (Kunststoff)	• Metergewicht m • Materialpreis k_M • Massendurchsatz M	$K = m \cdot \left(k_M + \dfrac{k}{M}\right)$	
Fräsen	• Vorschub pro Zahn f_z • Zähnezahl z • Vorschubweg L • Anzahl der Schnitte i • Drehzahl n	$K = \dfrac{L \cdot i}{n \cdot f_z \cdot z} \cdot k$	• Ermittlung des Vorschubweges L ist vom Fräsverfahren abhängig: $L = L + L_a + L_ü$ mit Fertigteillänge L, Anlauflänge L_a, Überlauflänge $L_ü$
Fügen	• leistungsmengeninduzierte Parameter • leistungsmengenneutrale Parameter		• Für die Vor- und Nachbehandlung des Werkstücks können je nach Verfahren erhebliche Kosten enstehen • Eine allgemeine Formel kann für die verschiedenen Verfahren nicht angegeben werden
Galvanisieren	• Schichtdicke d • Abscheiderate V	$K = \dfrac{d}{V} \cdot k$	
Gleitschleifen	• Oberflächengüte • Verfahren • Schleifkörper • Zusatzmittel • Stellgrößen	$K = t_p \cdot k$	• Prozeßzeit t_p
Hobeln	• Hobellänge L • Hobelbreite B • Anzahl der Schnitte i • mittlere Schnittgeschwindigkeit v_m • Schnittgeschwindigkeit v_c • Rücklaufgeschwindigkeit v_r	$v_m = \dfrac{2 \cdot v_c \cdot v_r}{v_c + v_r} \cdot c$ $K = \dfrac{2 \cdot B \cdot L \cdot i}{f \cdot v_r} \cdot k$	• $L = L_a + L_ü + z_1 + z_2$ $B = b + b_a + b_ü + 2 \cdot z_1$ mit der Fertigteillänge L, Werkstückbreite b, Anlauflänge L_a, Anlaufbreite b_a, Überlauflänge $L_ü$, Überlaufbreite $b_ü$, Aufmaße z_1, z_2
Honen	• Drehzahl n • erforderliche Durchmesseraufweitung a • Zustellung pro Werkzeugumdrehung a_e	$K = \dfrac{a}{a_e \cdot n} \cdot k$	

Tabelle 11-1 (Fortsetzung 1)

Verfahren	Kostentreiber	Kostenfunktion	Anmerkungen
Kreissägen Bandsägen	• Sägeweglänge L • Vorschubgeschwindigkeit v_f • Rückzugsgeschwindigkeit v_R • Drehzahl n • Zähnezahl z • Vorschub pro Zahn f_z	$K = \dfrac{L \cdot (v_f + v_R)}{v_f \cdot v_R} \cdot k$ $v_f = f_z \cdot z \cdot n$	• $L = L + L_a + L_\ddot{u}$ mit Werkzeugdurchmesser L, Ansägeweg L_a, Überlauflänge $L_\ddot{u}$
Längs-Umfangs-Außenrundschleifen	• Vorschubgeschwindigkeit in axialer Richtung v_{fa} • Vorschubweg L • Zustellung a_e • Aufmaß a	$K = \dfrac{L \cdot a}{v_{fa} \cdot a_e} \cdot k$	
Längs-Umfangs-Planschleifen	• Tischvorschubgeschwindigkeit v_f • Eingriffbreite a_p • Vorschubweg L • Werkstückbreite b_w • Zustellung a_e • Aufmaß a	$K = \dfrac{L \cdot b_w \cdot a}{v_f \cdot a_p \cdot a_e} \cdot k$	
Längsdrehen	• Vorschub pro Umdrehung f • Länge des Vorschubweges L • Anzahl der Schnitte i (Längsrichtung) • Drehzahl n	$K = \dfrac{L \cdot i}{n \cdot f} \cdot k$	
Läppen	• Kinematik • Läppscheibe • Suspension • Oberflächengüte	$K = t_L \cdot k$	• Läppzeit t_L
Laserstrahlschneiden	• Zeit für Einstechvorgang t_{ein} • Anzahl der Einstechvorgänge i • Schnittlänge L • Schneidgeschwindigkeit v	$K = \left(\dfrac{L}{v} + i \cdot t_{ein} \right) \cdot k$	• Zeit für den Einstechvorgang ist abhängig vom Werkstückwerkstoff und der Blechdicke
Maschinenformen	• fixe Formkosten $K_{F,fix}$ • proportionale Formkosten $k_{F,prop}$ • proportionale Sandkosten $k_{Sand,prop}$ • Erzeugung P_K	$K = K_{F,fix} + (k_{F,prop} + k_{Sand,prop}) \cdot$	• Beispiele für Parameter: $K_{F,fix}:$ Formflächenleistung $k_{Sand,prop}:$ Sandmenge und -qualität $k_{F,prop}:$ Kastenvolumen
Plan- bzw. Querdrehen	• Vorschub pro Umdrehung f • Außen- bzw. Innendurchmesser D_a, D_i • Anzahl der Schnitte i • Schnittgeschwindigkeit v_c	$K = \dfrac{(D_a^2 - D_i^2) \cdot \pi \cdot i}{4 \cdot f \cdot v_c} \cdot k$	• $v_c = $ const
Quer-Umfangs-Außenrundschleifen	• Vorschubgeschwindigkeit in radialer Richtung v_{fr} • Aufmaß a	$K = \dfrac{a}{v_{fr}} \cdot k$	
Räumen	• Hublänge H • Räumgeschwindigkeit v_c • Rückzugsgeschwindigkeit v_R	$K = \dfrac{H \cdot (v_c + v_R)}{v_c \cdot v_R} \cdot k$	
Scherschneiden	• Schnittkantenlänge • Schneidkraft • Hubzahl • Werkzeugkomplexität • Handling		• Eine allgemeine Formel kann aufgrund der Vielzahl der Einflußgrößen nicht angegeben werden
Schmelzen	• Fixe Betriebskosten $k_{B,fix}$ • proportionale Betriebskosten $k_{B,prop}$ • Einsatzkosten k_E • Kokskosten k_K • Erzeugung P	$K = k_{B,fix} + (k_{B,prop} + k_E + k_K) \cdot P$	• gilt nur für Kupolofen

Tabelle 11-1 (Fortsetzung 2)

Verfahren	Kostentreiber	Kostenfunktion	Anmerkungen
Senkerodieren	• Abtragrate V_w • abzutragendes Werkstückvolumen V	$K = \dfrac{V}{V_w} \cdot k$	• V_w kann aus Technologietabellen entnommen werden und ist abhängig von der aktiven Fläche
Thermisches Spritzen	• Schichtdicke d • Substratoroberfläche A • Dichte des Schichtmaterials μ • Spritzleistung P_s	$K = \left(\dfrac{A \cdot D \cdot \mu}{P_S} \right) \cdot k$	
Längs-Umfangs-Planschleifen	• Tischvorschubsgeschwindig-keit v_f • Eingriffbreite a_p • Vorschubweg L • Werkstückbreite b_w • Zustellung a_e • Aufmaß a	$K = \dfrac{L \cdot b_w \cdot a}{v_f \cdot a_p \cdot a_e} \cdot k$	
• Urformen (Keramik) Masseaufbereitung	• Rohstoffkosten	Beispiel: SiC-Herstellung $SiO_2 + 3C + 2CO$ Für 1 kg SiC benötigt man 6 kg Rohstoff und 4,3 kWh Strom. Aufgrund von Wärmeverlusten beträgt der spezifische Wärme-verbrauch jedoch 7,8 kWh/kg SiC.	
	• Feinheit des Pulvers	Mahlaufwand kWh/m^2 (für erzeugte Oberfläche m^2/g) SiC-Körnung Preis F230 (<0,5m^2/g) ca. 25 DM/kg F500 ($\approx$1m^2/g) ca. 37 DM/kg F1200 (3-4 m^2/g) ca. 81 DM/kg (bei gleicher Feinheit F500)	
	• Reinheit des Pulvers Aggregatverschleiß	99,5 % SiC ca. 33 DM/kg 99,8 % SiC ca. 37 DM/kg	
• Formgebung	• Werkzeugkosten • Formen- und Aggregatverschleiß	Die entstehenden Kosten sind werkstoff-, güte- und aggregat-abhängig	
• Keramischer Brand	• Ofenkapazität/Auslastungsgrad • Temperaturniveau • Durchlaufzeit h • Durchlaufgeschwindigkeit m/h • Durchsatz kg/h • Brennhilfsmitteldurchsatz kh/h	Durch Anpassung der Sinter-additive und Pulverfeinheit können unterschiedliche Werk-stoffe dem gleichen Brenn-prozeß unterworfen werden und erhöhen somit den Aus-lastungsgrad des Aggregats. Der spezifische Energiever-brauch in kWh/kg sinkt.	
	• Ausfall und Rücklaufraten je Prozeßschritt in kg/kg Zwischenprodukt • Energieinhalte der einzelnen Prozeßschritte in kWh/kg Keramik	Exemplarisch ergeben sich für einen deckenbeheizten Tun-nelofen zum Brennen von Kanalisationsrohren folgende Wärmeströme: 50.5%, davon 39,3% Enthalpie Warmluft zum Vorwärmer, 1,3% Enthalpie Warmluft zum Trockner,	

Tabelle 11-1 (Fortsetzung 3)

Verfahren	Kostentreiber	Kostenfunktion	Anmerkungen
		Wärmeverluste: 49,5%, davon 31,1% Abgasverluste 1,3% Verdampfungswärme (Restfeuchte), 4,1% Ausfahrverluste, 13% Verlustrestglied (Abstrahlung, Reaktionswärme)	
Urformen in geschlossenen Werkzeug (Kunststoff)	• Kühlzeit t_k • Masse des Formteils M • Materialpreis k_M • Wanddicke s • Durchmesser D • effektive Temperaturleitfähigkeit a • Massetemperatur ϑ_M • mittlere Werkzeugwandtemperatur ϑ_W • mittlere Entformungstemperatur ϑ_E	$K = t_k \cdot k + k_M$ mit • z.B. für plattenförmige Bauteile Bauteile $t_k = \dfrac{s^2}{\pi^2 \cdot} \cdot \ln\left(\dfrac{8}{\pi^2} \cdot \dfrac{\vartheta_M - \vartheta_W}{\vartheta_E - \vartheta_W} \right)$ • z.B. für zylinderförmige Bauteile $t_k = \dfrac{D^2}{23{,}14 \cdot a} \cdot \ln\left(0{,}692 \cdot \dfrac{\vartheta_M - \vartheta_W}{\vartheta_E - \vartheta_W} \right)$	• Beim Spritzgießen und Pressen beeinflussen die Werkzeugkosten die Formteilkosten je nach zu fertigender Stückzahl entscheidend.
Vakuumverfahren	• Schichtdicke d • Beschichtungsrate V • Zeit für Einschleusen und Vorbehandlung t_v • Zeit für Nachbehandlung und Ausschleusen t_v	$K = \left(t_v + \dfrac{d}{V} + t_k \right) \cdot k$	• Durch Vor- und Nachbehandlung der Substrate können nochmals signifikante Kosten entstehen.

K Prozeßkosten k maschinenspezifischer Kostensatz

Literatur zu Abschnitt 11.1

[BE-17] Brockhaus Enzyklopädie, Bd. 17. Mannheim: Brockhaus 1992

[Cor94] Corsten, H.: Gestaltungsbereiche des Produktionsmanagement. In: Corsten, H. (Hrsg.): Handbuch Produktionsmanagement Wiesbaden: Gabler 1994

DIN 8580. Fertigungsverfahren; Begriffe, Einteilung (07.85)

[EGK93] Eversheim, W.; Gupta, C.; Kümper, R.: Verursachungsgerechte Vorkalkulation. Kostenrechnungspraxis 38 (1994), 239–243

[EHP94] Eversheim, W.; Humburger, R.; Pollack, A.: Wirtschaftlicher Verfahrensvergleich mit prozeßorientierter Kalkulation. io Management Z. 63 (1994), Nr. 5, 41–46

[Eis92] Eisenführ, F.: Investitionsrechnung. 3. Aufl. Aachen: Augustinus-Vlg. 1992

[Eve89a] Eversheim, W.: Organisation in der Produktionstechnik. Bd. 3: Arbeitsvorbereitung. Düsseldorf: VDI 1989.

[Eve89b] Eversheim, W.: Organisation in der Produktionstechnik. Bd. 4: Fertigung und Montage. Düsseldorf: VDI 1989

[Gut73] Gutenberg, E.: Grundlagen der Betriebswirtschaftslehre. Bd. 1: Die Produktion. Berlin: Springer 1973

[HoRe90] Horváth, P.; Renner, A.: Prozeßkostenrechnung. FB/IE 39 (1990), 3, 100–107

[Nie70] Niebel, B. W.: Process Engineering. In: Maynard, H. B. (Ed.): Handbook of Modern Production Manufacturing Management., New York: McGraw-Hill 1970.

[Raa84] Raab, H.: Wirtschaftliche Fertigungstechnik. Braunschweig: Vieweg 1984.

[Rom94] Rommel, G.: Outsourcing als Instrument zur Optimierung der Leistungstiefe. In: Corsten, H. (Hrsg.): Handbuch Produktionsmanagement. Wiesbaden: Gabler 1994

[Spu94] Spur, G.; Stöferle, Th. (Hrsg.): Handbuch der Fertigungstechnik. Bd. 1–6., München: Hanser 1979 – 1994

[War81] Warnecke, H.-J.; Bullinger, H.-J.; Hichert, R.: Kostenrechnung für Ingenieure, München: Hanser 1981

[War90] Warnecke, H.-J.: Einführung in die Fertigungstechnik, Stuttgart: Teubner 1990

[Wis71] Wissebach, B.: Wirtschaftlichkeitsrech. i.d. Fertigungstechnik. Meisenheim: Hain 1971

[Zim89] Zimmermann, J.: Fertigungsverfahren Metalle. In: Meins, W. (Hrsg.): Handbuch der Fertigungs- und Betriebstechnik. Braunschweig: Vieweg 1989, S.147–268

11.2 Urformen metallischer Werkstoffe

11.2.1 Formgebung durch Gießen

Gießen ist die Formgebung aus dem flüssigen, breiigen oder pastenförmigen Zustand von insbesondere Metallen, Keramiken und Kunststoffen, wobei im folgenden das Gießen metallischer Werkstoffe behandelt wird. Zur Gußstückherstellung wird beim eigentlichen Gießen das flüssige Metall durch Schwerkraft oder druckunterstützt in eine Form aus verfestigtem Sand oder in eine metallische Dauerform eingebracht. Die Form gibt dabei als Negativ die Abmessungen und Konturen des Werkstücks wieder, wobei in den Formmaßen die Metallschwindung während der Erstarrung und Abkühlung bereits berücksichtigt ist. Durch den Gießprozeß wird direkt vom formlosen flüssigen Zustand einer Schmelze ein Bauteil mit definierter Gestalt und mit bestimmten Werkstückeigenschaften hergestellt. Das Gießen findet daher seinen Einsatz insbesondere bei der Herstellung endkonturnaher Bauteile. Weiterhin ist Gießen oft das einzige Herstellverfahren zur Fertigung von Bauteilen mit komplexen dreidimensionalen Innenkonturen (Hohlräume im Bauteil, wie z.B. Ölkanalsysteme), aus mechanisch schwer bearbeitbaren Werkstoffen oder für Bauteile, bei denen über das Gießverfahren spezielle Werkstoffeigenschaften erzielt werden, wie z.B. gerichtet erstarrte oder einkristalline Turbinenschaufeln.

11.2.1.1 Einführung in die Technologie des Gießens

Grundsätzlich lassen sich die Gießverfahren in die Bereiche Halbzeugguß und Formguß unterteilen, Bild 11.7. Durch eine weitere Unterteilung des Halbzeugguß werden die Bereiche Strang-, Band-, Draht-, Folienguß und Blockguß definiert. *Strangguß* ist die „Herstellung symmetrisch gestalteter Voll- und Hohlgußstücke

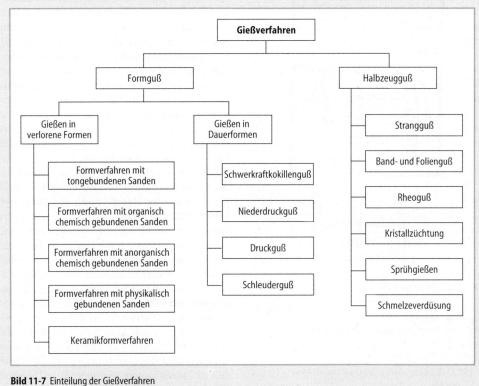

Bild 11-7 Einteilung der Gießverfahren

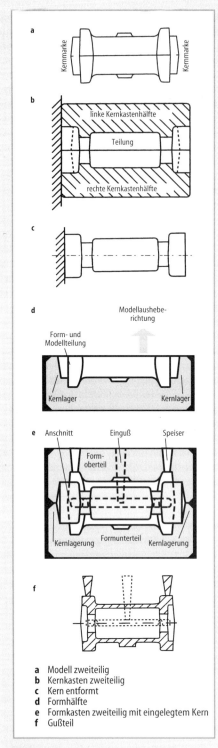

a Kernmarke Kernmarke

b linke Kernkastenhälfte
  Teilung
  rechte Kernkastenhälfte

c

d Modellausheberichtung
  Form- und Modellteilung
  Kernlager Kernlager

e Anschnitt Einguß Speiser
  Formoberteil
  Kernlagerung Formunterteil Kernlagerung

f

a Modell zweiteilig
b Kernkasten zweiteilig
c Kern entformt
d Formhälfte
e Formkasten zweiteilig mit eingelegtem Kern
f Gußteil

Bild 11-8 Prinzipieller Verfahrensablauf der Formherstellung

(Knüppel, Stangen, Rohre) durch Gießen in eine formgebende, wassergekühlte Kokille, aus der sie in kontinuierlicher oder halbkontinuierlicher Folge abgezogen werden" [Bru94]. Mit dem Stranggießverfahren hergestellte Profile erhalten meist durch nachgeschaltete Umformprozesse ihre endgültige Gestalt, es lassen sich jedoch auch direkt einsetzbare Profile herstellen. Band-, Draht- bzw. Folienguß ist das Stranggießen von Bändern, Drähten bzw. Folien. Vorteil dieser Verfahren ist die direkte Fertigung des Halbzeuges aus der Schmelze. *Blockguß* ist die Fertigung von Blöcken bzw. Brammen in metallischen Kokillen. Viele Entwicklungen der letzten Jahre lassen jedoch nicht immer eine strenge Abgrenzung nach obiger Definition zu. Typisch für diese Tendenz sind u. a. Entwicklungen im Stranggußbereich, bei denen versucht wird, durch möglichst endabmessungsnahes Gießen die hohe Zahl von Umformungsprozessen zu vermindern.

Formguß (s. 11.2.1.4) ist die „Fertigung metallischer Erzeugnisse mit bestimmten unterschiedlichen Konturen und Wanddicken, die direkt aus dem schmelzflüssigen Zustand in ein- oder mehrteiligen Formen hergestellt werden" [Bru94]. Nach dem Formguß hergestellte Bauteile entsprechen weitgehend bzw. vollständig ihrer endgültigen Geometrie. Die Form enthält das zukünftige Gußteil als Hohlraum, sie ist deshalb auch das Negativ des Gußteils. Formguß läßt sich weiter unterteilen in Gießen in verlorene Formen bzw. Gießen in Dauerformen. Verlorene Formen sind in der Regel Sand- oder keramische Formen. Bei verlorenen Formen wird mit Hilfe eines Modells der Hohlraum in den Formstoff geformt, wobei das Modell wie das Gußteil ein Positiv ist. Der Formstoff wird auf das Modell aufgebracht und entweder durch Verdichten oder durch Aushärten verfestigt. Durch Entfernen des Modells aus der Form durch Ziehen oder Abheben entsteht der Hohlraum für das abzugießende Gußstück. Hohlräume im Gußteil selbst werden durch Kerne gebildet, die wiederum in Formen, den sog. Kernkästen, hergestellt werden (Bild 11-8). Der Formstoff bei den verschiedenen Sandgießverfahren besteht im wesentlichen aus dem Formgrundstoff, z. B. Quarzsand, und dem Formstoffbindemittel, z. B. Ton oder Kunstharz. Die Form wird zur Entnahme des Gußstücks zerstört, wodurch sich die Bezeichnung „verlorene Form" erklärt. Dauerformen, wie z. B. Kokillen oder Druck-

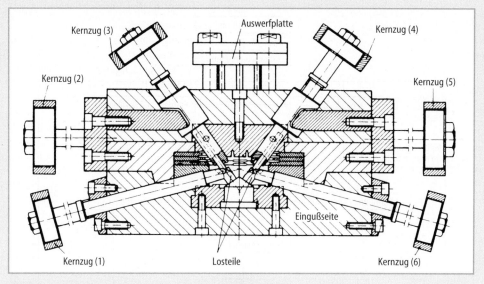

Bild 11-9 Druckgießform für Zylinderkopf mit sechs hydraulischen Kernzügen [Bru91: 224]

gießwerkzeuge, bestehen überwiegend aus metallischen, temperaturbeständigen und verschleißfesten Werkstoffen, meistens spezielle Stahl- und Gußeisenlegierungen, die einem angepaßten Wärmebehandlungsverfahren unterzogen werden. In Dauerformen wird der Hohlraum für das spätere Gußstück zerspanend, durch Erodierverfahren oder durch Gießen und mechanisches Nachbearbeiten, hergestellt. Dauerformen zeichnen sich durch ihre Wiederverwendbarkeit bis hin zu hunderttausend Abgüssen und mehr aus. Um auch bei geometrisch komplexen Bauteilen eine Entnahme des Gußstücks zu gewährleisten, sind Dauerformen meist mehrfach geteilt und weisen sog. Kernzüge auf (Bild 11-9).

Zwar nimmt das Gießen selbst als Teilvorgang eine zentrale Stellung bei der Fertigung von Gußteilen ein, der gesamte Herstellprozeß setzt sich jedoch aus einer Reihe abgestimmter Teilprozesse zusammen, mit deren Umsetzung in einem Gießereibetrieb in der Regel mehrere Abteilungen betraut sind (Bild 11-10). Im einzelnen sind dies: Arbeitsvorbereitung, Gütesicherung, Modellbau, Formenbau, Schmelzbetrieb und Gießstation, Kernmacherei, Formerei, Formstoffaufbereitung und -regenierung, Putzerei, Nachbearbeitung und Versand. Die Abteilungen in einem Gießereibetrieb sind u. a. abhängig vom angewandten Gießverfahren (z. B. Sandguß oder Druckguß), vom Automatisierungsgrad sowie von der Fertigungstiefe. Moderne Gieße-

reien umfassen zudem nicht unbedingt alle zur Herstellung eines Gußteils benötigten Abteilungen in einem Betrieb. Im Zuge der Einführung neuer und kostengünstigerer Unternehmensstrukturen werden zunehmend zu den bisher üblichen Teilbereichen Modell- und Formenbau, weitere Teilbereiche ausgelagert und von externen spezialisierten Firmen übernommen, so z. B. Kernmacherei, Formstoffregenerierung und Putzerei.

Die heute bei den Gießverfahren eingesetzten wesentlichen Gußwerkstoffe zeigt Bild 11-11. Darüber hinaus gibt es noch eine Reihe von Sonderfällen, wie z. B. Edelmetalle, intermetallische Legierungen und Verbundwerkstoffe. Die Gußlegierung, das eigentliche Gießverfahren sowie die einzelnen vor- und nachgeschalteten Fertigungsschritte beeinflussen die Gußstückqualität, die z. B. durch das Gußgefüge, die Maßgenauigkeit und die Oberflächengüte gekennzeichnet ist. Dem Gußgefüge (s.a. 11.2.1.2) als Träger der mechanischen und anderer Eigenschaften, kommt hierbei eine besondere Bedeutung zu. Um bauteilgerechte Eigenschaften einstellen zu können, stehen sowohl dem Gießer als auch dem Konstrukteur eine große Anzahl von Gestaltungsmöglichkeiten zur Verfügung. Dazu gehört die große Bandbreite der Gußlegierungen, konstruktive Abstimmung der Bauteilgeometrie mit dem Gießverfahren, Steuerung und Regelung der eigenschaftsbestimmenden Para-

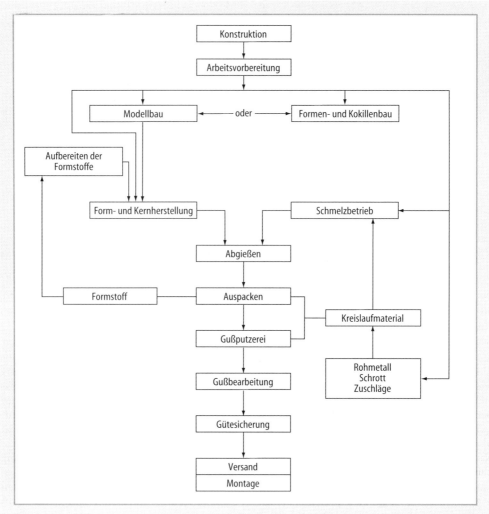

Bild 11-10 Der Werdegang eines Gußteils vom Entwurf bis zum Versand

meter beim Gießprozeß, spezielle nachgeschaltete Bearbeitungsstufen, wie z.B. individuelle Wärmebehandlungsverfahren, sowie der Einsatz moderner Simulationstechniken zur Voraussage des Gießprozesses und der Bauteileigenschaften. Für die Gießverfahren, bei denen komplexe physikalisch-technische Prozesse verzahnt sind und sich einer direkten Betrachtung oftmals entziehen, werden mit Hilfe der Simulationsrechnungen die Problembereiche lokalisiert sowie qualitativ und quantitativ erfaßt. Variationen werden am Rechner simuliert und die Auswirkungen aufgezeigt, wodurch sich zielgerichtete Optimierungen durchführen lassen. Bild 11-12 zeigt als Flußdiagramm die typische Vorgehensweise bei der Durchführung einer

rechnerunterstützten Optimierung des Gießprozesses sowie die derzeit möglichen Verknüpfungen über Schnittstellen mit vor- und nachgeschalteten EDV-unterstützten Arbeitsschritten wie CAD und Lastfallberechnungen. Als Beispiel hierzu ist in Bild 11-13 die gießtechnische Optimierung der Verrippungsform an Maschinenbett-Strukturteilen dargestellt. Die starren Kreuz- und Diagonalverrippungen bewirken einen größeren Verzug als die wabenförmige Verrippung, da die wabenförmige Verrippung elastischer ist und somit das Schwinden leichter ausgleichen kann. Zusätzlich zu den rein gießtechnischen Einflüssen der Formfüllung und Erstarrung beeinflussen in diesem Fall auch die geometrischen Strukturen den Verzug und die

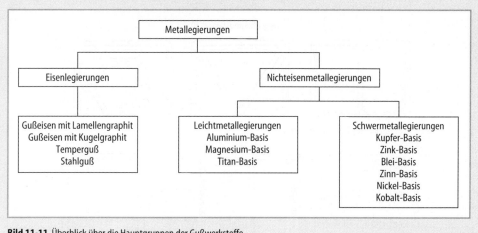

Bild 11-11 Überblick über die Hauptgruppen der Gußwerkstoffe

Ausbildung der Eigenspannungen im Bauteil. Dadurch ist eine übergeordnete Betrachtungsweise notwendig, die durch den Einsatz der Simulationstechniken erfolgreich unterstützt werden kann. Weiterführende Literatur zu Simulation in Gießprozessen: [Sah84].

Die Gießerei-Industrie hat sich in den letzten Jahren zu einer verfahrenstechnischen Disziplin entwickelt, in der eine Vielzahl modernster Technologien ihren Einsatz finden. Dies wirkt sich auch auf die dringend erforderliche Berücksichtigung von Umweltbelangen im gesamten Produktionsprozeß aus. Während das Gußprodukt, wie alle anderen metallischen Produkte auch, als solches schon immer über die Verschrottung vollständig wiederverwertet wurde, entstehen jedoch im Fertigungsprozeß derzeit nicht wiederverwertbare Reststoffe. Die zunehmend verschärften Bedingungen seitens des Gesetzgebers, z.B. für Ablagerungen in Deponien, gewinnen dadurch auch in den Gießereien Einfluß auf die zukünftige Produkt- und Verfahrensentwicklung. Für die Gießereien ergeben sich bezüglich des Umweltschutzes vor allem Schwerpunkte bei Stäuben, Schlämmen, Abluft, Abwässern und Abfallstoffen, die insbesondere im Schmelz- und Gießbetrieb, durch die Gießform (Formstoffverarbeitung, -regenerierung und -aufbereitung, Trennmittel, Schlichten) und in der Putzerei entstehen. Die Gießerei-Altsande mit einem Anteil von ca. 75 % am gesamten Gießereiabfall sind insbesondere durch steigende Deponiekosten zu einem wichtigen Kostenfaktor geworden. Aktuelle Entwicklungen in der Gießereibranche befassen sich mit der Rest-

stoffvermeidung durch Verfahrensoptimierung, der Wertstoffrückgewinnung durch Aufbereitung und, falls andere Wege nicht durchführbar

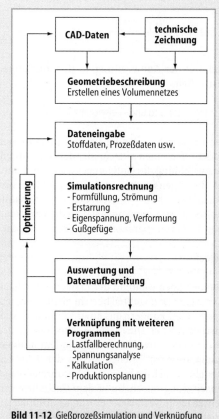

Bild 11-12 Gießprozeßsimulation und Verknüpfung mit angrenzenden Berechnungsverfahren

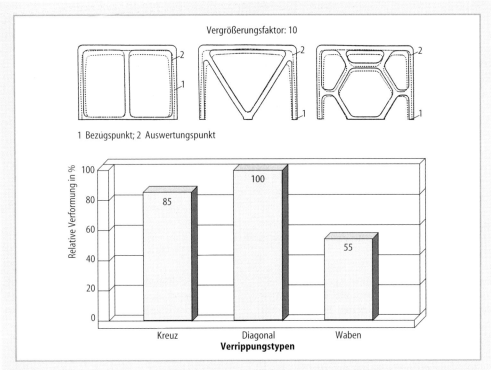

Bild 11-13 Berechneter Verzug nach der Abkühlung für verschiedene Verrippungstypen [Gua91: 16]

sind, mit der Aufbereitung zu deponiefähigen Reststoffen.

11.2.1.2 Erstarrung und Gießeigenschaften

Der Erstarrungsvorgang hat bei metallischen Werkstoffen einen entscheidenden Einfluß auf die Ausbildung des Gußgefüges und damit auch auf die Eigenschaften des Gußteils. Die verschiedenen Möglichkeiten der Beeinflussung des Erstarrungsvorganges stellen daher wesentliche Verfahrensparameter im Gießprozeß dar.

Gußgefüge

Metalle bilden während der Erstarrung Kristalle, und ein reales Gußteil besteht nicht aus einem Idealkristall, sondern aus einer Vielzahl kristallitischer Körner. Die Kristalle selbst bilden sich bei der Erstarrung der Schmelze, indem sie ungeordnet an verschiedenen Stellen der Schmelze entstehen, wachsen bis sie sich berühren und gegenseitig abgrenzen. Unter dem *Gußgefüge* versteht man die Gestalt, Größe und Anordnung der Kristalle, aus denen die Gußwerkstoffe aufgebaut sind. Bei einigen Legierungen, z.B. Gußei-

sen, schließen sich bis zur Abkühlung auf Raumtemperatur Gefügeumwandlungen im Festkörper an.

Während der Kristallisation sind Eingriffe möglich, um das Gußgefüge zu beeinflussen, z.B. durch die in der Praxis durchgeführten Impf- oder Kornfeinungsbehandlungen, mit denen der Keimbildungshaushalt der Schmelze oder die

a ohne Kühlkokille
b mit Kühlkokille an der rechten Seitenfläche

Bild 11-14 Gußgefüge einer im Sandgießverfahren abgegossenen Aluminiumplatte

Wachstumsbedingungen der einzelnen Kristalle verändert werden. Eine weitere Möglichkeit, das Gefüge während der Erstarrung im Gießprozeß zu beeinflussen, besteht darin, die Wärmeabfuhr aus dem erstarrenden Metall in die umgebende Form zu verändern. Für die Sandgießverfahren zeigt Bild 11-14 an einem einfachen Beispiel die Auswirkung einer metallischen „Kühlkokille" (Bild 11-14b) auf das Gußgefüge. Die Orientierung der Kristalle in Richtung des Wärmeflusses zeigt der Vergleich zwischen Bild 11-14a und Bild 11-14b. Auch die verschiedenen Gießverfahren erzeugen durch unterschiedliche Wärmeabfuhrbedingungen bei gleicher Legierung unterschiedliche Gußgefüge, z.B. ist das Gußgefüge beim Kokillenguß von Aluminium wesentlich feiner als das beim Sandguß (s.a. 11.2.1.4).

Speiser- und Gießtechnik

Eine weitere, den Gießprozeß beeinflussende Eigenschaft der Metalle ist ihre Volumenkontraktion beim Abkühlen der Schmelze, während der Erstarrung und bei der Abkühlung des erstarrten Gußteils, Bild 11-15 (Grauguß und Gußeisen mit Kugelgraphit zeigen während der Erstarrung auch eine Volumenausdehnung). Die für den Gießprozeß notwendige Speisertechnik hat die Aufgabe, die Volumenänderung während der Abkühlung und der Erstarrung der Schmelze auszugleichen. Dementsprechend befinden sich an den Rohgußteilen, neben den für die Formfüllung notwendigen Eingießsystemen, in der Regel auch ein oder mehrere *Speiser*, s. Bild 11-8. Aufgabe der Speiser- und Gießtechnik im Gießprozeß ist es, das Optimum zwischen gießtechnisch erforderlicher und wirtschaftlich sinnvoller Lösung für das jeweilige Bauteil zu finden. Aufwendige Gieß- und Speisersysteme bedeuten einen hohen Materialaufwand sowie hohe Personalkosten beim späteren Abtrennen vom Gußteil.

Während für die Speisertechnik nur die flüssige Schrumpfung und Erstarrungsschrumpfung von Bedeutung sind, werden die Konstruktionsmaße im Modell- und Formenbau von der festen Schwindung bestimmt (Bild 11-15). Das Modell bzw. die Form muß um diesen prozentualen Betrag größer ausfallen, damit die Maße des Gußteils bei Raumtemperatur, also nach erfolgter Schwindung, den geforderten Konstruktionsmaßen entsprechen.

11.2.1.3 Schmelztechnik

Zusammen mit der Gießstation bildet der Schmelzbetrieb eine gemeinsame Produktionseinheit. Im Schmelzbetrieb wird durch unterschiedliche Verfahren flüssiges Metall erzeugt und vergossen. Seine Kosten betragen im Mittel etwa ein Drittel der Gesamtkosten einer Gießerei. Er muß deshalb optimal auf den übrigen Betrieb abgestimmt sein. Flexibilität bei der Herstellung der Schmelze und den notwendigen metallurgischen Maßnahmen sowie die Bereitstellung flüssigen Metalls über längere Zeiträume erfordern gut aufeinander abgestimmte Produktionseinheiten (Abstimmung der Öfen auf Legierungen, Losgröße, Taktzeiten usw.). Ein weiterer wichtiger Aspekt der Schmelztechnik ist, daß von ihr entscheidend die Qualität des späteren Bauteils geprägt wird. Die industriell eingesetzten Öfen sind derzeit Kupolöfen, Induktions- sowie Widerstandstiegelöfen.

Der *Kupolofen*, der in Eisengießereien das meist eingesetzte Schmelzaggregat für die Erschmelzung von Flüssigeisen ist, basiert auf dem Schachtofenprinzip. Die satzweise aufgegebene und ständig niedergehende Beschickung wird im Kupolofen kontinuierlich geschmolzen. Das

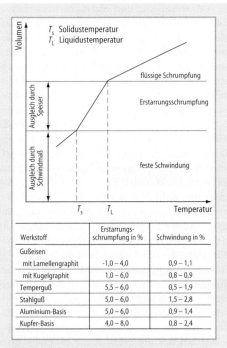

Werkstoff	Erstarrungs-schrumpfung in %	Schwindung in %
Gußeisen		
mit Lamellengraphit	-1,0 – 4,0	0,9 – 1,1
mit Kugelgraphit	1,0 – 6,0	0,8 – 0,9
Temperguß	5,5 – 6,0	0,5 – 1,9
Stahlguß	5,0 – 6,0	1,5 – 2,8
Aluminium-Basis	5,0 – 6,0	0,9 – 1,4
Kupfer-Basis	4,0 – 8,0	0,8 – 2,4

Bild 11-15 Volumenänderung, Schrumpfung und Schwindung für verschiedene Gußwerkstoffe

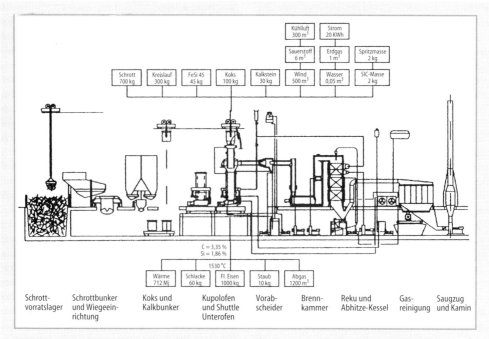

	Kühlluft 300 m³	Strom 20 KWh	
	Sauerstoff 6 m³	Erdgas 1 m³	Spritzmasse 2 kg

| Schrott 700 kg | Kreislauf 300 kg | FeSi 45 45 kg | Koks 100 kg | Kalkstein 30 kg | Wind 500 m³ | Wasser 0,05 m³ | SiC-Masse 2 kg |

C = 3,35 %
Si = 1,86 %

1530 °C

| Wärme 712 MJ | Schlacke 60 kg | Fl. Eisen 1000 kg | Staub 10 kg | Abgas 1200 m³ |

| Schrott-vorratslager | Schrottbunker und Wiegeein-richtung | Koks und Kalkbunker | Kupolofen und Shuttle Unterofen | Vorab-scheider | Brenn-kammer | Reku und Abhitze-Kessel | Gas-reinigung | Saugzug und Kamin |

Bild 11-16 Aufbau sowie Stoff- und Wärmebilanz einer Heißwind-Kupolofenanlage nach [Neu94: 123, 133]

Gemenge der niedergehenden Beschickung besteht im wesentlichen aus dem Brennstoff (normalerweise Koks, eine Feuerung mit Öl oder Erdgas ist ebenfalls möglich), dem metallischen Einsatz (Roheisen, Schrott, Kreislaufeisen) und Zuschlagstoffen. Der Brennstoff Koks ist der Energieträger, d.h., die zum Schmelzen erforderliche Energie wird im Kupolofen selbst erzeugt und dient gleichzeitig als tragende Säule für die Beschickung. Der metallische Einsatz gleitet durch das kontinuierliche Schmelzen allmählich im Ofenschacht ab und wird dabei durch die aufsteigenden Ofengase erwärmt. In der anschließenden Schmelzzone wird das Eisen flüssig und sammelt sich nach der Überhitzungszone in der Herdzone an, bevor es den Kupolofen durch das Stichloch verläßt. Durch den intensiven Kontakt des erschmolzenen Eisens mit dem Koks wird die Eisenschmelze aufgekohlt, während der Koks auf Schlackeoxide reduziert wird. Der Kupolofen als Gesamtanlage (Bild 11-16) umfaßt verschiedene teil- oder vollautomatisierte Einzelprozeßstufen. Eine moderne Kupolofenanlage beinhaltet folgende Basiskomponenten: Kupolofen mit Schlackesiphon und Eisenrinne; Vorherd mit Induktionsrinnenofen als Puffer- oder Speicherofen; Rohstofflager mit Kranbahn, Gattierungsplatz mit Tagesbun-

ker, Kranbahn und Waage für die metallischen Komponenten, Legierungszusätze und Zuschläge, Abgasreinigung und Wärmerückführung.

Beim induktiven Schmelzen im *Induktionsofen* wird die Wärme direkt im metallischen Einsatz erzeugt, d.h. dem Metall (Schmelzgut) wird die Energie aus dem Primärkreis durch ein magnetisches Feld sekundär induziert. In der industriellen Praxis kommen vor allem Mittelfrequenz- (Bild 11-17) und in geringerem Maße Niederfrequenz-Tiegelöfen zur Anwendung. Beide Ofentypen zeichnen sich im Vergleich mit anderen Schmelzaggregaten durch große Wirtschaftlichkeit aus. Das metallische Einsatzmaterial wird direkt in den Tiegel gegeben, der Ofen kann mit kaltem Einsatzmaterial angefahren werden. Im Induktionsofen können alle gängigen Gußwerkstoffe erschmolzen werden. Die intensive Bewegung des Schmelzbades durch die Wirbelströme führt zum schnellen Auflösen des Einsatzguts und der Zusatzstoffe, z.B. der Legierungselemente, und zu hoher Gleichmäßigkeit der Schmelzezusammensetzung.

Beim *Widerstandstiegelofen* erfolgt die Erwärmung durch indirekte Widerstanserwärmung, bei der die Wärme, die in einem oder mehreren stromdurchflossenen Leitern (Heizelementen) erzeugt wird, durch Strahlung, Kon-

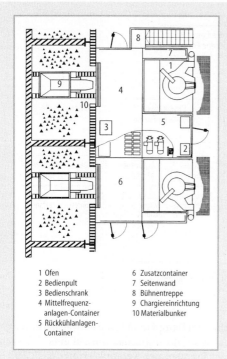

1 Ofen
2 Bedienpult
3 Bedienschrank
4 Mittelfrequenz-
  anlagen-Container
5 Rückkühlanlagen-
  Container

6 Zusatzcontainer
7 Seitenwand
8 Bühnentreppe
9 Chargiereinrichtung
10 Materialbunker

Bild 11-17 Beispiel einer Aufstellung für Tandembetrieb mit Mittelfrequenz-Tiegelöfen [N.N.92]

vektion und Wärmeleitung auf den zu erwärmenden Körper übertragen wird. Die Vorteile des Widerstandsofens liegen in seiner universalen Verwendbarkeit sowie in dem geringen Wartungsaufwand. Aufgrund seines geringen Wirkungsgrads wird er heute weitgehend durch kleine und besser geeignete Induktionsmittelfrequenzöfen ersetzt. Sein Einsatzgebiet hat er jedoch als Warmhalteofen von Leichtmetallen, z.B. beim Druckgußverfahren. Weiterführende Literatur zu Schmelztechnik und Industrieöfen: [Alt94, Bru86, Neu94, Spu81].

11.2.1.4 Formgießverfahren

Formguß in verlorene Formen

Bezeichnend für alle Gießverfahren in diesem Bereich ist die nur einmalige Verwendbarkeit der erstellten Gießform. Die Form besteht aus einem verfestigten Formstoff und hat einen entscheidenden Einfluß auf die Gußstückqualität, wie z.B. Maßhaltigkeit, Oberflächengüte oder Gefügeausbildung. Die Hauptanforderungen an den Formstoff sind:

- gute Verarbeitbarkeit,
- ausreichende Festigkeit nach der Formherstellung sowie beim Abgießen und Erstarren,
- gute Zerfallseigenschaften nach dem Abguß,
- möglichst hohe Abbildegenauigkeit,
- gute Feuerbeständigkeit,
- ausreichende Gasdurchlässigkeit,
- vernachlässigbare nachteilige Wechselwirkung zwischen Formstoff und Schmelze,
- möglichst problemlose Wiederverwendbarkeit.

Formgrundstoffe. Heute wird ein breites Spektrum synthetischer Formstoffe mit sehr unterschiedlichen Zusammensetzungen angeboten. Als feuerfeste Grundsubstanz wird überwiegend gewaschener, klassifizierter Quarzsand verwendet. Für besondere Anforderungen, z.B. zur Vermeidung einer Reaktion mit der Schmelze bei hochlegierten Gußwerkstoffen, kommen Chromit-, Zirkon- und Olivinsand zur Anwendung. Dem Sand werden Binder zugesetzt, die die Aufgabe haben, der Sandform den mechanischen Zusammenhalt zu geben. Die Binder für die Formsande sind organischer und anorganischer Natur (Bild 11-18). Die anorganischen Binder teilen sich in natürliche und synthetische Binder auf. Natürliche anorganische Binder sind Tone, wie Montmorillonit, Glaukonit, Kaolinit oder Illit. Zu den synthetischen, anorganischen Bindern zählen z.B. Wasserglas, Zement und Gips. Organische Binder sind Kunstharze wie Phenol-, Harnstoff-, Furan- und Epoxidharze.

Formverfahren. Verlorene Formen werden überwiegend im *Naßgußformverfahren* aus bentonitgebundenen (Bentonit ist ein natürlicher anorganischer Bindeton) Formstoffen hergestellt, wobei das Gießen in die ungetrocknete feuchte Form erfolgt. Eine ausreichende Festigkeit des Formstoffes wird durch verschiedene Verdichtungsverfahren erreicht. Zu unterscheiden sind das Verdichten durch Rütteln, das Verdichten durch Pressen und die Impulsverdichtung. Naßgußformen werden meist in vollautomatischen Anlagen mit integrierter Kerneinlege- und Gießstation hergestellt. Diese Maschinenformverfahren finden daher ihre Anwendung bei mittleren bis großen Serien, wie z.B. für den Automobilbau oder für das vielseitige Programm einer Kundengießerei mit vielen kleinen Serien, die auf eine feste Bandbreite von Formkästen abgestimmt ist.

Der Anteil der durch chemische Reaktion verfestigten Formen hat in den vergangenen Jahren

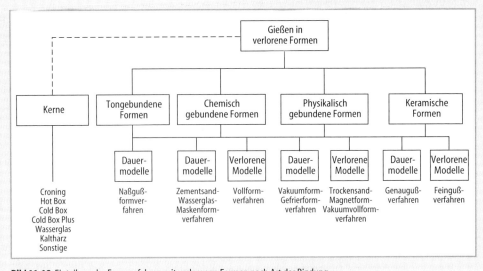

Bild 11-18 Einteilung der Formverfahren mit verlorenen Formen nach Art der Bindung

erheblich zugenommen. So werden besonders warmhärtende phenolharzgebundene Formmasken nach dem *Maskenformverfahren* bei größeren Serien kleiner Gußstücke, z. B. Kurbelwellen für Pkw, und Formstoffe mit kalthärtenden Harzbindern, z. B. nach dem *Kalthärzverfahren*, bei Einzelteilen und Großserien größerer Bauteile zunehmend verwendet. Zum Verfestigen der Form ist bei chemisch härtenden Bindern nur eine geringfügige Vorverdichtung notwendig, da die Festigkeit durch die chemische Reaktion entsteht. Weitere Vorteile sind hohe Maßgenauigkeit und Oberflächengüte des Gußteils sowie ausgezeichnete Zerfallseigenschaften der Form (nicht beim Wasserglas- und Zementsandverfahren).

In der *Kernfertigung* wurden die tongebundenen fast vollständig durch kunstharzgebundene (Croning, Hot-Box, Cold-Box, Kaltharz usw.), aber auch wasserglasgebundene Formstoffe ersetzt. Kurze Aushärtezeiten erlauben eine hohe Mechanisierung, die eine Kernfertigung für Massenguß mit automatischen Form- und Gießanlagen ermöglicht. Bei komplizierten Gußteilen kann die Form sogar vollständig aus Kernen zusammengesetzt sein.

Eine weitere wichtige Verfahrensvariante im Bereich der Formgießverfahren mit verlorenen Formen ist das *Feingießverfahren*. Wachsmodelle werden durch Tauch-, Besandungs- und Trocknungsschritte mit einer keramischen Formschale umgeben. Anschließend wird die Form-

schale im Dampfautoklaven entwachst, wodurch die Negativform für das Gußteil entsteht. Nach dem Brennen der Keramik erfolgt das Gießen in die in der Regel aufgeheizten Formschalen. Kleinste Bauteile, Bauteile mit niedriger Oberflächenrauheit, geometrisch äußerst komplexe Bauteile und Bauteile aus schwer spanbar zu bearbeitenden Werkstoffen sind nur einige typische Anwendungsbeispiele für das Feingießen. Eine besondere Bedeutung nimmt die Verknüpfung von Rapid Prototyping und Feinguß ein. Durch Rapid Prototyping hergestellte, hochgenaue Ausschmelzmodelle können anstelle der konventionellen Wachsmodelle im Feingießverfahren verwendet werden. Damit läßt sich das Feingießen in die Prozeßkette rechnerunterstützter Fertigungsverfahren integrieren und ermöglicht auf diese Weise die Fertigung metallischer Gußteile unmittelbar aus CAD-Daten. Diese Verfahren werden bisher vorwiegend für die schnelle Prototypenherstellung eingesetzt, eignen sich aber auch für Kleinserien.

Formguß in Dauerformen

Das Gießen in *Dauerformen* findet seine Anwendung hauptsächlich bei den niedrigschmelzenden Legierungen der Nichteisenmetalle (Aluminium-, Zink-, Magnesium- und Kupferlegierungen). In der Bundesrepublik Deutschland wird derzeit schon mehr als die Hälfte der gesamten Gußteile aus Nichteisenmetalle allein im

Druckgießverfahren hergestellt [Bru91]. Zu den wesentlichen Dauerformgießverfahren gehören das Schwerkraftkokillengießen, das Nieder- und Gegendruckkokillengießen sowie das Druckgießen.

Schwerkraft-, Niederdruck- und Gegendruck-Kokillengießverfahren

Beim *Schwerkraftkokillengießen*, oft auch nur Kokillengießen genannt, wird die metallische Dauerform mit der Schmelze über den Einguß nur durch den Einfluß der Schwerkraft gefüllt. Beim *Niederdruck-Kokillengießverfahren* wird die Schmelze über ein Steigrohr aus dem Ofen mit Hilfe eines geringen Überdrucks von ca. 0,2 – 0,8 bar oder elektromagnetisch in die darüber befindliche Dauerform (Kokille) gefördert (Bild 11-19). Beim *Gegendruck-Kokillengießen* befindet sich nicht nur der Ofen, sondern auch die Dauerform unter einem Druck von bis zu 10 bar. Die Formfüllung erfolgt auch hier durch den Aufbau eines geringen Überdrucks im Ofen relativ zur Dauerform. Bei beiden druckunterstützten Verfahren wird auf diese Weise eine sehr ruhige und homogene Formfüllung erreicht. Die Dauerform ist vor dem Angriff der Schmelze sowie zur Regulierung der Wärmeabfuhr mit einer meist keramischen Schlichte überzogen, die in regelmäßigen Abständen erneuert werden

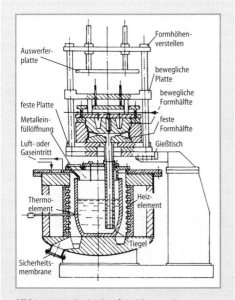

Bild 11-19 Niederdruckgießeinrichtung mit mechanisch betätigter Kokille [Bru94: 840]

muß. Zur Regulierung des Wärmehaushalts wird die Kokille zudem in der Regel zwangsgekühlt, um die durch die Schmelze eingebrachte Wärmemenge aus der Form abzuführen. Eine geeignete Ausführung der Kokille sowie die punktuelle Anordnung der Kühlkanäle erlauben eine gelenkte Erstarrung in Richtung der Speiser bzw. des Steigrohrs und gewährleisten so ein dichtes Gefüge im Gußstück. Zur Abbildung von Hinterschneidungen und Bohrungen können die Kokillen mehrgeteilt und mit Kernzügen ausgeführt werden. Außerdem kann bei diesen Verfahren zur Abbildung komplexer Innenkonturen mit Sandkernen gearbeitet werden.

Druckgießverfahren

Beim *Druckgießen* wird das flüssige Metall in eine Gießkammer eingefüllt und dann mit hohem Druck in die metallische Dauerform gepreßt. Durch die Umsetzung der auf hohem Druckniveau gespeicherten potentiellen Energie in kinetische Energie entstehen in der Druckgießform während des Gießvorganges hohe Strömungsgeschwindigkeiten. Die durch diesen Gießvorgang bedingten kurzen Formfüllzeiten (von ca. 20 – 500 ms, je nach Wandstärke und Bauteilgröße) und die Druckwirkung, unter der das flüssige Metall auch in engen Querschnitten steht, ermöglichen das Gießen dünner Wandstärken bis unter 1mm und eine konturgenaue Formwiedergabe. Heute werden, abgesehen von Sonderfällen, im wesentlichen Warmkammermaschinen und Kaltkammermaschinen verwendet. Warmkammermaschinen eignen sich für niedrigschmelzende Schwermetalle, wie Zink, Blei und Zinnlegierungen, aber auch Magnesiumlegierungen werden mit diesem Verfahren vergossen. Die Druckkammer (Füllkammer) steht im Metallbad und nimmt dessen Temperatur an (daher der Begriff „Warmkammer"). Kaltkammermaschinen eignen sich hingegen für höher schmelzende Metalle wie Aluminium-, Magnesium- und Kupferlegierungen. Bei der Kaltkammermaschine wird das Metall neben der Maschine in einem gesonderten Ofen warmgehalten und mittels einer Schöpfkelle oder einer Dosiervorrichtung in die „kalte" Druckkammer (daher der Begriff „Kaltkammer") der Maschine eingebracht (Bild 11-20). In den Formhälften der Dauerform sind Bohrungen für den Transport von Wärmeträgerflüssigkeiten (Wasser oder Öl) angebracht, um über Wärmeaustausch die Form auf die bestmögliche Arbeits-

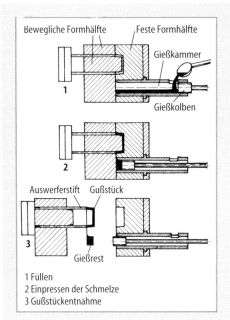

Bild 11-20 Gießvorgang einer horizontalen Kaltkammermaschine (schematisch) [Bru91: 57]

temperatur einzustellen. Durch geeignete Anordnung und Dimensionierung dieser Kanäle wird der Wärmefluß lokal gesteuert, was insbesondere für komplexe Bauteile von Bedeutung ist.

Innovative und Sondergießverfahren

Außer den konventionellen und in großer Breite angewandten Gießverfahren gibt es noch eine Anzahl spezialisierter Anwendungen. Hierzu zählt zum Beispiel das Gießen partikel-, kurz- oder langfaserverstärkter Werkstoffe, den sog. MMCs (Metall-Matrix-Composites). Die verstärkende Phase besteht zumeist aus keramischen Materialien, die in die metallische Matrix in Anteilen von 10 bis über 50 % eingebracht werden. Bauteile aus diesen Werkstoffen zeichnen sich z.B. durch hohe Festigkeit und Verschleißbeständigkeit aus. Typische Gießverfahren sind hierfür Feinguß, Niederdruck-Kokillenguß und Squeeze-casting. Ein weiteres neues Verfahren, das in letzter Zeit Anwendung in der industriellen Praxis findet, ist das Thixoforming, bei dem teilerschmolzene metallische Schlicke verarbeitet wird. Das speziell vorbehandelte Vormaterial kann mit durch moderne Steuerungen ausgerüsteten Druckgießanlagen verarbeitet werden.

Die hohe Festigkeit bei gleichzeitig guter Dehnung und die mögliche Verarbeitung neuer Legierungen ermöglicht den wirtschaftlichen Einsatz von Gießverfahren für Bauteile, die bisher u.a. in Schmiedeprozessen hergestellt wurden. Einsatz findet diese Technologie zur Zeit vor allem bei der Herstellung von Aluminiumbauteilen.

Tabelle 11-2 gibt eine Übersicht über die Einsatzmöglichkeiten der derzeit wichtigsten Formgießverfahren bezüglich Gußwerkstoffe, Gewichtsbereich und typischer Fertigungsmengen. Weiterführende Literatur zu Gießverfahren: [Alt94, Fle93, AFS86, Sch86, Spu81].

11.2.1.5 Gestaltungsrichtlinien und Anwendungsbeispiele für Gußprodukte

Die Konstruktion eines Bauteils wird vom Konstrukteur nicht von Beginn an auf ein bestimmtes Fertigungsverfahren festgelegt, sondern wird zunächst nach anwendungstechnischen Erfordernissen entworfen. Sobald jedoch nach Werkstoffauswahl und Vorkalkulation die Entscheidung für ein Verfahren gefallen ist, müssen die verfahrenstechnischen Erfordernisse bei der endgültigen Konstruktion berücksichtigt werden. Das Gießen als kürzester Weg vom Rohstoff Metall zum Fertigprodukt erlaubt eine große Gestaltungsfreiheit, die jedoch aus wirtschaftlichen und fertigungstechnischen Gründen nicht unbegrenzt ist. Eine möglichst frühzeitige Zusammenarbeit des Konstrukteurs mit dem Gießer ist notwendig, um hier das mögliche

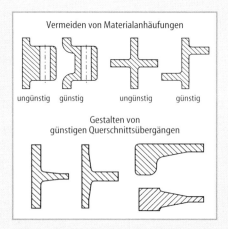

Bild 11-21 Veranschaulichung wichtiger Gestaltungsrichtlinien an zwei Beispielen

Tabelle 11-2 Einsatzgebiete der gebräuchlichsten Form- und Gießverfahren

Gießverfahren	Gießwerkstoffe	Gußstückgewichte (Ca.- Werte)	Fertigungsmengen (Ca.- Werte)
Handformen	alle Gießmetalle, meist: GGL, GGG, Stahl und Bronze	Beschränkung nur durch Schmelzkapazität und Transportmöglichkeiten (bis über 100 t)	Einzelteile, kleine Serien
Maschinenformen, Naßguß	alle Gießmetalle, meist: GGL, GGG, Al-Legierungen	bis zu mehreren Tonnen	kleine bis große Serien
Maskenformen	alle Gießmetalle, meist: GGL, GGG	bis 150 kg	mittlere bis große Serien
Vollformgießen	Stahl, GGL, GGG, Al-Legierungen	wie Handformen	Einzelteile, kleine Serien, teilweise auch große Serien
Feingießen	alle Gießmetalle	1 g bis 100 kg	Einzelteile, kleine bis große Serien
Kokillengießen	Al-Legierungen, MG-Legierungen, Cu-Legierungen, Zn-Legierungen, GGL,GGG	bis 100 kg	Serienfertigung
Niederdruck-, Gegendruck- Kokillengießen	Al-Legierungen, MG-Legierungen, Cu-Legierungen	1 kg bis 70 kg	Serienfertigung
Druckgießen	Druckgußlegierungen auf Al-, Mg-, Zn-, Cu-, Sn- oder Pb-Basis	je nach Legierung von wenigen Gramm bis 60 kg	Serienfertigung

Optimum zu erreichen. Optimierungspotential liegt in der Funktionsverbesserung, der Integration vieler Funktionen in ein Bauteil, vermindertem Bearbeitungsaufwand, dem einbaufertigen Gießen, dem Leichtbau und in geringeren Herstell- und Bearbeitungskosten. Klassische Gestaltungsrichtlinien für die Gußkonstruktion berücksichtigen die verfahrensgegebenen physikalischen Gesetzmäßigkeiten bei der Erstarrung der Schmelze und Abkühlen des Gußteils. Bei ungünstiger geometrischer Werkstückgestalt können Schwindungshohlräume, Risse oder unzulässige Spannungen auftreten. Eine gießtechnisch günstige Konstruktion wird vor allem dadurch erreicht, daß Materialanhäufungen möglichst vermieden werden und Querschnittsübergänge allmählich erfolgen (Bild 11-21). Weitere Konstruktionsrichtlinien mit den Schlagworten werkstoff-, fertigungs-, beanspruchungs- und bearbeitungsgerechtes Konstruieren sind in 7.3.4 und [Ric76, Amb92] aufgeführt.

Gußteile gibt es im Bereich von wenigen Gramm bis hin zu mehreren hundert Tonnen. Typische Anwendungsbereiche sind: Kraftfahrzeug-, Schienenfahrzeug-, Flugzeug- und Schiffsbau, chemische Industrie, Industrieofenbau, Hütten- und Gießerei-Industrie, Energieerzeugung, Elektrotechnik, Feinmechanik, Getriebebau, Bau- und Haustechnik, allgemeiner Maschinenbau und Medizin.

11.2.2 Pulvermetallurgie

Die Pulvermetallurgie umfaßt das Erzeugen von Pulvern aus Metallen, Metallegierungen oder Metallverbindungen und deren Weiterverarbeitung durch Mischen, Pressen und Sintern in Halbzeuge oder Fertigteile. Weitere Verfahrensschritte können sich anschließen, um die Gebrauchseigenschaften zu verbessern. Da sich das Verfahren grundsätzlich für metallische und nichtmetallische Werkstoffe eignet, ist dieser Abschnitt als Ergänzung zu 11.4 über das Urformen keramischer Werkstoffe zu sehen.

11.2.2.1 Einführung

Insbesondere zwei fertigungsbedingte Eigenschaften zeichnen die Pulvermetallurgie gegenüber anderen Fertigungsverfahren wie Gießen, Schmieden oder spanende Bearbeitung aus: die hohe Maßgenauigkeit der Sinterteile und die in weiten Bereichen einstellbare Porosität. Zusätzliche wirtschaftliche Gesichtspunkte führen dazu, daß dieses Verfahren überwiegend für die Herstellung einbaufertiger Massenbauteile angewandt wird. Gründe hierfür sind die hohen Werkzeug- und Vorrichtungskosten sowie die komplexen Verhältnisse der Volumenänderung beim Pressen und Sintern. Von sehr einfachen Teilen abgesehen, ist für jedes neue Teil ein gewisser Entwicklungsaufwand erforderlich, der durch eine verfahrens- und werkstoffgerechte Konstruktion günstig beeinflußt werden kann. Fertiggesinterte Teile können nach dem Kalibrieren jedoch extreme Toleranzforderungen erfüllen [N.N.86].

Weiterhin werden mit diesem Verfahren auch Bauteile hergestellt, die sich nur pulvermetallurgisch oder mit anderen Verfahren nicht in der gewünschten Qualität herstellen lassen. Beispiele hierzu sind Sinterteile aus heterogenen Werkstoffen mit besonders feiner Dispersion der verschiedenen Phasen, Werkstoffen mit metallischen und nichtmetallischen Komponenten, Legierungen mit Mischungslücken im flüssigen Zustand, hochreinen Legierungen und hochschmelzenden Metallen.

11.2.2.2 Pulverherstellung und -verarbeitung

Pulverherstellung

Metallische Pulver sind ein Haufwerk aus in Form und Größe unterschiedlichen Partikeln. In der Sintertechnik werden überwiegend Pulver mit Teilchengrößen zwischen 60 µm und 400 µm angewandt, je nach Sintererzeugnis werden aber auch weitere Anforderungen an Größe,

Größenverteilung, Gestalt und chemische Reinheit der Teilchen gestellt. Metallpulver werden im wesentlichen erzeugt durch Verdüsen von Metallschmelzen, Direktreduktion von Metalloxiden, mechanische Zerkleinerung, elektrolytische Abscheidung und chemische Ausfällung.

Die verschiedenen *Verdüsungsverfahren* haben derzeit die größte technische Bedeutung erlangt, und decken über 1/3 des Weltmarktvolumens an Metallpulver ab. Bei diesen Verfahren wird eine Metallschmelze, die aus einer Düse austritt, mit Luft, Wasserdampf, Wasser, Argon oder auch im Vakuum in feinste Teilchen zerstäubt. Form, Größe und Größenverteilung der Teilchen lassen sich durch die Auswahl geeigneter Prozeßparameter in weiten Grenzen dem Verwendungszweck anpassen. In Bild 11-22 sind als Beispiel die prozeßbestimmenden Einflußgrößen sowie die resultierenden Pulvermerkmale aufgezeigt, die durch die Kombination der Verdüsungsmedien Wasser und Gas einstellbar sind. Die Variationsmöglichkeiten der Prozeßgrößen erlauben es außerdem in den Metallpulvern gezielt Gefüge- und Werkstoffeigenschaften einzustellen, die sich nach der Weiterverarbeitung auch im späteren Bauteil wiederfinden. Mit Verdüsungsverfahren werden Eisen- und Bronzepulver sowie Pulver der rostfreien Sinterstähle, der Schnellstähle, Stellite und Superlegierungen, aber auch Pulver aus Messing, Neusilber, Blei- und Zinnlegierungen hergestellt.

Chemische Aufbereitungsverfahren werden insbesondere zur Herstellung von Metallpulvern mit hohem Reinheitsgrad angewandt, die frei von Fremdmetallen, Silikateinschlüssen, Oxiden und Karbiden sein müssen. Großtechnisch eingesetzt wird das Direktreduktionsverfahren zur Herstellung von Eisenpulver, wobei als Ausgangsprodukt Walzzunder oder reines Eisenerz verwendet wird. Als Endprodukt werden entweder direkt Pulver oder versinterter Eisenschwamm, der durch eine Reihe von Arbeitsgängen zu homogenem Pulver aufbereitet wird, gewonnen. Die nach dem Direktreduktionsverfahren erzeugten Eisenpulver decken den größten Anteil am Weltbedarf.

Weiterhin gehören zu den in der Praxis bedeutenden Verfahren die elektrolytische Abscheidung, hauptsächlich von Kupfer, und das *Carbonylverfahren*. Nach dem Carbonylverfahren lassen sich hochreine Eisen- und Nickelpulver mit sehr feinem Korn erzeugen. Beim Zerfall von Eisen- bzw. Nickelcarbonyl entstehen Pulver mit einer Korngröße zwischen 2 und 10 µm.

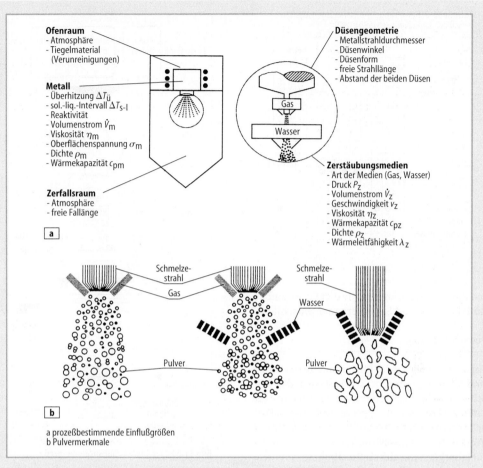

Ofenraum
- Atmosphäre
- Tiegelmaterial
  (Verunreinigungen)

Metall
- Überhitzung $\Delta T_{\ddot{u}}$
- sol.-liq.-Intervall ΔT_{S-l}
- Reaktivität
- Volumenstrom $\dot{V}_m$
- Viskosität η_m
- Oberflächenspannung σ_m
- Dichte ρ_m
- Wärmekapazität c_{pm}

Zerfallsraum
- Atmosphäre
- freie Fallänge

a

Düsengeometrie
- Metallstrahldurchmesser
- Düsenwinkel
- Düsenform
- freie Strahllänge
- Abstand der beiden Düsen

Gas

Wasser

Zerstäubungsmedien
- Art der Medien (Gas, Wasser)
- Druck P_z
- Volumenstrom $\dot{V}_z$
- Geschwindigkeit v_z
- Viskosität η_z
- Wärmekapazität c_{pz}
- Dichte ρ_z
- Wärmeleitfähigkeit λ_z

Schmelze-strahl
Gas
Pulver

Schmelze-strahl
Wasser
Pulver

b

a prozeßbestimmende Einflußgrößen
b Pulvermerkmale

Bild 11-22 Ofenraum und Verdüsungsebene einer kombinierten Gas-Wasser-Verdüsungsanlage [Sto91: 9, 63]

Die mechanischen Verfahren haben aus wirtschaftlichen Gründen ihre Bedeutung weitgehend eingebüßt und werden nur noch vereinzelt angewandt. Bei diesen Verfahren werden Draht, Späne oder Granalien in Mühlen zerkleinert. Im Mahlprozeß entstehen in den Pulverteilchen dabei Spannungen, die vor der Weiterverarbeitung durch Glühen beseitigt werden müssen.

Pulvercharakterisierung

Sowohl für die Weiterverarbeitung der Pulver als auch für die in einem pulvermetallurgisch hergestellten Bauteil eingestellten Eigenschaften ist die Beschaffenheit der eingesetzten Pulver ausschlaggebend. Demzufolge sind für die Weiterverarbeitung der Pulver deren Eigenschaften anhand einer Reihe von Kriterien zu definieren.

Die Charakterisierung der Pulvereigenschaften erfolgt einerseits durch die Betrachtung der einzelnen Teilchen: Teilchengrößen werden durch Trenn-, Sedimentations- und Zählverfahren bestimmt, die für die Sinteraktivität des Pulvers ausschlaggebenden Teilchenzustände wie spezifische Oberfläche, Versetzungsdichte und Seigerungszustand werden durch spezielle physikalische Verfahren festgestellt. Andererseits sind auch die Eigenschaften des Pulverhaufwerkes für die Verarbeitbarkeit und Güte des Metallpulvers bestimmend: die technologischen Eigenschaften des Pulverhaufwerkes werden durch Fließverhalten, Haftfähigkeit, Preßverhalten, Sinterfähigkeit und Schwundverhalten beschrieben, der Mischungszustand ist z.B. für heterogene Pulver für Sinterlegierungen eine wichtige Einflußgröße. In Tabelle 11-3 wird eine Bewertung der nach verschiedenen Verfahren erzeug-

Tabelle 11-3 Bewertung spezifischer Eigenschaften verschiedener Pulver nach [Sil84: 140]

+ günstig ● brauchbar − ungünstig	Pulver				Pressen					Sintern		
	Teilchenform/Größe	Teilchenspektrum	Fließverhalten	Pulverpreis	Entmischen	Reibung (Matrize)	Preßbarkeit	Grünfestigkeit	Chemische Reinheit	Sinterfähigkeit	Legiermöglichkeit	Schwundverhalten
Verdüste Pulver												
mit Luft	+	+	+	+	+	+	+	+	+	+	●	+
mit Wasser	+	+	+	+	+	+	●	+	+	+	+	+
mit Intergas	●	+	+	−	●	●	●	+	●	+	+	+
Direkt reduiertes Pulver	+	+	+	+	+	+	+	+	●	+	−	+
Mechanisch zerkleinertes Pulver	−	●	●	−	−	−	●	−	+	+	+	●
Elektrolyt-Pulver	+	+	+	−	+	+	+	+	+	+	−	●
Carbonyl-Pulver	●	●	−	−	−	●	−	−	+	+	−	−

ten Pulver vorgenommen, die den Pulveraufbau und das Preß- und Sinterverhalten einschließt.

Pulververarbeitung

An die Herstellung der Pulver und ihre Prüfung und Charakterisierung schließt sich das Mischen und die Formgebung der Pulver sowie die Sinterung der Pulverkörper an (Bild 11-23). Diese Arbeitsschritte beinhalten für metallische Werkstoffe (Eisenwerkstoffe) auch die pulvermetallurgische Legierungstechnik, soweit nicht bereits fertiglegiertes Metallpulver vorliegt. Beim überwiegend angewandten Mischlegieren werden als Ausgangsstoffe Mischungen aus reinen Metallpulvern und hoch konzentrierten Legierungskomponenten in Pulverform eingesetzt. Die Legierungsbildung geschieht durch Diffusionsvorgänge während der Sinterung. Mischlegierte Sinterstähle erreichen Festigkeiten von 250 - 700 N/mm², je nach Art und Menge der Legierungselemente. Bei der Anlegierungstechnik wird das gemischte Pulver vor dem Preßvor-gang einer Glühung unterzogen. Hierdurch werden Sinterteile mit Festigkeiten von 500 – 750 N/mm² hergestellt. Neuere Verfahren erreichen für Sinterstähle Festigkeiten bis über 1000 N/mm² [Lin94: 123 ff.].

Der einfachste Weg der Formgebung für ein Metallpulver ist die Schüttsinterung, bei der das Metallpulver lose in die Form geschüttet oder durch Vibration eingerüttelt und in der Form gesintert wird. Bei diesem Verfahren erfolgen also Formgebung und Sinterung in einem Ar-

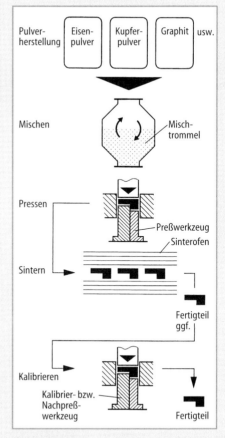

Bild 11-23 Verfahrensablauf im Sinterprozeß

beitsgang. Diese Verfahrensweise wird u.a. für die Herstellung von Filtern eingesetzt.

Bei den für die Herstellung von Formteilen am meisten genutzten Verfahren sind Formgebung und Sintern jedoch getrennte Arbeitsgänge. Die Formgebung erfolgt durch Pressen in Matrizen oder Werkzeugen, isostatisches Kalt- oder Heißpressen und Explosionsverdichtung. Der gepreßte Formkörper hat eine Preßkörperfestigkeit von 10 – 20 N/mm² und ist damit transportfähig. Beim anschließenden *Sintern* erfolgt eine Wärmebehandlung der Preßkörper mit oder nach Druckanwendung. Dabei ändern sich die Eigenschaftswerte, insbesondere die Festigkeit, in Richtung auf ein porenfreies Bauteil und stellen sich in Abhängigkeit der verbleibenden Restporosität (Bild 11-24), und dem sich einstellenden Sintergefüge ein. Während des Sinterns verändern sich dabei Porenform und -anzahl. Die Poren des ungesinterten Preß-

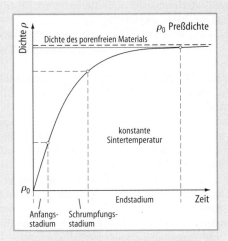

Bild 11-24 Veränderung der Dichte von Sinterkörpern im Sinterprozeß

körpers sind vielfältig geformt und offen. Zu Beginn des Sintervorgangs tritt Brückenbildung, aber noch kein Kornwachstum auf. In der Schrumpfungsphase werden die Poren zylinderförmig, sind aber immer noch offen, und es tritt Kornwachstum auf. Im Endstadium sind die Poren kugelförmig geschlossen, und es findet weiterhin Kornwachstum statt. Außerdem kann während des Sinterns in Mehrstoffsystemen durch das Überschreiten der Schmelztemperatur einer oder mehrerer Komponenten auch flüssige Phase auftreten. Der überwiegende Anteil bleibt aber als feste Phase bestehen, wodurch die Formbeständigkeit sichergestellt wird. Dem Schutzgas im Sinterofen kommt dabei primär die Aufgabe zu, das Sintergut vor Oxidation zu schützen, es kann aber auch andere wichtige Funktionen übernehmen, wie z.B. die Beseitigung von Restoxiden im Eisenpulver, die Reduktion zugemischter Legierungspartner wie Mangan, sowie die kohlenstoffstabile Sinterung kohlenstoffhaltiger Eisenwerkstoffe [N.N.86]. Die wichtigsten Schutzgase sind: Stickstoff, Wasserstoff, Wasserstoff-Stickstoff-Gemische und Exo- und Endogas als Mischung mehrerer Gase.

Der Sintervorgang ist generell mit einer Maßänderung verbunden, die durch Kalibrieren, d.h. Nachpressen mit dem Ziel, bestimmte Toleranzen zu erhalten, in sehr kleine Toleranzbereiche eingegrenzt werden kann. Die dadurch erreichbare Maßgenauigkeit zeichnet die Sinterteile gegenüber anderen Großserienbauteilen aus. Zudem kann die Maßänderung, z.B. bei Eisenpulvern, auch mit geringen Legierungs-

zusätzen so klein gehalten werden, daß Bauteile mit nur mittleren Toleranzanforderungen direkt im Sinterzustand eingebaut werden können. Weitere Nachbearbeitungsschritte für Sinterteile sind Nachsintern, Kaltmassiv- und Warmumformen, Infiltrieren, Tränken, sowie klassische Nachbehandlungsverfahren wie mechanische Bearbeitung und Wärmebehandlung. Weiterführende Literatur zur Pulvermetallurgie: [N.N.86, Sch88, Spu81].

11.2.2.3 Gestaltungsrichtlinien und Anwendungsbeispiele für Sinterteile

Die Gestaltungsmöglichkeiten pulvermetallurgisch hergestellter Bauteile sind durch das jeweilige Herstellverfahren gegeben. Die Unterteilung des Formwerkzeugs in Matrize und Dorne, Ober- und Unterstempel ermöglichen in horizontaler Richtung, also quer zur Preßrichtung, fast beliebige Formen, jedoch müssen Nuten, Gewinde, Hinterschneidungen, Bohrungen usw. quer zur Preßrichtung spanend nachbearbeitet werden. Ausnahmen sind das isostatische Pressen, das jedoch nicht für alle Anwendungsfälle kostengünstig ist, und der pulvermetallurgische (PM) Spritzguß. Die PM-Spritzgießtechnik ist ein von der Kunststoff-Spritzgießtechnik (s. 11.3.8) herkommendes Verfahren, bei der das Metallpulver mit Thermoplasten vermischt wird. Dadurch ist die Verarbeitung in einem Spritzgießwerkzeug möglich und es können Sinterteile mit komplizierter Geometrie hergestellt werden.

Pulvermetallurgisch hergestellte Filter und Gleitlager nutzen den Vorteil der Pulvermetallurgie, Porositäten im Bauteil gezielt einstellen zu können. Die zwei entscheidenden Eigenschaften, die den Einsatz der Filter bestimmen, sind die Filterfeinheit und die Durchströmbarkeit, die über die Porengröße und deren Verteilung reguliert werden können. Pulvermetallurgisch hergestellte Metallfilter weisen eine Porosität von 20 – 90 % auf. Bei gesinterten Gleitlagern ist die Selbstschmierung die wichtigste Gebrauchseigenschaft, die durch den mit Schmiermittel getränkten Porenraum den Betrieb ohne weitere Zusatzschmierung ermöglicht.

Weitere Einsatzgebiete von Sinterformteilen liegen im Kraftfahrzeugbau, im Haushalt- und Elektrogerätesektor und in der Büromaschinenindustrie. Typische Sinterbauteile sind Zahnräder für verschiedene Anwendungen, Zahnriemenräder, Naben, Nocken, Hebel, Magnete und Schneidwerkzeuge.

11.2.3 Weitere Urformverfahren

Nach DIN 8580 sind neben den in 11.2.1 und 11.2.2 genannten Verfahren weitere dem Urformen zuzurechnen. Eine gewisse technische Bedeutung für metallische Werkstoffe hat aus dem Bereich „Urformen durch galvanische Abscheidung" die *Galvanoformung* erlangt. Bei der Galvanoformung werden durch elektrolytische Metallabscheidung auf leitende oder nichtleitende Modelle metallische Bauteile hergestellt. Dieses Verfahren ist somit ein Sonderverfahren der Galvanotechnik, mit der metallische Überzüge auf Grundmetalle hergestellt werden, z.B. durch Vernickeln, Verchromen, Verzinken, Verzinnen, Verkupfern und Kadmieren. Einsatz findet das Galvanoformen z.B. in der Chemischen und Elektroindustrie zur Herstellung von Sieben, Filtern, Folien und Gittern. Weiterführende Literatur zur Galvanoformung: [Spu81:807].

Literatur zu Abschnitt 11.2

[AFS86] Aluminium Casting Technology. Des Plaines, Ill.: Am. Foundrymen's Soc. 1986
[Alt94] Altenpohl, D.: Aluminium von innen. Düsseldorf: Aluminium-Vlg. 1994
[Amb92] Ambos, E.; Hartmann, R.; Lichtenberg, H.: Fertigungsgerechtes Gestalten von Gußstücken. Darmstadt: Hoppenstedt Technik Tabellen Vlg. 1992
[Bru91] Brunhuber, E.: Praxis der Druckgußfertigung. 4. Aufl. Berlin: Schiele&Schön 1991
[Bru94] Brunhuber, E. (Hrsg): Gießerei-Lexikon. 15. Aufl. Berlin: Schiele&Schön 1994
[Bru86] Brunklans, J.H.; Stepanek, F.J.: Industrieöfen. Essen: Vulkan-Vlg. 1986
[Fle93] Flemming, E.; Tilch, W.: Formstoffe und Formverfahren. Leipzig: Dt. Vlg. f. Grundstoffindustrie 1993
[Gua91] Guan, J.; Sahm, P.R.: Berechnung der Restspannungen abgekühlter Gußstücke mit Hilfe der Finite-Elemente-Methode. Gießereiforschung 43, Nr.1, 1991
[JUN92] Otto Junker GmbH: Schneller Schmelzen mit MFT. Firmenschrift. Lammersdorf 1992
[Lin94] Linder, K.H.; Link, R: Neue wasserverdüste Vergütungsstahlpulver für hochfeste und verschleißbeständige Sinterstähle im Automobilbau. Stahl u. Eisen 114 (1994), Nr.8, 123–129
[Neu94] Neumann, F.: Gußeisen. Renningen-Malmsheim: expert-Vlg. 1994
[N.N.86] Vorlesungsreihe: Die Pulvermetallurgie. Fachverband für Pulvermetallurgie, Hagen, 1986
[Ric76] Richter, R.: Form- und gießgerechtes Konstruieren. Leipzig: Dt. Vlg. f. Grundstoffindustrie 1976
[Sah84] Sahm, P.R.; Hansen, P.N.: Numerical simulation and modelling of casting and solidification processes for foundry and casthouse. CIATF Zürich 1984
[Sch88] Schatt, W.: Pulvermetallurgie, Sinter- und Verbundwerkstoffe. Heidelberg: Hüthig 1988
[Sch86] Schneider, P.: Kokillen für Leichtmetallguß. Düsseldorf: Gießerei-Vlg. 1986
[Sil84] Silbereisen, H.: Zur Geschichte der Sinterstahlfertigung in Deutschland. Powder Metallurgy International 16 (1984), Nr.3, 138–144
[Spu81] Spur, G.; Stöferle, Th.: Handbuch der Fertigungstechnik, Bd.1: Urformen. München: Hanser 1981
[Sto91] Stock, D.: Die zweistufige Gas-Wasserzerstäubung metallischer Schmelzen, insbesondere von CuSn6. (Fortschr.-Ber. VDI, Reihe 5, Nr.194) Düsseldorf: VDI-Vlg. 1990

11.3 Urformen polymerer Werkstoffe

Kunststoffe haben als Werkstoffgruppe mit hohem Wertschöpfungspotential für die deutsche Industrie große wirtschaftliche Bedeutung erlangt, wie sich in den aktuellen Produktionswerten widerspiegelt (Tabelle 11-4).

11.3.1 Einteilung der Kunststoffe

Die Einteilung der Kunststoffe in bestimmte Werkstoffgruppen ergibt sich aus der Struktur und dem Bindungsmechanismus der Makromoleküle, aus denen die Kunststoffe aufgebaut sind. Man unterscheidet dabei [Mic92: 12 ff.]
– Thermoplaste mit linearen oder verzweigten,
– Elastomere mit schwach vernetzten und
– Duroplaste mit stark vernetzten Kettenmolekülen.

Während Thermoplaste zur Formgebung beliebig oft aufgeschmolzen werden können, sind Elastomere und Duroplaste nach erfolgter Aushärtung nicht mehr schmelzbar. Andererseits

Bezeichnung	1. Quartal 1993	1. Quartal 1994	Anteil in % 1994
Halbzeuge	4 418	4 469	30,7
Einzelteile	4 542	4 588	31,5
Bauelemente	1 413	1 633	11,2
Verpackungs- mittel	2 148	2 109	14,5
Fertig- erzeugnisse	1 532	1 459	10,0
Veredelung u. Reparatur	241	295	2,1
Gesamt	**14 294**	**14 553**	**100,0**

Quelle: Statistisches Bundesamt, Gesamtverband Kunststoffverarbeitende Industrie e.V. (GKV)

zeichnen sich diese Werkstoffe durch eine höhere Temperaturbeständigkeit aus.

11.3.2 Aufbereitung der Formmassen

Unter *Kunststoffaufbereitung* versteht man alle, den zu verarbeitenden Werkstoff unmittelbar betreffende Arbeitsschritte zwischen Rohstoffsynthese und Formgebung in der Verarbeitungsmaschine. Die Aufbereitung ist notwendig, da Kunststoffe in der Regel nach der Polymerisation nicht unmodifiziert verarbeitbar sind oder für die Endanwendung nicht ausreichende Eigenschaften aufweisen. So werden dem Kunststoff Zuschlagstoffe zugegeben, die erst die Verarbeitung ermöglichen (z.B. thermische Stabilisatoren, Gleitmittel) und andererseits die Produkteigenschaften im Hinblick auf spätere Anforderungsprofile (z.B. höhere Steifigkeit, Zähigkeit, Festigkeit) gezielt beeinflussen.

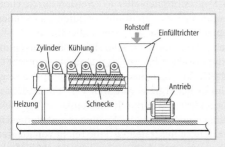

Bild 11-25 Extruder

Da während der Aufbereitung Stoffe unterschiedlicher Zusammensetzung und Konsistenz zu einer homogenen Formmasse aufbereitet werden müssen, zeichnen sich Aufbereitungsmaschinen durch eine hohe Mischwirkung aus. Neben diskontinuierlich arbeitenden Knetern (*Innenmischern*) und Mischaggregaten werden dazu in jüngster Zeit zunehmend kontinuierlich arbeitende *Doppelschneckenextruder* eingesetzt [Mic92: 73 ff., Dom92].

11.3.3 Extrusion von Halbzeugen und Profilen

Unter *Extrusion* oder Extrudieren versteht man die kontinuierliche Herstellung eines Halbzeuges, Rohres oder einer Folie aus Kunststoff (Thermoplast, Elastomer). Kernstück jeder Extrusionsanlage ist der *Extruder* (Bild 11-25), der das aufgegebene Kunststoffgranulat gleichmäßig einziehen, plastifizieren, homogenisieren und austragen soll. Die zur Plastifizierung notwendige Energie wird dabei mechanisch durch Friktion in den Schneckengängen und durch Wärmeleitung über den temperierten Plastifizierzylinder eingetragen; die Kühlung verhindert dabei eine lokale Überhitzung z.B. in Scherelementen (welche häufig zur Homogenisierung der Schmelze notwendig sind) oder in der oft flachgeschnittenen Austragszone der Schnecke.

Einige häufig eingesetzte Schneckengeometrien sind in Bild 11-26 dargestellt. Die einfachste Schnecke, die sog. 3-Zonen-Schnecke setzt sich aus

- der Einzugszone mit hoher Gangtiefe zum verbesserten Materialeinzug,
- der Kompressions- oder Plastifizierzone mit abnehmender Gangtiefe und
- der Metering- oder Austragszone mit geringer Gangtiefe

zusammen. In der Meteringzone wird die Schmelze homogenisiert, auf die gewünschte Temperatur gebracht und der den Werkzeuggegendruck überwindende Druck aufgebaut. Daher ist diese Zone bei konventionellen Extrudersystemen durchsatzbestimmend. Obwohl sich die meisten Thermoplaste mit dieser Schneckenform zufriedenstellend verarbeiten lassen, haben sich weitere Ausführungsformen (Bild 11-26) für spezielle Materialien ebenfalls bewährt bzw. sind für diese gezielt entwickelt worden.

Eine vollständige Extrusionsanlage zur Herstellung von z.B. Rohrprofilen (Bild 11-27) setzt sich aus mehreren Komponenten zusammen,

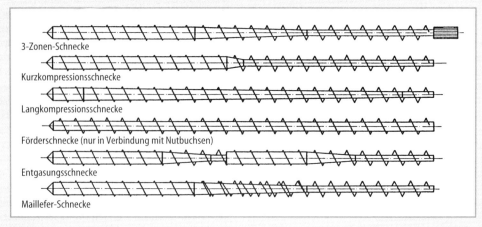

Bild 11-26 Gebräuchliche Plastizierungsschnecken

die optimal aufeinander abzustimmen sind. Entscheidend für die Produktqualität ist dabei vor allem das gewählte Extrusionswerkzeug, in dem die Schmelze etwa in die Geometrie des Endprodukts ausgeformt wird, und die unmittelbar nachfolgende Kalibrierung/Kühlung [Mic91], in denen die Endkontur des Profils fixiert wird; bei Thermoplasten durch Erstarrung der Schmelze, bei Elastomeren durch deren Vernetzung. Anwendungsgebiete von extrudierten Rohren und Profilen sind Ver- und Entsorgungsleitungen, Fensterprofile aus PVC sowie Kabelummantelungen für Energie- und Nachrichtentechnik.

Das erforderliche Investitionsvolumen für Extrusionsanlagen erstreckt sich je nach Größe und Durchsatz von ca. 100 000 DM (für einfache Laboranlagen) bis hin zu 10 Mio. DM für umfangreich ausgerüstete Produktionsanlagen.

11.3.4 Flach- und Blasfolienextrusion

Neben vielfältigen Profilen werden im Extrusionsverfahren Platten und Folien unterschiedlicher Dicke produziert. Dickere Folien und Platten werden durch Breitschlitzextrusion hergestellt. Dabei wird die Schmelze in einem sog. *Schmelzeverteiler* in einem Breitschlitzwerkzeug gleichmäßig über die Produktbreite verteilt und der austretende Schmelzefilm in einem *Glättwerk* abgekühlt und kalibriert. Analog zur Profilextrusion schließt sich daran ein Abzug oder eine Aufwickelvorrichtung und (bei dicken Tafeln) eine Ablängeinrichtung an.

Folien (auch extrudierte) werden für vielfältige Anwendungen mit nachträglich aufgebrach-

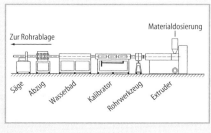

Bild 11-27 Rohrextrusionsanlage

ten Deckschichten (Textilien, Schaumbahnen usw.) versehen. Dieses sog. Kaschieren kann auf Kalanderanlagen (vgl. 11.3.5), in denen die Folienoberfläche angeschmolzen wird und dann ein Folienverbund entsteht, erfolgen. Es gibt jedoch auch spezielle Kaschieranlagen. Beschichtungen können weiterhin durch herkömmliche Streichmaschinen mit einem Rakel aufgebracht und anschließend chemisch bzw. physikalisch ausgehärtet werden [Sae92: 190].

Kunststoffolien aller Art werden durch Thermoformen zu dreidimensionalen Formteilen umgeformt. Dabei werden die thermoplastischen Folienbahnen in Strahlungsheizungen soweit erwärmt, bis der Werkstoff ein kautschukelastisches Verhalten aufweist. Die notwendige Umformenergie wird durch Vakuum und/oder Druckluft sowie durch mechanische Verstreckung eingebracht. Die Spanne der nach diesem Verfahren hergestellten Teile reicht von kleinen Verpackungsbehältern, welche in Mehrfachwerkzeugen hergestellt werden, bis hin zu Groß-

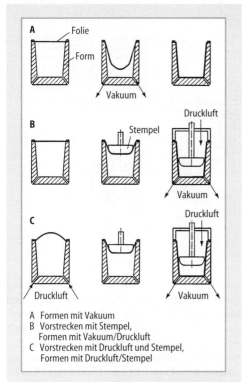

A Formen mit Vakuum
B Vorstrecken mit Stempel,
  Formen mit Vakuum/Druckluft
C Vorstrecken mit Druckluft und Stempel,
  Formen mit Druckluft/Stempel

Bild 11-28 Verfahrensschritte beim Negativformen

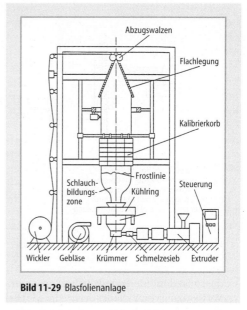

Bild 11-29 Blasfolienanlage

formteilen mit mehreren Quadratmetern Grundfläche. Je nachdem, welche Seite des Formteils durch das Werkzeug exakt abgebildet werden soll, wird in Positiv- und Negativformverfahren unterschieden [Mic92: 170ff.].

Die unterschiedlichen Verfahrensschritte während der Umformung sind in Bild 11-28 am Beispiel des Negativformens dargestellt. Beim Vorstrecken mit einem Stempel und/oder Druckluft ergibt sich eine deutlich gleichmäßigere Wanddickenverteilung, welche ein entscheidendes Qualitätsmerkmal von thermogeformten Produkten ist.

Um sehr breite und dünne, schlauchförmige Folien herstellen zu können, setzt man Blasfolienanlagen (Bild 11-29) ein. Die Schmelze wird beim Austritt aus dem Werkzeug, dem sog. Blaskopf, mit Luft an- und aufgeblasen. Durch die biaxiale Verstreckung der Makromoleküle in der Schlauchbildungszone entstehen festigkeitssteigernde Orientierungen in der Folie. Folien über 4 m Breite können nur auf diese Weise hergestellt werden. Üblich ist die Produktion von 10–80 μm dicken, flachgelegt 1,2–2,5 m doppelbreiten Ein- und Mehrschichtschlauchfolien aus allen Poly-

ethylen-Sorten, auch mit eingearbeiteten Regenerat- und Barriereschichten [Sae92, 180].

Wesentliches Qualitätsmerkmal der Blasfolien ist eine gleichmäßige Dicke, welche durch Messung kurz vor der Flachlegung überprüft wird. Dieses Meßsignal wird vielfach auch zur Dickenregelung ausgenutzt, bei der entweder der lokale Düsenspalt, die lokale Düsentemperatur oder der lokale Kühlluftstrom am Folienumfang variiert wird. Blasfolien werden vorzugsweise im Verpackungsbereich eingesetzt, während dickere Flachfolien auch im Baubereich oder – im thermogeformten Zustand – als Formteile in unterschiedlichen Bereichen Einsatz finden.

11.3.5 Kalandrieren von Folien

Zu den kapitalintensivsten Anlagen der Kunststoffverarbeitung gehören Kalanderanlagen zur Herstellung von Folien aus Hart- und Weich-PVC. Beim *Kalander* handelt es sich um ein Walzwerk, bestehend aus einer Reihe von Präzisionswalzen, mit denen vorbereitete Schmelze ausgeformt wird. Mit Durchsätzen von mehreren Tonnen pro Stunde werden ca. 90 % aller PVC-Folien ausgehend von in Mischern, Extrudern oder Walzwerken kontinuierlich aufbereiteten Schmelzen auf Kalanderstraßen hergestellt. Durch die geringe thermische Materialbelastung während des Kalandrierens können teure Stabilisatoren eingespart werden. Aus diesem Grunde

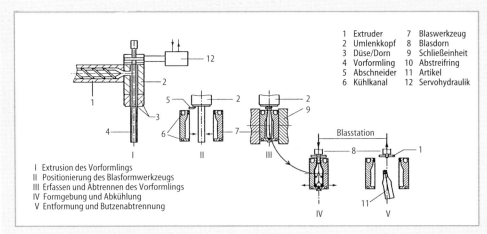

1	Extruder	7	Blaswerkzeug
2	Umlenkkopf	8	Blasdorn
3	Düse/Dorn	9	Schließeinheit
4	Vorformling	10	Abstreifring
5	Abschneider	11	Artikel
6	Kühlkanal	12	Servohydraulik

I   Extrusion des Vorformlings
II Positionierung des Blasformwerkzeugs
III Erfassen und Abtrennen des Vorformlings
IV Formgebung und Abkühlung
V   Entformung und Butzenabtrennung

Bild 11-30 Verfahrensablauf beim Extrusionsblasformen

ist die sonst dominierende Folienextrusion unter Verwendung von Verteilerwerkzeugen im Bereich der PVC-Verarbeitung von untergeordneter Bedeutung [Mic92: 157, Sae92: 188 ff.].

11.3.6 Extrusionsblasformen

Hohlkörper aus thermoplastischen Kunststoffen werden heute überwiegend im Extrusionsblasformverfahren sowie in artverwandten Streckblasverfahren hergestellt. Der Rauminhalt dieser Artikel reicht von wenigen Millilitern (Arzneimittelverpackungen) bis hin zu derzeit maximal ca. 13000 Litern (Tank). Blasformteile finden also Einsatz in unterschiedlichsten Bereichen.

Das *Extrusionsblasformen* (Bild 11-30) setzt sich aus der kontinuierlichen Vorformlingsextrusion und der zyklischen Formgebung mittels Blasluft (max. 10 bar) in einem gekühlten Werkzeug zusammen. Verarbeitet werden hauptsächlich HDPE, PP und PVC. Verfahrensbedingt entstehen bei diesem Prozeß durch die Schließbewegung des Werkzeugs an den Quetschkanten die sog. Butzen. Diese abgeschnittenen Materialränder, die durchaus zwischen 20 und 50 % des eingesetzten Materials ausmachen können, werden gemahlen und dem Prozeß als Regenerat wieder zugeführt. Dies ist für die Wirtschaftlichkeit des Prozesses oft von entscheidender Bedeutung [Mic92, 100ff., Sae92, 139 ff.].

11.3.7 Streck- und Spritzblasformen

Eine Sonderform des Blasformens ist das sog. Streckblasen. Dabei werden, ähnlich zur Blasfolienextrusion, biaxiale Orientierungen in das Formteil eingebracht, welche die mechanischen Eigenschaften deutlich verbessern. Dazu wird ein spritzgegossener Vorformling nach dem Aufheizen simultan mechanisch in axialer Richtung verstreckt, während die Umfangsverstreckung durch Blasluft bewirkt wird (Bild 11-31). Die vergleichsweise geringen Umformtemperaturen

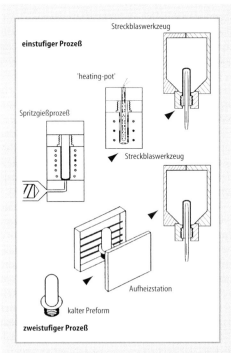

Bild 11-31 Prozeßführung im Streckblasverfahren

bedingen höhere Blasdrücke von bis zu 20 bar und mehr. Als Materialien werden mit diesem Verfahren bevorzugt PVC, PP und PET verarbeitet. Typischer Anwendungsbereich von PET ist die Getränkeverpackung vor allem kohlensäurehaltiger Erfrischungsgetränke.

Man unterscheidet beim Streckblasen zwischen der Verformung aus erster Wärme, bei der ein Spritzling (Vorformling) nur bis auf die Verstrecktemperatur abgekühlt und direkt umgeformt wird, und der Verformung aus zweiter Wärme, bei der der Spritz- und Verformungsprozeß unabhängig voneinander ablaufen. Energetisch günstiger, aber auch maschinentechnisch aufwendiger ist das erste Verfahren [Mic92: 106 f.].

11.3.8 Spritzgießen

Verfahrensbeschreibung

Spritzgießen ist die diskontinuierliche Herstellung von Formteilen aus polymeren Formmassen, wobei das Urformen unter Druck geschieht [DIN24450]. Das in Form von Granulat, Pulver oder Streifen (bei Elastomeren) vorliegende Rohmaterial wird in der *Schneckenplastifiziereinheit* der Spritzgießmaschine durch Wärmezufuhr und Friktion in einen fließfähigen Zustand überführt und zyklisch durch axialen Vorschub der Schnecke in ein formgebendes Werkzeug eingespritzt (*Einspritzdruck*). In diesem verbleibt das Formteil unter *Nachdruck*, bis durch Wärmeentzug (Thermoplaste) oder fortschreitenden Vernetzungsvorgang (Duroplaste, Elastomere) eine Formstabilität erreicht ist, das Formteil ausgeworfen werden kann und der Zyklus von neuem beginnt. Mit dem Spritzgießverfahren werden Formteilgewichte zwischen 10^{-6} und 10^2 kg erreicht. Die Vorteile des Verfahrens liegen in dem direkten Weg vom Rohstoff zum Fertigteil, seinem hohen Automatisierungsgrad und seiner hohen Reproduziergenauigkeit [Mic92: 107 ff., Joh92: 25 ff.]. Typische Anwendungsbeispiele sind Automobilzubehörteile, Bauelemente für elektrische, feinmechanische und optische Erzeugnisse, Gehäuse für Maschinen und Fahrzeuge, Installations- und Baubedarf sowie Verpackungsartikel.

Das erforderliche Investitionsvolumen ist von Größe (Schließkraft), Ausstattung der Maschine und gewünschtem Service abhängig und erstreckt sich von ca. 30 000 DM (Schließkraft 200 kN, gesteuerter Antrieb) bis hin zu mehreren Mio. DM (Schließkraft 5000 kN und größer). Zu höherwertigen Ausstattungen gehören z. B. Hydraulik-Regelpumpen, geregelte Antriebe und ggf. Zusatzaggregate für weitere Komponenten.

Auch bei Spritzgießwerkzeugen ergibt sich ein breiter Kostenrahmen, der wenige tausend DM für kleine, einfache Bauteilgeometrien bis hin zu 1 – 2 Mio. DM z. B. für Stoßfängerwerkzeuge umfaßt.

Maschinenaufbau

Wesentliche Baugruppen einer Spritzgießmaschine (Bild 11-32) sind die Plastifiziereinheit (a), die Schließeinheit (b) zum Öffnen und Schließen des Werkzeugs (c) sowie die Steuerungs- bzw. Regelungseinheit (d) und die Temperiervorrichtungen (e). In der Regel werden die erforderlichen Kräfte und Bewegungen hydraulisch aufgebracht, es finden sich aber auch Maschinen Einsatz, die über elektromechanische Antriebseinheiten verfügen.

Zur Klassifizierung von Maschinengröße und -leistung sind eine Reihe von Kenndaten geeignet. So bezeichnet die maximale Schließkraft die Kraft, mit der die beiden Werkzeughälften gegeneinander gepreßt werden können, um ein Öffnen durch den Werkzeuginnendruck zu verhindern. Der maximal mögliche Einspritzdruck gibt Aufschluß über den von der Maschine aufzubringenden Fülldruck. Durch das Dosiervolumen bzw. Schußgewicht wird die Größe des in einem Zyklus zu fertigenden Formteils begrenzt.

Werkzeugtechnik

Die Aufgabe, die plastifizierte Schmelze auszuformen und abzukühlen (bzw. zu vernetzen oder

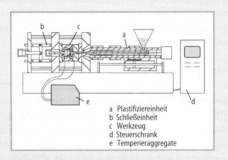

a Plastifiziereinheit
b Schließeinheit
c Werkzeug
d Steuerschrank
e Temperieraggregate

Bild 11-32 Spritzgießmaschine

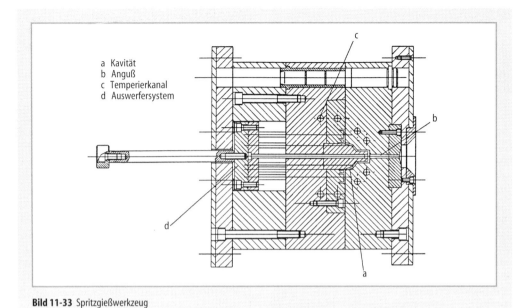

a Kavität
b Anguß
c Temperierkanal
d Auswerfersystem

Bild 11-33 Spritzgießwerkzeug

vulkanisieren), übernimmt das Spritzgießwerkzeug (Bild 11-33). Es enthält dazu die erforderlichen Formhohlräume (Kavitäten) (a), das Verteilersystem für die Schmelze (b), Temperierkanäle (c) bzw. -patronen sowie ein Auswerfersystem (d) zum Entformen des erstarrten Bauteils. Das Spritzgießwerkzeug ist nicht Bestandteil der Spritzgießmaschine, sondern wird für jeden Artikel speziell entworfen bzw. angepaßt. Dennoch lassen sich viele Baugruppen eines Werkzeugs aus standardisierten Elementen, den Normalien, aufbauen. Durch Gestaltung und Ausführung des Werkzeugs wird die Qualität der erzeugten Artikel maßgeblich beeinflußt. Auch wirken bei den auftretenden Prozeßdrücken große mechanische Belastungen auf das Werkzeug. Aus diesen Gründen kommt einer angepaßten rheologischen, thermischen und mechanischen Auslegung der Spritzgießwerkzeuge große Bedeutung zu [Men91: 281ff.]. Zur Optimierung der Werkzeugauslegung werden verschiedene rechnergestützte Hilfsmittel angeboten [Eve93: 30ff.].

Prozeßführung

Die optimale Abstimmung von Werkzeug und Prozeßführung auf den herzustellenden Artikel, den verwendeten Kunststoff und die vorliegende Maschine ist die Voraussetzung für eine Fertigung mit konstant hoher Produktgüte. Dieses Vorgehen wird als Einrichten bezeichnet. Die re-

sultierenden mechanischen, optischen und geometrischen Formteileigenschaften werden dabei in erheblichem Maße von den vorliegenden Prozeßbedingungen (z.B. Fließverhältnisse innerhalb des Werkzeugs, Schmelzetemperatur, Einspritzdruck, Einspritzgeschwindigkeit, Werkzeugtemperierung) beeinflußt. Zusätzlich entscheidet die erzielbare Zykluszeit wesentlich die Wirtschaftlichkeit der Fertigung. Bei der Inbetriebnahme eines neuen Werkzeugs sind daher erhebliches Fachwissen und Erfahrungen vonnöten.

Sonderverfahren

Durch Verfahrensvarianten, die zum Teil auf konventionellen oder modifizierten Maschinen durchgeführt werden, läßt sich das Spektrum der im Spritzgießverfahren hergestellten Formteile erheblich erweitern (Bild 11-34). So sind über das Textil- und Folienhinterspritzen sowie Inmould-Decoration-Verfahren Artikel zu fertigen, bei denen funktionale oder dekorative Schichten bereits im Werkzeug innerhalb eines Zyklus auf einen polymeren Träger aufgebracht werden. Ein nachfolgender Veredelungsvorgang (Kaschiervorgang) kann so entfallen. Mit dem Verbund-Spritzguß, dem Mehrkomponenten-Sandwich-Spritzgießen und der Gasinjektionstechnik werden Bauteile hergestellt, bei denen alle eingesetzten Komponenten an der Formge-

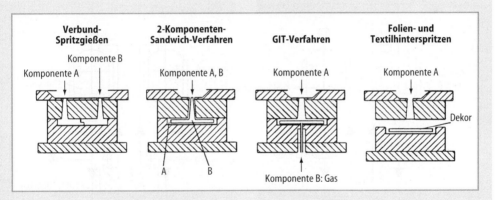

Bild 11-34 Verfahrensvarianten beim Spritzgießen

Verbund-Spritzgießen — Komponente A, Komponente B

2-Komponenten-Sandwich-Verfahren — Komponente A, B — A, B

GIT-Verfahren — Komponente A — Komponente B: Gas

Folien- und Textilhinterspritzen — Komponente A — Dekor

bung beteiligt sind. Auf diese Weise lassen sich unterschiedliche Werkstoffeigenschaften, optische Eigenschaften oder Materialqualitäten ausnutzen. Das Gasinjektionsverfahren ermöglicht zusätzlich die Herstellung dickwandiger Bauteile ohne Einfallstellen (z.B. Griffe), funktionaler Hohlräume sowie die Reduzierung von Schwindung und Verzug z.B. von Gehäuseelementen mit Sichtflächen durch Rippen, in denen das Gas die Funktion des Nachdrucks übernimmt [Mic92: 128 ff.].

Verarbeitung reagierender Formmassen

Im Gegensatz zu den thermoplastischen Formmassen benötigen Duroplaste (Melamin-, Phenol- und Epoxydharze) und Elastomere (Natur- und Synthesekautschuk) die Zufuhr von Energie zum Ablauf einer Aushärte- bzw. *Vulkani-sation*sreaktion, die zu einem formstabilen Artikel führt. Die Formmassen werden in der Plastifiziereinheit einer sonst prinzipiell ähnlich aufgebauten Spritzgießmaschine schonend aufgeschmolzen (Temperaturbereich 80 – 100 °C) und dann in ein beheiztes Werkzeug (180 – 220 °C) eingespritzt. Aufgrund der Viskositätserniedrigung durch das Aufheizen im Werkzeug sind duroplastische und elastomere Formmassen besonders dünnflüssig und neigen verstärkt zur Bildung sog. Schwimmhäute in den Werkzeugtrennebenen. In vielen Fällen müssen die produzierten Formteile (z.B. Dichtungsringe, Manschetten und Schläuche bei Elastomeren sowie thermisch beanspruchte Bauelemente der Elektrotechnik bei Duroplasten) daher noch einer nachträglichen Entgratung unterzogen werden.

Reaktionsspritzgießen

Als *Reaktionsspritzguß* (reaction injection moulding, RIM) wird der Formgebungsprozeß bezeichnet, wenn die zur Aushärtung des Kunststoffes erforderlichen Reaktionspartner A und B (bei Polyurethan: Polyol und Isocyanat) erst unmittelbar vor dem Eintrag in die Kavität vermischt werden und so die Reaktion im Werkzeug ohne weitere Initiierung erfolgt. Die Komponenten können dabei über Hoch- oder Niederdruckverfahren verarbeitet werden (Bild 11-35). Aufgrund der guten Fließfähigkeit des Reaktionsgemisches und der vergleichsweise geringen Prozeßdrücke (bis 20 bar in der Kavität) ist auch die Herstellung zelliger Schaumstrukturen mit integralem oder homogenem Dichteprofil durch Beimengung eines Treibmittels in eine Komponente möglich. So können günstige Bauteilsteifigkeit und geringes Gewicht für großflächige, dünnwandige Formteile kostengünstig erzielt werden (Automobil-Stoßfänger usw.). Die mechanischen Eigenschaften der Artikel lassen sich durch Zugabe von Glasfasern (reinforced reaction injection moulding, RRIM) oder Gewebeeinlage (structural reaction injection moulding, SRIM), welche von dem Reaktivsystem im Werkzeug durchströmt werden, bei der Verarbeitung erheblich steigern (z.B. [Oer93: 139 ff.]). Diese Technik kommt z.B. bei Schalen für Autositze zur Anwendung.

11.3.9 Gießen

Die Formgebung erfolgt drucklos über offene oder geschlossene Werkzeuge, Folien oder Endlosbänder. Es werden thermoplastische und du-

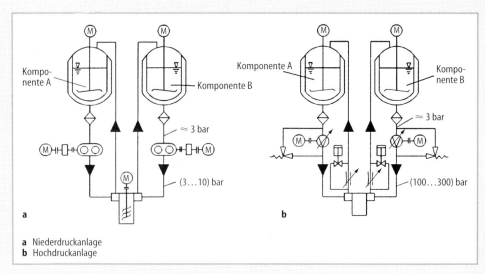

a Niederdruckanlage
b Hochdruckanlage

Bild 11-35 Anlagenkonzepte beim RIM

roplastische Formmassen verarbeitet, Voraussetzung ist jedoch immer die gute Fließfähigkeit des Kunststoffs. Dieser kann als Schmelze, Lösung oder aushärtbares Harz vorliegen. Vorteile des Gießverfahrens sind der geringe werkzeug- und maschinentechnische Aufwand, die günstige Fertigung bei kleinen Losgrößen und die besonders homogene Struktur von Gußteilen. Nachteilig sind vor allem die erforderliche Evakuierung der Kavität zur Herstellung blasenfreier Formteile, die ungünstigen Abkühlbedingungen im Formteilinnern und die daraus u.U. resultierenden Spannungsrisse sowie die relativ langen Härtungszeiten bei reagierenden Formmassen [Mic92: 162ff.]. Gegossen werden z.B. Folien, Tafeln, Rohre oder andere Profile sowie hochwertige Kunststofflinsen.

Rotationsformen und Schleudergießen

Das Rotationsformen und das Schleudergießen sind geeignet, Hohlkörper (z.B. Behälter, Rohre, Bälle) in geschlossenen Werkzeugen zu erzeugen. Als Ausgangsprodukte werden auch hier Gießharze oder Thermoplastpulver in der erwärmten Form, die meist um zwei senkrecht stehende Achsen rotiert, aufgeschmolzen und verdichtet. Die Drehzahlen beim Rotationsformen bewegen sich in einem Bereich von 2 – 40 min^{-1}. Demgegenüber wird beim Schleuderguß z.B. von Rohren der Kunststoff durch die rasche Drehbewegung der Trommel und die daraus re-

sultierende Zentrifugalkraft verdichtet. Das Rotationsformen und das Schleudergießen zeichnen sich durch relativ niedrige Investitionskosten aus und eignen sich daher besonders bei kleinen Losgrößen und großen Behältervolumina [Joh92: 635ff.].

11.3.10 Pressen

Im Preßverfahren werden u.a. duroplastische und elastomere Formmassen verarbeitet. Duroplastische Preßmassen bestehen aus reaktionsfähigem Harz und 35 – 65 Vol.-% organischen oder anorganischen Füllstoffen. Da die Formmasse typischerweise in die geöffnete Form dosiert wird, sind vertikale hydraulische oder Kniehebel-Schließeinheiten erforderlich (Bild 11-36). Diese Bauweise eignet sich auch für die Bestückung mit Metall-Einlegeteilen z.B. für Gummi-Metall-Bauteile. Im Betrieb erfolgt die Zugabe des Rohstoffes in Form von Schüttgut oder vorgeformten Tabletten bzw. Rohlingen halbautomatisch oder automatisch. In dem formgebenden Werkzeug, das sich prinzipiell nicht wesentlich von einem Spritzgießwerkzeug unterscheidet, wird die Preßmasse ausgehärtet bzw. vulkanisiert und schließlich ausgeworfen (ausgestoßen oder ausgeblasen).

Eine Verfahrensvariante des Pressens ist das Spritzpressen, bei dem die Formmasse in einem zusätzlichen Hohlraum plastifiziert und über den Spritzkolben in die Kavität gepreßt wird.

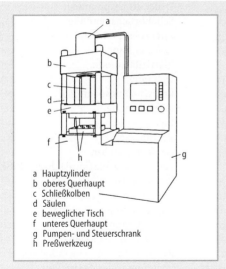

a Hauptzylinder
b oberes Querhaupt
c Schließkolben
d Säulen
e beweglicher Tisch
f unteres Querhaupt
g Pumpen- und Steuerschrank
h Preßwerkzeug

Bild 11-36 Säulenpresse [Joh92]

Dies führt zu einer besseren und schnelleren Erwärmung, einer besseren Homogenisierung sowie kürzeren Härtezeiten bei guter Qualität. Der Anwendungsbereich erstreckt sich ebenfalls auf die in 11.3.8 erwähnten Applikationen, so daß das Spritzpressen heute zunehmend vom Spritzgießen verdrängt wird [Mic92: 135]. Neben dem Formpressen findet auch das Pressen von großflächigen Formteilen aus langfaserverstärkten Reaktionsharzen bzw. Thermoplasten industrielle Anwendung. Diese Maschinen sind meist zusätzlich mit Beschickungs- und Entnahmegeräten sowie Vorheizstationen zur Aufwärmung der zugeführten *Prepregs* ausgestattet.

Literatur zu Abschnitt 11.3

DIN24450: Maschinen zum Verarbeiten von Kunststoffen und Kautschuk. 1987
[Dom92] Domininghaus, H.: Die Kunststoffe und ihre Eigenschaften. 4. Aufl. Düsseldorf: VDI-Vlg. 1992
[Eve93] Eversheim, W.; Michaeli, W.: CIM im Spritzgießbetrieb. München: Hanser 1993
[Joh92] Johannaber, F.: Kunststoffmaschinenführer. München: Hanser 1992
[Men91] Menges, G.; Mohren, P.: Anleitung zum Bau von Spritzgießwerkzeugen. 3. Aufl. München: Hanser 1991
[Mic91] Michaeli, W.: Extrusionswerkzeuge für Kunststoffe und Kautschuk. 2. Aufl. München: Hanser 1991
[Mic92] Michaeli, W.: Einführung in die Kunststoffverarbeitung. München: Hanser 1992
[Oer93] Kunststoff-Handbuch, Bd.7: Polyurethane (hrsg. v. Oertel, G.) 3. Aufl. München: Hanser 1993
[Sae92] Saechtling, H.: Kunststoff-Taschenbuch, 25. Aufl. München: Hanser 1992.

Weiterführende Literatur

[Gas82] Gastrow, H.: Der Spritzgieß-Werkzeugbau in 100 Beispielen. 3. Aufl. München: Hanser 1982
[Men84] Menges, G.: Werkstoffkunde der Kunststoffe. 2. Aufl. München: Hanser 1984

11.4 Urformen keramischer Werkstoffe

Die Urformgebung keramischer Werkstoffe als reine Werkstoffe, Verbundwerkstoffe und Werkstoffverbunde umfaßt Produkte der Gebrauchskeramik, der Feuerfestkeramik und der technischen Keramik. Die getroffene Auswahl konzentriert sich auf die technisch etablierten Urformgebungsverfahren und gibt einen Einblick in aussichtsreiche Entwicklungen. Der Kurzbeschreibung der einzelnen Verfahren sind die wesentlichen Zusammenhänge zwischen Werkstoffen, Fertigungsverfahren, Konstruktion und Prüftechnik sowie die daraus resultierenden Anwendungsgebiete vorangestellt.

11.4.1 Einführung

11.4.1.1 Werkstofftechnische Aspekte

Keramische Werkstoffe sind anorganisch-nichtmetallische Materialien, deren Eigenschaften im wesentlichen durch die kovalent-ionische Mischbindung und den polykristallinen Aufbau bestimmt werden. Daraus resultieren – im Vergleich zu metallischen und polymeren Werkstoffen – sowohl die Vorteile (z. B. niedrige Dichte, hohe Formstabilität, hohe Härte, chemische Beständigkeit und Hochtemperaturbeständigkeit) als auch die Nachteile (z. B. begrenzte Duktilität, niedrige Bruchdehnung, streuende Festigkeitseigenschaften und Thermoschockempfindlichkeit). Die Merkmale der technischen Keramik kommen in den Grundgleichungen für Konstruktion, Fertigung und Prüftechnik (1) – (6) zum Ausdruck [Mai93: 157 ff.].

Keramiken versagen überwiegend unter Zug-beanspruchung. Die Druckbruchspannungen $\sigma_{d,B}$ bzw. Schubbruchspannungen τ_B liegen gemäß (1) etwa um eine Größenordnung über den Zugbruchspannungen $\sigma_{z,B}$ [Ter94].

In der Regel verhalten sich Keramiken unter Zugbeanspruchung linear-elastisch bis zum Bruch. Es gilt das Hooksche Gesetz gemäß (2). Die Bruchdehnungen keramischer Werkstoffe liegen hierbei im Bereich von 0,1 – 0,5 %.

Statistisch verteilte Fehlstellen bilden sich als „Bruchspannungsstreuung" ab, die mit der Grundgleichung der Bruchmechanik (3) erklärt werden kann. Die Rißzähigkeiten für keramische Werkstoffe liegen im Bereich von 3 – 10 MPa $\sqrt{m}$. Im Vergleich zu Stahl (50 – 150 MPa $\sqrt{m}$) müssen deutlich kleinere Fehlstellen realisiert werden, um vergleichbare Bruchspannungen zu gewährleisten. An die Stelle des Begriffs „Festigkeit" tritt der Begriff „Bruchwahrscheinlichkeit". Gemäß der Weibull-Theorie gilt (4).

Der Weibullparameter m_V ist ein Maß für die Streuung der Bruchspannungen und bewirkt einen sog. Größeneffekt der Bruchspannungen für unterschiedlich große, auf Zug beanspruchte Bauteile 1 und 2 gemäß (5). Die Weibullparameter für keramische Werkstoffe liegen im Bereich von 10 – 30. Sie sind somit deutlich niedriger als die Weibullparameter von Metallen mit 50 – 150 und drücken die große Streubreite und die damit verbundene Größenabhängigkeit der Festigkeitswerte aus. Die Ausgangsrisse a gemäß (3) wachsen unter äußerer (σ_a) oder innerer (σ_E) Beanspruchung umgebungsabhängig nach dem Gesetz des „unterkritischen Rißwachstums" gemäß (6) und bewirken gemäß (3) einen Abfall der Bruchspannungen bzw. einen Anstieg der Bruchwahrscheinlichkeiten über der Zeit.

$$\sigma_{z,B} \approx \frac{1}{(20 \text{ bis } 40)}\,\sigma_{d,B} \approx \frac{1}{(10 \text{ bis } 20)}\,\tau_B \qquad (1)$$

$$\sigma_z = \varepsilon \cdot E \qquad (2)$$

$$\sigma_{z,c} = \frac{K_{IC}}{\sqrt{a} \cdot Y} = \sigma_a + \sigma_E \qquad (3)$$

$$F_B = 1 - \exp\left[-\frac{1}{V_0} \int \left(\frac{\sigma_z(x,y,z)}{\sigma_{0V}}\right)^{m_V} dV\right] \qquad (4)$$

$$\frac{\sigma_{Z1}}{\sigma_{Z1}}(F_B = const) = \left(\frac{V_{Z2}}{V_{Z1}}\right)^{m_V} \qquad (5)$$

$$v = \frac{d_a}{d_t} = a \cdot K_I^n \qquad (6)$$

$\sigma_{d,B}$	Druckbruchspannung,
τ_B	Schubbruchspannung,
$\sigma_{z,B}$	Zugbruchspannung,
σ_z	Zugspannung,
E	Elastizitätsmodul,
e	Dehnung,
$\sigma_{z,c}$	kritische Zugspannung,
σ_a	Lastspannung,
σ_E	Eigenspannung,
K_{IC}	Rißzähigkeit,
Y	Geometriefaktor,
a	Fehlstellengröße (ideal scharfer Riß),
F_B	Bruchwahrscheinlichkeit,
V_0	Einheitsvolumen,
$\sigma_z(x,y,z)$	Zugspannungsverteilung,
m_V und σ_{0V}	Weibullparameter (Werkstoffkonstanten),
v	Rißwachstumsgeschwindigkeit,
K_I	Spannungsintensitätsfaktor,
A	Lagenparameter,
n	Rißwachstumsexponent.

Aus diesen Grundgleichungen erklärt sich das notwendige enge Zusammenwirken des Konstrukteurs, Verfahrenstechnikers und Prüftechnikers: Die Form und Größe eines Bauteils beeinflußt die verfahrenstechnisch verursachten Fehlstellen- und Eigenspannungsverteilungen, die prüftechnisch zu verifizieren sind.

11.4.1.2 Keramische Werkstoffe

In Abgrenzung zu den metallischen und polymeren Werkstoffen gehören die keramischen Werkstoffe zu den anorganisch-nichtmetallischen Werkstoffen. Die Gruppen der anorganischen Naturstoffe (Zement, Kalk, Gips u.a.), der „einelementaren" Stoffe (Diamant, Graphit, Kohleglas), der Gläser und Hartmetalle seien hier ausgeklammert. Keramische Werkstoffe sind demnach Verbindungen von Metallen mit Nichtmetallen (z.B. Al_2O_3) oder Halbleitern mit Nichtmetallen (z.B. SiC), deren polykristallines Gefüge durch Sintern oder Reaktionsbrennen erzeugt wird [Mai93: 1]. Die Einteilung der keramischen Werkstoffgruppen wurde im Verlauf der weltweiten Entwicklungen in teils gemischter Form nach Werkstoffaufbau, nach Größe der Gefügebestandteile, nach Dichte, nach Eigenschaften (Isolierkeramik, Verschleißkeramik u.a.) und nach Anwendungsgebieten (Gebrauchskeramik, Feuerfestkeramik und technische Keramik) vorgenommen.

Silikatkeramische Werkstoffe – wie Steinzeug, Porzellan, Steatit, Forsterit, Feuerbeton, Schamotte – sind seit langem in der technischen, meist konventionellen, Anwendung bekannt. Sie werden als tonkeramische Werkstoffe meist aus dem Werkstoffdreieck Quarz – Tonerde – Feldspat gebildet, weisen eine natürliche Plastifizierung auf und führen zu einem Verbund von Mullitphasen in einer glasigen Matrix.

Oxidkeramische Werkstoffe sind polykristalline, nahezu glasphasenfreie Materialien aus Oxiden oder Oxidverbindungen mit überwiegender Ionenbindung. Die synthetisch gewonnenen Rohstoffe bedürfen aufgrund der fehlenden natürlichen Plastifizierung meist einer zusätzlichen Polymerplastifizierung und bilden ihre Mikrostruktur überwiegend in der drucklosen Festphasensinterung oder beim Reaktionssintern. Zu den wesentlichen und technisch nutzbaren Vertretern gehören die einfachen Oxide – Aluminiumoxid (Al_2O_3), Zirconiumoxid (ZrO_2), Magnesiumoxid (MgO), Titanoxid (TiO_2), Berylliumoxid (BeO), Uranoxid (UO_2) und die komplexen Oxide Spinell ($MgOAl_2O_3$), Mullit ($3Al_2O_3 2SiO_2$) sowie die Titanate (z.B Aluminiumtitanat $Al_2O_3 TiO_2$), Zirconate (z.B. $ZrO_2 TiO_2$), Phosphate (z.B. $ZrPO_4$) und Ferrite (z.B. $BaOFe_2O_3$).

Nichtoxidkeramische Werkstoffe sind polykristalline Materialien auf der Basis von Carbiden, Nitriden, Boriden, Siliciden u.a. mit überwiegender Kovalentbindung. Die synthetisch gewonnenen Rohstoffe bedürfen neben der zusätzlichen Polymerplastifizierung häufig einer Unterstützung im keramischen Brand (z.B. durch Sinterhilfsmittel, überlagerten Unter- und Überdruck u.ä.). Deshalb ist es sinnvoll und notwendig, die Verfahrensmerkmale in die Kurzbezeichnung der nichtoxidischen Werkstoffe miteinzubeziehen (s. verfahrenstechnische Hinweise). Zu den wichtigsten Nichtoxidkeramiken gehören die Carbide Siliciumcarbid SiC, Borcarbid B_4C und Titancarbid TiC, die Nitride Siliciumnitrid Si_3N_4, Bornitrid BN (hexagonal und kubisch), Aluminiumnitrid AlN, Titannitrid TiN und von den Boriden das Titanborid TiB_2.

Verbundkeramische Werkstoffe zielen durch die Einlagerung oder Bildung von Fremdstoffen auf eine maßgeschneiderte Anpassung bestimmter Eigenschaften wie z.B. die Anhebung der Rißzähigkeit, der Bruchdehnung oder der Thermoschockbeständigkeit. Man unterscheidet zwischen Schichtverbund (z.B. keramische Schutzschichten als Verschleiß-, Korrrosions-

und Hochtemperaturschutz), Durchdringungsverbund (z.B. siliziuminfiltriertes Siliciumcarbid), Faserverbund (z.B. SiC-faserverstärkter Graphit) und Teilchen- bzw. Partikelverbund. Der Partikelverbund umfaßt im wesentlichen Whisker (z.B. whiskerverstärkte Si_3N_4-Schneidkeramik), Platelets (z.B. als Ersatz für die gesundheitsgefährdenden Whisker) und Dispersionen. Zu den Dispersionskeramiken gehört neben den sog. Cermets (Ceramic-Metal-Verbindungen) z.B. zirconiumoxidverstärktes Aluminiumoxid ($Al_2O_3 – ZrO_2$).

Verfahrenstechnische Hinweise sind insbesondere bei den nichtoxidkeramischen, aber auch bei den oxid- und verbundkeramischen Werkstoffen von großer Bedeutung. Gebräuchlich sind die den Werkstoffbezeichnungen vorangestellten Kürzel:

S für selbst- oder drucklos gesintert, GP für gasdruckgesintert, HP für heißgepreßt, HIP für heißisostatisch gepreßt und RB für reaktionsgebunden. Es können auch Verfahrenskombinationen herangezogen werden.

11.4.1.3 Anwendungsgebiete und Marktanteile

Die grundsätzlichen Anwendungsgebiete keramischer Werkstoffe und die zugehörigen Anteile am Gesamtmarkt der Bundesrepublik Deutschland (ca. 12 Mrd. DM 1988) sind in Bild 11-37 zusammengefaßt [Mai91: 22ff.]. Der Anteil der oxidkeramischen Werkstoffe (natürliche und synthetische Rohstoffe) am Gesamtmarkt liegt bei 80 – 90 %, gefolgt von den Carbiden mit 7 – 10 % und den Nitriden mit 3 – 5 %. Bei den oxidkeramischen Werkstoffen dominiert Aluminiumoxid in allen Anwendungsbereichen. Während die volkswirtschaftlich bedeutsamen Gebiete der Gebrauchs-, der Feuerfest- und der konventionellen technischen Keramik einem mehr oder weniger ausgeprägten Schrumpfungsdruck unterliegen, weist die Hochleistungskeramik bei einer erwarteten Wachstumsrate von ca. 5 % pro Jahr das größte Innovationspotential auf. Der hohe Stand dieser Technologien trägt zur Erneuerung in den anderen Gebieten und damit zur Erhaltung der Wettbewerbsfähigkeit bei. Für die Strukturkeramik, dem absolut kleinsten, aber international konkurrenzfähigsten Bereich, werden für keramische Pulver in Europa bis ins Jahr 2000 die in Tabelle 11-5 aufgeführten Marktanteile (in Geld) erwartet. Dabei sind die unterschiedlichen Pulverpreise zu beachten. Neuere Marktdaten sind [Str94] zu entnehmen.

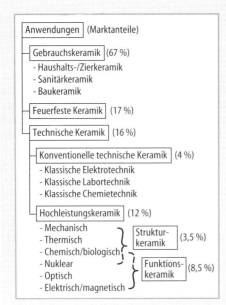

Bild 11-37 Anwendungen und Marktanteile der Keramik (Markt Deutschland 1988 ca. 12 Mrd. DM) [Mai 91]

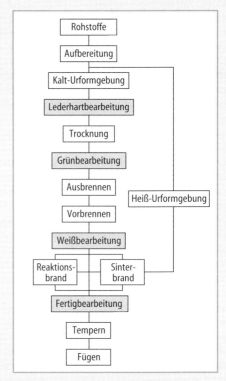

Bild 11-38 Formgebung im keramischen Prozeß [Mai92]

Tabelle 11-5 Marktanteile (in Geld) und Pulverpreise für die Strukturkeramik, Europa 2000 [Mai92]

Werkstoffe	Marktanteile in %	Pulverpreis* in DM/kg
Aluminiumoxid	60 – 70	4 – 7
Zirconiumoxid	13,5 – 18	10 – 100
Siliciumcarbid	9 – 12	40 – 70
Siliciumnitrid	1,5 – 2	60 – 90
Hartstoffe / Sonstige	6 – 8	10 – 1000

* abhängig vom Pulvertyp und der Modifikation

Beispiele für typische Anwendungsfelder, Bauteile und Werkstoffalternativen werden bei den entsprechenden Urformgebungsverfahren angeführt.

11.4.2 Keramik-Technologie im Überblick

Eine reproduzierbare, qualitätsgesicherte und wirtschaftliche Keramik-Technologie ist eine wesentliche Voraussetzung für die Marktfähigkeit keramischer Produkte. Bild 11-38 zeigt die prinzipiellen Fertigungsschritte vom Ausgangspulver bis zur Bauteilintegration [Mai92: 137].

Übergeordnetes Ziel dabei ist, die keramikgerechte Bauteilform und die anwendungsbezogenen Güteanforderungen nach dem Prinzip „so gut wie notwendig" auf dem wirtschaftlichsten Wege zu realisieren. Zu den besonderen Güteanforderungen gehören u.a. die Homogenität der Fehlstellenverteilung und die Begrenzung bzw. Steuerung von Eigenspannungen. Das Anforderungsprofil (Bauteilform, -größe und -qualität) bestimmt die Auswahl der geeignetsten Kombination von Werkstoff-, Formgebungs- und Brandalternativen. Von einschneidender Bedeutung ist z.B., ob ein Bauteil dicht (Turboladerrotor), geschlossen porös (Gleitringdichtung) oder offen porös sein muß (Dieselrußfilter).

11.4.2.1 Rohstoffe, Brandadditive und temporäre Hilfsstoffe

Die Reinheit und Feinheit der Ausgangspulver und Brandadditive werden durch das Anforderungsprofil (maßgeschneiderte Keramik) und die Fertigungsanforderungen (wirtschaftliche Qualität) bestimmt. Die Brandadditive verbleiben im Endprodukt und können sowohl die Qualität (z.B. Festigkeit und Kriechverhalten) als auch die Wirtschaftlichkeit (z.B. Reduzierung von Sintertemperatur und -zeit) beeinflussen. Dabei ist zwischen zwei grundsätzlichen Routen zu unterscheiden: Zum einem können im „Sinterbrand" keramische Pulver schwindend verdichtet und verfestigt werden, und zum anderen besteht die Möglichkeit, im „Reaktionsbrand" keramische und nichtkeramische Ausgangsstoffe derart miteinander reagieren zu lassen, daß eine schwindungsarme, verfestigte, polykristalline keramische Struktur entsteht, bei der die Poren teilweise mit Reaktionsprodukten aufgefüllt werden [Mai93].

Zu den *Sinteradditiven* zählen nichtreaktive und reaktive Schmelzphasen, Verdichtungsmittel sowie Kornwachstumshemmer. Für Aluminiumoxid sind dies beispielsweise Calcium-Magnesium-Aluminiumsilikat, Mischkristallbildung aus oxinitridischen Schmelzen sowie Lithiumfluorid und Magnesium.

Zu den *Reaktionsprodukten* zählen beispielsweise $RBSi_3N_4$ (gebildet in einer Gasphasenreaktion aus festem Si und gasförmigem N_2), Al_2TiO_5 (gebildet in einer Austauschreaktion aus festem Al_2O_3 und festem TiO_2 und Al_2O_3 (gebildet in einer Metallschmelzoxidation aus flüssigem Al und gasförmigem O_2).

Die *temporären Hilfsstoffe* begleiten die keramische Technologie in der Regel bis zum keramischen Brand und unterstützen deshalb folgende Prozeßschritte: Masseaufbereitung, Urformgebung, Trocknen, Ausbrennen sowie die abtragenden Formgebungsverfahren Lederhart-, Grün- und Weißbearbeitung. Die temporären Hilfsstoffe dürfen – falls nicht ausdrücklich gefordert – im Endprodukt keine merklichen Spuren hinterlassen. Sie müssen daher feinverteilt und homogen eingebracht und schadensfrei ausgetrieben werden. Den vielfältigen Aufgaben entsprechend lassen sich die Hilfsmittel einteilen in Mittel zum Lösen, Verflüssigen, Benetzen, Gerinnen, Schäumen, Entschäumen, Binden, Plastifizieren und Gleiten. Ihre Wirkungen können gleich- oder gegenläufig sein. Bezüglich der Urformgebung sind Art und Menge der temporären Hilfsstoffe insbesondere abhängig vom Rohstoffversatz und den Formgebungsdrücken der einzelnen Verfahren. Den qualitativen Zusammenhang zeigt Bild 11-39. Die abgestimmte Auswahl und Handhabung von

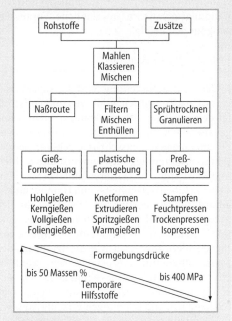

Bild 11-39 Zusammenhang von Masseaufbereitung, Urformgebungsvarianten, Hilfsstoffmengen und Formgebungsdrücken

Additiven und Hilfsstoffen entscheidet oft über Erfolg oder Mißerfolg konkurrierender Werkstoff- und Formgebungsalternativen. Dies sei an folgenden Beispielen veranschaulicht:

Die silikatkeramischen Werkstoffe werden durch ihre tonhaltigen Anteile nicht nur bezüglich der Sinterfähigkeit, sondern in Verbindung mit dem Hilfsmittel Wasser auch bezüglich der Formbarkeit in allen Verfahren unterstützt. Beim Foliengießen von Aluminiumoxid waren natürliche Fischöle über Jahre hinweg die einzigen erfolgreichen Antihaftmittel zwischen Folie und Transportband. Die verschleißreduzierende Umhüllung von SiC-Körnern kann die Standzeiten von Spritzgußwerkzeugen deutlich anheben, und damit eine Güte- und Wirtschaftlichkeitsentscheidung zu Lasten der Schlickerguß-Formgebung bewirken. In diesem Fall können auch Reaktionsadditive die Aufgaben von Hilfsstoffen übernehmen. So wirken z.B. C/Si-Schichten auf Primär-SiC-Körnern während der Formgebung als Gleitmittel und Verschleißschutz und übernehmen als Reaktionsprodukt (Sekundär-SiC) die Bindung zwischen den Primär-SiC-Körnern.

Im Bereich der Rohstoffe, Additive und Hilfsmittel ist die multidisziplinäre Zusammenarbeit von Chemikern, Verfahrenstechnikern und Anwendungstechnikern unerläßliche Voraussetzung für den Erfolg.

11.4.2.2 Masseaufbereitung

In der Masseaufbereitung wird der sog. Masseversatz aus Rohstoffen, Additiven und Hilfsstoffen den jeweiligen Urformgebungsverfahren angepaßt und in eine verarbeitbare Konsistenz gebracht. Zu den Arbeitsschritten gehören gemäß Bild 11-39 getrenntes oder gemeinsames Mahlen und Klassieren, das Dosieren und das Mischen.

Die Reinheits-, Feinheits- und Homogenitätsanforderungen bestimmen die Auswahl der geeignetsten und wirtschaftlichsten Aggregate und Verfahren. In (2) kommt die Bedeutung von Einzelfehlern zum Ausdruck, die bereits bei der Masseaufbereitung verursacht sein können. Hierzu zählen u. a. Verunreinigungen, Klassierungsfehler, Rohstoffagglomerate sowie unzureichend fein und inhomogen verteilte Additive und Hilfsstoffe.

Gießmassen werden in der Regel direkt aus der Naßroute abgeleitet. Plastische Massen können sowohl aus der Naßroute (z. B. durch Filterpressen) als auch aus der Trockenroute (z. B. durch Vakuumknetmischen) gewonnen werden. Preßmassen liegen meist in granulierter Form vor, z. B. als Sprühgranulate (Naßroute) oder als Aufbaugranulate (Trockenroute). Desweiteren ist zwischen Masseversätzen für die Kalt- und Heißurformgebung zu differenzieren. Die Heißurformgebungsverfahren beschränken sich im wesentlichen auf Preßmassen ohne temporäre Hilfsstoffe.

11.4.2.3 Urformgebungsverfahren

Gemäß Bild 11-38 kann prinzipiell zwischen *Kalt-Urformgebung* und *Heiß-Urformgebung* unterschieden werden. Unter Kalt-Urformgebung sollen alle Verfahren verstanden werden, bei denen die Urformgebung und der keramische Brand zeitlich und aggregatmäßig getrennt ablaufen. Die einzelnen Verfahren gemäß Bild 11-39 werden in 11.4.3 in Kurzform charakterisiert. Dabei kann die Verfahrenstemperatur zur Optimierung der Formgebungsbedingungen durchaus von der Raumtemperatur abweichen. Bei der Heiß-Urformgebung erfolgen die Urformgebung und der keramische Brand simultan im gleichen Aggregat. Die wesentlichen Verfahren werden in 11.4.4 beschrieben. Sonder-

verfahren und aussichtsreiche Entwicklungen werden in Übersichtsform in 11.4.5 zusammengefaßt. Zu den übergeordneten Zielen der Urformgebung gehören die Realisierung hoher Gründichten zur Reduzierung der Brennschwindung im Sinterbrand, das Erzielen niedriger Feuchtegehalte der Grünscherben zur Reduzierung der Trocknungsschwindung und die Herstellung von homogenen, texturfreien Gründichten zur Vermeidung von Verzug und Eigenspannungen beim Trocknen, Ausbrennen und Brennen.

Diese Maßnahmen führen zu endkonturnahen Bauteilen. Zu bemerken ist aber auch, daß Mikrostrukturgradienten und Eigenspannungen bezüglich bestimmter Anwendungsprofile ein Optimierungspotential darstellen können.

11.4.2.4 Abtragende Formgebungsverfahren

Von besonderer wirtschaftlicher Bedeutung sind die abtragenden Formgebungsverfahren vor dem keramischen Brand. Zu ihnen zählen die *Lederhartbearbeitung* (Schälen) nach dem Teiltrocknen, die *Grünbearbeitung* nach dem Trocknen und die *Weißbearbeitung* nach dem Ausbrennen und Vorbrennen (keramische Teilverfestigung). Die Abtragleistungen sind um Größenordnungen höher als bei der *Fertigbearbeitung* nach dem keramischen Brand. Die Abtragleistung fällt in Richtung der Verfahrensschritte, dagegen nimmt die Endkonturtreue und näherungsweise auch die Oberflächengüte in Richtung der Verfahrensschritte zu. Zur abtragenden Formgebung vor dem keramischen Brand werden insbesondere urgeformte extrudierte und kaltisostatisch gepreßte Rohlinge herangezogen. Grundsätzlich können aber alle urformenden und abtragenden Formgebungsverfahren zur Güte- und Wirtschaftlichkeitsoptimierung kombiniert werden. Bezüglich der abtragenden Formgebungsverfahren wird auf 11.8 und 11.9 verwiesen.

11.4.2.5 Trocknen, Ausbrennen und Vorbrennen

Beim *Trocknen* werden dem Formling Feuchte, Verflüssigungsmittel und Anteile der übrigen Hilfsmittel entzogen. Der Formling schwindet zum Grünkörper. Die zugehörige Grünfestigkeit wird im wesentlichen durch das verbleibende Bindemittel bestimmt und muß der weiteren Prozeßfolge genügen. Die Güte der Trocknung nimmt Einfluß auf die Dichte- und Schwindungsgradienten und damit auf das Eigenspannungsrisiko [Mai92]. Das Ausbrennen der restlichen Hilfsmittel bedarf eines sorgfältig angepaßten Temperatur-, Druck- und Atmosphären-Zeitprofils, um ein schädigungsfreies und reproduzierbares Austreiben der Hilfsstoffe aus der feinporösen Matrix des mehr oder weniger komplex geformten Grünlings zu ermöglichen. Eine Variante des Ausbrennens ist das sog. Verkoken. So kann z.B. Kunststoff in Kohlenstoff umgewandelt werden, der als Reaktionspartner in der Matrix verbleibt. Das Austreiben der Hilfsstoffe kann beispielsweise auch durch chemische Zersetzung, Auslösen, Ausfrieren u.ä. erfolgen. Beim Vorbrand wird der hilfsstoffarme Formkörper durch Vorsintern oder Vorreagieren bei relativ geringen Schwindungsraten so weit vorverfestigt, daß eine sog. Weißbearbeitung erfolgen kann.

Nach dem Trocknen und Ausbrennen wird das Pulverhaufwerk in Bauteilform lediglich durch Adhäsionskräfte zusammengehalten. Daher werden diese Schritte nach Möglichkeit mit dem Vorbrennen oder dem keramischen Brand zusammengefaßt [Mai92].

11.4.2.6 Der keramische Brand

Im keramischen Brand erfolgt die endgültige Verdichtung und Verfestigung der pulverförmigen Formkörper zum polykristallinen Bauteil. Anschließend an 11.4.2.1 kann vereinfachend zwischen zwei grundsätzlichen Routen unterschieden werden [Mai92: 198ff.]:

Im *Sinterbrand* rücken die Pulverteilchen aufgrund von komplexen Diffusionsprozessen näher zusammen. Das Bauteil zeigt eine gründichteabhängige Schwindung von bis zu 20 % und neigt zu Eigenspannungen (z.B. Al_2O_3). Im *Reaktionsbrand* werden die Hohlräume des pulverförmigen Formkörpers zumindest teilweise mit Reaktionsprodukten aufgefüllt. Das Bauteil zeigt gegenüber dem Sinterbrand eine vernachlässigbare Schwindung und neigt weniger zu Eigenspannungen (z.B. $RBSi_3N_4$).

Die Schwindungsanteile beim Trocknen, Ausbrennen, Vorbrennen und Brennen sind – wie auch die Aufmaße für Grün-, Weiß- und Fertigbearbeitung – bei der Urform zu berücksichtigen und unterstreichen die Bedeutung einer reproduzierbaren Schwindung hinsichtlich Güte, Maßhaltigkeit und Wirtschaftlichkeit.

11.4.3 Kalt-Urformgebungsverfahren

In Anlehnung an Bild 11-39 werden die etablierten Verfahren der *Gießformgebung, plastischen Formgebung* und *Preßformgebung* nach abfallenden Hilfsstoffanteilen ausgehend von Suspensionen bis hin zur Trockenformgebung in Kurzform charakterisiert. Über alle Anwendungsbereiche hinweg haben derzeit die Verfahren Schlickerguß, Extrudieren und Trockenpressen eine dominierende Bedeutung. Im Bereich der Hochleistungskeramik werden deutliche Zuwachsraten im Spritzguß (urgeformte Präzisionsbauteile) und im kaltisostatischen Pressen (Pilotbauteile) erwartet.

Aus den in 11.4.1 und 11.4.2 genannten Gründen erscheint es nicht sinnvoll, eine werkstoff- und anwendungsunabhängige generelle Bewertung der einzelnen Urformgebungsverfahren in Form von Rankingtabellen vorzunehmen. Es wird vielmehr bevorzugt, die Stärken und Schwächen der einzelnen Verfahren anhand von konkreten Produktbeispielen punktuell nach folgenden Kriterien zu vergleichen: Homogenität der Mikrostruktur, Gründichteniveau, Oberflächengüte, Verfahrensaufwand, Losgrößen und Anlagenkosten sowie Bauteilformen und -größen.

GIESSFORMGEBUNG

11.4.3.1 Schlickergießen

Das Schlickergießen ist eines der ältesten Urformgebungsverfahren und wird für alle Werkstoffgruppen und Anwendungsgebiete eingesetzt. Man unterscheidet prinzipiell zwischen Hohl-, Kern- und Vollguß. In allen Fällen wird von einer gießbaren Suspension auf wäßriger oder nichtwäßriger Basis mit einem Pulveranteil von 50 – 70 Gew.-% ausgegangen.

Beim *Schlickerhohlguß* gemäß Bild 11-40 wird der Schlicker in eine poröse Außenform aus Gips oder Kunststoff gegossen. Die Form entzieht der Suspension die Flüssigkeit und an der Grenzfläche von Schlicker und Form bildet sich der „keramische Scherben". Die Dicke des Scherbens bildet sich zeitabhängig und wird u.a. vom Saugvermögen der Form und vom Aufbau des Schlickers beeinflußt [Hen89]. Nach Erreichen der gewünschten, über der Form näherungsweise konstanten Wanddicke wird der überflüssige Schlicker abgegossen. Durch das anschließende Trocknen schwindet das Bauteil von

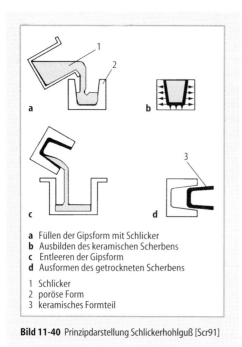

a Füllen der Gipsform mit Schlicker
b Ausbilden des keramischen Scherbens
c Entleeren der Gipsform
d Ausformen des getrockneten Scherbens

1 Schlicker
2 poröse Form
3 keramisches Formteil

Bild 11-40 Prinzipdarstellung Schlickerhohlguß [Scr91]

der Wand ab und kann entformt werden. Der Scherben ist relativ homogen und hat ein Gründichteniveau von ca. 50 – 60 % der theoretischen Dichte. Der Schlickerhohlguß eignet sich insbesondere für große, komplex geformte Hohlbauteile mit konstanter Wanddicke. Als Beispiele seien sanitärkeramische Bauteile aus Silikatkeramik und der Portliner aus Aluminiumtitanat zur thermischen Isolierung von Zylinderköpfen angeführt.

Beim Schlickerkernguß wird die Außenform entsprechend dem Hohlguß realisiert. Die Innenform wird durch einen nichtsaugfähigen Kern von der Außenform entkoppelt. Der Schlicker wird so lange in der Form belassen, bis er sich ausreichend verfestigt hat und der Kern gezogen werden kann. Während der Scherbenbildung ist ständig Schlicker nachzuführen, um die Bildung von Lunkern zu vermeiden und die Schwindung der Suspension zu kompensieren. Der unterschiedlich dicke Scherben ist zwangsläufig weniger homogen als beim Hohlguß. Der Schlickerkernguß eignet sich insbesondere für mittelgroße Bauteile mit einigermaßen gleichmäßiger Wanddicke und einfachen Innenkonturen. Als Produktbeispiel seien Eingießdüsen aus feuerfesten Werkstoffen genannt.

Beim Schlickervollguß muß der sich bildende Scherben saugfähig und lunkerfrei bleiben, bis sich unter ständiger Suspensionsnachführung der gesamte Formeninhalt verfestigt hat. Daraus resultieren besondere Anforderungen an die Suspension und die Prozeßführung. Bei stark unterschiedlichen Wanddicken verstärkt sich das Risiko von Dichtegradienten und Eigenspannungen. Die Bauteilgröße ist ebenfalls eingeschränkt. Dagegen werden am Produktbeispiel Turboladerrotor aus SiC die verschleißtechnischen Vorteile gegenüber dem Spritzgußverfahren deutlich.

Die Oberflächengüten beim Schlickerguß sind außenformseitig rauher (Abbildung der Formenwand), als suspensions- und kernseitig. Die suspensionsseitige Formentreue ist begrenzt. Aufgrund der relativ geringen Werkzeug- und Anlagenkosten eignet sich das Schlickergießen einerseits vorzüglich zur Prototypenherstellung, andererseits in Verbindung mit automatischen Taktfolgen (Gießen, Abgießen, Entformen, Formentrocknen) auch zur Massenfertigung. Zu bemerken ist, daß die sog. Gießkarusselle relativ raumaufwendig sind. Der Nachteil des traditionellen Schlickergießens liegt in der relativ niedrigen Scherbenbildungsgeschwindigkeit und kann durch folgende Maßnahmen beeinflußt werden: Durch Erhöhung des ursprünglich kapillaren Saugvermögens der Form mittels Überlagerung eines formseitigen Unterdrucks (Vakuum-Schlickerguß) oder eines äußeren Druckes auf den Schlicker (Druck-Schlickerguß) kann die Taktzeit erheblich verkürzt, die Reproduzierbarkeit der angezielten Wanddicken deutlich erhöht, die Trocknungsschwindung reduziert und unter Verwendung von Kunststoffformen das Trocknen sogar eliminiert werden [Hen89]. Beim sog. Vibrationsschlickerguß werden die Eigenschaften von thixotropen Suspensionen zur Erhöhung der Teilchenbeweglichkeit genutzt. Die *elektrophoretisch* unterstützte Scherbenbildung an leitenden Formenflächen ist wegen der relativ geringen Abscheiderate überwiegend auf dünnwandige Strukturen oder Schichten beschränkt.

11.4.3.2 Foliengießen

Das Foliengießen wird seit Beginn der siebziger Jahre industriell genutzt und ist auch als „doctor-blade-process" bekannt. Es ermöglicht die Herstellung extrem dünner, im grünen Zustand flexibler Folien gleicher Dicken, die zu unterschiedlichsten Produkten weiterverarbeitet werden können. Das Prinzip ist in Bild 11-41 darge-

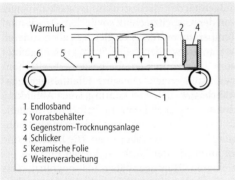

1 Endlosband
2 Vorratsbehälter
3 Gegenstrom-Trocknungsanlage
4 Schlicker
5 Keramische Folie
6 Weiterverarbeitung

Bild 11-41 Prinzipdarstellung Folienguß

stellt. Der plastifizierte Schlicker tritt aus einem Behälter auf ein kontinuierlich bewegtes Trägerband. Suspension und Bandmaterial sind so abzustimmen, daß ein Ankleben vermieden wird. Durch Variation der Austrittsspalthöhe lassen sich reproduzierbare Foliendicken im Bereich von 0,2 – 1,5 mm erzielen. Die Leistung von industriellen Foliengießanlagen mit Folienbreiten von ca. 300 mm liegt bei ca. 1 m/min. Das Band durchläuft einen sorgfältig abgestimmten Trocknungskanal, der die Trocknungsgradienten in Quer-, Längs- und Tiefenrichtung in engen Grenzen hält. Es entsteht eine zusammenhängende, selbsttragende und flexible Keramikfolie, die am Ende der Anlage aufgewickelt oder in Segmente geschnitten wird. Die getrocknete Grünfolie kann durch Stanzen, Prägen, Laminieren und Garnieren weiterverarbeitet werden [Hei89]. Die Homogenität der Mikrostruktur kann auf hohem Gründichteniveau durch monoklinen Kornaufbau weiter gesteigert werden. Die auf der Unter- und Oberseite leicht unterschiedlichen Oberflächen entsprechen der Güte beim Spritzgießen und Trockenpressen. Die bis zu 25 m langen und kostenaufwendigen Industrieanlagen bedürfen einer serienmäßigen Auslastung. Zu den etablierten Produktbeispielen gehören u. a.: Aluminiumoxidfolien als Substrate und Mehrlagenbauelemente in der Mikroelektronik, Piezokeramikfolien für aktive Bauelemente, Zirconiumoxidfolien für den Schichtaufbau von Brennstoffzellen und Siliciumcarbidfolien für laminierte Wärmetauscher.

PLASTISCHE FORMGEBUNG

Im Übergang zur plastischen Formgebung sei die traditionell bedeutsame „Knetformung" von silikatkeramischen Massen vorweggenommen.

Hierzu gehören z. B. das Prägen, Rollen, Einformen und Überformen in der Geschirrindustrie.

11.4.3.3 Extrudieren

Das Prinzip des Extrudierens ist in Bild 11-42 dargestellt. Ausgangspunkt sind bildsame, meist feuchte und evakuierte Massen mit einem Hilfsstoffanteil bis zu 15 Gew.-%. Mit Hilfe von Kolbenpressen bzw. Schneckenpressen wird die plastifizierte Masse diskontinuierlich bzw. kontinuierlich durch ein Mundstück gepreßt und es werden lange prismatische Formteile erzeugt, die in der Regel über luftkissengestützte Führungen abgenommen und dem Trocknen zugeführt werden [Mai92: 152 ff.]. Mit der Kolbenpresse können deutlich höhere Drücke realisiert werden. Die Querschnittsgeometrie kann einfach (z. B. Hubel und Rohre) oder sehr komplex sein (z. B. Katalysator-Wabenkörper). Die Ausführung des Mundstücks und des Übergangs zum Mundstück sind sorgfältig dem Fließverhalten der keramischen Masse anzupassen. Während sich insbesondere im kontinuierlichen Betrieb in Längsrichtung eine konstante Qualität einstellt, können sich in Querrichtung infolge der Reibungsverhältnisse mehr oder weniger ausgeprägte Gradienten und Texturen ausbilden. Das Gründichteniveau ist abhängig vom Kornaufbau und vom Hilfsstoffanteil und liegt ähnlich wie beim Schlickergießen im Bereich von 50 bis 60 % der theoretischen Dichte. Die Gleitverhältnisse im Mundstück bestimmen sowohl die Oberflächengüte wie auch den Verschleiß. Werkzeugaufwand und Verschleiß sind

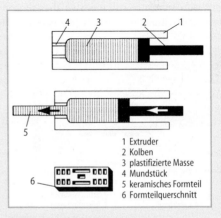

1 Extruder
2 Kolben
3 plastifizierte Masse
4 Mundstück
5 keramisches Formteil
6 Formteilquerschnitt

Bild 11-42 Prinzipdarstellung Extrudieren (Kolbenpresse)

deutlich niedriger anzusetzen als beim Spritzgießen. Das Verhältnis von Anlagenkosten und Produktionskapazität ist äußerst günstig und prädestiniert das Extrudieren für Querschnitte von 1 – 500 mm und für mittlere Losgrößen bis hin zur Massenfertigung im Dauerbetrieb. Zur umfassenden Produktpalette gehören z.B.:

Kanalrohre und Freileitungsisolatoren aus silikatkeramischen Werkstoffen, dünnwandige, offenporöse Wabenkörper für Katalysatorträger und Dieselrußfilter (Cordierit, Mullit, Glaskeramik, Siliciumkarbid) sowie mehrwandige Rohre aus Siliziumkarbid für Wärmetauscheranwendungen.

11.4.3.4 Spritzgießen

Die Technik des Spritzgießens ist – wie auch das Extrudieren – aus der Kunststofftechnik abgeleitet, vgl. 11.3. Das Prinzip des Spritzgießens zeigt Bild 11-43. Die keramische Masse mit einem überwiegend organischen Hilfsstoffanteil von bis zu 40 Vol.-% wird in einer Vorwärmzone bei 150 – 200 °C in einen viskosen Zustand gebracht und mit Drücken von 150 – 200 MPa in den Hohlraum eines Werkzeuges gespritzt. Nach einer Abkühlphase kann das verfestigte Bauteil ausgestoßen oder der Form entnommen werden. Temperatur- und Druckverlauf sind den keramischen Massen anzupassen. Aufgrund der notwendigen Entlüftungen unterliegt das Werkzeug partiell einem hohen Verschleiß, der sich auf die Standzeit auswirkt. Deshalb sind verschleißmindernde Umhüllungen der keramischen Pulver und verschleißfeste oder beschichtete Formenwerkstoffe von besonderer Bedeutung. Aufgrund des hohen Hilfsstoffanteils werden nur relativ niedrige aber reproduzierbare Gründichten erzielt [Hau93]. Die Homogenität der Mikrostruktur ist stark abhängig von der Anspritztechnik sowie dem Druck- und Temperaturprofil. Im Vergleich zu allen anderen Verfahren werden beim Spritzgießen, gefolgt vom Trockenpressen, die besten Oberflächenqualitäten erzielt. Die gute Fließfähigkeit gewährleistet auch eine konturgetreue Abbildung dreidimensional komplex geformter Bauteile mit extremen Querschnittsübergängen, Bohrungen und Gewindeprofilen. Die Bauteilgröße ist aufgrund der Werkzeugkosten und des erzielbaren Homogenitätsgrads begrenzt. Das Spritzgießen eignet sich deshalb insbesondere für die Serienfertigung von kleinen Präzisionsbauteilen mit extremer Oberflächengüte. Der Marktanteil ist noch relativ klein. Zu den typischen Produktbeispielen gehören: Fadenführer aus Aluminiumoxid, Ohr- und Zahnwurzelimplantate aus Aluminiumoxid, Turbinen- und Turboladerrotoren aus Siliciumnitrid (weniger verschleißend als Siliciumcarbid), Schweißdüsen aus reaktionsgebundenem Siliciumnitrid (gespritzt als plastifiziertes Siliciumpulver) und Sauerstoffsensoren aus Zirconiumoxid für die Stahlindustrie.

Eine Variante des Spritzgießens ist das sog. Warm- oder Heißgießen. Bei erhöhten Temperaturen wird eine fließfähige Masse in eine evakuierte Form gefüllt. Die Drücke können gegenüber dem Spritzgießen reduziert werden. Anlagenkosten und der Verschleiß sind deutlich niedriger, die Taktzeiten dagegen größer. Das Verfahren eignet sich bei reduzierten Güteanforderungen für kleine und mittlere Stückzahlen.

PRESSFORMGEBUNG

Unter Preßformgebung wird im allgemeinen das Verdichten und Formen körniger, polydisperser keramischer Stoffsysteme, die als körniges Haufwerk vorliegen, durch ein- oder mehrachsige Druckeinwirkung verstanden. Die Preßformgebung hat sich aus Brechgranulaten silikatkeramischer Werkstoffe mit Feuchtegehalten von 8 – 12 Massen% entwickelt. Beim sog. Stampfen wird die keramische Masse von Hand in Freiformen verdichtet. Dieses Verfahren eignet sich besonders für Großbauteile und hat heute noch eine Bedeutung in der Feuerfestindustrie.

Das ein- und mehraxiale Matrizenpressen gehört seit Jahrzehnten zu den dominierenden Urformgebungsverfahren. Das Naßpressen eignet sich für relativ kleine Massenprodukte, die

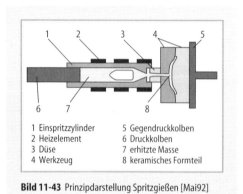

1 Einspritzzylinder
2 Heizelement
3 Düse
4 Werkzeug
5 Gegendruckkolben
6 Druckkolben
7 erhitzte Masse
8 keramisches Formteil

Bild 11-43 Prinzipdarstellung Spritzgießen [Mai92]

keiner starken Beanspruchung unterzogen werden. Hierzu zählen z.B. elektrische Isolierteile. Die wasserplastifizierten Massen ermöglichen über mehrachsige Druckeinwirkung (z.B. durch Seitenschieber) komplexere Bauteilformen als beim Trockenpressen. Für den Bereich der Hochleistungskeramik hat das Naßpressen eine untergeordnete Bedeutung.

11.4.3.5 Trockenpressen

Beim Trockenpressen handelt es sich um ein einaxiales Matrizenpressen. Das Prinzip ist in Bild 11-44 dargestellt. Ausgegangen wird von überwiegend granulierten, rieselfähigen Pulvern mit Hilfsstoffanteilen von bis zu 5 Gew.-%. Sie werden volumetrisch oder gravimetrisch in die Matrize gefüllt und mit axialem Stempeldruck verdichtet. An die Stelle der bildsamen Formgebung tritt ein Verschieben und Gleiten der Feststoffteilchen gegeneinander und gegenüber der Matrizen- und Stempelwand. Die sich einstellenden Relativbewegungen können gegenüber der Version mit festem Unterstempel durch federnd gelagerte Matrizen und zwangsgeführte Unter- und Oberstempel reduziert werden. Unter Voraussetzung einer homogenen Schüttdichte steigt der Homogenitätsgrad des Preßlings deutlich an, gleichzeitig erhöht sich jedoch auch der technische Aufwand erheblich. Die beim Trockenpressen erzielbaren Gründichten werden nur vom isostatischen Pressen übertroffen. Dagegen ist aufgrund der beschriebenen Reibungsverhältnisse das Risiko für die Entstehung von Dichtegradienten und damit von Schwindungsunterschieden und Eigenspannungen größer als bei allen anderen Formgebungsverfahren [Mai92: 156ff.]. Damit ist das Verhältnis von Bauteilhöhe zur Querschnittfläche äußerst begrenzt und kann auch durch mehrteilige Formen und getrennte Stempelführungen nur in geringem Maße erhöht werden. Die erzielbaren Oberflächengüten werden nur vom Spritzgießen übertroffen. Der Werkzeugverschleiß ist ähnlich kritisch wie beim Spritzgießen, doch sind aufgrund der relativ einfachen Formen die Werkzeugkosten niedriger einzuschätzen. Die möglichen Bauteilquerschnitte werden durch die Kapazität der Preßaggregate begrenzt. Mechanische Pressen werden überwiegend im Preßkraftbereich von 20 bis 50 Tonnen eingesetzt. Hydraulische Pressen ermöglichen ein Potential bis 250 Tonnen, sind steuer- und regelungstechnisch flexibler und

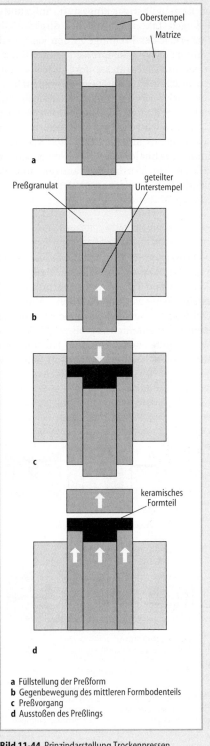

a Füllstellung der Preßform
b Gegenbewegung des mittleren Formbodenteils
c Preßvorgang
d Ausstoßen des Preßlings

Bild 11-44 Prinzipdarstellung Trockenpressen (zwangsgeführte Ober- und Unterstempel) [Sce90]

werden darüberhinaus für vergleichbare Aufgaben kostengünstiger eingestuft. Aufgrund der niedrigen Taktzeiten und der direkten Überführbarkeit der Preßlinge in den keramischen Brand ist das Trockenpressen prädestiniert für die automatisierte Massenfertigung von einfach geformten Produkten. Die relativ hohen Investitionskosten erfordern einen hohen Auslastungsgrad. Zu den typischen Produktbeispielen zählen u.a.: Dichtscheiben aus Aluminiumoxid, Gleitringe aus Siliziumkarbid für Kfz-Wasserpumpen, Schneidkeramik aus dispersionsverstärkten Hochleistungskeramiken und Verschleiß- und Armierungsplatten aus oxidkeramischen Werkstoffen.

11.4.3.6 Kaltisostatisches Pressen

Das Prinzip des kaltisostatischen Pressens (CIP) ist in Bild 11-45 in den Varianten Naßmatrizenverfahren und Trockenmatrizenverfahren dargestellt. Beide Verfahren gehen – ähnlich wie beim Trockenpressen – von einem Granulat mit einem Hilfsstoffanteil von bis zu 5 Gew.-% aus. Das Granulat wird in eine Formhülle aus Gummi oder Elastomerkunststoff gefüllt, ver-

schlossen und in einem Druckgefäß einem hydraulischen Druckprofil (Wasser/Öl) von 100 – 400 MPa ausgesetzt. Ausgehend vom üblichen Rampenprofil (Druckaufbau, Haltezeit, Dekompression) werden in neueren Entwicklungen auch zyklische Drucküberlagerungen verfolgt, mit dem Ziel, die Gründichte zu erhöhen und den Homogenitätsgrad weiter zu steigern.

Beim Naßmatrizenverfahren wird die geschlossene Formhülle gänzlich dem Hydraulikmedium ausgesetzt und muß nach jedem Arbeitstakt über den Gefäßverschluß entnommen werden (hohe Taktzeiten von mehreren Minuten). Beim Trockenmatrizenverfahren ist der Formhüllenverschluß im Gefäß integriert. Die Formhülle kann von außen gefüllt werden. Die Taktzeiten (einige Sekunden) werden dadurch zwar wesentlich erniedrigt, doch können im Randbereich die quasiisostatischen Druckbedingungen nicht aufrechterhalten werden. Daraus resultiert eine Begrenzung der Bauteilgröße. In beiden Fällen kann das Granulat gegen einen festen Innendorn oder gegen eine feste Außenmatrize gepreßt werden. Dadurch wird die Formenvielfalt erhöht und der Nachbearbeitungsaufwand reduziert. Die Homogenität der Schüttfüllung nimmt Einfluß auf die formhüllenseitige Kontur.

Beim kaltisostatischen Pressen werden die höchsten Gründichten und die besten Homogenitätsgrade erzielt. Dagegen stellt sich formhüllenseitig eine nachteilige Maßtreue und Oberflächengüte ein. Die Aggregatkosten sind vergleichbar mit denen beim Strangpressen und Spritzgießen, die Werkzeugkosten sind dagegen vernachlässigbar klein. Während das Naßmatrizenverfahren überwiegend zur Halbzeug-, Muster- und Kleinserienfertigung kleiner und großer Bauteile herangezogen wird, ist das Trockenmatrizenverfahren auch für die Serienfertigung von Kleinbauteilen geeignet. Bild 11-46 zeigt ein Beispiel für die Zündkerzenformgebung aus Zirconiumoxid. Die Formgebung der Lambdasonde aus Zirconiumoxid erfolgt ebenfalls nach diesem Verfahren.

Zusammenfassend für alle Kalturformgebungsverfahren kann qualitativ geschlossen werden, daß die Maßgenauigkeit mit fallenden Feuchte- und Hilfsstoffanteilen und mit steigenden Gründichten und Dichtehomogenitätsgraden zunimmt. Bezüglich Maßgenauigkeit ist der Reaktionsbrand dem Sinterbrand vorzuziehen. Entscheidend ist aber der Reproduzierbarkeitsgrad eines jeden einzelnen Verfahrens-

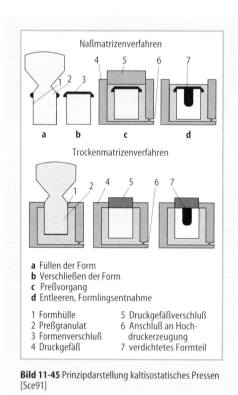

a Füllen der Form
b Verschließen der Form
c Preßvorgang
d Entleeren, Formlingsentnahme

1 Formhülle	5 Druckgefäßverschluß
2 Preßgranulat	6 Anschluß an Hoch-
3 Formenverschluß	druckerzeugung
4 Druckgefäß	7 verdichtetes Formteil

Bild 11-45 Prinzipdarstellung kaltisostatisches Pressen [Sce91]

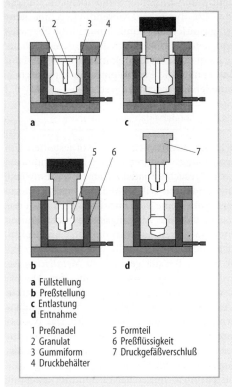

a Füllstellung
b Preßstellung
c Entlastung
d Entnahme

1 Preßnadel   5 Formteil
2 Granulat   6 Preßflüssigkeit
3 Gummiform   7 Druckgefäßverschluß
4 Druckbehälter

Bild 11-46 Trockenmatrizenverfahren zur Formgebung von Zündkerzen [Sce91]

schrittes (beherrschter Prozeß). So können in der serienmäßigen Gießformgebung und beim Extrudieren von großen Bauteilen durchaus Toleranzen von ± 0,5 % erzielt werden. Beim Spritzgießen und Trockenpressen von Kleinteilen können kritische Einzelmaße sogar im Bereich von 10 μm gehalten werden.

11.4.4 Heiß-Urformgebungsverfahren

Bei der Heiß-Urformgebung wird die Formgebung und der keramische Brand in einem Schritt vollzogen. Aufgrund der zeitlichen Überlagerung von Druck und Temperatur entfällt der Einsatz von Hilfsstoffen und der Anteil an Sinter- bzw. Reaktionsadditiven kann deutlich reduziert werden. Aus der Heißurformgebung resultieren polykristalline Produkte mit nahezu theoretischer Dichte und einem hohen Homogenitätsgrad. Eine Nachbearbeitung ist nur noch mit den Techniken der Fertigbearbeitung möglich (s. 11.9).

11.4.4.1 Heißpressen

Das Heißpressen (HP) ist prinzipiell vergleichbar mit dem axialen Trockenpressen [Mai92: 164ff.]. Als Matrizen- und Stempelwerkstoff wird überwiegend Graphit eingesetzt. Die Aufheizung unter Vakuum oder im Schutzgas bis ca. 2000 °C erfolgt im Vorlauf zum Stempeldruck überwiegend in Widerstands- und Induktionsöfen. Die Nachteile liegen auf der Hand. Jeder einzelne Preßvorgang erfordert ein Aufheizen und Abkühlen des gesamten Aggregats. Bedingt durch chemische Reaktionen ist eine häufige Aufbereitung der Formen notwendig. Die realisierbaren Geometrien sind noch mehr eingeschränkt als beim Trockenpressen. Aufgrund dieser Nachteile haben heißgepreßte Bauteile nur bei entsprechend hohen, anwendungsbezogenen Güteanforderungen in der Muster- und Kleinserienfertigung eine Bedeutung. Daneben wird das Heißpressen zur Realisierung von Werkstoffverbunden (Diffusionsschweißen) genutzt. Als Produktionsbeispiele können Rohlinge aus Siliziumnitrid für Kugellagerringe oder Turbinenrotoren angeführt werden.

11.4.4.2 Heißisostatisches Pressen

Das heißisostatische Pressen (HIP) ist prinzipiell vergleichbar mit dem kaltisostatischen Pressen. An die Stelle des hydrostatischen Flüssigkeitsdrucks tritt ein Gasdruck von bis zu 400 MPa bei Temperaturen bis zu 2000 °C [Mai92: 164ff.]. Entsprechend hoch sind die Sicherheitsanforderungen an die Aggregate. Bei der Verarbeitung von Pulvern besteht die Formhülle üblicherweise aus einer Kapselung mit einer Metall- oder Glashülle. Dadurch ist die Formenvielfalt und Formentreue erheblich eingeschränkt. Der Aufwand des Umhüllens mit Entkapselung ist beträchtlich und nimmt Einfluß auf die Oberflächenbeschaffenheit. Deshalb wird das heißisostatische Pressen in zunehmendem Maße zur Eliminierung von Restporositäten geschlossen poröser Keramikbauteile herangezogen. Der Vorteil des heißisostatischen Nachverdichtens gegenüber dem direkten „Hippen" besteht darin, daß die Bauteile mit Hilfe einer beliebigen Technologie gefertigt werden können. Der Sinterprozeß kann vorgeschaltet sein oder in den HIP-Prozeß integriert werden. Diese Verfahrensrouten sind in Bild 11-47 gegenübergestellt. Im Vergleich zum Heißpressen besteht der große Vorteil darin, daß das HIP-Ag-

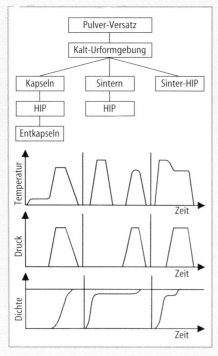

Bild 11-47 Parameter verschiedener HIP-Verfahrensvarianten [Böh92]

gregat eine Vielzahl von Produkten (Formen, Werkstoffe) in einem Arbeitsgang aufnehmen kann. Dadurch konnte sich das Verfahren trotz hoher Investitionskosten und großer Taktzeiten (bis zu einigen Stunden) bei entsprechenden Güteanforderungen am Markt etablieren. Zu den Produktbeispielen gehören u.a.: Hüftgelenkkugeln aus Aluminiumoxid, Turbinenschaufeln aus Siliciumnitrid und Siliciumcarbid, Schneidkeramik aus keramischen Hartstoffen und Motorventile aus Siliciumnitrid (in Erprobung).

11.4.4.3 Plasmaspritzen

Neben der Oberflächenbeschichtung kann das Plasmaspritzen auch zur Heiß-Urformgebung großvolumiger, dünnwandiger Keramikbauteile herangezogen werden [Sch90]. Die Formgebung erfolgt üblicherweise durch schichtweises Aufspritzen von Keramikpulvern auf eine metallische, gekühlte Probe. Verfahrensbedingt muß eine Porosität von bis zu 20 % in Kauf genommen werden. Dafür entfällt der Sinterbrand und es werden formgetreue, eigenspannungsarme Formkörper ermöglicht, die in der Kalturform-

gebung und im Sinterbrand nicht darstellbar sind. Ein typisches Anwendungsgebiet sind Heißgasdüsen aus Aluminiumoxid, die überwiegend thermisch beansprucht werden. Im Prinzip kann dieses Verfahren in begrenztem Maße auch zum Rapid Prototyping von keramischen Bauteilen herangezogen werden.

11.4.5 Sonderverfahren im Überblick

In Ergänzung zu den bisher vorgestellten Urformgebungsverfahren werden im folgenden einige ausgesuchte Sonderverfahren und Entwicklungstendenzen in ihren Merkmalen charakterisiert. Eine Reihe von Entwicklungen basieren darauf, daß die Ausgangsstoffe nichtkeramischer Natur sein können und erst im Reaktionsbrand die polykristalline keramische Struktur bilden. Bei der *gerichteten Metallschmelzoxidation* [Kri95] wachsen aus der Metallschmelze die keramischen Reaktionsprodukte in eine vorgegebene Form, die mit einem gasförmigen Oxidanten gespeist wird. Das Wachstum des Reaktionsprodukts kann sowohl im freien Raum als auch im Porenraum eines Füllkörpers oder einer Pulverschüttung erfolgen. Es entsteht ein formgetreuer Verbundwerkstoff mit infiltriertem Metallanteil. Für Aluminiumoxid liegt die Wachstumstemperatur bei ca. 1000 °C und führt zu einem mit Aluminium gefüllten Porenanteil von ca. 20 %.

Fasergeformte Bauteile können beispielsweise aus der Infiltration und Pyrolyse von Si-Polymeren gewonnen werden. C- oder SiC-Fasern werden in einem abgestimmten Verhältnis mit Si-Polymeren und SiC-Pulver beschichtet direkt zu Strukturen gewickelt oder zu Prepregs und dann in Integralbauweisen verarbeitet. Die Si-Polymere werden im Formteil bei 200–300 °C und Drücken von 10–20 bar verkokt und einem druckfreien Pyrolyseprozeß bei 1100–1400 °C unterzogen. Es entstehen schwindungsarme offen poröse Verbundstrukturen auf SiC-Basis mit möglichen Restanteilen an Si oder C und Fasereinlagen (C-SiC bzw. SiC-SiC). Dieses Verfahren kann auch zur Umsetzung von polymeren Schäumen in keramische Schäume genutzt werden. In diesem Zusammenhang ist zu erwähnen, daß die „innere Formgebung" von Schäumen urformgebenden Charakter hat.

Als Übergang zur Mikro-Formgebung (Mikromechanik und Mikroelektronik) sei die *Sol-Gel-Technik* [Bri90] erwähnt. Aus einer kolloidalen Lösung (Sol) von metallorganischen Aus-

gangsstoffen können über einen Gelierungs-
prozeß (Gel) keramische oder nichtkeramische
Feinstpulver erzeugt und in feinen Schichten abgelegt werden. Durch die lokale Einbringung
von gebündelter Energie (Laser) besteht die fu-
turistische Möglichkeit, dieses Verfahren zum
Aufbau von profilierten Schichten und dreidimensionalen Makro-Strukturen (Rapid Prototyping) zu nutzen. Diese örtlich gesteuerte
Vernetzung aus dem Sol ist prinzipiell vergleichbar mit dem schichtweisen Aufbau von
Makrostrukturen aus plasmagespritzten Keramiken (s. 11.4.4.3). In diesem Sinne können im
mikrostrukturellen Bereich alle profilierenden
Auftragsverfahren (z.B. Siebdruck, Lithogra-
phie, Gasphasenabscheidungen u.a.) der Urformgebung von Mikro-Verbundstrukturen zugeordnet werden.

Literatur zu Abschnitt 11.4

[Bri90] Brinker, C.-J.; Scherer, G.-W.: Sol-Gel
Science. Academic Press, San Diego, 1990
GwKW: Grundwerk keramische Werkstoffe.
Kriegesmann, J. (Hrsg.). Köln: Dt. Wirtschafts-
dienst
[Hau93] Haupt, U.: Spritzgießen von kerami-
schen Werkstoffen. In: GwKW, Abschn. 3.4.8.0,
1993
[Hei89] Heinrich, J.: Folienguß. In: GwKW, Ab-
schn. 3.4.6.0, 1989
[Hen89] Hennike, H.-W.: Schlickerguß. In: GwKW,
Abschn. 3.4.5.0, 1989
[Kri95] Kriegesmann, J.: Grundprinzipien. In:
GwKW, Abschn. 3.1.0.0, 1995
[Mai91] Maier, H.-R.: Technische Keramik als In-
novationsgrundlage für Produkt- und Techno-
logieentwicklung in NRW. Studie. Aachen 1991
[Mai92] Maier, H.-R.: Leitfaden Technische Ke-
ramik. Werkstofftechnik Keramik. Aachen:
Vlg. Mainz 1992
[Mai93] Maier, H.-R.: Leitfaden Technische Ke-
ramik. Werkstoffkunde II Keramik. 3. Aufl.
Vlg. Mainz 1993
[Sce90] Schulle, W.: Trockenpressen. In: Hand-
buch der Keramik. Freiburg i. Br.: Schmid 1990
[Sce91] Schulle, W.: Die Kaltisostatische Preß-
formgebung in der Keramik. In: Handbuch
der Keramik. Freiburg i. Br.: Schmid 1991
[Scr91] Schneider, S.-J.: Ceramics and glasses.
Engineered Materials Handbook, vol. 4, ASM
International, 1991
[Sch90] Schultze, W.: Plasmaspritzen. In: GwKW,
Abschn. 3.4.9.0, 1990
[Str94] Streck, W.-R.: Marktpotentiale neuer
Werkstoffe. ifo Institut für Wirtschaftsfor-
schung, München 1994
[Ter94] Terjung, R.: Versagenskriterien kerami-
scher Hohlzylinder unter Außendruck am
Beispiel von polykristallinem Aluminiumoxid
und Aluminiumtitanat. Diss. RWTH Aachen
1994.

Weiterführende Literatur

Maier, H.-R.: Strukturkeramik: Basis für die Pro-
dukt- und Technologieinnovation. (VDI-Ber.,
1021), Düsseldorf: VDI-Vlg. 1993, 173–183
Morell, R.: Handbook of properties of technical
and engineering ceramics, Part 1: An Introduction to ceramics for the engineer and de-
signer. Her Majesty's stationery office, London, 1985
Reed, J.-S.: Introduction to the principles of
ceramic processing. New York: Wiley 1988
Richerson, D.-W.: Modern ceramic engineering,
properties, processing and use in design. New
York: Marcel Dekker 1992
Schatt, W.: Sintervorgänge. Düsseldorf: VDI-Vlg.
1992

11.5 Massivumformen

11.5.1 Einführung/Definition

Nach DIN 8580 wird in der Umformtechnik die
Form eines festen Körpers (Werkstück) unter Beibehaltung von Masse und Stoffzusammenhang
in eine andere geometrische Form überführt.
Die Einteilung der Umformverfahren (Bild 11-48)
erfolgt nach DIN 8582 auf der Basis der während
der Umformung im Werkstück hauptsächlich
wirksamen Spannungen. Die Fertigungsverfahren der Massivumformung sind damit den
Gruppen „Zug-Druck-Umformung", hauptsächlich aber der „Druck-Umformung" zuzuordnen.
Die Verfahren der Massivumformung kommen
einerseits in der ersten Verarbeitungsstufe bei
der Halbzeugherstellung, z.B. von Blechen, Rohren und Stäben durch Walzen, Strangpressen,
Drahtziehen u.a. und andererseits in der zweiten Verarbeitungsstufe bei der Verarbeitung der
Halbzeuge zu Werkstücken, z.B. zu Schrauben,
Muttern, Kurbelwellen, Achsschenkeln und
Zahnrädern, durch Kaltmassivumformung und
durch Gesenk- oder Freiformschmieden zum
Einsatz.

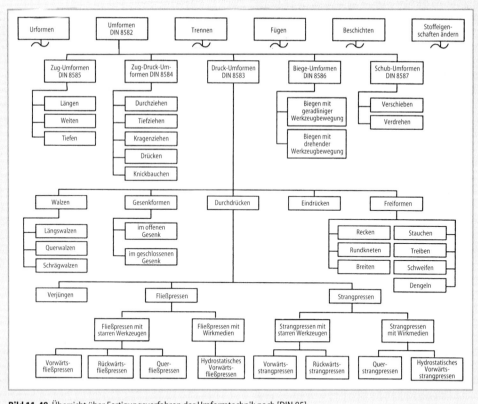

Bild 11-48 Übersicht über Fertigungsverfahren der Umformtechnik nach [DIN 85]

Charakteristisch für die Verfahren sowohl der ersten als auch der zweiten Verarbeitungsstufe ist die Umformtemperatur. So wird bei einer Reihe von Umformverfahren bei Temperaturen weit oberhalb der Raumtemperatur umgeformt, um das Umformvermögen des Werkstoffes zu erhöhen und den Kraftbedarf zu vermindern. Hierbei sind sowohl prozeßtechnische und werkstoffkundliche Einflußgrößen als auch Anforderungen an Maß- und Formgenauigkeit sowie Oberflächenqualität der Werkstücke zu berücksichtigen.

Für den Werkstoff Stahl ergeben sich drei wichtige Temperaturbereiche, in denen die Werkstücke umgeformt werden. Während die Kaltumformung bei Raumtemperatur ohne vorheriges Anwärmen der Rohteile stattfindet, wird bei der Halbwarmumformung in einem Temperaturbereich zwischen 600 und 900 °C umgeformt. Bei der Warmumformung liegen die Rohteiltemperaturen zwischen 1000 und 1200 °C.

Die maßgebliche Größe zur bleibenden Formänderung eines Körpers ist die Fließspannung k_f. Erreicht die im Werkstück herrschende Vergleichsspannung σ_v den Wert der Fließspannung k_f, so setzt Fließen des Werkstoffs ein. Wie Bild 11-49 zeigt, ist die Fließspannung k_f eine werkstoffspezifische Größe, die neben der Temperatur ϑ vom Umformgrad φ und der Umformgeschwindigkeit $\dot{\varphi}$ abhängt [Doe86].

11.5.2 Verfahren

11.5.2.1 Walzen

Walzprozesse werden in verschiedenen Stufen der Fertigungskette durchgeführt. In der ersten Verarbeitungsstufe werden Halbzeuge wie Bänder, Bleche, Rohre und Profile aus Gußstücken hergestellt. Dabei werden die gießtechnisch bedingten Poren im Werkstoff verschweißt und die mechanischen Werkstoffeigenschaften deutlich verbessert. In der zweiten Fertigungsstufe werden die Erzeugnisse der ersten Stufe zu Fertigprodukten wie z.B. Getriebewellen weiterverarbeitet [Kop83: 138 ff.].

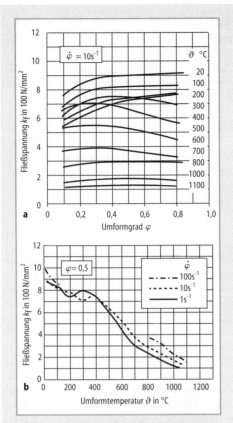

Bild 11-49 a Abhängigkeit der Fließspannung k_f vom Umformgrad φ ; **b** Abhängigkeit der Fließspannung k_f von der Umformtemperatur ϑ nach [Doe86].Werkstoff: C 35 (Wkst.-Nr. 1.0501); Prüfverfahren: Zylinderstauchversuch; Prüfeinrichtung: Plastometer; Probenabmessungen: Ø 10x16mm

Die Walzverfahren werden nach den Ordnungskriterien Kinematik und Werkzeuggeometrie eingeteilt. In Abhängigkeit von den kinematischen Verhältnissen zwischen dem umformenden Werkzeug (Walzen) und dem Walzgut unterscheidet man drei Verfahren (Bild 11-50) [DIN 8583-2]:

– beim Längswalzen bewegt sich das Walzgut ohne Drehung senkrecht zu den sich drehenden Walzen,
– beim Querwalzen dreht sich das Walzgut ohne Bewegung in Achsrichtung und
– beim Schrägwalzen findet eine Überlagerung beider Bewegungszustände statt.

Weiterhin wird in Anlehnung an die Form der Walzen zwischen Flach- und Profilwalzen unterschieden. Beim Flachwalzen werden kegelige

Bild 11-50 Längs-, Quer-, Schrägwalzen in schematischer Darstellung

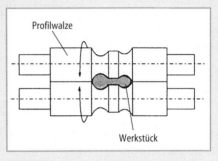

Bild 11-51 Walzen von Profilstäben

oder zylindrische Walzen eingesetzt, während beim Profilwalzen profilierte Walzen zum Einsatz kommen (Bild 11-51).

In Tabelle 11-6 sind typische Erzeugnisse für die einzelnen Verfahren aufgeführt.

In Bild 11-52 sind die wichtigsten geometrischen Größen beim Flach-Längswalzen dargestellt, mit denen sich weitere Größen, wie Greifwinkel α_o, Höhenänderung Δh und gedrückte Länge l_d, berechnen lassen. Als Maße für die Formänderung lassen sich daraus die bezogene Stichabnahme ε_h, der Streckgrad λ_r und der maximale Umformgrad φ_h ermitteln.

11.5.2.2 Strangpressen

Das Strangpressen wird nach DIN 8583-6 als „Durchdrücken eines von einem Aufnehmer umschlossenen Blocks vornehmlich zur Erzeugung von Strängen (Stäben) mit vollem oder hohlem Querschnitt" beschrieben. Es ist vor allem ein Verfahren der Halbzeugherstellung, also der ersten Verarbeitungsstufe, bei dem im Gegensatz zum Walzen oder Gleitziehen praktisch beliebige Profilformen sowohl mit Voll- als auch mit Hohlquerschnitt herstellbar sind (Bild 11-53).

Tabelle 11-6 Typische Erzeugnisse für die einzelnen Walzverfahren

	Längswalzen	Querwalzen	Schrägwalzen
Flachwalzen	Bleche, Bänder	Ringe	nahtlose Rohre
Profilwalzen	Draht, Schienen	Getriebewellen	Kugeln, Gewinde

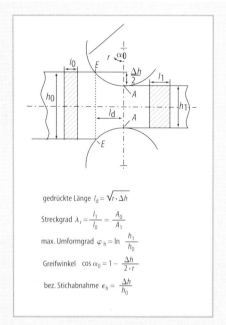

gedrückte Länge $l_d = \sqrt{r \cdot \Delta h}$

Streckgrad $\lambda_r = \dfrac{l_1}{l_0} = \dfrac{A_0}{A_1}$

max. Umformgrad $\varphi_h = \ln \dfrac{h_1}{h_0}$

Greifwinkel $\cos \alpha_0 = 1 - \dfrac{\Delta h}{2 \cdot r}$

bez. Stichabnahme $\epsilon_h = \dfrac{\Delta h}{h_0}$

Bild 11-52 Die wichtigsten geometrischen Größen beim Walzen [Kop: 142]

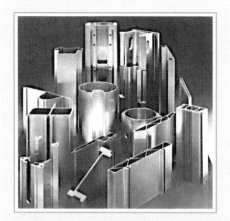

Bild 11-53 Verschiedene Strangpreßprofile aus Aluminiumlegierungen (Quelle: VAW)

Grundsätzlich können alle Gebrauchsmetalle, wie z.B. Fe- und Al-Legierungen, Magnesium und Titan, aber auch Schwermetalle stranggepreßt werden.

Das Strangpressen ist gekennzeichnet durch hohe Arbeitstemperaturen (in der Regel das 0,7- bis 0,9-fache der absoluten Schmelztemperatur), große Umformgrade und große Querschnittsabnahmen aufgrund des hohen hydrostatischen Drucks (Verhältnis von Blockquerschnitt zu Strangquerschnitt 4 – 1000) sowie hohe Preßdrücke zwischen 350 und 1500 N/mm² [Ake93].

Beim Strangpressen können drei grundsätzlich verschiedene Verfahren (Bild 11-54) unterschieden werden. Diese sind das indirekte, das direkte und das hydrostatische Strangpressen. Alle drei Verfahren ermöglichen die Fertigung von Hohl- und Vollquerschnitten, wobei bei allen Verfahren am Ende der Umformung ein Preßrest in der Matrize zurückbleibt, der entfernt werden muß. Je nach Verfahren und Werkstoff liegt die Ausbringung zwischen 85 und 95 Gew.-%.

Zur Berechnung der beim Strangpressen erforderlichen Preßkraft existieren verschiedene Verfahren [Kop76: 32ff.], die zum größten Teil auf den Ansatz von Siebel und Fangmeier zurückzuführen sind [Sie31: 29ff.]. Sie unterscheiden sich in ihren Voraussetzungen, im Rechenaufwand sowie in der theoretischen Geschlossenheit bzw. dem Näherungsgrad der Lösungen. In der Praxis hat sich die Kraftberechnung nach elementaren Ansätzen wegen ihrer einfachen Handhabbarkeit und der anschaulichen Form am besten bewährt. Insbesondere haben sich Formeln zur Preßkraftermittlung durchgesetzt, die mit Hilfe von Energiebetrachtungen hergeleitet sind.

Beispielshalber sei hier die elementare Berechnung der Preßkraft über eine Leistungsbilanz für das industriell am weitesten verbreitete Verfahren des direkten Strangpressens angegeben [Ake83: 665ff., Vos86]. Es ist nach Bild

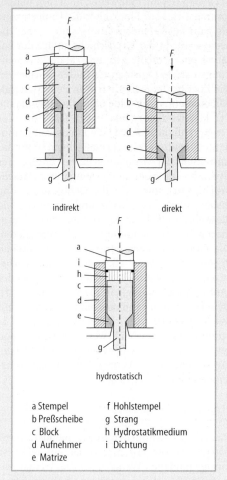

Bild 11-54 Gegenüberstellung der drei grundsätzlich verschiedenen Strangpreßverfahren

indirekt   direkt

hydrostatisch

a Stempel   f Hohlstempel
b Preßscheibe   g Strang
c Block   h Hydrostatikmedium
d Aufnehmer   i Dichtung
e Matrize

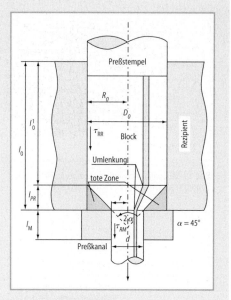

Bild 11-55 Einflußfaktoren für die Berechnung der Preßkraft beim direkten Strangpressen [Ake 93]

11-55 davon auszugehen, daß sich die gesamte Leistung aus mehreren Anteilen zusammensetzt, die folgenden Teilvorgängen entsprechen [Ake93]:

$$P_{ges} = P_{id} + P_{RR} + P_S + P_{ST} + P_{RM} \qquad (1)$$

– Ideelle, d.h. verlustfreie Umformung des Blockquerschnitts A zum Profilquerschnitt A_{PR}

$$P_{id} = A_o \cdot v_o \cdot k_{fm} \cdot \ln \frac{A_o}{A_{PR}} = A_o \cdot v_o \cdot k_{fm} \cdot \varphi, \qquad (2)$$

wobei P Leistung, v_o Stempelgeschwindigkeit und k_{fm} die mittlere Fließspannung ist.

– Überwindung der Gleit- oder Haftreibung des Blocks im Rezipienten:

$$P_{RR} = l' \cdot v_o \cdot \tau_{RR} \cdot \pi \cdot D_o, \qquad (3)$$

mit D_o Rezipientendurchmesser, τ_{RR} Reibschubspannung, l' momentane Blocklänge ohne tote Zone.

– Schiebungsverluste bei der Umlenkung des Metallstroms an den als eben angenommenen Ein- und Austrittsflächen der Umformzone:

$$P_S = 2 \cdot A_0 \cdot v_0 \cdot k_{fm} \frac{\tan\alpha}{3}, \qquad (4)$$

mit α als halben Öffnungswinkel der kegelförmig gedachten Umformzone.

– Scherung an der toten Zone:

$$P_{ST} = A_0 \cdot v_0 \cdot k_{fm} \frac{\varphi}{\sin 2\alpha} \cong P_{id}. \qquad (5)$$

– Reibung im Matrizenkanal:

$$P_{RM} = U_M \cdot l_M \cdot \tau_{RM} \cdot v_{PR} \qquad (6)$$
$$= U_M \cdot l_M \cdot \tau_{RM} \cdot v_0 \cdot \frac{A_o}{A_{PR}},$$

mit U_M Profilumfang, l_M Länge des Preßkanals, τ_{RM} Reibschubspannung und v_{PR} Profilaustrittsgeschwindigkeit.

Der Leistungsbedarf für die Beschleunigung des Werkstoffs von v_0 auf v_{PR} kann vernachlässigt werden.

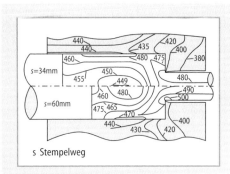

Bild 11-56 Zweidimensionales Temperaturfeld beim Strangpressen mit hoher Geschwindigkeit [Kop 76]

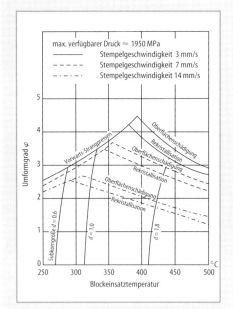

Bild 11-57 Grenzkurven für das Vorwärts-Strangpressen der Legierung AlZnMgCu in Abhängigkeit von der Struktur des Werkstoffs nach [She 82]

Im Falle des axialsymmetrischen Strangpressens führt diese elementare Betrachtung zu einer oberen Schranke für den Leistungsbedarf [Ake93].

Wesentlichen Einfluß auf den Strangpreßvorgang üben Spannungs- und Temperaturverhältnisse, Umformgrad, Umformgeschwindigkeit, Reibungsbedingungen, Werkzeug- und Werkstückgestaltung sowie der Werkstoff aus.

Insbesondere die richtige Temperaturführung ist beim Strangpressen von entscheidender Bedeutung für die Bauteileigenschaften. Vor allem

bei hohen Geschwindigkeiten findet ein Temperaturanstieg vom Block über die Umformzone bis zum austretenden Strang statt, wobei die Temperatur in der Randschicht infolge der zusätzlichen Schiebungen und Materialumlenkungen stärker ansteigt als in der Blockachse. Die höchste Temperatur tritt in dem Materialvolumen auf, das gerade über die Einlaufkante der Matrize fließt (Bild 11-56). Die Höhe der Temperaturspitze ist für die Praxis von besonderer Bedeutung, weil sie maßgebend ist für das Aufreißen der Strangoberfläche infolge der Überschreitung der Solidustemperatur (Warmbrüchigkeit) sowie für die Gefügeausbildung insbesondere bei Aluminiumlegierungen, da diese empfindlich auf unterschiedliche thermomechanische Behandlungsparameter reagieren. Die Forderung nach günstigen mechanischen Eigenschaften des Preßprodukts kann hierbei zu einer Begrenzung des Umformgrads oder der Umformgeschwindigkeit führen (Bild 11-57). Dem Diagramm kann entnommen werden, mit welcher Umformgeschwindigkeit beim Vorwärts-Strangpressen gearbeitet werden darf, um einen gewünschten Umformgrad ohne Werkstückgefügeschädigung bei vorgegebener Blockeinsatztemperatur zu erreichen.

11.5.2.3 Freiformschmieden

Das Freiformschmieden ist ein spanloses Fertigungsverfahren mit nicht oder nur teilweise formgebundenen Werkzeugen. Die Werkstückform entsteht dabei durch eine freie oder festgelegte Relativbewegung zwischen Werkstück und Werkzeug (DIN 8583-3). Einsatzgebiet ist die Herstellung von Halbzeugen oder Werkstücken mit einem Stückgewicht von etwa 1 kg bis 350 t in kleinen bis mittleren Serien. Typische Freiformschmiedestücke sind Turbinenwellen, Generatorenwellen, Kurbelwellen für Großmotoren.

Ausgangsmaterial ist ein gegossener Rohblock, der erwärmt und umgeformt wird. Das Ziel des Freiformschmiedens ist neben der Erzeugung einer bestimmten Bauteilkontur die Beseitigung der Gußstruktur und das Schließen von metallurgisch bedingten Hohlstellen bzw. Poren, um die mechanischen Eigenschaften des Werkstücks zu verbessern [Hei83: 562 ff.]. So muß beispielsweise beim Recken eines Gußblockes für eine ausreichende Kerndurchschmiedung die von außen aufgegebene Formänderung einen Wert von $\varepsilon_h > 0{,}25$ im Blockkernerrei-

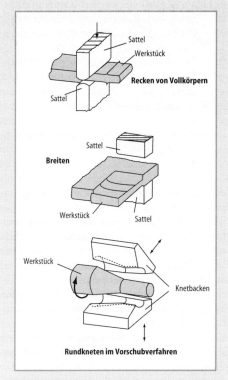

Bild 11-58 Verfahren des Freiformschmiedens

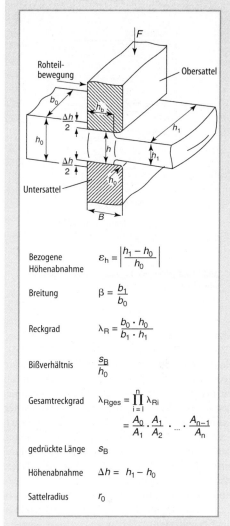

Bezogene Höhenabnahme	$\varepsilon_h = \left\lvert \dfrac{h_1 - h_0}{h_0} \right\rvert$
Breitung	$\beta = \dfrac{b_1}{b_0}$
Reckgrad	$\lambda_R = \dfrac{b_0 \cdot h_0}{b_1 \cdot h_1}$
Bißverhältnis	$\dfrac{s_B}{h_0}$
Gesamtreckgrad	$\lambda_{Rges} = \prod\limits_{i=1}^{n} \lambda_{Ri}$ $= \dfrac{A_0}{A_1} \cdot \dfrac{A_1}{A_2} \cdot \ldots \cdot \dfrac{A_{n-1}}{A_n}$
gedrückte Länge	s_B
Höhenabnahme	$\Delta h = h_1 - h_0$
Sattelradius	r_0

Bild 11-59 Die wichtigsten geometrischen Größen und Umformparameter beim Recken nach [Hei83: 537]

chen, wenn das Ausgangsbißverhältnis s_B/h_0 zu $s_B/h_0 \geq 0{,}28$ gewählt wird, wobei s_B die Bißbreite und h_0 die Blockausgangsabmessung ist [Hei70]. Wird das Bißverhältnis auf $s_B/h_0 > 0{,}45$ erhöht, verbessert sich die Durchschmiedung dagegen nur noch unwesentlich [Hei70].

In Bild 11-58 sind drei Verfahren des Freiformschmiedens dargestellt. Beim Recken erfolgt eine Verlängerung des Werkstücks bei gleichzeitiger Querschnittsabnahme. Beim Breiten wird der Werkstoff dagegen vorwiegend in Querrichtung verdrängt. Durch Rundkneten erfolgt eine Querschnittsverminderung von Stäben und Rohren, wobei die Werkzeuge relativ zum Werkstück umlaufen.

In Bild 11-59 sind die wichtigsten geometrischen Größen und Umformparameter beim Freiformschmieden am Beispiel des Reckens eines rechteckigen Querschnitts dargestellt. Für die anderen Verfahren des Freiformschmiedens gelten vergleichbare Beziehungen.

Der Reckgrad λ_r ist ein kennzeichnendes Maß für die Umformung und die Qualität des Schmiedeerzeugnisses, da er die Durchschmiedung, d.h. das Verschließen von Hohlräumen im Block-

zentrum, maßgeblich bestimmt. In Bild 11-60 ist der Zusammenhang zwischen den mechanischen Eigenschaften und dem Reckgrad dargestellt.

Die benötigte Umformkraft beim Recken wird nach der Gleichung

$$F = k_f \cdot A_d \cdot \left(1 + \frac{1}{2} \cdot \mu \cdot \frac{s_B}{h} + \frac{1}{4} \cdot \frac{h}{s_B} \right) \tag{2}$$

mit

$$A_d = s_B \cdot 2\Delta \cdot \sqrt{\frac{4 \cdot r_0 - \Delta h}{4 \cdot \Delta h}} \tag{3}$$

berechnet [Vat74].

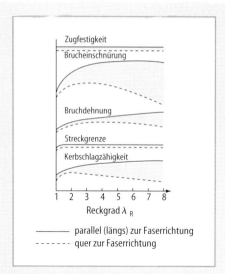

Bild 11-61 Fertigungsstufen eines Querlenkers (Quelle: Informationsstelle Schmiedestück-Verwendung im IDS)

Bild 11-60 Einfluß des Reckgrades auf die mechanischen Eigenschaften [VAT66: 897]

In the figure:
- Zugfestigkeit
- Brucheinschnürung
- Bruchdehnung
- Streckgrenze
- Kerbschlagzähigkeit
- Reckgrad λ_R
- —— parallel (längs) zur Faserrichtung
- - - - - - quer zur Faserrichtung

11.5.2.4 Gesenkschmieden

Das Gesenkschmieden ist ein abbildendes Formgebungsverfahren, bei dem das Werkzeug als Formspeicher dient, d.h. die Werkstückgeometrie ist als Negativform in den formgebenden Schmiedewerkzeugen abgebildet. Für eine wirtschaftliche Fertigung von Schmiedeteilen sind daher aufgrund der hohen Werkzeugkosten mit einem Kostenanteil von ca. 10 % je gefertigtem Werkstück entsprechende Losgrößen je nach Komplexität des Werkstücks erforderlich, so daß das Gesenkschmieden ein typisches Verfahren der Serienfertigung ist.

Durch Gesenkschmieden kann ein sehr breites Spektrum metallischer Werkstoffe verarbeitet werden. Aus Stählen lassen sich derzeit Stückgewichte von wenigen Gramm bis zu 2,5 t, z. B. Kurbelwellen für stationäre Großmotoren, durch Gesenkschmieden verarbeiten. Aufgrund der Möglichkeit, durch den Schmiedevorgang einen beanspruchungsgerechten Faserverlauf im Schmiedestück zu erzeugen, werden geschmiedete Bauteile wegen ihrer guten mechanischen Eigenschaften vorwiegend als Sicherheitsteile im Fahrzeugbau eingesetzt. Als Beispiele seien Achsschenkel und Querlenker genannt. Gegenüber zerspanend hergestellten Werkstücken weisen geschmiedete Sicherheitsbauteile bei gleicher Schwingfestigkeit und Funktionalität ein niedrigeres Gewicht auf, so daß Schmiede-

teile dem Trend zum Leichtbau Rechnung tragen.

Beim Gesenkschmieden wird, wie in der weiterverarbeitenden Umformtechnik, üblicherweise in mehreren Schritten vom Rohteil zum Fertigteil umgeformt. Bild 11-61 zeigt als Beispiel die Umformfolge bei der Fertigung eines Querlenkers durch Schmieden mit Grat mit anschließendem Auspressen des Tragrohres durch Warmfließpressen.

Der Arbeitsablauf beim Schmieden mit Grat ist in der Regel durch folgende Schritte gekennzeichnet:
- Trennen,   – Endformen,
- Masseverteilung,   – Abgraten und Lochen,
- Biegen,   – Wärmebehandlung.
- Zwischenformen,

Ausgehend vom Stangenmaterial mit Rund- oder Vierkantquerschnitt wird durch Scheren oder Sägen das Rohteil erzeugt. Die Rohteilmasse entspricht der Summe aus der Masse des Fertigteils und der Überschußmasse aus Grat und evtl. auszulochendem Spiegel bzw. Butzen. Zur bestmöglichen Ausnutzung des Einsatzmaterials wird anschließend durch Recken, Querwalzen oder Anstauchen eine Massevorverteilung am Rohteil durchgeführt, d.h. es erfolgt eine Anhäufung bzw. Verdrängung von Werkstoff in bestimmten Bereichen des Werkstücks. Zur Anpassung der noch geraden Werkstückachse an eine gekrümmte Achse des fertigen Schmiedestücks erfolgt evtl. ein Biegen. In den Zwischenformoperationen werden durch Schmieden mit Grat die Querschnitte des Werkstücks denen der Endform möglichst weit angenähert. In der letzten Umformstufe erfolgt lediglich ein geringer Werkstofffluß, um die Standzeit der Werkzeugkomponenten günstig zu beinflussen. Durch anschließendes Lochen und Abgraten wird das überschüssige Material entfernt. Zur

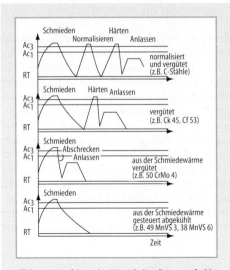

Bild 11-62 Verfahren der Wärmebehandlung von Stahl

zusetzen, wie z. B. mikrolegierte Stähle (49Mn-VS 3 und 38Mn V S 6).

Beim Schmieden kommen zwei grundsätzlich verschiedene Werkzeugkonzepte zum Einsatz (Bild 11-63):
– Schmieden mit Grat (offenes Gesenk),
– Schmieden ohne Grat (geschlossenes Gesenk).

Beim Schmieden mit Grat, auch konventionelles Schmieden genannt, wird mit einem Materialüberschuß gearbeitet, wobei während des Schmiedevorgangs das überschüssige Material in den Gratspalt verdrängt wird. Die Gratspaltabmessungen beeinflussen dabei
– die Steighöhe des Werkstoffs in der Gesenkgravur,
– die Größe des für die Gravurfüllung notwendigen Werkstoffüberschusses,
– die Belastung des Werkzeugs (auftretende Druckspannungen) und
– die Belastung der Umformmaschine (erforderliche Umformkräfte und -arbeiten) [Mar81, Vie69].

Aufgrund unterschiedlicher Optimierungsstrategien hinsichtlich Materialüberschuß, Kraftbedarf usw. ergeben sich verschiedene Gleichungen für die Auslegung der Gratspaltabmessungen [Vie69]. Als Richtwert kann aber grundsätzlich festgelegt werden, daß mit größer werdendem Werkstückdurchmesser d_s das Gratbahnverhältnis b/s fallen und die Gratbahndicke s ansteigen muß. Beispielsweise ergibt sich für einen Werkstückdurchmesser von 150 mm eine Gratbahndicke von ca. $s = 2,5$ mm und ein Gratbahnverhältnis b/s von ca. 4 [Vie69].

Einstellung der endgültigen mechanischen Eigenschaften werden die Schmiedestücke nach dem Umformvorgang wärmebehandelt. Bild 11-62 zeigt die hierfür industriell eingesetzten Verfahren sowie deren prozeßtechnische Vereinfachung zur Wärmebehandlung von Stählen. Neben dem Vorteil der deutlich verkürzten Prozeßzeit ermöglicht das Verfahren der integrierten Wärmebehandlung aus der Schmiedewärme eine Reduzierung von Verzunderung und Randentkohlung sowie eine Verminderung des Verzugs der Schmiedestücke. Sollen beispielsweise durch kontinuierliche Wärmebehandlung aus der Schmiedewärme höchste Bauteilfestigkeiten erreicht werden, sind geeignete Werkstoffe ein-

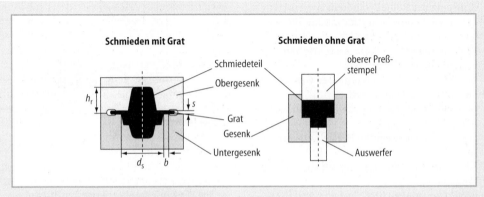

Bild 11-63 Vergleich Schmieden mit und ohne Grat

Formelmäßige Beziehungen zur Berechnung der erforderlichen Umformkraft sind auch beim Schmieden nach Ansätzen der elementaren Plastizitätstheorie entwickelt worden [Sto59]. Sie beruhen auf sehr vereinfachenden Annahmen, z.B. daß in der Gratbahn Haftreibung herrscht und sehr tiefe Gravuren vorliegen. Die Kraftgleichung hierfür lautet für das Schmieden mit Grat nach [Sto59]:

$$F_{max} = k_f \cdot \left[\left(1.5 + \frac{b}{2s} \right) \cdot A_p + \right.$$
$$\left. \left(1.5 + \frac{b}{s} + 0.08 \frac{d_1}{s} \cdot A_G \right) \right] \ [N], \qquad (1)$$

F_{max} Umformkraft,
k_f Fließspannung,
b Gratbahnbreite,
s Gratspaltdicke,
A_p gedrückte Projektionsfläche,
d_1 Werkstückdurchmeser
A_G gedrückte Projektionsgratfläche.

Die Bestrebungen, den stellenweise extrem hohen Gratanteil – bei flachen Teilen bis zu 40 % der Gesamteinsatzmasse – beim Schmieden mit Grat zu reduzieren, führten zum Genau- oder Präzisionsschmieden im geschlossenen Gesenk.

Das Schmieden ohne Grat – ein Fertigungsverfahren zur endkonturnahen Formgebung – erfolgt in einem vollständig geschlossenen Gesenk, wobei der Preßstempel in der formgebenden Matrize während der Umformung geführt wird. Hierbei werden deutlich höhere Anforderungen an den gesamten Prozeß sowie an die Prozeßführung gestellt. Voraussetzungen für das Präzisionsschmieden zur Erzielung einer hohen Maß- und Formgenauigkeit der Schmiedestücke sind [Doe93a, Doe93b]:

– Konstanz des Rohteilvolumens $\Delta = \pm 0{,}5\%$,
– maximale Temperaturschwankung der Rohteilerwärmung $\Delta\vartheta = \pm 5\,°C$,
– Erwärmung unter Schutzgasatmosphäre bzw. extrem kurze Aufwärmzeit,
– Auslegung und Berechnung der Gesenkgravur mittels CAD und FEM,
– reproduzierbare Genauigkeit der Werkzeuge durch NC-Fertigung,
– Simulation des gesamten Herstellungsprozesses,
– Schmieden mit integrierter Wärmebehandlung,
– hohe Genauigkeit des Systems Maschine – Werkzeug,

– Automatisierung des Prozeßablaufs.

Um die Auswirkungen veränderter Prozeßparameter auf die Teilegenauigkeit zu quantifizieren, werden heute Präzisionsschmiedeprozesse mit Hilfe der Finite-Elemente-Methode simuliert [Wie87, Näg95]. Außer durch eine gezielte Vorkorrektur der formgebenden Werkzeugkomponenten ist es durch den Einsatz numerischer Berechnungsverfahren möglich, den Einfluß verschiedener Parameter sowie deren zulässige Abweichungen zur Erzielung einer bestimmten Werkstückgenauigkeit zu bestimmen [Wie87, Näg95]. Bild 11-64 zeigt als Ergebnis einer Parametervariation, wieviel ein Prozeßparameter höchstens abweichen darf, um die resultierende

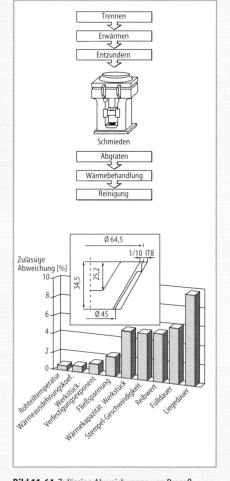

Bild 11-64 Zulässige Abweichungen von Prozeßparametern zur Einhaltung von 1/10 IT8 [Wei87]

Bild 11-65 Präzisionsgeschmiedete Zahnräder
(Quelle: IFUM)

Maßabweichung am Bauteil kleiner als 10 % der Toleranz IT 8 zu halten. Die Simulation verdeutlicht die hohe Bedeutung der Temperatur-Zeit-Führung des gesamten Herstellungsprozesses.

Bei Einhaltung der genannten Voraussetzungen des Präzisionsschmiedens können heute z.B. Zahnräder präzisionsgeschmiedet werden (Bild 11-65), wobei die Zahnkonturen nur noch durch Feinbearbeitungsverfahren, wie z.B. Schleifen oder Hohnen, fertigbearbeitet werden müssen. Ziel ist hierbei die Substitution der spanenden Weichbearbeitung in der konventionellen Zahnradfertigung, vgl. 11.5.3.1.

11.5.2.5 Fließpressen

Das Fließpressen gehört zur Gruppe des Druckumformens und ist wie die Verfahren Verjüngen und Strangpressen in die Untergruppe Durchdrücken eingeordnet. Fließpressen läßt sich als ein Umformverfahren definieren, bei dem der Werkstoff durch Druck eines Stempels oder eines Wirkmediums in oder durch eine formgebende Werkzeugöffnung gedrückt wird (DIN 8583-6).

Die drei Hauptgruppen des Fließpressens werden nach Wirkrichtung des Werkzeugs und des Werkstoffflusses in Vorwärts-, Rückwärts- und Querfließpressen eingeteilt. Ein weiteres Klassifizierungsmerkmal ist die Werkstückgeometrie, wobei zwischen voll und hohl gepreßten Werkstücken unterschieden wird. Bild 11-66 zeigt die Fließpreßverfahren in schematischer Darstellung (DIN 8583-6).

Beim Fließpressen steht das Werkstück in der Umformzone unter einem dreiachsigen Spannungszustand. Axialsymmetrische Umformvorgänge weisen die drei Hauptspannungen Axial-

spannung σ_z, Radialspannung σ_R und Tangentialspannung σ_t auf. Unter Verwendung der Elementaren Plastizitätstheorie läßt sich der Zusammenhang zwischen den drei Hauptspannungen nach dem Fließkriterium von Tresca ermitteln, wie in Bild 11-67 für das Voll-Vorwärtsfließpressen gezeigt wird [Sie32, Lip67].

Für die Berechnung der Umformarbeiten und -kräfte geht man beim Fließpressen von einem vereinfachten Modell des Umformprozesses aus. Die für die Umformung erforderliche Umformarbeit setzt sich aus dem ideellen Anteil der verlustfreien Umformung und Verlustanteilen aufgrund von Wandreibung, Schulterreibung und Schiebung für das Umlenken des Werkstoffs am Eintritt in die Umformzone und beim Austritt aus dem plastischen Bereich zusammen (Bild 11-67). Für eine Betrachtung der anderen Fließpreßverfahren sei auf die umfangreiche Literatur verwiesen [Lip67, Gei84, Gei88].

Der Ansatz nach der Elementaren Plastizitätstheorie ermöglicht die näherungsweise Bestimmung von Kräften und mittleren Spannungen, wie sie als Auslegungsgröße für die formgebenden Werkzeugkomponenten für praktische Anwendungen ausreichen. Für die Betrachtung lokaler Größen werden die Verfahren der Höheren Plastizitätstheorie eingesetzt, wie beispielsweise das Schrankenverfahren, das Fehlerabgleichverfahren oder die Methode der Finiten Elemente [Lip67, Bat82, Zie94].

Das Fließpressen kann sowohl bei Raumtemperatur als auch nach Erwärmung der Rohteile durchgeführt werden. Die Wahl der Umformtemperatur ist von Werkstoff, Umformgrad und geforderter Werkstückqualität sowie von verfahrensabhängigen Einflußgrößen abhängig. Für den Werkstoff Stahl nennt man das Fließpressen

- bei Raumtemperatur: Kaltfließpressen,
- bei Temperaturen von 600 – 900 °C: Halbwarmfließpressen,
- bei Schmiedetemperaturen (ca. 1000 – 1200 °C): Warmfließpressen.

Das Warmfließpressen wird hauptsächlich zur Werkstoffverteilung in einer Vorformoperation angewendet. Halbwarmumformverfahren haben bisher nur eine vergleichsweise geringe Produktionsmenge erreicht, obwohl sie im Vergleich zum Warmfließpressen durch eine geringere Zunderbildung mit vergleichsweise guter Oberfläche der Werkstücke und durch eine

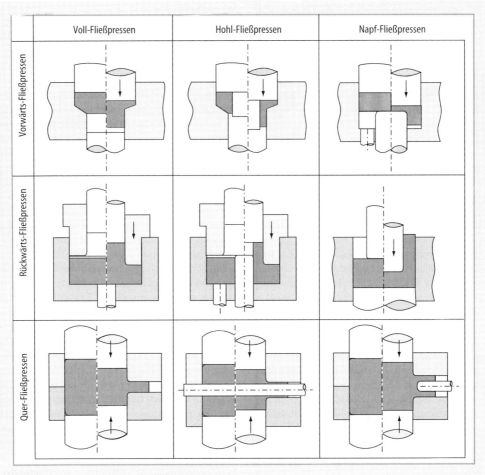

	Voll-Fließpressen	Hohl-Fließpressen	Napf-Fließpressen
Vorwärts-Fließpressen			
Rückwärts-Fließpressen			
Quer-Fließpressen			

Bild 11-66 Fließpreßverfahren nach [DIN 8583-6]

höhere Lebensdauer der Werkzeuge gekennzeichnet sind. Nachteilig ist allerdings aufgrund der hohen Werkzeugbelastung der erhebliche Aufwand für die Werkstück- und Werkzeugschmierung.

Durch Kaltfließpreßverfahren werden hauptsächlich rotations- und axialsymmetrische Werkstücke hergestellt. Die Kombination verschiedener Fließpreßverfahren mit anderen Verfahren der Kaltmassivumformung, wie zum Beispiel dem Stauchen, dem Abstreckgleitziehen oder dem Prägen, ergibt ein Werkstückspektrum, das von nur wenigen Gramm schweren Teilen bis zu Werkstücken mit einem Gewicht von etwa 50 kg reicht [Gei84, Gei88]. Bild 11-68 zeigt einige typische Fließpreßteile und Bild 11-69 die Stadienfolge für die Herstellung einer Verschraubungshülse auf einer Mehrstufenpresse.

Die erforderlichen Investitionen für Umformmaschinen und Anlagen zur Oberflächen- und Wärmebehandlung sowie die hohen Werkzeugkosten beschränken die wirtschaftliche Anwendung der Kaltmassivumformung auf die Herstellung großer Stückzahlen. Hauptabnehmer von Fließpreßteilen sind mit über 80 % die Automobilindustrie sowie deren Zulieferbetriebe, wobei 1993 in der Bundesrepublik Deutschland etwa 100 000 t Kaltfließpreßteile produziert wurden [Gei84, Gei88, IDS94].

Im Gegensatz zu Verfahren der Warmumformung, bei denen die während der Umformung auftretende Verfestigung durch Rekristallisationsvorgänge wieder aufgehoben wird, liegt bei kaltumgeformten Teilen eine bleibende Verfestigung vor, die den erreichbaren Umformgrad begrenzt.

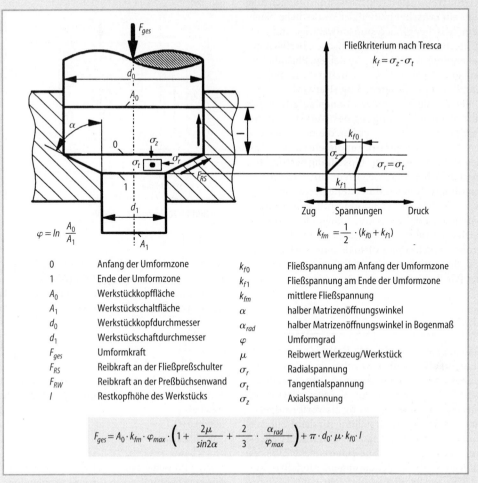

$$\varphi = \ln \frac{A_0}{A_1}$$

Fließkriterium nach Tresca

$$k_f = \sigma_z - \sigma_t$$

$$k_{fm} = \frac{1}{2} \cdot (k_{f0} + k_{f1})$$

0	Anfang der Umformzone	k_{f0}	Fließspannung am Anfang der Umformzone
1	Ende der Umformzone	k_{f1}	Fließspannung am Ende der Umformzone
A_0	Werkstückkopffläche	k_{fm}	mittlere Fließspannung
A_1	Werkstückschaltfläche	α	halber Matrizenöffnungswinkel
d_0	Werkstückkopfdurchmesser	α_{rad}	halber Matrizenöffnungswinkel in Bogenmaß
d_1	Werkstückschaftdurchmesser	φ	Umformgrad
F_{ges}	Umformkraft	μ	Reibwert Werkzeug/Werkstück
F_{RS}	Reibkraft an der Fließpreßschulter	σ_r	Radialspannung
F_{RW}	Reibkraft an der Preßbüchsenwand	σ_t	Tangentialspannung
l	Restkopfhöhe des Werkstücks	σ_z	Axialspannung

$$F_{ges} = A_0 \cdot k_{fm} \cdot \varphi_{max} \cdot \left(1 + \frac{2\mu}{\sin 2\alpha} + \frac{2}{3} \cdot \frac{\alpha_{rad}}{\varphi_{max}}\right) + \pi \cdot d_0 \cdot \mu \cdot k_{f0} \cdot l$$

Bild 11-67 Kräfte und Spannungen beim Voll-Vorwärts-Fließpressen

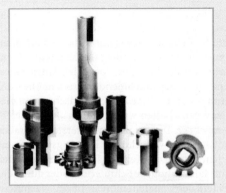

Bild 11-68 Auswahl von Fließpreßteilen
(Quelle: Hatebur)

Bild 11-69 Stadienfolge einer Verschraubungshülse
(Quelle: Hatebur)

Größere Umformungen erfordern daher oftmals ein Zwischenglühen der Werkstücke. Nach dem Zwischenglühen sind aufwendige und umwelttechnologisch problematische Oberflächenbehandlungsverfahren, wie Beizen, Phosphatieren und Auftragen des Schmierstoffs auf die Kaltfließpreßteile notwendig [Her94a].

Bei Kaltfließpreßteilen können aufgrund der auftretenden Verfestigung des Werkstoffs hohe Festigkeiten erreicht werden, die denen legierter Stähle nahekommen. Aus diesem Grund können Stahlsorten, die zur Einstellung bestimmter mechanischer Eigenschaften eine Wärmebehandlung erfordern, durch unlegierte Sorten ersetzt werden. In Verbindung mit den erreichbaren Genauigkeiten und hohen Oberflächenqualitäten stellt das Kaltfließpressen daher bei großen Stückzahlen oftmals eine wirtschaftliche Alternative zu anderen Fertigungsverfahren dar [Gei84, Gei88].

11.5.2.6 Stauchen

Das Stauchen ist gemäß DIN 8583-3 [DIN70] definiert als Freiformen, wobei eine Werkstückabmessung zwischen meist ebenen, parallelen Wirkflächen (Stauchbahnen) vermindert wird. Anwendung findet es häufig als Vorformoperation zur Grundformerstellung für das Freiform- und Gesenkschmieden, z. T. auch für das Fließ- und Strangpressen. Für theoretische Überlegungen besitzt es Bedeutung als Modellverfahren zur Analyse des Materialverhaltens (Zylinderstauchversuch) bzw. der Reibungsverhältnisse zwischen Werkstück und Werkzeug (Ringstauchversuch). Die so gefundenen Kennwerte für das Material (Fließspannung k_f) und die Reibungswirkung (Coulombsche Reibzahl μ) sind wichtig, um die für einen Umformprozeß notwendige Kraft bzw. Energie näherungsweise zu berechnen.

Zylinderstauchversuch zur Fließkurvenbestimmung

Die Formänderungsfestigkeit bzw. Fießspannung k_f (oft auch mit Y bezeichnet) dient in der Umformtechnik zur Charakterisierung des plastischen Verhaltens eines Werkstoffes. Die Fließspannung k_f ist eine Funktion des Umformgrads φ, der Umformgeschwindigkeit $\dot{\varphi}$ sowie der Temperatur ϑ. Diese Abhängigkeit wird in Form von Fließkurven dargestellt, in denen die Fließspannung über dem Umformgrad bei kon-

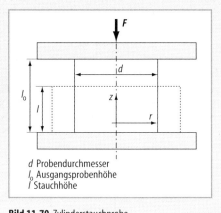

d Probendurchmesser
l_0 Ausgangsprobenhöhe
l Stauchhöhe

Bild 11-70 Zylinderstauchprobe

stanter Umformgeschwindigkeit und Temperatur aufgetragen wird, vgl. Bild 11-49 in 11.5.1.

Setzt man für eine Zylinderstauchprobe Reibungsfreiheit und homogene Umformung voraus, gilt:

$$k_f = \frac{|F|}{A} \tag{1}$$

Hierbei ist A die momentane Probenfläche und F die Umformkraft. Der Umformgrad φ ist definiert als

$$\varphi = \ln \frac{h}{h_0} \tag{2}$$

mit der Probenausgangshöhe h_0 und der momentanen Probenhöhe h und somit problemlos aus dem Kraft-Weg-Verlauf des Stauchvorgangs zu berechnen (Bild 11-68). Die im Versuch konstant zu haltende Umformgeschwindigkeit $\dot{\varphi}$ berechnet sich nach

$$\dot{\varphi} = \frac{d\varphi}{dt} = \frac{v}{h} \tag{3}$$

Die Stößelgeschwindigkeit v darf daher nicht konstant gehalten werden, sondern muß für ein konstantes $\dot{\varphi}$ über einen speziellen Antrieb kontinuierlich der abnehmenden Probenhöhe h angepaßt werden. Eine Umformmaschine mit diesen Eigenschaften wird auch als „Plastometer" bezeichnet. Die für den Zylinderstauchversuch notwendige weitgehende Reibungsfreiheit erreicht man in der Kaltmassivumformung durch gute konventionelle Schmierung oder durch das Unterlegen von Teflonfolien. In der Warmmassivumformung hat sich die Schmierung mit flüssigem Glas bewährt.

Während im Plastometerversuch die Reibung durch geeignete Methoden minimiert wird, um eine homogene Umformung zu erreichen, dient der Ringstauchversuch zur überschlägigen Bestimmung der Reibung in der Massivumformung. Der innere Durchmesser der Ringstauchprobe steht hier, weitgehend unabhängig von den Materialeigenschaften, in einer funktionalen Abhängigkeit zur Coulombschen Reibzahl μ. Der Zusammenhang zwischen Reibung, Um-

formgrad und innerem Radius kann vorab durch eine Stoffflußsimulation mit der Methode der Finiten Elemente (FEM) bestimmt und in einem Nomogramm dargestellt werden. Bild 11-71 zeigt die Simulationsergebnisse für zwei unterschiedliche Reibzahlen, Bild 11-72 ein Nomogramm nach Burgdorf [Bur67] zur Bestimmung der Reibzahl μ. Ein solcher Versuch kann auch in der Praxis relativ einfach durchgeführt werden, um z.B. den Einfluß verschiedener Schmierstoffe auf die Reibung zu ermitteln.

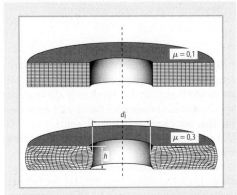

Bild 11-71 Ringstauchproben unterschiedlicher Reibung und gleichen Umformgrads

Kraftbedarf beim Stauchen

Eine näherungsweise Berechnung der beim Stauchen auftretenden Kräfte und Spannungen ist mit Hilfe der sog. Elementaren Methode möglich. Für das Stauchen findet das Röhrenmodell Anwendung. Bei dieser Betrachtungsweise wird davon ausgegangen, daß keine Ausbauchung der Probe stattfindet.

Die für das Stauchen einer Zylinderstauchprobe nötige Umformkraft berechnet sich näherungsweise nach

$$F = A \cdot k_f \left[1 + \frac{1}{3} \cdot \frac{\mu \cdot d}{h} \right] \qquad \text{[Lip81] (4)}$$

(vgl. Bild 11-70). Die Fließspannung k_f kann der jeweiligen Fließkurve entnommen (vgl. [Doe86]), die Coulombsche Reibzahl μ durch den Ringstauchversuch ermittelt werden. Ist die Reibung nicht bekannt, kann in erster Näherung für das Kaltstauchen von Stahl und Aluminium mit Schmierung $\mu = 0,1$, für das Warmstauchen von Stahl $\mu = 0,35$ angenommen werden.

Die Umformkaft kann mit o.g. Formel für die meisten Fälle abgeschätzt werden. Die realen

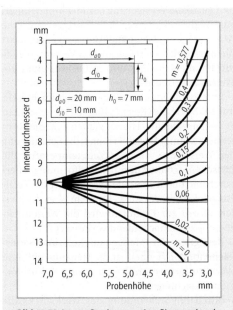

Bild 11-72 Innerer Durchmesser einer Ringstauchprobe als Funktion der Reibzahl und des Umformgrads nach [Bur67: 799 ff.]

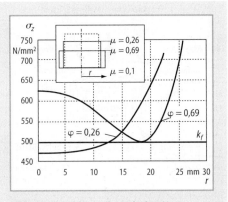

Bild 11-73 Normalspannungsverlauf an den Stirnflächen axialsymmetrischer Proben

Druckspannungen unter der Probe, wesentlich für Werkzeugbelastung und Verschleiß verantwortlich, sind jedoch sehr unregelmäßig verteilt. Diese Spannungen können nur mit aufwendigen rechnerunterstützten Methoden, wie der Methode der Finiten Elemente (FEM), berechnet werden. Bild 11-73 zeigt hier als Beispiel die mit der FEM berechneten Druckspannungen über dem Radius einer schlanken Zylinderstauchprobe für zwei Umformgrade.

11.5.3 Auswahlkriterien

11.5.3.1 Genauigkeiten

Auf die werkstückbeschreibenden Größen – Abmessungen, Form, Oberfläche, Lage, Gewicht – wirken eine Vielzahl von Einflußgrößen, deren Wirkungsweise nur im konkreten Einzelfall bestimmbar ist. Deshalb wird nachfolgend nur die Wirkung der Haupteinflußgrößen auf die Werkstückgenauigkeit (Bild 11-74) schematisch dargestellt.

Schwankungen von Werkstoffeigenschaften führen insbesondere zu Kraftschwankungen während der Umformung. Kraftschwankungen wirken sich wiederum mittelbar über die Federung von Maschine und Werkzeug auf die Bauteilendmaße, insbesondere auf die vertikale Teilegenauigkeit, aus. Maßschwankungen der Rohteile, z.B. durch Veränderungen des Einsatzvolumens, bewirken ebenfalls Kraftschwankungen besonders beim Umformen in geschlossenen Gesenken.

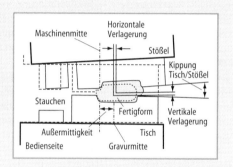

Bild 11-75 Werkstückfehler in der Massivformung durch horizontale und vertikale Verlagerung des Maschinenstößels gegenüber dem Pressentisch

Die Genauigkeit der formgebenden Werkzeuge wirkt sich unmittelbar auf die Werkstückgenauigkeit aus, da das Werkzeug als analoger Speicher von Maßen und Form zu betrachten ist. Die Werkzeuggenauigkeit sollte 1–3 ISO-Qualitäten besser sein als die geforderte Werkstückgenauigkeit.

Bei Umformmaschinen üben die Führungsgenauigkeit von Stößel bzw. Bär, das Steifigkeitsverhalten von weg- und kraftgebundenen Maschinen sowie Schwankungen des Arbeitsvermögens bei arbeitsgebundenen Maschinen einen unmittelbaren Einfluß auf die horizontale und vertikale Verlagerung des Maschinenstößels aus. Während die vertikale Verlagerung eine Änderung der Dickenmaße zur Folge hat, führt die horizontale Verlagerung zu Versatz, Wanddickenunterschieden und Außermittigkeit am Werkstück (Bild 11-75).

Entscheidend für die Arbeitsgenauigkeit ist in hohem Maße die Gleichmäßigkeit des gesamten Fertigungsablaufs. Hierzu zählen u.a. die Rohteilherstellung, die Erwärmung, die Schmierung der Werkzeuge, die Werkzeugtemperatur, die Zwischenformung und die Endformung. Hierdurch und durch eine gute Abstimmung der Fertigungsfolge von der Ausgangsform über die Zwischenform zur Endform wird die Werkstückgenauigkeit entscheidend verbessert [Lan84].

Bezüglich der Maßgenauigkeit und Oberflächenbeschaffenheit ist die Genauigkeit beim Warmumformen im Vergleich zum Kaltumformen schlechter, da

- durch die Schwindung des Werkstücks die Maße beeinflußt werden und
- ggf. durch Oxidation der Oberfläche die Oberflächenqualität beeinträchtigt wird.

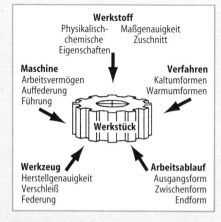

Bild 11-74 Haupteinflußgrößen auf das Ergebnis bei Umformvorgängen [Lan84]

Durch eine Kombination der Warm- und Kaltumformung lassen sich aber in einigen Fällen die Vorteile beider Verfahren nutzen: das hohe Formänderungsvermögen im erwärmten Zustand und die hohe Maßgenauigkeit und gute Oberflächenqualität bei Raumtemperatur [Sie93: 30].

Einen anderen und zugleich neuen Weg bietet das Präzisionsschmieden als endkonturnahes Fertigungsverfahren. Beim Schmieden von Zahnrädern, s.a. Bild 11-65 (in 11.5.2.4), werden Genauigkeiten von IT 8–9 erreicht. Dies entspricht der Qualität der spanabhebenden Weichbearbeitung, d.h. die Räder sind dann lediglich noch einer Fertigbearbeitung durch Feinbearbeitungsverfahren, z.B. Schleifen oder Hohnen zu unterziehen. In Bild 11-76 sind die erreichbaren Genauigkeiten für unterschiedliche Umformverfahren dargestellt. Dabei wurden die neueren Entwicklungen der Near-Net-Shape-Techniken berücksichtigt, die in den letzten Jahren die Grenzen der Werkstückgenauigkeiten erweitert haben [Doe94: 41ff.]. So können z.B. beim Präzisionsschmieden in Sonderfällen bestimmte Abmessungen eines Werkstückes in den Toleranzklassen IT 7–9 gefertigt werden.

11.5.3.2 Wirtschaftlichkeit

Die Wirtschaftlichkeit alternativer Fertigungsverfahren wird durch die zu fertigende Stückzahl pro Zeiteinheit (Mengenleistung), die Kosten zur Vorbereitung und zur Auftragswiederholung sowie die Einzelkosten (dem Bauteil direkt zuzuordnen) und die Folgekosten (z.B. Lagerkosten) bestimmt [Tön90: S37]. Die vorgestellten Umformverfahren, wie Gesenkschmieden, Fließpressen usw., zeichnen sich insbesondere durch eine hohe Mengenleistung, gute Werkstoffausnutzung und niedrigen Energieverbrauch aus, z.B. beim Gesenkschmieden auf horizontal arbeitenden Mehrstufenpressen 50–80 Teile/min. Beispielhaft ist in Bild 11-77 (Modul $m = 3{,}13$, Zähnezahl $z = 26$) ein Kostenvergleich zwischen konventioneller Fertigung und einer Herstellung durch Präzisionsschmieden für ein geradverzahntes Stirnrad dargestellt. Dabei ergibt sich durch den Einsatz des Präzisionsschmiedens ein Einsparungspotential von bis zu 40 % gegenüber einer konventionellen Zahnradfertigung durch Wälzfräsen.

Insbesondere der Energieverbrauch und die Werkstoffausnutzung stellen eine entscheidende Größe für die Wirtschaftlichkeit eines Fertigungsverfahrens dar. Bild 11-78 zeigt neben dem Energiebedarf verschiedener Fertigungsverfahren, die zugehörige Werkstoffausnutzung [Her93] und den Energieeinsatz zur Erzeugung von 1 kg des Halbzeuges, beispielsweise von Stabmaterial. Je geringer der Anteil von eingesetzten, aber im Verlauf der Fertigung entferntem Material wie z.B. Schmiedegrat, Lochbutzen oder Späne

ISO-Qualität / Verfahren	5	6	7	8	9	10	11	12	13	14
Gesenkschmieden										
Präzisionsschmieden										
Fließpressen										
Walzen (Dicke)										
Maßprägen (Dicke)										
Tiefziehen										
Abstreckgleitziehen										
Rohr-, Drahtziehen										
Rundkneten										
Schneiden										
Feinschneiden										
Drehen										
Rundschleifen										

Bild 11-76 Erreichbare Genauigkeiten verschiedener Fertigungsverfahren nach [Doe94: 42]

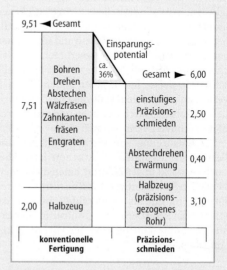

Bild 11-77 Vergleich zwischen den Herstellkosten eines konventionell hergestellten und eines präzisionsgeschmiedeten geradverzahnten Zahnrads (bis zur Wärmebehandlung)

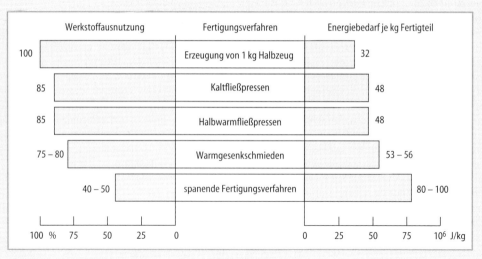

Bild 11-78 Energieeinsatz und Werkstoffausnutzung verschiedener Fertigungsverfahren nach [Her93: 801]

ist, desto günstiger ist die Gesamtenergiebilanz eines Werkstückes. Weitere Einzelheiten sind [Lan90a: 385 ff., Lan90b: 37 ff.] zu entnehmen.

Gegenüber Gießverfahren benötigen Umformverfahren einen höheren bezogenen Energieverbrauch, besonders, wenn wie in der Kalt- oder Halbwarmumformung energetisch aufwendige Zwischenbehandlungen, z. B. Zwischenglühen, Seifen, Phosphatieren, Bondern, erforderlich sind. Gegossene Bauteile erreichen jedoch bei derselben Masse nicht die hohen Festigkeiten, insbesondere die Schwingfestigkeiten umgeformter Bauteile. Umgeformte Bauteile benötigen daher weniger Masse und somit einen geringeren absoluten Energieverbrauch bei gleicher Funktionalität [Her93: 771 ff.]. Spanende Verfahren weisen häufig einen hohen Materialverlust auf, da aus dem Halbzeug die Geometrie des Werkstücks durch Abtragen und nicht durch Materialumverteilung erzeugt wird.

Die Entsorgung von Werkstoffabfällen und Fertigungshilfsstoffen stellt schon jetzt, aber noch verstärkt in der Zukunft, einen nicht unerheblichen Kostenaufwand dar, da oftmals deren Beseitigung nur als Sonderabfall möglich ist. Hier ist die Reduzierung und Substitution belastender Stoffe künftig eine der vorrangigsten Aufgaben.

11.5.3.3 Ökologische Faktoren

Neben der Frage nach Rohstoff- und Energieeinsatz spielen für die Massivumformung in zu-

nehmendem Maße auch die Belange von Umwelt und Entsorgung eine Rolle. Die beschränkte Verfügbarkeit der Rohstoffe und der begrenzte Deponieraum für Produktionsrückstände werden in der Zukunft zu steigenden Kosten führen. Die künftige Gesetzgebung greift mit der Einführung einer Produktverantwortung, die die Entwicklung, Herstellung, Vermarktung und Verwendung der Produkte im Rahmen einer abfallarmen Kreislaufwirtschaft umfaßt, auch in die Produktionstechnik selbst ein.

Der begrenzte Deponieraum allein wird die spezifischen Entsorgungskosten für Industriebetriebe um mehr als 20 % pro Jahr steigen lassen. Schon im Jahre 1994 beliefen sich beispielsweise die Entsorgungskosten der in den Pressenkellern der Schmiedebetriebe angesammelten Schlämme aus Gesenksprühmittelrückständen, herabfallendem Zunder, Maschinenfetten und Ölen auf durchschnittlich 1400 DM je m³ [Her94a]. Oberstes Ziel muß somit die Vermeidung unnötiger und belastender Abfälle sein.

Bezüglich der Werkstoffe stellt die Massivumformung kein Entsorgungsproblem dar. Der bei der Produktion anfallende Kernschrott, Gratschrott und Schneidabfall sowie die Werkzeuge, Matrizen und Gesenkblöcke können wie die produzierten Werkstücke am Ende ihrer Nutzungsdauer als Sekundärrohstoffe dem Stoffkreislauf zur Wiederverwertung wieder zugeführt werden [Her94b].

Ein großes Problemfeld stellen dagegen die Prozeßhilfsstoffe dar. Hierunter sind einerseits die je nach Umformverfahren zur störungsfreien Durchführung der Prozesse erforderlichen unterschiedlichen Schmierstoffe und andererseits die anlagenspezifischen Hilfsstoffe, wie Schmierfette und Hydrauliköle, zu verstehen. Realität in den Betrieben ist heute leider oftmals die Verlustschmierung mit Vermischung der unterschiedlichen Hilfsstoffe sowie deren kostenintensive Entsorgung als Sonderabfall.

Auf dem Weg zu umweltschonenden Prozessen ergeben sich für die Massivumformung daher die folgenden Ziele:
- Verringerung bzw. Vermeidung der Betriebsstoffmengen,
- Reduzierung der Anzahl verschiedener Betriebsstoffe und
- Substitution von gesundheitsgefährdenden und umwelttechnologisch bedenklichen Stoffen.

Umwelttechnologische Untersuchungen von Schmierstoffen	
Untersuchung auf Inhaltstoffe	• Grundkomponenten • Additive • Trägermedien
Arbeitsplatzmessungen	• Gefahrstoffe, MAK-Werte • Arbeitsbedingungen • Arbeitsplatzverschmutzung
Mittel- und langfristige Auswirkungen	• Entsorgung und Recycling • Belastung des Bedieners • Verfügbarkeit der Produktionsanlagen

Bild 11-79 Umwelttechnologische Untersuchungen von Schmierstoffen

Betrachtet man die einzelnen Verfahren der Massivumformung genauer, so werden große Unterschiede bezüglich der Anwendung von Schmierstoffen deutlich. Ein besonderes Problem stellt dabei die Schmierung der Werkstücke und der Werkzeuge dar.

Zur Phosphatierung und Beseifung in der Kaltmassivumformung gibt es derzeit keine durchgängige Alternative. Einige Prozesse können zwar durch verschleißfeste Oberflächenbeschichtung der Werkzeuge ohne Schmierstoffeinsatz auskommen, das große Potential zur Vermeidung von Rückständen ergibt sich jedoch aus den folgenden Faktoren:
- Absenkung der Phosphatiertemperatur,
- konsequente Wasserkreislaufwirtschaft,
- Verbesserung der Technik der Aufbereitungsanlagen durch Weiterentwicklung der Neutralisations- und Spaltanlagen sowie durch Einsatz von Ultrafiltration und Umkehrosmose.

Eine Vermeidung bzw. Verminderung des Schmierstoffs bei der Warmumformung erfordert freiprogrammierbare Sprühanlagen mit getrennter Wasser-, Luft- und Schmierstoffzuführung sowie der Werkzeuggeometrie angepaßte Sprühköpfe. Ferner ist die Neuentwicklung von graphitfreien Gesenkschmierstoffen mit geringem Schwermetallanteil notwendig, wobei diese arbeitsmedizinisch unbedenklich und umweltverträglich sein müssen [Man91]. Für die umwelttechnologische Einordnung der Schmierstoffe bei der Massivumformung sind dabei grundsätzlich die drei in Bild 11-79 gezeigten Aspekte zu berücksichtigen. Ein getrenntes Aufbringen der Kühl- und Schmierstoffe als nächster Entwicklungsschritt ermöglicht eine Wiederaufbereitung und Kreislaufführung der Prozeßhilfsstoffe.

Literatur zu Abschnitt 11.5

[Ake83] Akeret, R.: Einfluß der Querschnittsform und der Werkzeuggestaltung beim Strangpressen von Aluminium. Aluminium 59 (1983), 665–669, 745–750

[Ake93] Akeret, R.: Strangpressen. In: Dahl, W.; Kopp, R. Pawelski, O. (Hrsg.): Umformtechnik. Düsseldorf: Stahleisen 1993

[Bat82] Bathe, K.-J.: Finite element procedures in engineering analysis. Englewood Cliffs, NJ: Prentice-Hall 1982

[Bil73] Billigmann, J.; Feldmann, H.: Stauchen und Pressen. 2. Aufl. München: Hanser 1973

[Bur67] Burgdorf, M.: Über die Ermittlung des Reibwerts für Verfahren der Massivumformung durch den Ringstauchversuch. Ind.-Anz. 89 (1967), 799–804

[Dal70] Dahlheimer, R.: Beitrag zur Frage der Spannungen, Formänderungen und Temperaturen beim axialsymmetrischen Strangpressen. (Ber. a. d. Inst. f. Umformtechnik Univ. Stuttgart, 20) Essen: Giradet 1970

DIN 8583-2: Fertigungsverfahren Druckumformen, Walzen 1969

DIN 8583-6: Fertigungsverfahren Umformen, Durchdrücken, 1969

DIN 8583-3: Fertigungsverfahren Druckumformen, Freiformen, 1970

DIN 8582: Fertigungsverfahren Umformen. 1971

DIN 8580: Fertigungsverfahren, Begriffe, Einteilung. Entwurf 1985

[Doe86] Doege, E.; Meyer-Nolkemper, H.; Saeed, I.: Fließkurvenatlas metallischer Werkstoffe. München: Hanser 1986

[Doe93a] Doege, E.; Westerkamp, C.: Economical manufacturing of gearwheels by near-net-shape-forging. In: Trans. of the North American Manufacturing Research Institution of SME 21 (1993), 327–334

[Doe93b] Doege, E.; Polley, W.: Neuere Forschungsergebnisse auf der Schwelle zur industriellen Nutzung. In: Tagungsband zum 14. Umformtechnischen Kolloquium Hannover, 17. - 18.03.1993, HFF-Bericht N. 12, 6/1–6/21

[Doe94] Doege, E.; Thalemann, J.; Weber, F.: Conditions for a structured layout of precision forging processes. Cold and Warm Forging Technology Conference, Columbus, Ohio, USA, Sept. 27 - 29, 1994. J. of Mater. Proc. Technol. 46 (1994), 41–53

[Gei84] Geiger, R.; Woska, R.: Fließpressen. In: Spur, G.; Stöferle, Th. (Hrsg.): Handbuch der Fertigungstechnik, Bd.2/2: Umformen. München: Hanser 1984

[Gei88] Geiger R.; Lange, K.: Fließpressen. In: Lange, K. (Hrsg.): Umformtechnik, Bd.2: Massivumformung. 2. Aufl. Berlin: Springer 1988

[Hei70] Heil, H.-P.: Umformbedingungen und Gestaltung der Werkzeuge beim Freiformen. Diss. RWTH Aachen 1970

[Hei83] Heil, H.-P.; Kopp, R.: Freiformschmieden. In: Spur, G.; Stöferle, Th.: Handbuch der Fertigungstechnik, Bd.2/2: Umformen. München: Hanser 1983, 562–579

[Her93] Herlan, Th.: Energieeinsatz in der Umformtechnik. In: Lange, K. (Hrsg.): Umformtechnik, Bd.4. Berlin: Springer 1993, 771–802

[Her94a] Herlan, Th.: Abfallstoffe bei der Warm- und Kaltmassivumformung. Umformtechnik, Nr.3 (1994), 140–147

[Her94b] Herlan, Th.: Kostenoptimierte Entsorgung in Betrieben der Umformtechnik. Blech Rohre Profile, Nr.4 (1994), 255–257

[IDS94] Industrieverband Deutscher Schmieden e.V. (Hrsg.): Handbuch '94. Hagen: IDS 1994

[Kop76] Kopp, R.; Wiegels, H.: Vergleich verschiedener Formeln zur Kraftberechnung beim Strangpressen mit Meßwerten. Ber. Symp. „Strangpressen", DGM Bad Nauheim 1976, 32–59

[Kop83] Kopp, R.; u.a.: Warmwalzen von Halbzeug und Fertigerzeugnissen. In: Spur, G.; Stöferle, Th. (Hrsg.): Handbuch der Fertigungstechnik, Bd.2/1: Umformen. München: Hanser 1983, 139–199

[Lan84] Lange, K.: Umformtechnik, Bd 1: Grundlagen. Berlin: Springer 1984

[Lan90a] Lange, K.; Herlan, Th.: Material and energy saving by metal forming processes. In: Proc. 3rd Int. Conf. Techn. of Plasticity – Advanced Technol. of Plasticity, Japan Soc. for Technology of Plasticity, Tokyo, Vol. 1 (1990), 285-291

[Lan90b] Lange, K.: Maßnahmen zur Erzielung eines wirtschaftlichen Werkstoff- und Energiehaushaltes. (VDI-Ber. 810), Düsseldorf: VDI-Vlg. 1990, 37-48

[Lip67] Lippmann, H.; Mahrenholtz, O.: Plastomechanik der Umformung metallischer Werkstoffe. Berlin: Springer 1967

[Lip81] Lippmann, H.: Mechanik des Plastischen Fließens. Berlin: Springer 1981

[Man91] Mang, T.: Umweltschonende und arbeitsplatzfreundliche Schmierstoffe. Tribologie und Schmierungstechnik Nr.4 (1991), 231–236

[Mar81] Marquardt, B.: Ein Beitrag zur Optimierung der Gratspaltabmessungen von rotationssymmetrischen Schmiedegesenken. Diss. Univ. Hannover 1981

[Näg95] Nägele, H.: Simulation des Herstellungsprozesses präzisionsgeschmiedeter Zahnräder mit der Finite-Elemente-Methode. Diss. Univ. Hannover 1995 (VDI-Fortschr.-Ber. Reihe 2, Düsseldorf: VDI-Vlg. 1995

[She82] Sheppard, T.: Metallurgical principles and control of properties during extrusion process. In: Lang, G.; Castle, A.F.; Bauser, M.; Scharf, G. (Eds.): Extrusion. Garmisch: DGM 1982, 17–44

[Sie31] Siebel, E.; Fangmeier, E.: Untersuchungen über den Kraftbedarf beim Pressen und Lochen. Mitt. d. K.-W. Inst. für Eisenforschung 13, Lief. 2, Abh. 172, 29–41, 1931

[Sie32] Siebel, E.: Die Formgebung im bildsamen Zustand. Düsseldorf: Stahleisen 1932

[Sie93] Siegert, K.: Warm-/Halbwarm-/Kaltschmieden. Umformtechnik, Nr.1 (1993), 30–34

[Sto59] Storozev, M. V.; Semenov, E. I.; Kirsanova, S. B.: Defining the center of deformation and determining in pressworking. Russ. Eng. Nr.4 (1959), 49–54

[Tön90] Tönshoff, H.K.: Übersicht über die Fertigungsverfahren. In: Beitz, W.; Küttner, K.-H

(Hrsg.): Dubbel, Taschenbuch für den Maschinenbau. 17. Aufl. Berlin: Springer 1990, 37–62

[Vat66] Vater, M.; Nebe, G.; Heil, H.-P.: Änderung der mechanischen Eigenschaften von Freiformschmiedestücken durch Recken und Stauchen. Stahl u. Eisen, Nr.14 (1966), 892–905

[Vat74] Vater, M.; Anke, E.: Einführung in die technische Verformungskunde. Düsseldorf: Stahleisen 1974

[Vie69] Vieregge, K.: Ein Beitrag zur Gestaltung des Gratspaltes beim Gesenkschmieden. Diss. TU Hannover 1969

[Vos86] Voswinkel, G.: Beitrag zum Einfluß der Profilform auf die Strangpreßkraft. Oberursel: DGM Informationsges. 1986

[Wei87] Weiss, U.: Numerische Simulation von Präzisionsschmiedeprozessen mit der Finite-Elemente-Methode. Diss. Univ. Hannover 1987. VDI-Fortschr.-Ber. Reihe 2, Nr.146, Düsseldorf: VDI-Vlg. 1987

[Zie94] Zienkiewicz, O.C.: The finite element method. In: Engineering Science. London: McGraw-Hill 1994

11.6 Blechumformen

11.6.1 Einführung

Umformen ist die gezielte Änderung der Form, der Oberfläche und der Eigenschaften eines metallischen Körpers unter Beibehaltung von Masse und Stoffzusammenhalt.

Diese Definition betont nicht nur die gezielte Änderung der Form, sondern auch die gezielte Änderung der Oberfläche und der Eigenschaften eines Produkts durch den Umformvorgang. Damit wird die Vorausbestimmbarkeit sog. finaler Eigenschaften eines Produkts angesprochen. Hierfür ist die Beschreibung und Modellbildung des Umformprozesses eine grundlegende Voraussetzung. Neben der sog. elementaren Theorie der Umformtechnik bietet sich in zunehmendem Maße die rechnergestützte Simulation des Umformprozesses mit Hilfe der Finite-Elemente-Methode (FEM) an.

Der Umformprozeß ist durch seine Parameter beschreibbar. Es wird unterschieden zwischen Prozeßeingangsparametern, Prozeßparametern und Prozeßausgangsparametern.

Der heutige Stand der Produkt- und Werkzeugentwicklung in der Umformtechnik ist trotz der Möglichkeit der Prozeßsimulation noch

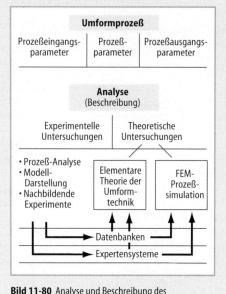

Bild 11-80 Analyse und Beschreibung des Umformprozesses

stark von einer empirischen Vorgehensweise geprägt.

Bild 11-80 zeigt ein Schema für die Analyse und Beschreibung des Umformprozesses. Die durch Prozeßanalyse, Modelldarstellung und nachbildende Experimente gewonnenen Erkenntnisse fließen in Expertensysteme und Datenbanken ein und stehen hierüber für theoretische Untersuchungen zur Verfügung. Als Zielsetzung für eine zukünftige Vorgehensweise bei der FEM-Prozeßsimulation gilt der Aufbau eines rechnergestützten Simulationsmodells des Umformprozesses in Verbindung mit Datenbanken, Expertensystemen und Berechnungsmodulen. Bei einem derartigen Simulationsmodell (Bild 11-81) werden dann die gewünschten Bauteileigenschaften eingegeben und als Ergebnis erhält man die

– Anzahl der Umformstufen,
– Umformkraftverläufe über den Umformweg,
– Werkzeugbelastungs- und Werkzeugauslegungshinweise,
– Werkzeuganlagenhinweise,
– mögliche Schmierstoffe sowie
– einzustellende Prozeßparameter.

Der Umformprozeß wird gemäß Bild 11-82 durch mehrere Faktoren bestimmt, wobei die Faktoren 1 – 4 Tribosysteme bilden, über die eine Reibungs- und Verschleißbeeinflussung des Umformpro-

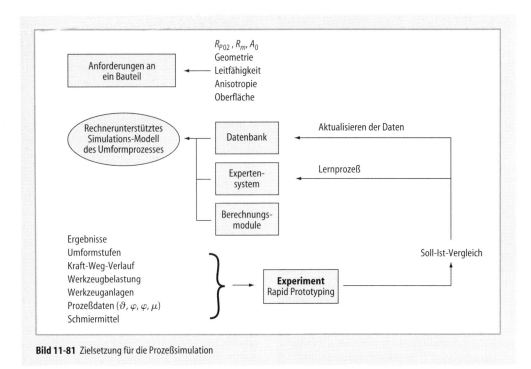

Bild 11-81 Zielsetzung für die Prozeßsimulation

1	Werkstück	Gefüge, chemische Zusammensetzung, Geometrie, Oberfläche, Fließverhalten, Temperatur, Beschichtung...
2	Schmierstoff	Viskosität, Menge (Dosierung), thermisches und mechanisches Verhalten, chemische Zusammensetzung und Beständigkeit, Reaktion mit Werkstück und Werkzeug, Additive...
3	Umgebungsmedium	chemische Eigenschaften (oxidierend), physikalische Eigenschaften (Temperatur),...
4	Werkzeug	Geometrie, Werkstoff, Festigkeit, Oberfläche, elastisches Verhalten bei thermischer und mechanischer Belastung...
5	Maschine einschließlich Regelung und Steuerung des Prozesses	Steifigkeit, Führungsgenauigkeit, Kinematik, Reproduzierbarkeit und Genauigkeit der Maschineneinstellung, Antrieb, Geometrie, elastisches Verhalten bei thermischer und mechanischer Beanspruchung, Teiletransport in und außerhalb der Maschine, Heizungs- und Kühlsysteme...
6	Anlagen zur thermischen Behandlung des Werkstücks vor und nach der Umformung	Art der Erwärmung bzw. Abkühlung, Verlauf der Temperatur im Werkstück über der Zeit...
7	Werkstücktransport	Art des Greifens, mechanisch, pneumatisch, hydraulisch... Anzahl der Achsen des Transfers Steuerung des Transfers, Weg-Zeit-Verlauf...

Bild 11-82 Faktoren, die den Umformprozeß beeinflussen

zesses erfolgt. In der Blechumformung ist das Umgebungsmedium in der Regel Luft. Bild 11-83 zeigt die Darstellung eines tribologischen Systems nach DIN 50320. Werkzeug und Maschine ergeben zusammen eine Gesamtsteifigkeit und Gesamtführungsgenauigkeit bei thermischer und mechanischer Belastung. Alle in Bild 11-82 aufgeführten Faktoren beeinflussen zusammen

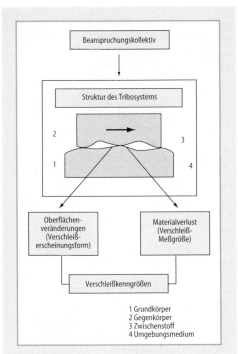

Bild 11-83 Darstellung eines tribologischen Systems [nach DIN 50 320]

Innerhalb der Abbildung:

Beanspruchungskollektiv

Struktur des Tribosystems

Oberflächenveränderungen (Verschleißerscheinungsform)

Materialverlust (VerschleißMeßgröße)

Verschleißkenngrößen

1 Grundkörper
2 Gegenkörper
3 Zwischenstoff
4 Umgebungsmedium

die Produkteigenschaften wie Maßhaltigkeit, Oberfläche und Festigkeit.

11.6.2 Grundlagen der Blechumformung

Zum Verständnis der nachfolgenden Ausführungen wird im folgenden auf die wichtigsten Begriffe der Blechumformung eingegangen (vgl. auch [Dah94, Lan84, Lan90, Spu83, Lip67, Sie94: 21ff.]).

11.6.2.1 Fließspannung

Fließen eines Werkstoffes ist gegeben, wenn durch einen bestimmten Spannungszustand eine bleibende Formänderung erzielt wird. Die *Fließspannung* k_f eines Werkstoffs ist die Spannung, die zur Einleitung bzw. Aufrechterhaltung einer bleibenden Formänderung im einachsigen Spannungszustand erforderlich ist.

Die Fließspannung k_f kann im einachsigen Zugversuch aus der auf die jeweilige Querschnittsfläche A bezogenen Zugkraft F ermittelt werden:

$$k_f = \frac{F}{A}. \tag{1}$$

11.6.2.2 Logarithmische Formänderung

Ein Maß für die Größe plastischer Formänderung ist die sog. *logarithmische Formänderung* φ (auch Umformgrad genannt). In der Umformtechnik wird in der Regel der elastische Formänderungsanteil vernachlässigt und nur der plastische Anteil betrachtet:

$$\varphi_l = \ln \frac{l_1}{l_0}; \quad \varphi_b = \ln \frac{b_1}{b_0}; \quad \varphi_s = \frac{s_1}{s_0}. \tag{2}$$

φ_l Umformgrad in Längenrichtung einer Zugprobe

φ_b Umformgrad in Breitenrichtung einer Zugprobe

φ_s Umformgrad in Dickenrichtung einer Zugprobe

l_0 Länge vor der Umformung

l_1 Länge nach der Umformung

s_0 Ausgangsblechdicke

s_1 Blechdicke nach der Umformung

b_0 Breite vor der Umformung

b_1 Breite nach der Umformung

Unter der Annahme, daß beim Umformen das Volumen konstant bleibt, ist die Summe der logarithmischen Formänderungen gleich null:

$$\varphi_l + \varphi_b + \varphi_s = 0. \tag{3}$$

11.6.2.3 Fließbedingung (Fließhypothesen)

Mit k_f wurde die Spannung definiert, die für einen bestimmten Werkstoff zur Einleitung bzw. Aufrechterhaltung des Fließens im einachsigen Spannungszustand erforderlich ist. Da der einachsige Spannungszustand einen Spezialfall darstellt, sind Fließbedingungen erforderlich, die den Beginn des Fließens für den mehrachsigen Spannungszustand angeben.

Die *Fließbedingungen* sind somit Beziehungen, die an einem Ort im Werkstück den Übergang von elastischem zu plastischem Verhalten des Werkstoffs bezeichnen und den Zusammenhang zwischen k_f und der Vergleichsspannung σ_v herstellen:

$\sigma_v < k_f$ \qquad Werkstoff fließt nicht

$\sigma_v = k_f$ \qquad Werkstoff fließt.

In der elementaren Theorie der Umformtechnik finden die Schubspannungshypothese nach Tresca und die Gestaltänderungsenergiehypothese nach v. Mises Anwendung.

Nach der Schubspannungshypothese von Tresca tritt Fließen ein, wenn die Differenz zwischen größter und kleinster Hauptspannung gleich der Fließspannung k_f ist:

$$k_f = \sigma_{max} - \sigma_{min}. \qquad (4)$$

$\sigma_{max} - \sigma_{min}$ kann dabei als Vergleichsspannung σ_v betrachtet werden, die den mehrachsigen Spannungszustand mit dem einachsigen Spannungszustand vergleichbar macht. Ferner ist es notwendig, eine Vergleichsformänderung zu definieren.

Die Vergleichsformänderung φ_v ist nach der Hypothese von Tresca die dem Betrag nach größte der logarithmischen Formänderungen. Sie wird auch logarithmische Hauptformänderung φ_g genannt:

$$\varphi_v = \varphi_g = \left\{ |\varphi_1|, |\varphi_2|, |\varphi_3| \right\}_{max}. \qquad (5)$$

Beim Stauchen ist z.B. die Hauptformänderung die Höhenformänderung. Beim einachsigen Zugversuch ist die Hauptformänderung die Längenformänderung.

Eine häufig in der Umformtechnik verwendete Hypothese ist die Gestaltänderungsenergiehypothese (GE-Hypothese) nach v. Mises. Danach tritt Fließen ein, wenn die elastische Gestaltänderungsenergie einen kritischen Wert erreicht:

$$k_f = \sqrt{\frac{1}{2}\left[(\sigma_1 - \sigma_2)^2 + (\sigma_2 - \sigma_3)^2 + (\sigma_3 - \sigma_1)^2 \right]}. \qquad (6)$$

wobei $\sigma_1, \sigma_2, \sigma_3$ Hauptspannungen sind.

Die Vergleichsformänderung (Hauptformänderung) ist nach der GE-Hypothese nach v. Mises:

$$\varphi_v = \sqrt{\frac{2}{3}\left(\varphi_1^2 + \varphi_2^2 + \varphi_3^2 \right)} \qquad (7)$$

11.6.2.4 Fließkurve

Die Fließspannung eines Werkstoffs ist abhängig von
- der logarithmischen Hauptformänderung φ_g,
- der logarithmischen Hauptformänderungsgeschwindigkeit $\dot{\varphi}_g$ und
- der Temperatur des Umformguts in der Umformzone ϑ_u.

Kurven, die die Fließspannung k_f in Abhängigkeit von φ_g, $\dot{\varphi}_g$ und ϑ_u darstellen, nennt man

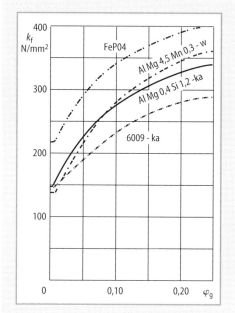

Bild 11-84 Fließkurven; Probenlage 90° zur Walzrichtung

Fließkurven, wobei in der Regel k_f als Funktion eines dieser Parameter bei Konstanz der anderen Parameter dargestellt wird.

Im Bereich der Kaltumformung (Einsatztemperatur des Umformguts gleich Raumtemperatur) ergibt sich für metallische Werkstoffe, bei denen die Rekristallisationstemperatur deutlich höher als die Raumtemperatur liegt (z.B. Stähle, Kupfer, Aluminium, Messing, nicht aber z.B. Blei, Zinn), nur eine Abhängigkeit der Fließspannung von der logarithmischen Hauptformänderung $k_f = f(\varphi_g)$, sofern, wie es in der Blechumformung der Fall ist, aufgrund relativ geringer Umformarbeit die Temperatur in der Umformzone ϑ_u nicht zu sehr gegenüber der Einsatztemperatur von 20 °C angehoben wird.

Bild 11-84 zeigt, daß die Fließspannung mit zunehmender logarithmischer Hauptformänderung zunimmt. Man spricht von Kaltverfestigung. Es ist möglich, z.B. für unlegierte und niedrig legierte Stähle und für Aluminiumlegierungen, die Fließkurve durch die Ludwik-Beziehung zu approximieren:

$$k_f = C \cdot \varphi_g^n \qquad k_f \geq R_{p0,2} \; bzw. \; R_{eH}. \qquad (8)$$

Die Zuverlässigkeit dieser Approximation ist für jeden Werkstoff zu prüfen. In (8) ist n der Verfestigungsexponent. Er gibt an, wie stark sich ein Werkstoff mit zunehmender Formänderung verfestigt.

11.6.2.5 Anisotropie

In der Blechumformung bezeichnet man das Verhältnis der im Zugversuch ermittelten logarithmischen Breitenformänderung zur logarithmischen Dickenformänderung als senkrechte *Anisotropie r*:

$$r = \frac{\varphi_b}{\varphi_s} = \frac{\ln\left(b_1/b_0\right)}{\ln\left(s_1/s_0\right)}. \tag{9}$$

Ist $r > 1$, so fließt der Werkstoff im einachsigen Zugversuch mehr aus der Blechbreite; ist $r < 1$, so fließt der Werkstoff mehr aus der Blechdicke.

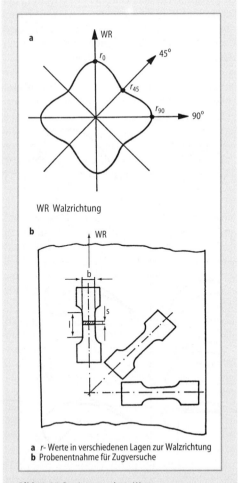

a *r*- Werte in verschiedenen Lagen zur Walzrichtung
b Probenentnahme für Zugversuche

Bild 11-85 Bestimmung der *r*- Werte

Ein isotroper Werkstoff hat den Wert $r = 1$.

Der *r*-Wert ist gemäß Bild 11-85 abhängig von der Probenlage zur Walzrichtung. Der Wert r_0 wird aus einer Probe ermittelt, die unter 0°, also in Walzrichtung, aus einer Blechtafel entnommen wird, r_{45} kennzeichnet den *r*-Wert einer Probe, die unter 45° zur Walzrichtung aus der Blechtafel entnommen wird, und r_{90} kennzeichnet den *r*-Wert einer Probe, die unter 90° zur Walzrichtung aus einer Blechtafel entnommen wird. In der Blechumformung gilt als Zielsetzung ein möglichst hoher *r*-Wert [Sie83: 438 ff., Whi: 154 ff., Müs: 50 ff.].

Für die Kennzeichnung der Anisotropie im Hinblick auf die Eignung eines Blechs zum Tiefziehen sind
– der minimale *r*-Wert und
– die ebene Anisotropie

$$\Delta r = r_{\max} - r_{\min} \tag{10}$$

maßgebend.

Ist $\Delta r \neq 0$, so ergibt sich beim Ziehen runder Töpfe eine Zipfelbildung.

Als Forderung für die Blechumformung gilt:
– $r_{\min}$ sollte möglichst hoch und
– Δr sollte möglichst gleich null sein.

11.6.3 Verfahren der Blechumformung

Im folgenden sollen nun auf der Basis der bisher ausgeführten theoretischen Grundlagen die Verfahren Streckziehen, Tiefen, Tiefziehen und Ziehen nichtrotationssymmetrischer Blechformteile behandelt werden.

11.6.3.1 Streckziehen

Das Streckziehen ist eines der einfachsten Blechumformverfahren und in der Regel vorwiegend für Einzelteilfertigung sowie für die Fertigung kleiner Stückzahlen im Einsatz. Nachfolgend wird auf einfaches Streckziehen, Tangentialstreckziehen, Cyril-Bath-Verfahren und Ziehen mit CNC-gesteuerter segmentierter Streckziehanlage eingegangen.

Einfaches Streckziehen

Beim einfachen Streckziehen wird die umzuformende *Blechplatine* gemäß Bild 11-86 zweiseitig fest eingespannt. Der auf einem Werkzeugtisch montierte Formstempel wird dann mittels eines Hydraulikzylinders vertikal verfahren. Zu Beginn des Umformprozesses legt sich die zweiseitig fest eingespannte biegeschlaffe Platine

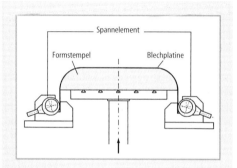

Bild 11-86 Prinzipdarstellung des einfachen Streck-ziehens [WEI]

die Umformkräfte, so daß die Reibung zwischen Blech und Stempel entsprechend dem Anstieg der Fließspannung über der logarithmischen Hauptformänderung (vgl. Fließkurve Bild 11-84) überwunden werden kann, damit auch die am Stempel anliegenden Blechpartien umgeformt werden können. Die Formänderungen wandern von außen hin zum Stempelmittenbereich, so daß die größten Formänderungen und somit auch die höchsten Fließspannungswerte am äußeren Rand des streckgezogenen Blechform-teils vorliegen. Die geringsten Formänderungen und somit auch die geringsten Fließspannungs-werte liegen insbesondere bei flachen Formtei-len in der Formteilmitte vor.

Als Zielsetzungen für das einfache Streckzie-hen gelten möglichst geringe Reibung zwischen Blech und Formstempel und ein möglichst ho-her n-Wert des Blechwerkstoffs. Das Verfahren ist aufgrund der zweiseitigen Einspannung der Platine nur für ein begrenztes Formenspektrum geeignet Bild 11-87 [Oeh93]. Als Verfahrens-nachteil ist die ungenügende Umformung der Formteilmittenbereiche zu sehen.

zunächst an die Kontur des Formstempels an. Bei weiterer Vertikalbewegung des Formstem-pels wird das Blechformteil dann unter Zug-spannung über den konvex geformten Form-stempel gestreckt. Hierbei verformen sich zunächst die nicht an den Formstempel anlie-genden, freien Blechpartien und erfahren hier-durch eine Kaltverfestigung. Dadurch steigen

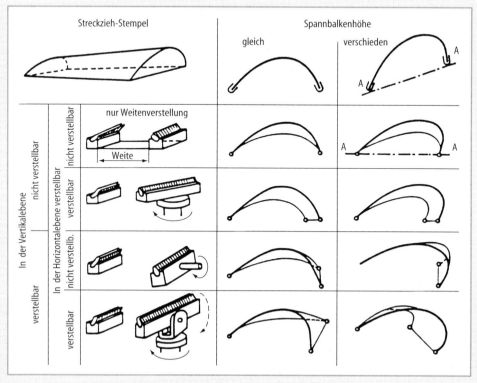

Bild 11-87 Durch einfaches Streckziehen herstellbare Teilegeometrie [Oeh93]

Das einfache Streckziehen ist ein Verfahren für große, relativ wenig gekrümmte, konvexe Blechformteile und wird in der Regel in der Kleinserienfertigung (bis ca. 10 000 Teile), z.B. Busseitenverkleidungen, Lkw-Fahrerhausdachbeplankungen, Flugzeugaußenbeplankungen eingesetzt [Pan66: 489ff., Oeh93].

Tangentialstreckziehen

Dieses Verfahren unterscheidet sich vom einfachen Streckziehen dadurch, daß die Spannzangen während des Umformprozesses verfahrbar sind (Bild 11-88). So ergibt sich zu Beginn des Umformprozesses die Möglichkeit, die Platine zunächst durch Auseinanderfahren der Spannzangen auf etwa $\varphi_g = 0{,}02$ vorzurecken. Der Stempel wird dann, wie beim einfachen Streckziehen, vertikal verfahren. Dabei richten sich die schwenkbar angeordneten Spannzangen so aus, daß sich die Platine tangential an den Formstempel anlegen kann [Pan66: 489ff.].

Dieses Verfahren weist gegenüber dem einfachen Streckziehen eine bessere Verfestigung der Mittenbereiche auf. Wegen der hohen Formänderungen ergibt sich auch eine bessere Bauteilformgenauigkeit aufgrund geringerer Rückfederung. Nachteilig bleibt, wie beim einfachen Streckziehen, das begrenzte Formenspektrum. Die größten Streckziehmaschinen erlauben Einspannweiten bis ca. 10 m Länge. Moderne Tangentialstreckziehmaschinen verfügen über eine Sensorik zur Kraft- und Wegmessung und über speicherprogrammierbare Steuerungen sowie über segmentierte Spannzangen. Hiermit werden z.B. Rumpfaußenhautteile von Flugzeugen mit Taktzeiten von ca. 4 min hergestellt [You67]. Das Verfahren erscheint somit geeignet für Kleinserien bis zu einer Gesamt-Fertigungsstückzahl von ca. 10 000 Teilen. In der Regel werden Streckziehanlagen für konvex geformte Bauteile eingesetzt. Liegen konvex/konkav geformte Teile vor, so muß die Streckziehanlage mit einer hydraulischen Gegendruckanlage ausgeführt werden. Hierbei wird die konkave Form eingeprägt, während das Formteil von den Zangen unter Zugspannung gehalten wird.

Cyril-Bath-Verfahren

Auf der Basis des Tangentialstreckziehens hat die Firma Cyril Bath Co., USA, ein Verfahren entwickelt, das ein Streckziehen in einer konventionellen hydraulischen oder mechanischen Karosseriepresse erlaubt [CYR]. Hierzu werden links und rechts neben dem Formstempel, der auf dem Pressentisch montiert ist, zweiachsig hydraulisch verfahrbare Greiferzangenelemente ebenfalls auf dem Pressentisch montiert. Am *Stößel* der Presse wird der Gegendruckstempel geführt. Der Verfahrensablauf erfolgt gemäß Bild 11-89 in fünf Schritten:

- Die Platine wird zweiseitig gespannt und auf ca. 2% vorgereckt.
- Die Spannzangen fahren unter Beibehaltung der aufgebrachten Zugspannung nach unten und strecken so das Blech über den Form-

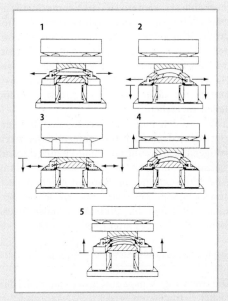

Bild 11-89 Prinzipdarstellung des Cyril- Bath-Verfahrens [CYR]

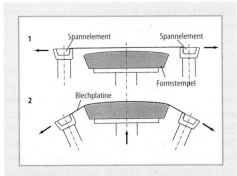

Bild 11-88 Prinzipdarstellung des Tangentialstreckziehens [WEI]

stempel, daß die konvexen Konturen ausgeformt werden.

– Der Pressenstößel drückt die Gegenkontur in das gespannte Blechformteil und formt die konkaven Konturen aus. Um hierbei ein Reißen des Bauteils zu vermeiden, ist es möglich, daß die Spannzangen horizontal und vertikal so verfahren werden, daß Blech nachfließen kann.

– Nach Beendigung des Umformvorgangs fährt der Stößel in seine Ausgangsstellung zurück. Die Spannzangen werden geöffnet und das Teil kann entnommen werden.

– Die Spannzangen fahren in ihre Ausgangsstellung zurück.

Während die Oberflächenvergrößerung beim einfachen Streckziehen und beim Tangentialstreckziehen zu Lasten der Blechdicke geht, da kein Material aufgrund der festen Einspannung nachfließen kann, ergibt sich beim Cyril-Bath-Verfahren die Möglichkeit, Material nachfließen zu lassen. Ein weiterer Vorteil dieses Verfahrens ist die Kombination der Spannzangen mit einer konventionellen Presse. So kann hier der Gegendruck gut geführt aufgebracht werden, wobei die Gesamtsteifigkeit der Anordnung hervorragend ist. Weiterhin kann das Abstapeln und Einfahren der Platinen in die Greiferzangen sowie das Entnehmen der Blechformteile und Weitertransportieren in die nächste Operation mechanisiert werden, so daß bei mechanisiertem Teiletransport mit ca. 8 Hüben / min. ca. 2 m² große Blechformteile produziert werden können. Damit ist dieses Verfahren prinzipiell zumindest für die Fertigung von Mittelserien geeignet. Unter Mittelserien werden Gesamtfertigungsstückzahlen zwischen 10 000 und 100 000 Teilen angesehen.

Wie bei den anderen Streckziehverfahren ergibt sich jedoch auch hier aufgrund der zweiseitigen Einspannung eine Eingrenzung des Formenspektrums. Von Vorteil ist die Verwendung einer konventionellen Karosseriepresse auch deswegen, weil diese nach Ausbau der Greiferzangeneinheiten den Einbau normaler Blechformwerkzeuge gestattet [Sie86: 979 ff.].

Segmentiertes CNC-gesteuertes Streckziehen

Die zweiseitige Einspannung der Platine bei den bisher betrachteten Streckziehverfahren führt zu einer Eingrenzung des Formenspektrums, die aufgehoben werden kann, wenn man einzel-

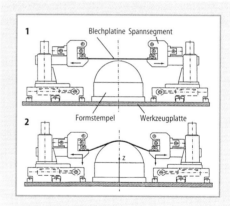

Bild 11-90 Verfahrensablauf des segmentierten Streckziehens mit allseitig um den Stempel herum angeordneten Greifern (lediglich zwei Greifer sind dargestellt) [KIE 94]

ne Greifer gemäß Bild 11-90 um den Formstempel herum anordnet [Kie94]. Durch eine FEM-Prozeßsimulation können nun zunächst unter Vorgabe der über dem Bauteil geforderten Festigkeiten die Achswege der jeweils zweiachsig verfahrbaren Greifer berechnet werden, wobei das elastische Verhalten der Greifer bekannt sein und eingerechnet werden muß. Über DNC-Verbindung der Rechner mit der Streckziehanlage können dann die einzelnen Greifer CNC-gesteuert verfahren werden. Anstelle der Wegsteuerung der Achsen ist auch eine Kraftsteuerung möglich.

Diese Anlagentechnik befindet sich noch in der Laborerprobung und ist noch nicht im industriellen Einsatz. Sie zeigt aber, daß das Streckziehen noch weiterentwickelt werden kann und das mögliche Formenspektrum erweiterbar ist [Kie94].

Wirtschaftlich erscheint dieses Verfahren für Mittelserien großflächiger konvex/konkav gekrümmter Teile, z.B. Busbeplankungen, Flugzeugbeplankungen, Lkw-Dächer.

11.6.3.2 Mechanisches Tiefen

Beim mechanischen Tiefen (vgl. Bild 11-91) wird die Platine am gesamten Umfang fest eingespannt. Dann fährt der Formstempel auf und formt die Platine. Hierbei erfolgt die sich ergebende Oberflächenvergrößerung ausschließlich zu Lasten der Blechdicke. Je nach Reibung zwischen Blech und Stempel ist bei Einsatz von Halbkugelstempeln der Ort des Versagens durch Reißer mehr oder weniger weit vom Kuppenpol

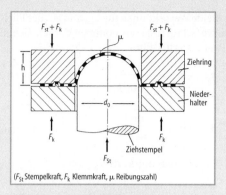

Bild 11-91 Mechanisches Tiefen

$(F_{St}$ Stempelkraft, F_k Klemmkraft, μ Reibungszahl$)$

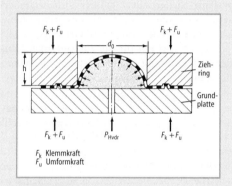

F_k Klemmkraft
F_u Umformkraft

Bild 11-92 Hydraulisches Tiefen

entfernt. Bei $\mu = 0$ müßte der Reißer im Pol liegen.

Je größer der n-Wert ist, desto ausgeglichener ist die logarithmische Blechdickenformänderung (log. Hauptformänderung) über dem Formteil und umso tiefer kann das Teil geformt werden. Die Zielsetzungen sind dieselben, wie beim Streckziehen:
– möglichst geringe Reibung zwischen Stempel und Blech,
– möglichst hoher n-Wert!

11.6.3.3 Hydraulisches Tiefen

Beim hydraulischen Tiefen ergeben sich gemäß Bild 11-92 ähnliche Verhältnisse wie beim mechanischen Tiefen bei einer Reibungszahl $\mu = 0$. Hier ergibt sich der Versagensfall durch Reißen im Pol.

Beide Verfahren, sowohl das mechanische Tiefen als auch das hydraulische Tiefen, werden zur Prüfung der Umformbarkeit von Blechwerkstoffen eingesetzt.

Da beim hydraulischen Tiefen aufgrund der fehlenden Reibungsbeeinflussung reproduzierbare Ergebnisse erzielt werden können, ist es für Aussagen über die Blechumformbarkeit besser geeignet.

11.6.3.4 Tiefziehen

Beim Tiefziehen wird gemäß Bild 11-93 ein ebener Blechzuschnitt (Ronde) zu einem Hohlteil umgeformt. Hierbei wird das Umformgut zwischen *Niederhalter* und *Ziehring* bis zum Auslauf aus dem Ziehring umgeformt. Die dafür erforderliche Kraft wird über den Stempel in den Boden eingeleitet und über die Wandung (Zarge) in die Umformzone gebracht. Bild 11-94 zeigt den prinzipiellen Verlauf der Spannungen im Umformgut unter dem Niederhalter.

Im Mittel ist die Oberfläche beim Tiefziehen konstant.

Rondenoberfläche = Bauteiloberfläche.

Demzufolge ist auch die Blechdicke in etwa konstant über dem Bauteil und gleich der Ausgangsblechdicke s_0.

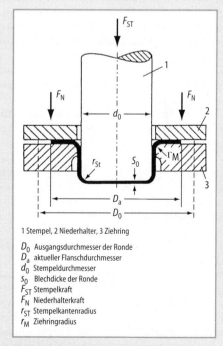

1 Stempel, 2 Niederhalter, 3 Ziehring

D_0 Ausgangsdurchmesser der Ronde
D_a aktueller Flanschdurchmesser
d_0 Stempeldurchmesser
s_0 Blechdicke der Ronde
F_{ST} Stempelkraft
F_N Niederhalterkraft
r_{ST} Stempelkantenradius
r_M Ziehringradius

Bild 11-93 Prinzipielle Darstellung des Tiefziehens

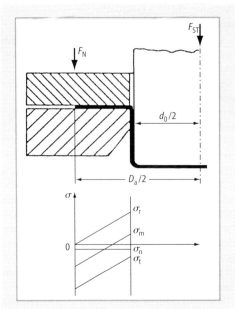

Bild 11-94 Spannungsverlauf beim Tiefziehen

Nach [Pan61: 264 ff.] ergibt sich als Gesamt-ziehkraft

$$F_{ges} = F_{id} + F_{RN} + F_{RZ} + F_b \qquad (11)$$

F_{id} ideelle Kraft, die zur verlustlosen Umformung erforderlich ist.

F_{RN} Reibungskraft, die sich aus der Reibung zwischen Niederhalter und Blech sowie zwischen Blech und Ziehring ergibt.

F_{RZ} Reibungskraft, die zur Überwindung der Reibung zwischen Blech und Ziehringradius erforderlich ist.

F_b Biegekraft, die zum Biegen des Blechs über die Ziehringrundung erforderlich ist.

Es ist gemäß [Pan61: 264 ff.]:

$$F_{id} = \pi \cdot d_0 \cdot k_{f_m} \cdot \ln \frac{D_a}{d_0}, \qquad (12)$$

wobei mit der Ziehtiefe h gilt:

$$D_a = \sqrt{D_0^2 - 4 d_0 h} \qquad (13)$$

Die mittlere Fließspannung

$$k_{f_m} = \frac{1}{2} \left(k_{f_a} + k_{f_i} \right) \qquad (14)$$

ergibt sich als Mittelwert aus der Fließspannung k_{fa} am Flanschrand und der Fließspannung k_{fi} an der Ziehringrundung.

Beide Werte können für φ_{ga} und φ_{gi} der Fließkurve (s. Bild 11-84) entnommen werden. Gemäß [Pan61: 264 ff.] gilt:

$$\varphi_{g_a} = \ln \frac{D_0}{\sqrt{D_0^2 - 4 d_0 h}} \qquad (15)$$

$$\varphi_{g_i} = \ln \sqrt{1 + \frac{4h}{d_0}}. \qquad (16)$$

Für die Reibungskraft F_{RN} gilt:

$$F_{RN} = F_{RN} \left(\mu_1 + \mu_2 \right) \cdot \frac{d_0}{D_a}. \qquad (17)$$

Hierin ist μ_1 die Reibungszahl aus dem Tribosystem Niederhalter/Schmierstoff/Blechoberseite und μ_2 die Reibungszahl des Tribosystems Blechunterseite/Schmierstoff/Ziehring.

Nach [Sie54] gilt für die zur Unterdrückung der Faltenbildung erforderliche Niederhalterpressung:

$$p_N = (0,002 \ldots 0,0025) \cdot$$
$$\cdot \left\{ \left(\beta_0 - 1 \right)^2 + 0,5 \left(\frac{d_0}{100 \cdot s_0} \right) \right\} R_m, \qquad (18)$$

wobei β_0 das Ziehverhältnis ist.

Es gilt $\beta_0 = \dfrac{D_0}{d_0}$.

R_m ist die Zugfestigkeit des Blechs.
Hiermit gilt dann:

$$F_N = \frac{\pi}{4} \left(D_0^2 - d_0^2 \right) p_N. \qquad (19)$$

Für die Reibungskraft F_{RZ} gilt gemäß [Zie66]

$$F_{RZ} = \left(e^{\mu \pi / 2} - 1 \right) \cdot \left(F_{id} + F_{RN} \right). \qquad (20)$$

Für die Biegekraft F_b gilt:

$$F_b = \pi \cdot d_0 \cdot s_0 \cdot k_{f_i} \cdot \frac{s_0}{4 r_M}. \qquad (21)$$

Bild 11-95 zeigt den Verlauf der Gesamtkraft F_{ges} über der Ziehtiefe h. Die maximale Ziehtiefe h_{max} ist erreicht, wenn der Topf ganz durchgezogen ist. Somit gilt:

$$h_{max} = \frac{D_0^2 - d_0^2}{4 d_0}. \qquad (22)$$

Zunächst bildet sich, ohne daß das Umformgut zwischen Ziehring und Niederhalter fließt,

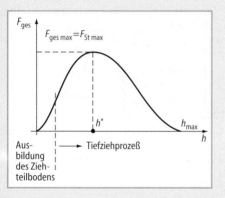

Bild 11-95 Kraft-Weg-Verlauf beim Tiefziehen

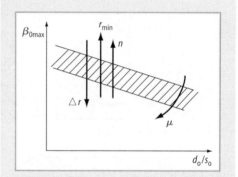

Bild 11-96 Prinzipieller Verlauf des Grenzziehverhältnisses beim Tiefziehen in Abhängigkeit vom Verhältnis d_0/s_0

der Ziehteilboden durch einen dem mechanischen Tiefen vergleichbaren Vorgang aus. Dann beginnt der eigentliche Tiefziehprozeß. Die Kraft erreicht nach Panknin [Pan61: 264 ff.] bei den meisten metallischen Werkstoffen ihr Maximum bei:

$$h^* = 0,4 \cdot h_{max} = \frac{D_0^2 - d_0^2}{10\,d_0}. \tag{23}$$

Zu beachten ist, daß F_{max} bei Erreichen von h^* allenfalls gleich der über die Zarge maximal übertragbaren Kraft werden kann. Es gilt (vgl. [Doe63, Zie66]) als Stabilitätsbedingung:

$$F_{ges\,max} \leq F_{Reiß} \approx d_0 \cdot \pi \cdot s_0 \cdot R_m. \tag{24}$$

Grenzziehverhältnis

Als Maß für die durch Reißer gegebene Grenze dient das Grenzziehverhältnis $\beta_{o\,max}$ als das Verhältnis von gerade noch ohne Reißer ziehbarem Rondendurchmesser $D_{o\,max}$ zum Stempeldurchmesser d_o: (25)

$$\beta_{0\,max} = \frac{D_{0\,max}}{d_0}.$$

Dieses Ziehverhältnis ist je nach Δr, r_{min} und n-Wert sowie der Reibungszahl μ abhängig vom d_o/s_o-Verhältnis (Bild 11-96).

Steigt die ebene Anisotropie Δr, so ergeben sich geringere $\beta_{o\,max}$-Werte. Steigt der r_{min}-Wert der senkrechten Anisotropie, so erhöht sich das Grenzziehverhältnis. Der Abfall von $\beta_{o\,max}$ über zunehmendem d_o/s_o-Verhältnis wird sehr wesentlich durch die tribologischen Verhältnisse

beeinflußt. Je größer d_o/s_o, d.h., je größer bei $s_o = $ const der Stempeldurchmesser wird, desto größer wird der Reibungseinfluß.

11.6.3.5 Ziehen nicht rotationssymmetrischer Blechformteile

Das Ziehen nicht rotationssymmetrischer Blechformteile kann als Kombination streckziehähnlicher und tiefziehähnlicher Beanspruchung aufgefaßt werden, Bild 11-97. Flachere Ziehteile, wie z.B. eine Pkw-Motorhaube, -Türbeplankung oder -Dachbeplankung, sind überwiegend streckziehähnlich hinsichtlich der wirkenden Spannungen und Formänderungen, d.h. die Oberflächenvergrößerung erfolgt zu Lasten der Blechdicke.

Pkw-Kraftstofftankschalen und -Ersatzradmulden sind mehr dem Tiefziehen ähnlich. Hier fließt das Material unter dem Niederhalter über den Ziehringradius in das Werkzeug hinein. Der Materialfluß unter dem Niederhalter wird gesteuert durch Platinenform, unterschiedliche Flächenpressung, Schmierstoffart und -menge sowie Ziehsicken und Abklemmsicken (Bild 11-97 unten) [Sie87: 170 ff., Kin93].

11.6.3.6 Technologie

Es erscheint sinnvoll, beim Ziehen von Blechformteilen Werkzeuge und Pressen gemeinsam zu betrachten. Beide zusammen bestimmen das Steifigkeits- und Führungsverhalten (Horizontal- und Vertikalversatz sowie Kippung des oberen Werkzeugteils zum unteren Werkzeugteil) beim Umformen. Beide zusammen ergeben die Möglichkeit der Materialflußsteuerung durch

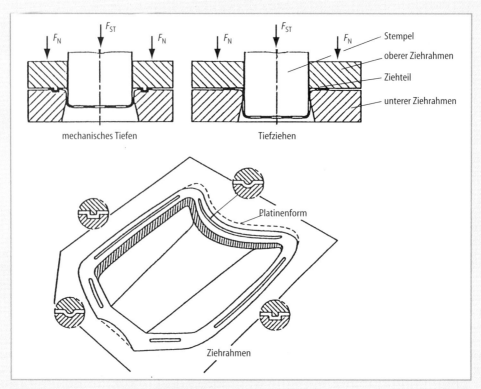

Bild 11-97 Ziehen unregelmäßiger großflächiger Blechformteile

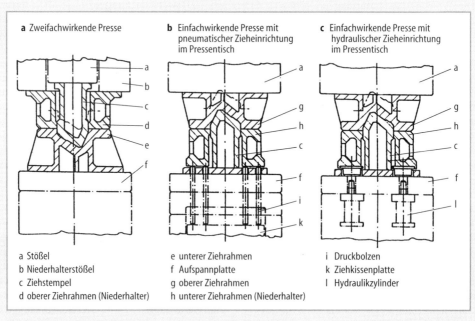

a Zweifachwirkende Presse

b Einfachwirkende Presse mit pneumatischer Zieheinrichtung im Pressentisch

c Einfachwirkende Presse mit hydraulischer Zieheinrichtung im Pressentisch

a Stößel
b Niederhalterstößel
c Ziehstempel
d oberer Ziehrahmen (Niederhalter)

e unterer Ziehrahmen
f Aufspannplatte
g oberer Ziehrahmen
h unterer Ziehrahmen (Niederhalter)

i Druckbolzen
k Ziehkissenplatte
l Hydraulikzylinder

Bild 11-98 Gegenüberstellung des Ziehvorgangs in einer zweifachwirkenden Presse sowie in einer einfachwirkenden Presse mit pneumatischer und mit hydraulischer Zieheinrichtung im Pressentisch

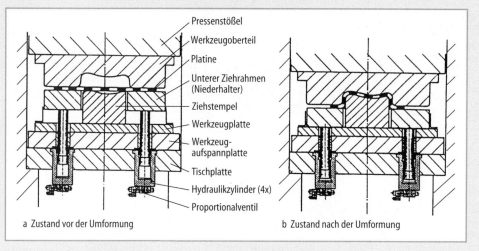

	Pressenstößel
	Werkzeugoberteil
	Platine
	Unterer Ziehrahmen (Niederhalter)
	Ziehstempel
	Werkzeugplatte
	Werkzeugaufspannplatte
	Tischplatte
	Hydraulikzylinder (4x)
	Proportionalventil

a Zustand vor der Umformung   b Zustand nach der Umformung

Bild 11-99 Vierpunkt-Zieheinrichtung

gezielte Beeinflussung der örtlichen Flächenpressungen (vgl. [Sie91a und Sie91b: 327ff.]).

Grundsätzlich ist es gemäß Bild 11-98 möglich, mit zweifachwirkender Presse (a) oder mit einfachwirkender Presse mit Zieheinrichtung im Pressentisch (b und c) Blechformteile zu ziehen.

Pneumatische Zieheinrichtungen (Bild 11-98b) haben sich wegen nicht steuerbarer Niederhalterkräfte über dem Umformweg, wegen der Abhängigkeit der Niederhalterkräfte von der Hubzahl pro Minute und wegen einer nur sehr begrenzten Reproduzierbarkeit der Einstellung nicht bewährt. Mit CNC-steuerbaren hydraulischen Zieheinrichtungen im Pressentisch ergeben sich aber reproduzierbar einstellbare Niederhalterkräfte pro Druckpunkt und steuer- bzw. auch regelbare Niederhalterkraftverläufe über dem Ziehweg pro Zylinder.

Die Anwendung von vier hydraulischen Eckpunktzylindern erscheint bis zu einer Tischgröße von 1500 mm x 1500 mm sinnvoll (Bild 11-99, vgl. [Sie89: 57ff.]). Wird diese Größe überschritten, ergeben sich zwei grundsätzlich unterschiedliche Möglichkeiten des Aufbaus: Gemäß Bild 11-100 ist es möglich, eine Vielzahl von einzelnen oder in Gruppen ansteuerbarer Zylinder anzuordnen. Gemäß Bild 11-101 kann man auch weiterhin von vier Eckpunktzylindern (vorn links, vorn rechts, hinten links, hinten rechts) ausgehen. Diese wirken auf eine Ziehkissenplatte, von der aus die Niederhalterkräfte über speicherprogrammierbare CNC-höhen-

verstellbare Druckbolzen in den Niederhalter (unterer Ziehrahmen) eingeleitet werden.

Da derartig moderne hydraulische Zieheinrichtungen reproduzierbarer und direkter die Niederhalterkräfte in das Ziehwerkzeug einleiten können als das bei Steuerung der Drücke in Hydrauliksystemen unter den Pleuel-Druckpunkten des Niederhalterstößels von zweifachwirkenden Pressen möglich ist, und weil eine sehr genaue und reproduzierbare Steuerung bzw. Regelung der Niederhalterkräfte über dem Ziehweg mit hydraulischen Zieheinrichtungen im Pressentisch möglich ist, hat die zweifachwirkende Presse z.B. in Karosseriepreßwerken keine Bedeutung mehr. Besser und nicht teurer sind einfachwirkende Pressen mit CNC-steuerbarer hydraulischer Zieheinrichtung im Pressentisch.

Schwierig ziehbare Blechformteile sollten daher auf einfachwirkenden Pressen mit hydraulischer Zieheinrichtung im Pressentisch gezogen werden. Regelkreise, die automatisch bei Vorgabe des Blecheinlaufs die Niederhalterkräfte je nach tribologischen Verhältnissen verändern, sind in der Entwicklung und werden in der Praxis bereits erprobt.

Zu betonen ist auch, daß derartige hydraulische Zieheinrichtungen in Verbindung mit segmentierten Werkzeugen die Voraussetzung für das Ziehen von *tailored blanks* sind. Hier ist es erforderlich, den Werkstofffluß von Blechpartien unter dem Niederhalter, die größere Blechdicken und/oder höhere Festigkeiten aufwei-

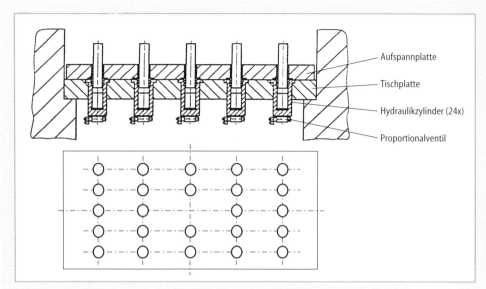

Bild 11-100 Vielpunkt-Zieheinrichtung im Pressentisch mit einzeln ansteuer- bzw. regelbaren Hydraulikzylindern

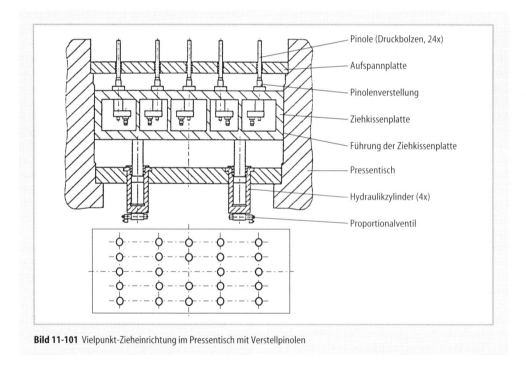

Bild 11-101 Vielpunkt-Zieheinrichtung im Pressentisch mit Verstellpinolen

sen, durch geringstmögliche Flächenpressungen, die noch ohne Auftreten von Falten möglich sind, zu begünstigen. Der Werkstofffluß von Blechpartien, die geringere Blechdicken und/oder niedrigere Festigkeiten aufweisen, muß durch die Flächenpressungen ohne Auftreten

von Reißern behindert werden. Es ergibt sich dann ein gleichmäßiges Einfließen ohne Reißer im Bereich der Schweißnaht.

Ferner sind beim Pressen von tailored blanks unterschiedliche Dickentoleranzen der zu einer Platine zusammengeschweißten Einzelplatinen zu beachten. Gehen die dickeren Bleche in die Plustoleranz und die dünneren in die Minustoleranz, dann wird bei einem eintuschierten mittleren Blechdickensprung der Niederhalter angehoben und kann dann im Bereich des dünneren Blechs nicht hinreichende Flächenpressungen auf das Blech ausüben, so daß es dort zur Faltenbildung 1. Art kommt. Durch Segmentierung des Niederhalters und hydraulische Abstützung der einzelnen Segmente kann derartigen Blechdickenänderungen optimal begegnet werden.

Abschließend soll nun noch auf verschiedene Ausführungen des Ziehwerkzeugs in Verbindung mit der Pressentechnik eingegangen werden.

Das Ziehen mit konventionellen dreiteiligen Ziehwerkzeugen in zweifachwirkenden Pressen gemäß Bild 11-102 hat den Nachteil, daß bei Ein-

wirken des Gegendrucks (Kontur der Matrize) der Materialfluß im Mittenbereich so stark behindert wird, daß sich hier eine ungenügende Ausformung ergibt. Fährt man gemäß Bild 11-103 mit gesteuerter Zieheinrichtung im Pressentisch vierteilig aufgebaute Ziehwerkzeuge, dann kann man zunächst in einer streckziehähnlichen Operation das Teil je nach Ziehtiefe mehr oder minder im Mittenbereich ausziehen und daran anschließend den Gegendruck einwirken lassen [Sie91b: 327 ff.].

Dasselbe kann mit vierteiligen Werkzeugen in zweifachwirkenden Pressen erreicht werden, wenn man gemäß Bild 11-104 mit Stickstoff-Federsystemen den unteren Ziehrahmen abstützt, den Stempel auf dem Pressentisch anordnet und den Gegendruck am Stößel führt. Es erfolgt dann zunächst ein streckziehähnliches Umformen beim Abwärtshub des Niederhalterstößels und hieran anschließend ein Fertigformen durch Einwirken des Gegendrucks beim

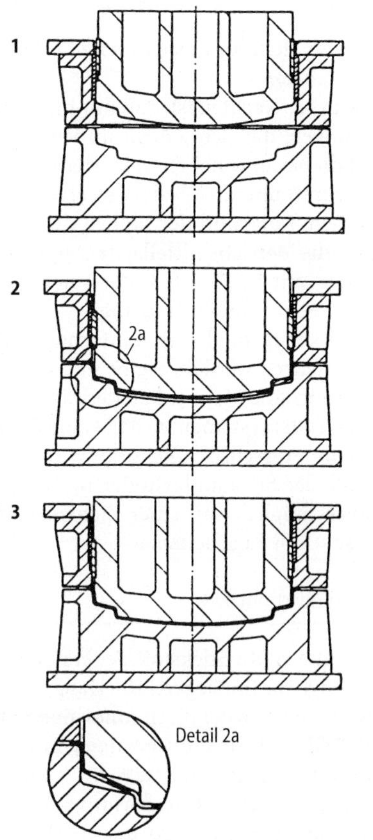

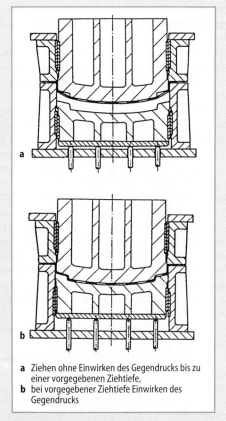

a Ziehen ohne Einwirken des Gegendrucks bis zu einer vorgegebenen Ziehtiefe,
b bei vorgegebener Ziehtiefe Einwirken des Gegendrucks

Bild 11-102 Ziehen in zweifachwirkender Presse; konventionelles Ziehwerkzeug

Bild 11-103 Zweifachwirkende Presse mit steuerbarer Zieheinrichtung im Pressentisch

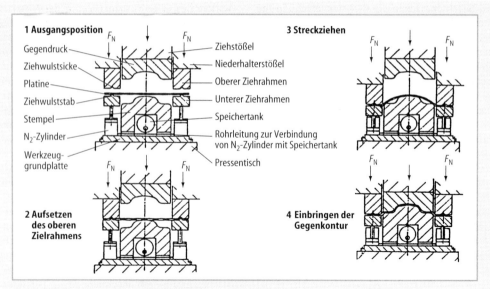

Bild 11-104 Prinzip des Ziehens von Karosserieteilen in zweifachwirkenden Pressen mit Stickstoff-Federsystem

Abwärtshub des Ziehstößels. Diese Vorgehensweise erfordert aber schon vor dem unteren Totpunkt (UT) des Niederhalterstößels entsprechend hohe Niederhalterkräfte, was bei mechanischen Pressen problematisch werden kann, weil diese meist erst im UT die volle Niederhalter-Nennkraft aufbringen können.

Genereller Vorteil von Stickstoff-Federsystemen ist die einmalige Einstellung des Drucks. Das Werkzeug kann dann nach Einbau in die Presse gleich mit der Sollhubzahl pro Minute betrieben werden. Da von den Pressen nur die Vertikalbewegung der Stößel und die erforderlichen Stößelkräfte sowie die Führung des Werkzeugoberteils relativ zum Werkzeugunterteil benötigt werden, entfällt die Einstellung und Optimierung der Niederhalterkräfte an der Presse. Das Werkzeug ist entweder einwandfrei eingestellt und erlaubt die Produktion einwandfreier Blechformteile mit Sollhubzahl pro Minute oder es ist falsch eingestellt und muß zurück in den Werkzeugbau. Bei einwandfreier Einstellung ist eine Nacheinstellung erst nach mehreren Monaten erforderlich.

Nachteilig sind die relativ hohen Kosten für Werkzeuge mit Stickstoff-Federsystemen und bei Einsatz hydraulischer Pressen die Notwendigkeit spezieller Techniken, die ein „Halten" im unteren Totpunkt ermöglichen, so daß nach Erreichen des unteren Totpunkts zunächst der Stößel und dann nachfolgend der untere Ziehrahmen mit dem zu entnehmenden Teil aufwärts fahren kann.

Ein weiterer Nachteil ist, daß nur mit speziellen Techniken, die sich jedoch im Versuchsbetrieb schon bewährt haben, steuerbare Verläufe der Federkraft über den Federweg erreicht werden können. Aufgrund der obigen Ausführungen über die Betriebsmittelkosten eignen sich Werkzeuge mit Stickstoff-Federsystemen nur für eine Großserienteilefertigung.

Bei Werkzeugen, die in einfachwirkenden Pressen gefahren werden, ergibt sich selbstverständlich auch die Möglichkeit des Einbaus von Stickstoff-Federsystemen, so daß keine Zieheinrichtung im Pressentisch benötigt wird.

Anstelle der Stickstoffzylinder in Bild 11-104 ist es auch möglich, mit einer Zieheinrichtung im Pressentisch zu arbeiten.

Literatur zu Abschnitt 11.6

[BIT94] Bittern, K.: Stickstoff-Federsysteme im Werkzeugbau. In: Siegert, K. (Hrsg.): Neuere Entwicklungen in der Blechumformung. Oberursel: DGM-Informationsges. 1994, 251ff.

[CYR] Firmenschrift Cyril Bath Co., Cleveland, Ohio, USA. Stretch-draw forming. Some details of the Cyril-Bath-Process

[Dah94] Dahl, W.; Kopp, R.; Pawelski, O.; Pankert, R.: Umformtechnik. Berlin: Springer: Düsseldorf: Stahleisen 1994

[Doe63] Doege, E.: Untersuchungen über die maximal übertragbare Stempelkraft beim Tiefziehen rotationssymmetrischer zylindrischer Teile. Diss. TU Berlin 1963

[Kie94] Kiesewetter; Th.: Entwicklung und Erprobung einer flexiblen segmentierten Streckziehanlage. Diss. Univ. Stuttgart 1994.

[Kin93] Kienzle, St.: Optimierungsverfahren für die Rahmenanlagen – Entwicklung von Ziehwerkzeugen. Diss. Univ.Stuttgart 1993

[Kla94] Klamser, M.: Ziehen von Blechformteilen auf einfachwirkenden Pressen mit hydraulischer Zieheinrichtung im Pressentisch. Diss. Univ. Stuttgart 1994

[Lan84] Lange, K. (Hrsg.): Umformtechnik, Bd.1: Grundlagen. Berlin: Springer 1984

[Lan90] Lange, K. (Hrsg.): Umformtechnik, Bd.3: Blechbearbeitung. Berlin: Springer 1990

[Lip67] Lippmann, H.; Mahrenholtz, O.: Plastomechanik der Umformung metallischer Werkstoffe, Bd.1, Berlin: Springer 1967

[Müs77] Müschenborn, W.; Sonne, H.M.: Umformbarkeit von kaltgewalztem Feinblech, Beeinflussung bei der Herstellung und optimale Nutzung bei der Verarbeitung. Thyssen Technische Berichte, H. 2/'77 (1977), 50ff.

[Oeh93] Oehler, G.; Kaiser Schnitt-, Stanz- und Ziehwerkzeuge. 7. Aufl. Berlin: Springer 1993

[Pan66] Panknin, W.: Sonderverfahren der Tiehziehtechnik In: Dahl, W. (Hrsg.), Grundlagen der bildsamen Formgebung. Düsseldorf: Stahleisen 1966, 489ff.

[Pan61] Panknin, W.: Die Grundlagen des Tiefziehens im Anschlag unter besonderer Berücksichtigung der Tiefziehprüfung. Bänder Bleche Rohre, H. 4, 133ff., H. 5, 201ff., H. 6, 264ff., 1961

[Sch] Schlegel, M.: Forschungsaktivitäten auf dem Gebiet der steuerbaren Stickstoff-Federsysteme. In: Siegert, K. (Hrsg.): Neuere Entwicklungen in der Blechumformung. Oberursel: DGM-Informationsges. 1994, 275ff.

[Sie54] Siebel, E.: Der Niederhalterdruck beim Tiefziehen. Stahl und Eisen, 74 (1954) 3, 155ff.

[Sie83] Siegert, K.: Vergleich zwischen Karosserieblechen aus Aluminium und aus Stahl. Aluminium 59 (1983), 363ff.; 438ff.

[Sie86] Siegert, K.: Ziehen flacher Karosserieteile. Werkstatt und Betrieb 119 (1986), 979ff.

[Sie87] Siegert, K.: Reibungsverhältnisse beim Tiefziehen. In: Bartz, J. (Hrsg.): Kontakt und Studium, Bd.220, Expert 1987, 170ff.

[Sie89] Siegert, K.: Ziehen von flachen Karosserieteilen. VDI-Z 131 (1989), Nr.4, 57ff.

[Sie91a] Siegert, K. (Hrsg.): Zieheinrichtungen einfachwirkender Pressen für die Blechumformung. 1991: DGM-Informationsgesell. Oberursel

[Sie91b] Siegert, K.: Zieheinrichtung im Pressentisch einfachwirkender Presse. wt Werkstattstechnik 81 (1991), 327ff.

[Sie94] Siegert, K.: Umformen. In: Beitz, W.; Küttner, K.H. (Hrsg.): Dubbel, Taschenbuch für den Maschinenbau. 18. Aufl. Berlin: Springer 1994, 21ff.

[Spu88] Spur, G.; Stöferle, Th.: Umformen. In: Spur, G. (Hrsg.): Handbuch der Fertigungstechnik, Bd.2. München: Hanser 1983

[WEI] Firmenschrift Müller Weingarten AG. Streckziehpressen

[Whi60] Whiteley, R.L.: The importance of directionality in drawing quality sheet steel. Trans. of the ASM 52 (1960), 154ff.

[You67] Young, A.W.: Pushbutton stretch former uses arced, rotating jaws. The Iron Age, Nr.4, 1967, 64ff.

[Zie66] Ziegler, W.: Die Bedeutung des Werkstoffs für die Grenzformänderungen beim Tiefziehen metallischer Werkstoffe. Diss. TU Berlin 1966

11.7   Scherschneiden

Das *Scherschneiden* ist ein Verfahren des Werkstofftrennens, das nach DIN 8580 zur Hauptgruppe 3 Trennen und hier zur Gruppe 3.1 Zerteilen gehört. Das charakteristische Merkmal dieser Hauptgruppe besteht im örtlichen Aufheben des Stoffzusammenhalts. Die größte wirtschaftliche Bedeutung unter allen Zerteilverfahren hat das Scherschneiden. Dieses Verfahren findet hauptsächlich bei der Verarbeitung von Blech und bei der Herstellung von Rohteilen in der Massivumformung Anwendung. Kennzeichnend für dieses Verfahren ist die durch Schubspannungen bewirkte Werkstofftrennung.

11.7.1   Scherschneiden von Blechen

Zu den gebräuchlichsten Verfahren zählen das *konventionelle Scherschneiden*, das *Feinschneiden*, die Sonderverfahren *Genauschneiden* und *Konterschneiden* sowie das *Knabberschneiden/ Nibbeln*. Bild 11-105 bietet eine Übersicht über diese Verfahren.

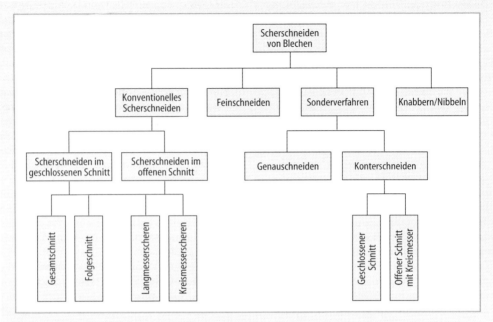

Bild 11-105 Wirtschaftlich bedeutende Scherschneidverfahren

Der Schneidvorgang wird maßgeblich durch die im Eingriff befindlichen Funktionsflächen der Schneidelemente und ihren geometrischen Beziehungen zueinander beeinflußt. Dabei richtet sich die Auswahl nach den qualitativen Anforderungen sowie den geforderten Losgrößen. Das erfordert auch die richtige Wahl von Maschine, Werkzeug und die richtige Abstimmung der Verfahrensparameter.

11.7.2 Konventionelles Scherschneiden

Beim *konventionellen Scherschneiden* unterscheidet man zwischen dem Scherschneiden im geschlossenen sowie im offenen Schnitt (Bild 11-106).

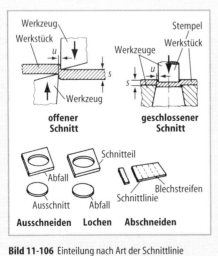

Bild 11-106 Einteilung nach Art der Schnittlinie

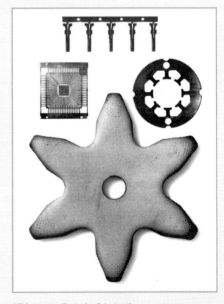

Bild 11-107 Typische Schnitteile

Bild 11-107 zeigt typische Schnitteile, die durch dieses Verfahren hergestellt werden. Durch Kombination mit anderen Umformverfahren, wie z. B. Biegen, Prägen und Tiefziehen, läßt sich ein umfangreiches Spektrum von Blechformteilen fertigen. Das konventionelle Scherschneiden ermöglicht die Verarbeitung vieler Stahl-, Aluminium-, Kupfer- und Bronzewerkstoffe und deren Legierungen bei hoher Ausbringung [Lan90, Spu85].

11.7.2.1 Grundlagen

Der Schneidvorgang läßt sich in mehrere Phasen unterteilen. Unter dem Einfluß der Stempelkraft wölbt sich das Blech zunächst unter dem Stempel durch und hebt sich teilweise von der Stirnfläche der Schneidmatrize ab (Bild 11-108).

Es schließt sich eine Phase plastischer Deformation an. Dabei entsteht sowohl am Außenteil des Blechs als auch am Ausschnitt ein Kanteneinzug. Bei weiterem Eindringen des Stempels in den Blechwerkstoff wird der Werkstoff geschert. In dieser Phase bildet sich der glatte Teil der Schnittfläche aus. Mit dem Anstieg der Zugspannungen im Restquerschnitt sinkt das Formänderungsvermögen des Blechwerkstoffs und das Blech reißt ausgehend von der Matrizenkante ab. Nach erfolgter Trennung federn Außen- und Innenteil um den elastischen Anteil der Umformung zurück. Dies führt beim Abstreifen des Blechs vom Stempel bzw. beim Ausschieben des geschnittenen Teils zu erhöter Reibung zwischen dem Blechaußenrand und der Stempelmantelfläche sowie dem Schnitteil und der Wand des Matrizenkanals. Während dieser

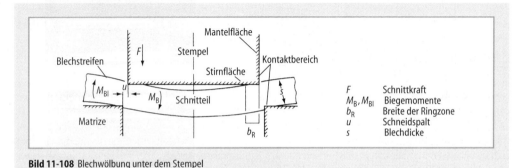

Bild 11-108 Blechwölbung unter dem Stempel

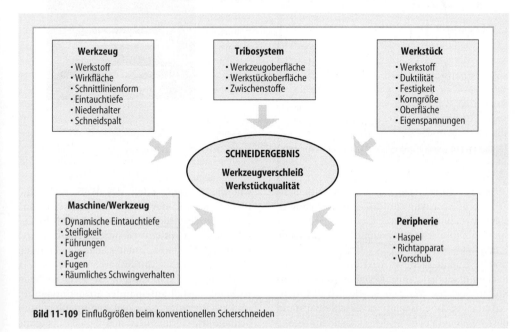

Bild 11-109 Einflußgrößen beim konventionellen Scherschneiden

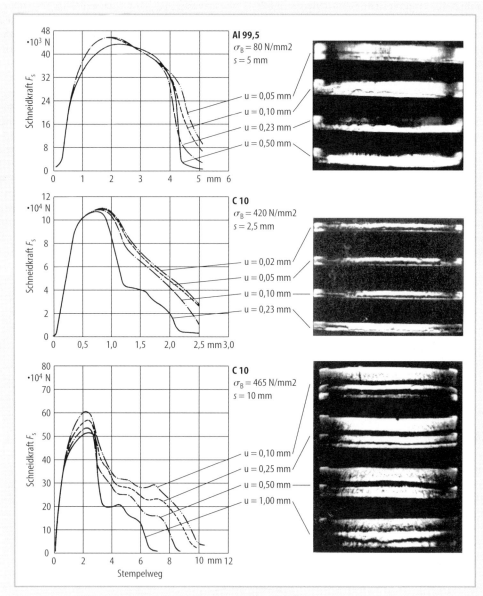

Bild 11-110 Schnittflächenqualität und Schneidkraftverlauf in Abhängigkeit des Schneidspalts u

Phase des Ausschiebens und des anschließenden Stempelrückzugs unterliegen die Schneidelemente einer starken tribologischen Beanspruchung, die zum Verschleiß der Aktivteile führt.

Das Schneidergebnis wird durch die Schnittflächenqualität bestimmt. Dabei spielen Einflußgrößen des Werkzeugs, wie Schnittliniengeometrie, Schneidspalt und Verschleißzustand des Werkzeugs ebenso eine entscheidende Rolle wie die Einflußgrößen des Werkstücks, die Blechdicke und der Werkstückwerkstoff. Eine Übersicht über die das Schneidergebnis beeinflussenden Größen vermittelt Bild 11-109 [Schm90]. Um ein optimales Scheidergebnis zu erzielen, sind die Einflußbereiche Werkstück, Werkzeug und Tribosystem für den jeweiligen Anwendungsfall aufeinander abzustimmen. In Bild 11-110 sind Schnittflächenqualität und Schneidkraftverlauf in Abhängigkeit des auf die

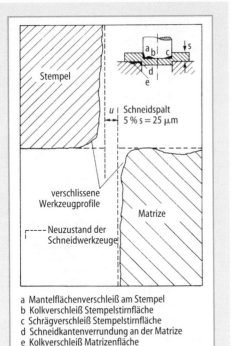

a Mantelflächenverschleiß am Stempel
b Kolkverschleiß Stempelstirnfläche
c Schrägverschleiß Stempelstirnfläche
d Schneidkantenverrundung an der Matrize
e Kolkverschleiß Matrizenfläche

Bild 11-111 Verschleißformen an Schneidelementen

Blechdicke bezogenen Schneidspalts u aufgetragen.

Neuere Untersuchungen zeigen, daß aufgrund gestiegener Maschinen- und Werkzeuggenauigkeit der optimale Schneidspalt im Bereich von 4 – 8 % liegt. Der optimale Schneidspalt stellt einen Kompromiß zwischen Schnittflächenqualität und Werkzeugstandmengen dar.

Die maximale Schneidkraft läßt sich nach folgender Gleichung überschlägig berechnen:

$$F_{s,\,max} = k_s\,A_s$$

$F_{s,\,max}$ maximale Schneidkraft
k_s bezogener Schneidwiderstand
$k_s = $ $(0,8 \ldots 1,3)\,R_m$
A_s Schnittfläche =
     Länge der Schnittlinie·Blechdicke

Die infolge Biegung und Reibung auf den Stempel wirkenden Seitenkräfte betragen 2 – 4 % der maximalen Schneidkraft. Je nach Blechwerkstoff und Schneidspalt können die Rückzugskräfte eine Größenordnung von 1 – 40 % der maximalen Schneidkraft erreichen. Mit zunehmendem Verschleiß ändert sich das Schneidverhalten. Infolge der zunehmenden Schneidkantenabrundung

(Bild 11-111) ensteht ein Querdruck aufgrund zunehmender Seitenkräfte in der Umformzone und das Formänderungsvermögen des Blechwerkstoffs steigt durch Druckspannungsüberlagerung in der Schnittzone an. Dies führt zu einer Verschlechterung der Schnittflächenqualität und erhöht die Verschleißbeanspruchung. Bild 11-111 zeigt die verschiedenen Verschleißformen an Schneidelementen [Cam86, Schü90].

11.7.2.2 Werkzeuge

Für die Herstellung präziser Schnitteile hat sich der Einsatz von Werkzeugen mit Säulenführungsgestellen durchgesetzt. Die Bilder 11-112 und 11-113 zeigen exemplarisch den Aufbau solcher Werkzeuge. Als Führungselemente werden sowohl Führungen mit Gleitbuchsen als auch mit Kugelkäfigen eingesetzt. Kugelführungen werden vorwiegend auf schnellaufenden Stanzpressen bei Hubzahlen zwischen 200 und 1800 min^{-1} verwendet. Die Hauptaufgabe dieser

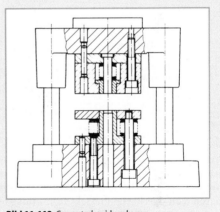

Bild 11-112 Gesamtschneidwerkzeug

Bild 11-113 Folgeschneidwerkzeug

Tabelle 11-7 Auswahl von Schneidelementwerkstoffen

Werkzeugwerkstoff	ca. Gebrauchshärte in HRC, HV	Blechdicke in mm	Kennzeichnung
1. Kaltarbeitsstähle			
X 155CrVMo12 1 X 165CrMoV12 X 210CrW12 X 210Cr12 X 210CrCoW12 S 6-5-2	62 - 65 HRC	bis 4 mm	Werkstoffe geringerer Zähigkeit und höherer Verschleißfestigkeit zum Scherschneiden von harten Blechwerkstoffen und geringer Blechdicke
90MnV8 105WCr6	60- 64 HRC	4 - 6 mm	verzugsarme Werkstoffe mittlerer Zähigkeit und mittlerer Verschleißfestigkeit
45WCrV7 60WCrV7 X 45NiCrMo4 X 50CrMoW9 11 X 63CrMoV5 1	56 - 63 HCR	mehr als 6 mm	zähe Werkstoffe zur Aufnahme hoher Spannungsspitzen beim Scherschneiden von Blechwerkstoffen großer Dicke; geringere Verschleißfestigkeit gegenüber abrasiven Verschleißmechanismen
2. Hartmetalle			
GT 15 GT 20 GT 30 GT 40 THR-F	1450 HV 1300 HV 1200 HV 1050 HV 1500 HV	bis 1 mm	spröde Werkstoffe zum Scherschneiden dünner Bleche; höchste Verschleißfestigkeit gegenüber vorherrschend abrasiven Verschleißmechanismen
3. Hartstofflegierungen			
Ferro-Titanit-C-Special Ferro-Titanit-WFN S 6.5.3. (ASP 23) CPM 10V CPM Rex M4	68 – 71 HRC 68 – 71 HRC 61 – 65 HRC 61 – 64 HRC 61 – 65 HRC	bis 8 mm	Werkstoffe hoher Verschleißfestigkeit und hoher Duktilität aufgrund homogener Gefügebeschaffenheit

Werkzeuggestelle besteht im exakten Positionieren von Werkzeugoberteil zum -unterteil beim Zusammenbau und dem Einpassen der Einzelteile. Demgegenüber ist die Presse mit ihren 10- bis 20mal steiferen Führungselementen für die Positionierung von Werkzeugober- zu -unterteil während des Schneidprozesses verantwortlich [Lan90, Hil72, Rom67].

Aufgrund der komplexen Beanspruchung der Schneidelemente müssen die Werkzeugwerkstoffe bestimmte Anforderungen erfüllen, wie z. B. hohe 0,2 %-Dehngrenze, geringe Adhäsionsneigung gegenüber dem Blechwerkstoff, hohe Härte, gute Gleitreibungseigenschaften, ausreichende Zähigkeit und gute Haftung einer evtl. aufgebrachten Oberflächenschicht. Tabelle 11-7 zeigt einige Schneidstoffe, wobei auch Warmarbeitsstähle und Verbundwerkstoffe zum

Schneiden eingesetzt werden. Um höhere Standmengen und ein besseres Schneidergebnis zu erreichen, werden die konventionellen Schneidstoffe zusätzlich mit verschleißmindernden Oberflächenschichten versehen (vgl. 11.12). Bild 11-114 zeigt die Einsatzgebiete der einzelnen Schneidwerkstoffe in Abhängigkeit von der Pressenhubfrequenz. Durch den Einsatz beschichteter Werkzeuge soll neben der Erhöhung der Standmengen auch der Einsatz hochlegierter Schmierstoffe reduziert werden.

Die Kosten für Stanzwerkzeuge korrelieren mit der Komplexität der herzustellenden Werkstücke. Der Kostenrahmen pro Werkzeug bzw. Werkzeugsatz bewegt sich zwischen 10 000 DM für einfache Teile, bis zu über 1 Mio. DM für sehr komplexe Teile. Die zur Prozeßüberwachung und Qualitätssicherung in das Werkzeug zu in-

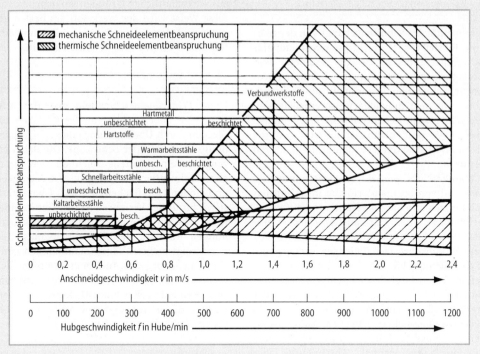

Bild 11-114 Einsatzbereiche von Schneidwerkstoffen

tegrierende Sensorik führt zu einem weiteren Kostenanstieg. Aus diesem Grund muß für jedes Bauteil geprüft werden, ob die geforderte Ausbringung und die zu fertigenden Stückzahlen den Einsatz dieses Verfahrens rechtfertigen.

11.7.2.3 Maschinen

Für das Scherschneiden von Blechen werden sowohl mechanisch weggebundene als auch hydraulische Pressen eingesetzt. Hinsichtlich der Bauweise unterscheidet man zwischen Pressen mit offenen Gestellen (C-Gestelle) in Ein- bzw. Zweiständerbauweise und geschlossenen Gestellen in Rahmen- oder Säulenbauweise. Gestiegene Anforderungen an die Bauteilqualität haben dazu geführt, daß in der Präzisions-Stanztechnik heute vorwiegend Pressen mit geschlossenem Rahmen eingesetzt werden. Nur solche Pressen bieten die geforderte Führungsgenauigkeit. In Bild 11-115 ist eine solche Schnellläuferpresse mit Massenausgleichssystem dargestellt.

Die Investitions- und Folgekosten werden bestimmt durch den eingesetzten Pressentyp, die Pressenperipherie und den Automatisierungsgrad der Anlage. Entscheidend für die Auswahl und Automatisierung ist das Werkstückspektrum, durch das die erforderliche Preßkraft, der Hubweg und die Kinematik sowie Zusatzeinrichtungen der Peripherie festgelegt sind.

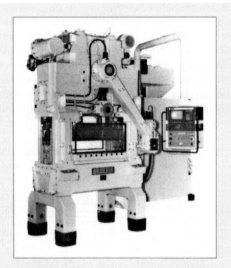

Bild 11-115 Schnellläuferpresse mit Massenausgleich

Die Qualität des Schnitteils hängt von der richtigen Einstellung der wichtigsten Schneidparameter zueinander ab. Solche Parameter sind Werkstückstoff, Schneidspalt, Schnittliniengeometrie, Schneidgeschwindigkeit und Schneidstoffe. Die sich möglicherweise einstellenden Fehler an geschnittenen Teilen unterteilt man in Maß-, Lage- und Formfehler. Sie werden durch die in Bild 11-109 dargestellten Einflußfaktoren bestimmt.

Während des Schneidprozesses kommt es, aufgrund von Formänderungen im schnittnahen Bereich und daraus resultierender Kaltverfestigung, zu einem Härteanstieg. Darüber hinaus werden Eigenspannungen im schnittnahen Bereich induziert. Der Gleichgewichtszustand, in dem sich der Werkstoff vor der Umformung befindet, wird durch den Schneidprozeß gestört. Durch örtliches plastisches Fließen versucht der Werkstoff diese Spannungen abzubauen und ein neues Gleichgewicht zu erreichen. Dadurch können am Bauteil Maß- und Formfehler auftreten. Nur durch die optimale Abstimmung aller Schneidparameter und die richtige Stufenwahl des Schneidprozesses sowie eine fertigungsgerechte Teilegestaltung können diese Fehler vermieden werden.

11.7.2.5   Wirtschaftlichkeit

Das Scherschneiden ist ein Verfahren, das die Möglichkeit bietet, wirtschaftlich große Stückzahlen bei hoher Ausbringung zu produzieren. Um den eingesetzten Werkstoff optimal auszunutzen, sind flächenschlüssige Formen der Bauteile anzustreben oder die Abfallbereiche so auszunutzen, wie sie in Bild 11-113 am Beispiel eines Rotor- und Statorbleches für Elektromotoren dargestellt werden. Die Schachtelung der Bauteile und der Einsatz von Blechband (Coil) sind aus wirtschaftlichen Gründen vorzuziehen. Auf diese Weise wird der Werkstoff am besten genutzt und der Aufwand für das Zu- und Abführen der Streifen oder Platinen entfällt.

11.7.3   Feinschneiden

Unter *Feinschneiden* versteht man das Ausschneiden oder Lochen von Werkstücken aus Blechen durch Überlagerung eines Druckspannungzustands in der Scherzone. Die dabei erzeugten Feinschnitteile zeichnen sich durch glatte Schnittflächen mit großer Genauigkeit und hoher Oberflächengüte aus. Charakteristisch für dieses Verfahren ist der Einsatz einer Ringzacke zur Überlagerung von Druckspannungen während des Schneidvorgangs. Bild 11-116 zeigt mehrere Momentaufnahmen eines Feinschneidvorgangs. Auch beim Feinschneiden ist durch Kombination mit anderen Umformverfahren ein großes Werkstückspektrum herstellbar. Bild 11-117 zeigt eine Auswahl feingeschnittener Teile [Bir77, Lan90].

11.7.3.1   Grundlagen

Beim Feinschneiden wird, je nach Blechdicke, von einer oder von beiden Seiten eine Ringzacke in bestimmten Abstand von der Schnittlinie in das Blech eingepreßt. Während des Schneidvorgangs verhindert ein als Gegenhalter dienender Auswerfer das Verwölben der Ausschnitte. Die Ringzacke induziert in der Schnittzone Druckspannungen, durch die das Formänderungsvermögen des Werkstoffs erhöht und damit ein Scheren über die gesamte Blechdicke erzielt wird. Als zusätzlicher Schneidparameter geht beim Feinschneiden die Ringzackengeometrie ein. Im Gegensatz zum konventionellen Scherschneiden sind beim Feinschneiden außerdem die Schneidkanten gerundet, um über Querkräfte in der Umformzone ein erhöhtes plasti-

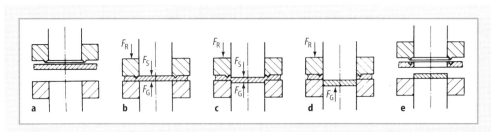

Bild 11-116 Momentaufnahmen beim Feinschneidvorgang

Bild 11-117 Typische Feinschneidteile

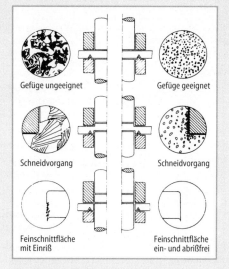

Bild 11-118 Einfluß der Gefügestruktur auf den Feinschneidvorgang

sches Fließen des Werkstoffs und damit eine Erhöhung der Scherzone zu erreichen.

Die erforderliche Schneidkraft berechnet sich näherungsweise zu:

$$F_s = f_1 \, R_m \, l_s \, s.$$

$f_1 = 0{,}6 - 0{,}9 \; (= f(\text{Dehngrenze/Zugfestigkeit}))$
s Blechdicke
l_s Schnittlinienlänge

Auch die Ringzackenkraft kann näherungsweise berechnet werden:

$$F_R = 4 \, R_m \, l_R \, h_R.$$

l_R Länge der Ringzacke
h_R Höhe der Ringzacke

Um zu verhindern, daß sich die Teile beim Schneiden verwölben, muß eine Gegenkraft aufgebracht werden. Sie errechnet sich nach:

$$F_G = A_S \, q_G.$$

A_S Fläche des Feinschneidteils
q_G auf 1 mm² bezogene Gegenkraft (nach [1] gilt: 20 N/mm² für dünnere kleinflächige Teile und 70 N/mm² für dickere, großflächige Teile)

Die Gesamtkraft einer dreifachwirkenden Presse beträgt damit:

$$F_{Ges} = F_S + F_R + F_G.$$

Der Niederhalter wirkt nach dem Schneidvorgang als Abstreifer. Für die Abstreifkräfte und die Auswerferkraft des Gegenhalters muß ein Betrag von 10–15 % der Schneidkraft berücksichtigt werden. Für komplexe Bauteile muß jeweils der höhere Wert angesetzt werden.

Eine große Bedeutung für das Feinschneiden hat der Werkstückwerkstoff. Entscheidend ist seine Gefügeausbildung (Bild 11-118) sowie die Zusammensetzung der Legierungsbestandteile. Tabelle 11-8 zeigt eine Auswahl feinschneidbarer Werkstoffe.

Unter den heutigen technischen Gegebenheiten muß beim Feinschneiden mit Schmierstoff gearbeitet werden, um Adhäsionsverschleiß durch die starke Schneidelementbeanspruchung zu vermeiden.

11.7.3.2 Werkzeuge

Feinschneidwerkzeuge verfügen grundsätzlich neben Schneidstempel und Schneidplatte noch über einen Niederhalter und Auswerfer (Bild 11-119). Generell können Feinschneidwerkzeuge, wie beim Scherschneiden, in drei Gruppen unterteilt werden, nämlich:

- Folgeschneidwerkzeuge für mehrere Schnitte bis zum Fertigteil
- Gesamtschneidewerkzeuge, die Innen- und Außenform in einem Hub erzeugen

Tabelle 11-8 Feinschneidbare Werkstoffe

Werkstoffgruppe	Legierung	Norm, Vorschrift
Weiche, unlegierte Stähle (C-Gehalt max. 0.13 %, Festigkeit max. 500 N/mm , Gefüge: Ferrit, wenig Perlit)		
Weichstähle	StW 22, StW 23, StW 24	DIN 1614
	St 12, St 13, St 14	DIN 16 23
	St 2, St3, St 4	DIN 1624
Baustähle	St 34-2, St 37-2	DIN 17100
alterungsbeständige Stähle	ASt 35, ASt 41	DIN 17135
Einsatzstähle	C 10	DIN 17210
Unlegierte und legierte Kohlenstoffstähle (C-Gehalt max. 1,2 %, Weichglühfestigkeit max. 650 N/mm , Gefüge: Ferritmatrix, 80 – 100 % kugelige Karbide)		
Baustähle	St 44-2, St 50-2, St 52-2, St 60-2, St 70-2	DIN 17100
Vergütungsstähle	C45, C 60, 42CrMo4	DIN 17200
Einsatzstähle	C 15, 16MnCr5, 25CrMo4	DIN 17210
Nitrierstähle	31CrMo12, 39CrMo V139	DIN 17211
Flammhärtbare Stähle	Cf 45, Cf 53, 42Cr4	DIN 17212
Federstähle	Ck 67, Ck 101, 50Cr V4,	DIN 17222
Werkzeugstähle	C 75 W, 100Cr6, (C 85 W)	(DIN 17350)
Feinkornstähle (C-Gehalt: N-Stähle max. 0,22 %, TM-Stähle max. 0,10 %; Festigkeit: N-Stähle max. 730 N/mm^2, TM-Stähle max. 700 N/mm^2; Gefüge: Ferrit, wenig Perlit, feine Karbide, feines Korn)		
	QSt E 260 N, QSt E 340 N, QSt E 380 N	SEW 092
	QSt E 420 N, QSt E 460 N, QSt E 500	SEW 092
	QSt E 340 TM, QSt E 380 TM, QSt E 420 TM	SEW 092
	QSt E 460 TM, QSt E 500 TM	SEW 092
Nichtrostende austenitische und ferritische Stähle		
	X 5CrNi18 9, X 7Cr13, X 20Cr13, X 40Cr13	DIN 17440
Aluminium und Aluminiumlegierungen		
	Al 99.5, Al Mn 1, AlMg 3, AlMg 3, AlMgMn-Legierungen	DIN 1745
	AlMgSi 1, AlCuMg 1, AlZnMg 1	DIN 1745
Kupfer und Kupferlegierungen		
	Cu, CuZn 10, CuZn 20, CuZn 37, CuZn 40	DIN 17670
	CuSn 2, CuSn 8, CuNi 12Zn24, CuNi 25Zn15	DIN 17670
	CuNiFe 5, CuNi 25, CuAl 8, CuBe 1.7, CuBe 2	DIN 17670

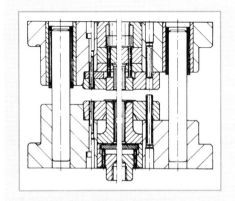

Bild 11-119 Gesamt-Feinschneidwerkzeug

– Folgeverbundwerkzeuge, bei denen neben Schneidoperationen auch Umformoperationen durchgeführt werden.

Die wesentlichen Kenngrößen am Niederhalter sind Ringzackengeometrie und Ringzackenabstand von der Schnittlinie, sowie Schneidspalt und Abrundung der Schneidkanten. In der betrieblichen Praxis wird ein Ringzackenabstand zwischen dem 0,6- bis 0,75fachen der Blechdicke *s* gewählt, um den Werkstoffverbrauch zu minimieren. Als optimaler Wert im Hinblick auf die Teilequalität hat sich der 1,5fache Abstand der Blechdicke *s* bewährt. Als Schneidwerkstoffe werden Kalt- und Schnellarbeitsstähle sowie Hartstoffe und Hartmetalle eingesetzt.

11.7.3.3 Maschinen

Zum Feinschneiden werden dreifachwirkende Pressen eingesetzt, um zusätzlich zur Ringzackenkraft und Schneidkraft auch die Gegenhalterkraft aufzubringen. Bis zu einer Gesamtkraft von ca. 1600 kN werden vorwiegend mechanische Kniehebelpressen eingesetzt [Bir77], die sich durch Zusatzhydraulik zu einer dreifachwirkenden Presse erweitern lassen. Bei größeren Preßkräften werden Maschinen mit einem vollhydraulichen Antriebssystem verwendet. Feinschneidpressen benötigen neben einem stabilen, biegesteifen Gestell eine exakte Stößelführung und eine hohe Umschaltgenauigkeit. Ebenso wie beim konventionellen Scherschneiden werden auch beim Feinschneiden zunehmend flexible, vollautomatische Systeme (Bild 11-120) eingesetzt.

11.7.3.4 Auswirkungen auf das Werkstück

Der Schwierigkeitsgrad eines Feinschnittteils hängt vom Werkstoff, von der Blechdicke und von der geometrischen Form ab. Danach bestimmt sich der Aufwand zur Werkstückherstellung. Die erreichbaren Toleranzen liegen im Bereich der ISO-Qualitäten 6 bis 9. Sie sind abhängig von Werkstückgeometrie und Werkstoff, Werkzeugauslegung, Schneidkantenausbildung, Schmierstoff, Maschine und Handhabung. Der Einzug an der Oberkante der Schnittfläche kann bei schwierigen Konturen bis zu 30 % der Blechdicke betragen.

11.7.3.5 Wirtschaftlichkeit

Der wirtschaftliche Vorteil des Feinschneidens gegenüber anderen Fertigungsverfahren besteht darin, daß komplizierte Werkstücke mit hoher Genauigkeit in einem Werkzeugdurchlauf gefertigt werden können. Allerdings sind durch die Maschinen- und Werkzeugkosten beim Feinschneiden gewisse, teilespezifische Mindeststückzahlen erforderlich, um den Vorteil dieses Verfahrens nutzen zu können.

Die Investitionskosten für Maschinen und Werkzeuge zum Feinschneiden liegen höher als beim konventionellen Scherschneiden. Aufgrund des Einsatzes einer Ringzacke ist auch die Werkstoffausnutzung geringer.

11.7.4 Sonderverfahren

Neben dem Feinschneiden wurde eine Reihe von *Sonderschneidverfahren* entwickelt, von denen heute nur noch das Genauschneiden und das Konterschneiden in der betrieblichen Praxis Anwendung finden [Lan90, Spu85].

11.7.4.1 Genauschneiden

Das *Genauschneiden* ist ein modifiziertes „Feinschneiden", bei dem der Werkzeugaufbau dem Aufbau eines Feinschneidwerkzeugs weitgehend entspricht. Der einzige Unterschied ist die fehlende Ringzacke am Niederhalter (Bild 11-121). Wie beim Feinschneiden wird das Blech durch Niederhalter und Gegenhalter am Abheben von den Werkzeugstirnflächen gehindert. Durch eine Überhöhung der Niederhalterkraft werden während des Schneidvorgangs zusätzlich Druckspannungen in die Schnittzone eingeleitet. Je nachdem, ob das Verfahren zum Lochen oder Ausschneiden angewendet wird, rundet man den Stempel oder die Matrize ab, um durch Querkräfte in der Schnittzone und daraus resultierenden Druckspannungen den Glattschnittanteil zu vergrößern. Im allgemeinen ist die Qualität der Schnittfläche schlechter als beim Feinschneiden. Die Schnittfläche kann aber durchaus als Funktionsfläche eingesetzt

Bild 11-120 Feinschneidzentrum

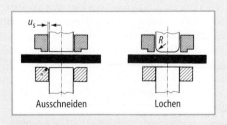

Bild 11-121 Genauschneiden

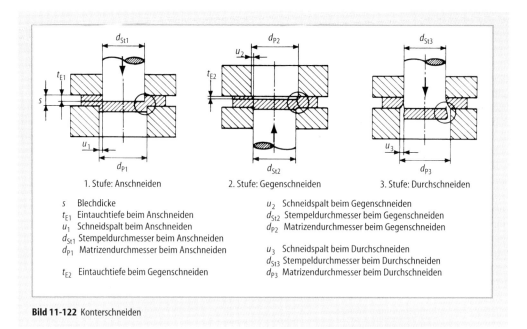

| 1. Stufe: Anschneiden | 2. Stufe: Gegenschneiden | 3. Stufe: Durchschneiden |

s Blechdicke
t_{E1} Eintauchtiefe beim Anschneiden
u_1 Schneidspalt beim Anschneiden
d_{St1} Stempeldurchmesser beim Anschneiden
d_{P1} Matrizendurchmesser beim Anschneiden

t_{E2} Eintauchtiefe beim Gegenschneiden

u_2 Schneidspalt beim Gegenschneiden
d_{St2} Stempeldurchmesser beim Gegenschneiden
d_{P2} Matrizendurchmesser beim Gegenschneiden

u_3 Schneidspalt beim Durchschneiden
d_{St3} Stempeldurchmesser beim Durchschneiden
d_{P3} Matrizendurchmesser beim Durchschneiden

Bild 11-122 Konterschneiden

werden. Der Vorteil dieses Verfahrens liegt in der höheren Schnittflächenqualität im Vergleich zum konventionellen Scherschneiden und in den geringeren Werkzeugkosten im Vergleich zum Feinschneiden. Aufgrund der fehlenden Ringzacke wird der Blechwerkstoff besser ausgenutzt.

11.7.4.2 Konterschneiden

Das *Konterschneiden* (Bild 11-122) wird in erster Linie zur Erzeugung gratfreier Schnittflächen eingesetzt. Es kann sowohl im geschlossenen als auch im offenen Schnitt durchgeführt werden. Das Schneiden im geschlossenen Schnitt ist nur unter Einsatz einer dreifachwirkenden Presse möglich und verursacht durch den komplexen Werkzeugaufbau hohe Kosten. In diesem Fall ist das Feinschneiden vorzuziehen. Im offenen Schnitt wird das Konterschneiden zum gratfreien Trennen von Stabstahl mittels Langmessern und zum Spalten von Blechen in Walzwerken bzw. zum kontinuierlichen Trennen von Bandmaterial mittels Kreismessern eingesetzt. Wirtschaftlich am bedeutendsten ist das kontinuierliche Schneiden mit Kreismessern.

11.7.5 Knabberschneiden/Nibbeln

Knabberschneiden ist das stückweise Abtrennen des Werkstoffs längs einer beliebig geformten Schnittlinie, wobei die entstehende Trennfuge einige Millimeter breit und weitgehend gratfrei ist. Neben der Bezeichnung Knabberschneiden wird auch die Bezeichnung *Nibbeln* gleichwertig verwendet. In Bild 11-123 ist dieses Verfahren schematisch dargestellt. Im Gegensatz zu den bisher beschriebenen Schneidverfahren, bei denen die Schnittgeometrie unmittelbar mit der Werkzeuggeometrie verknüpft ist, besteht beim Nibbeln die Möglichkeit, mit einem relativ einfachen Werkzeug und einer geringen Schneidkraft Ausschnitte von beliebiger Form und Größe herzustellen. Der Ausgangswerkstoff wird in Form von Blechplatinen eingesetzt, wobei die gleichen

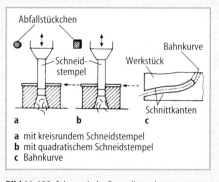

Bild 11-123 Schematische Darstellung des Knabberschneidens

a mit kreisrundem Schneidstempel
b mit quadratischem Schneidstempel
c Bahnkurve

Werkstoffe wie beim konventionellen Scherschneiden verarbeitet werden [Lan90, Spu85].

11.7.5.1 Grundlagen

Die Berechnung der Schneidkraft erfolgt analog zur Schneidkraftberechnung beim konventionellen Scherschneiden. Da das Knabberschneiden bzw. Nibbeln nicht im geschlossenen Schnitt stattfindet, entsteht eine Querkraft, die eine Auslenkung des Oberwerkzeugs gegenüber dem Unterwerkzeug bewirkt. Dieser Querkraft ist bei der Werkzeug- und Maschinengestaltung konstruktiv Rechnung zu tragen. Die Vorschubgeschwindigkeit beim Nibbeln ergibt sich aus der Hubzahl und der Länge des Vorschubschritts sowie der geforderten Bauteilqualität.

Die Schnittflächenausbildung in Richtung des Stempelhubs entspricht im wesentlichen der Schnittflächenausbildung beim konventionellen Scherschneiden. Es gelten dieselben Kennwerte und deren Abhängigkeit von den Prozeßparametern wie bereits in 11.7.2 beschrieben.

11.7.5.2 Werkzeuge

Die Werkzeuge sind prinzipiell wie Lochwerkzeuge aufgebaut. Sie bestehen aus Stempel, Matrize und Niederhalter bzw. Abstreifer. Der Niederhalter ist entsprechend der Stempelform ausgebildet und mit dem Maschinengestell verbunden. Üblicherweise wird beim Nibbeln mit einem bezogenen Schneidspalt von 10 % gearbeitet, um einen Kompromiß zwischen erforderlicher Schneidkraft und Schnitteilqualität zu erreichen. Als Material für Nibbelstempel werden stoßunempfindliche, verschleißfeste Kalt- und Schnellarbeitsstähle eingesetzt. Der Einsatz hartmetallbestückter Werkzeuge beschränkt sich nur auf Sonderfälle.

Die Werkzeugaufnahme und der Maschinenständer müssen so ausgelegt sein, daß die während des Schneidprozesses entstehenden Querkräfte aufgefangen werden. Als Stempelformen kommen Füßchenstempel und runde sowie rechteckige Lochstempel zur Anwendung.

11.7.5.3 Maschinen

Das Maschinenspektrum beim Nibbeln reicht von der Handnibbelmaschine bis zur vollautomatischen Blechbearbeitungsanlage mit Platinen- und Werkzeugmagazinen (Bilder 11-124 und 11-125). Bei numerisch gesteuerten Nibbel-

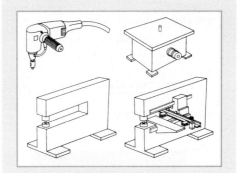

Bild 11-124 Bauarten von Nibbelmaschinen

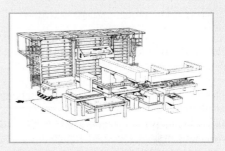

Bild 11-125 Blechbearbeitungszentrum

maschinen können andere Verfahren, wie Gewindebohren, Fräsen, Laserschneiden und Plasmaschneiden, zusätzlich angewendet werden. Dies ermöglicht die wirtschaftliche Herstellung eines großen Werkstückspektrums speziell bei kleinen Stückzahlen.

11.7.5.4 Auswirkungen auf das Werkstück

Beim Nibbeln mit kreisrunden Stempeln bildet sich eine typische Welligkeit der Schnittkante aus (Bild 11-126), die vom Stempeldurchmesser und vom Vorschub abhängig ist. Bei der Verwendung rechteckiger Stempel tritt dieses Problem weniger stark in Erscheinung.

11.7.5.5 Wirtschaftlichkeit

Der wirtschaftliche Vorteil des Knabberschneidens/Nibbelns liegt in der Flexibilität dieses Verfahrens, bei dem mittels einfacher Lochwerkzeuge komplexe Bauteilgeometrien hergestellt werden können. Durch die Möglichkeit, auch andere Verfahren auf einer Maschine in den Arbeitsprozeß zu integrieren, ist dieses Verfahren

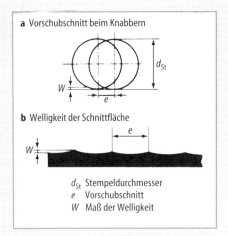

a Vorschubschnitt beim Knabbern

b Welligkeit der Schnittfläche

d_{St} Stempeldurchmesser
e Vorschubschnitt
W Maß der Welligkeit

Bild 11-126 Ursachen der Schnittflächenwelligkeit

zur Produktion kleiner Stückzahlen außerordentlich gut geeignet.

11.7.6 Langmesser- und Kreismesserscheren

Das Scheren mit *Lang-* und *Kreismessern* wird vornehmlich bei der Rohteilherstellung zum Zuschneiden von Platinen, Ronden und Blechbändern eingesetzt. In Bild 11-127 sind die verschiedenen Werkzeuge und Schnittarten dargestellt. Prinzipiell gelten für das Schneiden im offenen Schnitt die gleichen Grundlagen, Abhängigkeiten und Einflußgrößen wie beim konventionellen Scherschneiden.

11.7.7 Schneiden von Drähten, Stäben und Knüppeln

Bei der Rohteilherstellung wird das Scherschneiden zur nahezu abfallfreien Herstellung von Draht-, Stab- und Knüppelabschnitten eingesetzt. Dieses Abscheren läßt sich auf unterschiedliche Art und Weise durchführen. Wesentliche Unterscheidungsmerkmale sind die Kinematik der Werkzeugbewegung, der Spannungszustand in der Scherzone, die Werkzeuganordnung, die Abschergeschwindigkeit sowie die Abschertemperatur [Lan88, Spu84].

11.7.7.1 Grundlagen

Unter Einwirkung der Schermesser wird der Werkstoff solange plastisch verformt, bis sein Formänderungsvermögen in der Scherzone erschöpft ist und ein Bruch entsteht.

Prinzipiell gelten für das Abscheren die Grundlagen des konventionellen Scherschneidens. Auch hier kommt es zu der für das Scherschneiden charakteristischen Scher-/Bruchzonenverteilung. Bei der Rohteilherstellung genügt in der Regel die gescherte Fläche den Qualitätsanforderungen, während die Ausbildung der Bruchzone oft nicht in der gewünschten Form verläuft. Die dadurch entstehenden Ungenauigkeiten bei der Rohteilherstellung, z. B. Volumenschwankungen, wirken sich nachteilig auf die Weiterverarbeitung aus. Zu den Verfahrensmodifikationen, durch die der Scherflächenanteil vergrößert und damit die Ungenauigkeiten der Bruchzone verkleinert werden können, gehört das Scherschneiden

– mit axialer Druckspannungs-Überlagerung
– mit hohen Schneidgeschwindigkeiten (4–6 m/s).

In Bild 11-128 sind die Einflußgrößen auf die Rohteilherstellung dargestellt. Beim Abscheren hat der bezogene Schneidspalt durch seinen großen Einfluß auf die Qualität der Schnittfläche

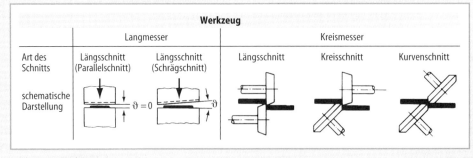

Bild 11-127 Lang-/Kreismesserscheren

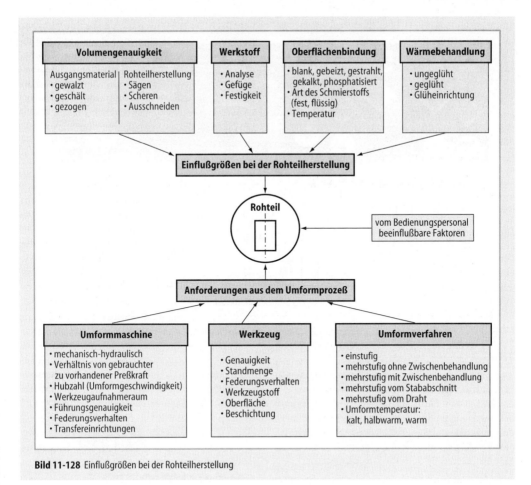

Bild 11-128 Einflußgrößen bei der Rohteilherstellung

auch den größten Einfluß auf die Rohteilgüte. In der Regel gilt, daß mit zunehmender Werkstoffhärte ein kleinerer Schneidspalt zu wählen ist. Für weiche Stähle ist ein Schneidspalt von 5 – 10 % der Blechdicke, bei zähharten Stählen 3 – 5 % und bei spröden Stählen 1 – 3 % vorzusehen. Bild 11-129 zeigt die Schnittflächenqualität in Abhängigkeit des Schneidspalts.

Die erreichbaren Qualitäten sind immer abhängig von den Einflußfaktoren Werkstoff, Maschine und Werkzeug, wobei hier der Schneidspalt die entscheidende Rolle spielt.

11.7.7.2 Werkzeuge

Beim *Schneiden von Drähten, Stäben und Knüppeln* werden offene und geschlossene Messer mit verschiedenen Messerformen eingesetzt. Bild 11-130 zeigt die verschiedenen Messertypen.

Die gebräuchlichsten Messertypen sind Flachkantmesser, Spitzkantmesser und Rundkantmesser. Offene Messer sind zwar kostengünstiger, mit geschlossenen Messern ist aber eine höhere Schnittgüte zu erreichen und der Abschnitthalter an der Maschine kann entfallen.

Zum Schneiden werden vorwiegend Einzelwerkzeuge eingesetzt. Mehrfachwerkzeuge, die pro Arbeitszyklus mehrere Abschnitte herstellen, haben sich in der Praxis bisher kaum bewährt.

Als Werkzeug-Werkstoffe werden 1.2767 (große Querschnitte, Knüppelscheren), 1.2379, 1.2601 und 1.2080 eingesetzt. Weniger gebräuchlich sind der Schnellarbeitsstahl S-6-5-2 oder die Hartmetalle G40, G50 und G60.

Die Standmengen der Scherwerkzeuge hängen in erster Linie vom eingesetzten Halbzeug und der technischen Ausführung des Werkzeugs ab.

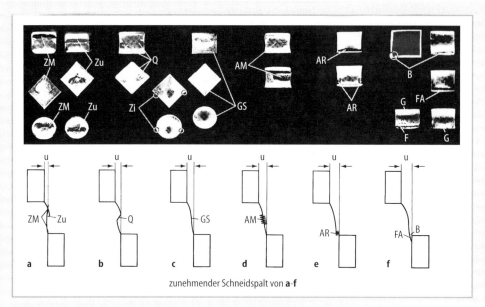

zunehmender Schneidspalt von **a**-**f**

Bild 11-129 Zusammenhang zwischen Schneidspalt, Rißverlauf und Scherflächenbild

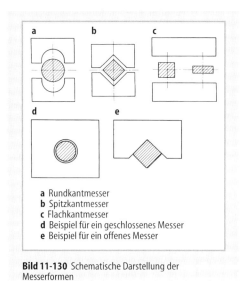

a Rundkantmesser
b Spitzkantmesser
c Flachkantmesser
d Beispiel für ein geschlossenes Messer
e Beispiel für ein offenes Messer

Bild 11-130 Schematische Darstellung der Messerformen

11.7.7.3 Maschinen

Zum Scherschneiden von Drähten, Stäben und Knüppeln werden sowohl weg- als auch kraftgebundene Maschinen eingesetzt, Letztere vor allem beim Abscheren großer Querschnitte. Um die Qualität der Abschnitte zu verbessern und die Ausbringung zu erhöhen, werden diese Maschinen zunehmend automatisiert. Bild 11-131

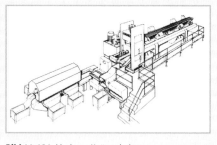

Bild 11-131 Moderne Knüppelschere

zeigt eine moderne Knüppelschere mit zusätzlicher Wäge- und Sortierstrecke.

11.7.7.4 Wirtschaftlichkeit

Der Vorteil dieser Verfahren zur Rohteilherstellung liegt in der hohen Ausbringung, die bei Sondermaschinen bis zu 300 Abschnitte pro Minute betragen kann. Allerdings leidet bei diesen Verfahren die Flexibilität unter der Produktivität. Für jeden zu scherenden Durchmesser sind nämlich spezielle Werkzeugsätze notwendig, die außerdem noch auf den zu scherenden Werkstoff einzustellen sind, so daß das Abscheren nur bei mittleren bis großen Losgrößen wirtschaftlich ist.

11.7.8 Sicherungseinrichtungen an Maschinen und Werkzeugen

Maschinen zum Scherschneiden müssen mit Sicherungseinrichtungen zum Personen-, Maschinen- und Werkzeugschutz ausgestattet sein. Für den Personenschutz ist es wichtig, durch Schutztüren, Lichtschranken und Lichtvorhänge oder durch Zweihandbedienungen einen Eingriff in den Werkzeugraum während der Stößelbewegung bzw. während des Bearbeitungsvorgangs zu verhindern. Außerdem müssen durch entsprechende Kapselung der Maschine Beeinträchtigungen des Bedienpersonals aufgrund von Lärm- und Schadstoffemissionen auf ein Minimum reduziert werden. Hier gelten die gesetzlichen Arbeitsplatzvorschriften.

11.7.9 Verfahrensbegleitende Umweltschutzmaßnahmen

Neben dem Lärmschutz muß vor allem eine Minimierung von Schadstoffemissionen aufgrund des Schmiermittelaustrags gewährleistet werden. Dazu gehört neben einer drastischen Reduktion des Schmiermitteleinsatzes auch die Schaffung geschlossener Schmiermittelkreisläufe bzw. der Einsatz umweltverträglicher Schmierstoffe. Dieses Gebiet wird zur Zeit in zahlreichen Forschungsvorhaben bearbeitet. Generell gibt es zur Zeit noch keine Richtlinien, die den Umweltschutz in Stanzbetrieben regeln. Zur Zeit wird an der Erstellung solcher Richtlinien im Rahmen des Öko-Audits gearbeitet.

Literatur zu Abschnitt 11.7

[Bir77] Birzer, F.; Haak,H.: Feinschneiden.Lyss, Schweiz: Feintool AG 1977

[Cam86] Camann, J.H.: Untersuchungen zur Verschleißminderung an Scherschneidwerkzeugen der Blechbearbeitung durch Einsatz geeigneter Werkstoffe und Beschichtungen. Diss. TH Darmstadt 1986

DIN 8588: Fertigungsverfahren Zerteilen; Einordnung, Unterteilung, Begriffe

DIN 9870: Begriffe der Stanzereitechnik

[Hil72] Hilbert, H.L.: Stanzereitechnik, Bd. 1: Schneidende Werkzeuge. 6. Aufl. München: Hanser 1972

[Lan90] Lange, K.: Umformtechnik, Bd. 3: Blechbearbeitung, 2. Aufl. Berlin: Springer 1990, 110–172

[Lan88] Lange, K.: Umformtechnik, Handbuch für Industrie und Wissenschaft, Bd. 2: Massivumformung, 2. Aufl. Berlin: Springer 1988, 605–643

[Rom67] Romanowski, W.P.: Handbuch der Stanzereitechnik. 4. Aufl. Berlin: Vlg. Technik 1967

[Schm90] Schmütsch, H.H.: Einflußgrößen auf das Schneidergebnis beim Scherschneiden von Feinblechen. Diss. Universität Hannover 1990

[Schü90] Schüßler, M.: Hochgeschwindigkeits-Scherschneiden im geschlossenen Schnitt zur Verbesserung der Schnitteilequalität. Diss. TH Darmstadt 1990

[Spu84] Spur, G.; Stöferle, Th.: Handbuch der Fertigungstechnik, Bd. 2/2. München: Hanser 1984, 976–980

[Spu85] Spur, G.; Stöferle, Th.: Handbuch der Fertigungstechnik, Bd. 2/3. München: Hanser 1985, 1379–1464

VDI 2906: Schnittflächenqualität beim Schneiden, Beschneiden und Lochen von Werkstücken aus Metall, 1994

11.8 Spanen mit geometrisch bestimmter Schneide

11.8.1 Einführung

Spanen mit geometrisch bestimmten Schneiden ist das Spanen mit einem Werkzeug, dessen Schneidenzahl, Geometrie der Schneidkeile und Lage der Schneiden zum Werkstück bestimmt ist. Das Zerspanen mit geometrisch bestimmter Schneide wird nach DIN 8589 in Fertigungsverfahren unterschieden, die überwiegend durch die Art des verwendeten Werkzeugs bestimmt sind (Bild 11-132). Eine weitere Unterteilung erfolgt nach dem Ordnungsgesichtspunkt der zur erzeugenden Fläche. Dies sind Plan-, Rund-, Schraub-, Wälz-, Profil- und Formflächen [Spu79]. Neben den erzeugbaren Oberflächenformen sind für die Verfahrensauswahl auch die erzielbaren Maß-, Form-, Lage- und Oberflächenqualitäten ausschlaggebend.

Auf dem Gebiet des Spanens mit geometrisch bestimmter Schneide zeichnen sich zwei teilweise gegensätzliche Trends ab: die Hochgeschwindigkeitsbearbeitung (HSC) und die Trockenbearbeitung. Primäres Ziel der Hochgeschwindigkeitszerspanung ist die drastische Er-

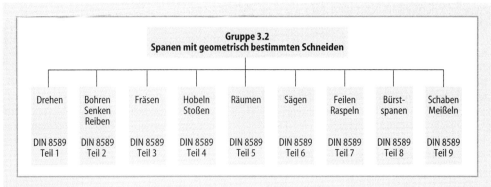

Bild 11-132 Spanen mit geometrisch bestimmter Schneide (nach DIN 8589)

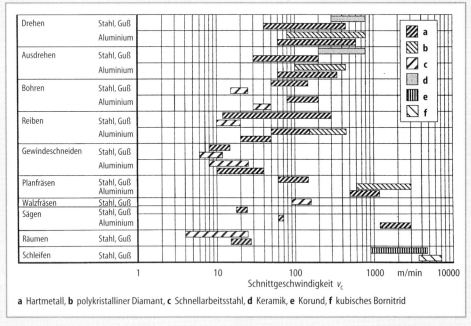

Bild 11-133 Übersicht über gebräuchliche Schnittgeschwindigkeiten (nach Johannsen)

höhung der Schnittwerte, um die Bearbeitungszeit zu reduzieren und mit höherer Produktivität zu fertigen. Darüber hinaus ergeben sich auch weitere technologische Vorteile wie kleinere Schnittkräfte, höhere Oberflächengüten und bessere Maßgenauigkeiten. Der Begriff „hohe" Schnittgeschwindigkeit ist dabei sehr weit gefaßt, da Verfahren, bearbeiteter Werkstoff, Schneidstoff und Randbedingungen berücksichtigt werden müssen (Bild 11-133). Die Erhöhung der Schnittgeschwindigkeit ist mit höherem Werkzeugverschleiß und höheren Werkzeugkosten verbunden. Mit steigender Schnittgeschwindigkeit stehen somit den kürzeren Hauptzeiten und niedriger werdenden Maschinen- und Lohnkosten pro Werkstück steigende Werkzeugkosten gegenüber. Diese gegenläufigen Tendenzen führen bei Darstellung der Fertigungskosten über der Schnittgeschwindigkeit zum Entstehen eines Kostenoptimums (Bild 11-134), das natürlich den Schwankungen in der Entwicklung der Maschinen-, Lohn- und Werkzeugkosten unterworfen ist. Nach einer Studie, die die Entwicklung der einzelnen Kostenspar-

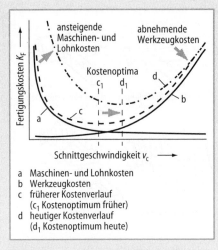

a Maschinen- und Lohnkosten
b Werkzeugkosten
c früherer Kostenverlauf
   (c_1 Kostenoptimum früher)
d heutiger Kostenverlauf
   (d_1 Kostenoptimum heute)

Bild 11-134 Fertigungskosten in Abhängigkeit von der Schnittgeschwindigkeit (nach Schulz)

ten in den letzten etwa drei Jahrzehnten berücksichtigt, stiegen die Maschinenkosten in diesem Zeitraum auf das Vierfache, die Lohnkosten sogar auf das 5fache an [Wie88]. Die Werkzeugkosten dagegen blieben gleich bzw. nahmen ab. Somit führen hauptsächlich die ersten beiden genannten Kostenfaktoren zu einer Verschiebung der kostenoptimalen Schnittgeschwindigkeit zu höheren Werten.

Bei der Trockenbearbeitung hingegen werden unter Umständen niedrigere Schnittgeschwindigkeiten und Vorschübe akzeptiert, um die Gesundheit des Bedieners zu schonen und die Umweltbelastung zu reduzieren sowie die Produktionskosten durch Reduzierung oder Wegfall der Kühlmittel und deren Entsorgung zu senken.

Bei der Auswahl eines Fertigungsverfahrens sind sowohl wirtschaftliche als auch technologische Kriterien zu berücksichtigen. Die technologischen Entscheidungskriterien sind weitgehend unabhängig von der speziellen Bearbeitungsaufgabe. Die technologischen Aspekte sind bei der Auswahl eines Fertigungsverfahrens zwar von großer Bedeutung, die Entscheidung wird jedoch primär unter wirtschaftlichen Gesichtspunkten gefällt. Zu den wirtschaftlichen Kriterien sind keine allgemeinen Aussagen möglich, da die Bedeutung der einzelnen Gesichtspunkte sehr stark von der jeweiligen Bearbeitungsaufgabe und vom durchführenden Betrieb abhängt. Eine Wirtschaftlichkeitsbetrachtung für den Einsatz eines Fertigungsverfahrens ist aber nur anhand einer definierten Fertigungs-

aufgabe in einem bestimmten Betrieb möglich. Die in den folgenden Kapiteln aufgeführten Kosten- und Bearbeitungsbeispiele sollen vor diesem Hintergrund Ansätze zur Wirtschaftlichkeitssteigerung und Verfahrensvergleiche zeigen.

11.8.2 Drehen

11.8.2.1 Einteilung der Drehverfahren

Drehen ist nach DIN 8589 definiert als Spanen mit geschlossener, meist kreisförmiger Schnittbewegung und beliebiger, quer zur Schnittrichtung liegender Vorschubbewegung. Die Drehachse der Schnittbewegung behält ihre Lage zum Werkstück unabhängig von der Vorschubbewegung bei. Nach der Zuordnung der Schnittbewegung kann zwischen Drehen mit rotierendem Werkstück und Drehen mit umlaufenden Werkzeugen und nichtrotierenden Werkstücken unterschieden werden. Die Vorschubbewegung erfolgt durch das Werkzeug oder das Werkstück. Nach DIN 8589 dienen als Ordnungsgesichtspunkte neben der Art der erzeugten Fläche, der Kinematik des Zerspanungsvorgangs und dem Werkzeugprofil auch die Richtung der Vorschubbewegung, Werkzeugmerkmale sowie beim Formdrehen die Art der Steuerung (Bild 11-135). Allgemein unterscheidet man zwischen dem Längsdrehen (Vorschub parallel zur Drehachse des Werkstücks) und dem Querdrehen (Vorschub senkrecht zur Drehachse des Werkstücks). Das Drehen zum Erzeugen ebener Flächen, die senkrecht zur Drehachse des Werkstücks liegen, wird als Plandrehen bezeichnet. Beim Quer-Abstechdrehen sind die Werkzeuge schmal ausgeführt, um den Werkstückstoffverlust gering zu halten [Kön90]. Das Drehen zur Erzeugung kreiszylindrischer Flächen, die koaxial zur Drehachse des Werkstücks liegen, wird Runddrehen genannt. Beim Längs-Runddrehen erfolgt der Vorschub im Gegensatz zum Quer-Runddrehen parallel zur Drehachse des Werkstücks. Schäldrehen ist Längsdrehen mit großem Vorschub, meist unter Verwendung eines umlaufenden Werkzeugs mit mehreren Schneiden. Beim Breitschlichtdrehen kommen Werkzeuge mit sehr großem Eckenradius und sehr kleinem Einstellwinkel der Nebenschneide zum Einsatz, wobei der Vorschub kleiner als die Länge der Nebenschneide gewählt wird. Das Längs-Abstechdrehen dient zum Ausstechen runder Scheiben aus Platten. Mit Schraubdrehen wird das Drehen

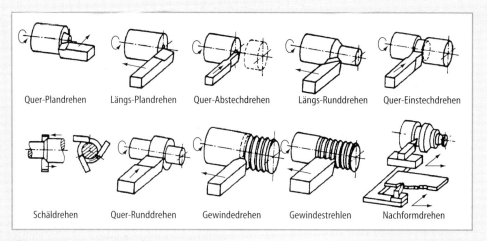

Quer-Plandrehen   Längs-Plandrehen   Quer-Abstechdrehen   Längs-Runddrehen   Quer-Einstechdrehen

Schäldrehen   Quer-Runddrehen   Gewindedrehen   Gewindestrehlen   Nachformdrehen

Bild 11-135 Einteilung der Drehverfahren (nach DIN 8589)

mit einem Profilwerkzeug zur Erzeugung von Schraubflächen bezeichnet, wobei der Vorschub je Umdrehung gleich der Steigung der Schraube ist. Beim Gewindedrehen, -strehlen und -schneiden liegt die Vorschubrichtung parallel zur Drehachse des Werkstücks. Unterscheidungsmerkmal ist das verwendete Werkzeug. Beim Gewindedrehen wird die Schraubfläche mit einem einzahnigen Drehmeißel erzeugt, beim Gewindestrehlen kommt ein Werkzeug zum Einsatz, das in Vorschubrichtung mehrere Zähne aufweist, während beim Gewindeschneiden das Werkzeug in Vorschub und Schnittrichtung mehrere Zähne besitzt. Wälzdrehen ist Drehen mit einer Wälzbewegung als Vorschubbewegung des Drehwerkzeugs mit Bezugsprofil zur Erzeugung von rotationssymmetrischen oder schraubenförmigen Wälzflächen. Das Drehen mit einem Profilwerkzeug zur Erzeugung rotationssymmetrischer Körper, bei dem sich das Profil des Werkzeugs auf dem Werkstück abbildet, wird Profildrehen genannt. Quer-Profildrehen ist Querdrehen mit einem Profildrehmeißel, dessen Schneide mindestens so breit ist wie die zu erzeugende Fläche. Beim Formdrehen wird durch die Steuerung der Vorschub- beziehungsweise der Schnittbewegung die Form des Werkstücks erzeugt. Die Verfahrensvarianten unterscheiden sich durch die Art der Steuerung. So wird die Vorschubbewegung beim Freiformdrehen von der Hand frei gesteuert, beim Nachformdrehen über ein Bezugsformstück, beim Kinematisch-Formdrehen durch ein mechanisches Getriebe und beim NC-Formdrehen durch

eingegebene Daten und deren Verarbeitung in numerischen Steuerungen. Im Gegensatz zu diesen Formdrehvarianten werden beim Unrunddrehen durch die periodisch gesteuerte Schnittbewegung nichtrotationssymmetrische Flächen erzeugt.

Neue Verfahrenskombinationen

Die laserunterstützte Warmzerspanung bzw. das laserunterstützte Drehen bietet eine Möglichkeit, schwerzerspanbare Werkstoffe, wie zum Beispiel hochwarmfeste Nickelbasislegierungen, Titanlegierungen, hochfeste Stähle oder Si_3N_4-Keramik, zu bearbeiten. Die definierte Temperaturerhöhung an der Zerspanstelle bewirkt eine Änderung der physikalisch-mechanischen Eigenschaften des Werkstoffs, wodurch dessen Zerspanbarkeit deutlich verbessert wird. Beim laserunterstützten Drehen wird ein Laserstrahl zur partiellen Erwärmung des Werkstoffs unmittelbar vor dem Eingriff des Werkzeugs verwendet (Bild 11-136) [Abe92]. Das dabei vorliegende niedrige Zerspankraftniveau erlaubt die Bearbeitung von Bauteilen mit kleinen Durchmessern. Ein weiterer Vorteil dieser Technologie liegt in der flexiblen Gestaltung der Bauteilgeometrie. Das laserunterstützte Drehen kann in der Hartbearbeitung keramischer Werkstoffe, die bislang nur spanend mit geometrisch unbestimmter Schneide bearbeitbar sind, mit Erfolg eingesetzt werden [Kön93].

Eine weitere interessante Verfahrenserweiterung stellt das Drehräumen dar. Bei dieser Ver-

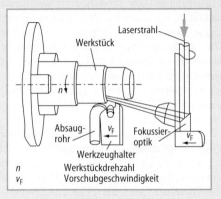

Bild 11-136 Prinzip des laserunterstützten Drehens [nach IPT]

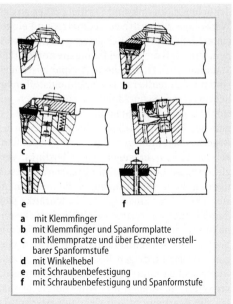

a mit Klemmfinger
b mit Klemmfinger und Spanformplatte
c mit Klemmpratze und über Exzenter verstell-barer Spanformstufe
d mit Winkelhebel
e mit Schraubenbefestigung
f mit Schraubenbefestigung und Spanformstufe

Bild 11-137 Halter für Wendeschneidplatten [nach Krupp-Widia]

fahrensvariante führen sowohl das Werkstück als auch das Werkzeug eine Rotationsbewegung aus. Durch die Kombination der Verfahren Drehen und Räumen werden nicht nur Fertigungsverfahren bei der Bearbeitung von Kurbel- und Nockenwellen wie das Innen- oder das Außenfräsen sowie das Feindrehen ersetzt, sondern es können im ersten Fertigungsabschnitt nahezu 60 % an Platz- und Energieaufwand eingespart werden [Aug90]. Durch die radiale Zustellung des Werkzeugs zum Werkstück kann die Schneidenüberhöhung im Werkzeug entfallen. Damit wird eine große Flexibilität dieser Verfahrenskombination erreicht, da der Vorschub pro Zahn nicht vom Werkzeug wie beim Räumen, sondern von der Zustellbewegung bestimmt wird.

11.8.2.2 Werkzeuge

Moderne Werkzeuge für das Drehen sind aus verschiedenen Komponenten aufgebaut. Eine Unterscheidung erfolgt in das Schneidsystem, das Befestigungs- bzw. Klemmsystem und das Werkzeuggrundkörpersystem. Der Hauptvorteil einer Modularisierung besteht dabei in einer verbesserten Anpassung des Werkzeugsystems an die jeweilige Bearbeitungsaufgabe. Die Schneidplatten können auf den Werkzeuggrundkörper geklebt, gelötet oder geklemmt sein. Mechanische Klemmsysteme gestatten durch das Verwenden genormter Wendeschneidplatten nach DIN 4987 einen schnellen Schneidenwechsel unter Wegfall der Kosten für Nachschleifarbeiten. Bild 11-137 zeigt einige Beispiele für gebräuchliche Klemmsysteme. Es finden Positiv- und Negativplatten Verwendung. Positivplatten

besitzen einen Keilwinkel < 90° und ermöglichen somit positive Spanwinkel, während Negativplatten einen Keilwinkel von genau 90° aufweisen und negative Spanwinkel sowie höhere Bearbeitungskräfte ergeben. Die Anzahl der verwendbaren Schneiden ist bei Negativplatten doppelt so groß wie bei Positivplatten gleicher Grundform. Für die Innenbearbeitung von Werkstücken werden Innendrehmeißel benötigt. Da diese Werkzeuge oft lang und schlank sein müssen, damit schwer zugängliche Bearbeitungsstellen erreicht werden können, sind sie anfällig gegenüber Ratterschwingungen. Durch Massenverkleinerung und Wahl eines Werkstoffs mit größerem E-Modul läßt sich die Eigenfrequenz günstig beeinflussen. Vorteilhaft ist auch der Einbau von Dämpfern in den Werkzeugschaft, die Schwingungen durch Reibung abbauen [Pau93]. Für Profilwerkzeuge und für Bearbeitungsaufgaben, die eine besondere Schneidstoffzähigkeit erfordern, werden Schneiden aus Schnellarbeitsstahl (HSS) noch bevorzugt, wobei Schnellarbeitsstahl als Schneidstoff beim Drehen in der Serienfertigung gegenüber Hartmetall und keramischen Schneidstoffen stark an Bedeutung eingebüßt hat. Immer größere Verbreitung finden dagegen Cermet-Schneidplatten. Sie besitzen eine höhere Warmfestigkeit als Hartmetalle, so daß sie höhere Schnittgeschwindigkeiten erlauben. Gegenüber der Schneidkeramik sind Cermets zäher, so daß Werkzeuge mit positiver Geometrie und eingesinterten Spanformstufen gefertigt werden können, ohne daß die Schneidkante die notwendige Stabilität verliert. Sehr hohe Zerspanleistungen sind mit Schneidkeramik als Schneidstoff möglich. Keramik-Schneidplatten eignen sich sowohl für gehärteten Stahl als auch für die Hartguß-Bearbeitung. Da diese Schneidplatten in der Regel aus Stabilitätsgründen negative Spanwinkel aufweisen, erzeugen sie allerdings vergleichsweise hohe Schnittkräfte. Daraus resultieren hohe Anforderungen an die Maschinensteifigkeit. Das Einsatzgebiet beschränkt sich deshalb auch auf relativ stabile Werkstücke ohne unterbrochenen Schnitt. Der entscheidende Vorteil von Schneidkeramik liegt in den vergleichsweise niedrigen Kosten. In erster Linie werden Siliciumnitride mit oxidischem Zusatz verwandt, wenn auch ihre Anwendung primär auf die Bearbeitung von Grauguß beschränkt bleibt. Alternativ zur Schneidkeramik kann CBN eingesetzt werden. Dieser Schneidstoff besitzt eine höhere Zähigkeit, so daß die Schneiden kleinere Keilwinkel aufweisen können. Die entspechend geringeren Schnittkräfte begünstigen das Erzielen höherer Genauigkeiten und Oberflächengüten am Werkstück. Die Kosten pro Schneide liegen zwar wesentlich höher als bei Keramik, jedoch erreichen diese Werkzeuge sehr hohe Standzeiten und sind überdies nachschleifbar. CBN-Schneidplatten eignen sich aufgrund ihrer hohen Härte und Zähigkeit für das Hartdrehen von gehärteten Werkstoffen. Im Gegensatz zu Diamant können mit ihnen auch Eisenwerkstoffe bearbeitet werden. Für das Drehen von NE-Metallen, Kunststoffen und Gummi-Werkstoffen verwendet man Schneiden aus polykristallinem Diamant, vor allem für die Herstellung besonders hochwertiger Oberflächengüten [Sie91].

11.8.2.3 Technologie

Drehen wurde in der bisherigen industriellen Anwendung vorwiegend als Vorbearbeitungsverfahren eingesetzt. Nach dem Drehvorgang wurden die Werkstücke bisher an den genauigkeitsrelevanten Partien nachträglich geschliffen. Heute sind Qualitäten beim normalen Schlichtdrehen von IT 7 – 8, beim Feinschlichten von IT 5 – 6 und beim Hochpräzisionsdrehen von IT 3 – 4 möglich [Tsc88, Pre94]. Damit ist dieses Verfahren in den Bereich der Endbearbeitung

vorgedrungen. Die erreichbaren gemittelten Rauhtiefen R_z liegen bei der Schruppbearbeitung zwischen 40 und 250 µm, beim Schlichten zwischen 10 und 40 µm, beim Feinstdrehen mit Hartmetall zwischen 2,5 und 10 µm sowie beim Feinstdrehen mit Diamant zwischen 1 und 2,5 µm. Der erreichbare Mindesttraganteil t_{ap} liegt beim Feinstdrehen mit Hartmetall bei 25 % und beim Feinstdrehen mit Diamant bei 40 % [Kri93].

Durch Erhöhen des Vorschubs nimmt beim Längs-Runddrehen die theoretische Rauhtiefe $R_{t,th}$ der gefertigten Werkstückoberfläche mit dem Quadrat des Vorschubs zu. In Abhängigkeit vom Vorschub f und der Eckenrundung r errechnet sich die theoretische Rauhtiefe in erster Näherung nach $R_{t,th} = f^2 / 8r$. Der Nachteil der mit größerem Vorschub zu erwartenden erhöhten Werkstückrauhtiefe kann beim Breitschlichtdrehen durch die Verwendung eines Werkzeugs mit verhältnismäßig großer Nebenschneide und einem Einstellwinkel χn im Bereich von 0 – 60 Minuten umgangen werden. So können auch bei großen Vorschüben sehr gute Oberflächengüten erzeugt werden. Richtwerte für Schnittgeschwindigkeiten, Vorschübe und Schnittiefen sind den einschlägigen Tabellenwerken zu entnehmen [Tsc88, Kri93]

Hartdrehen

Unter dem Begriff Hartdrehen versteht man die Drehbearbeitung von Einsatz-, Vergütungs-, Chrom-Nickel- und Kugellagerstählen mit Werkstoffhärten zwischen 48 und 68 HRC, wobei mit Schnittiefen zwischen 0,1 und 0,5 mm und Vorschüben im Bereich von $f = 0,1$ mm/U gearbeitet wird. Hartdrehen wird zukünftig Qualitätsbereiche um IT 3 – IT 5 und Oberflächengüten mit $R_z = 1$ µm erschließen. Mit der Forderung nach solchen Qualitäten gehen auch hohe Anforderungen an Form- und Lageabweichungen einher. Deshalb sind Rund- und Planlaufgenauigkeiten der Arbeitsspindel größer als 3 µm unzulässig, ferner müssen hohe Anforderungen an die Laufruhe der Spindel, an die Genauigkeit der Führungssysteme und an die Positioniergenauigkeit insbesondere in der X-Achse der Maschinen gestellt werden. Hartdrehen ist heute in vielen Fällen eine wirtschaftliche Alternative zum Schleifen. Insbesondere wenn die Toleranzen im Bereich von 15 – 20 µm liegen, kann der Prozeß sicher beherrscht werden [Pre94: 326]. Das Drehen gehärteter Stähle erfolgt vorwiegend mit

Mischkeramiken des Typs Al_2O_3/TiC sowie polykristallinem Bornitrid. Anwendungsbeispiele sind das Feinschlichten von Getriebewellen, Ritzeln und Zahnrädern, das Abspanen des Härteverzugs bei Kugellagern sowie das Abspanen gehärteter Bereiche an Werkstücken, wie Tellerrädern oder Antriebsflanschen. Die Möglichkeit, Werkstücke in einer Aufspannung zu bearbeiten, und der Verzicht auf Kühlschmiermittel sind die wesentlichen technologischen Vorteile, die die Substitution des Schleifens durch Hartdrehen hervorbringt.

11.8.2.4 Wirtschaftlichkeit

Durch die Flexibilität des Bearbeitungsverfahrens Drehen kann in Einzel-, Klein- und Großserie wirtschaftlich gefertigt werden. Mehrstück- und Mehrschnittbearbeitung durch mehrspindlige Vielschlittendrehautomaten führen zu einer starken Verkürzung der Hauptzeit. Im Vergleich zu einer Werkzeugmaschine mit einem Schlitten reduzieren sich beispielsweise beim Drehen auf Zweischlitten-CNC-Drehmaschinen die Fertigungszeiten um bis zu 30 %.

Der Einsatz numerischer Steuerungen ermöglicht das kostengünstige Unrunddrehen von Mehrkant- und Polygonprofilen mit hoher geometrischer Genauigkeit. Zudem werden durch dieses Verfahren die konstruktiven Gestaltungsmöglichkeiten von Maschinenelementen erweitert. Ein besonderer wirtschaftlicher Vorteil ergibt sich durch den Wegfall zusätzlicher Aufspannungen, wobei Bearbeitungszeiten eingespart und die Form- und Gestaltabweichungen verringert werden.

Eine Reduzierung von Nebenzeiten bei gleichzeitiger Verbesserung der Fertigungsgenauigkeit kann ebenfalls durch eine Komplettbearbeitung, bei der zusätzlich zu den reinen Drehoperationen weitere spanende Bearbeitungen auf der Drehmaschine durchgeführt werden, erreicht werden. Neuere Maschinenkonzepte sehen deshalb einen oder mehrere Werkzeugrevolver mit angetriebenen Werkzeugen für die Bohr- und Fräsbearbeitung vor, wobei die Maschine eine Gegenspindel im Revolver oder eine echte zweite Arbeitspindel für die Rückseitenbearbeitung aufweist.

Eine weitere Möglichkeit zur Wirtschaftlichkeitssteigerung beim Drehen ist die Hochgeschwindigkeitsbearbeitung, insbesondere bei Einsatz hochharter nichtmetallischer Schneidstoffe wie Schneidkeramiken oder Bornitrid.

Durch die Anwendung von Schnittgeschwindigkeiten bis zu 2500 m/min sind für die Stahlbearbeitung gegenüber dem konventionellen Drehen Kosteneinsparungen von 6 % zu erwarten. Weitere Untersuchungen zeigen, daß im Schnittgeschwindigkeitsbereich zwischen 2000 und 4400 m/min die Bearbeitungszeit um 55 % gesenkt werden kann, wobei die Standwege der Schneidstoffe nur um 30 % abnehmen, was sich in 12 % niedrigeren Fertigungskosten äußert [Be93]. Aufgrund der sehr großen Fliehkräfte ist beim Hochgeschwindigkeitsdrehen der Gestaltung der Spannmittel besondere Aufmerksamkeit zu widmen. Darüber hinaus sind besondere Schutzvorkehrungen in bezug auf eventuell herausgeschleuderte Werkstücke vorzusehen.

Höhere Schnittgeschwindigkeiten und neue Schneidstoffe beim Drehen ermöglichen heute eine Werkstückgenauigkeit, die die Anwendung des Schleifens für die Endbearbeitung in vielen Fällen entbehrlich macht [Fri85]. Bild 11-138 zeigt die derzeit unter Großserienbedingungen erreichbaren Werkstückqualitäten und Tendenzen in Abhängigkeit vom Zeitspanungsvolumen für das Drehen und Schleifen. Vorteile ergeben sich unter anderem dadurch, daß mehrere Flächen (Bohrungen, Planflächen, Schrägen) in einer Aufspannung hartgedreht werden können. Durch den Einsatz von Wendeschneidplatten wird der Umrüstaufwand zusätzlich erheblich reduziert. Im Vergleich dazu sind beim Schleifen mehrere Schleifmaschinen oder ein aufwendiger Schleifscheibenwechsel notwendig, wobei zusätzlich Abrichtvorgänge anfallen. Schließlich

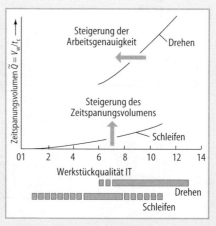

Bild 11-138 Anwendungsbereiche und Tendenzen beim Drehen und Schleifen [nach Schulze]

ist die Bearbeitungszeit beim Hartdrehen in der Regel wesentlich kürzer als beim Schleifen. Das Investitionsvolumen für Drehmaschinen ist im Vergleich zu Schleifmaschinen bis zu 50 % niedriger bei höherer Produktivität und geringerem Stellplatzbedarf [Weis94]. Durch kurze Bearbeitungszeiten und niedrigere Maschinenstundensätze werden günstigere Stückkosten erreicht. Ferner ermöglicht die Hartbearbeitung eine Personaleinsparung. Sollen Bauteile im harten Zustand durch Schleifen bearbeitet werden, so erfordert dies die Beschäftigung von Fachkräften für Dreh- und für Schleifoperationen. Außerdem muß die Logistik zwischen den Bearbeitungsstationen durch Personal abgedeckt werden. Wird dagegen ausschließlich eine Drehbearbeitung durchgeführt, kann die Hart- und Weichbearbeitung von demselben Personal durchgeführt werden.

Neben diesen arbeitsorganisatorischen und technologischen Verfahrensvorteilen gewinnt die Möglichkeit einer Trockenbearbeitung beim konventionellen und beim Hartdrehen zunehmend an Bedeutung. Damit entfällt der Einsatz von Emulsion oder Öl, die Reinigung von Spänen sowie die Entsorgung der bei einer Schleifbearbeitung anfallenden Schleifschlämme. Durch steigende Kosten für den Umweltschutz wird sich dieser Vorteil in einer Gesamtkostenrechnung in Zukunft weit stärker auswirken und die Wirtschaftlichkeit des Hartdrehens gegenüber einer Schleifbearbeitung weiter erhöhen.

11.8.3 Bohren

11.8.3.1 Einteilung der Bohrverfahren

Bohrverfahren sind nach DIN 8589 spanende Fertigungsverfahren mit kreisförmiger Schnittbewegung, die vom Werkzeug, Werkstück oder von beiden Wirkpartnern ausgeführt werden kann. Die Vorschubbewegung erfolgt nur in Richtung der Drehachse. Im Gegensatz dazu ist beim Innendrehen auch eine Quervorschubbewegung möglich. Senken ist Bohren zum Erzeugen von senkrecht zur Drehachse liegenden Planflächen oder symmetrisch zur Drehachse liegenden Kegelflächen bei meist gleichzeitigem Erzeugen von zylindrischen Innenflächen. Reiben ist Aufbohren mit geringer Spanungsdicke mit einem Reibwerkzeug zum Erzeugen von maß- und formgenauen kreiszylindrischen Innenflächen mit hoher Oberflächengüte. Ausgewählte Bohrverfahren sind in Bild 11-139 dargestellt.

Durch Plansenken werden senkrecht zur Drehachse der Schnittbewegung liegende ebene Flächen erzeugt. Unter Planeinsenken versteht man ein Plansenken zur Erzeugung vertiefter, senkrecht zur Drehachse der Schnittbewegung liegender ebener Flächen [Stö79]. Rundbohren ist ein Bohrverfahren zum Erzeugen einer kreiszylindrischen Innenfläche, die koaxial zur Drehachse der Schnittbewegung liegt. Hierbei unterscheidet man zwischen Bohren ins Volle, Kern-

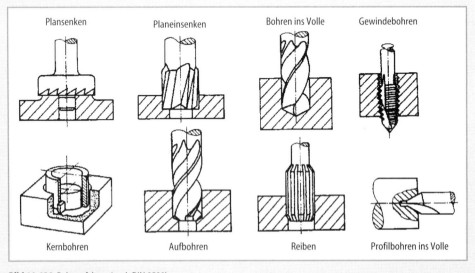

Bild 11-139 Bohrverfahren (nach DIN 8589)

bohren, Aufbohren und Reiben. Bohren ins Volle ist Rundbohren in den vollen Werkstoff, beim Kernbohren zerspant das Werkzeug den Werkstoff ringförmig, und es entsteht gleichzeitig mit der Bohrung ein zylindrischer Kern. Das Aufbohren dient zum Vergrößern einer bereits vorhandenen Bohrung. Die drei Rundbohrverfahren teilt man wiederum in Bohren mit Hauptschneidenführung, Bohren mit Einlippenbohrern sowie Bohren nach dem BTA-Verfahren (BTA, Boring and Trepanning Association) und Bohren nach dem Ejektorverfahren ein. Das Reiben teilt sich auf in Reiben mit Hauptschneidenführung und in Reiben mit Einmesser-Reibwerkzeugen [Stö79]. Schraubbohren ist Bohren mit einem Schraubprofil-Werkzeug in ein vorhandenes oder vorgebohrtes Loch zum Erzeugen von Innenschraubflächen, die koaxial zur Drehachse des Werkzeugs liegen. Beim Gewindebohren wird das Innengewinde mit einem Gewindebohrer erzeugt. Das Profilbohren ist ein mit einem Profilwerkzeug durchgeführtes Bohrverfahren zum Erzeugen von rotationssymmetrischen Innenflächen, die durch das Hauptschneidenprofil des Werkzeugs bestimmt werden. Die Untergruppen hierzu sind Profilsenken, Profilbohren ins Volle, Profilaufbohren und Profilreiben. Wird die Bohrungstiefe im Verhältnis zum Bohrungsdurchmesser größer als 20, spricht man vom Tiefbohren. Bei den waagerechten, drehmaschinenähnlichen Tieflochbohrmaschinen führt das Werkstück die umlaufende Schnittbewegung aus, während die Vorschubbewegung vom Werkzeug vollzogen wird. Zur besseren Spanabfuhr und Kühlschmierwirkung werden hier insbesondere Bohrer verwendet, bei denen der Kühlschmierstoff durch das Werkzeug in die Schneidzone geführt wird. Neben den zum Tiefbohren geeigneten Einlippenbohrern unterscheidet man bei dieser Technologie das BTA- und Ejektor-Bohrverfahren.

11.8.3.2 Werkzeuge

Die Bauformen von Bohrwerkzeugen sind äußerst vielfältig. Trotz der Vielzahl von standardisierten Bohrwerkzeugen nimmt der Anteil von an die jeweilige Bearbeitungsaufgabe angepaßten Sonderwerkzeugen ständig zu. Tabelle 11-9 gibt einen Überblick über Bohrwerkzeuge und Einsatzbereiche.

Für das Bohren ins Volle ist der Spiralbohrer oder korrekter ausgedrückt der Wendelbohrer, das am häufigsten angewendete Werkzeug. Nachteilig ist, daß die Schnittgeschwindigkeit im Bereich der Querschneide gegen null geht, so daß der Werkstoff hier nicht zerspant, sondern lediglich weggedrückt wird. Dies bedingt eine Erhöhung der Vorschubkraft und eine Verringerung der Standzeit. Der nachteilige Einfluß der Querschneide kann durch Vorbohren oder Ausspitzen des Bohrers, was eine Verkürzung der Querschneide bewirkt, gemindert oder vermieden werden. Als Schneidstoff wird heute hauptsächlich Schnellarbeitsstahl S 6-5-2 verwendet, für höhere Beanspruchungen Schnellarbeitsstahl S 6-5-2-5. Je nach der Größe des Seitenspanwinkels γ_x, der annähernd dem Drallwinkel entspricht, und des Spitzenwinkels δ werden die verschiedenen Spiralbohrertypen in die Bohrerhauptgruppen N für Normalwerkstoffe, H für harte und W für weiche Werkstoffe einge-

Tabelle 11-9 Bohrwerkzeuge und deren Einsatzbereiche [nach Bruins]

Bezeichnung	ein- schneidig	mehr- schneidig	Schrupp- bearbeitung		Schlicht- bearbeitung	l/d > 5
			Voll	Auf		
Spiralbohrer	–	x	x	x	–	(x)
Spiralbohrer mit Innenkühlung	–	x	x	(x)	–	x
Senker	–	x	–	x	x	(x)
Tiefbohrwerkzeuge	–	–	x	x	x	x
Wendeschneidplattenbohrer	–	x	x	x	x	–
Bohrstangen	x	x	–	x	x	–
Bohrstangen gedämpft	x	x	–	x	x	x
Reibahlen	–	–	–	x	x	–

x vorhanden bzw. geeignet,   **(x)** wenig geeignet,   – nicht vorhanden oder ungeeignet

ordnet. Mit Spiralbohrern lassen sich üblicherweise Bohrungen mit einem Verhältnis Bohrtiefe zu Bohrungsdurchmesser < 5 erzeugen. Durch Verwendung von TiN-beschichteten HSS-Spiralbohrern kann das Leistungsvermögen und das Anwendungsspektrum dieses Werkzeugstyps wesentlich vergrößert werden [Kön90]. Wenn nicht gewährleistet ist, daß das Kühlmittel bis an die Bohrerschneiden gelangt, können Spiralbohrer mit innerer Kühlmittelzufuhr verwendet werden. Um mit einem Werkzeug kombinierte Bohrarbeiten wie z. B. Bohren und Entgraten, Bohren und Senken oder Bohren mit zwei oder mehreren Durchmessern ausführen zu können, werden Stufen- oder Mehrfasen-Stufenbohrer eingesetzt. Die Kombination dieser herkömmlich getrennten Arbeitsgänge führt nicht nur zu erheblichen Einsparungen an Arbeitszeit, sondern ergibt auch genau fluchtende Stufenbohrungen und kann bei Verwendung z. B. auf Bearbeitungszentren oder Transferstraßen zur Einsparung von Bearbeitungsstationen führen.

Bis zu 15fach höhere Schnittgeschwindigkeiten können mit wendeschneidplattenbestückten Bohrwerkzeugen im Vergleich zu HSS-Werkzeugen erreicht werden. Der Durchmesserbereich dieser Werkzeuge liegt zwischen 16 und 120 mm. Die Vorteile dieser sogenannten Kurzlochbohrer bestehen neben der erhöhten Schnittgeschwindigkeit im Wegfall von Nachschleifkosten, in der gleichbleibenden Spitzengeometrie sowie in der vergleichsweise einfachen und wirtschaftlichen Anpassung des Schneidstoffs an den Werkstückstoff [Kön90]. Von Nachteil sind dagegen die unsymmetrisch auftretenden Zerspankräfte, die ein Verlaufen des Werkzeugs sowie Rattergefahr in sich bergen, und die Bruchanfälligkeit des Hartmetalls. Aus diesen Gründen sind Bohrtiefen nur bis maximal zum zweifachen Bohrungsdurchmesser möglich, wobei die Werkzeugmaschine eine stabile Aufnahme und eine spielfreie Spindel besitzen muß. Im Vergleich dazu werden bei HSS-Werkzeugen Bohrtiefen erreicht, die ein Vielfaches des Bohrungsdurchmessers betragen. Der Kurzlochbohrer hat aber den Vorzug, daß er sowohl im Vor- als auch im Rücklauf arbeiten kann. So kann mit dem Wendeplattenbohrer ein Durchgangsloch ins Volle erzeugt werden, und dann das Werkzeug radial auf Maß versetzt werden, um im Rücklauf Maßgenauigkeit und Oberflächengüte zu verbessern.

Werkzeuge für das Tiefbohren sind Einlippenbohrwerkzeuge, Bohrköpfe nach den Einrohrsystem (BTA-Bohrwerkzeuge) und Bohrköpfe nach dem Doppelrohrsystem (Ejektor-Bohrwerkzeuge). Bei Einlippenbohrwerkzeugen erfolgt die Kühlmittelzufuhr durch den Werkzeugschaft und die Abführung der Späne in einer V-förmigen Aussparung am Umfang. Der typische Durchmesserbereich dieser Werkzeuge liegt beim Bohren ins Volle zwischen 1 und 40 mm, für das Aufbohren zwischen 10 und 100 mm Durchmesser. Für Durchmesser über 40 mm sind andere Tiefbohrverfahren, wie z. B. das BTA-Verfahren geeigneter. Die größte erreichbare Bohrtiefe liegt beim 100fachen, teilweise beim bis zu 200fachen des Bohrerdurchmessers. Standard-Einlippenbohrer bestehen aus Bohrkopf, Bohrerschaft und Spannhülse. Beim Bohrkopf unterscheidet man zwischen Leistenkopf (Stahlkörper mit eingelöteten Schneidplatten und Führungsleisten) und dem weitaus häufiger angewendeten Vollhartmetallkopf. Sie werden teilweise auch TiN-beschichtet. Weiterhin können in Sonderfällen für höchste Beanspruchungen Vollhartmetallköpfe mit CBN- oder PKD-Schneiden bestückt werden [Pau93].

Beim BTA-Verfahren wird die Bohrung durch Druckspülung ständig sauber gehalten. Die Späne kommen mit der Bohrungswand nicht in Berührung. Sie fließen zusammen mit dem Kühlschmierstoff im Innern des Werkzeugs ab. Beim BTA-Tiefbohren sind die Bohrbereiche für das Bohren ins Volle 10 – 300 mm, beim Kernbohren 50 – 400 mm und beim Aufbohren 20 – 500 mm Durchmesser. Die untere Grenze des Bohrdurchmesserbereichs liegt infolge der Gefahr eines Spänerückstaus bei 6 mm. Bohrungen über 70 mm werden vorteilhaft mit BTA-Aufbohr- oder BTA-Kernbohrwerkzeugen hergestellt. Die mögliche Bohrtiefe beträgt im allgemeinen das 100fache des Bohrdurchmessers. Der BTA-Bohrer besteht aus Bohrkopf und Bohrrohr. Der Bohrkopf ist ein mit Hartmetall-Schneiden und Führungsleisten bestückter Stahlkörper. Das Bohrrohr ist ein Präzisionsstahlrohr mit sehr guten Rundlaufeigenschaften. Die Bohrköpfe für das BTA-Verfahren haben gegenüber den Einlippenbohrern den Nachteil, daß ein komplizierter Bohrölzuführungsapparat benötigt wird, der die Abdichtung des Bohrrohrs übernimmt. BTA-Tiefbohrwerkzeuge arbeiten mit großer Schnittgeschwindigkeit. Durch den ringförmigen Querschnitt des Bohrrohrs und der sich daraus ergebenden höheren Torsions- und Biegesteifigkeit können i. allg. größere Vorschübe bzw. größere Zerspanleistungen bewältigt werden. Alle anderen verfahrenstechnischen Eigenschaften wie Oberflächenqualität, Durchmessertoleranz, Bohrungsverlauf sowie Kräfteverteilung am Bohrkopf verhalten sich wie beim Einlippen-Tiefbohren.

Der Ejektorbohrer arbeitet mit einem Doppelrohr, durch das das Kühlschmiermittel an die Wirkstelle herangeführt wird, d. h., der Ringraum für die Zuführung wird nicht mehr durch die Bohrlochwandung abgegrenzt, sondern durch ein zweites Rohr. Ein Teil des Kühlschmierstoffs wird durch eine Ringdüse, ohne die Schneiden zu erreichen, mit großer Geschwindigkeit in das Innenrohr zurückgeleitet. Dadurch entsteht in den Spankanälen des Bohrkopfes ein Unterdruck, durch den der übrige Teil des Kühlschmierstoffs zusammen mit den Spänen in das Innenrohr gelangt. Der Bohrbereich beträgt beim Bohren ins Volle 20–65 mm Durchmesser und die größte Bohrtiefe ist 900 mm [Stö79]. Vorteil dieses Systems sind die geringen Abdichtungsprobleme, da der Bohrölzuführungsapparat nicht benötigt wird. Ferner sind diese Werkzeuge unter der Voraussetzung einer inneren Kühlmittelzufuhr auf einfachen Maschinen, wie z. B. Drehbänken oder Bohrwerken einsetzbar. Ejektor-Werkzeuge erreichen im Vergleich zu BTA-Verfahren geringere Zerspanleistungen.

Zum Aufbohren vorgebohrter oder gegossener Löcher sind zweischneidige Werkzeuge, z. B. Spiralbohrer, wenig geeignet. Aufbohrer, früher Spiralsenker oder Dreischneider genannt, sind hierfür die gebräuchlichsten Werkzeuge. Die größere Schneidenzahl ist die Ursache für eine bessere Rundheit als beim Bohren ins Volle mit nur zwei Schneiden. Ein stärkerer Kern und eine steilere Wendelung geben dem Werkzeug eine größere Stabilität. Die Genauigkeit wird beim Aufbohren besser. Ein weiteres, besonders gut zum Aufbohren geeignetes Werkzeug ist die Bohrstange. Moderne Bohrstangen sind häufig Bestandteil von Werkzeugsystemen, die aus Aufnahmeteil, Adapter und/oder Zwischenstück und Werkzeugkopf mit Schneidenträgern bestehen. Bohrstangen haben bei großen Tiefen und kleinen Durchmessern für große Spanungsquerschitte nicht die ausreichende Steifigkeit. Eine Vergrößerung des Elastitizitätsmoduls, z. B. durch einen Hartmetallschaft, ergibt eine Verringerung der Durchbiegung um den Faktor 0,4 [Bru84].

Senkwerkzeuge lassen sich in Flachsenker, Kegelsenker und Sondersenker unterteilen. In der Großserienfertigung werden häufig Sondersenker benötigt, die in einem Arbeitsgang mehrere Bohrungsstufen mit z. T. unterschiedlichen Senkwinkeln oder -radien erzeugen können. Sind Senkungen mit zwei oder drei Stufen herzustellen, so wird das Werkzeug oft als Mehrfasen-Stufensenker ausgeführt, wobei jeder Durchmesser eine eigene Spanfläche und einen getrennten Spanraum besitzt. Sind Senkungen mit einer Vielzahl von Durchmessern in die Bohrung einzubringen oder sind komplizierte Profile zu senken, werden sogenannte Profilsenker eingesetzt, bei denen die in Achsrichtung hintereinanderliegenden Schneiden aller Stufen eine gemeinsame Spanfläche haben.

Durch das Feinbearbeitungsverfahren Reiben erhalten Bohrungen hohe Paßgenauigkeiten und hohe Oberflächengüten. Die Herstelltoleranzen für Reibahlen sind nach DIN 1420 in Abhängigkeit von den Toleranzen der zu reibenden Bohrung genormt. In der Einzelfertigung und für Nach- und Reparaturarbeiten werden häufig Handreibahlen benutzt, deren Schneiden auch verstellbar sein können. Im Vergleich dazu haben Maschinenreibahlen einen kürzeren Anschnitt und kürzeren Schneidenteil, da sie in der Spindel fest aufgenommen und sicher geführt werden können [Stö79]. Für Maschinenreibahlen kommen als Schneidstoffe Schnellarbeitsstähle oder Hartmetalle zum Einsatz. Vorzugsweise für die Bearbeitung von Gußeisen werden Reibahlen mit Hartmetallbestückung eingesetzt, wobei größere Standzeiten als mit Werkzeugen aus Schnellarbeitsstahl erzielbar sind. Um das Auftreten von Ratterschwingungen zu verhindern, wird eine ungleiche Teilung der Schneidenabstände gewählt.

Gewindeschneidbohrer dienen zur Herstellung von Innengewinden. Gewindebohrer für Durchgangsbohrungen haben einen Anschnitt, der eine gute Führung des Werkzeugs gewährleistet. Bei Grundlöchern (Sacklöcher) ist der Anschnitt wesentlich kürzer. Maschinengewindebohrer sind in der Regel Einzelbohrer, die das Gewinde vor- und fertigschneiden. Beim manuellen Gewindebohren wird zur Herstellung des Gewindes ein Satz von zwei bzw. drei Werkzeugen eingesetzt.

11.8.3.3 Technologie

Bohren mit dem Spiralbohrer ist eine Schruppbearbeitung. Größere Maßgenauigkeiten und bessere Oberflächengüten erreicht man durch

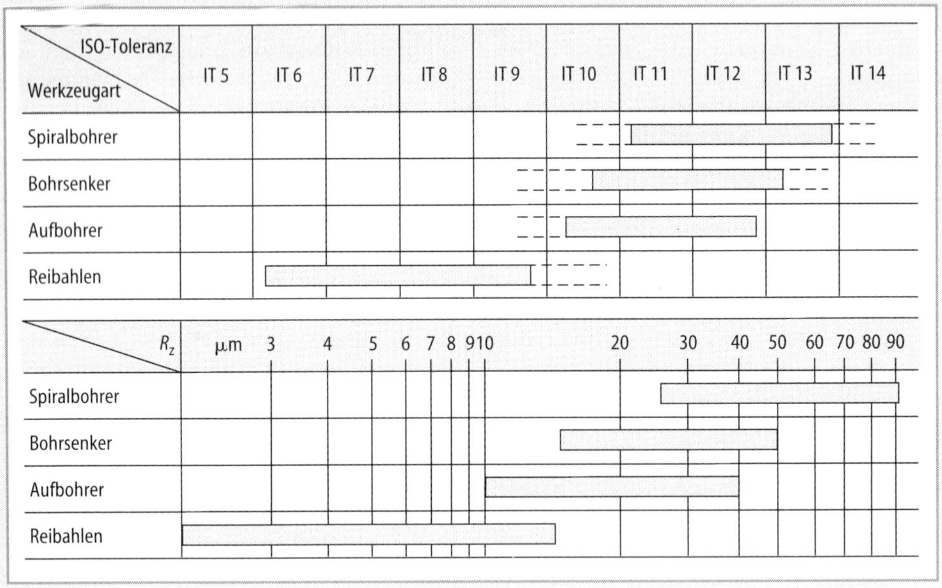

ISO-Toleranz / Werkzeugart

ISO-Toleranz / Werkzeugart	IT 5	IT 6	IT 7	IT 8	IT 9	IT 10	IT 11	IT 12	IT 13	IT 14
Spiralbohrer										
Bohrsenker										
Aufbohrer										
Reibahlen										

R_z µm	3	4	5	6	7	8	9	10	20	30	40	50	60	70	80	90
Spiralbohrer																
Bohrsenker																
Aufbohrer																
Reibahlen																

Bild 11-140 Erreichbare Bohrungstoleranzen und Oberflächengüten mit verschiedenen Bohrwerkzeugen (nach Pauksch)

Reiben, Senken, Feinbohren und Ausdrehen. Die Zuordnung von Bohrverfahren und erreichbarer Maßgenauigkeit bzw. erreichbarer Oberflächenqualität zeigt Bild 11-140. Bei konventionellen Spiralbohrern mit nur zwei Schneiden ist die Selbstführung gering. Kleine Unsymmetrien an den Schneiden oder im Werkstück führen zu ungleichmäßigen Übermaßen und Formfehlern der Bohrung. Die erreichbare Bohrungsgenauigkeit liegt deshalb in den ISO-Toleranzen bei IT 11 – IT 13. Werkzeuge mit drei Schneiden wie Bohrsenker und Aufbohrer haben eine gleichmäßigere Führung in der fertigen Bohrung, so daß die Arbeitsergebnisse in der Regel eine Toleranzgruppe besser sind. Eine wesentliche Verbesserung von Form und Genauigkeit ist bei Mehrschneidenreibahlen aufgrund der größeren Schneidenzahl und der Anwendung kleinster Schnittiefen gegeben. Durch die stark verbesserte Führung und die geringen führenden Kräfte lassen sich die ISO-Toleranzklassen IT 6 – IT 9 einhalten. Grundsätzlich gilt: je besser die Qualität der Vorbohrung ist, desto besser wird das Ergebnis beim Reiben. Für das Reiben sollte durch die Vorbearbeitung die richtige Lage, die genaue Richtung, Rundheit und eine gleichmäßige, nicht zu große Schnittiefe garantiert werden. Richtung und Lage lassen sich durch Reiben nicht verbessern, da die Reibahle von der Vorbohrung zentriert wird. Ein wesent-

licher Vorteil des Reibens gegenüber dem Tiefbohren oder dem Honen liegt darin, daß Reibwerkzeuge auf konventionellen Werkzeugmaschinen ohne Zusatzeinrichtungen einsetzbar sind.

Beim Ausdrehen mit Ausdrehmeißeln oder einem mehrschneidigen Bohrkopf können ISO-Toleranzen im Mittel von IT 7 und Rauhtiefen von 8 µm erreicht werden. Beim Ausdrehen mit Hartmetallschneiden und sehr kleinen Spanquerschnitten sind ebenfalls Qualitäten von IT 7 und Rauhtiefen von 4 µm erzielbar [Kle75]. Der erreichbare Traganteil t_{ap} liegt beim Feinbohren mit Hartmetall oder Diamant bei 25 %, beim Feinstbohren mit Diamant bei 40 %. Beim Aufbohren sind Werte für den Traganteil von 15 % erreichbar [Kri93]. Tabelle 11-10 gibt Richtwerte für erzielbare Bohrungstoleranzen und Rauhtiefen bei den Tiefbohrverfahren an. Tiefbohrverfahren können dann vorteilhaft eingesetzt werden, wenn folgende Anwendungsgebiete gegeben sind: hohe Anforderungen an die Bohrleistung (Zeitspanvolumen), Bearbeitung von Werkstoffen mit hohen Legierungsbestandteilen, die als schwer zerspanbar gelten und hohe Anforderungen an Toleranz, Oberflächengüte und Mittenverlauf. Da mit dem Tiefbohren die Verfahrenskombination Spiralbohren – Reiben substituiert werden kann, liegen die unter normalen Bedingungen erreichbaren Oberflächen-

Produktionstechnologie

Tabelle 11-10 Richtwerte für Tiefbohrverfahren bei Stahl [nach König]

Bohrart		Bohrungs-durchmesser D mm	Bohrungs-tiefe t mm	Bohrungs-toleranz ISO-Qualität	Bohrungs-rauhtiefe R_t µm	Mitten-rauhwert R_a µm	Bohrungs-mittenverlauf 1 m Tiefe mm	Bohrungs-mittenverlauf D mm
Voll-bohrer	Einlippen-vollbohrer	2 – 20	100 D		2 – 25	0,16 – 3,15	0,5	20
	BTA-Vollbohrer	6,3 – 63	100 D		6,3 – 25	0,63 – 3,15	0,25	40
	Ejektor-vollbohrer	20 – 63	40 – 100 D	> IT9	6,3 – 25	0,63 – 3,15	0,25	40
Kern-bohrer	Einlippen-kernbohrer	50 – 250	50 D		6,3 – 25	0,63 – 3,15	0,25	80
	BTA-Kernbohrer	50 – 360	50 D					
Auf-bohrer	Einlippen-aufbohrer	20 – 250	100 D		2 – 16	0,16 – 1,6	0,1	120
	BTA-Aufbohrer	20 – 1000		< IT9				
	Ejektor-aufbohrer	63 – 250			6,3 – 25	0,63 – 3,15		

güten in der gleichen Größenordnung. Außer der Toleranz und der Oberflächengüte ist die Geradheit einer Bohrung oft von ausschlaggebender Bedeutung. Selbst wenn diese nicht durch Tiefbohren allein gefertigt wird, sondern sich Folgeoperationen anschließen, ist die geometrische Form und Geradheit der Ausgangsbohrung von größter Wichtigkeit. Es sind hier Werte zwischen 27 und 70 µm Geradheitsabweichung je 1000 mm Bohrtiefe erreichbar bei Rundheitsabweichungen von etwa 2 µm. Nachteilig ist, daß das Verfahren eigens eingerichteter Maschinen bedarf, die sich wesentlich von Standard-Bohrmaschinen unterscheiden.

Im Unterschied zum Hartdrehen werden zum Bohren gehärteter Stähle primär Hartmetalle eingesetzt, mit denen sich die komplizierten Werkzeuggeometrien am besten herstellen lassen. Geeignet sind vor allem Vollhartmetallbohrer mit einer TiN-Beschichtung. Das Hartmetall sollte eine sehr feinkörnige Struktur aufweisen. So kann z.B. durchgehärteter Wälzlagerstahl 100Cr6 mit einer Härte von 60 HRC ins Volle gebohrt werden. Wenn Bohrer mit innerer Kühlmittelzufuhr eingesetzt werden, läßt sich die Wärmebeeinflussung der Werkstückrandzone vermeiden [Tön93]. Positive Ergebnisse ergaben auch mit CBN-Wendeplatten bestückte Kurzlochbohrer beim Bohren in gehärtetem Stahl bei Bohrtiefen bis zu doppeltem Bohrdurchmesser. Eine Substitution oder Verminderung des Kühlschmierstoffeinsatzes wird durch Trockenbearbeitung, durch Einsatz von umweltverträg-

lichen Schmierstoffen oder durch Minimalmengenkonzepte mit herkömmlichen oder umweltverträglichen Schmierstoffen erreicht. Diese Methoden können somit einen Beitrag auf der Suche nach umweltverträglichen Fertigungsmethoden leisten. So zeigen Untersuchungen, daß das Einlippentiefbohren von Grauguß mit Druckluft oder Ölnebelschmierung möglich ist [Wei93]. Problematisch ist hierbei aber der erhöhte abrasive Verschleiß im trockenen Schnitt an den Vorrichtungsbauteilen durch die Späne und die notwendigen Maßnahmen zur Schalldämpfung und Filterung der Abluft. Für die kühlmittelfreie Bearbeitung von Grauguß mit Spiralbohrern werden als Schneidstoffe beschichtete Hartmetalle, Cermets und keramische Schneidstoffe eingesetzt. So werden neuerdings Spiralbohrer aus Siliciumnitrid zur Trocken- und/oder Hochgeschwindigkeitsbearbeitung ohne Kühlschmiermittel eingesetzt. Diese Werkzeuge sind aber nur dann produktiv einsetzbar, wenn folgende Bedingungen gegeben sind: die Rundlaufgenauigkeit des Keramikbohrers muß in der Werkzeugmaschine besser sein als 0,01 mm, die Schnittgeschwindigkeit muß größer sein als 200 m/min und die Positionierachsen der Maschine müssen vibrationsfrei die Position während des Bohrens halten können. Für das Trockenbohren von Vergütungsstahl haben sich Hartmetalle der Anwendungsgruppe P bewährt. Bei der Bearbeitung von AlSi-Legierungen ist nicht die Prozeßtemperatur, sondern das Auftreten von Aufbauschneiden und als deren Folge verstopfte Spannuten problematisch. In Form einer Minimalschmierung bzw. „Mikrostrahlschmierung" mit Hilfe einer speziellen 2-Phasen-Düse kann das Zusammenkleben von Span und Werkzeug vermieden werden. Der Einsatz von Kühlschmierstoffen ist bis heute beim Reiben unbedingt notwendig, da an den Führungsleisten der Einschneiden-Reibahlen auf die Schmierwirkung nicht zu verzichten ist. Untersuchungen zum Reiben mit Schneiden aus Cermet zeigen, daß eine Trockenbearbeitung möglich ist, die Standzeitverluste jedoch recht hoch sind. Richtwerte für Schnittgeschwindigkeiten, Vorschübe und Schnittiefen der erwähnten Verfahren sind den einschlägigen Tabellenwerken zu entnehmen [Tsc88, Kri93]

11.8.3.4 Wirtschaftlichkeit

Der Zeitanteil der Bohroperationen auf flexiblen Fertigungssystemen liegt heute bei 30 bis 35 % der Bearbeitungszeit. In diesem Zusammenhang kommt dem Bohren im Bereich der spanenden Fertigung mehr denn je eine zentrale Bedeutung zu. In Anbetracht der hohen Maschinenstundensätze liegt in der Verkürzung der Bohrzeiten ein erhebliches Kostensenkungspotential, zumal die heute noch überwiegend ver-

wendeten Bohrwerkzeuge aus HSS moderne Maschinen weder hinsichtlich ihrer Leistung noch ihrer Steifigkeit auslasten. Die Leistungsfähigkeit, insbesondere die Schnittgeschwindigkeit von Spiral- und Gewindebohrern aus HSS kann durch eine Hartstoffbeschichtung verbessert werden. So erlauben TiN-beschichtete HSS-Bohrer in Abhängigkeit vom zu bearbeitenden Werkstoff eine Vervielfachung der mit konventionellen Schnellarbeitsstahlwerkzeugen realisierbaren Schnittwerte [Kön90]. Eine deutliche Leistungssteigerung ist mit Hartmetall als Schneidstoff erreichbar. Hier sind durch das gegenüber HSS-Werkzeugen um den Faktor sechs höhere Zeitspanungsvolumen und durch den vereinfachten Arbeitsablauf (Zusammenfassen von Zentrieren, Vorbohren und Reiben) Zeit- und Kosteneinsparungen von bis zu 50 % erreichbar (Bild 11-141).

Insbesondere beim Reiben läßt sich die Tendenz erkennen, von mehrschneidigen HSS-Reibahlen und aufgelöteten Hartmetallschneiden sowie in Sonderfällen Voll-Hartmetall-Reibahlen zu einschneidigen Reibwerkzeugen mit Hartmetallwendeplatten überzugehen. Deren Vorteile liegen in der Wirtschaftlichkeit und genauen Einstellbarkeit sowie in der reproduzierbaren hohen Bohrungsqualität. Die Schnittge-

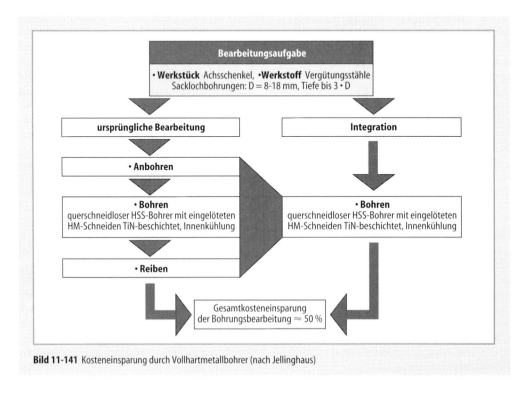

Bild 11-141 Kosteneinsparung durch Vollhartmetallbohrer (nach Jellinghaus)

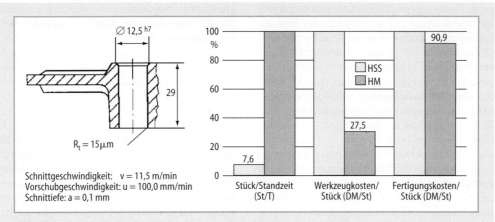

Bild 11-142 Vergleich der Wirtschaftlichkeit zwischen HM-bestückten (geklemmt) und HSS-Reibahlen beim Reiben einer Schaltraste aus Cf 45 (nach Daimler Benz AG)

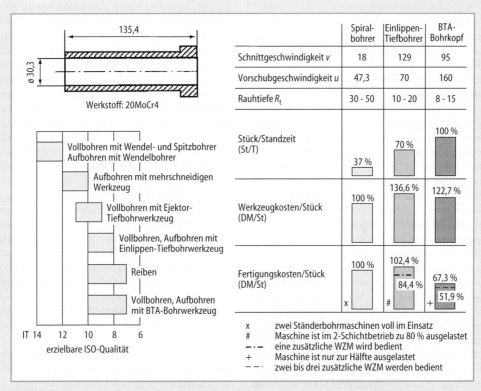

	Spiral-bohrer	Einlippen-Tiefbohrer	BTA-Bohrkopf
Schnittgeschwindigkeit v	18	129	95
Vorschubgeschwindigkeit u	47,3	70	160
Rauhtiefe R_t	30 - 50	10 - 20	8 - 15
Stück/Standzeit (St/T)	37 %	70 %	100 %
Werkzeugkosten/Stück (DM/St)	100 %	136,6 %	122,7 %
Fertigungskosten/Stück (DM/St)	100 % x	102,4 % 84,4 % #	67,3 % 51,9 % +

x zwei Ständerbohrmaschinen voll im Einsatz
Maschine ist im 2-Schichtbetrieb zu 80 % ausgelastet
— · — eine zusätzliche WZM wird bedient
+ Maschine ist nur zur Hälfte ausgelastet
— — · zwei bis drei zusätzliche WZM werden bedient

Bild 11-143 Erreichbare ISO-Qualität für verschiedene Bohrverfahren sowie Wirtschaftlichkeitsvergleich beim Bohren einer Hohlwelle mit unterschiedlichen Bohrwerkzeugen (nach Daimler Benz AG)

schwindigkeit beträgt ohne innere Kühlschmier-mittelzufuhr bis 25 m/min, bei innerer Zu-führung eines Kühlschmiermittels kann sie bis auf 100 m/min bei entsprechender Spindel- und Maschinenauslegung gesteigert werden. Das

Bild 11-142 zeigt an einem Einmesser-Reibwerk-zeug im Vergleich zu einer Mehrschneiden-HSS-Reibahle bei gleichen Schnittbedingungen die mögliche Stückzahlerhöhung pro Standzeit bei stark verminderten Werkzeugkosten und geringeren Fertigungsstückkosten. Dem Schneidstoff Hartmetall angepaßte Schnittparameter können bei etwas geringerer Standzeit die Fertigungszeit erheblich senken und somit insgesamt die Fertigung des Werkstücks noch kostengünstiger gestalten. Bei der Feinbearbeitung von Aluminium und Buntmetallen kann auch polykristalliner Diamant von wirtschaftlichem Vorteil sein. Notwendig hierfür sind schwingungsarme Maschinen und hohe Schnittgeschwindigkeiten. Dann ermöglichen diese kostenintensiven Werkzeuge eine rationale Bearbeitung mit sehr guten Fertigungsqualitäten, wobei die Standmengen bis zum 100fachen im Vergleich zur Hartmetallbearbeitung betragen können. Durch die höheren Schnittgeschwindigkeiten und die erheblich selteneren Werkzeugwechsel können die Schneidstoffkosten pro Werkstück und Gesamtbearbeitungskosten wesentlich niedriger sein.

In letzter Zeit werden verstärkt Tiefbohrwerkzeuge wie Einlippen-, Ejektor- sowie BTA-Voll- und Aufbohrwerkzeuge eingesetzt. Diese Werkzeuge lassen wesentlich höhere Schnittbedingungen als Spiralbohrer zu und sind heute nicht mehr ausschließlich Bohroperationen mit hohem Verhältnis aus Bohrtiefe zu Durchmesser vorbehalten. Die Anwendung hoher Schnitt- und Vorschubgeschwindigkeiten durch Verwendung von Hartmetall-Einsätzen und die damit verbundene schnellere Fertigung eines Werkstücks führt trotz der um etwa 1/3 höheren Werkzeugkosten pro Stück beim BTA-Vollbohren zu teilweise erheblichen Kosteneinsparungen gegenüber dem Einsatz von Spiralbohrern (Bild 11-143). Der Vergleich zwischen Spiral- und Einlippenbohrer fällt für das Spezialwerkzeug ungünstiger aus. Hier beeinflussen die gegenüber dem Spiralbohrer um das 2,5fache und gegenüber dem BTA-Bohrkopf um das 1,5fache höheren Anschaffungskosten des Werkzeugs das Ergebnis. Legt man eine übliche Maschinenbelegung zugrunde, liegen die Fertigungskosten pro Stück jedoch auch hier unter denen, die beim Bohren mit Spiralbohrern anfallen. Der linke Bildteil zeigt eine Gegenüberstellung der in der Praxis erzielbaren, durchschnittlichen ISO-Qualitäten für die verschiedenen Bohrverfahren. Beim Einsatz von Spiralbohrern werden zur Erzielung einer ISO-Qualität IT 7 die nachgeschalteten Arbeitsgänge Aufbohren und Reiben notwendig. Bei Verwendung von Tiefbohrwerkzeugen wird IT 7 oder IT 8 meist ohne Nacharbeit erreicht.

Weitere Vereinfachungen können beim Vollbohren durch die Hartbearbeitung mit CBN und Hartmetall erreicht werden, wobei sich ähnliche Vorteile wie bei der Hartbearbeitung beim Drehen ergeben.

11.8.4 Fräsen

11.8.4.1 Einteilung der Fräsverfahren

Fräsen ist Spanen mit kreisförmiger, einem meist mehrzahnigen Werkzeug zugeordneter Schnittbewegung und mit senkrecht oder auch schräg zur Drehachse des Werkzeugs verlaufender Vorschubbewegung zum Erzielen beliebiger Werkstückoberflächen. Das Fräsen ist neben dem Drehen das am häufigsten angewendete spanende Bearbeitungsverfahren. Die Fräsverfahren können nach Art des Schneideneingriffs und nach der Form der erzeugten Werkstückfläche eingeteilt werden. Hinsichtlich der Art des Schneideneingriffs werden Umfangs-, Stirn- und Umfangsstirnfräsen unterschieden. Weiterhin ist es möglich, die Verfahren nach ihrer Kinematik in Gegenlauf- und Gleichlauffräsen einzuteilen. Wichtige Fräsverfahren sind als Prinzipdarstellung in Bild 11-144 gezeigt. Die Vorschubbewegung kann vom Werkstück, vom Werkzeug oder von beiden ausgeführt werden [Spu84]. Das Umfangsplanfräsen wird häufig auch als Walzenfräsen bezeichnet. Der Walzenfräser besitzt nur am Umfang Schneiden, die i. allg. drallförmig verlaufen. Werkzeuge zum Umfangsstirnfräsen haben sowohl an ihrem zylindrischen Umfang als auch an der Stirnseite Schneiden. Die Hauptzerspanung wird von den Umfangsschneiden ausgeführt, die Stirnschneiden bearbeiten die Planfläche. Das Erzeugen kreiszylindrischer Flächen wird in der Praxis häufig mit außen- oder innenverzahnten Scheibenfräsern durchgeführt.

Das Erzeugen von Schraubflächen durch Fräsen erfolgt i. allg. mit Nuten- oder Scheibenfräsern. Zu dieser Verfahrensgruppe gehören auch das Lang- und Kurzgewindefräsen. Beim Langgewindefräsen wird ein einprofiliger Gewindefräser, dessen Achse in Richtung Gewindesteigung geneigt ist und dessen Vorschub der Gewindesteigung entspricht, eingesetzt. Das Kurzgewindefräsen erfolgt dagegen mit einem mehrprofiligen Werkzeug, dessen Achse zur Werkstückachse parallel liegt und dessen Vorschub der Gewindesteigung entspricht. Zur Herstellung des Gewindes ist dabei lediglich etwas mehr als eine Werkstückumdrehung erforderlich.

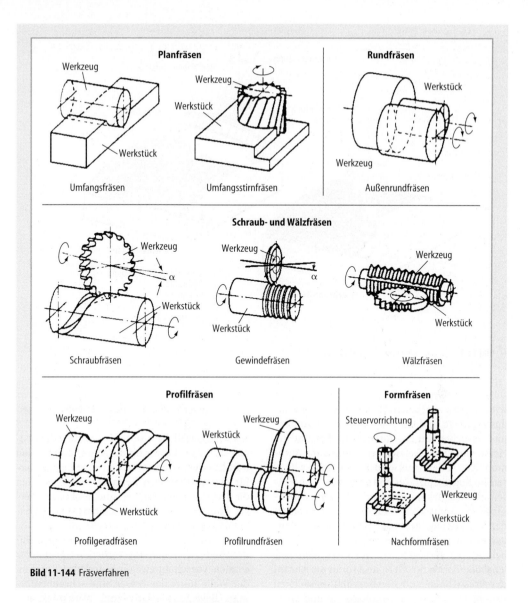

Bild 11-144 Fräsverfahren

Das Wälzfräsen ist das wichtigste Verfahren zum Erzeugen zylindrischer Verzahnungen. Es handelt sich um ein kontinuierliches Verzahnungsverfahren, bei dem Werkzeug und Werkstück kinematisch gekoppelt sind. Während der Wälzbewegung drehen sich Werkzeug und Werkstück wie Schnecke und Schneckenrad, wobei die Fräserdrehung die Schnittgeschwindigkeit bestimmt [Spu84]. Profilfräsen ist Fräsen unter Verwendung eines Werkzeugs mit werkstückgebundener Form zum Erzeugen von profilierten Flächen. Beispiele hierfür sind das Fräsen von Nuten, Radien, Zahnrädern oder Führungsbahnen.

Beim Formfräsen wird die gewünschte Form des Werkstücks durch die Steuerung der Vorschubbewegung erzeugt. Die Einteilung erfolgt in das Freiform-, Nachform-, Kinematisch-Form- und NC-Formfräsen. Wesentliches Merkmal beim Formfräsen ist die Anzahl der gesteuerten Achsen. Entsprechend unterscheidet man 3-Achsen-Fräsen und 5-Achsen-Fräsen (Bild 11-145). Beim 5-Achsen-Fräsen wird nicht nur die Fräserspitze, sondern auch die Fräserachsenrichtung relativ zum Werkstück kontinuierlich und simultan gesteuert. Damit ist es möglich, komplizierte Werkstückformen sowie gekrümmte Flächen ohne Anfertigen eines Modells wirt-

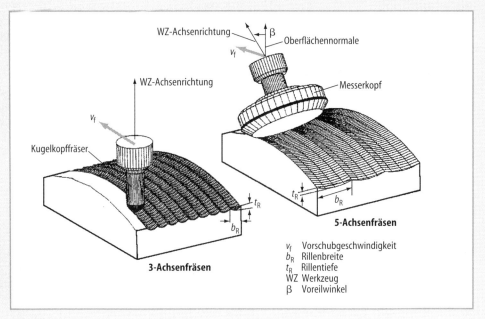

Bild 11-145 3- und 5-Achsen-Fräsen (nach Camacho)

In the figure:
- WZ-Achsenrichtung
- β
- Oberflächennormale
- v_f
- WZ-Achsenrichtung
- Messerkopf
- v_f
- Kugelkopffräser
- t_R
- t_R
- b_R
- **5-Achsenfräsen**
- b_R
- **3-Achsenfräsen**
- v_f Vorschubgeschwindigkeit
- b_R Rillenbreite
- t_R Rillentiefe
- WZ   Werkzeug
- β   Voreilwinkel

schaftlich zu bearbeiten [Spu84]. Hauptanwendungsgebiete sind der Flugzeug-, der Pumpen- und Verdichterbau, der Vorrichtungsbau und die Herstellung von Tiefziehwerkzeugen im Automobilbau. In der Regel wird beim 3-Achsen-Fräsen ein Kugelkopffräser und beim 5-Achsen-Fräsen ein Messerkopf eingesetzt. Das Fräsrillenprofil bestimmt die Produktivität und Qualität der Bearbeitung (geringe Nacharbeit bei geringer Profilhöhe). Das 5-Achsen-Fräsen ermöglicht es, bei vorgegebener Rillentiefe den Zeilenabstand zu vergrößern und somit die Anzahl der Fräsbahnen und die Bearbeitungszeit zu verringern [Her91]. Technologische und wirtschaftliche Vorteile sind hier eng miteinander verbunden. Der Vorteil des 5-Achsen-Fräsens liegt zum einen in der Möglichkeit, Werkstücke in einer Aufspannung zu fertigen. Dadurch ergibt sich eine hohe Genauigkeit der einzelnen Formabschnitte zueinander. Ferner sind Konturen herstellbar, die mit dem 3-Achsen-Fräsen nicht erzeugbar sind. Diese Vorteile kommen vor allem bei flach gekrümmten, konvexen Freiformflächen zur Geltung. Eine wichtige Grundlage für die konsequente Nutzung des 5-Achsen-Fräsens ist ein leistungsfähiges CAD-CAM-Programmiersystem bzw. eine gründliche Schulung der NC-Programmierer.

Neue Verfahrenskombinationen und -entwicklungen

Als wirtschaftliche Alternative zum Drehen haben sich in bestimmten Anwendungsfällen Rundfräsverfahren entwickelt. Ein Beispiel hierfür ist das Drehfräsen. Beim Drehfräsen werden die Prinzipien des Drehens und des Fräsens derart kombiniert, daß mit einem Messerkopf-Stirnfräser an einem senkrecht oder parallel zum Fräser rotierenden Werkstück i. allg. zylindrische Flächen erzeugt werden. Aufgrund der axialen Vorschubbewegung und der Rotation der Welle führt der Fräser eine schraubenförmige Bewegung relativ zum Werkstück aus. Demnach ist das Drehfräsen eine Variante des Schraubfräsens. Das Drehfräsen stellt in vielen Fällen eine rationelle Alternative zum Drehen bzw. Schleifen dar. Prinzipiell können achsparalleles (koaxiales) und orthogonales Drehfräsen unterschieden werden (Bild 11-146). Das achsparallele Drehfräsen ist aufgrund der Achskonzeption für die Futterteilbearbeitung ausgelegt, während das orthogonale Drehfräsen als Wellenbearbeitungsverfahren angesehen werden kann. Das Drehfräsen ist gegenüber dem Drehen insofern vorteilhaft, daß sich ein garantierter Spanbruch durch den unterbrochenen Schnitt und eine hohe Zerspanleistung ergibt

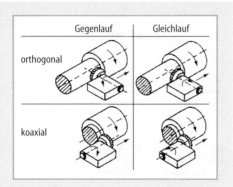

Bild 11-146 Achsanordnung beim Drehfräsen (nach Schulz)

bzw. eine Optimierung der Schnittgeschwindigkeit unabhänig von der Werkstückdrehzahl realisierbar ist. Dies ermöglicht die wirtschaftliche Bearbeitung schwerer bzw. unwuchtbehafteter Werkstücke. Bei der Bearbeitung von speziellen Formelementen, wie Gewinden, Schnecken, Kugelkalotten oder Exzentern, übertrifft das Verfahren die vergleichbare Drehbearbeitung sowohl im Hinblick auf die Zerspanleistung als auch auf die geometrische Genauigkeit bei weitem.

Eine partielle Erwärmung des Werkstoffs unmittelbar vor dem Eingriff des Werkzeugs, die durch die Integration des Lasers in einer Fräsmaschine realisiert werden kann, führt zur Verbesserung der Zerspanbarkeit und bietet dadurch erhebliche Prozeßvorteile wie eine Senkung der Zerspankräfte und eine Erhöhung der Standzeit des Werkzeugs [Kön92]. Die Technologie der laserunterstützten Warmzerspanung findet primär bei der Zerspanung von hochfesten Legierungen Anwendung. Durch die exakt steuerbare Wärmeenergie des Laserstrahls und die begrenzte wärmebeeinflußte Zone ist das Verfahren besonders bei geometrisch komplexen oder filigranen Teilen eine flexible Alternative zu anderen Fertigungsverfahren wie dem Schleifen.

11.8.4.2 Werkzeuge

Die vielseitigen Einsatzmöglichkeiten des Fräsens erfordern entsprechend vielfältige Ausführungen der Werkzeuge. Die üblichen Bezeichnungen der Fräser richten sich nach dem Zweck (z. B. Nutenfräser, Formfräser, Langlochfräser), nach der Lage oder geometrischen Form der Schneiden (z. B. Walzen-, Walzenstirn-, Win-

kelfräser), nach der Mitnahme (Schaft- oder Aufsteckfräser) und nach dem konstruktiven Aufbau (Walzenstirnfräser oder Fräskopf, Satzfräser, Scheibenfräser). Fräswerkzeuge können grundsätzlich in Umfangs-, Stirn-, Profil- und Formfräser unterteilt werden (Bild 11-147).

Schnellarbeitsstahl wird wegen seiner im Vergleich zu Hartmetall geringeren Kosten zu Vollstahl-Werkzeugen verarbeitet. Eine interessante Entwicklung stellen neue Schaftfräser mit ungleicher Spiralsteigung dar, da hierdurch die Gefahr des Ratterns minimiert wird. So können sie gegenüber herkömmlichen Werkzeugen bei bis zu 60 % größerem Vorschub bzw. Zerspanleistung arbeiten, erreichen größere Schnittiefen bei vibrationsfreiem Lauf, unterliegen nur kleinen Auslenkungen und ergeben bessere Oberflächengüten.

Bei Hartmetall-Werkzeugen werden kleine Werkzeuge aus Vollmaterial gefertigt. Bei größeren Hartmetall-Werkzeugen und bei sämtlichen anderen Schneidstoffen liegt der eigentliche Schneidstoff in Form von Schneidplättchen vor, die entweder auf einen Grundkörper aufgelötet oder in einen Werkzeugkörper geklemmt werden. Letztere haben besondere Bedeutung erlangt. Die Gründe sind: Einsparung hochwertiger Schneidstoffe, vereinfachte Instandhaltung durch die Auswechselbarkeit einzelner Schneiden, leichtere Einhaltung der Maßgenauigkeit durch die Nachstellbarkeit der Schneiden und kostensparende Herstellung der Schneiden [Spu84]. Wenn möglich, ist daher das Umfangsstirnfräsen mit Fräsmesserköpfen anzuwenden, die i. allg. aus dem Werkzeuggrundkörper, den Klemmelementen, der Kassette und der Wendeschneidplatte bestehen. Eine Einstellbarkeit des Axial- und des Radialschlags sollte möglich sein, da der Axialschlag die Oberflächengüte beeinflußt, während ein Radialschlag größer null immer negative Auswirkungen auf die Standzeit der Wendeschneidplatten hat.

Für die Stahlbearbeitung werden Schnellarbeitsstahl und zähe Hartmetalle der Zerspanungsanwendungsgruppen P 15 – P 40, für die Bearbeitung von Guß, NE-Metallen, Kunststoffen und gehärteten Stählen die Sorten K 10 – K 30 eingesetzt. Herkömmliche Hartmetallwendeschneidplatten werden zunehmend durch beschichtete und neuerdings durch mehrfachbeschichtete Sorten abgelöst. Infolge der stark wechselnden Beanspruchung beim Fräsen müssen beschichtete Hartmetalle eine ausreichende Grundzähigkeit und eine einwandfreie Haftung

Frästyp	Wirkprofil	Wirkfläche	Beispiele
1 Umfangs- (walzen-) fräser	werkstück- ungebunden	Umfangsfläche (kreiszylindrisch)	Walzenfräser Messerkopf
2 Stirnfräser	werkstück- ungebunden	Seiten(-Stirn)-und Umfangsflächen	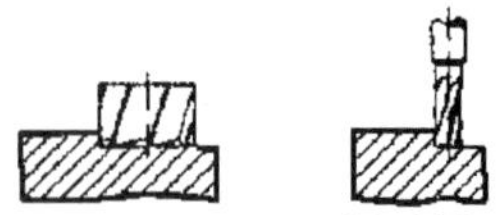 Walzenstirnfräser Schaftfräser
3 Profilfräser	werkstück- gebunden	Profilfläche	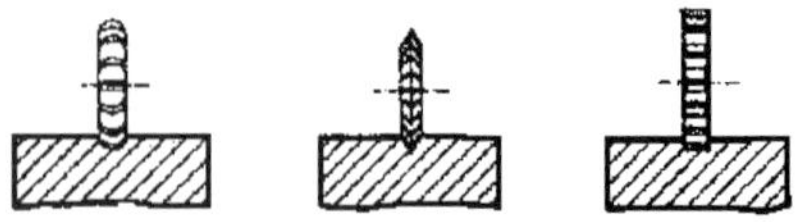 Halbkreisfräser Prismenfräser Scheibenfräser
4 Formfräser	werkstück- gebunden	Formfläche beliebig	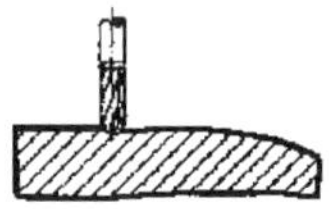 Gesenkfräser

Bild 11-147 Fräswerkzeuge und einige typische Anwendungen [nach Schulze]

der verschleißbeständigen Schicht aufweisen. Zum Feinstfräsen von Stählen werden auch Cermets vermehrt eingesetzt. Darüber hinaus gelangen auch Si_3N_4-Keramiken, die weniger stoßempfindlich sind, zum Schruppfräsen von Grauguß zur Anwendung, wobei hohe Zeitspanungsvolumina erreicht werden. Für das Schlichtfräsen von Grauguß, Hartguß, Einsatz- und Vergütungsstählen sowie gehärteten Stählen dienen Oxid- und Mischkeramiken. Neben diesen Schneidstoffen finden auch Schneidplatten aus polykristallinem Diamant (PKD) Eingang in die Praxis. Sie eignen sich für das Bearbeiten von stark abrasiv wirkenden Nichteisenmetallen, faserverstärkten Kunststoffen sowie für das Fräsen von Graphitelektroden [Spu81]. Kantenfestigkeit, Härte, Schlagfestigkeit und verminderte Reibung sind die Eigenschaften dieses Schneidstoffs. Unter sonst gleichen Bedingungen kann PKD beim Fräsen von siliciumhaltigen Aluminiumlegierungen (z.B. AlSi7Cu4Mg) eine 20mal höhere Standzeit als Hartmetall erreichen. Die Affinität zum Kohlenstoff schließt allerdings die Bearbeitung von Stahl- und Gußwerkstoffen mit PKD-Werkzeugen aus. Eine gute Ergänzung bieten in diesen Fällen die mit einem Belag aus kubisch-kristallinem Bornitrid versehenen Schneidplatten, wobei Hartmetall als Trägerwerkstoff dienen kann. Sie eignen sich gut für die Bearbeitung von schwerzerspanbaren Eisenwerkstoffen bzw. von gehärteten Führungsbahnen oder hochfesten Vergütungsstählen (> 45 HRC) [Töl83].

11.8.4.3 Technologie

Beim Umfangsfräsen muß das Gegenlauf- und Gleichlauffräsen unterschieden werden. Beim Gegenlauffräsen ist die auf das Werkstück bezogene Vorschubrichtung zum Zeitpunkt des Zahneintritts in das Werkstück der Schnittrichtung des Werkzeugs entgegengesetzt. Die Spanungsdicke wächst von null zu ihrem Größtwert bei Austritt des Zahns aus dem Werkstück. Aus diesem Grund tritt ein Gleiten der Schneide über einen Teil der von der vorhergehenden Schneide erzeugten Fläche auf. Diese Schneidenbeanspruchung kann zu einer Beschleunigung des Werkzeugverschleißes und bei sehr elastischen Werkstückwerkstoffen zu einer größeren Welligkeit auf der Werkstückoberfläche führen [Spu84]. Beim Gleichlauffräsen ist dagegen die auf das Werkstück bezogene Vorschubrichtung zum Zeitpunkt des Zahnaustritts mit der Schnittrichtung des Werkzeugs identisch. Der Span wird an der Stelle seiner größten Spanungsdicke angeschnitten, die dann allmählich bis auf null abnimmt, so daß sich die Schnittkraft ebenfalls verringert und Auffederungseffekte vermieden werden. Beim Gleichlauffräsen lassen sich dadurch in der Regel bessere Oberflächengüten erzielen. Bezogen auf die Standzeit des Fräswerkzeugs kann das Gleichlauffräsverfahren günstiger als das Gegenlauffräsen sein, sofern nicht in eine harte Walz-, Guß- oder Schmiedehaut eingeschnitten wird [Gun79]. Ein großer Anteil der Schnittkraft wirkt beim Gleichlauffräsen ziehend auf das Werkstück, so daß maschinenseitige Voraussetzungen wie spielfreie Bewegung des Tischantriebs und steife Ausbildung des Werkzeugträgers für die Anwendung dieser Frästechnologie erfüllt sein müssen.

Nach Möglichkeit ist das Stirnfräsen dem Umfangsfräsen vorzuziehen. Vorteile sind höhere Genauigkeit (IT 6 gegenüber IT 8), Anwendbarkeit von Wendeschneidplatten, bessere Oberflächengüte, geringerer Verschleiß und höhere Schnittgeschwindigkeiten (Hartmetalle statt HSS) [Raa84]. Ferner sind beim Stirnfräsen mehr Zähne im Eingriff und die Maschinenbelastung ist gleichmäßiger. Die Schneiden werden zudem geschont, da sich der Anschnitt von der Schneidenecke weg verlegen läßt, die spezifische Schnittkraft kleiner ist und der Kühlschmierstoff besser an die Schneidstelle gelangt [Reic83].

Die Schnittwerte beim Fräsen werden i.allg. niedriger gewählt als beim Drehprozeß. Insbesondere wählt man kleinere Spanungsquerschnitte, um die dynamische Belastung der Schneidstoffe gering zu halten und einen Werkzeugbruch zu vermeiden. Die wirtschaftlichen Standzeiten der Werkzeuge sind gegenüber denen beim Drehen länger, da mit höheren Werkzeugkosten und größeren Werkzeugwechselzeiten gearbeitet wird. Die Wahl des Vorschubs beeinflußt im hohem Maße die Oberflächengüte sowie die Belastung von Maschine und Werkzeug. Durch die Erhöhung des Vorschubs je Zahn kann das Zeitspanungsvolumen vergrößert werden. Zum Schlichten sollte mit größerer Schnitt- und kleiner Vorschubgeschwindigkeit gearbeitet werden, um zumindest in Vorschubrichtung eine geringere Rauhtiefe zu erzielen.

Die erreichbaren Genauigkeiten liegen im Bereich IT 8 für das Umfangsfräsen, IT 6 für das Stirnfräsen und IT 7 für das Formfräsen. Für die Schruppbearbeitung liegen die erreichbaren gemittelten Rauhtiefen R_z i.allg. zwischen 25 und 100 µm, bei der Schlichtbearbeitung zwischen 10 und 25 µm. Beim Schlicht-Walzenfräsen ist eine Oberflächengüte von $R_t = 30$ µm, beim Stirnfräsen von $R_t = 10$ µm und beim Formfräsen entsprechend $R_t = 20$ bis 30 µm erreichbar [Tsc88]. Wird das Feinfräsen angewandt, so werden Werte zwischen 4 und 10 µm und beim Feinstfräsen (Einzahn-Fräsen mit speziellen Keramikschneidplatten) zwischen 1,6 und 4 µm erzielt. Der erreichbare Mindesttraganteil t_{ap} liegt beim Feinfräsen bei 25 % und beim Feinstfräsen bei 40 % [Kri93]. Bezogen auf eine mittlere Maschinengröße treten i.allg. Formabweichungen im Bereich von 30 – 40 µm auf.

Das Schlichtstirnfräsen wird inbesondere als Endbearbeitungsverfahren für große ebene Flächen mit besonderen Anforderungen an die Oberflächengüte und Ebenheit eingesetzt, wenn andere Endbearbeitungsverfahren (z.B. Schleifen oder Schaben) unwirtschaftlich oder nicht möglich sind. Derartige Anwendungsfälle finden sich vorwiegend im Großmaschinenbau, z.B. zur Erzeugung von Verbindungsflächen, Dichtflächen im Motoren- und Turbinenbau, Maschinentischen und Führungsbahnen an Werkzeugmaschinen. In der industriellen Fertigung werden drei Varianten zum Feinfräsen eingesetz (Bild 11-148). Konventionelle Schlichtstirnfräser arbeiten mit geringen Schnittiefen und Vorschüben je Zahn und sind mit einer hohen Anzahl an Zähnen bestückt. Wegen der verhältnismäßig hohen Werkzeugkosten ist diese Variante nur für die Großserienfertigung wirtschaftlich einsetzbar. Breitschlichtstirnfräser, die mit einer geringen Anzahl an Zähnen (1–7) bestückt sind und mit sehr niedrigen Schnittiefen und hohen Vorschüben arbeiten, haben bedingt durch niedrige Werkzeugkosten ihren wirtschaftlichen Einsatzbereich bei Klein- und Mittelserien. Die dritte Variante ist das Stirnfräsen mit Schlichtmessern und Breitschlichtschneiden, die die Vorteile beider Verfahren kombinieren. Das Werkzeug ist in diesem Fall nur mit ein bis zwei Breitschlichtschneiden besetzt, die radial zurückgesetzt sind und die axial, zur Erzeugung einer hohen Oberflächengüte, um 0,03 – 0,05 mm vorstehen. Eine gute Wirtschaftlichkeit mit diesen Werkzeugen wird sowohl bei Klein- und Mittelserien als auch bei Großserien gewährleistet [Deg79].

Beim Fräsen mit HSS-Werkzeugen ist aufgrund der geringen Temperaturfestigkeit des

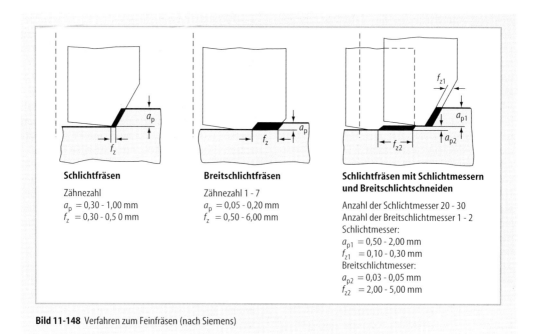

Schlichtfräsen

Zähnezahl
a_p = 0,30 - 1,00 mm
f_z = 0,30 - 0,50 mm

Breitschlichtfräsen

Zähnezahl 1 - 7
a_p = 0,05 - 0,20 mm
f_z = 0,50 - 6,00 mm

Schlichtfräsen mit Schlichtmessern und Breitschlichtschneiden

Anzahl der Schlichtmesser 20 - 30
Anzahl der Breitschlichtmesser 1 - 2
Schlichtmesser:
a_{p1} = 0,50 - 2,00 mm
f_{z1} = 0,10 - 0,30 mm
Breitschlichtmesser:
a_{p2} = 0,03 - 0,05 mm
f_{z2} = 2,00 - 5,00 mm

Bild 11-148 Verfahren zum Feinfräsen (nach Siemens)

Schnellarbeitsstahls die Verwendung von Kühlschmierstoffen vorteilhaft. Verschleißuntersuchungen zum Fräsen mit Hartmetallen zeigen jedoch, daß temperaturwechselbedingtes Rißwachstum im Schneidteil von Fräswerkzeugen um so intensiver auftritt, je größer der Temperaturschock beim Austritt des Werkzeugs aus dem Werkstück ist. Beim Fräsen mit Kühlschmierstoff können an der Schneidkante innerhalb kurzer Zeit Kammrisse auftreten, die zu Ausbröckelungen entlang der gesamten Hauptschneide führen. Beim Fräsen im Trockenschnitt mit Hartmetall bei sonst gleichen Schnittbedingungen kann deshalb die Standzeit erhöht werden. Standzeitverbesserungen sind dagegen beim Fräsen mit Kühlschmierstoff bei Werkstoffen zu erwarten, die stark zum Kleben neigen.

Durch den Einsatz von CBN ist Hartfräsen bei einer ausreichenden Steifigkeit und Antriebsleistung der Werkzeugmaschine möglich. Die Schnittgeschwindigkeiten für Stahl liegen zwischen 100 und 350 m/min und bei Guß zwischen 200 - 600 m/min. Als Schnittiefen werden bei Stahl 0,02 und bei Guß 1,0 mm angegeben. Die Vorschübe pro Zahn liegen bei Stahl bei 0,3 und bei Guß bei 0,7 mm [Töl83]. Mit gutem Erfolg wurden bisher folgende Werkstoffe bzw. Werkstoffgruppen gefräst: gehärteter Grauguß, gehärteter Meehaniteguß (45 – 60 HRC), gehärte-

te Stähle wie Ck 45, 42CrMo4, X210CrW12, 100CrMoMn (Lufthärter) und X165CrMoV12 (alle über 45 HRC).

Beim Hochgeschwindigkeitsfräsen der im Werkzeugbau üblichen Gußwerkstoffe (vorwiegend GG25CrMo, aber auch globulare Gußsorten) werden mit CBN bereits Schnittgeschwindigkeiten von 500 bis zu 1500 m/min, mit Cermets von etwa 300 – 600 m/min realisiert. Wichtig dabei ist aber die Tatsache, daß insbesondere CBN ein ausgeprägtes Schnittgeschwindigkeitsoptimum aufweist und auf zu niedrige Schnittgeschwindigkeiten mit erhöhtem Verschleiß reagiert. Bild 11-149 zeigt Schnittgeschwindigkeitsbereiche beim Hochgeschwindigkeitsfräsen. Technologisch (Werkzeugverschleiß) und maschinentechnisch (Antriebsleistung der Hochfrequenzspindeln) ist der Einsatz des Hochgeschwindigkeits-Fräsens von Stahl und Guß nur beim Schlichten sinnvoll.

Während früher die Allzweckmaschine gefordert wurde, ist nun die Tendenz zur spezialisierten Schlichtmaschinen zu erkennen. Die Wirtschaftlichkeit einer Trennung in Schruppen auf konventionellen und Schlichten auf spezialisierten schnellen Maschinen wird von den Anwendern zunehmend erkannt. Für die Hochgeschwindigkeitstechnologie müssen entsprechende Werkzeugmaschinen eingesetzt werden, die über eine besonders hohe Dynamik verfü-

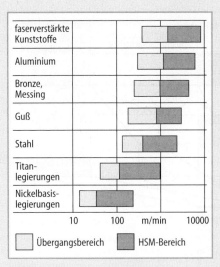

faserverstärkte Kunststoffe			
Aluminium			
Bronze, Messing			
Guß			
Stahl			
Titan- legierungen			
Nickelbasis- legierungen			

10   100   m/min   10000

☐ Übergangsbereich   ▓ HSM-Bereich

Bild 11-149 Schnittgeschwindigkeitsbereiche beim Hochgeschwindigkeitsfräsen (nach Müller)

gen, da zur Leichtmetallzerspanung Fräserbahngeschwindigkeiten bis ca. 20 m/min, bei der HSC-Schlichtbearbeitung von Stahl und Guß bis ca. 10 m/min realisiert werden [Schu89].

11.8.4.4 Wirtschaftlichkeit

Die Schnittzeit und das Zeitspanungsvolumen beim Fräsen werden im wesentlichen durch die Größe der Vorschubgeschwindigkeit bzw. vom Vorschub je Zahn bestimmt, der mittelbar über die Drehzahl des Fräswerkzeugs auch von der Größe der Schnittgeschwindigkeit beeinflußt wird.

Aufgrund der durch Hochgeschwindigkeitsfräsen erzielbaren Oberflächenqualitäten kann diese Bearbeitungstechnologie teilweise das normalerweise nachfolgende Schleifen ersetzen oder, infolge der Erzeugung einer besser vorbereiteten Fläche, die noch notwendigen Schleifzeiten erheblich reduzieren. Somit kann die Wirtschaftlichkeit durch Verkürzung der gesamten Fertigungsdurchlaufzeit erheblich gesteigert werden. Vorteile ergeben sich insbesondere bei der Bearbeitung von Werkstoffen, die wegen ihrer Schmierneigung schwer zu schleifen sind, wie z. B. Leicht- und Buntmetalle. Durch das Hochgeschwindigkeitsfräsen können die kinematischen Vorteile der einschneidigen Bearbeitung (keine Plan- und Rundlauffehler wie bei mehrschneidigen Werkzeugen) aufgrund der höheren Schnittgeschwindigkeiten ohne wirt-

schaftliche Einbuße genutzt werden. Die für diese Schnittgeschwindigkeiten erforderlichen Drehzahlsteigerungen ermöglichen auch bei Einschneidern Vorschubgeschwindigkeiten, die in der Regel über denen drei- oder vierschneidiger Werkzeuge bei konventioneller Bearbeitung liegen. Die um den Faktor 5 – 10 höheren Vorschubgeschwindigkeiten des Hochgeschwindigkeitsfräsens ermöglichen eine beträchtliche Hauptzeitreduzierung. Außerdem können die Fräszeilenabstände weiter verringert werden. Dadurch läßt sich die Sollkontur besser annähern und der Aufwand für die manuelle Nacharbeit sinkt erheblich. Hohe Maschinenstundensätze und ein noch immer sehr hoher Anteil an manueller Nacharbeit im Werkzeug- und Formenbau haben das Hochgeschwindigkeitsfräsen als interessante Alternative zur konventionellen Schlichtbearbeitung an Bedeutung gewinnen lassen (Bild 11-150).

Ein weiterer Rationalisierungsansatz ergibt sich mit dem Einsatz in erster Linie von CBN-Werkzeugen oder auch teilweise von Schneidkeramiken für eine Hartbearbeitung. Große Wirtschaftlichkeitserfolge ergeben sich durch die Substitution der konventionellen Schleifbearbeitung gehärteter Führungsbahnen durch das Hartfräsen, da sich hier Bearbeitungszeiten von einigen Minuten beim Fräsen gegenüber einigen Stunden beim Schleifen ergeben. Mit dem Schleifen werden zwar die hohen Ansprüche, die an die Form- und Maßgenauigkeit und an die Oberflächengüte gestellt werden, erfüllt. Da aber nur eine geringe Erwärmung des Werkstoffs während des Bearbeitungsvorgangs zulässig ist, kann nur mit einer geringen Zustellung gearbeitet werden. Zusätzlich entsprechen die Schleifmittelkosten, die je Volumeneinheit zerspanten Werkstückstoffs anfallen, häufig denen der CBN-Kosten. Neben der längeren Bearbeitungszeit beim Schleifen sind vor allem die anfallenden Mengen an Schleifschlamm als bedeutender Nachteil zu sehen. Die hohen Kosten für die Aufbereitung und die umweltgerechte Entsorgung des Schlamms lassen das Fräsen mit CBN im günstigeren Licht erscheinen, bei dem eine Trockenbearbeitung leichter zu verwirklichen ist als beim Schleifen. Ein Vorteil durch den Einsatz von Wendeschneidplatten aus CBN ergibt sich auch bei niedrigen Werkstückhärten. Im Vergleich zu Hartmetall oder Schneidkeramik werden einerseits wesentlich höhere Schnitt- und Vorschubgeschwindigkeiten (kürzere Stückzeiten) und andererseits wesentlich höhere

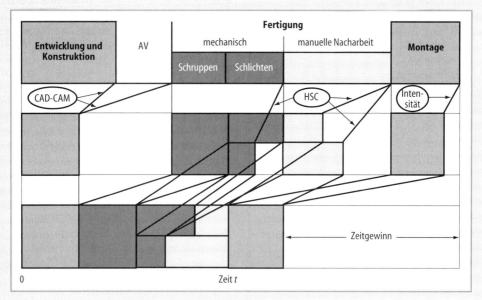

Bild 11-150 Zeitliche Entstehungskette eines Formwerkzeugs und mögliches Potential zur Rationalisierung (nach Hock)

Standzeiten/-mengen (weniger Stillstandszeiten und damit ebenfalls eine höhere Produktivität) erreicht. Deshalb kann trotz der bis zu 20fach höheren Beschaffungskosten für die CBN-Schneidplatten mit einer spürbaren Kostenverringerung gegenüber Hartmetall und Schneidkeramik gerechnet werden.

Ein weiteres Rationalisierungspotential kann beim Fräsen durch eine 5-Achsen-Bearbeitung als Teil einer Komplettbearbeitung erschlossen werden. Dadurch wird die Bearbeitungsgenauigkeit verbessert, die Rüst- und Durchlaufzeit verkürzt und somit die Lieferbereitschaft erhöht. Das 5-Achsen-Fräsen erleichtert nicht nur die Komplettbearbeitung in einer Aufspannung, sondern ermöglicht auch den Einsatz preisgünstiger Standardwerkzeuge. Außerdem ergibt sich eine erheblich kürzere Fertigungszeit [Spu81]. Durch die Kombination von Standardzubehör (Schwenk-Rundtisch) mit einer Universalfräsmaschine in Standardausführung (3-Achsen-NC-Fräsmaschine) ist auf einfache und kostengünstige Weise eine fünfachsige Bearbeitung zu realisieren. Mit diesem Konzept kann im Werkzeug- und Formenbau durch Nutzung der 5-Achsen-Frästechnologie in Teilbereichen die Produktivität und Wirtschaftlichkeit merklich erhöht werden.

Eine Komplettbearbeitung wird ebenfalls durch sogenannte Kombinations-Fräswerkzeuge, die verschiedene Bearbeitungsoperationen vereinen, unterstützt. Mit diesen Kombinations-Fräswerkzeugen können erhebliche Einsparungen erreicht werden. Ein Beispiel dafür sind Schaftfräser mit Hartmetall-Wendeplatten zum Bohren und Fräsen. Mit nur wenigen Werkzeugen sind sehr unterschiedliche Werkstücke rationell bearbeitbar. Durch Kombination der Funktionen Bohren, seitliches Fräsen, Nutenfräsen, Profilfräsen und Plansenken mit nur wenigen Werkzeugen läßt sich die Produktivität steigern. Damit ist das Arbeiten bei weniger Werkzeugwechseln oder auch weniger Werkstückaufspannungen möglich.

11.8.5 Sägen

11.8.5.1 Einteilung der Sägeverfahren

Nach der verwendeten Art und Bewegung des Werkzeugs werden die folgenden Sägeverfahren unterschieden: Hub-, Band-, Kreis- und Kettensägen (Bild 11-151). Ferner werden alternativ nach der Form der erzeugten Oberfläche drei Verfahren unterschieden: Sägen zum Erzeugen ebener Flächen mit den Untergruppen Trenn-, Plan-, und Schlitzsägen, Sägen zum Erzeugen zylindrischer Flächen wie Rund- und Stirnsägen und Sägen zum Erzeugen beliebig geformter Flächen durch Steuerung der Vorschubbewe-

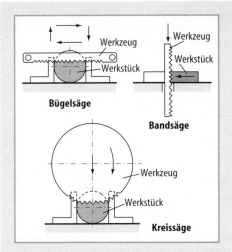

Bild 11-151 Verschiedene Sägeverfahren [nach König]

Genauigkeitsanforderungen finden beim Band- und Kreissägen darüber hinaus auch hartmetallbestückte und mit Diamanten belegte Werkzeuge Anwendung. Bei großen Sägeblättern besteht das Stammblatt aus Werkzeugstahl, das mit Segmenten aus Schnellarbeitsstahl versehen wird. Solche Segmente können aber auch mit Hartmetallschneiden ausgerüstet werden. Da der Einsatz solcher Hartmetallsegmente aufgrund der großen Schnittgeschwindigkeiten etwa die 10fache Antriebsleistung im Vergleich zu HSS-Werkzeugen erfordert und die meisten Sägemaschinen noch nicht darauf eingestellt sind, wird Hartmetall bei den Sägewerkzeugen derzeit noch relativ wenig eingesetzt.

11.8.5.3 Technologie

Man unterscheidet beim Sägen zwei Arten von Genauigkeiten. Die Längsgenauigkeit zeigt an, welche Wiederholgenauigkeit bezüglich der Länge eines abgeschnittenen Werkstücks erreicht werden kann. Die Winkelgenauigkeit zeigt an, wie genau die Winkligkeit des abgesägten Werkstücks ist. Sie wird in der Regel in mm bezogen auf 100 mm Schnitthöhe angegeben. Die Längengenauigkeit beträgt beim Bügelsägen ± 0,2 – 0,25 mm, beim Bandsägen ± 0,2 – 0,3 mm und beim Kreissägen ± 0,15 – 0,2 mm. Die Winkelgenauigkeit liegt beim Bügelsägen bei ± 0,2 – 0,3 mm beim Bandsägen mit neuem Sägeband bei ± 0,15 mm und am Ende der Standzeit des Bandes bei ± 0,5 mm. Bei Kreissägen sind ± 0,15 – 0,3 mm erreichbar [Tsc88]. Die Gegenüberstellung der unterschiedlichen Sägeverfahren verdeutlicht, daß jedes Verfahren charakteristische Einsatzgebiete mit fließenden Grenzen hat. In Tabelle 11-11 sind die unterschiedliche Kriterien hierfür qualitativ bewertet. Die wesentliche Differenzierung ergibt sich durch die unterschiedliche Eignung für große und kleine Arbeitsbereiche (Bild 11-152).

gung als Nachformsägen durch Abtasten oder durch numerische Steuerung (NC-Formsägen) [Mül80]. Der Einsatzbereich des Sägens liegt in der Vorfertigung bzw. beim Trennen und Ablängen von Stangen- und Profilmaterial. Das Sägen eignet sich zum Herstellen ebener und einachsig gekrümmter Flächen. Dabei wird der Werkstoff durch eine Vielzahl von geometrisch bestimmten, schmalen Hauptschneiden, die zwei Schneidecken und zwei Nebenschneiden haben, zerspant. Wenn die Sägezähne auf einem länglichen Blatt angeordnet sind, wird das Werkzeug manuell oder maschinell oszillierend bewegt und beim Rückhub entlastet (Hubsägen). Durch den Rückhub, bei dem keine Schnittarbeit geleistet wird, entstehen beim Hubsägen große Leerlauf- und damit Verlustzeiten. Wegen der begrenzten Länge der Sägeblätter sind nur wenige Zähne im Einsatz. Deshalb sind die Standzeiten dieser Sägeblätter begrenzt. Sind die Sägezähne auf einem Endlosband (Bandsäge) mit hoher Biegesteifigkeit oder auf einer kreisrunden Scheibe (Kreissäge) angeordnet, ist eine kontinuierliche Schnittbewegung ohne Leerhub bzw. sind höhere Zerspanleistungen möglich.

11.8.5.2 Werkzeuge

Hubsägeblätter bestehen i. allg. aus Werkzeug- oder Schnellarbeitsstahl. In zunehmenden Maß werden auch Bimetall-Sägeblätter verwendet, die aus einem Trägerband aus nachgiebigen Werkzeugstahl mit eingesetzten HSS-Zähnen bestehen. Je nach dem zu sägenden Werkstoff und den

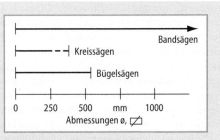

Bild 11-152 Vergleich der Sägeverfahren (nach Spath)

Tabelle 11-11 Qualitative Bewertung der Sägeverfahren [nach Spath]

Kriterium	Bügelsägen	Bandsägen	Kreissägen	
Trennen großer Querschnitte	o	+	–	
Investitionskosten	+	o	–	
Automatisierung	–	o	+	
Schnittflächenleistung	–	o	+	
Energiebedarf	o	+	–	
Materialverlust	o	+	– (o)	
Schnittgenauigkeit, Oberfläche	o	o	+	+ günstig
Werkzeugkosten pro Schnittfläche	+	+	o	o ausgewogen
Anspruch an Bedienpersonal	+	o	o	– weniger günstig

Übliche Schnittgeschwindigkeiten mit Schnellarbeitstahl-Bandsägen liegen im Bereich von 6 – 45 m/min. Bei Verwendung von hartmetallbestückten Bändern kann die Schnittgeschwindigkeit bei Stahl auf 200 m/min und bei Leichtmetall bis auf 2000 m/min gesteigert werden. Mit hartmetallbestückten Kreissägen können Schnittgeschwindigkeiten von 70 – 180 m/min bei Vorschüben pro Zahn von 0,1 – 0,3 mm erreicht werden.

11.8.5.4 Wirtschaftlichkeit

Wirtschaftliche Hauptzielsetzung beim Sägen ist es, die Schnittkanäle schmal bzw. den Schnittverlust möglichst gering zu halten sowie das Verlaufen des Schnitts weitgehend zu verhindern. Spielt die Fertigungszeit eine nur untergeordnete Rolle und werden Maschinen nur gelegentlich zum Zuschneiden von Werkstoff als Hilfsmaschinen benötigt, sind Hub-Sägemaschinen wirtschaftlich. Die Robustheit, die mit Abstand niedrigsten Werkzeugkosten aller Sägeverfahren und nicht zuletzt die niedrigen Ansprüche an die Qualifikation des Bedieners sind weitere Vorteile dieses Verfahrens. Die heute gängigen Arbeitsbereiche dieser Maschinen reichen bis maximal 500 mm Durchmesser [Spa91]. Die Schnittrate ist beim Hubsägen aufgrund der diskontinuierlichen Schnittbewegung gegenüber den Band- und Kreissägen geringer. Wenn es auf hohe Produktivität ankommt, bei der ein breiterer Schnittkanal mit entsprechendem hohen Werkstoffverlust keine entscheidende Rolle spielt, stellen vor allem bei kleinen und mittleren Werkstückabmessungen Kreissägemaschinen die wirtschaftlichste Lösung dar. Dies gilt vor allem dann, wenn hartmetallbestückte Sägeblätter

eingesetzt werden. Kreissägen finden Einsatz in Verbindung mit automatischen Handhabungs- und Lagereinrichtungen. Für größere Abmessungen, insbesondere zum Sägen von Blöcken, sind Kreissägen sowohl in bezug auf die Maschine als auch auf das Werkzeug zu aufwendig, so daß hier die Bandsägen einen wirtschaftlichen Vorteil bieten. Bandsägemaschinen sind besonders zum Trennen von Material größeren Durchmessers geeignet, da das schmale Werkzeug und die kleine Spanabnahme pro Einzelzahn nur niedrige Antriebsleistungen benötigen. Mit Hilfe des Lagen- oder des Bündelschnitts kann jedoch auch in der Massenfertigung bei kleinen Durchmessern mit Bandsägemaschinen eine hohe Wirtschaftlichkeit erzielt werden. Durch Bimetall-Hochleistungssägebänder werden Bandsägemaschinen auch dort wirtschaftlich eingesetzt, wo bisher vorwiegend Kreissägemaschinen Anwendung gefunden haben. Der wirtschaftliche Einsatz von Hartmetall beim Sägen mit Band- und Kreissägen ist von der Zuverlässigkeit der Verbindung der Hartmetallplättchen mit dem Tragkörper und dem Beherrschen der Geräuschentwicklung abhängig [Mül80]. Problematisch ist die aufgrund von Schwingungen des Blatts vor allem beim Kreissägen hohe Geräuschentwicklung, die mit zunehmenden Schneidenverschleiß um bis zu 10 dBA ansteigen kann. Unter Umständen ist eine vollkommene Isolierung der Maschinen von der Umgebung notwendig.

11.8.6 Räumen

11.8.6.1 Einteilung der Räumverfahren

Das Räumen ist Spanen mit mehrzahnigem Werkzeug mit gerader, auch schrauben- oder

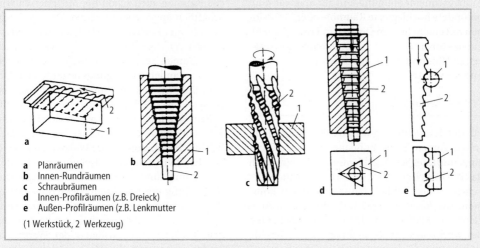

a   Planräumen
b   Innen-Rundräumen
c   Schraubräumen
d   Innen-Profilräumen (z.B. Dreieck)
e   Außen-Profilräumen (z.B. Lenkmutter

(1 Werkstück, 2 Werkzeug)

Bild 11-153 Schema verschiedener Räumverfahren (nach DIN 8589)

kreisförmiger Schnittbewegung. Die Vorschubbewegung wird durch Staffelung der hintereinander liegenden Schneidzähne des Werkzeugs ersetzt. Die Schneidzähne sind jeweils um eine Spanungsdicke gestaffelt. Der Arbeitsvorgang ist nach einem Durchlauf des Werkzeugs beendet, wobei die letzten Zähne des Räumwerkzeugs das endgültige Werkstückprofil erzeugen. Die Translationsbewegung von Räumwerkzeugen wird meist vom Räumwerkzeug bei feststehendem Werkstück ausgeführt [Schw80]. Nach der Art der erzeugten Fläche unterscheidet man Plan-, Rund- und Schraubräumen sowie Profilräumen (Bild 11-153). Das Planräumen ist das einfachste Räumverfahren. Es werden parallel zur Schnittrichtung liegende Oberflächen hergestellt. Rundräumverfahren haben nur für die Herstellung von Bohrungen (Innen-Rundräumen) praktische Bedeutung. Ebenfalls vorwiegend zur Bearbeitung von Innenflächen dient das Schraubräumen. Dabei wird die translatorische Vorschubbewegung vorwiegend vom Werkzeug, die Rotationsbewegung vom Werkzeug oder Werkstück ausgeführt. Das am häufigsten angewendete Räumverfahren ist das Profilräumen, mit dem sowohl Innen- als auch Außenflächen bearbeitet werden können. Bei bestimmten Außenprofilen wird das Tubusräumen, bei dem das Werkzeug das Werkstück allseitig umschließt, angewandt. Eine Sonderform des Außenräumens ist das Kettenräumen, bei dem die Werkstücke auf stetig umlaufenden Ketten die Bewegung ausführen. Ein neu entwickeltes Verfahren stellt das Drehräumen dar. Dabei wird

ein sich drehendes Werkstück von einem sich ebenfalls drehenden Werkzeug bearbeitet. Anwendung findet das Verfahren bei der Herstellung der Hauptlager von Kurbelwellen, die alle zur gleichen Zeit bearbeitet werden können. Es wird somit eine Komplettbearbeitung einzelner Lagerstellen – bis auf das Schleifen – in einem einzigen Arbeitshub möglich. Mit Hilfe einer entsprechend konzipierten Maschine lassen sich auch mehrere Hublager simultan drehräumen.

Das Innenräumen wurde schon relativ früh angewendet und kann in vielen Fällen das Bohren, Drehen, Stoßen, Reiben und Schleifen ersetzen. Dagegen konnte sich das Außenräumen zunächst nur langsam gegenüber dem Fräsen, Wälzfräsen, Hobeln, Stoßen und Schleifen durchsetzen, weil seine Werkzeuge komplizierter und die Vorrichtungen für die Werkstückspannung aufwendiger sind [Spu84].

11.8.6.2   Werkzeuge

Räumwerkzeuge werden vorwiegend aus Schnellarbeitstahl als Vollwerkzeuge hergestellt. Dieser Schneidstoff erlaubt nur kleine Schnittgeschwindigkeiten. Durch Verwendung von TiN-beschichteten Schnellarbeitsstahl oder Hartmetall kann die Leistung des Verfahrens jedoch gesteigert werden. Für Grauguß ist die Verwendung von Hartmetall vorteilhaft, da sich ein besseres Verschleißverhalten ergibt. Bei der Stahlbearbeitung ist Hartmetall infolge Schneidkantenausbruchs nicht verwendbar. Als Kühlschmierstoffe kommen, vor allem zur Vermeidung von

Aufbauschneidenbildung und zur Späneabfuhr, besondere hochlegierte Räumöle oder Emulsionen mit einem hohem Ölanteil in Frage [Lau88]. Für das Innenräumen werden stabförmige Werkzeuge (Räumnadeln) mit Schrupp-, Schlicht- und Reservezähnen eingesetzt.

11.8.6.3 Technologie

Für den Räumvorgang wird das Werkzeug beim Innenräumen in die Bohrung des Werkstücks eingeführt, am Schaft geklemmt und dann durch das Werkstück gezogen, wobei nacheinander die Schrupp- und Schlichtzähne in Eingriff kommen. Die Reserveverzahnung dient zum Ausgleich des Maßverlusts duch das Nachschleifen des Werkzeugs. Die Spanabnahme je Schneide ist begrenzt, da der Span während der Bearbeitung nicht abgeführt werden kann. Die Spanungsdicke liegt zwischen 0,0025 und 0,02 mm beim Schlichten und zwischen 0,01 und 0,1 mm beim Schruppen. Beim Außenräumen wird das Werkzeug an der Außenfläche vorbeibewegt. Man verwendet Schnittgeschwindigkeiten zwischen 1 und 30 m/min, in Einzelfällen sind auch 60 m/min möglich.

Die Qualität geräumter Werkstücke ist beträchtlich. Beim Drehräumen liegt die Abweichung von der Kreisform für die bei Pkw-Kurbelwellen üblichen Durchmesser im Bereich um 10 µm. Die erreichbare gemittelte Rauhtiefe liegt beim Räumen zwischen 4 und 25 µm. Beim Feinräumen liegen die Werte zwischen 1 und 4 µm. Die Güte der Oberfläche wird vom letzten Schlichtzahn, der in der Tiefenstaffelung mit 0,01 mm Spanungsdicke arbeitet, wesentlich beeinflußt. Der erreichbare Mindesttraganteil t_{ap} für Rauheit liegt beim Räumen bei 10 % und beim Feinräumen bei 40 % [Kri93]. Darüber hinaus können Toleranzen von IT 7 bis IT 8, mit erhöhten Aufwand aber auch Werte von IT 6 erreicht werden [Tsc88].

11.8.6.4 Wirtschaftlichkeit

Die Vorteile des Verfahrens liegen in der hohen Zerspanleistung und der Möglichkeit, Werkstücke mit einem Werkzeug fertig bearbeiten zu können. Haupteinsatzgebiete sind aufgrund der hohen Werkzeugkosten und der geringen Flexibilität des Verfahrens die Serien- und Massenproduktion, wobei für jede geänderte Werkstückform ein neues Werkzeug erforderlich ist. Für schwierige Innen- und Außenformen kann

das Räumen auch schon bei Mittelserien wirtschaftlich angewendet werden. Die Forderung nach immer höheren Genauigkeiten bei gleichzeitiger Verringerung der Fertigungskosten läßt das Räumen vermehrt in direkte Konkurrenz treten zu anderen Fertigungsverfahren wie Drehen, Bohren, Reiben, Stoßen oder Fräsen. Als Beispiel sei die Herstellung von innen- und außenverzahnten Laufrädern für Getriebe durch Räumen angeführt, die früher fast ausschließlich durch Wälzstoßen oder Wälzfräsen gefertigt wurden. Zwischen den Zielsetzungen hohe Mengenleistung und geringe Bearbeitungskosten muß häufig ein Kompromiß geschlossen werden. Zum Beispiel steigen mit zunehmender Spanungsdicke die Bearbeitungskosten aufgrund kürzerer Lebensdauer der Werkzeuge. Andererseits wird die Mengenleistung reduziert, wenn längere Werkzeuge mit niedrigen Spanungsdicken eingesetzt werden. Verglichen mit anderen spanenden Fertigungsverfahren ist die Hauptzeit gegenüber der auf ein Werkstück entfallenden Grundzeit gering. Die Hauptzeit wird im wesentlichen durch die Hublänge, die Anzahl der erforderlichen Züge sowie die Schnittgeschwindigkeit bestimmt. Die Nebenzeit setzt sich aus Zeiten für Rückhub, Werkstückwechsel, Werkzeugwechsel und Schaltzeiten zusammen. Der Einsatz verschleißfesterer und damit teurer Werkzeuge (z.B. TiN-beschichtete HSS-Werkzeuge) rechtfertigt sich erst bei höheren Stückzahlen, da hier der Vorteil der höheren Schnittgeschwindigkeit bzw. der größeren Standmengen die höheren Werkzeugkosten kompensiert [Opf81]. Mit beschichteten Hartmetallwerkzeugen und der Nutzung hoher Schnittgeschwindigkeiten, die heute auch maschinentechnisch realisierbar sind, ist es möglich, Aufbauschneiden zu vermeiden und erheblich gesteigerte Standmengen und ausgezeichnete Oberflächenqualitäten zu erreichen. Auf den wirtschaftlich nachteiligen wie ökologisch bedenklichen Einsatz von Räumöl kann verzichtet werden. Als relativ junges Fertigungsverfahren tritt das Drehräumen durch die gegebene Technologie und den Einsatz neuzeitlicher Schneidstoffe in direkte Konkurrenz zu bisherigen Dreh- und Fräsarbeiten. Hohe Genauigkeiten werden in einem Arbeitszyklus erreicht. So können im Vergleich zur konventionellen Fertigung Einstechdrehen und Vorschleifen entfallen. Dies führt in der Massenproduktion rotationssymmetrischer Werkstücke zur Einsparung kompletter Arbeitsstationen und somit zur hohen Wirtschaftlichkeit [Reit89]. Neueste Untersuchungen zeigen, daß mit hochharten Schneidstoffen wie Schneidkeramiken und polykristallinem Bornitrid (PCBN) eine Hart-Endbearbeitung bei gehärteten Stählen anstelle einer Schleifbearbeitung möglich ist [Kön94].

11.8.7 Hobeln und Stoßen

11.8.7.1 Einteilung der Hobel- und Stoßverfahren

Hobeln und Stoßen sind spanende Fertigungsverfahren mit wiederholter, meist geradliniger Schnittbewegung und schrittweiser, senkrecht zur Schnittrichtung liegender Vorschubbewegung. Der Unterschied zwischen beiden Bearbeitungsverfahren liegt darin, daß beim Hobeln das Werkstück eine i.allg. geradlinig reversierende Schnittbewegung und das Werkzeug eine intermittierende Vorschubbewegung ausführt, während dies beim Stoßen umgekehrt ist (Bild 11-154). Analog zu den anderen spanenden Fertigungsverfahren mit geometrisch bestimmter Schneide wird zwischen Plan-, Rund-, Schraub-, Wälz-, Profil-, Formhobeln bzw. -stoßen unterschieden. Nachteilig wirken sich bei diesem Verfahren die langen Leerlaufzeiten, der große Energiebedarf für das Abbremsen und Beschleunigen des Werkzeugs bzw. des Werkstücks und der Werkzeugverschleiß aus. Mit dem Hobeln und Stoßen können ebene, gekrümmte und schraubenförmige Flächen erzeugt werden. Das Wälzhobeln und Wälzstoßen ist in der Zahnradfertigung weit verbreitet.

11.8.7.2 Werkzeuge

Die Werkzeuge beim Hobeln und Stoßen bestehen aufgrund der verfahrensbedingten, schlag-

artigen Beanspruchung sowie der geringen realisierbaren Schnittgeschwindigkeiten aus Werkzeugstahl, Schnellarbeitsstahl oder zähem Hartmetall (z.B. P40). In ihrem Aufbau entsprechen sie den Drehwerkzeugen.

11.8.7.3 Technologie

Die Spanabnahme erfolgt während des Arbeitshubs durch einen einschneidigen Meißel. Der anschließende Rück- oder Leerhub bringt das Werkzeug wieder in Ausgangsstellung. Der Vorschub erfolgt schrittweise am Ende des Rückhubs. Die Schnittgeschwindigkeiten liegen beim Schruppen zwischen 60 und 80 m/min und beim Schlichten von Stahl bei 70–100 m/min für Hartmetallwerkzeuge.

Die erreichbare Genauigkeit liegt beim Stoßen bei IT 7 – IT 8 und beim Hobeln ist unter günstigen Bedingungen IT 6 möglich. Die erreichbare Rauhtiefe R_z liegt beim Schruppen zwischen 40 und 250 µm und beim Schlichten zwischen 10 und 40 µm. Genauere Angaben finden sich unter [Mey80].

11.8.7.4 Wirtschaftlichkeit

Aufgrund des Rückhubs und der erforderlichen Ein- und Überlaufwege, bei denen keine Spanarbeit geleistet wird, ist die Differenz zwischen Maschinenlaufzeit und Schnittzeit erheblich. Aus Wirtschaftlichkeitsgründen ist hierdurch der Einsatzbereich dieser Verfahren begrenzt. Hobelwerkzeuge werden überwiegend zur Bearbeitung von langen, schmalen Plan- und Profilflächen eingesetzt. Ein typisches Beispiel ist das Bearbeiten von Führungen und Aussparungen an Werkzeugmaschinengestellen. Unter wirtschaftlichen Aspekten betrachtet, verlieren das Hobeln und das Stoßen im Vergleich zum Räumen und Stirnplanfräsen an Bedeutung. Denn verfahrensbedingt haben das Räumen – ganze Form, ein Vielschneiden-Hauptschnittweg – und das Messerkopffräsen – ganze Breite einer ebenen Fläche, ein Vielschneiden-Vorschubweg – eine höhere Produktivität. Das Hobeln ist im Vergleich zum Fräsen um so wirtschaftlicher, je größer das Verhältnis Länge zu Breite des Werkstücks ist. Das Stoßen ist im Vergleich zum Räumen um so wirtschaftlicher, je kleiner die Stückzahl und je weniger gleichmäßige Formen erzeugt werden sollen (z.B. Schaltkurven). Primär ist das Einsatzgebiet des Verfahrens die Einzel- und Kleinserienfer-

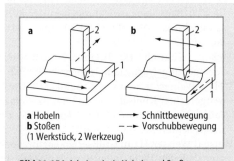

a Hobeln   → Schnittbewegung
b Stoßen   −−→ Vorschubbewegung
(1 Werkstück, 2 Werkzeug)

Bild 11-154 Arbeitsprinzip Hobeln und Stoßen

tigung. Das Hobeln beschränkt sich heute hauptsächlich auf das Fertigen von Zahnrädern, wobei die Vorteile durch einfache preiswerte Werkzeuge und sehr kleine Auslaufwege (wichtig bei kurzen Radblöcken und Pfeilverzahnung) gegeben sind.

Literatur zu Abschnitt 11.8

HbFT: Spur, G.; Stöferle, Th. (Hrsg.): Handbuch der Fertigungstechnik, Bde3/1 und 3/2: Spanen. München: Hanser 1979; 1980

[Abe92] Abelein, G.; Feil A., Stelzer C.: Drehverfahren und Drehmaschinen. VDI-Z.134 (1992), Nr.9, 43

[Aug90] Augsten, G.; Schmid, K.: Drehen – Drehräumen. Werkstatt u. Betrieb 123 (1990), 915–920

[Be93] Becker, K.: Hochgeschwindigkeits-Feindrehen von Grauguß. ZwF88 (1993), 447–450

[Bru84] Bruins, D.; Dräger, H.: Werkzeuge und Werkzeugmaschinen für die spanende Metallbearbeitung, Teil 1: Werkzeuge und Verfahren. München: Hanser 1984

[Deg79] Degner,W.; Böttger, H.: Handbuch Feinbearbeitung. München: Hanser 1979

[Fri85] Fritz, H.; Schulze, G. (Hrsg.): Fertigungstechnik. Düsseldorf: VDI-Vlg. 1985

[Gun79] Gunsser, O.: Fräsen. In: HbFT 3/1, 436–469

[Her91] Hernández Camacho, J.: Frästechnologie für Funktionsflächen im Formenbau. Diss. Univ. Hannover 1991

[Kle75] Klein, H.: Bohren und Aufbohren. Berlin: Springer 1975

[Kön90] König, W.: Fertigungsverfahren, Bd.1: Drehen, Fräsen, Bohren. Düsseldorf: VDI-Vlg. 1990

[Kön92] König, W.; Treppe F.: Laserunterstütztes Fräsen. VDI-Z. 134 (1992), Nr.2, 43–48

[Kön93] König, W.; Zaboklicki, A.: Laserunterstützte Drehbearbeitung von Siliziumnitrid-Keramik. VDI-Z. 135 (1993), Nr.6, 34–39

[Kön94] König, W.; Berktold, A.: Drehräumen. VDI-Z. 136 (1994), Nr.6, 50–58

[Kri93] Krist, Th.: Metallindustrie, Zerspanungstechnik. 22. Aufl. Darmstadt: Hoppenstedt 1993

[Lau88] Laufer, H.-J.: Einsatz von Prozeßmodellen zur rechnerunterstützten Auslegung von Räumwerkzeugen. Diss. Univ. Karlsruhe 1988

[Mey80] Meyer, W.; Weber, E.: Hobeln, Stoßen. In: HbFT 3/2, 1–38

[Mül80] Müller, K.G.: Sägen. In: HbFT 3/2, 77–86

[Opf81] Opferkuch, R.: Die Werkzeugbeanspruchung beim Räumen. Diss. Univ. Karlsruhe 1981

[Pau93] Paucksch, E.: Zerspantechnik. Braunschweig: Vieweg 1993

[Pre94] Preis, A.; Ascher, L.; Kunz, D.: Hartdrehen statt Schleifen. Werkstatt u. Betrieb 127 (1994), 326

[Raa84] Raab, H.: Wirtschaftliche Fertigungstechnik. Braunschweig: Vieweg 1984

[Reic83] Reichard, A.: Fertigungstechnik, Bd.1. Pforzheim: Handwerk u. Technik 1983

[Reit89] Reiter, N.; Müller M.: Technologie des Drehräumens. Werkstatt u. Betrieb 122 (1989), 201–206

[Schu89] Schulz, H.: Hochgeschwindigkeitsfräsen metallischer und nichtmetallischer Werkstoffe. München: Hanser 1989

[Schw80] Schweitzer, K.: Räumen. In: HbFT 3/2, 39–75

[Sie91] Siebert, J.: Polykristalliner Diamant als Schneidstoff. Diss. TU Berlin 1991

[Spa91] Spath, D.: Sägen. Werkstatt u. Betrieb 124 (1991), 373–377

[Spu79] Spur, G.: Grundbegriffe und Einteilung der spanenden Fertigungsverfahren. In: HbFT 3/1, 13–18

[Spu81] Spur, G.: Stand und Tendenzen in der spandenden Fertigungstechnik. VDI-Z. 123 (1981), 375–383

[Spu84] Spur, G.: Fertigungstechnik. Sonderdruck aus ZwF-Z. f. wirtsch. Fertigung, München: Hanser 1984

[Stö79] Stöferle, Th.: Bohren, Senken, Reiben. In: HbFT 3/1, 351–431

[Töl83] Töllner, K.: Wie Fertigungsprobleme bei der Fräsbearbeitung erfolgreich gelöst werden können. In: Günther, W. (Hrsg.): Trennkompendium, Bd.2, Bergisch Gladbach: ETF 1983, 197–210

[Tön93] Tönshof, H.K.; Brandt, D.; Wobker, H.: Hartbearbeitung aus der Sicht der Forschung. In: VDI-Ber.: Neuentwicklungen in der Zerspantechnik. Düsseldorf: VDI-Vlg. 1993, 189–211

[Tsc88] Tschätsch, H.: Handbuch spanende Formgebung. Darmstadt: Hoppenstedt 1988

[Wei93] Weinert, K.; Fuß, H.; Thamke, D.: Umweltgerechter Kühlschmierstoffeinsatz – eine Fallstudie zum Bohren. VDI-Z-Special Werkzeuge, September 1993, 68–71

[Weis94] Weisser, H.: In Großserien hartdrehen statt schleifen. Werkstatt u. Betrieb 127 (1994), 320–322

[Wie88] Wiebach, H.G.: Schnittdatenwahl und Optimierungsrechnung für Zerspanungsvorgänge im Fahrzeug-Apparatebau. Werkstatt u. Betrieb 121 (1988), 381–383

11.9 Spanen mit geometrisch unbestimmter Schneide

11.9.1 Einführung

Entsprechend DIN 8580 wird unter dem Spanen mit geometrisch unbestimmten Schneiden das mechanische Trennen des Werkstoffs unter Einwirkung unregelmäßig geformter und angeordneter Schneiden verstanden. Das Verfahren wird in die Untergruppen *Schleifen mit rotierendem Werkzeug, Bandschleifen, Hubschleifen, Honen, Läppen, Strahlspanen* [DIN 8200] und *Gleitspanen* unterteilt. Zusätzlich kann in Spanen mit gebundenem und ungebundenem Korn unterschieden werden. Zum Spanen mit gebundenem Korn zählt das Schleifen, Bandschleifen und Hubschleifen. Das Läppen, Gleit- und Strahlspanen werden mit ungebundenem Korn ausgeführt.

Die Verfahren mit geometrisch unbestimmter Schneide sind Feinbearbeitungsverfahren, mit denen sich sehr hohe Oberflächengüten und Maßgenauigkeiten erzielen lassen. Im eigentlichen Sinne zählen dazu nur die Verfahren Schleifen, Honen und Läppen. Das Gleit- und das Strahlspanen stellen eine Sondergruppe dar, da sich hiermit keine gezielte Geometrieänderung des Werkstücks verwirklichen läßt [Spu80a, Kön89].

11.9.2 Schleifen mit rotierendem Werkzeug

11.9.2.1 Einteilung der Schleifverfahren

Nach DIN 8589-11 handelt es sich beim *Schleifen mit rotierendem Werkzeug* um ein spanendes Fertigungsverfahren mit vielschneidigen Werkzeugen, deren geometrisch undefinierte Schneiden von einer Vielzahl gebundener Schleifkörner aus natürlichen und synthetischen Schleifmitteln gebildet werden und mit hoher Geschwindigkeit meist unter nichtständiger Berührung zwischen Werkstück und Schleifkorn den Werkstoff abtrennen. Weitere Merkmale der Schleifverfahren mit rotierendem Werkzeug sind die geringen Spanungsquerschnitte bzw. Spanungsdicken, der gleichzeitige Eingriff mehrerer Schneiden in das Werkstück sowie der deutlich negative Spanwinkel der Schneiden. In Anlehnung an DIN 8589 kann diese Verfahrensgruppe in das Planschleifen, Rundschleifen, Schraubschleifen, Wälzschleifen, Profilschleifen und Formschleifen unterteilt werden (Bild 11-155).

Während unter Planschleifen das Erzeugen von ebenen Flächen zu verstehen ist, werden kreiszylindrische Flächen durch Rundschleifen hergestellt. Schraubflächen wie Gewinde oder Zahnradschnecken können durch Schraubschleifen erzeugt werden. Die Herstellung von Verzahnungen kann durch Wälzschleifen mit ei-

Bild 11-155 Einteilung der Schleifverfahren (nach DIN 8589-11)

nem Bezugsprofilwerkzeug im Abwälzverfahren erfolgen. Profilschleifen ist Schleifen, bei dem die Profilform des Schleifwerkzeugs im Werkstück abgebildet wird. Im Gegensatz dazu wird beim Formschleifen die Werkstückkontur durch eine gesteuerte Vorschubbewegung erzeugt.

Weitere Unterteilungen der Schleifverfahren mit rotierendem Werkzeug können anhand der Lage der Bearbeitungsstelle am Werkstück oder der Wirkfläche am Werkzeug vorgenommen werden. Diese Kriterien erlauben eine Unterscheidung des Außen- und Innenschleifens sowie des Umfangs- und Seitenschleifens. Die Vorschubbewegung ist ein zusätzliches Unterscheidungsmerkmal, nach dem das Plan-, Rund-, Schraub- und Profilschleifen in die Varianten Längs-, Quer- und Schrägschleifen unterteilt werden können. Längs- und Querschleifen sind durch eine gerade oder kreisförmige Vorschubbewegung gekennzeichnet, die parallel bzw. senkrecht zu der zu erzeugenden Oberfläche verläuft. Demgegenüber erfolgt beim Schrägschleifen die verfahrenskennzeichnende Vorschubbewegung weder parallel noch senkrecht zu der zu erzeugenden Oberfläche (Bild 11-156). Beim Wälzschleifen wird der Ablauf der Wälzbewegung für weitere Verfahrensabgrenzungen herangezogen und kontinuierliches oder diskontinuierliches Wälzschleifen unterschieden. Das Formschleifen kann nach der Art der Steuerung in verschiedene Varianten eingeteilt werden. Beim Freiformschleifen wird die Vorschubbewegung von Hand frei gesteuert, während die Vorschubbewegung beim Nachformschleifen, kinematischen Formschleifen und NC-Formschleifen über ein zwei- oder dreidimensionales Bezugsformstück, ein mechanisches Getriebe bzw. über die NC-Steuerung geführt wird.

Darüber hinaus kann bei einigen Schleifverfahren das Gleich- und Gegenlaufschleifen unterschieden werden. Beim Gleichlaufschleifen weisen die Schnittbewegung und die auf die stillstehende Schleifkörperachse bezogene Vorschubbewegung des Werkstücks in die gleiche Richtung, während beim Gegenlaufschleifen entgegengesetzte Bewegungsrichtungen vorliegen. Beim Planschleifen kommen in der Praxis die Verfahrensvarianten Pendelschleifen und Tiefschleifen zur Anwendung. Im Gegensatz zum Pendelschleifen, bei dem bei kleinen Zustellungen und hohen Vorschubgeschwindigkeiten die Überschliffzahl eine Funktion der Gesamtzustellung ist, wird beim Tiefschleifen mit großen Zustellungen und kleinen Vorschubgeschwindig-

keiten gearbeitet und das Schleifaufmaß in der Regel in nur einem Überschliff zerspant [DIN ISO 3002-5]. Eine eindeutige Abgrenzung beider Schleifverfahren anhand definierter Zustellungen ist jedoch nicht gegeben. Üblicherweise wird bei Zustellungen von $a_e > 0,5$ mm und Vorschubgeschwindigkeiten von $v_{ft} < 40$ mm/s von Tiefschleifen gesprochen [VDI3390].

Ferner ist eine Einteilung der einzelnen Schleifverfahren nach der Art der Werkstückaufnahme möglich. Im Gegensatz zum konventionellen Schleifen in einer definierten Aufspannung werden die Bauteile beim Durchlaufschleifen ohne feste Einspannung durch die Schleifzone geführt, wobei das Werkstück in einem einmaligen Durchlauf mit einem auf das vorgesehene Maß eingestellten Zustellweg fertiggeschliffen wird. Auch das Rundschleifen kann ohne ein Spannen der Bauteile zwischen Spitzen bzw. im Futter als spitzenloses Schleifen durchgeführt werden. Hierfür wird das Werkstück durch eine Auflage, eine Regelscheibe und die Schleifscheibe geführt.

11.9.2.2 Werkzeuge

Aufbau von Schleifkörpern

Zum Schleifen mit rotierendem Werkzeug werden Schleifkörper aus gebundenen Schleifmitteln sowie Schleifkörper mit Diamant- und Bornitridbesatz verwendet. Schleifkörper aus gebundenen Schleifmitteln werden in DIN 69111 nach ihrer Form und ihrem Einsatz auf Schleifmaschinen eingeteilt und bestehen aus Kornmaterial, Bindung und Porenraum. Ihre eigenschaftsbestimmenden Merkmale, die unter Einbeziehung der Form und Abmessungen sowie der zulässigen Umfangsgeschwindigkeit zur Kennzeichnung von Schleifscheiben nach DIN 69100 herangezogen werden, sind das Schleifmittel, die Körnung, der Härtegrad, das Gefüge und die Bindung. An die Schleifmittel für Schleifscheiben werden hohe Anforderungen vor allem in bezug auf Härte, Wärmebeständigkeit und chemische Beständigkeit gestellt. In Schleifkörpern kommen unterschiedliche natürliche und synthetische Schleifmittel zur Anwendung, von denen insbesondere dem Korund und dem Siliciumcarbid eine hohe Bedeutung zukommt. Korundschleifscheiben werden überwiegend dann eingesetzt, wenn langspanende Werkstoffe mit hoher Festigkeit, wie legierte und unlegierte Stähle oder zähe Bronze, geschliffen

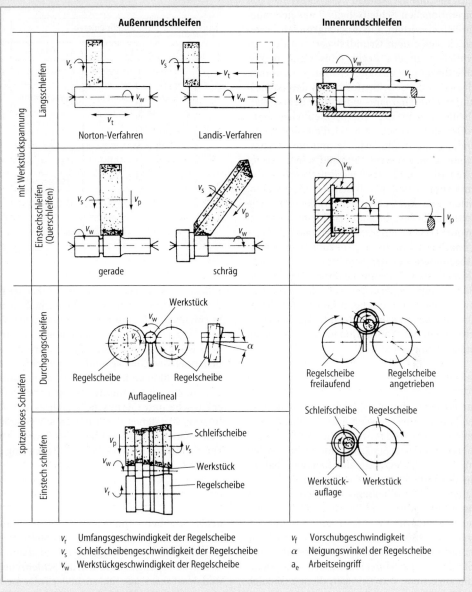

Bild 11-156 Verfahren beim Rundschleifen [Spu80b]

Das Schema zeigt in der Tabelle:

	Außenrundschleifen	Innenrundschleifen
mit Werkstückspannung Längsschleifen	Norton-Verfahren / Landis-Verfahren	
Einstechschleifen (Querschleifen)	gerade / schräg	
spitzenloses Schleifen Durchgangschleifen	Werkstück, Regelscheibe, Auflagelineal	Regelscheibe freilaufend / Regelscheibe angetrieben
Einstech schleifen	Schleifscheibe, Werkstück, Regelscheibe	Schleifscheibe, Regelscheibe, Werkstückauflage, Werkstück

v_r Umfangsgeschwindigkeit der Regelscheibe
v_s Schleifscheibengeschwindigkeit der Regelscheibe
v_w Werkstückgeschwindigkeit der Regelscheibe

v_f Vorschubgeschwindigkeit
α Neigungswinkel der Regelscheibe
a_e Arbeitseingriff

werden sollen. Demgegenüber liegt das Hauptanwendungsgebiet von Siliciumcarbidwerkzeugen bei der Zerspanung von kurzspanenden Werkstoffen geringerer Festigkeit, wie Grauguß, oder von Hartmetall. Eine neuere Entwicklung sind sog. SG-(Seeded-Gel-)Schleifmittel, die durch Sintern submikroskopisch kleiner Aluminiumoxid-Teilchen hergestellt werden, wobei jedes Schleifkorn aus einer Vielzahl dieser Teilchen besteht. Der Vorteil gegenüber konventionellen Schleifmitteln besteht darin, daß während des Zerspanprozesses immer nur einzelne kleine Teilchen ausbrechen und dadurch neue Schneidkanten entstehen. Die Schleifscheibe schärft sich selbst und hat eine längere Standzeit [Asp89].

Schleifkörper mit Diamant- oder Bornitridbesatz, die in DIN 69800 in Anlehnung an den FEPA-Standard (Fédération Européenne des Produits Abrasifs) genormt sind, unterscheiden sich in ihrem Aufbau grundlegend von konventionellen Schleifscheiben aus gebundenen Schleifmitteln. Aus Kostengründen bestehen sie aus einem Grundkörper und dem eigentlichen, in der Regel 3 bis 5 mm dicken Schleifbelag, dessen Kennzeichnung zusammen mit der Schleifscheibenform und den Abmessungen eine Diamant- oder Bornitridschleifscheibe beschreibt. Die Schleifbelagskenngrößen sind das Schleifmittel, die Körnung, die Bindung, die Bindungshärte und die Konzentration. Diamant wird aufgrund seiner extrem hohen Härte und Verschleißfestigkeit in erster Linie zum Schleifen von schwerzerspanbaren, harten und kurzspanenden Werkstoffen, wie Hartmetall, Glas, Keramik, Halbleiterwerkstoffen oder Gestein, eingesetzt. Bornitrid (CBN) als der nach Diamant härteste bekannte Stoff kann insbesondere bei der Schleifbearbeitung von schwerzerspanbaren und gehärteten Stählen sowie von Superlegierungen vorteilhaft verwendet werden. Vor allem bei erhöhten Schnittgeschwindigkeiten werden Bornitridschleifscheiben gegenüber konventionellen Werkzeugen verstärkt eingesetzt.

Werkzeugkonditionierung

Zur Einsatzvorbereitung müssen Schleifscheiben konditioniert werden. Das Konditionieren umfaßt einerseits das Abrichten, das in das Profilieren und das Schärfen unterteilt werden kann, sowie andererseits das Reinigen [Sal87]. Ziel des Profilierens ist das Erzeugen einer geeigneten Schleifscheibenmakrostruktur in bezug auf Profilform und Rundlauf durch die gezielte Veränderung von Korn und Bindung. Im Gegensatz dazu wird beim Schärfen nur eine Veränderung der Bindung zur Herstellung einer anforderungsgerechten Schleifscheibentopographie angestrebt. Das Reinigen dient zusätzlich dem Beseitigen von Spänen aus dem Spanraum, wobei eine Veränderung der Schleifscheibe nicht gewünscht ist (Bild 11-157). Während bei konventionellen Korund- oder Siliciumcarbidschleifscheiben sowohl Makro- als auch Mikrogeometrie in einem Abrichtvorgang erzeugt werden, müssen Diamant- und Bornitridwerkzeuge in der Regel in zwei Schritten profiliert und geschärft werden [Spu89]. Zum Abrichten von konventionellen Schleifscheiben werden vor allem stehende oder bewegte Diamantabrichtwerkzeuge, wie Einzel- und Vielkornabrichter, Diamantfliesen oder Diamantform- und -profil-

Bild 11-157 Konditionieren von Schleifscheiben [Spu89]

rollen, angewendet [Sal81]. Diese Werkzeuge finden zum Profilieren von Schleifscheiben mit hochharten Schleifmitteln nur vereinzelt Verwendung. Hier werden insbesondere angetriebene und bremsgesteuerte Siliciumcarbidscheiben oder Stahlblöcke und -rollen eingesetzt. Zum anschließenden Schärfen stehen unterschiedliche mechanische, elektrochemische, chemische und thermische Verfahren zur Verfügung, von denen das Schärfen mit gebundenem Schleifmittel im Einstech-, Tauch- oder Durchlaufverfahren die höchste Bedeutung erlangt hat.

Auswuchten

Schleifscheiben können sowohl form- als auch strukturbedingte Unwuchten aufweisen, die zu unerwünschten Schwingungen und damit zu Relativbewegungen zwischen der Schleifscheibe und dem Werkstück führen. In der Folge stellen sich an der Oberfläche des bearbeiteten Werkstücks Welligkeiten und erhöhte Rauhtiefen ein. Eine formbedingte Unwucht entsteht durch Maß- und Formfehler bei der Fertigung der Schleifscheibe. Eine strukturbedingte Unwucht der Schleifscheibe wird durch eine ungleichmäßige Verteilung ihrer Bestandteile Schleifkörner, Bindung und Poren hervorgerufen.

Durch das Auswuchten der Schleifscheibe wird die Massenverteilung derart verbessert, daß diese ohne die Wirkung freier Fliehkräfte umläuft und somit die Schwingungen reduziert werden. Bei schmalen Schleifscheiben mit einer

Breite kleiner als ein Drittel des Durchmessers ist das Auswuchten in einer Ebene, das als statisches Auswuchten bezeichnet wird, ausreichend [Pau93]. Breite Schleifscheiben, wie sie beispielsweise beim Profil- oder Spitzenlosschleifen eingesetzt werden, müssen dagegen in zwei Ebenen ausgewuchtet werden. Formbedingte Unwuchten lassen sich durch ein Abrichten auf Rundlauf am Umfang und gegebenenfalls durch anschließendes seitliches Abrichten beseitigen. Die strukturbedingten und die formbedingten Restunwuchten können nur durch Auswuchten verringert werden. Außerdem ist zu beachten, daß sich der Auswuchtzustand während des Einsatzes durch Schleifscheibenverschleiß und Abrichten ändert und daß deshalb in bestimmten Abständen nachgewuchtet werden muß.

Zum Ausgleich der Unwuchten unterscheidet man Verfahren, die außerhalb der Maschine (bei stehender Schleifscheibe) oder auf der Maschine (bei drehender Schleifscheibe) durchgeführt werden. Außerhalb der Maschine kann das Auswuchten auf einem Rollbock oder mit höherer Genauigkeit auf einer Auswuchtwaage erfolgen. Wuchtverfahren, wie beispielsweise das Auswuchten mit dem Stoboskopgerät, die ein Auswuchten auf der Maschine erlauben, haben den Vorteil geringerer Wuchtzeiten und ermöglichen geringere Restunwuchten. Durch die Verwendung von Wuchtköpfen, sog. Kompensern, kann ein Auswuchten im Betrieb der Schleifscheibe erfolgen. Eine weite Verbreitung hat der Hydro-Kompenser, bei dem über Düsen eine Flüssigkeit, in der Regel Kühlschmiermittel, in Abhängigkeit von den gemessenen Unwuchtschwingungen in ein an der Schleifscheibe befestigtes Kammersystem eingespritzt wird. Überschreitet die Unwucht beim Abrichten oder Schleifen einen festgelegten Schwellwert, dann wuchtet der Hydro-Kompenser selbsttätig nach [Kön89].

11.9.2.3 Kühlschmierung

Die beim Schleifen in der Kontaktzone zwischen Schleifscheibe und Werkstück durch Scher-, Trenn- und Reibvorgänge entstehende Wärme führt zur thermischen Beanspruchung von Werkzeug und Werkstück, da nur ein geringer Teil der Wärme über die entstehenden Späne abgeführt wird [Kön89]. Die Zerspantemperatur beeinflußt das Verschleißverhalten der Schleifscheibe durch Druckerweichung der Schneide und Bindungserweichung, andererseits können Verän-

derungen des Gefüges und Schädigungen der Oberflächenrandzone des Werkstückes durch Schleifrisse, Mikroaufhärtungen und Brandmarken auftreten und somit das Funktionsverhalten des Bauteils beeinträchtigen.

Durch die Verwendung geeigneter Kühlschmierstoffe und -systeme kann die Wärmeentwicklung beim Schleifen wirksam beeinflußt werden. Die Anforderungen an Kühlschmierstoffe lassen sich in Primär- und Sekundäranforderungen unterteilen [Kön86]. Zu den Primäranforderungen zählen die Reduzierung der Reibung zwischen Schleifkorn bzw. Bindung und Werkstück durch Bildung eines stabilen Schmierfilms, die Kühlung der Werkstückoberfläche, die Reinigung und Benetzung der Schleifscheibe sowie der Spänetransport. Sekundäranforderungen beziehen sich auf das Schaumverhalten, die physikalische und mikrobiologische Stabilität, einen ausreichenden Korrosionsschutz für Maschine und Werkstück, sowie die Human- und Umweltverträglichkeit.

Die genannten Anforderungen an die Kühlschmierstoffe sind teilweise gegenläufig. So haben nicht wassermischbare Kühlschmierstoffe eine höhere Schmier- und Benetzungsfähigkeit als wassermischbare Medien, z.B. Emulsionen, die jedoch aufgrund des überwiegenden Anteils an Wasser eine höhere Wärmekapazität und eine größere Verdampfungswärme aufweisen, wodurch eine bessere Kühlwirkung erreicht wird. Zur Verbesserung ihrer Eigenschaften werden den Kühlschmier-Basisstoffen häufig Additive zugesetzt. Antiverschleißzusätze, sog. AW-Additive (AW, anti-wear), bilden in einem bestimmten Temperatur- und Druckbereich durch chemische Reaktion mit der Metalloberfläche einen Festkörperschmierfilm und setzen so die Reibung zwischen den Wirkpaaren herab. Zur Verbesserung der Druck- und Temperaturbeständigkeit des Kühlschmierstoffs werden außerdem EP-Zusätze (EP, extreme pressure) zugegeben. Bild 11-158 zeigt in Anlehnung an DIN 51385 die Einteilung der Kühlschmierstoffe.

Vor dem Hintergrund steigender Entsorgungskosten für Schleifschlämme, Filtervliese und verbrauchte Kühlschmiermittel und einer sich verschärfenden Umwelt- und Abfallgesetzgebung zeigt sich der Bedarf einer Optimierung des Kühlschmierstoffeinsatzes. Zu den wichtigsten Maßnahmen zählen die Verlängerung der Standzeiten von Kühlschmiermitteln, die Reduzierung der eingesetzten Kühlschmierstoffmenge bis hin zum Trockenschleifen, der Einsatz ab-

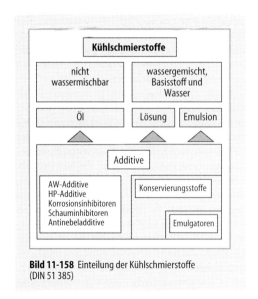

Bild 11-158 Einteilung der Kühlschmierstoffe (DIN 51 385)

fallärmerer Verfahren und die Verwendung umweltfreundlicher und physiologisch unbedenklicher Inhaltsstoffe.

Pflegemaßnahmen zur Verlängerung der Standzeit beinhalten bei den wassermischbaren Kühlschmierstoffen mit Abstand das größte Abfallminderungspotential [Dop93]. Durch richtiges Ansetzen, die Vermeidung und Entfernung von Verunreinigungen, sowie die Wartung und Überwachung der Kühlschmiermittel-Kreislaufsysteme können die Gefahr einer mikrobiellen Zersetzung und Abmagerung des Kühlschmierstoffs reduziert und zu hohe Schadstoffbelastungen vermieden werden. Weitere Möglichkeiten bieten sich auch bei einer Substitution der relativ anfälligen Kühlschmieremulsionen durch nichtwassermischbare Schleiföle, die eine längere Lebensdauer aufweisen und physiologisch unbedenklicher erscheinen. Dem gegenüber stehen als Nachteile ihr hoher Preis, die Gefahr der Verpuffung bzw. Explosion sowie der höhere Anlagenaufwand durch die Schaffung einer Absaugeinrichtung.

Verluste durch Verspritzen von Kühlschmierstoffen während der Bearbeitung und durch Austragungen über Späne bzw. Schlämme und Werkstücke können bis zu 100 % des angesetzten Kühlschmierstoff-Volumens im Monat ausmachen [Dop93]. Spritzverluste lassen sich nahezu vollständig durch Spritzschutzwände oder Arbeitsraumkapselungen vermeiden. Austragverluste können durch Abtropfen, Schleudern oder Abblasen der Werkstücke erheblich redu-

ziert werden. Die separierten Kühlschmierstoffe werden gegebenfalls über Filter in das Kühlschmierstoffsystem zurückgeführt. Durch gezielte Zuführung des Kühlschmierstoffs an die Wirkstelle über entsprechende Düsen läßt sich die zu entsorgende Kühlschmiermittelmenge ebenfalls verringern [Hei93b].

Grundsätzlich sollte geprüft werden, ob nicht Verfahren, die eine Trockenbearbeitung zulassen oder aufgrund des geringeren Energieumsatzes in der Kontaktzone zwischen Werkzeug und Werkstück eine geringere Kühlschmierstoffmenge erlauben, alternativ zum Schleifen, bei dem schwer entsorgbare Schleifschlämme anfallen, eingesetzt werden können. Häufig bieten sich dazu spanende Verfahren mit geometrisch bestimmter Schneide und umformende Verfahren an.

Als umweltfreundliche, biologisch abbaubare Basisstoffe für Kühlschmiermittel haben sich in den letzten Jahren pflanzliche und synthetische Ester sowie Polyglykole etabliert [Adl93]. Durch einen Verzicht auf schwermetallhaltige und chlorhaltige Additive werden die Umwelteigenschaften von Kühlschmierstoffen weiter verbessert. Die Anzahl der verwendeten Additive sollte so gering wie möglich gehalten werden und dem jeweiligen Anwendungsfall angepaßt sein. Bei der Verwendung umweltfreundlicher Kühlschmierstoffe müssen jedoch in der Regel Kompromisse zwischen der Umweltverträglichkeit und wirtschaftlichen Gesichtspunkten eingegangen werden. So steht beispielsweise eine schnelle biologische Abbaubarkeit häufig konträr zur Forderung nach langen Standzeiten.

Hinweise für die Kühlschmierstoffentsorgung finden sich in VDI 3397 Bl. 3. Die Entsorgungsverfahren können in zwei Hauptgruppen unterteilt werden: Verfahren für nichtwassermischbare und wassergemischte Stoffe. Die nichtwassermischbaren Kühlschmierstoffe erreichen bei entsprechender Pflege, d.h. bei ständigem Entfernen von Wasser und Verunreinigungen, sehr hohe Standzeiten von bis zu einigen Jahren und können nach ihrer Aufbereitung wieder eingesetzt werden. Emulsionen und Kühlschmierlösungen dagegen müssen in regelmäßigen Abständen ausgetauscht werden, wodurch sich große Mengen an zu entsorgenden Kühlschmierstoffen ergeben. Da es sich bei den Emulsionen meist um stabile Verbindungen von Wasser mit Anteilen von Mineralöl und Zusätzen handelt, muß für die Aufbereitung der Wasserkomponenten zunächst eine Trennung der Phasen

Wasser und Öl vorgenommen werden. Dies geschieht heute in der Regel durch Ultrafiltration. Da in jedem Fall die Entsorgungskosten ein entscheidender Gesichtspunkt sind, ist in die Verfahrensauswahl ein Kostenvergleich zwischen einer eigenen Aufbereitung und der Fremdentsorgung einzubeziehen.

Neben der ökologischen Verträglichkeit des Einsatzes von Kühlschmierstoffen ist die Humanverträglichkeit sicherzustellen. Durch einen Verzicht auf entsprechende Emulsionskonzentrate und Bestandteile sowie einen sorgsamen Umgang mit dem Kühlschmierstoff kann die Bildung von Nitrosaminen, die beim Menschen Krebs auslösen können, verhindert werden. Des weiteren ist der intensive Kontakt mit Kühlschmiermitteln zu vermeiden. Dieser kann Erkrankungen der Haut und über Kühlschmierstoffnebel und -dämpfe auch der Atemwege auslösen. Zusätzliche Gefährdungspotentiale ergeben sich durch Schwermetallverbindungen in Additiven, toxikologische Eigenschaften der Biozide, das Zusammenwirken unterschiedlicher Substanzen und die Veränderung des Kühlschmierstoffs während der Bearbeitung [Hei93a]. Als Schutzmaßnahmen können die Absaugung von Dämpfen, eine Maschinenkapselung und die ausreichende Belüftung des Arbeitsplatzes vorgesehen werden.

11.9.2.4 Technologie

Das Schleifen wird in der industriellen Fertigung bei schwer zerspanbaren Metallwerkstoffen und Keramiken angewendet und falls die Anforderungen an die zu erzeugenden Oberflächengüten sowie die geometrische Genauigkeit sehr hoch sind. Die Tabelle 11-12 gibt einen Überblick über die Bearbeitungsaufmaße und die erreichbaren Genauigkeiten für verschiedene Schleifverfahren.

Die Prozeßkenngrößen Schnittkraft, Zerspanleistung, Verschleiß, Prozeßtemperatur und Schleifzeit sowie die technologischen und wirtschaftlichen Kenngrößen des Arbeitsergebnisses hängen beim Schleifen in komplexer Weise von den Ausgangskenngrößen des Schleifprozesses und von Störgrößen wie Schwingungen, Temperaturgang oder Drehzahlschwankungen ab. Zu den Ausgangsgrößen des Schleifprozesses gehören neben dem Maschinensystem und dem Werkstück vor allem die Kühlschmierbedingungen und die Einstellparameter Zustellung, Vorschubgeschwindigkeit und Schnittgeschwindigkeit. Darüber hinaus wird der Schleifprozeß in besonderem Maß durch die Geometrie, die Art und den Aufbau der verwendeten Schleifscheiben sowie die Konditionierbedingungen beeinflußt (Bild 11-159).

Tabelle 11-12 Bearbeitungszugaben und erreichbare Genauigkeiten beim Schleifen (nach Tschätsch)

Schleifverfahren	Bearbeitungszugabe			erreichbare Genauigkeit	
	für eine Werkstücklänge mm	Bearbeitungsdurchmesser bzw. Dicke des Werkstücks mm	Zugabe bezogen auf den Durchmesser mm	Maßgenauigkeit	Rauhtiefe R_t mm
Flachschleifen	bis 100	bis 50	0,2…0,25	IT 8 - IT 9	3…8
	150…200	bis 150	03…0,35	(IT 5 - IT 6)	(1…3)
Profilschleifen	20…100	…	zum Teil aus dem vollen Material	IT 4 - IT 5	2…4
Außenrundschleifen	bis 150	bis 50	0,2…0,25	IT 6 - IT 8	5…10
	200…400	100…150	0,25…0,3		
Innenrundschleifen	bis 50	bis 20	0,1…0,15	IT 8 - IT 10	10…20
	80…100	21…100	0,2…0,25		
Spitzenlosschleifen	bis 100	bis 100	0,2…0,3	IT 4 - IT 6	2…4

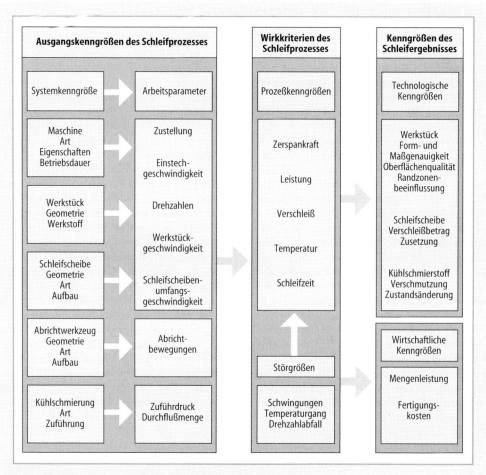

Ausgangskenngrößen des Schleifprozesses		Wirkkriterien des Schleifprozesses	Kenngrößen des Schleifergebnisses
Systemkenngröße →	Arbeitsparameter	Prozeßkenngrößen	Technologische Kenngrößen
Maschine Art Eigenschaften Betriebsdauer →	Zustellung Einstech-geschwindigkeit	Zerspankraft Leistung	Werkstück Form- und Maßgenauigkeit Oberflächenqualität Randzonen-beeinflussung
Werkstück Geometrie Werkstoff →	Drehzahlen Werkstück-geschwindigkeit	Verschleiß Temperatur	Schleifscheibe Verschleißbetrag Zusetzung
Schleifscheibe Geometrie Art Aufbau →	Schleifscheiben-umfangs-geschwindigkeit	Schleifzeit	Kühlschmierstoff Verschmutzung Zustandsänderung
Abrichtwerkzeug Geometrie Art Aufbau →	Abricht-bewegungen	Störgrößen	Wirtschaftliche Kenngrößen
Kühlschmierung Art Zuführung →	Zuführdruck Durchflußmenge	Schwingungen Temperaturgang Drehzahlabfall	Mengenleistung Fertigungs-kosten

Bild 11-159 Kenngrößen des Schleifprozesses [Kön80: 107-112]

Die folgenden Ausführungen ermöglichen eine grundsätzliche Beurteilung des Arbeitsergebnisses bei Variation der Prozeßeinstellbedingungen (Bild 11-160). Zu berücksichtigen ist allerdings, daß aufgrund der Vielzahl der das Arbeitsergebnis beeinflussenden Parameter im Einzelfall andere als in den folgenden Bildern dargestellten Abhängigkeiten auftreten können.

Eine Steigerung der Schnittgeschwindigkeit führt zu kleineren Schnittkräften und besseren Oberflächengüten, jedoch auch zu einer höheren Temperaturentwicklung in der Kontaktzone und damit zu einer Zunahme der Randzonenbeeinflussung. Zur Vermeidung dieser Nachteile muß ein erhöhter Aufwand für die Kühlschmierung betrieben werden. Eine Erhöhung der Zustellung oder der Vorschubgeschwindigkeit verkürzt die Schnittzeit, bedingt aber höhe-

re Schnittkräfte, höheren Verschleiß und eine Zunahme der Temperatur. Am Werkstück zeigen sich dann verminderte Genauigkeiten und Oberflächengüten sowie eine verstärkte Randzonenbeeinflussung. Mit der Zunahme des Zeitspanungsvolumens vergrößern sich die Schnittkräfte, damit nehmen Maß- und Formfehler zu. Allerdings wird durch die höheren Normalkräfte auch die Kopplungssteifigkeit zwischen Schleifscheibe und Werkstück erhöht, wodurch die Gefahr des Auftretens von Ratterschwingungen geringer wird. Die thermische Beeinflussung der Oberflächenrandzone wird größer, die mit einer Erhöhung der Zustellung verbundene größere mittlere Spanungsdicke führt i. allg. zu einer schlechteren Oberflächengüte. Der Eingriffsbogen, entlang dessen Werkzeug und Werkstück miteinander in Kontakt stehen,

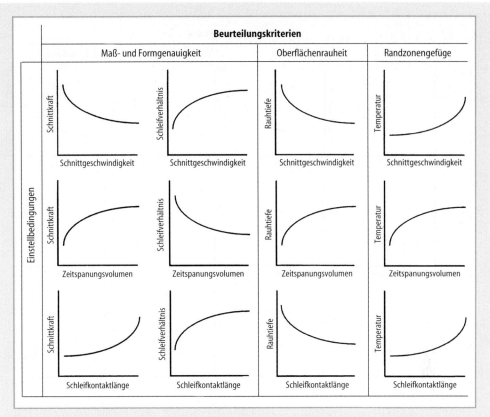

Bild 11-160 Einfluß der Einstellbedingungen auf die Maß- und Formgenauigkeit, die Oberflächengüte und das Randzonengefüge beim Schleifen [Hol88]

wird als geometrische Kontaktlänge bezeichnet. Trotz gleicher Zustellung ergeben sich bei der Bearbeitung von Bohrungen (Innenrundschleifen), von Mantelflächen zylindrischer Körper (Außenrundschleifen) und von ebenen Flächen (Planschleifen) unterschiedliche Kontaktlängen. Mit zunehmender Kontaktlänge nimmt die Anzahl der sich im Eingriff befindlichen Schleifkörner zu, so daß die Schnittkraft ansteigt. Des weiteren verbessert sich das Schleifverhältnis und die Oberflächengüte, jedoch muß auch mit einer höheren Temperatur in der Wirkzone gerechnet werden.

Den Einfluß der Schleifscheibenspezifikation und des Schärfezustands der Schleifscheibe zeigt Bild 11-161. Bei optimaler Kombination der Körnung und der Bindung sowie der Schärfbedingungen bleibt die Schleifscheibe über die Schnittzeit ständig schleifbereit, d. h., sie arbeitet im Selbstschärfbereich. Die Schleifscheibe verschleißt dabei stetig weiter und die Schnittkraft erreicht einen bestimmten konstanten Be-

trag. Dazu ist es erforderlich, daß die Schleifkörner neue Schneidkanten bilden und/oder stumpfe Schleifkörner freigegeben werden. Durch den Verschleiß der Schleifscheibe wird gewährleistet, daß der notwendige Spanraum erhalten bleibt. Die Festlegung der Korngröße richtet sich nach der gewünschten Oberflächenqualität und nach dem angestrebten Zeitspanungsvolumen. Mit zunehmender Korngröße sinkt die Anzahl der Schneiden, was wiederum zu größeren Spanungsdicken führt. Die erreichbare Oberflächengüte wird schlechter, das mögliche Zeitspanungsvolumen jedoch größer. Grobe Körnungen werden deshalb zum Schruppschleifen, feine Körnungen zum Schlichten eingesetzt. Art und Anteil der Bindung wirken sich zusammen mit der Korngröße auf Struktur und Härte der Schleifscheibe aus. Harte Schleifscheiben haben i. allg. eine Verbesserung des Zeitspanungsvolumen und der Oberflächengüte zur Folge. Mit der Schleifscheibenhärte nehmen aber auch die Schnittkraft und die thermische

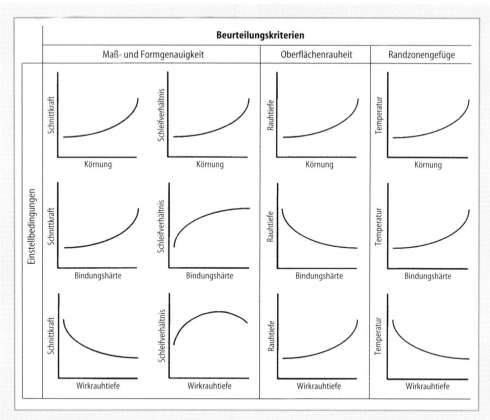

Bild 11-161 Einfluß der Schleifscheibe auf die Maß- und Formgenauigkeit, die Oberflächengüte und das Randzonengefüge beim Schleifen [Hol88]

Belastung des Werkstücks zu. Durch eine gezielte Führung der Werkzeugaufbereitung kann die Schleifscheibenoberfläche an die gegebenen Anforderungen angepaßt werden. So empfiehlt sich die Erzeugung einer rauhen Topographie und damit einer schnittfreudigen Schleifscheibe, wenn hohe Schnittkräfte oder eine Temperaturbeeinflussung der Werkstückrandzone zu erwarten sind, der Schneidenraum ein großes Spankammervolumen aufweisen muß, jedoch in bezug auf die Oberflächengüte des Werkstücks nicht zu hohe Anforderungen gestellt werden [Kön89]. Eine überschärfte Schleifscheibe gibt die Schleifkörner vorzeitig frei und bewirkt einen hohen Schleifscheibenverschleiß.

11.9.2.5 Wirtschaftlichkeit

Die Wirtschaftlichkeit des Zerspanungsprozesses wird wesentlich durch die Fertigungskosten bestimmt. Bei Optimierungsaufgaben wird allgemein angestrebt, durch eine günstige Wahl der Einstellgrößen die Fertigungskosten für ein Werkstück unter Einhaltung der Qualitätsforderungen zu minimieren [Fri89]. Die Kosten für die Bearbeitung eines Werkstücks setzen sich zusammen aus den schleifzeitabhängigen und den werkzeugabhängigen Kosten. Die schleifzeitabhängigen Kosten ergeben sich aus den mit dem Maschinenstundensatz bewerteten Fertigungszeiten. In den werkzeugabhängigen Kosten sind der Schleifscheibenverschleiß sowie die Abrichtkosten je Werkzeug enthalten. Zur Auswahl des Abrichtverfahrens müssen daher nicht nur technologische Gesichtspunkte, sondern auch die entstehenden Abrichtkosten herangezogen werden. Bild 11-162 zeigt die Tendenz der wirtschaftlichen Anwendungsbereiche verschiedener Abrichtverfahren am Beispiel des Gewindeschleifens. Die Kurven können sich je nach Bearbeitungsaufgabe zugunsten des einen oder anderen Verfahrens verschieben, ohne daß sich ihre Charakteristik ändert. Da Diamantrol-

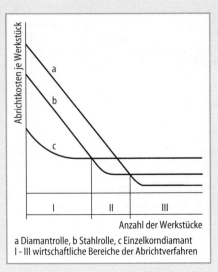

Bild 11-162 Abrichtkosten für verschiedene Abrichtverfahren [Brü80: 135 - 148]

Abrichtkosten je Werkstück

a

b

c

I | II | III

Anzahl der Werkstücke

a Diamantrolle, b Stahlrolle, c Einzelkorndiamant
I - III wirtschaftliche Bereiche der Abrichtverfahren

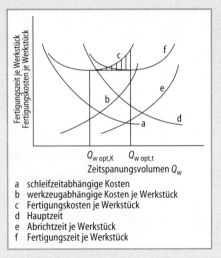

Fertigungszeit je Werkstück
Fertigungskosten je Werkstück

$Q_{w\,opt,K}$ $Q_{w\,opt,t}$
Zeitspanungsvolumen Q_w

a schleifzeitabhängige Kosten
b werkzeugabhängige Kosten je Werkstück
c Fertigungskosten je Werkstück
d Hauptzeit
e Abrichtzeit je Werkstück
f Fertigungszeit je Werkstück

Bild 11-163 Kostenoptimales (links) und zeitoptimales (rechts) Zeitspanungsvolumen [Fri85, Sau73]

len je nach Profil in der Anschaffung sehr teuer sind, werden sie bevorzugt in der Massenfertigung eingesetzt. Die erreichbare Arbeitsgenauigkeit ist bei der Anwendung der Diamantrollen größer als bei Stahlrollen. Das Abrichten mit Einzelkorndiamanten ist aus wirtschaftlicher Sicht nur bei sehr kleinen Losgrößen sinnvoll [Brü80].

Maßnahmen zur Verbesserung der Produktivität und damit zur Erhöhung der Ausbringung bestehen in einer Verringerung von Haupt- und Nebenzeiten der Schleifbearbeitung. Nebenzeiten entstehen beim Schleifen im wesentlichen durch den Werkzeugverschleiß, der in bestimmten Zeitabständen bis zum Erreichen der Standzeit der Schleifscheibe ihre Aufbereitung erfordert. Eine Verkürzung der Hauptzeit durch Erhöhung des Zeitspanungsvolumens muß wegen des damit verbundenen höheren Werkzeugverschleißes (vgl. 11.9.2.4) nicht zwangsläufig auch zu einer Verringerung der Fertigungskosten führen (Bild 11-163). Die Differenz zwischen kosten- und zeitoptimalem Zeitspanungsvolumen wird damit insbesondere durch die werkzeugabhängigen Kosten bestimmt [Sau73]. Die wirtschaftlich günstigste Lösung bildet einen Kompromiß zwischen der höchsten Ausbringung und den geringsten Herstellkosten. Im Zweifelsfall ist jedoch die kostenoptimale Lösung der zeitoptimalen Lösung vorzuziehen. Durch die Anwendung angepaßter Prozesse läßt sich das Opti-

mierungsproblem hin zu größeren Zeitspanungsvolumina verschieben (Bild 11-164).

Tiefschleifen

Beim Tiefschleifen werden aufgrund der vorliegenden kleinen Spanungsdicken und geringen Belastungen der Einzelschneide gegenüber dem Pendelplanschleifen höhere Oberflächengüten und Zerspanleistungen bei gleichzeitig höherer Profilstabilität der Schleifscheibe erzielt, so daß diese Verfahrensvariante zunehmend an Bedeutung gewinnt. Insbesondere die erreichbaren Zeitspanungsvolumina, die etwa um das 4- bis 5fache über denen des Pendelschleifens liegen, können zum Wegfall einer Vorbearbeitung des Werkstücks durch Drehen oder Fräsen führen. Als Folge der großen Zustellungen und Kontaktlängen stehen den genannten Vorteilen des Tiefschleifens gegenüber dem Pendelschleifen jedoch die Nachteile höherer Schnittkräfte und Prozeßtemperaturen gegenüber. Tiefschleifmaschinen sind wegen der erhöhten Anforderungen an die Antriebsleistung, der Steifigkeit der Konstruktion und der Einrichtungen zur Kühlschmierung i. allg. teurer als vergleichbare Pendelschleifmaschinen.

Hochgeschwindigkeitsschleifen

Eine weitere Steigerung der Produktivität bei der Schleifbearbeitung ermöglicht das Hochge-

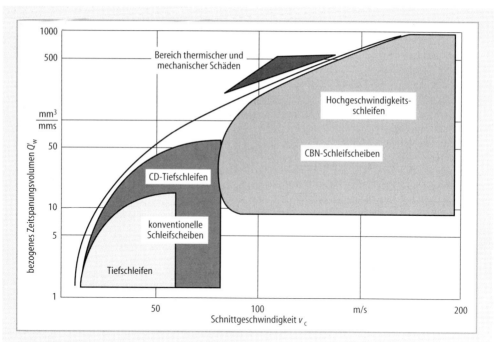

Bild 11-164 Arbeitsbereiche beim Planschleifen (nach Minke)

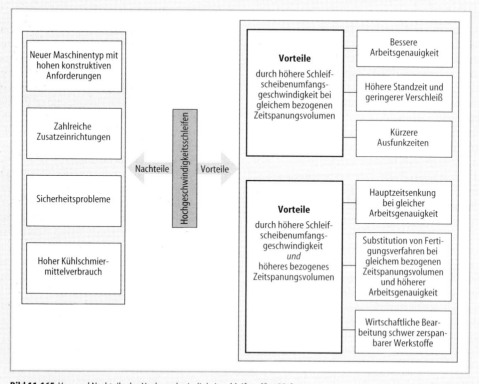

Bild 11-165 Vor- und Nachteile des Hochgeschwindigkeitsschleifens [Spu80a]

schwindigkeitsschleifen (High Speed Cutting, HSC). Man versteht darunter das Schleifen mit hoher Schnittgeschwindigkeit ($v_c > 60$ m/s). Durch das Hochgeschwindigkeitsschleifen verbessert sich das Arbeitsergebnis oder es wird bei gleichem Arbeitsergebnis die Schnittzeit verkürzt (Bild 11-165). In jedem Fall werden dem Prozeß höhere Schleifleistungen zugeführt, die in der Randzone des Werkstücks erhebliche thermische Beanspruchungen und Randzonenschädigungen hervorrufen können. Den erhöhten Prozeßtemperaturen muß deshalb durch eine angepaßte Kühlschmierstoffversorgung Rechnung getragen werden. Die Zufuhr des Kühlschmierstoffs, in der Regel Schleiföl, muß in großen Mengen und unter hohem Druck erfolgen, um eine ausreichende Versorgung im Schleifspalt sicherzustellen [Kön89]. Daneben müssen erhöhte Anforderungen an die Schleifmaschine und an die Schleifscheiben gestellt werden. Insbesondere galvanisch gebundene Bornitridschleifscheiben erweisen sich als thermisch stabil und besitzen aufgrund ihres Aufbaus eine sehr große Festigkeit, so daß Schnittgeschwindigkeiten bis 200 m/s bei bezogenen Zeitspanungsvolumina von $Q'_w = 150 - 800$ mm³/ (mms) erreicht werden können. Damit sind Werkstücke ohne thermische Beeinflussung bei 10- bis 20facher Zerspanleistung gegenüber dem Drehen, Fräsen oder Außenräumen herstellbar [Fer92]. Die Maschinen müssen über eine große Steifigkeit verfügen und darüber hinaus durch Schutzhauben und Maschinenkapselungen einen ausreichenden Schutz bei Bruch der Schleifscheibe gewährleisten.

CD-Schleifen und kontinuierliches In-Prozeß-Schärfen

Neben der Möglichkeit, die Zerspanleistung über die Kinematik des Schleifprozesses zu steigern, kann das Zeitspanungsvolumen auch durch eine Beeinflussung des Werkzeugs während des Schleifprozesses angehoben werden. Ein Verfahren, das sich besonders beim Tiefschleifen unter Verwendung konventioneller Schleifscheiben einsetzen läßt, ist das CD-Schleifen (contineous dressing). Hierbei wird die Schleifscheibe durch kontinuierliches Abrichten mit einer Diamantrolle bei hoher Profilgenauigkeit ständig schneidfähig gehalten (Bild 11-166). Ein ähnlicher Effekt kann beim Schleifen mit Diamant- oder Bornitridschleifscheiben durch kontinuierliches In-Prozeß-Schärfen erzielt werden [Uhl94]. Unter der Voraussetzung ausreichender Losgrößen erscheint das CD-Schleifen insbesondere dann lohnend, wenn schwer zerspanbare und/oder thermisch empfindliche Werkstoffe mit hoher Maß- und Formgenauigkeit und großen, auf die Schleifscheibenbreite bezogenen Zeitspanungsvolumina bearbeitet werden sollen. Ein weiterer Einsatzbereich ergibt sich in bestimmten Fällen bei mehrstufigen Prozessen mit den Operationen Schruppen, Schlichten und Ausfunken. Wird die Leistungsgrenze in der Schruppstufe durch den

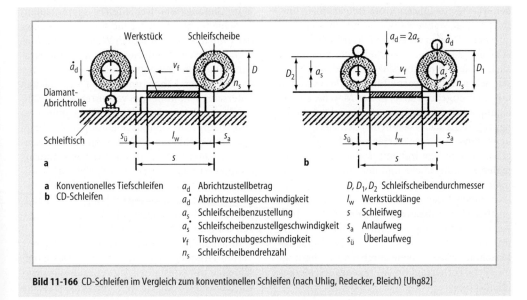

a Konventionelles Tiefschleifen
b CD-Schleifen

a_d	Abrichtzustellbetrag
$\dot{a}_d$	Abrichtzustellgeschwindigkeit
a_s	Schleifscheibenzustellung
$\dot{a}_s$	Schleifscheibenzustellgeschwindigkeit
v_f	Tischvorschubgeschwindigkeit
n_s	Schleifscheibendrehzahl

D, D_1, D_2	Schleifscheibendurchmesser
l_w	Werkstücklänge
s	Schleifweg
s_a	Anlaufweg
$s_ü$	Überlaufweg

Bild 11-166 CD-Schleifen im Vergleich zum konventionellen Schleifen (nach Uhlig, Redecker, Bleich) [Uhg82]

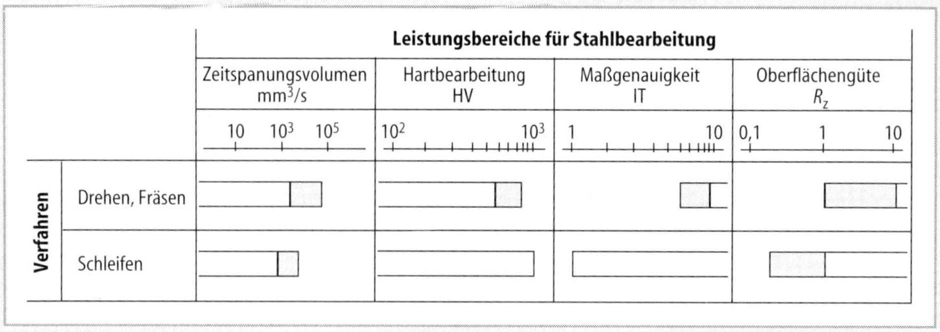

Leistungsbereiche für Stahlbearbeitung				
Zeitspanungsvolumen mm³/s	Hartbearbeitung HV	Maßgenauigkeit IT	Oberflächengüte R_z	
10 10³ 10⁵	10² 10³	1 10	0,1 1 10	

Verfahren:
- Drehen, Fräsen
- Schleifen

Bild 11-167 Leistungsvergleich zwischen Schleifen und Drehen und Fräsen [Bäc84, Fri85, Hei94]

Verlust an Maß- und Formhaltigkeit sowie an Oberflächengüte bestimmt, dann sollte das CD-Schleifen in Betracht gezogen werden, um die folgende Schlichtoperation möglichst kurz zu halten [Bäc84].

Zur Beurteilung der Einsatzmöglichkeiten des Schleifens insbesondere innerhalb von Prozeß-folgen ist die Kenntnis des Leistungsvermögens hinsichtlich konkurrierender Verfahren notwendig. In Bild 11-167 ist anhand der realisierbaren Zeitspanungsvolumina ersichtlich, daß das Schleifen, für das die Härte des zu bearbeitenden Werkstoffs sowie die Erzeugung einer hohen Werkstückqualität i. allg. keine Schwierigkeit darstellt, in die Hauptzeitbereiche des Drehens und des Fräsens eindringt. Eine Substitution dieser Verfahren durch das Schleifen kann in bestimmten Fällen zu einer Verkürzung der Prozeßkette führen. Trotz Steigerungen hinsichtlich der Maßgenauigkeit und Oberflächengüte beim Drehen und beim Fräsen läßt sich das Schleifen aus technologischer Sicht zumindest auch weiterhin nicht ersetzen. Für das Feinfräsen liegen in der Bearbeitung von Werkstoffen mit inhomogener Härte, in der Maschinenauslegung sowie in steuerungstechnischen Anforderungen die hauptsächlichen Schwierigkeiten beim Einsatz dieses Verfahrens. Die Einsatzgrenzen beim Feindrehen bestehen in der minimalen Spanungsdicke und der durch die maximale Auskraglänge des Drehwerkzeugs beschränkten Innenbearbeitung. Beim Schleifen ergeben sich Probleme aus der Reproduzierbarkeit des Bearbeitungsergebnisses und dem thermischen Verhalten des Werkstück-Werkzeug-Maschine-Systems sowie durch eine nur bedingt mögliche Vorhersage des Werkzeugverschleißes [Hei94: 6-7].

11.9.3 Bandschleifen

11.9.3.1 Einteilung der Bandschleifverfahren

Bandschleifen ist nach DIN 8589-12 ein spanendes Fertigungsverfahren mit einem vielschneidigen Werkzeug aus Schleifkörpern auf Unterlage, dem Schleifband. Dabei läuft das Schleifband über mindestens zwei Rollen um und wird in der Kontaktzone durch eine dieser Rollen, ein anderes zusätzliches Stützelement oder ohne Stützelement an das zu bearbeitende Werkstück angepreßt.

Die Bandschleifverfahren unterteilen sich in das Plan-, Rund-, Profil- und Form-Bandschleifen für die Außen- und Innenbearbeitung (Bild 11-168). Eine weitere Unterteilung ist beim Bandschleifen das Umfangs- und das Seitenschleifen. Beim Umfangs-Bandschleifen ist das umlaufende Schleifband überwiegend am Umfang einer der Umlenkwalzen mit dem Werkstück in Kontakt, beim Seiten-Bandschleifen an einer geraden Längsseite des Schleifbands. Des weiteren wird zwischen Längs- und Quer-Bandschleifen unterschieden, wobei die verfahrenskennzeichnende gerade oder kreisförmige Vorschubbewegung beim Längs-Bandschleifen parallel, beim Quer-Bandschleifen senkrecht zu der zu erzeugenden Oberfläche verläuft. Bei der Planbearbeitung ist zudem zwischen Gleichlauf-Bandschleifen mit einer Vorschub- und Schnittbewegung in gleicher Richtung und Gegenlauf-Bandschleifen mit einer Werkstückbewegung entgegen der Schnittrichtung zu unterscheiden.

In der industriellen Praxis sind zwei weitere Verfahrenskategorien von Interesse: Das Bandschleifen mit konstanter Anpreßkraft wird vorwiegend zur Oberflächenverfeinerung oder zum

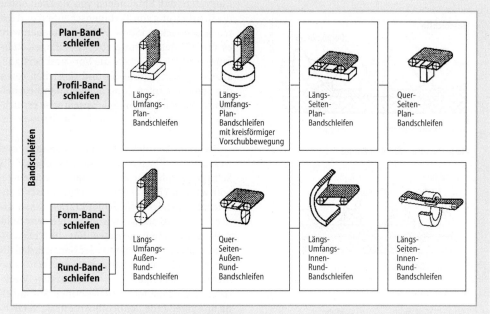

Bild 11-168 Bandschleifverfahren nach DIN 8589-12 [Den89]

Abspanen großer Zeitspanungsvolumina angewandt, während das Bandschleifen mit konstanter Zustellung zum Erzielen hoher Form- und Maßgenauigkeiten dient [Den89].

Zusätzliche Einteilungsmerkmale bilden das Zeitspanungsvolumen und die Zustellung. Beim konventionellen Bandschleifen liegt das bezogene Zeitspanungsvolumen bei etwa $Q'_w = 2 - 3$ mm³/(mms) mit einer Zustellung von $a_e = 0,02$ mm. Mit dem Hochleistungsbandschleifen erreicht man bezogene Zeitspanungsvolumina von etwa $Q'_w = 30 - 280$ mm³/(mms) bei einer Zustellung von $a_e = 0,1 - 2$ mm [Sta87].

11.9.3.2 Werkzeuge

Schleifbänder zählen zu den Schleifmitteln auf Unterlage. Sie sind im wesentlichen aus den Bestandteilen Schleifkorn, Bindemittel (Deck- und Grundbindung) sowie Unterlage aufgebaut (Bild 11-169). Dabei sorgt die Grundbindung für die Haftung der Schleifkörner auf der Unterlage, die Deckbindung für ihre Abstützung.

Als Bindemittel werden in der Regel Hautleim, Kunstharze oder Lacke verwendet. Die Unterlagen bestehen aus Baumwoll-, Kunstfaser- oder Mischgeweben für höhere Anforderungen oder aus Papieren mit Flächengewichten über 80 g/m² für das Schleifen mit Handmaschinen. Als Korn-

stoffe finden Korund, Zirkonkorund und Siliciumcarbid, aber auch Diamant und CBN Anwendung [Bec80].

Gegenüber konventionellen, einschichtigen Schleifbändern (Bild 11-169a) ermöglichen mehrschichtige Ausführungen in einer Hohlkugel- (Bild 11-169b) oder Kompaktkornstruktur (Bild 11-169c) erheblich längere Standzeiten [Den89]. Dabei sind über der gesamten Werkzeuglebensdauer gleichmäßige Oberflächengüten zu erzielen [Sta92, Buc89]. Zudem ist ähnlich wie bei Schleifscheiben ein Selbstschärfeffekt nutzbar [Sta88]. Neuere Entwicklungen führten zu mikrokristallinen Schleifkörnern, einer Art Sinterkorund, die gegebenenfalls auch an einlagigen Schleifwerkzeugen zu einem Selbstschärfeffekt führen können. Hierbei besteht das Schleifkorn aus 0,2 µm großen Kristallpartikeln [Mer91].

11.9.3.3 Kühlschmierung

Durch die Verwendung von Kühlschmierstoffen lassen sich beim Bandschleifen gegenüber dem Trockenschliff höhere Oberflächengüten und eine geringere thermische Randzonenschädigung des Werkstücks erzielen [Buc89]. Als Kühlschmierstoffe kommen Emulsionen, Öle und Fette zum Einsatz, wobei diese durch ihre chemische Zusammensetzung und Viskosität und

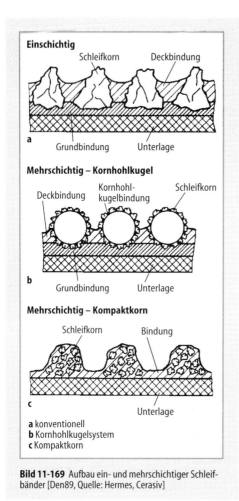

Einschichtig

Schleifkorn · Deckbindung

a

Grundbindung · Unterlage

Mehrschichtig – Kornhohlkugel

Deckbindung · Kornhohl-kugelbindung · Schleifkorn

b

Grundbindung · Unterlage

Mehrschichtig – Kompaktkorn

Schleifkorn · Bindung

c

Unterlage

a konventionell
b Kornhohlkugelsystem
c Kompaktkorn

Bild 11-169 Aufbau ein- und mehrschichtiger Schleif-bänder [Den89, Quelle: Hermes, Cerasiv]

schließlich durch die Art ihrer Zuführung (Sprühen, Fluten) der jeweiligen Bearbeitungsaufgabe angepaßt werden müssen [Kön89].

11.9.3.4 Technologie

Im Vergleich zu anderen Werkzeugen aus gebundenen Schleifmitteln verfügen Schleifmittel auf Unterlage über eine größere Flexibilität. Sie ermöglichen die Bearbeitung von Werkstücken großer Breiten und beliebiger, auch stark gekrümmter Formen sowie schwer zugänglicher Stellen. Daneben lassen sich auch leicht verformbare Werkstücke zerspanen [Bec80]. Die bearbeitbare Werkstoffpalette umfaßt Metalle, Holz, Leder, Glas, Keramik, Stein, Kunststoffe und deren Kombinationen [Bec80, Pah55]. Anwendungsbeispiele für das Bandschleifen sind die Oberflächenveredlung von Stahlblechen, das

Entgraten, das Entzundern von Blechen sowie die Bearbeitung von Turbinenschaufeln und Extruderschnecken [Sta91, Web87]. Daneben wird es für die Bearbeitung ebener Auflage-, Referenz- und Dichtflächen, die Vor- und Fertigbearbeitung von Schmiede- und Gußteilen sowie die Schweißkanten- und Schweißnahtbearbeitung angewendet [Kön85]. Wesentliche erreichbare Bandschleifdaten sind in Tabelle 11-13 angegeben.

Die Standzeit des Schleifbands kann in drei wesentliche Phasen, die Kalibrierphase, die Selbstschärfphase und das Standzeitende eingeteilt werden (Bild 11-170) [Buc89]. In der Kalibrierphase steigen die Schleifkräfte ebenso wie der Verschleiß stark an, wohingegen sehr hohe Anfangsrauheiten auftreten. Für die Praxisanwendung ergibt sich daraus der Nachteil, daß die für eine Linienfertigung notwendigen Qualitätsanforderungen nicht vom ersten Werkstück an eingehalten werden können. Soll auf eine anschließende Schlichtbearbeitung verzichtet werden, muß dieser Bereich der Anfangsschärfe, der besonders bei Schruppschleifbändern grober Körnung auftritt, gezielt verbessert werden, um eine gleichbleibende Oberflächengüte bis zum Standzeitende garantieren zu können. Dies kann durch das Tuschieren der am weitesten aus dem Kornverbund herausragenden Kornspitzen vor dem Schleifen des ersten Werkstücks erreicht werden. Ist in der Serienfertigung eine Schlichtbearbeitung vorgesehen, kann auf ein Tuschieren der Schleifbänder verzichtet werden, ebenso wie beim Einsatz der Bänder bei großen Zustellungen oder bei der Bearbeitung schwer zerspanbarer Werkstoffe. Hierbei erfolgt ein selbständiges Abrichten der herausragenden Kornspitzen während der ersten Überschliffe [Buc89].

11.9.3.5 Wirtschaftlichkeit

Ein grundsätzlicher Vorteil bei der Anwendung flexibler Hochleistungsschleifbänder gegenüber Werkzeugen mit geometrisch bestimmter Schneide ist eine geringere Gratbildung bei der Bearbeitung ebener, unterbrochener Oberflächen. Wenn die Bandschleiftechnologie angewandt wird, kann unter Umständen auf ein dem Fräsen nachfolgendes Entgraten verzichtet werden. Weitere Vorteile des Bandschleifens bestehen in kurzen Werkzeugwechselzeiten, kostengünstigen Werkzeugen und in der einfachen Handhabung [Den89]. Durch die Anwendung des Trok-

Tabelle 11-13 Wesentliche Bandschleifdaten (nach Tönschoff)

Werkstoff	Schruppen			Schlichten		
	Stellgrößen		Arbeitsergebnis	Stellgrößen		Arbeitsergebnis
	bezogenes Zeitspanungsvolumen Q'_W mm³/mms	Schnittgeschwindigkeit v_c m/s	gemittelte Rauhtiefe R_z <m>m	bezogenes Zeitspanungsvolumen Q'_W mm³/mms	Schnittgeschwindigkeit v_c m/s	gemittelte Rauhtiefe R_z <m>m
Walzlagerstahl	<150	40...60	>40	2...8	30...40	5...8
Grauguß	<200	30...50	>50	5...10	20...30	8...10
AlSi-Legierungen	<100	20...40	>60	1...5	30...40	10...12

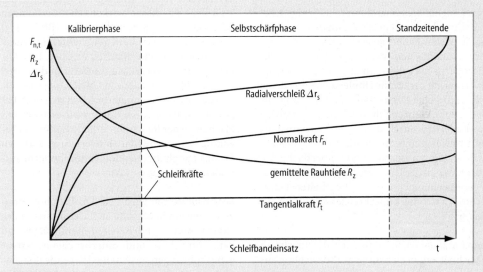

Bild 11-170 Prozeßverhalten beim Bandschleifen (nach Buchholz und Dennis) [Buc89: 55-58]

kenschliffs sind zudem erhebliche Einsparungen durch den Wegfall der Kosten für den Kühlschmierstoff, seiner Pflege und seiner Entsorgung möglich.

Zur Frage der Substitution des Fräsens durch das Bandschleifen müssen für jede Bearbeitungsaufgabe neue Wirtschaftlichkeitsüberlegungen angestellt werden. Für die Herstellung von Dichtflächen zeigte ein Vergleich des Stirnplanfräsens mit dem Bandschleifen mit Stützplatte, daß die Oberflächengüten und die Werkzeugstandzeiten des Bandschleifens deutlich über denen des Fräsens lagen. Jedoch erwies sich das Bandschleifen erst bei großen Losgrößen als wirtschaftlich. Für die Großserienfertigung und

für dünnwandige, leicht verformbare Bauteile ist das Bandschleifen eine technologische und wirtschaftliche Alternative zum Fräsen [Bek93].

11.9.4 Honen

Die VDI-Richtlinie 3220 definiert Honen in Anlehnung an DIN 8589-14 als Spanen mit einem vielschneidigen Werkzeug aus gebundenem Korn unter ständiger Flächenberührung zwischen Werkstück und Werkzeug zur Verbesserung von Maß, Form und Oberfläche vorbearbeiteter Werkstücke. Zwischen Werkzeug und Werkstück findet ein Richtungswechsel der Längsbewegung statt. Die erzielten Oberflächen

weisen für das Honen charakteristische Kreuz-
spuren auf.

11.9.4.1 Einteilung der Honverfahren

Zur Bearbeitung von Werkstücken mit den unterschiedlichsten Formen und Abmessungen
wurden verschiedene Honverfahren entwickelt.
Die wichtigste Unterteilung dieser Honverfahren ergibt sich aus der Kinematik des Bewe-
gungsvorgangs. Je nach der Umkehrlänge von
Werkzeug bzw. Werkstück unterscheidet man
zwischen Langhubhonen und Kurzhubhonen.
Nach Form und Lage der Bearbeitungsstelle am
Werkstück und den Möglichkeiten der Maschine wird weiter unterteilt in Innenhonen, Außen-
honen und Planhonen (Bild 11-171).

Beim *Langhubhonen* wird mit feinkörnigen, ke-
ramisch- oder kunststoffgebundenen Honstei-
nen, in vielen Fällen auch mit Diamant- oder
Bornitridhonleisten, Werkstoff von der Werkstückoberfläche abgetrennt. Das Honwerkzeug,
der Trägerkörper für die Honleisten, führt dabei
gleichzeitig eine Dreh- und Hubbewegung aus
(Bild 11-172). Während dieser Bewegung werden
die Honleisten durch den Spreizmechanismus
des Honwerkzeugs hydraulisch oder mechanisch an die zu bearbeitende Oberfläche gedrückt. Wegen der Überlagerung der beiden Bewegungsrichtungen weist die bearbeitete Oberfläche sich definiert überkreuzende Spuren auf
[Haa74: 23 - 28].

Beim *Kurzhubhonen*, häufig auch als Superfinish
bezeichnet, ergibt sich die Schnittbewegung aus

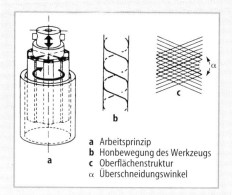

a   Arbeitsprinzip
b   Honbewegung des Werkzeugs
c   Oberflächenstruktur
α   Überschneidungswinkel

Bild 11-172 Arbeitsprinzip des Langhubhonens
[Haa74: 23-28]

der Drehbewegung des Werkstücks und einer
senkrecht zu dieser wirkenden kurzhubigen
Schwingbewegung des Werkzeugs (Bild 11-173)
[Fri85]. Die Schwingbewegung wird mit Druckluft oder elektromechanisch erzeugt. Das Anpressen des Honwerkzeugs erfolgt in der Regel
mit Druckluft [Haa80: 294 - 365].

Weitere Unterteilungen ergeben sich nach Lage und Form der durch Honen zu bearbeitenden
Flächen. In der Reihenfolge der in der Praxis bevorzugt angewendeten Honverfahren läßt sich
für das Langhubhonen folgende Übersicht aufstellen [Haa80: 294 - 365]:

Innenrundhonen wird von den Langhub-Hon-
verfahren am häufigsten angewendet. Es ist das
Honen kreiszylindrischer Innenflächen und
kann für glatte und unterbrochene Durchgangsbohrungen, auseinanderliegende Bohrun-

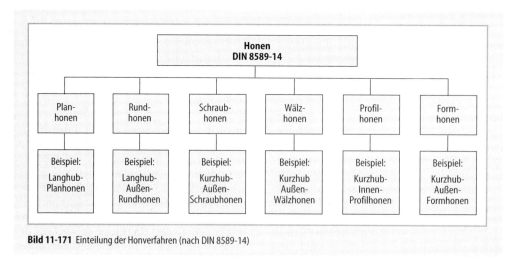

Bild 11-171 Einteilung der Honverfahren (nach DIN 8589-14)

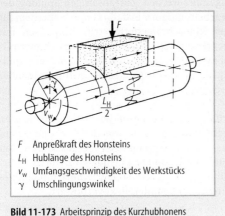

F   Anpreßkraft des Honsteins
L_H Hublänge des Honsteins
v_w Umfangsgeschwindigkeit des Werkstücks
γ   Umschlingungswinkel

Bild 11-173 Arbeitsprinzip des Kurzhubhonens
[Haa74: 23-28]

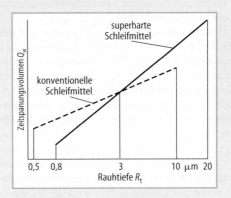

Bild 11-174 Einsatz von Schleifmitteln beim Honen
[Kli77a: 674-683]

gen und Stufenbohrungen mit gleicher Bohrungsachse eingesetzt werden.

Dornhonen wurde für die Herstellung hochgenauer zylindrischer Bohrungen entwickelt. Es lassen sich sehr geringe Durchmesser bis zu 1 mm fertigen. Neben Durchgangsbohrungen sind besonders auch Bohrungen mit Unterbrechungen und anderen schwierigen Innenkonturen bearbeitbar. Beim Dornhonen wird in nur einem Arbeitshub der gesamte Werkstoff in einer Intensivzerspanung abgetragen.

Innenprofilhonen ist das Honen nichtzylindrischer, wie beispielsweise kegeliger und unrunder Innenflächen. Hierzu kann auch die Bearbeitung von Axial- und Drallnuten sowie Verzahnungen in kreiszylindrischen Innenflächen gerechnet werden. Das Honwerkzeug ist hierbei auf die Form der Innenfläche abgestimmt. Bei der Verzahnung wälzt sich ein als Zahnrad ausgebildetes Honwerkzeug mit Hubbewegung auf der Innenfläche des sich drehenden Werkstücks ab, wobei sich die Drehachsen unter einem Winkel kreuzen.

Außenprofilhonen hingegen gelangt im wesentlichen zur Oberflächenverbesserung von Zahnflanken von Außenverzahnungen zur Anwendung. Das Honwerkzeug besitzt dabei die Innenverzahnung. Die Kinematik ist mit dem des Honens von Innenverzahnungen identisch.

11.9.4.2 Werkzeuge

Wegen ihres ähnlichen Aufbaus wie Schleifscheiben, können die bestimmenden Eigenschaften von Honleisten in Anlehnung an die Spezifikation von Schleifscheiben charakterisiert werden. Wie beim Schleifen wird zwischen herkömmlichen (Korund, Siliciumcarbid) und superharten (Diamant, CBN) Kornwerkstoffen unterschieden. Während durch Honen mit herkömmlichen Kornwerkstoffen praktisch alle anfallenden Werkstoffe zu bearbeiten sind, konzentriert sich der Einsatz von Bornitrid und Diamant vorwiegend auf Guß und gehärtete Stähle sowie Keramik und Glas [Haa80: 294 -365]. Bei diesen Materialien bieten sie wegen der deutlich höheren Zeitspanungsvolumina und Standzeiten Vorteile gegenüber Siliciumkarbid und Korund.

Das Schneidverhalten und daraus resultierend der Einsatzbereich von Honleisten aus Diamant und kubisch kristallinem Bornitrid (CBN) unterscheidet sich von dem konventioneller Kornwerkstoffe (Bild 11-174). Bei Oberflächen mit einer Rauhtiefe von weniger als 3 µm ist das Zeitspanungsvolumen bei herkömmlichen Schleifmitteln höher, während bei rauheren Oberflächen unter Einsatz gröberer Körnungen die superharten Schleifmittel überlegen sind. Das kleinere Zeitspanungsvolumen bei feinerer Körnung liegt im Verschleißmechanismus superharter Honwerkzeuge begründet, der eine Selbstschärfung wie bei konventionellen Schleifmitteln nicht zuläßt [Kli77a]. Dafür lassen sich insbesondere bei kleinen Bohrungen geringere Zylindrizitätsabweichungen und bessere Maßgenauigkeiten erreichen als beim Einsatz herkömmlicher Kornwerkstoffe. Wirtschaftlich lassen sich Honleisten aus Diamant und CBN bei hohen Stückzahlen und kleinen Bohrungsdurchmessern einsetzen, da die Werkzeugkosten sehr hoch liegen [Kön89].

Entscheidend für die Formgenauigkeit der Bohrung nach dem Honen ist die Abstimmung von Honleistenlänge, Honleistenbreite und Honleistenüberlauf zur Bohrungslänge. Bei einer Durchgangsbohrung gilt für die Länge der Honleisten der Erfahrungswert 2/3 der Bohrungslänge. Zur Erzielung geringer Zylindrizitätsabweichungen sollte der Honsteinüberlauf rund 1/3 der Honleistenlänge betragen [Kli77a]. Breite Honleisten können Rundheitsabweichungen verringern, da sie zunächst nur an Stellen zerspanen, die eine größere Krümmung als das Werkzeug haben. Das Werkzeug bildet sich damit im Werkstück ab.

Durch die Lagerung von Werkzeug und Werkstück ergeben sich verschiedene Möglichkeiten der Form- und Lagekorrektur während des Honprozesses. Nach den verbleibenden Freiheitsgraden sind die doppelt kardanische, kardanische, schwimmende oder feste Lagerung zu unterscheiden. Dementsprechend ist eine Verbesserung der Rundheit und Zylindrizität, eine Winkelkorrektur oder auch eine Erhöhung der Lagegenauigkeit der bearbeiteten Bohrung durch den Honprozeß erreichbar.

11.9.4.3 Kühlschmiermittel

Die für die Auswahl der Kühlschmierstoffe entscheidenden Hauptmerkmale des Honens gegenüber dem Schleifen sind die verhältnismäßig großen Berührflächen zwischen den Honleisten und dem Werkstück. In Verbindung mit den niedrigen Schnittgeschwindigkeiten ergibt sich daraus, daß die örtlichen Erwärmungen beim Honen bedeutend niedriger sind als beim Schleifen. Für das Zeitspanungsvolumen beim Honen ist deshalb weniger der Kühleffekt, als vielmehr die Spülung ausschlaggebend (vgl. 11.9.2.3). Die Honleisten müssen durch den Kühlschmier-stoff an ihrer Arbeitsfläche griffig bleiben und sich selbst schärfen. Für die Erzielung einer guten Oberfläche ist es notwendig, die Abriebteilchen schnell aus dem Zerspanbereich zu entfernen. Aus diesen Gründen bestehen an den Kühlschmierstoff verschiedene Anforderungen [Kön89]:

Spülwirkung. Damit der Kühlschmierstoff einen guten Spüleffekt hat, muß während des Honvorgangs aus der Kühlschmierstoffanlage der Honmaschine eine große Menge Kühlschmiermittel zugeführt werden. Zur allseitigen Spülung der Bearbeitungszone installiert man außerdem für den Kühlschmierstoffaustritt Ringdüsen mit mehreren Austrittstellen. Das Kühlschmiermittel muß dünnflüssig und in hohem Maße spülfähig sein, um die Honleisten griffig und sauber zu halten.

Schmierwirkung. Besonders bei langspanenden Werkstoffen ist es wichtig, daß der Späneablauf aus dem Zerspanbereich heraus durch den Kühlschmierstoff begünstigt wird. Durch die Erhöhung der Viskosität der Kühlschmierstoffe wird dieser Schmiereffekt verbessert.

Kühlwirkung. Um Maßabweichungen infolge der Erwärmung der Werkstücke zu vermeiden, müssen die Kühlschmierstoffe so ausgelegt sein, daß sie einen guten Kühleffekt garantieren. Um ungünstige Bedingungen, wie sie zum Beispiel im Mehrschichtbetrieb hervorgerufen werden können, auszuschließen, werden daher moderne Honmaschinen mit großen Kühlschmiermittelbehältern und mit Rückkühlaggregaten ausgerüstet, die eine konstante Kühlschmierstofftemperatur sicherstellen.

Bei kurzspanenden, harten Werkstoffen werden Honöle niedriger Viskosität, bei langspanenden zähen Werkstoffen Öle mit höherer Viskosität verwendet. Bei der Bearbeitung von Gußteilen mit Diamanthonwerkzeugen werden auch wasserlösliche Emulsionen verwendet, zum Beispiel bei Kolbenlaufbahnen in Motorgehäusen. Hierbei werden bis zu 20 % der Honzeit bei gleicher zu erzielender Oberflächenrauhheit eingespart. Ein besonderer Waschvorgang auf der Transferstraße kann entfallen [Fri85].

11.9.4.4 Technologie

Das Honen wird heute vor allem als Endbearbeitungsverfahren und auch als Zwischenbearbeitung überwiegend zur Herstellung von Bohrungen eingesetzt. Unter bestimmten Voraussetzungen können auch Sacklochbohrungen bei guter Qualität wirtschaftlich gehont werden [Kli77b]. In geringerem Umfang werden Wellen außengehont und ebene Flächen plangehont. Unrunde Bohrungen, wie beispielsweise die Trochoide des Wankelmotors oder auch konische Bohrungen, lassen sich ebenfalls honen [Kli77a]. Das Honen ist als Feinbearbeitungsverfahren für praktisch alle Werkstoffe wie Grauguß, ungehärteten und gehärteten Stahl, Hartmetall, Nichteisenmetalle, Aluminium und technische Keramiken einsetzbar.

Das Langhubhonen wird als Endbearbeitungsverfahren nach einer Bohr- oder Schleifbearbeitung von Zylinderlaufflächen, Gehäusebohrungen, Bohrungen in Zahnrädern und Pleueln, Rohren und Büchsen eingesetzt. Da der Werkstoffabtrag beim Honen klein ist, sind die Werkstücke mit möglichst kleinem Formfehler vorzuarbeiten, um die Maßgenauigkeit von IT4 bis IT5 innerhalb eines Aufmaßes von etwa 0,05 – 0,1 mm bei Rauhtiefen von 0,05 – 0,2 µm erzeugen zu können [Tsc88]. Der Bereich gehonter Bohrungen liegt bei Durchmessern von 2 bis 1200 mm mit Bohrungslängen bis über 20 m [Fri85].

Das Kurzhubhonen wird angewendet, wenn neben höchster Oberflächengüte und Formgenauigkeit das Gefüge des spanend bearbeiteten Werkstücks bis in die oberste tragende Schicht hinein völlig gleichmäßig sein soll, wenn also hohe Anforderungen an die Mikrostruktur eines Werkstücks gestellt werden. Solche Forderungen liegen zum Beispiel bei Lagerbüchsen sowie hochbeanspruchten Lagerzapfen an Wellen und hochbelasteten Wälzlagerringen vor. Durch das Kurzhubhonen wird bei diesen Maschinenelementen die Oberflächenstruktur durch das Abtragen der durch den Zerspanvorgang aufgelockerten Oberflächenschicht so verfeinert, daß zum Beispiel ein Einlaufen von rotierenden Maschinenteilen nicht mehr notwendig ist. Darüber hinaus zeigen die so bearbeiteten Elemente ein günstiges Verschleißverhalten. Mit dem Kurzhubhonen sind Rauhtiefen von 0,1 – 0,4 µm erreichbar, die Maßgenauigkeit liegt bei IT3 – IT4. Als Bearbeitungsaufmaß genügen 0,002 – 0,003 mm [Tsc88]. Bei gehärteten und vorgeschliffenen Oberflächen ist eine gemittelte Rauhtiefe von R_z = 0,1 – 0,2 µm bei einer Rundheitsverbesserung bis zu 75 % möglich [Fri85].

Die wichtigsten Einstellgrößen beim Honprozeß sind die Schnittgeschwindigkeit, der Anpreßdruck der Honleisten und der Überschneidungswinkel. Infolge eines höheren Anpreßdrucks dringen die Schneiden der Honleiste tiefer in die Werkstückoberfläche ein. Mit größerer Eindringtiefe nehmen die am Zerspanungsvorgang beteiligten Schneiden zu, so daß das Zeitspanungsvolumen ansteigt. Gleichzeitig erhöht sich auch die Schnittkraft. Infolgedessen brechen Körner aus der Bindung, und die Honleisten verschleißen schneller. Mit zunehmendem Zeitspanungsvolumen vergrößert sich außerdem die Rauheit sowie die Zylindrizitäts- und Rundheitsabweichung. Eine kleinere Rauheit wird durch eine höhere Schnittgeschwindigkeit erreicht. Der Überschneidungswinkel beeinflußt die mechanische Belastung des Korns. Durch eine entsprechende Wahl des Überschneidungswinkels kann ein Splittern der Körner erreicht werden, so daß ständig scharfe Schneiden zur Verfügung stehen. Höhere Zeitspanungsvolumina lassen sich bei Überschneidungswinkeln zwischen α = 40° und 50° erzielen [Fri85].

Ein besonderes Verfahren ist das *Plateauhonen*. Es dient insbesondere bei Kolbenlaufflächen von Verbrennungsmotoren der Verbesserung der Gleiteigenschaften und der Verkürzung des Einlaufvorgangs durch eine Vorwegnahme des Einlaufverschleißes, in dem der Traganteil der gehonten Oberfläche erhöht wird. Die Oberflächenstruktur besteht nach dem Plateauhonen aus periodisch auftretenden, tiefen Honspuren mit dazwischenliegenden Flächen, den sogenannten Plateaus. Wegen der tiefen Honspuren kann eine bessere Haftung des Öls an der Bohrungswand erreicht werden [Haa80: 294-365]. Das Plateauhonen vollzieht sich in zwei Arbeitsphasen: dem Vorhonen und dem Fertighonen. In der ersten Phase wird bei entsprechend großem Materialabtrag die Formverbesserung bewirkt und die Oberflächengrundstruktur erzielt. Der Materialabtrag hängt von der Vorbearbeitung beziehungsweise vom tolerierbaren Formfehler nach dem Honen ab. In der zweiten Phase, dem Fertighonen, werden in kurzer Zeit noch die Oberflächenspitzen abgetragen und die kleinen Plateaus mit geringer Rauhtiefe und hohem Traganteil gebildet. Im Vergleich zu einer gewöhnlichen gehonten Fläche ist der Traganteil höher (Bild 11-175) [Kli77a]. Das Oberflächenprofil nach dem Plateauhonen ist dabei folgendermaßen gekennzeichnet: Die tiefen Honspuren sollen eine Rauhtiefe R_t = 4,0 – 6,0 µm haben und nicht breiter als 70 µm sein, während die Honspuren des Plateaus dem Wert von R_t = 0,5 – 1,0 µm entsprechen sollen [Haa75].

Unangenehme Geräusche können vor allem bei der Honbearbeitung von Kokillen, Rohren und anderen langen, dünnwandigen Bauteilen entstehen. Durch eine unsymmetrische Anordnung der Honleisten können entstehende Schwingungen abgebaut werden. Geteilte Zustellkonen, Dämmelemente im Aufweitmechanismus sowie die Verwendung breiter Honlei-

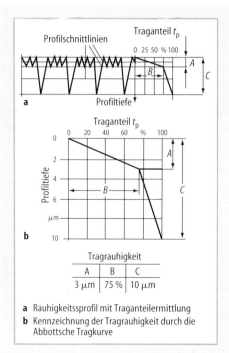

Tragrauhigkeit

A	B	C
3 μm	75 %	10 μm

a Rauhigkeitsprofil mit Traganteilermittlung
b Kennzeichnung der Tragrauhigkeit durch die
Abbottsche Tragkurve

Bild 11-175 Schematischer Profilschnitt einer Plateau-Struktur [Haa80: 2394-365]

sten bewirken eine weitere Geräuschminderung. Insgesamt läßt sich mit geräuscharmen Werkzeugen eine Lärmminderung von bis zu 30 % erzielen. Eine Verringerung der Geräuschentwicklung kann auch durch eine geringfügige Veränderung der Geschwindigkeitsverhältnisse und des Anpreßdrucks bewirkt werden [Fri85].

11.9.4.5 Wirtschaftlichkeit

Maßnahmen zur Steigerung der Wirtschaftlichkeit der Honbearbeitung konzentrieren sich auf die gleichzeitige Bearbeitung mehrerer Werkstücke. So werden vor allem Kleinteile der Serien- und Massenteilefertigung übereinander angeordnet und gemeinsam gehont. Zur gleichzeitigen Behandlung mehrerer Teile werden Mehrfachaufnahmen eingesetzt, die eine vervielfachte Ausbringung bewirken. Diese Leistungssteigerung ist im Zusammenspiel mit verschleißfesten Schleifmitteln wie Diamant wirtschaftlich garantiert. Folgende Variationen von Mehrfachaufnahmen sind möglich: Werkstücke geschichtet im Paket, Werkstücke einzeln schwimmend, Werkstücke einzeln kardanisch befestigt [Kli77a].

Durch die Verbesserung der Produktivität des Honprozesses können andere Feinbearbeitungsverfahren substituiert werden. Moderne Fertigungssysteme erlauben bereits Bohrlochaufweitungen von rund 0,5 mm/min, so daß auf eine kostenintensive Vorbearbeitung durch Innenrundschleifen, Feinbohren oder Reiben verzichtet werden kann. Zur Einhaltung engster Fertigungstoleranzen wird der Honstation mit großer Zerspanleistung darüber hinaus vielfach eine Fertighoneinheit nachgeschaltet, deren Zerspannleistung um etwa eine Zehnerpotenz niedriger ist. Um vielfältigen Anwendungsbereichen optimal gerecht zu werden, werden Langhub-Honmaschinen zunehmend in Modulbauweise angeboten. Die Grundmaschine wird durch Baugruppen ergänzt, die aufgabenspezifisch ausgelegt sind und außer Honoperationen bisweilen auch Schäl- und Glattwalzbearbeitungen erlauben [Zur85].

11.9.5 Läppen

Das Läppen ist ein Fein- bzw. Feinstbearbeitungsverfahren, mit dem nicht nur hohe Oberflächengüten, sondern auch extreme Formgenauigkeiten sowie enge Maßtoleranzen erreicht werden können. Läppflächen eignen sich sehr gut für abschließende Polierarbeiten. Im Gegensatz zum Schleifen und Honen werden die Schneiden beim Läppen von losen Körnern gebildet [Fri85].

11.9.5.1 Einteilung der Läppverfahren

Alle Läppverfahren können grundsätzlich in die zwei Hauptgruppen des Läppens mit und ohne formübertragendes Gegenstück eingeteilt werden, wovon die letztere nur zur Verbesserung der Oberflächengüte ohne Rücksicht auf die Form- und Maßgenauigkeit angewendet wird. Beim Läppen mit formübertragendem Gegenstück gleiten Werkstück und Gegenstück unter Verwendung des in einer Flüssigkeit dispergierten losen Korns und bei fortwährendem Richtungswechsel aufeinander. Infolge des über das Gegenstück aufgebrachten Läppdrucks dringen die Körner in den Werkstückwerkstoff ein und bewirken den Werkstoffabtrag. Die vorzugsweise auf Maschinen auszuführenden Läppverfahren können in vier Hauptgruppen (Bild 11-176) und in Sonderverfahren unterteilt werden [Blu80: 366-383]:

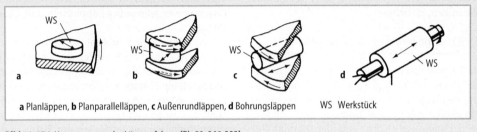

a Planläppen, b Planparallelläppen, c Außenrundläppen, d Bohrungsläppen   WS Werkstück

Bild 11-176 Hauptgruppen der Läppverfahren [Blu80: 366-383]

Planläppen (Bild 11-176a) ist das Läppen einer ebenen Fläche an Einzel- und Massenteilen zur Erzeugung einer hochwertigen Oberfläche, sowohl hinsichtlich der Ebenheit als auch der Oberflächengüte. Hierfür dienen vorzugsweise Einscheibenläppmaschinen.

Planparallelläppen (Bild 11-176b) ist das gleichzeitige Bearbeiten zweier paralleler ebener Flächen. Hierbei werden geringe Maßstreuungen innerhalb einer Ladung sowie enge Maßtoleranzen von Ladung zu Ladung erreicht.

Außenrundläppen (Bild 11-176c) dient zur Bearbeitung zylindrischer Außenflächen. Dabei werden die zu bearbeitenden Werkstücke auf einer Zweischeibenläppmaschine radial in einem Werkstückhalter geführt, wobei die Teile unter Exzenterbewegung zwischen den beiden Läppscheiben abrollen. Dieses Verfahren wird zum Erreichen sehr genauer geometrischer Formen (Zylinder) und hoher Oberflächengüten angewandt, wie beispielsweise bei Düsennadeln für Einspritzpumpen, Präzisions-Hartmetallwerkzeugen, Kalibrierlehren und Hydraulikkolben.

Für das *Läppen von Bohrungen* (Bild 11-176d) wurden spezielle Läppverfahren entwickelt, um hochwertige geometrische Formen und Oberflächengüten zu erreichen, die durch andere Bearbeitungsarten nicht zu erzielen sind. Dabei muß vorausgesetzt werden, daß die zur Läppbearbeitung vorgesehenen Werkstücke überwiegend vorgehont oder vorgeschliffen sind. Bearbeitet wird mit zylindrischen Läpphülsen als Werkzeug, das eine Dreh- und Hubbewegung ausführt. Typische Beispiele für diese Bearbeitung sind Zylinder für Einspritzpumpen und Hydraulikzylinder. Außerdem kommt das Bohrungsläppen auch für präzise Maschinenteile in Frage, bei denen von feingedrehten oder geriebenen Oberflächen ausgegangen werden kann.

Zu den Sonderverfahren zählen [Blu80]:

Strahlläppen ist Läppen mit losem, in einem Flüssigkeitsstrahl geführten Korn zur Verbesserung der Oberfläche vorbearbeiteter Werkstücke. Zur Bearbeitung wird das Läppgemisch mit hoher Geschwindigkeit auf die Werkstückoberfläche gestrahlt. Die Oberfläche zeigt gleichmäßige Bearbeitungsspuren, die je nach verwendetem Strahlmittel unterschiedliche Strukturen aufweisen. Eine Formverbesserung kann hierbei nicht erzielt werden.

Tauchläppen ist Läppen mit losem Korn, bei dem Werkstücke nahezu beliebiger Form in ein strömendes Läppgemisch eingetaucht werden. Es dient nur zur Oberflächenverbesserung. Die bearbeiteten Oberflächen zeigen unregelmäßigen, geraden oder gekreuzten Rillenverlauf.

Einläppen ist Läppen zum Ausgleichen von Form- und Maßfehlern zugeordneter Flächen an Werkstücken. Als Läppmittel werden Pasten und Flüssigkeiten verwendet. In dieser Weise werden zum Beispiel Zahnflanken an Stirnrädern oder Ventilsitze in Kraftfahrzeugmotoren bearbeitet.

Kugelläppen ist ein Sondergebiet der Zweischeibenmethode, bei dem die obere Läppscheibe plan, die untere aber mit einer halbkreisförmigen Nut versehen ist. Mit diesem Bearbeitungsverfahren wird bei dauernder Änderung der Bewegungsrichtung die Form der Kugel sowie die der Nut verbessert.

Beim *Schwingläppen* führt das Werkzeug Ultraschallschwingungen aus, die auf das Läppmittel übertragen werden. Das Werkzeug wird in das Werkstück eingesenkt und dadurch seine Form im Werkstück abgebildet. Mit diesem Verfahren lassen sich komplexe Geometrien in sprödharte

Werkstoffe, wie Hartmetalle oder technische Keramiken, einbringen.

11.9.5.2 Läppwerkzeuge und Läppmittel

Die Läppwerkzeuge sind die formübertragenden Gegenstücke und das Läppgemisch. Das Läppgemisch wird durch das Läppmedium (Flüssigkeit oder Paste) und das darin dispergierte Läppmittel (Korn) gebildet [Sim88]. Für das Plan-, Planparallel-, Außenrund- und Kugelläppen sind die Gegenstücke die Läppscheiben. Sie dienen als Träger des Läppmittels und der Werkstücke sowie im Fall des Planläppens der Abrichtringe. Die Härte der Scheibe bestimmt, wie sich das Läppkorn bewegt. Weiche Scheiben aus Kupfer, Zinn, Holz, Papier, Kunststoff, Filz oder Pech halten das Korn in seiner Lage fest und lassen es auf dem Werkstück gleiten. Dabei entstehen glänzende Oberflächen geringster Rauhigkeit, deren Bearbeitungsspuren sich aus feinen Riefen ähnlich wie beim Honen zusammensetzen. Mittelharte Scheiben (140 - 220 HB) aus Grauguß, weichem Stahl oder Weichkeramik lassen das Läppkorn in idealer Weise auf den Werkstücken abrollen. Überwiegend werden Läppscheiben aus feinkörnigem Perlitguß verwendet, wobei ein homogenes Gefüge und gleichmäßige Härte sehr wichtig sind. Es entstehen matte Oberflächen, die sich aus Abdrücken des rollenden Korns zusammensetzen und keinerlei Richtungsstruktur zeigen. Diese Scheiben nutzen sich mit der Zeit ab und können durch Abrichten immer in der gewünschten Ebenheit gehalten werden. Harte Läppscheiben (bis 500 HB) aus gehärtetem Grauguß, gehärtetem Stahl oder Hartkeramik bieten dem Läppkorn am wenigsten Halt. Sie pressen das Korn besonders tief in den Werkstoff und erzielen damit die größten Zerspanleistungen. Auf der Läppscheibe entstehen Gleitspuren, während es auf dem Werkstück beim Abrollen des Korns bleibt. Harte Scheiben nutzen sich weniger ab, sie lassen sich dafür aber auch um so schlechter abrichten [Pau93].

Die Läppscheiben können glatte oder genutete Oberflächen aufweisen. Genutete Läppscheiben werden für die Verbesserung der Läppmittelzufuhr in die Wirkzone in erster Linie bei großflächigen Werkstücken verwendet. Zum Schruppläppen werden häufig gekühlte Läppscheiben zur Vermeidung unerwünschter thermisch bedingter Verformungen eingesetzt. Für das Bohrungsläppen und das Außenrundläppen

einzelner Werkstücke gibt es dem Werkstückdurchmesser angepaßte Läpphülsen und Läppdorne.

Beim Planläppen besteht die Hauptaufgabe der Abrichtringe im Verteilen der Läppflüssigkeit, wodurch ein gleichmäßig mit Läppkörnern durchsetzter Flüssigkeitsfilm entsteht, und im gleichmäßigen Abrichten der Läppscheibe während der Bearbeitung. Desweiteren gehört zu ihren Aufgaben das Entfernen der Späne in die dafür vorgesehenen Schlitze der Läppscheibe bzw. bei ungeschlitzter Scheibe an ihren Rand, die Aufnahme der Werkstücke, der Antrieb für die Rotation der Werkstücke sowie das Ableiten der Wärme an die Luft [Sim88].

Als Läppmittelwerkstoffe werden die bereits als Schleifmittel bekannten Schneidstoffe verwendet (vgl. 11.9.2.2). Siliciumcarbid kann für fast alle Werkstoffe benutzt werden und wird auch am häufigsten eingesetzt. Bei der Bearbeitung von Hartmetall dringen die Siliciumcarbidkörner in das weiche Trägermaterial Kobalt ein und brechen die eingebetteten härteren Metallcarbide heraus. Korunde werden fast nur bei weicheren Werkstoffen eingesetzt oder wenn ein Poliereffekt, der bei abgerundeten Schneidkanten unter starker Verringerung der Werkstoffabnahme einsetzt, erwünscht ist. Darüber hinaus kommen Korundsorten vornehmlich bei der Bearbeitung von Halbleiterwerkstoffen zur Anwendung. Borcarbid ist härter und druckfester als Siliciumcarbid und Korund und eignet sich daher besonders für gehärtete Stähle und Hartmetalle. Für den Einsatz bei weicheren Werkstoffen ist es zu teuer. Diamant wird besonders bei Hartmetall, gehärtetem Stahl, Glas und Keramik eingesetzt. Die Körnung wird dabei in dünnflüssigen Medien als Suspension vorbereitet und mit besonderen Sprühgeräten sparsam und gleichmäßig verteilt. Das Diamantkorn ist aufgrund seiner Härte und Kantenschärfe wirksamer als die weicheren Läppmittel, so daß auch inhomogene Werkstoffe wie Hartmetall gleichmäßig zerspant werden. Dadurch bleibt die Oberfläche zusammenhängend eben. Kürzere Bearbeitungszeiten gegenüber weicheren Läppmitteln machen Diamant trotz seines hohen Preises in vielen Fällen wirtschaftlich vertretbar [Pau93].

Beim Läppen wird das Korn in einem Medium aufgeschwemmt, so daß sich zwischen Werkzeug und Werkstück ein Läppfilm ausbilden kann. Aufgabe der Läppflüssigkeit ist es, das Korn in den Läppspalt zu transportieren und im

Läppvorgang neue Läppkornschneiden zur Wirkung kommen zu lassen. Erst durch das Abrollen der Körner entstehen die dem Verfahren eigenen Läppspuren, die aus dicht beieinander liegenden, sich überschneidenden Kornabdrücken bestehen. An die Läppflüssigkeit werden daher andere Anforderungen gestellt als an die Kühlschmiermittel für die bisher behandelten Bearbeitungsverfahren. Zum Kühlen ist der Durchfluß zu klein und eine Schmierwirkung ist nicht erforderlich. Gewünschte Eigenschaften sind die Tragfähigkeit für das Läppmittel, Korrosionsschutz und chemische Beständigkeit [Pau93]. Als Läppmedium werden neben Wasser mit beigemischten Korrosionsinhibitoren, Mitteln zur Viskositätserhöhung sowie Gleit- und Benetzungsmitteln auch Gemische aus Öl, Petroleum, Paraffin, Vaseline und anderen Zusätzen verwendet.

11.9.5.3 Technologie

Einsatzgebiete für das Läppen finden sich in der Hydraulik, Pneumatik, Elektrotechnik, in der Feinmechanik und Optik sowie im Maschinen-, Automobil-, Flugzeug-, Reaktoren- und Schiffsbau zur Herstellung unterschiedlichster Funktionsteile, wie gas- und flüssigkeitsdichte Flächen, Werk- und Meßzeuge, Bezugs-, Sicht-, Auflage- und Führungsflächen sowie Kolben, Wellen, Bohrungen, Hülsen und Buchsen. Durch das Läppen sind fast alle Werkstückwerkstoffe bearbeitbar, die ein homogenes Gefüge aufweisen und sich nicht durch ihr Eigengewicht oder eine Belastung plastisch verformen. Umfaßt werden demnach alle Metalle, Nichteisenmetalle, Isolierstoffe, Gläser, Naturstoffe wie Marmor, Granit, Basalt, Edelsteine aller Art, Kunststoffe, aus dem Bereich der Halbleitertechnik zum Beispiel Silizium, Germanium und Stoffe wie Kohle und Graphit. Die Einbettung komplizierter Teile mit nur wenig Formstabilität in eine stützende Masse, wie beispielsweise Gips, erweitert zusätzlich den Anwendungsbereich der Läppverfahren [Kön89, Fri85]. Mit dem Läppen lassen sich Oberflächenrauhigkeiten kleiner als $R_t = 0{,}5\,\mu m$ und zugleich höchste Formgenauigkeiten erzielen. Die erreichbare Maßgenauigkeit liegt bei IT4 – IT5, in Einzelfällen bis zu IT1. Notwendige Bearbeitungsaufmaße betragen etwa 0,02 – 0,04 mm [Tsc88].

Zu den wichtigsten Vorteilen des Läppens gehört, daß die meisten Werkstücke ohne Einspannung bearbeitet werden können. Fein-

und Feinstbearbeitung sind in einem Arbeitsgang unter Einhaltung der geforderten Toleranzen durchführbar. Geläppte Oberflächen zeigen keinen Wärme- oder Spannungsverzug. Das Teilespektrum umfaßt kleine, zerbrechliche Teile mit einer Dicke kleiner als 0,1 mm, zum Beispiel Wafer aus Halbleiterwerkstoffen, bis zu großen Maschinenteilen von 800 mm Umkreisdurchmesser und 500 kg Werkstückmasse. Auch bei Verbundwerkstoffen ist ein gleichmäßiger Abtrag gewährleistet [Pau93, Fri85].

Der Werkstoffabtrag und das Arbeitsergebnis beim Läppen werden beeinflußt durch
- die Maschine (Kinematik des Läppvorgangs, Anpreßdruck, Läppzeit, Läppgemischzufuhr, Zustand des Läppwerkzeugs),
- das Läppgemisch (Kornart, Körnung, Kornform, Läppflüssigkeit, volumetrische Mischungsverhältnisse) und
- das Werkstück (Werkstoff, Geometrie, Art der vorausgegangenen Bearbeitung, Größe der zu läppenden Flächen, Oberflächengüte) [Sim88].

11.9.5.4 Wirtschaftlichkeit

Bei hohen Ansprüchen an die Werkstückqualität erweist sich das Läppen im Vergleich zum Feinstdrehen, Feinschleifen oder Honen als durchaus konkurrenzfähig. Häufig ist es sogar die einzige Möglichkeit, extremen Qualitätsanforderungen gerecht zu werden.

Aus wirtschaftlicher Sicht hat das Läppen gegenüber anderen Feinbearbeitungsverfahren Vorteile. So werden spezielle Vorrichtungen nur selten benötigt, da die zu bearbeitende Fläche auch gleichzeitig die Bezugsfläche ist. Es lassen sich damit genaue Bezugsflächen für weitere Bearbeitungsvorgänge wirtschaftlich herstellen. Außerdem sind die Umrüstzeiten sehr kurz. Zeit- und kostenintensive Bearbeitungsprozesse, wie das Schaben und Tuschieren, können durch Läppen ersetzt werden [Kön89].

Moderne Maschinen erlauben so hohe Abtrennleistungen, daß Werkstücke zum Beispiel unmittelbar nach einer Fräs-, Dreh- oder Stanzbearbeitung mit Aufmaßen zwischen 0,2 und 0,5 mm und selbst bis zu 1 mm wirtschaftlich fertiggestellt werden können. Die Entwicklung des Schruppläppens hat weiterhin dazu beigetragen, an großen Gußteilen ohne eine Vorbearbeitung unter wirtschaftlichen Bedingungen Bezugsflächen herzustellen, die für eine anschließende Weiterbearbeitung auf Fräs- und Bohrwerken benötigt werden [Kön89].

Die Fertigungskosten für ein Werkstück richten sich in erster Linie danach, wieviele Teile während einer Maschinenbeladung gleichzeitig geläppt werden können. Für ihre Berechnung ist hauptsächlich die Läppscheibenringbreite maßgebend, weil davon die Nutzfläche der Maschine abhängt. Anhand dieser Flächen kann abgeschätzt werden, wieviele Werkstücke durch die Maschine bearbeitet werden können. Bei gegebener Läppzeit kann dann die Hauptzeit pro Stück errechnet werden. Nebenzeiten, die durch das Beladen, Wenden und Messen entstehen, können nocheinmal den gleichen Zeitaufwand wie die reine Hauptzeit erfordern. Der Grund dafür ist im wesentlichen darin zu sehen, daß die Bestückung und Entladung der Maschine überwiegend noch von Hand erfolgt. Eine automatisierte Entnahme der Teile aus der Maschine ist mit Schwierigkeiten verbunden, da die Werkstücke nach Beendigung eines Läppzyklus aufgrund des Läppgemisches an den Läppscheiben haften. Weiterhin müssen geläppte Teile vom anhaftenden Läppfilm in einem Reinigungsbad gesäubert werden. Unter Umständen lassen sich Nebenzeiten dadurch senken, daß Kontrollmessungen und das Reinigen der Stücke vom Maschinenbediener hauptzeitparallel zur nächsten Ladung durchgeführt werden.

Die Effektivität des Läppens wird wesentlich durch die erreichbaren Abtrennleistungen bestimmt. Einer Steigerung der Abtrennrate durch Erhöhung der Relativgeschwindigkeit oder des Läppdrucks sind jedoch Grenzen gesetzt. Bei zu hohen Relativgeschwindigkeiten kann es zu Abdrifteffekten kommen, die durch die Fliehkraftbeanspruchung der Körner bei höheren Scheibengeschwindigkeiten hervorgerufen werden. Zu große Läppdrücke führen zu erhöhtem Kornverschleiß und zum Abfall der Abtrennrate.

Möglichkeiten zur Steigerung des Zeitspanungsvolumens bestehen darin, daß man die Läppkinematik beibehält, jedoch zur Vermeidung der beim Läppen mit losem Korn auftretenden Verunreinigungen Schleifscheiben verwendet. Man gelangt zu einem dem Läppen eng verwandten Fertigungsverfahren, dem Planschleifen auf Läppmaschinen [Fun93].

11.9.6   Gleitschleifen

11.9.6.1   Einteilung der Gleitschleifverfahren

Das Gleitschleifen ist nach DIN 8589-17 dem Gleitspanen zugeordnet. Beim Gleitschleifen finden zwischen den Werkstücken und einer Vielzahl von losen Schleifkörpern unregelmäßige Relativbewegungen statt, die eine Spanabnahme bewirken. Die Form, Größe und Zusammensetzung der losen Schleifkörper sind dabei auf die zu bearbeitenden Werkstücke abgestimmt. In der Norm wird gemäß der Art der Erzeugung der Relativbewegungzwischen vier Verfahren unterschieden. (Bild 11-177):

Beim *Trommelgleitschleifen* werden durch Rotation der Trommel Werkstücke und Schleifmittel bis zu einer bestimmten Höhe mitgenommen, bis sie infolge der Schwerkraft nach unten gleiten. Dieses Gleiten erfaßt nur die oberste Schicht der Behälterfüllung. Dort findet durch Gleiten der Schleifkörper über das Werkstück bei gleichzeitiger Druckwirkung der Schleifvorgang statt. Die Gleitbewegung wird bestimmt durch die Umfangsgeschwindigkeit der Trommel. Mit zunehmender Umfangsgeschwindigkeit kommt außer der Gleitbewegung noch eine Rollbewegung dazu.

Beim *Vibrations-Gleitschleifen* wird die Relativbewegung durch Schwingungen erzeugt. Zur Schwingungserzeugung verwendet man eine drehbar gelagerte Unwuchtmasse oder einen direkt angeflanschten Schwingungsmotor. Infolge der unterschiedlichen Schwingbewegungen in horizontaler und vertikaler Richtung entsteht zwischen dem Schleifkörper und dem Werkstück in den äußeren Behälterzonen eine Umwälzbewegung, so daß die Werkstücke gezwungen werden, den Behälter der Anlage zu durchlaufen.

Fliehkraft-Gleitschleifen ist ein Verfahren, bei dem Werkstück und Schleifkörper in einem rotierenden Behälter durch Fliehkraft in eine Umwälzbewegung und damit in eine Relativbewegung zueinander versetzt werden, womit kürzeste Bearbeitungszeiten erzielbar sind.

Das *Gleitschleifen im Tauchverfahren* ist dadurch gekennzeichnet, daß die Schleifkörper in einer umlaufenden Trommel durch die Zentrifugalkraft nach außen gedrückt werden. Die Werkstücke sind in Halterungen befestigt und laufen langsamer als die Arbeitsbehälter in entgegengesetzter Richtung um. Insbesondere bei empfindlichen Werkstücken gleicht der Vorteil der schonenden Arbeitsweise den Nachteil der längeren Bearbeitungszeiten des Tauchverfahrens aus.

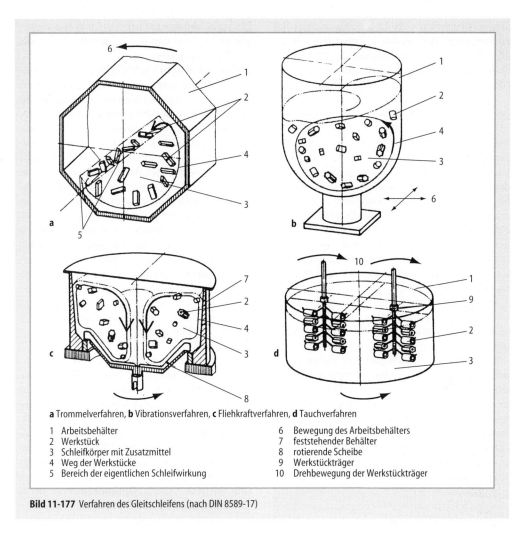

Bild 11-177 Verfahren des Gleitschleifens (nach DIN 8589-17)

a Trommelverfahren, **b** Vibrationsverfahren, **c** Fliehkraftverfahren, **d** Tauchverfahren

1	Arbeitsbehälter	6 Bewegung des Arbeitsbehälters
2	Werkstück	7 feststehender Behälter
3	Schleifkörper mit Zusatzmittel	8 rotierende Scheibe
4	Weg der Werkstücke	9 Werkstückträger
5	Bereich der eigentlichen Schleifwirkung	10 Drehbewegung der Werkstückträger

11.9.6.2 Schleifmittel und Zusatzmittel

Als Schleifmittel (Chips) kommen Naturstein (gebrochen in verschiedenen klassierten Größen) wie Basalt, Dolomit, Quarzstein, Schmirgel, Bimsstein, synthetische Schleifkörper (gebrochen in verschiedenen, klassierten Größen) mit großer Abtragsrate, vorgeformte synthetische Schleifkörper (Kugel, Dreieck, Pyramide, Rhombus, Zylinder, Würfel, Kegel) als keramisch oder metallkeramisch bzw. organisch gebundene Körper und Sonderchips aus Glas, Nußschalen, Hartholz, Kunststoffen, Schlacken, Filz und Leder zur Anwendung. Die Art der Schleifkörper richtet sich nach dem zu bearbeitenden Werkstoff, dem Rohzustand der Werkstücke und der verwendeten Anlage. Ihre Größe wird bestimmt durch die Form und Größe der Werk-

stücke. Für Polierarbeiten werden zum Beispiel feinschleifende Chips mit geringem Gewicht und größerer Elastizität verwendet.

Die Wirkung des Gleitschleifens kann durch Zugabe eines Zusatzmittels (Compound) verbessert werden. Compound-Lösungen sollen die Schleifwirkung durch Abstumpfen der Chipoberfläche verstärken oder durch Filmbildung auf den Chips und dem Werkstück vermindern, ohne daß die Werkstückoberfläche und das Schleifmittel negativ beeinflußt werden. Sie haben zudem die Aufgabe, Chips und Werkstücke zu reinigen, für einen ausreichenden Korrosionsschutz zu sorgen und unterschiedliche Wasserhärten auszugleichen [Fri85]. Die chemischen Zusätze müssen auf den Werkstückwerkstoff und das Verfahren abgestimmt sein; man kann mit gleichem Zusatzmittel, aber verschiedenen chemischen Zusätzen, unterschiedliche Zielstellungen verwirklichen. Außerdem sollten diese Zusätze abwassertechnisch unproblematisch, zumindest jedoch leicht behandelbar sein [Deg79].

11.9.6.3 Technologie

Das Gleitschleifen wird überwiegend zur Vorbehandlung von Oberflächen vor einer galvanischen Metallbeschichtung, zum Beispiel vor dem Verchromen und Vernickeln, angewendet. Maß- und Formverbesserungen sind nicht zu erreichen. Bei Massen- oder auch Einzelteilen läßt sich das Gleitschleifen zum Entgraten, Entzundern, Entrosten, Reinigen, Grob- und Feinschleifen sowie zum Glätten und Polieren einsetzen. Bearbeitet werden können alle Metalle und Kunststoffe sowie Holz [Fri85].

Verfahrensgrenzen ergeben sich aus der Form und Oberfläche der Werkstücke. So können starke Grate und Gußfahnen, große Rauhigkeiten und Beschädigungen der Oberfläche nicht beseitigt, verdeckte Kanten und zum Teil auch Innenflächen, sehr kleine Durchbrüche usw. nicht wirtschaftlich bearbeitet werden. Ebenso ist eine selektive Bearbeitung der Teile unmöglich und Kanten und ähnlich exponierte Stellen werden am stärksten angegriffen. Allerdings kann man vor der Gleitschleifbehandlung unter Umständen einzelne Löcher, Kanten, Flächen, Vertiefungen abdecken, um sie zu schützen [Deg79].

11.9.6.4 Wirtschaftlichkeit

Die Bearbeitungszeit ist abhängig vom Werkstück und der abzutrennenden Werkstoffmenge. Kürzere Bearbeitungszeiten lassen sich durch eine zweistufige Arbeitsweise erreichen, indem man beispielsweise das Entgraten durch Fliehkraft-Gleitschleifen und das Feinschleifen durch Vibrations-Gleitschleifen vorsieht [Fri85].

Um das Zeitspanungsvolumen beim Gleitschleifen zu erhöhen und damit die Bearbeitungszeit zu verkürzen, müssen die wirksamen Kräfte vergrößert werden. Dies kann zum Beispiel durch Bewegungserhöhung und Kombinieren verschiedener Bewegungsarten erfolgen. So kann man einer Drehbewegung eine Schwingbewegung überlagern oder zwei Trommeln am Rand eines großen Schwungrads montieren, die dann entgegen dieser Richtung rotieren. Durch die auf die Füllung wirkende Fliehkraft erhöhen sich die wirksamen Kräfte, die gegenläufige Drehung der Trommel bewirkt die Gleitbewegung [Deg79].

Um die Wirtschaftlichkeit der Gleitschleifverfahren für den jeweiligen Anwendungsfall beurteilen zu können, darf man nicht die Anlage für sich betrachten, sondern muß berücksichtigen, wie sich diese in den Fertigungsprozeß eingliedern läßt, in welchen Stückzahlen bzw. Größenordnungen die zu bearbeitenden Werkstücke anfallen und welches Bearbeitungsziel erreicht werden soll. Die theoretisch mögliche Durchsatzmenge wird durch den Aufwand für Beschicken, Entleeren und Separieren verringert. Von großer Bedeutung ist die Wahl der richtigen Bearbeitungszeit; denn das Gleitschleifen besitzt einen bestimmten Grenzwert in der erreichbaren Oberflächenqualität, der i. allg. experimentell ermittelt werden muß [Deg79].

Literatur zu Abschnitt 11.9

[Adl93] Adloch, H.-J.: Kühlschmierstoff. In: Pfeifer, T.; Eversheim, W.; König, W.; Weck, M. (Hrsg.): Wettbewerbsfaktor Produktionstechnik (Aachener Werkzeugmaschinen-Kolloquium). Düsseldorf: VDI-Vlg. 1993 5–3/5–48

[Asp89] Aspensjoe, L.B.: Scharfes Korn: Schleifscheiben mit gesintertem Aluminiumoxid haben eine längere Standzeit. Maschinenmarkt 44 (1989), 42–45

[Bäc84] Bäck, U.; u.a.: Optimierung von Fertigungsprozessen und Fertigungsfolgen. Ind.-Anz. 56 (1984), 46–54

[Bec80] Becker, G.; Dziobek, K.: Bearbeitung mit Schleifmitteln auf Unterlage. In: HbFT 3/2, 249–293

[Bek93] Becker, K.: Bandschleifen mit Stützplatte. München: Hanser 1993

[Blu80] Blum, G.: Läppen. In: HbFT 3/2, 366-383

[Brü80] Brüheim, G.; Spur, G.; Werner, G.: Schleifwerkzeuge und Aufnahme. In: HbFT 3/2, 135–148

[Buc89] Buchholz, W.; Dennis, P.: Späne machen mit dem Band. tz f. prakt. Metallbearbeitung 10 (1989), 55–58

[Deg79] Degner, W.; Böttger, H.-Chr.: Handbuch Feinbearbeitung. München: Hanser 1979

[Den89] Dennis, P.: Hochleistungsbandschleifen. Düsseldorf: VDI-Vlg. 1989

DIN/ISO3002-5: Basic Quantities in Cutting and Grinding, Part 5: Basic Terminology for Grinding Processes Using Grinding Wheels (1985) 6

[Dop93] Dopatka, J.; Obst, M.; Siegfried, F.: Vermeidung von Abfällen durch abfallarme Produktionsverfahren – Kühlschmierstoffe. Zerspanende Fertigung in mittleren und Kleinbetrieben. Stuttgart: 1993

[Fer92] Ferlemann, F.: Schleifen mit höchsten Schnittgeschwindigkeiten. Düsseldorf: VDI-Vlg. 1992

[Fri85] Fritz, A.H.; Schulze, G. (Hrsg.): Fertigungstechnik. Düsseldorf: VDI-Vlg. 1985

[Fun93] Funck, A.: Planschleifen auf Läppmaschinen. ZwF 10 (1993), 454–456

[Haa74] Haasis, G.: Moderne Anwendungstechnik beim Diamanthonen. In: Technische Mitteilungen HdT 67 (1974), 1/2, 23–28

[Haa75] Haasis, G.: Möglichkeiten der Optimierung beim Honen. Werkstatt u. Betrieb 2 (1975), 95–107

[Haa80] Haasis, G.: Honen. In HbFT 312, 294–365

[HbFT] Spur, G.; Stöferle, Th. (Hrsg.): Handbuch der Fertigungstechnik, Bd.3/2: Spanen. München: Hanser 1980

[Hei93a] Heisel, U.; Lutz, M.: Probleme der umwelt- und humanverträglichen Fertigung am Beispiel der Kühlschmierstoffe, Teil 1. dima 8/9 (1993), 81–83

[Hei93b] Heisel, U.; Lutz, M.: Probleme der umwelt- und humanverträglichen Fertigung am Beispiel der Kühlschmierstoffe, Teil 2. dima 10 (1993), 35–40

[Hei94] Heisel, U.; Lutz, M.; Eggert, U.: Stand der Technik und neue Trends auf dem Gebiet der Feinbearbeitung in Europa. Produktion 17 (1994), 6–7

[Hol88] Holz, R.; Sauren, J.: Schleiftechnisches Handbuch. Norderstedt: 1988

[Kli77a] Klink, U.: Honen. VDI-Z. 13 (1977), 674–683

[Kli77b] Klink, U.; Flores, G.: Das Honen von Sacklochbohrungen. tz f. prakt. Metallbearbeitung 1 (1977), 21–24

[Kön80] König, W.; Spur, G.; Werner, G.: Schleifen: Allgemeines. In: HbFT 3/2, 107–112

[Kön85] König, W.; Henn, K.: Hochleistungsbandschleifen: Ein alternatives Verfahren zur Schruppbearbeitung. In: Saljé, E. (Hrsg.): Jb. Schleifen, Honen, Läppen und Polieren. 53. Ausg. Essen: Vulkan 1985, 175–195

[Kön86] König, W.; Vits, R.: Einfluß der Kühlschmierung auf Prozeßablauf und Arbeitsergebnis. In: Tribologie 11, Berlin: Springer 1986

[Kön89] König, W.: Fertigungsverfahren. Band 2: Schleifen, Honen, Läppen. 2. Aufl. Düsseldorf: VDI-Vlg. 1989

[Mer91] Merkel, P.: Viel mehr Schneiden pro Schleifkorn. Ind.-Anz. 7 (1991), 10–12

[Pah55] Pahlitzsch, G.; Windisch, H.: Einfluß der Schleifbandlänge beim Bandschleifen. In: Metallwiss. u. Technik 1/2 (1955), 27–33

[Pau93] Pauksch, E.: Zerspantechnik. Braunschweig: Vieweg 1993

[Sal81] Saljé, E.: Abrichtverfahren mit unbewegten und rotierenden Abrichtwerkzeugen. In: Saljé, E. (Hrsg.): Jb. Schleifen, Honen, Läppen und Polieren. 50. Ausg. Essen: Vulkan, 1981, 284–298

[Sal87] Saljé, E.: Feinbearbeitung als Schlüsseltechnologie. In: Tagungsbd. 5. Int. Braunschweiger Feinbearbeitungskolloquium. Braunschweig 1987, 1–61

[Sau73] Sauer, L.: Wirtschaftliches Zerspanen. Würzburg: Vogel 1973

[Schi83] Schienle, H.: Das Läppen als eines der ältesten Bearbeitungsverfahren hat gute Zukunftsaussichten. Ind.-Anz. 9 (1983), 16–18

[Sim88] Simpfendörfer, D.: Entwicklung und Verifizierung eines Prozeßmodells beim Planläppen mit Zwangsführung. München: Hanser 1988

[Spu80a] Spur, G.: Einführung in die Zerspantechnik. In: HbFT 3/2, 1–19

[Spu80b] Spur, G.: Schleifen: Übersicht der Schleifverfahren. In: HbFT 3/2, 112–114

[Spu89] Spur, G.: Keramikbearbeitung. München: Hanser 1989

[Sta87] Stark, Chr.: Werkzeug- und Verfahrensentwicklung beim Hochleistungsbandschleifen. VDI-Z. 11 (1987), 67–71

[Sta88] Stark, Chr.: Aufbau, Herstellung und Anwendung von Schleifmitteln auf Unterlage. VDI-Bildungswerk, Düsseldorf 1988

[Sta91] Stark, Chr.: Technologie des Bandschleifens. In: Tagungsband zum DIF-Seminar „Wirtschaftliche Schleifverfahren", Düsseldorf, 19. und 20. Juni 1991

[Sta92] Stark, Chr.: Technologie des Bandschleifens. Dt. Industrieforum f. Technologie, Düsseldorf 1992

[Tsc88] Tschätsch, H.: Handbuch spanende Formgebung. Darmstadt: Hoppenstedt 1988

[Uhg82] Uhlig, U.; Redeker, W.; Bleich, R.: Profilschleifen mit kontinuierlichem Abrichten. wt Werkstattstechnik 72 (1982), 313–317

[Uhl94] Uhlmann, E.G.: Tiefschleifen hochfester keramischer Werkstoffe. München: Hanser 1994

[VDI3390]: Tiefschleifen von metallischen Werkstoffen. Entwurf (1990) 3

[Web87] Weber, G.; Gerner, A.: Abspanen durch Breitbandschleifen. wt Werkstatttechnik 77 (1987), 479–481
[Zur85] Zurawski, W.; Simpfendörfer, D.: Stand der Technik in der Feinbearbeitung. VDI-Z. 23/24 (1985), 957–963

11.10 Abtragen

11.10.1 Funkenerosion (EDM)

Das Bearbeitungsverfahren *Funkenerosion*, welches auch kurz EDM (electrical discharge machining) genannt wird, beruht auf einem thermischen Abtragvorgang. Hierbei werden durch Entladevorgänge zwischen Elektroden (Werkzeug- und Werkstückelektrode) unter Zuhilfenahme eines nichtleitenden *Arbeitsmediums* elektrisch leitende Werkstoffe zum Zweck der Bearbeitung abgetragen [VDI3402].

11.10.1.1 Grundlagen

Physikalisches Prinzip

Die funkenerosive Bearbeitung ist ein abbildendes Formgebungsverfahren, bei dem sich die Gestalt einer Werkzeugelektrode in der zu bearbeitenden Werkstückelektrode abbildet [Spu87, Kön90]. Für diesen Prozeß wird bei elektrisch leitenden Werkstoffen das physikalische Phänomen eines Materialabtrags als Folge elektrischer Entladungen technisch genutzt. Als Arbeitsmedium wird eine elektrisch nichtleitende Flüssigkeit (z.B. Kohlenwasserstoff-Dielektrikum, demineralisiertes Wasser) eingesetzt. Die beiden Elektroden (Werkstück und Werkzeug) werden so in eine Arbeitsposition gebracht, daß zwischen beiden ein *Arbeitsspalt* verbleibt. Wird eine Spannung an die beiden Elektroden angelegt, die größer ist als die durch den Elektrodenabstand und die Isolierfähigkeit des Arbeitsmediums festgelegte Durchschlagsspannung, so wird eine Entladung ausgelöst, die an ihren Fußpunkten Werkstoff verdampft bzw. aufschmilzt.

Prinzipieller Aufbau von Funkenerosionsanlagen

Hauptsächliche Komponenten einer Funkenerosionsanlage sind
– der Generator,
– die Maschine,
– die Vorschubregelung und
– das Aggregat für das Arbeitsmedium.

Der Generator ist heute ein statischer Impulsgenerator. Schaltungsaufbau, Spannungs- und Stromverlauf sind schematisch in Bild 11-178 dargestellt.
Bei der funkenerosiven Bearbeitung sind die elektrischen Vorgänge an der Entladestrecke

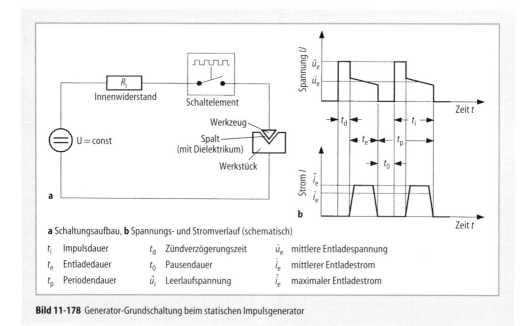

a Schaltungsaufbau, **b** Spannungs- und Stromverlauf (schematisch)

t_i	Impulsdauer	t_d	Zündverzögerungszeit	$\bar{u}_e$	mittlere Entladespannung
t_e	Entladedauer	t_0	Pausendauer	$\bar{i}_e$	mittlerer Entladestrom
t_p	Periodendauer	$\hat{u}_i$	Leerlaufspannung	$\hat{i}_e$	maximaler Entladestrom

Bild 11-178 Generator-Grundschaltung beim statischen Impulsgenerator

durch einen charakteristischen Verlauf zeitabhängiger Spannungs- und Stromimpulse gekennzeichnet (Bild 11-178). *Leerlaufspannung* (zwischen 100 und 300 V), *Stromstärke* (zwischen 1 und 700 A), *Impulsdauer* (zwischen 1 und 1000 µs) und *Pausendauer* (zwischen 1 und 300 µs) sind am Generator einstellbar. Weitere Kenngrößen sind VDI 3402 zu entnehmen.

Verfahrensvarianten

In der industriellen Anwendung haben sich vor allem zwei Verfahrensvarianten der funkenerosiven Bearbeitung durchgesetzt; das *funkenerosive Senken* und das *funkenerosive Schneiden* mit ablaufender Drahtelektrode.

Bei dem funkenerosiven Senken werden Gravuren oder Durchbrüche mit Formelektroden erzeugt. Das Hauptanwendungsgebiet liegt im Werkzeug- und Formenbau (Schmiedegesenke, Druckgießformen und Spritzgießformen) [Sch87].

Beim funkenerosiven Schneiden stellt der Draht die Elektrode dar. Durch die Ansteuerung von Schrittmotoren erfolgt eine Bewegung des Werkstücks relativ zum Draht, so daß durch die Überlagerung der Bewegung in *x*- und *y*-Richtung jede beliebige Kontur erzeugt werden kann

(Bild 11-179). Als Arbeitsmedium wird deionisiertes Wasser eingesetzt. Beim Einsatz von wäßrigen Arbeitsmedien bildet sich ein größerer Arbeitsspalt aus (bessere Spülung und geringere Kurzschlußgefahr). Nachteilig ist die aufwendige Aufbereitung für das deionisierte Wasser sowie die Korrosionsneigung der bearbeiteten Werkstücke und der Aufwand für den Korrosionsschutz der betroffenen Anlagekomponenten.

11.10.1.2 Technologie

Einflüsse der Einstellparameter
auf die Abtragkennwerte

Der Bearbeitungsprozeß wird bei der Funkenerosion über die elektrischen und die zeitlichen Parameter eingestellt. Die *Entladeenergie* ist

$$W_e \approx \int_{t_e} u_e(t) \cdot i_e(t)\, dt \approx \bar{u}_e \cdot \bar{i}_e \cdot t_e \tag{1}$$

maßgebend für die Abtragrate am Werkstück und die Verschleißrate am Werkzeug. Die Entladeenergie läßt sich durch Verändern des mittleren *Entladestroms* sowie $\bar{i}_e$ der Entladedauer t_e variieren. Die mittlere *Entladespannung* $\bar{u}_e$ ist

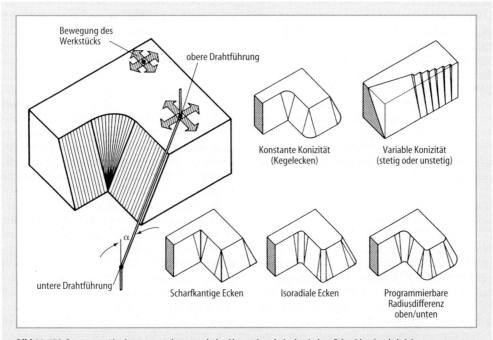

Bild 11-179 Bewegungsüberlagerung und geometrische Alternativen beim konischen Schneiden (nach Agie)

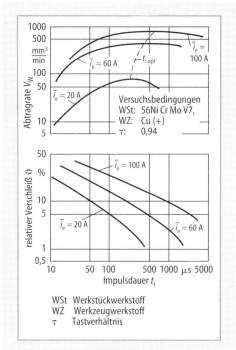

WSt Werkstückwerkstoff
WZ   Werkzeugwerkstoff
τ   Tastverhältnis

Bild 11-180 Abtragrate und relativer Verschleiß beim Einsatz statischer Impulsgeneratoren

abhängig von der Werkstoffpaarung (zwischen 20 und 30 V).

Entsprechend (1) führen steigende *Entladedauern* und größere *Entladeströme* zu höheren Entladeenergien und damit zu höheren *Abtragraten* (Bild 11-180). Nach Überschreiten eines optimalen Kanaldurchmessers nehmen die Energieverluste durch Wärmeableitung in die Elektroden und ins Arbeitsmedium sowie durch Strahlung so zu, daß die Abtragrate sinkt. Bei Ausnutzung der Leistung moderner Generatoren liegt die maximale Abtragrate bei ca. 2500 mm³/min und der relative Verschleiß bei ca. 2 - 4 %.

Prozeßsteuerungs- und
Prozeßüberwachungseinrichtungen

Während des Bearbeitungsprozesses ändern sich mit dem Arbeitsfortschritt die Randbedingungen, wie z. B. Wirkfläche und Spülbedingungen. Die damit verbundene Notwendigkeit des Nachregelns von Impulsparametern führt zu selbständig arbeitenden Prozeßsteuerungs- und Prozeßüberwachungseinrichtungen. Um Prozeßentartungen, wie Kurzschlüsse und Lichtbö-

gen zu vermeiden, werden sog. adaptive Regelungen eingesetzt, die mit Hilfe der Leerlaufspannung die für einen stabilen Prozeß optimale Spaltweite selbständig ermitteln und einstellen.

Einflüsse von Werkzeug- und Werkstückmaterial auf das Abtragverhalten

Die Abtragkennwerte *Abtragrate* und *relativer Verschleiß* hängen außer von der Entladeenergie und der Polung von der Paarung der Elektrodenwerkstoffe und deren physikalischen Eigenschaften ab. Vornehmlich die thermischen Kenngrößen Schmelz- und Verdampfungstemperatur bzw. -energie sowie die Wärmeleitfähigkeit und -kapazität, aber auch die elektrische Leitfähigkeit, atomare Bindungsenergie und die Dichte eines Werkstoffs bestimmen dessen Erodierbarkeit [Pan90].

Als Elektrodenwerkstoffe werden für das funkenerosive Senken überwiegend Graphit und Elektrolytkupfer verwendet. Graphit eignet sich vorzugsweise für die Schruppbearbeitung (hoher Entladestrom, lange Impulsdauer), Kupfer für das Schlichten. Beim funkenerosiven Schneiden mit ablaufender Drahtelektrode werden meist reine bzw. verzinkte Messingdrähte eingesetzt.

Oberflächenbeschaffenheit

Wie bei allen Bearbeitungsverfahren wird auch bei der funkenerosiven Bearbeitung die Oberflächenrauheit durch den Abtragmechanismus geprägt. Dieser beruht im wesentlichen auf Schmelz- und Verdampfungsvorgängen infolge elektrischer Funkenentladungen. Das aufgeschmolzene Material wird in den Arbeitsspalt geschleudert und durch das Dielektrikum abtransportiert. Durch den Erosionsprozeß kommt es im oberflächennahen Randbereich zu chemisch-physikalischen Eigenschaftsänderungen. Die direkt beeinflußte Randzone, die auch als „weiße Schicht" bezeichnet wird, besteht aus feinstkristallinem Abschreckgefüge mit kleineren, amorphen Bereichen. Darunter befindet sich eine Umwandlungszone. Die Eigenspannungszone (dauerfestigkeitsmindernde Zugeigenspannungen) reicht von der „weißen Randschicht" bis in das Grundgefüge. Die Tiefe der Randschicht beträgt ca. 1 - 500 μm. Bei dynamischer Belastung von Bauteilen sollte die beeinflußte Zone mechanisch entfernt oder mit Druckspannungen (z. B. Nitrieren, Strahlen) beaufschlagt werden. Eine elektrochemische Endbearbeitung funken-

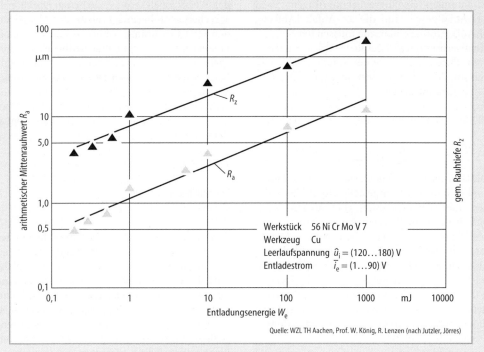

Bild 11-181 Oberflächenqualität in Abhängigkeit von der Entladungsenergie

erodierter Werkstücke bietet die Möglichkeit, die thermisch geschädigten Bereiche abzutragen [Kön95].

Funkenerosiv bearbeitete Oberflächen sind gekennzeichnet durch eine Überlagerung von Entladekratern. Die Rauheit hängt im wesentlichen von der Entladeenergie ab (Bild 11-181). Der Entladestrom i_e beeinflußt in erster Linie die Tiefe, während die Impulsdauer t_i den Durchmesser der Entladekrater bestimmt. Mit heutigen Anlagen ist es möglich, R_a-Werte von 0,1 μm zu erreichen.

11.10.1.3 Ökonomische Kriterien

Fixe und variable Kosten

Die notwendigen Investitionen für eine Bearbeitungsanlage erstrecken sich auf die Beschaffung der Maschine mit Generator, Vorschubsteuerung, Aggregat für das Arbeitsmedium und das Arbeitsmedium. Hier fallen je nach Größe und Generatorleistung Kosten in einem Rahmen von ca. 8000–500000 DM an. Zu jeder Maschine ist eine automatische Feuerlöscheinrichtung und eine Rauchabsaugung (bei funkenerosiven Senkanlagen) vorzusehen.

Bei funkenerosiven Senkanlagen fallen die Kosten zur Herstellung der Werkzeugelektrode ins Gewicht. Graphit ist im Anschaffungspreis deulich höher als Kupfer, es läßt sich dafür allerdings durch HSC-Technologien sehr gut bearbeiten und der Verschleiß ist im Schruppbetrieb geringer. Ferner muß der anfallende Erodierschlamm gemäß den gesetzlichen Rahmenbedingungen entsorgt werden. Weitere Kosten fallen für ausgetragene bzw. verdampfte Mengen an Arbeitsmedien bzw. für die Wartung der Filtereinrichtungen an. Als Maschinenstundensatz kann ein durchschnittlicher Wert von 80 DM/h angenommen werden. Bei funkenerosiven Schneidanlagen sind die Kosten für die Dielektrikumaufbereitung zu nennen. Die Kosten für Werkzeug und Entsorgung sind geringer. Der Maschinenstundensatz beträgt etwa 70 DM/h.

Arbeitsschutzmaßnahmen und Entsorgung

Als Arbeitsschutzmaßnahmen sind an funkenerosiven Senkanlagen insbesondere die automatische Feuerlöscheinrichtung und die Rauchabsaugung wichtig.

Die Entsorgung der Erodierschlämme und der Filtermedien unterliegt gesetzlichen Bestimmungen. Genauere Erläuterungen geben das Abfallgesetz und die TA Abfall [AbfG86, TAA91]. Erodierschlämme müssen der Sonderabfallverbrennung zugeführt werden. Filtermedien dürfen i.allg. in einer Sonderabfall- bzw. Hausmülldeponie gelagert oder unter Umständen verbrannt werden.

11.10.2 Elektrochemisches Abtragen (ECM)

11.10.2.1 Prinzip der anodischen Metallauflösung

Die Grundlagen der *anodischen Metallauflösung* sind in Bild 11-182 dargestellt. Durch das Anlegen einer Gleichspannung geht aus einem anodisch gepolten Werkstück das abzutragende Metall unter Abgabe von Elektronen als Metallionen in eine elektrisch leitende *Elektrolytlösung* über. Die Metallionen bleiben entweder gelöst oder reagieren mit Bestandteilen der Elektrolytlösung z.B. unter Bildung von Metallhydroxiden. Der Werkstoffabtrag an der Anode ist durch das *Faradaysche Gesetz* beschreibbar [Kön90, Deg84, Ber77, Spu87].

11.10.2.2 Verfahrensvarianten

Das bekannteste elektrochemische Abtragverfahren ist das Senken. Das *elektrochemische Entgraten* hat sich in der Großserienfertigung etabliert. Hierbei wird ohne Vorschubbewegung

der Werkzeugelektrode gearbeitet. Durch entsprechende Isolierungen bleibt der Abtrag auf den Grat beschränkt. Überwiegend im Turbinenbau werden die unterschiedlichen *elektrochemischen Bohrverfahren* eingesetzt, um Kühlbohrungen mit Längen/Durchmesser-Verhältnissen bis zu 200 einzubringen. Weitere Verfahrensvarianten sind das elektrochemische Drehen, Schleifen und Honen [Kön90, Deg84, Ber77, Spu87].

11.10.2.3 Elektrochemisches Senken

Prinzipieller Aufbau der elektrochemischen Senkanlagen

Elektrochemische Senkanlagen bestehen in der Regel aus der Elektrolytversorgung, der Bearbeitungsmaschine und dem Generator. Während des Bearbeitungsprozesses stellt sich eine Relativbewegung zwischen Werkzeug und Werkstück ein. Die Vorschubgeschwindigkeit ist im Bereich von 0,1 - 20 mm/min stufenlos einstellbar. Die Elektrolytlösung wird zwischen den Elektroden mit einem Druck von 5 bis 50 bar gepumpt. Aufgrund der korrosiven Wirkung der Elektrolyte (überwiegend NaCl- und $NaNO_3$-Lösungen, Leitfähigkeit ~ (5 - 30) S/cm) sind die mit der Elektrolytlösung in Berührung kommenden Bauteile aus korrosionsbeständigen Werkstoffen oder mit Kunststoff beschichtet.

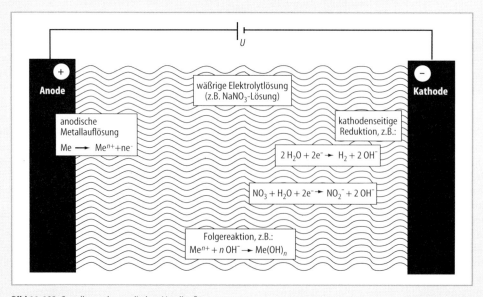

Bild 11-182 Grundlagen der anodischen Metallauflösung

Die zur Elektrolyse notwendige Gleichspannung liefert ein Generator. Die Arbeitsspannung (U = 5 – 25 V) ist zur Beeinflussung des Arbeitsergebnisses stufenlos einstellbar und unabhängig vom Generatorstrom (bis I = 40 000 A) konstant geregelt. Außerdem verfügt ein EC-Generator über eine Kurzschlußerfassung und eine Stromschnellabschaltung.

Die Elektrolytversorgung und -aufbereitung besteht im wesentlichen aus einer Elektrolytpumpe, einem Elektrolytbehälter, einem Wärmetauscher und einer Zentrifuge zum Separieren der Abtragprodukte [Kön90].

Werkzeugelektroden und Vorrichtungen

Die Werkzeugelektrode ist unter Berücksichtigung des prozeßbedingten Arbeitsspalts als Abbild der am Werkstück zu erzeugenden Geometrie gefertigt. Die Auswahl der Werkzeugwerkstoffe erfolgt nach den Gesichtspunkten elektrische Leitfähigkeit, mechanische Festigkeit und Bearbeitbarkeit. Es werden vorzugsweise Kupfer, Messing und rostfreier Stahl eingesetzt.

Außer den Funktionen Spannen, Ausrichten und Fixieren der Elektroden übernehmen die Vorrichtungen auch die Kontaktierung der Werkzeuge und Werkstücke sowie die Elektrolytführung.

11.10.2.4 Technologie

Einflußgrößen auf das Arbeitsergebnis

Verfahrensspezifische Vorteile des elektrochemischen Senkens sind die Bearbeitung schwerzerspanbarer Werkstoffe, die Erzeugung komplizierter geometrischer Formen, die Verschleißfreiheit der Werkzeuge, keine Gefügebeeinflussung des Werkstückwerkstoffs, da es sich um einen „kalten" Prozeß handelt, die gratfreie Bearbeitung und die gute Oberflächenbeschaffenheit bei hohen Abtragleistungen [Pie86]. Ohne Kenntnis des elektrochemischen Abtragverhaltens ist eine Voraussage des Arbeitsergebnisses – gekennzeichnet durch Formgenauigkeit und Oberflächengüte – kaum möglich. Außer den elektrochemisch bedingten Einflüssen

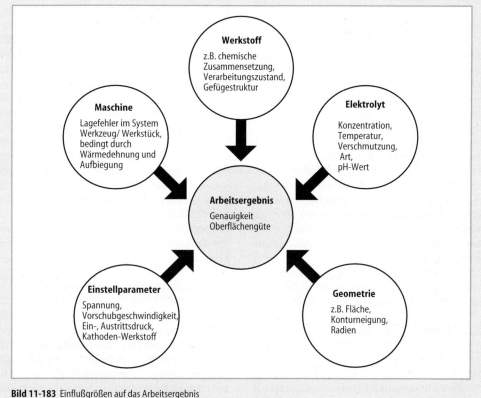

Bild 11-183 Einflußgrößen auf das Arbeitsergebnis

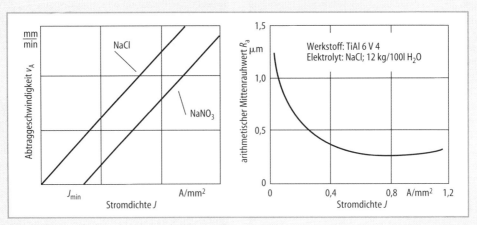

Bild 11-184 Abtraggeschwindigkeit und Oberflächengüte in Abhängigkeit von der Stromdichte

wirkt sich u. a. die Geometrie des Werkstücks aufgrund komplizierter Stromdichteverteilungen auf das Arbeitsergebnis aus. Weitere Einflußgrößen sind die Einstellparameter, wie Spannung und Vorschubgeschwindigkeit. Nicht zu vernachlässigen sind auch maschinenbedingte Einflüsse (Bild 11-183).

Abtragverhalten und Oberflächenausbildung

Kurze Zeit nach Prozeßbeginn stellt sich ein stationärer Gleichgewichtszustand ein, bei dem sich ein konstanter Arbeitsspalt s mit einer konstanten Stromdichte J bildet. Die Abtraggeschwindigkeit ($v_A = 0{,}2 - 10$) mm/min) entspricht dann der vorgegebenen Vorschubgeschwindigkeit. Die Abtraggeschwindigkeit v_A ist direkt proportional zur Stromdichte J (Bild 11-184). Das Bild zeigt ferner den Einfluß unterschiedlicher Elektrolyte. Passivierende Elektrolyte (z. B. $NaNO_3$) bilden einen dichten Oxidfilm auf der Werkstückoberfläche, der erst ab einer *Mindeststromdichte* J_{min} durchbrochen wird. Dieser Effekt wird zur Erzielung möglichst guter Formgenauigkeiten ausgenutzt.

Die erzielbare Oberflächengüte ist von der Stromdichte abhängig und wird mit zunehmender Abtraggeschwindigkeit besser [Kön90].

11.10.2.5 Ökonomische Kriterien

Fixe und variable Kosten

Die Investitionskosten (Anschaffungspreis bis zu 1 Mio. DM) für eine ECM-Maschine richten sich u. a. nach der Anzahl und der Genauigkeit der Vorschubeinheiten und nach der Steifigkeit der Maschine, die von der zu bearbeitenden Fläche und von den Pumpendrücken abhängig ist. Wesentlichen Anteil an den Investitionskosten besitzt die Stromquelle, deren Leistung auf die jeweiligen Arbeitsbedingungen abzustimmen ist. Die Kosten für die Elektrolytversorgung entstehen im wesentlichen durch die Verwendung nicht rostender Materialien und die einzelnen Regeleinrichtungen (Konzentration, Temperatur, pH-Wert). Der Maschinenstundensatz beträgt bis zu 120 DM/h. Die variablen Kosten umfassen die Energie- und insbesondere die Entsorgungskosten. Darunter fallen Ausgaben für die chemische Behandlung, mit der die Elektrolytlösung aufgearbeitet und die Schlämme entgiftet und neutralisiert werden. Das Verfahren ist immer dann wirtschaftlich einsetzbar, wenn in schwer zerspanbare Werkstoffe komplexe Geometrien eingebracht werden müssen und die Funkenerosion aufgrund ihrer Bearbeitungszeiten oder aufgrund der thermischen Randzonenschädigung nicht eingesetzt werden kann.

Arbeitsschutzmaßnahmen und Entsorgung

Die Elektrolytlösungen und die während des Prozesses entstehenden Abtragprodukte erfordern den Schutz der Maschinenbediener und der Arbeitsplätze durch Sicherheitsmaßnahmen wie Spritzschutz, Gummibekleidung usw. Die Entsorgung der Abtragprodukte, die nach dem Zentrifugieren in Form von Schlämmen anfallen, erfolgt auf Sondermülldeponien [Mau75, Sim79, Nes84]. Das Abfallgesetz [AbfG86] und die TA Abfall [TAA91] sind zu beachten.

11.10.3 Materialbearbeitung mit Lasern (LBM)

11.10.3.1 Grundlagen

Erzeugung und Eigenschaften der Laserstrahlung

Das Prinzip des *Lasers* besteht darin, eine Lichtverstärkung durch stimulierte Anregung des laseraktiven Mediums zu erzeugen (Laser: *light amplification by stimulated emission of radiation*). Grundelemente des Lasers bilden das laseraktive Medium (Gas, Feststoff), die Laseranregung (optisch, elektrisch) und *der optische Resonator* (stabil, instabil). Bedeutung in der Materialbearbeitung haben *der CO$_2$-Laser* ($\lambda = 10{,}6\,\mu$m) sowie aufgrund der hohen möglichen Pulsleistungen der *Neodym-YAG-Laser* ($\lambda = 1{,}06\,\mu$m) und der *Excimer-Laser* ($\lambda = 0{,}17$ - $0{,}35\,\mu$m) erlangt. Die Laserstrahlung zeichnet sich durch folgende besondere Eigenschaften aus: geringe Linienbreite, zeitliche und räumliche Kohärenz (gleiche Phase), geringe Divergenz sowie hohe Strahlintensität. Je nach Resonatoraufbau bilden sich *Strahlmoden* unterschiedlicher Ordnungen, die die Einsatzmöglichkeiten in der Materialbearbeitung bestimmen [Web72].

Aufbau von Laserstrahlbearbeitungsanlagen

Die in der Laserquelle erzeugte Strahlung wird über externe Optiken zu einer Bearbeitungsstation geführt und mit Hilfe von Fokussieroptiken gebündelt, so daß an der Bearbeitungsstelle die notwendige Laserleistungsdichte und die geforderten Strahlabmessungen vorliegen. Zur Erzeugung der Relativbewegung zwischen Laserstrahl und Werkstück kommen CNC-gesteuerte Koordinaten- und Rundtische zum Einsatz. Mittels Industrierobotern kann sowohl das Werkstück unter dem feststehenden Laserstrahl als auch bei Einsatz flexibler Strahlführungen (Lichtleitfaser, Optikarme) der Laserstrahl über das feststehende Werkstück in bis zu fünf Achsen geführt werden [Beh90].

11.10.3.2 Technologie

Der Laser als flexibles Werkzeug hat schon lange Einzug in die Industrie gehalten. Die bisher

wichtigsten Anwendungen in der Materialbearbeitung sind das Schneiden, Schweißen und die Oberflächenbehandlung.

Laserstrahlschneiden

Im industriellen Einsatz werden zum Schneiden heute überwiegend schnell längsgeströmte CO$_2$-Gaslaser ($\lambda = 10{,}6\,\mu$m) und in zunehmendem Maße auch Nd-YAG-Festkörperlaser ($\lambda = 1{,}06\,\mu$m) verwendet. Um die für das Laserstrahlschneiden benötigte hohe Laserstrahlintensität an der Prozeßstelle zu erzeugen, wird die aus der Strahlquelle austretende Laserstrahlung über ein Strahlführungssystem an den Bearbeitungsort geleitet und dort fokussiert. Die Fokussierung der Laserstrahlung erfolgt beim Schneiden in der Regel durch Linsen, wodurch Laserstrahlintensitäten $> 10^5\,$W/cm^2 erreicht werden. Der fokussierte Laserstrahl wird durch entsprechende Handhabungssysteme relativ zum Werkstück bewegt und erzeugt so im Zusammenwirken mit dem Prozeßgasstrom die Schnittfuge.

Der Schneidprozeß stellt sich als Überlagerung zweier gleichzeitig an der Prozeßstelle ablaufender Teilvorgänge dar. Das Verfahrensprinzip beruht darauf, daß der fokussierte Laserstrahl an der Schneidfront innerhalb der Schnittfuge absorbiert und so die zum Trennen benötigte Energie ganz oder teilweise bereitgestellt wird. Zusätzlich wird durch die konzentrisch angeordnete Schneiddüse Prozeßgas zugeführt (Bild 11-185). Das Prozeßgas hat die Auf-

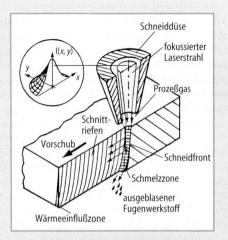

Bild 11-185 Prinzip des Laserstrahlschneidens

gabe, die Fokussieroptik vor Dämpfen und Spritzern aus dem Prozeß zu schützen und soll gleichzeitig den abgetragenen Werkstoff durch seine kinetische Energie aus dem Schnittspalt austreiben.

Wird der Fugenwerkstoff in der Dampfphase als Oxid oder in der flüssigen Phase aus der Schnittfuge entfernt, sind die drei Verfahrensvarianten Sublimier-, Brenn- und Schmelzschneiden zu unterscheiden.

Das Laserstrahlsublimierschneiden wird bei Werkstoffen angewendet, die keinen ausgeprägten schmelzflüssigen Zustand besitzen, wie zum Beispiel Holz, Papier oder Kunststoffe.

Das Laserstrahlbrennschneiden ist das am häufigsten angewendete Laserschneidverfahren mit der größten industriellen Relevanz beim Trennen von Stahlwerkstoffen. Dabei wird der Werkstoff, ähnlich wie beim autogenen Brennschneiden, auf Entzündungstemperatur erwärmt und durch Zugabe von Sauerstoff als Prozeßgas verbrannt. Es findet eine exotherme Reaktion zwischen dem Eisenwerkstoff und dem Schneidsauerstoffstrom statt, die den Schneidvorgang in einem erheblichen Maße unterstützt, wodurch hohe Schneidleistungen realisiert werden können. Mit diesem Verfahren werden vorzugsweise un- und niedriglegierte Stahlwerkstoffe getrennt.

Mit handelsüblichen Laserstrahlschneidanlagen können Blechdicken bis maximal 20 mm wirtschaftlich getrennt werden. Die Schneidgeschwindigkeit kann in Abhängigkeit der Blechdicke relativ hohe Werte annehmen. Für ein 1mm dickes Blech liegt die maximale Schneidgeschwindigkeit bei 10 m/min.

Beim Laserstrahlschmelzschneiden wird der Werkstoff ausschließlich durch die Energie der absorbierten Laserstrahlung aufgeschmolzen und im schmelzflüssigen Zustand durch einen reaktionsträgen oder inerten Prozeßgasstrom aus der Schnittfuge getrieben. Als Prozeßgase werden aus Kostengründen vorwiegend Stickstoff, aber im Einzelfall auch Edelgase wie Argon oder Helium eingesetzt. Aufgrund der fehlenden Verbrennungswärme und der schlechteren Absorption der Laserstrahlung in der Schnittfuge ist die Schnittgeschwindigkeit deutlich geringer als beim Laserstrahlbrennschneiden. Das Laserstrahlschmelzschneiden kommt vorzugsweise zum Einsatz beim Trennen von Edelstählen, wenn oxidfreie Schnittkanten gefordert sind oder beim Schneiden von Aluminium und anderen NE-Metallen [Her93, VDI93, Hüg92].

Das Schweißen ist neben dem Schneiden ein weiteres Hauptanwendungsgebiet der Lasertechnologie in der Materialbearbeitung. Das Laserstrahlschweißen läßt sich in zwei Verfahrensvarianten einteilen: Wärmeleitungsschweißen und Tiefschweißen. Der wesentliche Unterschied zwischen den beiden Verfahren besteht in der eingesetzten Strahlungsintensität und den daraus resultierenden Auswirkungen auf den Prozeßverlauf und die Schweißnahtgeometrie.

Beim Wärmeleitungsschweißen ist die Intensität im Arbeitsfleck $< 10^6$ W/cm². Aufgrund des hohen Reflexionsgrads metallischer Oberflächen für Laserstrahlung der Wellenlänge 10,6 μm (CO_2-Laser) wird nur ein kleiner Teil (ca. 10 %) der auftreffenden Strahlung absorbiert und in Wärme umgewandelt. Entsprechend gering sind die erreichbaren Einschweißtiefen (ca. 0,5 - 1 mm).

Von weitaus größerer Bedeutung ist das sog. Tiefschweißen. Der „Tiefschweißeffekt" beruht darauf, daß der Werkstoff bei Intensitäten $> 10^6$ W/cm² nicht nur lokal aufgeschmolzen, sondern auch teilweise verdampft wird. Es entsteht ähnlich wie beim Elektronen- oder Plasmastrahlschweißen eine Dampfkapillare, die von einem Mantel aus schmelzflüssigem Material umgeben ist. Ein Verschließen der Kapillare wird durch den in ihr herrschenden Dampfdruck verhindert. Gleichzeitig bildet sich in der Kapillare ein laserinduziertes Metalldampfplasma aus, das die Laserleistung nahezu vollständig absorbiert und somit zu einer deutlich größeren Einschweißtiefe führt [Cle93]. Hierbei wird an der Kapillarvorderseite kontinuierlich Material aufgeschmolzen und zum Teil verdampft, das an der Rückseite wieder zusammenfließt bzw. kondensiert und anschließend erstarrt. Es lassen sich schlanke Nahtgeometrien mit einem großen Tiefe-zu-Breite-Verhältnis ($t/b \approx 5 - 25$) herstellen. Gegenüber konkurrierenden Schweißverfahren sind beim Laserstrahlschweißen deutlich höhere Schweißgeschwindigkeiten realisierbar, die teilweise nur durch das Elektronenstrahlschweißen übertroffen werden. Das in Bild 11-186 dargestellte Prozeßdiagramm zeigt die erreichbare Schweißgeschwindigkeit in Abhängigkeit von Laserleistung und Blechdicke.

Der Laserstrahl wird bevorzugt zur Herstellung von Schweißverbindungen an Stumpf- und Parallelstößen eingesetzt. Dabei ergeben sich aus der geringen Breite der Schmelzzone im Ver-

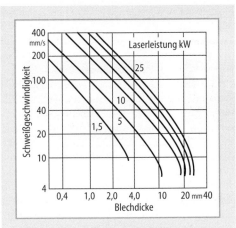

Bild 11-186 Schweißgeschwindigkeit in Abhängigkeit von Laserleistung und Blechdicke (nach ILAH)

gleich zu konventionellen Verfahren erhöhte Anforderungen an die Nahtgeometrievorbereitung. Hierzu zählt zum einen die Einhaltung enger Toleranzen bei der Fügeteilherstellung und zum anderen die exakte Positionierung der Fügeteile zueinander. Insbesondere bei Stumpfschweißverbindungen, die in der Regel ohne Fügespalt und Zusatzwerkstoff ausgeführt werden, ist dies von besonderer Bedeutung, um Schweißnahtfehler zu vermeiden. Größere Bauteilgeometrien, bei denen die Einhaltung dieser Toleranzen nicht immer möglich oder sehr kostspielig ist, werden unter Verwendung von Zusatzmaterial verschweißt, das vielfach in Drahtform zugeführt wird und als Füllmaterial dient, um bei größeren Spalten ein Einfallen der Naht zu verhindern. Neben der Ausrichtung der Fügeteile zueinander ist bei Stumpfnähten ebenso eine exakte Positionierung und Fokussierung des Laserstrahls auf die Fügestelle erforderlich.

Das Laserstrahlschweißen ist zum Fügen von Bauteilen aus un-, niedrig- und hochlegierten Stählen (Massenanteil von $C < 0{,}25\,\%$) geeignet. Bedingt durch die hohe Schweißgeschwindigkeit und die schmale Nahtgeometrie wird bei der Erstarrung vielfach die zur Martensitbildung erforderliche kritische Abkühlgeschwindigkeit überschritten. Insbesondere beim Verschweißen von Stählen mit höherem Kohlenstoffgehalt ist daher eine starke Aufhärtung in der Schweißnaht und eine erhöhte Neigung zur Rißbildung festzustellen.

Nichteisenmetalle wie Kobalt, Titan, Nickel und Nickelbasislegierungen lassen sich gut mit dem Laserstrahl verschweißen, sofern durch einen ausreichenden Schutzgasstrom ein Werkstoffabbrand vermieden wird. Kupfer, Kupferlegierungen, Aluminium und Silber sind dagegen aufgrund ihres hohen Reflexionsgrads und ihrer guten Wärmeleitfähigkeit nur bedingt für das Laserstrahlschweißen geeignet [Koh88, Sch88].

Laserstrahloberflächenbehandlung

Zur Laseroberflächenbehandlung stehen fünf verschiedene Verfahrensvarianten (Bild 11-187) zur Verfügung, die entsprechend ihrem Wirkprinzip in thermische und thermochemische Techniken unterteilt werden. Zu den thermischen Verfahrensvarianten gehören das Umwandlungshärten und Umschmelzen. Beim Legieren, Dispergieren und Beschichten wird neben der thermischen Behandlung der Randschicht auch deren chemische Zusammensetzung verändert. Allen Varianten gemein ist der partielle Behandlungscharakter. Die sich ergebenden Werkstoffeigenschaften liegen nach der Bearbeitung ausschließlich in der Werkstoffrandzone vor. Die erforderlichen Zusatzwerkstoffe werden dem durch den Laser erzeugten Schmelzbad i. allg. als Pulver über eine Düse zugeführt.

Die realisierbaren Schichttiefen liegen je nach Verfahrensvariante zwischen 0,1 und 2 mm. Für den Leistungsbereich bei 5-kW-CO_2-Lasern sind Flächenleistungen zwischen 4 und 25 cm²/min zu erreichen.

Beim Laserstrahlhärten wird der Werkstoff durch die hohe Energiedichte des Laserstrahls sehr schnell über die Austenitisierungstemperatur erhitzt. Die erforderliche Abkühlgeschwindigkeit zur Martensitbildung wird durch den Selbstabschreckungseffekt erreicht. Das Verfahren ist grundsätzlich bei allen Stahl- und Gußeisenwerkstoffen mit einem Kohlenstoffgehalt $> 0{,}3\,\%$ anwendbar. Typische Anwendungen sind das Härten von Zahnrädern, Laufbuchsen sowie Führungsbahnen.

Durch Umschmelzen wird ein extrem feinkörniger Gefügezustand mit sehr guten Festigkeits- und Zähigkeitseigenschaften erzeugt. Das Verfahren wird vorwiegend an Gußwerkstoffen angewendet. Ein industrielles Einsatzgebiet ist das Umschmelzen von Nockenwellen.

Beim Legieren und Dispergieren wird in dem aufgeschmolzenen Grundwerkstoff der Zusatzwerkstoff gleichmäßig verteilt. Abhängig von der Art des Zusatzwerkstoffs sowie von der Wahl

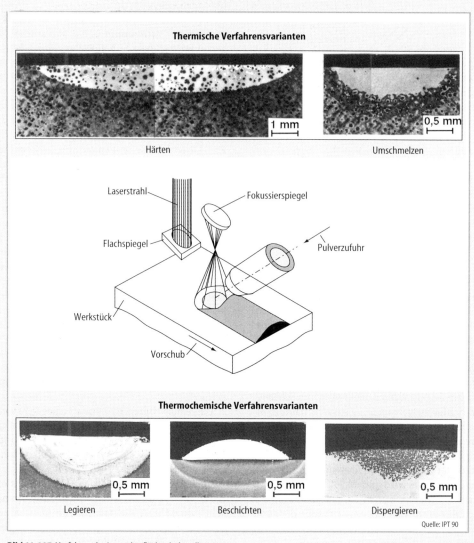

Thermische Verfahrensvarianten

1 mm

0,5 mm

Härten

Umschmelzen

Laserstrahl

Fokussierspiegel

Flachspiegel

Pulverzufuhr

Werkstück

Vorschub

Thermochemische Verfahrensvarianten

0,5 mm

0,5 mm

0,5 mm

Legieren

Beschichten

Dispergieren

Quelle: IPT 90

Bild 11-187 Verfahren der Laseroberflächenbehandlung

der Prozeßparameter geht dieser beim Legieren in Lösung, während er beim Dispergieren in festem Zustand in den Substratwerkstoff eingebaut wird. Typische Einsatzgebiete dieser Techniken sind das Legieren der Gravurbereiche von Schmiedewerkzeugen mit Wolframcarbid sowie die Herstellung abrasivbeständiger Funktionszonen an Kaltarbeitswerkzeugen durch Eindispergieren von Titancarbid.

Ziel des Beschichtens ist es, eine reine, festhaftende Schicht auf das Bauteil aufzubringen. Kennzeichnend für dieses Verfahren sind die Parallelen zum Auftragschweißen. Allerdings läßt sich hier eine Schicht höherer Reinheit bei

deutlich geringerer Wärmebelastung des Grundwerkstoffs aufbringen. Anwendungen liegen hauptsächlich in der Panzerung und Reparaturbeschichtung von Werkzeugen und Maschinenkomponenten, wie Walzen und Motorenventilen, mit Kobaltbasislegierungen.

11.10.3.3 Ökonomische Kriterien

Fixe und variable Kosten

Die Lasermaterialbearbeitung ist eine innovative Fertigungstechnologie, die bei potentiellen Anwendern auf zunehmende Akzeptanz stößt.

Aufgrund der hohen Investitionskosten (bis 2,5 Mio. DM) und des hohen Maschinenstundensatzes (bis 1000 DM/h) haben sich Laseranwendungen hauptsächlich in der Serienproduktion der Automobilindustrie durchgesetzt. Da häufig die Stückzahlen einzelner Unternehmen nicht ausreichen, werden Materialbearbeitungen zunehmend von Laser-Job-Shops als Dienstleistungen durchgeführt.

Arbeitsschutzmaßnahmen und Entsorgung

Die intensive, infrarote Strahlung der bei der Materialbearbeitung eingesetzten Hochleistungslaser wird vom menschlichen Gewebe sehr stark absorbiert. Die schädigende Wirkung der Strahlung hängt dabei von ihrer Intensität und Einwirkzeit ab. Direkte Strahleinwirkung kann z.B. zu Verbrennungen der Haut und tieferliegender Gewebeschichten führen. Von wesentlich größerer Bedeutung ist der Schutz der Augen vor Laserstrahlung, da schon diffus reflektierte Strahlung durch Schädigung der Hornhaut irreparable Augenschäden verursachen kann.

Laser für die Materialbearbeitung gelten als gesundheitsgefährlich und gehören in die Gefahrenklasse 4. Bei Anwendung von Lasern dieser Gefahrenklasse in der industriellen Fertigung ist ein Vollschutz einzusetzen. Weiterhin ist eine ausreichende Absaugung und Entsorgung der bei den Fertigungsprozessen entstehenden dampf- und partikelförmigen Schadstoffe notwendig.

11.10.4 Materialbearbeitung mit Hochdruckwasserstrahlen

11.10.4.1 Prinzip des Wasserstrahlschneidens

Bei dem in der Produktionstechnik eingesetzten Schneiden mittels Hochdruckwasserstrahl wird die erosive Wirkung von reinen bzw. feststoffbeladenen Wasserstrahlen technisch genutzt. Eingesetzt werden heute Anlagen, mit denen kontinuierliche Strahlen mit Drücken bis etwa 400 MPa bei Volumenströmen bis 10 l/min erzeugt werden können [Wul86, Kön87]. Die Einsatzgebiete des reinen Wasserstrahls liegen vorwiegend im Bereich der Kunststoffbearbeitung, beim *Schneiden* von Vliesstoffen und Textilien sowie Lebensmitteln. Der Zusatz von Feststoffen zum Wasserstrahl (*Wasser-Abrasivstrahlschneiden*) erweitert das Anwendungsfeld bis hin zur Bearbeitung von metallischen Werkstoffen, Glas und Keramik.

Die spezifischen Eigenschaften beider Verfahrensvarianten, die in vielen Fällen Vorteile gegenüber konventionellen Trenntechniken in sich bergen, liegen u.a. im athermischen Charakter des Prozesses, in der geringen mechanischen Belastung des Werkstücks sowie in der weitgehenden Verschleißfreiheit aufgrund des Fehlens eines im Eingriff befindlichen Werkzeugs.

11.10.4.2 Anlagen und Komponenten

Der prinzipielle Aufbau einer Wasserstrahl-Schneidanlage, die sich grundsätzlich in die Komponenten zur Wasseraufbereitung, Hochdruckerzeugung sowie Strahlerzeugung und -handhabung gliedern läßt [Has84a], ist in Bild 11-188 schematisch wiedergegeben. Das Schneidwasser wird i.allg. dem Leitungsnetz entnommen und je nach Beschaffenheit mit Hilfe von Feinstfiltern, Ionenaustauschern oder Umkehrosmoseverfahren aufbereitet, wodurch der Verschleiß sowohl im Druckerzeuger als auch in der strahlerzeugenden Düse minimiert wird. Die für dieses Konzept notwendigen hohen Drücke werden nahezu ausschließlich durch Kolbenpumpen erzeugt. Allgemein durchgesetzt hat sich das abgebildete Prinzip des hydraulischen Druckübersetzers, bei dem der durch eine regelbare Pumpe in einem Primärkreislauf erzeugte Druck entsprechend dem Querschnittsverhältnis der großen primärseitigen und kleineren sekundärseitigen Flächen umgeformt wird. Durch die symmetrische Ausbildung des Kolbens ist die Förderung von Druckwasser in beide Bewegungsrichtungen möglich, wodurch ein

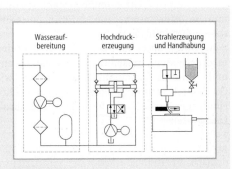

Bild 11-188 Schematischer Aufbau einer Wasserstrahlanlage

quasikontinuierlicher Förderstrom erzeugt wird. Zum Ausgleich der beim Umsteuervorgang entstehenden Systemdruckschwankungen ist dem Druckübersetzer ein Pulsationsdämpfer nachgeschaltet.

Die Strahlbildung erfolgt in einem Düsenstein aus synthetischem Saphir mit Bohrungsdurchmessern zwischen 0,1 mm und 0,5 mm [Bli90, Don84, Has84a, Has84b, Mei93, Sch94]. Der hierin gebildete Wasserstrahl erreicht bei einem Druck von 400 MPa eine Geschwindigkeit von nahezu 900 m/s, woraus sich bei Zugrundelegung der genannten Durchmesser Wasservolumenströme von bis zu 5 l/min ergeben. Hierdurch lassen sich Strahlleistungen von 30 kW und darüber erzielen.

Eine Variante des Wasserstrahlschneidens stellt das Abrasiv-Wasserstrahlschneiden dar. Hierbei wird der durch den Freistrahl erzeugte Unterdruck in einem nachgeschalteten *Injektor* dazu benutzt, ein Gemisch aus Luft und einem Schleifmittel anzusaugen. Der durch die Wasserdüse gebildete Freistrahl überträgt dabei seine Energie an die Feststoffpartikel. Ein Fokussierrohr dient als Beschleunigungsstrecke und zur erneuten Strahlformung.

Im allgemeinen werden beim Wasser-Abrasivstrahlschneiden geringere Drücke bis etwa 300 MPa bei Volumenströmen von ca. 5 l/min verwendet. Prinzipbedingt führt der Feststoffzusatz zu breiteren Schnittfugen als sie bei reinem Wasser als Schneidmedium erzielbar sind. Allerdings wird das Trennvermögen des Strahls derart gesteigert, daß die Bearbeitung von harten und hochfesten Materialien möglich wird [Bli90, Has84a, Sch94]. Die erzielbaren Schnittgeschwindigkeiten sind abhängig vom Werkstoff und von der Dicke des Materials. So lassen sich bei einer Materialstärke von 15 mm folgende Schnittgeschwindigkeiten realisieren: 90 mm/min in nichtrostendem Stahl, 150 mm/min in Aluminium, 300 mm/min in GFK, 1000 mm/min in Glas.

Als Strahlmittel kommen entsprechend den Erfordernissen hinsichtlich Schneidleistung und Schnittflächenqualität Materialien wie Quarzsand, Granat, Silikatschlacke oder Korund, aber auch Glasperlen oder Eisenschrott zum Einsatz.

11.10.4.3 Technologie

Frei wählbare und leistungsbestimmende Stellgrößen sind der Pumpendruck, der Düsenabstand, der Düsendurchmesser, die Feststoffart und -korngröße, der Massenstrom des Feststoffes und die Vorschubgeschwindigkeit.

Sie bestimmen die lokale Wirkenergie an der Auftreffstelle des Strahls und beeinflussen neben den werkstoffspezifischen Eigenschaften qualitativ und quantitativ das Arbeitsergebnis. Eine wesentliche Rolle für die Trennwirkung des Wasserstrahls spielt die Leistungsdichte, die hauptsächlich durch den Pumpendruck bestimmt wird und damit die maximal zulässige Festigkeit des zu trennenden Materials festlegt.

Charakteristische Merkmale der erzeugten Schnittflächen bilden dabei eine qualitativ hochwertige, riefenfreie Zone im Bereich des Strahleintritts und eine mit zunehmender Strahllauflänge anwachsende Welligkeit der Schnittfläche. Diese Welligkeit weist eine – auch vom Brennschneiden her bekannte – Struktur mit einer Krümmung entgegen der Vorschubrichtung auf. Der Grad der Ausprägung sowie der Anteil des riefenbehafteten Bereichs an der Werkstückdicke ist abhängig von der Wahl der Einstellparameter und stellt prinzipiell ein indirektes Maß für die Trennleistung dar. Zu den dominanten Einflußgrößen auf die Schnittflächenausbildung zählen die die Rauheit der Oberfläche bestimmenden Wechselwirkungsprozesse zwischen dem Strahl und dem Werkstückwerkstoff. Deren wesentliche Parameter bilden die Stoffeigenschaften beider Partner und – beim Schneiden mit Feststoffzusatz – die Partikelgröße sowie die die Welligkeit beeinflussenden zyklischen Stufenbildungen auf der Schnittfront [Bli90, Mei93, Sch94]. Als ausschlaggebend für die Entstehung der Stufen und damit die Ausbildung eines Wellenprofils auf der Schnittfläche kann rein qualitativ das Ergebnis einer anwendungsspezifischen Kombination aus eingebrachter Streckenenergie, Werkstoffwiderstand und Werkstückdicke angesehen werden. Hierbei wirkt eine Erhöhung des Leistungseintrags durch den Strahl bzw. eine Verringerung der Vorschubgeschwindigkeit der Stufenbildung entgegen, wohingegen die Vergrößerung der Werkstückdicke und/oder das Vorliegen eines schwer trennbaren Werkstoffes diese begünstigen.

Bei beiden Verfahrensvarianten sind die grundlegenden Mechanismen des Materialabtrags bis heute weitgehend ungeklärt, so daß optimale Bearbeitungsbedingungen anhand von Parameterstudien für jeden Einzelfall entwickelt werden müssen.

11.10.4.4 Ökonomische Kriterien

Trotz einer Vielzahl positiver technischer Verfahrenseigenschaften und der Möglichkeit, mit beiden Verfahrensvarianten nahezu die gesamte Palette technisch relevanter Werkstoffe bearbeiten zu können, ergeben sich vielfach wirtschaftlich bedingte Einsatzrestriktionen. Diese resultieren wesentlich aus hohen Anlagen- und Betriebskosten in Verbindung mit prinzipbedingt niedrigen Schnittraten. Dies gilt in besonderem Maße für das *Schneiden* mit Feststoffzusätzen, das bevorzugt bei Trennaufgaben an schwerzerspanbaren Werkstoffen eingesetzt wird, die mit konventionellen Verfahren entweder nicht oder nur unwirtschaftlich durchzuführen sind. Das Investitionsvolumen für derartige Anlagen kann – spezifikationsabhängig – zwischen 300 TDM bis deutlich über 500 TDM betragen. Der hohe Fixkostenanteil führt zu Maschinenstundensätzen in der Größenordnung von 200 DM/h. Die variablen Kosten werden dominant durch die Ver- und Entsorgungskosten für das Strahlmittel bestimmt. Praxistaugliche Konzepte zur Wiederaufbereitung und Kreislaufführung existieren derzeit noch nicht. Da in vielen Fällen die benötigten Stückzahlen eine wirtschaftliche Anlagenauslastung nicht gewährleisten, werden Bearbeitungsaufgaben zunehmend von Lohnschneidbetrieben wahrgenommen.

11.10.5 Weitere abtragende Verfahren im Überblick

11.10.5.1 Chemisches Abtragen

Ätzabtragen

Das chemische Abtragen läßt sich auf das Prinzip zurückführen, daß sich der Werkstoff in einer chemischen Reaktion mit dem Wirkmedium zu einer Verbindung umsetzt, die flüchtig ist oder sich leicht entfernen läßt. Die chemische Umsetzung erfolgt ausschließlich durch eine direkte Reaktion. Die Abtraggeschwindigkeit liegt je nach Werkstoff und Ätzbedingungen zwischen 0,01 und 0,08 mm/min. Mit steigender Temperatur nimmt sie zu. Dabei ist mindestens ein Reaktionspartner elektrisch nicht leitend (DIN8590). Ein Beispiel für das Ätzabtragen ist das Glasätzen [Fri69], mit dem Ornamente oder Beschriftungen mit Fluorwasserstoff unter Bildung von gasförmigen Siliziumtetrafluorid in Glas eingebracht werden können [Kön90].

Thermisch-chemisches Abtragen

Das thermisch-chemische Abtragen wird hauptsächlich zum Entgraten eingesetzt [Ulb74, Bra85]. Bei diesem Verfahren werden Grate an metallischen und nichtmetallischen Werkstücken in einer sauerstoffreichen Atmosphäre abgebrannt. Das Entgratergebnis hängt wesentlich vom Oberflächen-Volumen-Verhältnis von Grat und Werkstoffgrundkörper ab. Dies ergibt sich aus dem Umstand, daß die durch den kurzzeitigen Hitzeschock bedingte Temperatureinwirkung auf das Werkstück nur in Bereichen mit geringem Volumenanteil erfolgen kann [Mül75]. Erfahrungsgemäß verläuft die Entgratung bei einem Oberflächen-Volumen-Verhältnis von 10 –20 einwandfrei [Spu87].

11.10.5.2 Ultraschallbearbeitung (USM)

Sprödharte Werkstoffe, wie beispielsweise Ingenieurkeramiken, Glas und kohlenstofffaserverstärkte Kunststoffe (CFK) lassen sich im Gegensatz zu metallischen Werkstoffen nur schwer bearbeiten. Bezüglich der Einbringung komplexer Konturen stoßen konventionelle Fertigungsverfahren, wie Drehen, Fräsen und Bohren, infolge der besonderen Eigenschaften dieser Werkstoffe schnell an ihre Leistungsgrenzen. Für solche Anwendungen bietet das Ultraschallschwingläppen eine sinnvolle Alternative und in vielen Fällen gar die einzige Möglichkeit der Fertigbearbeitung sprödharter Werkstoffe. Entscheidende Vorteile des Verfahrens sind in der in weiten Bereichen freien Wählbarkeit der geometrischen Gestaltung und in der Möglichkeit zu sehen, mit nur sehr geringen Kräften zu bearbeiten. So lassen sich Einsenkungen im Durchmesserbereich unter 1 mm erzeugen bzw. dünne Substrate im Bereich weniger 1/10 mm bearbeiten. Je nach Werkstoff und Bearbeitungsaufgabe können Abtraggeschwindigkeiten zwischen 5 und 30 mm/min erzielt werden.

Das an sich unerwünschte Verhalten spröder Werkstoffe, bei Belastung durch fortschreitende Rißbildung zu zerspringen, wird beim Ultraschallschwingläppen gezielt und kontrolliert ausgenutzt. Dazu erzeugt ein Hochfrequenzgenerator eine elektrische Wechselspannung, die im Schallwandler in eine mechanische Schwingungsenergie gleicher Frequenz umgewandelt wird (20 – 23 kHz). Die am Ausgang des Schallwandlers befindliche Schwingungsamplitude (ca. 5 μm) wird durch mechanische Transformatoren bzw. Sonotroden auf einen Endwert zwischen 20 und 30 μm verstärkt. Die Sonotrode dient als Aufnahme für das Bearbeitungswerkzeug, als Amplitudenverstärker sowie zur resonanzmäßigen Anpassung an das gesamte Schwingungssystem. An der Stirnfläche der Sonotrode befindet sich das *Formzeug*, das durch eine Lötverbindung, teilweise auch durch eine Kegelpreß- oder Klebeverbindung, mit dieser verbunden wird. Der eigentliche Materialabtrag erfolgt durch Zufuhr einer Läppmittelsuspension, die aus Wasser und darin aufgeschlämmten Hartstoffkörnern, zumeist *Borcarbid*, besteht. Zu Beginn der Bearbeitung liegen die Läppkörner lose zwischen Werkstück und Formzeug. Durch die hochfrequente, longitudinale Schwingung des Formzeugs werden die Läppkörner innerhalb des Arbeitsspalts auf die Werkstückoberfläche gestoßen und erhalten auf diese Weise ihr Arbeitsvermögen. Hierbei werden in mikroskopisch kleinsten Bereichen Risse induziert, die zeitlich und räumlich aufsummiert zum Abtrag kleinster Werkstückpartikel und somit zur Ausbildung des Formzeugs im Werkstück führen [Bön92, Haa91].

Mit Hilfe einer neuartigen Verfahrensvariante können, abweichend von dem abbildenden Prinzip (*Ultraschallsenken*), auch Bahnbearbeitungen (*Ultraschallbahnbearbeitung*) durchgeführt werden. Mittels dieser innovativen Variante des Ultraschallschwingläppens läßt sich einerseits das Anwendungsspektrum deutlich erweitern und andererseits auch die geometrische Gestaltungsmöglichkeit von Bauteilen bedeutend verbessern.

11.10.5.3 Materialbearbeitung mit Elektronenstrahlen

Elektronenstrahlen sind heute ein vielseitig einsetzbares Werkzeug. Zur Erzeugung von Elektronenstrahlung mit hoher kinetischer Energie werden Elektronenkanonen eingesetzt. Die Energie der Strahlung wird gezielt im Brennfleck als Wärme abgegeben. Der Durchmesser dieses Brennflecks hängt von der jeweiligen Strahlstromstärke ab und beträgt 0,1–1 mm. Durch Fokussierung des Strahls sind Leistungsdichten bis zu 10^9 W/cm² zu erreichen. Hieraus ergibt sich die Möglichkeit, den Elektronenstrahl zum Härten, Umschmelzveredeln, Perfo-

rieren, Fräsen, Gravieren und vor allem zum Schweißen und Bohren einzusetzen.

Das Schweißen ist industriell das größte Einsatzgebiet der Elektronenstrahlen. Bei Leistungsdichten von 10^5–10^6 W/cm² können alle Metalle aufgeschmolzen werden. Durch das Ausbilden einer *Dampfkapillare* können Nähte bis zu 300 mm Tiefe einlagig geschweißt werden. Gegenüber konventionellen Schweißverfahren hat das Elektronenstrahlschweißen den Vorteil der gezielten Wärmeeinbringung, wodurch die Wärmebelastung des Bauteils sehr gering gehalten wird. Nachteile bestehen in der schlechten Spaltüberbrückbarkeit sowie in der Notwendigkeit einer evakuierten Arbeitskammer. Eingesetzt wird dieses Verfahren vor allem im Automobil- und Flugzeugbau, sowie im kerntechnischen Anlagenbau [Beh81].

Der Elektronenstrahl hat sich industriell auch als Werkzeug zum Bohren von Löchern mit Durchmessern von 0,1–1 mm und Tiefen bis 5 mm durchgesetzt. Wegen der hohen Bearbeitungsgeschwindigkeiten ist das Verfahren besonders wirtschaftlich bei Bauteilen, die entweder in hohen Stückzahlen gefertigt werden, oder bei denen viele gleichartige Bearbeitungen an einem Werkstück durchgeführt werden müssen (z. B. Kühlbohrungen in Turbinenschaufeln).

11.10.5.4 Laserstrahlabtragen

Das Laserstrahlabtragen ist als Ergänzung zu den konventionellen Bearbeitungstechnologien wie dem Erodieren, dem Hochgeschwindigkeitsfräsen oder den chemischen Verfahren zu sehen. Es ermöglicht die Bearbeitung von Materialien, die mit zerspanenden oder erosiven Verfahren nur mit hohem Aufwand realisiert werden können.

Ein stark gebündelter Laserstrahl „fräst" mit einem wirksamen Werkzeugdurchmesser von 1/10 mm, Schicht für Schicht in parallelen Bahnen Material aus dem Werkstück heraus. Die hierbei entstehende Schmelze wird mittels Prozeßgasen aus dem Arbeitsbereich weggeblasen. Typische Werte für die Abtragrate liegen bei Stahlwerkstoffen etwa im Bereich von 40–300 mm³/min. Um eine exakte Formgenauigkeit im μm-Bereich zu garantieren, wird ein Tiefensensor eingesetzt, welcher direkt mit dem HF-Generator des Lasers gekoppelt ist.

Die Vorteile dieses Verfahrens liegen im berührungslosen Arbeiten. Es gibt somit weder einen Werkzeugverschleiß noch eine mechanische Kraftübertragung auf das Werkstück. Aufgrund der ausschließlich thermischen Einwirkung ist das Verfahren deshalb nicht nur auf Metalle beschränkt, sondern steht dem weiten Gebiet nichtmetallischer Materialien offen. Ein weiterer Vorteil ist, daß man die Daten von CAD/CAM-Systemen benutzen kann, um z.B. komplizierte 3D-Formen, mit relativ wenig Aufwand zu programmieren.

Zukünftige Anwendungsbereiche liegen hauptsächlich in der Herstellung von flachen Gravuren bei Schmiedegesenken, Gußformen und bei Werkzeugen der Gummi- und Kunststoffverarbeitung. In der Medizin hat dieses Verfahren eine andere Zielsetzung, wie z.B. das Aufrauhen von Protesen, um eine bessere und dauerhafte Bindung zum Knochengewebe zu erreichen [Her93, Ebe93]. Ein weiterer Anwendungsbereich ist das Rapid Prototyping.

Literatur zu Abschnitt 11.10

[AbfG86] Abfallgesetz – AbfG vom 27. August 1986, BGBl.I 1986, 1410 und 1501, zuletzt geändert am 13. August 1993, BGBl.I 1993, 1489

[Beh81] Behnisch, H.: Elektronen- und Laserstrahl als thermische Werkzeuge in der Metallverarbeitung. Z. f. wirtsch. Fertigung 7 (1981), 360–364

[Beh90] Behler, K.; Gillner, A.; Willerscheid, H.: Materialbearbeitung mit dem Laserstrahl im Geräte- und Maschinenbau. Düsseldorf: VDI-Vlg. 1990

[Ber77] Berger, A.: Elektrisch abtragende Fertigungsverfahren. Düsseldorf: VDI-Vlg. 1977

[Bli90] Blickwedel, H.: Erzeugung und Wirkung von Hochdruck-Abrasivstrahlen. (Fortschrittber. VDI, Reihe 2, Nr. 206). Düsseldorf: VDI-Vlg. 1990

[Bön92] Bönsch, C.: Wege zur Prozeßoptimierung beim Ultraschallschwingläppen keramischer Werkstoffe. Diss. RWTH Aachen 1992

[Bra85] Braker, A.: Fortschrittliche Entgrattechnik. Tooling & Prod. 51 (1985), 5, 57–61

[Cle93] Cleemann, L.: Schweißen mit CO₂-Hochleistungslasern. Technologie Aktuell 4. Düsseldorf: VDI-Vlg. 1993

[Deg84] Degner, W.: Elektrochemische Metallbearbeitung. Berlin: 1984

[Don84] Donnan, P.H.: Abrasive jet cutting development for specialist industrial applications. Proc. of the 7th Int. Symp. on Jet Cutting Technology, Ottawa, Canada, 1984. Hrsg.: BHRA Fluid Engineering, Cranfield, U.K., Paper E2

[Ebe93] Eberl, G.; Hildebrand, P.; Kuhl, M.; Wrba, P.: Formgenau durch Tiefenregelung. Supplement zu Hanser Fachzeitschriften. München: Hanser 1993

[Fri69] Friedmann, H.; Hoy, E.; White, R.: Die Anwendung chemischer Bearbeitungsverfahren. Mod. Mach. Shop 42 (1969), 88–94

[Haa91] Haas, R.: Technologie zur Leistungssteigerung beim Ultraschallschwingläppen. Diss. RWTH Aachen 1991

[Has84a] Hashish, M.: A modeling study of metal cutting with abrasive water jets. Trans. ASME 106, Jan. 1984, 88–100

[Has84b] Hashish, M.: Cutting with abrasive-water jets. The carbide and tool J. 9/10, 1984, 16–23

[Her93] Herziger, G.; Loosen, P.: Werkstoffbearbeitung mit Laserstrahlung. München: Hanser 1993

[Hüg92] Hügel, H.: Strahlwerkzeug Laser. Stuttgart: Teubner 1992

[Kön87] König, W.; Trasser, A.; Schmelzer, M.: Bearbeitung faserverstärkter Kunststoffe mit Wasser- und Laserstrahl. VDI-Z. 129 (1987), 11, 6–11

[Kön90] König, W.: Fertigungsverfahren, Bd. 3: Abtragen. Düsseldorf: VDI-Vlg. 1990

[Kön95] König, W., Klocke, F., Sparrer, M.: EDM-sinking using waterbased dielectrics and electropolishing. Symposium ISEM XI, Lausanne 1995

[Koh88] Kohler, H. (Hrsg.): Laser. Essen: Vulkan-Vlg. 1988

[Mau75] Mauz,, W.: Elektrolytaufbereitung und Entsorgung. (VDI-Ber. 240) (1975), 51–55

[Mei93] Meier-Wiechert, G.: Unterwassereinsatz von Wasserabrasivstrahlen. (Fortschritt-Ber. VDI, Reihe 2, Nr. 289). Düsseldorf: VDI-Vlg. 1993

[Mül75] Müller, H.; Wagner, T.: Thermochemisches Entgraten, Gefügeveränderung, Materialabtrag und Härtebeeinflussung. wt-Z. f. industrielle Fertigung 65 (1975) 473–478

[Nes84] Nestler, K., Wicht, H.: Toxische Abtragprodukte und umweltgerechte Gestaltung des elektrochmischen Metallabtrages. ELEKTRIE 38 (1984) 211–215

[Pan90] Panten, U.: Funkenerosive Bearbeitung von elektrisch leitfähigen Keramiken. Diss. RWTH Aachen 1990

[Pie86] Pielorz, G.: Materialabtrag ohne thermischen Einfluß. Techn. Informationen f. Konstruktion u. Praxis 23 (1986), 4, 113–114

[Sch87] Schumacher, B.; Weckerle, D.: Funkenerosion richtig verstehen und anwenden. Velbert: Techn. Fachverlag Möller 1987

[Sch94] Schmelzer, M.: Mechanismen der Strahlerzeugung beim Wasser-Abrasivstrahlschneiden. Diss. RWTH Aachen 1994

[Sche88] Schneegans, J.: Technologie des Laserstrahlschweißens. „Lasermaterialbearbeitung" für Unternehmen der EBM-Industrie und Stahlverformung, FhG-IPT Aachen, Mai 1988

[Sim79] Simon, H.: Aufbereitung der ECM-Elektrolyte. Werkstatt u. Betrieb 112 (1979) 1, 19–23

[Spu87] Spur, G.; Stöferle, Th.: Handbuch der Fertigungstechnik, Bd. 4: Abtragen, Beschichten und Wärmebehandeln. München: Hanser 1987

[TAA91] TA Abfall, Teil 1 in der Fassung vom 12. März 1991, GMBl. 1991, 139, zuletzt geändert am 23. Mai 1991, GMBl. 1991, 469

[Ulb74] Ulbricht, W.: Das thermische Entgraten und seine wirtschaftliche Anwendung. wt-Z. f. industrielle Fertigung 64 (1974), 273–276

[VDI93] Schneiden mit CO2-Lasern. Hrsg. VDI-Technologiezentrum Physikalische Technologien. Düsseldorf: VDI-Vlg. 1993

VDI3402: Elektroerosive Bearbeitung. Definition und Terminologie. 1976

[Wul86] Wulf, Ch.: Geometrie und zeitliche Entwicklung des Schnittspaltes beim Wasserstrahlschneiden. Diss. RWTH Aachen 1986

[Web72] Weber, H.; Herziger, G.: Laser. Weinheim: Physik-Vlg. 1972

DIN 8590: Fertigungsverfahren Abtragen.

11.11 Fügen

11.11.1 Einleitung

Die zunehmende Forderung nach Rohstoff- und Gewichtseinsparung fördert den Einsatz moderner Strukturwerkstoffe und die Verfeinerung der Bauteilgestaltung im Hinblick auf die Funktion. Deshalb werden an die Bauteilherstellung zunehmend höhere Anforderungen gestellt. Dies gilt für die Fügetechnik in besonderem Maße, weil

– moderne Strukturwerkstoffe meist ungünstige Fügeeigenschaften aufweisen,
– in zunehmendem Umfang unterschiedliche Werkstoffe miteinander zu verbinden sind,
– komplexere Bauteilformen die Zugänglichkeit zu den Verbindungsstellen erschweren,
– die Fügestellen mehrere Funktionen, z.B. Kraftübertragung und Dichten, gleichzeitig übernehmen sollen und

– die Anforderungen an die Belastbarkeit und Zuverlässigkeit der Verbindungen (u.a. infolge der Produzentenhaftung) weiter zunehmen.

Hinzu kommen stetig steigende Sicherheitsanforderungen an die Verbindungen.

In den zurückliegenden Jahren wurden hierzu einerseits die herkömmlichen Fügetechnologien, z.B. das Schweißen und Löten, weiterentwickelt und andererseits „neuere Fügetechnologien", z.B. das Kleben oder Durchsetzfügen, zunehmend eingesetzt. Die Vielfalt der Fügeverfahren erleichtert jedoch nur dann die Aufgabe des Konstrukteurs, wenn die Einsatzmöglichkeiten und -grenzen der einzelnen Verfahren bekannt sind. Daher werden im Rahmen dieses Kapitels die am häufigsten konkurrierenden Fügeverfahren Schweißen, Löten, Kleben, Nieten, Durchsetzfügen, Falzen und Schrauben anhand technischer und wirtschaftlicher Kriterien bewertet und miteinander verglichen. Daneben gibt es noch zahlreiche andere Fügeverfahren, wie z.B. Fügen durch Schrumpfen, Vergießen, Heften, Ineinanderschieben, Schnappverbindungen, Fügen durch Aufweiten und Verdrehen.

11.11.2 Schweißen

Das Schweißen umfaßt eine Vielzahl unterschiedlicher Verfahren, die im vorliegenden Rahmen unter den Gruppen

– Lichtbogenschweißen,
– Strahlschweißen,
– Widerstands-Überlappschweißen,
– Widerstands- und Reibstumpfschweißen,
– Kunststoffschweißen

zusammengefaßt wurden.

11.11.2.1 Lichtbogenschweißen

Das Prinzip beim Lichtbogenschweißen beruht darauf, Werkstückteile und eventuellen Zusatzwerkstoff im Lichtbogen aufzuschmelzen und zu vereinigen. Zu den Lichtbogenschweißverfahren gehören *das Metallichtbogenschweißen* mit umhüllten Elektroden (E), das *Unterpulverschweißen* (UP), das Metall-*Schutzgasschweißen* (Bild 11-189) mit Inertgas oder Aktivgas (MIG/MAG) sowie das *Wolfram-Inertgas-* (WIG) und das *-Plasma* (WP)-*Schweißen*.

Je nach Verfahren können dünne bis dicke Querschnitte verschweißt werden. Der infolge hoher Wärmezufuhr entstehende Schweißverzug führt zu Formveränderungen und schränkt

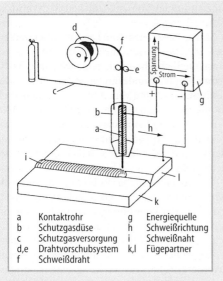

a	Kontaktrohr	g	Energiequelle
b	Schutzgasdüse	h	Schweißrichtung
c	Schutzgasversorgung	i	Schweißnaht
d,e	Drahtvorschubsystem	k,l	Fügepartner
f	Schweißdraht		

Bild 11-189 Metall-Schutzgasschweißen (MSG) [Spu86]

den Einsatz des Lichtbogenschweißens bei hohen Genauigkeitsanforderungen ein. Beim Lichtbogenschweißen sind die verarbeitbaren Werkstoffe auf schweißgeeignete Metalle und Metallkombinationen eingeschränkt. Dagegen sind zahlreiche Schweißnahtformen und Werkstücke mit vielfältiger Form und Größe herstellbar.

Im Hinblick auf die Belastbarkeit, auch bei schälender und schwingender Last sowie erhöhter Temperatur, Feuchte- und Chemikalieneinwirkung, erweist sich das Lichtbogenschweißen als günstig. Die Festigkeit entspricht in vielen Fällen der des Grundwerkstoffs.

Um das Schweißen zu erleichtern und eine hohe Nahtqualität zu erzielen, ist eine geeignete Vorbereitung des Schweißstoßes erforderlich. Die geeignete Fugenform hängt vom Verfahren und Werkstoff ab und erfolgt bevorzugt durch Brennschneiden. Thermisch bedingte, nachteilige Gefügeveränderungen und Eigenspannungen können durch Vorwärmen bzw. Wärmenachbehandeln reduziert werden. Auf Außenflächen wirkt die Schweißnaht oft störend und wird (z.B. bei hoher dynamischer Beanspruchung) oft nachbearbeitet.

Eine Kennzahl für die Produktivität des Lichtbogenschweißens ist die Abschmelzleistung (abgeschmolzener Zusatzwerkstoff durch Zeit), die je nach Verfahren, Werkstoff und Schweißposition sehr unterschiedlich ist. Große Abschmelzleistungen liegen beim UP-Schweißen sowie bei

Kehlnähten und Füllagen vor, kleinere dagegen beim E-Schweißen sowie bei Wurzel- und Zwangslagen. Zunehmend werden flexible Schweißeinrichtungen eingesetzt, z.B. Roboter, die zum Führen von Brennern und zum Handhaben von zu schweißenden Teilen dienen. Das Streben nach verstärkter Automatisierung richtet sich nicht allein auf das Schweißen, sondern auf alle zugehörigen Hilfsoperationen vom Zuführen bis zur Entnahme der Teile. Zur Qualitätskontrolle werden die Schweißnähte vorzugsweise durch Oberflächenriß-, Röntgen- und Ultraschallprüfung zerstörungsfrei geprüft.

Die Kosten sind insbesondere bei Einzel- und Kleinserienfertigung vergleichsweise niedrig, da beim Handschweißen der apparative Aufwand gering ist. Der Übergang zum automatisierten Schweißen erhöht die Investitionskosten für Schweißeinrichtungen und Vorrichtungen sowie evtl. den Fugenvorbereitungsaufwand, ermöglicht jedoch neben Lohnkosteneinsparungen u. U. auch eine Qualitätssteigerung.

Im Hinblick auf den Umwelt- und Arbeitsschutz kann das Entstehen von Rauch, Schadgasen, Hitze und Lärm zu Problemen führen. Hinzu kommt die Gefährdung durch Strom, Spritzer und Strahlung. Lüftungstechnische Maßnahmen umfassen u. a. örtliche Absaugung, evtl. mit Abluftfilterung, sowie Raumbe- und -entlüftung. Während das manuelle Schweißen hohe Handfertigkeit des Schweißers erfordert, ist zum automatisierten Schweißen qualifiziertes Wartungs- und Bedienpersonal notwendig.

Die Anwendung des Lichtbogenschweißens erstreckt sich vor allem auf den Behälter-, Rohr-, Schiff-, Maschinen-, Stahlhoch- und Brückenbau. Die Weiterentwicklung des Schweißens zielt in die Hauptrichtungen: Mechanisierung bzw. Automatisierung des Schweißprozesses, Qualitätssteigerung der Schweißverbindungen sowie verbesserter Umwelt- und Gesundheitsschutz beim Schweißen.

11.11.2.2 Strahlschweißen

Beim Strahlschweißen dient dichtgebündelte Energiestrahlung als Wärmequelle. Wichtigste Vertreter sind das *Elektronen-* und *Laserstrahlschweißen.* Beim Elektronenstrahlschweißen entsteht die Schweißwärme durch Umwandlung der kinetischen Energie der auf den Werkstoff aufprallenden, gebündelten und hochbeschleunigten Elektronen. Zur Strahlerzeugung ist ein Hochvakuum erforderlich, während sich das

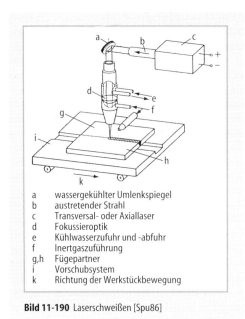

a   wassergekühlter Umlenkspiegel
b   austretender Strahl
c   Transversal- oder Axiallaser
d   Fokussieroptik
e   Kühlwasserzufuhr und -abfuhr
f   Inertgaszuführung
g,h Fügepartner
i   Vorschubsystem
k   Richtung der Werkstückbewegung

Bild 11-190 Laserschweißen [Spu86]

Werkstück je nach Art des Werkstoffs im Hochvakuum, Teilvakuum oder unter Atmosphärendruck befinden kann.

Beim Laserstrahlverfahren (Bild 11-190) wird eine hohe Energiedichte durch Fokussieren einer monochromatischen Photonenstrahlung erreicht, wobei jedoch kein Vakuum erforderlich ist.

Beim Strahlschweißen ist die Wärmebeeinflussung örtlich eng begrenzt. Dadurch ist der Bauteilverzug gering und es können Verbindungen im Bereich kleinster Dimensionen durchgeführt werden. Infolge der hohen Energiekonzentration schmilzt der Werkstoff nicht nur auf, sondern wird teilweise verdampft, so daß der entstehende Metalldampfdruck zu einem Schmelzkanal und damit zu Nähten mit extrem hohem Verhältnis von Tiefe zu Breite führt. Im Hinblick auf die Nahtform (Stumpf-, Überlapp-, Ecknaht) besteht eine große Gestaltungsvielfalt. Beim Elektronenstrahlschweißen erschwert jedoch die Notwendigkeit einer Vakuumkammer die Anwendung auf großvolumige Bauteile. Zum Strahlschweißen wird in der Regel kein Zusatzwerkstoff verwendet, doch ist dies in Ausnahmefällen, z.B. bei unzureichender Paßgenauigkeit der Werkstücke, möglich. Beide Verfahren können bereits ab Foliendicke eingesetzt werden, wobei das Elektronenstrahlschweißen Dicken bis 100 mm ermöglicht, während die begrenzte Leistung handelsüblicher Laser nur ein Schweißen

bis zu mittleren Werkstückdicken (< 25 mm) zuläßt.

Mittels Elektronen- und Laserstrahlschweißen (s. 11.10.3) lassen sich eine Vielzahl von Metallen, einschließlich chemisch reaktiven und hochschmelzenden Sondermetallen (z. B. Titan, Zirconium, Tantal und Vanadium) verbinden, thermoplastische Kunststoffe jedoch nur mittels Laser. Auch Metallkombinationen, bei denen allgemein unerwünschte intermetallische Verbindungen auftreten, können teilweise erfolgreich hergestellt werden.

Das Entstehen tiefer und schmaler Nähte mit feinkörnigem Gefüge wirkt sich auf das Tragverhalten der Verbindungen vorteilhaft aus, deren Festigkeit für alle Belastungsarten meist annähernd der des Grundwerkstoffs entspricht.

Wegen der geringen Ausdehnung des Strahls erfordert die Stoßvorbereitung genaue parallele Verbindungsflächen zwischen den Werkstücken, wobei ein eventueller Spalt nur wenige hundertstel Millimeter betragen darf.

Die hohen Schweißgeschwindigkeiten, Schweißtiefen und die gute Automatisierbarkeit des Strahlschweißens ermöglichen eine hohe Produktivität, die allerdings beim Elektronenstrahlschweißen durch das zeitaufwendige Evakuieren der Werkstückkammer gemindert wird. Die gute Steuerbarkeit der Energiestrahlung erlaubt ein schnelles Positionieren über Strahlablenkung oder Lichtleiterkabel (Laser) sowie eine Strahloszillation und Fokuskorrektur. Mit Hilfe numerischer Steuerungen der Anlage ist eine flexible Automatisierung des Strahlschweißens möglich. Mit Ausnahme überlappter Verbindungen lassen sich Strahlschweißungen gut zerstörungsfrei prüfen.

Die Investitionskosten sind für beide Verfahren vergleichsweise hoch. Bei den laufenden Kosten spielt der Energieverbrauch eine entscheidende Rolle. Im Hinblick auf den Arbeitsschutz ist beim Elektronenstrahlschweißen auf eine ausreichende Abschirmung der entstehenden Röntgenstrahlung und beim Laserschweißen auf Augenschutz gegenüber Laserstrahlung zu achten (Schutzbrillen).

Die Anwendung der Strahlschweißverfahren reicht von den neuen Gebieten der Technik (Komponenten aus Luft- und Raumfahrt, Strahltriebwerksbau, Kerntechnik, Elektronik) bis zum Maschinen- und Fahrzeugbau (Getriebe, Kolben, Einspritzdüsen u.v.a.). Die Weiterentwicklung zielt auf höhere Strahlleistungen, insbesondere bei Festkörperlasern, und eine Flexibilisierung des Schweißprozesses z.B. durch Roboter- und Lichtleitfaserkopplung.

11.11.2.3 Widerstands-Überlappschweißen

Beim Widerstands-Überlappschweißen pressen Elektroden die zu verbindenden Teile aufeinander, wobei ein kurzer Stromstoß die Verbindungsstelle auf Schmelztemperatur erwärmt und unter Druck verschweißt. Je nach Anforderungen wird das *Buckel-*, *Punkt-* (Bild 11-191) oder *Rollennahtschweißen* eingesetzt.

Beim Widerstands-Überlappschweißen erstreckt sich der Schweißbereich von dünnen Drähten und Folien bis zu Blechdicken von ca. 10 mm bei Stahl bzw. 5 mm bei Messing und Aluminium. Die Fügemöglichkeit ist eingeschränkt auf schweißgeeignete Stähle und NE-Metalle. Das Verfahren kommt im wesentlichen für punkt- bzw. linienförmige Verbindungen an überlappten Blechen zur Anwendung. Die Formgenauigkeit der entstehenden Verbindung ist von der Nahtart (Punkt- oder Liniennaht) abhängig. Die thermische Beeinflussung sowie der Verzug sind wegen kurzer Schweißzeiten gering.

Die Schweißverbindungen besitzen eine gute statische Festigkeit bei Raum- und erhöhter Temperatur, während die Schwingfestigkeit und die Korrosionsbeständigkeit infolge des Überlap-

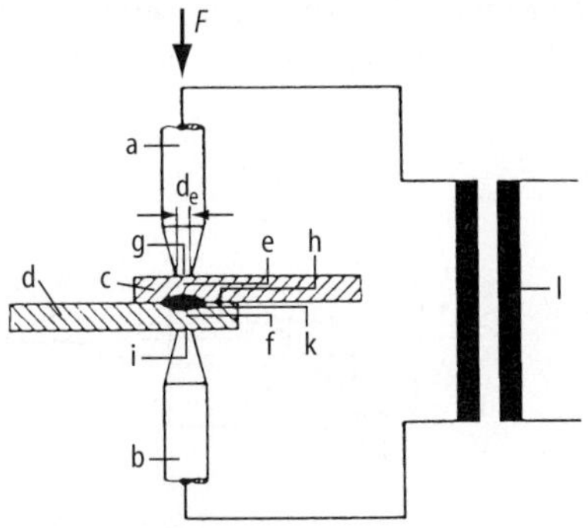

a, b	Elektroden
c, d	Fügepartner
e, f	Stoffwiderstände
g, h, i	Kontaktwiderstände
k	Schweißlinse
l	Schweißtransformator
d_e	Elektrodenspitzendurchmesser
F	Elektrodenkraft

Bild 11-191 Prinzip des Widerstands-Punktschweißens [Spu86]

pungsspalts erniedrigt sind. Die Leitfähigkeit ist gut, jedoch wird Dichtheit nur beim Rollennahtschweißen erreicht.

Vorteilhaft erweist sich der geringe Vorbereitungsaufwand bei überlappter Blechanordnung. Um reproduzierbare Schweißergebnisse und hohe Elektrodenstandmengen zu erzielen, sollen die Kontaktwiderstände möglichst klein und gleichmäßig sein, was glatte, saubere und oxidfreie Oberflächen erfordert. Verzinnte, verzinkte und aluminierte Stahlbleche führen zu starker Anlegierung an den Elektroden und damit zu erhöhtem Verschleiß, so daß ein häufiges Nacharbeiten erforderlich ist.

Ein weiterer Vorteil dieser Verfahrensgruppe ist die hohe Produktivität, da sich der Fügevorgang in relativ kurzer Zeit vollzieht. Die Verfahren des Widerstands-Überlappschweißens lassen sich gut automatisieren, z.B. durch Einsatz von Industrierobotern. Die Schweißmaschinen sollen möglichst steif gebaut sein und einen ausreichend hohen Strom liefern. Im allgemeinen wird mit Wechselstrom geschweißt, der über einen Schweißtransformator dem Netz entnommen wird, bei hohem Strombedarf auch mit gleichgerichtetem Drehstrom. Die Elektrodenkraft wird nur bei kleinen Maschinen durch Fußbetätigung erzeugt, bei höheren Kräften dagegen pneumatisch. Bei gut leitenden Werkstoffen sind hohe Ströme, bei rißempfindlichen Legierungen u.U. spezielle Strom- und/oder Kraftprogramme erforderlich.

Im Hinblick auf die Herstellkosten weist das Widerstandsschweißen Vorteile, insbesondere beim Vorbereitungs- und Materialaufwand, auf. Da keine Zusatz- und Hilfsstoffe benötigt werden, sind die Betriebskosten für das Widerstands-Überlappschweißen vergleichsweise niedrig. Die Anschaffungskosten für Widerstandsschweißmaschinen sind hoch, weil sowohl Ströme als auch Kräfte in das Werkstück eingeleitet und zur gleichmäßigen Einhaltung kurzer Schweißzeiten elektronisch gesteuert werden müssen. Die Qualitätssicherung ist wegen geringer Aussagekraft der zerstörungsfreien Prüfung schwierig, da die Punktgröße mit zerstörungsfreien Prüfverfahren kaum erfaßbar ist.

Die Verbindungen sind unlösbar und daher ist die für ein Recycling wünschenswerte Demontage von Metallkombinationen aufwendig. Im Hinblick auf die Arbeitssicherheit können sich beim Fügeprozeß auftretende Spritzer und der besonders bei beschichteten (verzinkten) Blechen evtl. auftretende Rauch nachteilig auswirken. Ebenfalls ist die Gefahr durch hohe Ströme und Kräfte zu beachten.

Der Anwendungsschwerpunkt des Verfahrens liegt in der industriellen Blechverarbeitung, z. B. bei der Herstellung von Fahrzeugkarosserien, Haushaltsgeräten, Aufzügen sowie bei elektrischen Schaltverbindungen, z. B. Kontakten.

11.11.2.4 Widerstands- und Reibstumpfschweißen

Für die Aufgabe des stumpfen Verbindens von Stangen, Rohren und anderen Profilen werden unterschiedliche Verfahren eingesetzt, vor allem das Widerstandsstumpfschweißen (*Preßstumpf-* und *Abbrennstumpfschweißen*) und das Reibschweißen. Beim Widerstandsstumpfschweißen wird das Verschweißen über Erwärmung infolge Stromdurchgang und anschließender Stauchung erreicht. Beim *Reibschweißen* (Bild 11-192) wird die Erwärmung durch Reibung zwischen einem rotierenden und einem stillstehenden Werkstückteil erzeugt.

Durch Widerstandsstumpfschweißen können beliebig geformte Profile stumpf verschweißt werden, während beim Reibschweißen mindestens eines der Werkstückteile am Verbindungsquerschnitt eine annähernde Rotationssymmetrie aufweisen muß. Dafür ermöglicht das Reibschweißen eine große Zahl von Metallkombinationen, die durch andere Verfahren kaum herstellbar sind. Das Preßstumpfschweißen wird für Querschnitte bis 200 mm² für Stahl und bis 100 mm² für Aluminium, Kupfer und Messing angewendet. Durch Abbrennstumpfschweißen

können Stähle bis ca. 50 000 mm² und Aluminiumwerkstoffe bis ca. 5 000 mm² Querschnitt verschweißt werden. Durch Reibschweißen werden Wellen bis ca. 120 mm und Rohre bis 300 mm Durchmesser verbunden. Bei allen genannten Verfahren sind weder Zusatzwerkstoffe noch Schutzgase erforderlich. Unter der starken Einwirkung von Wärme und Druck ist die Genauigkeit der Abmessungen und die Oberflächenqualität eingeschränkt. Als Verbesserungsmaßnahmen dienen das Maßstauchen und die Wulstabarbeitung in der Schweißmaschine.

Im Hinblick auf die Belastbarkeit, nach Stauchwulstentfernung auch bei Schwingbeanspruchung, erweisen sich die Stumpfschweißverfahren als günstig. Gleiches gilt für den Korrosionswiderstand und die Dichtheit.

Zum Preßstumpfschweißen sind planparallele Stoßflächen zur Erzielung einer gleichmäßigen Stromverteilung erforderlich, während beim Abbrennstumpfschweißen eine Einebnung von Oberflächenunebenheiten durch den Abbrennvorgang erfolgt, so daß der Vorbereitungsaufwand geringer ist. Auch Stoßflächenverunreinigungen sind weniger kritisch, da sie mit der Metallschmelze beim Stauchen ausgepreßt werden. Eine Wärmenachbehandlung, z. B. bei härtefreudigen Werkstoffen kann in der Schweißmaschine durchgeführt werden. Auch beim Reibschweißen ist der Vorbereitungsaufwand vergleichsweise gering. Ein Abdrehen des Schweißwulstes kann bereits in der Schweißmaschine erfolgen.

Die Produktivität ist wegen vergleichsweise kurzer Schweißzeiten hoch. Die Schweißmaschi-

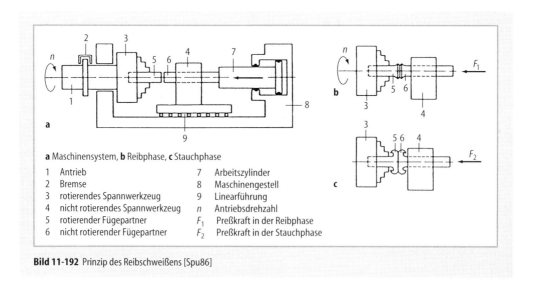

a Maschinensystem, **b** Reibphase, **c** Stauchphase

1	Antrieb	7	Arbeitszylinder
2	Bremse	8	Maschinengestell
3	rotierendes Spannwerkzeug	9	Linearführung
4	nicht rotierendes Spannwerkzeug	n	Antriebsdrehzahl
5	rotierender Fügepartner	F_1	Preßkraft in der Reibphase
6	nicht rotierender Fügepartner	F_2	Preßkraft in der Stauchphase

Bild 11-192 Prinzip des Reibschweißens [Spu86]

nen sind mechanisiert und können durch Be- und Entladevorrichtungen gut automatisiert werden.

Der Investitionsaufwand ist insbesondere bei Abbrennstumpf- und Reibschweißmaschinen vergleichsweise hoch, während die Betriebskosten wegen entfallender Materialkosten für Zusatz- oder Hilfsstoffe niedrig liegen.

Zur Qualitätssicherung der Schweißverbindungen kommt der Überwachung von Schweißparametern besondere Bedeutung zu, weil eventuelle Bindefehler zerstörungsfrei nur schwer erkennbar sind.

Probleme des Arbeitsschutzes stellen beim Reibschweißen die Geräuschemission und beim Abbrennstumpfschweißen der Materialauswurf dar.

Als Anwendungsbeispiele der Stumpfschweißverfahren seien Drahtverbindungen, Kettenglieder, Lenkräder, Stahlringe, Schienenstöße und Bohrwerkzeuge genannt.

11.11.2.5 Kunststoffschweißen

Kunststoffschweißen bezeichnet das Vereinigen von Kunststoffteilen über einen Schmelzfluß unter Anwendung von Wärme und Druck. Die wichtigsten Verfahren sind das *Heizelement-* (Bild 11-193), *Warmgas-, Extrusions-, Ultraschall-, Rotations-* und *Vibrationsreib-* sowie das *Hochfrequenzschweißen.* Ihre Anwendungsmöglichkeit unterscheidet sich im Hinblick auf die unterschiedlichen Thermoplaste, die Form der Werkstückteile, die Stoßart (Stumpf-, Überlappnaht) und die Fügeflächengröße, so daß für den Verfahrensvergleich das jeweils günstigste Verfahren zugrunde gelegt wurde.

Das Kunststoffschweißen ist beschränkt auf Thermoplaste wie z.B. PVC, PS, ABS, PMMA, PC, PA, PE, PP und POM. Je nach Verfahren lassen sich Teile in Form von Folien bis hin zu dicken Querschnitten miteinander verbinden. Sowohl die schweißbaren Werkstückformen, z.B. Rohre, Stangen, Profile, als auch die Stoßarten wie Stumpf-, Überlapp- oder T-Stoß sind vielgestaltig. Durch Verformung des Werkstücks unter Druckkraft und Wärme können Maßabweichungen entstehen.

Die Festigkeit der Verbindung ist vom Werkstoff und Schweißverfahren abhängig. Sie kann bei unverstärkten Thermoplasten diejenige des Grundwerkstoffs erreichen, liegt dagegen bei verstärkten deutlich darunter. Im Hinblick auf die Belastungsvielfalt erweist sich das Kunst-

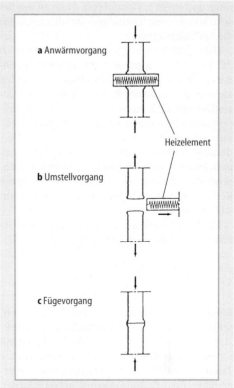

Bild 11-193 Ablauf des direkten Heizelementschweißens [DVS74]

stoffschweißen als günstig. Weitere Vorteile des Kunststoffschweißens sind die Korrosionsbeständigkeit und Dichtheit der Verbindungen.

Die Verbindungsflächen der zu schweißenden Teile sollen von Verunreinigungen, wie z.B. Schmutz, Fett und Spänen, frei sein. Eine Nachbearbeitung der Schweißnaht ist meist nicht erforderlich, doch kann der entstehende Stauchgrat eine Bearbeitung der Schweißnaht notwendig machen.

Die Produktivität der genannten Verfahren ist günstig, weil sich der Schweißvorgang in kurzer Zeit vollzieht. Lediglich beim Warmgasschweißen ist die Produktivität geringer. Über einen gesteuerten Prozeßablauf läßt sich das Kunststoffschweißen gut automatisieren. Die Herstellung von Schweißverbindungen erfordert entsprechende Schweißgeräte und teilweise spezielle Schweißvorrichtungen. Schwierig gestaltet sich die Qualitätssicherung der Schweißverbindung, da Bindefehler nur schwer erkennbar sind.

Die Investitionen sind je nach Art des Verfahrens und der Kunststoffschweißanlage sehr unterschiedlich. Die Auswahl beginnt bei Handgeräten und endet bei komplexen Anlagen mit Beschickungs- und Entnahmeeinrichtungen für die Serienfertigung.

Hinsichtlich Umwelt- und Arbeitsschutz ist das Kunststoffschweißen i. allg. günstig. Besonders beim Warmgas- und Heizelementschweißen kann es zur Schadstoffemission durch Kunststoffzersetzung kommen, während beim Vibrationsschweißen geeignete Schallschutzmaßnahmen erforderlich sind. Die personellen Anforderungen beziehen sich beim manuellen Warmgasschweißen auf eine gute Handfertigkeit, während die übrigen mechanisierten Verfahren Kenntnisse zur fachgerechten Maschineneinstellung voraussetzen.

Das Kunststoffschweißen wird vor allem im Rohr-, Apparate- und Behälterbau eingesetzt.

11.11.3 Löten

Löten ist ein thermisches Verfahren zum stoffschlüssigen Fügen und Beschichten von Werkstoffen in festem Zustand durch Benetzung mit einem schmelzflüssigen Lot. Im Gegensatz zum Zusatzwerkstoff beim Schweißen ist das Lot gegenüber dem Grundwerkstoff artverschieden zusammengesetzt und niedriger schmelzend. Zur Beseitigung von Oberflächenfilmen (Oxiden u. a.) sowie zum Oxidationsschutz beim Löten werden Flußmittel, Schutzgase oder das Hochvakuum eingesetzt. Das Verfahren Löten umfaßt abhängig von der Arbeitstemperatur des Lots das *Weichlöten* (< 450 °C), das *Hartlöten* (450 ... 1000 °C) und das flußmittelfreie *Hochtemperaturlöten* (> 900 °C) unter Vakuum oder Schutzgas. Als Wärmequellen werden beim Weichlöten elektrisch beheizte Lötkolben, strahlerbeheizte Öfen oder Lotschmelzbäder und beim Hartlöten Gasflammen, Widerstands-Induktionserwärmung oder ebenfalls elektrisch beheizte Öfen bevorzugt eingesetzt. Nach der Stoßform wird zwischen Spaltlöten mit parallelem, etwa 0,5 mm breitem Fügeflächenabstand und dem Fugenlöten mit breiter, dem Schmelzschweißen entsprechender Fuge unterschieden.

Das Löten ist für die meisten Metalle und – mit Aktivloten – auch für Keramik anwendbar. Kunststoffe lassen sich nur nach einer Metallisierung löten. Auch viele Metallkombinationen sind bei geeigneter Lotauswahl lötgeeignet. Es können kleine bis mittlere Fügeflächen verbunden werden. Der Werkstoffdickenbereich erstreckt sich von Folien bis zu mittleren Dicken, wobei große Dickenunterschiede der Werkstückteile zulässig sind. Die erreichbare Genauigkeit der gelöteten Bauteile ist beim Spaltlöten als hoch, beim Fugenlöten dagegen als gering einzustufen. Lötnähte sind dicht sowie elektrisch und thermisch gut leitend. Wärmeempfindliche Bauteile lassen sich wegen der geringeren Werkstückerwärmung meist besser löten als schweißen.

Das Tragverhalten von Weichlötverbindungen ist gering, weshalb es überwiegend für mechanisch gering belastete oder für elektrisch leitende Verbindungen eingesetzt wird. Die Verbindungsfestigkeit von Hart- und Hochtemperaturlötungen ist dagegen mittel bis hoch. Die Warmfestigkeit bleibt allerdings mit abnehmendem Lotschmelzpunkt gegenüber dem Grundwerkstoff zurück.

Die kapillare Füllung des Lötspalts erfordert saubere Oberflächen und eine präzise Stoßvorbereitung. Die Rückstände hygroskopischer Flußmittel sind wegen Korrosionsgefahr zu entfernen, während sie bei nicht hygroskopischen Flußmitteln u. U. belassen werden können.

Die Produktivität des Lötens hängt im starkem Maße vom Verfahren und den Fertigungseinrichtungen ab. Durch simultanes Arbeiten können kurze Taktzeiten erreicht werden. So sind z. B. mit einer Ofenbeschickung (Bild 11-194) viele Verbindungen gleichzeitig herstellbar. Es bestehen gute Mechanisierungs- und Automatisierungsmöglichkeiten, z. B. durch kontinuierlich arbeitende Rundtisch- und Förderbandlötanlagen. Hierbei werden vorzugsweise Lote in Gestalt von Formteilen an der Lötstelle eingesetzt. Durch exakte, auf den Lötspalt abgestimmte Lotdosierung ergeben sich fertigungstechnische und wirtschaftliche Vorteile. Die Qualitätsbeurteilung wird dadurch begünstigt, daß bereits die optische Kontrolle der Lötspaltfüllung bzw. der Oberfläche gewisse Rückschlüsse auf die Qualität erlaubt.

Die Investitionen können abhängig von der Bauart und vom Mechanisierungsgrad sehr unterschiedlich sein. Die laufenden Kosten werden vor allem durch den Lotwerkstoff (insbesondere bei edelmetallhaltigen Loten), das Flußmittel oder Schutzgas und die Energiekosten beeinflußt.

Hohe Anforderungen werden an den Arbeitsschutz gestellt, da sich Schadstoffe aus den Loten oder Flußmitteln gesundheitsfährdend auswirken. Daher sind z. B. cadmiumhaltige Lote und fluoridhaltige Flußmittel möglichst zu vermeiden. Zusätzlich ist auf die Gefahr durch

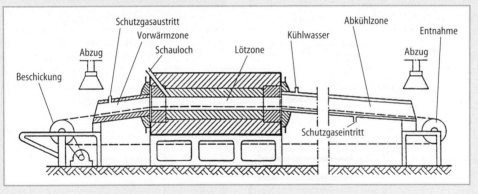

Bild 11-194 Schema eines Durchlaufofens

Brenngase (z. B. Acetylen, Propan) oder Schutzgase (z. B. H_2, CO_2) zu achten. Der Qualifizierungsbedarf des Bedienpersonals ist vom Einsatz der Lötanlagen abhängig. Nur beim manuellen Löten bedarf es besonderer Handfertigkeiten.

Anwendungen findet die Löttechnik u. a. in der Elektronik- und Elektroindustrie, der Installationstechnik, der Werkzeugherstellung, der Feinwerktechnik sowie in hochspezialisierten Industrien wie Luft- und Raumfahrzeugbau, Turbinenbau und Kerntechnik.

11.11.4 Kleben

Kleben ist ein stoffschlüssiges Fügeverfahren zur Herstellung fester Verbindungen von metallischen oder nichtmetallischen Werkstoffen durch Benetzen mit einem meist organischen Klebstoff. Es gibt physikalisch und chemisch abbindende Klebstoffe. Als wichtigste Varianten des Klebens können das *Struktur-* oder *Kaschierkleben*, das Kleben mit Ein- oder Mehrkomponentenklebstoff und das Kalt- oder Warmabbinden mit oder ohne Anpreßdruck genannt werden.

Der Werkstoffdickenbereich beginnt bei Folien und endet bei dicken Querschnitten. Es können kleine und großflächige Verbindungen hergestellt werden. Die Werkstoffvielfalt ist sehr groß, da neben Metallen auch Gläser, Keramiken, Kunststoffe und Hölzer unter sich oder mit anderen Werkstoffen verbunden werden können. Bei geklebten Verbindungen ergeben sich abgesehen von einem eventuellen Klebwulst glatte Oberflächen. Geklebte Teile sind formgenau, da der Verzug durch die Klebstoffschrumpfung beim Abbinden gering ist.

Bei den niedrigen Temperaturen des Klebens finden meist keine Gefügeänderungen statt. Durch flächenförmige Kraftübertragung wird eine gleichmäßige Spannungsverteilung erreicht. Im Vergleich zu metallischen Fügeteilen liegt die Festigkeit von Klebstoffen eine Größenordnung niedriger, was jedoch bei den vorwiegend eingesetzten Überlapp-Verbindungen durch Vergrößerung der Fügeflächen im Hinblick auf die Werkstoffausnutzung weitgehend ausgeglichen wird. Bei schwingender Beanspruchung führt demgegenüber die Kraftflußumlenkung im Überlappungsbereich zu deutlicher Tragfähigkeitseinbuße. Schälbeanspruchungen sind durch eine geeignete Werkstückgestaltung (Bild 11-195) zu vermeiden. Bei erhöhter Temperatur neigen Klebverbindungen abhängig vom Klebstoff zu mehr oder weniger starkem Festigkeitsabfall und zum Kriechen. Abhängig von den Umgebungsbedingungen kann weiterhin ein zeitabhängiger Festigkeitsabfall durch Alterung eintreten, der von den Grundwerkstoffen und deren Oberflächenzustand, dem Klebstoff, den Verarbeitungs-, Beanspruchungs- und Umgebungsbedingungen, z. B. Feuchte- oder Chemikalienangriff, abhängt. Da die Fügeteile durch einen isolierenden Klebfilm verbunden sind, werden sowohl Schwingungsdämpfung (Schall, Vibration) als auch elektrische und thermische Isolation erzielt. Durch geeignete Maßnahmen, z. B. metallische Füllstoffe, kann jedoch eine erhöhte thermische und elektrische Leitfähigkeit erzielt werden.

Die Klebflächen der Fügeteile sollen eben und parallel, metallisch sauber, fettfrei und trocken

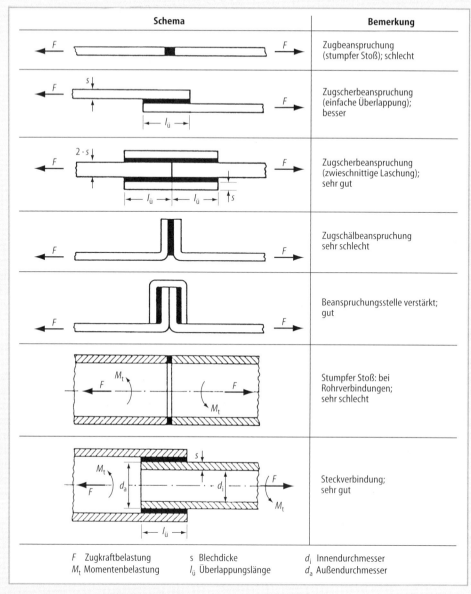

Schema	Bemerkung
F — — F	Zugbeanspruchung (stumpfer Stoß); schlecht
F — s — F $l_\ddot{u}$	Zugscherbeanspruchung (einfache Überlappung); besser
F — $2 \cdot s$ — F $l_\ddot{u}$ $l_\ddot{u}$ s	Zugscherbeanspruchung (zwieschnittige Laschung); sehr gut
F — — F	Zugschälbeanspruchung sehr schlecht
F — — F	Beanspruchungsstelle verstärkt; gut
F M_t — — F M_t	Stumpfer Stoß: bei Rohrverbindungen; sehr schlecht
M_t d_a s d_i F M_t $l_\ddot{u}$	Steckverbindung; sehr gut

F	Zugkraftbelastung	s	Blechdicke	d_i	Innendurchmesser
M_t	Momentenbelastung	$l_\ddot{u}$	Überlappungslänge	d_a	Außendurchmesser

Bild 11-195 Günstige und ungünstige Gestaltung von Klebeverbindungen [Spu86]

sein. Beim Kleben entfallen in der Regel Nacharbeiten oder beschränken sich auf eine Klebwulstentfernung oder Klebfugenversiegelung.

Die Produktivität wird außer durch die Oberflächenvorbehandlung vor allem durch die Verarbeitungs- und Aushärtungsbedingungen des Klebstoffs bestimmt. Einzelne Klebstoffe, z.B. Phenolharze erfordern das Anpressen der Fügeteile durch mechanische, pneumatische oder hydraulische Vorrichtungen bei erhöhtem Druck (ca. 5 - 15 bar), der während des gesamten Abbindevorgangs auf die Fügeteile wirken soll. Schwierig gestaltet sich die zerstörungsfreie Prüfung von Klebverbindungen, da sich mit Ultraschall, Röntgenstrahlung u.a. zwar Blasen und Einschlüsse in der Klebschicht, nicht jedoch schlechte Adhäsion nachweisen lassen.

Der Investitionsaufwand ist für Aufgaben der Serienfertigung verhältnismäßig hoch, da zu den Fixiervorrichtungen des Werkstücks Einrichtungen zum Mischen, Dosieren, Auftragen und Abbinden des Klebstoffs hinzukommen. Das Kleben wird in fast allen Bereichen der Industrie zunehmend eingesetzt. Voraussetzung für die Serienfertigung ist die Mechanisier- bzw. Automatisierbarkeit des Klebens, wobei die benötigte Abbindezeit der Klebstoffe den Einsatz in der Großserienfertigung oft erschwert.

Ein Problem des Klebens ist der Arbeitsschutz bei der Fügeteilvorbehandlung und der Klebstoffverarbeitung. Insbesondere bei lösungsmittelhaltigen Klebstoffen entsteht eine gesundheitsgefährdende Umweltbelastung, die geeignete Absaugmaßnahmen erforderlich machen. Daher werden lösungsmittelhaltige zunehmend durch lösungsmittelfreie Klebstoffe, z. B. Dispersions- und Schmelzklebstoffe, ersetzt. Die Forderung nach höchstmöglichem Gesundheitsschutz fördert ebenso wie die nach verbesserter Fertigungsqualität die Automatisierung in der Klebtechnik.

Das zum Recycling erforderliche Lösen von Klebverbindungen ist in der Regel nur durch Klebschichtzerstörung über Wärme und Druck möglich. Lediglich Haftklebstoffe können als „klebrige Flüssigkeiten" nach dem Trennen der Verbindungen zum erneuten Aufkleben dienen (beispielsweise bei Etiketten). Während die Fertigungsplanung von Klebverbindungen gutes Fachwissen und z. T. gezielte Vorversuche voraussetzt, sind zur Ausführung von Klebarbeiten meist keine hochqualifizierten, jedoch sehr sorgfältig arbeitende Arbeitskräfte erforderlich.

Für Leichtbaustrukturen stellt das Kleben die Schlüsseltechnologie dar, z. B. für den Flugzeug- und Fahrzeugbau. Weitere Anwendungsbeispiele der Klebtechnik sind das Kleben von Lager-

schalen, Rohrverbindungen, Schraubensicherungen, Brems- und Kupplungsbelägen, Versteifungen sowie Rahmenkonstruktionen. Die Klebung dient oft gleichzeitig zur Abdichtung und wirkt somit auch einer Spaltkorrosion entgegen. Auch in Kombination mit dem Punktschweißen wird das Kleben u. a. im Automobil-, Waggon- und Gerätebau eingesetzt. Weitere Kombinationsmöglichkeiten sind u. a. Nieten/Kleben, Schrauben/Kleben, Falzen/Kleben und Durchsetzfügen/Kleben.

11.11.5 Nieten

Beim Nieten wird die Funktion des Verbindens zweier Bauteile durch Verbindungselemente (Niete) übernommen, die derart umgeformt werden, daß ein unlösbarer Form- und teilweise auch Kraftschluß entsteht. Bei den für dickere Bleche eingesetzten Vollnieten unterscheidet man zwischen *Hohl*- und *Zapfennieten*. Bei den sog. *Blindnieten* genügt eine nur einseitige Zugänglichkeit zur Fügestelle, während beim *Stanznieten* der Vorbereitungsaufwand für die Nietlochherstellung entfällt. Je nach Art des Niets und seiner Zugänglichkeit kann die Nietkopfbildung durch axiales Stauchen (Vollniet), Weiten und Bundanbördeln (Hohlniet) oder Stauchen eines Schließrings mittels Ziehbolzen (Blindniet) unter zügiger oder schlagartiger Beanspruchung im kalten oder warmen Zustand erfolgen (Bild 11-196).

Durch Nieten lassen sich sehr viele Strukturmaterialien, einschließlich Metallen und Kunststoffen und vielen Werkstoffkombinationen, verbinden. Auch schlecht oder nicht schweißgeeignete Werkstoffe können durch Nieten ver-

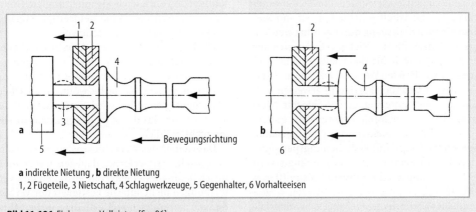

a indirekte Nietung , **b** direkte Nietung
1, 2 Fügeteile, 3 Nietschaft, 4 Schlagwerkzeuge, 5 Gegenhalter, 6 Vorhalteeisen

Bild 11-196 Einbau von Vollnieten [Spu86]

bunden werden, z.B. aushärtbare AlZnMgCu-Legierungen im Flugzeugbau. Die Stoßform ist auf überlappte, gelaschte oder Steckverbindungen beschränkt. Der zu verarbeitende Werkstoffdickenbereich erstreckt sich von dünnen bis zu mittleren Querschnitten. Um eine Überhöhung an der Werkstückoberfläche durch den Nietkopf zu vermeiden, können die Nietbohrungen angesenkt werden. Eine hohe Maßhaltigkeit ist beispielsweise über eine Zentrierung durch einen Paßniet möglich.

Beim Nieten werden thermisch bedingte Gefügeveränderungen und Verformungen der Werkstückteile weitgehend vermieden. Nietverbindungen können hohe statische Scherbelastungen aufnehmen, während Kopfzugbelastung ungünstiger ist. Während das Tragverhalten bei erhöhter Temperatur gut ist, führt die Kraftflußumlenkung zu herabgesetzter Schwingfestigkeit, die jedoch dem Punktschweißen und Durchsetzfügen überlegen bleibt. Während durch Warmnieten dichte Verbindungen möglich sind, verbleibt beim Kaltnieten ein medienzugänglicher Fügespalt, wodurch der Korrosionswiderstand herabgesetzt werden kann. Auch die Werkstoffverschiedenheit von Niet und Werkstück kann die Korrosion fördern. Durch Abdichten des Fügespalts, z.B. mit Dichtpaste, werden verbessertes Korrosionsverhalten und Dichtheit von Nietverbindungen erreicht.

Der Vorbereitungsaufwand ist von der Nietart abhängig. Außer bei Stanznieten sind Nietbohrungen vorzusehen. Eine Nachbearbeitung ist in den meisten Fällen nicht nötig.

Die Produktivität ist im Hinblick auf großflächige Verbindungen relativ niedrig. In der Produktion kommen vorwiegend Nietautomaten zum Einsatz, die größtenteils pneumatisch oder hydraulisch betrieben werden. Bei Nietautomaten können die Arbeitsschritte Bohren und Nieten in einem Arbeitsgang durchgeführt werden. Einsatzgrenzen für das Nieten ergeben sich aus der Zugänglichkeit für das Nietwerkzeug und der zu verarbeitenden Werkstückdicke. Zur Qualitätssicherung in der Fertigung erweisen sich Sichtkontrollen als geeignet, da schlechte Nietverbindungen, z.B. durch lockere Niete, gut erkennbar sind. Entscheidend für eine konstante Fügequalität ist geschultes Bedienungspersonal.

Der Investitionsaufwand liegt abhängig vom Mechanisierungsgrad im unteren bis mittleren Bereich, während die variablen Kosten wegen eventueller Nietlochvorbereitung, den Materialkosten und dem Setzen der Niete relativ hoch

sind. Mechanisierte Nietsysteme ermöglichen es, die Fertigungskosten zu senken und die Produktivität erheblich zu steigern.

Im Hinblick auf den Arbeits- und Umweltschutz ist das Nieten günstig, da keine umweltgefährdenden Stoffe entstehen. Nur der entstehende Schall wirkt sich störend auf die Umgebung aus. Der während des manuellen Einsetzens der Vollniete entstehende hohe Schallpegel kann durch Nietautomaten erheblich reduziert werden. Für das Recycling wirken sich die schlechte Lösbarkeit und der eventuelle Unterschied von Grund- und Nietwerkstoff nachteilig aus. Defekte Nietverbindungen können durch Ausbohren der Nieten und anschließendes Nachnieten instandgesetzt werden.

Moderne Nietsysteme werden heute in vielen Bereichen der produzierenden Industrie eingesetzt, vor allem in den Bereichen der Automobil-, Elektro-, Hausgeräte-, Klima- und Lüftungsindustrie sowie in der Luft- und Raumfahrttechnik.

11.11.6 Durchsetzfügen

Beim Durchsetzfügen werden Bleche durch mechanisches Kaltumformen miteinander verbunden. Es umfaßt verschiedene Verfahrensvarianten wie z.B. die Werkstückteile schneidende und nicht schneidende Verfahren (Bild 11-197).

Das Durchsetzfügen ist auf gut verformbare Werkstoffe kleiner bis mittlerer Dicke im Überlappstoß eingeschränkt. Vorteile bestehen u.a. bei beschichteten Blechen und Werkstoffkombinationen. Die Bleche bestehen in der Regel aus kaltgewalztem Feinblech in Dicken von 0,5 – 3,0 mm. Bei Aluminium kann die Stärke der Bleche auch bis 5 mm betragen. Die Blechdicken können sowohl gleich als auch ungleich sein. Das Verfahren setzt eine beidseitige Zugänglichkeit für das Fügewerkzeug voraus.

Die Form und Maße des Werkstücks können beim Durchsetzfügen in engen Toleranzen gehalten werden. Beim Fügevorgang kommt es zur Verformung der Oberfläche, wodurch die Oberflächengüte gemindert wird. Ein Einsatz auf der Sichtseite des Produkts ist daher in vielen Fällen nicht möglich.

Das Gefüge des Werkstücks ist an der Verbindungsstelle kaltverformt, dagegen treten thermisch bedingte Gefügeveränderungen und Verformungen nicht auf. Die Festigkeit der Verbindungen ist vergleichsweise niedrig, insbesondere bei schwingender Beanspruchung (ungefähr

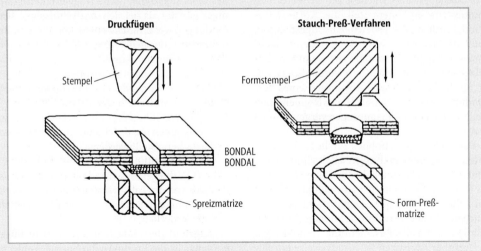

Bild 11-197 Schneidendes und nicht schneidendes Durchsetzfügen [Bee89]

die Hälfte eines Widerstands-Schweißpunkts). Die Vergrößerung der Fügepunktfläche führt nur zu unterproportionaler Festigkeitssteigerung, erhöht jedoch den Verschleiß der Werkzeuge stark. Durch den im Überlappstoß verbleibenden Fügespalt sind die Verbindungen undicht und ihre Korrosionsbeständigkeit ist eingeschränkt. Zusätzlich kann bei den schneidenden Verfahren an korrosionsgeschützten Werkstoffen eine Korrosion an den Schnittkanten auftreten. Erhöhte Festigkeit sowie Dichtheit einer Durchsetzfügeverbindung kann durch Kombination mit Kleben erreicht werden. Hierbei können allerdings besonders bei schneidenden Verfahren Probleme durch Werkzeugverschmutzung auftreten.

Ein Vor- bzw. Nachbearbeitungsaufwand ist in den meisten Fällen nicht erforderlich. Die Produktivität ist hoch, weil sich der Fügevorgang in kurzer Zeit vollzieht. Je nach Stückzahl kommen manuell bediente, mobile oder stationäre Durchsetzfügeanlagen zum Einsatz, die z. T. mit einem Hub sogar mehrere Fügepunkte gleichzeitig herstellen können. Der Antrieb der Geräte läuft über Druckluft oder Hydraulik. Die Einbindung in den Produktionsfluß ist bei mobilen Durchsetzgeräten besonders günstig, weil sich gute Handhabung und hohe Flexibilität erzielen lassen. Zur Leistungssteigerung werden bei größeren Stückzahlen das Mehrfach-Durchsetzfügen mit Komplettwerkzeugen sowie bei kleineren und mittleren Stückzahlen die flexible Automatisierung mit Hilfe von Industrierobotern bevorzugt. Eine einfache 100 %-Kontrolle bei der

Qualitätssicherung ist durch eine Vermessung der Fügefläche möglich.

Die Durchsetzfügetechnik ist aus wirtschaftlicher Sicht günstig. Die Investitionen liegen je nach Mechanisierungsgrad im mittleren Bereich. Die laufenden Betriebskosten sind durch den Fortfall von lohnintensiver Vor- oder Nachbehandlung sowie von Zusatzwerkstoffen oder Hilfsstoffen gering.

Das Verfahren ist sehr umweltfreundlich. Die Verarbeitung erfolgt nahezu geräuschlos und ohne Schadstoffbelastung bei geringem Energieverbrauch. Beim Verbinden gleichartiger Werkstoffe bestehen Recyclingmöglichkeiten, während bei beschichteten Blechen und Werkstoffkombinationen ein Recycling erschwert ist.

Beispiele für die Anwendung des Verfahrens sind Luftkanäle in der Klimatechnik, Verbindungen von Blechformteilen in der Autoindustrie und Gerätegehäuse in der Haushaltsgeräteindustrie. Auch im Zusammenwirken mit eingeführten Fügeverfahren ermöglicht das Durchsetzfügen neue und kostengünstige Fertigungsabläufe, z. B. beim Kleben zum Fixieren und Anpressen der Fügeteile.

11.11.7 Falzen

Unter Falzen versteht man das form- und kraftschlüssige Verbinden von Blechteilen über gegenseitiges Umschließen durch Umbiegen der Ränder und anschließendes Zusammendrükken. Mindestens ein Teil muß durch Umbiegen das Zweite fest umschließen. Das bedeutet, daß mindestens an einem Teil die Körperkante durch Bördeln oder Tiefziehen hochgestellt sein muß. Bei diesem Verfahren kommt der Einfach- und der Doppelfalz zum Einsatz. Beim Einfachfalzen entsteht eine unlösbare Verbindung zweier Blechteile durch 180°-Abkantung eines Verbindungspartners, während beim Doppelfalz an beiden Teilen 180°-Abkantungen vorgenommen werden.

Das Falzen ist im Hinblick auf die zu fügenden Werkstoffe, die Gestaltungsvielfalt (Bild 11-198) und die Belastungsvielfalt stark eingeschränkt. Es ist nur bei Werkstoffen anwendbar, die auch im kalten Zustand hohe Dehnbarkeit besitzen. Auch beschichtete Werkstoffe können eingesetzt werden, wenn die Beschichtung ebenfalls gut verformbar ist. Falzen ist vorzugsweise ein Fügeverfahren für Blechteile mit einer Dicke von 0,5 – 2,5 mm. Durch die Falzbildung bleibt der Oberflächenzustand des Bleches weitgehend im Ausgangszustand, während die Dickenvergrößerung im Fügebereich evtl. die Oberflächengüte mindert. Je nach Vorbereitungsverfahren und Bauteilgröße erreicht man Abmessungstoleranzen von 0,1 – 1 mm.

Es treten nur Kaltverformungen, jedoch keine thermisch bedingten Verformungen und Gefügeveränderungen auf. Das statische und insbesondere das dynamische Tragverhalten ist weniger günstig als bei den stoffschlüssigen Verbindungen wie z.B. Schweißen. Bei höheren Belastungen ist der steifere Doppelfalz vorzuziehen. Falzverbindungen können vorzugsweise nur Scherzugbelastungen aufnehmen.

Beim Zusammendrücken verbleiben meist Hohlräume innerhalb der Falzung, die zu erhöhter Korrosionsgefahr führen. Dichte Verbindungen können nur durch Anwendung des Doppelfalzes hergestellt werden.

Der Vorbereitungsaufwand beschränkt sich auf das Vorbiegen der einzelnen Bleche und ist dadurch von der Falzform abhängig. Eine Nachbehandlung der Falzverbindung ist allgemein nicht erforderlich.

Aufgrund des einfachen und kurzen Fügevorgangs ist die Produktivität hoch. Feinbleche bis 2 mm können mit Vorschubgeschwindigkeiten von 6 m/min, bei 0,5 mm Dicke sogar mit 20 m/min umgeformt werden. Aufgrund einfacher Werkzeuge, z.B. Falzrollen, läßt sich dieses Verfahren gut automatisieren. Bei großen Stückzahlen wird dieser Fügevorgang maschinell auf Sicken-, Bördel- oder Falzmaschinen durchgeführt, die allerdings nur eine geringe Flexibiltät der herstellbaren Verbindungen zulassen. Beim Falzen bestehen gute Möglichkeiten der Fertigungsüberwachung und der Qualitätskontrolle.

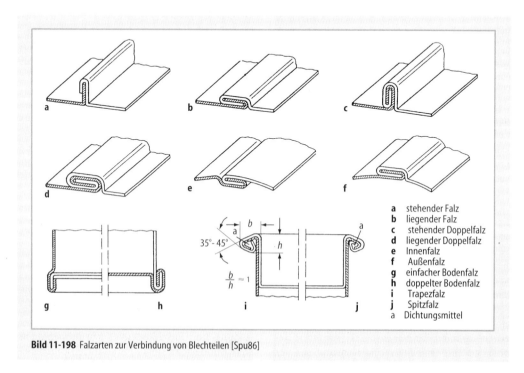

Bild 11-198 Falzarten zur Verbindung von Blechteilen [Spu86]

a   stehender Falz
b   liegender Falz
c   stehender Doppelfalz
d   liegender Doppelfalz
e   Innenfalz
f   Außenfalz
g   einfacher Bodenfalz
h   doppelter Bodenfalz
i   Trapezfalz
j   Spitzfalz
a   Dichtungsmittel

Eine optische Kontrolle der Falzverbindung ist meist ausreichend, um deren Qualität zu beurteilen.

Der Investitionsaufwand liegt im mittleren Bereich, während die laufenden Kosten vergleichsweise niedrig sind, weil kein Zusatzmaterial eingesetzt wird und der Energieverbrauch gering ist. Allerdings fallen zusätzliche Kosten durch einen hohen Werkzeugverschleiß an. Die hohe Produktivität und die geringe Flexibilität der Falzmaschinen macht den Einsatz des Verfahrens nur in der Serienfertigung wirtschaftlich.

Im Hinblick auf den Umwelt- und Arbeitsschutz ist das Verfahren günstig. Für das Recycling ist nur die schlechte Lösbarkeit der Bleche bei der Verbindung unterschiedlicher Werkstoffe von Nachteil. Das Bedienpersonal hat oft nur überwachende Funktionen an den mechanisierten Falzmaschinen zu übernehmen.

Falzen ist das am häufigsten angewendete Verfahren bei der Blechbearbeitung in der Klima- und Lüftungstechnik sowie bei der Herstellung von Türen in der Fahrzeugindustrie. Bei hohen Festigkeitsanforderungen, z.B. bei hochbelastbaren Fässern, kann eine Kombination mit dem Laserschweißen zur Anwendung kommen. Auch durch Kombination mit dem Kleben können gleichzeitig Festigkeit, Dichtheit und Spaltkorrosionsschutz verbessert werden.

11.11.8 Schrauben

Das Schrauben gehört zu den Fügeverfahren des An- und Einpressens, wobei die Fügeteile sowie Hilfsfügeteile (Schrauben) im wesentlichen nur elastisch verformt werden und ungewolltes Lösen durch Kraftschluß verhindert wird. Schraubenverbindungen sind die wichtigsten lösbaren Verbindungen. Sie sind genau berechenbar und auch nach mehrfachem Lösen wieder voll belastbar (Bild 11-199).

Das Verfahren ist für viele Werkstoffe wie Metalle, Kunststoffe, Keramik und Werkstoffkombinationen und für kleine bis große Werkstückdicken anwendbar. Allerdings bestehen in den Gestaltungsmöglichkeiten Einschränkungen, da sich das Schrauben vorzugsweise für das Verbinden aneinander liegender Teile eignet. Konstruktiv sind genügend große ebene Auflageflächen für Mutter und Schraubenkopf vorzusehen. Um eine Überhöhung an der Werkstückoberfläche durch den Schraubenkopf zu vermeiden, können die Bohrungen angesenkt werden. Das Ein-

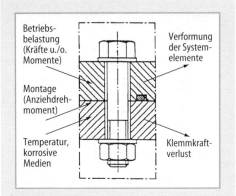

Bild 11-199 System Schraubenverbindung [VDI83]

halten von engen Fertigungstoleranzen stellt bei Verwendung der entsprechenden Schraubenart (z.B. Paßschraube) kein Problem dar.

Es treten keine thermisch bedingten Verformungen und Gefügeveränderungen auf, lediglich Verformungen, die aus der elastischen Verspannung herrühren. Das Tragverhalten ist wegen Kerbwirkung bei Schwingbelastung eingeschränkt, aber bei statischer Last sogar in der Wärme günstig. Hierbei können Kräfte und Drehmomente in der Größenordnung der Grundwerkstoffe übertragen werden, so daß volle Werkstoffausnutzung erreicht wird. Unter schwingender Last kann es zur Lockerung der Schraubenverbindung kommen, was ein zusätzliches Sichern (z.B. durch klemmende, formschlüssige oder klebende Elemente) notwendig macht.

Korrosion ist die häufigste Ursache für das Versagen von Schraubenverbindungen. Die wichtigsten Maßnahmen des Korrosionsschutzes an Schrauben sind zusätzlicher Schutz der Schraubenoberfläche oder das Verwenden korrosionsbeständiger Werkstoffe. Dichtheit wird nur in Verbindung mit zusätzlichen Dichtmitteln (z.B. Pasten oder Klebstoffen) erreicht.

Die Produktivität bei der Fertigung von Schraubverbindungen ist durch die Arbeitsgänge Vorbereitung, Zuführen und Anziehen vergleichsweise niedrig, weil diese Operationen bisher häufig noch manuell ausgeführt werden. Art und Umfang der Bearbeitung der zu verbindenden Teile wird von der Funktion der Schraubenverbindung weitgehend bestimmt. Dies gilt sowohl für die Genauigkeit und Ausbildung der Auflageflächen wie für Toleranzen z.B. von Durchgangslöchern oder Achsabständen. Neben der Genauigkeit der wirksamen Vorspannung be-

Tabelle 11-14 Vergleich der Fügeverfahren

Legende	Lichtbogenschweißen	Strahlschweißen	Widerstands-Überlappschweißen	Widerstands-/ Reib-Stumpfschweißen	Kunststoffschweißen	Löten	Kleben	Nieten	Durchsetzfügen	Falzen	Schrauben
● sehr günstig											
◕ günstig											
◑ mittel											
◔ ungünstig											
○ nicht geeignet											

Bewertungskriterien

Bewertungskriterien	Lichtbogenschweißen	Strahlschweißen	Widerstands-Überlappschweißen	Widerstands-/ Reib-Stumpfschweißen	Kunststoffschweißen	Löten	Kleben	Nieten	Durchsetzfügen	Falzen	Schrauben
Werkstoffvielfalt	◑	◑	◑	◑	◔	◕	●	●	◑	◑	●
Werkstückform	◕	◕	◑	◑	◕	◕	◕	◑	◔	◔	◕
Formgenauigkeit	◔	◕	◑	◑	◑	◑	◕	◕	◑	◑	◕
Gestaltungsvielfalt	◕	◕	◑	◔	◕	◕	◕	◕	◑	◑	◕
Festigkeit	◕	◕	◑	◑	◑	◕	◑	◕	◔	◔	◑
Korrosionswiderstand	◕	●	◑	●	●	◑	◑	◔	◔	◑	◑
Vorbearbeitungs-Anforderungen	◑	◔	◕	◕	◕	◔	◕	◕	◕	◕	◔
Nachbearbeitungs-Anforderungen	◑	◑	◕	◑	◕	◕	◕	◕	●	●	●
Produktivität	◕	◑	◑	◕	◕	◑	◑	◑	◔	◑	◑
Fertigungsmittel-Anforderungen	◕	◑	◑	◑	◑	◑	◑	◕	●	●	◔
Automatisierbarkeit	◑	◕	◕	●	◕	◕	◕	●	●	◕	◑
Flexibilität	●	◕	◑	◔	◑	◑	◑	◑	◑	◑	◑
Kombinationsmöglichkeiten	◔	◑	◑	○	◔	◑	◔	◑	◑	◑	◑
Investitionen	◑	◔	◔	◔	◑	◑	◔	◑	◑	◑	◑
Laufende Kosten	◑	◑	◕	◑	◑	◑	◑	◑	◕	◕	◔
Umweltverträglichkeit	◔	◑	◑	◕	◕	◑	◔	◕	◕	◕	●
Recyclingfähigkeit	◔	◔	◔	◔	◔	◑	◑	◔	◔	◔	●
Ergonomie	◔	◑	◕	◕	◕	◑	◑	●	●	●	◕
Mitarbeiter-Anforderungen	◔	◑	◑	◑	◔	◑	◕	◕	◕	◕	◕

stimmt die erforderliche Verschraubungsleistung die Wahl der Zusammenbauverfahren und den erreichbaren Mechanisierungs- bzw. Automatisierungsgrad. Der technische Schwierigkeitsgrad steigt exponentiell mit der Zahl der gleichzeitig zu verschraubenden Teile. Deshalb gelten nur etwa 10 – 20 % aller Schraubenverbindungen als automatisierungsfähig in dem Sinne, daß der Aufwand dafür wirtschaftlich gerechtfertigt ist. Vom einfachen handgeführten Druckluft- und Elektroschrauber über stationäre Schraubeinheiten erstreckt sich das Spektrum der Schraubmaschinen bis zum vollautomatischen Mehrstationen-Zusammenbauautomaten. Über eine Drehmoment- bzw. Dehnungskontrolle ist eine zerstörungsfreie Prüfung der Schraubenverbindung möglich.

Im Hinblick auf die Betriebskosten führen die hohen Fertigungszeiten zu Nachteilen. Die gesamten Kosten setzen sich aus den Kosten des Bearbeitens der zu verbindenden Teile, der Verbindungselemente und des Zusammenbaus zusammen. Zusätzlich können Kosten durch einen hohen Werkzeugverschleiß, besonders bei harten oder zähen Werkstoffen (z. B. hochfesten Ni-Legierungen), auftreten. Der bei weitem größte Anteil entfällt auf den Zusammenbau und die dafür erforderlichen vorbereitenden Nebenzeiten.

Neben der Lösbarkeit ist die Instandsetzbarkeit ein wichtiger Vorteil dieser Verbindungsart. Defekte Schrauben lassen sich durch einfaches Auswechseln instand setzen. Die einfache Demontage von Schraubenverbindungen läßt ein günstiges Recycling zu. Auch im Hinblick auf den Arbeitsschutz sind Schraubenverbindungen günstig. Für die reine Montage von Schraubenverbindungen bedarf es keiner besonderen Ausbildung und Fertigkeit des Personals.

Die Anwendung von Schraubenverbindungen ist in allen Bereichen der Industrie anzutreffen.

11.11.9 Zusammenfassender Vergleich der Fügeverfahren

Die in Abschnitt 11.11 beschriebenen Verfahren sollen abschließend in Tabelle 11-14 kurz und übersichtlich miteinander verglichen werden. Die schraffierte Darstellung in den Symbolen bezieht sich auf unterschiedliche Rahmenbedingungen beim Einsatz eines Verfahrens.

Ergänzende Literatur zu Abschnitt 11.11

Beenken, H.: Festigkeitsverhalten von Durchsetzfügungen an körperschalldämpfenden Stahl-Verbundwerkstoffen und organisch beschichteten Stahlblechen. Dortmund: Hoesch Stahl AG 1989

Blümel, K.; Frings, A.: Verarbeitung moderner oberflächenveredelter Feinbleche durch Um-

form- und Schweißverfahren. VDI-Ber., 614, Düsseldorf: VDI-Vlg. 1986, 129 - 147

Bober, J.: Beitrag zum Fügen von Stahlblechteilen durch örtliches Einschneiden und Umformen. Diss. TH Hamburg-Harburg 1987

Brockmann, W.; Dorn, L.; Käufer, H.: Kleben von Kunststoff mit Metall. Berlin: Springer 1989

DIN 8587: Fertigungsverfahren Schubumformen; Einordnung, Unterteilung, Begriffe, DIN 8587 (1969)

DIN-Taschenbuch 8: Schweißtechnik 1. Berlin: Beuth 1990

Deutscher Verband für Schweißtechnik e.V.: Die Verfahren der Schweißtechnik. (Schweißtechnik, 55), Düsseldorf: DVS-Vlg. 1974.

Dorn, L.: Leistungs- und Qualitätssteigerung beim Lichtbogenschweißen. expert vlg. 1989

Dorn L.: Fügen und thermisches Trennen. expert vlg. 1984

Dorn L.: Hartlöten. expert vlg. 1985

Dra60 Draeger, E.: Falzen mit Falzformmaschinen. Dt. Klempner-Z. 80 (1960), 2, 76-78

Dt. Verband f. Schweißtechnik e.V.: Die Verfahren der Schweißtechnik. (Schweißtechnik, 55), Düsseldorf: DVS-Vlg. 1974

Erhardt, K. F.: Zeitgemäße Schraubpraxis. Uta Groebel 1981

Fauner, G.; Endlich, W.: Angewandte Klebtechnik. München: Hanser 1979

Habenicht, G.: Kleben. 2. Aufl. Berlin: Springer 1990

Hadick, Th.: Schweißen von Kunststoffen für Praktiker und Konstrukteure. (Schweißtechn. Praxis, 6), Düsseldorf: DVS-Vlg. 1969

Hoffer, K.: Nichtlösbare Verbindungselemente im Flugzeugbau. Bremen: VFW-Fokker 1973, 1975

Hoffer, K.: Konstruktionskataloge für Blindnietverbindungen im Leichtbau. VDI-Ber., 493. Düsseldorf: VDI-Vlg. 1983

Kaiser, H.: Umformende Bearbeitung in flexiblen Fertigungssystemen. (Ber. a. d. Inst. f. Umformtechnik Univ. Stuttgart, 44), Essen: Girardet 1977

Killing, R.: Handbuch der Schweißverfahren, Teil I: Lichtbogenschweißverfahren: (Schweißtechn. Praxis, 76, I), 2. Aufl. Düsseldorf: DVS-Vlg. 1991

Krause, M.: Widerstandspreßschweißen. (Schweißtechn. Praxis, 25), Düsseldorf: DVS-Vlg. 1993

Kulina, P.; Richter, R.; Ringelhan, H.; Weber, H.: Materialbearbeitung durch Laserstrahlen. (Schweißtechn. Praxis, 119), Düsseldorf: DVS-Vlg. 1993

Lan72 Lange, K.: Umformtechnik, Bd. 1. Grundlagen. 2. Aufl. Berlin: Springer 1994

Lan83 Lange, K.: Umformtechnik. Bd. 2: Massivumformen. 2. Aufl. Berlin: Springer 1988

Lan75 Lange, K.: Umformtechnik. Bd. 3: Blechbearbeitung. 2. Aufl. Berlin: Springer 1990

Neumann, A.; Schober, D.: Reibschweißen von Metallen. (Schweißtechn. Praxis, 107), Düsseldorf: DVS-Vlg. 1991

Reger, H.: Stauch- und Biegeverbindungen. Technische Akademie Esslingen 1974

Ruge, J.: Handbuch der Schweißtechnik, Bd. I und II. 3. Aufl., Berlin: Springer 1991, 1993

Spu86 Spur, G; Stöferle, Th.: Handbuch der Fertigungstechnik. Bd. 5: Fügen, Handhaben und Montieren. München: Hanser 1986

VDI-Ber 493: Spektrum der Verbindungstechnik: Auswählen der besten Verbindungen mit neuen Konstruktionskatalogen. Düsseldorf: VDI-Vlg. 1983

War75 Warnecke, H.-J.; Löhr, H.-G.; Kiener, W.: Montagetechnik. Krauskopf 1975

Zimmermann, K.F.: Hartlöten. (Schweißtechnik, 52), Düsseldorf: DVS-Vlg. 1968

11.12 Beschichten

Zunehmende Anforderungen an die Eigenschaften von Bauteilen und deren Oberflächen in nahezu allen Industriezweigen bedingen den Einsatz moderner *Beschichtungstechnologien*. Vor allem durch Verschleiß und Korrosion können hohe Kosten bei Bauteilausfall oder Produktionsstillstand entstehen. Des weiteren lassen sich durch den Einsatz von hochbelastbaren Verbundwerkstoffen wertvolle Rohstoffe einsparen. In der Regel sind Werkstoffe, die unter extrem hohen Korrosions- und Verschleißbeanspruchungen beständig sind, sehr teuer oder schwer zu verarbeiten. Das Vermeiden bzw. Begrenzen von Verschleiß- und Korrosionsschäden durch anforderungsangepaßte Schutzschichten eröffnet die Möglichkeit, sicherer und kostengünstiger zu fertigen und somit Produkte preiswerter anbieten zu können. Der Einsatz von Beschichtungstechnologien wird vom Preis-Leistungs-Verhältnis bestimmt. Die Kosten der Beschichtung müssen den Kosten, die durch die Lebensdauererhöhung des beschichteten Bauteils eingespart werden können, gegenübergestellt werden. Die Kosten der Beschichtung setzen sich zusammen aus dem Betriebsstundensatz der verwendeten Anlage, den Werkstoffkosten und den Vor- und Nachbearbeitungen, um die geforderte Oberflächengüte und Maßtoleranz zu erhalten [Bod89]. Weitere wichtige Einflußfaktoren sind die Bauteilgeometrie sowie die Losgröße. Stehen mehrere Beschichtungsverfahren zur Auswahl, sind die Betriebskostensätze und die mit den Verfahren erreichbaren Schichtgüten gegeneinander abzuwägen.

11.12.1 Elektrochemische Verfahren

Elektrochemische Beschichtungsverfahren sind dadurch gekennzeichnet, daß Schichten aus Metallen oder Verbindungen aus Lösungen oder Schmelzen durch chemische Reaktionen auf Werkstücken abgeschieden werden [Det69]. Mittels kathodischer Metallabscheidung, stromlosen Abscheidens und anodischer Oxidation erzeugte Schichten gelangen vor allem beim *Korrosions-* und *Verschleißschutz* zur Anwendung. Ferner dienen sie als Haft- und Lötgrund sowie als Dekorschicht. Weitere Einsatzgebiete sind das Verbessern der elektrischen Leitfähigkeit und die Reparatur von Bauteilen. Die Schichtdicken liegen im Bereich weniger µm bis hin zu 100 µm (in Sonderfällen auch darüber). Es können sowohl metallische Grundwerkstoffe als auch Kunststoffe und Keramiken beschichtet werden. Bei nicht leitenden Grundwerkstoffen muß jedoch zur Anwendung bestimmter Verfahren die Oberfläche durch ein geeignetes Vorbehandeln elektrisch leitend gemacht werden. Zur Anwendung gelangen zu diesem Zweck z. B. Elektrolacke. Eine gründliche Reinigung und geeignete Vorbereitung der Oberfläche ist eine wichtige Voraussetzung für gut haftende und gleichmäßige Schichten.

11.12.1.1 Kathodisches Abscheiden

Die kathodische Metallabscheidung ermöglicht in erster Linie Nickel, Chrom, Kupfer, Zinn und Zink aber auch Blei, Silber, Platin und Legierungen sowie Dispersionsschichten abzuscheiden. Zum Beschichten wird das als Kathode gepolte Werkstück und ein ausgewählter Gegenpol an eine Gleichspannung gelegt und in einen geeigneten Elektrolyten (z. B. beim Verzinken: Zinksulfat in Schwefelsäure) getaucht. Aufgrund des sich einstellenden elektrischen Feldes wandern die positiv geladenen Metallionen zum Werkstück, wo sie reduziert werden und eine Schicht ausbilden [Bod89]. Während an der Kathode Elektronen aufgenommen werden, findet an der Anode ein Oxidationsvorgang statt, bei dem Elektronen abgegeben werden. Hierbei geht die Anode selbst in Lösung oder an ihr werden Bestandteile des Elektrolyten oxidiert. Als Anodenmaterial wird oftmals das abzuscheidende Metall verwendet. Bei bestimmten Verfahren, wie z. B. der Verchromung, kommen jedoch auch unlösliche Anoden zum Einsatz.

Die abgeschiedenen Schichten weisen in der Regel keine gleichmäßige Schichtdicke auf. Vorspringende Ecken und Kanten des als Kathode gepolten Werkstücks werden infolge der hier höheren Stromdichte stärker belegt. Bauteile die mittels kathodischer Abscheidung zu beschichten sind, sollten daher keine scharfen Kanten, Hinterschneidungen und Abschattungen aufweisen. Für möglichst glatte Oberflächen und Entlüftungen, z. B. Sacklöcher, bei gleichzeitiger Gasentwicklung an der Kathode ist zu sorgen. Gleichmäßige Schichtdicken sind mittels Hilfsanoden oder zusätzlichen Blechen realisierbar.

Das kathodische Abscheiden von metallischen Schichten kann sowohl durch eine Beckengalvanisierung für einzelne große Werkstücke oder Kleinteile an Gestellen, als auch durch das Trommel- oder Glockengalvanisieren erfolgen. Das Trommel- oder Glockengalvanisieren findet für schüttfähige Massengüter, wie Schrauben usw., Anwendung. Der Kathodenstrom wird über einhängende Kabel dem miteinander kontaktierten Schüttgut zugeführt. Die Anoden befinden sich innerhalb oder außerhalb des Behälters. Das Verfahren zeichnet sich durch das Wegfallen zeitaufwendiger Gestellbeschickungen aus.

11.12.1.2 Stromloses Abscheiden

Im Gegensatz zu den elektrolytischen Verfahren ist bei der chemischen oder außenstromlosen Abscheidung keine äußere Stromquelle erforderlich. Die zum Abscheiden der Metallionen erforderlichen Elektronen werden durch geeignete, im Elektrolyten enthaltene Reduktionsmittel geliefert. Die durch stromloses Abscheiden erzeugten Schichten – vorwiegend aus Nickel – weisen gegenüber elektrolytisch abgeschiedenen Schichten i. allg. geringere Porositäten, eine höhere Korrosionsbeständigkeit sowie eine höhere Härte und Verschleißbeständigkeit auf. Darüber hinaus zeichnen sie sich durch eine konturtreue Ab-

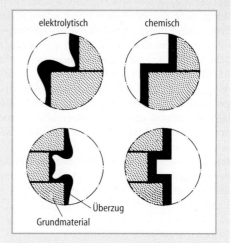

Bild 11-200 Schichtdickenverteilung bei der elektrolytischen und chemischen Vernicklung

scheidung, d. h. gleichmäßige Schichtdicke, aus (Bild 11-200). Die konstruktiven Maßnahmen können bei gleichmäßiger Umspülung des Bauteils durch den Elektrolyten auf ein einwandfreies Reinigen der Oberfläche reduziert werden. Das Beschichten von nicht leitenden Werkstofen ist ohne Vorbehandlung möglich [Det69].

11.12.1.3 Anodische Oxidation

Auf einigen Metallen lassen sich in geeigneten Elektrolyten (z. B. Oxalsäure, Salpetersäure oder Schwefelsäure) bei anodischer Polung bestimmte Konversionsschichten ausbilden, die aus einer chemischen Verbindung des ursprünglichen Metalls bestehen. Am weitesten verbreitet ist das anodische Oxidieren von Aluminium und Aluminiumlegierungen zum Korrosions- und Verschleißschutz. Der Schichtbildungsmechanismus ist auf die Oxidation des Aluminiums durch an der Anode entstehenden Sauerstoff zurückzuführen. Diese Al_2O_3-Schicht wächst ausgehend von der ursprünglichen Bauteiloberfläche zum Teil nach innen und zum Teil nach außen.

Bei Anwendung bestimmter Elektrolyte entsteht auf diese Weise eine dünne ($\leq 1\,\mu m$) und porenfreie Sperrschicht, die sog. Formierschicht, die einen hohen elektrischen Widerstand besitzt. In einigen Elektrolyten, wie z. B. Schwefelsäure, tritt jedoch ein anderes Schichtwachstum auf. Die Sperrschicht wird punktuell angelöst, so daß sich eine poröse Hauptschicht bildet, unter der eine neue Sperrschicht wächst. Eine Rücklösung, die vor allem in Poren aufgrund der Erwärmung durch den Stromfluß stattfindet, führt zu einem Dickenwachstum der porösen Schicht. Das Wachstum ist beendet, wenn die Rücklösung an der Oberfläche und die Neubildung gleiche Raten aufweisen [Det69]. Derartige Oxidschichten werden aufgrund ihres zweilagigen Aufbaus aus dichter Sperrschicht und poröser Hauptschicht als Duplexschichten bezeichnet. *Duplexschichten* verdanken ihre vielseitige Anwendung der Möglichkeit des Einfärbens aufgrund ihrer porösen Deckschicht und des Versiegelns der Poren zum erhöhten Korrosionsschutz.

11.12.2 Organisches Beschichten

11.12.2.1 Lackieren

Als Lackierungen werden Überzüge aus organischen Polymeren bezeichnet, die als flüssige oder pastenförmige Substanzen auf Substrate aufgetragen und durch chemische Reaktion oder physikalische Veränderung in einen festhaftenden Film umgewandelt werden. Lacke sind dispersive Systeme, die außer einem organischen Bindemittel noch Lösungsmittel, Pigmente, Füllstoffe und Aktivierungsmittel (Katalysatoren) enthalten können [Hae87]. Während der Schichtbildung verdunsten die Lösungsmittel und die Bindemittel durchlaufen bestimmte Reaktionen, die sie vom niedermolekularen Zustand in den eines stark vernetzten Polymers überführen. Dieses Vernetzen erfolgt durch Polyadditions- oder Polykondensationsreaktionen, die chemisch, katalytisch oder durch Bestrahlung mit UV sowie energiereichen Teilchen eingeleitet werden können [Hae87]. Als Bindemittel werden z. B. fette trocknende Öle, wie rohes Leinöl, Leinölfirnis usw. und präparierte Öle eingesetzt. Lacke auf Polymerbasis weisen gegenüber herkömmlichen Lacken verbesserte Beständigkeiten bei Korrosions- und Verschleißbeanspruchung auf. Basis derartiger *Beschichtungswerkstoffe* sind kalt- und warmhärtende Kunstharze, Epoxidharze, ungesättigtes Polyesterharz, Vinylester, Polyurethane sowie kalt und katalytisch härtende Acrylharze. Pigmente sind feinpulvrige Stoffe, die durch ihre Wirkungsweise die Korrosionsschutzeigenschaften der Beschichtung verbessern sowie die Deckfähigkeit und Filmverfestigung erhöhen. Unterschieden werden Pigmente mit aktiver und passiver Schutzwirkung für Grundbeschichtungen und ohne Schutzfunktion ausgestattete Pigmente für *Deckbeschichtungen*. Die Korrosionsschutzwirkung beruht auf einem Zusammenwirken von physikalischen, chemischen sowie elektrochemischen Vorgängen. *Grundbeschichtungen* enthalten in jedem Fall schützende Pigmente, wie Aluminiumstaub, Chromat- oder Zinkpigmente oder Pigmente aus Bleiverbindungen. Pigmente in Deckbeschichtungen haben primär dekorative Ansprüche zu erfüllen. Sie bestehen aus Edelstahlpulver, Titandioxid, Zinkoxid oder auch Eisenoxiden.

Als Beschichtungsverfahren kommen sowohl der Auftrag durch Streichen und Rollen sowie insbesondere bei der Herstellung elektrischer Schaltungen der Siebdruck zum Einsatz. Lackierungen können auch durch Tauchen oder verschiedene Spritzverfahren aufgebracht werden. Gegenüber den rein mechanischen Spritzverfahren zeichnet sich das elektrostatische Lackieren durch einen deutlich höheren Wirkungsgrad aus. Hierbei erfolgt nach der Zerstäubung des Lacks eine Aufladung der Tröpfchen, so daß der Transport der geladenen Teilchen zum Beschichtungsmaterial sich unter Einwirkung von elektrostatischen Kräften vollzieht. Im Gegensatz zu Anstrichen, die zumeist am Objekt vor Ort (Brücken, Behälter usw.) ausgeführt werden, erfolgen die hochwertigeren Lackierungen unter kontrollierten Bedingungen direkt nach der Bauteilfertigung.

Das Lackieren von Bauteilen dient in erster Linie dem Erhöhen der Korrosionsbeständigkeit sowie dekorativen Zwecken. Eine Anwendung von Lackschichten zur elektrischen Isolation, als Antistatikschicht, als Gleitschicht sowie in Sonderfällen zur Erhöhung der Abriebfestigkeit ist jedoch ebenfalls verbreitet.

11.12.2.2 Pulverbeschichten

Das Pulverbeschichten von Bauteilen mit organischen Werkstoffen weist gegenüber dem Lackieren insbesondere den Vorteil auf, auch relativ dicke Schichten sowie Schichten aus Polyethylen, Nylon und Fluorpolymeren, die nicht aus einer Lösung herstellbar sind, zu erzeugen. Darüber hinaus werden beim Pulverbeschichten keine Lösungsmittel eingesetzt. Ein weiterer Vorteil ist, daß sich auch kompliziert gestaltete Werkstücke an schwer zugänglichen Stellen lückenlos beschichten lassen. Als Nachteil des Verfahrens ist zu werten, daß aufgrund der relativ hohen erforderlichen Vorwärmtemperaturen in der Regel nur metallische und keramische Werkstoffe beschichtet werden können.

Beim sog. Fließbettbeschichten wird festes Polymerpulver in einer Kammer mittels eines Gasstroms in die Höhe gewirbelt. In die Kammer eingesetzte Substrate werden auf eine Temperatur oberhalb des Polymerschmelzpunkts erhitzt, so daß das auf das Substrat auftreffende Pulver einen zusammenhängenden Film bildet, der nach dem Abkühlen fest haftet [Hae87]. Die Schichtdicke ist abhängig von der Vorwärmtemperatur des Bauteils, der Tauchzeit sowie der Bauteilwanddicke und kann in Sonderfällen mehrere Millimeter betragen. Das Aufwirbeln des Kunststoffpulvers erfolgt in der Regel nach dem Wirbelsinterverfahren. Ein Wirbelsintergerät besteht aus einer Druckkammer, die durch eine mikroporöse Platte gegen einen darüber liegenden Kasten abgeschlossen ist. Mittels Druckluft oder Stickstoff wird das im Oberkasten befindliche Pulver in der Schwebe gehalten. Um sehr glatte Schichten zu erhalten, kann eine anschließende Ofenbehandlung erfolgen.

Als weitere Pulverbeschichtungsverfahren gelangen das Flammspritzen sowie das elektrostatische Pulverspritzen zur Anwendung.

11.12.3 Emaillieren

Als Email wird eine durch Schmelzen oder Fritten, d.h. nicht zu Ende geführtes Schmelzen, entstandene, vorzugsweise glasartige erstarrte Masse mit oxidischer Zusammensetzung bezeichnet. Emaillierungen entstehen durch das Aufschmelzen in einer dünnen, geschlossenen Schicht auf einer metallischen Unterlage, meist Stahl oder Gußeisen. Darüber hinaus ist auch das Emaillieren von Aluminium sowie in der Schmuckindustrie von Kupfer, Silber und Gold üblich. Grundsätzlich muß das zu emaillierende Bauteil bestimmte konstruktive Voraussetzungen, wie z. B. keine scharfen Ecken, eine homogene Werkstoffverteilung und Versteifungen, erfüllen, um ein mögliches Verziehen zu verhindern.

Als Rohstoffe für Emails dienen oxidische Mineralien, Fluoride und Verbindungen, die beim Schmelzprozeß Oxide liefern. Bei Temperaturen um 1200 °C wird das vermischte Rohstoffgemenge geschmolzen und anschließend abgeschreckt. Die bei diesem Vorgang erzeugten Granalien oder Schuppen, die sog. Emailfritten, werden für die Naßbeschichtung noch mit Wasser, Ton und anderen Zusätzen zu einer wäßrigen Suspension, die als Emailschlicker bezeichnet wird, vermahlen. Vor dem Emailauftrag ist in den meisten Fällen eine Reinigungsvorbehandlung durch Glühen oder Kaltentfettung sowie anschließendes Beizen erforderlich. Das Beizen ermöglicht neben einer Reinigung der Oberfläche ebenfalls ein Aufrauhen, was eine gute Verzahnung der Emailschicht mit der Werkstoffoberfläche gewährleistet. Mit einem Neutralisationsbad wird die Vorbehandlung abgeschlossen. Der Auftrag von Emailschlicker kann durch Spritzen, Tauchen oder Fluten manuell oder auch maschinell erfolgen. Für die Fertigung von Großserien stehen automatisierbare *Auftragsverfahren* zur Verfügung, die eine wirtschaftliche Fertigung ermöglichen. Besonders hohe Automatisierungsgrade sind durch Emailauftragverfahren im elektrischen Feld wie z. B. bei der Elektrotauchemaillierung (ETE) oder beim elektrostatischen Naßauftrag zu erzielen [Bod89]. Bei diesen Auftragverfahren vollzieht sich ein gezieltes Steuern der Bewegung der Emailteilchen durch zwischen Werkstück und Gegenpol ausgebildete elektrische Felder. Eine Auswahl des jeweiligen Verfahrens hängt von den Parametern Betriebseinrichtung, Losgröße, Produktgeometrie und Schichtaufbau ab.

Im Anschluß an den Emailauftrag werden die getrockneten Emailschichten in Abhängigkeit des zu beschichtenden Grundwerkstoffs und der Schichtdicke bei Temperaturen von 550 °C bis über 900 °C eingebrannt. Die Schichtdicken liegen im Bereich von 0,1–1,5 mm. Der Temperaturbereich und die Dauer des Einbrennprozesses ist beeinflußt durch die Art des Grundwerkstoffs, die Bauteilgeometrie, die Forderungen an die emaillierte Oberfläche und durch das Email selbst. Moderne chargenbetriebene Kammeröfen sowie kontinuierliche Durchlauföfen bieten einen breiten Einsatzbereich und ermöglichen das Erfüllen unterschiedlichster Anforderungen an den Einbrennprozeß unter technischen und wirtschaftlichen Gesichtspunkten.

Beim *Schichtaufbau* wird zwischen konventioneller Emaillierung, den Direktemaillierverfahren und den Kombinationsverfahren unterschieden. Zum konventionellen Emaillieren wird nach der Metallvorbehandlung zuerst ein Grundemail aufgebracht, getrocknet und eingebrannt. In einem zweiten Verfahrensschritt erfolgen Auftrag und Einbrand der Deckemaillierung. Direktemaillierverfahren zeichnen sich durch einschichtige Emailaufträge mit anschließendem Einbrand aus. Bei den kombinierten Verfahren wird ein Deckemail auf das noch nicht eingebrannte Grundemail aufgetragen und beide Emails in einem Verfahrensschritt eingebrannt.

Emailschichten finden zum Oxidations-, Korrosions- oder Verschleißschutz sowie zur thermischen und elektrischen Isolation breite Anwendung in der industriellen Praxis. Durch die Emailbeschichtung wird die Festigkeit eines *Grundwerkstoffs* mit der Härte und chemischen Widerstandsfähigkeit sowie Temperaturbeständigkeit von Glas kombiniert. Während des Einbrennprozesses laufen im Grenzbereich zwischen Email und Metallgrundwerkstoff chemische Reaktionen ab, die zu hohen Schichthaftfestigkeiten führen. Die Verschmelzungsschicht Email-Metall verhindert zuverlässig jegliche Unterrostung sowie eine eventuell stattfindende Kontaktkorrosion durch Ionenwanderung oder Lokalelementbildung. Zum Emaillieren von hochbeanspruchten Anlagenkomponenten stehen Spezialemails zur Verfügung, die anwendungsabhängig gegen Säuren oder Laugen, sowie heiße und aggressive Wässer resistent sind. Emaillierungen sind im Temperaturbereich von ca. -50 °C bis ca. 450 °C beständig und erfüllen in diesem Temperaturbereich die an sie gestellten Aufgaben. Auch Temperaturschocks in der Größenordnung von bis zu 300 °C können ertragen werden. Neben dem Korrosionsschutz ist auch ein Verschleißschutz von Bauteilen durch das Emaillieren realisierbar. Um die Verschleißbeständigkeit zu erhöhen, werden verschleißfeste keramische Teilchen in die Emailschicht eingebunden. Emailoberflächen besitzen darüber hinaus den Vorteil der hygienischen und physiologischen Unbedenklichkeit. Dies ist die Hauptursache für den verbreiteten Einsatz in der Lebensmittelindustrie und der Hausgerätetechnik [Bod89].

Besonderer Vorteil des Emaillierens ist die Umweltverträglichkeit des Verfahrens, die in letzter Zeit zunehmende Beachtung erfährt. Basis des Emails sind natürliche, anorganische Rohstoffe. Als Lösungsmittel sowie zur Reinigung wird Wasser verwendet, ein Einsatz von organischen Lösungsmitteln findet nicht statt.

11.12.4 Schmelztauchen

Zum Korrosionsschutz von Bauteilen aus korrosionsgefährdeten Werkstoffen, wie z.B. Stahl, hat das Schmelztauchen eine große Verbreitung erfahren. Bei allen Verfahren, die zum Schmelztauchen zählen, wird das zu beschichtende Bauteil in ein schmelzflüssiges Metallbad eingetaucht.

Das Vorbehandeln der Bauteile besteht aus Entfetten, Beizen und Tauchen in ein Flußmittel, um ein gleichmäßiges Benetzten der Oberfläche zu gewährleisten. Anschließend wird das Bauteil eine vorgegebene Zeit in das Schmelzbad, in der Regel Al, Pb, Sn oder Zn, getaucht und mit bestimmter Geschwindigkeit wieder herausgezogen, so daß eine Schicht auf der Oberfläche haften bleibt. Um eine gleichmäßige Schichtdicke zu erzielen, finden Abstreifvorrichtungen oder Abblasdüsen Verwendung [Bod89]. Übliche Schichtdicken liegen im Bereich von 20–80 µm. Im Schmelzbad wird an der Grenzfläche zwischen dem Bauteil und dem schmelzflüssigen Überzugsmetall eine Legierungsschicht ausgebildet, die die *Haftfestigkeit* der Schicht und die Eigenschaft des Werkstoffverbunds, z.B. hinsichtlich der Umformbarkeit, wesentlich bestimmt. Die Zusammensetzung des Metallbads besteht aus dem eigentlichen Beschichtungswerkstoff mit zum Teil geringen Zusätzen anderer Metalle, um besondere Eigenschaften einzustellen [Hae87].

Bei den einzelnen Verfahren wird grundsätzlich zwischen dem Stück-Schmelztauchen und dem Durchlauf-Schmelztauchen unterschieden. Das Beschichten von Stahlhalbzeugen, wie Stahlband und Draht, erfolgt mittels kontinuierlich laufenden Anlagen, die eine Beschichtung im Durchlaufverfahren ermöglichen. Nach einem Reinigungsvorgang (Wärmebehandlung, Entfetten, Beizen) und einem Flußmittelbad wird der Werkstoff durch das Metallbad gezogen und in bestimmten Fällen anschließend einer Wärmebehandlung zugeführt. Das diskontinuierliche Schmelztauchen findet Anwendung für Schrauben, Fittings, Bleche, Rohre, Behälter usw. bis hin zu Stahlkonstruktionen im Bauwesen.

Im Hinblick auf eine Weiterverarbeitung müssen insbesondere Aspekte, wie Umform- und Fügetechniken sowie weitere Oberflächenbehandlungen beachtet werden, die aufgrund einer vorhergehenden Schmelztauchbeschichtung oft nur eingeschränkt anwendbar sind.

11.12.5 Beschichten aus der Dampfphase

Der Verschleißschutz von Maschinenteilen und die Erhöhung der Einsatzzeit von Werkzeugen hat in den letzten Jahren eine wachsende Bedeutung erlangt. Hier hat sich vor allem das Beschichten mit dünnen Hartstoffschichten bewährt. Die aufgebrachten Hartstoffe wie beispielsweise Nitride und Carbide zeichnen sich durch gute Gleiteigenschaften, geringe Korrosionsanfälligkeit und durch ihre extreme Verschleißfestigkeit aus. Ihrem Einsatz als Massivmaterial stehen jedoch – neben dem Preis – ihre Sprödigkeit und Bruchanfälligkeit im Wege. Das Beschichten aus der Dampfphase kann sowohl durch physikalische Abscheidung PVD (physical vapour deposition), als auch durch chemische Abscheidung CVD (chemical vapour deposition) erfolgen [Mac90]. Mit dieser Beschichtungstechnologie sind Schichtdicken von weniger als 0,01 mm erzielbar, was die Maßhaltigkeit der beschichteten Bauteile in der Regel nicht beeinflußt. Bei der physikalischen Abscheidung liegt der Beschichtungswerkstoff in festem Zustand vor und wird innerhalb der Beschichtungskammer in die Dampfphase überführt. Im Fall der chemischen Dampfabscheidung ist der Werkstoff in einer leicht flüchtigen Verbindung chemisch gebunden und wird in der Regel gasförmig in den *Beschichtungsraum* eingeleitet [Bod89]. Die Schichtabscheidung erfolgt bei den PVD-Verfahren im Hochvakuum, bei den CVD-Techniken ist der Betrieb sowohl bei Atmosphärendruck als auch bei erniedrigten Prozeßdrücken möglich [Hae87]. Es werden i. allg. die drei Prozeßschritte Erzeugen der gasförmigen Phase, Transport der Dampfteilchen zum Substrat und Schichtbildung unterschieden.

Die Schichten bilden sich durch Anlagern einzelner Atome oder Moleküle an das Substrat bzw. an die bereits aufgewachsene Schicht. Als erster Schritt erfolgt hierbei die Keimbildung auf der Probenoberfläche, die die Ausbildung der Schicht weitgehend bestimmt. Das auftreffende Teilchen kann sich in Abhängigkeit vom Energieinhalt entweder auf der Oberfläche bewegen oder wieder in die Dampfphase zurückkehren. Treffen mehr Atome auf die Oberfläche als wieder verdampfen, bilden sich mit der Zeit Cluster, die durch Anlagerung weiterer Atome wachsen. Diese Keime berühren sich schließlich und führen zur Bildung einer Schicht [Fis87]. Für diese Vorgänge sind die Aktivierungsenergien für die Diffusion und die Bindungsenergien zum Substratwerkstoff bzw. zu anderen Atomen von Bedeutung [Fre87]. Die Ausbildung der aufwachsenden Schicht wird, abgesehen vom Beschichtungsverfahren sowie dem eingesetzten Schicht- und Grundwerkstoff, durch die Energie der auftreffenden Atome und damit durch die *Be-* *schichtungsparameter* bestimmt. Insbesondere die Beschichtungstemperatur und der Prozeßdruck sind von Bedeutung. Bei höheren Substrattemperaturen wird ein unterschiedliches Wachstum verschiedener Zonen durch Oberflächendiffusion ausgeglichen. Es ergeben sich dichte Schichtstrukturen. Auch die Richtung der einfallenden Teilchen spielt eine Rolle für den Schichtaufbau. Übliche Schichtdicken liegen im Bereich von einigen nm bis hin zu 100 μm.

11.12.5.1 Physikalische Abscheidung aus der Dampfphase

Die PVD-Technik (physical vapour deposition, physikalische Abscheidung aus der Dampfphase) umfaßt eine Reihe von Vakuumbeschichtungsverfahren für unterschiedliche Anwendungen. Mit Hilfe der PVD-Verfahren lassen sich reine Metalle, Legierungen sowie chemische Verbindungen aufbringen. Die Beschichtungstemperaturen liegen i. allg. unter 500 °C. Die Verfahren unterscheiden sich im wesentlichen durch die Art der Überführung des Beschichtungswerkstoffs in die Dampfphase. Dieses kann entweder durch Verdampfen des Werkstoffs oder durch Zerstäuben mittels Ionenbeschuß erfolgen. Dementsprechend wird zwischen Aufdampfen und Kathodenzerstäuben (Sputtern) unterschieden. Beim Ionenplattieren wird zusätzlich das Substrat auf ein negatives Potential gelegt, wodurch Ionen des Beschichtungswerkstoffs oder eines eingeleiteten Gases auf das Substrat beschleunigt werden (Bild 11-201). Zudem können die Verfahren reaktiv geführt werden. Bei dieser Verfahrensvariante wird eine Schicht aus einer chemischen Verbindung dadurch erzeugt, daß ein Metall verdampft oder zerstäubt wird und vor dem *Abscheiden* mit einem gasförmig vorliegenden Reaktionspartner in der Beschichtungskammer reagiert [Ste95]. Vorteile der PVD-Verfahren sind die große Anzahl möglicher *Schicht-* und *Substratwerkstoffe* und die hohe Reinheit der Schichten. Die gebräuchlichen Schichtdicken liegen zwischen wenigen nm und einigen 10 μm. Die Hauptanwendungen der PVD-Prozesse bestehen zum einen darin, dünne Schichten für optische, magnetische, mikro- und optoelektronische Bauelemente herzustellen. Zum anderen liegen die Einsatzgebiete derartiger Schichten in den Bereichen Tribologie, Korrosionsschutz, Wärmeisolation sowie im Aufbringen dekorativer Schichten [Mac90].

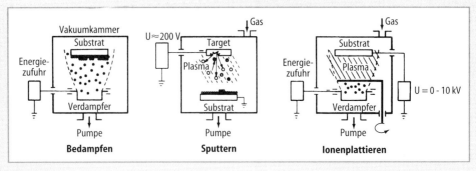

Bild 11-201 Prinzipien physikalischer Beschichtungsverfahren

Das Aufdampfen, bei dem der Beschichtungswerkstoff im Hochvakuum erhitzt wird, eignet sich in erster Linie zum Herstellen reiner Schichten mit speziellen optischen, elektrischen oder magnetischen Eigenschaften. Der Beschichtungswerkstoff wird im Hochvakuum erhitzt und die entstehenden Dampfteilchen gelangen infolge ihrer thermischen Energie zum Substrat. Die Schichtbildung findet vorwiegend auf der dem Verdampfer zugewandten Seite statt, so daß Abschattungseffekte zu beachten sind. Zum Überführen des Werkstoffs in die Dampfphase stehen eine Reihe von Verdampferquellen, wie z. B. widerstandsbeheizte Verdampfer und Elektronenstrahlverdampfer, zur Verfügung. Als Beschichtungsstoffe werden vorwiegend chemische Elemente, aber auch Verbindungen und Legierungen im festen Zustand verwendet. Mit dem Aufdampfverfahren können hohe *Beschichtungsraten* realisiert werden, was vor allem für die Beschichtung von Folien und Bändern von Bedeutung ist. Aufdampfschichten besitzen jedoch im Vergleich zu anderen PVD-Überzügen die geringsten Haftfestigkeiten. Industrielle Anwendungen sind beispielsweise Dünnschicht-Widerstände, Dünnschicht-Kapazitäten, Magnetbänder, Speicherzellen, supraleitende Schichten, Solarzellen und elektrostatische Abschirmungen [Hae87].

Beim Kathodenzerstäuben (Sputtern) wird der Werkstoff nicht verdampft, sondern durch Beschuß mit hochenergetischen Ionen zerstäubt. Die Ionen werden in der Regel mittels einer Glimmentladung zwischen dem als Kathode geschalteten Beschichtungswerkstoff und der als Anode dienenden Substrataufnahme in der Beschichtungskammer erzeugt. Da bei diesem Verfahren der Beschichtungswerkstoff nicht thermisch verdampft wird, kann nahezu jeder Werkstoff zum Beschichten eingesetzt werden. Anwendungsgebiete sind das Erfüllen dekorativer Ansprüche, das Vergüten von Glas und das Herstellen von Spiegeln oder Filtern. Weitere Einsatzgebiete liegen im Bereich der Elektrotechnik und der Tribologie, wie z. B. das Aufbringen von Hartstoffschichten zur Verschleißminderung.

Das Anlegen einer zusätzlichen Biasspannung an das Substrat führt zum Ionenplattieren. Auf diese Weise lassen sich schon bei niedrigen Temperaturen dichte und haftfeste Schichten erzeugen. Ionenplattierverfahren finden vor allem Einsatz beim Beschichten von Werkzeugen und Bauteilen mit verschleißbeständigen Werkstoffen. Hierzu zählen insbesondere die Hartstoffe, d.h. die Nitride und Carbide der Elemente der 4. – 6. Nebengruppe, die sich durch eine hohe Härte (> 2000 HV) und gute Verschleißbeständigkeit auszeichnen. Der am weitesten verbreitete Werkstoff ist Titannitrid, das im Bereich der spanenden Fertigung bereits etabliert ist und zunehmend auch in weiteren Gebieten Anwendung findet [Hae87]. Der Anwendungsbereich liegt dementsprechend bei Werkzeugen für die spanende Fertigung und Umformtechnik, wie z. B. Matrizen. Ionenplattierverfahren werden aber auch im Bereich der Elektronik, der Optik sowie zum Herstellen dekorativer Überzüge eingesetzt.

11.12.5.2 Chemische Abscheidung aus der Dampfphase

Mittels CVD-Verfahren können Schichten aus Metallen, Oxiden, Nitriden, Carbiden, Boriden und anderen festen Verbindungen auf einen Grundwerkstoff aufgebracht werden. Als Grundwerkstoffe können Metalle, Nichtmetalle

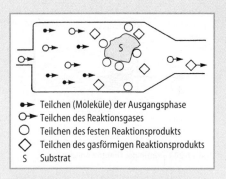

●► Teilchen (Moleküle) der Ausgangsphase
O► Teilchen des Reaktionsgases
O   Teilchen des festen Reaktionsprodukts
◇   Teilchen des gasförmigen Reaktionsprodukts
S   Substrat

Bild 11-202 schematische Darstellung des CVD-Verfahrens

wie Oxide, Gläser, Keramik, Kohlenstoffasern und organische Fasern Anwendung finden. Wesentlich für die Durchführbarkeit der Reaktion ist, daß geeignete gasförmige Metallverbindungen, wie z.B. Fluoride, Chloride und Bromide existieren. Die gasförmigen Komponenten werden bei hohen Temperaturen über das zu beschichtende Substrat geleitet (Bild 11-202). Der Abscheidevorgang kann in die Teilschritte Transport der Reaktanten zum Substrat, Adsorption der Reaktanten am Substrat, Nukleation und Anfangsreaktion, chemische Reaktion, Desorption und Abtransport der Reaktionsprodukte zerlegt werden. Die Schichtabscheidung wird in der Regel durch die Parameter Temperatur, Druck, Gaszusammensetzung und Gasdurchsatz bestimmt. Die Schichtdicken liegen zwischen 0,1 und 20 µm. Die Vorteile der CVD-Verfahren sind eine gleichmäßige, allseitig gute Beschichtung selbst kompliziert geformter Substrate und eine sehr gute Haftung der aufgebrachten Schichten. Die hohen Beschichtungstemperaturen von ca. 1000 °C verursachen jedoch in der Regel einen Zähigkeitsverlust des Bauteilwerkstoffs [Mac90]. Eine Weiterentwicklung der konventionellen CVD-Technik stellen die plasmaunterstützten CVD-Verfahren dar, die das Beschichten bei niedrigeren Substrattemperaturen (400 - 600°C) erlauben. In dem Plasma sind chemische Reaktionen möglich, die im thermodynamischen Gleichgewicht sonst nur bei wesentlich höheren Temperaturen ablaufen können [Bod89].

Das Abscheiden von Beschichtungen aus der Gasphase mittels chemischer Reaktionen kann ein erhebliches Erhöhen der Standzeit von Werkzeugen aus Hartmetallen bewirken. Anwendungsbeispiele sind darüber hinaus Verschleiß-schutzschichten für Umformwerkzeuge, Ventileinsätze, Düsen, Messer, Rollen und Lagerteile.

11.12.6 Thermisches Spritzen

Das Thermische Spritzen zeichnet sich insbesondere durch eine Vielzahl von verwendbaren Schicht- und Substratwerkstoffen aus. Thermisch gespritzte Schichten lassen das Verbessern des Eigenschaftsprofils in Hinblick auf Verschleißschutz, Korrosionsschutz, thermische Isolation sowie die Einstellung definierter elektrischer und magnetischer Eigenschaften zu. Außerdem erlaubt diese Oberflächentechnologie den erneuten Einsatz schadhafter Komponenten durch *Reparaturbeschichtungen*.

Nahezu alle Beschichtungswerkstoffe, die in Pulver-, Stab- oder Drahtform herstellbar sind, können verarbeitet werden. Die *Substratoberflächenvorbereitung* beschränkt sich in der Regel auf ein gründliches Reinigen und Aufrauhen durch Strahlen. Der Spritzzusatz wird einer Energiereichen Wärmequelle zugeführt und dort aufgeschmolzen. Die schmelzflüssigen Partikel werden in Richtung des zu beschichtenden Grundwerkstoffs beschleunigt, wo sie mit hoher kinetischer Energie auftreffen und die Schicht bilden [Hae87]. Ein Anschmelzen der Bauteiloberfläche findet dabei i.allg. nicht statt. Der Bindungsmechanismus basiert auf einer Kombination von mechanischer Verklammerung, Adhäsion, Diffusion und chemischer Bindung. Die Haftfestigkeit der Schicht, die mehr als 100 MPa betragen kann, wird beeinflußt von der Art der Werkstoffe und der Prozeßführung. Es sind Schichtdicken im Bereich von 50 µm bis hin zu einigen mm erzielbar. Thermisch gespritzte Schichten weisen jedoch verfahrensbedingt mehr oder weniger hohe Porositäten auf.

Das Substrat unterliegt während des Beschichtens einer geringen thermischen Belastung mit Oberflächentemperaturen unter 250 °C, die mittels geeigneter Prozeßführung auch unter 100 °C gehalten werden können. Infolgedessen ergeben sich im Hinblick auf die Kombinationsmöglichkeiten von Substratwerkstoff und Spritzzusatz nahezu keine Grenzen.

Das Nachbehandeln von thermisch gespritzten Schichten durch mechanische (z.B. Kugelstrahlen), thermische (z.B. Umschmelzen) sowie thermomechanische (z.B. heißisostatisches Pressen) Verfahren kann zu einem deutlichen Verbessern der Schichten hinsichtlich Porosität, Haftung, Härte und Duktilität sowie des sich einstellenden Eigenspannungszustands führen. Zur Einstellung des Fertigmaßes oder einer bestimmten Oberflächengüte lassen sich thermisch gespritzte Schichten spanend bearbeiten.

Das sich aus den Eigenschaften thermisch gespritzter Schichten ergebende, außerordentlich breite Anwendungsspektrum wird seit geraumer Zeit in zahlreichen Bereichen der Industrie genutzt. Die im industriellen Maßstab eingesetzten Spritzverfahren sind das Flammspritzen, das Lichtbogenspritzen und das Plasmaspritzen. Die verschiedenen Spritzverfahren unterscheiden sich in erster Linie nach den verwendeten Energiequellen, die ein Verarbeiten von Werkstoffen mit unterschiedlichem Schmelzverhalten ermöglichen.

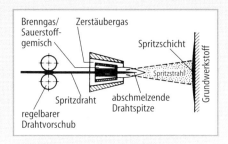

Bild 11-203 Prinzip des Drahtflammspritzens

11.12.6.1 Flammspritzen

Das Flammspritzen ist neben dem Lichtbogenspritzen das derzeit am häufigsten eingesetzte Verfahren. Es wird ein Brenngas-Sauerstoff-Gemisch verbrannt und der Spritzwerkstoff in die sich ausbildende Flamme eingebracht. Die geschmolzenen Partikel werden mit Hilfe der expandierenden Brenngase und zusätzlicher Druckluft auf die vorbehandelte Oberfläche des Grundwerkstoffs geschleudert und bilden dort die Schicht. Brenngase zum Flammspritzen sind in der Regel Acetylen, Propan, Butan oder Wasserstoff. Das Verfahren ist durch die maximal erreichbare Flammentemperatur von etwa 3100 °C in der Spritzzusatzauswahl eingeschränkt [Bod 89]. Die Verfahrensvarianten des Flammspritzens sind das Drahtflammspritzen, das Pulverflammspritzen, das Hochgeschwindigkeitsflammspritzen sowie das Detonationsspritzen. Beim Drahtflammspritzen wird der *Spritzzusatz* in Form von Drähten, Schnüren oder Stäben zugeführt (Bild 11-203). Der konventionelle Einsatz dieses Verfahrens liegt im Aufbringen von Verschleiß- und Korrosionsschutzschichten. Flammgespritzte Molybdänschichten zeichnen sich insbesondere durch hervorragende Gleiteigenschaften aus. So haben sich molybdänbeschichtete Kolbenringe in der Automobilindustrie seit Jahren bewährt. Zum Korrosionsschutz werden gefährdete Bauteile mit Zink oder Aluminium beschichtet [Oet80]. Derartige Spritzschichten schützen den Grundwerkstoff durch oxidische Deckschichtbildung. Das Pulverflammspritzen, bei dem der Spritzzusatz in Form von Pulver zugeführt wird, dient vor allem dem Herstellen verschleißbeständiger Keramikschichten. Deswei-

teren können mit diesem Spritzverfahren auch selbstfließende Legierungen auf Nickel-Chrom-Bor-Silicium-Basis verarbeitet werden. Es ist jedoch zu beachten, daß die zum nachträglichen Einschmelzen erforderlichen hohen Temperaturen im Bereich von 1000 °C die Eigenschaften des Grundwerkstoffs unter Umständen negativ beeinflussen. Das Draht- sowie auch das Pulverflammspritzen zeichnen sich durch relativ geringe Anlageninvestitionskosten, einfache Handhabung, geringe Strahlungs- und Geräuschemissionen sowie die Möglichkeit, auch größere Bauteile zu beschichten, aus. Als nachteilig sind die niedrige *Auftragsrate* (< 5 kg/h) und beim konventionellen Flammspritzen ohne nachträglichem Einschmelzen die hohe Porosität und die geringe Schichthaftfestigkeit zu werten [Ste95].

Die beim Hochgeschwindigkeitsflammspritzen erreichbaren hohen Gas- und damit auch Spritzteilchengeschwindigkeiten (bis zu ca. 800 m/s) werden durch das Zünden des Brenngas-Sauerstoff-Gemischs in einer Brennkammer und dem Verwenden spezieller Expansionsdüsen ermöglicht. Die injizierten Pulverpartikel verweilen aufgrund ihrer hohen Geschwindigkeit nur eine kurze Zeit im heißen Spritzstrahl, so daß eine Zersetzung des Spritzwerkstoffs vermieden werden kann [Bod89]. Darüber hinaus zeichnen sich hochgeschwindigkeitsflammgespritzte Schichten im Vergleich zu herkömmlich flammgespritzte Schichten durch eine wesentlich geringere Porosität und höhere Haftfestigkeit aus. Die Hauptanwendung des Hochgeschwindigkeitsflammspritzens ist das Verarbeiten von keramischen und metall-keramischen Spritzzusätzen, wie z.B. WC-Co, Al_2O_3 und Cr_2O_3, zu dichten und homogenen Schichten zum Verschleißschutz.

Beim Detonationsspritzen wird der pulverförmige Spritzzusatz mittels Gasdetonationen

Ethylen und Sauerstoff), die durch elektrische Zündfunken eingeleitet werden, mit hoher Geschwindigkeit auf das zu beschichtende Werkstück geschleudert [Hae87]. Es treten hierbei Gasgeschwindigkeiten bis zu 3000 m/s auf, wobei die Flammentemperatur ca. 3500 °C beträgt. Dadurch ist es möglich, eine sehr hohe Haftzugfestigkeit und geringe Porosität der gespritzten Schicht zu erhalten.

11.12.6.2 Lichtbogenspritzen

Das Lichtbogenspritzen hat sich trotz der Einführung neuer Hochenergieverfahren, wie Plasma-, Detonations- und Hochgeschwindigkeitsflammspritzen, in vielen Bereichen der Industrie aufgrund der ausgezeichneten Wirtschaftlichkeit des Verfahrens bewährt und findet breite Anwendung. Zu den verschiedenen Lichtbogenspritzverfahren zählen das atmosphärische Lichtbogenspritzen und das Lichtbogenspritzen unter Schutzgas oder bei vermindertem Umgebungsdruck. Beim Lichtbogenspritzen werden zwei Drähte in einem zwischen ihnen brennenden elektrischen Lichtbogen abgeschmolzen und mittels Zerstäubergas auf die Bauteiloberfläche geschleudert. Es können nur in Drahtform herstellbare und elektrisch leitende Spritzzusätze verarbeitet werden [Wew92]. Das Verwenden von Fülldrähten erlaubt jedoch auch das Verspritzen von Hartstoffen, wie z.B. Carbiden in einer metallischen Matrix. Mit dem Lichtbogenspritzverfahren können vor allem Schichten aus Aluminium, Zink, Bronze, Molybdän, Stahl und Nickel-Chromcarbid zum Korrosions- und Verschleißschutz sowie zur Reparatur schadhafter Bauteile aufgebracht werden. Anwendungsbeispiele sind das Beschichten von Walzen, Wellen und Getriebegehäusen zum Verschleißschutz und zur Reparatur sowie das Aufbringen von Korrosionsschutzschichten auf Brücken und anderen Stahlkonstruktionen, Rohrleitungen und Kesseln. Die Hauptvorteile des Lichtbogenspritzens sind die hohe Auftragrate (8 – 40 kg/h) und die einfache Handhabung. Darüber hinaus sind keine brennbaren Gase erforderlich. Um Reaktionen des Schichtwerkstoffs mit Sauerstoff und Stickstoff zu vermeiden, kann der Prozeß in eine Schutzgas- oder Niederdruckkammer verlegt werden [Wew92].

11.12.6.3 Plasmaspritzen

Beim Plasmaspritzen wird zwischen einer anodisch gepolten wassergekühlten Plasmagasausströmdüse und einer Wolframkathode mittels Hochfrequenz ein Lichtbogen gezündet. In diesem wird ein zwischen den Elektroden strömendes Plasmagas dissoziiert und ionisiert [Hae87]. Unter atmosphärischen Bedingungen bildet sich ein ca. 4 – 5 cm langer Plasmastrahl aus. Der Spritzzusatz wird in das Plasma injiziert, dort aufgeschmolzen, vom Plasmagas mitgerissen und in Form schmelzflüssiger Partikel auf das Substrat geschleudert (Bild 11-204). Die industriell eingesetzten Verfahrensvarianten des Plasmaspritzens sind das atmosphärische Plasmaspritzen (APS) und das Vakuum-Plasmaspritzen (VPS). Mit Hilfe des atmosphärischen Plasmaspritzverfahrens werden vorwiegend hochschmelzende Werkstoffe wie Oxide, Karbide, Boride oder Silizide verarbeitet, da im Plasmastrahl Temperaturen bis zu 20 000 °C erreicht werden. Diese Technologie findet gegenwärtig vor allem dort Anwendung, wo verschleiß- oder korrosionsbeständige sowie wärmedämmende Schichten aufgebracht werden sollen. Typische Spritzzusätze zum Erzeugen derartiger Schichten sind Al_2O_3, TiO_2, Cr_2O_3, ZrO_2, WC-Co und NiCrBSi. Dabei reichen die Einsatzgebiete dieser Schutzschichten vom chemischen Apparatebau über die Textil- und Papierindustrie bis hin zum Motoren- und Turbinenbau. Das Plasmaspritzen zeichnet sich darüber hinaus durch niedrige Schichtporositäten aus [Ste95]. Einer breiteren Anwendung stehen vor allem hohe Anlagenkosten sowie notwendige Strahlungs- und Geräuschschutzmaßnahmen entgegen.

Das Verlagern des Plasmaspritzprozesses in eine Niederdruckkammer bei Prozeßdrücken im Bereich von 20–200 hPa ermöglicht das Herstellen Schichten hoher Dichte (Porosität unter 1 %) und Haftfestigkeit. Unerwünschte Reaktionen des Spritzwerkstoffs mit Sauerstoff oder

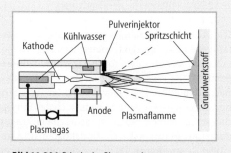

Bild 11-204 Prinzip des Plasmaspritzens

Stickstoff unterbleiben. Sowohl die mechanisch-technologischen als auch die chemischen Eigenschaften des Spritzzusatzes bleiben weitgehend erhalten. Auch reaktive Werkstoffe wie Titan und Tantal, die insbesondere bei hohen Temperaturen eine erhöhte Affinität zu Sauerstoff und Stickstoff zeigen, sind mittels VPS-Technik spritztechnisch verarbeitbar. Beim Vakuum-Plasmaspritzen besteht zusätzlich die Möglichkeit, das Substrat auf ein elektrisches Potential zu legen, welches je nach Polung gegenüber dem Brenner einen Rekombinationsreinigungsprozeß bzw. eine zusätzliche Energiezufuhr bewirkt [Dvo94]. Aufgrund des ausgedehnten Plasmastrahls im Vakuum (bis zu 50 cm) bietet das VPS-Verfahren gegenüber dem atmosphärischen Plasmaspritzen die Möglichkeit eines großflächigeren Auftrags bei gleichzeitig höheren Partikelgeschwindigkeiten. Durch eine spezielle Prozeßführung – hohe Vorwärmtemperaturen und Rekombinationsreinigung der Substratoberfläche – können sehr hohe Haftzugfestigkeitswerte und große Schichtdicken (bis zu einigen mm) mit niedrigen Eigenspannungszuständen erzielt werden. Einige Eigenschaften vakuum-plasmagespritzter Werkstoffe können sogar die der Ausgangswerkstoffe übertreffen, was auf die hohe Erstarrungsgeschwindigkeit der schmelzflüssigen Partikel ($10^4 - 10^6$ K/s) beim Plasmaspritzen und der damit verbundenen feinkristallinen Gefügeausbildung zurückzuführen ist. Dennoch wird das VPS-Verfahren seit seiner Entwicklung im Jahr 1973 bis heute in erster Linie zum Beschichten von Turbinenschaufeln mit MCrAlY-Legierungen (M = Ni, Co, Fe) zum Heißgaskorrosionsschutz verwendet. Nachteil des Vakuum-Plasmaspritzverfahrens sind die sehr hohen Anlageninvestitionskosten. Ferner können nur begrenzte Bauteilgrößen beschichtet werden [Dvo94].

11.12.7 Auftragschweißen

Das Auftragschweißen stellt eine Technologie dar, die seit mehr als 50 Jahren im allgemeinen Maschinenbau, im Chemie- und im Kraftwerksbau erfolgreich eingesetzt wird. Zweck des Auftragschweißens ist das Aufbringen eines Schutzüberzugs auf ein Bauteil mittels geeigneter Schweißverfahren zum Verschleiß- und Korrosionsschutz sowie zur Reparatur von Bauteilen [Bod89]. Als Beschichtungswerkstoffe gelangen in erster Linie legierte Stähle (z. B. hoch-

legierte CrNi-Stähle) zum Teil mit Hartstoffen, aber auch Nickel- und Kobaltbasislegierungen und Sonderwerkstoffe, wie Tantal, Niob, Titan und Zirconium zur Anwendung. Zum Auftragschweißen wird der Schweißzusatzwerkstoff in Form von Drahtelektroden (Massiv- oder Fülldrahtelektroden), Bandelektroden (Massiv- oder Fülldrahtelektroden), Stabelektroden sowie in Pulverform eingesetzt. Wesentliches Merkmal der Auftragschweißverfahren ist das lokale An- oder Aufschmelzen des Grundwerkstoffs. Die zum Auftragschweißen üblicherweise verwendeten schweißtechnischen Verfahren sind das Gasschmelzschweißen, das Lichtbogenschweißen sowie verschiedene Widerstands- und Sonderschweißverfahren [Fre87].

11.12.7.1 Gasschmelzschweißen

Eine weit verbreitete Gasschmelzschweißtechnologie ist das Gas-Pulver-Auftragschweißen. Bei diesem Verfahren ist auf einen Injektorbrenner ein Pulvervorratsbehälter adaptiert, wobei das Pulver in einer Acetylen-Sauerstoff-Flamme auf Schmelztemperatur erhitzt wird. Die zu erreichende Schichtdicke variiert zwischen 0,1 und 2 mm. Diese Technik ermöglicht neben hohen Abschmelzleistungen (bis 4 kg/h) auch Auftragschweißungen in Zwangslagen, so daß sich durch das Entfallen der Demontage von instand zu setzenden Bauteilen eine Zeitersparnis ergibt. Der Beschichtungsprozeß unterteilt sich in die drei Verfahrensschritte Vorwärmen des Bauteils auf 300 – 400 °C, Vorpulvern der zu beschichtenden Oberfläche, um ein Verzundern zu verhindern und Beschichten des Bauteils, bei dem die vorgepulverte Schicht aufschmilzt und das Metallpulver zugegeben wird. Das Gas-Pulver-Auftragschweißen eignet sich insbesondere zum Beschichten von kleinen bis mittleren Flächen wie beispielsweise Lagerschalen.

11.12.7.2 Lichtbogenschweißverfahren

Die üblichen manuellen Lichtbogenschweißverfahren wie das Stabelektrodenschweißen, das Metallschutzgasschweißen sowie das Wolfram-Inertgasschweißen, werden oft zum Beschichten kleinerer Bauteile, wie Baggerzähne oder Weichenherzen, eingesetzt. Zudem bietet sich der Einsatz dieser Techniken bei Reparaturschweißungen aufgrund geringer Investitionskosten und geringer Rüstzeiten an. Da diese Schweißverfahren manuell ausgeführt werden, können jedoch hier-

Bild 11-205 Plasma-Pulver-Auftragschweißen

durch bedingte inhomogene Werkstoffzusammensetzungen auftreten.

Beim *Plasma-Pulver-Auftragschweißen* wird durch eine hochfrequente Spannung ein Pilotlichtbogen, welcher zwischen einer Wolframelektrode und einer Kupferdüse brennt, gezündet. Dieser Pilotlichtbogen zündet seinerseits den Plasmalichtbogen, der sich zwischen Wolframelektrode und Bauteil ausbildet. Das Schichtmaterial wird als Pulver über ein Trägergas in den Plasmastrahl injiziert und dort aufgeschmolzen [Hae87]. Der Plasmastrahl und das Schmelzbad werden zusätzlich durch einen Inertgasmantel gegen die Atmosphäre abgeschirmt. Die Anwendungsgebiete des Verfahrens liegen im Beschichten kleinerer bis mittlerer Komponenten, wie beispielsweise Ventile oder Förderschnecken (Bild 11-205). Die Dicke des Auftrags beträgt 0,25 – 4 mm bei einer Aufmischung von 7 – 20 % und einer Abschmelzleistung von bis zu 5 kg/h. Ein Vorteil dieses Auftragschweißverfahrens ist die gute Automatisierbarkeit. Eine Variante des Plasma-Pulver-Auftragschweißens ist das Plasma-Heißdraht-Auftragschweißen unter Verwendung drahtförmiger Schweißzusatzwerkstoffe mit dem sich hohe Auftragsraten um 30 kg/h erzielen lassen.

Das *Unterpulverschweißen* mit Bandelektrode wird bevorzugt zum Beschichten großflächiger Bauteile angewandt. Eine einfache Handhabung sowie eine hohe Abschmelzleistung (bis 40 kg/h) sind die wesentlichen Merkmale dieses Verfahrens. Die Schichtdicke variiert bei einmaligem Auftrag zwischen 3 und 5 mm und einer Aufmischung von 10 – 20 %. Die bandförmige Elektro-

de taucht in das Schweißpulver ein und schmilzt unter der schützenden Schlackenschicht ab. Der Lichtbogen brennt zwischen Elektrode und Grundwerkstoff, wobei er unregelmäßig über das Werkstück sowie über die Elektrode pendelt. Vorwiegende Anwendung findet das Unterpulverschweißen in der chemischen Industrie, beim Beschichten großflächiger Behälter und Wellen sowie im Kraftwerksbau.

11.12.7.3 Widerstandsschweißverfahren

Das in der chemischen Industrie, Kraftwerksindustrie und i.allg. Maschinenbau eingesetzte Elektroschlackeschweißen läßt das Beschichten großflächiger Komponenten zu. Die *Abschmelzleistung* ist ähnlich der des Unterpulverschweißens (bis 40 kg/h) bei gleichzeitig geringer Aufmischung (5 – 15 %) und gleichmäßigem Einbrand. Die einfache Handhabung und gute Automatisierbarkeit ist ein weiteres Merkmal dieser Beschichtungstechnik. Während des Prozeßablaufs wird hochbasisches Pulver vor der positiv gepolten Bandelektrode zugeführt. Das zu beschichtende Bauteil wird negativ gepolt, so daß aufgrund Widerstanserwärmung der Zusatzwerkstoff in der sich gleichzeitig bildenden, ca. 2300 °C heißen Schlacke lichtbogenfrei abschmilzt [Hae87]. Ein Nachteil des Elektroschlackeschweißens ist die lange Abkühlphase der Schmelze. Daraus folgt, daß dieses Verfahren nur unter Verwendung spezieller Vorrichtungen für das Beschichten von Rotationskörpern mit einem Durchmesser kleiner als 400 mm geeignet ist.

Beim Rollennahtschweißen wird der Grundwerkstoff mit dem Zusatzwerkstoff zwischen zwei strombeaufschlagten Rollenelektroden geführt und dort verschweißt. Mit diesem Verfahren lassen sich Auftragschweißungen mit einer Schichtdicke von 0,1 – 0,4 mm herstellen. Die Wärmeeinbringung in den Grundwerkstoff ist so gering, daß nahezu keine Aufmischung stattfindet. Der Nachteil des Verfahrens liegt in der Beschichtung von Bauteilen ausschließlich einfacher Geometrie, d.h. nur runde oder flache Bauteile können beschichtet werden.

11.12.7.4 Sonderschweißverfahren

Das Sprengplattieren zählt zu der Gruppe der Kaltpreßschweißverfahren. Das Verbinden von Schicht- und Substratwerkstoff erfolgt mittels einer Druckwelle, welche durch die Detonation von Sprengstoff entsteht [Bod89]. Der aufzutragende Werkstoff wird dabei über seine Streckgrenze hinaus verformt. Diese Technik wird vorwiegend angewandt zum Verbinden schwer schweißbarer Werkstoffe, die keine Löslichkeit ineinander besitzen oder große Unterschiede in den Schmelztemperaturen aufweisen. Als Beispiel ist hier das Sprengplattieren von Titan oder Tantal auf Stahl zu nennen.

Beim Laserstrahlauftragschweißen wird der Auftragswerkstoff mittels eines hochenergetischen Laserstrahls aufgeschmolzen, während das Substratmaterial nur lokal angeschmolzen wird. Der Auftragswerkstoff kommt in Form von Pulver, Bändern oder Drähten zum Einsatz, wobei auch Fülldrähte und -bänder eingesetzt werden. Vorteil dieses Verfahrens ist die geringe thermische Belastung des Bauteils aufgrund der hohen Leistungsdichte des Lasers und ein einstellbarer Aufmischungsgrad. Darüber hinaus können Schichtdicken bis hin zu mehreren mm realisiert werden.

Beim Walzplattieren stellen die durch den Druck von Walzen hervorgerufenen adhäsiven Kräfte den grundlegenden Fügemechanismus dar. Bei diesem Verfahren werden die zu verbindenden Bleche vor Oxidation geschützt, wenn der Fügeprozeß bei höherer Temperatur stattfindet. Nach Erwärmung auf Walztemperatur (1150 – 1300 °C) wird das Blechpaket gewalzt [Hae87]. Dieses Verfahren wird hauptsächlich zum Verbinden schwer verschweißbarer Werkstoffe benutzt.

Das Reibauftragschweißen basiert auf der Technik des Reibschweißens. Dabei wird der zylinderförmige Zusatzwerkstoff auf die erforderliche Rotationsenergie beschleunigt und anschließend auf das Substrat gedrückt. Das Zusatzmaterial wird unter Einfluß der entstehenden Reibungswärme plastisch verformbar, so daß eine Beschichtung unter Relativbewegung des Werkstücks erfolgen kann.

Literatur zu Abschnitt 11.12

[Bod89] Bode, E.: Funktionelle Schichten. Darmstadt: Hoppenstedt 1989
[Det69] Dettner, H. W.; Elze, J.: Handbuch der Galvanotechnik. München: Hanser 1969
[Dvo94] Dvorak, M.: Modifikation von Titanwerkstoffen durch den Vakuum-Plasmaspritzprozeß. (Fortschr.-Ber. VDI, Reihe 5, Nr. 354). 1994
[Fis87] Fischmeister, H.; Jehn, H.: Hartstoffschichten zur Verschleißminderung. Oberursel: DGM 1987
[Fre 87] Frey, H.; Kienel, G.: Dünnschichttechnologie. Düsseldorf: VDI-Vlg. 1987
[Hae87] Haefer, R. A.: Oberflächen- und Dünnschicht-Technologie. Berlin: Springer 1987
[Mac90] Mack, M.: Oberflächentechnik. Vlg. Moderne Industrie 1990
[Oet80] Oeteren, K.-A. van: Korrosionsschutz durch Beschichtungsstoffe. München: Hanser 1980
[Sim85] Simon, H.; Thoma, M.: Angewandte Oberflächentechnik für metallische Werkstoffe. München: Hanser 1985
[Ste95] Steffens, H.-D.; Wilden, J.; Erning, U.: Thermisches Spritzen in Jahrbuch Oberflächentechnik 1995. Berlin: Metall 1995
[Wew92] Wewel, M.: Beitrag zum Lichtbogenspritzen im Vakuum. (Fortschr.-Ber. VDI, Reihe 5, Nr. 251). 1992

11.13 Wärmebehandlung metallischer Werkstoffe

11.13.1 Allgemeine Zielsetzung

Die metallischen Werkstoffe der Technik sind – von Ausnahmen abgesehen – Vielkristalle. Sie bestehen entweder nur aus einer Kristallit- bzw. Kornart (einphasige, homogene Werkstoffe) oder aus mehreren Kristallit- bzw. Kornarten (mehrphasige, heterogene Werkstoffe), die ihrerseits von Korn- oder von Korn- und Phasengrenzen voneinander getrennt sind. Innerhalb der Atomgitter der Körner liegen zudem mit mehr oder weniger großer Dichte punkt-, linien-, flächen- oder volumenförmige Gitterstörungen vor. Art, Größe, Form, Verteilung und Orientierung der Kristallite bestimmen das Gefüge eines Werkstoffs (s. z.B. [Sch91, Hor94, Bar 94, Mac91]). Nahezu alle technisch interessanten Gefügezustände metallischer Werkstoffe sind im thermodynamischen Sinne Nichtgleichgewichtszustände. Für eine erfolgreiche Wärmebehandlung (WB) müssen deshalb die Vorgänge, die zur Bildung, und die Möglichkeiten, die zur Beeinflussung dieser Nichtgleichgewichtszustände führen, hinreichend bekannt sein. Dazu zählen vertiefte Kenntnisse z.B. über Gleichgewichte in mehrkomponentigen Systemen (Zustandsdiagramme), über Grenzflächenreaktionen, über Grundprinzipien der Diffusionsvorgänge in Festkörpern, über Keimbildungs- und Wachstumsprozesse, über diffusionsgesteuerte und diffusionslose Phasenumwandlungen, über Erholungs- und Rekristallisationsvorgänge bei plastisch verformten Werkstoffzuständen sowie über die Entstehung und die Stabilität von *Eigenspannungen* [Sch91, Hor94, Bar94, Mac91].

Ziel jeder WB ist es, durch geeignete Zu- und Abfuhr thermischer Energie das Gefüge und/oder die Störungen in den Atomgittern der Körner, die das Gefüge bilden, so zu verändern, daß sich dadurch bestimmte Gebrauchseigenschaften verbessern [Mac87, Spu87, Eck87, Gro81, ASM91]. Dieses „Eigenschaftsändern" kann z. B. betreffen die Umformbarkeit, die Bearbeitbarkeit, die Härte, die Zähigkeit, die Festigkeit, die Korrosionsbeständigkeit, die *Verzugs*neigung, die Eigenspannungszustände, die Gefügestabilität, -homogenität und -integrität betreffen sowie alle gitterstörungsempfindlichen physikalischen Kenngrößen, wie beispielsweise die elektrische Leitfähigkeit bei Leiterwerkstoffen oder die Magnetisierbarkeit bei Ferromagnetika.

Die zur WB erforderlichen thermischen Prozesse werden in Wärmebehandlungsanlagen durchgeführt. Bei diesen dienen nach dem VDMA-Einheitsblatt 24202 als Klassifizierungskriterien die Ofenart, die Lagerungsart des Wärmebehandlungsgute, die Beheizungsart, die das Wärmebehandlungsgut umgebenden Hüllmittel sowie die die Zielgröße(n) bestimmenden WB-Verfahren [Jes87].

11.13.2 Festlegung von Begriffen

Die Begriffe der WB sind in DIN 17014 [DIN86] festgelegt. Grundsätzlich wird zwischen „durchgreifenden", das ganze Werkstoffvolumen erfassenden Verfahren und „nichtdurchgreifenden" Verfahren unterschieden, deren Wirkung auf oberflächennahe Werkstoff- bzw. Bauteilbereiche beschränkt bleibt. Bei ersteren finden Stand- und/oder Durchlauföfen Anwendung, bei letzteren wird von Tauch-, Induktions-, Flamm-, Laserstrahl- und Elektronenstrahlerwärmungen Gebrauch gemacht. In einfachen WB-Fällen liegen für Werkstoff-(Bauteil-)rand (R) und -kern (K) die in Bild 11-206 skizzierten Temperatur-Zeit-Verläufe vor. Dabei sind T_{RT} Raum-, T_H Halte- und T_{soll} Solltemperatur des WB-Zweckes sowie t_1 Anwärm-, t_2 Durchwärm-, t_3 Erwärm-, t_4 Glüh-, t_5 Abschreck-, t_6 Abkühl-, t_H bzw. t_H' Halte- und t_a Anlaßdauer. Wird in Luft geglüht und ist T_{soll} hinreichend hoch, so treten stets unerwünschte randnahe Oxidationsprozesse auf. Durch Schutzgas- oder Vakuumglühungen lassen sich diese vermeiden. Die Abkühlung des WB-Guts erfolgt, wiederum mit Temperaturdifferenzen zwischen R und K, entweder schnell durch *Abschrecken* auf T_{RT} (Kurven a) bzw. auf T_H (Kurven c) oder langsam durch Abkühlen auf T_{RT} (Kurven b) bzw. auf T_H (Kurven d). Als Abschreck-/Abkühlgeschwindigkeit wird üblicherweise die Temperaturabnahme während der Zeit des Durchlaufens bestimmter Temperaturintervalle angegeben. Über die Wahl der Abkühl-/Abschreckmittel (z. B. Preßluft, Gase, Salz-, Öl- und Wasserbäder) sind diese veränderbar. Während

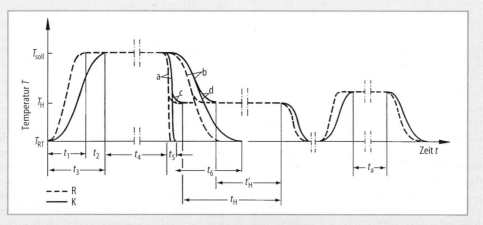

Bild 11-206 Temperatur-Zeit-Verlauf für Werkstückrand (R) und Werkstückkern (K)

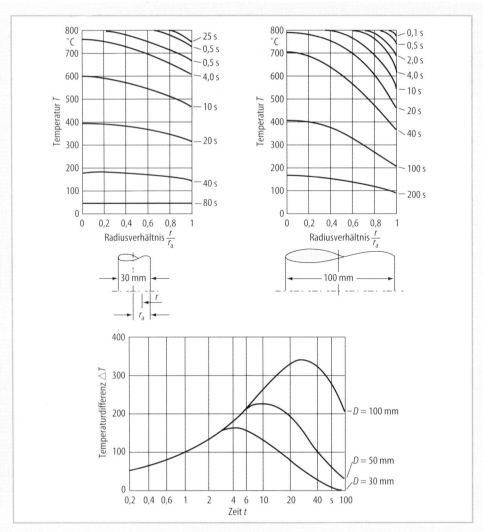

Bild 11-207 Zeitabhängigkeit der radialen Temperaturverteilungen und der Temperaturdifferenzen zwischen Kern und Rand in der Mitte von Stahlzylindern mit unterschiedlichen Durchmessern beim Abschrecken von 800 °C auf Wasser von 20 °C

einer Glühung bei höheren Temperaturen T_{soll} kann man aber auch durch gezielte Veränderung der Umgebungsbedingungen (z.B. statt in Luft Glühungen in Pulvern, Pasten, Flüssigkeiten oder Gasen bzw. Gasmischungen) unter Ausnutzung von Oberflächenreaktionen bestimmte Elemente mit vorgebbaren Konzentrationsverteilungen in randnahe Werkstoffbereiche eindiffundieren lassen und dort eine gegenüber dem Grundwerkstoff chemisch veränderte Randschicht erzeugen. Das wird beispielsweise beim *Aufkohlen* oder beim *Nitrieren* von Stählen ausgenutzt. Man spricht dann von einer thermochemischen WB. Dagegen erfolgen thermo-

mechanische WB, wenn während der *Glühdauer* bei T_{soll} oder während der Haltedauer bei T_H mechanische Umformungen vorgenommen werden. Die Temperaturabsenkung auf T_H wird aber auch dazu ausgenutzt, um spezielle Umwandlungen (z.B. Umwandlung des *Austenits* in *Bainit* bei Stählen) oder den Ausgleich von Wärmespannungen zu erreichen. Erfolgt nach Temperaturausgleich bei Raumtemperatur eine weitere Zufuhr an thermischer Energie, so bezeichnet man diese WB-Art als *Anlassen* (z.B. nach dem martensitischen *Härten*) oder als *Altern* (z.B. bei nicht alterungsbeständigen Stählen) oder als *Tempern* (z.B. bei der WB spezieller Gußeisen) oder als *Aushärten* (z.B. nach dem Homogenisierungsglühen und Abschrecken aushärtbarer Aluminiumlegierungen). In allen Fällen werden Glühungen bestimmter Dauer bei konstanten Anlaß-, Alterungs-, Temper- bzw. Aushärtungstemperaturen vorgenommen, die mikrostrukturelle und/oder Gefügeänderungen bewirken [Mac87].

Die bei der WB unvermeidlichen Unterschiede in den Temperatur-Zeit-Verläufen von Kern und Rand der Bauteile führen zur Ausbildung von mit den Bauteilabmessungen steigenden Aufheiz- und Abkühlspannungen (Wärmespannungen). In Bild 11-207 sind für Stahlzylin-

der mit 30 und 100 mm Durchmesser die beim Abschrecken von 800 °C auf Wasser von 20 °C im Mittelquerschnitt zu verschiedenen Zeiten nach Abschreckbeginn vorliegenden Temperaturverteilungen dargestellt und die zeitliche Entwicklung der Temperaturdifferenzen zwischen Kern und Rand für beide Zylinder und einen weiteren mit 50 mm Durchmesser angegeben. Werden die lokal auftretenden Spannungen so groß, daß die ihnen entsprechende Vergleichsspannung die temperaturabhängigen Streckgrenzen erreichen, so erfolgen plastische Verformungen. Da diese inhomogen verteilt auftreten, erzeugen sie nach Temperaturausgleich Abkühl- bzw. Abschreck-

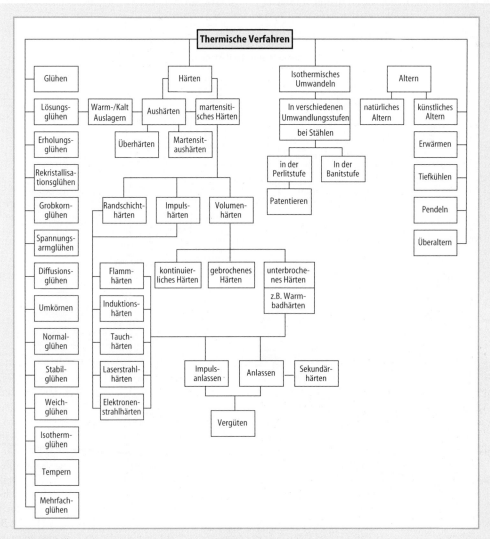

Bild 11-208 Übersicht über thermische WB-Verfahren bei Eisenbasiswerkstoffen

eigenspannungen, deren Beträge und Verteilungen stark von der Größe und der Form der Bauteile abhängig sind (vgl. [Mac92]). Treten während der Temperaturabsenkung noch zeitlich und örtlich versetzt Umwandlungsprozesse auf, so bewirken diese inhomogen verteilte Umwandlungsspannungen, die sich den wirksamen Abkühl- bzw. Abschreckspannungen überlagern und den nach Temperaturausgleich zurückbleibenden Eigenspannungszustand maßgeblich beeinflussen (vgl. [Bes93]).

11.13.3 Verfahrensübersicht

Bei der WB metallischer Werkstoffe finden thermische, thermochemische und thermomechanische Verfahren Anwendung. Die Methodik der WB entwickelte sich in besonderer Breite bei den Stählen [Pau87], weil bei diesen stets mehrkomponentigen Werkstoffen auf Eisenbasis wegen der verschiedenen Eisenmodifikationen immer komplizierte Zustandsdiagramme vorliegen, sodaß bei ein- und derselben chemischen Zusammensetzung auch immer eine größere Zahl verschiedener Nichtgleichgewichtszustände mit verschiedenen Eigenschaften bereits durch rein thermische Verfahrensschritte herstellbar sind. Über die große Methodenvielfalt, die sich im Laufe der Zeit bei der WB der Stähle entwickelt hat, geben die in den Bildern 11-208 bis 11-210 zusammengefaßten WB-Hauptgruppen eine schematische Übersicht [Mac87]. Bei den Nichteisen-

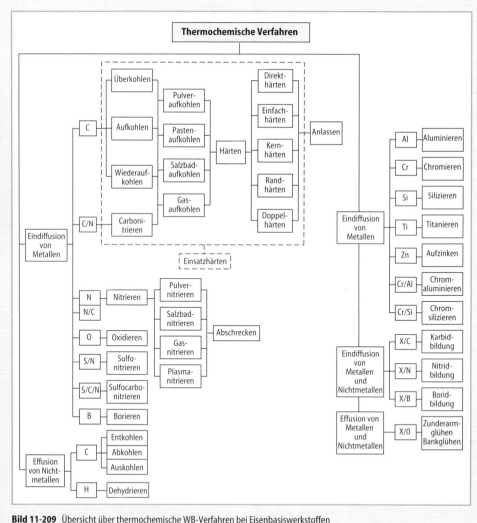

Bild 11-209 Übersicht über thermochemische WB-Verfahren bei Eisenbasiswerkstoffen

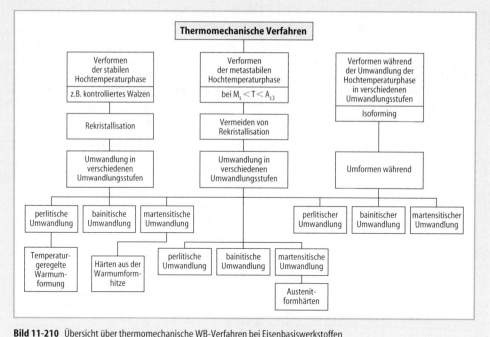

Bild 11-210 Übersicht über thermomechanische WB-Verfahren bei Eisenbasiswerkstoffen

Werkstoffen ist das WB-Spektrum erheblich kleiner [Heu87]. Dort finden nur thermische und neuerdings auch thermomechanische Verfahren Anwendung, die methodisch an in der Zielsetzung ähnliche WB bei Stählen anknüpfen.

11.13.4 Wärmebehandlung von Eisenwerkstoffen

Von den in den Bildern 11-208 bis 11-210 zusammengestellten WB können im Rahmen dieser umfangsmäßig stark eingeschränkten Darstellung nur einige angesprochen werden.

11.13.4.1 Thermische Wärmebehandlungen

Thermische WB umfassen stets die Schritte Erwärmen, Halten und unterschiedlich langsames Abkühlen. Bei unlegierten Stählen erfolgen dabei, je nach Zweck der WB, Glühungen in den Temperaturbereichen, die in Bild 11-211 jeweils an Hand eines schematisch skizzierten Teils des bekannten metastabilen Eisen-Kohlenstoff-Diagramms gekennzeichnet sind. Man spricht von *Erholungs-/Rekristallisationsglühen* (oben links), *Spannungsarmglühen* (oben Mitte), *Normalglühen* (oben rechts), *Grobkornglühen* (unten links), *Diffusionsglühen* (unten Mitte) und *Weichglühen* (unten rechts). Die durch die Gerade PS über S hinaus bestimmte eutektoide Temperatur wird beim Erwärmen als Ac_1 (c chauffage) bzw. beim Abkühlen als Ar_1 (r refroidissement) bezeichnet. Entsprechend werden die durch GS (SE) bestimmten Temperaturen beim Aufheizen Ac_3 (Ac_m)- bzw. beim Abkühlen Ar_3 (Ar_m)-Temperaturen genannt. Durch Erholungsglühen werden bei kaltverformten Werkstoffen Harmonisierungen der Gitterstörungszustände der Körner ohne lichtmikroskopisch erkennbare Gefügeänderungen erreicht. Rekristallisationsglühen ($T_{rekrist.} > T_{erhol.}$) bewirkt dagegen einen starken Abbau der Dichte der Gitterstörungen und eine Veränderung der Kornstruktur durch die Bildung neuer Körner. Zwischenglühungen nach Kaltverformungen sind beispielsweise Rekristallisationsglühungen. Die mechanischen Werkstoffkenngrößen [Sch91, Hor94, Mac91] werden durch Erholung wenig, durch Rekristallisation dagegen stark beeinflußt. Durch Spannungsarmglühen sollen die als Folge technologischer Prozesse (z.B. Bearbeiten, Kugelstrahlen, Umformen, Fügen) entstandenen Makroeigenspannungen abgebaut und die Mikroeigenspannungen reduziert werden. Bild 11-212 zeigt als Beispiel für Ck 45 den Abbau von Fräseigenspan-

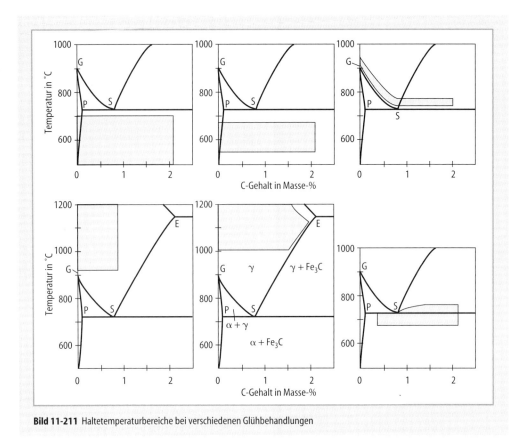

Bild 11-211 Haltetemperaturbereiche bei verschiedenen Glühbehandlungen

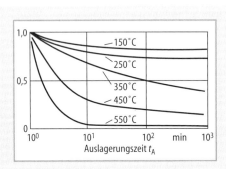

Bild 11-212 Thermischer Abbau von Bearbeitungs-eigenspannungen bei Ck 45

nungen bei bestimmten Glühtemperaturen in Abhängigkeit von der Auslagerungszeit [Mac87]. Der Eigenspannungsabbau läßt sich mit Hilfe einer Avrami-Funktion quantitativ beschreiben [Vöh83]. Die WB *Normalisieren* besteht bei untereutektoiden Stählen in einem Glühen 30 - 50 °C oberhalb Ac$_3$, bei übereutektoiden Stählen dagegen 30 – 50 °C oberhalb Ac$_1$. Dabei werden

beim Aufheizen die diffusionsgesteuerten Umwandlungen (α + Fe$_3$C → γ bzw. α + Fe$_3$C → γ + Fe$_3$C) und bei der anschließenden Luftabkühlung die entsprechenden Rückumwandlungen erzwungen, wodurch vorbehandlungsbedingte Werkstoffzustände in „Normalzustände" übergeführt werden. Beim Grobkornglühen werden kohlenstoffarme Stähle, insbesondere Einsatzstähle, zur Verbesserung ihrer Zerspanungseigenschaften auf Temperaturen oberhalb Ac$_3$ erhitzt, hinreichend lange dort gehalten und anschließend zunächst langsam und nach Unterschreiten von Ar$_1$ relativ schnell auf Raumtemperatur abgekühlt. Das Diffusionsglühen, das meist mehrere Stunden zwischen 1000 °C ≤ T ≤ 1200 °C erfolgt, dient zur Beseitigung von Mischkristallseigerungen und beim Vorliegen z.B. carbidbildender Legierungszusätze zur Veränderung der Form und Größe sowie der Auflösung von Carbiden. Diffusionsglühungen beseitigen bei Stahlgußteilen Konzentrations- und Gefügehomogenitäten. Weichglühen schließlich ist die übliche Methode, um bei unlegierten Stählen mit 0,4 – 0,8 Ma.-% C lamellare Perlit-

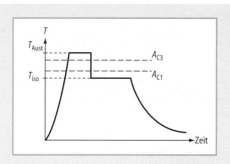

Bild 11-213 Temperatur-Zeit-Verlauf beim BG-Glühen

bereiche in „eingeformte Perlitbereiche" zu überführen. Bei Kohlenstoffgehalten > 0,8 Ma.-% beschleunigt Pendelglühen um A_1 diesen „Einformprozeß". Bei der Bearbeitung eutektoider Stähle lassen sich durch Weichglühen Standzeitverbesserung der benutzten Schneidwerkzeuge von mehr als einer Größenordnung erzielen. Für die Fertigungstechnik stellt das *Isothermglühen* eine weitere wichtige WB dar, die auch Behandlung auf Gefüge bzw. BG-Glühen genannt wird. Sie erfolgt bei unlegierten und niedriglegierten Stählen mit Mn-, Cr-, MnCr-, CrMo-, Ni-, CrNi-, CrMo-NiV- und CrMoV-Zusätzen mit der aus Bild 11-213 ersichtlichen Erwärmungs- und gebrochenen Abkühlungsführung. Je nachdem, ob die Ac_3-Temperatur des Werkstoffs größer oder kleiner als 825 °C ist, werden die Austenitisierungen bei T_{Aust} = 950 °C bzw. 870 °C vorgenommen. Danach wird beschleunigt auf T_{iso} ≈ 560 °C abgekühlt und isotherm unter Zugrundelegung der den ZTU-Diagrammen entnehmbaren Zeiten perlitisch umgewandelt. Anschließend wird auf Raumtemperatur abgekühlt. Dadurch erreicht man ein vorzüglich zerspanbares, zeilenfreies, ferritisch-perlitisches Gefüge mit einem hohen Anteil an relativ großen Ferritkörnern und gleichmäßig verteilten Perlitkörnern mit schmalen und kurzen Lamellen. Das BG-Glühen wird besonders bei Gesenkschmiedestücken angewandt, bei denen es direkt aus der Schmiedehitze heraus erfolgen kann und Reduzierungen der Wärmebehandlungskosten bis zu 60 % ermöglicht. Auch geregeltes Abkühlen aus der Schmiedehitze findet Anwendung.

Von besonderer technischer Bedeutung ist für die Eisenbasiswerkstoffe, daß sie durch Zufuhr thermischer Energie in den austenitischen Zustand ($T > Ac_3$ bzw. Ac_m) übergeführt (austenitisiert) und danach durch Abschrecken mit ei-

ner Geschwindigkeit v > v_{krit} auf Temperaturen $T < M_s$ (*Martensitstarttemperatur*) in *Martensit* umgewandelt werden können. Die Martensitbildung ist mit einer erheblichen Härtesteigerung gegenüber dem Ausgangszustand verbunden. Diese WB wird deshalb meist einfach als Härten bezeichnet. Martensitkörner, die eine tetragonal-raumzentrierte Struktur aufweisen, enthalten bei Raumtemperatur den vom Austenit gelösten Kohlenstoffgehalt fast vollständig auf Gitterlückenplätzen. Die damit verbundenen Mikroeigenspannungen bewirken die bereits erwähnten großen Härtesteigerungen. Bei unlegierten Stählen entsteht bei C-Gehalten bis etwa 0,5 Ma.-% Massivmartensit, bei C-Gehalten zwischen 0,5 und etwa 1,1 Ma.-% Mischmartensit und *Restaustenit* und bei C-Gehalten größer als etwa 1,1 Ma.-% Plattenmartensit und Restaustenit. Neben der Martensitstarttemperatur M_s, die mit wachsendem Kohlenstoffgehalt kleiner wird, existiert eine *Martensitfinishtemperatur* M_f, ab der keine weitere Martensitbildung mehr erfolgt. M_f nimmt oberhalb 0,5 Ma.-% C kleinere Werte als Raumtemperatur an. Deshalb wandelt bei Stählen mit größeren Kohlenstoffgehalten bei der Abschreckung auf Raumtemperatur ein Teil des Austenits nicht in Martensit um. Die bei unlegierten Stählen ab C-Gehalten von 0,5 Ma.-%, bei legierten Stählen bereits ab kleineren C-Gehalten auftretende Restaustenitanteile im Härtegefüge können durch eine nachträgliche Tiefkühlung der Werkstücke ($T < 0$ °C) durch weitere Martensitbildung verringert werden. Maßgebend für die Temperatur und Dauer der Austenitisierung sind die chemische Zusammensetzung, das Ausgangsgefüge und der nach dem Abschrecken angestrebte Gefügezustand. Die Austenitisierungstemperaturen sollten bei unlegierten und niedriglegierten Stählen mit C-Gehalten < 0,8 Ma.-% etwa 30 - 50 °C über den Ac_3-Temperaturen, bei C-Gehalten größer 0,8 Ma.-% zwischen 780 und 820 °C und bei Gußeisen zwischen 850 und 880 °C liegen. Warm- und Kaltarbeitsstähle werden zwischen 950 °C und 1100 °C, Schnellarbeitsstähle zwischen 1150 und 1230 °C austenitisiert, damit eine ausreichende Carbidmenge im Austenit aufgelöst werden kann. Die für die einzelnen Werkstoffgruppen geeigneten Austenitisierungstemperaturen können aus Gütevorschriften (z.B. DIN 17200 bei Vergütungsstählen, DIN 17350 bei Werkzeugstählen) oder aus Katalogen der Werkstoffhersteller bzw. dem Stahlschlüssel entnommen werden. Zur Beurteilung des während der Austeni-

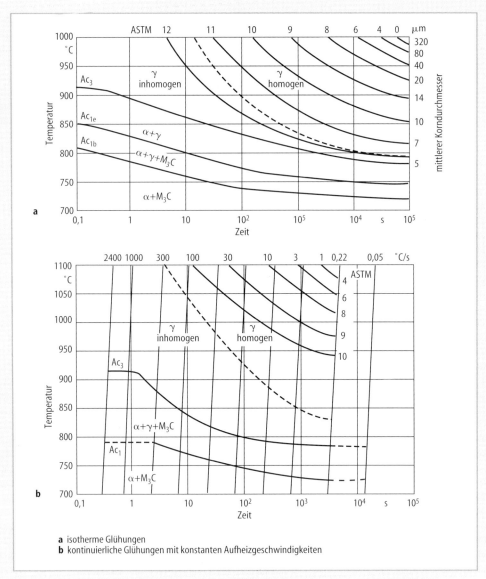

a isotherme Glühungen
b kontinuierliche Glühungen mit konstanten Aufheizgeschwindigkeiten

Bild 11-214 ZTA-Schaubilder für Ck 45

tisierungstemperatur sich einstellenden Austenitisierungszustands dienen isotherme oder kontinuierliche Zeit-Temperatur-Austenitisierungs-Schaubilder. Bild 11-214 zeigt solche ZTA-Schaubilder für Ck 45. Die Temperaturen zum Erhalten von „inhomogem" bzw. „homogenem" Austenit sind um so höher zu wählen, je weniger lange isotherm geglüht bzw. je schneller aufgeheizt wird. Letzteres ist besonders bei den Härteverfahren von großer Bedeutung, bei denen die Austenitisierung durch Induktions-, Wider-

stands-, Elektronenstrahl- oder Laserstrahlerwärmung erfolgt. Den in den Schaubildern eingezeichneten Linien gleicher Austenitkorngröße ist zu entnehmen, in welcher Weise die Austenitkorngröße mit steigender Austenitisierungstemperatur und -zeit zunimmt. Die nach dem Austenitisieren zum Erreichen des Härtegefüges Martensit erforderlichen Abkühlgeschwindigkeiten der benutzten Stähle können aus deren kontinuierlichen Zeit-Temperatur-Umwandlungs-Schaubildern entnommen werden. Bild

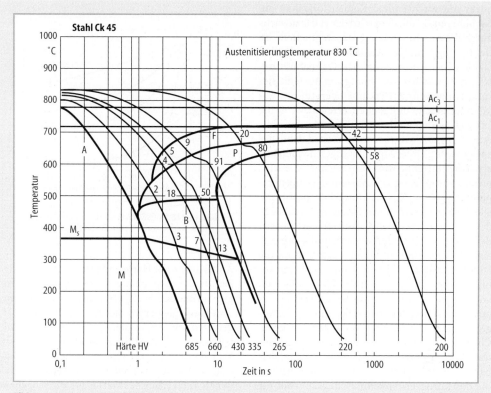

Bild 11-215 Kontinuierliches ZTU-Schaubild für Ck 45

11-215 zeigt das kontinuierliche ZTU-Diagramm von Ck 45. Als horizontale Linien sind die Ac_3-, Ac_1- und M_S-Temperaturen vermerkt. Das Diagramm ist längs der Abkühlungskurven zu lesen. In allen Bauteilbereichen, in denen die Abkühlung schneller als nach der dicker gezeichneten Abkühlungskurve erfolgt, die die kritische Abkühlgeschwindigkeit bestimmt, setzt vollständige Martensitbildung ein. Die Abschreckung kann je nach Gehalt an Kohlenstoff und Legierungselementen in Wasser-, Öl- oder Salzbädern, in entsprechend geführten Gasströmungen (Gasabschreckung) oder (bei sog. Lufthärtern) durch Abkühlen in Luft erfolgen. Alle Legierungszusätze außer S, P und Co senken die kritische Abkühlgeschwindigkeit und die M_S-Temperatur herab, so daß größere Durchmesserbereiche martensitisch umwandeln. Die während der Umwandlung des Austenits in Martensit auftretenden Umwandlungsplastizitätseffekte und Volumenvergrößerungen beeinflussen die nach dem Härten vorliegenden Eigenspannungs- und Verzugszustände erheblich [Bes93].

Zur Minimierung der Maß- und Formänderungen, der Eigenspannungen und der Rißgefahr werden riß- und verzugsempfindliche Stähle bevorzugt „gestuft" abgekühlt. Die dabei am häufigsten angewandte Methode ist die Unterbrechung des Abkühlvorgangs durch Halten in einer Salzschmelze, in einem „Warmbadöl" oder in einem Wirbelbett bei Temperaturen dicht oberhalb der Martensitstarttemperatur. Nach Abminderung der Abkühl- bzw. Abschreckspannungen erfolgt dann die Schlußabkühlung mit martensitischer Umwandlung an ruhender Luft.

Die beim Härten von Stählen erreichbaren Härte- und Festigkeitswerte sind von der Austenitisierungstemperatur, der Werkstoffzusammensetzung, den Abschreckbedingungen und von den Werkstoffabmessungen abhängig. Höchste Härte- und Festigkeitswerte werden immer dann erreicht, wenn der Austenit vollständig in Martensit umgewandelt wird. Bei unlegierten und niedriglegierten Stählen mit C-Gehalten zwischen 0,15 und etwa 0,6 Ma.-% wächst bei vollständiger Umwandlung des Austenits in Martensit die Martensithärte gemäß $20 + 60 \sqrt{Ma.-\% C}$ HRC linear mit wachsendem Kohlenstoffgehalt an. Bei höheren C-Gehalten wird der Härtezuwachs durch die zunehmenden Restaustenitanteile im Gefüge abgemindert. Als *Härtbarkeit* wird bei Stählen das Ausmaß der Härteannahme bezeichnet, das nach Abkühlung von Austenitisierungstemperatur auf Raumtemperatur mit Abkühlungsgeschwindigkeiten erreicht wird, die zur vollständigen oder teilweisen Martensitbildung führen. Als *Aufhärtbarkeit* wird dabei der an der Stelle größter Abkühlungsgeschwindigkeit erreichte Härtehöchstwert bezeichnet. Sie wird primär von dem bei der Austenitisierungstemperatur gelösten Kohlenstoffgehalt bestimmt. Die *Einhärtbarkeit* eines Stahls wird dagegen durch den Härtetiefenverlauf charakterisiert, der sich nach Abschluß des Härtungsvorgangs einstellt. Die Einhärtbarkeit wächst, wenn die Differenz zwischen Rand- und Kernhärte abnimmt. Sie ist sowohl vom Kohlenstoffgehalt, von der Menge und der Art der Legierungselemente sowie von der Austenitkorngröße abhängig. Elemente wie z.B. Molybdän, Mangan, Chrom und Nickel, die diffusionsgesteuerte Umwandlungen verzögern, steigern die Einhärtbarkeit ebenso wie grobkörnige Austenitgefüge, die das Korngrenzenkeimbildungsangebot für diffusionsgesteuerte Austenitumwandlungen reduzieren und damit Martensitbildungen begünstigen. Härtbarkeitsbestimmungen werden üblicherweise mit dem in DIN 50191 [DIN86] genormten *Stirnabschreckversuch* durchgeführt. Dabei wird ein Stahlzylinder in definierter Weise austenisiert und stirnseitig mit Wasser abgeschreckt. Nach Temperaturausgleich werden in Abhängigkeit vom Stirnflächenabstand die auftretenden Härtewerte als Härteverlaufskurven bestimmt. Werden solche Versuche für mehrere Chargen einer Stahlsorte durchgeführt, so ergibt sich ein Streuband von Härteverlaufskurven, das sich durch eine Mittelwertkurve beschreiben läßt. Bild 11-216 zeigt nach DIN 17200 [DIN86] solche Mittelwertkurven für Stähle mit etwa 0,35 Ma.-% Kohlenstoff und unterschiedlichen Legierungszusätzen. Die Aufhärtbarkeit wird durch Letztere nur wenig, die Einhärtbarkeit dagegen stark beeinflußt.

Unter *Anlassen* versteht man das Erwärmen gehärteter Werkstücke auf eine Temperatur zwischen Raumtemperatur und Ac_1, das anschließende Halten auf dieser Temperatur und ein nachfolgendes zweckentsprechendes Abkühlen (DIN 17014) [DIN86]. Dabei verändern sich die Härtegefüge in charakteristischer Weise, was mit

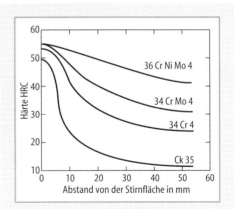

Bild 11-216 Einfluß von Legierungselementen auf die Härteverlaufskurven bei Stirnabschreckproben

Änderungen der Härte und Festigkeit, der Zähigkeit, der Eigenspannungen sowie der Abmessungen verbunden ist. Als Beispiel für die bei un- und niedriglegierten Stählen mit Kohlenstoffgehalten von etwa 1 Ma.-% mit steigender Anlaßtemperatur im Härtungsgefüge ablaufenden Vorgänge können die schematischen und quantitativen Angaben in Bild 11-217 gelten. Die tetragonale Verzerrung des Martensits wird abgebaut (oberes Teilbild), der im Martensit zwangsgelöste Kohlenstoff als Carbid ausgeschieden (mittleres Teilbild) und die Härte aufgrund der in den einzelnen Anlaßbereichen aufgeführten strukturellen Vorgänge reduziert (unteres Teilbild). Bei gehärteten legierten Stählen, die anlaßbeständiger sind, fällt die Härte schwächer mit zunehmender Anlaßtemperatur ab. Wie Bild 11-218 zeigt, steigt bei Warm- und Schnellarbeitsstählen bei höheren Anlaßtemperaturen die Härte infolge der Ausscheidung von Sondercarbiden wieder an und durchläuft zwischen 500 und 600 °C charakteristische Sekundärhärtemaxima. Tabelle 11-15 enthält Richtwerte für die bei Härtungs- und Anlaßbehandlungen von Stählen anfallenden Kosten. Spezielle Kostenangaben für Werkzeugstähle sind in Tabelle 11-16 aufgeführt.

Eine Kombination aus Härten und Anlassen im oberen möglichen Temperaturbereich wird bei un- und niedriglegierten Stählen mit Kohlenstoffgehalten zwischen 0,2 und 0,7 Ma.-% (Vergütungsstählen) als *Vergüten* bezeichnet. Durch diese WB wird eine gute Zähigkeit bei guter Zugfestigkeit angestrebt. Zur Bewertung der durch Vergüten erreichbaren Eigenschaftskombinationen dienen die werkstoffspezifi-

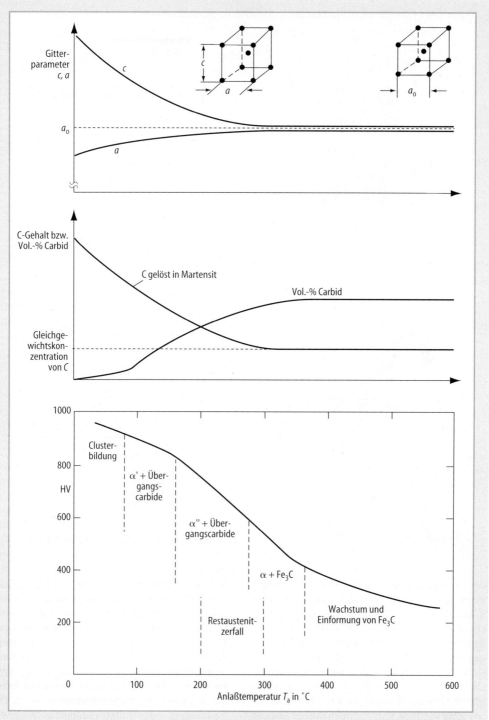

Bild 11-217 Änderung der Gitterparameter, des gelösten C-Gehalts, des Carbidanteils (schematisch) sowie der Vickershärte mit wachsender Anlaßtemperatur bei einem martensitisch gehärteten Stahl mit ca. 0.6 - Ma. - % C

Tabelle 11-15 Kosten für Härtungs- und Anlaßbehandlungen bei Stählen (Richtwerte 1993)

T_A	WB	Stückgewichte in kg			
		0,01 – 0,1	0,1 – 1	1 – 10	>10
< 930 °C	Härten oder Glühen	7	5	4	3
	Härten und Anlassen (1mal 2h bis 200 °C)	9	6	4,5	4
	Härten und Anlassen (1mal 2h über 200 °C)	10,5	7	5	4,5
930 °C – 1100 °C	Härten oder Glühen	12	8	6	5
	Härten und Anlassen (1mal 2h bis 200 °C)	14	9	7	6
	Härten und Anlassen (1mal 2h über 200 °C)	15	10	8	6,5
	Je weitere Stunde Anlassen über 2h hinaus				
	bis 200 °C	0,6	0,4	0,3	0,3
	über 200 °C	1,2	0,8	0,6	0,5

Werte in DM/kg

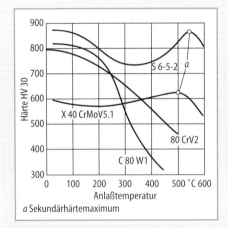

a Sekundärhärtemaximum

Bild 11-218 Änderung der Härte mit der Anlaßtemperatur bei einigen Werkzeugstählen

Bild 11-219 Vergütungsschaubild von 25CrMo4

R_m Zugfestigkeit
R_{eS} Streckgrenze
Z Brucheinschnürung
A_5 Bruchdehnung

schen Vergütungsschaubilder. Bild 11-219 enthält ein Beispiel. Mit zunehmender Anlaßtemperatur nehmen Härte, Zugfestigkeit und Streckgrenze ab, während die die Zähigkeit charakterisierenden Bruchdehnungen und Brucheinschnürungen ansteigen. Tabelle 11-17 enthält eine Übersicht der mit Vergütungsstählen bei gegebenem Durchmesser zu erreichenden Mindeststreckgrenzen und Mindestfestigkeiten [Mac91]. Richtwerte für die dabei entstehenden Kosten können Tabelle 11-15 entnommen werden.

Zur Erzeugung hoher Härten in den oberflächennahen Bereichen von normalisierten oder vergüteten Bauteilen kommt das *Randschicht-*

härten zur Anwendung. Dazu werden Bauteilrandschichten, oft örtlich begrenzt (z.B. bei der Radienhärtung von Kurbelwellen), auf Austenitisierungstemperatur erwärmt und so abgeschreckt, daß bis zu einer bestimmten Oberflächenentfernung Martensitbildung durch Austenitumwandlung erfolgt. Das Erwärmen und Halten auf Austenitisierungstemperatur kann durch Induktion (Induktionshärten mit hochfrequentem oder mittelfrequentem Wechselstrom, Impulshärten), durch Konduktion (Konduktionshärten mit hoch- oder mittelfrequentem Wechselstrom), durch Konvektion (Flammhärten, Plasmastrahlhärten, Tauchhärten), durch

Tabelle 11-16 Kosten beim Härten von Werkzeugstählen (Richtwerte 1993)

Werkstoff	WB	Stückgewichte		
		bis 0,1 kg (Gesamtmenge > 0,5 kg)	bis 5,0 kg (Gesamtmenge > 0,5 kg)	> 5,0 kg
Werkzeug-stahl	$T_A > 900\,°C$ 1mal angelassen	14	8,5	8
Warmarbeits-stahl	$T_A > 1000\,°C$ 2mal angelassen	21	11	10
Schnellarbeits-stahl	$T_A > 1100\,°C$ 2mal angelassen	26	16	14

– Grundkosten pro Auftragsbearbeitung (ca. 50 DM)
– Kugelstrahlkosten nach Aufwand (ca. 85 DM/h)
– Materialanalyse (ca. 230 DM)

Werte in DM/kg

Tabelle 11-17 Übersicht über die mit Vergütungsstählen bei vorgegebenen Durchmesserforderungen zu erreichenden Mindeststreckgrenzen und Mindestzugfestigkeiten

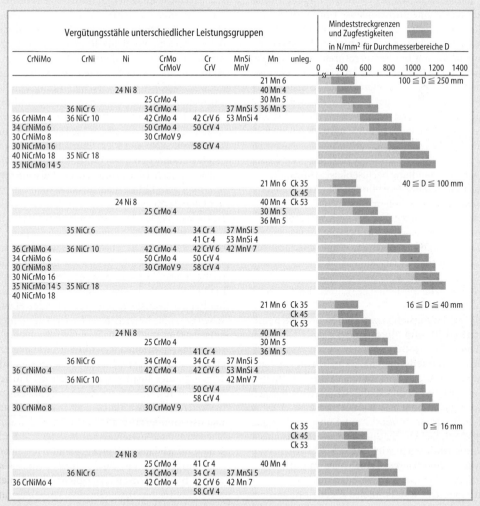

Strahlung (Laserstrahl- und Elektronenstrahlhärten) oder durch Reibung (Reibhärten) erfolgen. Das Abschrecken nach dem Austenitisieren erfolgt mit einer auf die Werkstoffoberfläche gerichteten Abschreckbrause durch Wasser, wäßrige Lösungen, Öle oder Ölemulsionen sowie durch Druckluft oder durch Eintauchen der Werkstücke in flüssige Abschreckmittel oder Salzschmelzen. Beim Laser- und Elektronenstrahlhärten reicht oft die Masse des nicht erwärmten Werkstückquerschnitts aus, um die austenitische Randschicht ausreichend rasch durch „Selbstabschreckung" abzukühlen.

Eine spezielle WB-Art führt bei den martensitaushärtbaren Stählen – das sind kohlenstoffarme Eisen-Nickel-Cobalt-Stähle mit weiteren aushärtenden Legierungszusätzen (z.B. Al, Si, Ti) – zu hochfesten und duktilen Werkstoffzuständen. Nach Lösungsglühen erfolgt beim Abschrecken eine diffusionslose Umwandlung, bei der ein relativ weicher Martensit (Nickelmartensit) entsteht. Eine nachfolgende Ausscheidungshärtung bei Temperaturen zwischen 450 und 600 °C führt zu dem angestrebten Gefügezustand mit einer hohen Dichte an feindispers verteilten kohärenten Ausscheidungen (Ni_3Ti, Ni_3Mo) und intermetallischen Phasen (FeAl, Fe_3Al), die die vorliegende Gitterstörungsstruktur stabilisieren.

Eine aktuelle Übersicht über den Stand der Wärmebehandlung bei Eisenbasis-Gußwerkstoffen gibt [Mot87]. Dort finden sich Angaben über spezielle Glühungen im Austenitgebiet, über WB zur Veränderung gebundener Kohlenstoffgehalte sowie über das Härten und Vergüten, das Spannungsarmglühen und das Randschichthärten dieser Werkstoffgruppe.

11.13.4.2 Thermochemische Wärmebehandlungen

Die am häufigsten angewandten thermochemischen WB sind *Einsatzhärten* und *Nitrieren* [Pau87, Lie91]. Beim Einsatzhärten wird in einem ersten Teilschritt die Randschicht von Bauteilen meist aus Einsatzstählen mit C-Gehalten ≤ 0,2 Ma.-% durch Aufkohlen in festen, flüssigen oder gasförmigen Spendern vorzugsweise bei Temperaturen > 900 °C mit Kohlenstoff angereichert. Geben die Spendermaterialien außer Kohlenstoff auch Stickstoff ab, so spricht man von *Carbonitrieren*. Dabei wird mit etwas geringeren Temperaturen als beim Aufkohlen gearbeitet. Der Randkohlenstoffgehalt der Werkstücke (z.B. 0,6 – 1,0 Ma.-%) wird über die im Spender wirksamen Kohlungsgleichgewichte, z.B. das Boudouard-Gleichgewicht

$$2CO \rightleftarrows [C] + CO_2$$

eingestellt. Mit einer Aufkohlungszeit t wird eine Aufkohlungstiefe proportional $\sqrt{t}$ erreicht. Aufgekohlte oder carbonitrierte Werkstücke erhalten die gewünschten Gebrauchseigenschaften durch anschließendes Härten und nachgeschaltetes Anlassen bei Temperaturen von etwa 180 °C. Beim Härten wird üblicherweise das energiewirtschaftlich sehr vorteilhafte *Direkthärten* angewandt, wobei die Abschreckung direkt nach Ablauf der Eindiffusionsbehandlung oder nach Absenken der Temperatur auf die Austenitisierungstemperatur des Kernwerkstoffs erfolgt. Bei dem seltener angewandten *Einfachhärten* wird nach dem Aufkohlen zunächst härtungsfrei auf Raumtemperatur abgekühlt. Dadurch können die Bauteile leichter zwischenbearbeitet oder gerichtet werden. Zum Härten werden sie anschließend auf die gewünschte Austenitisierungstemperatur erwärmt und nach einer Haltezeit hinreichend schnell abgekühlt. Nach dem Einsatzhärten liegen je nach Randkohlenstoffgehalt Randhärten zwischen 700 und 800 HV und Kernhärten, je nach benutztem Einsatzstahl, zwischen 250 und 450 HV vor. Die Bewertung des Ergebnisses einer Einsatzhärtung erfolgt anhand von Härteverlaufskurven. Diesen wird nach DIN 50190 [DIN86] als *Einsatzhärtungstiefe* Eht der senkrechte Abstand von der Oberfläche entnommen, bei dem noch eine Härte von 550 HV vorliegt. Die Eht muß den jeweiligen Beanspruchungsverhältnissen, denen die Bauteile unterliegen, angepaßt werden. Beispielsweise sollte bei hochbeanspruchten Getrieberädern, die immer einsatzgehärtet werden, die Eht = 0,2 · Modul sein, damit das Maximum der bei der Beanspruchung auftretenden Hertzschen Pressung innerhalb der harten Randschicht auftritt. Durch Einsatzhärtung wird der Widerstand von Bauteilen sowohl gegenüber Furchungs- und Wälzverschleiß als auch gegenüber schwingender Beanspruchung erhöht. Für die Verbesserung des Dauerschwingverhaltens ist der nach der Einsatzhärtung zurückbleibende Eigenspannungszustand von großer Bedeutung. Nach einer fehlerfreien Einsatzhärtung treten schwingfestigkeitssteigernde Randdruckeigenspannungen auf, die durch Zugeigenspannungen im Bauteilinneren ausgeglichen werden.

Beim Nitrieren bzw. *Nitrocarburieren* erfolgt eine Eindiffusion von Stickstoff bzw. von Stick-

Tabelle 11-18 Derzeit industriell gebräuchliche Nitrocarburier- und Nitrierverfahren

Nitrocarburieren		Nitrieren	
Pulver	Calziumcyanamid + Aktivator („Pulnieren")	Gas	Ammoniak
			Ammoniak + Stickstoff
Salzschmelze	Canid/Cyanat im belüfteten Ti-Tiegel („Tenifer-NS")		Ammoniak + Schwefel („Sulfonitrieren"/ „Oxulfatrieren")
	Canid im belüfteten Ti-Tiegel („Tenifer-TF1")		
	Canid/Cyanat + Schwefel („Sulf-Inuz")	Plasma	Stickstoff („Ionitrieren")
			Ammoniak
Gas	Ammoniak + Endogas („Nikotrieren")		
	Ammoniak + Exogas + Endogas („Deganit")		
	Ammoniak + Methylamin („ZF-Verfahren")		
Plasma	Stickstoff + Kohlenwasserstoff („Ionitrieren")		

stoff und Kohlenstoff, z.B. unter Ausnutzung der Reaktion

$$2\ KCNO + 1/2\ O_2 \rightarrow K_2CO_3 + [C] + [2N],$$

in die Randschicht der Grundwerkstoffe bei Temperaturen zwischen 500 und 600°C. Dabei finden neben pulvrigen auch flüssige und gasförmige N- bzw. N- und C-Spender Anwendung. Wegen der geringen Nitriertemperaturen erfolgen beim Abkühlen/Abschrecken nach Abschluß der Eindiffusionsvorgänge im Gegensatz zum Einsatzhärten keine mit Volumenänderungen verbundenen allotropen Umwandlungen. Dadurch treten erheblich geringere Verzüge als beim Einsatzhärten auf. Tabelle 11-18 gibt eine Übersicht über industriell gebräuchliche Nitrier- und Nitrocarburierverfahren. Die beim Nitrieren erzeugte Randschicht umfaßt die wenige mm dicke äußere Verbindungsschicht, aus γ'- und ε-Nitriden sowie Carbonitriden und die darunterliegende Diffusionsschicht, in der in Abhängigkeit von der Stahlzusammensetzung und der Abkühlungsgeschwindigkeit α"-Nitride, γ'-Nitride oder z.B. bei Nitrierstählen, die nitridbildenden Legierungselemente Al, Cr und Mo enthalten, Sondernitride entstehen. Die maximal erreichbare Härte wird durch die Menge der im Grundwerkstoff vorhandenen nitridbil-

denden Legierungselemente bestimmt. Härtemessungen über den Querschnitt nitrierter oder nitrocarburierter Bauteile ergeben ähnliche Ergebnisse wie nach dem Einsatzhärten. Zur Charakterisierung des Nitrier- bzw. Nitrocarburierergebnisses werden Härteverlaufskurven bestimmt und daraus nach DIN50190 [DIN86] die Nitrierhärtetiefe Nht als Abstand von der Oberfläche entnommen, bei dem eine Grenzhärte GH = Kernhärte KH + 50HV vorliegt. Im Gegensatz zum Einsatzhärten bleibt die durch Nitrieren erzeugte randnahe Härte bis zu Betriebstemperaturen von etwa 500°C erhalten (Warmhärte), so daß eine Verbesserung des Verschleißverhaltens auch von Bauteilen (z.B. Ventilsitze) und Werkzeugen (z.B. Druckgußformen und Zerspanungswerkzeuge) durch Nitrieren möglich ist, die höheren Betriebstemperaturen ausgesetzt sind. In Tabelle 11-19 sind Richtwerte der Kosten für Aufkohlen, Carbonitrieren, Einsatzhärten und Nitrocarburieren aufgeführt.

11.13.4.3 Thermomechanische Wärmebehandlungen

Bei thermomechanischen Wärmebehandlungen (vgl. Bild 11-210) von Stählen werden den Werkstoffen aufgrund der Kenntnisse über die iso-

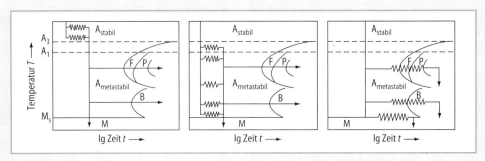

Bild 11-220 Bei thermomechanischen Behandlungen zur Umformung ausgenutzte Temperatur-Zeit-Intervalle schematisch dargestellt in ZTU-Schaubildern

Tabelle 11-19 Kosten für Carbonitrier-, Aufkohlungs-, Einsatzhärtungs- und Nitrocarburier-Behandlungen (Richtwerte 1993)

WB	Eht	Stückgewichte			
	0,1 kg	0,01 bis	bis 1 kg	bis 10 kg	>10 kg
Carbonitrieren	bis 0,1	7	4,5	3,5	
	bis 0,3	7	5	3,5	3
Aufkohlen	bis 0,5	7,5	5	3,5	3
	bis 0,8	8	5,5	4	4
Einsatzhärten	bis 1,2	10	6,5	5	4
	bis 1,6	12	8	6	5
	Behandlungszeit				
Nitro-	bis 1 h	5	3,5	2,5	2,5
	bis 2 h	7	4,5	3,5	2,5
carburierung	bis 3 h	8,5		5,5	4 3
	je weitere h	1,5	1	0,8	0,6

Werte in DM/kg

thermen und kontinuierlichen Zeit-Temperatur-Umwandlungs-Zusammenhänge nach der Austenitisierung charakteristische Temperatur-Zeitverläufe mit Haltetemperaturen aufgeprägt, bei denen mechanische Umformprozesse erfolgen. Bild 11-220 zeigt einige charakteristische Temperaturführungen mit kombinierten Umformintervallen anhand eines schematischen ZTU-Diagramms. Dabei werden unterschieden
– Umformungen im stabilen Austenitbereich (links),
– Umformungen im metastabilen Austenitbereich (Mitte) und
– Umformungen während der Austenitumwandlung (rechts).

Die bei hohen Temperaturen im Austenit durch „kontrolliertes Walzen" erzeugten Verformungs-

zustände rekristallisieren während der Umformung (dynamische Rekristallisation), sodaß für die anschließenden ferritisch-perlitischen, bainitischen oder martensitischen Umwandlungen feinkörnige Ausgangsgefüge vorliegen. Werden bei mittleren Temperaturen Umformungen des metastabilen Austenits vorgenommen, so kann die Umformtemperatur größer oder kleiner als die Rekristallisationstemperatur gewählt werden, so daß von unterschiedlichen Ausgangsgefügen diffusionsgesteuerte Umwandlungsprozesse erfolgen können. Auf diese Weise lassen sich feinkörnige Werkstoffzustände mit hohen Versetzungsdichten, und beim Vorliegen entsprechender Stahlzusammensetzungen, auch mit großen feindispersen Ausscheidungsdichten erzeugen. Die Umformung des metastabilen Austenits unmittelbar vor der Martensitumwandlung wird als *Austenitformhärten* bezeichnet. Schließlich können auch durch Umformungen während der ferritisch-perlitischen, bainitischen und zu Beginn der martensitischen Umwandlung komplexe Werkstoffzustände mit interessanten mechanischen Eigenschaften hergestellt werden.

Bei mikrolegierten Baustählen mit Zusätzen von Nb, V, Ti wird das Zusammenwirken von Feinkornbildung durch thermomechanische WB und durch Aushärtung nach dem Walzen während hinreichend langsamer Abkühlung zwischen 550 und 650 °C gezielt zur Festigkeitssteigerung ausgenutzt.

11.13.5 Wärmebehandlung von Nichteisenwerkstoffen

In der Technik finden NE-Knet- und Gußwerkstoffe mit den verschiedensten Basismetallen, wie z. B. Aluminium, Kupfer, Nickel, Magnesium,

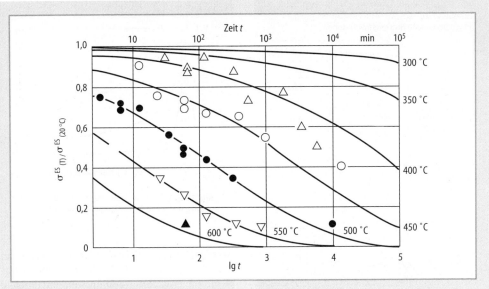

Bild 11-221 Einfluß von Glühzeit und -temperatur auf den Abbau von Eigenspannungen bei kugelgestrahltem TiAl6V4

Titan, Zink, Blei u. a. m., verbreitete Anwendung. Die vorliegende Werkstoffvielfalt hat dazu geführt, daß im Laufe der Zeit viele aus der betrieblichen Erfahrung resultierende WB-Verfahren mit eingrenzenden Vorschriften entstanden (vgl. z. B. [ASM91, Heu87]). Die wichtigsten WB sind

- das Spannungsarmglühen (auch thermisches Entspannen genannt),
- das Rekristallisationsglühen (auch Weichglühen genannt),
- das Homogenisierungsglühen und
- das Lösungsglühen und Auslagern (meist Aushärten oder Aushärtung, oft auch Ausscheidungshärtung genannt).

Obwohl es einige NE-Legierungen gibt, bei denen martensitische Umwandlungen auftreten, kommt dem Härten und Vergüten als WB nur in Sonderfällen eine gewisse Bedeutung zu. Gelegentlich finden auch thermomechanische WB Anwendung. Im folgenden werden für die herausgestellten WB exemplarisch nur einige Anwendungsbeispiele bei Al-, Cu-, Mg-, Ni-, Ti- und Pb-Basiswerkstoffen besprochen. Dabei gilt generell, daß eine umso größere Wärmebehandlungstemperatur Anwendung findet, je größer die Solidustemperatur T_s des jeweiligen Werkstoffs ist.

Bei kaltverformten, bei gegossenen, bei bearbeiteten und bei ausgehärteten NE-Metall-Le-

gierungen dient das Entspannungsglühen dem Abbau vorhandener Eigenspannungen, der verstärkt oberhalb $T \approx 0,4\,T_s(K)$ einsetzt. Bild 11-221 zeigt als Beispiel die Isothermen des Randeigenspannungsabbaus bei kugelgestrahltem TiAl6V4. Die Reduzierung der Makroeigenspannungsbeträge und der die Verfestigung bestimmenden Mikroeigenspannungen erfolgt um so rascher, je größer die Glühtemperatur gewählt wird. Auch hier läßt sich der Temperatur- und Zeiteinfluß auf den Eigenspannungsabbau mit einem Avrami-Ansatz quantitativ beschreiben [Hir83]. Der Übergang vom Entspannungsglühen zum Erholungs- und Rekristallisationsglühen (Weichglühen) ist, wenn vollständiger Eigenspannungsabbau angestrebt wird, fließend. Ein Gefühl für die bei bestimmten Legierungen angewandten Entspannungsglühungen geben die in Tabelle 11-20 aufgeführten Daten. Durch Rekristallisationsglühen kaltverformter NE-Werkstoffe lassen sich gezielt bestimmte Korngrößen einstellen und damit die Festigkeitswerte beeinflussen. Die Beurteilung erfolgt anhand von Rekristallisationsschaubildern, bei denen über dem Umformgrad und der Glühtemperatur die sich bei konstanter Glühzeit einstellende Korngröße aufgetragen wird. Bild 11-222 zeigt ein solches Diagramm [Heu87] für Al 99.6. Nach kleinen Kaltverformungen bewirken große Glühtemperaturen ausgeprägte Kornvergröberungen. Bei großen Verformungsgraden und hohen

Tabelle 11-20 Richtwerte für Entspannungsglühungen bei einigen Nichteisenwerkstoffen

Werkstoff	Glühtemperatur	Glühzeit
AlMg 2.5	200-250 °C	2 h
CuZn 30	250-300 °C	0.5-3 h
MgAlZn	260-330 °C	1-2 h
NiCu 30 Fe	550-650 °C	0.25-2 h
TiAl 6 V 4	480-650 °C	1-4 h

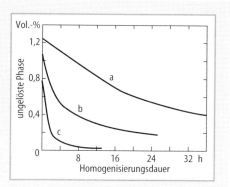

Bild 11-223 Auflösung einer Nichtgleichgewichtsphase bei AlZn6Mg2Cu1 (Glühtemperatur 460 °C)

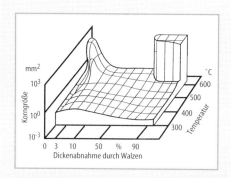

Bild 11-222 Rekristallisationsschaubild für Reinaluminium

Temperaturen liefert die sogenannte Sekundärrekristallisation besonders große Körner. Nicht aushärtbare Al-Legierungen werden meist zwischen 320 und 420 °C, aushärtbare zwischen 370 und 450 °C weichgeglüht. Die Glühdauern werden je nach Legierungszusammensetzung sowie Art, Zustand und Abmessungen des Halbzeugs verschieden gewählt. Bei aushärtbaren Legierungen darf die Geschwindigkeit beim Abkühlen von der Weichglühtemperatur auf ca. 250 °C etwa 30 °C/h nicht überschreiten, wenn ein stabiler, heterogener Gefügezustand erreicht werden soll. Bei den Bronzen sind je nach vorliegendem Hauptlegierungselement unterschiedliche Weichglühtemperaturen erforderlich, so z. B. bei Zinn- und Phosphorbronzen 450 – 550 °C, bei Nickelbronzen > 550 °C und bei Aluminiumbronzen ca. 600 °C. NiCuZn-Legierungen (Neusilber) werden je nach Nickelgehalt zwischen 580 und 650 °C, andere mehrkomponentige Nickelbasislegierungen je nach Werkstoffzusammensetzung zwischen 700 und 1100 °C weichgeglüht. Für die technisch genutzten α-, α/β- und β-Titanlegierungen, die vielfach im weichgeglühten Zustand verwendet

werden, liegen in Werkstoffdatenblättern spezifizierte Weichglühvorschriften vor [ASM91].

Homogenisierungsglühungen dienen bei abgegossenen Formaten und Formgußstücken aus NE-Metallen zur Überführung von Nichtgleichgewichtszuständen in gleichgewichtsnähere Zustände. Dabei werden so hohe Glühtemperaturen gewählt, daß sich Konzentrationsunterschiede, Seigerungen, Nichtgleichgewichtsphasen und/oder Gefügeinhomogenitäten diffusionsgesteuert ausgleichen können. Die Glühparameter werden je nach Legierungszusammensetzung und Legierungszustand festgelegt. Durch Vorverformung lassen sich die Homogenisierungen bei Gußzuständen beschleunigen. Bild 11-223 zeigt als Beispiel die durch eine 460 °C-Glühung zeitlich erreichbare Auflösung einer Nichtgleichgewichtsphase bei einem abgegossenen Zustand (Kurve a) und bei zwei nachgewalzten Zuständen (Kurven b und c) der Legierung AlZn6Mg2Cu1. Bei Zinnbronzen mit größeren Sn-Gehalten werden erst durch Homogenisierungsglühungen die Voraussetzungen für erfolgreiche Kaltverformungen geschaffen. Bei Magnesiumgußlegierungen, wie z.B. G-MgAl8Zn1 und G-MgAl9Zn1, werden durch einstufiges (16-24 h bei ca. 410 °C) oder mehrstufiges (6 h bei ca. 410 °C + 2 h bei ca. 350 °C + 10 h bei ca. 410 °C) Glühen erhebliche Steigerungen der Zugfestigkeit und der Duktilität erreicht. Bei CuAlFe- und CuAlNi-Legierungen existiert bei hohen Temperaturen ein homogener β-Phasenbereich, aus dem sich bei langsamer Abkühlung ein eutektoides Gemenge aus (α + γ)- bzw. (α + κ)-Phasen bildet. Erfolgt dagegen nach „Austenitisieren" im homogenen Existenzbereich der β-Phase eine rasche Abkühlung auf Raumtemperatur,

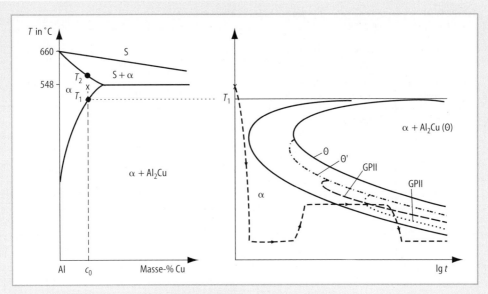

Bild 11-224 Aushärtung von AlCu-Legierungen (schematisch)

so treten martensitische Umwandlungen auf und nachfolgende Anlaßbehandlungen bewirken Vergütungseffekte.

Die WB Aushärtung, die stets die Prozeßschritte Lösungsglühen, Abschrecken und Auslagern bei Raumtemperatur oder höheren Temperaturen umfaßt, stellt ein besonders wichtiges Verfahren zur Steigerung der Festigkeit von NE-Werkstoffen dar [Alu88]. Das zugrundeliegende Prinzip erläutert Bild 11-224 für eine AlCu-Legierung. Links ist der Al-reiche Teil des Zustandsdiagramms wiedergegeben. Unterhalb der eutektischen Temperatur von 548 °C fällt die Löslichkeit des aluminiumreichen α-Mischkristalls für Cu mit sinkender Temperatur stark ab. Wird eine Legierung mit der Cu-Konzentration c_0, die bei 20 °C als heterogenes Gemenge aus α-Mischkristallen und Al_2Cu vorliegt, erwärmt, so löst sich bei Überschreiten von T_1 die Gleichgewichtsphase Al_2Cu auf, und es liegen nur noch kubisch-flächenzentrierte α-Mischkristalle vor, bei denen Kupferatome auf regulären Plätzen des Aluminiumgitters substituiert sind. Bei hinreichend langsamer Abkühlung bildet sich nach Unterschreiten von T_1 erneut der Gleichgewichtszustand der Legierung aus, der neben α-Mischkristallen eine mit sinkender Temperatur zunehmende Menge von Al_2Cu (Θ-Phase) umfaßt. Im rechten Teilbild ist schematisch das Zeit-Temperatur-Entmischungs-Schaubild der betrachteten AlCu-Legierung wiedergegeben.

Durch die Linien mit größter Strichstärke werden die T,t-Bereiche abgegrenzt, in denen ausschließlich α-Mischkristalle, eine heterogene Mischung aus α-MK und einer mit der Zeit anwachsenden Menge an Al_2Cu sowie der heterogene Gleichgewichtszustand $\alpha + Al_2Cu$ vorliegen. Wird die Legierung dagegen nach hinreichend langer Glühung zwischen T_1 und T_2 schnell auf 20 °C abgeschreckt, so entstehen an Kupferatomen übersättigte instabile α-Mischkristalle mit vielen Gitterleerstellen. Letztere begünstigen bei Kaltaushärtung und beim Auslagern bei erhöhten Temperaturen (Warmaushärtung) Diffusionsvorgänge, die zur Bildung der Ausscheidungsfolge GP I-Zonen $\rightarrow$ GP II-Zonen $\rightarrow$ Θ'-Phase mit anschließendem Übergang in den Gleichgewichtszustand mit der Θ-Phase (Al_2Cu) führen. In Bild 11-224 rechts sind die entsprechenden Zeit-Temperatur-Ausscheidungskurven durch punktierte, gekreuzte und gestrichelte Linien markiert. Je nach Wahl von Temperatur und Zeitdauer der Aushärtung stellen sich daher unterschiedliche Aushärtungszustände mit unterschiedlichen mechanischen und physikalischen Eigenschaften ein. Bild 11-225 zeigt als Beispiel, welche Härtewerte bei AlCu-Legierungen durch Auslagerung bei 130 °C erzielt werden können. Neben AlCu liegen mit den Systemen AlCuMg, AlZnMgCu, AlZnMg und AlMgSi sowie AlSiMg und AlCuTi weitere aushärtungsfähige Aluminiumbasislegierungen vor.

Tabelle 11-21 Richtwerte für die WB Aushärtung bei einigen Aluminiumlegierungen

Werkstoff	Lösungsglüh-temperatur °C	Abkühlung / Abschrecken	Kaltauslagerung (20° C)	Warmauslagerung T (°C)	Auslagerungszeit t
AlCuMg 2	495–505	Wasser	5–8 h	180–195	16–24 h
AlMgSi 1	525–540	Wasser	5–8 h	155–190	4–16 h
AlZn 4.5 Mg 1	460–485	Wasser / Luft	mind. 90 d	90–100	8–12 h
				140–160	16–24 h
G-AlSi 10 Mg	520–530	Wasser		160–165	8–10 h
G-AlMg 3 Si	540–560	Wasser		160	8–10 h
G-AlCu 4 Ti	525–535	Wasser		165–160	12–14 h

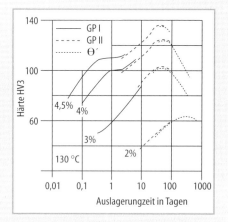

Bild 11-225 Härteisothermen von AlCu-Legierungen mit 2, 3, 4 und 4,5 Ma.- % Cu bei einer Auslagerungstemperatur von 130 °C

Typische Beispiele für optimale Aushärtungs-WB bei Aluminiumknet- und -gußlegierungen sind in Tabelle 11-21 aufgeführt. Bild 11-226 stellt für die Legierung AlCuMg1 die zeitliche Entwicklung der Streckgrenze, der Zugfestigkeit und der Bruchdehnung bei verschiedenen Kaltauslagerungstemperaturen dar. Erwähnenswert ist, daß bei bestimmten Al-Basislegierungen, wie z. B. bei AlCuMg1 und AlZn4.5Mg1, die Kopplung günstig gewählter Lösungsglühtemperaturen mit geeigneten Abkühlgeschwindigkeiten optimale Spannungskorrosionsbeständigkeiten ergeben. Durch nachfolgende Stufenauslagerun-

gen wird eine weitere Erhöhung der Beständigkeit gegenüber Spannungskorrosion erreicht. Bei AlZnMgCu-Legierungen erzielt man eine ähnliche Wirkung durch gezieltes mehrstufiges Abschrecken und Auslagern. Schließlich besteht bei Karosserieformteilen aus AlMgSi- und Al-CuMg-Legierungen die Möglichkeit, die bei Einbrennlackierungen zur Abbindung von Beschichtungen erforderliche Temperatur von 180 °C zur Warmaushärtung auszunutzen [vgl. z. B. Heu87].

Bei einigen Kupferbasislegierungen werden Aushärtungs-WB in Kombination mit nachfolgenden Kaltverfestigungen nicht nur zur Festigkeitssteigerung, sondern auch zur Verbesserung der elektrischen Leitfähigkeit durchgeführt. Aushärtbar sind CuBe-, CuCoBe-, CuNiBe-, CuNiSi-, CuZr- und CuCrZr-Legierungen. Da bei den Lösungsglühungen, die legierungsspezifisch zwischen etwa 700 und 1000 °C vorgenommen werden, und bei den Auslagerungsglühungen, die zwischen 300 °C und 500 °C erfolgen, enge Temperaturtoleranzen eingehalten werden müssen, sind für die WB Ofenanlagen mit konstanten Temperaturverteilungen und guter Regelbarkeit erforderlich.

Auch die ausgezeichneten Hochtemperaturfestigkeitseigenschaften von Nickel- und Kobaltbasislegierungen, deren Einsatzgebiete von Wärmetauscherrohren über Rauchgasführungselemente bis hin zu Brennkammern und Turbinenschaufeln für stationäre Gasturbinen und Flugtriebwerke reichen, beruhen auf Ausschei-

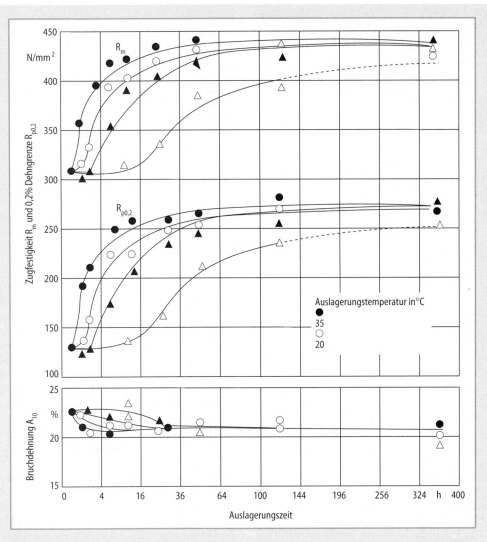

Bild 11-226 Änderungen mechanischer Werkstoffkenngrößen bei AlCuMg1 in Abhängigkeit von der Auslagerungszeit bei verschiedenen Auslagerungstemperaturen

dungshärtungen durch gezielte WB. Die dazu erforderlichen Lösungsglüh-, Abkühlungs- und Auslagerungsbehandlungen sind meist zwei- oder auch dreistufig, wodurch eine besondere Langzeitstabilität der Gefüge bei Hochtemperatureinsätzen angestrebt wird (vgl. z.B. [ASM91]). Dabei bestimmen die chemische Zusammensetzung der „Superlegierungen" und die Art der Legierungselemente ganz entscheidend das meist komplizierte Zeit-Temperatur-Ausscheidungsverhalten. Als Beispiel zeigt Bild 11-227 das Zeit-Temperatur-Ausscheidungs-Schaubild von Inconel 617 (NiCr22Co12Mo9) für das Temperatur-

intervall $700 \leq T \leq 1500$ K. Je nach Temperatur und Auslagerungsdauer treten neben der kubisch-flächenzentrierten Mischkristallmatrix die Primärausscheidungen M_6C (mit M als Symbol für die metallischen Legierungselemente) und Ti (C, N) auf. Ferner können sich die Sekundärausscheidungen $M_{23}C_6$ (z.B. [$Cr_{16}Ni_4$ Mo_3] C_6) und $M_{12}C$ sowie die γ'-Phase Ni_3Al bilden. Schließlich können bei längeren Auslagerungszeiten zwischen 800 K und 900 K noch σ- und Laves-Phasen auftreten.

Bei Titanbasislegierungen wird die bei höheren Temperaturen beständige β-Phase durch ra-

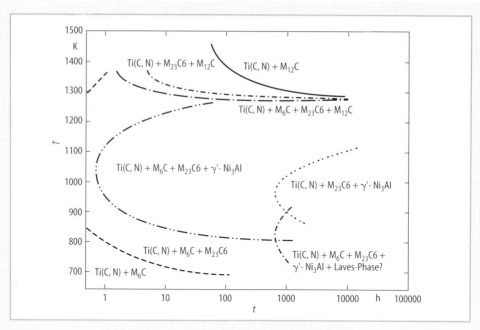

Bild 11-227 Zeit-Temperatur-Ausscheidungsschaubild der Legierung NiCr22Co12Mo9

sches Abkühlen auf Raumtemperatur und anschließendes Anlassen und Auslagern in ein heterogenes Gemenge aus α- und β-Körnern übergeführt. Die dafür erforderliche WB besteht bei der in der Technik am meisten angewandten Legierung TiAl6V4 in einer Lösungsglühung von 1 h zwischen 955 und 970 °C sowie in einer Wasserabschreckung und einer nachfolgenden Glühung von 4 – 8 h bei 480 – 595 °C oder 2 – 4 h bei 705 – 760 °C. Dies ergibt optimale Festigkeitseigenschaften. Interessant ist auch, daß bei der Herstellung von Masseträgern für Blei-Säure-Batterien aus PbSb-Legierungen durch Kokillenguß die Festigkeitssteigerungen ausgenutzt werden, die unmittelbar nach Abkühlung auf Raumtemperatur durch rasche „Selbstaushärtung" entstehen.

Literatur zu Abschnitt 11.13

[ASM91] ASM Handbook Committee: Metals Handbook, Heat Treatment, Vol. 4. Metals Park, Ohio: ASM 1991

[Alu88] Aluminium-Zentrale (Hrsg.): Aluminium-Taschenbuch. 14. Aufl. Düsseldorf: Aluminium-Vlg. 1988

[Bar94] Bargel, H.J.; Schulze, G.: Werkstoffkunde. Düsseldorf: VDI-Vlg. 1994

[Bes93] Besserdich, G: Untersuchung zur Eigenspannungs- und Verzugsausbildung. Diss. Univ. Karlsruhe 1993

[DIN86] DIN Dt. Inst. f. Normung: Wärmebehandlung metallischer Werkstoffe. (DIN-Taschenbuch, 218). Berlin: Beuth 1986

[Eck87] Eckstein, H.J.: Technologie der Wärmebehandlung von Stahl. Leipzig: Dt. Vlg. Grundstoffindustrie 1987

[Gro81] Grosch, J: Grundlagen der technischen Wärmebehandlung von Stahl. Karlsruhe: Werkstoff.-tech. Vlgsges. 1981

[Heu87] Heubner, U.: In: HbFT 4/2, 972-1011

[Hir83] Hirsch, T. u.a.: Der thermische Abbau von Strahleigenspannungen. HTM 38 (1983), 229-232

[Hor94] Hornbogen, E.: Werkstoffe. 6. Aufl. Berlin: Springer 1994

[Jes87] Jeschar, R.; u.a.: In: HbFT 4/2, 649 - 714

[Lie91] Liedtke, D.: Wärmebehandlung. Ehningen: Expert 1991

[Mac87] Macherauch, E; Löhe, D.: In: HbFT 4/2, 585-647

[Mac91] Macherauch, E.: Praktikum in Werkstoffkunde. 10. Aufl. Braunschweig: Vieweg 1992

[Mac92] Macherauch, E.; Vöhringer, O.: In: Lišič B.; et al. (Eds.): Theorie and technologie of quenching. Berlin: Springer 1992

[Mot87] Motz, J.M.: In: HbFT 4/2, 922-971

[Pau87] Paul, H.V.; u.a.: In: HbFT 4/2, 715-921

[Sch91] Schatt, W.: Einführung in die Werkstoff-
wissenschaft. Leipzig: Dt. Vlg. f. Grundstoffindustrie 1991

[Spu87] Spur, G. u.a.: In : HbFT 4/2

[Vöh83] Vöhringer, O.: Abbau von Eigenspannungen. In: Macherauch, E.; Hauk, V. (Hrsg.):
Eigenspannungen, Bd.1. DGM 1983, 49-83

Kapitel 12

Koordinator

Prof. Dr. Holger Luczak

Autoren

Ass. Reinhold Schneider (12.1)
Prof. Dr. Holger Luczak (12.2, 12.3)
Dr.-Ing. Volker Hornung (12.4)
Prof. Dr. Gert Zülch (12.5)

Mitautoren

Dr.-Ing. Johannes Springer (12.2)
Dr.-Ing. Kai Krings (12.3)
Dipl.-Ing. Jürgen Ruhnau (12.3)

Arbeitsgestaltung, Arbeitsorganisation, Arbeitspersonen

12.1 Rechtliche Rahmenbedingungen für Arbeitsgestaltung und Arbeitsverhältnis

12.1.1 Arbeitsrecht

Die rechtlichen Rahmenbedingungen für die Gestaltung der Arbeit und der Arbeitsverhältnisse in Deutschland [Sch92, Ric93] sind dadurch gekennzeichnet, daß es kein einheitliches, das Rechtsverhältnis zwischen dem einzelnen Arbeitnehmer und seinem Arbeitgeber (Arbeitsverhältnis) regelndes Arbeitsvertragsgesetz gibt. Vielmehr wird das Arbeitsrecht, d.h. das Sonderrecht für die Beziehungen zwischen Arbeitgebern und Arbeitnehmern, durch eine Vielzahl von rechtlichen Faktoren bestimmt. Der Stufenbau der arbeitsrechtlichen Gestaltungsfaktoren ist in Bild 12-1 dargestellt.

12.1.1.1 Grundgesetz

An der Spitze stehen die Bestimmungen der Verfassung, das Grundgesetz (GG). Es genießt grundsätzlich Vorrang vor den anderen Rechtsquellen. Das Grundgesetz schützt u.a. die Würde des Menschen (Art. 1), die freie Entfaltung der Persönlichkeit (Art. 2), die Gleichberechtigung von Mann und Frau im Arbeitsleben (Art. 3 Abs. 2), die Koalitionsfreiheit (Art. 9 Abs. 3) und damit auch die Tarifautonomie, die freie Wahl des Arbeitsplatzes (Art. 12 Abs. 1) sowie das Eigentum (Art. 14). Es verbietet die willkürliche Behandlung eines Arbeitnehmers wegen seines Geschlechts, seiner Abstammung, seiner Rasse, seiner Sprache, seiner Heimat und Herkunft, seines Glaubens oder seiner religiösen oder politischen Anschauungen (Art. 3 Abs. 3).

12.1.1.2 Arbeitsrechtliche Gesetze

Unterhalb der verfassungsrechtlichen Ebene besteht eine Vielfalt von arbeitsrechtlichen Einzelgesetzen. Zu nennen sind beispielsweise das Bürgerliche Gesetzbuch (BGB), das Arbeitnehmerüberlassungsgesetz (AÜG), das Arbeitszeitgesetz (ArbZG), das Beschäftigtenschutzgesetz (BeSchuG), das Beschäftigungsförderungsgesetz (BeschFG), das Betriebsverfassungsgesetz (BetrVG), das Bundesurlaubsgesetz (BUrlG), das Entgeltfortzahlungsgesetz (EFZG), die Gewerbeordnung (GewO), das Handelsgesetzbuch (HGB), das Jugendarbeitsschutzgesetz (JArbSchG), das Kündigungsschutzgesetz (KSchG), das Mitbestimmungsgesetz (MitbestG), das Mutterschutzgesetz (MuSchG), das Nachweisgesetz (NachwG), das Schwerbehindertengesetz (SchwbG), das Sprecherausschußgesetz (SprAuG) und das Tarifvertragsgesetz (TVG). Dient das

Bild 12-1 Rechtsquellen des Arbeitsrechts

Gesetz im wesentlichen dem Schutz der Arbeitnehmer, gilt es zwingend. So ist z. B. der zulässige Höchstrahmen für die tägliche Arbeitszeit in § 3 Satz 1 ArbZG auf zehn Stunden festgelegt. Nur günstigere kollektiv- oder einzelvertragliche Regelungen sind zulässig. Viele arbeitsrechtliche Gesetze sind allerdings tarifvertragsdispositiv. Das bedeutet, daß von diesen gesetzlichen Regelungen zwar durch Betriebsvereinbarung oder Einzelarbeitsvertrag nicht zu Lasten des Arbeitnehmers abgewichen werden darf. Die Tarifvertragsparteien (d. h. Arbeitgeberverbände und Gewerkschaften) können allerdings in einem Tarifvertrag auch zu Ungunsten der Arbeitnehmer von der gesetzlichen Regelung abweichen. So dürfen die Tarifvertragsparteien beispielsweise die Arbeitszeit über 10 Stunden werktäglich auch ohne Ausgleich verlängern, wenn in die Arbeitszeit regelmäßig und in erheblichem Umfang Arbeitsbereitschaft fällt. Unter Arbeitsbereitschaft versteht man eine Zeit wacher Achtsamkeit im Zustand der Entspannung [Sch92: 268]. Der Arbeitnehmer ist an seiner Arbeitsstelle anwesend und hält sich dort bereit, seine Arbeit aufzunehmen, leistet im übrigen jedoch keine Arbeit.

12.1.1.3 Kollektivvereinbarungen (Tarifverträge und Betriebsvereinbarungen)

Das Vorhandensein tarifvertragsdispositiver gesetzlicher Regelungen zeigt, daß der Tarifvertrag als Gestaltungsfaktor für die Praxis von ganz besonderer Bedeutung ist. Arbeitgeberverbänden und Gewerkschaften obliegt die im Grundgesetz verankerte Aufgabe, in Tarifverträgen die Arbeitsbedingungen festzulegen und sie den jeweiligen wirtschaftlichen und sozialen Entwicklungen anzupassen. Die Tarifpartner handeln eigenverantwortlich das Arbeitsentgelt und sonstige Arbeitsbedingungen, wie z. B. die Arbeitszeit oder den Urlaub aus und legen diese in Tarifverträgen fest.

Soweit Gesetz und Tarifvertrag nicht entgegenstehen, können Abschluß, Inhalt und Beendigung des Arbeitsverhältnisses auch durch Betriebsvereinbarung unmittelbar und zwingend geregelt werden. Eine Betriebsvereinbarung ist ein schriftlicher Vertrag zwischen Arbeitgeber und der Arbeitnehmervertretung (Betriebsrat). Im Unterschied zu Tarifverträgen, die grundsätzlich nur die tarifgebundenen Arbeitsverhältnisse erfassen, erstreckt sich die unmittelbare und zwingende Wirkung der Betriebsvereinbarung mit Ausnahme der leitenden Angestellten auf alle in dem jeweiligen Betrieb beschäftigten Arbeitnehmer des Arbeitgebers.

12.1.1.4 Einzelarbeitsvertrag

Auch die Parteien des Arbeitsvertrags (Arbeitgeber und Arbeitnehmer) gestalten – wenn auch immer seltener – den Inhalt des Arbeitsverhältnisses. Dieser wird weitgehend durch Tarifvertrag, Betriebsvereinbarung und durch staatliche Mindestregelungen bestimmt. Dem Arbeitsvertrag kommt zusätzlich die Bedeutung zu, daß er das Arbeitsverhältnis überhaupt begründet und die Beschäftigung des Arbeitnehmers ihrer Art nach festlegt. Besondere Bedeutung kommt hierbei dem Weisungsrecht des Arbeitgebers zu. Durch einseitige Erklärung (Weisung) kann dieser die jeweils konkret zu leistende Arbeit und die Art und Weise ihrer Erbringung festlegen. Darüber hinaus können die Einzelarbeitsverträge zusätzliche Vereinbarungen zu kollektivvertraglich und gesetzlich nicht geregelten Fragen enthalten oder den Arbeitnehmern zusätzliche Leistungen gewähren. Für Arbeitnehmergruppen, für die kein Tarifvertrag gilt (außertarifliche und leitende Angestellte sowie Nichtorganisierte), gestaltet vor allem der Einzelarbeitsvertrag den Inhalt des Arbeitsverhältnisses.

12.1.1.5 Rechtsakte der Europäischen Union

Zunehmende Bedeutung für die Gestaltung der nationalen Arbeitsbedingungen gewinnen die Rechtsakte der EU, die unmittelbar geltendes Recht schaffen (EU-Verordnung) oder den nationalen Gesetzgeber zur Umsetzung einer bestimmten Regelung verpflichten können (EU-Richtlinie). Zeichen der Internationalisierung bzw. Europäisierung des Arbeitsrechts ist ebenfalls die Rechtsprechung des Europäischen Gerichtshofs (EuGH). Dieser nimmt durch seine Entscheidungen vermehrt Einfluß auf die nationalen Rechtsordnungen.

12.1.2 Arbeitsverhältnis

Ein Arbeitsverhältnis kommt durch den Abschluß eines Arbeitsvertrags zustande.

12.1.2.1 Arbeitsvertrag

Für die Wirksamkeit des Arbeitsvertrags ist grundsätzlich keine bestimmte Form vorgeschrieben. Eine entsprechende Verpflichtung kann allerdings in Tarifverträgen enthalten sein. Aus Gründen der Rechtssicherheit empfiehlt es sich, die mit dem Arbeitnehmer getroffenen Vereinbarungen schriftlich zu fixieren. Seit dem 28.07.1995 verpflichtet das Nachweisgesetz den Arbeitgeber, spätestens einen Monat nach dem vereinbarten Beginn des Arbeitsverhältnisses die in §2 des Gesetzes näher bezeichneten wesentlichen Arbeitsbedingungen schriftlich niederzulegen und dem Arbeitnehmer auszuhändigen. Ein Arbeitsvertrag kann auf bestimmte Zeit abgeschlossen oder nur für einen bestimmten Zeitraum vereinbart werden (befristeter Arbeitsvertrag). Im letzteren Fall endet das Arbeitsverhältnis mit Fristablauf automatisch, ohne daß es einer Kündigung bedarf. Nach dem Beschäftigungsförderungsgesetz ist, insbesondere bei Neueinstellungen, eine einmalige Befristung des Arbeitsvertrags bis zur Dauer von derzeit achtzehn Monaten zulässig. Eine Befristung für einen längeren Zeitraum oder eine wiederholte Befristung sind darüber hinaus zulässig, wenn hierfür ein sachlicher Grund vorliegt. Sachliche Gründe sind z.B. die Erprobung des Arbeitnehmers, die Vertretung eines anderen Arbeitnehmers, eine vorübergehende Aushilfstätigkeit, die Vollendung des fünfundsechzigsten Lebensjahres oder der eigene Wunsch des Arbeitnehmers. In Kleinbetrieben, in denen in der Regel nicht mehr als fünf Arbeitnehmer beschäftigt werden, kann ein Arbeitsvertrag immer befristet abgeschlossen werden, es sei denn, der Einzustellende unterliegt einem besonderen Kündigungsschutz. So bedarf die befristete Einstellung einer bereits schwangeren Arbeitnehmerin wiederum eines sachlichen Grunds.

12.1.2.2 Inhalt des Arbeitsverhältnisses

Die Art der vom Arbeitnehmer zu leistenden Arbeit ergibt sich vorrangig aus dem Inhalt des Arbeitsvertrags. Dabei sind die oben aufgeführten arbeitsrechtlichen Rechtsgrundlagen zu berücksichtigen (vgl. 12.1.1). Der Arbeitnehmer ist verpflichtet, seine Arbeitsleistung persönlich zu erbringen. Mit der Arbeitspflicht des Arbeitnehmers korrespondiert die Entgeltzahlungspflicht des Arbeitgebers. Die Höhe des Entgelts ergibt sich aus dem Arbeits- bzw. Tarifvertrag. Arbeitnehmer, die durch Arbeitsunfähigkeit infolge Krankheit, Arbeitsunfall oder Berufskrankheit an ihrer Arbeitsleistung verhindert sind, ohne daß sie ein Verschulden trifft, erhalten ihren Lohn sechs Wochen lang fortgezahlt.

Jeder Arbeitnehmer hat Anspruch auf bezahlten Erholungsurlaub (§1 Bundesurlaubsgesetz). Der gesetzliche Mindesturlaub beträgt seit dem 1.1.1995 24 Werktage.

12.1.2.3 Beendigung des Arbeitsverhältnisses

Der prinzipiell geltende Grundsatz der Kündigungsfreiheit ist im Arbeitsvertragsrecht erheblich eingeschränkt. Während der Arbeitnehmer das Arbeitsverhältnis innerhalb der gesetzlichen (§ 622 BGB) oder vertraglichen Kündigungsfristen jederzeit kündigen kann, ist die Kündigungsfreiheit des Arbeitgebers durch das Kündigungsschutzgesetz erheblich erschwert. Hat das Arbeitsverhältnis des Arbeitnehmers länger als sechs Monate bestanden und handelt es sich nicht um einen Kleinbetrieb, kann der Arbeitgeber eine ordentliche Kündigung nur aussprechen, wenn einer der in § 1 Kündigungsschutzgesetz (KSchG) genannten Gründe vorliegt. Die ordentliche Kündigung des Arbeitgebers ist demnach nur sozial gerechtfertigt, wenn sie entweder
– durch Gründe in der Person des Arbeitnehmers (personenbedingte Kündigung) oder
– durch Gründe im Verhalten des Arbeitnehmers (verhaltensbedingte Kündigung) oder
– durch dringende betriebliche Erfordernisse, die einer Weiterbeschäftigung des Arbeitnehmers in diesem Betrieb entgegenstehen (betriebsbedingte Kündigung)
bedingt ist (§ 1 Abs. 2 Satz 1 KSchG).

Personenbedingte Kündigungsgründe können z.B. Krankheit des Arbeitnehmers, fehlende persönliche Eignung oder Fehlen einer Arbeits- oder Berufsausübungserlaubnis sein. Zu den verhaltensbedingten Kündigungsgründen gehören Pflichtwidrigkeiten im Leistungs- oder Vertrauensbereich, wie z.B. Verweigerung der Arbeitsleistung, schlechte Arbeitsleistungen, häufige Unpünktlichkeit, Konkurrenztätigkeit, ehrverletzende Äußerungen usw. Betriebsbedingte Kündigungsgründe können sich aus Auftragsmangel oder Umsatzrückgang sowie aus Rationalisierungsmaßnahmen, Produktionsumstellungen oder -einschränkungen ergeben.

Im Streitfall hat der Arbeitgeber die Voraussetzungen für das Vorliegen eines Kündigungsgrunds darzulegen und zu beweisen.

Ohne Einhaltung einer Kündigungsfrist kann ein Arbeitsverhältnis nach § 626 BGB auch außerordentlich gekündigt werden. Dies setzt voraus, daß Tatsachen vorliegen, aufgrund derer dem Kündigenden unter Berücksichtigung aller

Umstände des Einzelfalls und unter Abwägung der Interessen beider Vertragteile die Fortsetzung des Arbeitsvertrags nicht zugemutet werden kann. Eine außerordentliche Kündigung setzt mithin eine besonders schwere Verletzung des Arbeitsvertrags voraus, wie z.B. eine strafbare Handlung, häufiges unentschuldigtes Fehlen, Arbeitsverweigerung. Für Arbeitnehmer, die aus persönlichen oder sozialen Gründen erhöht schutzbedürftig sind, gibt es besondere Kündigungsvorschriften. Dies gilt insbesondere für

- Schwangere (§ 9 MuSchG),
- Arbeitnehmerinnen, die Erziehungsurlaub in Anspruch nehmen (§ 18 Bundeserziehungsgeldgesetz),
- Schwerbehinderte (§§ 15, 21 SchwbG),
- Auszubildende (§§ 13, 15 BBiG),
- Mitglieder der Arbeitnehmervertretung (§ 15 KSchG, § 23 Abs. 3 SchwbG, § 103 BetrVG),
- Wehr- und Zivildienstleistende (§ 2 Arbeitsplatzschutzgesetz, § 78 Zivildienstgesetz).

Nach § 102 Abs. 1 Satz 1 BetrVG ist der Betriebsrat vor jeder Kündigung zu hören. Innerhalb bestimmter Fristen kann der Betriebsrat einer Kündigung widersprechen. Auch im Falle eines solchen Widerspruchs ist der Arbeitgeber aber nicht gehindert, den Arbeitnehmer zu kündigen. Unabhängig von einer Kündigung können die Arbeitsvertragspartner ein Arbeitsverhältnis jederzeit durch einen einvernehmlichen Aufhebungsvertrag beenden. Der Betriebsrat ist dabei nicht zu beteiligen.

12.1.3 Datenschutzrecht

Das Datenschutzrecht soll das Persönlichkeitsrecht des Menschen vor möglichen Beeinträchtigungen durch den Umgang mit seinen personenbezogenen Daten in der nicht mehr hinwegzudenkenden Computertechnik schützen. Es versucht, das Spannungsfeld zwischen einer für wirtschaftliches Handeln unabdingbar notwendigen Informationstechnik und den Interessen der Betroffenen ausgewogen und sachgerecht zu regeln.

12.1.3.1 Bundesdatenschutzgesetz

Neben einer Vielzahl kaum zu katalogisierender, spezialgesetzlicher Vorschriften regelt das Ende 1990 novellierte Bundesdatenschutzgesetz (BDSG) den Umgang mit personenbezogenen Daten. Es stellt die Voraussetzungen auf, unter

denen diese erhoben, verarbeitet und genutzt werden dürfen und enthält Regeln darüber, wie mit personenbezogenen Daten umzugehen ist. Insbesondere in Unternehmen werden heute Arbeitnehmer-, Kunden- und sonstige Daten automatisiert verarbeitet. So erfolgt die Entgeltabrechnung fast nur noch automatisiert. Viele Unternehmen haben Personalinformationssysteme, die die Personalverwaltung und -wirtschaft unterstützen. Im Bereich der Privatwirtschaft regelt insbesondere § 28 Abs. 1 Nr. 1 und 2 BDSG die Zulässigkeit der Verwendung personenbezogener Daten. Diese ist vor allem zulässig im Rahmen der Zweckbestimmung eines Vertragsverhältnisses mit dem Betroffenen (z.B. eines Arbeitsverhältnisses). Weiterhin soweit die Verarbeitung personenbezogener Daten zur Wahrung berechtigter Interessen der speichernden Stelle erforderlich ist und kein Grund zu der Annahme besteht, daß das schutzwürdige Interesse des Betroffenen an dem Ausschluß der Verarbeitung oder Nutzen überwiegt.

Im Rahmen eines Arbeitsvertrags mit einem Arbeitgeber können folgende Arbeitnehmerdaten durch den Arbeitgeber verarbeitet werden: Name, Vorname, Geburtsdatum, Geschlecht, Anschrift, Telefonnummer, Name des Ehepartners und der Kinder, Personalnummer, Eintritt in den Betrieb, Kfz-Kennzeichen, Urlaubs-, Krankheits- und sonstige Fehlzeiten, Schwerbehinderteneigenschaft, Mutterschutz, Angaben über Aufgabenstellung, besondere Kenntnisse und Fähigkeiten, Leistungen, Zulagen, Gleitzeitaufzeichnungen, Ausbildungen, Fortbildungskurse, Religionszugehörigkeit, frühere Beschäftigungen, Entgelte, Gesprächsdaten usw. Für andere Zwecke dürfen Daten, die aufgrund arbeitsvertraglicher Beziehungen gespeichert sind, grundsätzlich nicht genutzt und nicht an Dritte weitergegeben werden. Sie dürfen über die Beendigung des Vertragsverhältnisses hinaus nur verarbeitet werden, wenn dies rechtlich gefordert wird (z.B. durch gesetzliche Aufbewahrungsvorschriften). Gesetzliche Regelungen verpflichten den Arbeitgeber häufig auch zur Weitergabe an andere Stellen wie z.B. die Träger der Sozialversicherung (Berufsgenossenschaft, Krankenkasse, Rentenversicherung und Arbeitsamt), Behörden (Finanzamt, Gewerbeaufsichtsamt) und Körperschaften des öffentlichen Rechts (Industrie- und Handelskammer, Handwerkskammer). Soweit die Datenverarbeitung nicht aufgrund einer Rechtsvorschrift erfolgt, bedarf sie grundsätzlich der Einwilligung des Betroffenen.

12.1.3.2 Betriebliche Datenschutzbeauftragte

Die Einhaltung datenschutzrechtlicher Vorschriften wird im Bereich der Privatwirtschaft durch den internen Beauftragten für den Datenschutz gesichert. Ein solcher ist zu berufen, wenn regelmäßig mindestens fünf Arbeitnehmer ständig mit der automatisierten Verarbeitung personenbezogener Daten beschäftigt sind. Der betriebliche Datenschutzbeauftragte muß die erforderliche Fachkunde und Zuverlässigkeit aufweisen und ist unmittelbar der Unternehmensleitung zu unterstellen. Schwerpunkte seiner Tätigkeit sind die Prüfung der Zulässigkeit des Umgangs mit Daten, die Überwachung der ordnungsgemäßen Programmanwendung sowie die Unterrichtung von Mitarbeitern über die Anforderungen des Datenschutzes.

12.1.3.3 Leistungs- und Verhaltenskontrolle im Arbeitsverhältnis

Die Einführung automatisierter Systeme zur Verarbeitung von Arbeitnehmerdaten unterliegt, soweit sie zur Verhaltens- und Leistungskontrolle bestimmt oder geeignet ist, der Mitbestimmung der Arbeitnehmervertretung. Dabei ist der Betriebsrat allerdings nicht berechtigt, derartige technische Einrichtungen zu verbieten, selbst dann nicht, wenn sie zum Zweck der Verhaltens- und Leistungskontrolle eingesetzt werden. Nach der Rechtsprechung des Bundesarbeitsgerichts [ABR84] ist Inhalt des Mitbestimmungsrechts des Betriebsrats nicht der Schutz der Arbeitnehmer vor Überwachung schlechthin, sondern der Schutz vor den besonderen Gefahren der technischen Datenerhebung und Datenverarbeitung. Besteht ein berechtigtes Interesse oder ist ein EDV-System gar nicht anders anwendbar, sollten die Unternehmungen nicht auf die Verarbeitung personenbezogener Verhaltens- und Leistungsdaten verzichten. Verweigert der Betriebsrat seine Zustimmung, muß die Unternehmung die betriebliche Einigungsstelle (§76 BetrVG, s. 12.1.5) anrufen. Der Spruch der Einigungsstelle ersetzt die notwendige Einigung zwischen Arbeitgeber und Betriebsrat.

12.1.4 Arbeitsschutzrecht

Die Rechte und Pflichten im Arbeitsverhältnis werden auch durch das in der Regel zwingende gesetzliche Arbeitsschutzrecht, insbesondere den technischen Arbeitsschutz und den Arbeitszeitschutz bestimmt. Ihr Ziel ist es, die Arbeitnehmer gegen Gefahren für Leben und Gesundheit bei der Arbeit und durch die Arbeit zu schützen.

12.1.4.1 Technischer Arbeitsschutz

Im technischen Arbeitsschutz gibt es zwei Arten von Rechtsvorschriften:
- die staatlichen Vorschriften (Gesetze und Verordnungen) und
- die Unfallverhütungsvorschriften der gewerblichen Berufsgenossenschaften.

Zu den Rechtsvorschriften des Arbeitsschutzes gehören z. B. das Arbeitssicherheitsgesetz, die Gewerbeordnung, das Gerätesicherheitsgesetz mit seinen Verordnungen, die Arbeitsstättenverordnung und die Gefahrstoffverordnung. Die aufgrund der Reichsversicherungsordnung von Beschlußgremien der Unfallversicherungsträger erlassenen Unfallverhütungsvorschriften regeln die Rechte und Pflichten der Arbeitgeber und Arbeitnehmer im technischen Arbeitsschutz, die sicherheitstechnischen Anforderungen an Werkzeuge, Geräte, Maschinen, technische Anlagen und Fahrzeuge sowie Verhaltensvorschriften für spezifische Arbeitsplätze und Arbeitsverfahren.

12.1.4.2 Sozialer Arbeitsschutz

Der sog. soziale Arbeitsschutz umfaßt den Arbeitszeitschutz und den besonderen Schutz für bestimmte Arbeitnehmergruppen (werdende Mütter, Jugendliche, Schwerbehinderte und Heimarbeiter). Das am 1.7.1994 in Kraft getretene neue Arbeitszeitgesetz hat nicht nur den Gesundheitsschutz der Arbeitnehmer praktikabler gemacht, sondern auch die Rahmenbedingungen für flexible und individuelle Arbeitszeitmodelle verbessert sowie die Gestaltungsmöglichkeiten der Tarifvertragsparteien und Betriebspartner in Arbeitszeitfragen erweitert. Es gilt für alle Arbeitnehmer in Beschäftigungsbetrieben der Bundesrepublik Deutschland, soweit diese das achtzehnte Lebensjahr vollendet haben. Für die Beschäftigung von Personen unter achtzehn Jahren gelten die arbeitszeitrechtlichen Bestimmungen des Jugendarbeitsschutzgesetzes (§§ 11–18 JArbSchG). Nach dem Arbeitszeitgesetz (ArbZG) ist die werktägliche Arbeitszeit auf acht Stunden begrenzt. Sie kann allerdings auf bis zu zehn Stunden verlängert werden, wenn diese Verlängerung innerhalb eines Ausgleichzeitraums von sechs Monaten bzw. vierundzwanzig Wochen auf im Durchschnitt acht Stunden ausgeglichen wird (§ 3 Satz 2 ArbZG). Im Unterschied zur bisherigen gesetzlichen Regelung ist die Verlängerung der werktäglichen Arbeitszeit aus jedem Grund möglich. Das Arbeitszeitgesetz enthält einen gesetzlich zulässigen Höchstrahmen für die tägliche Arbeitszeit, es enthält keine Aussage, inwieweit der einzelne Arbeitnehmer verpflichtet ist, zu bestimmten Stunden oder an bestimmten Tagen Arbeit zu leisten. Die Dauer der Arbeitszeit des einzelnen Arbeitnehmers wird grundsätzlich durch Tarifvertrag, Betriebsvereinbarung oder Arbeitsvertrag festgelegt. Ebenfalls nicht geregelt ist die Festlegung der Betriebszeit, d.h. die Zeit, in der im Unternehmen produziert bzw. gearbeitet wird. Soweit nicht spezialgesetzliche Regelungen (wie z. B. das Ladenschlußgesetz) greifen, ist die Festlegung der Betriebsnutzungszeit die unternehmerische Entscheidung des Arbeitgebers.

Die höchstzulässige wöchentliche Arbeitszeit beträgt (6 · 10 =) 60 Stunden, wobei die über (6 · 8 =) 48 Stunden in der Woche hinausgehenden Arbeitsstunden grundsätzlich innerhalb des gesetzlich festgelegten Ausgleichszeitraums von sechs Monaten bzw. vierundzwanzig Wochen auszugleichen sind.

Aus Gründen der Gleichbehandlung sind im neuen Arbeitszeitgesetz die Ruhepausen für Männer und Frauen einheitlich festgesetzt. Ihre Mindestdauer ist nach der Dauer der täglichen Arbeitszeit gestaffelt und beträgt bei einer Arbeitszeit von mehr als sechs bis zu neun Stunden mindestens dreißig Minuten und bei einer Arbeitszeit von mehr als neun Stunden fünfundvierzig Minuten. Diese Ruhepausen werden nicht als Arbeitszeit vergütet.

Nach Beendigung der täglichen Arbeitszeit muß den Arbeitnehmern eine zusammenhängende, ununterbrochene Ruhezeit von elf Stunden gewährt werden. Wird die Ruhezeit durch Arbeitsleistung unterbrochen, ist diese Frist erneut einzuhalten. Die Arbeitszeit der Nacht- und Schichtarbeitnehmer ist nach den gesicherten arbeitswissenschaftlichen Erkenntnissen über die menschengerechte Gestaltung der Arbeit festzulegen (§ 6 Abs. 1 ArbZG). Darüber hinaus enthält diese Norm weitere Vorschriften, um den Gesundheitsschutz der Nachtarbeitnehmer zu verbessern.

Grundsätzlich dürfen Arbeitnehmer an Sonn- und gesetzlichen Feiertagen von 00.00 Uhr bis 24.00 Uhr nicht beschäftigt werden. In mehrschichtigen Betrieben mit regelmäßiger Tag- und Nachtschicht kann Beginn und Ende der Sonn- und Feiertagsruhe allerdings um bis zu sechs Stunden vor- oder zurückverlegt werden (§ 9 Abs. 2 ArbZG). Das Gesetz enthält zudem einen umfassenden Ausnahmekatalog, in denen das Beschäftigungsverbot nicht gilt. Erwähnt sei beispielsweise die Beschäftigung von Arbeitnehmern bei der Aufrechterhaltung der Funktionsfähigkeit von Datennetzen und Rechnersystemen, zur Verhütung des Verderbens von Naturerzeugnissen oder Rohstoffen, zur Vermeidung einer Zerstörung oder erheblichen Beschädigung der Produktionseinrichtungen oder die kontinuierliche Arbeitsweise zum Verhindern des Mißlingens von Arbeitsergebnissen.

Weiterhin können die zuständigen Aufsichtsbehörden der Länder nach § 13 Abs. 5 ArbZG Sonn- und Feiertagsarbeit zur Sicherung der Beschäftigung genehmigen, wenn bei einer weitgehenden Ausnutzung der gesetzlich zulässig wöchentlichen Betriebszeiten und bei längeren Betriebszeiten im Ausland die Konkurrenzfähigkeit eines Betriebs unzumutbar beeinträchtigt ist und durch die Genehmigung der Sonn- und Feiertagsarbeit die Beschäftigung gesichert werden kann. Mindestens fünfzehn Sonntage im Jahr müssen jedoch beschäftigungsfrei bleiben. Zudem ist grundsätzlich ein Ersatzruhetag zu gewähren (§ 11 ArbZG), der jedoch ein ohnehin arbeitsfreier Werktag sein kann.

12.1.5 Tarifvertragsrecht

12.1.5.1 Tarifautonomie

Tarifautonomie bedeutet, daß Arbeitgeber und Gewerkschaften als Tarifparteien in eigener Verantwortung Entgelte und sonstige Arbeitsbedingungen wie Arbeitszeit- oder Urlaubsregelungen unabhängig vom Staat aushandeln und in schriftlichen Tarifverträgen regeln.

Kernstück der Tarifautonomie ist die Koalitionsfreiheit, d.h. das Recht zur Wahrung und Förderung der Arbeits- und Wirtschaftsbedingungen Vereinigungen zu bilden (Art. 9 Abs. 3 GG). Solche Vereinigungen sind für die Arbeitnehmer die Gewerkschaften und für die Arbeitgeber die Arbeitgeberverbände. Darüber hinaus ist auch ein einzelner Arbeitgeber tariffähig und kann einen Firmentarifvertrag mit einer Gewerkschaft abschließen.

12.1.5.2 Tarifverträge

Die Bedeutung der Tarifverträge verdeutlichen folgende, vom Bundesministerium für Arbeit- und Sozialordnung veröffentlichte Zahlen [Cla94]: 1993 wurden in Deutschland ca. 7700 neue Tarifverträge abgeschlossen und in das beim Bundesministerium für Arbeit- und Sozialordnung geführte Tarifregister eingetragen. 1992 betrug die Zahl der neuabgeschlossenen Tarifverträge sogar 9000. Die Zahl der gültigen Tarifverträge stieg 1993 von 39500 auf 41700. Davon sind rund 28900 Verbandstarifverträge und rund 12800 Firmentarifverträge. Von den gültigen Tarifverträgen waren Ende 1993 insgesamt 566 Tarifverträge für allgemeinverbindlich erklärt. Damit bestehen Verbands- und Firmentarifverträge in den alten Bundesländern für Wirtschafts- und Dienstleistungszweige bzw. Unternehmen, in denen etwa 90 % aller sozialversicherungspflichtigen Arbeitnehmer beschäftigt sind. Nur für einige wenige Bereiche des Dienstleistungssektors bestehen keine Tarifverträge.

Inhaltliches Kernstück der Tarifverträge sind Regelungen über Lohn, Gehalt und Ausbildungsvergütungen („Tarife"). Darüber hinaus enthalten Tarifverträge heute Regelungen über Lohn- und Gehaltsgruppen, Lohnformen (Zeit- und Leistungslohn), Entgeltfortzahlung bei Krankheit, Unfall und sonstigen Arbeitsverhinderungen (Heirat, Tod, Umzug, Jubiläen usw.), Zulagen und Zuschläge für Erschwernisse oder besondere Lagen oder Arten der Arbeitszeit (Mehrarbeit, Nachtarbeit, Sonntagsarbeit, Schichtarbeit usw.), Prämien, Erfolgsbeteiligungen, Sonderzahlungen, vermögenswirksame Leistungen, Urlaub und zusätzliche Urlaubsvergütung, Arbeitszeit, Kurz- und Mehrarbeit, Rationalisierungsschutz, Kündigungsfristen, Ausschlußfristen usw.

Systematisch unterscheidet man den Lohn- und Gehaltstarifvertrag, zunehmend auch „Entgelttarifvertrag" genannt [Hro87]. Dieser enthält die Regelungen über die Höhe der Vergütungen. Im Lohn- und Gehaltsrahmentarifvertrag/Entgeltrahmentarifvertrag sind Fragen im Zusammenhang mit der Vergütung geregelt, vor allem die verschiedenen Entgeltarten und die Entgeltgruppen.

Der „Manteltarifvertrag", der auch als Rahmentarifvertrag bezeichnet wird, enthält alle übrigen Arbeitsbedingungen (Arbeitszeit, Urlaub, Zuschläge usw.) soweit diese nicht in sonstigen Tarifverträgen wie z. B. Tarifverträge über Sonderzahlungen, vermögenswirksame Leistungen, Montage-Arbeitsverhältnisse usw. tariflich festgelegt sind. Unter den 1993 neu abgeschlossenen Tarifverträgen befanden sich [Cla94] rund 900 Manteltarifverträge, rund 1200 Änderungs- oder Ergänzungstarifverträge zu einzelnen Mantelbestimmungen, rund 3200 Lohn-, Gehalts-, Entgelt- und Ausbildungsvergütungstarifverträge sowie rund 2400 Änderungs-, Anschluß- und Paralleltarifverträge (Abschlüsse des gleichen Tarifvertrags durch verschiedene Gewerkschaften).

Die verschiedenen Arten von Tarifverträgen begründen sich vor allem aus den unterschiedlichen Laufzeiten. Vergütungstarifverträge haben zumeist kürzere (jährliche) Laufzeiten als Manteltarifverträge. Im Gegensatz zu Arbeitszeit, Kündigungsfristen oder Urlaubsbestimmungen sind die Regelungen über die Entgelte in vielen Branchen von Bundesland zu Bundesland verschieden. Insoweit bedarf es auch unterschiedlicher räumlicher Geltungsbereiche der Tarifverträge. Zur persönlichen Geltung des Tarifvertrags bedarf es der Zugehörigkeit zu den vertragsschließenden Verbänden (§ 3 Abs. 1 TVG). Nur wenn der Arbeitgeber tarifgebunden und der Arbeitnehmer Mitglied der vertragsschließenden Gewerkschaft ist, gelten die tariflichen Regelungen unmittelbar und zwingend.

Der Tarifvertrag bedarf zu seiner Wirksamkeit einer unterschriebenen Urkunde. Abschlüsse und Veränderungen von Tarifverträgen werden in einem beim Bundesminister für Arbeit- und Sozialordnung geführten Tarifregister eingetragen (§ 6 TVG). Die Tarifverträge können dort von jedermann kostenlos eingesehen werden. Von den Landesarbeitsministern wird ebenfalls ein Tarifregister geführt.

12.1.5.3 Allgemeinverbindlicherklärung

Durch eine staatliche Allgemeinverbindlicherklärung kann der Anwendungsbereich des Tarifvertrags auch auf nicht tarifgebundene Arbeitnehmer und Arbeitgeber erstreckt werden (§ 5 TVG). Voraussetzungen für eine solche Erklärung sind, daß mindestens 50 % der Arbeitnehmer bei tarifgebundenen Arbeitgebern beschäftigt sind und daß die Allgemeinverbindlicherklärung im öffentlichen Interesse liegt. Ende 1993 waren 566 Tarifverträge für allgemeinverbindlich erklärt [Cla94].

Das vom Gedanken der vertrauensvollen Zusammenarbeit (§ 2 Abs. 1 BetrVG) getragene Betriebsverfassungsgesetz regelt die Zusammenarbeit zwischen Arbeitgeber und Arbeitnehmern im Betrieb. Die Arbeitnehmer werden dabei durch den von ihnen zu wählenden Betriebsrat repräsentiert. Handlungsmaßstab bzw. gemeinsames Ziel ist das Wohl des Betriebs und der Belegschaft.

12.1.6.1 Betriebsrat

Der Betriebsrat ist das zentrale Organ der Betriebsverfassung. Er besteht aus, je nach Betriebsgröße, 1 bis mehr als 31 Mitgliedern, wobei Arbeiter und Angestellte entsprechend ihrem zahlenmäßigen Verhältnis vertreten sein müssen. Ein Betriebsrat wird gewählt in Betrieben mit mindestens fünf ständigen wahlberechtigten Arbeitnehmern, von denen drei wählbar sein müssen. Die leitenden Angestellten zählen dabei nicht mit. Auf sie findet das Betriebsverfassungsgesetz grundsätzlich keine Anwendung (§ 5 Abs. 3 BetrVG). In größeren Unternehmen mit mehreren Betrieben sieht das Gesetz die Bildung eines Gesamtbetriebsrats vor. Einzelne Gesamtbetriebsräte in einem Konzern können einen Konzernbetriebsrat errichten (§ 54 BetrVG).

Der Betriebsrat hat das Recht, nicht aber die Pflicht, mit im Betriebsrat vertretenen Gewerkschaften zusammenzuarbeiten. Damit korrespondiert die Trennung und unterschiedliche Aufgabenstellung von Betriebsrat und Gewerkschaft. Der Betriebsrat vertritt die Gesamtbelegschaft, d. h. alle Arbeitnehmer des Betriebs, auch soweit diese nicht oder in einer anderen Gewerkschaft organisiert sind.

Für den Betriebsrat und den Arbeitgeber bestehen ein Arbeitskampfverbot und ein Verbot der parteipolitischen Betätigung im Betrieb (§ 74 Abs. 2 BetrVG). Die gewerkschaftliche Betätigung der Funktionsträger ist zulässig, solange sie nicht mit dem Betriebsratsamt vermengt wird.

Das Betriebsratsamt ist ein Ehrenamt und wird unentgeltlich geführt (§ 37 BetrVG). Betriebsratssitzungen sollen regelmäßig während der Arbeitszeit stattfinden (§ 30 BetrVG). Für ihre Tätigkeit sind die Betriebsratsmitglieder in erforderlichem Umfang unter Fortzahlung des Arbeitsentgelts von ihrer beruflichen Tätigkeit freizustellen. In Betrieben mit dreihundert oder mehr Arbeitnehmern sind bestimmte Betriebs-ratsmitglieder, die vom Betriebsrat gewählt werden, von ihrer beruflichen Tätigkeit völlig freizustellen. Ansprechpartner des Arbeitgebers ist regelmäßig der Betriebsratsvorsitzende oder sein Stellvertreter.

Die Kosten der Betriebsrattätigkeit hat der Arbeitgeber zu tragen. Kosten notwendiger Schulungen der Betriebsratsmitglieder sind ebenfalls vom Arbeitgeber zu erstatten. Betriebsratsmitglieder unterliegen einem besonderen Kündigungsschutz während und ein Jahr nach ihrer Amtszeit (§ 15 KSchG). Eine Kündigung ist nur aus wichtigem Grund und nur mit Zustimmung des Betriebsrats oder des Arbeitsgerichts, das die fehlende Zustimmung des Betriebsrats ersetzt, möglich (§ 103 BetrVG).

12.1.6.2 Aufgaben des Betriebsrats

Der Betriebsrat hat darüber zu wachen, daß die zugunsten der Arbeitnehmer geltenden Gesetze, Verordnungen, Unfallverhütungsvorschriften, Tarifverträge und Betriebsvereinbarungen durchgeführt werden (§ 80 Abs. 1 BetrVG). Weiterhin kann er betriebsdienliche Maßnahmen vorschlagen, hat die Durchsetzung der tatsächlichen Gleichberechtigung von Frauen und Männern zu fördern, Anregungen der Belegschaft entgegenzunehmen, die Eingliederung Schwerbehinderter und sonstiger besonders schutzbedürftiger Personen zu fördern, die Wahl einer Jugend- und Auszubildendenvertretung vorzubereiten und durchzuführen, die Beschäftigung älterer Arbeitnehmer im Betrieb und die Eingliederung ausländischer Arbeitnehmer im Betrieb und das Verständnis zwischen ihnen und deutschen Arbeitnehmern zu fördern.

Gemeinsam haben Arbeitgeber und Betriebsrat darüber zu wachen, daß alle im Betrieb tätigen Personen nach dem Grundsatz von Recht und Billigkeit behandelt werden. Unzulässig ist insbesondere jede unterschiedliche Behandlung wegen der Abstammung, Religion, Nationalität, politischer oder gewerkschaftlicher Betätigung oder Einstellung sowie wegen des Geschlechts (§ 75 Abs. 1 BetrVG).

12.1.6.3 Rechte des Betriebsrats

Zur Durchführung seiner Aufgaben nach dem Betriebsverfassungsgesetz ist der Betriebsrat rechtzeitig und umfassend vom Arbeitgeber zu informieren. Auf Verlangen sind ihm die zur Durchführung seiner Aufgaben erforderlichen

Unterlagen zur Verfügung zu stellen. Bei der Durchführung seiner Aufgaben kann der Betriebsrat nach näherer Vereinbarung mit dem Arbeitgeber Sachverständige hinzuziehen, soweit dies zur ordnungsgemäßen Erfüllung seiner Aufgaben erforderlich ist (§ 80 BetrVG).

Zur Durchführung seiner Aufgaben steht dem Betriebsrat ein abgestuftes System von Beteiligungsrechten zur Verfügung. Auf der untersten Stufe stehen die Unterrichtungs- oder Informationsrechte, die den Arbeitgeber verpflichten, dem Betriebsrat anhand von Unterlagen seine Absichten mitzuteilen (z. B. hinsichtlich der Personalplanung, § 92 Abs. 1 BetrVG). Vor jeder Kündigung (§ 102 BetrVG) muß der Betriebsrat hingegen angehört werden, d.h., er kann eine eigene Stellungnahme abgeben. Dort, wo ein Beratungsrecht des Betriebsrats besteht, z. B. bei der Gestaltung von Arbeitsplatz, Arbeitsverfahren und Arbeitsablauf (§ 90 Abs. 2 BetrVG), müssen Arbeitgeber und Betriebsrat die Angelegenheit in einem gemeinsamen Gespräch erörtern. Die Widerspruchs- und Zustimmungsrechte des Betriebsrats greifen weitergehend in die Entscheidungsbefugnis des Arbeitgebers ein. Hier darf der Arbeitgeber eine Maßnahme nur dann durchführen, wenn der Betriebsrat nicht widerspricht bzw. sein Einverständnis erklärt (Beispiele: Einstellungen, Versetzungen, Ein- und Umgruppierungen, § 99 BetrVG). Der Betriebsrat hat aber keine Möglichkeit, eigene Alternativvorschläge durchzusetzen.

Ein echtes, sog. erzwingbares Mitbestimmungsrecht besteht dort, wo Arbeitgeber und Betriebsrat Entscheidungen nur gemeinsam treffen können und eine fehlende Einigung zwischen beiden durch den Spruch einer betrieblichen Einigungsstelle ersetzt werden kann. Der wichtigste Bereich dieser Mitbestimmung im engeren Sinne ist die Mitbestimmung in sozialen Angelegenheiten nach § 87 BetrVG. Dem Betriebsrat wird hier vom Gesetz weitgehend ein Initiativrecht eingeräumt, d.h., der Betriebsrat kann selbst eine mitbestimmungspflichtige Maßnahme bei dem Arbeitgeber und im Streitfall über die Einigungsstelle beantragen. Allerdings reicht das Initiativrecht nur soweit, wie der einzelne Mitbestimmungstatbestand. Das Mitbestimmungsrecht besteht zudem nur, wenn nicht bereits eine gesetzliche oder tarifliche Regelung gegeben ist [Ste93]. Schließlich muß es sich um einen kollektiven, d.h. allgemeinen Regelungstatbestand handeln, der sich auf den ganzen Betrieb oder eine Gruppe von Arbeitnehmern bezieht und

keine personenbezogene Einzelmaßnahme für einzelne Arbeitnehmer darstellt.

Der Katalog der erzwingbaren Mitbestimmung in sozialen Angelegenheiten ist in § 87 Abs. 1 Nr. 1–12 BetrVG erschöpfend aufgezählt. Gegenstand der Mitbestimmung sind danach

- Fragen der Ordnung des Betriebs und des Verhaltens der Arbeitnehmer im Betrieb (Nr. 1): Hierzu gehören z. B. Vorschriften über das Betreten und Verlassen des Betriebs, Torkontrollen, Rauch- und Alkoholverbote, die Aufstellung einer Betriebs- oder Betriebsbußenordnung, Regeln über das Betätigen der Zeiterfassungsgeräte usw.

- Beginn und Ende der täglichen Arbeitszeit einschließlich der Pausen sowie Verteilung der Arbeitszeit auf die einzelnen Wochenarbeitstage (Nr. 2): Der Betriebsrat hat bei der Festlegung der Lage der Arbeitszeit mitzubestimmen, d.h. des täglichen Arbeitsbeginns und -endes, der Festlegung der Pausen sowie der Verteilung der vorgegebenen Arbeitszeit auf die einzelnen Wochentage, in bestimmtem Umfang auch bezüglich Schichtarbeit und Gleitzeit. Das Mitbestimmungsrecht bezieht sich aber nicht auf das Arbeitszeitvolumen, d. h. die Dauer der täglichen, wöchentlichen, monatlichen oder jährlichen Arbeitszeit,

- vorübergehende Verkürzung oder Verlängerung der betriebsüblichen Arbeitszeit (Nr. 3): Hierunter fällt die Einführung von Kurzarbeit und die Anordnung von Überstunden,

- Zeit, Ort und Art der Auszahlung der Arbeitsentgelte (Nr. 4),

- Aufstellung allgemeiner Urlaubsgrundsätze und des Urlaubsplans; Festsetzung der zeitlichen Lage des Urlaubs für einzelne Arbeitnehmer, wenn zwischen Arbeitgeber und den beteiligten Arbeitnehmern kein Einverständnis erzielt wird (Nr. 5): Gemeint ist im wesentlichen der Betriebsurlaub, nur in Ausnahmefällen erstreckt sich das Mitbestimmungsrecht auch auf den Einzelurlaub,

- Einführung und Anwendung von technischen Einrichtungen, die dazu bestimmt sind, das Verhalten oder die Leistung der Arbeitnehmer zu überwachen (Nr. 6): Der Mitbestimmung unterliegen Einführung und Anwendung von technischen Überwachungseinrichtungen zur Verhaltens- oder Leistungskontrolle wie z. B. Arbeitszeiterfassungssysteme, Multimomentkameras, bestimmte elektronische Personalinformationssysteme usw. Der Betriebsrat hat allerdings nicht das Recht, die

Einführung derartiger Systeme zu verbieten. Vielmehr soll ein Eingriff in den Persönlichkeitsbereich des Arbeitnehmers durch die erwähnten technischen Überwachungseinrichtungen nur bei gleichberechtigter Beteiligung des Betriebsrats zulässig sein,

- Regelungen über die Verhütung von Arbeitsunfällen und Berufskrankheiten sowie über den Gesundheitsschutz im Rahmen der gesetzlichen Vorschriften oder Unfallverhütungsvorschriften (Nr. 7): Das Mitbestimmungsrecht dient dem Arbeits- und Gesundheitsschutz und setzt voraus, daß die genannten Vorschriften dem Arbeitgeber einen Regelungsspielraum überlassen,
- Form, Ausgestaltung und Verwaltung von Sozialeinrichtungen, die auf den Betrieb, das Unternehmen oder den Konzern beschränkt sind (Nr. 8): Das Mitbestimmungsrecht bezieht sich auf Form, Ausgestaltung und Verwaltung von Sozialeinrichtungen (z.B. Werkskantine, Werkswohnungen, Einrichtungen der betrieblichen Altersversorgung), nicht jedoch auf deren Einführung oder Abschaffung,
- Zuweisung und Kündigung von Wohnräumen, die dem Arbeitnehmer mit Rücksicht auf das Bestehen des Arbeitsverhältnisses vermietet werden sowie die allgemeine Festlegung der Nutzungsbedingungen (Nr. 9),
- Fragen der betrieblichen Lohngestaltung, insbesondere die Aufstellung von Entlohnungsgrundsätzen und die Einführung und Anwendung von neuen Entlohnungsmethoden sowie deren Änderung (Nr. 10): Dies ist das System, nach dem die Entgeltzahlung für den Betrieb, bestimmte Betriebsabteilungen oder Gruppen erfolgen sollen (z.B. Monatsentgelt, Zeitlohn, Akkordlohn, Prämienlohn, Provision). Entlohnungsmethoden sind die Verfahren zur Durchführung der Entlohnungsgrundsätze (Arbeitsbewertungsmethoden, REFA usw.). Im Bereich der freiwilligen, übertariflichen Leistungen kann der Arbeitgeber allein entscheiden, ob, in welcher Höhe und für welchen Personenkreis zu welchem Zweck er Zahlungen erbringen will. Die Verteilung dieser Zahlungen allerdings unterliegt nach der Rechtsprechung des Bundesarbeitsgerichts der Mitbestimmung des Betriebsrats [GS90],
- Festsetzung der Akkord- und Prämiensätze und vergleichbarer leistungsbezogener Entgelte einschließlich der Geldfaktoren (Nr. 11),
- Grundsätze über das betriebliche Vorschlagswesen Nr. 12): Hierunter fallen Regelungen über die Organisation und das Bewertungsverfahren betrieblicher Verbesserungsvorschläge. Mitbestimmungsfrei allerdings ist die Festlegung der Höhe einer möglichen Prämie sowie die Entscheidung darüber, ob ein Verbesserungsvorschlag durchgeführt wird.

Insbesondere in den vorstehend genannten sozialen Angelegenheiten bedarf es einer Einigung zwischen Arbeitgeber und Betriebsrat. Diese Vereinbarung kann formlos, als sog. Regelungsabrede oder als schriftliche Betriebsvereinbarung nach § 77 BetrVG getroffen werden. Im Gegensatz zur Regelungsabrede wirkt die Betriebsvereinbarung ähnlich wie ein Tarifvertrag unmittelbar und normativ auf die einzelnen Arbeitsverhältnisse ein. Betriebsvereinbarungen sind schriftlich abzufassen, zu unterzeichnen und im Betrieb öffentlich zugänglich zu machen. Neben den der erzwingbaren Mitbestimmung des Betriebsrats unterliegenden sozialen Angelegenheiten (§ 87 Abs. 1 BetrVG) können auch freiwillige Betriebsvereinbarungen über sonstige soziale Fragen abgeschlossen werden. Auch diese gelten unmittelbar und zwingend für den ganzen Betrieb. Eine Betriebsvereinbarung endet entweder mit Zeitablauf oder durch Kündigung einer der Beriebsparteien. Die gesetzliche Kündigungsfrist beträgt drei Monate. Nach Ablauf der Kündigungsfrist gelten erzwingbare Betriebsvereinbarungen weiter, bis sie durch eine andere Regelung ersetzt werden (Nachwirkung). Freiwillige Betriebsvereinbarungen wirken nicht nach.

In wirtschaftlichen Angelegenheiten hat der Betriebsrat keine erzwingbaren Mitbestimmungsrechte. Der Arbeitgeber ist allerdings verpflichtet, den Betriebsrat (in Betrieben mit mehr als 100 Beschäftigten über den Wirtschaftsausschuß) regelmäßig über die wirtschaftliche Situation des Unternehmens zu unterrichten. In Betrieben mit mehr als 20 wahlberechtigten Arbeitnehmern ist der Betriebsrat über geplante Betriebsänderungen, die wesentliche Nachteile für die Belegschaft mit sich bringen, zu unterrichten. Der Betriebsrat kann den Abschluß eines Interessenausgleichs und Sozialplans verlangen und notfalls über die Einigungsstelle erzwingen. Im Interessenausgleich werden die Modalitäten der Betriebsänderung festgelegt. Der Sozialplan enthält Regelungen zum Ausgleich oder zur Minderung der wirtschaftlichen Nachteile, die den betroffenen Arbeitnehmern durch die Betriebsänderung entstehen.

12.1.6.4 Betriebliche Einigungsstelle

Insbesondere in den sozialen Angelegenheiten des § 87 BetrVG (s. 12.1.6.2) ersetzt der Spruch der Einigungsstelle die Einigung zwischen Arbeitgeber und Betriebsrat. Die Einigungsstelle besteht aus einer gleichen Anzahl von Beisitzern, die jeweils von Arbeitgeber und Betriebsrat bestellt werden, und einem unparteiischen Vorsitzenden, dessen Stimme letztlich ausschlaggebend ist. Beide Betriebsparteien können die Entscheidung der Einigungsstelle die nach billigem Ermessen und unter Beachtung bestimmter Grundsätze und Kriterien getroffen werden muß, in beschränktem Maße gerichtlich überprüfen lassen.

12.1.7 Ausgangspunkte für Veränderungen

Die rechtlichen Rahmenbedingungen der Arbeitsverhältnisse, insbesondere soweit sie von den Arbeitgeberverbänden und Gewerkschaften gestaltet werden, sind naturgemäß in besonderer Weise von den wirtschaftlichen und wirtschaftspolitischen Ausgangsdaten abhängig. Wirtschaftlich rezessive Zeiten verlangen eine kostenentlastende Tarifpolitik. Insbesondere die im Anschluß an eine Rezession eintretende Konjunkturbelebung ist daraufhin zu überprüfen, ob sie nur einen Aufholprozeß ohne echtes Wachstum darstellt. Produktivitätssteigerungen können auch nur durch Rationalisierungsmaßnahmen (z. B. Personalreduzierungen) erzielt werden.

Auch Fragen der internationalen Wettbewerbsfähigkeit nationaler Unternehmen sind bei der Gestaltung der rechtlichen Rahmenbedingungen durch Gesetzgeber und Tarifparteien zu berücksichtigen. Angesichts sich schnell ändernder Markterfordernisse sind insbesondere flexible Zeitstrukturen eine ökonomische Notwendigkeit. Zum Abbau von Wettbewerbsnachteilen, insbesondere in wirtschaftlich schwierigen Zeiten, sind Unternehmen auf flexible und differenzierte Handlungsmöglichkeiten (z. B. in den Bereichen Arbeitszeit und Lohnpolitik) angewiesen. Insoweit gilt es auch, die häufig anzutreffende Überreglementierung auf den Prüfstand zu stellen.

Trotz aller berechtigten Forderungen nach betriebsnaher und flexibler Tarifpolitik sollte zur Sicherung der langfristigen Bestandssicherung der Unternehmen und damit auch der langfristigen Beschäftigungssicherung der Arbeitnehmer die Tarifpolitik auf Verbandsebene nicht geschwächt werden. Die Vereinheitlichung der Tarife durch intelligente Flächentarifverträge sowie die zentralen Verhandlungen auf der Ebene starker Organisationen garantieren Überschaubarkeit und Berechenbarkeit der Tarifmaterien und sichern Wettbewerbsfähigkeit und einheitliche Grunddaten für die Personalpolitik der Unternehmen.

Literatur zu Abschnitt 12.1

[ABR84] Beschluß vom 11.3.1986 – 1 ABR 12/84. Der Betrieb 27/28 (1986), 1469
[Cla94] Clasen, L.: Differenzierte Tarifpolitik. Bundesarbeitsblatt Nr. 3 (1994), 19-25
[GS90] Beschluß vom 03.12.1991 – GS 2/90. Der Betrieb 31 (1992), 1579
[Hro87] Hromadka, W.: Tariffibel. 3. Aufl. Köln: Dt. Instituts-Vlg. 1987
[Ric93] Richardi, R.; Wlotzke, O. (Hrsg): Münchener Handbuch zum Arbeitsrecht, 3 Bde. München: Beck 1993
[Scha92] Schaub, G.: Arbeitsrechtshandbuch. 7. Aufl. München: Beck 1992
[Ste94] Stege/Weinspach: Betriebsverfassungsgesetz, Handkommentar für die betriebliche Praxis. 7. Aufl. Köln: Dt. Instituts-Vlg. 1994

12.2 Arbeitssysteme und Arbeitstechnologie

12.2.1 Sequentielle und integrierte Arbeitssystemgestaltung

Bei der Gestaltung von Arbeitssystemen können neben der organisatorischen die drei Bereiche der technologischen, technischen (inklusive der spezifischen Sichtweise einer sicherheitstechnischen Gestaltung) und der ergonomischen Gestaltung unterschieden werden. Die technologische Gestaltung bezieht sich auf das Arbeitsverfahren, z. B. das Fertigungsverfahren, also die grundlegende Entscheidung, in welcher Weise eine Veränderung des Arbeitsobjekts erfolgen soll. Hierdurch werden grundsätzliche Arbeitsbedingungen geschaffen, die durch die anderen Gestaltungsbereiche nur noch modifiziert werden können. Die technische Gestaltung dagegen betrifft den Einsatz technischer Sachmittel im Arbeitssystem. In diesem Bereich fallen vor allem Entscheidungen über den Technisierungsgrad des Arbeitssystems, d. h. ob es sich um manuelle, mechanisierte oder automatisierte Ausführung handelt. Durch die technische Gestaltung wird also die Funktionsteilung Mensch-Technik festgelegt. Unter dem spezifischen Aspekt des Arbeits- und Gesundheitsschutzes gewährleisten sicherheitstechnische (inklusive organisatorischer und personeller) Maßnahmen den Schutz der Beschäftigten vor schädigenden und beeinträchtigenden Einflüssen und auf dieser Basis Wohlbefinden und Gesundheit. Gegenstand der ergonomischen Gestaltung ist die Anpassung der Arbeit an die Eigenschaften und Fähigkeiten des Menschen unter Effizienz- wie auch unter Humanzielen.

Im Gestaltungsprozeß von Arbeitssystemen lassen sich prinzipiell zwei Fälle unterscheiden: Die Veränderung (Modernisierung, Erweiterung usw.) bestehender Arbeitssysteme und die Entwicklung neuer Arbeitssysteme. Der Veränderung kommt insofern Bedeutung zu, als häufig bestehende Arbeitssysteme nachträglich den (veränderten) Anforderungen menschlicher Arbeit angepaßt werden (Humanisierungsmaßnahmen). In diesem Fall handelt es sich also um eine *korrektive* Arbeitsgestaltung. Derartige Maßnahmen beschränken sich in der Regel auf die Ebenen der ergonomischen (z.B. Änderung von Bedienteilen, nachträgliche Schalldämmung) und organisatorischen Gestaltung (z.B. Job-enrichment, Job-enlargement).

Werden Arbeitssysteme grundlegend neu gestaltet, so können die Erfordernisse menschlicher Arbeit von vorne herein berücksichtigt werden, es bietet sich also die Möglichkeit einer konzeptiven Arbeitsgestaltung. Es kann davon ausgegangen werden, daß bei einer konzeptiven Gestaltung von Arbeitssystemen alle genannten Bereiche – Technologie, Technik, Ergonomie und auch Organisation – Gegenstand des Gestaltungsprozesses sind, auch wenn eingeführte Lösungen übernommen werden. Nach dem zeitlichen Bezug, mit dem die einzelnen Gestaltungsbereiche abgearbeitet werden, lassen sich zwei Strategien der Gestaltung unterscheiden: die sequentielle und die integrierte Arbeitssystemgestaltung.

Kennzeichen der sequentiellen Arbeitssystemgestaltung ist, daß die Gestaltungsbereiche in einem Phasenkonzept bearbeitet werden. Eine konzeptive Gestaltung (s.o.) setzt voraus, daß alle Phasen zunächst gedanklich durchlaufen werden bevor das Arbeitssystem realisiert wird.

Die Analyse realer Gestaltungsprozesse zeigt, daß ein sequentielles Vorgehen das in der Praxis vorherrschende ist. Die Gestaltungsphasen werden in der Regel in der Reihenfolge technologische, technische, organisatorische und ergonomische Gestaltung durchlaufen [Kir72].

Das grundsätzliche Problem der sequentiellen Gestaltung ist, daß die Gestaltungsebenen nicht unabhängig voneinander sind. Das heißt, die Entscheidung für einen Gestaltungszustand in einer Planungsphase schränkt i. allg. den Entscheidungsbereich der folgenden Planungsphasen ein.

Diesem Problem kann durch Erarbeitung von Alternativlösungen in allen Gestaltungsphasen begegnet werden. Dadurch wird erreicht, daß nicht nur in den einzelnen Phasen optimale Teillösungen, sondern aus mehreren Gesamtlösungen diejenige ausgewählt werden kann, die sowohl ökonomische als auch humanorientierte Zielsetzungen möglichst gut erfüllt. Der Vorteil sequentieller Gestaltungskonzepte ist vor allem darin zu sehen, daß der Planungsprozeß transparent ist und in jeder Gestaltungsphase nur fest umrissene Fragestellungen verfolgt werden müssen.

Der Determinismus sequentieller Konzepte kann durch iteratives Vorgehen zumindest teilweise durchbrochen werden. Iterative Konzepte sind durch folgende Vorgehensweisen gekennzeichnet:

- Rückkopplungen: Sind in einer Gestaltungsphase keine befriedigenden Lösungen zu finden, werden in Form einer Schleife die bereits abgeschlossenen Phasen erneut durchlaufen, wobei neue Erkenntnisse einfließen.
- Vorkopplungen: In jeder Gestaltungsphase werden die Konsequenzen antizipiert, die die jeweilige Entscheidung auf die nachfolgenden Gestaltungsschritte haben wird. Dies bedeutet eine Erweiterung der aktuellen Fragestellung.

Die iterative Gestaltung stellt den Übergang zur integrierten Arbeitssystemgestaltung dar. Kennzeichen einer integrierten Vorgehensweise ist, daß die spezifischen Fragestellungen aller Gestaltungsbereiche nicht sukzessiv abgearbeitet werden, sondern bei jeder Entscheidung alle relevanten Gestaltungsziele berücksichtigt werden. Insbesondere bedeutet dies, daß bei technologischen und technischen Festlegungen bereits ergonomische Probleme und Aspekte der Arbeitsorganisation zu berücksichtigen sind. Werden in einem solchen Konzept Entscheidungen hinsichtlich Technologie und Technik bewußt unter der Zielsetzung getroffen, Arbeitsbedingungen zu schaffen, so kann von einer technologischen bzw. technischen Arbeitsgestaltung im engeren Sinne gesprochen werden, häufig auch bezeichnet mit dem Begriff der Systemergonomie [Dör86]. Gemeint ist damit, daß die spezifische Zielsetzung der Ergonomie (Anpassung der Arbeit an Eigenschaften und Fähigkeiten des Menschen) in alle Bereiche der Systemgestaltung eingebracht wird.

Der Vorteil einer solchen integrierten Vorgehensweise ist in erster Linie darin zu sehen, daß kompensatorische Maßnahmen, also Maßnahmen, die unerwünschte Nebenwirkungen vorausgegangener Entscheidungen aufheben, entfallen können. Dies wäre beispielsweise der Fall, wenn im Zuge einer sequentiellen Gestaltung eine Technologie gewählt würde, die mit einer besonderen Belastung des Menschen verbunden wäre (z. B. Lärm), die durch ergonomische Maßnahmen (z. B. Schalldämmung) reduziert werden müßte. Die integrierte Gestaltung könnte von vorne herein ein weniger belastendes (hier: lärmarmes) Verfahren in Betracht ziehen.

Der Nachteil besteht darin, daß der Planungs- und Gestaltungsprozeß sehr viel weniger überschaubar ist und, zumindest bei komplexeren Arbeitssystemen, den fachlichen Rahmen einzelner Personen oder Berufsgruppen überschreitet, so daß interdisziplinäre Teams (z. B. Konstrukteur, Fertigungsingenieur, Arbeitsstudienspezialist, Arbeitsmediziner, Psychologe usw.) notwendig werden. Solche Planungsteams sind jedoch nur bei Gestaltungsmaßnahmen größeren Umfangs realisierbar.

Ein gangbarer Weg für Gestaltungsmaßnahmen geringeren Umfangs besteht darin, daß die angesprochenen Disziplinen einschlägige Erkenntnisse in aufbereiteter Form sich gegenseitig und vor allem den mit Gestaltungsaufgaben befaßten Praktikern zur Verfügung stellen, beispielsweise mit sog. Checklisten. Zum Beispiel existiert für den Bereich von Bildschirmarbeitsplätzen schon eine größere Zahl solcher Checklisten, die neben hard- und software-ergonomischen Aspekten auch organisatorische, sozialwissenschaftliche und arbeitsmedizinische Erkenntnisse berücksichtigen [Cak78, Fri87, Kru85]. Als Hilfsmittel zur technologischen Arbeitsgestaltung bieten sich auch technische Regelwerke wie DIN-Normen und VDI-Richtlinien an. Ansätze finden sich z. B. in der VDI 3720, die sich mit Möglichkeiten des Schallschutzes durch konstruktive Maßnahmen beschäftigt.

12.2.2 Technologische Arbeitsgestaltung

12.2.2.1 Konstruktive Gestaltung des Arbeitsobjekts

Mit der Festlegung des Formgebungsverfahrens (Gießen, Schmieden, Schweißen, Stanzen, Biegen usw.), der erforderlichen Genauigkeiten (z. B. Passungen), der notwendigen Festigkeiten (Werkstoff, Geometrie, Wärmebehandlungen usw.) und Oberflächeneigenschaften (Rauhtiefen, Korrosionsschutz, ästhetische Anforderungen usw.) ist der Prozeß der Teilefertigung i. allg. weitgehend festgelegt [Pah93] (s. a. Kap. 10 und 11). Durch Produktstruktur und -komplexität, also die Zuordnung von Funktionen zu Bauteilen und die Integration von Bauteilen zu Teilbaugruppen und Baugruppen zum Gesamtprodukt wird auch der Montagevorgang in wesentlichen Aspekten festgelegt [Luc86].

Der Konstrukteur hat somit Anteil an der Gestaltung von Arbeitssystemen im Produktionsbereich. Von einer eigentlichen technologischen Arbeitsgestaltung soll hier allerdings nur gesprochen werden, wenn die konstruktiven Möglichkeiten bewußt zur Beeinflussung von Arbeitsbedingungen eingesetzt werden.

Beispiele:
- Wahl des Werkstoffs: Vor allem ist darauf zu achten, daß gesundheitsschädliche Stoffe (Schwermetalle; Lacke und Kunststoffe, die Lösungsmittel bzw. Weichmacher abgeben, sonstige toxische oder karzinogene Substanzen) vermieden werden, beispielsweise Ersatzstoffe für Asbestprodukte.
- Entsprechendes gilt, wenn der Prozeß gesundheitsschädliche Hilfsstoffe erfordert (Lösungsmittel, Ölnebel).
- Vermeidung von Verfahren, die starke Vibrationen oder Erschütterungen verursachen (z. B. Umformhammer, statt dessen Einsatz von Pressen).
- Vermeidung von Verfahren, die mit besonderer Hitzeentwicklung verbunden sind (z. B. Gießen, Schmieden, dafür z. B. Kaltfließpressen).
- Vermeidung von Verfahren, die mit Lärmentwicklung verbunden sind (z. B. Nieten, dafür Schweißen).

Kann auf Verfahren, die mit besonderer Lärmentwicklung, Vibrationen oder Erschütterungen, besonderer Hitzeentwicklung o. ä. verbunden sind, aus konstruktiven Gründen nicht verzichtet werden, ist zu prüfen, ob sie in geeigneter Weise modifiziert werden können. Im Sinne einer integrierten Gestaltung ist weiterhin darauf zu achten, ob ein gewünschter Technisierungsgrad realisiert werden kann, z. B. durch die Nutzung automatisierter Fertigungseinrichtungen.

12.2.2.2 Betriebsmittelgestaltung

Nachdem durch die konstruktive Gestaltung des Arbeitsobjekts das Fertigungsverfahren festgelegt ist, muß es durch Einsatz geeigneter Betriebsmittel realisiert werden (s. a. 7.4.5). Die Wirkprinzipien, die eine Veränderung des Arbeitsgegenstands herbeiführen, sind ebenfalls Gegenstand technologischer Gestaltung. Entscheidungen sind z. B. möglich über die Art der Energiewandlung, z. B. Elektromotor oder Verbrennungsmotor (Geräuschentwicklung, Schadstoffprobleme), oder die Art der Informationsumsetzung, z. B. elektronische oder pneumatische Steuerung (Geräuschentwicklung).

Die technologische Gestaltung kann sich auch auf Details beziehen. So kann z. B. eine Lärmminderung erreicht werden durch Schrägstellen der Schneidkante von Stanzwerkzeugen zur Vermeidung schlagartiger Geräuscherzeugung, Schrägverzahnung statt Geradverzahnung bei Zahnrädern (VDI 3720) oder die Verwendung von Mehrlochdüsen statt Einlochdüsen für Preßluft.

12.2.2.3 Verfahrensmodifikation

Neben der grundlegenden Entscheidung, ob ein Fertigungsverfahren angewendet werden soll oder nicht, bieten zahlreiche Verfahren die Möglichkeit technologischer Modifikationen.

Im Bereich spanender Verfahren ist hier z. B. an den Schneidstoff (Schnellarbeitsstahl, Hartmetall, Keramik, Diamant) zu denken, durch den u. a. die Schnittgeschwindigkeit und damit das Zeitgerüst menschlicher Arbeit (Häufigkeit von Ein- und Ausspannvorgängen, in der Folge eventuell Ein- oder Mehrmaschinenbedienung) beeinflußt wird. Beim Gießen können durch besondere Formverfahren (z. B. Vakuum-Formverfahren, Magnet-Formverfahren), die einen Verzicht auf gesundheitsschädliche Bindemittel im Formstoff oder eine Lärmminderung beim Einformen (Verzicht auf mechanisches Verdichten des Formstoffs) erlauben, die Arbeitsbedingungen verbessert werden. Teilweise wird gleichzeitig die Oberflächenqualität verbessert, wodurch körperlich schwere Putzarbeiten (z. B. Entgraten)

eingeschränkt werden können oder ganz entfallen [Mai85].

Beim Reinigen, welches häufig als Zwischenstufe erforderlich ist, etwa für nachfolgende Oberflächenbehandlungen, kommen oftmals Chemikalien zum Einsatz, die gesundheitsschädlich sind oder sich unter bestimmten Bedingungen (z. B. Hitze, Strahlung) in andere, gesundheitsgefährdende Stoffe umsetzen. Eine Alternative bieten beispielsweise mechanische Verfahren (Bürsten, Ultraschallreinigen). Tabelle 12-1 gibt am Beispiel der Reinigung der Gewinde von Ölfeldrohren einen Überblick über alternative Verfahren mit und ohne Einsatz von Hilfsstoffen.

Mitunter ist allein durch die Veränderung von einzelnen Prozeßparametern (z. B. Motordrehzahlen) eine deutliche Verbesserung von Arbeitsbedingungen möglich.

12.2.2.4 Technologische Gestaltung außerhalb des Produktionsbereichs

Die bisherigen Ausführungen zur technologischen (Arbeits-)Gestaltung bezogen sich auf den Bereich der materiellen Produktion. Jedoch lassen sich auch in anderen Arbeitssystemen technologische Gestaltungszustände unterscheiden. Technologie kann hier nicht mehr mit Fertigungsverfahren gleichgesetzt werden, sondern muß allgemeiner als Arbeitsverfahren aufgefaßt werden. Exemplarisch für Büro- und Verwaltungstätigkeiten seien hier Kommunikation (Informationsübertragung) und Informationsverarbeitung erläutert.

Als grundsätzliche Arbeitsverfahren der Kommunikation lassen sich beispielsweise das gesprochene Wort, das geschriebene Wort, nonverbale Formen der Kommunikation (Bilder, Graphiken) sowie Gestik, Mimik; letztere i. allg. nur begleitend und in Sonderfällen wie z. B. Zeichensprache unterscheiden. In Ausnahmefällen kommen auch taktile Reizformen (z. B. Blindenschrift) in Frage. Für wenig komplexe Informationen (z. B. Warnsignale) kommt eine Reihe weiterer Reizformen optischer (Lampen, Farbkodierung, Formgebung), akustischer (Hupen, Sirenen, eventuell weitere Kodierungen durch Frequenz, Dauer, zeitliche Folge) sowie unter Umständen auch olfaktorischer (Geruchssinn) und propriorezeptiver (Lagewahrnehmung) Art in Frage [Luc83].

Im Bereich der Informationsverarbeitung wären grundlegende Entscheidungen hinsichtlich des Arbeitsverfahrens, ob die Informations-

Tabelle 12-1 Bewertung von Alternativen zur Reinigung von Gewinden [Röb87]

Alternativen	Kriterien und Bewertungen				
	technisch	wirtschaftlich	ergonomisch	betriebspraktisch	technologisch entwicklungsbedingt
1. Absaugung	Reinigen und Trocknen zufriedenstellend	wenig Aufwand	keine Belästigung des Personals	in der Rohrproduktion realisierbar	kein größerer Entwicklungsaufwand
2. Blasstrahl	Reinigen und Trocknen nicht optimal	wenig Aufwand	Personal wird durch Abblasgeräusche und ggf. durch Feuchtigkeit belästigt		
3. Kombination von 1. mit 2.	gutes Reinigen und Trocknen	Aufwand ist begrenzt	Personal wird durch Abblasgeräusche belästigt		
4. maschinelles Bürsten	gutes Reinigen bei begrenzter Trocknungswirkung	großer Aufwand, da Bürsten rotieren müssen	Belästigung durch Wasserspritzer	Bürsten müssen bei Verschleiß ausgetauscht werden	für andere Zwecke in Rohranlagen vorhanden
5. manuelles Reiben	gutes Trocknen bei begrenzter Reinigung	geringer Aufwand	erhebliche Anstrengung durch das Personal erforderlich (Handarbeit)	Rückkehr zur Handarbeit	kein Entwicklungsaufwand erforderlich
6. Pulver auftragen	gutes Trocknen bei schlechter Reinigung	erheblicher Betriebskostenfaktor	Staubentwicklung wahrscheinlich und Entfernen des Pulvers	Pulverauffangvorrichtung als zusätzliche Einrichtungen erforderlich	Einrichtungen dieser Art existieren für Rohranlagen noch nicht
7. Trocknen im Trockenofen	gutes Trocknen bei unzureichender Reinigung	großer Aufwand	Wärmebelastung	kompliziert den Reinigungsvorgang	geeignete Öfen verfügbar
8. Kombination von 4. mit 6.	gutes Reinigen und Trocken	großer Aufwand	keine Belästigung des Personals	kompliziert den Reinigungsvorgang	Einrichtungen existieren noch nicht
9. Lösungsmitteleinsatz	gutes Trocknen, begrenzte Reinigung beim Tauchen, bessere Reinigung beim Sprühen	hohe Betriebskosten	Einwirkung der Lösemitteldämpfe; Entsorgung verbrauchter Lösemittel	Schwierigkeiten, Mittel ohne große Verluste an die Wirkungsstelle zu führen	Erfahrungen liegen für diesen Verwendungszweck nicht vor

verarbeitung in einem Echtzeitprozeß, also zeitlich gebunden, oder zeitlich abgekoppelt von anderen Prozessen, also ohne Zeitbindung, erfolgt. Möglicherweise ergeben sich auch aufgrund geographischer Rahmenbedingungen asynchrone Verarbeitungsprozesse, was z. B. für die Auswahl von Technologien für technisch vermittelte Kommunikation (Telefon, Telefax, E-mail usw.) relevant ist. Weiter wäre zu unterscheiden, ob die Informationen in analoger oder digitaler, in graphischer, alphanumerischer oder verbaler Form

vorliegt. Dies ist zunächst weitgehend unabhängig vom Technisierungsgrad (s. 12.4.2.3) ob also die Datenverarbeitung ohne technische Hilfsmittel, mechanisch oder elektronisch erfolgt. So können Zahlenwerte für Berechnungen ohne technische Hilfsmittel aus Tabellen (alphanumerisch/digital) oder aus Diagrammen (graphisch/analog) entnommen werden.

Eine Entscheidung über auszuwählende Technologien ergibt sich in der Regel über die Betrachtung von Arbeitsabläufen, also dem Aspekt einer Weiterverarbeitung von Informationen bzw. Speicherung von Informationen für nachfolgende Arbeitsprozesse. Für den eigentlichen Arbeitsprozeß nicht relevante Transformationen sind dabei zu vermeiden. Weitere Rahmenbedingungen sind, wie oben erläutert, zeitliche Abhängigkeiten zwischen Arbeitsprozessen und geographische Einschränkungen, z. B. bei der Informationsverarbeitung über Unternehmens-(Standort-)grenzen hinweg.

Der arbeitsgestalterische Aspekt ist darin zu sehen, daß das Differenzierungsvermögen, die Kompatibilität mit bereits geübten Arbeitsverfahren und die Aufnahme- und Speicherkapazität des Menschen für verschiedene Formen der Informationsdarbietung Berücksichtigung zu finden hat. Auch hier gilt, daß durch geeignete Gestaltung kompensatorische Maßnahmen ergonomischer Art (z. B. Signalwandler) entfallen können.

12.2.3 Technische Arbeitsgestaltung

Kernbereich der technischen Arbeitsgestaltung ist die Technisierung, also die Gestaltung der Funktionsteilung Mensch – technisches System innerhalb des Arbeitssystems. Anhand des Arbeitssystems „Einwirken" (neben beispielsweise „Zuführen", „Ordnen" oder Hilfsfunktionen wie „Abfall entfernen") lassen sich verschiedene Technisierungsstufen unterscheiden. Systemelemente dieses Arbeitssystems sind Prozeßelement, Wirkelement, Elemente für Informationsaufnahme, -verarbeitung und -speicherung sowie ein Element zur Programmverarbeitung (Bild 12-2). Zumeist handelt es sich bei Systemelementen um Subsysteme, die wiederum verschiedene Elemente beinhalten.

Verschiedene Technisierungsstufen unterscheiden sich dadurch, wie diese Systemelemente realisiert werden, insbesondere ob die Funktion der Elemente durch den Menschen oder das technische Sachsystem getragen werden. Danach lassen sich zunächst grob drei Technisierungsgrade unterscheiden, die manuelle Ausführung, Mechanisierung und Automatisierung.

Das Kennzeichen manueller Ausführung ist, daß keine technischen Energieformen zum Einsatz gelangen und die Steuerung bzw. Regelung des Prozesses durch den Menschen realisiert wird. Arbeitsvereinfachungen und Leistungssteigerungen werden dadurch erreicht, daß die Körperkräfte wirksamer eingesetzt werden und der informatorische Aufwand reduziert wird.

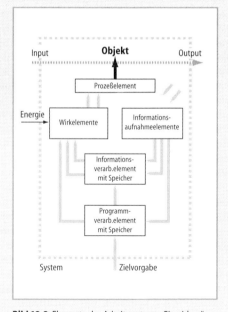

Bild 12-2 Elemente des Arbeitssystems „Einwirken" [Kir72]

Rationalisierung wird durch effizientere Gestaltung von Prozeßelementen und Wirkelementen erreicht, allerdings ohne Nutzung äußerer Hilfsenergie.

Mechanisierung bedeutet die Substitution menschlicher durch technische Energieformen. Auch hier kann der informatorische Aufwand zwar eingeschränkt werden, es erfolgt aber keine Substitution menschlicher Informationsverarbeitung im Sinne einer technisch realisierten Steuerung oder Regelung. Informationsaufnahmeelemente können durch technische Rezeptoren realisiert werden.

Die Automatisierung ist dadurch gekennzeichnet, daß, über die Mechanisierung hinaus, auch die Lenkung des Prozesses durch das technische System erfolgt. Differenziert wird nach dem Umfang der Lenkungsaufgaben, die das technische System übernimmt, also inwieweit Informationsverarbeitungs- und Programmverarbeitungselemente durch technische Komponenten realisiert werden.

Die beschriebenen Technisierungsstufen beziehen sich zunächst auf den Fertigungsbereich und dort speziell auf die Funktion „Einwirken", also die Veränderung eines physischen Arbeitsgegenstands. Sie läßt sich jedoch relativ problemlos auch auf Tätigkeiten im Büro-, Verwaltungs- und sonstigen Dienstleistungsbereich übertragen, soweit diese Tätigkeiten nicht durch geistige Arbeit im engeren Sinne (kognitive Prozesse) geprägt sind. Dies trifft z. B. auf die stoffliche Erstellung von Schriftstücken zu.

Der Handarbeit ohne Hilfsmittel kommt wie im Fertigungsbereich auch hier keine praktische Bedeutung zu. Arbeitsvereinfachungen und Leistungssteigerungen werden durch einfache Schreibwerkzeuge, eine Einschränkung der Freiheitsgrade z. B. Schreibschablonen oder Werkzeuge ohne mechanische Führung (Schriftstempel) und mit Führung (mechanische Schreibmaschine) erfolgen.

Die Mechanisierung erfolgt auch hier durch den Einsatz technischer Energieformen. Typische Vertreter sind elektrische Schreibmaschinen. Die verschiedenen Stufen der Automatisierung werden durch elektronische Textverarbeitungssysteme realisiert, mit deren Hilfe Textbausteine in unterschiedlicher Weise erstellt, manipuliert und kombiniert werden können.

12.2.4 Sicherheitstechnische Gestaltung von Arbeitssystemen

Die Voraussetzungen, die zu sicheren Arbeitsbedingungen führen, gliedern sich in

T *technische Voraussetzungen:* Konstruktiv-technische Mittel zur Unfallverhütung wirken über die sicherheitsgerechte Gestaltung der materiellen Umwelt;

O *organisatorische Voraussetzungen:* Ein organisatorisch-funktionell sicheres Systemgefüge ermöglicht Unfallfreiheit durch störungsfreie Zustände und Abläufe mit erzwungen-gefahrlosen, optimalen Wirkungszusammenhang und

P *persönliche Voraussetzungen:* Der Mensch als einzelner und in der Gemeinschaft trägt aktiv oder passiv, direkt oder indirekt für sich selbst und andere zur Sicherheit bei, u. a., indem er die technischen und organisatorischen Voraussetzungen gestaltet [Com70].

Nur das Zusammentreffen aller drei Voraussetzungen garantiert Arbeitssicherheit.

Gefährdungen sollen mit Mitteln höchster Zuverlässigkeit und Wirksamkeit ausgeschaltet bzw. minimiert werden. Daher sind Anforderungen an den Menschen (Verhaltensgebote und -verbote) zu vermeiden und nur zulässig, wenn technische Lösungen nicht gefunden werden.

Es ergibt sich etwa folgende Rangordnung von Maßnahmen:

1a. Möglichkeiten gefahrloser Technik,
1b. Anwendung sicherheitstechnischer Mittel,
2. Anwendung organisatorischer Maßnahmen,
3a. Anwendung von Körperschutzmitteln,
3b. Verhaltensanforderungen.

Das Ausmaß an Verhaltensanforderungen ist somit ein Maß, das die Güte der sicherheitstechnischen Gestaltung widerspiegelt.

12.2.4.1 Technische Umsetzung des Arbeitsschutzes

Ziel arbeitsschutztechnischer Gestaltung ist es, den Menschen vor Schädigungen und Beeinträchtigungen aller Art und insbesondere vor Unfällen zu schützen.

Dieses Ziel läßt sich in erster Linie bei der Konstruktion und Gestaltung neuer Anlagen, Maschinen und Geräte usw. verwirklichen. In dieser Phase lassen sich Aspekte der Sicherheitstechnik unter dem Gesichtspunkt der Wirtschaftlichkeit und Effektivität am besten realisieren. Hinweise zur Einbeziehung sicherheitstechnischer Aspekte in den methodischen Konstruktionsprozeß geben z. B. Strnad und Vorath [Str84]. Die Veränderung bestehender Anlagen (korrektive Ergonomie) ist dagegen oft unwirtschaftlich, Lösungen lassen sich nur teilweise realisieren und die Wirksamkeit ist allgemein eingeschränkt. Zu unterscheiden sind

– Gefährdungen durch mangelnde Funktionssicherheit der Maschine oder des Prozesses
– Gefährdungen durch das Verfahren (Energien und Stoffe).

Energie kann z. B. in Form mechanischer Energie (Quetschgefahr), elektrischer Energie, akustischer Energie oder Druck auftreten. Stoffe kön-

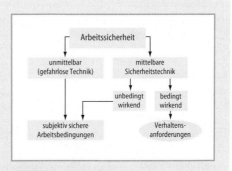

Bild 12-3 Grundforderung an technische Gestaltung [Möh71]

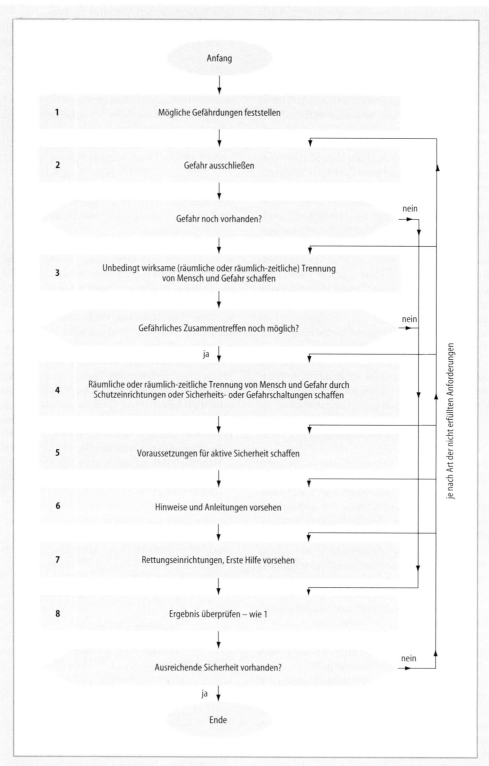

Bild 12-4 Vorgehen beim sicherheitsgerechten Gestalten [Kir86]

nen z.B. gefährliche Oberflächeneigenschaften (scharfkantig) haben oder gefährliche Chemikalien sein.

Bei einem Versagen der Maschine oder des Prozesses werden üblicherweise zusätzliche Energien und Stoffe freigesetzt.

Die Grundforderung an die technische Gestaltung von Arbeitssystemen (s. Bild 12-3) ist die
– nach gefahrloser Technik oder
– unbedingt wirkender Sicherheitstechnik.

Das prinzipielle Vorgehen beim sicherheitstechnischen Gestalten ist in Bild 12-4 zusammengefaßt dargestellt. Bei der sicherheitstechnischen Gestaltung hat also die Verwendung von Verfahren oberste Priorität, bei denen eine Gefährdung von vornherein ausgeschlossen werden kann, z.B. die Verwendung von Kleinspannungen unter 40 V anstelle normaler Wechselspannung von 230 V (Gefahr des Stromschlags ist damit nicht mehr gegeben).

Falls Verfahren für eine gefahrlose Technik nicht existieren oder nicht wirtschaftlich einsetzbar sind, muß durch konstruktive Maßnahmen sichergestellt werden, daß eine Gefährdung durch mangelnde Funktionssicherheit und das Verfahren ausgeschlossen werden kann. Grundsätzlich existieren zur Gewährleistung der Funktionssicherheit die Funktionsprinzipien [Pah93] des
– sicheren Bestehens (safe-life),
– beschränkten Versagens (fail-safe) und der
– redundanten Anordnung.

Beim sicheren Bestehen wird davon ausgegangen, daß während der Einsatzzeit eines Produkts kein Zustand eintritt, der zum Versagen führt. Dies erfordert jedoch eine detaillierte Analyse möglicher kritischer Systemzustände. Wird von „sicherem Bestehen" ausgegangen und versagt dennoch ein Bauteil, so führt dies in aller Regel zu schweren Unfällen [Pah93].

Beim beschränkten Versagen werden mögliche Schadensfälle kalkuliert und durch konstruktive Maßnahmen ausgeschlossen, daß ein Versagen zu potentiellen Gefährdungen führt. Dies wird beispielsweise dadurch erreicht, daß selbst mit einer eingeschränkten Funktionsfähigkeit eines Bauteils kein gefährlicher Zustand eintritt, z.B. durch langsames (sichtbares) Abreißen oder stetiges „Undichtwerden" statt abrupter Explosion. Ebenso können Überbeanspruchungen durch Soll-Bruchstellen und Sicherungen aufgefangen, abgelenkt oder die schädigende Wirkung entschärft werden. Beispiele

sind Rutschkupplungen, Scherbolzen, Schmelzsicherungen und Explosionsklappen. Wichtig dabei ist immer, die Schadensquelle anzuzeigen, eventuell dafür auch Anzeigevorrichtungen vorzusehen. Diese können mit den Anzeigen gekoppelt werden, die ohnehin zur Prozeßsteuerung benötigt werden, z.B. Leistungsabfall.

Beim Prinzip der Redundanz werden Systeme gleicher Funktion mehrfach (redundant) angeordnet. Im Fall des Versagens eines Systems übernimmt das redundante System dessen Funktion.

Die Systeme müssen dabei jedoch nicht gleichartig aufgebaut sein, sondern können auch auf verschiedenen Wirkprinzipien basieren (Prinzipredundanz). Beispiel: Elektrische und mechanische Bremse, die auch beim Ausfall elektrischer Energie Gefährdungen vermeidet. Desweiteren kann durch vorbeugende Instandhaltung und durch Verbesserung der Einsatzbedingungen (Verminderung der Beanspruchung) von Maschinen die Funktionssicherheit erhöht werden.

Sowohl zur Verhinderung von Gefährdungen durch funktionelles Versagen als auch durch das Verfahren selbst können Schutzsysteme, Schutzorgane und bzw. oder Schutzeinrichtungen verwendet werden. Schutzsysteme lösen aufgrund eines Signals, welches die gefährdende Größe als Eingangssignal repräsentiert, eine Schutzreaktion in Form einer die Gefahr beseitigenden Ausgangsgröße aus (z.B. Sprinkleranlage). Schutzorgane dagegen benötigen kein Signal zur Auslösung, sie sind unmittelbar wirksam (z.B. Überdruckventil, Scherstift als Drehmoment- oder Kraftbegrenzer). Schutzeinrichtungen schützen ohne Schutzreaktion, sie sind also passiv wie z.B. Trennungen oder Kapselungen.

Für schutztechnische Systeme gilt, daß sie
– zuverlässig wirkend,
– zwangsläufig wirksam und
– nicht zu umgehen
sein müssen. Zuverlässigkeit bedeutet in diesem Sinne, wiederum Funktionsprinzipien der Sicherheitstechnik auf ein Schutzsystem / -einrichtung anzuwenden (safe-life, fail-safe, Redundanz). Zwangsläufig wirken sicherheitstechnische Maßnahmen [Pet85], wenn die
– Schutzwirkung bei Beginn und während der Dauer einer Gefährdung besteht und
– die Gefährdung zwangsläufig beendet ist, wenn die Schutzmaßnahmen aufgehoben oder die Schutzeinrichtung entfernt ist.

Die Verhinderung von Eingriffen in die Schutzeinrichtung sorgt für „Nichtumgehbarkeit".

Beim Einsatz von Schutzeinrichtungen sind Behinderungen, Belästigungen oder zusätzliche Erschwernisse zu vermeiden. Damit wird erreicht, daß eine Manipulation an den Schutzeinrichtungen gar nicht erst versucht wird.

Die Forderung nach Verhinderung von Unfallgefahren gilt nicht nur für den sachgemäßen Umgang mit Anlagen, Maschinen und Geräten, sondern auch bei eventuellem Fehlverhalten der Beschäftigten (z. B. Herausziehen eines Steckers an der Schnur), sowie auch bei der Herstellung, bei Wartungsarbeiten oder bei der Demontage, also nicht nur beim bestimmungsgemäßen Gebrauch.

Bei den Gestaltungsprinzipien für Schutzsysteme, -organe oder -einrichtungen können folgende Ziele unterschieden werden (weitere Hinweise zur Gestaltung sicherheitstechnischer Systeme finden sich in [Pet85]):

Minimieren der Gefährdungselemente: Die Anzahl und/oder die zu erwartende Wirkungsstärke der auftretenden Gefährdung minimieren, gefährliche Verfahren gegen weniger gefährliche austauschen, gefährdende Arbeitsstoffe durch weniger gefährdende ersetzen (z. B. alkalische statt organischer Lösungsmittel in Entfettungsanlagen, Einsatz wasserlöslicher Lacke, Eisenspäne statt Quarzsand beim Strahlen, Ersatzstoffe statt Asbest zur Isolierung), Anzahl der Gefährdungselemente verringern (statt Antrieb einzelner Maschinen durch Transmissionen von einer zentralen Energiequelle Einsatz dezentraler Elektromotoren an den Maschinen).

Vergrößern des räumlichen Abstands zwischen Gefährdung und Arbeitsperson: In DIN 31001 sind einige grundlegende Daten zusammengefaßt, die eine Gefährdung durch die Einhaltung von Mindestabständen bei verschiedenen Reichweiten ausschließen sollen. Weitere Gestaltungsmöglichkeiten bestehen beispielsweise in der räumlichen und funktionalen Trennung bei dem eigentlichen Arbeitsvorgang (z. B. bei Pressen oder Stanzen) durch Zweihand-Sicherheitsschalter (Prinzip „zwangsläufig wirksam").

Minimierung der Kontaktstellen: Auszuführende Manipulationen auf technische Mittel übertragen (z. B. Transport mehrerer Einzelteile in Kisten verpackt, ggf. mit Gabelstapler, statt Einzeltransport).

Verlagerung der Kontaktstellen: Unmittelbare Kontroll-, Überwachungs- und Bedienfunktionen auf technische Mittel übertragen (z. B. Schmierstellen aus dem Gefährdungsbereich bewegter Elemente verlagern – die Rohrleitung übernimmt Aufgabe der Schmiermittelzuführung, Geräte von außen einstellbar gestalten statt im Gehäuse liegender Trimpotentiometer und Schalter).

Abdeckung der Gefährdungselemente: Bauteile, die nicht sicher durch entsprechende Abstände von den bedienenden Personen geschützt sind, müssen eine separate Schutzeinrichtung, z. B. in Form von Abdeckungen, erhalten. Abfangen der Gefährdungselemente: Hierzu zählen auch Schutzorgane, die nur dann in Funktion treten, wenn ein Teil versagt. Dies geschieht ohne Signalumsatz, z. B. wenn die Rotationsenergie einer gebrochenen Schleifscheibe für die Schutzwirkung (Verschließen einer Haubenöffnung) genutzt wird.

Abschwächen der Gefährdungselemente: Nicht vollständig abfangbare Gefährdungen sind durch dämmende, dämpfende oder konzentrationsverringernde Schutzeinrichtungen in der Wirkungsstärke so abzuschwächen, daß sie den Menschen nicht schädigen (z. B. schallschluckende Verkleidungen, erhöhte Luftwechselraten in Gießereien, Erhöhung der Luftgeschwindigkeit zur zusätzlichen Wärmeabfuhr, große Glasflächen in Kesselhäusern, die ein Entweichen der Druckwelle bei einer Explosion ermöglichen, ohne daß das Gebäude einstürzt).

Kopplungsprinzip: Weiterhin kann durch zwangsläufig gekoppelte Systeme sichergestellt werden, daß gefährdende Teilfunktionen erst dann ausgeführt werden können, wenn entsprechende Schutzfunktionen bestehen (Beispiele: Spritzdruck im Spritzgießwerkzeug kann erst bei geschlossener Form aufgebracht werden, ein Gehäuse kann erst bei spannungsfreier Maschine geöffnet werden).

12.2.4.2 Organisatorische Umsetzung des Arbeitsschutzes

Arbeitssicherheit und Arbeitsschutz sind in die Aufbau- und Ablauforganisation des Betriebs zu integrieren (s.a. 12.3). Aufgaben, Kompetenzen und Verantwortungen in der Aufbauorganisation müssen verbindlich geregelt sein. Bei unklaren Regelungen kommt es z. B. an Abteilungsgrenzen vermehrt zu Unfällen, da jede Abteilung die andere für die Beseitigung von Gefahrenstellen für verantwortlich hält [Lep87: 181–191].

Für Beratungsaufgaben müssen ggf. Stabsstellen geschaffen und deren Kompetenz auf geeignete Weise in den übrigen Unternehmensaktivitäten verankert werden.

Im Rahmen der Ablauforganisation ist der Arbeitssicherheit bei allen Entscheidungen höchste Priorität zu geben. Feste Regeln wie z.B. „1. Sicherheit, 2. Qualität, 3. Produktion" verhelfen dazu. Entlohnungssysteme (s. 12.5), Aufstiegsmöglichkeiten usw. dürfen nicht so gestaltet sein, daß sie sicherheitswidriges Verhalten belohnen.

Bei improvisierten Tätigkeiten ist das Unfallrisiko besonders hoch. Dies sind typischerweise zusätzliche Tätigkeiten, z.B. die Beseitigung von Störungen, Reinigungstätigkeiten und das Transportieren von Werkzeugen oder Material [Kje87: 169–175]. Da diese Tätigkeiten doch relativ häufig auftreten, sollten sie ebenfalls vorgeplant werden. Ist Improvisation unvermeidlich, ist die Tätigkeit besonders zu beaufsichtigen. Ein hohes Unfallrisiko herrscht auch bei Arbeiten unter Zeitdruck und unter beengten Raumverhältnissen, beispielsweise durch unnötige Mengen von Material im Arbeitsbereich – beides Folgen schlechter Organisation.

Überleitend zur personellen Umsetzung der Arbeitssicherheit seien noch die Eigenorganisation der Arbeitsperson, die Planung der eigenen Tätigkeit und Ausgestaltung des Arbeitsplatzes bzw. -bereiches als sicherheitsrelevante Faktoren erwähnt.

12.2.4.3 Personelle Umsetzung des Arbeitsschutzes

Erst wenn technische Lösungen nicht existieren oder nicht umgesetzt werden konnten, muß die Arbeitsperson durch entsprechende persönliche Schutzausrüstungen vor der Gefahr geschützt werden (z.B. Hitzeschutzkleidung, Schutzhandschuhe, Gehörschutz). Außerdem sind die Beschäftigten auf die Gefahr aufmerksam zu machen (z.B. durch Schilder, Anzeigen, Warnlichter, Sicherheitsfarben) und durch geeignete Unterweisungen und Schulungen über mögliche Gefährdungen zu unterrichten (hinweisende Sicherheitstechnik).

Wird bei einer Person sicherheitswidriges Verhalten beobachtet (d.h. Nichtbefolgen von Verhaltensgeboten und -verboten), so deutet dies in erster Linie auf einen Mangel an technischer und organisatorischer Umsetzung des Arbeitsschutzes. Fehlauer [Feh62: 13–16] gab dafür die folgenden Gründe an:

– Nichtwissen: Etwa 20 % aller Fehlhandlungen werden von Berufsanfängern und Neueingestellten wegen fehlender Erfahrung, Unterweisung oder Warnung begangen.
– Nichtkönnen: Rund 10 % der Fehlhandlungen sind Folge von Ablenkung, Überforderung, mangelnder Eignung oder Ermüdung.

– Nichtwollen: In ca. 70 % der Fehlhandlungen wird ein Risiko trotz Kenntnis der Gefahr und dem eigentlich sicheren Verhalten bewußt eingegangen. Es fehlt die Überzeugung der Gefahr.

Erklärt haben Fehlauer [Feh62: 13–16] und andere diesen Tatbestand durch das Prinzip der Verhaltensverstärkung mittels Belohnung und Bestrafung: Solange nicht der seltene Fall eines Beinahe-Unfalls eintritt, hat „sicheres Verhalten" keine positive Verstärkung, sondern ist im Gegenteil oft mit zusätzlichen Anstrengungen und Zeitverlusten verbunden. Ähnlich verhält es sich bei „sicherheitswidrigem Verhalten". Es ist oft mit höherer Bequemlichkeit, Zeitgewinn und Achtungserfolgen verbunden und wird dadurch leicht zur Gewohnheit. Nur die Erfahrung eines (Beinahe-)Unfalls kann zu einer Verhaltensänderung führen.

Unter dem Aspekt der Arbeitsgestaltung lassen sich daraus folgende Schlüsse ziehen: Sicheres Verhalten muß verstärkt und anerkannt werden, ebenso wie die negativen Seiten sicherheitswidrigen Verhaltens betont werden sollten. Die negativen Folgen sicheren Arbeitens sind abzubauen (werden z.B. Körperschutzmittel nicht getragen, weil sie zu schwer oder unbequem sind, sind die Körperschutzmittel neu zu gestalten) ebenso wie die positiven Folgen sicherheitswidrigen Verhaltens.

12.2.5 Ergonomische Arbeitsgestaltung

Die ergonomische Arbeitsgestaltung beinhaltet die Gestaltung von Arbeitsplätzen und -systemen nach Kriterien, die durch die Abmessungen des Menschen, seine physiologischen Leistungen und durch psychologische Bedingungen bestimmt werden. Auch bei der ergonomischen Arbeitsgestaltung sollten bereits in der Planungsphase eines Arbeitsplatzes oder Arbeitssystems ergonomische Erkenntnisse angewendet werden. Wenn jedoch keine andere Möglichkeit besteht, sollte dennoch mit korrektiven Maßnahmen versucht werden, unzulängliche Arbeitsbedingungen zu verbessern [Lau90].

12.2.5.1 Arbeitsplatzgestaltung, Anthropometrie und Biomechanik

Die Anthropometrie bildet die Grundlage für die maßliche Auslegung von Arbeitsplätzen und Ar-

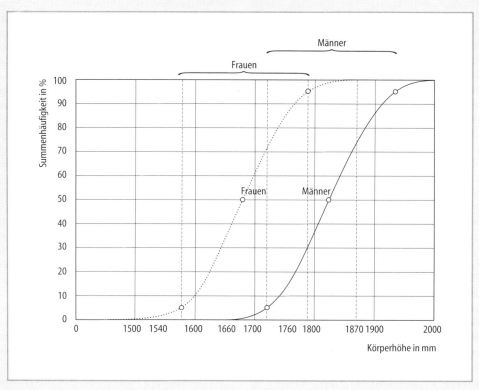

Bild 12-5 Aus der Summenhäufigkeit werden vier Körpergrößen/-Klassen abgeleitet [Sch89]

beitsmitteln. Neben der empirischen Ermittlung der Abmessungen verschiedener Gliedmaßen und Körperteile ist die Untersuchung der Abhängigkeit dieser Körpermaße von den Einflußfaktoren Alter, Geschlecht, Bevölkerungsgruppe, Statur usw. Gegenstand der Anthropometrie.

Für die praktische Anwendung sind besonders folgende Parameter zu beachten:
1. Räumliche Begrenzungsmaße des menschlichen Körpers;
2. Funktionsmaße des menschlichen Körpers (z.B. Reichweiten, Sichtmaße).

Die anthropometrische Arbeitsgestaltung strebt die Anpassung des Arbeitsplatzes an die zu berücksichtigenden anthropometrischen Abmessungen des Menschen an; sie bildet die Grundlage für weitere Aspekte der Arbeitsplatzgestaltung, z.B. der informationstechnischen Arbeitsgestaltung.

Grundlage für die Gestaltung von Arbeitsplätzen sind die Körpermaße des Menschen. In Tabellenform (z.B. in DIN 33 402) sind die wichtigsten Maße zusammengefaßt, wobei zu berücksichtigen ist, daß die Summenhäufigkeit der Körpergrößen normalverteilt ist (Bild 12-5).

Für die Gestaltung von Arbeitsplätzen wird i. allg. davon ausgegangen, daß diese für möglichst viele Personen günstige Abmessungen aufweisen sollten. Für die Bereichsgrenzen wählt man in der Regel die Summenhäufigkeit kleiner als 5 % bzw. größer als 95 %. Diese Grenzen werden als Perzentil (5. bzw. 95. Perzentil) bezeichnet. Innerhalb dieser Grenzen liegen somit 90 % der erwachsenen Bevölkerung. In Bild 12-6 sind einige wichtige Maße zusammengefaßt.

Bei der Anwendung derartiger Tabellenwerte muß sehr sorgfältig gearbeitet werden und ggf. müssen weitere Unterlagen herangezogen werden. Dabei sind besonders folgende Punkte zu beachten:
1. Durch die Akzeleration (allgemeine Zunahme der Körpermaße) verschieben sich alle Werte nach oben, d.h., man sollte möglichst nur neueste Tabellen benutzen bzw. das Untersuchungsjahr berücksichtigen. Ferner ist zu beachten, daß die Größenzunahme nicht kontinuierlich erfolgt.

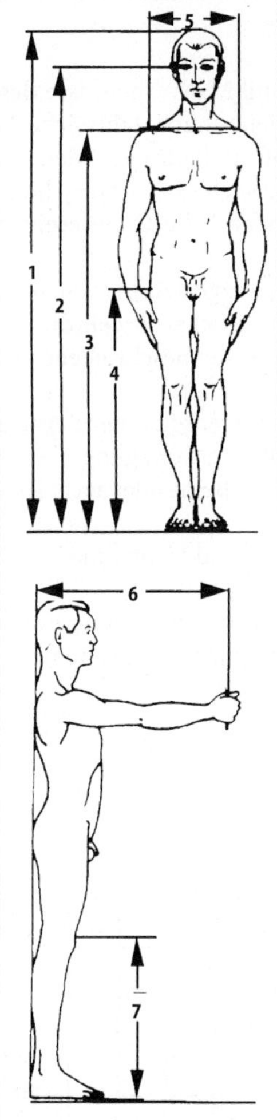

laufende Nr. in Abb.	Maßbezeichnung	M : Männer F : Frauen	perzentil		
			5	50	95
1	Körperhöhe	M	1715	1825	1965
		F	1575	1679	1787
2	Augenhöhe	M	1596	1698	1812
		F	1472	1566	1664
3	Schulterhöhe	M	1441	1518	1619
		F	1304	1398	1494
4	Schritthöhe	M	780	851	932
		F	725	791	857
5	Schulterbreite	M	434	478	522
		F	369	401	431
6	Reichweite des Arms (Griffachse)	M	695	757	823
		F	630	695	771
7	Patellahöhe	M	522	566	609
		F	454	487	533

Bild 12-6 Körpermaße [Sch89]. Die Abmessung Nr. 6 für Frauen (Reichweite des Arms) stammt aus [Flü86]

2. Der Einfluß des Alters muß ebenfalls berücksichtigt werden. So nimmt beispielsweise mit zunehmendem Alter die Körpergröße Erwachsener wieder ab. Andererseits erhöht sich das Körpergewicht und es sind ebenfalls Proportionsänderungen zu beachten. Für Kinder und Jugendliche sind spezielle Tabellen heranzuziehen.

3. Neben der unterschiedlichen Körpergröße von Männern und Frauen sind weitere geschlechtsspezifische Unterschiede zu beachten, z. B. andere Körperproportionen (Becken- und Schulterbreite, Lage der Körperfettdepots) sowie das in der Regel mit zu berücksichtigende Schuhwerk und die Kleidung.

4. Auch ethnische Unterschiede sind zu berücksichtigen. Das gilt nicht nur für Bereiche, in denen z. B. vorwiegend ausländische Arbeitnehmer beschäftigt sind. Auch innerhalb eines Volks sind Unterschiede zu beachten. So sind z. B. Norddeutsche durchschnittlich 2 cm größer als Süddeutsche.

5. Die gebräuchlichen Tabellen berücksichtigen nur ungenügend unterschiedliche Körpermas-

sen. Die Körpermasse strcut wesentlich stärker als beispielsweise die Körperhöhe!

6. Auch der Ermüdungssgrad hat einen Einfluß auf die wichtigsten Körpermaße. Wichtig ist besonders der Unterschied zwischen zusammengesackter (ermüdeter) und aufrechter Sitzhaltung.

7. Die Art der Kleidung (Winterbekleidung, Arbeitsschutzkleidung o.ä.) muß ebenfalls mit entsprechenden Zuschlägen berücksichtigt werden.

8. Alle Maßtabellen beziehen sich lediglich auf idealtypische Proportionen des Menschen. Die beschriebene Vorgehensweise ist, strenggenommen, nur für die Ableitung von Körpermaßen zulässig, die einen direkten Bezug zur Gesamtlänge des menschlichen Körpers haben (z.B. Augenhöhe des stehenden Menschen). Das Maß „Augenhöhe im Sitzen" ist beispielsweise dagegen hauptsächlich vom Maß „Sitzhöhe" abhängig und besitzt nur noch eine indirekte Abhängigkeit von der Gesamtlänge des Menschen. Hier haben proportionale Unterschiede („Sitzriesen" und „Sitzzwerge") einen bedeutenderen Einfluß auf das Maß „Augenhöhe im Sitzen" als die Gesamtlänge des Körpers.

Über die Maße und Maßverhältnisse des Menschen hinaus spielen auch zahlreiche Funktionsmaße eine große Rolle. Dazu zählen beispielsweise die Sichtbereiche bei unterschiedlichen Körperhaltungen und die Greifbereiche (Bild 12-7).

Bei der Arbeitsplatzgestaltung sind besonders folgende Maße zu berücksichtigen, die natürlich ebenfalls von den vorher beschriebenen Körpermaßen abhängen:

1. Greifraum der Arme, ggf. unter Berücksichtigung der Oberkörperbewegung.
2. Freiräume, z.B. der Beine oder auch des ganzen Körpers.
3. Sehentfernungen und Sichtwinkel.

Unterschieden werden können innere und äußere Maße des Arbeitsplatzes: Als Innenmaße wer-

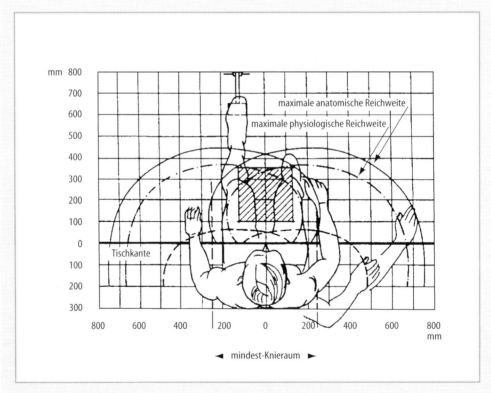

Bild 12-7 Gliederung des Greifraums (max. anatomische Reichweite: nur mit Oberkörperbewegung erreichbar; gestrichelter Bereich: optimale Arbeitsfläche)

den die Abmessungen bezeichnet, die mindestens notwendig sind, um auch den größten Personen ein ungehindertes Arbeiten zu ermöglichen (z.B. Kniefreiheit zwischen Tisch und Stuhl). Äußere Maße sind die Abmessungen, die eingehalten werden müssen, um auch den kleinsten zu berücksichtigenden Personen ein ungehindertes Arbeiten zu ermöglichen (z.B. Abstand zu Griffen, Werkzeugen, Vorratsbehältern).

Bei der Gestaltung von Arbeitsplätzen werden anhand eines skizzenhaften Layouts zunächst die Greifräume bzw. Funktionsräume für die kleinste und für die größte zu berücksichtigende Person bestimmt. Ergebnis sind Bereiche, die von beiden Personen erreicht werden können. Strenggenommen dürften Stellteile, Vorratsbehälter usw. nur in diesem sog. Überdeckungsbereich plaziert werden. Zu beachten ist hier, daß die Greifräume zunächst rein geometrische Bereiche angeben und noch keine Aussage über die Bequemlichkeit erlauben. Deshalb sind diese Bereiche jeweils anhand der konkreten Tätigkeit kritisch zu überprüfen. Bei der Gestaltung derartiger Arbeitsplätze wird deutlich, daß ein Einhalten aller Forderungen nur sehr selten möglich sein wird. Ziel der ergonomischen Arbeitsplatzgestaltung ist deshalb eine Optimierung der angesprochenen Forderungen, wobei in der Regel verschiedene Hilfsmittel herangezogen werden, z.B. verstellbare Stühle und Tische, Fußpodeste u.a.

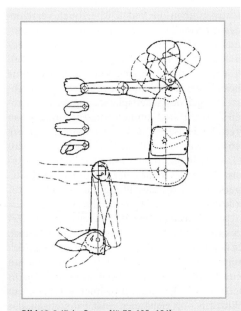

Bild 12-8 Kieler Puppe [Jür75: 185–194]

Neben den Abmessungen spielen jedoch auch die Kräfte, die in diesen Bewegungsräumen ausgeübt werden müssen, für die ergonomische Gestaltung eine wichtige Rolle. Sie sind abhängig von der Art der Kraftausübung (statisch/dynamisch), von der Richtung und von der Dauer. Auch hier findet man umfangreiches Datenmaterial in der Literatur, z.B. in [Sch89, Roh66, Roh72] oder in DIN 33 411.

Für die Kraftausübung im Bewegungsraum ist ferner zu beachten, daß

1. in der Regel die 5-Perzentil-Werte der Männer zwischen den Werten für das 50. und 95. Perzentil von Frauen liegt, der 95. Perzentilwert von Frauen dagegen praktisch nie den 50. Perzentilwert der Männer erreicht,
2. Kräfte im optimalen Bereich der Kraftausübung erbracht werden sollten,
3. eine Unterstützung durch das Körpergewicht möglich sein sollte,
4. statische (Halte-)arbeit nur kurzzeitig und mit geringen Kräften erbracht werden sollten,
5. die mögliche Kraftentfaltung mit zunehmendem Alter abnimmt und
6. weitere Parameter wie Training, Ermüdung, Gesundheitszustand mit berücksichtigt werden müssen.

Für die somatographische Gestaltung von Arbeitsplätzen (Somatographie) existieren eine Reihe von Hilfsmitteln, die als
– Schablonen-Somatographie,
– rechnergestütze Somatographie und
– Videosomatographie
bekannt sind. Schablonen zeigen die menschliche Gestalt in der Seitenansicht, in der Voransicht und in der Draufsicht. Die „Kieler Puppen" (Bild 12-8) berücksichtigen Proportionsunterschiede von Männern und Frauen (deshalb sechs Schablonen für je drei markante Körperhöhen) und erlauben durch die detaillierte Ausarbeitung der Gelenke (Bahnkurven) genaue Zeichnungen. Sie werden hauptsächlich für die Anwendung bei Sitzarbeitsplätzen verwendet; Zusatzteile erlauben auch die Darstellung der stehenden Person.

Die rechnergestützte Somatographie bildet den Menschen 2- oder 3dimensional als sog. rechnerinternes geometrisches Modell (Draht-, Flächen- oder Volumenmodell) nach. Durch entsprechende Programme läßt sich die Genauigkeit variieren, z.B. Bewegungen des gesamten Körpers oder Untersuchungen einzelner Finger. Im Rahmen der vorgegebenen Bewegungsräu-

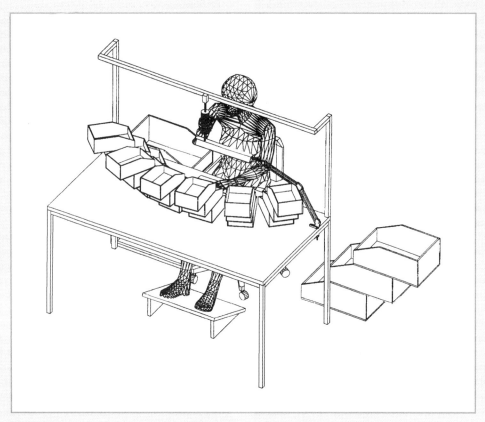

Bild 12-9 Rechnergestützte Somatographie (Fa. IST)

me können beliebige biomechanisch mögliche Bewegungen simuliert werden (z. B. „Anthropos", Bild 12-9). Datentechnisch hinterlegte Komfortgrenzen erlauben eine, wenn auch stark normierte, Aussage zu subjektiven Haltungsbewertungen.

Die genannten Verfahren erlauben zwar eine mehr oder weniger detaillierte maßliche Konzeption eines Arbeitsplatzes, beziehen jedoch keine realen Versuchspersonen ein, die beispielsweise über die rein geometrischen Bewegungsbereiche hinaus detaillierte Angaben über Bequemlichkeit oder Komfort einer Arbeitshaltung machen können. Diesen Nachteil vermeidet die Videosomatographie (Bild 12-10). Hier werden zwei Videobilder gemischt: Ein Bild zeigt die Versuchsperson und das andere die Zeichnung, ein Modell des zu planenden Arbeitsplatzes oder, bei rechnergestützter Videosomatographie, das Bild eines CAD-Bildschirms. Über einen Kontrollmonitor kann die Versuchsperson ihre Bewegungen koordinieren. Mit einem Zoomob-

jektiv können die Versuchspersonen verschieden groß in die Vorlage kopiert werden. So können schnell alle Abmessungen mit unterschiedlich großen Personen überprüft werden. Im Falle der rechnergestützten Videosomatographie besteht darüber hinaus die Möglichkeit, die Abmessungen des Arbeitsplatzes interaktiv zu modifizieren. Damit können effizient Aussagen an verschiedene Personen vorgenommen werden, notwendige Verstellbereiche lassen sich so einfach ermitteln. In der Praxis wird darüber hinaus die Einbeziehung der betroffenen Arbeitspersonen in die Gestaltung die Akzeptanz zukünftiger Arbeitsplätze erleichtern.

In Zukunft werden Rechnersysteme zur Erzeugung von „virtueller Realität" verstärkt auch in der Arbeitsgestaltung eingesetzt werden. „Virtuelle Realitäten" erlauben die Interaktion mit einer „Welt", die nur im Rechner besteht. Hochleistungsfähige Graphikrechner erzeugen ein Bild, z. B. von Gebäuden oder Fahrzeugen, das den Benutzern mittels einer Maske so dargebo-

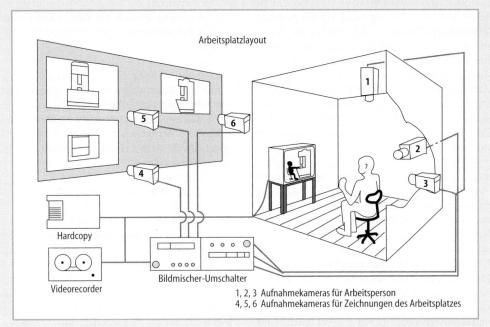

Arbeitsplatzlayout

Hardcopy

Videorecorder

Bildmischer-Umschalter

1, 2, 3 Aufnahmekameras für Arbeitsperson
4, 5, 6 Aufnahmekameras für Zeichnungen des Arbeitsplatzes

Bild 12-10 Prinzip der Videosomatographie [Mar81: 21–26]

ten wird, daß diese einen 3D-Eindruck haben. Sensoren, die Kopf- und Körperbewegungen aufnehmen, erlauben das Interagieren mit dieser virtuellen Welt. Dabei werden Bewegungen und Darstellung der „virtuellen Welt" in Echtzeit aufeinander abgestimmt.

„Virtuelle Realität" ist im Prinzip die Weiterentwicklung der rechnergestützten Videosomatographie in den dreidimensionalen Raum und könnte auch als „3D-Computer-Somatographie" bezeichnet werden. Gebrauchsgegenstände und Arbeitsplätze könnten schnell und einfach erzeugt und verändert werden. Erste Ansätze beschreiben Riedel/Bauer [Rie92: 36-41]. Zur Vervollkommnung des Realitätseindrucks sind gute Force- und Touch-Feedback-Möglichkeiten zu entwickeln, die auch die Beurteilung von Kräften und Restriktionen zulassen würden.

12.2.5.2 Physiologische Arbeitsgestaltung

Bei der physiologischen Arbeitsgestaltung steht die Berücksichtigung der physiologischen Funktionen des Menschen unter den besonderen Bedingungen der Arbeit im Mittelpunkt. Dazu zählen die Anpassung der Faktoren Arbeitsplatz, Arbeitsmittel, Arbeitsmethode und Arbeitsablauf

sowie Arbeitsumgebung an den Menschen unter Berücksichtigung arbeitsphysiologischer Erkenntnisse.

Als Prinzipien physiologischer Arbeitsgestaltung zur Reduktion von Belastung und Beanspruchung bieten sich grundsätzlich verschiedene Vorgehensweisen an [Roh86]:
– die Wahl eines Arbeitsverfahrens mit einem günstigen Wirkungsgrad,
– die Vermeidung von energetisch ungünstigen Arbeitsformen,
– die Gestaltung der Arbeitsabfolge mit dem Ziel der minimalen Ermüdung
sowie eine Reihe weiterer, besonders für die detaillierte Gestaltung relevanter Grundsätze, die nur kurz erwähnt werden sollen.

Bei der Wahl eines Arbeitsverfahrens nach dem Prinzip des optimalen Wirkungsgrads ist zu beachten, daß der mechanische Wirkungsgrad des menschlichen Körpers das Verhältnis der gewonnenen mechanischen Energie zur umgesetzten Energiemenge ist. Er beträgt im günstigsten Fall ca. 30 %, liegt bei typischen Arbeitsformen jedoch häufig nur bei 5–10 %. Dies ist oft bedingt durch das Mitbewegen eigener Körpermassen. Deshalb sind die Ausführungsweise der Arbeit, der Arbeitsplatz und allgemein die Arbeitsbedingungen so zu gestalten, daß keine unnötigen energetischen Belastungen für den Menschen auftreten. Häufig wird ein zu geringer Wirkungsgrad bei körperlicher Arbeit durch vermeidbare Energieverluste verursacht. Dies ist beispielsweise der Fall, wenn bei Hebearbeiten die Höhendifferenz so beschaffen ist, daß das Anheben der Last ein Beugen und damit Mitbewegen des Oberkörpers erfordert. Diesem Gestaltungsprinzip folgend sinkt nicht nur die Belastung und Beanspruchung, sondern steigt auch die Leistung.

Auch die Verminderung energetisch ungünstiger Arbeitsformen und dabei besonders die Verminderung der statischen Muskelarbeit führt zu einer erheblichen Entlastung des Organismus. Hierbei kann entweder der Weg gegangen werden, statische Komponenten durch dynamische zu ersetzen (z. B. Bewegen eines Hebels mit Exzenter anstelle Drücken einer Vorrichtung zum Fixieren eines Arbeitsgegenstandes) oder es können geeignete Haltevorrichtungen vorgesehen werden (z. B. gewichtsentlastende Aufhängung von Handwerkzeugen). Ein anderes Beispiel der Vermeidung statischer Arbeitsformen (hier statische Kontraktionsarbeit) ist das Fixieren von Werkzeugen o. ä. in der Hand durch Formschluß anstelle von Reibschluß zu ermöglichen.

Eine weitere Möglichkeit, Beanspruchungen zu reduzieren, besteht in der Gestaltung der Arbeitsabfolge. Beispielsweise kann durch geeignete Pausen (Lage der Pausen in der Arbeitsabfolge und Länge der Pausen) erreicht werden, daß die Ermüdung infolge der Arbeit minimiert werden kann. Häufigere, kürzere Pausen haben einen höheren Erholungswert als weniger aber dafür längere Pausen, besonders bei köperlicher Arbeit.

Diese drei wichtigsten Prinzipien der physiologischen Arbeitsgestaltung müssen durch eine Reihe weiterer Hinweise ergänzt werden:
- Wahl einer kräftigen, für die Arbeitsaufgabe besonders geeigneten Muskelgruppe,
- Wahl einer optimalen Gelenkstellung, um den bestmöglichen Krafteinsatz zu erreichen,
- Wahl einer günstigen Arbeitsgeschwindigkeit, die eine harmonische Bewegungsfolge erlaubt und energieverzehrende Bremsvorgänge oder unnötige Beschleunigungen des im Einsatz befindlichen Körperteils vermeidet,
- Vermeiden von Tätigkeiten, die Körperfixationen entgegen der Schwerkraft erfordern (z. B. Überkopfarbeiten),
- Einsatz des Körpergewichtes bei der Kraftausübung (z. B. beim Treten eines Fußstellteils),

- Die Gestaltung der Umgebungseinflüsse (wie Klima, Lärm, Vibrationen usw.) sollte zusätzliche Belastungen so gering wie möglich halten.

Die genannten Beispiele zeigten nur einige Möglichkeiten, Belastungen und Beanspruchungen am Arbeitsplatz zu reduzieren. Man erkennt jedoch, daß mit der physiologischen Arbeitsgestaltung ein umfangreiches Instrumentarium existiert, um die Arbeit leichter, humaner und effizienter zu gestalten.

12.2.5.3 Informationstechnische Gestaltung

Unter informationstechnischer Gestaltung versteht man in diesem Zusammenhang die Gestaltung der Elemente, die für die Schnittstelle zwischen dem Menschen und seiner Arbeit (vgl. Mensch-Maschine-System) charakteristisch sind. Dazu zählen in erster Linie Anzeigen, die Hinweise auf Zustände oder Prozesse geben sowie Stellteile, die dem Menschen die Möglichkeit geben, den Arbeitsablauf zu beeinflussen. Beide, Anzeigen und Stellteile, dienen der Übermittlung von Informationen.

Die Gestaltung von Anzeigen beschränkt sich jedoch nicht allein auf Sichtanzeigen, obgleich diese den weitaus größten Anteil bei der Informationsübermittlung besitzen. Informationen werden ferner durch taktile Merkmale (Stellung von Stellteilen, Merkmale an Werkstücken usw.), durch akustische Signale (Warnsignale, Sprachübermittlung, Maschinengeräusch) sowie durch weitere sensorisch erfaßbare Signale übertragen (z. B. Gerüche bei Überlastung von Maschinen, Beschleunigungen, Schwingungen). Die Gestaltung der Stellteile ist im Zusammenhang mit der Übermittlung von Informationen vom Menschen an die Maschine ebenfalls von großer Bedeutung.

Die informationstechnische Gestaltung faßt somit alle Elemente zusammen, die der Kommunikation zwischen Mensch und Maschine dienen und deren Gestaltung unter dem Aspekt der optimalen Informationsübertragung steht [Luc83]. Dabei werden sowohl die Grenzen und Fähigkeiten des Menschen in physiologischer Hinsicht und seine Kapazität zur Informationsverarbeitung berücksichtigt, als auch die Möglichkeiten der Unterstützung dieser Funktionen durch die Maschine untersucht. Das Vorgehen bei der informationstechnischen Gestaltung zeigt Bild 12-11.

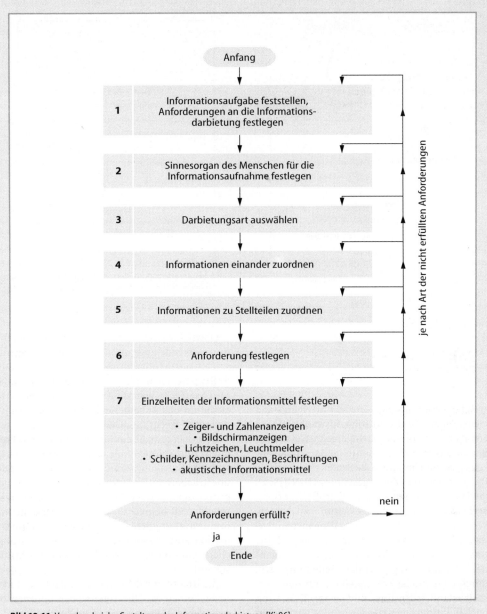

Bild 12-11 Vorgehen bei der Gestaltung der Informationsdarbietung [Kir86]

Gestaltung von Anzeigen

Sichtanzeigen sind optisch wahrnehmbare Gestaltungselemente zur Informationsübertragung, die durch ihre Codierung eine verbindliche Zuordnung des dargestellten Zeichens (Zahl, Buchstabe, Zeigerstellung) zum Zustand der angezeigten Größe ermöglichen. Bei den Sichtanzeigen unterscheidet man prinzipiell Analoganzeigen, Digitalanzeigen, Hybridanzeigen und Bildschirmanzeigen. Beispiele zur Skalengestaltung der unterschiedlichen Anzeigearten finden sich in Bild 12-12. Zur Zeichen- und Symboldarstellung von Bildschirmanzeigen finden sich in DIN 66234 bzw. werden durch Standards in Werkzeugen zum Entwickeln von Bildschirmoberflächen vorgegeben (User-Interface-Management-Systeme).

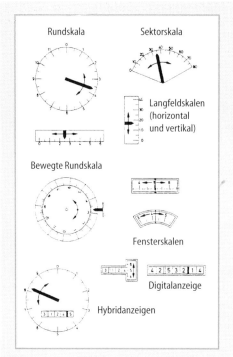

Rundskala   Sektorskala

Langfeldskalen
(horizontal
und vertikal)

Bewegte Rundskala

Fensterskalen

Digitalanzeige

Hybridanzeigen

Bild 12-12 Skalengestaltung von Analog-/Digital- und Hybridanzeigen [San93]

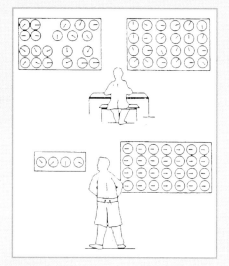

Bild 12-13 Gruppenbildung und „scan-line" als Hilfe zur schnellen Orientierung und zur Erkennungserleichterung [San93]

Bei der Anwendung von Sichtanzeigen spielt jedoch nicht nur die richtige Auswahl, sondern vor allem auch die aufgabengerechte Gestaltung der Anzeigen eine große Rolle. Bei Analoganzeigen ist auf eine sinnvolle Skalen- (Teilstriche, Beschriftung) und Zeigergestaltung (DIN 43802), bei Digitalanzeigen auf Zifferngröße, Kontrastverhältnis und Zeichengestaltung zu achten. Werden mehrere Sichtanzeigen in Instrumententafeln zusammengefaßt, ist zudem auch die Beziehung der einzelnen Anzeigen untereinander von ausschlaggebender Bedeutung, z.B. durch einheitliche Zeigerstellung für den Normalzustand (scan-line, Bild 12-13). Dies kann nach funktionellen Kriterien (z.B. Inbetriebnahme eines Aggregates) oder nach gleichen Meßgrößen (z.B. Spannungen oder Drehzahlen) geschehen. Einzelne Sichtanzeigen sollten etwa den gleichen Abstand zum Auge des Betrachters haben, um Akkomodationsschwierigkeiten (Anpassung des Auges) zu vermeiden. Die Darbietung von Informationen sollte auf das unbedingt nötige Maß reduziert werden, wichtige Informationen sollten jedoch redundant dargeboten werden (z.B. optisches und akustisches Gefahrensignal).

Obwohl, wie erwähnt, die weitaus größte Informationsmenge optisch wahrgenommen wird, spielen auch andere Anzeigen eine bedeutende Rolle, beispielsweise um besondere Aufmerksamkeit (z.B. Warnsignale) zu erzielen oder auch, um das Auge bei der Informationswahrnehmung zu entlasten.

Besonders akustische Signale (Lautstärke, Frequenz und Tonfolge) werden eingesetzt, um bestimmte Betriebszustände hervorzuheben. Die übertragbare Informationsmenge ist jedoch aufgrund der eingeschränkten Differenzierungsmöglichkeit begrenzt. Auch Sprachausgabe eröffnet die Möglichkeit, neben visueller Informationsausgabe weitere Modalitäten anzusprechen (multimodale Mensch-Maschine-Schnittstellen).

Auch taktil (mit dem Tastsinn) erfaßbare Merkmale können der Übertragung von Informationen dienen. Beispielsweise sind durch besondere Merkmale an Werkstücken Rückschlüsse auf deren Lage oder Beschaffenheit möglich (z.B. beim Zusammenbau zweier Gehäusehälften).

Andere Informationen werden beispielsweise über Gerüche (z.B. heißer Motor), Vibrationen o.ä. übermittelt und werden in diesem Fall das Bedienpersonal veranlassen, die Drehzahl zu reduzieren. Besonders beim Führen von Fahrzeugen spielen weitere Informationen über die Lage des Fahrzeugs eine Rolle, z.B. Beschleunigung in Längs- und Querrichtung.

Zur Eingabe von Informationen bzw. zur Steuerung von Operationen werden Stellteile benötigt. Während früher Stellteile vorwiegend kraftbetonte Betätigung erforderten (Handrad, Hebel; z. B. im Stellwerk), werden heute hauptsächlich Eingaben und Steuerungen über Tasten bzw. Tastaturen sowie mit leichtgängigen Bedienelementen vorgenommen (z. B. Schaltwarten im Kraftwerk).

Je nach Gestaltung der Stellteile werden verschiedene Griffarten unterschieden (Kontaktgriff, Zufassungsgriff, Umfassungsgriff), die Einfluß auf die Geschwindigkeit und Genauigkeit der Betätigung haben. Die Gestaltung von Stellteilen ist außerdem vom Stellwiderstand abhängig. Die Stellteile sind gut erreichbar, d.h. im Greifraum der Arme bzw. im nahen Fußraum anzuordnen. Die Anordnung ist von der Häufigkeit, der Wichtigkeit und vom Kraftaufwand der Betätigung abhängig, d.h., häufig zu betätigende Elemente müssen im optimalen Griffbereich (für kleine und große Personen!) plaziert werden.

Tabelle 12-2 Betätigungssinn und Anordnung von Stellteilen (DIN 43602)

Funktion	Bewegungsrichtung
ein	aufwärts, nach rechts, vorwärts, im Uhrzeigersinn, ziehen (Zug- und Druckschalter)
aus	abwärts, nach links, rückwärts, gegen den Uhrzeigersinn, drücken
rechts	im Uhrzeigersinn, nach rechts
links	gegen den Uhrzeigersinn, nach links
heben	aufwärts, rückwärts
senken	abwärts, vorwärts
einziehen	aufwärts, rückwärts, ziehen
ausfahren	abwärts, vorwärts, drücken
verstärken	vorwärts, aufwärts, nach rechts, im Uhrzeigersinn
vermindern	rückwärts, abwärts, nach links, gegen den Uhrzeigersinn
AUSNAHME	
Ventil öffnen	gegen den Uhrzeigersinn
Ventil schließen	im Uhrzeigersinn

Stellteile sollten eine sinnfällige räumliche Zuordnung aufweisen, wobei entweder in der Funktion (z. B. alle Ventile) oder im Ablauf (z. B. Inbetriebnahme eines Motors) zusammengehörige Stellteile in Gruppen angeordnet werden. Desweiteren ist die Zuordnung von Stellteilen zu Anzeigen durch unmittelbare räumliche Nähe zu verdeutlichen.

Neben der Anordnung sind die Größe (Lesbarkeit sowie Wichtigkeit, z. B. bei NOT-AUS), die Form (Wiedererkennung, z. B. von Schaltstellungen) sowie die Beschriftung und die Farbe (z. B. NOT-AUS in Rot) wichtige Kriterien bei der Gestaltung von Stellteilen. Für die Sicherheit bei der Bedienung ist ferner die Oberflächenstruktur (gegen Abrutschen) sowie die Abstände der Stellteile untereinander (Verwechslungsgefahr) maßgebend.

Bei der Gestaltung ist zu beachten, daß die Stellteile in ihrem Betätigungssinn dem erwarteten Funktionseffekt entsprechen (Beispiel: Bewegen des Vorschubhebels einer Bohrmaschine nach unten = Werkzeugbewegung nach unten). Diese Bewegungs-Effekt-Stereotypien folgen etablierten Konventionen, sind andererseits nicht frei von Unsicherheiten. In DIN 43602 (Betätigungssinn und Anordnung von Stellteilen) sind deshalb die Zusammenhänge von Funktion und Bewegungsrichtung festgelegt (s. Tabelle 12-2).

Diese Festlegungen sind, nicht zuletzt aus Sicherheitsgründen, einzuhalten. Wenn diese Sinnfälligkeit nicht eindeutig zu erkennen ist, sind zusätzliche Hinweise oder gestalterische Maßnahmen erforderlich. Als Beispiel sei auf den Zusammenhang „Ventil öffnen = Bewegungssinn entgegen dem Uhrzeigersinn" hingewiesen. Wenn für den Bediener nicht zweifelsfrei erkennbar ist, daß sich hinter dem Stellteil ein Ventil befindet, muß durch zusätzliche Maßnahmen kenntlich gemacht werden, bei welcher Betätigungsrichtung eine Zunahme oder Abnahme erwartet werden kann.

Häufig werden die beschriebenen Stellteile zunehmend von rechnergestützten Mitteln wie Tastaturen (DIN 2139, DIN 9758, DIN 32758), grafischen Eingabegeräten (Maus, Trackball usw.), Spracheingabe, optischen Verfahren (z. B. Strichcode u. a.) zur Informationseingabe verdrängt.

Weiterhin ist zu beachten, daß Stellteil und Anzeige kompatibel gestaltet werden, also einer Hebel- oder Drehbewegung nach rechts beispielsweise auch ein Zeigerausschlag nach rechts folgt (Signal-Reaktions-Kompatibilität, Bild 12-14).

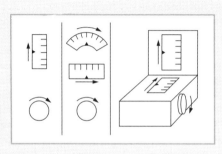

Bild 12-14 Sinnfällige Bewegung von Stellteilen und korrespondierenden Anzeigen [Luc83]

Neben der Kompatibilität zwischen Bedienungsrichtung und Anzeige muß natürlich auch die Anzeige an sich den erwarteten Effekt so zeigen, daß er mit dem internen Modell des Benutzers vom Prozeß in Übereinstimmung gebracht werden kann (Modellkompatibilität).

12.2.5.4 Gestaltung von Software

Unter dem Begriff der „Software-Ergonomie" wird die Gestaltung, Analyse und Evaluation von interaktiven Rechnersystemen verstanden (s. a. 17.2). Dieses Gestaltungsfeld beschäftigt sich mit [Bul87]
– den in einem Arbeitssystem verwendeten Werkzeugen und der Schnittstelle zwischen System und Benutzer (Dialogtechnik, Informationsdarstellung usw.). Als Abgrenzung zur sogenannten ergonomischen Gestaltung der Hardware sind die Arbeitsmittel als technisch-physikalische Elemente (Tastatur, Bildschirm usw.), die Anpaßmittel (Stuhl, Tisch usw.) und die Arbeitsumgebungsfaktoren (Licht, Lärm, Klima usw.) nur insoweit von Bedeutung, daß software-ergonomische Kriterien davon beeinflußt werden. Zum Beispiel benötigt die Eingabe von Informationen über die Tastatur, eine Maus oder ein graphisches Tablett Platz, der auf einem Tisch zur Verfügung gestellt werden muß. Existiert dieser nicht, wie es bei mobilen Systemen häufig der Fall ist, so muß beispielsweise ein Trackball (eine in einem starren Gehäuse drehbare Kugel) verwendet werden, der unter Umständen Änderungen an der Software erfordert oder ein verändertes Leistungsverhalten des Benutzers zur Folge hat.
– den in einem Arbeitssystem zu verrichtenden Tätigkeiten (Arbeitsaufgaben, Tätigkeitsinhalte, Anwendungsbereiche usw.) und den un-

terschiedlichen Benutzern oder Benutzergruppen (Fähigkeiten, Verhalten usw.).
– dem organisatorischen Kontext, in dem Informationen i. allg. von verschiedenen Personen und Gruppen genutzt werden.

Ein Modell der Mensch-Rechner-Schnittstelle eingebunden in ein organisatorisches System zeigt Bild 12-15.

Es geht davon aus, daß einem Benutzer eines EDV-Systems im Rahmen einer Arbeitsorganisation zunächst eine Arbeitsaufgabe gestellt wird. In einem ersten (pragmatischen, d. h. zielorientierten) Schritt muß der Benutzer zunächst klären, wie die Aufgaben eventuell unter Zuhilfenahme des oder der EDV-Systeme bearbeitet werden können. Auf dieser Ebene wird demnach die Struktur der Bearbeitung einer Aufgabe durch Zerlegung in spezifische Teilaufgaben durch die Software mitbestimmt.

Soll eine Teilaufgabe unter Zuhilfenahme des Software-Systems bearbeitet werden, so wird dazu die Software als Werkzeug genutzt, d. h., die Funktionalität der Software und die Art und Eigenschaften nutzbarer Softwareobjekte beeinflussen die Tätigkeit der Arbeitsperson (semantischer Aspekt). Hat sich der Benutzer für die Ausführung einer bestimmten Funktion entschieden, so muß ausgewählt werden, wie diese Funktion ausgelöst werden kann. Dabei existieren durch die Software vorgegeben oder durch den Benutzer implementierte syntaktisch vereinbarte Befehle, die beispielsweise aus einem Menü ausgewählt oder über die Tastatur als Tastenfolge eingegeben werden können (syntaktische Ebene). Die Entscheidung für einen bestimmten Dialogschritt wiederum erfordert die Ausführung einer (physikalischen) Aktion, beispielsweise der Bewegung einer Maus von der momentanen zur gewünschten Bildschirmposition.

Eine ergonomische Gestaltung von Software kann danach ansetzen auf den rein die Interaktion mit der Software betreffenden Ebenen der physikalisch orientierten Ein-/Ausgabe (E/A) von Informationen und der Struktur des Dialogs. Darüber hinaus wird der Arbeitsinhalt durch die Software, die als Werkzeug zur Lösung von Arbeitsaufgaben (implementierte Funktionen, definierbare Datenstrukturen) genutzt wird, mitbestimmt und der Arbeitsablauf durch die der Softwaregestaltung zugrunde gelegten Konzepte und Modelle (pragmatische Ebene).

Die Weiterentwicklung der Technik beeinflußt die Möglichkeiten einer ergonomischen Gestal-

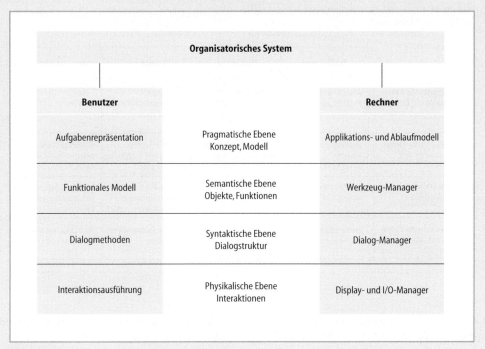

Bild 12-15 Modell der Mensch-Rechner-Schnittstelle [Bul85: 21–31]

tung von Software, z. B. bei Bildschirmen Größe und Auflösung. Auch technische und organisatorische Hilfsmittel wie das Rapid-Prototyping, welche die frühzeitige Kommunikation von Systembenutzern und -entwicklern unterstützen, und die in den letzten Jahren zunehmende Anwendung von Methoden der sog. „Künstlichen Intelligenz" (KI) sind in diesem Zusammenhang zu nennen.

Als Gestaltungsmerkmale eines ergonomischen Software-Systems können die in DIN 66234-8 genormten bzw. synonyme Begriffe der
– Transparenz (Selbstbeschreibungsfähigkeit),
– Konsistenz (Erwartungskonformität),
– Toleranz (Fehlerrobustheit) und
– Steuerbarkeit
aufgeführt werden.

Das in DIN 66234 ebenfalls genormte Merkmal der Aufgabenangemessenheit kann als Gestaltungsziel aufgefaßt werden, das bei Berücksichtigung der oben genannten Kriterien erreicht wird. Neben der Aufgabenangemessenheit als Ziel für eine effiziente Aufgabenausführung existiert das Ziel, daß der Benutzer durch das Nutzen der Software selbst Kompetenzen im Umgang mit dem Software-System erwerben kann („Kompetenz"– oder „Lernförder-

lichkeit"). Bei Berücksichtigung der genannten vier Kriterien wird damit weitgehend sichergestellt, daß die zentralen Ziele der Aufgabenangemessenheit und der Kompetenzförderlichkeit erfüllt werden.

Grundsätzlich gilt jedoch, daß die Kriterien auf allen Ebenen des im Bild 12-15 dargestellten Modells erfüllt werden müssen, Tabelle 12-3 gibt dafür einige Beispiele.

Eine Analyse und Evaluation von Software-Systemen wird trotz standardisierter Gestaltungskriterien nur möglich sein, wenn für spezifische Aufgaben die Kriterien mit exakt nachprüfbaren Parametern hinterlegt werden können. Über diese muß ohne Interpretation des Bewerters entschieden werden können, ob bzw. in welchem Maße ein Parameter erfüllt wird oder nicht [Dzi91]. Dies bedeutet, daß nur in definierten Aufgabenzusammenhängen beurteilt werden kann, ob und in welcher Form eine Software ergonomisch gestaltet ist.

12.2.6 Auswahl und Bewertung von Technik und Technologie

Die bisherigen Betrachtungen bezogen das Arbeitssystem jeweils auf Einzelfunktionen. Reale

Tabelle 12-3 Operationalisierung der Gestaltungsmerkmale eines Software-Systems auf verschiedenen Ebenen des Mensch-Rechner-Interaktionsmodells

	Transparenz	Konsistenz	Toleranz	Steuerbarkeit
Pragmatische Ebene (Modelle und Konzepte)	Informationen über Modelleigenschaften	Übereinstimmung des rechnerinternen mit dem mentalen Modell	Änderung von Modelleigenschaften	Definition eigener Modelle
Semantische Ebene (Funktionen und Objekte)	Verständlichkeit der Auswirkung von Funktionen	Funktionen in Analogie zu bisherigen Tätigkeiten	Reversibilität der fehlerhaften Ausführung einer Funktion	Wahlmöglichkeit zwischen verschiedenen Funktionen
Syntaktische Ebene (Dialogstruktur)	Befehlsbezeichnung verdeutlicht Funktion	Gleiche Bezeichnung gleicher Parameter	Vertauschen der Eingabereihenfolge von Parametern möglich	Wahl zwischen Menüsteuerung oder Kommandoeingabe
Physikalische Ebene (Dateneingabe und -ausgabe)	Verständliche Tastenbezeichnung	Einheitliche Tastenbelegung	Einfache Änderung von Tippfehlern	Wahl zwischen Maus- oder Tabletteingabe

Arbeitstätigkeiten fassen jedoch in der Regel mehrere Funktionen des Menschen zu Tätigkeiten und diese schließlich zu Aufgaben zusammen. Entsprechend gilt, daß die technischen Funktionen innerhalb des Arbeitssystems nicht unbedingt mit dem Leistungskatalog eines einzelnen Betriebsmittels identisch sind. Dies führt dazu, daß der Technisierungsgrad eines Arbeitsplatzes sehr heterogen sein kann (z.B. manuelle Beschickung von NC-Werkzeugmaschinen).

In der Regel kann davon ausgegangen werden, daß eine bestimmte Technologie nur in einem begrenzten Spektrum von Technisierungsstufen realisiert werden kann. Ein minimaler Technisierungsgrad ergibt sich, wie schon ausgeführt, daraus, daß zahlreiche Prozesse vom Menschen wegen dessen physischen und psychischen Grenzen nicht ohne eine technische Unterstützung gewissen Umfangs durchgeführt werden können. Der maximale Technisierungsgrad ist abhängig vom Stand der Technik, also davon, wieweit verfügbare technische Systeme Teilfunktionen des Realprozesses einer Technologie ausführen können. Neben diesen absoluten Grenzen spielen solche der relativen Zuverlässigkeit, Wirtschaftlichkeit und Zumutbarkeit eine wesentliche Rolle.

Jede Entscheidung über den Technisierungsgrad eines Arbeitssystems bedeutet auch eine Festlegung der Funktionsteilung zwischen Mensch und technischen Sachmitteln. Vorgehensweisen orientieren sich an funktionalen und/oder ökonomischen Kriterien.

Funktionale Zuordnung

Eine funktionale Entscheidung geht davon aus, daß für jede Einzelfunktion beurteilt werden kann, ob sie durch einen Menschen oder ein technisches Sachmittel besser erfüllt wird. Auf diesem Grundgedanken aufbauend wurden für verschiedene Funktionen Bewertungen durchgeführt, die als MABA-MABA-Listen (Men are better at – Machines are better at, [Pri85: 33–45], Tabelle 12-4) vorliegen. Diese Vorgehensweise ermöglicht jedoch nur qualitative Entweder-oder-Aussagen auf der Ebene von Einzelfunktionen.

Als Weiterentwicklung dieser Listenansätze können Simulationsverfahren aufgefaßt werden, die in der Regel auch quantitative Aussagen liefern. Hierfür existieren spezielle Programmiersprachen und Software-Pakete (z.B. SIMULA, DEMOS, SLAM, SAINT). Simulationen setzen i.allg. quantitative Beschreibungen (z.B. als mathematische Formel) geplanter technischer Systeme und des Menschen voraus. Für das technische System sind diese oftmals bereits aus dem Entwicklungs- und Konstruktionsprozeß in guter Näherung bekannt (z.B. Differentialgleichung einer Regelstrecke). Was den Menschen anbelangt, existiert für Teilbereiche umfangreiches Datenmaterial, z.B. über Körpermaße (DIN

Tabelle 12-4 Vergleich der Eigenschaften und Fähigkeiten von Mensch und technischen Sachmitteln [Kir72]

Betrachtungsobjekt	Mensch	Technisches Hilfsmittel
I. Teilfunktionen		
1. Einführung		
a) Art (Modalität)	mechanisch durch Gliedmaßen und informationell durch Gehirn	beliebige Technilogien
b) Variabilität	**vielseitig, flexibel**	spezielle Konstruktion
c) Leistung	0,3 PS dauernd 6 PS kurzzeitig (10 sec.)	beliebig groß und klein
2. Informationsaufnahme		
a) Art (Modalität)	entsprechend Sinnesorgane	entsprechend physikalischer Meßbarkeit
b) Bereich (Intensität)	groß (logarithmisch)	klein (linear)
c) Störabstand (Empfindlichkeit)	verhältnisabhängig	einstellbar
d) Erkennung	**semantisch (Form) und pragmatisch (Bedeutung)**	syntaktisch (Zeichen)
3. Informationsverarbeitung		
a) Algorithmenverarbeitung	ungenau, mit Fehlerkorrekturmöglichkeit	exakt, ohne Fehlerkorrektur
b) Strategienbildung	**Wahlmöglichkeit und Optimierung**	festes Programm
c) Verarbeitungsprinzip	seriell, zentral	parallel, unabhängig
d) Verarbeitungsart	weitschweifend (redundant)	knapp
e) Speicherung	**große Speicherkapazität**	kleine bis mittlere Speicherkapazität
f) Zugriff	teilweise lange Zugriffzeit	kurze Zugriffzeit
g) Vorrausschau (Extrapolation)	**weitreichend und allgemein mit Erfahrungswert**	allenfalls kurzfristig und spezifisch aus Vorhalt
II. Leistungsverhalten		
1. Geschwindigkeit		
a) Bereich	innerhalb physikalischer Grenzen	innerhalb technologischer Grenzen
b) Konstanz	gering mit großem Einfluß von Umgebungseinflüssen	groß
2. Zuverlässigkeit		
a) Bereich	geringe Zuverlässigkeit	unterschiedlich hohe Zuverlässigkeit
b) Art	Ausfall mit Regeneration (Erholung)	endgültiger Ausfall
3. Lernfähigkeit	**groß**	keine

(**fett** – besondere Vorteile des Menschen gegenüber technischen Mitteln)

33402). Darauf aufbauend existieren einige Simulationsprogramme (s.a. 12.2.5). Für die analytische Beschreibung von Bewegungsabläufen können die Biomechanik [Kum61, Roh75] oder die Systeme vorbestimmter Zeiten (z.B. Methods Time Measurement, MTM; Work-Factor, s. 12.5) Beiträge liefern.

Entsprechende Ansätze existieren auch für den Bereich der informationstechnischen Arbeitsgestaltung, beispielsweise für die Mensch-Rechner-Interaktion [Car83]. Grundlage bilden hier vor allem Daten über den Zeitbedarf und die Kapazität elementarer perzeptiver und kognitiver Leistungen des Menschen.

Für einfache mentale Tätigkeiten in eingeschränkten Handlungsfeldern können auch parametrisierte Tabellenwerke in der Art der Systeme vorbestimmter Zeiten eingesetzt werden.

So existiert zum Work-Factor-Grundverfahren (s.a. 12.5) ein Supplement „WF-Mento", welches sich bei einfachen visuellen Prüftätigkeiten (z.B. Kontrolle von Lötstellen auf Leiterplatten) als Gestaltungshilfsmittel eignet. Hier sind Zeitbedarfe für Operationen wie beispielsweise „Informationen aufnehmen" in Abhängigkeit vom Arbeitsobjekt, Umgebungsbedingungen usw. in Tabellen abgelegt. Für die Analyse und Gestaltung geistiger Tätigkeiten im engeren Sinn (kombinatorische oder kreative Arbeit) ist ein derartiges Verfahren jedoch ungeeignet [Luc86].

Hat man sich mittels der genannten oder ähnlicher Verfahren ein (möglichst detailliertes) Bild davon gemacht, wie gut (hinsichtlich Qualität und Zeitbedarf) eine Einzelfunktion vom Menschen oder vom (projektierten) technischen System erfüllt werden kann, so ist es möglich,

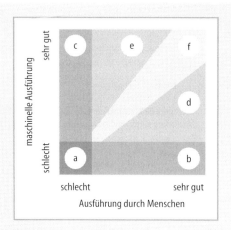

Bild 12-16 Entscheidungsmatrix für die Zuordnung von Funktionen in Arbeitssystemen [Pri85: 33–45]

anhand einer Entscheidungsmatrix nach Bild 12-16 die Zuordnung der Funktion im System vorzunehmen.

Kann die Funktion beim aktuellen Stand der Technik weder vom technischen System, noch vom Menschen befriedigend erfüllt werden (Feld a) so ist eine grundlegende Neugestaltung erforderlich, i. allg. durch Wahl einer anderen Technologie. Kann die Funktion nur vom Menschen befriedigend erfüllt werden (Feld b), so ist die Zuordnung entsprechend vorzunehmen, soweit nicht gewichtige andere Gründe (Unzumutbarkeit, nötige Qualifikation nicht im Betrieb oder am Arbeitsmarkt verfügbar) dagegensprechen; In diesem Falle wäre ebenfalls eine technologische Umgestaltung erforderlich. Entsprechendes gilt in Feld c: Soweit nicht besondere Gründe entgegenstehen (z. B. unvertretbar hohe Kosten, geringe Zuverlässigkeit verfügbarer Systeme) ist die Funktion zu technisieren, ansonsten ist auch hier ein Redesign des Arbeitssystems erforderlich. Ist eine bessere Funktionserfüllung durch den Menschen zu erwarten (Feld d), so sollte ebenfalls nur in besonderen Fällen davon abgewichen werden. Neben den genannten Gründen ist vorstellbar, daß aus verbleibenden Restfunktionen im Gesamtsystem („Automatisierungslücken") keine akzeptablen Arbeitsinhalte zusammengefaßt werden können, so daß die suboptimale technische Lösung zu bevorzugen ist.

Entsprechendes gilt für den umgekehrten Fall, daß die Funktion besser durch ein technisches System erfüllt wird (Feld e). Von der Regel, daß sie durch technische Mittel realisiert wird, soll-te nur dann abgewichen werden (alternative Ausführung durch den Menschen), wenn besondere Gründe vorliegen, z. B. eine Notwendigkeit zur Anreicherung von Arbeitsinhalten. Sind schließlich die erwarteten Leistungsbilder von Mensch und technischen Sachmitteln gleichwertig (Feld f), so ist eine Entscheidung nach funktionalen Kriterien nicht möglich, sondern andere Aspekte müssen einbezogen werden (z. B. Kosten, Akzeptanz, globale betriebliche Zielsetzungen usw.).

Ökonomische Zuordnung

Eine wirtschaftliche Analyse stellt monetäre Aspekte in den Vordergrund. Methoden sind beispielsweise die betriebswirtschaftliche Investitions- oder Kostenrechnung (vgl. Kapitel 8).

Die einzelnen Kosten ändern sich bei verschiedenen Technisierungsgraden quantitativ i. allg. dahingehend, daß mit höherer Technisierung die fixen Kosten steigen, während die variablen Kosten (insbesondere Lohn- und Lohnnebenkosten) tendenziell sinken. Welcher Technisierungsgrad letztlich günstiger ist, hängt in hohem Maße von der Zahl der produzierten Leistungseinheiten (Stückzahl) ab. Dabei kann der Fall eintreten, daß bei einer bestimmten Zahl von Leistungseinheiten die Kosten für beide Anlagen gleich sind (sog. kritische Auslastung).

Daneben verändern sich die Kosten auch qualitativ in dem Sinne, daß bei verschiedenen Technisierungsgraden unterschiedliche Kostenarten berücksichtigt werden müssen (z. B. Lohnkosten, Qualifizierungskosten – manuell; Beschaffungskosten, Programmierkosten – automatisiert).

Betrachtet man Technisierung abstrakt als Substitution menschlicher Arbeit durch Maschinenleistung, so kann unter folgenden Prämissen ein optimaler Technisierungsgrad ermittelt werden: Der Verzicht auf einen bestimmten Anteil menschlicher Arbeit läßt die Lohnkosten proportional sinken, da entsprechend weniger Arbeitspersonen beschäftigt werden müssen (unterschiedliche Qualifikationen werden nicht berücksichtigt). Die Kosten für die technische Realisierung der Funktionen des Arbeitssystems steigen dagegen exponentiell, da zunehmend schwieriger zu automatisierende Funktionen betroffen sind [Suh83: 26–34].

Bild 12-17 verdeutlicht diesen Zusammenhang; der Schnittpunkt der beiden Kurven markiert den optimalen Technisierungsgrad. Die tatsächliche Lage dieses Minimums im Einzelfall ist von der Branche, dem Stand der Technik u. a. ab-

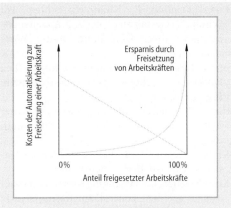

Bild 12-17 Optimale Zahl von Arbeitskräften in einer automatisierten Fabrik [Suk83: 26–34]

hängig. Schwachpunkt aller Verfahren der Investitionsrechnung ist, daß nur monetär quantifizierbare Eigenschaften der Arbeitssysteme Berücksichtigung finden.

Methode des Arbeitssystemwerts

Die Methode des Arbeitssystemwerts stellt einen Ansatz dar, die Wirtschaftlichkeitsrechnung dahingehend zu ergänzen, daß nicht oder nur schwer monetär quantifizierbare Aspekte der Systemgestaltung berücksichtigt werden können [Bul86, Dic87: 130–135, Met75: 116–120]. Bei den verschiedenen Varianten des Verfahrens handelt es sich um Modifikationen der Nutzwertanalyse, die zunächst offenlassen, welche Gesichtspunkte der System- und Arbeitsgestaltung einbezogen werden sollen.

Die Vorgehensweise zur Ermittlung des Arbeitssystemwerts ist wie folgt: Zunächst werden die zu untersuchenden Zielkriterien bestimmt und diesen nach ihrer relativen Bedeutung Gewichtungsfaktoren zugeordnet. Schließlich werden für die zu vergleichenden (geplanten) Arbeitssysteme für die einzelnen Zielkriterien (z. B. Flexibilität, Möglichkeit zur individuellen Gestaltung des Arbeitsablaufs) die Erfüllungsgrade bestimmt und durch Summation der gewichteten Erfüllungsfaktoren der Arbeitssystemwert ermittelt.

Zur Ermittlung der Erfüllungsfaktoren wie der Gewichtungsfaktoren bestehen prinzipiell eine Reihe von Möglichkeiten, die in der Regel auf der Einschätzung durch einen oder mehrere Experten beruhen, wie z. B. Paarvergleich, Rangreihenverfahren, aber auch weniger standardisierte Interviewtechniken. Experten können in diesem Zusammenhang sowohl betriebliche oder externe Fachleute für Arbeits- und Systemgestaltung sein als auch die betroffenen Arbeitspersonen, die in diesem Sinne auch Experten für die von ihnen genutzten (oder ähnliche) Arbeitssysteme sind.

Selbstverständlich eignet sich die Methode des Arbeitssystemwerts nicht nur für die Entscheidung zwischen Technisierungsstufen, sondern für alle Entscheidungen zwischen Gestaltungsalternativen von Arbeitssystemen (z. B. verschiedene Technologien). Ein Nachteil des Verfahrens ist darin zu sehen, daß es sich trotz einer gewissen Formalisierung um ein subjektives Verfahren handelt, das Ergebnis also in hohem Maße von der Kompetenz und Urteilssicherheit des Bearbeiters bzw. der befragten Experten abhängt.

Die genannten Verfahren zur Beurteilung eines Technisierungsgrads unter funktionalen oder wirtschaftlichen Aspekten oder nach dem Arbeitssystemwert sind jeweils für sich genommen unzureichend.

Praktische Vorgehensweise

Die funktionale Analyse kann als notwendige Bedingung für die Anwendung der anderen Verfahren betrachtet werden, da sie Aussagen darüber liefert, welche Realisierungsformen für die Einzelfunktionen (durch Mensch oder technisches System) überhaupt in Betracht kommen. Wie bei der Darstellung der Vorgehensweise schon angedeutet, ist sie durch wirtschaftliche und arbeitsgestalterische Überlegungen zu ergänzen.

Die Verfahren der Wirtschaftlichkeitsrechnung richten ihren Fokus einseitig auf die monetären Aspekte, die in der Regel als Entscheidungsgrundlage unzureichend sind. Sinnvoll ist eine Wirtschaftlichkeitsrechnung auch nur für funktional realistische Alternativen, so daß einer ökonomischen Analyse eine funktionale Analyse vorausgegangen sein sollte.

Wesentlich ist weiterhin, daß die Technisierung nicht als isoliertes Gestaltungsproblem zu behandeln ist, sondern stets im Kontext der gesamten Arbeitssystemgestaltung (also unter Einbeziehung technologischer, ergonomischer und organisatorischer Aspekte) zu sehen ist.

Literatur zu Abschnitt 12.2

[Bul85] Bullinger, H.-J.: Grundsätze der Dialoggestaltung. In: Handbuch der modernen Datenverarbeitung – Software-Ergonomie 22 (11/ 1985), 126, 21–31

[Bul86] Bullinger, H.-J. (Hrsg.): Systematische Montageplanung. München: Hanser 1986

[Bul87] Bullinger, H.-J.; Fähnrich, K.-P.; Ziegler, J.: Software-Ergonomie. In: Schönpflug, W., Wittstock, M. (Hrsg.): Software-Ergonomie '87. Stuttgart: Teubner 1987

[Cak78] Cakir, A.; Reuter, H.-J.; v. Schmude, L., Armbruster, A.: Anpassung von Bildschirmarbeitsplätzen an die physische und psychische Funktionsweise des Menschen. (Forschungsber., hrsg. v. Bundesminister f. Arbeit u. Sozialordnung) Bonn 1978

[Car83] Card, S. K.; Moran, T. P.; Newell, A.: The psychology of human-computer-interaction. Hillsdale, London: Lawrence Erlbaum 1983

[Com70] Compes, P.: Sicherheitstechnisches Gestalten. Habilitationsschrift RWTH Aachen 1970

[Dic87] Dickhut, U.; Schweres, M.; Wernich, Ch.: Arbeitsplanung mit Arbeitssystemwertbildung. In: Fortschritt Betriebsführung 36 (1987), 3, 130–135

DIN 33402: Körpermaße des Menschen. 1985

DIN 2139: Büro- und Datentechnik; Alphanumerische Tastaturen; Tastenanordnung für Dateneingabe. 1976

DIN 9758: Büro- und Datentechnik; Numerische Tastaturen; Tastenanordnungen für den numerischen Bereich. 1977

DIN 32758: Rechenmaschinen, Tastatur für elektrische Taschenrechner. 1977

DIN 33411: Körperkräfte des Menschen. 1984

DIN 43602: Betätigungssinn und Anordnung von Stellteilen. 1975

DIN 43802: Skalen und Zeiger für elektrische Meßinstrumente.

DIN 66234-1/8: Bildschirmarbeitsplätze. 1980/1988

[Dör86] Döring, B.: Systemergonomie bei komplexen Arbeitssystemen. In: Hackstein, R.; Heeg, F.-J.; v. Below, F. (Hrsg.): Arbeitsorganisation und Neue Technologien. Berlin: Springer 1986

[Dzi92] Dzida, W.: Software-ergonomische Qualitätsprüfung. In: Cakir, A. (Hrsg.): Europa 1992 – Was bringen die Europäischen Regelwerke für Bildschirmarbeitsplätze?, Tagungsband. Berlin: Ergonomic Institut 1991

[Feh62] Fehlauer, R.: Die Sicherheitseinstellung des arbeitenden Menschen. Moderne Unfallverhütung 6 (1962) 13–16

[Flü86] Flügel, B; Greil, H.; Sommer, K.: Anthropologischer Atlas. Frankfurt a. Main: Edition Wötzel 1986

[Fri87] Frieling, E.; Klein, H.; Schliep, W.; Scholz, R.: Gestaltung von CAD-Arbeitsplätzen und ihrer Umgebung. Bonn: Wirtschaftsvlg. 1987

[Jür75] Jürgens, H.W.; Helbig, K.; Kopka, Th.: Funktionsgerechte Körperumrißschablonen. Ergonomics 18 (1975) 185–194

[Kir72] Kirchner, J.-H.: Arbeitswissenschaftlicher Beitrag zur Automatisierung. Berlin: Beuth 1972

[Kir86] Kirchner, J.-H.; Baum, E.: Mensch-Maschine-Umwelt. Berlin: Beuth 1986

[Kje87] Kjellén, U.: A changing role of human actors in accident control. In: Rasmussen, J.; Duncan, K.; Leplat, J.: New technology and human error. Chichester: Wiley 1987, 169–175

[Kru85] Krueger, H.; Müller-Limmroth, W.: Arbeiten mit dem Bildschirm – aber richtig! (Hrsg.: Bayer. Staatsmin. f. Arbeit u. Sozialordnung). München 1985

[Kum61] Kummer, B.: Statik und Dynamik des menschlichen Körpers. In: Lehmann, G. (Hrsg.): Handbuch der gesamten Arbeitsphysiologie, 1. Bd.: Arbeitsphysiologie. Berlin, München: Urban & Schwarzenberg 1961

[Lau90] Laurig, W.: Grundzüge der Ergonomie. Berlin: Beuth 1990

[Lep87] Leplat, J.: Occupational accident research and system approach. In: Rasmussen, J.; Duncan, K.; Leplat, J. (Eds.): New technology and human error. Chichester: Wiley 1987, 181–191

[Luc83] Luczak, H.: Informationstechnische Arbeitsgestaltung. In: Rohmert, W.; Rutenfranz, J.: Praktische Arbeitsphysiologie. Stuttgart: Thieme 1983

[Luc86a] Luczak, H.: Manuelle Montagesysteme. In: Spur, G.; Stöferle, Th. (Hrsg.): Hb. der Fertigungstechnik, Bd. 5. München: Hanser 1986

[Luc86b] Luczak, H.; Samli, S.: Zur Validität von WF-Mento. In: Hackstein, R.; Heeg, F.-J.; v. Below, F. (Hrsg.): Arbeitsorganisation und Neue Technologien. Berlin: Springer 1986

[Mai85] Maisch, K. (Hrsg.): Handbuch technischer Entwicklungen zum Belastungsabbau (Humanisierung des Arbeitslebens, 66). Düsseldorf: VDI-Vlg. 1985

[Mar81] Martin, K.: Videosomatografie. Fortschrittl. Betriebsführung 30 (1981), Nr. 1, 21–26

[Met75] Metzger, H.; Dittmayer, S.; Schäfer, D.: Neue Methode der Entscheidungsfindung für die Auswahl zukunftsorientierter Arbeitssysteme. Z. f. Arbeitswiss. 29 (1 NF) (1975), Nr. 2, 116–120

[Möh71] Möhler, E.: Der Einfluß des Ingenieurs auf den Arbeitsschutz. Berlin: Vlg. Tribüne 1971

[Pah93] Pahl, G.; Beitz, W.: Konstruktionslehre. 3. Aufl. Berlin: Springer 1993

[Pet86] Peters, O.H.; Meyna, A.: Handbuch der Sicherheitstechnik. 2 Bde. München: Hanser 1985; 1986

[Pri85] Price, H. E.: The allocation of functions in systems. Human Factors 27 (1985), no. 1, 33–45

[Rie92] Riedel, O.; Bauer, W.: Virtuelle Realität als Werkzeug für die Bürogestaltung. Office Design, Mai 1992, 36–41

[Röb87] Röbke, R.: Planungsergonomische Gestaltung einer Bearbeitungslinie für Ölfeldrohre. (Humanisierung des Arbeitslebens, 92). Düsseldorf: VDI-Vlg. 1987

[Roh66] Rohmert, W.: Maximalkräfte von Männern im Bewegungsraum der Arme und Beine. Köln: Westdt. Vlg. 1966

[Roh72] Rohmert, W.; Jenik, P.: Maximalkräfte von Frauen im Bewegungsraum der Arme und Beine. Berlin: Beuth 1972

[Roh75] Rohmert, W.; Premysl, J.; Mainzer, J.: Biomechanik der menschlichen Arbeit. In: Hb. der Ergonomie. Steinebach a. Wörthsee: Luftfahrt-Vlg. Walter Zuerl 1975

[San93] Sanders, M.S.; McCormick, E.J.: Human factors in engineering and design. 7th ed. New York: McGraw-Hill 1993

[Sch89] Schmidtke, H.: Hb. der Ergonomie. 2. Aufl. München: Hanser 1989

[Sch89] Schmidtke, H.: Hb. der Ergonomie. Bd. 3. 2. Aufl. München: Hanser 1989

[Str84] Strnad, H.; Vorath, B.-I.: Sicherheitsgerechtes Konstruieren. Köln: Vlg. TÜV Rheinland 1984

[Suh83] Suh, N.P.: Die Zukunft der Fabrik. Z. f. wirtschaftl. Fertigung – Sonderheft zum Produktionstechn. Koll. 1983 (PTK 83) in Berlin, 26–34

VDI 3720: Lärmarm Konstruieren. Blatt 1: Allgemeine Grundlagen, November 1980. Blatt 2: Beispielsammlung, November 1982

12.3 Arbeitsorganisation

Der Begriff Arbeitsorganisation wird in der arbeitswissenschaftlichen und betriebswirtschaftlichen Literatur häufig synonym für unterschiedlichste Begriffe, wie beispielsweise Organisation, Betriebsorganisation und Arbeitsstrukturierung, verwendet [Fre88]. Dabei liegen die folgenden Organisationsbegriffe zugrunde:

– instrumenteller Organisationsbegriff, d.h. Arbeitsorganisation als System von formellen und informellen Regelungen als Voraussetzung für die Erfüllung von Aufgaben in einem Arbeitssystem;
– institutioneller Organisationsbegriff, d.h. Arbeitsorganisation als Gebilde (Arbeitssystem), in dem im betrieblichen Kontext Personen und Einrichtungen zueinander in Beziehung stehen;
– funktioneller Organisationsbegriff, d.h. Arbeitsorganisation als Gestaltung der inneren Zusammenhänge und Abläufe in einem Arbeitssystem, was zum Begriff der Arbeitsstrukturierung führt;

Der im folgenden verwendete Begriff der Arbeitsorganisation im Sinne des instrumentellen Verständnisses regelt im einzelnen

– die Grundsätze und Methoden für das räumliche und zeitliche Ineinandergreifen von Arbeitsaufgaben unter Berücksichtigung der technologisch bedingten Reihenfolge,
– die Gliederung von Arbeitsaufgaben sowie die Arbeitsteilung zwischen den Arbeitspersonen sowie zwischen Personen und Betriebsmitteln,
– die Formen der Zusammenarbeit von Arbeitspersonen, der Gestaltung von Information und Kommunikation,
– die Zuordnung von Arbeitsaufgaben zu den Ebenen einer Betriebshierarchie [Luc93a] und
– die zugrundeliegenden Arbeitszeit- und Entgeltsysteme.

Im Gegensatz dazu werden unter Arbeitsstrukturierung Maßnahmen zur Neu- oder Umgestaltung von Arbeitssystemen verstanden, mit denen einzelne Systemelemente neu gestaltet und deren sachliche, zeitliche und räumliche Beziehungen neu geordnet werden, d.h., Arbeitsstrukturierung verändert Arbeitsorganisation. Den vorstehenden Definitionen liegt jeweils der Begriff des Arbeitssystems (Bild 12-18) zugrunde, das durch folgende Größen bestimmt wird:

– Systemgrenze,
– Systemelemente,
– Beziehungen zwischen den Systemelementen,
– Systemverhalten sowie
– Input und Output [Ste94].

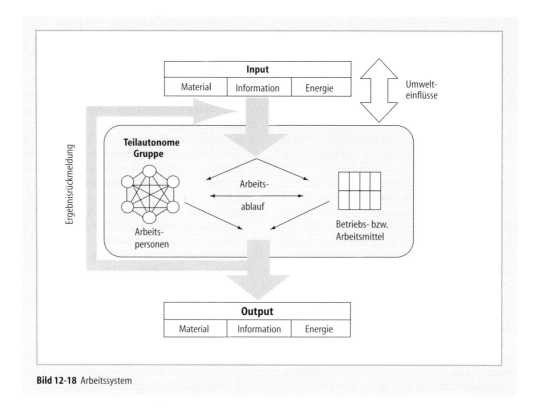

Bild 12-18 Arbeitssystem

Konkret enthält ein Arbeitssystem eine oder mehrere Stellen, die über physische oder informelle Beziehungen verknüpft sind. Es wird verstanden als eine räumlich und/oder zeitlich begrenzte Einheit, innerhalb derer Arbeitspersonen mittels Betriebsmitteln in einem Prozeß Aufgaben erfüllen. Innerhalb dieser Aufgaben wird Input, der aus der Umwelt über die Arbeitssystemgrenze in das Arbeitssystem eintritt, in Output umgesetzt [REFA91].

Die Realisierung von dezentralen Strukturen und die damit verbundene Verlagerung der Verantwortung auf die Ausführungsebene führt zu einer veränderten Betrachtung des Arbeitssystems. Von besonderer Bedeutung sind daher die Schnittstellen (In- und Output), jeweils beschrieben durch die systemtechnischen Größen Material, Information und Energie (Bild 12-18). Der eigentliche, aus der Arbeitsaufgabe resultierende Arbeitsablauf verbleibt dann im Sinne einer Teilautonomie außerhalb der planerischen Betrachtungen. Die Planung hat lediglich die Rückmeldung bzgl. des erzielten Arbeitsergebnisses sicherzustellen.

Die Verknüpfung der Systemelemente untereinander sowie des Systems mit der Umwelt erfolgt im betrieblichen Kontext aufgrund von Material- und Informationsflüssen sowie der Zusammmenarbeit verschiedener Arbeitspersonen. Unter arbeitswissenschaftlichen Gesichtspunkten ist die Gestaltung der Beziehungen zwischen einzelnen Mitarbeitern und Mitarbeitergruppen im Unternehmen von entscheidender Bedeutung.

Die Einbindung der Arbeitssysteme in die gesamtbetriebliche Organisation, d.h. die Gestaltung der Arbeitsorganisation des Betriebs, wird im wesentlichen unter zwei Gesichtspunkten erörtert, die für die betriebliche Arbeitsteilung eine Rolle spielen (s. Kap. 3),

– die Ablauforganisation (Organisation von Arbeitsprozessen) und
– die Aufbauorganisation (Organisation von Aufgaben und Hierarchien), wobei die Unternehmenskultur (s. 2.3) in beiden Fällen maßgeblichen Einfluß hat.

12.3.1 Beziehungen zwischen Mitarbeitern, Mitarbeitergruppen und Unternehmen

Historisch gesehen sind die Arbeitsorganisation und die daraus resultierenden Beziehungen zwi-

Arbeitsgestaltung, Arbeitsorganisation, Arbeitspersonen

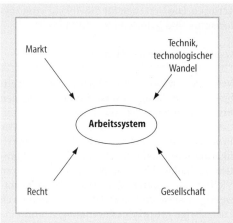

Bild 12-19 Einflußgrößen auf Arbeitssysteme [VDI80]

schen Mitarbeitern und Unternehmen das Ergebnis der Entwicklung verschiedener Parameter. Die wesentlichen Einflußgrößen sind Markt, Technik, Recht und Gesellschaft, die zu unterschiedlichen Ausprägungen von Arbeitssystemen führen (Bild 12-19).

Die geschichtliche Entwicklung der Arbeitsorganisation ist daher durch die Veränderung dieser Einflußgrößen bestimmt worden. Adam Smith beschrieb im 18. Jahrhundert die Vorteile der Arbeitsteilung (Artenteilung). Die bis zu dieser Zeit übliche Fertigung in Handwerksbetrieben erfüllte in hohem Maße die heute vertretene Forderung nach vollständigen ganzheitlichen Tätigkeiten (Mengenteilung). Die Arbeitszerlegung entstand aus dem ökonomischen Zwang heraus, daß die handwerkliche Produktion den gestiegenen Bedarf nicht mehr befriedigen konnte. Hieraus resultierte eine zunehmende Spezialisierung der Arbeitstätigkeiten, was Kostenvorteile und gleichzeitig Wettbewerbsvorteile

zur Folge hatte, so daß die handwerkliche Produktion immer mehr durch Manufakturen verdrängt wurde. Die Mechanisierung der Produktion führte im 19. Jahrhundert zu einer weiteren Erhöhung der Produktivität. Für die Koordination der Organisationsmitglieder der stark gewachsenen Betriebe wurde ein immer größerer Verwaltungsapparat benötigt. Zur Gewährleistung einer effizienten Produktion entstand die Notwendigkeit, Organisationsstrukturen bewußt zu gestalten

Für den Produktionsbereich entwickelte Frederic W. Taylor sein Scientific Management [Tay13], für den Verwaltungsbereich Max Weber sein Modell der idealen Bürokratie [Web76]. Diese Theorien werden als mechanistische Theorien bezeichnet. Sie sind reine Strukturtheorien und betrachten den Menschen als unvollkommenes Werkzeug, das durch geeignete Maßnahmen (z.B. Zuordnen möglichst einfacher, repetitiver Tätigkeiten) an die Erfordernisse des Gesamtsystems angepaßt werden muß [Hil].

Ausgangspunkt der Überlegungen Taylors ist die Auffassung, daß „die größte Prosperität [...] das Resultat einer möglichst ökonomischen Ausnutzung des Arbeiters und der Maschinen" ist, d.h., „Arbeiter und Maschine müssen ihre höchste Ergiebigkeit, ihren höchsten Nutzeffekt erreicht haben" [Tay13] (Bild 12-20).

Die Arbeitsorganisation bemüht sich seit dieser Zeit um eine optimale Kombination von Produktionsfaktoren. „Maschinelle Anlagen, Werkstoffe und Arbeitskraft sind unter Beachtung ökonomischer und gesetzlich verankerter normativer Restriktionen (z.B. Arbeitsschutzgesetze, Gewerbeordnung) so einzusetzen, daß ein maximaler Wirkungsgrad erreicht wird" [Las80].

Taylor entwickelte seine Ideen vor dem Hintergrund einer bestimmten Arbeitsmarktsitua-

Taylors Grundideen	
Ziele	**Gestaltungsprinzipien**

• Minimierung der Fertigkeitsanforderungen
• Minimierung der Anlernzeit
• gleichmäßige Arbeitsbelastung
• volle Auslastung der Arbeiter
• Zufriedenheit der Arbeiter (klare Arbeits-
  aufgabe, Akkordlohn)
	• Arbeitszerlegung (Spezialisierung)
	• richtige Arbeitsausführung
	• leistungsorientierte Entlohnungssysteme
	• möglichst häufige Wiederholung der
	  Tätigkeit
	• begründbare Erholungspausen

Bild 12-20 Taylors Grundideen

tion in den USA kurz nach der Jahrhundertwende. Es herrschte großer Arbeitskräftemangel, die Einwanderer besaßen nur geringe fachliche Voraussetzungen für industrielle Arbeiten, mußten aber sehr schnell eine finanzielle Grundlage für die Existenzsicherung ihrer Familien schaffen. Die geringe fachliche Qualifikation der Einwanderer erforderte die Bildung von schnell erlernbaren Arbeitsaufgaben. Der von Taylor vorgeschlagene Akkordlohn mit seiner Möglichkeit, durch Leistung einen hohen Verdienst zu erzielen, kam dem Verlangen der Einwanderer nach einem existenzsichernden Einkommen entgegen. Erkennbar wird hier, daß Taylors „Shop-Management" ein klassisches Beispiel dafür ist, daß Arbeitsorganisation den „arbeitenden Menschen mit seinen jeweiligen Bedürfnissen unter Berücksichtigung seiner Qualifikation ins Zentrum der Betrachtung" stellt.

„Die Kritik setzte … schon zu Beginn der Bewegung ein. Sie hat seither zu einer verschärften Auseinandersetzung geführt, wobei philosophische und ethische Gesichtspunkte … in den Vordergrund gerückt sind" [Hil81]. Diese Kritik (Bild 12-21) stellt die wissenschaftliche Leistung Taylors nicht grundsätzlich in Frage. Sie bezieht sich vielmehr auf das starre Festhalten an Taylors Prinzipien unter veränderten Bedingungen.

Aufgrund dieser Kritik, der Verbreitung des Humanisierungsgedankens durch die staatliche Förderung von Innovationen im Programm „Humanisierung des Arbeitslebens" (HdA) bzw. „Arbeit und Technik" (AuT) und Publikationen zum Prinzip der Lean Production, die den mitdenkenden Mitarbeiter bei der Gestaltung der Arbeit in den Mittelpunkt der Betrachtung rücken, hat der Taylorismus als arbeits- und betriebsorganisatorisches Konzept an Bedeutung

verloren. Die Ursachen für die Abkehr vom Taylorismus sind jedoch andere (Bild 12-21).

Veränderungen auf den Absatzmärkten

Verstärkter nationaler und internationaler Wettbewerb und Sättigungserscheinungen auf den Binnenmärkten stellen die industrielle Produktion seit einigen Jahren vor neue Probleme. Die Produzenten versuchen, durch Produktdiversifikation und Qualitätssicherung ihre Marktanteile zu halten. Die Produktion einer größeren Vielfalt von Typen und Varianten bedingt notwendigerweise sinkende Losgrößen, wodurch kurzfristige Stückzahlschwankungen und eine stark schwankende Kapazitätsauslastung aufgefangen werden müssen und Skaleneffekte ausbleiben. Für die Arbeitsorganisation resultiert daraus die schwierige Aufgabe, durch Flexibilisierung von Arbeitssystemen eine schnelle, kurzfristige Anpassung der Produktion an ständig veränderte Anforderungen zu gewährleisten, und dies bei gleichzeitiger Sicherung der Produktqualität [VDI80, Hai78, Gro86, Ker84].

Der technologische Wandel

Während der 70er Jahre hat ein Wandel von Produkten und Herstellungsverfahren begonnen. Bei den Produkten bezieht sich dieser vor allem auf die Entwicklung der Produkttechnologie von der Mechanik über die Elektromechanik und Elektronik bis hin zur Mikroelektronik. Hinzu kommt, daß durch verkürzte Innovationszeiten die Produktlebensdauer sinkt, was Produktumstellungen in immer kürzeren Abständen zur Folge hat.

Kritik am Taylorismus	
Probleme	**Wirtschaftliche Folgen**
• einseitige körperliche Belastung durch eng begrenzte Arbeitsaufgaben • Monotonie und Langeweile • keine Identifikation mit dem Produkt • keine Weiterentwicklung des Arbeitenden möglich • keine Kommunikation zwischen den Arbeitenden	• hohe Fluktuationsraten • hoher Krankenstand • Frühinvalidität • sinkende Produktqualität • mangelnde Flexibilität des Produktionssystems • hoher Koordinationsaufwand

Bild 12-21 Kritik am Taylorismus

Der Strukturwandel in der Produktionstechnik beinhaltet die Entwicklung neuer Werkstoffe und neuer Fertigungsverfahren. Die Mikroelektronik hat die Leistungsfähigkeit von Maschinensteuerungen hinsichtlich der Komplexität und Flexibilität der programmierbaren Funktionen erweitert. Darüber hinaus erleichtert sie den Informationsfluß von Betriebsdaten, beispielsweise zur Diagnostik und Fehlereingrenzung in Störfällen. Die erweiterten Möglichkeiten der Sensortechnik machen sich in einer Verbesserung der Meßwerterfassung und -verarbeitung bemerkbar. Hinzu kommt die Vision des Computer-Integrated Manufacturing (CIM), mit der auf einer gemeinsamen Datenbasis alle betrieblichen Abläufe optimiert werden sollen.

Insgesamt haben die genannten Techniken nachhaltige Auswirkungen auf alle Komponenten des Produktionsprozesses. Sie verändern die Rolle des Menschen und der menschlichen Arbeit in der Produktion grundsätzlich. Sie verringern den traditionellen Bestand an Arbeitsaufgaben und stellen die Arbeitsorganisation vor das Problem, aus den verbleibenden und neu hinzugekommenen Aufgaben neue, sinnvolle Arbeitsinhalte zu definieren und in die veränderten Produktionsabläufe zu integrieren [VDI80, Hai78, Gro86, Ker84].

Der Wandel von Rechtsauffassungen und gesetzlichen Vorschriften

Gesellschaftspolitische Anforderungen an Arbeitsgestaltung und -organisation werden hauptsächlich auf dem Wege rechtlich verankerter Normen wirksam, die tendenziell das Direktionsrecht des Arbeitgebers beschränken, einerseits durch direkt eingreifende Vorschriften – z. B. in bezug auf Arbeitssicherheit –, andererseits durch Mitbestimmungs- und Informationsrechte der Arbeitnehmer. Die entsprechenden Vorschriften greifen damit in alle Gestaltungsprozesse ein, die die technische Einrichtung von Arbeitsplätzen, den Personaleinsatz, die Arbeitsorganisation, die Umgebungsgestaltung, Leistungsermittlung und Entlohnung betreffen (s. 12.1).

Allgemeine gesellschaftliche und gesellschaftspolitische Entwicklungen

Unsere Gesellschaft befindet sich seit den 70er Jahren in einem Prozeß des Bewußtseinswandels, der die Wertvorstellungen und Zukunftserwartungen der Menschen nachhaltig verändert. Durch das höhere durchschnittliche Bildungsniveau hat sich die Kritik- und Artikulationsfähigkeit der Menschen erhöht. Vielerorts werden „die Grenzen des Wachstums" beschworen und die nachteiligen Folgen unserer technisch-zivilisatorischen Entwicklung bewußt. Breite Bevölkerungsschichten zweifeln inzwischen an ehemals unbestrittenen Prinzipien wie Leistung, Wirtschaftswachstum und technischem Fortschritt.

In der Wertschätzung treten Selbstentfaltungswerte an die Stelle früherer Pflicht- und Gehorsamkeitsdimensionen. Gefordert werden neben besserer Bezahlung, mehr Sauberkeit und Unfallsicherheit am Arbeitsplatz vor allem mehr Mitsprache, Mitbestimmung und Selbständigkeit bei der Arbeit, erweiterte Handlungsspielräume und Qualifikationsmöglichkeiten. Dafür ist andererseits die Bereitschaft gestiegen, mehr eigene Verantwortung bei der Arbeit zu übernehmen [VDI80, Hai78, Gro86, Ska86].

In diesem Spannungsfeld der Einflußgrößen auf Arbeitssysteme und deren Gestaltung hat sich ein grundsätzlicher Paradigmenwechsel vollzogen. Das bewußte, planmäßige Organisieren stellt danach eine notwendige Ergänzung oder Korrrektur informaler Strukturen im Unternehmen dar. Die Grundvoraussetzung einer Organisation in einer komplexen, dynamischen Umwelt ist deren Fähigkeit, sich durch Selbststrukturierung den sich laufend ändernden Rahmenbedingungen anzupassen. Das Organisationsproblem besteht daher in der Verstärkung der menschlichen Fähigkeit zur Selbstorganisation. Standen in der traditionellen, arbeitsteiligen Arbeitsorganisation vor allem Sicherheit, Schutz, Regelmäßigkeit, Planbarkeit, Voraussagbarkeit, Orientierung und Geordnetheit im Blickpunkt, so sind es in der Selbstorganisation vor allem Flexibilität, Veränderung, Kreativität, Evolution und Innovation [Pro87]. Bleicher [Ble89] unterscheidet in diesem Zusammenhang eine Vertrauens- und eine Mißtrauensorganisation. Aus der Rolle der Organisation als ein Sicherheitsnetz gegen menschliche Unvollkommenheit ist eine Initiative und Autonomie erstickende Übertreibung, eine Überorganisation geworden, die auf Mißtrauen basiert und daher alles zu regeln und vorzuschreiben versucht. Bild 12-22 zeigt zusammenfassend die Merkmale selbstorganisierender Systeme, die es im Sinne einer Vertrauensorganisation zu gestalten gilt.

Selbstorganisierene Systeme tendieren zu folgenden Charakteristiken und Konsequenzen

Koordination/ Kooperation

- Selbststeuerung
- Managementbezogene Handlungsspielräume
- Minimale Spezifikation
- Keine unveränderlichen Abhängigkeiten zwischen Aufgaben, Arbeitsbedingungen, Lösungswegen, Formen der Aufgabenerfüllung
- Lose gekoppelte Systeme
- Versorgung mit systemnotwendigen Organen
- Teamorientierte Führung und Formen der Kooperation
- Selbstgestaltung, -lenkung und -entwicklung

Qualifkation

- Aufbau von Mehrfachqualifikationen der Arbeitsperson
- Qualifikationsvielfalt innerhalb des Arbeitssystems
- Aufrechterhaltung der Handlungsfähigkeit
- Aufbau dezentraler Managementkompetenz
- Lernen und lernen zu lernen durch Aktivitäten am Arbeitsplatz

Arbeitsaufgaben

- Sinnvolle Aufgabenstellung
- Bearbeitung „geschlossener" Aufgabenkomplexe
- Synergetische Aufgabenerfüllung
- Managementanteile bleiben weitestgehend erhalten
- Gleichzeitige Berücksichtigung mehrerer Dimensionen (wirtschaftliche Notwendigkeiten und soziale Ansprüche)
- Erhaltung und Pflege von Beziehungen und Interaktionen

Bild 12-22 Merkmale selbstorganisierender Systeme [Pro87]

Auf dem Weg zu neuen Organisationsformen beinhalten „klassische„ Rationalisierungsphilosophien, wie z. B. Fertigungsinseln, CIM- und TQM- Konzepte sowie Lean Production [Wom92], zwar große Einsparungspotentiale, optimieren jedoch jeweils betriebliche Teilbereiche und setzten die Potentiale ohne den entscheidenden Umsetzungsträger, den Mitarbeiter, nur selten frei. Im folgenden werden beispielhaft zwei Konzepte kurz erläutert, die in den letzten Jahren propagiert worden sind (Bild 12-23).

CIM, CAx-Techniken

Das Problem der Flexibilität in der Produktion [Spu87, Spu79] soll durch die Integration der In-formationstechnik in den Betriebsablauf gelöst werden. Nach Vorstellung der Ideengeber ist dabei der Computer Bindeglied und zugleich Steuerinstrument zwischen allen Betriebsbereichen. Allerdings hat sich die Realität und das Integrationsvermögen der Rechner anders entwickelt als es in den 70er Jahren erwartet wurde, weil viele Probleme mit Rechnerprogrammen nicht lösbar sind.

Lean Production [Wom92]

Übersetzt bedeutet lean production „schlanke Produktion". Gemeint ist die Abkehr von einer Massenproduktion ohne Variation und mit einer hohen Kapitalbindung im Anlage- und Umlaufvermögen sowie die Abflachung betrieblicher Hierarchien. Der Begriff ist mit der MIT-Studie [Wom92] über die Automobilindustrie in den USA, Europa und Japan in die Vorstandsetagen der deutschen Automobilindustrie gedrungen und drückt das Ziel aus, mit geringerem Maschineneinsatz und größerer Verantwortung für den einzelnen Mitarbeiter gleich viel zu produzieren.

In Kombination mit bisherigen Konzepten wirken ganzheitliche, personenorientierte Konzepte, wie z. B. teilautonome Arbeitsgruppen, als Katalysator. Sie betrachten sowohl technische als auch organisatorische und personelle Aspekte, aktivieren „klassische" Konzepte und binden diese in das gesamtbetriebliche Umfeld organisch ein. Personenorientierte Konzepte führen folglich zu einer gesamtbetrieblichen Effizienz-Steigerung, sie kombinieren bestehende Teillösungen und stellen so die Realisierung unternehmensweiter schlanker Strukturen (Lean Management) sicher.

Viele Unternehmen befinden sich zur Zeit in dieser Restrukturierung mit dem Ziel der Realisierung dezentraler Strukturen. In einer Umfrage aus dem Jahr 1992 gaben 45 % der deutschen Industriebetriebe und 78 % aller Automobilzulieferer an, Gruppenarbeit bereits eingeführt zu haben. Die Diskussion um Gruppenarbeit im Kontext von Lean Management zeigt jedoch, daß unter diesem Terminus verschiedene Organisationsformen zusammengefaßt werden. Daher soll der umfassendere Begriff „Neue Formen der Arbeitsorganisation (NFAO)" eingeführt werden, unter dem Gruppen- und Teamarbeitsformen mit dem Ziel vermehrter Selbststeuerung und Wahrnehmung von Eigenverantwortung zusammengefaßt werden (Bild 12-24).

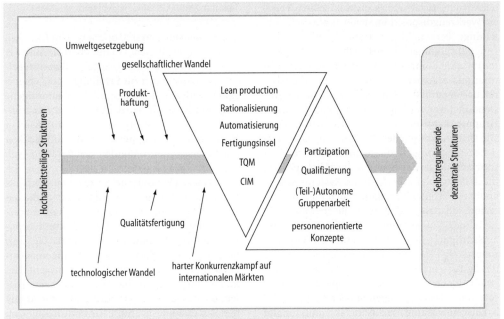

Bild 12-23 Der Weg vom Taylorismus zum Lean Management [Luc93b]

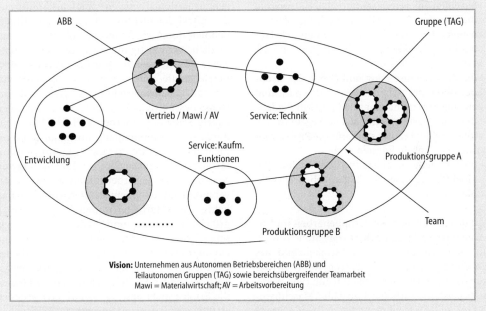

Vision: Unternehmen aus Autonomen Betriebsbereichen (ABB) und
Teilautonomen Gruppen (TAG) sowie bereichsübergreifender Teamarbeit
Mawi = Materialwirtschaft; AV = Arbeitsvorbereitung

Bild 12-24 Einordnung von ABBs, TAGs und Teams in die neue Unternehmensstruktur

Gruppenarbeit

Unter Gruppenarbeit wird daher qualifizierte und teilautonome Gruppenarbeit verstanden, bei der mehrere Personen dauerhaft in einer organisatorischen Einheit „Teilautonome Arbeitsgruppe (TAG)" mit hoher Eigenverantwortung zum Zweck der gemeinsamen Erfüllung von Arbeitsaufgaben unter einer gemeinsamen Zielsetzung zusammenarbeiten. Dabei werden von der Gruppe zusätzliche Aufgaben (z.B. Material-/Werkzeugdisposition, Steuerung/Arbeitsverteilung, Personaldisposition, Qualitätssicherungs-/Prüfaufgaben, Instandhaltungstätigkeiten) wahrgenommen, d.h., Prinzipien der Jobrotation, der Arbeitserweiterung, der Arbeitsbereicherung und der Selbststeuerung finden Anwendung. Der Autonomiegrad [Gul79] solcher Gruppen kann in weiten Bereichen variieren. Die Gruppenmitglieder erhalten eine ganzheitliche Arbeitsaufgabe zur eigenverantwortlichen Bearbeitung. Es liegt somit in ihrer Kompetenz, die Teilaufgaben innerhalb des Systems selbständig zu verteilen und damit auch die Kontrolle über die Arbeitsabläufe zu übernehmen. Die individuelle Ablaufkontrolle im Sinne einer Beaufsichtigung durch Vorgesetzte entfällt und muß durch eine ergebnisorientierte Kontrolle des Systems als Ganzheit ersetzt werden [n89].

Für die Effektivität von Gruppenarbeit sind folgende Voraussetzungen notwendig [Uli77]:

- Die gemeinsame Arbeitsaufgabe muß für alle Gruppenmitglieder überschaubar sein,
- die zur Erfüllung dieser Arbeitsaufgabe notwendigen Tätigkeiten oder Arbeitsplätze sollen einen inneren Zusammenhang aufweisen,
- die Arbeitsgruppe sollte bezüglich der festgelegten oder vereinbarten Fertigungsziele laufend eine Rückkopplung bezüglich der Zielerreichung erhalten,
- die Zusammensetzung und Größe der Gruppe sollten der Arbeitsaufgabe angepaßt und ebenfalls überschaubar sein (3–10 Mitglieder),
- die Arbeitsgruppe muß eigene Regeln für die interne Kooperation sowie für die Problemlösung entwickeln können und
- die Mitglieder einer Arbeitsgruppe sollten flexibel für verschiedene Teilaufgaben einsetzbar sein.

Mit der Einführung von Gruppenarbeit im Unternehmen verändert sich ganz im Sinne von Lean Management auch das Tätigkeitsbild des Führungspersonals und dessen Rolle. In der klassischen, hierarchischen Einteilung von Werkstattmeister, Vorarbeiter, Einrichter, Maschinenführer und Maschinenbediener werden eine oder mehrere Hierarchieebenen, zum Beispiel die Vorarbeiter- und Einrichterebene wegfallen und sich die Rolle der Führungskräfte von der Koordinations- und Überwachungsfunktion zur fachlichen und personellen Betreuung im Sinne einer Unterstützung der Autonomie der Gruppe entwickeln.

Teamarbeit

Teamarbeitsformen sind operative Gremien, z.B. Problemlösegruppen, Qualitätszirkel, Auftragsteams usw., die sich in regel- oder unregelmäßigen Abständen zur Erfüllung einer gemeinsamen Aufgabe treffen, ohne dabei eine eigene Organisationseinheit in der Unternehmensstruktur zu bilden. Diese Organisationsform bietet in Ergänzung zur Gruppenarbeit die Möglichkeit zur bereichsübergreifenden Kooperation (vgl. 12.3.4.).

Aus diesen Veränderungen ergeben sich weitreichende Konsequenzen (Bild 12-25) für die Beziehungen zwischen Mitarbeitern und Unternehmen sowie die Unternehmenskultur (corporate identity). Die Unternehmenskultur (vgl. 2.3.) beschreibt einen Zustand, der von längerer Dauer ist [Ebe85, Neu87]. Das Konzept besteht darin, im Unternehmen eine Atmosphäre zu schaffen, die es jedem Mitarbeiter und jeder Mitarbeiterin erlaubt, sich mit dem Unternehmen zu identifizieren und auch in Zeiten wirtschaftlicher Talsohlen alles zu tun, damit es dem Unternehmen und den Mitarbeitern wieder besser geht. Traditionell erzielen vor allem Großfirmen den Effekt der Identifizierung mit dem Unternehmen durch vielfältige Sozialleistungen, zusätzliche Vergünstigungen (Jahreswagen, preiswerte Haushaltsgeräte, günstige Privatkredite, Betriebsrente, unternehmenseigene Sportstätten und Urlaubseinrichtungen usw.) und eine Quasi-Beschäftigungsgarantie. Hinzu kommen eigene Stäbe der innerbetrieblichen Weiterbildung. Im Zusammenhang mit Lean Management kommt der Unternehmenskultur eine umfassendere Bedeutung zu. Die Etablierung von Neuen Formen der Arbeitsorganisation (NFAO) verändert das Gefüge eines Unternehmens nachhaltig. Die Mitarbeiter in den Gruppen haben größere Freiräume und lernen in der Regel schnell, diese zu nutzen. Stellt sich die Führung auf dieses veränderte Verhalten der Mitarbeiter ein und unterstützt die Entwicklungen durch ein entsprechendes Führungsverhalten, so bleiben die Erfolge nicht aus. Die Mitarbeiter arbeiten effektiver und mit größerer Verantwortung.

12.3.2 Organisation von Arbeitsprozessen

In der Ablauforganisation ist die Reihenfolge der Arbeitsprozesse festgelegt, die zur Erfüllung der einzelnen Arbeitsaufgaben nötig ist (vgl. 3.1.1).

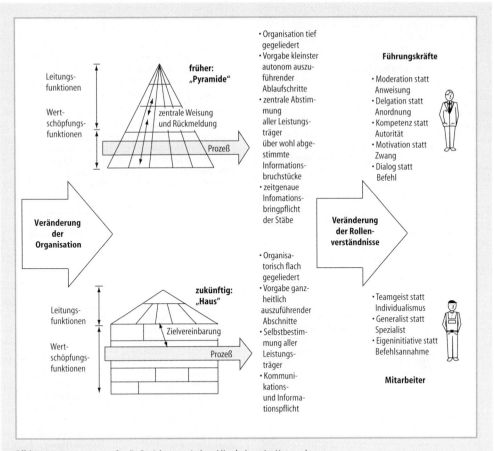

Bild 12-25 Konsequenzen für die Beziehung zwischen Mitarbeitern im Unternehmen

Damit werden gleichzeitig auch die Tätigkeitsinhalte, -umfänge und -anforderungen beschrieben. Arbeitsprozesse lassen sich nach den folgenden Organisationsprinzipien gruppieren (s. Kap. 10). Man unterscheidet dabei zwischen:
– Platzprinzip,
– Verrichtungsprinzip,
– Fließ- oder Objektprinzip,
– Gruppenprinzip.

Die weitere Differenzierung bezüglich ihrer Ausführungsformen berücksichtigt zusätzlich folgende Ordnungskriterien:
– Ort der Bearbeitung,
– Spezifikation der Betriebsmittel,
– Struktur des Fertigungsablaufs,
– zeitliche Verkettung der Bearbeitungsstationen,
– technische Verkettung der Bearbeitungsstationen.

Eine Zusammenstellung der Ablauforganisationsformen und ihre gegenseitige Abgrenzung stellt Bild 12-26 dar.

Konventionelle Arbeitsstrukturen stützen sich im wesentlichen auf eine starre vertikale und horizontale Arbeitsteilung mit hierarchischen Führungs- und zentralen Planungs- und Steuerungssystemen. Eine Zusammenfassung der wichtigsten Merkmale konventioneller Arbeitsstrukturen und ihre durch die soziale und organisatorische Entwicklung resultierenden Mängel sind Bild 12-27 zu entnehmen.

Besonders durch die Gestaltungsdefizite im humanen Bereich, verbunden mit zu geringer Produktionsflexibilität, wurde die Abkehr von konventionellen Arbeitsstrukturen eingeleitet. Diese Entwicklung führte in organisatorischer und personeller Hinsicht zu Neuen Formen der Arbeitsorganisation, die vorwiegend auf Erkenntnissen der unterschiedlichen Motivations-

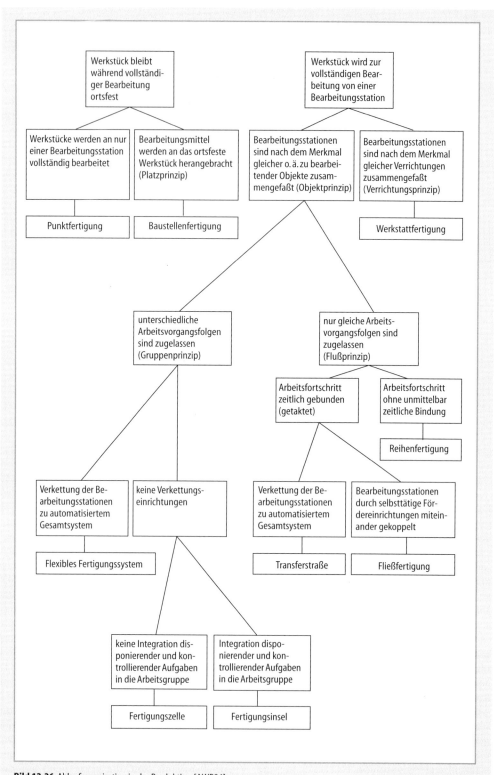

Bild 12-26 Ablauforganisation in der Produktion [AWP84]

Arbeitsgestaltung, Arbeitsorganisation, Arbeitspersonen

sind vorwiegend ge-kennzeichnet durch:	weisen tendenziell folgende Mängel auf:
Zentralisierte (z. T. EDV-gestützte) Planungs- und Steuerungssysteme	• vorhandenes Situations-Know-How und Eigeninitiative der Mitarbeiter bleiben ungenutzt • geringe Transparenz bzgl. Planungs und Steuerungs-abläufen für die Mitarbeiter • große Regelkreise
hochgradige vertikale und horizontale Arbeitsteilung bzgl. Planung, Durchführung	• geringe Handlungs- und Entscheidungsspielräume für die Mitarbeiter • monotone, z. T. stark belastende Arbeitsinhalte • geringe Möglichkeiten zum Qualifikationserhalt bzw. Qualifikationserwerb
Verselbstständigung von Fertigungshilfs-stellen wie z. B. Werkzeugwesen, Qualitätswesen und Instandhaltungs-wesen	• hohe Koordinierungs- und Kooperationsaufwände • große organisatorische Reibungsverluste • geringe Systemverfügbarkeit

Bild 12-27 Merkmale und tendenzielle Mängel konventioneller Arbeitsstrukturen aus arbeitsorganisatorischer Sicht [NES89]

theorien aufbauen. Solche Motivationstheorien sind z. B. Maslows Modell der Bedürfnishierarchie [Mas43], McGregors Theorie X und Y [Mac60] oder Herzbergs Zwei-Faktoren-Theorie [Her59]. Aus diesen Theorien können zahlreiche Hinweise für die Gestaltung menschlicher Arbeit und Zusammenarbeit abgeleitet werden. Das Motivationsmanagement löste eine motivationspsychologisch begründete Neu- bzw. Umgestaltung menschlicher Arbeit im Sinne menschengerechter Arbeitsinhalte und einer verbesserten Arbeitsumwelt aus (Bild 12-28). Der Arbeitsinhalt wurde zur zentralen Schlüsselgröße von Gestaltungs- und Strukturierungsmaßnahmen, die zur Zufriedenheit der Mitarbeiter im Arbeitsprozeß beitragen und gleichzeitig eine wirtschaftliche Produktion erlauben.

Bild 12-29 zeigt zusammenfassend die wesentlichen Schlüsselgrößen der Arbeitsstrukturierung, ihre signifikanten Merkmale sowie deren tendenziellen Vor- und Nachteile.

Maßnahmen der Arbeitsstrukturierung zielen auf die Vergrößerung des Handlungsspielraums, der sich aus Tätigkeits-, Entscheidungs- und Kontroll- sowie Interaktionsspielraum zusammensetzt (s. Bild 12-30).

Die erste Dimension des Handlungsspielraums, der sog. Tätigkeitsspielraum, weist nach Ulich auf den Umfang der auszuführenden Tätigkeiten einer Kategorie (z. B. Hinzunahme wei-

Taylors Scientific Management	Motivationsmanagement
Es gibt für jede Aufgabe nur eine Optimalmethode.	Die optimale Ausführungsmethode ist jeweils individuell unterschiedlich.
Nicht der Arbeiter, sondern das Management kann die Optimalmethode finden.	Der Arbeiter benötigt Freiräume zur Entwicklung eigener Arbeitsstile.
Je mehr Arbeitsteilung, um so mehr Produktivität.	Die Monotonie der Arbeitsteilung bremst; daher Arbeit auf längere Zyklen erweitern.
Nur technische Faktoren beeinflussen die menschliche Produktivität.	Ausschlaggebend für die menschliche Leistungsbereitschaft sind viele verschiedene psychische (gefühlsbedingte) Faktoren.
Der Arbeiter kann nur durch Geld motiviert werden.	Der Arbeitsinhalt ist die treibende Kraft.
Was nicht kontrolliert wird, wird nicht ausgeführt.	Verantwortungsgefühl und Selbständigkeit steigern die Leistungsbereitschaft

Bild 12-28 Vergleich zwischen Taylors wissenschaftlicher Betriebsführung und Motivationsmanagement [Gro72]

terer Arbeiten an anderen Maschinen) hin. Der Entscheidungs- und Kontrollspielraum, der die zweite Dimension des Handlungsspielraums darstellt, weist auf den Umfang dispositiver Tätigkeiten und Anforderungen hin (z. B. Materialbeschaffung und Bereitstellung). Damit ergibt sich aus einer Vergrößerung des Handlungsspielraums eine qualitative und quantitative Erweiterung der Tätigkeiten und Anforderungen. Im Zusammenhang mit Gruppenkonzepten wird das Modell des Handlungsspielraums um eine dritte Dimension erweitert, die man als „soziale", „kommunikative" oder „interaktive" Komponente bezeichnen könnte, den Interaktionsspielraum [Ali80].

Durch folgende Maßnahmen der Arbeitsstrukturierung wird der Handlungsspielraum vergrößert (Bild 12-31):

– Verringerung von Zeitzwängen: Durch den Einbau von Puffern zwischen den Arbeitsstationen wird den Arbeitspersonen ermöglicht, für die Dauer von 10-15 Minuten vor- oder nachzuarbeiten.

– Systematischer Arbeitsplatzwechsel (Job-rotation): Die Arbeitsinhalte selber werden nicht verändert, sondern mehrere Arbeitspersonen wechseln in einem vorgegebenen Rhythmus die Arbeitsplätze und damit auch die Aufgaben.

– Arbeitserweiterung (Job-enlargement): Der Umfang des Arbeitsinhalts wird vergrößert, d.h., den Arbeitspersonen werden mehrere ähnliche Arbeitsaufgaben übertragen, die aber auf gleichem Qualifikationsniveau liegen; diese Methode führt zu höheren Zyklus- bzw. Taktzeiten.

– Arbeitsbereicherung (Job-enrichment): Die Art des Arbeitsinhalts wird derart verändert, daß den Arbeitspersonen größere Dispositionsspielräume übertragen werden und somit größere Qualifikationsanforderungen an sie gestellt werden.

Die Anwendung dieser Arbeitsstrukturierungsmaßnahmen ist sowohl auf einzelne Arbeitspersonen als auch auf Gruppen möglich. Bei der Etablierung teilautonomer Arbeitsgruppen mit erweiterten Handlungs- und Entscheidungsspielräumen wird einer Arbeitsgruppe ein umfassender Arbeitsauftrag übertragen; über die Art seiner Ausführung kann sie im Rahmen vorgegebener Ziele, Zeitvorgaben und technischer Bedingungen entscheiden, z. B. über die Verteilung der Arbeitsaufgaben auf die Gruppenmitglieder.

Die Effekte der verschiedenen Arbeitsstrukturierungsmaßnahmen auf den Handlungsspielraum der Mitarbeiter werden unterschiedlich beurteilt. Während Job-enrichment eindeutig qualifizierende Elemente im Sinne der Persönlichkeitsentfaltung enthält, werden Job-enlargement und insbesondere Job-rotation lediglich unter dem Aspekt der Reduktion von einseitiger Belastung positiv beurteilt. Teilautonome Arbeitsgruppen stellen dagegen die konsequenteste Umsetzung von Arbeitsstrukturierungsmaßnahmen dar, weil sie den Arbeitspersonen die größte individuelle und kollektive Autonomie, d.h. den größten Handlungsspielraum, geben [Due86].

Das folgende Beispiel aus dem Bereich der Schmiedeindustrie zeigt auf, wie durch die Anwendung von Arbeitsstrukturierungsmaßnahmen Tätigkeiten aus zentralen Planungs- bzw. Werkstattbereichen, wie zum Beispiel Fertigungsplanung oder Endkontrolle, in eine Fertigungsgruppe (in diesem Falle eine teilautonome Fließinsel) verlagert und so selbst bei einer prozeßorientierten Fertigung mit starker Taktbindung eine Erweiterung des Handlungsspielraums erzielt werden konnte (Bild 12-32).

ARBEITSSTRUKTURIERUNG			
Charakterisierung		Qualitative Beurteilung	
Schlüsselgrößen	Signifikante Merkmale	Tendenzielle Vorteile	Tendenzielle Nachteile
Arbeitsinhalt	• Geringe vertikale und horizontale Arbeitsteilung: - Bündelung von planenden, steuernden, ausführenden, administrativen und kontrollierenden Funktionen zu ganzheitlichen Arbeitsinhalten - große zeitliche Arbeitsumfänge - Reduzierung von psychologischen und physischen Über- und Unterforderungen	• Erhöhung des Selbstwertgefühls für den Mitarbeiter • Größere Identifikation mit der Arbeit • Bessere Nutzung von vorhandenem Know-how • Frühzeitige Fehlererkennung durch schnelle Rückkopplung des Arbeitsergebnisses • Reduzierung von Ausschuß und Nacharbeit • Geringerer Taktausgleich • Reduzierung einseitiger Belastungen • Vergrößerung der Produktivität	• Höhere Anlernkosten • Höhere Lohnkosten • Höhere Investitionskosten pro Arbeitsplatz
Teilautonome Gruppen	• Arbeiten im Team - personelle Integration unterschiedlicher Qualifikationen (Instandhalter, Disponenten usw.) - Reduzierung der Hierarchiestufen - kooperativer Führungsstil - kooperative Entlohnungsform • Hoher Autonomiegrad - Kongruenz von Aufgaben, Kompetenz und Verantwortung - Erhöhung von Interaktionsspielräumen	• Integration in eine Gemeinschaft • Förderung des Verständnisses für die Arbeit der Kollegen • Förderung des Teamgeistes • Bildung einer Stammannschaft	• Höherer Aufwand bei der Personaleinsatzplanung • Festgelegte Gruppennormen verhindern Abweichungen in der Leistung nach „oben" • Gruppe stellt ein höheres Macht- und Durchsetzungspotential bei betrieblichen Entscheidungsprozessen dar
Entkopplung Mensch/Technik	• Hoher Entkopplungsgrad des Menschen vom eigentlichen Produktionsprozeß - räumliche Entkopplung (Wegfall/ Reduzierung der Platzgebundenheit) - zeitliche Entkopplung (Wegfall/ Reduzierung der Taktgebundenheit)	• Ausgleich von: - Leistungsschwankungen - Leistungsunterschieden • Freie Disposition der persönlichen Verteilzeit - Erholungspausen • Senkung von Stillstandkosten durch: - Losgrößenänderung - typenbedingte Vorgabezeitunterschiede - typenbedingte Umrüstzeitunterschiede - unterschiedliche Ausbringverhalten	• Erhöhter Investitions- und Planungsaufwand • Erhöhter Platzbedarf • Erhöhter Umlaufbestand • Erhöhte Durchlaufzeiten

Bild 12-29 Charakterisierung und Beurteilung „Neuer Arbeitsstrukturen" aus arbeitsorganisatorischer Sicht [NES89]

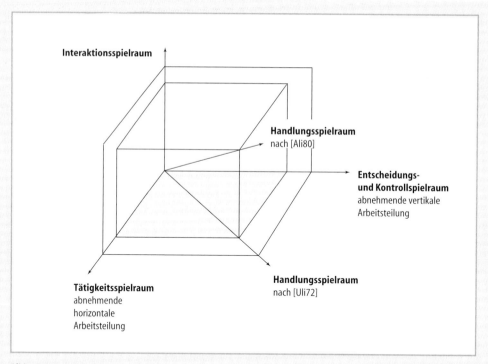

Bild 12-30 Handlungsspielraum als Resultat von Tätigkeits-, Entscheidungs-, und Kontroll-, sowie Interaktionsspielraum [Uli72, Ali80]

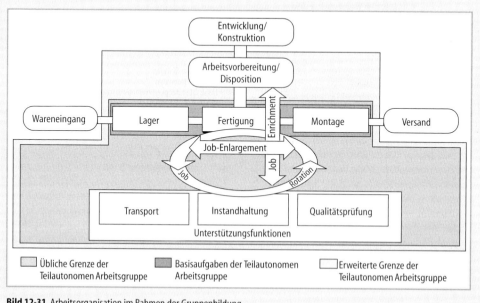

Bild 12-31 Arbeitsorganisation im Rahmen der Gruppenbildung

Arbeitsgestaltung, Arbeitsorganisation, Arbeitspersonen

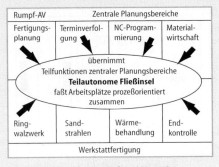

Bild 12-32 Elemente der Fließinsel [Cou92]

Eine Übersicht über die Ausprägungsformen Neuer Formen der Arbeitsorganisation in Abhängigkeit der Auftragsabwicklungstypen gibt Bild 12-33.

Ausprägungsformen neuer Formen der Arbeitsorganisation

Generell sind im Rahmen der Reintegration von Tätigkeitsfeldern und Entscheidungsspielräumen mit dem Ziel der Gestaltung qualifizierender Gruppenarbeit folgende Ausgangspotentiale vorhanden:
- Planung: Programmplanung, Arbeitsvorbereitung, Material- und Personaldisposition,
- Prozeßvorbereitung und -sicherung: Programmierung, Einrichten/Umrüsten, Überwachen/Steuerung, Wartung/Instandhaltung, Prozeßoptimierung,
- Ausführung: Materialbereitstellung/Transport, Automatenbedienung/-beschickung, manuelle Fertigung und Montage, Nacharbeit und
- Kontrolle: Qualitätsmanagement, Prüfprozesse, Leistungskontrolle/-steuerung [Sei93].

Die Maßnahmen der Arbeitsstrukturierung und ihre Erprobung in der Praxis haben gezeigt, daß diese nicht zu statischen Ergebnissen führen dürfen. Es sind zusätzliche Prinzipien erforderlich, die den Menschen und seine Bedürfnisse fortlaufend berücksichtigen. Diese Prinzipien können nicht als Gestaltungsrezept verwendet werden, sondern verlangen eine konkrete Ausgestaltung im Betriebsalltag.

Prinzip des Angebots unterschiedlicher Arbeitsinhalte

Eine durchgehend gleiche Arbeitsgestaltung schöpft das unterschiedliche Qualifikationspotential aller Mitarbeiter nicht unbedingt aus. Vielmehr sollte sich die Arbeitsgestaltung an der persönlichen Eigenart der Mitarbeiter ausrichten. Damit sollen die Nachteile der sog. schematischen Organisation vermieden werden, ohne die der individuellen Stellenbildung dagegen einzutauschen. In Anlehnung an Ulich definiert Zülch [Zül84] die sog. „differentielle Arbeitsgestaltung" als die „Gestaltung eines Makro-Arbeitssystems in der Weise, daß
- unterschiedlich geeigneten und motivierten Mitarbeitern,
- mehrere Formen der Arbeitsorganisation,
- mit verschieden ausgeprägten Arbeitsinhalten,
- gleichzeitig angeboten werden können."

Die differentielle Arbeitsgestaltung sichert das Angebot mehrerer Arbeitssysteme, zwischen denen die Arbeitsperson wählen kann. „Bei der Umsetzung dieses Prinzips in die Praxis besteht dann eine wesentliche Aufgabe darin, innerhalb eines bestimmten Tätigkeitsspektrums verschiedenartige Arbeitssysteme mit unterschiedlichen Anforderungen nach Art und Anzahl zu bestimmen, sie sinnvoll nebeneinander einzurichten und in geeigneter Weise zu organisieren" [Zül84]. Damit kann den interindividuellen Differenzen der Arbeitspersonen Rechnung getragen werden. Als Beispiel kann das Angebot unterschiedlicher Geräte zum Schreiben von Texten (Schreibmaschine/EDV-Textverarbeitung) oder unterschiedlicher Werkzeugmaschinen (Universal-/CNC-Drehmaschine) zur Drehbearbeitung genannt werden [Uli78].

Prinzip der dynamischen Arbeitsgestaltung

Es existieren nicht nur Unterschiede zwischen verschiedenen Personen, auch die einzelne Arbeitsperson selbst entwickelt sich im Lauf der Zeit. Dadurch kommt es zu Änderungen in Auffassungen, Arbeitshandlungen, Können usw. bei ein- und derselben Person.

Durch das Prinzip der dynamischen Arbeitsgestaltung soll die Entwicklung der Arbeitsperson gefördert werden. Damit ist die Möglichkeit der Erweiterung (Entwicklung) bestehender Arbeitssysteme, die Schaffung neuer Arbeitssysteme sowie die Möglichkeit des Wechsels zwischen den verschiedenen Arbeitssystemen gemeint. Das Arbeitssystem soll entsprechend der persönlichen Entwicklung dynamisch verändert werden.

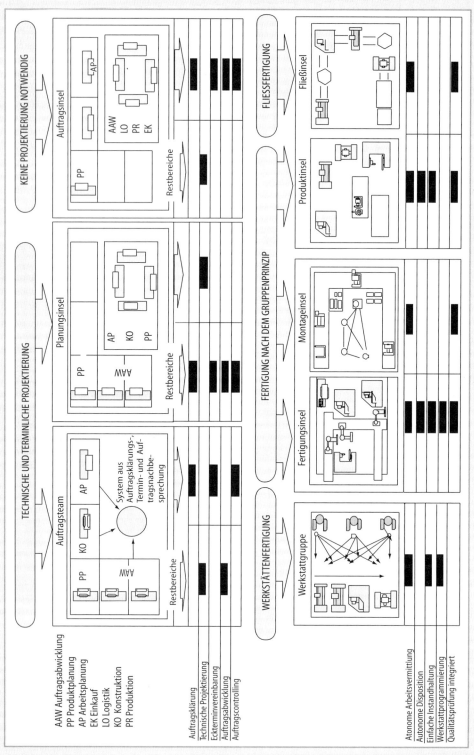

Bild 12-33 Arbeitsorganisation in Abhängigkeit vom Typ der Auftragsabwicklung

Als Beispiel kann die qualifizierende Entwicklung des Sekretärs von der Beherrschung der Schreibmaschine bis hin zum Textsystem oder die Entwicklung der Dreherin von der Beherrschung der Universal- zur CNC-Maschine genannt werden.

Prinzip der ganzheitlichen Arbeitsinhalte

Die Forderung nach ganzheitlichen Tätigkeiten kann nicht absolut gestellt werden. Im Rahmen gesellschaftlicher und betrieblicher Arbeitsteilung wird niemand alleine ein Produkt konstruieren, fertigen und verkaufen können. Ganzheitlichkeit orientiert sich an der gesellschaftlich durchschnittlichen Teilung der Arbeit einerseits und den Fähigkeiten und Arbeitspotentialen des einzelnen Mitarbeiters andererseits. Ganzheitliche Arbeitsinhalte beinhalten also eine möglichst lange Beteiligung am Produktionsprozeß von der Entwicklung bis zur Fertigstellung eines Produkts. Als Maßstab kann hier der Begriff der Persönlichkeitsentfaltung gelten, nach dem Arbeitstätigkeiten hierarchisch und sequentiell vollständig sein, d.h. planende, ausführende und kontrollierende Elemente beinhalten sollen. Die Tiefe der vertikalen Arbeitsteilung wird durch dieses Prinzip reduziert. Auch die dynamische Arbeitsgestaltung wirkt in dieses Prinzip ein. Bei ausreichender Einarbeitung kann der Wunsch entstehen, an der Herstellung eines Produkts früher beteiligt zu werden und es auch weitergehend zu bearbeiten. Somit ist die Beschreibung einer ganzheitlichen Tätigkeit auch von der sie ausführenden Person und deren Entwicklung abhängig. Als Beispiel sei das Verfassen eines Textes von der Idee bis zur druckreifen Fertigstellung oder die Herstellung eines Drehstückes von der Programmierung der CNC-Maschine bis zur Qualitätskontrolle genannt.

12.3.3 Organisation von Aufgaben und Hierarchien

Die Aufbauorganisation legt die Struktur des Betriebs als Gebilde und Beziehungszusammenhang fest. Dies wird erreicht durch die Schaffung von
- Stellen (normale Stellen, Leitungsstellen (Instanzen) und Stabs- und Assistentenstellen),
- Gruppen und Abteilungen (Zusammenfassung mehrerer Stellen und einer Leitungsstelle zu einer organisatorischen Einheit hö-

herer Ordnung), Hauptabteilung, Bereich, Ressort usw. und
- Regelungen zum Beziehungszusammenhang innerhalb der organisatorischen Einheiten und zwischen ihnen (Hierarchie, Informationswege, Weisungen usw.) (vgl. Kap. 3).

Die Organisation von Arbeitsprozessen (Ablauforganisation) und die Organisation von Aufgaben und Hierarchien (Aufbauorganisation) stehen in engem Zusammenhang und stellen verschiedene Betrachtungsweisen auf den gleichen Gegenstand dar, wodurch die gedankliche Durchdringung der komplexen organisatorischen Gestaltungsaufgabe ermöglicht werden soll. Ist die Entscheidung zugunsten einer am Wertschöpfungsprozeß ausgerichteten, ganzheitlichen Ablauforganisation gefallen, hat dies grundlegende Veränderungen im Bereich der Organisation von Aufgaben und Hierarchien zur Folge. Im folgenden wird zunächst das Organisationsdilemma beschrieben, vor dem Unternehmen im Zusammenhang mit der Gestaltung ihrer Aufbauorganisation stehen.

Projekt

Das Paradigma der Selbstorganisation als Konsequenz komplexer, dynamischer Rahmenbedingungen erfordert eine flexible, Abteilungsgrenzen überschreitende, innovationsförderliche Aufbauorganisation. Eine diesen Anforderungen entsprechende Organisationsform ist das Projekt, das folgende, wesentliche Charakteristika aufweist:
- zeitliche Begrenzung (Beginn, Abschluß),
- definiertes bzw. zu definierendes Ziel (Aufgabe, Ergebnis),
- keine Routineaufgabe, die in gleichen oder in einer unmittelbar vergleichbaren Form laufend durchgeführt wird, wodurch eine innovative, kreative Komponente einfließt,
- zumeist mehrere Personen bzw. Stellen beteiligt (Interdisziplinarität),
- oft mit Unsicherheit, d.h. Risiko behaftet.

Typische Beispiele für Projekte sind die Einführung eines EDV-Systems, das Errichten einer Produktionsstätte, die Zertifizierung nach DIN EN ISO 9000 ff., aber auch die Betreuung eines Produkts von der Entwicklung über Erprobung und Produktionsanlauf bis hin zur laufenden Produktion. Neben der Erkenntnis, daß die Beteiligung der Betroffenen an Entscheidungen ein wesentlicher Erfolgsfaktor für betriebliche Veränderungen ist, hat gerade in jüngster Zeit die an die Automobilzulieferindustrie gerichtete Forderung nach der Benennung eines „Process owners" der Projektorganisation zusätzlichen Auftrieb gegeben [Ham94].

Linien- und Stab-Linien-Systeme

Komplexe, dynamische, sich sprunghaft ändernde Rahmenbedingungen erfordern eine Form der Aufbauorganisation, die eine maximale Reaktionsfähigkeit ermöglicht [War92]. Ein Versuch, dies durch Spezialisierung sowie eine detaillierte Regelung der Informations- und Direktionswege zu erreichen, stellt das Liniensystem dar. Erfahrungen zeigen jedoch, daß das Liniensystem die direkte Kommunikation von Spezialisten behindert und unvertretbare Verzögerungen im Projektfortschritt verursachen kann. Die Weiterentwicklung des Liniensystems zum Stab-Linien-System trägt den Charakter eines ersten Kompromisses zwischen einer feststehenden Organisationsstruktur und den ständig wechselnden Anforderungen an den Betrieb in sich (vgl. Kap. 3). Das Stab-Linien-System erlaubt im Unterschied zum Liniensystem eine Spezialisierung. Die dadurch bewirkte Entlastung der Linienmanager schafft Kapazität für die Bewältigung wichtiger bzw. neuer Aufgaben. Nachteilig ist jedoch die Trennung von Entscheidungsvorbereitungs-, Entschluß- und Durchsetzungskompetenz [Grü92]. Der Leiter einer Stabsabteilung besitzt i. allg. nur Entscheidungs- und Weisungsbefugnisse gegenüber ihm untergeordneten Stabsstellen. Wenn Stäbe aber Aufgaben durchführen sollen, die auch Rückwirkungen auf die Linie haben, ist die Durchsetzungsfähigkeit gegenüber der Linie gering.

Matrixorganisation

Ein weiterer Versuch, Flexibilität und Reaktionsschnelle zu realisieren, führte zur Herausbildung der Matrix- oder Projektorganisation (Bild 12-34). Zwar sind auch hier Linien vorhanden, sie sind aber auch gleichzeitig bestimmten Produkten, Projekten oder Sparten zugeordnet. So ergibt sich eine Matrix, wenn man beispielsweise vertikal die Produkte und horizontal die Betriebsaufgaben aufträgt.

Wie die Funktionsarten aufgetragen werden, liegt in der freien Entscheidung der Organisationsgestalter und kann den betrieblichen Bedingungen angepaßt werden. Mit der Matrixorganisation ist man auch in der Lage, mehr Funktionen als bei der Abteilungs- und Linienstruktur in die Organisationsstruktur aufzunehmen.

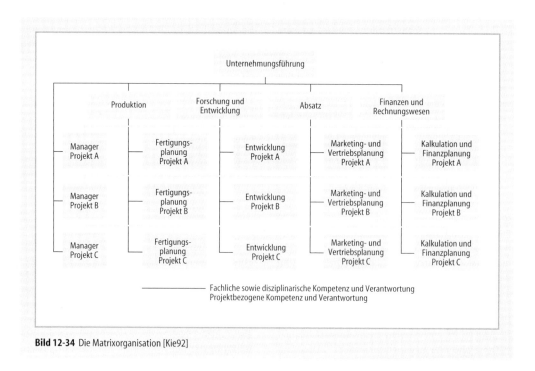

Bild 12-34 Die Matrixorganisation [Kie92]

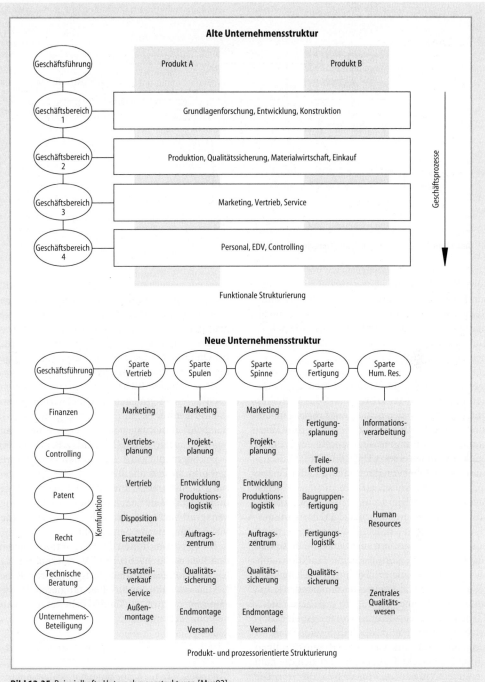

Alte Unternehmensstruktur

Geschäftsführung

Produkt A   Produkt B

Geschäftsbereich 1 — Grundlagenforschung, Entwicklung, Konstruktion

Geschäftsbereich 2 — Produktion, Qualitätssicherung, Materialwirtschaft, Einkauf

Geschäftsbereich 3 — Marketing, Vertrieb, Service

Geschäftsbereich 4 — Personal, EDV, Controlling

Geschäftsprozesse

Funktionale Strukturierung

Neue Unternehmensstruktur

Geschäftsführung

Sparte Vertrieb · Sparte Spulen · Sparte Spinne · Sparte Fertigung · Sparte Hum. Res.

Finanzen

Controlling

Patent

Recht

Technische Beratung

Unternehmens-Beteiligung

Kernfunktion

Sparte Vertrieb	Sparte Spulen	Sparte Spinne	Sparte Fertigung	Sparte Hum. Res.
Marketing	Marketing	Marketing		
Vertriebs-planung	Projekt-planung	Projekt-planung	Fertigungs-planung	Informations-verarbeitung
Vertrieb	Entwicklung	Entwicklung	Teile-fertigung	
Disposition	Produktions-logistik	Produktions-logistik	Baugruppen-fertigung	Human Resources
Ersatzteile	Auftrags-zentrum	Auftrags-zentrum	Fertigungs-logistik	
Ersatzteil-verkauf	Qualitäts-sicherung	Qualitäts-sicherung	Qualitäts-sicherung	
Service				Zentrales Qualitäts-wesen
Außen-montage	Endmontage	Endmontage		
	Versand	Versand		

Produkt- und prozessorientierte Strukturierung

Bild 12-35 Beispielhafte Unternehmensstrukturen [Mus93]

Eine besondere Form der Matrixorganisation ist das Projektmanagement. Beiden Organisationsformen liegt die Überlagerung von Verrichtungs- und Objektgliederung zugrunde. Der Unterschied liegt jedoch darin, daß die Projekte der Projektorganisation definierte Anfangs- und Endzeitpunkte haben, also von begrenzter Dauer sind.

Im folgenden werden anhand eines Beispiels aus dem Bereich des Maschinenbaus [Mus93]

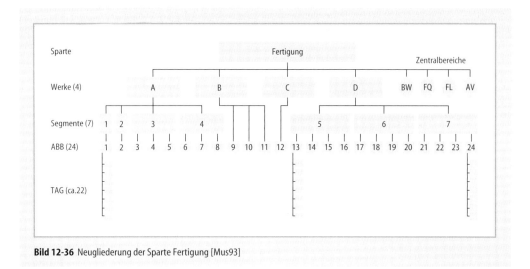

Bild 12-36 Neugliederung der Sparte Fertigung [Mus93]

sowohl der Reorganisationsprozeß als auch dessen Ergebnisse erläutert. Erster Schritt in einer Reihe von Maßnahmen ist der Übergang von einer klassischen, an Funktionen orientierten zu einer produkt- und prozeßorientierten Unternehmensstruktur (Bild 12-35).

Parallel zu diesen Restrukturierungsmaßnahmen entwickelte das Unternehmen ein neues Leitbild, das den Mitarbeiter und das Verhalten untereinander in den Mittelpunkt rückt. Zur Unterstützung der Leitbildtheorie werden alte Hierarchiebezeichnungen abgeschafft und durch Funktionsstufen ersetzt. Die Höhe der Funktionsstufe hängt dabei von der Bedeutung der Person für das Unternehmen ab und nicht von deren Stellung in der Hierarchie. Höhere Funktionsstufen können durchaus niedrigeren organisatorisch unterstellt sein. Die Funktionsstufen sind aus dem Organigramm nicht ersichtlich, so daß nicht jeder weiß, wer in welcher Funktionsstufe ist. Das Unternehmen will dadurch erreichen, daß jeder mit jedem unvoreingenommen reden kann, unbeschadet seiner Position in der Hierarchie.

Im Sinne breiter Verantwortungsdelegation wird unterhalb der Spartenleitung eine Struktur aufgebaut, die aus weitgehend selbständigen Einheiten besteht. Dabei reduziert sich die Zahl der Hierarchiestufen von sieben auf vier. Die neuen Strukturen werden deutlich in der Sparte Fertigung (Bild 12-36).

Grundelement dieser Struktur ist die teilautonome Arbeitsgruppe (TAG), die aus fünf bis zehn Mitarbeitern besteht und innerhalb einer Prozeßkette selbständig Aufgaben erledigt. Jeweils fünf bis neun teilautonome Gruppen formen einen autonomen Betriebsbereich (ABB). Das sind Fertigungsbereiche, die mit einem sehr hohen Autonomiegrad in der Lage sind, Teilegruppen und Baugruppen selbständig herzustellen. Der ABB trägt die volle Verantwortung für Qualität, Menge und Termine der ihm zugeteilten Fertigungsaufträge.

Oberhalb der ABB befindet sich eine Zwischenebene, die als Segment bezeichnet wird. Segmente sind Einheiten, in denen Teilegruppen und Baugruppenmontagen nach übergeordneten Kategorien zusammengefaßt sind (z. B. Blechteile).

Die Segmente werden unter den Werksleitungen und diese schließlich unter der Spartenleitung zusammengeführt. Allen Ebenen ist gemeinsam, daß sie über einen hohen Selbständigkeitsgrad verfügen, der sich mit zunehmender Verdichtung nach oben erhöht.

Die Kernfunktionen der Produktion liegen in den TAG und den ABB. Die TAG übernehmen alle Funktionen, die den Fertigungsprozeß betreffen oder ihn unmittelbar tangieren. In diesem klar definierten Umfeld arbeitet die Gruppe völlig selbständig.

12.3.4 Hilfsmittel zur Organisation von Arbeit

Mitarbeiter in teilautonomen Organisationsformen, wie z. B. Gruppenarbeit, benötigen Informationen und Hilfsmittel zu deren Verarbeitung, um Entscheidungen vorbereiten und fällen sowie deren Auswirkungen verfolgen zu können. Unter einer Information wird im folgenden das Wissen, ohne das eine Aufgabenerfüllung nicht möglich ist, verstanden. Beispiele für solche Informationen, die eine Fertigungsgruppe für das Planen, Steuern, Ausführen und Überwachen ihrer Aufgaben benötigt, sind in Bild 12-37 dargestellt.

Diese Informationen werden im Rahmen der Aufgabenerfüllung mit unterschiedlicher Zielsetzung eingesetzt – sowohl zur Koordination als auch zur Kooperation. Unter Koordination wird im folgenden die Kommunikation innerhalb eines Arbeitssystems mit dem Ziel der wechselseitigen Abstimmung der einzelnen Arbeitspersonen verstanden [Rüh92]. Kooperation beschreibt dagegen die Kommunikation über die Grenzen eines Arbeitssystems hinaus, z.B. zwischen verschiedenen, an der Erfüllung einer gemeinsamen Aufgabe arbeitenden teilautonomen Arbeitsgruppen in der Produktion [Per70], wobei vorausgesetzt wird, daß innerhalb der Gruppen zur Erfüllung der gemeinsamen Arbeitsaufgabe per Definition ebenfalls Kooperation stattfindet. Bild 12-38 zeigt die im Zusammenhang mit Gruppenarbeit hervorzuhebenden Kommunikationsformen.

Informationen an die Gruppe	– Auftragsdaten: Menge (Soll), Liefertermin (Soll) – Fertigungsunterlagen: Arbeitspläne, Zeichnungen, Vorgabezeiten – Materialverfügbarkeit – …
Informationen aus der Gruppe	– Personaldaten: Anwesenheitszeit – Auftragsfreigaben – Maschinenbelegung – Qualitätsdaten – Kapazitätsengpässe – …
Informationen innerhalb der Gruppe	– Arbeitsergebnisse: Qualität, Menge (Ist), Liefertermin (Ist) – Bearbeitungsstand, – Besonderheiten bei der Bearbeitung – …

Bild 12-37 Informationsbedarf einer Fertigungsgruppe

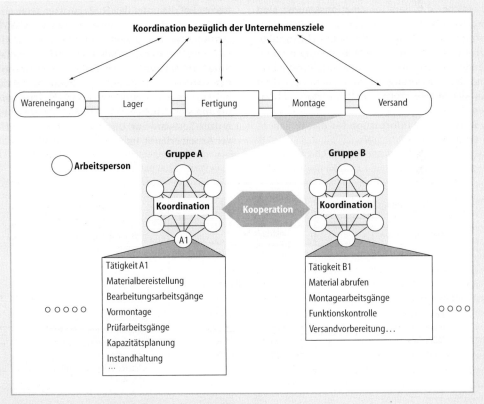

Bild 12-38 Formen betrieblicher Kommunikation bei Gruppenarbeit

Aus den Arbeitsaufgaben, die sich durch die Merkmale Strukturierungsgrad, Aufgabenart und Häufigkeit beschreiben lassen, erwächst Informationsbedarf. Stark strukturierte Aufgaben zeichnen sich durch ein klar definiertes Ziel sowie feste Erfüllungsalgorithmen aus. Es handelt sich um Routinetätigkeiten, die teilweise automatisierbar sind. Im Gegensatz dazu sind schwach strukturierte Aufgaben solche mit grob beschriebenem Ziel und unbestimmter Vorgehensweise zu deren Erfüllung.

Bezüglich der Aufgabenart sind Individual- und Gemeinschaftsaufgaben zu unterscheiden. Individualaufgaben sind von einer Arbeitsperson allein zu erledigen, während Gemeinschaftsaufgaben die Koordination bzw. Kooperation mehrerer Arbeitspersonen oder -gruppen erfordern.

Die dritte zu berücksichtigende Größe ist die der Häufigkeit der anfallenden Aufgabe. Dabei sind zyklisch wiederkehrende, azyklisch, d. h. zufällig wiederkehrende, und einmalige Aufgaben zu unterscheiden.

Neben den Anforderungen aus der Aufgabe als solcher, d. h. dem Informationskontext, sind zwei weitere Dimensionen der betrieblichen Information im Zusammenhang mit Hilfsmitteln für die Organisation der Arbeit von entscheidender Bedeutung – die Informationsqualität und deren Richtung. Die Informationsqualität läßt sich mit Hilfe folgender Parameter beschreiben:

– Relevanz der Information für die Aufgabenerfüllung,
– Präzision bzw. Genauigkeitsgrad der Information,
– Aktualität bzw. Neuigkeitsgrad der Information.

Die Ausprägung dieser Parameter bedingt den Charakter der Information, d. h. die Tatsache, ob es sich beispielsweise um eine Anweisung (Vorgabe), Empfehlung (Entscheidungshilfe) oder Orientierungsinformation (Information, die erst zu einem späteren Zeitpunkt relevant wird) handelt.

Weiterhin können Informationsrichtungen unterschieden werden in solche, die unidirektional, d. h. ausschließlich auf den Empfänger orientiert sind (z. B. Frontalvortrag, Aushang, Stückzahlvorgaben) und solche, die bidirektional, d. h. in beide Richtungen und damit auf eine Rückkopplung orientiert sind (z. B. Diskussion, Wandzeitung, Expertensystem).

12.3.4.2 Technische Hilfsmittel

Im folgenden werden Hilfsmittel zur Organisation kooperativer Arbeit beschrieben, wobei zunächst auf die unter den Schlagworten „computer-supported cooperative work (CSCW)", „Groupware" und „computergestützte kooperative Arbeit" zusammengefaßten technischen Hilfsmittel eingegangen wird. Vorläufige Definitionen verstehen unter CSCW „... kooperative Arbeit, für deren Erledigung Groupware zur Verfügung steht" [Obe91]. Groupware als Mehrbenutzer-Software zur Unterstützung kooperativer Arbeit erlaubt, Informationen auf elektroni-

Anwendungsfeld	zeitversetzt	zeitgleich
Kommunikation	elektronischer Nachrichtenaustausch – e-mail – Datentransfersysteme – Electronic White Boards	– Videokonferenzen – Bildtelefone
Bearbeitung gemeinsamen Materials	zeitversetzte Bearbeitung von gemeinsamem Material – gemeinsame Datenbanken – Hypertextsysteme	gleichzeitige Bearbeitung von gemeinsamem Material – Sitzungsunterstützungssysteme – Shared Window/Displays – Shared Application

Bild 12-39 Anwendungsfelder und Beispiele für CSCW

schem Wege zwischen den Mitgliedern einer Gruppe oder zwischen Gruppen koordiniert auszutauschen oder in gemeinsamen Speichern koordiniert zu bearbeiten [Obe91].

Anwendungsfelder für Groupware liegen in der Kommunikation und in der Bearbeitung gemeinsamen Materials (Bild 12-39) [Maa91]. In beiden Bereichen ist eine zeitgleiche und zeitversetzte Zusammenarbeit möglich, so daß sich Groupware sowohl zur Überbrückung räumlicher als auch zeitlicher Distanzen eignet.

Von den in Bild 12-39 genannten Beispielen für Groupware sollen einige kurz erläutert werden:

E-mail

E-mail (electronic mail) ist ein elektronisches Postsystem, das es erlaubt, Briefe auf elektronischem Wege zu schreiben, zu versenden und zu empfangen. Die Übermittlung erfolgt über größte Distanzen in Sekundenschnelle und kann mit Hilfe von Verteilerlisten auch an größere Gruppen von Empfängern adressiert werden.

Videokonferenzen

Videokonferenzen bieten die Möglichkeit, Kommunikation zwischen räumlich voneinander entfernten Gruppen oder Einzelpersonen in häufig eigens dafür eingerichteten Räumen mit Videokameras, Mikrofonen und Bildschirmen zeitgleich zu führen. Ziel ist es, den mit Reisen verbundenen Zeit- und Kostenaufwand sowie die Unbequemlichkeiten zu reduzieren.

Sitzungsunterstützungsysteme

Sitzungsunterstützungsysteme sind Systeme, mit deren Hilfe jeder Teilnehmer während einer Sitzung neben der normalen Kommunikation computerunterstützt schreiben, zeichnen, verhandeln, abstimmen, planen usw. kann [Maa91].

Trotz der großen Potentiale von CSCW ist deren Verbreitung jedoch weit hinter den Erwartungen zurückgeblieben. Lediglich E-mail konnte sich als international akzeptiertes CSCW-Werkzeug etablieren. Die Ursachen für die Diskrepanz zwischen Erwartung und Erfüllung werden erforscht. Die Systemgestalter konzentrieren sich meist auf die technischen Möglichkeiten und Probleme der Kommunikation und vernachlässigen dabei die für eine Kooperation nötigen Rahmenbedingungen, wie z.B. die Möglichkeit informeller Kommunikation [Obe91a].

Für die Gestaltung von Groupware aus der Organisationssicht lassen sich folgende Forderungen ableiten:
- Groupware soll organisationsneutral sein, d.h. kein bestimmtes Organisationsmodell festschreiben, sondern flexibel auf Organisationsstrukturen einstellbar und anpaßbar sein. Die Gestaltung von Organisationsstrukturen sollte ohnehin dem Groupware-Einsatz vorausgehen und nicht durch ihn erfolgen.
- Groupware soll Transparenz fördern, indem sie die formale Organisationsstruktur für alle Beteiligten erkennbar macht.
- Groupware soll organisatorische Änderungen (Organisierbarkeit) garantieren, indem sie Reflektion und Verhandlungen unter den Beteiligten und leichte technische Anpassung unterstützt.
- Groupware soll Rollendifferenzierung, Rollenkonsistenz und Rollenwechsel für jeden Beteiligten unterstützen.
- Groupware soll Möglichkeiten der Autonomiesicherung für Personen und Gruppen vorsehen und eine unzulässige Beobachtung und Kontrolle unterbinden oder zumindest feststellbar machen.
- Groupware soll als Ergänzung zu direkten Kontakten der Beteiligten und zu anderen Medien und nicht als Ersatz konzipiert werden. Sie sollte direkte, soziale Kontakte weder ersetzen noch behindern [Obe91].

12.3.4.3 Sonstige Hilfsmittel

Neben den genannten Beispielen für computergestützte Hilfsmittel zur Aufgabenerfüllung stehen zahlreiche einfache, nicht weniger wirkungsvolle Hilfsmittel zur Organisation von Arbeit zur Verfügung. Beispielhaft seien hier Methoden zur Visualisierung von Informationen genannt. Die Gründe für die zunehmende Bedeutung des „Visual Management" sind vielschichtig:
- allgemeine, einfache Zugänglichkeit visualisierter Informationen,
- Vollständiger Überblick über die vorhandenen Informationen mit der Möglichkeit, Lern- und Erkenntnisprozesse effektiver zu gestalten,
- Übersichtlichkeit der Darstellung.

Je nachdem ob es sich um eine einmalige (z.B. im Rahmen einer Präsentation) oder permanente Information (z.B. auf einer Total-Quality-Managment-(TQM-)Tafel) handelt, stehen folgende Hilfsmittel zur Auswahl:

Overheadprojektor (unidirektionale Information),
- Video-Sequenzen (uni- oder bidirektional),
- Flipcharts (bidirektional),
- Pinnwände (bidirektional),
- Wandzeitungen (bidirektional).

12.3.4.4 Auswahl von Hilfsmitteln

Die Auswahl von Hilfsmitteln zur Organisation der Arbeit hängt wesentlich von der zu erfüllenden Aufgabe ab. Daher werden im folgenden anhand der oben erläuterten Unterscheidungsmerkmale für Aufgaben beispielhaft Hilfsmittel zugeordnet.

Eher strukturierte Aufgaben
- anwendungsspezifische DV-Systeme (z.B. Produktionsplanungs- und Steuerungs- oder Leitstandssysteme) (vgl. Kap. 14)
- Qualitätsregelkarten (vgl. Kap. 13)

Eher unstrukturierte Aufgaben
- Videokonferenzen
- Pinnwände

Individualaufgaben
- E-mail
- Zeitmanagement-Systeme

Gemeinschaftsaufgaben:
- Sitzungsunterstützungssysteme
- Flipcharts, Overheadprojektor

zyklisch wiederkehrende Aufgaben
- Entscheidungsunterstützungssysteme, z.B. für Instandsetzungstätigkeiten

azyklisch wiederkehrende Aufgaben
- Projektmanagementsysteme
- Datenbankkonzepte und Abfrageinstrumente

12.3.5 Organisationsentwicklung

Die Verwirklichung einer differentiell dynamischen Arbeitsgestaltung bringt zwangsläufig eine Veränderung der Aufbau- und Ablauforganisation mit sich. Dieser Prozeß wird als Organisationsentwicklung bezeichnet (vgl. Kap. 3).

Die Gesellschaft für Organisationsentwicklung versteht Organisationsentwicklung als einen längerfristig angelegten, organisationsumfassenden Entwicklungs- und Veränderungsprozeß von Organisationen und der in ihr tätigen Menschen. Der Prozeß beruht auf Lernen aller Betroffenen durch direkte Mitwirkung und praktische Erfahrung. Sein Ziel besteht in einer gleichzeitigen Verbesserung der Leistungsfähigkeit der Organisation (Effektivität) und der Qualität des Arbeitslebens (Humanität) [GOE80].

Grundsätzlich lassen sich zwei Ansätze der Organsiationsentwicklung unterscheiden [Res87]:

Personaler Ansatz

Der personale Ansatz versucht mit Qualifizierungsmaßnahmen (z.B. Verhaltenstrainings) die Schlüsselpersonen innerhalb des Veränderungsprozesses zu beeinflussen. Ziel ist es dabei, den Schlüsselpersonen die Konsequenzen eigener Handlungen und Verhaltensweisen bewußt zu machen sowie deren Konflikt- und Teamfähigkeit zu entwickeln.

Strukturaler Ansatz

Der strukturale Ansatz versucht durch Veränderungen des Organisationsplans, der Stellenbeschreibungen und Funktionendiagramme (vgl. 3.4) günstige Rahmenbedingungen für die Erreichung der Organisationsentwicklungsziele zu schaffen [Obe91]. In der Praxis werden in der Regel beide Ansätze gleichzeitig zur Anwendung kommen.

12.3.5.1 Traditionelle Organisationsentwicklung

Für den Organisationsentwicklungsprozeß bietet die Literatur viele Phasenschemata an. Letztlich handelt es sich dabei häufig um Variationen des von Kurt Lewin beschriebenen und im folgenden dargestellten Grundschemas, das dem personalen Ansatz der Organisationsentwicklung zuzuordnen ist [Lew44].

Unfreezing

In der ersten Phase wird die Ist-Situation in Frage gestellt und eine Unzufriedenheit mit dem Ist-Zustand erzeugt. Nach einer Aktivierung des Problembewußtseins der Organisationsmitglieder für den Wandel erfolgt die Diagnose des Ist-Zustands.

Moving

In der Änderungsphase werden neue Reaktionsweisen entwickelt. Nach einer Analyse der Situation werden Veränderungsziele festgelegt und geplant und die notwendigen Handlungsschritte realisiert.

Refreezing

Die Schlußphase (Wiedereinfrieren) dient zur Stabilisierung der geänderten Reaktionsweisen und Erhaltung der neuen strukturellen Verhältnisse. Die Veränderungskonzepte werden konkretisiert und generalisiert und einer Auswertung bzw. Ist-Kontrolle unterzogen [Lew78].

Die letzte Phase sollte jedoch nicht zu wörtlich genommen werden, damit das einmal grundsätzlich veränderte Arbeitssystem für Detailanpassungen offen bleibt. Gemeint ist daher vielmehr die Stabilisierung bzw. Konsolidierung der neuen Verhaltensweisen und organisatorischen Regelungen [Tho92]. Dies entspricht auch dem heute verfolgten Ziel, einen Kontinuierlichen Verbesserungsprozeß (KVP) zur Optimierung der innerbetrieblichen Abläufe zu initiieren [Ima92].

Eine der Weiterentwicklungen des Lewinschen Konzepts, das GRID-Organisationsentwicklungs-Modell, umfaßt die folgenden Phasen [Lux76].

Phase 1 – Persönliche Entwicklung

In der ersten Phase lernen die Teilnehmer in Arbeitsgruppen, ihr persönliches Verhalten zu erkennen, zu beschreiben und zu verbessern. Hierdurch ergibt sich die Möglichkeit, Vorurteile zwischen Abteilungen abzubauen und betriebliche Aufgaben besser zu koordinieren. Die Arbeitsgruppen werden so gebildet, daß sie nur aus Mitarbeitern bestehen, die in keinem Vorgesetzten-Untergebenen-Verhältnis stehen.

Phase 2 – Team-Aufbau

Nach der Teilnahme an einem GRID-Seminar der ersten Phase geht es um die Umsetzung des Gelernten in die betriebliche Praxis. Es wird ein reales, existierendes Problem festgelegt, für das die Mitarbeiter einer Abteilung (Gruppe) einschließlich dem Vorgesetzten Lösungsvorschläge erarbeiten.

Phase 3 – Intergruppen-Entwicklung

Die oft anzutreffenden Schwierigkeiten in der Zusammenarbeit mehrerer Abteilungen (Gruppen) werden in dieser Phase aufgearbeitet. Ziel

ist dabei zunächst die Schaffung eines Klimas des gegenseitigen Vertrauens und die Aufdeckung von Konflikten, ihren Ursachen und den bestehenden Schwierigkeiten, diese Konflikte zu lösen. Anschließend werden Ziele gesetzt, die die Gruppen im Sinne einer betrieblichen Leistungssteigerung erreichen müssen.

Phase 4 – Langfristige Planung und Schaffung eines strategischen Modells

Die vorhergehenden Phasen haben die Teilnehmer in die Lage versetzt, ein optimiertes Unternehmensmodell zu entwickeln. In dieser Phase arbeitet ein Führungsteam zusammen, um ein Modell für die Beschreibung der optimalen Funktion des Unternehmens zu entwickeln. Die wichtigsten Elemente sind die Festlegung der Unternehmensziele und klar meßbare Zielgrößen

Phase 5 – Die Verwirklichung des optimalen Modells

In dieser Phase erfolgt die praktische Umsetzung des entwickelten idealen Modells unter Einbindung aller verfügbaren und sinnvollen Methoden und Hilfsmittel.

Phase 6 – Systematische Diagnose und Kritik

Diese Phase stellt eine fortlaufende Aktivität dar und hat die dauernde kritische Bewertung der Organisationsentwicklung zum Ziel. Abweichungen vom idealen Modell der Phase 4 werden aufgezeigt und Mittel und Wege diskutiert, das optimale Modell zu verwirklichen.

Organisationsentwicklungskonzepte auf Basis des strukturalen Ansatzes bestehen im wesentlichen in der Anwendung der Elemente der Arbeitsstrukturierung [Uli87], die in 12.3.2 beschrieben sind.

12.3.5.2 Moderne Organisationsentwicklung

Moderne Konzepte der Organisationsentwicklung kombinieren den personalen und strukturalen Ansatz. Sie tragen damit der Tatsache Rechnung, daß im Rahmen von betrieblichen Reorganisationsvorhaben aufgrund der real existierenden Interdependenzen neben der Festlegung der zukünftigen Arbeitsorganisationsform auch die Bereiche Technik und Personal zu berücksichtigen sind (Bild 12-40).

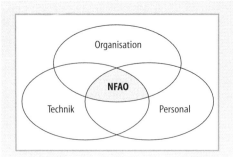

Bild 12-40 Gestaltungsfelder von Neuen Formen der Arbeitsorgansisation (NFAO)

Werkzeuge für Gestaltungsmaßnahmen in diesen drei Bereichen existieren bereits in Form von Konzepten des Projektmanagements (vgl. 3.3.2), der Organisationsentwicklung und der Personalentwicklung (s. 12.4.3), wobei sich Top-down-Ansätze von Bottom-up-Ansätzen abgrenzen lassen. Beim Top-down-Ansatz (an der Spitze beginnend) werden Vorschläge und Aufgaben von den Führungskräften an untere Hierarchieebenen zur Bearbeitung weitergegeben, d. h., der Organisationsentwicklungsprozeß knüpft an die zu Beginn der Veränderung hierarchischer Organisationen bestehende Situation an. Dadurch wird der Prozeß von den Entscheidungsträgern von Anfang an aktiv unterstützt [Gla75]. Im Gegensatz dazu steuern beim Bottom-up-Ansatz (an der Basis beginnend) die Arbeitsgruppen ihre Aktivitäten selbständig, wobei sie u. a. ihre Aufgabenstellung selbst festlegen (Bild 12-41). Voraussetzung dafür ist jedoch das Engagement und Standvermögen der Beteiligten sowie deren Artikulationsvermögen [Com85], so daß ggf. vorlaufende Qualifizierungsmaßnahmen notwendig sind. Als Kombination aus diesen beiden Strategien kann auch die bipolare Strategie angewendet werden, bei der allerdings die Gefahr besteht, daß Diskrepanzen in den Vorstellungen und Erwartungen der oberen und unteren Ebenen entstehen. Um dieses Problem zu umgehen, bietet sich eine Kombination aus Top-down- und Bottom-up-Vorgehensweise an, bei der erste Anstöße, Ziel und Rahmenvorgaben von der Führungsebene kommen. Erst dadurch ist die Akzeptanz bei den Entscheidungsträgern für einen dann beginnenden beteiligungsorientierten Ansatz gegeben. Beide Ansätze finden aber nicht zeitgleich sondern mit zeitlichem Vorlauf der Top-down-Vorgehensweise statt. Eine weitere Strategie ist die Multiple-nucleus-Strategie [Bec84]. Bei dieser Vorgehensweise können unterschiedliche Themen in unterschiedlichen Unternehmensbereichen und -hierarchien behandelt werden. Der Organisationsentwicklungsprozeß wird von vielen unterschiedlichen Bereichen initiiert, was einen hohen Koordinierungsaufwand bedingt.

Bei einem komplexen Umgestaltungs- und Organisationsentwicklungsprozeß wie der Etablierung von Gruppenarbeit entscheiden im wesentlichen folgende Faktoren über Erfolg und Mißerfolg des Vorhabens und den dauerhaften Bestand der neuen Strukturen [Luc93b].
– realistischer Zeitplan,

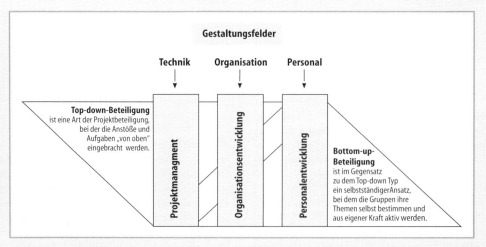

Bild 12-41 Konzepte zur Etablierung von Neuen Formen der Arbeitsorganisation

- ausgewogene Konzeption,
- offene Informationspolitik,
- mitarbeiterorientierte Projektorganisation,
- gezielte Qualifizierungsmaßnahmen,
- konsequente Umsetzung in die Praxis,
- gruppenförderliche Entlohnungsmodelle,
- Beteiligungsorientiertes, modulares Vorgehensmodell.

Ziel dieser Vorgehensweise ist es, gruppenarbeitsorientierte Strukturen mit kleinen Regelkreisen aufzubauen. Die Mitarbeiter werden dabei aktiv in den Gestaltungsprozeß eingebunden. Ziel ist es, aus durch geplante Veränderungen Betroffenen an den Veränderungen Beteiligte zu machen. Dadurch lassen sich Akzeptanzschwierigkeiten vermeiden und die Bereitschaft zur Einbringung des Wissens in den Organisationsentwicklungsprozeß fördern [Lic90, Tho92].

Ein wesentlicher Arbeitsschritt bei dieser Vorgehensweise ist die Auswahl eines Pilotbereichs. Er sollte so ausgewählt werden, daß er repräsentativ für die anderen Bereiche des Unternehmens und gleichzeitig im Hinblick auf die Zielsetzung erfolgversprechend ist. Die Beteiligten können dort wichtige Erfahrungen für nachfolgende Bereiche sammeln und lernen abzuschätzen, wieviel Kapazität die Etablierungsstrategie erfordert.

In den Phasen 0 und 1 (Dauer etwa sechs Wochen) erfolgt im Vorlauf eine Segmentierung oder Profit-Center-Bildung, eine Information über Chancen und Risiken der Gruppenarbeit, die Definition der Projektziele sowie die Auswahl des Pilotbereichs. Dabei werden neben Entscheidungsträgern auch Fach- und Führungskräfte sowie Betriebsratsmitglieder von Anfang an in den Entscheidungsprozeß eingebunden.

In den Phasen 2 und 3 (Dauer etwa 24 Wochen) werden nach einer Stark-/Schwachstellenanalyse in der Grobplanung die Rahmenbedingungen hinsichtlich der Aufbau- und Ablauforganisation, des Layouts, der Schnittstellen zwischen Pilotbereich und Umfeld, des Soll-Qualifikationsprofils und einer ggf. notwendigen Übergangsregelung für die Entlohnung gestaltet. Die zeitversetzt anlaufende Detailplanung unter umfassender Einbeziehung der Mitarbeiter, die in den zukünftigen Arbeitsgruppen tätig sein werden, berücksichtigt deren Erfahrungswissen bei den Planungen, im Falle der Verletzung der Rahmenvorgaben wird in einem iterativen Prozeß das Grobplanungsteam (Projektgruppe) einberufen.

Nach der Umsetzung und schrittweisen Optimierung der erarbeiteten Konzepte in Phase 4 erfolgt in Phase 5 etwa 12–15 Monate nach Projektstart die Bewertung des Vorhabens und die Festlegung der weiteren Vorgehensweise zur breiten Umsetzung der teamorientierten Strukturen, die in der folgenden Transferphase erneut die Phasen 1–5 durchläuft.

Projektorganisation

Mit Hilfe einer schlagkräftigen, hierarchie- und abteilungsübergreifenden Projektorganisation, die Projekt- und Beteiligungsgruppen unterscheidet (Bild 12-43), werden systematisch die in Bild 12-42 dargestellten Arbeitsschritte durchlaufen. Der Betriebsrat nimmt in der Projektarbeit eine besondere Stellung ein, da er nach dem Betriebsverfassungsgesetz und dem Mitbestim-

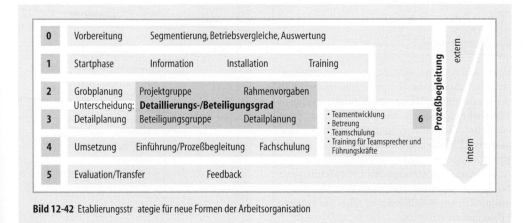

Bild 12-42 Etablierungsstrategie für neue Formen der Arbeitsorganisation

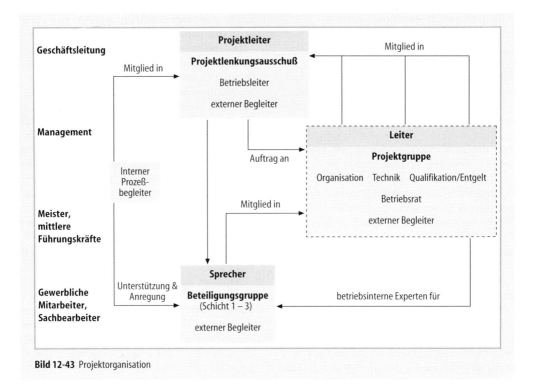

Bild 12-43 Projektorganisation

mungsgesetz zu überprüfen hat, daß die Rechte der Mitarbeiter gewahrt bleiben.

Projektgruppen

Den zu einzelnen Themenschwerpunkten gebildeten Projektgruppen, in denen Rahmenvorgaben diskutiert und bis zur Entscheidungsreife konkretisiert werden, gehören überwiegend Entscheidungsträger verschiedener Hierarchieebenen und Funktionsbereichen an. Die Merkmale einer Projektgruppe sind Bild 12-44 zu entnehmen.

Beteiligungsgruppen

Überwiegend arbeitsplatzbezogene Fragestellungen und Lösungsvorschläge werden dagegen in den für die von der Umstrukturierung betroffenen Mitarbeiter eingerichteten Beteiligungsgruppen erarbeitet, die gleichzeitig die späteren Arbeitsgruppen darstellen. Die Merkmale einer Beteiligungsgruppe sind Bild 12-45 zu entnehmen.

Zwischen Beteiligungs- und Projektgruppen erfolgt ein reger Informations- und Meinungsaustausch, um möglichst von allen akzeptierte Lösungen zu erhalten.

Die folgende Übersicht veranschaulicht die parallelen Aktivitäten von Projekt- und Beteili-

Projektgruppe	
Teilnehmer	zielabhängig, vorwiegend Management- und Angestelltenbereiche, interdisziplinär abteilungsübergreifend; auch untere Hierarchiestufen
Gruppen-bildung	durch das Management
Gruppenleiter	Führungskräfte
Aufgaben	vom Management definierte Aufgabenstellung
Sonstiges	– Sitzungen während der Arbeitszeit – Sitzungen werden situativ beraumt – Erarbeitung von sachlich-funktionalen Problemstellungen – Präsentation der Ergebnisse im Projektlenkungsausschuß

Bild 12-44 Merkmale der Projektgruppe

Beteiligungsgruppe	
Teilneh-mer	Meister, Vorarbeiter bzw. Gruppenlei-ter, Sachbearbeiter und Mitarbeiter der unteren Hierarchiestufen
Gruppen-bildung	durch den Leiter der Personal-abteilung nach freiwilligen Meldungen
Gruppen-leiter	zu Beginn: externe Moderatoren langfristig: speziell geschulte Mitarbeiter (Gruppensprecher)
Aufgaben	zu Beginn: von externen Moderatoren in Absprache mit Teilnehmern und Management definierte Aufgabenstellung langfristig: von der Gruppe selbst definierte Aufgabenstellung
Sonstiges	– Sitzungen während der Arbeitszeit – Sitzungen in 14-tägigem Turnus – Sitzungsdauer zwei Stunden – Vergütung der Teilnahme: Normalentgelt – Gruppensprecher präsentiert Ergebnisse in den Gremien der Projektorganisation – Erarbeitung von arbeits-spezifischen Problemstellungen

Bild 12-45 Merkmale der Beteiligungsgruppe

gungsgruppen, wo neben den Arbeitstreffen und Gruppengesprächen auch Schulungsseminare eingeplant werden müssen (Bild 12-46).

Projektlenkungsausschuß

Alle Projektaktivitäten werden über einen Projektlenkungsausschuß koordiniert, dem neben dem Projektleiter die Geschäftsleitung, die Leiter der Projektgruppen, der Betriebsrat, externe, falls vorhanden, und der interne Projektbegleiter (Change Agent) angehören.

Prozeßbegleiter

Eine zentrale Rolle kommt während des Organisationsentwicklungsprozesses dem Projekt- bzw. Prozeßbegleiter zu, der durch seine Unterstützung die von der Reorganisationsmaßnahme Betroffenen zur selbständigen Problemlösung befähigen soll. Er bringt in den Veränderungsprozeß daher vor allem sein Methodenwissen, aber auch seine Erfahrungen aus ähnlich gelagerten Veränderungsprozessen mit. Neben externen Prozeßbegleitern trifft dies insbesondere auch auf den innerbetrieblichen Prozeßbegleiter zu (Bild 12-47). Er wirkt als ständig präsenter Ansprechpartner für Mitarbeitergruppen

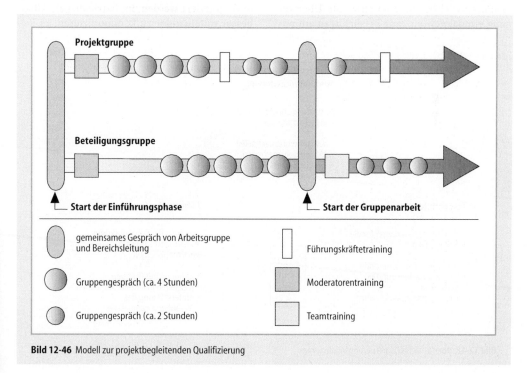

Bild 12-46 Modell zur projektbegleitenden Qualifizierung

Prozeßbegleiter

externe Begleitung

- keine hundertprozentige Präsenz vor Ort
- hoher Kostenaufwand
- Abhängigkeitsverhältnis des Unternehmens kann entstehen

interne Begleitung

- Moderation in Konfliktfällen
- Organisationsentwickler: effiziente Übertragung einmal gewonnener Erfahrungen auf andere Betriebsbereiche
- Vertrauensperson: konstruktiver Umgang mit bestehenden Ängsten und Befürchtungen

Wer?

- Mitarbeiter mit Engagement und Idealismus
- möglichst keine hierarchisch hohe Position
- soziale Kompetenz

Bild 12-47 Prozeßbegleiter

und Führungskräfte vor Ort, vermittelt als Moderator in Konfliktfällen und sorgt als Organisationsentwickler für eine effiziente Übertragung einmal gewonnener Erfahrungen auf andere Betriebsbereiche. Der Prozeßbegleiter sollte „on the job" im Pilotvorhaben ausgebildet werden. Er kann in der Regel in der Phase der Grobkonzeption auf Basis von Engagement und Persönlichkeitsmerkmalen identifiziert werden. Der Prozeßbegleiter kann beispielsweise einer der Meister oder auch ein Betriebsratsmitglied sein. Möglicherweise stellt diese Aufgabe auch eine Entwicklungsmöglichkeit für engagierte Mitarbeiter dar, deren originäres Tätigkeitsfeld im Rahmen der Gruppenarbeit ein „Auslaufmodell„ darstellt (z. B. Meister).

Qualifizierung

Für die meisten Unternehmen stellt die Qualifizierung von Mitarbeitern und Führungskräften ein Problem dar, weil die bislang verbreiteten Konzepte der betrieblichen Aus- und Weiterbildung lediglich auf den Erwerb betrieblicher Fertigkeiten und die Vermittlung von fachlichen Kenntnissen abzielen, die für die Ausübung der Arbeitstätigkeit von Bedeutung sind. Qualifizierungen im Rahmen von Reorganisationsmaßnahmen müssen jedoch Mitarbeiter und Führungskräfte zusätzlich in die Lage versetzen, Probleme zu erkennen, zu analysieren und die erarbeiteten Lösungen in die Praxis umzusetzen. Außerdem müssen die Mitarbeiter befähigt und motiviert werden, im betrieblichen Alltag besser miteinander zu kommunizieren, zu ko-

Moderatorenschulung

Ausbildung zur Moderation von Projektgruppen

- Visualisierungstechniken
- Moderationsmethoden
- Gesprächsführung

Teamschulung

Schulung der Mitarbeiter für die Arbeit im Team

- Hilfe zur Selbstorganisation
- Vermittlung des Gruppengedankens
- Einbindung im betrieblichen Ablauf

Führungskräfteschulung

Schulung der Führungskräfte zum Vorgesetztenverhalten bei Gruppenarbeit

- Umgang mit Gruppen
- Verhalten in Konfliktsituationen
- Unterstützung des Veränderungsprozesses

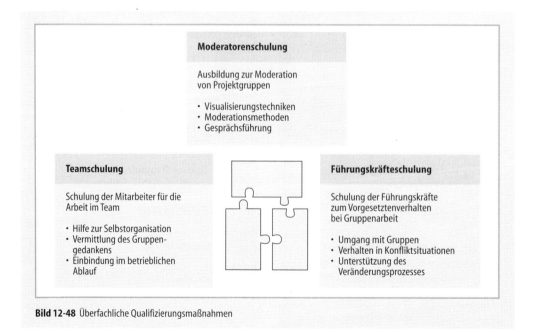

Bild 12-48 Überfachliche Qualifizierungsmaßnahmen

operieren und Konflikte konstruktiv zu lösen. Qualifizierungskonzepte dürfen daher nicht nur die fachliche Kompetenz erweitern, sondern müssen auch die Methoden- und Sozialkompetenz schulen. Hierzu dienen die in Bild 12-48 dargestellten Qualifizierungsmaßnahmen.

Entgeltgestaltung (s. 12.5.4)

Ein wesentlicher Erfolgsfaktor für das Gelingen von Gruppenarbeit ist das Entgeltsystem. Rechtzeitige Überlegungen und Aussagen über Tendenzen der Entgeltgestaltung bzgl. Form und Höhe sowie die Realisierung des Prinzips der Bestandswahrung in der Übergangsphase verhindern Irritationen und Akzeptanzprobleme während der Reorganisation. Bei der Neugestaltung des Entgeltsystems ist weiterhin darauf zu achten, daß nicht die Einzelleistung, sondern die

Reorganisationsmaßnahme	PM	OE	PE
Information über Chancen und Risiken bei NFAO		●	
Definition der Projektziele	●		
Auswahl des Pilotbereichs	●		
Installation der Projektorganisation	●	●	
interne Prozeßbegleitung	●	●	●
Schwachstellenanalyse	●	●	●
Gestaltung der Aufbauorganiosation		●	
Gestaltung der Ablauforganisation		●	
Gestaltung und Umsetzung des Qualifizierungskonzepts			●
Gestaltung und Umsetzung der Übergangsregelung Entlohnung	●	●	
Gestaltung des Layouts	●		
Feedback		●	

PM Projektmanagement
OE Organisationsentwicklung
PE Personalentwicklung

Bild 12-49 Übersicht von Projektaktivitäten

Gruppenleistung honoriert wird, z. B. eine kombinierte Mengen-Qualitäts-Prämie unabhängig vom Grundlohn (s. 12.5.4). Daneben sollten Anreize geschaffen werden, die eine Erhöhung der Flexibilität des Systems durch eine breite Qualifikation der einzelnen Gruppenmitglieder fördern, z. B. Grundlohnstufenvereinbarung nach Qualifikationsniveaus oder Zulagen für vorgehaltene und abverlangte Qualifikation.

Bild 12-49 faßt die zuvor dargestellten Aspekte bzw. Maßnahmen zusammen und ordnet sie den Konzepten von Projektmanagement, Organisationsentwicklung und Personalentwicklung zu.

12.3.5.3 Techniken und Hilfsmittel der Organisationsentwicklung

Im Rahmen der Organisationsentwicklung werden eine Vielzahl von Techniken und Hilfsmitteln eingesetzt, die zum Teil an anderer Stelle im Zusammenhang mit der Organisationsgestaltung systematisiert und beschrieben werden (s. 3.4), oder speziell mit bestimmten Methoden der Organisationsentwicklung verknüpft sind (s. 12.3.5.1). Dieser Abschnitt beschäftigt sich mit einer Auswahl von allgemeinen Techniken und Hilfsmitteln, wie sie in den Methoden der modernen partizipativen Organisationsentwicklungsmaßnahmen verwendet werden. Sie können zu verschiedenen Projektzeitpunkten (Analyse, Lösungsentwurf, Kontrolle usw.) und unterschiedlichen Zielsetzungen (Problemlösung, Ideensammlung, Entscheidungsfindung usw.) entsprechend den gewünschten Maßnahmen gebündelt und eingesetzt werden.

Diskussionstechnik

Damit Diskussionen erfolgreich und für alle Beteiligten zufriedenstellend verlaufen, werden Verhaltensregeln eingeführt, die verhindern sollen, daß persönliche Konkurrenz, Selbstdarstellungsversuche, Zweckpessimismus usw. den Diskussionsverlauf behindern. Wichtig ist, daß die Verhaltensregeln bewußt eingesetzt, von allen anerkannt und beachtet werden.

Beispiele von Verhaltensregeln:
- Diskussionsbeiträge sollen nicht länger als 30 Sekunden (60 s) sein,
- ausreden lassen,
- es kann jeweils nur einer reden,
- Zuhören ist genauso wichtig wie Reden,
- laufende Sammlung von Themen und Arbeitsergebnissen,

– Erwartungen, Stimmungen, Konflikte sichtbar machen und nicht verschleiern,
– Einbeziehung aller Teilnehmer,
– Vermeiden von Aggressionen,
– Vermeiden von „Killerphrasen", wie z.B. „Das klappt nie!" oder „Die Dinge bleiben eh wie sie sind!".

Moderationstechnik

Eine spezielle Art der Zusammenarbeit und Diskussion in Gruppen (Projekt- oder Beteiligungsgruppen) wird durch die Moderationstechnik unterstützt. Im Unterschied zu ungesteuerten Gruppen bzw. hierarchisch gesteuerten Gruppen versucht ein Moderator das Verhalten der Gruppe in Richtung auf die Zielsetzung zu kanalisieren, ohne aber die Gruppe autoritär zu führen. Der Moderator ist hierbei der Katalysator für die Lern- und Entscheidungsprozesse der Gruppe. Seine Aufgabe ist die Vorbereitung, „Steuerung" und Zusammenfassung der Sitzung. Er bemüht sich um förderliche Arbeitsatmosphäre sowie die Sicherstellung offener Kommunikation [Dec88]. Eine spezielle Moderationstechnik ist die Moderationsmethode. Diese spezielle Moderations- und Visualisierungstechnik sammelt, strukturiert und verarbeitet über bestimmte Kommunikations-, Frage-, Antwort- und Bewertungstechniken Probleme, Meinungen, Prozesse und Ergebnisse mit Hilfe von Pinnwänden, Plakaten, Papierkarten und anderen Hilfsmitteln [Kle91].

Kreativitäts- und Problemlösetechniken

Kreativitäts- und Problemlösetechniken sind Hilfsmittel bei der Arbeit in Gruppen, die das Ausbrechen aus vorhandenen Denkmustern und -schablonen, sowie das Finden und Verarbeiten neuer Ideen und Lösungsansätze erleichtern sollen. Hierzu gibt es eine Vielzahl von Techniken, von denen an dieser Stelle einige genannt und zwei näher erläutert werden sollen [Gra93, Veb92] (vgl. Kap. 13)
– Brainstorming,
– Methode 635,
– Mindmapping,
– CNB (Collective Notebook),
– Morphologischer Kasten,
– Problemlandkarten,
– Synektik,
– Pro-und-contra-Spiel,
– Ishikawa-Diagramm,

Brainstorming. Brainstorming („Geistesblitzen") ist die bekannteste und am häufigsten angewandte Technik, um gemeinsam Ideen zu produzieren. Hierbei geht es darum, zu einer (definierten) Fragestellung möglichst viele Ideen und Einfälle zu sammeln. Um die Ideen möglichst ungehemmt fließen zu lassen, ist es nötig, sich an feste Brainstorming-Regeln zu halten.
– keine Kritik oder Bewertung,
– Quantität vor Qualität,
– Aufnahme und Weiterentwicklung bereits genannter Ideen,
– möglichst ungewöhnliche Ideen.

Der Moderator achtet auf die Einhaltung der Regeln, aktiviert und bestärkt die Teilnehmer, visualisiert die Ideen und systematisiert und bewertet die Ideen am Ende der Sitzung zusammen mit den Gruppenmitgliedern. Weiterentwicklungen der Brainstormingtechnik sind z.B. die Methode 635, bei der sechs Teilnehmer jeweils drei Ideen innerhalb von 5 min. zu Papier bringen, und das Mindmapping, bei dem Stichworte gesammelt und strukturiert visualisiert werden.

Ishikawa-Diagramm. Das Ishikawa-Diagramm (oft auch Fischgräten-, Tannenbaum-, oder Ursache-Wirkungs-Diagramm genannt) wurde Anfang der 50er Jahre in Japan als Arbeitstechnik zur Anlayse von Qualitätsproblemen und deren Ursachen entwickelt. Mit diesem Diagramm sollen die Wirkungszusammenhänge zwischen einem definierten Problem und seinen Ursachen ermittelt und aufgezeigt werden. Als mögliche Ursachen werden in der Regel die Einflußgrößen „Mensch", „Maschine", „Material" und „Methode" festgeschrieben. Die Gruppe versucht, die den Problembereich beeinflussenden Ursachen (Einflußursachen) zu nennen, und sie einer der vier Einflußgrößen zuzuordnen. Im nächsten Schritt wird versucht, die gefundenen Einflußursachen in Unterursachen (Einzelursachen) aufzugliedern. Von Vorteil ist die systematische Vorgehensweise und Darstellung, die es erlaubt jederzeit in jeden Analysezweig wieder einzusteigen oder ihn zu komplettieren (Bild 12-50).

12.3.5.4 Zukünftige Organisationsentwicklung – lernende Organisation

Modellvorhaben zur Arbeitsgestaltung haben sich in der Vergangenheit auf den soziotechnischen Systemansatz gestützt [Hee88]. Arbeiten auf diesem theoretischen Hintergrund waren

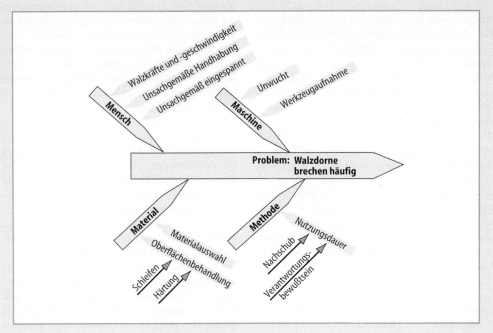

Bild 12-50 Beispiel eines Ishikawa-Diagramms

aber nur so lange erfolgreich, wie die Schnittstellen eines derartigen Systems zu anderen Systemen keine bedeutsamen Veränderungen erfuhren. Insbesondere bei der Etablierung von Gruppenarbeit ist diese Voraussetzung jedoch nicht mehr gegeben.

Mit der Arbeit von Maruyama [Mar63] ist eine Forschungsrichtung eingeschlagen worden, in der die Gesetzmäßigkeiten sich selbst weiterentwickelnder Systeme und die Möglichkeiten, auf diese Entwicklungen einzuwirken, untersucht werden. In der Organisationslehre ist das Phänomen unter dem Begriff der „Selbstorganisation" inzwischen unbestritten und als empirisch feststellbar von Jung [Jun85] auch nachgewiesen. Anders als bei der Selbstkoordination, die sich auf die Lösung einzelner Arbeitsaufgaben bezieht, meint die Organisationslehre mit Selbstorganisation „Eigenbeiträge [...] zur strukturellen Ordnung ...," im Sinne des instrumentellen Organisationsbegriffes [Jun85] und „alles, was für eine wahrgenommene Ordnung verantwortlich zeichnet" im Sinne des funktionellen Organisationsbegriffs [Pro92]. Es stellt sich heute kaum mehr die Frage, ob Selbstorganisation stattfindet oder nicht, sondern lediglich, wie sie stattfindet. Mit Gruppenarbeitssystemen werden Arbeitsorganisationen etabliert,

deren strukturelle Voraussetzung ungleich günstiger für Selbstorganisation sind, als bei konventionellen Arbeitsorganisationen. Auch aus diesem Grunde entfalten sie, einmal etabliert, eine eigenständige, bislang selten beobachtete Dynamik der Veränderung. Manche Autoren [Ble90, Schm93] sehen eine geradezu revolutionäre Entwicklung. Für sie wird in der Folge eines der elementaren Ordnungsprinzipien westlicher gesellschaftlicher Organisationen schlechthin in Frage gestellt: die Hierarchie. Bleicher erscheint es deswegen angebracht, von einem Paradigmenwechsel zu sprechen [Ble90].

Für die Zukunft kann daher die These zugrundegelegt werden: funktionierende Gruppenarbeit kann als einer von mehreren möglichen Schritten auf dem Weg zur lernenden Organisation verstanden werden.

Auf der Grundlage der Arbeiten von Senge [Sen90], Pieper [Pie88] und Schmitz [Schm93] lassen sich trotz unterschiedlicher Ansätze die folgenden gemeinsamen Elemente einer fortschrittlichen (lernenden) Organisation herauszuarbeiten:

Gemeinsame Visionen
In der Vergangenheit erfolgreiche Organisationen waren wesentlich durch ausgeprägte ge-

meinsame Visionen gekennzeichnet, welche die Energie vieler Mitarbeiter auf ein gemeinsames Ziel bündeln. Für die neue Organisation wird ein gemeinsam getragener Hintergrund von Zielen, Werten und Überzeugungen zur Aktivierung und Ausrichtung der Energie für die Weiterentwicklung der Organisation unverzichtbar sein.

Vernetzte Gruppen/Teams
Die Arbeitsdurchführung stützt sich auf vernetzte Arbeitsgruppen in dauerhafter Zusammenarbeit oder Projektgruppen als temporär existierende Teams. Diese Teams bearbeiten selbständig einen Arbeitsbereich, wobei ihre Tätigkeit Prblemlösecharakter besitzt: nicht das Abarbeiten vordefinierter Aufgaben steht im Mittelpunkt des Teams, sondern das Lösen von Problemen und das stetige Weiterentwickeln der Arbeitsprozesse.

Kommunikationskultur
Kommunikation ist in der neuen Organisation ebenso wichtig wie (maschinelle) Informationsverarbeitung. Das Primat muß jetzt lauten: Förderung der Kommunikationsstrukturen und -prozesse auf allen Ebenen. Die Qualität der Kommunikation sollte ein wichtiges Kriterium zur Beurteilung von Abläufen und Personen werden.

Persönliche Kompetenzen
Die Entwicklung einer Organisation findet spiegelbildlich in den Menschen, die sie tragen, statt und stellt damit hohe Anforderungen an die in ihr tätigen Mitarbeiter. Benötigt werden bei allen Organisationsmitgliedern verstärkte Ausprägungen der folgenden Eigenschaften: Selbstsicherheit, Autonomie, Initiative, Kooperationsfähigkeit und Offenheit. Zu den Fachkompetenzen kommen somit in erhöhtem Maße Sozialkompetenzen hinzu.

Denkzeuge
Das Managen der „neuen Organisation" erfolgt mit neuen Werkzeugen. Visualisierung, Systemdenken, Kreativitätstechniken sowie Planspiele und Simulationen können als Standardwerkzeuge des Denkens angesehen werden.

Bei den vorgestellten Merkmalen ist zu berücksichtigen, daß jedes Merkmal mit allen anderen vernetzt ist. Damit gilt, daß alle Merkmale hinreichend entwickelt sein müssen, um tatsächlich von einer lernenden Organisation sprechen zu können. Der Stand der Entwicklungen in den einzelnen Merkmalen kann umgekehrt als Maß für den Grad der Zielerreichung herangezogen werden. Bild 12-51 setzt Organisationsformen und Merkmale miteinander in Beziehung, es zeigt deutlich, wie groß die Distanz zwischen den beiden Organisationsformen ist. Der Abstand ist zu groß, um die Entwicklung anders als durch kleine Schritte vollziehen zu können, was aber durch konsequente Organisationsentwicklung zielgerichtet unterstütpzt werden kann, es zeigt deutlich, wie groß die Distanz zwischen

Merkmal	Traditionelle Organisation	Lernende Organisation
Gemeinsame Visionen	kaum formuliert, Gruppeninteressen dominieren	Visionen als langfristig treibende Kraft
Vernetzte Gruppen /Teams	hohe Arbeitsteilung, strenge Hierarchie	durchgehende Gruppen und Teams, hohe Vernetzung, extrem flache Hierarchie
Kommunikationskultur	Einwegkommunikation, informelle Schattenorganisation	Kommunikation ist Informationsverarbeitung gleichgestellt
Persönliche Kompetenzen	Fachkompetenzen, Trennung Job – Mensch, Ausgrenzung von Emotionen aus der Arbeitswelt	Fach-, Methoden- und Sozialkompetenz im Gleichgewicht, personale Entwicklung hat hohen Stellenwert
Denkzeuge	klassische lineare Methoden	Systemdenken, Planspiele und Simulationen, Visual Management als Standardmethoden

Bild 12-51 Merkmale traditioneller und lernender Organisationen

den beiden Organisationsformen ist. Der Abstand ist zu groß, um die Entwicklung anders als durch kleine Schritte vollziehen zu können, was aber durch konsequente Organisationsentwicklung zielgerichtet unterstützt werden kann.

Literatur zu Abschnitt 12.3

[Nes89] n, H.-J.; Nespeta, H.: Arbeitsorganisation. In: Arbeitsgestaltung in Produktion und Verwaltung. Köln: IfaA 1989

[Ali80] Alioth, A.: Entwicklung und Einführung alternativer Arbeitsformen. Bern: Huber 1980

[AWF84] AWF – Ausschuß für wirtschaftliche Fertigung: Flexible Fertigungsorganisation am Beispiel von Fertigungsinseln. Eschborn 1984

[Bec84] Becker, H.; Langosch, I.: Produktivität und Menschlichkeit. Stuttgart: Enke 1984

[Ble89] Bleicher, K.; Leberl, H.; Paul, H.: Unternehmensverfassung und Spitzenorganisation. Wiesbaden: Gabler 1989

[Ble90] Bleicher, K.: Zukunftsperspektiven organisatorischer Entwicklung. zfo – Z. Führung u. Organisation 59 (1990), 3, 125–161

[Com] Comelli, G.: Training als Beitrag zur Organisationsentwicklung. München: Hanser 1985

[Con92] Conrads, G.: Entwicklung und Erprobung eines arbeitswissenschaftlich geleiteten Vorgehensmodells zur Integration der Qualitätsbeurteilung in die Fertigungstätigkeit. Berlin: Springer 1992

[Dec88] Decker, F.: Gruppen moderieren. München: Lexika 1988

[Due80] Duell, W.; Frei, F.: Leitfaden für qualifizierende Arbeitsgestaltung. Köln: TÜV Rheinland 1986

[Ebe85] Ebers, M.: Organisationskultur. Wiesbaden: Gabler 1985

[Fre88] Frese, E.: Grundlagen der Organisation. Wiesbaden: Gabler 1988

[Gla75] Glasl, F.; De la Houssaye, L.: Organisationsentwicklung. Bern: Haupt 1975

[GOE80] Gesellschaft für Organisationsentwicklung (GOE) e.V.: Leitbild und Grundsätze. Gründungsvers. v. 4. Juni 1980

[Gra93] Grap, R.: Neue Formen der Arbeitsorganisation. Hrsg. Luczak, H.; u.a. Aachen: Augustinusbuchhandlung 1993

[Gro72] Grothus, H.: Motivation durch Arbeitsbereicherung. In: Industrial Engineering 2 (1972)

[Gro86] Grob, R.: Flexibilität in der Fertigung. (FIR – Forschung für die Praxis 6). Berlin: Springer 1986

[Grü92] Grün, O.: Projektorganisation. In: Frese, E. (Hrsg.): Hwb. der Organisation. Stuttgart: Poeschel 1992

[Gul79] Gulowsen, J.: A measure of work-group autonomy. In: Davis, L.E.; Taylor, J.C. (Eds.): Design of jobs. Santa Monica: Goodyear 1979, 206–218

[Hai78] Haier, U.: Ursachen und Ziele neuer Arbeitsformen in der Produktion aus unternehmerischer Sicht. wt-Z. f. ind. Fertigung 68 (1978)

[Ham94] Hammer, M.: Business reengineering. Frankfurt a. Main: Campus 1994

[Hee88] Heeg, F. J.: Moderne Arbeitsorganisation. Darmstadt: REFA 1988

[Her59] Herzberg, F.; Mausner, B.; Snydermann, B.B.: The motivation to work. New York: Wilney 1959

[Hil81] Hill, W.; Fehlbaum, R.; Ulrich, P.: Organisationslehre 2. 3. Aufl. Bern: Paul Haupt 1981

[Ima92] Imai, M.: Kaizen. München: Langen Müller/Herbig 1992

[Jun85] Jung, R.: Mikroorganisation. Bern: Haupt 1985

[Ker84] Kern, H.; Schumann, M.: Das Ende der Arbeitsteilung? Rationalisierung in der industriellen Produktion. München: Beck 1984

[Kie92] Kieser, A.; Kubicek, H.: Organisation. Berlin: de Gruyter 1992

[Kle91] Klebert, K.; Schrader, E.; Straub, W.: Moderationsmethode. 5. Aufl. Hamburg: Windmühle 1991

[Las80] Laske, S.: Arbeitsorganisation und Arbeitsqualität. In: Grochla, E. (Hrsg.): Hb. der Organisation. Stuttgart: Poeschel 1980

[Lew44] Lewin, K.; Dumbo, T.; Festinger, L.; Sears, P.S.: Level of aspiration. (Kunt, J. (Ed.)). Personality and behavior disorders. New York 1944, 333–387

[Lew78] Lewin, zit. bei Brinkmann, E.; Rehm, G.: Betriebliches Vorschlagswesen und Organisationsentwicklung. Personal 30 (1978), 1, 6–9

[Lic90] Lichtenberg, I.: Organisations- und Qualifikationsentwicklung bei der Einführung Neuer Technologien. Köln: TÜV Rheinland 1990

[Luc93a] Luczak, H. Arbeitswissenschaft. Berlin: Springer 1993

[Luc93b] Luczak, H.: Gruppenarbeit als strategische Unternehmenseintscheidung. In: Luczak, H.; Eversheim, W. (Hrsg.): Marktorientierte Flexibilisierung der Produktion. Köln: TÜV Rheinland 1993, 309–329

[Lux76] Lux, E.: Betriebliche Partnerschaft in der Praxis: Personal, Mensch und Arbeit 28 (1976), 1, 17–19

[Maa91] Maaß, S.: Computergestützte Kommunikation und Kooperation. In [Obe91]

[Mac60] MacGregor, D.: The human side of enterprice. New York: McGraw-Hill. 1960

[Mar63] Maruyama, M.: The second cybernetics. American Scientist 51 (1963) 164–179

[Mas43] Maslow, a. H.: A theory of human motivation. Psychol. Rev. 50. (1943)

[Mus93] Mussenbrock, A.: Gruppenarbeit als Antwort auf flexible Marktanforderungen und höheren Wettbewerbsdruck. In: Marktorientierte Flexibilisierung der Produktion. Köln: TÜV Rheinland 1993

[Nes89] Nespeta, H.: Ein Beitrag zur Planung und Bewertung Neuer Arbeitsstrukturen in NE-Metallgießereien. Berlin: Springer 1989

[Neu87] Neuberger, O.; Kompa, A.: Wir, die Firma: Der Kult um die Unternehmenskultur. Weinheim: Beltz 1987

[Obe91] Oberquelle, H. (Hrsg.): Kooperative Arbeit und Computerunterstützung. Göttingen: Vlg. f. Angew. Psychologie 1991

[Obe91a] Oberquelle, H.: CSCW- und Groupware-Kritik. In [Obe91]

[Per70] Perrow, Ch.: Organizational analysis. In: A sociological view. London: Tavistock Publications 1970

[Pie88] Pieper, R.: Diskursive Organisationsentwicklung. Berlin: de Gruyter 1988

[Pro87] Probst, G.J.B.: Selbstorganisation. Berlin: Parly 1987

[Pro92] Probst, G.: Selbstorganisation. In: Frese, E. (Hrsg.): Hwb. der Organisation. 3. Aufl. Stuttgart: Poeschel 1992, 2255-2269

[REFA91] REFA (Hrsg.): Grundlagen der Arbeitsgestaltung. München: Hanser 1991

[Ros87] Rosenstiel, L. v.: Motivation durch Mitwirkung. Stuttgart: Schäffer 1987

[Rüh92] Rühli, E.: Koordination. In: Frese, E. (Hrsg.): Hwb. der Organisation. Stuttgart: Poeschel 1992

[Schm93] Schmitz, J.: Die sanfte Organisationsrevolution. Frankfurt a. M.: Campus 1993

[Sei93] Seitz, D.: Gruppenarbeit in der Produktion. In: Binkelmann, P.; Braczyk, H.-J.; Seltz, R. (Hrsg.): Entwicklung der Gruppenarbeit in Deutschland. Frankfurt a. Main: Campus 1993

[Sen90] Senge, P.-M.: The fifth discipline: The art & practice of the learning organization. New York: Doubleday/Currency 1990

[Ska86] Skarpelis, C.: Zur Frage einer bedarfsgerechten Weiterentwicklung der Arbeitswissenschaft. In: Hackstein, R.; Heeg, F.-J.; Below, F. von (Hrsg.): Arbeitsorganisation und neue Technologien. Berlin: Springer 1986

[Spu79] Spur, G.: Produktionstechnik im Wandel. München: Hanser 1979

[Spu87] Spur, G.; Specht, D.: Flexibilisierung der Produktionstechnik und Auswirkungen auf Arbeitsinhalte. Z. f. Arbeitswiss. 41 (13 NF) (1987), H. 4

[Ste94] Steidel, F.: Modellierung arbeitsteilig ausgeführter, rechnerunterstützter Konstruktionsarbeit. Diss. TU Berlin 1994

[Tay93] Taylor, F.W.: Die Grundsätze wissenschaftlicher Betriebsführung (dt.). München: Oldenbourg 1993

[Tho92] Thom, N.: Organisationsentwicklung. In: Frese, E. (Hrsg.): Hwb. der Organisation. 3. Aufl. Stuttgart: Poeschel 1992, Sp. 1477–1491

[Ueb92] Uebele, H.: Kreativität und Kreativitätstechniken. In: Gaugler, E.; Weber, W. (Hrsg.): Hwb. des Personalwesens. Stuttgart: Poeschel 1992, 1165–1179

[Uli72] Ulich, E.: Arbeitswechsel und Aufgabenerweiterung. REFA-Nachr. 25 (1972)

[Uli77] Ulich, E.; Alioth, A.: Einige Bemerkungen zur Arbeit in teilautonomen Gruppen. In: Fortschrittliche Betriebsführung 26 (1977) 3, 159–162

[Uli78] Ulich, Eberhard: Über das Prinzip der differentiellen Arbeitsgestaltung. Management Z. IO 47 (1978)

[Uli87] Ulich, E.; Baitsch, C.: Arbeitsstrukturierung. In: Kleinbeck, U.; Rutenfranz, J. (Hrsg.): Arbeitspsychologie. Göttingen: Hogrefe 1987, 493–532

[VDI80] VDI (Hrsg.): Hb. der Arbeitsgestaltung und Arbeitsorganisation. Düsseldorf: VDI-Vlg. 1980

[War92] Warnecke, H.-J.: Die Fraktale Fabrik. Berlin: Springer 1992

[Web76] Weber, M.: Wirtschaft und Gesellschaft. 5. Aufl. Tübingen: Mohr 1976

[Wom92] Womack, J.P.; Jones, D.T.; Roos, D.: Die zweite Revolution in der Autoindustrie. 7. Aufl. Frankfurt a. Main: Campus 1992

[Zül84] Zülch, G.; Starringer, M.: Differentielle Arbeitsgestaltung in Fertigungen für elektronische Flachbaugruppen. In: Z. f. Arbeitswiss. 38, 1984

12.4 Personalplanung

Personalplanung bedeutet die methodische Suche nach Sollwerten, die sich auf die inhaltlich konkrete Festlegung zukünftig anzustrebender Ziele und der zur Zielerreichung einzusetzenden Mittel und Maßnahmen für alle personalbezogenen Funktionen beziehen.

Sie ist einerseits als Bestandteil der Unternehmensplanung zu sehen und andererseits von der Unternehmensplanung abgeleitet. Die Verwirklichung übergeordneter Unternehmensziele hängt von der Realisierung der Personalplanung ab.

Die Gesamtheit aller personalbezogenen Funktionen stellt sich wie folgt dar:

Personalbedarfsermittlung. Ermitteln der erforderlichen personellen Kapazität in quantitativer, qualitativer und zeitlicher Hinsicht. Feststellen einer personellen Unter- oder Überdeckung.

Personalbeschaffung. Beschaffen von Personal zur Beseitigung einer personellen Unterdeckung in qualitativer, qualitativer und zeitlicher Hinsicht.

Personalentwicklung. Entwickeln (d. h. Erweitern und/oder Vertiefen) des internen Angebots an menschlicher Arbeitsleistung (Leistungsfähigkeit und Leistungsbereitschaft) im Sinne von Ausbilden, Fortbilden, Weiterbilden und Umschulen von Personal.

Personaleinsatz. Eingliedern in den betrieblichen Leistungsprozeß, Anpassen der Arbeitsbedingungen an den Menschen.

Personalerhaltung. Erhalten der menschlichen Arbeitsleistung (Leistungsfähigkeit und Leistungsbereitschaft). Diese Funktion enthält u. a. die Verantwortung für die Vergütung (Lohn und Gehalt), die Urlaubsregelung, die Altersvorsorge usw.

Personalfreistellung. Freistellung von Personal zur Beseitigung einer personellen Überdeckung in quantitativer und zeitlicher Hinsicht.

12.4.1 Personalbedarfsermittlung

Inhalt der Personalbedarfsplanung (Personalbedarfsermittlung) ist die Ermittlung des zur Erreichung der Unternehmensziele erforderlichen zukünftigen Soll-Personalbestandes. Es ist eine zukünftig zu erwartende personelle Über- oder Unterdeckung bzw. Deckung auszuweisen. Dies erfolgt jeweils in quantitativer, qualitativer und zeitlicher Hinsicht für das Unternehmen als Ganzes und/oder seine Teilbereiche.

12.4.1.1 Bedarfsarten

Für die Planung ist die Einteilung in Personalbedarfsarten erforderlich (Bild 12-52).

Der Einsatzbedarf leitet sich ab aus dem Bedarf an menschlicher Arbeitsleistung, die zum Erreichen der Unternehmensziele erforderlich ist.

Der Reservebedarf erfaßt die zu erwartenden Ausfälle des Personals aufgrund von Urlaub, Krankheit, Unfall und sonstigen in der Person liegenden Fehlzeiten.

Diese beiden Personalbedarfsarten bilden zusammen den Soll–Personalbestand zu einem bestimmten Zeitpunkt oder für einen bestimmten Zeitraum (Bild 12-52). Anhand des jeweiligen Ist–Personalbestandes läßt sich eine vorliegende Über- oder Unterdeckung bzw. Deckung ermitteln.

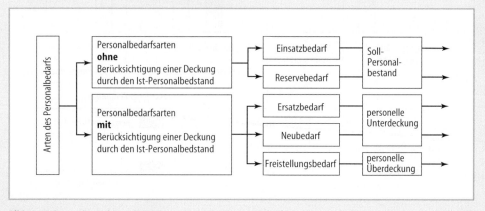

Bild 12-52 Personalbedarfsarten [Hac71]

Ein Neubedarf entsteht bei einer Vergrößerung des Soll-Personalbestandes (z. B. bei Erweiterungsinvestitionen, bei Änderung der Organisationsform).

Der Freistellungsbedarf ist in erster Linie auf saisonale, konjunkturelle und strukturelle Veränderungen der Beschäftigungslage zurückzuführen.

Neubedarf bzw. Freistellungsbedarf beruhen auf einer Änderung der Bedarfsbedingungen. Ein Freistellungsbedarf tritt immer dann auf, wenn der Ist-Personalbestand größer als der fixierte Soll-Personalbestand ist.

Der Ersatzbedarf dient dem Ausgleich von Abgängen wie bei Pensionierungen, Wehrdienst, Tod, Invalidität, Kündigung von seiten des Personals.

Die Gründe für das Entstehen eines Ersatzbedarfs sind also in Veränderungen des Ist-Personalbestandes zu sehen.

Bei der Bedarfsermittlung über die Bedarfsarten ist die qualitative Vergleichbarkeit des Personals zu beachten.

12.4.1.2 Ermittlung des Soll-Personalbestands

Der Soll-Personalbestand setzt sich aus Einsatzbedarf und Reservebedarf zusammen (Bild 12-52 und Bild 12-53).

12.4.1.3 Einsatzbedarfsermittlung

Neuere Modelle für die Planung des Einsatzbedarfs haben im wesentlichen drei verschiedene Ausgangspunkte: die Organisations-, Arbeitsablauf- und Produktionsprogrammplanung.

Auf der Organisations- bzw. Arbeitsablaufplanung baut die sog. Arbeitsplatzmethode und auf der Produktionsprogrammplanung baut die sog. Kennzahlenmethode auf.

Die Arbeitsplatzmethode dient zur Ermittlung des Personaleinsatzbedarfs für solche Arbeitsplätze, bei denen die Besetzung unabhängig von der anfallenden Arbeitsmenge ist (z. B. bei Pförtnern, Elektrikern o. ä.).

Die Kennzahlenmethode ist eine Methode zur Bestimmung des Personaleinsatzbedarfs für sol-

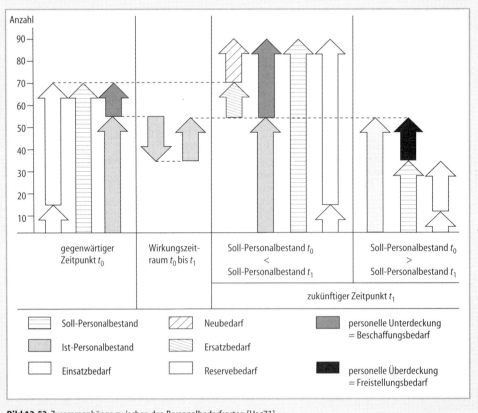

Bild 12-53 Zusammenhänge zwischen den Personalbedarfsarten [Hac71]

Formereiabteilung der Gießerei	Monatliche Produktion	Produktions-kennzahlen
Maschinen-formerei	730 t	12,2 h/t
Großform-maschine	80 t	8,8 h/t
Croning-formerei	160 t	23,4 h/t
Handformerei	120 t	19,8 h/t

Verrechnungsstunden zur Ermittlung der Soll-Belegschaft bei 22 Arbeitstagen/Monat: 150 Std.*

*bei ca. 15% Ausfall durch Urlaub, Krankheit und sonstiges

Bild 12-54 Beispiel zur Ermittlung der Belegschafts-größen nach der Kennzahlenmethode [Hag66]

che Arbeitsplätze, bei denen sich die personelle Besetzung abhängig zur anfallenden Arbeitsmenge ergibt. Bei solchen Arbeitsplätzen wird anhand dieser Methode die verfügbare Arbeitszeit durch die Veränderung der Personenzahl möglichst genau der, für die Tätigkeiten ermittelten, erforderlichen Arbeitszeit angepaßt.

Unter Kennzahlen werden hier Verhältniszahlen verstanden, die angeben, wie hoch der Arbeitsaufwand in Zeit für eine bestimmte Erzeugungsmenge oder sonstige Leistung ist, z.B. der Stundenaufwand je Erzeugungseinheit. Die Kennzahlen können sowohl auf einzelne als auch auf eine Gruppe von Arbeitsplätzen bezogen werden.

Bei der Kennzahlenmethode ergibt sich folgender Verfahrensablauf:
- Ermitteln der je Produktionseinheit erforderlichen Arbeitszeit, d.h. der Kennzahlen (z.B. in h/t);
- Multiplizieren der laut Produktionsprogrammplanung zu erzeugenden Produktionseinheiten mit den jeweiligen Kennzahlen;
- Summation der errechneten Produkte;
- Division der ermittelten Summe durch die im Planungszeitraum verfügbare Arbeitszeit je Person.

Das folgende Beispiel zeigt die Ermittlung einer Kennzahl anhand der Produktionsprogrammplanung. Für die Formerei eines Großbetriebs soll mit Hilfe der Kennzahlenmethode die Größe der Soll-Belegschaft ermittelt werden. Die dafür notwendigen Rahmendaten zeigt Bild 12-54.

12.4.1.4 Reservebedarfsermittlung

Die Ermittlung des Personaleinsatzbedarfs ergibt die Anzahl von Personen, die zur Ausführung festgelegter Tätigkeiten erforderlich ist. Darin ist jedoch noch nicht der Personalbedarf mit eingeschlossen, der sich daraus ergibt, daß Personen nicht anwesend sind (Personalreservebedarf).

Bei der Ermittlung des Reservebedarfs ist zu beachten, daß die Anzahl der Ausfälle im Zeitablauf mehr oder minder starken Schwankungen unterliegt, z.B. bedingt durch Urlaubsspitzen im Sommer, Grippewellen im Frühjahr usw. (Bild 12-55).

Eine Näherungslösung zur Feststellung des zukünftig erforderlichen Reservebedarfs bietet die Auswertung einer im Unternehmen geführten Fehlzeitenstatistik. Anhand einer solchen Auswertung ist es möglich, Erwartungswerte zu erhalten. Solche Lösungen dürften sicherlich besser sein als die Anwendung sog. Erfahrungswerte (z.B. 15% Reservebelegschaft).

Eine Fehlzeitenstatistik kann sich einmal auf bestimmte Tätigkeitsbereiche (z.B. Abteilungen) zum anderen auf bestimmte Qualifikationsgruppen im Unternehmen beziehen, wobei die prozentualen Anteile der jeweiligen Abwesenheitsgründe (z.B. Krankheit, Tarifurlaub, Sonderurlaub, entschuldigtes oder unentschuldigtes Fehlen) gesondert zu erfassen sind, um ggf. gezielte und fundierte Beeinflussungsmaßnahmen durchführen zu können.

In einigen Fällen wird man auch den Reservebedarf nicht als Erhöhung des Einsatzbedarfs sicherstellen, sondern andere Alternativen vorziehen. So wird man für Führungskräfte der verschiedenen Ebenen im Unternehmen bei der Ermittlung des Soll-Personalbedarfs keinen Reservebedarf berücksichtigen, sondern sog. Stellvertretungspläne aufstellen, um so den ordnungsgemäßen Betriebsablauf bei Abwesenheit oder sonstiger Verhinderung des Stelleninhabers zu gewährleisten.

12.4.2 Personalbeschaffung

Die Personalbeschaffung zielt darauf ab, personelle Kapazität zu gewinnen. Sie dient damit der Beseitigung einer personellen Unterdeckung.

Es gibt zwei prinzipielle Möglichkeiten, den Personalbedarf zu decken: erstens durch Gewinnung von neuen Mitarbeitern (Selektion), zwei-

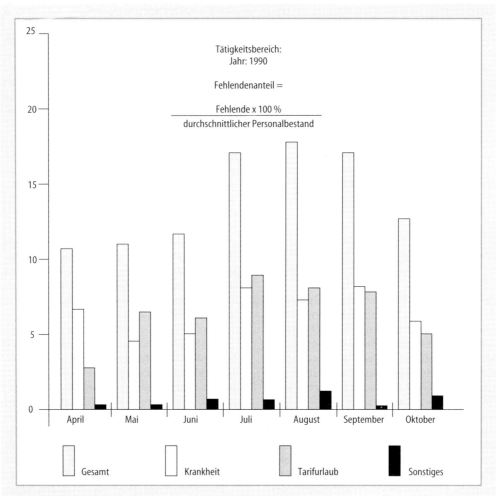

Bild 12-55 Auswertung des Fehlendenanteils zur Bestimmung des Reservebedarfs [Hac71]

tens durch Personalentwicklung und -weiterbildung sowie durch Nachfolge- und Karriereplanung (Modifikation). Durch die Modifikation kann das Problem der Personaldeckung auf eine qualitative Ebene verlagert werden, die die Personalbeschaffung erleichtert (s. 12.4.3). Hier wird im folgenden nur auf die erste Möglichkeit der Deckung des Personalbedarfs eingegangen.

12.4.2.1 Personalwerbung

Das Ziel der Personalwerbung liegt in der Gewinnung einer genügend großen Anzahl potentiell geeigneter Bewerber für den vorgesehenen Arbeitsplatz. Durch Personalwerbung können mehrere Ziele gleichzeitig verfolgt werden:

Werbung um Bewerbungen

Arbeitsmarkt- und Positionsanalysen. Information über Attraktivität des Stellenangebots, Fluktuationsbereitschaft des Arbeitsmarktpotentials;
Werbeanalysen. Prüfung der Wirksamkeit von Werbemitteln und Werbeträgern besonders durch parallele Werbeaktionen;
Werbung um öffentliches Vertrauen. Bildung eines Unternehmensimages (Corporate Identity) auf dem Arbeitsmarkt;

Schaffung eines Bewerberreservoirs

Anstehende Entscheidungen werden abgesichert. Konkrete Personalbeschaffungsmaßnahmen werden erleichtert, indem allgemeine organisatorische Voraussetzungen, Richtlinien für die Personalwerbung und Hilfsmittel zur Einführung neuer Mitarbeiter festgelegt werden.

Beispiele für organisatorische Voraussetzungen, Richtlinien und Hilfsmittel

Organisatorische Voraussetzungen:
- Erstellen von Verfahrensrichtlinien, Ablaufplanungen, Formularsystemen und personalpolitischen Grundsätzen;
- vorausschauende Organisation, personelle und räumliche Ausstattung der Personalbeschaffungsstelle;
- Einigung mit den Führungskräften über die Ausleseverfahren für Bewerber;
- Benennung von Führungskräften, die regelmäßig die Fachgespräche mit den Bewerbern führen;
- Abschluß einer Betriebsvereinbarung über Auswahlrichtlinien und interne Stellenausschreibung.

Richtlinien zur Personalwerbung:
- grundsätzliche Regelung der Zusammenarbeit mit Personalberatern, Werbeagenturen, Zeitungsverlagen usw.;
- einheitliche Festlegung des Anzeigenlayouts und der Überlassung des Firmenzeichens an die Anzeigenträger, mit denen regelmäßig zusammengearbeitet wird;
- vorausschauende Festlegung des Werbebudgets, Presse- und Öffentlichkeitsarbeit sowie Publizierung von Werbematerial (Firmenimage, Einsatzmöglichkeiten für neue Mitarbeiter).

Hilfsmittel zur Einführung neuer Mitarbeiter:
- Entwicklung und Einsatz von Einführungsbroschüren, -tonbildschauen und -filmen für neue Mitarbeiter;
- Erstellen von Stellenbeschreibungen und Anforderungsprofilen zur frühzeitigen Information von Bewerbern über konkrete Stellen;
- Aufstellen einer Checkliste für Führungskräfte, was bei der Einweisung neuer Mitarbeiter zu beachten ist.

Außerdem sind bei der Organisation und Durchführung von Personalbeschaffungsmaßnahmen die Rechte des Betriebsrates entsprechend dem Betriebsverfassungsgesetz zu berücksichtigen. Die §§ 92 – 95 regeln das Informationsrecht und die Mitbestimmung des Betriebsrats.

12.4.2.2 Methoden der Personalbedarfsdeckung

Die Methoden der Personalbedarfsdeckung lassen sich in innerbetriebliche und außerbetriebliche Beschaffungsmaßnahmen unterscheiden.

12.4.2.3 Auswahl und Gestaltung von Beschaffungsmaßnahmen

Welche der Beschaffungsmaßnahmen zum Einsatz kommt, hängt von unterschiedlichen Bedingungen, wie z. B. der angespannten Arbeitsmarktlage, der finanziellen Situation des Unternehmens, rechtlichen Vorgaben und Vereinbarungen, der Größe und Dringlichkeit des Personalbedarfs sowie der Anwendbarkeit der einzelnen Maßnahmen ab.

Es kann zwischen drei Wirkungen bei Beschaffungsmaßnahmen unterschieden werden [Kom89]:

Akquisitionswirkung

Hier geht es um die Gestaltung der Information in der Stellenanzeige:
a) *Umfang und Relevanz der Information*
- genaue Beschreibung der Tätigkeiten und Aufgaben,
- exakte Markierung der hierarchischen Position der Stelle,
- Aufzeigen von konkreten Entwicklungsmöglichkeiten,
- klare Gehaltsangaben und
- genaue Angaben über das Unternehmen (Name, Standort und Branche).

Je transparenter die Informationen sind, desto größer ist die Akquisitionswirkung.
b) *Motivbezug von Informationen*
- Enttäuschung über den Führungsstil und die Arbeitsatmosphäre im alten Betrieb,
- Hoffnung auf schnellen Aufstieg durch Stellenwechsel,
- mangelnde finanzielle Anerkennung von besonderen Leistungen bei der bisherigen Tätigkeit,
- mangelnde Möglichkeiten zur Selbstverwirklichung am alten Arbeitsplatz,
- Fach- und Weiterbildungsinteresse,
- Wunsch nach praxisrelevantem Tätigsein und
- Wunsch nach einem bestimmten Arbeitsort.

c) *Form der Informationsübermittlung*
– Anzeigengestaltung,
– Personalberater, Kontaktmessen, Informationsveranstaltungen.

Selektion

Mit Hilfe von Selektionseffekten soll sowohl eine Vorauswahl durch die Bewerber selbst als auch durch die Organisation erreicht werden. Hierbei sind zwei Aspekte hervorzuheben:
a) Gestaltung der Werbeinformation. Durch eine exakte Darstellung der Stellenanforderungen sollen geeignete Bewerber gezielt angesprochen und nicht geeignete Bewerbungen abgehalten werden.
b) Wahl der Beschaffungsmethode je nach Zielgruppe (z. B. Auszubildende, Führungskräfte, Facharbeiter usw.).

Aktion

Akquisition und Selektion sind notwendige Voraussetzungen für die Gewinnung beurteilungsfähiger Bewerbungen [Kom89]. Das Bewerberpotential muß nun in Aktion treten, d. h., es muß veranlaßt werden, sich bei der werbenden Organisation zu bewerben.

12.4.2.4 Eignungsdiagnostik

Nach Maukisch umfaßt die Eignungsdiagnostik die Prognose der auf Optimierungskriterien bezogenen Interaktionseffekte nach Zuordnungsentscheidungen sowie die auf der Grundlage dieser Prognose abgeleiteten optimalen Entscheidungsregeln [Mau78]. Mit Hilfe der Eignungsdiagnostik kann also eine Prognose darüber formuliert werden, wie gut Bewerber und Arbeitsplatz zusammenpassen. Eignung ist ein relationaler Begriff, der den Grad der Entsprechung zwischen zwei Merkmalsträgern (z. B. Person, Arbeitsplatz) ausdrückt. Die Entsprechung oder Übereinstimmung muß dabei anhand von Optimierungskriterien beurteilt werden. Die Kriterien (Anforderungen des Arbeitsplatzes) sollen also durch die Zuordnung eines geeigneten Bewerbers optimiert werden. Als Eignung einer Person läßt sich dann eine Situation definieren, bei der die personellen Leistungsvoraussetzungen mit dem Anforderungskomplex einer Arbeitstätigkeit übereinstimmen [Kom89].

Hierfür ist zunächst eine Arbeitsanalyse erforderlich. In der Arbeitsanalyse werden Aufga-
ben und Pflichten eines Arbeitsplatzes und die Bedingungen, unter denen sie ausgeführt werden, beschrieben. Die Arbeitsanalyse erfüllt im wesentlichen zwei Ziele [Kom89]:
a) Mit der Arbeitsanalyse werden individuelle Eignungsmerkmale identifiziert, die notwendig sind für eine erfolgreiche Aufgabenbewältigung.
b) Die Entwicklung und Auswahl von Kriterien ist das zweite Ziel. Kriterien sind unbedingt notwendig, um Bewerber Arbeitsplätzen zuordnen zu können.

Die Arbeitsanalyse sollte vollständig alle Tätigkeiten beschreiben und auch genaue Angaben zur Art der Tätigkeit, zu den benötigten Hilfsmitteln oder Gerätschaften, zu der Häufigkeit von Handlungsausführungen, zu den Ausführungsbedingungen (z. B. Grad der Monotonie), zu Art und Ausmaß von emotionalen Belastungen usw. machen. Außerdem sollte die Beschreibung die Bedeutsamkeit der Tätigkeiten beinhalten, d. h., es muß eine Gewichtung der einzelnen Tätigkeiten erfolgen [Kom89].

Das eignungsdiagnostische Verfahren dient dann dazu, den geeignetsten Bewerber für eine Stelle auszuwählen. Das Kriterium muß also der Grad der zukünftigen Leistungserfüllung des ausgewählten Bewerbers sein. Diese Leistung muß operationalisiert werden, d. h., die Leistung muß anhand von Kriterien meßbar oder beobachtbar gemacht werden. Mit Fragebögen, Beobachtungen und durch die Registrierung von Ergebnissen werden die Kriteriumsausprägungen gemessen [Kom89].

12.4.2.5 Verfahren der Datenerhebung

In der Praxis werden in einer Personalauswahlsituation meistens mehrere unterschiedliche Verfahren eingesetzt. Dabei kann es vorkommen, daß einige Verfahren das gleiche Merkmal erheben.

Eine typische Abfolge von Verfahren der Datenerhebung könnte folgendermaßen aussehen [Kom89: 114]: Zunächst werden die schriftlichen Bewerbungsunterlagen vorselektiert. Der Lebenslauf vermittelt wichtige biographische Daten und Informationen über den beruflichen Werdegang. Zusammen mit den Zeugnissen kann häufig schon vor einer Kontaktaufnahme zum Bewerber entschieden werden, ob dieser grundsätzlich für die Position in Frage kommt. Mit Zeugnissen wird der erreichte Leistungsstand dokumentiert. Unter Umständen haben Zeugnisse eine mangelnde Vorhersagegültigkeit und sind nur wenig vergleichbar, da Ausbildungsinhalte, Anforderungen und Anspruchsniveau divergieren können. Die Referenzen und Arbeitszeugnisse geben Auskunft über die Arbeitsleistungen in der Vergangenheit. Auch das Lichtbild kann die Vorselektion beeinflussen (z. B. Sympathie erwecken).

Im zweiten Schritt findet die direkte Kontaktaufnahme mit dem Bewerber statt. In der Regel werden nun mehr oder weniger standardisierte Untersuchungen oder Prüfungen eingesetzt, um Prädiktorwerte entsprechend den Merkmalen, die in der Merkmalsanalyse ermittelt wurden, zu erheben, d. h., in dieser Phase kommen Verfahren wie Einstellungsgespräche, Tests, Assessment Center usw. zur Anwendung. Es besteht hier die Möglichkeit, systematisch Informationen über den Bewerber zu erheben.

Bei biographischen Fragebögen versucht man, aufgrund von Vergangenheitsdaten (über Hobbys, Berufsdaten, Einstellungen usw.) zukünftiges Verhalten vorherzusagen, während bei psychologischen Tests eine Prognose aufgrund von gegenwärtigen Persönlichkeitsmerkmalen oder -strukturen formuliert wird.

Eine weitere Möglichkeit der Informationsgewinnung, besonders über berufserfahrene Kandidaten, sind Arbeitsproben oder work samples. Arbeitsproben verlangen vom Bewerber die Durchführung einer oder mehrerer Aufgaben, die selbst repräsentativer Bestandteil der fraglichen Tätigkeit sind [Kom89: 116]. Die vorherzusagende Leistung ist hier also direkt meßbar.

12.4.2.6 Einstellungsinterview

Das Einstellungsgespräch oder -interview ist eines der bedeutendsten Auswahlverfahren. Es gibt aber auch eine Reihe von Interviewabstufungen, die von einer vollkommen unstrukturierten, nichtdirektiven Unterhaltung bis zu einem mit gezielten Fragen durchgeführten Streßinterview reichen können. Das Interview dient nicht nur der Gewinnung von Bewerberinformationen, sondern auch gleichzeitig der Abklärung von Fragen seitens der Bewerber, der Vermittlung von Informationen über die Stelle oder der Pflege des Unternehmensimages [Kom 89: 116].

Die Beliebtheit des Interviews resultiert aus der flexiblen Handhabung (bei Bedarf kann auf individuelle Schwerpunkte eingegangen werden), der Multifunktionalität (z. B. Informationen über den Bewerber gewinnen als auch an ihn vermitteln) und der Einsatzmöglichkeit als Breitbandtechnik (Erhebung verschiedener Daten zu unterschiedlichen Zwecken).

Das Einstellungsgespräch zeichnet sich im Vergleich zu anderen Verfahren durch ein hohes Maß von gegenseitiger Beeinflussung der Interviewteilnehmer aus. Das Verhalten der Bewerber kann deshalb nicht ohne weiteres als eine unabhängige und nur allein ihnen zuzuschreibende Größe angesehen werden [Kom89: 164]: Ihr Verhalten ist auch eine Reaktion auf das situations- und bewerberspezifische Verhalten der Interviewer.

12.4.2.7 Psychologische Testverfahren

Tests werden vor allem dann eingesetzt, wenn größere Bewerberzahlen zu untersuchen sind, z. B. in großen Unternehmen, Organisationen oder Verbänden sowie in zunehmendem Maße auch bei Unternehmen mittlerer Größe und bei der Auswahl von Auszubildenden [Kom89]. Mit Tests sollen individuelle Persönlichkeitsmerkmale unter vergleichbaren (standardisierten) Bedingungen gemessen bzw. erfaßt werden.

Persönlichkeitstests und biographische Fragebögen können nur mit Zustimmung des Betriebsrates eingesetzt werden. Außerdem ist ein Einsatz von der Akzeptanz der Bewerber abhängig.

12.4.2.8 Assessment Center

Die Assessment-Center-Methode kann definiert werden als ein systematisches Verfahren zur qualifizierten Feststellung von Verhaltensleistungen bzw. Verhaltensdefiziten, das von Beobachtern gleichzeitig für mehrere Teilnehmer in bezug auf vorher definierte Anforderungen angewandt wird.

Zu einem Assessment Center werden i. allg. zwölf Kandidaten eingeladen, diese werden von sechs Beobachtern beobachtet und nach Ende einer meist zweitägigen Veranstaltung gemeinsam bewertet [Jes89]. Die Teilnehmer stellen sich führerlosen Gruppendiskussionen, Einzelinterviews, Rollenspielen oder sie verfassen Stellungnahmen zu Fallstudien. Eine weitere klassische Assessment-Center-Übung ist der Postkorb. Bei Einzelübungen präsentieren die Teilnehmer häufig die Lösungen ihrer Überlegungen mündlich vor dem Beobachtergremium.

Beobachtbare Merkmale in Gruppendiskussionen sind:
a) Steuerung sozialer Prozesse
b) Systematisches Denken und Handeln
c) Aktivitätsverhalten
d) Ausdruck

Nach Abschluß aller Übungen werden für jeden Teilnehmer aufgrund von Aufzeichnungen aus den Beobachtungen Gutachten verfaßt, die eine geordnete, zusammenfassende Darstellung und Deutung aller gefundenen Persönlichkeitsdaten enthalten. Am Ende des Assessment Centers wird mit den Kandidaten ein Feedback-Gespräch geführt. Dabei erhält der Kandidat Einblick in Beobachtermitschriften, Beurteilungskriterien und in die Auswertung. Er erfährt, wie er in den einzelnen Übungen gewirkt hat, was er gut gemacht hat oder wo er sich selbst oder anderen im Weg stand.

12.4.3 Personalentwicklung

Die Personalentwicklung zielt aus Unternehmersicht darauf ab, die Qualifikation der Mitarbeiter den an sie jetzt oder zukünftig gestellten Anforderungen anzupassen (s.a. 12.3). Aus personeller Sicht hat sie die auf persönliche Entfaltung gerichteten Interessen der Mitarbeiter zu berücksichtigen.

In diesem erweiterten, über reine Fachqualifikation hinausgehenden Verständnis kann unter Qualifikation verstanden werden:
– das Vermögen zur effektiven, regulativen Bewältigung von arbeitsbezogenen Handlungen,
– das Vermögen zur motivationalen Bewältigung und zur Kontrolle von Arbeitssituationen und
– die Fähigkeit zum Arbeitsplatz und Arbeitstag übergreifenden generalisierten Transferieren [Wit84: 87].

Neben der fachlichen Qualifikation ist dabei besonderer Wert auf die Förderung der überfachlichen Qualifikation zu legen, um die Mitarbeiter zu umfassender Handlungskompetenz zu befähigen. Handlungskompetenz wird verstanden als die Fähigkeit und Bereitschaft, in beruflichen, öffentlichen und privaten Lebenssituationen sachgerecht, reflektiert und verantwortlich zu handeln.

Diese Zielgröße der beruflichen Bildung kann differenziert werden nach (Bild 12-56):

Fachkompetenz. Befähigung zum sachgerechten Umgang mit Arbeitsmitteln, zur Beherrschung von Arbeitsprozessen und der dazu erforderlichen Kenntnisse und Fertigkeiten;

Methodenkompetenz. Fähigkeit, sich flexibel auf veränderte Arbeitsbedingungen einzustellen und beruflich vielseitig einsetzbar zu sein;

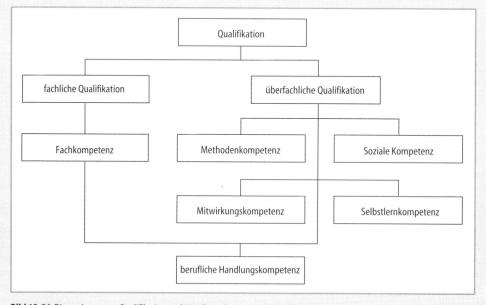

Bild 12-56 Dimensionen von Qualifikation und Handlungskompetenz [Hee89]

Sozialkompetenz. Fähigkeit, mit anderen Menschen kommunikativ zusammen leben und zusammen arbeiten zu können sowie Verantwortung für eine Gemeinschaft zu übernehmen;

Mitwirkungskompetenz. Fähigkeit, den eigenen Arbeitsplatz und die Arbeitsstrukturen konstruktiv mitzugestalten und damit zusammenhängende, aber auch darüber hinaus greifende Probleme zu lösen;

Selbstlernkompetenz. Fähigkeit zum selbständigen Aufbau von Handlungskompetenz (das Lernen lernen).

Maßnahmen zur Erreichung einer bestimmten Qualifikation (Qualifizierung) richten sich an alle drei Verhaltensbereiche des Mitarbeiters:

1. Verstandesbereich (kognitiver Bereich)
   Hier geht es um wahrnehmendes, erkennendes und denkendes Verhalten, um Wissen, Verstehen, Entscheiden usw.,
2. Bewegungsbereich (motorischer bzw. psychomotorischer Bereich)
   Hier geht es um Handlungen, bei denen der ganze Körper oder einzelne Gliedmaßen des Menschen in Bewegung sind, um Fertigkeiten und das Beherrschen von Bewegungsabläufen.
3. Verantwortungsbereich (affektiver Bereich)
   Hier geht es um Einstellungen, Überzeugungen, Werthaltungen und Verantwortungsbewußtsein.

Für die Personalentwicklung lassen sich mehrere aufeinander aufbauende Aufgaben ableiten:

– Die Personalentwicklung hat für eine bestmögliche Übereinstimmung zwischen den vorhandenen Anlagen und Fähigkeiten der Mitarbeiter und den Anforderungen der Unternehmung Sorge zu tragen;
– die Personalentwicklung hat unter Berücksichtigung der individuellen Erwartungen zu prüfen, welche Mitarbeiter im Hinblick auf aktuelle und künftige Veränderungen der Arbeitsplätze und Tätigkeitsinhalte der Unternehmung zu fördern sind;
– die Personalentwicklung hat in Abstimmung mit den Betroffenen festzulegen, welche Förderungs- und Bildungsmaßnahmen in Frage kommen;
– die Personalentwicklung ist zuständig für Planung, Durchführung und Kontrolle der beschlossenen Förderungs- und Bildungsmaßnahmen.

Dieser Aufgabenkatalog verdeutlicht, daß die Personalentwicklung mehr beinhaltet, als i. allg.

unter Aus- und Weiterbildung verstanden wird. Förderung und Bildung bilden gemeinsam den Inhalt der Personalentwicklung. Dabei umfaßt der Begriff Förderung vorwiegend diejenigen Aktivitäten, die auf die Position im Betrieb und die berufliche Entwicklung des einzelnen gerichtet sind, während der Begriff Bildung auf die Vermittlung der zur Wahrnehmung der jeweiligen Aufgaben erforderlichen Qualitäten ausgerichtet ist.

12.4.3.1 Ermittlung des Personalentwicklungsbedarfs

Grundlage für die Ermittlung des langfristigen Personalentwicklungsbedarfs muß vornehmlich die strategische Planung des Unternehmens unter Beachtung der allgemeinen Geschäftsentwicklung und der vorhandenen Organisation sein (s. 3.2 und 12.4.1). Langfristige Markt- und Produktstrategien des Unternehmens müssen neben einer langfristigen Investitionsplanung auch durch eine Personalentwicklungsstrategie abgesichert werden, sollen sie Erfolg haben.

Der langfristige Personalentwicklungsbedarf leitet sich daneben aus der Unternehmenskultur ab (s. 2.3), d. h. aus einem Leitbild eines unternehmensweit gültigen Normen- und Wertegefüges, an dem die Entwicklungsaktivitäten zu orientieren sind und an denen sich mittel- bis langfristige Veränderungen in der Organisation orientieren.

Grundlage für den kurz- und mittelfristigen Mitarbeiterbedarf bilden die vorhandene Organisation des Unternehmens und erkennbare Organisationsveränderungen (z. B. Umstellung einer Werkstattfertigung auf Inselfertigung, Einführung von Bürokommunikationssystemen). Diese umfassen die konkrete Ausgestaltung der Arbeitssysteme, die dazugehörigen Arbeitsabläufe sowie Arbeitsaufgaben und. die daraus resultierenden Anforderungen an die Mitarbeiterschaft.

12.4.3.2 Planung und Konzeption von Personalentwicklungsmaßnahmen

Zur Deckung des jeweiligen individuellen Personalentwicklungsbedarfs müssen geeignete Maßnahmen geplant und initiiert werden. Nach Festlegung des individuellen Personalentwicklungsbedarfs der einzelnen Mitarbeiter lassen sich zur Planung einzelner Personalentwicklungsmaßnahmen unternehmensbezogen be-

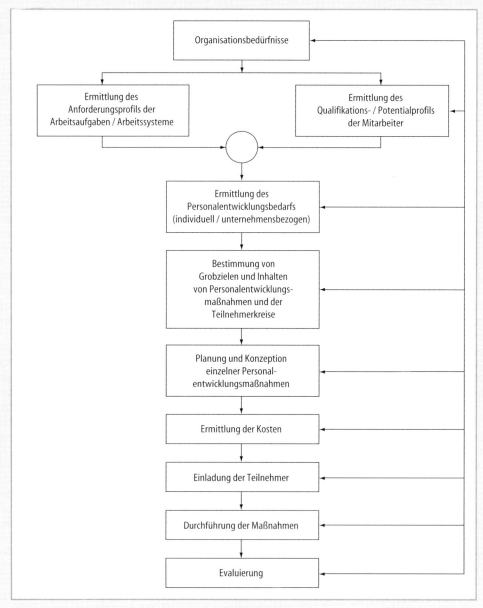

Bild 12-57 Ablauf der Planung von Personalentwicklungsmaßnahmen

darfshomogene Teilnehmerkreise bilden. Hierfür hat die Personalentwicklung Grobziele und Inhalte von Personalentwicklungsmaßnahmen zu definieren (Bild 12-57).

12.4.3.3 Arbeitsplatzvorbereitende Maßnahmen

Berufsausbildung: Die Berufsausbildung hat gemäß der Definition des Berufsbildungsgeset-

zes (BBiG) eine breit angelegte berufliche Grundbildung und für die Ausübung einer qualifizierten beruflichen Tätigkeit notwendigen fachlichen Fertigkeiten und Kenntnisse in einem geordneten Ausbildungsgang zu vermitteln. Sie hat ferner den Erwerb der erforderlichen Berufserfahrung zu ermöglichen (§ 1 Abs. 2 BBiG). Bereits während der beruflichen Erstausbildung ist den Auszubildenden umfassende Methoden-

| Arbeitsgestaltung, Arbeitsorganisation, Arbeitspersonen

kompetenz zu vermitteln. Der hohe Stellenwert extrafunktionaler Lerninhalte spiegelt sich auch in der Verordnung der gewerblichen Berufsausbildung wieder: Selbständiges Planen, Durchführen und Kontrollieren (§ 3 Abs. 4 Satz 1) und die Befähigung durch Verknüpfung informationstechnischer, technologischer und mathematischer Sachverhalte fachliche Probleme zu analysieren, zu bewerten und geeignete Lösungswege darzustellen (§ 14 Abs. 3 Satz 1) gehören ebenso zu den Lernzielen und -inhalten wie traditionelle Fachinhalte der Elektroberufe, z. B. Steuerungs- und Elektrotechnik, CNC (Computerized Numerical Control) und SPS (Speicherprogrammierbare Steuerungen). Das heißt, die Auszubildenden werden frühzeitig mit verschiedenen Möglichkeiten des Problemlösens sowie der Informationsbeschaffung und -verarbeitung vertraut gemacht, damit sie in der Lage sind, ihre beruflichen Aufgaben zu bewältigen und sich darüber hinaus auf veränderte Arbeitsaufgaben mit neuen Arbeitsmitteln ohne Angst vor Versagen einstellen zu können [Hee89: 886].

Praktika. Praktika dienen der Vermittlung praktischer Erfahrungen in dem zukünftigen Beruf. Die Inhalte der Praktika sind durch die jeweilige Bildungsmaßnahme vorgegeben. Es handelt sich dabei um eine befristete (mehrere Wochen dauernde) Maßnahme, die zeitlich vor oder in der Ausbildung liegt.

Traineeprogramme. Zielsetzung der Traineeprogramme ist es, neu eingestellten Mitarbeitern (meistens Hochschulabsolventen) einen systematischen Überblick über das Unternehmen mit seinen vielseitigen Einsatzmöglichkeiten unmittelbar vor Ort zu geben.

Einführung neuer Mitarbeiter/Arbeitsunterweisung: Ziel der Maßnahmen zur Einführung neuer Mitarbeiter ist das Vertrautmachen dieses Personenkreises mit einer neuen Arbeitssituation. Hierzu gehört die aufgabenspezifische Einweisung am neuen Arbeitsplatz (z. B. durch Arbeitsunterweisung durch einen erfahrenen Mitarbeiter oder Meister) ebenso wie die allgemeine Heranführung an das Unternehmen (z. B. Aufbauorganisation, Leitbild, Unternehmenskultur).

Kennzeichnend für diese Gruppe ist die hohe Motivation beim Einstieg in das Unternehmen. Der erste Eindruck, den die Mitarbeiter in den ersten Tagen und Wochen ihrer Tätigkeit von dem Unternehmen gewinnen, hat einen großen Einfluß auf ihre weitere Entwicklung und zukünftige Leistungsbereitschaft. Eine Demotivation in dieser Phase läßt sich nur schwer ausgleichen.

12.4.3.4 Arbeitsplatzbezogene Maßnahmen

Job-enlargement (Arbeitserweiterung): (s. 12.3.2)
Job-enrichment (Arbeitsbereicherung): (s. 12.3.2)
Job-rotation (Arbeitswechsel): (s. 12.3.2)

Auslandseinsatz. Arbeitseinsätze bei ausländischen Niederlassungen des Unternehmens haben zum Ziel, bei Mitarbeitern (vornehmlich Nachwuchsführungskräften) internationale berufliche Erfahrung aufzubauen. Ziel ist dabei, Sprachkenntnisse zu erwerben bzw. zu vertiefen, Marktkenntnisse über ausländische Regionen zu vervollkommnen, ausländische Geschäftspraktiken und Verhaltensweisen kennenzulernen und einzuüben, das Zurechtfinden in unterschiedlichen Kulturkreisen zu stärken und die Bereitschaft zur Akzeptanz anderer Lebens- und Arbeitsweisen zu fördern.

Gruppenarbeit (s. 12.3). Gruppenarbeit nennt man eine Arbeitsform, bei welcher ein höheres Leistungsniveau bzw. eine Steigerung der Arbeitsproduktivität dadurch erreicht werden soll, daß sich mehrere Personen spontan zusammenschließen, um eine gemeinsame Aufgabe durch eine (solidarische) Anstrengung zu lösen, oder daß eine begrenzte (überschaubare) Anzahl von Arbeitskräften planmäßig zu gemeinsamer (solidarischer) und koordinierter Arbeitsverrichtung zusammengefaßt wird. Dabei sollen die individuellen Fähigkeiten und gegenseitige Einstellung der Gruppenmitglieder derart koordiniert und abgestimmt werden, daß sich aus ihrem Zusammenwirken (Integration) eine Steigerung der Gesamtleistung erwarten läßt, welche die Summe der isolierten Einzelleistungen in quantitativer und qualitativer Hinsicht bei Wahrung eines solidarischen Betriebsklimas übertrifft.

Dabei bilden Mitarbeiter eine Gruppe im Sinne der Sozialpsychologie, wenn nachfolgende Kriterien erfüllt sind [Ros80: 793f.]:
- Mehrzahl von Personen,
- direkte Interaktion über längere Zeitspanne,
- räumliches und/oder zeitliches Abheben von anderen Personen,
- Teilen gemeinsamer Normen und Verhaltensvorschriften,
- komplementäre Rollendifferenzierung und
- Zusammengehörigkeit durch ein Wir-Gefühl.

Der Gruppenarbeit kommt aus Sicht der Personalentwicklung ein hoher Stellenwert zu, da sie eine Arbeitsform mit einem hohen Lernpotential darstellt, in der sich fachliche und überfachliche Qualifikationen für die Gruppenmitglieder erlernen lassen. Die im Rahmen der Gruppenprozesse notwendigen Interaktionen und Kommunikationen zwischen den Gruppenmitgliedern fördern den Aufbau von Sozialkompetenz. Gruppen werden in der Regel größere und stärker zusammenhängende Aufgabenkomplexe überantwortet als Einzelpersonen. Dadurch ist es möglich, innerhalb einer Gruppe Arbeitsstrukturierungsmaßnahmen zu ergreifen, die zu einer Aufgabenerweiterung oder -bereicherung für die Gruppenmitglieder führen, ohne daß die Betriebsstruktur davon betroffen ist. Hieraus ergeben sich Chancen für die Mitarbeiter zum Aufbau und Ausbau ihrer Fachkompetenz.

12.4.3.5 Arbeitsplatznahe Maßnahmen

Betriebliche Lern- und Problemlösungsgruppen: Lern- und Problemlösegruppen sind arbeitsplatz- und abteilungsübergreifende Kleingruppenaktivitäten, die auf eine Verbesserung der Betriebsstrukturen abzielen.

Qualitätszirkel (s. Kap. 13). Ein Qualitätszirkel besteht aus einer Gruppe von gewerblichen Mitarbeitern, die sich meist wöchentlich für eine Stunde zusammensetzen, um Qualitätsprobleme zu erörtern, deren Ursachen nachzugehen, Lösungen zu empfehlen und Verbesserungen zu veranlassen, wenn das in ihren Verantwortungsbereich fällt. Dadurch wird die Möglichkeit geboten, die kreative und innovative Kraft, die in den Mitarbeitern steckt, freizusetzen [Hee88: 160].

Werkstattzirkel. Werkstattzirkel haben die Verbesserung der Produktivität des Unternehmens zum Ziel, indem durch Dialog mit Arbeitern und den unteren Führungskräften deren Erfahrungen besser in die Gestaltung der Betriebsabläufe miteinfließen sollen [Mau81: 10 f.]. Die Themenstellungen in den Werkstattzirkeln werden durch das Management in Abstimmung mit dem Betriebsrat definiert und vorgegeben. Die Anzahl der Treffen ist auf fünf beschränkt. Die Auswahl der Teilnehmer (8–12 Personen) erfolgt nach ihrer Sachbezogenheit zum jeweiligen Thema. Sie stammen aus verschiedenen Hierarchiestufen, ihre Teilnahme ist nicht freiwillig. Der Sitzungsverlauf wird von einem Moderator und einem Koordinator geplant, die Anzahl der Zusammenkünfte ist unabhängig vom Ergebnis der Zusammenarbeit auf fünf beschränkt. Auf die Umsetzung der erarbeiteten Problemlösungsvorschläge haben die Teilneh-

mer in der Regel keinen Einfluß (Wildemann 1983: 275, zitiert bei [Hee88: 173]).

Lernstatt. Hinter dem Begriff Lernstatt verbirgt sich der Gedanke vom Lernen in der Werkstatt.

Eine Lerngruppe setzt sich üblicherweise aus 6 – 8 Teilnehmern eines Arbeitsbereichs zusammen, die im Gegensatz zu Qualitätszirkeln von zwei Moderatoren geleitet werden. Die Mitglieder werden entweder vom Vorgesetzten ausgewählt oder finden sich auf freiwilliger Basis zusammen. Es existieren keine thematischen Beschränkungen, die Themen werden entweder von der Gruppe selbst ausgewählt oder von außen an sie herangetragen. Lernstattgruppen treffen sich in der Regel ca. 2 – 3 Monate lang jeweils einmal in der Woche für etwa 1 – 2 Stunden während der Arbeitszeit [Got79: 89].

Als Ergebnis dieser Form gemeinsamen Lernens lassen sich Ergebnisse wie Verbesserung der Zusammenarbeit untereinander, bessere Identifikation mit den Zielen des Unternehmens, mehr Selbstvertrauen und Eigenständigkeit bei der Arbeit wie auch vereinfachte Arbeitsabläufe, ausgereifte Verbesserungsvorschläge und ein erhöhtes Sicherheits- und Umweltbewußtsein feststellen [Isc82: 296].

Projektarbeit (s. 12.3). Projekte sind zeitlich begrenzte, komplexe Vorhaben, die aus Sicht des Unternehmens Problemstellungen mit einem hohen Neuigkeitscharakter enthalten. Projektarbeit ist in der Regel abteilungsübergreifend organisiert. Sie stellt daher erhöhte Anforderungen an die Kommunikationsfähigkeit der Projektteam-Mitglieder und bietet denselben in der Regel einen tieferen Einblick in das Unternehmen. Projektarbeit fordert daher „problemorientiertes Lernen im Team". Die Funktion des Projektleiters ermöglicht darüber hinaus, erste Führungserfahrungen zu sammeln [Hee91: 183]. Sie kann daher auch der Erprobung und Bewährung von Nachwuchskräften dienen.

12.4.3.6 Arbeitsplatzübergreifende Maßnahmen

Fortbildung. Maßnahmen zur beruflichen Fortbildung sind zumeist über einen größeren Zeitraum angelegte Veranstaltungen, die in der Regel von externen Bildungsträgern durchgeführt werden, deren Schwerpunkt in einer Vermittlung von weiterführendem Fachwissen zur Erhöhung der fachlichen Qualifikation liegt. Voraussetzung für einen Einstieg in eine Fortbildungsmaßnahme sind in der Regel formale, anerkannte Abschlüsse oder eine bestimmte Zeit einschlägiger Berufserfahrung. Art, Dauer und Inhalt der Fortbildung sind für die gesamte Zielgruppe einheitlich geregelt. Die Fortbildungsmaßnahme schließt in der Regel mit einer Prüfung ab, deren Bestehen den Teilnehmern einen anerkannten Abschluß (z. B. den des Personalfachkaufmanns, Industriefachwirts, Industriemeisters usw.) verleiht.

Seminare. Seminare sind zeitlich befristete Bildungsmaßnahmen von zumeist ein bis zwei Tagen, an denen in der Regel zwischen 6 und 25 Personen, aber auch bis zu 60 Personen und mehr teilnehmen. Seminarveranstaltungen finden zu allen möglichen Themen statt, die einer Erhöhung der Handlungskompetenz dienen können, d. h., neben Themen zum Bereich Fachkompetenz auch solche zum Bereich Methoden- und Sozialkompetenz.

Workshops. Workshops sind ebenso wie Seminare zeitlich eng begrenzte Bildungsmaßnahmen. Die Dauer der Workshops variiert jedoch in der Regel zwischen zwei und drei Tagen, es sind aber auch fünf Tage denkbar. Workshops dienen in der Regel der Ideenfindung, dem Erfahrungsaustausch und/oder der Erarbeitung von Problemlösungen in der Gruppe. Die Gruppengröße variiert in der Regel zwischen acht und 15 Personen. Im Unterschied zu Seminaren sind Workshops in ihrer Konzeption durch Verwendung von teilnehmeraktivierenden Lernmethoden erfahrungs- und handlungsorientierter als seminaristische Bildungsmaßnahmen.

Assessment Center. Das Assessment Center wird neben der Personalbeschaffung im Rahmen der Mitarbeiterpotentialbestimmung, der Analyse des individuellen Personalwicklungsbedarfs und der allgemeinen Personalförderung eingesetzt.

Förderkreise. Förderkreise bestehen aus einer Gruppe besonders förderungswürdiger Mitarbeiter und Führungskräfte, die zu speziellen Seminarveranstaltungen eingeladen werden. Dabei haben sie Gelegenheit, mit höheren Führungskräften zu diskutieren. Positiv ist neben der Horizonterweiterung der Teilnehmer, daß die anwesenden Führungskräfte jüngere Mitarbeiter und Führungskräfte kennenlernen können, mit denen sie in der täglichen Arbeit nicht zusammenarbeiten [Hee91: 186].

Erfahrungsaustauschgruppen (Erfa-Gruppen). Die Teilnehmer an Erfa-Gruppen kommen in der Regel aus unterschiedlichen Unternehmen, bearbeiten dort aber vergleichbare Aufgabenfelder. Die Erfa-Gruppe bietet ihnen Gelegenheit, Erfahrungen aus dem beruflichen Alltag auszutauschen. Die Gruppe kann auch als Supervisonsgruppe (mit oder ohne Supervisor) angelegt sein.

Selbsterfahrungsgruppe. Einen ganz besonderen Stellenwert nimmt hier die Auseinandersetzung mit der Selbst- und Fremdwahrnehmung ein. Über Feedback-Gespräche soll eine möglichst hohe Übereinstimmung der eigenen Einschätzung mit der Wirkung von eigenen Handlungen und Verhaltensweisen und der tatsächlichen Wirkung auf andere Menschen erreicht werden.

Therapie. Eine Therapie kommt für diejenigen Mitarbeiter in Betracht, die in ihren sozialen Beziehungen verhaltensauffällig geworden sind und so an der optimalen Aufgabenerfüllung gehindert werden (insbesondere Menschen, von denen aufgrund ihrer innerbetrieblichen Funktion ein besonderes Maß an Sozialkompetenz erwartet wird, z. B. Führungskräfte). Art und Umfang der Therapie richtet sich nach dem zugrundeliegenden Problem [Hee91: 186].

12.4.3.7 Arbeitsplatzunabhängige Maßnahmen

Personalentwicklung wird normalerweise im Rahmen eines bestehenden Arbeitsverhältnisses durchgeführt. Im Bestreben, die Unternehmenspositionen mit dem jeweils bestgeeigneten Mitarbeiter zu besetzen und Mitarbeiter an das Unternehmen zu binden, ist es im Sinne einer umfassenden Personalentwicklung sinnvoll, Personalentwicklungsmaßnahmen auch gegenüber externen Arbeitnehmern anzuwenden. Dazu gehören Arbeitnehmer, deren

- Arbeitsverhältnis ruht, z. B. bei Wehrdienst- und Zivildienstleistenden;
- Arbeitsverhältnis fortbesteht, allerdings ohne Pflicht zur Arbeitsleistung, z. B. bei Schwangerschaft, Erziehungsurlaub, Beendigung des Arbeitsverhältnisses mit und ohne Wiedereinstellungszusage (Weiterbildung, Entwicklungsdiensttätigkeit, Tätigkeit im sozialen Dienst usw.).

12.4.3.8 Evaluierung der Personalentwicklung

In Anlehnung an Stiefel versteht man unter Evaluierung die Ergebnisermittlung von Änderungsprozessen bei den Mitarbeitern eines Unternehmens, die durch Aktivitäten der Personalentwicklung verursacht wurden [Sti74:9 f.]. Eva-

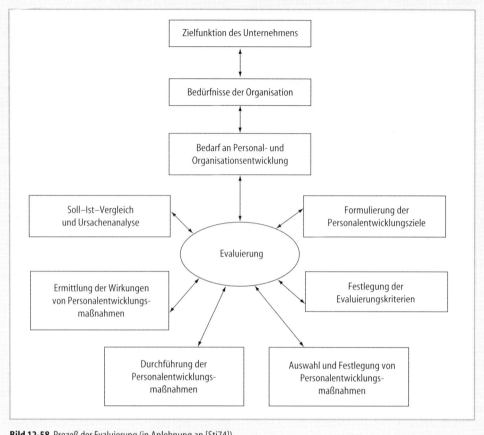

Bild 12-58 Prozeß der Evaluierung (in Anlehnung an [Sti74])

luierung umfaßt daher mehr als etwa eine schriftliche Teilnehmerbefragung am Ende eines Schulungskurses.

Eine umfassende systematische Evaluierung vollzieht sich in den in Bild 12-58 dargestellten Phasen.

12.4.4 Personaleinsatzplanung

Inhalt der Personaleinsatzplanung ist die zukünftige quantitative, qualitative, örtliche und zeitliche Einordnung der verfügbaren personellen Kapazität in den Leistungsprozeß des Unternehmens unter Berücksichtigung der Ziele des Unternehmens und der legitimen Belange der einzelnen Mitarbeiter [Hac72: 160]. Es lassen sich dabei im Grundsatz zwei Problembereiche unterscheiden: das Anpassungsproblem und das Zuordnungsproblem (Bild 12-59).

Das Anpassungsproblem besitzt zweiseitigen Charakter. Zum einen geht es dabei um die An-

passung der Arbeit an den Menschen. Hier kann eine Vielzahl von Möglichkeiten aufgezeigt werden, um die Arbeit nach arbeitswissenschaftlichen Erkenntnissen zu gestalten. Zum anderen geht es um die Anpassung des Menschen an die Arbeit, also um die Entwicklung und Förderung des Personals.

Die zentrale Aufgabe der Personaleinsatzplanung besteht in der Lösung des Zuordnungsproblems, also in der möglichst optimalen Kombination von Personal und Arbeit. Bei einer rein quantitativen Betrachtungsweise sind die Arbeitsplätze entsprechend zu besetzen. Das Ziel besteht dabei in der möglichst gleichmäßigen Auslastung des zur Verfügung stehenden Personals. Die Mitarbeiter werden als gleichwertig in bezug auf die Erfüllung der Arbeitsaufgaben betrachtet. Bei einer qualitativ orientierten Personalzuordnung werden die Mitarbeiter nicht mehr als gleichwertig in bezug auf ihre Qualifikationen angesehen, sondern es wird die unter-

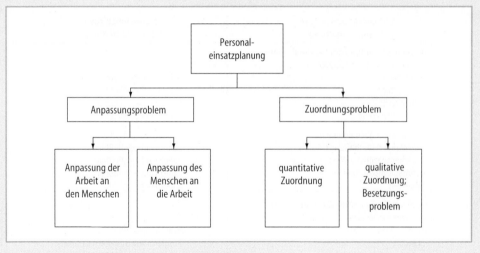

Bild 12-59 Gestaltungsmöglichkeiten der Personaleinsatzplanung

schiedliche Eignung der einzelnen Mitarbeiter für die vorhandenen Arbeitsplätze berücksichtigt.

Eine typische Aufgabe der qualitativen Personalzuordnung besteht in der Lösung des Besetzungsproblems. Hierbei ist für einen vakanten Arbeitsplatz der geeignetste aus einer Gruppe potentieller Mitarbeiter auszuwählen. Dieser Fall taucht in der Praxis z.B. bei der Erstbesetzung einer neuen Fertigungseinrichtung oder bei der Wiederbesetzung einer frei gewordenen Stelle auf.

12.4.5 Personalerhaltungsplanung

Die Funktion Personalerhaltung dient dazu, die den Erfordernissen des Unternehmens angepaßte personelle Kapazität zu sichern. Die Leistungsfähigkeit und Leistungsbereitschaft des Personals ist zu erhalten. Es geht um Bemühungen wie:
– die Gesundheit der Mitarbeiter zu erhalten und dafür die notwendigen Vorkehrungen zu treffen;
– die Bereitschaft der Mitarbeiter zum Verbleiben in dem Unternehmen zu fördern;
– die im betrieblichen Kooperationssystem auftretenden Spannungen und Konflikte zu bewältigen und
– den mehrschichtigen Bedürfnisstrukturen der Mitarbeiter so weit wie möglich zu entsprechen.

Leistungsfähigkeit und -bereitschaft sind Komponenten der personellen Kapazität und müssen einander ergänzen. Diskrepanzen zwischen Leistungsfähigkeit und Leistungsbereitschaft führen zu einer Beeinträchtigung der personellen Kapazität.

Für die Personalerhaltung läßt sich kein allgemeingültiges Problemlösungskonzept angeben. Die Randbedingungen und betriebsspezifischen Bedingungen sind zu unterschiedlich, als daß solch eine Verallgemeinerung zum Erfolg verhelfen würde. Jedes Unternehmen muß aufgrund seiner spezifischen Situation ein eigenes Konzept entwickeln.

Bild 12-60 gibt einen zusammenhängenden Überblick über die möglichen Einflußfaktoren und deren Beeinflussung seitens des Unternehmens durch konkrete Maßnahmen auf die Personalerhaltung.

12.4.6 Personalfreistellungsplanung

Die Personalfreistellungsplanung dient dem Abbau einer personellen Überdeckung in quantitativer, qualitativer, örtlicher und zeitlicher Hinsicht. Die Anlässe zur Freistellung personeller Kapazität sind mannigfaltig: saisonalbedingte periodische Schwankungen im Personalbedarf…; Absatz- und Produktionsrückgänge…; Veränderungen des Personalbedarfs als Folge technischer Entwicklungen und anderes mehr. Bild 12-61 gibt einen Überblick über die Arten der Freistellung.

Einflußfaktoren auf die Personalerhaltung	Maßnahmen zur Personalerhaltung
Rahmenbedingungen der Personalerhaltung	
Konstitutive Rahmenbedingungen	
Berufsfreiheit	nahezu unbeeinflußbar
Freizügigkeit	nahezu unbeeinflußbar
Arbeitsrecht	nahezu unbeeinflußbar
Wirtschaftssystem	nahezu unbeeinflußbar
Situative Rahmenbedingungen	
allgemeine Wirtschaftslage	nahezu unbeeinflußbar
branchenspezifische Wirtschaftslage	nahezu unbeeinflußbar
berufsspezifische Konjunktur	nahezu unbeeinflußbar
Jahreszeit	nahezu unbeeinflußbar
Organisatorische Einflußfaktoren	
Allgemeine betriebliche Faktoren	
Branchenzugehörigkeit	nahezu unbeeinflußbar
Standort	Ausgleich von Standortnachteilen
Betriebsgröße	nahezu unbeeinflußbar
Image	Public-Relations-Politik
Techno-organisatorische Faktoren	
Produktionsvollzug	Optimierung
Mechanisierungsgrad	Job-enrichment, Job-rotation, …
Arbeitsplatzgestaltung	Arbeitssicherheit und -umwelt
Arbeitszeitregelung	Tarife, Gesetze, Teilzeitarbeit
Sozio-organisatorische Faktoren	
Betriebsklima	Vorgehensweise im Konfliktfall
Personalführung	Führungsstil, Management by…
Information	Informationspolitik
Aus- und Weiterbildung	Aus- und Weiterbildungspolitik
Aufstiegsmöglichkeiten	Beförderungspolitik
Personalauswahl	Nachfolgepläne, Assessment-Center
Personaleinführung	Checkliste, Patenschaftssystem
Monetäre Faktoren	
Lohnsatz	Lohngerechtigkeit
Lohnform	keine generalisierenden Aussagen
Beteiligungssystem	keine generalisierenden Aussagen
Sozialleistungen	Darlehen, Werkskantine
Arbeitsplatzsicherheit	
Individuelle Einflußfaktoren	
Personenbezogene Faktoren	
Nationalität	Berücksichtigung nationaler Eigenarten
Geschlecht	keine generalisierenden Aussagen
Lebensalter	keine generalisierenden Aussagen
Familienstand	keine generalisierenden Aussagen
Persönlichkeit	Isolierung von Persönlichkeitsfaktoren
Erziehung / Biographie	Analyse biographischer Daten
Berufsbezogene Faktoren	
Ausbildungsniveau	keine generalisierenden Aussagen
Berufliche Stellung	keine generalisierenden Aussagen
Betriebszugehörigkeitsdauer	keine generalisierenden Aussagen

Bild 12-60 Einflußfaktoren auf und Maßnahmen zur Personalerhaltung

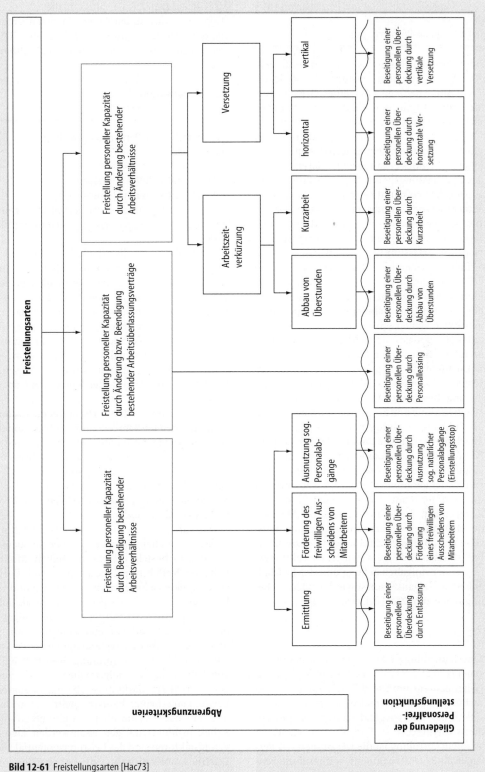

Bild 12-61 Freistellungsarten [Hac73]

12.4.7 Wirtschaftlichkeit des Personalwesens

12.4.7.1 Human-Resources-Management

Unter Human-Resources (Humanvermögen) wird die Summe aller Leistungspotentiale, die einem Unternehmen oder einer Organisation durch ihre Mitglieder (Arbeitnehmer) zur wirtschaftlichen Nutzung zur Verfügung stehen, verstanden. Dabei soll nicht der Arbeitnehmer selbst, sondern sein dem Unternehmen zur Verfügung stehendes Leistungspotential erfaßt werden. Das Leistungspotential ist das Produkt aus Leistungsangebot und Zeitraum, in dem der Arbeitnehmer die Leistung anbieten kann. Das Leistungsangebot ist bestimmt durch die individuelle Leistungsfähigkeit und Leistungsbereitschaft. Zur Erfassung des dem Unternehmen zur Verfügung stehenden Humanvermögens dient die Human-Resources-Accounting-Methode. Eine unzureichende Einschätzung des Humanvermögens eines Unternehmens kann zu personalpolitischen Fehleinschätzungen führen [Sel88].

Das Human-Resources-Management ist eine im unternehmerischen Planungsprozeß zu berücksichtigende, integrierte Funktion. Sie besteht aus einem Rückkopplungsprozeß, der mit Planung, Besetzung von Arbeitsplätzen, Personalentwicklung und Entgeltfindung beginnt und mit Führung, Training und Entwicklung der Mitarbeiter endet. Alle Entscheidungen und Aktivitäten, die sich auf das Personal beziehen und darauf abzielen, die Effektivität der Beschäftigten und der gesamten Organisation zu optimieren, sind Bestandteil des Human-Resources-Managements. Das Human-Resources-Management hat in seiner ganzheitlichen Betrachtungsweise ein optimales Zusammenspiel zwischen Bedürfnissen und Eigenarten der Beschäftigten, der Art der Aufgabenstellung und der Beschaffenheit der Organisation sowie der externen Bedingungen zum Ziel [vgl. Oec90: 243].

12.4.7.2 Personalcontrolling

Dem Controlling als Arbeitsmethode des Managements liegt der Gedanke zugrunde, dem Unternehmen ein umfassendes Planungs-, Überwachungs- und Informationssystem bereitzustellen, das überwiegend strategisch und zukunftsorientiert ist (s. Kap. 8). Gegenstand des Personalcontrolling ist die Gesamtheit des Personals eines Unternehmens, während die zentrale Aufgabe die Steuerung der Personalarbeit ist [Hoy89: 274]. Zur Bewältigung dieses großen Aufgabenfeldes ist demzufolge in vielen Unternehmen der Trend zu einem effizienten, EDV-gestützten Personalcontrolling zu beobachten.

12.4.7.3 Aufgabenumfang und Bestandteile des Personalcontrolling

Bestandteile des Personalcontrollings sind die ökonomischen Größen
– Kosten,
– Wirtschaftlichkeit (Effizienz),
– Erfolg (Effektivität) [Hoy89: 274]
sowie die in Bild 12-62 dargestellten Managementfelder und dazugehörigen Controllingfunktionen.

Das Kostencontrolling (kalkulatorisches Controlling) liefert Informationen über die Entwicklung und Struktur der Personalkosten sowie die Kosten der Personalabteilung. Dabei werden die Summen der Personalkostenarten und die Kosten der Personalabteilung über einen bestimmten Zeitraum geplant und anhand von Budgets, kostenanalytischen Auswertungen und Abweichungsanalysen kontrolliert. Wesentlich ist dabei die Analyse der Abweichungsursachen.

Beim Effizienz- oder Wirtschaftlichkeitscontrolling sollen Ressourceneinsätze für personalwirtschaftliche Aktivitäten überwacht, analysiert und optimiert werden. Ziel ist es, Ressourcenverschwendung in der Personalabteilung zu vermeiden. Weiterhin soll das Rationalisierungspotential für personalwirtschaftliche Prozesse analysiert werden.

Das Effektivitäts- oder Ergebniscontrolling bedeutet vor allem das qualitative Personalcontrolling. Es besteht die Notwendigkeit, Mitarbeiter noch effektiver einzusetzen, organisatorische Aspekte zielorientierter zu steuern und zu kontrollieren sowie die Personalarbeit als solche zu optimieren [Wür90: 697]. Die Aufgabe des Effektivitäts- oder Ergebniscontrollings liegt in der ökonomischen Rechtfertigung der Personalarbeit durch die Ermittlung ihres Beitrages zum Unternehmenserfolg. Da die Personalarbeit keine direkt am Markt umsetzbaren, meßbaren Leistungen erbringt, kann der Beitrag zum Unternehmenserfolg nur über den Einfluß auf die Arbeitsproduktivität gemessen werden. Deren Erfolgsfaktoren sind das Leistungspotential, die Leistungsmotivation und die Arbeitssituation der Mitarbeiter des Unternehmens.

Personalmanagementfelder	Controllingfunktion
Personalbestandsmanagement	Fähigkeitscontrolling Strukturcontrolling
Personalbedarfsmanagement	Anforderungscontrolling Bedarfstrukturcontrolling
Personalbeschaffungsmanagement	Beschaffungswegcontrolling Bewerberauswahlcontrolling
Personalentwicklungsmanagement	Bildungscontrolling
Personalfreisetzungsmanagement	Freisetzungsformcontrolling Freisetzungsabwicklungscontrolling
Personaleinsatzmanagement	Arbeitsplatzcontrolling Arbeitsaufgabencontrolling Arbeitszeitcontrolling
Personalführungsmanagement	Motivationcontrolling Führungscontrolling Kulturcontrolling
Personalkostenmanagement	Budgetcontrolling Kostenstrukturcontrolling

Bild 12-62 Aufgabenumfeld des Personalcontrollings

12.4.7.4 Funktionen des Personalcontrolling

Das Personalcontrolling hat eine
– Integrations-,
– Koordinations- und
– Frühwarnfunktion [Hoy89: 274].

Die Integrationsfunktion des Personalcontrollings schafft die Voraussetzung zur Eingliederung des Personalwesens in gesamtplanerische Maßnahmen der Geschäftsleitung. Die Koordinationsfunktion führt zu einer Koordination der mitunter nebeneinanderherlaufenden Einzel- und Teilpläne im Personalwesen. Durch die Frühwarnfunktion des Personalcontrollings kann das theoretisch immer wieder geforderte Agieren statt Reagieren im Personalbereich realisiert werden.

12.4.7.5 Instrumente des Personalcontrolling

Die Instrumente des Personalcontrollings sind entsprechend der Controllingidee überwiegend strategischer Natur und zukunftsorientiert:
– Zielplanung,
– Personalplanung,
– Frühwarnsystem,
– Personalinformationssysteme,

– Kennzahlensysteme und Personalstatistik,
– Personalkostenrechnung,
– Mitarbeiterbeurteilung [Hoy89: 275].

Durch die Zielerkennung und Zielplanung ist erst eine Steuerung möglich. Durch die Zielplanung wird auch die Voraussetzung für eine offensive Personalarbeit geschaffen. Aus den gesetzten Zielen können zudem die erforderlichen Maßnahmen abgeleitet werden.

Die Personalplanung umfaßt alle personalbezogenen Funktionen, die eingangs in 12.4 beschrieben wurden.

Das Frühwarnsystem versorgt die Personalabteilung frühzeitig mit Informationen über zukünftige Personalressourcen, die für ein strategisch orientiertes Personalcontrolling substantiell wichtig sind, da sie zukünftige Veränderungen der Personalressourcen und Auswirkung auf die Strategierealisierung haben. Die Beobachtungsfelder eines Frühwarnsystems müssen daher alle Bereiche umfassen, die Einfluß auf die Personalarbeit ausüben können. Dazu gehören:
– technologische Entwicklung,
– Gesellschaft (Politik, Unternehmensklima),
– Demographie (Bevölkerungsstatistik, -wissenschaft),

– Volkswirtschaft/Wirtschaftliche Lage des Unternehmens.

Personalinformationssysteme erlauben eine systematische Sammlung und Auswertung der personalwirtschaftlichen Informationen, z. B. Fehlzeiten, Beurteilungen.

Kennzahlensysteme und Personalstatistik liefern Kennzahlen und statistische Daten, die in konzentrierter Form über wesentliche betriebswirtschaftliche Zusammenhänge informieren.

Die Personalkostenrechnung beschäftigt sich mit der Erfassung und Analyse der Personalkosten, die direkt und indirekt für das Personal anfallen.

Mitarbeiter- und Leistungsbeurteilungssysteme liefern schließlich wertvolle Informationen über Leistungsfähigkeit und -motivation, Betriebsklima und Personalentwicklungsbedarf. Entsprechend ausgelegte Systeme ermöglichen eine Beurteilung der vorhandenen Potentiale des Personals.

Literatur zu Abschnitt 12.4

[Got79] Gottschall, D.: Arbeiterfortbildung bei Hoechst. Managermagazin 12 (1979), 86–92

[Hac71] Hackstein, R.; Nüssgens, K.H.; Uphus, P.H.: Personalwesen in systemorientierter Sicht. Fortschrittl. Betriebsführung 20 (1971), 27–41, 47–57

[Hac72] Hackstein, R.; Nüssgens, K.H.; Uphus, P.H.: Personaleinsatz im System Personalwesen. Fortschrittl. Betriebsführung 21 (1972)

[Hac73] Hackstein, R.; Nüssgens, H.H.; Uphus, P.H.: Personalfreistellung im System Personalwesen. Fortschrittl. Betriebsführung 22 (1973)

[Hag66] Hagner, G.W.: Arbeitsstudium und Stellenbesetzungsplan. REFA-Nachr. 19 (1966), 121

[Hee88] Heeg, F. J.: Moderne Arbeitsorganisation, München: Hanser 1988, 83

[Hee89] Heeg, F.-J.; Hurtz, A.: Personalentwicklung und neue Technologien. Personalführung 9 (1989), 884-891

[Hoy89] Hoyer, J.; Knoblauch, R.: Personalarbeit optimieren durch Personalcontrolling. Personal 7 (1989), 274

[Isc82] Ische, F.: Lernstatt. Z. f. Organisation 5/6 (1982), 295–298

[Jes89] Jeserich , W.: Mitarbeiter auswählen und fördern: Assessment-Center-Verfahren. In: Jeserich, W.; u.a., Hb. der Weiterbildung, Bd. 1. München: Hanser 1989

[Kom89] Kompa, A.: Personalbeschaffung und Personalauswahl. Stuttgart: Enke 1989

[Mau81] Mauch, H.J.: Werkstattzirkel. Quickborn: Metaplan GmbH 1981

[Mau78] Maukisch, H.: Einführung in die Eignungsdiagnostik. In: Organisationspsychologie. (Hrsg.: Mayer, A.) Stuttgart: n 1978

[Oec90] Oechsler, W.A.: Auswirkungen neuer Technologien auf das Personalmanagement. In: wisu, 1990

[RKW78] RKW-Handbuch. Praxis der Personalplanung, Teil III: Planung der Personalbeschaffung. Neuwied: n 1978

[Ros80] Rosenstiel, L. v.: Grundlagen der Organisationspsychologie. Stuttgart: Poeschel 1980

[Sch89] Scholz, C.: Computergestütztes Personal-Controlling. n: n 1989

[Sel88] Sellien, R.; Sellien, H.: Wirtschaftslexikon. Wiebaden: Gabler 1988

[Sti74] Stiefel, R.Th.: Grundfragen der Evaluierung in der Management-Schulung (Schriftenr. Lernen und Leistung, Hrsg.: RKW). Frankfurt a. Main: n 1974, 9 f.

[Wag91] Wagner, D.; Schumann, R.: Die Produktinsel. Köln: Vlg. TÜV Rheinland 1991

[Wit84] Witzgall, E.: Höherqualifizierung in der Industriearbeit. Diss. Univ. Bamberg 1984

[Wür90] Würthner, V.: EDV-gestütztes Personal-Controlling. Personalführung 10 (1990) 697

12.5 Arbeitswirtschaft

12.5.1 Bedeutung der Arbeitswirtschaft im Produktionsunternehmen

12.5.1.1 Begriff und Kernbereiche

Für den Begriff Arbeitswirtschaft lassen sich unterschiedliche Definitionen angeben. In einer weiten Begriffsfassung ist die „industrielle Arbeitswirtschaft … die systematische Zusammenfassung jener arbeitswissenschaftlich begründeten Maßnahmen der umfassenden Arbeitsgestaltung in der Industrie, die unter Beachtung optimal humanitärer Ansprüche und sozialer Ordnungsregeln zur Förderung der Wirtschaftlichkeit des Unternehmens beitragen" [Jun62: F 20] [vgl. 12-67]. Die Gestaltungsfelder der Arbeitswirtschaft reichen dabei von der Arbeitsorganisation über die Gestaltung von Arbeitsplatz und Arbeitsumgebung, die Ermittlung der Anforderungen am Arbeitsplatz und die dementsprechende Unterweisung und Qualifizierung der dort einzusetzenden Mitarbeiter bis hin zu Fragen der Zeitermittlung und Entgeltgestaltung [Haf89: 208, GrH91: 41f., Zül93: 91f.].

Bei einer engen Definition des Begriffes hat die Arbeitswirtschaft die Aufgabe, den Produktionsfaktor Arbeit in wirtschaftlicher Weise im Produktionsprozeß einzusetzen. Wirtschaftlichkeit darf dabei allerdings nicht nur wertmäßig im Sinne eines Vergleiches monetärer Kosten- und Leistungsgrößen oder mengenbezogen im Sinne einer Relation zwischen eingegebenen Produktionsfaktoren und ausgegebenen Produktionsmengen (auch als Produktivität bezeichnet [Wöh93: 49]) verstanden werden. Neben diese wertmäßige bzw. mengenmäßige Wirtschaftlichkeit tritt zunehmend die zeitliche Wirtschaftlichkeit, bei der vorrangig produktionslogistische Kriterien betrachtet werden, wie z.B. die Durchlaufzeit von Produktionsaufträgen oder die Nutzung von Produktionskapazitäten [Eid91: 22ff.]. Im Sinne einer erweiterten Wirtschaftlichkeit [Gro84, Zan94] sind darüber hinaus bei der Gestaltung von Arbeitssystemen nichtmonetäre Nutzenkriterien zu betrachten. Damit soll der besonderen Qualität des Produktionsfaktors Arbeit als Tätigkeit des Menschen gegenüber den anderen Produktionsfaktoren, nämlich den Betriebsmitteln und Werkstoffen, Rechnung getragen werden (vgl. zu den betrieblichen Produktionsfaktoren [Wöh93: 93ff.]). Neben das Prinzip der Wirtschaftlichkeit tritt dann das Prinzip der menschengerechten Gestaltung der Arbeit [REFA91e: 12f.]. Nach der engen Begriffsdefinition beinhaltet die Arbeitswirtschaft vor allem Fragen der Zeitermittlung, der Arbeitsbewertung und der Entgeltgestaltung [Sch79: 2f.].

Nachfolgend werden diese Kernbereiche der Arbeitswirtschaft näher behandelt. Die zugehörigen Methoden sind dabei nicht nur auf industrielle Produktionsprozesse anwendbar, sie lassen sich prinzipiell auch auf andere Bereiche wirtschaftlichen Handelns übertragen, so z.B. auf Verwaltungs- und Dienstleistungsprozesse [LaS92: 442ff.]. Im folgenden wird allerdings vereinfachend vorrangig auf Sachleistungsprozesse Bezug genommen.

12.5.1.2 Einordnung in die betrieblichen Funktionen

Die Arbeitswirtschaft stellt eine wesentliche Komponente bei der Planung, Gestaltung und Steuerung von Produktionsprozessen dar. Innerhalb der Grundfunktionen eines Produktionsbetriebs (vgl. zu den betrieblichen Funktionen [Wie89: 8ff.]) läßt sich die Arbeitswirtschaft der Arbeitsplanung (s.a. 7.4.6) zuordnen (Bild 12-63). Für diese betriebliche Grundfunktion liefert die Arbeitswirtschaft vor allem Daten, die zur Ermittlung des erforderlichen zeitlichen Bedarfs an Produktionsfaktoren pro Produkteinheit dienen (Kapazitätsbedarf). Aus dem Vergleich mit den verfügbaren Produktionsfaktoren läßt sich damit im Rahmen der Arbeitssteuerung (auch als Produktionsplanung und -steuerung bezeichnet [Hac89: 3f.]; s.a. 14.2) die Nutzung der Produktionskapazitäten planen, insbesondere der Betriebsmittel und des Personals (s. zum Kapazitätsbegriff [REFA91f: 180ff.]). Nach Erstellung des Produktionsergebnisses kann anhand von tatsächlich genutzten Kapazitäten und Fertigstellungszeitpunkten die Erreichung vor allem logistischer Zielkriterien überprüft werden. Dieser Aspekt wird auch als produktionslogistisches Controlling (s. 18.1) bezeichnet.

Hinsichtlich des monetären Aspektes des Produktionsprozesses liefert die Arbeitswirtschaft Daten zur produktbezogenen Kostenplanung (Kalkulation). Die monetäre Bewertung der tatsächlich genutzten Kapazitäten kann z.B. mit Hilfe von Maschinen- und Personalkostensätzen erfolgen [REFA85: 40ff., REFA91h: 158ff., WBH93: 72ff.]. Nach Erstellung des Produktionsergebnisses läßt sich im Rahmen des betriebswirtschaftlichen Controllings (s. 18.3) die wertmäßige Wirtschaftlichkeit des Produktionsprozesses beurteilen. Damit steht die Arbeitswirtschaft nicht nur mit den betrieblichen Grundfunktionen in Beziehung, sondern darüber hinaus auch mit den Querschnittsfunktionen Personal- und Rechnungswesen sowie über die zeitlichen Aspekte mit der Logistik und, bei prozeßorientierter Ausrichtung, auch mit der Qualitätssicherung (s. zur funktionalen Gliederung z.B. [REFA91e: 194]).

12.5.1.3 Rechtliche Rahmenbedingungen

Nach der hier zugrunde gelegten engen Begriffsdefinition ist das Betrachtungsobjekt der Arbeitswirtschaft vorrangig der Produktionsfaktor Arbeit und damit das im Produktionsprozeß eingesetzte Personal. Im Rahmen der Zeitermittlung werden zusätzlich auch die Betriebsmittel und Arbeitsaufgaben (Aufträge) in die Betrachtung einbezogen. Aus dieser Personalori-

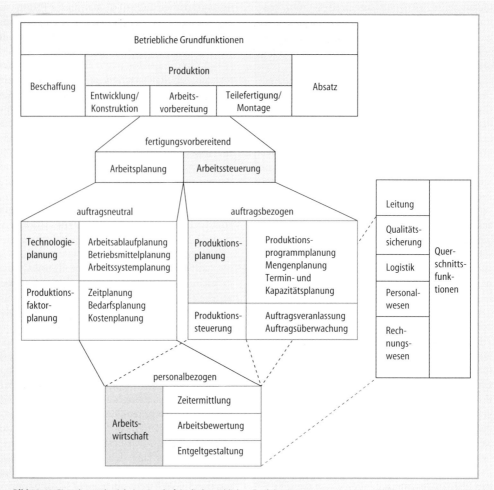

Bild 12-63 Einordnung der Arbeitswirtschaft in die betrieblichen Funktionen

entierung der Arbeitswirtschaft ergeben sich Spannungsfelder, die sich aus unterschiedlichen Zielsetzungen des Unternehmens einerseits und des Personals andererseits begründen.

Um diese Spannungsfelder zu regeln, sind rechtliche Rahmenbedingungen in Form von Gesetzen und Verträgen geschaffen worden, durch die mögliche Probleme geordnet und Konflikte ausgeglichen werden sollen [ZöL92:146ff.,328ff.]. Durch diese Regelungen werden allerdings auch die arbeitswirtschaftlichen Gestaltungsmöglichkeiten reglementiert und eingegrenzt. Von besonderer Bedeutung für die Arbeitswirtschaft sind einerseits vor allem das Arbeitszeitgesetz und das Betriebsverfassungsgesetz sowie andererseits die geltenden Tarifverträge und Betriebsvereinbarungen (s.a. 12.1).

So legt das Arbeitszeitgesetz im Grundsatz fest, daß die regelmäßige werktägliche Arbeitszeit die Dauer von acht Stunden nicht überschreiten darf, wobei in bestimmten Fällen eine Ausweitung auf maximal zehn Stunden möglich ist (§ 3, § 6 Abs. 2, § 7 ArbZG). Da es sich hierbei um eine Mindest-Arbeitsbedingung handelt, kann diese Regelung durch Tarifvertrag, Betriebsvereinbarung oder durch den Einzel-Arbeitsvertrag zwischen Arbeitgeber und Arbeitnehmer verkürzt werden. In arbeitswirtschaftlicher Hinsicht wird damit der theoretisch verfügbare Kapazitätsbestand des Menschen im Produktionsprozeß [REFA91f: 209f.] nach oben begrenzt.

Gemäß Tarifvertragsgesetz können durch Tarifverträge betriebliche und betriebsverfassungsrechtliche Fragen geordnet werden (§ 1 TVG).

Sofern tarifvertragliche Regelungen bestehen, haben diese Vorrang gegenüber anderen vertraglichen Regelungen, beispielsweise gegenüber Betriebsvereinbarungen nach dem Betriebsverfassungsgesetz (§ 87 Abs. 1 BetrVG). So regeln Tarifverträge vielfach die Methoden, nach denen die Arbeitsbewertung und Entgeltgestaltung erfolgt. Lediglich in den Fällen, in denen in einem Tarifvertrag über die anzuwendenden Methoden keine Aussage getroffen wird oder dies ausdrücklich den einzelnen Betrieben überlassen wird, kann auf dem Wege der Betriebsvereinbarung eine betriebliche Festlegung der anzuwendenden Methoden vorgenommen werden (§ 77 Abs. 2, § 87 Abs. 1 Nr. 10 und 11 BetrVG; s. a. [Lan90: 48 ff.]). Durch Einzelarbeitsvertrag kann auch eine individuelle Entgeltgestaltung vereinbart werden. Diese arbeitswirtschaftliche Gestaltungsmöglichkeit kommt dann in Betracht, wenn der Arbeitnehmer eine nicht tarifgebundene Tätigkeit ausübt.

12.5.2 Zeitermittlung

Die Aufgabe der Zeitermittlung besteht darin, die für die Durchführung einer Arbeitsaufgabe tatsächlich benötigte oder als Planungsdatum vorzugebende Zeitdauer zu ermitteln. Die dabei verwendeten Methoden sollen gewährleisten, daß die Zeitermittlung reproduzierbar ist. Dies bedeutet, daß die verwendeten Methoden nachvollziehbar und die Ergebnisse überprüfbar sein sollen. Die Zeitermittlung soll insgesamt bei im übrigen gleichbleibenden Arbeitsbedingungen wiederholbar sein und dabei zu einem (zumindest annähernd) gleichen Ergebnis führen. Um dies zu gewährleisten, erstreckt sich die Zeitermittlung nicht nur auf die Erfassung der Zeitdauer von Arbeitsvorgängen, sie beinhaltet darüber hinaus auch die Ermittlung derjenigen Einflußgrößen, die diese Zeitdauer beeinflussen. Sie umfaßt damit auch z. B. die Erfassung der zur Arbeitsaufgabe gehörenden Mengeneinheiten und der vorliegenden Arbeitsbedingungen. Daher wird die Zeitermittlung allgemeiner von REFA auch als Datenermittlung bezeichnet (vgl. im folgenden vor allem [REFA92: 10 ff., REFA93: 218 ff., Wob93]).

Darüber hinaus ist für die Verwendbarkeit der ermittelten Zeitdauern deren Genauigkeit von Bedeutung. Zeitdaten können z. B. für die Produktionsplanung und -steuerung, für das betriebswirtschaftliche und produktionslogistische Controlling oder auch als Grundlage für eine leistungsabhängige Entgeltgestaltung herangezogen werden. Es ist einleuchtend, daß beispielsweise die für eine Akkordentlohnung zu verwendenden Zeitdaten höheren Genauigkeitsanforderungen genügen sollten als solche, die für die Grobplanung von Arbeitssystemen benötigt werden. Die Genauigkeit von ermittelten Daten läßt sich hierzu in bestimmten Fällen mit Hilfe statistischer Verfahren angeben, z. B. anhand der Vertrauensgrenzen bei gegebener statistischer Sicherheit [REFA92: 161 ff.]. Oftmals reicht für die Beurteilung der Genauigkeit von Daten aber auch eine verbale Beschreibung ihrer Ermittlungsweise aus (z. B. als Expertenschätzung oder als Aufschreibung eines Maschinendatenerfassungsgerätes).

12.5.2.1 Detaillierung von Arbeitsabläufen

Gegenstand der Zeitermittlung ist der Arbeitsablauf bei der Durchführung einer Arbeitsaufgabe. In gleicher Weise wie die Arbeitsgestaltung (s. a. 12.2) bedient sich die Zeitermittlung einer Systembetrachtung, bei der Mensch, Betriebsmittel, Arbeitsaufgabe und Arbeitsablauf neben der Eingabe, der Ausgabe und den Umgebungseinflüssen als Elemente eines Arbeitssystems gelten [REFA91d: 150 ff.]. Die Systemgrenzen sind daher so weit zu ziehen, daß alle zur Durchführung der betrachteten Arbeitsaufgabe gehörenden Elemente Bestandteile des Arbeitssystems sind. Bei der Betrachtung eines komplexen Produktionsauftrages umfaßt die Systemgrenze alle tangierten Organisationseinheiten von der Konstruktion bis zur Endmontage. Soll hingegen lediglich die Bewegungsfolge beim Montieren eines Kleinschalters betrachtet werden, so reicht eine engere, auf den Greif- und Sehraum der Arbeitsperson beschränkte Systembetrachtung aus.

Hieraus ergibt sich, daß auch der Detaillierungsgrad einer Zeitermittlung als das kleinste dabei betrachtete zeitliche Element von unterschiedlicher Komplexität sein kann. Während man im Falle der Betrachtung eines komplexen Produktionsauftrages den Arbeitsablauf eher in größere Abschnitte unterteilt, wird man im Falle der Untersuchung von Bewegungsfolgen sehr viel kleinere Ablaufabschnitte betrachten. Der Detaillierungsgrad der Ablaufabschnitte wird somit nach Zweckmäßigkeit festgelegt. Die Bandbreite reicht dabei von Gesamtabläufen über einzelne Vorgänge bis hin zu Vorgangselementen. Während der Gesamtablauf die Herstellung eines kompletten Erzeugnisses beschreibt, bezieht sich ein Vorgang lediglich auf die Bearbeitung eines Teiles davon. Vorgangselemente sind schließlich solche Ablaufabschnitte, die bei ihrer Beschreibung und zeitlichen Erfassung nicht weiter unterteilt werden können [REFA91b: 43]. Zwischen den hier genannten Ablaufabschnitten können noch weitere Detaillierungsstufen eingefügt werden, so daß sich eine Hierarchie der Ablaufabschnitte ergibt.

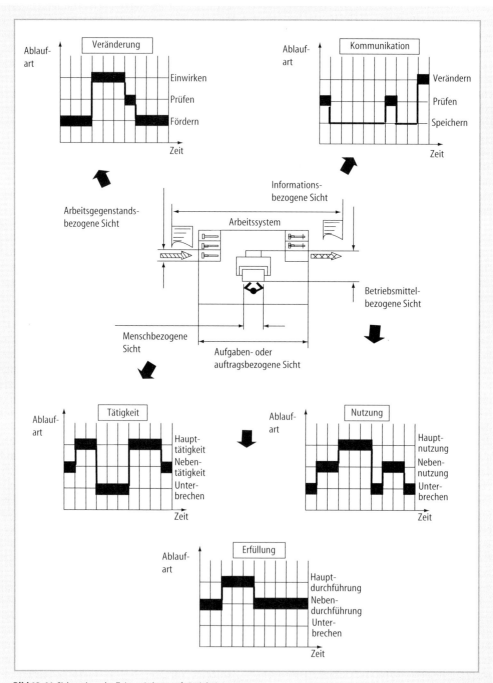

Bild 12-64 Sichtweisen der Zeitermittlung auf ein Arbeitssystem

Im Rahmen der Zeitermittlung kann ein Arbeitssystem aus verschiedenen Sichten betrachtet werden (Bild 12-64), je nachdem, auf welches Systemelement das Interesse gerichtet ist. Nach REFA [REFA91g: 11ff., REFA92: 22f.] lassen sich Sichtweisen unter fünf verschiedenen Aspekten unterscheiden:

– die Tätigkeit eines Menschen,
– die Nutzung eines Betriebsmittels,
– die Durchführung einer Arbeitsaufgabe bzw. eines Auftrags,
– die Veränderung eines Arbeitsgegenstands und
– der Austausch von Informationen.

Je nach Sichtweise kann sich dabei ein und derselbe Arbeitsablauf unterschiedlich darstellen. Während beispielsweise das Betriebsmittel einen automatischen Fertigungsprozeß durch-

läuft, wartet ggf. der Maschinenbediener auf einen neuen Fertigungsauftrag, und der zu bearbeitende Arbeitsgegenstand befindet sich zur gleichen Zeit noch auf dem Transport. Bei der Beschreibung des Arbeitsablaufes sind somit unterschiedliche Bezeichnungen notwendig, um einen Arbeitsablauf der jeweiligen Sicht entsprechend zu bezeichnen. REFA unterscheidet Ablaufabschnitte nach verschiedenen Ablaufarten; sofern die Zeitdauer für einen Ablaufabschnitt gemeint ist, wird von Zeitarten gesprochen [REFA92: 20].

Ablaufabschnitte können grundsätzlich danach unterteilt werden, ob es sich um einen Rüst- oder einen Ausführungsablauf handelt. Während beim Rüsten das Arbeitssystem auf die Erfüllung der Arbeitsaufgabe vorbereitet wird, handelt es sich beim Ausführen um die eigentliche Arbeitsaufgabe, z. B. das Bearbeiten eines Arbeitsgegenstandes. Von grundlegender Bedeutung ist weiterhin, ob ein Arbeitsablauf vom Menschen voll

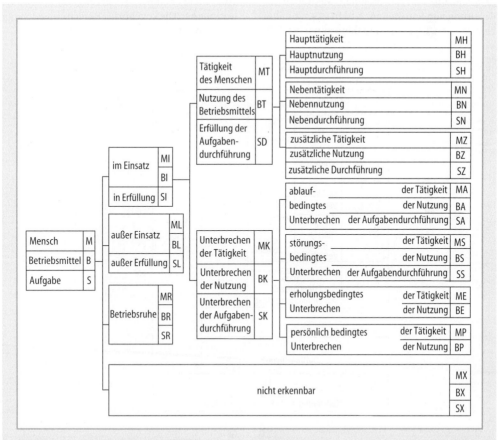

Bild 12-65 Ablaufarten bezogen auf Mensch, Betriebsmittel und Aufgabe

oder zumindest bedingt beeinflußt werden kann oder ob er sich in zeitlicher Hinsicht vom Menschen unbeeinflußbar vollzieht.

Nachfolgend werden die material- und informationsorientierten Ablaufarten bezogen auf den Arbeitsgegenstand und die Information nicht weiter betrachtet. Bild 12-65 zeigt die übrigen (kapazitätsorientierten) Ablaufarten mit den nach REFA für die jeweiligen Sichten geltenden Kürzeln [REFA92: 20 ff., REFA91g: 15 ff.].

12.5.2.3 Zeitarten und Vorgabezeiten

Mit Hilfe der Ablaufarten lassen sich die Abläufe in einem Arbeitssystem systematisch analysieren. Werden bei einer derartigen Ablaufanalyse auch die zugehörigen Zeitdauern gemessen, so handelt es sich zunächst um Ist-Zeiten, also um tatsächlich gebrauchte Zeiten für die Ausführung bestimmter Ablaufabschnitte. Aus diesen Ist-Zeiten sind in einem zweiten Schritt Soll-Zeiten abzuleiten. Auf mögliche Methoden zur Ableitung von Soll-Zeiten wird in 12.5.2.4 näher eingegangen. Ergebnis sind dann zunächst Soll-

Zeiten für bestimmte Ablaufabschnitte. Diese sind schließlich zu Vorgabezeiten zusammenzufassen. Vorgabezeiten sind nach REFA „Soll-Zeiten für von Menschen und Betriebsmitteln ausgeführte Arbeitsabläufe" [REFA92: 41]. Bezogen auf die Arbeitsaufgabe ist die Durchlaufzeit als „Soll-Zeit für die Erfüllung einer Aufgabe in einem oder mehreren bestimmten Arbeitssystemen" [REFA91g: 16] zu ermitteln.

Vorgabezeit für den Menschen

Bild 12-66 zeigt das Schema zur Ermittlung der Vorgabezeit für den Menschen; sie wird als Auftragszeit T bezeichnet (vgl. [REFA93: 220 ff.]). Die Arbeitsaufgabe umfaßt einen Auftrag mit der Auftragsmenge m und beinhaltet neben der Zeit für die eigentliche Bearbeitung, der Ausführungszeit t_a, auch die Zeit für das Vorbereiten des Arbeitssystems, die Rüstzeit t_r. Die Ausführungszeit ist das Produkt aus der Auftragsmenge und der Zeitdauer für die Bearbeitung einer Mengeneinheit des Erzeugnisses, der Zeit je Einheit t_e. Die zugehörige Berechnungsformel lautet somit:

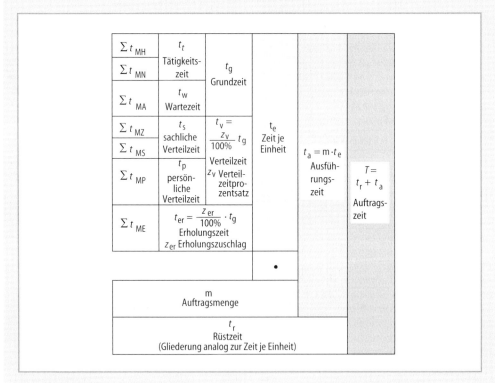

Bild 12-66 Zeitarten bezogen auf den Menschen

$$T = t_r + t_a = t_r + m \cdot t_e.$$

Den wesentlichen Anteil der Zeit je Einheit t_e bildet die Grundzeit t_g. Sie beinhaltet alle Soll-Zeiten für die planmäßige Ausführung der Arbeitsaufgabe. Die Grundzeit beinhaltet außer der Tätigkeitszeit t_t, die sich weiter in Zeiten für Haupt- und Nebentätigkeiten zur unmittelbaren bzw. mittelbaren Erfüllung der Arbeitsaufgabe unterteilen läßt, auch die Wartezeit t_w. Diese tritt immer dann auf, wenn die Tätigkeit (planmäßig) unterbrochen wird, um das Ende eines Ablaufabschnitts abzuwarten, der vom Menschen selbst nicht beeinflußt werden kann, wie z. B. die Beendigung eines automatischen Fertigungsvorgangs oder das Warten auf den Beginn des nächsten Arbeitstakts.

Sowohl bei der Zeit je Einheit t_e als auch bei der Rüstzeit t_r sind neben den erforderlichen Grundzeiten auch Verteil- und ggf. Erholungszeiten zu berücksichtigen. „Die Verteilzeit t_v besteht aus der Summe der Soll-Zeiten aller Ablaufabschnitte, die zusätzlich zur planmäßigen Ausführung eines Ablaufs ... erforderlich sind" [REFA92: 50]. Persönliche Verteilzeiten stellen Soll-Zeiten für persönlich bedingtes Unterbrechen der Tätigkeit dar, während die sachlichen Verteilzeiten Soll-Zeiten für zusätzliche Tätigkeiten und störungsbedingtes Unterbrechen beinhalten. Bezüglich einer systematischen Vorgehensweise bei ihrer Ermittlung kann auf REFA [REFA92: 204 ff.] verwiesen werden. Für die Berechnung der Vorgabezeit wird ein Verteilzeit-Prozentsatz z_v verwendet, der auf die Grundzeit t_g bezogen ist und in einen sachlichen Anteil z_s und einen persönlichen Anteil z_p unterteilt werden kann.

„Die Erholungszeit t_{er} besteht aus der Summe der Soll-Zeiten aller Ablaufabschnitte, die für das Erholen des Menschen erforderlich sind" [REFA92: 51]. Zur Vorgabezeitermittlung wird ein Erholungszuschlag z_{er} verwendet, der wiederum auf die Grundzeit t_g bezogen ist. Für die Berechnung der bei einer bestimmten Tätigkeit erforderlichen Erholungszeit gibt es eine Reihe von Verfahren (vgl. im Überblick [REFA92: 312 ff., BoL91: 228 ff., OhF90: 458 ff.]). Neben Berechnungsverfahren, die nur bei bestimmten Belastungsarten angewandt werden können, sind vor allem auch analytische Verfahren entwickelt worden, bei denen die Ausprägungen von Belastungsmerkmalen ermittelt und diesen dann Teilerholungswerte bzw. Zeitzuschläge zugeordnet werden, deren Summation schließlich die Erholungszeit ergibt.

Vorgabezeit für das Betriebsmittel

Die auf das Betriebsmittel bezogene Vorgabezeit wird als Belegungszeit T_{bB} bezeichnet. Wie Bild 12-67 verdeutlicht, ergibt sie sich analog zur Auftragszeit T des Menschen aus der Betriebsmittel-Rüstzeit t_{rB} und der mit der Auftragsmenge m multiplizierten Betriebsmittelzeit je Einheit t_{eB}. Diese enthält neben der Betriebsmittel-Grundzeit t_{gB} auch eine Betriebsmittel-Verteilzeit t_{vB}, die wiederum als Prozentsatz z_v angegeben werden kann. Die Betriebsmittel-Grundzeit beinhaltet neben der Hauptnutzungszeit t_h und der Nebennutzungszeit t_n auch die Brachzeit t_b, die sich aus den Zeiten für das ablaufbedingte und das störungsbedingte Unterbrechen der Nutzung ergibt. Zeiten im Rahmen der Nebennutzung fallen immer dann an, wenn am Betriebsmittel eine neue Hauptnutzung eingeleitet wird, wie z. B. Werkstück ein- und ausspannen oder Werkzeug wechseln. „Während der Hauptnutzung führt das Betriebsmittel die beabsichtigte Veränderung am Arbeitsgegenstand aus" [REFA92: 30].

In modernen Arbeitssystemen ist oftmals die Dauer der Hauptnutzung und vielfach auch die der Nebennutzung des Betriebsmittels vom Menschen nicht beeinflußbar. Ein Beispiel hierfür sind CNC-gesteuerte Bearbeitungszentren, bei denen nicht nur der Bearbeitungsprozeß automatisch abläuft, sondern auch der Werkstück- und ggf. der Werkzeugwechsel. Derartige unbeeinflußbare Haupt- und Nebennutzungszeiten werden nach REFA als Prozeßzeiten bezeichnet [REFA92: 266]. In Abhängigkeit von den technologischen Parametern des Bearbeitungsprozesses und der Geometrie des Werkstücks lassen sich hierfür in aller Regel Berechnungsformeln angeben, so daß eine explizite Messung von Zeiten nicht erforderlich ist. Entsprechende Berechnungsprogramme sind häufig auch Bestandteil von CAP-Verfahren (Computer-Aided Planning) zur rechnerunterstützten Erstellung von Arbeitsplänen [Joh87: 314 ff.].

Durchlaufzeit eines Auftrags

Bei der Ermittlung der Durchlaufzeit (im Sinne einer Soll-Zeit für die Aufgabenerfüllung bzw. für den Auftragsdurchlauf) werden die personellen und maschinellen Kapazitäten im Arbeitssystem als Gesamtheit betrachtet (Bild 12-68). Die Durchlaufzeit setzt sich nach REFA aus Durchführungszeiten, Zwischenzeiten und Zu-

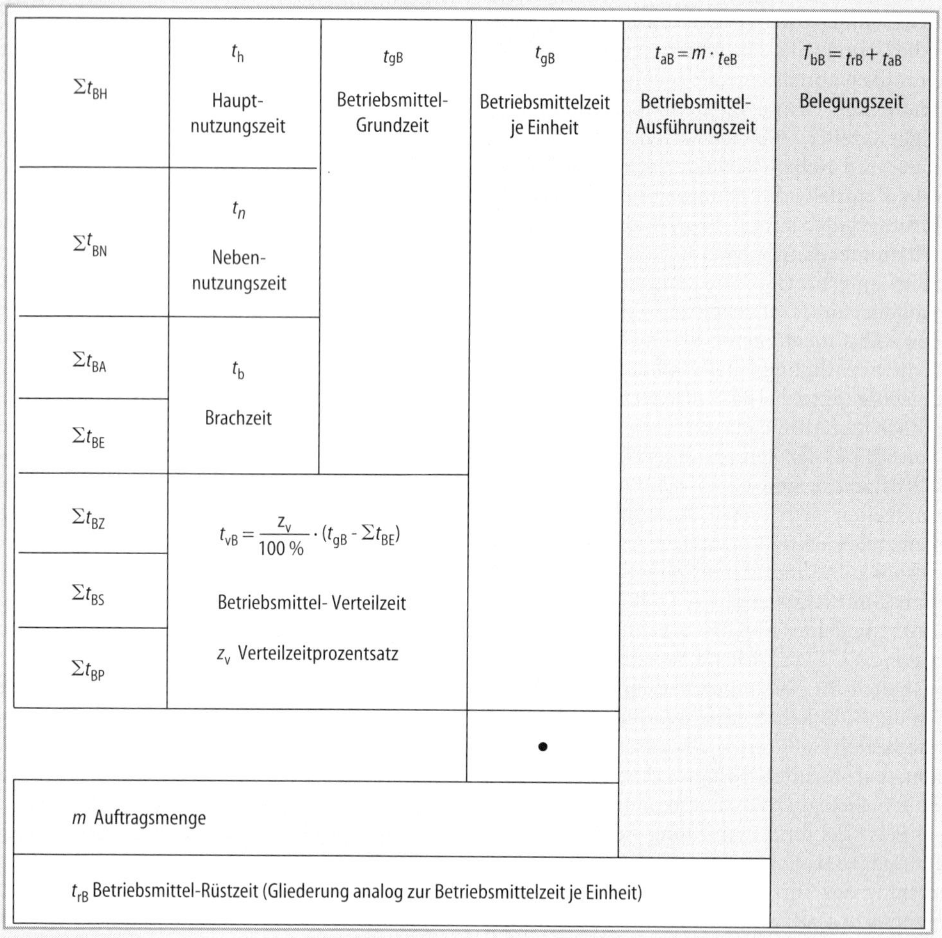

Σt_{BH}	t_h Haupt-nutzungszeit	t_{gB} Betriebsmittel-Grundzeit	t_{gB} Betriebsmittelzeit je Einheit	$t_{aB} = m \cdot t_{eB}$ Betriebsmittel-Ausführungszeit	$T_{bB} = t_{rB} + t_{aB}$ Belegungszeit
Σt_{BN}	t_n Neben-nutzungszeit				
Σt_{BA}	t_b Brachzeit				
Σt_{BE}					
Σt_{BZ}	$t_{vB} = \dfrac{z_v}{100\,\%} \cdot (t_{gB} - \Sigma t_{BE})$				
Σt_{BS}	Betriebsmittel- Verteilzeit				
Σt_{BP}	z_v Verteilzeitprozentsatz				

m Auftragsmenge

t_{rB} Betriebsmittel-Rüstzeit (Gliederung analog zur Betriebsmittelzeit je Einheit)

Bild 12-67 Zeitarten bezogen auf das Betriebsmittel

satzzeiten zusammen [REFA91g: 21]. Verteilzeiten werden hierbei nicht mehr explizit berücksichtigt, sie gehen vielmehr als ablaufbedingte Unterbrechungen in die Zwischenzeit t_{zwS} oder als störungsbedingte Unterbrechungen sowie als zusätzliche Durchführungen in die Zusatzzeit t_{zuS} ein. Die verbleibende Zeitart ist die Durchführungszeit t_{dS}, die sich ihrerseits aus der Haupt- und der Nebendurchführungszeit zusammensetzt, für deren Zuordnung maßgebend ist, ob die entsprechenden Abläufe der Erfüllung der Arbeitsaufgabe unmittelbar oder nur mittelbar dienen [REFA91g: 14].

Während für die Bestimmung der Zusatzzeiten t_{zuS} ein aus der Erfahrung abgeleiteter Zuschlagsatz auf die planmäßige Durchlaufzeit t_{pS} angesetzt werden kann, bedarf die Zwischenzeit t_{zwS} einer besonderen Betrachtung. Es handelt sich hierbei um Zeitarten, die beim Übergang zwischen den Teilaufgaben des betrachteten Auftrags anfallen, also in der Regel beim Übergang von einem Arbeitsplatz auf einen anderen. Die Zwischenzeiten (auch als Übergangszeiten bezeichnet) unterteilen sich in Liegezeiten t_{SAA} vor und nach der Bearbeitung und die eigentlichen Transportzeiten t_{SAT} zwischen den aufeinanderfolgenden Arbeitsplätzen (in Anlehnung an [REFA91g: 20, REFA92: 32ff.]). Die Übergangszeiten hängen vom Ablaufprinzip [REFA91b: 66ff.] im betrachteten Arbeitssystem sowie von der Qualität der Arbeitssteuerung ab. Frühere repräsentative Untersuchungen in Werkstattfertigungen haben ergeben, daß die ablaufbedingten Liegezeiten ca. 75 % der gesamten

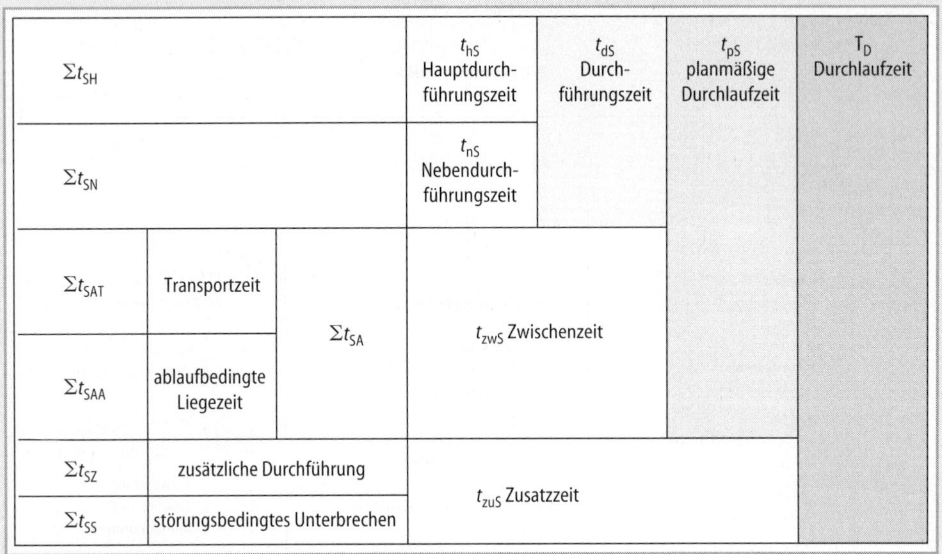

		t_{hS} Hauptdurch-führungszeit	t_{dS} Durch-führungszeit	t_{pS} planmäßige Durchlaufzeit	T_D Durchlaufzeit
Σt_{SH}					
Σt_{SN}		t_{nS} Nebendurch-führungszeit			
Σt_{SAT}	Transportzeit	Σt_{SA} — t_{zwS} Zwischenzeit			
Σt_{SAA}	ablaufbedingte Liegezeit				
Σt_{SZ}	zusätzliche Durchführung	t_{zuS} Zusatzzeit			
Σt_{SS}	störungsbedingtes Unterbrechen				

Bild 12-68 Zeitarten bezogen auf die Aufgabe

Durchlaufzeit ausmachen können [StK73]. Die adäquate Bestimmung der ablaufbedingten Liegezeiten ist daher ein dominierendes Problem bei der Ermittlung der planmäßigen Durchlaufzeit.

12.5.2.4 Methodenüberblick

Für die Ermittlung von Zeitdauern gibt es eine Reihe von Methoden, die sich grundsätzlich darin unterscheiden, ob es sich um das Erfassen von Ist-Zeiten, deren Aufbereitung in Form von Planzeiten oder die Bestimmung von Soll-Zeiten handelt, die dann ihrerseits auf den Ist-Zeiten basieren oder durch die Verwendung von Planzeiten zustande kommen. Die in Bild 12-69 zusammengestellten Methoden unterscheiden sich z. T. erheblich bezüglich des Ermittlungsaufwands, aber auch bezüglich der Genauigkeit der ermittelten Zeitdaten (vgl. auch die Übersichten in [REFA92: 61, Sim87: 2]).

Erfassung von Ist-Zeiten

Ist-Zeiten für Ablaufabschnitte können unmittelbar durch Zeitmessung oder mittelbar durch das Zählen der Häufigkeit ihres Auftretens erfaßt werden. Eine historisch bedeutsame Methode ist das Auszählen von Filmsequenzen

[Hac77: 271]. Aufgrund des konstanten Zeitintervalls zwischen zwei Belichtungen läßt sich anhand der Anzahl der Bilder, die zu einem Ablaufabschnitt gehören, dessen Zeitdauer bestimmen. Prinzipiell ist dieses Verfahren auch durch Einzelbildschaltung bei Videoaufzeichnungen möglich, wird aber heutzutage in der Regel durch das Einspielen von Zeitmarken ersetzt. Eine weitere Methode ist die automatische Aufzeichnung durch spezielle Betriebsdatenerfassungsgeräte (s. zum Überblick [RGP94]). Außerdem können Ist-Zeiten mittels Selbstaufschreibung durch den Ausführenden oder mittels Fremdaufschreibung aufgrund einer Befragung ermittelt werden.

Beim Multimoment-Häufigkeitszählverfahren wird die Häufigkeit des Auftretens von Ablaufabschnitten gezählt; hieraus lassen sich dann statistisch die Zeitanteile für die beobachteten Ablaufabschnitte ermitteln [Hal69, REFA92: 231ff.]. Beim Multimoment-Zeitmeßverfahren handelt es sich ebenso wie bei der REFA-Zeitaufnahme (s. 12.5.2.5) um Fremdaufschreibungen durch eine andere Person als die ausführende. Im Gegensatz zum Multimoment-Häufigkeitszählverfahren wird beim Multimoment-Zeitmeßverfahren die aktuelle Uhrzeit der Beobachtung notiert und anschließend statistisch die Zeitdauer der beobachteten Ablaufabschnitte ermittelt [Sim87: 10ff.].

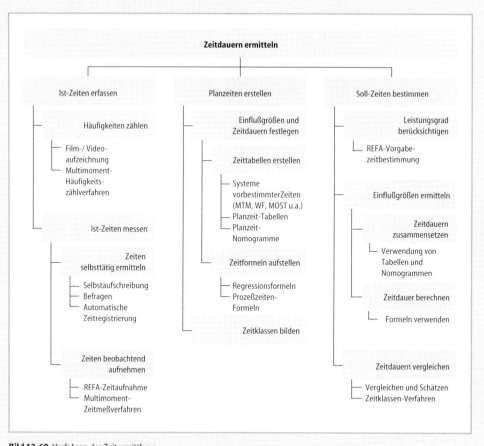

Bild 12-69 Verfahren der Zeitermittlung

Ableitung von Planzeiten

Planzeiten sind nach REFA „Soll-Zeiten für bestimmte Abschnitte, deren Ablauf mit Hilfe von Einflußgrößen beschrieben ist" [REFA92: 348]. Hierfür sind zunächst die zeitbestimmenden Einflußgrößen zu ermitteln und diese dann zusammen mit den zugeordneten Zeiten in Form von Kalkulationsblättern tabellarisch oder in Form von Nomogrammen für eine praxisgerechte Anwendung aufzubereiten. Ein typisches Beispiel sind die Systeme vorbestimmter Zeiten, kurz SvZ genannt, auf die in 12.5.2.6 noch näher eingegangen wird. Sofern ein funktionaler Zusammenhang zwischen den Einflußgrößen besteht, lassen sich Planzeiten auch mit Hilfe von Berechnungsformeln aufstellen. Hierfür wird oftmals die (multiple) Regression verwendet [Joh87: 134ff.]. Ein anderes Beispiel sind die erwähnten Prozeßzeiten-Formeln für bestimmte Fertigungstechnologien.

Das Zeitklassenverfahren geht einen umgekehrten Weg: Für einen bestimmten Anwendungsbereich des Verfahrens wird zunächst eine gewissse Anzahl von Zeitklassen gebildet. Jede Zeitklasse umfaßt dabei eine sinnvolle Spannweite von Zeitdauern für die dort anfallenden Arbeitsaufgaben. Eine Zeitklasse ist durch ihren Mittelwert und die zugehörigen Klassenunter- und -obergrenzen definiert. Die Dokumentation einer jeden Zeitklasse erfolgt in einem sog. Standardblatt, in dem typische Arbeitsaufgaben im Anwendungsbereich des Verfahrens als Richtbeispiele aufgeführt sind [REFA92: 285ff.].

Ermittlung von Soll-Zeiten

Soll-Zeiten werden aus Ist-Zeiten abgeleitet oder ergeben sich durch die Anwendung von Planzeiten. Charakteristisch für die REFA-Vorgabezeitbestimmung ist die Berücksichtigung von Leistungsgraden (s. 12.5.2.5). Bei der Verwendung von Planzeiten in Form von Tabellen, Nomogrammen und Formeln sind zunächst die geltenden Einflußgrößen zu bestimmen und mit ihrer Hilfe die zugehörigen Zeitdauern abzulesen bzw. zu berechnen. Eine weitere Möglichkeit stellt der Vergleich von Zeitdauern dar. Bei der Methode Vergleichen und Schätzen werden zunächst ähnliche Ablaufabschnitte ermittelt, für die bereits Zeitwerte vorliegen. Aus dem Vergleich der Einflußgrößen für die bekannten Abläufe und für den zu bewertenden Ablaufabschnitt wird dann durch Schätzen aus den bekannten Zeitdauern die zu ermittelnde abgeleitet [REFA92: 279ff.]. Bei der Anwendung des Zeitklassenverfahrens geschieht der Vergleich zwischen dem zu bewertenden Ablaufabschnitt (in der Regel eine komplette Arbeitsaufgabe) und den bekannten Richtbeispielen vorrangig qualitativ. Als Soll-Zeit wird der Mittelwert derjenigen Zeitklasse verwendet, in die der zu bewertende Ablaufabschnitt erfahrungsgemäß am ehesten einzuordnen ist.

Die für die betriebliche Praxis wichtigsten Verfahren stellen die Zeitermittlung nach REFA und – als typischer Vertreter der Systeme vorbestimmter Zeiten – das MTM-Verfahren dar. Auf diese beiden Verfahren wird nachfolgend näher eingegangen. Bezüglich der anderen Verfahren wird auf die angegebene Literatur verwiesen.

12.5.2.5 Zeitaufnahme und Vorgabezeitbestimmung nach REFA

Die REFA-Zeitermittlung geht davon aus, daß ein Beobachter einen Arbeitsablauf analysiert, anschließend für die zuvor definierten Ablaufabschnitte die Ist-Zeiten mißt und schließlich die zugehörige Vorgabezeit für den gesamten Arbeitsablauf bestimmt. Die ersten beiden Schritte werden als Zeitaufnahme bezeichnet. Diese besteht „in der Beschreibung des Arbeitssystems, im besonderen des Arbeitsverfahrens, der Arbeitsmethode und der Arbeitsbedingungen, und in der Erfassung der Bezugsmengen, der Einflußgrößen, der Leistungsgrade und Ist-Zeiten für einzelne Ablaufabschnitte" [REFA92: 81]. Die Auswertung dieser Daten ergibt Soll-Zeiten für die beobachteten Ablaufabschnitte.

Im dritten Schritt, der Vorgabezeitbestimmung, werden diese Soll-Zeiten als Zeit „für die planmäßige Erfüllung der Arbeitsaufgabe" zusammengefaßt und um „Anteile für nicht genau vorausbestimmbare Ablaufabschnitte" [REFA92:

41] ergänzt. Die Zeitermittlung läßt sich somit in eine Vorbereitungs-, eine Durchführungs- und eine Auswertungsphase unterteilen. Die Zeitermittlung kann prinzipiell unter jeder der in 12.5.2.1 aufgeführten Sichtweisen erfolgen. Nachfolgend wird vorausgesetzt, daß eine auf den Menschen bezogene Zeitermittlung bei reihenweiser Ablauffolge durchgeführt wird (vgl. zu anderen Ablauffolgen [REFA92: 102ff.].

Vorbereitung der Zeitermittlung

Neben der Beschreibung des Arbeitssystems besteht die Aufgabe der Vorbereitungsphase darin, den Arbeitsablauf in Abschnitte zu untergliedern, wobei diese zu benennen und durch Bezeichnung eines Endereignisses deren Ende zu kennzeichnen ist. Dieser Meßpunkt wird auf der Ebene von Vorgangselementen festgelegt. Weiterhin muß vorbestimmt werden, ob die Fortschrittszeit in Form der laufenden Uhrzeit oder die Einzelzeit in Form der Zeitdauer für jeden Ablaufabschnitt notiert werden soll. Als Zeiteinheit wird vielfach eine hundertstel Minute HM = 1/100 min verwendet.

Für die Zeitaufnahme lassen sich verschiedene Zeitmeßgeräte verwenden. Neben den traditionellen Stoppuhrsystemen [REFA92: 91ff.] kann hierfür eine Vielzahl mobiler Geräte eingesetzt werden, die neben einer komfortablen Erfassung und Speicherung der Daten auch deren Auswertung übernehmen und Schnittstellen zu umfangreicheren Datenverarbeitungsgeräten aufweisen können [HeO89: 79ff.].

Durchführung der Zeitaufnahme

In Bild 12-70 ist ein Ausschnitt aus einer herkömmlich durchgeführten REFA-Zeitermittlung wiedergegeben. Der Verarbeitungsteil enthält die Beschreibung des Ablaufabschnitts, der im vorliegenden Beispiel in Zyklen zu wiederholen ist. Der Durchführungsteil ist nach dem Prinzip der Fortschrittszeitmessung ausgefüllt: Die Ist-Zeiten t_i werden dabei durch Subtraktion der aufeinander folgenden Fortschrittszeiten F ermittelt.

Neben diesen Zeitangaben enthält der Durchführungsteil den Leistungsgrad L, der bei jedem Zyklus durch den Beobachter beurteilt wird. „Der Leistungsgrad drückt das Verhältnis von beeinflußbarer Ist- zur beeinflußbaren Bezugs-Mengenleistung in Prozent aus" [REFA92: 127]. Seine Beurteilung setzt eine entsprechende Er-

	Vorbereitung					
Nr.	Ablaufabschnitt und Meßpunkt			Bezugsmenge	Einflußgröße	Meßwert, Klasse
	Werkstück aufnehmen und in Vorrichtung spannen			1	Greifweg	1,5 m
1					Ausgangshöhe	40 cm
					Endhöhe	80 cm
	Spannelement loslassen					

Durchführung															
Zy	1	2	3	4	5	6	7	8	9	10	11	12	13	14	15
m_z															
L	110	110	110	110	110	100	105	105	110	110	105	100	105	110	110
t_i	80	80	82	80	82	81	84	84	80	80	80	79	78	80	79
F	80	160	242	322	404	485	569	653	733	813	893	972	1050	1130	1209

Auswertung			
$\Sigma L / n$ $\Sigma t_i / n$	$\bar{L}$ $\bar{t}_i$	$t = \dfrac{\bar{L}}{100} \, \bar{t}_i$	Zeitart
$\dfrac{1610}{15}$	107		
$\dfrac{1209}{15}$	80,5	86,2	t_{MN}

Bild 12-70 REFA - Zeitermittlung für einen reihenweisen Ablaufabschnitt

fahrung des Beobachters voraus, der eine Vorstellung darüber besitzen muß, „wie das Erscheinungsbild des beobachteten Bewegungsablaufes hinsichtlich Geschwindigkeit (Intensität) und Beherrschung (Wirksamkeit) der Bewegungen und ihrer Aufeinanderfolge sein müßte, wenn es der Bezugsleistung entspräche" [REFA92: 127]. Als Bezugsleistung wird die REFA-Normalleistung definiert; hierunter versteht man „eine Bewegungsausführung ..., die dem Beobachter hinsichtlich der Einzelbewegungen, der Bewegungsfolge und ihrer Koordinierung besonders harmonisch, natürlich und ausgeglichen erscheint. Sie kann erfahrungsgemäß von jedem ... voll eingearbeiteten Arbeiter auf die Dauer und im Mittel der Schichtzeit erbracht werden ..." [REFA92: 136]. Die REFA-Normalleistung liegt in der Regel unter der Durchschnittsleistung, die von einem Arbeitenden bei mengenleistungsbezogener Entlohnung erzielt wird (vgl. zur Kritik dieses Ansatzes z.B. [Spi80: 107ff., MeV90a: 338ff.]).

Auswertung und Vorgabezeitbestimmung

Zur Ermittlung der Soll-Zeit im Rahmen der Auswertung werden die Durchschnittswerte von Leistungsgrad und Einzelzeit multipliziert; diese Vereinfachung kann dann vorgenommen werden, wenn beide Werte keine übermäßigen Streuungen aufweisen [REFA92: 147]. Bei der Ermittlung der Vorgabezeit sind grundsätzlich die sachlichen und persönlichen Verteilzeiten sowie ggf. die erforderlichen Erholungszeiten zu berücksichtigen. Unter Einbeziehung der Rüstzeit und der Auftragsmenge bestimmt sich daraus die bereits in 12.5.2.3 angegebene Vorgabezeit, also hier die auf den Menschen bezogene Auftragszeit T.

12.5.2.6 Zeitermittlung mittels Systemen vorbestimmter Zeiten

Das MTM-Verfahren (Methods Time Measurement) zählt zusammen mit dem WF-Verfahren (Work Factor) zu den in Deutschland am meisten angewandten Verfahren aus der Gruppe der Systeme vorbestimmter Zeiten (auch als Verfahren vorbestimmter Zeiten bezeichnet; vgl. zu anderen Verfahren und zur historischen Entwicklung z.B. [Por68, Hac77: 613ff., HeO89: 13ff.]). Mit diesen Verfahren können „Soll-Zeiten für das Ausführen solcher Vorgangselemente (besser Ablaufabschnitte, d.Verf.) bestimmt werden, die vom Menschen voll beeinflußbar sind" [REFA92: 66]. Diese Soll-Zeiten sind insofern vorbestimmt, daß sie als Planzeiten unter Berücksichtigung der jeweils geltenden Einflußgrößen in Planzeit-Tabellen niedergelegt sind. Durch Addition der Soll-Zeiten für einzelne Vorgangselemente bzw. Ablaufabschnitte erhält man daraus die Tätigkeitszeit t_t des Menschen für den analysierten (komplexeren) Ablaufabschnitt und durch Ergänzung der Wartezeit t_w – insbesondere infolge von Prozeßzeiten, die durch den Menschen nicht beeinflußbar sind – die Grundzeit t_g (s.a. 12.5.2.3; vgl. zur Kritik dieses Ansatzes [ScS60, Por68: 13 ff. u. 94 ff., MeV90a: 295 ff.].

Die Bedeutung der Systeme vorbestimmter Zeiten liegt darin begründet, daß zur Zeitermittlung keine Beobachtung eines vorhandenen Arbeitssystems erforderlich ist. Mit ihrer Hilfe kann bereits im Planungsstadium eines neuen Arbeitssystems eine Zeitermittlung durchgeführt werden. Darüber hinaus lassen sich bei denjenigen Systemen vorbestimmter Zeiten, die eine Analyse auf der Ebene von Vorgangselementen vornehmen, auch Aussagen über das ergonomische, insbesondere das bewegungstechnische Gestaltungsniveau des Arbeitsplatzes ableiten [Sal82, ZüB94]. Mit Hilfe spezieller Systeme, wie z. B. den Verfahren WF-Mento [Fra78,

Sam87] und MTM-Sichtprüfen [Fec93, FeH93], ist es darüber hinaus auch möglich, solche Tätigkeiten zu untersuchen, bei denen menschliche Informationsverarbeitungsprozesse (vorwiegend repetitiv-reaktiver Art) im Vordergrund stehen.

Grundbewegungen nach MTM

Der Analyseablauf beim MTM-Grundverfahren ist in Bild 12-71 zusammengestellt (s.a. [Hac77: 639 ff., Joh87: 266 ff., REFA92: 67 ff.]). In einem ersten Schritt ist die zu analysierende Arbeitsaufgabe in sinnvolle Ablaufabschnitte auf der Ebene von Teilvorgängen zu gliedern. Diese Teilvorgänge sind dann – getrennt nach Bewegungen der rechten und linken Hand – auf der Ebene von Vorgangselementen weiter zu detaillieren. Als Vorgangselemente gelten Grundbewegungen der Hand und des gesamten Körpers sowie Blickfunktionen. Die fünf wichtigsten Grundbewegungen der Hand sind dabei [Joh87: 269, Hel91: 34]:

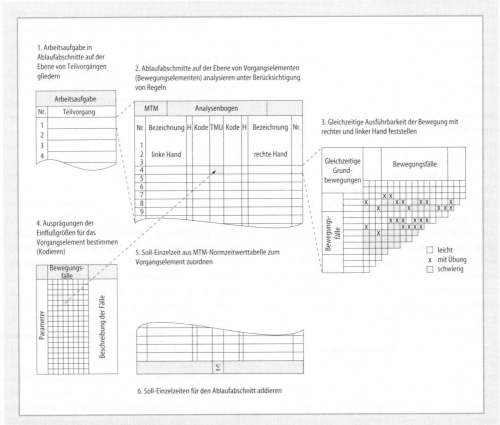

Bild 12-71 Analyseablauf beim MTM-Grundverfahren

- Hinlangen (R – Reach): Bewegen der Hand zu einem Gegenstand,
- Greifen (G – Grasp): Einen Gegenstand unter Kontrolle nehmen,
- Bringen (M – Move): Bringen eines Gegenstandes mit der Hand,
- Fügen (P – Position): In- oder Aneinanderfügen von Gegenständen,
- Loslassen (RL – Release): Aufgeben der Kontrolle über einen Gegenstand.

Diese Grundbewegungen werden ergänzt durch drei weitere der Hand (Drücken, Trennen, Drehen), zwei Blickfunktionen (Blickverschieben, Prüfen) sowie Körper-, Bein- und Fußbewegungen mit und ohne Verschiebung oder Neigung der Körperachse. Die Zeitdauer für ihre Ausführung wird – bis auf einige Körperbewegungen – durch Einflußgrößen bestimmt, die überwiegend mit Hilfe metrischer Skalen quantitativ, zum Teil auch unter Verwendung ordinaler Skalen nur qualitativ definiert sind. So wird beispielsweise das Bringen quantitativ durch die Bewegungslänge und das dabei zu bewegende Gewicht und qualitativ durch die Berücksichtigung von drei Bewegungsfällen und das Vorhandensein vorhergehender oder nachfolgender Handbewegungen näher bestimmt.

Durchführung einer MTM-Analyse

Die Bewegungsart und die geltenden Parameter werden mit Hilfe spezieller MTM-Kodes als Kürzel gekennzeichnet. Beim MTM-Grundverfahren ist weiterhin von Bedeutung, ob die Bewegungen der rechten und linken Hand gleichzeitig erfolgen können. Für diese Überprüfung dient eine Tabelle für „Gleichzeitige Bewegungen". Ist eine gleichzeitige Bewegung der rechten und linken Hand möglich, so wird der höhere der beiden Werte aus der MTM-Normzeitwerttabelle angesetzt, andernfalls sind beide Bewegungen getrennt mit den zugehörigen Einzelzeiten aufzuführen. Als Zeiteinheit wird dabei die Time-Measurement-Unit TMU = 1/100000 h verwendet. Durch Summation der Zeiten für alle Bewegungselemente erhält man schließlich die Soll-Zeit für den analysierten Ablaufabschnitt (vgl. zur Problematik der Summierbarkeit [San65]).

Bei der MTM-Analyse ist eine Vielzahl von Anwendungsregeln zu beachten, die nur zu einem Teil algorithmierbar sind [Sal82: 77 f.]. Im Einzelfall sind daher durch zusätzliche Betrach-

tungen des Arbeitsablaufs weitere Einflußgrößen zu berücksichtigen, die nicht unmittelbar in den MTM-Normzeitwerttabellen enthalten sind. Durch den Einsatz von Verfahren zur rechnerunterstützten MTM-Analyse [Joh87: 310 ff., MeV90a: 406 ff.] lassen sich derartige Anwendungsfehler weitgehend vermeiden.

Nutzen und Aufwand von SvZ-Analysen

Ein wesentlicher Vorteil der auf der Ebene von Bewegungselementen basierenden SvZ-Verfahren beruht darauf, daß mit ihrer Hilfe Hinweise für die Gestaltung der Arbeitsmethode abgeleitet und eine Bewertung des Gestaltungsniveaus des Arbeitsplatzes und der Belastungen des arbeitenden Menschen vorgenommen werden kann [LKK84, ZüB94: 155 ff.]. So lassen sich durch Auswertung der MTM-Kodes bei einer Grundverfahrensanalyse belastungsorientierte und bewegungstechnische Kennzahlen zur Arbeitsplatzgestaltung (s.a. 12.2.5) ermitteln [Sal82: 85 ff., BrW94]. In ähnlicher Weise kann dies auch mit Hilfe eines der auf Grundbewegungen basierenden WF-Verfahren erfolgen, z.B. mittels WF-Grundverfahren oder WF-Schnellverfahren [HeO89: 31 ff.]. Ergebnis der Analyse ist damit nicht nur die Soll-Zeit zur Durchführung einer Arbeitsaufgabe, sondern darüber hinaus auch eine an ergonomischen Kriterien orientierte Bewertung. Insbesondere wird es durch die Anwendung rechnerunterstützter Verfahren möglich, spezielle Gestaltungslösungen bereits im Planungsstadium zu bewerten und miteinander zu vergleichen.

Diesem Vorteil steht allerdings der Nachteil eines relativ hohen Zeitaufwands für die Analyse gegenüber. Für viele Planungsaufgaben ist außerdem ein niedrigerer Detaillierungsgrad bei verringertem Zeitaufwand angemessen, vor allem dann, wenn Fragen der Kapazitätsplanung im Vordergrund stehen. Vor diesem Hintergrund sind für bestimmte Anwendungsbereiche verdichtete Systeme vorbestimmter Zeiten entwickelt worden, die zu einer wesentlichen Verkürzung der Analysedauer führen [HeO89: 15 ff., Geh91]. Hierzu gehören vor allem die Verfahren MTM-UAS und MTM-MEK (Universelles Analysiersystem bzw. MTM für Einzel- und Kleinserienfertigung [Hel91] sowie das WF-Blockverfahren [Gün78]. Sie sind dadurch charakterisiert, daß sie die Grundbewegungen unter Verringerung des Detaillierungsgrads zu komplexeren Bewegungen verdichten, was die Analyse vereinfacht und höhere Normzeiten pro Bewegungselement bedingt.

12.5.2.7 Zeitermittlung bei neuen Formen der Arbeitsorganisation

Infolge zunehmender Technisierung von Arbeitsaufgaben reduziert sich der Anteil muskulärer und sensomotorischer Arbeit, womit sich auch der Anteil der vom Menschen beeinflußbaren Tätigkeitszeiten tendenziell verringert. Durch die zunehmende Notwendigkeit, Produktionsprozesse zu überwachen und sowohl das eingesetzte Material als auch das Produktionsergebnis zu kontrollieren, steigt der Anteil der vom Menschen nur bedingt beeinflußbaren und vielfach nur stochastisch auftretenden Tätigkeiten. Durch gruppenorientierte Arbeitsformen wird außerdem eine verstärkte Selbstorganisation und damit ein höheres Maß an informatorischen und koordinierenden Tätigkeiten verlangt, also vermehrt geistige Arbeit im engeren Sinne (s.a. 12.3).

Diese Entwicklung hat zur Folge, daß sich der Verwendungsbereich von Zeitdaten verlagert. Bislang stand die Ermittlung von Vorgabezeiten für eine leistungsabhängige Entgeltgestaltung, insbesondere für Akkordentlohnung (s. 12.5.4.4) im Vordergrund. Demgegenüber gewinnt nunmehr die Verwendung für die Kapazitätsplanung, also vor allem für die Betriebsmittelplanung und die Personalbedarfsermittlung (vgl. 12.4), sowie für die Kapazitätssteuerung, insbesondere im Rahmen der Produktionsplanung und -steuerung und der Personaleinsatzplanung, zunehmend an Bedeutung.

Diese Verschiebung der Verwendungsschwerpunkte ist tendenziell mit geringeren Anforderungen an den Detaillierungsgrad und die Genauigkeit der Zeitdaten verbunden. Wie in 12.5.2.6 gezeigt wurde, steigen allerdings gerade im Bereich der Serienfertigung diesbezügliche Ansprüche an eine rationale Zeitermittlung, um unterschiedliche Arbeitsmethoden bereits bei der Planung von Arbeitssystemen bewerten zu können. Darüber hinaus darf sich die Zeitermittlung nicht mehr nur auf den (direkten) Fertigungsbereich konzentrieren, sie muß vielmehr das gesamte Produktionsunternehmen einbeziehen. Auch für fertigungsvor- und -nachgelagerte Bereiche und für Dienstleistungsfunktionen (indirekte Bereiche) sind Zeitdaten erforderlich [HeO89], um auch dort zu einer verbesserten Gestaltung der Arbeitsmethoden bei-

zutragen und Kapazitäten angemessen zu planen. Damit wird der Übergang von einer vorgabezeitorientierten zu einer kapazitätsorientierten Zeitermittlung vollzogen. Der Aufwand für die Zeitermittlung selbst ist dabei so gering wie möglich zu halten.

Diese neuen Anforderungen haben dazu geführt, daß nach Wegen gesucht wurde, um die Zeitermittlung so rationell wie möglich zu gestalten. Ein Ansatzpunkt war dabei die Schaffung rechnerunterstützter Verfahren (s. im Überblick [HeO89: 79 ff., Sim91, Olb92: 36 ff.]) und deren Integration in CIM-Konzepte (Computer-Integrated Manufacturing [Hei87]). Damit ist die Zeitermittlung zu einem wesentlichen Baustein eines umfassenden Zeitmanagement-Systems geworden, dessen Aufgabe darin besteht, die Zeit als Wettbewerbsfaktor im Produktionsunternehmen durch eine adäquate Kapazitätsplanung und -steuerung stärker als bisher zur Geltung zu bringen.

12.5.3 Arbeitsbewertung

Die Aufgabe der Arbeitsbewertung besteht darin, die Anforderungen eines Arbeitssystems an den Menschen unabhängig von der eingesetzten Person und unter Zugrundelegung einer Bezugsleistung zu bewerten. Diese Bewertung erfolgt nach einem einheitlichen Maßstab, und zwar im Vergleich zu den Anforderungen in anderen Arbeitssystemen innerhalb eines definierten Geltungsbereiches. Ergebnis der Arbeitsbewertung ist ein Arbeitswert, der die Gesamtheit der Anforderungen im betrachteten Arbeitssystem in einem Zahlenwert ausdrückt und diese mit den Anforderungen anderer Tätigkeiten vergleichbar macht [Zül92: 70].

Die Gesamtheit der Anforderungen wird auch als Arbeitsschwierigkeit bezeichnet. Anforderungen beinhalten dabei sowohl die Belastungen des Menschen durch die Arbeitsaufgabe und die Arbeitsumgebung (vgl. hierzu das Belastungs-Beanspruchungs-Konzept der Arbeitswissenschaft [Roh83: 9 ff.]), durch die Arbeitsleistungen tendenziell behindert werden, als auch das zur Arbeitsausführung erforderliche Wissen und Können (vgl. hierzu [LVG87: 14 ff.]). Daher wird die Arbeitsbewertung auch als Anforderungsermittlung bezeichnet [REFA91a: 10]. Die Arbeitsbewertung abstrahiert dabei bewußt von den individuellen Fähigkeiten einer bestimmten Person; dementsprechend wird dann auch nicht das individuelle Leistungsvermögen einer bestimmten Person berücksichtigt, sondern es wird von einer Bezugsleistung ausgegangen, beispielsweise von der REFA-Normalleistung [REFA92: 136].

Ein wesentliches Ziel der Arbeitsbewertung besteht darin, die Anforderungen derjenigen Arbeitsaufgaben, die in der Regel einer Person zugeordnet werden (vgl. hierzu die Unterscheidung in Einzelaufgabe und Aufgabenbereich nach REFA [REFA91a: 31]) zu bewerten. Der Arbeitswert soll die jeweilige Arbeitsaufgabe im Verhältnis zu anderen Arbeitsaufgaben vergleichbar machen, wobei einschränkend die Vergleichbarkeit nur für einen bestimmten Geltungsbereich gefordert wird. Dies soll möglichst objektiv und reproduzierbar geschehen, was um so eher erreicht werden kann, je besser die Vorgehensweise strukturiert und die zur Bewertung herangezogenen Kriterien detailliert sind; hiermit steigt allerdings auch der Aufwand zur Ermittlung eines Arbeitswerts.

Zur Gewährleistung von Objektivität und Reproduzierbarkeit ist nach REFA zunächst eine Beschreibung des Arbeitssystems und seiner Organisationsbeziehungen vorzunehmen [REFA91a: 17, REFA93: 303f.]. Danach erfolgt die Analyse der Anforderungen und schließlich die Ermittlung eines Arbeitswerts. Diese Vorgehensweise erlaubt es dann auch, die dabei gewonnenen Erkenntnisse für die Gestaltung von Arbeitssystemen nutzbar zu machen, so z. B. für die Personalbedarfs- und Personaleinsatzplanung, die Arbeitsplatzgestaltung sowie für die Qualifizierung und Unterweisung der einzusetzenden Personen.

Die zentrale Aufgabe der Arbeitsbewertung besteht darin, die Grundlage für eine anforderungsabhängige Entgeltgestaltung (s. 12.5.4.2) zu liefern. Der Arbeitswert dient in diesem Falle der Zuordnung einer Arbeitsaufgabe zu einer Entgeltgruppe (Lohn, Gehalt, Vergütung), die maßgebend für das für diese Arbeitsaufgabe gezahlte Grundentgelt ist.

12.5.3.1 Methodenüberblick

Im Rahmen der Arbeitsbewertung sind die „an den Menschen gestellten Anforderungen, wenn dieser mit einer bestimmten Bezugsleistung, zum Beispiel der REFA-Normalleistung, seine Aufgabe erfüllt" [REFA91a: 62] zahlenmäßig zu bewerten. Hierfür gibt es eine Reihe von Möglichkeiten, die in Bild 12-72 in einem Schema zusammengestellt sind (vgl. im folgenden z. B. [Paa74: 37ff., ZaK78: 22ff., Hen80: 60ff., OlS93: 215ff., Lüc92: 66ff.]). Grundsätzlich sind die Methoden danach zu unterscheiden, ob die Anforderungen summarisch oder analytisch erfaßt werden, ob bei ihnen eine Reihung oder Stufung vorgenommen wird und ob eine gebundene oder eine ungebundene Anforderungsgewichtung vorliegt. Mit Ausnahme der Gewichtung, die nur in Zusammenhang mit den analytischen Methoden in Betracht kommt, sind alle Kombinationen möglich, was zu unterschiedlichen Verfahren der Arbeitsbewertung führt.

Unterscheidung der Methoden

Anforderungen können entweder ganzheitlich als Gesamtanforderung oder aufgegliedert in einzelne Anforderungsarten oder -merkmale betrachtet werden. Demgemäß sind summarische und analytische Methoden der Arbeitsbewertung zu unterscheiden. „Unter summarischer Arbeitsbewertung werden Methoden … verstanden, bei denen die Anforderungen des Arbeitssystems an den Menschen als Ganzes erfaßt werden" [REFA91a: 12]. Bei der analytischen Arbeitsbewertung werden die Anforderungen nach Anforderungsart und -ausprägung merkmalsweise betrachtet. Hierbei kann eine Anforderungsgewichtung derart erfolgen, daß jedes Anforderungsmerkmal explizit mit einem Gewichtungsfaktor versehen wird oder daß implizit eine Gewichtung durch unterschiedliche Wertebereiche der Merkmalsausprägungen zustande kommt. Im ersten Falle spricht man von einer getrennten, im zweiten von einer gebundenen Gewichtung. Im Prinzip ist auch eine Kombination beider Gewichtungsarten möglich.

Eine zweite Unterscheidung ergibt sich aus der Vorgehensweise zur Beschreibung von Anforderungsausprägungen. Hierfür lassen sich die Reihung und die Stufung verwenden. Bei den summarischen Methoden werden diese Vorgehensweisen auf die Gesamtanforderungen, bei den analytischen auf die einzelnen Anforderungsmerkmale angewandt. Im Falle der Reihung bildet man eine in Richtung steigender Anforderungen geordnete Rangreihe innerhalb des Geltungsbereichs und ordnet diese einer Rangwertskala zu. Diese Zuordnung wird (zumindest teilweise) durch Richtbeispiele aus dem Geltungsbereich belegt. Bei der Stufung werden die Anforderungen in eine definierte Anzahl von

Anforderungs-merkmale	$I = \left\{ i \in \mathbb{N} \mid i \leq n \right\}$		
	Menge der Anforderungsmerkmale		

$$I = \left\{ i \in \mathbb{N} \mid i \leq n \right\}$$

Menge der Anforderungsmerkmale

Arbeitswerte

$n = 1 \qquad w = a \in A$

$A = \left\{ a \in \mathbb{N} \mid a \leq m \right\}$

Summarische Arbeitsbewertung

$n > 1 \qquad w = \sum_{i=1}^{n} g_i \cdot a_i$

$A_i = \left\{ a_i \in \mathbb{R}^+ \mid 0 \leq a_i \leq m_i \right\}$

Summarische Arbeitsbewertung

Anforderungs-gewichte

entfällt

$\exists J \in I : m_i \neq m_j$

mit gebundener Gewichtung
(durch Wertebereichsunterschied)

$g_i \in \mathbb{R}^+$

$\exists i \in I : g_i \neq 0 \wedge g_i \neq 1$

mit getrennter Gewichtung
(durch Wertebereichsunterschied)

Reihung

$\exists\, a \in A \ldots$

durch Stufendefinition erklärt
Rangfolgeverfahren

$\forall i : \exists\, a_i \in A_i \ldots$

durch Richtbeispiel definiert
Rangreihenverfahren

Stufung

$m = |A|$

$\forall\, a \in A \ldots$

durch Stufendefinition erklärt
Entgeldgruppenverfahren

$\forall\, a_i \in A_i \ldots$

durch Stufendefinition erklärt
Stufenverfahren

Legende

a	Anforderungsausprägung	$\mathbb{N}$	Menge der natürlichen Zahlen
A	Menge der Anforderungsausprägungen	$\mathbb{R}^+$	Menge der nichtnegativen rellen Zahlen
g	Gewichtungsfaktor	$\in$	ist Element von…
i, j	Indices für Anforderungsmerkmale	$\sum$	Summe
I	Indexmenge für Anforderungs	$\exists$	es gibt ein…
m	Anzahl Anforderungsausprägungen	$\forall$	für alle …gilt
n	Anzahl Anforderungsmerkmale	$:$	es gilt
w	Arbeitswert	$\mid$	unter der Bedingung
$|A|$	Mächtigkeit von A		

Bild 12-72 Formale Darstellung der Arbeitsbewertungsmethoden

Stufen (Anforderungsausprägungen) unterteilt, die jeweils durch eine Definition erklärt werden.

Beurteilung der Methoden

Diese methodischen Ansätze der Arbeitsbewertung weisen unterschiedliche Vor- und Nachteile auf. Die summarischen Methoden gehen zwar von einer ganzheitlichen Betrachtung der Anforderungen aus und erscheinen formal betrachtet als einfach und übersichtlich. Die Zuordnung eines Arbeitswerts zu einer Tätigkeit wird aber dadurch erschwert, daß die Tätigkeiten im Geltungsbereich eines bestimmten Verfahrens nur sehr global, oftmals nur durch die Nennung von Berufsbezeichnungen charakterisiert werden.

Die analytischen Methoden erfassen die Anforderungen demgegenüber sehr viel detaillier-

ter, was jedoch zu einem erhöhten Aufwand bei der Ermittlung des Arbeitswerts führt. Bei einer analytischen Arbeitsbewertung wird unterstellt, daß sich die Gesamtanforderung aus einzelnen Anforderungsarten additiv zusammensetzen läßt. Zusätzlich ergibt sich das Problem der Gewichtung von Anforderungsmerkmalen; selbst im Falle einer formalen Gleichgewichtung kann sich bereits durch die Anzahl der berücksichtigten Merkmale eine stärkere Gewichtung von bestimmten Merkmalsgruppen ergeben.

Weiterhin ist die Reihung von Anforderungen vordergründig einfacher als deren Stufung, die eine Definition von Anforderungsausprägungen erforderlich macht. Die für eine Reihung erforderlichen Richtbeispiele unterliegen jedoch in der Praxis einem stetigen Wandel, der zu einer unbemerkten Verschiebung in der Rangreihe führen kann. Dies trifft zwar prinzipiell auch bei der Stufung zu, dort verdeutlichen die Richtbeispiele allerdings nur die allgemeineren Definitionen der Anforderungsausprägungen (vgl. zur Kritik z. B. [WäJ89, LHL90: 66 ff.]).

12.5.3.2 Summarische Verfahren der Arbeitsbewertung

Die summarischen Verfahren der Arbeitsbewertung lassen sich unterteilen in Rangfolge- und Entgeltgruppenverfahren. Während bei den ersten sämtliche Arbeitsaufgaben in einem bestimmten Geltungsbereich gemäß ihren jeweiligen Gesamtanforderungen in einer Rangreihe angeordnet werden, gehen die zuletzt genannten Verfahren von vorgegebenen Stufendefinitionen für die Gesamtanforderungen aus.

Beim Rangfolgeverfahren werden die Gesamtanforderungen der vorkommenden Arbeitsaufgaben in der Regel durch Berufsbezeichnungen charakterisiert. Sämtliche Arbeitsaufgaben werden in Richtung steigender Gesamtanforderungen einer Rangwertskala zugeordnet, z. B. in einem Wertebereich von 1–100. Eine derartige Vorgehensweise ist unter praktischen Gesichtspunkten lediglich für einen eng umgrenzten

Lohngruppe	Anforderungen
2	Arbeiten, entweder einfacher Art, die ohne Arbeitskenntnisse nach kurzer Anweisung ausgeführt werden können und mit geringen körperlichen Belastungen verbunden sind, oder die ein Anlernen von vier Wochen erfordern und mit geringen körperlichen Belastungen verbunden sind.
3	Arbeiten einfacher Art, die ohne vorherige Arbeitskenntnisse nach kurzer Anweisung ausgeführt werden können.
4	Arbeiten, die ein Anlernen von 4 Wochen erfordern.
5	Arbeiten, die ein Anlernen von 3 Monaten erfordern.
6	Arbeiten die eine abgeschlossene Anlernausbildung in einem anerkannten Anlernberuf oder eine gleichzubewertende betriebliche Ausbildung erfordern.
7	Arbeiten, deren Ausführung ein Können voraussetzt, das erreicht wird durch eine entsprechende ordnungsgemäße Berufslehre (Facharbeiten). Arbeiten, deren Ausührung Fertigkeiten und Kenntnisse erfordert, die Facharbeiten gleichzusetzen sind.
8	Arbeiten schwieriger Art, deren Ausführung Fertigkeiten und Kenntnisse erfordert, die über jene der Gruppe 7 wegen der notwendigen mehrjährigen Erfahrungen hinausgehen.
9	Arbeiten hochwertiger Art, deren Ausführung an das Können, die Selbständigkeit und die Verantwortung im Rahmen des gegebenen Arbeitsauftrages hohe Anforderungen stellt, die über die der Gruppe 8 hinausgehen.
10	Arbeiten höchstwertiger Art, die hervorragendes Können mit zusätzlichen theoretischen Kenntnissen, selbständige Arbeitsausführung und Dispositionsbefugnis im Rahmen des gegebenen Arbeitsauftrages bei besonders hoher Verantwortung erfordern.

Bild 12-73 Lohngruppenkatalog für die Metallindustrie in Nordrhein-Westfalen [LEM79]

Geltungsbereich anwendbar (vgl. zu einem Beispiel [REFA91e: 18]). Sie zeichnet sich besonders durch formale Einfachheit aus. Größere technologische Veränderungen können allerdings infolge von Verschiebungen in der Rangreihe der Gesamtanforderungen eine Neufassung des Verfahrens erforderlich machen.

Von erheblich größerer praktischer Bedeutung sind die Entgeltgruppenverfahren, auch als Katalogverfahren bezeichnet (vgl. zu einer Übersicht für die Metall- und Elektroindustrie [Eis91: 63 ff.]). Derartige Verfahren finden sich in einer Vielzahl von Tarifverträgen, wobei die Stufen bei Arbeitern in der Regel als Lohngruppen, bei Angestellten im privatwirtschaftlichen Bereich als Gehaltsgruppen und im öffentlichen Dienst als Vergütungsgruppen bezeichnet werden. Darüber hinaus sind in den letzten Jahren auch gemeinsame Entgeltgruppenverfahren für Arbeiter und Angestellte vereinbart worden [BCI87]. Bild 12-73 zeigt beispielhaft den Lohngruppenkatalog für die Metallindustrie in Nordrhein-Westfalen [LEM79]. Die Gesamtanforderungen werden allgemein hinsichtlich der erforderlichen Kenntnisse beschrieben, wobei vor allem auf die zugehörige Anlerndauer Bezug genommen wird.

12.5.3.3 Analytische Verfahren der Arbeitsbewertung

Die Verfahren der analytischen Arbeitsbewertung basieren auf einer Untergliederung der Anforderungen in einzelne Arten, auch als Anforderungsmerkmale bezeichnet. Historischer Ausgangspunkt für eine solche Untergliederung ist das Genfer Schema, das im Jahre 1950 anläßlich

Genfer Schema		Anforderungsarten nach REFA	
Können	vorwiegend nicht muskelmäßige Fähigkeit	Kenntnisse	• Ausbildung • Erfahrung • Denkfähigkeit
	vorwiegend muskelmäßige Fähigkeit	Geschicklichkeit	• Handfertigkeit • Körpergewandtheit
Verantwortung		Verantwortung	• für die eigene Arbeit • für die Arbeit anderer • für die Sicherheit anderer
Belastung	vorwiegend nicht muskelmäßige Belastung	geistige Belastung	• Aufmerksamkeit • Denkfähigkeit
	vorwiegend muskelmäßige Belastung	muskelmäßige Belastung	• dynamische Muskelarbeit • statische Muskelarbeit • einseitige Muskelarbeit
Arbeitsbedingungen		Umgebungseinflüsse	• Klima • Nässe • Öl, Fett, Schmutz • Staub • Gase, Dämpfe • Lärm, Erschütterung • Blendung oder Lichtmangel • Erkältungsgefahr • hinderliche Schutzkleidung • Unfallgefährdung

Bild 12-74 Ableitung der Anforderungsarten nach REFA [REF91a: 44ff.] aus dem Genfer Schema

einer internationalen Konferenz aufgestellt wurde. In der Folge sind weitere Aufteilungen vorgenommen worden (vgl. die Übersicht bei [Hen80: 69ff.]). Bild 12-74 zeigt die Anforderungsarten des Genfer Schemas und die hieraus von REFA [REFA91a: 43ff., REFA93: 307ff.] abgeleitete Untergliederung. Ein wesentlicher Kritikpunkt an derartigen Anforderungskatalogen betrifft die mangelnde Abgrenzbarkeit einzelner Anforderungsmerkmale und die unterschiedliche Detaillierung von Merkmalsgruppen. Ein weiterer Kritikpunkt besteht darin, daß ergono-

Bild 12-75 Rangreihenverfahren mit getrennter Gewichtung für die chemische Industrie (Ausschnitt aus einem Verfahrensentwurf [AAD66], nach [Hac77: 678 u. 681])

misch unzureichend gestaltete Arbeitssysteme und ungünstige Umgebungseinflüsse in der Regel zu höheren Arbeitswerten führen.

Abhängig davon, ob die Anforderungsausprägungen für jedes Merkmal getrennt in einer Rangreihe angeordnet oder durch die Definition von Stufen erklärt werden, unterscheidet man zwischen Rangreihen- und Stufenverfahren. Bei den Rangreihenverfahren wird einer bestimmten Arbeitsaufgabe für jede Anforderungsart ein eigener Teilarbeitswert auf einer Rangwertskala zugeordnet, die als Einordnungshilfe Richtbeispiele aus dem Geltungsbereichs des Verfahrens aufweist. Bild 12-75 zeigt ein derartiges Verfahren, das für die chemische Industrie entwickelt worden ist [AAD66, Hac77: 677 ff.]. Ähnlich wie bei der summarischen Reihung von Gesamtanforderungen unterstellt dieses Verfahren einen bestimmten technologischen Stand. Hinzu kommt, daß die Anforde-

rungen bei ihrer Zuordnung zur entsprechenden Rangwertskala einer Interpretation bedürfen, selbst dann, wenn nur eine beschränkte Anzahl von Rangwerten verwendet wird. Rangreihenverfahren verwenden in der Regel eine getrennte Gewichtung (s. a. [Hac77: 677 ff., REFA91a: 68 ff.]; vgl. zu Verfahren mit gebundener Gewichtung [REFA91a: 75 ff., Zül92: 79 f.]).

Den höchsten Grad der Strukturierung weisen die Stufenverfahren auf, bei denen jede Anforderungsausprägung definiert und oftmals auch durch Richtbeispiele belegt wird (vgl. zu einer Übersicht für die Metall- und Elektroindustrie [Eis91: 66 ff.]). Die Zuordnung eines Teilarbeitswerts zu einer Anforderungsstufe kann auf zwei verschiedenen Wegen erfolgen. Die eine Möglichkeit besteht darin, die Anforderungsstufen mit Null beginnend zu numerieren und diese Zahl dann als Teilarbeitswert zu verwenden. In diesem Falle bietet sich ergänzend eine

Merkmal 3c	Verantwortung für die Sicherheit anderer
Definition	Diese ist gegeben, wenn unmittelbar durch die Tätigkeit oder Unachtsamkeit oder Unterlassung eine mögliche Gefährdung von Gesundheit und Leben anderer entsteht. Die mögliche Wahrscheinlichkeit von Unfällen ist hierbei besonders zu berücksichtigen.
Punkte	Stufendefinitionen
0	Für alle Arbeiten, die von einem Arbeitsausführenden allein durchgeführt werden und bei denen durch eigene Tätigkeit normalerweise keine gesundheitlichen Schädigungen von Mitarbeitern, Werksangehörigen und dgl. entstehen können.
1	Für Arbeiten, bei denen auch bei normaler Aufmerksamkeit und Aufsicht kleine gesundheitliche Schädigungen von Mitarbeitern, Werksangehörigen und dgl. entstehen können.
2	Für Arbeiten, bei denen für eine größere Gruppe von Helfern und Mitarbeitern eine besondere Aufsichtspflicht in bezug auf die Beachtung der Unfallverhütungsvorschriften besteht. Ferner für Arbeiten, bei denen Hilfskräfte, Mitarbeiter und Werksangehörige oder auch Werksfremde durch die eigene Tätigkeit gesundheitlich zu ernsteren Schäden kommen können.
3	Für Arbeiten, bei denen eine große Anzahl Helfer und Mitarbeiter bei besonders gefährdeten Arbeiten anzuleiten ist, bei denen außerdem eine besondere Aufsichtspflicht hinsichtlich der Beachtung von Unfallverhütungsvorschriften besteht. Ferner bei Arbeiten, bei denen ein großer Kreis von Menschen durch die eigene Tätigkeit an Gesundheit und Leben gefährdet ist.

Bild 12-76 Stufendefinitionen eines Merkmals der analytischen Arbeitsbewertung für die Metallindustrie in Rheinland-Pfalz [AAM91]

getrennte Gewichtung der Anforderungsmerkmale an [REFA91a: 86]. Bei der zweiten Möglichkeit wird jeder Anforderungsstufe unmittelbar ein Teilarbeitswert zugeordnet. Auf diese Weise erhält man ein Stufenverfahren mit gebundener Gewichtung (auch als Punktbewertungsverfahren bezeichnet; vgl. z.B. [ZaK78: 30ff., REFA91a: 78ff., Doe80: 104]). Bild 12-76 zeigt als Beispiel die Definition eines Anforderungsmerkmals und seiner Stufen für die Metallindustrie in Rheinland-Pfalz [AAM91].

12.5.3.4 Arbeitsbewertung
bei neuen Formen der Arbeitsorganisation

Neue Formen der Arbeitsorganisation unterscheiden sich von traditionellen Arbeitsformen durch eine größere Aufgabenkomplexität und ein höheres Maß an Selbstorganisation und Eigenverantwortlichkeit (s.a. 12.3). Vielfach ist damit auch die Einbindung von Personen in eine Arbeitsgruppe verbunden, die gemeinschaftlich für die Erledigung eines bestimmten Aufgabenbereiches zuständig ist [Eid91: 144ff.]. Hieraus ergibt sich die Frage, in welcher Weise die Arbeitsbewertung dieser Entwicklung Rechnung tragen kann. Eine summarische Arbeitsbewertung liefert hierfür nur eine geringe Hilfestellung, da ihre Mittel zur Anforderungsbeschreibung (oftmals nur unter Zuhilfenahme von Berufsbezeichnungen) zu global und daher in hohem Maße interpretationsbedürftig sind. Einen geeigneteren Zugang zur Berücksichtigung neu entstehender Anforderungen liefert die analytische Arbeitsbewertung.

Grundsätzlich lassen sich Anforderungen an Selbstorganisation, Eigenverantwortlichkeit und Zusammenarbeit mit Hilfe von Merkmalen beschreiben. Traditionell werden hierfür die Anforderungsmerkmale Kenntnisse (einschließlich Denkfähigkeit) sowie Verantwortung für die eigene Arbeit und die anderer verwendet. Betrachtet man hierzu beispielsweise die einschlägigen Tarifverträge in der Metallindustrie, so ergeben sich für diese beiden Kategorien im Durchschnitt Prozentgewichte von ca. 20 % bzw. 15 % (s. zur Datengrundlage [Eis91: 67]). Aufgabe der Tarifvertragspartner wäre es, den gestiegenen Ansprüchen durch eine Anpassung der Anforderungsgewichte Rechnung zu tragen. In methodischer Hinsicht ist dies ohne weiteres durch Erhöhung der Gewichtungsfaktoren bzw. durch Ausweitung des Wertebereichs für die entsprechenden Anforderungsausprägungen möglich.

Darüber hinaus weiten sich durch neue Formen der Arbeitsorganisation die Tätigkeiten auf Aufgabenbereiche aus, die traditionellerweise bislang mehreren Personen als Einzelaufgaben übertragen wurden. Zur Bewertung eines Aufgabenbereiches bietet es sich an, zusätzlich zur Anforderungshöhe die Anforderungsdauer zu berücksichtigen. Ergänzend ist zu beachten, daß insbesondere bei Kenntnismerkmalen deren maximale Ausprägung zu berücksichtigen ist (vgl. zu einem Beispiel [Paa74: 258ff.]). Nach einigen tariflichen Regelungen wird jedoch der Arbeitsbereich lediglich nach derjenigen Einzelaufgabe bewertet, die den überwiegenden Zeitanteil ausmacht (z.B. nach [LEM79], §2, Nr.4, im Falle eines Zeitlohns).

Mit einer derartigen Bereichsbewertung läßt sich im Prinzip die geforderte Leistungsbereitschaft einer Person bei neuen Arbeitsformen methodisch adäquat berücksichtigen. Die Einbeziehung der tatsächlichen Leistung des Menschen im Arbeitssystem erfolgt demgegenüber im Rahmen der leistungsabhängigen Entgeltgestaltung, die in 12.5.4.4 behandelt wird.

12.5.4 Entgeltgestaltung

Im Rahmen der Entgeltgestaltung sind Arbeitsentgelte unter Berücksichtigung der Anforderungen, die ein Arbeitssystem an den Menschen stellt, und der vom Menschen beeinflußbaren Leistung in der Weise zu differenzieren, daß ein überprüfbarer und in Relation zu anderen Arbeitsaufgaben gerechter Zusammenhang zwischen Anforderungen und beeinflußbarer Leistung einerseits sowie dem Entgeltanspruch andererseits entsteht. Unter diesem Aspekt wird die Entgeltgestaltung auch als Entgeltdifferenzierung bezeichnet. Nach REFA versteht man hierunter die „Ermittlung und ... Darstellung der Abhängigkeit der relativen Lohn- beziehungsweise Gehaltshöhe von Anforderung und Leistungsergebnis" [REFA91c: 12].

Durch entsprechende Verfahrensvorschriften kann die Objektivität und Reproduzierbarkeit der Ermittlung des Entgeltanspruches gewährleistet werden. Die angestrebte Entgeltgerechtigkeit ist als Idealziel anzusehen, das sich – wie die je nach Tarifgebiet unterschiedlichen Löhne bei gleicher Tätigkeit zeigen – nicht global erreichen läßt. Allerdings ist einschränkend zu fordern, daß durch ein entsprechendes Verfahren eine relative Entgeltgerechtigkeit innerhalb eines begrenzten Geltungsbereiches erreicht werden soll [Hac77: 687 ff.].

12.5.4.1 Zusammenhang zwischen Arbeitskomponente und Entgelt

Der durch eine bestimmte Arbeitstätigkeit entstehende Entgeltanspruch setzt sich aus mehreren Bestandteilen zusammen, die sich ihrerseits von bestimmten Einflußgrößen ableiten, die in einer Beziehung zur menschlichen Arbeit stehen. Wie Bild 12-77 zeigt, kommen neben den Anforderungen und der Leistung als weitere Bestandteile des Entgeltes auch soziale und arbeitsmarkbezogene Gesichtspunkte in Betracht. Die sozialen Verhältnisse eines Entgeltempfängers können dadurch berücksichtigt werden, daß z. B. Familienstand, Anzahl der Kinder oder auch das Lebensalter in die Berechnung des Entgeltanspruches eingeht (vgl. z. B. [Sch79: 281]). Arbeitsmarkbezogene Bestandteile finden sich in Zulagen wieder, die allgemein für alle Entgeltempfänger eines Betriebs, einer Gruppe hiervon oder auch nur individuell einer bestimmten Person gezahlt werden. Diese Einflußgrößen werden von Hackstein als Arbeitskomponenten bezeichnet [Hac77: 688]. Sie können ihren Ursprung haben
– in den Anforderungen des Arbeitssystems an den Menschen (z. B. notwendige Erfahrung, muskuläre Belastung),

– in der durch den Menschen beeinflußbaren Arbeitsleistung (z. B. quantitatives Arbeitsergebnis, Arbeitsqualität),
– in der Person des Entgeltempfängers (z. B. Familienstand, Lebensalter),
– in wirtschaftlichen oder gesellschaftlichen Motiven (z. B. Arbeitsmarktsituation, Schichtarbeit).

Nachfolgend werden nur die anforderungs- und die leistungsabhängige Entgeltgestaltung näher behandelt. Durch den Entgeltgrundsatz wird festgelegt, welche dieser Arbeitskomponenten bei der Bestimmung des Entgeltes berücksichtigt werden (vgl. zum Begriff auch [REFA91c: 10]). Dies geschieht in der Regel additiv, so daß jeder Arbeitskomponente ein bestimmter Teilbetrag des Entgeltes zugeordnet wird. Nach dem Äquivalenzprinzip der Entgeltgestaltung muß dabei eine höhere Ausprägung der Arbeitskomponente im Prinzip auch zu einem höheren Entgelt führen [Hac77: 688].

Dieser Zusammenhang läßt sich in einem Entgelt-Arbeitskomponente-Diagramm graphisch darstellen. Bild 12-78 zeigt, daß der funktionale Zusammenhang nach Zweckmäßigkeit frei gestaltet werden kann. Neben stetigen Kennlinien sind auch vielfach unstetige Verläufe zu finden, neben linearen auch progressive oder degressive. Oftmals wird dabei das Entgelt nicht als Absolutwert, sondern als Index angegeben. Im Falle

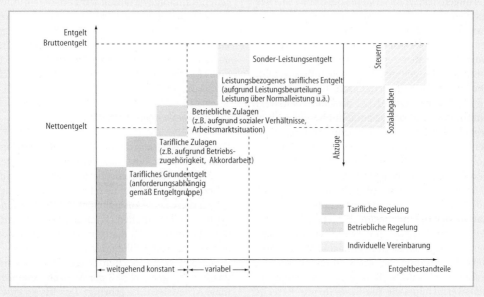

Bild 12-77 Aufbau des Entgelts

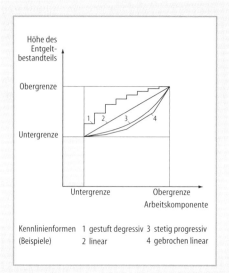

Kennlinienformen 1 gestuft degressiv 3 stetig progressiv
(Beispiele)   2 linear   4 gebrochen linear

Bild 12-78 Kennlinienformen im Entgelt-Arbeitskomponenten-Diagramm

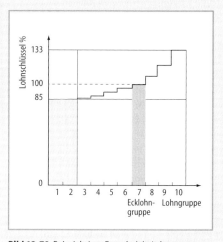

Bild 12-79 Beispiel eines Entgelt-Arbeitskomponenten-Diagramms [LTE94]

einer linearen Entgeltveränderung braucht dann der funktionale Zusammenhang nicht notwendigerweise verändert zu werden [Zül92: 72 f.].

12.5.4.2 Anforderungsabhängige Entgeltgestaltung

Im Rahmen der anforderungsabhängigen Entgeltgestaltung wird die Höhe desjenigen Entgeltbestandteiles geregelt, der durch die Anforderungen des Arbeitssystems bestimmt ist. Dies setzt voraus, daß die betreffende Tätigkeit nach einem der in 12.5.3 genannten Verfahren bewertet worden ist. Dem dabei ermittelten Arbeitswert wird (in aller Regel tarifvertraglich) ein bestimmter Entgeltanspruch gegenübergestellt. Dies geschieht vielfach dadurch, daß zunächst in einem Rahmentarifvertrag diesem Arbeitswert eine bestimmte relative Entgelthöhe zugeordnet wird, beispielsweise in Form eines Indexes (Prozentsatz oder Schlüssel). Die absolute Entgelthöhe wird dann üblicherweise jährlich durch einen Entgelttarifvertrag festgelegt.

Vereinfachend wird oftmals nur die Entgelthöhe derjenigen Arbeitswertgruppe festgelegt, auf die sich die Indizierung bezieht. Die absoluten Entgelthöhen der anderen Arbeitswertgruppen ergeben sich dann in einfacher Weise unter Berücksichtigung der im Rahmentarifvertrag festgelegten Indizes (Bild 12-79). Diejenige Arbeitswertgruppe, die die Basis für die Berechnung bildet, wird gewöhnlich als Ecklohngrup-

pe bezeichnet und zu 100 % gesetzt. Die Berücksichtigung von absoluten Steigerungsbeträgen (insbesondere für untere Entgeltgruppen) und differenzierter Steigerungsfaktoren zwischen den einzelnen Gruppen in Entgelttarifverträgen führen allerdings gelegentlich zu einer Verschiebung der zuvor im Rahmentarifvertrag festgelegten Relationen.

Im Falle einer summarischen Arbeitsbewertung nach dem Entgeltgruppenverfahren stellt formal die Nummer der Lohn- oder Gehaltsgruppe den Arbeitswert dar. Beim summarischen Rangfolgeverfahren wird ein bestimmter Bereich der Rangwertskala jeweils einer Arbeitswertgruppe zugeordnet. Die analytischen Verfahren, insbesondere die Stufenverfahren, ordnen einen bestimmten Arbeitswertebereich einer Entgeltgruppe zu (s. zur Erläuterung auch [REFA91c: 17 ff.]).

12.5.4.3 Zeitbezogene Entgeltformen

Die einfachste Form der Entgeltgestaltung stellen diejenigen Verfahren dar, bei denen ein festes Entgelt pro Abrechnungsperiode gezahlt wird. Hierzu gehören Zeitlohn, Gehalt und Vergütung, sofern diese keine zusätzlichen leistungsabhängigen Anteile enthalten (s. 12.5.4.4). Die Entgelthöhe bestimmt sich dann im wesentlichen aus den anforderungsabhängigen Bestandteilen.

Bei den zeitbezogenen Entgeltformen wird davon ausgegangen, daß der Mensch eine normale Arbeitsleistung erbringt. Das Risiko einer Minderleistung trägt der Betrieb, andererseits gibt es auch keinen besonderen Anreiz für den Menschen für eine quantitative Mehrleistung. Einen speziellen Leistungsanreiz stellen hingegen Zulagen dar, die für eine ungünstige Lage der Arbeitszeit gezahlt werden, z. B. für Nachtarbeit, Wechselschicht, Arbeit an Sonn- und Feiertagen, Überstunden. Ungünstige Arbeitszeiten stellen zwar grundsätzlich Anforderungen dar, insbesondere wenn sie charakteristisch für die Arbeitsaufgabe sind, sie werden aber im allgemeinen nicht im Rahmen der Arbeitsbewertung berücksichtigt und daher als persönliche Zulagen behandelt.

Zeitbezogene Entgeltformen sind vor allem dann anzuwenden, wenn der Mensch die Leistung des Arbeitssystems nicht maßgeblich beeinflussen kann, z. B. bei automatisierten Fertigungsprozessen, oder wenn die menschliche Leistung nicht meßbar oder beurteilbar ist. Weiterhin ist sie dort anzuwenden, wo die Arbeitsaufgabe eine außerordentliche Sorgfalt erfordert (z. B. bei erheblicher Unfallgefahr und erhöhten Qualitätsansprüchen) und daher kein besonderer Anreiz für eine quantitative Mehrleistung gegeben werden soll [OlS93: 224 ff., Lüc92: 59 ff., Wöh93: 281 ff.].

12.5.4.4 Leistungsabhängige Entgeltgestaltung

Die leistungsabhängige Entgeltgestaltung regelt die Höhe desjenigen Entgeltbestandteiles, der durch die Arbeitsleistung bestimmt ist. Im Rahmen der Arbeitswirtschaft versteht man unter Leistung das auf eine bestimmte Zeiteinheit bezogene Arbeitsergebnis [REFA91d: 159]. Im einfachsten Falle eines Einprodukt-Arbeitssystems läßt sich das Arbeitsergebnis anhand der Menge erstellter Produkte angeben. Arbeitssysteme haben jedoch im allgemeinen die Aufgabe, verschiedenartige Produkte herzustellen. Eine Möglichkeit besteht dann darin, jedes Produkt in der Weise zu bewerten, daß es hinsichtlich der geforderten Arbeitsmenge mit Hilfe einer Äquivalenzzahl mit den anderen Produkten vergleichbar gemacht wird. Die Arbeitsmenge für die Erstellung eines Produktionsprogramms wird somit als Summe der mit den Äquivalenzzahlen gewichteten Mengen pro Produkt berechnet.

Akkordlohn

Beim Akkordlohn wird die Vorgabezeit als Äquivalenzzahl verwendet (vgl. im folgenden auch [Hac77: 694 ff., MeV90b: 246 ff.]). Damit errech-

net sich der Lohn aus der Summe der Vorgabezeiten T_j für alle j in einer Periode abgerechneten Aufträge, multipliziert mit dem Akkordrichtsatz der zugehörigen Lohngruppe. Der Akkordrichtsatz setzt sich dabei im allgemeinen zusammen aus dem tariflichen Lohnsatz l_g der entsprechenden Lohngruppe g und einem tariflich vereinbarten Zuschlag z_a, der generell beim Vorliegen von Akkordlohn zu zahlen ist:

$$L = \frac{\left(l_g + z_a\right)}{100\%} \cdot \sum_j T_j$$

Bei einer Normalleistung ergibt sich somit ein Stundenlohn, der um den Prozentsatz z_a über demjenigen Stundenlohn liegt, der bei Zeitlohn tariflich als anforderungsabhängiger Bestandteil zu zahlen ist. Weicht die individuelle Arbeitsleistung in der Abrechnungsperiode hiervon ab, so verändert sich der leistungsabhängige Lohnbestandteil, wobei hierfür vereinbarte Unter- und Obergrenzen zu berücksichtigen sind.

Eine Akkordentlohnung kann nur dann angewandt werden, wenn folgende Voraussetzungen gegeben sind [OlS93: 226 ff., REFA91c: 39]:

Akkordfähigkeit: Arbeitsablauf und Arbeitsbedingungen müssen planbar und Vorgabezeiten in reproduzierbarer Form bestimmbar sein.

Akkordreife: Arbeitsablauf und Arbeitsplatz müssen mängelfrei gestaltet und der Ausführende hierfür geeignet, eingearbeitet und geübt sein.

Beeinflußbarkeit: Die Leistung des Arbeitssystems muß vom Ausführenden beeinflußbar und nicht überwiegend durch das Betriebsmittel bestimmt sein.

Sind diese Voraussetzungen nicht gegeben, so muß eine andere Entgeltform gewählt werden (Zeitlohn, Prämienlohn u. a.).

Zeitgradbezogener Leistungslohn

Eine spezielle Form der Entlohnung stellt der zeitgradbezogene Leistungslohn dar, der als Basis für die Entgelthöhe den Zeitgrad Z verwendet. Bei dieser Kennzahl wird die Summe der abgerechneten Vorgabezeiten T_j ins Verhältnis zur Summe der tatsächlich dafür benötigten Zeiten $(T_i)_j$ gesetzt [REFA92: 440 ff.]:

$$Z = \left(\frac{\sum_j T_j}{\sum_j (T_i)_j} \right) \cdot 100\%$$

Hierbei ist allerdings zu berücksichtigen, daß die Summe der benötigten Ist-Zeiten in der Regel kleiner ist als die Anwesenheitszeit des Mitarbeiters in der Abrechnungsperiode. Die Differenz ergibt sich aus Zeitanteilen für Arbeiten, für die keine Vorgabezeiten vorlagen oder in denen der Mitarbeiter, z.B. aufgrund von Auftragsmangel oder Maschinenstörungen, nicht tätig werden konnte. Ferner sind diejenigen Zeitanteile zu berücksichtigen, die vom Menschen im Arbeitsablauf nicht beeinflußt werden können. Unter dieser Voraussetzung läßt sich auch der Zeitgrad als Kennzahl für eine leistungsabhängige Entgeltgestaltung heranziehen [REFA91c: 40 f.].

Leistungsbeurteilung und Leistungskennzahlen

Eine Übersicht über leistungsabhängige Entgeltformen zeigt Bild 12-80. Generell ist dabei zwischen der Messung und der Beurteilung einer individuellen Arbeitsleistung zu unterscheiden. Bei der Leistungsbeurteilung wird die Arbeitsleistung einer Person durch einen anderen, in der Regel durch den Vorgesetzten beurteilt (s. zu derartigen Verfahren z.B. [Hen80: 178 ff.]). Ergebnis dieser Bewertung sind Leistungswerte (in Prozent oder Punkten), denen durch Tarifvertrag entsprechende leistungsabhängige Entgeltbestandteile zugeordnet sind. Derartige Verfahren können ergänzend zu Zeitlohn bzw. Gehalt angewandt werden (vgl. z.B. die Leistungsbeurteilung für die Angestellten der bayerischen Metallindustrie ([MAB90]; s.a. [Paa78: 143 ff.]).

Die Leistungsmessung setzt voraus, daß eine Kennzahl quantifiziert werden kann, die in einer Beziehung zur Leistung des Arbeitssystems steht. Diese Leistungskennzahl braucht sich dabei nicht notwendigerweise auf das ggf. zeitbewertete Arbeitsergebnis zu beziehen. Als Wertansatz für das Arbeitsergebnis lassen sich auch andere (absolute) Mengen- und Zeitwerte sowie (relative) Kennzahlen heranziehen. Die Einflußgrößen können sich dabei auf den Arbeitsgegenstand, den Menschen, das Betriebsmittel oder auch auf die Wirksamkeit des gesamten Arbeitssystems beziehen.

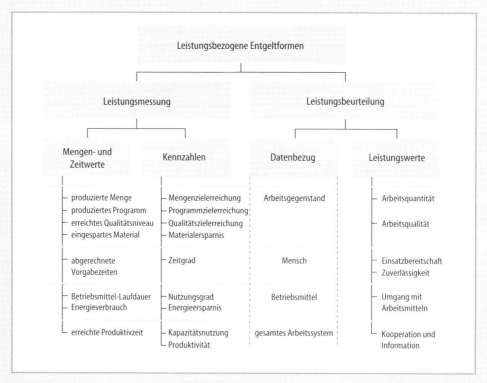

Bild 12-80 Schema der leistungsabhängigen Entgeltformen

Vor allem dann, wenn die Leistungsmotivation des Menschen nicht nur auf das mengenmäßige oder zeitbewertete Arbeitsergebnis gerichtet werden soll, bieten sich daher unterschiedliche Einflußgrößen für entsprechende Entgeltbestandteile an. Eine geeignete Entgeltform ist der Prämienlohn, bei dem als „Leistungskennzahlen … vom Menschen beeinflußbare Mengen-, Güte-, Nutzungs- und Ersparnisleistungsdaten oder deren Kombination benutzt" [REFA91c: 43] werden. Der Prämienlohn erlaubt es, verschiedene Einflußgrößen zu berücksichtigen, wobei der Verlauf der jeweiligen Kennlinien im Entgelt-Arbeitskomponente-Diagramm [Hac77: 694ff.] und die Bandbreite des zugeordneten Entgeltbestandteils die Bedeutung der Einflußgröße für das Arbeitsergebnis widerspiegelt (vgl. auch [Paa81: 57ff., Web94: 38ff., MeV90b: 268ff.]).

Bild 12-81 zeigt ein Beispiel für einen kombinierten Prämienlohn in einer weitgehend automatisierten Fertigung mit Gruppenarbeit. Das Beispiel verdeutlicht, daß ein Prämienlohnverfahren stets nur für ein bestimmtes Arbeitssystem gültig ist und die adäquate Leistungsmessung mit zunehmender Zahl der Einflußgrößen einen höheren Aufwand bedeutet. Bei technologischen Veränderungen sind die Kennlinien ggf. neu zu definieren. Außerdem müssen die nichtproduktiven Zeiten (im Beispiel bei der Zeitgrad-Berechnung) sowie in vielen Fällen auch die personelle Besetzung und der Einarbeitungsgrad der Ausführenden berücksichtigt werde. Durch die Prämienentlohnung können andererseits die Mitarbeiter motiviert werden, dieje-

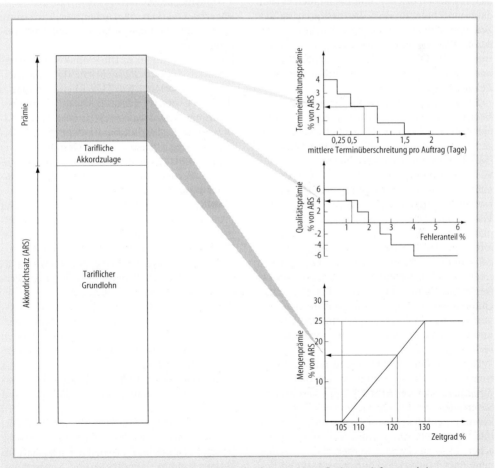

Bild 12-81 Beispiel einer kombinierten Prämie in einer weitgehend automatisierten Fertigung mit Gruppenarbeit

nigen Gesichtspunkte bei der Arbeit besonders zu beachten, die für die Wirksamkeit des Arbeitssystems entscheidend sind.

12.5.4.5 Entgeltgestaltung bei neuen Formen der Arbeitsorganisation

Neuere Arbeitssysteme sind vielfach dadurch charakterisiert, daß ein bestimmtes Teile- oder Produktspektrum in Gruppenarbeit und unter Einsatz automatisierter Fertigungsmittel zu erstellen ist (s. a. 12.3). Damit verlieren „diejenigen Lohnformen an Bedeutung …, die zu persönlichen Leistungssteigerungen der einzelnen Mitarbeiter anregen" [Paa81: 94]. Weniger die individuelle Leistung als vielmehr das Arbeitsergebnis des gesamten Arbeitssystems und damit die Leistung der Arbeitsgruppe insgesamt ist als Maßstab für die leistungsabhängige Entgeltgestaltung heranzuziehen. Hierbei handelt es sich dann um Entgeltformen, die die Kapazität des gesamten Arbeitssystems berücksichtigen und damit entsprechende Anforderungen an die periodenweise Ermittlung des Kapazitätsbedarfs und -bestands stellen (s. kapazitätsorientierte Zeitermittlung in 12.5.2.7).

Traditionelle Entlohnungsformen berücksichtigen außerdem nur rückwirkend die in einer Abrechnungsperiode erbrachten Leistungen. Einen anderen, auf die Erreichung zukünftiger Produktionsziele gerichteten Ansatz bietet der Pensumlohn. Hierunter sind Entgeltformen zu verstehen, die zielbildend auf eine erwartete Arbeitsleistung abstellen, vor allem der Vertragslohn, der Festlohn auf der Basis geplanter Tagesleistungen und der Programmlohn (vgl. [Paa81: 84]). Die Anpassung des Entgelts an die tatsächlich erbrachte Leistung erfolgt hierbei im Grundsatz nachträglich durch Berücksichtigung der tatsächlichen Zielerreichung in einer vorhergehenden Abrechnungsperiode oder durch die Anpassung der Vorgabe und damit auch des Entgelts für folgende Abrechnungsperioden.

Derartige Entgeltformen sind notwendigerweise mit Zielbesprechungen mit dem Ausführenden oder der Arbeitsgruppe verbunden. Sie erfüllen damit Forderungen nach einer stärkeren Orientierung von Arbeitsorganisation und Personalführung am arbeitenden Menschen. Es kann erwartet werden, daß derartige neue Entgeltformen zukünftig verstärkt an Bedeutung gewinnen werden.

Literatur zu Abschnitt 12.5

[AAD66] Arbeitsring der Arbeitgeberverbände der Deutschen Chemischen Industrie (Hrsg.): Arbeitsbewertung im chemischen Betrieb. Wiesbaden: Arbeitsring… 1966

[AAM91] Analytische Arbeitsbewertung für die Metallindustrie in Rheinland-Pfalz. Ausgabe März 1991

[ArbZG] Arbeitszeitgesetz (ArbZG) vom 6. Juni 1994

[BCI87] Bundesentgelttarifvertrag für die chemische Industrie vom 18. Juli 1987

[BetrVG] Betriebsverfassungsgesetz (BetrVG). In der Fassung der Bekanntmachung vom 23. Dezember 1988

[BoL91] Bokranz, R.; Landau, K.: Einführung in die Arbeitswissenschaft. Stuttgart: Ulmer 1991

[BrW94] Braun, W. J.; Waldhier, T.: Duale Bewertung von Arbeitsplätzen in der manuellen Montage. REFA-Nachr. 1 (1994), 20–28

[Doe80] Doerken, W.: Arbeitsstrukturierung und Entlohnungssysteme. Arbeitsvorbereitung 4 (1980), 99–105

[Eid91] Eidenmüller, B.: Die Produktion als Wettbewerbsfaktor. 2. Aufl. Zürich: Vlg. Industrielle Organisation; Köln: TÜV Rheinland 1991

[Eis91] Eissing, G.: Belastungsbewertung in der summarischen und analytischen Arbeitsbewertung. In: Institut für angewandte Arbeitswissenschaft (Hrsg.): Arbeit: Gestaltung – Organisation – Entgelt. Köln: Bachem 1991, 61–76

[Fec93] Fechner, W.: MTM-Sichtprüfen. Personal 9 (1993), 414–417

[FeH93] Fechner, W.; Heinz, K.: Zeitermittlung für das visuelle Prüfen und Kontrollieren. REFA-Nachr. 4 (1993), 10–18

[Fra78] Franck, H.: Das Work-Factor-Mento-Verfahren. Angew. Arbeitswiss. 77 (1978),15–21

[Geh91] Gehart, H.: Planzeiten in der Praxis. Personal, MTM-Report '91/92, 1991, 13–17

[GrH91] Grob, R.; Haffner, H.: Arbeitswirtschaftlicher Ansatz zur Arbeitssystemgestaltung. In: Inst. f. angew. Arbeitswiss. (Hrsg.): Arbeit: Gestaltung – Organisation – Entgelt. Köln: Bachem 1991, 36–52

[Gro84] Grob, R.: Erweiterte Wirtschaftlichkeits- und Nutzenrechnung. Köln: TÜV Rheinland 1984

[Gün78] Günzler, W.: Das WORK-FACTOR-Blockverfahren. REFA-Nachr. 6 (1978),347–352

[Hac77] Hackstein, R.: Arbeitswissenschaft im Umriß, Bd. 2: Grundlagen und Anwendung. Essen: Girardet 1977

[Hac89] Hackstein, R.: Produktionsplanung und -steuerung. 2. Aufl. Düsseldorf: VDI-Vlg. 1989

[Haf89] Haffner, H.: Arbeitswirtschaft. Z. f. Arbeitswiss. 4 (1989), 207–211

[Hal69] Haller-Wedel, E.: Das Multimoment-Verfahren in Theorie und Praxis. München: Hanser 1969

[Hei87] Heinz, K.: Zeitwirtschaft ist mehr als ein PPS-Modul. Angew. Arbeitswiss. 113 (1987), 3–16

[Hel91] Helms, W.: MTM – Ein Verfahren vorbestimmter Zeiten. Personal, MTM-Report '91/92, 1991, 33–39

[Hen80] Hentze, J.: Arbeitsbewertung und Personalbeurteilung. Stuttgart: Poeschel 1980

[HeO89] Heinz, K.; Olbrich, R.: Zeitdatenermittlung in indirekten Bereichen. Köln: TÜV Rheinland 1989

[Joh87] John, B.: Hb. der Planzeiten-Praxis. München: Hanser 1987

[Jun62] Jungbluth, A.: Industrielle Arbeitswirtschaft. Zentralbl. f. Arbeitswiss. u. Fachber. a. d. sozialen Betriebspraxis 2 (1962), F13–F24

[Lan90] Lang, K.: Solidarität statt Konkurrenz. In: Lang, K.; Meine, H.; Ohl, K. (Hrsg.): Arbeit – Entgelt – Leistung. Köln: Bund 1990, 21–65

[LaS92] Landau, K.; Stübler, E. (Hrsg.): Die Arbeit im Dienstleistungsbereich. Stuttgart: Ulmer 1992

[LEM79] Lohnrahmenabkommen in der Eisen-, Metall- und Elektroindustrie Nordrhein-Westfalens vom 25. Januar 1979

[LHL90] Lang, K.; Harbisch, H.; Lübben, H.: Wird bezahlt, was verlangt wird? In: Lang, K.; Meine, H.; Ohl, K. (Hrsg.): Arbeit – Entgelt – Leistung. Köln: Bund 1990, 146–225

[LKK84] Laurig, W.; Kloke, W. B.; Kühn, F.M.: Ansätze für eine Prognose der Belastung auf der Grundlage von Systemen vorbestimmter Zeiten. Z. f. Arbeitswiss. 2 (1984), 78–83

[LTE94] Lohnabkommen für die Tariflöhne in der Eisen-, Metall- und Elektroindustrie Nordrhein-Westfalens. Stand 15. März 1994

[Lüc92] Lücke, W.: Arbeitsleistung und Arbeitsentlohnung. 2. Aufl. Wiesbaden: Gabler 1992

[LVG87] Leitner, K.; Volpert, W.; Greiner, B. u.a.: Analyse psychischer Belastung in der Arbeit. Köln: TÜV Rheinland 1987

[MAB90] Manteltarifvertrag für die Angestellten der bayerischen Metallindustrie. In der Fassung vom 15. Mai 1990

[Mei90a] Meine, H.; Vogt, W.: Die Zeiten werden härter! In: Lang, K.; Meine, H.; Ohl, K. (Hrsg.): Arbeit – Entgelt – Leistung. Köln: Bund 1990, 301–454

[MeV90b] Meine, H.; Vogt, W.: Wieviel Geld für wieviel Leistung? In: Lang, K.; Meine, H.; Ohl, K. (Hrsg.): Arbeit – Entgelt – Leistung. Köln: Bund 1990, 226–300

[OhF90] Ohl, K.; Fischer, M.: Mach mal Pause. In: Lang, K.; Meine, H.; Ohl, K. (Hrsg.): Arbeit – Entgelt – Leistung. Köln: Bund 1990, 455–472

[Olb92] Olbrich, R.: Aufbau einer Zeitwirtschaft. Köln: Bachem 1992

[OlS93] Olfert, K.; Steinbuch, P.A.: Personalwirtschaft. 5. Aufl. Ludwigshafen: Kiehl 1993

[Paa74] Paasche, J.: Praxis der Arbeitsbewertung. Köln: Müssener 1974

[Paa78] Paasche, J.: Zeitgemäße Entlohnungssysteme. Essen: Girardet 1978

[Paa81] Paasche, J.: Zeitgemäße Lohngestaltung. Essen: Girardet 1981

[Por68] Pornschlegel, H. (Hrsg.): Verfahren vorbestimmter Zeiten. Köln: Bund 1968

[REFA85] REFA (Hrsg.): Methodenlehre des Arbeitsstudiums, Teil 3: Kostenrechnung, Arbeitsgestaltung. 7. Aufl. München: Hanser 1985

[REFA91a] REFA (Hrsg.): Anforderungsermittlung (Arbeitsbewertung). 2. Aufl. München: Hanser 1991

[REFA91b] REFA (Hrsg.): Arbeitsgestaltung in der Produktion. München: Hanser 1991

[REFA91c] REFA (Hrsg.): Entgeltdifferenzierung. München: Hanser 1991

[REFA91d] REFA (Hrsg.): Grundlagen der Arbeitsgestaltung. München: Hanser 1991

[REFA91e] REFA (Hrsg.): Planung und Steuerung, Teil 1: Grundbegriffe. München: Hanser 1991

[REFA91f] REFA (Hrsg.): Planung und Steuerung, Teil 2: Programm und Auftrag. München: Hanser 1991

[REFA91g] REFA (Hrsg.): Planung und Steuerung, Teil 3: Durchlaufzeit- und Terminermittlung. München: Hanser 1991

[REFA91h] REFA (Hrsg.): Planung und Steuerung, Teil 5: Planung und Steuerung von Kosten und Investitionen. München: Hanser 1991

[REFA92] REFA (Hrsg.): Methodenlehre des Arbeitsstudiums, Teil 2: Datenermittlung. 7. Aufl. München: Hanser 1992

[REFA93] REFA (Hrsg.): Ausgewählte Methoden des Arbeitsstudiums. München: Hanser 1993

[RGP94] Roschmann, K.; Geitner, U.W.; Paßmann, M.: Betriebsdatenerfassung 1994, Teil 1: Situations- und Trendanalyse mit Beispielen. Fortschrittliche Betriebsführung 5 (1994), 196–234

[Roh83] Rohmert, W.: Formen menschlicher Arbeit. In: Rohmert, W.; Rutenfranz, J. (Hrsg.):

Praktische Arbeitsphysiologie. 3. Aufl. Stuttgart: Thieme 1983, 5–29

[Sal82] Salwiczek, P.: Rechnerunterstützte Planung und Gestaltung manueller Arbeitsmethoden auf der Basis eines Systems vorbestimmter Zeiten. Düsseldorf: VDI-Vlg. 1982

[Sam87] Samli, S.: Arbeitswissenschaftliche Untersuchungen zum Work-Factor-Mento-Verfahren. Diss. TU Berlin 1987

[San65] Sanfleber, H.: Untersuchung über die Summierbarkeit von Elementarzeiten. Diss. TH Aachen 1965

[Sch79] Schnauber, H.: Arbeitswissenschaft. Braunschweig: Vieweg 1979

[ScS60] Schmidtke, H.; Stier, F.: Der Aufbau komplexerer Bewegungsabläufe aus Elementarbewegungen. Opladen: Westdt. Vlg. 1960

[Sim87] Simons, B.: Das Multimoment-Zeitmeßverfahren. Köln: TÜV Rheinland 1987

[Sim91] Simon, A.: Einführung einer rechnergestützten Zeitermittlung und Zeitverarbeitung. Angew. Arbeitswiss. 130 (1991), 1–43

[Spi80] Spitzley, H.: Wissenschaftliche Betriebsführung, REFA-Methodenlehre und Neuorientierung der Arbeitswissenschaft, Köln: Bund 1980

[StK73] Stommel, H.-J.; Kunz, D.: Untersuchungen über Durchlaufzeiten in Betrieben der metallverarbeitenden Industrie mit Einzel- und Kleinserienfertigung. Opladen: Westdt. Vlg. 1973

[TVG] Tarifvertragsgesetz (TVG). In der Fassung vom 25. August 1969

[WäJ89] Wächter, H.; Jochmann-Pöhl, A.: Arbeitsbewertung und Lohndiskriminierung. Personal 5 (1989), 182–187

[WBH93] Warnecke, H.-J.; Bullinger, H.-J.; Hichert, R.; Voegele, A.: Kostenrechnung für Ingenieure. 4. Aufl. München: Hanser 1993

[Web94] Weber, R.: Entlohnungssysteme bei steigender Automatisierung und in der Lean-Production. Renningen-Malmsheim: Expert 1994

[Wie89] Wiendahl, H.-P.: Betriebsorganisation für Ingenieure. 3. Aufl. München: Hanser 1989

[Wob93] Wobbe, G.: Zeitstudien. In: Hettinger, T.; Wobbe, G. (Hrsg.): Kompendium der Arbeitswissenschaft. Ludwigshafen: Kiehl 1993, 360–421

[Wöh93] Wöhe, G.: Einführung in die Allgemeine Betriebswirtschaftlehre. 18. Aufl. München: Vahlen 1993

[ZaK78] Zander, E.; Knebel, H.: Taschenbuch für Arbeitsbewertung. Heidelberg: Sauer 1978

[Zan94] Zangemeister, C.: Erweiterte Wirtschaftlichkeitsanalyse (EWA). Fortschrittliche Betriebsführung 2 (1994), 63–71

[ZöL92] Zöllner, W.; Loritz, K.-G.: Arbeitsrecht. 4. Aufl. München: Beck 1992

[ZüB94] Zülch, G.; Braun, W. J.: Bewertung von Arbeitssystemen in der manuellen Montage. In: Zink, K. J. (Hrsg.): Wettbewerbsfähigkeit durch innovative Strukturen und Konzepte. München: Hanser 1994, 140–156

[Zül92] Zülch, G.: Arbeitsbewertung. In: Gaugler, E.; Weber, W. (Hrsg.): Hwb. des Personalwesens. 2. Aufl. Stuttgart: Poeschel 1992, Sp. 70–83

[Zül93] Zülch, G.: Zur Rolle der Arbeitswissenschaft in der Fabrik der Zukunft. In: Rohmert, W. (Hrsg.): Stand und Zukunft arbeitswissenschaftlicher Forschung und Anwendung. München: Hanser 1993, 79–93

Kapitel 13

Koordinator

Prof. Dr. Engelbert Westkämper

Autoren

Prof. Dr. Engelbert Westkämper (13.1, 13.3, 13.5)
Prof. Dr. Tilo Pfeifer (13.2, 13.4, 13.6)
Prof. Dr. Péter Horváth (13.7)

Mitautoren

Dipl.-Ing. Oliver Lücke (13.1)
Dr.-Ing. Thomas Prefi (13.2)
Dr.-Ing. Matthias Möbius (13.3)
Dipl.-Ing. Thomas Zenner (13.4)
Dipl.-Ing. Nikolaus Jütting (13.5)
Dipl.-Ing. Christoph Theis (13.6)
Dipl.-Kfm. Dietmar Voggenreiter (13.7)

13 Qualitätsmanagement in der Produktion

Qualitätsmanagement in der Produktion

Jedes Unternehmen verfügt über ein mehr oder weniger ausgebautes Qualitätsmanagementsystem. Seit dem Erscheinen der Normenreihe DIN EN ISO 9000 setzt sich jedoch der Aufbau und die Zertifizierung eines Qualitätsmanagementsystems nach den einzelnen Nachweisstufen dieser Norm immer mehr durch (s. 13.5). Darüber hinaus existieren weitere festgeschriebene Anforderungen an Qualitätsmanagementsysteme, z.B. die AQAP-Normen für die militärische Beschaffung (s. 13.1.2.4). Basis für das Qualitätsmanagementsystem nach DIN EN ISO 9000 ff. ist die Qualitätspolitik des Unternehmensleitung (13.1.1.3), in der die grundsätzliche Einstellung zur Qualität als strategischen Faktor (s. 13.1.1.2 u. 13.1.2.3) sowie die Ziele und auch Maßnahmen zur Umsetzung enthalten sind.

Ziel des modernen Qualitätsmanagements ist die Erfüllung der Anforderungen der externen und internen Kunden. Die Erfüllung dieser Anforderungen ist für alle Phasen des Produktentstehungsprozesses (s. 13.2) durch den sinnvollen Einsatz von QM-Methoden (13.4) und die Auswahl geeigneter Organisationstrukturen (13.3) zu gewährleisten. Hierfür bietet die Normenreihe DIN EN ISO 9000 einen Rahmen für die Gestaltung der Aufbauorganisation und die Definition von Unternehmensabläufen (13.5). Wenn eine Zertifizierung des QM-Systems durch eine akkreditierte Stelle angestrebt ist, werden diese Vorschläge zu Mindestanforderungen (13.5.5).

Schließlich stellt sich trotz dem Charakter der Qualität als strategischer Wettbewerbsfaktor auch die Frage nach der Wirtschaftlichkeit des Qualitätsmanagements. Jedes QM-System sollte daher an dem Ziel der Optimierung der Unternehmensprozesse ausgerichtet sein. Ein Mittel, dieses zu erreichen, ist der Einsatz der EDV zur effizienteren Gewinnung und Verarbeitung von qualitätsrelevanten Information. Ebenso lassen sich QM-Methoden, z.B. die FMEA (Fehlermöglichkeits- und Einflußanalyse) durch den EDV-Einsatz beschleunigen. Auf welche organisatorischen und informationstechnischen Voraussetzungen bei diesen unter dem Begriff „CAQ" (Computer-Aided Quality Assurance) zusammengefaßten EDV-Unterstützungen zu achten ist, wird in 13.6 beschrieben.

Für die Beurteilung der Wirtschaftlichkeit des Qualitätsmanagements stellt das Qualitätscontrolling als Teil des Unternehmenscontrolling Informationen monetärer und nichtmonetärer Art zur Verfügung (13.7). Es dient damit der Effizienzsteigerung und Unterstützung des Qualitätsmanagements. Das operative Qualitätscontrolling versorgt dazu das Qualitätsmanagement vornehmlich mit Kosteninformationen, z.B. Fehlerkosten, wie Ausschuß und Nacharbeit (13.7.2). Das strategische Qualitätscontrolling dagegen leistet Unterstützung durch die Bereitstellung von Informationen für die Produkt- und Prozeßplanung (13.7.4).

13.1 Strategisches Qualitätsmanagement

Qualität ist in den letzten Jahren zum mitentscheidenden Erfolgsfaktor der Unternehmen geworden. Der große Konkurrenzdruck erfordert eine zielgerichtete Analyse der Unternehmenssituation und des Unternehmensumfelds bezüglich der eigenen *Qualitätsposition* sowie die Formulierung der qualitätsbezogenen Ziele und Absichten. Diese Aufgaben gehen weit über das Aufgabenfeld einer reinen Qualitätskontrolle hinaus. Sie sind daher von der Unternehmensführung im Rahmen des strategischen Managements wahrzunehmen und unternehmensweit umzusetzen.

13.1.1 Grundlagen des Qualitätsmanagements

Unter *Qualitätsmanagement* werden alle qualitätsbezogenen Tätigkeiten der Unternehmensleitung eines Unternehmens verstanden (Bild 13-1). Hierzu zählen einerseits die umfassende Definition der qualitätsbezogenen Ziele und Absichten zur Bildung der Qualitätspolitik (s. 13.1.1.3). Andererseits gehören zu diesen Tätigkeiten der Unternehmensleitung die Festlegung der Verantwortungen, Befugnisse und Zuständigkeiten der Mitarbeiter und Organisationseinheiten sowie die Bereitstellung der Mittel zur Durchführung der qualitätsbezogenen Aufgaben.

Darüber hinaus ist das Qualitätsmanagement nicht nur eine Aufgabe der Unternehmensleitung und ebenso wenig einer einzelnen Abteilung oder Stabsstelle, sondern aller Führungsebenen des Unternehmens. Hierbei kommt insbesondere der aktiven Tätigkeit der oberen Führungsebenen durch ihre Vorreiterrolle eine besondere Bedeutung zu. Die Umsetzung der *Qualitätspolitik* erfordert dann allerdings die unternehmensweite Mitwirkung aller Mitarbeiter. Daher muß die jeweilige Verantwortung der Mitarbeiter für die Produkte und Prozesse festgelegt werden. Dazu gehört beispielsweise die Definition der zur Verifizierung der Produktqualität notwendigen Prüfungen, z. B. in Form von Selbstprüfungen. Eine Abteilung *Qualitätswesen* oder -sicherung besitzt demnach für alle Beteiligten des Produktentstehungsprozesses eine Dienstleistungsfunktion zur Erarbeitung und Bereitstellung der benötigten Methoden und Werkzeuge, zur Durchführung von qualitätsbezogenen Schulungsmaßnahmen und evtl. dokumentationspflichtigen Prüfungen (s. 13.3.2).

Institutionalisiert wird die Um- und Durchsetzung der Qualitätsziele und -absichten innerhalb des *Qualitätsmanagementsystems* (s. 13.5) durch die *Qualitätsplanung*, *Qualitätslenkung*, *Qualitätssicherung* und *Qualitätsverbesserung* (s. 13.3.1.1 und DIN ISO 8402).

13.1.1.1 Definitionen des Qualitätsbegriffs

Die Definitionen des Begriffs „Qualität", von lateinisch „qualis" (wie beschaffen), sind sehr vielfältig und spiegeln in erster Linie die Einstellung der Definitionsurheber zur Qualität wider.

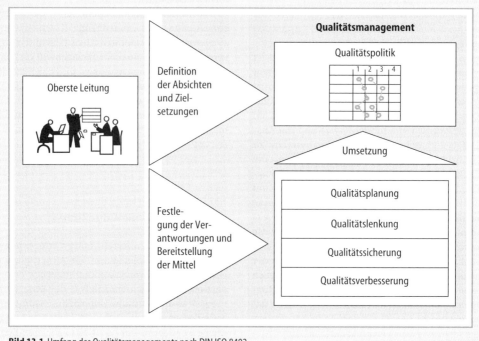

Bild 13-1 Umfang des Qualitätsmanagements nach DIN ISO 8402

Um einen Eindruck von den verschiedenen Begriffsdefinitionen und somit von der Entwicklung des Qualitätsverständnisses zu erhalten, sind im folgenden einige angeführt:

DIN ISO 8402 / DIN 55350-11

In der deutschen Übersetzung der internationalen Norm wird unter Qualität „die Gesamtheit von Merkmalen einer Einheit bezüglich ihrer Eignung, festgelegte und vorausgesetzte Erfordernisse zu erfüllen" verstanden. Anstelle der „Gesamtheit von Merkmalen einer Einheit" wird in DIN 55350-11 von der „Beschaffenheit einer Einheit" gesprochen.

Crosby

Für Crosby ist Qualität unabhängig von der Art des Erzeugnisses oder Dienstleistung die „Übereinstimmung von Vorhaben und Ausführung" [Cro72].

Feigenbaum

A.V. Feigenbaum definiert Produkt- und Servicequalität als „the total composite product and service characteristics of marketing, engineering, manufacture, and maintenance through which the product and service in use will meet the expectations of the customer" [Fei91].

Ishikawa

Auch Ishikawa versteht Qualität umfassend: „The word ‚quality' applies not only to products but also to services and work. Quality Control is the effort of an entire enterprise, to develop, design, manufacture, inspect, market and service products that will satisfy the custumers at the time of purchase and give them satisfaction for a long time after purchase" [Ish80].

Juran

Die ursprüngliche Definition von Juran, „fitness for use", wurde von ihm später um die Aspekte des Produktnutzens und der Fehlerfreiheit erweitert [Jur90].

Taguchi

Die am weitesten von den o.g. abweichende Definition des Qualitätsbegriffs stammt von Taguchi: „Qualität entspricht dem Verlust, den ein Produkt für die Gemeinschaft nach seiner Bereitstellung verursacht, im Gegensatz zu jenen Verlusten, die durch seine Funktionen hervorgerufen werden." Je höher die Qualität eines Produktes desto geringer sind die der Gemeinschaft zugefügten Verluste [Tag89].

13.1.1.2 Strategische Bedeutung des Faktors Qualität

Bedeutung für den Unternehmenserfolg

Die Bedeutung des Wettbewerbsfaktors Qualität für den Unternehmenserfolg wurden durch empirische Untersuchungen mit der *PIMS-Datenbank* bestätigt. Das Konzept der PIMS-Datenbank (Profit Impact of Market Strategies) wurde erstmals in den 60er Jahren angewandt und später vom Strategic Planing Institut (SPI), Cambridge, übernommen. Durch eine von PIMS entwickelte Multiskalierungstechnik ist der Faktor Qualität aus der Sicht der Kunden und des Marktes objektiven und quantitativen Messungen zugänglich. Mit Hilfe der Datenbank wurden für Unternehmen mit einer hohen *relativen Produktqualität* („relativ" bei Produktqualität und Preis bedeutet: im Vergleich mit den Wettbewerbern) vielfältige Vorteile ermittelt [Lit92]:
– Durchsetzung höherer relativer Preise ohne Verlust von Marktanteilen,
– Marktanteilsteigerung,
– geringere Ausgaben für Marketing,
– höhere Kundenloyalität und Markentreue.

Mit Hilfe der PIMS-Datenbank wurde nachgewiesen, daß sich mit einer überlegenen Qualität der Produkte auch höhere Preise erzielen lassen. Die Rendite wird nicht durch eine isolierte Preispolitik nachhaltig beeinflußt, sondern durch eine kombinierte Preis-Qualitätspolitik (Bild 13-2) (s. Kostenführerschaft, 3.1.5.1). Eine isolierte Preispolitik besitzt daher nur untergeordnete Bedeutung.

In Bild 13-2 ist die Verteilung der Geschäftseinheiten über der relativen Qualität und dem relativen Preis aufgetragen. Es zeigte sich, daß die Hälfte der Geschäftseinheiten auf der Diagonalen mit einem ausgewogenen Preis-Qualitäts-Verhältnis anzuordnen ist. Nicht über den Preis, sondern über eine hohe relative Qualität läßt sich ein besserer Return on Investment (ROI) und ein Ausbau der Marktposition erreichen. Die Unternehmen, die für geringe relative Qualität einen hohen Preis verlangen, besitzen nicht nur

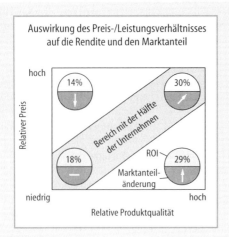

Bild 13-2 Auswirkungen der Qualität [PIMS-Datenbank nach A. D. Little]

einen geringeren ROI, sondern verlieren auch erhebliche Marktanteile. Durch ein überlegenes Preis-Qualitäts-Verhältnis lassen sich darüber hinaus auch ein verspäteter Markteintritt sowie die negativen Auswirkungen der Alterungsphase im Produktlebenszyklus zumindest teilweise kompensieren. In den Untersuchungen konnten auch keine Abhängigkeiten zwischen relativen direkten Kosten (eigene Direktkosten im Verhältnis zu den Direktkosten der drei Hauptwettbewerber) und relativer Qualität nachgewiesen werden, wodurch die These „Quality is free" von Philip Crosby empirisch unterstützt wird, da die Kosten und Aufwendungen für Qualitätsverbesserungen (*Konformitätskosten*) meistens mindestens die Kosten für die Abweichungen von den Anforderungen (*Nonkonformitätskosten*), z.B. als Ausschuß-, Nacharbeits- und Gewährleistungskosten, decken [Lit92] (s. 13.7).

Rechtliche Bedeutung der Qualität

Die Folgen aus der Haftung für fehlerhafte Produkte können für die Unternehmen ein bedrohliches Ausmaß annehmen. Denn neben den eigentlichen Kosten für die Entschädigung der Betroffenen und die Gerichtsprozesse gefährden nachhaltige Imageschädigungen durch Rückrufaktionen o.ä. die Unternehmen. Eine *Produkthaftpflichtversicherung* dagegen deckt nur den ersten Bereich und nicht die Umsatz- und Marktanteilsverluste ab. Der Schwerpunkt muß daher auf vorbeugenden qualitätssichernden und or-

ganisatorischen Maßnahmen sowie auf einer umfassenden Dokumentation liegen.

Das sensibilisierte Rechtsbewußtsein der geschädigten Kunden und das Bestreben zur Harmonisierung des europäischen Produkthaftrechts führte 1985 zu der EG-Richtlinie 85/374. Diese war die Basis für das deutsche *Produkthaftungsgesetz* (ProdHaftG), das am 1.1.1990 in Kraft getreten ist. Das ProdHaftG hat die bestehenden Rechte aus dem Bürgerlichen Gesetzbuch (BGB) und dem Strafgesetzbuch erweitert. Es bewirkt eine stärkere Position der Geschädigten durch eine erleichterte Beweisführung, denn „Für den Fehler, den Schaden und den ursächlichen Zusammenhang zwischen Fehler und Schaden trägt der Geschädigte die Beweislast." (§ 1 Abs. 4 Prod HaftG). Damit ist es ausreichend, daß der Geschädigte einen Schaden, der durch einen Fehler des Produkts verursacht wurde, nachweist. Für einen Schadensersatzanspruch ist die Frage des Verschuldens des Herstellers unerheblich [Zin89]. Dem Hersteller stehen dagegen für den Ausschluß von der Ersatzpflicht mehrere Möglichkeiten nach § 1 Abs. 2 Nr. 1-5 oder Abs. 3 ProdHaftG zur Verfügung [Kre92], z.B.:

- Das Produkt hatte zum Zeitpunkt des Inverkehrbringens noch nicht den Fehler, der zum Schaden geführt hat.
- Der Fehler konnte zum Zeitpunkt des Inverkehrbringens vom Hersteller nach dem Stand der Wissenschaft und Technik nicht erkannt werden.

Das ProdHaftG ergänzt die Rechtsgrundlage für deliktische Haftung aufgrund § 823 BGB u.a. durch den Übergang von der Verschuldungshaftung zur verschuldensunabhängigen Haftung [Ebe91]. Nach § 823 BGB hatte bis zu einem Grundsatzurteil des Bundesgerichtshofes, das die Beweislastumkehr einführte, der Kläger den nicht einfachen Beweis für das Verschulden des Herstellers zu erbringen [Zin89]. Zu beachten ist, daß im ProdHaftG eine andere Auffassung über den Fehlerbegriff vorliegt als im BGB: berechtigte Sicherheitserwartung anstelle der Gebrauchstauglichkeit [Bau89].

Neben der deliktischen Haftung sind die Unternehmen auch durch die vertragliche Haftung und strafrechtliche Regelungen für fehlerhafte Produkte verantwortlich (Bild 13-3). In dieser Abbildung sind die vielfältigen hierfür geltenden Gesetzesgrundlagen aufgeführt. Hierbei ist der häufigste Fall die Haftung aus Vertrag, insbesondere die gesetzliche Gewährleistung für Sach-

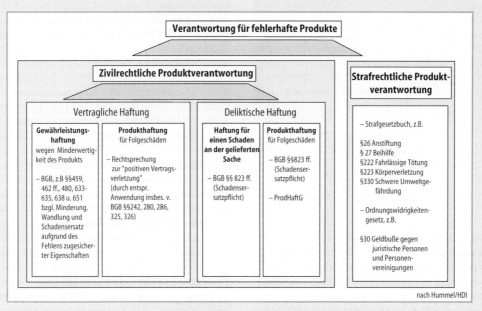

Bild 13-3 Rechtliche Grundlagen der Verantwortung für fehlerhafte Produkte

und Rechtsmängel, z. B. bei Kauf § 459 BGB. Dieses Vertragsverhältnis begründet aber keine Ansprüche des Endverbrauchers gegenüber dem Hersteller, sondern nur gegenüber dem unmittelbaren Vertragspartner, zumeist einem Händler. Eine Garantieleistung erfolgt i. allg. durch Nachbesserung oder Ersatzlieferung. Wenn dieses nicht durchführbar ist, muß das Produkt ausgetauscht werden, bzw. dem Kunden ein geringer Preis angeboten werden (Wandlung oder Minderung, § 462 BGB).

Außerdem ist ein Unternehmen aus vertraglicher Haftung für sein Produkt schadensersatzpflichtig, wenn dem Produkt eine zugesicherte Eigenschaft fehlt und der Kunde dadurch einen Schaden erlitten hat (§ 463 BGB). Durch ein Urteil des Bundesgerichtshofes, in dem es lautet „Wer uneingeschränkt die Eignung einer Kaufsache für einen bestimmten Verwendungszweck zusichert, haftet grundsätzlich auch für solche Schäden, die bei Vertragsabschluß (nach dem damaligen Stand der Technik) noch nicht vorhersehbar waren." Wird deutlich, wie vorsichtig mit der Zusicherung von Eigenschaften zu verfahren ist und wie wichtig dann deren Einhaltung ist [Zin89].

Aus den rechtlichen Anforderungen ergeben sich die folgenden betrieblichen Sorgfaltspflichten [Hum92]:

– Organisation (Aufbau- u. Ablauforganisation, Zuständigkeiten, Qualifizierung)
– Konstruktion (Stand der Technik u. Wissenschaft, Risikoanalysen)
– Produktionsverantwortung (Auswahl der Produktionsverfahren, Maschinenfähigkeit)
– Instruktion (Warnung vor Gefahren, Betriebs- und Gebrauchsanweisungen)
– Produktbeobachtung (Informationsauswertung über das Verhalten der Produkte im Einsatz)

Auf die Möglichkeiten des Qualitätsmanagements, diese Pflichten und das Risiko der Produkthaftung durch Vermeidung und Entdeckung von Fehlern zu mindern, wird insbesondere in 13.3, 13.4 und 13.5 eingegangen.

13.1.1.3 Qualitätspolitik

Für eine erfolgreiche Unternehmensführung bedarf es einer langfristigen, strategischen Planung. Das Ergebnis dieser Planung ist im Rahmen des Qualitätsmanagements die Definition der strategischen und operativen *Qualitätsziele* und die Festlegung des Vorgehens zum Erreichen dieser Ziele. Die *Qualitätspolitik* besteht somit aus generellen Aussagen zu Qualitätszielen sowie dem Selbstverständnis des Unternehmens und dient somit der Information aller Mitarbeiter. Sie ist

Bild 13-4 Gestaltungskriterien für die Qualitätspolitik

deshalb von der Unternehmensführung zu formulieren, inkraftzusetzen und bekanntzugeben. Die Qualitätspolitik bildet daher im Sinne des Management by Objectives (s. 3.4.3.2) den Rahmen für die Ziele aller betrieblichen Ebenen, von verschiedenen Bereichen über Abteilungen bis hin zum einzelnen Mitarbeiter [Hai89]. Wegen ihrer Bedeutung für das Qualitätsmanagement wird die Existenz einer Qualitätspolitik daher in allen Nachweisstufen eines Qualitätsmanagementsystems nach DIN EN ISO 9000ff. ausdrücklich gefordert (s.13.5).

Die Qualitätspolitik sollte wegen ihrer Bedeutung die in Bild 13-4 dargestellten Kriterien erfüllen [Fre93]. Die Aufgabe, eine Qualitätspolitik zu formulieren, sollte von den Mitgliedern der Unternehmensführung nicht delegiert werden, sondern gemeinsam, evtl. mit Unterstützung eines Qualitätsbeauftragten, erstellt werden. Dieses ist die beste Voraussetzung dafür, daß die Qualitätspolitik in allen Unternehmensbereichen den gleichen Stellenwert und Unterstützung erfährt sowie alle Interessen und Ziele aufgenommen werden. Sie ist dann fortwährend auf ihre Aktualität zu überprüfen, um ihrer Rolle als Gestaltungsrahmen erfüllen zu können.

Die Bedeutung der Qualitätspolitik für das Unternehmen sollte von der Unternehmensleitung dadurch unterstrichen werden, daß sie selbst alle Mitarbeiter über die Inhalte der Qualitätspolitik informiert. Das vorbildliche Verhalten der Unternehmensleitung entsprechend der Qualitätspolitik ist die Voraussetzung für die Förderung des Qualitätsbewußtseins aller Mitarbeiter. Den Mitarbeitern müssen die Qualitätsziele erläutert werden, um die Qualitätsverbesserung unterstützen zu können. Nur so ist es ihnen möglich, die Bedeutung ihrer Leistung für die Ziel-

erreichung zu erkennen und Rückschlüsse zu ziehen, welche Maßnahmen zur Verbesserung der Produkt- oder Prozeßqualität beitragen können [Büh93].

13.1.2 Qualitätsphilosophien und -strategien

13.1.2.1 Abgrenzung von Qualitätsphilosophie, -strategie, -methode

Aufgrund der unterschiedlichen Abstraktionsebenen ist es sinnvoll, die Elemente des Qualitätsmanagements in Qualitätsphilosophien, -strategien und -methoden zu klassifizieren. Da unter Philosophie die Suche nach den grundsätzlichen Antworten bzw. das Streben nach Weisheit verstanden wird, enthält eine Qualitätsphilosophie im übertragenen Sinn die grundsätzlichen Qualitätsziele des Unternehmens und die Einstellung oder Denkweise der Unternehmensleitung [Lau94]. Die Qualitätsstrategie wird aus der Qualitätsphilosophie abgeleitet und von der Unternehmensleitung festgelegt. Sie dient der Umsetzungsplanung und -steuerung der grundsätzlichen Denkweise durch die zielgerichtete Bereitstellung und den Einsatz der entsprechenden Hilfsmittel. Diese Hilfsmittel sind u.a. die Qualitätsmethoden, die ein planmäßiges Vorgehen bewirken. Darüber hinaus sind die Arbeitsabläufe, die Arbeitsumgebung sowie die Arbeitsmittel zu planen.

13.1.2.2 Entwicklung und Zusammenhänge der Qualitätsphilosophien und -strategien

Erste Veröffentlichungen zur Qualitätskontrolle erschienen 1917 und 1922 von Radfort unter dem Begriff „Control of quality". Es folgten Aufsätze von Shewart (1934) über den Zusammenhang von Qualitätskontrolle und Mitarbeiterführung, bis Ende der 50er Jahre Radford (1956) und Feigenbaum (1958) die Qualitätskontrolle um statistische Methoden erweiterten. Die größten Entwicklungsschritte wurden während des 2. Weltkrieges in den USA erzielt und später in Japan realisiert. Da die Wurzeln für japanische Qualitätsphilosophien und -strategien in den USA liegen und die amerikanischen Begründer des Qualitätsmanagements die Erfahrungen aus den japanischen Umsetzungen in ihre Ansätze wiederum integrierten, liegen umfangreiche Verflechtungen in der Entwicklung des Qualitätsmanagements vor. Es wurden immer wieder wech-

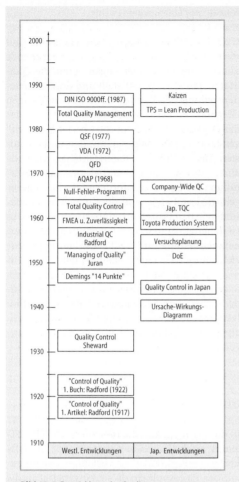

Bild 13-5 Entwicklung des Qualitätsmanagements

Timeline figure content (Westl. Entwicklungen / Jap. Entwicklungen):

Jahr	Westl. Entwicklungen	Jap. Entwicklungen
	DIN ISO 9000ff. (1987)	Kaizen
1990	Total Quality Management	TPS = Lean Production
1980	QSF (1977)	
	VDA (1972)	
	QFD	
1970	AQAP (1968)	Company-Wide QC
	Null-Fehler-Programm	
	Total Quality Control	Jap. TQC
1960	FMEA u. Zuverlässigkeit	Toyota Production System
	Industrial QC Radford	Versuchsplanung
	"Managing of Quality" Juran	DoE
1950	Demings "14 Punkte"	
		Quality Control in Japan
1940		Ursache-Wirkungs-Diagramm
1930	Quality Control Sheward	
1920	"Control of Quality" 1. Buch: Radford (1922)	
	"Control of Quality" 1. Artikel: Radford (1917)	
1910	Westl. Entwicklungen	Jap. Entwicklungen

zur Qualitätsverbesserung aller Unternehmenseinheiten. Vom Marketing, über die Entwicklung und Produktion bis zum Service soll unter Einbeziehung der Lieferanten auf die wirtschaftlichste Weise die volle Kundenzufriedenheit gewährleistet werden. Zur Erreichung dieses Zieles weist Feigenbaum der Arbeitsgestaltung und den Mitarbeitern, insbesondere deren Arbeitszufriedenheit und Motivation, eine höhere Bedeutung zu als der eingesetzten Technik [Fei91].

Company Wide Quality Control (CWQC)

Das mitarbeiterorientierte und unternehmensweite Konzept für das CWQC wurde von Ishikawa in der Mitte der 60er Jahre entwickelt. Hervorzuheben ist bei dieser Philosophie insbesondere die Verlagerung der Qualitätsverantwortung vom prüfenden Bereich zu den einzelnen Mitarbeitern in der Fertigung. Voraussetzung hierfür ist die Schaffung eines Qualitätsbewußtseins bei den Mitarbeitern und die Steigerung der Motivation zur Erfüllung der Qualitätsanforderungen. Darüber hinaus sollen *Qualitätszirkel* auf allen Hierarchieebenen eingerichtet werden. Neben diesen humanitären und sozialen Gesichtspunkten steht die genaue Definiton der Kundenwünsche und die Kundenzufriedenheit im Vordergrund [Ish85, Wom91].

Null-Fehler-Produktion

Das Programm zur Null-Fehler-Produktion wurde von Philip B. Crosby entwickelt und geht von der These aus, daß es keine „kostenwirtschaftlich optimale Qualitätslage" gibt und es „immer billiger ist, eine Arbeit richtig auszuführen" [Cro72]. Die *Qualitätslage* beschreibt dabei den Anteil der fehlerhaften -auch immateriellen- Produkte an der Gesamtzahl der produzierten Produkte. Eine Qualitätslage von Null-Fehlern ist daher unter diesen Gesichtspunkten das Idealergebnis. Wichtig zum Erreichen dieses Zieles ist die konsequente Vermeidung und Verhütung von Fehlern sowie die Analyse aufgetretener Fehler zu deren Beseitigung. Als Hilfsmittel zur Umsetzung der Null-Fehler-Produktion sieht Crosby, neben weiteren Methoden, den Einsatz eines Fehlerverhütungsplanes vor. Dieser umfaßt alle an der Auftragsabwicklung beteiligten Organisationseinheiten und gibt konkrete Aufgaben, Veranwortlichkeiten und Termine vor. Dazu zählen z.B. Lieferantenbewertungen, Qualitätsaudits, Qualitätsberichte usw.

selseitig Inhalte aus anderen Ansätzen übernommen, so daß die Unterschiede zwischen den Ansätzen mit der Zeit geringer wurden.

Dieses wird anhand der nachfolgenden Kurzdarstellung einiger Philosophien und Strategien deutlich. Einen Überblick über die geschichtliche Entwicklung gibt Bild 13-5.

13.1.2.3 Kurzdarstellung einzelner Philosophien

Total Quality Control (TQC)

Anfang der 60er Jahre formulierte Feigenbaum seine Forderungen an ein umfassendes Qualitätskonzept. Danach ist TQC ein effizientes System für die Integration von Qualitätsentwicklung, -aufrechterhaltung und den Bemühungen

Der japanische Begriff „Kaizen" bedeutet übersetzt soviel wie Veränderung zum Besseren und drückt das Streben nach kontinuierlicher Verbesserung aus. Kaizen ist mit einer prozeß- und kundenorientierten Denkweise gleichzusetzen, die gleichzeitig Ziel und grundlegende Verhaltensweise im täglichen Arbeitsleben darstellt [Wom91]. Kaizen wird auch als *Continous Improvement Prozess (CIP)* oder *Kontinuierlicher Verbesserungsprozeß (KVP)* bezeichnet. Im Gegensatz zu den großen Verbesserungssprüngen durch Innovationen soll eine Verbesserung der Produkt- und Prozeßqualität in kleinen, aber nicht abreißenden Schritten verwirklicht werden. Auf diese Weise können die Weiterentwicklungen durch Innovationen vollständig genutzt werden, da der durch die Innovationen erreichte Status quo aufgrund der Kaizen-Anstrengungen erhalten und ausgebaut wird. Für die Umsetzung sollen Schlüsselstrategien eingesetzt werden [Wom91]:
- Cross Functional Management (funktionsübergreifendes Management),
- Policy Deployment (durchgängige Unternehmenspolitik),
- Standardisierung,
- Quality Function Deployment (s. 13.4.5).

Der Integrationscharakter dieser Philosophie wird durch den sog. Kaizen-Schirm verdeutlicht (Bild 13-6).

• Kundenorientierung
• TQC
• Mechanisierung
• Qualitätszirkel
• Vorschlagswesen
• Automatisierung
• Arbeitsdisziplin
• TPM

• Kanban
• Qualitätssteigerung
• Just-in-time
• Fehlerlosigkeit
• Kleingruppenarbeit
• Kooperation der Managementebenen
• Produktivitätssteigerung
• Entwicklung neuer Produkte

Bild 13-6 Der Kaizen-Schirm [nach: Wom91]

Nach DIN ISO 8402 wird unter TQM eine „auf die Mitwirkung aller ihrer Mitglieder beruhende Führungsmethode einer Organisation, die Qualität in den Mittelpunkt stellt und durch Zufriedenstellung der Kunden auf den langfristigen Geschäftserfolg sowie Nutzen für die Mitglieder der Organisation und für die Gesellschaft zielt" verstanden. TQM bildet damit den umfassendsten Ansätze für das Qualitätsmanagement, da einerseits das ganze Unternehmen für die Erfüllung der Qualitätsanforderungen herangezogen wird und anderseits die Kunden und Lieferanten in den Prozeß mit einbezogen werden. Es ist daher ein eindeutiges Bekenntnis der Unternehmensleitung zur Qualität als Unternehmensziel, z. B. in Form einer Qualitätspolitik, notwendig. Die Unterstützung von TQM kann u. a. erfolgen durch: Die Realisierung von internen Kunden-Lieferanten-Beziehungen, Quality Function Deployment (s. 13.4.5), Qualifikation und Partizipation der Mitarbeiter und einen kooperativen Führungsstil (s. 3.5.4.2) [Wom91].

13.1.2.4 Kurzdarstellung einzelner Strategien

DIN EN ISO 9000 ff.

In der Normenreihe, die 1987 zuerst als DIN ISO Norm erschien und seit August 1994 als DIN EN ISO vorliegt, findet sich vielfältiges Gedankengut der Philosophien, da sie eingebettet in die Entwicklung des Qualitätsmanagements entstanden ist. Dieses gilt insbesondere für DIN EN ISO 9004. Es wird z. B. auf den Grundgedanken des TQM bezuggenommen, daß jedes Mitglied einer Organisation, und zwar auf allen Ebenen, für ständige Qualitätsverbesserungen der Produkte motiviert werden muß. Ebenso weist sie auf die Einteilung der qualitätsbezogenen Kosten von Crosby in Kosten für die Übereinstimmung (Konformitätskosten) und Kosten für die Abweichung (Non-Konformitätskosten) hin. Die ständige Verbesserung der Qualität der Produkte und Prozesse wird durch das Element Korrektur- und Vorbeugungsmaßnahmen explizit gefordert. Auch die Umsetzungskontrolle der Qualitätsbemühungen wird in Form von regelmäßigen Qualitätsaudits sichergestellt. Neben den militärischen *AQAP-Normen (Allied Quality Assurance Publication)* bilden diese Normen die Basis für branchenunabhängige Forderungen an Qualitätsmanagementsysteme. Es existieren dagegen in Deutschland an branchenabhängigen Normen und Richtlinien z. B. die *KTA-Richtlinien (Kerntechnischer Ausschuß)* für die Errichtung und den Betrieb kerntechnischer Anlagen, die *VDA-Richtlinien (Verband der Automobilindustrie)* für die Automobilindustrie und die *QSF (Qualitätssicherungsforderungen)* für Lieferungen und Leistungen der Luftfahrt-, Raumfahrt- und Ausrüsterindustrie. Ausführlich werden die DIN EN ISO 9000-Normen und die Zertifizierung eines nach diesen Normen aufgebauten Qualitätsmanagementsystems in 13.5 dargestellt.

AQAP

Zu Beginn der 70er Jahre wurden die NATO-Qualitätssicherungsvorschriften AQAP-110, AQAP-120 und AQAP-130 in zunehmenden Maß Bestandteil von sowohl bilateralen als auch nationalen Verträgen zur militärischen Beschaffung. In Deutschland ist für die Festlegung der QS-Anforderungen das Bundesamt für Wehrtechnik und Beschaffung zuständig. Der Aufbau der 1993 neu erschienenen Ausgabe der Normenreihe orientiert sich unmittelbar an der Reihe DIN EN ISO 9000, denn AQAP-110 entspricht DIN-EN ISO 9001 usw. Größtenteils wurde der Wortlaut von DIN EN ISO 9000 ff. übernommen und teilweise um NATO-spezifische Forderungen ergänzt, wie beispielsweise detailliertere Aussagen zur Festlegung der Verantwortungen und Befugnissse. Wegen der großen Übereinstimmung mit der DIN EN ISO-9000-Reihe gelten auch für die AQAP-Normen die dort gemachten Aussagen.

Total Productive Maintenance (TPM)

Total Productive Maintenance (TPM) ist eine vorbeugende Instandhaltung, die von allen Mitarbeitern unternehmensweit, durch Arbeitsgruppen organisiert und auf weitgehend freiwilliger Basis, ausgeführt wird. TPM beinhaltet fünf wichtige Teilaspekte [Wom91]:
- Maximierung der Ausnutzung der Produktionseinrichtungen,
- Einrichtung eines umfassenden Instandhaltungssystems für die gesamte Lebensdauer der Anlagen,
- Ausführung durch die verschiedensten Bereiche (Entwicklung, Fertigung, Instandhaltung),
- Einbeziehung jedes einzelnen Mitarbeiters vom Topmanagement bis zum Mitarbeiter in der Fertigung,

- Motivationsförderung durch autonome Arbeitsgruppen.

TPM ist damit ein Element zur Realisierung eines präventiven Qualitätsmanagements.

Toyota Production System (TPS), Lean Production

Als Toyota Production System wird das Organisations- und Produktionssystem der japanischen Toyota Motor Company Ltd. bezeichnet. Die Ursprünge dieses Systems liegen in den 60er Jahren. In der Untersuchung der Automobilindustrie durch das MIT (Massachusetts Institute of Technology) von 1985 bis 1990 wurde für das TPS der Begriff „Lean Production" geprägt, der sich gerade in der westlichen Literatur durchsetzte, so daß die Begriffe synonym verwendet werden. Die wesentlichen Kennzeichen des TPS sind [Wom91]:
- Konzentration auf die Wertschöpfung,
- Vermeidung jeglicher Verschwendung (z.B. Wartezeit, überflüssige Lagerhaltung, fehlerhafte Teile, unnötiger Transport usw.),
- flache Hierarchien,
- Einsatz von Just-in-Time (s. 15.2),
- Arbeitsgruppen (auch Qualitätszirkel und TPM-Gruppen),
- selbststeuernde Fehlererkennungssyteme (Andon und Jidoka) [Wom91].

Die MIT-Studie erfuhr eine intensive Beachtung und setzte umfangreiche Umdenkungsprozesse bzgl. der Unternehmensorganisation in Gang.

Simultaneous Engineering

Simultaneous Engineering ist eine Strategie zur Verbesserung der Organisation während der Produktentwicklungsphase. Als synonyme Termini werden u. a. auch Concurrent Engineering oder Concurrent Design gebraucht. Durch die parallele Planung der Produkte und Produktionsprozesse in abteilungsübergreifenden Projektteams soll die Qualität der Produkte und Prozesse verbessert werden. Die Schnittstellenverluste zwischen den Abteilungen und die Fehler durch sequentielle Bearbeitung sollen reduziert werden, wodurch sich auch der Änderungsaufwand verringert. Die zeitgleiche Festlegung der Produkte und Prozesse verkürzt darüber hinaus erheblich die Zeit bis zum Markteintritt (time to market). Diese Effekte lassen sich durch die frühzeitige Einbindung der Zulieferbetriebe und Produktionsmittelhersteller noch verstärken. Für eine effiziente Handhabung der großen Datenmengen ist der Einsatz der Informations- und Kommunikationstechnik unbedingte Voraussetzung (s. 7.5.1).

13.1.3 Umsetzung von Qualitätsstrategien im Unternehmen

Im folgenden wird auf die Maßnahmen zur Umsetzung der Qualitätstrategien im Unternehmen eingegangen. Dazu wird Grundlage einer systematischen Umsetzungsplanung zuerst der Systemgedanke erläutert und anschließend werden die notwendigen Maßnahmen im einzelnen vorgestellt.

13.1.3.1 Grundlagen der Umsetzung unter Systemgesichtspunkten

Durch die systemtechnische Betrachtungsweise des Unternehmens wird die Analyse und Neugestaltung der Prozesse sowie der Unternehmensbestandeile erheblich strukturiert und optimiert. Auf diese Weise wird die Planung sytematisiert und somit das Planungsergebnis verbessert.

Systemtechnische Betrachtung des Unternehmens

Allgemein wird unter einem System eine Menge von Elementen verstanden, die bestimmte Eigenschaften besitzen und zueinander in Beziehung stehen. Die Elemente lassen sich wiederum als Subsysteme auffassen, so daß eine Systemhierarchie entsteht. Innerhalb des Systems überführen Prozesse meßbare Eingaben (Inputs) durch Zusammenwirken mehrerer Elemente in

meßbare Ausgaben (Outputs). In einem Unternehmen stehen Menschen und technische Einrichtungen miteinander und zueinander in Beziehung. Demzufolge läßt sich das Unternehmen als soziotechnisches System mit dem Qualitätsmanagement als einem Subsystem davon auffassen. Für ein Qualitätsmanagementsystem nach DIN EN ISO 9001 sind z.B. 20 Elemente erforderlich. Auch diese Elemente lassen sich für die Systemplanung weiter unterteilen, z.B. das Element „Prüfungen" in Wareneingangsprüfung, Zwischenprüfung und Endprüfung sowie die Art der Realisierung z.B. in Form der Selbstprüfung. Ebenso besteht die Prüfsteuerung aus mehreren Elementen, die bezüglich ihrer Gestaltung und Beziehung zueinander definiert werden müssen, wie beteiligte Organisationseinheiten, Datenträger, Datenspeicherung, Informationsfluß usw.

Aufgrund der vielfältigen gegenseitigen und auch oft unternehmensweiten Interdepenzen bietet sich zum besseren Gesamtverständnis und zur strukturierten Planung der Einsatz von Werkzeugen der Systemgestaltung an, wie Ablaufdiagramme, Datenflußdiagramme, SADT-Methode (Structured Analysis and Design Technique) usw. (s. 3.4).

Aufbau von Prozessen

Innerhalb der gesamten Auftragsabwicklung müssen alle qualitätsrelevanten Prozesse bestimmt werden. Diesen Prozessen können dann die betreffenden Organisationseinheiten zugeordnet werden. Das Arbeitsergebnis der einen Organisationseinheit stellt die Eingabe der nächsten dar, so daß interne Kunden-Lieferanten-Beziehungen aufgebaut werden. Dabei ist zu be-

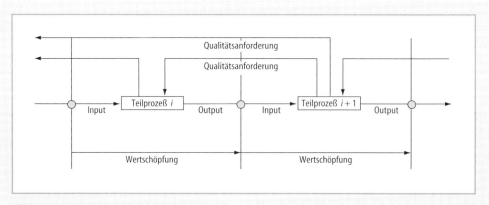

Bild 13-7 Qualitätsanforderungen der Teilprozesse

achten, daß in der Regel nicht geradlinig aufeinanderfolgende Prozesse vorliegen, sondern konvergierende und divergierende Informations- und Materialflüsse (Bild 13-7). Für eine umfassende Qualitätsbetrachtung müssen dann jeweils die Qualitätsanforderungen an die Arbeitsergebnisse jedes Prozesses bzw. jeder Organisationseinheit, einschließlich der der Fertigung vorgelagerten Bereiche, festgelegt werden. Hier ist als Beispiel eine qualitätsgerechte Konstruktion des Produkts zu nennen, bei der neben den externen Anforderungen des Kunden und der geltenden Gesetze und Richtlinien ebenso die internen Anforderungen der Arbeitsvorbereitung, Fertigung und Montage berücksichtigt müssen. Das Ergebnis der Anforderungsanalyse ist die Summe aller internen und externen Anforderungen in Form einer Sammlung von Qualitätsdaten, welche die Grundlage für eine die ganze Auftragsabwicklung umspannende Qualitätsumsetzung sind. Nach der Definition der Prozesse und Ermittlung der Anforderungen müssen die jeweiligen Prozeßparameter und Einflußgrößen aufgedeckt werden, um zu einer effizienten Prozeßregelung zu gelangen. Für die einzusetzenden Einrichtungen und Verfahren muß die Fähigkeit, die vorgegebenen Anforderungen einzuhalten, im Vorfeld nachgewiesen werden, um nur robuste, d.h. fähige und störunanfällige Prozesse zum Einsatz gelangen zu lassen. Außerdem müssen Maßnahmen zur kontinuierlichen Gewährleistung und Verbesserung der Prozeßfähigkeit ausgewählt werden. Für jeden Prozeß sind die Prozeßverantwortlichen zu benennen und ihre Verantwortungen und Befugnisse festzulegen. Hier muß großer Wert auf eine große Eigenverantwortung gelegt werden, da diese neben der Motivationssteigerung zu schnellerem Reagieren auf Störungen und Qualitätsabweichungen führt [Wes94a].

13.1.3.2 Vorgehensweise

Eine effiziente Vorgehensweise zur Umsetzung des Qualitätsmanagements sollte die folgenden Stufen durchlaufen:

Definition der Ziele

Abgeleitet aus den allgemeinen Qualitätszielen, die in der Qualitätspolitik formuliert sind, müssen konkrete Ziele mit genauen Terminvorgaben formuliert werden. Dabei ist darauf zu achten, daß die Ziele bei unternehmensweiter Tragweite von der Unternehmensleitung unterstützt werden und auch die betreffenden Führungskräfte durch Überzeugung zur aktiven Mitarbeit bereit sind. Wenn die Ideen und Ziele nur vom Qualitätsmanagement in die anderen Unternehmensbereiche getragen werden, besteht leicht die Gefahr des Scheiterns. Denn häufig verursachen die Ansätze des Qualitätsmanagements auf den ersten Anschein nur zusätzliche Arbeit ohne sofort erkennbare Verbesserungen der Arbeitsabläufe und Kostenreduzierungen zu erzielen.

Auswahl der Strategien, Methoden und Werkzeuge

In Abhängigkeit von den detaillierten Zielen müssen die geeigneten Strategien, Methoden und Werkzeuge ausgewählt und zu einem Gesamtkonzept verbunden werden. Wenn das Ziel z.B. ein Zertifikat für das Qualitätsmanagementsystem bei möglichst kleinem Prüfwesen bzw. hoher Eigenverantwortung der Fertigung ist, muß zuerst die entsprechende Norm ausgewählt werden. Dann ist zu überlegen in welchen Bereichen eine Werkerselbstprüfung realisiert werden kann und ob evtl. der Einsatz von Regelkarten sinnvoll ist.

Schulung und Motivation der Mitarbeiter

Eine ganz wesentlicher Faktor für den Erfolg der QM-Maßnahmen ist die Motivation der Mitarbeiter, die durch ihre Tätigkeit unmittelbar Einfluß auf die Qualität der Produkte und Dienstleistungen ausüben, da der Erfolg des Qualitätsmanagements von der aktiven Mitarbeit abhängt. Sie sind daher rechtzeitig vor der Umsetzung von QM-Maßnahmen, z.B. dem Aufbau einer Prüfmittelüberwachung, zu informieren und über den persönlichen Nutzen und die Konsequenzen aufzuklären. Darüber hinaus sind die notwendigen Schulungsmaßnahmen, z.B. bei Werkerselbstprüfung der richtige Umgang mit den Meßmitteln oder die Dokumentation der Prüfergebnisse, frühzeitig zu planen. Denn eine Überforderung führt zu schlechten Arbeitsergebnissen.

Pilotanwendung

Gerade in größeren Unternehmen bietet sich bei der Einführung von neuen Abläufen oder Methoden deren Einsatz in einem überschaubaren aber repräsentativen Bereich an. Dadurch werden das Risiko eines Versagens und die Anpassungskosten reduziert. Die Erfahrungen aus dem Piloteinsatz, z.B. Aufbau einer Fertigungsinsel mit Gruppenarbeit und Werkerselbstprüfung, dienen der Verbesserung der Umsetzung in anderen Bereichen, aber auch der Akzeptanzsicherung.

Umsetzungskontrolle

Nach der Realisierung der QM-Maßnahmen muß überprüft werden, ob die angestrebten Ziele erreicht wurden. Das heißt, ob z.B. die geplante Senkung der Fehlerquote eines Bauteils oder eines Fertigungsbereichs erzielt wurde oder die Kosten für Ausschuß und Nacharbeit gesenkt werden konnten (s.a. 13.7).

13.1.3.3 Weiterentwicklung des QM-Systems

Unabhängig von der Art des QM-Systems, gleichgültig ob mit oder ohne Zertifikat, muß es im Interesse eines jeden Unternehmens liegen, seine Produkte und Prozesse kontinuierlich zu verbessern. Damit wird das Qualitätsmanagement selbst zu einer nicht abschließbaren Aufgabe. Wenn das eine Ziel erreicht ist, bieten weiterentwickelte Analyse- und Berichtsformen die Möglichkeit weitere Schwachstellen aufzudecken und qualitätsbezogene Kosten zu senken. Dazu tragen u.a. Management Reviews oder regelmäßige Audits bei. Ebenso können die eingesetzten Methoden und Werkzeuge unternehmensspezifisch optimiert werden.

Literatur zu Abschnitt 13.1

[Bau89] Bauer, C.O.: Der Fehlerbegriff des Produkthaftungsgesetzes. DS – Der Sachverständige, Heft 11 (1989), 277–281

[Büh93] Bühner, R.: Der Mitarbeiter im Total Quality Management. Stuttgart: Schaeffer-Poeschel 1993[Fei91] Feigenbaum, A.V.: Total quality control. New York: McGraw Hill 1993

[Gri93] Griffin, A.; Hauser, J.R.: The voice of the customer. Marketing Science 12, No. 1, Winter 1993

[Cro72] Crosby, Ph.B.: Qualität kostet weniger. 2. Aufl. Hof: Holz, 1972

[Ebe91] Eberstein, H.H.; Baunewell, M.: Einführung in die Grundlagen der Produkthaftung. Heidelberg: Vlg. Recht und Wirtschaft 1991

[Fei91] Feigenbaum, A.V.: Total quality control. New York: McGraw Hill 1991

[Fre93] Frehr, H.-U.: Total Quality Management. München: Hanser 1993

[Hai89] Haist, F.; Fromm, H.: Qualität im Unternehmen. München: Hanser 1989

[Hel88] Helmers, H.; Stark, R.: SPC in der Continental. Qualität und Zuverlässigkeit QZ 33 (1988) 2; 71–75

[Hum92] Hummel, R.: Aufbau von Qualitätssicherungssystemen in kleineren und mittleren Unternehmen. Frankfurt a. Main: Maschinenbau Vlg. 1992

[Ish80] Ishikawa, K.: Guide to Quality Control. Asian Productivity Organization, Tokyo/Japan 1980

[Ish85] Ishikawa, K.: How to operate QC circle activities. QC Circle Headquarters, JUSE, Tokyo 1985

[Jur90] Juran, J.M.: Handbuch der Qualitätsplanung. 2. Aufl. Landsberg a. Lech: Vlg. Moderne Industrie 1990

[Jur88] Juran J.M.; Gryna F.M.: Jurans quality control handbook. New York: McGraw-Hill 1988

[Kre92] Kretschmer, Friedrich u.a.: Produkthaftung in der Unternehmenspraxis. Stuttgart: Kohlhammer 1992

[Lau94] Laucht, O.; Lücke, O.: Einordnung der DIN ISO 9000 ff. und ihre Umsetzung durch qualitätsorientierte Entgeltsysteme bei Arbeitsgruppen. QZ 39 (1994), Nr. 4, ZE 55–68

[Lit92] Little, A.D.: Management von Spitzenqualität. Wiesbaden: Gabler 1992

[Nak88] Nakajima, S.: Introduction to TPM. Cambridge, Mass.:Productivity Pr. 1988

[Tag89] Taguchi, G.: Einführung in Quality Engineering. München: GMFT Vlg. 1989

[Wes94a] Westkämper, E.: Eigenverantwortung. QZ 39 (1994), Nr. 4, ZE 43–53

[Wom91] Womack, J.P.; Jones, D.T.; Roos, D.: Die zweite Revolution in der Automobilindustrie. 2. Aufl. Frankfurt a. Main: Campus 1991

[Zin89] Zinkmann, R.Chr.: Die Reduzierung von Produkthaftungsrisiken. Berlin: Erich Schmidt 1989

Normen und Richtlinien zu Abschnitt 13.1

DIN ISO 8402: Qualitätsbegriffe. 1994

DIN ISO EN 9000-1: Normen zum Qualitätsmanagement und zur Qualitätssicherung/QM-Darlegung; Leitfaden zur Auswahl und Anwendung. 1994

DIN ISO 9000-2: Qualitätsmanagement und Qualitätssicherungsnormen, Allgemeiner Leitfaden zur Anwendung von ISO 9001, ISO 9002, ISO 9003. 1992

DIN EN ISO 9000-3: Qualitätsmanagement und Qualitätssicherungsnormen; Leitfaden für die Anwendung von ISO 9001 auf die Entwicklung, Lieferung und Wartung von Software. 1992

DIN ISO 9000-4: Normen zu Qualitätsmanagement und zur Darlegung von Qualitätsmanagementsystemen; Leitfaden zum Management von Zuverlässigkeitsprogrammen. 1994

DIN EN ISO 9001: Qualitätsmanagementsysteme; Modell zur Qualitätssicherung/QM-Darlegung in Design/Entwicklung, Produktion, Montage und Wartung. 1994

DIN EN ISO 9002: Qualitätsmanagementsysteme; Modell zur Qualitätssicherung/QM-Darlegung in Produktion, Montage und Wartung. 1994DIN EN ISO 9003: Qualitätsmanagementsysteme; Modell zur Qualitätssicherung/QM-Darlegung bei der Endprüfung. 1994

DIN EN ISO 9004-1: Qualitätsmanagement und Elemente eines Qualitätsmanagementsystems; Leitfaden. 1994

DIN EN ISO 9004-1: Qualitätsmanagement und Elemente eines Qualitätsmanagementsystems; Leitfaden. 1994

DIN ISO 9004-2: Qualitätsmanagement und Elemente eines Qualitätsmanagementsystems; Leitfaden für Dienstleistungen. 1992

DIN ISO 9004-3 (Entwurf): Qualitätsmanagement und Elemente eines Qualitätssicherungssystems; Leitfaden für verfahrenstechnische Produkte. 1992

DIN ISO 9004-4: Qualitätsmanagement und Elemente eines Qualitätssicherungssystems; Leitfaden für Qualitätsverbesserungen. 1992

DIN 55350-11: Begriffe der Qualitätssicherung und Statistik – Grundbegriffe der Qualitätssicherung. 1995

DGQ 14-11: Qualitätszirkel; Anregungen zur Vorbereitung und Einführung. 2. Aufl. 1987

DGQ 13-4: TQM – eine unternehmensweite Verpflichtung. 1990

13.2 Phasen des Qualitätsmanagements

Es bedarf einer Vielzahl von Voraussetzungen, um die Zielsetzungen einer gleichzeitigen Verbesserung der Qualität, einer Senkung der Durchlaufzeiten und der Optimierung der Kosten zu realisieren. Hier entscheidende Fortschritte zu erzielen, heißt vor allem, Qualitätsmanagement als Querschnittsaufgabe zu implementieren. Einer der wesentlichen Ansätze dabei ist die Überwindung des bereichs- oder abteilungsorientierten Denkens und Handelns, das – resultierend aus dem Taylorschen Prinzip der Arbeitsteilung – über viele Jahrzehnte die industrielle Entwicklung bestimmt hat.

Bei der Optimierung einzelner betrieblicher Bereiche wie Vertrieb, Konstruktion oder Arbeitsvorbereitung nach den Regeln Taylors geht leicht der Blick für das, was der Kunde vom Unternehmen erwartet, verloren. Die Effektivität und Effizienz eines Qualitätsmanagementsystems wird daher davon bestimmt, inwieweit es gelingt, die betriebliche Leistungserstellung auf die Bedürfnisse und Forderungen der externen und internen Kunden auszurichten und die Unternehmensressourcen auf deren Erfüllung zu konzentrieren. Die Nichterfüllung von Kundenwünschen ist dabei genauso ein Qualitätsdefizit wie die Realisierung von Merkmalen oder die Ausführung von Tätigkeiten, die der Kunde nicht nachfragt – explizit oder implizit.

Der Kunde konfrontiert das Unternehmen mit Forderungen nach individueller Betreuung, leistungsfähigen Produkten, kurzer Lieferzeit und akzeptablen Preisen (Bild 13-8). Die effiziente Erfüllung dieser Forderungen setzt die Etablierung ganzheitlicher breichsübergreifender Geschäftsprozesse voraus.

Beispiele hierfür sind „Produktentwicklung", „Beschaffung",„Auftragsabwicklung" usw. In allen Fällen trennen Abteilungsgrenzen mehr oder weniger willkürlich Aktivitäten, die logisch von einander abhängen. Will man z.B. die Produktentwicklung effizienter gestalten, so kann jede funktions- oder bereichsbezogene Optimierung nur zu suboptimalen Ergebnissen führen. Vielmehr gilt es, den „roten Faden" im Geflecht der Abteilungen, Hierarchien und Kompetenzen zu identifizieren.

Die Gestaltungselemente des Qualitätsmanagements lassen sich dabei in einem Dreiphasenmodell beschreiben:

– Qualitätsmanagement vor Produktionsbeginn,
– Qualitätsmanagement bei der Herstellung,
– Qualitätsmanagement während des Feldeinsatzes.

13.2.1 Qualitätsmanagement vor Produktionsbeginn

Kostenintensive Qualitätsmängel zeichnen sich meist dadurch aus, daß ihre Ursachen in der

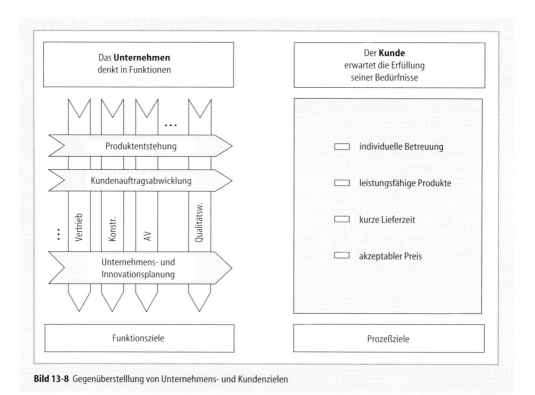

Bild 13-8 Gegenüberstellung von Unternehmens- und Kundenzielen

planerisch-administrativen Ebene eines Unternehmens zu suchen sind, während ihre Auswirkungen in der Serienfertigung oder erst im Einsatz beim Kunden erkannt werden. Auch bei Qualitätsmängeln gilt das Pareto-Prinzip: Etwa 70 bis 80 % aller Fehler am Produkt sind heute ursächlich Unzulänglichkeiten bei den planenden und konzipierenden Tätigkeiten vor Fertigungsbeginn zuzuordnen. Demgegenüber setzt die Fehlerbehebung heute immer noch – mit über 80 % viel zu spät und zu kostenintensiv – im Bereich der Endprüfung ein [Jah88]. Eine effiziente Behebung der Fehler, im Sinne einer Behebung der Fehlerursachen, ist jedoch auf der operativen Ebene meist nicht möglich.

Die größten Beeinflussungspotentiale und damit auch die Verantwortung für die Produktqualität liegen in den Produktentstehungsphasen vor Produktionsbeginn (Bild 13-9). Die Produktqualität kann niemals besser als das Konzept der Produktqualität sein. In den frühen Phasen muß Qualität nicht „teuer erkauft" werden, hier ist Qualität mit geringem Aufwand zu erzielen. Daher müssen präventive Methoden des Qualitätsmanagements zur Anwendung kommen, die bereits in den Phasen vor Fertigungsbeginn greifen („off line") und zwangsläufig zu qualitäts-

fähigen Produkten und Prozessen führen, um so einer Fehlerentstehung wirksam vorzubeugen [Pfe93b]. Bild 13-10 zeigt ein sicherlich idealisiertes Szenario des Zusammenwirkens ausgewählter präventiver Methoden des Qualitätsmanagements:

Quality Function Deployment (QFD) führt schrittweise unterschiedliche Unternehmensbereiche durch ein System aufeinander abgestimmter Planungs- und Kommunikationsschritte zusammen (s. 13.4.5). Maxime der QFD-Philosophie ist es, eine hohe Kundenorientierung in allen Unternehmensbereichen sicherzustellen. Dazu setzt die Methode bereits im Marketingbereich ein und führt letztendlich zur Spezifikation der einzusetzenden Betriebsmittel. Sind die Präferenzen des Kunden bekannt, so wird es möglich, aus der schier unüberschaubaren Vielzahl der Produkt- und der Prozeßmerkmale die zur Erfüllung der Kundenanforderungen wesentlichen auszufiltern und die Unternehmensressourcen auf deren Optimierung zu konzentrieren. Leitgedanke ist dabei die Fragestellung „Was ist wichtig?" und nicht der umfassende Anspruch „Alles ist wichtig!".

Die im Rahmen des QFD als kundenwichtig erkannten Produkt- und Prozeßmerkmale werden nachfolgend mittels der Fehlerbaumanaly-

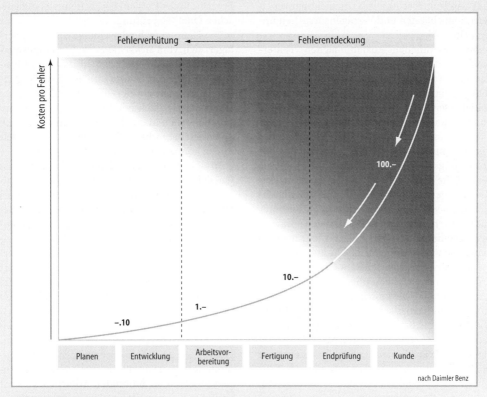

Bild 13-9 Zehnerregel der Fehlerkosten

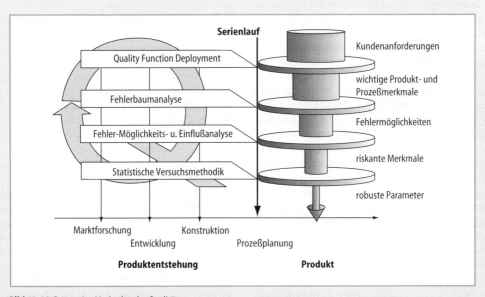

Bild 13-10 Präventive Methoden des Qualitätsmanagements

se (FTA, Fault Tree Analysis) hinsichtlich Versagensmöglichkeiten und Versagensursachen untersucht.

Die wesentlichen Ausfallursachen, Fehlermöglichkeiten und deren Folgen werden mittels der Fehlermöglichkeits- und -einflußanalyse (FMEA) einer Risikobewertung unterzogen.

Riskanten Merkmalen an Produkt und Prozeß können nun wirkungsvolle, risikosenkende Maßnahmen zugeordnet werden. Eine Senkung des Risikos kann zum einen über die Erhöhung der Entdekungswahrscheinlichkeit, z. B. durch eine verschärfte Prüfung, und zum anderen über eine Verringerung der Auftretenswahrscheinlichkeit durch vorbeugende z. B. konstruktive Maßnahmen erreicht werden. Im Sinne des präventiven Qualitätsmanagements sind hier die vorbeugenden Maßnahmen zu bevorzugen.

Ist es nicht möglich, riskante Produkt- oder Prozeßparameter zu erkennen bzw. unmittelbar durch konstruktive Maßnahmen zu entschärfen, so greift die Statistische Versuchsmethodik. In der Erkenntnis, Störgrößen und Schwankungen nicht mit wirtschaftlich vertretbarem Aufwand ausschließen zu können, verfolgt die Statistische Versuchsmethodik das Ziel, die wenigen wichtigen Einflußgrößen auf die als riskant bewerteten Produkt- bzw. Prozeßmerkmale zu identifizieren und das Produkt bzw. den Prozeß robust gegenüber Störeinflüssen und Abweichungen vom Nominalwert auszulegen.

Angewandt werden die präventiven Methoden des Qualitätsmanagements in interdisziplinären Teams, die sich meist aus Mitarbeitern des Marketing, des Vertriebs, der Entwicklung, der Konstruktion, der Fertigung und des Qualitätswesens zusammensetzen. Gemeinsames Ziel aller Methoden ist der Leitgedanke, durch die Nutzung von Erfahrungswissen, den kostenintensiven Erkenntnisprozeß vorwegzunehmen und vor Produktionsbeginn zu sicheren Aussagen zur Produkt- und Prozeßqualität zu kommen. Alle Methoden zwingen zur aufgabenorientierten bereichsübergreifenden Zusammenarbeit und maximaler Orientierung am Kunden und seinen Forderungen. Sie sind damit ein wesentlicher Schritt zur Etablierung des Qualitätsmanagements als Querschnittsaufgabe im Unternehmen.

13.2.2 Qualitätsmanagement bei der Herstellung

Im Zuge der Umsetzung des Qualitätsmanagements vor Produktionsbeginn stellt sich die Frage nach der Existenzberechtigung der klassischen Qualitätsprüfung.

Die Hauptaufgabe der Qualitätsprüfung verlagert sich, vom *Sicherstellen* der Erzeugnisqualität hin zum *Nachweis* der Produkt- und Prozeßqualität. Erfaßt wird dann die aktuelle Qualitätslage innerhalb der Toleranzfeldbreite, um einerseits die Effektivität und die Effizienz der vorbeugenden Maßnahmen nachzuweisen und andererseits vorbeugende Maßnahmen einleiten zu können, noch bevor Fehler auftreten.

In den Regelkreismodellen des integrierten Qualitätsmanagements kommt der Qualitätsprüfung eine herausragende Bedeutung zu (Bild 13-11) [Pfe93b]. Auch wenn in den vorgelagerten Bereichen der Fertigung viele Probleme abgefangen werden können, so muß jedoch die erreichte Produktqualität während oder nach der Herstellung in einer Qualitätsprüfung verifiziert werden. Die Qualitätsprüfung ist damit der „Sensor" zur Erfolgskontrolle der Planung im operativen Bereich.

Auch muß die Qualitätsprüfung als Informationsquelle zur ständigen Verbesserung (Kaizen) genutzt werden. Viele Anregungen zur effizienteren Gestaltung des Produktionsprozesses können nur vom ausführenden Mitarbeiter selbst kommen, denn er ist der Spezialist an seinem Arbeitsplatz.

Diese Art der Zuarbeit ist jedoch nicht von „entmündigten" Kontrolleuren im Tayloristischen Sinne zu erwarten. Die Lösung liegt in der Beteiligung der Mitarbeiter.

Ein erster Schritt dazu ist die fertigungsbegeleitende Selbstprüfung, die es dem ausführenden Mitarbeiter ermöglicht, seine Arbeit selber zu überwachen und zu beurteilen. Der zweite Schritt ist das Schaffen von organisatorischen Freiräumen, die es dem qualifizierten und motivierten Mitarbeiter erlauben, selbständig den erkannten Problemen auf den Grund zu gehen und diese der Lösung näher zu bringen.

13.2.3 Qualitätsmanagement während des Feldeinsatzes

Letztendlich zeigt erst der Gebrauch der Produkte dem Hersteller, ob die von ihm festgelegten Qualitäts- und Zuverlässigkeitsforderungen den eigenen Erwartungen und den Forderungen des Kunden entsprechen. Der Produzent kann meistens nicht alle möglichen Anwendungsvarianten seines Produktes vorhersagen und diese somit in seinen Prüfungen auch nicht berück-

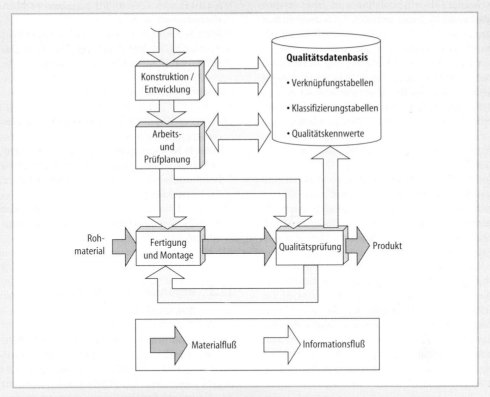

Bild 13-11 Regelkreismodell des integrierten Qualitätsmangagements

sichtigen bzw. einplanen [DGQ17-33, Koc89]. Der Markt ist somit das einzige reale „Prüffeld" mit 100%-Prüfung [Sto88], hier gewonnene Erfahrungen – ob negativ oder positiv – müssen zur Verbesserung der Planungsgrundlage in den frühen Phasen bereitgestellt werden. Verschie-

dene Methoden ermöglichen es dem Hersteller von Produkten, Aussagen über das Verhalten seiner Produkte in der Nutzungsphase bzw. nach Auslieferung zu erhalten (Bild 13-12).

13.2.3.1 Serienerprobung

Der Serienerprobung kommt die Aufgabe zu, vor der Auslieferung an den Kunden Schwachstellen und Fehler zu erkennen, die während des Entstehungsprozesses nicht gefunden und beseitigt werden konnten. Die Serienerprobung erfolgt meist in einer zerstörenden Prüfung von mehreren Prüflingen. Hier können drei Strategien unterschieden werden [Sto88]:

Bei der Simulation einzelner Beanspruchungen werden durch gezielte Überlastung die Ausfallmechanismen aktiviert, um durch eine Beschleunigung der Alterung die Dauer der Prüfung zu senken. Die Simulation einzelner Beanspruchungen kann jedoch letztlich nicht die tatsächlichen Beanspruchungen und deren Wechselwirkungen bei der Nutzung wiedergeben.

Bild 13-12 Qualitätsmanagementmethoden während des Feldeinsatzes

Bei der Umweltsimulation wird daher versucht alle bei der Nutzung auftretenden Beanspruchungen zu simulieren. Dies gestaltet sich meist sehr aufwendig [Sto88].

Beim Feldversuch wird das Produkt im praktischen Einsatz unter realen und statistisch repräsentativen Umweltbedingungen getestet. Aus Kosten- und Zeitgründen bleibt der Feldversuch jedoch auf wenige Prüfobjekte beschränkt.

13.2.3.2 Felddatenerfassung und -auswertung

Innerhalb der Gewährleistungszeit können Felddaten heute i. allg. nahezu lückenlos erfaßt werden. Da der Hersteller dem Kunden einen aufgetretenen Mangel ersetzt, erhält dieser sämtliche qualitätsrelevanten Daten z. B. über einen Garantieantrag [NN84].

Die tatsächlich auftretenden Kundenbeanstandungen liefern die notwendigen Grundlagen für die Ermittlung der Zuverlässigkeit [Ohl76]. Daten aus dem Feld spiegeln zwar die tatsächlichen Gegebenheiten und Beanspruchungen der Nutzung wider, sind aber nicht in jedem Fall vollständig erfaßbar [NN84], z. B. dann wenn eine Fehleranalyse nicht im notwendigen Ausmaß betrieben und dokumentiert wurde.

13.2.3.3 Marktforschung

Durch die Analyse von Felddaten können zwar Qualitätsprobleme aufgedeckt werden, aber das zukünftige, von der Erzeugnisqualität beeinflußte Kundenverhalten kann nur erahnt werden. Mit Methoden der Marktforschung – wie Befragung, Beobachtung oder Experiment – ist es möglich, direkt und kurzfristig die Reaktionen der Kunden auf ein Produkt zu ermitteln [Mef90]. Diese Methoden können besonders zur Datenerhebung in der Nachgarantiezeit eingesetzt werden.

Literatur zu Abschnitt 13.2

[Jah88] Jahn, H.: Erzeugnisqualität, die logische Folge von Arbeitsqualität. VDI-Z. 130 (1988), 4, 4–12
[Koc89] Kocher, H.: Marktgerechte Qualität. Bern: Paul Haupt 1989
[Mef90] Meffert, H.: Marketing Grundlagen der Absatzpolitik. Wiesbaden: Gabler 1990
[Ohl76] Ohl, H.L.: Weibull-Analyse. QZ, Qualität und Zuverlässigkeit 21 (1976), 3, 56–59
[Pfe93b] Pfeifer, T.: Qualitätsmanagement. München: Hanser 1993
[Sto88] Stockinger, K.: Datenfluß aus dem Feld. In: Masing, W.: Handbuch der Qualitätssicherung. 2. Aufl. München: Hanser 1988

Normen und Richtlinien zu Abschnitt 13.2

DGQ 17-33: Einführung in die Zuverlässigkeitssicherung. 3. Aufl. 1987
[NN84] N.N.: Qualitätskontrolle in der Automobilindustrie, Bd. 3: Zuverlässigkeitssicherung bei Automobilherstellern und Lieferanten. 2. Aufl. Frankfurt a. Main: VDA 1984
[NN92a] N.N.: Qualitätssicherung – Leitfaden des VDI-Gemeinschaftsausschusses CIM. Düsseldorf: VDI-Vlg. 1992, 60–99

13.3 Organisationsstrukturen des Qualitätsmanagements

Unter Organisationsstrukturen des Qualitätsmanagements werden die ablauf- und die aufbaubezogenen Aktivitäten, Maßnahmen und organisatorischen Lösungen zur Realisierung der Aufgaben des Qualitätsmanagements verstanden. Hierbei bezieht sich die ablauforganisatorische Sichtweise auf Tätigkeiten, die im Rahmen einzelner Phasen der Produktentstehung durchgeführt werden. Die aufbauorganisatorische Sichtweise befaßt sich mit Lösungen des Qualitätsmanagements, die sich auf die Zusammenarbeit der Organisationseinheiten im Unternehmen beziehen.

13.3.1 Ablauforganisatorische Integration

Die ablauforganisatorische Integration des Qualitätsmanagements in die Verfahren und Prozesse im Unternehmen wird durch die grundlegenden Aktivitäten zur Erfüllung der Kundenforderungen verwirklicht. Diese Aktivitäten beziehen sich auf die jeden Einzelprozeß durchziehenden Tätigkeiten des Planens, Ausführens, Überwachens, Dokumentierens und Verbesserns.

13.3.1.1 Sichtweisen des Qualitätsmanagements

Der Begriff Qualitätsmanagement ist nach DIN ISO 8402 definiert als: „Alle Tätigkeiten der Gesamtführungsaufgabe, welche die Qualitätspolitik, Ziele und Verantwortungen festgelegt sowie

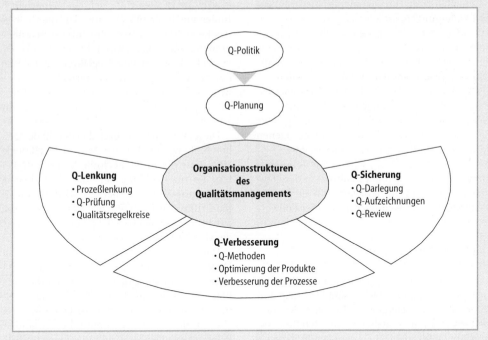

Bild 13-13 Aktivitäten des Qualitätsmanagements [DIN 02b]

diese durch Mittel wie Qualitätsplanung, Qualitätslenkung, Qualitätssicherung und Qualitätsverbesserung im Rahmen des Qualitätsmanagementsystems verwirklicht" (s. 13.1.1).

Dieses Konzept des Qualitätsmanagements wird in Bild 13-13 schematisch verdeutlicht. Der Formulierung der Qualitätspolitik und der Festlegung der Verantwortungen und Befugnisse kommt hierbei eine zentrale Bedeutung im Rahmen der strategischen Ausrichtung des Unternehmens zu (s. 13.1.1.3 und 13.1.4.4). Hierauf bauen die Aktivitäten zur Qualitätsplanung, -lenkung, -sicherung und -verbesserung auf.

Die Qualitätsplanung umfaßt die Aufgaben zur Festlegung sowohl der qualitätsbestimmenden Produktmerkmale als auch der QM-System-Elemente. Die Qualitätslenkung beschreibt alle regelnden und rückführenden Tätigkeiten im Unternehmen, mit deren Hilfe ein in der Qualitätsplanung festgelegter Sollzustand erreicht und gehalten wird.

Der Begriff der Qualitätssicherung ist gegenüber dem des Qualitätsmanagements an dieser Stelle abzugrenzen. Qualitätssicherung beschreibt hierbei alle Aktivitäten, die zur Darlegung des QM-Systems durchgeführt werden. Dies steht im Gegensatz zum bisher verbreiteten Verständnis

(s. 13.3.1.4) des Begriffs Qualitätssicherung. Diese Verschiebung der Begriffsinhalte ist im Rahmen der internationalen Harmonisierung der Definitionen und der Anwendung dieser Begriffe notwendig und sinnvoll [Hil94].

Der Begriff der *Qualitätsverbesserung* beschreibt alle Tätigkeiten, die zur Verbesserung von Produkten oder Verfahren, z.B. durch den Einsatz von Q-Methoden (s. 13.4), durchgeführt werden. Die Qualitätsverbesserung schlägt sich in einer Verbesserung der Produkte oder in Optimierungen der Prozesse und Dienstleistungen nieder.

13.3.1.2 Qualitätsplanung

Die Qualitätsplanung wird definiert als „das Erarbeiten und Weiterentwickeln der (produktbezogenen) Zielsetzungen und der Qualitätsforderungen sowie der Forderungen an die Anwendung des QM-Systems" (DIN ISO 8402), also der Gleichgewichtung der produkt- und systembezogenen Planungsaktivitäten (s. 13.2).

Produktplanung. Hierzu sind die produktbezogenen Qualitätsmerkmale festzustellen, zu klassifizieren und zu gewichten sowie die Ziele, die Qualitätsforderungen und die einschränkenden Bedingungen festzulegen.

Planung der Führungs- und Ausführungstätigkeiten. Hierzu sind die Elemente des QM-Systems zu planen (Ablauf- und Zeitplanung) sowie die Umsetzung und Anwendung sicherzustellen.

Die Aufgaben der Qualitätsplanung werden durch diese Beschreibungen verständlich. Sie betreffen alle qualitätsbezogenen Festlegungen für das Produkt selbst und die darauf bezogenen Aktivitäten im Rahmen des QM-Systems.

Die Qualitätsplanung schafft die Voraussetzungen für die folgenden Funktionen der Qualitätslenkung und Qualitätsverbesserung, indem sie die hierfür notwendigen Ziel- oder Sollwerte vorgibt.

13.3.1.3 Qualitätsregelkreise

Qualitätsregelkreise beschreiben modellhaft das Ineinanderwirken von Organisation, Mitteln und Information zur Lenkung und Regelung der Qualität sowie der qualitätsbestimmenden Prozesse und Abläufe im Unternehmen. Qualitätsregelkreise sind in allen Unternehmensbereichen zu finden und können sich entweder innerhalb eines Bereiches oder bereichs- oder systemübergreifend auswirken [Kir93, Pfe90, Wes91]. Die Systematik der Qualitätsregelkreise beruht auf den Grundlagen der Regelungstechnik, bei denen erfaßte Ist-Zustände durch geeignete Rückführungen regelnd auf zukünftige Zustände einwirken.

Dieses Prinzip wird durch den Begriff der Qualitätslenkung umschrieben. Nach (DIN ISO 8402) sind dies „die Arbeitstechniken und Tätigkeiten, die zur Erfüllung der Qualitätsforderung angewendet werden". Hierzu sind alle Maßnahmen zum Zweck der Prozeßüberwachung und zur Fehlerursachenbeseitigung in allen Phasen des Qualitätskreises zu rechnen (DIN ISO 8402).

Dieses Prinzip wird in Bild 13-14 verdeutlicht. Durch die Rückführung von Qualitätsinformationen, die in verschiedenen Phasen des Qualitätskreises gewonnen werden, können Maßnahmen und Aktionen in vorgelagerten Bereichen initiiert werden. Zu unterscheiden sind die Planungsabläufe („Steuern"), die einen vorwärts-

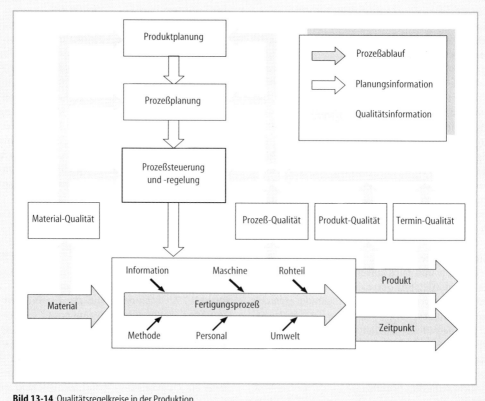

Bild 13-14 Qualitätsregelkreise in der Produktion

gerichteten Charakter haben sowie die Rückführung von Informationen, die eine Regelung ermöglicht. Die Vorgaben für diesen Regelkreis kommen von der Qualitätsplanung. Damit sind Qualitätsplanung und -lenkung nicht zu trennen.

Deutlich wird außerdem, daß die Funktion der Ermittlung der Ist-Daten („Prüfung") eine Teilfunktion der Qualitätslenkung ist. Auch ist hier der Unterschied zur Funktion der Qualitätsverbesserung deutlich zu machen:

– Qualitätslenkung ist eine notwendige, aber keine hinreichende Bedingung für Qualitätsverbesserungen. Das Eliminieren von Fehlern aus einem Prozeß gehört zur Qualitätslenkung, da systematische Einflüsse „ausgeregelt" werden.

– Qualitätsverbesserung ist dagegen die Änderung der Rahmenbedingung (zufällige Einflüsse), um ein bisher noch nicht erreichtes Qualitätsniveau zu erlangen.

In der Praxis ergeben sich bei der Qualitätslenkung und der Qualitätsverbesserung immer dann Schwierigkeiten, wenn die Zusammenhänge zwischen den ermittelten Abweichungen und den auslösenden Ursachen nicht bekannt sind und erst durch tiefergehende Untersuchungen ermittelt werden können [NN92b]. Hierzu bieten sich die in 13.4 vorgestellten Verfahren an.

13.3.1.4 Qualitätssicherung

Der Begriff der Qualitätssicherung kann leicht zu Mißverständnissen führen. Traditionell werden unter „Sicherung" der Qualität Aktivitäten der Prüfung (veraltet: „Kontrolle") und teilweise der oben beschriebenen Qualitätslenkung verstanden. Diese Sichtweise ist im Rahmen eines unternehmensweiten QM-Systems, das alle Funktionen zur Gewährleistung der Erfüllung der Kundenforderungen umfaßt (s. 13.5), nicht mehr sinnvoll.

Dementsprechend ist in der aktuellen Normung der Begriff „Qualitätssicherung" definiert als: „Alle geplanten und systematischen Tätigkeiten, die innerhalb des QM-Systems verwirklicht sind, und die wie erforderlich dargelegt werden, um angemessenes Vertrauen zu schaffen, daß eine Einheit die Qualitätsforderung erfüllt" (DIN ISO 8402). Hierbei soll deutlich werden, daß der Schwerpunkt auf der Darlegung des QM-Systems gelegt wird.

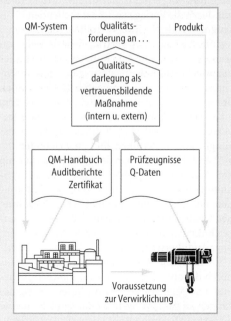

Bild 13-15 Darlegung des QM-Systems oder der Qualitätsdaten des Produkts

Diese Darlegung des QM-Systems ist der Inhalt von DIN EN ISO 9001 bis 9003 (s. 13.5). In dieser Norm wird eine modellhafte Beschreibung der Elemente eines QM-Systems vorgestellt, die als Grundlage für eine Darlegung der entsprechenden QM-Elemente dienen kann.

Der Zusammenhang zwischen den Forderungen nach der Darlegung des QM-Systems im Unternehmen oder spezifischer Produkteigenschaften und den entsprechenden Maßnahmen zeigt Bild 13-15. Die Qualitätsforderungen können hierbei sowohl extern, z.B. vom Kunden oder vom Gesetzgeber, als auch intern, z.B. vom Management, ihren Ursprung haben. Die Erfüllung dieser Forderung dient dabei als vertrauensbildende Maßnahme.

Richtet sich die Forderung auf die Darlegung des QM-Systems, so kann dieser z.B. durch die Beschreibung des QM-Systems (QM-Handbuch), durch einen Bericht über eine Auditierung des QM-Systems oder ein QM-System-Zertifikat einer dritten Stelle Genüge getan werden. Die Durchführung von Audits und der Ablauf der Zertifizierung gestaltet sich in diesem Fall als formaler Akt der Bestätigung, daß die Forderungen z.B. der DIN EN ISO 9001 erfüllt wurden (s. 13.5).

Forderungen an die Darlegung der Qualität der Produkte, wie Zuverlässigkeitsforderungen oder die Einhaltung spezifischer Grenzwerte, können z. B. durch die Vorlage von entsprechenden Prüfzeugnissen als Nachweis erfüllt werden.

Zum Aufbau einer Vertrauensbasis zwischen dem Lieferanten und dem Kunden, wurden bisher hauptsächlich Erstbemusterungen oder Wareneingangsprüfungen durchgeführt. Um jedoch präventiv, d. h. vor dem Entstehen von Fehlern, einwirken zu können, verstärken sich die Aktivitäten der Kunden, sich über die Qualitätsfähigkeit des Lieferanten ein Urteil zu bilden.

Damit die Funktionen der Qualitätssicherung zur Darlegung des QM-Systems oder der Produktqualität als Lieferant erfüllt werden können, bedarf es einer systematischen Erfassung der Qualitätsdaten in Form von Qualitätsaufzeichnungen. Dieses können z. B. Prüfzeugnisse oder Auditberichte sein.

Reviews, d. h. Bewertungen des QM-Systems durch die oberste Leitung, sind die vertrauensbildende Maßnahme, um die internen Forderungen an das QM-System oder seine Elemente bewerten zu können. Ergeben sich bei diesen Reviews Abweichungen, so sind Verbesserungen am QM-System zu planen und durchzuführen.

13.3.2 Aufbauorganisatorische Integration

Neben der beschriebenen Integration von Aktivitäten des Qualitätsmanagements in die Abläufe im Unternehmen, sind insbesonders aufbauorganisatorische Lösungen im Unternehmen qualitätsbestimmend. Dies sind Elemente einer Organisationsgestaltung, die die Qualitätsfähigkeit des Unternehmens stärken, indem eine weitgehende Anpassung der Organisationsstrukturen an die Qualifikation und die Bedürfnisse der Mitarbeiter sowie an die Arbeitsinhalte erfolgt.

Im Vordergrund steht das Prinzip der Selbstverantwortung für die Qualität (s. 13.1), das die Basis für qualitätsorientierte Organisationskonzepte bildet.

Da die Umsetzung solcher Organisationsstrukturen unternehmensspezifisch ist, werden einige Beispiele für eine erfolgreiche qualitätsorientierte Gestaltung der Arbeitsorganisation vorgestellt. Als Beispiel für Problemlösungsgruppen werden *Qualitätszirkel* beschrieben [Bun 86, DGQ 14-11]. Als wichtiges Element des Prinzips der *Eigenverantwortung* für die Qualität werden Wege zu einer *Selbstprüfung* in der Produktion erläutert.

Bei allen vorgestellten Prinzipien und Lösungen ist zu berücksichtigen, daß sich nur dann ein Erfolg, d. h. Verbesserung der Arbeitsbedingungen oder der Produktqualität, einstellen kann, wenn diese Strukturen Teil einer unternehmensweiten Verpflichtung zur Qualität (Total Quality Management) sind (s. 13.1.2.3).

13.3.2.1 Qualitätszirkel

Ein Qualitätszirkel ist eine Problemlösungsgruppe, die
- Probleme aus ihrem eigenen Tätigkeitsbereich aufgreift,
- hierfür Lösungsvorschläge ausarbeitet und bewertet sowie
- diese im Rahmen ihrer Kompetenz oder mit Unterstützung anderer umsetzt [DGQ 14-11].

Qualitätszirkelaktivitäten werden von der Unternehmensleitung als Element der betrieblichen Qualitätspolitik initiiert und müssen in die vorhandene Betriebshierarchie eingebunden und von ihr getragen sein, sowie einen erkennbaren Nutzen bringen. Qualitätszirkel können sich in allen Bereichen eines Unternehmens bilden, wobei das Prinzip der Freiwilligkeit stets zu berücksichtigen ist.

Die organisatorischen Elemente einer Qualitätszirkelorganisation sind in Bild 13-16 dargestellt. Der Steuerkreis setzt sich aus möglichst allen Mitgliedern der Unternehmensleitung zusammen und bildet gemeinsam mit dem Koordinator für die Qualitätszirkel die Basis zur Betreuung und methodischen Unterstützung der Qualitätszirkel.

Ein Qualitätszirkel selbst setzt sich i. allg. aus 4–8 Mitarbeitern zusammen, die jeweils von

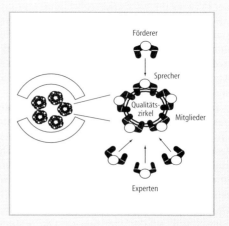

Bild 13-16 Strukturelemente von Qualitätszirkeln

dem anstehenden Problem betroffen sind und an der Lösungsfindung mitarbeiten wollen. Die Mitglieder eines Qualitätszirkels kommen entweder aus einem Arbeitsbereich (z. B. Produktion, Montage, Entwicklung, Beschaffung), oder die Qualitätszirkel setzen sich problembezogen aus mehreren Arbeitsbereichen zusammen, wobei jeweils Experten als Helfer hinzugezogen werden können.

Der Sprecher des Qualitätszirkels moderiert und leitet die Arbeiten. Er darf innerhalb der Gruppe keine Vorgesetztenfunktion ausüben und muß von allen Teilnehmern anerkannt werden. Als Sprecher bieten sich an:

- Ein unmittelbar Vorgesetzter der Mitglieder (sofern er dazu bereit ist, keine Vorgesetztenfunktion auszuüben und von den Teilnehmern akzeptiert wird),
- ein von den Mitgliedern ausgewählter Vertreter eines anderen Qualitätszirkels oder
- ein geschulter Mitarbeiter/Vorgesetzter einer Nachbargruppe.

Die Aufgaben des Sprechers sind:
- die Arbeiten des Qualitätszirkels vor- und nachzubereiten,
- die Sitzungen zu leiten und zu moderieren,
- die Mitglieder seines Qualitätszirkels zu unterweisen,
- bei der Auswahl der Mitglieder mitzuwirken,
- den Qualitätszirkel bei der Problemlösung zu fördern,
- die Umsetzung der Lösung zu begleiten sowie
- den Qualitätszirkel nach außen zu vertreten.

Die Mitglieder und der Sprecher müssen für diese Aufgabe von anderen Tätigkeiten freigestellt werden. Über Prämien können Abgrenzungen zum betrieblichen Vorschlagswesen gefunden werden, das in vielen Betrieben Prämien für Verbesserungsvorschläge Einzelner vorsieht. Eine entsprechende Prämiierung der Gruppe für realisierte Verbesserungen ist dann für den Qualitätszirkel sinnvoll.

Untersuchungen über die Erfolge von Qualitätszirkeln zeigen, daß die Auswirkungen auf die Qualität der Arbeit(sbedingungen) (soziale Auswirkungen) deutlich positiver bewertet werden als ökonomische Effekte, wie die Qualität der Produkte oder die Produktivität [Bun 86]. Aus diesen Ergebnissen wird deutlich, daß auch Qualitätszirkel sich in eine unternehmensweit auf Qualität ausgerichtete Philosophie einfügen müssen.

13.3.2.2 Selbstprüfung

Die Selbstprüfung ist die Umsetzung des Prinzips, daß jeder einzelne Mitarbeiter für die Qualität seiner geleisteten Arbeit verantwortlich ist. Im Fertigungsbereich heißt das, daß die Mitarbeiter dort nach genau vorgegebenen Anweisungen (Prüf-Spezifikationen) fertigen müssen und daß sie für die Einhaltung der Vorgaben (z. B. Toleranzen) selbst verantwortlich sind (DGQ15-42).

Bild 13-17 zeigt die Grundelemente, die als Voraussetzung für eine erfolgreiche Selbstprüfung festgelegt und gelöst sein müssen. Um als Selbstprüfer ernannt zu werden, muß ein Mitarbeiter fachlich und charakterlich geeignet sein. Er muß die Bereitschaft zur Erweiterung seiner Kompetenzen haben, ehrlich, verantwortungsbewußt und selbstkritisch sein. Selbstverständlich sollte er fachlich und methodisch seine Aufgaben vollständig beherrschen. Neben diesen personenbezogenen Merkmalen sind die im Bild 13-17 dargestellten organisatorischen Bedingungen zu beachten.

Die Festlegung der Befugnisse beschreibt die Abgrenzung der Prüfaufgaben, die vom Selbstprüfer durchgeführt werden können. Für dokumentationspflichtige oder Freigabeprüfungen sind z. B. weiterhin unabhängige Prüfer vorzusehen. Hierzu sind eindeutige Verantwortungsbereiche abzugrenzen und, wenn sinnvoll, schriftlich festzulegen.

Damit der Mitarbeiter seine Aufgaben als Selbstprüfer erfüllen kann, sind unter Umständen spezifische Schulungs- und Qualifizierungsmaßnahmen durchzuführen. Dies können z. B. Einweisungen auf den sachgerechten Gebrauch spezifischer Prüfmittel oder die selbständige Korrektur von Einrichtungen sein.

Als unumgänglich erweisen sich die Gestaltung des Arbeitsplatzes sowie die Festlegung, welche Prüfmerkmale wie zu prüfen sind. Die Arbeitsplatzgestaltung beinhaltet z. B. fähige und einsatzbereite Prüfmittel, die Festlegung der Prüfmerkmale kann z. B. durch die Arbeitsvorbereitung erfolgen. Hierbei sind die durch den Selbstprüfer zu prüfenden Merkmale in den Arbeits- oder Prüfunterlagen eindeutig zu kennzeichnen und die Form der Dokumentation der Ergebnisse, einschließlich der Behandlung fehlerhafter Einheiten, festzulegen.

Prämien oder Anerkennungen können als zusätzlicher Anreiz mit dem Betriebsrat vereinbart werden. Auch der Aufbau von Qualitätszirkeln als Unterstützung der Selbstprüfer ist möglich und

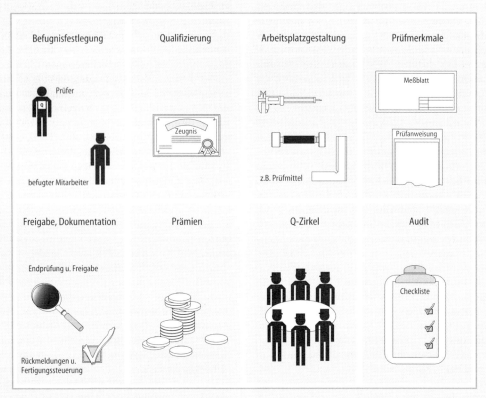

Bild 13-17 Organisatorische Strukturelemente für eine Selbstprüfung

sinnvoll. Die Qualitätszirkel sind dabei ein wichtiges Instrument, um aufgetretene Probleme am Entstehungsort zu erkennen, z. B. durch den Selbstprüfer, und kurzfristig zu beseitigen.

Da bei einer Selbstprüfung die bisherigen Prüfungen durch den Prüfer größtenteils wegfallen, wird dieser sich auf die Auditierung von Produkten und Verfahren spezialisieren, um Schwachstellen zu erkennen und Korrekturmaßnahmen einzuleiten (s. 13.5).

Erfahrungen aus der Praxis zeigen, daß Selbstprüfungen die Arbeitszufriedenheit spürbar erhöhen (DGQ15-42) und ein unverzichtbares Element des Prinzips der Eigenverantwortung sind, welche die Grundlage für ein qualitätsorientiertes Unternehmen ist.

13.3.2.3 Eigenverantwortung

Das Prinzip der Eigenverantwortung ist vom Qualitätsgedanken nicht zu trennen. Nur durch eine bewußte Zuordnung der Qualitätsverantwortung zu der jeweils ausführenden Tätigkeit kann der „traditionelle" Gedanke des nachfolgenden „Kontrolleurs" beseitigt werden. Diese Philosophie durchzieht deshalb die neuen Formen der Organisation der gesamten Auftragsabwicklung im Unternehmen (s. 13.1). Die Fähigkeit eines Unternehmens auf Markterfordernisse schnell reagieren zu können, wird durch Eigenverantwortung und Selbstregelung erzeugt. Beides sind Grundgedanken einer unternehmensweiten Orientierung auf Qualitätsverbesserung [Wes94b].

Für die Mitarbeiter bedeutet Eigenverantwortung eine nachvollziehbare Stärkung ihrer Arbeit und sie dient damit als Instrument für die Gestaltung besserer und weniger fehleranfälliger Abläufe. Durch die Prinzipien der Eigenverantwortung und Selbstregelung werden veränderte Organisationsstrukturen in den Unternehmen gefördert. Die Einführung eines QM-Systems nach DIN EN ISO 9000 ff. kann hierbei der erste Anstoß sein, die Auftragsabwicklung im Unternehmen zu reorganisieren. Eine derartige Vorgehensweise trägt dazu bei, Qualität, Produktivität und Flexibilität gleichzeitig zu verbessern.

Die Reorganisation unter dem Prinzip der Eigenverantwortung verfolgt vornehmlich eine

Reduzierung der indirekten Tätigkeiten und eine erhebliche Verkürzung der Durchlaufzeiten [Wes94b]. Dieser Prozeß beginnt mit der Gliederung der Geschäftsprozesse und einer Strukturierung des Unternehmens nach den Anforderungen der Kunden. In diesen Geschäftsprozessen werden dann Abläufe definiert, die die Eigenverantwortung betonen und schnelle Reaktionen auf Veränderungen ermöglichen [Wes94b]

Literatur zu Abschnitt 13.3

[Bun86] Bungard, W.: Qualitätszirkel als Instrument zeitgemäßer Betriebsführung. Landsberg a. Lech: Vlg. Moderne Industrie 1986

[Hil94] Hill, H.: Qualitätsmanagement. Qualität u. Zuverlässigkeit 39 (1994) H. 4

[Kir93] Kirstein, H.: Prozeßmanagement im betrieblichen Regelkreis-System. Qualität und Zuverlässigkeit 38 (1993) H. 4

[Pfe90] Pfeifer, T.: Die Realisierung von Qualitätsregelkreisen. In: Weck, Eversheim, König, Pfeifer (Hrsg.): Wettbewerbsfaktor Produktionstechnik. Düsseldorf: VDI-Vlg. 1990

[Wes91] Westkämper, E. (Hrsg.): Integrationspfad Qualität. Springer: Berlin 1991

[Wes94b] Westkämper, E.: Eigenverantwortung. QZ 39 (1994), H. 4

Normen und Richtlinien zu Abschnitt 13.3

DIN ISO 8402: Qualitätsbegriffe. 1994

DIN ISO EN 9000-1: Normen zum Qualitätsmanagement und zur Qualitätssicherung/QM-Darlegung; Leitfaden zur Auswahl und Anwendung. 1994

DIN ISO 9000-2: Qualitätsmanagement und Qualitätssicherungsnormen, Allgemeiner Leitfaden zur Anwendung von ISO 9001, ISO 9002, ISO 9003. 1992

DIN EN ISO 9000-3: Qualitätsmanagement und Qualitätssicherungsnormen; Leitfaden für die Anwendung von ISO 9001 auf die Entwicklung, Lieferung und Wartung von Software. 1992

DIN ISO 9000-4: Normen zu Qualitätsmanagement und zur Darlegung von Qualitätsmanagementsystemen; Leitfaden zum Management von Zuverlässigkeitsprogrammen. 1994

DIN EN ISO 9001: Qualitätsmanagementsysteme; Modell zur Qualitätssicherung/QM-Darlegung in Design/Entwicklung, Produktion, Montage und Wartung. 1994

DIN EN ISO 9002: Qualitätsmanagementsysteme; Modell zur Qualitätssicherung/QM-Darlegung in Produktion, Montage und Wartung. 1994

DIN EN ISO 9003: Qualitätsmanagementsysteme; Modell zur Qualitätssicherung/QM-Darlegung bei der Endprüfung. 1994

DGQ 14-11: Qualitätszirkel; Anregungen zur Vorbereitung und Einführung. 2. Aufl. 1987

DGQ 15-42: Selbstprüfung; Anmerkungen zur Vorbereitung und Einführung. 2. Aufl. 1981

[NN92b] N.N.: Rechnerintergrierte Konstruktion und Produktion: Bd. 7: Qualitätssicherung; Hrsg.: VDI-GACIM; Düsseldorf: VDI-Vlg. 1992

13.4 Methoden und Werkzeuge des Qualitätsmanagements

13.4.1 Betrachtungsgrundlagen

Die Methoden des Qualitätsmanagements lassen sich nach dem Anwendungsstadium in die sog. Off-line- und die On-line-Methoden untergliedern.

Off-line-Qualitätsmanagementmethoden werden in den frühen Phasen (s. 13.2.1) des Produktentstehungsprozesses, also noch vor der eigentlichen Herstellung, eingesetzt. Aufgrund ihres frühzeitigen Einsatzes unterstützen diese Methoden das präventive Qualitätsmanagement. Das Hauptziel ist die Entdeckung und Vermeidung von Planungsfehlern in Marketing, Entwicklung, Konstruktion und Fertigungsplanung. Die hierfür heute zur Verfügung stehenden Methoden bilden eine Methodenkette, die bei der Erfassung von Kundenwünschen beginnt und bis zur Festlegung robuster, d.h. ausreichend sicherer, Parameter in der Fertigungsplanung reicht. Zu diesen Methoden zählen beispielsweise das Quality Function Deployment (QFD) und die Fehlermöglichkeits- und -einflußanalyse (FMEA).

On-line-Qualitätsmanagementmethoden, wie die statistische Prozeßregelung (SPC) werden dagegen in der Fertigungsphase selbst eingesetzt, um dort Fehler zu entdecken und zu beseitigen.

Neben den Qualitätsmanagementmethoden, von denen bisher die Rede war, existieren noch eine Reihe von elementaren Werkzeugen, die allgemeine Problemlösungstechniken darstellen. Hierzu zählen die sog. Sieben Werkzeuge [Ebe89] des Qualitätsmanagements:
– Ishikawa-Diagramm (s.13.4.3),

- Check Sheet,
- Histogramm,
- Pareto-Diagramm (s.13.4.2),
- Streudiagramm,
- Regelkarte,
- Grafiken und Flußdiagramme.

Die sieben Werkzeuge können sowohl im planerischen als auch im operativen Bereich eingesetzt werden.

Als Erweiterung sind die „Sieben Neuen Werkzeuge" [Chi94: 46ff., Nay87] bekannt, die aufbauend auf den Ideen und Ansätzen der elementaren Werkzeuge entwickelt wurden. Ihre wesentlichen Schwerpunkte liegen auf planerischen Aspekten und dem Management. Zu ihnen zählen:
- Affinity Diagram,
- Relation Diagram,
- Tree Diagram,
- Matrix Diagram,
- Matrix Data Analysis,
- Arrow Diagram,
- Process Decision Program Chart (PDPC).

Von den genannten elementaren Problemlösungstechniken werden zunächst zwei exemplarisch vorgestellt. Anschließend werden die wesentlichen Methoden des Qualitätsmanagements detailliert erläutert.

13.4.2 Pareto-Analyse

Die Pareto-Analyse ist ein Hilfsmittel, um aus einer Häufigkeitsverteilung von Fehlerarten eine Rangfolge abzuleiten. Sie ist auch unter dem Namen ABC-Analyse bekannt. Grundlage für die Anwendung dieses Hilfsmittel im Bereich des Qualitätsmangagements ist die Erkenntnis, daß im Qualitätssektor nur wenige Fehlerarten bereits den größten Teil aller Fehler ausmachen. Werden diese Fehlerarten beseitigt, dann läßt sich mit verhältnismäßig geringem Aufwand die größte Wirkung erzielen. Die Zielsetzung ist somit die Fehler zu ermitteln, die durch die Häufigkeit ihres Auftretens die höchste Priorität bei der Einleitung von Fehlerbehebungsmaßnahmen haben. Die Erstellung eines Pareto-Diagramms beginnt in der Regel mit der Auflistung von Fehlern, die dann entsprechend der Häufigkeit des Auftretens z.B. in einem Histogramm als Balken angeordnet werden.

Die Daten aus dem Histogramm werden übernommen und so angeordnet, daß Geschehnisse mit der größten Häufigkeit links stehen. Die Fehlerzahlen werden kumuliert, und dann als Kurve eingetragen. Das Beispiel (Bild 13-18) zeigt, daß bereits die ersten drei Fehlertypen A, B + C nahezu 80 % der gesamten aufgetretenen Fehler ausmachen. Ein Abstellen dieser Fehler kann somit zu einer signifikanten Verbesserung der Fehlersituation führen. In der Praxis werden nur die Fehler mit hohem Einfluß auf die Fehlersituation berücksichtigt, da irgendwann der Aufwand zum Abstellen der Fehler nicht mehr in sinnvollem Verhältnis zur erreichbaren Verbesserung steht.

Die Pareto-Analyse ist ein Werkzeug, das sehr gut zur kontinuierlichen Qualitätsverbesserung

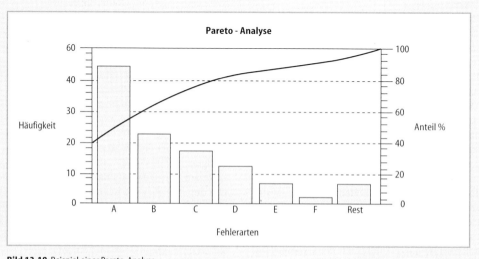

Bild 13-18 Beispiel einer Pareto-Analyse

benutzt werden kann, wie sie besonders im japanischen Verständnis von Qualitätsmanagement gefordert wird. Nach jeder Aktivität können durch die Aufnahme weiterer Daten neue Pareto-Analysen durchgeführt werden, um so die Effektivität der eingeleiteten Maßnahmen zu beurteilen und um neue Prioritäten zu setzen.

Der Prozeß der kontinuierlichen Verbesserung und Fehlerbeseitigung (Null-Fehler-Prinzip) gerät jedoch in einer Aufwand-Nutzen-Betrachtung irgendwann an eine Grenze, die nur noch durch „radikale", innovative Lösungen überschritten werden kann.

13.4.3 Ursache-Wirkungs-Diagramm

Das Ursache-Wirkungs-Diagramm [DGQ14-11, DGQ17-33, DGQ12-62, 16-32], nach seinem Erfinder auch Ishikawa-Diagramm [Ish80] genannt, dient der Veranschaulichung von Ursache und Wirkung durch die Verästelung eines Sachverhaltes in einzelne Themenbereiche. Aufgrund der Struktur, die aus dieser Einteilung entsteht, wird es auch als Fischgrätendiagramm bezeichnet. Mit dem Diagramm wird eine Wirkung untersucht, die z. B. ein Qualitätsmerkmal auf die Kundenzufriedenheit haben kann. Ebenso ist die Analyse eines zu lösenden Problems oder einer Auswirkung möglich, die zu verbessern oder zu kontrollieren wäre. Der erste Schritt zur Erstellung des Diagramms ist die Klärung der für die Wirkung verantwortlichen Hauptfaktoren, die an die Enden der Äste geschrieben werden. Als sinnvoll hat sich hier die Betrachtung der 6M (Mensch, Material, Maschine, Methode, Meßbarkeit, Management) erwiesen (Bild 13-19).

Jedes Stichwort wird dann anhand eines strukturierten Brainstormings untersucht, um zuerst Ideen, z.B. für die Ursachen eines Fehlers, zu sammeln und diese dann zu ordnen. So entsteht die weitere Verästelung der sechs Hauptäste. Dieser Prozeß wiederholt sich solange, bis alle Hauptursachen und untergeordnete Ursachen berücksichtigt wurden, wobei die wesentlichen Punkte zusätzlich gekennzeichnet werden.

13.4.4 Poka-Yoke

Das Poka-Yoke-Prinzip wurde von dem Japaner Shigeo Shingo [Shi86, Shi91] entwickelt. Es basiert auf dem Grundgedanken, daß es in der Natur des Menschen liegt, gelegentlich unvermeidbare Fehlhandlungen, wie z. B. Vertauschen, Vergessen, Auslassen, zu begehen. Diese Fehlhandlungen können beispielsweise durch Unaufmerksamkeit entstehen. Innerhalb eines Produktentstehungsprozesses gibt es verschiedene Formen von menschlichem Fehlverhalten (Bild 13-20), die den unterschiedlichen Fehlerursachen zugeordnet werden können.

Zur Erreichung einer Null-Fehler-Produktion gilt es vor diesem Hintergrund, durch geeignete Maßnahmen zu verhindern, daß die nicht vermeidbaren Fehlhandlungen Fehler am Produkt verursachen. Poka-Yoke liefert einen methodischen Ansatz, dessen Ziel darin liegt, unbeabsichtigte, zufällige und unvorhersehbare menschliche Fehler (japanisch: Poka) zu vermeiden bzw. zu vermindern (japanisch: Yoke). Zur Erreichung dieses Ziels stellt die Poka-Yoke-Methode erstaunlich einfache Vorkehrungen und Einrichtungen bereit. Das wesentliche Bestreben dieser Vorkehrungen besteht darin, zu vermeiden, daß aus Fehlhandlungen Fehler am Produkt entstehen. Zum anderen soll die Fehlerquelle vor dem Auftreten des Fehlers entdeckt werden, so daß rechtzeitig entsprechende Maßnahmen eingeleitet werden können.

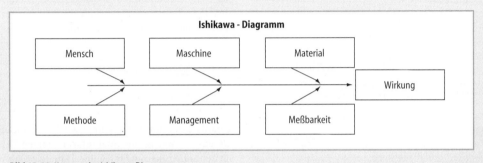

Bild 13-19 Konzept des Ishikawa-Diagramms

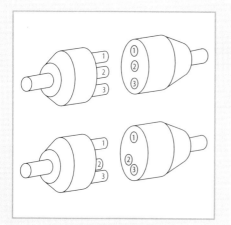

Bild 13-20 Kausale Zusammenhänge zwischen Fehlerursachen im Produktentstehungsprozeß und menschlichem Fehlverhalten

Ursachen für Produktfehler \ Formen menschlichen Fehlverhaltens	Bewußte Handlung	Mißverständnis	Vergeßlichkeit	Fehlidentifizierung	Anfänger	Vorsatz	Unachtsamkeit	Langsamkeit	mangelnde Überwachung	Überraschung
weggelassene Arbeitsvorgänge	●	○	●	○	○	○	●	○	○	
Prozeßfehler	●	●	○	○	●	●	●	●	●	
Rüstfehler	○	○	●	○			●	○		
Fehlteile	●				○	○	●	○		
falsche Teile	●	●	●	●	●	●	●		●	
Bearbeitung falscher Teile	○	●	○	○	○	●	●			
Fehlbearbeitung								○		●
Justierfehler	○	○	○	●	○	●	○	○	○	
Vorrichtung falsch angebracht			○				●			●
Werkzeuge u. Vorrichtung schlecht vorbereitet			○				●	○		

○ Zusammenhang   ● starker Zusammenhang

Poka-Yoke kommt in den Anwendungsgebieten Produkt-, Prozeßplanung und laufende Produktion zum Einsatz (s.13.2). Ein Ergebnis des Poka-Yoke-Einsatzes in der Produktplanungsphase ist in Bild 13-21 am Beispiel einer Steckverbindung verdeutlicht. Durch Entwurfsänderung ist ein fehlerfreier Anschluß gewährleistet.

Ein effektiver Einsatz von Poka-Yoke setzt eine sorgfältige Inspektion der Fehlerquelle sowie eine präzise Analyse und Untersuchung der Kausalkette von der Fehlhandlung (Ursache) bis zum und am Produkt (Wirkung) voraus. Hier bieten sich Inspektionsmethoden wie z. B. Fehlerquelleninspektion, konventionelle Sortierprüfung usw. an. Der Prüfumfang der meisten dieser Methoden liegt bei 100 %, wobei das Fehlervermeidungspotential von gering bis hoch variiert.

13.4.5 Quality Function Deployment

13.4.5.1 Was ist Quality Function Deployment?

Quality Function Deployment wird verstanden als ein Werkzeug der qualitätszentrierten Unternehmensführung (TQM, Total Quality Management). Das besondere Merkmal des TQM ist

Bild 13-21 Entwurfsänderung als Folge des Poka-Yoke-Einsatzes in der Planungsphase einer Steckverbindung

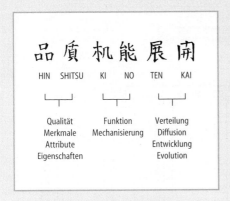

Bild 13-22 QFD : Kanji–Zeichen (nach ASI)

Informationswerkzeug für funktionsübergreifende Teams werden kann.

Die Methode wurde 1966 in Japan von Yoji Akao [Aka78, Aka90] entwickelt und vorgestellt. Quality Function Deployment ist die englische Übersetzung der sechs Kanji-Zeichen *Hin Shitsu Ki No Ten Kai.* (Bild 13-22). Die verschiedenen Übersetzungsmöglichkeiten deuten an, daß die Methode sehr verschiedene Aspekte der Qualitätsplanung behandelt und der Name nur einige davon nennt. QFD hilft auf einem kontinuierlichen, evolutionären Entwicklungsweg qualitätsrelevante Merkmale zu identifizieren und deren Bedeutung in allen Phasen des Entwicklungsprozesse zu berücksichtigen.

13.4.5.2 Werkzeuge des Quality Function Deployment

Obwohl QFD eine verhältnismäßig junge Methode ist, wurde sie bereits von Anfang an in der Industrie eingesetzt und ist seitdem kontinuierlich weiterentwickelt worden. Heute kennt man im wesentlichen die QFD-Ansätze nach Akao, Bob King und ASI (American Supplier Institute), wobei letzterer in Europa am verbreitetsten ist.

Allen Ansätzen gemeinsam ist die Verwendung eines Formblatts der sog. *Qualitätstabelle (Bild 13-23).* Die Qualitätstabelle besteht im wesentlichen aus zwei Baumdiagrammen und einer Matrix, die die Korrelationen zwischen den Elementen der jeweils untersten Ebene der Baumdiagramme angibt. Im Ansatz nach ASI ist

die Fokussierung auf den Kunden. Kundenorientierte Qualität bedeutet, daß die erfaßten und für zukünftige Marktsituationen prognostizierten Kundenbedürfnisse und Forderungen in geeignete Produkteigenschaften umgesetzt werden. QFD steht dabei nicht für eine einzelne Methode, sondern ist als Rahmenwerk zu verstehen, in dem durch den Einsatz verschiedener Kommunikations- und Problemlösetechniken, das Wissen und Können aller Mitarbeiter in die Strategien und Maßnahmen zur Erreichung voller Kundenzufriedenheit eingebunden werden.

Im weitesten Sinn ist QFD ein Instrument der Unternehmensplanung, das bei unternehmensweiter Anwendung zum Kommunikations- und

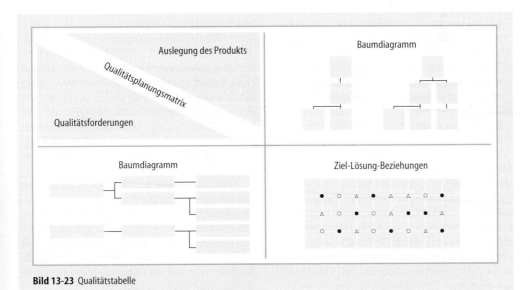

Bild 13-23 Qualitätstabelle

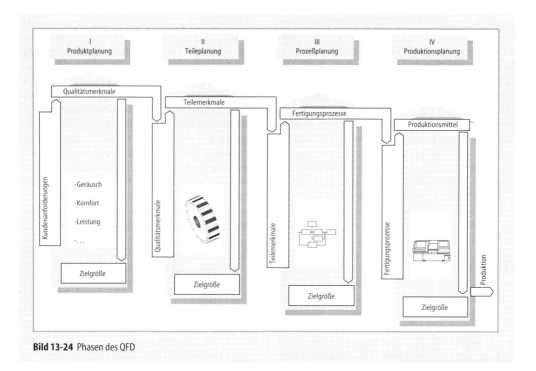

Bild 13-24 Phasen des QFD

diese Qualitätstabelle zum sog. House of Quality weiterentwickelt worden .

Der QFD-Ansatz nach ASI ist der am stärksten strukturierte Ansatz und umfaßt vier aufeinander aufbauende Phasen (Bild 13-24):

1. Produktplanung: Aus den Kundenforderungen werden die Qualitätsmerkmale eines Produktes abgeleitet.
2. Teileplanung: Aus den Qualitätsmerkmalen werden ein Realisierungskonzept sowie die einzelnen Komponenten des Produktes erarbeitet.
3. Prozeßplanung: Aus der Spezifikation der Komponenten werden die Anforderungen an die Bearbeitungsprozesse abgeleitet.
4. Produktionsplanung: Für die Einhaltung der Prozeßparameter müssen qualitätssichernde Maßnahmen erarbeitet werden.

Akao macht diese strenge Unterteilung in Phasen nicht sondern definiert vier wichtige Entwicklungsbereiche: Qualitätsentwicklung, Technologieentwicklung, Kostenentwicklung und Zuverläsigkeitsentwicklung. Für jedes Entwicklungsprojekt muß der QFD-Prozeß individuell aus Entwicklungstätigkeiten dieser vier Bereiche zusammengesetzt werden. Die im ASI-Ansatz beschriebene Durchgängigkeit der Entwick-

lungsergebnisse geht dann jedoch sehr häufig verloren. In nahezu allen bekannten Anwendungsfällen gehen Unternehmen nach ASI vor, das eine stärkere systematische Führung gewährleistet, aber die Einbindung von bereits vorhandenen und im Unternehmen erprobten Entwicklungsmethodiken unberücksichtigt läßt.

13.4.5.3 Einsatzgebiete des Quality Function Deployment

Um dem veränderten Marktverhalten zu entsprechen, bedarf es neuer Konzepte, um die Kunden hinsichtlich Termintreue und Qualität zufriedenzustellen. Die Methodik des QFD als eine bereichsübergreifende Qualitätsplanungssystematik deckt alle Phasen der Produktentstehung ab, sie greift aber insbesondere in den frühen Bereichen der Produktentwicklung.

Unter Einbindung weiterer QM-Maßnahmen und entsprechender QM-Werkzeuge, wie der Fehlermöglichkeits- und -einflußanalyse (FMEA), der Fehlerbaumanalyse (FTA), den Taguchi-Methoden, Design of Experiments (DoE), den Seven (old) Tools und den Seven (new) Tools ist es möglich, die Produkt- und Servicequalität auf die Kundenwünsche hin zu optimieren.

13.4.6 Fehlermöglichkeits- und -einflußanalyse FMEA

Mit Hilfe der Fehler-Möglichkeits- und -einflußanalyse (FMEA) werden Konstruktions- bzw. Fertigungsentwürfe untersucht und potentielle Schwachstellen identifiziert. Diese können durch die rechtzeitige Einleitung geeigneter Maßnahmen beseitigt werden [Pfe93b: 59 ff.]. Die FMEA ist daher bei konsequenter Nutzung eines der wirksamsten Mittel, um die Entstehung von Fehlern bereits vor Beginn des Fertigungsanlaufes zu vermeiden und damit entscheidend zur Reduktion von Fehlerkosten beizutragen [Pfe90: 437 ff.]. Hinzu kommt, daß es mit Hilfe der FMEA möglich ist, das in einem Unternehmen vorliegende Erfahrungswissen über Fehlerzusammenhänge und Qualitätseinflüsse auf systematische Weise zu sammeln und damit auch verfügbar zu machen.

13.4.6.1 Einsatzgebiete

Das Auftreten von Fehlern ist vor allem dort zu erwarten, wo aus Sicht des Unternehmens technisches Neuland betreten wird. Die FMEA wird zur Analyse innovativer Konzepte eingesetzt. Entsprechend dem Einsatzgebiet werden unterschieden: die Konstruktions-FMEA, die Prozeß-FMEA und die System-FMEA.

- Die Konstruktions-FMEA oder Entwicklungs-FMEA wird zur Analyse von Entwicklungskonzepten angewendet. Ziel der Konstruktions-FMEA ist die Erkennung und Bewertung von Schwachstellen im Entwurf. Es wird dabei untersucht, welche Risiken bezüglich der vollständigen Funktionserfüllung der bestehende Entwurf in sich birgt. Ferner können anhand der Konstruktions-FMEA alternative Entwürfe bezüglich der Fehlerwahrscheinlichkeit miteinander verglichen werden.
- In der Prozeß-FMEA werden Fertigungskonzepte untersucht. Die Prozeß-FMEA baut auf der Konstruktions-FMEA auf, kann aber auch eigenständig durchgeführt werden. Ziel der Prozeß-FMEA ist das Auffinden und die Beseitigung von Schwachstellen im geplanten Fertigungsprozeß.
- Die System-FMEA oder Produkt-FMEA verknüpft die Konstruktions- mit der Prozeß-FMEA und stellt einen Bezug zwischen der Bauteilebene und dem Gesamtsystem her. In der System-FMEA werden die Auswirkungen der Risiken, die in der Konstruktions-FMEA bzw. Prozeß-FMEA ermittelt wurden, auf das System untersucht.

Eine FMEA kann nur erfolgreich sein, wenn das Ergebnis von allen Beteiligten anerkannt wird. Daher hat es sich als vorteilhaft erwiesen, die Arbeit in einem interdisziplinär zusammengesetztem Team durchzuführen, so daß aus mehreren Bereichen das gesammelte Erfahrungswissen über den Untersuchungsgegenstand in die FMEA einfließen kann. Die Teamzusammensetzung ist der jeweiligen Aufgabe anzupassen und kann sehr unterschiedlich sein. Üblicherweise sind die in Bild 13-25 dargestellten Bereiche im FMEA-

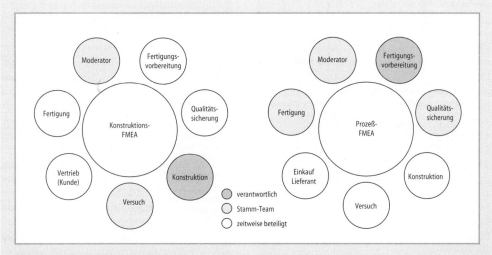

Bild 13-25 Zusammensetzung der FMEA-Teams

Team vertreten. Der Team-Moderator leitet die FMEA-Sitzungen und übernimmt die anfallenden Koordinationsaufgaben.

13.4.6.2 Beschreibung der Methode

Die FMEA ist eine weitgehend formalisierte Methode; die klassische Durchführung der Analyse wird unterstützt durch das Ausfüllen eines Formulars. Am weitesten verbreitet ist das Formblatt des Verbandes Deutscher Automobilhersteller (VDA) [NN86: 29 ff.] (Bild 13-26).

Die FMEA-Durchführung ist in vier Arbeitsschritte gegliedert:

- Auswahl der Untersuchungsinhalte und organisatorische Vorbereitung,
- Beschreibung und Strukturierung des Analysegegenstandes,
- Durchführung der Risikoanalyse,
- Risikominimierung.

Die organisatorische Vorbereitung umfaßt die Auswahl des Analysegegenstands, die Bestimmung eines FMEA-Verantwortlichen, das Aufstellen eines Terminplans und die Festlegung der Teamzusammensetzung. Die Stammdaten des Teils werden in den Kopf des Formulars eingetragen.

Firma: Meyer & Co.	**Fehler-Möglichkeits- und Einfluß-Analyse** Konstruktions-FMEA [X] Prozeß-FMEA [ ]								Teil-Name Verstellasche Lichtmasche		Teil-Nummer 90 HF-10145-AA			
	Bestätigung durch betroffene Abt. und/oder Lieferant	Name/Abt./ Lieferant		Name/Abt./Lieferant H. Hase/Werktechnik				Modell/System/ Fertigung 1990/03/X13		Techn. Änderungsstand A/369 437/IC			
		R. Müller/TB/ Kunz KG K.H. Müller/QS		R. Maier/Preßwerk				Erstellt durch M. Schmitz/Entw.		Datum 21.10.85	Überarbeitet Datum		
Systeme/ Merkmale	Potentielle Fehler	Potentielle Folgen des Fehler	D	Potentielle Fehlerursachen	DERZEITIGER ZUSTAND				Empfohlene Abstellmaßnahmen	Verant-wort-lichkeit	VERBESSERTER ZUSTAND			
					Prüfmaßnahmen	A	B	E	RPZ			Getroffene Maßnahmen	A	B	E	RPZ

Systeme/ Merkmale	Potentielle Fehler	Potentielle Folgen des Fehler	D	Potentielle Fehlerursachen	Prüfmaßnahmen	A	B	E	RPZ	Empfohlene Abstellmaßnahmen	Verant-wortlichkeit	Getroffene Maßnahmen	A	B	E	RPZ
Antrieb Lichtmaschine Vorspannung für Keilriemen	Material-ermüdung	Verstell-lasche bricht; Lichtmaschine wird nicht angetrieben		Übermäßiger Materialeinzug an Kanten und Löchern		2	6	10	120	Zulässigen Materialeinzug festlegen	Prod.-Entw.	mit techn. Änderung A 98765 Ac v. Jan. 86 max. 4 mm Einzug festgelegt				
										Prüfung der Materialverjüngung	Ferti-gungsprüfung Fa. Kunz	Prüfanweisung ergänzt 2/; Prüfung 5 Teile/Stunde	1	5	6	30
				Falsches Material benutzt	Zugversuch am Rohmaterial 1/Coll	1	6	10	60	–	–	–				

Wahrscheinlichkeit des Auftretens (Fehler kann vorkommen)		**Wahrscheinlichkeit der Entdeckung (vor Kundenauslieferung)**		**Bedeutung (Auswirkung auf den Kunden)**		**Priorität (RPZ)**	
unwahrscheinlich	1	hoch	1	kaum wahrnehmbare Auswirkungen	1	hoch	1000
sehr gering	2 - 3	mäßig	2 - 5	unbedeutender Fehler,		mittel	125
gering	4 - 6	gering	6 - 8	geringe Belästigung		keine	1
mäßig	7 - 8	sehr gering	9	des Kunden	2 - 3		
hoch	9 - 10	unwahr-scheinlich	10	mäßig schwerer Fehler	4 - 6		
				schwerer Fehler, Kunde verägert	7 - 8		
				äußerst schwerwiegender Fehler	9 - 10		

Bild 13-26 Beispiel einer Konstruktions-FMEA [nach VDA]

Im zweiten Schritt der FMEA-Durchführung, der Systemanalyse, wird der Analysegegenstand in sinnvolle Betrachtungseinheiten aufgeteilt, welche dann in die Spalte „Systeme/Merkmale" eingetragen und in der Risikoanalyse untersucht werden. Bei der Prozeß-FMEA wird hierzu der Fertigungsprozeß in einzelne Arbeitsschritte zerlegt; für die Konstruktions-FMEA sind alle relevanten Funktionen bzw. Merkmale des Bauumfangs anzugeben.

Die Risikoanalyse wird für jede Betrachtungseinheit durchgeführt. Sie umfaßt die Risikobeschreibung und die Risikobewertung. Dabei sind jeweils die folgenden Schritte durchzuführen:
- Erfassung der potentiellen Fehler,
- Erfassung und Bewertung der potentiellen Fehlerfolgen,
- Erfassung und Bewertung der potentiellen Fehlerursachen,
- Erfassung und Bewertung der vorgesehenen Maßnahmen,
- Angabe der Dokumentationspflicht,
- Ermittlung der Risikoprioritätszahl (RPZ).

Die Bewertung des Risikozustandes erfolgt durch Angabe der Risikozahlen „Auftreten", „Bedeutung" und „Entdeckung". Die Risikoprioritätszahl (RPZ) ist das Produkt dieser Risikozahlen. Hohe RPZ deuten auf das Zusammentreffen mehrerer Einzelrisiken hin, d.h. auf einen häufig auftretenden Fehler, der schwere Auswirkungen verursacht und der nur mit geringer Wahrscheinlichkeit entdeckt werden kann, und zeigt so Schwachstellen des Untersuchungsgegenstandes auf.

Anhand der Risikobewertung wird die Notwendigkeit der Risikominimierung geklärt. Danach werden Abstellmaßnahmen festgelegt und der neue Risikozustand bewertet.

13.4.6.3 Rechnergestützte Hilfsmittel

Am deutschen Markt werden heute vor allem PC-basierte Lösungen angeboten, die in erster Linie Routinen zum Ausfüllen der FMEA-Formulare enthalten sowie zur Verwaltung und Bearbeitung bereits existierender Formulare eingesetzt werden können. Dabei rangiert die Leistungsfähigkeit der verschiedenen Lösungsansätze von einfachen Textverarbeitungssystemen bis hin zu datenbankbasierten Ansätzen. Eine wirkungsvollere Unterstützung des FMEA-Anwenders kann vor allem durch den Einsatz wissensbasierter Systeme erreicht werden, die erst seit kurzer Zeit am Markt verfügbar sind.

13.4.7 Ereignisablaufanalyse

Die Ereignisablaufanalyse (DIN ISO 25 419) wertet Erkenntnisse der FMEA aus und ermittelt die Fortpflanzung eines Fehlers innerhalb eines technischen Systems. Sie dient also der Beschreibung und Bewertung von Ereignisabläufen und der Untersuchung der Auswirkung von Störungen und Störfällen in technischen Systemen.

Ereignisabläufe und ihre möglichen Auswirkungen / Verzweigungen in unterschiedlichen Bereichen der technischen Systeme werden in einem Ereignisablaufdiagramm (Ereignisbaum) dargestellt (Bild 13-27). Durch graphische Symbole, welche die logischen Zusammenhänge verdeutlichen, können Ereignisabläufe einfach und übersichtlich dargestellt und analysiert werden. Anhand des entstandenen Schemas können die Wahrscheinlichkeiten der verschiedenen Ereignisabläufe berechnet werden.

Ausgehend von einem Anfangsereignis werden Folgeereignisse bis hin zu möglichen Endzuständen in den einzelnen Bereichen des technischen Systems ermittelt. Das Anfangsereignis kann z.B. ein Komponentenausfall oder eine Fehlbedienung durch einen Menschen sein. Die Wirkungen, welche der Fehler bei anderen Teilen erzeugt, sind festzustellen.

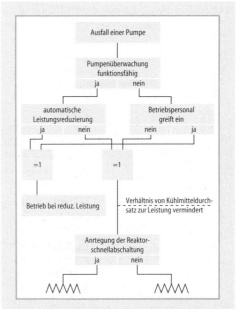

Bild 13-27 Ausschnitt aus einem Ereignisablaufdiagramm für den Ausfall einer Pumpe des Reaktorkühlkreislaufes [nach DIN 25419]

Grundlage für eine Wahrscheinlichkeitsauswertung des Diagramms sind die Verzweigungswahrscheinlichkeiten. Diese können meist mit Hilfe der Fehlerbaumanalyse ermittelt werden. Ist dies nicht möglich, so werden Schätzwerte eingesetzt.

Ergebnis der Ereignisablaufanalyse ist die Häufigkeits- und/oder Wahrscheinlichkeitsverteilung der den Zuständen des Anfangsereignisses zugeordneten Werte.

13.4.8 Fehlerbaumanalyse

Die Fehlerbaumanalyse (DIN 25 424) wird zur systematischen Untersuchung von Produkten und Fertigungsverfahren eingesetzt, wobei ausgehend von einem Fehler die potentiellen Ausfallursachen ermittelt werden. Das Ziel hierbei ist es, durch ein Abschätzen der Ausfallwahrscheinlichkeiten eine Aussage über das Verhalten eines Systems hinsichtlich des Auftretens eines definierten Fehlers zu machen.

Der Ablauf der Fehlerbaumanalyse gliedert sich in drei Schritte:
– Erstellung der Systemanalyse,
– Aufstellen des Fehlerbaums,
– Auswertung des Fehlerbaums.

Die Systemanalyse bildet die Basis der Fehlerbaumanalyse. Sie wird in einem interdisziplinären Team durchgeführt und umfaßt die beiden Schritte: Aufstellung des Komponentenbaums und Beschreibung von Organisation und Verhalten des Systems. Bei der Aufstellung des Komponentenbaums ist – ausgehend vom Gesamtsystem – für jede Komponente des Systems eine Beschreibung der Funktionen, der Einsatzbedingungen und der zulässigen Betriebsbereiche durchzuführen. Durch Unterteilung der Komponente in Einzelkomponenten und Iteration der Analyse entsteht schließlich ein Komponentenbaum (Bild 13-28). Die Beschreibung von Organisation und Verhalten des Systems dient der Untersuchung von Wechselbeziehungen, d.h. wie die Komponenten für die Systemfunktionen verantwortlich sind und wie Umgebungseinflüsse auf die Gesamtheit wirken.

Ausgangspunkt bei der Aufstellung des Fehlerbaums (Bild 13-29) ist ein Fehler, zu dem alle potentiellen Ausfallkombinationen eingetragen werden, die ihn verursachen können. Die Ausfallkriterien, die den Ausfall einer Komponente oder die Störung des gesamten Systems betreffen können, müssen eindeutig beschrieben werden. Es ist zu beachten, daß die Ausfälle von Komponenten in Kategorien unterteilt sind, d.h., es gibt primäre, sekundäre und kommandierte Ausfälle, wobei die letzten beiden Kategorien hinsichtlich ihrer Ursachen weiter untersucht werden müssen.

Die einzelnen Ursachen können mit boolescher Logik zu Ausfallskombinationen verknüpft werden. Operanden der Verknüpfung sind Konjunktion, Disjunktion und Negation. Die Ausfallkombinationen werden in einer Top-down-Vorgehensweise iterativ bestimmt. Die Fehlerbaumanalyse wird schließlich bei den Fehlern, für die keine Ursachen mehr bestimmt werden können, abgebrochen.

Zur Auswertung von Fehlerbäumen stehen eine Vielzahl von Verfahren zur Verfügung [Mey82, Pet88]. Hier empfiehlt sich aufgrund der Komplexität der betrachteten Systeme und der teilweise aufwendigen Auswertungsmethoden der Einsatz rechnergestützter Verfahren.

Ziel der Auswertung ist zum einen die Abschätzung der Eintrittshäufigkeit des unerwünschten Ereignisses und zum anderen die Ermittlung der kleinsten Ausfallkombination, die das unerwünschte Ereignis zur Folge hat.

Durch die Fehlerbaumanalyse werden nicht zuletzt alle potentiellen Ausfallkombinationen, die das unerwünschte Ereignis zur Folge haben, dokumentiert.

Bild 13-28 Beispiel eines Komponentenbaums

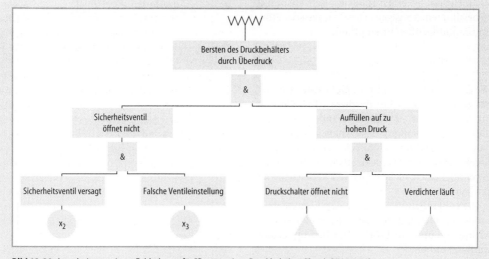

Bild 13-29 Ausschnitt aus einem Fehlerbaum für "Bersten eines Druckbehälters" [nach DIN 25424]

13.4.9 Statistische Versuchsmethodik

Die statistische Versuchsmethodik umfaßt eine Reihe von Techniken, die eine Durchführung geplanter Versuche ermöglichen, um Prozesse oder Produkte zu optimieren. Der Ursprung der statistischen Versuchsmethodik liegt bei Sir Ronald Fisher, der bereits in den 20er Jahren statistische Verfahren zur Planung und Auswertung von Experimenten im Agrarbereich angewendet hat [Fis35].

13.4.9.1 Versuchsstrategie

Obwohl manche Industriebranchen, wie z.B. die chemische Industrie, die Verfahren der statistischen Versuchsmethodik erfolgreich einsetzen [Sne85], werden in anderen Industriezweigen Prozeßparameter häufig nur aufgrund der Erfahrungen eines Maschinenbedieners eingestellt. Dabei werden Maschineneinstellungen solange variiert, bis ein zufriedenstellendes Ergebnis gefunden wird. Diese Vorgehensweise (trial and error) entbehrt in der Regel jeder Systematik, so daß die Qualität eines Produkts maßgeblich vom Erfahrungswissen einzelner Mitarbeiter abhängt.

Um reproduzierbare Versuchsergebnisse zu erhalten, die statistisch abgesichert sind, bedarf es im Gegensatz zu der oben dargestellten Vorgehensweise einer sorgfältigen Versuchsplanung. Zudem verlangen mehr und mehr Kunden von ihren Zulieferern den Nachweis der Reproduzierbarkeit der verwendeten Einstellungen für die Prozeßparameter. Darüber hinaus kann eine gründliche Versuchsplanung den Versuchsaufwand signifikant reduzieren.

Ein wesentlicher Aspekt bei der Planung von Versuchen ist wiederum die Bildung von interdisziplinären Teams, in die neben Spezialisten für Statistik Experten für die zu untersuchende Technologie sowie ggf. Anlagenbediener eingebunden werden müssen, um einen Wissensaustausch aller Beteiligten frühzeitig sicherzustellen. So kann z.B. die frühzeitige Kenntnis über nicht vorhandene Wechselwirkungen zwischen einzelnen Einflußgrößen, über welche in der Regel nur „der Technologe" verfügen kann, die Anzahl notwendiger Versuche signifikant reduzieren. Eine Wechselwirkung zwischen Faktoren liegt vor, wenn der Einfluß eines Faktors auf die Zielgröße von den Einstellungen der anderen Faktoren abhängig ist [Gim91].

Zu Beginn der Versuchsplanung müssen darüber hinaus die Ziele der Untersuchung definiert werden. Prinzipiell sind zwei Ansätze möglich. Einerseits kann der Forderung Rechnung getragen werden, mit möglichst wenigen Versuchen eine weitgehend optimale Einstellvorschrift zu finden. Andererseits kann auch die Forderung gestellt werden, die Prozeßzusammenhänge detailliert z.B. mit Regressionspolynomen zu beschreiben. Weiterhin sollte beachtet werden, daß ein maximaler, minimaler oder beliebig vorgegebener Wert bei der Zielgröße nicht immer die optimale Einstellung der Einflußgrößen darstellt.

Vielmehr gilt es, einen robusten Betriebspunkt zu bestimmen, der gegen Schwankungen der Stör- und Einflußgrößen unempfindlich ist.

13.4.9.2 Einfaktormethode

Die Einfaktormethode ist die einfachste Form eines geplanten Versuches. Bei dieser Methode wird pro Versuch nur ein Faktor verändert, während die übrigen Einflußgrößen konstant gehalten werden. Das Verfahren ermöglicht reproduzierbare Ergebnisse und stellt eine deutliche Verbesserung gegenüber allen nicht geplanten Versuchen dar [Pfe93b].

Die wesentlichen Nachteile der Einfaktormethode beruhen auf der Tatsache, daß Wechselwirkungen und Störgrößen nur bedingt erfaßt werden können.

13.4.9.3 Faktorielle Versuchspläne

Faktorielle Versuchspläne ermöglichen die Berücksichtigung von Wechselwirkungen sowie Störgrößen. Bei der Versuchsdurchführung werden mehrere Faktoren gleichzeitig und ausgewogen variiert, wodurch eine detaillierte statistische Auswertung möglich ist.

Eine Bewertung der Faktoren und Wechselwirkungen erfolgt mit Hilfe der *Haupt- bzw. Wechselwirkungseffekte*. Dazu werden die Mittelwerte über den Einstellungen eines Faktors gebildet, so daß für jeden Faktor und für jede Wechselwirkung eine charakteristische Größe (*Effekt*) berechnet wird, die einen Vergleich dieser Größen ermöglicht.

Zu unterscheiden sind die *voll- und die teilfaktoriellen Versuchspläne*. Beim vollfaktoriellen Versuchsplan werden alle möglichen Kombinationen der Faktoren realisiert, wobei in der Regel für jeden Faktor eine untere und eine obere Versuchseinstellung gewählt wird. Die vollfaktoriellen Versuchspläne mit zwei Einstellungen pro Faktor werden 2^n-Pläne genannt, wobei die Größe n für die Anzahl der Faktoren steht. Das Bildungsgesetz für vollfaktorielle Versuchspläne mit zwei bis vier Faktoren auf zwei Einstellungen ist in Tabelle 13-1 abgebildet. Dabei symbolisiert „-" die untere, „+" die obere Versuchseinstellung.

Um den Einfluß eines Wechsels von der unteren zur oberen Versuchseinstellung auf die Zielgröße gegenüber der Versuchsstreuung, die sich bei wiederholtem Anfahren eines Versuchspunktes einstellt, abzugrenzen, wird die *Varianzanalyse* verwendet.

Nr.:	X1	X2	X3	X4
1	–	–	–	–
2	+	–	–	–
3	–	+	–	–
4	+	+	–	–
5	–	–	+	–
6	+	–	+	–
7	–	+	+	–
8	+	+	+	–
9	–	–	–	+
10	+	–	–	+
11	–	+	–	+
12	+	+	–	+
13	–	–	+	+
14	+	–	+	+
15	–	+	+	+
16	+	+	+	+

2^4-Plan umfasst alle 16 Zeilen; 2^3-Plan die Zeilen 1–8; 2^2-Plan die Zeilen 1–4.

Tabelle 13-1 Bildungsgesetz

Als Ergebnis liefert die Varianzanalyse signifikante bzw. hochsignifikante Faktoren, die gemäß der F-Verteilung die 95- bzw. 99%-Marke überschreiten.

Da die vollfaktoriellen Versuchspläne mit hohem Versuchsaufwand verbunden sind, sollten bei mehr als vier Faktoren teilfaktorielle Versuchspläne benutzt werden.

Bei den teilfaktoriellen Versuchsplänen werden den Wechselwirkungen weitere Faktoren überlagert. Dadurch kann der Versuchsaufwand drastisch reduziert werden [Sch86]. Pläne mit solchen Überlagerungen werden auch als *vermengte Versuchspläne* bezeichnet. In der Regel werden Wechselwirkungen zwischen mehr als zwei Faktoren vernachlässigt [Pfe93b]. Der aus der Überlagerung einer Wechselwirkung und einer weiteren Einflußgröße resultierende Effekt wird daher quasi als ein Effekt der Einflußgröße allein betrachtet. Voraussetzung ist, daß solche Überlagerungen nur bei höherwertigen Wechselwirkungen eingeführt werden oder, wenn sichergestellt ist, daß eine Wechselwirkung zwischen einzelnen Faktoren nicht besteht. Eine detaillierte Beschreibung dieser Vorgehensweise ist in [Pfe93b] zu finden.

13.4.9.4 Verfahren nach Shainin

Die Siebverfahren von Shainin basieren auf der klassischen Versuchsmethodik [Gim91] und grenzen die möglicherweise relevanten Einflußgrößen auf die wesentlichen Prozeß- bzw. Produktgrößen ein. Voraussetzung für die Anwendbarkeit dieser Methoden ist die Gültigkeit des Pareto-Prinzips [Gim91]. Dieses Prinzip setzt voraus, daß unter vielen Einflußgrößen nur wenige einen dominanten Einfluß auf den zu optimierenden Prozeß bzw. auf das zu optimierende Produkt haben.

Shainin greift die Multivariationskarten, den paarweisen Vergleich, die Komponentensuche und die sogenannte Variablensuche aus der klassischen Versuchsmethodik heraus und empfiehlt nach der Reduzierung der Einflußgrößen auf weniger als vier den vollfaktoriellen Versuchsplan [Pfe93b].

13.4.9.5 Verfahren nach Taguchi

Neben der klassischen Versuchsmethodik werden teilweise Verfahren eingesetzt, die eine starke Reduzierung der Versuchsanzahl versprechen. Der bekannteste Vertreter dieser Methoden ist Genichi Taguchi, der Wert darauf legt, daß sich die von ihm eingeführten Methoden signifikant von denen der klassischen Versuchsmethodik unterschieden. Jedoch lassen sich die Versuchspläne von G. Taguchi bei genauer Untersuchung in die der klassischen Versuchsmethodik überführen [Gim91].

Die drastische Reduzierung der Versuchszahlen wird nach dem Ansatz von Taguchi durch das Hochvermengungsprinzip erreicht, welches auf vermengten Versuchsplänen basiert. Durch die starken Überlagerungen von Einflußgrößen und Wechselwirkungen besteht jedoch die Gefahr von Fehlinterpretationen, so daß die Anwendung der Taguchi-Pläne unbedingt Bestätigungsversuche erfordert [Tag87, Tag89].

13.4.10 Prüfmethoden

13.4.10.1 Stichprobenprüfung

Da die Untersuchung aller gefertigten Produkte eines Prozesses mit sehr großem Aufwand verbunden ist, wird man sich nach Möglichkeit auf die Auswahl von Stichproben beschränken, insbesondere dann, wenn das Produkt in großen Stückzahlen hergestellt wird. Dieses gilt um so mehr, wenn Prüfungen mit hohem Aufwand verbunden sind oder nur zerstörende Prüfverfahren eingesetzt werden können. In solchen Fällen wird dann meist eine Stichprobenprüfung an Stelle einer Vollprüfung durchgeführt.

Für jeden Prozeß ist aufgrund einer detaillierten Analyse abzuwägen, ob eine solche Stichprobenprüfung ausreichend erscheint. Neben der Aufwandsabschätzung, die in der Regel für die Stichprobenprüfung sprechen wird, ist hierbei vor allem der Informationsverlust zu berücksichtigen. Dieser betrifft diejenigen Produkte, die zwischen den Stichproben entstehen und somit selbst nicht erfaßt werden. Um über diese Aussagen machen zu können, muß der Prozeß hinreichend stabil sein (s. 13.4.11). Selbst dann können nur systematische Abweichungen aufgedeckt werden, während zufällige Einflüsse unentdeckt bleiben können. Insgesamt ist, z.B. mittels einer FMEA (s. 13.4.6), zu untersuchen, welche Fehler jeweils entstehen und unentdeckt bleiben können

Bei kritischen Fehlern, d.h. solchen Fehlern, die bei Nichterfassung die weitreichendsten und gefährlichsten Konsequenzen nach sich ziehen können, wird man eine Vollprüfung, also eine 100 %-Prüfung, vornehmen müssen. Sie empfiehlt sich insbesondere dann, wenn die Prüfung vollautomatisch durchgeführt werden kann. Bei Haupt- und Nebenfehlern, also Fehlern, die die Brauchbarkeit des gefertigten Produkts herabsetzen bzw. nur geringfügig beeinflussen, reicht dagegen meistens eine Stichprobenprüfung aus [Pfe93b].

Zur weiteren Aufwandsreduzierung können Stichprobenhäufigkeit und -umfang dynamisiert werden. Man spricht dann von dynamisierter Stichprobenprüfung (s. 13.4.10.2).

13.4.10.2 AQL (Acceptable Quality Level)

Die annehmbare Qualitätsgrenzlage AQL (Acceptable Quality Level) ist eine Beurteilungsgröße zur Annahme- oder Rückweiseentscheidung für ein geprüftes Los.

Anwendung der AQL

Die AQL wird sowohl bei der qualitativen als auch bei der quantitativen Stichprobenprüfung wie z.B. der Wareneingangsprüfung als Beurteilungsgröße verwendet. Die AQL wird als tolerierbarer Anteil fehlerhafter Einheiten in Prozent oder als Fehleranzahl je 100 Einheiten angegeben. Ein AQL-Wert von 0,1 bedeutet also, daß ein Fehler bei 1000 geprüften Einheiten eines Loses geduldet wird. Eine Überschreitung dieser Fehleranzahl würde zu einer Rückweisung des geprüften Loses führen [Gim91].

Die Festlegung des AQL-Werts muß in Abstimmung zwischen dem *Lieferanten* und dem *Abnehmer* erfolgen, da durch die Wahl eines AQL-Werts der Prüfaufwand festgelegt wird, den der Zulieferer zur Erbringung der geforderten Qualitätslage leisten muß. Ein wesentliches Entscheidungskriterium für die Wahl des AQL-Werts ist die Art des Merkmals. Unterschieden werden *kritische Merkmale* sowie *Haupt- und Nebenmerkmale* [Mas94].

Zur Bestimmung eines geeigneten AQL-Werts werden verschiedene produktspezifische Fragen, die in einem Fragenkatalog zusammengestellt werden, beantwortet und bewertet. Vorschläge für solche Fragenkataloge sind in der DGQ-SAQ-ÖVQ-Schrift 16-26 aufgeführt.

In Abhängigkeit von der AQL und der Losgröße N sind Stichprobentabellen nach DIN ISO 2859 für die attributive Prüfung und nach DIN ISO 3951 für die Variablenprüfung aufgeführt, die den Stichprobenumfang n und die Annahmezahl c für die Einfach- und Doppelstichprobe festlegen.

Dynamisierte Stichprobenprüfung

Häufig erfolgt eine Dynamisierung der Prüfumfänge, bei der ausgehend von den Ergebnissen der letzten Stichproben das Prüfniveau und damit der Prüfumfang festgelegt wird.

Die Strategie der *dynamisierten Stichprobenprüfung* wird eingesetzt, um den Prüfaufwand bei Produkten mit guter Qualität zu senken. Dabei wird nach DIN ISO 2859 zwischen ausgesetzter, verschärfter, normaler, reduzierter und Skip-lot-

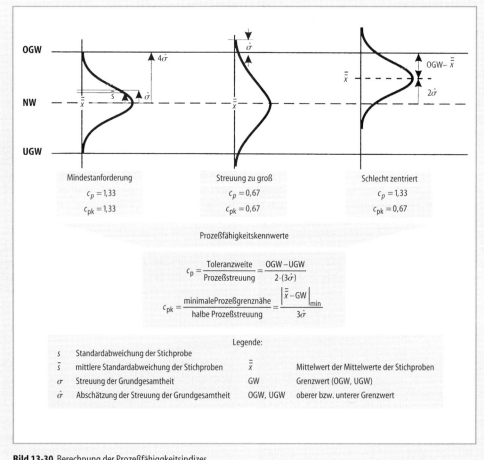

Bild 13-30 Berechnung der Prozeßfähiggkeitsindizes

Prüfung unterschieden. Bei der Erstlieferung wird mit einem normalen Prüfumfang begonnen. Von dieser Stufe ausgehend erfolgt beispielsweise nach einer Rückweisung zweier Lose von fünf aufeinanderfolgenden Losen ein Wechsel zur verschärften Prüfung. Werden dagegen zehn aufeinanderfolgende Lose angenommen, so wird von normaler auf eine reduzierte Stufe gewechselt. Eine Verringerung des Prüfaufwandes kann bis zur Skip-lot-Prüfung erfolgen, bei der einzelne Lose ohne Prüfung angenommen werden.

13.4.10.3 Prozeß- und Maschinenfähigkeit

Für die Stichprobenprüfung ist die Stabilität eines Prozesses unerläßlich. Wenn ein Prozeß sich innerhalb seiner statistisch ermittelten Eingriffsgrenzen bewegt und keine speziellen oder systematischen Störeinflüsse auftreten, ist der Prozeß beherrscht. Bei einem beherrschten Prozeß kann das statistisch beschriebene Prozeßbild mit den vorgegebenen Toleranzen verglichen werden. Ob der Prozeß nun fähig ist, hängt von seiner Streuung ab. Ist sie breiter als die vorgegebene Toleranzbreite, so ist der Prozeß nicht fähig [Rin91].

Zur Beschreibung der Fähigkeit eines Prozesses werden die Fähigkeitsindizes c_p und c_{pk} verwendet. Der Index c_p ist ein Maß für die Breite der Prozeßstreuung im Verhältnis zur Toleranzbreite während der Index c_{pk} zusätzlich die Lage der Verteilung berücksichtigt. Die Bestimmung dieser Indizes (Bild 13-30) gründet sich auf Langzeituntersuchungen. Ein Prozeß wird als fähig bezeichnet, wenn beide Indizes größer als 1 sind. Die Prozeßfähigkeitsindizes sind ein Maß dafür, inwieweit ein Prozeß in der Lage ist, die an ihn gestellten Anforderungen in der laufenden Produktion zu erfüllen [Pfe93b].

Außer der Prozeßfähigkeit ist die Maschinenfähigkeit zu untersuchen, die die Qualitätsfähigkeit der Maschine unter Idealbedingungen beschreibt. Diese wird vor allem im Rahmen der Abnahmeprüfung von Maschinen eingesetzt. Die Vorgehensweise entspricht weitgehend der Prozeßfähigkeitsuntersuchung, der Unterschied liegt vor allem darin, daß die Prozeßfähigkeit unter üblichen Fertigungsbedingungen und die Maschinenfähigkeit unter möglichst idealen Bedingungen, d.h. unter weitgehender Ausschaltung von Fehlereinwirkungen, bestimmt wird. Die Maschinenfähigkeitsindizes werden mit c_m und c_{mk} bezeichnet [Pfe93b].

Neben diesen Begriffsbildungen, die in der Vergangenheit häufig zu Mißverständnissen geführt haben, setzt sich zur Zeit mehr und mehr das Begriffspaar Prozeßpotential und Prozeßfähigkeit durch. Bei der Bestimmung des Prozeßpotentials handelt es sich um eine kurzzeitige Bestimmung der Fähigkeitskennwerte des Prozesses zu Beginn der Fertigung. Hierzu werden üblicherweise 20 Stichproben entnommen und mit Hilfe der Auswertungsmethoden der Prozeßfähigkeitsuntersuchung weiterverarbeitet. Die so bestimmten Kennwerte werden dann als vorläufige Prozeßfähigkeitsindizes p_p und p_{pk} bezeichnet [Rin91].

13.4.10.4 Regelkarten

Eine Regelkarte ist ein graphisches Verfahren, das im Prinzip den "Fingerabdruck" des Prozesses liefert. Regelkarten dienen dazu, einen Prozeß durch graphische Darstellung seiner Kennwerte transparent und überschaubar zu machen. Es gibt eine Vielzahl möglicher Regelkartentypen, die je nach Art des zu untersuchenden Prozesses Anwendung finden. Man unterscheidet z.B. Regelkarten für variable (d.h. meßbare) Prüfmerkmale oder solche für attributive (zählbare) Prüfmerkmale. Weit verbreitet sind die Mittelwert/Standardabweichungs-Karte, die Mittelwert/Spannweiten-Karte und die Median/Spannweiten-Karte [Rin91].

Die Vorgehensweise zum Führen einer Regelkarte ist weitgehend identisch für alle Regelkartentypen und soll hier am Beispiel der <xq>/R-Karte (Mittelwert/Spannweiten-Karte) erläutert werden. Die Bestimmungsgleichungen für <xq> und R lauten:

$$\bar{x} = \frac{1}{n} \sum_{i=1}^{n} x_i$$

$$R = x_{max} - x_{min}$$

Die <xq>/R-Karte (Bild 13-31) besteht aus zwei Koordinatensystemen, in denen jeweils über der Zeit (x-Achse) die Kennwerte <xq> und R für jede erfaßte Stichprobe eingetragen werden. Falls hierbei bestimmte Auffälligkeiten, wie z.B. Verletzung bestimmter Grenzwerte, der sog. Eingriffsgrenzen (s. 13.4.11), auftreten, so ist zu prüfen, ob in den Prozeß einzugreifen ist. Entsprechende Maßnahmen werden in der Regelkarte dokumentiert.

Neben der bislang beschriebenen Hauptfunktion, einen Fertigungsprozeß zu überwachen, stellen Regelkarten ein wichtiges Hilfsmittel der

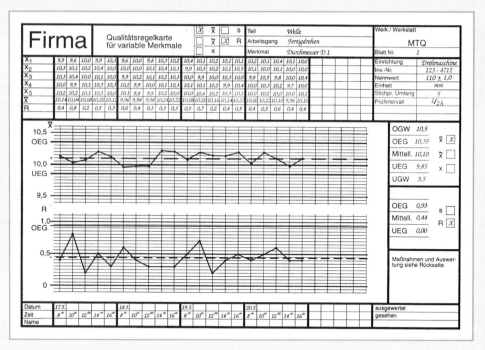

Bild 13-31 Beispiel einer Regelkarte (Verkleinerungsfaktor 82 %)

Dokumentation von Prozessen dar, und sollten daher in regelmäßigen Abständen sorgfältig analysiert werden [Pfe93b].

13.4.10.5 Fehlersammelkarten

Bei Fehlersammelkarten handelt es sich um eine Verallgemeinerung von attributiven Regelkarten (s. 13.4.11). Während in einer attributiven Regelkarte nur die Anzahl aufgetretener Fehler berücksichtigt wird, wird in einer Fehlersammelkarte anhand eines Fehlerkatalogs auch die Art der aufgetretenen Fehler berücksichtigt. Daraus ergibt sich der Aufbau einer Fehlersammelkarte; sie besteht im wesentlichen aus einem Fehlerkatalog und einer attributiven Regelkarte. Im Fehlerkatalog wird für jede Stichprobe notiert, wie häufig die einzelnen Fehlerarten aufgetreten sind. In der attributiven Regelkarte wird die Anzahl der ingesamt je Stichprobe aufgetretenen Fehler grafisch eingetragen.

Zur Auswertung von Fehlersammelkarten sind regelmäßige Analysen vorzunehmen, welche Fehler gehäuft auftreten und somit durch geeignete Gegenmaßnahmen zu verhindern sind. Als Analyseinstrument bietet sich hierzu die Pareto-Analyse (s. 13.4.2) an.

Eingesetzt werden Fehlersammelkarten im gesamten Fertigungsablauf, d. h. insbesondere in der Wareneingangsprüfung, in Zwischen- und Endprüfungen sowie zur Lieferantenbeurteilung.

13.4.11 Statistische Prozeßregelung (SPC)

Mit der statistischen Prozeßregelung (SPC) sollen die systematischen Einflüsse auf einen Prozeß kompensiert und spezielle Einflüsse frühzeitig erkannt und beseitigt werden. Damit die SPC das gewährleisten kann, ist die Kenntnis der natürlichen Streuung des Prozesses unbedingt erforderlich. Die damit verbundene statistische Auswertung verfolgt das Ziel, anhand von nur wenigen Stichproben Aussagen über die Grundgesamtheit machen zu können. So sind bei Bundestags- bzw. Landtagswahlen schon deshalb kurz nach Schließung der Wahllokale zuverlässige Hochrechnungen möglich, weil die Auszählung kleiner ausgewählter und repräsentativer Wahlkreise (Stichproben) schneller zu bewerkstelligen ist. Sie reichen aber aus, um schon ein Gesamtbild der Ergebnisse aufzeigen zu können.

Bei den aus einem Fertigungsprozeß entnommenen Stichproben geht man so vor, daß bestimmte Ausprägungen eines Merkmals auf der

X-Achse und die Häufigkeiten dieser Ausprägungen auf der Y-Achse aufgetragen werden. Dadurch erhält man die Häufigkeitsverteilung. Das Bild dieser Häufigkeitsverteilung weist nun bestimmte Charakteristika wie Lage, Form und Symmetrie auf.

Eine wichtige Art der Häufigkeitsverteilung ist die sogenannte Gauß-Verteilung oder auch Normalverteilung. Ihre Bedeutung erhält sie aufgrund des zentralen Grenzwertsatzes der Statistik, mit dem gezeigt wurde, daß die Summe von vielen voneinander unabhängigen beliebig verteilten Zufallsprozessen normalverteilt ist [Rin91].

Da sich bei vielen Fertigungsprozessen die Zufallseinflüsse additiv auswirken, liegt vielfach eine Normalverteilung der Qualitätsmerkale vor. Diese Normalverteilung – mit N($<m>$,$<s>^2$) bezeichnet – hängt ab von dem Erwartungswert $<m>$ und der Varianz $<s>^2$, die nichts anderes ist, als die mittlere quadratische Abweichung vom Erwartungswert. Die Lage der Normalverteilung wird nun durch $<m>$, ihre Form durch $<s>^2$ beschrieben. Die Normalverteilung ist symmetrisch um $<m>$.

Wird eine Stichprobe aus einer normalverteilten Grundgesamtheit entnommen, so wird sich diese Stichprobe um so genauer der Normalverteilung annähern, je größer ihr Umfang, also die Zahl ihrer Elemente ist. Durch die Bestimmung von arithmetischem Mittel $<xq>$ und Standardabweichung s^2 der Stichprobe lassen sich somit die prinzipiell unbekannten Größen $<m>$ und $<s>^2$ der Grundgesamtheit abschätzen. Für diese Abschätzungen werden auch die Bezeichnungen $<\wedge m>$ und $<\wedge s>^2$ benutzt [Rin91].

Bevor die SPC sinnvoll auf einen Prozeß angewendet werden kann, müssen einige Voraussetzungen vorliegen. So ist zunächst ein sog. Vorlauf des Prozesses durchzuführen, in dem der Prozeß hinsichtlich seiner Eignung analysiert wird. Führt man diese Untersuchungen nicht gründlich genug durch, besteht die Gefahr später Ausschuß zu produzieren.

Während des Vorlaufs dürfen keine Eingriffe am Prozeß vorgenommen werden, es werden vielmehr anhand einer ausreichenden Anzahl von Stichproben (üblicherweise 20 Stichproben) die Eignung für die SPC untersucht, die Prozeßmittelwerte und die Eingriffsgrenzen berechnet. Die Eingriffsgrenzen bilden üblicherweise ein Intervall von $<+->3s$ um den Prozeßmittelwert, d.h. den Mittelwert $<xqq>$ der Mittelwerte der Vorlaufstichproben. Diese Wahl des Intervalls ist dadurch motiviert, daß in einer Normalverteilung ca. 99,73 % aller Werte im Intervall von

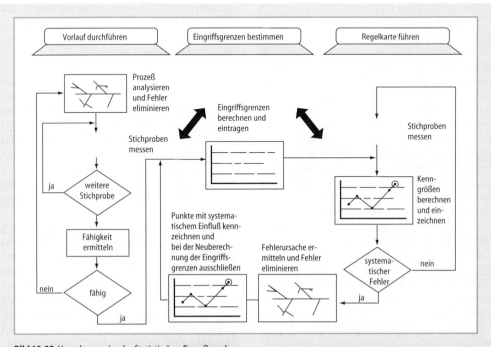

Bild 13-32 Vorgehensweise der Statistischen Prozeßregelung

$<+->3<s>$ um den Erwartungswert $<m>$ zu erwarten sind. Anders ausgedrückt heißt das, daß wenn die Eingriffsgrenzen über- oder unterschritten werden, dieses nur mit einer Wahrscheinlichkeit von 0,27 % zufällig ist. Daher ist im Falle der Verletzung der Eingriffsgrenzen mit hoher Wahrscheinlichkeit eine Störung aufgetreten und der Prozeß dementsprechend zu überprüfen [Pfe93b].

Während der Fertigung sind regelmäßig weitere Stichproben zu entnehmen, Mittelwert $<xq>$ und Spannweite R zu ermitteln und in die Regelkarte einzutragen. Dabei wird überprüft, ob ein auffälliges Prozeßverhalten vorliegt. Indizien hierfür sind beispielsweise die bereits erwähnte Verletzung von Eingriffsgrenzen oder das Vorliegen einer lückenlosen Folge von sieben Mittelwerten auf einer Seite der Mittellinie, eines sog. Runs. Da in einer Normalverteilung die Wahrscheinlichkeit, sich auf einer Seite des Mittelwerts zu befinden, aufgrund der Symmetrie gleich 0,5 ist, ist die Wahrscheinlichkeit, daß ein Run zufällig auftritt 0,5⁷, d. h. kleiner als 1 %. Analog zum Run gibt es eine Reihe weiterer Kriterien, die auffällig (im Sinne unwahrscheinlich) sind. Alle diese Kriterien sind in der Regel Hinweise auf das Vorliegen von Störeinflüssen und müssen analysiert und bewertet werden. Der gesamte Ablauf zur Durchführung einer SPC ist in Bild 13-32 dargestellt.

Ein Problem bei der Anwendung der SPC liegt in der Beschaffenheit der Prozesse. Beispielsweise ist zu berücksichtigen, ob die mit Hilfe der SPC getroffenen Maßnahmen andere Merkmale mit beeinflussen. Des weiteren sollte die eingesetzte Meßtechnik untersucht werden. Ist z. B. die Meßgröße aufgrund von Materialeigenschaften zeitabhängig (Fertigung mit Hilfe von Erhitzung, Schrumpfung usw.)? Ist die Auflösung des Meßverfahrens ausreichend, um die Eingriffsgrenzen korrekt bestimmen zu können? Diese Fragen verdeutlichen, daß es einen Universalansatz für die SPC nicht gibt, weil es „den" Standardprozeß nicht gibt. Es ist also bei jedem Prozeß genau zu untersuchen, inwieweit die Anwendung der SPC sinnvoll bzw. möglich ist. Bei Anwendung der Regelkarten ist sicherzustellen, daß die verwendete Regelkarte auch zu dem Prozeß paßt. Reagiert die Regelkarte zu empfindlich auf Änderungen in der Prozeßlage, führt das zu erhöhten Eingriffen in den Prozeßablauf [Pfe93b].

Ein Nachteil der bisher beschriebenen Mittelwert-Karten ist ihre relativ geringe Empfindlichkeit gegen Änderungen im Prozeß. Eine Ursache dafür ist, daß jeweils nur die aktuelle Stichprobe für das wesentliche Beurteilungskriterium, die Überschreitung der Eingriffsgrenzen, herangezogen wird. Ein Ansatzpunkt zur Behebung dieses Defizites ist die Einführung von Regelkarten, die jeweils die letzten Stichproben bei einer Bewertung miteinbeziehen. Diese Regelkarten werden als „Regelkarten mit Gedächtnis" bezeichnet. Ein Beispiel für eine solche Regelkarte ist die Kusum-$<xq>$-Karte, deren Prüfgröße die kumulierte Summe der Abweichungen vom Vorlaufmittelwert ist. Mit Hilfe dieser Regelkarte können selbst kleinste Abweichungen vom bisherigen Prozeßverlauf sicher detektiert werden.

Neben den bislang diskutierten quantitativen Regelkarten können auch sogenannte attributive Regelkarten verwendet werden. Bei attributiven Karten werden nicht Meßergebnisse, sondern Zählergebnisse in die Regelkarte eingetragen. Standardmäßig werden vier Arten attributiver Regelkarten unterschieden. Die np-Karte, in der die absolute Anzahl fehlerhafter Teile als Kennwert verwendet wird, die c-Karte, in der die absolute Anzahl Fehler als Kennwert verwendet wird, die p-Karte, in der der prozentuale Anteil fehlerhafter Teile als Kennwert verwendet wird und die u-Karte, in der der prozentuale Anteil Fehler als Kennwert verwendet wird. Zu beachten ist, daß die Stichprobenumfänge wesentlich größer als bei quantitativen Karten sein müssen, um zu aussagefähigen Ergebnissen zu gelangen [Rin91].

Literatur zu Abschnitt 13.4

[Aka90] Akao, Y.: Quality-Function-Deployment. Cambridge, Mass.: Productivity Pr. 1990

[Aka78] Akao, Y.; Mizuno, Sh.: Quality Function Deployment. J.V.S.E: Japan, 1978

[Chi94] Chiang, J.: Hypertextbasierte Qualitätsplanungssystematik. Diss. RWTH Aachen 1994; Aachen: Shaker Vlg. 1994

[Ebe89] Ebeling, J.: Die sieben elementaren Werkzeuge der Qualität. München: Bayrische Motoren Werke AG 1989

[Fis35] Fisher, R.A.: Statistical methods for research workers. Edinburgh: Oliver & Boyd 1935

[Fül88] Füller, H.A.: Statistische Prozeßregelung. In: Masing, W.: Handbuch der Qualitätssicherung. 2. Aufl. München: Hanser 1988

[Gim91] Gimpel, B.: Qualitätsgerechte Optimierung von Fertigungsprozessen. Düsseldorf: VDI-Vlg. 1991

[Kra94] Krafft, M.; Quentin, H.: Poka Yoke. QZ 39 (1994) 532–535

[Mas94] Masing, W.: Handbuch Qualitätsmanagement. München: Hanser 1994

[Mey82] Meyna, A.: Einführung in die Sicherheitstheorie. München: Hanser 1982

[Nay87] Nayatani, Y.: The 7 management tools for TQC and its applications. ICQC '87 Tokyo 1987

[Pet88] Peters, O.; Meyna, A.: Sicherheitstechnik. In: Masing, W. (Hrsg.): Handbuch der Qualitätssicherung. 2. Aufl. München: Hanser 1988

[Pfe93b] Pfeifer, T.: Qualitätsmanagement. München: Hanser 1993

[Pfe90] Pfeifer, T.: Die Realisierung von Qualitätsregelkreisen. In: Weck, Eversheim, König, Pfeifer (Hrsg.): Wettbewerbsfaktor Produktionstechnik. Düsseldorf: VDI-Vlg. 1990

[Rin91] Rinne, H.-J.: Statistische Methoden der Qualitätssicherung. 2. Aufl. München: Hanser 1991

[Sch86] Scheffler, E.: Einführung in die Praxis der statistischen Versuchsplanung. 2. Aufl., Leipzig: Dt. Vlg. f. Grundstoffindustrie 1986

[Shi86] Shingo, S.: Zero quality control: Source inspection and Poka Yoke system. Cambridge, Mass.: Productivity Pr. 1986

[Shi91] Shingo, S.: Poka Yoke: Prinzip und Technik für eine Null-Fehler-Strategie. St. Gallen: GMFT 1991

[Sne85] Snee, R.D.; Hare, L.D.; Trout, J.R.: Experiments in industry. Milwaukee, Wisc.: ASQC Quality Pr. 1985

[Son91] Sondermann, J.P.: Poka Yoke. QZ 36 (1991) 407–411

[Sta91] Stark, R.: SPC für die Praxis (Teil 1 und 2). QZ 36 (1991), 2 und 3

[Tag89] Taguchi, G.: Einführung in Quality Engineering. München: GMFT Vlg. 1989

[Tag87] Taguchi, G.: System of Experimental Design. Vol. I und II, American Supplier Institute, Inc.; Center for Taguchi Methods; Dearborne 1987

[Whe86] Wheeler, D.: Understandig statistical process control. Statistical Process Controls; Knoxville (USA), 1986

Normen und Richtlinien zu Abschnitt 13.4

DIN ISO 2859-1/2: Annahmestichprobenprüfung anhand der Anzahl fehlerhafter Einheiten oder Fehler (Attributivprüfung) 1993

DIN ISO 2859-3: Annahmestichprobenprüfung anhand der Anzahl fehlerhafter Einheiten oder Fehler (Attributivprüfung) 1995

DIN ISO 3951: Verfahren und Tabellen für Stichprobenprüfung auf den Anteil fehlerhafter Einheiten in Prozent anhand quantitativer Merkmale (Variablenprüfung) 1992

DIN ISO 25419: Ereignisablaufanalyse; Verfahren, grafische Symbole und Auswertung. 1985

DIN 25424: Fehlerbaumanalyse 1990

DGQ 14-11: Qualitätszirkel; Anregungen zur Vorbereitung und Einführung. 2. Aufl. 1987

DGQ 12-62: Qualitätssicherungshandbuch und Verfahrensanweisungen; Ein Leitfaden für die Erstellung 1991

DGQ 16-32: SPC2; Qualitätsregelkartentechnik, 4. Aufl. 1991

DGQ 17-33: Einführung in die Zuverlässigkeitssicherung. 3. Aufl. 1987

DGQ-SAQ-ÖVQ 16-26: Methoden zur Bestimmung geeigneter AQL-Werte. 4. Aufl. 1990

[NN86] N.N.: VDA/DGQ Fachgruppe: Sicherung der Qualität vor Serieneinsatz. Frankfurt a. Main: VDA 1986

13.5 Qualitätsmanagementsysteme (QM-Systeme) nach DIN EN ISO 9000 ff.

13.5.1 Aufwand und Nutzen von Qualitätsmanagementsystemen

Motivation zum Aufbau eines QM-Systems

Wirtschaftliche Erfolge vieler Unternehmen hängen neben Preis und Lieferbereitschaft wesentlich von der Qualität ihrer Dienstleistungen und ihrer Produkte ab. Hierbei ist weltweit – und gerade in Europa – ein Trend zu ständig steigenden Erwartungen der Abnehmer festzustellen.

Reichte zur Erfüllung der Kundenerwartungen in der Vergangenheit eine „gute Produktqualität" aus, so werden die Unternehmen ab Mitte der achtziger Jahre vermehrt mit der Forderung nach der Darlegung eines QM-Systems konfrontiert. Dies gipfelt in der Tatsache, daß heute Auftragsvergaben davon abhängig gemacht werden, ob der Lieferant den nachvollziehbaren Beweis der Existenz eines QM-Systems (z. B. Zertifikat; s. 13.5.4) führen kann.

Aber es sind nicht mehr die Kundenforderungen allein, Auswirkungen der europäischen Gesetzgebung (Produkthaftungsgesetz, Harmonisierte Richtlinien) forcieren indirekt die Ausbreitung entsprechender QM-Systeme (s. 13.1.1.2) [Wes93].

Diesen äußeren Anstößen stehen die inneren Beweggründe zur Einführung und zum Aufbau eines QM-Systems gegenüber. Immer mehr Unternehmen erkennen das große Potential eines umfassenden Qualitätsmanagements und begreifen die Chancen, die in einer entsprechenden Restrukturierung stecken.

Aufwand zur Einführung

Der Aufwand und die Belastung der Mitarbeiter zur Einführung und Aufrechterhaltung eines QM-Systems ist nicht unerheblich und darf nicht unterschätzt werden. Er setzt sich im wesentlichen aus folgenden Faktoren zusammen:
- Analyse der bisherigen qualitätsrelevanten Tätigkeiten,
- Erstellung der QM-Dokumentation (s. 13.5.3),
- interne Umsetzung (Anpassung der Aufbau- und Ablauforganisation),
- Durchführung von Schulungsmaßnahmen,
- kontinuierliche Pflege und Weiterentwicklung des Systems.

Nutzen

Durch den Aufbau eines QM-Systems ergeben sich für ein Unternehmen eine Reihe von Vorteilen, die den oben angesprochenen Aufwand bei weitem übertreffen. Die Wirkungen zeigen sich sowohl in externen als auch in unternehmensinternen Effekten.

Zunächst sei hier auf die Werbewirksamkeit eines zertifizierten QM-Systems verwiesen. Weiterhin sehen viele Kunden von einer Überprüfung des QM-Systems vor Ort („Audittourismus") ab, wenn ein Unternehmen über ein entsprechendes Zertifikat verfügt.

Weitaus wichtiger und ökonomisch bedeutsamer sind allerdings die Vorteile zur Verringerung interner Reibungsverluste. Hierzu zählen:
- Transparenz in Organisation und Abläufen,
- frühzeitiges Erkennen von Schwachstellen, Fehlern und Unzulänglichkeiten,
- klare und eindeutige Festlegung der Kompetenzen und Zuständigkeiten,
- Reduzierung des Fehlleistungsaufwandes (weniger Ausschuß, weniger Nacharbeit, weniger Gewährleistungskosten),
- klare und eindeutige Festlegung von Schnittstellen,
- Ermittlung und Ausschöpfung von Rationalisierungspotential.

13.5.2 Systemgestaltung nach DIN EN ISO 9000 ff.

In der Vergangenheit waren Forderungen an das Qualitätsmanagement eines Unternehmens ausnahmslos in speziellen Wirtschaftszweigen üblich. Entsprechend wurden auch hier die ersten Normen entwickelt. So wurden nach dem 2. Weltkrieg in den USA für militärische Beschaffungen spezielle Forderungen an Lieferanten in Normen festgelegt. Später kamen weitere Branchen hinzu, die ähnliche Nachweise von ihren Zulieferern forderten (Betriebe im Kernkraftbereich, Luft- und Raumfahrtfirmen). In den siebziger Jahren erschienen die ersten branchenübergreifenden Normen, die im internationalen Handel zunehmend an Bedeutung gewannen. Ab Mitte der achtziger Jahre wurden die ersten Entwürfe zur DIN EN ISO 9000-Reihe publiziert. 1987 wurden diese Normen erstmals in Kraft gesetzt, die letzten Überarbeitungen stammen vom August 1994.

13.5.2.1 Normenreihe DIN EN ISO 9000 ff.

Wie kaum eine andere Norm zuvor, wurde die DIN EN ISO 9000-Reihe international angenommen, in über 70 Ländern der Welt wurden sie bisher unverändert in das nationale Normenwerk übernommen. Die in der aktuellen Ausgabe (94/8) vorgenommenen Änderungen gegenüber der Erstausgabe beschränken sich auf geringfügige Modifizierungen zur anwenderfreundlicheren Gestaltung und auf die Verwendung harmonisierter Qualitätsbegriffe (s. 13.3). Eine weitere Überarbeitung der Normenreihe ist für 1996 angekündigt.

Die Architektur der Normenreihe DIN EN ISO 9000 ff. ist in Bild 13-33 dargestellt. Demnach kann die Normenreihe in drei Gruppen untergliedert werden:
- DIN EN ISO 9000: Leitfaden zur Auswahl und Anwendung
- DIN EN ISO 9001/9002/9003: Modelle zur Darlegung des QM-Systems
- DIN EN ISO 9004: Leitfaden

DIN EN ISO 9000. Diese Norm versteht sich als Leitfaden für die Auswahl und Anwendung der Normen 9001, 9002, 9003 und 9004 beim Aufbau eines unternehmensspezifischen QM-Systems. Sie enthält Erläuterungen wichtiger Begriffe zum Qualitätsmanagement und erklärt die prinzipiellen qualitätsbezogenen Konzepte.

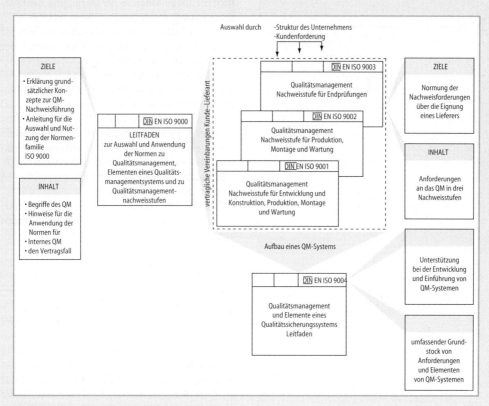

Bild 13-33 Architektur der DIN EN ISO 9000 ff. [Wes93]

DIN EN ISO 9001/9002/9003. Diese Normen kommen bei der Darlegung eines QM-Systems zur Anwendung. In Abhängigkeit der Unternehmensstruktur und der Forderungen der Kunden enthalten die Normen unterschiedliche Modelle für die Darlegung des QM-Systems im Unternehmen. Die Struktur des QM-Systems spiegelt sich in den sog. Qualitäts-Management-Elementen (QM-Elementen) wider, deren Anforderungen in den Normen näher spezifiziert werden.

DIN EN ISO 9004. Diese Norm ist ein Leitfaden, der der Verwirklichung eines umfassenden und wirksamen internen QM-Systems unter Berücksichtigung der Sicherstellung der Kundenzufriedenheit dient. Er ist weniger für den Gebrauch in vertraglichen, gesetzlichen oder Zertifizierungs-Situationen vorgesehen, hier ist auf die drei oben genannten Normen zu verweisen. Der Leitfaden geht in Teilen über die Anforderungen und Aussagen der DIN EN ISO 9001/2/3 hinaus, er versteht sich als umfassende Hilfe für ein Unternehmen gemäß den eigenen Erfordernissen, die relevan-

ten QM-Elemente zu identifizieren und aufzubauen.

13.5.2.2 Auswahl der erforderlichen Nachweisstufe

Mit der Normenreihe DIN EN ISO 9000 ff. steht ein allgemeiner Leitfaden zum Aufbau eines QM-Systems zur Verfügung. Die Normenreihe ist von speziellen Industrie- und Wirtschaftsbereichen unabhängig, d.h., sie gilt gleichermaßen für Hersteller von Serienprodukten wie für Unternehmen im Anlagenbau. Sie hat sowohl Bedeutung für große Unternehmen (Konzerne) als auch für kleine Betriebe. Deshalb existiert kein einheitliches QM-System. Jedes Unternehmen ist gefordert, die Normenreihe selbst zu interpretieren und das auf seine Organisation und auf seine Produkte abgestimmte QM-System zu konzipieren und umzusetzen. Dabei müssen sich die Unternehmen von den Leitsätzen eines präventiven Qualitätsmanagements und einer kontinuierlichen Qualitätsverbesserung, mit dem Ziel einer zunehmenden Kundenzufriedenheit und

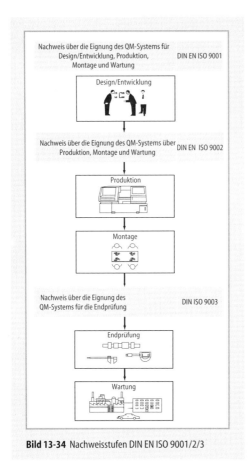

Bild 13-34 Nachweisstufen DIN EN ISO 9001/2/3

(Im Bild enthaltene Beschriftungen:)

Nachweis über die Eignung des QM-Systems für Design/Entwicklung, Produktion, Montage und Wartung — DIN EN ISO 9001

Design/Entwicklung

Nachweis über die Eignung des QM-Systems über Produktion, Montage und Wartung — DIN EN ISO 9002

Produktion

Montage

Nachweis über die Eignung des QM-Systems für die Endprüfung — DIN ISO 9003

Endprüfung

Wartung

terschiedliche Modelle zur Darlegung des Qualitätsmanagements bereit (Bild 13-34).

Die Auswahl des entsprechenden Modells für das jeweilige Unternehmen richtet sich nach der Art seiner Geschäftsprozesse.

DIN EN ISO 9001, als umfassendste Nachweisstufe, ist dann heranzuziehen, wenn die Phasen Design / Entwicklung, Produktion, Montage und Wartung abzudecken sind.

DIN EN ISO 9002, reduziert um die Entwicklungsverantwortung, ist auf die Phasen Produktion, Montage und Wartung anzuwenden, z. B. von einem Produzenten, der nach vorgegebenen Spezifikationen fertigt.

Gemäß DIN EN ISO 9003 sind lediglich festgelegte Forderungen bei einer Endprüfung nachzuweisen.

13.5.2.3 Nachweisforderungen nach DIN EN ISO 9001-9003

Die Anforderungen der Norm spiegeln sich in den sog. QM-Elementen wider. DIN EN ISO 9001 kennt 20 QM-Elementen und ist damit die umfassendste der drei Normen. Entsprechend dem oben erläuterten geringeren Verantwortungsumfang enthalten DIN EN ISO 9002 sowie DIN EN ISO 9003 weniger QM-Elemente, ferner sind einige QM-Elemente in ihren Anforderungen reduziert.

Im folgenden werden daher die Anforderungen auf Basis der DIN EN ISO 9001 näher erläutert.

Verantwortung der Leitung

Die Anforderungen an die Leitung des Unternehmens gliedern sich in drei Aufgabengebiete:
– Formulierung der Qualitätspolitik,
– Festlegung der Organisation,
– Durchführung der QM-Bewertung.

Die wichtigste Aufgabe besteht in der Definition der Qualitätspolitik, d. h. in der Festlegung eindeutiger Zielvorgaben, deren Bekanntmachung und Umsetzung auf allen Ebenen des Unternehmens.

Weiterhin hat die Leitung im Rahmen der Aufbau- und Ablauforganisation dafür Sorge zu tragen, daß die Verantwortungen, die Kompetenzen und gegenseitigen Beziehungen der Mitarbeiter für qualitätsrelevante Tätigkeiten festgelegt sind. Ferner sind zur Erledigung dieser Tätigkeiten geeignete Mittel und qualifiziertes Personal

einer steigenden Produktivität, leiten lassen. Die Normen schreiben nicht vor, wie dieses Ziel im einzelnen zu erreichen ist, sondern überlassen die Ausführung dem Unternehmen.

In den Normen wird zwischen Forderungen an die Darlegung des QM-Systems und der Qualitätsforderung an ein Produkt unterschieden. Qualitätsforderungen sowie technische Anforderungen an Produkte sind in entsprechenden Produktnormen festgelegt. Dagegen betrachtet die 9000er Familie allein die Organisation des Qualitätsmanagements. Die Erfüllung der Forderungen soll Vertrauen in die Qualitätsfähigkeit des Unternehmens bilden. Hierbei wird davon ausgegangen, daß ein Unternehmen mit großer Wahrscheinlichkeit Produkte von hoher Qualität liefert, wenn es seine Organisation nach DIN EN ISO 9000 ausrichtet.

Für den Fall vertraglicher Vereinbarungen zwischen Kunde und Lieferant sowie der Absicht, das QM-System durch einen unabhängigen Dritten zertifizieren zu lassen, stellt die Norm drei unzur Verfügung zu stellen. Ein Beauftragter der obersten Leitung ist zu benennen, der die Verantwortung für die Einhaltung des QM-Systems und die Erfüllung der Normenforderung trägt.

Schließlich liegt es im Verantwortungsbereich der Leitung, sich in regelmäßigen Abständen über der Wirksamkeit des QM-Systems im Rahmen einer QM-Bewertung zu vergewissern.

QM-System

In der Norm wird gefordert, ein QM-System einzuführen, zu dokumentieren und aufrechtzuerhalten. Das bedeutet, daß eine dem Unternehmen angepaßte Aufbau- und Ablauforganisation für qualitätsrelevante Tätigkeiten festzulegen und die erforderliche QM-Dokumentation (s. 13.5.3) zu erstellen ist. Alle Mitarbeiter sind entsprechend einzuweisen und zu schulen. Schließlich sind Maßnahmen festzuschreiben, die ein dauerhaftes Funktionieren des QM-Systems sicherstellen.

Vertragsprüfung

Sowohl bei der Unterbreitung von Angeboten als auch bei der Annahme von Verträgen ist eine Prüfung durchzuführen und zu dokumentieren. Wesentliche Bestandteile dieser Überprüfung sind:
– eine umfassende, schriftliche Festlegung aller Anforderungen sowie
– eine Machbarkeitsanalyse.

Im Falle einer Vertragsänderung hat eine erneute Überprüfung stattzufinden.

Designlenkung

Um die Erfüllung festgelegter Designanforderungen sicherstellen zu können, müssen
– Verfahren und Zuständigkeiten für das eigentliche Design sowie für Änderungen festgelegt sein,
– eindeutige Entwicklungs- und Konstruktionsvorgaben festgelegt sein,
– Entwicklungs- und Konstruktionsergebnisse in Form von technischen Dokumenten z.B. Zeichnungen, Berechnungen oder Analysen nachvollziehbar sein und dem Stand der Technik sowie den einschlägigen Sicherheitsanforderungen genügen,
– im Rahmen von Überprüfungen die Erfüllung der Vorgaben festgestellt werden.

Lenkung der Dokumente und Daten

Dokumente und Daten müssen vor ihrer Herausgabe durch kompetentes Personal geprüft und genehmigt werden. Durch die Lenkung dieser Dokumente ist sicherzustellen, daß nur aktuelle Unterlagen im Einsatz sind, nicht mehr gültige Dokumente umgehend vernichtet oder als „ungültig" gekennzeichnet werden. Bei Änderungen von Dokumenten oder Daten ist nach denselben Regelungen wie bei einer Neuherausgabe zu verfahren.

Beschaffung

Das Unternehmen hat die Pflicht sicherzustellen, daß beschaffte Produkte den erforderlichen Anforderungen genügen. Hierzu ist es notwendig:
– qualitätsfähige Zulieferer auszuwählen,
– vollständige und aktuelle Beschaffungsspezifikationen zur Verfügung zu stellen und
– zugelieferte Produkte durch ein geeignetes Verfahren auf ihre Übereinstimmung zu überprüfen.

Lenkung der vom Kunden beigestellten Produkte

Für den Fall, daß der Auftraggeber Produkte beistellt, sind diese Produkte in allen Phasen so zu behandeln, daß keine Qualitätseinbußen eintreten.

Kennzeichnung und Rückverfolgbarkeit von Produkten

Unter Berücksichtigung etwaiger Kundenforderungen, möglicher Produktrisiken aber auch wirtschaftlicher Aspekte sind Art und Umfang der Kennzeichnung der Bauteile und Produkte sowie die Zuordnung zu entsprechenden Ausführungsunterlagen festzulegen. Diese Verfahren sind in allen Phasen, vom Wareneingang bis zur Auslieferung, einzuhalten.

Prozeßlenkung

Der Lieferant hat eine Planung seiner Fertigungs-, Montage- und Wartungsprozesse durchzuführen und dafür Sorge zu tragen, daß sie unter beherrschten Bedingungen ablaufen. Zweckmäßige Ausführungsunterlagen sind aktuell zur Verfügung zu stellen. Besondere Aufmerksamkeit ist solchen Prozessen zu widmen, deren Ergebnisse nur unzureichend durch nachfolgende Produktprüfungen verifiziert werden können.

Prüfungen

In allen Phasen der Produktentstehung müssen Prüfungen durchgeführt werden, mit dem Ziel, daß nur fehlerfreie Produkte verwendet, weiterverarbeitet oder eingelagert werden. Dies betrifft die Wareneingangs-, die Fertigungszwischen- und die Endprüfung. Sollte in dringenden Fällen von diesem Vorgehen abgewichen werden, ist ein eventuelles Risiko zu bewerten und der Vorgang zu dokumentieren.

Prüfmittelüberwachung

Alle für die Produktqualität relevanten Prüfmittel sind zu identifizieren, zu überwachen und regelmäßig zu kalibrieren. Das Kalibrierverfahren und die Überprüfung müssen nachvollziehbar sein und dokumentiert werden.

Prüfstatus

Durch entsprechende Kennzeichnung der Produkte (z. B. am Produkt selbst, auf Begleitpapieren, durch den Lagerort) ist der Prüfstatus (ungeprüft, freigegeben, fehlerhaft/gesperrt) während der gesamten Entstehungsphase eindeutig aufzuzeigen.

Lenkung fehlerhafter Produkte

Es ist sicherzustellen, daß als fehlerhaft erkannte Produkte umgehend für die weitere Benutzung oder eine unbeabsichtigte Verwendung gesperrt werden. Ferner muß die weitere Behandlung dieser fehlerhaften Produkte (Nacharbeit und Wiederholprüfung, Reparatur, Ausschuß) festgelegt sein.

Korrektur- und Vorbeugungsmaßnahmen

Es sind Verfahren der Fehler- und Schwachstellenanalyse festzulegen und einzuführen, um die Ursachen von Qualitätsabweichungen systematisch zu beseitigen und damit Wiederholungen zu vermeiden. Besondere Aufmerksamkeit müssen hier Methoden der präventiven Fehlervermeidung finden.

Handhabung, Lagerung, Verpackung, Konservierung und Versand

Während des Transportes, der Lagerung sowie der Verpackung und des Versandes ist das Produkt so zu behandeln, daß keine Beeinträchtigungen oder Beschädigungen auftreten. Hierzu sind zweckmäßige Transportvorrichtungen vorzusehen, geeignete Lagerflächen bereitzustellen sowie angemessene Verpackungen auszuwählen.

Lenkung von Qualitätsaufzeichnungen

Anhand von Qualitätsaufzeichnungen wird einerseits die Wirksamkeit des QM-Systems belegt, andererseits dienen sie als Nachweis, daß die Qualitätsforderungen erfüllt sind. Aus diesem Grund müssen diese Aufzeichnungen über einen festgelegten Zeitraum sicher aufbewahrt werden.

Interne Qualitätsaudits

Ein System geplanter und dokumentierter interner Audits ist einzuführen, um die Wirksamkeit des QM-Systems und die Übereinstimmung der geplanten mit den ausgeführten Tätigkeiten zu bestätigen (s. 13.5.4). Sie sind daher unmittelbarer Bestandteil der QM-Bewertung (s. Verantwortung der Leitung).

Schulung

Der Weiterbildungsbedarf der Mitarbeiter ist regelmäßig zu ermitteln und die daraus abgeleiteten Qualifizierungsmaßnahmen sind einzuleiten. Durch gezielte Maßnahmen ist das Qualitätsbewußtsein auf allen hierarchischen Ebenen zu fördern. Durchgeführte Schulungen sind zu dokumentieren.

Wartung

Die Abläufe und Verantwortlichkeiten für die Planung und Abwicklung der Wartungsaktivitäten müssen festgelegt werden. Von besonderem Interesse für jedes Unternehmen sind hierbei die Felddaten aus dem Produkteinsatz.

Statistische Methoden (s. 13.4.9)

Vor einem möglichen Einsatz statistischer Methoden sind diese auf Zweckmäßigkeit und Eignung zu hinterfragen. Im Falle der Benutzung sind die Anwender zu qualifizieren.

13.5.2.4 Weiterführende Normen zum Qualitätsmanagement

Neben den oben erläuterten grundlegenden Normen zum Qualitätsmanagement sind in den letzten Jahren weitere Normen erschienen (teilweise erst im Entwurf vorliegend). Neben ergänzenden Hilfestellungen bei der Interpretation der Normenreihe für unterschiedliche Produktkategorien, behandeln sie recht ausführlich einzelne QM-Element [DIN EN ISO 9000-3, DIN EN ISO 9000-4, DIN EN ISO 9004-2, DIN EN ISO 9004-3, DIN EN ISO 9004-4, DIN EN ISO 10012-1].

13.5.3 Systemdokumentation

Zur Beurteilung des QM-Systems und zur Durchführung und Aufrechterhaltung von Qualitätsverbesserungen wird in den Normen die Dokumentation des Systems gefordert. Eine umfassende Systemdokumentation bietet für ein Unternehmen zahlreiche Vorteile[Hum92, Pfe93b]:
- Transparenz in der Aufbau- und Ablauforganisation,
- eindeutige Zuordnung von Verantwortlichkeiten,
- Optimierung qualitätsrelevanter Tätigkeiten,
- klare Definitionen von Schnittstellen sowie
- Unterstützung von Schwachstellenanalysen und präventiven Fehlerverhütungsmaßnahmen.

Schließlich ist die Dokumentation eine notwendige Voraussetzung für die Überprüfungen im Rahmen der internen Qualitätsaudits (s. 13.5.4) und damit für die Bewertung der Wirksamkeit des eingeführten QM-Systems.

Um gute Lesbarkeit und größtmögliche Akzeptanz der Dokumentation zu erhalten, sollten bei der Erstellung folgende Gestaltungsmerkmale Berücksichtigung finden:
- überschaubarer Umfang der Dokumentation,
- kurze, einfache und verständliche Darstellung,
- Verwendung von Ablaufplänen zur anschaulichen Darstellung komplexer Voränge

13.5.3.1 Aufbau und Struktur der QM-Dokumentation

Für einen effizienten Aufbau der QM-Dokumentation bietet sich eine Strukturierung gemäß Bild 13-35 an [Jüt93, Pfe93b, Sch88, DIN ISO 10013, NN92c].

Horizont	QM-Dokumentation	Inhalte
ganzes Unternehmen	QM-Handbuch	Organisation, Grundsätze, Verantwortlichkeiten
Teilbereiche, Abteilungen	Verfahrensanweisungen, Organisationsrichtlinien	Schnittstellendefinition, Ablaufbeschreibung, organisat. Know-how
Sachgebiet, Arbeitsplatz	Prüfanweisungen, Arbeitsanweisungen	Einzeltätigkeiten, Detailanweisungen, techn. Know-how

Bild 13-35 Aufbau der QM-Dokumentation

Damit ergibt sich eine dreistufige QM-Dokumentation bestehend aus
- dem QM-Handbuch,
- den Verfahrensanweisungen bzw. Organisationsrichtlinien sowie
- den Prüf- und Arbeitsanweisungen

Das Handbuch beschreibt die qualitätsrelevanten Tätigkeiten auf globaler Ebene für das gesamte Unternehmen. Es gibt einen Überblick über die grundsätzlichen Fragestellungen des Qualitätsmanagements. Auf der nächsten Ebene sind Verfahrensanweisungen oder Organisationsrichtlinien zu finden, die für Teilbereiche und abteilungsspezifisch detaillierte Anweisungen über Abläufe und Tätigkeiten definieren. Zu der untersten Ebene zählen die Arbeits- und Prüfanweisungen, die einzelne Tätigkeiten arbeitsplatzbezogen festlegen. Die Grenzen zwischen den einzelnen Ebenen sind fließend, d.h., die genaue Abgrenzung der Inhalte für das QM-Handbuch, die Verfahrensanweisungen sowie die Prüfanweisungen sind unternehmensspezifisch festzulegen.

13.5.3.2 QM-Handbuch

Das QM-Handbuch repräsentiert die wichtigste systembezogene Dokumentation. Mit einem überschaubaren Umfang verschafft es dem Benutzer einen schnellen Überblick über die Aufbau- und Ablauforganisation des Unternehmens. Da es keine detaillierten Aussagen zu Verfahren und Arbeitsabläufen enthält (lediglich Verweise auf mitgeltende Unterlagen), ist es auch für die

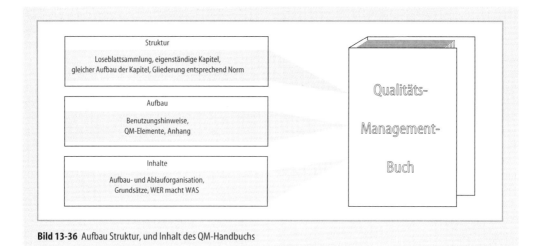

Bild 13-36 Aufbau Struktur, und Inhalt des QM-Handbuchs

Herausgabe an Dritte geeignet. Wesentliche Gestaltungsmerkmale des QM-Handbuchs sind in Bild 13-36 zu sehen.

Die Wahl einer losen Blattsammlung sowie der Aufbau eigenständiger Kapitel ermöglicht die leichte Anpassung an veränderte Randbedingungen. Die ständige Pflege des Handbuchs ist eine wesentliche Voraussetzung dafür, daß das Handbuch „gelebt" wird und die Abläufe im Unternehmen realitätsnah widerspiegelt. Nach Möglichkeit ist der Aufbau der einzelnen Kapitel gleich zu halten. Die Gliederung des Handbuchs orientiert sich vorzugsweise an der Norm, die für den Aufbau des QM-Systems herangezogen wurde: im Falle vertraglicher Forderungen entsprechend der Nachweisstufen DIN EN ISO 9001/2/3, ansonsten entsprechend DIN EN ISO 9004.

Neben allgemeinen Informationen zum Umgang und zur Änderung des QM-Handbuchs, enthält es die Beschreibung der einzelnen QM-Elemente. Hierbei ist es durchaus denkbar, zusätzlich zu den in der entsprechenden Norm geforderten Elementen weitere, für das eigene Unternehmen wichtige oder erforderliche Elemente aufzunehmen (z.B. Umweltschutz, Qualitätskosten, Produkthaftung usw.).

13.5.3.3 QM-Verfahrensanweisungen

Die Verfahrensanweisungen sind nur für die interne Verwendung vorgesehen. Die in ihrer Ausführung wesentlich detaillierteren Anweisungen geben den betroffenen Stellen eine praktikable Arbeits- und Orientierungsgrundlage. Sie beschreiben das „Wie" und das „Wer" einzelner Abläufe (z.B. Ausführungsbestimmungen zu einem bestimmten QM-Element). Damit stellen sie in kompakter, übersichtlicher Form die wesentlichen Richtlinien und Abläufe im Unternehmen dar.

Ebenso wie beim Aufbau der einzelnen Kapitel des QM-Handbuchs bietet sich auch für die Verfahrensanweisungen zum besseren Verständnis ein einheitliches Gliederungsschema an (s. Bild 13-37).

Ebenfalls nur für den internen Gebrauch bestimmt sind die Arbeits- und Prüfanweisungen. Sie dienen dem Anwender des QM-Systems als Anweisung für die tägliche Arbeit. Sie spiegeln in einem hohen Maß das technische Firmen-Know-how wider.

13.5.4 Überprüfung des QM-Systems

Nach dem Aufbau bzw. der Einführung eines QM-Systems kommt der Pflege sowie der stän-

1	Zweck
2	Anwendungsbereich
3	Begriffe
4	Zuständigkeiten
5	Beschreibung
6	Hinweise und Anmerkungen
7	Dokumentation
8	Änderungsdienst
9	Verteiler
10	Anlagen

Bild 13-37 Gliederung der Verfahrensanweisungen [DGQ91a]

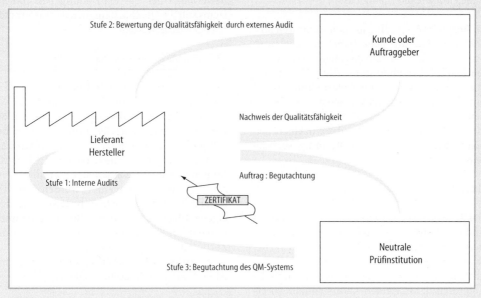

Stufe 2: Bewertung der Qualitätsfähigkeit durch externes Audit

Kunde oder
Auftraggeber

Lieferant
Hersteller

Nachweis der Qualitätsfähigkeit

Stufe 1: Interne Audits

Auftrag : Begutachtung

ZERTIFIKAT

Neutrale
Prüfinstitution

Stufe 3: Begutachtung des QM-Systems

Bild 13-38 Drei Stufen der Bewertung von QM-Systemen

digen Verbesserung und Weiterentwicklung des Systems eine besondere Bedeutung zu. Von der Norm wird eine regelmäßige Überprüfung der Wirksamkeit und der effizienten Durchführung vorgegebener Verfahren und Abläufe gefordert. Eine Methode, diese Tätigkeit effizient durchzuführen, ist ein Qualitätsaudit.

In der DIN ISO 8402 wird der Begriff Qualitätsaudit wie folgt definiert: „Eine systematische und unabhängige Untersuchung, um festzustellen, ob die qualitätsbezogenen Tätigkeiten und die damit zusammenhängenden Ergebnisse den geplanten Anordnungen entsprechen und ob diese Anordnungen wirkungsvoll verwirklicht und geeignet sind, die Ziele zu erreichen."

Der Begriff „Audit" ist von dem lateinischen audire (hören) abgeleitet und bedeutet im übertragenen Sinne „Anhörung" bzw. „Wahrnehmen der Abläufe" mit dem Ziel, mögliche Abweichungen oder Fehlerquellen frühzeitig aufzudecken und durch entsprechende Maßnahmen gegenzusteuern.

Je nach Art und Betrachtungsobjekt unterscheidet man drei Arten von Audits [DGQ12-28]:
- *Systemaudit.* Beurteilung der einzelnen Elemente eines QM-Systems auf ihre Existenz und ihre Anwendung.
- *Verfahrensaudit.* Überprüfung bestimmter Verfahren und Arbeitsabläufe auf Einhaltung und Zweckmäßigkeit

- *Produktaudit.* Untersuchung einer bestimmten Anzahl von Produkten auf Übereinstimmung mit vorgegebenen Qualitätsmerkmalen.

Vom Grundsatz her können drei Stufen der Überprüfung von QM-Systemen unterschieden werden, je nachdem wer diese Überprüfung mit welcher Fragestellung durchführt (s. Bild 13-38).
- Überprüfung des QM-Systems im Rahmen von Internen Qualitätsaudits durch das Unternehmen selbst,
- Nachweis der Qualitätsfähigkeit durch den Auftraggeber und
- Begutachtung des QM-Systems durch eine neutrale Prüfinstitution und Vergabe eines Zertifikats.

13.5.4.1 Stufe 1: Internes Qualitätsaudit

Als Werkzeug zur Überprüfung der Wirksamkeit des QM-Systems fordert DIN EN ISO 9001 die regelmäßige Durchführung Interner Qualitätsaudits. Da dieses Führungselement im Hinblick auf ein wirksames und effizientes QM-System erhebliche Bedeutung hat, sind detaillierte Forderungen zum Ablauf und zur Durchführung von Audits in weiteren Normen festgelegt (DIN ISO 10011). Die Durchführung Interner Qualitätsaudits kann in drei Phasen gegliedert werden.

Phase I: Vorbereitung des Audits

Zu Beginn müssen die internen Auditoren ausgewählt und für ihre neue Aufgabe geschult werden. Dazu gehört sowohl das intensive Vertrautmachen mit der Philosophie der QM-Normen, mit dem QM-System im Unternehmen sowie mit der Vorgehens- und Verhaltensweise bei einem Audit. Weiterhin muß den Auditoren die interne Frageliste, nach der die einzelnen Elemente bewertet werden, vollständig vertraut sein.

Phase II: Durchführung des Audits

Das Audit selbst wird von einem oder mehreren Auditoren, die unabhängig vom dem zu auditierenden Bereich sein müssen, anhand vorbereiteter Fragelisten durchgeführt. Hierzu ist im Vorfeld ein Auditplan, der die Termine und die Auditoren der einzelnen Audits enthält, zu erstellen (zumeist vom Qualitätsbeauftragten) und von der Geschäftsführung zu genehmigen. Die Audits selbst werden in den jeweiligen Abteilungen durchgeführt, um sich vor Ort von der Anwendung und Umsetzung der festgelegten Verfahren und Abläufe überzeugen zu können.

Phase III: Nachbereitung des Audits

Nach Abschluß des Audits wird von den Auditoren ein Auditbericht angefertigt. Dieser enthält die während des Audits festgestellten Abweichungen und Beanstandungen. Er wird mit den Verantwortlichen des auditierten Bereiches durchgesprochen. Unter Umständen können sofort erste Korrekturmaßnahmen festgesetzt werden. Die Überwachung dieser Korrekturmaßnahmen bzw. die Überprüfung ihrer Wirksamkeit obliegt im Regelfall dem Qualitätsbeauftragten.

Die Auditberichte sind zugleich ein wichtiges Instrument für das Management, um im Rahmen der QM-Bewertung die Wirksamkeit des QM-Systems beurteilen und bewerten zu können.

13.5.4.2 Stufe 2: Externes Audit

Externe Audits werden vom Kunden oder vom Auftraggeber zur Beurteilung eines Lieferanten durchgeführt. Hierbei werden im Hause des Lieferanten System- oder Produktaudits abgehalten, um die Wirksamkeit eines QM-Systems zu bewerten. Über die Beurteilung des QM-Systems soll die Qualitätsfähigkeit des Lieferanten nachgewiesen werden.

13.5.4.3 Stufe 3: Zertifizierung

In jüngster Zeit sind viele Unternehmen dazu übergegangen, sich die Konformität ihres QM-Systems mit den Forderungen der DIN EN ISO 9000 von einer neutralen Prüfinstitution bestätigen zu lassen. Dieser formale Akt wird als Zertifizierung bezeichnet. Da diese Überprüfung nur von zugelassenen (akkreditierten – s. 13.5.5) Stellen durchgeführt werden darf, verzichten im weiteren viele Auftraggeber darauf, eigene Überprüfungen bei ihren Lieferanten durchzuführen, wenn diese ein entsprechendes Zertifikat vorweisen können.

Der prinzipielle Ablauf einer Zertifizierung ist im Bild 13-39 dargestellt [Han93].

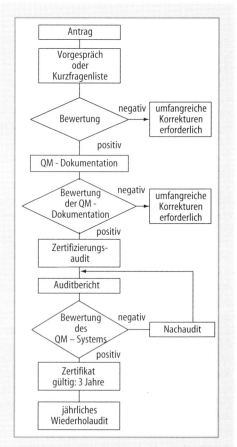

Bild 13-39 Prinzipieller Ablauf einer Zertifizierung

Zu Beginn eines Zertifizierungsprozesses wird vom Zertifizierer eine erste Bewertung des QM-Systems aufgrund eines Vorgespräches oder einer kurzen Selbsteinschätzung des Unternehmens durchgeführt. Ist bereits offensichtlich, daß noch umfangreiche Arbeiten am QM-System ausstehen, wird von einer Fortsetzung der Zertifizierung abgesehen.

Nach dieser Voreinschätzung beginnt der eigentliche Prüfvorgang. Die QM-Dokumentation wird geprüft und bezüglich der Anforderungen der jeweiligen Normen bewertet. Auch in diesem Stadium ist es möglich, den Zertifizierungsvorgang zu beenden, bis die erforderlichen Korrekturen vorgenommen sind.

Das eigentliche Zertifizierungsaudit wird vor Ort im Unternehmen von mindestens zwei Auditoren durchgeführt. Hierbei wird festgestellt, inwieweit die in der Dokumentation festgelegten Verfahren und Abläufe im Unternehmen auch wirklich umgesetzt sind bzw. angewendet werden.

Nach Beendigung des Audits wird ein Auditbericht erstellt, der alle vorgefundenen Abweichungen und Beanstandungen enthält. Aufgrund dieses Berichtes wird das QM-System bewertet. Bei schwerwiegenden Abweichungen kann ein Nachaudit im Unternehmen erforderlich werden. Im positiven Fall oder bei nur geringfügigen Abweichungen wird das Zertifikat erteilt. Es hat eine Gültigkeitsdauer von 3 Jahren und muß durch ein jährliches Wiederholaudit (entspricht einen Zertifizierungsaudit mit geringerem personellen Aufwand) bestätigt werden.

13.5.5 Zertifizierung und Akkreditierung

Als Ursache für Hindernisse im freien Warenverkehr innerhalb des europäischen Marktes werden von Unternehmen in ganz Europa in erster Linie unterschiedliche technische Regelwerke und Richtlinien in den einzelnen Mitgliedsstaaten angesehen. Demzufolge ist die Harmonisierung technischer Regeln die primäre Aufgabe zur Schaffung eines Marktes ohne Binnengrenzen.

Mit dem „Globalen Konzept" der EG für Zertifizierung und Prüfwesen, das 1989 vom Europäischen Rat verabschiedet wurde, ist ein wichtiger Schritt zur Erleichterung der gegenseitigen Anerkennung von Prüfungen und Bescheinigungen getan [Ber93].

Die gegenseitige Anerkennung von Prüfungen und Zertifikaten basiert auf einer gegensei-tigen Vertrauensbildung. Diese erstreckt sich auf das Vertrauen

- in die Qualität und Kompetenz der Stellen für Prüfung, Zertifizierung und Akkreditierung,
- in die Qualität und Kompetenz der Hersteller sowie
- in die Qualität und Zuverlässigkeit der Produkte.

Wichtige Bausteine dieser Vertrauensbildung sind unter anderem der Aufbau von QM-Systemen entsprechend DIN EN ISO 9000 ff. sowie die Akkreditierung von Prüf- und Zertifizierungsstellen gemäß den europäischen Normen EN 45000 ff.

In Deutschland war es hierzu erforderlich, eine entsprechende Infrastruktur für die Akkreditierung zu schaffen. Unter dem Dach des Deutschen Akkreditierungsrates (DAR) wurde 1991 in Deutschland ein auf zwei Säulen – dem gesetzlich geregelten sowie dem privatwirtschaftlichen Bereich – basierendes System aufgebaut.

Die Zertifizierung von QM-Systemen fällt in den privatwirtschaftlichen Bereich. Für die Akkreditierung von Institutionen, die QM-Systeme zertifizieren, ist die Trägergemeinschaft für Akkreditierung GmbH (TGA) zuständig.

Literatur zum Abschnitt 13.5

[Ber93] Berghaus, H.: Die Zertifizierungs-/Akkreditierungspolitik der europäischen Gemeinschaft. In: Zertifizierung und Akkreditierung. München: Hanser 1993

[Gim91] Gimpel, B.: Qualitätsgerechte Optimierung von Fertigungsprozessen. Düsseldorf : VDI-Vlg. 1991

[Hum92] Hummel, R.: Aufbau von Qualitätssicherungssystemen in kleineren und mittleren Unternehmen. Frankfurt a. Main: Maschinenbau Vlg. 1992

[Jüt93] Jütting, K.; Möbus, M.: Aufbau eines unternehmensweiten Qualitätmanagementsystems und Vorbereitung auf die Zertifizierung. QZ 38 (1993), ZG14–ZG20

[Pet94] Petrick, K.: Entwicklung der ISO 9000-Normenreihe. QZ 39 (1994), ZE6–ZE12

[Pfe93b] Pfeifer, T.: Qualitätsmanagement. München: Hanser 1993

[Sch88] Schwenke, R.: Qualitätssicherungshandbuch. Frankfurt a. Main: Maschinenbau-Vlg. 1988

[Wes93] Westkämper, E.; Westerbusch, R.: Sinn und Zweck des Zertifizierens von Qualitätsmanagementsystemen. QZ 38 (1993), ZG6–ZG11

Normen und Richtlinien zu Abschnitt 13.5

DIN ISO 8402: Qualitätsbegriffe. 1994

DIN ISO EN 9000-1: Normen zum Qualitätsmanagement und zur Qualitätssicherung/QM-Darlegung; Leitfaden zur Auswahl und Anwendung. 1994

DIN ISO 9000-2: Qualitätsmanagement und Qualitätssicherungsnormen, Allgemeiner Leitfaden zur Anwendung von ISO 9001, ISO 9002, ISO 9003. 1992

DIN EN ISO 9000-3: Qualitätsmanagement und Qualitätssicherungsnormen; Leitfaden für die Anwendung von ISO 9001 auf die Entwicklung, Lieferung und Wartung von Software. 1992

DIN ISO 9000-4: Normen zu Qualitätsmanagement und zur Darlegung von Qualitätsmanagementsystemen; Leitfaden zum Management von Zuverlässigkeitsprogrammen. 1994

DIN EN ISO 9001: Qualitätsmanagementsysteme; Modell zur Qualitätssicherung/QM-Darlegung in Design/Entwicklung, Produktion, Montage und Wartung. 1994

DIN EN ISO 9002: Qualitätsmanagementsysteme; Modell zur Qualitätssicherung/QM-Darlegung in Produktion, Montage und Wartung. 1994

DIN EN ISO 9003: Qualitätsmanagementsysteme; Modell zur Qualitätssicherung/QM-Darlegung bei der Endprüfung. 1994

DIN ISO 9004-1: Qualitätsmanagement und Elemente eines Qualitätsmanagementsystems; Leitfaden. 1994

DIN ISO 9004-2: Qualitätsmanagement und Elemente eines Qualitätsmanagementsystems; Leitfaden für Dienstleistungen. 1992

DIN ISO 9004-3 (Entwurf): Qualitätsmanagement und Elemente eines Qualitätssicherungssystems; Leitfaden für verfahrenstechnische Produkte. 1992

DIN ISO 9004-4: Qualitätsmanagement und Elemente eines Qualitätssicherungssystems; Leitfaden für Qualitätsverbesserungen. 1992

DIN ISO 10011-1/3: Leitfaden für das Audit von QS-Systemen. 1992

DIN ISO 10012-1: Forderung an die Qualitätssicherung von Meßmitteln. 1992

DIN ISO 10013: Qualitätsmanagement; Leitfaden für Entwicklung von QM-Handbüchern. 1994

DGQ 12-28: Qualitätsaudit. 1984

[NN92c] SAQ226: SAQ-Leitfaden zur Normenreihe SN EN 29000/ISO 9000, Hrsg.: Schweizerische Arbeitsgemeinschaft für Qualitätsförderung (SAQ) 1992

13.6 Rechnerunterstützung des Qualitätsmanagements (CAQ)

Ständig steigende Anforderungen in der modernen Industriegesellschaft führen zur Notwendigkeit, komplexer werdende Strukturen immer schneller, flexibler und zuverlässiger handhaben zu müssen. Zum einen erfordert dies den Einsatz von Rechnersystemen (CA), die schnell und zuverlässig große Datenmengen rationell verarbeiten können. Zum anderen ermöglicht es der Einsatz von Qualitätsmanagementsystemen (Q), die Fehlleistungen innerhalb einer Unternehmung zu reduzieren und durch eine straffere Organisation flexibler auf dynamische Veränderungen reagieren zu können. Der Rechnerunterstützung von Qualitätsmanagementsystemen (CA+Q) kommt demnach eine große Bedeutung zu. CAQ-Systeme heutiger Prägung bestimmen den Unternehmenserfolg maßgeblich mit.

13.6.1 Entwicklungshistorie und Definitionen

Verstand man zum Zeitpunkt der Prägung des Begriffs CAQ (Computer-Aided Quality Assurance) lediglich eine Rechnerunterstützung von Qualitätsprüfungsaufgaben, so wurde bis zur Festlegung des Begriffs *Qualitätsmanagement* die Rechnerunterstützung in der Qualitätssicherung mit diesem Begriff verbunden. Nach heutigem Verständnis wird die Rechnerunterstützung auf ein unternehmensumfassendes Qualitätsmanagement erweitert.

Der Wandel des Begriffs CAQ reflektiert neben der Weiterentwicklung des Qualitätswesens auch die stürmische Entwicklung der elektronischen Datenverarbeitung.

Die Einführung des PC erlaubte erstmals die Auswertung und Aufbereitung von Prüfdaten und somit eine beschränkte Realisierung kleiner Regelkreise. Zunächst waren es Prüfplanungssysteme oder Systeme der statistischen Prozeß Regelung (SPC-Systeme), die die weitere Entwicklung maßgeblich beeinflußten. Die Rechnerunterstützung einzelner isolierter Qualitätsfunktionen ohne informationstechnische Anbindung an andere Funktionen aus dem Bereich des Qualitätswesens führte aus organisatorischer Sicht zu Insellösungen. Auf diese Weise wurden verstreute Qualitäts-Informationssysteme geschaffen, z. B. für den Wareneingang oder für die Endprüfung (Warenausgang), die lediglich die Aufgaben einer rechnerunterstützten Informationsbeschaffung, -verarbeitung, und -bereitstellung von relevanten Daten aus bestimmten Teilbereichen erfüllen konnten [Pfe93a].

Der Durchbruch auf dem Weg zu einem zusammenhängenden CAQ-System gelang mit der Schaffung informationstechnischer Voraussetzungen des ebenenübergreifenden Datenaustausches, wodurch die Einbindung produktionsvor- und -nachgelagerter Funktionen sowie die Anbindung an andere innerbetriebliche Informationssysteme möglich wurde. Die DV-Hierarchien haben sich in den letzten Jahren von den zentral aufgebauten Großrechnerlösungen zu dedizierten Leitrechnersystemen mit durch Netzwerkkomponenten eingebundenen dezentralen Recheneinheiten entwickelt [Sch88]. Die zukünftige Entwicklung kommerzieller CAQ-Systeme wird derzeit durch zwei Tendenzen geprägt. Zum einen werden die Systeme vor dem Hintergrund des Total-Quality-Managements in ihrem Funktionsumfang über die Grenzen des eigentlichen Qualitätswesens hinaus kontinuierlich erweitert. Solche „CA von TQM"-Systeme stellen den erneuten Versuch eines unternehmensumfassenden CIM-Konzepts dar. Auf der anderen Seite beschränken sich CAQ-Entwickler wieder zunehmend auf die Kernprozesse der Qualitätssicherung. Dabei werden sich verstärkt kostengünstige Systeme mit eingeschränkter Leistungsfähigkeit, die auf den Bereich der Qualitätsprüfung fokussieren, am Markt etablieren.

Die rasante Entwicklung der Informations- und Kommunikationstechnik sowie des Qualitätswesens hat zu einem Wandel in der Bedeutung des Begriffes CAQ geführt. In jüngster Zeit hat sich allerdings die Auffassung „CAQ = Computer-Aided Quality Management" weitgehend durchgesetzt. Seit 1992 gilt der Oberbegriff Quality Management für alle qualitätsbezogenen Tätigkeiten einer Organisation [Gei92].

Zur rechnerunterstützen Durchführung der Qualitätsmanagement-Aufgaben unterscheidet man die CAQ-Begriffe Funktion, Modul und System.

Unter einer CAQ-Funktion ist eine vom DV-Programm unterstützte Abfolge von zusammen-

hängenden QM-Tätigkeiten (z. B. Prüfplanerstellung, Prüfdatenerfassung usw.) zu verstehen.

Unter einem CAQ-Modul wird eine Zusammenfassung von CAQ-Funktionen zu einer Anwendungseinheit verstanden. Diese Zusammenfassung ist in der Regel systemspezifisch und bezieht sich häufig auf Arbeitsbereiche einer Unternehmung (z. B. Wareneingang, Warenausgang).

Unter einem CAQ-System versteht ein CAQ-Anbieter in der Regel die Gesamtheit aller bei ihm verfügbaren CAQ-Module. Der Anwender hingegen verbindet mit einem CAQ-System die aufeinander abgestimmten Ablaufroutinen von CAQ-Funktionen und CAQ-Prozessen. Das CAQ-System des Anwenders besteht also aus der Gesamtheit aller tatsächlich eingesetzten CAQ-Module (DGQ14-21).

13.6.2 QM-Funktionalität von CAQ-Systemen

Die Funktionalität von CAQ-Systemen wird vor allem durch die zu erfüllenden Aufgaben der Qualitätsplanung, Qualitätsprüfung und Qualitätslenkung bestimmt. Im Bereich der Qualitätsplanung sind dies die Fehlermöglichkeits- und -einflußanalyse (FMEA), die statistische Versuchsmethodik (DOE), das Quality Function Deployment (QFD) und die Prüfmittelüberwachung (PMÜ). Die Aufgaben der Qualitätsprüfung umfassen die Prüfplanung, die Erfassung und Auswertung der Prüfdaten, z. B. mittels statistischer Prozeßregelung (SPC) sowie die Prüfdatendokumentation. Eine Rechnerunterstützung von Aufgaben der Qualitätslenkung zielt auf die Qualitätsdatenauswertung (QDA) und die QM-Handbucherstellung ab.

13.6.2.1 Qualitätsplanung

Die CAQ-Aufgaben im Bereich der Qualitätsplanung umfassen vor allem Funktionen und Module zur Spezifizierung qualitätsbezogener Anforderungen an Produkte und Produktionsprozesse. Sie sind nur schwer zu algorithmieren, da sie viele konstruktive, kreative und bewertende Tätigkeiten umfassen. Software-Systeme für die Qualitätsplanung sind dementsprechend auch eher auf eine Unterstützung des methodischen Vorgehens als auf eine Steuerung der betrieblichen Abläufe ausgelegt.

So sind zur Unterstützung des Quality Function Deployment unterschiedliche PC-basierte Systeme am Markt erhältlich, deren Leistungsmerkmale aber eher im Bereich einer automatisierten Tabellenkalkulation liegen. Die stufenweise Übersetzung von Kundenanforderungen und -wünschen an das Produkt und dessen Nutzung in Produktspezifikationen und Herstellungsprozeßforderungen wird nicht ermöglicht.

Die Fehlermöglichkeits- und -einflußanalyse *(FMEA)* besitzt als QM-Methode eine erhebliche Bedeutung und wird entprechend häufig in den Unternehmen eingesetzt. Für die Rechnerunterstützung von FMEAs existieren ein großes Angebot von CAQ-Modulen, die in den verschiedensten CAQ-Systemen zum Einsatz kommen. Allerdings sind auch hier Systeme, deren Funktionsumfang das Editieren von Formularen übersteigt, die Ausnahme [Eic94]. Zur Aufdeckung, Analyse und Vermeidung potentieller Fehler und deren systematischer Verfolgung eignen sich derzeitige Softwarepakete nur sehr begrenzt.

Die Hauptaufgabe der Prüfmittelverwaltung ist die Sicherstellung der Einsatzbereitschaft der im Betrieb eingesetzten Prüfmittel. Voraussetzung ist hier eine präventive, kontinuierliche Prüfmittelüberwachung *(PMÜ)*. Einige Systeme fordern nach festgelegten Zeitintervallen zur Kalibrierung anstehende Meßmittel automatisch an.

Die statistische Versuchsmethodik *(DOE,* Design of Experiments) dient der robusten Gestaltung komplexer Produkte und Prozesse durch geplante Versuche. Die Unterstützung durch leistungsfähige Computer ist bei der Versuchsauswertung unabdingbar. Dennoch sind CAQ-Systeme, die eine statistische Versuchsmethodik unterstützen derzeit in Deutschland noch nicht bekannt. Ein Versuchsmethodikmodul ist jedoch derzeit bereits Bestandteil vieler Statistikpakete.

13.6.2.2 Qualitätsprüfung

Die CAQ-Aufgaben im Bereich der Qualitätsprüfung sind durch ihren Produktbezug (Teileprüfung), die statistische Prozeßregelung (SPC) und die Laborprüfung gekennzeichnet. Die Funktionalität kommerzieller CAQ-Systeme ist im Bereich der Qualitätsprüfung aufgrund der langen Entwicklungshistorie sehr ausgereift. Im folgenden werden daher nicht nur die CAQ-Funktionen der produktbezogenen Qualitätsprüfung dargestellt, sondern insbesondere die Abstimmung der Funktionalität zueinander erläutert.

Grundlage für die Prüfung am Produkt ist die *Prüfplanung.* Ausgehend von Konstruktionszeichnungen, Stücklisten, Beschaffungsunterlagen und/oder Arbeitsplänen wird ein Prüfplan erstellt und im CAQ-System gespeichert. Die Prüfpläne sind auftragsneutral und enthalten z.B. keine Angaben über die zu fertigenden Mengen. Der Prüfplaner legt in den Prüfplänen Aufgabe, Art und Umfang der qualitässichernden Maßnahmen in der Produktion fest. Generell werden dabei zwei Arten von Prüfungen unterschieden: Die los- und zum Teil stückbezogenen Prüfungen (Wareneingangs-, Zwischen- und Endprüfungen), die sich auf die Prüfung eines bereits gefertigten Loses bzw. Teils beziehen, und die fertigungsbegleitenden Sonderprüfungen, die während der Fertigung an Teilen in Stichproben durchgeführt werden.

Aufbauend auf dem Prüfplan wird nach dem Wareneingang oder zu Beginn der Fertigung der Prüfauftrag generiert, d.h., der auftragsneutrale Prüfplan wird um auftragsspezifische Daten erweitert. Im CAQ-System wird für die losbezogenen Prüfumfänge die zu prüfende Stichprobengröße und die maximal zulässige Anzahl fehlerhafter Einheiten vorgegeben. Dies erfolgt aufgrund der Angaben des Prüfplancs (Stichprobenplan, Prüfschärfe usw.) unter Berücksichtigung der Wareneingangsmenge oder der Fertigungsmenge (Losumfang) i. allg. für jedes der Prüfmerkmale. Um den Prüfaufwand auch einzelner Merkmale an die Qualitätshistorie anzupassen, bieten einige CAQ-Systeme die Möglichkeit zur Prüfumfangsdynamisierung. Dabei wird bei gleichbleibend guter Qualität eines Lieferanten oder einer Maschine der Prüfaufwand für einzelne Prüfmerkmale schrittweise reduziert oder zeitweise sogar auf totalen Prüfverzicht gesetzt (skip-lot).

Während der *Prüfdatenerfassung* wird der CAQ-Anwender durch das System geführt und unterstützt. Die Erfassung der Daten erfolgt zum Teil on line, d.h. durch eine direkte Meßwertübergabe eines digitalen Meßmittels oder per manueller Eingabe. Durch integrierte Plausibilitätsprüfungen wird zudem die Gefahr von Fehleingaben verringert.

Da derzeit Selbstprüfungen in der Fertigung zunehmende Bedeutung erhalten, werden die CAQ-Funktionen der fertigungsbegleitenden Prüfung und der statistischen Prozeßregelung (SPC) immer wichtiger. Dabei können dem Anwender aufgrund der aktuell ermittelten Qualitätslage Veränderungen des Prozesses angezeigt werden

(z. B. Werkzeugverschleiß), so daß der Maschinenbediener frühzeitig, d. h. noch bevor schlechte Teile produziert werden, in die Lage versetzt wird, selbst regelnd in den Prozeß einzugreifen (z. B. Werkzeugwechsel). Durch den kleinen Regelkreis stellt die SPC ein effektives Hilfsmittel zur frühzeitigen Erkennung von Fehlern in der Produktion dar.

Die erfaßten Prüfdaten werden vom CAQ-System gespeichert und aufbereitet. Sie können nach den verschiedensten Kriterien statistisch ausgewertet werden. Eine *Prüfdatenauswertung* kann hierbei z. B. auftrags-, chargen-, teile- und merkmalsorientiert über verschiedene Lieferanten, Maschinen und Zeiträume (z. B. Schichtauswertungen) durchgeführt werden. Typische, durch CAQ-Systeme unterstützte Auswertungen sind z. B. Lineardiagramme der Meßwerte (Urwertkarten), Häufigkeitsverteilungen (Histogramme), statistische Kennwerte (Mittelwerte, Standardabweichungen usw.), Angaben über Ausschuß und Nacharbeit, Fehlersammelkarten und Verteilungstests (DGQ14-21).

13.6.2.3 Qualitätslenkung

Ein Aufgabenbereich mit wachsender CAQ-Bedeutung ist die Qualitätslenkung. Durch eine weiterführende Verdichtung von ausgewerteten Prüfdaten kann im Rahmen einer Qualitätsdatenauswertung (*QDA*) die Transparenz der Herstellungsprozesse erheblich gesteigert werden. Dabei können die gewonnenen Informationen über die Qualitätslage auf der Plattform von sog. Management-Informationssystemen/-Modulen (MIS-Modulen) der Organisation als Entscheidungsgrundlage zur Verfügung gestellt werden. Qualitätsdatenauswertungen werden zunehmend für
- die Ermittlung von (qualitätsbezogenen) Kosten,
- die Reklamationsbearbeitung,
- die Schadensrückverfolgung und
- die qualitätsbezogene Lieferantenbeurteilung (externe Q-Audits)
eingesetzt.

Die Funktionalität zur *Reklamationsbearbeitung* kann sowohl zur Bearbeitung von Kundenreklamationen als auch zur Bearbeitung interner Fehlermeldungen, die als „interne Reklamationen" angesehen werden, eingesetzt werden. Im Rahmen der Rechnerunterstützung sind Funktionen zur Erfassung von Reklamationen, zur Verfolgung von Reklamationen über ihren Bearbeitungszeitraum und zur kostenmäßigen Bewertung der Reklamationen sinnvoll. Letzteres trägt zur Transparenzsteigerung der betrieblichen Fehlleistungsaufwände bei. Insbesondere *qualitätsbezogene Kosten* können so identifiziert und geeignete Maßnahmen priorisiert werden. In diesem Sinne sind kostenbezogene Qualitätsdatenauswertungen ein wichtiges Werkzeug des Qualitätsmanagements geworden.

Für die Aufbereitung und Auswertung der Ergebnisse von *Lieferantenaudits* bieten einige Systeme Module zur graphischen Darstellung sowie zu einer Berichterstellung an.

13.6.3 Organisatorische Voraussetzungen

Ein effizienter CAQ-Einsatz geht über die Rechnerunterstützung der QM-Funktionen hinaus, wenn die QM-Funktionalität – aufeinander abgestimmt – ineinandergreift und zur Abbildung von Regelkreisen führt. Die Aufgabe von CAQ ist es daher, die Produkt- und Prozeßqualität präventiv, durch die Abbildung von organisatorischen Qualitätsregelkreisen, sicherzustellen (Bild 13-40).

Am häufigsten sind Qualitätsregelkreise bisher in maschinennahen oder maschineninternen Bereichen realisiert. Beispiel eines maschinennahen Regelkreises ist die statistische Prozeßregelung (SPC) [Büh93].

Ebenenumfassende bzw. ebenenübergreifende Qualitätsregelkreise können aufgrund ihrer Komplexität und ihrer spezifischen betrieblichen Ausprägung in der Regel nicht von Standard-CAQ-Systemen abgebildet werden. Das bisher einzige Beispiel eines durchgängig realisierten, ebenenübergreifenden Qualitätsregelkreises beschränkt sich auf die Tätigkeiten der Qualitätsprüfung (s. 13.6.2).

Eine Unternehmensorganisation besteht aus einer Fülle vernetzter Regelkreise. Qualitätsregelkreise verlangen innerhalb der Aufbau- und Ablauforganisation rückführende Elemente, die die Aufgaben der Korrektur, Steuerung und Regelung haben. Je komplexer die Geschäftsprozesse einer Unternehmung sind, um so mehr sind CAQ-Systeme auf die Integration mit anderen CAx-Systemen angewiesen. Voraussetzung für eine Rückführung von Informationen über die CAx-Grenzen hinweg erfordert
- eine Programm-zu-Programm Kommunikation unter den CAx-Teilnehmern und
- eine zentrale Bereitstellung und Beurteilung von Qualitätsinformationen

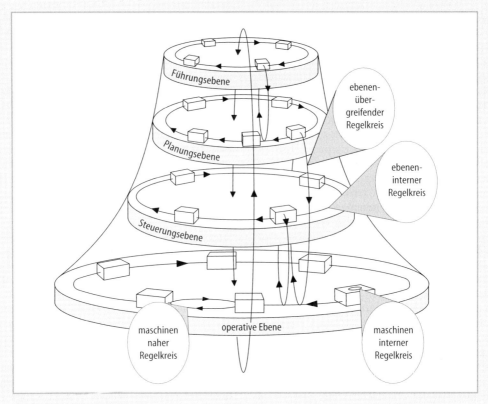

Bild 13-40 Qualitätsregelkreise

Weiterentwicklungen auf diesen Gebieten können den CAQ-Einsatz wesentlich effizienter und effektiver gestalten.

13.6.4 Informationstechnische Voraussetzungen

Informationstechnische Voraussetzungen an die Datenverarbeitung sind aus der geforderten QM-Funktionalität und den Erwartungen des Anwenders an eine bedienfreundliche und arbeitsplatzspezifische Handhabung des Systems leicht abzuleiten. Zum einen erfordert der CAQ-Einsatz die Unterstützung der QM-Funktionalität nahezu aller Unternehmensbereiche und somit die Beherrschung großer Datenmengen. Zum anderen erwartet der Anwender zurecht ein handhabungsgerechtes System, welches sich insbesondere durch Bedienfreundlichkeit, schnelle Zugriffs- und Reaktionszeiten sowie eine große Sicherheit bei der Datenverarbeitung auszeichnet. Die QM-Software (Applikationssoftware) stellt somit bezüglich

– der Datenbewegung,
– der Datenhaltung und
– der Datenmanipulation
die funktionalen Anforderungen an die Informationstechnik.

13.6.4.1 Datenbewegung

Die Datenbewegung, d.h. insbesondere die Übertragung der Daten, wird durch die Übertragungsrate, die Zugriffszeit, die Transaktionssicherheit und nicht zuletzt durch eine „Multiuser-Fähigkeit" bestimmt. Maßgeblich wird die Datenbewegung vom eingesetzten Betriebssystem beeinflußt. Das Betriebssystem steuert die „intellektuelle" Leistungsfähigkeit des Rechners und regelt die Übertragung zwischen Prozessor, Speicher, Massenspeicher (Festplatten, Diskettenlaufwerke, Streamer, CD-Laufwerke, …) und Ein- und Ausgabeeinheiten (Tastatur, Drucker, Datenbus, …). Dabei ist zwischen vier Arten von Betriebssystemen zu unterscheiden:
– single Task single User (z.B. DOS),

- single Task multi User (z.B. MVS),
- multi Task single User (z.B. WINDOWS),
- multi Task multi User (z.B. UNIX).

Die einfachsten Betriebssysteme, wie DOS, können gleichzeitig nur einen Anwender mit einem Programm bedienen (single user/single tasking), während die komplexen Betriebssysteme, wie z.B. UNIX, mehreren Anwendern quasi gleichzeitig verschiedene Programmanwendungen bereitstellen können (multi user/multi tasking) [Pfe93b].

13.6.4.2 Datenhaltung

Eine effektive Datenhaltung beinhaltet eine hinreichende Sicherheit gegen Datenverlust bei Systemausfall, Redundanzfreiheit und eine Strategie zur Langzeitarchivierung von Qualitätsdaten. Dabei führt ein Konzept der zentralen Datenhaltung einerseits zum Abbau von Redundanzen, andererseits erfordert die effiziente Datenbewegung häufig eine dezentrale Datenhaltung.

Da bei der zentralen Datenhaltung eine Vielzahl „unnötiger" Daten die Übertragungsgeschwindigkeit stark reduzieren würde, gehen moderne Datenhaltungskonzepte dazu über, die Daten physikalisch auf verschiedene Rechner und auf verschiedene Applikationen zu verteilen. Bei dieser Dezentralisierungsstrategie werden die Daten jeweils dort abgelegt, wo sie am häufigsten gebraucht werden. Wirklich zentral wird dann nur noch der Stammdatensatz mit der Organisation der verschiedenen Subdatenbanken verwaltet [Sch88].

Je nach Datenbestand (stationär, temporär) kann eine Datenbank prinzipiell hierarchisch, relational oder objektorientiert aufgebaut sein.

Entsprechend der Organisation des Qualitätsmanagements lassen sich die unterschiedlichen Anforderungen an die Datenhaltung anhand von drei Ebenen darstellen (Bild 13-41):
- Planungsebene mit Groß-EDV,

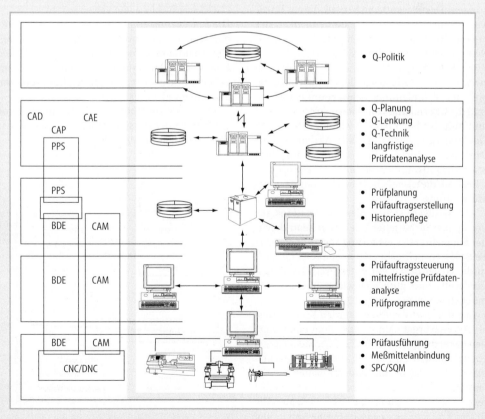

Bild 13-41 Hierarchiemodell des CAQ-Einsatzes

– Steuerungsebene mit mehreren Leitrechnern,
– operative Ebene mit einer Vielzahl von Arbeitsplatzrechnern.

Die Hierarchieebenen unterscheiden sich aus informationstechnischer Sicht vor allem in der zu bearbeitenden Datenmenge und in der Anzahl der eingreifenden Anwender. Bild 13-41 zeigt ein Hierarchiemodell mit der Anbindung von mehreren, gleichermaßen an einem Geschäftsprozeß beteiligten Rechnersysteme der CAx-Familie.

Die *Planungsebene* kann als strategische Unternehmensebene aufgefaßt werden. Sie stellt die Verbindung zwischen den Managementaufgaben des Qualitätswesens und dem CIM-Umfeld des Rechners her. Auf dieser Stufe findet die Kommunikation mit anderen Anwendungen, z.B. dem PPS-System, statt. Die Planungsebene stellt die Plattform eines Management-Informationssystem dar.

Die Planungsebene erfordert leistungsstarke Rechenanlagen, auf denen alle CAx-Komponenten eines CIM-Umfelds implementiert werden können. Der wesentliche Vorteil dieser Hardware-Lösung besteht in der Einheitlichkeit der organisatorischen Daten, der jedoch mit einem erheblichen Kostenaufwand erkauft wird.

Die *Steuerungsebene* bildet die Schnittstelle zwischen Vorgabedaten aus der Qualitätsplanung und der Prüfplanung. Schwerpunktaufgaben sind die Übernahme von Unternehmensstamm- und Auftragsdaten aus der Katalogverwaltung. Die Steuerungsebene löst alle Aktivitäten zur Durchführung der Qualitätsprüfungen aus, überwacht die Auftragsbearbeitung und koordiniert schließlich die eigentliche Durchführung der Qualitätsprüfung.

Als Hardware stehen hier Workstations zur Verfügung. Sie bestehen aus einem Zentralrechner mit mehreren sternförmig angeordneten Arbeitsplätzen. Leitrechnerlösungen zeichnen sich in der Regel durch ein gutes Preis-Leistungs-Verhältnis und gute technische Integrationsmöglichkeiten aus.

In der *operativen Ebene* werden Prüfaufträge als Arbeitsvorgabe umgesetzt. Zum einen werden dabei die Daten zentral auf der Steuerungsebene gehalten und an die jeweiligen Arbeitsplätze übertragen, zum anderen haben die Erfassungsgeräte in der operativen Ebene selbst fest installierte Datenträger. Das bedeutet, die Rechner müssen einerseits über eine Anbindung an die Steuerungsebene verfügen, andererseits

muß die Hardware arbeitsplatzspezifisch angepaßt werden.

13.6.4.3 Datenmanipulation

Unter der Manipulation wird die Datenbearbeitung sowie die Ein- und Ausgabe der Daten subsummiert. Reaktions- und Antwortzeiten sowie Zugriffsberechtigungen werden maßgeblich durch die Wahl des Netzwerkes bestimmt. Die weiteste Industrieverbreitung auf der Arbeitsplatzrechnerebene haben PC-Netzwerklösungen. Die einzelnen dezentralen PCs kommunizieren in derartigen Systemen untereinander über LANs (Local Area Network) in einem ringförmigen Verbund.

Netzwerke werden über mindestens einen Server gesteuert. Als Server kann eine Programmroutine auf einem Leitrechner dienen, oder aber ein eigenständiger PC. Je nach Komplexität des LAN können auch mehrere Server in einem LAN arbeiten.

13.6.5 Einführung von CAQ-Systemen

Die Einführung eines CAQ-Systems in die vorhandene Ablauf- und Aufbauorganisation einer Unternehmung erfordert aufgrund der hohen Komplexität der Systeme eine methodische Vorgehensweise und ist ohne ein straffes Projektmanagement nicht realisierbar.

Sollen die Potentiale eines CAQ-Einsatzes voll genutzt werden, so sind dabei drei Aspekte von übergeordneter Bedeutung:

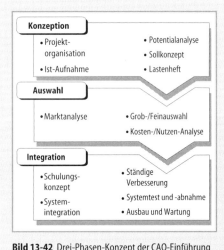

Bild 13-42 Drei-Phasen-Konzept der CAQ-Einführung

- Das CAQ-System muß „nahtlos" in die vorhandene Rechnerlandschaft der Unternehmung integriert werden können.
- Dem Rechnereinsatz müssen organisatorische Maßnahmen zur Optimierung des QM-Systems vorausgehen.
- Die Qualifikation der Mitarbeiter entscheidet maßgeblich über den CAQ-Nutzen. Individuelle Schulungskonzepte müssen daher erarbeitet werden.

Vor diesem Hintergrund ist die organisatorische Einbindung von CAQ-Systemen in eine Unternehmung als Projekt zu verstehen, das gemäß den Projektphasen
- Konzeption,
- Auswahl und
- Einführung
methodisch geplant und durchgeführt werden sollte (Bild 13-42).

13.6.5.1 Konzeption

Die Konzeptphase wird im wesentlichen bestimmt durch die
- Projektorganisation,
- Ist-Aufnahme mit Potentialanalyse und
- Sollkonzeption.

Die *Projektorganisation* erfordert die Festlegung und Gewichtung der Projektziele, die Schaffung von organisatorischen Voraussetzungen, eine Abgrenzung der zu untersuchenden Betrachtungsbereiche und die Festlegung des Projektstrukturplans.

Die Phase der *Ist-Aufnahme und Potentialanalyse* stellt die Basis für die Erarbeitung des Soll-Konzepts der geplanten Systemeinführung dar.

Untersuchungsschwerpunkte sind
- die Analyse des QM-Systems,
- die Analyse des DV-Umfelds und
- die Untersuchung des Schulungsbedarfs zukünftiger CAQ-Anwender.

Der Zustand des QM-Systems wird insbesondere durch die Ablauforganisation sowie deren Dokumentation im QM-Handbuch (z. B. Verfahrensanweisungen, Arbeits- und Prüfanweisungen) dargestellt. Die wesentlichen Techniken zur Bestandsaufnahme sind: Unterlagenstudium, Fragebogen, Interview, Konferenz, Beobachtung, Selbstaufschreibung. Die mengenmäßige Erfassung von Routineabläufen (Mengengerüst) dient

bei der Entwicklung des Soll-Konzepts zur Grobplanung der erforderlichen Hardware. Die betrieblichen Kennzahlen (mittlere Durchlaufzeit eines Prüfauftrags, durchschnittliche Fehlerquote/Ausschuß bezogen auf das Material, qualitätsbezogene Kosten im Wareneingang usw.) liefern bei der Überprüfung der Zielerreichung wesentliche quantitative Ansatzpunkte. Die Ist-Aufnahme des QM-Systems kann anhand eines Auditfragebogens erfolgen.

Die Ist-Analyse der bestehenden DV-Anwendungen sowie der Betriebs- und Anwendungssoftware stellen einen wesentlichen Beitrag zur Integration des CAQ-Systems dar. Diese Daten sind die Grundlage zur späteren Definition und Beschreibung anwendungstechnischer Schnittstellen zu den angrenzenden Bereichen.

Mit der Einführung eines CAQ-Systems werden neue Anforderungen an die Qualifikation der Mitarbeiter gestellt. Ausgehend vom Kenntnisstand der Mitarbeiter ist es erforderlich, den Schulungsbedarf zu ermitteln, um bereits vor der Realisierung anwenderspezifische Schulungsmaßnahmen durchführen zu können.

Rationalisierungs- und Optimierungspotentiale ergeben sich aus den Schwachstellen der untersuchten Betrachtungsbereiche, wie z.B. Terminüberschreitungen oder Produktion von Ausschuß. Daraus lassen sich wiederum Auswirkungen erkennen, die z.B. die Notwendigkeit von Überstunden oder einen Verlust von Kunden oder Marktanteilen zur Folge haben. Ebenso sind Optimierungspotentiale im Bereich der Wirtschaftlichkeit denkbar, verursacht durch zu häufige Reklamationen oder zu hohe qualitätsbezogene Fehlerkosten. Diese Potentiale sind aufzuzeigen, ihre Ursachen müssen erkannt und im Rahmen der *Potentialanalyse* offengelegt werden.

Mit dem Ziel, erkannte Schwachstellen zu beseitigen, wird auf der Basis von Ist-Analyse und definierter Lösungsansätze ein *Soll-Konzept* erarbeitet, in dem vor allem Veränderungen von Verfahren und Abläufen sowie die einzusetzenden Hilfsmittel beschrieben sind. Das Soll-Konzept muß die firmenspezifischen Anforderungen an den CAQ-Einsatz darstellen und die Einsatzbedingungen erläutern. Es sollte insbesondere aufzeigen,
- wie ein integriertes System im Bereich des Qualitätsmanagements als Planungsmodell strukturiert sein sollte.
Dies kann die Definition von CAQ-Standard-Arbeitsplätzen ebenso wie eine schematische

Arbeitsplatzanordnung (Hallen-Layout) beinhalten.

- welche strukturellen Veränderungen im Sinne der Zielerreichung vorzunehmen sind.
Beispielsweise könnten durch den CAQ-Einsatz Laufprüfungen in der Fertigung entfallen, die eine Änderung der Prüf- und Steuerungsabläufe in diesem Bereich verursachen.
- welche Anforderungen an die Informationsverarbeitung abzuleiten sind.
Bei der Erstellung eines Hardware-Konzepts sollten dabei besonders die Daten, die für eine Software-Auswahl relevant sind, ermittelt werden. Dies sind z.B.: Vernetzung, Definition der Schnittstellen, Systemkonfiguration, Systemwartung und -verfügbarkeit, Speicherkapazitätsbedarf, Datenstrukturen, Datenhaltung, Datenübertragung usw.
- wie ein Schulungs- und Motivationskonzept aussehen kann.
Ausgehend von der Schulungsbedarfsermittlung und der Definition der CAQ-Standard-Arbeitsplätze sollte eine Vorgehensweise für Qualifizierungs- und Schulungsmaßnahmen vorgestellt werden.
- welche Maßnahmen zu welchem Zeitpunkt realisiert werden müssen.

Dokumentiert werden die Anforderungen des Soll-Konzepts in einem CAQ-Lastenheft. Das Lastenheft wird vom Auftraggeber oder in dessen Auftrag erstellt.

13.6.5.2 Auswahl

Basierend auf den Forderungen des Soll-Konzepts (CAQ-Lastenheftes) erfolgt nun eine Betrachtung der Marktsituation im Hinblick auf die Auswahl eines Systems oder eine Kombination einiger CAQ-Module. Typische Problemstellungen dabei sind:

- Eine unüberschaubare Vielzahl angebotener Systemlösungen und somit mangelnde Marktübersicht,
- fehlende CAQ-Beschreibungsstandards und daher eine fehlende Vergleichbarkeit der Angebote sowie
- ein nicht ausreichend spezifiziertes Soll-Konzept.

Vor diesem Hintergrund sollte zunächst die Systemauswahl auf eine Grobauswahl beschränkt werden. Hierzu empfiehlt es sich, das CAQ-Lastenheft in Verbindung mit Standard-Fragenka-

talogen (z.B. DGQ-Schrift Nr. 14-21) oder dem am Fraunhofer-Institut für Produktionstechnologie entwickelten Datenbanksystem CAQ*base* einzusetzen [DGQ14-21, Haa94].

Eine Auswahlentscheidung wird dabei mittels Nutzwert- bzw. Kosten/Nutzwert-Analyse herbeigeführt [Kru85]. Durch eine firmenspezifische Gewichtung der Anforderungen werden Leistungsmerkmale (sog. Nutzwerte) ermittelt. Mit Hilfe dieser Nutzwerte und deren wirtschaftlicher Bewertung (Kosten) werden die kommerziellen CAQ-Systeme bewertet. Die Anzahl der in Frage kommenden Systeme wird dabei zunächst systematisch auf zwei bis drei reduziert.

Zur Vorbereitung einer Kaufentscheidung sind die Ergebnisse dieser Untersuchungen allerdings noch nicht hinreichend. Erforderlich sind Systemtests, bei denen durch die „Abbildung" anwendertypischer Abläufe das Arbeiten in praxi getestet werden kann. Solche Anwendungsszenarien, spezifiziert aus den Soll-Forderungen des Lastenheftes, sind Bestandteil der Feinauswahl. Diese kann z.B. in Form von mehrtägigen Workshops beim Systemanbieter stattfinden. Neben der Systemuntersuchung ermöglicht dieses auch das „Kennenlernen" des CAQ-Anbieters, der als Systemlieferant langjähriger Kooperationspartner des Anwenders sein wird. Die Liquidität des Unternehmens, die Philosophie und Entwicklungsumgebung des Systems, Wartungsservice und Hotline-Konzepte des Anbieters sind nur einige wesentliche Aspekte, die über die Grenzen der Systembetrachtung hinaus von maßgeblicher Bedeutung sind.

13.6.5.3 Einführung

Die CAQ-Einführung stellt die Umsetzung der Ergebnisse aus der Konzeptions- und Auswahlphase dar. Das bedeutet, daß

- die schrittweise Integration des Systems geplant ist und Schnittstellen zu den zu koppelnden CAx-Systemen definiert sind,
- die CAQ-Arbeitsabläufe den manuellen Abläufen der QM-Organisation weitestgehend entsprechen und
- die Qualifikation der Mitarbeiter einen effizienten CAQ-Einsatz von Beginn an ermöglicht.

Ziel der Einführung ist es, das System schrittweise in immer weiteren Bereichen des Unternehmens zu implementieren und die Effektivität und die Effizienz der CAQ-Anwendung dabei kontinuierlich zu steigern. In der Praxis hat sich daher ein erster Einsatz in einem überschaubaren Bereich, wie etwa im Wareneingang, bewährt. Der Prozeß der ständigen Verbesserung setzt in starkem Maße

– einführungsbegleitende Schulungskonzepte und
– die Projektbegleitung durch den Systemanbieter

voraus.

Für *einführungsbegleitende Schulungskonzepte* ist der Einsatz von rechnerunterstützten Lernmedien geeignet. Der Einsatz des Rechners für CAQ-Schulungen ermöglicht zum einen das „spielerische Erlernen" von Basistätigkeiten am Rechner (Bedienung von Maus und Tastatur, Umgang mit Bildschirmmasken usw.) und zum anderen das praxisgerechte und firmenspezifische Vermitteln der CAQ-Software. Unter dem Schlagwort *„computer based training"* (CBT) werden derzeit prototypische Lernprogramme für CAQ-Software entwickelt [Rhi94].

Die *Projektbegleitung durch den Systemanbieter* bestimmt das Einführungsprojekt in vielerlei Hinsicht. Hier zeigt sich, ob der Anbieter ein wirklicher „Partner" ist. Der Partner sollte:

– Auf unternehmensbedingte Kundenwünsche flexibel reagieren und individuelle Schulungsprogramme offerieren, oder zumindest Unterlagen und Lernprogramme zur Verfügung stellen.
– Eine umfangreiche Systemdokumentation bereitstellen. Hierzu gehört eine Übersicht, Referenzmanuals zu verschiedenen Fehlermeldungen, eine Kurzfassung der Funktionsbeschreibung von CAQ-Standardarbeitsplätzen und Anwendungsbeispiele der CAQ-Software.
– Ein Konzept zur Wartung und Pflege des Systems (Update, Upgrade) darlegen.
– User-Clubs zur Softwareanpassung und Weiterentwicklung sowie eine User-Hotline anbieten.

Literatur zu Abschnitt 13.6

[Büh93] Bühner, R.: Der Mitarbeiter im Total
[Eic94] Eickholt, J.: Konzeption und Bewertung des Einsatzes von CAQ-Management-Systemen. Diss. RWTH Aachen 1994; Aachen: Shaker Vlg. 1994
[Gei92] Geiger, W.: Qualitätsmanagement und Qualitätssicherung. QZ – Qualität und Zuverlässigkeit 37 (1992) 236–237
[Haa94] v. Haake, U.: Konzeption, Auswahl und Einführung von CAQ-Systemen. In: Sonderschau zur METAV '94: "Qualität – Eine Unternehmensstrategie" Hrsg.: Verein Deutscher Werkzeugmaschinenfabriken e.V. (VDW), Frankfurt 1994
[Kru85] Kruschwitz, L.: Investitionsrechnung. Berlin: de Gruyter 1985
[Pfe93a] Pfeifer, T.; Schmidt, N.; Theis, Ch.: CAQ-Modell. DIN-Mitt. 72. (1993), 769–776
[Pfe93b] Pfeifer, T.: Qualitätsmanagement. München: Hanser 1993
[Rhi94] Rhiem, St.: Rechnerunterstützte Lernmedien für das Qualitätsmanagement. In Sonderschau zur METAV '94: „Qualität – Eine Unternehmensstrategie" Hrsg.: Verein Deutscher Werkzeugmaschinenfabriken e.V. (VDW), Frankfurt 1994
[Sch91] Scholz-Reiter, B.: CIM-Schnittstellen. 2. Aufl. München: Oldenbourg 1991, 79 ff.

Normen und Richtlinien zu Abschnitt 13.6

DGQ 14-21: Entscheidungshilfen bei der Auswahl von CAQ–Systemen. 2. Aufl. 1994
[NN92] N.N.: Qualitätssicherung – Leitfaden des VDI-Gemeinschaftsausschusses CIM. Düsseldorf: VDI-Vlg. 1992

13.7 Qualitätscontrolling

13.7.1 Aufgaben und Entwicklungsstufen des Qualitätscontrolling

Im Rahmen der TQM-Bewegung hat sich die Bedeutung des Begriffes Qualität verändert. Das umfassende Qualitätsverständnis umfaßt neben der reinen technischen Produktqualität insbesondere die verschiedenen vom Kunden subjektiv bewerteten Teilqualitäten (Image, Design usw.) und die Qualität der Unternehmensprozesse (s. 13.1.1). Dieses umfassende Qualitätsverständnis bedarf eines Qualitätsmanagements, das bei seinen Planungs-, Steuerungs- und Kontrollaufgaben vom Qualitätscontrolling unterstützt wird.

13.7.1.1 Qualitätscontrolling

Qualitätscontrolling ist ein Teilsystem des Unternehmenscontrolling [Hor96]. Es hat die Funktion, das Qualitätsmanagement zu unterstützen und bildet somit die Schnittstelle zwischen dem Qualitätsmanagement und dem Controlling. Aufgabe des Qualitätscontrolling ist es, das bestehende Planungs- und Kontrollsystem, wie auch das bestehende Informationsversorgungssystem um ergebnisrelevante Qualitätsaspekte zu erweitern [Hor90]. Das Planungs- und Kontrollsystem ist um Teilplanungen, wie Fehlerverhütungsprojektplanung, Prozeßverbesserungsplanungen usw. zu erweitern. Das Informationsversorgungssystem wird um qualitätsrelevante, häufig nicht monetäre, Aspekte erweitert. Das bedeutet, daß das Berichtswesen neben den allgemeinen Informationen insbesondere auch über Sachverhalte der Qualität informiert (Garantiekosten, Ausschußkosten, Ausschußmengen, Sortierkosten, Nacharbeitsstunden usw.). Traditionell beschäftigte sich das Qualitätscontrolling vornehmlich mit den Fehlerkosten bzw. dem Fehlleistungsaufwand in der Fertigung. Der Wandel des Qualitätsmanagements erweiterte auch das Aufgabenspektrum des Qualitätscontrolling. Neue Auf- gaben des Qualitätscontrolling wurden neben den strategischen Fragestellungen des Qualitätsmanagements insbesondere auch die Unterstützung des Managements aller Unternehmensprozesse. Beim Qualitätscontrolling wird demzufolge das strategische und das operative Qualitätscontrolling unterschieden. Das strategische Qualitätscontrolling hat zur Aufgabe, das Qualitätsmanagement bei der Planung, Steuerung und Kontrolle der Effektivität („die richtigen Dinge tun") ergebnisorientiert zu unterstützen. Dies bedeutet, das Qualitätsmanagement bei der Antizipation der Qualitätsanforderungen der Kunden für neu zu entwickelnde Produkte durch die Bereitstellung von Instrumenten und Informationen für die Produkt- und Prozeßplanung zu unterstützen (s. 13.7.2.1). Das operative Qualitätscontrolling hat die Effizienz der Prozesse im Unternehmen („die Dinge richtig tun") zum Gegenstand. Dies bedeutet wiederum die ergebnisorientierte Unterstützung des Qualitätsmanagements bei der Verbesserung der Prozeßqualität durch die Versorgung mit Instrumenten und Informationen zur Identifizierung von Ineffizienzen im Prozeßablauf und zur anschließenden Prozeßqualitätsverbesserung.

13.7.1.2 Die sechs Entwicklungsstufen des Qualitätscontrolling

Die Beschäftigung mit Ergebnisaspekten der Qualität hat folgende sechs idealtypischen Entwicklungsstufen in den Unternehmen (Bild 13-43).

1. Die erste Entwicklungsstufe für viele Unternehmen beim Aufbau eines Qualitätscontrolling ist gekennzeichnet durch die Erfassung der traditionellen Qualitätskosten und der Bestrebung der Optimierung der Qualitätskosten (s. 13.7.3.1). Gegenstand der Qualitätskostenbetrachtung ist in der Regel die reine technische Produktqualität. In der zweiten Stufe wird die Qualitätskostenrechnung um ein Qualitätsberichtswesen erweitert das fertigungsnahe Kennzahlen und Kennzahlensysteme beinhaltet (s. 13.7.2.2). Der Fokus der Produktqualität wird auf den Lebenszyklus des Produktes ausgedehnt. Betrachtet werden somit auch Kosten, die das Produkt außerhalb des Unternehmens verursacht (Reparaturkosten, Wartungskosten usw.). Durch die Ausweitung des Qualitätsverständnisses hin zur

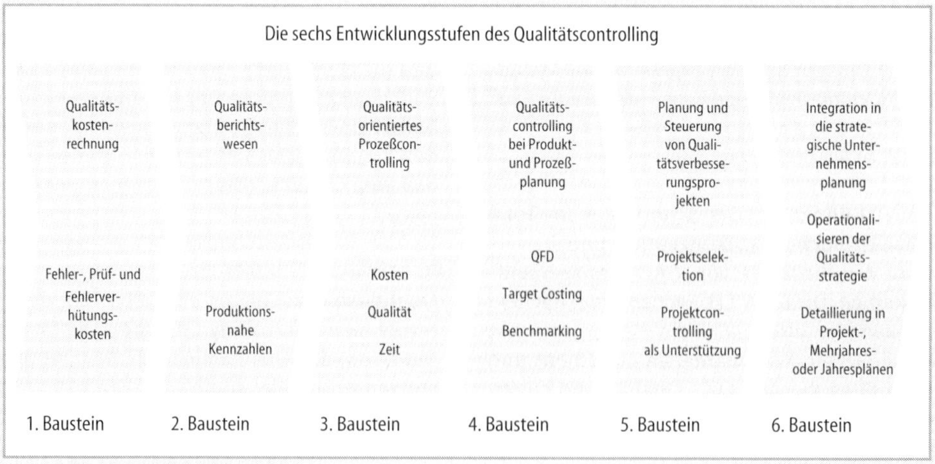

Bild 13-43 Die sechs Entwicklungsstufen des Qualitätscontrolling

Prozeßqualität verändert sich der Blickwinkel des Qualitätscontrolling. Qualität wird von jedem im Unternehmen beeinflußt und ist in allen Unternehmensprozessen integriert. Dies führt dazu, daß sich ein prozeßorientiertes Qualitätscontrolling (3. Stufe) entwickelt, das Qualität, Kosten und Zeit (das magische Dreieck, s. 8.1.8) als gleichberechtigte Größen ansieht und insbesondere den Fokus auf die Prozeßqualität in allen Unternehmensfunktionen legt. In der vierten Ausbaustufe unterstützt das Qualitätscontrolling durch eine Auswahl von Instrumenten für die Produkt- und Prozeßplanung die Unternehmensführung und berät die Anwender bei der Benutzung der Instrumente (QFD, Target Costing, Benchmarking). Diese Instrumente ermöglichen eine frühzeitige ergebnisorientierte Beeinflussung der Qualität. Das Ziel eines Total-Quality-Management-Ansatzes, die Durchführung von Qualitätsverbesserungsprojekten, wird vom Qualitätscontrolling unterstützt (5. Stufe), indem das Management dieser Projekte bei der Projektselektion und dem Projektcontrolling mit Informationen als Entscheidungsgrundlage versorgt wird. In der letzten Stufe wird das Qualitätscontrolling in das Unternehmenscontrolling integriert und alle Unternehmensprozesse auf den Kunden und deren Anforderungen ausgerichtet. Hierzu muß die Formulierung einer Qualitätsstrategie in die strategische Unternehmensplanung aufgenommen und in langfristigen Plänen festgelegt werden. Diese „totale" Sicht des Qualitätscontrolling, als Teil des Gesamtcontrolling, korrespondiert mit der TQM-Philosophie, daß Qualität eine Führungsaufgabe ist. Da es aber in der Unternehmenspraxis bisher nur wenige Unternehmen gibt, die Qualität im umfassenden Sinne von TQM wahrnehmen, stellen die aufgezeigten Stufen eine idealtypische Entwicklungsrichtung dar.

13.7.2 Qualitätsplanung und -kontrolle

13.7.2.1 Qualitätscontrolling bei der Produkt- und Prozeßplanung

Eine wichtige Aufgabe des Qualitätscontrolling ist es, das Qualitätsmanagement, die Arbeitsvorbereitung, die Fertigungsplanung usw. bei der Planung der Produkt- und Prozeßeffektivität zu unterstützen. Unter Produkteffektivität wird die Antizipation der Kundenanforderung in Produktmerkmalen verstanden. Dies verlangt vom Qualitätscontrolling vor allem eine Unter-

stützung in den frühen Phasen des Produktentstehungsprozesses. Die klassischen Methoden des Controlling bzw. des Qualitätsmanagements sind hierbei überfordert (s. 8.1). Für die frühen Phasen existieren bereits Ansätze im Rahmen des Qualitätsmanagements, zu denen insbesondere die Instrumente QFD (s. 13.4.5) und die Produkt- und Prozeß-FMEA (s. 13.4.6) gehören. Die Anwendung dieser Instrumente hat den Nachteil, daß die Kostenwirkungen der Entscheidungen nicht beachtet werden. Die Instrumente konzentrieren sich nur auf die technische Realisierbarkeit. Ihre Verknüpfung mit der Kostenrechnung ist daher unerläßlich. Dies soll am Beispiel der Entwicklung eines Autoradios verdeutlicht werden. Der Kunde stellt die Anforderung, eine hohe Klangqualität beim Radiobetrieb zu haben. Diese Forderung könnte durch die Funktion „automatisches Suchen einer besseren Sendefrequenz" erfüllt werden. Nach der Funktionsbewertung und der Prüfung auf technische Realisierbarkeit ist das QFD mit dem Target Costing zu verbinden. Mit dem Target Costing können dann die Zielkosten für die Funktionen (Kundenforderungen), die vom Markt abgeleitet werden, gebildet werden. Diese Funktionskosten können dann in Baugruppenkosten überführt werden. Somit bietet das Target Costing die Möglichkeit, ergebniszielorientiert die Erfüllung des Preis-Leistungs-Verhältnisses des Produktes durch eine rechtzeitige Beeinflussung der Produktkostenstruktur sicherzustellen (Bild 13-44).

2. Das Target Costing ist als ein systematischer Prozeß zur Ableitung von Produktkosten aus dem Markt heraus zu verstehen. Dabei werden aus den Kundenerwartungen der Marktpreis des Produktes abgeleitet und durch Abzug des geplanten Gewinnes die erlaubten Kosten ermittelt. Diese werden dann auf Komponenten bzw. Baugruppen aufgeteilt. Die folgenden zwei unterschiedlichen Wege können bei der Aufteilung beschritten werden. Die Funktionskostenermittlung verarbeitet die Informationen aus Marktstudien (Conjoint-Analyse), bei denen Kunden Wertschätzungen für bestimmte Produktfunktionen abgeben. Diese funktionsorientierte Kostenspaltung harmoniert mit dem QFD. Der methodisch einfachere Weg ist die Komponentenmethode. Dabei werden die Zielkosten aus der Fortschreibung der Produktstruktur abgeleitet. Die Lücke zwischen den fortgeschriebenen Kosten (drifting costs) und den erlaubten Kosten wird dann durch Beeinflussung der Pro-

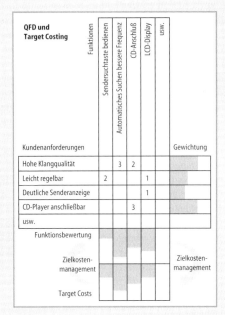

Bild 13-44 QFD und Target Costing am Beispiel eines Autoradios

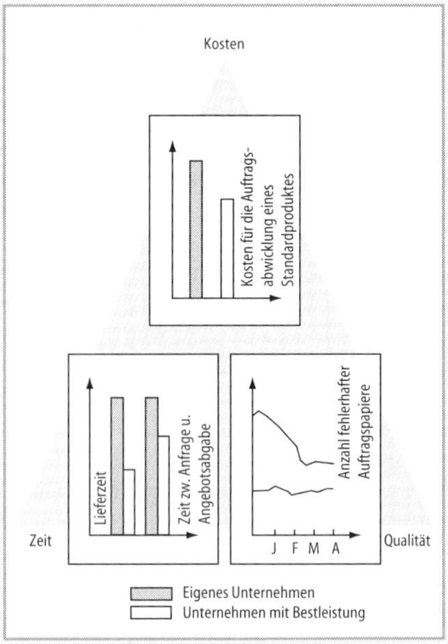

Bild 13-45 Darstellung erster Ergebnisse einer Benchmarkingstudie

dukt- und Prozeßstruktur geschlossen. Relevant sind hierbei überwiegend die Beeinflussungspotentiale in der frühen Phase der Produktentwicklung.

Da diese Instrumente (Target Costing, QFD usw.) der frühzeitigen Antizipation von externen und internen Kundenanforderungen hinsichtlich Qualität, Zeit und Kosten des Produktes dienen und hierbei alle Unternehmensfunktionen betroffen sind, hat das Qualitätscontrolling die Aufgabe, das Qualitätsmanagement ergebnisorientiert bei der Koordination der Unternehmensfunktionen zu unterstützen. Dabei muß funktionsübergreifend (z.B. Fertigung und Vertrieb), abteilungsübergreifend (z.B. Montage und Gießerei) bzw. unternehmensübergreifend (z.B. Zulieferer und Abnehmer) die Anwendung der Instrumente koordiniert werden. Beispielsweise müssen die Zielkosten für die Funktion „CD-Anschluß" auf Baugruppen und anschließend auf Lieferanten oder auf verschiedene Abteilungen des Unternehmens (Entwicklung, Montage usw.) aufgeteilt werden. Das Qualitätscontrolling unterstützt das Qualitätsmanagement bei der funktions- und unternehmensübergreifenden Integration der Prozeßbeteiligten durch die Koordination der Planung und Informationsversorgung.

Ebenso wie die Produkte müssen auch die Prozesse im Unternehmen geplant werden. Auch hier besteht die Aufgabe des Qualitätscontrolling in der Unterstützung der schnittstellenübergreifenden Koordination der Prozeßplanung. Die dazu vom Qualitätscontrolling unterstützten Instrumente, wie die Prozeß-FMEA (s. 13.4.6), das Prozeß-Benchmarking (s. 8.1.7) usw., dienen der Verbesserung der Prozeßqualität. Das Ziel des Qualitätscontrolling liegt in der Versorgung des Qualitätsmanagementsystems mit Informationen zur Prozeßplanung. Damit können die Prozesse besser geplant werden. Dies stellt sicher, daß die Prozeßqualität schon von Beginn an höher ist. Das Qualitätscontrolling betrachtet aber nicht nur die Prozesse in den fertigungsnahen Bereichen, sondern auch die Prozesse in den Gemeinkostenbereichen (Verwaltung, Vertrieb usw.). In diesen Prozessen liegen insbesondere große Qualitätsverbesserungspotentiale. Zur Prozeß- und Produktplanung eignet sich besonders das Benchmarking (Bild 13-45 [Hor95]).

3. Gegenstand des Benchmarking ist der Vergleich der Leistungsfähigkeit eigener Produkte und Prozesse gegenüber denen anderer Unternehmen. Damit werden Prozeßeffektivität und -effizienz denen der „Best-Practice"-Unternehmen gegenübergestellt. Benchmarking hat im

Rahmen von Qualitätsverbesserungen eine große Bedeutung, wie das Beispiel von Xerox in den 80er Jahren zeigt. Xerox erlangte durch den Einsatz von Benchmarking seine Wettbewerbsstärke gegenüber der japanischen Konkurrenz zurück und erhielt dafür auch den „Malcolme Baldridge Quality Award", der in den USA jährlich nach strengen Kriterien für Qualitätsfähigkeit von Unternehmungen verliehen wird.

13.7.2.2 Qualitätsberichtswesen und -kennzahlen

Qualitätsberichtswesen und -kennzahlen zählen zum Informationsversorgungssystem der Unternehmung und erlauben Soll-Ist-Vergleiche zwischen den geplanten und den erreichten Werten und ermöglichen somit im Falle eines Abweichens die Analyse der Abweichung. Das Qualitätsberichtswesen bildet den Einstieg in die Kontrolle der Effektivität und Effizienz von Maßnahmen. Es hat die Übermittlungsfunktion, das der Unternehmensführung und den Mitarbeitern qualitätsrelevante Informationen zur Verfügung stellt. Beispiele für Qualitätskennzahlen in Qualitätsberichten sind die Ausschußmenge, die Fehlerquote, die Maschinenstillstandszeiten wegen Fehlteilen, Nacharbeitsstunden usw. Hierbei werden periodische Berichte von den aperiodischen Sonderberichten unterschieden. Die periodischen Berichte dienen der regelmäßigen Information der Empfänger, während die Sonderberichte von den Empfängern beispielsweise für Analysezwecke vom Qualitätscontrolling angefordert werden. Innerhalb der Berich-

Finanzwirtschaftliche Perspektive		Kundenperspektive	
Ziele	Leistungsmaßstäbe	Ziele	Leistungsmaßstäbe
Überleben	Cash Flow	Neuprodukte	Umsatzanteil der Neuprodukte, Umsatzanteil der patentrechtlich geschützten Produkte
Erfolgreich sein	Vierteljährliches Umsatzwachstum und Betriebsergebnis nach Sparten	Reaktionsschneller Vertrieb	Liefertreue (bewertet aus der Sicht der Kunden)
Vorankommen	Steigerung des Marktanteils und Eigenkapitalrendite	Vorzugslieferant	Anteil der Verkäufe an Stammkunden
		Partnerschaftsverhältnis zum Kunden	Umfang der gemeinsamen Entwicklungsanstrengungen
Betriebsablaufinterne Perspektive		Innovations- und Wissensperspektive	
Ziele	Leistungsmaßstäbe	Ziele	Leistungsmaßstäbe
Technologisches Potential	Eigene Fertigungstechnik, verglichen mit dem Wettbewerb	Technologieführerschaft	Zeitbedarf für die Entwicklung der nächsten Produktgeneration
Fertigungsexzellenz	Durchlaufzeiten, Stückkosten, Ertrag	Lernprozeß in der Fertigung	Bearbeitungszeit bis Produktreife
Leistungsfähige Produktentwicklung	Effizienz in der Siliziumtechnologie	Konzentration auf Kernprodukte	Prozentualer Anteil der Produkte, die 80 Prozent des Umsatzes bringen
Einführen neuer Produkte	Tatsächlicher Verlauf der Einführung, verglichen mit dem Planvorgehen	Zeit bis zur Marktreife	Eigene Neuprodukteinführung, verglichen mit dem Wettbewerb

Bild 13-46 Beispiel einer „balanced scorecard"

te finden sich sowohl monetäre wie auch nicht-monetäre Daten. Besonders die nichtmonetären Daten haben auf Grund ihrer guten Anschaulichkeit eine große Bedeutung. Wie japanische Beispiele zeigen, eignen sich die nichtmonetären Kennzahlen sehr gut für die Realisierung einer dezentralen Steuerung im Sinne von selbststeuernden Regelkreisen, da sie von den Empfängern auf allen Unternehmensebenen verstanden werden. Von hoher Bedeutung für das Berichtswesen ist die Mehrdimensionalität (Zeit, Qualität, Kosten), da dadurch der zu enge Fokus der reinen Kostenbetrachtung erweitert wird. Die neuesten Ansätze und Erfahrungen zeigen, daß unverknüpfte monetäre und nichtmonetäre Kennzahlen im Berichtswesen zur Steuerung genügen [Kap92]. Als Beispiel dient hier ein „ausgewogener Berichtsbogen" (balanced scorecard) [Hor95] eines Unternehmens der Elektronikindustrie (Bild 13-46).

4. Hierbei wird deutlich, daß dieses Qualitätsberichtswesen nicht als zusätzliches Berichtswesen einzuführen, sondern in das vorhandene Berichtswesen zu integrieren ist. Dies vor allem wegen der gemeinsamen Datenbasis, da viele Informationen für das Qualitätsberichtswesen aus der BDE (Maschinenstillstandszeiten), dem PPS-System (Terminüberschreitungen) oder dem CAQ-System (Ausschußmengen) stammen. Beispielsweise wird der monatliche Kostenstellenbericht um eine Kategorie Qualitätsinformationen erweitert. Hier finden sich dann Ausschußmengen, Anzahl der Terminüberschreitungen, die Kosten für die Nachbesserung usw. wieder. Der Verantwortliche bekommt somit die Informationen für die Steuerung seiner Prozesse.

13.7.3 Ergebnis-, Zeit- und Kostenaspekte der Qualität in Interdependenz

13.7.3.1 Qualitätskostenrechnung

Die Qualitätskostenrechnung bildet einen Teil des Informationsversorgungssystems, das der Unternehmensleitung und den Mitarbeitern finanzielle, in der Regel operative Daten zur Verfügung stellt. Nach dem traditionellen Konzept werden Qualitätskosten als derjenige bewertete Verbrauch von Gütern und Dienstleistungen definiert, der durch Planung, Prüfung und Steuerung und Förderung der Qualität verursacht wird oder Qualitätsmaßnahmen zuzuordnen ist [DIN 55350-11]. Diese Definition lehnt sich an das Konzept der „Quality Costs" [Mas56] an, das

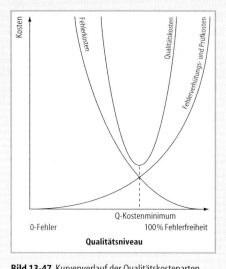

Bild 13-47 Kurvenverlauf der Qualitätskostenarten

Qualitätskosten als Kosten definiert, die durch Fehlerverhütung, durch planmäßige Qualitätsprüfung sowie durch intern und extern festgestellte Fehler verursacht werden. Analog hierzu werden die Qualitätskosten in Fehlerverhütungskosten, Prüfkosten und interne/externe Fehlerkosten eingeteilt [DGQ 14-17]. Ziel dieser Qualitätskostenbetrachtung war es, durch Maßnahmen der Fehlerverhütung und Prüfung die Fehlerkosten zu senken. Dies führte zu folgendem Fehlerkostenmodell (Bild 13-47). Für ein steigendes Qualitätsniveau müssen erhöhte Fehlerverhütungs- und Prüfkosten aufgewendet werden, damit im Gegenzug die Fehlerkosten fallen. Das Optimum der Qualitätskosten liegt damit unter 100 % Fehlerfreiheit (Bild 13-47).

5. Die drei Kostenkategorien ließen sich in der Vergangenheit eindeutig trennen. Prüfkosten entstanden durch die Kosten der Endprüfung und der Wareneingangsprüfung, Fehlerverhütungskosten waren eindeutig Verbesserungsprojekten über die langen Produktlebenszyklen zuzuordnen und die Fehlerkosten waren durch die Erfassung des Ausschusses, der Garantiekosten usw. gegeben. Durch Bausteine des TQM, wie Selbstkontrolle anstatt Endprüfung, kleine Verbesserungsmaßnahmen (Kaizen) anstatt großer Verbesserungsprojekte, vorgelagerte Fehlerverhütung anstatt der traditionellen Herausprüfung von Qualität usw., ist die Abgrenzung dieser Kostenblöcke von den Gesamtkosten häufig nur noch „künstlich" möglich. Das Ziel der traditionellen Qualitätskostenrechnung, ein

Optimum der Qualitätskosten, das unter 100 % Fehlerfreiheit liegt, paßt heute nicht mehr zu den Marktgegebenheiten eines Käufermarktes. Deswegen entwickelte sich eine neue Betrachtungsweise der Qualitätskosten mit einer anderen Zielsetzung. Diese teilt die Qualitätskosten in Konformitäts- (Kosten der Übereinstimmung) und Nonkonformitätskosten (Kosten der Abweichung) auf [Cro90]. Unter Konformitätskosten werden die Kosten für Fehlerverhütungsmaßnahmen und für geplante Prüfungen subsumiert und als „positive" Investition in die Qualitätsfähigkeit der Unternehmung verstanden. Diese Maßnahmen und deren Kosten sind vom Qualitätscontrolling auf ihre Effizienz und Effektivität zu untersuchen. Die Nonkonformitätskosten beinhalten die internen und externen Fehlerkosten sowie die Prüfkosten, die durch Fehler verursacht sind (Sortierkosten, zusätzliche Prüfkosten). Diese Kostenart hat die Zielgröße null. Das Qualitätscontrolling unterstützt das Management und die Mitarbeiter bei der Reduzierung der Nonkonformitätskosten. Dieses Qualitätskostenkonzept unterstützt das Ziel einer Null-Fehler-Produktion (Bild 13-48 [Wil92]).

6. Durch die Verlagerung der qualitätsrelevanten Prozesse zu Fehlerverhütungs- und Planungsprozessen in den indirekten Bereichen findet die Prozeßkostenrechnung ihre Anwendung. Die Prozeßkostenrechnung untersucht Hauptprozesse und die dazugehörenden Teilprozesse und ermittelt die Kostenverursacher (Kostentreiber). Der Hauptprozeß „Kundenauftrag ausführen" zum Beispiel beinhaltet die Teilprozesse: Auftragsannahme, technische Prüfung, Auftragseinplanung, Materialdisposition, Arbeitsvorbereitung, Auftragsverfolgung (PPS), Endprüfung, Versand und Rechnungsstellung. Sie unterstützt durch die finanziellen Informationen über die Teilprozesse und den Hauptprozeß die Prozeßgestaltung und ermöglicht eine verursachungsgerechte Verrechnung auf Kostenträger und über die Kostentreiber eine mengenorientierte Planung der indirekten Kosten (s. 8.1.5) [May93].

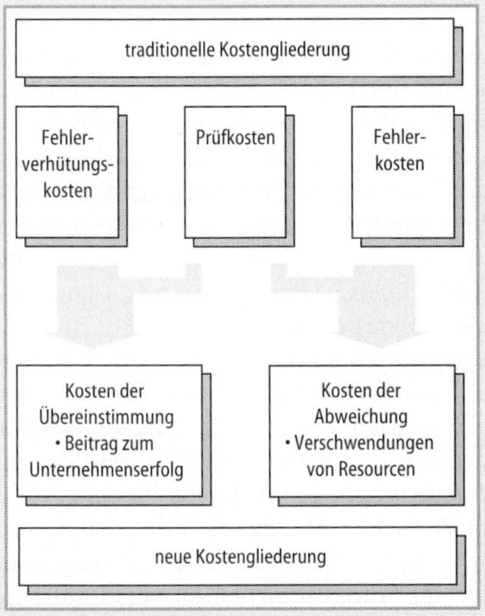

13.7.3.2 Qualitätsorientiertes Prozeßcontrolling

Die Prozeßorientierung als eine wichtige Säule des TQM nimmt Einfluß auf das Aufgabenspektrum des Qualitätscontrolling. Damit die Zusammenarbeit der Unternehmensbereiche verbessert werden kann, unterstützt das qualitätsorientierte Prozeßcontrolling die Unternehmensführung und die Mitarbeiter bei der Planung, Steuerung und Kontrolle der Prozesse. Es werden nicht, wie traditionell nur Organisationseinheiten (Kostenstellen, Bereiche usw.), sondern die übergreifenden Prozesse, die mehrere Organisationseinheiten betreffen, betrachtet. Die drei Parameter Zeit, Kosten und Qualität determinieren einen Prozeß (s. 8.1.2). Ziel des qualitätsorientierten Prozeßcontrolling ist es, die wertvernichtende Fehlleistung (Ausschuß usw.) und die nicht werterhöhende Blindleistung (Liegezeiten, Lagerbindung usw.) zu identifizieren und die Prozeßverantwortlichen bei der Eliminierung zu unterstützen. In der Praxis werden die Prozesse im Rahmen des Qualitätsmanagements dokumentiert und visualisiert. Bei diesen Prozeßbeschreibungen fehlen aber die Maßgrößen und Parameter, die ein Messen der Verbesserungen und ein Optimieren der Prozesse erlauben [Jur91]. Die Versorgung mit Informationen hinsichtlich Kosten, Zeit und Qualität der Prozesse ist die Aufgabe eines qualitätsorientierten Prozeßcontrolling als Baustein des Qualitätscontrolling. Denn die Quantifizierung der Prozeßparameter ist Voraussetzung für die Optimierung der Prozeßabläufe. Die Informationen hierzu kommen aus der Qualitätskostenrechnung, der BDE und aus den jeweiligen bereichsspezifischen Statistiken. Als Instrument für die Kostenermittlung ist insbesondere für die indirekten Bereiche die Prozeßkostenrechnung geeignet.

Bild 13-48 Neuordnung der Qualitätskostenkategorien

13.7.4 Strategisches Qualitätscontrolling

13.7.4.1 Der Wirkzusammenhang von Qualität und Strategie

Empirische Studien belegen die Bedeutung des Faktors Qualität für den Unternehmenserfolg. In ihnen ist nachgewiesen, daß Unternehmen, die qualitativ hochwertige Produkte herstellen, einen höheren Return on Investment (ROI) erreichen als andere Unternehmen. Dies spiegelt sich auch in den klassischen Wettbewerbsstrategien wieder [Por89]. Ein Unternehmen kann Wettbewerbsvorteile gegenüber seinen Konkurrenten erreichen, indem es preisgünstigere Produkte (Kostenführerschaft) oder qualitativ höherwertige Produkte (Differenzierungsstrategie) herstellt (s. 13.1). Diese beiden Strategien können, wie japanische Beispiele zeigen (Automobilindustrie), auch gleichzeitig verfolgt werden. Insofern beeinflußt die Marktstrategie die Qualitätsstrategie. Die Qualitätsstrategie wiederum beeinflußt andere Teilstrategien, wie zum Beispiel die Strategie der Mitarbeiterintegration. Deswegen kann man die Qualitätstrategie nicht isoliert von der Unternehmensstrategie betrachten.

13.7.4.2 Integration des Qualitätscontrolling in die strategische Unternehmensplanung

Innerhalb der strategischen Planung und Kontrolle unterstützt das strategische Qualitätscontrolling das Management beim Ableiten der Qualitätsstrategie aus der Unternehmenspolitik. Hierzu bietet es Instrumente und Informationen an, die über strategische Erfolgspotentiale informieren. Zu den strategischen Informationen gehören die Chancen und Risiken der Unternehmensumwelt und die Stärken und Schwächen der eigenen Unternehmung. Da die Qualitätsstrategie mit der Unternehmensstrategie harmonieren muß, kann diese nur in Abstimmung mit der strategischen Planung erfolgen. Das Qualitätscontrolling kann das Management instrumental beispielsweise bei der Anwendung von Gap- oder SOFT-Analysen unterstützen [Hor96]. Bei der GAP-Analyse wird die Lücke zwischen den geplanten Werten und den unter Beibehaltung der bisherigen Verfahren erreichbaren Werte analysiert und nach Lösungen zur Schließung der Lücke gesucht. Beispielsweise wird bei der GAP-Analyse erkannt, daß bei der Verwendung der aktuellen Produktionstechnologie die Ausschußquote nicht hinreichend gesenkt werden

kann. Die Ziellücke zwischen der vom Kunden akzeptierten Ausschußquote und der von dem Unternehmen erreichbaren Quote ist durch die Verwendung einer neuen Technologie zu schließen. Bei der SOFT-Analyse werden gegenwärtige Stärken (Strengths) und Schwächen (Failures) sowie zukünftige Chancen (Opportunities) und Gefahren (Threats) untersucht. Die SOFT-Analyse eignet sich für die Ableitung der Qualitätsstrategie, da mit ihr gezielt zukünftige Erfolgspotentiale ermittelt werden können. Liegen z.B. die Schwächen des Autoradioherstellers gegenüber der Konkurrenz bei der Qualität des Radioempfangs (s. Bild 13-44), zeigt die SOFT-Analyse den Nachholbedarf auf. Ein Ergebnis der SOFT-Analyse kann auch die Identifikation einer Chance am Markt sein. Zum Beispiel ergibt sich die Chance, daß hochwertige Autoradios mit hoher Klangqualität vom Markt verlangt werden. Somit muß in die Qualitätsstrategie die Verbesserung der Klangqualität zum Ziel haben. Dies kann beispielsweise durch Verwendung hochwertiger Bauteile von Lieferanten und der Entwicklung eines anderer Montageprozesses verwirklicht werden. Neben den Erfolgspotentialen beschäftigt sich das strategische Qualitätscontrolling mit der Effektivität von Prozessen (s. 13.7.2.1).

13.7.4.3 Umsetzung der Qualitätsstrategie im Unternehmen

Die Qualitätsstrategie muß im Unternehmen operationalisiert werden. Das heißt, daß aus den strategischen Zielen, Maßnahmenpläne und Budgetpläne zur Zielerreichung abgeleitet werden müssen. Hierzu eignen sich sowohl die Projektplanung, die Mehrjahresplanung, als auch die Einjahresplanung. Beispielsweise wird das Ziel der Qualitätsstrategie, die Montagequalität zu erhöhen, durch das Erstellen eines konkreten Projektplanes zur Qualitätsverbesserung operationalisiert. Ebenso werden die strategischen Qualitätsziele wie beispielsweise die Null-Fehler-Produktion durch konkrete Einjahreszielvorgaben operationalisiert, die dann jedem Bereich vorgegeben werden können. Die Aufgabe des Qualitätscontrolling besteht hierbei in der Planungsunterstützung. Die inhaltliche Planung obliegt dem Bereichs,- Abteilungs- oder Gruppenverantwortlichen. Das Qualitätscontrolling unterstützt ihn durch Informationsversorgung und Beratung beim Instrumenteneinsatz. Durch den Aufbau und das Betreiben eines Qualitätsplanungssystems als Bestandteil des gesamten Planungssystems lassen sich konkrete operative Ziele aus den strategischen Zielen ableiten. Das Planungssystem regelt, wann wer was zu planen hat, damit die einzelnen Teilpläne sowohl inhaltlich als auch zeitlich zu einem Gesamtplan konsolidiert werden. Dadurch wird sichergestellt, das die Qualitätspläne (Ausschußverminderungsplan, Projektpläne zu Verbesserungsprojekten usw.) mit den anderen Unternehmensplänen zusammengefügt werden. Wird beispielsweise der Marketingplan verfolgt, die Garantiedauer zu verlängern, muß sich dies in den Plänen anderer Abteilungen widerspiegeln, damit die Produktqualität auch diesen Ansprüchen gerecht wird. Bestandteile des Planungssystems und somit auch des Qualitätsplanungssystems sind die formalzielorientierten (finanziellen) und die sachzielorientierten (Maßnahmenpläne) Pläne, die Planungskalender, das Planungshandbuch, die Planungsrichtlinien usw. Daß die Teilpläne koordiniert werden müssen, verdeutlicht folgendes Beispiel: Wird als Maßnahmenziel die Endkontrolle zu reduzieren verfolgt, müssen fehlerverhütende Maßnahmen im Vorfeld eingeplant werden. Dies muß sich auch in den Formalzielplänen, den Budgets, widerspiegeln. Die Planwerte dienen als Sollvorgabe und eignen sich durch den Vergleich mit den Istwerten zur Steuerung der Erreichung der strategischen Ziele.

13.7.5 Organisation des Qualitätscontrolling

Nur durch das Zusammenwirken von Qualitätscontrolling und Qualitätsmanagement läßt sich die „Qualität managen". Eine geeignete Organisationsform für das Qualitätscontrolling muß zum einen dessen Aufgabenspektrum Rechnung tragen, das bei dem zugrunde gelegten weiten Qualitätsverständnis zu Kontakten mit nahezu allen Bereichen führt. Zum anderen ist das Qualitätscontrolling Teil des Controllingsystems einer Unternehmung. Die Sicherstellung der Wirtschaftlichkeit und die Koordination im Unternehmen bedarf einer engen Zusammenarbeit mit anderen Controllingteilbereichen, um nicht suboptimale Insellösungen zu generieren, die zu Doppelarbeit und Abstimmungsproblemen führen. Die traditionelle Organisationsform des Qualitätscontrolling ist häufig die Eingliederung in das Technische Controlling. Dieses wiederum wird dem Qualitätsmanagement und der Produktion zugeordnet. Diese Organisation ist in vielen Unternehmen anzutreffen. In Zukunft wird sich das Qualitätscontrolling über Zwischenstufen zu einem alle Unternehmensbereiche umfassenden, eigenständigen, von der Produktion losgelösten Qualitätscontrolling weiterentwickeln. In diesem Stadium geht das Qualitätscontrolling in das kundenorientierte und prozeßorientierte Unternehmenscontrolling über. Dieser Übergang entspricht dann auch der Entwick-

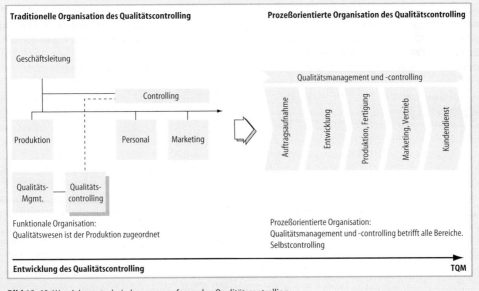

Bild 13-49 Wandel vom technischen zum umfassenden Qualitätscontrolling

lungsstufe des TQM, bei der alle Unternehmensprozesse Gegenstand des Qualitätsmanagements sind (Bild 13-49).

7. Folglich bieten sich für das traditionelle fertigungsnahe Qualitätscontrolling die Organisation des Qualitätscontrolling nach dem „Dotted-line-Prinzip" an. Dies bedeutet, daß das Qualitätscontrolling fachlich dem Unternehmenscontrolling zugeordnet wird und disziplinarisch dem Qualitätsmanagement unterstellt wird. Dies sichert dem Controlling die Unabhängigkeit vom Qualitätsmanagement bei gleichzeitiger Wahrung der fachlichen Nähe zum Unternehmenscontrolling und zum Qualitätsmanagement. Gleichzeitig ist die Akzeptanz aufgrund des engen Kontaktes zum Qualitätsmanagement erheblich höher als bei einer völligen Unabhängigkeit vom Qualitätsmanagement. Viele Unternehmen gehen sogar dazu über, Stellen für Qualitätscontroller zu schaffen, welche das Qualitätsmanagement und die Mitarbeiter unterstützen. Hierzu eignet sich sowohl ein betriebswirtschaftlich orientierter Techniker als auch ein technisch orientierter Betriebswirt. In der weiteren Entwicklung des Qualitätscontrolling unterstützt dieses alle Unternehmensprozesse und löst sich von der Produktionsnähe. Hier werden vom Qualitätscontroller Wissen über die Zusammenhänge im ganzen Unternehmen gefordert, so daß hier sowohl Generalisten für übergreifende Fragestellungen wie auch Spezialisten für die Stellen im Qualitätscontrolling in Frage kommen. In der letzten Stufe des Qualitätscontrolling ist im Sinne von TQM jeder Mitarbeiter sein eigener Qualitätscontroller und Qualitätsmanager, so daß das Qualitätscontrolling in das Total Quality Management bzw. in das kundenorientierte Unternehmenscontrolling übergeht.

Literatur zu Abschnitt 13.7

[Cro90] Crosby, Ph.B.: Qualität ist machbar. Hamburg: McGraw Hill 1990

[Hor95]: Horváth, P.; Lamla J.: Cost benchmarking und Kaizen costing. In: Reichmann, T. (Hrsg.): Moderne Konzepte des Kosten- und Erfolgs-Controlling. München: Vahlen 1995, 63-88

[Hor96] Horváth, P.: Controlling. 6. Aufl. München: Vahlen 1996

[Ima93] Imai, M.: Kaizen. Berlin: Ullstein 1993

[Jur91] Juran, J.: Handbuch der Qualitätsplanung. 3. Aufl. Landsberg a. Lech: Vlg. Moderne Industrie 1991

[Kap92]: Kaplan, R.S.; Norton, D.P.: In search of excellence – der Maßstab muß neu definiert werden, Harvard Manager 14 (1992), 37-46

[Mas56] Masser, W.: Quality Control Engineering – Industrial Quality Control. May 1956, 25-28

[May93] Mayer, R.; Lingscheid, A.: Prozeßkostenmanagement als Total-Quality-Baustein. IO Management Zeitschrift 62 (1993), 9, 72-75

[Por89] Porter, M.E.: Wettbewerbsvorteile. Frankfurt: Campus 1989

[Wil92] Wildemann, H.: Kosten und Lcistungsbeurteilung von Qualitätssicherungssystemen. Zeitschrift für Betriebswirtschaft 62 (1992) 761-782

Normen und Richtlinien zu Abschnitt 13.7

DIN 55350-11: Begriffe der Qualitätssicherung und Statistik – Grundbegriffe der Qualitätssicherung. 1995

DGQ 14-17: Qualitätskosten. 1985

Kapitel 14

Koordinator

Prof. Dr. Hans-Peter Wiendahl

Autoren

Prof. Dr. Hans-Peter Wiendahl (14.1, 14.4)
Prof. Dr. Peter Mertens (14.2)
Prof. Dr. Walter Eversheim (14.3, 14.5)

Mitautoren

Dr. rer. pol. Markus Hartinger (14.2)
Dipl.-Ing. Dipl.-Wirt. Ing. Mirko Dobberstein (14.3)
Dr.-Ing. Peter Nyhuis (14.4)
Dr.-Ing. Peter Scholtissek (14.4)
Dipl.-Ing. Thomas Wahlers (14.4)
Dr.-Ing. Jürgen Laakmann (14.5)

14 Produktionsplanung und -steuerung

Produktionsplanung und -steuerung

14.1 Aufgabenstellung und Zielkonflikte

14.1.1 Logistik, Materialwirtschaft und PPS

Jedes Produktionsunternehmen befindet sich in einem ständigen Wettbewerb, der durch eine rasch veränderliche Umwelt gekennzeichnet ist. Dabei gilt es, funktional überlegene Produkte mit hoher Qualität zu wettbewerbsfähigen Preisen in möglichst kurzer Zeit dem Markt zur Verfügung zu stellen. Der Wettbewerbsfaktor „Zeit" ist dabei seit Beginn der achtziger Jahre spürbar bedeutsamer geworden. Das wird in der erhöhten Aufmerksamkeit sichtbar, die der Logistik, der Materialwirtschaft sowie der Produktionsplanung und -steuerung (PPS) zuteil wird. In der Praxis durchdringen und ergänzen sich diese drei Aufgabengebiete.

Die aus dem Lager- und Transportwesen entstandene *Logistik* hat die umfassende unternehmerische Führung der Bewegungs- und Lagerungsvorgänge realer Güter zum Gegenstand [Jün90, Pfo90]. Diese sollen in der richtigen Menge, Zusammensetzung und Qualität zum richtigen Zeitpunkt am richtigen Ort zur Verfügung stehen, wobei minimale Kosten und optimaler Lieferservice zu gewährleisten sind. Im Vordergrund der Aufgabenerfüllung steht daher die Realisierung der technischen Grundfunktionen Lagern, Transportieren, Handhaben, Verteilen, Kommissionieren und Verpacken mit den dazugehörigen Funktionen der Informationsverarbeitung wie Erfassen, Speichern, Verarbeiten und Ausgeben (s. Kap. 16). Die Funktionen sind entlang der Wertschöpfungskette von der Beschaffung über die Produktion bis zum Absatz und zur Entsorgung auf den Kundennutzen

ausgerichtet. Dabei sind Pufferbestände und Liegezeiten zu minimieren und alle Tätigkeiten zu vermeiden, die keine Wertschöpfung bewirken (s. Kap. 15). Insgesamt geht es also um die Gestaltung der technischen Einrichtungen zur Materialbewegung und -lagerung einschließlich der Informationsverarbeitung sowie um die operative Steuerung der Materialflüsse. Die PPS tritt im Rahmen der Logistik als Planungs- und Steuerungsinstrument der Produktion und Beschaffung in Erscheinung.

Die aus dem Einkauf und der Lagerhaltung gewachsene *Materialwirtschaft* ist mehr betriebswirtschaftlich orientiert und sieht ihre Aufgabe in der wirtschaftlichen Beschaffung, Bevorratung und Bereitstellung sowie der Entsorgung der Sachgüter eines Unternehmens [Gro78, Fie 94: 173–188]. Als Material gelten hierbei Rohstoffe, Hilfsstoffe, Betriebsstoffe, Zulieferteile und Handelswaren. Nicht betrachtet wird in der Regel die innerbetriebliche Planung und Steuerung der Roh-, Halb- und Fertigfabrikate, sowie die Distribution der Fertigwaren in der Absatzorganisation. Demzufolge zählt die PPS ausdrücklich nicht zur Materialwirtschaft, ist mit dieser jedoch untrennbar verbunden. Auch bedient sich die Materialwirtschaft der oben genannten logistischen Funktionen zur Erfüllung ihrer Aufgaben.

Die *Produktionsplanung und -steuerung (PPS)* wurde mit wachsender Produktevielfalt zur Beherrschung der Auftragsabwicklung erforderlich. Sie hat die Aufgabe, das laufende Produktionsprogramm in regelmäßigen Abständen nach Art und Menge für mehrere Planungsperioden im voraus zu planen und unter Beachtung gegebener oder bereitzustellender Kapazitäten zu realisieren [Bra73, Hac89, Mer95, Sch90a,

Gla92]. Sie fußt dabei auf den Arbeitsplänen, welche die Arbeitsvorgangsfolgen sowie die erforderlichen Einrichtungen und Vorgabezeiten enthalten und stellt der Materialwirtschaft die Informationen über die benötigten Materialbedarfsmengen und Fertigstellungszeitpunkte zur Verfügung. Im Vordergrund der Betrachtung stehen dabei die Vertriebs- und Kundenaufträge von der Angebotsbearbeitung bis zum Versand unter Mengen-, Termin- und Kapazitätsaspekten. Die wesentlichen Aufgaben der PPS sind das Planen, Veranlassen, Überwachen sowie Einleiten von Maßnahmen bei unerwünschten Abweichungen.

14.1.2 Zielsystem der PPS

Da ein Unternehmen nur begrenzte Ressourcen besitzt, ist von einem ständigen Wettbewerb der Aufträge um die Kapazitäten auszugehen. Daraus resultiert ein Zielkonflikt, der sich aus den unterschiedlichen Interessen der Kunden und des Unternehmens ergibt (Bild 14-1) [Wie87]. Aus Kundensicht sollten die Aufträge in möglichst kurzer Zeit durch das Unternehmen fließen, damit das bestellte Produkt möglichst rasch zur Verfügung steht. Weiterhin legen die Kunden Wert auf die Einhaltung der vereinbarten Liefertermine. Das Unternehmen wünscht hohe und gleichmäßige Auslastung der Kapazitäten, um Stillstandskosten zu vermeiden. Weiterhin sollen die Bestände an Rohmaterial, Halbfabrikaten und Fertigwaren möglichst gering sein, um die Kapitalkosten für das Umlaufvermögen gering zu halten und ebenso den logistischen Aufwand für Lagerung, Transport und Handhabung. Generell gilt, daß sich mit dem Wandel vom Verkäufermarkt zum Käufermarkt eine Verlage-

rung von den betriebsbezogenen zu den marktbezogenen Zielen vollzogen hat. Stand früher eher die Auslastung der Betriebsmittel im Vordergrund, sind heute die Durchlaufzeiten und die Termintreue wichtiger geworden. Gleichzeitig werden aber auch niedrige Bestände gefordert. Dabei muß die Auslastung zwangsläufig in den Hintergrund treten.

In der Praxis reagieren viele Unternehmen meist einseitig auf das jeweils dringendste Problem. So kann man bei einem Überquellen der Läger und der Produktion Aktionen zur Bestandssenkung beobachten, die nach einiger Zeit zu der angestrebten Verringerung der Vorräte führen. Allerdings stellen sich auch fast zwangsläufig Lieferprobleme für bestimmte Teile oder Erzeugnisse ein. Daraufhin schließen die Firmen meist auf zu kurze Plan-Durchlaufzeiten. Nun werden die entsprechenden Werte erhöht mit der Folge, daß die Aufträge früher gestartet werden. Dies führt aber wiederum zu einem Anstieg der Bestände in der Fertigung und Montage. Wegen der daraus resultierenden längeren Liegezeiten erhöht sich die Durchlaufzeit der Aufträge, verbunden mit einer größeren Streuung. Im Ergebnis wird die Termineinhaltung schlechter statt besser, und nur noch Eilaufträge und Sonderaktionen bringen die jeweils wichtigsten Aufträge rechtzeitig in die Montage bzw. zum Kunden. Bild 14-2 stellt diesen Fehlerkreis dar, der zu viel zu hohen Beständen und Durchlaufzeiten führt.

Hohe Bestände haben weitere negative Auswirkungen, die Bild 14-3 anhand des Bildes ei-

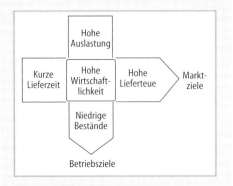

Bild 14-1 Zielsystem der Produktionsplanung und -steuerung

Bild 14-2 Fehlerkreis der Produktionssteuerung

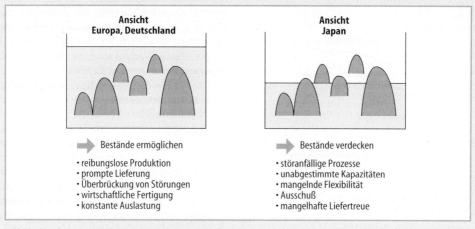

Ansicht
Europa, Deutschland

Ansicht
Japan

➡ Bestände ermöglichen

➡ Bestände verdecken

• reibungslose Produktion
• prompte Lieferung
• Überbrückung von Störungen
• wirtschaftliche Fertigung
• konstante Auslastung

• störanfällige Prozesse
• unabgestimmte Kapazitäten
• mangelnde Flexibilität
• Ausschuß
• mangelhafte Liefertreue

Bild 14-3 Funktion von Beständen (nach Siemens)

nes Sees der Bestände verdeutlicht. Zunächst binden sie Kapital, das besser in Anlagen investiert werden könnte. Sie verdecken aber vor allem Qualitätsmängel der technischen und logistischen Prozesse, weil Störungen durch die Bestände abgepuffert werden. Auch unabgestimmte Kapazitäten, Ausschuß sowie mangelnde Personalflexibilität und schlechte interne Termindisziplin werden nicht offenbar, weil ja immer „aus dem Bestand" geliefert werden kann. Diese Situation führt zu langen und unsicheren Durchlaufzeiten, die wiederum die Liefertreue beeinträchtigen.

Heute ist anerkannt, daß das logistische Ziel der Produktion niedrige Bestände und die kürzestmögliche, pünktliche Kundenbelieferung sein muß. Der strategische Ansatz der PPS ist dementsprechend eine bestandsarme Fertigung, die kurze Durchlaufzeiten und eine hohe Termintreue zur Folge hat. Gleichzeitig müssen Hilfsprozesse wie Materialversorgung, Werkzeugbereitstellung, NC-Programmierung und die Instandhaltung ebenfalls reaktionsschnell werden.

Dies zeigt, daß der Bestand der vor den Arbeitsstationen wartenden und in Bearbeitung befindlichen Aufträge die zentrale Größe der PPS ist. Von ihr hängen Durchlaufzeit und Auslastung unmittelbar und die Termineinhaltung mittelbar ab. Der Bestand wird zweckmäßig durch die Anzahl der Vorgabestunden gemessen, die in den Aufträgen enthalten ist. Variiert man den Bestand an einer Arbeitsstation vom Wert null bis zu beliebig großen Werten, erhält man die sog. logistischen Betriebskennlinien für die Auslastung und die Durchlaufzeit (Bild 14-4)

[Wie93: 1–36]. Betrachtet man zunächst die Auslastung (das Verhältnis Leistung zu Kapazität) in Abhängigkeit vom Bestand, wird mit zunehmendem Bestand die Auslastung zunächst schnell und dann immer langsamer ansteigen, bis die Kapazitätsgrenze erreicht ist. Die Durchlaufzeit folgt demgegenüber der prinzipiellen Beziehung: Durchlaufzeit gleich Bestand dividiert durch Leistung. Allerdings kann sie nicht den Wert null erreichen, weil mindestens die Durchführungszeit und die Transportzeit erforderlich ist. Mit sinkenden Beständen folgt die Durchlaufzeit also zunächst der als Gerade eingezeichneten proportionalen Beziehung, um dann bei sinkender Leistung einem Mindestwert zuzustreben. Eine entsprechende Kennlinie für die Terminabweichung ist nicht bekannt, jedoch haben Untersuchungen gezeigt, daß Mittelwert und Streuung der Terminabweichung um so ge-

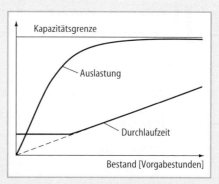

Bild 14-4 Betriebskennlinien einer Arbeitsstation für Auslastung und Durchlaufzeit

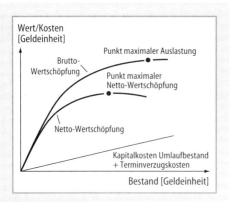

Bild 14-5 Wertschöpfung einer Arbeitssituation in Abhängigkeit vom Bestand

 net sich aus dem Kapazitätswert der Produktionseinheit multipliziert mit den Arbeitsplatzkosten. Mit wachsendem Bestand entstehen aber unerwünschte Kosten, für die vereinfachend ein proportionaler Verlauf angenommen ist und die im wesentlichen aus den Kapitalbindungskosten und Terminverzugskosten bestehen. Zieht man diese Kosten von der Brutto-Wertschöpfung ab, entsteht die mittlere Kurve, die als Netto-Wertschöpfung bezeichnet ist. Je nach der Höhe der Kapitalkosten und der Terminverzugskosten kann der Punkt der maximalen Netto-Wertschöpfung deutlich unterhalb des Bestandes für die Maximalauslastung liegen. Wegen des in diesem Bereich noch langsamen Abfalls der Auslastung ist der Auslastungsverlust demgegenüber aber noch gering und liegt nach Untersuchungen in der Maschinenbau- und in der elektrotechnischen Industrie bei 4–6 %.

Da sich die logistischen Kennlinien durch Simulation oder mit mathematischen Näherungslösungen darstellen lassen, ist es möglich, den Zielkonflikt dadurch zu lösen, daß das PPS-Systems nicht ein schwer nachvollziehbares Optimum anstrebt, sondern mit Hilfe einer Bestandsregelung eine logistische Positionierung auf den Kennlinien vornimmt. Dann kann eine Feinterminierung und die Reihenfolgebildung der Aufträge an den Arbeitsstationen erfolgen.

Auch mit diesem Ansatz ist noch nicht sichergestellt, daß die aus den internen Durchlaufzeiten resultierenden Lieferzeiten den vom Markt

ringer werden, je geringer Mittelwert und Streuung der Durchlaufzeit sind.

Diese logistische Betrachtung ist durch Überlegungen zur Wirtschaftlichkeit zu ergänzen [Wed89]. Dazu zeigt Bild 14-5 den aus Bild 14-4 abgeleiteten Verlauf der Wertschöpfung über dem Bestand. Dieser ist jetzt statt in Vorgabestunden in Geldeinheiten gemessen (Materialeinsatz plus Wertschöpfung).

Bei Veränderung des mittleren Bestands ergibt sich die als Brutto-Wertschöpfung bezeichnete Kurve. Sie entspricht in ihrem Verlauf der Auslastungskurve in Bild 14-4. Ihr Maximalwert liegt im Punkt höchster Auslastung und errech-

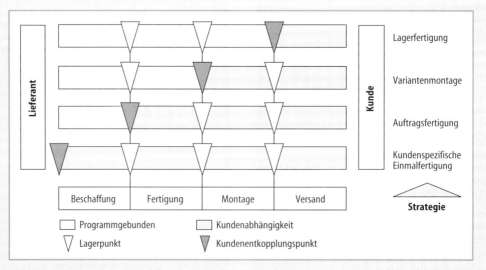

Bild 14-6 Auftragsstrategien mit unterschiedlichem Kunden-Entkopplungspunkt

geforderten Lieferzeiten entsprechen. Dann muß das Unternehmen neue Logistikstrategien entwickeln (s. Kap. 15). Dabei ist anzustreben, die Produkte möglichst erst nach dem Auftragseingang zu fertigen. Falls dies aufgrund des Produktaufbaus, der Fertigungszeiten oder der Produktionsstruktur nicht möglich ist, müssen die Produkte weitgehend vorgefertigt werden. Dies ist jedoch bei Produkten mit hoher Variantenzahl oder gar bei kundenspezifischen Lösungen nicht möglich.

Daher haben sich vier unterschiedliche Strategien der Auftragsabwicklung herausgebildet, die sich durch die Lage der sog. Kunden-Entkopplungspunkte unterscheiden lassen (Bild 14-6) [Eid95]. Als Kunden-Entkopplungspunkt wird diejenige Stelle in der betrieblichen Logistikkette Beschaffung, Fertigung, Montage und Versand bezeichnet, ab der die Aufträge bestimmten Kunden zugeordnet sind. Vor dem Kunden-Entkopplungspunkt werden die Aufträge kundenanonym aufgrund einer Absatzprognose abgewickelt.

Die gewählte Strategie hängt vom Verhältnis der marktüblichen Lieferzeit zur Durchlaufzeit ab. Bei der Lagerfertigung wird aufgrund eines Produktionsprogramms beschafft, gefertigt und montiert und aus dem Fertigwarenlager geliefert. Beispiele sind Kameras, Haushaltsgeräte und Drucker. Mit steigender Variantenzahl wird dies unmöglich, weil sonst die Kapitalbindung zu groß würde und Lieferschwierigkeiten einträten.

In solchen Fällen versucht man, Standardkomponenten vorzufertigen und erst nach Eingang einer Bestellung eine auftragsspezifische Variantenmontage durchzuführen. Beispiele sind Baumaschinen, Werkzeugmaschinen und Förderanlagen aus Standardkomponenten.

Es kann jedoch unmöglich oder unwirtschaftlich sein, die Komponenten für jeden denkbaren Kundenwunsch vorzufertigen, sei es, weil sie zu teuer sind oder weil sie erst entsprechend den Kundenforderungen dimensioniert werden müssen. Dann kommt man zur Auftragsfertigung, bei der für die zentrale Produktkomponente lediglich das Ausgangsmaterial und die Fremdkomponenten aufgrund von Absatzprognosen beschafft werden. Der Rest des Produktes besteht aus Standardkomponenten. Beispiele sind Extruderschnecken von Kunststoffmaschinen oder Brücken von Hallenkranen.

Den vierten Fall bildet die kundenspezifische Einmalfertigung, bei der eine komplette Neu-konstruktion erforderlich ist, und die Beschaffung erst nach dem Entwurf und der Teiledimensionierung einsetzt. Typisch hierfür sind Erzeugnisse des Anlagenbaus, wie Papiermaschinen, Walzwerke und Wasserturbinen.

Generell gilt, daß die logistischen Ziele vor dem Kunden-Entkopplungspunkt ihren Schwerpunkt bei der Auslastung und den Beständen haben, während danach Durchlaufzeit und Liefertreue dominieren. Ferner gilt, daß Produkte im Laufe ihrer Lebensdauer auf dem Markt - nach wechselnden Strategien gefertigt werden. Schließlich wird ein Unternehmen seine sämtlichen Produkte meist nicht nach derselben Strategie produzieren, so daß sich für die Fertigung der unterschiedlichen Auftragstypen verschiedene logistische Ziele ergeben, die das PPS-System zu erfüllen hat.

Die PPS stellt demnach eine komplexe Aufgabe, die unter stets wechselnden Bedingungen unterschiedlichen logistischen und wirtschaftlichen Zielsetzungen unterliegt. Eine geschlossene Lösung dieses Problems existiert nicht. Vielmehr haben sich aufeinander aufbauende Teilaufgaben herausgebildet.

14.1.3 Grobablauf der PPS

Die operative Aufgabe der PPS besteht darin, die auf dem Absatzmarkt gewonnen Aufträge in der verlangten Menge zu vereinbarten Terminen zu erfüllen. Die Produktionsplanung plant dabei den Produktionsablauf für eine bestimmte Zeit voraus. Die Produktionssteuerung realisiert die Planung trotz unvermeidlicher Änderungen hinsichtlich Auftragsmenge und -termin sowie trotz Störungen durch Personal- und Maschinenausfälle, Lieferverzögerungen und Ausschuß möglichst weitgehend. Damit diese Vorgänge wunschgemäß und rationell ablaufen, ist parallel zum Materialfluß ein ständiger Informationsfluß erforderlich, in dessen Mittelpunkt die PPS steht (Bild 14-7).

Ausgangspunkt für die gesamte PPS sind die Aufträge, die über den Vertrieb an die PPS gelangen. Sie bestehen im wesentlichen aus Kundenaufträgen, für die feste Bestellungen vorliegen, und aus Vorratsaufträgen, die der Vertrieb aufgrund seiner Markteinschätzung erteilt. Hinzu kommen Aufträge aus dem Ersatzteilgeschäft sowie interner Bedarf, z. B. für Versuche und Prototypen. Die Summe aller Aufträge stellt das Produktionsprogramm dar. Zunächst teilt man das Produktionsprogramm auf in Aufträge an

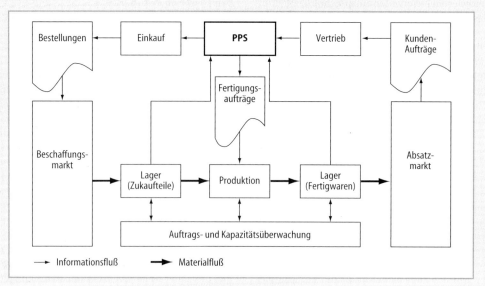

Bild 14-7 Eingliederung der PPS in den Material- und Informationsfluß

die eigene Produktion und in Bestellungen auf dem Beschaffungsmarkt, wobei natürlich die Lagerbestände sowie die laufenden Produktionsaufträge zu berücksichtigen sind. Eine permanente Überwachung des Auftragsflusses und der Kapazitätsbelastung liefert die notwendigen Rückmeldungen an die PPS.

Die aus dem Auftragsbestand resultierende Belastung und die zur Verfügung stehende Kapazität können offensichtlich um so weniger - genau bestimmt werden, je später der Zeitpunkt für die gewünschte Aussage liegt, ob die Wunschtermine eingehalten werden können. Auch sind bei Einplanung der Aufträge nicht immer alle Informationen über den genauen Produktionsablauf vorhanden. Daher ist eine Planung in Stufen zunehmender Genauigkeit üblich, die auch als Grob-, Mittel- und Feinplanung bezeichnet und zyklisch durchlaufen wird.

Bild 14-8 zeigt den Grobablauf der PPS mit den wesentlichen Funktionen [Hac92, Mer95]. Die langfristige Produktionsprogrammplanung bestimmt meist monatlich aufgrund von Absatzprognosen und vorliegenden Kundenaufträgen unter Berücksichtigung der vorhandenen Kapazitäten den Primärbedarf, d.h. eine Auflistung verkaufsfähiger Erzeugnisse nach Art und Menge für einen Planungshorizont von einem bis zu mehreren Jahren.

Die mittelfristige Planung umfaßt zum einen die Mengenplanung (Materialbedarfsplanung)

sowie zum anderen die Termin- und Kapazitätsplanung und Auftragsfreigabe. Aufgabe der Mengenplanung ist es, den Bedarf an Eigenfertigungsteilen und Fremdteilen nach Art, Menge und Termin aufgrund der in den Stücklisten ent-

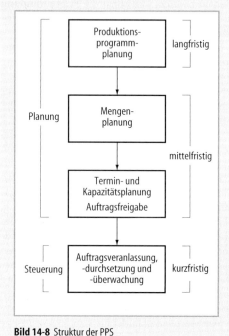

Bild 14-8 Struktur der PPS

haltenen Komponenten zu bestimmen. Dabei ist das zeitliche Schwanken der Lagerbestände an Rohmaterial, Halbfabrikaten und verkaufsfähigen Erzeugnissen zu berücksichtigen. Bedarfe für dieselbe Komponente, die in einem wählbaren Zeitraum mehrfach auftreten, faßt man zu einem Los zusammen.

Für die Eigenfertigungsteile schließt sich zunächst eine sog. Durchlaufterminierung an, bei der ausgehend vom Endtermin anhand der aus dem Arbeitsplan entnommenen Arbeitsvorgangsfolge der Starttermin bestimmt wird. Die folgende Kapazitätsplanung prüft die hieraus resultierende Beanspruchung der Maschinen- und Personalkapazitäten und entscheidet ggf. über einen Belastungsabgleich durch Kapazitätsanpassung oder Terminverschiebung.

Kurz vor dem Starttermin prüft schließlich die Auftragsfreigabe, ob alle Voraussetzungen zur Auftragsdurchführung gegeben sind: die Verfügbarkeit von Material, Kapazität und Betriebsmitteln. Dies findet meist wöchentlich mit einem Zeithorizont von einem bis zu sechs Monaten statt.

Die freigegebenen Aufträge werden im Rahmen der kurzfristigen Auftragsveranlassung detailliert zeitlich einzelnen Maschinen und Arbeitsplätzen in Form eines Belegungs- und Terminplans zugeordnet, die Auftragsbegleitpapiere werden bereitgestellt und die Aufträge durch die Materialbereitstellung gestartet. Hier beträgt der Planungshorizont eine bis mehrere Wochen. Die Belegungsplanung erfolgt häufig täglich, die Auftragsstarts sind laufend über den Arbeitstag verteilt. Der Produktionsablauf wird ständig überwacht. Hierzu erfolgen ständige Rückmeldungen über abgeschlossene Arbeitsvorgänge, häufig mit Hilfe spezieller Einrichtungen zur Betriebsdatenerfassung (BDE). Die Daten dienen zum einen zur Erfassung des Auftragsfortschritts. Zum anderen werden daraus periodisch Kennwerte zur Überwachung von Auslastung, Bestand, Durchlaufzeit, Termineinhaltung usw. berechnet, vgl. insbesondere 18.2.

Die Realisierung der geschilderten Funktionen erfolgte zunächst manuell mit Hilfe von Auftragslisten, Karteikarten und Planungstafeln. Mit zunehmender Rechnerkapazität wurden immer mehr Aufgaben maschinell abgewickelt. Eine vollautomatische PPS ist jedoch konzeptionell fragwürdig, mit vertretbarem Aufwand nicht realisierbar und wegen der Trennung von planenden und ausführenden Tätigkeiten auch nicht wünschenswert.

14.1.4 Grundsätze von PPS-Systemen

Die dargestellten Funktionen der PPS können in sehr unterschiedlicher Weise verknüpft und realisiert werden, was die außerordentliche Vielfalt der Erscheinungsformen in der Praxis begründet. Bestimmende Faktoren sind
- die Kopplungsart der Funktionen,
- die Auslösungsart der Produktionsaufträge,
- der Umfang und die Häufigkeit der Funktionsaufrufe,
- der Grad der Rechnerunterstützung,
- der Integrationsgrad in die übrige betriebliche Informationsverarbeitung,
- der Grad der Kundenorientierung.

Kopplungsart

Die geschilderten Schritte der PPS wurden früher als sog. Sukzessivplanung abgewickelt. Darunter versteht man, daß die Funktionen der PPS nach und nach ablaufen, also auf den Annahmen der vorhergehenden Funktion aufbauen, ohne daß zwangsläufig sichergestellt ist, daß die Ergebnisse der folgenden Funktion mit den Annahmen der vorhergehenden Funktion verglichen und diese ggf. korrigiert werden. Ein Beispiel hierfür ist in der Mengenrechnung die Annahme von Wiederbeschaffungszeiten für Eigenfertigungsteile, die nicht mit den Ergebnissen der Durchlaufterminierung abgeglichen werden.

Bei Beginn des Rechnereinsatzes in der PPS beschränkten sich die ersten Programmsysteme zunächst auf die Mengenplanung. In der amerikanischen Literatur wird diese Planung MRP I (Material Requirement Planning) genannt.

Ein nächster wichtiger Entwicklungsschritt bestand in der Rückkopplung von Planungsergebnissen eines Planungsschrittes auf die vorangegangenen. Dadurch wird sichergestellt, daß Restriktionen, die erst in den Folgeschritten erkennbar werden, ggf. zu einer Revision des vorangegangenen Schrittes führen. Dieser Ansatz führte in den USA zum sog. MRP-II-Konzept (Material Resource Planning). Es entspricht größtenteils dem deutschen PPS-Ansatz. Jedoch ist bei MRP II der Produktionsprogrammplanung noch eine in monetären Größen dargestellte Geschäftsplanung vorangestellt, die auf Produktgruppenebene erfolgt und auf dem in der Unternehmensplanung erstellten Absatzplan basiert.

Das Prinzip der Rückkopplung führt in seiner weiteren Konsequenz zu einem System vermaschter Regelkreise. Es setzt zum einen voraus, daß die Ergebnisse des Realprozesses anhand von ständig erfaßten Betriebsdaten zu Kennzahlen verdichtet werden, die den Zielgrößen vergleichbar sind (s. Kap. 18) und daß zentrale Planungsgrößen wie Plandurchlaufzeiten und Kapazitätswerte auf allen Planungsstufen permanent abgeglichen werden.

Auch bei einer rückgekoppelten Durchführung der PPS-Funktionen ist innerhalb der Bausteine eine nacheinander ablaufende Terminierung und anschließende Ressourcenbetrachtung üblich. Daher werden seit längerer Zeit sog. Simultanplanungen gefordert, die auf der Basis von Methoden der linearen Programmierung eine betriebswirtschaftliche Optimierung des Produktionsprogramms unter Einbezug von Kosten- und Erlöswirkungen anstrebt [Sch 90a]. Simultan bedeutet in diesem Zusammenhang, daß in einem einzigen Rechenlauf die Termin-, Kapazitäts- und Zuordnungsplanung mit dem Ziel eines kostenminimalen Produktionsablaufs erfolgt. Wegen der Größe des Datenvolumens – insbesondere bei der variantenreichen Serienfertigung – ist dieser Ansatz nur auf der Ebene von Erzeugnis- und Kapazitätsgruppen realisierbar.

Auslösungsart

Produktionsaufträge ergeben sich entweder aus Kundenbestellungen, durch Abrufe von Teilaufträgen aus Rahmenverträgen oder als Lageraufträge auf der Basis von Verkaufsprogrammen. Die Komponenten dieser Aufträge können entweder Bedarfsverursachern zugeordnet sein, oder sie werden unabhängig von ihrem Verbrauch losweise gefertigt. Der Start der Betriebsaufträge erfolgt entweder nach dem Schiebeprinzip (Push) oder nach dem Ziehprinzip (Pull).

Beim Schiebeprinzip startet man Aufträge (Lose) für bestimmte Teilenummern, die durch eine Auftragsnummer, eine Stückzahl und einen Endtermin gekennzeichnet sind. Sie werden dann entsprechend ihrer Dringlichkeit von Arbeitsplatz zu Arbeitsplatz „geschoben". Demgegenüber werden beim Ziehprinzip Aufträge dadurch gestartet, daß der Verbraucher (Kunde) der erzeugenden Abteilung (Lieferant) einen Auftrag für eine Teilenummer über eine vereinbarte Menge direkt mit Hilfe eines umlaufenden Abrufbeleges erteilt, wenn der Vorrat beim Verbraucher eine Sicherheitsmenge unterschritten hat. Nach dem Warenhausprinzip „zieht" der Verbraucher beim Lieferanten Ware ab. Dieser

bezieht sein Ausgangsmaterial wiederum bei seinem Lieferanten, der auch ein externer Lieferant sein kann. Eine eigentliche Auftragsnummer gibt es bei diesem Prinzip nicht. Realisiert wird dieses Prinzip meist in Fertigungsinseln oder -segmenten [Wil94] nach dem Kanban-Verfahren oder Fortschrittszahlenkonzept (s. 14.4).

Funktionsaufrufe

Die einzelnen Funktionen der PPS werden entweder zyklisch oder fallweise als Programmbausteine des PPS-Systems aufgerufen und abgearbeitet. Dabei unterscheidet man zwischen Batchbetrieb und Dialogbetrieb. Die Batchverarbeitung erfolgt für Funktionen mit großen Datenmengen, wie z.B. Stücklistenauflösung oder Durchlaufterminierung. Der Dialogbetrieb betrifft Funktionen, die einzelne Aufträge oder Kapazitätsgruppen ansprechen und personelle Entscheidungen verlangen, wie z.B. Auswärtsvergabe, Terminverschiebungen oder Kapazitätsanpassung. Auch werden zunehmend sog. Simulationsfunktionen angeboten, die das Durchspielen bestimmter Belastungssituationen unter verschiedenen Annahmen erlauben und naturgemäß im Dialog zwischen dem PPS-System und dem Benutzer ablaufen.

Eine weitere wichtige Unterscheidung der Funktionsaufrufe betrifft den Umfang der ausgesprochenen Aufträge. Werden alle vorliegenden Aufträge vollständig durchgearbeitet, spricht man von einem Neuaufwurf. Werden nur neue oder geänderte Aufträge und die davon betroffenen Kapazitätseinheiten fallweise betrachtet, spricht man vom Net-change-Prinzip.

Rechnerunterstützung

Die PPS-Funktionen werden durch drei Techniken der Informationsverarbeitung realisiert. Datenbanken speichern und verwalten die umfangreichen Stamm- und Bewegungsdaten. Mit Hilfe von Datenbankabfragesprachen sind Auswertungen möglich. Die eigentlichen Rechenoperationen erfolgen durch Funktionsmodule, die im Batch- oder Dialogbetrieb aufgerufen werden. Diese greifen Ausgangsdaten aus Datenbanken ab und legen die Ergebnisse in Datenbanken ab. Die Aufbereitung der Ergebnisse erfolgt zunehmend mit Hilfe der graphischen Datenverarbeitung in Form standardisierter farbiger Bildschirmdarstellungen, häufig unter Einsatz der Fenstertechnik.

Zunehmend erfolgt eine Verteilung der Funktionen auf mehrere Rechner. Ein Zentralrechner hält und verteilt die Daten und erledigt zeitraubende Batchläufe, während vernetzte Workstations und Personal Computer die lokal benötigten Funktionen dezentral ausführen. Durch Einführung autonomer Fertigungs- und Montageinseln werden Funktionen der Feinplanung zunehmend von den Mitarbeitern „vor Ort" wahrgenommen, lediglich Start und Ende eines Fertigungsauftrags sind dem übergeordneten PPS-System noch bekannt.

Integration der PPS

Die PPS ist mit allen betrieblichen Funktionen verknüpft, die an der Realisierung von Aufträgen beteiligt sind. Sie basiert auf Informationen, die von Konstruktion, Arbeitsplanung und Qualitätsplanung zur Gestaltung der Produkte und der zu ihrer Herstellung erforderlichen Prozesse in Form von Stücklisten, Arbeitsplänen und Prüfplänen zur Verfügung gestellt werden.

Die Integration der Informationen entlang des Materialflusses im Prozeß von Beschaffung, Lagerung, Produktion und Versand erfolgte bereits in den siebziger Jahren in PPS-Systemen. Allerdings mußten die Informationen über den Produktaufbau, die Arbeitspläne und Betriebsmittel in sog. Stammdateien manuell eingegeben und gepflegt werden. Mitte der achtziger Jahre wurde unter dem Begriff CIM (Computer-Integrated Manufacturing) die durchgängige Verknüpfung dieser Daten realisiert. Damit wird ein integrierter EDV-Einsatz mit der gemeinsamen, bereichsübergreifenden Nutzung einer Datenbasis angestrebt.

Zur Beschreibung des CIM-Ansatzes sind zahlreiche Darstellungen entwickelt worden. Bild 14-9 zeigt als Beispiel das anschauliche Y-Modell von Scheer [Sch90b]. Hier ist die Informationsverarbeitung eines Produktionsbetriebes auf der linken Seite nach den PPS-Funktionen entlang der logistischen Auftragsabwicklung und auf der rechten Seite nach den geometrisch-technischen Funktionen der Produkt- und Prozeßgestaltung sowie der Bewegungssteuerung der Produktionseinrichtungen gegliedert. Stücklisten, Arbeitspläne und Betriebsmitteldaten bilden die auftragsunabhängigen Grunddaten, die von den technischen Funktionen erzeugt und von den PPS-Funktionen genutzt und gepflegt werden. Die Integration der Funktionen geht mittlerweile über das einzelne Unternehmen

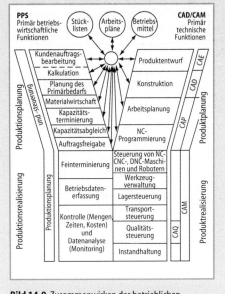

Bild 14-9 Zusammenwirken der betrieblichen Informationssysteme (Scheer)

hinaus bis zu einem elektronischen Datenaustausch von Auftrags- und Produktdaten mit Lieferanten und Kunden.

Die datenmäßige Verknüpfung der PPS mit den übrigen betrieblichen Funktionen bezieht sich zum einen auf Grunddaten und zum anderen auf Bewegungsdaten. Grunddaten werden aus den CAD-, CAP- und CAQ-Systemen übernommen, Bewegungsdaten des laufenden Prozesses aus den Steuerungen der Werkzeugmaschinen, Roboter, sowie Lager- und Transporteinrichtungen oder aus speziellen Einrichtungen zu Betriebsdatenerfassung (BDE). Dieses erklärt, warum die PPS häufig auch als Integrationskern eines CIM-Systems bezeichnet wird.

Grad der Kundenorientierung

Seit Beginn der 90er Jahre wird die PPS in ihrer Aufgabenverteilung, ihrer informationstechnischen Realisierung und hinsichtlich der eingesetzten Verfahren zunehmend unter dem Gesichtspunkt der Kundenorientierung diskutiert. Der klassische zentrale Ansatz hat teilweise zu recht komplexen Systemen mit langen Antwortzeiten und einer Überbetonung lokaler Optima geführt, wie z.B. bei den sog. wirtschaftlichen Losgrößen oder den rüstzeitoptimalen Reihenfolgen. Dabei war die Kundenzufriedenheit immer mehr in den Hintergrund getreten. In vie-

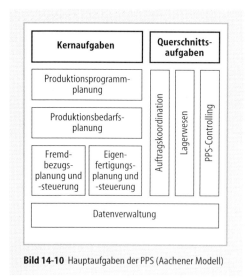

Bild 14-10 Hauptaufgaben der PPS (Aachener Modell)

Diagram contents:

Kernaufgaben	Querschnitts-aufgaben

Produktionsprogramm-planung

Produktionsbedarfs-planung

Fremd-bezugs-planung und -steuerung | Eigen-fertigungs-planung und -steuerung

Auftragskoordination | Lagerwesen | PPS-Controlling

Datenverwaltung

len Unternehmen ist inzwischen erkannt worden, daß die Liefertreue und die Lieferzeit zu wesentlichen Wettbewerbsfaktoren geworden sind.

Nach Untersuchungen des Forschungsinstituts für Rationalisierung an der RWTH Aachen (fir) ergibt sich daraus für die PPS statt der typischen sukzessiven Aufgabenabarbeitung nach lang-, mittel- und kurzfristigem Planungshorizont die in Bild 14-10 dargestellte vernetzte Aufgabenstruktur (Hor94). Als Kernaufgaben erscheinen vier Bereiche, welche die in 14.1.3 kurz geschilderten PPS-Funktionen mit dem Ziel einer möglichst hohen Reaktionsfähigkeit auf Kundenwünsche strukturieren. Die Produktionsprogrammplanung erfolgt mit dem Ziel, den Absatzplan auf seine Durchführbarkeit zu prüfen sowie die kundenanonyme Vorplanung und die kundenspezifische Auftragsplanung in einem Planungsraster abzustimmen. Die Produktionsbedarfsplanung faßt die Materialbedarfsplanung sowie die Durchlaufterminierung und Kapazitätsabstimmung zusammen. Als Ergebnis erhält man Eigenfertigungs- und Bestellaufträge nach Art, Menge und Bereitstelltermin. Diese werden in zwei weitgehend autonomen Funktionen weiter ausgeplant und gesteuert. Dabei kommen für die Eigenfertigungsteile je nach Fertigungsorganisation selbststeuernde Verfahren mit Kanban-Karten, Freigabeverfahren wie die belastungsorientierte Auftragsfreigabe oder elektronische Leitstände zum Einsatz. Auch für den Fremdbezug stehen je nach Wert und Verbrauchskonstanz unterschiedliche Verfahren zur Verfügung, die von der klassischen

Bestellmengenrechnung bis hin zu einem Abruf direkt aus der Fertigung oder Montage, z. B. mittels Fax, reichen. Generell werden diese Aufgaben so nah wie möglich in die durchführenden Bereiche verlagert und zunehmend nicht nur die Ausführung, sondern auch die Wahl der eingesetzten Verfahren und Hilfsmittel möglichst den Mitarbeitern in einem bestimmten Rahmen selbst überlassen. Als Leitgedanke gilt die Vorstellung, daß sich jeder Bereich als Lieferant eines abnehmenden Bereichs versteht.

Um die Effizienz der gesamten Wertschöpfungskette sicherzustellen, sind neben diesen vier Kernaufgaben drei Querschnittfunktionen erforderlich, die eher zentralen Charakter haben. Die Auftragskoordination dient der Abstimmung der an einem Kundenauftrag beteiligten Bereiche und gewinnt mit abnehmender Eigenfertigung und zunehmender Unternehmenskooperation als sogen. Auftragszentrum an Bedeutung. Das Lagerwesen hat die Führung, Bewertung und Beurteilung des Bestandes sowie das Bestandsmanagement zur Aufgabe. Neue Methoden des Monitoring und der Diagnose dienen der ständigen Verbesserung dieses Funktionsbereichs. Schließlich entwickelt sich das PPS-Controlling immer stärker zu einer eigenständigen Querschnittsaufgabe im Sinne einer ständigen Verbesserung der Logistik. Die Datenverwaltung ist sowohl Kern- als auch Querschnittsaufgabe und wird immer mehr zum Datenmanagement auf der Basis relationaler Datenbanken. Neben der aufwandsarmen Speicherung ist die Reduktion der Daten auf das Notwendige sowie die ständige Bereinigung und Aktualisierung der Daten zu beachten. Auch die Prüfung der Qualität der Rückmeldedaten ist eine bisher vernachlässigte Aufgabe, die von der Datenverwaltung zu lösen ist.

Literatur zu Abschnitt 14.1

[Ada93] Adam, D.: Produktionsmanagement. 7. Aufl. Wiesbaden: Gabler 1993

[Bra73] Brankamp, K.: Ein Terminplanungssystem für Unternehmen der Einzel- und Serienfertigung. 2. Aufl. Würzburg: Physica 1973

[Cor94] Corsten, H. (Hrsg.): Handbuch Produktionsmanagement, Strategie. Wiesbaden: Gabler 1994

[Eid89] Eidenmüller, B.: Die Produktion als Wettbewerbsfaktor. 3. Aufl. Köln: Vlg. Industrielle Organisation 1995

[Fie94] Fieten, R.: Integrierte Materialwirtschaft. In: [Cor94]

[Gla92] Glaser, H.; Geiger, W.; Rohde, V.: PPS – Produktionsplanung und -steuerung. 2. Aufl. Wiesbaden: Gabler 1992

[Gro78] Grochla, E.: Grundlagen der Materialwirtschaft. 3. Aufl. Wiesbaden: Gabler 1978

[Hac89] Hackstein, R.: Produktionsplanung und -steuerung (PPS). 2. Aufl. Düsseldorf: VDI-Vlg. 1989

[Hor94] Hornung, V.; u.a.: Aachener PPS-Modell. Sonderdruck 6/94 des Forschungsinstituts für Rationalisierung (fir) an der RWTH Aachen 1994

[Jün90] Jünemann, R.: Materialfluß und Logistik. Berlin: Springer 1989

[Mer95] Mertens, P.: Integrierte Informationsverarbeitung, Bd. 1: Administrations- und Dispositionssysteme in der Industrie. 10. Aufl. Wiesbaden: Gabler 1995

[Pfo90] Pfohl, H.-C.: Logistiksysteme. 4. Aufl. Berlin: Springer 1990

[Sch90a] Scheer, A.-W.: Wirtschaftsinformatik. 3. Aufl. Berlin: Springer 1990

[Sch90b] Scheer, A.-W.: CIM: Computer Integrated Manufacturing. 4. Aufl. Berlin: Springer 1990

[Spu94] Spur, G.; Stöferle, Th. (Hrsg.): Handbuch der Fertigungstechnik, Bd. 6: Fabrikbetrieb. München: Hanser 1994

[Wed89] v. Wedemeyer, H.-G.: Entscheidungsunterstützung in der Fertigungsteuerung mit Hilfe der Simulation. (Fortschrittber. VDI, Reihe 2, Nr. 176). Düsseldorf: VDI-Vlg. 1989

[Wie87] Wiendahl, H.-P.: Belastungsorientierte Fertigungssteuerung. München: Hanser 1987

[Wie93] Wiendahl, H.-P.; Nyhuis, P.: Die logistische Betriebskennlinie. In: RKW-Handbuch Logistik, Nr. 6110, Lfg. XI/93. Berlin: Erich Schmidt 1993

[Wil92] Wildemann, H.: Die modulare Fabrik. 4. Aufl. München, TCW Vlg. 1994

[Zäp89] Zäpfel, G.: Strategisches Produktionsmanagement. Berlin: de Gruyter 1989

14.2 Funktionen und Phasen der Produktionsplanung und -steuerung

Die in 14.1.2 behandelte Abhängigkeit der PPS von den Produktionszielen sowie die zahlreichen Interdependenzen zwischen diesen Zielen führen dazu, daß der gesamte Fertigungsbereich als ein einziger Optimierungskomplex zu betrachten ist. Man benötigt u.a. Optimierungsmodelle für die Ermittlung der günstigsten Losgrößen, der kostenminimalen Sortenschaltung und optimalen Reihenfolge von Fertigungsaufträgen, der optimalen Instandhaltungsintervalle, der Verschnittminimierung oder der optimalen Verfahrenswahl (s.a. 5.3).

Diese Optimierungsmodelle stehen in starker Wechselwirkung, was einen simultanen Lösungsansatz erfordert, wenn das theoretische Optimum erreicht werden soll. Das zeigen die folgenden beispielhaften Überlegungen:

1. Durch Raffung von Bedarfen zu Losen werden zukünftige Bedarfe früher als notwendig produziert. Möglicherweise tritt nun gerade in dieser frühen Periode eine Kapazitätsüberlastung ein. Deren Bewältigung ist entweder mit Überstunden und damit erhöhten Kosten verbunden oder verlangt die Splittung des Loses in mehrere Teile, von denen einige in späteren Perioden gefertigt werden. In beiden Fällen büßt man Nutzeffekte der Losbildung wieder ein.

2. Die Losgrößenermittlung erfordert die Kenntnis der Rüstkosten pro Los. In vielen Produktionszweigen – so in der Stahlindustrie – sind diese Rüstkosten aber nicht konstant, sondern eine Funktion der Reihenfolge (Problem der optimalen Sortenschaltung).

3. Bei vielen Produktionsprozessen treten Verschnittprobleme auf. Die Verschnittoptimierung hat Einfluß auf die Materialkosten, aber auch auf die Kapazitätsausnutzung. Durch geschickte Kombination von Aufträgen wird die Produktivität erhöht. Da zur Produktion des Vormaterials, das durch Verschnitt zu Abfall wird, Kapazitäten vorgelagerter Fertigungsstufen erforderlich waren, kann eine gute Kombination von Aufträgen an einer einzigen Maschine zur Erhöhung der Kapazitätsausnutzung der gesamten Fertigung führen. Das Verschnittproblem steht aber in Verbindung mit der Losbildung; z.B. mögen durch ein Vorziehen von noch nicht fälligen Betriebsaufträgen besonders günstige Verschnittkombinationen gelingen. Man erkauft diesen Vorteil mit den Kosten der Lagerung dieser vorgezogenen Auftragsmengen.

4. Die Terminierung der vorbeugenden Instandhaltung [War92, Eve92] ist ein besonderes Optimierungsproblem, das wiederum im Zusammenhang mit der Terminierung der Fer-

tigungsaufträge zu sehen ist, damit einerseits
möglichst nicht wichtige Fertigungsaufträge durch Maßnahmen der vorbeugenden Instandhaltung verzögert werden und andererseits nicht durch zu langes Hinausschieben von Maßnahmen der Instandhaltung ungeplante und mit hohen Kosten verbundene Ausfälle auftreten.

5. Die Bedingungen der Fertigung sind im Zusammenhang mit Optimierungsproblemen aus anderen Funktionsbereichen zu sehen. Hier sei nur die Abstimmung zwischen der Produktionsplanung und der Lagerhaltung mit ihren Restriktionen, wie z. B. begrenzter Lagerraum oder begrenzte Haltbarkeit der gelagerten Güter, erwähnt.

Nun verlangt schon die isolierte Betrachtung einzelner Optimierungsprobleme zum Teil nach praxisfremden Annahmen oder nicht mit vertretbarem Aufwand rechenbaren mathematischen Modellen. Erst recht muß dann eine simultane Betrachtung der Optimierungsaufgaben Ansätze liefern, die gegenwärtig selbst mit Hilfe der Informationsverarbeitung (IV) unlösbar sind. In Anbetracht dieser Schwierigkeiten wird die theoretisch wünschenswerte simultane Betrachtung in der Praxis in eine pragmatische, sequentielle aufgelöst.

14.2.1 Produktionsprogrammplanung

In zeitlicher Hinsicht bildet die mittel- bzw. langfristige Produktionsprogrammplanung den Ausgangspunkt der PPS. Sie sorgt für einen groben Abgleich zwischen gewünschten Absatz- bzw. Produktionsmengen und den vorhandenen Fertigungskapazitäten. Eine frühzeitige Abstimmung von Kapazitätsangebot und -bedarf soll die Überlastung der Werkstatt und Komplikationen bei der Werkstattsteuerung durch unrealistisch geplante Produktionsaufträge verhindern und damit an einem wichtigen PPS-Problem ansetzen.

Durch Investition in Kapazitäten, Einplanung von Überstunden, verstärkten Fremdbezug oder auch durch Reduktion der Absatzplanmengen kann man ggf. verhindern, daß in der Produktion der nächsten Monate zu viele Engpässe entstehen, die Kapitalbindung wächst, Liefertermine versäumt werden usw. Einen Überblick über Maßnahmen zur kurzfristigen Kapazitätsanpassung findet sich bei Wiendahl [Wie89: 240 ff.]

14.2.1.1 Absatzprognose

Die Eingangsgrößen der Produktionsprogrammplanung sind neben dem vorhandenen bzw. geplanten Kapazitätsangebot vor allem die vorliegenden Aufträge sowie Absatzprognosen. Die erteilten Aufträge, wie z. B. die Kundenaufträge oder betriebsinterne Entwicklungsaufträge, werden durch Kundenbestellungen bzw. neue Produktentwicklungen ausgelöst. Die künftigen Aufträge schätzt man dagegen durch Prognose- oder Hochrechnungen. Einen Überblick über verschiedene Prognoseverfahren gibt [Mer94]. Wegen der langfristigen Ausrichtung der Produktionsprogrammplanung (Planungshorizonte von einem oder gar mehreren Jahren sind die Regel) sind derartige Vorhersagen stets mit Unsicherheiten behaftet, so daß meist nur vergleichsweise einfache Verfahren angebracht sind. Ein häufig benutztes Verfahren ist die exponentielle Glättung:

Das einfache exponentielle Glätten 1. Ordnung geschieht nach der Formel

$$M^{*}_{i} = M^{*}_{i-1} + a \left(M_{i-1} - M^{*}_{i-1} \right),$$

M^{*}_{i} vorhergesagter Bedarf für die Periode i,
M^{*}_{i-1} vorhergesagter Bedarf für die Periode i-1,
M_{i-1} tatsächlicher Bedarf in der Periode i-1,
a Glättungsparameter ($0 \leq \alpha \leq 1$).

Der in der Periode i-1 für die Periode i „neu" vorhergesagte Bedarf errechnet sich also, indem man zum „alten" Vorhersagewert der Periode i-1 einen Bruchteil a des letzten Vorhersagefehlers addiert. Wählt man a groß, so reagiert der Prognoseprozeß relativ empfindlich auf die jüngsten Beobachtungen. Wählt man a klein, so gehen die Vergangenheitswerte stärker in die Abschätzung ein.

Bei trendförmigen Verläufen der Bedarfe eilen die mit dem Verfahren der exponentiellen Glättung 1. Ordnung gewonnenen Prognosewerte den Ist-Werten zuweilen beträchtlich nach. Verbesserungen erreicht man mit der exponentiellen Glättung 2. Ordnung.

Die Formel für den Glättungswert 2. Ordnung lautet:

$$M^{*2}_{i} = M^{*2}_{i-1} + a \left(M^{*1}_{i-1} - M^{*2}_{i-1} \right).$$

In dieser Beziehung spielt der wie oben ermittelte Glättungswert 1. Ordnung M^{*1}_{i-1} die Rolle, welche die beobachteten Lagerabgänge M_{i-1} in der Formel zur Berechnung des Glättungswertes 1. Ordnung übernehmen. (Zur Unterscheidung sind die Glättungswerte 1. und 2. Ordnung mit den hochgestellten Indizes 1 bzw. 2 versehen.) Man kann sich die Glättung 2. Ordnung als eine „Glättung der Glättungswerte 1. Ordnung" vorstellen.

Zeigen die Absatzmengen einen typischen Saisonverlauf, so sind die Glättungswerte einer Korrektur zu unterziehen, z.B. durch Multiplikation eines sog. Grundwertes mit einem Saisonfaktor. Der Grundwert repräsentiert die saisonbereinigte Absatzmenge und wird mit exponentieller Glättung 1. Ordnung fortgeschrieben. Liegt etwa die Absatzmenge im Juli 20 % über, im August 30 % über und im Januar 25 % unter dem Jahresmittel, so wird man den Grundwert für den Juli mit $f = 1{,}20$, den für August mit $f = 1{,}30$ und den für Januar mit $f = 0{,}75$ multiplizieren. Da sich das Saisonprofil allmählich verlagern mag, z.B. weil ein bisher vorwiegend als „Durstlöscher" benutztes Getränk nicht mehr allein im Sommer, sondern als Mixgetränk auch im Winter gekauft wird, so kann man den Saisonfaktor seinerseits glätten. Das bekannteste Verfahren dieser Kategorie ist das von Winters.

14.2.1.2 Grobplanung

Zur Ermittlung des Kapazitätsbedarfs des geplanten Absatzprogramms existieren verschiedene Verfahren, deren Anwendbarkeit vom Mengengerüst des einzelnen Betriebs abhängt [Mer92]:

Grobfaktoren. Das auch als CPOF (Capacity Planning using Overall Factors) bezeichnete Verfahren verwendet historische Faktoren (Vergangenheitswerte der prozentualen Kapazitätsbelastung auf ausgewählten Arbeitsplätzen), die z.B. über die Betriebsdatenerfassung (s. 14.2.7.4) ermittelt werden. Die Güte der Ergebnisse hängt entscheidend davon ab, inwieweit der zukünftige Produktmix und die Arbeitsverteilung zwischen den Arbeitsplätzen noch den Vergangenheitsdaten entsprechen. Das Verfahren soll mit Hilfe von Bild 14-11 verdeutlicht werden.

Die für die einzelnen Perioden geplanten Einheiten (aggregierte Enderzeugnisse) erfordern im Durchschnitt eine bestimmte Zahl von Arbeitsstunden. Man kann daher zunächst von den aggregierten Enderzeugnismengen auf das benötigte Arbeitsstundenvolumen schließen. Weiterhin mögen aus Aufzeichnungen Anteilswerte bekannt sein, mit denen sich dieses Kapazitätsmaß – das Arbeitsstundenvolumen – auf die Be-

triebsmittelgruppen aufteilt. Der Kapazitätsbedarf an einzelnen Betriebsmitteln ist nun leicht ermittelbar. Neben der stark vergröberten Betrachtungsweise und den nicht erfaßten Divergenzen zwischen altem und neuem Produktmix liegt ein gravierender Nachteil des Verfahrens darin, daß es keinerlei Zeitstruktur (z.B. Vorlaufzeitverschiebungen, Aufteilung der Durchlaufzeit auf mehrere Planungsperioden usw.) berücksichtigt.

Matrizenverfahren. Aus den für die administrative und dispositive Informationsverarbeitung benötigten Dateien (Stücklisten, Arbeitspläne usw.) werden Tabellen bzw. Matrizen aufgebaut, die die wichtigsten Unternehmensdaten in verdichteter Form enthalten, so daß sich der Speicher- und Rechenzeitbedarf in Grenzen halten. Der Kapazitätsbedarf wird in mehreren Stufen ermittelt.

Aus den gespeicherten Erzeugnisstrukturen (Stücklisten) kann man eine Gesamtbedarfsmatrix erstellen. Sie ähnelt im Prinzip einer Mengenübersichtsstückliste und zeigt die Zusammensetzung der Fertigerzeugnisse F_m aus den Teilen T_n. Der Begriff „Teil" steht hier für Rohstoffe, Einzelteile, Materialien oder gesamte Baugruppen; auch Montageprozesse können in der Matrix berücksichtigt werden.

Mit Hilfe der Arbeitsplandatei generiert das Verdichtungsprogramm die „Kapazitätsbedarfsmatrix (Vorstufe)", welche die zeitliche Inanspruchnahme der Kapazitätseinheiten B_i durch eine Einheit des Teiles T_n enthält. Die Werte werden meist in Vorgabestunden angegeben und auch als Standardzeit bezeichnet.

Durch Multiplikation der Gesamtbedarfsmatrix mit der „Kapazitätsbedarfsmatrix (Vorstufe)" gewinnt man die Kapazitätsbedarfsmatrix (s. Bild 14-12), die als Matrixelemente den Kapazitätsbedarf enthält, der am Betriebsmittel B_i zur Fertigung einer Einheit des jeweiligen Endprodukts F_m benötigt wird.

Das Verfahren berücksichtigt zunächst ebenfalls keine Zeitstruktur. Es läßt sich jedoch um die Dimension Zeit erweitern. Hierfür wird zu den Komponentenbedarfen abgespeichert, wieviel Zeit vor dem Ablieferdatum des Endprodukts sie bereitgestellt werden müssen. Diese Zeit ist in vielen Stücklistenorganisationen als „Vorlaufverschiebung" verfügbar. So entsteht aus einer Kapazitätsbedarfsmatrix ein Kapazitätsbedarfswürfel, wie ihn Bild 14-13 zeigt.

Profilmethode. Die Profilmethode dient ebenfalls dazu, die Zeitstruktur zu berücksichtigen.

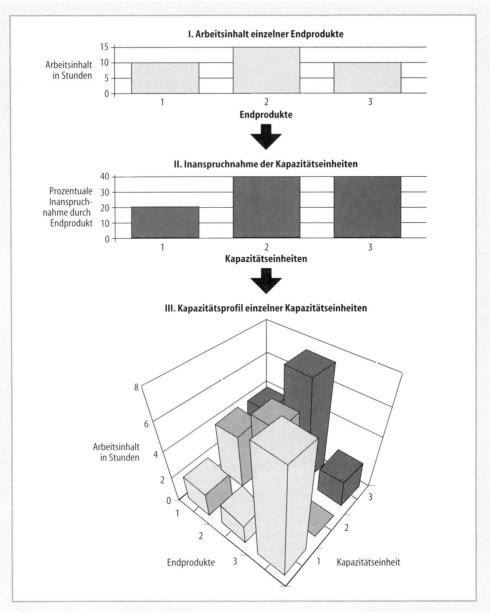

Bild 14-11 Beispiel für die Grobfaktorenmethode

Profile werden verwendet, um die Kapazitätsinanspruchnahme für Endprodukte über der Zeitachse darzustellen. Sie lassen sich in grober Form gewinnen, wenn man die Vorlaufzeitverschiebungen für die einzelnen Stücklistenstufen heranzieht. Bild 14-14 zeigt zwei Beispiele.

Die Perioden sind spaltenweise, die beanspruchten Ressourcen zeilenweise aufgetragen. Der Begriff der Ressource umfaßt nicht nur Personal- und Maschinenkapazitäten, sondern jedes begrenzt vorhandene Einsatzmittel. Ein Matrixelement sagt somit aus, wieviele Einheiten einer Ressource das betrachtete Erzeugnis in welcher Periode verbraucht. Die Zeitstruktur des Bedarfs wird durch diese Vorgehensweise grundsätzlich berücksichtigt. Den Gesamtkapazitätsbedarf einer Ressource erhält man für jede Periode, indem man die Matrixelemente, die

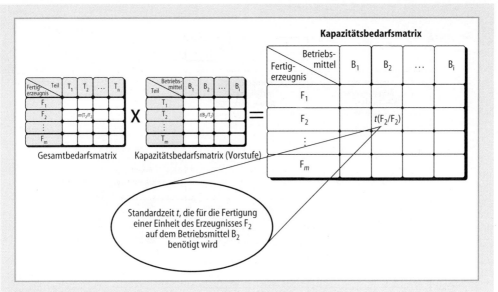

Bild 14-12 Kapazitätsbedarfsmatrix

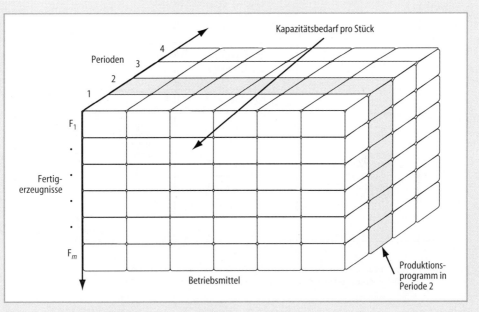

Bild 14-13 Kapazitätsbedarfswürfel

sich auf die entsprechende Ressource beziehen, spaltenweise summiert.

Wegen der Ähnlichkeit der Darstellung und der Berücksichtigung der Vorlaufverschiebung lassen sich die Grobplanungsprofile auch als „Kapazitätsstücklisten" bezeichnen. So wie eine klassische Stückliste den Bedarf an Komponen-

ten und – in Sonderformen – an Betriebsmitteln zeigt, stellt eine Kapazitätsstückliste den Kapazitätsbedarf dar.

Bereits in mittleren Betrieben ist die Produktionsprogrammplanung durch die meist sehr hohe Anzahl von Teilen enorm erschwert. Deshalb stellt sich an diesem Punkt die Frage nach

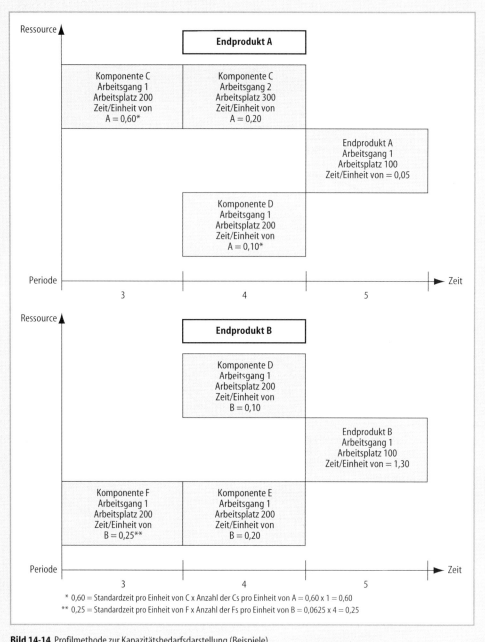

Bild 14-14 Profilmethode zur Kapazitätsbedarfsdarstellung (Beispiele)

dem optimalen Aggregations- bzw. Detaillierungsgrad: Bei zu hoher Verdichtung verlieren die von der Produktionsprogrammplanung generierten Ergebnisse an Aussagekraft oder führen aufgrund von Kompensationseffekten gar in die Irre. Bei zu niedriger Verdichtung steigt der Rechenaufwand stark an, und die Resultate geraten oft in einen Widerspruch zu den Ergebnissen der Feinplanung, wie etwa der Zeitpunkt, zu dem ein einzelnes Los eine bestimmte Maschine beansprucht.

Bild 14-15 veranschaulicht das Mengengerüst und die möglichen Aggregationsstufen der Produkte eines mittleren Industriebetriebs mit

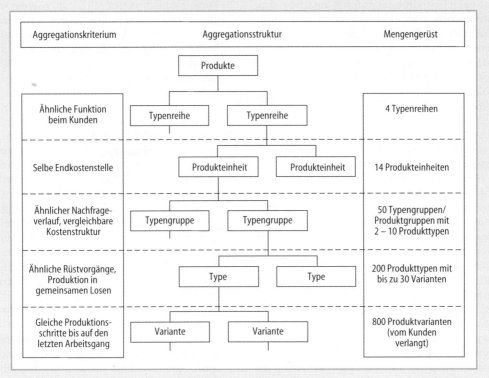

Aggregationskriterium	Aggregationsstruktur	Mengengerüst

Produkte

Ähnliche Funktion beim Kunden	Typenreihe — Typenreihe	4 Typenreihen
Selbe Endkostenstelle	Produkteinheit — Produkteinheit	14 Produkteinheiten
Ähnlicher Nachfrageverlauf, vergleichbare Kostenstruktur	Typengruppe — Typengruppe	50 Typengruppen/ Produktgruppen mit 2 – 10 Produkttypen
Ähnliche Rüstvorgänge, Produktion in gemeinsamen Losen	Type — Type	200 Produkttypen mit bis zu 30 Varianten
Gleiche Produktionsschritte bis auf den letzten Arbeitsgang	Variante — Variante	800 Produktvarianten (vom Kunden verlangt)

Bild 14-15 Produktaggregation in einem mittleren Industriebetrieb (Beispiel)

mehrstufiger Fertigung und breitem Produktionsprogramm für eine mittelfristige (ein Jahr) Grobplanungskonzeption. Die Verdichtung der Kapazitäten erfolgte in Abstimmung mit der Produktaggregation. Fertigungskostenstellen sind so zu 14 Kapazitätsgruppen zusammengefaßt, daß sie die Produkteinheiten 1:1 abbilden. Aufgrund von (günstigen) Betriebsbesonderheiten war es möglich, ohne Informationsverlust gewisse Größen (z.B. Vorlaufzeiten) zu vernachlässigen.

Es liegt nahe, sich bei der Ressourcengrobplanung nur auf Engpässe zu konzentrieren, zumindest in Betrieben, bei denen diese kritischen Kapazitäten nicht rasch wechseln. Dies ist bei einem hohen Prozentsatz der Fertigungsbetriebe der Fall. Im übrigen sind wechselnde Engpässe oft die Folge schlechter Ressourcengrobplanung, weil dann die Flaschenhälse mit den zuviel bestätigten Kundenaufträgen bzw. den daraus abgeleiteten Betriebsaufträgen durch das Unternehmen wandern.

In vielen Betrieben ist es lohnend, Engpässe beim Personal mit bestimmtem Qualifikationsprofil zu berücksichtigen, da die Mitarbeiter ebenfalls als betriebswirtschaftliche Kapazitäten begriffen werden müssen, mit denen eine Abstimmung vorzunehmen ist. Auch hier tauchen Aggregationsprobleme auf, vor allem in Verbindung mit flexiblen Arbeitszeitmodellen und vor dem Hintergrund deutscher Arbeitszeitregelungen.

Eine leistungsfähige Primärbedarfsplanung mit Abstimmung zwischen den aus der Absatzprognose kommenden Kapazitätsanforderungen einerseits und dem verfügbaren Kapazitätsangebot andererseits ist ein wesentliches, aber nicht das einzige Merkmal, das neue MRP-II-Systeme (Manufacturing Resource Planning Systems) von älteren MRP-I-Systemen (Material Requirements Planning Systems) unterscheidet (s. 14.2.7.1).

14.2.1.3 Lieferterminbestimmung

Aufgabe der Lieferterminbestimmung im Rahmen der Angebotsbearbeitung und der Auftragsbestätigung ist die Ermittlung des verbindlichen Liefertermins. Dabei besteht die Schwierigkeit, daß nicht bekannt ist, wie die Kapazitätssituation beim Eintreffen des Auftrags aussehen wird, weil zwischenzeitlich andere Aufträge hereingenommen worden sein können. Obwohl hierfür heuristische Verfahren vorgeschlagen worden sind [Bra68: 44 ff.], wird man es i. allg. bei einem einfachen Mensch-Maschine-Dialog mit einer Datenbankabfrage zur gegenwärtigen Kapazitätssituation und zu den übrigen offenen Angeboten belassen. Eventuell kann man zur jeweils aktuellen Kapazitätsauslastung einen Erfahrungswert für die durchschnittliche Erfolgsquote der Angebote addieren [Mer95: 62 f.].

Bei genauerer Betrachtung muß unterschieden werden, ob der Auftrag, für den der Liefertermin bestimmt werden soll, sofort aus dem Fertiglager beliefert werden kann oder ob die gewünschten Produkte erst hergestellt werden müssen. Im ersten Fall erübrigt sich eine weitere Terminprüfung (jedoch sind unter Umständen Richtlinien der Reservierungspolitik zu beachten). Im anderen Fall sind die Produktionswege, ausgehend vom reifsten verfügbaren Zwischenprodukt, bis zur Fertigstellung zu durchlaufen, im Extremfall reiner Kundenauftragsfertigung also alle Arbeitsgänge, beginnend mit der ersten Bearbeitung des Rohstoffes; gegebenenfalls ist auch die Zeit zur Beschaffung von Fremdbezugsteilen zu berücksichtigen. Dabei ist das Auftragsvolumen, das sich bei Annahme des fraglichen Auftrages ergeben würde, der jeweiligen Produktions- und eventuell der Versandkapazität gegenüberzustellen, um die möglichen Liefertermine zu ermitteln. Strenggenommen müßte der vollständige Fertigungsablauf einschließlich aller Losbildungen unter Einschluß des fraglichen Auftrages durchgerechnet sein, bevor über die Einhaltung eines Kunden-Wunschtermins geurteilt werden kann. Diese Lösung wäre jedoch nicht praktikabel.

Vereinfachte Verfahren der Terminprüfung

---

a) Man fragt ab, wann wieviel Rohstoffe oder Zwischenprodukte und die Kapazitäten von Engpaß-Betriebsmitteln verfügbar sind. Ein Programm rechnet mit Hilfe der in den Fertigungsvorschriften gespeicherten Durchlaufzeiten durch Rückwärtsterminierung (s. 14.2.3) aus, wann ein Auftrag die kritische Anlage spätestens belegen *muß*, um den Kunden-Wunschtermin zu halten, und durch Vorwärtsterminierung, wann er frühestens dort bearbeitet werden *kann*. Ist zwischen diesen beiden Terminen Kapazität frei, so wird der

Kundenwunsch akzeptiert. Diese Prozedur ist nur sinnvoll, wenn jeder Auftrag auf nicht mehr als zwei, höchstens drei Engpässe treffen kann [Zim87: 32 f.]. In vielen Betrieben ist dies der Fall, da im Zuge der Automation einige wenige der automatisierten, hochausgelasteten und nur schwer auf eine größere Leistung umzustellenden Anlagen das Termingeschehen bestimmen.

b) Eine sehr einfache Lösung besteht darin, für bestimmte Produktgruppen die mittlere Durchlaufzeit vom Beginn der Fertigung bis zum Versand fortzuschreiben (z. B. mit dem Verfahren der exponentiellen Glättung 1. Ordnung, s. 14.2.1.1) und diese Werte der Terminprüfung zugrunde zu legen. Die Durchlaufzeit kann z. B. gemessen werden, indem bei jedem Kundenauftrag zu Beginn des ersten zugehörigen Betriebsauftrages und bei Versand der Ware das Datum festgehalten wird. Vor der Löschung der Kundenaufträge wird die so ermittelte Durchlaufzeit unter der Produktgruppe gespeichert.

c) Wenn die Aufträge sehr unterschiedlich sind und daher die Angabe einer mittleren Durchlaufzeit pro Produktgruppe aufgrund von Vergangenheitswerten der Aufträge statistisch zu ungenau wäre, ist in Erwägung zu ziehen, die Durchlaufzeit durch Summation der in den Arbeitsplänen bzw. Fertigungsvorschriften zu findenden Rüst- und Stückzeiten genauer zu ermitteln. Die ungewissen Liegezeiten des Auftrages, Wartezeiten auf Vormaterial usw. müssen dabei durch Zuschläge berücksichtigt werden, in denen aber wieder beträchtliche Unsicherheiten stecken.

d) Sind die starken Vereinfachungen, die das Vorgehen gemäß a) bis c) verlangt, nicht zulässig, so kann sich eine Methode empfehlen, die die Kapazitäten zu möglichst wenigen Kapazitätsgruppen zusammenfaßt und deren Ausnutzung fortschreibt [Heß75: 78 f.]. Die im Produktionsprogramm des Unternehmens vorkommenden Aufträge werden in ein Raster fiktiver Auftragstypen ("Stellvertreteraufträge") eingeordnet. Für jeden Auftrag ist der Bedarf der Kapazität in den einzelnen Kapazitätsgruppen (errechnet als gewichteter Mittelwert aus dem Bedarf der zugeordneten Aufträge, wobei die Gewichtung anhand der Planumsatzmengen erfolgt) gespeichert. Dann werden nur die für den typisierten Auftrag gültigen Kapazitätseinheiten in der Reihenfolge der Bearbeitung abgefragt und die Aufträge terminiert. Zur Bildung solcher Auftragsgruppen kann die Clusteranalyse herangezogen werden. Anregungen zur Aggregation der benötigten Detaildateien enthält [Wit85]. Das Verfahren versagt allerdings, sobald die Reihenfolgen der Aufträge auf den Maschinen stark schwanken.

Genügt wegen der auftretenden Ungenauigkeiten keines der angegebenen vier Verfahren den Ansprüchen, so ist zum Zweck der Terminprüfung eine vollständige Terminierung erforderlich (s. 14.2.3).

14.2.1.4 Vorlaufsteuerung für Konstruktion und Arbeitsplanung

Soweit bei stark auftragsspezifischer Fertigung das ganze Erzeugnis oder Teile davon erst konstruiert werden müssen, sind bei der Lieferterminbestimmung die Zeiten für den Konstruktionsprozeß und die anschließende Arbeitsplanung zu berücksichtigen. Diese Abschätzung erfolgt in der Regel auf der Basis von Erfahrungswerten (s.a. 7.3, 7.4). Unter günstigen Bedingungen lassen sich einfache Kennzahlen bilden und als Erfahrungswert benutzen, so etwa:

Durchlaufzeit in Konstruktion und Arbeitsplan
Stückpreis des Erzeugnisses

Da ein Auftrag durch Unaufmerksamkeit bei diesen Schritten schon frühzeitig in Terminnot geraten kann, ist der Fortschritt ähnlich genau zu kontrollieren wie in der Produktion selbst (s. 14.2.7.4). Gegebenenfalls dienen die neuesten Beobachtungen dazu, die Erfahrungswerte fortzuschreiben.

Besonders bei Unternehmen des Maschinenbaus mit auftragsgebundener Fertigung, so im Anlagenbau, werden die Produktionstermine stark durch Einflüsse bestimmt, die außerhalb der Werkstätten liegen. In Unternehmen mit Auftragsfertigung entfallen im Mittel über 50 % der Gesamtdurchlaufzeit der Aufträge auf die Bereiche Konstruktion, Beschaffung und Arbeitsvorbereitung [Trä91]. Dies macht deutlich, daß realistische Planungsergebnisse nur unter Berücksichtigung von Konstruktion und Arbeitsvorbereitung erzielt werden können. Damit erweist es sich als notwendig, einen Auftrag „vom Kunden zum Kunden" terminlich zu planen und zu verfolgen. Diese Aufgabe kann aber nur mit einer übergeordneten Gesamtauftragssteuerung gelöst werden, die sowohl die Verbindung zwischen Produktion und Vertrieb herstellt als auch die Steuerung der Produktionsbereiche koordiniert.

14.2.2 Mengenplanung

Aufgabe der Mengenplanung ist es, den Bedarf an Eigenfertigungs- und Fremdteilen nach Art, Menge und Bereitstellungstermin zu bestimmen. Es werden drei verschiedene Bedarfsarten unterschieden. Der Bedarf an verkaufsfähigen Erzeugnissen – ob kundenanonym oder kundenspezifisch – ist der *Primärbedarf*. Denkt man sich das in der Regel mehrstufige Erzeugnis gemäß Erzeugnisgliederung bzw. Stückliste in seine Baugruppen und Einzelteile zerlegt, erhält man den *Sekundärbedarf*. Rohmaterial zählt gleichfalls zum Sekundärbedarf. Der *Tertiärbedarf* umfaßt den auf ein Erzeugnis entfallenden Bedarf an Betriebs- und Hilfsstoffen [Wie89: 294].

Zur Mengenplanung können entweder die von der Auftragserfassung und/oder Absatzplanung gemeldeten Endproduktbedarfe mit Hilfe der in den Stücklisten abgelegten Informationen in ihre Bestandteile zerlegt werden (deterministische oder programmgesteuerte Bedarfsrechnung), oder der Bedarf an Baugruppen, Teilen, Werkstoffen sowie Hilfs- und Betriebsstoffen wird aus der in der Vergangenheit aufgetretenen Nachfrage abgeleitet (stochastische oder verbrauchsgesteuerte Bedarfsrechnung). Diese periodenbezogenen Materialmengen des Primär-, Sekundär- und Tertiärbedarfs werden als *Bruttobedarfe* bezeichnet. Anschließend werden die Bruttobedarfe den Lager- und Werkstattbeständen in der sog. Abgleichsrechnung gegenübergestellt. Das Ergebnis sind die periodengerechten *Nettobedarfe*, die man schließlich zu wirtschaftlichen Losgrößen bündelt und als geplante Produktionsaufträge auf den niedrigeren Stufen weiterverarbeitet.

14.2.2.1 Deterministische Bedarfsrechnung

Auflösung von Stücklisten

Aufgabe der Stücklistenauflösung ist es, aus dem nach Menge und Termin bekannten Bedarf an einem übergeordneten Teil den Bedarf an einem untergeordneten Teil zu berechnen. Für die Stücklistenauflösung werden oft die Fertigungsstücklisten umorganisiert: Die ursprüngliche Strukturstückliste, die die Fertigungsstufen er-

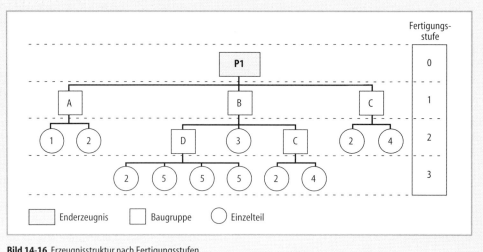

Bild 14-16 Erzeugnisstruktur nach Fertigungsstufen

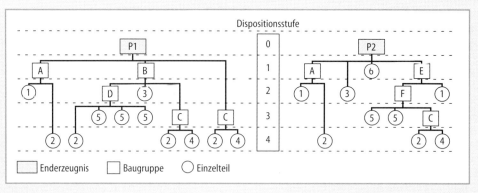

Bild 14-17 Erzeugnisstruktur nach Dispositionsstufen

kennen läßt (Bild 14-16), wird in eine andere überführt, welche die sog. Dispositionsstufen zeigt (Bild 14-17). Man erkennt, daß jedes Teil nur auf einer Stufe erscheint, und zwar auf der untersten, in der es in Bild 14-16 auftritt. Nun können die Bedarfe pro Teil unabhängig von ihrer Fertigungsstufe gemeinsam disponiert (z.B. zu Losen gebündelt) werden.

Beim Dispositionsstufen-Verfahren orientieren sich die Bruttobedarfsrechnung und der Abgleich mit den Beständen an dem in Bild 14-18 dargestellten Auflösungsschema, wobei im dargestellten Beispiel der gesamte Sekundärbedarf des Teils 3 aus den Produkten P1 und P2 ermittelt werden soll.

Da beim Dispositionsstufen-Verfahren jedes Teil in den Dispositionsstufenaufbau eingeglie-

dert und durch ein Stufenmerkmal gekennzeichnet werden muß, ist der Änderungsdienst erschwert.

Eine weitere Differenzierung der Bedarfsauflösungsverfahren erfolgt danach, ob stets der gesamte Primärbedarf aufgelöst wird oder ob sich die Auflösung auf die Ermittlung von Bedarfsänderungen (Differenzplanung oder „Net-change-Prinzip") beschränkt. Die Differenzplanung ist komplizierter, spart aber besonders bei großen Datenbeständen Verarbeitungszeit.

Bei der programmgesteuerten Bedarfsermittlung sollte ein On-line-Eingriff möglich sein, wobei der Sachbearbeiter z.B. nach Abarbeitung einer Dispositionsstufe noch einen Zusatzbedarf einfügen kann, um eine momentan schlecht ausgelastete Kapazitätseinheit zu füllen.

Dispo-Stufe			1	2	3	4	5	6	7		1	2	3	4	5	6	7
	Perioden Nr.		1	2	3	4	5	6	7		1	2	3	4	5	6	7
Dispo-Stufe 0	Primärbedarf in Periode	P1				8	14	12	15	P2				7	12	0	5
Dispo-Stufe 1	Sekundärbedarf Stufe 1	1 x B				8	14	12	15	1 x „3"				7	12	0	5
	Vorlauf-verschiebung	B			8	14	12	15		3			7	12	0	5	
	+ Zusatzbedarf	B				5	1	3	4								
	Gesamtnach-frage Stufe 1	B			8	19	13	18	4								
Dispo-Stufe 2	Sekundärbedarf Stufe 2	1 x „3"			8	19	13	18	4								
	Vorlauf-verschiebung	3		8	19	13	18	4									
	+ Sekundärbedarf höherer Stufen				7	12	0	5									
	Gesamter Sekundärbedarf Stufe 2	3		8	26	25	18	9									

Bild 14-18 Beispiel einer Auflösung nach Dispositionsstufen

Vorlaufverschiebung

Die bei der Stücklistenauflösung ermittelten Sekundärbedarfe einer niedrigeren Stufe müssen zeitlich in Richtung auf den Planungszeitpunkt „verschoben" werden. Diese Vorlaufzeit entspricht im einfachsten Fall der Durchlaufzeit auf der höheren Produktionsstufe. Beispiel: Wenn ein Endprodukt P1 zum Werkskalendertag 202 abzuliefern ist und Montagezeit (höchste Produktionsstufe) 20 Tage beträgt, müssen die zu montierenden Baugruppen spätestens am Werkskalendertag 202–20 = 182 von der zweithöchsten Produktionsstufe bereitgestellt werden (s. Bild 14-18). Die Durchlaufzeit pro Produktionsstufe i läßt sich in Abhängigkeit von der Bedarfsmenge Q mit Hilfe folgender Formel errechnen:

$$t_{d,i} = \sum_{j=1}^{m} \left(t_r + Q \cdot t_e + t_{\ddot{u}} \right) j,$$

t_{di}, Durchlaufzeit in der Produktionsstufe,
t_r Rüstzeit pro Arbeitsgang j einer Produktionsstufe,
t_e Bearbeitungszeit (Stückzeit) pro Arbeitsgang j einer Produktionsstufe,
$t_{\ddot{u}}$ Übergangszeit pro Arbeitsgang j einer Produktionsstufe,
Q Bedarf der Stufe,
m Anzahl der Arbeitsgänge pro Produktionsstufe und Teil.

Wenn die untergeordneten Komponenten eines Endproduktes bei der Montage nicht gleichzeitig benötigt werden (etwa daß Baugruppe A und B 20 Tage und Baugruppe C 12 Tage vor dem Fertigstellungstermin des Endprodukts verarbeitet werden), dann besteht die Möglichkeit, in den Arbeitsplänen des Endproduktes P1 festzuhalten, welches Teil bzw. welche Baugruppe bei welchem Arbeitsgang (zusätzlich) erforderlich ist. Dadurch wird es bei der Vorlaufverschiebung möglich, für verschiedene Komponenten eines übergeordneten Materials verschiedene Vorlaufzeiten zu ermitteln. Den gleichen Effekt erreicht man, wenn unterschiedliche Vorlaufzeiten für die Stücklistenpositionen gespeichert werden.

Ermittlung der Nettobedarfe

Nach der Errechnung der Bruttobedarfe einer Stufe werden diese mit den Lagerbeständen abgeglichen. Je nach der Verfeinerung der Lagerbestandsführung ergeben sich bei der Nettobedarfsermittlung unterschiedliche Regeln, nach denen vom Bruttobedarf Bestände abgesetzt werden:

1. Wird für die Teile ein Werkstattbestand geführt, so ist bei der Nettobedarfsermittlung der Teile außer dem Lagerbestand auch der Werkstattbestand periodengerecht vom Bruttobedarf der Baugruppe zu subtrahieren.

2. Bei kritischen Teilen kann neben dem normalen Lagerbestand ein Reservierungsbestand für geplante Aufträge angelegt werden, der z.B. im Anschluß an die Verfügbarkeitskontrolle (s. 14.2.4) gebildet wird. Soll bei der Verarbeitung ein anderer Auftrag als der, für den die Reservierung getätigt wurde, bedient werden, so ist der Reservierungsbestand bei der Nettobedarfsermittlung in einem gesonderten Rechenschritt vom Lagerbestand abzuziehen. Auf die gleiche Weise wird auch mit Sicherheitsbeständen verfahren. Man erhält so den verfügbaren Lagerbestand, der im nächsten Schritt vom Bruttobedarf subtrahiert wird.

3. Erwartet man in einer bestimmten Periode den Zugang einer bestellten Lieferung, so kann diese als Bestellbestand bei der Nettobedarfsermittlung vom Bruttobedarf periodengerecht abgezogen werden.

Das Ergebnis der Abgleichsrechnung sind die für den Planungszeitraum ermittelten Nettobedarfe.

Kann während der Fertigung der Teile Ausschuß entstehen, so muß dieser als Zusatzbedarf zum Nettobedarf hinzugerechnet werden. Es ergibt sich daraus für die Bestandsführung und damit für die Abgleichsrechnung die Konsequenz, daß bei Produktionsaufträgen, die aufgrund der Abgleichsrechnung geplant und veranlaßt werden, die bestellte Stückzahl mit der abgelieferten nicht übereinstimmen wird. Verwaltet man die geplanten Produktionsaufträge (Bestellbestände) und Werkstattbestände mit einem DV-System, so kann das Problem auf zwei Arten gelöst werden:

1. Es werden die Mengen, wie sie die Losgrößenrechnung ergibt, zwischengespeichert. Dann muß bei der Abgleichsrechnung von den Werkstatt- und Bestellbeständen der erwartete Ausschuß abgezogen werden (s. Bild 14-19).

2. Die Auftragsmenge wird vor der Speicherung sofort um den erwarteten Ausschuß reduziert.

Dann kann bei der Abgleichsrechnung unmittelbar mit diesen Werten weitergerechnet werden.

Der Zusatzbedarf für Ausschuß wird meist wie folgt bestimmt:

Man beobachtet die anfallende Ausschußmenge, und zwar entweder über die getrennt registrierten zusätzlichen (ungeplanten) Entnahmen vom Lager oder über die Differenzen zwischen entnommenen Teilen des Lagers der untergeordneten Stufe und den Ablieferungen von Baugruppen der übergeordneten Stufe an das nächst reifere Lager. Der Ausschuß wird ins Verhältnis zur Gutmenge gesetzt, wobei sich folgender Ausschußfaktor F_a ergibt:

$$F_a = \frac{\text{Ausschuß}}{\text{Nettobedarf} - \text{Ausschuß}}$$

Diesen Faktor braucht man in der Regel nur in bestimmten Zeitintervallen zu überprüfen. Er kann mit Hilfe der exponentiellen Glättung (s. 14.2.1.1) fortgeschrieben werden. Der Zusatzbedarf für Ausschuß errechnet sich dann durch Multiplikation des Nettobedarfs mit F_a. Man beachte, daß Ausschußprozentsatz und Ausschußfaktor nicht dasselbe sind. Bei einem Ausschußprozentsatz von 10 % beträgt der Ausschußfaktor, mit dem der Nettobedarf multipliziert werden muß, nicht 0,1, sondern 0,11.

Bild 14-19 zeigt Schema und Zahlenbeispiel einer Brutto- und Nettobedarfsrechnung für eine Baugruppe mit den oben aufgezeigten Besonderheiten. Der Vollständigkeit halber wurde bei der Darstellung auch die Zusammenfassung der Nettobedarfe in Losen berücksichtigt.

14.2.2.2 Stochastische Bedarfsrechnung

Neben dem deterministisch ermittelten Bedarf sind noch die Bedarfe an Teilen zu berücksichtigen, die im Rahmen der Materialdisposition verbrauchsgesteuert ermittelt werden, d.h. Bedarfe, die entweder als konstante, auf Erfahrung beruhende Werte angesehen oder aus den Vergangenheitsverbrauchsmengen abgeleitet werden. In den meisten Fällen ist die sog. (s,Q)-Politik sehr gut geeignet (s.a. 16.5.6.3). Dabei wird nach jeder Entnahme eines Teils geprüft, ob die Bestellgrenze s unterschritten ist. Wenn ja, bestellt man ein Los der Größe Q. Diese Politik läßt sich mit Hilfe von Bild 14-20 erklären, das auch

Perioden Nr.		1	2	3	4	5	6
1	Gersamter Sekundärbedarf einer Baugruppe (aus Stücklistenauflösung)	800	200	500	1200	900	300
2	+ Verbrauchsgesteuerter Bedarf	180	350	210	280	190	230
3	+ Primärbedarf (Erstzteile)	80	120	140	70	20	110
4	= Bruttobedarf	1060	670	850	1550	1110	640
5	Lagerbestand 2500 – Sicherheitsbestand 200 – Reservierungen* 700						
6	= Verfügbarer Bestand 1600	1600	540		400	300	
7	Bestellbestand 800 – Erwarteter Ausschuß (10 %) 80						
8	= Disponierbarer Bestellbestand 720			280	440		
9	Nettobedarf = 4 – 5 – 8 (Zwischensumme)	0	130	570	710	810	640
10	+ Zusatzbedarf (gerundet) für Ausschuß (10 %, Faktor 0,11)	0	15	63	79	90	71
11	= Erweiterter Nettobedarf	0	145	633	789	900	711
12	Losgröße	0	1567	0	0	1611	0

* Dieser Reservierungsbestand wird in den Perioden 4 und 5 zu verfügbarem Lagerbestand

Periodengerechter Bedarf für die weitere Verplanung bzw. Auflösung

Bild 14-19 Schema einer Brutto- und Nettobedarfsrechnung

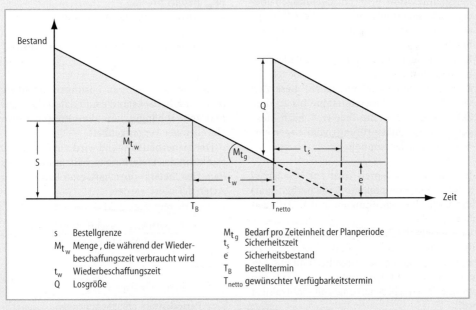

s Bestellgrenze
M_{t_w} Menge , die während der Wieder-beschaffungszeit verbraucht wird
t_w Wiederbeschaffungszeit
Q Losgröße

M_{t_g} Bedarf pro Zeiteinheit der Planperiode
t_s Sicherheitszeit
e Sicherheitsbestand
T_B Bestelltermin
T_{netto} gewünschter Verfügbarkeitstermin

Bild 14-20 Typischer Lagerbestandsverlauf für ein Teil bei der (s, Q)-Politik

als Lagermodell bezeichnet wird. Es stellt sich folglich die Aufgabe, Verfahren zu finden, mit denen sowohl die Frage „Bei welcher Lagermenge bzw. zu welchem Zeitpunkt wird eine Bestellung eingeleitet?" (Bestimmung der Bestellgrenze s bzw. des Bestelltermins T_B) als auch die Frage „Wieviel wird bestellt?" (Bestimmung der Losgröße Q) jeweils in Abhängigkeit von den jüngsten Prognosen und Kostendaten beantwortet werden.

Die Bestimmung der Bestellgrenzen entspricht der Beantwortung der Frage, wann ein Bestellvorgang einzuleiten ist. Grundsätzlich gilt: Die Bestellung muß so frühzeitig erfolgen, daß der vorhandene (verfügbare) Lagerbestand zur Deckung des Bedarfs, der in der Zeit bis zur Verfügbarkeit der zu bestellenden Teile anfällt, ausreicht, ohne daß ein eventuell vorhandener Sicherheitsbestand e angetastet wird.

Die Zeit, die von der Aufgabe einer Bestellung bis zur Verfügbarkeit der daraus resultierenden Lieferung vergeht, bezeichnet man meist als Wiederbeschaffungszeit. Darin sind in der Regel die Lieferzeit sowie alle Zeiten, die mit der Auftragsbearbeitung zusammenhängen, enthalten. Zur Errechnung der Wiederbeschaffungszeit t_w dient unter Zugrundelegung einer (s,Q)-Politik folgende Formel:

$$t_w = t_v + t_l + t_p \, .$$

t_v Vorbereitungszeit für die Bestellung; diese Zeitspanne wird z. B. für Entscheidungen über den Lieferanten oder über die Bestellmenge sowie zur Ausfertigung der Bestellunterlagen benötigt.
t_l Lieferzeit bei Fremdbezug bzw. Durchlaufzeit bei Eigenfertigung
t_p Zeit zum Prüfen und Einlagern; diese Zeit vergeht von der Warenannahme bis zu dem Zeitpunkt, zu dem die Teile (z. B. nach Mengen- und Qualitätsprüfung) vom Lager entnommen werden können.

In manchen Systemen wird zur Wiederbeschaffung eine Komponente t_s (Sicherheitszeit) addiert, die Überschreitungen in der Lieferzeit abfangen soll.

Der Bestelltermin T_B errechnet sich dann im einfachsten Fall aus dem Zeitpunkt T_{netto}, zu dem voraussichtlich der Lagerbestand auf den Sicherheitsbestand abgesunken sein wird, von dem die Wiederbeschaffungszeit subtrahiert wird:

$$T_{BF} = T_{netto} - t_w \, .$$

Jetzt muß noch der Bestelltermin mit dem verfügbaren Lagerbestand in Zusammenhang gebracht werden. Zu diesem Zweck wird die Zeitgröße t_w in die Mengengröße Bestand M_{tw} (Bedarf während der Wiederbeschaffungszeit) umgerechnet. Mit der eingangs gestellten Forderung „Lieferbereitschaft auch in der Wiederbeschaffungszeit" erhält man die mengenmäßige Bestellgrenze:

$$s = M_{tg} \cdot t_w + e \text{ mit } M_{tw} = M_{tg} \cdot t_w$$

M_{tg} Bedarf pro Zeiteinheit der Planperiode (meist pro Tag),
e Sicherheitsbestand.

Der Sicherheitsbestand dient zur Abdeckung von Vorhersagefehlern (Bedarfsabweichungen), Bestandsabweichungen, Abweichungen der Liefermenge und Lieferverzögerungen. Im einfachsten Fall wird er unmittelbar vom Sachbearbeiter vorgegeben. Man kann ihn jedoch auch aus der Angabe errechnen, für wie viele Tage t_s der Sicherheitsbestand reichen soll, indem man zunächst den durchschnittlichen Abgang pro Tag ermittelt. Dies geschieht mit Hilfe der Formel

$$M_{tg} = \frac{M_v}{t_p} \, ,$$

M_v prognostizierter Gesamtbedarf im Planungszeitraum,
M_{tg} Bedarf pro Tag,
t_p Anzahl der Tage im Planungszeitraum.

Den Sicherheitsbestand e erhält man aus

$$e = M_{tg} \cdot t_s \, .$$

In anspruchsvolleren Lösungen macht man den Sicherheitsbestand e und damit die Sicherheitszeit abhängig von den Prognoseabweichungen der Vergangenheit.

Der Sicherheitsbestand wird vielfach als eine Funktion des Lieferbereitschaftsgrades angesehen. Der Lieferbereitschaftsgrad kann auf drei Arten definiert werden:

Lieferbereitschaftsgrad

$$= \frac{\text{sofort befriedigte Nachfrage je Periode}}{\text{gesamte Nachfrage je Periode}} \cdot 100\%$$

oder

Lieferbereitschaftsgrad

$$= \frac{\text{Periodenzahl ohne Fehlmengen}}{\text{Gesamtperiodenzahl}} \cdot 100\%$$

oder

Lieferbereitschaftsgrad

$$= \frac{\text{Wert der Lieferungen pro Jahr}}{\text{Wert der Lagerabrufe pro Jahr}} \cdot 100\%.$$

In der Festsetzung Sicherheitsbestand $e =$ Standardabweichung σ_M · Sicherheitsfaktor f gibt der Sicherheitsfaktor f an, wie oft die Standardabweichung des Bedarfs σ_M aus dem Sicherheitsbestand gedeckt werden könnte, um einen bestimmten Lieferbereitschaftsgrad zu erreichen. Die Standardabweichung ist definiert als

$$\sigma_M = \sqrt{\frac{1}{n} \sum_{i=1}^{n} \left(M_i - M_i^* \right)^2}$$

M_i^* vorhergesagter Bedarf für die Periode i
   $(i = 1, 2, \ldots, n)$
M_i tatsächlicher Bedarf in der Periode i

Legt man für die Abweichungen zwischen dem vorhergesagten und dem tatsächlich beobachteten Bedarf eine Normalverteilung zugrunde, so entspricht einem Lieferbereitschaftsgrad von 84,13 % der Sicherheitsfaktor von $f = 1$, einem Lieferbereitschaftsgrad von 97,72 % der Faktor $f = 2$ und einem Lieferbereitschaftsgrad von 99,87 % der Faktor von $f = 3$. Aus diesem Zahlenbild ist ersichtlich, daß mit steigendem Lieferbereitschaftsgrad die Sicherheitsbestände und damit die Lagerkosten sehr stark zunehmen.

Bei der bisherigen Darstellung ist außer Betracht geblieben, daß eine hohe Bestellmenge ihrerseits eine gewisse Sicherheit gewährleistet. Bestellt man einen Jahresbedarf von 6 000 Stück in 12 Losen zu je 500 Stück, so ist der durchschnittliche Lagerbestand während des Jahres 0,5 x 500 = 250 Stück. Plötzliche Bedarfsschübe in der Größenordnung von mehreren hundert Stück bedingen dann mit hoher Wahrscheinlichkeit, daß keine ausreichende Lieferbereitschaft besteht. Entscheidet man sich hingegen dafür, den Jahresbedarf mit zwei Bestellungen zu je 3 000 Stück zu decken, so beträgt der durchschnittliche Lagerbestand 0,5 x 3 000 = 1 500 Stück. Bedarfsschübe von mehreren hundert Einheiten führen nun viel seltener zu Unterdeckungen. Dem kann man z. B. dadurch Rechnung tragen, daß man große Lose mit geringen f-Werten koppelt.

In manchen Betrieben treffen zwischen dem Bestelltermin und dem geplanten Liefertermin Lieferungen aus früheren Dispositionen (der Fertigung oder des Einkaufs) ein. Daraus ergibt sich ein komplizierteres Auf und Ab des Lagerbestandes, als es durch die in Bild 14-20 gezeigte „Sägezahnkurve" dargestellt wird. Es muß dann berechnet werden, ob irgendwann bis zum Planungshorizont der Sicherheitsbestand unterschritten wird, also eine sog. Unterdeckung auftritt. Diese Methode nennt man Deckungsrechnung.

Treten keine allzu großen Bedarfsschwankungen auf, so ist es vertretbar, eine einmal ermittelte Bestellgrenze s über längere Zeit beizubehalten und nur gelegentlich Korrekturen aufgrund der unten erwähnten Überlegungen vorzunehmen.

Nehmen aber die Bedarfsschwankungen zu, so birgt dieses Verfahren die Gefahr erhöhter Lagerbestände bzw. von Fehlmengen in sich. Um diese Nachteile zu vermeiden, muß s in jeder Periode erneut berechnet werden.

Bestellgrenze bzw. Bestelltermin werden ferner dadurch beeinflußt, daß die Lieferzeit bei Fremdbezug vom Lieferanten und vor allem von dessen jeweiliger Auftragssituation abhängt. Es ist ratsam, die entsprechenden Daten auf dem neuesten Stand zu halten und bei der Errechnung der Wiederbeschaffungszeit zu berücksichtigen. Gehen die Bestellungen an die eigene Fertigung, so müssen deren Kapazitätsauslastung bzw. Auftragspolster und die für eine günstige Produktionsplanung eventuell erforderliche Vorlaufzeit ebenfalls berücksichtigt werden (s. 14.2.3).

14.2.2.3 Beschaffungsrechnung

Bei der Beschaffungsrechnung werden verschiedene Bedarfe des gleichen Materials innerhalb eines Zeitraums zusammengefaßt, d. h., es ist die Losgröße Q zu ermitteln. Ergebnis der Beschaffungsrechnung sind Bestellvorschläge für den Einkauf und ein Fertigungsprogramm für die Eigenfertigung.

Ermittlung der Bestellmenge (Losgröße)

Ist die Frage geklärt, *wann* bestellt werden soll, dann bleibt noch zu beantworten, *wieviel* zu bestellen ist, d. h., wie groß die Lose sein sollen. Bei der folgenden Betrachtung soll nicht zwischen Bestellungen bei Fremdlieferanten und Bestellungen, die bei der eigenen Fertigung erfolgen, unterschieden werden. Die verschiedenen Formeln gelten bei entsprechender Interpretation sowohl für Fremdbezugsmengen als auch für die im Rahmen der eigenen Fertigungsplanung mengenmäßig festzulegenden Fertigungsaufträge.

Die Zusammenfassung der Bedarfe zu Losen hat den Zweck, die je Los (Bestellung) fest anfallenden („losgrößenfixen") Kosten – bei Bestellung an die eigene Fertigung in der Hauptsache Rüstkosten, bei Fremdbezug fixe Beschaffungskosten – auf eine möglichst große Stückzahl zu verteilen. Dieser Tendenz zu möglichst großen Losen stehen die mit steigender Vorratsbildung wachsenden Lagerhaltungskosten gegenüber. Unter Berücksichtigung der fixen Kosten je Bestellung und der Lagerhaltungskosten läßt sich die optimale (kostenminimale) Losgröße ermitteln.

Eine sehr pragmatische Lösung besteht darin, daß der Disponent die Zahl der Perioden vorgibt, deren Bedarfe zu einem Los zusammengefaßt werden sollen.

Sehr bekannt ist die Losgrößenformel von Harris und Andler. Die Herleitung dieses Ausdrucks und verwandte Formeln findet man z.B. bei [Mey85: 165ff.]:

$$Q_{\mathrm{opt}} = \sqrt{\frac{200 \cdot A \cdot M_{\mathrm{ja}}}{P \cdot z}},$$

Q_{opt} optimale Losgröße,
A fixe Kosten pro Bestellvorgang bzw. fixe Rüstkosten je Fertigungslos
(wir bezeichnen diese Größe in der Folge einheitlich als Auflagekosten),
M_{ja} prognostizierter Jahresbedarf in Mengeneinheiten,
P Einkaufspreis bei Fremdbezug bzw. Herstellkosten bei Eigenfertigung je Mengeneinheit,
z Lagerhaltungskostensatz bezogen auf das im Lager gebundene Kapital in %.

Problematisch ist, welche Kosten in den Wert z einbezogen werden sollen. Wenn die Losgröße immer wieder kurzfristig berechnet wird, sollte man sich auf die auch in diesem kurzen Zeitraum beeinflußbaren und direkt zurechenbaren Kostenbestandteile konzentrieren. Das sind vor allem Zinsen und Schwund. Ist das Ziel der Losgrößenentwicklung hingegen, einen für längere Zeit gültigen Richtwert zu finden, so sollte man auch fixe Kostenbestandteile, wie z.B. Gebäude-

kosten, berücksichtigen. So erreicht man beispielsweise, daß sich für sperrige Artikel tendenziell kleinere Lose ergeben.

Wegen der vielen aus der Sicht der Praxis problematischen Prämissen, die der Herleitung dieser Formel zugrunde liegen (u.a. konstanter Bedarf über einen längeren Zeitraum, kontinuierliche Lagerentnahme), finden – vor allem über PPS-Standardsoftware – auch andere Losgrößenmethoden Eingang in die betriebliche Praxis. Diese tragen der Tatsache Rechnung, daß moderne Mengenplanungsverfahren die Bedarfe für eng definierte Perioden (Wochen oder gar Tage) vorgeben (s. Bild 14-21).

Ein auf diese diskreten Periodenbedarfe zugeschnittenes Verfahren ist das der gleitenden wirtschaftlichen Losgröße. Das Verfahren wird wie folgt durchgeführt:

Man errechnet als Hilfsgröße die Lagerkosten K_{e} für eine Einheit des Produkts (Teils) pro Periode:

$$K_{\mathrm{e}} = \frac{P \cdot z}{100 \cdot n},$$

wobei die Symbole die gleiche Bedeutung haben wie bei der Andler-Formel, n gibt die Anzahl der Perioden pro Jahr an.

Geht man davon aus, daß Lieferungen und Entnahmen jeweils zu Beginn einer Periode erfolgen, so lagert eine Menge, die in Periode i dem Lager zugeführt und in der Periode h ($i<h<j$) verbraucht wird, durchschnittlich $t_{\mathrm{h}} = (h-i)$ Perioden.

Für eine bestimmte Menge M_h, die in der Periode h benötigt wird, ergeben sich die Lagerkosten

$$K_{M_h} = K_{\mathrm{e}} \cdot M_h \cdot (h-j).$$

Wird nun in einem Los der Bedarf bis einschließlich Periode j gefertigt (bestellt) und eingelagert, so erhält man die gesamten Lagerkosten $K_{i,j}$ durch Summation der einzelnen Periodenkosten:

$$K_{i,j} = \sum_{h=i}^{j} K_{M_h} = K_{\mathrm{e}} \cdot \sum_{h=i}^{j} M_h \cdot (h-i).$$

Um die beeinflußbaren Gesamtkosten $K_{gi,j}$ zu berechnen, werden die auflagenfixen Kosten A addiert:

$$K_{gi,j} = A + K_{i,j}.$$

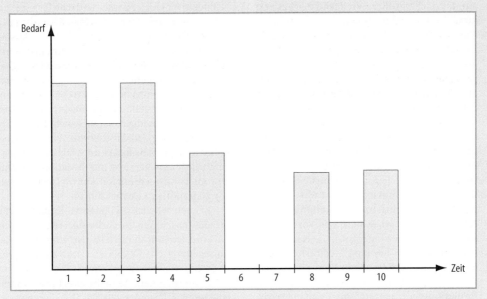

Bild 14-21 Beispiel einer diskreten Nettobedarfskurve

Daraufhin ermittelt man die durchschnittlichen Kosten $k_{i,j}$ je Stück, indem man die Gesamtkosten durch die bis zur Periode j anfallende Nachfragemenge teilt:

$$k_{i,j} = \frac{K_{gi,j}}{\sum\limits_{h=i}^{j} M_h} = \frac{A + K_e \cdot \sum\limits_{h=i}^{j} M_h \cdot (h-i)}{\sum\limits_{h=i}^{j} M_h}.$$

Da man annimmt, daß die optimale Losgröße dort liegt, wo die Stückkosten ein Minimum erreichen, erhöht man j nacheinander um jeweils 1 (im Extremfall bis w, wobei w die maximale Periodenzahl, bis zu der die Berechnung durchgeführt werden soll, angibt) und vergleicht nach jeder Erhöhung $k_{i,j}$ mit $k_{i,j-1}$. Ist $k_{i,j} < k_{i,j-1}$, so lassen sich die Stückkosten noch reduzieren, und es wird eine weitere Periode j in die Berechnung einbezogen. Ist jedoch $k_{i,j} > k_{i,j-1}$, so gibt das zu $k_{i,j-1}$ gehörende j die Periode an, bis zu der die Bedarfe M_h ($h = i$ bis j) für das in Periode i zu bestellende Los zusammengefaßt werden sollen.

Ein anderer bedeutender Ansatz ist die sog. Groff-Regel, die aufeinanderfolgende Bedarfe so lange zusammenfaßt, bis die Zunahme der Lagerkosten pro Periode erstmals größer ist als die Abnahme der losfixen Kosten pro Periode. Das

Verfahren nach Groff liefert sehr gute Ergebnisse in bezug auf das Optimum [Zol87].

Es gibt jedoch Fälle, in denen die skizzierten heuristischen Rechenverfahren dadurch, daß sie jeweils nur einen Bestellvorgang disponieren, das Gesamtoptimum verfehlen. Eine kritische Analyse findet man bei Steiner [Ste77]. Zwar sind exaktere Methoden, wie z.B. der Wagner-Whitin-Algorithmus, entwickelt worden, jedoch haben sie sich bisher kaum durchsetzen können, wohl weil sie sehr rechenaufwendig sind.

Die Mehrkosten bei kleineren Abweichungen vom Losgrößenoptimum sind relativ gering. Im Zweifel wirken sich Aufrundungen um eine bestimmte Menge über das theoretische Optimum hinaus weniger gravierend aus als Abrundungen um den gleichen Betrag.

Verschiedentlich werden die Bestelldispositionen durch besondere Lieferantenkonditionen beeinflußt. Dann müssen die zunächst berechneten Lose modifiziert werden:

1. Es ist zu prüfen, ob aufgrund der Preisbedingungen des Lieferanten eine größere Bestellmenge angebracht ist, weil so ein Sprung in einer Preisstaffel erreicht wird.

2. Wenn nur in Mengen bestellt werden kann, die das Vielfache von Verpackungseinheiten sind, muß bei der Ermittlung der Bestellmengen in entsprechenden Schritten vorgegangen werden, oder es sind die ermittelten Mengen

auf das nächstgrößere Vielfache der Verpackungseinheit aufzurunden.

3. Wenn Lieferanten bestimmte Mindestabnahmemengen vorschreiben, ist die Bestellmenge ggf. entsprechend aufzurunden.

4. Bieten Lieferanten Rabatte für Bestellungen an, die insgesamt eine bestimmte Größe erreichen, wobei diese Bestellmenge durch Zusammenfassung mehrerer Teile zustande kommen kann, so sind Verbundbestellungen (Sammelbestellungen) zu erwägen. Eine solche Verbunddisposition kann auch nützlich sein, wenn bestimmte Teile aus technischen Gründen immer zusammen gefertigt werden oder wenn die gemeinsamen Bestellungen verschiedener Teile wirtschaftliche Vorteile mit sich bringen, etwa eine optimale Auslastung der Transportmittel. Eine ausführliche Diskussion von Rechenverfahren zur Verbunddisposition im Rahmen einer integrierten Informationsverarbeitung findet sich in [Tru72: 366 ff.]. Eine pragmatische Lösung besteht darin, bei den Teilebeschreibungen Hinweise auf andere Teile zu geben, die einen Verbund bilden können, und bei der interaktiven Beschaffungsdisposition Daten, insbesondere Bestand und Lagerabgangsprognose, dieser anderen Teile am Bildschirm anzuzeigen.

Speziell im Rahmen der Produktionsplanung sind bei der Losgrößenrechnung noch folgende Varianten und Probleme zu berücksichtigen:

1. Wenn ein Änderungs- oder Auslauftermin bekannt ist, muß verhindert werden, daß man mehr fertigt, als bis zu diesem Termin verbraucht wird.

2. Es werden Parameter gesetzt und abgefragt, die Grenzen zu bestimmten Mindest- oder Höchstlosgrößen festlegen. Mindestlosgrößen können z. B. erwünscht sein, wenn festgestellt wird, daß im mittel- oder langfristigen Durchschnitt der Rüstzeitanteil in einer Produktionsstätte zu hoch war und dadurch zuviel Fertigungskapazität verlorenging. Falls aber kurzfristige Kapazitätsengpässe zu überwinden sind, kann sich die Festlegung von Höchstlosgrößen empfehlen, z. B. gemessen in der Zeitstrecke, über die Zukunftsbedarfe zu einem gegenwärtig aufzulegenden Los verbunden werden dürfen. Dadurch wird die gegenwärtig knappe Kapazität nicht zu stark durch die Produktion für zukünftige Bedarfe belegt. Auch aus Lagerkapazitäts- und Liquiditätsgründen können Höchstlosgrößen geboten sein.

Nachdem einerseits durch moderne Fertigungstechnologien die Rüstzeiten bzw. Rüstkosten an Bedeutung verlieren, die Lagerhaltungskosten wegen hoher Realzinsen, Lagerraumkosten, raschen technischen Veraltens und Verderbs eher an Gewicht zunehmen und schließlich immer kürzere Durchlaufzeiten angestrebt werden, tendieren viele Betriebe zu minimalen Losgrößen. Wie in einer Simulationsuntersuchung gezeigt wurde [Kno90], ist diese Politik vor allem bei höheren Kapazitätsauslastungsgraden nicht ungefährlich. Der Verzicht auf situationsgerechte Optimierungsrechnungen kann also nach wie vor zu unnötigen Kosten führen.

Um nach Möglichkeit keinerlei Kapazität von Engpaßmaschinen zu verlieren, ist es günstig, dort mit großen, an nicht kritischen Arbeitsstationen hingegen mit kleinen Losen zu operieren (s. 14.4.5).

In Unternehmen, die im Zweifel kurze Durchlaufzeiten minimalen Produktionskosten vorziehen, ist es zu erwägen, sog. durchlaufzeitminimale Losgrößen zu ermitteln: Bei großen Losen steigen die mittleren Durchlaufzeiten der gesamten Produktion an, weil sich die Wahrscheinlichkeit erhöht, daß während der Bearbeitung eines großen Loses an einem Engpaß Folgemaschinen unausgelastet bleiben und dadurch Produktionskapazität vergeudet wird. Hingegen führen sehr kleine Lose dazu, daß man Kapazität für Umrüstvorgänge opfert, was die Durchlaufzeiten ebenfalls verlängert [Zim87: 69]. Andere Ansätze berücksichtigen auch die Kapitalbindung während der Herstellung. Das ist sinnvoll, wenn die Verbrauchsreichweite etwa so groß ist wie die Durchlaufzeit in der Fertigung. Dieser von Bertram vorgeschlagene Ansatz führt zu gleichmäßigen Losgrößen und wirkt sich günstig auf Durchlaufzeiten und Bestände aus [Nyh90].

Bildung von Losen ähnlicher Teile

In Betrieben, die keine wirtschaftliche Losgrößen durch Zusammenziehen von mehreren Bedarfswerten eines Teils bilden können, z. B. weil keine Mehrfachverwendung eines Teils vorkommt und gleiche Sachnummern nur sehr selten zu mehreren Terminen hintereinander angesprochen werden, oder in Unternehmen, die flexible Fertigungssysteme einsetzen, kann eventuell eine wirtschaftliche Produktionsmenge durch Zusammenziehen von Bedarfswerten ähnlicher - Teile zu einer Teilefamilie erreicht werden. Vor-

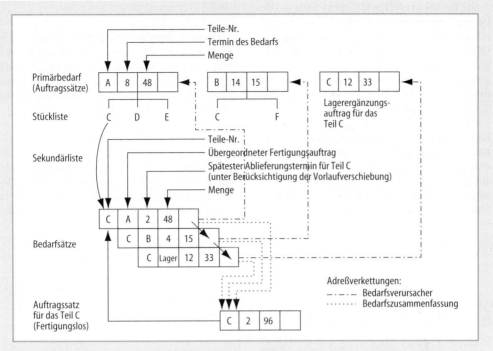

Bild 14-22 Vernetzung des Loses (Fertigungsauftrag) C mit seinen übergeordneten (verursachenden) Bedarfen

aussetzung dafür ist, daß sich die Teile nacheinander ohne nennenswerte zusätzliche Rüstzeit fertigen lassen. Derartige Verfahrensbausteine sind jedoch nur dann anwendbar, wenn, etwa über die Teilenummer, die zusammengehörigen Teile einer bestimmten Familie erkannt werden können.

Vernetzung von Produktionsaufträgen

Durch die Bedarfszusammenfassung und die oben behandelte Losgrößenbildung werden in den Nettobedarfen der Baugruppen und Einzelteile die Bedarfe für die verschiedensten Baugruppen höherer Stufen, Enderzeugnisse und Kundenaufträge vereint. Es kann wünschenswert sein, die Information, welcher Bedarf und damit welcher Produktionsauftrag bzw. welche Fremdbestellung zu welchem Bedarf auf den höheren Stufen gehört, durch eine Datenbankabfrage zu erhalten. Beispiele hierfür sind:

1. Ein Produktionsauftrag verzögert sich, und es muß nun festgestellt werden, welcher Kunde davon betroffen sein wird, so daß man ihn frühzeitig verständigen kann.
2. In manchen Branchen ist es für das Werkstattpersonal während des Fertigungsprozes-

ses wichtig zu wissen, in welche Enderzeugnisse oder Kundenaufträge ein gerade bearbeitetes Teil eingehen wird, weil man dann eventuell notwendige Entscheidungen leichter treffen kann, z.B. wenn Abmessungen eines Teils an der Toleranzgrenze liegen und sich die Frage stellt, ob man dieses Teil als Ausschuß betrachten muß.

In solchen Fällen wird man bei der Datenorganisation dafür Sorge tragen, daß die Zusammenhänge leicht rekonstruiert werden können. Bild 14-22 zeigt ein Beispiel. Es wird dargestellt, wann und mit welcher Menge das Los C in welche übergeordneten Teile bzw. Verwendungen eingeht. Wird diese Vernetzung von der untersten Auflösungsstufe bis zum Fertigprodukt exakt durchgeführt, so läßt sich leicht feststellen, welcher Teil eines untergeordneten Loses in einen bestimmten Kundenauftrag eingeht.

14.2.2.4 Abwicklung des Fremdbezugs

Der nachfolgende stichwortartige Überblick über die Abwicklung des Fremdbezugs greift der ausführlicheren Darstellung in 15.2 vor.

Dic Bestellvorschläge für Zukaufteile aus der Beschaffungsrechnung werden bei der Bestellschreibung nach Gesichtspunkten des Einkaufs überprüft, ggf. modifiziert und in versandfähige Bestellungen umgesetzt.

Die „Lieferantenauswahl" ist die Ermittlung des günstigsten Lieferanten hinsichtlich Bonität, Termintreue, Preis usw.

Die Bestellüberwachung verwaltet die Bestellungen, verbucht Bestätigungen, Bestelländerungen, Lieferzugänge, Nachlieferungen, Rechnungseingänge, überprüft die laufenden Bestellungen auf überfällige Bestätigungen, Lieferterminverzug, Lieferterminrückstand und unterstützt das Mahnwesen bei säumigen Lieferungen.

14.2.3 Termin- und Kapazitätsplanung

Im Bereich Termin- und Kapazitätsplanung geht es um die Planung des zeitlichen Ablaufs der Aufträge und der Kapazitätsauslastung. Ergebnis der Termin- und Kapazitätsplanung sind terminierte Aufträge und Kapazitätsbedarfslisten bzw. Arbeitsverteilungsvorschläge.

14.2.3.1 Durchlaufterminierung

Das Ergebnis der bisher behandelten Schritte ist die Bestimmung der in einem bestimmten Planungszeitraum zu fertigenden Lose. Dabei ist bekannt, wann der durch sie repräsentierte Be-

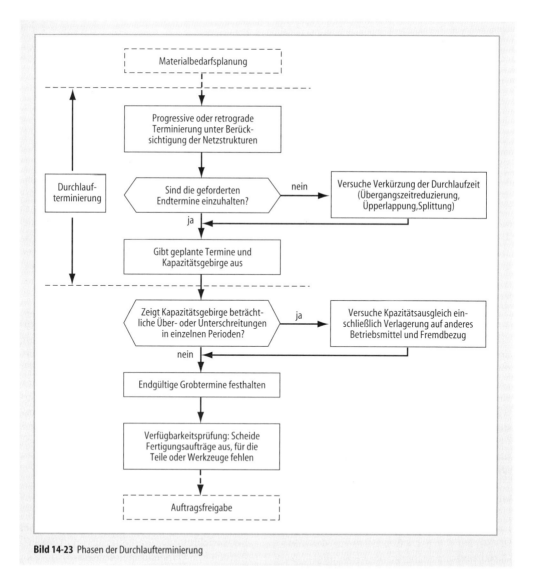

Bild 14-23 Phasen der Durchlaufterminierung

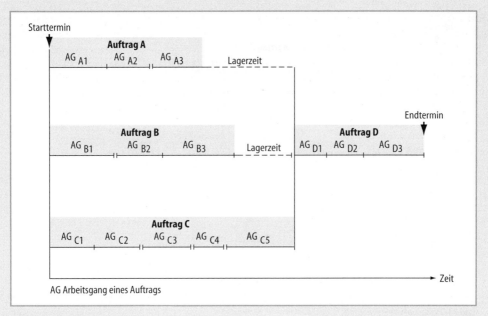

Bild 14-24 Vorwärtsterminierung

darf gedeckt sein muß, mit anderen Worten: man kennt den spätestmöglichen Fertigstellungstermin der Produktionsaufträge. Über die Vernetzung s. 14.2.2.3), die letztlich die Erzeugnisstruktur widerspiegelt, ergibt sich eine Struktur, wie sie z. B. in den Bildern 14-24 und 14-25 dargestellt ist.

Aufgabe der Terminierung ist es nun, aus den geplanten Endterminen der Betriebsaufträge Beginntermine der Arbeitsgänge abzuleiten. Dazu muß bekannt sein, welche Arbeitsgänge notwendig sind und welche Betriebsmittel für einen Auftrag wie lange zeitlich belastet werden. Dabei werden nur die Verknüpfungen des Netzplanes berücksichtigt, jedoch keine Kapazitätsgrenzen. Bild 14-23 zeigt die wesentlichen Phasen der Durchlaufterminierung und ihre Einbettung in die PPS-Vorgangskette.

Die Durchlaufterminierung vernetzter Aufträge kann ausgehend vom Heute-Termin in Richtung Zukunft (progressiv) oder ausgehend vom Endtermin in Richtung Gegenwart (retrograd) erfolgen.

Die *Vorwärtsterminierung* (progressives Verfahren) ermittelt, startend mit dem Termin „Heute", im Zeitablauf vorwärtsschreitend den Endtermin des Auftrages, indem Operation für Operation dem Verlauf der Fertigung entsprechend mit ihren Zeitspannen aneinandergereiht

werden. Alle Teile werden so früh wie möglich, d. h. in vielen Fällen früher als notwendig, produziert und dann unter Umständen gelagert. Dadurch entstehen hohe Lagerzeiten. Bild 14-24 zeigt diesen Sachverhalt für den Fall, daß die drei Produktionsaufträge A, B und C (Teilefertigung) abgeschlossen sein müssen, bevor der Produktionsauftrag D (Montage) beginnen kann.

Die *Rückwärtsterminierung* (retrogrades Verfahren) bestimmt, ausgehend von einem vorgegebenen Endtermin, die notwendigen Starttermine der Arbeitsgänge, die dann den Charakter von spätesten Startterminen haben (s. Bild 14-25). Jeder Auftrag soll so spät begonnen werden, daß eine rechtzeitige Fertigstellung zum vorgegebenen Ablieferungstermin gerade noch möglich ist. Dadurch wird jedoch die Gefahr heraufbeschworen, daß bei einer Störung des Produktionsprozesses (z. B. durch Maschinenausfall) der gewünschte Endtermin nicht eingehalten werden kann. Um die Kapitalbindung zu minimieren, wird die retrograde Methode der progressiven oft vorgezogen.

Die *Mittelpunktsterminierung* ist eine Kombination aus Vorwärts- und Rückwärtsterminierung. Der Termin eines bestimmten Arbeitsganges wird fix vorgegeben, z. B. weil es sich um einen Engpaß handelt. Von diesem Punkt aus werden die vorangehenden Operationen rück-

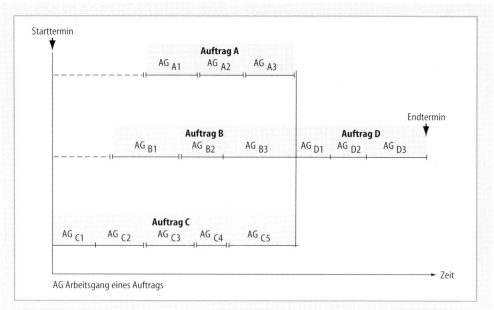

Bild 14-25 Rückwärtsterminierung

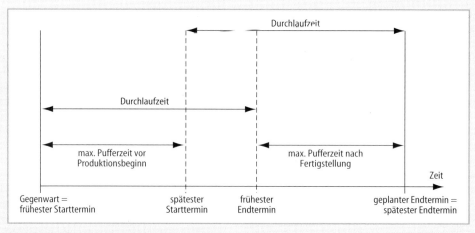

Bild 14-26 Puffer für Terminverschiebungen

wärts- und die nachfolgenden vorwärtsterminiert.

Wenn genügend Terminspielraum vorhanden ist, liegt zwischen den aus Vorwärts- und Rückwärtsterminierung gewonnenen Anfangsterminen eine Pufferzeit, die ausgewiesen und für die weiteren Dispositionen – etwa auf dem Fertigungsleitstand (s. 14.2.7.4) – nutzbar gemacht werden kann. Die Pufferzeiten werden wie folgt bestimmt: Ausgehend vom geplanten Endtermin wird der späteste Starttermin mit Hilfe der Rückwärtsterminierung ermittelt. Dann wird beginnend beim Gegenwartszeitpunkt vorwärtsterminiert, wodurch man den frühesten Endtermin erhält. Die Differenzen zwischen den jeweils frühesten und spätesten Terminen bilden die Puffer, innerhalb derer Termine verschoben werden können, wenn es aus Kapazitätsgründen erforderlich ist (s. Bild 14-26).

Wenn entweder bei einer Vorwärtsterminierung der Wunschtermin (Kundenwunschtermin oder Termin der Ablieferung an eine höhere Lagerstufe) nicht erreichbar ist oder man bei der Rückwärtsterminierung „hinter die Gegenwart gelangt", müssen Maßnahmen zur Reduktion der Durchlaufzeiten ergriffen werden.

14.2.3.2 Übergangszeitreduzierung

Die Tatsache, daß bei vielen Produktionsprozessen die eigentliche Bearbeitungszeit nur einen Bruchteil der gesamten Durchlaufzeit eines Loses ausmacht, führt dazu, daß man bei drohenden Terminverzögerungen zunächst versucht, die übrigen Elemente der Durchlaufzeit – in der Regel die Übergangszeit – zu verkürzen. Die Übergangszeit setzt sich meist aus einer Reihe von Komponenten zusammen, die in Bild 14-27 dargestellt sind.

In verschiedenen Branchen haben die Komponenten der Übergangszeit unterschiedliches Gewicht. Wenn die Kontrolle bedeutsam ist und von spezialisierten Mitarbeitern vorgenommen wird, kann man dafür einen separaten Arbeitsgang definieren.

Für die Bemessung der Übergangszeit gibt es verschiedene Möglichkeiten:

1. Die Übergangszeit wird als Prozentsatz der Stückzeit des vorausgehenden Arbeitsganges bzw. der gesamten Bearbeitungszeit des Loses geschätzt. Dies kann dann sinnvoll sein, wenn die Komponenten Liegezeit und Kontrollzeit überwiegen und diese Zeiten wenigstens angenähert eine Funktion der Produktionszeit sind, wie etwa in der Feinmechanik.
2. Man ermittelt individuelle Übergangszeiten, z. B. per Zeitaufnahme, und schreibt diese in die Arbeitspläne. Diese Variante empfiehlt sich, wenn Kontrollzeit und prozeßbedingte Liegezeit den größten Teil der Übergangszeit beanspruchen, sich jedoch nicht, wie unter 1. angenommen, proportional zur Stückzeit verhalten.
3. Die Übergangszeiten zwischen verschiedenen Betriebsmitteln/Arbeitsplätzen werden in Form einer Matrix, vergleichbar Entfernungstabellen, festgehalten. Dieser Lösung ist der Vorzug zu geben, wenn die Transportzeiten größer sind als die übrigen Zeitkomponenten oder wenn die Übergangszeiten von räumlichen Bedingungen abhängen. (Beispiel: Bestimmte Arbeitsgänge werden in einem räumlich entfernten Werksteil durchgeführt.)
4. Die Übergangszeit wird aus den Komponenten 1. bis 3. zusammengesetzt.

Detaillierte Untersuchungen [Pab85, Wie87] zeigen, daß den Elementen der Übergangszeit, die von der Kapazitätsbelastung der Betriebsmittel abhängen, besondere Aufmerksamkeit zu widmen ist. In PPS-Systemen werden oft Planwerte benutzt, die von den Ist-Werten weit entfernt sind, so daß die Durchlaufterminierung sehr unzuverlässig arbeitet (s. 14.1). Hier liegt daher ein wichtiger Ansatzpunkt des sog. Durchlaufzeit-Controlling (s. 18.2).

Die Übergangszeit läßt sich nur bis zu einem Grenzreduzierungsfaktor G verkürzen. Werden einzelne Komponenten getrennt geführt, so kann man mehrere Grenzreduzierungsfaktoren G einsetzen und die Verkürzung in mehreren Phasen durchführen. Es ist dabei die Entscheidung zu treffen, ob die Zeitkomponenten sequentiell reduziert werden (d. h., man vermindert zuerst eine von außen festgelegte Komponente 1, dann die Komponente 2 usw. und bricht ab, sobald der Wunschtermin erreicht ist) oder simultan (d. h., man reduziert sämtliche Komponenten auf einmal um einen bestimmten Prozentsatz und vergleicht dann, ob der Wunschtermin gehalten werden kann oder nicht). Ist der Wunschtermin realisiert, so genügt die Reduzierung um den zuerst vorgegebenen Faktor, und der Programmlauf kann abgebrochen werden; wenn nicht, wird der Faktor sukzessive bis zur oberen Grenze erhöht und anschließend der erreichbare Termin ausgegeben.

14.2.3.3 Überlappung

Bei der Durchlaufterminierung wird angenommen, daß ein Los jeweils als Ganzes auf einem Produktionsaggregat zu Ende bearbeitet wird, bevor es zum nächsten wandert. Bei Terminnot (z. B. wenn auch nach Übergangszeitreduzierung

1. Durchschnittliche Wartezeit, bevor ein Arbeitsgang begonnen wird (diese Wartezeit ist von der Kapazitätsauslastung abhängig, wird aber vereinfachend meist als konstant angenommen)
2. Prozeßbedingte Liegezeit vor dem Arbeitsgang (z. B. zum Anreißen)
3. Prozeßbedingte Liegezeit nach dem Arbeitsgang (z. B. Abkühlen)
4. Wartezeit auf Kontrolle
5. Zeit zur Kontrolle
6. Wartezeit auf Transport
7. Transport zum nächsten Arbeitsplatz

Bild 14-27 Komponenten der Übergangszeit

ein gewünschter Endtermin nicht mehr eingehalten werden kann) oder bei sehr kapitalintensiven Losen können jedoch die einzelnen Teile schon zum nächsten Arbeitsplatz transportiert werden, sobald sie den vorangegangenen durchlaufen haben, ohne auf die anderen Teile des Loses zu warten.

Es mag aus technologischen Gründen die Berücksichtigung der folgenden Restriktionen und Parameter sinnvoll sein:
1. Der Überlappungsanteil soll eine gewisse Mindestzeit überschreiten (sonst lohnt sich der Mehraufwand nicht).
2. Der zweite Arbeitsgang soll erst dann beginnen, wenn im ersten Arbeitsgang bereits eine bestimmte Mindestweitergabemenge bearbeitet wurde, z.B. jene Menge, die einen Transportbehälter füllt.
3. Eine bestimmte Anzahl von Transportvorgängen darf nicht überschritten werden.

In manchen Fertigungssituationen ist es notwendig, sicherzustellen, daß die Bearbeitung verschiedener nacheinander ablaufender Arbeitsgänge innerhalb einer bestimmten Zeitspanne beendet wird, z.B. das Glühen, das Schmieden und das Härten. Bei großen Losen besteht die Gefahr, daß der Beginn des folgenden Arbeitsganges für die ersten Werkstücke zu spät liegt, in unserem Beispiel also, daß die geschmiedeten Werkstücke schon zu stark abgekühlt sind, bevor sie zum Härten kommen. Für derartige Fälle sollte eine zeitkritische Durchlaufzeit berücksichtigt werden, innerhalb derer die Einzeloperationen abgearbeitet sein müssen. Ferner ist an eine Aufteilung des Loses in „Chargen" zu denken, wobei diese Aufteilung nur für die kritischen Arbeitsgänge gilt. Die im Vergleich zum Los kleinen Chargen durchlaufen die Arbeitsgänge folglich rascher.

14.2.3.4 Splittung

Sind, z.B. innerhalb einer Maschinengruppe, mehrere gleichartige Maschinen vorhanden, so können die zu fertigenden Mengen eines Loses gleichzeitig auf mehreren Maschinen bearbeitet werden. Wird ein Los auf einer Maschine gefertigt, so beträgt die dafür notwendige Zeit

$$t = t_r + t_b,$$

t_r Rüstzeit
t_b Bearbeitungszeit

Teilt man das Los nun auf n Maschinen auf, so beträgt die neue Zeit

$$t' = t_r + \frac{t_b}{n},$$

so daß eine Reduzierung der Durchlaufzeit um

$$t - t' = t_r + t_b - t_r - \frac{t_b}{n} = t_b\left(1 - \frac{1}{n}\right)$$

erreicht wird.

Allerdings entstehen für das Rüsten mehrerer Maschinen zusätzliche Kosten, so daß sich das Problem ergibt, Terminüberschreitungen und Kostenerhöhungen gegeneinander abzuwägen. Sofern nicht – wie in Dialogsystemen – die Möglichkeit besteht, in jedem Einzelfall einen menschlichen Disponenten einzuschalten, kann man eine parametrierbare Richtgröße vorsehen, welche Mehrkosten für welche Durchlaufzeitverkürzung $t - t'$ in Kauf genommen werden dürfen. Wenn die Bewertung der Rüstzeiten zu Rüstkosten schwierig ist, kann der Parameter so gestaltet werden, daß er angibt, bei welchen Verhältnissen zwischen t_r und t_b eine Splittung auf $2, 3, \ldots, n$ Maschinen zulässig ist oder ab welcher Losgröße (gemessen an der Stückzahl oder Gesamtbearbeitungszeit) gesplittet werden soll.

14.2.3.5 Probleme bei der Durchlaufzeitverkürzung

Die Durchlaufzeitreduzierung bei Arbeitsgängen auf dem zeitlängsten (kritischen) Pfad kann dazu führen, daß andere (nichtkritische) Arbeitsgänge zu früh begonnen werden. So ergeben sich unnötig lange Lagerzeiten. Deshalb empfiehlt es sich, anschließend die nichtkritischen Arbeitsgänge neu zu terminieren, wie es in Bild 14-28 gezeigt ist. Wendet man die Rückwärtsterminierung an und erhält damit einen nicht realisierbaren, weil in der Vergangenheit liegenden Starttermin, dann geht das Programm vom frühestmöglichen Starttermin aus und terminiert die auf dem kritischen Weg liegenden Arbeitsgänge vorwärts. Die nichtkritischen Arbeitsgänge werden in der Folge retrograd terminiert, wodurch man ebenfalls unnötige Lagerzeiten vermeidet (s. den zweiten Schritt in Bild 14-28).

Nach der Durchlaufterminierung kennt man die Grobtermine der Arbeitsgänge. Auf dieser Grundlage läßt sich die Kapazitätsauslastung der Arbeitsplätze bzw. Betriebsmittel anzeigen (Bild 14-29).

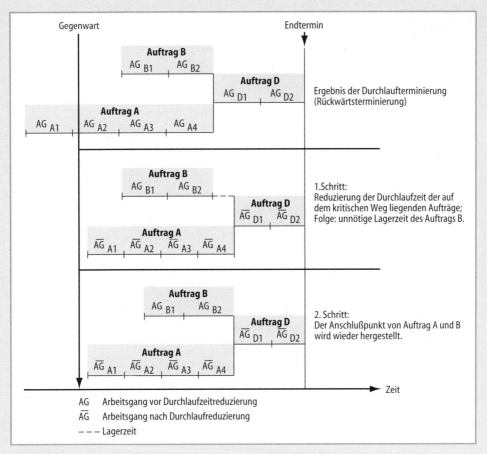

Bild 14-28 Zeitsituation einer Auftragsstruktur bei mehreren Terminierungsläufen

14.2.3.6 Kapazitätsausgleich

Das oben ermittelte Kapazitätsgebirge zeigt oftmals ausgeprägte „Gipfel" und „Täler" (Bild 14-29), so daß eine stärkere Glättung wünschenswert ist. Dies kann in einem Bildschirmdialog erfolgen, in dem der Rechner Daten bereitstellt und Grafiken anbietet und der Disponent, Meister usw. seine dem Computer überlegenen Mustererkennungsfähigkeiten einsetzt (s. 14.2.7.4). Dazu können von der DV-Anlage neben dem Kapazitätsgebirge selbst folgende Informationen geliefert werden:

1. Betriebsaufträge bzw. Arbeitsgänge, die in Perioden terminiert sind, in denen Über- oder Unterlastungen der Kapazität auftreten, zusammen mit Hinweisen auf die Verknüpfung dieser Aufträge und Arbeitsgänge mit anderen. Wichtig ist vor allem, ob die Aufträge bzw. Arbeitsgänge in Terminnetzen auf dem kritischen Pfad liegen oder Pufferzeiten vorhanden sind. Der Planer sieht so, ob eine Verschiebung um eine bestimmte Zeitspanne ohne Folge für andere Arbeitsgänge und Aufträge bleibt oder nicht. Die Verdeutlichung dieser Zusammenhänge ist allerdings bei mehrstufiger Fertigung recht schwierig, da die genaue Lage der Belastungsspitzen von Reihenfolgeentscheidungen abhängt, die erst nach der Kapazitätsplanung fallen werden (z.B. bei der Werkstattsteuerung; s. 14.2.5.1). Eine freilich aufwendige Lösung liegt darin, sich zunächst mit Hilfe von Simulationen einen Überblick über die Alternativen zu schaffen.

Eine begrenzte Zahl von Informationen läßt sich durch Verwendung verschiedener Symbole, Schraffuren oder gegebenenfalls Farben in der graphischen Darstellung des Kapazitätsgebirges selbst unterbringen. In einem Unternehmen des Apparatebaus füllt man den

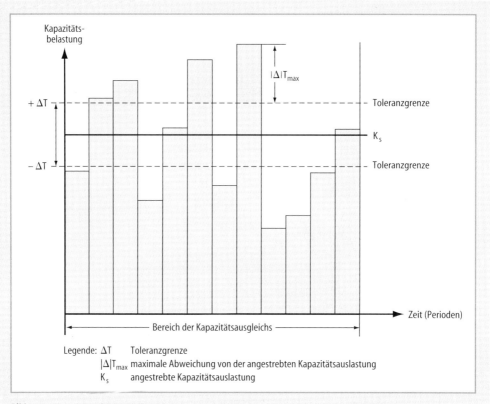

Bild 14-29 Kapazitätsgebirge mit Abweichungen vom Sollwert

Teil des Kapazitätsbedarfs, der auf Aufträge von Betrieben des gleichen Konzerns zurückgeht, mit den Buchstaben K, den für externe Kunden mit den Buchstaben E und den für Kunden mit hoher Priorität mit den Buchstaben P (Bild 14-30).

2. Verfügbarkeit von Sicherheitsbeständen.
3. Kosten von kapazitätserweiternden Maßnahmen, z.B. durchschnittliche Kosten einer Überstunde.
4. Ausweichmöglichkeiten, z.B. vorübergehend stillgelegte Betriebsmittel.
5. Kapazitäts-Summenkurven (siehe unten).

Der Planer wird nun entweder vorweg entscheiden, ob er die Kapazität an den Bedarf anpassen oder erst eine Glättung im Rahmen der vorhandenen Kapazität versuchen will. Im zweiten Fall liegt es nahe, zum einen Über- und Unterlastungen innerhalb eines Toleranzkorridors +/-ΔT unbeachtet zu lassen und zum anderen die Perioden mit der stärksten Abweichung $|\Delta T|_{max}$ von der vorhandenen Kapazität zuerst zu untersuchen.

Sind die Kapazitäten relativ starr, so wird die Entscheidung wichtig, ob im Zweifel Arbeitsvorgänge in die Zukunft oder in Richtung Gegenwart verschoben werden sollen. Ein pragmatisches Verfahren ist das von Brankamp [Bra68: 106 ff.]. Dazu werden Summenkurven der Auslastung einer Kapazitätseinheit benutzt (Bild 14-31). Diese Summenkurven erhält man, indem über dem Planungszeitraum die vorhandenen und die angeforderten Kapazitäten getrennt addiert werden, wobei für die Ordinate ein Prozentmaßstab gewählt wird. Wenn die Summenkurve der Kapazitätsanforderungen der Kurve der vorhandenen Kapazitäten voreilt (gestrichelte Linie), so ist tendenziell bis zu dieser Periode eine Kapazitätsüberlastung gegeben, und man wird daher im Zweifel Arbeitsgänge in die Zukunft verschieben. Umgekehrt wird dann, wenn die Kurve der benötigten Kapazität der der vorhandenen nacheilt (gepunktete Linie), in Richtung Gegenwart verlagert.

Jedoch darf nicht übersehen werden, daß die in vielen Betrieben vollzogene Auflösung der Werkstattfertigung in Fertigungsinseln und die

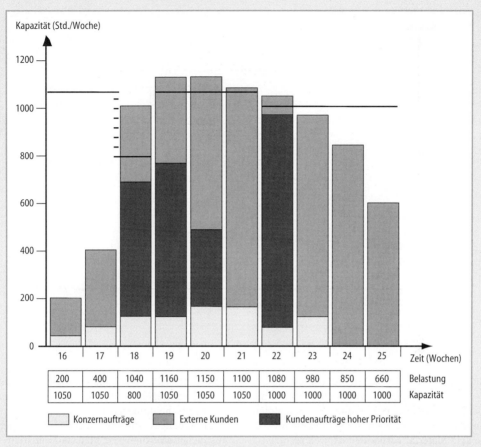

Bild 14-30 Informationen zum Kapazitätsgebirge

Tabelle im Bild:

	16	17	18	19	20	21	22	23	24	25	
Belastung	200	400	1040	1160	1150	1100	1080	980	850	660	Belastung
Kapazität	1050	1050	800	1050	1050	1050	1000	1000	1000	1000	Kapazität

Legende: Konzernaufträge — Externe Kunden — Kundenaufträge hoher Priorität

zunehmende Flexibilisierung der Arbeitszeit dazu führen, daß man in der Praxis auf einen Kapazitätsabgleich häufig verzichtet.

14.2.4 Auftragsveranlassung

Bei der Auftragsveranlassung geht es um die kurzfristige Durchsetzung des Fertigungsprogramms. Hierzu sind Anpassungen der Planvorgaben wegen auftretender Abweichungen infolge von Störungen und Planungsungenauigkeiten notwendig. Den ersten Schritt bildet die nachfolgend beschriebene Verfügbarkeitsprüfung.

14.2.4.1 Verfügbarkeitsprüfung

Vor dem Start der physischen Produktion ist sicherzustellen, daß die verplanten Ressourcen (Fachkräfte, Material, Maschinen, Werkzeuge sowie Steuerungsprogramme) effektiv verfügbar sind. Besondere Probleme ergeben sich, wenn auch festzustellen ist, ob ein Maschinenbediener mit einer bestimmten fachlichen Ausbildung bereitsteht: In vielen Unternehmen spricht sich der Betriebsrat gegen eine Speicherung solch differenzierter Merkmale aus. Obwohl zuweilen argumentiert wird, daß sich bei einer sauberen Bedarfs- und Terminplanung eine Verfügbarkeitskontrolle erübrigen müßte, kommt es in der Praxis immer wieder vor, daß in der zeitlich erheblich früher durchgeführten Bedarfsplanung Bestandsentwicklungen angenommen wurden (z. B. durch Berücksichtigung offener Bestellungen und geplanter Produktionsaufträge), die in der Folge aufgrund von Störungen (z. B. Erkrankungen, Maschinenausfall, Werkzeugbruch, Verspätung einer Lieferung, Eilaufträge) nicht realisiert werden konnten. Die Verfügbarkeitsprüfung verhindert dann nicht nur, daß die Pro-

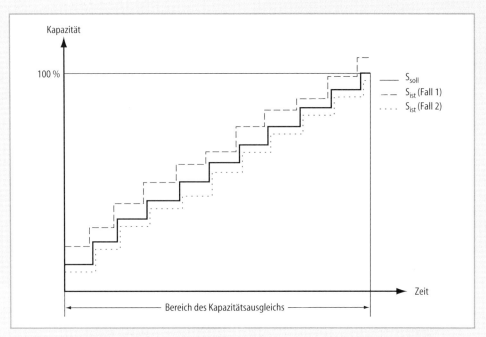

Bild 14-31 Graphische Darstellung der Ist- und Soll-Kapazitäten

duktionsstätten mit undurchführbaren Aufträgen belastet werden; es wird vielmehr auch die Gefahr gemindert, daß Produktionskapazitäten ungenutzt bleiben, wenn für veranlaßte Aufträge kein Material vorhanden ist, weil rechtzeitig Umdispositionen eingeleitet werden können.

Im einfachsten Fall wird nur festgestellt, ob der augenblicklich vorhandene Lagerbestand ausreicht, jene Produktionsaufträge der Periode zu decken, für die die Feinplanung durchzuführen und das Material bereitzustellen ist. In verfeinerten Versionen wird die Verfügbarkeitsprüfung mit der Produktionsfortschrittskontrolle für Teile, die auf den niedrigeren Produktionsstufen hergestellt werden, bzw. mit der Bestellüberwachung kombiniert. Dadurch wird es möglich, auch Teile als verfügbar zu betrachten, die zwar noch nicht auf dem Entnahmelager eingetroffen sind, jedoch rechtzeitig vor Produktionsbeginn dort erwartet werden.

14.2.4.2 Auftragsfreigabe

Aufträge, für die die Verfügbarkeitsprüfung positiv verlaufen ist, müssen nun für die eigentliche Produktion freigegeben werden. Falls die Verfügbarkeitsprüfung erbringt, daß zwar nicht alle benötigten Ressourcen-Einheiten, wohl aber

ein Teil derselben verfügbar ist, braucht man differenzierte Regeln. Bild 14-32 zeigt das Beispiel einer Entscheidungstabelle.

Die Tabelle ist wie folgt zu erklären: Bei nicht ausreichend verfügbarem Material kann man einen Auftrag entweder ganz zurückhalten, vollständig freigeben (d.h. die Materialknappheit ignorieren), oder man beginnt zunächst mit der Produktion der Teilmenge, für die noch ausreichend Material vorhanden ist. Die geeignete Vorgehensweise hängt im wesentlichen von zwei Faktoren ab; zum einen kommt es darauf an, ob der Sicherheitsbestand der knappen Komponente normalerweise zur Deckung des Bedarfs ausreicht. Zum anderen muß festgestellt werden, wie häufig die an der Bearbeitung des Auftrags beteiligten Produktionsmittel zum Engpaß werden. Reicht der Sicherheitsbestand normalerweise aus, so kann in jedem Fall in voller Höhe freigegeben werden. Ein Maschinenstillstand aufgrund nicht verfügbarer Komponenten muß hier nicht befürchtet werden. Andernfalls hängt es von der Engpaßkategorie des kritischen Betriebsmittels ab, in welcher Höhe freigegeben werden darf. Wird die Maschine häufig zum Engpaß, so ist eine teilweise Freigabe wegen der dadurch verursachten Rüstkosten normalerweise unerwünscht. Ist die Engpaßneigung jedoch

Sicherheitsbestand der knappen Komponenten reicht normalerweise aus	Engpaßkategorie des Betriebsmittels	Freigabe-entscheidung
nein	III	N
nein	II	M
nein	I	M
ja	III	F
ja	II	F
ja	I	F

Engpaßkontrolle:
III Betriebsmittel wird häufig zum Engpaß
II   Betriebsmittel wird manchmal zum Engpaß
I   Betriebsmittel wird selten zum Engpaß

Freigabeentscheidung:
N   Keine Auftragsfreigabe
M   Vorhandene Menge
F   Vollständige Freigabe

Bild 14-32 Freigabeentscheidung bei nicht vollständig verfügbarem Material

nicht so hoch, so führen die zusätzlichen Rüstzeiten bei einer teilweisen Freigabe nicht unmittelbar zu Produktionsausfällen und können daher geduldet werden.

Meist übergibt man mit der Auftragsfreigabe die Verantwortung für die Durchsetzung des Produktionsplanes an die Werkstatt. Dabei will man diese weder über- noch unterlasten. Deshalb sehen viele Freigabesysteme vor, daß nicht alle „machbaren" Betriebsaufträge übergeben werden, sondern nur die, deren Starttermin eine wählbare Grenze nicht überschreitet. Die Kapazitätsanforderung aus der Summe der freigegebenen Aufträge wird in vielen Betrieben höher gesetzt als die vorhandene Kapazität; so verbleibt der Werkstatt eine Reserve für den Fall, daß einzelne bereits freigegebene Aufträge storniert werden (etwa auf Wunsch des Kunden). Eine geeignete und sowohl theoretisch als auch empirisch gut fundierte Methode ist die belastungsorientierte Auftragsfreigabe nach Wiendahl. Sie ist Bestandteil mehrerer PPS-Standardprogramme. Die belastungsorientierte Einplanung hat ihren Ausgangspunkt bei dem folgenden Dilemma, das auch als Lead-Time-Syndrom [Zäp87: 892] bekannt ist: Da die Durchlaufzeiten neben dem mittleren Werkstattbestand u.a. auch von den Ergebnissen der Produktionsplanung (z.B. der Größe der Lose und damit dem Anteil der Rüstzeiten) abhängen, muß man in der zeitlich früheren Grobplanung (Durchlaufterminierung) mit Näherungswerten arbeiten, die wegen der Unsicherheit im allgemeinen aufgerundet sind. Dies führt zu dem in 14.1 dargestellten Fehlerkreis der Produktionssteuerung.

Eine detaillierte Beschreibung des Verfahrens erfolgt in 14.4.4.

14.2.5 Belegungs- und Reihenfolgeplanung

Die freigegebenen Produktionsaufträge müssen unter Berücksichtigung neuester Entwicklungen bei Terminen, personellen und maschinellen Ressourcen feindisponiert werden. Man bezeichnet diesen Vorgang als Kapazitätsterminierung, Ablaufplanung oder Werkstattsteuerung.

14.2.5.1 Aufgaben der Belegungs- und Reihenfolgeplanung

Der Werkstattsteuerung liegen ganz unterschiedliche Aufgabenstellungen zugrunde:

1. Gesucht ist jene Bearbeitungsreihenfolge der Aufträge an einem Arbeitsplatz, die bestimmte Ziele erfüllt. Bild 14-33 gibt einen Überblick über derartige Ziele.
   - Die Gewichte, die diesen Zielen beizumessen sind, schwanken je nach Branche, Konjunktur/ Auftragslage und Unternehmensstrategie (s. 14.4).
   - Die Ziele mögen auch nach Arbeitsplätzen differenziert sein: An Engpaßmaschinen will man keine Kapazität durch unnötiges Umrüsten verlieren, während an anderen Arbeitsplätzen Durchlaufzeitaspekte eine größere Rolle spielen können. Schließlich kann in verschiedenen Phasen der Unternehmensstrategie und in unterschiedlichen Konjunkturphasen das Gewicht schwanken: In der Rezession ist überschüssige Kapazität vorhanden, also sind Ein-

- Minimale Gesamtdurchlaufzeit der Lose
- Minimale Kapitalbindung in der Produktionsstätte
- Minimale Leerkosten/maximale Kapazitätsauslastung
- Minimale Umrüstkosten
- Minimale Terminsicherheit
- Einfache Steuerungsverfahren
- Möglichst einfache Berücksichtigung wechselnder unternehmenspolitischer Zielsetzungen, wie z. B. der zeitweiligen Bevorzugung einzelner Kundengruppen

Bild 14-33 Bei der Auftragseinplanung verfolgte Ziele

bußen durch ungünstige Rüstfolgen eher zu verschmerzen, wohingegen die Terminsicherheit in den Vordergrund tritt, damit die Kunden nicht verärgert werden. Ähnliches gilt, wenn ein Unternehmen in einen neuen Markt eindringen will. Demgegenüber ist in der Hochkonjunktur die Ausschöpfung der Produktionskapazitäten vorrangig.

2. Die Arbeitsgänge verschiedener Aufträge wurden bei der Durchlaufterminierung meist nicht einer einzigen Maschine, sondern einer Maschinengruppe, bestehend aus mehreren Betriebsmitteln mit gleicher Funktion, zugeteilt. Diese Maschinen werden aber häufig unterschiedlich alt und/oder automatisiert sein und daher verschiedene variable Maschinenstundensätze besitzen. In solchen Fällen gehört zur Werkstattsteuerung auch eine Optimierungsüberlegung bei der Maschinenauswahl. Eine typische Frage lautet: „Soll die beste Maschine im Zweifel besonders stark belastet werden oder ist – etwa mit dem Ziel kurzer Durchlaufzeiten – eine gleichmäßige Belastung aller Betriebsmittel bei leicht erhöhten Kosten anzustreben?".
3. Auf der Basis der ersten beiden Aufgaben müssen nun Beginn- und Endzeitpunkte der Arbeitsgänge bestimmt werden, und zwar mit höherer Genauigkeit als bei der Durchlaufterminierung.

Die drei Funktionen sind untereinander verwoben und daher außerordentlich komplex. Vollautomatische, von einem Zentralrechner geführte Dispositionssysteme wurden deshalb bisher nur in Ausnahmefällen entwickelt; in einigen Fällen hat man mit entsprechenden Versuchen Fehlschläge erlitten und dann die Werkstattsteuerung wieder völlig den Meistern überlassen. Eine gute Werkstattsteuerung ist daher nicht zuletzt durch eine gelungene Arbeitsteilung zwischen Mensch und Computer gekennzeichnet. Eine weitgehende Automatisierung der Disposition parallel zur starken Automation der eigentlichen physischen Produktion bleibt nach wie vor ein Fernziel.

14.2.5.2 Methoden der Belegungs- und Reihenfolgeplanung

Methodisch läßt sich die Vielfalt der in der Praxis gebräuchlichen Werkstattsteuerungsverfahren auf sechs Grundmodelle zurückführen; diese Modelle können in unterschiedlicher Weise mit personellen, dialogorientierten oder automatischen Steuerungen verbunden werden. Eine konkrete Auswahl bzw. Kombination wird nicht zuletzt auch vom Grad der Vorhersagbarkeit der Produktion abhängen. Fallen zahlreiche Entscheidungen (z. B. über die Zuordnung Auftrag – Maschine) aus technologischen Gründen (z. B. in Abhängigkeit von Qualitätsschwankungen des Zwischenerzeugnisses) erst im Verlauf des Auftragsdurchlaufes, so wird man ein gröberes Modell wählen, das personellen Entscheidungen größeren Raum läßt, als dann, wenn der Produktionsablauf mit großer Sicherheit vorausbestimmbar ist und Änderungen wenig wahrscheinlich sind.

Grundmodell I: Prioritätsregelsteuerung

Bei der Prioritätsregelsteuerung erhält jeder Auftrag, der vor einer Maschine wartet, eine Prioritätsziffer. Hat die Maschine einen Auftrag abgearbeitet, so wählt man als nächstes den Auftrag aus der Warteschlange, der die höchste Prioritätsziffer besitzt. Je nach Berechnungsart dieser Kennziffer sollen ein oder mehrere Optimierungsziele erreicht werden. Einen Überblick über bekannte Regeln zeigt Bild 14-34 [Hau89].

Wie in Bild 14-35 mit Hilfe eines morphologischen Kastens dargestellt, können Prioritäten dynamisch (Änderung mit der Zeit: z. B. kürzeste Pufferzeit (Regel 4)) oder statisch (keine Änderung mit der Zeit: z. B. kürzeste Operationszeit (Regel 5)) ermittelt werden. Weiterhin unterscheidet man Prioritätsregeln bezüglich ihres *Informationshorizonts*: Während bei lokalen Regeln nur Daten des unmittelbar betroffenen Betriebsmittels betrachtet werden (beispielsweise FIFO (Regel 1)), gehen in „globale" Regeln

1. der zuerst die Warteschlange der Maschine erreicht hat (First in – First out, FIFO)

2. der zuerst die Fertigungsstätte erreicht hat (First in System, FIS)

3. mit dem frühesten Fertigstellungstermin (FFT)

4. bei dem der Zeitpuffer (Slack) zwischen vorgegebenen und dem erwarteten Fertigstellungstermin (aktueller Termin + erwartete Restbearbeitungszeit) am kleinsten ist (SL)

5. mit der kürzesten oder längsten Operationszeit (KOZ bzw. LOZ)

6. mit der geringsten oder größten Anzahl noch zu erledigender Arbeitsgänge

7. mit der geringsten oder größten Restbearbeitungszeit

8. bei dem während der Durchlaufterminierung die Übergangszeiten am stärksten reduziert wurden

9. der bis zum betrachteten Arbeitsgang das meiste Kapital gebunden hat

10. bei dem aus Erfahrung die Störanfälligkeit am größten ist

11. der den geringsten Umrüstungsaufwand erzeugt

12. der die größte Stufenzahl hat (ein Teil besitzt die Stufenzahl 1, wenn es in kein weiteres einmündet; Stufenzahl 2, wenn es in ein weiteres Teil einmündet; Stufenzahl 3, wenn dieses wiederum in einem Folgeteil montiert wird usw.)

13. der anschließend auf einer Maschine bearbeitet wird, vor der die wenigsten Aufträge warten; bei der Steuerung von Fertigungszellen erhält üblicherweise nicht die Einheit Priorität, vor der keine Aufträge warten, sondern die, hinter der der Puffer geräumt ist [Bus87:60ff.]

14. bei dem der anstehende Arbeitsgang mit dem Arbeitsgang des gleichen Produktionsauftrags überlappt ist, der (an einem anderen Arbeitsplatz) bereits begonnen hat

15. der die höchste von außen vorgegebene Prioritätsziffer besitzt

Bild 14-34 Typische Prioritätsregeln

Merkmal	Merkmalsausprägung	
Zeitabhängigkeit	statisch	dynamisch
Informationshorizont	lokal	„global" Werkstatt
Struktur	einfach	kombiniert

Bild 14-35 Morphologischer Kasten zur Klassifikation von Prioritätsregeln

Informationen anderer Betriebsmittel ein. So bevorzugt Regel 13 etwa den Arbeitsgang, der anschließend an die Maschine transportiert wird, vor der die wenigsten Aufträge warten. Schließlich differenziert man danach, ob nur eine einzelne Regel angewandt wird oder sich die Bearbeitungsreihenfolge erst durch die Kombination mehrerer Regeln ergibt (s. unten).

Betrachtet man die in Bild 14-34 aufgeführten Regeln bzgl. ihrer Ziele, so strebt man mit den Vorschriften 3 (FFT) und 4 (SL) eine hohe Pünktlichkeit, mit Regel 5 (KOZ) dagegen eine geringe Durchlaufzeit an. Die Vorschriften 5 (LOZ) und 6 führen zu einer gleichmäßigen Auslastung, während etwa Regel 7 (minimale Restbearbeitungszeit) ein geringes Arbeitsvolumen in der Fertigung zum Ziel hat. Wendet man die Vorschrift 13 an, so wird die Kapazitätsauslastung maximiert. Die Kapitalbindung wird durch die Regeln 9 (Kapitalbindung), 6 (minimale Anzahl noch zu erledigender Arbeitsgänge) und 5 (LOZ) gesenkt. Minimale Umrüstkosten erreicht Vorschrift 11. Die Dispositionseffekte des PPS-Systems sichert die Regel 14 (Überlappung).

Eine externe Vorgabe der Priorität ist durch Regel 15 möglich. Die Erfahrung zeigt, daß die höchste Priorität häufig völlig unreflektiert fast allen Aufträgen bzw. Kunden zugebilligt wird. Bei bestimmten Unternehmen sind daher nur die Abteilungs- und Gruppenleiter berechtigt, die hohen Prioritäten zu vergeben, wobei auch dies auf einen bestimmten Prozentsatz der Produktionsaufträge bzw. Kunden beschränkt ist.

Welche Effekte die Prioritätsregeln bezüglich der Optimierungsziele bei unterschiedlichen Datenkonstellationen haben, ist nur schwer abzuschätzen. In zahlreichen Untersuchungen, insbesondere Simulationsstudien, wurden die Auswirkungen der Regeln bei einzelnen Fertigungssituationen untersucht [Hau93]. Obwohl sich die Erkenntnisse nicht prinzipiell verallgemeinern lassen, zeigte die KOZ-Regel relativ gute und robuste Ergebnisse. Die These, daß dynamische, auf einer breiteren Datengrundlage basierende Prioritätsregeln (13) bessere Ergebnisse liefern, konnte in einer Studie nicht generell bestätigt werden [Hau93: 616].

Prioritätsregeln lassen sich vielseitig miteinander kombinieren, wobei die einzelnen Prioritätsziffern mit Gewichten versehen werden können. Damit wird angestrebt, den Einfluß der Einzelregeln wechselnden Produktionssituationen und -zielen anzupassen. In der unten angegebenen Formel bewirkt beispielsweise eine Erhöhung des Gewichts G(SL) eine stärkere Termintreue.

$$P(\text{ges}) = G(\text{SL}) \cdot \text{SL} + G(R) \cdot R + G(P) \cdot P$$

P(ges) gesamte Priorität
SL   Pufferzeit des Auftrags
R   Rüstzeit des Auftrags
P   externe Priorität
G(…)   Gewichtungsfaktor

Eine weitere Art, mehrere Standardregeln zu verbinden, besteht darin, situationsabhängig nach der einen oder der anderen Regel zu entscheiden. Eine Kombination z.B. aus der KOZ- und der Puffer-Regel plant Aufträge nach der minimalen Operationszeit ein. Unterschreitet der Zeitpuffer bei einem Auftrag oder mehreren wartenden Aufträgen einen vorgegebenen Schwellenwert, so wird nach der Schlupfzeitregel geplant. Durch dieses Verfahren erzielt man eine niedrige Durchlaufzeit bei einer geringen mittleren Terminabweichung.

Um im voraus Terminvorgaben für die Werker und die Betriebsmittel zu erhalten, wird die Werkstatt als ein System von Warteschlangen nachgebildet. In einem Simulationslauf wird der Fertigungsfortschritt im Zeitraffer „durchgespielt", d.h., Aufträge werden entsprechend den vorgegebenen Prioritätsregeln aus den Warteschlangen ausgewählt und bearbeitete Aufträge in der Warteschlange der Nachfolgemaschine eingeordnet. Die sich dabei ergebenden Anfangs- und Endtermine übernimmt ein Protokoll von der mitlaufenden Simulationsuhr.

Der Vorteil der Prioritätssteuerung liegt in ihrer einfachen Handhabung. Existiert eine pünktliche und genaue Betriebsdatenerfassung, so können die Entscheidungen an der aktuellen Datengrundlage ausgerichtet werden. Die Kritik an diesem Verfahren bezieht sich auf folgende Punkte:
1. Es ist schwer, eine geeignete Prioritätsregel auszuwählen bzw. die Parameter der Regel, insbesondere bei kombinierten Regeln, einzustellen.
2. Die Pflege der vielen Parameter ist aufwendig.
3. Selbstverstärkungs- oder Dämpfungseffekte erschweren dem Fertigungsplaner, die Wirkung der Regeln abzuschätzen. Beispielsweise ergab eine Studie bei der Renk AG keinen signifikanten Zusammenhang zwischen der Auftragspriorität des IBM-Standardprogramms CAPOSS-E und der Wartezeit [Pab85: 118].

4. Sind die Kapazitäten, z.B. mit Hilfe der belastungsorientierten Freigabe (s. 14.4.4), nicht zu stark ausgelastet, so unterscheidet sich die Wirkung der unterschiedlichen Prioritätsregeln wegen der geringen Bestände nur geringfügig [Hau93].

Grundmodell II: Betriebsmittelzuteilung und Reihenfolgesteuerung

Das Grundmodell II kommt vor allem dort in Betracht, wo die Produktionsaufträge nur wenige Maschinen belasten, wo alternative Zuordnungen Arbeitsgang – Maschine möglich sind und wo gute oder schlechte Umrüstungsfolgen beachtliche Kostenwirkungen entfalten, z.B. in verschiedenen Unternehmen der Papierverarbeitung. Allgemein findet man derartige Situationen vor allem in hochautomatisierten Betrieben vor. Ausgangspunkt dieses Ablaufplanungsverfahrens sind wieder Produktionsaufträge, die in der Grobterminierungsphase nur mit ihren vorläufigen Anfangs- und Endterminen versehen wurden. Im Gegensatz zur bisher behandelten Prozedur sind nun zuerst die Aufträge/Arbeitsgänge variabel Maschinen zuzuweisen [Mer95: 177 ff.]. Erst dann wird die Reihenfolge der Aufträge fixiert.

In den Produktionsvorschriften seien Eignungsziffern $z^{(b)}$ abgelegt, die angeben, wie sich technologisch und im Hinblick auf die Kosten die einzelnen Betriebsmittel b für die Arbeitsgänge eignen. Diese Eignungsziffern kann man mit Hilfe eines Vergleichs von technischen Merkmalen der Arbeitsgänge und der Maschinen automatisch gewinnen. Hinweise auf die dazu benutzten Methoden (Schlüsselvergleich und Einzelgrößenvergleich) und weitere Literatur findet der Leser bei [Kur77: 1ff.]. Bei der Kapazitätsterminierung versucht man dann, zunächst die optimale Maschine zu belegen, und weicht bei Kapazitätsüberlastung der günstigsten Maschine auf die nächstbeste aus.

Ist die Differenz $D_z = z^{(b1)} - z^{(b2)}$ der Eignungsziffern von zwei für die Operation möglichen Betriebsmitteln „1" und „2" hoch, so versucht das Programm, auch Kapazitätsreserven der bestgeeigneten Maschine zu nutzen, z.B. diese Maschine im Gegensatz zu anderen zweischichtig zu belegen. Ist D_z niedrig, was annähernde Gleichwertigkeit in bezug auf einen bestimmten Produktionsauftrag bedeutet, so wird die Schichtgrenze nicht überschritten, sondern vielmehr unmittelbar die nächstgeeignete Maschine belegt.

Nach der Zuordnung der Arbeitsgänge zu den Betriebsmitteln wird die optimale Reihenfolge an den einzelnen Maschinen gesucht. In vielen Fällen der Praxis liefert ein einfaches Sortieren völlig befriedigende Ergebnisse: Sehr oft übertrifft ein Merkmal im Einfluß auf die Umrüstkosten alle anderen Kriterien.

In der Stahlindustrie kann man bei der Festlegung der Walzreihenfolge so vorgehen:
- Alle Aufträge, die mit einer Kaliberfolge gewalzt werden können, müssen aneinandergereiht sein.
- Innerhalb dieser Folge ist die Sequenz so zu wählen, daß die Umstellungen durch Abmessungsänderung möglichst wenig Zeit beanspruchen.
- Liegen mehrere Aufträge für eine Abmessung vor, so muß zum Einfahren des Kalibers mit dem Walzen weicher Güte begonnen werden.

In der Textilveredelung ist die Farbe ein die Umrüstkosten beherrschendes Merkmal. Beim Einfärben empfiehlt es sich, die Produktionsaufträge so zu sortieren, daß die hellste Farbe zuerst und die dunkelste zuletzt kommt. Die Bottiche müssen dann am wenigsten gründlich gesäubert werden, es fallen also geringe Umrüstkosten (hier: Reinigungskosten) an [Mer95: 178].

In den Arbeitsgangsätzen mancher PPS-Standardprogramme sind Schlüssel vorgesehen, mit denen man dem System durch Wahl entsprechender Zahlen mitteilen kann, welche Arbeitsgänge zum gleichen Rüstzustand passen. Durch Sortierung nach solchen Schlüsseln gewinnt das Programm geeignete Rüstfolgen.

Man beachte, daß bisher nur Aufträge Arbeitsplätzen zugeteilt wurden. In Einzelfällen hat man ein „dreidimensionales" Zuordnungsproblem: Auftrag – Betriebsmittel – Personal. Hier wird man wohl nur mit Dialogsystemen operieren können, bei denen der Rechner Hinweise auf aktuell verfügbare Kapazitäten (insbesondere die u.a. vom Arbeitszeitmodell abhängige Anwesenheit des Personals) sowie evtl. auch Kennzahlen zur Produktivität bei früheren Zuordnungen liefert und der Disponent dann entscheidet. Ein entsprechendes Anwendungssystem ist bei [God69] beschrieben.

Da das Grundmodell II in der Lage ist, größere Kapazitätsüberschreitungen bei einzelnen Betriebsmitteln auszugleichen, dürfte sich ein

Kapazitätsausgleich im Rahmen der Grobterminierung gemäß 14.2.3.6 meist erübrigen.

Grundmodell III: Simulation und genetische Algorithmen

Da das verbesserte Preis-Leistungs-Verhältnis der Hardware immer mehr erlauben wird, für die Werkstattsteuerung erhebliche Rechenkapazität zur Verfügung zu stellen, und dies auch dezentral auf Leitständen, wird eine große Zahl (Größenordnung einige tausend) alternativer Maschinenbelegungen simuliert. Die Simulationsergebnisse werden bewertet, das System oder der Disponent kann unter den höchstbewerteten Alternativen eine auswählen. Die Herausforderung liegt nur zum Teil bei der Gestaltung des Simulationskernes; vielmehr gilt es, die Benutzungsoberfläche des Systems so auszulegen, daß auch Werkstattpraktiker die Läufe starten und auswerten können.

Eine Sonderform der Simulation, die sich besonders für die Werkstattsteuerung – auch auf Leitständen – anbietet, sind die genetischen Algorithmen (GA). Ein GA [Sön94] erzeugt systematisch eine Vielzahl von Lösungen. Dabei werden die neuen Lösungen – vergleichbar einem Fortpflanzungsprozeß in der Natur – durch meist leichte Modifikationen aus den vorhandenen gewonnen. Es gibt also „Eltern" und „Kinder". Die Lösungen werden bewertet. Die absolut beste merkt man sich als „Favoriten" oder „Spitzenreiter". Analog einer „Darwinschen Auslese" werden alle schlecht evaluierten „Nachkommen" ausgemerzt, so daß nur die gut bewerteten die Chance haben, „ihre Eigenschaften zu vererben". Entsteht beim Übergang zur nächsten Generation eine Alternative, die besser ist als der „Spitzenreiter", so verdrängt sie diesen. Die nach einer wählbaren Laufzeit des Optimierungssystems beste Maschinenbelegung wird realisiert. Die beschriebene Prozedur beinhaltet die Gefahr, daß der Prozeß nicht aus dem Bereich eines Suboptimums herauskommt. Wenn wir auch hier die Analogie zur Natur bemühen, können wir von einer „Inzuchtsituation" sprechen. Ein Ausweg besteht darin, daß man Mutationen nachbildet: Zufallszahlengesteuert kann man nach einigen Iterationen völlig neue „Eltern" produzieren, d.h. solche, die nicht durch leichte Modifikation von „Großeltern" entstanden sind.

Ein weiteres wichtiges Anwendungsfeld der Simulation ist das Umdisponieren bei Störungen. Man simuliert dann beispielsweise, ob es vorteilhaft ist, Überstunden anzuordnen, Teilaufträge nach außen zu geben („verlängerte Werkbank") oder eine Ausweichmaschine zu aktivieren. Es gibt „Steuerungsphilosophien", bei denen mit einer relativ groben Erstplanung begonnen wird, dann konzentriert man sich ganz auf die laufende Anpassung an das Fertigungsgeschehen („Rescheduling instead of Scheduling" oder „Reactive Scheduling").

Grundmodell IV: Constraint-directed Search

Constraint-directed Search beruht darauf, daß in vielen Betrieben die Planer keineswegs den überwiegenden Teil ihrer Zeit investieren, um bei gegebenen Nebenbedingungen (genau einzuhaltende Endtermine aus der Materialwirtschaft, Kundenwunschtermine, starre Kapazitätsschranken und Arbeitszeiten) zu optimieren. Vielmehr verwenden sie auch einen beträchtlichen Teil ihrer Energie darauf, Bedingungen, welche sie zu stark einengen, zu entschärfen [Fox84a]. Ein entsprechendes Verfahren prüft systematisch, welche Nachteile entstehen, wenn eine Restriktion verletzt wird. Die jeweiligen Alternativen werden dem Disponenten, nach aufsteigender Schadenshöhe sortiert, präsentiert. Diese Prozedur entspricht dem intuitiven Vorgehen vieler Praktiker der Fertigungssteuerung und auch eher dem natürlichen Wirtschaften, etwa des Bauern.

Grundmodell V: Kanban-Prinzip

Auch das in 14.4.2 beschriebene Kanban-Verfahren ist als Grundmodell zu verstehen, das man in eine umfassendere PPS einbauen kann. Beispielsweise liefert die übergeordnete Planung dann nur „Tagesscheiben" für die einzelnen Regelkreise und dazu die entsprechende Zahl von Kanban-Karten. In stark IV-gestützten Systemen wird man u. U. die physischen Kanban-Karten durch „logische" Karten in Gestalt von standardisierten Meldungen ersetzen, welche zwischen Quelle und Senke des Teilebedarfs über elektronische Post ausgetauscht werden.

Grundmodell VI: Verhandlung von Agenten

Besonders kühn muten Laborversuche an, in denen den einzelnen Betriebsmitteln (Maschinen, flexiblen Fertigungssystemen, Fertigungsinseln, Bearbeitungszentren usw.) kleine, untereinander vernetzte Expertensysteme, sog. Agenten,

beigegeben werden. Diese Expertensysteme verhandeln dezentral, etwa unter Benutzung eines gemeinsamen Speichers, des sog. Blackboards, in dem Zwischenergebnisse oder Angebote bekanntgemacht werden, und versuchen so, günstige Maschinenbelegungen und Reihenfolgen zu finden. Beispielsweise bildet das YAMS („Yet Another Manufacturing System") eine Ausschreibung nach: Ein „Oberexpertensystem" bietet Betriebsaufträge an, „Unterexpertensysteme" versuchen, für ihre Betriebsmittel die Aufträge zu akquirieren, indem sie besonders günstige Konditionen (etwa einen frühen Fertigstellungstermin) offerieren, das Obersystem vergleicht die Vorschläge und teilt dann zu [Par88: 230 ff.]. Im Gegensatz zu YAMS, das Aufgaben nur einmal zuteilt, verhandeln die Agenten des an der Universität Erlangen-Nürnberg entwickelten Systems DEPRODEX (Dezentraler Produktionssteuerungs-Experte) laufend miteinander, um neue Feinpläne zu generieren bzw. bestehende Terminierungen zu optimieren [Wei94].

14.2.5.3 Techniken der Belegungs- und Reihenfolgeplanung

Bei der Arbeitsteilung zwischen menschlichen und maschinellen Disponenten (s. 14.2.5.1) lassen sich vier Typen bilden:

1. Das Unternehmen verzichtet auf jegliche Rechnerunterstützung und führt die Werkstattsteuerung manuell durch.
2. Man läßt dem Werkstattpersonal einen weiten Dispositionsspielraum, überwacht aber mit Hilfe der Betriebsdatenerfassung und des Monitoring (s. 14.2.7.4), daß nicht durch Fehler bei personellen Entscheidungen ungünstige Auswirkungen auf die Einhaltung der übergeordneten Pläne entstehen. Gerät ein Auftrag in Terminnot, so meldet ein IV-System dies der übergeordneten Planungsinstanz (z.B. dem Werksleiter) an, die dann eingreifen kann.
3. Die Aufträge werden über ein zentrales System unter Zuhilfenahme der oben beschriebenen Grundmodelle eingeplant.
4. Man richtet einen Leitstand ein (s. 14.2.7.4). Elektronische Leitstände als interaktives Mensch-Maschine-System unterbrechen einerseits die automatische Informationsweitergabe zwischen den einzelnen Komponenten eines PPS-Systems von der Primärbedarfsplanung bis zur Fertigungsdurchführung. Sie sind notwendig, weil die vielfältigen (Um)dispositionen oft maschinell nicht be-

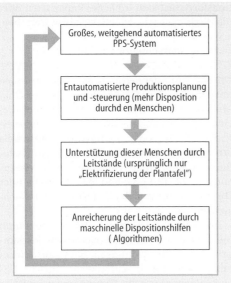

Bild 14-36 Entwicklungskreislauf von PPS-Systemen

Großes, weitgehend automatisiertes PPS-System

Entautomatisierte Produktionsplanung und -steuerung (mehr Disposition durchd en Menschen)

Unterstützung dieser Menschen durch Leitstände (ursprünglich nur „Elektrifizierung der Plantafel")

Anreicherung der Leitstände durch maschinelle Dispositionshilfen (Algorithmen)

1. Laufkarte
2. Lohndokumente
3. Materialentnahmescheine
4. Materialablieferungsscheine
5. Materialbereitstellungsmeldungen bzw. Werkzeugbereitstellungsmeldungen
6. Eventuell spezielle Fertigungsvorschriften bzw. Arbeitsgangbeschreibungen, die bei schwierigen Arbeitsgängen vor dem Start eines neuen Loses zusätzlich auch als Video-Sequenz vorgeführt werden können [Kur92]
7. Unter Umständen besondere Rückmeldepapiere (s.14.2.6)

Bild 14-37 Wichtige Fertigungsdokumente

herrscht werden können. Andererseits bilden Leitstände insofern einen neuen Ausgangspunkt der automatischen Feinsteuerung, als sich die optischen Anzeigen nach und nach durch immer leistungsfähigere Entscheidungsunterstützungssysteme, darunter auch wissensbasierte, anreichern lassen. Teil solcher Entscheidungsunterstützungssysteme können die oben erwähnten Grundmodelle I – VI sein. So ergibt sich allmählich wieder ein höherer Automationsgrad, so daß man bei einer ganzheitlichen Betrachtung erneut zu einem „großen" PPS-System gelangt (s. Bild 14-36).

14.2.5.4 Administrative Abwicklung

Die Werkstattsteuerung muß eine parametrierbare Zeitspanne vor dem Beginn der Produktion die erforderlichen Fertigungsdokumente ausgeben. Eventuell gestaltet man das System so, daß der Meister von seinem Terminal aus zum geeigneten Zeitpunkt die Ausgabe veranlassen („abrufen") kann.

Die wichtigsten Fertigungsdokumente sind in Bild 14-37 zusammengestellt.

Hinzu kommen der letztgültige Betriebsmittelbelegungs- und der Fertigungsauftragsablaufplan, der in Betrieben mit einfacherer Fertigungsstruktur auch den für die jeweilige Werkstatt oder Kostenstelle relevanten Ausschnitt aus der Stückliste (Fertigungsstückliste) enthalten kann. Wenn in der Fertigung häufige Störungen

zu erwarten sind und danach möglichst schnell ein neuer Ablaufplan generiert werden soll, muß für eine leichte Rückmeldung der Änderungen gesorgt werden. In diesem Fall kann man vorsehen, daß Änderungsmeldebelege erstellt werden.

Der vollständige Ersatz der Dokumente in Papierform durch Bildschirmanzeigen oder Sprachaus- und -eingabe („papierlose Werkstatt") ist ein Ziel vieler Industriebetriebe.

14.2.5.5 Materialtransportsteuerung

Auf Grundlage der beschriebenen Arbeitsverteilanweisungen steuert die Einzelfunktion „Materialtransportsteuerung" den Materialfluß. Die Verbindung der Informationsverarbeitung mit der Steuerung von Hochregallagern und fahrerlosen Transportsystemen wird oft als Anfang einer Entwicklung gesehen, die im Laufe der Zeit zu integrierten Materialflußsteuerungssystemen (interne Logistik) führen kann, wobei diese Materialflußsteuerungssysteme wiederum mit der Produktionslenkung und der Qualitätskontrolle verbunden sind. Detailliertere Ausführungen hierzu enthält 15.3. Ein Beispiel für ein stark automatisiertes System ist die Montageversorgung bei der BMW AG. Dort ist die Materialflußkette von der Anlieferung der Ware über die Lagerungsbereiche bis zu den Montagelinien sowie von leeren Behältern zurück zur Leerguthalle voll automatisiert [Rei90, Mer95: 122 f.].

14.2.6 Auftragsüberwachung

Im Bereich Auftragsüberwachung sind die Zustandsänderungen der Aufträge und Kapazitäten zu erfassen und zu verwalten.

14.2.6.1 Arbeitsfortschrittserfassung

Die Arbeitsfortschrittserfassung wird durchgeführt, indem aus der Fertigung zurückkehrende Meldungen registriert werden.

Zweckmäßigerweise wird man solche Dokumente zur Rückmeldung verwenden, die aus anderen Gründen ohnehin geführt werden müssen. Das sind bei einer genauen Terminüberwachung bzw. bei zeitlich langen Arbeitsgängen die Lohnscheine, mit denen jeder einzelne Arbeitsgang abgemeldet werden kann. Besondere Rückmeldedokumente sind angebracht, wenn es nicht gelingt, die Arbeiter zur pünktlichen Ablieferung ihrer Lohnscheine zu bewegen („Anlegen von Wertpapierdepots im Spind"). Oft übernehmen dann Bestätigungen von Qualitätskontrollstellen, daß ein Produktionsauftrag zu einer bestimmten Zeit eine bestimmte Station des Fertigungsablaufes ordnungsgemäß passiert hat, die Meldefunktion der Lohnscheine. Wenn deutliche Lagerstufen definiert sind und die Lager mit Hilfe von Materialentnahme- und -ablieferungsscheinen administriert werden, genügt jedoch die Verfolgung der Produktionsaufträge zwischen den Lagerstufen mit Hilfe der Materialbewegungsdokumente.

Überwacht man den Produktionsfortschritt mit Hilfe der Informationsverarbeitung, so ist es möglich, nähere Angaben über den Auftrag auszugeben, etwa den Ablaufplan, den letzten als vollzogen gemeldeten Arbeitsgang (diese Angaben erleichtern das Auffinden des Loses im Betrieb), Bemerkungen über eventuell zeitkritische Arbeitsgänge bzw. Pufferzeiten oder den voraussichtlichen Termin, zu dem die Lagerbestände an den Teilen auslaufen, die das Ergebnis des angemahnten Produktionsauftrages sind [Mer95: 193]. In eleganten Lösungen wird bei verspäteten Betriebsaufträgen mit Hilfe der Zeiten noch ausstehender Arbeitsgänge (aus den Produktionsvorschriften) und des dem Kunden bestätigten Termins (aus dem Vormerkspeicher Kundenauftrag) geprüft, ob die Verzögerung im Produktionssektor die Gefährdung eines Kundenauftragstermins zur Folge hat. In diesem Fall besteht die Möglichkeit, einen Hinweis an den Vertrieb oder unmittelbar eine Benachrichtigung an den Kunden auszugeben. Hierzu ist allerdings die in 14.2.2.3 beschriebene Vernetzung Voraussetzung.

Arbeitet man in der Durchlaufterminierung (14.2.3.1) oder in der Verfügbarkeitsprüfung (14.2.4.1) mit Reservierungen, so muß die Produk-

tionsfortschrittskontrolle die Kapazitäten oder die Werkzeuge wieder entlasten bzw. freigeben.

14.2.6.2 Produktionsqualitätskontrolle (CAQ)

Die Sicherung der Fertigungsqualität wird auch mit dem Terminus CAQ (Computer-Aided Quality Assurance) umschrieben. Allerdings ist dies eine enge Verwendung des CAQ-Begriffs. In einem weiteren Verständnis umfaßt CAQ auch die Steuerung der Produktqualität im Entwurfsstadium (s. Kap. 7), die Güteprüfung im Wareneingang (s. 14.2.6.3) und die Wartung oder Durchführung von Reparaturen in der Nachkauf-Phase.

Im Idealfall errechnet ein Computerprogramm individuelle Prüfauflagen (elektrische Messungen, Oberflächenprüfungen, physikalisch/chemische oder biologisch/mikrobiologische Untersuchungen), z.B. im Zusammenhang mit der Fehlerhäufigkeit bei dem Teil, an dem Arbeitsplatz oder gar bei dem Arbeiter [Mye80] in der jüngeren Vergangenheit. Diese Prüfauflagen werden möglichst zeitecht ausgegeben, damit der für jegliche Revision wünschenswerte Überraschungseffekt auch bei der Qualitätskontrolle in der Produktion entsteht. Es ist auch denkbar, daß die Prüfauflagen darauf abgestimmt werden, wie gravierend sich bei einem bestimmten Kundenauftrag in Abhängigkeit von der aktuellen Terminsituation zu spät gefundene Mängel auswirken.

In vielen Produktionszweigen zieht eine Unregelmäßigkeit viele Folgefehler nach sich. Hier sollten die Verantwortlichen im Sinne eines Frühwarnsystems möglichst sofort nach der Entdeckung informiert werden. Dann ist ein On-line-System zu erwägen, das die jeweils neuesten Eingaben der Qualitätskontrolleure sofort statistisch verarbeitet und gegebenenfalls am Arbeitsplatz der Führungskraft Warnsignale ausgibt.

14.2.6.3 Wareneingangsprüfung

Die Wareneingangsprüfung umfaßt eine Berechtigungs-, eine Termin-, eine Mengen- und eine Qualitätskontrolle. Die Berechtigungskontrolle hat sicherzustellen, daß nicht am Wareneingang Lieferungen akzeptiert werden, die gar nicht bestellt sind. Funktion der Terminkontrolle ist es, zu früh angelieferte Sendungen zu verweigern (sie belegen evtl. knappen Lagerraum). Die Mengenkontrolle überprüft, ob die Bestellung bzw.

Auftragsbestätigung des Lieferanten einerseits und die Daten der Lieferscheine andererseits sowie schließlich die tatsächlich eingetroffene Menge übereinstimmen. Ein IV-System des Wareneingangs kann prüfen, ob ein Wareneingang besonders dringlich erwartet wird, und über ein On-line-System die an dem Eintreffen der Sendung interessierten innerbetrieblichen Stellen benachrichtigen.

Bei Abweichungen zwischen Bestell- und Liefermenge kann man verschiedene Varianten vorsehen, z. B.:

1. Bei geringfügiger Unter- oder Überlieferung wird der Wareneingang normal weiterverarbeitet, jedoch ein Einkaufssachbearbeiter verständigt.
2. Überschreitet die Differenz zwischen Bestell- und Liefermenge eine vorgegebene Grenze, so wird der Wareneingang nur registriert, jedoch nicht weiterverarbeitet. Es werden eine Nachricht an den Sachbearbeiter gesendet, dessen Rückmeldung abgewartet und erst dann der Eingang der mengen- und wertmäßigen Lagerbuchführung übergeben.

Neben der Mengenprüfung kann auch die Qualitätsprüfung mit Hilfe der Informationsverarbeitung rationalisiert und verfeinert werden. Diese Möglichkeit bietet sich vor allem dann an, wenn „dynamische" Stichprobenverfahren verwendet werden [Mer95: 105]:

1. Man steuert im Echtzeit-Betrieb nach einem Verfahren der mathematischen Statistik den Prüfprozeß als solchen, wobei das Programm in Abhängigkeit von den Kontrollergebnissen bei den ersten Teilen der Lieferung Anweisungen ausgibt, wie viele weitere Teile geprüft werden sollen.
2. Die Lieferungen eines Teils und/oder eines Lieferanten werden um so intensiver geprüft, je mehr Fehler und nachträgliche Beanstandungen bei den vergangenen Lieferungen festgestellt wurden. Diese Strategie kann man umgekehrt dahin ausweiten, daß bei entsprechender bisheriger Zuverlässigkeit des Lieferanten ganze Lieferungen von der Qualitätsprüfung befreit werden.

Es stellt sich die Frage, ob derartige hochautomatisierte Qualitätskontrollsysteme sowohl im Warenausgangskanal des Lieferanten als auch im Wareneingangskanal des Kunden installiert sein müssen. In der Chemie- und Pharmaindustrie dokumentiert man z. B. maschinell Ergeb-

nisse der Qualitätskontrolle in Analysezertifikaten und fügt diese den Lieferscheinen oder Rechnungen bei. Im Kundenbetrieb kann auf dieser Grundlage befunden werden, ob die Ware einer Wareneingangsprüfung unterzogen werden soll.

14.2.7 Ausgewählte Aspekte der DV-technischen Realisierung

14.2.7.1 Entwicklungstendenzen von PPS-Systemen

Die Entwicklung der PPS-Systeme ist als evolutionär, nicht als revolutionär zu bezeichnen. Veränderungen finden u. a. in folgenden Richtungen statt:

1. Aufgabe von Anwendungslösungen, die eng an einen einzelnen Hersteller von Hardware oder Betriebssystemsoftware gebunden sind, zugunsten von allgemeinen Softwarekomponenten, wie z. B. relationalen Datenbanksystemen. Neuere PPS-Lösungen bauen häufig auf weitverbreiteten PC-Bildschirmoberflächen (etwa MS-Windows) auf oder laufen auf offenen Plattformen, beispielsweise UNIX (s. 14.2.7.3).
2. Neue Formen der Arbeitsteilung zwischen dem Kern-PPS-System und dem Leitstand. Z.B. wird ursprüngliche Leitstandsoftware mit Komponenten der Mengen- und Terminplanung angereichert (s. 14.2.5.3).
3. Verteilung von PPS-Funktionen auf mehrere DV-Systeme, z. B. im Rahmen der Einführung von Client-Server-Architekturen oder im Zusammenhang mit dezentralen Planungs- und Steuerungsmethoden (s. 14.2.7.3).
4. Einbau von Simulationsfunktionen (s. 14.2. 5.2).
5. Anreicherung von MRP-I-Systemen um Merkmale der MRP-II-Philosophie. MRP II (Manufacturing Resource Planning) entwickelte sich dabei aus MRP I (Material Requirements Planning) über die Zwischenstufe Closed Loop MRP sukzessive durch Ergänzung um weitere Funktionen. Auf diese Weise liegt zwischen MRP I und MRP II eine Teil-Ganzes-Beziehung vor. Worin sich die Stufen im einzelnen unterscheiden, ist jedoch umstritten. Einige Autoren sehen den Unterschied zwischen MRP I und Closed Loop MRP in einer verbesserten Enderzeugnisplanung, die oft auch als MPS-Planung (MPS, Master Production Schedule) bezeichnet wird. Eine weitere Gruppe stellt auf die Ergänzung um die Kapazitätsplanung ab. Charakteristisch für die MRP-II-

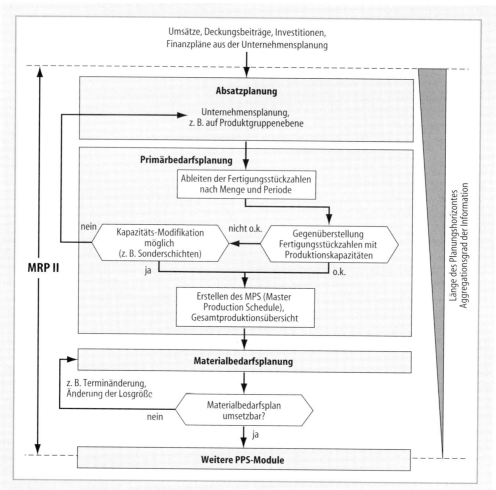

Bild 14-38 Schematischer Ablauf in einem MRP II-Konzept

Philosophie ist jedoch vor allem die Anbindung an andere Unternehmensfunktionen, wodurch die Verbindung der eher mengenorientierten klassischen PPS-Konzeption zu monetären Größen geschaffen werden soll. Hier liegt auch der wesentliche Unterschied zu dem im deutschsprachigen Raum gebräuchlichen Terminus PPS. Bild 14-38 zeigt den schematischen Ablauf der Produktionsprogrammplanung innerhalb eines MRP-II-Konzepts [Fox84b]. Dabei wird auf den oberen Planungsebenen mit stark verdichteten Positionen (z. B. Produkthauptgruppen) gearbeitet. Beim Übergang zum Primärbedarf (MPS) leitet man daraus die Planzahlen für die einzelnen Teile ab, die dann auch den Lagerbeständen gegenübergestellt werden können.

6. Weiterentwicklung der PPS-Funktionen von Steuerungs- zu Regelverfahren durch Aufbereitung der BDE-Daten mit Monitorfunktionen und Abgleich von Plan- und Istwerten (s. Kap. 18).

7. Stärkere Integration der PPS-Systeme mit anderen Anwendungssystemen, z. B. Absatz, Konstruktion, Logistik, Rechnungswesen usw., mit all ihren Vorteilen (etwa Rationalisierungsgewinne durch automatischen Datentransfer oder Konsistenz der Daten) aber auch den Nachteilen (beispielsweise Kettenreaktionen nach falschen Eingaben). In modernen PPS-Systemen (Bild 14-39) sind die betrieblichen Funktionen eng miteinander verzahnt [Ker93: 23]. Die PPS hat die Aufgabe, die Informationen zwischen allen Funktionen in alle Rich-

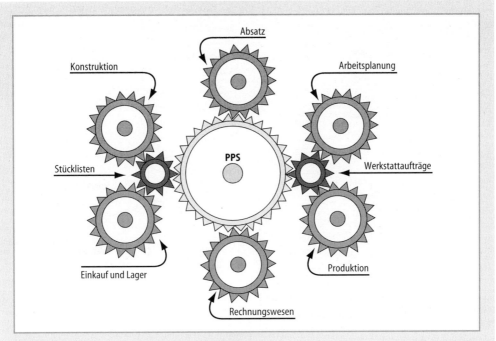

Bild 14-39 Getriebemodell eines modernen integrierten PPS-Systems

tungen schnell auszutauschen. Je präziser dieser Informationsaustausch stattfindet, desto kurzfristiger und knapper können die Ressourcen geplant werden.

14.2.7.2 Datenverwaltung

Ein wesentlicher Teil der Daten eines PPS-Systems ist in den Stücklisten bzw. Erzeugnisstrukturen enthalten, welche die Zusammensetzung der Produkte aus chemischen, physikalischen und/oder technischen Bestandteilen aufzeigen. Für den Aufbau und die Verarbeitung solcher Stücklisten wurden von verschiedenen Softwareherstellern Standardprogramme entwickelt, die vielfach auf dem Prinzip der Adreßverkettung basieren, die sog. Stücklistenprozessoren. Charakteristisch ist die Trennung in Teilestamm- und Erzeugnisstrukturbereich. Der Teilestammbereich enthält neben den teileabhängigen Daten (wie Benennung, technische Merkmale, Einkaufs-, Verkaufs-, Lagerbestands- und Dispositionsdaten usw.), auf die auch von anderen Programmkomplexen (z. B. des Lagerhaltungssektors) zugegriffen wird, Verweisadressen zum Erzeugnisstrukturbereich. Für jede Stücklistenposition ist ein Erzeugnisstruktursatz vorgesehen, der u. a. die Adressen der über-

geordneten Baugruppe sowie des Teils im Stammbereich und die Menge, mit der die Stücklistenposition in die übergeordnete Baugruppe eingeht, beinhaltet; ferner wird auf die nächste Stücklistenposition der jeweiligen Baugruppe sowie auf die nächste Verwendung eines Teils verwiesen. Durch Abarbeiten der Adreßketten gelingt es, sowohl alle Teile, die in ein Endprodukt eingehen, als auch alle anderen Baugruppen und Enderzeugnisse aufzufinden, in die ein bestimmtes Teil einmündet. So können Stücklisten und Teileverwendungsnachweise abgerufen werden. Dies wurde bereits in Bild 14-22 (s. 14.2.2.3) dargestellt.

Stücklistenprozessoren sind auch um Arbeitsplatz- und Arbeitsgangdaten erweitert worden. So gelingt es beispielsweise, den Arbeitsplan für ein Teil zusammenzustellen oder herauszufinden, für welche Arbeitsgänge und Teile ein Arbeitsplatz benötigt wird. Auch wurde das Prinzip der Variantenstücklisten auf die Arbeitsplanorganisation ausgedehnt, oder es wurden Verweisadressen zu einer Werkzeug- und Vorrichtungsdatei oder zur Lieferantendatei eingebaut.

Mit dem Aufkommen universeller Datenbanksysteme ist man mehr und mehr dazu übergegangen, statt der speziellen Stücklistenprozes-

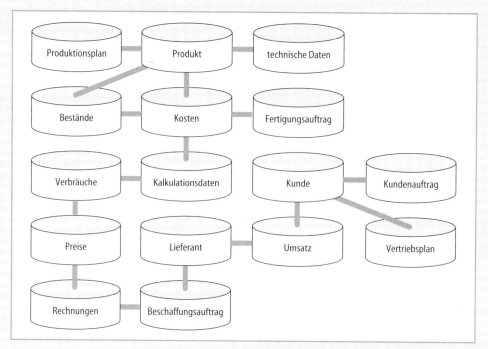

Bild 14-40 Ausschnitt aus der Datenbankstruktur eines großen PPS-Standardprogramms

soren diese Datenbanksysteme auch für die Verwaltung der Stücklisten zu verwenden. Man ist dann weniger an ein bestimmtes Anordnungsschema gebunden und kann die Verkettung in höherem Maße selbst bestimmen. Dadurch ergeben sich flexiblere Möglichkeiten der Integration (etwa mit dem Rechnungswesen oder dem Vertrieb). Bild 14-40 zeigt als Beispiel einen Ausschnitt aus der Datenbankstruktur des PPS-Standardprogramms IBM-CIMAPPS, dem Nachfolgeprodukt des vor allem auf dem amerikanischen Markt sehr weit verbreiteten COPICS. Man erkennt u. a. Segmente, die der Einkaufsverwaltung, und solche, die dem Angebotswesen dienen. Im Gegensatz zu den Stücklistenprozessoren führen universelle Datenverwaltungssysteme sowohl die Datensicherung als auch den Datennachweis (im Data dictionary) automatisch mit durch.

Ältere PPS-Lösungen basieren in vielen Fällen auf hierarchischen Datenbanksystemen. Diese führen häufig dazu, daß bereits kleine Veränderungen der Datenstrukturen u. U. weitreichende Anpassungsmaßnahmen in einer Vielzahl betroffener Programme erfordern. Navigierende Datenzugriffe sind schwer nachvollziehbar. Demgegenüber ist das relationale Grundschema, die

Tabelle, leicht verständlich. Wegen der beschreibenden Zugriffe ist erheblich weniger Codieraufwand nötig. Während bei hierarchischen Datenbanksystemen nur die in den Speicherungsstrukturen „vorgedachten" Anwendungen erstellt werden können und neue Anforderungen zu veränderten Datenbanken mit dem oben geschilderten Anpassungsaufwand führen, sind relational organisierte Datenbestände beliebig verknüpfbar. Relationale Datenbanksysteme setzen sich daher in neueren PPS-Lösungen auch für die Stücklistenverwaltung und ihre Erweiterungen durch. Allerdings erfordern die oben genannten Verknüpfungsmöglichkeiten einen feldanstelle satzweisen Zugriff auf die Datenbank. Ein Altsystem, dem nur ein nach wie vor navigierender Zugriffsmechanismus auf eine moderne Datenbank „untergeschoben" wird, kann dies ebensowenig leisten wie ein als „objektorientiert" bezeichnetes PPS-System, bei dem eine hard- und systemsoftwareunabhängige Zugriffsschicht die Sicht auf relationale Strukturen versperrt. Eine Vielzahl der Vorzüge relationaler Datenhaltung „verpufft" bei solchen strukturell unsauberen Lösungen [Wed92].

In diesem Zusammenhang ist besonders wichtig, daß nicht nur das PPS-System selbst eine re-

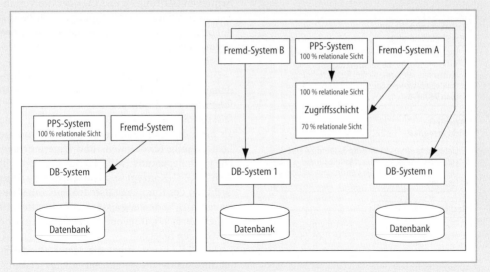

Bild 14-41 Saubere und unsaubere relationale Implementierung

lationale Sicht seiner Daten hat, sondern daß auch andere Applikationen (etwa das Rechnungswesen) die PPS-Daten in gleicher Weise benutzen können. Dies ist nicht der Fall, wenn der PPS-Hersteller ein eigenes dynamisches Zugriffssystem zwischen die Anwendung und die Datenbank schiebt, die nur an der Anwendungsschnittstelle, nicht jedoch an der Datenbankschnittstelle relationale Strukturen übergibt. Dann sind andere Applikationen (unabhängig davon, ob sie vom Unternehmen selbst erstellt oder von anderen Herstellern zugekauft wurden) nicht mehr in der Lage, alle Datenbestände des PPS-Systems zu lesen und zu interpretieren, ebenso wie auf parallel zur Benutzung des PPS-Systems durchgeführte Update-Operationen verzichtet werden muß. In Bild 14-41 ist zur Verdeutlichung eine saubere einer unsauberen relationalen Implementierung gegenübergestellt.

Im links beschriebenen Fall hat ein Fremdanbieter mit seinem System kein Problem, seine Anwendung mit der PPS-Anwendung zu integrieren, da er über das Datenbanksystem in konsistenter Weise auf die PPS-Daten zugreifen kann. Bei der rechten Implementierung kann dies nur das Fremdsystem A, das sich der Datenzugriffsmechanismen des PPS-Herstellers bedient und dazu üblicherweise mit der dortigen Entwicklungsumgebung erstellt worden sein muß. Das Fremdsystem B, das unter Umgehung des PPS-herstellerspezifischen Datenzugriffsmoduls PPS-Daten lesen und ggf. verändern möchte, scheitert in den meisten Fällen an den auf der Ebene eines konkreten Datenbanksystems nicht mehr transparenten Datenstrukturen [Wed92].

Das bei relationalen Datenbanken häufig vorgebrachte Gegenargument, sie seien für den PPS-Bereich zu ineffizient, trifft im übrigen nicht zu. Da durch moderne Systemsoftware die Möglichkeiten heutiger Hardware (z.B. Erweiterungsspeicher) im Gegensatz zu hierarchischen Altsystemen voll ausgeschöpft werden, kommt es bei entsprechender Systemauslegung u. U. sogar zu einem Leistungszuwachs. Dies gilt für den Batchbetrieb in gleicher Weise wie bei On-line-Anwendungen.

Einige Großbetriebe arbeiten an unternehmensweiten, softwareunabhängigen Datenmodellen unter Verwendung der Entity-Relationship-Methode, die auch Elemente der Stücklisten einbeziehen, weiteres s. Kap. 17.

14.2.7.3 Hard- und Softwarekonzepte

Die Realisierung der vielfältigen Funktionalität eines modernen PPS-Systems als Computerprogramm ist außerordentlich aufwendig. Von daher bietet es sich gerade auf diesem Gebiet an, Standardsoftware zu benutzen. Es gibt hierfür unterschiedliche Erscheinungsformen. Einige Ausprägungen gehen aus Bild 14-42 hervor.

Ein in Deutschland weit verbreitetes Beispiel für eine PPS-Standardsoftware ist das PPS-Mo-

Branchenunabhängig – branchenabhängig

Beispiel: In einem Paket für die Papierindustrie ist ein Modul für die Verschnittoptimierung enthalten, in einem solchen für die Nahrungsmittelindustrie ein Baustein zur Überwachung von Verfallsdaten.

Integriert – nicht integriert

Integrierte PPS-Systeme sind Bestandteil eines größeren Paketes, das u.a. Module für die Kostenrechnung oder die Vertriebsabwicklung umfaßt.

Rechnerplattform

Großrechner – Workstation mit UNIX-Betriebssystem, PC mit Betriebssystem MS-DOS oder OS/2.

Herstellerabhängigkeit

Die früher übliche Abhängigkeit der PPS-Pakete von der Hardware eines Computerherstellers wird allmählich zugunsten von Programmpaketen zurückgedrängt, welche (weitgehend) hardwareunabhängig sind.

Umfang

Viele PPS-Pakete unterstützen nur die Phasen von der Stücklistenauflösung bis zur Auftragsfreigabe (vgl. Abschnitt 14.2.2 – 14.2.4) – andere bieten auch Module zur Werkstattsteuerung an.

Bild 14-42 Ausprägungen von PPS-Standardsoftware

dul von R/3 der SAP AG. Der nachfolgende Abschnitt gibt einen Überblick.

Produktionsplanung und -steuerung am Beispiel des PPS-Systems SAP-PP

Das SAP-Produktionsplanungs- und -steuerungssystem PP (Production Planning) deckt Fertigungstypen wie Werkstatt-, Insel-, Prozeßfertigung oder Montage bei Einzel-, Serien-, Fließ- und Massenfertigern ab. Basierend auf einer Grunddatenverwaltung für Materialien, Arbeitsplätze, Stücklisten, Arbeitspläne und Prüfpläne werden viele der oben beschriebenen PPS-Funktionen bereitgestellt.

Hierzu gehört zunächst die Absatz- oder Produktionsprogrammplanung, die auf Basis von Enderzeugnissen oder Produktgruppen durchgeführt wird. Das SAP-System stellt zu diesem Zweck Prognosefunktionen auf Basis der exponentiellen Glättung (s. 14.2.1.1) oder des Verfahrens nach Winters zur Verfügung. Das PPS-Modul bricht dann den Grobplan auf die einzelnen Produktgruppen und die dazugehörigen Enderzeugnisse herunter.

Die Grobplanung liefert neben direkten Kundenaufträgen die Primärbedarfe für die nachfolgende Produktionsplanung. Die Planung umfaßt sowohl die kundenanonyme Lagerfertigung als auch die Kundenauftragsfertigung und die Losfertigung für Kunden- und Lageraufträge. Die Leitteileplanung (MPS-Planung) entspricht dem MRP-II-Konzept und konzentriert sich aus Gründen der Komplexitätsreduktion auf Materialien (z. B. Enderzeugnisse oder Rohstoffe) mit hoher Wertschöpfung oder solche, die kritische Ressourcen belegen.

Das PPS-System führt die Materialbedarfsplanung in der Regel als Net-change-Planung durch. Dabei werden nur diejenigen Teile berücksichtigt, deren Bestands- oder Bedarfssituation sich verändert hat. Eine Dispositionsliste hält die Ergebnisse des Planungslaufs fest. Dort findet der Anwender auch Hinweise auf Ausnahmesituationen wie Terminverzug oder Sicherheitsbestandsunterschreitung.

Die einzelnen Materialbedarfe lassen sich programmgesteuert (deterministisch), d.h. über eine Stücklistenauflösung, oder verbrauchsgesteuert (nach dem Bestellpunktverfahren (s. 14.2. 2.2)) bestimmen. Die Losgrößenrechnung bündelt anschließend die so ermittelten Bedarfe. Als Losgrößenverfahren stehen neben einfachen, statischen Methoden wie die Fertigungslosgröße in Höhe des Tagesbedarfs („exakte Losgröße") oder die fixe Losgröße auch dynamische Verfahren zur Verfügung, die die Bestell-/ Herstell- und Lagerkosten miteinbeziehen. Dazu gehören u.a. die gleitende wirtschaftliche Losgröße, der Stückperiodenausgleich und das Verfahren nach Groff (s. 14.2.2.3). Das Ergebnis der Materialbedarfsplanung sind Bestellvorschläge bei der eigenen Fertigung oder den Lieferanten.

Die nachfolgende Kapazitätsplanung besteht aus der Kapazitätsangebots- und der Kapazitätsbedarfsrechnung. In das Angebot gehen Ressourcen wie Anzahl der Schichten, Anzahl Arbeitstage und die Kapazität der Aggregate ein. Der Bedarf bestimmt sich aus den Bestellvorschlägen der Materialbedarfsplanung. In einer Belastungsanalyse und einem Kapazitätsabgleich werden Kapazitätsangebot und -bedarf aufeinander abgestimmt. Zum Kapazitätsabgleich stellt das PPS-System Funktionen wie die Kapazitätsverfügbarkeitsprüfung und die Simulation von Terminverschiebungen und Losgrößenänderungen bereit. Prioritätsregeln zur Feinterminierung fehlen dagegen gänzlich.

Nach der Kapazitätsterminierung werden die Fertigungsaufträge zunächst eröffnet. Dabei wählt das System die endgültigen Arbeitspläne und Stücklisten aus, falls mehrere Alternativen, z. B. hinsichtlich der Losgröße oder des Gültigkeitstermins, existieren. Anschließend können die Aufträge freigegeben und die Auftragspapiere gedruckt werden. Rückmeldungen von bereits abgeschlossenen Arbeitsvorgängen bzw. des gesamten Auftrages bilden das Ende des Auftragsdurchlaufs.

Der Anwender kann weitere Module mit dem PPS-System integrieren. Die Anbindung an ein CAD-System ermöglicht es, bei der Konstruktion automatisch eine Stückliste zu erzeugen und während des Konstruktionsprozesses auf die Grunddaten wie Materialien, Stücklisten usw. zuzugreifen.

Ein CAP-Modul dient zur automatischen Arbeitsplangenerierung und zur Vorgabewertermittlung. Mit Hilfe eines wissensbasierten Konfigurators bestimmt die Arbeitsplangenerierung u. a. Arbeitsvorgangsfolgen, Arbeitsplätze und die Zuordnung von Materialkomponenten. Die Vorgabewertermittlung berechnet z. B. die Rüst- und Bearbeitungszeiten aufgrund von Merkmalen wie Masse, materialspezifische Toleranzen usw.

Weiterhin läßt sich ein Qualitätsmanagementsystem integrieren, das die Prüfplanung-, abwicklung und -ergebnisauswertung übernimmt.

Im Rahmen des Produktionscontrolling schließlich überwacht das PPS-System u. a. die Bestands- und Kapazitätsauslastungssituation anhand verschiedener Kennzahlen wie Ausschuß, Terminverzug usw.

Bild 14-43 gibt einen Überblick über die von SAP-PP unterstützten Funktionen der PPS.

Standardprogramme wie das eben beschriebene SAP-PP, aber auch die Produkte anderer

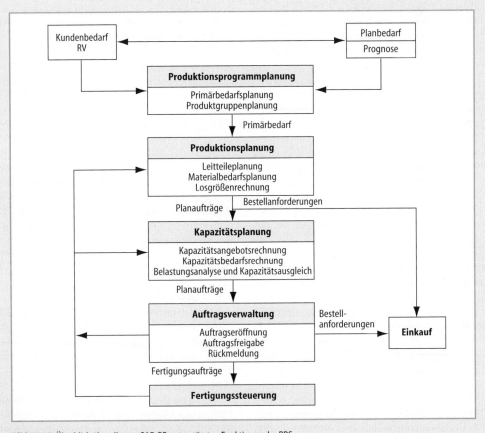

Bild 14-43 Überblick über die von SAP-PP unterstützten Funktionen der PPS

Hersteller, bringen in der Regel das Problem mit sich, daß sie mit Hilfe einer meist sehr großen Anzahl von dispositiven betriebswirtschaftlichen Stellgrößen auf das jeweilige Anwenderunternehmen bzw. auf die aktuelle Fertigungssituation abgestimmt werden müssen. Beispiele für derartige Stellgrößen (sog. Parameter) sind etwa der Splittungsschlüssel, der angibt, ob ein Arbeitsgang zur Verkürzung der Durchlaufzeit parallel auf mehrere (gleichartige) Maschinen verteilt werden soll, oder der Bestellpolitikschlüssel, mit dem für jedes Teil ein geeignetes Losgrößenberechnungsverfahren festzulegen ist.

Die Anpassung der Parameter an die spezifischen Belange des Unternehmens stellt sowohl in quantitativer als auch in qualitativer Hinsicht einen hochkomplexen Vorgang dar:

- Auf der einen Seite erschwert die Vielzahl der Stellgrößen dem Disponenten die Einstellung. Eine Untersuchung mittelständischer bundesdeutscher Maschinenbauunternehmen hat einen durchschnittlichen Umfang der Materialdatenbanken von 50000 Teilestammsätzen ergeben [Loe90: 521]. Bei ca. 40 materialspezifischen Parametern in den PPS-Modulen typischer Systeme sind demzufolge bereits bis zu zwei Millionen Steuergrößen einzustellen und laufend zu überwachen.
- Andererseits bereiten aus qualitativer Sicht die wenig durchsichtigen softwarelogischen Abhängigkeiten (Parameterinterdependenzen) und die von der Parametereinstellung ausgehenden Nebenwirkungen große Schwierigkeiten. Dies liegt letztlich auch an der mangelhaften Dokumentation der betriebswirtschaftlichen Zusammenhänge der Parameter in den Handbüchern vieler PPS-Systeme. Der Anwender ist daher kaum in der Lage, das Parameterwirkungsgefüge in seiner Gesamtheit zu erfassen.

Die Einstellungsaufgabe gliedert sich in die beiden Teilaspekte Parameterinitialeinstellung und Parametertuning:

- Die Parameterinitialeinstellung (erstmalige statische Konfiguration) sorgt während der Installationsphase bei der Einführung des Standardsoftwarepaketes für eine geeignete Konfiguration der Steuergrößen.
- Das Parametertuning (dynamische Konfiguration) paßt die Stellgrößen permanent an die aktuellen Gegebenheiten im Unternehmen an. Es basiert auf einer Diagnosekomponente, die laufend die Kenngrößen des PPS-Systems

überprüft. Bei negativen Entwicklungen greift ein System zur Parametereinstellung ein und versucht, geeignete Stellgrößen zu selektieren, die es anschließend neu festlegt.

Konzepte zur DV-technischen Unterstützung der Parameterkonfiguration haben inzwischen in der Wirtschaftsinformatikforschung eine gewisse Reife erlangt. Einzelne Elemente sind auch schon in die Praxis übernommen worden.

Weiterentwickelte Benutzeroberflächen

Intelligente Endgeräte (PCs/Workstations) mit entsprechender Software bilden die Integrationsplattformen verschiedener Anwendungen. Zentrale Groß- und dezentrale Abteilungsrechner stellen Teilfunktionen zur Verfügung. Auslösung, Parametrierung, Synchronisation und Ergebnispräsentation übernimmt dagegen das Endgerät. Mußte z. B. ein Auftragssachbearbeiter früher je nach Sachlage bei der Behandlung einer Kundenanfrage zehn oder zwanzig Großrechner-PPS-Transaktionen auslösen und eine CAD-Zeichnung suchen, so nimmt ihm heute das Endgerät diese Aufgabe kontext- und benutzerabhängig ab. Im Idealfall merkt der Benutzer bei seiner Arbeit überhaupt nicht, daß er mit einem oder mehreren entfernt stehenden Rechnern verbunden ist. Gleichwohl stellt der Host in dieser Einsatzsituation durch sein Transaktionsmanagementsystem die Konsistenz der Datenbank(en) sicher.

Gerade in der UNIX-Welt findet man heute moderne PPS-Software, die unter Zuhilfenahme von Standardsprachen der vierten Generation geschrieben wurde und mit den Möglichkeiten der in dieser Rechnerwelt üblichen fensterorientierten Endgeräte flexibel anpaßbare Programmabläufe gestattet.

Dezentralisierung von PPS-Funktionen

Ältere, meist hostbasierte PPS-Konzepte zeichnen sich dadurch aus, daß in der Regel ein zentrales IV-System plant und steuert. Die zunehmende Durchdringung der Fertigung mit Automaten auf verschiedenen Ebenen (DNC-Maschinen, CNC-Maschinen, Roboter, Fertigungszellen, Flexible Fertigungssysteme, Fahrerlose Transportsysteme usw.) erzwingt eine solche Vielfalt von Planungs- und Steuerungsprozeduren sowie von zugehörigen Datenflüssen und von vorübergehender Datenspeicherung, daß ein zentrales System überfordert wäre. Andererseits erleichtert insbesondere die Mikroelektronik die Dezentralisierung der Steuerungsprogramme und -dateien. Diese beiden Entwicklungen fließen in dem Konzept einer hierarchischen Produktionsplanung zusammen. Dabei gibt jeweils das übergeordnete Modul dem nachgeordneten Baustein Eckdaten, insbesondere Start- und Endtermine, für Teiloperationen vor. Rückmeldungen sorgen dafür, daß die Daten auf dem neuesten Stand sind. Innerhalb des vorgegebenen Rahmens wird auf jeder Ebene autonom disponiert; vor allem wird versucht, Störungen auf der jeweiligen Hierarchiestufe aufzufangen und nicht „nach oben" weiterzugeben [Zäp89: 201ff.]. Systeme der hierarchischen PPS beinhalten allerdings die Gefahr, daß durch die zu starke Modularisierung in der Praxis das theoretische Optimum allzuweit verfehlt wird. Beispielsweise muß ein übergeordnetes Modul dem untergeordneten Dispositionsspielräume geben, weil es die Details der Ausführung von Arbeitsschritten nicht plant. Zu diesen Spielräumen gehören auch Zeitpuffer. Die Addition dieser Zeitpuffer über mehrere Hierarchieebenen führt aber zu sehr unerwünschten Verlängerungen der Durchlaufzeit.

Dafür erleichtern es kooperierende Rechner- und Anwendungssysteme, die Produktion von Komponenten eines Erzeugnisses in unterschiedlichen Werken koordiniert zu planen. Die Werke müssen dabei nicht zum gleichen Unternehmen gehören; vielmehr arbeiten zunehmend auch die Computer selbständiger Unternehmen zusammen, vor allem, wenn zwischen diesen langfristige Kunden-Lieferanten-Beziehungen bestehen (zwischenbetriebliche Integration).

Jedoch sind bei einer derartigen verteilten Organisationsform der Informationsverarbeitung spezielle (DV-technische) Probleme mit Sicherungskonzepten, Datenbankintegrität, Wiederanlaufverfahren usw. zu lösen. Gerade auf diesem sensiblen Gebiet ist eine gewisse Ernüchterung zu beobachten. Eine starke Koordinationsinstanz in Form eines klassischen Host mit einem Transaktionsmonitor, wie etwa CICS, oder einem zentralen DB/DC-Server auf UNIX-Basis, z.B. aus der ORACLE-Familie, als „logischem Rückgrat" der verteilten Installation bietet insofern Vorteile.

Modellbasierte PPS-Software-Anpassung

Naturgemäß können Hersteller von Standardsoftware nicht alle Anforderungen der Gesamt-

heit ihrer Kunden vorausdenken. Darüber hinaus liegt für PPS-Anwender u. U. gerade in einer Kombination von Standard-Grundfunktionen und unternehmensspezifischen Teillösungen eine Möglichkeit zur Sicherung von Wettbewerbsvorteilen gegenüber ihren Mitbewerbern. Daher versuchen vor allem größere Unternehmen, benutzerindividuelle Anpassungen vorzunehmen und die zugekaufte Software mit eigenen Teilanwendungen zu kombinieren. Solche Anwender stehen dann in besonderem Maße vor den Problemen, ihre eigenen Programme zu entwickeln und zu dokumentieren, Datenstrukturen neu zu definieren bzw. bestehende anzupassen und die Verbindung von Fremd- zu Eigensoftware zu regeln.

Diese Aufgabenstellung läßt sich durch den Einsatz moderner CASE-Werkzeuge (Computer-Aided Software Engineering) wesentlich erleichtern. Zunächst ist in einem rückwärts gerichteten Schritt eine Bestandsaufnahme des bereits existierenden PPS-Systems erforderlich. Auf dieser Basis können dann neue Applikationen modelliert und zum Teil aus den Modellen automatisch generiert werden, wobei eine projektbegleitende Dokumentation sichergestellt ist. Zur Unterstützung dieser Vorgehensweise stellt beispielsweise ein PPS-Anbieter ein Datenmodell zur Verfügung, das die PPS-Sicht auf Datenbestände widerspiegelt und auf die individuellen Anforderungen des Unternehmens zurechtgeschnitten werden kann. Damit ist ein teilautomatisches Generieren des unternehmensspezifischen PPS-Systems aus dem individuell angepaßten Datenmodell möglich. Solche CASE-Modelle sind im übrigen auch als Kommunikationsinstrument zwischen Fachabteilungen und der DV-Abteilung geeignet, um die früher häufig auftretenden Mißverständnisse beim Systemdesign bereits im Vorfeld auszuräumen [IBM91].

14.2.7.4 Bausteine zur Produktionsregelung

Die nachfolgenden Abschnitte gehen kurz auf ausgewählte Bausteine zur Produktionsregelung ein.

Leitstände

Zentrales Element eines Leitstandes ist ein graphischer Farbbildschirm, der eine Reihe von Balkendiagrammen (Gantt-Charts) zeigt, beispielsweise in jeder Zeile die Belegung einer Ka-

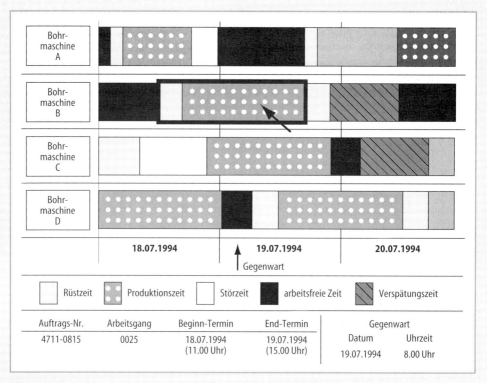

Bild 14-44 Darstellung eines Leitstands

pazitätseinheit über der Zeitachse und in jeder Spalte die Zusammensetzung der Kapazitätsbelegung an einem Arbeitsplatz aus verschiedenen Betriebs- oder Kundenaufträgen (s. Bild 14-44). Mit Farben oder Rastern kann man weitere Informationen einbringen, wie etwa den Status eines Betriebsauftrags (geplant, in Arbeit, wartend, gestört). Auf diese Weise lassen sich z. B. die Kapazitätsauslastung, die Länge von Warteschlangen, aktive Transportmittel und der Füllungsgrad von Pufferlagern abbilden („elektronische Plantafel") oder die Vielzahl der Meldungen der Betriebsdatenerfassung zu wenigen aussagekräftigen Signalen bzw. Kennzahlen verdichten.

Die Planungsarbeit am elektronischen Leitstand umfaßt beispielsweise die Prüfung, ob die für den Start eines Auftrages benötigten Ressourcen bereitstehen (Verfügbarkeitsprüfung in einem sehr engen Zeitraster), die Zuordnung eines Auftrags zu einem Arbeitsplatz und zu einem bestimmten Starttermin, die Eingabe von Prioritätsregeln, nach denen ein Belegungsplan automatisch generiert wird, die Auswahl aus Umdispositionsmaßnahmen, die das IV-System

anbietet, und die Simulation alternativer Maschinenbelegungen („Welche Aufträge werden in welchem Maß verspätet, wenn auf Maschine XYZ ein Eilauftrag von zwei Tagen Dauer eingeschoben wird?").

Die Multimedia-Technik erlaubt es, mit relativ bescheidenen technischen Mitteln die graphischen Darstellungen durch Standbilder (z.B. Photographien) oder Bewegtbilder (Videosequenzen) zu ergänzen. So kann sich das Leitstandpersonal bei einer Störung eine optische Vorstellung von den Verhältnissen am betroffenen Arbeitsplatz machen. Da hiermit die Möglichkeit einer Überwachung des Arbeiters besteht, bedarf die Einführung einer besonders sorgfältigen Absprache mit dem Betriebsrat. Beispielsweise kann man sich darauf einigen, daß die Bilder erst dann zum Leitstand übertragen werden, wenn der Werker vor Ort eine entsprechende Taste bedient hat [Kur92].

Setzt man Leitstände stärker dezentral ein und integriert sie in einem Netzwerk, so benötigt man darüber hinaus in der Regel sog. Koordinationsleitstände für die Abstimmung zwischen den verschiedenen Leitstandbereichen.

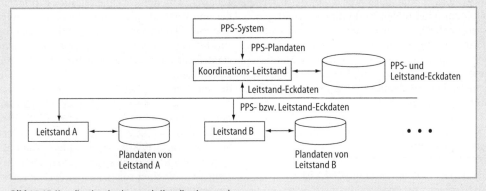

Bild 14-45 Koordination durch zentrale Koordinationsregeln

Konfliktsituationen werden so mit Hilfe zentraler Koordinationsregeln gelöst. Gemäß Bild 14-45 fungiert ein Koordinationsleitstand als Bindeglied zwischen PPS-System und den übrigen Leitständen. Er verwaltet in erster Linie sowohl geplante PPS- als auch geplante und tatsächliche Leitstand-Eckdaten.

Der Leitstand FI-2 [IDS94] zeichnet sich u. a. durch ein Koordinierungsmodul aus, welches zur Überwachung von bereichsübergreifenden Fertigungsabläufen und insbesondere zur Unterstützung von Fertigungsinsel- und Werkstattstrukturen beiträgt. Die FI-2-Koordinierungsebene bedient die Schnittstellen zu vor- und nachgelagerten Systemen, verteilt Fertigungsaufträge und Arbeitsgänge entsprechend den Bearbeitungsanforderungen und überwacht die Termineinhaltung zwischen den Leitstandbereichen. Wenn innerhalb eines Dispositionsbereiches eine Verzögerung von Arbeitsgängen auftritt, wird diese nicht gemeldet, solange sie ohne Verletzung von Eckterminen innerhalb des betroffenen Bereiches autonom behoben werden kann. Andernfalls tritt der Koordinationsleitstand in Aktion, indem er die nachfolgenden Dispositionsbereiche über die Verzögerungen informiert und sie so zu Neu- bzw. Umplanungen zwingt.

Eine ähnliche Zielsetzung verfolgt das von einem anderen Anbieter entwickelte Stufenmodell zur Erstellung eines Produktionsplans [Wau92]. Die Aufgabe der „verteilten Planung" besteht darin, jeden internen Auftrag unter Berücksichtigung seiner möglichen Produktionsorte auf einen Betrieb zur Weiterverplanung zu verteilen. Dabei werden wegen der unterschiedlichen maschinellen Ausstattung der einzelnen Betriebe oft Aufträge, die in einer direkten „Vorproduktauftrag-Nachfolgeproduktauftrag-Beziehung" stehen, auf verschiedene Produktionsstätten verteilt. Jeder interne Auftrag wird dann mit Zeitintervallen für einen frühesten Start- und einen spätesten Endzeitpunkt seiner Herstellung behaftet. Mittels lokaler Einplanungsmeldungen über Erfolg oder Mißerfolg an die „verteilte Planung" wird in einem iterativen, jedoch letztlich vom Menschen gesteuerten Prozeß ein konsistenter und die globalen Abhängigkeiten berücksichtigender Gesamtplan ermittelt.

Der wichtigste Vorteil der genannten Koordinationsansätze ist in der zumindest teilweisen Automatisierung der Abstimmungsprozeduren zu sehen. Die Konsistenz der Datenflüsse aus unterschiedlichen Meisterbereichen ist damit garantiert. Außerdem sorgt ein Koordinationsleitstand auf der Steuerungsebene für mehr Transparenz durch eine bereichsübergreifende Datensicht. Dank einer einheitlichen Schnittstelle zum PPS-System können alle Meisterbereiche über den gleichen Informationskanal Auftragsdaten übernehmen und Auftragsfortschrittsdaten zurückmelden. Wie das Beispiel zeigt, lassen sich solche Koordinationsverfahren ebenso werksübergreifend einsetzen. Die genannten Verfahren stellen jedoch noch keine Mechanismen zur bereichsübergreifenden Optimierung bereit.

Eine ausführliche Analyse über den Einsatz von Leitstandsystemen befindet sich in [Sta93]. Für einen Vergleich verschiedener Systeme sei auf [Hir93] verwiesen.

Leitstände eignen sich besonders für die Werkstattfertigung, bei der die Fertigungsaufträge mit unterschiedlichen Bearbeitungsreihenfolgen durch die Werkstatt geschleust werden. So stellte Stadtler bei einer Untersuchung fest, daß Leitstände zumeist von Unternehmen eingesetzt werden, die kundenspezifisch in Kleinserien-

oder Einzelfertigung produzieren und mehr als 100 Mitarbeiter in der Produktion beschäftigen [Sta93: 40]. Für eine Fertigung, in der beispielsweise nur wenige Aufträge gleichzeitig in Bearbeitung sind und diese immer dieselbe Maschinenfolge durchlaufen, genügen auch herkömmliche Methoden (Plantafeln bzw. Listen) oder gar mündliche Absprachen.

Voraussetzungen für die Kontrolle – Betriebsdatenerfassung

Die Betriebsdatenerfassung (BDE) ist die Voraussetzung für die Produktionsfortschritts- und -qualitätskontrolle.

Wegen des großen Umfangs der in den Produktionsstätten anfallenden Daten ist die Betriebsdatenerfassung ein wichtiger Eingangspunkt in die integrierte Informationsverarbeitung. Für die Sammlung der in der Produktion anfallenden Daten hat sich eine Vielzahl von Hard- und Software-Kombinationen herausgebildet; Übersichten und Vergleiche erhält man beispielsweise bei Roschmann [Ros91]. Als Datenträger dienen vor allem Belege, die mit Hilfe optischer oder magnetischer Zeichenerkennung gelesen werden. Besonders dann, wenn nicht nur die Tatsache zu melden ist, daß eine geplante Etappe im Produktionsdurchlauf erreicht wurde, sondern mehrere Ist-Daten (benötigte Zeit, Zahl der Ausschußstücke usw.) eingegeben werden, hat das gewöhnliche Bildschirmterminal Vorteile. Oft installiert man für die Betriebsdatenerfassung in den Werkstätten dezentrale Kleinrechner (verteilte Datenverarbeitung). Wachsende Bedeutung gewinnen die Datenerfassung unmittelbar an der Maschine (MDE, Maschinendatenerfassung) und die integrierte Verarbeitung von Daten aus der Prozeßautomation für die Produktionsfortschrittskontrolle (PDE, Prozeßdatenerfassung).

Multimediatechnik erlaubt es, Rückmeldungen um Sprachsequenzen zu ergänzen. So kann der Werker beispielsweise mündlich anmerken, warum er einen Arbeitsgang unterbrechen mußte. Dies ist zwar für das Personal in der Fertigung einfacher als die Eingabe einer Tastenkombination. Die gespeicherten Meldungen sind jedoch für die statistische Auswertung des Fertigungsgeschehens und die Managementinformation kaum zu nutzen.

Wenn das Produkt in Abhängigkeit von speziellen Kundenwünschen („Extras") konfiguriert wird, entsteht das Problem, daß das einzelne Erzeugnis an mehreren Stellen in Produktion, Lager und Versandvorbereitung identifiziert werden muß, wobei aus Kontrollgründen auch die Produkteigenschaften (Beispiel: Ist die Diebstahlsicherung schon eingebaut?) elektronisch zu erfassen sind. Für solche Zwecke bildete sich der sog. Programmierbare Identträger aus. Dieser kann vom Erfassungsgerät unter Umständen ohne mechanischen Kontakt, etwa unter Verwendung der Funktechnik, ausgelesen werden. So setzt etwa BMW Mikrowellen-Identifikationssysteme ein [Pre84]. Das zu montierende Fahrzeug wird mit einer sog. Transponderbox versehen, die einen Speicher umfaßt, der spezifische Daten des Kundenauftrags bzw. der Produktvariante enthält. Dieser Speicher wird aus einem Fertigungssteuerungsrechner geladen. Auf dem Montageweg wird der Speicherinhalt von einer kombinierten Sende-/Empfangseinheit (Transceiver) via Funk abgefragt und damit das Fahrzeug identifiziert. So kann ein DV-System den Montagefortschritt verfolgen. Es ist technisch möglich, den Speicherinhalt auch während des Fertigungsprozesses zu modifizieren, z.B. um Ergebnisse von Qualitätskontrollen festzuhalten, die nach dem Durchlauf in die Bauakte übernommen werden.

Wegen der Menge der (teil)automatisiert erfaßten Daten besteht die Gefahr, daß diese ungenutzt im Speicher des DV-Systems „herumliegen". Die Daten sollten daher mit modernen Filterungs-, Management-Informations- und Diagnosetechniken [Hil92, Wie90] ausgewertet werden. In eine ähnliche Richtung zielen die in Kapitel 18 näher beschriebenen Monitoring-Ansätze.

Literatur zu Abschnitt 14.2

[Bra68] Brankamp, K.: Ein Terminplanungssystem für Unternehmen der Einzel- und Serienfertigung. Würzburg: Physica 1968

[Eve92] Eversheim, W.; Grünewald, C.: Integration von Instandhaltungsplanung und -steuerung und Produktionsplanung und -steuerung. CIM Management 8 (1992) 5, 50ff.

[Fox84a] Fox, M.S.; Smith, S.F.: ISIS – Knowledge-based system for factory scheduling. Expert Systems 1 (1984) 1, 25ff.

[Fox84b] Fox, K.A.: MRP II providing a natural „hub" for computer-integrated manufacturing systems. Industrial Engineering 16 Bd.-Nr. 2 (1984) 10, 44ff.

[God69] Godin, V.; Jones, C.: The interactive shop supervisor. Industrial Engineering 1 (1969) 1, 17 ff.

[Hau89] Haupt, R.: Survey of priority rule-based scheduling. OR Spektrum, (1989), 3 ff.

[Hau93] Haupt, R.; Schilling, V.: Simulationsgestützte Untersuchung neuerer Ansätze von Prioritätsregeln in der Fertigung. Wirtschaftswiss. Studium 22 (1993), 611 ff.

[Heß75] Heß-Kinzer, D.: Fertigungssteuerung mit Modularprogrammen. 2. Aufl. Berlin: Beuth 1975

[Hil92] Hildebrand, R.; Mertens, P.: PPS-Controlling mit Kennzahlen und Checklisten. Berlin: Springer 1992

[Hir93] Hirsch, B.; Krauth, J.; Vöge, M.: Anforderungen an Fertigungsleitstände. Z. f. wirtsch. Fertigung 88 (1993), 358 ff.

[IBM91] IBM (Hrsg.): CIM production planning series/MVS & VSE – Integration Edition, Introducing SAA Data Model/2. o. O. 1991

[IDS94] IDS (Hrsg.): Der Intelligente Leitstand FI-2 – Systemüberblick. Firmenschrift Ges. f. integrierte Datenverarbeitungssysteme mbH, Saarbrücken 1994

[Ker93] Kernler, H.: PPS der 3. Generation. Heidelberg: Hütig 1993

[Kno90] Knolmayer, G.; Lemke, F.: Auswirkungen von Losgrößenreduktionen auf die Erreichung produktionswirtschaftlicher Ziele. Z. f. Betriebswirtschaft 60 (1990), 423 ff.

[Kur77] Kurt, H.; Twellmann, W.: Der informierte Produktionsbetrieb. In: Kriens, B. (Hrsg.): Von der Konstruktion bis zur automatischen Produktion. IBM-Form K12-1134-0, o. O. 1977

[Kur92] Kurbel, K.: Multimedia-Unterstützung für die Fertigungssteuerung. Z. f. wirtsch. Fertigung 87 (1992), 664 ff.

[Loe90] Loeffelholz, F. v.: Umfang und Kosten der Datenhaltung in PPS. In: Mertens, P.; Wiendahl, H.-P.; Wildemann, H. (Hrsg.): PPS im Wandel. München: gfmt 1990, 513 ff.

[Mer92] Mertens, P.; Bissantz, N.: MRP II. In: Mertens, P.; Wiendahl, H.-P.; Wildemann, H. (Hrsg.): PPS im Wandel. München: gfmt 1992, 7 ff.

[Mer94] Mertens, P. (Hrsg.): Prognoserechnung. 5. Aufl. Heidelberg: Physica 1994

[Mer95] Mertens, P.: Integrierte Informationsverarbeitung, Bd. 1: Administrations- und Dispositionssysteme in der Industrie. 10. Aufl. Wiesbaden: Gabler 1995

[Mey85] Meyer, M.; Hansen, K.: Planungsverfahren des Operations Research. 3. Aufl. München: Vahlen 1985

[Mye80] Myers, E.: MRP to save the day. Datamation 26 (1980) 8, 73 ff.

[Nyh90] Nyhuis, P.: Durchlauforientierte Losbildung. In: Mertens, P.; Wiendahl, H.-P.; Wildemann, H. (Hrsg.): PPS im Wandel. München: gfmt 1990, 453 ff.

[Pab85] Pabst, H.-J.: Analyse der betriebswirtschaftlichen Effizienz einer computergestützten Fertigungssteuerung mit CAPOSS-E in einem Maschinenbauunternehmen mit Einzel- und Kleinserienfertigung. Frankfurt: Lang 1985

[Par88] Parunak, H.V.D.: Distributed artificial intelligence systems. In: Kusiak, A. (Hrsg.): Artificial Intelligence. Berlin: Springer 1988, 225 ff.

[Pre84] Pretzsch, H.-U.; Bressmer, D.: Radio frequency system of identification lowers costs, facilitates production for German auto maker. Industrial Engineering 16 (1984) 11, 64 ff.

[Rei90] Reisch, D.: Realisierung einer automatischen Montageversorgung in der Automobilindustrie. In: Mesina, M.; Bartz, W. J.; Wippler, E. (Hrsg.): CIM-Einführung. Ehringen: Expert 1990, 362 ff.

[Ros91] Roschmann, K.; Geitner, U. W.; Chen, J.: Betriebsdatenerfassung 1991. Fortschrittliche Betriebsführung 40 (1991), 196 ff.

[Sön94] Schöneburg, E.; Heinzmann, F.; Feddersen, S.: Genetische Algorithmen und Evolutionsstrategien. Bonn: Addison-Wesley 1994

[Sta93] Stadtler, H.; Wilhelm, S.: Einsatz von Fertigungsleitständen in der Industrie. CIM Management 9 (1993) 1, 39 ff.

[Ste77] Steiner, J.: Lagerhaltungsmodelle bei variablem Periodenbedarf. Angew. Informatik 19 (1977), 415 ff.

[Trä91] Tränckner, J.-H.: Entwicklung eines prozeß- und elementorientierten Modells zur Analyse und Gestaltung der technischen Auftragsabwicklung von komplexen Produkten. Diss. RWTH Aachen 1991

[Tru72] Trux, W.: Einkauf und Lagerdisposition mit Datenverarbeitung. 2. Aufl. München: Moderne Industrie 1972

[War92] Warnecke, H.-J. (Hrsg.): Handbuch Instandhaltung. 2. Aufl. Köln: TÜV Rheinland Verlag 1992

[Wau92] Wauschkuhn, O.: Untersuchung zur verteilten Produktionsplanung mit Methoden der logischen Programmierung. IBM Institut für Wissensbasierte Systeme, Report Nr. 215, Stuttgart 1992

[Wed92] Wedel, T.: Die Bedeutung moderner Softwarearchitektur für die Flexibilität der

PPS. In: AWF (Hrsg.): PPS 92 – Steht PPS vor einem Generationswechsel?, 14. AWF-PPS-Kongreß, 4.-6. November 1992. Böblingen, o. S., 1992

[Wei94] Weigelt, M.: Dezentrale Produktionssteuerung mit Agentensystemen. Wiesbaden: Gabler 1994

[Wie89] Wiendahl, H.-P: Betriebsorganisation für Ingenieure. 3. Aufl. München: Hanser 1989

[Wie90] Wiendahl, H.-P.; Ludwig, E.: Modellgestützte Diagnose von Fertigungsabläufen. Handbuch der modernen Datenverarbeitung, 27 (1990), 151, 3 ff.

[Wit85] Wittemann, N.: Produktionsplanung mit verdichteten Daten. Berlin: Springer 1985

[Zäp87] Zäpfel, G.; Missbauer, H.: Produktionsplanung und -steuerung für die Fertigungsindustrie. Z. f. Betriebswirtschaft 57 (1987), 822 ff.

[Zäp89] Zäpfel, G.: Strategisches Produktions-Management. Berlin: de Gruyter 1989

[Zim87] Zimmermann, G.: PPS-Methoden auf dem Prüfstand. Landsberg: Moderne Industrie 1987

[Zol87] Zoller, K.; Robrade, A.: Dynamische Bestellmengen- und Losgrößenplanung. OR Spektrum 9 (1987), 219 ff.

14.3 Ausprägungen der Produktionsplanung und -steuerung

In 14.1 wurden die grundlegenden Funktionen der Produktionsplanung und -steuerung (PPS) erläutert. Diese Funktionen sind in prinzipieller Form bei den meisten produzierenden Unternehmen vorzufinden. Die verschiedenen Ausprägungen der PPS ergeben sich aus der unterschiedlichen Bedeutung und Nutzung dieser Funktionen innerhalb eines Unternehmens. Einen entscheidenden Einfluß hat in diesem Zusammenhang der sog. *Kundenentkopplungspunkt* (s. 14.1.2). Bei einer starken Kundenorientierung ist der Faktor Zeit von großer Bedeutung. Im Vordergrund stehen dann die Funktionen der Termin- und Kapazitätsplanung. Dagegen wird ein Unternehmen, das auf Lager fertigt, seinen Schwerpunkt auf eine gute Abstimmung des Produktionsprogramms mit den Kapazitäten legen.

Einige Funktionen werden deshalb intensiver genutzt als andere Funktionen. Diese Schwerpunktfunktionen werden z. T. durch detaillierte Unterfunktionen und Datenstrukturen unterstützt. Über die unterschiedliche Nutzung hinaus spielt auch die organisatorische und technische Integration der einzelnen PPS-Funktionen eine Rolle. Der *Informationsfluß*, der die einzelnen PPS-Funktionen miteinander verknüpft, bestimmt die Charakteristik der Steuerungsabläufe. Durch rückgemeldete Ist-Daten an die einzelnen PPS-Funktionen entstehen *Regelkreise*. Ob die vorgegebenen Ziele (z.B. kurze Durchlaufzeit) erreicht werden, hängt von einer geeigneten Verknüpfung dieser Regelkreise ab. Die Leistung der Produktionsplanung und -steuerung im Produktionsprozeß ergibt sich aus dem Zusammenspiel der richtigen Funktionen mit geeigneten Integrationsprinzipien.

Das Spektrum möglicher Ausprägungen der PPS liegt zwischen zwei Extremformen. Eine Extremform ist der sog. Lagerfertiger, der völlig entkoppelt vom Kunden seine Produktion an einem Produktionsprogramm ausrichtet. Reine Auftragsfertiger dagegen repräsentieren die andere Extremform. Beide Extremformen kommen jedoch in der Praxis nicht in dieser reinen Form vor. Vielmehr existieren bei den meisten Unternehmen Mischformen, in denen kundenneutrale mit kundenspezifischen Auftragsabläufen verknüpft sind.

Die Verknüpfung der verschiedenen Auftragsabläufe wird von der Wahl der Strategie zur Auftragsabwicklung und damit vom Kundenentkopplungspunkt beeinflußt. Auf Steuerungsebene entsteht dadurch eine Kombination von einer *Drucksteuerung* (Schiebe-, Pushprinzip) mit einer *Zugsteuerung* (Zieh-, Pullprinzip) (s. 14.1.2). Bei einer kombinierten Druck-Zug-Steuerung werden kundenneutrale Abläufe von einem Produktionsprogramm angestoßen. Kundenspezifische Abläufe werden durch den Eingang eines Kundenauftrages ausgelöst. Schwierigkeiten bereitet dabei die Festlegung der Schnittstelle zwischen den Steuerungsverfahren. Hier besteht die Notwendigkeit der Synchronisation. Beim Materialfluß kann dies z.B. ein Synchronisationslager sein, in dem die durch ein Produktionsprogramm gefertigten oder beschafften Teile zwischengelagert werden. Bei der kundenspezifischen Produktion werden die benötigten Teile dann aus dem Synchronisationslager gezogen.

Die Festlegung der Schnittstellen für eine kombinierte kundenneutrale und kundenspezifische Produktion orientiert sich an den Kundenentkopplungspunkten. Vor den Kundenentkopplungspunkten erfolgt die Auftragsabwicklung auftragsneutral druckgesteuert, nach dem Kundenentkopplungspunkt wird sie auftragsspezifisch zuggesteuert.

Die geschilderten Zusammenhänge beeinflussen die Gestaltung der PPS. So muß die PPS verschiedene Steuerungsprinzipien parallel koordinieren. Weiterhin muß im Rahmen der PPS eine Synchronisation der Material- und Informationsflüsse erfolgen. Wird beispielsweise Material zu früh oder in zu großer Menge beschafft, führt dies zu einem hohen Bestand im Synchronisationslager. Bei zu spät oder zu wenig bestelltem Material kann es zu Engpässen bei der kundenspezifischen Produktion kommen. Dies führt dann zu einer Verlängerung der Durchlaufzeit. Die Festlegung der Schnittstelle entscheidet dabei auch über die Gesamtfunktion der PPS. Mit zunehmendem Anteil an auftragsorientierter Zugsteuerung steigt der Steuerungsaufwand zur Auftragsverfolgung. Der Einsatz von selbstregulierenden Zugsteuerungen wie z. B. das *Kanban-Verfahren* (s. 14.4) reduziert dagegen den Steuerungsaufwand.

Trotz der Vielzahl möglicher Ausprägungen lassen sich produzierende Unternehmen hinsichtlich ihrer Produktionsplanung und -steuerung in einige Grundtypen unterteilen. Dabei bedeutet die Zugehörigkeit zur selben Typklasse, daß diese Unternehmen ähnliche Produktionsplanungs- und steuerungsaufgaben haben. In diesem Abschnitt (14.3) werden die Anforderungen an die PPS für verschiedene repräsentative Unternehmenstypen dargestellt und die gängigen Ausprägungen zur Lösung dieser Aufgaben vorgestellt.

14.3.1 Typologische Einordnung von Unternehmen hinsichtlich ihrer Steuerungsaufgabe

Daß sich die Anforderungen an die Produktionsplanung und -steuerung von Unternehmen zu Unternehmen so gravierend unterscheiden, wird nicht nur durch branchenspezifische Eigenschaften verursacht, sondern auch durch grundlegende strukturelle Merkmalsunterschiede [Kur93: 31]. Damit diese Merkmalsausprägungen erfaßbar sind, ist ein allgemeingültiges Schema nützlich.

Die Vielfalt möglicher Ausprägungen der einzelnen Merkmale läßt eine eindeutige Zuordnung zu Klassen jedoch nicht zu. Merkmalsausprägungen können daher nur nach typologischen Gesichtspunkten eingeordnet werden. Im Gegensatz zur *Klassifizierung* wird bei der *Typi-*

sierung keine eindeutige Zuordnung aller Merkmale zu einer Klasse gefordert, sondern eine Merkmalskombination wird dem Typ zugeordnet, bei dem die meisten Merkmalsausprägungen einem vordefinierten Typ entsprechen. Typologien sind damit gut geeignet, um vielfältige, reale Erscheinungsformen zu verstehen und zielgerichtet und systematisch zu verdichten. Daraus können dann die wesentlichen Erscheinungsformen und die Anwendungsbedingungen für quantitative Erklärungs- und Entscheidungsmodelle ermittelt werden [Gro74: 22].

In der Betriebswirtschaftslehre und der Produktionstechnik sind einige Ansätze entstanden, Produktionsunternehmen in Typologien einzuordnen [Hoi85: 13 ff., Gla92: 376 ff., Zäp89: 207 ff.]. Die bekannteste Einordnung ist der morphologische Kasten nach Schomburg [Sch80: 88]. Das Merkmalsschema von Schomburg wurde durch Büdenbender [Büd91: 51] und Sames [Sam90: 1 ff.] weiterentwickelt und auf zwölf Merkmale erweitert. Mit Hilfe dieser Typologie können Auftragsabwicklungsprinzipien unterschiedlicher Unternehmen eingeordnet werden. Die Typen sind unternehmensneutral vorgegeben und werden auf Erzeugnisebene identifiziert. Ziel dieser Einordnung ist es, Anforderungen zur ganzheitlichen Produktionsplanung und -steuerung abzuleiten [Lin93: 28]. Die Vorteile dieser Methode liegen in einer guten Übersichtlichkeit und in der praxisrelevanten Erfassung der folgenden Merkmalsgruppen:

- Initiierung der Auftragsabwicklungsaktivitäten,
- Ausführung der Erzeugnisse,
- Durchführung von Dispositionsmaßnahmen,
- Abwicklung der Fertigungs- und Montageprozesse.

Die betriebstypologischen Merkmale und ihre Ausprägungen bestimmen die Art und Weise, wie PPS-Funktionen genutzt und verknüpft werden [Hac89: 21].

Bild 14-46 zeigt das Merkmalsschema zur ablauforganisatorischen Kennzeichnung von Unternehmenstypen. Die zwölf Strukturgrößen haben im einzelnen folgende Bedeutung [Sch80: 34 ff., Büd91: 23 ff., Sam92: 29 ff.]:

1. Auftragsauslösungsart
   Die *Auftragsauslösungsart* beschreibt, wie die Produktion an den Markt gebunden ist, d. h., ob die Produktion aufgrund von Kundenaufträgen oder von Absatzprognosen initiiert wird. Dieses Initialmerkmal prägt maßgeb-

Strukturgrößen	Merkmalsausprägungen				
1 Auftragsauslösungsart	Produktion auf Bestellung mit Einzelaufträgen	Produktion auf Bestellung mit Rahmenaufträgen	kundenanonyme Vor-/kundenauftragsbezogene Endproduktion	Produktion auf Lager	
2 Erzeugnisspektrum	Erzeugnisse nach Kundenspezifikation	typisierte Erzeugnisse mit kundenspezifischen Varianten	Standarderzeugnisse mit Varianten	Standarderzeugnisse ohne Varianten	
3 Erzeugnisstruktur	mehrteilige Erzeugnisse mit komplexer Struktur	mehrteilige Erzeugnisse mit einfacher Struktur	geringteilige Erzeugnisse		
4 Ermittlung des Erzeugnis-/Komponentenbedarfs	bedarfsorientiert auf Erzeugnisebene	teilw. erwartungs-/teilw. bedarfsorientiert auf Komp.ebene	erwartungsorientiert auf Komponentenebene	erwartungsorientiert auf Erzeugnisebene	verbrauchsorientiert auf Erzeugnisebene
5 Auslösung des Sekundärbedarfs	auftragsorientiert	teilw. auftragsorientiert/teilw. periodenorientiert	periodenorientiert		
6 Beschaffungsart	weitgehender Fremdbezug	Fremdbezug in größerem Umfang	Fremdbezug unbedeutend		
7 Bevorratung	keine Bevorratung von Bedarfspositionen	Bevorratung von Bedarfspositionen auf unteren Strukturebenen	Bevorratung von Bedarfspositionen auf oberen Strukturebenen	Bevorratung von Erzeugnissen	
8 Fertigungsart	Einmalfertigung	Einzel- und Kleinserienfertigung	Serienfertigung	Massenfertigung	
9 Ablaufart in der Fertigung	Werkstattfertigung	Inselfertigung	Reihenfertigung	Fließfertigung	
10 Ablaufart in der Montage	Baustellenmontage	Gruppenmontage	Reihenmontage	Fließmontage	
11 Fertigungsstruktur	Fertigung mit großer Tiefe	Fertigung mit mittlerer Tiefe	Fertigung mit geringer Tiefe		
12 Kundenänderungseinfluß während der Fertigung	Änderungseinflüsse in größerem Umfang	Änderungseinflüsse gelegentlich	Änderungseinflüsse unbedeutend		

Bild 14-46 Merkmalsschema zur ablauforganisatorischen Kennzeichnung von Unternehmenstypen

lich die Art der Auftragsabwicklung und dient somit als Leitmerkmal bei der Bestimmung von Unternehmenstypen.

2. Erzeugnisspektrum
Die Strukturgröße *Erzeugnisspektrum* beschreibt, inwieweit das Erzeugnisspektrum standardisiert ist.

3. Erzeugnisstruktur
Das Merkmal *Erzeugnisstruktur* gibt Auskunft über den konstruktionsbedingten Aufbau der Erzeugnisse. Die zugeordneten Kriterien sind die durchschnittliche Anzahl von Strukturstufen und Stücklistenpositionen.

4. Ermittlung des Erzeugnis-/Komponentenbedarfs
Dieses Merkmal kennzeichnet die Art, wie und auf welcher Strukturstufe der Erzeugnisse der Bedarf ermittelt wird.

5. Auslösung des Sekundärbedarfs
Das Merkmal *Auslösung des Sekundärbedarfs* (s. 14.2.2) beschreibt den Anstoß zur Fertigung bzw. der Beschaffung des Sekundärbedarfs. Kriterium ist das mengenmäßige Verhältnis des durchschnittlich auftragsorientiert ausgelösten Sekundärbedarfs zum durchschnittlich periodenorientiert ausgelösten Sekundärbedarf.

6. Beschaffungsart
Durch das Merkmal *Beschaffungsart* (s. 15.3.1) wird der Umfang des Einsatzes von fremdbezogenen Bedarfspositionen im Rahmen der betrieblichen Erstellung von Erzeugnissen angegeben.

7. Bevorratung
Mit dem Merkmal *Bevorratung* (s. 15.3.1) wird der Umfang der bevorrateten eigengefertigten, fremdgefertigten und zugekauften Bedarfspositionen gekennzeichnet. Kriterium dafür ist die Ebene der bevorrateten Bedarfspositionen innerhalb der Erzeugnisstruktur.

8. Fertigungsart
Das Merkmal *Fertigungsart* gibt die Häufigkeit der Leistungswiederholung im Produktionsprozeß an. Kriterien sind die durch-

schnittliche Auflagenhöhe der Erzeugnisse sowie die durchschnittliche Wiederholhäufigkeit der Erzeugnisse pro Jahr.

9. Ablaufart in der Teilefertigung
Mit der *Ablaufart in der Teilefertigung* werden die räumliche Anordnung der Fertigungsmittel und die Transportbeziehungen zwischen den Fertigungsmitteln beschrieben.

10. Ablaufart in der Montage
Das Merkmal *Ablaufart in der Montage* beschreibt die unterschiedlichen Organisationsformen in der Montage.

11. Fertigungsstruktur
Das Merkmal *Fertigungsstruktur* gibt Auskunft über die durchschnittliche Anzahl aufeinanderfolgender Arbeitsvorgänge und Montageabschnitte im Fertigungsprozeß.

12. Kundenänderungseinfluß während der Fertigung

Dieses Merkmal erfaßt die Störeinflüsse aufgrund eingehender Kundenwünsche nach Auftragserteilung.

14.3.2 Auftragsorientierte Produktionsplanung und -steuerung

14.3.2.1 Kennzeichen auftragsorientierter Produktion

Die Kennzeichen auftragsorientierter Produktion zeigt das morphologische Merkmalsschema (Bild 14-47) [Sam92: 154f.].

Die Produktion erfolgt auf Bestellung mit Einzelaufträgen. Das Erzeugnisspektrum umfaßt Erzeugnisse nach Kundenspezifikation, die in ihrer Struktur mehrteilig und komplex sind. Aufgrund der Fertigungsart *Einmalfertigung* erfolgt keine Bevorratung von Bedarfspositionen. Der Erzeugnis-/Komponentenbedarf ermittelt

Strukturgrößen		Auftragsorientiert produzierendes Unternehmen			
1	Auftragsauslösungsart	Produktion auf Bestellung mit Einzelaufträgen	Produktion auf Bestellung mit Rahmenaufträgen	kundenanonyme Vor-/ kundenauftragsbezogene Endproduktion	Produktion auf Lager
2	Erzeugnisspektrum	Erzeugnisse nach Kundenspezifikation	typisierte Erzeugnisse mit kundenspezifischen Varianten	Standarderzeugnisse mit Varianten	Standarderzeugnisse ohne Varianten
3	Erzeugnisstruktur	mehrteilige Erzeugnisse mit komplexer Struktur	mehrteilige Erzeugnisse mit einfacher Struktur	geringteilige Erzeugnisse	
4	Ermittlung des Erzeugnis-/ Komponentenbedarfs	bedarfsorientiert auf Erzeugnisebene	teilw. erwartungsteilw. bedarfsorientiert auf Komp.ebene	erwartungsorientiert auf Komponentenebene	erwartungsorientiert auf Erzeugnisebene / verbrauchsorientiert auf Erzeugnisebene
5	Auslösung des Sekundärbedarfs	auftragsorientiert	teilw. auftragsorientiert/ teilw. periodenorientiert	periodenorientiert	
6	Beschaffungsart	weitgehender Fremdbezug	Fremdbezug in größerem Umfang	Fremdbezug unbedeutend	
7	Bevorratung	keine Bevorratung von Bedarfspositionen	Bevorratung von Bedarfspositionen auf unteren Strukturebenen	Bevorratung von Bedarfspositionen auf oberen Strukturebenen	Bevorratung von Erzeugnissen
8	Fertigungsart	Einmalfertigung	Einzel- und Kleinserienfertigung	Serienfertigung	Massenfertigung
9	Ablaufart in der Fertigung	Werkstattfertigung	Inselfertigung	Reihenfertigung	Fließfertigung
10	Ablaufart in der Montage	Baustellenmontage	Gruppenmontage	Reihenmontage	Fließmontage
11	Fertigungsstruktur	Fertigung mit großer Tiefe	Fertigung mit mittlerer Tiefe	Fertigung mit geringer Tiefe	
12	Kundenänderungseinfluß während der Fertigung	Änderungseinflüsse in größerem Umfang	Änderungseinflüsse gelegentlich	Änderungseinflüsse unbedeutend	

Bild 14-47 Typologie „Auftragsorientiert produzierendes Unternehmen"

sich bedarfsorientiert auf Erzeugnisebene. Der Sekundärbedarf wird auftragsorientiert ausgelöst, wobei der *Fremdbezug* in größerem Umfang erfolgt. Werkstattfertigung (s.9.4) ist das vorherrschende Fertigungsprinzip. Die *Fertigungstiefe* (s. 8.1.6.1) ist groß. Das heißt, die Anzahl der *Fertigungsstufen* und aufeinanderfolgender Arbeitsvorgänge im Fertigungsprozeß ist hoch. Kundenänderungseinflüsse treten während der Fertigung im größeren Umfang auf.

14.3.2.2 Anforderungen auftragsorientierter Produktionsplanung und -steuerung

Mit den oben beschriebenen Strukturgrößen und ihren Ausprägungen ergeben sich bestimmte Anforderungen an die PPS. Diese beeinflussen in großem Maße die Nutzung der einzelnen PPS-Funktionen.

Die wesentlichen Ziele auftragsorientiert arbeitender Unternehmen sind eingehaltene Kundenendtermine und kurze Durchlaufzeiten [Wie89: 213]. Die Funktionen der PPS müssen primär diese Aufgabe unterstützen. Im Vordergrund steht daher die übergeordnete Planung und Steuerung der gesamten Prozeßkette in der Auftragsabwicklung. Die PPS ist verantwortlich für die Koordination aller an der Produktentwicklung und -erstellung beteiligten Bereiche [Eve90a: 60]. Optimierung und Steuerung der Teilbereiche müssen sich der Kundenauftragssteuerung unterordnen.

Auftragseingänge erfolgen kurzfristig und variieren stark in ihrer Anzahl. Dies bedingt eine tägliche Einplanung der Aufträge, d.h., im Rahmen der *Produktionsprogrammplanung* (s.14.2.1; 5.3.3) wird eine *Grobplanung* (s. 14.2.1) für noch nicht spezifizierte Konstruktionserzeugnisse vorgenommen. Zudem müssen die Arbeiten in den indirekten Bereichen wie Konstruktion und Arbeitsvorbereitung geplant und terminiert werden. Wichtiger Bestandteil ist die Kundenauftragsverwaltung, mit der ein ständiger Bezug des Auftrags zum Kunden gegeben ist. Besondere Anforderungen ergeben sich auch für die Liefertermbestimmung, wobei auch *Angebote* mit berücksichtigt werden müssen, deren *Umwandlungsrate* nur geschätzt werden kann [Sch87: 9ff.] (s. 7.2).

Die Berücksichtigung von Angeboten und Aufträgen setzt sich in der *Termin- und Kapazitätsplanung* (s. 14.2.3) fort, wobei auch diese Angaben auf Schätzungen beruhen. Die Termin-

und Kapazitätsplanung bezieht die indirekten Bereiche Konstruktion und Arbeitsvorbereitung mit ein. Sie erfolgt primär auftragsbezogen und grob, da für eine feinere Planung detailliertere Planungsdaten fehlen. Insbesondere die Kapazitätsbedarfe und Durchführungszeiten in den indirekten Bereichen sind mit großen Unsicherheiten behaftet. Trotz dieser schlechten Planungsgrundlage besteht die Notwendigkeit zur Planung, um die Abläufe transparent zu machen und die aktuelle Situation zu dokumentieren. Aufgrund der Komplexität der Montage ist der erforderliche Planungsaufwand sehr hoch.

Die *Auftragsveranlassung* und *Auftragsüberwachung* (s.14.1, 14.2.6) müssen einen ständigen Kundenauftragsbezug sicherstellen. Dieser ist, aufgrund eines komplexen Produktionsprozesses und einer Vielzahl von Abhängigkeiten schwierig zu erkennen. Jeder Auftrag muß aktuell verfolgt werden, damit kurzfristig auf Planabweichungen reagiert werden kann und eine lückenlose und zeitgerechte Auftragsfortschrittserfassung gegeben ist. Änderungswünsche von seiten der Kunden, die während der Fertigung eingehen, erfordern teilweise umfangreiche Umplanungsmaßnahmen.

Die Situation in der *Mengenplanung* (s.14.2.2) ist gekennzeichnet durch eine hohe Planungsfrequenz, auftragsbezogen vernetzter Bedarfspositionen durch vorhergehend aufgelöste Erzeugnisstrukturen und ein leistungsfähiges Bestellwesen mit Bestellschreibung, Bestellüberwachung und Lieferantenbewertung. Besondere Anforderungen an die Bestandsführung werden hingegen nicht gestellt.

Die *Datenverwaltung* (s.14.2.7) ist von großer Bedeutung. Fehlende Stammdaten bei Auftragseingang bedingen rationell generierte *Stücklisten* (s.7.4) und *Arbeitspläne* (s. 7.4). Dabei muß eine durchgängige Stücklistensystematik für eine termingerechte Bedarfsauslösung und Kapazitätsplanung vorausgesetzt werden.

14.3.2.3 Gestaltung der auftragsorientierten Produktionsplanung und -steuerung

Die Notwendigkeit, alle an der Produktentwicklung und -erstellung beteiligten Bereiche zu koordinieren, erfordert ein Verlassen der funktionalen Gliederung der PPS-Struktur. Vielmehr muß die PPS am Prozeß der Auftragsabwicklung orientiert sein. PPS-Funktionen können weder separat noch in rein sequentieller Reihenfolge durchgeführt werden. Es besteht eine große Ab-

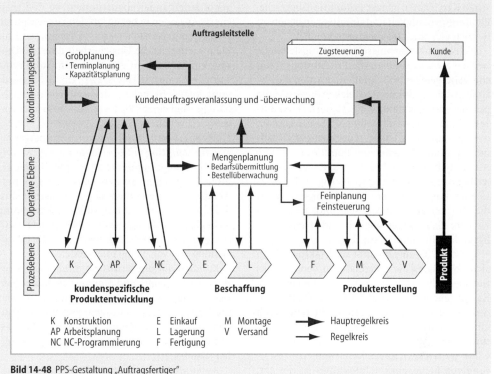

Bild 14-48 PPS-Gestaltung „Auftragsfertiger"

hängigkeit der einzelnen Funktionen untereinander.

Bei dieser auf den Prozeß der Auftragsabwicklung ausgerichteten PPS ist zu beachten, daß die Planungen nur unter Berücksichtigung der Ereignisse in der Produktion durchsetzbar sind. Daher ist eine prozeßnahe Abbildung der Ist-Situation für eine gute Planung erforderlich. Dies wird durch dezentralisierte Planungs- und Steuerungsfunktionen erreicht. Das bedeutet, daß PPS-Funktionen auf verschiedene Unternehmensbereiche verteilt sind. Der Vorteil dezentraler Strukturen liegt in der höheren Reaktionsgeschwindigkeit, mit der auf kleine Störungen im Produktionsablauf reagiert werden kann. Dem gegenüber steht der höhere Aufwand, der für die Koordination (s. 3.1.2) der Teilbereiche aufgewendet werden muß. Diese Koordination wird von übergeordneten Planungsinstanzen übernommen. Es entstehen dezentrale, hierarchische Steuerungsstrukturen. Hierdurch werden die grundlegenden PPS-Funktionen auf mehrere Planungsebenen aufgespalten.

Die Erkenntnisse aus der *Lean-Production*-Philosophie (s. 5.3) zeigen, daß eine hohe Reaktionsfähigkeit nur mit wenigen Hierarchieebe-nen erreicht werden kann. In der Praxis haben sich für den Auftragsfertiger zwei Planungsebenen, die Koordinationsebene und die operative Planungsebene, bewährt (Bild 14-48).

Die organisatorische Einheit für die bereichsübergreifende Koordination aller Kundenaufträge soll im folgenden mit *Auftragsleitstelle* (s.a. 10.3.2)bezeichnet werden. In der Praxis werden auch andere Bezeichnungen wie Auftragszentrum, Auftragszentrale oder andere verwandt.

In der Auftragsleitstelle werden grob Termine und Kapazitäten aller Bereiche geplant. Insbesondere findet hier die Vorlaufsteuerung der *indirekten Bereiche* statt. Wichtig ist auch die vorausschauende Planung der Engpaßressourcen, die den Fertigstellungstermin eines Kundenauftrages bestimmen. Gleichzeitig überwacht die Auftragsleitstelle die bereitzustellenden, auftragsdurchlaufbestimmenden Materialpositionen (z.B. Leitteile). Die entsprechenden Materialpositionen müssen dazu reserviert oder gegebenenfalls umdisponiert werden.

Die Hauptfunktion der Auftragsleitstelle ist die Termin- und Kapazitätsplanung. In der Grobplanung werden jedoch keine Einzelkapazitäten betrachtet, man plant vielmehr mit summarischen Kapazitäten ganzer Produktionsbereiche. Planungsgenauigkeit und -frequenzen liegen im Bereich von einer bis mehreren Wochen.

Die Planungsergebnisse der Auftragsleitstelle werden als Vorgaben an die Produktionsbereiche weitergeleitet. Anschließend werden die Abläufe in den Produktionsbereichen eigenständig und dezentral geplant und gesteuert. Dazu nutzen sie prinzipiell dieselben PPS-Funktionen wie die Auftragsleitstelle. Jedoch ist der Detaillierungsgrad der genutzten Funktionen höher. Alle Arbeitsgänge eines Auftrages werden jeweils genau einem Arbeitsplatz zugeordnet. Zusätzlich können weitere Betriebsmittel, die für die Bearbeitung erforderlich sind, terminiert werden. Planungsgenauigkeit und -frequenzen liegen hier im Bereich von Tagen.

Um die Planungsqualität und -aktualität zu sichern, müssen die Ereignisse aus den Produktionsbereichen ständig zurückgemeldet werden. Es entsteht eine kaskadenartig geregelte Produktion, in der sich die Auftragsleitstelle durch eine bereichsübergreifende Terminverantwortung auszeichnet.

Ein weiteres wichtiges Kriterium zur Gestaltung von Steuerungsarchitekturen ist die Art, wie Aufträge innerhalb eines Unternehmens angestoßen werden. Der auftragsorientierte Produzent löst in der Regel die internen Aufträge zuggesteuert aus (Pullprinzip). Ausgehend vom Kundenendtermin werden rückwärts die Termine für die Erzeugnisse, Baugruppen, Einzelteile und die Materialbedarfe bestimmt. Aus dem Bedarf einer Fertigungsstufe ergeben sich so die Komponentenbedarfe der vorgelagerten Bereiche.

Für die Einzelfunktionen der Produktionsplanung und -steuerung sind folgende Gestaltungsmaßnahmen zu berücksichtigen:

Angebots- und Auftragsklärung sind zu unterstützen: Die Schwierigkeiten in der Angebotsphase liegen zum Teil in den noch nicht in allen Einzelheiten spezifizierten Kundenwünschen. Ob der Auftrag angenommen werden kann oder nicht, kann damit nur auf Basis von Erfahrungswerten ähnlicher Erzeugnisse abgeschätzt werden. Mit Hilfe dieser Informationen kann dann eine Auftragsselektion unter Berücksichtigung des Deckungsbeitrages, des geforderten und des möglichen Liefertermins erfolgen [Sam92: 51, Gla92: 425].

Reservierte Kapazitäten in der Angebotsphase sind zu berücksichtigen: Die Reservierung von Kapazitäten hilft, Kapazitätsnachfrage und -angebot aufeinander abzustimmen, so daß gesicherte Aussagen in bezug auf den zugesicherten Liefertermin gemacht werden können. Das Problem hierbei ist die Unsicherheit über die Umwandlungsrate vom Angebot zum konkreten Auftrag [Sam92: 51, Gla92: 424]. Die Größenordnung liegt – branchen- und unternehmensabhängig – bei einem Wert von 10 – 20% aller Angebote [Eve90b: 15].

Auftragsbearbeitung trotz unvollständiger Erzeugnisdefinition mit Überlappung von Planung und Fertigung: Damit die zugesagten Liefertermine eingehalten werden können, ist es notwendig, trotz noch nicht abgeschlossener Produktspezifikation mit der Auftragsbearbeitung zu beginnen. Dies sichert die rechtzeitige Bereitstellung von Fremdbezugsteilen bzw. die Fertigstellung von sog. Langläufer-Teilen.

Kundenänderungswünsche sind noch während der Fertigung und Montage zu berücksichtigen: Aufgrund des starken Kundeneinflusses muß die PPS dazu beitragen, flexibel auf Kundenwünsche zu reagieren, auch wenn diese erst mit Beginn der Fertigung und Montage eintreffen [Sam92: 51].

Auskünfte über den Bearbeitungsstand eines Kundenauftrages müssen jederzeit verfügbar sein: Diese Gestaltungsleitlinie korrespondiert mit dem vorherigen Punkt. Die PPS muß eine ständige und aktuelle Auftragsverfolgung gewährleisten [Sam92: 51].

Einmalig auftretende Bedarfe sind einfach zu verwalten: Viele Teile werden nur einmalig für eine bestimmte Kundenspezifikation benötigt. Diese soll mit Hilfe eines auf wenige Felder reduzierten Teilestammsatzes (s. 14.2.7) verwaltet werden, so daß der hierzu erforderliche Aufwand verringert wird [Sam92: 51, Gla92: 423].

14.3.3 Programmgebundene Produktionsplanung und -steuerung

14.3.3.1 Kennzeichen programmgebundener Produktion

Die Kennzeichen programmgebundener Produktionstypen unterscheiden sich in den betrieblichen Strukturgrößen völlig von denen auftragsorientierter Betriebstypen. Auch bei diesen Betriebstypen handelt es sich um eine Extremform (Bild 14-49).

Im Gegensatz zur auftragsorientierten Produktion ist die Produktentwicklung nicht Gegen-

Strukturgrößen		Programmgebunden produzierendes Unternehmen				
1	Auftrags-auslösungsart	Produktion auf Bestellung mit Einzelaufträgen	Produktion auf Bestellung mit Rahmenaufträgen	kundenanonyme Vor-/ kundenauftragsbezogene Endproduktion		Produktion auf Lager
2	Erzeugnis-spektrum	Erzeugnisse nach Kunden-spezifikation	typisierte Erzeugnisse mit kundenspezifischen Varianten	Standard-erzeugnisse mit Varianten		Standard-erzeugnisse ohne Varianten
3	Erzeugnisstruktur	mehrteilige Erzeugnisse mit komplexer Struktur	mehrteilige Erzeugnisse mit einfacher Struktur	geringteilige Erzeugnisse		
4	Ermittlung des Erzeugnis-/ Komponenten-bedarfs	bedarfs-orientiert auf Erzeugnisebene	teilw. erwartungs- teilw. bedarfs-orientiert auf Komp.ebene	erwartungsorien-tiert auf Kompo-nentenebene	erwartungs-orientiert auf Erzeugnisebene	verbrauchs-orientiert auf Erzeugnisebene
5	Auslösung des Sekundärbedarfs	auftragsorientiert	teilw. auftragsorientiert/ teilw. periodenorientiert		periodenorientiert	
6	Beschaffungsart	weitgehender Fremdbezug	Fremdbezug in größerem Umfang		Fremdbezug unbedeutend	
7	Bevorratung	keine Bevorratung von Bedarfs-positionen	Bevorratung von Bedarfspositionen auf unteren Strukturebenen	Bevorratung von Bedarfspositionen auf oberen Strukturebenen		Bevorratung von Erzeugnissen
8	Fertigungsart	Einmalfertigung	Einzel- und Klein-serienfertigung	Serienfertigung		Massenfertigung
9	Ablaufart in der Fertigung	Werkstattfertigung	Inselfertigung	Reihenfertigung		Fließfertigung
10	Ablaufart in der Montage	Baustellenmontage	Gruppenmontage	Reihenmontage		Fließmontage
11	Fertigungs-struktur	Fertigung mit großer Tiefe	Fertigung mit mittlerer Tiefe	Fertigung mit geringer Tiefe		
12	Kundenänderungs-einfluß während der Fertigung	Änderungseinflüsse in größerem Umfang	Änderungseinflüsse gelegentlich		Änderungseinflüsse unbedeutend	

Bild 14-49 Typologie „Programmgebunden produzierendes Unternehmen"

stand der Auftragsabwicklung. Sie ist bereits im Vorfeld abgeschlossen. Die Produktion erfolgt kundenanonym auf Lager. Die Produkte werden als Standarderzeugnisse ohne Varianten herge-stellt. Sie weisen eine geringteilige Aufbaustruk-tur auf. Der Erzeugnis- bzw. Komponentenbe-darf wird verbrauchsorientiert auf Erzeugnis-ebene ermittelt. Die Auslösung des *Sekundärbe-darfs* ist periodenorientiert. Fremdbezug erfolgt nur in einem unbedeutenden Maße. Die Erzeug-nisse werden bevorratet. Da sehr hohe Stück-zahlen produziert werden, kommen als Ablaufart die *Fließfertigung* bzw. *Fließmontage* (s. 10.1) zum Einsatz. Die Fertigung ist durch eine gerin-ge Tiefe mit einer Fertigungsstufe und wenigen aufeinanderfolgenden Arbeitsvorgängen gekenn-zeichnet. Kundenänderungseinflüsse gehen während der Fertigung nicht ein.

14.3.3.2 Anforderungen programmgebundener Produktionsplanung und -steuerung

Dieser Unternehmenstyp bedingt andere Schwer-punkte in der Ausprägung und Nutzung einzel-ner PPS-Funktionen.

Die Produktionsprogrammplanung bestimmt das Produktionsprogramm aufgrund von Ab-satzprognosen und Markterwartungen. Sie be-ginnt mit dem Primärbedarf der herzustellen-den Produkte hinsichtlich Mengen und Termi-nen. Eine Planung der indirekten Bereiche Kon-struktion und Arbeitsvorbereitung im Rahmen der Auftragsabwicklung ist nicht erforderlich [Sch87: 9 ff.]. Neue Produkte werden in der Re-gel im Rahmen von Projekten entwickelt. Die in-direkten Bereiche werden daher völlig separat gesteuert.

Bei der Termin- und Kapazitätsplanung sind periodische Einplanungen der Bereiche Fertigung und Montage ausreichend. Da die Strukturen wenig komplex und Terminzusammenhänge somit einfach sind, ist eine Durchlaufterminierung möglich. Ziel der Termin- und Kapazitätsplanung ist in erster Linie eine hohe und gleichmäßige Kapazitätsauslastung. Dem folgt das Ziel niedriger Bestände in der Produktion und im Fertigwarenlager. Deshalb werden Kapazitäten und Reihenfolge der Aufträge fertigungsmittelbezogen und mit einer hohen Planungsintensität geplant.

Aufgabe der Mengenplanung (s. 14.2.2) ist es, eine ständige Materialverfügbarkeit sicherzustellen, um so den störungsfreien Ablauf der Fertigung zu gewährleisten und damit die vorhandene Kapazität hoch auszulasten. Die Bedarfe sind wegen der unvernetzten Strukturen direkt aus dem Produktionsprogramm ableitbar, da sie keinen Änderungen unterliegen.

Bei der Auftragsveranlassung und Auftragsüberwachung liegt der Schwerpunkt im Beheben von Störungen. Da kein direkter Kundeneinfluß gegeben ist, treten unvorhergesehene Aufträge nicht auf. Darüber hinaus liegen häufig einfache, unvernetzte Strukturen vor. Daher basiert die Steuerung auf einer stabilen und genauen Planungsbasis. Die Abläufe sind transparent und erleichtern somit die Steuerung. Die Anforderungen liegen hier neben der Steuerung der Fertigungs- und Montagemittel in der Überwachung von Leistung und Qualität. Außerdem müssen ständig Material, Werkzeuge und Vorrichtungen verfügbar sein, um die geforderten Ausbringungsmengen zu erzielen.

Die Qualität der Daten bei der programmgebundenen Produktion unterscheidet sich völlig von der der auftragsorientierten Produktion. Die Daten sind detaillierter und auftragsunabhängig. Bei einteiligen Erzeugnissen ist keine Stücklistenverwaltung erforderlich, da Angaben über das Rohmaterial bereits im Arbeitsplan enthalten sind. Somit müssen wesentlich weniger Daten verwaltet werden. Auch das Bestellwesen und seine Abwicklung sind weniger umfangreich.

Trotz der geringen Anforderungen an die Funktionalität der PPS kommt der Produktionssteuerung eine hohe Bedeutung zu. Aufgrund des oftmals hohen Kostendrucks muß die Anzahl nicht wertschöpfender, steuerungsbedingter Vorgänge möglichst gering gehalten werden.

14.3.3.3 Gestaltung programmgebundener Produktionsplanung und -steuerung

Da der Produktentwicklungsprozeß nicht im Rahmen der Auftragsabwicklung berücksichtigt werden muß, vereinfachen sich im Vergleich zur auftragsorientierten Produktion die Abläufe. Es werden lediglich kundenanonyme Betriebsaufträge abgewickelt. Der Serienfertigungscharakter der programmorientierten Produktion reduziert zusätzlich den Planungs- und Steuerungsaufwand in den direkten Bereichen. Eine Termin- und Kapazitätsplanung auf der operativen Ebene mit der genauen Planung von Arbeitsgängen und Einzelmaschinen ist in der Regel nicht erforderlich. Der Informationsaustausch zwischen den einzelnen Bereichen ist weder vom Umfang noch von der Frequenz so groß wie beim Auftragsfertiger. Diese Randbedingungen begünstigen den Einsatz zentraler, deterministischer Steuerungsstrukturen. Das zentrale Steuerungsinstrument ist die Produktionsprogrammplanung (Bild 14-50). Hier wird die Produktion in Art und Menge für die nächsten Planperioden festgelegt.

Die Steuerungsabläufe des reinen Programmfertigers lassen sich häufig sequentiell durchführen. Jede Planungs- bzw. Produktionsstufe stellt die Informationen bzw. das Material den nachfolgenden Bereichen zur Verfügung. Aufbauend auf den Ergebnissen vorgelagerter Bereiche führen die Planungs- bzw. Produktionsbereiche ihre Aufgaben durch. Der Programmfertiger arbeitet druckgesteuert (Push- oder Schiebeprinzip), d.h., Aufträge werden durch die Bereitstellung vorgelagerter Bereiche ausgelöst und nicht durch den Bedarf nachfolgender Bereiche. Der jeweilige Produktionsbereich ist dafür verantwortlich, daß die nachfolgenden Bereiche mit Material und Informationen versorgt werden.

Eine Feinplanung der direkten Bereiche im Sinne einer minutengenauen Arbeitsplatzbelegung ist in der Regel nicht erforderlich, da größere Lose bearbeitet werden und die Belegung der Arbeitsplätze nicht so häufig wechselt wie beim Auftragsfertiger. Im Vordergrund steht eine Losgrößen- und Reihenfolgeoptimierung (s. 14.2.5), mit der Rüst- bzw. Lagerkosten reduziert werden können. Weiterhin ist die Auftrags- und Anlagenüberwachung zur frühzeitigen Erkennung und Behebung von Störungen wichtig. Der Auftragsfortschritt wird zurückgemeldet und dient der Kontrolle, inwieweit das geplante Pro-

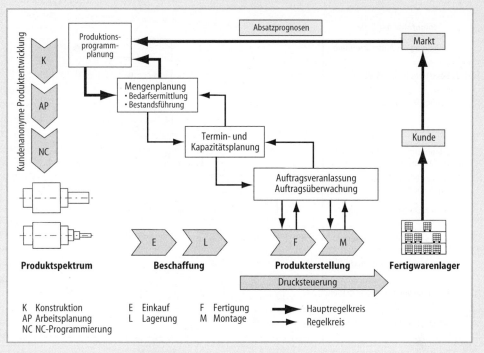

Bild 14-50 PPS-Gestaltung „Programmfertiger"

duktionsprogramm abgearbeitet wurde. Zur Planung und Überwachung des Arbeitsfortschrittes können Verfahren wie beispielsweise das *Fortschrittszahlen*-Verfahren (s. 14.4) eingesetzt werden.

Bei einem variantenarmen Erzeugnisspektrum können auch bedarfsgesteuerte (Pullprinzip) Verfahren, wie z. B. Kanban, zur Anwendung kommen. Im Idealfall wird eine Termin- und Kapazitätsplanung überflüssig, und die Produktionsprogrammplanung reduziert sich auf eine Grobplanung. Wesentliche Funktion der PPS ist dann ausschließlich die Mengenplanung.

Für die programmgebundene „Produktion auf Lager" lassen sich folgende Gestaltungsmaßnahmen für die Einzelfunktionen der Produktionsplanung und -steuerung ableiten:

Absatzentwicklung und Prognose der Marktentwicklung sind auszuwerten: Absatzentwicklungen sind genau zu analysieren, um im Rahmen der Produktionsprogrammplanung das zukünftige Produktionsprogramm zu bestimmen [Sam92: 53].

Bedarfsprognosen sind zu erstellen: Der prognostizierte Bedarf basiert auf dem festgelegten Produktionsprogramm. Durch eine solche Prognose können die Kapazitätsnachfrage bestimmt und Termine festgelegt werden.

Sicherheitsbestände sind festzulegen und zu überwachen: Diese Funktion sichert einen störungsfreien Ablauf der Fertigung und Montage hinsichtlich der Materialverfügbarkeit und gewährleistet minimale Bevorratungsmengen und damit geringe Kapitalbindungskosten [Sam92: 53].

14.3.4 Mischformen der Produktionsplanung und -steuerung

Die in 14.3.2 und 14.3.3 vorgestellten Extremformen treten in der Praxis nur selten in dieser deutlichen Ausprägung auf. Die meisten Unternehmen liegen mit ihrem Kundenentkopplungspunkt zwischen den beiden Extremformen. Bei Unternehmen mit einem breit gestreuten Erzeugnisspektrum kann der Kundenentkopplungspunkt sogar in Abhängigkeit der Erzeugnisse innerhalb des Unternehmens variieren.

Die Bedeutung der Form *Programmorientierte Produktion auf Lager* ist im Laufe der industriellen Entwicklung zurückgegangen. War sie in den Anfängen der industriellen Entwicklung

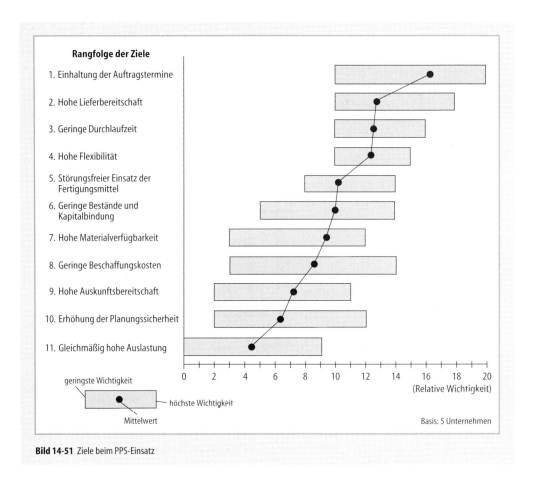

Bild 14-51 Ziele beim PPS-Einsatz

vorherrschend, so ist mit dem Wandel der Märkte und des Käuferverhaltens eine starke Zunahme der kundenorientierten und auftragsbezogenen Produktion zu verzeichnen. Eine vorwiegend programmorientierte Produktion findet sich heute noch im Konsumgüterbereich, z.B. bei Haushaltsgeräten.

Der Trend zur verstärkt auftragsorientierten Produktion zeigt sich in den Zielsetzungen, die von produzierenden Unternehmen verfolgt werden (Bild 14-51). Deutlich erkennbar ist die hohe Bedeutung der Termineinhaltung. Auch Unternehmen mit Serienfertigung weisen zunehmend eine Kundenorientierung auf und messen daher der Termintreue einen hohen Stellenwert zu. Ziele, wie eine gleichmäßig hohe Auslastung, haben dagegen nur eine untergeordnete Bedeutung, wenn man die unternehmensweite Produktionsstrategie betrachtet. Dies darf jedoch nicht darüber hinwegtäuschen, daß auf der Ebene einzelner Produktionsbereiche die Auslastung aus Kostengesichtspunkten nach wie vor eine

wichtige Rolle spielt. Eine Feinplanung innerhalb eines Produktionsbereiches muß daher die Auslastung mitberücksichtigen.

Generell sind für die Gestaltung der unternehmensweiten Produktionsplanung und -steuerung die Zielsetzungen, wie in Bild 14-51 dargestellt, maßgebend. Sie bestimmen die Festlegung des Kundenentkopplungspunktes und damit die Ausprägung der Produktionsplanung und -steuerung.

Die Anforderungen an die PPS steigen unabhängig vom Unternehmenstyp durch die stark zunehmende *Variantenvielfalt* (s. 5.3.3, 8.1.6). Ursache hierfür ist die Forderung der Kunden nach technischen Sonderlösungen, auf die Unternehmen der Einzel- und Kleinserienproduktion, aber auch Unternehmen der Serienproduktion mit steigender Produkt-, Ablauf- und Produktionssystemkomplexität reagieren. Die Variantenvielfalt umfaßt dabei sowohl die Sortimentsvielfalt als auch die Vielfalt auf Baugruppen- und Teileebene. Selbst in der Serienproduktion wird in den seltensten Fällen ein und dieselbe Produktvariante mehrfach an einem Tag produziert. Durch die größere Anzahl der Produktvarianten wird der Serienfertiger zunehmend zum Auftragsfertiger mit entsprechenden technischen und organisatorischen Konsequenzen [Eve94: 74]. Ein starkes Anwachsen von Teilenummern und eine Zunahme der Komplexität der Ablauforganisation und der Produktionssysteme führen zu erheblichen Problemen in der Produktionsplanung und -steuerung. Die PPS muß trotz schwieriger Randbedingungen wie häufige Vorgangswechsel und erhöhter Fehleranfälligkeit bei hochautomatisierten Anlagen die durch die Variantenvielfalt verursachten Anforderungen hinsichtlich des anfallenden Datenvolumens sowie der Termine, Kapazitäten, Auftragsverfolgung und Materialbereitstellung erfüllen.

Die in der Praxis vorkommenden Ausprägungen der Produktionsplanung und -steuerung sollen im folgenden anhand von fünf exemplarischen Grundtypen von Unternehmen beschrieben werden:

- Anlagenbauer,
- Werkzeugmaschinenhersteller,
- Systemlieferant/Zulieferer: Produktion auf Abruf,
- Serienfertiger: Produktion auf Lager,
- Automobilhersteller.

Diese Unternehmenstypen repräsentieren die Mehrzahl der in der Praxis auftretenden Ausprägungen. Jedoch ist zu beachten, daß hierbei die Unternehmen lediglich typologisch eingeordnet sind (s. 14.3.1). Manche Unternehmen werden keinem dieser Grundtypen genau zuzuordnen sein, sondern auch das eine oder andere Merkmal anderer Typen aufweisen.

In allen Unternehmen der o. g. Typen muß ein Anteil an direkten Kundenaufträgen bearbeitet werden. Dafür sind in der Produktionsplanung

Strukturgrößen		Anlagenbauer			
1	Auftrags-auslösungsart	Produktion auf Bestellung mit Einzelaufträgen	Produktion auf Bestellung mit Rahmenaufträgen	kundenanonyme Vor-/ kundenauftragsbe-zogene Endproduktion	Produktion auf Lager
2	Erzeugnis-spektrum	Erzeugnisse nach Kunden-spezifikation	typisierte Erzeugnisse mit kundenspezi-fischen Varianten	Standard-erzeugnisse mit Varianten	Standard-erzeugnisse ohne Varianten
3	Erzeugnisstruktur	mehrteilige Erzeugnisse mit komplexer Struktur		mehrteilige Erzeugnisse mit einfacher Struktur	geringteilige Erzeugnisse
4	Ermittlung des Erzeugnis-/ Komponenten-bedarfs	bedarfs-orientiert auf Erzeugnisebene	teilw. erwartungs-teilw. bedarfs-orientiert auf Komp.ebene	erwartungsorien-tiert auf Kompo-nentenebene	erwartungs-orientiert auf Erzeugnisebene	verbrauchs-orientiert auf Erzeugnisebene
5	Auslösung des Sekundärbedarfs	auftragsorientiert		teilw. auftragsorientiert/ teilw. periodenorientiert	periodenorientiert
6	Beschaffungsart	weitgehender Fremdbezug		Fremdbezug in größerem Umfang	Fremdbezug unbedeutend
7	Bevorratung	keine Bevorratung von Bedarfs-positionen	Bevorratung von Bedarfspositionen auf unteren Strukturebenen	Bevorratung von Bedarfspositionen auf oberen Strukturebenen	Bevorratung von Erzeugnissen
8	Fertigungsart	Einmalfertigung	Einzel- und Klein-serienfertigung	Serienfertigung	Massenfertigung
9	Ablaufart in der Fertigung	Werkstattfertigung	Inselfertigung	Reihenfertigung	Fließfertigung
10	Ablaufart in der Montage	Baustellenmontage	Gruppenmontage	Reihenmontage	Fließmontage
11	Fertigungs-struktur	Fertigung mit großer Tiefe	Fertigung mit mittlerer Tiefe		Fertigung mit geringer Tiefe
12	Kundenänderungs-einfluß während der Fertigung	Änderungseinflüsse in größerem Umfang	Änderungseinflüsse gelegentlich		Änderungseinflüsse unbedeutend

Bild 14-52 Typologie „Anlagenbauer"

und -steuerung entsprechende Funktionen bereitzustellen. Bei einer ausgeprägten Kundenorientierung sind besondere organisatorische Maßnahmen und spezielle PPS-Funktionen erforderlich. Derartige Unternehmen arbeiten häufig mit Hilfe einer Projektorganisation und einer Auftragsleitstelle. Ist der Anteil der kundenbezogenen Aufträge relativ klein, reichen oftmals die Standard-PPS-Funktionen der Auftragsverwaltung, um die Terminplanung der Kundenaufträge durchzuführen.

Anlagenbauer

Der Anlagenbauer entspricht (Bild 14-52) weitestgehend der Extremform des auftragsorientierten Produzenten. Im Extremfall des Einmalfertigers liegt eine so hohe Überdeckung vor, daß die Produktionsplanung und -steuerung den in 14.3.1 geschilderten Ausprägungen entspricht. In der Regel finden sich jedoch auch beim Anlagenbauer standardisierte Erzeugnisse oder zumindest Komponenten, die den Kundenbedürfnissen angepaßt werden. Um marktgerechte Lieferfristen zu realisieren, sind kurze Durchlaufzeiten einzuhalten. Dazu müssen Teile der unteren Erzeugnisstrukturebenen bevorratet werden. Gegenüber der Extremform des reinen Auftragsproduzenten weisen die Unternehmensmerkmale nicht nur eine einzige Ausprägung, sondern ein Spektrum auf.

Bei den Zielsetzungen des Anlagenbauers dominiert eindeutig die Termintreue. Aufgrund der hohen Teileanzahl haben niedrige Bestände ebenfalls eine sehr große Bedeutung. Kennzeichnend für den Anlagenbau ist die außerordentliche Kundenorientierung. Kunde und Produzent stehen auch während der Auftragsabwicklung in einem ständigen Dialog. Zur Befriedigung der Kundenanfragen ist daher eine hohe Auskunftsbereitschaft erforderlich, die durch die PPS gewährleistet werden muß. Ebenfalls wichtig ist eine hohe Planungssicherheit. Die meist komplexen Produktstrukturen verfügen über viele Auflösungsebenen (z.B. bis zehn Ebenen) in den Stücklistenpositionen (z.T. mehr als 100 000 Positionen) und führen zu einer hohen Anzahl von offenen Werkstattaufträgen (oftmals mehr als 10 000). Erschwert wird die Planungs- und Steuerungsaufgabe häufig durch Änderungswünsche seitens der Kunden. Die Vielfalt und Unterschiedlichkeit der Aufträge verursacht zudem

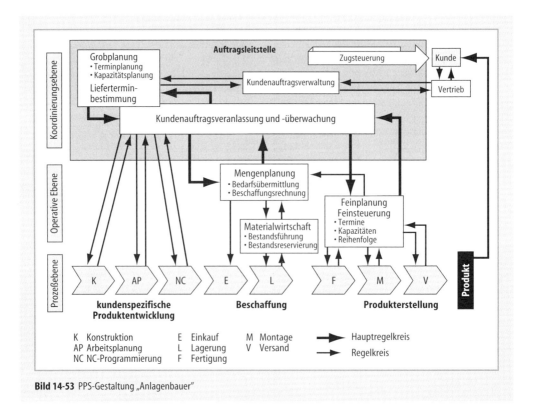

Bild 14-53 PPS-Gestaltung „Anlagenbauer"

viele organisatorische Störungen der Abläufe (z.B. Fehlteile).

Die Struktur der PPS entspricht der des reinen Auftragsfertigers (Bild 14-53) aus 14.3.1. Aufgrund der genannten Rahmenbedingungen liegt der Schwerpunkt der PPS-Funktionen des Anlagenbauers auf der Termin- und Kapazitätsplanung. Hier sind wegen der komplexen Abläufe und der großen Datenmengen besonders leistungsfähige Verfahren und Hilfsmittel erforderlich. Neben klassischen Verfahren bieten sich die *belastungsorientierte Fertigungssteuerung (BOA)* und engpaßorientierte Verfahren wie *Optimized Production Technology (OPT)* an (s. 14.4). Im Vordergrund steht dabei die auftragsbezogene Sichtweise, d.h., die PPS muß jederzeit den Bezug eines Fertigungsauftrags zum Kundenauftrag herstellen und die Konsequenzen von Auftragsverschiebungen auf die Kundenendtermine transparent aufzeigen können. Die Optimierung der Betriebsmittelauslastung muß sich der Auftragsabwicklung unterordnen.

Werkzeugmaschinenhersteller

Der Werkzeugmaschinenhersteller ist ebenfalls durch einen starken Kundenbezug gekennzeichnet (Bild 14-54). Im Gegensatz zum Anlagenbau ist der Kundenentkopplungspunkt in Richtung eines späteren Zeitpunktes der betrieblichen Logistikkette (s. 14.1) verlagert. Die Produkte weisen zwar einen großen Anteil kundenspezifischer Merkmale auf, jedoch sind die Produkte stärker standardisiert und basieren zu einem Teil auf Standardkomponenten mit Varianten (Baukastenprinzip). Kurze Lieferzeiten sind nur

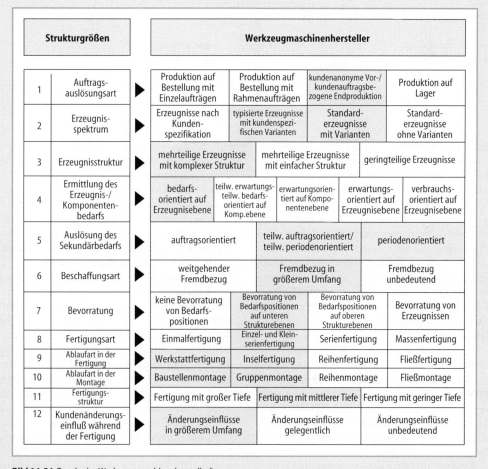

Strukturgrößen		Werkzeugmaschinenhersteller			
1	Auftrags-auslösungsart	Produktion auf Bestellung mit Einzelaufträgen	Produktion auf Bestellung mit Rahmenaufträgen	kundenanonyme Vor-/ kundenauftragsbezogene Endproduktion	Produktion auf Lager
2	Erzeugnis-spektrum	Erzeugnisse nach Kunden-spezifikation	typisierte Erzeugnisse mit kundenspezifischen Varianten	Standard-erzeugnisse mit Varianten	Standard-erzeugnisse ohne Varianten
3	Erzeugnisstruktur	mehrteilige Erzeugnisse mit komplexer Struktur	mehrteilige Erzeugnisse mit einfacher Struktur	geringteilige Erzeugnisse	
4	Ermittlung des Erzeugnis-/ Komponenten-bedarfs	bedarfs-orientiert auf Erzeugnisebene	teilw. erwartungs-teilw. bedarfs-orientiert auf Komp.ebene	erwartungsorien-tiert auf Komponentenebene	erwartungs-orientiert auf Erzeugnisebene / verbrauchs-orientiert auf Erzeugnisebene
5	Auslösung des Sekundärbedarfs	auftragsorientiert	teilw. auftragsorientiert/ teilw. periodenorientiert	periodenorientiert	
6	Beschaffungsart	weitgehender Fremdbezug	Fremdbezug in größerem Umfang	Fremdbezug unbedeutend	
7	Bevorratung	keine Bevorratung von Bedarfs-positionen	Bevorratung von Bedarfspositionen auf unteren Strukturebenen	Bevorratung von Bedarfspositionen auf oberen Strukturebenen	Bevorratung von Erzeugnissen
8	Fertigungsart	Einmalfertigung	Einzel- und Klein-serienfertigung	Serienfertigung	Massenfertigung
9	Ablaufart in der Fertigung	Werkstattfertigung	Inselfertigung	Reihenfertigung	Fließfertigung
10	Ablaufart in der Montage	Baustellenmontage	Gruppenmontage	Reihenmontage	Fließmontage
11	Fertigungs-struktur	Fertigung mit großer Tiefe	Fertigung mit mittlerer Tiefe	Fertigung mit geringer Tiefe	
12	Kundenänderungs-einfluß während der Fertigung	Änderungseinflüsse in größerem Umfang	Änderungseinflüsse gelegentlich	Änderungseinflüsse unbedeutend	

Bild 14-54 Typologie „Werkzeugmaschinenhersteller"

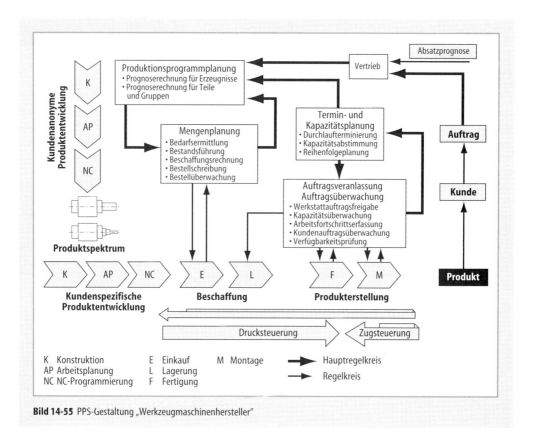

Bild 14-55 PPS-Gestaltung „Werkzeugmaschinenhersteller"

durch eine kundenanonyme Vorproduktion von Standardkomponenten zu erreichen. Dazu werden Standardmaschinen oder Grundmaschinen nach Programm vorproduziert. Die Fertigstellung einer Maschine erfolgt jedoch erst nach Eingang eines Kundenauftrages. Dem Kundenauftrag werden entsprechende Grundmaschinen zugeordnet, die dann in den folgenden Arbeitsschritten zu einer kundenspezifischen Werkzeugmaschine komplettiert werden. Aufgrund des nennenswerten Anteils kundenanonymer Komponenten oder Einzelteile wird der Sekundärbedarf z. T. verbrauchs- bzw. periodenorientiert ausgelöst.

Die Priorität der Ziele im Werkzeugmaschinenbau entspricht in etwa der des Anlagenbauers. Durch die starke Kundenorientierung ist die Auskunftsbereitschaft besonders wichtig (Bild 14-51). Ein großer Anteil an Zukaufteilen erfordert niedrige Beschaffungskosten. Die Auslastung der Kapazitäten ist von untergeordneter Bedeutung.

Kennzeichnend für den Werkzeugmaschinenhersteller ist die Mischung von kundenneutralen und kundenbezogenen Werkstattaufträgen. Da der Kundeneinfluß sich bis hin zur Neu- oder Änderungskonstruktion ganzer Anlagenkomponenten erstreckt, ist die Steuerung der indirekten Bereiche ein wichtiger Bestandteil der Auftragsabwicklung (Bild 14-55). Die Steuerung der indirekten Bereiche muß zudem kundenbezogene Entwicklungsaufträge mit kundenneutralen Entwicklungsprojekten koordinieren.

Das Zusammenspiel von kundenanonymen und kundenbezogenen Betriebsaufträgen erfordert eine aussagekräftige Produktionsprogrammplanung. Sie führt in der Regel die Grobplanung der Kundenaufträge durch. Wie bei allen auftragsbezogen arbeitenden Unternehmen spielt die Termin- und Kapazitätsplanung eine wichtige Rolle. Während jedoch beim reinen Auftragsproduzenten die Mengenplanung nur wenig genutzt wird, nimmt die Mengenbedarfsplanung in diesem Fall eine Schlüsselstellung ein. Ursachen dafür liegen in der Anforderung, sowohl bedarfsorientierte (Kundenaufträge) als auch verbrauchsorientierte (kundenanonyme Vorproduktion) Materialpositionen zu bearbeiten.

Die termingerechte Bereitstellung der Materialien und Zukaufteile ist wesentlich für die Termintreue gegenüber dem Kunden. Insbesondere die Reservierung von Bedarfspositionen und die situationsgerechte Umdisposition bei niedrigen Umlaufbeständen stellen wichtige Teilfunktionen dar.

Die gleichzeitige Bearbeitung von kundenneutralen und kundenbezogenen Aufträgen führt zu einer Kombination von druck- und zuggesteuerter Auslösung von Betriebsaufträgen. Alle kundenbezogenen Aufträge werden rückwärts vom Kundenendtermin ausgehend terminiert, d.h., es handelt sich um eine Zugsteuerung. Die Zugsteuerung wirkt sich hauptsächlich auf die oberen Ebenen der Erzeugnisstruktur und damit auf die späten Produktionsstufen aus. Bei kundenspezifischen Baugruppen reicht die Zugsteuerung bis in die indirekten Bereiche. Betriebsaufträge für kundenanonyme und standardisierte Einzelteile werden verbrauchs- bzw. periodenorientiert ausgelöst oder durch Auflösung des Produktionsprogrammes generiert. Sie werden somit druckgesteuert.

Systemlieferant

Kennzeichnend für den als Zulieferer tätigen Systemlieferanten ist, daß das Produktionsprogramm mit den Kunden in Form von Rahmenaufträgen festgelegt wird. Die Produktion wird jedoch durch einzelne Kundenbestellungen (sog. Abrufe) ausgelöst (Bild 14-56).

Inhalt der Rahmenaufträge sind Quoten und Mindestabnahmemengen für einen bestimmten Zeitrahmen, z.B. ein Jahr. Als Quote wird der prozentuale Anteil am tatsächlichen Bedarf bezeichnet. Die Erzeugnisse werden nach Maßgabe des Kunden entwickelt und als typisierte Erzeugnisse mit kundenspezifischen Varianten oder als Standarderzeugnisse mit Varianten angeboten. Typisierte Erzeugnisse bauen auf einer

Strukturgrößen		Systemlieferant			
1	Auftrags-auslösungsart	Produktion auf Bestellung mit Einzelaufträgen	Produktion auf Bestellung mit Rahmenaufträgen	kundenanonyme Vor-/ kundenauftragsbe-zogene Endproduktion	Produktion auf Lager
2	Erzeugnis-spektrum	Erzeugnisse nach Kunden-spezifikation	typisierte Erzeugnisse mit kundenspezi-fischen Varianten	Standard-erzeugnisse mit Varianten	Standard-erzeugnisse ohne Varianten
3	Erzeugnisstruktur	mehrteilige Erzeugnisse mit komplexer Struktur	mehrteilige Erzeugnisse mit einfacher Struktur		geringteilige Erzeugnisse
4	Ermittlung des Erzeugnis-/ Komponenten-bedarfs	bedarfs-orientiert auf Erzeugnisebene	teilw. erwartungs-teilw. bedarfs-orientiert auf Komp.ebene	erwartungsorien-tiert auf Kompo-nentenebene	erwartungs-orientiert auf Erzeugnisebene	verbrauchs-orientiert auf Erzeugnisebene
5	Auslösung des Sekundärbedarfs	auftragsorientiert	teilw. auftragsorientiert/ teilw. periodenorientiert	periodenorientiert	
6	Beschaffungsart	weitgehender Fremdbezug	Fremdbezug in größerem Umfang	Fremdbezug unbedeutend	
7	Bevorratung	keine Bevorratung von Bedarfs-positionen	Bevorratung von Bedarfspositionen auf unteren Strukturebenen	Bevorratung von Bedarfspositionen auf oberen Strukturebenen	Bevorratung von Erzeugnissen
8	Fertigungsart	Einmalfertigung	Einzel- und Klein-serienfertigung	Serienfertigung	Massenfertigung
9	Ablauf in der Fertigung	Werkstattfertigung	Inselfertigung	Reihenfertigung	Fließfertigung
10	Ablauf in der Montage	Baustellenmontage	Gruppenmontage	Reihenmontage	Fließmontage
11	Fertigungs-struktur	Fertigung mit großer Tiefe	Fertigung mit mittlerer Tiefe	Fertigung mit geringer Tiefe	
12	Kundenänderungs-einfluß während der Fertigung	Änderungseinflüsse in größerem Umfang	Änderungseinflüsse gelegentlich	Änderungseinflüsse unbedeutend	

Bild 14-56 Typologie „Systemlieferant"

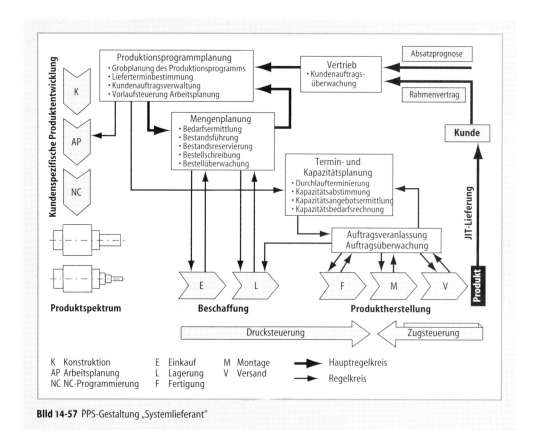

Bild 14-57 PPS-Gestaltung „Systemlieferant"

bestehenden Grundkonstruktion auf, die den Kundenanforderungen angepaßt wird (Anpassungskonstruktion). Standarderzeugnisse mit Varianten beruhen auf einem Variantenprogramm. Kundenspezifikationen werden nach dem Baukastenprinzip (Standard- und Variantenkomponenten) zusammengestellt. Die Komplexität der Produkte spiegelt sich in der Erzeugnisstruktur und damit verbunden auch in der Fertigungsstruktur wider. Hohe Stückzahlen bedingen als Fertigungsart die Serienfertigung.

Aufgrund der engen Anbindung an den Absatz des Kundenverlaufs treten während der Fertigung noch Änderungen durch die Kunden hinsichtlich Mengen und Terminen im größeren Umfang auf.

Die Schwierigkeiten der eingesetzten PPS liegen in der termingerechten Produktion hoher Stückzahlen. Bild 14-57 zeigt die Struktur, die Funktionen und die Informationsflüsse innerhalb der Produktionsplanung und -steuerung.

Die Produktentwicklung erfolgt z. T. in enger Zusammenarbeit mit den Kunden, ist jedoch von der Auftragsabwicklung entkoppelt. Die indirekten Bereiche Konstruktion, Arbeitsplanung und NC-Programmierung stellen somit hinsichtlich der Planung von Terminen und Kapazitäten keine besonderen Anforderungen.

Die mit der Auftragsabwicklung befaßten direkten Bereiche erfordern hingegen eine genaue Planung und Steuerung, um den Kundenwunsch nach *Just-in-time*-Lieferungen (*JIT*, s. 14.4) erfüllen zu können. Hauptaufgabe der Produktionsprogrammplanung ist neben der Grobplanung des Produktionsprogramms die Kundenauftragsverwaltung. Jeder eingehende Abrufauftrag wird als ein Einzelauftrag behandelt, da diese kurzfristig und oftmals mit stark schwankenden Umfängen eingehen [Sch87: 18].

Damit die Materialverfügbarkeit sichergestellt ist, müssen kurze Dispositionszeiträume bei hohen Bedarfsschwankungen bewältigt werden. Daher werden im Rahmen der Mengenplanung Bedarfs- und Prognoserechnungen miteinander verbunden, wobei Zeitpunkte und Umfänge der Abrufaufträge offen sind [Sam92: 52].

Die Zeitspanne zwischen definitiver Bestellung und Liefertermin ist oftmals kürzer als die

Durchlaufzeit im Unternehmen. Aus diesem Grund muß die Termin- und Kapazitätsplanung Lose unterschiedlicher Aufträge zusammenfassen, um Rüstvorgänge und deren Zeitanteile zu reduzieren. Nur mit diesem Abgleich von Terminen und Kapazitäten ist eine termingerechte Auftragserfüllung gewährleistet.

Dem Vertrieb als Bindeglied zwischen Kunde und Unternehmen obliegt die Kundenauftragsüberwachung. Dies ermöglicht eine schnelle Reaktion auf eingehende Kundenwünsche.

Die enge Bindung an den Kunden als JIT-Zulieferer zeigt sich in der mit dem Einsatz von PPS verbundenen Zielsetzung. Höchste Priorität bei den Planungs- und Steuerungsaufgaben hat die Einhaltung der Auftragstermine und Liefermengen. Dem folgen eine hohe Lieferbereitschaft und Flexibilität sowie der störungsfreie Einsatz der Fertigungsmittel, der im entscheidenden Maße die Termintreue mitbeeinflußt.

Weitere bedeutende Zielsetzungen sind eine geringe Durchlaufzeit sowie niedrige Bestände und die damit verbundene geringere Kapitalbindung. Des weiteren ist eine hohe Planungssicherheit ein Ziel der PPS, denn die mit den Kunden getroffenen Vereinbarungen liefern nur einen groben Rahmen in bezug auf Mengen und Termine und erschweren so die Planungs- und Steuerungsaufgaben.

Die Produktionsplanung und -steuerung leistet einen wesentlichen Beitrag, um die genannten Ziele zu erreichen. So bietet sich die Einrichtung einer Datenfernübertragung an, die eine durchgängige Kommunikation zwischen Kunde und Unternehmen ermöglicht. Eingehende Abrufaufträge können so ohne Zeitverzug bearbeitet werden. Auch innerhalb der PPS ist ein gesicherter Informations- und Kommunikationsfluß wichtiger Bestandteil zur Aufgabenerfüllung. Zudem sollen auch das Versandwesen

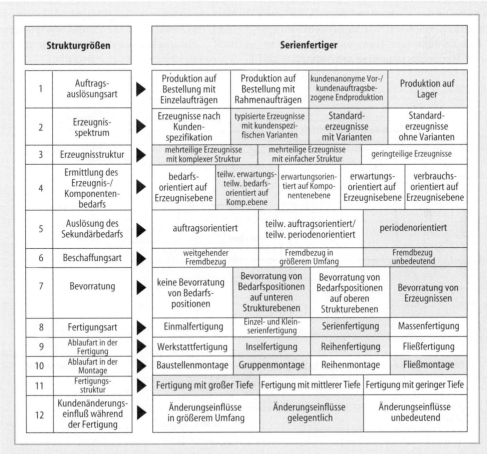

Bild 14-58 Typologie „Serienfertiger"

und der Transport in der Planung und Steuerung mitberücksichtigt werden, um die dort vorhandenen Zeitreserven zu nutzen.

Abrufaufträge werden im Rahmen der Auftragsabwicklung zugesteuert, d.h., der Anstoß zur Fertigung erfolgt erst nach Auftragseingang. Um die Termintreue zu gewährleisten, erfolgt eine kundenanonyme Vorproduktion. Hier besteht noch kein konkreter Bezug zu einem Kundenauftrag, so daß die Vorproduktion drucksteuert erfolgt.

Serienfertiger

Die Typologie des Serienherstellers unterscheidet sich in wesentlichen Merkmalsausprägungen von der idealisierten Form des rein programmgebundenen Unternehmens (Bild 14-58).

Die auftretenden Ausprägungen zeigen, daß der Serienhersteller neben der kundenanonymen Produktion auf Lager auch kundenauftragsbezogen fertigt. In der Regel liegt dieser Anteil im Bereich von 10 – 20 % aller Betriebsaufträge.

Das Erzeugnisspektrum umfaßt normalerweise Standarderzeugnisse mit Varianten und typisierte Erzeugnisse mit kundenspezifischen Varianten. Aufgrund der unterschiedlichen Erzeugnisse weist die Auftragsabwicklung verschiedene Kundenentkopplungspunkte auf. Wegen der parallelen kundenanonymen und kundenauftragsbezogenen Produktion erfolgt die Ermittlung des Komponentenbedarfs teilweise erwartungsorientiert und teilweise bedarfsorientiert. Die Serienfertigung wird bei einem breiten Erzeugnisspektrum angewandt. Im Gegensatz zur Idealform des programmgebundenen Unternehmens finden sich auch Ausprägungen mit hoher Fertigungstiefe (z.B. Schaltschütze). In den kundenauftragsbezogenen Teil der Auftragsabwicklung fließen gelegentliche Kundenänderungswünsche während der Fertigung ein.

Die wesentlichen Zusammenhänge innerhalb der Produktionsplanung und -steuerung zeigt Bild 14-59. Die indirekten Bereiche befassen sich mit der Produktentwicklung. Diese ist überwiegend kundenanonym. Für die Planung und Steuerung spielen diese Bereiche keine Rolle, da sie vom eigentlichen Auftragsdurchlauf entkoppelt sind. Die Funktionen der Produktionsplanung und -steuerung beschränken sich auf die mit der Produkterstellung befaßten Bereiche.

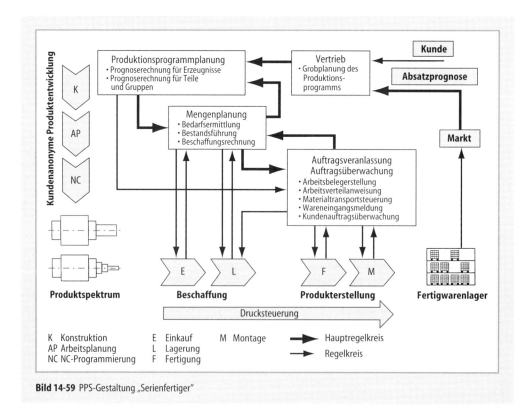

Bild 14-59 PPS-Gestaltung „Serienfertiger"

Die Produktionsprogrammplanung ermöglicht die Prognoserechnung für Erzeugnisse, Teile und Gruppen. Grundlage dieser Prognoserechnung ist das vom Vertrieb festgelegte Produktionsprogramm, welches sich auf Absatzprognosen stützt.

Hauptfunktion innerhalb der Produktionsplanung und -steuerung ist die Mengenplanung. Dort werden die notwendigen Bedarfe ermittelt und die Lagerbestände geführt, um die Ziele hohe Materialverfügbarkeit gegen geringe Bestände abzuwägen.

Eine Termin- und Kapazitätsplanung innerhalb der PPS ist wegen der einfach zu ermittelnden Vorgangsfolgen und der überwiegenden Produktion auf Lager nicht erforderlich. Die Termine und Kapazitäten lassen sich mit einfachen Hilfsmitteln (EDV-gestützte Belegungstabellen, Plantafeln usw.) planen.

Die Auftragsveranlassung und -überwachung steuert die direkten Bereiche Fertigung und Montage. Der Fokus liegt dabei auf der betriebsmittelbezogenen Sichtweise, d.h. auf der Optimierung der Fertigungsmittelauslastung, der Sicherung von Qualität und Leistung sowie der störungsfreien Produktion. In der Fertigung befindliche Kundenaufträge werden erfaßt und überwacht.

Die Tatsache, daß der Serienfertiger zum Teil konkrete Kundenaufträge innerhalb der Auftragsabwicklung zu berücksichtigen hat, beeinflußt die Zielsetzung der Produktionsplanung und -steuerung. Zugesicherte Auftragstermine einzuhalten, ist von höchster Priorität. Dem schließen sich die Zielsetzung einer hohen Lieferbereitschaft zur Befriedigung der Marktanforderungen und eine geringe Durchlaufzeit an. Weitere Schwerpunkte liegen in einer hohen Flexibilität und in geringen Beständen. Die Ziele erhöhter Planungssicherheit und Auskunftsbereitschaft spielen beim Serienfertiger eine untergeordnete Rolle.

Die kundenanonyme Produktion auf Lager erfolgt häufig druckgesteuert. Der Anstoß zur Auftragsbearbeitung erfolgt durch die Produktionsprogrammplanung. Nach der Aufgabenerfüllung leitet jeder Bereich den Betriebsauftrag zum nächsten Bereich weiter. Bei einer variantenarmen Produktion und geringem Kundeneinfluß lassen sich die Produktionsbereiche z. T. durch das Kanban-Verfahren (s. 14.4) steuern. In diesem Fall liegt dann eine reine Zugsteuerung vor. Hier bildet der Liefertermin den Eckpunkt für die Auftragsabwicklung, an dem alle zugehörigen Betriebsaufträge auszurichten sind.

Automobilhersteller

Hohe Stückzahlen, große Variantenvielfalt sowie fertigungs- und montagesynchrone Materialbereitstellung sind typische Merkmale des Automobilherstellers. Eine weitere charakteristische Eigenschaft ist die Kombination von programmgebundener Fertigung mit kundenspezifischer Montage. Die besonderen Anforderungen der Produktionsplanung und -steuerung liegen in der Verbindung dieser konträren Merkmalsausprägungen.

So weist die Typologie des Automobilherstellers sowohl Gemeinsamkeiten mit der Typologie des Werkzeugmaschinenherstellers als auch mit der des Serienfertigers auf (Bild 14-60).

Die Mischung aus Großserienproduktion und kundenspezifischen Varianten bestimmt die Ausprägungen der Produktionsplanung und -steuerung. Bei der PPS des Automobilherstellers bilden die Produktionsprogrammplanung und die Mengenplanung die Hauptfunktionen. Die Schwerpunkte innerhalb der PPS-Funktionen unterscheiden sich aber von denen der anderen Unternehmenstypen (Bild 14-61).

Im Rahmen der Produktionsprogrammplanung erfolgt die kundenneutrale Grobplanung des Produktionsprogramms. Darin wird festgelegt, wieviel Einheiten je Baureihe in der Planungsperiode produziert werden sollen. Das Produktionsprogramm besteht aus zwei Auftragstypen. Ein Auftragstyp sind die Kundenaufträge. Der andere Auftragstyp beinhaltet Fahrzeuge, die an Händler als Ausstellungs- und Vorführfahrzeuge (Export) geliefert werden. Auf Grundlage dieses kundenneutralen Produktionsprogramms werden die Prognoserechnungen für Erzeugnisse, Teile und Gruppen durchgeführt. Eingehende Kundenaufträge werden dann einer Einheit aus dem Produktionsprogramm zugeordnet. Die Ausstattungen der Vorführfahrzeuge der kundenneutralen Produktion werden vom Vertrieb aufgrund von Analysen des Käuferverhaltens festgelegt. Hier handelt es sich um konkrete Betriebsaufträge mit dem Vertrieb als Kunden. Durch diese Zuordnung erhalten die kundenneutralen Einheiten des Produktionsprogramms einen Kundenauftragsbezug. Diese Informationen fließen in die Vorlaufsteuerung der Arbeitsplanung ein, um für die Produktion Werkzeuge und Vorrichtungen bereitzustellen. Die kundenanonyme Produktentwicklung in den indirekten Bereichen ist nicht Gegenstand der Produktionsplanung und -steuerung.

Strukturgrößen		Automobilhersteller			
1	Auftrags-auslösungsart	Produktion auf Bestellung mit Einzelaufträgen	Produktion auf Bestellung mit Rahmenaufträgen	kundenanonyme Vor-/kundenauftragsbezogene Endproduktion	Produktion auf Lager
2	Erzeugnis-spektrum	Erzeugnisse nach Kunden-spezifikation	typisierte Erzeugnisse mit kundenspezifischen Varianten	Standard-erzeugnisse mit Varianten	Standard-erzeugnisse ohne Varianten
3	Erzeugnisstruktur	mehrteilige Erzeugnisse mit komplexer Struktur		mehrteilige Erzeugnisse mit einfacher Struktur	geringteilige Erzeugnisse
4	Ermittlung des Erzeugnis-/Komponenten-bedarfs	bedarfs-orientiert auf Erzeugnisebene	teilw. erwartungs-teilw. bedarfs-orientiert auf Komp.ebene / erwartungsorientiert auf Komponentenebene	erwartungs-orientiert auf Erzeugnisebene	verbrauchs-orientiert auf Erzeugnisebene
5	Auslösung des Sekundärbedarfs	auftragsorientiert	teilw. auftragsorientiert/teilw. periodenorientiert	periodenorientiert	
6	Beschaffungsart	weitgehender Fremdbezug	Fremdbezug in größerem Umfang	Fremdbezug unbedeutend	
7	Bevorratung	keine Bevorratung von Bedarfs-positionen	Bevorratung von Bedarfspositionen auf unteren Strukturebenen	Bevorratung von Bedarfspositionen auf oberen Strukturebenen	Bevorratung von Erzeugnissen
8	Fertigungsart	Einmalfertigung	Einzel- und Klein-serienfertigung	Serienfertigung	Massenfertigung
9	Ablaufart in der Fertigung	Werkstattfertigung	Inselfertigung	Reihenfertigung	Fließfertigung
10	Ablaufart in der Montage	Baustellenmontage	Gruppenmontage	Reihenmontage	Fließmontage
11	Fertigungs-struktur	Fertigung mit großer Tiefe	Fertigung mit mittlerer Tiefe	Fertigung mit geringer Tiefe	
12	Kundenänderungs-einfluß während der Fertigung	Änderungseinflüsse in größerem Umfang	Änderungseinflüsse gelegentlich	Änderungseinflüsse unbedeutend	

Bild 14-60 Typologie „Automobilhersteller"

Nach Verteilung der Kundenaufträge auf die freien Einheiten des Produktionsprogramms erfolgt die Lieferterminbestimmung. Auf die Terminvergabe haben die Kunden i. allg. keinen Einfluß, denn diese richtet sich ausschließlich nach dem vorhandenen Auftragsbestand. Auch bei dem Produktspektrum ist der Kundeneinfluß wesentlich geringer als zum Beispiel beim Werkzeugmaschinenhersteller. Konstruktiv sind die Fahrzeuge festgelegt, lediglich bei den Ausstattungsmerkmalen fließen Kundenspezifikationen ein. Die Kunden können zwischen fest vorgegebenen Variantenkombinationen wählen. Der Kundenentkopplungspunkt variiert in Abhängigkeit der Baugruppen und liegt zwischen den direkten Bereichen Fertigung und Montage. Die Montage erfolgt auf jeden Fall kundenspezifisch. Dies bedingt z. T. kundenbezoge-

ne Arbeiten in früheren Phasen der Produkterstellung (z. B. Rohbau: Schiebedach).

Die Kundenauftragsverwaltung, die im Rahmen der Produktionsprogrammplanung erfolgt, muß eine ständige Auskunftsbereitschaft gegenüber den Kunden ermöglichen.

Die Informationen aus der Produktionsprogrammplanung werden in der Mengenplanung zum Zwecke der Bedarfsermittlung ausgewertet. Sekundärbedarfe werden teilweise auftragsorientiert (z. B. Motoren) und teilweise periodenorientiert (z. B. Glühlampen) ausgelöst. Die in den Sekundärbedarfen enthaltenen Bedarfspositionen werden sowohl mit als auch ohne Kundenauftragsbezug geführt. Teile, die unabhängig von der Kundenspezifikation sind, werden kundenneutral verwaltet (z. B. Motorhauben). Mit Kundenauftragsbezug werden diejenigen Teile

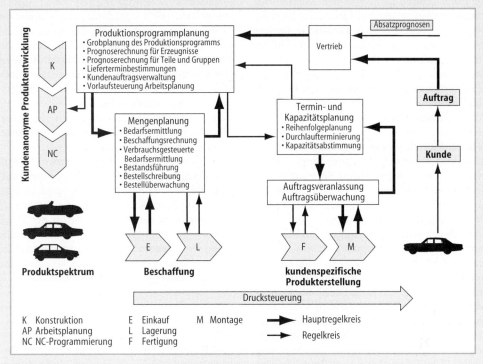

Bild 14-61 PPS-Gestaltung „Automobilhersteller"

geführt, die durch Kundenwünsche beeinflußt werden (z.B. Sitze). Weitere wichtige Funktionen sind die Bestandsführung, Bestellüberwachung und Bestellschreibung. Hier liegen die besonderen Anforderungen in der termin- und mengenmäßigen Bereitstellung der Materialien für die Großserienproduktion. Diese Bereitstellung erfolgt überwiegend mit JIT-Lieferungen von seiten der Zulieferer. Um diese Aufgabe der fertigungs- und montagesynchronen Materialbereitstellung zu bewältigen, bedarf es einer weitreichenden logistischen Planung.

Sind die kundenspezifischen Bedarfsermittlungen abgeschlossen und die Termine fixiert, können von seiten der Kunden keine Änderungswünsche hinsichtlich der Ausstattung eingebracht werden. Der Auftrag befindet sich ab diesem Zeitpunkt in einer sog. *eingefrorenen* Zone. Dieser Bereich erstreckt sich von der abgeschlossenen Bedarfsermittlung über die Planung in der Termin- und Kapazitätsplanung bis hin zum Fertigungsbeginn.

In der Termin- und Kapazitätsplanung werden die Kapazitäten von Fertigung und Montage mit dem Produktionsprogramm abgestimmt. Insbesondere die Reihenfolgeplanung ist eine

wichtige Funktion innerhalb der Termin- und Kapazitätsplanung. Dort wird festgelegt, wann welches Fahrzeug aus dem abzuarbeitenden Auftragsbestand gefertigt wird. Ziel dieser Planung ist es, eine termingerechte Materialbereitstellung und gleichmäßige Auslastung bei der Produktion zu gewährleisten. Beispielsweise sollen nicht mehrere Fahrzeuge mit gleichen Ausstattungsumfängen oder mit solchen, die einen hohen Zeitbedarf bei der Montage erfordern, hintereinander gefertigt werden. Die Reihenfolgeplanung sorgt für eine ausgewogene Mischung bei der Fahrzeugmontage.

Die Aufgabe der Auftragsveranlassung und Auftragsüberwachung konzentriert sich im wesentlichen auf den störungsfreien Ablauf von Fertigung und Montage sowie in der Kontrolle, ob die Fahrzeuge den Kundenspezifikationen entsprechen.

Die beschriebenen Ausprägungen sind ein Resultat der Ziele, die mit dem Einsatz der PPS erreicht werden sollen. Höchste Priorität wird der Flexibilität zugemessen. Flexibilität heißt, bis möglichst kurz vor Fertigungsbeginn auf Kundenwünsche eingehen zu können und somit die eingefrorene Zone möglichst kleinzuhalten. Da die Liefertermine nicht von den Kunden bestimmt werden, sondern aufgrund des Produktionsprogramms festgelegt werden, ist die Termintreue kein ausgesprochenes Problemfeld des Automobilherstellers. Das Ziel nach eingehaltenen Terminen wird deshalb weniger priorisiert, denn Terminverschiebungen können lediglich durch auftretende Engpäße in den Ressourcen (Mensch, Material oder Maschine) entstehen. Eine untergeordnete Rolle spielen die gleichmäßig hohe Auslastung, geringen Bestände und Kapitalbindung. Ursache hierfür sind der große Anteil an JIT-Lieferungen, die eine Bevorratung auf ein Minimum reduzieren, und die optimierten Abläufe in Fertigung und Montage, die zu einer gleichmäßigen Auslastung führen.

Durch den zwischen Fertigung und Montage liegenden Kundenentkopplungspunkt erfolgt die Produktion überwiegend druckgesteuert. Der Anstoß zur Fertigung kommt aus der Produktionsprogrammplanung. Die Kundenaufträge werden in der von der Termin- und Kapazitätsplanung festgelegten Reihenfolge abgearbeitet und von Bereich zu Bereich weitergegeben. Im Gegensatz zu dieser Auftragssteuerung werden in der Materialsteuerung Zugprinzipien wie Kanban und die belastungsorientierte Auftragsfreigabe (BOA) eingesetzt (s.14.2).

14.3.5 Zusammenfassung

Die praktischen Ausprägungen der Produktionsplanung und -steuerung sind sehr vielfältig. Wie die Steuerungsstrukturen zu gestalten sind, hängt von vielen Parametern und den Zielsetzungen eines Unternehmens ab. Mit Hilfe eines Merkmalsschemas lassen sich Unternehmen bestimmten Grundtypen zuordnen. Das Spektrum möglicher Ausprägungen wird durch die beiden Extremformen des Auftragsfertigers und des Programmfertigers bestimmt. Diese reinen Extremformen kommen in der Praxis jedoch kaum vor. Trotzdem sind sie gut geeignet, die grundlegenden Ausprägungen hinsichtlich der typologischen Strukturmerkmale sowie deren Einfluß auf die Produktionsplanung und -steuerung zu verdeutlichen.

Die in der Praxis anzutreffenden Ausprägungen lassen sich durch Mischformen, die sich aus den Extremformen ableiten, beschreiben. Kennzeichen aller Mischformen ist, daß die einzelnen Merkmale jeweils ein Spektrum möglicher Ausprägungen aufweisen. Dadurch erhöhen sich die Anforderungen an die PPS.

Charakteristisch für die relevanten Ausprägungen ist, daß in irgendeiner Form immer ein Kundenbezug existiert. Für die unterschiedlichen Typen variiert dieser jedoch in seiner Stärke und Auswirkung auf die Auftragsabwicklung. Als Konsequenz ergeben sich eindeutig priorisierte Unternehmensziele hinsichtlich der einzuhaltenden Kundentermine. Die Zeit ist ein sehr wichtiger Wettbewerbsfaktor. An dieser Vorgabe müssen sich die Planungs- und Steuerungsaufgaben orientieren.

Ausgehend von den Extremformen des Auftragsfertigers und des Programmfertigers wurden einige ausgewählte Mischformen vorgestellt. Die beschriebenen Ausprägungsformen repräsentieren die Mehrzahl der in der Praxis vorkommenden Lösungen zur Produktionsplanung und -steuerung. Die davon nicht erfaßten Unternehmenstypen lassen sich als eine Kombination dieser Ausprägungen beschreiben.

Literatur zu Abschnitt 14.3

[AWK93] AWK (Hrsg.): Wettbewerbsfaktor Produktionstechnik, Aachener Perspektiven. Düsseldorf: VDI-Vlg. 1993

[Büd91] Büdenbender, W.: Ganzheitliche Produktionsplanung und -steuerung. Berlin: Springer 1991

[Eve90a] Eversheim, W.: Organisation in der Produktionstechnik, Bd. 1: Grundlagen. Düsseldorf: VDI-Vlg. 1990

[Eve90b] Eversheim, W.: Organisation in der Produktionstechnik, Bd. 2: Konstruktion. Düsseldorf: VDI-Vlg. 1990

[Eve94] Eversheim, W.; Heuser, T.; Kümper, R.: Verringerung und Beherrschung der Komplexität stärkt die Wettbewerbsfähigkeit. In: Milberg, J.; Reinhart, G. (Hrsg.): Unsere Stärken stärken. Münchener Kolloquium '94. Landsberg a. Lech: Vlg. Moderne Industrie 1994

[Gla92] Glaser, H.; Geiger, W.; Rohde, V.: Produktionsplanung und -steuerung. Wiesbaden: Gabler 1991

[Gro74] Grosse-Oetringhaus, W.-F.: Fertigungstypologie. Berlin: Duncker & Humblot 1974

[Hac89] Hackstein, R.: Produktionsplanung und -steuerung (PPS). 2. Aufl. Düsseldorf: VDI-Vlg. 1989

[Hoi85] Hoitsch, H.-J.: Produktionswirtschaft. München: Vahlen 1985

[Kur93] Kurbel, K.: Produktionsplanung und -steuerung. München: Oldenbourg 1993

[Lin93] Linnhoff, M.: Konzeption eines Instrumentariums zur Konfiguration von funktionalen Auftragsnetzen. Aachen: Shaker 1993

[RKW87] RKW (Hrsg.): PPS-Fachmann, Bde. 1–6: Grundlagen, Planung, Steuerung. Köln: TÜV Rheinland 1987

[Sam90] Sames, G.; Büdenbender, W.: Das morphologische Merkmalsschema. FIR-Sonderdruck 1/90. 2. Aufl. Aachen 1993

[Sam92] Sames, G.: PPS für Zulieferer. Aachen: Vlg. Augustinus-Buchhandlung 1992

[Sch80] Schomburg, E.: Entwicklung eines betriebstypologischen Instrumentariums zur systematischen Ermittlung der Anforderungen an EDV-gestützte Produktionsplanungs- und -steuerungssysteme im Maschinenbau. Diss. RWTH Aachen 1980

[Sch87] Schomburg, E.: Betriebsindividuelle Einflußgrößen für Gestaltung und Bewertung von PPS-Systemen. In: RKW (Hrsg.): PPS-Fachmann, Bd. 4: Steuerung. Köln: TÜV Rheinland 1987, Baustein S.1.2

[Wie89] Wiendahl, H.-P.: Betriebsorganisation für Ingenieure. 3. Aufl. München: Hanser 1989

[Zäp89] Zäpfel, G.: Strategisches Produktions-Management. Berlin: de Gruyter 1989

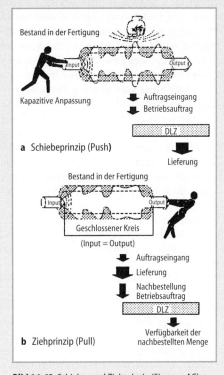

Bild 14-62 Schiebe- und Ziehprinzip (Siemens AG)

14.4 Ausgewählte Strategien und Verfahren der Produktionsplanung und -steuerung

14.4.1 Einführung

Die grundsätzliche Aufgabe der PPS ist es, die Produktion so zu steuern, daß die zur Befriedigung der Kundenwünsche erforderlichen Produkte in möglichst kurzer Zeit (Ziel: kurze Durchlaufzeit) zu dem gewünschten Termin (Ziel: hohe Termintreue) zur Verfügung stehen. Um dies für das Unternehmen auch wirtschaftlich zu erreichen, müssen die Bestände in der Produktion dabei möglichst gering gehalten werden (Ziel: geringe Bestände) und die Auslastung insbesondere der Engpaßarbeitssysteme muß ausreichend hoch sein (Ziel: hohe Auslastung) (vgl. 14.1).

Die dabei an die PPS gestellten Anforderungen sind in starkem Maße abhängig von der Struktur der Produktion (z.B. Fließfertigung oder Werkstattfertigung), der Struktur der in der Produktion zu bearbeitenden Aufträge (z.B. Art und Anzahl unterschiedlicher Produkte und deren Varianten, Stückzahlen je Variante, Streuung der Arbeitsinhalte) und der Struktur der Produkte selbst (s.a. 14.3). Aus diesem Grunde wurden in der Vergangenheit verschiedene Verfahren und Strategien der PPS entwickelt, die jeweils unterschiedliche Ansätze verfolgen und für bestimmte Produktionscharakteristiken geeignet sind.

Es können zwei Grundprinzipien der Auftragssteuerung unterschieden werden (Bild 14-62). Beim *Schiebeprinzip* – auch *Push-Prinzip* genannt – werden in einer übergeordneten Planungsebene im Rahmen der Disposition Fertigungsmengen und -termine vorgegeben, die dann in der Produktion von der Rohmaterialbereitstellung bis zur Auslieferung an den Kunden durchzusetzen sind. Es werden also Aufträge mit einer Auftragsnummer und einem Endtermin erzeugt und gestartet. Ziel der Fertigungssteuerung ist es, den Auftrag so durch die Fertigung zu steuern (drücken), daß er zum vereinbarten Endtermin fertig ist.

Beim *Ziehprinzip* – auch *Pull-Prinzip* genannt – hingegen löst ein Kundenauftrag einen Bedarf an der im Materialfluß jeweils vorgelagerten Station aus. Die Endmontage bestellt also bei der Vormontage, die Vormontage bestellt bei der Fertigung und die Fertigung bei der Materialbeschaffung. Ziel der Pull-Steuerung ist es demnach, die Verfügbarkeit einer vereinbarten Menge innerhalb einer vereinbarten Zeitspanne sicherzustellen. Die durchlaufenden Aufträge haben daher keine Auftragsnummer und keinen Endtermin.

In den folgenden Abschnitten sollen einige ausgewählte Verfahren der Steuerung in ihren Funktionsweisen und Einsatzgebieten erläutert werden, die sich in der Praxis durchgesetzt haben. Diese sind:
– das Kanban-Prinzip (Pull),
– das Fortschrittszahlen-Prinzip (Push),
– die belastungsorientierte Auftragsfreigabe (Push),
– Optimized Production Technology – OPT (Push).

Weitere häufig diskutierte Verfahren sind die *Inselfertigung* und das *JIT-Prinzip* (JIT engl.: Just-in-time also „gerade rechtzeitig"). Bei der Inselfertigung handelt es sich um ein Prinzip der Strukturierung einer Produktion im Rahmen der Fabrikplanung. Das Just-in-time-Prinzip beinhaltet eine bestimmte Art der Liefervereinbarung zwischen Kunde und Lieferant. Somit stellen beide Verfahren kein Steuerungsverfahren im eigentlichen Sinne dar und werden daher im folgenden nicht näher betrachtet.

Vorab ist anzumerken, daß die Verfahren in unterschiedlichem Maße einzelne Funktionen der PPS übernehmen. Andere Funktionen müssen teilweise ergänzend von anderen Systemen übernommen werden oder es werden u. U. Funktionen der PPS überflüssig. Beispielsweise setzt das Kanban-Prinzip eine umfangreiche Planung der Produktion voraus und steuert dann die Produktion im operativen Bereich. Das Fortschrittszahlen-Prinzip hingegen übernimmt überwiegend Funktionen der Produktionsplanung und erfordert ein zusätzliches Durchsetzungssystem.

14.4.2 Das Kanban-System

Ein Ansatz, die Produktion transparenter zu gestalten, die Abläufe zu entwirren und damit beherrschbar zu machen, ist das japanische *Kanban-System* (Kanban, japanisch: „Schild" oder „Karte"). Diese am Warenhaus orientierte Methodik erscheint vielen Unternehmen als eine

mögliche Lösung, die Produktion bestandsarm und durchlaufzeitminimiert bei gleichzeitig hoher Lieferfähigkeit zu gestalten. In Deutschland hat vor allem Wildemann die Verbreitung dieses Konzepts durch Kongresse, Publikationen und Arbeitskreise gefördert [Wil84].

14.4.2.1 Ursprung und Ziele des Kanban-Systems

Die Anfänge des Kanban-Systems gehen in die fünfziger Jahre dieses Jahrhunderts zurück. Zu dieser Zeit war die japanische Wirtschaft gezeichnet durch die in Japan bestehende Raumknappheit und durch den um sich greifenden Kapitalmangel. Diese Gründe zwangen die Unternehmer zu besonderen Anstrengungen, um ihre Lagerbestände zu reduzieren und den Materialfluß innerhalb des Fertigungsbereiches und auch zwischen Betrieben zu rationalisieren. Aus diesem Umdenken in den Betrieben entwickelte sich das Just-in-time-Prinzip (JIT) und als eine besondere Form der Realisierung von JIT das Kanban-System.

Vorreiter waren dabei die Toyota Automobilwerke unter der Führung von Taichi Ohno. Den entscheidenden Anstoß zur Erreichung der Rationalisierungsziele erhielt Ohno bei einem Besuch in Amerika, bei dem er erstmals einen amerikanischen Supermarkt kennenlernte. In seiner japanischen Heimat war es bislang üblich, seine Waren bei einem Händler zu bestellen, der diese dem Kunden dann ins Haus brachte. Da jedoch nur selten genau die bestellte Ware geliefert wurde, war eine Verschwendung aufgrund der Verderblichkeit der Produkte und hohe Vorräte an der Tagesordnung [Rho91]. Im Vergleich zu diesem japanischen Lieferantensystem produzierte das amerikanische Supermarktsystem keine unerwünschten Bestände. Im Supermarktsystem entnimmt der Verbraucher den Regalen immer genau die Teilmenge, die er tatsächlich benötigt. Das Regal wird vom Betreiber des Supermarkts erneut aufgefüllt, wenn eine Lücke erkannt oder ein definierter Mindestbestand unterschritten wird.

Dieses System läßt sich nicht nur auf den Bereich des Einkaufs und die Lagerhaltung in einem Produktionsunternehmen übertragen, sondern es kann auch als einfache, selbstregelnde Fertigungssteuerung eingesetzt werden. Dabei wird die vorgelagerte Produktionsstelle als Lieferant für die nachfolgende, verbrauchende Produktionsstelle gesehen. Entkoppelt werden die beiden Bereiche durch ein Zwischenlager, das

im Zusammenhang mit dem Kanban-System häufig als Puffer bezeichnet wird. Ein solches Kanban-System zeichnet sich in erster Linie durch einen geringen Steuerungsaufwand aus und verfolgt darüber hinaus folgende logistischen Ziele:
- Reduzierung der Materialbestände,
- Verkürzung der Durchlaufzeiten,
- Erhöhung der Transparenz des betrieblichen Ablaufs,
- Steigerung der Arbeitsproduktivität,
- Zunahme der Flexibilität bezüglich der kurzfristigen Lieferbereitschaft,
- Erhöhung der Qualitätssicherheit.

14.4.2.2 Funktionsweise des Kanban-Systems

Eine grundlegende Idee des Kanban-Systems ist es, durch eine effiziente Gestaltung der Fertigungsabläufe zu verbesserten Systemeigenschaften zu gelangen. Die wichtigsten Elemente des Kanban-Systems sind dabei [Mon81, Shi81]:
- Gliederung der Produktion in ein System vermaschter, sich selbst steuernder Regelkreise, bestehend aus jeweils einem teileverbrauchenden Bereich (Senke) und dem dazugehörigen vorgelagerten teileerzeugenden Bereich (Quelle).
- Aufbau eines Zwischenlagers (Puffers) zwischen teileverbrauchendem und teileerzeugendem Bereich, um Unregelmäßigkeiten oder Störungen im Produktionsablauf auszugleichen.

- Einführung des Holprinzips (Pull-Prinzip) für den jeweils nachfolgenden, verbrauchenden Bereich.
- Nutzung spezieller Informationsträger, die als Kanban-Karten zur eigentlichen Fertigungssteuerung dienen.
- Übertragung der kurzfristigen Steuerungsverantwortung an die ausführenden Mitarbeiter, so daß keine zentrale Fertigungssteuerung mehr erforderlich ist.

Die in einem Kanban-System realisierte Steuerung bezeichnet man als Zieh- oder Pull-Steuerung, weil die Aufträge gewissermaßen vom Ende des Prozesses her aus dem System gezogen werden. Die Fertigung und die anschließende Einlagerung erfolgt in der Regel kundenanonym. Da Kanban-Systeme in vielen Bereichen des Unternehmens zum Einsatz kommen können, sollen im weiteren alle kanban-gesteuerten Objekte wie Material, Halbzeuge, Baugruppen oder Erzeugnisse als Teile bezeichnet werden.

Bild 14-63 zeigt schematisch am Beispiel einer vierstufigen Produktion die Informations- und Materialflüsse in einem Kanban-System. Erteilt ein Kunde einen Auftrag, wird dieser sofort aus dem Fertigwarenlager befriedigt. Sobald eine bestimmte Menge – sie wird als Kanban-Losgröße bezeichnet – aus dem Fertigwarenlager entnommen worden ist, wird ein Produktionsauftrag an die Montage erteilt. Die Montage entnimmt aus den Zwischenlagern zwischen Schweißerei und Vormontage die benötigten Komponenten. Damit die dort entnommenen Vormontagebau-

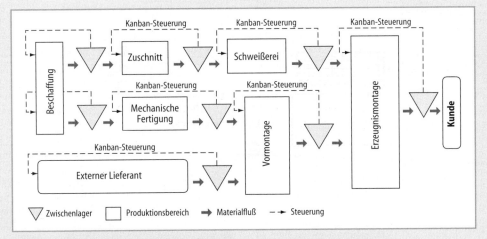

Bild 14-63 Material- und Informationsflüsse in einer als Kanban-System organisierten Produktion

gruppen nachgefertigt werden können, versorgen sich die Mitarbeiter dieses Bereichs wiederum mit den ihrerseits benötigten Teilen aus den Zwischenlagern zwischen der Vormontage und der mechanischen Fertigung bzw. zwischen der Vormontage und dem externen Lieferanten. Man erkennt, daß jeder Bereich zugleich Materialquelle (produzierende Stelle) und Materialsenke (verbrauchende Stelle) ist. Die durch den Kundenwunsch ausgelöste Kettenreaktion kann sich also bis zur Auslösung von Beschaffungsaufträgen fortpflanzen. Eine zentrale Fertigungssteuerung, die die einzelnen Fertigungsaufträge für einen Kundenauftrag koordiniert, ist demnach nicht erforderlich.

In dem oben aufgeführten Beispiel wurde die Fertigung komplett in Form einer Pull-Steuerung realisiert. In der Praxis trifft man jedoch häufig auf eine Mischform aus bedarfsorientierter und kanban-orientierter Steuerung. Dabei kann z. B. die Beschaffung sowie die Vorfertigung kundenanonym und die Vormontage bzw. Montage auf Kundenwunsch erfolgen.

Prinzipiell besteht die Möglichkeit, die Kanban-Steuerung durch ein „Ein-Karten-System" oder ein „Zwei-Karten-System" zu verwirkli-chen. Beim „Ein-Karten-System" dient nur eine Kartenart, die sogenannten Produktionskanbans, einerseits als Fertigungsauftrag für den Erzeuger und andererseits als Auslöser für die Bereitstellung der Halbzeuge. Die Funktionsweise einer Kanban-Steuerung soll im folgenden am Beispiel des „Zwei-Karten-Systems" beschrieben werden, das insbesondere bei größeren Entfernungen zwischen Verbraucher und erzeugendem Fertigungsbereich sowie bei einem eigenständigen Transportsystem zum Einsatz kommt.

Die beiden wesentlichen Informationsträger dieser Kanban-Steuerung sind die Bereitstellkanbans, häufig als Transportkanbans bezeichnet, sowie die Produktionskanbans. Die *Transportkanbans* steuern den Materialfluß zwischen Lager und nachfolgendem Fertigungsbereich. Damit die verbrauchende Stelle ein bestimmtes Halbzeug bzw. Produkt entnehmen kann, benötigt sie die Transportkanbans, die quasi Bereitstellaufträge darstellen. Transportkanbans sind für diese Aufgabe mit folgenden Informationen zu jedem Teil versehen:
– Sachnummer,
– Bezeichnung,

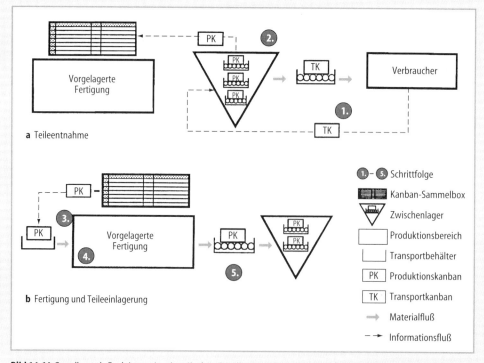

Bild 14-64 Grundlegende Funktionsweise eines Kanban-Regelkreises am Beispiel des „Zwei-Karten-Systems"

- verbrauchender Bereich,
- erzeugender Bereich,
- Lagerort,
- Behälterart,
- Behälterkapazität.

Produktionskanbans steuern den Informations- und Materialfluß zwischen dem erzeugenden Bereich und dem Lager und verkörpern so die Fertigungsaufträge für die einzelnen Teile. Neben allen Daten des Transportkanbans enthält ein Produktionskanban zusätzlich Angaben über Art und Menge des zur Herstellung des Halbzeugs bzw. Produkts benötigten Sekundärbedarfs.

Neben diesen beiden Kartenarten gibt es die sogenannten Hinweis- oder Signalkanbans, die dann eingesetzt werden, wenn die Materialbeschaffung ab einem gewissen Meldebestand erfolgen soll. Signalkanbans zeigen diesen Meldebestand am Behälter an. Wird ein Meldebestand unterschritten, löst dies automatisch eine Bestellung aus. Eine weitere Kanban-Art sind die *Lieferantenkanbans*. Sie stellen eine Art Bestellschein dar, mit deren Hilfe Materialbestellungen beim Zulieferer auslöst werden.

Wie die Transport- und die Produktionskanbans zur Steuerung eines Fertigungsbereiches eingesetzt werden, verdeutlicht Bild 14-64. In der oberen Bildhälfte wird die Entnahme von Teilen aus dem Lager beschrieben, der untere Bildteil erläutert den Zyklus der Wiederbeschaffung des entsprechenden Halbzeugs in dem erzeugenden Fertigungsbereich.

Die Funktionsweise des Regelkreises einer Kanban-Steuerung soll hier in der Reihenfolge der Ablaufschritte erläutert werden.

1. Ausgangspunkt des Kanban-Regelkreises ist immer der verbrauchende Fertigungsbereich. Von dort meldet ein Mitarbeiter seinen Bedarf mit Hilfe von Transportkanbans beim Lager der vorgelagerten Stufe bzw. bei der Transportorganisation an.

2. Im Lager wird nun der Produktionskanban von einem vollen Behälter des benötigten Teils entfernt und durch einen Transportkanban ersetzt. Beim Austausch der beiden Kanban-Karten sind diese sorgfältig auf Übereinstimmung der Teileart zu überprüfen, da sonst zu einem späteren Zeitpunkt Störungen in der Materialversorgung auftreten können. Der freigewordene Produktionskanban wird in der Kanban-Sammelbox (Kanban-Annahmestelle) des vorgelagerten Bereichs hinterlegt

und der angeforderte Behälter von der Transportorganisation an dem verbrauchenden Arbeitsplatz bereitgestellt.

3. In kurzen, regelmäßigen Zeitabständen (typisch sind 1–4 Stunden) wird die Kanban-Sammelbox des vorgelagerten Bereichs entleert und es werden Fertigungsaufträge entsprechend der Menge der Produktionskanbans ausgelöst. Dazu werden die Produktionskanbans an leere Behälter angehängt. Zusätzlich verschaffen sich die Mitarbeiter des Fertigungsbereichs wiederum mit Hilfe von Transportkanbans das zur Herstellung der Teile benötigte Ausgangsmaterial entsprechend den Ablaufschritten 1 und 2.

4. Die Teile, deren Fertigung mit Hilfe der Produktionskanbans ausgelöst wurde, werden hergestellt und in die zugehörigen leeren Behälter gelegt.

5. Die aufgefüllten Behälter werden in das Zwischenlager transportiert. Der Produktionszyklus eines kanban-gesteuerten Teils schließt sich mit der Wiedereinlagerung des Kanban-Loses.

Da bei dieser Fertigungssteuerung nach dem Pull-Prinzip die Produktion in den nachgelagerten Bereichen von der Verfügbarkeit des Materials im Zwischenlager abhängt, werden meist mehrere Behälter eines Teils vorgehalten. Die Dimensionierung von Zwischenlagerbeständen ist eine der wichtigsten Aufgaben bei der Auslegung eines Kanban-Systems.

14.4.2.3 Auslegung des Kanban-Systems

Ein Kanban-System besitzt nur zwei grundlegende Steuerungsparameter, nämlich einerseits die Losgröße und andererseits die Anzahl der im Umlauf befindlichen Produktionskanbans. Diese beiden Parameter müssen jedoch für jedes kanbangesteuerte Teil einzeln festgelegt werden. Voraussetzung für diese Berechnung wiederum ist eine möglichst genaue Bedarfs- und Kapazitätsplanung.

Bedarfsplanung

Die Kanban-Steuerung erfordert eine langfristige Bedarfsplanung bei hoher Planungssicherheit. Um dieses Ziel zu erreichen, benötigt man eine gut strukturierte Planungshierarchie sowie möglichst genaue Verfahren zur Bedarfsprognose.

Als Vorlage für eine Planungshierarchie mag das System der Toyota Motor Company dienen. Für einen Modellwechsel wird dabei zunächst ein Langfristplan mit einem Planungshorizont von drei Jahren geschaffen, der das gesamte Projekt umfaßt. Dieser Gesamtplan wird dann, ausgehend von dem voraussichtlichen Jahresverkaufsplan, in drei Produktionspläne unterteilt, die einen Planungshorizont von jeweils einem Jahr besitzen. Ausgehend von den Produktionsplänen wird die Basis für den kurzfristigen Produktionsprozeß in Form eines vorläufigen Dreimonatsplans erzeugt, der die täglich in den letzten Fertigungsbereichen herzustellenden Produkte nach Art und Menge erfaßt. Diese Produktionspläne werden dabei primär zu einer mittelfristigen Glättung der Produktion herangezogen, was eine notwendige Voraussetzung für den Kanban-Einsatz ist. Während der erste Monat in diesem Dreimonatsplan jede zu produzierende Einheit erfaßt, wird der zweite Monat nur bis auf die Ebene der Modelle und der jeweils dritte Monat nur bis auf die Ebene der Modellfamilien geplant. Jeweils zum 15. des Vormonats wird der Monatsproduktionsplan erstellt, aus dem das Tagesproduktionsprogramm abzuleiten ist. Die Tagesproduktionsmenge ergibt sich dabei als der Quotient aus Monatsproduktionsmenge und Arbeitstagen in diesem Monat, so daß auch hier wieder für einen gleichbleibenden Bedarf gesorgt wird. Indem der Dreimonatsplan monatlich überarbeitet und mit dem Produktionsplan abgeglichen wird, entsteht daraus der Produktionsprozeßplan für den jeweils folgenden Monat, der so eventuelle Engpässe oder Störungen des vorangegangenen Monats berücksichtigen kann [Kof87: 175 ff.].

In Produktionsbereichen, die nach dem Kanban-Prinzip organisiert sind, werden die zu produzierenden Einheiten meist kundenanonym erzeugt. Jeder auftretende Kundenbedarf sollte in der geforderten Art und Menge sofort aus dem Fertigteilelager befriedigt werden können. Daher muß zur Abschätzung der nachgefragten Mengen der einzelnen Produkte eine Prognose zukünftiger Bedarfe erfolgen. Eine Möglichkeit, Bedarfe vorherzusagen, stellt die verbrauchsgebundene Bedarfsplanung dar, der die Vertriebszahlen der vorangegangenen Perioden zugrunde gelegt werden. Je nach Bedarfsentwicklung kommen unterschiedliche Prognoseverfahren zur Anwendung (s. a. [Mer91: 74 ff.]):

– Prognoseverfahren bei konstantem Bedarfsverlauf,
– Prognoseverfahren bei trendabhängigem Bedarfsverlauf,
– Prognoseverfahren bei saisonal schwankendem Bedarfsverlauf.

Da bei konstantem Bedarfsverlauf nur geringe Bedarfsschwankungen auftreten, kann der Bedarf durch arithmetische Mittelwertbildung, gleitende Mittelwertbildung und exponentielle Glättung erster Ordnung prognostiziert werden. Bei trendabhängigem Bedarfsverlauf kann die exponentielle Glättung erster Ordnung jedoch zu keinem befriedigenden Ergebnis führen, da der als Durchschnitt ermittelte, zukünftige Verbrauchswert immer unterhalb der zukünftigen Daten liegen wird. Um eine Trendkorrektur durchzuführen, bedient man sich der exponentiellen Glättung zweiter Ordnung. Im Falle saisonaler Schwankungen muß vor allem auch die Planungshierarchie diesen Schwankungen angepaßt werden. Ein Planungshorizont, der eine Periode mit schwachem und eine Periode mit hohem Bedarf umfaßt, ist für die Kanban-Steuerung nicht geeignet. Wird der Bedarf über zwei solche Perioden gemittelt, spiegelt der so errechnete Tagesbedarf nicht das wirkliche Bedarfsprofil wider. Daher muß eine Periode mit bekannt höheren Bedarfen eigens eingeplant werden

Kapazitätsplanung

Im Rahmen der Bedarfsplanung wurde ein periodenbezogener Verbrauch für die einzelnen Produkte ermittelt. Damit liegt auch eine durchschnittliche Belastung des Montagebereichs und über die Stücklistenauflösung die mögliche Belastung aller vorgelagerten Fertigungsbereiche fest. Diese prognostizierte Periodenbelastung dient als Grundlage für einen ersten Kapazitätsabgleich, der von jeder Einheit eigenständig durchzuführen ist. Hierbei können die bekannten Möglichkeiten eines mittelfristigen Kapazitätsabgleichs wie Kurzarbeit, Überstundenregelungen, zusätzliche Schichten, Fremdvergabe von Fertigungsteilen oder Akquisition von Aufträgen genutzt werden.

Ganz im Sinne der Kanban-Steuerung wäre eine möglichst flexible Kapazität einzelner Arbeitssysteme, um kurzfristige Belastungsschwankungen ausgleichen zu können. Da eine täglich um mehrere Stunden schwankende Arbeitszeit keinem Mitarbeiter zugemutet werden kann, muß die erforderliche Flexibilität der Arbeitssystemkapazitäten auf anderen Wegen erreicht werden. So setzen einige Unternehmen unter anderem auf die Qualifikation und damit die Flexibilisierung der Mitarbeiter, was eine umfassende Mehrplatzbedienung ermöglicht. Weiterhin besteht die Möglichkeit, Mitarbeiter als Springer einzusetzen, die an überdurchschnittlich belasteten Arbeitssystemen zusätzliche Kapazität schaffen. Das wichtigste Ziel der kurzfristigen Kapazitätssteuerung ist es dabei nicht, eine möglichst hohe Personal- und Maschinenauslastung zu gewährleisten, sondern zu Gunsten einer schnellen Bearbeitung der Aufträge an ausgewählten Betriebsmitteln begrenzte Überkapazitäten vorzuhalten.

Losgrößenplanung

Die Losgrößenbildung ist kein spezielles Problem der Kanban-Steuerung, vielmehr ist die Wahl der richtigen Losgröße bei allen Fertigungssteuerungsverfahren ein entscheidender Parameter. So wichtig wie die einzelnen Losgrößen sind, so schwierig ist auch deren Bestimmung, denn die optimale Losgröße wird bei den meisten aller Losgrößenformeln nur aus einigen wenigen, meist statischen Kostenfaktoren gebildet. Die Anzahl der die optimale Losgröße beeinflussenden Faktoren liegt jedoch meist um ein Vielfaches höher und die verschachtelten Zusammenhänge können häufig nicht durch mathematische Formeln allein beschrieben werden [Wie89: 255 ff.]. Bei der Komplexität dieser Problematik ist es kaum verwunderlich, daß es die unterschiedlichsten Optimierungsansätze gibt [Nyh91]. Im folgenden soll nun das wohl bekannteste und am meisten eingesetzte Losbildungverfahren nach Andler erläutert werden, um anschließend die Besonderheiten bei der Wahl einer Kanban-Losgröße zu diskutieren.

Andler berücksichtigt im wesentlichen zwei gegenläufige Kostenfunktionen, s. Bild 14-65. Auf der einen Seite entstehen die Auftragswechselkosten, die von dem jeweiligen Auftragsvolumen unabhängig sind. In diese Kostengruppe gehen vor allem die Rüstkosten sowie die Auftragsanlagekosten ein. Auf der anderen Seite gibt es Lagerhaltungskosten für Fertigprodukte, die die unmittelbaren Herstellkosten sowie den entsprechenden Lagerkostensatz berücksichtigen. Aus dieser einfache Kostenbetrachtung ergibt sich dann die optimale Losgröße L_{opt} als Minimum der Summenkurve beider Kostenarten:

$$L_{opt} = \sqrt{\frac{X_{ges} \cdot K_A \cdot 2}{K_H \cdot i_L}}$$

X_{ges} Bedarfsmenge pro Periode
K_A Rüst – / Bestellkosten pro Periode
K_H Herstellkosten
i_L Zinssatz für die Lagerung

Ein wesentlicher Nachteil des Losgrößenansatzes nach Andler liegt darin, daß weder die Einflüsse der Losgröße auf Durchlaufzeiten und Werkstattbestände in der Fertigung noch die Wechselwirkungen der Aufträge untereinander berücksichtigt werden.

Das Hauptziel der Planung von Losgrößen für ein Kanban-System sollte aber nicht die entsprechend einem vereinfachten Modell optimierte Losgröße sein. Mehr noch als bei anderen Fertigungssteuerungssystemen stellen kleine Lose eine notwendige Einsatzvoraussetzung für das Kanban-System dar. Die Harmonisierung der Losgrößen ermöglicht es, den Teileverbrauch zu verstetigen, die Durchlaufzeiten zu verkürzen, Lagerbestände abzusenken und dadurch die Planungssicherheit zu erhöhen.

Aus dieser Überlegung, das Produktionsprogramm zu harmonisieren, resultiert der in Japan in Zusammenhang mit Kanban-Systemen genutzte Ansatz zur Losgrößenbestimmung. Dabei wird eine Kanban-Losgröße gebildet, bei der lediglich der Bedarf eines Planungszeitraums durch die Anzahl der Arbeitstage dieses Zeitraumes dividiert wird. Diese Losgröße entspricht dann genau einem Tagesbedarf [Wil84: 38].

Ob eine solche Losgröße in jedem Fall durchgesetzt werden kann, ist jedoch fraglich, denn die Losgrößen müssen sich dabei auch wirt-

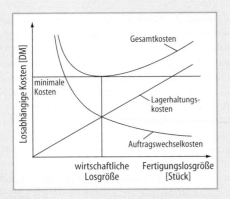

Bild 14-65 Losgrößenermittlung nach dem Grundmodell

schaftlich realisieren lassen. Unter den besonderen Randbedingungen des Kanban-Systems erscheint die Losbildung entsprechend dem Periodenverbrauch jedoch sehr zweckdienlich. Die Ermittlung von Kanban-Losen wird in Anlehnung an den oben beschriebenen japanischen Ansatz vorgenommen, indem der Bedarf eines Planungszeitraums durch die Anzahl der Perioden in diesem Zeitraum dividiert wird:

$$L_{opt} = \frac{X_{plan}}{n_p}$$

X_{plan} Bedarfsmenge im Planungszeitraum

n_p Anzahl Perioden im Planungszeitraum

Dies führt zu einer festen Losgröße mit der Reichweite einer Periode. Die Festlegung einer geeigneten Periodenlänge muß dabei in Abhängigkeit von den unternehmensspezifischen Randbedingungen, unterstützt durch eine Kostenvergleichsrechnung erfolgen.

In der Literatur finden sich viele Arbeiten zu dem Thema Losgrößenbildung, speziell auch für Kanban-Systeme [Got93: 104].

Planung der Anzahl Produktionskanbans

Durch die Festlegung der Anzahl Produktionskanbans erweist sich die Kanban-Steuerung als eine bestandsregelnde Fertigungssteuerung mit speziellen Randbedingungen. Da die Kanban-Karten einer fest vorgegebenen Losgröße entsprechen, bestimmt die Anzahl Karten die maximale Bestandshöhe in den Zwischenlagern. Der Produktionsplanung kommt dabei die Aufgabe zu, die Anzahl der Karten für einen Planungszeitraum festzulegen. Berücksichtigt man dabei, daß das Zwischenlager den Bedarf während der Wiederbeschaffungszeit und einen Sicherheitsbestand umfassen muß, so berechnet sich die Anzahl AK der im Umlauf befindlichen Kanban-Karten:

$$AK = \frac{TB \cdot WBZ \cdot (1+\alpha)}{BI}$$

TB Tagesbedarf $[\text{Stück/Tag}]$
WBZ Wiederbeschaffungszeit $[\text{Tagen}]$
α teileabhängiger Sicherheitsfaktor
BI Behälterinhalt $[\text{Stück}]$

Die Wiederbeschaffungszeit WBZ ist für jedes Halbzeug bzw. Produkt individuell zu bestimmen. Sie umfaßt die Zeitspanne von der Entnahme aus dem Zwischenlager bis zur Wiedereinlagerung der verbrauchten Menge in das Zwischenlager und setzt sich aus folgenden Anteilen zusammen:

Auftragsauslösezeit: Durchschnittliche Zeitspanne zwischen Entnahme aus dem Lager und Auftragsbeginn.

Auftragsdurchlaufzeit: Durchschnittliche Zeitspanne zwischen Auftragsbeginn und Beendigung des letzten Arbeitsvorgangs des Fertigungsauftrags.

Auftragseinlagerungszeit: Durchschnittliche Zeitspanne zwischen Beendigung des letzten Arbeitsvorgangs und Wiedereinlagerung des vollen Behälters im Zwischenlager.

Der Tagesbedarf TB ergibt sich aus der Bedarfsplanung für den Planungszeitraum. Der Sicherheitsfaktor α berücksichtigt Schwankungen des Tagesbedarfs und der Wiederbeschaffungszeit WBZ sowie sonstige Ablaufstörungen, indem er die Höhe des Sicherheitsbestandes im Zwischenlager festlegt. In der Regel muß der Sicherheitsfaktor geschätzt werden. Bei der Einführung der Kanban-Steuerung erscheint es sinnvoll, α zunächst eher großzügig auszulegen, um ihn dann in Abhängigkeit von der Planungssicherheit und den gewonnenen Erfahrungen nach und nach abzusenken. Der Behälterinhalt BI entspricht in aller Regel einer Losgröße. Für die Auslegung des Behälterinhaltes sind neben der Festlegung der Standardlosgröße auch die Transportfrequenz, die Handhabbarkeit und der Materialbestand in der Produktion zu beachten.

14.4.2.4 Einsatzvoraussetzungen für das Kanban-System

Während die Kanban-Steuerung im täglichen Betrieb eine sehr aufwandsarme Steuerung darstellt, sind jedoch im Vorfeld Einsatzvoraussetzungen fertigungstechnischer, organisatorischer und personeller Art zu schaffen. Die konsequente Nutzung von Potentialen in der Vorbereitungsphase des Kanban-Systems wird maßgeblich über den Erfolg der Einführung entscheiden.

Auswahl der Kanban-Teile

In der Praxis tritt häufig der Fall auf, daß ein Unternehmen nicht die gesamte Fertigung, sondern nur Teilbereiche auf das Kanban-System umstellt. Welche Bereiche hier sinnvoll sind,

Verbrauchs-konstanz ↓	Verbrauchswert		
	A hoch	**B** hoch	**C** hoch
X hoch	hoher Wert regel- mäßiger, konstanter Verbrauch	mittlerer Wert regel- mäßiger, konstanter Verbrauch	niedriger Wert regel- mäßiger, konstanter Verbrauch
Y mittel	hoher Wert schwan- kender Verbrauch	mittlerer Wert schwan- kender Verbrauch	niedriger Wert schwan- kender Verbrauch
Z niedrig	hoher Wert unregel- mäßiger, konstanter Verbrauch	mittlerer Wert unregel- mäßiger, konstanter Verbrauch	niedriger Wert unregel- mäßiger, konstanter Verbrauch

☐ Einsatzfelder für Kanban-Steuerung

Bild 14-66 Einsatzfelder der Kanban-Steuerung in einer zweidimensionalen ABC-Analyse

hängt ganz wesentlich von dem Produktspektrum und dessen betriebswirtschaftlichen und logistischen Eigenschaften wie Teilewert, nachgefragte Menge oder Wiederbeschaffungszeit ab. Um nicht jedes Halbzeug oder Fertigungsteil einzeln bewerten zu müssen, bietet sich die Klassifizierung z. B. durch eine ABC- oder eine XYZ-Analyse an. Die ABC-Analyse unterstützt dabei die Klassifizierung nach Teilearten mit hohem (A-Teile), mittlerem (B-Teile) oder geringem (C-Teile) Verbrauchswert. Eine XYZ-Analyse unterteilt das Teilespektrum in Klassen mit regelmäßigem, konstantem (X-Teile), schwankendem (Y-Teile) und unregelmäßigem Verbrauch (Z-Teile). Wildemann schlägt zur Unterstützung der Teileauswahl eine kombinierte ABC-XYZ-Analyse vor [Wil84: 65]. Bild 14-66 beschreibt die sich ergebenden neun Klassen.

Unabhängig von der ABC-Einteilung bietet sich die Gruppe der X-Teile besonders für die Produktion in einem Kanban-System an. Aus der Gruppe der Y-Teile sollten die A-Teile mit einem hohen Verbrauchswert nicht kanban-gesteuert werden, da es bei schwankendem Verbrauch zu einer geringeren Umschlaghäufigkeit und damit höheren Lagerverweilzeiten kommt. Aus demselben Grund schließt sich auch die Kanban-Steuerung aller Z-Teile in der Regel aus.

Harmonisierung des Produktionsprogramms

Ein harmonisches Produktionsprogramm unterstützt die Grundidee des Kanban-Systems. Ein stetiger Absatz der einzelnen Produktfamilien vermeidet die ständige Neuplanung von Kanban-Regelkreisen und die Neukonfiguration der Steuerung. Ermöglicht werden diese Randbedingungen auf Produktebene durch eine Abstimmung zwischen Vertrieb und Produktion.

Stetiger Verbrauch auf Halbzeug- und Teileebene wird durch die logistikgerechte Gestaltung der Produkte erzielt. Dabei gilt es besonders auf möglichst viele Standardteile zu achten, die eine hohe Mehrfachverwendung ermöglichen. Zusätzlich sollte die Anzahl der Produktvarianten reduziert bzw. Varianten möglichst erst auf einer kundennahen Fertigungsstufe realisiert werden. So entsteht auch in einem Unternehmen mit hoher Produktvielfalt auf untergeordneten Fertigungsstufen ein etwa stetiger Verbrauch und damit die Möglichkeit, in diesen Bereichen ein Kanban-System einzusetzen.

Reduzierung von Rüstzeiten

Ein primäres Ziel der Kanban-Steuerung sind niedrige Bestände sowohl im Zwischenlager als auch in der Fertigung. Beide Bestandsarten werden durch kleine Losgrößen positiv beeinflußt. Reduzierte Kanban-Lose erhöhen jedoch die Rüstfrequenz. Um weiter wirtschaftlich zu fertigen, müssen daher die Rüstzeiten entsprechend verkürzt werden.

Dazu ist es erforderlich, die einzelnen Rüstabläufe systematisch zu analysieren. Häufig haben Untersuchungen ergeben, daß die in den Unternehmen eingesetzten Maschinen zwar kurze Rüstzeiten ermöglichen, diese Potentiale aber nicht voll genutzt werden. Rüstzeiten lassen sich daher nur bedingt durch die Einführung anderer Technologien, sondern vielmehr durch eine rüstfreundliche Organisation und durch die Sensibilisierung aller am Rüstprozeß direkt oder indirekt beteiligten Mitarbeiter erzielen. Hinweise zur Rüstzeitverkürzung finden sich in [Frü90, Suz89: 31ff.].

Steigerung der technischen Qualität

In den eng vermaschten Regelkreisen eines Kanban-Systems wirken sich Qualitätsmängel der Fertigungsteile direkt auf die Lieferbereitschaft des nachfolgenden Zwischenlagers aus. Können die aus dem Lager entnommenen Teile im verbrauchenden Bereich infolge von Qualitätsmängeln nicht eingesetzt werden und ist gleichzeitig der Zwischenlagerbestand aufgebraucht, kommt es zu Störungen im Ablauf der nachgelagerten Stufen. Treten Qualitätsmängel vermehrt auf, stellt sich als Folge dieser Störungen ein Lieferverzug der jeweiligen Produkte ein.

Aus diesem Zusammenhang ergibt sich die Forderung nach einer verstärkten Qualitätsprüfung. Es ist aber zu beachten, daß die Endprüfung an fertigen Bauteilen oder Baugruppen nicht immer zweckdienlich ist. Es werden Fehler zwar erkannt, jedoch muß ein aufwendiger Prozeß zur Nacharbeit eingeleitet werden. Vielmehr sollte eine verstärkte Qualitätsüberwachung durch die Werker selbst, durch zusätzliche Prüfarbeitsgänge parallel zum Hauptprozeß oder durch automatische Kontrollen des Fertigungsprozesses vorgenommen werden.

Qualifikation und Motivation der Mitarbeiter

Aus den voran genannten Voraussetzungen für ein Kanban-System wird deutlich, daß an die Mitarbeiter wegen ihrer aktiven Rolle im Kanban-System neue Anforderungen gestellt werden. So müssen die Mitarbeiter eines Fertigungsbereichs z. B. ihr Zwischenlager selbst führen und dabei Material entnehmen, Meldebestände kontrollieren sowie Kanban-Karten weitergeben. Neben Kenntnissen über die Abläufe einer Kanban-Steuerung benötigen die Werker darüber hinaus ein vertieftes Verständnis über die Zusammenhänge und Ziele der Pull-Steuerung, z. B. den Einfluß kurzer Durchlaufzeiten und hoher Termintreue auf die Versorgungssicherheit des nachgelagerten Bereichs.

Um bei niedrigen Beständen eine bedarfsgerechte Teileversorgung zu gewährleisten, sollten die einzelnen Mitarbeiter mehr als nur eine Maschine bedienen können. Damit sich die Werker gegenseitig unterstützen und bei personellen Engpässen, verursacht durch Krankheit oder andere Fehlzeiten, füreinander einspringen können, benötigen sie eine breite Qualifikation, die vom selbständigen Rüsten bis hin zur Mehrmaschinenbedienung reicht. Erst die umfangreiche Qualifikation und Motivation der Mitarbeiter ermöglicht die notwendige Flexibilität in den Fertigungsbereichen, die für das erfolgreiche Betreiben eines Kanban-Systems erforderlich ist.

14.4.2.5 Einführung und Einsatz des Kanban-Systems

Die vielen oben beschriebenen Voraussetzungen verdeutlichen die Grenzen des sinnvollen Einsatzes eines Kanban-Systems. Die Basis einer erfolgreichen Umstellung auf diese Pull-Steuerung ist eine gut ausgearbeitete Einführungsstrategie. Dabei ist zunächst festzuhalten, daß in den meisten Unternehmen, die heute eine Kanban-Steuerung in ihrer Fertigung einsetzen, nicht die gesamte Produktion in einem Zuge umgestellt wurde. Häufig wurden wegen des hohen Aufwands zur Schaffung aller Voraussetzungen und wegen des verbleibenden Risikos, ob sich der gewünschte Erfolg überhaupt einstellen wird, zunächst nur Insellösungen realisiert.

Im ersten Schritt zur Einführung eines Kanban-Systems gilt es daher, ein Logistikkonzept für die Produktion zu erarbeiten, das eine Aufteilung des gesamten Produktionsbereichs in einzelne Einheiten bzw. Inseln vorsieht. Ein Beispiel für ein solches Konzept zeigt Bild 14-63. Im anschließenden Schritt müssen die zur Verfügung stehenden Betriebsmittel den einzelnen Inseln zugeordnet werden. Eng verbunden mit der Betriebsmittelzuordnung ist die Entscheidung, welches Halbzeug und welches Produkt in welcher Produktionseinheit erstellt wird. Erst nach der Erarbeitung eines leistungsfähigen, mit den Unternehmenszielen abgestimmten Konzepts, kann mit der Umstrukturierung in einzelnen Teilbereichen begonnen werden.

Bei der Einführung solcher Insellösungen sind zwei Vorgehensweisen möglich [Wil84]. Zum einen kann man damit beginnen, sämtliche Schwachstellen in der Fertigung und der Ablauforganisation zu analysieren, um dann Maßnahmen zu ihrer Beseitigung einzuleiten. Erst wenn so die Einsatzvoraussetzungen geschaffen worden sind, wird die Produktion auf die Kanban-Steuerung umgestellt. Es erscheint aber höchst zweifelhaft, ob wirklich alle vorhandenen Schwachstellen schon im Vorfeld erkannt werden können, so daß sich dann bei der Einführung der Kanban-Steuerung keine Störfälle mehr ergeben. Vielmehr ist es wahrscheinlich, daß auch nach der Einführung durch eine Art „kontinuierlichen Verbesserungsprozeß" die Produktion in bezug auf die Kanban-Bedingungen optimiert werden muß.

Berücksichtigt man den zuletzt genannten Aspekt, kann zum anderen auch gleich mit der Kanban-Einführung begonnen werden. Um einen ununterbrochenen Produktionsablauf zu gewährleisten, muß man dabei aber zunächst Überkapazitäten sowie höhere Sicherheitsbestände anlegen. Daraufhin kann man anfangen, die Bestände allmählich zu reduzieren, so daß Schwachstellen sichtbar werden. Erkennt man die Schwachstellen, sind diese sofort zu beseitigen.

Eine sehr vielversprechende, aber auch aufwendige Methode zur Absicherung des produktionslogistischen Konzepts ist der Einsatz der Simulationstechnik [Sch93: 7 ff]. Durch die simulationsgestützte Analyse sowohl von Fertigungsinseln als auch ganzen Fertigungsbereichen lassen sich Schwachstellen im Konzept und bei der Parametereinstellung erkennen und vermeiden. Dadurch könnte die Produktion nach einer Umstrukturierung auf einem voroptimierten Zustand aufbauen. Die teure Konfigurationsphase im realen Prozeß würde dadurch auf ein Minimum verkürzt.

Die Einführung und der Einsatz von Kanban-Systemen kann durch einfache Dispositionstafeln [Roh91: 199] oder Leitstandtafeln unterstützt werden. Solche Tafeln sind einfache, gleichzeitig aber ideale Hilfsmittel zur Unterstützung der Kanban-Steuerung, da sie eine hohe Transparenz über Lager- und Umlaufbestände schaffen. Dazu muß jedoch bei jeder Lagerbewegung durch den ein- bzw. auslagernden Mitarbeiter zusätzlich eine Aktualisierung der Tafel vorgenommen werden. Bild 14-67 zeigt beispielhaft den möglichen Aufbau einer solchen Leitstand-

tafel. Unterhalb der Kopfzeile existiert für jedes kanban-gesteuerte Teil eine Zeile. In der ersten Spalte wird die Teile-Identnummer festgehalten. Die zweite Spalte („Lose im Lager") gibt einen Überblick über die Anzahl Lose, die sich zu diesem Zeitpunkt von jeder Identnummer im Zwischenlager befinden. Entsprechend der Anzahl Produktionskanbans für eine Identnummer werden freie Steckplätze in der zweiten Spalte vorgesehen, die übrigen, nicht zu belegenden Plätze in Spalte 2 werden gesperrt, s. gerasterte Felder in dieser Spalte. Wurde längere Zeit kein Los entnommen, muß der komplette Bestand im Lager stehen. Dieser Zustand wird durch eine Karte auf jedem Steckplatz verdeutlicht, z.B. erste Zeile das Teil „033136" im Bild 14-67. Wird ein Los aus dem Lager entnommen, so muß eine Karte der entsprechenden Identnummer in die dritte Spalte des Leitstands („Zu fertigende Lose") gesteckt werden. Mit dem Beginn der Fertigung dieses Teils im vorgelagerten Bereich wird dann die Karte in die vierte Spalte („Lose in der Fertigung") weitergeschoben. Die Ablieferung des Loses in das Zwischenlager schließt den Kreislauf und die Karte nimmt wieder einen Platz in der Spalte für den aktuellen Lagerbestand ein.

Zur Einstellung der Parameter des Kanban-Systems bedarf es auch weiterhin einer zentralen Produktionsplanung. Ihre Aufgabe ist es, für zukünftige Planperioden die zur Berechnung der Anzahl Produktionskanbans benötigten Informationen wie Tagesbedarf, Wiederbeschaf-

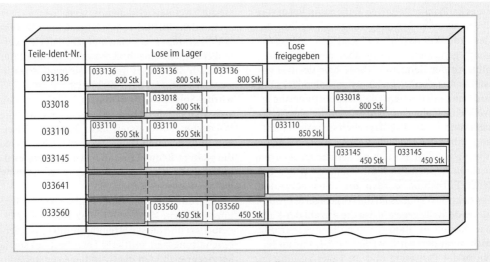

Bild 14-67 Leitstandtafel zur Einplanung von Aufträgen bei einer Bestellsteuerung

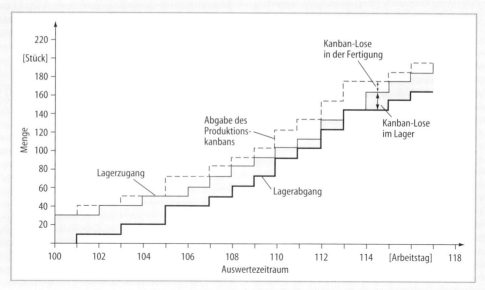

Bild 14-68 Lagerdurchlaufdiagramm eines Kanban-gesteuerten Teils (Kanban-Losgröße = 10 Stk; Anzahl Produktionskanbans = 3)

fungszeit und Sicherheitsbestand zu ermitteln. Darüber hinaus muß die zentrale Produktionsplanung eine Abschätzung der benötigten Personal- und Maschinenkapazitäten vornehmen und ggf. einen Belastungsabgleich durchführen. Zur Unterstützung dieser Aufgaben bietet sich die Auswertung der Betriebsdaten mit Hilfe eines Monitorsystems an, das die entscheidenden logistischen Kenngrößen in Form von Kennzahlen und Diagrammen aufbereitet [Hil92, Ull94].

Bild 14-68 zeigt das Lagerdurchlaufdiagramm eines kanban-gesteuerten Teils, das in Form von Treppenkurven den „Lagerabgang", die „Abgabe des Produktionskanbans" und den „Lagerzugang" gemessen in Stück über der Zeit widergibt. An der Zeitachse wurde hier der frei gewählte Ausschnitt eines Betriebskalenders (Tag 100–118) aufgetragen. Die Treppenstufen, die jeweils eine Höhe von zehn Stück oder ein Vielfaches von zehn besitzen, ergeben sich aus der festen Kanban-Losgröße. Die Kurve für den „Lagerabgang" gibt die Entnahme der nachgelagerten verbrauchenden Produktionseinheit wider. Bei jeder Entnahme werden die entsprechenden Produktionskanbans an die vorgelagerte produzierende Stelle gegeben. Da die Anzahl der Kanban-Karten im Rahmen der Planungsperiode nicht verändert wird, beträgt der Bestand an Teilen in der Fertigung und im Lager zusammen immer genau 30 Stück. Dies entspricht drei Kan-

ban-Losen mit je zehn Stück. Welcher Anteil an diesem Bestand sich jeweils im Lager befindet, verdeutlicht die grau hinterlegte Fläche zwischen den Kurven „Lagerzugang" und „Lagerabgang". Der waagerechte Abstand zwischen den Kurven „Abgabe des Produktionskanbans" und „Lagerzugang" entspricht der jeweiligen Wiederbeschaffungszeit. Im vorliegenden Beispiel beträgt die Wiederbeschaffungszeit meist einen Betriebskalendertag, nur während der Zeitspanne mit erhöhtem Verbrauch vom Tag 110–115 steigt sie auf zwei Betriebskalendertage.

Aus dem in Bild 14-68 dargestellten Durchlaufdiagramm kann man ablesen, daß eine Verringerung der Anzahl Kanbans und damit der Bestände für dieses Teil nur sinnvoll erreicht werden kann, wenn der Verbrauch harmonisiert würde. Solange der Verbrauch in Teilperioden zwischen 5 und 20 Stück je Tag schwankt und die Wiederbeschaffungszeit nicht konstant auf einen Betriebskalendertag beschränkt ist, würde die weitere Reduzierung der Anzahl Produktionskanbans direkt zu einer Verschlechterung des Servicegrads führen.

Lagerdurchlaufdiagramme dieser Art, ergänzt um statistische Kennzahlen wie z. B. mittlerer Tagesbedarf und dessen Streuung, mittlere Wiederbeschaffungszeit, mittlerer Lagerbestand sowie Servicegrad, bilden die Grundlage zur weiteren Optimierung des Kanban-Systems durch Konfiguration der zwei Hauptparameter Losgröße und Anzahl Produktionskanbans. Eine Voraussetzung für Lagerdurchlaufdiagramme ist jedoch die vollständige Erfassung aller Bewegungsdaten über die Ein- bzw. Auslagerung aller Teile.

14.4.3 Fortschrittszahlen

Das *Fortschrittszahlenprinzip* stellt ein integriertes Planungs- und Kontrollverfahren dar, welches insbesondere in solchen Unternehmen angewandt werden kann, in denen eine Serienfertigung von Standardprodukten mit Varianten vorliegt. Der Haupteinsatzbereich des Fortschrittszahlenprinzips liegt in der Automobilindustrie, wo sich das Verfahren insbesondere für die Materialwirtschaft und die Produktionsverbundsteuerung von verschiedenen Herstellerwerken bewährt hat. Zunehmend wird das Verfahren aber auch bei Zulieferunternehmen der Automobilindustrie eingesetzt.

14.4.3.1 Das Prinzip der Fortschrittszahlen

Das Fortschrittszahlensystem basiert auf dem Grundgedanken, ein Produktionssystem nicht über Differentialgrößen (Produktionsaufträge mit zugeordneten Mengen und Terminen), sondern abschnittsweise über Integral-Soll-Größen zu führen und den erreichten Zustand mit Integral-Ist-Größen zu messen.

Mit einer *Fortschrittszahl (FZ)* werden die Materialbewegungen über der Zeit kumulativ erfaßt und abgebildet. Mit den Fortschrittszahlen werden an definierten Zählpunkten im Produktionsprozeß die vorbeifließenden Mengen (in der Regel Stückzahlen) für jeweils ein bestimmtes Erzeugnis addiert und in Form einer Mengen-Zeit-Relation – der Fortschrittszahlenkurve – dargestellt (Bild 14-69).

Mit den Fortschrittszahlen werden sowohl geplante wie auch reale Produktionsprozesse beschrieben. Bei der Abbildung von Ist-Daten werden hierbei die realen Ereignisse – z. B. das Ausfassen von Material aus einem Lager oder die Fertigstellung eines Auftrags an einem Arbeitssystem – zugrundegelegt. Zu dem jeweiligen Ereigniszeitpunkt werden die erfaßten Mengen auf die bis dahin gültige Fortschrittszahl addiert, so daß es zu einer stufenförmigen *Fortschrittszahlenkurve* kommt. Demgegenüber wird bei der Abbildung von Soll-Daten von kontinuierlichen Prozessen ausgegangen. Die Soll-Fortschrittszahl an einem Periodenende ergibt sich aus der

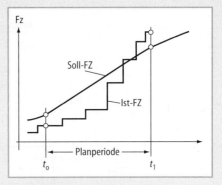

Bild 14-69 Das Prinzip der Fortschrittszahlen

Summe des Brutto-Periodenbedarfs und der Soll-Fortschrittszahl zum Periodenbeginn. Zwischen diesen beiden Eckpunkten wird ein linearer Bedarfsverlauf vorausgesetzt.

Bei den Erzeugnissen, die an den Zählpunkten erfaßt werden, kann es sich sowohl um Beschaffungs- oder Eigenfertigungsteile handeln wie auch um Baugruppen oder komplette Fertigprodukte. In der weiteren Erläuterung wird der Begriff Erzeugnis übergreifend benutzt.

14.4.3.2 Das Kontrollblockmodell

Aufbauend auf dieser Definition der Fortschrittszahlen läßt sich nun die Bestands- und Terminsituation für ein Erzeugnis mittels eines *Kontrollblockmodells* und der sog. Fortschrittszahlendiagramme beschreiben. Beim Kontrollblockmodell geht man in Analogie zum Trichtermodell und zum Durchlaufdiagramm (vgl. 14.1) davon aus, daß sich das Durchlaufverhalten eines Erzeugnisses durch einen beliebigen Produktionsbereich, welcher im weiteren allgemein als Kontrollblock bezeichnet wird, durch die Erfassung von Zugang und Abgang vollständig abbilden läßt.

Grundsätzlich läßt sich jede Produktion als ein Kontrollblock auffassen, für den sich die Zählpunkte „Wareneingang" auf der Zugangsseite und „Versand" auf der Abgangsseite definieren lassen. Es ist aber ein wesentliches Merkmal des Fortschrittszahlenprinzips, daß sich bei der Kontrollblockbildung hierarchische Produktionsprozesse unmittelbar berücksichtigen lassen. Dazu wird eine Produktion (vom Materiallager über die einzelnen Produktionsabteilungen und der Montage bis zum Versand) in einzelne Kontrollblöcke unterteilt, die dann über

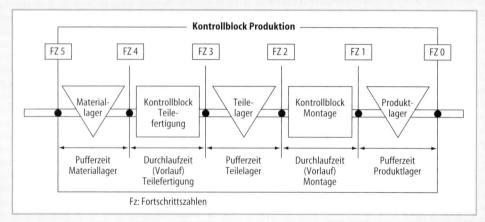

Bild 14-70 Allgemeine Kontrollblockstruktur

eine angepaßte *Fortschrittszahlenhierarchie* geplant und überwacht werden. Jeder Kontrollblock wird dazu durch die Zugangs- und Abgangs-Fortschrittszahl gegen seine Vorgänger bzw. Nachfolger abgegrenzt. So läßt sich nahezu jeder Produktionsprozeß durch mindestens zwei Kontrollblöcke – Fertigung und Montage – beschreiben, die dann durch die in Bild 14-70 genannten Zählpunkte abgegrenzt sind.

Die Zeitspanne, die ein Erzeugnis vom Zugang bis zum Abgang an einem Kontrollblock benötigt, entspricht der mittleren Durchlaufzeit. In der Terminologie des Fortschrittszahlenprinzips wird diese Durchlaufzeit auch als *Vorlaufzeit* oder – insbesondere bei Planungsprozessen – als *Kontrollblockverschiebezeit* bezeichnet.

Die einzelnen Subsysteme können nach Vorgabe aufeinander abgestimmter Soll-Werte autonom gesteuert und kontrolliert werden. Dies bedeutet u. a. auch, daß die einzelnen Kontrollblöcke jeweils eine eigene Disposition (kontrollblockspezifische Losgrößen, Reihenfolgeentscheidungen u.a.) innerhalb der durch die Soll-Fortschrittszahlen vorgegebenen Grenzen vornehmen können. Um den dafür erforderlichen Spielraum zu schaffen, müssen zwischen den Kontrollblöcken Lager als *Bestands-* bzw. *Vorlaufpuffer* vorgesehen werden. Diese Puffer dienen weiterhin dazu, die Leistungserbringung eines Kontrollblocks auch bei Störungen und Bedarfsschwankungen jederzeit sicherzustellen.

Diese Läger brauchen und sollten aber nicht als eigene Kontrollblöcke geführt werden. Sowohl der Bestand in einem Lager als auch die

Pufferzeit lassen sich unmittelbar aus den Fortschrittzahlen der angrenzenden Kontrollblöcke errechnen. Zudem würden Bypass-Abwicklungen (z.B. ein direkter Materialtransport von der Fertigung in die Montage) dazu führen, daß die an sich geschlossene Kette der Fortschrittszahlen durchbrochen wird. Es ist jedoch empfehlenswert, über eine Lagerbestandsführung bzw. im Rahmen einer Inventur Plausibilitätskontrollen der Fortschrittszahlen vorzunehmen und die Ist-Werte der Fortschrittszahlen bei Bedarf zu korrigieren [Hei88].

Überführt man die jeweils am Zugang und am Abgang gemessenen Fortschrittszahlen in ein gemeinsames Diagramm, so erhält man das sog. Fortschrittszahlendiagramm. Ein Beispiel eines solchen Diagramms für die in Bild 14-70 gezeigte Kontrollblockstruktur ist in Bild 14-71 wiedergegeben. Die Fortschrittszahlen der einzelnen Zählpunkte ergänzen sich zu einem durchgängigen Zahlensystem, aus dem jederzeit die aktuelle Bestands- und Fertigungssituation für jede Produktions- und Lagerstufe zu ersehen ist. Die einzelnen Fortschrittszahlenkurven können dabei unterschiedliche Stufensprünge aufweisen, die in der Regel dadurch hervorgerufen werden, daß die Bearbeitung in den einzelnen Produktionsstufen in verschiedenen Losgrößen erfolgt.

Bei der Interpretation von Fortschrittszahlendiagrammen ist zu berücksichtigen, daß sich eine Fortschrittszahl immer auf ein einziges bestimmtes Erzeugnis bezieht. Fortschrittszahlen erlauben somit nur Aussagen über den Produktionsfortschritt, die Durchlaufzeiten und die Be-

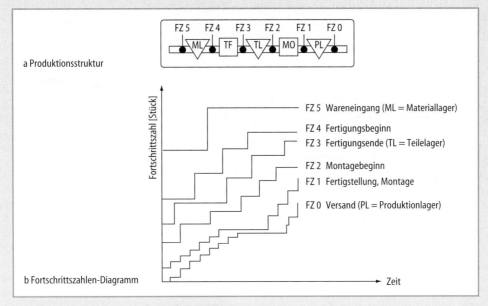

a Produktionsstruktur

FZ 5   FZ 4   FZ 3   FZ 2   FZ 1   FZ 0
ML   TF   TL   MO   PL

Fortschrittszahl [Stück]

FZ 5 Wareneingang (ML = Materiallager)

FZ 4 Fertigungsbeginn

FZ 3 Fertigungsende (TL = Teilelager)

FZ 2 Montagebeginn

FZ 1 Fertigstellung, Montage

FZ 0 Versand (PL = Produktionlager)

b Fortschrittszahlen-Diagramm   Zeit

Bild 14-71 Beispiel für ein Fortschrittszahlen-Diagramm

stände für das entsprechende Erzeugnis. Es lassen sich jedoch keine Aussagen zum Arbeitssystemverhalten wie Arbeitssystemdurchlaufzeiten, -bestände und Auslastung treffen. Auch ist der Zugang an einem Kontrollblock nicht als alleinige Belastung eines Arbeitssystems aufzufassen, da in der Regel mehrere Erzeugnisse in einem Kontrollblock bearbeitet werden. Es läßt sich somit prinzipiell auch keine Kapazitätsplanung auf diesem Modell aufbauen.

14.4.3.3 Definition von Kontrollblöcken bei hierarchischen Produktionsstrukturen

Ein wesentlicher Vorzug des Fortschrittszahlenprinzips besteht in der Koordinierungsfähigkeit der einzelnen Produktionsabschnitte des logistischen Ablaufes vom Wareneingang bis zum Versand auch bei komplexen Produktionsstrukturen und Produkten. Es bietet darüber hinaus die Möglichkeit, daß jeder betroffene Produktionsbereich mit einem den speziellen Gegebenheiten angepaßten Steuerungsverfahren arbeitet und daß dennoch alle Bereiche über ein gemeinsames Fortschrittszahlensystem koordiniert werden.

Bild 14-72 zeigt hierzu als Beispiel eine vereinfachte Kontrollblock-Hierarchie eines Automobilunternehmens mit einem Montagewerk (Werk I) und einem Aggregatewerk (Werk II). Das Bild deutet an, daß der Detaillierungsgrad einer Kontrollblockbildung nicht vorgegeben ist, sondern an die spezifischen Gegebenheiten einer Produktion angepaßt werden kann. Grundsätzlich gilt, daß ein Kontrollblock eine weitgehend autonome Organisationseinheit mit dispositiver Entscheidungskompetenz darstellen sollte.

In dem hier abgebildeten Beispiel sind für das Montagewerk drei Hauptblöcke (Karosseriefertigung, Lackiererei und Fahrzeugmontage) definiert. Für die Karosseriefertigung und die Lackiererei sind zwei bzw. drei weitere unterlagerte Kontrollblöcke entsprechend dem Auftragsdurchlauf definiert. Aufgrund des Linienfertigungscharakters der Produktionsbereiche in dem Montagewerk ist hier auf eine weitere Differenzierung verzichtet worden.

Demgegenüber wurde für das Aggregatewerk, das die Montage versorgt, eine Kontrollblockhierarchie aufgebaut, die im Einzelfall bis auf die Ebene einzelner Arbeitsgänge reicht. Eine derart feine Kontrollblockbildung wird aber allenfalls dann erforderlich sein, wenn einzelne Engpaßarbeitssysteme einer speziellen Planung und Kontrolle unterzogen werden sollen.

Der Systemnullpunkt für alle Zählpunkte und Fortschrittszahlen wird grundsätzlich durch die Fortschrittszahl des Versandes gebildet. So sind

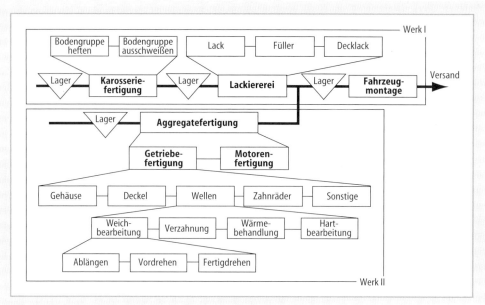

Bild 14-72 Beispiel für eine Kontrollblock-Hierarchie (in Anlehnung an Heinemeyer)

auch hier die Fortschrittszahlen für beide Werke sowie ggf. deren Zulieferanten gemeinsam an dem Versand der Endprodukte, also hier der montierten Fahrzeuge, aufzubauen. So kann sichergestellt werden, daß sich eine Bedarfsänderung unmittelbar in den Bedarfsdaten aller Produktionsbereiche niederschlägt, ohne daß spezielle Programmanpassungen in den einzelnen Werken (auch nicht in den hier nicht dargestellten Zulieferunternehmen) erforderlich sind.

Bei der Definition der Kontrollblöcke ist darauf zu achten, daß für jeden Kontrollblock die Zugangs- und Abgangsfortschrittszahlen jeweils als Soll-Werte und als Ist-Werte ermittelbar sind. Dazu ist zunächst für jedes Erzeugnis im Arbeitsplan die Kontrollblockabgrenzung durch Markierung der „Meilenstein-Arbeitsvorgänge" vorzunehmen, an denen Fortschrittszahlen geführt werden. Des weiteren muß sichergestellt werden, daß eine genaue und aktuelle Gutstückzahlerfassung an den Zählpunkten möglich ist. Und schließlich dürfen Zählpunkte nur dort vorgesehen werden, wo eindeutige Soll-Werte nach aktuellen Bedarfsdaten vorgegeben werden können.

14.4.3.4 Terminstufenrechnung

Für die Ermittlung der Soll-Fortschrittszahlen müssen neben den Bedarfsdaten auf der Er-

zeugnisebene insbesondere auch die Durchlaufzeiten für die Kontrollblöcke bekannt sein. Weiterhin muß zwischen dem Ausgang eines Kontrollblocks und dem Eingang des nachfolgenden Kontrollblocks ein Puffer eingeplant werden, um dem jeweiligen Produktionsbereich einen Spielraum für individuelle Entscheidungen bezüglich der Losgrößen und der Abarbeitungsreihenfolgen einzuräumen. Auf dieser Basis kann dann eine Terminstufenrechnung über die vollständige Kontrollblock-Hierarchie durchgeführt werden.

Bild 14-73 zeigt hierzu ein vereinfachtes Beispiel. Exemplarisch ist für den Durchlauf eines Erzeugnisses durch die Teilefertigung eine zweite Kontrollblockebene mit drei einzelnen Kontrollblöcken definiert.

Die Vorlaufzeit für die Teilefertigung ergibt sich durch die Addition der einzelnen Kontrollblock-Durchlaufzeiten und der vorgesehenen Pufferzeiten. Die Analogie zur Terminierung bei MRP-II-Ansätzen mit Durchlaufzeiten und Übergangszeiten ist offensichtlich (s. 14.2). Jedoch ist bei der Anwendung des Fortschrittszahlenprinzips zu berücksichtigen, daß keine arbeitssystemspezifischen Planungswerte zugrundegelegt werden, sondern erzeugnis- bzw. sachnummernbezogene Plandaten zur Berechnung herangezogen werden.

Wenn auf diese Weise für alle Produktionsbereiche die Vorlaufzeiten bestimmt wurden, so er-

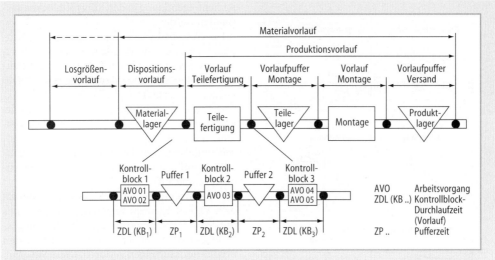

Bild 14-73 Terminstufenrechnung mit Kontrollblöcken

gibt sich daraus das Termingefüge für die komplette Kontrollblockstruktur eines Produkts. Für jeden einzelnen Zählpunkt liegt somit der geplante Vorlauf vor dem Versand (als Systemnullpunkt) fest. Dieser Vorlaufwert wird in der Stückliste bzw. bei den Meilenarbeitsgängen im Arbeitsplan gespeichert und für die im folgenden noch zu beschreibenden Planungs- und Kontrollfunktionen herangezogen. Bei der Terminstufenrechnung wird im übrigen auch berücksichtigt, daß insbesondere in den Fertigungsbereichen oftmals keine kontinuierliche, rein bedarfsorientierte Produktion möglich ist, sondern in „wirtschaftlichen" Losgrößen gefertigt werden muß. Für die davon betroffenen Erzeugnisse wird ein zusätzlicher Losgrößenvorlauf definiert, der als Zeitraum zwischen der Entnahme des ersten Teils eines Beschaffungs- oder Fertigungsloses und der Entnahme des ersten Teils des nächsten Loses verstanden wird.

14.4.3.5 Planung und Kontrolle von Produktionsabläufen auf der Basis von Fortschrittszahlen

Mit den Vorlaufzeiten, die in der Terminstufenrechnung ermittelt worden sind, können im Rahmen der Programmplanung die Soll-Fortschrittszahlen auf der Basis aktueller Bedarfsdaten ermittelt werden.

Die Ausgangsbasis bildet der Vetriebsplan, der die benötigten Mengen für die Fertigprodukte in den einzelnen Perioden des Planungszeitraums umfaßt. Für diese Bedarfe wird dann eine einstufige Stücklistenauflösung durchgeführt. Dabei findet zunächst weder ein Bestandsabgleich noch eine Vorlaufverschiebung statt. Ergebnis der Auflösungsrechnung ist vielmehr eine Bruttobedarfs-Fortschrittszahl für jedes betrachtete Erzeugnis. Auch eine Bedarfszusammenfassung oder Losgrößenrechung wird an dieser Stelle nicht durchgeführt, so daß diese Entscheidungen innerhalb der einzelnen Kontrollblöcke getroffen werden können.

Im zweiten Schritt erfolgt die Vorlaufverschiebung für den Bruttobedarf. Für jedes Erzeugnis wird hierzu die Bedarfskurve im Fortschrittszahlendiagramm entsprechend der ermittelten Vorlaufzeiten horizontal nach links verschoben, so daß sich daraus die Zugangs- und Abgangsfortschrittszahlen für alle Kontrollblöcke ergeben. Bild 14-74, oben links zeigt dies für einen beliebigen Ausschnitt aus der Produktion.

Als Ergebnis der Programmplanung liegen auch die Planbestände (je Erzeugnis) in den einzelnen Kontrollblöcken und Lagerbereichen fest. Die Planbestände ergeben sich unmittelbar als numerische Differenz der Soll-Fortschrittszahlen aufeinanderfolgender Zählpunkte. Die Planbestände sind neben dem geplanten Vorlauf ebenfalls abhängig von den Bedarfsverläufen und stellen somit eine variable Größe dar.

Grundsätzlich besteht aber auch die Möglichkeit, die Planbestände konstant zu halten. Dazu müssen die Bedarfskurven nicht um den Vor-

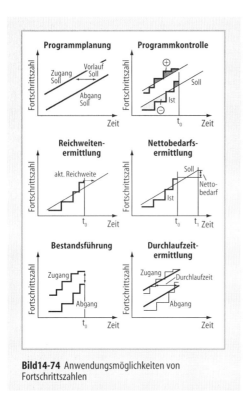

Bild14-74 Anwendungsmöglichkeiten von
Fortschrittszahlen

lauf, sondern in vertikaler Richtung um einen vorab festzulegenden Planbestand verschoben werden. Bei diesem Planungsvorgang, der auch als Umlaufverschiebung bezeichnet wird, wird zumindest planerisch ein ähnlicher bestandsregulierender Effekt wie mit der Kanban-Steuerung erreicht. Die Umlaufverschiebung ist aber nur dann sinnvoll anwendbar, wenn ein synchrones Arbeiten hintereinandergeschalteter Produktionsprozesse sichergestellt werden kann.

Liegen die Soll-Fortschrittszahlen fest, so kann im nächsten Schritt eine Programmkontrolle durchgeführt werden. Für jeden Zählpunkt wird ein Vergleich von Soll- und Ist-Fortschrittszahlen vorgenommen, so daß Über- bzw. Unterlieferungen je Produktionsstufe unmittelbar ersichtlich sind (Bild 14-74, oben rechts). Eine Programmabweichung läßt sich dabei nicht nur als Stückzahlabweichung darstellen. Vielmehr kann durch eine Projektion der Ist-Fortschrittszahlen auf die jeweilige Bedarfsleiste auch die aktuelle Reichweite bzw. – bei einer Unterlieferung – auch der Rückstand in Arbeitstagen angegeben werden (Bild 14-74, Mitte links). Der hierbei ermittelte Wert kann in den einzelnen Kontrollblöcken unmittelbar als Prioritätskennzahl zur Reihenfolgebildung in den Kontrollblöcken verstanden werden.

Der Nettobedarf zu einem zukünftigen Zeitpunkt t_1 wird ermittelt, indem von der Soll-Fortschrittszahl zum Ende der Folgeperiode die aktuelle Ist-Fortschrittszahl subtrahiert wird (Bild 14-74, Mitte rechts).

Durch die Funktionen Programmkontrolle, Reichweitenrechnung und Nettobedarfsermittlung in Verbindung mit der einstufigen Stücklistenauflösung weist das Fortschrittszahlenprinzip wesentliche Eigenschaften einer Produktionsregelung auf.

Bei konventionellen PPS-Systemen, die auf dem MRP-II-Konzept basieren, geht spätestens mit der Losgrößenbestimmung der Zusammenhang zwischen den Primärbedarfen und den Produktionsaufträgen verloren. Diese Situation ist besonders kritisch, wenn von einem Unternehmen eine hohe Änderungsflexibilität bezüglich der Termine, der Mengen und/oder der zu produzierenden Teile gefordert wird. Eine Verschiebung im Bedarf hat in der Regel keinen Einfluß mehr auf die bereits gebildeten Aufträge. Über- und Unterlieferungen auf den geänderten Primärbedarf sind die Folge.

Bei Anwendung des Fortschrittszahlenprinzips hingegen hat jede Bedarfsänderung des Enderzeugnisses eine Veränderung der Soll-Fortschrittszahlen über die gesamte Kontrollblockhierarchie zur Folge. Dies wiederum führt unmittelbar und ohne weitere Planungseingriffe zu veränderten Nettobedarfen, zu einer Neubeurteilung des aktuellen Produktionsfortschrittes (Über- oder Unterlieferung) für jeden Zählpunkt und somit unter Umständen auch zu einer Veränderung der Prioritäten der miteinander konkurrierenden Aufträge.

Ein weiterer wesentlicher Vorzug des Fortschrittszahlenprinzips liegt in der Möglichkeit einer einfachen rechnerischen Bestandsführung (Bild 14-74, unten links). Durch die Differenz der Ist-Fortschrittszahlen aufeinanderfolgender Zählpunkte lassen sich zu jedem Zeitpunkt die aktuellen Bestände in allen Produktionsbereichen ermitteln.

Und werden schließlich die Ist-Daten der Fortschrittszahlen linearisiert, so kann der horizontale Abstand zwischen den einzelnen Kurven als mittlere Durchlaufzeit bzw. Pufferzeit interpretiert werden (Bild 14-74, unten rechts). In Analogie zur sog. Trichterformel (vgl. 14.1) kann dieser Wert auch berechnet werden über das Verhältnis des mittleren Bestandes zur mittleren

Abgangsmenge pro Zeit (z. B. Stückzahl pro Arbeitstag) in einem Untersuchungszeitraum.

14.4.3.6 Anwendungsvoraussetzungen

Das Fortschrittszahlensystem wurde konzipiert für die Planung und Kontrolle von Serienfertigungen. Die Basis des Systems stellt die Definition von Kontrollblöcken dar, die im wesentlichen durch die Zählpunkte und Vorlaufzeiten beschrieben werden. An diesen Merkmalen lassen sich daher auch die Anwendungsvoraussetzungen ableiten.

Da das komplette Termingefüge und die Planbestände auf den Vorlaufzeiten aufbauen, ist die fortwährende Berechnung und Überprüfung der Durchlauf- und Pufferzeiten für eine sinnvolle und zielgerichtete Anwendung des Fortschrittszahlenprinzip von vorrangiger Bedeutung. Sofern diese Planvorgaben unrealistische Werte beinhalten, sind ähnliche Probleme zu erwarten wie bei klassischen PPS-Systemen, die auf fehlerhaften Plandurchlaufzeiten oder Übergangszeiten basieren. Aus dieser Problematik heraus wird bisweilen festgestellt, daß hinreichende Kapazitätsreserven vorgehalten werden müssen, um die Einhaltung der geplanten Vorzeiten sicherzustellen. Dies gilt um so mehr, als eine Kapazitätsplanung mit dem Fortschrittszahlenprinzip nicht direkt möglich ist.

Es ist aber prinzipiell auch denkbar, daß über geeignete unterlagerte Steuerungssysteme die Funktion einer Durchlaufzeit- und/oder Bestandsregelung wahrgenommen werden. Zum Einsatz kommen könnten beispielsweise die belastungsorientierte Auftragsfreigabe (14.4.4) oder das Kanban-Prinzip (14.4.2).

Parallel zur Pflege der Vorlaufdaten ist ein besonderes Augenmerk auf eine korrekte Erfassung der Gutstückzahlen zu legen. Zählpunkte sollten daher möglichst in Verbindung mit einer Qualitätsprüfung eingerichtet werden. Bei einem festgestellten Ausschuß müssen entweder Sonderbedarfe ausgelöst werden oder es werden die Fortschrittszahlen an den Zählpunkten, an denen die Teile bereits gezählt wurden, nachträglich reduziert. Nur so kann ein in sich konsistentes Fortschrittszahlensystem sichergestellt werden. Unterstützend sind im Rahmen einer Inventur die Bestände in den einzelnen Produktionsabschnitten zu überprüfen und die Fortschrittszahlen ggf. zu korrigieren.

14.4.4 Belastungsorientierte Auftragsfreigabe

14.4.4.1 Stellung der belastungsorientierten Auftragsfreigabe (BOA) im Rahmen der Fertigungssteuerung

Die *belastungsorientierte Auftragsfreigabe*, im folgenden mit BOA abgekürzt, erfüllt eine Teilfunktion der *Fertigungssteuerung*. Diese ist ihrerseits Bestandteil der Produktionsplanung und -steuerung. Die BOA wurde von W. Bechte erstmals in seiner Dissertation [Bec80] vorgestellt und seitdem von ihm selbst und anderen Autoren zu einem geschlossenen Regelkreis der Fertigungssteuerung weiterentwickelt [Wie87, Wie91]. Die Auftragsfreigabe hat allgemein die Aufgabe, die im Rahmen der *Materialbedarfsplanung* bestimmten Fertigungsaufträge auf ihre Durchführbarkeit zu überprüfen. Hierbei erfolgt eine differenzierte Aussage darüber, ob die verlangten Ablieferungstermine eingehalten werden können und ob die erforderliche Kapazität an Fertigungseinrichtungen und Personal zur Verfügung steht. Häufig überprüft man im Rahmen der Auftragsfreigabe auch, ob das benötigte Material und die Betriebsmittel, wie Werkzeuge, Vorrichtungen und Prüfmittel, verfügbar sind. Die als durchführbar eingestuften Aufträge werden freigegeben, die übrigen Aufträge vorläufig zurückgestellt.

Die Freigabe der Aufträge ist nicht gleichbedeutend mit dem Auftragsstart. Dieser erfolgt im Rahmen der sog. Auftragsdurchsetzung, auch Auftragsveranlassung genannt, die i. allg. drei Schritte umfaßt: Kurz vor dem vorher errechneten Starttermin wird die Reihenfolge der Aufträge an den Arbeitsplätzen bestimmt, wofür meist Prioritätsregeln angewandt werden. Sind mehrere technisch gleichwertige Arbeitseinrichtungen vorhanden, z. B. mehrere Drehmaschinen, erfolgt noch eine konkrete Zuordnung jedes Auftrags zu einem bestimmten Arbeitsplatz. Der eigentliche Auftragsstart beginnt mit der Bereitstellung von Material, Arbeitspapieren und Betriebsmitteln am ersten Arbeitsplatz entsprechend dem Arbeitsplan. Die Rückmeldung der Fertigstellung, häufig erfaßt mit Hilfe der rechnerunterstützten Betriebsdatenerfassung, löst den Weitertransport der Werkstücke zum jeweils nächsten Arbeitsplatz entsprechend dem Arbeitsplan aus, bis der Auftrag fertiggestellt ist. Die durch die Qualitätsprüfung für gut befundenen Werkstücke gelangen dann in ein Zwischenlager, in die Montage oder direkt zum Kunden.

14.4.4.2. Gegenüberstellung der konventionellen und der belastungsorientierten Auftragsfreigabe

Aus Bild 14-75a wird die Stellung der Auftragsfreigabe im *konventionellen Ablauf der Fertigungssteuerung* deutlich. Man erkennt die zuvor beschriebenen Schritte der Fertigungsplanung. Die *Durchlaufterminierung* erfolgt ohne Kapazitätsrestriktionen mit Plandurchlaufzeiten, die einer Durchlaufzeittabelle oder -matrix entstammen, und zeigt auf, ob die gewünschten Endtermine grundsätzlich erreichbar sind. Die *Kapazitätsrechnung* lastet die Arbeitsvorgänge in die Kapazitätskonten der Arbeitsplatzgruppen mit ihren Vorgabezeiten ein, erkennt Über- und/oder Unterbelastungen und führt einen Kapazitätsabgleich durch. Nach der *Verfügbarkeitsprüfung* werden die Aufträge entweder zur Durch-

setzung freigegeben oder so lange zurückgestellt, bis die Hinderungsgründe beseitigt sind. In vielen Fällen erfolgt aber auch dann eine Freigabe, wenn die Kapazitätsrestriktionen dies eigentlich nicht zulassen.

Die belastungsorientierte Auftragsfreigabe gliedert demgegenüber die Funktionen der Fertigungsplanung in die beiden Teilschritte Auftragsauswahl und Freigabeprüfung, die ihrerseits aus mehreren Teilfunktionen bestehen (Bild 14-75b). Diesen liegen ungeachtet ihrer teilweise gleichen Bezeichnungen grundlegend unterschiedliche Modellvorstellungen und Algorithmen gegenüber den konventionellen Verfahren zugrunde, auf die spätere Abschnitte eingehen.

Zunächst setzt die BOA voraus, daß im Rahmen einer vorangegangenen Kapazitätsrechnung die insgesamt benötigte Kapazität zur Fertigung der anstehenden Aufträge bereitsteht. Die BOA

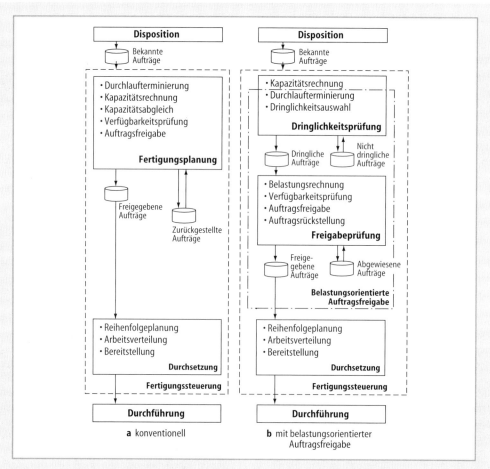

Bild 14-75 Gegenüberstellung von konventioneller und belastungsorientierter Fertigungssteuerung

funktioniert auch ohne diese Bedingung, allerdings werden dann bei der Freigabe gegebenenfalls viele Aufträge als nicht durchführbar abgewiesen.

Der Teilschritt *Auftragsauswahl* hat die Aufgabe, aus den durch die Disposition bekannten Aufträgen die dringlichen Aufträge auszuwählen. Dazu erfolgt zunächst eine Rückwärtsterminierung aller Aufträge mit Plandurchlaufzeiten, die auf die geplante Belastungssituation der betreffenden Arbeitsplätze abgestimmt sind. Die nach Startterminen sortierten Aufträge werden bis zu einem wählbaren zeitlichen Vorgriffshorizont als dringlich eingestuft, die übrigen Aufträge bis zum nächsten Planungslauf als nicht dringlich zurückgestellt.

Die eigentliche *Freigabeprüfung* beginnt mit einer Belastungsrechnung, die im Gegensatz zum konventionellen Verfahren nicht auf einer periodenweisen Einlastung beruht, sondern nur die nächste Planungsperiode betrachtet. Spätere Arbeitsgänge werden hinsichtlich ihrer Belastung mit Hilfe eines speziellen Algorithmus auf die erste Periode umgerechnet. Je Kapazitätseinheit wird nun für jeden Arbeitsgang geprüft, ob ein mit der Plandurchlaufzeit korrespondierender maximaler Belastungswert (die sog. Belastungsschranke) überschritten wird oder nicht. An dieser Stelle kann simultan auch eine *Verfügbarkeitsprüfung* auf Personal, Material, Werkzeuge und Arbeitspapiere stattfinden. Als Ergebnis erhält man eine Liste der freigegebenen Aufträge, die anschließend zur Durchsetzung mit den bereits erläuterten Teilfunktionen Reihenfolgebildung, Arbeitsverteilung und Bereitstellung weiterbehandelt werden. Die abgewiesenen Aufträge werden aufgelistet und die Arbeitsgänge mit den entsprechenden Kapazitätsgruppen genannt, die zur Abweisung führten. Je nach Bedeutung der Aufträge kann durch Sondermaßnahmen dennoch eine Freigabe zunächst abgewiesener Aufträge erreicht werden.

Insgesamt zielt die BOA darauf ab, je Periode nur soviel Arbeit freizugeben, wie voraussichtlich in der nächsten Periode abgearbeitet werden kann. Statt einer detaillierten und aufwendigen Kapazitäts- und Terminrechnung wird lediglich der Zugang an Aufträgen kontrolliert. Die auf die Kapazität abgestimmte Freigabe bewirkt ein stabiles Bestandsniveau und damit sichere Durchlaufzeiten. Darüber hinaus ist es mit Hilfe der BOA auf einfache Weise möglich, das Bestandsniveau und damit die Durchlaufzeit zu verändern. Durch einen ständigen Vergleich der aus den Rückmeldungen bestimmten Werte für Durchlaufzeit, Termine, Bestände und Auslastung mit den im Rahmen der BOA eingestellten Sollwerten entsteht so mit Hilfe des Produktionscontrolling (18.2) ein geschlossener Regelkreis der Fertigungssteuerung.

14.4.4.3 Trichtermodell

Die BOA basiert auf einem allgemeingültigen Modell des Fertigungsablaufs, das den Auftragsdurchlauf durch die Fertigung visualisiert, diesen aber auch numerisch zu beschreiben gestattet. Die Grundidee besteht darin, eine Arbeitsstation als einen *Trichter* aufzufassen (Bild 14-76a). Die zugehenden Aufträge bilden vor ihrer Bearbeitung einen Bestand. Je nach der genutzten Kapazität – diese entspricht der variablen Trichteröffnung – fließen die Aufträge mehr oder weniger schnell ab. Der Trichter kann einen einzelnen Arbeitsplatz, eine Fertigungsinsel, eine Kostenstelle, einen Betriebsbereich oder die gesamte Fertigung darstellen. Voraussetzung ist lediglich, daß es sich um ein geschlossenes System mit eindeutigem Zugang und Abgang handelt. Die Vorgänge am Trichter lassen sich in ihrer zeitlichen Abfolge in ein sogenanntes *Durchlaufdiagramm* übertragen (Bild 14-76b). Beginnend im Nullpunkt beschreibt die Abgangskurve die abgefertigten Aufträge, indem ihre Arbeitsinhalte – gemessen in Vorgabestunden – entsprechend dem Fertigstellungszeitpunkt kumulativ aufgetragen werden. Analog dazu entsteht die Zugangskurve der zugehenden Aufträge. Ihr Beginn wird durch den im System befindlichen Anfangsbestand bestimmt. Die im Untersuchungszeitraum zugehenden Aufträge bilden mit der Summe ihrer Arbeitsstunden den Zugang. Entsprechend stellt die Stundensumme der abgefertigten Aufträge den Abgang dar. Der Wert des Endbestands errechnet sich aus den Werten des Anfangsbestands plus Zugang minus Abgang. Die mittlere Steigung der Zugangskurve heißt mittlere Belastung. Die mittlere Steigung der Abgangsgeraden entspricht der mittleren Leistung.

Eine wichtige Eigenschaft des Durchlaufdiagramms zeigt sich bei der Darstellung der vier zentralen Zielgrößen Durchlaufzeit und Terminabweichung sowie Bestand und Auslastung. Die beiden ersten Größen sind zeitbezogen und bestimmen die kundenbezogenen externen logistischen Qualitätsmerkmale Lieferzeit und Liefertreue. Demgegenüber bestimmen Bestand und Auslastung die internen Logistikkosten und

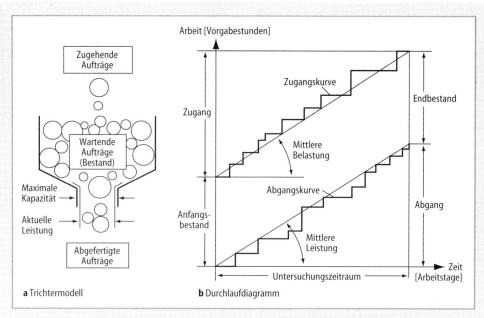

Bild 14-76 Trichtermodell und Durchlaufdiagramm einer Arbeitsstation

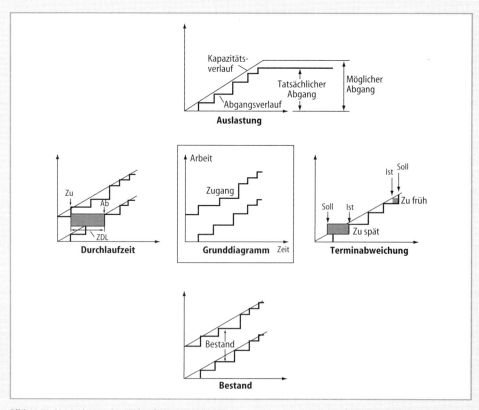

Bild 14-77 Die vier logistischen Zielgrößen im Durchlaufdiagramm

sind daher betriebsbezogene – d.h. interne – logistische Qualitätsmerkmale.

Bild 14-77 zeigt ausgehend vom Grunddiagramm mit der Zu- und Abgangskurve zunächst im linken Diagramm die *Durchlaufzeit* eines Auftrags. Sie wird in Form des sogenannten Durchlaufelements als Rechteck sichtbar, dessen Länge der Durchlaufzeit und dessen Breite dem Arbeitsinhalt entspricht. Die Fläche des *Durchlaufelements* führt zur sogenannten gewichteten Durchlaufzeit, da die Durchlaufzeit mit dem Arbeitsinhalt multipliziert (gewichtet) wird. Bei der Mittelwertbildung ist deshalb zwischen der einfachen und der gewichteten Durchlaufzeit zu unterscheiden. Während die *einfache mittlere Durchlaufzeit* angibt, wie lange die Aufträge im Mittel durch eine Arbeitsstation fließen, sagt die *gewichtete mittlere Durchlaufzeit* aus, wie groß die mittlere Durchlaufzeit des durch die Aufträge gebundenen Bestandes ist. Diese Unterscheidung ist bei der Ableitung der sogenannten Trichterformel von Bedeutung und wird in 14.4.4.4 wieder aufgegriffen. Die (gewichtete) *Terminabweichung* (rechtes Diagramm) läßt sich als Rechteck aus der Differenz zwischen dem Ist- und dem Solltermin sowie dem Arbeitsinhalt darstellen. Der *Bestand* (unteres Diagramm) entspricht zu jedem Zeitpunkt dem senkrechten Abstand zwischen Zugangs- und Abgangskurve. Die *Auslastung* (oberes Diagramm) errechnet sich als Quotient aus dem tatsächlichen Abgang und dem möglichen Abgang aufgrund der vorhandenen Kapazität. Die Darstellungen lassen sich zur Auswertung von Planungs- und Realabläufen nutzen sowie zu deren Vergleich und haben Eingang in zahlreiche sog. logistische Monitorsysteme gefunden [Ull94] (s. 18.2).

14.4.4.4 Beziehungen zwischen den Zielgrößen der Fertigungssteuerung

Für die Fertigungssteuerung und damit für die Auftragsfreigabe ist die Frage bedeutsam, ob sich zwischen Bestand, Durchlaufzeit und Auslastung eine Beziehung herstellen läßt. Dazu zeigt Bild 14-78 ein idealisiertes Durchlaufdiagramm, in dem Zugangs- und Abgangskurve parallel verlaufen, die mittlere Belastung also der mittleren Leistung entspricht. Zunächst wird der Begriff der *Reichweite* eingeführt. In der Lagertheorie beschreibt sie das Verhältnis von Bestand zum mittleren Verbrauch. Überträgt man diese Definition auf eine Arbeitsstation, so entspricht die Reichweite hier dem Verhältnis von

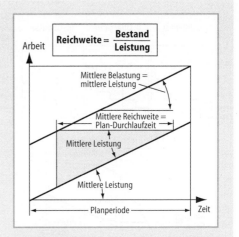

Bild 14-78 Ableitung der Trichterformel im idealen Durchlaufdiagramm

Bestand zur mittleren Leistung und sagt aus, wie lange die Station beschäftigt ist, wenn kein Zugang mehr erfolgt. Die sog. *Trichterformel*, Reichweite = Bestand/Leistung, ist deshalb mit in Bild 14-78 eingetragen. Es läßt sich zeigen, daß die mittlere Reichweite der mittleren gewichteten Durchlaufzeit der Aufträge durch diese Arbeitsstation entspricht.

Allerdings muß u.a. vorausgesetzt werden, daß der Bestand konstant bleibt. (Eine exakte Herleitung findet sich in [Bec80, Wie87].) Diese Bedingungen sind in der Praxis jedoch nicht immer gegeben. So haben eingehende Untersuchungen in Fertigungsunternehmen gezeigt, daß die wöchentlich gemessenen Periodenwerte für die Reichweite und die gewichtete Durchlaufzeit aufgrund nicht vermeidbarer Bestandsschwankungen und Reihenfolgevertauschungen durchaus erhebliche Abweichungen aufweisen. Über längere Zeiträume, z.B. über 4–6 Wochen, stimmen diese Werte jedoch im Mittel gut überein. Daraus läßt sich die für die BOA zentrale Schlußfolgerung ziehen, daß sich die mittlere gewichtete Durchlaufzeit der Aufträge durch eine Fertigung dadurch einstellen läßt, daß an den einzelnen Arbeitsstationen das Verhältnis von Bestand zur Leistung geregelt wird.

Eine weitere wichtige Frage betrifft die Mindestwerte der Durchlaufzeit bzw. des Bestands. Dazu zeigt Bild 14-79a drei charakteristische *Betriebszustände* einer Arbeitsstation. Fall III ist durch einen unnötig hohen Bestand (Überlast) gekennzeichnet. Im Fall I (Unterlast) führt der zu niedrige Bestand zu einem gelegentlichen

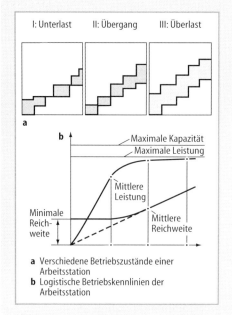

I: Unterlast   **II: Übergang**   **III: Überlast**

a

b

Maximale Kapazität
Maximale Leistung

Mittlere
Leistung

Minimale
Reich-
weite

Mittlere
Reichweite

a Verschiedene Betriebszustände einer
Arbeitsstation
b Logistische Betriebskennlinien der
Arbeitsstation

Bild 14-79 Ableitung der Betriebskennlinien für
Leistung und Reichweite einer Arbeitssituation

Stillstand der Arbeitstation mangels Arbeit. Der
Zustand II stellt nahezu das Optimum dar: es ist
immer gerade so viel Arbeit vorhanden, daß ein
Materialflußabriß vermieden wird und die Aufträge kaum warten müssen. Überträgt man nun
die gemessenen Werte für die mittlere Reichweite, die mittlere Leistung und den mittleren
Bestand für die verschiedenen Betriebszustände in ein neues Diagramm, entstehen die sogenannten logistischen *Betriebskennlinien* für die
mittlere Reichweite und die mittlere Leistung.
Oberhalb des Betriebszustands II steigt die Leistung immer schwächer an und nähert sich dem
Maximalwert, der immer etwas unterhalb der
maximal verfügbaren Kapazität liegt. Unterhalb
des Zustands II sinkt die Leistung erst langsam,
dann immer schneller ab, bis sie den Wert null
erreicht. Die Reichweite steigt demgegenüber
oberhalb des Betriebspunkts II entsprechend
der Trichterformel proportional mit dem Bestand an. Unterhalb dieses Punktes strebt sie einem theoretischen Mindestwert zu, welcher der
Summe aus der mittleren Durchführungszeit
und der Mindesttransportzeit entspricht. Die
Durchführungszeit ist dabei definiert als der
Quotient aus Auftragszeit und Kapazität. Die
Kennlinien lassen sich entweder mittels Simulation oder durch eine Näherungsrechnung bestimmen [Wie93: 1ff].

14.4.4.5 Verfahren der BOA

Die BOA nutzt die mit Bild 14-78 und 14-79 erläuterten Zusammenhänge in folgender Weise:
Pro Planungsperiode wird an jeder Arbeitstation soviel Arbeit freigegeben, wie aufgrund der
voraussichtlichen Leistung in dieser Periode abgearbeitet wird. Es wird also die mittlere Belastung entsprechend der mittleren Leistung eingestellt. Das Verfahren regelt demnach den mittleren Bestand, damit indirekt die mittlere Reichweite und somit schließlich die mittlere Durchlaufzeit der Arbeitsstation.

Bild 14-80 verdeutlicht die Zusammenhänge
am Durchlaufdiagramm eines Arbeitsplatzes.
Man erkennt links von der Ordinate (Vergangenheit) ein Stück der Zugangs- und Abgangskurve, gefolgt von einem idealen (Plan-)Durchlauf-
diagramm (Zukunft). Es entsteht aus der idealen Abgangskurve und der um die Plandurchlaufzeit waagerecht nach links versetzten parallelen
idealen Zugangskurve. Den Wert für die Plan-
durchlaufzeit bestimmt man aus Erfahrungswerten, durch allmähliches Herantasten an einen praktischen Grenzwert oder rechnerisch
aus der Betriebskennlinie. Der Planbestand ergibt sich dann gemäß der Trichterformel aus
dem Produkt von mittlerer Planleistung und
Plandurchlaufzeit.

Die Summe aus Planabgang und Planbestand
heißt *Belastungsschranke*. Da der Restbestand
infolge unvermeidlicher Abweichungen meist
nicht dem Planbestand entspricht, wird immer
so viel Arbeit freigegeben, daß die Summe von
Restbestand und Freigabe gerade dem Wert der
Belastungsschranke entspricht. Das Verfahren
korrigiert so bei jedem Freigabelauf eventuell
aufgetretene Abweichungen, sei es auf der Ab-
gangs- oder auf der Zugangsseite.

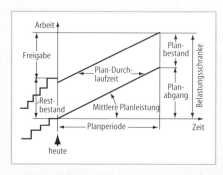

Bild 14-80 Durchlaufmodell der BOA

Diese Vorgehensweise ist für den jeweils nächsten Arbeitsgang eines Auftrags leicht zu realisieren. Wie sieht es aber mit der Freigabe des nächsten, übernächsten usw. Arbeitsvorgangs aus? Diese Arbeitsvorgänge werden in der Regel nicht in derselben Periode bearbeitet wie der erste Arbeitsvorgang. Dieses Problem wird mit Hilfe des sogenannten *Abwertungsfaktors* gelöst. Dieser berücksichtigt die Wahrscheinlichkeit, mit der ein Auftrag in der nächsten Planperiode an einer Arbeitsstation zur Verfügung steht, wenn dieser vorher noch einen oder mehrere andere Arbeitsstationen durchlaufen muß. Für einen Auftrag in der Warteschlange ist die Wahrscheinlichkeit, in der kommenden Periode abgefertigt zu werden, gleich dem Verhältnis von Planabgang zu Belastungsschranke. Es stehen nämlich der Restbestand plus Freigabe (gleich Belastungsschranke) zur Abarbeitung zur Verfügung. Davon können aber offensichtlich nur soviele Aufträge fertiggestellt werden, wie es der Planabgang ermöglicht. Bei mehreren Arbeitsschritten müssen die Abwertungsfaktoren aller vor dem betrachteten Arbeitsgang liegenden Arbeitssysteme miteinander multipliziert werden. (Eine genaue Ableitung findet sich in [Wie87].) Auf diese Weise ist es möglich, daß bei der Auftragsfreigabe nur die Belastung der nächsten Planperiode berechnet wird, obwohl auch die Belastung zukünftiger Perioden berücksichtigt wird.

Aus diesen Vorüberlegungen ergeben sich die in Bild 14-81 zusammengefaßten *Verfahrensschritte der BOA*, wie sie bereits in Bild 14-75b angedeutet wurden. Die aus der Disposition bekannten Aufträge werden – ausgehend vom Endtermin – zunächst einer Rückwärtsterminierung mit den Plandurchlaufzeiten der betreffenden Arbeitsstationen unterzogen. Durch Umsortieren nach dem Starttermin erkennt man, welche Aufträge in welcher Reihenfolge zu starten sind. Auch wenn der Starttermin in der Vergangenheit liegt, findet keine Übergangszeitverkürzung oder sonstige Rechnung statt. Der Starttermin stellt lediglich ein Maß für die terminliche Dringlichkeit dar. Mit Hilfe des sogenannten Vorgriffshorizonts, der erfahrungsgemäß 2–4 Perioden beträgt, bestimmt man nun die dringlichen Aufträge.

Die Arbeitsinhalte der Arbeitsvorgänge aller dringlichen Aufträge werden nun entsprechend ihrer Position abgewertet und anschließend auf die Belastungskonten der jeweiligen Arbeitsstationen gebucht. Dort ist die Belastungsschranke

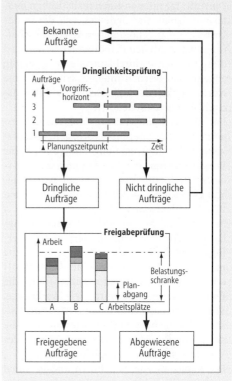

Bild 14-81 Schritte der belastungsorientierten Auftragsfreigabe

hinterlegt. Überschreitet bei der Buchung der Belastungswerte der Arbeitsvorgänge eines Auftrags eines der betroffenen Konten erstmals die Belastungsschranke, wird dieses Konto gesperrt. Im folgenden erfahren alle Aufträge eine Abweisung, die diesen Arbeitsplatz betreffen. Auf diese Weise schützt das Verfahren die Engpaßkapazitäten und gibt nur noch Aufträge frei, welche diejenigen Arbeitsplätze belegen, deren Belastungsschranke noch nicht überschritten ist. Freigegebene Aufträge fließen der Durchsetzung zu. Abgewiesene Aufträge werden je nach ihrer terminlichen Dringlichkeit oder ihrer Bedeutung entweder bis zum nächsten Freigabelauf zurückgestellt oder gegebenenfalls durch Sondermaßnahmen (Überstunden, Verlagerung, Losteilung, Terminverschiebung) dennoch freigegeben.

14.4.4.6 Anwendungsvoraussetzungen der BOA

Die Voraussetzungen zur Anwendung der BOA sind dieselben wie für jede andere Auftragsfreigabe. Diese sind im einzelnen:

- Die Aufträge müssen einen realistischen *Endtermin* haben. Das bedeutet, daß die in der Disposition angenommenen Wiederbeschaffungszeiten mit den Plandurchlaufzeiten und diese mit den Istdurchlaufzeiten regelmäßig abgeglichen werden müssen. Hier wird die Notwendigkeit des logistischen Produktionscontrollings (18.2) deutlich.
- Für die Fertigungsaufträge müssen *Arbeitspläne* mit Vorgabezeiten vorliegen, sonst ist keine Belastungsrechnung und somit keine Freigabeprüfung möglich. Für unkritische Arbeitsplätze kann man auch auf eine Belastungsrechnung verzichten und mit festen Plandurchlaufzeiten arbeiten.
- *Material* und *Betriebsmittel* müssen verfügbar sein. Die BOA prüft im Kern nur die Verfügbarkeit der Kapazität ab. Diese kann eine maschinelle Einrichtung, eine Arbeitskraft oder beides in Kombination sein. Soll auch die Freigabe der Betriebsmittel wie Werkzeuge, Vorrichtungen, Meßmittel und NC-Programme im Rahmen der BOA erfolgen, müssen die entsprechenden Informationen während des Verfahrensablaufs zugänglich sein.
- Die *Kapazität* von Maschinen und Personal muß für die nächsten Perioden bekannt sein. Sie wird zweckmäßig vor dem Start der BOA bestimmt und stellt für einen größeren Zeitraum – etwa 6–10 Perioden – sicher, daß die Kapazität im Mittel ausreicht, um die anstehenden Aufträge zu fertigen. Erfolgt diese Rechnung nicht, kommt es u. U. zu einer größeren Zahl zurückgestellter Aufträge.
- Die *Arbeitsrückmeldungen* müssen vollständig und hinreichend genau sein. Dabei kommt es weniger auf die exakte zeitliche Erfassung des Fertigstellungszeitpunkts eines Arbeitsvorgangs, als vielmehr auf die Vollständigkeit der Informationen über den Auftragsfortschritt zum Zeitpunkt des Freigabelaufs an. Besonders Eilaufträge, die ohne Freigabeprüfung zugeteilt werden, müssen mit ihrer Belastung zurückgemeldet werden, um realistische Kontenstände zu erhalten.

Die BOA berücksichtigt keine Verknüpfungen einzelner Aufträge zu den Primärbedarfen und garantiert demnach auch nicht die Termineinhaltung einzelner Aufträge. Auch optimiert sie nicht die Reihenfolge an den Arbeitsplätzen etwa unter dem Gesichtspunkt der Rüstzeiteinsparung oder eines geringstmöglichen Werkzeugbestands. Sie stellt vielmehr die logistische Prozeßbeherrschung durch die Regelung von Durchlaufzeiten, Beständen und Auslastung in den Vordergrund.

Die BOA wird dort vorteilhaft eingesetzt, wo Fertigungsaufträge mit einer großen Streuung hinsichtlich der Anzahl Arbeitsgänge und der Auftragszeiten vorliegen und um Kapazitäten konkurrieren. Dies ist typischerweise in der losgebundenen Einzel- und Kleinserienfertigung der Fall, die nach dem Werkstättenprinzip organisiert ist. Derartige Situationen finden sich in Maschinenbauunternehmen für Investitionsgüter sowie in Betrieben der Elektrotechnik, der Elektronik und der Kraftfahrzeug-Zulieferindustrie.

Seit Anfang der 90er Jahre wird das Werkstättenprinzip vermehrt durch das Gruppenfertigungsprinzip in Fertigungsinseln oder -segmenten abgelöst. Auch hier läßt sich die BOA einsetzen, indem die Fertigungsinseln als jeweils ein Arbeitssystem aufgefaßt werden.

Die BOA liegt damit hinsichtlich ihres Einsatzgebietes zwischen dem Leitstandskonzept und dem Kanbanprinzip. Sie ist Bestandteil zahlreicher Softwaresysteme zur Produktionsplanung und Fertigungssteuerung und wird in mehreren hundert Unternehmen der o.g. Industriezweige eingesetzt. Eine detaillierte Verfahrensbeschreibung findet sich in [Wie87], eine Auswahl typischer Systeme und Anwendungsberichte enthält [Wie91].

14.4.4.7 Erfahrungen im praktischen Einsatz

Die Anwendererfahrungen lassen sich in folgenden Punkten zusammenfassen:
- Mit der BOA läßt sich das logistische Potential einer Fertigung ausschöpfen, indem durch allmähliches Absenken der Belastungsschranken die Grenzwerte für Bestand und Durchlaufzeit erreicht werden. Dies bedeutete in vielen Fällen Verbesserungen um 25–30 %
- Mit sinkenden Beständen und kürzeren Durchlaufzeiten werden Schwächen in der Materialwirtschaft, der Werkzeug- und Betriebsmittelversorgung, dem Transportwesen und der Qualitätssicherung sichtbar. Dies führt zu Anstößen im Sinne einer ständigen Verbesserung.
- Entgegen vielfach geäußerten Befürchtungen sank die Auslastung mit kürzeren Warteschlangen nicht, sondern erhöhte sich in vielen Firmen infolge der besseren Übersicht im Gegenteil um 3–5 %.

– Mit sinkenden Mittelwerten der Durchlaufzeit vermindert sich auch deren Streuung. Dies bedeutet eine höhere Terminsicherheit. In vielen Unternehmen war der Abbau von Lieferzeitreserven die Folge.

– Bei niedrigen Beständen nimmt die Bedeutung von Prioritätsregeln ab. Wenn im Idealfall nur noch ein wartender Auftrag vor jedem Arbeitsplatz liegt, wird von selbst die Abfertigungsregel FIFO befolgt.

– Die durch die BOA erreichten Durchlaufzeitverkürzungen müssen in den Wiederbeschaffungszeiten der Disposition berücksichtigt werden. Andernfalls würde das Material zu früh bestellt. Dies wiederum bewirkte einen Druck auf die Fertigungssteuerung, Aufträge freizugeben, obwohl es die Terminsituation noch gar nicht erfordert.

14.4.5 Optimized Production Technology – OPT

14.4.5.1 Ursprung und Ziele

Das Produktionssteuerungssystem OPT (*Optimized Production Technology*) wurde 1979 in den USA und 1984 in Deutschland erstmals vorgestellt. Es wurde 1979 in Israel von Issi Pazgal, Asaf Cohen, Avi Greenfield und Eli Goldratt entwickelt. Die Grundideen und Funktionsweise wurden später in dem von E. Goldratt und J. Cox verfaßten Buch *The Goal* beschrieben [Gol84] (deutsch: *Das Ziel* [Gol87]). Die Entwickler des Verfahrens gründeten die Firma Creative Output Inc., die OPT exclusiv anbot und als umfassendes System einschließlich Beratung, Schulung und Software vertrieb. 1986 verließ Goldratt die Firma und 1987 änderte sie ihren Namen. Seitdem wird OPT von der Firma Scheduling Technology Group angeboten.

In den Ausführung in *The Goal* werden neun Planungsregeln aufgestellt, welche dazu führen sollen, andere Schwerpunkte und Sichtweisen bei der Planung der Produktion als in existierenden Systemen durchzusetzen. Bild 14-82 zeigt diese neun Planungsregeln [Wie87].

Die Regeln legen einerseits allgemeine Strategien zur Steuerung der Produktion fest und beschäftigen sich andererseits insbesondere mit der Bedeutung von Engpässen im gesamten Fertigungsfluß und für die Zielerreichung einer Produktion.

Die Regeln 1, 2 und 3 setzen sich mit den Kapazitäten in einer Produktion auseinander. Danach sollte das Hauptaugenmerk nicht darauf ge-

1. Den Fertigungsfluß, nicht die Kapazität abgleichen.

2. Der Nutzungsgrad einer Nicht-Engpaßkapazität wird nicht durch diese Kapazität bestimmt, sondern durch irgendeine andere Begrenzung im Gesamtablauf.

3. Bereitstellung und Nutzung einer Kapazität sind nicht gleichbedeutend.

4. Eine in einem Engpaß verlorene Stunde ist eine für das ganze System verlorene Stunde.

5. Eine an einem Nicht-Engpaß gewonnene Stunde ist nichts weiter als ein Wunder.

6. Engpässe bestimmen sowohl den Durchlauf als auch die Bestände.

7. Das Transportlos muß nicht gleich dem Bearbeitungslos sein und darf das in vielen Fällen auch gar nicht.

8. Das Bearbeitungslos muß variabel und nicht fest sein.

9. Wenn Pläne aufgestellt werden, sind alle dafür notwendigen Voraussetzungen gleichzeitig zu überprüfen. Durchlaufzeiten sind das Ergebnis eines Plans und können nicht im voraus festgelegt werden.

Bild 14-82 Die neun OPT-Regeln

legt werden, alle Kapazitäten möglichst hoch auszulasten, sondern vielmehr den gesamten Fertigungsfluß abzugleichen. Nicht-Engpässe hoch auszulasten führt zu keiner Durchsatzsteigerung des Gesamtsystems, sondern lediglich zu einer Erhöhung der Lagerbestände und zu Durchlaufzeitverlängerungen.

Nur die Engpaßarbeitssysteme bestimmen die Leistung des Gesamtsystems und sollten daher möglichst hoch ausgelastet werden. Darüber hinaus legen sie die erforderlichen Bestände fest (Regeln 4, 5, 6).

Die Bearbeitungslosgröße eines Auftrags sollte während seines Durchlaufs durch die Produktion variabel sein. Weiterhin ist es oftmals sinnvoll, die Transportlosgröße von der Bearbeitungslosgröße zu unterscheiden (Regeln 7, 8).

Die 9. Regel besagt, daß Durchlaufzeiten nicht ermittelt werden können, bevor ein vollständiger Terminplan aufgestellt wurde, der alle Restriktionen gleichzeitig berücksichtigt.

14.4.5.2 Grundsätzliche Funktionsweise von OPT

Die oben aufgeführten Regeln münden in folgende Grundphilosophie des OPT-Ansatzes:

Der maximale Ausstoß einer Produktion wird durch die tatsächliche Leistung an ihren Engpässen begrenzt. Aus diesem Grund stellt der OPT-Ansatz die Engpässe in den Mittelpunkt seines Steuerungskonzepts. Neben der Leistung bestimmen Engpässe auch die Bestände und Durchlaufzeiten einer Produktion.

Um einen möglichst hohen Ausstoß zu erzielen, darf es am Engpaß auf keinen Fall zu Auslastungsverlusten kommen, da diese direkt die maximale Leistung der gesamten Produktion verringern würden. Aus diesem Grundgedanken ergibt sich die Steuerungsphilosophie von OPT, die oftmals auch als Drum-Buffer-Rope-Ansatz bezeichnet wird. Danach gibt der Engpaß den „Produktionstakt" vor (drum = Trommel). Ein Sicherheitsbestand (buffer = Puffer) vor dem Engpaß sorgt für die nötige Auslastungssicherheit. Darüber hinaus muß es eine Informationsverbindung zwischen dem Engpaß und den Arbeitssystemen geben, die diesen mit Aufträgen bzw. Material versorgen. Diese Verbindung wird als rope (= Seil) bezeichnet und ermöglicht es, bei überhöhtem Bestand im Pufferlager die Produktion der vorgelagerten Arbeitssysteme zu drosseln bzw. bei Unterschreiten eines Mindestbestandes zu steigern.

Ein Planungslauf mit Hilfe von OPT beinhaltet folgende Schritte:
– Aufbau des OPT-Produktnetzes,
– Ermittlung des Hauptengpasses im Produktnetz,
– Terminierung der Aufträge mit differenzierten Strategien für Arbeitssysteme im kritischen und im unkritischen Teil des Produktnetzes.

14.4.5.3 Aufbau des OPT-Produktnetzes

Der erste Schritt eines OPT-Planungslaufs besteht im Aufbau des OPT-*Produktnetzes* (Bild 14-83). Dieses Netz gibt wieder, welche Tätigkeiten zur Fertigung des bestehenden Produktionsprogramms auszuführen sind und welche Verbindungen zwischen diesen Tätigkeiten bzw. den dazugehörigen Resourcen bestehen. In das Netz gehen im wesentlichen das Produktionsprogramm in Form von Kundenaufträgen bzw. Prognosen, Stücklisten und Arbeitsplänen ein. Jede Operation wird durch das dazugehörige Arbeitssystem, die Rüstzeit und die Bearbeitungszeit beschrieben. Zum Aufbau des Netzes wird eine spezielle Modellierungssprache verwendet, die es erlaubt, z. B. auch geplante, minimale oder maximale Lagerbestände für jedes Arbeitssystem oder geplante Mindestübergangszeiten,

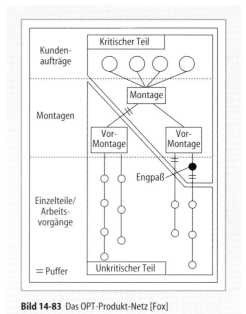

Bild 14-83 Das OPT-Produkt-Netz [Fox]

z. B. für das Abkühlen von Werkstücken, anzugeben. Weiterhin sind auch die Liefertermine und Liefermengen im Netz hinterlegt.

14.4.5.4 Ermittlung des Engpasses

Nach dem Aufbau des Produktnetzes sind im nächsten Schritt die *Engpässe* innerhalb dieses Netzes zu ermitteln (Bild 14-84). Dazu wird eine Rückwärtsterminierung der Kundenaufträge, ausgehend vom Liefertermin, bei Annahme unendlicher Kapazität aller Arbeitssysteme durchgeführt. Das Kriterium zur Bestimmung eines Engpasses ist nun die Auslastung, die sich in dem so entstandenen Belastungsprofil ergibt. Alle Arbeitssysteme mit einer Auslastung von mindestens 100 % stellen Engpässe dar. Zunächst befaßt sich das Verfahren nun mit dem Hauptengpaß, also mit dem Arbeitssystem, das nach der ersten Rückwärtsterminierung die höchste Auslastung ergeben hat.

Für den *Hauptengpaß* soll als nächstes manuell versucht werden, seine Belastung zu verringern. Dies kann z. B. in Form eines *Belastungsabgleichs* durch zeitliche Verschiebung von Arbeitsvorgängen oder durch Verlagerung von Arbeitsvorgängen auf andere, weniger belastete Arbeitssysteme geschehen. Weiterhin besteht die Möglichkeit, Rüstzeiten durch die Bildung rüstoptimaler Reihenfolgen zu reduzieren, um so die Belastung des Arbeitssystems abzubauen.

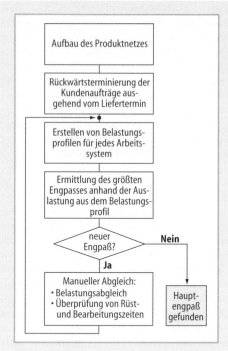

Bild 14-84 Ermittlung des Hauptengpasses im Rahmen von OPT

unkritischer Teil des Produktnetzes	Vor dem Engpaß	Arbeitssysteme werden so gesteuert, daß eine ausreichende Versorgung des nachfolgenden Engpasses gewährleistet ist
kritischer Teil des Produktnetzes	Engpaß	Ziel: 100 % Auslastung
	Hinter dem Engpaß	Auslastung und Bestand ergeben sich aus der Leistung des Engpasses

Bild 14-85 Differenzierte Steuerungs-Strategien im OPT-Produkt-Netz

Sind die Möglichkeiten eines manuellen Belastungsabgleichs erschöpft, wird erneut das Belastungsprofil aller Arbeitssysteme ermittelt. Dabei kann sich nun ein anderes Arbeitssystem als Hauptengpaß erweisen. In diesem Falle wird erneut ein manueller Belastungsabgleich für dieses Arbeitssystem durchgeführt. Im anderen Falle ist der Hauptengpaß im System gefunden.

14.4.5.5 Differenzierte Steuerungsziele/-philosophien

Der im vorherigen Schritt gefundene Hauptengpaß rückt nun in den Mittelpunkt der gesamten weiteren Planung. Dazu wird das aufgebaute OPT-Produktnetz in einen unkritischen und einen kritischen Bereich unterteilt (s. Bild 14-83). Den *kritischen Bereich* bilden der Engpaß und alle im Produktnetz nachfolgenden Arbeitssysteme bzw. Arbeitsgänge. Alle vor dem Engpaß liegenden Arbeitssysteme gehören zum *unkritischen Bereich* des Produktnetzes.

Im weiteren Verlauf der Planung werden nun *differenzierte Steuerungsstrategien* für den kritischen und den unkritischen Teil des Produkt-

netzes verwendet (Bild 14-85). Das einzige Ziel bei der Steuerung des unkritischen Teils des Netzes ist es, den Engpaß immer ausreichend mit Arbeit zu versorgen, um dort eine 100 %ige Auslastung sicherzustellen. Dazu wird auch eine geringe Auslastung dieser Arbeitssysteme in Kauf genommen oder sogar gezielt vorgesehen, um Kapazitätsreserven für den Fall von drohenden Auslastungsverlusten am Engpaß infolge von Störungen zu haben.

14.4.5.6 Terminierung

Entsprechend den differenzierten Steuerungsstrategien erfolgt nun die *Terminierung* der Aufträge (Bild 14-86). Zunächst wird eine genaue Belegungsplanung des Engpasses vorgenommen. Daraus ergeben sich die Plan-Endtermine aller Arbeitsvorgänge an diesem Engpaß. Ausgehend von diesen Terminen werden nun die Arbeitsvorgänge des Produktnetzes im kritischen Teil einer Vorwärtsterminierung unterzogen, während der unkritische Teil, ausgehend vom Engpaß, rückwärts terminiert wird.

Der Kern des Verfahren liegt in der *Vorwärtsterminierung* des kritischen Teils des Netzes. Dabei werden nicht nur Termine, sondern auch die Transportlosgrößen und die Fertigungslosgrößen für jeden Arbeitsgang festgelegt. Der bei dieser Terminierung verwendete Algorithmus wird jedoch bis heute geheimgehalten, so daß keine Angaben zu seiner Funktionsweise gemacht werden können. In der Literatur wird lediglich auf die in Bild 14-82 aufgeführten neun Grundregeln verwiesen, die in dem Algorithmus Berücksichtigung finden.

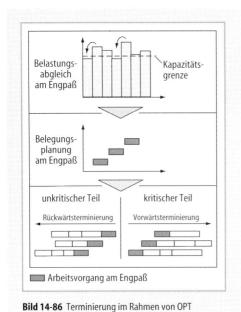

Bild 14-86 Terminierung im Rahmen von OPT

14.4.5.7 Losgrößen

Das Ergebnis eines OPT-Planungslaufs ist ein detaillierter Terminplan für einen zu planenden Zeitraum. Darüber hinaus werden auch die Bearbeitungs- und Transportlosgrößen durch das Verfahren festgelegt. Um eine möglichst hohe Leistung an den Engpässen und möglichst kurze Auftragsdurchlaufzeiten zu erzielen, wird bei Bedarf bereits im Terminplan eine überlappte Fertigung dadurch vorgesehen, daß sich Bearbeitungs- und Transportlosgrößen unterscheiden können. Weiterhin sieht das Verfahren nicht unbedingt eine konstante Losgröße während des gesamten Auftragsdurchlaufs vor. Vielmehr kann die Losgröße eines Fertigungsauftrags von Arbeitsplatz zu Arbeitsplatz unterschiedlich sein. Es ist jedoch fraglich, inwieweit es Sinn macht, Bearbeitungslose für einen Arbeitsgang zu verkleinern und es bleibt offen, wie die Losgröße für die nachfolgenden Arbeitsgänge wieder erhöht werden kann.

14.4.5.8 Puffer und Kapazitätsreserven

Die ermittelten Engpässe im Produktnetz legen auch fest, an welchen Arbeitssystemen *Bestandspuffer* oder *Kapazitätsreserven* vorzuhalten sind.
Puffer sind vor den Engpaß-Arbeitsplätzen und an jedem Punkt innerhalb des Produktnetzes, an dem ein nichtkritischer Ast des Netzes auf einen kritischen Ast trifft, anzuordnen (Bild 14-83). Dadurch wird gewährleistet, daß es entlang des kritischen, durchlaufzeitbestimmenden Pfades des Produktnetzes nicht zu Störungen kommt.
Kapazitätsreserven müssen insbesondere im unkritischen Teil des Netzes vorgehalten werden, um kurzfristig, wenn die Sicherheitsbestände in den Puffern unterschritten werden, die Leistung erhöhen und eine 100 %ige Auslastung des Engpasses sicherstellen zu können.

14.4.5.9 Die OPT-Software

Die Software zum OPT-Verfahren besteht aus den vier Hauptmodulen BUILDNET, SPLIT, OPT und SERVE (Bild 14-87). Mit Hilfe des Moduls BUILDNET wird das Produktnetz aufgebaut, in dem die Infomationen der Stücklisten, der Arbeitspläne und des Produktionsprogramms bzw. der Kundenaufträge zusammengeführt werden. SPLIT führt die Einteilung des Produktnetzes in den unkritischen und den kritischen Teil durch, um bei der Terminierung differenzierte Zielstrategien ansetzen zu können. Mit dem Modul OPT wird die Vorwärtsterminierung des kritischen Teils des Produktnetzes durchgeführt. In diesem Modul steckt der Kern des Verfahrens. Neben der eigentlichen Festlegung der Ferti-

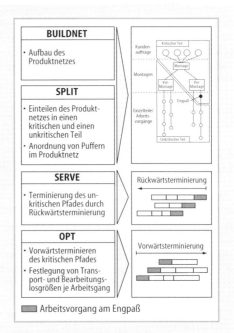

Bild 14-87 Die Module der OPT-Software

gungstermine werden Transport- und Bearbeitungslosgrößen für jeden Arbeitsgang bestimmt und so ein detaillierter Terminplan erstellt. Das Modul SERVE führt die Rückwärtsterminierung zur Ermittlung des Belastungsprofils der einzelnen Arbeitssysteme und zur Terminplanung des unkritischen Teils des Produktnetzes durch. Neben diesen Hauptmodulen gehören zur Software die Module REFINE zur Modellierung der Produktion, ANALYZER zur Analyse des durch den Modul OPT erstellten Teils des Fertigungsplans, PROBE zur Analyse des durch SERVE erstellten Teils des Plans und die Module REPORTS, VALUE und DTF/DTT zur Generierung verschiedener Berichte.

14.4.5.10 Einsatzvoraussetzungen

Von der Grundkonzeption her werden von OPT sämtliche Funktionen zur Auftragsabwicklung von der Disposition bis zur minutengenauen Feinplanung durchgeführt. Die Abwicklung des Einkaufs, des Vertriebs und des Rechnungswesens werden jedoch nicht unterstützt. Hierzu müssen andere Systeme, wie z.B. übliche MRP-II-Systeme eingesetzt werden. Weiterhin wird eine grobe Abstimmung von Kapazität und Belastung vorausgesetzt, um sicherzustellen, daß das Produktionsprogramm mit den vorhandenen Kapazitäten überhaupt zu bewältigen ist.

Die genauen Einsatzvoraussetzungen lassen sich jedoch nicht ohne weiteres beschreiben, da zentrale Teile und Funktionen bislang nicht veröffentlicht wurden. Aufgrund der vorliegenden Beschreibungen kann jedoch davon ausgegangen werden, daß eine relativ stabile Belastungssituation der Arbeitssysteme vorausgesetzt werden muß. Dynamisch wechselnd auftretende Engpaßsituationen lassen sich vermutlich nicht problemlos bewältigen. Weiterhin muß eine grobe Abstimmung von Kapazität und Belastung vorausgesetzt werden, um sicherzustellen, daß das Produktionsprogramm mit den vorhandenen Kapazitäten überhaupt zu bewältigen ist.

Mit dem OPT-Ansatz wird schon vor dem Auftragseinstoß eine minutengenaue Feinplanung durchgeführt, demnach müssen zur Identifikation dieser Engpaßsysteme sowie zur Belegungsplanung exakte Kapazitätsinformationen sowie Bearbeitungszeitangaben für alle Arbeitssysteme vorliegen. Und schließlich muß über ein unterlagertes Durchsetzungssystem sichergestellt werden, daß die vom OPT-System vorgegebenen Termine nicht nur am Engpaß,

sondern – wenngleich auch mit größerer Toleranz – an allen Arbeitsplätzen eingehalten werden.

14.4.5.11 Anwendungserfahrungen

1990 lag die Zahl der Anwender von OPT nach Angaben des Anbieters Scheduling Technology Group weltweit bei ca. 120. Der größte Teil davon entfällt auf Firmen in den USA, Canada und Großbritannien. In Deutschland wird nur ein einziger Anwender genannt. Der Hauptgrund für die geringe Verbreitung des Verfahrens in Deutschland liegt vermutlich darin, daß seine genaue Funktionsweise nicht bekannt ist und somit keinerlei Transparenz in den von der Software erstellten Terminplänen liegt. Weiterhin setzt sich in Deutschland in immer stärkerem Maße die Erkenntnis durch, daß es wenig Sinn macht, vom PPS-System einen minutengenauen Terminplan erstellen zu lassen, der nach kurzer Zeit infolge auftretender Störungen nicht mehr zu verwenden ist.

Literatur zu Abschnitt 14.4

[Bec84] Bechte, W.: Steuerung der Durchlaufzeit durch belastungsorientierte Auftragsfreigabe bei Werkstättenfertigung. (Fortschrittber. VDI, Reihe 2, Nr. 70). Düsseldorf: VDI-Vlg. 1984

[Fox82] Fox, B.: OPT: an answer for America. Inventories and Production Magazine 7/8, 1982; 1/2, 1983; 3/4, 1983

[Frü90] Frühwald, Ch.: Analyse und Planung produktionstechnischer Rüstabläufe. Düsseldorf: VDI-Vlg. 1990

[Gol84] Goldratt, E.M.; Cox, J.: The goal: excelence in manufacturing. North River Press 1984

[Gol87] Goldratt, E.M.; Cox, J.: Das Ziel: Höchstleistung in der Fertigung. Hamburg: McGraw-Hill 1987

[Got82] Gottwald, M.K.: Produktionssteuerung mit Fortschrittszahlen. Beitrag zum gfmt-Seminar „Neue PPS-Lösungen" am 12./13.10.82 in München

[Got93] Gottschalk, J.: Die Steuerung der Großserienfertigung mit reduzierten Kapazitätsreserven. Wien: Hanser 1993, 104

[Hei88] Heinemeyer, W.: Produktionsplanung und -steuerung mit Fortschrittszahlen für interdependente Fertigungs- und Montageprozesse. In: RKW-Handbuch Logistik. 14. Lfg. Berlin: E. Schmidt 1988

[Hil92] Hildebrand, R.; Mertens, P.: PPS-Controlling mit Kennzahlen und Checklisten. Berlin: Springer 1992

[Kof87] Koffler, J.R.: Neuere Systeme zur Produktionsplanung und -steuerung. München: VVF 1987, 175 ff.

[Mer91] Mertens, P.: Integrierte Informationsverarbeitung, Bd. 1: Administrations- und Dispositionssysteme in der Industrie. Wiesbaden: Gabler 1991

[Mon81] Monden, Y.: What makes the Toyota production system really tick? Industrial Engineering, Jan. 1981

[Nyh91] Nyhuis, P.: Durchlauforientierte Losgrößenbestimmung. Düsseldorf: VDI-Vlg. 1991

[Roh91] Rohde, : MRPII und Kanban als Bestandteil eines kombinierten PPS-Systemes. Fuchsstadt: Rene F. Wilfer 1991, 137; 71 ff.

[Sch93] Scholtissek, P.; Noche, B.: Anwendung der Simulation in der Unternehmensplanung. In: Kuhn, R.; Wiendahl, H.-P. (Hrsg.): Fortschritt in der Simulationstechnik, Bd. 7: Simulationsanwendungen in Produktion und Logistik. Braunschweig: Vieweg 1993, 7 ff.

[Shi81] Shingo, S.: Study of Toyota production system. Tokyo: 1981

[Suz89] Suzaki, K.: Modernes Management im Produktionsbetrieb. München: Hanser 1989

[Ull94] Ullmann, W.: Controlling logistischer Produktionsabläufe am Beispiel des Fertigungsbereichs. (Fortschrittber. VDI, Reihe 2, Nr. 311). Düsseldorf: VDI-Vlg. 1994

[Vos] Voss, C.A.: Just-in-time manufacture. IFS (Publications) 19

[Wie87] Wiendahl H.-P: Belastungsoreintierte Fertigungssteuerung. München: Hanser 1987

[Wie89] Wiendahl, H.-P.: Betriebsorganisation für Ingenieure. München: Hanser 1989, 255 ff.

[Wie91] Wiendahl, H.-P. (Hrsg.): Anwendung der Belastungsorientierten Fertigungssteuerung. München: Hanser 1991

[Wie93] Wiendahl, H.-P.; Nyhuis, P.: Die logistische Betriebskennlinie. In: RKW-Handbuch Logistik, Lfg. XI I93, Nr. 610, 1–36

[Wil84] Wildemann, H.: Flexible Werkstattsteuerung durch Integration von Kanban-Prinzipien. München: CW-Publikationen 1984, 38

14.5 Einführung von Systemen zur Produktionsplanung und -steuerung

14.5.1 Einführung von Standard-PPS-Systemen

Im folgenden wird ein mehrstufiges Konzept zur Einführung von Standard-PPS-Systemen vorgestellt. In diesem Kapitel wird vermittelt,

– welche Faktoren den Erfolg einer PPS-Einführung maßgeblich bestimmen,

– wie man das zur Vorbereitung einer PPS-Auswahl erforderliche Soll-Konzept unter Beteiligung der betroffenen Mitarbeiter effizient erarbeitet,

– wie man aus diesem Soll-Konzept die unternehmensspezifischen Anforderungen an ein PPS-System ableitet,

– in welchen Stufen und Einzelschritten eine PPS-Auswahl durchgeführt werden sollte,

– welche wesentlichen Bestandteile ein Vertrag mit einem PPS-Anbieter beinhalten sollte und

– welche Arbeitsschritte bei der Einführung eines PPS-Systems als Ersteinführung und als Ablösung durchzuführen sind.

14.5.2 Rahmenbedingungen der Einführung von PPS-Systemen

Der Weg von der Entscheidung für ein PPS-System bis zu seinem nutzbringenden Einsatz ist in aller Regel langwierig und voller Rückschläge. Die erfolgreiche Arbeit mit einem PPS-System setzt eine systematische Vorgehensweise bei der Auswahl und Einführung voraus. Dies beweist die seit einiger Zeit stark anwachsende Zahl von PPS-Zweitanwendern, die sich nach den Erfahrungen mit dem ersten System nunmehr nach einem besser geeigneten neuen PPS-System umsehen. Die Ursachen für einen zweiten Anlauf sind sicherlich vielfältig. Meist liegen sie jedoch darin, daß

– die rasanten Entwicklungen auf dem Hardware-Sektor neue Möglichkeiten eröffnen,

– die Chance zu einer grundlegenden Reorganisation der Auftragsabwicklung durch die Einführung eines PPS-Systems nicht genutzt wurde und infolgedessen das falsche System eingeführt wurde (Einführungsfehler), oder

– das ausgewählte PPS-System nicht den tatsächlichen Anforderungen des Unternehmens entsprach (Auswahlfehler), da nur versucht wurde, die bestehenden Auftragsabwicklungsprozesse mit einem neuen DV-System umzusetzen.

Ein mißglückter PPS-Einsatz ist zum einen eine erhebliche ökonomische Fehlinvestition, zum anderen wird die Motivation engagierter und qualifizierter Mitarbeiter aufs Spiel gesetzt. Bis zu einem erneuten Anlauf können Jahre vergehen, die für innovative Mitbewerber vielleicht den entscheidenden Vorsprung bedeuten. Dieses Risiko läßt sich auf ein Mindestmaß reduzieren, wenn bei der Abwicklung auf eine systematische und bewährte Vorgehensweise zurückgegriffen wird.

In aller Regel werden betriebliche Reorganisationsmaßnahmen und dementsprechend auch die Einführung eines PPS-Systems zusätzlich zum umfangreichen Tagesgeschäft ausgeführt. Um dennoch den Überblick wahren zu können, hat es sich bewährt, diese Aufgaben als ein eigenständiges Projekt aufzufassen und dementsprechend zu organisieren. Für die Bearbeitung des Projekts gelten dieselben Vorschriften und Regeln wie für die übrigen betrieblichen Projekte (s. 13.6.4; 13.6.5).

Wesentliche Gefahrenpotentiale, die einem erfolgreichen Abschluß eines PPS-Einführungsprojekts entgegenstehen, sind:
– ungenaue Aufgabenstellung und Zielsetzung,
– Machtkämpfe im Unternehmen,
– mangelnde Einbeziehung der Fachabteilungen,
– Passivität der Unternehmensleitung,
– Schwächen in der Projektleitung.

Es wird deutlich, daß die Zuständigkeiten für das Projekt eindeutig festgelegt sein müssen, ein Projektplan vorhanden sein muß und der Stand des Projekts laufend kontrolliert werden muß. Der Planung und Leitung des Projekts kommt eine entscheidende Bedeutung zu. Kleine und mittlere Betriebe verfügen häufig nicht über genügend Fachleute, die neben der inhaltlichen Mitarbeit am Projekt und dem Tagesgeschäft noch eine erfolgversprechende Projektleitung übernehmen können. In solchen Fällen kann eine externe Unterstützung zur Projektbegleitung Abhilfe schaffen.

Der Projektplan sollte in Projektphasen, Arbeitsblöcke und Arbeitsschritte gegliedert sein, die eine systematische Planung, Steuerung und Überwachung des Projekts ermöglichen. Bild 14-88 zeigt hierzu einen bewährten Vorschlag. Demnach umfaßt die Projektstruktur die drei Phasen Konzeption, Systemauswahl und Reali-

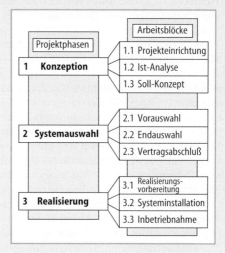

Bild 14-88 3-Phasen-Konzept zur PPS-Einführung

sierung. Jede Phase des Konzepts gliedert sich in drei Arbeitsblöcke, die wiederum jeweils vier Arbeitsschritte umfassen.

Dabei ist die Reihenfolge der Arbeitsschritte innerhalb eines Arbeitsblocks nicht unbedingt zwingend. Viele Arbeitsschritte können oder müssen teilweise überlappend ausgeführt werden. Bei den Projektphasen und Arbeitsblöcken sollte jedoch die vorgestellte Reihenfolge aus sachlogischen Gründen eingehalten werden. Gewisse Iterationsschleifen und Abstimmungsprozesse, auch zwischen den einzelnen Projektphasen und Arbeitsblöcken, sind im betrieblichen Umfeld unvermeidbar und müssen aus diesem Grunde zugelassen werden. Allerdings sollen nur in begründeten Ausnahmefällen Entscheidungen revidiert werden.

14.5.3 Konzeption der Einführung von PPS-Systemen

14.5.3.1 Projekteinrichtung

Gegenstand der Konzeptionsphase ist zunächst die formale und organisatorische Einrichtung des Projekts. Aufgabenstellung und die Zielsetzung des Projekts sind genau zu definieren. Hierbei müssen bereits zentrale Entscheidungen fallen, wie z.B.:
– Welche strategischen Ziele strebt die Unternehmensführung in den nächsten fünf bis zehn Jahren an?
– Welche Verbesserungen werden mit dem Einsatz des Systems angestrebt?

– Welche Bereiche und Aufgaben des Unternehmens müssen von dem zukünftigen PPS-System abgedeckt werden?
– Sollen auch bereits vorhandene (Teil-)Systeme überdacht und ggf. ersetzt werden?

Die Koordination und Durchführung der einzelnen Aufgaben innerhalb des Projekts wird einem Projektteam übertragen. Als sinnvoll hat es sich für PPS-Einführungen erwiesen, daß zwischen einem Projektkernteam und einem Projektunterstützungsteam differenziert wird, da in einem Unternehmen meist mehr als vier bis sechs Abteilungen von der Einführung eines PPS-Systems betroffen sind, die unmittelbare Betroffenheit jedoch stark schwankt. Das Projektkernteam sollte maximal fünf Mitarbeiter der primär betroffenen Abteilungen umfassen. Diese sind in der Regel: Arbeitsvorbereitung, Einkauf/Materialwirtschaft, Vertrieb, Produktion und EDV. Im Interesse einer effektiven Projektarbeit untersteht das Projektteam direkt der Unternehmensleitung. In das Projektunterstützungsteam sollten Repräsentanten aller weiteren betroffenen Abteilungen berufen werden. Das gesamte Projektteam sollte von einem erfahrenen Projektleiter geleitet werden, der neben Organisationskompetenz und DV-Kenntnissen fachliche Überzeugungskraft und persönliche Glaubwürdigkeit sowie Engagement und Zeit für das Projekt mitbringt.

14.5.3.2 Ist-Analyse

Die Ist-Analyse durchleuchtet den gegenwärtigen Zustand der Auftragsabwicklung mit dem Ziel, die wesentlichen Schwachstellen zu identifizieren.

Die Ist-Analyse muß mit der Untersuchung der Ablauforganisation sowie des Informationsflusses in dem abgegrenzten Untersuchungsbereich beginnen. Bei der Durchführung der Ist-Analyse ist in drei Schritten vorzugehen. Im ersten Schritt wird das PPS-Mengengerüst erhoben, um eine Orientierung über die wesentlichen Rahmenbedingungen und den Komplexitätsgrad der Auftragsabwicklung in dem betrachteten Unternehmen zu erlangen (s. 14.3.1; 17.1; 18.1.2).

Neben dem Durchschnittswert ist die Spannweite von Interesse. Generell sollten die Ursachen großer Spannweiten untersucht und entsprechende Maßnahmen, z.B. unterschiedliche Planungshorizonte entsprechend der teilebezo-

genen Durchlaufzeiten, vereinbart werden. Des weiteren deuten beispielsweise große Spannweiten bei den Wiederbeschaffungszeiten auf das Vorhandensein von Langläuferteilen hin. Eine Analyse der Ursachen führt letztlich zur Identifikation der Langläuferteile und zur Definition entsprechender Dispositionsverfahren.

Danach wird im Rahmen einer Abteilungsbefragung „top-down" die Grobstruktur der Auftragsabwicklung erfaßt. Hierbei wird vom Groben zum Feinen ein Überblick über die beteiligten Bereiche gewonnen. Anschließend wird im dritten Schritt in einer Arbeitsplatzbefragung der Beleg- und der Informationsfluß bezogen auf die einzelnen Aufgaben am Arbeitsplatz mit Mengen- und Zeitgerüst aufgenommen. Dabei sollten die Informationen rückwärts, d.h. vom Versand zum Vertrieb, verfolgt werden, um fehlende oder fehlerhafte Informationen in den jeweils vorangegangenen Abteilungen aufzudekken. Für die Dokumentation der Abläufe und Informationsflüsse bieten sich Ablaufpläne und Funktionsbeschreibungen an, die anschließend zur Modellierung der Geschäftsprozesse im Rahmen der Konzeption des Soll-Zustands herangezogen werden (s. 17.1).

Sinnvoll ist die Aufteilung der Ablaufpläne in einzelne Sequenzen, die jeweils einen überschaubaren Ausschnitt der Auftragsabwicklung wiedergeben. Ergeben sich Unterschiede in der Auftragsabwicklung z.B. für unterschiedliche Auftragstypen wie Rahmenaufträge und Einzelaufträge, so sind diese Unterschiede für die betroffenen Ausschnitte der Auftragsabwicklung in jeweils spezifischen Sequenzen zu dokumentieren. Alle Sequenzen beginnen und enden mit Schnittstellen entweder zu vor- oder nachgelagerten Sequenzen, oder zu Kunden oder Lieferanten. Auf jeden Fall sollte das Projektteam die erstellten Unterlagen mit den beteiligten Mitarbeitern diskutieren, um einerseits mögliche Mißverständnisse auszuräumen und andererseits die Funktion der Unterlagen als allgemein abgestimmte und damit akzeptierte Grundlage für die weitere Projektarbeit sicherzustellen.

Vorwiegend der groben Dimensionierung der PPS-Hardware dient die Ermittlung des Datengerüstes. Das Datengerüst dient vornehmlich der Konkretisierung von technischen Anforderungen an das PPS-System, während sich aus dem Mengengerüst funktionale Anforderungen, z.B. zu realisierende Dispositionsverfahren, ergeben. Zum Datengerüst gehören alle Datengruppen, die für die Auftragsabwicklung erforderlich sind und im PPS-System geführt werden. Festzuhalten sind hier die Datengruppen (z. B. Teilestamm, Kapazitätsstamm usw.) mit Bezeichnung und Aufkommen sowie die zugeordneten Datentypen (z. B. Teilenummer) mit Bezeichnung und Größe (Stellenanzahl, numerisch/alphanumerisch). Im Ergebnis beschreibt das Datengerüst die benutzten Daten hinsichtlich ihrer Art und ihrer datentechnischen Organisation. Auf der Basis von Mengengerüst (z. B. Anzahl Kapazitäten) einerseits sowie Datengerüst (z. B. Anzahl Positionen im Kapazitätsstamm) andererseits kann eine grobe Abschätzung der erforderlichen Hardwarekapazität des Systems erfolgen. Des weiteren werden fundamentale Anforderungen, z. B. an ein Nummernsystem, ableitbar.

Die Ermittlung und Dokumentation der Schwachstellen muß unbedingt vor der Entwicklung der Reorganisationsmaßnahmen erfolgen. Die Annahme, daß durch Anschaffung neuer DV-Systeme aufgedeckte Probleme beseitigt werden, ist ein folgenschwerer Irrtum. Der bloße DV-Einsatz beseitigt niemals Schwachstellen, sondern macht sie transparent. Des weiteren ist die Schwachstellenliste eine Meßlatte für das zu erarbeitende Soll-Konzept sowie für die Arbeitsschritte im Rahmen der Realisierung des DV-Systems.

Im Anschluß an die Dokumentation der Schwachstellen sind diese zu bewerten. Hier ist zu unterscheiden in Schwachstellen, die bereits vor der Einführung des neuen PPS-Systems abgestellt werden können, und in Schwachstellen, die mit der Einführung des PPS-Systems beseitigt werden sollen. Generell werden sich die Schwachstellen unternehmensindividuell sowohl in Auftreten als auch in ihrer Ausprägung unterscheiden. Dennoch treten einige Schwachstellen, die einer erfolgreichen Einführung eines PPS-Systems entgegenwirken, häufiger auf. Hierzu gehören mangelhafte oder gänzlich fehlende Teileklassifizierungen (Nummernsystem), die jedoch beispielsweise für eine fehlerfreie Wiederholteilsuche im PPS-System und zur Verwaltung von Varianten zwingend erforderlich sind. Die Überprüfung und der Aufbau eines geeigneten Nummernsystems kann beispielsweise in Anlehnung an Wiendahl erfolgen [Wie89: 123ff]. Des weiteren sind oftmals teilebezogen ungeeignete Dispositionsverfahren anzutreffen. Da PPS-Systeme jedoch vielfältige Möglichkeiten der Einstellung von Dispositionsparametern bieten, muß unbedingt eine Zuordnung geeig-

neter Dispositionsverfahren zu den Teilen erfolgen. Eine Unterscheidung und Strukturierung der Teile nach Materialwert und Umschlaghäufigkeit ist zur Festlegung geeigneter Dispositionsverfahren konzeptionelle Voraussetzung.

14.5.3.3 Soll-Konzept

Ausgehend von den in der Ist-Analyse aufgedeckten Schwachstellen werden verbesserte Auftragsabwicklungsprozesse modelliert, so daß einerseits die bestehenden Probleme vermieden und andererseits die weitergehenden Zielvorgaben des Unternehmens und die sonstigen gewünschten Organisationsänderungen abgedeckt werden. Das verabschiedete Soll-Konzept ist die wichtigste Grundlage für die Systemauswahl. Hier werden zudem mittel- bis langfristige Weichen für eine effiziente Auftragsabwicklung gestellt. Die Arbeitsschritte dieses Arbeitsblocks zeigt Bild 14-89.

Zur realistischen Einschätzung des sinnvoll Machbaren im Soll-Konzept sind bereits Informationen über das Leistungsprofil der auf dem Markt verfügbaren Standard-PPS-Systeme von besonderer Bedeutung. Hier ist die Kenntnis dessen, was von marktgängigen PPS-Systemen erwartet werden kann, eine Grundvoraussetzung, da sonst entweder allgemein verfügbare, für das Unternehmen relevante Funktionen später nicht genutzt werden, oder aber auf Funktionen gebaut wird, die nur in aufwendigen Zu-

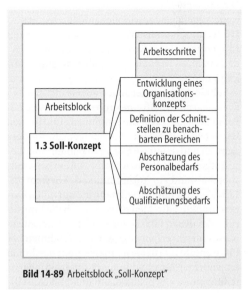

Bild 14-89 Arbeitsblock „Soll-Konzept"

satzprogrammierungen durch die PPS-Anbieter bereitgestellt werden können.

Die Dokumentation des Soll-Konzepts sollte in der gleichen Form erfolgen, in der auch die Ergebnisse der Ist-Analyse abgebildet sind, da auf diese Weise zumindest teilweise auf bereits erstellte Unterlagen zurückgegriffen werden kann, und die Art der Darstellung bei den Beteiligten bereits bekannt ist. Hierzu empfiehlt sich die Nutzung von EDV-gestützten Tools zur Unternehmensmodellierung (s. 17.1.4) da diese zum einen geeignet sind, die konzipierten Auftragsabwicklungsprozesse an realen Umgebungszuständen zu simulieren und des weiteren eine Konkretisierung in Form eines Entity-Relationship-Datenmodells zulassen. Dies ist insbesondere dann aufwandsreduzierend, wenn einzelne Funktionen, Funktionsgruppen oder Module des PPS-Systems angepaßt, also individuell programmiert werden müssen. Der Aufbau eines Datenmodells kann dabei in Anlehnung an Scheer erfolgen [Sch92: 95 ff.] (s. 17.1.4).

Neben der Konzeption der Auftragsabwicklungsprozesse sollte ein Maßnahmenkatalog zur Schwachstellenbeseitung und Organisationsanpassung ausgearbeitet werden. Die Maßnahmen sind mit terminlichen und personellen Vorgaben entsprechend der Projektstruktur zu konkretisieren.

Aufbauend auf dem Organisationskonzept werden die erforderlichen Schnittstellen zu den Bereichen und DV-Systemen ermittelt, die nicht durch das PPS-System unterstützt werden sollen oder können. Hier ist zu spezifizieren, welche Datengruppen (z. B. Stücklisten, Arbeitspläne) weitergegeben werden sollen und inwieweit dies DV-technisch realisiert werden soll. Die Änderungen gegenüber dem bisherigen Zustand werden ebenfalls in einem Maßnahmenkatalog dokumentiert.

Sobald die Anforderungen an das PPS-System festgelegt sind, muß eine grobe Abschätzung des Personalbedarfes für die Einführung und für den Betrieb des PPS-Systems erfolgen. Besonders kritisch und damit sorgfältig zu planen sind diese Aufgaben vor allem deshalb, weil ein wesentlicher Aufwand zur Vorbereitung des Systemeinsatzes in Abteilungen entsteht, die nur einen eingeschränkten direkten Nutzen durch die Einführung des neuen PPS-Systems erfahren. Beispielsweise entsteht erfahrungsgemäß im Rahmen der PPS-Einführung in Maschinenbauunternehmen ein enormer Aufwand in den Konstruktionsabteilungen, da z. B. bei mangelhafter Teileklassifizierung die Teilestämme und Stücklisten in der Konstruktion geprüft und überarbeitet werden müssen. Über die Abschätzung des Personalbedarfs für die Einführungsphase hinaus sollte auch der Personalbedarf für die Betriebsphase des PPS-Systems abgeschätzt werden. Durch diese Abschätzung ergeben sich Hinweise, inwieweit einzelne Funktionen in der geplanten Detaillierung einen zu großen Aufwand in bestimmten Abteilungen hervorrufen oder ob sie überhaupt erforderlich sind. Diesen Erkenntnissen kann durch eine Veränderung des Soll-Konzeptes oder eine Aufstockung der Kapazitäten frühzeitig Rechnung getragen werden.

14.5.4 Systemauswahl

Das Angebot an Standard-PPS-Systemen ist nahezu unübersehbar. Die Anzahl der im deutschsprachigen Raum vertriebenen PPS-Systeme nimmt stetig zu; die oft vorausgesagte Konzentration der Anbieter auf eine Größenordnung von zehn Systemen ist nicht in Sicht. Jedes Jahr erscheint eine nicht unerhebliche Anzahl neuer Systeme auf dem Markt, die jeweils die Anzahl der Produkteinstellungen übersteigt. Einige der neuen PPS-Systeme sind Produkte ausländischer, zumeist amerikanischer, Anbieter, die im deutschsprachigen Raum neue Märkte erschliessen wollen.

Insgesamt waren im April 1995 im deutschsprachigen Markt der DV-Unterstützungen für die Produktionsplanung und -steuerung mehr als 600 Produkte bekannt. Reduziert man diese Produktanzahl, in der auch einige BDE- und Werkstattleitsysteme enthalten sind, auf diejenigen Produkte, die aktiv vertrieben werden und die grundlegenden material- und zeitwirtschaftlichen Funktionen der Produktionsplanung und -steuerung unterstützen, so sind noch etwa 130 Produkte relevant [Grü94].

Zwischen diesen Produkten kann derjenige Anwender auswählen, der nach rein funktionalen Gesichtspunkten ohne Anbieterpräferenz ein umfassendes und erprobtes Produkt für sein Unternehmen sucht. Die Systeme weisen jedoch gravierende Unterschiede auf, da fast alle Systeme für spezielle Branchen und Anwendungsfälle entwickelt wurden und damit nur in einem gewissen Spektrum von Produktionsunternehmen ohne größere Anpassungen eingesetzt werden können. Die Konfigurierbarkeit der PPS-Pakete durch Entwicklungstools, Parametertabellen usw. hat hieran bisher nur wenig ändern können.

Die Komplexität und Dynamik des Markts für Standard-PPS-Systeme erfordert daher eine umsichtige und gründliche Auswahl, die das Softwareangebot transparent macht, mögliche Probleme aufdeckt und einen Kostenvergleich der geeigneten Anbieter ermöglicht. Hier hat sich die Unterteilung der Auswahlphase in eine Vorauswahl und eine Endauswahl bewährt. In der Vorauswahl wird die Vielzahl der angebotenen Systeme auf eine überschaubare Anzahl grundsätzlich geeigneter Systeme reduziert. In der sich anschließenden Endauswahl wird dann aus den verbleibenden Systemen das unternehmensspezifisch am besten geeignete PPS-System ermittelt. Auf diese Weise wird mit jeweils angemessenem Aufwand eine sukzessive Detaillierung des Auswahlergebnisses erreicht. Ziel der Auswahlphase ist der Abschluß eines Vertrags mit dem Softwareanbieter, der das am besten beurteilte Standard-PPS-System liefern kann.

14.5.4.1 Vorauswahl

Im Rahmen der Vorauswahl wird mit einer begrenzten Anzahl von Anforderungen der PPS-System-Markt auf eine kleine Gruppe von unternehmensspezifischen Favoriten eingegrenzt, die später in der Endauswahl gründlich getestet werden. Die Arbeitsschritte dieses Arbeitsblocks zeigt Bild 14-90.

Im ersten Arbeitsschritt der Vorauswahl wird das Marktangebot erkundet. Hierzu können Marktübersichten wie der Marktspiegel „PPS-Systeme auf dem Prüfstand" [Grü94] herange-

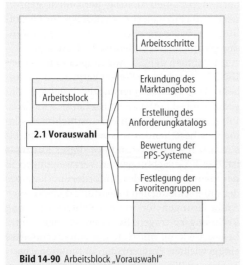

Bild 14-90 Arbeitsblock „Vorauswahl"

zogen werden. Die meisten derartigen Publikationen enthalten allerdings ungeprüfte Anbieterangaben; sie sind daher nur eingeschränkt als Grundlage für eine abschließende Auswahlentscheidung dienlich. Steht im vorhinein fest, daß aus strategischen Gründen die Systemauswahl auf Softwarepakete beschränkt wird, die auf einer bestimmten Hardware angeboten werden, können Informationen zu den auf der Hardware laufenden Paketen häufig auch bei den Hardware-Lieferanten erfragt werden. Aufgrund der zentralen Rolle des PPS-Systems in der betrieblichen Datenverarbeitung sollte eine solche Eingrenzung allerdings nur in begründeten Einzelfällen erfolgen. Verschiedene PPS-Systeme sind speziell auf die konkreten Anforderungen bestimmter Branchen ausgerichtet. Es empfiehlt sich daher, stets die Referenzliste des Anbieters zu beachten, um entsprechende Ausrichtungen des PPS-Systems zu ermitteln.

Um eine einheitliche Bewertungs- und Vergleichsgrundlage für die zusammengetragenen PPS-Systeme zu erhalten, werden im zweiten Arbeitsschritt dieses Arbeitsblocks die Bewertungsmerkmale erarbeitet und in einem Anforderungskatalog zusammengestellt. Dieser Anforderungskatalog sollte so beschaffen sein, daß einerseits typische unternehmensspezifische Rahmenbedingungen berücksichtigt werden, und andererseits eine signifikante Eingrenzung des Marktangebots ermöglicht wird. Wichtige Gliederungspunkte eines Anforderungskataloges zeigt Bild 14-91.

Wesentlich bei der Erstellung des Anforderungskatalogs ist die enge Mitarbeit der Fachabteilungen, die ihre Anforderungen selbst beschreiben sollten. Die Aufgabe des Projektteams liegt vornehmlich darin, diese Anforderungen zu strukturieren, hinsichtlich ihrer Notwendigkeit und Realisierbarkeit zu prüfen und auf die Einhaltung des Gesamtkonzepts zu achten. Dabei kommt der Strukturierung der Anforderungen als Ausgangsbasis für die systematische Gewichtung der Anforderungen eine besondere Bedeutung zu.

Aufgrund der Möglichkeit zur schrittweisen Gewichtung bietet sich als Grundstruktur für Anforderungskataloge eine Baumstruktur an. Zur Generierung relevanter Betrachtungsbereiche bietet sich die Orientierung an dem vom Forschungsinstitut für Rationalisierung an der RWTH Aachen (FIR) entwickelten PPS-Modells an [Hor94: 7] (s.a. 14.1). Auf der untersten Ebene des Anforderungskatalogs sind detaillierte

Einzelfunktionen	Rückmelde-verfahren
• Mengenplanung • Terminplanung • Auftragsteuerung •	• Datenumfang • Eingabegeräte • Subsystem •

Datengerüst	Datensicherheit
• Aufträge • Erzeugnisse • Kapazitäten •	• Zugang • Zugriff • Datensicherheit •

Auswertungen	Schnittstellen
• Auftragsübersicht • Bestandsübersicht • Belastungsübersicht • Durchlaufzeiten • Termintreue	• CAD • CAM • Kalkulation •

Benutzerkomfort	Flexibilität

• Batch-/Dialog-
  Programme
• Menü-/Fenstertechnik
• Tabellen, Grafiken
• Eingabegeräte
	• Programmiersprache
	• Datenhaushaltungs-
	  system
	• Generatoren
	•

Bild 14-91 Gliederungspunkte eines Anforderungskatalogs

Fragen angesiedelt, die zur Überprüfung der Leistungsfähigkeit einer Funktion oder einer Teilfunktion herangezogen werden.

Anhand des erstellten Anforderungskatalogs kann eine betriebsindividuelle Bewertung der auf dem Markt verfügbaren Standard-PPS-Systeme durchgeführt werden. Dieser Arbeitsschritt besteht aus den beiden Aufgaben „Erhebung der Daten bei den Systemanbietern" und „Auswertung der erhobenen Daten".

Die Standard-Vorgehensweise zur „Erhebung der Daten bei den Systemanbietern" besteht darin, Anforderungskataloge als Pflichtenhefte an die dem jeweiligen Unternehmen bekannten PPS-Anbieter zu verschicken. Dabei sind allerdings zwei Risiken zu beachten. Neben dem Risiko, grundsätzlich geeignete Anbieter zu übersehen, ist vielfach von einer schlechten Qualität der Antworten von Systemanbietern zu Pflichtenheften und Fragenkatalogen auszugehen. Dies ist sicherlich zum großen Teil darauf zurückzuführen, daß die PPS-Anbieter zeitweise

mit derartigen Pflichtenheften überhäuft werden, da die Anzahl verschickter Pflichtenhefte bei den auswählenden Unternehmen immer größer wird. Durch den Einsatz von Textverarbeitung und Tabellenkalkulation ist der Mehraufwand für die Erstellung, Verschickung und Auswertung von 5 Pflichtenheften gegenüber 25 Pflichtenheften nur marginal. Daher werden auch zur Rechtfertigung gegenüber der Unternehmensleitung und zur Minderung des subjektiv empfundenen Auswahlrisikos Pflichtenhefte an mehr Anbieter verschickt als erforderlich. Bei den Anbietern führt dies zu einem kaum zu bewältigenden Arbeitsvolumen bei geringen Auftragswahrscheinlichkeiten. Zwangsläufig können die Anfragen nicht immer von Spezialisten beantwortet werden, was zu unkorrekten Antworten führen kann. Vor diesem Hintergrund sollten die Aussagen der Anbieter zu den Pflichtenheften mit der gebotenen Vorsicht behandelt werden und, wenn irgend möglich, zumindest stichprobenartig überprüft werden. Hierzu empfiehlt sich die telefonische Nachfrage oder die Besichtigung auf Fachausstellungen zu festgelegten Knotenpunkten des Auftragsabwicklungsprozesses, insbesondere bezogen auf die spezifischen Branchenmerkmale. So ist für Unternehmen aus dem Automobilzuliefererbereich sicherlich die Verwaltung von Fortschrittszahlen, für Unternehmen der chemischen Industrie die Chargenverfolgung oder für Unternehmen z.B. aus der Elektronikindustrie die Verwaltung einer Kuppelproduktion unerläßlich. Neben branchenbezogenen Merkmalen sollten die Möglichkeiten der Softwarekonfiguration und der Softwareparametrisierung persönlich geprüft werden, da diese Merkmale Indizien für Flexibilität der Software einerseits und die Anwendungskomplexität andererseits darstellen.

Im Rahmen der „Auswertung der erhobenen Daten" wird ein detaillierter Vergleich der erhobenen Daten für die untersuchten Systeme durchgeführt. Für diese Auswertung hat sich in vielen PPS-Auswahl-Projekten ein aus mehreren Elementen bestehendes Auswertungskonzept als sinnvoll erwiesen. Grundidee dieses Konzepts ist, durch Gewichtungen an Verzweigungen in der Baumstruktur des Anforderungskatalogs der unterschiedlichen Bedeutung der einzelnen Anforderungen für die Auswahlentscheidung Rechnung zu tragen. Bei einer solchen Vorgehensweise kann mit Hilfe der Nutzwertanalyse eine gewichtete Eingrenzung der funktional bestgeeigneten PPS-Systeme vorgenommen werden.

Sehr häufig werden bei der Vorauswahl von PPS-Systemen auch sog. K.-o.-Merkmale definiert. Diese K.-o.-Merkmale, die zwingende Anforderungen beschreiben, werden bei der Auswertung der Systemdaten einzeln dokumentiert und für jedes untersuchte System separat ausgewertet. Die K.-o.-Merkmale stellen eine wichtige Informationsbasis zur Entscheidungsfindung dar, da sie entweder zum Ausschluß einzelner Systeme aus der weiteren Betrachtung herangezogen werden können oder die Abschätzung der zu erwartenden Anpassungsprogrammierung und diesbezüglicher Kosten erlauben.

Zur Festlegung der Favoritengruppe sollten die Bewertungsergebnisse, die Resultate rein funktionaler Betrachtungen darstellen, um weitere auswahlrelevante Informationen wie z.B. die Systemkosten, die Anzahl erfolgreicher Installationen, die Größe des Systemhauses oder die Nähe der betreuenden Mitarbeiter des Systemanbieters zum Unternehmensstandort ergänzt werden. Diese Angaben zu Anbieter und Kosten können dann mit dem Gesamtnutzwert und den Teilnutzwerten sowie den K.-o.-Merkmalen in sog. Systemprofilen zusammengefaßt werden. Auf dieser Basis kann die Entscheidung für die in der Endauswahl zu berücksichtigenden Systeme gefällt werden. Bei dieser Entscheidung sind aus Aufwands- und Vergleichbarkeitsgründen nicht mehr als maximal fünf PPS-Systeme in die Endauswahl einzubeziehen.

Möglichkeiten, den internen Aufwand und die Laufzeit dieses Arbeitsblocks zu reduzieren, bestehen durch die Einbindung einer externen Unterstützung in das Projekt. Einige Forschungsinstitute sowie spezialisierte, neutrale Unternehmensberater verfügen über Checklisten oder komplette EDV-gestützte Auswahlinstrumentarien [Grü94: 10], mit denen eine Vorauswahl effizient und sicher durchgeführt werden kann.

14.5.4.2 Endauswahl

Innerhalb der Endauswahl untersucht das Projektteam die verbliebenen Systeme beim Anbieter und bei einem Referenzkunden anhand individueller Tests, mit Beispieldaten des auswählenden Unternehmens. Die gewonnenen Eindrücke werden in einem Verpflichtungsheft zusammengestellt, das die Grundlage für die Vertragsverhandlungen mit dem Anbieter des Spitzenkandidaten bildet. Im Gegensatz zum Pflichtenheft enthält das Verpflichtungsheft lediglich Anforderungen (Verpflichtungen) zu denjeni-

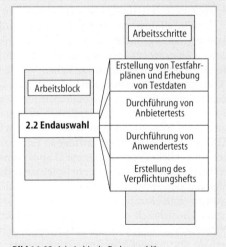

Bild 14-92 Arbeitsblock „Endauswahl"

gen Funktionen, welche zum Zeitpunkt der Durchführung des Systemtests nicht erfüllt wurden, aber für den konzipierten Betrieb des PPS-Systems unabdingbar sind. Einerseits verringert diese Vorgehensweise den Dokumentationsaufwand im Vergleich zum Pflichtenheft erheblich. Andererseits erfolgt eine Konzentration auf die Schwachstellen des Systems, was für die Ermittlung von Anpassungsaufwänden und -zeiten sehr wichtig ist. Die Arbeitsschritte dieses Arbeitsblocks zeigt Bild 14-92.

Der erste Arbeitsschritt im Rahmen einer Endauswahl besteht in der Erstellung der Testfahrpläne und der Erhebung der Testdaten. Wie schon bei den vorangehenden Arbeitsblöcken ist auch hier die Mitwirkung des Projektteams als Testteam von entscheidener Bedeutung. Der Testfahrplan umfaßt Szenarien zu allen Auftragsabwicklungsprozesse, die von dem auszuwählenden PPS-System zu unterstützen sind. Ausgangsbasis für die Inhalte des Testfahrplans sind daher das in der Konzeptionsphase erarbeitete Soll-Konzept und der in der Auswahlphase erarbeitete Anforderungskatalog. Es ist sinnvoll, bei den Testfahrplänen zwischen einem Gesamtfahrplan und mehreren Einzelfahrplänen zu unterscheiden.

Der Gesamtfahrplan enthält Fragen und Anforderungen zu allen Bereichen, die von der Auftragsabwicklung entsprechend dem Soll-Konzept tangiert werden. Während der Gesamtfahrplan hilft, den Ablauf und die Zusammenhänge der Auftragsabwicklung aus den unterschiedlichen Bereichen transparent zu machen, werden in den Einzelfahrplänen abteilungsbezogene Besonderheiten herausgearbeitet. Schwerpunkte der Einzelfahrpläne sind daher die Grunddatenverwaltung und abteilungsspezifische funktionale Zusammenhänge, die nur mittelbar mit der Auftragsabwicklung zu tun haben. Vor dem Hintergrund des Einsatzes von PPS-Systemen als Controllinginstrumente sind besonders die Möglichkeiten statistischer Auswertungen zu untersuchen (s. Kap. 18). So sind Teileanalysen, wie ABC- oder XYZ-Analysen, zwingend erforderlich, um teilebezogen geeignete Dispositionsverfahren zu bestimmen oder beispielsweise die Eignung des Systems zur Unterstützung eines „Just-in-time"-Konzeptes zu bestimmen [Wil87: 173ff]. Hinsichtlich des Umfangs der Testfahrpläne können kaum generelle Aussagen gemacht werden. Die maßgebliche Restriktion besteht in der zur Verfügung stehenden Zeit bei den Systemanbietern. Der Zeitaufwand für die Abarbeitung der Testfahrpläne ist nur schwer einzuschätzen: Zum einen hängt der Zeitaufwand von der Anzahl der zu überprüfenden „Checkpunkte" ab, und zum anderen wird dieser Zeitaufwand durch die Neigung des Testteams, sich mehr oder weniger intensiv mit den einzelnen Checkpunkten zu befassen, beeinflußt. Auch hier kann eine externe Unterstützung mit Erfahrung bei der Durchführung von Anbietertests dabei helfen, die Testfahrpläne im Umfang so zu gestalten, daß sie eine möglichst umfassende Beurteilung der untersuchten PPS-Systeme ermöglichen und gleichzeitig vollständig in der zur Verfügung stehenden Zeit abgearbeitet werden können. Die Aufstellung der Testfahrpläne obliegt den Testteammitgliedern aus dem Unternehmen, die sich dazu der fachlichen Mithilfe eines erweiterten Mitarbeiterkreises bedienen sollten, so daß auch im Detail variierende Strukturen berücksichtigt werden. Zusätzlich gelingt durch diese Erweiterung des Kreises der Projektbeteiligten eine Erhöhung der Entscheidungsakzeptanz, da „Betroffene zu Beteiligten gemacht werden". Grundsätzlich ist darauf zu achten, daß die Testfahrpläne straff und redundanzfrei aufgebaut sind, um die knappe Zeit eines Testbesuchs möglichst effizient zu nutzen.

Stehen die in den Testfahrplänen enthaltenen Checkpunkte fest, so müssen die Testdaten festgelegt werden. Testdaten sind Stamm- und Bewegungsdaten des Anwenders, die der Anbieter in sein PPS-System eingibt, um dem Testteam die Funktionen seines PPS-Systems zu präsentieren. Denn nur wenn für den Anbietertest be-

triebseigene, also bekannte Daten verwendet werden, fällt es dem Testteam leicht, sich auf die Verarbeitungs- und Funktionsunterschiede der zu testenden Systeme zu konzentrieren. Die ausgewählten Daten sollten danach zusammengestellt werden, inwieweit sie unabdingbar für das Unternehmen (z. B. Kunden- und Lieferantennummern, übernommene Daten aus Fremdsystemen wie CAQ) oder die Durchgängigkeit der Auftragsabwicklung (z. B. Identnummern, Stücklisten, Arbeitspläne, Teileverwendungsnachweise) sind. Diese sind für den Test eines PPS-Systems unerläßlich. Ist es einem Anbieter nicht möglich, alle geforderten Daten in seinem System zu verarbeiten, so können daraus direkt Rückschlüsse auf Lücken des Systems für den unternehmensspezifischen Anwendungsfall gezogen werden. Bei der Auswahl der Testdaten ist darauf zu achten, daß damit alle wesentlichen Aufgabenstellungen gemäß den Testfahrplänen durchgeführt werden können. Daher müssen die Testfahrpläne bei der Festlegung der repräsentativen Testdaten bereits möglichst vollständig vorliegen.

Die Durchführung der Anbietertests stellt den zweiten Arbeitsschritt im Rahmen der Endauswahl von PPS-Systemen dar. Die Termine für die unterschiedlichen Anbieter sollten in aufeinanderfolgenden Wochen stattfinden, damit die Eindrücke des Testteams zu den Systemen zeitlich nicht zu weit auseinander liegen. Üblich ist, daß die Anbietertests von den Anbietern kostenlos durchgeführt werden. Vor der Durchführung der Anbietertests ist ein Zeitplan aufzustellen, um von vornherein dem Anbieter und den Mitgliedern des Testteams den zeitlichen Ablauf des Anbietertests zu verdeutlichen. Für die Anbietertests hat sich ein Umfang von zwei vollen Arbeitstagen bewährt. Mehr ist weder dem Systemanbieter noch dem Testteam zuzumuten. Beim Anbieter werden hohe Kapazitäten gebunden; außerdem ist es den Mitgliedern des Testteams häufig nicht möglich, sich mehr als zwei aufeinanderfolgende Tage vom Tagesgeschäft zu befreien. In jedem Fall ist zu verhindern, daß einzelne Mitglieder des Testteams an einem der Anbietertests nicht oder nur teilweise teilnehmen; eine sinnvolle Bewertung ist nur gewährleistet, wenn das vollständige Testteam alle Anbietertests gemeinsam durchführt.

Die Basis eines jeden PPS-Systems bildet die Grunddatenverwaltung. Daher ist es sinnvoll, beim Anbietertest mit der Grunddatenverwaltung zu beginnen. Da die Anforderungen bereichsspezifisch sind, sollte sich das Testteam in Kleingruppen aufteilen. Jede Kleingruppe kann sich so ihrem Interessenschwerpunkt intensiv widmen und prüfen, ob die von ihnen benötigten Informationen in der Grunddaten des Systems vollständig abgebildet werden können. Während des Tests der Gesamtauftragsabwicklung kann ein Verzweigen zur Grunddatenverwaltung vermieden werden, was den Erhalt des Überblicks erheblich erschweren würde. Wichtig für die spätere Beurteilung ist, daß sich während des gesamten Anbietertests jedes Testteammitglied Anmerkungen zur Erfüllung der Anforderungen sowie zu den allgemeinen Eindrücken zu dem PPS-System macht. Darüber hinaus müssen diejenigen Anforderungen protokolliert werden, die für das Unternehmen von besonderer Bedeutung sind, aber nicht durch das betrachtete System abgedeckt werden. Denn diese Punkte stellen den Anpassungsbedarf des Systems dar, der bei der Bewertung des Systems unbedingt zu berücksichtigen ist.

Der Inhalt des Gesamtfahrplans resultiert aus dem betriebsspezifischen Soll-Konzept und spiegelt so die geplante Organisation der Auftragsabwicklung wider. Die gesamte Auftragsabwicklung beginnt z. B. mit der Annahme eines Kundenauftrages durch den Vertrieb. Über die Berechnung von Produktionsbedarfen, die Einplanung der Fertigungsaufträge, die Bestellung von Materialien und Zukaufteilen usw., die Rückmeldung bis zur Bestandszubuchung werden alle notwendigen Aktivitäten am Bildschirm des PPS-Systems durchgeführt. Jedes Mitglied des Testteams forciert dabei seinen Schwerpunkt der Abwicklungsaktivitäten. Auf der Basis der eigenen Testdaten können so die Gesamtzusammenhänge des PPS-Systems entlang eines „roten Fadens" der rechnergestützten Auftragsabwicklung erfaßt werden. Das Testteam kann dabei feststellen, inwieweit die Philosophie des PPS-Systems, die sich u.a. im strukturellen Aufbau ausdrückt, mit dem geplanten Soll-Konzept harmoniert. Zur Prüfung der Einzelfahrpläne bietet es sich an, das Testteam wieder in kleinere Gruppen aufzuteilen, so daß sich jedes Teammitglied seinen Aufgabenschwerpunkten widmen kann. In den Einzeltests werden die entsprechenden Programmmodule vertieft. Nachdem alle Testfahrpläne abgearbeitet sind, wird der Anbieter gebeten, ein vollständiges Angebot für sein PPS-System unter Berücksichtigung der zu realisierenden Anpassungen für die nicht vorhandenen, aber unternehmensspezifisch erforderlichen Funktionen zu erstellen. Letztlich ist jeder Anbietertest nur so gut wie seine Nachbereitung. Deshalb ist es unerläßlich, daß im Anschluß an einen Anbietertest alle am Test Beteiligten das getestete PPS-System nach einem einheitlichen Maßstab beurteilen. Dieser Maßstab steht in Form des Testfahrplans zur Verfügung.

Hier kann der Eindruck bezüglich der gesamten Auftragsabwicklung und der in den Einzeltests vertieften Bereiche wiedergegeben werden. Dazu sollten die Vorzüge und Mängel, die besonders aufgefallen sind, kurz notiert werden. Gleichzeitig ist jeder Bereich mit einer Bewertung zu versehen. Zusätzlich ist es hilfreich, wenn sich das Testteam einige Tage nach einem Anbieterbesuch zusammenfindet, um die Ergebnisse oder die persönlichen Eindrücke zu diskutieren. Eine schriftliche Zusammenfassung der Vor- und Nachteile jeden PPS-Systems ermöglicht es, auch nach Ablauf einer gewissen Zeit für die endgültige Entscheidung das Wesentliche eines PPS-Systems präsent zu haben.

Nach Abschluß aller Anbietertests steht die abschließende Beurteilung der PPS-Systeme an. Um diese Beurteilung möglichst objektiv zu gestalten, bietet sich das Verfahren der Nutzwertanalyse in vereinfachter Form an. Dazu wird der Gesamteindruck über die Systeme aus der Summe vieler Einzeleindrücke ermittelt. Die Grundlage für die Beurteilung bilden die o.g. Beurteilungsbögen des Anbietertests. Bei der manuellen Auswertung der Anbieterbesuche gibt jedes Teammitglied hinsichtlich seines und aller anderen Bereiche eine Bewertung ab. Es ist zweckmäßig, die Bewertung des jeweiligen Bereichsvertreters bzgl. seines Bereichs mit einer höheren (z.B. dreifachen) Gewichtung zu versehen. Auch die verschiedenen PPS-Bereiche können unterschiedlich gewichtet werden, um unternehmensindividuelle Besonderheiten hervorzuheben. Diese vereinfachte, manuelle Nutzwertanalyse muß für jedes PPS-System in gleicher Weise durchgeführt werden. Als Ergebnis kann so ein Spitzenreiter-PPS-System ermittelt werden, das den funktionalen Anforderungen des Unternehmens am nächsten kommt. Neben der Bewertung der funktionalen Anforderungen streben viele Unternehmen ebenso die Durchführung einer Analyse von Systemkosten und -nutzen an. Hier ist generell kein für diesen spezifischen Anwendungsfall abgesichertes Verfahren verfügbar. Die Systemeinführungskosten:
- Software (für Anzahl „named user"),
- Datenbank,

- Software-Anpassungen,
- Zusatz-Software,
- Hardware,
- Beratung/Schulung,
- Wartung

lassen sich in der Regel durch Einholung von Angeboten relativ konkret ermitteln. Die Quantifizierung des Systemnutzens ist jedoch kaum möglich, da generell eine Vielzahl von Rationalisierungspotentialen, etwa die Optimierung der Kapazitätsauslastung zuvorderst durch organisatorische Maßnahmen erschlossen werden. Der Einsatz eines PPS-Systems unterstützt dieses. Eine Quantifizierung des Nutzens bezogen auf das PPS-System ist kaum möglich. Unbestritten ist, daß sich durch den PPS-Einsatz Potentiale im Bereich der Auftragsabwicklungstransparenz und der Reaktionsflexibilität erschöpfen lassen. Eine Quantifizierung dieses Potentials ist jedoch nicht möglich, da man den Nutzen in Durchlaufzeitreduktion o. ä. ausweisen müßte. Lediglich für die Bausteine des PPS-Systems, wo aufwendige manuelle Operationen (löschen, ändern, selektieren usw.) durch automatisierte Systemfunktionalität ersetzt werden, läßt sich ein Nutzen in Form der Bearbeitungszeitverkürzung quantifizieren. Beispiele für derartige Systembausteine sind Variantengeneratoren, Archive, Beleggeneratoren usw. Insgesamt läßt sich der Nutzen kaum quantifizieren.

Letztlich werden Systementscheidungen also vor allem auf Basis der Anforderungserfüllung und der Systemkosten getroffen. Dies ist anwendbar, da man mit dem Testfahrplan dasjenige System suchte, welches die Anforderungen und damit die Unterstützung der Reorganisation optimal erfüllte. Nicht erfüllte Anforderungen, welche gleichbedeutend mit der Verringerung der angestrebten Potentialerschließung einhergehen, belasten das System in Form der Anpassungskosten. Lange Einführungszeiten aufgrund spezifischer Softwaremerkmale belasten das untersuchte System im Bereich der Beratungs- und Schulungskosten. Es ist also zu bilanzieren, daß, obwohl eine Quantifizierung des Nutzens direkt nicht möglich ist, eine Einbeziehung des Nutzens durch Quantifizierung der Kosten, welche zur Erschließung des angestrebten Nutzens anfallen, möglich ist. Die dargestellte Form der Kostenbetrachtung kann die Systementscheidung sinnvoll vorbereiten. Generell ist jedoch auch zu beobachten, daß die Entscheidungen für das einzuführende PPS-System oftmals durch die Unternehmensstrategie und somit die Unternehmensleitung vorgegeben werden.

Da dieses PPS-System bislang aber nur aus dem Testbetrieb beim Anbieter bekannt ist, verfolgt der im nächsten Arbeitsschritt durchzuführende Anwendertest das Ziel, Informationen über das bisher favorisierte PPS-System in der Anwendung zu erhalten. Der Anwendertest kann ggf. auch für mehrere Systeme durchgeführt werden, wenn beispielsweise der Anbietertest keinen klaren Favoriten erkennen ließ. Beim Anwendertest können auch erstmalig Informationen über das Antwortzeitverhalten eines Programms im Realbetrieb gewonnen werden. Ein weiterer wichtiger Punkt sind Erfahrungen des Anwenders in der Zusammenarbeit mit dem Anbieter hinsichtlich Beratung, Betreuung oder der Beseitigung bestehender Softwarefehler.

Der untersuchte Referenzanwender sollte nach folgenden Kriterien ausgewählt werden:
- Ähnlichkeit der Firmengröße,
- Ähnlichkeit der Branche,
- Ähnlichkeit der Auftragsabwicklung und
- Ähnlichkeit der DV-Struktur (Anzahl Nutzer, Netztopologie usw.).

Für den Anwendertest gibt es keinen vorgeplanten Ablauf im Sinne von Testfahrplänen wie beim Anbietertest. Hier liegt der Schwerpunkt auf dem Erfahrungsaustausch mit dem Anwender. Erstrebenswert ist die Diskussion zum einen mit einigen Sachbearbeitern, die täglich und laufend mit dem PPS-System umgehen, und zum anderen mit einer Führungskraft, die mehr die Abhängigkeiten und Zusammenhänge zwischen den an der Auftragsabwicklung beteiligten Unternehmensbereichen kennt. Großer Wert sollte auf die Erfahrung des Anwenders bezüglich des Einführungs-, Schulungs- und organisatorischen Anpassungsaufwandes gelegt werden. Im Gegensatz zur Auswertung der Anbietertests läßt sich für die Beurteilung des Anwendertests keine strenge Systematik finden. Anhand der o. g. Kriterien läßt sich aber abschätzen, ob man mit dem PPS-System und der Unterstützung durch den Anbieter zurecht kommen kann. So kann die Auswahl des PPS-Systems als Ergebnis der Anbietertests bestätigt oder in Frage gestellt werden. Kommen beim Anwendertest Zweifel bzgl. des favorisierten PPS-Systems bzw. des PPS-Anbieters auf, sollte in jedem Fall auch das PPS-System auf dem zweiten Rangplatz einem Anwendertest unterzogen werden. Wenn dieses beim Anwendertest erheblich besser abschneidet, müssen die Vor- und Nachteile hinsichtlich der vorhandenen Funktionalität auf der einen Seite sowie Zuverlässigkeit und Servicebereitschaft durch den PPS-Anbieter auf der anderen Seite abgewogen werden. Unter Umständen kann es sinnvoller sein, sich für das funktional zweitbeste PPS-System zu entscheiden, wenn eine Chance auf eine gemeinsame Weiterentwicklung des Systems im Rahmen einer partnerschaftlich geprägten Zusammenarbeit von Anwender und Anbieter besteht. Hier ist immer wieder zu bedenken, daß die Einsatzdauer eines PPS-Systems in der Regel zehn bis fünfzehn Jahre beträgt und daher zur Entscheidungsfindung das langfristige Entwicklungspotential von PPS-System und Unternehmenspartnerschaft einzubeziehen ist.

Auf der Basis der Auswertungen von Anbietertests und Anwendertests kann die Systementscheidung gefällt werden. Dabei sind auch relevante Kostenelemente, d.h. die Kosten für Softwarelizenzen einschließlich der erforderlichen Anpassungen, für Hardware, Wartung, Einführungsunterstützung usw., zu berücksichtigen. Eine detaillierte Gliederung der Kostenelemente kann [Ell85: 171ff.] entnommen werden. Zur Vorbereitung der Vertragsverhandlungen gilt es, im vierten Arbeitsschritt der Endauswahl mit den Kenntnissen aus Anbieter- und Anwendertests diejenigen Anforderungen, die durch den Standard-Funktionsumfang des ausgewählten PPS-Systems nicht abgedeckt werden können, in einem Verpflichtungsheft zusammenzufassen. Das Verpflichtungsheft dient dem PPS-Anbieter als Grundlage für die Systemanpassung und sollte zur Sicherstellung eines vollständigen Bildes der bestehenden Anforderungen von den Testteammitgliedern für ihren jeweiligen Fachbereich formuliert werden. Es sollte nur solche Anforderungen enthalten, die entweder im Standard nicht erfüllt sind oder aber beim Anbietertest nicht gezeigt werden konnten. Bei der Definition der Systemanpassungen ist zu prüfen, ob die über den Standard hinausgehenden Funktionen tatsächlich erforderlich sind und programmiert werden müssen, oder ob evtl. praktikable Möglichkeiten zu rudimentären Anpassungen der Organisation bestehen, um mit anderen Funktionen oder Regelungen die Anforderungen indirekt zu erfüllen. Die Kosten für Anpassungs- und Erweiterungsprogrammierungen können sonst leicht die Kosten für die Lizenz der Standardsoftware erreichen oder überschreiten; diese Zusatzkosten fallen zudem je nach Art der Anforderungen ggf. bei jeder neuen Programmversion (sog. Releasewechsel) an.

14.5.4.3 Vertragsabschluß

Mit der Auswertung der Tests sowie der Erstellung des Verpflichtungsheftes sind die Grundlagen für die Vertragsverhandlungen mit dem PPS-Anbieter sowie dem Hardware-Lieferanten für das ausgewählte System geschaffen.

Der detaillierte Vergleich zwischen den Anforderungen des Unternehmens und dem Leistungsumfang des PPS-Systems sowie die Dokumentation der Ergebnisse ist primär Aufgabe des späteren Anwenders. Von daher sollte der Anwender während der Verhandlung der Vertragsmodalitäten mit dem PPS-Anbieter darauf dringen, daß sein Verpflichtungsheft zum Bestandteil des Vertrags gemacht wird. Vor einer Auftragserteilung besteht normalerweise bei den Anbietern die Bereitschaft, sich auf solche Kundenforderungen einzulassen. Im Software-Vertrag müssen auch im Interesse des Anbieters alle gegenseitigen Verpflichtungen und Leistungen möglichst exakt dokumentiert werden. Bild 14-93 zeigt Beispiele für vertraglich zu fixierenden Leistungen. In jedem Fall müssen die zu beschaffenden Softwaremodule sowie deren spezifische Konfiguration für den Einsatz im Unternehmen detailliert fixiert werden. Detaillierte Leistungsanforderungen an den Softwarelieferanten gehören ebenso zum Vertragsumfang. Neben der Festlegung genereller Kostenpauschalen für Schulung, Fehlerbeseitigung und Softwareprogrammierung müssen Vorgehensszenarien zur Fehlerbeseitigung in Abhängigkeit von der Fehlerbedeutung festgelegt werden. In Abhängigkeit von der Schwere der Auswirkung sind entsprechende Reaktionszeiten zu vereinbaren.

Insbesondere für Anpassungen müssen im Vertrag Kosten, Termine sowie die diesbezüglichen Wartungsbedingungen detailliert aufgeführt werden. Vor Vertragsabschluß kann auch eine Installation zur Probe vorgesehen werden, die dem Anwender zusätzliche Sicherheit bei seiner Kaufentscheidung bringt. Aufgrund des umkämpften Marktes wird ein Anbieter, der von der Eignung seines Systems überzeugt ist, einer solchen Probeinstallation zustimmen. In der Regel werden bei einem solchen Testbetrieb nur die Kosten für die Inanspruchnahme von Serviceangeboten des Systemhauses fakturiert; wenn die Hardware im Unternehmen nicht verfügbar

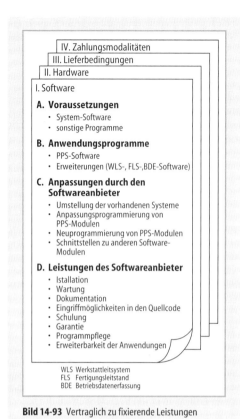

I. Software

A. Voraussetzungen
- System-Software
- sonstige Programme

B. Anwendungsprogramme
- PPS-Software
- Erweiterungen (WLS-, FLS-,BDE-Software)

C. Anpassungen durch den Softwareanbieter
- Umstellung der vorhandenen Systeme
- Anpassungsprogrammierung von PPS-Modulen
- Neuprogrammierung von PPS-Modulen
- Schnittstellen zu anderen Software-Modulen

D. Leistungen des Softwareanbieter
- Istallation
- Wartung
- Dokumentation
- Eingriffmöglichkeiten in den Quellcode
- Schulung
- Garantie
- Programmpflege
- Erweiterbarkeit der Anwendungen

II. Hardware
III. Lieferbedingungen
IV. Zahlungsmodalitäten

WLS   Werkstattleitsystem
FLS   Fertigungsleitstand
BDE   Betriebsdatenerfassung

Bild 14-93 Vertraglich zu fixierende Leistungen

ist, fallen für die Bereitstellung der Hardware ggf. Leasinggebühren an. Die Durchführung einer Probeinstallation sollte dennoch gut überlegt sein, da sie einerseits eine Zusatzbelastung für das Projektteam verursacht, und andererseits die Ergebnisse ohne vorherige Realisierung der Anpassungen nur eingeschränkt aussagefähig sind.

Sobald die Festlegung auf ein bestimmtes System erfolgt ist, muß ggf. auch der entsprechende Hardware-Vertrag abgeschlossen werden. Hierbei ist darauf zu achten, daß die DV-Anlage leistungsmäßig auf das PPS-System abgestimmt ist. Grundsätzlich sollte die Leistungsfähigkeit der DV-Anlage auf die Endausbaustufe des Soll-Konzeptes für den Einsatz des PPS-Systems unter Berücksichtigung der geplanten Geschäftsentwicklung zuzüglich einer Reserve abgestimmt sein. Die DV-Spezialisten des PPS-Anbieters sollten bei diesen Überlegungen zu Rate gezogen werden. Bei Vertragsabschluß sind auch diejenigen Leistungen zu dokumentieren, die im Unternehmen selbst erbracht werden müssen. Hierzu gehören neben der Schaffung von räum-

lichen und sonstigen technischen Vorraussetzungen auch die Anpassung bereits vorhandener DV-Systeme, die Schaffung von Schnittstellen sowie die grundlegende Qualifizierung der Mitarbeiter. Diese Dokumentation dient dazu, die Leistungen betriebsintern genau zu verteilen und festzulegen, um einen zügigen Fortgang der Maßnahmen zu sichern.

Weitere Informationen zur Ausarbeitung von Softwareverträgen können verschiedenen Leitfäden zur Vertragsgestaltung entnommen werden, z.B. [BVI94, Zah92].

14.5.5   Realisierung

Während der Realisierungsphase wird zunächst die Einführung des ausgewählten PPS-Systems organisatorisch vorbereitet. Sobald die anschließende Installation von Hard- und Software für die technischen Voraussetzungen gesorgt hat, kann mit dem Testbetrieb begonnen werden. Nach der Abnahme des Systems erfolgt der Übergang in den Echtbetrieb.

14.5.5.1 Organisatorische Vorbereitung

Im Rahmen der Realisierungsvorbereitung werden die betriebsinternen Voraussetzungen für den Einsatz des ausgewählten PPS-Systems geschaffen. Hier ist zum einen detailliert zu planen, wann welche Aktivitäten von welchen internen Abteilungen bzw. welchen externen Lieferanten durchzuführen sind. Zum anderen sind diejenigen Aufgaben zu erledigen, die vor der Systeminstallation abgeschlossen oder zumindest begonnen sein sollten. Die Arbeitsschritte dieses Arbeitsblocks zeigt Bild 14-94.

Nach der Auswahl des PPS-Systems erfolgt im ersten Arbeitsschritt dieses Arbeitsblocks eine weitere Detaillierung des Soll-Konzepts. Hierzu sind die Abläufe der Auftragsabwicklung unter Berücksichtigung der softwaretechnischen Realisierbarkeit durch das ausgewählte PPS-System zu spezifizieren. Maxime sollte bei diesem Arbeitsschritt sein, daß nach Möglichkeit das Organisationskonzept und nicht das PPS-System angepaßt wird. Denn alle wichtigen Anforderungen wurden bereits in der Vor- und Endauswahl geprüft, und in den Details sollte zur Vermeidung von Anpassungsaufwand durchaus auch ein kleiner Umweg akzeptiert werden. Darüber hinaus sollten bei der Detaillierung des Soll-Konzepts auch Zusatzfunktionen berücksichtigt werden, die das ausgewählte PPS-System

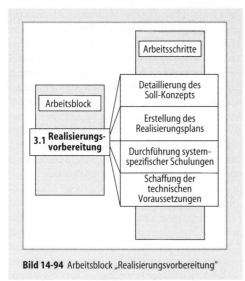

Bild 14-94 Arbeitsblock „Realisierungsvorbereitung"

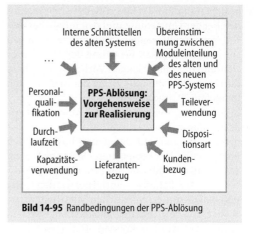

Bild 14-95 Randbedingungen der PPS-Ablösung

zusätzlich zu den definierten Anforderungen bietet. Der vorhandene Aufbau betrieblicher Datengruppen wie Teilestamm oder Stückliste muß ebenfalls den Erfordernissen des Systems angepaßt werden. Listen und Formulare sind hinsichtlich der künftigen Ausgabemöglichkeiten zu überarbeiten. Der Arbeitsschritt schließt mit der Erstellung eines detaillierten Maßnahmenkatalogs.

In der Realisierungsplanung werden alle verbleibenden Arbeitsschritte bis zum umfassenden Betrieb des neuen PPS-Systems detailliert festgelegt, terminiert und den Projektteammitgliedern zugewiesen. So ist z.B. im einzelnen zu planen, welcher Mitarbeiter Zugriffsberechtigungen für welche Programme und Daten haben wird, mit welchen Aufträgen bei der Datenaufbereitung und -übergabe in das PPS-System begonnen wird, wer an welchen systemspezifischen Schulungen teilnimmt oder wann der Echtbetrieb beginnen soll.

Von großer Bedeutung ist bei dieser Planung, ob es sich bei der Einführung des PPS-Systems um eine Ersteinführung oder eine Ablösung handelt.

Die Ablösung eines im Einsatz befindlichen PPS-Systems ist wesentlich komplexer als eine Ersteinführung. Dies ist im wesentlichen darauf zurückzuführen, daß

– der Informationsfluß vor einer PPS-Ablösung zumindest in Teilen im alten PPS-System abläuft und damit bei der PPS-Einführung bestehende Datenflüsse aufgebrochen werden müssen,

– in der Regel die in das neue PPS-System zu übertragenden Datenmengen bei einer PPS-Ablösung wesentlich größer sind als bei einer PPS-Ersteinführung,

– die Qualität der Daten im abzulösenden PPS-System ungewiß ist, vgl. [Loe89: 21], und daß

– die Stabilität des Produktionsprozesses bei einer PPS-Ablösung während der gesamten Ablösephase sowohl von der Lauffähigkeit des alten als auch von der Lauffähigkeit des neuen PPS-Systems abhängt.

Vorteile ergeben sich bei einer PPS-Ablösung gegenüber einer Ersteinführung aufgrund der höheren Personalqualifikation. Da bei der Ersteinführung eines PPS-Systems in der Regel das neue PPS-System auf relativ einfache Weise modulweise je nach Stand der Vorarbeiten in Betrieb genommen werden kann, soll im folgenden vor allem auf die Planung der Ablösung eines PPS-Systems eingegangen werden. Die wesentlichen Rahmenbedingungen bei der Festlegung einer Vorgehensweise für die Realisierung einer PPS-Ablösung sind in Bild 14-95 dargestellt.

Hinsichtlich dieser Vorgehensweise können drei Grundstrategien unterschieden werden: die stichtagsbezogene, die modulweise und die auftragsweise Ablösestrategie. Bei der stichtagsbezogenen Ablösestrategie wird von einem Tag zum nächsten vom bisher eingesetzten PPS-System auf das neue PPS-System umgeschaltet. Der Vorteil der stichtagsbezogenen Ablösestrategie besteht in der Vermeidung einer parallelen Verwaltung von Bewegungsdaten auf zwei Systemen, da bis zum Stichtag nur Stammdaten ins neue System eingegeben werden, und nach dem Stichtag das alte System konsequenterweise abgeschaltet wird. Die Nachteile dieser Strategie bestehen in dem Risiko größerer Komplikationen bei der Umstellung und den möglicherweise daraus resultierenden Produktionsstörungen sowie in der starken Belastung der Mitarbeiter während der relativ langen Vorbereitungsphase durch die Eingabe und Pflege der Stammdaten in beiden PPS-Systemen.

Das Prinzip der modulweisen Ablösestrategie besteht darin, Modul für Modul die Bewegungsdaten vom alten auf das neue PPS-System zu übernehmen. Der Vorteil dieser Strategie besteht darin, daß die Stabilität des Produktionsprozesses im wesentlichen gewährleistet werden kann, und daß die unterschiedlichen Mitarbeiter sukzessive auf den Umstieg auf das neue System vorbereitet werden können. Der wesentliche Nachteil dieser Strategie besteht in temporär erforderlichen Schnittstellen zwischen den beiden PPS-Systemen an den Stellen, an denen gerade der Datenaustausch zwischen den aktiven Modulen des alten und des neuen PPS-Systems erforderlich ist. Die modulweise Ablösestragie läßt sich nur einsetzen, wenn das alte und das neue PPS-System zumindest in groben Zügen ähnlich aufgebaut sind.

Bei der auftragsbezogenen Ablösestrategie werden sukzessiv neue Kundenaufträge zu definierten Produktgruppen vom alten auf das neue PPS-System übernommen. Die auftragsweise Ablösestrategie ist vorteilhaft, da alle an der Auftragsabwicklung beteiligten Mitarbeiter parallel langsam an das neue PPS-System gewöhnt werden, und die zu übertragenden Datenmengen zwischen altem und neuem PPS-System sehr gering sind. Der Nachteil dieser Ablösestrategie ist die relativ lange Belastung der Mitarbeiter durch den Parallelbetrieb der beiden PPS-Systeme. Darüber hinaus ist es sehr aufwendig, diejenigen Produktgruppen, Auftragsabwicklungsprozessen o.ä. auszuwählen, zu denen die Kundenaufträge auf dem neuen PPS-System abgewickelt werden. Hier ist unter Berücksichtigung des Vorranges kritischer Produktionskapazitäten oder kritischer Lagerbestände eine systematische Planung der Umstellungsreihenfolge für die Produktgruppen vorzunehmen. Ist die Grundsatzentscheidung für die zum Einsatz kommende Ablösungsstrategie gefallen, so sind die für die weiteren Arbeitsschritte erforderlichen Parameter zu der ausgewählten Ablösestrategie zu bestimmen.

Im Anschluß an die Realisierungsplanung stellt die intensive Schulung und Einweisung der Systemnutzer einen Schwerpunkt des Projekts zur PPS-Einführung dar. Als Ausgangspunkt für die systemspezifische Qualifizierung sollte eine grundlegende PPS-Qualifikation bereits vorhanden sein. Die systemspezifischen Qualifizierungsmaßnahmen beginnen mit der Ausarbeitung des betriebsindividuellen Schulungsplanes. Hierzu ist die Kenntnis der Aufgaben einzelner Benutzer Voraussetzung. Weiterhin ist dies die Basis zur Definition benutzerbezogener Zugriffs- und Verarbeitungsrechte, vgl. [Sch92: 177]. Die Schulung der Mitarbeiter sollte möglichst vor der Installation des PPS-Systems abgeschlossen sein, damit die Mitarbeiter im Rahmen des Testbetriebes erste praktische Erfahrungen mit dem neuen System sammeln können.

Die Schaffung der technischen Voraussetzungen beinhaltet vor allem die Arbeiten, die vor der Installation der Hardware erforderlich sind. Hierbei handelt es sich hauptsächlich um elektrische sowie klima- und beleuchtungstechnische Maßnahmen. Eine zügige Abwicklung aller Aktivitäten ist nur bei sorgfältiger Abstimmung aller Installationstermine möglich. Dabei sind nicht nur technische und organisatorische Abhängigkeiten zu berücksichtigen, sondern auch vielfältige Restriktionen bei den internen Abteilungen und den externen Lieferanten.

14.5.5.2 Systeminstallation

Die speziellen Erfordernisse eines Unternehmens wird eine Standardsoftware nur in den seltensten Fällen ohne zusätzliche Anpassungen erfüllen können. Da es sich hierbei um individuelle Festlegungen handelt, ist es wichtig, die möglichst geringen, notwendigen Abweichungen vom Standard ausreichend zu dokumentieren. Die meisten Anbieter verlangen von ihren Kunden bei Anpassung oder Neuprogrammierung exakte Programmiervorgaben auf Bildschirmmasken- und Datenfeldebene. Der anfallende Aufwand wird üblicherweise zu Tagessätzen abgerechnet. Der Test der geänderten Software sowie die Sicherstellung einer vollständigen Dokumentation dieser Änderungen sind von großer Bedeutung, da bei den betriebsindividuellen Anpassungen nicht die Betriebssicherheit von Standardfunktionen vorausgesetzt werden kann.

Nach Abschluß der Anpassungsarbeiten kann die Installation der Hard- und Software beim Anwender beginnen. Dazu wird zunächst die Hardware mit ihrer Systemsoftware installiert, soweit diese noch nicht vorhanden ist. Anschließend wird dann die PPS-Software auf dem Rechner implementiert. Wichtig ist zu diesem Zeitpunkt die vollständige Übergabe der Handbücher und der sonstigen Dokumentation.

Der Konfiguration der Software (Einstellung der Grundparameter) sollte hinreichende Bedeutung beigemessen werden, um eine effiziente Anwendung des Systems zu gewährleisten. Hier müssen Maßnahmen, die sich auf die Funktionen des DV-Systems beziehen, unterschieden werden von Maßnahmen, die die Benutzeroberfläche betreffen. Erstere werden in aller Regel nur vom Anbieter durchgeführt. Änderungen an der Benutzeroberfläche kann der Anwender häufig selbst durchführen. Im Mittelpunkt steht hier die Gestaltung von Bildschirmmasken und Belegen.

Spätestens an dieser Stelle ist auch das Datensicherungskonzept zu erstellen. Es beinhaltet im wesentlichen die Sicherungszyklen für die Datenbestände und die Festlegung, welche Datenträger wann und wo gelagert werden. Da es sich bei der Konfiguration der Software wiederum um anwenderindividuelle Festlegungen handelt, ist es wichtig, sämtliche Einstellungen detailliert zu dokumentieren. Gerade in dieser Phase sollte kein Aufwand gescheut werden, da hier möglicherweise ein großer Aufwand bei der Störungsbeseitigung im Echtbetrieb des PPS-Systems vermieden werden kann.

Nach Installation und Konfiguration der PPS-Software sind die Schnittstellen zu den anderen betrieblichen EDV-Systemen (z. B. CAD oder NC) zu realisieren. Hierzu müssen alle zu koppelnden Systeme verfügbar sein. Oftmals entfällt diese Aufgabe in der betrieblichen Praxis, da die Einführung von PPS-Systemen wegen der großen Bedeutung für die Wettbewerbsposition eines Unternehmens anzusehen sind, [Wil88: 45] vorangestellt wird. Die Datenübertragungsprogramme, die bei getrennten Datenbeständen als datentechnische Verbindung der Schnittstellen eingetzt werden, sind zu installieren und ausgiebig zu testen.

14.5.5.3 Inbetriebnahme

Ist das PPS-System installiert und lauffähig, kann die Inbetriebnahme erfolgen. Erster Arbeitsschritt dieses Arbeitsblocks ist das Einpflegen der Stammdaten. Hierzu gehört sowohl die Aufbereitung als auch die Eingabe dieser Stammdaten. Wird ein altes PPS-System abgelöst, so ist bei der Übernahme der Daten des alten PPS-Sy-

stems unbedingt auf die Datenqualität zu achten. In der Regel bedürfen die alten Daten erheblicher Korrekturen, um ein hinreichend genaues Abbild der Auftragsabwicklungsprozesse im System zu erreichen. Vor allem sollte in diesem Falle vor der Übertragung der Stammdaten überprüft werden, welche der Datensätze überhaupt noch aktiv sind. Häufig reduziert sich dabei der Anteil der in das neue System einzugebenden Datensätze auf weniger als die Hälfte. Im Falle einer auftragsbezogenen Ablösestrategie ist vor dem Einpflegen der Daten im Detail festzulegen, in welcher Reihenfolge die Stammdaten benötigt werden, um die ausgewählten Kundenaufträge im neuen System bearbeiten zu können. Da in den Unternehmen derzeit überwiegend Individualsoftware eingesetzt wird (vgl. [Gla91: 301]), ist die maschinelle Übernahme von „Alt"-Daten ins neue PPS-System oftmals gar nicht, oder nur mit erheblichem Aufwand, realisierbar.

Anschließend erfolgt die Einweisung in den Testbetrieb auf der eigenen Anlage sowie die Durchführung des Testbetriebs. Im Rahmen des Testbetriebs sollte zudem überprüft werden, ob das PPS-System und auch die Kopplungssoftware den gestellten Anforderungen entspricht. Dabei ist es erforderlich, das PPS-System mit den Bewegungsdaten für typische Aufträge auszutesten und die Ergebnisse zu beurteilen. Die Dauer des Testbetriebs hängt von verschiedenen Faktoren ab. Wesentlich sind die Komplexität der Software im Zusammenhang mit der Intensität, mit der sich die Benutzer in die Anwendung einarbeiten. Schon während des Testbetriebs kann der Erfahrungsaustausch mit anderen Unternehmen, die das gleiche PPS-System einsetzen, zur besseren Nutzung des Leistungsspektrums des Systems beitragen.

Erst nach der fehlerfreien Einrichtung des Testbetriebs kann die Abnahme des Systems erfolgen. Auch nach der Abnahme sollte in dem PPS-System ein separater Testbereich installiert bleiben, in dem die noch nicht permanent mit dem System arbeitenden Mitarbeiter die Arbeit mit dem neuen „Werkzeug" üben können. Dieser Testbereich sollte hinsichtlich Funktionen und Daten alle relevanten Fragestellungen des Echtbetriebs abdecken.

Sobald eine genügende Zahl von Mitarbeitern über einen ausreichenden Kenntnisstand verfügt, kann der Übergang zum Echtbetrieb begonnen werden. Dieser Übergang sollte, sofern möglich, schrittweise vollzogen werden, denn hier werden mit großer Wahrscheinlichkeit einige Probleme auftreten. Insbesondere bei PPS-Ablösungen mit stichtagsweiser oder auftragsbezogener Ablösestrategie besteht jedoch nur wenig Spielraum für einen schrittweisen Übergang. Deshalb sollte bei der Anwendung dieser Ablösestrategien der Übergang in den Echtbetrieb erst nach einem umfassenden Testbetrieb begonnen werden. Auch im Echtbetrieb werden nahezu zwangsläufig Probleme und Störungen auftreten. Daher ist es sinnvoll, einem Mitarbeiter des Kernteams die Funktion eines sog. Systemmanagers zu übertragen. Die Benutzer haben damit einen kompetenten Ansprechpartner, der Probleme bei der Systemanwendung rasch lösen und kleinere Störungen direkt beseitigen kann. Sinnvollerweise bildet der Systemmanager auch die Schnittstelle zur Unterstützung des PPS-Anbieters, so daß kostenverursachende Unterstützungsleistungen des Anbieters nur in Ausnahmefällen in Anspruch genommen werden.

Die Einführung eines PPS-Systems ist abgeschlossen, wenn bei einer Ersteinführung die Auftragsabwicklung durchgängig durch das neue PPS-System unterstützt wird bzw. bei einer PPS-Ablösung alle Aufträge in dem neuen PPS-Systems abgewickelt werden und das alte PPS-System außer Betrieb genommen werden kann. Da sich jede Organisation jedoch ständig den wechselnden Markterfordernissen anpassen und sich damit verändern muß, unterliegt auch das eingeführte PPS-System einem ständigen Wandlungsprozeß. Demnach kann eine PPS-Einführung erst bei der Ablösung des eingeführten Systems als endgültig abgeschlossener Prozeß betrachtet werden.

Literatur zu Abschnitt 14.5

[BVI94] BVIT e.V.: Leitfaden für die Vertragsgestaltung. 2. Aufl. Schwerte: 1994

[Ell85] Ellinger, Th; Wildemann, H.: Planung und Steuerung der Produktion aus betriebswirtschaftlich-technologischer Sicht. München: CW-Publikationen 1985

[Gla91] Glaser, H.: PPS – Produktionsplanung und -steuerung. Wiesbaden: Gabler 1991

[Grü94] Grünewald, C.; Schotten, M.: Marktspiegel – PPS-Systeme auf dem Prüfstand. 5. Aufl. Köln: TÜV Rheinland 1994

[Hac89] Hackstein, R.: Produktionsplanung und -steuerung. Ein Handbuch für die Betriebspraxis. 2. Aufl. Düsseldorf : 1989

[Hor94] Hornung, V.; Laakmann, J.: Aachener PPS-Modell, Sonderdruck 6/94 des Forschungsinstituts für Rationalisierung. Aachen 1994

[Loe89] Loeffelholz, F. v.: Entwicklung eines Verfahrens zur Prüfung der Datenqualität von PPS-Systemen auf der Grundlage ihres mittleren Informationsgehaltes. Diss. RWTH Aachen 1991

[Mer91] Mertens, P.: Integrierte Informationsverarbeitung, Bd. 1: Administrations- und Dispositionssysteme in der Industrie. 9. Aufl. Wiesbaden: 1993

[Sch92] Scheer, A.-W.: Architektur integrierter Informationssysteme. 2. Aufl. Berlin Heidelberg: Springer 1992

[Wie89] Wiendahl, H.-P.: Betriebsorganisation für Ingenieure. 3. Aufl. München: Hanser 1989

[Wil88] Wildemann, H.: Das Just-In-Time-Konzept. 1. Aufl. Frankfurter Allgemeine Zeitung GmbH (Hrsg.), Frankfurt 1988

[Wil88] Wildemann, H.: Methodenintegration in Modularprogrammen zur Realisierung von CIM und JIT. In: Mertens, P.; Wiendahl, H.-P.; Wildemann, H. (Hrsg.): CIM-Komponenten zur Planung und Steuerung. München: gfmt-Vlg. 1988, 39–96

[ZAH92] Zahrnt, C.: Vertragsrecht für Datenverarbeiter. 2. Aufl. München: 1992

Kapitel 15

Koordinator

PROF. DR. HORST WILDEMANN

Autor

PROF. DR. HORST WILDEMANN (15.1 - 15.5)

Mitautoren

DR. RER.POL. MICHAEL C. HADAMITZKY (15.1.1, 15.3.1)
DIPL.-ING. HEINRICH WILHELM DREYER (15.2.1)
DIPL.-KFFR. BETTINA MÄNNEL (15.2.2)
DR. KLAUS ELMER (15.2.2.5)
DIPL.-KFM. STEFAN FRINGS (15.3.2)
DIPL.-ING. LARS MATTHES (15.4)
DIPL.-ING. DIPL.-WIRT. ING. JÖRG ELSENBACH (15.5.1)
DR. UDO BOECKLE (15.5.2)

15 Logistikstrategien

Logistikstrategien

Die Logistikstrategie ist ein wesentlicher Bestandteil der Unternehmensstrategie. Sie setzt die aus der Wettbewerbsstrategie abgeleiteten Erfolgsfaktoren in Maßnahmen zur Gestaltung logistischer Systeme um. Kernbausteine der Logistikstrategie sind die in Bild 15-1 dargestellten Gestaltungsprinzipien. Diese dienen als Orientierungsrahmen für die Abwicklung logistischer Prozeßketten. Unter der Forderung der Bedarfsermittlung zum richtigen Zeitpunkt, in richtiger Qualität und Menge am richtigen Ort gilt es, die Aktivitäten des Wertschöpfungsprozesses eng an den Kunden und Marktbedürfnissen auszurichten. Zur Umsetzung dieser Zielsetzung ist eine ganzheitliche Betrachtung der logistischen Kette, die den Materialfluß vom Lieferanten über den Produzenten bis hin zum Abnehmer sowie den hierzu komplementären Informationsfluß umfaßt, erforderlich. Die Logistikstrategie besteht aus mehreren Gestaltungsfeldern.

Neben der logistischen Optimierung von Zuliefer-Abnehmer-Beziehungen sind dies die Produktionslogistik, die Distributionslogistik und die Entsorgungslogistik.

15.1 Leitbilder und Prinzipien der Logistik

15.1.1 Logistikbegriff

Die Logistik hat im Verlauf ihrer Entwicklung unterschiedliche Ausprägungen und Interpretationen erfahren [Ecc54: 5ff., Ihd87: 703ff.]. Das in der Literatur anzutreffende Spektrum an Konzeptionen und Begriffsauffassungen umfaßt unterschiedliche, teilweise widersprüchliche Auslegungen des Bedeutungsinhaltes der Logistik. Die Definitionen reichen von einem

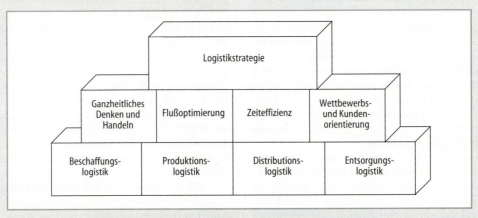

Bild 15-1 Bausteine der Logistikstrategie

wissenschaftskonzeptionellen Logistikverständnis (Logistik als wissenschaftliche Lehre) über eine problembezogene Aufzählung verschiedener Logistikaufgaben bis hin zu Bedeutungsinhalten, die entweder durch einen führungsorientierten Koordinationsansatz (Logistik als materialflußbezogene Koordinationsfunktion) oder durch einen strategieorientierten Erklärungsansatz (Logistik als bereichsübergreifende Strategie zur Optimierung der Produkterstellung) gekennzeichnet sind. In der Literatur besteht Einigkeit darüber, daß als zentraler Begriffsinhalt der Logistik die zielgerichtete Überbrückung von Raum- und Zeitdisparitäten anzusehen ist [Mag85: 1 f., Ihd91: 2, Pfo72: 15 f.]. Durch logistische Aktivitäten werden räumlich und zeitlich entkoppelte Prozesse der Konsumption und Produktion miteinander verbunden, ohne daß diese eine bewußte Veränderung ihrer physischen Eigenschaften erfahren. Hieran anknüpfend kann Logistik im weitesten Sinne „als Inbegriff aller Prozesse in sozialen Systemen (Gesellschaften, Organisationen) definiert werden, die der Raumüberwindung bzw. Zeitüberbrückung sowie deren Steuerung und Regelung dienen" [Kir73: 79]. Die Konzeption der Unternehmenslogistik stützt sich auf systemtheoretische Modelle. Sie umfaßt die ganzheitliche, Funktions- und Unternehmensgrenzen überwindende Gestaltung, Steuerung und Koordination der Material- und Produktflüsse sowie der hierzu komplementären Informationsflüsse von den Lieferanten durch das Unternehmen bis hin zu den Kunden. Hieraus haben sich vier Konzepte bzw. Aspekte der Logistik entwickelt [Had94: 29 f.]:

1. *Instrumentelle Logistikkonzeption.* Diese Konzeption beinhaltet das betriebswirtschaftlich-technologische Instrumentarium, welches zur Durchführung logistischer Aufgaben eingesetzt wird. Neben der Entwicklung und Anwendung von Verfahren zur Planung, Steuerung und Koordination logistischer Prozesse [Dom84] oder Systeme (s. Kap. 16) [Jün89: 549 ff., Kuh91: 8 ff.] befaßt sich der instrumentelle Logistikansatz mit dem Einsatz und der Nutzung von Materialfluß-, Informations- und Kommunikationstechnologien [Jün89].

2. *Funktionale Logistikkonzeption.* Die funktionale Sichtweise betrachtet die Unternehmenslogistik als Aufgabenkomplex, der sich aus sämtlichen zur bedarfsgerechten Ver- und Entsorgung einer Unternehmung erforderlichen operativen, administrativen und dispositiven

Aktivitäten zusammensetzt [Web94: 7 f., Pfo90: 15 ff.]. Die Logistik tritt in dieser Betrachtung als eigenständiges funktionales Subsystem neben traditionellen Unternehmensfunktionen wie Forschung und Entwicklung, Einkauf, Produktion und Vertrieb auf.

3. *Institutionelle Logistikkonzeption.* Der institutionelle Logistikansatz behandelt die Einordnung der Unternehmenslogistik in das Organisationssystem und die aufbauorganisatorische Strukturierung der Logistik [Weg93]. Obwohl die primär funktionsintegrierende Sichtweise der Logistik die Bildung eigenständiger organisatorischer Strukturen nicht präjudiziert, wird die Reorganisation bestehender Organisationsstrukturen als wesentliche Schlüsselgröße zur erfolgreichen Umsetzung der Logistikkonzeption angesehen. Durch die Bündelung von Aufgaben und Kompetenzen in selbständigen Organisationseinheiten sollen die Voraussetzungen für eine ganzheitliche Optimierung der Material- und Informationsflüsse geschaffen werden.

4. *Managementorientierte Logistikkonzeption.* Die managementorientierte Perspektive betrachtet die Unternehmenslogistik als Führungskonzept [Ihd87: 703, Ihd89: 984] und stellt strategische Gestaltungsaspekte in den Vordergrund [Mag85, Mey93, Bow86]. Die Logistik wird nicht als eine auf die Steuerung, Abwicklung und Überwachung von Material- und Informationsflußaktivitäten beschränkte Dienstleistungsfunktion angesehen, sondern als querschnittsorientierte Grundhaltung zur zeiteffizienten, kunden- und prozeßorientierten Koordination von Wertschöpfungsaktivitäten. Das managementorientierte Logistikverständnis geht über den eigentlichen Logistikbereich hinaus. Er impliziert logistisches Denken und Handeln in sämtlichen Unternehmenseinheiten und Hierarchiestufen.

Die konzeptionellen Alternativen spiegeln nicht nur die in der Literatur anzutreffenden Abgrenzungen des Logistikbegriffs wider. Sie können auch als Stufen eines Entwicklungspfades verstanden werden (vgl. Bild 15-2). Während zu Beginn der Auseinandersetzung mit logistischen Phänomenen die Lösung von operativen Transport-, Versorgungs- sowie Distributionsproblemen im Vordergrund standen, traten mit zunehmendem Erkenntnisfortschritt aufgabenbezogene Gestaltungsaspekte in den Mittelpunkt der Betrachtung. Dabei wurde deutlich, daß zur durchgängigen Umsetzung der

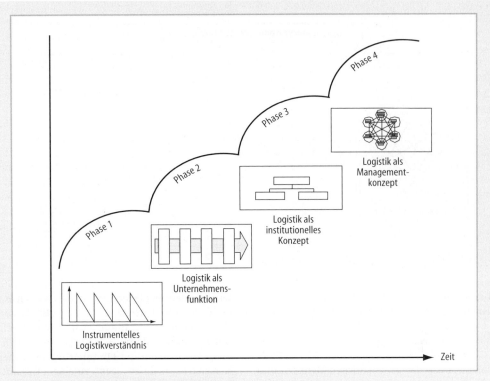

Bild 15-2 Entwicklungsphasen der Logistikkonzeption

Querschnittsfunktion Logistik eine institutionelle Aufwertung logistischer Aufgaben erforderlich ist. Als Weiterentwicklung des organisationsorientierten Logistikverständnisses kehrt die managementorientierte Logistikkonzeption den strukturoptimierenden Entwicklungstrend um, indem sie darauf abzielt, den institutionellen Einfluß der Logistik auf ein notwendiges Mindestmaß zu beschränken, aber gleichzeitig fordert, daß sämtliche an der Wertschöpfung direkt oder indirekt beteiligte Geschäftsprozesse nach logistischen Prinzipien ausgerichtet werden müssen, wenn ein Gesamtoptimum erreicht werden soll.

15.1.2 Prinzipien der Logistik

Die Einführung der Logistikkonzeption ist mit einem Paradigmenwechsel in Produktionsunternehmen vergleichbar. Dieser impliziert tiefgreifende Struktur- und Verhaltensänderungen und führt zu neuen Problemlösungs- und Methodenansätzen sowohl in der Abwicklung von Material- und Informationsflußaktivitäten als

auch im Management unternehmensübergreifender Wertschöpfungsketten. Quasinaturgesetze der Produktion, wie das Dilemma der Ablaufplanung [Gut83: 216] oder Grundmodelle zur Bestimmung wirtschaftlicher Losgrößen, werden durch die Übertragung logistischer Prinzipien auf bestehende Unternehmensstrukturen relativiert. In zunehmendem Maße ist erkennbar, daß „the concept of the logistics system gives the management a framework for thinking about evolutionary changes, and the total system orientation of modern system-analysis techniques gives the management the tools for investigating and implementing evolutionary change consistent with total system effectiveness" [Mag85: 8]. Der mit der Einführung der Logistikkonzeption verbundene Paradigmenwechsel beruht auf den in Bild 15-3 angeführten Prinzipien. Diese können als konstitutive Gestaltungsmerkmale der Logistikkonzeption bezeichnet werden. Sie sind der Betriebswirtschaftslehre prinzipiell bekannt und haben in unterschiedlicher Form Eingang in die theoretische und praktische Diskussion gefunden [Ball85]. Ihre gesamte Wirkungsintensität ha-

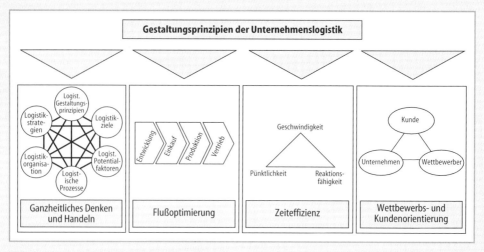

Bild 15-3 Gestaltungsprinzipien der Unternehmenslogistik

ben sie allerdings erst durch die Bündelung zu einem logistischen Leitbild erfahren.

15.1.2.1 Ganzheitliches Denken und Handeln

Dem Prinzip des ganzheitlichen Denkens und Handelns liegt die systemtheoretische These zugrunde, daß das Ganze mehr ist als die Summe seiner Teile. Die These unterstellt, daß durch die Integration isolierter Elemente zusätzliche Leistungspotentiale entstehen, die ausschließlich dem Gesamtsystem zugeordnet werden können und größer sind als die addierten Leistungspotentiale der Teilelemente. Empirisch feststellbare Synergieeffekte sind gleichzeitig Anlaß für die Formulierung der holistischen These wie auch Begründung für eine integrierende Sichtweise der Logistik.Sie rechtfertigen den logistischen Ansatz, separierte und im Unternehmen bereits vorhandene Teilaktivitäten zur Abwicklung des Material- und Informationsflusses funktions- und unternehmensübergreifend zu koordinieren oder unter einheitlicher organisatorischer Leitung zusammenzufassen. Neben diesem die Logistikkonzeption konstituierenden Aspekt bietet das Prinzip des ganzheitlichen Denkens und Handelns einen Erklärungsansatz für das Totalkostenkonzept der Unternehmenslogistik. Das Total- oder Gesamtkostenkonzept besagt, daß bei der Beurteilung logistischer Entscheidungen und Systeme die gesamten mit der betrieblichen Leistungserstellung verbundenen logistischen Kostenkategorien sowie deren mittelbare und unmittelbare In-

terdependenzen (Trade-offs) zu den Kosten anderer Funktionsbereiche zu berücksichtigen sind [Mag85: 217f., Ihd91: 20ff., Pfo90: 21ff., Bow86: 286ff., Sha85: 61ff.]. Da bei Kosteninterdependenzen die Minimierung einzelner Kostenarten nicht zwingend zu einem Gesamtkostenoptimum führen muß, steht beim Totalkostenansatz weniger die Minimierung isolierter Kostenkategorien (z.B. Kapitalbindungskosten) oder spezifischer Kosten-Trade-offs (z.B. Produktions- vs. Lagerkosten) im Vordergrund, sondern die Optimierung der gesamten „entscheidungsrelevanten" Kosten. Dies hat zur Folge, daß trotz des Anstiegs einzelner Kostenelemente ein Gesamtkostenoptimum erreicht werden kann. Einschränkend ist jedoch festzuhalten, daß die praktische Umsetzung des Totalkostenansatzes – auch aufgrund von Informationsdefiziten bestehender Kostenrechnungssysteme – an Grenzen stößt. So ist die Ermittlung und Quantifizierung der entscheidungsrelevanten Kosten unter Berücksichtigung der intra- und interorganisatorischen Kosteninterdependenzen in vielen Fällen schwierig und oftmals mit aufwendigen Analysen und Sonderrechnungen verbunden. Trotz dieser Einschränkungen läßt sich aus dem Totalkostenkonzept die für die Gestaltung und Abwicklung logistischer Systeme zentrale Aussage ableiten, daß eine Steigerung der Logistikeffizienz von Unternehmen weder durch eine isolierte Optimierung von einzelnen logistischen Prozessen erreicht werden kann noch auf den Logistikbereich im engeren Sinn beschränkt bleiben darf [Ihd91: 19 f.]. Um das gesamte Gestaltungs- und Wirkungspotential der Logistik zu erschließen, gilt es vielmehr, sämtliche Bereiche der Innovations- und Wertschöpfungskette von der Forschung und Entwicklung über die Beschaffung und die Produktion bis hin zum Controlling und dem Vertrieb einschließlich den Lieferanten und Kunden in ein ganzheitliches logistisches Unternehmenskonzept einzubinden.

15.1.2.2 Flußoptimierung

Das Prinzip der Flußoptimierung zielt darauf ab, die Wertschöpfungsaktivitäten stärker auf die unternehmerische Marktleistung auszurichten [Wil95: 32]. Der Wertschöpfungsprozeß wird als durchgängige logistische Kette, die sich vom Lieferanten über das eigene Unternehmen bis zum Kunden erstreckt, verstanden, in die die vertikal ausgerichteten Primärfunktionen Beschaffung, Produktion und Vertrieb unmittelbar und Sekundärfunktionen wie die Produktentwicklung, das Personalwesen oder das Controlling mittelbar eingebunden werden (vgl. Bild 15-4). Die Ausrichtung auf die unternehmerische Gesamtleistung bedeutet eine Abkehr von der einseitigen Funktionsoptimierung vertikaler Unternehmenskonzepte [Mag85: 31f., Ball85: 19ff.].

Die *Funktionsoptimierung*, die ihre konzeptionellen Wurzeln in den Arbeiten von Adam Smith und dem „Scientific Management" Tay-

lors hat, betont die Ressourcenperspektive der betrieblichen Leistungserstellung [Fre90: 85]. Durch die funktionale Strukturierung von Aufgabeninhalten, Personal- und Maschinenkapazitäten sowie Organisations- und Unternehmenseinheiten sollen Spezialisierungs- und Größendegressionsvorteile erreicht werden. Die Koordination funktionaler Interdependenzen erfolgt über Standardisierung und Normierung von Aufgaben, Beziehungen und Prozessen. Obwohl sich die funktionale Spezialisierung in den vergangenen Jahrzehnten als Unternehmenskonzept bewährt hat, stößt dieser Strukturierungsansatz insbesondere bei dynamischen Umweltbedingungen mit komplexen Produktstrukturen, hoher Variantenintensität sowie extrem kurzen Reaktions- und Innovationszeiten an Grenzen [Ham93: 17]. Die Hauptkritikpunkte einseitiger Funktionsoptimierung sind:

Ausgeprägte Arbeitsteilung. Die Spezialisierung von Funktionen korrespondiert mit einer starken Arbeitsteilung. Diese führt zu einer hohen Schnittstellenintensität sowohl bei der Abwicklung von Material- als auch von Informationsflußaktivitäten. Neben sachlich durchaus begründeten Unterbrechungen im Produkt- und Auftragsfluß treten zusätzlich zeitlich, räumlich und organisatorisch bedingte Schnittstellen auf. Hierdurch entstehen negative Reibungsverluste in Form von Doppel- und Nacharbeiten. Gleichzeitig steigen aufgrund kumulierter Liege-, Lager-, Transport- und Wartezei-

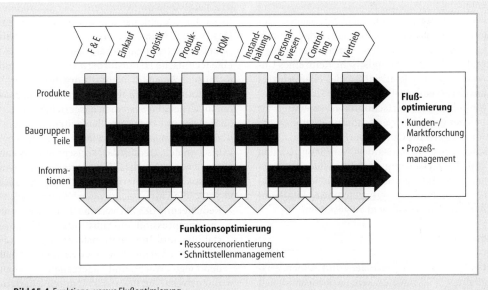

Bild 15-4 Funktions- versus Flußoptimierung

ten die Auftragsdurchlaufzeiten. Es zeigt sich, daß selbst mit zunehmendem Koordinationsaufwand die Logistikkomplexität im Material- und Informationsfluß infolge der funktionsinternen Optimierungsbestrebungen nicht reduziert werden kann.

Rein funktionale Kompetenzen. Nach funktionalen Verantwortungsbereichen gegliederte Unternehmensstrukturen fördern Bereichsdenken, Ressortegoismen und eine unabgestimmte Fragmentierung logistischer Aufgaben. Außer den damit verbundenen Einschränkungen im Hinblick auf das Verständnis der Mitarbeiter und Funktionsbereiche für logistische Gesamtzusammenhänge verhindert die Funktionsoptimierung das Entstehen von durchgängigen, unternehmensübergreifenden Auftragsverantwortlichkeiten. Im Vordergrund steht nicht die Erfüllung eines (Kunden-)Auftrags, sondern die Ausübung einer Funktion.

Eingeschränkter Marktbezug. Funktionale Konzepte beschränken den Marktkontakt von Unternehmen auf den Vertrieb und den Einkauf. Die Produktion, die für die Mehrzahl industrieller Unternehmen nach wie vor als wettbewerbsentscheidend gilt (s. 5.3), wird vom Marktgeschehen weitgehend abgekoppelt und mit Planungssystemen möglichst marktnah gesteuert. Damit wird die Leistungsfähigkeit der Produktion durch die Qualität der Produktionsplanung und -steuerung bestimmt. Produktionsinterne Ineffizienzen lassen sich auf falsche Planvorgaben oder unzureichende Planungsmethoden abwälzen.

Als Konsequenz aus den Schwächen der Funktionsoptimierung fokussiert das Prinzip der Flußoptimierung nicht einzelne Glieder, sondern die gesamte logistische Kette eines Unternehmens. Die Realisierung des Fließprinzips führt zu einer prozeßorientierten Sichtweise sowohl einzelner Wertschöpfungsaktivitäten als auch der gesamten Wertschöpfungskette. Durch eine flußgerechte Optimierung räumlicher, zeitlicher sowie organisatorischer Schnittstellen wird die Zielsetzung verfolgt, Material-, Produkt- und Informationsflüsse über Unternehmens- und Funktionsgrenzen hinweg kundenorientiert und zeiteffizient zu gestalten.

15.1.2.3 Zeiteffizienz

Das Prinzip der Zeiteffizienz mit seinen Ausprägungen Geschwindigkeit, Reaktionsfähigkeit und Pünktlichkeit trägt der wachsenden Wettbewerbsrelevanz der vierten Dimension Rechnung. Der Zeitfaktor wird neben den Kosten und der Qualität als gleichgewichtiger strategischer Wettbewerbsparameter angesehen. Er ist der zentrale Indikator für die Wirtschaftlichkeit und die Rentabilität von Unternehmen, die Erschließung zusätzlicher Marktanteile und neuer Geschäftsfelder, die Dauer der Kapitalbindung im Umlaufvermögen, die Geschwindigkeit der Abwicklung von Kundenaufträgen sowie für die Flexibilität bei der Umsetzung von Marktimpulsen in verkaufsfähige Produkte [Stal90: 39 f.]. In der Vergangenheit spielte der Zeitfaktor für die Mehrzahl der Unternehmen eine untergeordnete Rolle. Die Bestrebungen zur Zeitrationalisierung konzentrierten sich auf die Beschleunigung einzelner Arbeitsgänge oder auf eine intensivere Nutzung des zeitlichen Kapazitätspotentials kapitalintensiver Anlagen [Spu91: 97 f.]. Diese Vorgehensweise führte zwar zu einer sukzessiven Verringerung der direkten Bearbeitungszeiten, hatte aber zur Folge, daß die Zeit- und Kostenschere zwischen direkten und indirekten Wertschöpfungsaktivitäten dramatisch auseinandergegangen ist. Empirischer Beleg für diese Entwicklung sind Auftragsdurchlaufzeiten mit einem Anteil der kumulierten direkten Bearbeitungszeiten von 5–15 % sowie Liege-, Lager-, Warte- und Informationsbearbeitungszeiten, die ein Vielfaches der originären Wertschöpfungszeiten ausmachen [Stal90: 76 f.].

Das Prinzip der Zeiteffizienz betrachtet die Zeit als knappe Unternehmensressource [Sim89: 72 ff.] zur Erzielung von Wettbewerbsvorteilen. Es ist der Logistik per definitionem immanent [Mag85: 12 f., Sha85: 5 f.]. Im Gegensatz zur traditionellen Zeitrationalisierung, die in erster Linie eine technische Herausforderung darstellt, sind logistische Aktivitäten auf die organisatorische Gestaltung und Optimierung von Zeitdisparitäten in vernetzten Systemen ausgerichtet. Sie beeinflussen mit den Durchlaufzeiten, den Wiederbeschaffungszeiten und den Lieferzeiten die kritischen Zeitstrecken der Wertschöpfungskette eines Unternehmens. Zur Optimierung von Zeitdisparitäten bieten sich der Unternehmenslogistik folgende Strategien an: [Wil94: 154 ff.]

- Reduzierung des Zeitverbrauchs durch zeitliche Kompression und Substitution von Materialfluß- und Informationsflußprozessen sowie durch Vermeidung von Zeitpuffern bei den Liege-, Warte- und Lagerzeiten;
- Intensivere Nutzung der Zeit durch Überlappung, Synchronisierung und Parallelisierung

von Material- und Informationsflußprozessen sowie durch Erhöhung des Zeitangebots von Kapazitäten und Vermeidung von zeitkritischen Abhängigkeiten;
– Erhöhung der Terminzuverlässigkeit durch zeitorientierte Controlling-Systeme und Organisationsstrukturen (s. 8.1.8.3).

Während die Reduzierung und intensivere Nutzung des Zeitkonsums den Geschwindigkeitsaspekt der Zeit herausstellen, steht bei der Verbesserung der Terminzuverlässigkeit der Zeitpunkt im Mittelpunkt der Betrachtung. Dabei ist zu beachten, daß zwischen Geschwindigkeit und Terminzuverlässigkeit Interdependenzverhältnisse bestehen. So läßt sich die Auftragsdurchlaufzeit erst dann signifikant reduzieren, wenn der hiermit verbundene Abbau von Zeitpuffern durch eine termingerechte Bereitstellung von Informationen und Materialien sichergestellt wird. Gleichzeitig bieten jedoch kurze Durchlaufzeiten die Möglichkeit, daß eine hohe Termintreue bei der Abwicklung von Material- und Informationsflußprozessen erreicht werden kann. Die These, daß lange, aber im Hinblick auf den Zeitverbrauch sichere Durchlaufzeiten beherrschbar sind, erweist sich unter stochastischen Produktionsbedingungen als nur begrenzt tragfähig [Wil95: 22f., Sta88: 46f.]; denn mit zunehmender Zeitdauer steigt die Wahrscheinlichkeit, daß Störungen bei der Abwicklung logistischer Prozesse auftreten, die zu Zeitverzögerungen, Fehl- und Überbeständen sowie zu Zeitverschwendungen aufgrund von Nach- und Doppelarbeiten führen können. Hieran ändert auch eine Verbesserung und Detaillierung der Planungs- und Steuerungssystematik nichts. Im Gegenteil: Je länger die Durchlaufzeit und damit die Planungszeit ist, desto größer werden die Prognoserisiken. Diese wiederum sind die Ursache für den Aufbau von zusätzlichen zeitlichen Sicherheitspuffern, wodurch die Durchlaufzeiten weiter zunehmen. Damit wird deutlich, daß eine Erhöhung der Zeiteffizienz nur dann erreicht werden kann, wenn die Motorik dieser Zeitspirale durchbrochen wird. Voraussetzung hierfür ist jedoch eine konsequente Reduzierung der Durchlaufzeiten.

Für die Umsetzung der Zeitstrategien im Unternehmen ist wesentlich, daß sich die aus den Zeitstrategien abgeleiteten technologischen, personellen und organisatorischen Maßnahmen auf den gesamten Zeitkonsum im Unternehmen erstrecken. Aktivitäten, die sich lediglich auf die Erhöhung der Termintreue einzelner Abschnitte der logistischen Kette oder auf die Beschleunigung zeitkritischer Material- und Informationsflußprozesse beschränken, führen nur zu punktuellen, in der Regel zeitlich befristeten Verbesserungen, ohne daß sich die Zeiteffizienz des Gesamtsystems wettbewerbswirksam verändert. Die Verbesserung der Zeiteffizienz schafft die Voraussetzungen für eine stärkere Kundenorientierung, da kurze Liefer- und Durchlaufzeiten die Distanz des Unternehmens zum Kunden verringern. Dabei gilt der Grundsatz, daß nicht die Durchlaufzeiten die Lieferzeiten bestimmen sollen, sondern daß die vom Kunden gewünschte Lieferzeit das anzustrebende Zeitlimit für die Abwicklung von Material- und Informationsflußdurchlaufzeiten fixiert.

15.1.2.4 Wettbewerbs- und Kundenorientierung

Das Prinzip der Wettbewerbs- und Kundenorientierung bringt zum Ausdruck, daß logistische Aktivitäten keinen Selbstzweck darstellen, sondern sich im „strategischen Dreieck" [Ohm86: 71ff.] zwischen Unternehmen, Kunde und Konkurrenz bewegen (vgl. Bild 15-5). Um in diesem Spannungsfeld erfolgreich bestehen zu können, reicht es nicht aus, wenn sich Unternehmen allein auf ihre Stärken und Schwächen konzentrieren. Voraussetzung für den Aufbau dauerhafter Wettbewerbsvorteile ist vielmehr, daß alle drei Parameter gleichzeitig Berücksichtigung finden [Ohm86: 71, Sim88: 464]. Aus der Perspektive der Unternehmenslogistik läßt sich das „strategische Dreieck" in die Dimensionen Kundenorientierung und Wettbewerbsorientierung zerlegen. Die Kundenorientierung betrachtet die Beziehungen zwischen Kunde und

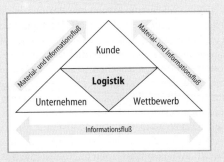

Bild 15-5 Die Logistik im strategischen Dreieck zwischen Kunde, Wettbewerb und Unternehmen

Unternehmen. In diesem Zusammenhang zeigt sich, daß sich der Wettbewerb von den Produktmerkmalen, die einer immer stärkeren und schnelleren Anpassung unterliegen, zu der Qualität der Leistungen vor, während und nach dem Herstellungsprozeß verlagert hat [Cha89: 63]. In immer mehr Marktsegmenten wird der Kundennutzen durch die Bereitstellung individueller Problemlösungen bestimmt, wohingegen ausschließlich preisorientierte Nutzenkriterien in den Hintergrund treten [Hau92: 5, Ble91: 15]. In diesem Wettbewerbsumfeld kommt dem logistischen Leistungspotential industrieller Produktionsunternehmen eine wachsende Bedeutung zu, da sowohl exzellente Logistikleistungen als auch wettbewerbsgerechte Logistikkosten Ansätze bieten, um die Nachfrage individuell zu befriedigen und die Kundenloyalität zu erhöhen.

Neben diesem Produkt-Markt-Aspekt lassen sich aus dem Prinzip der Kundenorientierung auch prozeßorientierte Anforderungen an die Gestaltung logistischer Systeme ableiten. Die Individualisierung der Kundenwünsche muß sich auch in der Konfiguration der Logistikprozesse widerspiegeln. Ansatzpunkte hierfür reichen von der Festlegung kundengruppenbezogener Lieferservicegrade über eine kundenspezifische Auftragsabwicklung oder Bevorratung bis hin zur kundenorientierten Auslegung von Produktionsstrukturen, Fabrik- und Lagerstandorten. Unter prozeßorientierten Gesichtspunkten bedeutet Kundenorientierung ferner, daß ausschließlich das produziert und beschafft wird, was der Kunde tatsächlich benötigt, und daß erst dann produziert und beschafft wird, wenn ein Kundenauftrag vorliegt. Dieser anzustrebende Idealfall führt zu einer wertanalytischen Betrachtung sämtlicher zur Herstellung eines Produkts notwendigen Aktivitäten. Dabei erhöhen nur solche Aktivitäten den Kundennutzen, die zur Wertsteigerung von Produkten beitragen. Alle anderen Aktivitäten erzeugen in erster Linie Kosten und müssen aus wertanalytischer Sicht als Quelle potentieller Ressourcenverschwendung angesehen werden [Wil95: 16]. Sie sind deshalb konsequent zu hinterfragen und auf ein im Hinblick auf die Kundenanforderungen erforderliches Minimum zu reduzieren. Das Prinzip der Kundenorientierung ist schließlich nicht auf den externen Kundenkreis beschränkt. Betrachtet man das logistische Netzwerk, dann lassen sich vielfältige Kunden-Produzenten-Beziehungen innerhalb von Unternehmen und zu den Lieferanten definieren. Der gesamte Wertschöpfungsprozeß kann als „Chain of customers" [Sch90: 34ff.] verstanden werden, die es durchgängig nach dem Prinzip der Kundenorientierung zu gestalten gilt. Dies impliziert eine fundamentale Umkehrung der Wertschöpfungsperspektive: „Production-Push" wird durch „Market-Pull" ersetzt.

Das Prinzip der Wettbewerbsorientierung stellt die Wechselbeziehungen zwischen Unternehmen und Wettbewerb aus dem Blickwinkel der Logistik in den Vordergrund. Ausgehend von der Erkenntnis, daß Wettbewerbsvorteile relativ und nur dann gegeben sind, wenn sie ein aus Sicht des Kunden wichtiges Leistungsmerkmal betreffen, vom Verbraucher wahrgenommen werden und eine gewisse Dauerhaftigkeit aufweisen [Sim88: 464], lautet die Forderung, das logistische Leistungspotential so zu gestalten, daß es im erfolgsunkritischen Bereich zumindest dem Leistungsniveau des Branchendurchschnitts entspricht und bei den erfolgskritischen Parametern gezielt besser ist als die Leistungsgrößen der jeweils besten Wettbewerber. Voraussetzung hierfür ist, daß das Leistungsprofil und das Leistungsniveau der Wettbewerber hinreichend bekannt sind. In der Regel muß jedoch die Beobachtung gemacht werden, daß Unternehmen über die Leistungsmerkmale der Logistikkonzepte der Wettbewerber nur in geringem Umfang Kenntnisse besitzen [Wil95: 321]. Dieser Sachverhalt weist darauf hin, daß effiziente Logistiksysteme und ein hohes Logistik-Know-how im Gegensatz zu Produkt- oder Prozeßinnovationen einen höheren Imitationsschutz gewährleisten und damit Optionen zur nachhaltigen Differenzierung gegenüber dem Wettbewerb bieten. Demnach zielt das Prinzip der Kunden- und Wettbewerbsorientierung darauf ab, die strategischen Dimensionen logistischen Denkens und Handelns herauszustellen. In diesem Sinn bedeutet logistisch Denken, das Unternehmen als ganzheitliches, komplexes System zu verstehen, das Absatz- und Beschaffungsmärkte miteinander verbindet. Logistisch Handeln bedeutet, sämtliche Unternehmensaktivitäten darauf auszurichten, daß ein zeitoptimierter Material- und Informationsfluß mit dem Ziel angestrebt wird, die Logistikeffizienz wettbewerbswirksam zu erhöhen. Was wettbewerbswirksam ist, bestimmen die Anforderungen der Kunden, die Leistungen der Konkurrenz und die Wettbewerbsziele des Unternehmens.

15.1.3 Leitbilder einer Logistikstrategie

Grundsätzlich lassen sich mit der Just-in-case-Strategie und der Just-in-time-Strategie zwei Leitbilder der Logistik unterscheiden. Die Unterschiede dieser beiden Leitkonzeptionen können in folgenden vier Gegensatzpaaren zum Ausdruck gebracht werden.

15.1.3.1 Bestandsoptimierung versus Bestandsreduzierung

Im Rahmen der Just-in-case-Strategie gelten Lagerbestände als Voraussetzung für die Erfüllung logistischer Transformationsprozesse. Sie werden zur Abdeckung von möglichen Risiken und als Ergebnis ökonomischer Optimierungskalküle vorgehalten. Durch die Optimierung sämtlicher Bestandskategorien auf allen Stufen der logistischen Kette soll gleichzeitig ein bedarfsgerechtes Versorgungsniveau, eine kontinuierliche und reibungslose Produktion sowie eine konstant hohe Kapazitätsauslastung sichergestellt werden. Demgegenüber betrachtet die Just-in-time-Strategie Bestände als Mittel zur nachhaltigen Erschließung von Rationalisierungspotentialen, da sie störanfällige Prozesse, unabgestimmte Kapazitäten, mangelnde Flexibilität und Lieferfähigkeit sowie strukturelle Schwächen bei der Koordination von Material- und Informationsflußaktivitäten verdecken und infolgedessen eine flußgerechte Gestaltung der logistischen Kette verhindern [Eid94: 38ff., Wil95: 22, Suz87: 16f.]. Um derartige Ineffizienzen zu vermeiden, strebt das Just-in-time-Konzept eine konsequente Bestandsreduzierung bis hin zum Ideal der „Zero Inventories" [Hal83] mit dem Ziel an, einen permanenten Produktivitätssteigerungseffekt zu initiieren.

15.1.3.2 Primat der Planung vs. Primat der Problemlösung

Der Just-in-case-Ansatz geht von der Prämisse aus, daß sämtliche Einflußgrößen und Prozesse innerhalb der Wertschöpfungskette grundsätzlich plan- und steuerbar sind. Diesem Verständnis liegt ein streng analytischer Denkansatz zugrunde, der in der Anwendung von Methoden des Operations Research, der Statistik, der Prognosetechnik oder in der Entwicklung von Lagerhaltungsmodellen seine instrumentelle Entsprechung findet. In organisatorischer Hinsicht äußert sich die Planungsdominanz der Just-in-case-Strategie in vielen Fällen in einer Zentralisierung und Formalisierung logistischer Aktivitäten sowie in einer konsequenten Trennung von ausführenden und dispositiven Tätigkeiten. Dem stark vorstrukturierenden Ansatz der Just-in-case Strategie stellt die Just-in-time-Logistik die These gegenüber, daß bei unbeherrschten, stochastischen Umweltbedingungen „eine noch so komplexe übergestülpte Planung, Steuerung und Betriebsdatenerfassung keine wesentliche Verbesserung bringen kann" [Zim88: 307]. Es wird die Forderung erhoben, die unvermeidbaren Folgen eingeschränkter Beherrschbarkeit nicht an den Symptomen mittels Perfektionierung der Planungs- und Organisationsinstrumente zu verbessern, sondern an den Ursachen einzugrenzen. Durch den Einsatz entsprechend qualifizierter Mitarbeiter sollen dezentrale, aufgabenorientierte Problemlösungskapazitäten und -kompetenzen aufgebaut werden, so daß bei der Durchführung von Material- und Informationsflußprozessen auftretende Probleme unmittelbar und eigenverantwortlich beseitigt werden können. In diesem Zusammenhang ist die Feststellung wichtig, daß die Just-in-time-Logistik die Notwendigkeit einer vorausschauenden Planung nicht negiert. Sie erfährt aber einen anderen Stellenwert, weil die Planung nicht als primäres Instrument zur Problemfindung, sondern vielmehr als sekundäres Hilfsmittel verstanden wird, das die Mitarbeiter bei der Problemlösung unterstützt und ihren Vorbereitungsgrad erhöht. Aus diesem Grund ist im Rahmen von Just-in-time-Anwendungen auch ein Trend zur Vereinfachung und Standardisierung von Planungsmethoden zu beobachten [Zim88: 309].

15.1.3.3 Bringschuld vs. Holpflicht

Ausgehend von einer deterministischen Planungslogik verfolgt die Just-in-case-Strategie bei der Auftragssteuerung und Materialversorgung das Prinzip der Bringschuld. Aufträge und Materialien werden von einer zentralen Planungs- und Steuerungsinstanz auf der Grundlage geplanter Termine, Mengen und Kapazitäten in die Produktion „geschoben", nach ihrer Bearbeitung an eine Zentralinstanz zurückgemeldet und zum nächsten Arbeitsplatz gebracht. Der Impuls zur Initiierung des logistischen Transformationsprozesses wird am Anfang der Logistikkette ausgelöst. Im Gegensatz hierzu liegt die Grundidee der Just-in-time-

Strategie in einer nachfrageinduzierten Selbststeuerung nach dem Holprinzip [Wil95: 35 f.]. Die logistische Kette ist als Netzwerk dezentraler, vermaschter Regelkreise konzipiert. Ausschließlich das tatsächlich benötigte Material wird vom Verbraucher bei einer vorgelagerten externen oder internen Produktionsstufe geholt, wobei eine Entnahme gleichzeitig die Nachproduktion in der vorgelagerten Produktionsstufe anstößt. Der auslösende Impuls zur Steuerung von Produktions- und Beschaffungsaktivitäten erfolgt nicht auf der Basis von Plänen, sondern nach Maßgabe konkreter Kundenaufträge in der letzten Stufe der Logistikkette. Neben diesen ablauforientierten Differenzierungskriterien beruht der eigentliche Unterschied zwischen Bring- und Holprinzip in der Umkehrung der Beweisführung. Während dem Leistungsersteller bei der Bringschuld Mängel in der Leistungserfüllung nachgewiesen werden müssen, erfordert die Holpflicht, daß der Leistungsersteller selbst die Ursachen für eine Nichterfüllung offenlegt. Er hat dadurch kaum noch Möglichkeiten, sich über falsche Planvorgaben oder Fehler von Vorleistungsbereichen zu exkulpieren und ist deshalb bestrebt, potentielle und vorhandene Fehlerquellen möglichst frühzeitig zu beseitigen.

15.1.3.4 Absicherung von Terminen vs. Durchlaufzeitreduzierungen

Die Zeiteffizienz innerhalb der logistischen Prozeßkette soll im Rahmen der Just-in-case-Logistik in erster Linie durch die Absicherung von Terminen sowie durch ein konsequentes Zeit-Controlling sichergestellt werden. Insofern wird auch hier von einer absoluten Beherrschbarkeit von Wertschöpfungsprozessen ausgegangen. Es wird unterstellt, daß lange aber geplante Durchlaufzeiten grundsätzlich beherrschbar sind, wenn eine hohe Terminzuverlässigkeit im logistischen Netzwerk gewährleistet werden kann. Im Unterschied hierzu verfolgt das Just-in-time-Konzept eine konsequente Zeitraumbetrachtung. Sämtliche Aktivitäten in der logistischen Prozeßkette sind darauf ausgerichtet, die Liefer-, Durchlauf- und Wiederbeschaffungszeiten zu reduzieren. Als Optimum der Zeiteffizienz wird ein Flußgrad von eins angestrebt. Ein solcher ist dann zu erreichen, wenn die kumulierten Bearbeitungszeiten der Durchlaufzeit entsprechen oder anders ausgedrückt, wenn nicht-wertschöpfende Liege-, Warte-, Lager- so-

wie Transportzeiten im Material- und Informationsfluß vermieden werden.

Just-in-case und Just-in-time stellen die Antipoden eines unternehmensspezifischen logistischen Leitbildes dar. Sie liefern gemeinsam mit den logistischen Grundprinzipien eine idealtypische Grundlage für die Optimierung von Lieferanten-Abnehmer-Beziehung, die Gestaltung von Systemen der Produktions-, Distributions- und Entsorgungslogistik sowie die Durchführung logistikorientierter Reorganisationsprogramme [Had94].

Literatur zu Abschnitt 15.1

[Ball85] Ballou, R.H.: Business logistics management. 2nd ed. Englewood Cliffs, N.J.: Prentice-Hall 1985

[Ble91] Bleicher, K.: Organisation. IBM Nachr. 41 (1991)304, 15–23

[Bow86] Bowersox, D.J.; Closs, D.J.; Helferich, O.K.: Logistical management. 3rd ed. New York - London: 1986

[Cha89] Chase, R.B.; Garvin, D.A.: The service factory. Harvard Business Rev., July-August 1989, 61–69

[Dom84] Domschke, W.: Logistik: Standorte. München-Wien: 1984

[Ecc54] Eccles, H.E.: Logistics – What is it? Naval Research Logistics Qu. 1954, 5–15

[Eid94] Eidenmüller, B.: Die Produktion als Wettbewerbsfaktor. 4. Aufl. Köln - Zürich: 1994

[Fre90] Frese, E.: Entwicklungstendenzen in der organisatorischen Gestaltung der Produktion. In: Zukunftsperspektiven der Organisation. (Festschrift Robert Staerkle), Bern: 1990, 81–97

[Gut83] Gutenberg, E.: Grundlagen der Betriebswirtschaftslehre, Bd. 1: Die Produktion. 24. Aufl. Berlin: Springer 1983

[Had94] Hadamitzky, M.C.: Analyse und Erfolgsbeurteilung logistischer Reorganisationen. Diss. Univ. Passau 1994

[Hal83] Hall, R.W.: Zero inventories. Homewood, Ill.: 1983

[Ham93] Hammer, M.; Champy, J.: Reengineering the corporation. New York: 1993

[Hau92] Hautz, E.: Die logistische Kette. Fortschrittl. Betriebsführung 41(1992), Nr. 1, 4–7

[Ihd87] Ihde, G.B.: Stand und Entwicklung der Logistik, in: DBW 47 (1987) 703–716

[Ihd89] Ihde, G.B.: Logistikplanung. In: Szyperski, N.(Hrsg.): Hwb. der Planung. Stuttgart: Paeschel 1989, Sp. 984–992

[Ihd91] Ihde, G.B.: Transport, Verkehr, Logistik. 2. Aufl. München: 1991

[Jün89] Jünemann, R.: Materialfluß und Logistik. Berlin: Springer 1989

[Kir73] Kirsch, u.a.: Betriebswirtschaftliche Logistik. Wiesbaden: Gabler 1973

[Kuh91] Kuhn, A.: CIM und Logistik. CIM-Management (1991), Nr. 4, 4–11

[Mag85] Magee, J.F.; Copacino, W.C.; Rosenfield, D.B.: Modern logistics management. New York: 1985

[Mey93] Meyer, M.: Logistik-Management. in: DBW 53 (1993) 253–270

[Ohm86] Ohmae, K.: Japanische Strategien. Hamburg: 1986

[Pfo72] Pfohl, H.-Ch.: Marketing-Logistik. Mainz: 1972

[Pfo90] Pfohl, H.-Ch.: Logistiksysteme. 4. Aufl. Berlin: Springer 1990

[Ulr68] Ulrich, H.: Die Unternehmung als produktives soziales System. Bern: 1968

[Sch90] Schonberger, R. J.: Building a chain of customers. New York: 1990

[Sha85] Shapiro, R.D.; Heskett, J.L.: Logistics strategy. St. Paul, Minn.: 1985

[Sim88] Simon, H.: Management strategischer Wettbewerbsvorteile. ZfB 58 (1988) 461–480

[Sim89] Simon, H.: Die Zeit als strategischer Erfolgsfaktor. ZfB 59 (1989) 70–91

[Spu91] Spur, G.: Rationalisierung zeitbestimmender Arbeitsprozesse. In: Milberg, J. (Hrsg.): Wettbewerbsfaktor Zeit in Produktionsunternehmen. Berlin: Springer 1991, 95–112

[Sta88] Stalk, G., jr.: Time: The next source of competition advantage. Harvard Business Rev. (1988), 4, 41–51

[Sta90] Stalk, G.; Hout, Th.M.: Competing against time. New York: 1990

[Suz87] Suzaki, K.: The new manufacturing challenge. New York: 1987

[Web94] Weber, J.; Kummer, S.: Logistikmanagement. Stuttgart: 1994

[Weg93] Wegner, U.: Organisation der Logistik: Berlin: 1993

[Wil92] Wildemann, H.: Das Just-in-time Konzept. 3. Aufl. München: TCW Transfer-Centrum GmbH 1995, 4. Aufl.

[Wil94] Wildemann, H.: Fertigungsstrategien. 2. Aufl. München: TCW Transfer-Centrum GmbH 1994, 2. Aufl.

[Zim88] Zimmermann, G.: Produktionsplanung variantenreicher Erzeugnisse mit EDV. Berlin: 1988

15.2 Beschaffungslogistik

Bei der wettbewerbswirksamen Umsetzung von Logistikstrategien ist eine Einbeziehung der Material- und Informationsflußbeziehungen zwischen Lieferanten und Produzenten unabdingbar. Ziel ist es, die gesamte unternehmensübergreifende Wertschöpfungskette hinsichtlich der Erfolgsfaktoren Zeit, Qualität und Kosten zu optimieren. Die Verfolgung dieses Ziels setzt neben einer engeren Zusammenarbeit zwischen Zulieferunternehmen und Produzenten strukturelle und prozessuale Veränderungen voraus. Die logistische Kette zwischen Lieferanten und Endverbraucher ist so zu gestalten, daß produktionssynchrone Direktanlieferungen ohne kostenintensive Kontrollaktivitäten, Transporte, Umverpackungen und Zwischenlagerungen ermöglicht werden. Darüber hinaus ist die Arbeitsteilung in mehrstufigen Hersteller-Lieferanten-Beziehungen unter Einbeziehung von Logistikdienstleistern neu zu definieren. Demzufolge beziehen sich die Gestaltungsfelder der Beschaffungslogistik sowohl auf unternehmensübergreifende Informations- und Materialflußprozesse als auch auf die Strukturierung von Beschaffungskonzepten und deren methodische Unterstützung.

15.2.1 Versorgungskonzepte

Das Ziel betrieblicher Versorgungssysteme besteht in der Bereitstellung der Produktionsfaktoren in der richtigen Qualität und Menge am richtigen Ort und zur richtigen Zeit, um auf diese Weise Verschwendung beispielsweise in Form überdimensionierter Pufferbestände, redundanter Qualitätsprüfungen oder unnötiger Handlingoperationen zu vermeiden. Um dies zu erreichen, ist die logistische Kette zwischen Zulieferer und Abnehmer hinsichtlich des Materialflusses und des damit verbundenen Informationsflusses zu gestalten. Ein Versorgungskonzept für das gesamte Teilespektrum eines Unternehmens erfordert eine differenzierte Betrachtung der Eigenschaften der Kaufteile. Für einzelne Kaufteil- oder Materialgruppen können dabei verschiedene Normstrategien zur Anwendung kommen.

Diese Form der Beschaffung findet insbesondere bei einer auftragsbezogenen Einzelfertigung Anwendung, wenn für ein Kaufteil unregelmäßige, sporadische Bedarfe vorliegen. Die Beschaffung erfolgt erst zu dem Zeitpunkt, wenn ein mit einem Kundenauftrag verbundener Bedarf vorliegt. Lange Wiederbeschaffungszeiten solcher Bauteile können dazu führen, daß der Beschaffungsvorgang auf dem kritischen Zeitpfad liegt, die Wiederbeschaffungszeit der Kaufteile also die Lieferzeit der Endprodukte determiniert. Demzufolge bewirken Lieferverzögerungen der Lieferanten unmittelbar Verzögerungen bei der Fertigung und teilweise bei der Auslieferung der Endprodukte. Der externen Materialflußgestaltung wird in diesen Fällen weniger Planungsaufwand gewidmet. Die Disposition und der Einkauf erfolgt fallweise.

Wertig- keit / Vorhersage- genauigkeit	hoher Verbrauchs- wert / A-Material	mittlerer Verbrauchs- wert / B-Material	niedriger Verbrauchs- wert / C-Material
hohe Vorhersage- genauigkeit / X-Gruppe			
mittlere Vorhersage- genauigkeit / Y-Gruppe	besonders geeignet für die produktionssynchrone Beschaffung		
niedrige Vorhersage- genauigkeit / Z-Gruppe			

Bild 15-6 Materialklassifizierung nach Verbrauchswert und -struktur mittels ABC-XYZ-Analyse

Vorratsbeschaffung

Bei der Vorratsbeschaffung wird die Fertigung des Abnehmers durch Materialpuffer vom Beschaffungsmarkt entkoppelt. Nicht zu synchronisierende Materialströme zwischen dem Beschaffungsmarkt und der Fertigung machen diese Pufferung erforderlich. Vorteile der Vorratsbeschaffung bestehen in einer gesteigerten Materialverfügbarkeit sowie der Möglichkeit, durch Mengenrabatte oder Mengenvorteile beim Transport die Einstandskosten zu senken. Demgegenüber entstehen Nachteile durch erhöhte Kapitalbindung und Lagerhaltungskosten sowie das Risiko obsoleter Bestände. Die durch Kundenwünsche erhöhte Spezifität der Kaufteile führt dazu, daß aufgrund von Planungsunsicherheiten das benötigte Kaufteil nicht im Lager ist. Die Vorteile einer höheren Materialverfügbarkeit werden daher häufig mit hohen Beständen erkauft.

Produktionssynchrone Beschaffung

Unter produktionssynchroner Beschaffung wird eine verbrauchsorientierte Anlieferung von Kaufteilen verstanden. Der Produktionsplan des Abnehmers bestimmt somit die Anlieferfrequenz und -menge der Kaufteile [Wil95a: 64 ff.]. Auf diese Weise soll teilespezifisch die Versorgungssicherheit des Abnehmers mit der Optimierung von Bestandsreichweiten kombiniert werden. Kaufteile, die sich für eine produktions-

synchrone Beschaffung eignen, können anhand einer kombinierten ABC-XYZ Analyse identifiziert werden. Bei der ABC-Analyse wird der Verbrauchswert zugrunde gelegt. Die XYZ-Analyse segmentiert die Kaufteile nach ihrer Verbrauchsstruktur unter Verwendung der Kriterien der wöchentlichen Vorhersagegenauigkeit oder der monatlichen Verbrauchsschwankungen. Je nach Positionierung der Kaufteile im ABC-XYZ-Diagramm kann die Eignung zur produktionssynchronen Beschaffung beurteilt werden [Wil95a: 30] (vgl. Bild 15-6). Für die produktionssynchrone Beschaffung eignen sich insbesondere AX-Teile. Ihre produktionssynchrone Beschaffung ermöglicht regelmäßig die größten Einsparungen durch Bestandsabbau. Der gleichzeitig stetige Teileverbrauch erleichtert die vorbereitende Planung der Anliefermengen und Abstimmung der Materialflüsse zwischen Abnehmer und Lieferant. CZ-Teile sind dagegen nicht zur produktionssynchronen Beschaffung geeignet. Der unkalkulierbare Bedarf würde die ständige Bereitstellung großer Kapazitätsreserven durch den Lieferanten bedingen, um überhaupt die aus der produktionssynchronen Beschaffung resultierenden Anforderungen zu befriedigen. Diese Bereitstellung zumeist unnötiger Kapazitäten wäre ökonomisch nicht sinnvoll, insbesondere nicht vor dem Hintergrund der nur geringen erzielbaren Einsparungen bei diesen Teilen.

Das Konzept der produktionssynchronen Beschaffung erfordert eine Synchronisation der inner- und zwischenbetrieblichen Abläufe zwischen Abnehmer und Lieferant. Die beteiligten Unternehmen haben möglichst identische Mengen- und Zeitstandards zu verwenden und die Verfügbarkeit der notwendigen Einsatzfaktoren wie Personal- und Maschinenkapazitäten sicherzustellen. Insbesondere im Hinblick auf Bedarfsschwankungen müssen die Unternehmen in der Lage sein, mit ausreichender Flexibilität die *Versorgung* sicherzustellen. Die Installation wenig störanfälliger Prozesse hilft Qualitätsschwankungen und damit verbundene Liefertermerminverzögerungen zu vermeiden. Bei der Einführung der produktionssynchronen Beschaffung erhalten aus diesem Grund solche Kaufteile Priorität, die sich neben der Erfüllung der genannten Eignungskriterien durch sichere Fertigungsprozesse auszeichnen.

15.2.1.1 Materialflußgestaltung

Das Ziel der Materialflußgestaltung ist die Realisierung aufwands- und schnittstellenarmer Logistikstrukturen, die eine enge Zusammenarbeit zwischen Abnehmer und Lieferant beinhalten und eine Fertigung mit kurzen Lieferzeiten und hoher Versorgungssicherheit gewährleisten. Dabei kann zwischen verschiedenen Ausgestaltungsformen unterschieden werden.

Direktanlieferung

Mit der Direktanlieferung erfolgt der Versuch, die wertschöpfenden Einzelprozesse des Liefe-

ranten und des Abnehmers eng zu verknüpfen, indem auf die Zwischenschaltung von Wareneingangsbuchungen, Qualitätskontrollen und Zwischenlagerungen verzichtet wird. Der Zulieferer verpackt die Teile transport- und verbrauchsgerecht und liefert sie ohne Wareneingangsprüfung direkt an den Verbauort in der Fertigung oder an die Montage des Abnehmers. Eine Lagerhaltung erfolgt nur in der Form von Übergangslagern. Anwendungsmöglichkeiten ergeben sich für die Direktanlieferung vor allem dann, wenn einem Lieferanten genau eine verbrauchende Stelle im Abnehmerbetrieb zugeordnet werden kann. Jede andere Ausprägung (ein Lieferant und mehrere abnehmende Stellen, mehrere Lieferanten und eine abnehmende Stelle, mehrere Lieferanten mit mehr als einer abnehmenden Stelle) bedingt eine zusätzliche Koordinationsstufe, die eine übergeordnete, bedarfsbündelnde Termin- oder Mengendisposition vorzunehmen hat.

Die für die produktionssynchrone Beschaffung bereits definierten Kriterien zur Teileauswahl sind gemäß Bild 15-7 für die Direktanlieferung zu erweitern. Darüber hinaus hat auch eine Bewertung der betroffenen Lieferanten zu erfolgen [Wil95b] (vgl. Bild 15-8). Wichtige Voraussetzung für eine effiziente Durchführung der Direktanlieferung ist die *Versorgung* der Fertigung mit Bauteilen in Null-Fehler-Qualität. Bereits im Produktionsprozeß der Kaufteile sind mögliche Fehler beim Lieferanten zu entdecken. Die Qualitätssicherungsfunktion sollte deshalb auf den Lieferanten übertragen werden. Eine

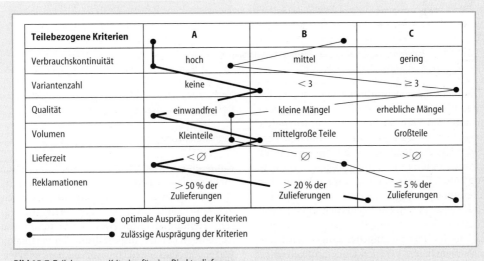

Teilebezogene Kriterien	A	B	C
Verbrauchskontinuität	hoch	mittel	gering
Variantenzahl	keine	< 3	≥ 3
Qualität	einwandfrei	kleine Mängel	erhebliche Mängel
Volumen	Kleinteile	mittelgroße Teile	Großteile
Lieferzeit	< Ø	Ø	> Ø
Reklamationen	> 50 % der Zulieferungen	> 20 % der Zulieferungen	≤ 5 % der Zulieferungen

●——● optimale Ausprägung der Kriterien
●——● zulässige Ausprägung der Kriterien

Bild 15-7 Teilebezogene Kriterien für eine Direktanlieferung

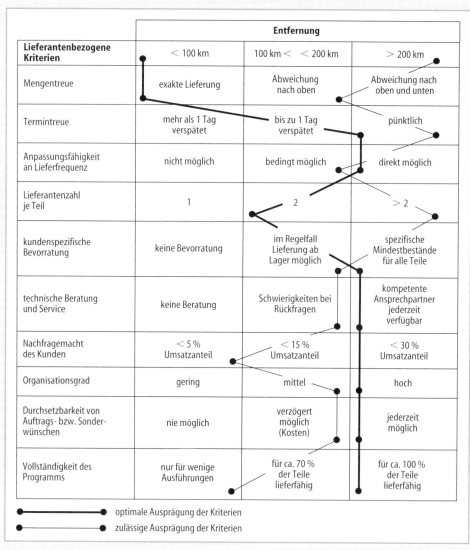

Bild 15-8 Lieferantenbezogene Kriterien für eine Direktanlieferung

einheitliche Dimensionierung der vom Lieferanten versandten, vom Spediteur transportierten und vom Verbraucher weiterverarbeiteten Mengeneinheit zu logistischen Einheiten vermeidet Handlingaufwand wie Umpacken oder Kommissionieren. Die zu verfolgende Zielsetzung lautet: Liefereinheit = Transporteinheit = Puffereinheit = Lagereinheit = Verbrauchseinheit [Wil95c: 19, 87]. Zur Rechtssicherheit ist der Zeitpunkt des Eigentumsübergangs zu definieren. Durch Wareneingangsbuchungen wird dieser Moment fixiert. Bei Direktanlieferungen empfiehlt sich die Verantwortungsdelegation an den Verbauort. Der Fakturierungszeitpunkt kann lieferungsunabhängig gewählt werden.

Lagerstufenkonzepte

Kann eine Direktanlieferung von Kaufteilen nicht realisiert werden, sind geeignete Lagerstufen zu definieren. Eine Lagerstufe entkoppelt den Materialfluß innerhalb der vertikalen Warenverteilungsstruktur zwischen Lieferant und Abnehmer. Bei der Ausgestaltung der vertikalen Warenverteilungsstruktur ist zu klären, wieviele Lagerstufen zwischen Lieferant und Abnehmer

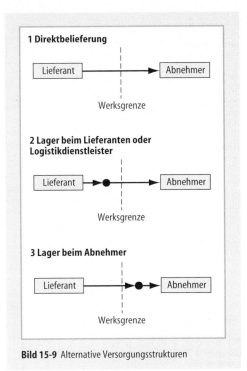

1 Direktbelieferung

Lieferant ⟶ Abnehmer

Werksgrenze

2 Lager beim Lieferanten oder Logistikdienstleister

Lieferant ⟶●⟶ Abnehmer

Werksgrenze

3 Lager beim Abnehmer

Lieferant ⟶●⟶ Abnehmer

Werksgrenze

Bild 15-9 Alternative Versorgungsstrukturen

zu implementieren sind. Da die Einrichtung einer zusätzlichen Lagerstufe immer einer Unterbrechung des Materialflusses entspricht und von Stufe zu Stufe zusätzliche Sicherheiten in Form von Beständen eingeplant werden, ist die Anzahl der Lagerstufen möglichst gering zu halten. Verschiedene Motive sprechen dennoch für die Lagerung von Kaufteilen zwischen Lieferant und Abnehmer, beispielsweise, wenn aus Gründen der Transportökonomie eine bestimmte Auslastung der Transportmittel angestrebt wird. Eine Kongruenz zwischen Transportmenge und der Bedarfssituation beim Abnehmer ist selten gegeben. Die dann notwendige Ausgleichsfunktion wird von einer Lagerstufe übernommen [Wil95b: 163f.]. Die durch die Transportoptimierung oft notwendige Zwischenpufferung der Kaufteile ergibt sich in erster Linie aus der geographischen Entfernung zwischen Zulieferer und Abnehmer und erst in zweiter Linie aus der Lagersituation beim Abnehmer. Der Lagerort kann dabei sowohl beim Lieferanten wie auch beim Abnehmer liegen (vgl. Bild 15-9). Tritt als zusätzliche Prämisse das Vorhalten von Sicherheitsbeständen hinzu und ist das Kaufteil für mehrere verschiedene Abnehmer bestimmt, so liegt der ökonomisch sinnvolle Standort beim Lieferanten oder einem beauftragten Lo-

gistikdienstleister. Allerdings bestehen Abnehmer oft auf einer unmittelbaren Nähe des Lagers zu ihrer Fertigungsstätte. Manche Abnehmer gehen sogar so weit, Läger in der unmittelbaren Nähe der jeweils abnehmenden Verbrauchstellen zu fordern. Als Gründe für dieses Verhalten können eine angestrebte Sicherung des Materialflusses und die Reduktion von Handlingaufwand für den Abnehmer genannt werden [Wil95b: 163f.].

Die Entscheidung der Errichtung zentraler oder dezentraler Läger hängt ab vom Auftragsvolumen, der Auftragsstruktur, der Sortimentsbreite und der Artikelstruktur, die in einem Lagersystem zu handhaben sind. Sollen vorwiegend kleine Auftragsvolumina gehandhabt und an eine große Zahl unterschiedlicher Abnehmer geliefert werden, so ist tendenziell eine zentrale Lagerhaltung vorzuziehen. Bei wenigen Abnehmern mit hohen Abnahmemengen ist dagegen eine dezentrale Lagerstruktur zu bevorzugen. Im Einzelfall ist zu beachten, daß mit zunehmender Zentralisierung von Lägern die Transportkosten vom Werk zum Lager sinken, hingegen die Nachlaufkosten zur Belieferung der Abnehmer von Zentrallägern ansteigen. Hinsichtlich der Artikelstruktur sind die Kaufteile nach Wert und Volumen zu unterscheiden. Hochwertige, teure Kaufteile sind tendenziell zentral zu lagern, um niedrigere Bestandskosten zu erreichen. Für großvolumige Kaufteile spricht ebenfalls eine zentrale Lagerung, da durch eine Verringerung des einzulagernden Volumens hohe Lagerkosten eingespart werden können [Wil95d].

Die erforderliche Lagerorganisation kann durch drei unterschiedliche Typen klassifiziert werden (vgl. Bild 15-10). Beim Typ A erfolgt zunächst eine Einlagerung nach Sachnummern in ein Warenlager. Aus diesem Warenlager erfolgt vor dem Verbauzeitpunkt in der Fertigung die Kommissionierung in ein fertigungsnahes Bereitstellager. Daraus wiederum entnimmt das Personal die benötigten Teile selbständig. Als für diese Lagerorganisationsform typische Teile gelten häufig oder mehrfach verwendbare Bauteile, die sich durch einen relativ niedrigen Fertigstellungsgrad auszeichnen. Anwendungsgebiete sind insbesondere Einzel- oder Kleinserienfertigungen oder sehr beengte Produktionsbereiche. Die Materialversorgung des Bereitstellagers liegt im Verantwortungsbereich des Warenlagers. Eine Einlagerung nach Aufträgen (Typ B), bei denen die Bauteile kommissioniert

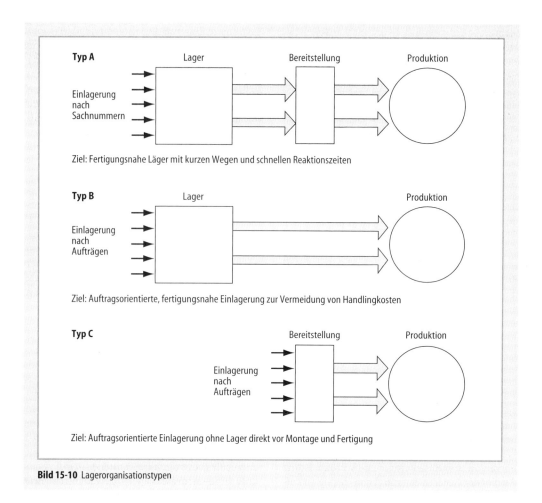

Bild 15-10 Lagerorganisationstypen

(vgl. 16.5.7) vorgehalten werden, verringert das Materialhandling, da eine zusätzliche Bereitstellung in der Fertigung entfällt. Bei Auftragsbeginn ist das notwendige Material komplett an die Bearbeitungsstellen zu liefern. Mehrfach verwendbare Teile lassen sich nicht bei Bedarf anderen Aufträgen zuteilen. Aufträge können erst dann begonnen werden, wenn sämtliche Materialien für die Fertigung vorhanden sind. Typischer Anwendungsfall ist die geringstufige Fertigung, z.B. Montage. Der geringste Handlingaufwand ergibt sich bei Typ C, bei dem das notwendige Material bei der *Anlieferung* direkt an den verbrauchenden Arbeitsplatz oder die vorgesehene Bereitstellfläche transportiert wird. Jede zusätzliche Handhabung entfällt. Es liegt eine auftragsbezogene, bearbeitungsplatzorientierte Materialversorgung vor [Wil95b: 165].

Die gemeinsame Festlegung der Lagerstufen zwischen Abnehmer und Lieferant beeinflußt

wichtige Kostenblöcke. Zunächst können die variablen Handlingkosten pro Kaufteil gesenkt werden, da die Anzahl der Lagerspiele pro Kaufteil mit einer Reduzierung der Lagerstufen abnimmt. Aufgrund sich ergebender Betriebsgrößenvorteile bei Personaleinsatz, Organisation und Betriebstechnik können die fixen Kosten der gesamten Lagerstruktur durch einen Verzicht auf Lagerstufen gesenkt werden. Darüber hinaus führt eine Reduktion der Lagerstufen zur Senkung der Kapitalbindungskosten. Voraussetzung für eine Reduktion von Lagerstufen ist eine verbesserte Abstimmung und gegenseitige Information zwischen Abnehmer und Lieferant sowie die Optimierung der Transportorganisation, insbesondere hinsichtlich Pünktlichkeit und Flexibilität [Wil95d].

Eine Gestaltungsoption von Lagerstufen besteht in der Organisation als *Konsignationslager*. Die *Bevorratungsebene* befindet sich im Abnehmerwerk in der Nähe des Verbrauchsortes, so daß der Abnehmer jederzeit den erforderlichen Bedarf entnehmen kann. Das Lager untersteht der direkten Verfügungsgewalt des Abnehmers, die Fakturierung der Teile erfolgt zeitlich versetzt erst bei der Entnahme. Der Lieferant kann innerhalb der durch Mindest- und Maximalbestände definierten Grenzen Anlieferzeitpunkt und -mengen selbst bestimmen. Hierdurch erhöht sich der Dispositionsspielraum, so daß er Transportoptimierungen vornehmen kann und eigener Lagerraum entlastet wird. Eine weitere Gestaltungsalternative ist das *Speditionslager* oder *Vertragslager*. Hier wird in räumlicher Nähe zum Abnehmerwerk eine Lagerstufe eingerichtet, in die Anlieferungen verschiedener Lieferanten erfolgen. Zielsetzung ist durch den Einzug einer zusätzlichen Lagerstufe den Koordinationsaufwand zwischen den Materialströmen verschiedener Lieferanten zu minimieren und eine unternehmensübergreifende Optimierung des Materialflusses zu erreichen. Anlieferungen erfolgen auf Basis der *Lieferabrufe* direkt in dieses Lager. Im Gegensatz zum Konsignationslager erfolgt der Eigentumsübergang zwischen Abnehmer und Lieferant mit der Anlieferung der Teile im Abnehmerwerk [Wil95d].

Neben der organisatorischen Gestaltung einer Lagerstufe ergibt sich die Notwendigkeit, vertragliche Regelungen bezüglich der Zuständigkeit über die Bestandshöhe, die Übernahme der Lagerkosten, die Bestimmung des Fakturierungszeitpunktes und die Verantwortung bei Inventurdifferenzen zu treffen (vgl. Bild 15-11). Den Hauptnutzen einer Regelung hat der Abnehmer, wenn Kosten für das Lager und die Be-

standsverantwortung vom Lieferanten getragen werden, der Abnehmer selbst jedoch den Fakturierungszeitpunkt bestimmt (Typ I). Eine andere Verteilung der Vorteile ergibt sich, wenn der Abnehmer die Kosten für das Lager übernimmt und der Fakturierungszeitpunkt durch die Entnahme oder den Verbau festgelegt wird, die Bestandsverantwortung aber weiterhin vom Lieferanten getragen wird (Typ II). Das Modell präferiert den Lieferanten, wenn sowohl die Lagerkosten als auch die Bestandshöhe vom Abnehmer verantwortet werden, und der Lieferant den Fakturierungszeitpunkt bestimmen kann (Typ III). Inventurdifferenzen sind sachlich nur von dem Personenkreis zu verantworten, der auch die physische Kontrolle über das Lager besitzt. Die Bewirtschaftung von Lagerstufen kann ebenso *Spediteuren* oder *logistischen Dienstleistern* übertragen werden, wobei das Aufgabenspektrum für logistische Dienstleister um zusätzliche Aufgabenstellungen wie das Verpacken oder Kommissionieren erweitert werden kann [Wil95b: 167f.].

15.2.1.2 Speditionskonzepte

Häufige Lieferungen kleiner Mengen als wichtiges Kriterium für eine erfolgreiche Konzeption von Versorgungskonzepten stehen der Reduzierung von Transportkosten entgegen [Wil95b]. Folgende Gestaltungsansätze (vgl. Bild 15-12) können den scheinbaren Widerspruch zwischen flexibler, kostengünstiger produktionssynchroner Belieferung einerseits sowie potentiellen Transportkostensteigerungen und Verkehrsproblemen durch wachsendes Verkehrsaufkommen andererseits auflösen:

1. Errichtung von Montageeinheiten des Lieferanten in der Nähe des Abnehmers,
2. Einsatz von lieferantenorientierten Gebietsspediteuren,
3. Einsatz von *Ringspediteuren* oder die
4. Zwischenschaltung von Logistik-Redistributions- oder Güterverkehrszentren.

Befinden sich Zulieferunternehmen in weiter räumlicher Entfernung vom Abnehmerbetrieb und sind die Abnehmerbetriebe insbesondere mit großvolumigen Teilen oder kundenspezifischen Systemkomponenten produktionssynchron zu beliefern, so ist von Zulieferern zu überprüfen, ob kleine Montageeinheiten im unmittelbaren Einzugsbereich des Abnehmerwerkes sich wirtschaftlich sinnvoll erweisen. Kurze

Modelltypen	Bestands-verant-wortung?	Wer trägt die Lager-kosten?	Wer bestimmt den Zeitpunkt der Fakturierung?
I	A	A	ZL
II	ZL	A	A
III	ZL	ZL	A

A Abnehmer, **ZL** Zulieferer

Bild 15-11 Verantwortungsbereiche bei Lagermodellen

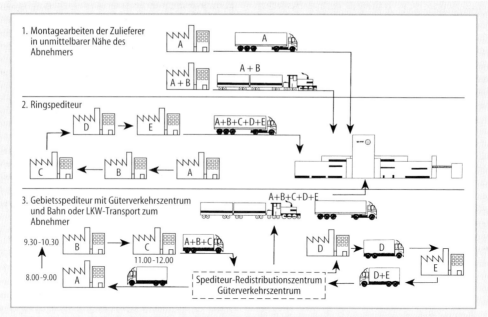

Bild 15-12 Realisierungskonzepte zur produktionssynchronen Beschaffung

Abrufzeiten bedingen eine räumliche Nähe zum Einbauort. Um eine einseitige Abhängigkeit des Lieferanten vom Abnehmer nach dem Bau der investitionsintensiven *Montageeinheit* zu vermeiden, empfiehlt es sich für den Lieferant, im Vorfeld dieser Investition eine möglichst langfristige vertragliche Regelung insbesondere über Liefermengen, Preise und Logistikleistungen mit dem Abnehmer zu treffen. Sind Einbauteile aus überregionalen Standorten zum Abnehmer zu transportieren, ist der Einsatz von lieferantenorientierten *Gebietsspediteuren* zu prüfen. Ziel dieses Anlieferkonzeptes ist es, Waren aus einer definierten Region von einer größeren Anzahl von Lieferanten in definierten Zeitperioden zu Sammelladungen zusammenzufassen und als Komplettladung zu entsprechend niedrigeren Frachttarifen zum Abnehmer zu transportieren. Je nach räumlicher Entfernung, verkehrstechnischer Anbindung und Transportvolumen ist es sinnvoll, die Sammelladungen auf Sonderzügen der Bahn zusammenzufassen. Die Bündelung einer Vielzahl von Einzelsendungen senkt die Transportkosten, vermeidet Engpässe im Wareneingang des Abnehmerbetriebs, vereinfacht die Terminsteuerung, entschärft gleichzeitig die Verkehrsproblematik und reduziert Umweltbelastungen. Das Gebietsspediteurkonzept zielt auf die Bün-

delung möglichst vieler Einzelsendungen ab. Die Einführung von Gebietsspediteuren erfordert eine Analyse des Mengen- und Termingerüstes der Zulieferteile und Lieferanten. Nach der Erfassung der regionalen Standorte der Lieferanten sind die Transportmengen und Liefertermine sowie die Transportbelastung zu ermitteln. Bei der Realisierung sind Regionen zu definieren, innerhalb derer die Standorte der Lieferanten in ein Linienverkehrskonzept des Spediteurs eingebunden werden. Ein weiterer Lösungsansatz besteht in der Einführung von Ringspediteurkonzepten. Sie bezeichnen die Bildung von Sammeltransportrouten, die eine Zusammenstellung von Lkw-Zügen mit einer überschaubaren Zahl von Lieferanten erlauben. Die Anzahl der Lieferanten eines Speditionsrings ist dabei abhängig von den jeweiligen Liefermengen und der Entfernung der Lieferanten untereinander. Neben der Transportzeit ist pro Anlaufstation der Rundreise ein Zeitfenster für den Beladungsvorgang und eventuelle Wartezeiten zu berücksichtigen. Außer Ring- und Gebietsspediteuren werden zur räumlichen und zeitlichen Bündelung kleinvolumiger Sendungen mit langen Transportwegen *Güterverkehrszentren* eingesetzt. Güterverkehrszentren bilden eine Schnittstelle zwischen verschiedenen Verkehrsträgern wie Straße, Schiene, Wasserstraßen oder Luft. Sie stellen eine räumliche Zusammenfassung von verkehrlichen und transportergänzenden Dienstleistungsbetrieben dar und übernehmen eine Koordinationsfunktion der verschiedenen Güterverkehrsströme. Neben einer Transportwegeoptimierung und der Realisierung der Wahl des optimalen Verkehrsträgers ermöglichen Güterverkehrszentren eine Vermeidung von Transporten durch Kombination von Distributions- und Rücknahmetransporten. Hierdurch können Leerfahrten vermieden werden. Abnehmerbetriebe und Logistikdienstleister können als Nutzer von Güterverkehrszentren herkömmliche Transportstrukturen durch Flächen- und Knotenpunktverkehre ersetzen und gleichzeitig die Einsatzbedingungen der massenleistungsfähigen Bahn verbessern [Wil95e].

Gebiets-, Ringspediteurkonzept und Güterverkehrszentren schließen sich gegenseitig nicht aus. Sie lassen sich zu einem optimierten *Materialversorgungssystem* kombinieren. Unter Berücksichtigung der unternehmensspezifischen Anforderungen des Abnehmerunternehmens empfiehlt sich zur Einrichtung eines solchen Versorgungssystems folgende Vorgehensweise: Zunächst ist in einem regionalen Umkreis zum Abnehmerbetrieb in Abhängigkeit von Entfernungen und Liefermengen ein Ringspediteurkonzept zu implementieren. Mit steigender Anzahl von Anlaufstationen und weiterer Fahrstrecken des Sammeltransporteurs wächst die Gefahr von Terminverzögerungen. In einem zweiten Schritt sind daher bisher nicht beteiligte Lieferanten einzubinden, indem kleine Sammelladungen im überschaubaren Nahverkehr durch Gebietsspediteure abgeholt werden und in Spediteur-Redistributions-Zentren oder Güterverkehrszentren zu Sammelladungen größeren Umfangs zusammengefaßt werden. Die *Versorgung* der Abnehmer erfolgt dann von diesen Zentren im „Nachtsprung" per Lkw oder mit der Bahn. Innerhalb eines dritten Abschnitts der Realisierung gehen Unternehmen dazu über, die Bahn in das Transportkonzept einzubinden, um weitere Kostenvorteile zu realisieren. Dabei werden von lokalen Gebietsspediteuren in entfernteren Regionen *Sammelladungen* mit einem solchen Frachtaufkommen geschaffen, daß diese wirtschaftlich mit Sonderzügen abgeholt werden können. In einer Konsolidierungsphase ist die ursprünglich durchgeführte Tourenplanung in regelmäßigen Zeitabständen in Abhängigkeit möglicher Parameteränderungen zu überprü-

fen. Der reibungslose Verlauf von Materialversorgungskonzepten wird gewährleistet, wenn folgende Bedingungen erfüllt werden:
- vorausgeplante Abholungen hinsichtlich Menge und Termin sowie Anlieferung beim Abnehmer in vorgegebenen Zeitfenstern,
- zentrale Planung der *Abholsystematik* mit einer lokalen Steuerung und Kontrolle durch Logistikdienstleister,
- definierte Verpackungsgrößen,
- gleichmäßiger und deterministischer Auftragsfluß sowie
- Disziplin bei der Beachtung der aufgestellten Planungen und Regeln.

Der Einsatz der *Speditionskonzepte* erfolgt in der Regel im Auftrag der Abnehmerunternehmen. Die Umstellung von Frei-Haus- auf Ab-Werk-Konditionen zwischen Abnehmer und Zulieferer sowie die damit oft verbundene Neuverhandlung der Einkaufspreise erfolgt auf Basis der ermittelten Transportkosten und ermöglicht durch Mengeneffekte bei der Transportabwicklung eine Senkung der Einstandskosten für den Abnehmer. Im Rechtsverhältnis zwischen Abnehmer und Lieferant ist zu berücksichtigen, daß der Einsatz von Speditionskonzepten die bisherige Bringschuld des Zulieferers in eine Holschuld des Abnehmers oder beauftragten Logistikdienstleisters wandelt.

15.2.1.3 Informationsflußgestaltung

Das Gestaltungsfeld Informationsfluß zwischen Zulieferer und Abnehmer bezieht sich auf die Erarbeitung effizienter Informationsflußstrukturen, die zur Planung, Steuerung und Koordination des physischen Materialstroms zwischen Zulieferer und Abnehmer erforderlich sind. Ziel der Informationsflußgestaltung ist es, die Voraussetzungen dafür zu schaffen, daß allen an der logistischen Kette beteiligten Parteien die zur Durchführung der Materialbewegungen benötigten Informationen in der gewünschten Form, zum richtigen Zeitpunkt und an der richtigen Stelle zur Verfügung gestellt werden. Die Informationsübermittlung findet in der Regel zwischen dem Abnehmer, Zulieferern und Logistikdienstleistern statt. Der Schwerpunkt der Zusammenarbeit zwischen den Beteiligten ist darauf gerichtet, den Informationsstand der Beteiligten zu verbessern und ihnen eine vereinfachte und effiziente Anpassung der Versorgung an die tatsächlichen betrieblichen Erfordernisse des Abnehmers zu ermöglichen.

Zielsetzungen

Die Ausgestaltung des Informationssystems zwischen Abnehmer, Zulieferer und Logistikdienstleister verfolgt die Zielsetzung, Informationen unterschiedlichen Inhalts, die in unterschiedlichen Mengen zu unterschiedlichen Zeiten und an unterschiedlichen Orten auftreten, so zu erfassen, zu speichern, zu verarbeiten und zu übertragen, daß die Informationsbedarfe der beteiligten Bereiche abgedeckt werden. So können die Voraussetzungen geschaffen werden, daß die an Schnittstellen zwischen den verschiedenen Gliedern der Wertschöpfungskette auftretenden Verluste in Form von beispielsweise hohen Beständen durch verbesserte Informationen ersetzt werden. Den sinkenden Bestandskosten stehen dabei allerdings steigende Informationsversorgungskosten gegenüber. Es ist deshalb notwendig, ein Kostenminimum zwischen den Informationsversorgungskosten und den durch die fehlenden Informationen veranlaßten Folgekosten zu finden. Um den Klärungsaufwand zwischen den beteiligten Unternehmen zu minimieren, sind die Informationen verständlich und übersichtlich darzustellen und zu übertragen. So ist durch eine exakte Definition von Datenfeldern und -inhalten dazu beizutragen, daß eine präzise Kommunikation ermöglicht wird. Diese Standardisierungen sind allerdings oft sehr zeitintensiv und aufwendig. Dies gilt insbesondere für Informationssysteme, die mehrere Unternehmen miteinander verbinden und eine Kommunikation über Sprachgrenzen hinaus ermöglichen. Bei der Gestaltung eines Informationssystems sind diese oft schwer zu quantifizierenden Vorbereitungskosten neben den Kosten für die physische Einrichtung und den Betrieb des Informationssystems von besonderer Relevanz. Der Informationsgehalt und die Übertragungshäufigkeit sind genau auf die Bedürfnisse der beteiligten Unternehmen abzustimmen, dabei aber einfach und verständlich zu gestalten. Weitere elementare Zielsetzung bei der Gestaltung eines Informationssystems ist die Sicherstellung der Akzeptanz des Systems bei den betroffenen Mitarbeitern. Lange Reaktions- und Antwortzeiten des Systems, die Nichterreichung vorgegebener Betriebssicherheiten oder wenig benutzerfreundliche Schnittstellen zwischen System und Mitarbeiter erschweren die Akzeptanz und bilden oftmals einen wichtigen Grund für das Scheitern einer Systemeinführung. In diesem Zusammenhang ist ebenfalls darauf zu achten, daß die an der Benutzung des Systems beteiligten Mitarbeiter Gestaltungs- und Entscheidungsfreiheiten behalten. Ihre Erfahrungen sollen durch das System genutzt und auf andere Mitarbeiter übertragen werden. Die Zielsetzung der Systemgestaltung hat darüber hinaus eine eventuelle Zunahme des zukünftigen Bearbeitungs- und Datenvolumens zu berücksichtigen. Die Entwicklung des Informationssystems hat im Einklang zu stehen mit der unternehmerischen Gesamtplanung. So sind Veränderungen der Fertigungstiefe, Standortverlagerungen und Veränderungen der Einkaufsstrategien zu berücksichtigen [Wil95d].

Informationsflußanalyse

Im Rahmen der Gestaltung eines Versorgungskonzeptes erstreckt sich die Ist-Analyse des Informationsflusses auf die Ermittlung des Planungsablaufs, die Untersuchung der Belegorganisation und der Planungsgrößen sowie eine Erfassung und Auswertung der Informationsdurchlaufzeiten. Zur Erstellung eines Sollkonzeptes ist zunächst eine Bedarfsaufstellung von Funktionen vorzunehmen, die das zukünftige Informationssystem zu leisten hat. Die Untersuchungsergebnisse liefern wichtige Informationen darüber, welche Aufgaben bereits von anderen Informationssystemen wie Produktionsplanungs- und Steuerungssystemen erfüllt werden. Es ist zu prüfen, inwieweit diese Systeme mit dem Informationssystem zwischen Abnehmer, Zulieferer und Logistikdienstleister gekoppelt werden können oder wie eine Systemintegration stattfinden kann. Den Schwerpunkt bei der Einführung neuer Informationssysteme zwischen Abnehmer, Lieferant und Logistikdienstleister stellt die Organisation der Bestellabwicklung und der Datenaustausch zwischen den Beteiligten dar. Für die Implementierung eines geeigneten flexiblen Abrufsystems hat die Betrachtung des internen und externen Informationsflusses zu erfolgen. Eine Analyse des innerbetrieblichen Informationsablaufs zwischen Vertrieb und Einkauf/Beschaffung soll den Zusammenhang zwischen Bedarf und Bestellung verdeutlichen. Es ist der Frage nachzugehen, nach welcher Systematik ein Materialbedarf in der Fertigung in eine konkrete Bestellung der Einkaufsabteilung umgewandelt wird.

Ebenfalls ist der externe Informationsablauf zwischen Einkauf und den Lieferanten zu berücksichtigen. Eine Untersuchung dieses Abschnitts hat zur Aufgabe, den Prozeß der Materialbestellung auf seiten des Abnehmers bis hin zum entsprechenden Abruf beim Lieferanten zu analysieren. Besonderes Augenmerk ist hier auf die bereits bestehende Abrufsystematik sowie auf die verwendeten Informationsübertragungsstandards mit Lieferanten zu richten. Die graphische Darstellung dieses Informationsablaufs ermöglicht die Kennzeichnung von Problemschwerpunkten, die bei einem Abruf zu beachten sind [Wil95d].

15.2.1.4 Informationssysteme zwischen Abnehmern und Lieferanten

Bevor Lieferabrufe definiert und Informationsübermittlungssysteme implementiert werden, ist es erforderlich, die Belegorganisation, die Entstehungsorte der Belege sowie deren Erstellungsinstanzen zu ermitteln. Da die Übertragung von Belegen entweder konventionell durch Pendelkarten oder elektronisch per EDV erfolgt, ist zu prüfen, welche Informationsträger eingesetzt und wie die Informationen den Lieferanten zugänglich gemacht werden. Eine Analyse der Belegorganisation führt häufig zur Identifizierung redundanter Informationsabläufe. So können durch die Einführung von identischen Stammdatenkatalogen beim Abnehmer und beim Lieferanten erhebliche Reduzierungen des Informationsumfangs von Abrufen erreicht werden. Hierdurch kann eine Grundlage für eine wirtschaftliche Datenübertragung geschaffen werden, bei der als Abrufinformation lediglich die Teilenummer, der Bedarfstermin und die Menge übertragen werden. Alle übrigen Daten, wie Lieferant, Anliefer- und Verwendungsort sind im Teilestammsatz enthalten [Wil95d].

Werden die benötigten Kaufteile unabhängig voneinander auf mehreren Entscheidungsebenen disponiert, führt dies im Regelfall zu einer Aufsummierung der individuellen Sicherheitszuschläge. Ansätze zur Verringerung der Sicherheitsbestände ergeben sich aus der Reduzierung von Dispositions und Entscheidungsstufen. Die Reduzierung der Planungsebenen kann zu einer engeren Planungsvarianz führen. Es ist deshalb anzustreben, zeitliche Planungsvorgaben zentral zu überwachen und den einzelnen Stellen den bereichsübergreifenden Cha-

rakter dieser Aufgaben zu vermitteln. Zentrale Informationsspeicher wie Datenbanken stellen bei dezentralen Entscheidungsbefugnissen eine Möglichkeit zur integrativen, zielkonformen Auftragserfüllung dar. Der erforderliche Einsatz leistungsfähiger Informationsverarbeitungs und Übertragungstechniken erlaubt auch ohne zusätzliche Aufwendungen eine Erhöhung der Dispositionsfrequenz. Kürzere Dispositionszyklen führen aufgrund ihrer Nähe zum tatsächlichen Bedarfszeitpunkt zu kleineren Bestellmengen und geringeren Bestandsreichweiten. Eine Integration der internen und externen Informationsflüsse ermöglicht eine kurzfristige automatische Übertragung von Produktionsprogrammänderungen des Herstellers in den Datenbestand der Dispositionssysteme der Zulieferfirmen. So ist es beispielsweise denkbar, daß der aktuelle Produktionsplan des Abnehmers periodisch aufgelöst wird und nach Abgleich der Bedarfe mit dem verfügbaren Bestand der effektive Bedarf tagesgenau im Dispositionsprogramm des Lieferanten ermittelt wird.

Die Intensität der Kooperation und der Grad der Integration des Lieferanten sowie des Logistikdienstleisters in die Abläufe der Abnehmer sind abhängig von der Fristigkeit der gegenseitigen Geschäftsverbindungen und ihres wertmäßigen Volumens. Lieferanten, zu denen nur kurzfristige Geschäftsbeziehungen bestehen, werden in der Regel nicht in ein aufwendiges Informationssystem einbezogen, da die zu erzielenden Einsparungen nicht die Implementierungskosten kompensieren. Einzelbestellungen von operativen Einkäufern oder Disponenten erfolgen deshalb in Schriftform. Lieferanten, die in längerfristigen Geschäftsbeziehungen mit dem Abnehmer stehen, sind frühzeitig in den Produktionsplanungsprozeß des Abnehmers einzubinden. Der Zulieferer wird in die Lage versetzt, die notwendigen Produktionsfaktoren rechtzeitig bereitzustellen und seine Produktion entsprechend den Verbrauchsmengen und -zeitpunkten des Abnehmers zu steuern. Um Mengen- und Terminplanungen der Lieferanten zu ermöglichen, bietet sich eine dreistufige Planungssystematik in Form rollierender Vorausschauen an (vgl. Bild 15-13). Planungsebene 1 stellt eine *Rahmenvereinbarung* dar. Sie umfaßt einen längerfristigen Zeithorizont von beispielsweise einem Jahr, legt Artikelgruppen, Gesamtmengen und Qualität der Kaufteile fest und ermöglicht dem Lieferanten eine längerfri-

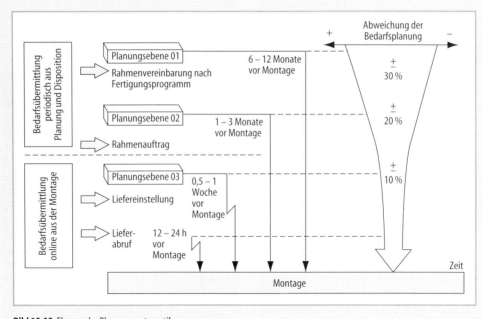

Bild 15-13 Ebenen der Planungssystematik

stige Kapazitätsplanung. Die Höhe der vereinbarten Abweichung der Bestellmengen ist stark abhängig von der Verhandlungsstärke des Abnehmers gegenüber dem Zulieferer. Die Planungsebene 2 bezieht sich auf die *Rahmenaufträge* und umfaßt einen mittelfristigen Zeithorizont von bis zu drei Monaten, für den die jeweiligen Bedarfe festgelegt werden. Die Mengenabweichungen sollten auf ein Niveau von 10 % fixiert werden. Diese an den Zulieferer übermittelten Informationen dienen der Materialdisposition und zur Planung der Vorfertigung. Planungsebene 3 stellt den endgültigen Lieferabruf dar, der exakt und kurzfristig die zu liefernden Mengen verbindlich festlegt. In manchen Fällen erfolgen diese Lieferabrufe in zwei Schritten. Dem tatsächlichen Lieferabruf ist eine Liefereinteilung vorgeschaltet, die etwa eine bis eine halbe Woche vor dem Bedarf in der Fertigung des Abnehmers von dessen Fertigungssteuerung ausgelöst wird. Zu diesem Zeitpunkt sollten die Bedarfsmengen mit einer Genauigkeit von ± 2 % übermittelt werden. Der Lieferabruf erfolgt etwa einen Tag vor dem tatsächlichen Bedarf und läßt keine Bedarfsmengenschwankungen zu. Die Bedarfsübermittlung der Planungsebenen erfolgt periodisch. Die Informationen der Planungsebene 3 sind dem Lieferanten permanent zu übermitteln.

Abrufsystematiken

Eine Verbesserung der Abrufsysteme kann durch die Streichung einzelner Entscheidungs- und Dispositionsstufen erreicht werden. Eine Ausprägung stellt dabei der Lieferabruf aus der Fertigung dar. Mitarbeiter in der Fertigung übernehmen die Aufgabe, den Materialbedarf eines definierten Fertigungsbereiches selbständig vom Lieferanten direkt abzurufen. Hierdurch erfolgt eine schnelle und verbrauchsnahe Bedarfsinformation an den Lieferanten, die Transparenz der Versorgungssituation des Fertigungsbereiches wird verbessert und dispositive Aufwendungen werden reduziert [Wil95f]. Eine weitere Variante zur Aufwandsminimierung der Bestellabwicklung stellen automatische Bestellungen des Abnehmers dar [Mor91]. Bei Unterschreiten eines definierten Mindestlagerbestands erfolgen automatische Bestellungen aus dem Produktionsplanungs- und Steuerungssystem. Hauptanwendungsgebiet für automatische Bestellungen können C-Teile sein. Im Rahmen der Fremdvergabe logistischer Leistungsumfänge ist eine Übertragung der Abwicklung des Bestellverkehrs zwischen Abnehmer und Zulieferer und dessen Integration in Lieferabrufsysteme auf externe Dienstleister möglich. Hierfür bieten sich insbesondere Speditionsunternehmen, die auch die Organisation des Materialtransportes durchführen oder Clearinghäuser an. Durch die Zusammenlegung von Materialtransport und Lieferabrufe in eine Hand können dispositive Tätigkeiten reduziert und eine Verbesserung der Versorgungssicherheit erreicht werden.

Datenaustausch zwischen Abnehmer und Zulieferer

Die Umsetzung einer produktionssynchronen Beschaffung mit tages- und stundengenauen Anlieferfrequenzen setzt eine Beschleunigung des Datenaustausches zwischen Abnehmer, Zulieferern und Logistikdienstleistern voraus (vgl. Bild 15-14). Hierdurch gewinnt die Datenfernübertragung (DFÜ/EDI, Electronic Data Interchange) bei intensiven Geschäftsbeziehungen an Gewicht. Doch nicht jeder Datenaustausch kann mit EDI bezeichnet werden. Die Daten müssen zur direkten Weiterverarbeitung in Anwendungsprogrammen geeignet sein. Eine wichtige Voraussetzung zur Realisierung eines internationalen elektronischen Geschäftsverkehrs zwischen Unternehmen ist die Schaffung von Übertragungsstandards. Im Jahre 1988 wurde ein weltweit einheitliches Verfahren für den automatisierten Datenaustausch verabschiedet. Es handelt sich um den Standard EDIFACT (EDI

for Administration, Commerce and Transport) und ist in ISO 9735 genormt. Darüber hinaus bestehen Branchennormen, wie etwa „Odette" für die Automobilindustrie.

Die Bedeutung der elektronischen Datenfernübertragung wird aus den Potentialen ersichtlich, die mit einer konsequenten Nutzung realisiert werden können. Produktivitätsgewinne können erzielt werden, indem manuelle oder mehrfache Dateneingaben entfallen. Dadurch kann gleichzeitig die Fehlerrate der Informationsübertragung gesenkt werden. Für die beteiligten Unternehmen ergeben sich des weiteren Zeitvorteile. Die Reaktionszeiten der Geschäftspartner werden reduziert. Freie Kommunikation mit Electronic Mail und strukturierten Datenbanken verbessern das Informationsmanagement im Unternehmen und über das Unternehmen hinaus. Nicht zuletzt spielt auch der Vertrauensgewinn zwischen Zulieferer und Abnehmern eine wichtige Rolle. So kann mehr Transparenz über die Pünktlichkeit von Wareneingängen oder die aktuelle Qualität von Produkten erreicht werden.

Bei der Realisierung der Informationsflußgestaltung ist eine enge Anbindung an die Materialflußgestaltung zu berücksichtigen. Der mit dem *Materialfluß* unmittelbar verknüpfte Informationsfluß soll die fehlerfreie Abwicklung der *Versorgung* des Abnehmerunternehmens

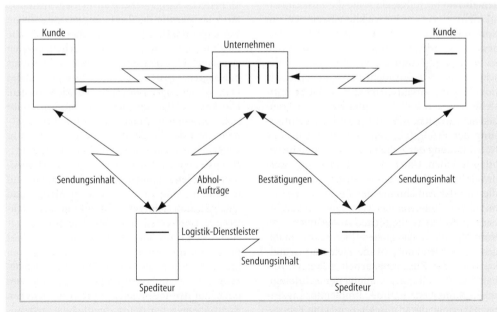

Bild 15-14 Elektronischer Datenaustausch (EDI) in einer unternehmensübergreifenden Logistikkette

mit Kaufteilen sicherstellen. Die Informationsflußgestaltung, insbesondere die Form der Bestellabwicklung und die Art der Datenübertragung sind an die Erfordernisse der Materialflußgestaltung anzupassen. Bei der Einführung ist die Datenorganisation festzulegen und darauf zu achten, daß das Informationssystem jenes Zeitverhalten erreicht, welches durch die Materialflußgestaltung definiert worden ist. Die betroffenen Mitarbeiter sind intensiv zu schulen und die geplanten Abläufe vor dem Starttermin mehrfach zu testen. Zusätzlich ist auch eine Notfallstrategie auszuarbeiten, die Alternativabläufe im Falle von technischen Störungen vorsieht. In den meisten Fällen ist auch der Belegfluß innerhalb der Informationsflußgestaltung neu zu definieren und zu organisieren, da nicht jede informatorische Verknüpfung papierlos zu gestalten ist.

15.2.2 Formen der Zulieferer-Abnehmer-Beziehungen

Bei Fremdbezugsanteilen von häufig über 50 % der Produktionskosten ergibt sich die Wettbewerbsfähigkeit eines Unternehmens vermehrt in Abhängigkeit der Leistungsfähigkeit und Kostensituation der Lieferanten. Da Hersteller und Zulieferunternehmen die Produkte sowie die dazu erforderlichen Prozesse und Leistungen gemeinsam beeinflussen, sollte die Zusammenarbeit bereits in der Entwicklung beginnen, um Kosten zu senken, das Qualitätsniveau zu verbessern sowie Entwicklungs- und Lieferzeiten zu verkürzen. Damit die Vorteile neuerer Beschaffungsstrategien nicht durch überproportional hohe Transaktionskosten an der Schnittstelle zwischen Zulieferer und Hersteller kompensiert werden, muß die positive Beeinflussung der Erfolgsfaktoren konsequent in eine Neugestaltung der Zulieferer-Abnehmer-Beziehung münden. Unter Transaktionskosten werden dabei die Koordinationskosten verstanden, die von der Anbahnung der Zusammenarbeit mit einem Zulieferer, der vertraglichen Vereinbarung bis hin zu möglichen Änderungen und Kontrollfunktionen anfallen [Pic82: 270]. Im folgenden werden zunächst die Ziele und Grundkonzepte der Zusammenarbeit erläutert. Anhand der Gestaltungsparameter der technologischen Kompetenz und der Problemlösungskapazität erfolgt daran anschließend eine Typisierung der Hersteller-Zulieferer-Beziehung.

15.2.2.1 Zielsetzungen in der Zulieferer-Abnehmer-Beziehung

Internationalisierung und Globalisierung der Absatz- und Beschaffungsmärkte fördern den intensiven Kosten- und Wettbewerbsdruck und zwingen zur Erschließung jeglicher Wettbewerbsvorteile. Die zunehmende Transparenz über Preise und Leistungen sowie die Offenheit zwischen den internationalen Märkten verstärken diese Tendenz. Parallel dazu ist eine weitergehende Differenzierung der Konsumentenbedürfnisse zu beobachten, die von den Unternehmen schnelle und flexible Reaktionsmöglichkeiten erfordert, um bestehende Marktpotentiale auszuschöpfen. Die notwendige Flexibilität bezieht sich dabei nicht nur auf möglichst kurze Marktbelieferungszeiten, sondern ebenso auf kurze Entwicklungszeiten. Nicht zuletzt gewinnt das Qualitätsniveau an Bedeutung, da Qualität eine notwendige Mindestbedingung im Wettbewerb darstellt. Damit Qualität nicht im nachhinein auf höchster Wertschöpfungsstufe geprüft wird, erhebt sich immer mehr die Forderung nach präventiven Qualitätssicherungskonzepten sowie nach einer 100%igen Anlieferung von Gutteilen (s. 13.2.1).

Um die gestellten Wettbewerbsanforderungen zu erfüllen, standen bisher insbesondere unternehmensinterne Rationalisierungsmaßnahmen zur Durchlaufzeitreduzierung, Variantenbeherrschung, Dezentralisierung sowie zur Modularisierung der Fertigungsstrukturen im Vordergrund. Damit kann die organisatorische Flexibilität im zwischenbetrieblichen Bereich zwischen Hersteller und Lieferanten allerdings nur begrenzt gesteigert und die Komplexität der Lieferbeziehungen nur wenig reduziert werden. Die *Komplexität der Lieferbeziehungen* ergibt sich vor allem in Abhängigkeit der Leistungstiefe sowie der Anzahl der Lieferanten, die dem Unternehmen zuliefern: Mit abnehmender Leistungstiefe wächst der Umfang und die Bedeutung des Liefervolumens, das es im Hinblick auf die Anlieferung in der richtigen Menge und Qualität, zum richtigen Zeitpunkt und am richtigen Ort zu koordinieren gilt. Die Aufgabe gestaltet sich noch komplexer, wenn ein Produkt nicht nur von einem, sondern von mehreren Lieferanten bezogen wird (*Mehrquellenbelieferung*). Die Komplexität ergibt sich damit zum einen auf der Teileebene, da die verschiedenen Komponenten bei unterschiedlichen Lieferanten disponiert werden müssen, und zum ande-

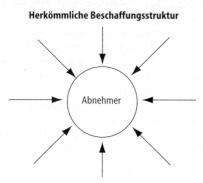

Herkömmliche Beschaffungsstruktur

Abnehmer

- Viele Lieferanten
- Lieferungen auf niedriger Erzeugnisstufe
- Hohe Fertigungstiefe des Abnehmers
- Mehrquellenbelieferung
- Tendenziell kurzfristigere Zusammenarbeit mit Dominanz des Preisfaktors
- Kontrolle der Lieferanten
- Hoher Koordinationsaufwand in der Beschaffung

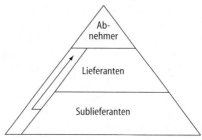

Konzept der Zulieferpyramide

Ab-nehmer

Lieferanten

Sublieferanten

- Wenige Direktlieferanten
- Lieferungen auf hoher Erzeugnisstufe
- Niedrige Fertigungstiefe des Abnehmers
- Überwiegend Einquellenbelieferung
- Tendenziell langfristige Zusammenarbeit mit starken Leistungsbezug
- Schulung, Information und Vertrauen
- Niedriger Koordinationsaufwand in der Beschaffung

Bild 15-15 Grundkonzepte der Zusammenarbeit

ren auf Lieferantenebene bei der Auswahl, Betreuung und Ausgestaltung der Kommunikation mit den Zulieferern. Für die Beschaffungs- und Zulieferlogistik gewinnt daher die Aufgabe *„systemischer Rationalisierung"*, also der durchgängigen, unternehmensübergreifenden Optimierung der Innovations- und Wertschöpfungskette im Hinblick auf die Verbesserung der Wettbewerbsfaktoren, an Wichtigkeit.

Als unterschiedliche Grundkonzepte der Zusammenarbeit zwischen Hersteller und Zulieferer lassen sich die Formen einer eher kurzfristigen Ausrichtung der Zusammenarbeit sowie das aus Japan stammende Konzept der Zulieferpyramide gegenüberstellen [Wom91: 145ff., Lam94: 199ff.] (vgl. Bild 15-15). *Traditionelle Zulieferstrukturen* sind durch eine Vielzahl von Lieferbeziehungen zwischen Hersteller und seinen Lieferanten gekennzeichnet. Hersteller in Europa lassen sich durchschnittlich von mehreren hundert Zulieferern Teile, Komponenten und komplexe Module liefern. Die Festlegung auf nur einen Lieferanten für jedes bezogene Teil wird dabei bewußt vermieden, da die Hersteller die Abhängigkeit von einem Lieferanten scheuen. Bei einer engeren Ausrichtung auf den Zulieferer wird befürchtet, daß die Zulieferunter-

nehmen den Wettbewerbsdruck verlieren und geringere Anstrengungen für Verbesserungen unternehmen. Die Auswahl der Lieferanten erfolgt in der Regel kurzfristig, häufig mit hoher Dominanz des Preisfaktors, und nur für befristete Zeit. Die Lieferbeziehung ist demgemäß eher durch Mißtrauen als Vertrauen, geringen Informationsaustausch und wenig Abstimmung über strategische Planungen gekennzeichnet. Nach der Lieferantenauswahl erfolgen laufende Kontrollen bezüglich möglicher Preissenkungen, Einhaltung des Qualitätsniveaus und sonstiger Vereinbarungen oder bezüglich Substitutionsmöglichkeiten der Zulieferunternehmen (s. 13.2.2 und 13.5.4). Eine kurzfristig orientierte Einkaufspolitik der Hersteller schafft eine ungünstige Ausgangssituation für herstellerspezifische Investitionen, denn je kleiner die Zeitspanne der Zusammenarbeit definiert ist, desto geringer ist die Bereitschaft der Zulieferer, für diesen Hersteller Investitionen zu tätigen [Wil95a: 136].

Bei dem Konzept der *Zulieferpyramide* finden dagegen verstärkt Prinzipien partnerschaftlicher Zusammenarbeit zwischen Zulieferern und Abnehmern Anwendung. Die Konzentration auf wenige, leistungsstarke Zulieferer führt zusammen mit dem Trend zur Ein- oder Zweiquellenbelieferung zu einer überproportional abnehmenden Zahl von Lieferanten, die mit den Herstellern in direktem Kontakt stehen. Die enge Ausrichtung der Lieferbeziehungen erfolgt auch auf Seiten der Lieferanten, die empirischen Untersuchungen zufolge 82 % ihres Umsatzes mit nur einem Hersteller tätigen [Syd91: 245]. Die Direktlieferanten beliefern die Hersteller überwiegend mit komplexeren Modulen oder Systemen. Norm- und Standardteile sollen hingegen nach Möglichkeit nicht dem Hersteller geliefert, sondern in den Modulen verbaut werden. Insgesamt leitet sich so eine pyramidenförmige Zulieferstruktur ab: Die erste Stufe der Pyramide umfaßt System- oder Modulanbieter, die die Hersteller direkt beliefern. Der daraus resultierende hohe Abstimmungs- und Kommunikationsbedarf zwischen Abnehmer und Lieferant bewirkt, daß sich die Standorte der *Systemlieferanten* häufig in räumlicher Nähe der Hersteller befinden und die Zulieferer den Herstellern zu neuen Standorten nachfolgen. Die Direktlieferanten lassen sich von anderen Zulieferunternehmen die von ihnen benötigten, maßgeschneiderten Teile liefern. Diese Komponenten- oder Teilefertiger weisen keinen direkten Kontakt zum Abnehmer auf und werden von den Modul- oder Systemlieferanten koordiniert. Ein Teil der Subkontraktoren beschäftigt wiederum weitere Zulieferfirmen, so daß sich die Zulieferpyramide auf mehrere Ebenen fortsetzt. Die Auswahl der Lieferanten der ersten Ebene erfolgt unter langfristigen Gesichtspunkten, die vor allem die Entwicklungspotentiale eines Lieferanten bezüglich seines Know-hows, Qualitätsfähigkeit oder Entwicklungsleistungen mit berücksichtigen und sich in mehrjährigen Verträgen oder sogar Verträgen über den gesamten Modellebenszyklus eines Produkts hinweg manifestieren. Insofern steht nicht die Kontrolle eines Lieferanten im Vordergrund, sondern seine Befähigung, die gesetzten Anforderungen eigenständig zu erfüllen. Dementsprechend stellen Informations- und Schulungsveranstaltungen, Auditierungen zur Aufdeckung und nachhaltigen Beseitigung erkannter Schwachstellen bis hin zum Personal- und Erfahrungsaustausch zwischen Zulieferer und Abnehmer wichtige Bestandteile in der Lieferbeziehung dar. Die Beziehungen zwischen Zuliefer- und Herstellerunternehmen sind eher informell und beruhen selten auf ausgefeilten vertraglichen Vereinbarungen. Sie werden vielfach durch die für japa-

nische Verhältnisse typischen kapitalmäßigen Beteiligungen verstärkt und erstrecken sich auch auf Beziehungen zu Finanzinstituten, Handelshäusern oder zur Politik (*Keiretsu*) [Syd91: 243ff., Sch91: 262]. Die vertrauensvolle und umfassende Zusammenarbeit zwischen Zulieferern und Abnehmern ermöglicht die Abkehr von kurzfristigen Kostenminimierungsstrategien und verhilft, wie insbesondere das Beispiel der japanischen Automobilindustrie zeigt, zu großen Leistungssteigerungen und Kostensenkungen über die gesamte Innovations- und Wertschöpfungskette hinweg.

15.2.2.2 Typisierung der Hersteller-Zulieferer-Beziehung

Eine Typisierung der Hersteller-Zulieferer-Beziehung kann anhand der Gestaltungsparameter der technologischen Kompetenz in Form von Produktions- und Produkt-Know-how und der Problemlösungskapazität vorgenommen werden. Die sichere Beherrschung von Prozeßtechnologien und die gezielte Ausrichtung der Technologien auf die Anforderungen des Abnehmers bilden Voraussetzungen für eine kostengünstige und qualitativ hochwertige Produktion. Produkt-Know-how manifestiert sich in der Fähigkeit, unter Berücksichtigung von Zeit-, Kosten- und Qualitätszielen bedarfsgerecht Produkte zu entwickeln und zu produzieren. Das Kriterium für die Problemlösungskapazität bestimmt sich hingegen nach Initiative und Risikoübernahme bei Produktions- und Entwicklungsprozessen. Dabei hängt das Ausmaß der Problemlösungskapazität davon ab, ob ein Zulieferer lediglich Teile nach Vorgaben des Abnehmers produziert und entwickelt, oder ob er im Extremfall bei Übernahme des vollen Risikos eigenständig Prozeß- und Produktinnovation betreibt. Legt man die technologische Kompetenz und die Problemlösungskapazität als Typisierungskriterien zugrunde, so lassen sich vier Typen von Zulieferformen unterscheiden (vgl. Bild 15-16) [Wil95a: 42ff.].

Typ A: Teilefertiger. *Teilefertiger* produzieren vom Abnehmer entwickelte Produkte und standardisierte Teile und werden daher auch als verlängerte Werkbank oder Nachbaulieferanten der Herstellerunternehmen bezeichnet. Abnehmer stellen dazu gegebenenfalls von ihnen entwickelte Werkzeuge und Vorrichtungen zur Verfügung. Es handelt sich tendentiell um eher einfache Produkte oder standardisierte Kompo-

Leistungs- umfang Kompetenz	durch den Abnehmer vordefinierte Produkte und Verfahren	System- und Problem- lösungs- kapazität
Produktions- Know-how	**A** Teilefertiger	**B** Produktions- spezialist
Produktions- und Produkt- Know-how	**C** Entwicklungs- partnerschaften	**D** Wertschöpfungs- partnerschaften

Bild 15-16 Typen der Hersteller-Zulieferer-Beziehung

nenten, die kurzfristig und flexibel von Teilefertigern bezogen werden. Teilefertiger werden
teilweise auch dazu herangezogen, Kapazitätsspitzen abzufangen oder kurzfristig sich bieten-
de Preisvorteile auszuschöpfen ohne langfristige
Verträge einzugehen. Die technologischen Ein-
trittsbarrieren sind in diesem Segment relativ
niedrig, so daß ein erfolgreicher Teilefertiger
konsequent eine Position der Kostenführerschaft anstreben muß. Eine hohe Produktivität
unter Einhaltung des geforderten Qualitätsstandards sind zur Sicherung der Wettbewerbsfähigkeit von Teilefertigern als Grundvorlaus-
setzungen erforderlich. Dies wird jedoch nur in
lokalen Marktnischen möglich sein, da der
wachsende Informationsaustausch und die damit einhergehende Transparenz auf den Welt-
märkten den internationalen Wettbewerb fördern und bestehende komparative Kostendifferenzen offenlegen. Die langfristige Perspektive
von Teilelieferanten ist vor dem Hintergrund
des zunehmenden weltweiten Einkaufs der Abnehmer, der damit verbundenen Ausdehnung
des Konkurrentenkreises auf internationale
Märkte und deren Standortvorteilen vergleichsweise schlecht. Zudem verfolgen Herstellerunternehmen das Ziel, die Anzahl ihrer direkten
Lieferanten zu reduzieren, um Komplexität in
der Beschaffung abzubauen. Teilefertiger, die
niedrigwertige Einzelteile mit bekannten, meist
wenig innovativen Technologien produzieren,
haben dabei geringere Chancen, zu diesen ausgewählten, kompetenten Zulieferern zu zählen.
Die Zielsetzung für Teilelieferanten muß demnach darin bestehen, als Lieferanten der zweiten
oder unteren Ebene der Zulieferpyramide

Kosten- oder andere, entscheidende Leistungsvorteile zu erarbeiten, so daß sie für mehrere,
eventuell sogar internationale System- oder
Modullieferanten zu interessanten Partnern
werden. Insbesondere eine hohe Flexibilität ist
angesichts der oftmals stark schwankenden Bedarfe der Hersteller ein wichtiges Wettbewerbs-
argument, um die Lieferanten der ersten Ebene
just in time beliefern zu können.

Typ B: Produktionsspezialist. Der *Produktionsspezialist* zeichnet sich durch die Fähigkeit
der teilespezifischen Prozeßinnovation aus, wodurch sich die Möglichkeit der Einnahme einer
temporären Monopolstellung bietet. Die Prozeßinnovation wird dabei vom Zulieferunternehmen eigenständig initiiert und auf eigenes
Risiko durchgeführt. Der Aufbau von Prozeß-
entwicklungspotential durch Aufstockung von
Kapazitäten in der Vorrichtungs-und Werk-
zeugkonstruktion, in der Handhabungstechnik
oder im Anlagenbau setzen die Fähigkeit und
Bereitschaft zu größeren Investitionen voraus.
Insbesondere für eine kundennahe Produktion
und Zulieferung werden in zunehmendem
Maße Investitionen in flexible Fertigungseinrichtungen benötigt. Diese Investitionen dienen
nicht nur einem einzigen, sondern einer Reihe
von Produkten und werden deshalb als Investitionen in die Infrastruktur des Unternehmens
angesehen. Dem Hersteller bietet sich in dieser
Form der Zulieferung die Möglichkeit, innovative Produkte ohne Belastung der eigenen Ent-
wicklungskapazitäten zuzukaufen und Zugang
zu neuem Know-how und Technologien zu erhalten. Die Absicherung der Rückflüsse des Zulieferers, die zur Deckung der Vorleistungen
dienen und die grundsätzliche Frage, wer pro-
blem- oder kundenspezifische Werkzeuge und
Vorrichtungen bezahlt, werden vielfach zum
Gegenstand von Einquellenbelieferungen oder
zum Vertragsinhalt von Modellebenszyklus-
Verträgen. Aufgrund von Kostenüberlegungen
und der Tatsache, daß sich Produktionsspezialisten vornehmlich auf weniger komplexe Komponenten spezialisieren, wechseln Herstellerunternehmen in späteren Produktlebensphasen
häufig zu einer Mehrquellenbelieferung durch
Teilefertiger, indem der Abnehmer das spezifische Prozeß-Know-how des Produktionsspezialisten weitergibt und durch die in der Regel kostengünstiger produzierenden Teilefertiger herstellen läßt. Durch diese Förderung der Nachbaulieferanten erfolgt eine Diffusion neuer Prozeßtechnologien und gleichzeitig eine Schwä-

chung der Position des Produktionsspezialisten, da die Amortisation der hohen Anfangsinvestitionen in die Prozeßtechnologie erschwert wird. Die daraus resultierenden Risiken können und müssen bei erfolgreichen Produktionsspezialisten durch eine höhere Innovationsrate im Prozeßbereich und Kooperationen mit Konkurrenten und Vorlieferanten vermindert werden. Denn nur die Steigerung der Innovationsfähigkeit ermöglicht die erneute Einnahme einer temporären Monopolstellung und sichert den Herstellern Zulieferleistungen auf höchstem und neuestem technologischen Niveau.

Typ C: Entwicklungspartnerschaften. In zunehmendem Maße wird bei einer kundennahen, variantenreichen Produktion die Entwicklungszeit und die Marktbelieferungszeit (time to market) zu einem eigenständigen Wettbewerbsfaktor. Die sukzessive Abarbeitung von Konstruktionsaktivitäten mit anschließender Produktion wird abgelöst durch den Versuch einer simultanen Produkt- und Prozeßentwicklung. Im Zuge der Reduzierung der Fertigungs- und Entwicklungstiefe bei Herstellerunternehmen ergibt sich dabei ein steigender Koordinationsbedarf zwischen Abnehmer und Zulieferer. Die Entwicklungsabteilungen der Hersteller sind vermehrt auf Unterstützung und Vorschläge zur Produktverbesserung angewiesen, die vor allem von den Fachkräften zu leisten sind, die die Baugruppen und -teile herstellen. Zulieferunternehmen, deren Produkte maßgeblichen Einfluß auf Kosten und Leistungen des Endprodukts aufweisen, sind daher konsequent bereits in die Entwicklung einzubeziehen und stellen mögliche Entwicklungspartner dar [Wil93a: 51ff.]. *Entwicklungspartnerschaften* versuchen diesem Erfordernis Rechnung zu tragen, indem sie das Produkt-Know-how von Abnehmer und Zulieferer vereinigen. Entwicklungspartnerschaften institutionalisieren somit den Gedanken des *Simultaneous Engineering* (s. 7.5). Darunter wird die interdisziplinäre Teamarbeit im Rahmen der Produktherstellung verstanden, die bei der ersten Idee beginnt, die Prozeßentwicklung umfaßt und bis zur Realisierung und Markteinführung des Produkts andauert. Damit erfolgt:

– eine Vorverlagerung von Erkenntnisprozessen,
– eine Erhöhung des Anteils deterministischer Prozesse,
– die Abkehr von sequentiellen Arbeitsmethoden,

– die Reduzierung der Arbeitsteilung und
– eine Beschleunigung der Abarbeitung [Wil93a: 27ff.].

Aufgaben, die gemeinsam von Zulieferer und Abnehmer abzuarbeiten sind, bestehen beispielsweise in der Prüfung von Entwürfen, einer gemeinsam durchzuführenden Wertanalyse, in der Beurteilung von Prototypen oder in der Diskussion über mögliche Fehlerquellen, deren Behebung und Beseitigung. Durch die Zusammenarbeit entstehen nicht nur neue Ideen, sondern der Lieferant kann auch verstärkt die Produkte realisieren, denen ein konkreter oder zukünftiger Bedarf gegenübersteht. Entwicklungspartnerschaften verfolgen vor allem das Ziel, durch fertigungsgerechte Konstruktion von Zulieferteilen eine kostengünstige Produktion auf verbessertem Qualitätsniveau innerhalb des Fertigungsverbundes zu erreichen. Vor dem Hintergrund der wachsenden technischen und funktionalen Komplexität der Produkte ergeben sich für Entwicklungspartner große, strategische Erfolgsmöglichkeiten. Grundvoraussetzung ist jedoch, daß der Zulieferer über spezifisches Produkt-Know-how verfügt, welches sich vom Abnehmer in Form von Auftragskonstruktionen nutzen läßt.

In Entwicklungspartnerschaften sind zwei grundlegende Organisationsmodelle, das Team- und das Schnittstellenmodell, denkbar [Chr89: 389ff.]. Im ersten Modell arbeiten Zulieferer und Abnehmer bereits bei der Produktentstehung, also durchgängig von der Konzeptions- bis zur Entwurfsphase in Teams zusammen. Die gemeinsame Entwicklung trägt zu einer erheblich schnelleren Erreichung der Serienreife bei. Damit unterstützt dieses Vorgehen das Bestreben vieler Herstellerunternehmen, einen kurzen Modellwechselzyklus zu erreichen. Restriktionen aus dem Fertigungsbereich des Zulieferers werden bereits früh in die gemeinsamen Planungen integriert, so daß spätere Anpassungen vermeidbar sind. In der zweiten Organisationsform der kooperativen Forschung und Entwicklung, dem Schnittstellenmodell, übernimmt der Abnehmer autonom die Systemmodellierung. Er definiert losgelöst von der konkreten technischen Realisierung Produktfunktionen und erarbeitet abstrakte Lösungen. Der Zulieferer erbringt aufbauend auf den daraus resultierenden Anforderungen eine „Hardwarelösung". Dabei sind die Lieferanten bestrebt, die Anforderungen möglichst vieler Abnehmer in einer Standardlösung zu berücksichtigen. Das Zulieferunternehmen ist somit in der Lage, die Komponenten an konkurrierende Unternehmen zu liefern, ohne eine Differenzierung in kundenspezifische Varianten vorzunehmen. Die wesentlichen Vorteile dieses Modells bestehen daher für den Zulieferer in der Möglichkeit der Realisierung von Kostendegressionseffekten bei unvermindertem Know-how-Schutz und für den Abnehmer in dem kostengünstigen Bezug innovativer Zulieferkomponenten, ohne umfangreich in eigene Entwicklungsleistungen investieren zu müssen.

Typ D: Wertschöpfungspartnerschaften. Zulieferunternehmen, die in die Kategorie der Wertschöpfungspartner fallen, bieten simultan System- und Problemlösungskapazität sowohl für Produkte und Bauteile, als auch für Prozeßinnovationen an. Wertschöpfungspartner sind selbständige Unternehmen, die zur Erreichung eines Zwecks enge vertragliche Bindungen eingehen. *Wertschöpfungspartnerschaften* lassen sich daher auch als strategisch-vertikale Allianzen zwischen Unternehmen bezeichnen, die auf unterschiedlichen Stufen einer Wertschöpfungskette agieren und kooperieren [Joh89: 81 f.]. Den Partnern obliegt die Pflicht, die Produktion und Lieferung eines marktfähigen Produkts gemeinsam zu fördern, das Risiko ihrer Betätigung gesamtschuldnerisch zu tragen und sich zu einer gegenseitigen Interessenwahrnehmung zu verpflichten. Der Wertschöpfungspartner entwickelt und produziert beispielsweise komplexe Komponenten und Module (Systeme), die den Herstellern einbaufertig geliefert werden. Alle dazu notwendigen Koordinationsleistungen wie die Zusammenarbeit mit anderen, am System beteiligten Lieferanten, terminliche Abstimmung, Entwicklung und Qualitätssicherung führt der Wertschöpfungspartner selbständig aus. Die Betriebsstruktur innerhalb der Partnerschaft basiert auf Einheiten mit ausgeprägtem Spezialisierungsgrad, die sich durch einen geringen Gemeinkostenblock auszeichnen. Sie sind in der Lage, auch kleine Produktionsmengen preisgünstig anzubieten. Eine übergeordnete Leitungsinstanz, die als Ansprech- und Verhandlungspartner fungiert, verteilt die Kundenaufträge nach den spezifischen Leistungspotentialen der Unternehmensbereiche und den Leistungsanforderungen der Abnehmer innerhalb der Wertschöpfungspartnerschaft.

Wettbewerbsvorteile für die kooperierenden Unternehmen resultieren daraus, daß sich eigene Schwächen durch den Zugriff auf Stärkepotentiale anderer Unternehmen kompensieren lassen. Die enge Kooperation zwischen den Zulieferunternehmen und Herstellern erlaubt es, innovative Produkte und Prozesse vergleichsweise schnell und kostengünstig in den Markt einzuführen. Ein intensiver Erfahrungsaustausch sowie gemeinschaftliche Schulungsmaßnahmen sorgen für einen gleichbleibend hohen Know-how-Stand. Offenheit und gegenseitiger Informationsaustausch bilden daher eine wesentliche Voraussetzung für die Vorteile von Wertschöpfungspartnerschaften. Große Wertschöpfungspartner besitzen darüber hinaus internationalen Marktzugang und verfügen über die Möglichkeit zur Stückkostendegression durch Absatzpotentiale auf mehreren Märkten. Sie setzen dabei Industriestandards für bestimmte Baugruppen. Wertschöpfungspartner streben langfristige Vertragsbeziehungen an und diversifizieren in neue Produktbereiche. Da Wertschöpfungspartner sowohl Produktions- als auch Produkt-Know-how bereitstellen, ist der Abnehmer in der Lage, seine Bezugsaktivitäten auf ein geringeres Maß zu reduzieren. Dadurch verringern sich für den Hersteller die Transaktionskosten. Vielfach erfolgt lediglich eine Problemdefinition oder Bedürfnisanzeige. Aber auch ohne explizite Problemdefinition entwickeln Wertschöpfungspartner neue Lösungen, indem sie Markttrends im Sinne des Reverse-engineering-Konzepts [Wil94a: 58 ff.] antizipieren, um strategische Zeit- und Wettbewerbsvorteile zu realisieren. Gerade vor dem Hintergrund der zunehmenden Individualisierung der Verbraucherbedürfnisse ergeben sich hierdurch – bei einer entsprechend kurzen Reaktionszeit – immer wieder neue Erfolgs- und Differenzierungspotentiale. Aufgrund der dargestellten Funktionsweisen können Wertschöpfungspartnerschaften die Flexibilität kleiner Organisationsformen mit den Kostendegressionseffekten in großen Unternehmen kombinieren ohne die Nachteile vertikaler Integration in Kauf nehmen zu müssen [Wil95a: 49 ff., Joh89: 86 ff.].

15.2.2.3 Entwicklungslinien

Die Reduzierung der Fertigungs- und Entwicklungstiefe sowie die Veränderungen der marktlichen Rahmenbedingungen erfordern wettbewerbsfähige Lieferanten. Die heute vorherrschenden, kurzfristigen, auf die Ausnutzung

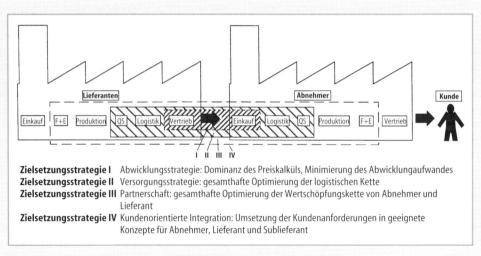

Zielsetzungsstrategie I Abwicklungsstrategie: Dominanz des Preiskalküls, Minimierung des Abwicklungsaufwandes
Zielsetzungsstrategie II Versorgungsstrategie: gesamthafte Optimierung der logistischen Kette
Zielsetzungsstrategie III Partnerschaft: gesamthafte Optimierung der Wertschöpfungskette von Abnehmer und Lieferant
Zielsetzungsstrategie IV Kundenorientierte Integration: Umsetzung der Kundenanforderungen in geeignete Konzepte für Abnehmer, Lieferant und Sublieferant

Bild 15-17 Kooperationsstufen zwischen Abnehmern und Lieferanten

von Kostendegressionseffekten ausgerichteten Strategien mit häufigem Wechsel der Vertragspartner sind daher zunehmend in Frage zu stellen. Notwendig werden vielmehr Strategien, die das ganze Unternehmen und seine externen Partner informell und organisatorisch über alle Hierarchieebenen, vom Management bis zur operativen Ebene, sowie funktionsübergreifend integrieren (vgl. Bild 15-17). Denn nur eine partnerschaftliche Zusammenarbeit bietet eine sichere Gewähr für hohe Qualität, Innovations- und Problemlösungspotential und damit die Erreichung der Ziele einer schlanken Beschaffung, in der der Lieferant als Erfolgsfaktor des Herstellers in die Betrachtung der gesamten Wertschöpfungs- und Innovationskette miteingeschlossen wird. Für die Stabilisierung der Wettbewerbsfähigkeit sind grundlegende Veränderungen in der Beziehung zwischen Lieferant und Hersteller einzuleiten, die den Aufbau des Zulieferers hin zum Produktionsspezialisten, Entwicklungspartner oder letztlich zum Wertschöpfungspartner beinhalten müssen. Dazu erweisen sich insbesondere die Anpassung der Angebotspalette sowie Reorganisationen in der Forschung und Entwicklung, Qualitätssicherung und Logistik als erforderlich [Wil95a: 140ff.].

95 % der Zulieferer wollen den Anteil hochtechnischer Baugruppen und Komponenten weiter ausbauen und sich somit als potentielle Modullieferanten positionieren, die dem Abnehmer nicht nur Produkt- und Produktions-Know-how, sondern darüber hinaus auch Ma-

nagement- und Koordinationsaufgaben anbieten [Wil93b: 12f.]. Damit einher geht die Übernahme ausgewählter Forschungs- und Entwicklungsfunktionen, die vermehrt im Team zusammen mit dem Hersteller abgestimmt werden sollen, um einerseits Schnittstellenprobleme zu vermeiden – immerhin werden bis zu 70 % der späteren Kosten bereits in der Entwicklungsphase festgelegt – und andererseits, um früh auf die Kundenwünsche eingehen zu können. Auch die Qualitätssicherung fällt mehr und mehr in den Verantwortungsbereich der Zulieferer. Hersteller überprüfen lediglich die Wirksamkeit des Qualitätssicherungssystems der Lieferanten im Rahmen von Auditierungen, um zeit- und kostenintensive Eingangsprüfungen zu vermeiden [Wil93b: 42f.]. Nicht zuletzt müssen aufgrund des Ansteigens der Transaktionsbeziehungen zwischen Hersteller und Zulieferer im Bereich der Logistik Anpassungen erfolgen, die sich auf die Optimierung der gesamten Materialflußabwicklung wie der Transporte oder Behältersystematik erstrecken (s. 15.2.1.1 und 15.5.2).

All diese Veränderungen zur Kosteneinsparung und Ablaufoptimierung zwischen Hersteller und Zulieferer setzen eine engere Zusammenarbeit voraus. Dies betrifft zum einen die Struktur, wie beispielsweise einen höheren Anteil von Systemeinkauf, weniger Zulieferer pro Teil oder weniger direkte Zulieferer, sowie zum anderen die Ausgestaltung der Zusammenarbeit, wie die frühere Einbeziehung der Zulieferer, eine langfristige Vertragsgestaltung oder eine kooperative Zusammenarbeit. Da dies in der

Regel nur mit ausgewählten Lieferanten möglich ist, nimmt der Trend zur *Einquellenbelieferung* zu: 63 % der Zulieferer praktizieren bereits Einquellenbelieferungen mit mindestens einem Abnehmer. 50 % der Unternehmen beurteilen diesen Trend als weiter steigend. Weiteren Beleg für die intensivere Zusammenarbeit stellt das Ziel der Hersteller dar, die Lieferantenzahl um etwa ein Drittel zu reduzieren. Zulieferer müssen daher versuchen, sich eine Wettbewerbsposition als potentieller Einquellenlieferant zu erarbeiten. 41 % der Unternehmen streben daher Wertschöpfungspartnerschaften an, die zur gezielten und frühzeitigen Erarbeitung von strategischen Vorteilen in den Dimensionen Zeit, Qualität und Kosten beitragen sollen [Wil93b: 34].

15.2.2.4 Beschaffungsstrategien

Die technologische und wertmäßige Steigerung der zu beschaffenden Güter führt dazu, daß im Beschaffungsbereich verstärkt Entscheidungen mit strategischen Inhalten zu treffen sind. Strategische Beschaffungsentscheidungen beziehen sich auf unterschiedliche Gestaltungsfelder der Abnehmer-Lieferanten-Beziehung und legen auf lange Sicht die Art der Zusammenarbeit für unterschiedliche Leistungsspektren fest. Sie zeichnen sich dadurch aus, daß sie

- auf die Erschließung zukünftiger Beschaffungspotentiale ausgerichtet sind,
- mehrjährige Entscheidungsfolgen für das Unternehmen festlegen,
- die Existenz und Erfolgspotentiale des Unternehmens langfristig sichern,
- eine hohe wirtschaftliche Bedeutung haben und
- die langfristige Versorgung mit den wesentlichen materiellen Inputfaktoren sicherstellen.

Entscheidungsinhalte von *Beschaffungsstrategien* beziehen sich sowohl auf formelle Gestaltungsparameter wie Art und Intensität der Kooperation mit Lieferanten als auch auf die Auswahl von Beschaffungsinstrumenten und -methoden. Zur Festlegung effizienter Beschaffungsstrategien ist eine genaue Kenntnis der gegenwärtigen und zukünftigen Bedarfsstruktur des eigenen Unternehmens eine wesentliche Voraussetzung. Hierzu ist die Erfassung und Strukturierung der Ausgangssituation im Beschaffungsbereich erforderlich. Im Mittelpunkt steht die Analyse des Kaufteile- und Lieferantenspektrums. Die Strukturierung des Entscheidungsfeldes dient dazu, dem Einkäufer einen Überblick über Schwerpunkte und Kennzeichen von Kaufteilen und Lieferanten zu vermitteln und ihm somit eine geeignete Grundlage zur strategischen Entscheidungsfindung zu verschaffen.

In der Beschaffungstheorie und -praxis hat sich die Portfolioanalyse als Strukturierungsmethodik durchgesetzt. Der Aufbau des *Kaufteile-Portfolios* vollzieht sich in drei Schritten: die Abgrenzung der Kaufteile (Erfolgsobjekte), die Ermittlung der relevanten Klassifizierungskriterien (Erfolgskriterien) sowie die Bewertung und Positionierung der Erfolgsobjekte im Kaufteile-Portfolio. Auf das Problem einer geeigneten Abgrenzung von Erfolgsobjekten ist bei beschaffungsorientierten Portfolioanalysen bisher nur wenig eingegangen worden. Die Abgrenzung der Erfolgsobjekte gewinnt jedoch gerade bei stark steigenden Varianten- und Typenzahlen an Gewicht. Empirische Untersuchungen zeigen, daß beispielsweise die Anzahl der Teilenummern in den letzten 15 Jahren um den Faktor 6 und die Zahl der Sonderausstattungen um nahezu 200 % zugenommen haben [Gra88: 175, Eic91: 28]. Eine Durchführung der Analyse für einzelne Kaufteile erweist sich vor diesem Hintergrund als wenig sinnvoll, da ansonsten die Praktikabilität der Vorgehensweise und die Transparenz über die Beschaffungssituation verloren gehen. In Anlehnung an die Bildung strategischer Geschäftseinheiten im Absatzbereich, bietet es sich im Beschaffungsbereich an, Kaufteile zu strategischen Beschaffungseinheiten (im folgenden SBEs genannt) zusammenzufassen. Hierzu sind die SBEs präzise zu definieren und voneinander abzugrenzen. Zielsetzung ist die Bildung von SBEs, die hinsichtlich ihrer Technologie und Funktionsorientierung homogen sind und die Durchführung von unabhängigen Strategien und Maßnahmen im Beschaffungsbereich erlauben. Homogene SBEs sind als einheitliche Problemlösungskonzeptionen für Abnehmerprodukte zu interpretieren. Als Beispiele aus der Automobilindustrie können hierzu Reifen, Stoßdämpfer, Bremssysteme oder Sitze angeführt werden.

Strategische Entscheidungen in der Beschaffung zielen darauf ab, Erfolgspotentiale für das Unternehmen aufzubauen oder zu erhalten. Dieser Schritt wird durch die Bewertung der Erfolgsfaktoren der jeweiligen SBEs vorgenommen. Erfolgsfaktoren sind durch einen großen

Einfluß auf das Chancen- und Risikopotential einer SBE gekennzeichnet. Zur Bewertung und Positionierung der SBEs im Kaufteile-Portfolio können transaktionskostentheoretische Einflußgrößen wie Spezifität, Unsicherheit und Komplexität der Kaufteile sowie die Häufigkeit der Transaktion zwischen Abnehmer und Lieferant als Erfolgsfaktoren herangezogen werden. Zur Verdichtung der Erfolgsfaktoren bietet sich eine Unterscheidung in die Beschaffungsmarktdimension „Versorgungsrisiko" und die Unternehmensdimension „Ergebniseinfluß" an [Blo92: 41, Hom94: 10]. Zur Konkretisierung des Erfolgsfaktors „Ergebniseinfluß" ist davon auszugehen, daß bei der Beschaffung von Kaufteilen die Häufigkeit des Leistungsaustausches zwischen Abnehmer und Lieferant mit dem Wert dieser Transaktionen korreliert. Vorherrschende Strategie in der Beschaffungspraxis ist es, teurere Kaufteile, die in hohen Stückzahlen benötigt werden, möglichst häufig, produktionssynchron anliefern zu lassen, um Kapitalbindungs- und Lagerkosten einzusparen [Wil95b: 28]. Der Wert des Leistungsaustausches ergibt sich daher aus dem Zusammenwirken der jeweils beschafften Stückzahl und dem Einkaufspreis der Teile. Durch Kombination von Häufigkeit und Wert von Transaktionen ergibt sich eine ABC-Analyse nach dem Jahresbezugswert aller Kaufteile.

Aufwendiger erweist sich die Konkretisierung des Erfolgsfaktors „Versorgungsrisiko". Aus Transaktionskostenaspekten sind unter dem Erfolgsfaktor Versorgungsrisiko die Einflußgrößen Spezifität, Komplexität und Unsicherheit zu subsumieren (vgl. Bild 15-18). Die Spezifität bezieht sich dabei auf die Anforderungen an die technische Zusammenarbeit mit Lieferanten sowie auf den Standardisierungsgrad der Produkte. Stellt der Abnehmer an das Produkt und die Fertigungsverfahren technische und qualitative Anforderungen, die über den Industriestandard hinausgehen, und stehen dem Lieferanten nur wenige Abnehmer zur Verfügung, so weist die Beziehung einen hohen Spezifitätsgrad auf. Hohe Spezifitätsgrade steigern dabei tendenziell das Versorgungsrisiko des Abnehmers [Hei90: 27]. Aufgrund vergleichbarer Auswirkungen auf die Höhe des Versorgungsrisiko bietet es sich an, die Einflußgrößen Unsicherheit und Komplexität gemeinsam zu behandeln. Die Komplexität bezieht sich auf logistische Abläufe und technologieorientierte Merkmale. Eine hohe logistische Komplexität liegt vor, wenn eine Vielzahl externer Einflußgrößen entlang der logistischen Kette vom Lieferanten bis zum Verbauort beim Abnehmer zu beachten ist. Diese können auf standortspezifische Gegebenheiten wie die geographische Lage

Merkmale \ Ausprägungen	Versorgungsrisiko		
	gering	mittel	hoch
A. Spezifität			
Anforderungen an technische Zusammenarbeit mit Lieferanten	gering	durchschnittlich	hoch
Standardisierungsgrad des Produktes	hoch	durchschnittlich	gering
B. Komplexität und Unsicherheit			
Anwenderbezogene Änderungshäufigkeit	gering	durchschnittlich	hoch
Technische Komplexität	gering	durchschnittlich	hoch
Technologische Entwicklung des Produktes	stagnierend	moderat	dynamisch
Zukünftige Nachfrageentwicklung am Beschaffungsmarkt	stagnierend	moderat	dynamisch
Logistische Komplexität	gering	durchschnittlich	hoch
Gesamtbewertung			

Bild 15-18 Checkliste Versorgungsrisiko: Spezifität, Komplexität und Unsicherheit

des Lieferanten oder auf Schwachstellen innerhalb der logistischen Kette, wie beispielsweise Engpässe beim Verpacken, Verladen, Umpacken oder Transportieren, zurückgeführt werden. Technische Komplexität liegt dann vor, wenn Kaufteile aus einer großen Zahl artverschiedener Einzelteile bestehen, die selbst vielfältige Interdependenzen untereinander aufweisen und bei denen mehrere Produkttechnologien eingesetzt werden. Die Produkte befinden sich auf einem hohen Wertschöpfungsniveau, das oftmals erst durch Einsatz mehrerer unterschiedlicher Prozeßtechnologien erreicht wurde. Hochkomplexe Teile steigern das Versorgungsrisiko. Unsicherheit bezieht sich schwerpunktmäßig auf diskontinuierliche Veränderungen der Umweltbedingungen. Hierunter sind technologische Entwicklungen, die anwenderbezogene Änderungshäufigkeit der Kaufteile sowie die zukünftige Nachfrageentwicklung nach den Produkten am Beschaffungsmarkt zu subsumieren. Die Unsicherheit wächst mit steigender Dynamik der technologischen Entwicklung, hohen anwenderbezogenen Änderungsraten sowie ansteigenden Bedarfsstückzahlen, falls diese nicht durch eine Ausweitung des Angebots befriedigt werden können. Hohe Ausprägungen der Einflußgröße Unsicherheit steigern das Versorgungsrisiko.

Im Anschluß an die Kriterienermittlung ist die Bewertung der SBEs durchzuführen. Die Bewertung wird anhand von Checklisten strukturiert, die den Anwender zwingen, seine Kenntnisse über Teile und Lieferanten zu explizieren, wodurch die Nachvollziehbarkeit der strategischen Beschaffungsentscheidungen verbessert wird. Die Bewertung erfolgt subjektiv mittels qualitativer Ausprägungen wie gering, mittel oder hoch, wobei im letzten Schritt eine Aggregation der Einzelbewertungen zu einer Gesamtbewertung des Versorgungsrisikos und des Ergebniseinflusses vorzunehmen ist. Entsprechend dieser Gesamtbewertung nach Versorgungsrisiko und Ergebniseinfluß erfolgt die Positionierung der SBEs im Kaufteile-Portfolio. Um den Aufwand zur Ableitung von Normbeschaffungsstrategien einzuschränken und homogene Kaufteile-Cluster im Hinblick auf eine eindeutige Strategiezuweisung zu bilden, wird eine Aufteilung des Portfolios in vier Quadranten vorgenommen. Es ergibt sich eine 4-Felder-Matrix mit Standard-, Kern-, Engpaß- und strategischen Kaufteilen (vgl. Bild 15-19) [Kra86: 88]. Ausgehend von der Strukturierung des Ist-

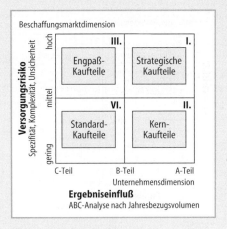

Bild 15-19 Kaufteile-Portfolio

Zustandes ist die Herleitung und Umsetzung geeigneter Beschaffungsstrategien durchzuführen. Mit der Zielrichtung, daß Unternehmen eigene Stärken und Chancen nutzen sowie Schwächen und Risiken meiden sollten, sind aus der jeweiligen Portfoliopositionierung Normstrategien als vorteilhafte Handlungsempfehlungen im Beschaffungsbereich abzuleiten. Die Zielsetzung der Strategieableitung im Beschaffungsbereich besteht daher darin, unter Berücksichtigung unternehmensinterner und -externer Restriktionen die Einkaufspotentiale, die der Beschaffungsmarkt bietet, optimal zu nutzen und zu erweitern. So stellt beispielsweise der Aufbau von partnerschaftlichen Zusammenarbeitsstrukturen mit Lieferanten keine grundsätzlich anzustrebende strategische Zielsetzung dar. Vielmehr erweisen sich mit jeder Abnahme einer Einflußgröße einfach aufgebaute Kooperationsstrukturen mit Lieferanten als vorteilhaft: Kaufteile mit hohen Komplexitäts- und Spezifitätsgraden, die hohen technischen und qualitativen Unsicherheiten ausgesetzt sind und deren Fertigung und Entwicklung ausschließlich auf unternehmensspezifisches Entwicklungs- und Fertigungs-Know-how zurückgehen, sollten über enge, funktionsübergreifende partnerschaftliche Zusammenarbeitsstrukturen mit Lieferanten (Wertschöpfungspartnerschaften) abgewickelt werden. Weisen einige Einflußgrößen nur geringe Ausprägungen auf, so sind die Teile tendenziell über kooperationsärmere Zusammenarbeitsstrukturen zu beschaffen. Ubiquitäten, die nur niedrige Spezifitäts- und Komplexitätsgrade aufweisen und

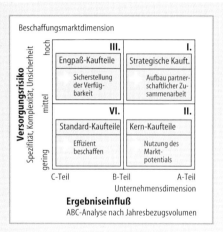

Bild 15-20 Normstrategien im Kaufteile-Portfolio

The figure contains:

Beschaffungsmarktdimension

Versorgungsrisiko (Spezifität, Komplexität, Unsicherheit) — hoch / mittel / gering

| III. Engpaß-Kaufteile — Sicherstellung der Verfügbarkeit | I. Strategische Kauft. — Aufbau partnerschaftlicher Zusammenarbeit |
| VI. Standard-Kaufteile — Effizient beschaffen | II. Kern-Kaufteile — Nutzung des Marktpotentials |

C-Teil / B-Teil / A-Teil

Unternehmensdimension

Ergebniseinfluß ABC-Analyse nach Jahresbezugsvolumen

---

aufgrund von geringfügigen Bedarfsschwankungen und marginalen konstruktiven Änderungen lediglich geringe Unsicherheitsgrade aufweisen, sind über kooperationsarme Koordinationsstrukturen wie kurzfristige Lieferverträge abzuwickeln. Beispiele hierfür bieten in der Automobilindustrie Normteile wie Schrauben oder Stanzteile, aber auch komplette Komponenten wie Sitze oder Ölwannen.

Als Ausgangspunkt zur Festlegung geeigneter Beschaffungsstrategien dienen Normstrategien, die den einzelnen Quadranten des Kaufteile-Portfolios zugeordnet werden. Hierdurch soll es dem Entscheidungsträger gelingen, für alle homogenen Kaufteilegruppen eines Quadranten eine Optimierung der Beschaffungssituation zu erreichen. Die anzustrebende Beschaffungsstrategie wird stark vom jeweiligen Marktmachtverhältnis zwischen Abnehmer und Lieferant beeinflußt. Idealtypische Strategieempfehlungen des Kaufteile-Portfolios sind daher im Hinblick auf die Kooperationsbereitschaft und -fähigkeit der betroffenen Lieferanten zu überprüfen. Zur Bestimmung von Normstrategien wird das Kaufteile-Portfolio in Abhängigkeit von der Höhe des Versorgungsrisikos und des Ergebniseinflusses in vier Quadranten unterteilt [Hub90: 27 ff.]. Die Quadranten unterscheiden sich in strategisch und ökonomisch relevanten Kriterien und bedingen daher differenzierte beschaffungswirtschaftliche Verhaltensweisen. Die Normstrategien lauten (vgl. Bild 15-20):

– Aufbau partnerschaftlicher Zusammenarbeitsstrukturen,

– Nutzung des Marktpotentials,
– Sicherstellung der Verfügbarkeit und
– effiziente Beschaffung.

Strategische Kaufteile (vgl. Bild 15-21)

Als Beispiele für Produktfamilien in diesem Quadranten lassen sich in der Automobilindustrie Getriebe oder komplette Module wie elektronische Dämpfungs- oder Bremssysteme anführen. Aufgrund des hohen Versorgungsrisikos und Ergebniseinflusses der strategischen Kaufteile stehen die Sicherstellung der Versorgungssicherheit und die Erarbeitung von wirtschaftlich effizienten Koordinationsstrukturen zwischen Abnehmer und Lieferant im Vordergrund. Diese Zielsetzungen sind aufgrund der hohen Spezifität und Komplexität der Produkte mit konventionellen Beschaffungsvorgängen nicht zu erreichen. Anzustreben ist eine enge, auf einen längeren Zeitraum ausgerichtete und vertraglich abgesicherte, partnerschaftliche Zusammenarbeit mit know-how-starken Lieferanten. Diese Art der Zusammenarbeit ermöglicht die Ausnutzung synergetischer Vorteile, die beide Partner durch gemeinsames Handeln in Hinblick auf eine verbesserte Koordination und Steuerung von Transaktionen in allen beschaffungsrelevanten Funktionsbereichen erreichen können [Hub90: 30].

Diese Zielsetzungen münden in den Aufbau von *Einquellenbelieferungen* (Single sourcing). Die Einquellenbelieferung kann als Konzentration auf eine Beschaffungsquelle definiert werden, wobei mit diesem Lieferanten in der Regel eine längerfristige, intensive Zusammenarbeit angestrebt wird. Der Ansatz verzichtet auf kurzfristige Preisvorteile, die der Wettbewerb auf den Beschaffungsmärkten bietet, und versucht diese durch die Potentiale partnerschaftlicher Zusammenarbeit zu übertreffen. Das zugrundeliegende Entscheidungsproblem der Verteilung eines gegebenen Bedarfs auf mehrere Lieferanten oder die Konzentration auf nur einen Lieferanten hat im Zuge der Fertigungstiefenreduzierung und steigenden Kooperationsgraden zwischen Abnehmer und Lieferanten stark an Bedeutung gewonnen. Das Konzept der Einquellenbelieferung zielt auf eine Reduzierung der Komplexität in den Lieferbeziehungen, eine Kostensenkung in der Beschaffungsabwicklung, eine Erhöhung der Transparenz in den Beschaffungsprozessen sowie eine Kostendegression aufgrund von Mengen-, Lern- und Synergie-

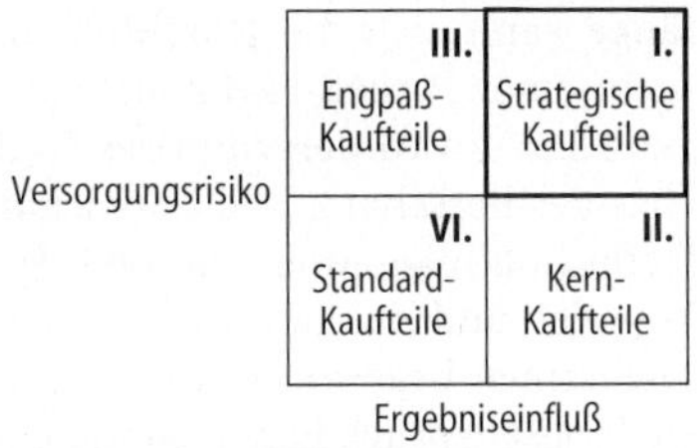

III. Engpaß- Kaufteile	**I.** Strategische Kaufteile	
VI. Standard- Kaufteile	**II.** Kern- Kaufteile	

Versorgungsrisiko

Ergebniseinfluß

• **Informationssystem**
- Rollierende Vorausschauen
- Kaufteildisposition durch Werker
- DFÜ-Anbindung

• **Qualitätssicherung (s. Kap. 13)**
- Identitäts-Kontrolle im WE
- Skip-lot-Kontrolle in WE
- Gemeinsame Prüfplanung
- QM-Auditierung
- Interdisziplinäre Arbeitsteams
- Gemeinsame Prozeß-FMEA
- Austausch QM-Mitarbeiter
- Qualitätstage, -auszeichnungen

• **Vertragsarten**
- Längerfristige Rahmenverträge
- Modell-Lebenszyklusverträge
- Qualitätssicherungsvereinbarungen

• **Forschung und Entwicklung (s. Kap.6)**
- Modul-/Systembeschaffung
- Gemeinsame Wertanalyse
- Gemeinsame Produktentwicklung
  (Simultaneous Engineering-Teams)
- Abstellen von Entwicklungsingenieuren
- Gemeinsame Produkt-FMEA

• **Weitere Gestaltungsmöglichkeiten**
- Ein-Quellen-Belieferung
- Aktive Beschaffungsmarktforschung
- Ermittlung der gesamten Beschaffungskosten
- Lieferantenreduzierung

• **Produktion**
- Lieferantenauditierung
- Insourcing
- Abnehmerbesuche der Lieferanten

• **Logistik**
- JIT-Beschaffung
- Direktanlieferung
- Speditions-/Vertragslager
- Behälterpools
- Interdisziplinäre Arbeitsteams
- Speditionskonzepte

Bild 15-21 Beschaffungskonzepte für strategische Kaufteile

effekten ab. Voraussetzung für die Erfolgswirksamkeit des Konzepts ist eine enge datentechnische Kopplung mit den Lieferanten. Hierzu sind in der Regel spezifische Investitionen erforderlich, die gegenseitige Abhängigkeiten schaffen. Der Kooperationscharakter dieses Konzeptes setzt aber vor allem Vertrauen und Offenheit voraus. Je nach Intensitätsgrad der Beziehung lassen sich unterschiedliche Ausprägungsformen einer Einquellenbelieferung unterscheiden. Einquellenbelieferung im engeren Sinne liegt dann vor, wenn zum Beispiel für alle Baureihen eines Kfz-Herstellers weltweit alle Achstypen von nur einem einzigen Lieferanten bezogen werden (teileartbezogenes Single sourcing). Weitere Abstufungen bilden baureihen-

spezifische Lösungen oder der Aufbau von Einquellenlieferbeziehungen, die nur auf einen Standort beschränkt sind (werkspezifisches Single sourcing). Eine weitere Variation besteht darin, daß Einkäufer von mehreren Einquellenlieferanten ähnliche, produktverwandte Komponenten beziehen (*Parallel sourcing*) [Ric93: 339 ff.]. So bezieht beispielsweise ein Automobilhersteller Stoßdämpfer von einem bestimmten Lieferanten, Federbeine jedoch von einem Konkurrenzunternehmen des Lieferanten. Hierdurch lassen sich Lieferantenwechselkosten verringern und ein ständiger Preis-Leistungs-Vergleich zwischen den Lieferanten ermöglichen. Je nach Begriffsinterpretation weisen Strategien der Einquellenbelieferung daher unterschied-

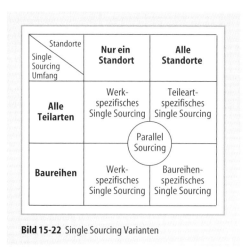

Standorte Single Sourcing Umfang	Nur ein Standort	Alle Standorte
Alle Teilarten	Werk-spezifisches Single Sourcing	Teileart-spezifisches Single Sourcing
Baureihen	Werk-spezifisches Single Sourcing	Baureihen-spezifisches Single Sourcing

Parallel Sourcing

Bild 15-22 Single Sourcing Varianten

liche Intensitätsgrade der Zusammenarbeit auf. Weiter gefaßte Interpretationen des Begriffs deuten dabei auf schwächer ausgeprägte Kooperationsgrade hin und ziehen in der Beschaffungspraxis eine steigende Anzahl der Single-source-Lieferanten nach sich. Eine Übersicht über die unterschiedlichen Konzeptionen der Einquellenbelieferung gibt Bild 15-22.

Im Gestaltungsfeld Informations- und Kommunikationssystem steht für strategische Kaufteile die Verbesserung des Informationsaustausches zwischen Abnehmer und Lieferant im Mittelpunkt. Hierzu bietet sich eine DFÜ-Anbindung der Lieferanten sowie die rollierende Überarbeitung der Bedarfsplanzahlen durch den Abnehmer an. Im Bereich der Logistik stellen die Einführung von Just-in-time-Beschaffungskonzeptionen oder die Direktbelieferung ausgewählter Kaufteile sinnvolle Zielsetzungen dar. Kann eine solch enge logistische Zusammenarbeit nicht durchgeführt werden, läßt sich eine Entkopplung zwischen Abnehmer und Lieferant über die Einrichtung einer zusätzlichen Lagerstufe in Form von Vertrags-, Konsignations- oder Speditionslagern erreichen. In der Qualitätssicherung ist eine Verlagerung der Qualitätssicherungsaktivitäten an den Herstellungsort beim Lieferanten anzustreben, so daß redundante Prüfvorgänge vermieden werden können und im Wareneingangsbereich des Abnehmers nur noch eine Identkontrolle der Teile vorzunehmen ist. Voraussetzung hierzu ist die enge und frühzeitige Abstimmung der Prüfplanung und -mittel zwischen Abnehmer und Lieferant. Zudem sollte sich der Abnehmer im Rahmen eines Systemaudits von der Zuverlässigkeit des Qualitätssicherungssystems des Lieferanten überzeugen. Für besonders kritische Teileumfänge kann sich die Durchführung einer gemeinsamen Prozeß-FMEA als sinnvoll erweisen (s. 13.4.6). Im Vordergrund des Funktionsbereiches der Forschung und Entwicklung steht die Definition von Modulen und Systemen, die komplett und einbaufertig von leistungsstarken Lieferanten bezogen werden, die einen Alleinstellungsanspruch haben. Module und Systeme sind als Funktionsgruppen komplexer Struktur definiert, deren unternehmensexterne Beschaffung als Modular- oder System-sourcing bezeichnet wird. Modular-sourcing versucht, die sich widersprechenden Ziele der Verringerung der Fertigungstiefe sowie Reduzierung der Lieferantenanzahl und Senkung des Beschaffungsaufwands miteinander zu verknüpfen, um interne und externe Transaktionskosten zu minimieren. Das Konzept sieht vor, montage- und somit lohnkostenintensive Bauteile wie komplette Bremssysteme oder Armaturentafeln vom Lieferanten selbst herstellen und montieren zu lassen, so daß der Abnehmer weniger, aber komplexere Teile zu montieren hat (vgl. Bild 15-23) [Eic91: 28 ff.]. Hierbei besteht ein Unterschied zwischen Modul- und *Systemlieferanten*. Beide beliefern den Abnehmer zwar mit komplett einbaufertigen Modulen flexibel und innerhalb kurzer Zeitabstände, das Differenzierungskriterium liegt jedoch in der Wahrnehmung von Entwicklungsaufgaben. Während der *Modullieferant* überwiegend Komponenten anliefert, die zum großen Teil vom Abnehmer entwickelt worden sind, zeichnen sich Systemlieferanten durch hohe eigene Entwicklungsleistungen an den Systemen aus. Lieferanten, die für eine Systemlieferung in Frage kommen, müssen daher weiterreichende Kompetenzen als Modullieferanten aufweisen. So haben sie Entwicklungstätigkeiten am System, die Einbindung der Sublieferanten, die Prüfung und Erprobung des Systems, die Einzelteilfertigung wie auch die Systemmontage verantwortlich durchzuführen. In der Praxis läßt sich die Modulbildung um gemeinsame wertanalytische Untersuchungen ergänzen, die auf eine Reduzierung der Produktkomplexität und Kostensenkung abzielen. Der partnerschaftliche Charakter der Zusammenarbeit kann insbesondere durch die Bildung gemeinsamer Teams zur Produktneuentwicklung nach den Prinzipien des *Simultaneous Engineering* oder durch ein permanentes Abstellen von Entwicklungsingenieuren „vor Ort" beim Ab-

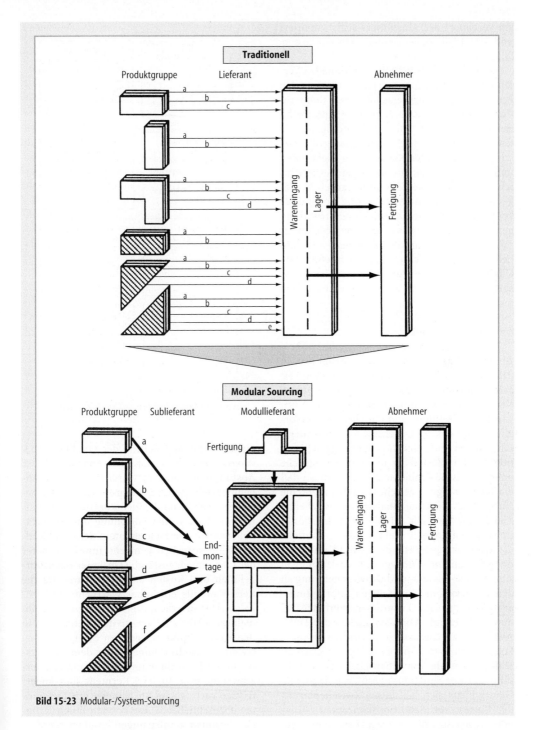

Bild 15-23 Modular-/System-Sourcing

nehmer unterstrichen werden (Resident Engineering). Im Bereich der Fertigung können von der Beschaffung Lieferantenauditierungen mit Zielrichtung Lieferantenförderung durchgeführt werden, die den Lieferanten in die Lage versetzen, eigenständig den Prozeß der kontinuierlichen Verbesserung in seinem Unternehmen einzuführen. Den höchsten Kooperationsgrad weist die Abnehmer-Lieferanten-Beziehung dann auf, wenn der Lieferant seine Teile am Verbauort des Abnehmers selbst montiert und eventuell auch herstellt (*Insourcing*, s. 15.2.2.5).

In der Regel genügen die traditionellen Verfahren der Einkaufspreisermittlung nicht den Anforderungen partnerschaftlicher Kooperationsformen. Die klassischen Zuschlagskalkulationsverfahren der Lieferanten sind durch eine detaillierte, gesamtheitliche Erfassung aller beschaffungsrelevanter Kosten beim Lieferanten und beim Abnehmer zu substituieren. Diese intensiven Formen der Zusammenarbeit bedingen eine vertragliche Absicherung. So sind für kooperationsintensive Abwicklungsstrukturen generell längerfristige vertragliche Regelungen mit Know-how-Schutzvereinbarungen oder Modell-Lebenszyklusverträge abzuschließen. Das Qualitätsniveau der Anlieferungen ist durch spezielle Qualitätssicherungsvereinbarungen festzuschreiben.

Kern-Kaufteile (vgl. Bild 15-24)

Als Beispiele für Kern-Kaufteile lassen sich in der Automobilindustrie Batterien, Reifen, Felgen, Kühlsysteme oder Kugellager anführen. Kern-Kaufteile zeichnen sich durch einen hohen Ergebniseinfluß und ein geringes Versorgungsrisiko aus. Im Gegensatz zu den strategischen Teilen sind aufgrund der niedrigen Spezifität und Komplexität der Teile kaum technische oder logistische Probleme zu erwarten, so daß die Teileversorgung gesichert erscheint und die Nutzung des Marktpotentials die anzustrebende Zielsetzung darstellt [Hub90: 30]. Im Funktionsbereich Logistik steht für Kern-Kaufteile die Reduzierung der Handling- und Kapitalbindungskosten im Vordergrund. Zielsetzungen sind die Just-in-time- und Direktanlieferung an den Verbauort, die einen engen Informationsaustausch mit den Lieferanten zum Beispiel durch rollierende Vorausschauen oder DFÜ-Anbindungen voraussetzen. Lassen sich diese Logistikkonzepte ökonomisch nicht effizient realisieren, ist die Vorteilhaftigkeit der Einrichtung von Konsignationslägern zu überprüfen. Häufig bietet sich bei diesen Zwischenlagern der Einsatz von Speditionskonzepten (Ring- oder Gebietsspeditionskonzept) an, wobei dem Spediteur auch die Bewirtschaftung der Lagerstufe übertragen werden kann. Die geringe Komplexität der Teile ermöglicht die Konzentration der Zusammenarbeit im Bereich der Qualitätssicherung auf die gemeinsame Prüf-

Bild 15-24 Beschaffungskonzepte für Kern-Kaufteile

planung und Auditierung des Qualitätssicherungssystems des Lieferanten. Aufgrund dieser Abstimmung kann im Wareneingang des Abnehmers eine Beschränkung der Qualitätssicherungsaufgaben auf die Identkontrolle der Kaufteile erfolgen. In der Forschung und Entwicklung werden den Lieferanten in der Regel Konstruktionsvorgaben gemacht, innerhalb derer der Lieferant eigenständig Optimierungen vornehmen und Kosten einsparen kann. Da die Kern-Kaufteile ein hohes Wertvolumen beinhalten, läßt sich die Zusammenarbeit durch gemeinsame Wertanalyseaktivitäten ergänzen. In den Wertschöpfungsbereichen der Lieferanten bieten sich Auditierungen unter dem Gesichtspunkt der Ermittlung und Bewertung von Verschwendung an. Auch für Kernteile sind längerfristige vertragliche Regelungen mit Lieferanten abzuschließen. Diese können durch Rationalisierungsvereinbarungen ergänzt werden, deren Festlegung sich an den Erkenntnissen der Erfahrungskurventheorie orientiert. Eine Erhöhung der Nachfragemengen und die Erzielung von Mengeneffekten lassen sich durch die Bildung von Einkaufskooperationen mit anderen Unternehmen erreichen. Dieses Konzept stellt darauf ab, durch eine Bedarfsbündelung der Partner Mengeneffekte und somit Preisreduzierungen bei gemeinsamen Lieferanten zu erreichen. Insbesondere bei kleinen und mittleren Unternehmen, die isoliert betrachtet eine nur geringe Nachfragemacht aufweisen, kann durch Mengenzusammenlegungen die entstehende Auftragsmenge für den Lieferanten so groß werden, daß bei Vertragsabschluß Reduzierungen der Einkaufspreise erzielt und zusätzliche Sonderleistungen vom Lieferanten erwirkt werden können. Aber auch bei großen Konzernunternehmen kann diese Vorgehensweise zur Erhöhung der Verhandlungsmacht genutzt werden. So führt in Japan ein Stahlunternehmen stellvertretend für die gesamte stahlverarbeitende Industrie den weltweiten Rohstoffeinkauf von der Lieferantenauswahl bis hin zum Vertragsabschluß eigenständig durch. Voraussetzungen für diese gemeinsame Vorgehensweise bilden ein intensiver Informationsaustausch, einfache Abwicklung in den Transaktionsbeziehungen, gegenseitige Akzeptanz und das unbedingte Einhalten der getroffenen Vereinbarungen.

Engpaß-Kaufteile (vgl. Bild 15-25)

Typische Produkte in dieser Kategorie stellen in der Automobilindustrie elektronische Bauteile oder Stahlgußstücke mit niedrigen Toleranzen dar. Engpaß-Kaufteile zeichnen sich ebenso wie strategische Teile durch ein hohes Versorgungsrisiko aus, ihr Ergebniseinfluß ist aber aufgrund des geringen Wertvolumens nur niedrig. Es ist darauf hinzuweisen, daß der geringe Ergebniseinfluß, den diese Teile für den Abnehmer besitzen, oftmals auf einen nur geringen Bedarf zurückzuführen ist. Beschaffungswirtschaftlichen Maßnahmen, die auf ein stärkeres logistisches oder technologisches Engagement der Lieferanten abzielen, sind daher enge Grenzen gesetzt. Für Engpaß-Kaufteile rückt die Gewährleistung der Materialverfügbarkeit in den Mittelpunkt der Beschaffungsaktivitäten. Da es sich bei diesen Teilen um C-Teile handelt, kommen mitunter auch Maßnahmen zur Anwendung, die eine Erhöhung beschaffungsrelevanter Kostengrößen bewirken. So kann sich bei einer zu erwartenden Angebotsverknappung der Aufbau von Sicherheitsbeständen als sinnvoll erweisen [Hub90: 30]. Aufgrund der bestehenden Qualitätsunsicherheit dieser Teile ist eine

Bild 15-25 Beschaffungskonzepte für Engpaß-Kaufteile

100 % Qualitätskontrolle der Teile oder die Definition von Skip-lot-Prüfumfängen erforderlich (s. 13.4). Zur Einschränkung der Variationsmöglichkeiten der Lieferanten bietet sich in der Forschung und Entwicklung die Vorgabe eines detaillierten Pflichtenheftes an. Sind die Versorgungsschwierigkeiten durch einen mangelhaften Informationsaustausch zwischen Abnehmer und Lieferant begründet, so sollte den Lieferanten rollierend überarbeitete Bedarfsvorausschauen übermittelt werden. Seitens der Vertragsgestaltung ist aufgrund der hohen Versorgungsrisiken auf den Abschluß von längerfristigen Rahmenverträgen und Qualitätssicherungsvereinbarungen zu drängen. Einen Schwerpunkt der Beschaffungskonzepte für Engpaß-Kaufteile stellt die aktive Beschaffungsmarktforschung mit der Zielsetzung des Aufbaus neuer, leistungsfähiger Lieferanten dar.

Standard-Kaufteile (vgl. Bild 15-26)

Als Beispiele für dieses Teilespektrum lassen sich DIN-, sonstige Norm- und Stanzteile anführen. In diesem Portfoliobereich befinden

Bild 15-26 Beschaffungskonzepte für Standard-Kaufteile

sich C-Teile, die sich durch eine geringe Spezifität und Komplexität sowie eine gute Beschreibbarkeit hinsichtlich Funktion, Form, Leistung und Bearbeitungsart auszeichnen. Der Lieferantenmarkt ist in der Regel durch eine hohe internationale Wettbewerbsintensität und geringe Unsicherheiten gekennzeichnet. Den Schwerpunkt der Beschaffungsstrategien für Standard-Kaufteile stellt die Optimierung der zur Beschaffung notwendigen Aktivitäten dar [Hub90: 30f.]. Hierbei stehen insbesondere die Kosten der Bestellabwicklung im Blickfeld. Konzepte zur Reduzierung dieser Kosten sind automatische Bestellabrufe des Abnehmers sowie Lieferabrufe durch Werker aus der Fertigung des Abnehmers. Von Seiten der Logistik sind verbrauchsgesteuerte Just-in-time-Belieferungen mit größeren Beschaffungslosgrößen anzustreben. Die Qualitätssicherung dieser Teile beschränkt sich in der Regel auf eine Identkontrolle beim Abnehmer. Zur Reduzierung des Beschaffungsaufwands und zur Erzielung von Mengeneffekten bietet sich wiederum die Einrichtung von Einkaufskooperationen an. So bündeln beispielsweise deutsche Kfz-Hersteller verstärkt ihren Bedarf an DIN- und sonstigen Normteilen. Die Vertragsgestaltung ist durch kurzfristige Standardverträge gekennzeichnet, um sich ein hohes marktliches Flexibilitätspotential zu bewahren. Es entstehen insbesondere Strategien eines weltweiten Einkaufs.

Weltweiter Einkauf (*Global sourcing*) ist als internationale Marktbearbeitung im Sinne einer systematischen Ausdehnung der Beschaffungspolitik auf internationale Beschaffungsmärkte unter strategischer Ausrichtung zu interpretieren. Die benötigten Informationen können dabei über eigene internationale Einkaufbüros, ausländische Niederlassungen, die Beauftragung kompetenter Agenten oder eigene Firmen- und Messebesuche beschafft werden [Mon92: 9ff]. Erst seit Ende der 80er Jahre hat das Konzept des weltweiten Einkaufs in Deutschland Bedeutung erlangt. Ausgehend von der Tatsache, daß 1987 nur 20 % aller deutschen Unternehmen Produkte aus dem Ausland bezogen, stellte sich das Konzept primär als ein wirksames Mittel zur Erreichung von kurzfristigen Einkaufspreisvorteilen, insbesondere bei schnittstelleninvarianten Teilen, heraus. Die Beziehungen zu den Lieferanten waren bei dieser Spotmarkt-Beschaffung durch schwach ausgeprägte Kooperation gekennzeichnet. Erst mit dem Bedeutungsanstieg der Abnehmer-Lieferanten-Beziehungen als kritischer Erfolgsfaktor für die internationale Wettbewerbsfähigkeit wurde der weltweite Einkauf auch als Instrument zur Sicherung der internationalen Produkt- und Prozeßtechnologiezufuhr, zur Schaffung von Weltmarkttransparenz durch globales Produkt- und Lieferanten-Know-how und zum Ausgleich von Devisen- und Handelsrisiken eingesetzt.

Im Anschluß an die Zuordnung geeigneter Beschaffungskonzepte zu den einzelnen Beschaffungsstrategien werden für jede strategische Beschaffungseinheit die bestehenden Konzepte zur Optimierung der Abnehmer-Lieferanten-Beziehungen mit den Soll-Vorgaben der Normstrategien verglichen. Resultieren bei diesem Soll-Ist-Vergleich Defizite hinsichtlich der Anwendung geeigneter Beschaffungskonzepte, so können die aus den Normstrategien abgeleiteten Beschaffungskonzepte Wege zu einer potentialorientierten Gestaltung von Abnehmer-Lieferanten-Beziehungen aufzeigen. Der Ansatz verlangt eine kritische Reflexion der Strategieempfehlungen im Hinblick auf unternehmensinterne und -externe Restriktionen. Die Analyse lebt mit der Subjektivität des Anwenders. Sie stellt keinen Ersatz für eine detaillierte Planung von Beschaffungsmaßnahmen dar. Sie erleichtert aber im Vorfeld der Detailplanungen die Strukturanalyse der Einkaufsvolumen und leistet somit einen wesentlichen Beitrag zur Bestimmung der strategischen Stoßrichtung bei der kaufteilspezifischen Beschaffungsplanung.

15.2.2.5 Konzepte zur Potentialerschließung im Einkauf

Die steigende Bedeutung des Einkaufs für die langfristige Wettbewerbsfähigkeit von Unternehmen verlangt nach einem neuen Verständnis der Einkaufsfunktionen. Die Potentialerschließung im Einkauf ist dabei als beschaffungswirtschaftliche Notwendigkeit zu verstehen, die eine Reorganisation der Geschäftsprozesse zwischen Abnehmer und Lieferant nach sich zieht. Über unterschiedliche Geschäftsprozesse hinweg wird hierbei versucht, Einkaufspotentiale unter dem Fokus der Erfolgsfaktoren Produktivität, Zeit und Qualität zu erschließen. Abnehmer-Lieferanten-Beziehungen werden als strukturiertes Netzwerk voneinander abhängiger Prozeßketten betrachtet. Als Gestaltungsfelder zur Ausschöpfung von Rationalisierungspotentialen stehen innerhalb dieser Prozeßketten die Funktionsbereiche Logistik, Qualitätssicherung, Forschung und Entwicklung sowie die Produktion im Vordergrund. Die Gestaltung erfolgreicher Lieferantenbeziehungen hat dabei unter Beachtung folgender Leitlinien zu erfolgen:
- partnerschaftliche Zusammenarbeit,
- interdisziplinäre Teambildung,
- Projektmanagement und
- Geschäftsprozeßorientierung.

Der *partnerschaftlichen Zusammenarbeit* mit Lieferanten wird ein besonderer Stellenwert beigemessen. Da Produkte und maschinellen Einrichtungen immer ähnlicher werden, ist eine Konzentration auf schwer imitierbare Strukturen in der Innovations-, Wertschöpfungs- und Beschaffungskette erforderlich. Im Qualitäts-, Zeit- und Kostenwettbewerb hat nur derjenige Vorteile, der seine Ziele nicht nur besser, sondern auch schneller erreicht als der Mitwettbewerber. Die Voraussetzung zur Erreichung dieser Ziele besteht in einer intensiveren Nutzung des Zulieferer-Know-hows. Nur durch die langfristige Ausrichtung der Strukturen an dem Prinzip der partnerschaftlichen Zusammenarbeit, das explizit eine gemeinschaftliche Übernahme von Chancen und Risiken vorsieht, kann eine unternehmensübergreifende Optimierung vorgenommen werden. So zeigen empirische Studien, daß durch Kooperationen mit Lieferanten große Rationalisierungspotentiale bezüglich der Materialkosten, aber auch signifikante Zeitverkürzungen und Qualitätsverbesserungen erzielt werden können [Wil95a: 36f., Mon91: 4ff.]. Der Aufbau partnerschaftlicher Kooperationsstrukturen zielt nicht auf ein kurzfristiges Ausnutzen von Preisvorteilen, sondern tauscht die kurzfristigen Vorteile, die der Wettbewerb auf den Beschaffungsmärkten bietet, gegen die längerfristigen Vorteile einer vertrauensvollen Zusammenarbeit ein. Partnerschaftliche Zusammenarbeit setzt aber nicht die Dominanz des Preiskalküls im Einkauf außer Kraft. Ziel bleibt weiterhin, für unterschiedliche Teile- und Lieferantengruppen die jeweils effizienteste Zusammenarbeitsstruktur einzusetzen. Hierzu finden in der Beschaffungspraxis eine Vielzahl von Konzepten mit unterschiedlich hohen Kooperationsgraden Anwendung, die in Abhängigkeit von den jeweiligen Merkmalen der Beschaffungsobjekte und -märkte eine Verbesserung der Einkaufssituation bewirken [Stu93: 22ff.]. Eine Einengung auf preisorientierte Kriterien, wie sie in traditionellen Einkaufsstrukturen noch häufig anzutreffen ist, führt lediglich zu Suboptima, da nicht die relevanten Zeit-, Qualitäts- und Kostengrößen in den unterschiedlichen betrieblichen Funktionsbereichen erfaßt werden können. Vielmehr sind für eine umfassendere Erschließung von Einkaufspotentialen Mitarbeiter aus allen betroffenen Funktionsbereichen wie Produktion, Forschung und Entwicklung, Qualitätssicherung oder Logistik in zeitlich befristete, *interdisziplinäre Projektteams* einzubinden, deren Zielsetzung darin besteht, funktions- und bereichsorientierte Sichtweisen zu überwinden und durchgängige Geschäftsprozesse zu gestalten. In Hinblick auf den Prozeß der Beschaffungslogistik ist zu fordern, daß alle Abläufe von der Bedarfsentstehung in der Fertigung, über die Bestellauslösung bis hin zur Anlieferung der Kaufteile am Verbauort des Abnehmers wertanalytisch untersucht werden. Zur Vermeidung von Verschwendung und Blindleistung in der logistischen Kette sind gemeinsam mit den Lieferanten durchgängige Qualitäts-, Verpackungs-, Transport- und Lagerstufenkonzepte zu erarbeiten und umzusetzen. In den folgenden Abschnitten werden Konzepte zur Erschließung von Einkaufspotentialen in unterschiedlichen Gestaltungsfeldern von Abnehmer-Lieferanten-Beziehungen dargestellt und ihre Erfolgswirksamkeit diskutiert. Aufgrund der Vorreiterrolle, die die Automobilhersteller bei der Reorganisation dieser Geschäftsbeziehungen einnehmen, werden zunächst exemplarisch Programme von Automobilherstellern zur Erschließung von Einkaufspotentialen beschrieben.

Programme von Automobilherstellern zur Optimierung der Abnehmer-Zulieferer-Beziehungen

Der Tatsache, daß Lieferantenbeziehungen systematisch auf Rationalisierungspotentiale hin zu untersuchen sind, tragen Automobilhersteller Rechnung, indem sie versuchen, diese Beziehungen durch spezielle Lieferantenförderungsprogramme zu optimieren [Wil94b: 26ff.]. Trotz unterschiedlicher Bezeichnungen der Vorgehensweisen, wie KVP^2 (VW), PICOS (Opel),

Drive for Leadership (Ford), POZ (BMW) oder TANDEM (Mercedes-Benz), verfolgen die Programme ähnliche Zielrichtungen (vgl. Bild 15-27). Es gilt, Verschwendung über die gesamte Leistungskette vom Lieferanten über den Hersteller bis zum Kunden zu vermeiden. Die Entwicklung dieser Programme läßt sich nach ihrer zeitlichen Reihenfolge und inhaltlichen Zielsetzung in fünf Phasen gliedern. In einer ersten Phase wurden Optimierungsansätze entwickelt, die einseitig auf den Erfolgsfaktor Einkaufspreis ausgerichtet waren. Die Unternehmen versuchten, weltweit die jeweils preisgünstigsten Anbieter für jede Produktgruppe zu ermitteln. Da deutsche Hersteller Mitte der 80er Jahre nur niedrige Importquoten aufwiesen, war diese Vorgehensweise wirksam zur kurzfristigen Erzielung von Einkaufspreisvorteilen. Mercedes-

Automobil-hersteller	Programm-bezeichnung	Vorgehensweise	Inhaltliche Schwerpunkte
• General Motors	PICOS	Gemeinsame Workshops, ergebnisorientierte Lieferantenprojekte	Vermeidung von Verschwendung: - Standardisierung von Abläufen - Arbeitsplatzorganisation - Mitarbeitereinbeziehung - Qualitätsmanagement und - Visualisierungstechniken
• Volkswagen	KVP/KVP^2	Gemeinsame Workshops mit integriertem, ergebnisorientiertem Lieferantenprojekt	Erhöhung des Kundennutzens/ Vermeidung von Verschwendung - Optimieren von Arbeitsmethoden - Mitarbeitereinbeziehung und - Qualitätsmanagement
• Ford	Supplier/ Ford Partnership	Staffelung verschiedener Workshop-Serien: - Bewußtseinsschulung - Methodenschulung - Lieferantenbefragung und - ergebnisorientiertes Lieferantenprojekt	- Kontinuierlicher Verbesserungsprozeß/Kaizen - Wertgestaltung - Wertanalyse - Benchmarking - Total Cost of Ownership (TCO)
• Mercedes-Benz	Tandem	- Themenbezogene Workshops - Ergebnisorientiertes Arbeitsprojekt mit Lieferanten - Ideenbörse - Patenschaft Einkauf – Lieferant und - Informationsschriften	- Kontinuierlicher Verbesserungsprozeß/Kaizen - Optimierung der Arbeitsmethoden und - Qualitätsmanagement
• BMW	POZ	- Partnerschaft Einkauf – Lieferant - Lieferant fordert Optimierungsteam an - Bildung von gemeinsamen Optimierungsteams	- Optimierung der gesamten Prozeßkette des Lieferanten einschließlich der Schnittstellen zu BMW - Verbesserung der Mitarbeitermotivation - Steigerung der Eigenverantwortung - Bildung kundenorientierter Fertigungssegmente - Integration indirekter Bereiche

Bild 15-27 Übersicht über die Programme der Automobilhersteller zur Optimierung der Abnehmer-Lieferanten-Beziehung

Benz und andere Hersteller erhöhten ihren Importanteil durch weltweiten Einkauf von 1985 – 1991 von unter 8 auf über 13 % des gesamten Bezugsvolumens. Es konnte im Durchschnitt eine Einsparung in Höhe von 10–15 % des jeweiligen Einkaufspreises erzielt werden. Diese weltweiten Beschaffungsmarktaktivitäten erfüllten jedoch noch eine weitere Funktion. Niedrigpreisangebote können den Unternehmen als Druckmittel dienen, um bei Zulieferern unter Androhung eines Lieferantenwechsels Preisreduzierungen zu erlangen. Diese Strategie der Einkäufer führte aber fast immer zu nur kurzfristigen Erfolgen. Leistung ausschließlich unter Androhung von Druck- und Sanktionsmaßnahmen zu verlangen, verschlechtert das Klima zwischen Abnehmer und Zulieferer und verhindert Kreativität, Innovationen und Kooperationswillen. Durch die Betonung des Faktors Einkaufspreis arbeiteten Zulieferer und Hersteller getrennt voneinander an einer Optimierung ihrer Kostenstrukturen. Eine durchgängige Gesamtkostenbetrachtung über die komplette Leistungskette von Abnehmer und Zulieferer hinweg mit dem Ziel der Vermeidung von Verschwendung fand dabei nicht statt. Die Erfahrungskurven beider Parteien wurden nicht vereint, woraus redundante Kostenstrukturen resultierten.

In einer *zweiten Phase* wurden vor allem Lieferantenauditierungen forciert mit der Zielsetzung, Verschwendung zu identifizieren. Einkäufer gingen in die Fabrikhallen der Zulieferer und hielten anhand von Checklisten Verschwendung in Form von Beständen, langen Durchlaufzeiten, hohen Ausschuß- und Nacharbeitsquoten oder nicht abgestimmten Kapazitäten fest. Die so ermittelte Verschwendung wurde quantifiziert, ein Einsparpotential ausgewiesen und dieser Betrag von den nächsten Lieferantenrechnungen abgezogen. Hilfestellung für Lieferanten zur Erreichung der ermittelten Einsparpotentiale leisteten die Abnehmer selten. Bei den Automobilherstellern setzte sich jedoch die Erkenntnis durch, daß sich durch den klassischen Preiswettbewerb, das Ausspielen von Lieferanten gegeneinander und durch Auditierungsmethoden keine erstklassigen Leistungen erreichen lassen. Zur weiteren Leistungsverbesserung war eine Neuorientierung in der Beziehung zum Lieferanten erforderlich. Eine Vorreiterrolle nahm dabei General Motors (GM) ein, die die *dritte Phase* einer Neuorientierung der Abnehmer-Lieferanten-Beziehung auslösten.

GM versuchte mit Hilfe des PICOS-Konzepts (Purchased Input Concept Optimization with Suppliers) gemeinsam mit den Lieferanten Verschwendung über die gesamte Wertschöpfungskette vom Lieferanten bis zum Kunden nicht nur zu identifizieren, sondern auch zu eliminieren. GM war zu der Überzeugung gelangt, daß zur Erzielung eines Gesamtkostenminimums die Lieferanten einen wichtigen Erfolgsfaktor darstellen, sofern man eine enge, partnerschaftliche Beziehung zu ihnen aufgebaut hat. PICOS ist daher auch als ein Hilfsmittel der Hersteller anzusehen, ihre eigenen Kosten zu reduzieren. So gelang es GM als einzigem Automobilhersteller, von 1985 an die Preise für das Zukaufteilesortiment einer Fahrzeugreihe (Opel Kadett) kontinuierlich zu senken [Mei91: 22ff.]. Im Mittelpunkt steht dabei die Durchführung von Workshops in Zulieferunternehmen gemeinsam mit Mitarbeitern des Abnehmers. Im Gegensatz zu früheren Verhaltensweisen sollen Kostenreduzierungen durch Methodenschulungen erreicht und ein Prozeß der kontinuierlichen Verbesserung beim Lieferanten eingeleitet werden. Inhaltliche Maßnahmen zur Verschwendungsvermeidung bilden die Standardisierung von Abläufen, die Optimierung der Arbeitsplatzorganisation, die aktive Einbeziehung der Mitarbeiter in den Problemlösungsprozeß, Qualitätsmanagement und Visualisierungstechniken. Der Workshop beinhaltet jedoch auch die Umsetzung der erarbeiteten Konzepte in ausgewählten Fertigungsbereichen. Dies geschieht mit Unterstützung von Spezialisten. Verbesserungen beziehen sich schwerpunktmäßig auf Produktivitätserhöhungen, Bestandssenkungen und Verbesserungen der Materialbereitstellungskonzepte.

Die Erfolge, die GM mit dieser Vorgehensweise erzielte, veranlaßten in einer *vierten Phase* weitere Automobilhersteller dazu, ihre Beziehung zu den Lieferanten zu überdenken. Volkswagen beispielsweise bedient sich dabei einer an das PICOS-Konzept angelehnten Vorgehensweise, des KVP-Konzepts (Kontinuierlicher Verbesserungsprozeß), welches in den Volkswagen-Werken intern wie auch extern bei den Zulieferunternehmen angewendet wird. KVP² ist dabei als Kombination aus schon bestehenden Methoden zur kontinuierlichen Verbesserung und Kaizen-Ansätzen zu verstehen. Es werden KVP²-Teams bestehend aus VW-Spezialisten und Mitarbeitern des Lieferanten gebildet, wobei großer Wert darauf gelegt wird, daß die beteiligten Mitarbeiter aus unterschiedlichen Funktionsbereichen und Hierarchieebenen stammen. Oberste Zielsetzung der Teamarbeit stellt auch hier die Erhöhung des Kundennutzens durch Vermeidung von Verschwendung und die Optimierung der Fertigungsprozesse und Arbeitsmethoden dar. Der Einsatzbereich der Teams ist auf einen bestimmten Fertigungsbereich begrenzt und umfaßt jeweils nur einen kleinen Bereich der Wertschöpfungskette. Eine kurze Ist-Analyse hält die relevanten Kennzahlen fest. Die gemeinsam erarbeiteten Verbesserungsmaßnahmen sind am Ende weitestgehend umzusetzen und zu messen. Ergebnisgrößen sind Verbesserungen der Qualität, Erhöhung der Produktivität, Reduzierung von Umlaufbeständen, Durchlaufzeiten und Flächen, wobei empirische Erfahrungen Einsparungen in Höhe von 20 – 50 % der jeweiligen Bezugsgröße ausweisen.

Auch Mercedes hat seine Beziehungen zu den Lieferanten neu organisiert. TANDEM heißt das Kooperationsmodell und basiert auf drei Bausteinen: Veranstaltungen, Organisation und Information. Die Veranstaltungen gliedern sich dabei in regelmäßige Zusammenkünfte von Zulieferern anläßlich Produktpräsentationen, themenbezogenen Workshops sowie ergebnisorientierten Arbeitsprojekten mit jeweils einem Lieferanten. Der Baustein Organisation verschafft den Zulieferern über Patenschaften fest definierte Ansprechpartner im Einkauf. Der „Tandem Support" berät und unterstützt Zulieferunternehmen bei Mercedes-spezifischen Problemstellungen. Zudem besteht eine Ideenbörse für Verbesserungsvorschläge der Lieferanten. Eine Ergänzung findet die Vorgehensweise durch den Baustein Information, der Schriften zu lieferantenspezifischen Themenstellungen publiziert.

BMW startete 1988 gemeinsam mit seinen Lieferanten ein Programm zur Effizienzsteigerung. POZ (Prozeßoptimierung Zulieferteile) ist der Name des Kooperationskonzeptes, dessen Zielsetzung die Eliminierung von Doppel- oder Nacharbeiten über die gesamte Prozeßkette ist. Den Kern dieses Konzeptes stellt das ressort- und unternehmensübergreifende POZ-Team dar. Anders als bei den meisten anderen Automobilherstellern konstituiert sich dieses Projektteam nur auf Anforderung des Lieferanten. Das jeweilige Projektteam wird problemspezifisch zusammengesetzt und hat die Aufgabe, nicht nur die Fertigung, sondern die gesamte

Prozeßkette des Lieferanten mit seinen Schnittstellen zu BMW zu analysieren und zu optimieren. Zur erfolgreichen Durchführung eines POZ-Projekts sind in der Regel weniger als 10 Teamsitzungen erforderlich, wobei im Durchschnitt Kostensenkungen in Höhe von 20 % erreicht und zwischen BMW und den Lieferanten aufgeteilt werden. Die Zusammenarbeit mit den Lieferanten beschränkt BMW nicht nur auf die Optimierung bestehender Zukaufteile. Erweitert wird das Partnerschaftskonzept um das 1990 gegründete NP-Projekt. In dem Projekt „Neue Programm- und Produktionsstrukturen" versucht BMW, Lieferanten schon in der Ideenphase der Produktentwicklung einzubinden und den Prozeß der kontinuierlichen Verbesserung in allen Funktionsbereichen zu institutionalisieren. Zur effizienten Vertretung der Zuliefererbelange sind, ebenso wie bei Mercedes, für jeden Lieferanten Patenschaften im Einkauf vergeben worden.

Eine modifizierte Vorgehensweise wählt Ford im Umgang mit seinen Lieferanten. Den Anfang bildet ein eintägiges Seminar, welches ausgewählten A-Lieferanten einen Überblick über die geplanten Aktivitäten vermitteln soll. Auf einer anschließenden halbtägigen Einweisungveranstaltung sind Ford-Lieferantenteams zu bilden und inhaltlich auf ein folgendes viertägiges Trainingsseminar vorzubereiten. Die Zielsetzung dieser Seminare besteht darin, die Mitglieder der interdisziplinären Ford-Lieferantenteams mit den Grundlagen des kontinuierlichen Verbesserungs- und Kaizen-Prozesses sowie der Wertgestaltung und -analyse vertraut zu machen. Die erworbenen Kenntnisse werden dann in 11 zweitägigen Kaizen-Workshops in der Fertigung der Lieferanten umgesetzt. Nach etwa zwei Wochen schließt sich ein dreitägiger Workshop mit den Themenschwerpunkten Wertgestaltung und -analyse an. Den Abschluß bildet die Erarbeitung einer gemeinsamen Verpflichtungserklärung zur weitergehenden Wertsteigerung und Kostensenkung. Bilaterale Nachfolgetreffen zwischen Ford und den jeweiligen Lieferanten zur Fortschrittsüberwachung finden in größeren Zeitabständen statt. Ford plant die Kosten dieser zeit- und kostenintensiven Vorgehensweise unter den teilnehmenden Lieferanten aufzuteilen, wobei die Kosten zur Entwicklung des Programms von Ford allein getragen werden.

Während diese vierte Phase auf die Eliminierung von Verschwendung durch kontinuierliche

Verbesserungsprozesse abzielte, stellen neuere Ansätze auf einen branchen- und länderübergreifenden Kennzahlenvergleich (Benchmarking) sowie tiefergreifende organisatorische Veränderungen ab. So führt beispielsweise Ford vergleichende Analysen aller A-Lieferanten durch. Hierzu ist von den Lieferanten ein Fragebogen auszufüllen, der relevante Kennzahlen aus den Bereichen Produktion, Entwicklung, Logistik, Qualität und Einkauf erfaßt. Diese werden in Relation zu branchenübergreifenden Bestwerten gesetzt, so daß einerseits die Lieferanten einen Eindruck über ihre Leistungsfähigkeit gewinnen und andererseits Ford einen Überblick über die Leistungsfähigkeit und Rationalisierungsreserven der Lieferanten erhält. Die Ermittlung der gesamten Einstandskosten (Total-cost of ownership) stellt einen weiteren Ansatzpunkt dar. Ford versucht dabei gemeinsam mit den Lieferanten alle Kosten zu ermitteln, die bis zum Einbau eines Teiles beim Abnehmer anfallen. Dabei stehen nicht mehr nur die reinen Einkaufspreise, sondern die Ermittlung aller beschaffungsrelevanten Kostenstrukturen bei Abnehmer und Lieferant im Vordergrund [Ell92: 26ff.]. In vielen Abnehmer-Lieferanten-Beziehungen sind die tatsächlich anfallenden Beschaffungskosten nicht vollständig bekannt. Daher versucht der Abnehmer gemeinsam mit den Lieferanten in allen beschaffungsrelevanten Funktionsbereichen die Kosten zu ermitteln, die bis zum Einbau der Teile beim Abnehmer angefallen sind. Die relevanten Kostengrößen lassen sich in lieferanten- und abnehmerbezogene Kostengrößen differenzieren. Kosten des Lieferanten beziehen sich auf dessen Rohmaterial-, Verpackungs-, Lohn- und Fertigungsbetriebskosten, seine Kosten für Forschungs- und Entwicklungsaktivitäten, sonstige Gemeinkosten sowie einen angemessenen Gewinnaufschlag. Kostengrößen des Abnehmers stellen anteilige Produktentwicklungsaufwendungen, Beschaffungskosten, Qualitätssicherungsaktivitäten, Fracht- und Logistikkosten, Änderungs- und Garantiekosten sowie alle vom Abnehmer getragenen Werkzeugkosten dar (vgl. Bild 15-28). Empirische Studien deuten dabei auf ein Kostenverhältnis von 80 zu 20 % zwischen lieferer- und abnehmerbezogenen Kostengrößen hin. Diese Kosten bilden die Ausgangsbasis für die Festlegung der Einkaufspreise, die Abschätzung der Erfolgswirksamkeit von Rationalisierungsmaßnahmen und die Aufteilung von Rationalisierungsergebnissen. Ford

Bild 15-28 Ermittlung der gesamten Einstandskosten

beabsichtigt, den Lieferanten die Hälfte der ermittelten Einsparungen über die gesamte Lebensdauer der Kaufteile zu Gute kommen zu lassen.

Ebenfalls in diese fünfte Phase fällt das *Insourcing*-Konzept, welches Opel und VW als eine weitere Möglichkeit ansehen, ihre Beziehung zu den Lieferanten effizienter zu gestalten und Rationalisierungspotentiale zu erschließen. Dieser Ansatz erweitert das traditionelle Klassifizierungsschema zwischen Eigenfertigung und Fremdvergabe und ist als eigenfertigungsnahes Kooperationskonzept mit leistungsstarken Lieferanten anzusehen. Insourcing-Partner stellen nicht nur Teilkomponenten für komplexe Systeme selbst her und besitzen das Montage-Knowhow für das Gesamtsystem, sondern sie montieren diese Systeme auch direkt am Verbauort des Abnehmers. Auf diese Weise wird eine aktive Einbindung der Lieferanten in den Montageprozeß der Abnehmer sowie eine Kombination der Vorteile der Eigenfertigung mit den Vorteilen des Fremdbezuges erreicht [Wil94b: 26ff.]. Es lassen sich mehrere Insourcing-Varianten unterscheiden (vgl. Bild 15-29):

1. *Montage an Abnehmer-Produktionsstätten.* Bei dieser Alternative montieren Mitarbeiter des Lieferanten und des Abnehmers gemeinsam die entsprechenden Baugruppen an den Fertigungs- oder Montagelinien des Abnehmers. Der Europäische Gerichtshof hat dazu 1994 festgelegt, daß die Mitarbeiter des Abnehmers, die früher in diesem Montagebereich beschäftigt waren, vom Zulieferunternehmen zu unveränderten Beschäftigungskonditionen zu übernehmen sind.

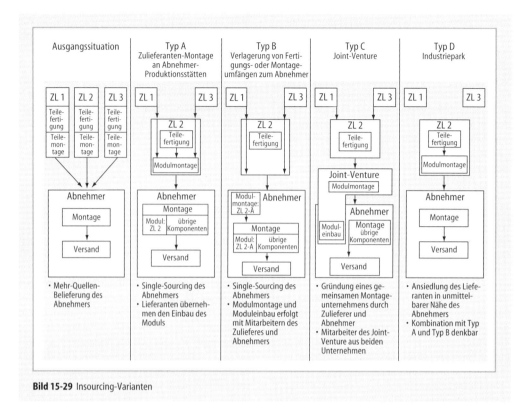

Ausgangssituation	Typ A Zulieferanten-Montage an Abnehmer-Produktionsstätten	Typ B Verlagerung von Fertigungs- oder Montageumfängen zum Abnehmer	Typ C Joint-Venture	Typ D Industriepark

Bild 15-29 Insourcing-Varianten

2. *Verlagerung von Fertigungs- oder Montageumfängen der Lieferanten in Abnehmer-Produktionsstätten.* In diesem Fall verlagern Lieferanten Teile ihres Maschinenparks auf freie Flächen im Abnehmerunternehmen. Als alternative Ausprägungsform dieser Variante ist der Kauf von Abnehmeranlagen durch Lieferanten anzusehen. Die Montage der Module und der Einbau in das Endprodukt erfolgen gemeinsam mit Mitarbeitern des Abnehmers. Die Anstellung und die Bezahlung der Mitarbeiter erfolgt durch den Lieferanten.

3. *Industriepark.* Eine Variante des Insourcing-Gedankens stellt die Gründung eines Industrieparks dar. Hierbei verlagern mehrere Kernlieferanten abnehmerspezifische Fertigungsumfänge auf ein Gebiet in unmittelbarer räumlicher Nähe der Fertigung des Abnehmers.

4. *Joint-Venture.* Diese Form der Zusammenarbeit sieht die gemeinschaftliche Gründung eines Montage- oder Teilefertigungsunternehmens durch Abnehmer und Lieferant vor. Die Kosten für Grundstück, Anlagen und Betriebsmittel werden anteilsmäßig übernommen, die Mitarbeiter des Unternehmens stammen sowohl vom Lieferanten als auch vom Abnehmer.

Die verschiedenen Insourcing-Formen unterscheiden sich vor allem hinsichtlich der Möglichkeiten zur Kontrolle und Beeinflussung der Wertschöpfungskette durch den Abnehmer. Die Modulmontage direkt auf dem Firmengelände des Herstellers und der Einbau des Moduls am Verbauort bieten die weitreichendsten Kontrollmöglichkeiten: der Lieferant ist direkt an die Produktionserfordernisse des Abnehmers gekoppelt und verfügt somit nur über geringe Freiheitsgrade. Die Kontrollmöglichkeiten des Abnehmers nehmen mit einem Übergang der Besitzverhältnisse auf den Zulieferer (Alternative 2/3) und steigender räumlicher Entfernung zur Produktionsstätte des Abnehmers (Alternative 4) ab. Aufgrund des hohen Integrations- und Kooperationsgrads kann Insourcing nur für ein ausgewähltes Zukaufspektrum angewendet werden. Als Entscheidungskriterien sind insbesondere die Höhe des beeinflußbaren Material- und Montagekostenvolumens sowie die Höhe der Transaktionskosten heranzuziehen. Als besonders geeignet erscheinen Komponenten, die durch hohe Montage- und Materialkosten gekennzeichnet sind, eine hohe Abnehmerspezifität aufweisen und kontinuierlich nachgefragt werden. Als Beispiele lassen sich Montagesysteme wie Cockpit, Achsen, Sitze oder Frontend anführen [Stc93: 71ff.]. So prüft GM beispielsweise, ob der Sitzehersteller Lear Nosak die Sitze gleich am Montageband in Eisenach einbauen kann. Die Kabelwerke Rheinshagen produzieren und komplettieren ihre Kabelbäume in einer leeren Fertigungshalle von BMW und liefern von dort aus montagesynchron und einbaufertig ihre Systeme in die benachbarte Montagehalle an.

Produzenten-Lieferanten-Workshops

Neben den Aktivitäten der Produzenten, die in kontinuierliche, langfristige Lieferantenförderungsprogramme eingebettet sind, besteht in der Durchführung von Workshops mit Mitarbeitern des Zulieferers und Abnehmers eine weitere Möglichkeit zur Erschließung von Einkaufspotentialen. Bei dieser Vorgehensweise sollen Kostenreduzierungen durch Methodenschulungen und Auditierungen erreicht werden. Nach wie vor steht dabei die Realisierung von Kostensenkungspotentialen im Mittelpunkt der Abnehmerinteressen. Der Abnehmer versucht jedoch Einsparungen auch dadurch zu erzielen, daß er die Lieferanten in die Lage versetzt, selbständig einen kontinuierlichen Verbesserungsprozeß in ihren Unternehmen einzuführen. Die Durchführung von Workshops mit Lieferanten bewirkt sofortige, kurzfristig wirksame Produktivitätssteigerungen. Hauptzielsetzung der Workshops ist eine kundenorientierte Neuausrichtung einzelner Abschnitte der Wertschöpfungskette der Lieferanten und die Beseitigung jeglicher Verschwendung. Die Einbeziehung der Erfahrungen und der Problemlösungskapazitäten der Mitarbeiter vor Ort, selbständiges Denken und Handeln, Lern- und Leistungsbereitschaft sind wesentliche Voraussetzungen zur Verbesserung der Arbeitsqualität und -produktivität. Das Programm bezieht dazu unternehmens- und funktionsübergreifende Teams ein, die sich zur Lösung einer gemeinsamen Aufgabe jenseits von Hierarchien und Schnittstellen verpflichten. Die Teilnehmer bringen die Erfahrungen der betrieblichen Zusammenhänge und Kenntnisse über Probleme ein. Durch das Zusammenwirken aller Beteiligten in kleinen Gruppen und in einer kommunikativen Lern- und Arbeitsatmosphäre entstehen kurzfristig realisierbare Verbesserungsvorschläge. Die Teilnehmer haben die Aufgabe, Prozesse zu analysieren und Verschwendung zu eliminieren. Verschwendung sind alle überflüssigen Tätigkeiten, die nicht unmittelbar zur Wertschöpfung am Produkt beitragen. Typische Verschwendungsarten stellen Überproduktion, Bestände, Wartezeiten, Materialtransporte, fehlerhafte Produkte, Wege des Arbeiters und ungenutzte Humanressourcen dar.

Lieferanten-Workshops eignen sich besonders für die Einführung von kontinuierlichen Verbesserungsprozessen beim Lieferanten. Die Teilnehmer erlernen an konkreten Beispielen die Anwendung von Methoden zur Problemanalyse und -lösung und erhalten damit einen Nachweis für die Wirksamkeit der Methoden. Dadurch versetzt die Vorgehensweise die Mitarbeiter der Lieferanten in die Lage, die gewonnenen Erfahrungen in Folgeprojekten selbständig nach dem Schneeballprinzip auf andere Bereiche zu übertragen. Die Optimierung einer Vielzahl kleiner Aktivitäten führt zu Verbesserungen auf breiter Ebene. Ziele werden nach dem Erreichen höher gesetzt und bewirken eine kontinuierliche Produktivitätssteigerung. Unterstützt wird der Prozeß durch die Visualisierung der Verbesserungsvorschläge, Maßnahmen und Ergebnisse für alle Mitarbeiter, damit von den Ergebnissen anderer Bereiche gelernt werden kann. Ein Erfolgscontrolling der Projekte erfolgt durch regelmäßige Auditierung durch Einkaufsspezialisten. Da die Umsetzung von Maßnahmen eindeutig im kurzfristigen Bereich liegen, erhalten die Teilnehmer umgehend eine Rückkopplung über die erreichten Ergebnisse, was sich motivierend für weitere Aktivitäten auswirkt.

Workshops mit Lieferanten durchlaufen mehrere Phasen und besitzen einen zweiteiligen Aufbau (vgl. Bild 15-30). Den Auftakt bildet ein zweitägiger Schulungsworkshop mit Führungskräften und den zukünftigen Prozeßmoderatoren. Zweck dieser Veranstaltung ist die Vermittlung des Gedankenguts anhand von Verträgen, Fallstudien und Gruppendiskussionen. Die Konzeptinhalte, wie Verschwendungsvermeidung, Arbeitsplatzorganisation, Standardisierung, Visualisierung, Wertgestaltung und Gruppenmoderation, werden in Kurzvorträgen vorgestellt und diskutiert. Die Teilnahme an den Schulungsworkshops dient einerseits zur Information, andererseits zur Selbstverpflichtung eines jeden Teilnehmers, als Protagonist des organisatorischen Wandels im Unternehmen aktiv zu werden. Darüber hinaus trägt die Vermittlung

Phase 1: Schulung	Phase 2: Umsetzung
Muß-Inhalte • Verschwendung und Blindleistung • Durchlaufzeit/2 • Fertigungs-segmentierung • Organisatorisches Lernen	• 4-Tage-Pilotwork-shop • Ausbreitung nach dem Schneeball-prinzip • Permanente Reviews durch standardisierte Audits • Visualisierung
Kann-Inhalte • Moderationstechnik • Planspiele • Einkaufspotential-analyse	Prozeßbegleitung

Bild 15-30 Aufbau von Workshop mit Lieferanten

und die Diskussion der Schulungsinhalte dazu bei, daß sich Verhaltens- sowie Identifikationsbarrieren abbauen lassen und die Veränderungsbereitschaft erhöht wird. Insofern beinhaltet das Schulungsprogramm sowohl eine verhaltensbezogene, als auch eine methoden- und aufgabenorientierte Komponente. Der zweite Teil umfaßt ein Viertagesprogramm mit ganztägigen Arbeitspaketen. Untersuchungsbereich, Aufgaben- und Problemstellung werden im Vorfeld gemeinsam mit den Lieferanten konkretisiert. Am ersten Tag werden die Teilnehmer mit den Prinzipien und den Problemlösungsmethoden vertraut gemacht. Die Mitarbeiter lernen das Konzept zur durchgängigen Optimierung der Wertschöpfungskette kennen. Danach erfolgt die Erhebung von Basisdaten für den abgegrenzten Fertigungsbereich sowie eine Betrachtung der Schnittstellen zu den vor- und nachgelagerten Leistungsbereichen. Schwachstellen werden herausgearbeitet und Verschwendung in den Prozessen identifiziert. Im Verlauf des zweiten Tages erfolgt eine Ursachenanalyse für die erkannten Probleme, die Festlegung der Optimierungsstrategie sowie die Ableitung und Verabschiedung von Maßnahmenplänen. Diese enthalten einzelne Maßnahmenpakete, die die Problemursachen beseitigen. Der Schwerpunkt liegt auf sofort umsetzbaren Verbesserungsvorschlägen. Aber auch Maßnahmen, die einen größeren Umstellungsaufwand erfordern und daher erst im Anschluß an die Optimierungswoche realisiert werden können, werden ausgearbeitet. Bei diesen umfassenden Maßnahmen handelt es sich beispielsweise um Layoutveränderungen, die einen höheren Vorbereitungsbe-

darf erfordern und nicht innerhalb eines Tages durchzuführen sind. Wesentlich dabei ist, daß jeder Aktivität Verantwortlichkeiten und Termine zugeordnet werden. Am dritten Tag werden die sofort durchführbaren Maßnahmen in der Fertigung umgesetzt und die Ausarbeitung von umfangreicheren Verbesserungsvorschlägen weitergeführt. Am letzten Tag erfolgt die Wiederaufnahme der Produktion, die Dokumentation der im Verlauf der Veranstaltung erarbeiteten Analysen, Verbesserungsvorschläge und Einsparungspotentiale. Die Maßnahmenpläne, die Folgeaktivitäten sowie die erreichten und noch zu erwartenden Ergebnisse werden den Entscheidungsträgern präsentiert, die unmittelbar über die weitere Umsetzung entscheiden. Die Teilnehmer verpflichten sich, die verabschiedeten Maßnahmenpläne bis zu den festgesetzten Terminen umzusetzen. Einen Überblick über die Vorgehensweise gibt Bild 15-31. Zur Beschleunigung der einzelnen Arbeitsschritte liegt jeder Phase des Programms eine standardisierte Vorgehensweise zugrunde. Die Erhebung der Grunddaten, der Prozeß der Problemgewichtung, die Ursachenanalyse und die Lösungsentwicklung werden durch die Anwendung von spezifischen Methoden, Checklisten und Standardformularen unterstützt. Weiterhin erfolgt zu Beginn der Veranstaltung die Bildung von Arbeitsgruppen, die parallel unterschiedliche Analyseschwerpunkte bearbeiten und auch bei der Erarbeitung der Problemlösungen zusammenbleiben. Durch die Arbeitsteilung wird gewährleistet, daß die gesamte Untersuchungsbreite in der erforderlichen Tiefe abgedeckt wird.

Die gemeinsame Arbeit in Workshops löst das traditionelle Verhältnis zwischen Hersteller und Zulieferer auf, bei dem sich beide Unternehmen unabhängig voneinander auf eigene Zielsetzungen konzentrieren, um kurzfristig Vorteile zu erringen. Promotoren des Methodentransfers bei Programmen mit Lieferanten sind in erster Linie die Einkäufer, die die Schnittstelle zu den Zulieferunternehmen bilden. Es hat sich bewährt, mit Einkäufern zunächst einen Workshop in einem ausgewählten Fertigungsbereich im eigenen Unternehmen durchzuführen. Sind die Vorgehensweise und Methoden erlernt, finden im zweiten Schritt Workshops bei strategisch wichtigen Zulieferunternehmen statt. Organisatorisches Lernen mit Hilfe solcher Workshops führt zu positiven betriebswirtschaftlichen Effekten, die sich in nachhaltigen Wettbe-

1. Tag	2. Tag	3. Tag	4 . Tag

Einführung
• Auftrag
• Ziele
• Terminrahmen
 	
Vorgehensweise
• Prinzip
• Ablaufplan
• Formblätter,
  Instrumentarien
 	
Ist-Datenerfassung
• Kostenstellenprofil
• Anzahl Mitarbeiter
• Stückzahlen
• Qualität
• Durchlaufzeit
• Fläche/Layout
• Bestände
• …
 	
Aufarbeitung der Ist-Daten
• Diagramm mit Ver-
  schwendung und Blind-
  leistung (V & B) erstellen
• Problemblätter ausfüllen
  Alle V & B Arbeitsfolgen
  sind potentielle Ver-
  besserungspotentiale
	Brainstorming/Ideenfindung
	zu jedem V & B-Punkt
	
	Bewertung Ideenfindung
	
	Prioritäten für die Umsetzung
	festlegen
	• kurzfristig (Tage)
	• mittelfristig (Wochen)
	• langfristig (Monate)
	
	Fertigungslayout überarbeiten
	
	Vorschläge den Mitarbeitern
	des untersuchten Bereiches
	vorstellen, Kritik und Ideen
	der Mitarbeiter aufnehmen
		Kurzfristige Verbesserungen
		umsetzen
		
		Verantwortliche für weitere
		Verbesserungen bestimmen
			Weitere Umsetzung und
			Verfeinerung der Lösungen
			
			Bewertung der Ergebnisse
			• Qualität
			• Produktivität
			• Umlaufbestand
			• Fläche
			• Durchlaufzeit
			
			Vorschläge und Ergebnisse
			aufbereiten
			
			Ergebnisse der Teams
			präsentieren
			(max. 30 Minuten pro Team)

Bild 15-31 Ablauf und Inhalte des 4-Tage-Workshops mit Lieferanten

werbsvorteilen für Abnehmer und Lieferant niederschlagen. Die bessere Nutzung vorhandener Kapazitäten verkürzt Informations- und Materialdurchlaufzeiten sowie Liefer- und Bearbeitungszeiten in der Lieferanten-Abnehmer-Beziehung deutlich. Fallauswertungen zeigen, daß Zeiteinsparungspotentiale von 20 – 80 % durchaus realistisch sind. Hiermit eng verbunden sind Produktivitätssteigerungspotentiale. Workshops bewirken Produktivitätssteigerungen im Sinne von kontinuierlichen, unabhängig von den jeweiligen Marktzyklen durchzuführenden Verbesserungen der Input-Output-Relationen durch die Optimierung von Prozessen. Durch die laufende Verbesserung der Geschäftsprozesse werden die marktrelevanten Erfolgsfaktoren positiv beeinflußt, so daß unter Umständen sogar zusätzliche Beschäftigung geschaffen und damit eine Produktivitätserhöhung verwirklicht wird. Zusätzliche Verbesserungen können durch die konsequente Ausdehnung auf weitere Geschäftsprozesse nach einer Art Schneeballprinzip erzielt werden. Ausgangspunkt für den Entwicklungsprozeß sind Zeitverkürzungen innerhalb einzelner Pro-

zeßketten des Unternehmens durch den Abbau von Informationshindernissen, die Vermeidung von Schleifen sowie die Reduzierung von Doppelarbeiten. Derartige Zeittreiber verlängern die Durchlaufzeiten von kundenrelevanten Geschäftsprozessen. Sie verdecken Fehler innerhalb des Aufgaben-, Kompetenz- und Verantwortungsgefüges der Aufbau- und Ablauforganisation. Bereiche, deren Aufgabenerfüllung durch Zeitverkürzungen beeinträchtigt werden, bilden Handlungsfelder für eine weitere Optimierung der Prozeßkette. Durch das Basisverbesserungsprogramm konnten nach Untersuchungen des Verfassers in den direkten Bereichen der Lieferanten Durchlaufzeiten und Bestände zwischen 20 und 92 %, im Mittel um 40 %, der Flächenbedarf um zwischen 20 und 50 %, die Länge der Materialflußwege um 70 %, Nacharbeit und Ausschuß um zwischen 10 und 48 %, im Mittel um 27 % gesenkt werden. Die Rüstzeiten können um durchschnittlich 40 % reduziert werden. Die Qualitätswerte konnten um 40 % verbessert werden. Letztlich ergaben sich Produktivitätssteigerungen in den direkten Bereichen von durchschnittlich 20 %. Nicht quantifizierbar sind die zusätzlichen positiven Auswirkungen auf die Motivation der Mitarbeiter, denen ihre hohe Bedeutung als das wertvollste Kapital des Unternehmens zuerkannt wird.

Wertanalyse mit Lieferanten

Aufgrund des steigenden Umfanges des Fremdbezugs stellt die gemeinsame *Wertanalyse* von Kaufteilen ein weiteres wichtiges Konzept zur Erzielung von Einkaufspotentialen dar. Nach DIN 69 910 ist die Wertanalyse definiert als „ein System zum Lösen komplexer Probleme, die nicht oder nicht vollständig algorithmierbar sind". Hierzu wird ein interdisziplinäres und unternehmensübergreifendes Team gebildet, das ausgehend von einer Analyse der Haupt- und Nebenfunktionen unter Einsatz heuristischer Techniken geeignete Lösungsansätze zur Steigerung des Kosten-Nutzen-Verhältnisses von Produkten zu entwickeln hat. Die Vorgehensweise ist in sechs Stufen unterteilt:
1. Projektvorbereitung,
2. Analyse der Objektsituation,
3. Beschreibung des Sollzustandes,
4. Entwicklung von Lösungsideen,
5. Festlegung der Lösungen und
6. Umsetzung der Lösungen.

Durch die gemeinsame Wertanalysearbeit soll eine Know-how-Bündelung erreicht werden, so daß Lernkurveneffekte und damit verbundene Kostensenkungspotentiale realisiert werden können. Aufgabe der Beschaffung im Rahmen der Wertanalyse ist die Identifikation geeigneter Lieferanten, sowie die Mitarbeit an Fragestellungen wie Überprüfung von Spezifikationen, Möglichkeiten zum Teiletausch, Standardisierung oder Entfeinerung von Toleranzen sowie die Substitution von Materialien. Als eine Fallstudie zur Wertanalyse mit Lieferanten kann ein Unternehmen der Automobilzulieferindustrie angeführt werden, das Achsen für Automobil- und Wohnwagenhersteller liefert. Das Kaufteilespektrum umfaßt im wesentlichen Radbremsen, Bleche, Achsrohre, Gummielemente, Seilzüge, Schmiedeteile, Drehteile und Fließpreßteile. Zu Beginn der Zusammenarbeit war die unternehmensspezifische Marktsituation charakterisiert durch einen starken Preisverfall, sinkende Stückzahlen, steigende Variantenzahlen und Anforderungen nach kürzeren Lieferzeiten. Im Mittelpunkt des Abnehmerinteresses stand die Erschließung von Einkaufspreisvorteilen. Radbremsen und Bowdenzüge zeichneten sich als Kaufteile mit einem hohen wertmäßigen Bezugsvolumen und einer mittleren technologischen Komplexität aus. Aufgrund der Tatsache, daß bei beiden Lieferanten eine hohe Kooperationsbereitschaft und ein hohes Entwicklungspotential unterstellt werden konnte, wurde der Aufbau partnerschaftlicher Zusammenarbeitsstrukturen mit diesen Lieferanten angestrebt. Zur kurzfristigen Realisierung von Rationalisierungspotentialen wurden bei beiden Lieferanten gemeinsame Wertanalyseteams gebildet. An den 14tägig stattfindenden Teamsitzungen nahmen von Seiten des Abnehmers und der Lieferanten Mitarbeiter aus den Bereichen Einkauf, Qualitätssicherung, Forschung und Entwicklung sowie die Fertigungsleiter der Lieferanten teil. Im Wertanalyseteam „Radbremse" wurden im wesentlichen folgende Maßnahmen erarbeitet:
- Werkstoffsubstitutionen (Einsatz anderer Stahlqualitäten und Sintermaterialien),
- Veränderung der Fertigungsverfahren (spanlose Bearbeitung) und
- gemeinsame Nutzung von Einkaufsquellen durch Bildung von Einkaufskooperationen.

Bei den wertanalytischen Untersuchungen am Bowdenzug konnten Einsparungen aufgrund:
- des Entfalls eines kompletten Teiles durch eine konstruktive Anpassung des Abnehmers,
- Werkstoffsubstitutionen (Zinkdruckguß/Sintermetall anstelle von Stahl),
- reduzierter Spezifikationsanforderungen des Abnehmers sowie
- Vereinheitlichung der Materialdicke
realisiert werden.

Zudem wurden beide Lieferanten in längerfristige Rahmenverträge eingebunden, so daß auch die Lieferanten einen Anreiz zur gemeinsamen Optimierung der Kostenstrukturen erhielten. Als Ergebnis der wertanalytischen Aktivitäten an der Radbremse konnte eine 12%ige Reduzierung der Einkaufspreise erreicht werden. Die angefallenen Investitionen (Werkzeuganpassungen) hatten eine Amortisationsdauer von einer Woche. Als Ergebnis der wertanalytischen Aktivitäten für den Seilzug konnte eine Reduzierung der Einkaufspreise um 37 % erreicht werden. Die Amortisationsdauer für die erforderlichen Investitionen (Werkzeugkosten) betrugen durchschnittlich fünf Monate.

Zusammenfassend läßt sich festhalten, daß der Einkauf über eine Reihe verschiedener Ansätze verfügt, um Potentiale in der Beschaffung zu erschließen. Umgekehrt leiten bereits viele Zulieferunternehmen Strategien einer Neupositionierung im Wettbewerb ein, um den Anforderungen der Abnehmer Rechnung tragen zu können.

Literatur zu Abschnitt 15.2.2

[Blo92] Bloeck, J.: Kriterien zur Planung industrieller Beschaffungspotentiale. Z. f. Planung, Nr. 1, 35–42, 1993

[Chr89] Christ, H.: Strategische Forschung und Entwicklung in einem Unternehmen der Kraftfahrzeug-Zulieferindustrie. Konstruktion 41 (1989) 389–394

[Eic91] v. Eicke, H.; Femerling, C.: Modular sourcing. München: 1991

[Ell92] Ellram, L.M.: The role of purchasing in cost savings analysis. J. of Purchasing, Winter 1992, 26–33

[Gra88] Graf, H.; Koether, R.; Schweiz, W.: Flexible Montage stellt neue Anforderungen an die Produktionssteuerung. io Management 56 (1988), Nr. 4, 175–180

[Hei90] Heide, J.B.; John, G.: Alliances in industrial purchasing. J. of Marketing Research 27 (1990), Nr. 2, 24–36

[Hom94] Homburg, C.: Das industrielle Beschaffungsverhalten in Deutschland. Beschaffung aktuell, Nr. 3, 9–13, 1994

[Hub90] Hubmann, H.-E.; Barth, M.: Das neue Strategiebewußtsein im Einkauf. Beschaffung aktuell, Nr. 10, 26–32, 1990

[Ihd92] Ihde, G.: Verkehrswege als Engpaß der Logistik. In: Jahrbuch der Logistik 1992

[Joh89] Johnston, R.; Lawrence, P.R.: Vertikale Integration II: Wertschöpfungspartnerschaften leisten mehr. Harvard Manager, Nr. 1, 81–88, 1989

[Kra86] Kraljic, P.: Gedanken zur Entwicklung einer zukunftsorientierten Beschaffung. In: Beschaffung (hrsg. v. G. Theuer, W. Schiebel, R. Schäfer). Landsberg a. Lech: Vlg. Moderne Industrie 1986, 72–93

[Lam94] Lamming, R.: Die Zukunft der Zulieferindustrie. Frankfurt a. Main: Campus 1994

[Mei91] Meinig, W.: Preisanalyse für Zulieferteile im Erstausstattungsgeschäft der Automobilindustrie. Bamberg: 1991

[Mon91] Monczka, R. M.; Trent, R.J.: Evolving sourcing strategies for the 1990s. Int. J. of Physical Distribution & Logistics Management, Nr. 4, 4–12, 1991

[Mon92] Monczka, R. M.; Trent, R.J.: Worldwide sourcing. J. of Purchasing. Fall 1992, 9–19

[Mor91] Morris, R.H.; Calantone, R.J.: Redefining the purchasing function. In: JOP: Sering 1991

[Pic82] Picot, A: Transaktionskostenansatz in der Organisationstheorie. Die Betriebswirtschaft 42 (1982), 267–284

[Ric93] Richardson, J.: Parallel sourcing and supplier performance in the Japanese automotive industry. Strategic Management J. 14 (1993) 339–350

[Sch91] Schneidewind, D.: Zur Struktur, Organisation und globalen Politik japanischer Keiretsu. zfbf 43 (1991), Nr. 3, 255–274

[Stu93] Stuart, F.I.: Supplier partnerships. J. of Purchasing, Fall 1993, 22–28

[Stc93] Stuckey, J.; White, D.: When and when not to vertically integrate. Sloan Management Rev. Spring 1993, 71–83

[Syd91] Sydow, J.: Strategische Netzwerke in Japan. In: zfbf 43 (1991) 238–254

[Wil93a] Wildemann, H.: Optimierung von Entwicklungszeiten: Just-In-Time in Forschung & Entwicklung und Konstruktion. München: TCW Transfer-Centrum GmbH 1993

[Wil93b] Wildemann, H.: Die deutsche Zulieferindustrie im europäischen Markt. München: TCW Transfer-Centrum GmbH 1993

[Wil94a] Wildemann, H.: Fertigungsstrategien. 2., München: TCW Transfer-Centrum GmbH 1994

[Wil94b] Wildemann, H.: Was Lieferantenförderprogramme verbessern sollen. Beschaffung aktuell, Nr. 4, 26–33, 1994

[Wil95a] Wildemann, H.: Produktionssynchrone Beschaffung. 3. Aufl. München: TCW Transfer-Centrum GmbH 1995

[Wil95b] Wildemann, H.: Das Just-In-Time Konzept. 4. Aufl. München: TCW Transfer-Centrum GmbH 1995

[Wil95b] Wildemann, H.: Produktionssynchrone Beschaffung. 3. Aufl. München: TCW Transfer-Centrum GmbH 1995

[Wil95c] Wildemann, H.: Behältersysteme. 2. Aufl. München: TCW Transfer-Centrum GmbH 1995

[Wil95d] Wildemann, H.: Einkaufpotentialanalyse und Europäische Keiretsu-Systeme. München: TCW Transfer-Centrum GmbH 1995

[Wil95e] Wildemann, H.: Entwicklungsstrategien für Zulieferunternehmen. 2. Aufl. München: TCW Transfer-Centrum GmbH 1995

[Wil95f] Wildemann, H.: Unter Herstellern und Zulieferern wird die Arbeit neu verteilt. HM 2/1992, 82–83

[Wom91] Womack, P.; Jones, D.T.; Roos, D.: The machine that changed the world. New York: Campus 1991

15.3 Produktionslogistik

Die Produktionslogistik umfaßt den innerbetrieblichen Fluß von Roh-, Hilfs- und Betriebsstoffen, Kaufteilen, Halb- und Fertigfabrikaten zwischen Wareneingang und Fertigerzeugnislager. Ihre Leistungsfähigkeit wird wesentlich von den Wechselwirkungen zwischen Material- und Informationsfluß einerseits und Fertigungsstruktur und Produktaufbau auf der anderen Seite bestimmt. Demzufolge zählen zu den Gestaltungsfeldern der Produktionslogistik Fragen der logistikorientierten Produkt- und Variantengestaltung ebenso wie Maßnahmen zur flußgerechten und zeiteffizienten Strukturierung von Wertschöpfungprozessen.

15.3.1 Logistikgerechte Produktgestaltung

15.3.1.1 Ziele einer logistikgerechten Produktgestaltung

Kürzere Produktlebenszyklen und zunehmende Kundenorientierung in der Produktgestaltung führen zu einer Zunahme der Produktvielfalt, einer Steigerung der Anzahl und Änderungshäufigkeit der Varianten der einzelnen Leistungen. Schon bei der Entwicklung neuer Produkte wird diese Vielfalt der Fertigprodukte und die Komplexität innerhalb der logistischen Kette fixiert. Die Vielfalt führt intern zu Steigerungen der Komplexität durch ein Ansteigen der Anforderungen an die logistischen Prozesse. Präventiv soll eine Reduktion der Halbzeug- und Rohstoffvielfalt erreicht werden. Standardisierung über eine Vereinheitlichung von Einzelteilen und Baugruppen sind die Grundvorraussetzung dazu. Durch das Variantenwachstum, verbunden mit einer Addition von Dienstleistungen und der Verkleinerung von Stückzahlen resultieren insbesondere Steigerungen der Herstell- und Logistikkosten, die sich durch die zunehmende Komplexität der Abläufe begründen. Ziel der logistikgerechten Produktgestaltung ist die Minimierung der Logistikkosten. Logistikkosten sind in diesem Zusammenhang Bestands- und Lagerkosten, Handlingkosten, Transportkosten, Steuerungs- und Systemkosten (Hardware- und Softwarekosten). Zur Minimierung der Logistikkosten sind die vom Produkt ausgehenden komplexitätstreibenden Faktoren im gesamten Wertschöpfungprozeß zu identifizieren, um die Gesamtkomplexität zu optimieren. Komplexität kann nicht vollkommen eliminiert werden, vielmehr muß eine marktkonforme Komplexitätsintensität durch logistik- und komplexitätsgerechte Produktgestaltung erreicht werden. Das Ergebnis sind Verbesserungen bei den wettbewerbsentscheidenden Faktoren Kosten, Qualität, Flexibilität und Durchlaufzeit.

15.3.1.2 Gestaltung von Variantenbestimmungspunkten

Zur Reduktion der Logistikkosten, die aus der Variantenvielfalt auf allen Produktionsstufen resultieren, ist eine Verschiebung des Variantenbestimmungspunktes in Richtung Ende der logistischen Kette anzustreben [Roe91: 264]. Diese Methode der Komplexitätsbewältigung identifiziert zunächst die variantenbestimmenden Einflußfaktoren und prüft, inwieweit durch Konstruktionsänderungen am Produkt oder neue Fertigungsverfahren der Variantenbestimmungspunkt nach hinten, also in Kundennähe, verschoben werden kann. Zur Identifikation der Variantenbestimmungspunkte kann auf der Grundlage des Arbeitsplanes vorgegangen werden. Auf jeder Bearbeitungsstufe ist festzustellen, welche Tätigkeiten an dem zu untersuchenden Teil durchgeführt werden und worin der variantenbestimmende Faktor zu sehen ist. Dieser kann beispielsweise schon in der Wahl des Materials, der Stärke des Materials, Abmessungen oder einer spezifischen Kennzeichnung des Materials, wie das Stempeln eines Teiles, liegen. Wichtig ist, zu hinterfragen, durch wen oder welche Abteilung das variantenbestimmende Merkmal festgelegt wurde und inwieweit eine Veränderbarkeit des Merkmals möglich ist.

Ein Beispiel aus der Automobilzulieferindustrie soll die Problematik verdeutlichen. Ein Automobilhersteller fordert von seinem Lieferanten, die von ihm gelieferten Komponenten mit einem Stempel zu versehen, der Informationen über den Hersteller, das Herstellungsdatum, kundenspezifische Informationen sowie gesetzlich vorgeschriebene Sicherheitsanweisungen beinhaltet. Da im Beispielsfall eine Stempelung nur ganz zu Beginn der Herstellung der Komponente möglich ist – zu einem späteren Zeitpunkt würden Verformungen des Materials auftreten – wird die Variante schon in einem der ersten Arbeitsschritte festgelegt. Für die Fertigung resultiert hieraus ein erhöhter Steuerungs-, Rüst- und Handlingaufwand, der durch die getrennte Bearbeitung der Aufträge und vergleichsweise kleinerer Lose entsteht. Die Verlagerung des Stempelungsvorganges auf einen der letzten Bearbeitungsschritte würde durch die Möglichkeit der Zusammenfassung von Aufträgen zu einer Aufwandsreduzierung führen. Ansatzpunkte zur Lösung des bestehenden Problems ergeben sich auf verschiedene Weise. Zunächst ist die eingesetzte Stempelungstechnologie zu überprüfen. Moderne Verfahren, wie der Einsatz der Lasertechnologie, könnten gegen Ende des Fertigungs- oder auch Montageprozesses eingesetzt werden, ohne die Schwierigkeit der Verformung des Materials hervorzurufen. Des weiteren ist zu prüfen, inwieweit die Informationen des Stempels in solche getrennt werden, die über die gesamte Haftungszeit des Teiles bestehen bleiben müssen, jedoch variantenneutral sind und solche, die variantenbestimmend sind und sowohl dem Hersteller als auch dem Kunden detaillierte Informationen über Verwendung und Einbau des Teiles geben. Da diese nur im Moment des Einbaus der Komponente in das Endprodukt von Bedeutung sind, kann hier ein kostengünstiges Verfahren wie beispielsweise das Anbringen eines einfachen Aufklebers angewendet werden. Zu den erstgenannten, variantenneutralen Informationen gehören beispielsweise das Firmenlogo des Herstellers oder das Fertigungsdatum, welches für alle Teile und den jeweiligen Tag dasselbe ist. Ideale Anwendungsbeispiele für die Verlagerung des Variantenbestimmungspunktes sind Produkte, bei denen die Varianz durch kundenspezifische Blenden, Aufkleber oder Verpackungen auf der letzten Produktionsstufe oder sogar im Fertigungslager realisiert werden kann. Durch die Verschiebung des Variantenbestimmungspunktes wird auf allen vorgelagerten Produktionsstufen die Variantenzahl gesenkt, so daß auch die Bestände sowie der Verwaltungs- und Handlingaufwand reduziert, die Prognosesicherheit erhöht und die Transparenz in der Produktion gesteigert werden kann. Auf niedriger Wertschöpfungsstufe in der Teilefertigung können Losgrößen zusammengefaßt und die Anzahl der Teile- und Baugruppentypen in der Montage reduziert werden. Die Einrichtung einer kundennahen Bevorratungsebene, von der aus die kundenspezifischen Varianten innerhalb kurzer Zeit produziert und ausgeliefert werden können, gestattet eine schnelle und flexible Anpassung an Kundenwünsche in quantitativer und qualitativer Hinsicht.

15.3.1.3 Festlegung von Bevorratungsebenen

Lange Durchlaufzeiten und unsichere Prozesse sind die Ursachen hoher Bestände im Fertigwarenlager. Fehlende Flexibilität im Unternehmen bezüglich der Ausbringung von Produkten läßt sich mit den Marktanforderungen nicht vereinbaren. Gerade bei zunehmenden Variantenzahlen werden die Prognosen immer unsicherer, die Strategie der prognoseorientierten Fertigung versagt. Im Ergebnis führt das zu höheren Beständen im Fertigwarenlager, da eine Vielzahl von Produkten mit unbekanntem Bedarf vorzuhalten ist. Dennoch sinkt oftmals der Lieferservice auf ein nicht mehr akzeptables Niveau. Eine Möglichkeit, diesem Dilemma aus Bestandskosten und Kundenflexibilität zu entgehen, bietet die Vorverlagerung der Bevorratungsebene. In Abhängigkeit von verschiedenen Kriterien ist sie auf einer Wertschöpfungsstufe unterhalb des Fertiglagers zu definieren [Wil95: 57ff.]. Die Durchlaufzeit zur Fertigstellung muß kürzer als die marktakzeptable Lieferzeit sein, weiteres Kriterium ist der Wertzuwachs; so ist die Bevorratungsebene möglichst vor einen Wertsprung zu legen, um Bestandskosten zu reduzieren. Drittes Kriterium ist die Variantenbildung. Jedes Produkt wird durch die Kombination verschiedener Teile und Baugruppen zur Variante. Ziel muß es sein, Teile und Baugruppen mit hoher Mehrfachverwendbarkeit auftragsanonym zu produzieren und bei Vorliegen eines Kundenauftrags kundenspezifische Varianten fertigzustellen. Dadurch läßt sich eine Komplexitätsbeherrschung realisieren ohne Verzicht auf Kundenvarianten.

Zur Festlegung von Bevorratungsebenen bieten sich drei Strategien an (vgl. Bild 15-32). Die erste Strategie zielt auf eine Verkürzung der Gesamtdurchlaufzeit ab. Als Folge können die Vorräte an Fertigungserzeugnissen geringer dimensioniert werden. Erfährt ein Produkt schon zu einem sehr frühen Zeitpunkt seines Entstehungsprozesses den entscheidenden Wertzuwachs und ist die marktbezogene Reaktionszeit hinreichend gering, so empfiehlt sich die zweite

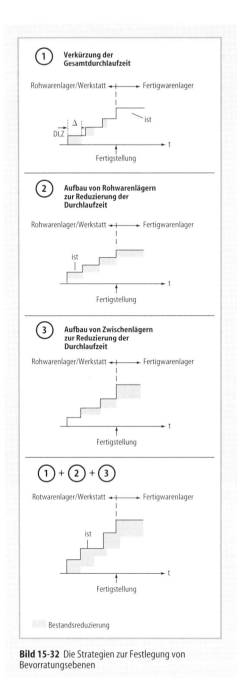

Bild 15-32 Die Strategien zur Festlegung von Bevorratungsebenen

Strategie, nämlich die gezielte Bevorratung von Rohmaterial. Für den Fall eines in großer zeitlicher Nähe zum Fertigstellungstermin liegenden Hauptteils des Wertzuwachses sollte als dritte Strategie die Bevorratungsebene vor diesen Arbeitsgang gelegt werden. Durch die Einführung von Bevorratungsebenen wird versucht, die durch Prognosefehler verursachten Bestände

möglichst auf einer Ebene niedriger Wertschöpfung anzusiedeln. Ziel muß sein, auf den unteren Fertigungsstufen erwartungsbezogen zu produzieren und mit geringer Durchlaufzeit über möglichst viele Stufen hinweg kundenauftragsbezogen zu fertigen. Dies bedeutet, daß für sämtliche vor der Differenzierung gleicher Teile liegenden Schritte ein breiteres Verwendungsspektrum für diese Teile besteht. Somit ist zwischen erwartungs- und auftragsbezogener Disposition eine Lagerstufe einzurichten.

Bevorratungsebenen auf einer relativ niedrigen Stufe im Wertschöpfungsprozeß verringern zwar das Umlaufvermögen, können aber lange Durchlaufzeiten für Kundenaufträge zur Folge haben. Dementsprechend bedeutet eine relativ späte kundenspezifische Produktanpassung eine Verbesserung des Servicegrads bei geringerem Prognoserisiko.

15.3.1.4 Simultaneous Engineering und Logistik

Das Anbieten von Varianten eines Grundprodukts geht in der Regel mit einer erhöhten Komplexität der Produkte einher. Diese Komplexität führt sowohl in der Entwicklungs- als auch in der Produktionsanlaufphase zu einem ständigen Abstimmungs- und Koordinationsaufwand. Um diesen klein zu halten, wird Simultaneous Engineering (SE) eingesetzt mit dem Ziel der gleichzeitigen Entwicklung des Produkts sowie der dazugehörigen Logistikprozesse, der Produktions- und der Prüfmittel (s. 7.5). Ziel des SE ist es, durch frühzeitige Berücksichtigung der Anforderungen aller Bereiche bereits in der Planungs- und Konzeptphase die Entwicklungszeit bei gleichzeitiger Senkung der Kosten zu verkürzen und damit die Produkt- und Produktionsmittelqualität zu erhöhen (s. 7.4). Hierzu kann SE einen wesentlichen Beitrag leisten (vgl. Bild 15-33). Ansatzpunkt des SE ist die Vorverlagerung von Erkenntnisprozessen vom Ende an den Anfang der Innovationskette. Ergebnis ist die Reduzierung der Änderungen und Schleifen im Ablauf, die teilweise bis zu 40 % Zeitanteil und 30 – 40 % Kostenwirksamkeit beinhalten. Betrachtet man das Kapazitätsverteilungsprofil eines Entwicklungsprojekts, wird in dem oftmals progressiven, erst spät einsetzenden Verlauf die sequentielle Abarbeitung der Themen durch die verschiedenen Disziplinen deutlich. Eine Vielzahl von Informationen, die konzeptrelevant wären, entstehen erst in der Realisierung oder gar beim Serienanlauf. Durch die in-

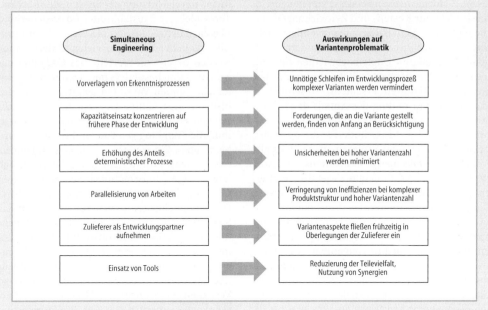

Bild 15-33 Variantenmanagement durch Simultaneous Engineering

terdisziplinäre Segmentierung der Innovation unter den Aspekten der Integration der Wertschöpfungsbereiche, der Komplettbearbeitung, der Autonomie und der Selbststeuerung sind diese Informationsprozesse vorzuverlagern. In diesem Prozeß sind frühzeitig die Anforderungen der Wertschöpfungsbereiche zu identifizieren und in das Produkt- und Prozeßkonzept umzusetzen. Eine variantengerechte Produktstruktur sollte durch einen modularen Produktaufbau gekennzeichnet sein, der aus einer geringen Zahl von Teilen und Baugruppen hohe Variantenschöpfung ermöglicht. Die Festlegung des Variantenbestimmungspunktes sollte auf einer möglichst hohen Wertschöpfungsstufe erfolgen, möglichst am Ende der Wertschöpfungskette. Häufig ergibt sich jedoch die Schwierigkeit, daß aufgrund fertigungstechnologischer Restriktionen eine Variantenbestimmung schon in der Teilefertigung erfolgt. Solche fertigungstechnologischen Restriktionen können beispielsweise in der Wahl des Materials und dessen Bearbeitbarkeit liegen. In diesen Fällen ist es umso wichtiger, frühzeitig das zu entwickelnde Produkt auf Fertigungs- und Montagegerechtheit zu prüfen. Dies bedeutet, daß Erkenntnisprozesse möglichst vorverlagert werden müssen, um auf diese Weise Änderungen und Schleifen im Ablauf zu minimieren. Methoden, deren Einsatz sich hier anbieten, sind das De-

sign for Manufacture (DFM) sowie das Design for Assembly (DFA) (s. 7.3.4). Dem Einsatz dieser Methoden kommt bei einer hohen Variantenvielfalt besondere Bedeutung zu, da durch die Variantenbestimmung weitgehend der Steuerungs-, Rüst- und Handlingaufwand in der Fertigung und Montage bestimmt werden. Je komplexer die Varianten sind, desto stärker wirken sich die Vorverlagerungen von Erkenntnisprozessen auf die Vermeidung von Ineffizienzen aus.

Der Einsatz von Methoden wie DFM, DFA oder die Failure Mode and Effects Analysis (FMEA) (s. 13.4.6) leistet dabei wertvolle Hilfe, reicht aber nicht aus, die spezifischen Probleme zu lösen. So sind die typischen unternehmens- oder bereichsspezifischen Anforderungen und Probleme der Fertigung, Montage und Logistik hinsichtlich der Komplexitätsbeherrschung durch präventives Variantenmanagement zunächst einmal zu erfassen und in den Innovationsprozeß mittels geeigneter Checklisten oder Tools einzubringen. Entwicklungsabläufe enthalten planbare und stochastische Entwicklungsanteile. Ziel muß sein, die Planbarkeit der Prozesse und damit den deterministischen Anteil durch die Verkürzung und Intensivierung der Lernprozesse zu erhöhen. Dazu sind die Intervalle zwischen Prozeß und Rückkoppelung zu verkürzen. Je höher die Komplexität einer Variante ist, desto größer muß das Interesse sein, die stochastischen Prozesse zu reduzieren, da sie nicht nur Kosten- und Zeitwirkungen auf die einzelnen Aktivitäten haben, sondern sich über die ganze Prozeßkette aufsummieren und somit zu größeren Ungleichgewichten führen, als es bei einer isolierten Betrachtung der jeweiligen Aktivitäten erscheint. Wesentlicher Baustein zur Erhöhung des Anteils deterministischer Prozesse ist das Projektmanagement und -controlling. Die Gründe für die oft mangelnde Akzeptanz des Projektmanagements als Mittel der Gestaltung von Innovationsprozessen liegen in der traditionellen Ergebnisorientierung: Liegen Informationen über Zeit-, Kosten- und Qualitätsparameter des Projekts und Produkts vor, ist es für ein Eingreifen oft viel zu spät. Bei Simultaneous Engineering ist durch ein geeignetes Projektmanagement und -controlling, das die Prozesse in selbststeuernde, autonome Regelkreise segmentiert, die Konzeptphase zu fokussieren. Anstelle von Prozeßketten sind Aktivitäten in einem Prozeßnetz zu planen, zu steuern und über Prozeßergebnisse, nicht Projektergebnisse zu kontrollieren. Erst in der Realisierungsphase sind Projektergebnisse hinreichend transparent und abgesichert, so daß ergebnisorientierte Controlling-Größen wie Zeit, Kosten und Qualität sinnvoll eingesetzt werden können.

Nur in diesem Kontext der Vorverlagerung von Erkenntnissen und der Erhöhung des Anteils deterministischer Abläufe können Ansätze zur Parallelisierung und Synchronisation von Tätigkeiten realisiert werden. Als weitere Schritte zur Verkürzung der Entwicklungszeit und damit zur Effizienzsteigerung sind die Integration und die Zusammenfassung von Tätigkeiten durch Reduzierung der Arbeitsteilung und Teambildung zu beachten. Empirische Beobachtungen aus durchgeführten Projekten haben gezeigt, daß die Komplexitätskosten von Einzelteilen und Baugruppen in der Regel bei Eigenfertigungsteilen höher liegen als bei fremd gefertigten Teilen. Folglich tendieren Hersteller dazu, ihre Fertigungstiefe zu verringern und Einzelteile fremd fertigen zu lassen. An diese Verlagerung wertschöpfender Tätigkeiten muß konsequenterweise auch eine Verlagerung von Entwicklungstätigkeiten nach außen gekoppelt sein. Im Sinne des SE ist es unerläßlich, die Zulieferer als Entwicklungspartner in die Aktivitäten des Parallelisierens sowie der Projektorganisation frühzeitig einzubinden. Weiterer Ansatzpunkt des präventiven Variantenmanage-

ments durch Nutzung des SE ist der Einsatz von Tools. Mehrere Bausteine des CIM-Systems können dazu beitragen, Komplexität in der Innovation zu beherrschen. In vielen Unternehmen werden bereits die Vorteile des CAD von der Konstruktion besonders bei sich nur gering unterscheidenden Varianten genutzt, so daß das bisher nötige völlige Neuerstellen der Zeichnungen entfällt (s. 7.3.6). Der nächste Schritt muß die Kopplung von CAD mit CAM und CAE beinhalten. Ein weiteres sinnvolles Hilfsmittel ist der Einsatz von Datenbanken. So lassen sich langwierige Informationsbeschaffungszeiten über Gleichteile und vorhandene Standardisierungsmöglichkeiten reduzieren und damit das Streben der Konstrukteure nach Neuentwicklungen ähnlicher Teile sinnvoll begrenzen. Simultaneous Engeneering zielt somit auf die gravierende Änderung von Organisation, Ablauf und Methodik in der Innovation, bewirkt so Verhaltensänderungen der Mitarbeiter und ermöglicht dadurch die integrale Optimierung der Erfolgsfaktoren Zeit, Kosten und Qualität in der Innovation. Präventives Variantenmanagement heißt, die sich aus SE ergebenden Änderungen zur Beherrschung der Variantenkomplexität zu nutzen. Die frühzeitige Berücksichtigung von geforderten und potentiellen Varianten führt zu entsprechenden Strukturen, Abläufen und Kapazitätseinsätzen und im Ergebnis zu einer variantengerechten Produkt- und Prozeßgestaltung, die die vom Markt geforderte Variantenvielfalt nicht reduziert, sondern ihre Beherrschung ermöglicht.

Im Innovationsprozeß werden die Struktur und die Bauweise des Produkts festgelegt. Um hier eine Komplexitätsreduzierung über eine Reduktion der Halbzeug- und Rohstoffvielfalt zu erreichen, muß das Ziel sein, Komplexität präventiv in der Innovation durch den Einsatz des SE zu reduzieren und daraus Erfahrungen und Nutzen für laufende Produkte abzuleiten. Dabei handelt es sich um eine Reduktion der Variantenvielfalt auf Produktionsstufen unterhalb der Fertigerzeugnisebene. Hierbei sind simultane Auswirkungen von Variantenreduktionen im Halbzeugbereich auf den RHB-Bereich und umgekehrt denkbar. Durch die weitgehende Normung von Einzelteilen kann deren Gesamtzahl verringert werden. Ziel sollte es hierbei sein, die Teile so zu gestalten, daß sie sich in möglichst vielen Erzeugnis- und Baugruppenvarianten wiederverwenden lassen. Im Einzelfall bleibt zu entscheiden, inwieweit der Nutzen der Normung höher als die hiermit entstehenden Kosten einzuschätzen ist. Dieser Fall tritt beispielsweise dann auf, wenn durch die Normung Teile überdimensioniert werden und hierdurch dem Nutzen der Vereinheitlichung erhöhte Materialkosten gegenüberstehen. Die Standardisierung ist vor allem auf die Vereinheitlichung von Einzelteilen und Baugruppen ausgerichtet [Ber91: 37]. Die Vorgehensweise zielt darauf ab, die Produkt- und Produktionskomplexität zu reduzieren, wobei zu definierende Standardisierungsmaßnahmen so auszulegen sind, daß Varianten aus einer möglichst geringen Anzahl unterschiedlicher, variantenbestimmender Bausteine kombinierbar sind, bei gleichzeitig höchstmöglicher Anzahl vereinheitlichter Komponenten. Die hohe Wiederverwendbarkeit von Teilen und Baugruppen wird ergänzend durch den Einsatz verschiedener Strukturtypen unterstützt [Sch89: 58 f.]. Hierzu gehört das Baukastenprinzip, dessen Charakteristikum darin besteht, daß an einen Grundkörper in verschiedenen Produktionsstufen unterschiedliche Teile angebaut werden können. Verwendet man Anbauteile, die unterschiedliche Funktionen wahrnehmen, jedoch über einheitliche Schnittstellen verfügen, spricht man von der Modulbauweise. Diese ermöglicht eine hohe Kombinierbarkeit von Teilen, die beispielsweise in der Elektronikindustrie eine hohe Anwendung findet. Der Aufbau modularer Produktstrukturen ermöglicht darüber hinaus eine Verschiebung des Variantenbestimmungspunktes und der Bevorratungsebene an das Ende der Wertschöpfungskette. Weiterhin wirkt sich dieser Strukturtyp positiv auf die beschleunigte Anwendung der kombinierten FMEA-Wertanalyse aus, indem diese im Falle einer Variantenbildung nur für variantenspezifische Baugruppen durchgeführt werden muß. Für variantenneutrale Komponenten dagegen ist die kombinierte Methode nur einmal anzuwenden. Eine hohe Verflechtung der Baugruppen ohne modulare Bauweise zwingt somit zu größeren Veränderungen vieler Komponenten, bei Bildung einer Variante; dies kann bei modularer Produktstrukturierung entfallen. Der Ansatz konstruktiver Teilefamilien ist durch die Verwendung funktionsgleicher Varianten mit einheitlichem Baumuster gekennzeichnet. Die einzelnen Teilefamilien unterscheiden sich lediglich in bezug auf ein geometrisches Merkmal, wie Größe oder Form. Einen weiteren Strukturtyp bilden sog. Pakete. Diese bestehen aus mehreren Anbauteilen mit verschiedenen Funktionen und Ausstattungen. Eine Kombination dieser Anbauteile tritt jedoch nur in jeweils einem Paket auf. Ziel der Paketbildung ist es, den Entwicklungs- und Dispositionsaufwand zu minimieren.

Für die Komplexitätsreduktionsprogramme auf Halbzeugebene und im Roh-, Hilfs- und Betriebsstoffbereich sind federführend die F&E-sowie die Konstruktionsabteilung zuständig, die in Zusammenarbeit mit Produktion, Logistik und Marketing kundenanforderungsgerechte Lösungen zu entwickeln haben. Aufgabe der Arbeitsvorbereitung sollte es sein, im Rahmen einer Make-or-buy-Analyse festzustellen, bei der Produktion welcher Teile und Baugruppen die eigene Unternehmung ihre Stärken besitzt. Im Sinne des Variantenmanagements bedeutet die Erfüllung des Kundennutzens, alle vom Kunden geforderten Varianten kostengünstig, den qualitativen Anforderungen entsprechend sowie zeitgerecht auf dem Markt anbieten zu können. In Fallstudien konnte festgestellt werden, daß Produkte Über- oder Unterfunktionalitäten aufwiesen und somit eine mangelnde Ausrichtung auf die Bedürfnisse des Kunden vorlag. Vor allem die Überfunktionalität der Produkte spiegelt sich oftmals in einer unnötig komplexen, nicht auf die Mehrfachverwendbarkeit von Teilen und Baugruppen ausgerichteten Produktstruktur wider. Für Unternehmen, die darauf angewiesen sind, ein breites Variantenspektrum anzubieten, resultiert aus dieser auf ein einzelnes Produkt ausgerichteten Produktstruktur in der Fertigung ein erhöhter Steuerungs-, Rüst- und Handlingaufwand. Die hierdurch erzeugten höheren Kosten können nur in wenigen Fällen durch die Erzielung höherer Preise ausgeglichen werden. Unterfunktionalitäten eines Produkts werden vom Nutzer negativ registriert und führen zu Wettbewerbsnachteilen. Ein Defizit hierfür liegt in der Schnittstelle von Marketing und Vertrieb zu Entwicklungs- und Konstruktionsabteilungen. Die Impulse zur Produktgestaltung in Form von Anforderungen, die der Kunde an das Produkt stellt, werden von der Vertriebs- oder Marketingabteilung aufgenommen. Als problematisch erweist sich die Umwandlung der „Sprache des Kunden" in die „Sprache der Technik". Darüber hinaus besteht eine Gefahr, daß Konstrukteure selbst bei Kenntnis der Anforderungen des Kunden dazu neigen, sich technisch reizvollen Lösungen zuzuwenden, die jedoch die eigentlichen Kundenanforderungen verfehlen.

15.3.2 Logistikgerechte Fabrikgestaltung

15.3.2.1 Ziele für logistikgerechte Fabrikstrukturen

Die Wettbewerbssituation erfordert heute kürzere Reaktionszeiten. Dies betrifft nicht nur die Lieferzeiten, sondern auch die Verkürzung der Innovationsprozesse. Vor diesem Hintergrund gilt es, eine logistische Kette aufzubauen, die darauf ausgerichtet ist, den Material- und Informationsfluß vom Auftragseingang bis zur Vertragserfüllung gegenüber dem Kunden zu steuern. Im Rahmen dieser Betrachtung wird die Logistik durch ihre ganzheitliche Betrachtungsweise zu einem wesentlichen Bestandteil der Unternehmensstrategie. Aufgabe einer logistikgerechten Gestaltung von Fabriken ist die Schaffung von Strukturen (s. 9.4), die der Prozeßdimension Priorität einräumen und die eine Adaption von Erfolgsfaktoren im Markt sowie deren Umsetzung in Produkt-, Produktions- und Logistikmerkmale ermöglichen. Es gilt ein System zu schaffen, das die Planung und Steuerung sowie die operative Durchführung der Produktion und den gesamten logistischen Ablauf vom Zulieferer bis zum Kunden umfaßt. Ferner sollte es die Fertigung von Störungen freihalten und gleichzeitig in der Lage sein marktseitige Veränderungen zu antizipieren sowie flexibel und anpassungsfähig darauf zu reagieren.

In der Vergangenheit war die organisatorische Gestaltung der Produktion durch eine Produktivitätsorientierung gekennzeichnet [Wil93]. Aktionsparameter dieser Strategie waren Löhne und Zinsen für das eingesetzte Kapital sowie eine effiziente Arbeitsteilung mit dem Ziel einer Automatisierung repetitiver Tätigkeiten. Organisatorische Veränderungen erfolgten, um die Produktivität des einzelnen Arbeitsplatzes zu erhöhen. Der dadurch erzielte Produktivitätsfortschritt wurde durch eine überproportionale Zunahme indirekter Tätigkeiten erkauft, um die umfangreichen Koordinations- und Steuerungsaktivitäten erfüllen zu können. Das Dilemma „Produktivität vs. Flexibilität" wurde zugunsten der Produktivität aufgelöst. Eine solche Strategie, die auf einer möglichst vollkommenen Abkopplung der Fertigung von marktseitigen Einflüssen beruht war so lange erfolgreich, wie sich die Produktionsprogramme der Unternehmen aus standardisierten Produkten bei gleichzeitig langen Produktlebenszyklen zusammengesetzt haben. In dem Maße aber, wo sich die Unternehmen einer immer dynamischeren Umwelt gegenübersehen, führt dieses Modell der organisatorischen Gestaltung zu einem „Organisationsversagen", das sich in mangelnder Effizienz, langen Durchlauf- und Lieferzeiten, zu hohen Gemeinkosten, schlechten Qualitäten und durch wenig menschengerechte Arbeitsplätze manifestiert. Zur zentralen Koordination der vielen Schnittstellen eines solchen komplexen Systems werden Planungs-, Steuerungs-, Informations-, und Kontrollsysteme eingesetzt. Dadurch wird jedoch Eigenkomplexität erzeugt; das Verhalten der Organissationsmitglieder wird von den eigentlichen Zielen und Aufgaben der Wertschöpfung abgelenkt; es besteht eine Tendenz zur Bürokratisierung [Wil94b]. In einem von Marktsättigung und dem daraus resultierenden Zwang zu größerer Produktvielfalt und kleineren Losgrößen charakterisierten Wettbewerbsumfeld, sehen sich die Unternehmen mit einer doppelten Komplexitätsfalle konfrontiert [Wil94b]. Zum einen läßt eine turbulente Umwelt Ungewißheit, Undurchschaubarkeit und Überraschung zu einem konstitutiven Element für jedes Unternehmen werden. Zum anderen gilt es nicht mehr das Unternehmen als starres, hierarchiegeprägtes Gebilde aufzufassen, sondern als offenes soziales System, das sich als Verbund unterschiedlicher Erwartungen, Ziele und Handlungsmuster zu entwickeln hat. Im Mittelpunkt der Fabrikgestaltung darf nicht mehr nur der Koordinationsaspekt stehen, sondern es muß gleichzeitig der Verhaltensaspekt bei der organisatorischen Gestaltung berücksichtigt werden. Dabei gewinnt die Implementierung von Marktdruck als Instrument zur Verhaltensbeeinflussung in der Fertigung zunehmend an Bedeutung. Die Einführung interner Kunden- Lieferanten-Beziehungen soll die fehlende intrinsische Motivation durch die extrinsische Motivation „Marktdruck" ersetzen. Deshalb werden zunehmend Strategien priorisiert, die die Schaffung schlanker und effizienter Fabrikstrukturen als aktive Gestaltungsaufgabe auffassen. So sollen Wettbewerbsvorteile erreicht werden. Im Mittelpunkt der angesprochenen Aufgaben steht die Implementierung einer doppelten organisatorischen Lernfähigkeit. Einerseits muß das Unternehmen in die Lage versetzt werden, Veränderungen seiner Umwelt rechtzeitig wahrzunehmen und in interne Ziele und Maßnahmenbündel umzuwandeln, andererseits ist die Aktivierung aller internen Handlungspotentiale erforderlich, um einen permanenten Verbesserungsprozeß einzuleiten. Es gilt Strukturen zu implementieren, die eine stetige Steigerung von Produktivität und Qualität durch Verbesserung der Fertigungprozesse ermöglichen. Hieraus resultiert eine Abkehr von der Strategie des sukzessiven Anpassens der Fabrikstrukturen an eine sich verändernde Umwelt. Notwendig ist eine „vorausschauende Reorganisation", die die Identifizierung, Formulierung und Durchsetzung zukunftsweisender Strategien ermöglicht und die Umsetzung in kundenrelevante Produkt-, Produktions- und Logistikmerkmale unterstützt. Aktionsparameter dieser Strategie sind die Erfolgsfaktoren Zeit, Qualität und Flexibilität im Hinblick auf die Erfüllung der Kundenwünsche. Logistikgerechte Fabrikstrukturen erfordern somit die Schaffung von zeitsensiblen flexiblen Organisationsstrukturen, die darüber hinaus Wege zur Mobilisierung der Mitarbeiter aufzeigen sowie die Kundenorientierung als Wettbewerbsstrategie mittels eines ganzheitlichen prozeßorientierten Ansatzes umsetzen.

Vor dem Hintergrund einer logistikgerechten Fabrikgestaltung läßt sich der Handlungsrahmen für die Reorganisation aus verschiedenen Perspektiven betrachten, die auf die ganzheitliche Sichtweise der Logistik fokussiert sind. Eine *logistikgerechte Fabrik* ist gekennzeichnet durch die Betonung der
- Kundenperspektive,
- Wertschöpfungsperspektive,
- Prozeßperspektive,
- Zeitperspektive,
- Innovationsperspektive,
- Qualitätsperspektive und
- Mitarbeiterperspektive.

Die Individualisierung der Kundenwünsche erfordert eine Perspektive, die den Kunden als Quelle der Wertschöpfung betrachtet. Notwendig ist die Reorganisation der gesamten Wertschöpfungskette ausgehend vom Ergebnis und die Ausrichtung auf die spezifischen Anforderungen eines gegebenen Produkt- und Wettbewerbsumfeldes. *Reverse Engineering* heißt hier, den Produktionsprozeß vom Markt her zu entwickeln [Wil93]. Für die organisatorische Gestaltung bedeutet dies die Abkehr von Funkionen und die Betonung von Produkten und Zielen bei gleichzeitiger Übertragung von ganzheitlichen Aufgaben, Kompetenzen und Verantwortlichkeiten. Dabei zielt die Wertschöpfungsperspektive auf eine Erhöhung der Effizienz aller Pro-

zesse durch die Beseitigung von Verschwendung jedweder Art. Verschwendung ist in diesem Sinne alles, wofür der Kunde nicht bereit ist zu zahlen. Die Betonung der Wertschöpfungsperspektive durch die produkt- und kundenbezogene Ausrichtung der Wertschöpfungskette führt in ihrer Konsequenz zu einer marktnahen und prozeßorientierten Ausrichtung sämtlicher Aktivitäten eines Unternehmens. Somit steht die Orientierung an Geschäftsprozessen zur marktnahen und kostengünstigen Erfüllung aller zur Leistungserstellung notwendigen Funktionen im Mittelpunkt der organisatorischen Gestaltungsproblematik. Dabei tritt der Faktor Zeit als Indikator für die Anpassungsfähigkeit und -geschwindigkeit gleichrangig neben die am Markt relevanten Erfolgsfaktoren Produktivität, Kosten und Qualität. Zeit wird zum Schlüsselfaktor für die Gewinnung von Marktanteilen, Kapitalbindung in der logistischen Kette, Geschwindigkeit und Flexibilität bei der Umsetzung von Kundenwünschen in marktfähige Produkte und zeitgerechter Kundenbelieferung. Neben der Reaktion auf eine sich verändernde Umwelt eröffnet vor allem die Fähigkeit zum vorausschauenden Agieren Wettbewerbsvorteile. Die Fähigkeit, Veränderungen und Marktchancen rechtzeitig wahrzunehmen und schnell innerhalb der Organisation umzusetzen, wird als *organisationales Lernen* bezeichnet. Organisationales Lernen kennzeichnet die Problemlösungsfähigkeit von Unternehmen und erfordert insbesondere die Multifunktionalität der Mitarbeiter sowie das aktive Mitgestalten der Abläufe durch die Mitarbeiter aller Hierarchieebenen. Es sind Maßnahmen einzuleiten, die einen ständigen Lernprozeß initiieren und fördern. Ziel ist die Schaffung einer lernenden Organisation, die in der Lage ist, sich schneller an marktseitige Veränderungen anzupassen und konsequent neues Wissen sowohl im Sinne der Produktinnovation als auch im Sinne der ständigen Verbesserung des Leistungserstellungsprozesses zu erzeugen, in der gesamten Organisation zu verbreiten und in neue Produkte und Technologien umzusetzen. Die Fokussierung der Innovationsperspektive erfordert somit neben einer Wissen erzeugenden Organisation, vor allem die Verankerung einer bereichsübergreifenden, ganzheitlichen und auf den Prozeß ausgerichteten Denk- und Handlungsweise aller Mitarbeiter durch job rotation einerseits und durch ein offenes Kommunikations- und Informationssystem andererseits. Im Mittelpunkt der Quali-

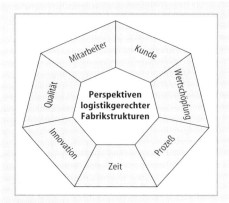

Bild 15-34 Facetten logistikgerechter Fabrikstrukturen

Bild 15-35 Gestaltungsparameter logistikgerechter Fabrikstrukturen

tätsperspektive stehen zwei Dimensionen: einerseits die Sicherstellung der kundengerechten Entwicklung und Produktion mit dem Ziel, betriebliche Leistungen konsequent an Kundenanforderungen auszurichten. Andererseits ist der optimale Abgleich von Kundenanforderungen und Produktmerkmalen unter dem Aspekt der Wirtschaftlichkeit erforderlich. Diese Sichtweise deckt sich mit der herstellerorientierten Qualitätsperspektive, die das Ziel einer möglichst kostengünstigen Übereinstimmung von Anforderungen und Produkteigenschaften beinhaltet. Die zweite Dimension der Qualitätssicherung kann somit als das Erreichen eines Kostenoptimums bei Erfüllung der Kundenanforderungen aufgefaßt werden. Das Optimum stellt sich unter Minimierung der Abweichungskosten, die für Nacharbeit, Ausschuß oder Garantie- und Gewährleistungsansprüche anfallen, ein. Im Mittelpunkt der Mitarbeiterperspektive steht der Mensch mit seiner vielfältigen Problemlösungsfähigkeit. Ganzheitliche Aufgabenzuordnung, Aufgabenvielfalt sowie Kooperations- und Lernmöglichkeit bilden den Handlungsrahmen für die Schaffung mitarbeiterorientierter Organisationskonzepte. Dies führt weg von der horizontalen und vertikalen Arbeitsteilung hin zur Bildung teamorientierter Organisationsformen und der Bildung kleiner autonomer Einheiten. Bild 15-34 zeigt die Perspektiven logistikgerechter Fabrikstrukturen.

15.3.2.2 Gestaltungsformen logistikgerechter Fabrikstrukturen

Für eine logistikgerechte Fabrikgestaltung lassen sich drei wesentliche Gestaltungsparameter als Stellschrauben für die Reorganisation der Fabrik ableiten. Hiernach sind logistikgerechte Fabrikstrukturen gekennzeichnet durch Modularität sowie Team- und Gruppenarbeit entlang der gesamten Innovations- und Wertschöpfungskette. Die strukturellen Veränderungen durch Modularisierung sowie Team- und Gruppenarbeit sind durch ein prozeßorientiertes Controlling zu unterstützen, das auf die Verbesserung der Arbeitsabläufe durch stetige Qualitätsverbesserung und Leistungssteigerung sowie den Einsatz von Problemlösungsaktivitäten in den Gruppen und Modulen der Fabrik zielt. Bild 15-35 veranschaulicht die Gestaltungsparameter zur Bildung logistikgerechter Fabrikstrukturen.

Modularisierung der Fertigung

Die Schaffung *modularer Fabrikstrukturen* durch Segmentierung beruht auf der organisatorischen Trennung der logistischen Ketten unterschiedlicher Produkt-Markt-Produktions-Kombinationen durch Schaffung von autonomen und autarken Segmenten in direkten und indirekten Bereichen [Ski74, Wil94a] Ziel ist die Schaffung von Fertigungs-, Planungs- und Logistikstrukturen, die ein rasches Fließen von Material und Information bei gleichzeitigem Abbau von Beständen jeder Art ermöglichen. Die konsequente Verwirklichung des Segmentierungsgedankens führt zur Aufteilung der Fabrik in produkt- und kundenorientierte Module in der Produktion und in den indirekten Bereichen. Dem Gestaltungsansatz der Segmentierung liegt die Annahme zugrunde, derzufolge sich die Koordination in einem Teilbereich leichter vollzieht als zwischen Teilbereichen. Aus diesem Grunde werden alle zur Leistungserstellung notwendigen betrieblichen Teilfunktionen in einem Bereich zusammengefaßt. Die Segmentierung ist der Gestaltungsansatz, der schwerfällige, bürokratisch ausgestaltete Strukturen in marktnahe „kleine Einheiten" transformiert. Neben diesen weitgehend autonomen und autarken Produkt-Markt-Produktions-Kombinationen verbleiben aber auch Einheiten, in denen nicht kerngeschäftsrelevante Teilfunktionen konzentriert sind, um bereichsübergreifende Synergieeffekte, wie im Rahmen des strategischen Einkaufs, zu nutzen. Hierbei handelt es sich in erster Linie um Einheiten, die Führungs-, Kontroll- und Serviceaufgaben für die Segmente wahrnehmen. Diese Einheiten werden als Service- oder Kompetenz-Center bezeichnet [Wil94a].

Fertigungssegmentierung

Das Leitmotiv der *Fertigungssegmentierung* ist die Vereinigung der Kosten- und Produktivitätsvorteile der Fließfertigung mit der hohen Flexibilität der Werkstattfertigung. Ziel ist eine weitgehende Entflechtung der Kapazitäten, welche durch eine bewußte Gliederung nach Produkt und Technologie angestrebt wird. Die aus der Fertigungssegmentierung entstehenden „Fabriken in der Fabrik" beinhalten insofern Potentiale für Wettbewerbsvorteile als sie ihre Ressourcen in Form von Potentialfaktoren auf eine spezifische Produktionsaufgabe konzentrieren, wie sie sich aus dem strategischen Gesamtkonzept des Unternehmens und seinen Marketingzielen ergibt [Wil94a]. Die Fertigung wird somit nicht mehr als eine vom Markt abgekoppelte „Black box" betrachtet, sondern als Instrument zur Erzielung von Wettbewerbsvorteilen.

Merkmale von Fertigungssegmenten

Fertigungssegmente werden als *produktorientierte Organisationseinheiten der Produktion* zusammengefaßt, die mehrere Stufen der logistischen Kette eines Produkts umfassen und mit denen eine spezifische Wettbewerbsstrategie verfolgt wird. Darüber hinaus zeichnen sich Fertigungssegmente auch durch die Integration von fertigungsnahen indirekten Funktionen aus. Fertigungssegmente lassen sich durch fünf Definitionsmerkmale charakterisieren:

1. Markt- und Zielausrichtung. Fertigungssegmente zielen auf eine Bildung von Produkt-Markt-Produktions-Kombinationen ab. Es sollen nicht mehr alle Produkte eines Unternehmens mit ihren in der Regel unterschiedlichen wettbewerbsstrategischen Schwerpunkten durch ein und dieselbe Fertigung laufen. Es werden Fertigungsbereiche gebildet, die auf spezifische Wettbewerbsstrategien ausgerichtet sind. Während die Verfolgung einer Strategie der Kostenführerschaft in der Regel durch spezialisierte Fertigungseinrichtungen, wie den Aufbau von Rennerlinien unterstützt werden kann, stehen bei Verfolgung einer Differenzierungsstrategie eher höchste Qualität oder kurze Durchlaufzeiten im Vordergrund. Dies führt zu der Notwendigkeit, hochflexible Fertigungssegmente aufzubauen. Es ist kein konstituierendes Merkmal von Fertigungssegmenten, daß die in den Segmenten gefertigten Produkte an Endkunden geliefert werden müssen. Möglich ist auch die Lieferung an weiterverarbeitende Kunden, die auch im eigenen Unternehmen angesiedelt sein können. Als Beispiel für derartige Fertigungssegmente können Komponentenwerke von Automobilherstellern angeführt werden.

2. Produktorientierung. Die Produktorientierung der Fertigungssegmentierung hat eine geringe Fertigungsbreite zur Folge. Aus der angestrebten Komplettbearbeitung in den Segmenten resultiert eine hohe Fertigungstiefe. Unabdingbare Voraussetzung für die Schaffung produktorientierter Fertigungssegmente ist ein heterogenes Leistungsprogramm. Die Betonung der Prozeßdimension mit der Priorisierung der Durchlaufzeit gegenüber anderen fertigungswirtschaftlichen Zielen, wie die Kapazitätsauslastung, erfordert eine weitgehende Autarkie der Segmente. Dies bedeutet, daß zwischen den Segmenten nur wenig Leistungsverflechtungen bestehen sollen. Neben den Interdependenzen im Leistungserstellungsprozeß wird die Möglichkeit zur Produktorientierung von Fertigungssegmenten auch von benötigten unternehmerischen Fähigkeiten bestimmt. Je stärker die Anforderungen an die Sachkenntnisse und Führungsqualitäten zwischen den Produktbereichen differieren, desto erfolgreicher und sinnvoller ist die Produktorientierung.

3. Mehrere Stufen der logistischen Kette. Fertigungssegmente umfassen stets mehrere Stufen der logistischen Kette eines Produkts. In der Maximalausprägung würden diese die Integration aller unternehmensinternen Wertschöpfungsstufen für ein Produkt beinhalten. Mit diesem Definitionsmerkmal lassen sich Fertigungssegmente von Fertigungszellen, flexiblen Fertigungssystemen und Fertigungsinseln abgrenzen. Diese Konzepte beinhalten in der Regel nur eine Stufe der logistischen Kette eines Produkts.

4. Übertragung indirekter Funktionen. Mit der Taylorisierung der Arbeitsprozesse und der damit verbundenen Trennung von ausführenden und dispositiven Tätigkeiten ist die Existenz einer großen Anzahl von Schnittstellen verbunden, die zu einem hohen Koordinationsaufwand führen. Durch die Übertragung von indirekten fertigungsnahen Tätigkeiten auf Fertigungsmitarbeiter sowie die Integration planender und dispositiver Aufgaben in das Segment, wird eine Reduzierung koordinationsrelevanter Schnittstellen, eine ganzheitliche Verantwortung vor Ort und die Neuregelung der Arbeitsabläufe auf der Basis einer kritischen Analyse der operationalen Zusammenhänge angestrebt. Leitmotiv für die Neuregelung der Arbeitsabläufe ist die Prozeßorientierung, die auf der Erkenntnis beruht, daß nur eine bereichsübergreifende und damit gesamtheitliche Sichtweise und Verantwortungsübertragung die Effizienz eines Prozesses steigern kann.

5. Kosten- und Ergebnisverantwortung. Die Fertigungssegmentierung geht mit der Einführung marktwirtschaftlicher Prinzipien innerhalb eines Unternehmens und der damit verbundenen unmittelbaren Implementierung von Marktdruck in der Organisation einher. Dies verlangt, daß möglichst viele Aktivitäten im Unternehmen unmittelbar mit marktlichen Aktivitäten konfrontiert werden müssen. Da, wo kein unmittelbarer Zugang zum externen Markt besteht, sind marktbezogene Vergleichsmöglichkeiten zu schaffen, die unternehmerisches Denken und Handeln fördern [Fre94]. Konstitutives Merkmal eines Fertigungssegments ist die Kosten- und Ergebnisverantwortung, die in zwei Ausprägungen auftreten kann: Erstellt das Segment verkaufsfähige Produkte, die jedoch nur innerbetrieblich Verwendung finden, so liegt aufgrund des höheren Integrationsgrads eine umfassende Kostenverantwortung vor. In diesem Fall wird das Segment in der Form des Cost-Centers geführt. Das Cost-Center-Konzept ist als organisatorisches Steuerungsprinzip aufzufassen, durch das Organisationseinheiten, die aufgaben-, kompetenz- und verantwortungsmäßig eindeutig abgegrenzt

sind, nach unternehmerischen Prinzipien geführt werden können. Voraussetzung für die Ausgestaltung eines Segments als Cost-Center und die Förderung von unternehmerischem Verhalten, ist neben einer eindeutig definierten Abgrenzung des Cost-Centers, eine exakt definierte Leistungs- und Zielvereinbarung, die der Cost-Center-Leiter eigenverantwortlich zu erfüllen hat. Dafür benötigt er weitgehende Entscheidungskompetenz über die zur Leistungserstellung erforderlichen Ressourcen. Die Übertragung von Kostenverantwortung setzt die Möglichkeit zur Beeinflussung aller relevanten Kosten voraus. Dies erfordert zum einen, daß alle relevanten Kosten entweder durch organisatorische Integration ins Segment oder durch eine Neudefinition der Entscheidungskompetenz für den Cost-Center-Leiter beeinflußbar werden. Ziel ist die Herstellung einer Kongruenz von Kostenbeeinflußbarkeit und Verantwortung. Die Realisierung des *Cost-Center-Prinzip*s erfordert die Integration aller kerngeschäftsrelevanten Funktionen in das Segment und die Beeinflußbarkeit kostenbestimmender Funktionen. Verfügt das Segment über Zugang zum externen Absatzmarkt, so liegt über die Kostenverantwortung hinaus, die Möglichkeit der Zuweisung einer umfassenden Ergebnisverantwortung vor. In diesem Fall wird ein Fertigungssegment als *Profit-Center* ausgestaltet. Ein Profit-Center stellt eine Einheit eines Unternehmens dar, die nach dem Objektprinzip gebildet wurde und deren Verantwortlichkeit sich am Erfolg orientiert. Eine auf den Prinzipien der Fertigungssegmentierung basierende Profit-Center-Organisation führt aufgrund der weitgehenden Autarkie und Autonomie zur Vermeidung abstimmungs- und damit zeitintensiver Interdependenzen.

Gestaltungsprinzipien

Beim Aufbau von Fertigungssegmenten sind verschiedene, sich gegenseitig ergänzende Gestaltungsprinzipien anzuwenden (vgl. Bild 15-36).

Flußoptimierung. Die Optimierung des Materialflusses stellt das wesentlichste Gestaltungsprinzip der Fertigungssegmentierung dar. Bei hinreichender Kapazitätsauslastung handelt es sich hierbei um die kostengünstigste Organisationsform der Fertigung. Aus der Perspektive der Logistik ist hier vor allem die Reduzierung der Durchlaufzeiten aufgrund verringerter

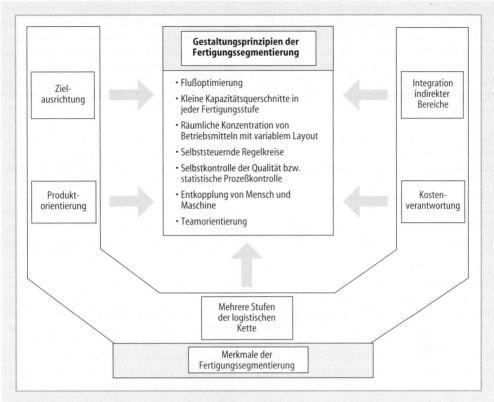

Bild 15-36 Merkmale und Prinzipien der Fertigungssegmentierung

Übergangszeiten zwischen den einzelnen Kapazitätseinheiten hervorzuheben. Dies geht mit einer Kostensenkung aufgrund reduzierter Bestände und geringerer Aufwendungen für die Informationsbeschaffung zur Koordination der betrieblichen Leistungserstellung einher. Die zentrale Steuerung der Fertigung wird zugunsten von Gruppenkonzepten aufgegeben.

Kleine Kapazitätsquerschnitte. Kleine Kapazitätsquerschnitte dienen dazu, die Produktorientierung der Fertigungssegmente und eine geringere Entfernung zwischen den benötigten Kapazitätseinheiten herbeizuführen. Kleine Kapazitätsquerschnitte ermöglichen eine Spezialisierung der einzelnen Segmente und damit die Realisierung von Kostendegressionseffekten. Ferner reduzieren sie das Belegungsrisiko der Anlagen, da die bei Beschäftigungsrisiko im Einsatz verbleibenden Anlagen weiterhin im optimalen Bereich arbeiten.

Räumliche Konzentration von Betriebsmitteln. Die mit der Fertigungssegmentierung verbundene ablauforientierte räumliche Konzentration von Betriebsmitteln bei variablem Layout beinhaltet die Verkürzung der Wege für Material und Informationen. Dies schafft die entscheidenden Voraussetzungen für einen schnellen und möglichst störungsfreien Durchfluß. Die bei einer Betriebsmittelanordnung nach dem Werkstattprinzip häufig notwendige explizite Steuerung der Transportaktivitäten entfällt nahezu völlig, da die traditionelle Bringpflicht durch die Implementierung einer Holpflicht die nachfolgenden Bearbeitungsstufen abgelöst wird. Die enge räumliche Anordnung der Maschinen ermöglicht ferner einen engen optischen und/oder akustischen Kontakt zwischen den Mitarbeitern, was die Abstimmung der Mitarbeiter untereinander erleichtert. Ferner besteht die Möglichkeit zur gegenseitigen Unterstützung oder für einen Arbeitsplatzwechsel zur kurzfristigen Beseitigung von Engpässen. Voraussetzung für eine räumliche Konzentration der Betriebsmittel ist aber ein variables Layout, wodurch eine Kapazitätsabstimmung ermöglicht wird, wenn eine Anlage für einen kurzen Zeitraum in den

Fertigungsablauf integriert werden kann. Wird die Anlage nicht mehr benötigt, so kann sie wieder aus dem Segment herausgelöst werden. Das Prinzip der räumlichen Konzentration der Betriebsmittel läßt sich verwirklichen, wenn die Maschinen entlang eines Transportmittels, z. B. einer Schiebebahn, U-förmig oder linear angeordnet werden.

Selbststeuernde Regelkreise. Die *Flußoptimierung* erlaubt die Installierung von Steuerungskonzepten, die eine Vereinfachung der Informationsübermittlung und Koordination innerhalb der Segmente ermöglichen. Zur Sicherstellung der Ablauf- und damit Prozeßsicherheit ist die Vorgabe von strikt einzuhaltenden Regeln und Standards notwendig. Dies erlaubt die Entlastung übergeordneter Steuerungsinstanzen und den Zeitpunkt der Bedarfsermittlung autonom durch die verbrauchende Stelle selbst bestimmen zu lassen. Das Prinzip der selbststeuernden Regelkreise beruht auf der Implementierung des Hol-Prinzips. Zwischen zwei unabhängigen Bedarfseinheiten herrscht Holpflicht, wenn die im Ablauf nachgelagerte Einheit ihren individuellen Bedarf der vorgelagerten Einheit meldet. Die Eigenverantwortlichkeit der Mitarbeiter erstreckt sich auf die Einhaltung der vorgegebenen Qualitätsstandards. Grundsätzlich gilt, daß nur Gut-Teile an die nachgeordnete Stelle weitergegeben werden dürfen. Über die Qualitätsverantwortung hinaus erstreckt sich die Zuständigkeit der Werker auch auf die Einhaltung der vorgegebenen Mengen. Die Gestaltung der selbststeuernden Regelkreise kann über Karten (sog. Kanbans), Behälter, akustische Signale oder elektronische Medien erfolgen. Die Implementierung selbststeuernder Regelkreise und die Definition von Standards und Regeln ermöglicht nicht nur die Reduzierung der Planungs- und Steuerungskosten, sondern erhöht vor allem die Transparenz der betrieblichen Abläufe.

Komplettbearbeitung von Teilen und Baugruppen. Primäres Ziel der Komplettbearbeitung von Teilen und Baugruppen in einem Fertigungssegment ist die Reduzierung der Übergangs- und Liegezeiten der Werkstücke vor und nach jeder Bearbeitung. Diese nicht wertschöpfenden Leerzeiten weisen in der Regel den höchsten Anteil an der Durchlaufzeit auf. Konsequenterweise ist es somit das primäre Ziel einer logistikgerechten Fabrikgestaltung diese Leer-

zeiten zu verringern. Die Komplettbearbeitung ermöglicht ferner die Reduzierung des Gesamtsteuerungsaufwands, da Dispositions- und Steuerungsaufgaben für Material und Werkzeuge von Mitarbeiten in einem Fertigungssegment durchgeführt werden können. Durch die Eigenverantwortlichkeit der Gruppenmitglieder für die komplette Bearbeitung eines Teilespektrums können diese für das Gesamtergebnis verantwortlich gemacht werden. Die Selbstkontrolle der Mitarbeiter verhindert die „versteckte" Weitergabe von Fehlern, was sich positiv auf die Anhebung des Qualitätsstandards auswirkt.

Qualitätssicherung durch Selbstkontrolle der Qualität. Das Prinzip der Qualitätssicherung durch Selbstkontrolle basiert genau wie die Komplettbearbeitung auf der Eigenverantwortlichkeit der Mitarbeiter in den Fertigungssegmenten. Die Selbstkontrolle verringert die Anzahl unterschiedlicher Prüfstellen, denn eine zusätzliche Qualitätsprüfung durch spezialisiertes Personal entfällt. Dies trägt neben einer Verringerung der Prüfkosten auch zu einer Senkung der Transportaufwendungen bei und fördert somit die mit der Fertigungssegmentierung priorisierte Reduzierung der Durchlaufzeit.

Entkopplung von Mensch und Maschine. Zunehmende Automatisierung führt – relativ wie absolut gesehen – zu einem höheren Kapitalanteil an den Herstellkosten. Die Folge ist eine steigende Fixkostenbelastung. Die Produktivitätsverbesserung der Anlagen wächst i. allg. unterproportional zu den Kapitalkosten. Ein Kompensationseffekt ergibt sich bei den variablen Kosten, indem entweder der Personaleinsatz verringert oder die Nutzungszeit der Anlagen erhöht werden kann. Der Mensch verliert als ablaufbestimmender Leistungsträger an Bedeutung. Die Folge ist eine sachliche und zeitliche Entkopplung von Mensch und Maschine. Die Entkopplung schafft die Voraussetzungen zur Integration von indirekten Tätigkeiten in ein Segment, wie z.B. Qualitätssicherungsaufgaben, Materialbereitstellung sowie Wartung und Instandhaltung. Zur Humanisierung der Arbeitsplätze trägt auch die Freistellung der Mitarbeiter für dispositive Tätigkeiten bei.

Teamorientierung. Die gemeinsame Verantwortung in einem Segment, das Arbeitsergebnis in der richtigen Menge, zur richtigen Zeit, am richtigen Ort und in der richtigen Qualität bereitzustellen, setzt die Förderung der *Teamorientierung* voraus. Eine in diesem Sinne verstandene Team- oder Gruppenorganisation führt zur Bildung von Gruppen mit ganzheitlicher Produkt- und Prozeßverantwortung. Dies geht mit einer Ausweitung des Entscheidungskompetenzinhalts und -spielraums der Gruppenmitglieder einher. Jedes Team stellt einen Regelkreis dar, in dem die gestellte Aufgabe eigenverantwortlich gelöst wird. Neben der Erfüllung der Arbeitsgruppe fungiert ein Team als Problemlösungsgruppe, indem Problemfelder aufgedeckt, visualisiert und einer Lösung, ggf. auch mit Hilfe von Servicebereichen, zugeführt werden. Die Teams sind im Sinne von internen Kunden-Lieferanten-Beziehungen in die gesamte Fertigungsorganisation eingebunden. Dies verhindert eine Addition von Fehlern über den gesamten Fertigungsprozeß, da jedes Team aufgrund seiner gesamtheitlichen Verantwortung für das erzeugte Teilespektrum nur an der Lieferung von einwandfreien Teilen interessiert ist. Neben diesen primär betriebswirtschaftlichen Aspekten, die im Ergebnis die Wettbewerbsfähigkeit steigern, rücken durch die Erhöhung der Arbeitszufriedenheit der Mitarbeiter sowie durch die Eigenverantwortung und Identifikaion mit Arbeitsinhalt und -bereich, auch soziale Ziele in das Blickfeld der Betrachtung.

Segmentierung indirekter Bereiche

Das Konzept der Fertigungssegmentierung stellt überwiegend auf die Segmentierung des Fertigungsbereichs und fertigungsnaher Funktionen ab. Erst die ergänzende *Segmentierung indirekter Bereiche*, das heißt die Segmentierung von Planungs- und Logistikfunktionen, schafft die den Anforderungen logistikgerechter Fabrikgestaltung entsprechende Aufgabenzuordnung. Fertigungssegmente und indirekte Segmente werden zu einem Segment höherer Ordnung, einem *Leistungs-Center* zusammengefaßt. Um die durchgängige zielgerechte Ausrichtung der gesamten Wertschöpfungskette auf ein Produkt/Marktsegment zu realisieren, muß das Aufgaben- und Autonomiefeld eines Leistungs-Centers alle wesentlichen, zur Leistungserstellung notwendigen Funktionen beinhalten. Dies erfordert die Einbeziehung sämtlicher indirekter Bereiche in die Restrukturierungsmaßnahmen. Wesentliches Gestaltungsprinzip für die Bildung indirekter Segmente ist die Prozeßor-

ganisation. Die Bildung indirekter Segmente läßt sich auf der Basis eines Geschäftsprozeßmodells der Auftragsabwicklung ableiten. Dabei läßt sich der Prozeß der Auftragsabwicklung in eine betriebswirtschaftlich-administrative Auftragsabwicklungskette und in eine technische Auftragsabwicklungskette unterteilen. Aufbauend auf dieser Unterscheidung lassen sich die dispositive und materielle Logistikkette sowie die Produktentstehungskette voneinander abgrenzen. Als Produktentstehungs- oder Innovationskette werden die technischen Aufgaben der Auftragsabwicklung bezeichnet. Das Aufgabenspektrum umfaßt den gesamten Entwicklungsprozeß, der mit dem Produktentwurf beginnt und sich bis zum Produktanlauf in der Fertigung hinzieht. Die betriebswirtschaftlich-administrative Auftragsabwicklungskette oder kurz die Logistikkette beginnt mit dem Auftragseingang und endet mit der Vertragserfüllung gegenüber dem Kunden. Als materielle Logistikkette wird der Materialfluß bezeichnet, der sich vom Lieferanten durch das Unternehmen bis zum Kunden hinzieht. Die materielle Logistikkette beinhaltet somit die Gesamtheit aller Realisationsaufgaben. Im einzelnen sind dies der Wareneingang, das Lagerwesen, das Transportwesen, die Fertigungsbereiche sowie der Warenausgang. Parallel zum Materialfluß verläuft in der logistischen Kette der Informationsfluß. Als dispositive Logistikkette wird die Gesamtheit aller Aktivitäten, die zur Planung, Veranlassung, Überwachung und Sicherung der Realisationsaufgaben erforderlich sind, bezeichnet. Diese Prozeßkette umfaßt die Auftragsbearbeitung, die Produktionssteuerung und die Versandabwicklung. Die Segmentbildung in den indirekten Bereichen erfolgt analog zu den Gestaltungsprinzipien in der Fertigung. Unter indirekten Segmenten werden prozeßorientierte Organisationseinheiten verstanden, die eine abgrenzbare Prozeßkette ganzheitlich und eigenverantwortlich bearbeiten. Darüberhinaus sind auch die indirekten Segmente auf ihre spezifische Zielsituation ausgerichtet, stehen zu den sie umgebenden Subsystemen in einem Kunden-Lieferanten-Verhältnis und sind für die von ihnen erstellten Leistungen ergebnisverantwortlich. In indirekten Bereichen sind einerseits Logistiksegmente und andererseits Planungssegmente zu unterscheiden. Ein Logistiksegment kann als ein indirektes Segment definiert werden, das die Auftragsabwicklung entlang der logistischen Kette eines Produktmarktsegments eigenständig und verantwortlich wahrnimmt. Aufgabe des Logistiksegments ist es, den Material- und Warenfluß sowie den zugehörigen Informationsfluß zu gestalten, zu steuern und zu kontrollieren. In das Logistiksegment werden diejenigen indirekten Aufgaben der Logistikkette integriert, die für die ganzheitliche Abwicklung der Aufträge vom Auftragseingang über die Beschaffung bis zur Ablieferung des Produkts an den Kunden benötigt werden. Die Bildung von Planungssegmenten für die Produktentstehungskette erfolgt unter der Zielsetzung, durch eine Integration der für die Produktentstehung relevanten Aufgaben, die wesentlichen Schwachstellen, die in einer strikten organisatorischen Trennung der unterschiedlichen Fachabteilungen und einer sequentiellen Abarbeitung des Innovationsablaufes beruhen, zu beseitigen. Ein Planungssegment läßt sich als ein indirektes Segment definieren, das die Auftragsabwicklung entlang der Innovationskette eines Produkt-Markt-Segmentes wahrnimmt. Aufgabe des Planungssegments ist die Entwicklung eines Produkts von der Produktidee bis zur Fertigungsreife sowie die technische Betreuung des Produkts während der Fertigung. Demnach sind die Teilaufgaben Entwicklung, Konstruktion, technische Arbeitsplanung und Qualitätswesen in das Segment zu integrieren. Bild 15-37 faßt eine mögliche Aufgabenverteilung zwischen Leistungs-Center und Service-Center zusammen:

Unabhängig von der Bildung indirekter Segmente, deren Integration in Leistungs-Center und einer Aufgabenzuordnung, die auf die Vermeidung strategisch sensitiver Schnittstellen

ausgerichtet ist, kann die Bündelung von Dienstleistungsfunktionen in sog. Service-Centern notwendig werden. Ursache hierfür sind eine wirtschaftlich nicht akzeptable Aufspaltung von Ressourcenpotentialen, angestrebte Synergieeffekte sowie Strategie- und Koordinationsgesichtspunkte. Die Ausgestaltung der Schnittstelle zwischen Leistungs-Center und Service-Center ist durch den Aufbau einer internen Kunden-Lieferanten-Beziehung gekennzeichnet. Unternehmerisches Verhalten ist zum einen durch die Einführung von an Marktpreisen orientierten Verrechnungspreisen zu fördern. Zum anderen hat der Leistungsempfänger die Wahl zwischen Inanspruchnahme des Service-Centers oder dem Bezug der Leistung vom externen Markt. Bild 15-38 veranschaulicht die Segmentierung des Auftragsabwicklungsprozesses durch Bildung von Leistungs-Centern.

Gruppenorganisation

In modularen Fabrikstrukturen rückt der Mensch als Problemlöser zur Bewältigung der gestiegenen Komplexität des Leistungserstellungsprozesses in den Mittelpunkt der Betrachtung. Hier sind Strukturen zu schaffen, die aus der Kreativität und Problemlösungsfähigkeit aller Mitarbeiter Prozeß- und Produktinnovationen entstehen lassen. Erforderlich sind teamorientierte Gestaltungsansätze, die sich sowohl in temporären multifunktional besetzten Problemlösungsgruppen als auch in permanenten Gruppenarbeitsformen in direkten und indirekten Bereichen manifestieren. Zur Erschließung der Problemlösungsfähigkeit haben sich in der

Bild 15-37 Aufgabenverteilung zwischen Leistungs-Center und Service-Center

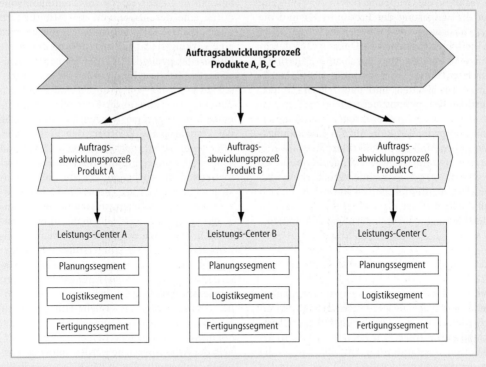

Bild 15-38 Segmentierung des Auftragsabwicklungsprozesses

Praxis vielfältige Formen einer Sekundärorganisation in Form von *Qualitätszirkeln* (s.13.3.2.1), Werkstattzirkeln, Lernstattgruppen oder Vorschlagsgruppen herausgebildet, die die bestehende Aufbauorganisation überlagern [Wil94a]. Ziele dieser Kleingruppenaktivitäten sind die Verbesserung der arbeitsbezogenen Informationen, die Beteiligung der Mitarbeiter an der betrieblichen Schwachstellenforschung und die systematische Personalentwicklung im Rahmen eines Organisationsentwicklungskonzepts. Permanente Arbeitsgruppen bearbeiten einen Ausschnitt des betrieblichen Leistungserstellungsprozesses sowohl in direkten als auch indirekten Bereichen. Neue Formen der Arbeitsorganisation, wie permanente Arbeits- und Problemlösungsgruppen sind nicht nur technologisch bedingt, sondern reflektieren auch den Wertewandel, das heißt die Bedürfnisse der Mitarbeiter nach mehr Kommunikation und Kooperation sowie nach interessanten und abwechslungsreichen Arbeitsinhalten.

Das Aufgabenspektrum einer Gruppe weist drei Dimensionen auf: Die arbeitsorganisatorische Dimension erstreckt sich zum einen auf die Verantwortung für den Leistungserstellungsprozeß im Sinne der Vorgabenerfüllung für Termine, Mengen und Qualität. Zum anderen ist die Gruppe für die Qualitätssicherung, die Einhaltung vorgegebener Kostenvorgaben sowie die Instandhaltung verantwortlich. Die personelle oder soziale Dimension des Aufgabenspektrums umfaßt die Vertretung der Gruppeninteressen, die Regelung der Fehlzeiten, die Arbeitsplatzeinweisung sowie die Qualifizierung. Die Problemlösungsdimension einer Arbeitsgruppe erstreckt sich auf die Problemsammlung, -analyse und -lösung von bereichs- und gruppenspezifischen Problemen sowie auf Umsetzung und Controlling der erarbeiteten Lösungen. Die Einführung gruppenorientierter Organisationskonzepte stellt weitreichende Anforderungen an die Qualifikation der Mitarbeiter. Gefordert ist nicht mehr nur der Funktionsspezialist. Neben der Kompetenz, Strukturen und Prozesse zu erkennen und sein eigenes Handeln darauf auszurichten, ist vor allem ein hohes Maß an Sozialkompetenz gefordert. Der Mitarbeiter muß in der Lage sein, Konflikte in der Gruppe produktiv zu lösen und seine Position in der Gruppe überzeugend zu vertreten [Har94].

Während die Gruppenarbeit in der Fertigung auf die Steigerung der Produktivität und die Verwirklichung von Humanzielen abzielt, steht in indirekten Bereichen die Optimierung durchgängiger Prozeßketten durch multifunktional besetzte Teams im Mittelpunkt der Betrachtung. Prozeßketten sind dadurch charakterisiert, daß sie funktionsübergreifend mehrere Unternehmensbereiche berühren, wie etwa die Innovationsprozeßkette, die Auftragsabwicklungsprozeßkette und die Produktionsplanungskette, zu deren Optimierung abteilungsübergreifende Problemlösungskapazitäten erforderlich werden. Die interdisziplinäre Zusammenarbeit zielt auf die Identifizierung von Schwachstellen und die Ableitung von Verbesserungsmaßnahmen.

Controlling in logistikgerechten Fabrikstrukturen

Die mit der Segmentierung und Gruppenbildung einhergehende Dezentralisierung von Entscheidungen an den Ort der eigentlichen Wertschöpfung erfordert eine intensivere Prozeßorientierung des Controlling-Systems. Notwendig ist der Paradigmenwechsel von der zentralen Fremdsteuerung, hin zu einer dezentralen Selbststeuerung. Visualisierung und *Auditierung* sind Instrumente, die eine dezentrale Steuerung und Kontrolle der Leistungserstellung und Problemlösung in den Gruppen und Modulen eines Unternehmens ermöglichen. Zielsetzung der *Visualisierung*, das heißt der bildlichen Darstellung von Informationen über Arbeitsabäufe und -ergebnisse, ist es, durch eine größere Transparenz über Ziele, Prozesse und Leistungen die Identifikation der Mitarbeiter mit dem Unternehmen und der Arbeitsgruppe zu stärken sowie deren Motivation zur Erreichung der vereinbarten Ziele, zur kontinuierlichen Verbesserung und zur Vermeidung von Verschwendung zu erhöhen. Die Visualisierung bildet durch die Offenlegung von Ziel- und Kenngrößen und der jeweils erreichten Ausprägung eine entscheidende Grundlage zur Bewertung der Leistung und des Verhaltens der Mitarbeiter. Neben quantitativen Kenngrößen zur Bewertung der Leistung wie Ausbringung, Nutzungsgrad, Ausschuß-/Nacharbeitsquote, Bestände, Durchlaufzeit, Lieferfähigkeit und Termintreue, informieren qualitative Kenngrößen über Qualifikation, Motivation und Problemlösungsaktivitäten der Gruppe. Die Visualisierung der quantitativen und qualitativen Kenngrößen in Form eines Soll-Ist-Vergleichs ersetzt die Fremdkontrolle durch eine dezentrale, von den Mitarbeitern durchgeführte Selbstkontrolle. Hierdurch wird eine wirkungsvolle Selbststeuerung durch die Mitarbeiter ermöglicht. Ferner können die visualisierten Ziel- und Kenngrößen für eine gegenseitige Kontrolle von Gruppen und Bereichen untereinander und für die Kontrolle durch Vorgesetzte herangezogen werden. Die Anwendung der Visualisierung erfordert den Einsatz verschiedener, sich gegenseitig ergänzender und aufeinander abgestimmter Instrumente. Informationstafeln, Aushänge, Plakate und Schaukästen kommen als verhaltens- und leistungsorientierte Visualisierungsinstrumente zur Anwendung. Steuerungs- und materialflußorientierte Instrumente wie Sicht- oder Signal-Kanbans und Zeitplantafeln unterstützen die Mitarbeiter bei der Steuerung und Kontrolle des Materialflusses und des Fertigungsfortschrittes. Betriebsmittelbezogene Instrumente wie Ampelsysteme werden als visuelle Hilfsmittel zur Erhöhung der Anlagenverfügbarkeit und Erhöhung der Prozeßsicherheit eingesetzt. Innerhalb der Arbeitsbereiche werden Informationstafeln aufgestellt. Die Visualisierungsinhalte sind in Muß-Daten und Kann-Felder zu unterteilen. Muß-Daten für jede Visualisierungstafel in der Fertigung sind gruppenbezogene Leistungsdaten sowie aufgezeigte Probleme und deren Lösungsansätze. Während den Mitarbeitern bei den Kann-Daten Gestaltungsspielräume eingeräumt werden können, hat die Ermittlung und Visualisierung der Muß-Daten nach einem einheitlichen Standard zu erfolgen, um eine Vergleichbarkeit zwischen Bereichen oder Gruppen zu ermöglichen. Bild 15-39 zeigt exemplarisch eine in der Praxis übliche dreigeteilte Visualisierungstafel.

Das Controllinginstrument der Auditierung (s. 13.5.4) dient dazu, die Wirtschaftlichkeit und Zielkonformität der Tätigkeiten in den Gruppen zu überwachen. Unter Auditierung wird die systematische Bewertung einer Leistung und der zur Erstellung notwendigen Prozesse nach einem definierten Kriterienkatalog verstanden. In Bezug auf die Ausgestaltung des Auditierungssystems sind zwei verschiedene Ansätze möglich. Einerseits besteht die Möglichkeit zur Einrichtung eines zentralen Audit-Stabes, der sich aus Spezialisten zusammensetzt und Audits in allen Bereichen vornimmt. Andererseits bietet sich aber die gegenseitige Auditierung als Alternative an, wobei sich die einzelnen Arbeits-

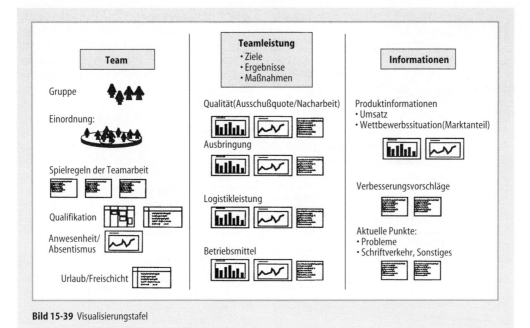

Bild 15-39 Visualisierungstafel

und Problemlösungsgruppen abwechselnd beurteilen und so einen Lerntransfer herstellen.

Unter Logistikgesichtspunkten erweitert der Aufbau zwischenbetrieblicher Netzwerkstrukturen den Blickwinkel der organisatorischen Gestaltungsproblematik auf Formen unternehmensübergreifender Zusammenarbeit. Es gilt eine vertrauensvolle und langfristige Zusammenarbeit mit den Lieferanten im Rahmen von Entwicklungs- und Wertschöpfungspartnerschaften aufzubauen. Dies führt zu Strukturen, die es erlauben, trotz reduzierter Leistungstiefe, die Kontrollspanne über Wertschöpfungs- und Innovationskette zu erweitern.

Literatur zu Abschnitt 15.3

[Ber91] Bernhardt, R.: Mit der Konstruktion beginnt die Rationalisierung. 3. Aufl. Heidelberg: 1991, 37
[Fre94] Frese, E.: Profit Center. HAB-Forschungsbericht 1994
[Har94] Hartz, P.: Jeder Arbeitsplatz hat ein Gesicht. Die Volkswagen-Lösung. Frankfurt a.M.: 1994
[Roe91] Roever, M.: Goldener Schnitt. manager magazin (1991), Nr. 11, 264
[Sch89] Schuh, G.: Gestaltung und Bewertung von Produktvarianten. In: Fortschr.-Ber. VDI, Reihe 2, Nr. 177. Düsseldorf: VDI-Vlg. 1989, 58f.

[Ski74] Skinner W.: The focused factory. Harvard Business Rev. 1974, 113–121
[Wil93] Wildemann, H.: Organisation der Produktion. In: Wittmann, W. u.a. (Hrsg.): Hwb. der Betriebswirtschaftslehre, Bd. 2. 5. Aufl. Stuttgart: Poeschel 1993, Sp. 3388–3404
[Wil94a] Wildemann, H.: Die modulare Fabrik. 4. Aufl. München: TCW-Transfer-Centrum GmbH 1994
[Wil94b] Wildemann, H.: Fertigungsstrategien. 2. Aufl. München: TCW-Transfer-Centrum GmbH 1994
[Wil95] Wildemann, H.: Das Just-In-Time Konzept. 4. Aufl. München: TCW-Transfer-Centrum GmbH. 1995

15.4 Distributionslogistik

Die Distributionslogistik umfaßt die Material- und Informationsflußbeziehungen zwischen Produzenten und Kunden. Sie ist wesentlicher Bestandteil des Marketing-Mixes von Unternehmen und bestimmt unmittelbar den Kundennutzen.

Der Güterfluß besteht primär aus Fertig- oder Halbfertigfabrikaten, die in verschiedenen Stufen der Logistikkette dem Verwender zugeführt werden. Die Distributionslogistik ist ein Transferprozeß zwischen der durch Produktionspro-

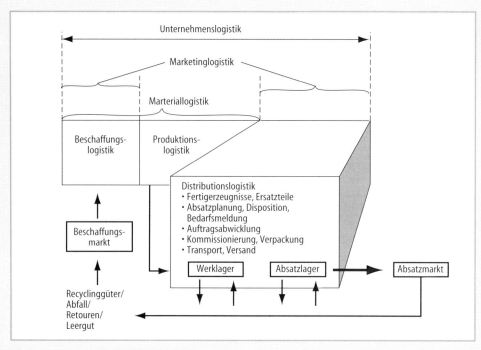

Bild 15-40 Einordnung der Distributionslogistik

gramme räumlich und zeitlich strukturierten Güterbereitstellung durch Unternehmen und der durch Verhaltensmuster geprägten Bedarfsstruktur der Güterentnahme. Aufgrund der Marktorientierung wird die Distributionslogistik zusammen mit der Beschaffungslogistik als Marketinglogistik bezeichnet (vgl. Bild 15-40). Im Gegensatz zu der in der Vergangenheit eher untergeordneten Bedeutung der Warenverteilung setzen die Unternehmen die Distribution zunehmend als Wettbewerbsinstrument ein, um durch einen verbesserten Lieferservice Vorteile gegenüber der Konkurrenz zu erlangen. Neben der Steigerung des Güterverkehrs haben sich zwei wesentliche Strukturveränderungen eingestellt. Einerseits sind die Ansprüche an die Transportqualität und den Transportservice gestiegen. Andererseits hat sich die Sendungsstruktur der Güterströme zugunsten von Kleingut und Teilladungen verschoben. Hervorgerufen durch die sich derzeit wandelnden Unternehmensverflechtungen, einer starken Verflachung der Unternehmensstrukturen und einer zunehmenden Bedeutung der Nachkaufphase verschieben sich die Aufgabenschwerpunkte der Distributionslogistik. Die eingesetzten Konzepte reichen von der Optimierung einzelner

operativer Teilfunktionen bis zur Durchsetzung umfassender logistischer Dienstleistungskonzepte. Die besondere Komplexität dieser Veränderungsprozesse resultiert aus der der Distributionslogistik immanenten unternehmensübergreifenden Funktion. Neben den im Unternehmen kontrollierbaren Prozessen müssen vielfältige externe Einflüsse beherrscht oder auf deren Veränderungen reagiert werden. Die Internationalisierung der Märkte, die zunehmende Bedeutung des Umweltschutzes und die Verschärfung von gesetzlichen Auflagen erschweren zusätzlich die Beeinflussung dieser komplexen Prozesse und Strukturen. Die Unternehmensgrenzen werden fließend durch die Integration von vertikalen Funktionen oder durch volle oder teilweise Fremdvergabe von Transport- und Lagerfunktionen. Zu beachten ist dabei, daß es keine Standardlösungen gibt. Realisierte Konzepte zeigen für ähnliche Fälle sehr unterschiedliche Lösungen. Wichtig ist die ganzheitliche Betrachtung aller Funktionen der Distribution. Dazu gehören neben den physischen Prozessen Lagerung, Kommissionierung und Transport auch die administrativen und kaufmännischen Funktionen. Bei den Konzepten ist zwischen langfristig strategischen und kurzfristig operativen Entscheidungsfeldern zu unterscheiden. Zu den strategisch bedeutsamen Fragestellungen gehören Entscheidungen über die Eigenerstellung oder den Fremdbezug logistischer Leistungen, der Abschluß mehrjähriger Beförderungsverträge, Just-in-time-Verträge mit Abnehmern sowie der Auf- oder Abbau eigener Fuhrparks. Mittelfristig sind die Wahl der Lagernetzstruktur, der Fabrik- und Regionallager sowie die Transportlos- und Transportfrequenzentscheidungen relevant. Kurzfristig müssen Entscheidungen über die Wahl der Angebotspunkte, die Distributionsdichte, die Zustelldienste und die damit verbundene Tourenplanung getroffen werden.

15.4.1 Güterbereitstellung und Marktentnahme als Pole der Distributionslogistik

Die Distributionslogistik stellt die Transferfunktion zwischen der durch Produktionsprogramme und -technologien deterministisch geprägten Güterbereitstellung durch Produktions- und Handelsunternehmen und der an Verhaltensmustern orientierten zeitlich und räumlich

stochastischen Bedarfsstruktur von Verwendern dar (vgl. Bild 15-41). Die Güterabgabe erfolgt in der ersten Stufe durch produzierende Unternehmen, erst in einer weiteren Stufe wird die Abgabe durch Handelsunternehmen durchgeführt. Bestimmend für die Abgabe sind das Lieferprogramm, die Bereitstellmengen, die Bereitstellorte und die Bereitstellzeiten. Da die materialbezogenen Aktivitäten aller Unternehmen in der Distributionslogistik münden, decken die zu verteilenden Produkte alle Arten von Gütern ab. Die Lieferprogramme reichen über Investitions-, Konsum-, Stück- und Schüttgüter. Für die Distributionslogistik bedeutsam sind die chemisch-physikalischen Eigenschaften Gewicht, äußere Form, Abmessungen, Aggregatzustand und Verderblichkeit der Güter. Diese mit dem Begriff Transportempfindlichkeit bezeichneten Faktoren grenzen die zur Auswahl stehenden Transportmittel und -hilfsmittel ein und legen die durch die Verpackung wahrzunehmenden Schutzfunktionen fest. Diese für den Verteilungsprozeß sehr weitreichenden Festlegungen machen es notwendig, daß die Distributionslogistik bereits frühzeitig bei

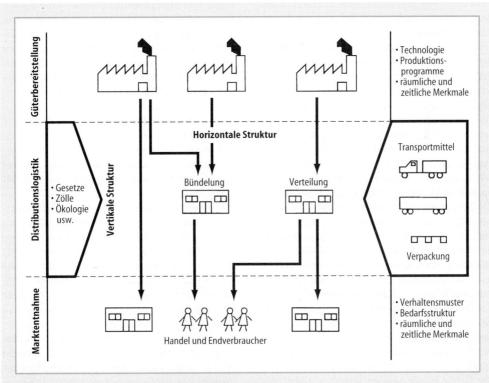

Bild 15-41 Horizontale und vertikale Struktur der Disrtibutionslogistik

der Produktdefinition Einfluß nimmt, da die Möglichkeit zum Einsatz standardisierter Verpackungs- und Transportmittel sowie mechanisierter Lager- und Umschlagstechniken starke Wirkung auf die Kosten des Distributionsprozesses ausüben. Eine wesentliche Bedeutung für die Lagerbestände des Distributionsprozesses hat neben den Liefermengen die Breite des Produktionsprogramms. Erfahrungswerte zeigen, daß die Substitution eines Produkts A durch drei differenzierte Produkte B, C und D bei gleichem Umsatz zu einer Erhöhung der Gesamtlagerbestände um 60 % führt. Unter der Annahme einer Umsatzsteigerung um 50 % erhöhen sich die Gesamtlagerbestände sogar um 100 % [Mag85: 35]. Die Distributionslogistik hat außerdem einen besonderen Stellenwert bei der Produktneueinführung. In dieser Phase können zeitlicher Verlauf und Höhe der Nachfrage nur geschätzt werden und um Umsatzverluste zu vermeiden, kommt den Lagerbeständen beim Lieferanten eine besondere Bedeutung zu. Ein für die Distributionslogistik wesentliches Kriterium ist die Unterscheidung zwischen Investitions- und Konsumgütern. Beim Investitionsgut, das primär aufgrund von konkreten Kundenaufträgen gefertigt wird und spezielle kundenspezifische Funktionen aufweist, hat die genaue Einhaltung des Lieferzeitpunktes eine große Bedeutung. Eine besondere Stellung bei den Investitionsgütern haben Großprojekte, bei denen nicht eine einzelne Anlage transferiert wird, sondern mehrere Einzelaggregate geographisch entfernt über einen längeren Zeitraum zu einer schlüsselfertigen Anlage zusammengesetzt werden. Im Gegensatz zu den Investitionsgütern muß die Distributionslogistik im Konsumgüterbereich primär Mengenprobleme bewältigen, sowie für eine ausreichende Verfügbarkeit an vielen Orten sorgen. Der Anstoß für die Fertigung erfolgt losgelöst von konkreten Aufträgen durch Lagerergänzungsaufträge. Der anonyme Kundenbedarf wird aus Lagerbeständen befriedigt. Aufgabe der Distributionslogistik ist die Einhaltung eines unternehmenspolitisch vorgegebenen Lieferservicegrads bei minimalen Kosten. Die geographische Verteilung der Bereitstellorte ist eine weitere Determinante der Güterbereitstellung. Dabei wird ein Optimum zwischen den Vorteilen niedriger Transportkosten durch mehrere abnehmernahe oder spezialisierte Produktionsstätten und den aus der Größe resultierenden Vorteilen einer zentralen Produktion gesucht. Aufgrund der inzwi-

schen gut ausgebildeten Verkehrsinfrastruktur rücken die Transportkosten bei der Standortwahl aber zunehmend in den Hintergrund. Ein weiterer wichtiger Bestimmungsfaktor der Güterbereitstellung sind die Bereitstellzeiten, zu denen die Produkte art- und mengenmäßig sowie örtlich differenziert bereitgestellt werden. Die Parameter der Produktbereitstellung sind zeitlich autonom durch die Möglichkeit der Steuerung von Produktionslosgröße, Transportlos, Transportfrequenz und Lagerbestandshöhe beeinflußbar. Zu unterscheiden ist zwischen kontinuierlichen und diskontinuierlichen Produktions- und Abnahmeprozessen. Entweder erfolgt die Produktion kontinuierlich, der Verbrauch erfolgt diskontinuierlich so bei Spielwaren oder umgekehrt, der Verbrauch erfolgt kontinuierlich, die Produktion dagegen in bestimmten Intervallen, wie bei der Verarbeitung landwirtschaftlicher Produkte in Konservenfabriken.

Die Marktentnahme des Verwenders ist im Gegensatz zur Güterabgabe nicht quantitativ durch Mengen und Preise fixiert, sondern abhängig von schwer quantifizierbaren zeitlich wechselnden Präferenzen, Konformität, Autonomie und Fremdbestimmtheit als Ergebnis der Konsumentensouveränität. Auch bewirken sozio-ökonomische Interdependenzen wie Werbung, Preiszusammenhang und Snobeffekte eine Außensteuerung der Nachfrager. Die Informationen der Marktforschung bezüglich der Verteilung der Nachfrager, den Kaufgewohnheiten und der Kaufkraftverteilung liefern wichtige Informationen für die Gestaltung des Distributionssystems. Die für die Distributionslogistik wesentlichen Faktoren resultieren wie bei der Marktabgabe aus dem Warenbedarf, den Bedarfsmengen, den Bedarfssorten und den Bedarfszeitpunkten.

Die technischen und ökonomischen Produkteigenschaften des nachgefragten Guts haben wesentlichen Einfluß auf Art und Umfang der Einkaufsanstrengungen der Konsumenten. Für die Distributionslogistik leitet sich daraus die Ausprägung der Lieferzeiten, Distributionsdichte und Präsenz ab. In räumlicher Hinsicht kann dies die Notwendigkeit zur vollkommenen Abdeckung des Markts erfordern oder im entgegengesetzten Extremfall reicht die Beschränkung auf einen Angebotspunkt. Zeitlich reicht das Spektrum vom einmaligen Angebot bis zur dauerhaften Verfügbarkeit. Die Bedeutung des Lieferservice als Kenngröße für die Distributionslogistik kann aus einer für Konsumgüter gültigen Güterklassifikation abgeleitet werden. Zu unterscheiden ist dabei zwischen Gütern des täglichen Bedarfs, Gütern des gehobenen Bedarfs, den Spezialitäten und den Impulsgütern. Das Bestreben nach Bedürfnisbefriedigung nimmt von den Grundbedürfnissen zu den imagesteigernden Bedürfnissen ab. Umgekehrt nimmt die Individualität und soziale Bezogenheit zu. Für Güter des täglichen Bedarfs, wie Lebensmittel, Seife oder Tabakwaren, die durch ein stark gewohnheitsmäßiges Einkaufsverhalten geprägt sind, bedeutet dies, daß die Distributionslogistik in Abhängigkeit von der Mobilität der Nachfrager eine hohe räumliche Marktabdeckung und eine möglichst hohe Präsenz ermöglichen muß. Die Massenhaftigkeit des Bedarfs erfordert zudem eine hohe Leistungsfähigkeit des Verteilungssystems. Die Fehlmengenkosten, die die erwarteten Auswirkungen von Fehlbeständen kostenmäßig quantifizieren, fallen einmalig in voller Höhe des durch Substitution durch ein Konkurrenzprodukt entgangenen Umsatzes an. Eine sich häufig wiederholende Nichtverfügbarkeit kann einen dauerhaften Umsatzausfall nach sich ziehen. Bei Gütern des gehobenen Bedarfs, wie Möbel, hochwertige Kleidung oder Haushaltsgeräte, vergleicht der Konsument intensiv nach den Kriterien Preis, Qualität, Angemessenheit und Aussehen. Zu unterscheiden ist aber nach der Art der vom Käufer durchgeführten Gegenüberstellung. Beim „Inter-Shop-Vergleich" prüft der Nachfrager das Angebot verschiedener Geschäfte. Die Gefahr des Umsatzverlustes für den Hersteller ist bei dieser Vergleichsform geringer, da der suchfreudige Käufer die im ersten Fall nicht angetroffene Ware mit großer Wahrscheinlichkeit in einem anderen Geschäft antrifft. Beim „Intra-Shop-Vergleich", bei dem der Konsument nur ein einziges Geschäft mit konzentriertem Angebot aufsucht, trifft den Hersteller der Umsatzausfall in voller Höhe [Pfo94: 120]. Bei den als Spezialitäten bezeichneten Gütern wie Marken- und Luxusartikeln, die durch einen hohen Grad an Produktindividualität bzw. Markentreue geprägt sind, ist der Konsument aufgrund der Individualität, des höheren Preises und der Seltenheit des Bedarfs eher bereit, Fehlmengen in Kauf zu nehmen. Die Bedeutung des Lieferservice ist daher von geringerer Bedeutung. Die notwendige Distributionsdichte kann für diese Produkte reduziert werden; selektive, exklusive und direkte Verteilungsformen gewinnen an Bedeu-

tung. Impulsgüter zeichnen sich durch ein spontanes und häufig ungeplantes Einkaufsverhalten aus. Für diese Produkte ist neben der Form der Präsentation die Präsenz von Bedeutung. Impulskäufe werden durch Sichtkontakt ausgelöst und sind entweder Zusatzkäufe oder Substitutionen für nicht präsente Güter. Der Lieferservice ist bei diesen Produkten sowohl für Hersteller als auch für den Händler bedeutsam, da Fehlmengen für beide Umsatzverluste zur Folge haben. Abgesehen von den Impulsgütern lassen sich die für die drei anderen Konsumgüterklassen angestellten Überlegungen auch auf Investitionsgüter übertragen [Pfo94: 120].

Ein drittes Merkmal der Güteraufnahme sind die Bedarfsorte, also die geographische Verteilung der Orte, an denen die Nachfrager zur körperlichen Übernahme des Angebots fähig und willig sind. Die Verteilung dieser Punkte ist abhängig vom Wohnsitz der Konsumenten und ihrer Mobilität, also der Bereitschaft zur Raumüberbrückung und der Fähigkeit zur Erreichung zentraler Orte. Eine zunehmende Mobilität der Nachfrager bietet der Distributionslogistik die Möglichkeit zum Rückzug aus der Fläche. Diese Substitution von Transportfahrten durch Einkaufsfahrten der Nachfrager kann verstärkt werden, indem die durch Reduzierung der Transporte und die räumliche Zusammenfassung von Angebotspunkten erreichte Kostenreduzierung als Preisreduzierung an die Nachfrager weitergegeben wird [Wit74: 52]. Die starke Mobilitätszunahme der Nachfrager durch den Individualverkehr hat außerdem beim Verbraucher die Tendenz zu Verbundeinkäufen verstärkt. Hohe Frequenz und geringer Umfang von Einkäufen wurden ersetzt durch seltener stattfindende Preis- und Zeitvorteile ausschöpfende Verbundeinkäufe. Die Zusammenfassung räumlich abhängiger Bestände auf einer Verteilungsstufe bietet die Möglichkeit zur Reduzierung der Gesamtsicherheitsbestände bei gleicher Lieferbereitschaft. Andererseits erhöht sich die Bereitschaft der Konsumenten zentrale Angebotspunkte aufzusuchen, da die Wahrscheinlichkeit, auf Fehlmengen zu stoßen, geringer ist. Neben den Bedarfsorten kommt den Bedarfszeitpunkten und dem Zeitrahmen, in dem die Nachfrager zur Produktübernahme bereit und fähig sind, eine besondere Bedeutung zu. Dieser Zeitrahmen kann abweichend von der Zeitstruktur der Bedürfnisse sein. Der Einhaltung von zugesagten Lieferterminen von Investitionsgütern und Einsatzgütern für die Produktion kommt eine besondere Bedeutung aufgrund der möglicherweise sehr hohen Folgekosten bei Terminverzögerungen zu. Bei Investitionsgütern können diese Kosten aus der Verzögerung von geplanten Inbetriebnahmezeitpunkten und einer dadurch hervorgerufenen Verschiebung des Produktionsbeginns resultieren. Die Einhaltung des Lieferzeitpunktes bei Just-in-time-Beziehungen zwischen Lieferant und Abnehmer ist auch bei Rohstoffen und Zulieferteilen ein Muß [Wil95a: 155]. Sind die Pufferlager aufgebraucht, kann es zu Stillständen oder zu aufwendigen Nacharbeiten kommen. Bei Konsumgütern besteht für die Distributionslogistik die Möglichkeit zur zeitlichen Bündelung und Standardisierung der Nachfrage durch eine die Vorratshaltung erleichternde Produkt- und Verpackungsgestaltung. Eine Verschiebung der Nachfrage zum Abbau von Einkaufsspitzen durch Werbung und Sonderangebote – Vorziehen des Wochenendeinkaufs vom Freitag auf Donnerstag – ist eine weitere mögliche Variante. Der Verbundeinkauf der Nachfrager führt bei Fehlmengen in der Regel zu Substitutionen durch andere Produkte, da die Bereitschaft zur wiederholten Einkaufsfahrt aufgrund des damit verbundenen Zeit- und Kosteneinsatzes vom Verbraucher nicht in Kauf genommen wird. Während das beim Handel sogar zu Umsatzzuwächsen aufgrund eines Ausweichens auf höherpreisige Produkte führen kann, bedeutet dies für den Hersteller einen Umsatzverlust, der in Folge auch zu einem dauerhaften Produktwechsel des Nachfragers führen kann.

15.4.2 Aufgaben der Distributionslogistik

Aus den Ausprägungsformen der Güterbereitstellung und Marktentnahme können die Aufgaben der Distributionslogistik abgeleitet werden. Der Distributionslogistik kommt zunächst die Transferfunktion zwischen den durch die Güterabgabe fixierten und den von der Marktentnahme erwarteten Vorgaben bezüglich Güterarten, -mengen, Abgabe- und Aufnahmeorten und Abgabe- und Aufnahmezeiten zu. Die Hauptaufgabe der Distributionslogistik ist damit die Bereitstellung der gewünschten Güter, in der benötigten Zeit, am richtigen Ort, zur richtigen Zeit, in der richtigen Qualität zu minimalen Kosten. Der Ausgleich der Disparitäten zwischen Güterabgabe und -aufnahme wird erreicht durch Umschlagen (s. 16.5.5), Lagern (s. 16.5.6), Kommissionieren (s. 16.5.7) und Transport.

Ziel ist es, alle unternehmerischen Ressourcen so einzusetzen, daß die Aufgaben leistungs- und kostenoptimal erfüllt werden. Die sich daraus ergebenden Aufgabengebiete der Distributionslogistik sind
- die Absatzplanung, Disposition und Bedarfsmeldung,
- die Auftragsabwicklung,
- die Lagerung,
- die Kommissionierung und Verpackung,
- die Transportplanung und der Versand.

15.4.2.1 Absatzplanung, Disposition und Bedarfsmeldung

Die Grundvoraussetzung zur Planung und Ausgestaltung der Distributionslogistik sind Informationen über die zu verteilenden Produkte, deren Mengen, die Verteilung der Anbieter und Abnehmer und die zeitliche Verteilung der Ströme. Diese Informationen werden im Rahmen der lang- und kurzfristigen Absatzplanung des Marketingbereichs erstellt [Mef91: 217]. Zu den Aufgaben der Distributionspolitik als ein Instrument des Marketing-Mix zählt neben der Bestimmung der Absatzwege die Festlegung über die Ausgestaltung des logistischen Systems der Distribution. Aufgabe der Distributionslogistik im Rahmen der Absatzplanung ist also die Planung und Gestaltung der technischen und informationstechnischen Systeme zur Realisierung des physischen Produktweges [Bac82: 295]. Damit verbunden sind Investitionsentscheidungen über Informations-, Lager- und Transporteinrichtungen. Durch die Disposition und Bedarfsmeldung an Produktion und Beschaffung liefert die Distributionslogistik einen Input für die kurzfristige Absatzplanung. Die Bedarfsmeldung der Distributionslogistik betrifft Fertigerzeugnisse und Ersatzteile, die nach Abgleich mit den im Distributionskanal befindlichen Beständen als Nettobedarfe weitergeleitet werden. Diese lösen am Anfang der distributionslogistischen Kette entweder Aufträge an die unternehmenseigene Produktion oder Bestellaufträge an Fremdlieferanten aus. Innerhalb des Verteilungssystems werden durch die Bedarfsmeldungen Nachlieferungsaufträge an die vorgelagerten Stufen (Lager) ausgelöst. Die informationstechnische Abwicklung wird durch ein Auftragsabwicklungssystem gewährleistet. Neben der Auslösung von Aufträgen dienen die Informationsrückflüsse der Absatzplanung zur Erstellung von Prognosen über die zukünftige

Marktentwicklung. Die Informationen der Disposition und Bedarfsmeldung dienen damit anderen organisatorischen Bereichen als Input zur Aufgabenbearbeitung.

15.4.2.2 Auftragsabwicklung

Bei dem Weg des Produkts vom Hersteller zum Abnehmer (Distributionskanal) wird zwischen dem physischen Produktweg (Logistikkanal) und dem Strom der Rechte an der Ware (Akquisitionskanal) unterschieden. Beide Kanäle werden von vielfältigen Informationen begleitet und es laufen Informationen vor und nach Abschluß der physischen Distribution. Die für die Distribution bedeutsamen Informationen lassen sich in drei Gruppen gliedern. Die erste Gruppe sind Informationen über Bedarfe, insbesondere über Mengen, deren Zusammensetzung und die Bedarfszeitpunkte. Diese Informationen eilen dem Güterfluß voraus und sollen die an der Durchführung der Warenverteilung beteiligten Stellen informieren, damit die erforderlichen Planungs- und Steuerungsaufgaben eingeleitet werden können. Für die Planung und Steuerung wird auf Informationen wie Art-, Mengen- und Kosteninformationen über im System befindliche Bestände, Fertigungszahlen und Transportkennzahlen zurückgegriffen. Die zweite Gruppe bilden die den physischen Güterfluß begleitenden Informationen. Diese sollen die Ausführung der operativen Transport-, Umschlags- und Lagertätigkeiten unterstützen. Dazu gehören die Versand-, Zoll- und Speditionspapiere. Zu den begleitenden Informationen gehören auch die Rückmeldungen über den Bearbeitungsstand des Auftrags. Die dem Güterfluß zeitlich nachlaufenden Daten fallen primär in den Bereich der kaufmännischen Rechnungslegung an den Kunden an. Die bei der Auftragsabwicklung anfallenden Aufgaben sind

- Auftragsübermittlung,
- Aufbereitung und Umsetzung,
- Zusammenstellung,
- Versand und
- Fakturierung [Pfo90: 80 ff.].

Die notwendigen Aufwände und Zeitbedarfe zur Auftragsübermittlung und -aufbereitung hängen wesentlich von der Art der Übermittlung ab. Anzustreben ist die DV-Verbindung mit den Kunden, wie dies im Fall von Just-in-time-Lieferbeziehungen standardmäßig der Fall ist

[Wil95b: 66 ff.]. Ein weiterer Vorteil bei dieser Übermittlungsart liegt neben der Eingrenzung der Belegflut darin, daß damit die Verantwortung für die inhaltlich richtige Eingabe zum Kunden verlagert wird. Diese enge Verknüpfung, die eine Offenlegung der Arbeitsabläufe und Datenbestände zur Folge hat, schränkt allerdings die Autonomie der beteiligten Partner ein und lohnt sich nur bei intensiven Austauschbeziehungen.

Im Rahmen der Aufbereitung muß der Auftrag um die notwendigen internen Informationen ergänzt werden. Zusätzlich werden die für den Kunden gültigen Preise und Liefermodalitäten festgelegt und gegebenenfalls eine Bonitätsprüfung durchgeführt. Nach positiver Prüfung wird der Güterstrom durch Lager und Transportaufträge oder in Form von Aufträgen an die Produktionsplanung angestoßen. Parallel dazu wird eine Auftragsbestätigung an den Kunden gegeben und die für die Bearbeitung erforderlichen Bearbeitungs- und Lieferpapiere werden erstellt.

Nach einer positiven Verfügbarkeitsprüfung werden Auslagerungs- und Kommissionieraufträge an das Lagerwesen gegeben. Für die Transportdurchführung stehen alternative Transportmittel und Transportwege zur Verfügung, für die die jeweiligen Begleitpapiere durch die Auftragsabwicklung erstellt und zugeordnet werden müssen. Die Fakturierung (Rechnungslegung) bildet den Abschluß der normalen Auftragsabwicklung. Weitere nachlaufende Funktionen ergeben sich im Fall der Reklamations-, Retouren- und Leergutabwicklung.

15.4.2.3 Lagerhaltung

Der optimale Weg der Warenverteilung ist die direkte Verbindung von Produzent und Abnehmer. Der Vorteil liegt in der Vermeidung zusätzlicher logistischer Prozesse für Umschlag und Auftragsabwicklung. Nachteilig ist der für die zeitliche und mengenmäßige Synchronisation von Abgabe und Annahme erforderliche hohe Planungs- und Abstimmungsaufwand. Bei großen Entfernungen erhöht sich außerdem die Reaktionszeit zur Deckung der Marktbedarfe. Als Alternative bietet sich deshalb die indirekte Verbindung von Güterabgabe und Marktentnahme an. Die indirekte Verbindung, die durch Punkte zur Bündelung (Zusammenfassung zu größeren Transportlosen) und Auflösung (Verteilung auf kleinere Transportlose) unterbro-

chen wird, ist dann sinnvoll, wenn dadurch Kostendegressionsvorteile bis oder ab der Unterbrechung genutzt werden können. Die Bündelung führt einerseits zu einer Reduzierung der Transportstückkosten, erhöht aber gegenläufig die Kosten der Lagerhaltung und Auftragsabwicklung. Der Vorteil des für die Bündelung und Auflösung genutzten Umschlagslagers liegt in der Reduzierung der Anzahl der Verbindungen zwischen Quelle und Senke. So reduziert sich bei zehn Liefer- und fünfzig Empfangspunkten die Anzahl der Verbindungen von $10 \cdot 50 = 500$ für die direkte Verbindung auf $10 + 50 = 60$ für die Verbindung über ein Umschlagslager. Aufgrund des nicht nur mengenmäßig sondern auch zeitlich schwankenden Bedarfs und der an den Gegebenheiten der Produktion orientierten losweisen Herstellung ist neben der Mengenanpassung durch Umschlag eine Lagerung zum Zeitausgleich erforderlich. Mit der Bestandshaltung können außerdem Störungen der Produktion gegen den Markt abgepuffert und dadurch ein gleichmäßiger Lieferservice gewährleistet werden. In Zeiten steigender Absatzpreise können spekulative Gründe für eine Lagerhaltung sprechen. Der Prozeß der Lagerung kann definiert werden als die gewollte, zielgerichtete Überbrückung von Zeitparitäten von Objektfaktoren. Von Produktionsvorgängen unterscheidet sich die Lagerung dadurch, daß die Eigenschaften der Objektfaktoren im Lagerungsprozeß keinen oder allenfalls unwesentliche Veränderungen unterliegen dürfen [Web94: 44f.]. Die gelagerten Bestände haben Ausgleichs-, Sicherungs- und Spekulationsfunktionen. Da diese Bestände Kosten durch Kapitalbindung verursachen, ist es Aufgabe der Distributionslogistik, ein Optimum zwischen Bestandshöhe und Lieferservice zu finden. Dazu müssen die Fragen beantwortet werden (s. 16.5.6):
– Was soll gelagert werden?
– Wieviel soll gelagert werden?
– Wo soll gelagert werden?
– Wie soll gelagert werden?

Die Frage, was gelagert werden soll, ist abhängig von den durch die Absatzplanung festgelegten Rahmendaten für das Sortiment und den jeweils geplanten Absatzmengen. Da insbesondere bei sehr inhomogenen Absatzprogrammen unterschiedliche Anforderungen bezüglich technischer Lageranforderungen, möglicher Lagerdauer und umzusetzender Mengen bestehen, ist es notwendig, die zu verteilenden Erzeugnisse nach entsprechenden Kriterien zu gliedern und für jede Gruppe spezielle Verteilungswege festzulegen. Im Rahmen dieser Gruppenbildung muß auch eine Festlegung darüber getroffen werden, wieviel gelagert werden soll. Dazu muß die Höhe der normalen Bestände und die Höhe der Sicherheitsbestände bestimmt werden. Bei der Dimensionierung der normalen Bestände tritt das Problem der Festlegung einer optimalen Bestellmenge auf. Dabei wird versucht den klassischen Zielkonflikt zwischen der Höhe des durch die Bestände gebundenen Kapitals und den fixen Kosten je Bestellung zu lösen [Pfo90: 103 ff.]. Neben der optimalen Bestellmenge muß der Zeitpunkt der Bestellauslösung (Bestellpunktverfahren) oder der Bestellrhythmus (Bestellrhythmusverfahren) festgelegt werden. Die Höhe der im System zu haltenden Sicherheitsbestände ist abhängig von
– der Länge der Wiederbeschaffungszeit,
– der Prognosequalität bezogen auf Bedarfsmengen und Wiederbeschaffungszeiten,
– der Lieferbereitschaft der vorgelagerten Stufen und
– der Anzahl der Lager.

Der Sicherheitsbestand auf Basis der Wiederbeschaffungszeit ist abhängig von der durchschnittlich erwarteten Nachfrage und der maximal erwarteten Nachfrage pro Periode und muß so hoch sein, daß die Differenz zwischen beiden Nachfragen abgedeckt werden kann. Aufgabe der Distributionslogistik ist es, durch eine Reduktion der Wiederbeschaffungszeit eine Senkung der Sicherheitsbestände und damit der Lieferbereitschaftskosten zu erreichen. Da es gegenläufig zur Kostensenkung durch den erhöhten Aufwand für Kommunikations- und Transportmitteln zu einem Kostenanstieg kommt, ist eine Verkürzung der Wiederbeschaffungszeit immer nur dann von Vorteil, wenn das Ansteigen dieser Kosten durch die Verringerung der mit dem Sicherheitsbestand verbundenen Lagerhaltungskosten mehr als ausgeglichen wird. Die Genauigkeit der prognostizierten Wahrscheinlichkeitsverteilung der Nachfrage hat ebenfalls Einfluß auf die Höhe der Sicherheitsbestände. Je genauer die Nachfrageprognose ist, desto geringer muß der Sicherheitsbestand sein, um einen bestimmten Lieferservice zu gewährleisten. Die Höhe der Gesamtsicherheitsbestände im Distributionssystem ist außerdem abhängig von der Lageranzahl auf einer Stufe des Verteilungssystems. Werden mehrere kleine Absatzla-

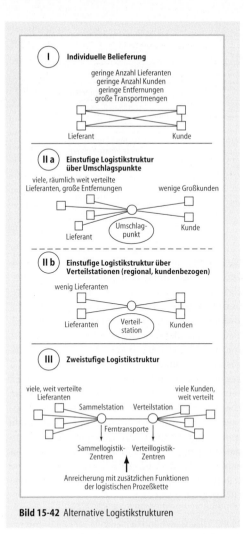

Bild 15-42 Alternative Logistikstrukturen

nur das am Ort produzierte Warensortiment, dessen jeweiligen Fertigungsausstoß sie meist zum kurzfristigen Mengenausgleich aufnehmen. Zentrallager, die aufgrund des hohen Investitionsbedarfs mengenmäßig begrenzt sind, sind den Werkslagern nachgeordnet. Ihre Funktion besteht darin, die Bestände der nachgeordneten Lagerstufen oder des Handels möglichst nachzufüllen. Regionallager halten in der Regel nur Teile des Sortiments vor. Ihre Aufgabe besteht in der Pufferung von Beständen zur Versorgung verschiedener regionaler Verkaufsgebiete. Die unterste Ebene bilden die Auslieferungslager, die dezentral in den einzelnen Verkaufsgebieten liegen. Ihre Aufgabe besteht in der Kommissionierung der von den Abnehmern georderten Mengen und deren Bereitstellung zur Kundenbelieferung. Dieser Lagertyp enthält die regional absatzstarken Produkte. Eine Strukturierung in alle vier genannten Stufen ist nur selten anzutreffen. Die Anzahl gleicher Lager auf einer Stufe ist die horizontale Struktur. Die damit verbundene Frage nach zentralen oder dezentralen Beständen ist der klassische Konflikt von Auslieferungskosten versus Lagerkosten. Je größer die Anzahl der Lager pro Stufe, desto geringer ist der Umsatz je Lager. Die Kosten dezentraler Lager sind sehr hoch aufgrund der höheren Belieferungskosten pro Stück durch geringe Beschaffungsvolumina und damit negativen Größendegressionseffekten. Zusätzlich erhöhen sich die Lagerhausstückkosten durch geringe Automatisierung, niedrigere Arbeitskräftespezialisierung sowie durch sich summierende Sicherheitsbestände in mehreren dezentralen Lagern. Demgegenüber sinkt die durchschnittliche Entfernung zwischen Kunde und Lager, wodurch niedrigere Auslieferungskosten pro Stück entstehen. Die Einflußgrößen für die Entscheidung der zentralen- oder dezentralen Lagerung zeigt Bild 15-43. Bezogen auf die Lagerhaltung besteht die Hauptaufgabe der Distributionslogistik darin, die horizontale und vertikale Lager- und Bestandsstruktur so zu gestalten, daß ein Optimum zwischen Bestandshöhe und Lieferservice erreicht wird. Der Aufbau der Lager- und Logistikstruktur ist abhängig von
– der Anzahl und Entfernung der Lieferanten,
– der Anzahl und Entfernung der Kunden und
– den zu transportierenden Mengen.

Neben der Strukturierung des Distributionssystems muß die Lagertechnik festgelegt werden (s. 16.5.6).

ger statt eines Zentrallagers zur Befriedigung der Nachfrage unterhalten, so ist die Summe der Sicherheitsbestände in den kleinen Absatzlagern höher als der Sicherheitsbestand im Zentrallager. Durch die Distributionslogistik muß deshalb festgelegt werden, wie der Verteilungsprozeß zu strukturieren ist und wo die einzelnen Lager geographisch anzuordnen sind. Alternative direkte und indirekte mehrstufige Logistikstrukturen zeigt Bild 15-42. Die Anzahl der hintereinandergeschalteten Lagerstufen wird auch als vertikale Struktur des Distributionsprozesses bezeichnet. Die vertikale Struktur beschreibt die einzelnen Lagerstufen, die in Werks-, Zentral-, Regional- und Auslieferungslager gegliedert werden können. Werks- oder auch Fertigwarenlager sind räumlich bei einer Produktionsstätte angesiedelt und enthalten

Einflußgröße	Zentrallager	Dezentrale Lager
Sortiment	breit	schmal
Lieferzeit	länger	kurz, stundengenau
Wert der Produkte	teure Produkte	billige Produkte
Konzentration der Produktion	eine Quelle	mehrere Quellen
Kundenstruktur	homogene Kundenstruktur/ wenige Großkunden	inhomogene Kundenstruktur/ viele kleine Kunden
Spezifische Lageranforderungen (z.B. Temperatur)	vorhanden	nicht vorhanden

Bild 15-43 Einflußgrößen für zentrale/dezentrale Lager

15.4.2.4 Kommissionierung und Verpackung

Im Lagerbereich werden die Produkte verschiedener Lieferanten und Produzenten für mehrere Kunden gelagert. Die Erzeugnisse werden in entsprechenden Gebinden angeliefert und frei, chaotisch oder sortimentsweise eingelagert. Demgegenüber bestehen die einzelnen Kundenaufträge aus mehreren unterschiedlichen Positionen mit variierenden Mengeneinheiten. Es ist notwendig, Teilmengen der einzelnen gelagerten Erzeugnisse zu entnehmen und diese jedem Kundenauftrag zuzuordnen. Dieser Vorgang wird als Kommissionierung bezeichnet und beinhaltet die Zusammenstellung bestimmter Teilmengen (Artikel) aus einer bereitgestellten Gesamtmenge (Sortiment) aufgrund von Bedarfsinformationen. Dabei erfolgt die Umwandlung von einem lagerspezifischen in einen verbrauchsspezifischen Zustand. Im engeren Sinne wird unter Kommissionierung die Zusammenstellung von Gütern nach vorgegebenen Aufträgen verstanden (s. 16.5.7). Um die Qualität der Kommissionierleistung trotz der monotonen, einseitig körperlich belastenden Arbeit zu sichern, sind Kontrollverfahren wie das Wiegen von fertig zusammengestellten Aufträgen oder der Einsatz von Barcodesystemen erforderlich. Nach Abschluß der Kommissionierung muß der fertige Kundenauftrag verpackt werden (s. 16.5.1). Verpackungen sind Umhüllungen eines Guts, die neben Schutzfunktionen gegen Schmutz und Beschädigungen Werbe-, Materialfluß- sowie Verwendungsfunktionen erfüllen. Durch die „Verordnung über die Vermeidung von Verpackungsabfällen" (Verpackungsverordnung) vom 12. Juni 1991 kommt zu der Verwendungsfunktion die Frage nach der Wiederverwendbarkeit und Entsorgung hinzu. Die Verpackungsverordnung unterscheidet zwischen Verkaufs-, Um- und Transportverpackung. Für die Distributionslogistik ist nach Abschluß der Kommissionierung die Transportverpackung, die auch als Förderhilfsmittel dienen kann, bedeutsam. Im Sinne einer logistikgerechten Materialflußgestaltung sollte die Produktionseinheit = Lagereinheit = Transporteinheit = Verkaufseinheit sein. Diese Forderung nach einer ununterbrochenen Transportkette läßt sich bei der Distribution von inhomogenen Sortimenten nicht immer durchhalten. Zur Vermeidung von Umpackvorgängen und der Reduzierung der Anzahl der Verpackungsgrößen sollte bei der Distribution auf Standard- oder Normkartons zurückgegriffen werden.

15.4.2.5 Transport und Versand

Die Raumüberbrückung oder Ortsveränderung durch Transport ist eine weitere Aufgabe der Distributionslogistik. Unter Transport wird die gewollte, zielgerichtete Überwindung vorliegender Raumdisparitäten von Objektfaktoren verstanden. Wobei die Objektfaktoren (Erzeugnisse) keinen oder allenfalls unwesentlichen Veränderungen ihrer sonstigen Eigenschaften unterliegen dürfen [Pfo90: 30]. Die Transportaufgabe läßt sich in die Transportvorbereitung, Beladung, Transportdurchführung, Entladung und Transportnachbereitung untergliedern. Bei der Bewältigung der Transportaufgabe sind folgende Fragen zu beantworten:

– Was soll transportiert werden?
– Womit soll transportiert werden?
– Wie oft soll transportiert werden?
– Wer soll die Transporte durchführen?

Transport	Vorteile	Nachteile
Straßengütertransport	• Zeit- und Kostenersparnis im Nah- und Flächenverkehr • flexible Fahrplangestaltung • Eignung für spezifische Ladegüter • anpassungsfähig bei Annahmezeiten	• keine zeitgenauen Fahrpläne • Witterungsabhängigkeit • Abhängigkeit von Verkehrsstörungen • begrenzte Ladefähigkeit • Ausschluß gewisser Gefahrgüter
Schienenverkehr	• größere Einzelladegewichte als beim LKW • exakte Fahrpläne • weitgehend störungsfrei • Gefahrgüter zulässig	• privates Schienennetz/Gleisanschlüsse oder Einsatz sog. Straßenroller erforderlich • Zusatzkosten bei Anmietung von Spezialwagen
Binnenschiffahrtsgütertransport	• große Einzelladegewichte • große Laderäume • Angebot von Spezialschiffen • günstige Beförderungskosten	• eingeschränktes Streckennetz • ohne eigene Anlegestelle erhöhte Kosten durch sog. gebrochenen Verkehr • Abhängigkeit vom Wasserstand sowie von Eisgang und Nebel
Schiffahrtsgütertransport	• große Einzelladegewichte • große Laderäume • Angebot von Spezialschiffen	• Abhängigkeit von Sturm, Eisgang und Nebel • im Linienverkehr Abhängigkeit von festen Routen (anders bei Charterung von Schiffen)
Luftfrachttransport	• hohe Transportgeschwindigkeit • Wegfall seemäßiger Verpackung	• hohe Transportkosten • Witterung
Kombinierter Verkehr	• Nutzung der spezifischen Vorzüge der in einer Transportkette beteiligten Verkehrsmittel	• Zeitverbrauch durch die Umschlagvorgänge • Bindung an Fahrpläne • Wartezeiten an den Umschlagbahnhöfen

Bild 15-44 Vor- und Nachteile alternativer Verkehrsarten

Bei der Distributionslogistik steht die Betrachtung des außerbetrieblichen Transportes im Vordergrund. Bei der Frage was transportiert werden soll, geht es um Gewichte, Volumen, Warenart, Verpackungsart, Kundenvorschriften, Ländervorschriften und Gefahrgutvorschriften. Diese Eigenschaften haben neben der räumlichen Entfernung Einfluß auf die Auswahl des geeigneten Transportmittels. Bei inhomogenen Erzeugnisspektren besteht die Notwendigkeit verschiedene Transportmittel und -wege zu nutzen. Bei der Auswahl eines Transportmittels spielen Kosten- und Leistungskriterien eine Rolle. Zu den Kostenkriterien gehören die Frachtkosten, Transportnebenkosten, Handlingkosten und sonstige Logistikkosten. Leistungskriterien sind Transportzeit, Transportfrequenz, technische Eignung des Transportsystems, Vernetzungsfähigkeit, Flexibilität, Anfangs- und Endpunkte des Transportsystems und dessen Zuverlässigkeit. Als Transportsysteme oder Verkehrsträger stehen für die Distribution der

– Straßenverkehr,
– Schiffsverkehr,
– Schienenverkehr,
– Luftverkehr und oder
– kombinierter Verkehr

zur Verfügung. Der Güterfluß im Distributionsprozeß ist außer bei der direkten Verbindung von Produzent und Abnehmer ein mehrgliedriger Prozeß. Dabei lassen sich drei typische Phasen unterscheiden. In der ersten Phase findet eine Konzentration von mehreren Lieferpunkten zu einem Sammelpunkt statt. Diese Phase der Kette findet häufig im Nahverkehrsbereich statt und wird als *Flächenverkehr* bezeichnet. In der zweiten Stufe wird von einem Sammelpunkt zu einem Verteilpunkt geliefert. Dabei müssen meist größere Entfernungen überwunden werden. Diese Prozeßphase stellt einen Fernverkehrstransport dar und wird als *Streckenverkehr* bezeichnet. Die Verteilung der Waren an die Kunden läuft dann in der dritten Phase wieder im Flächenverkehr ab. Die Eignung der verschiedenen Verkehrsträger läßt sich aus den in Bild 15-44 zusammengestellten Vor- und Nachteilen ableiten. Neben der Auswahl des geeigneten Verkehrssystems müssen speziell im Flächenverkehr die optimalen Touren bestimmt werden. Zur Lösung dieses operativen Problems der Abwicklung von Transporten stehen verschiedene Modelle des Operation Research zur Verfügung. Verbunden mit der Frage wer die Transportdurchführung übernehmen soll, ist die generelle Frage über den Aufbau und Betrieb eines eigenen Fuhrparks oder die Fremdvergabe dieser Leistung.

15.4.3 Bewertung der Distributionsleistung

Zur Zielplanung und Bewertung des distributionslogistischen Prozesses sind Meßgrößen und Indikatoren notwendig, die Aussagen über die Leistungsfähigkeit des gesamten Distributionssystems liefern. Ein dafür geeignetes Mittel sind Kennzahlen und Kennzahlensysteme.

15.4.3.1 Leistungsindikatoren

Für den Bereich der Logistik insgesamt sowie der Distributionslogistik läßt sich eine Vielzahl unterschiedlicher Kennzahlen nennen. Die für diesen Unternehmensbereich wesentlichen Kennzahlen sind
– der Lieferbereitschaftsgrad,
– die Reichweite,
– die Fehllieferungs- und Verzugsquote,
– die Lieferflexibilität,
– der Lagerauslastungsgrad,
– der Anteil der Bestände am Umsatz und
– der Anteil der Logistikkosten am Umsatz.

Für jede dieser Kennzahlen sowie für die als Meßgröße bedeutsame Lieferzeit wird eine Definition, eine Erläuterung und eine Darstellung der alternativen Bezugs- und Basisgrößen gegeben. Die Lieferbereitschaft ist die zentrale Größe zur Bewertung eines Logistiksystems und wird durch den *Lieferbereitschaftsgrad* (auch Servicegrad) beschrieben.

Lieferbereitschaftsgrad = Wert der pünktlich ausgelieferten Aufträge (DM) / Gesamter Bestellwert der Aufträge (DM).

Der Lieferbereitschaftsgrad gibt an, welcher wert- oder mengenmäßige Anteil der ausgelieferten Aufträge termingerecht ausgeliefert wurde. Termingerecht ist ein Erzeugnis dann, wenn das jeweilige Produkt vollständig zum zugesagten Termin ausgeliefert wurde oder innerhalb der

Zeitspanne, die vom Kunden als zeitlicher Verzug akzeptiert wurde.

Die Kennzahl kann im Rahmen der Distributionslogistik auf Auftragsprodukte, Lagerprodukte und Ersatzteile bezogen werden. Der Lieferbereitschaftsgrad wird in Form des auf Fehlmengenereignisse bezogenen α-Servicegrads (Zeitperiode ohne Fehlmengen/Anzahl der betrachteten Perioden $\cdot$ 100 %) als auch in Form des auf die Größe der Fehlmengen bezogenen β-Servicegrad (Ausgelieferte Menge pro Periode / Nachfragemenge in der Periode $\cdot$ 100 %) ausgedrückt. Bei der Betrachtung der Zeiträume mit Fehlmengen bleiben die Höhe und die Struktur der aufgetretenen Fehlmengen unberücksichtigt. Bei neunzehn von zwanzig fehlmengenfreien Perioden ergibt die Maßzahl einen Wert von 95 %. Die Periode mit Fehlmengen kann aber genau die umsatzstärkste Periode wie das Weihnachtsgeschäft gewesen sein und es sind möglicherweise sehr viele Kunden mit kleinen Bedarfen davon betroffen gewesen. Der mengenbezogene Quotient weist ähnliche Nachteile auf, denn auch diese Kennzahl liefert keine Aussage über die Kundenstruktur der nicht bedienten Nachfrage. Außerdem bleibt bei der summarischen Betrachtung eines Sortiments die Bedeutung für den Umsatz unberücksichtigt. Bei einem hohen Produktpreis kann die nicht bediente Menge zwar klein sein, aber wertmäßig den wichtigsten Artikel im Sortiment darstellen. Eine weitere Kennzahl der Logistik ist die *Reichweite*.

Reichweite = Lagerbestand am Stichtag (DM) / Durchschnittlicher Verbrauchswert pro Periode (DM) $\cdot$ 100%.

Die Reichweite gibt die Zeitspanne an, für die die Lagerbestände bei einem durchschnittlichen oder geplanten Materialverbrauch pro Zeiteinheit ausreichen. Diese Kennzahl ist wichtig zur Abstimmung zwischen der Sicherstellung der Marktversorgung und der durch Lagerbestände verursachten Kapitalbindung. Neben der pauschalisierten Betrachtung der für die Bedienung der Kundenbedarfe bestimmten Lagerbestände kann die Kennzahl auch getrennt auf Halbfabrikate, Fertigprodukte oder Ersatzteile bezogen werden.

Die *Fehllieferungs- und Verzugsquote* liefert eine Aussage für die Qualität des Distributionsprozesses.

Fehllieferungs- und Verzugsquote = Zahl der nicht korrekten Lieferungen / Gesamtzahl der Lieferungen $\cdot$ 100%.

Die Fehllieferungs- und Verzugsquote gibt den Anteil der nicht korrekt ausgelieferten Lieferungen an und ist ein Maß für die Versorgungssicherheit des Markts und für die Qualität der Distributionsleistung. Als nicht korrekt gelten Lieferungen mit fehlerhaften/defekten Artikeln, Lieferungen mit falschen Artikeln, unvollständige Lieferungen, verfrühte und verspätete Lieferungen. Wird die Zahl der korrekt ausgeführten Lieferungen ins Verhältnis zur Gesamtzahl der Lieferungen gebracht, so spricht man von der *Lieferzuverlässigkeit*. Die Kennzahl kann getrennt auf Auftragsprodukte, Lagerprodukte, oder Ersatzteile bezogen werden.

Eine Aussage über die Qualität des direkten Kundenservice kann die Ausprägung der Kennzahl *Lieferflexibilität* liefern.

Lieferflexibilität = Anzahl der erfüllten Sonderwünsche / Anzahl der Sonderwünsche · 100%.

Die Lieferflexibilität beschreibt die Fähigkeit auf besondere Kundenwünsche einzugehen. Dazu gehören Abnahmemengen, Zeitpunkt der Auftragserteilung, Art der Auftragsübermittlung, Art der Verpackung, die alternativen Transportvarianten und die Möglichkeit zur Lieferung auf Abruf. Diese Kennzahl läßt sich auf unterschiedliche Produktbereiche oder Absatzkanäle beziehen. Problematisch ist die genaue Abgrenzung und insbesondere die Erfassung.

Eine Kennzahl für den bei der Distribution auftretenden Lagerprozeß ist der *Lagerauslastungsgrad*.

Lagerauslastungsgrad = Durchschnittlich belegte Lagerfläche (m²) / Verfügbare Lagerfläche (m²) · 100%.

Der Auslastungsgrad ist ein Maß für die Kapazitätsauslastung der Lager und eignet sich für Wirtschaftlichkeitsanalysen im Lagerbereich. Die Kennzahl kann getrennt für die verschiedenen im Distributionsprozeß eingebundenen Lager oder Lagerstufen gebildet werden.

Der absolute Wert für die Lagerbestandshöhe kann relativiert werden, indem das Verhältnis zum Umsatz gebildet wird. Die entsprechende Kennzahl ist der Anteil der Bestände am Umsatz.

Anteil der Bestände am Umsatz = Bestände (DM) / Umsatz (DM) · 100%.

Die Kennzahl beschreibt den wertmäßigen Anteil der Bestände am Umsatz. Damit wird eine Aussage über die Bevorratungsintensität geliefert, die zur Messung und Analyse von Höhe und Zusammensetzung der Lagerbestände eingesetzt wird. Im Rahmen der Distributions-

logistik sind die Bestände an Halbfabrikaten, Fertigprodukten und Ersatzteilen maßgebend.

Mit der zunehmenden Bedeutung der Logistik für den Unternehmenserfolg nehmen auch die damit verbundenen Kosten zu. Der Anteil der *Logistikkosten* am Umsatz ist deshalb eine wichtige Meßgröße.

Anteil der Logistikkosten am Umsatz = Logistikkosten (DM) / Umsatz (DM) · 100%.

Die Kennzahl stellt die Kosten der Logistik dem am Umsatz gemessenen Unternehmenserfolg gegenüber. Für den Distributionsprozeß ist unter Logistikkosten die Summe aller an distributionslogistikrelevanten Kostenstellen anfallenden Kostenarten zu verstehen. Zu den Kostenstellen gehören die Bereiche Fertigfabrikatelager, Kommissionierung, Verpackung, Versand, außerbetrieblicher Transport und Auftragsabwicklung. Kostenarten sind Personalkosten, Betriebsmittelkosten, Raumkosten, Abschreibungen, Zinsen auf Einrichtungen und Lagerbestände, Steuern, Gebühren und Versicherungen. Beim Einsatz der Kennzahl für den zwischenbetrieblichen Vergleich müssen die betrachteten Kosten und die bei der Errechnung eingesetzten Kostenrechnungssysteme genau analysiert werden, um Fehlinterpretationen zu vermeiden.

Lieferzeit: Die *Lieferzeit* ist die Zeit zwischen der Auftragserteilung des Kunden und dem Zeitpunkt der Verfügbarkeit der Ware beim Kunden. Bei vorrätigen Waren setzt sich die Lieferzeit aus der Auftragsbearbeitungszeit, der Zeit für die Kommissionierung, Verpackung, Verladung und dem Transport zusammen. Bei nicht vorrätigen Produkten erhöht sich die Zeit im Extremfall um die Beschaffungszeit der Einsatzstoffe und die Fertigungs- und Montagezeit. Kurze Lieferzeiten ermöglichen eine Senkung der Lagerbestände beim Kunden und eine kurzfristige Disposition.

Zusätzlich werden speziell auf die distributionslogistischen Teilbereiche bezogene Kennzahlen und absolute Meßgrößen in der betrieblichen Praxis eingesetzt. Dazu gehören

– die Anzahl der Bestellungen pro Monat,
– die Anzahl der Positionen pro Auftrag,
– der durchschnittliche Wert der Bestellung,
– die durchschnittlichen Kosten pro Bestellung,
– der Lagerhaltungskostensatz,
– die Lagerkapazität,
– die durchschnittliche Anzahl der Kommissionieraufträge je Kommissionierer,
– die durchschnittliche Anzahl der Positionen je Kommissionierauftrag,

- die durchschnittliche Kommissionierzeit je Auftrag,
- die durchschnittliche Kosten pro Kommissionierauftrag,
- die Transportkosten je Tonnenkilometer,
- die Transportkosten je Sendung und
- der Anteil der Personalkosten an den Logistikkosten.

Unter den genannten Einsatzvoraussetzungen müssen die für die jeweils verfolgte Zielsetzung geeigneten Zahlen ausgewählt und in einem Meßkonzept aggregiert werden.

15.4.3.2 Meßkonzepte

Kennzahlen und Meßgrößen lassen sich für folgende Zwecke einsetzen:
- Quantifizierung von Unternehmenszielen, die den einzelnen Unternehmensbereichen als Soll-Werte vorgegeben werden (Planungsfunktion).
- Laufender Vergleich des betrieblichen Geschehens mit den vorgegebenen Soll-Werten (Kontrollfunktion).
- Systematische Analyse der Abweichungen zwischen Soll- und Ist-Werten (Analysefunktion).
- Analyse der betrieblichen Situation im zwischenbetrieblichen Vergleich (Vergleichsfunktion).

Voraussetzung für den Aufbau von Meßkonzepten ist die Kenntnis der unternehmensspezifischen Erfolgsfaktoren. Diese können in verschiedenen Unternehmen der gleichen Branche unterschiedlich sein. Für einen Anbieter mit hochpreisigen Produkten erwarten die Kunden hohe Qualität der Lieferungen, also eine niedrige Fehllieferungs- oder Verzugsquote. Die Lieferzeit ist in diesem Fall von untergeordneter Bedeutung. Von einem anderen Unternehmen werden dagegen aufgrund der Niedrigpreise kurze Lieferzeiten gefordert. Das Problem bei der Festlegung der Erfolgsfaktoren besteht darin, daß diese meist nicht hinreichend bekannt sind. Der erste Schritt zum Aufbau von Konzepten zur Messung der distributionslogistischen Leistungen ist deshalb eine *Erfolgsfaktorenanalyse*. Aus der Analyse lassen sich die bestimmenden Meßgrößen und deren Gewichtung ableiten. Zur Durchführung einer Erfolgsfaktorenanalyse hat sich folgendes Vorgehen als ge-

eignet erwiesen [Wil95c: 74 ff.]. Grundsätzlich muß die Analyse aus Kundensicht erfolgen. Dies ist bei der Distributionslogistik um so bedeutsamer, als die Distributionsleistung direkt dem Kunden zukommt und von diesem entsprechend wahrgenommen wird. In der Praxis erweisen sich meist die Größen Qualität, Preis, Zeit und Service als kritische Erfolgsfaktoren. Da diese Größen einen sehr hohen Abstraktionsgrad aufweisen und sich aus mehreren Einflußgrößen zusammensetzen, sind diese zur verbesserten Handhabbarkeit in Teilerfolgsfaktoren zu untergliedern. Die Größe Zeit kann für die Distributionslogistik in die Lieferzeit, Zeit für die Auftragsbearbeitung und Zeit zur Klärung von Fehllieferungen untergliedert werden. Unter Service lassen sich das Eingehen auf Sonderwünsche, die Abwicklung von Sonderaufgaben (wie Fakturierung) und die Art der kaufmännischen Auftragsabwicklung nennen. Im Anschluß an die Identifizierung ist die Bedeutung der Erfolgsfaktoren aus Kundensicht zu ermitteln und der jeweilige Ist-Zustand im Vergleich zum besten Wettbewerber entsprechend gegenüberzustellen. Danach ist die Bedeutungsentwicklung in den nächsten Jahren abzuschätzen. Zur Ermittlung der strategischen Bedeutung aus Kundensicht werden die Werte der heutigen Bedeutung, der Bedeutungsentwicklung sowie der Differenz aus Soll- und Ist-Position gegenüber dem besten Wettbewerber addiert. Aus der dadurch gebildeten Rangreihe der kritischen Erfolgsfaktoren können die für die Distributionslogistik zu messenden Größen und Kennzahlen abgeleitet werden. Zur Messung der Zielerreichung und zur Analyse von Soll-Ist-Abweichungen muß die anzustrebende Zielgröße wertmäßig dimensioniert werden. Ein Verfahren zur Bestimmung der anzustrebenden Ausprägung ist das Verfahren des *Benchmarking* (s. 8.1.7.3). Benchmarking kann definiert werden als kontinuierlicher und systematischer Prozeß zur Ermittlung von herausragenden Methoden und Aktivitäten, die eine Bestleistung ermöglichen. Diese Bestleistung kann sich auf Produkterstellung, Prozeßbeherrschung, Dienstleistungsangebot oder Methodeneinsatz beziehen. Bei dem Verfahren werden Kompetenzunternehmen analysiert und die Ausprägung bestimmter Meßgrößen mit denen des eigenen Unternehmens verglichen. Dieses Verfahren der Analyse von anderen Industriezweigen bietet die Möglichkeit potentielle neue Wege zur radikalen Änderung der Wettbewerbsfähigkeit und

Stärkung der eigenen Position aufzuzeigen. Die Analyse wird von einem interdisziplinärem Team durchgeführt, dessen Aufgabe im Vergleich des eigenen Unternehmens mit solchen, die eine Aktivität ausgezeichnet beherrschen besteht. Aus der Gegenüberstellung sollen marktorientierte und realistische Zielvorgaben für das eigene Unternehmen ermittelt, sowie Wege zur Erreichung der Ziele aufgezeigt werden. Ein Erfolg wird durch die ständige Auseinandersetzung mit Zielen, die vom jeweils Besten implizit vorgegeben werden, erreicht. Zudem können Vorgänge auf operativer Ebene, die normalerweise in der strategischen Wettbewerbsanalyse unberücksichtigt bleiben, durch den Vergleich mit Optimallösungen im Mittelpunkt der Betrachtung stehen. Benchmarking sollte sich aber nicht auf statische Analysebetrachtungen beschränken, sondern muß als kontinuierlicher Regelprozeß installiert werden. Nach mehrmaligem Durchlaufen des Benchmarkprozesses werden die kritischen Kenngrößen bestimmter Prozeßtypen herausgefiltert. Entscheidend für den Erfolg des Benchmarking ist letztlich die Kreativität, vorhandene Problemstellungen zu reflektieren und daraus Maßnahmen abzuleiten sowie die Bereitschaft, Vergleiche mit anderen Bereichen oder Unternehmen vorzunehmen. Benchmarking kann sowohl als Instrument zur Entwicklung von Strategien als auch zur Vorgabe langfristiger Zielgrößen dienen. Anzustreben ist die durchgängige Verwendung der ermittelten Zielgrößen als Regelparameter. Nach der Festlegung der relevanten Erfolgsfaktoren, der Ableitung der diese Faktoren beschreibenden Kennzahlen und der Dimensionierung der Zielwerte durch Benchmarking kann ein geeignetes Kennzahlsystem zur Messung der Zielerreichung aufgebaut werden.

15.4.4 Methoden und Modelle der Distributionslogistik

Zur Lösung der Aufgaben der Distributionslogistik existieren vielfältige Methoden und Modelle. Diese Konzepte, die auf eine Optimierung der organisatorischen Abwicklung des gesamten Distributionsprozesses abzielen, betreffen
- die Strukturierung von Transport- und Lagerprozessen,
- die Optimierung von Transporten,
- die Koordination von Eigen- oder Fremdleistung und

- die Erstellung von Kosten- und Leistungsbilanzen.

Bei Analyse der in der Praxis realisierten Lösungen ist feststellbar, daß eine Optimierung erst durch Kombination und Abstimmung dieser einzelne Teilbereiche betreffende Konzepte erreicht wird.

15.4.4.1 Strukturierung von Transport- und Lagerprozessen

Die Strukturierung der Distributionslogistik betrifft sowohl die Transportfunktion als auch die Aufgaben der Lagerhaltung. Dabei sind drei Ansätze der Strukturierung zu unterscheiden:
- die Trennung des Gesamtsortiments in Gruppen,
- die gruppenspezifische Festlegung der Logistikstruktur,
- die Entscheidung auf welcher Stufe welche Bestände gelagert werden und
- die Strukturierung der Bestände innerhalb der Lager.

Bei breiten Sortimenten ist es zur Optimierung der distributionslogistischen Leistungen erforderlich, sortimentsspezifische Strategien zu entwickeln. Warenhausunternehmen entwickeln für die verschiedenen Sortimentsbereiche getrennte Logistiksysteme; Logistikdienstleister legen sich durch die Gründung von spezialisierten Tochterunternehmen auf einzelne Branchen fest. Für die Untergliederung von Sortimenten gibt es eine Vielzahl von Kriterien, die eine Aufteilung des Gesamtspektrums begründen. Dazu gehören
- Umsatzverläufe (zeitlich schwankend – stetig),
- Haltbarkeit (verderblich – haltbar),
- Lieferanten (wechselnd – gleichbleibend, regional – international),
- Artikel (gleichbleibend – modisch variabel),
- gesetzliche Anforderungen (speziell – allgemein),
- Volumen (großvolumige Produkte – Kleinteile).

Welche Merkmale in welchen Ausprägungen eine Trennung des Sortiments begründen, muß im Einzelfall entschieden werden. Bei der Entscheidung müssen die durch die Aufteilung erhofften Vorteile und Kosteneinsparungen den dadurch möglicherweise entstehenden Zusatzaufwänden gegenübergestellt werden. Ein Beispiel für die Aufteilung der zu verteilenden Erzeugnisse sind die Sortimentsbereiche Stapel, Mode, Lebensmittel und Großstücke eines Warenhausunternehmens mit Vollsortiment. Unter Stapel werden in dem Fall alle Artikel verstanden, die immer wieder unverändert und vom gleichen Lieferanten nachgekauft werden und über einen längeren Zeitraum im Sortiment sind. Dazu gehören alle Hartwaren sowie unbedeutende Bereiche des Textilsortiments. Der Bereich Mode ist durch einen ständigen saisonalen Wechsel der Artikel gekennzeichnet. Die Artikel werden häufig nur in einer Auflage auf Basis vorliegender Kundenaufträge produziert und direkt ausgeliefert. Ein Großteil der Lebensmittel gehört eigentlich zum Bereich Stapel (Konserven, Spirituosen). Aufgrund der hohen Mengen, Gewichte und kurzen Lieferzeitanforderungen der Filialen wird dieser Bereich aber gesondert betrachtet. Zu den Großstücken zählen Einbauküchen, Möbel, Elektrogroßgeräte oder Fahrräder. Typenvielfalt, Volumen, besondere Transportanforderungen (Auslieferung zum Kunden) und besondere Kundendienstleistungen (Montage beim Kunden) begründen für diese Produkte eine eigenständige Lösung. Nach der Bildung von Sortimentsbereichen müssen die sortimentsspezifischen Logistikstrukturen bestimmt werden. Einflußgrößen für die Gestaltung der vertikalen Struktur sind die Anzahl der Lieferanten und Kunden, deren Entfernung sowie die zu transportierenden Mengen. Die individuelle Belieferung bietet sich besonders bei einer geringen Anzahl Lieferanten und Kunden, geringen Entfernungen und großen Transportmengen an. Ein Beispiel für diese Art der Auslieferung sind Investitionsgüter wie Werkzeugmaschinen, die direkt per Lkw vom Produzenten an den Endkunden ausgeliefert werden. Die andere Extremform, die zweistufige Logistikstruktur, ist dann geeignet, wenn sich Kostenvorteile durch die Sammlung der Erzeugnisse vieler geographisch weit verteilter Lieferanten, gebündelter Ferntransport und abschließende Verteilung auf viele weit verteilte Kunden erreichen lassen. Spezielle im Zusammenhang mit der vertikalen Struktur genannte Lösungen zur Optimierung der Sammel-, Umschlags- und Verteilprozesse sind das in Bild 15-45 dargestellte externe Distributionslager, das *Transshipment-Konzept*, das *Rendezvous System*, das *Gebietskonzept* und das *Güterverkehrszentrum* [Pet94]. Diese teilweise miteinander kombinierbaren Konzepte optimieren jeweils einzelne Funktionen des Distributionsprozesses. Beim *externen Distributionslager* wird die Entsorgung der Produktion auf einen externen Spediteur übertragen. Dieser führt regelmäßige Pendelverkehre zu einem von ihm bewirtschafteten Lager durch, in dem er die Produkte gebietsbezogen vorkommissioniert und dann auf Kunden oder Umschlagspunkte weiterverteilt [Jün89: 721 f.]. Durch die Bündelung von Transportströmen können im großräumigen Verkehr die Vorteile der Bahn genutzt oder Lkw-Transporte besser ausgelastet werden. Beim Transshipment-Konzept werden dagegen die Güterströme von mehreren Lieferanten für mehrere Kunden ohne Zwischenlagerung umgeschlagen und gebündelt. Dieses beim Deutschen Paketdienst angewendete Konzept stellt höchste Anforderungen an die eingesetzten Planungs- und Steuerungssysteme. Beim Rendezvous System werden die in den einzelnen Produktionsstätten ausgelösten Teilaufträge in einem Umschlagsterminal zu einer geschlossenen, zeitgleichen Lieferung zusammengefaßt, zugestellt und fakturiert [Pet94]. Beim Gebietskonzept werden die kleineren Bezugsmengen verschiedener Lieferanten einer Region von einem Spediteur eingesammelt und gebündelt in ein Lager oder direkt zum Endabnehmer transportiert. Der Vorteil des Konzeptes liegt in der Konzentration vieler Einzelsendungen auf wenige Transportmittel und der dadurch erreichbaren höheren Auslastung der Transportmittel. Ein Beispiel dafür sind die von vielen Automobilherstellern genutzten speziellen Materialversorgungszüge der Deutschen Bahn AG. Mit diesen Zügen wird das von Gebietsspediteuren in Zulieferzentren gesammelte Transportgut gebündelt im Nachtsprung tagesgenau an die Automobilwerke angeliefert. Bei dem Konzept der Güterverkehrszentren werden die Schnittstellen verschiedener Verkehrsträger in einem Knotenpunkt konzentriert. Dadurch können die spezifischen Vorteile der verschiedenen Systeme bis zum *Güterverkehrszentrum* genutzt und die Aufwände für die Systemwechsel minimiert werden. Bei der Ausgestaltung der horizontalen Lagerstruktur gewinnen Zentrallagerkonzepte in Form von sog. *Warenverteilzentren* zunehmend an Bedeutung. Diese Konzepte versuchen die in Bild 15-46 gezeigten Vorteile von Zentrallagerkonzepten zu nutzen. Gleichzeitig sollen die Nachteile, insbesondere die durch die Bestände verursachte hohe Kapitalbindung, durch eine bessere Abstimmung von Bedarf und Produktion eingeschränkt werden. Durch eine daraus resultierende Ver-

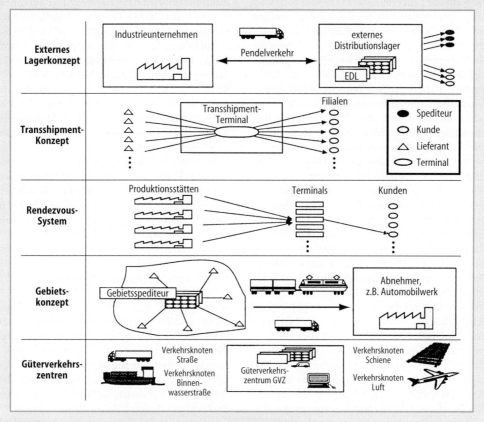

Bild 15-45 Lager- und Transportstrategien der Distributionslogistik [Pet94]

Vorteile	Nachteile

• Erhöhung der Artikelpräsenz
• verbesserte Sortimentspolitik
• schnellere Nachlieferung
• bessere Flächennutzung
• Reduzierung der Bestände
• Verringerung des administrativen Aufwands
• Senkung der Transport- und Verpackungskosten
• Chancen zu Konditionsverbesserungen
• Einsatzmöglichkeiten von besserer Lager-,
  Kommissionier- und Beförderungstechnik
• reduziertes Handling
• Erfüllung höherer Serviceforderungen
• bessere Ausschöpfung der Logistikfunktionen
• Übernahme von Logistikfunktionen für mehrere
  Hersteller und Handelsunternehmen
• Übernahme von Funktionen im außerlogistischen
  Bereich
	• höhere Kapitalbindung
	• hoher Umstellungsaufwand
	• „Verwundbarkeit" durch Streik, Boykott usw.
	• Eingehen auf „Sonderwünsche" wird schwieriger
	• nicht geeignet für alle Sortimente (ABC-Analyse)
	• höherer Integrationsgrad mit Handelspartnern
	  notwendig
	• höhere Managementanforderungen

Bild 15-46 Vor- und Nachteile von Zentrallagerkonzepten

kürzung der Lagerzeiten wird die Mengen- und Zeitausgleichsfunktion zurückgedrängt und die Funktionsweise eines Transshipment-Terminals angestrebt. Voraussetzung zur Realisierung ist eine Überarbeitung der technischen, organisatorischen, personellen informations- und kommunikationstechnischen Teilsysteme, sowie deren materialflußbezogene Ausrichtung. Dazu gehört insbesondere die DV-Vernetzung mit Abnehmern (Verkaufsstätten) und Lieferanten und die Integration aller Informationen in sog. Warenwirtschaftssystemen. Zur Steigerung der Umschlagsgeschwindigkeit dienen beleglose Kommissioniersysteme und der Einsatz von Funk- und Infrarotdatenübertragung in den Lagerbereichen. Der durch den Aufbau von hochtechnisierten Warenverteilzentren erreichbare Nutzen in Form eines strategischen Wettbewerbsvorteils muß aufgrund der damit verbundenen hohen Kosten geprüft werden. Dabei ist zu beachten, daß diese Lösung nur für bestimmte Sortimente eine Verbesserung bringt [Lie91]. Bei der Strukturierung eines Distributionssystems ist zu beachten, daß zwar die Leistungseigenschaften mit zunehmender Komplexität (hohe Anzahl Auslieferungslager, hohe Lagerautomation, häufige Transporte) steigen, dieser im oberen Bereich degressiv abnehmenden Zunahme der Leistung aber eine progressiv wachsende Zunahme der Kosten gegenübersteht [Pfo94: 220 f.].

Nachdem die Struktur eines Distributionssystems bestimmt ist, muß die Höhe der Bestände je Artikel und Distributionsstufe festgelegt werden. Zur Reduzierung der Bestände dienen selektive Lagerhaltungsstrategien. Bei der *selektiven Lagerhaltung* werden die einzelnen Artikel nicht auf allen Stufen sondern in Abhängigkeit von Wert, Verbrauchsstruktur und sonstigen, die Bedeutung des Teils bestimmenden Faktoren, nur auf einzelnen Lagerstufen gelagert [Pfo90: 114 f.]. Wirtschaftlich lagerfähig ist ein Gut, wenn die Fehlmengenkosten infolge einer Nichtlagerung größer sind, als die mit der Lagerung verbundenen Kosten. Beispiel für eine solche Strategie ist ein auf gekühlte und tiefgekühlte Lebensmittel spezialisiertes Distributionsunternehmen [Ahl91]. In diesem Unternehmen wird das als „Schnelldreher" bezeichnete A-Sortiment in den dezentralen Auslieferungslagern gelagert. Das wesentliche Kriterium dafür ist die Möglichkeit des palettenweisen Bezugs durch die jeweiligen Niederlassungen, ohne Einschränkung der Frischegarantie. Im Zentrallager wird das gesamte übrige Sortiment der Langsamdreher für alle Niederlassungen gelagert und kommissioniert. Daneben wird das A-Sortiment für eine Region gehalten. Durch dieses Konzept der Aufteilung des breiten Gesamtsortiments werden erhebliche logistische Vorteile genutzt. Sowohl die 20 % A-Artikel, die 70 % der Tonnage ausmachen, als auch die restlichen Artikel können in größeren Mengen disponiert und in Originalpaletten mit vollem Lkw angeliefert werden.

Eine weitere Methode der Bestandsstrukturierung ist die Aufteilung der Bestände innerhalb der Lager. Eine Möglichkeit ist die am Verbrauchswert orientierte Unterteilung in A-, B- und C-Lagerzonen, innerhalb derer dann chaotisch gelagert wird. Dadurch werden Durchlaufzeiten verkürzt und Zugriffsprozesse optimiert.

15.4.4.2 Transportoptimierungsmodelle

Abhängig von den Strukturen des jeweiligen Distributionskonzeptes müssen Transporte abgewickelt werden. Im Flächenverkehr werden diese Transporte aufgrund der guten Netzbildungsfähigkeit vorzugsweise mit dem Lkw durchgeführt. Bei der Planung der von den Fahrzeugen durchzuführenden Touren treten drei typische Fragestellungen auf:
- Welches ist der Transportplan, der zu minimalen Transportkosten die Bedarfe mehrerer Senken durch das Angebot mehrerer Quellen abdeckt (klassisches Transportproblem)?
- Welches ist der optimale Transportplan für ein Transportmittel, das ausgehend von einer Quelle mehrere Senken beliefert und danach wieder zum Ausgangspunkt zurückfahren muß (Travelling-salesman-Problem)?
- Wie kann der Bedarf mehrerer Senken mit mehreren Transportmitteln gedeckt werden, die nach den Touren ebenfalls zum Ausgangspunkt zurückkehren müssen (Tourenplanung)?

Zur Lösung dieser Fragestellungen werden Transportmodelle entwickelt. Da die Ermittlung der tatsächlichen Entfernung zwischen zwei Punkten sehr aufwendig ist, wird in den Modellen mit der Luftlinienentfernung zwischen den Koordinaten der Punkte (euklidischen Abstand) gerechnet und die Annahme getroffen, daß der Abstand proportional zur tatsächlichen Entfernung ist [Web94: 61]. Die Entfernung d_j zwischen zwei Standorten läßt sich demnach mit folgender Formel berechnen:

$$d_j = \sqrt{\left(x - x_j\right)^2 + \left(y - y_j\right)^2}$$

Beim *klassischen Transportproblem*, nach dem Verfasser eines 1941 erschienenen Artikels auch Hitchcock-Problem genannt, sind die Standorte der Anbieter A_i (i=1,…,m) mit einem Angebot von a_i Mengeneinheiten eines Guts und der Nachfrager B_j (j=1,…,n) mit einer Nachfrage b_j Mengeneinheiten (ME) bekannt. Gesamtangebot und Gesamtbedarf sind gleich hoch. Die Kosten für den Transport einer Mengeneinheit von A_i nach B_j sind ebenfalls gegeben und betragen c_{ij} Geldeinheiten (GE). Ziel ist es, alle Bedarfe zu decken und dabei die Gesamttransportkosten zu minimieren. Dazu muß die Anzahl der vom Anbieter A_i zum Nachfrager B_j zu transportierenden Einheiten x_{ij} festgelegt werden. Die mathematische Formulierung des Problems lautet [Web94: 64 f.]:

$$\text{Minimiere} \quad Z(x) = \sum_{i=1}^{m} \sum_{j=1}^{n} c_{ij} \cdot x_{ij}$$

unter den Nebenbedingungen

$$\sum_{j=1}^{n} x_{ij} = a_i \quad \text{für } i = 1,…,m$$

$$\sum_{i=1}^{m} x_{ij} = b_j \quad \text{für } j = 1,…,n$$

$$x_{ij} \geq 0 \quad \text{für alle } i \text{ und } j$$

Das klassische Transportproblem läßt sich mit Hilfe spezieller linearer Optimierungsverfahren lösen. Dazu wird in einem ersten Schritt durch ein Eröffnungsverfahren (Nordwesteckenregel, Spaltenminimum-Methode, Vogelsche Approximationsmethode) eine zulässige, i. allg. aber nicht optimale Basislösung gefunden. Diese wird im zweiten Schritt mit Hilfe von Optimierungsverfahren (Stepping-stone-Methode, modifizierte Distributionsmethode) in eine optimale Lösung überführt [Dom89: 70 ff., Ise93, Sp. 420 ff.].

Das *Travelling-salesman-Problem* ist ein klassisches Reihenfolgeproblem. Im Gegensatz zu anderen Reihenfolgeproblemen kann der Handlungsreisende oder der ausliefernde Lkw die Reihenfolge der Abarbeitung seiner Kunden frei wählen. Jeder Kunde muß genau einmal angefahren werden, Paralleltätigkeiten sind nicht zulässig und die letzte Tätigkeit bildet die Rückkehr zum Standort. Als Optimierungskriterium

kommen der zurückgelegte Weg, die aufgewendete Zeit oder die Kosten in Frage. Eine Tour beschreibt die Knoten, die auf einer bei dem Depot beginnenden und beim Depot endenden Fahrt bedient werden soll. Zur Lösung dieses Problems bieten sich die Voll- oder die Teilenumeration an. Das Aufsuchen der optimalen Reihenfolge mit Hilfe der Vollnumeration ist bei größeren Touren wegen des hohen Rechenaufwands nur noch mit EDV-Unterstützung möglich. Um den Rechenaufwand bei umfangreicheren Problemen zu reduzieren, wurden die Entscheidungsbaumverfahren entwickelt. Der Grundgedanke bei den Entscheidungsbaumverfahren liegt darin, daß frühzeitig als suboptimal erkennbare Reihenfolgen nicht weiter betrachtet werden. Bei den Teilenumerationsverfahren mit Hilfe eines Entscheidungsbaumes kann die Lösung durch die begrenzte Enumeration, die dynamische Planungsrechnung oder das Verfahren des Branching and Bounding ermittelt werden [Dom82: 62 ff., Rei91: 562 ff.].

Im Gegensatz zu dem Travelling-salesman-Problem geht die Tourenplanung davon aus, daß die Summe der auszuliefernden Transportobjekte die Kapazität Q eines Transportmittels überschreiten oder die Zeitrestriktionen T den Einsatz mehrerer Transportmittel erforderlich machen. Ein Tourenplan besteht demnach aus mehreren Einzeltouren. Bekannt sind auch bei diesem Problem die Standorte und die Bedarfsmengen der Senken. Der Ort an dem die Fahrten starten und enden wird als Depot bezeichnet. Als Optimierungskriterium kommen wieder der zurückgelegte Weg, die aufgewendete Zeit oder die Kosten in Frage. In jedem Standard-Tourenproblem sind zwei Teilprobleme miteinander verwoben. Einerseits liegt ein Zuordnungsproblem von Kunden zu Touren vor, andererseits muß die kürzeste Rundreise für jede Tour ermittelt werden (Routing-Problem). Die zur Lösung einsetzbaren exakten Verfahren der *Tourenplanung* haben aufgrund ihres hohen Rechenaufwands bisher nur eine sehr geringe Bedeutung erlangt. Die heuristischen Verfahren unterscheiden sich in der Art der Lösung des Zuordnungs- und Routing-Problems. Unterschieden wird in Verfahren die beide Probleme nacheinander lösen (Sukzessivverfahren) und Verfahren, die die Lösung parallel bearbeiten (Parallelverfahren). Das bekannteste Sukzessivverfahren ist der Sweep-Algorithmus, dagegen zählt das Savings-Verfahren zu den Parallelverfahren [Dom82: 131 ff.].

15.4.4.3 Koordination von Eigen- und Fremdleistungen

Die Reduzierung der Fertigungstiefe, die Forderung nach Just-in-time-Belieferung durch die Kunden und die erhöhten Anforderungen des Markts an den Lieferservice stellen sehr hohe Anforderungen an die güterabgebenden Unternehmen. Da die Distribution zunehmende Bedeutung für die Wettbewerbsfähigkeit eines Unternehmens gewinnt, stellt sich die Frage, ob die Unternehmen die Warenverteilung zukünftig zu ihrer Kernkompetenz zählen sollen. Will das Unternehmen die Warenverteilung selber durchführen, muß es diesen Bereich entsprechend den zunehmenden Marktanforderungen ausbauen. Dazu gehört neben der Verbesserung des physischen Verteilungssystems der Aufbau von Informationssystemen und die Investition in qualifizierte Logistikfachkräfte. Als Alternative zur Eigenleistung bietet sich die komplette oder teilweise Vergabe des Verteilungsprozesses mit den dazugehörenden Funktionen an einen externen Dienstleister an. Dabei ist zu beachten, daß die Fremdvergabe von Distributionsaufgaben, genau wie die Fremdvergabe von Produktions- und Fertigungsfunktionen, mittelfristig kaum rückgängig zu machen ist. Da diese strategische Entscheidung die Identität des Unternehmens berührt, dürfen nicht allein Kostenvergleiche als Grundlage für den Entscheidungsprozeß dienen, sondern das Leistungsangebot und die Leistungsfähigkeit der Dienstleister muß bewertet werden. Bei der Analyse des Leistungsangebots der *Logistikdienstleister* zeigt sich ein deutlicher Trend zu Erweiterung des Angebotsspektrums. Während in der Vergangenheit primär Transporte abgewickelt wurden, werden inzwischen von verschiedenen Anbietern neben dem Warenhandling auch Informations- und Finanzdienstleistungen angeboten. Diese Strategie unterstützt die Dienstleister intern durch die Ausbildung einzelner Geschäftsfelder und einer damit verbundenen Umstrukturierung der internen Unternehmensorganisation. Parallel zur Ausrichtung auf einzelne Branchen werden komplexe integrierte Dienstleistungspakete in den Bereichen Modifikation (auch Endmontage), Kundendienst, Regalservice und Factoring angeboten. Zu den Gründen der Kunden für eine Fremdvergabe logistischer Leistungen zählen neben der Kostensenkung, die verringerte Ressourcenbindung, die Erhöhung der Flexibilität, das externe Logistik Know-how,

die Verbesserung des Servicegrads und die Qualitätsverbesserung. Als Entscheidungsfaktoren für eine *Make-or-buy*-Entscheidung im Bereich Distribution lassen sich aufführen:

– die durch die Distributionslogistik zu lösenden Aufgabenumfänge,
– die zeitlichen und räumlichen Bedarfs- und Volumenverläufe,
– die Bedeutung der Distribution für die Wettbewerbsposition des Unternehmens,
– die Höhe der bei der Verteilung anfallenden Kosten,
– die Art und der Umfang der Angebote von externen Dienstleistern und
– die Möglichkeiten der vertraglichen Bindung und Absicherung.

Ein Hersteller von Investitionsgütern, der nur wenige Anlagen pro Woche oder Monat verteilt, wird sich kein eigenes Warenverteilsystem mit dezentralen Lagern und einem eigenen Fuhrpark halten, so daß die Entscheidung bezüglich der physischen Distribution lediglich Kaufen heißen kann. Das Erstellen der für den Transport erforderlichen Papiere, die Bestandsführung, die Bestell- und Auftragsabwicklung lassen sich dagegen bei derartig kleinen Volumen ausschließlich durch hausinterne Mitarbeiter erledigen. Die Distribution in Eigenleistung bietet sich dann an, wenn das durchschnittliche Verteilungsvolumen ausreicht, um in einen kostenminimalen Bereich zu kommen und nur geringe Auslastungsschwankungen vorliegen. Sind außerdem die Rücktouren mit Rückladungen (Rohstoffe, Verpackungsmaterial) ausgelastet, ist auch von Großspeditionen keine nennenswerte Verbesserung zu erwarten. Das Erreichen der kritischen Größe kann durch ein Angebot der eigenen Kapazität auf dem Markt erreicht werden. Damit begibt sich das Unternehmen aber zunehmend in einen nicht bekannten Markt und läuft Gefahr, die eigenen Wettbewerber als Kunden gewinnen zu müssen. Bei Unternehmen mit starken saisonalen Schwankungen besteht die Notwendigkeit zum Aufbau von Lagerkapazitäten für den Ausgleich der häufig schon mehrere Monate vorher begonnenen Produktion. Entsprechend unregelmäßig ausgelastet ist der zugehörige Fuhrpark. Findet sich ein Logistikpartner, der die Schwankungen mehrerer Kunden gegeneinander ausgleichen kann, bietet sich die Fremdvergabe an. Auch für ein Versandhandelsunternehmen unterhalb einer kritischen Mindestmenge ist es unter Kostengesichtspunkten nicht ratsam, für die Verteilung von Geräten der Unterhaltungselektronik ein eigenes, flächendeckendes Distributionsnetz oder für die Paketverteilung einen eigenen Paketdienst aufzuziehen [Bre94]. Neben den Mengenaspekten hat die zeitliche Bedarfsstruktur Einfluß auf die Make-or-buy-Entscheidung. Bei Produkten, deren Bedarf in einem zeitlichen sehr engen Rahmen anfällt oder deren Verteilung kurzfristig und flexibel geschehen muß, ist es ratsamer, sich auf ein eigenes Distributionssystem zu stützen. Ein Beispiel für eine derartige Konstellation könnte eine Druckerei sein, die häufig unter extremen Zeitdruck Beilagen für Zeitungen herstellt. Da mit einer verspäteten Anlieferung erhebliche Folgekosten verbunden sein können, sollte der Zugang zu logistischen Dienstleistungen über den eigenen Werkverkehr abgesichert werden. Dadurch kann das Unternehmen auch bei überraschend auftretenden Engpaßsituationen entsprechend reagieren. Die vertikale Integration der Distribution in die Wertschöpfung ist auch für solche Unternehmen wichtig, die sich ansonsten nicht von ihren Wettbewerbern unterscheiden. Die Distribution wird damit Bestandteil des Kerngeschäfts und eine Fremdvergabe muß sehr gut geprüft werden, da die Markteintrittsbarrieren in die Branche durch den Aufbau eigener logistischer Kompetenz erhöht werden. Die Kosten der Verteilung stellen die wichtigste Einflußgröße für die Fremdvergabeentscheidung dar. Neben der erhofften Stückkostenreduzierung kommt es bei der Fremdvergabe zu einer Umwandlung fixer in variable Kosten. Diese Flexibilisierung fixer Kosten bietet die Möglichkeit, daß dadurch frei werdende Investitionsmittel in anderen Bereichen eingesetzt werden. Ein Outsourcing kann unter diesem Aspekt auch dann begründet werden, wenn die Kosten ansonsten gegen eine Fremdvergabe sprechen. Der Kostenunterschied zwischen Eigen- und Fremdleistung hängt wesentlich vom Grad der möglichen Spezialisierung ab. Dieser ist beim logistischen Dienstleister tendenziell höher, da die Warenverteilung das geschäftliche Kernfeld ist und durch Auslastungsoptimierung zwischen verschiedenen Kunden eine Kostendegression erreicht wird. Zusätzlich muß sich der Dienstleister dauernd gegen die Konkurrenz durchsetzen und ist dadurch zur ständigen kostensenkenden Optimierung seiner Prozesse und Anlagen gezwungen. Da die Distribution beim produzierenden Unternehmen nicht zum Kerngeschäft zählt, wird diesem Teil des Geschäfts we-

niger Aufmerksamkeit geschenkt. Dieser mangelnde Wettbewerbsdruck führt nicht selten zu einer reduzierten Qualität und zu steigenden Kosten. Die saubere Ermittlung und Zuordnung der eigenen Distributionskosten ist sehr schwierig und abhängig von der Qualität des Rechnungswesens. Zusätzlich muß der Umfang der bei der Entscheidung miteinzubeziehenden Fix- und Gemeinkosten festgelegt werden. Da die Make-or-buy-Entscheidung ein langfristiges Konzept ist, darf der Vergleich nicht ausschließlich auf Basis reiner Grenzkosten durchgeführt werden. Neben der Kostenreduktion sind noch die durch die Fremdvergabe entstehenden Zusatzkosten für die Transaktion zu beachten. Dazu zählen die Kosten der Informationsbeschaffung, Angebotsbewertung, Vertragsverhandlungen, Rechnungsprüfung und Reklamationsbearbeitung. Bei längerfristigen Verträgen verlieren diese Kosten allerdings an Bedeutung. Die Höhe der Kosten des Tagesgeschäfts hängen von der Optimierung der Schnittstellen zum Dienstleister ab und werden weniger durch die Fremdvergabeentscheidung festgelegt. Im Gegensatz zu den internen Kosten lassen sich die von den logistischen Dienstleistern angebotenen Preise qualitativ nur schwer beurteilen. Die Höhe des Kalkulationsrisikos kann durch eine sorgfältig formulierte Ausschreibung begrenzt werden. Der Dienstleister hat dabei das Problem, daß ihm die abzuwickelnden Arbeitsabläufe nicht durchgehend bekannt sind. Neben der Formulierung der Ausschreibung kommt der Festlegung der vertraglichen Vereinbarungen für komplexe logistische Leistungspakete ein hoher Stellenwert zu. Aufgrund der engen Verknüpfung mit dem Dienstleister muß ein Kompromiß zwischen niedrigem Preis und einer auf gemeinsame Optimierung ausgerichteten Wertschöpfungspartnerschaft gefunden werden [Bre94]. Um die Vor- und Nachteile des Eigen- oder Fremdbezugs teilweise zu relativieren, bietet sich die Strategie des Make-and-buy an. So könnte die Grundlast durch eigene Kapazitäten gesichert werden, während die Spitzenlasten durch externe Partner abgedeckt werden. Wettbewerb kann auch dadurch erzeugt werden, daß mehrere Partner verschiedene regional abgegrenzte Bereiche bearbeiten und damit regelmäßig Kostenvergleiche möglich sind. Eine weitere Variante ist die Ausgliederung des eigenen Distributionsbereichs in ein Tochterunternehmen. Dieses Unternehmen muß sich dem Druck des Markts stellen, was auch zu niedrigeren Kosten für die Leistungen des eigenen Unternehmens führt. Die Know-how-Ausstattung des Unternehmens kann erhöht werden, indem logistische Dienstleister für eine Beteiligung gewonnen werden. Die Ausführungen zeigen die Komplexität der Make-or-buy-Entscheidung im Bereich der Distributionslogistik auf. Die relative Vorteilhaftigkeit der Varianten muß situationsabhängig geprüft werden und im Falle der Entscheidung für eine Fremdvergabe mit vertraglichen Vereinbarungen gesichert werden. Zusammenfassend läßt sich sagen, daß es keinen eindeutigen Trend für eine der beiden Varianten gibt. Es gibt sowohl Beispiele für eine hohe vertikale Integration, als auch erfolgreiche Unternehmen die sich ausschließlich auf ihr Kerngeschäft konzentrieren.

15.4.5 Organisation der Distributionslogistik

Der Einsatz der Methoden und Modelle der Distributionslogistik, sowie die Nutzung der spezifischen Leistungen als Wettbewerbsvorteil, sind von der Aufbauorganisation der Distributionslogistik selbst, sowie deren Einordnung in die Unternehmensorganisation abhängig. Die Ergebnisse verschiedener in Unternehmen durchgeführter Befragungen haben gezeigt, daß die Bedeutung der Logistik im Zeitablauf zunehmend höher bewertet wird. Dies spiegelt sich in der hierarchisch höheren organisatorischen Einordnung von Teilbereichen der Logistik wieder. Umfassende Betrachtungen zur Organisation speziell der Distributionslogistik sind weder in der Theorie noch in Praxisberichten vorhanden. Aus diesem Grund sollen die Faktoren, die für die Organisation der Distributionslogistik bestimmend sind, sowie deren Merkmalsausprägungen dargestellt und diskutiert werden. Bei der Analyse möglicher Ausgestaltungsformen sind die Organisationsstruktur des Unternehmens, die Breite des Produktspektrums, der Umfang der Verteilmengen und die Struktur des Logistiksystems von Bedeutung. Diese haben Einfluß auf die Einordnung und hierarchische Stellung der Distributionslogistik sowie auf die zugeordneten Aufgabenumfänge und -verteilungen. In funktionale Organisationsstrukturen läßt sich der Aufgabenbereich der Distributionslogistik zentral oder dezentral einordnen. Bei der dezentralen Einordnung sind die unterschiedlichen distributionslogistischen Aufgaben auf Funktionsbereiche wie Marketing, Produktion oder Finanzen verteilt. Aus

dieser Aufsplitterung können sich Zielkonflikte zwischen den Organisationseinheiten, innerhalb der Organisationseinheiten sowie Kommunikationsprobleme ergeben [Pfo90: 178 ff.]. Diese Form der Einordnung ist deshalb nur für Unternehmen mit untergeordneter Bedeutung der Distributionslogistik, also schmalen Produktprogrammen, geringen Mengenleistungen und einfachen Logistikstrukturen, geeignet. Bei der zentralen Einordnung in einen einzigen Funktionsbereich gibt es zwei Möglichkeiten. Die Aufgabenzusammenfassung erfolgt in einem selbständigen logistischen oder distributionslogistischen Funktionsbereich, gleichberechtigt neben anderen Funktionen oder die distributionslogistischen Aufgaben werden unter einem bestehenden Funktionsbereich wie dem Vertrieb oder Marketing zusammengefaßt. Beide Formen bedeuten eine Aufwertung gegenüber der dezentralen Einordnung und sind deshalb für komplexere Distributionsstrukturen und -umfänge geeignet. In divisionale Organisationsstrukturen läßt sich der Aufgabenbereich der Distributionslogistik als Zentralbereich oder dezentral in die Sparten einordnen. Bei einer Einordnung in einem Zentralbereich werden alle Aufgaben der Distribution zentral über alle Sparten zusammengefaßt. Diese Eingliederung ist bei einer geringen Anzahl von Sparten mit geringen Verteilmengen, einer regionalen Verteilung der Produktionsstätten oder einem geringen Grad der Dezentralisation funktionaler Aufgaben in die Sparten geeignet. Eine dezentrale Einordnung der Distributionslogistik in die Sparten ist für große Unternehmen mit weitgehend selbständigen Sparten, sehr differierenden Produktspektren und speziellen Marktanforderungen der einzelnen Sparten geeignet. Für die Hierarchieebene kann grundsätzlich festgestellt werden, daß die Einordnung der Distributionslogistik um so höher erfolgen sollte, je größer die Bedeutung der Distribution als Erfolgsfaktor für das Gesamtunternehmen ist. Neben der internen Aufwertung gegenüber den anderen Funktionsbereichen wird damit die Möglichkeit zur Zusammenführung von qualifizierten Spezialisten ermöglicht.

Wie an die anderen Bereiche der Unternehmenslogistik, die Beschaffungs- und Produktionslogistik, werden auch an die Warenverteilung ständig neue und höhere Anforderungen gestellt. Diese resultieren aus globalen Veränderungen der Unternehmensumwelt, der Öffnung des europäischen Binnenmarkts und dem Aufbau von Produktionsstätten in osteuropäischen Niedriglohnländern. Der Wunsch der Kunden nach bedarfssynchroner Belieferung, die Forderung Lagerbestände abzubauen und die Fremdvergabe kompletter komplexer Logistikdienstleistungen stellen das zweite Feld der Veränderungen dar. Zu den aktuellsten Veränderungen zählt die Aufhebung des staatlichen Tarifzwangs für Transporte, der Abbau des Schienenbeförderungsmonopols der Deutschen Bahn AG, die Planungen zur Einführung von Autobahnbenutzungsgebühren sowie die Aufhebung des Postmonopols für die Zustellung von Postsendungen kleinerer Gewichte. Die Erfüllung der zunehmenden Aufgabenumfänge wird erschwert durch gesetzliche Auflagen und ökologische Anforderungen. Für den Bereich Distributionslogistik ergeben sich daraus Risiken und Chancen. Zum Überleben auf dem Markt sind innovative Konzepte und Lösungen erforderlich.

Literatur zu Abschnitt 15.4

[Ahl91] Ahlbrand, K.: Vom Großhandel zum Full-Service-Systemdistributeur für Kühl- und Tiefkühlprodukte: In: Zentes, J.: Moderne Distributionskonzepte in der Konsumgüterwirtschaft. Stuttgart: 1991, 145–160

[Bac82] Backhaus, K.: Investitionsgüter-Marketing. München: 1982

[Bre94] Bretze, W.-R.: Make or Buy von Logistikdienstleistungen. In: Isermann, H. (Hrsg.): Logistik. Landsberg a. Lech: Vlg. Moderne Industrie 1994, 321–330

[Dom82] Domschke, W.: Logistik: Rundreisen und Touren. Wien: 1982

[Dom89] Domschke, W.: Logistik: Transport. 3. Aufl. Wien: 1989

[Ise93] Isermann, H.: Transportplanung und Transportmodelle. In: HWB, 5. Aufl. Stuttgart: 1993, Sp. 4204–4216

[Jün89] Jünemann, R.: Materialfluß und Logistik. Berlin: 1989

[Lie91] Liebmann, H.-P.: Struktur und Funktionsweise moderner Warenverteilzentren. In: Zentes, J.: Moderne Distributionskonzepte in der Konsumgüterwirtschaft. Stuttgart 1991, 17–32

[Loc90] Lochthowe, R.: Logistik-Controlling. Frankfurt a.M.: 1990

[Mag85] Magee, J.F.; Copacino, W.F.; Rosenfield, D.B.: Modern logistics management. New York: 1985

[Mef91] Meffert, H.: Marketing. 7. Aufl. Wiesbaden: 1991

[Pet94] Petry, K.: Transportstrategien in Beschaffung und Distribution. Z. f. Logistik 4–5/94, 1994, 75–79

[Pfo90] Pfohl, H.-C.: Logistiksysteme. 4. Aufl. Berlin: Springer 1990

[Pfo94] Pfohl, H.-C.: Logistikmanagement. Berlin: Springer 1994

[Rei91] Reichwald, R.; Dietel, B.: Produktionswirtschaft. In: Heinen, E.: Industriebetriebslehre. Entscheidungen im Industriebetrieb. 9. Aufl. Wiesbaden: Gabler 1991, 395–622

[Web94] Weber, J.; Kummer, S.: Logistikmanagement. Stuttgart: 1994

[Wil95a] Wildemann, H.: Das Just-In-Time Konzept. 4. Aufl. München: TCW-Transfer-Centrum GmbH 1995

[Wil95b] Wildemann, H.: Produktionssynchrone Beschaffung. 3. Aufl. München: TCW Transfer-Centrum GmbH 1995

[Wil95c] Wildemann, H.: Produktionscontrolling. 2. Aufl. München: TCW-Transfer-Centrum GmbH 1995

[Wit74] Witten, P.: Distributionsmodelle. Göttingen: 1974

15.5 Entsorgungslogistik

Ein unmittelbarer Transfer von logistischen Prinzipien, wie Zeiteffizienz oder Flußoptimierung auf den Entsorgungsbereich, ist nur möglich, wenn umfangreichere Nebenbedingungen wie die gespiegelte Quellen-Senken-Struktur berücksichtigt werden. In diesem Kapitel werden die Ziele, Elemente und Strategien des Entsorgungsprozesses sowie geeignete Verwertungssysteme dargestellt.

15.5.1 Entsorgungskonzepte

15.5.1.1 Ziele

Das Wirtschaftswachstum der letzten Jahrzehnte, verbunden mit einem entsprechenden Anstieg des gesellschaftlichen Konsums führten in ihrer Konsequenz zu einem kontinuierlichen Anstieg des Abfallaufkommens [Rin91]. Dabei ist zu erwarten, daß das Wachstum der Abfallmenge – als Spiegelbild der wirtschaftlichen Entwicklung – in den nächsten Jahren anhalten wird. Erschwerend kommt hinzu, daß nicht nur die Menge, sondern vor allem auch die Toxizität der

Abfälle steigende Tendenz aufweisen. Vor dem Hintergrund des knapper werdenden Deponieraumes in Deutschland, ausgelasteter Kapazitäten vorhandener Verbrennungsanlagen – die Errichtung neuer Anlagen läßt sich in Anbetracht der gesteigerten gesellschaftlichen Sensibilität für Umwelt- und Sicherheitsaspekte kaum noch durchsetzen – und einer zunehmend restriktiveren Gesetzeslage ist mit drastisch steigenden Entsorgungskosten zu rechnen. Zudem steigen die Anforderungen an die Qualität der Entsorgung, welche sich in ihrer Konsequenz in aufwendigeren und damit kostenintensiveren Entsorgungsverfahren niederschlagen [Dut94]. Der Logistikaufwand, der aus der für eine effiziente Entsorgung notwendigen getrennten Erfassung der Rückstände resultiert, wird steigen.

Mit den traditionellen Ansätzen der Entsorgung kann dieser Entwicklung nicht mehr erfolgreich begegnet werden. Vielmehr ist es notwendig, ein integriertes und ganzheitliches Entsorgungskonzept zu entwickeln und zu realisieren, das sowohl den von der Gesellschaft als auch den von der Umwelt gesetzten Zielen einer ökonomischen und ökologischen Abfallwirtschaft gerecht wird. Die traditionelle Betrachtungsweise der Materialströme im Unternehmen mit ihrer Unterteilung in Beschaffung, Produktion und Distribution greift hier zu kurz. Die Materialflüsse werden bei dieser Sichtweise sowohl auf der Inputseite als auch auf der Outputseite nur bezogen auf das zu erfüllende Sachziel erfaßt [Mat92]. Rückstände, die bei der Erfüllung dieser gegebenen Sachziele anfallen, werden vernachlässigt. Für die notwendige ganzheitliche Betrachtung der Materialflüsse im Unternehmen ist die traditionelle Unterteilung der Funktionen um die der Entsorgung zu vervollständigen [Pfo94]. Die betriebliche Wertschöpfungskette ist demnach zu ergänzen um die nachgeschaltete Prozeßkette der Entsorgung.

Die Entsorgung weist Querschnittscharakter auf, da sie sich bereichsübergreifend für sämtliche durch das Unternehmen verursachten Rückstände – einschließlich der nach Abschluß der Nutzungszeit bei Kunden anfallenden – verantwortlich zeigt. Betrachtungsfeld der Entsorgung sind demnach sämtliche Rückstände von der Quelle ihrer Entstehung im Produktions- und Konsumptionsprozeß bis zu ihrer Senke, die entlang des gesamten Produktlebenszyklus entstehen. Grundlage der Entsorgungs- oder Abfallwirtschaft sind logistische Prozesse wie das Sammeln, das Transportieren, das Sortieren

Bild 15-47 Ziele der Entsorgung

und das Lagern von Abfällen, Rest- und Schadstoffen. Die Übertragung von Logistikkonzeptionen auf Reststoffe, Rückstände und Abfälle aus Produktions- und Konsumptionsprozeß ist das Aufgabenfeld der Entsorgungslogistik. Dabei sind die zugehörigen logistischen Prozesse so miteinander zu verknüpfen, daß weitestgehend geschlossene Kreislaufsysteme entstehen, die sowohl den ökonomischen als auch den ökologischen Ansprüchen von Gesellschaft und Unternehmen genügen. Der Grad der Geschlossenheit solcher Stoffkreisläufe ist abhängig vom Anteil an Produktions- und Konsumptionsrückständen, die direkt oder nach entsprechender Aufbereitung wieder in vorangegangenen Stufen als Sekundärrohstoffe verwendet werden. Vollständige Geschlossenheit ist dabei sowohl aus wissenschaftlich-technischen als auch aus energetischen und ökonomischen Gründen nicht zu erreichen [AbfG]. Ziel ist es, einen sowohl ökologisch als auch ökonomisch effizienten Reststofffluß zu erreichen. Relevant sind demnach neben den ökologischen Zielen Ressourcenschonung und Umweltschutz auch ökonomische Ziele der Entsorgung wie Wirtschaftlichkeit und Rentabilität (vgl. Bild 15-47). Wirtschaftlichkeit kann erreicht werden, wenn die entsorgungslogistischen Abläufe so gestaltet sind, daß sie dem Unternehmen heute und zukünftig die Sicherung von Wettbewerbsvorteilen ermöglichen. Die Rentabilität der Entsorgung als weitere Komponente der ökonomischen Zieldimension kann durch die Hebung entsprechender Rationalisierungspotentiale verbessert werden. Die Anwendung moderner Technologien zur Verringerung des heute noch sehr hohen Anteils manueller Tätigkeiten im Entsorgungsprozeß eröffnet hier beispielsweise Möglichkeiten. In Anbetracht der Zunahme produktions- und konsumbedingter Rückstände wird

Bild 15-48 Entsorgungslogistik als Teil der Unternehmenslogistik

die Entsorgungslogistik bereichsübergreifend innerhalb der Unternehmenslogistik neben der Beschaffungs-, Produktions- und Distributionslogistik an Bedeutung gewinnen (vgl. Bild 15-48).

15.5.1.2 Elemente des Entsorgungsprozesses

Nach dem Abfallgesetz von 1986 (AbfG) sind Abfälle bewegliche Sachen, derer sich der Besitzer entledigen will oder deren geordnete Entsorgung zur Wahrung des Wohls der Allgemeinheit, insbesondere des Schutzes der Umwelt, geboten ist. Häufig finden auch die Begriffe Rückstand oder Reststoff Verwendung. Reststoffe, die bei der Herstellung, Bearbeitung und Verarbeitung von Einsatzstoffen in einem Produktionsprozeß anfallen, werden dabei als Rückstände definiert [Dam90]. Man kann diese Rückstände auch als unerwünschten Output bezeichnen, der – gemäß der Kuppelproduktionstheorie in Verbindung mit dem ersten und zweiten Hauptsatz der Thermodynamik – bei Produktionsprozessen zwangsläufig neben dem erwünschten, für den Absatzmarkt bestimmten Output anfällt. Reststoffe und Rückstände können sowohl Abfall als auch Wirtschaftsgüter sein. Sie haben dann den Charakter von Abfall, wenn sie die Anforderungen des Abfallbegriffs gemäß Abfallgesetz erfüllen. Als Wirtschaftsgüter werden Reststoffe und Rückstände klassifiziert, wenn sie direkt oder nach einer entsprechenden Aufbereitung einen weiteren Nutzen für den Konsumenten darstellen.

Reststoffe und Rückstände sind im Rahmen des Entsorgungsprozesses zu transformieren und zu transferieren. Während beim Transformationsprozeß die chemisch-physikalischen Eigenschaften der Einsatzstoffe verändert werden, handelt es sich bei den Transferprozessen vorrangig um logistische Prozesse [Dut94], die auf die Dimensionen Zeit, Raum, Mengen, Sorten, Lager-, Transport- und Umschlagseigenschaf-

ten sowie die logistische Determiniertheit der Stoffe wirken. Als Elemente des Entsorgungslogistikprozesses sind demnach zu unterscheiden [Pfo94]:

- Lagerung,
- Transport,
- Umschlag,
- Sammlung und Trennung,
- Behälterauswahl,
- Prozeßgestaltung.

Die Lagerung dient der Überbrückung von zeitlichen Unterschieden zwischen dem Anfall und dem Verbrauch der Rückstände. Des weiteren wird es durch Lagervorgänge möglich, wirtschaftliche Einheiten zusammenzustellen, die der folgenden Stufe des Entsorgungsprozesses zugeführt werden können. Mittels Transportvorgängen wird die Transformation der Rückstände in räumlicher Dimension erreicht. Diese können sowohl innerbetrieblicher als auch außerbetrieblicher oder zwischenbetrieblicher Art sein. In Abhängigkeit von der Gefährlichkeit der transportierten Stoffe sind hier – in Analogie zum Versorgungsbereich – besondere Anforderungen bezüglich der Sicherheit zu beachten. Der Umschlag umfaßt alle Teilprozesse, die eine Änderung der Menge zur Folge haben. Es sind dies etwa das Zusammenfassen und Auflösen von Rückständen beim Ver-, Um- oder Entladen. Sammlung und Trennung führen zu einer Erhöhung der Sortenreinheit der Rückstände. Wegen ihrer Bedeutung für die Entsorgung werden diese Vorgänge häufig zusammengefaßt und als getrennte Sammlung bezeichnet. Die Trennung der Rückstände bereits bei der Sammlung ist wichtig im Hinblick auf die Effizienz der Verwertung, die in starkem Maße abhängig ist von der Reinheit der zu verwertenden Rückstände. Behälter beeinflussen zum einen die Lager-, Transport- und Umschlagseigenschaften der in den Behältern enthaltenen Reststoffen und stellen zum anderen selbst Abfall dar (s. 15.5.2). Neben dem Reststofffluß ist auch der zugehörige Informationsfluß ein Element des Entsorgungsprozesses, der den Prozeß der Entsorgung sicherstellt. So sind die zu entsorgenden Rückstände zu identifizieren, zu klassifizieren und zu kennzeichnen, um entsprechende Entsorgungsmaßnahmen einleiten zu können. Diese Informationen liefern die Basis für eine situationsgerechte Planung und Steuerung der Rückstandsflüsse und stellen so eine wirtschaftliche Ressourcennutzung, eine gleichmäßige Auslastung der Entsorgungskapazitäten und eine hohe Zuverlässigkeit der Entsorgung sicher [Dut94].

Die Aufbereitung und Behandlung der Abfälle und Rückstände ist, da hier eine stoffliche Veränderung stattfindet, nicht dem eigentlichen Logistikprozeß zuzuordnen. Gemäß Abfallgesetz gehört aber neben dem Einsammeln, Befördern, Behandeln und Lagern auch das Gewinnen von Stoffen und Energien aus Rückständen im Rahmen der Abfallverwertung sowie die Beseitigung der Abfälle zu den Aufgaben der Entsorgung. Der Entsorgungsprozeß umfaßt demnach sowohl die aufgezählten logistischen Elemente als auch die Elemente der qualitativen Veränderung der Abfälle und Rückstände im Rahmen der verschiedenen Entsorgungsstrategien.

15.5.1.3 Entsorgungsstrategien

Gemäß der abfallwirtschaftlichen Prioritätenfolge, die im Abfallgesetz gefordert wird, sind die Produktionsprozesse und ihre Ergebnisse zunächst so zu gestalten, daß umweltgefährdende Rückstände so weit als möglich vermieden werden. Mit nachrangiger Priorität sind die Strategien der Abfallverminderung und der Abfallverwertung (Recycling) zu überprüfen. Eine Beseitigung der entstehenden Rückstände ist als ultima ratio erst dann zulässig, wenn keine der vorgenannten Entsorgungsstrategien greift. Diese Zielhierarchie impliziert die Verpflichtung zu einem ressourcen- und umweltschonenden Umgang mit den Einsatz-und Reststoffen der Produktions- und Konsumptionsprozesse (vgl. Bild 15-49). Geht man von einer engen Begriffsdefinition aus, so sind die Strategien der Vermeidung und der Verminderung zunächst nicht als Entsorgungsstrategien zu bezeichnen, da hier keiner oder nur ein verminderter Abfall

Bild15-49 Abfallwirtschaftliche Zielhierarchie

entsteht, der einer Entsorgung zugeführt werden muß. Gleiches gilt für die Verwertungsstrategie. Auch hier wird der ursprüngliche Abfall durch entsprechende Verwertungsmaßnahmen wieder zu einem Wirtschaftsgut, welches erst nach Ende seiner Wieder- oder Weiternutzung zu Abfall wird und dann der Entsorgung bedarf. Im weiteren Sinne sind diese Strategien allerdings durchaus der Entsorgung zuzuordnen, da letztendlich die entstandene und damit zu entsorgende Abfallmenge als Resultat dieser Aktivitäten präventiv reduziert wird [Pfo94].

Vermeidung

Unter dem Begriff Vermeidung lassen sich zwei Strategien subsumieren. Zum einen muß es Ziel sein, nicht reproduzierbare Ressourcen durch sparsame Verwendung oder durch Substitution zu schonen; zum anderen muß der Einsatz umweltbelastender Materialien so weit wie möglich vermieden werden [Str80]. So sind Farbbandkassetten und Tonerkartuschen aus natürlichem, biologisch abbaubarem Material ein Beitrag zur Vermeidung von Plastikmüll. Das Potential dieser Strategien kann nur dann voll ausgeschöpft werden, wenn das Ziel der Abfallvermeidung auf allen Stufen der Produktentstehung und -verwendung eine gleich hohe Priorität hat. Gefordert ist hier insbesondere der Bereich Forschung und Entwicklung, da bei der Produktgestaltung die wesentlichen Eigenschaften und Bestandteile der Produkte festgelegt und damit bereits in dieser Phase des Produktlebenszyklus die Einsatzstoffe determiniert werden. Auch sind hier die Fragen nach der Lebensdauer und nach Möglichkeiten der Lebensverlängerung der Erzeugnisse zu beantworten. Ebenso erfährt die Beschaffung im Hinblick auf die Vermeidungsstrategie eine Erweiterung ihrer Aufgaben. So sind die zu beschaffenden Einsatzstoffe auf ihre Umweltverträglichkeit hin und schädliche Materialien bezüglich ihrer Substituierbarkeit zu überprüfen. Diese Analysen dürfen sich nicht nur auf die Materialien beziehen, sondern müssen auch auf die Behälter und Verpackungen, in denen die Einsatzstoffe angeliefert werden, ausgedehnt werden. Neben dieser absoluten Vermeidungsstrategie, die darauf zielt, bestimmte Einsatzstoffe und Rückstände überhaupt nicht entstehen zu lassen, wird häufig auch eine Strategie der partiellen Vermeidung verfolgt, deren Ansatz eine Verminderung des entstehenden Abfallaufkommens ist.

Ist eine Abfallvermeidung nicht oder nicht vollständig möglich, so ist eine Verminderung der im gesamthaften Produktlebenszyklus entstehenden Rückstände und Abfälle anzustreben. Diese ist sowohl aus ökonomischen als auch ökologischen Gründen einer nachträglichen Wiederverwertung vorzuziehen, die in der Regel zusätzlichen Aufwand in Form von Energie-, Transport-, Umschlags- und Lagerleistungen erfordert [AbfG]. Ansatzpunkte für eine Verminderung lassen sich zum einen in einer verlängerten Nutzungsdauer der Produkte und zum anderen in der Verwendung rückstandsarmer Produktionsmethoden finden. Die Nutzungsdauer beschreibt den Zeitraum, in dem ein Produkt in seinem ursprünglichen oder auch in einem weiteren Verwendungszweck für Produktion oder Konsum einsetzbar und damit noch nicht zu Abfall geworden ist. Gelingt es, diese Nutzungsdauer von Produkten und ihren Komponenten zu erhöhen, so kann damit ein entscheidender Beitrag zur Verminderung des Abfallaufkommens geleistet werden. Wiederbefüllungskonzepte und der Einsatz reparaturfähiger Baugruppen bei Druckern sind Ansätze in dieser Richtung. Durch das Ergreifen lebenszyklusverlängernder Maßnahmen fällt Abfall später und – durch die Herstellung von insgesamt weniger Einheiten – in viel geringerem Umfang an. Außerdem bedeutet diese Abfallreduzierung auch eine entsprechende Rohstoffeinsparung. Beispielhaft sei hier die Energiesparlampe erwähnt, die gegenüber der herkömmlichen Glühlampe eine um ein Vielfaches verlängerte Lebenszeit aufweist und gleichzeitig durch einen erheblich geringeren Stromverbrauch gekennzeichnet ist.

Maßnahmen in diesem lebenszyklusverlängernden Sinne wären [Dam90]:
- Demontagegerechte Gestaltung der Erzeugnisse (s. 8.7),
- Verwendung höherwertiger Einsatzstoffe,
- Standardisierung der Bauteile und Baugruppen,
- Verringerung altersbedingter Verschleißerscheinungen,
- Berücksichtigung zukünftiger Modernisierungsmöglichkeiten und
- Erweiterung des Verwendungsspektrums von Bauteilen.

Eine demontageorientierte Gestaltung von Anlagen und Produkten erhöht die Austausch- und Montagefreundlichkeit. Dies erleichtert die Durchführung von Instandhaltungsmaßnahmen und Reparaturen; Bauteile und Baugruppen können – soweit sie noch einsatzfähig sind – einer Weiter- oder Wiederverwendung zugeführt werden. Wichtig ist hier auch eine gute Zugänglichkeit; sie kann erreicht werden, wenn die betroffenen Bauteile und -gruppen peripher liegen [Hee84]. Geeignete Verbindungselemente erleichtern das Lösen der Bauteilverbindungen. Der Anteil wieder- oder weiterverwendungsfähiger Teile kann noch gesteigert werden, wenn Bauteile und Baugruppen einen hohen Standardisierungsgrad aufweisen. Die Standardisierung sollte sich dabei nicht nur auf die äußere Gestalt, also auf Form und Abmessungen, sondern auch auf physikalische Kriterien beziehen [Dam90]. Altersbedingte Verschleißerscheinungen können beispielsweise durch den Einsatz geeigneter Materialien oder Fertigungsabläufe verringert werden. Zu denken ist hier etwa an einen optimierten Korrosionsschutz oder an versprödungsarmes Material [AbfG].

Eine andere Möglichkeit zur Abfallverminderung ist der Einsatz rückstandsärmerer Produktionsverfahren und -technologien. Ansatzpunkte sind hier die Optimierung bestehender oder die Substitution umweltunverträglicher Verfahren und Technologien. Zum Einsatz kommen sollten vorrangig sog. saubere Technologien (Clean Technologies), deren integraler Bestandteil die vorbeugende Vermeidung von Rückständen ist, und die somit im Gegensatz zu den „End-of-pipe-Technologien" stehen, die sich auf die Verwertung oder Beseitigung bereits entstandener Rückstände konzentrieren. Diese sind der Rückstandsentstehung nachgeschaltet und werden deshalb auch als additive Technologien bezeichnet, die in einem zweiten Schritt nach dem Produktionsprozeß die Rückstände zurückhalten oder umwandeln, ohne den eigentlichen Produktionsprozeß technologisch zu verändern [Ada93]. Das Problem, diese zurückgehaltenen oder umgewandelten Rückstände umweltgerecht zu entsorgen, bleibt dabei bestehen. Diese Technologien haben lediglich den Zweck, die Umweltbelastungen, die aus den bereits vorhandenen Rückständen resultieren, zu mindern. Bei der Produktion einer Tonne Automobilprodukt entstehen heute 25 Tonnen Reststoffe und Abfälle [Rin91]. Ziel der Verminderungsstrategie muß es sein, dieses oftmals eklatante Mißverhältnis zwischen entstehender Produktmenge und dabei anfallender Abfallmenge und

-zusammensetzung zu optimieren. Ein Beispiel für die Entwicklung von Verfahren, die keine oder nur noch sehr verminderte Rückstände verursachen, ist die Verwendung wasserverdünnter Lacke im Automobilbau, die nahezu vollständig zurückgewonnen werden können.

Verwertung

Im Gegensatz zur Abfallvermeidungs- und Abfallverminderungsstrategie setzt die Verwertungsstrategie an bereits entstandenen Rückständen an. Hier kommen End-of-pipe-Technologien zum Einsatz; diese stehen im Gegensatz zum integrierten Umweltschutz, der dem Prinzip Vorsorge statt Nachsorge folgt [Str80]. Die Verwertung der im Produktions- und Konsumptionsprozeß entstehenden Rückstände ist eine Möglichkeit, die Geschlossenheit der Stoffkreisläufe und den Nutzungsgrad knapper Ressourcen zu erhöhen. Die Begriffe Verwertung und Recycling werden für diese Entsorgungsstrategie synonym verwendet. Unter Recycling versteht man die Rückführung stofflicher und energetischer Rückstände aus Produktions- und Konsumptionsprozessen – eventuell nach entsprechender Aufbereitung – in die Produktion oder in den Konsum [Str80]. Recyclingprozesse sind dadurch gekennzeichnet, daß durch sie ein bisher nicht verwendeter Output dem Stoffkreis-

lauf als Input wieder zugeführt wird; das Nutzenpotential der eingesetzten Rohstoffe und Energien wird durch Mehrfachverwendung besser erschlossen [Hee84]. Ziel dieser erneuten Nutzung von Einsatzgütern ist es, die Umwelt in zweifacher Hinsicht zu schützen – einmal als Ressourcenlieferant und zum anderen als Abnehmer von Abfällen und Rückständen. Die Recyclingstrategie muß sich dabei auf alle Phasen im Produktlebenszyklus erstrecken. Sowohl während der Produktdefinition und -gestaltung als auch während des Produktgebrauchs und besonders nach der Produktnutzung, in der Entsorgungsphase, ist eine Verwertung der anfallenden Rückstände anzustreben (vgl. Bild 15-50). Um das Recycling ständig zu verbessern, sollten die aus diesen Verwertungsprozessen gewonnenen Erkenntnisse innerhalb der F&E-Tätigkeiten Berücksichtigung finden (s. 6.6). Nur so können sowohl die ökonomischen als auch auf ökologischen Zielsetzungen des Recyclinggedankens realisiert werden. Durch die Verwertung von Reststoffen, die während der Produktion in Form von Blechverschnitt, Spänen oder Stanzabfällen anfallen, können beispielsweise Materialeinsparungen erzielt werden. Dies führt – zusammen mit der Substitution von Primärstoffen durch Sekundärrohstoffe – zu Materialkosteneinsparungen. Weitere Kosteneffekte ergeben sich – bei entsprechenden Wiederver-

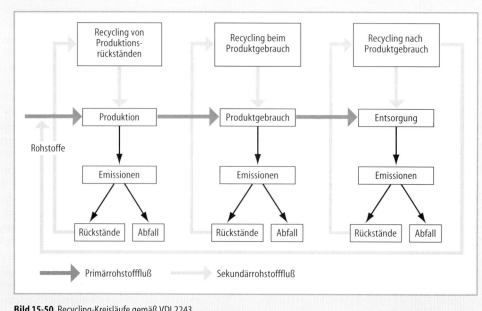

Bild 15-50 Recycling-Kreisläufe gemäß VDI 2243

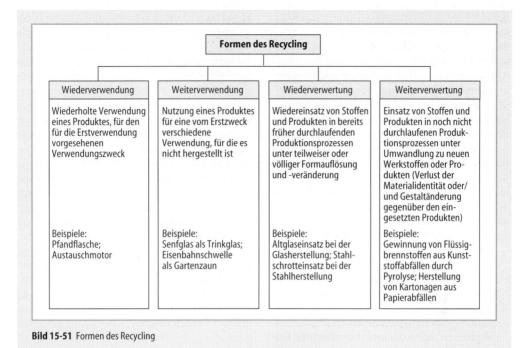

Bild 15-51 Formen des Recycling

wertungsraten – durch die Einsparung von Energie und durch verminderten Abfallanfall und damit reduzierten Entsorgungskosten [Str80].

Generell lassen sich vier Formen des Recyclings unterscheiden (vgl. Bild 15-51):
– Wiederverwendung, – Wiederverwertung,
– Weiterverwendung, – Weiterverwertung.

Bei der Wiederverwendung wird ein Produkt oder ein Bauteil nach einer eventuell notwendigen Aufarbeitung einem erneuten Gebrauch zugeführt. Im Pkw-Bereich wird die Verwendung von Austauschaggregaten wie Motoren schon längere Zeit praktiziert. Verschleißfreie Komponenten, die bei der Demontage von Computern entstehen, fließen in zunehmendem Maße als wiederverwendbare Ersatzteile in den Wirtschaftskreislauf zurück. Andere Beispiele hierfür sind runderneuerte Reifen oder Mehrfachbehälter. Demgegenüber wird das Produkt bei der Weiterverwendung einem neuen Verwendungszweck zugeführt, wie dies z.B. bei Reifen als Pufferschutz der Fall ist. Nach der Produktnutzungszeit sind die Wiederverwertung und die Weiterverwertung zu unterscheiden. Bei ersterer werden die durch Aufbereitung gewonnen Wertstoffe für den gleichen Verwendungszweck eingesetzt wie die Ausgangsmaterialien, wie dies bei Altglas geschieht. Werden die ge-

wonnenen Wertstoffe dagegen einer anderen Verwendung zugeführt, weil beispielsweise die Qualität der Wertstoffe eine Wiederverwertung nicht zuläßt, spricht man von Weiterverwertung. Zu nennen wären hier Blumenkästen und Parkbänke, die aus unreinen Kunststoffgranulaten hergestellt werden. Eine derartige Weiterverwertung wird auch als Down-cycling bezeichnet. Von Down-cycling spricht man, wenn die Sekundärrohstoffe, die im Recyclingprozeß entstehen, von minderer Qualität sind als die Ausgangsstoffe und entsprechend nur noch für die Herstellung von Gütern minderer Qualität geeignet sind. Da der Bedarf an solchen Produkten nicht unbegrenzt ist, sind die Sortenreinheit beziehungsweise die leichte Trennbarkeit der Einsatzstoffe für ein effizientes Recycling eine elementare Voraussetzung. Nur so kann eine ausreichende Qualität der Sekundärrohstoffe sichergestellt und der Einsatz von Primärrohstoffen reduziert werden. Die Abfallverwertung ist im Hinblick auf Ressourcenschonung, Umweltverträglichkeit und Energieeinsparung demnach besonders effizient, wenn die zu verwertenden Rückstände getrennt erfaßt und gesammelt werden [Dam90].

Der Recyclinggedanke muß bereits bei der Konstruktion der Produkte einfließen. Denn in dieser Phase des Produktlebenszyklus werden die die Recyclinggerechtigkeit und Recyclingqualität determinierenden Merkmale eines Produkts, wie Einsatzstoffe, Abfallanfall und -reinheit während der Produktions- und der Konsumptionsphase, Austauschbarkeit und Demontagegerechtigkeit von Baugruppen sowie Rückgewinnungsfähigkeit der Einsatzstoffe, festgelegt [AbfG]. Nur eine frühzeitige Auslegung der Produkte auf ein späteres Recycling erlaubt eine wirtschaftlich und technisch effiziente Verwertung und Verwendung der Einsatzstoffe und Bauteile und somit eine Abschöpfung des vorhandenen Recyclingpotentials. Dementsprechend hat die recyclinggerechte Konstruktion bestimmten Regeln zu genügen [Ada93]:

- *Trennungsregel.* Eine demontagegerechte Gestaltung vereinfacht die Trennbarkeit von Einsatzstoffen.
- *Kennzeichnungsregel.* Kennzeichnung der Materialien bezüglich ihrer technischen Eigenschaften.
- *Standardisierungsregel.* Die Verwendung standardisierter Bauteile und Einsatzstoffe erleichtert die Identifizierung.
- *Einstoffregel.* Die Verwendung nur eines Einsatzstoffes erhöht die Sortenreinheit der rückgewonnenen Materialien, die Anzahl der Trennvorgänge während des Recyclings wird reduziert.
- *Korrosionsregel.* Umwelteinflüsse können die Recyclebarkeit der Einsatzstoffe beeinträchtigen.
- *Zusatznutzenregel.* Neue Verwendungsmöglichkeiten von Recyclingprodukten müssen erschlossen werden.

Die Aufbereitung von wiederverwertbaren Einsatzstoffen ist allerdings nur die eine Seite des Stoffkreislaufes. Auf der anderen Seite muß diesem Angebot an Sekundärrohstoffen eine entsprechende Nachfrage am Absatzmarkt für diese Sekundärrohstoffe und für Produkte aus ihnen gegenüber stehen, um den Kreislauf auch schließen zu können. Eine solche Nachfrage kann jedoch nur generiert werden, wenn Vorurteile gegenüber Recyclingprodukten auf Abnehmerseite abgebaut werden können. Vorurteile herrschen im Hinblick auf eine mindere Qualität der Produkte oder aber auf eine schwankende Verfügbarkeit. Nur wenn die Recyclingprodukte in ihren Kosten und in ihrer Qualität den Ansprüchen der Abnehmer genügen, wird der für ein effizientes Recycling notwendige Absatzmarkt zu schaffen sein. Um hier auch Größen

effekte erreichen zu können, sind gezielte Maßnahmen von Politik und Wirtschaft – etwa die Vorgabe bestimmter Recyclingquoten oder die Weiterentwicklung der Technologien – förderlich. Allerdings sollte nicht übersehen werden, daß jeder Recyclingprozeß bei der Wiederherstellung der Einsatzbereitschaft der Materialien und Güter Energie verbraucht und Rückstände verursacht, weshalb diese Entsorgungsstrategie als nachrangig zur Abfallvermeidung und Abfallverminderung zu sehen ist [Rin91]. Die Rückstandsverwertung ist demnach unter ökologischen Gesichtspunkten nur dann zu empfehlen, wenn die daraus resultierenden zusätzlichen Umweltbelastungen geringer sind als diejenigen, die die Folge einer erneuten Rohstoffgewinnung und der Beseitigung der Abfälle sind [Str80]. Es bestehen dann auch ökonomische Anreize zur Verwendung von Sekundärrohstoffen, wenn diese im Vergleich zum Primärrohstoff billiger sind und damit die Materialkosten gesenkt werden können.

Beseitigung

Soweit Abfälle weder zu vermeiden noch zu verwerten sind, muß eine Beseitigung erfolgen. Die Beseitigung dieser Abfälle sollte dabei so erfolgen, daß der aus diesen Aktivitäten resultierende Schaden für die Umwelt möglichst gering ist. Als Verfahren kommen dabei die Deponierung oder die Verbrennung zur Anwendung:

1. *Deponierung.* Lange Zeit erfolgte die Entsorgung von Abfällen hauptsächlich über die Deponierung. Ausschlaggebend dafür waren die relativ geringen Deponierungskosten und die einfach zu handhabenden Deponiertechniken. Dies gab kaum Anreiz, nach sinnvolleren und ökologisch verträglicheren Alternativen der Entsorgung zu suchen. Erst die zunehmende Verknappung von potentiellem Deponieraum und eine steigende Sensibilisierung der Bevölkerung für die aktuellen und zukünftigen Umweltbelastungen durch aufgelassene und noch betriebene Deponien scheinen den notwendigen Druck zu erzeugen. Trotz der Weiterentwicklung der Deponiertechnik gerade im Bereich der Basis- und Oberflächenabdichtung und der Aufbereitung von Sickerwasser und Deponiegasen können Gefährdungen und Belastungen der Umwelt nicht gänzlich vermieden werden. Eine vollständige Aufgabe von Deponieflächen wird allerdings – zumindest in nächster Zukunft – nicht möglich sein, da selbst

dann, wenn die beschriebenen ökologisch sinnvolleren Entsorgungsstrategien greifen, entsprechende Restabfallmengen anfallen werden, die nur auf eine geordnete Reststoffdeponie verbracht werden können [Dam90].

2. *Verbrennung*. Das Hauptziel der Abfallverbrennung ist die Volumenreduzierung [Dam90]; die dabei frei werdende Energie wird häufig zur Erzeugung von Fernwärme, Prozeßdampf oder Strom genutzt. Das Abfallgesetz zählt daher die Verbrennung, wenn sie mit einer thermischen Verwertung kombiniert ist, auch zu den Verfahren der Abfallverwertung. Die Energieausbeute ist dabei allerdings vergleichsweise gering, so daß vom logischen Zusammenhang her mit der Verbrennung vorrangig die Beseitigung der Abfälle angestrebt wird. Das Verfahren ist demzufolge unter die Beseitigungsstrategien zu subsumieren [Dam90].

Auch wenn die Strategien der Abfallvermeidung, -verminderung und -verwertung umfassend in der Praxis greifen und die Potentiale, die bezüglich einer Verringerung des Gesamtabfallaufkommens und einer Veränderung der Abfallzusammensetzung vorhanden sind, voll ausschöpfen, wird immer eine Restmenge von unvermeidbaren und unverwertbaren Abfällen verbleiben, die über eine möglichst schadlose Beseitigung zu entsorgen sein wird [Dam90]. Ein umfassendes Entsorgungskonzept muß demnach immer auch entsprechende Beseitigungskapazitäten vorhalten, die allerdings in ihrer Auslegung an die veränderte Abfallzusammensetzung anzupassen sind.

15.5.1.4 Verwertungssysteme

Die Umweltgesetzgebung folgt in zunehmendem Maße dem Verursacherprinzip. In Folge dieser Entwicklung werden die Hersteller für die Entsorgung der von ihnen verursachten Rückstände immer mehr in die Pflicht genommen. Die Zuständigkeit erstreckt sich dabei nicht nur auf Rückstände, die während des Produktionsprozesses entstehen; vielmehr werden die zu erwartenden Rücknahmeverpflichtungen die Verantwortung der Hersteller auch auf ausgediente Produkte oder deren Bestandteile ausdehnen, die am Ende des Produktlebenszyklus beim Kunden anfallen. Da zurückgenommene Produkte nicht Abfall im Sinne des Abfallgesetzes sind, erfolgt die Entsorgung dieser Produkte auch nicht durch die entsorgungspflichtigen Körperschaften. Vielmehr werden die Hersteller gezwungen, komplette und eigene Rücknahme- und Verwertungssysteme aufzubauen. Die Gestaltung der zugehörigen Entsorgungsströme, also das Sammeln, Transportieren, Demontieren und Aufbereiten obliegt weitestgehend den Unternehmen selbst [Dut94]. Insbesondere die Automobilindustrie und die Hersteller elektrischer und elektronischer Produkte haben diese Anforderungen zum Teil schon aufgenommen und in Ansatzpunkten umgesetzt. Um die Entsorgung effizient zu gestalten muß eine durchgängige Logistikkette aufgebaut werden, die den Reststoffstrom vom Konsumenten über das Recycling bis hin zur Verwertung umfaßt [Pfo94]. Häufig werden in diesen Entsorgungsprozeß private Entsorgungsbetriebe, logistische Dienstleister, branchengleiche Anbieter, Beratungsunternehmen oder Rückstandsverwerter involviert. Durch diese Zusammenarbeit verschiedener Institutionen entstehen interorganisatorische Logistik- und Verwertungssysteme. Partizipienten in diesen Systemen sind zum einen die Konsumenten als Lieferanten der Entsorgungsgüter, des weiteren können beteiligt sein: Unternehmen, welche spezifische entsorgungslogistische Prozesse wie die Sammlung und den Transport durchführen, Unternehmen, welche die stoffliche Aufbereitung der zu entsorgenden Reststoffe übernehmen und schließlich Unternehmen, welche die wiedergewonnenen Sekundärrohstoffe in ihrer Produktion einsetzen und so den Materialkreislauf schließen [Pfo94]. Systeme dieser Art sind gekennzeichnet durch eine Vielzahl von Schnittstellen zwischen den beteiligten Partnern. Diese Schnittstellen müssen so gestaltet werden, daß der Koordinationsaufwand nicht zu groß wird und die Durchgängigkeit des Reststoff- und Informationsflusses gewährleistet wird.

Mit jährlich 2,5 Mio. Alt- und Unfallfahrzeugen bei steigender Tendenz eröffnet sich beispielsweise im Automobilrecycling ein nicht unerhebliches Marktpotential. In diesem Markt werden Automobilhersteller, Autoverwerter und logistische Dienstleister zukünftig eng zusammenarbeiten müssen, um mit Hilfe einer optimierten Logistik diese Potentiale abschöpfen zu können. Die Automobilhersteller folgen dabei weitgehend einem vom VDA entworfenen Entsorgungskonzept (vgl. Bild 15-52). Die Sammlung der ausgedienten Autos erfolgt über lizenzierte Sammelstellen oder Altautoverwertungsbetriebe, welche die Trockenlegung und die Demontage bestimmter Baugruppen übernehmen.

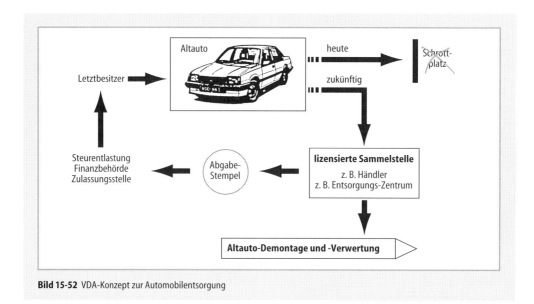

Bild 15-52 VDA-Konzept zur Automobilentsorgung

Solche Kooperationen ermöglichen einerseits den Aufbau eines flächendeckenden Rücknahmenetzes und sichern andererseits den Rückfluß von entsorgungsrelevanten Informationen in die Entwicklungsabteilungen der Automobilhersteller. Auf dem Gebiet der Demontage sammelt beispielsweise die BMW AG in einem Pilotprojekt im Werk Landshut Erfahrungen. Die Zerlegung der Autos erfolgt derzeit noch manuell in vier Schritten. Nach der Trockenlegung werden zunächst große und sperrige Einzelteile wie Türen, Klappen und Sitze entnommen und werkstoffspezifisch gesammelt. Im dritten Schritt wird der Innenraum demontiert, verwertbare Einzelteile, beispielsweise Tachometer, werden entnommen. Im vierten Schritt wird der Motor und seine Aggregate demontiert und auf eine Verwendung als Austauschaggregat hin untersucht. Ziel dieses Projekts ist die Vorbereitung einer späteren Seriendemontage, wobei zunächst Demontageanweisungen je Fahrzeugtyp zu erstellen sind. Auch bei der Verwendung von Recyclaten in neuen Fahrzeuggenerationen hat BMW bereits erste Fortschritte erzielt. So bestehen die Kofferraumabdeckungen der 3er-Reihe aus Reststoffen der Stoßfängerproduktion. Beim Wiedereinsatz von Recyclingmaterial und dem Schließen von Materialkreisläufen setzen auch die Aktivitäten der Adam Opel AG an. Als erste Ergebnisse sind hier die Aufbereitung von Batteriegehäusen zu Radhausauskleidungen oder die Herstellung von Dämmatten aus Sitzschäumen zu nennen.

In ähnlicher Weise zwingt die zu erwartende Elektronikschrottverordnung die Hersteller von Elektronik- und Elektrogeräten zum Aufbau entsprechender Entsorgungsströme. So umfaßt das Entsorgungskonzept der IBM Deutschland die Abholung der Altgeräte und -komponenten beim Kunden, die fachgerechte Demontage im Warenverteilzentrum der IBM und die umweltgerechte Entsorgung der Rückstände durch ausgewiesene Fachfirmen. Wiederverwendbare Teile werden dabei nach einer gründlichen Reinigung und Überholung und einer gegebenenfalls notwendigen Reparatur dem Kreislauf wieder zugeführt. Kernprobleme bei der Entsorgung von Elektro- und Elektronikaltgeräten sind noch die Erfassung und der Transport der Geräte, die meist ein sehr heterogenes Stoffgemisch darstellen und zudem in weiten Bereichen Stückguteigenschaften besitzen. Sie stellen daher andere, höhere Anforderungen an Erfassungs- und Transportsysteme: nicht in Tonnen oder Abfallcontainern, sondern in Gitterboxen oder Wechselbrücken muß die Sammlung und der Transport erfolgen. Auf diese Weise wird zudem das notwendige schonende Handling und damit die Unversehrtheit der Geräte sichergestellt. Da die Altgeräte in der Regel in kleinen Mengen und regional verstreut anfallen, müssen Logistikkonzeptionen gefunden werden, die eine kostengünstige Erfassung erlauben. Eine optimale Koordination von Distribution neuer Ware und Redistribution alter Ware ermöglicht beispielsweise die Realisierung von Synergien in der Erfassung und im Transport. Auch die Bereitstellung entsprechender Lagerflächen gehört sowohl bei den ausgedienten Elektro- und Elektronikgeräten als auch bei den zu verwertenden Automobilen zu den noch nicht gelösten Problemen der Entsorgungslogistik.

Die langfristige Neuorientierung, die Unternehmen beispielsweise durch den Übergang von herkömmlichen Produktionsverfahren auf „Clean Technologies" vollziehen müssen, verdeutlicht den strategischen Charakter der Entsorgungskonzepte. Demzufolge besitzt gerade die Entsorgungslogistik ein hohes Marktpositionierungs- und Rationalisierungspotential, das zur Sicherung langfristiger Wettbewerbsvorteile genutzt werden kann. Die Erschließung dieser Potentiale setzt allerdings ein Umdenken in der Unternehmens- und speziell der Entsorgungsstrategie voraus: nicht eine defensive Strategie der Risikobegrenzung oder gar eine destruktive Strategie der Umgehung abfallpolitischer Gesetze und Normen ist zu verfolgen, sondern nur eine aktive, umweltorientierte und innovative Entsorgungsstrategie wird langfristig erfolgreich sein.

15.5.2 Behälterkreisläufe

15.5.2.1 Behältersysteme: Gestaltende Elemente im Materialfluß

Materialien und Teile werden in Behältern in zunehmender Frequenz zwischen den in abgestimmten Leistungserstellungsprozessen verknüpften Unternehmen transportiert. Behälter stellen somit wesentliche Gestaltungselemente im Materialfluß dar. Nicht zuletzt aufgrund der Verpackungsverordnung und der erhöhten Relevanz von ökologischen Interessen in der öffentlichen Diskussion gewinnt jedoch die Gestaltung von Behältersystemen zunehmend an Aktualität. Ist eine Vermeidungsstrategie nicht praktikabel („Der beste Behälter ist kein Behälter."), so sind Behälter in Material- und Informationsflußsysteme so zu integrieren, daß die Durchgängigkeit über die gesamte logistische Kette hinweg sichergestellt ist [Wil95].

Empirische Untersuchungen zeigen, daß in vielen Unternehmen der Materialfluß durch Behältervielfalt und -heterogenität geprägt ist und daher Handlungsbedarf mit Ziel der Behälterkompatibilität mit Materialflußteilsystemen und mit den eingesetzten Informationsflußsystemen, der Behälterstandardisierung sowie der

Durchgängigkeit im Materialfluß besteht. Behältersysteme wurden in der Vergangenheit, ähnlich den einzelnen Materialflußteilsystemen, funktionsbezogen analysiert, gestaltet und optimiert. Beschränkte sich die Betrachtung in der Regel auf den zwischenbetrieblichen Logistikkreislauf zwischen dem Warenausgang des Lieferanten und dem Wareneingang des Industrieunternehmens, so wird heute zunehmend eine systemorientierte, übergreifende logistische Sichtweise verfolgt, die weit in innerbetriebliche Bereiche des Industrieunternehmens oder sogar bis zum Endabnehmer reicht. Im Mittelpunkt der Analyse zur Gestaltung von Behälterkreislaufsystemen stehen folgende Fragestellungen:

- *Qualitative Behälterauswahl und -gestaltung.* Wie muß ein logistisch optimaler Behälter gestaltet sein?
- *Quantitative Behälterdeterminierung.* Welche Behälterfüllmengen sind vorzusehen und welche Behälteranzahl ist im Behälterkreislaufsystem erforderlich?
- *Zeitliche und organisatorische Behältereinbindung.* Wie lassen sich die Systembehälter sinnvoll in Just-in-time-Konzepte integrieren?
- *Umfeldbedingungen von Behältersystemen.* Welche umfeldbezogenen Einflußgrößen wirken auf Behältersysteme und zu welchen Gestaltungsempfehlungen führen sie?
- *Kostenanalyse von Behälterkreislaufsystemen.* Welche Kosten entstehen bei der Einrichtung von Behälterkreislaufsystemen und welche Rationalisierungspotentiale lassen sich realisieren?
- *Ökologische Betrachtung von Behältersystemen.* Welche ökologischen Aspekte sind bei der Implementierung von Behältersystemen zu berücksichtigen?

15.5.2.2 Gestaltungsparameter von Behältern

Aus der Literatur sowie aus der Auswertung von Anwendungsberichten lassen sich die logistischen Behälterfunktionen und eine Zuordnung charakteristischer Behälterattribute zu den Behälterfunktionen ableiten (vgl. Bild 15-53). Die empirische Analyse hinsichtlich der Bedeutung von logistischen Behälterfunktionen in der Praxis weist als wichtigste Behälterfunktion die Qualitätssicherungsfunktion aus. Die Aufgabe der Qualitätssicherungsfunktion besteht darin, das Packgut nach seiner Herstellung im Zustand

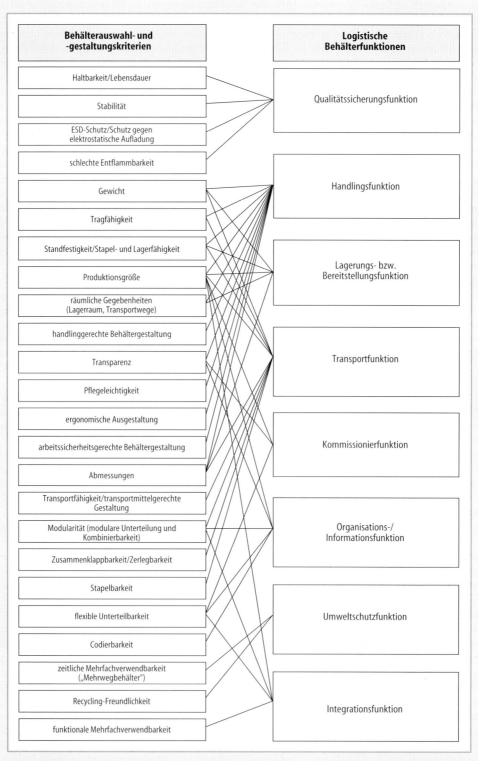

Bild 15-53 Zuordnung von Behälterauswahl- und -gestaltungskriterien zu logistischen Behälterfunktionen

seines höchsten Werts aufzunehmen und es bei minimalem Kosteneinsatz so zu schützen, daß es beim Verwender funktionsfähig ankommt und unter Beibehaltung der Funktionsfähigkeit gelagert wird. Der Verpackungsschutz (s. 16.5.1) des Guts erstreckt sich nicht nur auf qualitative, sondern auch auf quantitative Verluste. Hierbei geht es vor allem darum, daß der Behälter den Diebstahl der verpackten Güter möglichst verhindert. Über den Schutz des Packguts hinaus umfaßt die Schutzfunktion des Behälters auch den Schutz der Umwelt vor Schäden, die durch ein unverpacktes Produkt ausgelöst werden könnten. Darüber hinaus hat der Behälter die Aufgabe, die mit der Manipulation des Packguts beschäftigten Mitarbeiter zu schützen. Einen wesentlichen Aspekt der Lagerungsfunktion von Behältern stellt die Forderung nach rationeller Lagermöglichkeit des Packmittelvorrates in leerem Zustand wie etwa durch faltbare Behälterlösungen dar. Durch die Erfüllung der Transportfunktion soll der Transport eines Guts erleichtert oder das Packgut mittels Behältnis erst transportfähig gemacht werden. Die Handling- und Manipulationsfunktion des Behälters ermöglichen das Zusammenfassen von Packgütern und vereinfachen deren Handhabung beim Umschlag. Die Informationsfunktion des Behälters ist für den materialflußbegleitenden Auftragsabwicklungsprozeß von ausschlaggebender Bedeutung. Der Behälter stellt einen Informationsträger dar: Behältnisse können durch Farbe, Aufdruck, Etikett oder Code gekennzeichnet werden, so daß die Identifizierung der verpackten Produkte vereinfacht wird. Dies führte in den betrachteten Unternehmen im Durchschnitt zu einer Reduzierung des Aufwands an Begleitpapieren. Die Integrationsfunktion von Behältern bezieht sich auf deren Modularität und funktionale Mehrfachverwendbarkeit in durchgängigen Transportketten. Die Erfüllung der Kommissionierfunktion unterstützt das Just-in-time-Konzept in mehrfacher Hinsicht: Alle Teile, die für ein Produkt erforderlich sind, werden in einem einzigen Behälter untergebracht. Dadurch wird das Prinzip der Komplettbearbeitung von Baugruppen und Produkten unterstützt. Die transparente Behältergestaltung gewährleistet, daß nur vollständige Kommissionen in die Fertigung gegeben werden. Die Umweltschutzfunktion gewinnt in der heutigen Zeit insbesondere vor dem Hintergrund der Verpackungsverordnung zunehmend an Bedeutung. Sie umfaßt Aspekte

wie die Wiederverwendung, die Recyclingfähigkeit oder auch die möglichst einfache und umweltschonende Entsorgung gebrauchter Behälter. Durch die Antizipation ökologischer Aspekte bereits in der Phase der Behälterplanung lassen sich entsprechend den Aussagen der befragten Unternehmen 40–50 % der Entsorgungskosten reduzieren [Wil95].

Die Analyse von Behälterfunktionen dient als Grundlage zur Simulation von Behälterkreislaufsystemen und kann zugleich als Parameter für die Behälterauswahl herangezogen werden (s. 16.2.2). Somit können die systemoptimalen Umlaufbehälter für einen effizienten Ablauf des Materialflusses vom Lieferanten bis zum Kunden ermittelt werden. Eine große Bedeutung kommt in diesem Zusammenhang der Modularisierung der Systembehälter zu. Die Bildung von modularen logistischen Einheiten bildet eine wesentliche Grundlage für den Aufbau rationeller Transportketten [Pfo90]. Logistische Einheiten entstehen durch die Zusammenfassung von Gütern zu in Form und Abmessung standardisierten Einheiten. Das Ziel des logistikgerechten Materialflusses und der Minimierung der Handhabungsvorgänge innerhalb der Transportkette wird dann approximiert, wenn für die Behältereinheiten folgender Grundsatz realisiert werden kann:

Ladeeinheit = – Produktionseinheit
– Behältereinheit
– Lagereinheit
– Bestelleinheit
– Verkaufseinheit
– Transporteinheit.

Die Identität dieser Einheiten in logistischen Systemen stellt den Idealfall dar. Dieses Optimum kann nur in seltenen Fällen erzielt werden. Die Packstück- und Ladeeinheitenbildung muß vielfältige Tätigkeitsbereiche abdecken. Sie sollte einerseits die Realisierung eines logistikgerechten Material- und Informationsflusses innerhalb der Transportkette unterstützen und andererseits vorhandene Rationalisierungspotentiale konsequent ausschöpfen [Jün89].

15.5.2.3 Behälterkonzepte

Analog zu Produkten kann ein Lebenszykluskonzept für Behälter entwickelt werden (vgl. Bild 15-54). Der Behälterlebenszyklus läßt sich in sieben Phasen unterteilen, wobei die Initiierungsphase die erste Stufe darstellt. In dieser

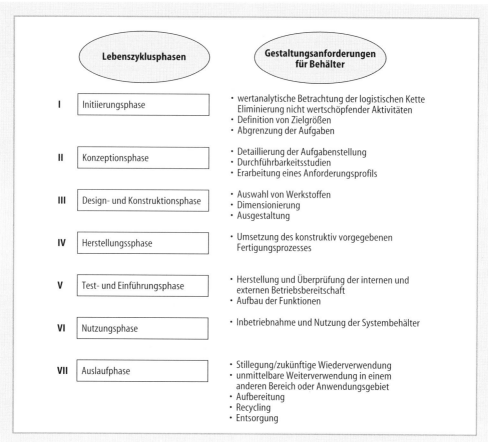

Bild 15-54 Lebenszyklus eines Behälters

Phase wird die logistische Kette einer wertanalytischen Betrachtung unterworfen. Ziel hierbei ist die Eliminierung nicht wertschöpfender Tätigkeiten wie dies beispielsweise Behälterwechsel und die daraus hervorgehenden Umpackarbeiten darstellen. Neben der Definition von Zielgrößen ist eine grobe Abgrenzung der zukünftigen Aufgaben des Behälters Bestandteil dieser ersten Phase. In der zweiten Phase, der Konzeptionsphase, erfolgt eine Detaillierung der Aufgaben; es wird ein Anforderungsprofil definiert, welches die von dem Behälter zu erfüllenden Funktionen beschreibt. Des weiteren werden Durchführbarkeitsstudien erforderlich, wobei überprüft wird, ob die Behälter den Anforderungen gerecht werden können. Die technische Überarbeitung der gewünschten Behälter erfolgt in der Design- und Konstruktionsphase: Über die Auswahl von Werkstoffen für die Behälter hinaus wird hierbei deren detaillierte Dimensionierung und Ausgestaltung festgelegt. In der sich daran anschließenden Herstellungsphase erfolgt die Umsetzung des konstruktiv vorgesehenen Fertigungsplanes. Die produzierten Behälter, welche nun mit den gewünschten Merkmalen ausgestattet sind, können dann in der Einführungsphase erstmalig in Betrieb genommen werden. Diese Phase dient der Herstellung und Überprüfung der Betriebsbereitschaft der Behälter. Nach einer möglichst langen Nutzungsdauer (Betriebsphase) setzt schließlich die Auslaufphase ein. In dieser Phase wird die Entscheidung darüber getroffen, einen Behälter zu recyclen, zu entsorgen, ihn – falls noch Funktionsfähigkeit besteht – nach entsprechenden Aufbereitungsprozessen erneut zu verwenden oder das Behältnis in einem anderen Bereich oder Anwendungsgebiet einzusetzen [Wil95].

Weiterhin lassen sich unterschiedliche Materialflußdurchdringungsgrade von Behältern zum einen aus Lieferanten-, zum anderen aus Kun-

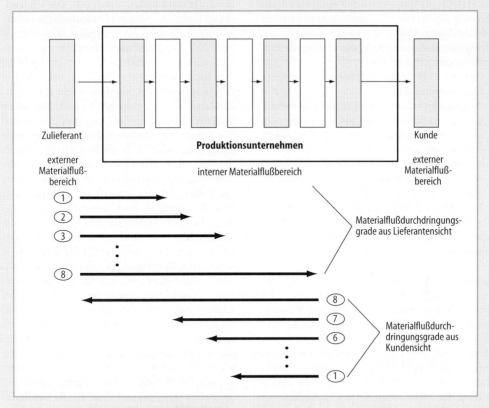

Bild 15-55 Materialflußdurchdringungsgrade von Behältern

densicht differenzieren (vgl. Bild 15-55). Mit Hilfe dieser Kenngrößen wird ermittelt, an welcher Stelle im Materialfluß der Übergang von Lieferanten- oder Kundenbehälter auf unternehmensinterne Behälter erfolgt. Den größten Materialflußdurchdringungsgrad besitzen Behälter, die unternehmensübergreifend standardisiert sind und folglich über Poolsysteme entsprechend organisatorisch eingebunden werden können. Ausgehend von der Zielsetzung der schnittstellenübergreifenden Materialflußintegration durch Just-in-time-Konzepte sind einerseits möglichst hohe Materialflußdurchdringungsgrade der Umlaufbehälter anzustreben. Andererseits ist die Ausgestaltung der durch den Materialflußdurchdringungsgrad angezeigten Schnittstellen infrastrukturell und organisatorisch besonders sorgfältig zu konzipieren. Im Zusammenhang mit der Realisierung von Just-in-time-Konzepten sind zwei Tendenzen bei der praktischen Umsetzung der Prinzipien und der effizienten Behältersystematik erkennbar:

– durchgängige Verwendung von Standardbehältern oder zumindest Verschiebung der Schnittstelle für den Behälterwechsel in das Industrieunternehmen,
– Kombination von Kreisläufen für leere und volle Behälter, zumeist unter Einbeziehung von Speditionskonzepten.

Durch die Bestimmung von Materialflußdurchdringungsgraden werden bereits wesentliche Hinweise für die Determinierung von durchgängigen Behälterkreislaufkonzepten gegeben [Wil95].

15.5.2.4 Behälterkreislaufsysteme

Behälterkreislaufsysteme bilden integrierte Produktions-, Transport-, Lager- und Behältersysteme mit Leergutrückführung. Form und Art der Umlaufbehälter stellen das Ergebnis einer den Anforderungen entsprechenden typenspezifischen Behälterentwicklung dar. Behälter sind derart in möglichst durchgängige Kreis-

laufsysteme zu integrieren, daß ein transparenter und effizienter Materialfluß gewährleistet werden kann. Mehrwegsysteme basieren auf Quelle-Senke-Beziehungen, wobei folgende Fragestellungen virulent sind:
- örtliche Anordnung der jeweils betrachteten Quelle und Senke,
- Anzahl der material- und informationsflußbezogenen Schnittstellen sowie system-technische Ausgestaltungsmöglichkeiten dieser Schnittstellen,
- organisatorische und zeitliche Abstimmungsmöglichkeiten zwischen Quelle und Senke sowie
- Koordination mehrstufiger vermaschter Regelkreise durch Layoutgestaltung, systemtechnische und ablauforganisatorische Lösungen.

Behälterkreislaufsysteme können auf verschiedenen Stufen implementiert werden. Denkbar sind Mehrwegsysteme innerhalb von Produktionsabschnitten, Produktionshallen oder über die ganze Produktion hinweg und immer komplexer werdend bis zum idealen, dem maximalen Behälterkreislaufsystem. Hierbei fließen standardisierte Umlaufbehälter über alle Stufen entlang der logistischen Kette vom Lieferanten über Produktion und Montage beim Industrieunternehmen, Lager und Transport zum Endabnehmer. Partiallösungen des Behälterkreislaufsystems sind in vielen Variationen realisierbar und sinnvoll. Vielversprechendes Beispiel bildet ein Mehrwegsystem mit Einbeziehung der Stufen der Wertschöpfungskette des Lieferanten sowie der Fertigung und Montage beim Abnehmerunternehmen. In der Automobilindustrie lassen sich hierzu zahlreiche Anwendungsfälle anführen.

Determinanten von Behälterkreislaufsystemen

Die wesentlichen Merkmale von Behälterkreislaufsystemen sind:
- EDV-gestützte Steuerung,
- Einsatz standardisierter, logistikgerechter Umlaufbehälter,
- Leerbehälterdisposition sowie die
- Kooperation aller Partner in der Transportkette.

Zur Sicherstellung eines effizienten Ablaufes ist es erforderlich, den Material- und Behälterfluß im Mehrwegsystem ständig zu überwachen. Hierfür wird der Materialfluß parallel durch den Informationsfluß überlagert. Die Überwachung und Steuerung der Umlaufbehälter übernimmt ein Zentralrechner. Dieser verwaltet sowohl die Bestandsdaten als auch die Bewegungsdaten der Behältnisse. Jeder am Kreislauf Beteiligte ist mit einem Terminal oder PC per DFÜ angeschlossen. Somit wird ein Informationsaustausch jederzeit ermöglicht. Vor allem bildet die Steuerung des Leerguts die wesentliche Aufgabe des Rechners. Beim Behälterkreislaufsystem entsteht durch den Rücktransport des Leerguts an den Lieferanten zur Wiederverwendung, zum Recycling oder zur Entsorgung der Umlaufbehälter zusätzlicher Aufwand. Der Fluß des Leerguts muß daher permanent gesteuert und überwacht werden. Eine wirtschaftlich effiziente Leergutüberwachung und -disposition regelt den optimalen Einsatz von Leergut unter Berücksichtigung der Material-, Produktions- und Informationsflüsse. Ziel des Überwachungssystems ist somit die Reduzierung der Kapitalbindung durch ungenutztes Leergut und der Kosten, die durch Belegung des Lagerraums entstehen. Durch den Einsatz zerlegbarer Umlaufbehälter können das Leervolumen und die Kosten für den Rücktransport stark reduziert werden. Behälter dieser Art bedürfen jedoch zusätzlichen Handlingsaufwand für die Demontage und die sich anschließende Montage. Eine intensive Zusammenarbeit zwischen den Vertragspartnern im Mehrwegsystem trägt wesentlich der Gestaltung kostengünstiger, leistungsfähiger und umweltfreundlicher Behälterkreislaufsysteme bei. Die Implementierung eines effizienten Behälterkreislaufes bedingt die Kooperation aller Partner des Kreislaufsystems. Produzent und Abnehmer müssen sich darüber verständigen, daß ausschließlich die vertraglich festgelegten standardisierten Systembehälter Verwendung finden. In gemeinsamer Absprache müssen Organisationsregeln des Kreislaufs geplant und vereinbart werden. Ein intensiver Informationsaustausch zwischen den Vertragspartnern erleichtert die Steuerung und Überwachung der Poolbehälter.

Bewertung von Behältersystemen

In den vergangenen Jahren war ein starker Trend zu Einweg- und Wegwerfbehältnisse erkennbar. Dieser Trend hatte seine Ursache darin, daß die Anforderungen und Kosten für Verwaltung, Leergutrücktransport, Reinigung und Reparatur bei Mehrwegbehältern ständig stiegen, während bei Einwegbehältnissen durch verbesserte Produktionsmethoden gleichbleibende oder sogar fallende Kosten zu verzeichnen waren. Hinzu kam, daß die Kosten für den Mehranfall von Verpackungsmüll und sonstige Folgekosten bei Einwegbehälter nicht oder in nur ungenügendem Maße Berücksichtigung fanden. Da in der Zukunft insbesondere mit stark steigenden Entsorgungskosten zu rechnen ist, stellt man in der Praxis nicht zuletzt auch aufgrund des gewachsenen Umweltbewußtseins der Verbraucher sowie der Verpackungsverordnung mit der Verpflichtung zur Rücknahme gebrauchter Behälter eine wachsende Tendenz zur Verwendung von Mehrwegbehältern fest. Mehrwegsysteme erfüllen im Gegensatz zu Einwegsystemen ihre Funktion in der Transportkette vom Produzenten bis zum Abnehmer mehrfach.

Die Kernfrage bei der Planung von Mehrwegsystemen oder wenn vorhandene Behältersysteme ersetzt werden sollen, lautet: „Wieviel darf ein Behälter und die Implementierung eines Behälterkreislaufsystems kosten?" Ziel der Analyse der Kostenwirkungen ist es, die wirtschaftlichen Wirkungen von Behälterkreislaufsystemen zu ermitteln. Betriebswirtschaftlich gesehen, ist man versucht, die Behälterkosten zu minimieren, wobei das Behältersystem nur soviel kosten sollte, wie die Funktionen, die es zu erfüllen hat, dem Verwender wert sind. Der Idealfall, nämlich daß keine Behälterkosten anfallen, ist immer dann gegeben, wenn ein Produkt ohne Behältnis transportiert werden kann. Die wesentlichen Kostenarten, die es im Zusammenhang mit der Auswahl von Behältersystemen zu analysieren gilt, bilden neben den Material-, Verwaltungs- und Transportkosten die Aufbereitungs-, Recycling- und Entsorgungskosten. Der Übergang von linearen Einwegsystemen, die nach einmaliger Verwendung deponiert oder zu Müllverbrennungsanlagen befördert werden, zu zyklischen Einwegsystemen, die nach einmaliger Verwendung verwertet (rezykliert) werden und zu Mehrwegbehältnissen ist zumeist nicht nur ökologisch, sondern auch ökonomisch sinnvoll. Die Kosten für die Entsorgung oder das Recycling bemessen sich an dem administrativen Aufwand, an den Transferkosten zu den jeweiligen Recycling- und Entsorgungsunternehmen sowie an den Kosten der Verwertungs- und Beseitigungsprozesse selbst. Während lineare Systeme ausschließlich Entsorgungskosten verursachen, wirkt sich die Verwendung zyklischer Einwegsysteme insbesondere auf die Recycling-

kosten negativ aus. Mehrwegsysteme können demgegenüber nach gewissen Aufbereitungsprozessen wie Reparatur, Reinigung und Funktionskontrolle wiederverwendet werden. Einen weiteren behältnisrelevanten Kostenblock bilden die Folgekosten. Diese umfassen die Kosten für Neuanlieferungen, Nachbesserungen und Lieferverzug. Sie sind auf der Basis von Erfahrungswerten in der Kostenrechnung zu berücksichtigen. Ihr Betrag ist um so höher, je weniger die Behälter den gestellten Anforderungen von Packgut, Umsystem und Nutzer gerecht werden. Die Auswahl von qualitativ höherwertigen und in der Regel teureren Mehrwegbehältern kann durch entsprechend geringere Folgekosten kompensiert werden [Wil95].

Durch die Installierung von Behälterkreislaufsystemen ergeben sich darüber hinaus Einsparungen aufgrund der Standardisierung von Behältern und der Reduzierung von Lagerzeiten im Rahmen einer Just-in-time-Produktion. Das in den Beständen gebundene Kapital kann drastisch gesenkt und anderen Verwendungszwecken zugeführt werden. Raumkosten entstehen einerseits durch die Lagerung leerer oder gefüllter Behälter an den dafür vorgesehenen Puffer- und Lagerorten, andererseits durch die Bevorratung leerer Behälter, die für den Rücktransport zum Hersteller oder Wiederverwender vorgesehen sind. Der Einsatz von standardisierten Behältern im Rahmen eines Mehrwegsystems ermöglicht eine durchgängige Transportkette. Ohne Umpackvorgänge können Teile über mehrere Stufen der logistischen Kette transportiert und bereitgestellt werden. Die Standardisierung ermöglicht somit eine Rationalisierung der Transport-, Lager- und Handlingtechnik. Die Einführung von Behälterkreislaufsystemen bewirkt eine Bestandsoptimierung auf den betroffenen Fertigungs- und Lagerstufen. Dieser Effekt ist unmittelbar auf die Festlegung des Behälterfüllgrads und der Anzahl der sich im Umlauf befindlichen Kreislaufbehälter zurückzuführen. Dadurch lassen sich aufgrund der erlangten Transparenz Mindest- und Höchstbestände festlegen. Zwischen diesen beiden Grenzwerten kann der Mitarbeiter frei disponieren. Die Optimierung des Umlaufbestands führt gleichzeitig zu einer Verkürzung der Durchlaufzeiten im Unternehmen. Kurze Durchlaufzeiten ermöglichen eine Reduktion der Lieferzeiten, ohne zusätzliche Fertigwarenbestände aufzubauen. Mit dem Behälter als Referenzeinheit kann automatisch eine Einigung auf Dispositions-, Abruf-, Produktions- oder Liefermenge entsprechend einer Behälterfüllmenge oder deren Vielfaches erfolgen. Dadurch entfällt der Abstimmungsaufwand zwischen den unterschiedlichen Bereichen im Unternehmen. Die Reduzierung der Behälterkomplexität auf wenige standardisierte Varianten bewirkt zugleich eine Verringerung des Verwaltungsaufwands bei den Partnern im Behälterkreislaufsystem.

Weitere Vorteile von Mehrwegsystemen liegen in der Einsparung knapper Einsatzstoffe, der Reduzierung des Energieverbrauchs, in geringeren Recycling- und Entsorgungskosten sowie in der Reduzierung schädigender Umweltbelastungen aufgrund der Verringerung von Deponie- und Müllverbrennungsaktivitäten. Nicht immer sind jedoch Mehrweg- den Einwegbehältnissen vorzuziehen. Es ist durchaus denkbar, daß Einwegsysteme bei einer Gesamtbetrachtung im speziellen Fall als wirtschaftlicher und sogar als umweltfreundlicher eingestuft werden können als konkurrierende Mehrwegbehältersysteme. So sind beispielsweise die Aufwendungen für die Reinigung gebrauchter Umlaufbehälter nicht immer ökonomisch sinnvoll oder häufig in ökologischer Hinsicht bedenklich.

15.5.2.5 Ökologie und Verpackung

Trotz vieler Bemühungen, industrielle Prozesse zu verbessern, Nebenprodukte zu verwerten oder zu recyclen und die Abfallmenge zu verringern oder idealerweise ganz zu vermeiden, fallen auch in absehbarer Zukunft noch beachtliche Mengen von Abfall an. Vor diesem Hintergrund ist schon bei der Verpackungsplanung (s. 16.5.1) darauf zu achten, den Verpackungsaufwand zu reduzieren und weitgehend recyclebare Materialien einzusetzen [Stre91]. Gefordert ist daher eine Betrachtungsweise, die die Probleme übermäßiger und umweltschädigender Verpackungen verdeutlicht und Lösungsansätze erkennen läßt. An die Stelle der bisherig vorherrschenden isolierten, unvernetzten und rohstoffvergeudenden Durchlaufökonomie tritt heute die Kreislaufökonomie. Kennzeichen dieser Kreislaufwirtschaft sind:

- die Verwendung regenerierbarer Ressourcen,
- der sparsamer Energieeinsatz,
- das Bewußtsein der Grenzen materiellen Wachstums,
- die Erstellung von umweltfreundlichen Langzeitverpackungen,

- ein weitgehendes Recycling und
- die ökologisch angepaßte Unternehmensplanung.

Vor allem beim innerbetrieblichen Transport läßt sich dadurch Verpackungsaufwand vermeiden, indem auf bereits vorhandene Packmittel und Transporthilfsmittel zurückgegriffen wird. Ebenso kann durch Implementierung innovativer Fertigungsabläufe wie beispielsweise Kanban-Systeme oder produktionssynchroner Materialbereitstellungsstrategien seitens der Zulieferer ein Großteil von Behältnissen überflüssig werden [Wil94]. Aufgrund der vertraglichen Vereinbarung zur ausschließlichen Verwendung standardisierter Mehrwegbehälter kann auf eine gesonderte Verpackung zur Lagerung gänzlich verzichtet werden und innerbetriebliche Transportaufgaben fallen nur noch im Rahmen der Fertigung an. Durch eine gezielte Verpackungsplanung unter Berücksichtigung ökologischer Aspekte kann der Verpackungsaufwand auch beim Endverbraucher stark reduziert werden. Dies wird durch die Verwendung von Mehrwegverpackungen unterstützt. Die Prävention ist der Nachsorge vorzuziehen [Pfo90, Stre91]. Die Forderung lautet daher, nicht erst die Verpackungen herzustellen und in Verkehr zu bringen, um dann nach Lösungen der Entsorgung zu suchen, sondern bereits zum Entstehungszeitpunkt der Verpackungen deren Vermeidbarkeit, Recyclingfähigkeit oder Entsorgungsfreundlichkeit zu prüfen und zu antizipieren. Aufbauend auf dieser systemorientierten Betrachtungsweise muß aufgezeigt werden, in welchen Bereichen auf Verpackungen verzichtet oder der Aufwand reduziert werden kann. Weiterhin sind Lösungen zur Entsorgung unvermeidbarer Verpackungen zu antizipieren, wobei das Recycling gebrauchter Verpackung gegenüber der Entsorgung zu präferieren ist. Recycling gilt heute als die Leitidee zur Lösung der Rohstoff-, Abfall- und Entsorgungsprobleme. Es ist jedoch zu beachten, daß mit dem Problemlösungsansatz des Recyclings die Frage nach der Notwendigkeit von Verpackungen und Verpackungsweisen verdrängt wird. Recycling ist als eine Technik der Nachsorge („end of the pipe") zu sehen. Hierbei findet die Prävention, also die Berücksichtigung der Verpackungsvermeidung im Planungs- und Herstellungszeitraum der Behältnisse zu geringe Berücksichtigung. Die Verbrennung oder Deponierung sollte als ultimative Lösungsalternative angesehen werden. Der Wegfall von Verpackungen durch entsprechende Innovationen läßt die Verpackungskosten auf Null sinken. Geringerer Einsatz von Verpackungen bewirkt reduzierte Beschaffungs- oder Herstellungskosten. Darüber hinaus senkt die Rückführung gebrauchter Verpackungen in den Kreislauf als Sekundärrohstoff erheblich die Materialkosten für Einsatzstoffe.

Aus ökologischer und aus ökonomischer Sicht ist es sinnvoll, Verpackungen wegzulassen, zu reduzieren oder zu recyceln und den Umstieg von Einweg- auf Mehrwegsysteme zu forcieren. Durch Volumen- und Gewichtsreduzierung der Verpackungen werden Transportaufgaben mit weniger Aufwand erfüllt. Den dadurch eingesparten Transportkosten stehen jedoch die Zusatzkosten für den Rücktransport des Leerguts gegenüber. Diese lassen sich durch eine organisatorisch angepaßte Logistikstruktur mit entsprechend ausgestalteten Redistributionssystemen oder durch den Anschluß an Poolsysteme verringern. Insgesamt kann eine Kosteneinsparung durch die konsequente Ausnutzung von Potentialen zur Verpackungsreduzierung sowie die Implementierung von Mehrwegsystemen erwartet werden. Hinzu kommen Erlöse und Vorteile, die durch den Verkauf oder die Verwendung von Sekundärrohstoffen realisiert werden können.

Literatur zu Abschnitt 15.5

[Ada93] Adam, D.: Ökologische Anforderungen an die Produktion. In: Adam, D. (Hrsg.): Umweltmanagement in der Produktion. (SzU, 48). Wiesbaden: Gabler 1993, 5–31

[AbfG] Abfallgesetz: Gesetz über die Vermeidung und Entsorgung von Abfällen vom 27.August 1986, BGBl. I, S. 1410

[Dam90] Damkowski, W.; Elsholz, G.: Abfallwirtschaft. Opladen: 1990

[Dut94] Dutz, E.; Femerling, C.: Prozeßmanagement in der Entsorgung. DBW 54 (1994), Nr. 2, 221–245

[Hee84)] Heeg, F.J.: Recycling-Management. Management-Z. io 53 (1984) 506–510

[Jün89] Jünemann, R.: Materialfluß und Logistik. Berlin: Springer 1989

[Mat92] Matschke, J.; Lemser, B.: Entsorgung als betriebliche Grundfunktion. BFuP 44 (1992), Nr. 2, 85–101

[Pfo90] Pfohl, H.-C.: Logistik-Systeme. 4. Aufl. Berlin: Springer 1990

[Pfo94)] Pfohl, H.-C.: Die Bedeutung der Entsorgung für die Unternehmenslogistik. In: Hansemann, K.-W. (Hrsg.): Marktorientiertes Umweltmanagement. (SzU, 50/51). Wiesbaden: Galber 1994, 117–158

[Rin91] Rinschede, A.; Wehking, K.-H.: Entsorgungslogistik I. Berlin: 1991

[Str80] Strebel, H.: Umwelt und Betriebswirtschaft. Berlin: 1980

[Stre91] Strebel, H.: Integrierter Umweltschutz. In: Kreikebaum, H. (Hrsg.): Integrierter Umweltschutz. 2. Aufl. Wiesbaden: Gabler 1991, 3–16

[Wil94] Wildemann, H.: Die modulare Fabrik. 4. Aufl. München: TCW-Transfer-Centrum GmbH 1994

[Wil95] Wildemann, H.: Behältersysteme. 2. Aufl. München: TCW-Transfer-Centrum GmbH 1995

Kapitel 16

Koordinator

Prof. Dr. Reinhardt Jünemann

Autor

Prof. Dr. Reinhardt Jünemann (16.1 - 16.5)

Mitautoren

Dipl.-Ing. Uwe Moszyk (16.1, 16.2)
Dipl.-Ing. Rainer Hartmann (16.3)
Dr.-Ing. Fred Bittner (16.4)
Dipl.-Ing. Frank Wollboldt (16.5.1)
Dipl.-Ing. Gerhard Berghoff (16.5.2)
Dipl.-Ing. Thorsten Böcker (16.5.3)
Dipl.-Ing. Norbert Hülsmann (16.5.4)
Dipl.-Ing. Andreas Kleinschnittger (16.5.5)
Dipl.-Ing. Georg Pissowski (16.5.6)
Dipl.-Ing. Joachim Schulte (16.5.7)

16 Logistiksysteme

Logistiksysteme

Die Aufgabe logistischer Systeme ist die Erfüllung der von ihnen geforderten logistischen Leistungen. Meßbar wird die logistische Leistung durch Kennzahlen, wie z. B. Servicegrade und -zeiten. Der Servicegrad beschreibt die Güte der Erfüllung der an das System gerichteten Aufträge. Die Servicezeit charakterisiert die Reaktionsschnelligkeit des logistischen Systems.

16.1 Planung von innerbetrieblichen Logistiksystemen

Um die vielfältigen Anforderungen an die logistischen Systeme beherrschbar zu machen, ist es notwendig, sie zu strukturieren. Die logistikorientierte Produktion läßt sich über eindeutig definierte Schnittstellen in „Funktionsbereiche"

gliedern. Diese zeichnen sich durch weitgehende Eigenständigkeit und Verantwortung in der Ausführung der ihnen zuzuschreibenden Aufgaben aus. Sie werden als „autonome Subsysteme" bezeichnet. Für eine logistikorientierte Strukturierung, beispielsweise einer Produktion, genügen die fünf Strukturierungselemente:
- Bedarfspuffer mit Material vor dem nächsten Wertschöpfungsprozeß,
- Fertigungsprozeß der Wertschöpfung,
- Bestandspuffer mit bearbeitetem Material,
- Materialflußprozeß mit entsprechenden Transport-, Umschlag- und Lageraufgaben,
- Funktionspuffer zwischen zwei Materialflußprozessen (Bild 16-1).

Die Betriebsmittel der Logistik stellen einen zweiten Strukturierungsansatz dar (Bild 16-2). Jedes logistische System benötigt zur Erfüllung der von ihm zu fordernden logistischen Lei-

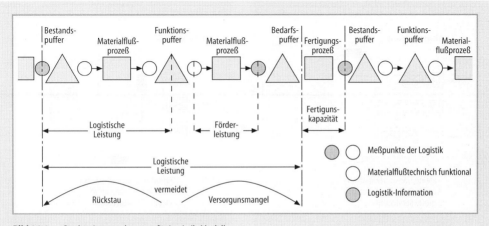

Bild 16-1   Strukturierungselemente für Logistik-Modelle

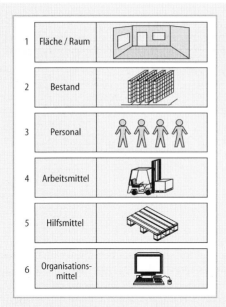

1	Fläche / Raum	
2	Bestand	
3	Personal	
4	Arbeitsmittel	
5	Hilfsmittel	
6	Organisations-mittel	

Bild 16-2   Die „6 knappen Betriebsmittel der Logistik"

stung den Einsatz von Personal, Lager- und Transportmitteln, entsprechenden Hilfsmitteln technischer und organisatorischer Art, Beständen sowie Fläche bzw. Raum. Ein ideales logistisches System minimiert die Aufwendungen für diese sechs „knappen" Ressourcen. Sie stellen somit den grundlegenden Ansatz zur Bewertung logistischer Systeme dar – gleichermaßen für die Planung als auch für den Betrieb.

Die logistische Aufgabe wird durch die Gestaltung der Transport- und Pufferkapazität bewältigt (Bild 16.3).

Der Planer hat das System so zu bemessen, daß die logistische Leistung optimal erfüllt wird. Dies bedeutet, daß die Aufwendungen für die Betriebsmittel der Logistik, hier insbesondere Bestandskosten, durch Pufferkapazitäten und FTS-Kosten, zu minimieren sind. Gleichzeitig muß die geforderte Servicezeit der Transportaufträge gewährleistet sein.

Aufgabe der Planung ist es, aus der Zielsetzung einer wirtschaftlichen Erfüllung der logisti-

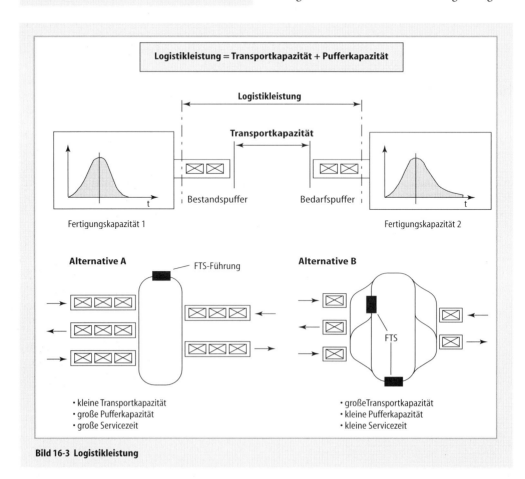

Bild 16-3 Logistikleistung

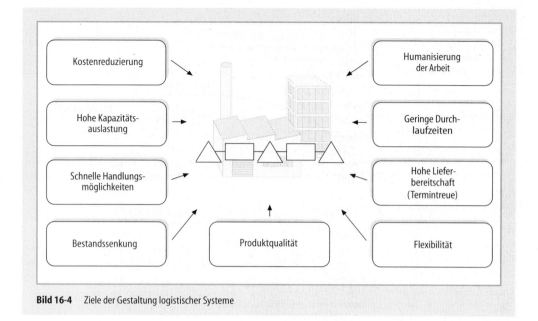

Bild 16-4   Ziele der Gestaltung logistischer Systeme

schen Leistung die in Bild 16-4 dargestellten Gestaltungsziele für logistische Systeme abzuleiten.

Die Aufgabe einer anforderungsgerecht funktionierenden Logistik ist es, Funktionsbereiche eines Produktionssystems so „einzustellen", daß sie den geforderten Zielen genügen. Aus dem in Bild 16-5 gezeigten Verläufen der Folgekosten bei zu hohen bzw. zu niedrigen Beständen ergibt sich ein „kostenminimaler" Bestand.

Mit diesem Bestand korrespondieren niedrige Durchlaufzeiten und eine hohe Produktionsleistung.

Dieser Sachverhalt läßt sich durch eine einfache Analogie veranschaulichen. Betrachtet man die Höhe der Bestände in den einzelnen Produktionsbereichen des Unternehmens als Höhe des Wasserspiegels in einem Flußlauf, dann werden mögliche Probleme als Steine im Flußbett sichtbar. Bei genügend hohem Wasserstand (also hohen Beständen) werden Probleme verdeckt – dafür ist der Preis hoher Kapitalbindung und damit verbundener Risiken zu zahlen. Schrittweises Senken der Bestände läßt die bisher nicht erkennbaren Probleme zu Tage treten. Lösungsbedarfe werden deutlich (Bild 16-6).

16.1.1 Planungsanstoß

Ein Planungsprozeß und damit als erster Schritt die Festlegung und Konkretisierung der Pla-

nungsziele werden i. allg. durch konkrete Anlässe ausgelöst. Dazu gehören kreative Einflüsse, z. B. die Idee zu neuen Produkten, neue technische Entwicklungen und Sachzwänge wirtschaftlicher, unternehmensinterner oder gesetzlicher Art. Durch die Verlagerung der Ausrichtung von der anonymen Konsumorientierung zur individuellen kundenorientierten Marktbedienung sind die Faktoren Lieferservice, Qualität und Preis in den letzten Jahren immer dominierender geworden.

16.1.2 Planungsvorbereitung

Im Rahmen der Planungsvorbereitung sind neben den organisatorischen Maßnahmen, wie z. B. Festlegung des Termin- und Budgetrahmens, Benennung des Projektteams und Beschaffung der notwendigen Arbeitsmaterialien, auch die Anforderungen an das zu planende System festzulegen.

Insbesondere ist die Analysephase (Systemstudie) im Rahmen der Planungsvorbereitung ausreichend zu bemessen. Wie in Bild 16-7 gezeigt, ist in dieser Zeitspanne die Beeinflussung der späteren Investitionen besonders hoch.

Die Schlußfolgerung, den Planungsaufwand dementsprechend hoch anzusetzen, ist falsch. Lang ausgedehnte Planungszeiträume führen zu einer Verzögerungen bis zur Realisierung. Weiterhin erhöhen sie – bedingt insbesondere durch

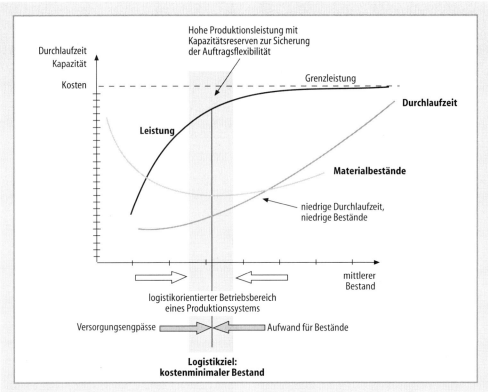

Bild 16-5 Logistik-Betriebsbereiche

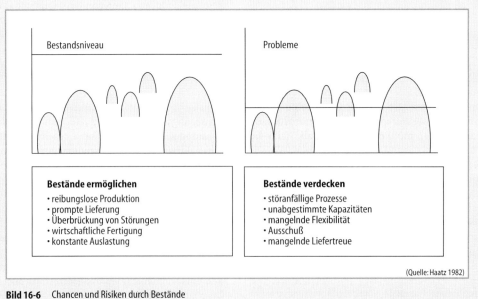

Bild 16-6 Chancen und Risiken durch Bestände

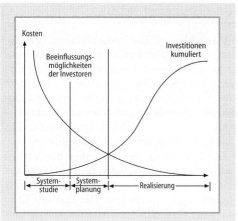

Bild 16-7 Investitionen und Grad der Beeinflußbarkeit

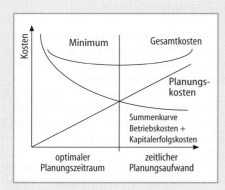

Bild 16-8 Gesamtkosten einer System-Neuplanung

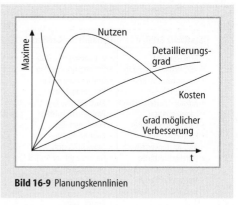

Bild 16-9 Planungskennlinien

Während Planungsprozesse in der Vergangenheit einen eher reagierenden Charakter aufwiesen, d.h. nur im Bedarfsfall aktiv wurden, wird künftig auf der Grundlage eines umfassenden Datenmanagements eine permanente Planungsbereitschaft große Bedeutung erhalten. Sie ermöglicht, regelmäßig und aktuell aus dem „Tagesgeschäft" heraus bestimmte Kennzahlen zu bilden und damit den logistischen Betrieb zu bewerten.

16.1.3 Schaffung einer Planungsbasis

Die Schaffung einer Planungsbasis ist eine Grundvoraussetzung für die Nachvollziehbarkeit und Beweisführung der späteren Ergebnisse. In der Praxis erweist sich diese Phase als sehr aufwendig und mühsam, da die planungsrelevanten Daten oft nicht im Unternehmen vorhanden sind. Bild 16-10 zeigt exemplarisch Planungsdaten für eine Lagerplanung.

Neben den dargestellten Kennzahlen sind oft weitere Informationen für die Lösung der spezifischen Aufgabenstellung notwendig. Nach Festlegung der zu untersuchenden Funktionen sind diese in einer Struktur anzuordnen und ablauforganisatorisch zu verknüpfen. Dabei erfolgt sukzessive die Ausgestaltung der Bereiche und deren Integration zu einem Gesamtsystem.

Für die im Rahmen der Planungsvorbereitungen notwendige Beschaffung der Planungsdatenbasis existiert eine Vielzahl von Methoden, deren Einsatzzweck im Einzelfall zu entscheiden ist. Die Durchführung sollte sich an der in Bild 16-11 aufgezeigten Vorgehensweise orientieren. Die Phase der Planungsvorbereitung schließt mit der Dokumentation der Planungsdatenbasis ab.

den personellen Aufwand – die Planungskosten, ohne die Planungsqualität deutlich verbessern zu können (Bild 16-8).

Damit der Zeitaufwand der Planung minimal wird, sind Kontrollinstrumente notwendig. Bild 16-9 zeigt qualitative Kennlinien, die den Planungsprozeß über der Zeit charakterisieren. Die anfallenden Kosten für die Projektabwicklung lassen sich in der Regel linear zur Zeit darstellen. Hierunter fallen alle für den Planungsprozeß notwendigen Aufwände, wie Personal, Dokumentationsmaterial, EDV, aber auch Fremdleistungen (z.B. externe Dienstleister).

In der Praxis läßt sich das Optimum zwischen zunehmendem Zeiteinsatz und erreichtem Detaillierungsgrad nicht grundsätzlich fixieren. Während der Projektlaufzeit werden deshalb permanent die strategischen Vorgaben mit den erreichten Planungsergebnissen verglichen.

Statische Größen	Dynamische Größen
• Artikelanzahl • ABC-Artikelverteilung • Gesamtdurchschnitts- bestand • Anzahl Paletten/Artikel • Lagerkapazität • Lagerplatzkapazität • Kosten/Artikel • ABC-Kostenverteilung • Durchschnittliche Gesamtbestandskosten • Durchschnittliche Bestandskosten/Artikel	• Wareneingänge/Tag • Warenausgänge/Tag • Umlagerungen/Tag • Umschlag/Jahr • Auftragszahl/Tag • Positionen/Auftrag • Positionen/Tag • Zugriffe/Position • Gewicht/Zugriff • Gesamtzahl der Artikel im täglichen Zugriff • Gesamtumschlags- kosten • Kosten/Lager- bewegung

Bild 16-10 Lagerkennzahlen nach Kwijas, Sorres

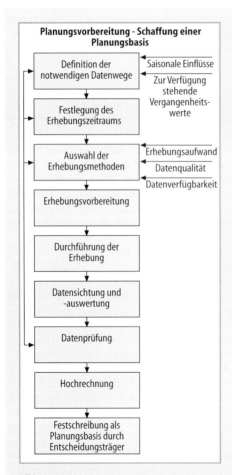

Bild 16-11 Schaffung einer Planungsbasis

16.1.4 Grobplanungsphase

Im Anschluß an die Festschreibung der Planungsbasis erfolgt die Grobplanung. Notwendige Voraussetzung ist eine verabschiedete Planungsdatenbasis. Die Grobplanung dient dem Zweck der Überprüfung von Grundsatzvarianten. Dazu werden Varianten nach Funktionsstrukturen idealtypisch erzeugt, ohne Berücksichtigung der notwendigen Investitionen.

Die Bewertung der Varianten hinsichtlich technischer und wirtschaftlicher Durchführbarkeit kann mittels Morphologischer Analysen oder Nutzwertanalysen erfolgen. Das Ergebnis ist in Form des Grob-Pflichtenhefts, der Layout-Entwürfe und der geschätzten Investitionen zu dokumentieren.

16.1.5 Feinplanungsphase

In der Feinplanungsphase erfolgt eine detaillierte Ausplanung der in der Grobplanung erarbeiteten Varianten. Hierbei sind beispielsweise bei der Lagerplanung die genauen Fachabmessungen im Reallayout mit Stützenraster sowie geplante Organisationsstrukturen, der Einsatz unterschiedlicher Kommissionierstrategien oder die Einrichtung von Schnelläuferzonen festzulegen.

Nach der Entscheidung für eine Variante erfolgt die Anfertigung eines Feinpflichtenheftes für die zum Einsatz kommende Systemtechnik und Festlegung der dazu notwendigen Steuerung. Das Feinpflichtenheft kann gleichermaßen für die Erstellung der Ausschreibungsunterlagen verwendet werden.

16.1.6 Planungsüberprüfung

Obgleich die Abfolge der Planungsschritte eine lineare Vorgehensweise begünstigt, ist es notwendig, nach Beendigung jeder Planungsphase eine Überprüfung der Zielvorgaben durchzuführen. Eine Planung versteht sich somit als iterativer Prozeß, dessen Erfüllungsgrad permanent gemessen wird.

16.1.7 Realisierungsplanung

Die Phase der Ausschreibung und Realisierung erfordert einen engen Kontakt zu Lieferanten. Es empfiehlt sich ein formalisiertes Vorgehen, das die Ziele

- Schaffung eines einheitlichen Anfragestands,
- Vergleichbarkeit eingehender Angebote,
- Überwachung des Investitionsbudgets,
- vollständige und sichere Abnahmebedingungen,
- vollständige Dokumentation

verfolgt.

Die Konsolidierung als Abschluß einer Planung und Realisierung darf keinesfalls unterschätzt werden. Anlaufschwierigkeiten – insbesondere bei hochtechnisierten Lösungen –, Terminverzögerungen, Schulungsbedarfe für die Mitarbeiter und Reibungsverluste durch erforderliche Umbauten und Neuorganisationen müssen beachtet werden.

16.2 Planungsmittel

16.2.1 Rechnergestützte Planung

Bei der Planung innovativer, komplexer Materialflußsysteme erwachsen für den Planer Anforderungen, die weit über ausschließliche Kapazitäts- und Durchsatzberechnungen hinausgehen. Die wichtigste geforderte Eigenschaft der zu planenden Systeme ist eine ausreichende Flexibilität bezüglich sich ändernder Randbedingungen aus dem Betrieb (Produktionsschwankungen, saisonale Schwankungen, neue Produkte). Die Planung und der Betrieb solcher flexiblen, integrierten Materialflußsysteme mit stochastischen Systemlasten ist aufgrund der Komplexität der Systeme oft nicht mehr mit manuellen Methoden möglich. Der hohe Verarbeitungsaufwand der Planungsdaten läßt sich rationell nur noch EDV-gestützt durchführen. Dadurch ist die erforderliche Datenvielfalt besser beherrschbar. Die im Planungsprozeß gewonnenen und aufgearbeiteten Daten können weit über den eigentlichen Planungsbereich hinaus genutzt werden. Mit Rechnerunterstützung können alternative Lösungsmöglichkeiten durch Variation einzelner Eingangsparameter (Durchsatz, Kapazität usw.) bei gleichbleibender Planungsqualität in kürzester Zeit einander gegenübergestellt und dokumentiert werden.

Die Nutzung des Rechners im Planungsprozeß beschränkt sich heute noch auf die Bereitstellung unterschiedlicher Instrumente mit meist sehr spezialisiertem Lösungsraum. So haben sich einige Planungsinstrumente beispielsweise zur Lagerdimensionierung oder zur Personaleinsatzplanung herausgebildet, die den klassischen Ge-

staltungsprozeß beschleunigen und durch einen rationellen Ablauf mehr Raum für kreative Tätigkeiten des Planers schaffen.

Auf die rechnergestützte Datenanalyse und die Schaffung von Plandaten wird in 16.2.1.2 näher eingegangen. Der sich der Herstellung der Datenbasis anschließende Schritt des Entwurfes von Prozeßvarianten bzw. der Prinzip- und Strukturplanung läßt sich durch unterschiedliche Verfahren der Rechnernutzung rationeller gestalten. Programmsysteme mit integrierten Optimierungsalgorithmen dienen zur Klärung der Fragen nach Struktur und Standort (s. 16.2.1.3). Im Bereich der Systemplanung etabliert sich vor allem die Simulationstechnik in zunehmendem Maße. Zur Entwicklung notwendiger Ausgangspläne (Dimensionierungsplanung, Grenzleistungsberechnungen, Variantenberechnungen) haben sich verschiedene Instrumente bewährt (s. 16.2.2). Wissensbasierte Systeme (s. 16.2.3) finden bei der Auswahl optimaler Techniken bereits ihre Anwendung, und Grobsimulatoren „beantworten erste Dimensionierungsfragen".

16.2.1.1 Permanente Planungsbereitschaft

Das derzeit entscheidende Defizit der Planung von Materialflußsystemen liegt im Ablauf der Planung. Charakteristikum des Planungsablaufes ist, daß im gesamten Planungszeitraum ein iterativer Prozeß durchlaufen wird. Ergebnisse eines jeden Planungsschritts werden mit der jeweils bestehenden Aufgabe der Planungsphase verglichen, werfen gegebenenfalls neue Fragestellungen auf und führen dazu, Planungsphasen zu wiederholen. Diese Iteration ist und bleibt auf den Planungsprozeß begrenzt. Sie ist zum Ende der Planung mit der Realisierung der Planungsergebnisse abgeschlossen.

Vorausgesetzt, der Planungsprozeß ist ausreichend genau dokumentiert, ist es mit geringem Aufwand möglich, auf sich ändernde Betriebsbedingungen zu reagieren, bevor Störungen im betrieblichen Ablauf entstehen. Eine solche ständige Planungsbereitschaft läßt sich nur realisieren, wenn die planungsbestimmenden Kenngrößen als Führungsgrößen des Betriebs laufend kontrolliert werden. Es müssen alle Daten aus den durchgängigen Informations- und Steuerungssystemen (s. 16.3 und 16.4) genutzt, verdichtet und verwertet werden. Dazu ist im Betrieb ein Meß- und Bewertungssystem zu installieren, das im Rahmen der Planung konzipiert wird.

Der Weg zu einer permanenten Planungsbereitschaft liegt also darin, die Iteration nicht auf die Planung zu begrenzen, sondern von der Planung auf den Betrieb logistischer Systeme auszudehnen. Eine veränderte Planungsmethode – einschließlich dazu notwendiger technischer und organisatorischer Randbedingungen in Form einer „Rechnerdurchdringung" des Planungsprozesses – ist dafür Voraussetzung. Neben den derzeit meist vorliegenden betriebswirtschaftlichen Daten werden logistische Daten, wie Durchlaufzeiten und Termintreue, eine immer stärkere Bedeutung für das Unternehmen, erhalten.

16.2.1.2 Planungsdatenanalyse

Verfügbare Datenbestände eines Unternehmens sind heute in erster Linie nach kaufmännisch-wirtschaftlichen Belangen ausgerichtet [Gus88]. Die Daten, die der Materialflußplaner benötigt, sind, wenn überhaupt, nur schwer daraus abzuleiten. Oft müssen sie abgeschätzt werden, obwohl sie prinzipiell bestimmbar wären, da Produktionsprogramme und Arbeitspläne die Er-

mittlung z. B. produzierter Stückzahlen ermöglichen. Angaben über die zu transportierenden Ladeeinheiten – notwendig für die Dimensionierung einer Fördertechnik – sind hingegen meist nicht verfügbar. Reichweiten sind wertmäßig bezogen auf Lagerbestände bekannt, nur selten jedoch können sie in Form von Mengenangaben, Stück, Volumina angegeben werden. Ihre Kenntnis ist die Voraussetzung beispielsweise für die Festlegung erforderlicher Puffer- und Lagerkapazitäten. Aus diesem Grund müssen Software-Systeme geschaffen werden, welche die existierenden Fabrikdaten erheben (Istzustands-Aufnahme) und zu planungsrelevanten Kennwerten verdichten (Schaffung einer Planungsdatenbasis).

Bild 16-12 veranschaulicht den Prozeß der Istzustands-Aufnahme, der zur Vorbereitung der anzuschließenden Planungsschritte dient [Jün88]. Im Rahmen der Datenaufnahme werden Daten über die Artikel- und Auftragsstruktur sowie die Art und Weise der Auftragsabwicklung gesammelt [Jün71]. Sowohl die Artikel- als auch die Auftragsstruktur ist in Zustands- und Bewegungsgrößen zerlegbar. Zustandsgrößen sind direkt meßbar, da sie eine zeitpunktsbezogene

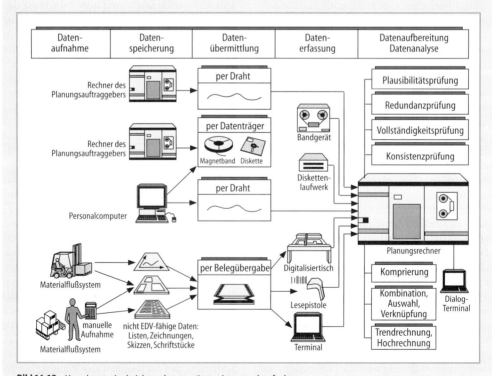

Bild 16-12   Vorgehensweise bei der rechnergestützten Istzustandsaufnahme

Eigenschaft bzw. einen zeitpunktsbezogenen Zustand widerspiegeln. Bei den Artikeldaten liegen beispielsweise bei der Lagerplanung typische Zustandsgrößen in Form von Artikelnummer, Bezeichnung, Abmessungen, Gewicht, Bestand, Verpackung oder Ladehilfsmittelzuordnung, bei den Auftragsdaten in Form der Zu- und Abgänge pro Position, Auftragsdatum, Auftragsnummer, Auftragsart, Positionsnummer, Artikelnummer der Auftragspositionen sowie Versandart vor. Aus diesen Größen werden mit Hilfe von Berechnungs- und Verdichtungsverfahren weitere Zustandsdaten ermittelt. Solche verdichteten Artikeldaten sind beispielsweise Artikelgruppe, Reichweite pro Artikelgruppe und Sicherheitsbestand.

Werden Zustandsgrößen auf die Zeit bezogen, erhält man Bewegungsgrößen, die dynamische Prozesse der Systeme charakterisieren. Bei den Artikeldaten sind dies z. B. die zeitbezogene Anzahl der Ein- und Auslagerungen, bei den Auftragsdaten beispielsweise die „Rate" = Anzahl durch Zeit, Volumen pro Zeit oder Versandeinheiten pro Zeit.

Mit dieser Vorgehensweise läßt sich eine vollständige Beschreibung des bestehenden Ist-Zustandes gewinnen. Das Verfahren ist, wie es für die Erhebung von Lagerplanungsdaten heute schon genutzt wird, vollständig an Datenverarbeitungssysteme übertragbar [Jo88]. Bei der rechnergestützten Analyse von Lagerdaten werden, beispielsweise in Abstimmung mit dem Auftraggeber einer Planung, im Unternehmensrechner gespeicherte Daten per Magnetband an den Planungsrechner überspielt und dort aufbereitet. Dabei erfolgen umfangreiche Tests auf Plausibilität, Vollständigkeit, Redundanz und Konsistenz. Je nach angestrebtem Auswertungsziel können fehlende Daten aufgezeigt und ergänzt werden.

Auf der Basis der ermittelten Ist-Daten folgt eine Ableitung des Sollzustandes. Dazu werden in einem ersten Schritt Prognose- bzw. Trendberechnungen durchgeführt, um daraus die zukünftige Entwicklung zu gewinnen. Gegebenenfalls können Zukunftserwartungen auch von seiten der Unternehmensleitung vorgegeben werden.

16.2.1.3 Materialflußstrukturplanung

Der Materialflußplaner stößt bei Rationalisierungs- und Erweiterungsplanungen häufig auf die Fragestellung, ob es noch sinnvoll ist, Teilprozesse innerhalb einer vorgegebenen Fabrikstruktur zu optimieren, oder ob eine Überarbeitung der gesamten Fabrikstruktur durchgeführt

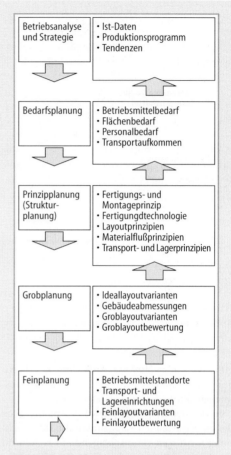

Bild 16-13 Genereller Planungsablauf der Fabrikplanung

werden sollte. Durch eine optimale Anordnung der Betriebsmittel zum Produktionsablauf können die Materialdurchlaufzeiten durch den Produktionsprozeß beeinflußt und Bestände sowie Handhabungsaufwand gesenkt werden. Dazu müssen in der Regel alle Stufen einer Produktionsstättenplanung, wie
– Betriebsanalyse und Strategieplanung,
– Bedarfsplanung,
– Prinzipplanung (Idealplanung),
– Grobplanung und
– Feinplanung
in ihren unterschiedlichen Detailierungsgraden (vgl. Bild 16-13) gleichzeitig beachtet werden [Wie85].

Die Betriebsanalyse dient der Erhebung repräsentativer Produktgruppen und deren Abläufe. Über die Entwicklung eines zukunftsorientierten Szenarios können sowohl Entwicklungspotentiale als auch strukturbeeinflußende Strate-

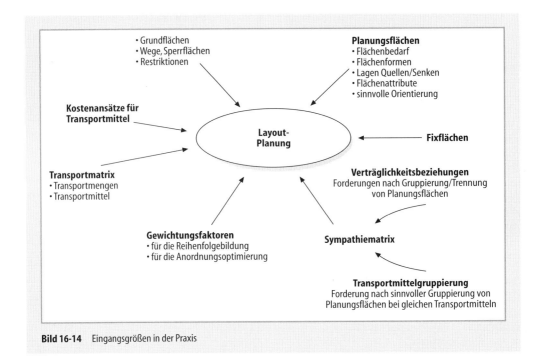

Bild 16-14 Eingangsgrößen in der Praxis

gien, wie beispielsweise Änderung der Fertigungstiefe (Make-or-buy) oder Organisationsformen (Profit-Center) abgeleitet werden.

In der Bedarfsplanung wird in Abhängigkeit der zu erwartenden Kapazitäten die Hochrechnung für die zu veranschlagenden Flächen für Produktions-, Logistik- und Sozialbereiche durchgeführt. Hier fließen Angaben über die notwendigen Betriebsmittel und Personalstärken ebenso ein wie erste Aussagen über die Transportströme und Transportleistungen.

In der Prinzipplanung werden grundsätzliche Strukturen auf ihre Bedeutung hinsichtlich der Aufgabenstellung überprüft. Wesentliche Strukturierungsmerkmale sind Vorgaben zum Fertigungs- und Montageprinzip (Werkstattfertigung, Fließfertigung usw.). Die Analyse des Produktionsprogramms erlaubt die Ableitung der Materialflußprinzipien (beispielsweise linearer oder U-förmiger Materialfluß). Soweit nicht schon in der Bedarfsplanung ermittelt, erfolgt in der Prinzipplanung neben der Festlegung der Flächengrößen auch eine Bestimmung der Flächenformen.

Daraus ergeben sich Vorgaben für die anschließende Grob- und Feinlayoutplanung. Neben dem quantitativen und qualitativen Materialfluß und dem ermittelten günstigsten Fertigungsprinzip sind die wirtschaftlichste Lager-

und Transportstruktur und andere Randbedingungen zu berücksichtigen [Bra89].

Eine manuelle Planung wäre wegen der Komplexität aufwendig und zeitraubend. Die gestiegenen Anforderungen an den Fabrikplaner, nicht mehr kleine, abgeschlossene Bereiche zu optimieren, sondern das komplexe Gesamtsystem „Fabrik" unter Berücksichtigung aller Material- und Informationsflüsse zu gestalten, verlangt den Einsatz rationeller Methoden zur Lösungsfindung.

Beispielhaft sei hier ein Layout-Planungsprogramm mit den Komponenten Graphik, Auswertung und Optimierung genannt. Durch solche Programme wird der Planer von Routineaufgaben entlastet und aktiv in seiner Entscheidungsfindung unterstützt. Das Einsatzgebiet erstreckt sich von der Idealanordnung von organisatorischen Bereichen bis hin zur Detailplanung der Maschinenstellplätze und deren Anbindung an die Materialflußwege unter Verwendung alternativer Transportsysteme. Die relevanten Eingangsgrößen sind in Bild 16-14 dargestellt.

16.2.1.4 Assistenzsysteme zur Layoutplanung

Um die Diskrepanz zwischen algorithmisch (und auch heuristisch) lösbaren Teilaspekten und

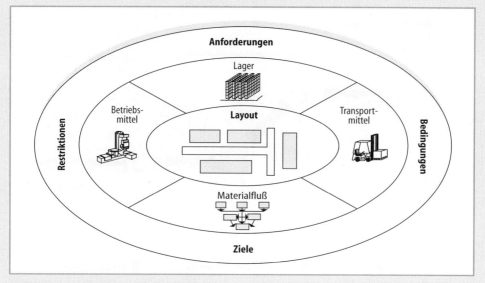

Bild 16-15   Interdependenzen in der Layoutplanung

ganzheitlichen Anforderungen einer Layoutplanungsaufgabe zu überwinden, reicht eine Erweiterung bestehender problemlösender Systeme um beispielsweise wissensbasierte Methoden nicht aus (Bild 16-15). Es ist eine Ausrichtung der Software notwendig, bei der System und qualifizierter Benutzer gemeinsam mit wechselnden Initiativen zu einer optimalen Lösung kommen. Dazu ist es notwendig, daß

– der Planer Lösungen für Teilaufgaben (z. B. Lagertypen) skizziert und die Rechenkapazität des Systems zur Bewertung und Überprüfung dieser Hypothesen nutzt,

– der Planer das System als Informationssystem (Wissensspeicher) einsetzt, um seine Entscheidungen für Lösungsvarianten auf eine gesicherte Basis zu stellen sowie die Lösung und den Lösungsweg zu dokumentieren,

– das System definierte Teilaufgaben wie z. B. die Auswahl von Objekten oder die Ermittlung einer optimalen Fertigungsart selbständig berechnet.

Zusammen mit neuen Grafikoberflächen und Interaktionsmöglichkeiten liefern Assistenzsysteme Perspektiven einer rechnergestützten Planung am Arbeitsplatz, die in bezug auf Qualität und Effizienz der Planung neue Maßstäbe setzen und dem existierenden Bedarf einer angemessenen Unterstützung der Planung zusätzlichen Anschub geben.

Die Schaffung eines expliziten Planungsmodells unterstützt die Integration verschiedener Instrumente für unterschiedliche Teilaufgaben aus Struktur- und Systemplanung (evtl. auch Strategieplanung). Ziel ist die Entwicklung eines Werkzeugkastens mit einer Menge von Planungsfunktionen, die der Planer an Rechnern auf seinem Arbeitsplatz nutzen kann. Integrierte Modifikations- bzw. Wissensakquisitionsfunktionen sollen darüber hinaus eine Weiterentwicklung und Anpassung an neue Aufgaben unterstützen (Bild 16-16).

16.2.2 Simulationssysteme

16.2.2.1 Bedeutung der Simulationstechnik

Die Simulation, genauer gesagt, die EDV-gestützte Simulation findet heute über die empirische Forschung in Wissenschaft und Technik hinaus immer breitere Verwendung im industriell-kommerziellen Bereich, die sich aus dem Fortschritt der Informatik und der Veränderung der Märkte in weiten Teilen der Wirtschaft ergibt.

Die rasante Entwicklung der Informatik führt zu einer ständigen Erweiterung der Palette wirtschaftlich interessanter Einsatzmöglichkeiten der Simulation. Zum einen werden aufgrund der hardwaretechnischen Leistungsexplosion immer leistungsfähigere Rechner zu immer günstigeren Preisen auf dem Markt angeboten. Zum ande-

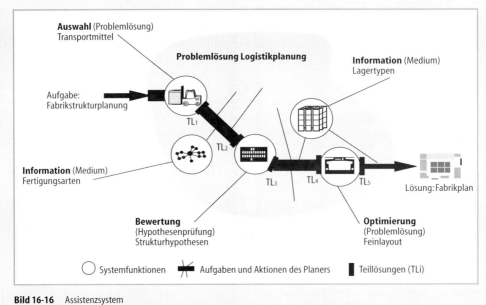

Bild 16-16 Assistenzsystem

ren werden aufgrund der softwaretechnischen Fortschritte der Aufwand und somit die Kosten für Simulationsanwendungen laufend reduziert.

Viel größeren Anteil am Aufschwung der Simulation hat jedoch die Tatsache, daß sich im Konsum- und Investitionsgüterbereich sowie im Dienstleistungssektor ein Übergang von den traditionellen, eher konservativen Verkäufermärkten (das Angebot bestimmt die Nachfrage) zu innovationsfördernden Käufermärkten (die Nachfrage bestimmt das Angebot) vollzieht bzw. vollzogen hat. Diese Umwälzung der Marktbedingungen zwingt die Unternehmen, immer komplexere Systeme und Prozesse in immer kürzerer Zeit zu planen, zu realisieren und im Betrieb zu beherrschen, um ihre Wettbewerbsfähigkeit zu sichern. Die Zahl der Fälle, in denen es keine Alternative zur Simulation als Forschungs-, Planungs-, Steuerungs- und Kontrollinstrument gibt, wird somit ständig steigen und die Nachfrage nach Simulationstechnik, auch im Mittelstand, drastisch zunehmen [AIM88b].

16.2.2.2 Grundlagen der Simulationstechnik

Begriffsbestimmungen

Simulation ist das Nachbilden eines Systems mit seinen dynamischen Prozessen in einem experimentiergeeigneten Modell, um zu Erkenntnissen über die Wirklichkeit zu gelangen. Im wei-

teren Sinne wird unter Simulation das Vorbereiten, Durchführen und Auswerten gezielter Experimente mit einem Simulationsmodell verstanden (VDI 3633).

Dabei sind die drei zentralen Begriffe der obigen Simulationsdefinition in dem gegebenen Zusammenhang folgendermaßen zu verstehen:

Ein *Experiment* ist die gezielte empirische Untersuchung des Verhaltens eines Modells durch wiederholte Simulationsläufe mit systematischer Parametervariation (VDI 3633).

Ein *Modell* ist eine vereinfachte Nachbildung eines geplanten oder real existierenden Originalsystems mit seinen Prozessen in einem anderen begrifflichen oder gegenständlichen System. Es unterscheidet sich hinsichtlich der untersuchungsrelevanten Eigenschaften nur innerhalb eines vom Untersuchungsziel abhängigen Toleranzrahmens vom Vorbild (VDI 3633).

Ein *System* ist eine abgegrenzte Anordnung von Komponenten, die miteinander in Beziehung stehen. Es ist gekennzeichnet durch
– die Festlegung seiner Grenze gegenüber der Umwelt (Systemgrenze), mit der es über Schnittstellen Materie, Energie und Informationen austauschen kann (Systemein- und -ausgangsgrößen),
– die Komponenten, die bei der Erhöhung der Auflösung selbst wiederum Systeme darstellen (Subsysteme) oder aber als nicht weiter zerlegbar angesehen werden (Elemente),

- die Ablaufstruktur in den Komponenten, die durch spezifische Regeln und konstante oder variable Attribute charakterisiert wird,
- die Relationen, die die Systemkomponenten miteinander verbinden (Aufbaustruktur), so daß ein Prozeß ablaufen kann,
- die Zustände der Komponenten, die jeweils durch Angabe der Werte aller konstanten und variablen Attribute (Zustandsgrößen) beschrieben werden, von denen i. allg. nur ein kleiner Teil untersuchungsrelevant ist,
- die Zustandsübergänge der Komponenten als kontinuierliche oder diskrete Änderung mindestens einer Systemvariablen aufgrund des in dem System ablaufenden Prozesses (VDI 3633).

Einsatzvoraussetzungen

Mit Hilfe der Simulation können prinzipiell beliebige unternehmenslogistische Systeme im Hinblick auf beliebige Fragestellungen bezüglich ihres dynamischen Verhaltens analysiert werden. Allerdings ist der Simulationseinsatz nicht in jedem denkbaren Fall auch wirklich sinnvoll, so daß vor jeder Simulationsanwendung zunächst der Nachweis für die Simulationswürdigkeit der spezifischen Problemstellung erbracht werden muß.

Keine Alternative zur Simulation gibt es, wenn bei der Untersuchung des dynamischen Verhaltens eines unternehmenslogistischen Systems
- die Grenzen analytischer Methoden aufgrund komplexer Wirkzusammenhänge erreicht werden und
- das Experimentieren am Originalsystem prinzipiell nicht möglich, zu gefährlich oder zu kostspielig ist.

In allen anderen Fällen sind die Vor- und Nachteile der Simulation sorgfältig gegenüber denen alternativer Untersuchungsmethoden abzuwägen. Für einen Simulationseinsatz in der Unternehmenslogistik sprechen dabei z. B. folgende Argumente:
- Möglichkeit zur Untersuchung des dynamischen Verhaltens eines Systems bereits vor dessen Realisierung bzw. ohne Störung oder gar Unterbrechung des laufenden Prozesses,
- Möglichkeit zur schrittweisen (heuristisch-) systematischen Optimierung eines Systems hinsichtlich einer oder mehrerer Systemgrößen (Planungssicherheit und -qualität),
- Zwang zur eindeutigen Formulierung des zu simulierenden Systems führt zu einer exak-

ten, formallogisch abgesicherten Beschreibung dieses Systems,
- Kommunikationsschranken zwischen den an einer Simulation Beteiligten werden durch gemeinsame Modellerstellung und Experimentdurchführung aufgehoben,
- Möglichkeit zum Lernen durch Experimentieren,
- Möglichkeit zur Langzeituntersuchung,
- Möglichkeit zur Minimierung der Ausfallkosten im Störfall.

Gegen einen Simulationseinsatz in der Unternehmenslogistik können folgende methodenspezifische oder im Stand der Simulationstechnik begründete Argumente sprechen:
- Simulation bildet die Realität immer nur unvollständig ab,
- Unsicherheiten der Wahrscheinlichkeitstheorie und Statistik,
- die Qualität der Simulationsergebnisse ist u. a. stark abhängig von der Güte der verfügbaren Datenbasis, der Güte der Zufallszahlengenerierung und Erfahrung des verantwortlichen Simulationsexperten,
- einheitliche anerkannte Methoden für die Modellierung logistischer Systeme und die Implementierung von Simulatoren existieren bisher nicht,
- hoher Zeitaufwand,
- lange Modellentwicklungszeiten bergen die Gefahr der Modellüberalterung in sich, und es kommt deshalb ein falsches bzw. nicht optimales Modell zum Einsatz,
- Kosten für einen Simulationsarbeitsplatz.

Auf der Basis von praktischen, im Umgang mit der Simulationstechnik in der Unternehmenslogistik gesammelten Erfahrungen lassen sich die wichtigsten Vor- und Nachteile in folgenden Leitsätzen zusammenfassen:
1. Simulation ist kein „Problemlöser", sondern Teil eines Problemlösungsprozesses!
2. Simulation ist kein Berechnungs- oder Optimierungsverfahren, sondern ein Hilfsmittel für eine schrittweise (heuristisch-) systematische Optimierung!
3. Keine Simulation ohne vorherige Zieldefinition und Aufwandsabschätzung!
4. Keine Simulation ohne vorherige Ausschöpfung analytischer Methoden!
5. Wahl der Abbildungsgenauigkeit nicht so hoch wie möglich, sondern nur so hoch wie zur Zielerfüllung nötig!

6. Simulieren heißt nicht experimentieren!

7. Ein Simulationsergebnis kann nur so gut sein wie die Zusammenarbeit der an der Simulationsanwendung beteiligten Personen!

8. Ein Simulationsergebnis ist wertlos und sogar gefährlich, wenn es auf einer fehlerhaften Datenbasis beruht, von einem nicht validierten Modell stammt oder falsch interpretiert wird!

Typische Anwendungen

Die Simulation wird sowohl auf jeden Abschnitt der logistischen Kette (Beschaffungs-, Produktions- und Distributionslogistik) angewendet, als auch auf jede Phase des Lebenszyklus der unternehmenslogistischen Systeme (Planung, Realisierung, Betrieb). Hierbei sind folgende Einsatzfälle typisch:

- Simulation in der Planungsphase zum Funktionalitätsnachweis (z. B. Auslastung, Verfügbarkeit, Deadlockgefahr), Nachweis der Leistungserbringung (z. B. Durchlaufzeiten, Termintreue), Ermittlung von Grenzwerten (z. B. Durchsatz), Heuristische Optimierung durch z. B. Veränderung der Systemlast, Strategien, Systemstrukturen und Betriebsmittelparameter,
- Simulation in der Realisierungsphase zur Überprüfung der Auswirkungen von Anforderungsänderungen, Erprobung von Steuerungssoftware in außergewöhnlichen Systemzuständen oder Schulung der Mitarbeiter,
- Simulation in der Betriebsphase zur Disposition von Betriebsmitteln, Überprüfung von Notfallstrategien, Ausbildung neuer Mitarbeiter oder einer betriebsbegleitenden planerischen Optimierung.

Aufwand-Nutzen-Relation der Simulationstechnik

In einer marktorientierten Wirtschaft werden Entscheidungen i. allg. auf der Grundlage von fundierten Kosten-Nutzen-Vergleichen getroffen. Bei der Freigabe von Simulationsprojekten muß jedoch häufig von dieser schematisierten Vorgehensweise abgewichen werden, da die konventionelle Wirtschaftlichkeitsrechnung bei der Beurteilung der Kosten-Nutzen-Relation von Simulationsanwendungen versagt. Die Probleme bei der betriebswirtschaftlichen Diagnose des Simulationseinsatzes sind für Vorurteile gegenüber der Simulationstechnik verantwortlich und bedürfen somit dringend einer grundsätzlichen Lösung auf der Basis neuer gedanklicher Ansätze. Bisher ist jedoch keine allgemeingültige Methodik zur Bewertung der Aufwands- und vor allem der Nutzenkategorien von Simulationsanwendungen in Sicht, so daß auch in der absehbaren Zukunft Aufwand-Nutzen-Abschätzungen immer nur bezogen auf ein spezielles Simulationsprojekt erfolgen können. Die Genauigkeit eines derartigen Quantifizierungsversuchs hängt von dem jeweiligen Untersuchungszeitpunkt ab, wobei insbesondere zwischen *Ex-ante-* und *Ex-post-*Betrachtungen zu unterscheiden ist.

Eine ex ante durchgeführte Aufwand-Nutzen-Abschätzung kann sich nur auf die Ausgangssituation und der Zielsetzung eines geplanten Simulationsprojekts abstützen. Die zu erwartenden Kosten für die projektierte Simulationsanwendung können von einem erfahrenen Simulationsfachmann relativ genau prognostiziert werden. Sie hängen vor allem von folgenden Faktoren ab:

- Dimension und Komplexität des zu simulierenden Systems,
- Ziele der Simulationsanwendung,
- Datenverfügbarkeit,
- allgemeine betriebliche Randbedingungen wie Verfügbarkeit geeigneter Hard- und Software.

Die drei erstgenannten Einflußparameter bestimmen weitestgehend den Aufwand für die Durchführung des Simulationsprojekts. Aus den allgemeinen betrieblichen Randbedingungen hingegen ergeben sich vornehmlich die Kosten für die Schaffung der hierfür erforderlichen Grundvoraussetzungen, die im Einzelfall sehr hoch liegen können. Eine Verminderung der Gesamtkosten kann allerdings oft dadurch erzielt werden, daß ein externer Dienstleister mit der Durchführung des Simulationsprojekts beauftragt wird und diese Einstiegskosten somit völlig entfallen.

Wesentlich schwieriger als die Prognose des zu erwartenden Aufwands für eine Simulationsanwendung ist die Vorhersage des resultierenden Nutzens. Eine monetäre Quantifizierung der Nutzeneffekte eines Simulationseinsatzes kann a priori nur auf der Grundlage der damit verbundenen, unter realistischer Einschätzung der Sachlage quantitativ formulierten Zielvorgaben erfolgen. Häufig reichen die hierbei ermittelten Werte für eine betriebswirtschaftliche Rechtfertigung der Simulationsanwendung allein nicht aus, so daß darüber hinaus qualitativ festgeschriebene Ziele mit in die Entscheidungsfindung einbezogen werden müssen.

Eine ex post durchgeführte Aufwand-Nutzen-Abschätzung kann sich auf die Ausgangssituation und auf die Endsituation eines Simulationsprojekts abstützen und weist dadurch i. allg. eine wesentlich höhere Genauigkeit auf als eine Ex-ante-Betrachtung. Die enstandenen Kosten können im nachhinein meist sehr exakt beziffert werden und auch die Ermittlung der quantifizierbaren Nutzeneffekte durch Vergleich von Ausgangs- und Endsituation bereitet gewöhnlich keine großen Schwierigkeiten.

Die derzeit einzige methodische Möglichkeit zur Erhöhung der Genauigkeit von Aufwand-Nutzen-Abschätzungen im Vorfeld von Simulationsanwendungen besteht in einer Rückkopplung der Erkenntnisse aus der nachträglich Aufwand-Nutzen-Analyse von Simulationsprojekten auf die jeweils vor dem Projektstart abgegebene Prognose. Eine große Unterstützung dieses iterativen Prozesses stellt die von der ASIM begonnene Katalogisierung von Simulationsanwendungen [Kuh93] dar, die aber natürlich auf die aktive Mitarbeit der Simulationsbenutzer angewiesen ist.

16.2.2.3 Vorgehensweise beim Einsatz der Simulationstechnik

Erarbeitung des Zielsystems für die Simulationsanwendung

Die Definition der mit einer Simulationsanwendung verfolgten Ziele entspricht der Initialisierung eines Simulationsprojekts. Sie sollte aufgrund der Tatsache, daß hiermit die Weichen für das beabsichtigte Simulationsvorhaben auf Erfolg oder Mißerfolg gestellt werden, unter Einbeziehung aller verantwortlich daran Beteiligten erfolgen. Dabei ist zu berücksichtigen, daß sich die Ergebnisse dieses Entscheidungsfindungsprozesses direkt auf den erforderlichen Aufwand für das gesamte Simulationsvorhaben auswirken. Die Kosten eines Simulationsprojekts werden somit bereits in dessen Anfangsphase weitgehend bestimmt und sollten, grob abgeschätzt, unbedingt dem zu erwartenden Nutzen gegenübergestellt werden, um falsche Ansätze rechtzeitig zu erkennen.

Zielsysteme (s. 2.1.2) bestehen in der Regel aus einem Gesamtziel, das in eine Vielzahl von Teilzielen zerlegt wird. Diese Teilziele stehen in Wechselwirkung zueinander, sie können sogar konträr sein. Beispielsweise ist es zur Beurteilung von Produktionsplanungsstrategien notwendig, das Gesamtziel Wirtschaftlichkeitsmaximierung zu definieren und in die Teilziele Minimierung der Durchlaufzeit und der Bestände sowie die Maximierung der Termintreue und der Auslastung zu zerlegen, um durch Experimente das Verhalten dieser Zielgrößen bei veränderten Simulationsparametern zu analysieren. Die Teilziele sind nach Möglichkeit zu quantifizieren und ggf. zu terminieren. Es empfiehlt sich, alle definierten Ziele in Form eines Simulationslastenhefts, das Bestandteil der projektbegleitenden Dokumentation wird, festzuschreiben und von den Verantwortlichen abzeichnen zu lassen [Hop87, Kuh87]. Ein solches Lastenheft ist i. allg. einem dynamischen Anpassungsprozeß unterworfen, da sich häufig die Ziele aufgrund der im Laufe eines Simulationsprojekts gewonnenen Erkenntnisse ändern. Jede Änderung der Ziele muß wiederum im Simulationslastenheft fixiert und von den Verantwortlichen gegengezeichnet werden.

Aufbau der Simulationsdatenbasis

Im Anschluß an die Definition der mit dem Simulationseinsatz zu verfolgenden Ziele ist eine Simulationsdatenbasis zu erstellen, die den Aufbau eines geeigneten Simulationsmodells und die Durchführung entsprechender Experimente ermöglicht. In der Simulationsdatenbasis werden

- Systemlastdaten (Auftragsdaten, Produktdaten),
- Technische Daten (Fabrikstrukturdaten, Fertigungsdaten, Materialflußdaten, Stördaten) und
- Organisationsdaten (Arbeitszeitorganisation, Ressourcenzuordnung, Ablauforganisation) zusammengestellt.

Diese Aufgabe, die für den Erfolg des Simulationsprojekts von größter Wichtigkeit ist, obliegt in Absprache mit den Simulationsexperten den Planern, Betreibern und Ausrüstern des zu simulierenden unternehmenslogistischen Systems. Sie kann, je nach Einsatzfall, sehr unterschiedlichen Umfang annehmen und darf daher bei der Zeitplanung des Simulationsvorhabens nicht unterschätzt werden.

Beim Aufbau einer Simulationsdatenbasis empfiehlt sich dabei folgende prinzipielle Vorgehensweise:

- Datendefinition zur Festlegung der erforderlichen Datenmenge und Datenqualität, des Erfassungszeitraums und des Planungshorizonts,

– Datenerfassung zur Ermittlung der erforderlichen Daten, die eventuelle Anwendung manueller Datenerfassungsmethoden oder Schätzung,
– Datenaufbereitung zur Datenkontrolle (Vollständigkeit, Plausibilität, Redundanz und Konsistenz), Datenbereinigung (Korrektur bzw. Ergänzung fehlerhafter Daten, bzw. Eliminierung überflüssiger Daten) und der Datenverknüpfung und -verdichtung,
– Datenhochrechnung.

Liegen die für die Durchführung des Simulationsprojekts erforderlichen Daten vollständig und in geeigneter Form vor, so sind sie im Rahmen der projektbegleitenden Dokumentation als Simulationsdatenbasis festzuschreiben. Diese ist, ebenso wie das Simulationslastenheft nach ihrer Erstellung sowie nach jeder Änderung von den verantwortlich an dem Projekt Beteiligten abzuzeichnen und stellt somit eine verbindliche Grundlage für den weiteren Verlauf des Simulationsvorhabens dar.

Analytische Grobabschätzung

Die analytische Grobabschätzung dient dazu, durch eine überschlägige Berechnung des zu untersuchenden Systems auf der Grundlage der Simulationsdatenbasis die Gewißheit zu erhalten, daß die Vorgaben des Zielsystems unter den gegebenen Bedingungen theoretisch überhaupt erreicht werden können. Diese Berechnungen [Gr84] fallen vornehmlich in den Verantwortungsbereich der Planer des zu simulierenden Systems. Sie erfolgen auf der Basis von Mittelwerten und sind als Sensitivitätsbetrachtung in folgenden Arbeitsschritten durchzuführen:
– Darstellung des zu untersuchenden Systems in seiner groben Struktur,
– Berechnung der Belastungen einzelner Elemente (z. B. Knoten und Verbindungen),
– Berechnung der Grenzleistungen kritischer Elemente,
– Abgleich des analytisch berechneten Systemverhaltens mit den Vorgaben des Zielsystems.

Es empfiehlt sich, die Ergebnisse der analytischen Grobabschätzung im Rahmen der projektbegleitenden Dokumentation schriftlich zu fixieren und von den Verantwortlichen abzeichnen zu lassen.

Erstellung des Simulationsmodells

Die Erstellung des Modells obliegt, in Absprache mit den Betreibern und Ausrüstern des zu simulierenden Systems, den Planern und Simulationsexperten. Für die Modellierung (vgl. Bild 16-17) von unternehmenslogistischen Systemen hat sich u. a. die Methode auf der Basis des *Puffermodells der Fabrik* [Kuh87, Jün84, Kuh85, N090], wie in 16.1 beschrieben, bewährt.

Bei der Modellierung eines unternehmenslogistischen Systems auf der Basis des Puffermodells der Fabrik ist folgende strukturierte Vorgehensweise auf einer angemessenen Abstraktionsebene (Reduktion, Idealisierung) einzuhalten:

1. Freischneiden des Systems: Definition der Systemgrenzen und der Schnittstellen für den Austausch von Materie, Information (und Energie) mit der Umwelt.

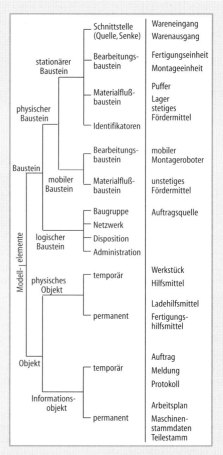

Bild 16-17 Modellelemente des Puffermodells der Fabrik

2. Definition der materiellen, informatorischen (und energetischen) Ein- und Ausgangsgrößen des Systems.
3. Festlegung der Aufbaustruktur des Systems durch hierarchische Untergliederung in die vier Gestaltungsebenen Administration, Disposition, Steuerung und Operation. Dabei umfaßt die Administration neben der Beschreibung der Systemlast (Aufträge an das logistische System) und den Schnittstellen zur Umwelt, die Sammlung und Analyse der Zustandsinformationen des Systems in Form von Statistiken sowie die Regeln zur Änderung der Systemlast. Die Disposition umfaßt die Verwaltung der Aufträge und der logistischen Arbeitsmittel sowie die Zuordnung von Aufträgen und logistischen Arbeitsmitteln unter Beachtung vorgegebener Optimierungskriterien (z. B. Kapazitätsauslastung). Die Steuerung umfaßt sowohl die Netzwerk- als auch die Bausteinsteuerung. Die Netzwerksteuerung hat dabei die Aufgabe einen Bereich sinnfällig zusammengefaßter Bausteine mit Hilfe von Steuerungsverfahren (z. B. Blockstreckensteuerung) und Konfliktlösungsstrategien an Knotenpunkten einen möglichst reibungslosen Objektfluß zu gewährleisten. Die Bausteinsteuerung gewährleistet einen möglichst reibungsfreien Objektflußes durch einen einzelnen Baustein mit Hilfe von Bausteinstrategien (z. B. FIFO) unter Verwendung der Informationen des zugehörigen Bausteins. Die Operation spiegelt das Bild der physischen Struktur des logistischen Systems wieder. Hierzu werden Zustandsinformationen an geeigneten Stellen, die mit der logischen Struktur der Entscheidungsvorgänge in Steuerungs-, Dispositions- und Administrationsebene verknüpft sind, erfaßt.
4. Festlegung der Ablaufstruktur des Systems: Dies umfaßt die Definition der internen Ablauflogik der Bausteine, sowie die Verknüpfung der einzelnen Bausteine innerhalb der Gestaltungsebenen bzw. über deren Grenzen hinweg. Hervorzuheben ist in diesem Zusammenhang vor allem die Bedeutung der Quellen und Senken für den Informationsaustausch, der die Grundlage für die Ablaufsteuerung darstellt. Allen Quellen und Senken werden Identifikatoren zugeordnet, die die für die Systemführung erforderlichen Zustandsdaten erfassen und an die logische Struktur von Steuerungs-, Dispositions- und Administrati-

onsebene weiterleiten. Die aktiven Quellen und Senken werden mit Regeln versehen bzw. im Sinne einer ausgewogenen Systemlast von der Administration gesteuert.

Jedes logistische System ist dabei zwischen Quellen und Senken (z. B. Beschaffungsmarkt und Absatzmarkt) definiert und läßt sich, zur Auflösung seiner Komplexität, durch Freischneiden an geeigneten Schnittstellen in Teilsysteme zerlegen. Die Schnittstellen werden dabei als Quelle-Senke-Paare abgebildet, so daß auch die einzelnen Teilsysteme durch Quellen und Senken begrenzt werden. Wichtig ist in diesem Zusammenhang die Unterscheidung zwischen aktiven und passiven Quellen und Senken:
- Aktive Quellen: Steuern ohne Anforderung Objekte in das betrachtete Teilsystem ein
- Passive Quellen: Steuern auf Anforderung Objekte in das betrachtete Teilsystem ein
- Aktive Senken: Ziehen ohne Anforderung Objekte aus dem betrachteten Teilsystem ab
- Passive Senken: Ziehen auf Anforderung Objekte aus dem betrachteten Teilsystem ab.

Die wesentlichen Elemente eines unternehmenslogistischen Systems können durch folgende zwei Klassen von Grundbausteinen abgebildet werden:
- Bearbeitungsbausteine umfassen immer die Grundfunktionen Objektveränderung (Zustand und/oder Identität) und Zeitverbrauch,
- Materialflußbausteine umfassen die Grundfunktionen Ortsveränderung, Lageveränderung, Zeitverbrauch in unterschiedlicher Kombination und Reihenfolge.

Aufeinanderfolgende Grundbausteine, auch solche der gleichen Klasse, berühren sich immer an Bereitstellungsplätzen, den sog. *Puffern*, die jeweils zwischen einer Quelle und einer Senke definiert sind. Man unterscheidet folgende Arten von Puffern:
- Bedarfs- und Bestandspuffer zur Begrenzung von Bearbeitungsprozessen.
- Funktionspuffer zur Verknüpfung von Bausteinen der gleichen Klasse.

Bearbeitungsbausteine werden jeweils durch einen vorgeschalteten Bedarfspuffer und einen nachgeschalteten Bestandspuffer ver- und entsorgt. Materialflußbausteine bedienen sich zur Erfüllung ihrer Aufgabe entweder eines Bestands-, Bedarfs- oder Funktionspuffers.

Abschließend müssen die Eigenschaften der Komponenten definiert werden. Dies erfolgt im Rahmen der Parametrisierung und Angabe der statistischen Verteilungen untersuchungsrelevanter Größen.

Implementierung des Simulators

Unter *Implementierung* versteht man die Erstellung eines auf einem Rechner ablauffähigen Softwareprogramms. Die Implementierung eines Simulators wird geprägt von der verwendeten Simulationssoftware. Die Wahl der Simulationssoftware, die aufgrund des unüberschaubaren Marktangebots [No91] erschwert wird, hat entscheidenden Einfluß auf den erforderlichen Aufwand für die Simulatorimplementierung und somit große Auswirkungen auf die Kosten des gesamten Simulationsprojekts. In diesem Zusammenhang sind grundsätzlich drei Arten der Simulatorimplementierung zu nennen, die im folgenden kurz erläutert werden.

Implementierung mit Programmiersprachen

Die Wahl einer Programmiersprache für die Implementierung eines Simulators ist immer sowohl von der jeweiligen Problemstellung, als auch von den individuellen Fähigkeiten des Programmierers abhängig, so daß sich hierfür keine allgemeingültige Empfehlung aussprechen läßt. Der große Vorteil bei der Implementierung eines Simulators mit Hilfe einer Programmiersprache liegt in der damit verbundenen großen Flexibilität hinsichtlich Anwendungsgebiet und Fragestellung. Allerdings sind der Aufwand und die Fehleranfälligkeit bei der Erstellung bzw. der nachträglichen Änderung des Simulators sehr hoch.

Implementierung mit einer Simulationsentwicklungsumgebung

Eine Simulationsentwicklungsumgebung stellt alle erforderlichen Simulatorkomponenten als Paket bereit und bietet die Möglichkeit zur graphisch-interaktiven Modellerstellung und -änderung auf dem Rechnerbildschirm unter Verwendung weniger abstrakter Modellbausteine. Mit Hilfe dieser parametrisierbaren Modellbausteine kann das symbolische Modell in den Rechner eingegeben werden. Die Flexibilität bleibt aufgrund der Tatsache, daß Simulationsentwicklungsumgebungen i.allg. nur wenige und relativ allgemeine Bausteine für die Modellerstellung

zur Verfügung stellen, weitgehend erhalten. Unter Verwendung von Simulationsentwicklungsumgebungen können somit für ein relativ weites Anwendungsgebiet und für ein breites Spektrum von Fragestellungen Simulatoren erstellt und implementiert werden.

Implementierung mit einer Simulatormodellierungsumgebung

Eine Simulationsmodellierungsumgebung stellt alle erforderlichen Simulatorkomponenten bereit und bietet auch Planern die Möglichkeit zur graphisch-interaktiven Modellerstellung und -änderung auf dem Rechnerbildschirm auf der Basis von parametrisierbaren Modellbausteinen. Allerdings handelt es sich hierbei i.allg. um viele spezialisierte und komplexe Elemente, die realen Systemelementen entsprechen. Mit der Steigerung des Bedienkomforts geht somit eine Reduzierung der Flexibilität einher.

Planung der Simulationsexperimente

Die Planung der Simulationsexperimente, deren verbindliche Grundlage die im Simulationslastenheft fixierte Zieldefinition ist, erfordert wiederum die enge Zusammenarbeit von allen verantwortlich an dem Simulationsvorhaben Beteiligten. Der Zweck dieser Planungsphase liegt in der Erarbeitung einer Marschroute für die Experimentdurchführung, die eine schnelle und kostengünstige Erfüllung der vorgegebenen Zielsetzung ermöglicht.

Die Formalisierung der Experimentdurchführung empfiehlt sich aus verschiedenen Gründen. Zum einen werden durch die Ergebnisse der Simulationsläufe häufig neue Fragen aufgeworfen, so daß das eigentliche Ziel leicht aus den Augen verloren wird. Zum anderen ist es sehr schwierig, die Ergebnisse von ungeplanten Experimentfolgen in einen logischen Gesamtzusammenhang zu bringen und richtig zu interpretieren. Hinzu kommt, daß die Simulation ein „schönes" Werkzeug ist, mit dem man gerne arbeitet, so daß man Gefahr läuft, „verspielt" das zielgerichtete Experimentieren durch Probieren zu ersetzen.

Bei der Planung der Simulationsexperimente ist für die statistische Sicherheit der Ergebnisse Sorge zu tragen. Dies geschieht durch die Festlegung einer angemessenen Simulationsdauer *und* Simulationshäufigkeit. Der endgültige Experimentplan ist noch vor dem Start des ersten

Simulationslaufs im Rahmen der projektbegleitenden Dokumentation festzuschreiben und von den Verantwortlichen abzuzeichnen. Ergeben sich während der Durchführung der Simulationsexperimente triftige Gründe für eine Abweichung von der festgelegten Marschroute, so sind die Änderungen wiederum zu dokumentieren und von den Entscheidungsträgern gegenzuzeichnen.

Durchführung der Simulationsexperimente

Die Durchführung der Simulationsexperimente erfolgt auf der Grundlage des im Rahmen ihrer Planung festgelegten Experimentplans. Besondere Bedeutung haben die ersten Simulationsläufe, die nicht der systematischen zielgerichteten Erzeugung von Ergebnisreihen, sondern der *Validierung* des Simulationsmodells dienen. Unter Validierung versteht man die Überprüfung, ob das implementierte Simulationsmodell das dynamische Verhalten des Originalsystems mit einer für die vorgegebene Zielsetzung hinreichenden Genauigkeit nachbildet. Der Nachweis hierfür ist unter Einbeziehung aller verantwortlich an dem Simulationsprojekt Beteiligten vor dem zielkonformen Simulatoreinsatz zu erbringen, da Ergebnisse, die von nicht validierten Modellen stammen, hinsichtlich ihrer Qualität nicht einzuschätzen und somit wertlos, ja sogar gefährlich sind. Im Hinblick auf die Abnahme des Simulationsmodells ist es von großer Wichtigkeit, den Validierungsprozeß im Rahmen der projektbegleitenden Dokumentation in geeigneter Form festzuhalten.

Die Validierung eines Simulationsmodells erfolgt in folgenden Schritten [Car86, Schle74]:
– Überprüfung der prinzipiellen Übereinstimmung des Simulationsmodells mit dem symbolischen Modell („Verifikation"). Dies erfolgt durch die grobe visuelle Verifizierung von Aufbau- und Ablaufverhalten mittels graphischer Darstellung und Animation, sowie dem schrittweisen Mitvollziehen des Simulationslaufs durch Trace-Funktionen.
– Durchführung von Plausibilitätstests. Typische Tests sind Kontinuitätstest (Annahme: kleine Änderung eines Parameters ergibt kleine Änderung der Ergebnisse), Konsistenztest (Annahme: ähnliche Ausgangssituation ergibt ähnliche Ergebnisse) und Suppressionstest (Ausschalten einzelner Modellelemente ergibt plausible Ergebnisse)

– Vergleich der Simulationsergebnisse mit den Ergebnissen der analytischen Grobabschätzung. Das Simulationsmodell gilt als validiert, wenn die jeweiligen Abweichungen zwischen analogen, analytisch berechneten und simulierten Ergebnisdaten innerhalb einer festzulegenden Toleranz liegen.
– Vergleich der Simulationsergebnisse mit der Realität durch eine „Prognose der Vergangenheit". Das Simulationsmodell wird unter Verwendung der historischen Parameter und Eingangsdaten über einen entsprechenden Zeitraum hinweg betrieben. Es gilt als validiert, wenn die jeweiligen Abweichungen zwischen analogen, historischen und simulierten Ergebnisdaten innerhalb einer festzulegenden Toleranz liegen.

Ist ein sehr umfangreiches Simulationsmodell zu validieren, so kann es sinnvoll sein, dieses in überschaubare und analytisch berechenbare Module zu zerlegen und diese einzeln zu validieren. Allerdings muß im Anschluß daran auch das wieder zusammengesetzte Gesamtmodell einer Validierung unterzogen werden, die dann aufgrund der inzwischen gewonnenen Erkenntnisse aber i. allg. einfacher ist und zu sichereren Aussagen führt.

Ist die Validierung des Simulationsmodells abgeschlossen und durch die Gegenzeichnung aller Verantwortlichen bestätigt, so kann mit der Durchführung der eigentlichen Simulationsexperimente entsprechend dem festgelegten Experimentplan begonnen werden.

Auswertung und Interpretation der Simulationsergebnisse

Ausgangspunkt für die Generierung der „sichtbaren" Ergebnisse eines Simulationsexperiments ist die sog. Trace-Datei, in der sämtliche Zustandsänderungen der Modellkomponenten während eines Simulationslaufs (Ereignisse) festgehalten werden. Alle für die schnelle, umfassende und sichere Beurteilung eines Simulationsexperiments erforderlichen Informationen müssen durch geeignete Aufbereitung der in diesem Ereignisprotokoll gespeicherten Daten gewonnen werden. Besondere Bedeutung kommt in diesem Zusammenhang, neben der mathematisch korrekten Ermittlung der Simulationsergebnisse, ihrer angemessenen Darstellung zu. Die hierfür vorhandenen Möglichkeiten werden im folgenden kurz umrissen:

Statische Darstellung, z.B. durch alphanumerische tabellarische Ausgabe von Maximal-, Minimal- und Durchschnittswerten sowie Streuungen und Varianzen der interessierenden Systemgrößen und Diagramme (z.B. Liniendiagramme, Sankey-Diagramm, Gantt-Diagramme)

Dynamische Darstellung wie Live-Animation (parallele Animation zum eigentlichen Simulationsexperiment) oder Playback-Animation. Die Playback-Animation erfolgt unabhängig von dem zugrundeliegenden Simulationslauf und kann beliebig oft wiederholt werden. Dabei läßt sich die Ablaufgeschwindigkeit i.allg. so wählen, daß uninteressante Abschnitte eines Simulationsexperiments schnell übersprungen, wichtige Passagen jedoch detailliert beobachtet werden können.

Die Interpretation der Simulationsergebnisse fällt, ebenso wie die damit einhergehende Ableitung von Maßnahmen zur zielgerichteten Beeinflussung des dynamischen Verhaltens des simulierten unternehmenslogistischen Systems, vornehmlich in den Verantwortungsbereich der Planer, Betreiber und Ausrüster. Diese sehr verantwortungsvolle Aufgabe ist wesentlich schwieriger, als es zunächst den Anschein hat und erfordert von den Verantwortlichen neben fundierten Systemkenntnissen auch einiges Hintergrundwissen aus dem Bereich der Statistik.

Die eigentliche Aufgabe bei der Interpretation der Simulationsergebnisse besteht darin, Zusammenhänge zwischen den statistisch sicheren Ergebnissen der verschiedenen Simulationsexperimente zu erkennen und daraus geeignete Maßnahmen für die zielgerichtete Beeinflussung des dynamischen Verhaltens des simulierten unternehmenslogistischen Systems abzuleiten. Dies erfordert von den Verantwortlichen einige Erfahrung und fundierte Systemkenntnisse, da die interessierenden Systemgrößen aufgrund komplexer stochastischer Überlagerungseffekte in ihrem Zeitverlauf häufig keine eindeutigen Tendenzen aufweisen, sondern schwingen. Mit der Fixierung der Simulationsergebnisse und der Festschreibung der hieraus abgeleiteten Maßnahmen im Rahmen der projektbegleitenden Dokumentation wird ein Simulationsvorhaben abgeschlossen.

16.2.2.4 Beispiel

Das im folgenden beschriebene Beispiel (VDI 3633) behandelt eine Aufgabenstellung, die die Leistungsfähigkeit von Simulationswerkzeugen auf den Prüfstand stellt. Dementsprechend ergibt

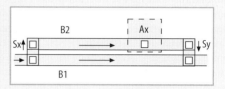

Bild 16-18 Bearbeitungsstation Ax mit Zuführung Sx und Abführung Sy

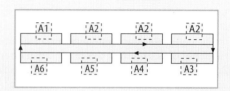

Bild 16-19 Stationstypen des flexiblen Fertigungssystems

sich kein unmittelbarer Bezug zu einem realen Projekt oder einer realen Simulationsstudie, jedoch eignet sich das Beispiel hervorragend, um den Ablauf einer solchen Studie anhand der vorliegenden Richtlinie zu verdeutlichen und nachzuvollziehen.

Die Aufgabenstellung besteht in der Ermittlung der idealen Palettenanzahl eines flexibles Fertigungssystem (FFS) bestehend aus einer Anzahl nahezu identischer Arbeitsplätze Ax (vgl. Bild 16-18). Hierbei sollen allein Durchsatz und Durchlaufzeit als Kriterien herangezogen werden (Kostenaspekte werden zunächst außer acht gelassen).

Die einzelnen Längen- und Geschwindigkeitsangaben sowie die Bearbeitungstakte der sechs verschiedenen Stationen A1 bis A6 sind bekannt und gegeben. Aufgrund der höheren Bearbeitungszeit an A2 existieren drei Stationen A2, so daß das Gesamtsystem aus acht Stationen besteht (vgl. Bild 16-19). Halbfertigteile werden in A1 auf Paletten gespannt und gelangen so in das betrachtete FFS. Sie können entweder in der Reihenfolge A2, A3–A5 oder in der Reihenfolge A3–A5, A2 bearbeitet werden, wobei die Reihenfolge A3-A5 beliebig (also hier: belastungsorientiert) gewählt werden kann. Die Station A6 kann im Falle einer Überlastung oder eines Ausfalls von A3, A4 oder A5 jede dieser Stationen ersetzen. Fertigteile verlassen das System wiederum über Station A1.

Die Lösung dieses Problems erfolgt anhand der in 16.2.2.3 beschriebenen Vorgehensweise beim Einsatz der Simulationstechnik.

Grundsatzentscheidung

Die vorliegende Fragestellung wird aufgrund der Komplexität des zu betrachtenden Systems als simulationswürdig erkannt. Des weiteren wird davon ausgegangen, daß ein einmal erstelltes Modell in der Folge mehrfach genutzt werden kann. Dies wäre beispielsweise sinnvoll, um Analysen hinsichtlich der Flexibilität und Leistungsfähigkeit des Systems bei Einlastung eines neuen Produkts durchzuführen. Der zu erwartende Nutzen der Simulationsstudie liegt in gesicherten Aussagen über die Leistungsfähigkeit des geplanten FFS hinsichtlich Durchsatz und Durchlaufzeiten sowie eine Unterstützung bei der Investitionsentscheidung bzgl. der Anzahl der zu beschaffenden Systempaletten. Von seiten des Auftraggebers ist eine Unterstützung der Studie erforderlich. Dies bezieht sich im wesentlichen auf die Beschaffung der notwendigen Grunddaten und auf eine maßgebliche Mitarbeit bei der Definition der Ziele der anzufertigenden Studie.

Zielsetzung der Simulationsexperimente

Die vorliegende Studie soll Aussagen machen über die optimale Anzahl von einzusetzenden Systempaletten hinsichtlich der erreichbaren mittleren Durchlaufzeit und des erreichbaren Durchsatzes. Das Zielsystem setzt sich also zusammen aus den Abhängigkeiten dreier Kenngrößen. Dies sind:
- Anzahl der Paletten,
- Durchsatz (zeitbezogene Anzahl Paletten),
- mittlere Durchlaufzeit.

Es sind folglich mittels der durchzuführenden Experimente Kennlinien zu ermitteln, die die Abhängigkeiten der genannten Größen untereinander aufzeigen.

Aufbau der Simulationsdatenbasis

Es folgt eine Auflistung der für die Durchführung der Studie notwendigen Daten sowie der zugehörigen Datenbeschaffungsquellen.
- Werksplanung: Layout und Abmessungen des geplanten FFS,
- Herstellerangaben: technische Daten der fördertechnischen Ausrüstung,
- Fertigungsvorbereitung: Bearbeitungsreihenfolgen des zu fertigenden Produkts sowie Bearbeitungstakte an den einzelnen Stationen,
- Disposition bzw. Produktionsplanung und -steuerung: Ablaufregeln auf operativer Ebene (z.B. Vorfahrts- und Verteilregeln an Ein- und Ausschleusern).

Die genannten Daten sind vollständig verfügbar und bekannt, ohne daß sie an dieser Stelle im einzelnen aufgeführt werden sollen.

Analytische Grobabschätzung

Die Aufsummierung aller Bearbeitungstakte, Ein- und Ausschleustakte sowie der Förderzeiten ergibt eine ideale theoretische Durchlaufzeit von gut 200 s. Da die größte einzelne Taktzeit bei 20 s liegt, ergibt sich ein theoretisch erreichbarer Durchsatz für eine Schicht von 8 h zu 1440 Paletten.

Aufbau des Simulationsmodells

Eine graphische Darstellung des symbolischen Modells erfolgte bereits in der Einleitung dieses Kapitels. Auch der Abstraktionsgrad des zu erstellenden Modells ist hier leicht zu bestimmen. Eine weitere Abstraktion als durch die obigen Skizzen dargestellt, würde nicht mehr gewährleisten, daß die Abhängigkeiten der einzelnen Prozesse und Aufträge untereinander noch korrekt abgebildet werden. Eine weitere Detaillierung (z.B. eine detailliertere Darstellung der einzelnen Stationen durch Splittung in Beschickung, Bearbeitung und Entschickung, o.ä.) ist nicht zweckdienlich, da diese Verfeinerung keine zusätzlichen Aussagen über das Systemverhalten ermöglichen würde. Die Systemgrenzen bzw. Schnittstellen für den Austausch von Materie liegen ausschließlich an der Station A1. Die Information bzgl. der zu durchlaufenden Bearbeitungsreihenfolgen wird in einer übergeordneten Lenkungsebene zusammengeführt.

Die im System ablaufenden Prozesse gliedern sich in Fertigungs- und Transport-/Handhabungsprozesse. Sie finden jeweils an den Bearbeitungsstationen bzw. mittels der verbindenden Fördertechnik statt. Technische Parameter wie Längen, Geschwindigkeiten usw. sind bekannt. Die Aufbaustruktur des Systems gliedert sich in:

Die Administrationsebene

- Die Systemlast, die dem FFS an der Station A1 zugeführt wird, richtet sich nach der Lei-

stungsfähigkeit des Systems, ist also belastungsorientiert. Es handelt sich hier um einen ziehenden Material- bzw. Auftragsfluß; die Quelle des Systems ist also passiv.
- Die eingelasteten Aufträge haben alle die gleiche Struktur (die Vorgaben hinsichtlich der Bearbeitungsreihenfolgen sind immer gleich).
- Es werden die Prozeßgrößen Durchlaufzeit und Durchsatz gesammelt und aufbereitet.

Die Dispositionsebene

- An jedem Auftrag wird mittels einer „Laufkarte" vermerkt, welche Bearbeitungsschritte bereits durchlaufen wurden.
- Transportmittel (hier: Paletten) werden sofort nach ihrer Freigabe durch einen beendeten Auftrag einem neuen Auftrag zugeordnet. Die freiwerdenden Transportmittel ziehen also Aufträge, die in A1 zur Verfügung gestellt werden.
- Aufträge werden den einzelnen Bearbeitungsstationen nach folgenden Kriterien zugewiesen:
  - Wegminimierung (ein Auftrag fährt nie an einer Station vorbei, an der er als nächstes bearbeitet werden könnte).
  - Auslastung der Bearbeitungsstationen (ein Auftrag kann einer Station nicht zugewiesen werden, wenn deren Beschickungspuffer belegt ist (B2 in Bild 16-20).
  - Die in der Einleitung geschilderten (aus der Administration herrührenden) Vorgaben hinsichtlich der Bearbeitungsreihenfolgen werden immer eingehalten.

Die Steuerungsebene

- An den Ausschleusern vor den jeweiligen Bearbeitungsstationen werden Dispositionsentscheidungen umgesetzt, d.h., Aufträge werden denjenigen Prozessen zugeführt, denen sie von der Disposition zugewiesen wurden.

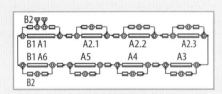

Bild 16-20 Beispiel einer Bildschirmdarstellung des Modells

- An den Einschleusern nach den jeweiligen Bearbeitungsstationen kommen einfache Firstcome-first-serve-Regeln zum Einsatz.

Die Operationsebene

Das Layout des FFS sowie die operativen Parameter sind gegeben.

Implementierung

Das oben formulierte symbolische Modell wird nun mittels einer Simulatormodellierungsumgebung (z.B. DOSIMIS-3) implementiert. Hierzu werden die physischen Komponenten des FFS durch Bausteine abgebildet (Bild 16-20). Diese werden graphisch-interaktiv am Bildschirm positioniert und hinsichtlich ihrer technischen Kenngrößen parametrisiert. Vorgaben aus der Administration sowie deren Umsetzung in Form von Dispositions- und Steuerungsregeln werden durch Entscheidungstabellen implementiert. Diese können innerhalb der verwendeten Simulatormodellierungsumgebung graphisch-interaktiv erstellt werden, um während der Simulationsläufe Zustandsgrößen aus dem System abzugreifen, diese miteinander zu verknüpfen und dementsprechend Aktionen auszulösen.

Einfache Ablaufregeln (wie FIFO) werden unmittelbar an den betroffenen Bausteinen „verdrahtet", indem jeweils eine vordefinierte (Vorfahrts-)Regel angewählt wird.

Planung der Simulationsexperimente

Gemäß des oben definierten Zielsystems wird ein Experimentplan entworfen. Dieser muß gewährleisten, daß aussagekräftige Kennzahlen gewonnen werden können, die für die Herleitung der geforderten Kennlinien verwendet werden können.

Es wird entschieden, daß eine Simulationsdauer von 120 min als Warmlaufphase verwendet wird. In diesen 120 min kann das System (sofern keine Deadlocks auftreten) einen stationären Betriebszustand erreichen. Nach Abschluß dieser Warmlaufphase wird eine Schicht von 8 h simuliert. In dieser Zeit wird für alle gefertigten Teile die erreichte Durchlaufzeit gemessen. Außerdem werden die in der Schicht gefertigten Teile gezählt, um den Systemdurchsatz zu ermitteln.

Der zu variierende Eingangsparameter ist die verfügbare Palettenanzahl. Sie soll in Schritten von je fünf Paletten von 10 – 40 gesteigert werden. Es ergeben sich sechs durchzuführende Experimente mit verfügbaren Palettenzahlen von 10, 15, 20, 30, 35 und 40.

Validierung

Die Plausibilität des erstellten Modells ist von vornherein gewährleistet, da die verwendete Modellierungsumgebung Inkonsistenzen oder das Fehlen von Daten erkennt und meldet. Eine hinreichende Übereinstimmung mit dem Verhalten des geplanten FFS wird über eine ausreichende Anzahl von Testläufen nachgewiesen. Deren Ergebnisse (Statistiken, Diagramme usw.) sowie eine dynamische Ablaufdarstellung (Animation) bestätigen die Validität des Modells.

Durchführung und Auswertung der Simulationsexperimente

Die oben genannten sechs Simulationsexperimente werden durchgeführt. Die jeweils gewonnenen Daten werden in Form von Kennlinien aufgetragen, so daß sich das Diagramm aus Bild 16-21 ergibt.

Offensichtlich sind die tatsächlich erreichbaren Werte für Durchlaufzeit und Durchsatz erwartungsgemäß etwas ungünstiger als die theoretischen. Der zukünftige Betreiber des Systems hat nun die Möglichkeit, anhand der Kennlinien aus Bild 16-21 eine Entscheidung zu treffen. Je nach Gewichtung der Zielgrößen „hoher Durchsatz", „geringe Durchlaufzeit" und „geringe Investition für Systempaletten" ist eine andere Anzahl von Paletten zu beschaffen und einzusetzen.

Es zeigt sich also, daß nicht alle Zielgrößen gleichzeitig optimiert werden können, sondern daß der Entscheider zwischen diesen abwägen

muß. Soll der Durchsatz maximiert werden, so ist eine Palettenanzahl von ca. 30 zu wählen. Unter Berücksichtigung der Durchlaufzeit wird man vermutlich eine Palettenanzahl zwischen 15 und 20 wählen, da hier die beiden Kennlinien am weitesten auseinanderlaufen.

16.2.2.5 Entwicklungstendenzen

Die Simulation stellt ein Gebiet dar, das in der Zukunft noch größere Bedeutung erlangen und demzufolge auch ständigen Veränderungen und Verbesserungen unterworfen sein wird. Im folgenden sollen wichtige und zukunftsträchtige Entwicklungstendenzen der Simulationstechnik aufgezeigt werden. Hier sind in einigen Teilbereichen schon vielversprechende Ansätze realisiert worden, so daß eine praktische Umsetzung dieser Simulationskonzepte in naher Zukunft sehr wahrscheinlich erscheint.

Simulation als Testumgebung für Steuerungssoftware

Die Steuerungssoftware für automatisierte Materialflußsysteme wird heute noch aufgrund von Pflichtenheften erstellt, die Betreiber und Planer gemeinsam definieren. Fehler in der Programmierung und Mißverständnisse, die zu einer falschen Spezifikation der Software führen, werden oft erst nach der Implementierung in der realisierten Anlage erkannt. Die dann entstehenden Verzögerungen bei der Systemübergabe und die erforderlichen Nachbesserungen verursachen hohe Kosten.

Mit Hilfe der Simulation ist es möglich, vorhandene Steuerungssoftware noch vor der Implementierung zu testen und die genannten Probleme auf diese Weise zu vermeiden. Das Simulationssystem wird dabei zur Nachbildung des realen Prozesses benutzt. Es generiert in Abhängigkeit von Steuerungsmaßnahmen die entsprechenden Prozeßsignale und ermöglicht es, Fehlfunktionen der Steuerungslogik zu erkennen und zu beheben, bevor sich kostenintensive Konsequenzen ergeben. Die Abläufe im (simulierten) Realsystem können darüber hinaus graphisch animiert werden, woraus sich eine weitere Möglichkeit zur (visuellen) Funktionsüberprüfung ergibt. Als Beispiele dieses thematischen Bereiches seien die Off-line-Programmierung von Industrierobotern oder auch die Steuerung von ganzen Fabrikanlagen genannt.

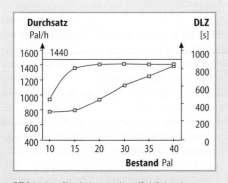

Bild 16-21 Simulationsresultate (Pal: Palette)

Die vorstehend beschriebene Vorgehensweise bei der Erstellung von Steuerungssoftware für automatisierte Materialflußsysteme kann in der Weise modifiziert werden, daß bereits in der Entwurfsphase der Steuerungslogik Simulationsmodelle eingesetzt werden. Der Idealfall sieht vor, die Steuerung des Simulationsmodells als Steuerungslogik für das reale System wiederzuverwenden. Auf diese Weise wird vermieden, die Arbeiten mehrfach vorzunehmen, die im Zusammenhang mit der Systemanalyse sowohl im Rahmen der Simulationsstudie als auch für die Erstellung der Steuerungssoftware für das Realsystem durchgeführt werden müssen. Ein ursprünglich für die Planung erstelltes und benutztes Simulationssystem wächst somit zu einem vollwertigen Prozeßleitstand heran, der Funktionen der Prozeßsteuerung und Visualisierung (Animation) verwirklicht.

CAD-Systeme zur Modelleingabe

Es ist inzwischen Stand der Technik, Layouts von Materialflußsystemen mit Hilfe der CAD-Technik zu erstellen. Das CAD-Layout stellt die graphische Repräsentation eines Systemmodells dar. Es liegt nahe, diese Form der Modellbeschreibung als Grundlage für die Topologieeingabe des Simulationssystems zu verwenden. Mehrfache Arbeitsvorgänge, wie die zweifache Eingabe des Layouts, zuerst in das CAD-System und anschließend erneut in das Simulationssystem, können auf diese Weise vermieden werden. Die Vorgehensweise besteht darin, aus der CAD-Datei die simulationsrelevanten Informationen herauszufiltern. Die noch fehlenden Modellparameter, die aus der Layoutgeometrie nicht gewonnen werden können (Fördergeschwindigkeit, Auftragsdaten, Bearbeitungszeiten usw.), werden im Bildschirmdialog vom Benutzer abgefragt. Mit diesen Spezifikationen und den Festlegungen über die Simulationsdurchführung liegt bereits ein verwendbares Modell vor.

Strategiebeschreibungstechniken

Viele Simulatoren stellen dem Planer einen Modellierungsstandard zur Verfügung. Dabei sind Bausteine und Strategien vordefiniert, die im Baukastenprinzip zu einem Modell für ein gegebenes System zusammengesetzt werden. Die Benutzerfreundlichkeit wird dabei häufig dadurch beeinträchtigt, daß Steuerungsstrategien benötigt werden, die nicht im Programmstandard enthalten sind. Die Definition komplexer, nicht standardisierbarer Ablaufstrategien für Simulationsmodelle stellt somit ein Problem dar, dessen Lösung häufig von grundlegender Bedeutung für die Wirtschaftlichkeit von Simulationsstudien ist. Einige Simulatoren ermöglichen daher die Einbindung zusätzlicher Strategien durch eine Programmschnittstelle, für deren Anwendung allerdings spezifische Kenntnisse über das Programm und die verwendete Programmiersprache vorausgesetzt werden.

Automatisierte Modelloptimierung

Die Simulation wird zur Optimierung von existierenden oder geplanten Systemen verwendet. Der Optimierungsvorgang erfordert die Modifikation eines Modells des realen Systems im Hinblick auf Topologie sowie Parametrisierung der Bausteine und Ablaufstrategien. Ein zukünftiges Ziel der Simulationstechnik besteht darin, diese (in der Regel heuristischen) Optimierungsvorgänge zu automatisieren. Hierzu ist es zunächst notwendig,

- geeignete Zielfunktionen oder Optimierungskriterien zu formulieren,
- effiziente Optimierungsverfahren für diskrete stochastische Prozesse zu finden und gegebenenfalls anzupassen und
- die Kapazitäten verteilter Rechnersysteme zu nutzen, da selbsttätige Optimierungsvorgänge der genannten Art einen sehr hohen Rechenaufwand erfordern.

Die automatische Modelloptimierung zielt bislang nur auf Ansätze zur Parametrisierung, d.h., es gilt Modelle zu optimieren, wobei lediglich bestimmte Parameter in vorgegebenen Grenzen variiert werden dürfen. Die Aufgabe der automatischen Optimierung von Ablaufstrategien auf verschiedenen Steuerungsebenen dagegen ist noch weitgehend ungelöst. Dennoch stellt die automatisierte Parameter-Variation einen wichtigen Schritt zur effizienten Nutzung des Instruments Simulation dar, weil

- sehr häufig Parameteruntersuchungen als Simulationsaufgabe anstehen (Pufferdimensionierungen, Fahrzeuganzahl, Geschwindigkeiten usw.);
- viele Strategieprobleme in Parameteruntersuchungen einmünden (Schwellwerte zur An-

wendung alternativer Steuerungen, Verteilungsverhältnisse von Ladeeinheiten, Stückgütern, Fördermitteln an Entscheidungspunkten, Wichtungsfaktoren usw.);

– eine Reihe von Problemen als Parameterstudien aufgefaßt bzw. umformuliert werden können. So lassen sich beispielsweise Auftragsreihenfolgen optimieren, wenn die Aufträge durch geeignete Kennzahlen (z.B. die Durchlaufzeit) charakterisiert sind.

16.2.3 Wissensbasierte Systeme

16.2.3.1 Aufgabe der wissensbasierten Systeme

Fünf Hauptgebiete der Künstlichen Intelligenz (KI) haben sich im Laufe der Zeit herauskristallisiert: das Verständnis natürlicher menschlicher Sprache, die Bildverarbeitung und Mustererkennung, die Robotik, die Deduktionssysteme und Inferenzverfahren sowie die wissensbasierten Systeme (Bild 16-22).

Der Einsatzschwerpunkt von wissensbasierten Systemen liegt in algorithmisch schwer faßbaren und schwach strukturierten Problembereichen wie z.B. Fehlerdiagnose in komplexen technischen Systemen. Ein anderes Einsatzbeispiel ist der Entwurf eines Layouts für eine Fabrikhalle. Algorithmische Ansätze reduzieren diese Anwendung i. allg. auf ein mathematisches Optimierungsproblem (z.B. Minimierung des Materialflusses), dessen Lösung für den Anwender nicht umbedingt nachvollziehbar oder akzeptabel ist, da bestimmte Randbedingungen nicht erfüllt sind (z.B. Maschine muß vom Meisterbüro einsehbar sein). Wissensbasierte Systeme versuchen hier, durch systematisches Anwenden von Fachwissen die Vorgehensweise von Experten nachzuvollziehen, wodurch ganz anderere Lösungsqualitäten entstehen.

Die Stärke von wissensbasierten Systemen liegt in ihrer Flexibilität und Lösungstransparenz. Sie eignen sich insbesondere für den Einsatz in Assistenzsystemen (vgl. 16.2.1.4), wo sie in Kombination mit algorithmischen Lösungsmodulen benutzerfreundliche und effektive Werkzeuge darstellen.

16.2.3.2 Methodik der wissensbasierten Systeme

Kennzeichnend für wissensbasierte Systeme ist die Trennung von Wissen über den Problembereich einerseits und von Problemlösungsstrategien andererseits. Das Fachwissen über den Problembereich wird durch Aufarbeitung von Literatur und durch Interviews mit Experten gewonnen. Hierfür hat sich die Bezeichung „Knowledge-Engineering" eingebürgert.

Die Auswahl und Umsetzung einer Problemlösungsstrategie ist weitgehend nicht vom konkreten Anwendungsfall, sondern von dem Typus oder der Klasse des Problems abhängig. In Hinsicht auf die wissensbasierten Systeme lassen sich nach [Pu86, Pu88] die Anwendungsbe-

Künstliche Inteligenz (KI)	
Entwicklungen aus dem Forschungsgebiet KI	**Nutzen**
Verarbeitung natürlicher Sprache	• Verstehen, Analysieren und Verarbeiten menschlicher Sprache • Leichtere Dateneingabe und Kommunikation durch natürlich-sprachliche Benutzerschnittstellen
Bildverarbeitung und Mustererkennung	• Auswertung von Bildinhalten ähnlich dem menschlichen Auge
Robotik	• Entwicklung autonomer Roboter mit hochflexiblen Arbeitsinhalten, Selbstständigkeit und Lernfähigkeit
Deduktionssysteme/ Interferenzverfahren	• Beweisen mathematischer Sätze durch den Rechner • Nachahmung menschlicher Denkweisen • Verifikation von Softwaresystemen
Wissensbasierte Systeme	• Finden von fachlich qualifizierten Problemlösungen durch Rechnersysteme • Bereitstellung von Fachkompetenz auf Expertenniveau

Bild 16-22 Entwicklung und Nutzen aus dem Forschungsgebiet der Wissensbasierten Systeme

Problemklassen		
Selektion	Konstruktion	Simulation

Inter-pretation	Diagnose	Über-wachung	Planung	Design	Vorhersagen

Bild 16-23 Systematik der Problemklassen

reiche in eine der drei Klassen „Selektion", „Konstruktion" und „Simulation" einordnen, wie dies in Bild 16-23 gezeigt ist. Diese drei Begriffe haben nicht die für Produktionsingenieure übliche Bedeutung; hier bedeuten Selektion die Auswahl einer Lösung aus einer fest vorgegebenen Lösungsmenge (beispielsweise Menge von bekannten technischen Defekten). Konstruktion ist das Zusammensetzen der Lösung aus kleinen Einzelbausteinen (beispielsweise Erstellen eines Handlungsplanes aus einzelnen Aktionen). Die Simulation beinhaltet die Herleitung von möglichen Folgezuständen aus einem vorgegebenen Ausgangszustand (z.B. Störfallprognose).

Das Ziel einer solchen Systematik ist es, ein gegebenes Anwendungsfeld (z.B. Layoutplanung) einer der möglichen Problemklassen Selektion, Konstruktion und Simulation zuzuordnen (hier Konstrukton), anschließend dieser Problemklasse eine Lösungsstrategie und letztendlich die Lösungsstrategie mit einer bestimmten Wissensrepräsentation zu implementieren (vgl. 16.2.3.5).

Bei der Realisierung ergeben sich drei wesentliche Anforderungen, denen wissensbasierte Systeme genügen müssen:
– korrekte und vollständige Problemlösung,
– Erklärung der Lösung und des Lösungsweges,
– Erweiterbarkeit.

Die Erweiterbarkeit des wissensbasierten Systems wird durch die Modularisierung des Problemwissens und die Trennung von den Lösungsstrategien ermöglicht. Als Beispiel soll die Reparatur einer Tischlampe dienen, die nicht leuchtet. Das Problemwissen wird durch Zusammenhänge der folgenden Form beschrieben:

„Wenn kein Strom fließt, leuchtet die Tischlampe nicht."

„Wenn der Stecker nicht in der Steckdose steckt, fließt kein Strom."

Eine Problemlösungsstrategie besteht in dem Rückverfolgen der Abhängigkeiten und im Aufspüren von möglichen Ursachen, gegebenenfalls unter Feststellung von Fakten wie „Steckt der Stecker in der Steckdose?". Die Erweiterung ist nun einfach möglich, indem man dem System zusätzliche Zusammenhänge mitteilt, etwa, daß ebenfalls kein Strom fließt bei ausgeschaltetem oder defektem Schalter, Kabelbruch und so weiter. Der Vergleich zu konventionellen Programmen ist in Bild 16-24 dargestellt. Konventionelle Programme sind aus einer Vielzahl von Algorithmen aufgebaut, die mit Daten operieren. Typisches Kennzeichen dieser Algorithmen ist ihre komplexe Kontrollstruktur, welche aus Programmanweisungen, wie beispielsweise Sequenzen, Verzweigungen, Schleifen und Unterprogrammen bestehen. Die Aktionen, die aus den Programmbausteinen resultieren, sind dem gegenüber relativ einfach. Für den Fall, daß ein konventionelles Programm erweitert werden soll, ist daher die Kenntnis der komplizierten Kontrollstruktur unbedingt notwendig.

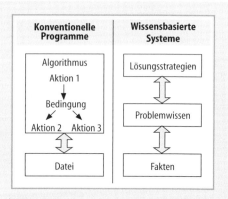

Bild 16-24 Konventionelle Programme im Vergleich zu wissensbasierten Systemen

Bei wissensbasierten Systemen entsprechen die Programmanweisungen prinzipiell den Lösungstrategien, deren Kontrollstruktur sehr einfach gestaltet ist. Die Aktionen jedoch, die aus dem Problemwissen (Wissensrepräsentation) resultieren, sind sehr komplex. Solange dieses Problemwissen strukturiert und modular aufgebaut ist (vgl. 16.2.3.5), ist die Erweiterung der Wissensbasis einfach möglich. Dieses liegt darin begründet, daß im Gegensatz zu konventionellen Programmen die Erweiterungen sich nicht auf die Kontrollstruktur der Lösungsstrategien auswirken.

Die Erklärung des Lösungsweges wird dadurch ermöglicht, daß die Lösungsstrategien des wissensbasierten Systems die einzelnen Herleitungsschritte mit den dabei verwendeten Wissenseinheiten aufzeichnen und auf Anfragen hin ausgeben. Im obigen Beispiel könnte das wie folgt aussehen: „Die Tischlampe leuchtet nicht, da der Stecker nicht steckt und deshalb kein Strom fließt." Dies ist letztlich nicht mehr als ein Rückspulen des Programmablaufes, aber wegen der problemnahen Formulierung der Wissenseinheiten reicht diese Art der Erklärung meist zum Nachvollziehen des Lösungsweges aus. Tiefergehende Erklärungen – etwa, warum die Tischlampe nur mit Strom leuchtet – können auf diese Art jedoch nicht erzeugt werden (vgl. 16.2.3.6).

Ein wichtiger Punkt ist die Forderung nach einer korrekten Problemlösung. Selbst Experten können in der Regel keine Garantie für eine absolut richtige Lösung geben. In anderen Fällen ist es nicht einmal möglich, den Begriff korrekte Lösung präzise zu definieren.

16.2.3.3 Anwendung von wissensbasierten Systemen

Aus der Tatsache, daß ein wissensbasiertes System die Vorgehensweise eines Experten simulieren soll, ergeben sich als Einsatzvoraussetzung zwei Konsequenzen:

1. Die Problemlösung besteht nicht in einer Reihe algorithmischer Lösungsschritte, die im wesentlichen aus numerischen Rechenoperationen und Vergleichen bestehen.
2. Es muß zumindest einen Experten geben, der das Problem prinzipiell lösen kann.

Ein Experte hat insbesondere die Fähigkeiten, Randgebiete zu überblicken, aktive Kommunikation zu treiben sowie ein tieferes Problemverständnis zu erlangen. Diese Eigenschaften fehlen einem wissensbasierten System. Es kann daher langfristig gesehen den Experten nicht ersetzen, sondern dient zur Entlastung des Experten von Routineaufgaben, als Ratgeber- bzw. Konsultationssystem für den Experten und zur Überprüfung der Vollständigkeit von Lösungen. Aus diesem Grund müssen die von einem wissensbasierten System vorgeschlagenen Lösungen immer durch einen Experten überprüft werden.

Bezüglich der Problemklassen (vgl. 16.2.3.2) gilt die Einschränkung, daß im Bereich der Simulation zwar Systeme in der Entwicklung sind, deren Einsatz aufgrund der Komplexität des Regelwerkes sich aber noch einer kommerziellen Nutzung entziehen. Im Bereich der Konstruktion, als Design- und Planungsaufgabe, können erste erfolgversprechende Systemeinsätze aufgezeigt werden.

Noch besser sieht die Lage bei Selektionsproblemen aus, da Diagnose- und Überwachungsprobleme in der Regel einfacher zu lösen sind. Schon existierende Werkzeuge und Hilfsmittel unterstützen die Entwicklung von wissensbasierten Systemen dieses Typs.

Eine wichtige Anforderung an den Problembereich eines wissensbasierten Systems ist, daß er nicht zu groß und gegen Allgemeinwissen abgrenzbar ist. Dies trifft beispielsweise auf Fehlerdiagnosen von Autogetrieben zu, aber nicht auf die Analyse von Firmen im Sinne einer Unternehmensberatung. Die Darstellung zu großer Wissensbereiche in wissensbasierten Systemen ist problematisch, da es für die damit verbundenen Schwierigkeiten bezüglich Modularität, Konsistenz und Wartung noch keine ausgereiften Verfahrensweisen gibt. Die Behandlung von Allgemeinwissen und die damit verbundenen Ausnahmen und Mehrdeutigkeiten sind noch Gegenstand der Forschung.

Bei der Anwendung bzw. Einführung von wissensbasierten Systemen gibt es neben der Problemlösung den strategischen Aspekt der Aufarbeitung des Problemwissens. Die Erstellung einer Wissensbasis zwingt zu einer systematischen Vorgehensweise und führt bei den Experten zum Überdenken des Lösungsprozesses und nicht selten zu neuen Erkenntnissen. Man erhält eine Dokumentation des angesammelten Fachwissens und der vorliegenden Erfahrungen.

16.2.3.4 Aufbau von wissensbasierten Systemen

Der einem wissensbasierten System zugrundeliegende Aufbau wird in Bild 16-25 näher erläu-

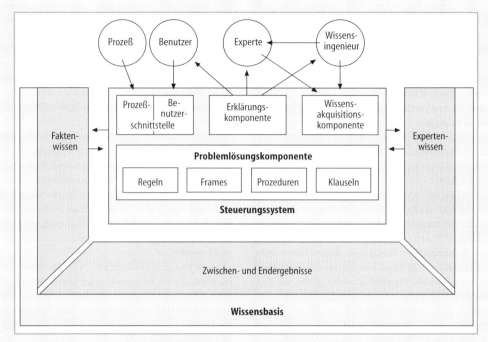

Bild 16-25 Architektur von wissensbasierten Systemen

tert. Ein wissensbasiertes System besteht aus zwei Hauptkomponenten, dem Steuerungssystem und der anwendungsspezifischen Wissensbasis.

Die Wissensbasis läßt sich in drei Komponenten aufteilen:

- Bereichsspezifisches Expertenwissen: bestehendes Wissen, Heuristiken und Erfahrungen eines Experten über seinen Fachbereich sind dort abgelegt. Dieses Wissen ist unabhängig von einer konkreten Problemausprägung (Konsultation) und beschreibt die allgemeine Vorgehensweise, die der Experte anwendet.
- Fallspezifisches Faktenwissen: Ausgangssituation einer Konsultation und die relevanten Kennwerte, auf die das wissensbasierte System zur Lösung eines spezifischen Problems zugreifen muß.
- Zwischen- und Endergebnisse (hergeleitetes Wissen): Hypothesen, die das wissensbasierte System erst während der Konsultation erzeugt. Es handelt sich hierbei sowohl um Hilfsdaten und Zwischenergebnisse als auch um das Endergebnis des Problemlösungsprozesses.

Das Steuerungssystem läßt sich in eine Prozeßschnittstelle, in eine Benutzersschnittstelle, in die Erklärungskomponente, in die Wissensakquisitionskomponente und in die Problemlösungskomponente unterteilen. Die Benutzerschnittstelle dient dem Dialog mit den Anwendern. Das Dialogverhalten sollte daher auf diese Zielgruppe ausgerichtet sein (beispielsweise Verwendung von technischen Zeichnungen, Fachausdrücken usw.).

Sofern das wissensbasierte System an andere Rechner bzw. an technische Prozesse angekoppelt ist, ist eine Prozeßschnittstelle vorhanden. Hierbei handelt es sich um Datenzugriffe auf Prozeßrechner oder Datenbankabfragen (etwa Kundenaufträge, Lagerbestände usw.). Eine solche Schnittstelle ist im allgemeinen anwendungsspezifisch und muß jeweils speziell programmiert werden.

Die Erklärungskomponente hat die Aufgabe, das Problemlösungsverhalten transparent zu machen. Dies dient zum einen der Überprüfbarkeit der Lösungen, wodurch gleichzeitig auch eine höhere Akzeptanz seitens des Benutzers erreicht wird.

Die Wissensakquisitionskomponente ist zur Erweiterung des bereichsspezifischen Expertenwissens vorgesehen. Sie ist nicht bei allen Systemen vorhanden. Sie soll eine Erweiterung der

Wissensbasis erlauben, ohne detaillierte Programmierkenntnisse über das System vorauszusetzen. Im Idealfall kann so der Benutzer selbst den Anwendungsbereich des wissensbasierten Systems ausweiten. In der Regel sollte jedoch durch sog. Wissensingenieure in Zusammenarbeit mit den Experten die Erstellung und Pflege der Wissensbasis vorgenommen werden (vgl. 16.2.3.6, Bild 16-28).

Die Problemlösungskomponente enthält die in 16.2.3.2 genannten Lösungsstrategien. Sie besteht aus Interpretern für das in der Wissensbasis formalisierte Fachwissen, einer Ablaufsteuerung und der Interaktionssteuerung mit den Schnittstellenprozessen.

16.2.3.5 Wissensrepräsentation

Die Aufgabe der Wissensrepräsentation ist die formale Darstellung des in wissensbasierten Systemen benötigten Wissens. Dies bedeutet die Entwicklung geeigneter Programmiersprachen, die das Wissen in speziellen Datenstrukturen im Computer ablegen und mittels Ableitungsmechanismen weiterverarbeiten. Bei den Sprachen der Wissensrepräsentation liegt der Schwerpunkt auf der adäquaten Umsetzung der von Experten benutzten Beschreibungsebene in eine formale, für den Computer verständliche Form. Bild 16-26 zeigt wichtige Wissensrepräsentationsformalismen und ihre typischen Anwendungsgebiete sowie Sprachen, die sich für diese Form der Wissensrepräsentation bevorzugt anbieten.

Zur Verdeutlichung der Wissensrepräsentationsformalismen sei hier beispielhaft die bei wissensbasierten Systemen häufig angewandte regelbasierte Programmierung vorgestellt. Aus dieser Form der Programmierung ergeben sich Systeme, die aus den Teilen Regelbasis, Daten-

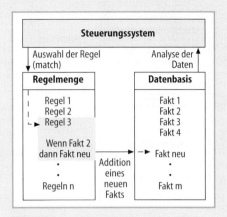

Bild 16-27 Zusammenhänge innerhalb eines regelbaren Systems

basis und Steuerungssystem (Inferenzmaschine) bestehen.

Die Regelbasis enthält die Regeln, die zusammen das Expertenwissen beschreiben. Eine Regel besteht aus einer Bedingung sowie einer Konsequenz und beschreibt eine Wenn-dann-Beziehung. Die Datenbasis enthält Fakten, die den Zustand des Lösungsprozesses beschreiben (z.B. „Es fließt kein Strom"). Die Abarbeitung wird durch das Steuerungssystem, welches wesentlich durch die Problemlösungskomponente in Bild 16-27 geprägt wird, koordiniert. Sie läuft gemäß dem in Bild 16-28 dargestellten Zyklus ab.

Demzufolge werden zunächst die anwendbaren Regeln durch den Steuerungsmechanismus ausgewählt. Eine Regel ist anwendbar, wenn ihr Bedingungsteil entsprechend den Einträgen in der Datenbasis erfüllt ist. Die anwendbaren Regeln werden durch das Steuerungssystem nach be-

Wissensrepräsentation	Anwendungsgebiet	Programmiersprachen
Regeln	Heuristisches Wissen Assoziatives Wissen	OPS5
Frames	Strukturelles Wissen	SMALL TALK-80 KL-ONE
Prozeduren	Wissen über Vorgehensweisen und Objektverhalten	LISP
Klauseln	Wissen über Relationen	PROLOG

Bild 16-26 Wichtige Wissensrepräsentationsformalismen und Anwendungen

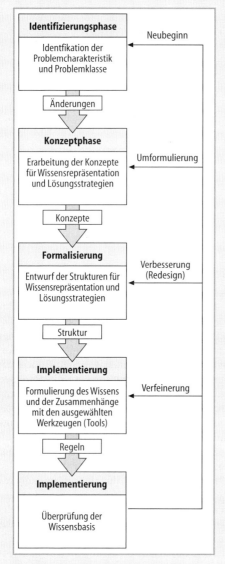

Bild 16-28 Entwicklungsphasen bei der Erstellung von wissensbasierten Systemen

Wissen. Neben einer guten Verständlichkeit erfüllt diese Art der Programmierung, die in 16.2.3.2 geforderte Trennung von Problemwissen und Lösungsstrategie. Letztere wird einzig und allein durch das Steuerungssystem realisiert.

Zur Demonstration dieser Trennung wird noch eine andere Abarbeitungsweise eines wissensbasierten Systems vorgestellt. Das oben beschriebene Modell leitet aus gegebenen Fakten neue ab. Es ist datengetrieben bzw. vorwärtsgerichtet. Eine andere Arbeitsweise entsteht, indem die Regeln rückwärts ausgewertet werden. Hierzu stellt man dem wissensbasierten System eine Frage, auch Hypothese genannt. Daraufhin wird überprüft, ob die Hypothese durch die Fakten der Datenbasis schon verifiziert werden kann. Ansonsten werden die Regeln selektiert, deren Konsequenzen die Hypothese verifizieren. Die Bedingungen dieser Regel werden dann als neue Zwischenhypothesen aufgefaßt, und der Zyklus beginnt von neuem, bis sich die gestellte Frage durch Regelanwendungen mittels der Datenbasis beantworten läßt oder aber ein negatives Ergebnis zurückgeliefert wird.

Eine solche Rückauswertung findet man häufig bei Diagnosesystemen, wo die Regeln Ursache-Symptom-Beziehungen beschreiben (beispielsweise: wenn Überdruck und Ventil defekt, dann Rohrriß), eine Anfrage an das System aber die Erklärung eines Symptoms durch mögliche Ursachen verlangt (Welcher Fehler liegt bei Rohrriß vor?).

16.2.3.6 Einführung, Betrieb und Entwicklung von wissensbasierten Systemen

Während früher wissensbasierte Systeme nur auf Spezialrechnern ablauffähig waren, können sie heute auf Workstations und auf Personal-Computern in akzeptabler Form eingesetzt werden. Damit läßt sich auch die Frage der Integration in die bestehende EDV-Umgebung lösen, da Workstations und Personal-Computer ohnehin in zunehmenden Maße Eingang in die Datenverarbeitung finden und Schnittstellenlösungen angeboten werden bzw. in naher Zukunft verfügbar sind.

Wissensbasierte Systeme stellen Spezialsoftware dar, die je nach Problemstellung mit entsprechendem Entwicklungsaufwand verbunden ist. Der große Vorteil der wissensbasierten Systeme – die Anpaßbarkeit auf neue oder sich verändernde Problemstellungen – erfordert naturgemäß einen entsprechenden Wartungsauf-

stimmten Selektionskriterien ausgesucht und zur Ausführung gebracht. Hierbei entstehen häufig neue Fakten, die zur Veränderung der Datenbasis führen. Das heißt, es werden Fakten hinzugefügt oder gelöscht.

Regeln eignen sich zur Programmierung von wissensbasierten Systemen, da man mit ihnen gut Zusammenhänge sowohl kausaler als auch heuristischer Art innerhalb eines Problembereiches ausdrücken kann. Experten benutzen häufig eine derartige regelartige Beschreibung für ihr

wand. Die Entwicklungsarbeiten und der Wartungsaufwand sind aufgrund mangelnder Erfahrungen mit ausgereiften Systemen schwer abschätzbar.

Neben der objektiven Lösungsqualität bestimmen Faktoren wie Erklärungsfähigkeit, Unempfindlichkeit gegen Fehleingaben und fehlerhafte Daten usw. den Nutzen eines wissensbasierten Systems. Bei einer Nutzwertanalyse sind jedoch auch Nebeneffekte wie die Entlastung der Mitarbeiter, die Zugänglichkeit und Verbreitung des Expertenwissens, die Präsentation begründbarer Entscheidungen sowie die Auswirkungen der systematischen Wissensaufbereitung auf das Problemverständnis und das Erkennen von Ineffizienz und Fehlerquellen zu berücksichtigen.

Die Entwicklung wissensbasierter Systeme unterscheidet sich von einer Vorgehensweise, die sich an bestehenden Software-Engineering-Methoden orientiert. Diese setzen eine umfangreiche, möglichst formale Spezifikation der Problemstellung und der Systemkonzeption voraus. Das ist aber bei wissensbasierten Systemen oftmals wegen des nicht klar abgrenzbaren und sich ändernden Problembereichs nicht möglich. Andererseits fehlen für eine alternative Methodik der Softwareentwicklung noch Erfahrungen und fundierte Grundlagen.

Die Entwicklung von wissensbasierten Systemen erfolgt daher nach dem Prinzip des Rapid Prototyping. Das heißt, es wird zunächst ein Kernsystem erstellt, an dem die Stärken und Schwächen des gewählten Entwurfschemas getestet werden können. Aus diesen Erfahrungen erfolgt i. allg. eine vollständige Reimplementierung, die dann schrittweise erweitert wird.

In Bild 16-28 sind die Phasen der Entwicklung nach [Wat86] dargestellt. Ein großer Entwicklungsanteil steckt im Verfeinerungszyklus, in dem das Wissen formuliert, die Wissensbasis erweitert und die Form und Lösungsqualität des wissensbasierten Systems gesteigert wird.

Die Zusammenarbeit des Experten mit dem Wissensingenieur ist in Bild 16-29 dargestellt. Der Wissensingenieur hat die Aufgabe, das wissensbasierte System zu erstellen und die Konzepte für die Wissensbasis zu definieren. Die Wissensakquisition, die oft als der Engpaß bei der wissensbasierten System-Entwicklung bezeichnet wird, beinhaltet die Untersuchung verschiedenster Wissensquellen. Neben Fachliteratur, Fallstudien und anderen empirischen Daten spielt das Wissen eines oder mehrerer Experten eine wesentliche Rolle. Es gilt, Erfahrun-

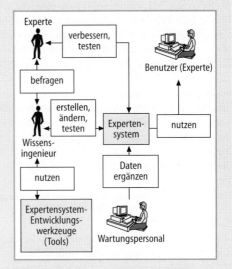

Bild 16-29 Zusammenarbeit bei der Erstellung von wissensbasierten Systemen

gen zu nutzen und oftmals unbewußt angewandte Heuristiken zu bestimmen. Dazu muß der Wissensingenieur zusammen mit dem Experten eine formale, auf die Anwendung zugeschnittene Beschreibung erstellen, die bezüglich ihrer Funktionsweise im Rechner getestet und gegebenenfalls geändert werden muß. Der Experte testet das wissensbasierte System schon während der Erstellungsphase und verbessert es in Zusammenarbeit mit dem Wissensingenieur. Der Experte hat während der Entwicklungszeit die Möglichkeit, sich mit den wissensbasierten System-Enwicklungswerkzeugen (Tools) vertraut zu machen. Über die Nutzung dieser Werkzeuge wird er in die Lage versetzt, mehr und mehr eigenständige Experimente und Verfeinerungen der Wissensbasis vorzunehmen. Dies ist die Voraussetzung dafür, daß die spätere Pflege und Wartung des Systems, d. h. das Ergänzen von Daten, problemlos vom Wartungspersonal übernommen werden kann.

Eine Abschätzung der Möglichkeiten und Grenzen von wissensbasierten Systemen ist relativ schwierig. Ein Experte unterscheidet sich von einem wissensbasierten System zumindest durch
– sein Allgemeinwissen,
– die Fähigkeit zur Kommunikation,
– die Fähigkeit zu lernen und
– durch das Abschätzen der eigenen Kompetenz.

Diese Punkte können sich gegenseitig bedingen. Es ist jedoch festzustellen, daß Computer die Fähigkeit, zu kommunizieren (in einer natürlichen, lebendigen Sprache) und zu lernen, in absehbarer Zeit nur in sehr eingeschränktem Maße besitzen werden. Wissensbasierte Systeme zeigen gegenwärtig in der Qualität ihrer Lösungen den sog. Plateaueffekt, d. h., innerhalb eines gewissen Bereiches liefern sie gute Lösungen, während an den Grenzen ihres Kompetenzbereiches ihre Leistung stark abfällt. Dies ist insbesondere dann gefährlich, wenn der Anwender nicht beurteilen kann, ob das Problem noch innerhalb der Kompetenz des Systems liegt oder wenn er die Qualität der Lösung nicht abschätzen kann. Wissensbasierte Systeme eignen sich daher hauptsächlich für Routineaufgaben zur Entlastung des Experten.

Aktuelle Forschungsschwerpunkte im Bereich der wissensbasierten Systeme bilden die Darstellung von Allgemein- und Tiefenwissen. Allgemeinwissen bringt nicht nur Probleme durch neue Größenordnungen der Wissensmenge mit sich. Es gibt noch ungelöste Aufgaben, etwa bei der Behandlung von Ausnahmen von generellen Regeln.

Eine andere Entwicklungstendenz geht in die Richtung neuartiger Werkzeuge und Programmierkonzepte, die das Erstellen von wissensbasierten Systemen erleichtern. Dazu gehört u. a. die in Kapitel C.16.2.3.2 angesprochene Klassifikation von Problemlösungsstrategien und den ihnen zugehörigen Wissensrepräsentationen.

Weiterhin wird an speziellen Entwicklungswerkzeugen (Tools) für bestimmte Problembereiche, wie etwa der Fehlerdiagnose in technischen oder medizinischen Systemen, gearbeitet. Das Ziel ist es, wissensbasierte Systeme nicht als teure Individualsoftware zu entwickeln, sondern weitmöglichst durch konfigurierbare Standardpakete einsatzfähig zu machen und so die Basis für eine breite Verwendung dieser neuen Technologie zu schaffen.

16.2.3.7 Beispiel eines wissensbasierten Systems zur Fördermittelauswahl

Die Auswahl von innerbetrieblichen Fördermitteln für spezielle Förderaufgaben und unter den verschiedensten Randbedingungen stellt eine Aufgabe dar, die für den Einsatz eines wissensbasierten Systems spricht. Denn bei dieser Problematik sind eine Fülle von möglichen Fördermitteln mit vielfältigen Leistungsdaten sowie eine Vielzahl von Erfahrungswerten zu berücksichtigen. Die Fördermittelauswahl beinhaltet

eine Analyse des Ist-Zustands und eine darauf abgestimmte Selektion. Sie hat somit die typischen Merkmale einer Diagnose-Aufgabenstellung.

Bei der Planung und Dimensionierung von Fördersystemen müssen u. a. Fakten wie Eigenschaften des Förderguts, Leistungsmerkmale der Fördermittel, geplante Förderwege, Personalbedarf, Wirtschaftlichkeit der Fördermittel oder Sicherheitsvorschriften berücksichtigt werden.

Kern des wissensbasierten Systems ist eine Systematik der Fördermittel (vgl. 3.2), in der die verschiedenen Fördermittel hierarchisch nach ihren unterschiedlichen Systemeigenschaften eingeordnet sind. Diese Eigenschaften stellen einen Teil des repräsentierten Wissens des Planers dar. Das Erfahrungswissen und die Heuristiken, die einen Planer in die Lage versetzen, schnell zu einer sinnvollen Auswahl zu gelangen, werden in dem wissensbasierten System in Form von Wenn-dann-Regeln repräsentiert. Diese Regeln sind in Regelmengen strukturiert, die jeweils einem Fördermittel in der Systematik (Hierarchiebaum) zugeordnet sind.

Bei einer Konsultation des wissensbasierten Systems werden zunächst eine Reihe von Einleitungsfragen gestellt, durch deren Beantwortung sog. K.-o.-Kriterien überprüft werden. Das bedeutet, daß ganze Fördermittelklassen nach ihrer Eignung für die Förderaufgabe bewertet und sortiert werden. Mit den Übersichtsfragen werden Fakten über das zu fördernde Gut, den geplanten Förderweg, die Umgebungsbedingungen usw. erfragt. Nach dieser Bewertung wird die Regelmenge der am besten geeigneten Fördermittelklasse ausgewählt und abgearbeitet.

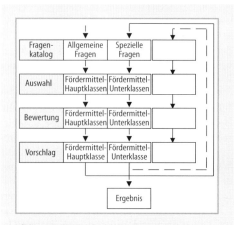

Bild 16-30 Exemplarische Vorgehensweise bei der Auswahl eines Fördermittels mit Hilfe eines Expertensystems

Dieser Prozeß wird so lange wiederholt, bis in der Systematik keine Verfeinerung für das ausgewählte Fördermittel gefunden werden kann und somit das am besten geeignete bestimmt wurde (Bild 16-30).

Besondere Bedeutung kommt bei einem wissensbasierten System auch der Erklärungskomponente zu. Mit ihr soll der Lösungsweg und der augenblickliche Zustand des Systems für den Anwender dadurch transparent gemacht werden, daß ihm auf Anfrage die verwendeten Regeln mit den dazugehörigen Fakten sowie die Fördermittel, die augenblicklich betrachtet werden, ausgegeben werden.

Literatur zu Abschnitt 16.2

[AS88] Arbeitskreis für Simulation in der Fertigungstechnik (ASIM) (Hrsg.): Simulationstechnik und Logistik. Tagung, Dortmund, 3. u. 4. Juni 1988. München: Ges. f. Management u. Technologie (GfMT) 1988

Brockhaus-Enzyklopädie. F.A. Brockhaus, Mannheim 1990

[AIM88b] AIM EUROPE (Hrsg.) (1988): Code 25 interleaved

[Bra89] Brandt, H.-P.: Rechnergestützte Layoutplanung von Industriebetrieben. Diss. Univ. Dortmund 1989, 4

Brockhaus-Enzyklopädie. F.A. Brockhaus, Mannheim 1990

[Car86] Carson, J.S.: Convincing users of model's validity is challenging aspect of modeler's job. Simulation Series, Part 2 Industrial Engineering. 1986, Nr. 6, 74–85, Institute of Industrial Engineering, Norcross (USA)

[Dre86] Dreyfus, H.; Dreyfus, S.: Mind over machine. New York : Free Press 1986

[Gr84] Großeschallau, W.: Materialflußrechnung. Berlin: Springer 1984

[Gus88] Guschok, I.; Jorichs, H.: Integrierte Logistikplanung ermöglicht permanente Bereitschaft zur Fabrikoptimierung. Maschinenmarkt 94 (1988), Nr. 44, 20–26

[Hel86] Hellingrath, B., Noche, B.: Arbeiten mit einer wissensbasierten Simulationsumgebung. Dortmunder Gespräche '86: Logistik - Daten-Information-Systeme, S. D.5.1-D.5.7, Tagung, Dortmund, 8. u. 9. Okt. 1986. Dt. Ges. f. Logistik; VDI-Gesellschaft Materialfluß- und Fördertechnik, Fraunhofer-Institut für Transporttechnik und Warendistribution, Dortmund 1986

[Hes92] Hesse, St.: Atlas der modernen Handhabungstechnik. Darmstadt: Hoppenstedt Technik Tabellen Vlg. 1992

[Hof85] Hoffmann, K.; Krenn, E.; Stanker, G.: Fördertechnik, Bd. 2. München: Oldenbourg 1985

[Hop87] Hoppe, U.; Kuhn, A.: Simulationsgestützte Planung für logistische Prozesse. Logistik im Unternehmen 1 (1987), Nr. 3, 51-56

[Jo88] Jorichs, H.; Peter, P.; Schöfer, P.: Ermittlung von Planungsdaten zur Lagersystembestimmung. Fördertechnik 57 (1988), Nr. 1, 23–27

[Jün71] Jünemann, R.: Systemplanung für Stückgutläger. Mainz: Krauskopf 1971

[Jün84] Jünemann, R.; Kuhn, A.: Simulationsgestützte Planung von Materialfluß-Systemen. Rechnergestützte Fabrikplanung, Bericht der Tagung der VDI-Ges. Produktionstechnik (ADB), Düsseldorf 22./23. März 1984. Düsseldorf: VDI-Vlg. 1984, 87–96

[Jün88] Jünemann, R.; Jorichs, H.: Logistik im Unternehmen: Rechnerintegrierende Planung, ein Optimierungspotential für die Fabrik. Industrie-Automation heute, Tagung, Dortmund, 3. u. 4. Okt. 1988

[Kuh85] Kuhn, A.:Gestaltungsaspekte für logistische Systeme - Sammlung und Diskussion innovativer Ansätze. Produktionslogistik in der Fabrik der Zukunft, Tagungsband PROLOG '85, München 3./4. Dez. 1985. Stuttgart: Fachvlg. f. Wirtschaft u. Steuern, 6–33

[Kuh87] Kuhn, A.: Simulationsgestüzte Planung von Förder- und Lagersystemen. Rechnerunterstützte Fabrikplanung '87 auf dem Weg in die Praxis, Bericht der Fachtagung der VDI-Gesellschaft Produktionstechnik (ADB), Böblingen 19./20. Feb. 1987, 93–122

[Kuh93] Kuhn, A.; Reinhardt, A.; Wiendahl, H-P. (Hrsg.): Handbuch Simulationsanwendungen in Produktion und Logistik. Friedr. Vieweg, Braunschweig / Wiesbaden 1993

[No90] Noche, B.: Entwurf einer entscheidungsorientierten Simulationsumgebung für Produktions- und Materialflußsysteme. Diss. Univ. Dortmund 1990

[No91] Noche, B.; Wenzel, S.: Markspiegel zur Simulationstechnik in Produktion und Logistik. Köln: TÜV Rheinland 1991

[Pu86] Puppe, F.: Expertensysteme. Informatik-Spektrum 9 (1986), 1–13

[Pu88] Puppe, F.: Einführung in Expertensysteme. Univ. Karlsruhe 1988

[Rei79] Reitor, G.P.: Fördertechnik. München: Hanser 1979

[Sav87] Savory, St.E.: Expertensysteme. München: Oldenbourg 1987

[Schle74] Schlesinger, S.; Buyan, J.R.; Callender, E.D.; Clarkson, W.K.; Perkins, F.M.: Developing standard proceedures for simulation validation and verification. In: Proceedings of the 1974 Summer Computer Simulation Conference. Soc. of Computer Simulation (SCS), San Diego (USA), 927–933

[Schm] Schmidt, B.: Simulation von Produktionssystemen. Institut für Mathematische Maschinen und Datenverarbeitung, Univ. Erlangen-Nürnberg 1987

VDI 3633: Simulation von Logistik-, Materialfluß- und Produktionssystemen. Blatt 1: Grundlagen. 1983

[Wat86] Waterman, D. A.: A guide to expert systems. Reading, Mass.: Addison-Wesley 1986

[Wie85] Wiendahl, H.-P.; Enghardt, W.: Rechnergestützte Fabrikplanung. VDI-AFB-Fachtagung „Rechnergestützte Fabrikplanung" 24./25.10.1985 Fellbach

Win86] Winograd, T.; Flores, F.: Understanding computers and cognition. Norwood, N.J.: Addison-Wesley 1986

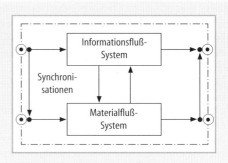

Bild 16-31 Zusammenhang von Material- und Informationsfluß

16.3 Steuerung innerbetrieblicher Logistiksysteme

16.3.1 Aufgabe der Steuerungssysteme

Innerbetriebliche Materialflußsysteme verknüpfen die verschiedenen Funktionsbereiche eines Unternehmens. Sie sind die verbindenden Elemente zwischen
- Wareneingang,
- Lager,
- Fertigung und Montage,
- Kommisionierung,
- Warenausgang.

Damit verbunden ist die möglichst effiziente Lösung der Grundaufgaben
- Transportieren und Puffern,
- Verteilen großer Stückgutmengen,
- Sortieren nach Identifikationskennzeichen.

Steuerungssysteme stellen Lösungskonzepte zur effizienten Realisierung von Materialflußsystemen bereit [VDI86].

Materialflußsysteme benötigen einen materialflußbegleitenden Informationsfluß, der an vorher festgelegten Punkten mit dem Materialfluß gekoppelt werden muß (Bild 16-31). Nur auf diese Weise kann der Materialfluß koordiniert, auf unvorhergesehene Änderungen reagiert und Fehlfunktionen begegnet werden. Zur Organisation, Disposition, Kontrolle und Steuerung sind die erforderlichen, den Materialfluß begleitenden Informationen durch ein geeignetes Datenverarbeitungssystem zu erfassen und zu verdichten. Die zu verarbeitenden Informationen werden hierzu z. T. manuell und heute mehr und mehr rechnergestützt aufgenommen und ausgewertet (Bild 16-32).

Steuerungssysteme haben die Aufgabe, den Informationsfluß zu führen. Hierzu muß an den Entscheidungsstellen eine Kopplung zwischen Materialfluß und Informationsfluß durch Messung der Ist-Information über die relevanten Vorgänge im Materialfluß stattfinden. Auf diese Weise wird der Materialfluß im Datenverarbeitungssystem abgebildet. Die Messung erfolgt mittels eines dedizierten Sensors. Dies kann ein komplexes Gerät zur Objektidentifizierung wie z. B. ein Barcodeleser, eine Waage oder auch eine einfaches elektromechanisches Bauteil zur Objektanwesenheitsmeldung wie z. B. ein Taster sein. Die durch die Messung erhaltenen Informationen werden in einem mehr oder weniger komplexen Datenverarbeitungssystem bearbeitet. Das Datenverarbeitungssystem wird zum Steuerungssystem, wenn anhand der gemessenen Daten auch Stellbefehle generiert werden, die wiederum über aktive Elemente den Materialfluß steuern. Aktive Elemente können z. B. Motoren an Weichen, aber auch ganze Anlagen sein, die abhängig vom Materialfluß automatisch angesteuert werden sollen (vgl. Bild 16-33).

Die zur Ansteuerung benötigten Stellbefehle werden dezentral oder zentral bezüglich einer dem

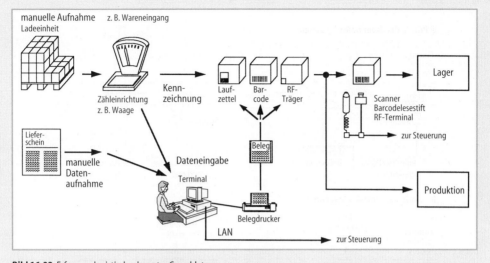

Bild 16-32 Erfassung logistisch relevanter Grunddaten

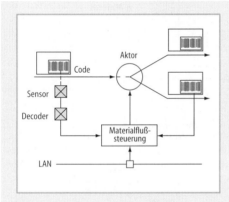

Bild 16-33 Steuerstrecke bzw. Regelkreis im Materialfluß

aktiven Element übergeordneten Zielsteuerung ausgegeben.

Dezentrale Steuerungen arbeiten hierbei teilweise autark, wenn die Zielinformationen vom Fördergut selbst entnommen werden können (vgl. Bild 16-34).

Hierzu muß das Gut oder das Transporthilfsmittel mit einem Datenträger versehen sein, der alle wesentlichen Daten enthält (16.4.2.4). Auf diese Weise kann an jeder beliebigen Stelle im Materialfluß eine Abfrageeinheit für die Zielinformation installiert werden und die Zielsteuerung direkt erfolgen. Auch nachträgliche größere Änderungen im Materialfluß bedingen keine Änderung des Informationssystems, da der Informationsfluß parallel zum Materialfluß erfolgt.

Im Idealfall können die mitgeführten Daten ergänzt, korrigiert oder gelöscht werden.

Zentrale Steuerungen gewährleisten hingegen einen vom Materialfluß entkoppelten Informationsfluß. Hierbei ist nur eine indirekte Kopplung der Information an das Gut realisiert, der Informationsfluß erfolgt getrennt vom Materialfluß. Nachteilig wirkt sich aus, daß die Information vollständig in der zentralen Zielsteuerung vorgehalten werden muß, während sie bei der dezentralen Steuerung direkt mit dem Gut gekoppelt ist. Kritisch bei der zentralen Lösung ist damit der zeitliche Abgleich zwischen Materialfluß und Informationsfluß.

In der Praxis erfolgt keine harte Trennung zwischen zentraler und dezentraler Strukturierung von Steuerungssystemen, da zumeist eine nach wirtschaftlichen Gesichtspunkten optimierte Lösung realisiert wird. Eine bewährte Mischform besteht in der Kennzeichnung des Guts durch ein eindeutiges Identifikationsmerkmal und der Zuordnung eines in der zentralen Steuerung vorgehaltenen Ergänzungsdatensatzes. Wieviel Information am Gut mitgeführt wird und wieviel im System vorgehalten wird, ist je nach Anwendungsfall festzulegen. Einfache Steuerungsaufgaben können schon mit dem „Bewegungsdatensatz der Logistik" [Pae86] gelöst werden. Hierzu gehören

– Herkunftsort,   – Bedarfsort,
– Objekttyp,   – Eintrittszeitpunkt,
– Menge,   – Austrittszeitpunkt,
– Bestandsort.

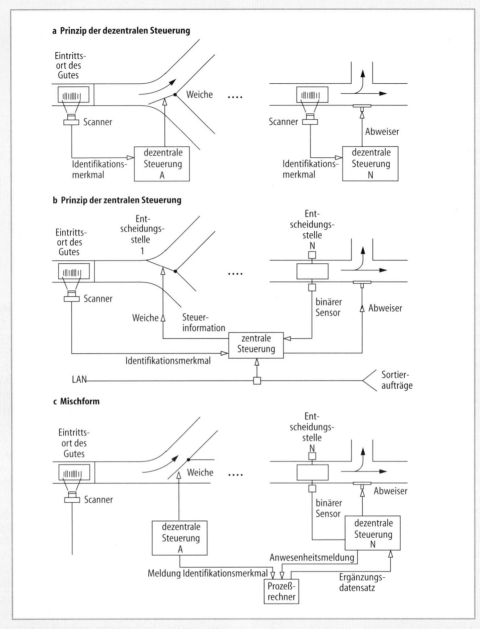

Bild 16-34 Dezentrale und zentrale Zielsteuerung und Mischform

Mit den Daten wird angegeben, welche Mindestinformationen aus den Objektdaten und den Daten in Informationssystemen gewonnen werden können, um eine Steuerungsentscheidung treffen zu können.

Da der Informationsfluß schneller ist als der Materialfluß, muß die Steuerung Verfahren zur Synchronisation zur Verfügung stellen. Hier werden die synchrone und die asynchrone Kopplung unterschieden. Im Falle der *synchronen Kopplung* muß die Information genau dann am Entscheidungspunkt z.B. einem Ausschleusungspunkt sein, wenn auch das Fördergut dort ankommt. Beim Eintritt der Fördergüter in das Materialflußsystem muß deshalb ihr Abstand untereinander konstant sein und darf sich darüber hinaus während des Transportes nicht ändern. Die synchrone Kopplung zeichnet sich durch eine feste, meist sogar mechanische Kopplung zwischen Material- und Informationsfluß aus und kann zum Beispiel durch Kopierwerke realisiert werden. Diese Art der Kopplung wird heute kaum noch realisiert.

Häufiger eingesetzt wird die *asynchrone Kopplung*. Die Synchronisation erfolgt hier über einen Taktimpuls, wie er von einem binären Melder aus dem Prozeß erzeugt wird. Dieser Impuls läßt die Aussage zu, daß momentan irgendein Fördergut an der Entscheidungsstelle eingetroffen ist. Die Reihenfolge der getakteten Information muß mit der Reihenfolge der Güter auf dem Förderer übereinstimmen. Bei Vertauschungen oder nicht gemeldeten Entnahmen versagt dieses Verfahren. Fehlersicherheit kann durch die Identifizierung des Guts, d.h. die Erfassung des eindeutigen Identifikationsmerkmals, an jedem Entscheidungspunkt erreicht werden (16.4).

Die Erfüllung der Aufgaben erfolgt in der modernen Steuerungstechnik mit programmierbaren Digitalrechnern, wobei die Anforderungen an das Betriebsverhalten der Rechner stark von den zu erfüllenden Aufgaben bestimmt werden. Kommt es zunächst bei kommerziellen oder technisch-wissenschaftlichen Fragestellungen nur auf die Richtigkeit des Ergebnisses an, spielt der Zeitpunkt und die Dauer der Lösungsfindung keine Rolle, solange die Dauer „erträglich" ist. Steuert der Rechner hingegen einen technischen Prozeß, wie zum Beispiel die Ausschleusweichen einer Paketsortieranlage, ist der Zeitpunkt der Verfügbarkeit des richtigen Ergebnisses von entscheidender Bedeutung für die Funktion des Systems. Wird die Weichenstellung aus dem Logistikdatensatz zwar richtig ermittelt, erhält die Weiche den Umschaltbefehl jedoch zum falschen Zeitpunkt, wenn das entsprechende Gut sich bereits im Bereich der Weiche befindet oder diese bereits passiert hat, so ist das Systemverhalten falsch. Daraus ergibt sich die Forderung nach der sog. *Echtzeitfähigkeit* der zur Steuerung eingesetzten Rechner und deren Betriebssystem. *Echtzeitfähigkeit* bedeutet nicht mehr als „schritthaltend mit echten Zeitabläufen". Ein Rechnersystem ist dann „echtzeitfähig", wenn es nach einer deterministisch angebbaren Zeit auf ein Eingangssignal reagiert hat. Die Dauer dieser Reaktionszeit ist allein von den Anforderungen des zu steuernden Prozesses abhängig.

Die Merkmale eines Mikrorechners zur Prozeßsteuerung sind:

- rechtzeitige Reaktion auf Signale aus dem laufenden logistischen Prozeß,
- quasi-gleichzeitige Reaktion auf alle Zustandsänderungen des Prozesses,
- Ausstattung mit geeigneter Peripherie zur industrietauglichen Prozeßkopplung,
- die Fähigkeit zur Bitverarbeitung

Damit sind die Aufgaben und Anforderungen an die Steuerungssysteme im Materialfluß festgelegt. Die Steuerungssysteme müssen
- Informationen aus dem Materialfluß erfassen und verarbeiten,
- für eine Synchronisation der Datenströme mit dem Materialfluß sorgen,
- diese mit Daten aus hierarchisch überlagerten Automatisierungseinheiten verknüpfen und
- Stellbefehle an den Materialfluß beeinflussende Stellglieder ausgeben.

16.3.2 Aufbau von Steuerungssystemen

Um die vielfältigen Aufgaben der Logistik im Materialfluß durch Steuerungssysteme unterstützen zu können, werden die Steuerungssysteme in Teilsteuerungen aufgeteilt, die wiederum über eine Informationshierarchie miteinander verknüpft sind. Ziel ist die Aufteilung der Aufgaben in voneinander möglichst unabhängige Einzelpakete, um eine bessere Transparenz und Übersichtlichkeit zu erreichen. So lassen sich die Anforderungen nach abgestufter Leistungsfähigkeit, Flexibilität und Anpaßbarkeit der Anlagen in hohem Maße erfüllen.

Die Steuerungsaufgaben werden in übereinanderliegende Ebenen gegliedert (Bild 16-35), so daß die auf einer Ebene auszuführenden Aufgaben weitgehend abgeschlossen und entkoppelt sind. Die gegenseitige Vermaschung soll nur mit der jeweils übergeordneten Ebene erfolgen. Dies geschieht so, daß eine Verdichtung der Information in vertikaler Richtung der Hierarchiepyramide stattfindet, die Systeme also mit einem Minimum an Information aus der jeweils unterhalb liegenden Ebene auskommen. Eine mögliche Strukturierung in Ebenen, denen Aufgaben im Steuerungssystem zugeordnet werden, führt zu dem in Bild 16-35 dargestellten Ebenenmodell.

16.3.2.1 Sensor-Aktor-Ebene

Auf der unteren Ebene, der Sensor-Aktor-Ebene (s. 10.3.1.4), befinden sich die zu steuernden

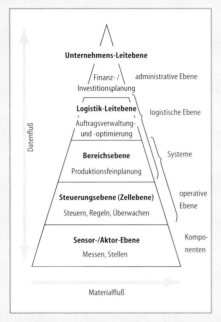

Bild 16-35 Beispiel einer Steuerungs-Hierarchie

Geräte mit entsprechend dimensionierten Sensoren und Aktoren. Die Sensoren ermitteln einfache physikale Meßgrößen, wie die Stellung eines Tasters, den Drehwinkel einer Achse oder einen Identifikationscode eines Guts. Aktoren reagieren auf Signale der überlagerten Steuerung z. B. mit dem Anlauf eines Motors, mit der Veränderung der Drehzahl eines Antriebes oder dem Öffnen eines Pneumatikventils. Die „Menge" der zu übertragenden Information reicht von der kleinsten zu übertragenden Informationseinheit, dem Bit, bis zu einigen Byte. Die Signale haben eine hohe Dynamik und infolgedessen eine hohe Änderungsgeschwindigkeit. Digitalisierte Daten sind nur innerhalb eines sehr kurzen Zeitraumes aktuell. Die Dauer der Datenübertragung der Sensorsignale an die Steuerung der Feldebene, der Stellwerterzeugung durch die Steuerung und der Reaktion des Aktors muß so kurz sein, daß der zu steuernde Prozeß stabil ist.

16.3.2.2 Steuerungsebene

Die erforderlichen Steuerungen werden logisch der Steuerungsebene zugeordnet. Sie haben dezentralen Charakter, weil sie Einzelgeräten zugeordnet sind. Eine Steuerung ist mit nur einem Gerät verbunden und muß keine Nachbargerä-

te beachten. In den meisten Fällen werden auf dieser Ebene „speicherprogrammierbare Steuerungen" (SPS) eingesetzt, in Ausnahmefällen finden auch Mikrorechner-Steuerungen Anwendung. Die Anforderungen ergeben sich aus den maschinen- und gerätenahen Funktionen, die zuverlässige, robuste und störungssichere Industriestandards erfordern. Diese werden bekanntlich durch SPS-Geräte- und Baugruppen erfüllt.

Die Steuerungsaufgaben entstehen aus den Gerätefunktionen, die in Materialflußsystemen im wesentlichen die geforderten Bewegungsabläufe aber auch Sicherheits- und Notfunktionen betreffen. Auf dieser Ebene sind daher die Anforderungen an die Verfügbarkeit am höchsten.

16.3.2.3 Bereichsebene

Über der Steuerungsebene können ein oder mehrere Subsysteme angeordnet werden. Diese werden auch als Gruppen- oder Bereichssteuerungen bezeichnet. Beispielsweise kann ein abgrenzbarer FTS-Bereich von einem übergeordneten Bereichsrechner überwacht und verwaltet werden. Solche Systeme bestehen aus Mikrorechnern oder angepaßten und geeigneten Personal-Computern. Sie halten Verbindung zu den Einzelgerätesteuerungen, indem sie einzelne Aufträge weitergeben und deren Ausführung überwachen. Auf dieser und den unterlagerten Ebenen werden sämtliche operativen Aufgaben der Produktion erfüllt. Die Bereichsebene gewährleistet die Koordinierung der Teilprozesse, die Optimierung von in sich abgeschlossenen Bereichen des technischen Prozesses sowie die Prozeßüberwachung und -sicherung.

16.3.2.4 Logistikleitebene

Zur Führung eines kompletten logistischen Systems wird als zentrales Führungs- und Steuerungsinstrument ein logistischer Leitrechner eingesetzt. Ein solches logistisches System könnte beispielsweise ein Kommissioniersystem sein, das Teilelager, Kommissionierplätze, Fördertechnik, FTS usw. enthält und die Bereichssteuerungen beauftragt. Die hier eingesetzten Rechner müssen mit der Leistungsfähigkeit der untergeordneten Systeme Schritt halten. In den meisten Fällen wird der Leitrechner auch mit sog. Leitstandsfunktionen ausgerüstet, die es einem Bediener (Disponent) ermöglichen, das System zu führen. Dazu sind Funktionen erforderlich, die eine Datenverdichtung, eine Datenaufbereitung und eine gute, in der Regel graphische Darstellung beinhalten.

16.3.2.5 Managementebene

Auf der Managementebene sind administrative und strategische Aufgaben zu erfüllen. Hier sind Fragen der Standort- und Produktionsplanung, Qualitätssicherung und des Controllings zu lösen und Aufgaben wie Personalsachbearbeitung und Lohnbuchhaltung angesiedelt. Zur Unterstützung stehen rechnergestützte Hilfsmittel wie Produktionsplanungssysteme (PPS) (s. 14), computerunterstützte Konstruktion (CAD, Computer-Aided Design) (s. 7.3.6) zur Verfügung, die sich in vertikaler Weise in die Steuerungshierarchie des Unternehmens eingliedern.

Je nach Größe des Unternehmens und Umfang des zu automatisierenden Systems kann die Hierarchie unterschiedlich gestaltet und ausgeprägt sein. Bei geringerer Komplexität und Fertigungstiefe entfallen die Aufgaben der Bereichsebene. Kennzeichen dieses Ebenenmodells ist ein ausschließlich vertikaler Informationsfluß zwischen Teilnehmern der Sensor-Aktor- und der Steuerungsebene mit in steigender Richtung zunehmender horizontaler Vernetzung. Die einzelnen Ebenen werden durch Kommunikationsnetzwerke miteinander verbunden. Dabei können die in Bild 16-35 dargestellten Funktionsebenen durch drei Gruppen von Kommunikationsnetzen realisiert werden (Bild 16-36). Es gilt allgemein, daß in Richtung höherer Hierarchieebenen einer-

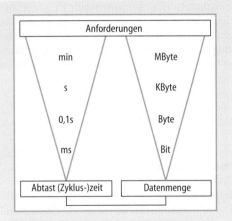

Bild 16-37 Beziehung zwischen Informationsmenge und erforderlicher Abtastzeit

seits die Komplexität der Verarbeitung zunimmt und damit die erforderliche Verarbeitungsleistung ansteigt, andererseits aber die Anforderungen an die Verfügbarkeit und an die Prozeßdatenverarbeitung abnehmen (Bild 16-37) [Sne94: 77]. Hinweise zur Realisierung von Materialflußsteuerungen sind [VDMA94] zu entnehmen.

16.3.3 Kommunikationsstandards

Die Anforderungen der Anwender von Rechnersystemen in der Steuerungstechnik gehen über die rein datenorientierte Kopplung von Komponenten hinaus. Der Aufbau einer funktionierenden Steuerungstruktur erfordert zwischen allen

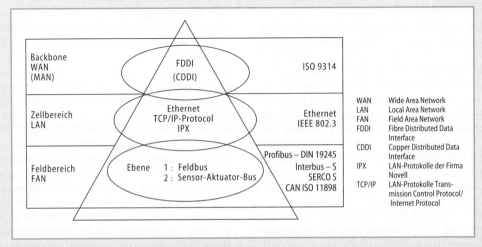

Bild 16-36 Vernetzungsebenen industrieller Kommunikation [nach Sne94]

Kommunikationsteilnehmern eine Einigung über die Bedeutung der gesendeten Nachrichten. Die mangelnde Interoperabilität von Automatisierungskomponenten verschiedener Hersteller führte bei industriellen Anwendern zunehmend zu Standardisierungsbemühungen (vgl. zum folgenden insbesondere 17.2.4).

MAP/MMS

Ein umfassender Ansatz wurde mit der Definition des Manufacturing Automation Protocol/ Technical and Office Protocol (MAP/TOP) unternommen. Diese Spezifikation basiert auf dem ISO-OSI-Referenzmodell und faßt eine Anzahl von Protokollstandards zusammen [Pol94: 594ff.]. Die Manufacturing Message Specification (MMS) (ISO 9506) ist Bestandteil der Applikationsschicht von MAP. MMS stellt eine botschaftsorientiertes Kommunikationsverfahren sowohl für Automatisierungsgeräte auf einer Kommunikationsebene als auch für Systeme auf verschiedenen Ebenen zur Verfügung [Swa91]. Die Funktionen von Geräten eines Automatisierungsverbundes werden durch abstrakte Modelle, sog. Virtual Manufacturing Devices, beschrieben. Zusammen mit einem Botschaftssystem können einzelne Komponenten eines Automatisierungsverbundes miteinander kommunizieren. MMS legt Funktionalitäten und eine Interpretationsvorschrift für Botschaften fest, die in jeder nach diesem Standard realisierten Anlage gleich sind. Zu diesen Funktionalitäten zählen Dienste zum Erzeugen, Initialisieren, Manipulieren oder Löschen von MMS-Objekten. In einem MMS-Objekt werden die logische Beschreibung des Gerätes mit den von diesem Gerät ausführbaren Programmen und zugehörigen Produktionsparametern zusammengefaßt und gleichzeitig Kommandos definiert, mit denen das Programm von einer Leitwarte aus in dem Gerät gestartet, gestoppt oder parametriert werden kann. Diese Eigenschaften machen MMS zu einem mächtigen Werkzeug, jedoch erfordert die Implementierung des Befehlssatzes einen nicht unerheblichen Aufwand.

Neben MAP/MMS haben sich in Anwendungen auch nicht durchgängige Ansätze durchgesetzt.

Auf der obersten Ebene kommen Netzwerke der höheren Leistungsklasse, z.B. nach ISO 9314 (Fibre Distributed Data Interface, FDDI) zur Anwendung, zur Anbindung des Fabrikrechners an ein unternehmensweites Netzwerk, das sog. Backbone. Dieser bildet aus kommunikationstechnischer Sicht das „Rückgrat" der Fabrik. Auf den mittleren Ebenen sind Systeme für den Lokal- oder Zellbereich, sog. Local Area Networks (LANs), anzutreffen. Grundlage für die Realisierung der LANs mit stochastischem Buszugriff ist z.B. die Norm IEEE 802.3, auf der auch Ethernet beruht. Wegen des nichtdeterministischen Zugriffsverfahrens sind diese Netzwerke nicht echtzeitfähig.

Seit mehreren Jahren vollzieht sich auf den unteren, datenorientierten Ebenen ein deutlicher Wandel der Kommunikationsstrukturen weg von der zentralen, parallelen Sensor-Aktor-Verkabelung hin zu dezentralen Steuerungskonzepten mit intelligenten Feldgeräten und serieller Kommunikation. Zwischen den prozeßnahen Einrichtungen der Sensor-Aktor-Ebene und der Steuerungsebene bilden die Feldbusnetze das eigentliche Bindeglied. An diese Netzwerke werden hohe Anforderungen gestellt:

- Herstellerunabhängigkeit durch Einsatz offengelegter, besser noch, genormter Protokolle,
- Wirtschaftlichkeit durch niedrige Komponentenkosten und hohe Flexibilität,
- Echtzeitfähigkeit durch deterministische Zugriffsverfahren,
- Zuverlässigkeit und Fehlertoleranz,
- einfache Inbetriebnahme durch geeignete Diagnosehilfsmittel,
- flächendeckende Topologie.

Der Wirtschaftlichkeitsvorteil eines Feldbusnetzwerks liegt vor allem in der hohen Flexibilität. Durch eine weitgehend frei wählbare Topologie, projektierbare Zuverlässigkeit und Reaktionszeit, und damit ein anpassbares Echtzeitverhalten kann eine Anlage stufenweise erweitert und den Anforderungen der Produktion angepaßt werden. Vor allem in der untersten Automatisierungsebene entsteht bei der Errichtung von Anlagen ein erheblicher Aufwand für die Verkabelung. Voraussetzung für das Erreichen des Flexibilitätszieles ist der problemlose Austausch von Feldgeräten verschiedener Hersteller, also deren Kompatibilität zur Busseite hin. Deshalb basieren die Feldbus- und Sensor-/Aktorbus-Netzwerke auf der Idee der „offenen Kommunikation", die das Zusammenwirken informationsverarbeitender Systeme verschiedener Herkunft ermöglichen soll. Mit DIN ISO 7498 (Kommunikation Offener Systeme) ist ein Referenzmodell verfügbar, auf das sich alle herstellerunabhängigen Implementierungen von Feldnetzwerken berufen. Herstellerunabhängige Netzwerke sind nur bei Existenz allgemein akzeptierter Stan-

dards möglich. Solche liegen als Norm bzw. als Normentwurf vor:
- Profibus, DIN19245-1/2: Messen, Steuern, Regeln; PROFIBUS,
- FIP, ISA (SP50), ISO TC 184 (Entwurf): FIP; Factory Instrumentation Protocol,
- 4-Draht-Meßbus, DIN66348-1/2,
- CAN-BUS, ISO/DIS 11898, Spezifikation,
- BITBUS, IEC 1118.

Des weiteren haben sich De-facto-Standards etabliert, deren Spezifikation offengelegt und für jedermann zugänglich ist. Diese Standards werden von Nutzervereinigungen mit dem Ziel der „Interoperabilität" unterstützt. Diese Interoperabilität wird für die einzelne Komponente von einem unabhängigen Institut zertifiziert. Marktgängige Standards sind [Sne94]:
- INTERBUS-S, Vorschlag zu DIN19258,
- SERCOS-Interface.

Die einzelnen Bussysteme sind mit unterschiedlichen Schwerpunkten für die Automatisierungstechnik optimiert und bieten ganz spezielle Leistungsvorteile, so daß der Projektierungsingenieur in Zukunft mit der Auswahlproblematik konfrontiert sein wird.

Literatur zu Abschnitt 16.3

Diese Angaben befinden sich ausnahmsweise am Ende von Kap. 16 auf S. 16-119

16.4 Informationstechniken in der innerbetrieblichen Logistik

16.4.1 Aufgabe der Informationstechniken

Informationen stellen ein wesentliches Element innerhalb logistischer Systeme dar. Sie ermöglichen die Planung, Steuerung und Überwachung der Objektströme in Unternehmen. Objekte sind hierbei Material, Personen, Energie und Informationen. Die zeitliche Abfolge aufeinanderfolgender Informationen wird als Informationsfluß bezeichnet. Abhängig vom zeitlichen Zusammenhang zwischen Material- und Informationsfluß, spricht man von synchronem oder asynchronem Informationsfluß. Letzterer kann vorauseilend oder nachlaufend erfolgen. Die Auf-

gabe der Informationstechniken ist die Bereitstellung der technischen Komponenten und Abläufe zur Realisierung des Informationsflusses in Systemen. Sie umfassen die Techniken zur
- Erfassung,
- Übertragung,
- Verarbeitung und Auswertung und
- Ausgabe
von Daten.

Der Schwerpunkt der nachfolgenden Ausführungen liegt bei den Techniken zur Erfassung und Übertragung von Daten in der innerbetrieblichen Logistik. Die zur Verarbeitung, Auswertung und Ausgabe eingesetzten Systeme entsprechen den in der EDV allgemein bekannten. In diesem Zusammenhang sei auf 17.2 verwiesen.

16.4.2 Erfassungstechniken

Die Struktur der Informationserfassung in der Logistik, läßt sich anhand von Bild 16-38 genauer erläutern. Grundlage jedes Informationsprozesses ist die Erkennung von vereinbarten Merkmalen an den Transportobjekten. Diese Objektmerkmale werden von einem Sensor abgetastet, von einem Decoder als erkannt oder nicht erkannt bewertet und dieses Ergebnis schließlich über eine Schnittstelle weitergeleitet [Arn87]. Die Weiterverabeitung erfolgt durch unterschiedlichste Einrichtungen, die im einfachsten Fall aus einem Relais bestehen, das z.B. den Antrieb eines Förderes einschaltet, in komplexen Systemen jedoch aus einem weitverzweigten Netzwerk von speicherprogrammierbaren Steuerun-

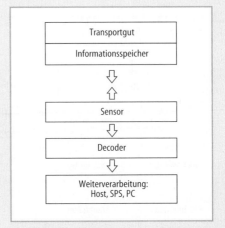

Bild 16-38 Struktur der Informationserfassung in der Logistik

gen (SPS), PCs und Mainframes aufgebaut sind (s. 17.2).

Die Komponenten dieser Erfassungssysteme werden im folgenden beschrieben.

16.4.2.1 Informationsspeicher

Informationsspeicher sind die materiellen Träger von vereinbarten Merkmalen. Ihre Aufgabe besteht in der Speicherung von Informationen (Daten) und dem Schutz dieser Daten vor den auf sie einwirkenden Umgebungseinflüssen. Die physikalischen Prinzipien zum Speichern, Lesen und Ändern der Informationen stellen ein wesentliches Unterscheidungsmerkmal der verschiedenen Verfahren dar und bestimmen in starkem Maße die Eigenschaften und Funktionen der unterschiedlichen Systeme.

Man unterscheidet taktile und berührungslose Erfassungsprinzipien (Bild 16-39). Zu den berührungslosen Systemen zählen die induktiven, akustischen, elektro- magnetischen, kapazitiven und die optischen bzw. opto-elektronischen Informationsspeicher.

Sind die im Informationsspeicher abgelegten Daten nicht mehr veränderbar, dann handelt es sich um ein sog. Festcodesystem. Beispiele hierfür sind festgeschweißte Schaltnocken in Anlagen, Strichcodes und elektronische Festwertspeicher.

Wenn sich die gespeicherten Informationen beliebig verändern und neubeschreiben lassen, spricht man von einem programmierbaren Datenspeichersystem (engl. read-write system). Magnetkarten und Disketten stellen weitverbreitete Beispiele für diesen Speichertyp dar. In logistischen Systemen kommen zunehmend elektronische Informationsspeicher, sog. mobile Datenspeicher (MDS) zum Einsatz, die sich auf induktivem oder hochfrequentem Wege, berührungslos beschreiben und lesen lassen.

In der Regel werden die obengenannten Informationsspeicher zusätzlich an Paletten und Behältern angebracht (indirekte Identifikation). Der Grund hierfür besteht in der Vereinfachung der automatischen Erkennung und Verarbeitung der gespeicherten Informationen. Es ist aber auch möglich durch aufwendigere Sensorsysteme die Objekteigenschaften, wie Farbe, Maserung, Gewicht oder Eigenresonanz, zur Unterscheidung und Identifizierung von Objekten zu verwenden (direkte Identifizierung).

16.4.2.2 Sensoren

Sensoren sind technische Einrichtungen zur Erfassung und Umwandlung von physikalischen Größen. Sie besitzen einen begrenzten Erfassungsbereich und wandeln die Meßgröße sehr oft in

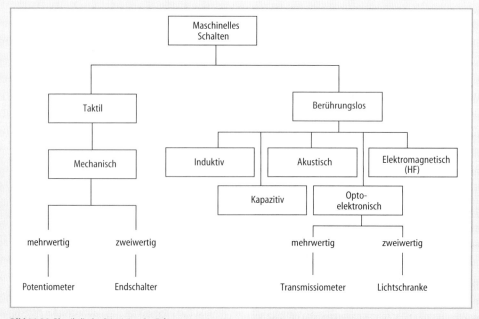

Bild 16-39 Physikalische Prinzipien der Erfassung

ein elektrisches Signal um, das anschließend verstärkt, gefiltert und weiterverarbeitet wird.

Abhängig vom Informationsgehalt des abgegebenen Signals werden einfache und komplexe Sensoren unterschieden.

Ein weiteres wichtiges Unterscheidungsmerkmal für Sensoren ist die Eigenschaft die Meßgröße berührend oder berührungslos zu erfassen.

Einfache Sensoren erzeugen ein 1-Bit-Signal zur Erfassung eines Ereignisses.

Wichtige in der Materialflußtechnik eingesetzte Sensoren werden nachfolgend beschrieben.

Mechanische Schalter werden häufig als Endschalter in fördertechnischen Anlagen eingesetzt. Zur Betätigung dienen Schaltnocken, die der Bewegung des überwachten Anlagenteils folgen und beim Erreichen des Schalters ein entsprechendes Signal auslösen. Der Vorteil des einfachen Aufbaus wird bei diesem Sensor überlagert vom mechanischen Verschleiß von Betätigungselement und Kontakten. Mechanische Schalter werden beispielsweise zur Steuerung von Regalförderzeugen und Handhabungseinrichtungen eingesetzt.

Ein *Reedschalter* ist ein kontaktbehafteter Sensor, dessen Kontakte berührungslos durch ein Magnetfeld betätigt werden. Er besteht aus einem schutzgasgefüllten Glasrohr, das ein oder mehrere Kontaktpaare enthält, die in der Regel von einem Permanentmagneten betätigt werden.

Induktive Näherungsschalter haben ähnliche Einsatzgebiete wie mechanische Schalter, sind jedoch aufgrund der berührungslosen Funktion keinem mechanischen Verschleiß ausgesetzt.

Darüber hinaus sind sie relativ unempfindlich gegenüber nichtmetallischen Verschmutzungen. Ihre Funktion beruht auf einem elektromagnetischen Schwingkreis, dessen Induktivität mittels einer metallischen Schaltfahne verändert wird. Der Arbeitsabstand von induktiven Nährungsschaltern ist auf einige Millimeter begrenzt.

Lichtschranken gehören zu den optoelektronischen Sensoren und haben aufgrund ihrer zuverlässigen Funktion und ihrer großen Arbeitsabstände eine weite Verbreitung in fördertechnischen Anlagen gefunden [Fet88]. Nach DIN 44030 lassen sich die Lichtschranken in Einweg-Systeme, Reflexions- und Taster-Systeme einteilen. Eine Einweg-Lichtschranke verwendet, wie in Bild 16-40 dargestellt, räumlich getrennte Sender und Empfänger. Hieraus resultieren in der Regel größere Reichweiten als bei Reflexions-Systemen. Die Sende- bzw. Empfangskeule ist derart ausgebildet, daß selbst bei nicht optimaler Montage ein ausreichender

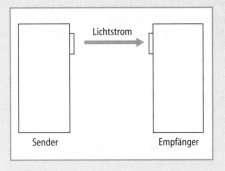

Bild16-40 Prinzip einer Einweg-Lichtschranke

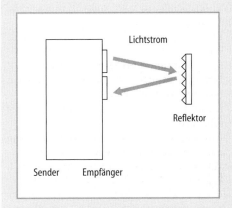

Bild 16-41 Prinzip einer Reflexions-Lichtschranke

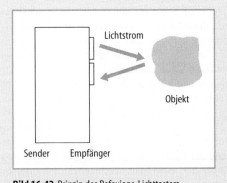

Bild 16-42 Prinzip des Refexions-Lichttasters

Strahlungsfluß gewährleistet ist. Der Empfänger reagiert auf die Unterbrechung des Lichtstromes durch Schaltfahnen oder die Transportobjekte.

In Reflexions-Systemen sind Sender und Empfänger zu einer Einheit zusammengefaßt (Bild

16-41). Der Lichtstrom des Senders wird von einem Retro-Reflektor (z.B. Tripelspiegel) auf den räumlich eng benachbarten Empfänger reflektiert. Der Raum zwischen Lichtschranke und Reflektor stellt den zu überwachenden Bereich dar.

Taster-Systeme besitzen einen ähnlichen Aufbau, wie Reflexions-Systeme, sie benötigen jedoch keinen speziellen Reflektor, sondern erkennen das an einer Objektoberfläche reflektierte Licht (Bild 16-42). Ihre Funktion hängt stark von der Oberflächenbeschaffenheit des reflektierenden Objekts ab.

Sensoranwendungen im Materialfluß

Typische Aufgaben von Sensoren im Materialfluß sind:
- Erfassung und Registrierung von Ereignissen,
- Lagebestimmung und Positionierung,
- Ermittlung von Meßgrößen für die Antriebsregelung von Fördermitteln,
- Identifikation von Gütern und Transporthilfsmitteln,
- Überwachung von Abläufen und die Erkennung und Vermeidung von Störungen,
- Vermessung von Gütern und Transporteinheiten.

In fördertechnischen Systemen sind i.allg. eine Vielzahl unterschiedlicher Sensoren im Einsatz. In einer Paketverteilanlage überwachen Lichtschranken die Belegung der Förderer und die Grobposition von Paketen innerhalb der Anlage. Durch Drehgeber wird die zeitliche Synchronisation zwischen der Ankunft eines Paketes an der Sortierstrecke und dem Erreichen einer Ausschleusposition hergestellt. Mit Hilfe von Barcodelesern werden die Pakete automatisch erkannt und auf ihrem Weg durch die Förderanlage lückenlos überwacht.

Im Hochregallager dienen Wegmeßsysteme zur Positionierung der Regalförderzeuge entlang der Fahr-, Hub- und Lastaufnahmeachsen. Zusätzlich eingebaute Lichtschranken oder induktive Näherungsschalter überwachen die Grenzlagen und Not-Aus-Funktionen. Mit Hilfe von Lichttastern wird die Fachbelegt-Kontrolle und die Kontrolle der korrekten Lastaufnahme durchgeführt. Mit Hilfe von Barcodelesern werden die aufzunehmenden Güter und Paletten identifiziert.

Die Fahrzeuge in FTS-Systemen benötigen Sensoren zur Verhinderung von Kollisionen, zur Führung der Fahrzeuge entlang von Leitlinien oder zur Koppelnavigation mit Hilfe des Lenkwinkels und des Verfahrweges (s. 16.3). Bildverarbeitungssysteme ermöglichen die leitlinienlose Führung von FTS-Fahrzeugen und die selbständige Erkennung von Hindernissen in Fahrtrichtung.

Kriterien für den Einsatz von Sensoren

Für die vielfältigen Aufgabenstellungen im Materialfluß existieren meist mehrere Lösungsvarianten mit unterschiedlichen Sensoren. Für die Realisierung einer Anlage müssen daher unter Berücksichtigung der spezifischen Aufgabenstellung und der Funktionsmerkmale der unterschiedlichen Sensoren suboptimale Lösungen gefunden werden. Als wichtige Auswahlkriterien für Sensoren müssen daher
- die physikalische Meßgröße,
- die Baugröße und das Gewicht,
- die Störungseinwirkungen auf die Meßgröße und
- die Zuverlässigkeit bzw. Störanfälligkeit des Sensors
berücksichtigt werden.

Weitere wichtige Funktionsmerkmale von Sensoren werden nachfolgend beschrieben.

Die *Leistungsreserve* beschreibt die Fähigkeit eines Sensors auch bei Sörungen und Verschmutzungen noch einwandfrei zu funktionieren.

Die *Abstrahl- und Empfangscharakteristik* bestimmt die Anordnungstoleranzen, die für einen störungsfreien Sensorbetrieb einzuhalten sind. Sende- und Empfangswinkel eines Sensors müssen einerseits scharf begrenzt werden, um eine Fremdbeeinflussung zu minimieren. Auf der anderen Seite sind bestimmte Toleranzen funktionsnotwendig, damit der Montage- und Ausrichtungsaufwand vertretbar bleibt.

Der *Tiefenschärfebereich* sorgt für eine konstante Schaltgenauigkeit des Sensors bei Abstandsschwankungen.

Die *Wiederholgenauigkeit* eines Sensors muß zur Sicherstellung einer reproduzierbaren Anlagenfunktion möglichst hoch sein. Identische Schaltbedingungen müssen auch zum gleichen Signalverhalten am Sensorausgang führen.

Positions- und Längenmeßsysteme

Eine häufige Aufgabenstellung in der Materialflußtechnik ist die Ermittlung der Position von Fördersystemen, wie Regalförderzeugen, mobilen Robotern und Automatikkranen. Hierzu werden unterschiedliche Sensoren, sowohl absolut als auch inkremental messende Systeme, eingesetzt. Bei geringeren Anforderungen an die Flexibilität sind jedoch auch die zuvor beschriebenen Schalter und Lichtschranken für Positionieraufgaben einsetzbar.

Lineare Wegmeßsysteme verwenden Maßstäbe, die meist mit Lichtschranken oder induktiven Näherungsschaltern abgetastet werden. Die Anzahl der registrierten Impulse legt bei inkremental arbeitenden Systemen die Relativposition zu einem Referenzpunkt fest. Absolut arbeitende Wegmeßsysteme verwenden meist Maßstäbe mit mehreren Codespuren, die an jeder Position ein eindeutig erkennbares Muster enthalten. Das erfaßte Muster entspricht einer exakten Position innerhalb des Meßsystems, zusätzliche Referenzpunkte sind nicht erforderlich.

Laser-Entfernungsmeßgeräte bestimmen die Laufzeit eines fokussierten Lichtstrahls und ermitteln daraus den Abstand zwischen einem Reflektor und dem Meßgerät. Sie eignen sich damit ebenfalls für Positionieraufgaben.

Winkelgeber dienen zur maschinellen Erfassung von Rotationsbewegungen. Man unterscheidet ebenfalls Absolut- und Inkremental-Winkelgeber mit unterschiedlichen Auflösungen. Durch den Einsatz von Seil- oder Zahnriementrieben lassen sich Winkelgeber jedoch auch für lineare Positionieranwendungen einsetzen.

Akustische Längenmeßsysteme werten die Laufzeit von Schallwellen zwischen Sender und Empfänger zur Längenmessung aus. Die verwendeten Frequenzen liegen meist im Ultraschallbereich. Wegen der starken Temperaturabhängigkeit der Schallgeschwindigkeit sind aufwendige Verfahren zur Temperaturkompensation erforderlich. Bei Ultraschall-Längenmeßsystemen nach dem Tasterprinzip besteht darüber hinaus die Schwierigkeit, daß sich mehrere reflektierende Oberflächen nicht immer eindeutig unterscheiden lassen.

16.4.2.3 Barcodesysteme

Barcodes stellen die häufigste Methode zur automatischen Identifikation von Gütern dar und gelten mit etwa 75 % aller Applikationen als die wichtigste Identtechnik. Die Ursachen hierfür sind die zuverlässige Funktion und die geringen Kosten für die gedruckten Informationsspeicher. Ein Maß für die Zuverlässigkeit ist die Fehlerquote, die bei Barcodes weniger als ein falsches Zeichen pro Million gelesener Zeichen beträgt. Zum Vergleich beträgt die Falscheingabequote bei manueller Dateneingabe per Tastatur etwa ein falsches Zeichen pro 300 Eingaben.

Im Vergleich zu anderen Methoden zur automatischen Datenerfassung sind Barcodes sehr wirtschaftlich, denn sie lassen sich mit beliebigen Druckverfahren herstellen und mit weitver-

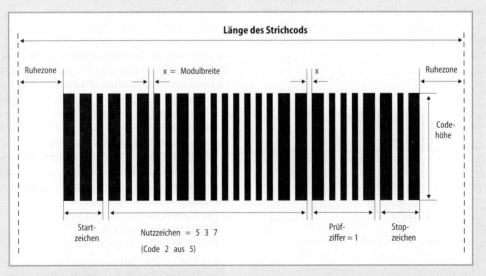

Bild 16-43 Prinzipaufbau eines Barcodesymbols

breiteten und preiswerten Lesegeräten automatisch lesen.

Der prinzipielle Aufbau eines Barcodes besteht aus einer Folge von hellen und dunklen Zonen mit unterschiedlichen Breiten (Bild 16-43). Es sind etwa 200 verschiedene Barcodearten bekannt geworden, von denen jedoch nur wenige weit verbreitet sind.

Barcodearten

Die gebräuchlichsten Codearten sind EAN (Europäische Artikelnummer), ITF (Interleaved 2 of 5) und Code 39. Der 13stellige EAN-Code ist im Handel sehr weit verbreitet.

Dem EAN-Code liegt ein internationales Nummernsystem zugrunde, das von nationalen Organisationen überwacht wird. In Deutschland führt die Centrale für Coorganisation (CCG) mit Sitz in Köln die Aufgabe der Nummernvergabe und -überwachung aus [CCG91].

Die dreizehn Stellen des in Bild 16-44 dargestellten EAN-Codes sind festen Funktionen zugeordnet. Die ersten beiden Stellen bilden das sog. Länderpräfix, das den nationalen Vergabestellen zugewiesen wird. Die CCG verfügt über die Präfixe 40 – 43. Die folgenden fünf Stellen sind für die Herstellernummer vorgesehen, die üblicherweise mit der Bundeseinheitlichen Betriebsnummer (bbn) eines Unternehmens identisch ist. Anschließend folgen fünf Stellen für die individuelle Produktnummer des Herstellers und eine Stelle für die Prüfziffer.

Zur Kennzeichnung des Codeanfangs und -endes für die Leseeinrichtung, verfügt der EAN-Code über spezielle Strich-Lücken-Kombinationen, die sog. Start-Stop-Zeichen. Als Besonderheit existiert beim EAN-Code ein Trennzeichen in der Symbolmitte, das die Codierung in zwei logische Hälften unterteilt. Hierdurch wird die separate Abtastung beider Codierungshälften ermöglicht, woraus sich größere zulässige Anordnungstoleranzen bei der Lesung ergeben (Bild 16-44).

Die Eigenschaften des EAN-Codes lassen sich folgendermaßen zusammenfassen:
- numerische Daten,
- feste Stellenzahl (13 oder 8),
- vorgeschriebene Prüfziffer,
- überwachter Anwendungsbereich,
- vorgeschriebene Abmessungen und Vergrößerungsfaktoren,
- enge Drucktoleranzen.

Als nächste Codeart wird der Interleaved-two-of-five-Code (ITF-Code) beschrieben [AIM88b]. Die Bezeichnung Interleaved bedeutet, daß in den Lücken eines codierten Zeichens die Information des Folgezeichens eingeschoben wird. Hieraus resultiert ein kompakter Codeaufbau mit einer hohen Informationsdichte (Bild 16-45). Two-of-Five (2 aus 5) beschreibt den Codeaufbau eines Zeichens aus zwei breiten und drei schmalen Codeelementen, die sowohl Striche als auch Lücken sein können. Der ITF-Code ist sehr gebräuchlich im Transportbereich und im industriellen Einsatz.

Die Eigenschaften des ITF-Codes sind:
- nur numerische Daten,
- hohe Informationsdichte (high-density code),
- gerade Anzahl von Nutzdaten,
- feste Datenfeldlänge,
- einfache Druckmöglichkeit.

Im Gegensatz zu den bereits beschrieben Codes definiert CODE 39 Barcodes für numerische und alphanumerische Zeichen (Bild 16-46). Ein Zeichen besteht aus neun Elementen, von denen drei breit ausgeführt werden [AIM88a]. Aus den 43 verfügbaren Zeichen lassen sich in relativ kurzen Codes viele unterscheidbare Kombinationen verschlüsseln. Ein vierstelliger CODE 39 erlaubt etwa 3,4 Millionen Permutationen. In der Praxis wird dieser Vorteil durch eingeschränkte Nutzung jedoch oft nicht ausgeschöpft.

Die Eigenschaften von CODE 39:
- alphanumerischer Code,
- Prüfziffer nicht vorgeschrieben,
- variable Codelänge,
- Trennlücke zwischen den Zeichen,
- kleine Codes, schwierig herstellbar.

Bild 16-44 Beispiel eines 13stelligen EAN-Codes

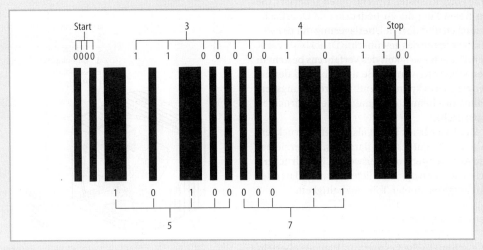

Bild 16-45 Beispiel eines ITF-Codes

Bild 16-46 Beispiel für Code 39

Herstellverfahren für Barcodes

Die wichtigsten Herstellverfahren für gedruckte Barcodes sind
- Filmmaster und konventionelle Drucktechniken,
- computergestützter Direktdruck,
- computerunterstützter Fotosatz.

Barcodes lassen sich mit nahezu allen Druckverfahren herstellen. Die konventionellen Drucktechniken benötigen hierzu Originalvorlagen des Barcodes auf einer Folie, dem Filmmaster. Die Herstellung dieser Vorlagen erfolgt mit äußerster Präzision mit Toleranzen von etwa 5 μm. Die Filmvorlage wird auf die Druckvorlage geklebt und auf fotografischem Wege auf das Druckmedium übertragen. Die Anwendung von Filmmastern ist besonders für die Barcodierung von Massengütern für den Han-del von Bedeutung, sie wird jedoch zunehmend durch computerunterstützte Satztechniken verdrängt.

Der computergestützte Direktdruck ermöglicht die Herstellung von beliebigen Barcodes direkt an einer Bedarfsstelle. Die verfügbaren Softwarepakete unterstützen allen gängigen Druckertypen, vom Matrixdrucker bis hin zum hochauflösenden Laserdrucker. Der Matrixdruck bietet als einziges Druckverfahren die Möglichkeit zur Herstellung von unverwechselbaren Kopien gedruckter Barcodes mit Hilfe von selbstdurchschreibenden Formularsätzen. Dieser Aspekt kann trotz geringerer Auflösung wichtig für die Identität von Codierungen auf Formularen sein. Besondere Aufmerksamkeit muß beim Matrixdruck der Qualität der verwendeten Farbbänder gewidmet werden, weil mit dem Auge noch erkennbare Matrix-Barcodes für einen Laserscanner bereits zu kontrastarm sein können.

Thermodruckverfahren liefern sehr randscharfe Druckergebnisse wegen des feststehenden Druckkopfes. Dieser besteht aus einer zeilenförmigen Anordnung von winzigen Heizelementen, die einzeln angesteuert werden. Diese erzeugen beim reinen Thermodruck einen schwarzen Druckpunkt auf thermosensitivem Papier. Beim Thermotransferverfahren werden vom Druckkopf farbige Partikel von einem Farbband auf das Trägermaterial übertragen.

Ink-Jet-Printer ermöglichen im industriellen Einsatz eine berührungslose Kennzeichnung von bewegten Gütern. Durch Düsensysteme oder Piezozerstäubung wird beim Ink-Jet-Verfahren eine Folge kleinster Tintentropfen generiert, die im freien Flug die zu bedruckende Oberfläche erreichen und dort in Überlagerung mit der Objektbewegung das gewünschte Druckbild erzeugen. Die Schwierigkeit des Verfahrens besteht in der Steuerung von Größe und Abstand der erzeugten Druckpunkte und im Trocknungsverhalten der benutzten Tinte auf der bedruckten Oberfläche.

Der Laserdruck liefert als weiteres Druckverfahren sehr gut lesbare Barcodes. Die erzielbaren Auflösungen von preiswerten Bürodruckern erreichen 600 dpi und liefern damit Barcodes mit ausgezeichneter Toleranzhaltigkeit.

Barcodelesegeräte

Die automatische Lesung von Barcodes besteht aus den beiden Hauptaufgaben der Abtastung des gedruckten Barcodelabels mit Hilfe von Lichtstrahlen und der Umwandlung dieses Abtastsignals in die Ausgangsinformation mit Hilfe einer Decodiereinrichtung. Die einfachste Leseeinrichtung für Barcodes ist der in Bild 16-47 dargestellte Lesestift, der von Hand über die Codierung geführt wird.

In der Spitze eines Lesestiftes befindet sich die Lichtquelle, normalerweise eine oder mehrere LEDs, die einen begrenzten Bereich des Barcodes beleuchten. Das diffus von der Oberfläche reflektierte Licht wird über eine Linse gebündelt und auf einen Fotoempfänger geleitet. Dieser wandelt den empfangenen Lichtstrom in einen elektrischen Strom um, der verstärkt und digitalisiert wird. Das digitalisierte Signal repräsentiert die Reflexionswerte der gedruckten Codierung. Die schwarzen Balken reflektieren ide-

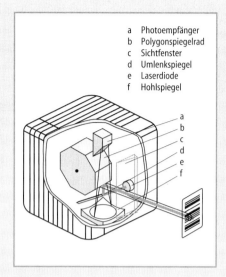

a Photoempfänger
b Polygonspiegelrad
c Sichtfenster
d Umlenkspiegel
e Laserdiode
f Hohlspiegel

Bild 16-48 Aufbau eines Laserscanners

alisiert kein Licht, während die hellen Lücken sehr hohe Reflexionswerte aufweisen. Bei konstanter Abtastgeschwindigkeit sind die Zeitwerte in denen hohe oder schwache Reflexion erfaßt wird proportional zu den geometrischen Breiten von Strichen und Lücken. Diese Zeitwerte werden von der Decodiereinrichtung als breite oder schmale Balken und Lücken interpretiert und anhand von Tabellen in die Ausgangsinformation zurückübersetzt.

Laserscanner benutzen Laserlicht zur Beleuchtung eines Barcodes und besitzen eine eingebaute Ablenkeinheit für die Erzeugung der Abtastbewegung (vgl. Bild 16-48). Leistungsfähige Scanner erzeugen bis zu 1000 Scans pro Sekunde. Die Barcodelesung mittels Scanner erfolgt berührungslos mit maximalen Abständen von einigen Metern.

Für mobile Anwendungen wurden Laserscanner in Pistolenform entwickelt, die mit besonders kompakten und leichten Baugruppen bestückt sind. Die leichtesten Ausführungen wiegen derzeit etwa 170 g. Für Zwecke der mobilen Datenerfassung wurden Laserpistolen zusätzlich mit Tastatur, Display, Microcomputer und autonomer Energieversorgung ausgestattet. Diese Geräte ermöglichen eine sehr flexible Durchführung von Bestandserfassungen und Inventuren im Lager und im Wareneingang.

Eine weitere Bauform ist der stationäre Laserscanner für den Einsatz an Fördersystemen. Diese Geräte wurden für den industriellen Dauer-

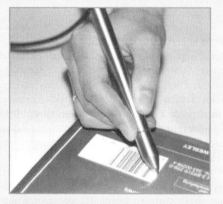

Bild 16-47 Barcodelesung mittels Lesestift

einsatz mit hohen Anforderungen an die Zuverlässigkeit der Leseergebnisse konzipiert. Im Gegensatz zur manuell bedienten Scannerpistole muß in einem automatischen Transportsystem mit stationären Scannern ein großer organisatorischer und technischer Aufwand betrieben werden, um Störungen durch Falsch- oder Nichtlesungen auszugleichen, daher lohnt es sich in diesem Bereich aufwendigere Geräte mit höchster Zuverlässigkeit einzusetzen.

Einsatzmöglichkeiten für Barcodes

In Lagersystemen existiert eine große Zahl von Einsatzmöglichkeiten für Barcodesysteme. Bereits im Wareneingang kann der Barcode des Lieferanten benutzt werden, um eine fehlerfreie Erfassung der gelieferten Ware durchzuführen. Sind die Lieferscheine ebenfalls mit Barcodes durchnumeriert, läßt sich eine lückenlose Überwachung der Transportkette realisieren. Fehllieferungen können auf diese Weise schnell und zuverlässig erkannt werden.

Nach der Erfassung im Wareneingang werden die Produkte Transporthilfsmitteln zugeordnet, die ebenfalls mit Barcodes gekennzeichnet sind. Durch die Verfolgung und automatische Lesung dieser Behältercodes verfügt der Lagerverwaltungsrechner jederzeit über die aktuellen Standorte der Produkte und den Belegungszustand der Transporthilfsmittel. Die Erfassung der Behältercodes kann im manuell bedienten Lager mit Hilfe mobiler Datenerfassungsgeräte erfolgen (vgl. 16.4.2.5), während im automatisierten Materialfluß an den Verzweigungsstellen stationäre Laserscanner installiert werden. Eingabefehler von Standorten und Behälternummern, die gleichbedeutend mit dem Verschwinden eines Produkts oder einer Palette im Datenbestand des Verwaltungsrechners sind, werden so zuverlässig verhindert.

Bei der Kommissionierung von Kundenaufträgen wird eine Pickliste für den Kommisionierer erzeugt, die Produkte und Entnahmeorte enthält. Durch die Lesung von Artikelcode und Palettencode kann die Korrektheit der Auftragsausführung verifiziert werden.

Sendungsverfolgungssysteme basieren ebenfalls auf der Kennzeichnung der Transporteinheiten mit Barcodes. Hierbei werden Barcode-Etiketten auf die Pakete geklebt und bei Umlade- und Sortiervorgängen automatisch erfaßt. Auf diese Weise kann ein Computersystem alle Bewegungen der Pakete registrieren und protokollieren, wodurch Fehlsendungen vermieden werden und der Kundenservice durch schnelleren Versand und lückenlose Verfolgung des Lieferfortschritts gesteigert wird.

Die Automobilindustrie nutzt Barcodes in vielen Anwendungen für innerbetriebliche und außerbetriebliche Zwecke. Neben der Kennzeichnung von Fahrzeugen in der Montage erfolgt auch die Abwicklung des Warenflusses vom Zulieferer barcodeunterstützt. In diesem Bereich haben sich Standards, wie z. B. ODETTE [ODE86] etabliert, die durch die gesamte Transportkette angewendet werden. Erst hierdurch werden Konzepte wie Just-in-Time (Anlieferung zum Produktionszeitpunkt) ermöglicht, die zu einer Verringerung des Lagerbestandes und zu einer erhöhten Lieferfähigkeit führen.

Gut geplante Barcodesysteme können in entscheidendem Maße die folgenden Verbesserungen erreichen:
- Produktivitätssteigerung und Fehlervermeidung,
- lückenlose Materialverfolgung und Bestandsinformation,
- verbesserter Kundenservice,
- Verringerung von Beständen und Materialverlusten,
- allgemeine Kostenreduzierung durch verbesserte Abläufe.

Die beschleunigte Datenerfassung mit Barcodes aktiviert Rationalisierungspotentiale und ermöglicht schnelle Entscheidungsprozesse auf der Basis aktueller und korrekter Informationen.

16.4.2.4 Mobile Datenspeicher

Die Verwendung von mobilen Geräten zur Datenspeicherung und Identifikation von Objekten begann mit sog. Transpondern zur Identifikation von Flugzeugen in den 50er Jahren. Diese Geräte senden als Antwort auf ein Abfragesignal die eindeutige Kennung eines Flugzeuges zur Bodenstation. Im Materialfluß begann der Einsatz von kleinen und kostengünstigen elektronischen Datenspeichern vor etwa zehn Jahren. In diesem Zeitraum hat sich die Technik der mobilen elektronischen Datenspeicher (MDS) vom kostenträchtigen Exoten zur Schlüsseltechnologie für viele Anwendungsbereiche entwickelt. Besonders im Straßentransport, der Produktion und in der Kommissionierung entstehen gegenwärtig weitverzweigte Einsatzmöglichkeiten. Im englischen Sprachraum wird die Technik der mobilen elektronischen Datenspeicher, wegen der zur Kommunikation verwendeten elektromagnetischen Wellen, auch als radio-frequency identification (RF-ID) bezeichnet.

Weltweit werden einige Millionen mobile Datenspeicher als Mittel zur Identifikation und zur Datenspeicherung und -übertragung in den Bereichen Tieridentifikation, Fuhrparkmanagement, Produktion und Distribution eingesetzt. Zunehmend werden MDS zur materialflußsynchronen Bereitstellung und Übertragung von begrenzten Infomationsinhalten verwendet.

Aufbau eines MDS-Systems

Ein typisches MDS-System besteht aus mehreren mobilen Datenspeichern und mehreren Schreib-Lese-Geräten (SLG), die über Antennen mit den MDS kommunizieren und über Schnittstellen mit einem Computersystem verbunden sind. Sobald ein Datenspeicher in das Antennenfeld eines Schreib-Lese-Gerätes gelangt, findet seine Aktivierung und die anschließende Übermittlung der gespeicherten Informationen statt (Bild 16-49). Einfachere MDS-Systeme (Read-only-Systeme) senden ausschließlich ihre elektronisch gespeicherte Identnummer zum Schreib-Lese-Gerät, komplexere Systeme (Read-write-Systeme) erlauben die Speicherung und Übertragung umfangreicher Datenmengen, bis zu einigen 100 KByte.

Die Energie zur Versorgung der Datenspeicher wird entweder direkt aus dem Antennenfeld des SLG entnommen (passive MDS) oder über mitgeführte Batterien bereitgestellt (aktive MDS).

Die zuverlässige Funktion der Datenspeicher in einem weiten Bereich von Umgebungseinflüssen wird durch geeignete Schaltungsauslegung und durch besondere Schutzgehäuse erreicht. Besonders hohe Temperaturen und Temperaturwechsel machen den Datenspeichern zu schaffen. Hierbei sind aktive Systeme wegen der mitgeführten Batterien in der Regel anfälliger als passive Transponder.

Ein wichtiges Unterscheidungsmerkmal für MDS-Systeme ist die zur Datenübertragung benutzte Frequenz. Die verbreiteten Niederfrequenzsysteme arbeiten mit Übertragungsfrequenzen von 125–135 kHz. Weitere benutzte Frequenzbänder sind 27 MHz, 430–440 MHz, 2,45 GHz (Containererkennung) und 5,8 GHz für Transport- und Straßengebührenanwendungen. Der Entwicklungstrend strebt zu höheren Frequenzen, zum einen weil die niedrigeren Frequenzbänder bereits durch andere Anwendungen belegt sind, andererseits erlauben höhere Frequenzen auch höhere Datenübertragungsraten.

Die Montage von MDS an Metallbehältern erfordert in jedem Fall eine sorgfältige Abstimmung der Befestigungselemente und Anbringungsorte.

Einsatzmöglichkeiten für MDS

Gegenwärtig sind etwa 200 Hersteller mit rund 300 Produkten auf dem Markt präsent. Die Einsatzfelder werden nachfolgend kurz erläutert.

In der Produktion werden MDS eingesetzt, wenn ein dezentrales Informationsflußkonzept das Lesen und Schreiben umfangreicher Daten am Produkt erfordert oder wenn Barcodes aufgrund der Umgebungsbedingungen zerstört und unlesbar werden.

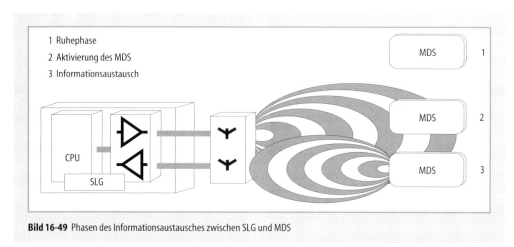

Bild 16-49 Phasen des Informationsaustausches zwischen SLG und MDS

Die Automobilindustrie ist ein klassisches Einsatzgebiet für MDS. Ein am Fahrzeug angebrachter MDS speichert hierbei alle für die Produktion und den Materialfluß relevanten Daten und stellt sie an den einzelnen Bearbeitungsstationen zur Verfügung. Gespeicherte Qualitätsdaten können am Ende des Produktionszyklus ausgelesen und archiviert werden. Zukünftige Anwendungen im Automobilbau sehen den Verbleib der MDS am Fahrzeug vor, um auch die Wartung und Reparatur des Fahrzeugs im Betrieb mit in den Qualitätskreislauf einzubeziehen.

Intelligente Behälterüberwachungs- und -verfolgungssysteme stellen eine weiteres Einsatzgebiet für mobile Datenspeicher dar. Ein am Behälter angebrachter MDS speichert hierbei eine eindeutige, unveränderbare Behälternummer und zusätzliche veränderliche Informationen über Produkte, Reinigungszyklen und Behälterprüfungen. Diese Funktionalität ist sowohl für Druckgasbehälter, als auch für Kleinladungsträger (KLT), Großladungsträger (GLT) und Container von Bedeutung.

Road Transport Telematics umschreibt komplexe Informationsspeicherungs- und übertragungssysteme für den Straßentransport. Hierzu zählen Systeme zur automatischen Gebührenerhebung, Fahrzeugidentifikation und komplexe Verkehrsbeeinflussungssysteme, die alle auf einer flexiblen Identifikation mit Hilfe mobiler Datenspeicher basieren. Die in Europa bevorzugte Frequenz dieser Systeme liegt bei 5,8 GHz.

Aufgrund sinkender Preise findet eine zunehmende Verbreitung von MDS-Systemen statt. Allgemein gilt, daß die preiswertesten Systeme mit relativ kurzen Reichweiten im Bereich niedrigerer Frequenzen (125–135 kHz) arbeiten. Die Leseabstände variieren von einigen Zentimetern bis zu etwa einem Meter.

Mit zunehmender Speicherkapazität, Reichweite und Datenübertragungsgeschwindigkeit steigt auch der MDS-Preis. Aus technischer Sicht gibt es nahezu keine Beschränkung der Speicherkapazität. Es ist jedoch zu beachten, daß große Datenmengen auch eine entsprechende Übertragungszeit erfordern. Zwischen Datenmenge, Datenübertragungsgeschwindigkeit, Objektgeschwindigkeit und Größe des Antennenfeldes besteht ein enger Zusammenhang. Die übertragbare Datenmenge ist umgekehrt proportional zur Fördergeschwindigkeit. Systeme, die mit Mikrowellen arbeiten, haben hierbei wegen der hohen Datenübertragungsgeschwin-

digkeit entscheidende Vorteile gegenüber induktiven Systemen.

16.4.2.5 Mobile Datenerfassung (MDE)

In vielen Bereichen des Materialflusses ist die Erfassung von Daten mit Hilfe tragbarer Erfassungsgeräte direkt an den Aufenthaltsorten von Gütern erforderlich. Diese Art der Datenaufnahme wird als mobile Datenerfassung bezeichnet.

Die Datenaufnahme erfolgt entweder unterstützt durch die bereits beschriebenen Technologien (s. 16.4.4, 16.4.5) oder manuell, mit Hilfe tragbarer Terminals bzw. Mikrocomputer. Je nach Art der Verbindung zum Leitrechner unterscheidet man die On-line- oder Off-line-Datenübertragung. Bei einer On-line-Kopplung besteht eine direkte Verbindung zwischen dem Erfassungsgerät und dem Leitrechner. Zur Datenübertragung in On-line-Systemen steht die Infrarotkommunikation, Datenfunk und die Funkübertragung über öffentliche Netze (GSM, Modacom, Chekker) zur Verfügung.

In Off-line-Systemen werden die Daten zunächst erfaßt und zwischengespeichert und erst zu einem späteren Zeitpunkt zum Leitrechner übertragen.

Die Miniaturisierung der Personal Computer hat zu einer unüberschaubaren Vielfalt möglicher Konfigurationen geführt. Vom Laptop bis hin zu speziellen Erfassungsgeräten existieren zahlreiche Hardwarekomponenten für die mobile Erfassung von Daten (vgl. Bild 16-50).

16.4.2.6 Betriebsdatenerfassung (BDE)

Die Betriebsdatenerfassung (s.a. 10.3.2) umfaßt über die technische Erfassung von Daten hinausgehend, das Zusammenwirken der erfaßten Daten mit der Auswertung und der hierzu erforderlichen Organisation betrieblicher Strukturen.

Betriebsdaten sind unternehmensspezifische Informationen, die für die Steuerung und Überwachung betrieblicher Abläufe benötigt werden. Die Betriebsdatenerfassung ist Teil eines unternehmensübergreifenden Informationssystems.

Moderne Produktionsplanungs- und -steuerungssysteme (PPS) decken Aufgaben der Produktionsprogrammplanung, Mengenplanung, Termin- und Kapazitätsplanung, Auftragsveranlassung und der Auftragsüberwachung ab. BDE-Systeme unterstützen die Produktionsplanung in den Bereichen

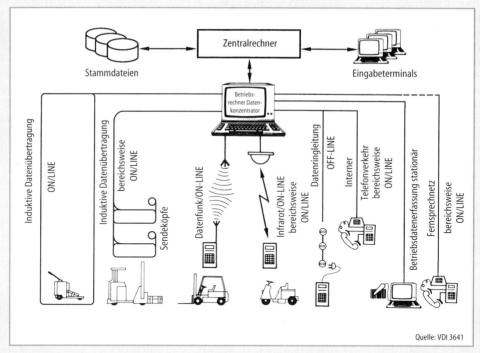

Bild 16-50 Methoden der mobilen Datenerfassung (MDE)

- Kapazitätsüberwachung (s. 14.2.3),
- Fertigungsauftragsüberwachung (s. 14.2.6),
- Fertigungsfortschrittsüberwachung (s. 14.2.6.1; s. 14.4.3),
- Kundenauftragsüberwachung,
- Wareneingangserfassung.

Die Funktion eines BDE-Systems geht weit über den Ersatz der früher üblichen Handaufschreibung von Produktionszeiten und -mengen hinaus, denn sie ermöglicht erst eine genaue und vor allem aktuelle Erfassung von Produktionsdaten als Basis für die schnelle Regelung komplexer Produktionssysteme.

Konventionelle BDE-Systeme auf der Basis von handgeschriebenen Belegen lassen sich als Steuerungssysteme auffassen. Die Materialdisposition, Arbeitspläne, Belegungspläne und Werkstattaufträge werden aufgrund von Erfahrungen erstellt und ohne Rückkopplung in das Produktionssystem eingespeist. Erst nach längerer Zeit fließen die Informationen über die tatsächliche Auslastung und Funktion der Produktion zurück und werden erst bei späteren Planungen berücksichtigt. Diese Form der Produktionssteuerung ist nicht optimal, denn sie basiert auf Daten, die zum Zeitpunkt der Planung nicht mehr aktuell sind.

Erst durch den Einsatz eines BDE-Systems wird ein PPS-System zu einem Regelkreis, der mit aktuellen Daten plant und auf Änderungen des Produktionsablaufs sofort und präzise reagieren kann. Schnelle Rückmeldungen des BDE-Systems können die Planungsgenauigkeit und damit die Regelabweichung des Produktionssystems wesentlich verbessern, wenn im PPS-System Strukturen vorgesehen sind, die eine notwendige Korrektur der Planung aufgrund kurzfristiger Abweichungen gestatten.

Die verfügbaren Techniken zur Übertragung von Daten lassen sich grundsätzlich in leitungsgebundene und leitungslose Übertragungstechniken untergliedern. Die letztgenannten Techniken bieten Vorteile besonders für den mobilen Einsatz in Fördermitteln (Gabelstapler, FTS) und bei der mobilen Datenerfassung durch den Menschen.

Als weiteres Unterscheidungskriterium für Datenübertragungstechniken bietet sich das physikalische Prinzip der Übertragung an. Gebräuchlich sind
- akustische,

- elektrische,
- elektromagnetische und
- optische

Verfahren zur Übertragung von Daten.

Literatur zu Abschnitt 16.4

[AIM88a] AIM EUROPE (Hrsg.) (1988): Code 39
[AIM88b] AIM EUROPE (Hrsg.) (1988): Code 25 interleaved
[Arn87] Arnold, D.: Identifikationssysteme im Materialfluß. (VDI-Ber. 660). VDI-Vlg. 1987, 333–356
[CCG91] CCG (Hrsg.): EAN – Die internationale Artikelnumerierung in der Bundesrepublik Deutschland. Köln: CCG-Vlg. 1991
DIN 44030: Sensoren. 1992
DIN 55510: Verpackungen, Modulare Koordination im Verpackungswesen. 1982
[Fet88] Fetzer, G., Hippenmeyer, H.: Optoelektronische Sensoren. Landsberg a. Lech: Vlg. Moderne Industrie 1988
[Hop78] Hoppe, W.: Versandbeanspruchung und Verpackungsgestaltung. In: RGV-Handbuch Verpackung. Berlin: E. Schmidt 1978
[Jün89] Jünemann, R.: Materialfluß und Logistik. Berlin: Springer 1989
[Jün93] Jünemann, R. (Hrsg.); Lange, V.; Frerich-Sagurna, R.: Mehrweg-Transport-Verpackungssysteme (Marktübersicht). Dortmund: Vlg. Praxiswissen 1993
[Ki90] Kippels, D.: High-Tech wird zum Wachstumspeiler. VDI-Nachr. 1990, Nr. 6, 1
[Kl87] Kloth, M.: Exist - ein Expertensystem für die innerbetriebliche Standortplanung. In: Balzert, H.; Heyer, G.; Lutze, R. (Hrsg.): Expertensysteme '87, German Chapter of ACM. Stuttgart: Teubner 1987
[ODE86] ODETTE (Hrsg.): Transport Label Standard. London 1986
VDI 2391: Zeitwerte für Arbeitsspiele und Grundbewegungen von Flurförderzeugen. 1982

16.5 Systemtechnik der innerbetrieblichen Logistik

Die folgenden Abschnitte beschreiben die wesentlichen materialflußtechnischen Systembausteine, die in der innerbetrieblichen Loistik eingesetzt werden. Dabei werden diese unterteilt nach den logistischen Subsystemen in Form einer Über-

sicht erklärt und ihre spezifischen Eignungskriterien und Unterscheidungsmerkmale aufgeführt.

16.5.1 Verpacken

16.5.1.1 Aufgabe der Verpackungen

In der modernen Industriegesellschaft ist die Verpackung zum unverzichtbaren Element einer rationellen und sicheren Warenverteilung geworden: etwa 90 % aller Produkte sind heute einfach oder mehrfach verpackt.

Die Verpackung begleitet das Produkt in enger Verbindung von der Fertigung bis zum Verbrauch. Sie ist voll integriert in den Prozeß von Herstellung, Transport, Umschlag, Lagerung, Entnahme und Gebrauch des Produkts. In dieser Kette muß die Verpackung Aufgaben übernehmen, die weit über ihre primäre Schutzfunktion hinausgehen (Bild 16-51).

Verpackungen müssen heute umweltfreundlich sein, ein Maximum an „Convenience" bie-

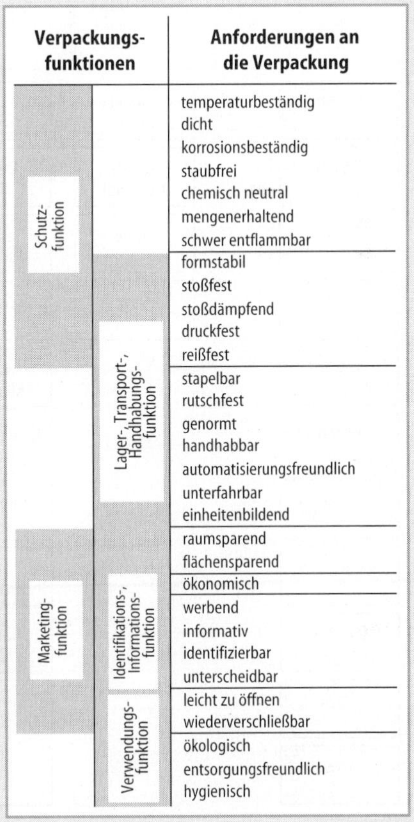

Bild 16-51 Grundfunktionen der Verpackung [Jün 89]

ten, dürfen dabei nicht teuer sein, müssen optimalen Produktschutz bieten, sollten aber dennoch leicht zu öffnen und restzuentleeren sein und außerdem sich und das Produkt selbst erklären, und zwar möglichst europaweit. Darüber hinaus müssen Verpackungen einen minimalen Materialeinsatz aufweisen, müssen maschinell greif- und lesbar sein, sowie vorhandene Transportbehälter optimal ausfüllen. Insgesamt ein Bündel von Anforderungen, von denen sich nicht wenige gegenseitig widersprechen [Wo94].

Zur Realisierung einer optimalen Verpackung ist eine aufgabengerechte Beachtung aller Teilfunktionen zu gewährleisten:
– Schutzfunktion,
– Lager- und Transportfunktion,
– Identifikations- und Informationsfunktion,
– Verkaufsfunktion,
– Verwendungsfunktion.

Nur bei einer durchgehenden Planung und Gestaltung der Verpackung ist es möglich, allen Anforderungen aus den genannten Funktionsbereichen gerecht zu werden [Jün89].

16.5.1.2 Systematik der Verpackungen

Bild 16-52 gibt eine Klassifizierung der Mittel und Hilfsmittel zur Packstück- und Ladeeinheitenbildung wieder. Bei der Packstückbildung unterscheidet man dabei Packmittel und Packhilfsmittel. Analog werden bei der Ladeeinheitenbildung Ladehilfsmittel und Ladeeinheiten-

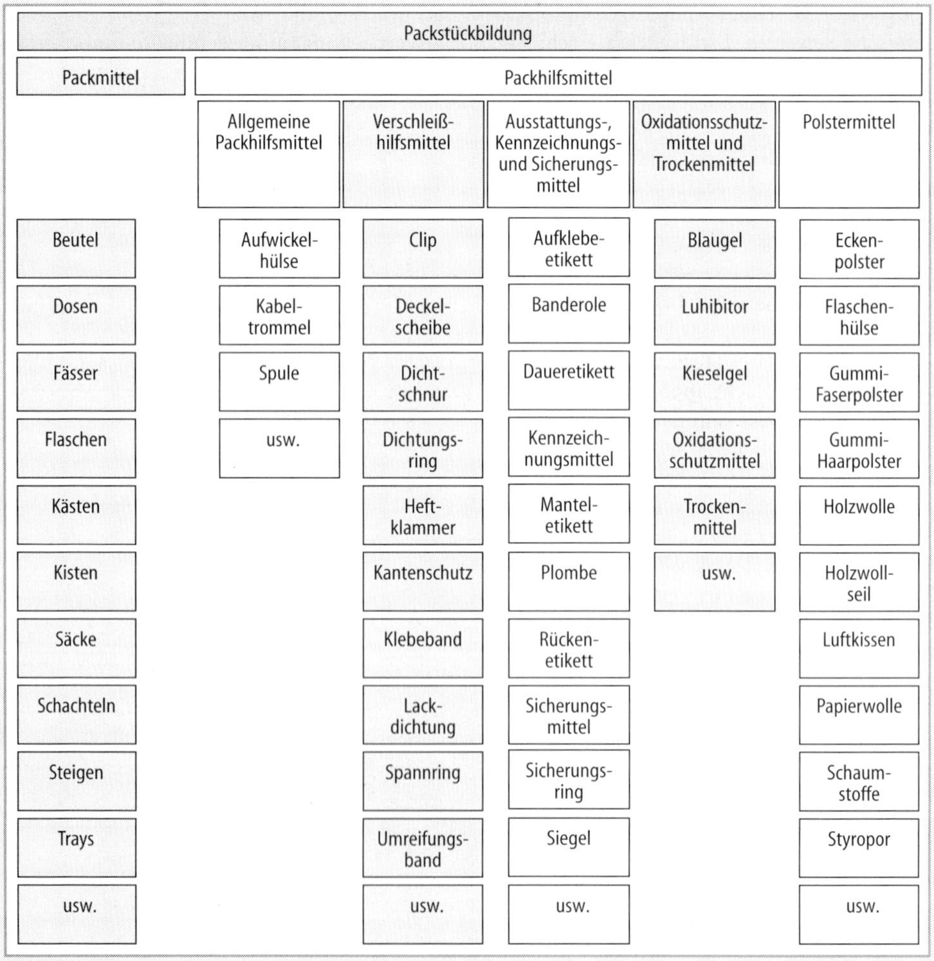

Packstückbildung					
Packmittel	Packhilfsmittel				
	Allgemeine Packhilfsmittel	Verschleiß-hilfsmittel	Ausstattungs-, Kennzeichnungs- und Sicherungsmittel	Oxidationsschutz-mittel und Trockenmittel	Polstermittel
Beutel	Aufwickelhülse	Clip	Aufklebeetikett	Blaugel	Eckenpolster
Dosen	Kabeltrommel	Deckelscheibe	Banderole	Luhibitor	Flaschenhülse
Fässer	Spule	Dichtschnur	Daueretikett	Kieselgel	Gummi-Faserpolster
Flaschen	usw.	Dichtungsring	Kennzeichnungsmittel	Oxidationsschutzmittel	Gummi-Haarpolster
Kästen		Heftklammer	Manteletikett	Trockenmittel	Holzwolle
Kisten		Kantenschutz	Plombe	usw.	Holzwollseil
Säcke		Klebeband	Rücketikett		Luftkissen
Schachteln		Lackdichtung	Sicherungsmittel		Papierwolle
Steigen		Spannring	Sicherungsring		Schaumstoffe
Trays		Umreifungsband	Siegel		Styropor
usw.		usw.	usw.		usw.

Bild 16-52 Klassifizierung der Mittel und Hilfsmittel zur Packstückbildung

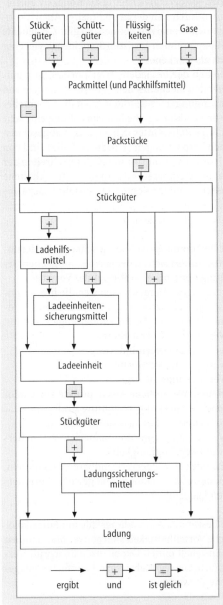

Bild 16-53 Bilden von Packstücken, Ladeeinheiten und Ladungen

zur Erfüllung der Verpackungsaufgabe. Sie ist im engeren Sinne der Oberbegriff für die Gesamtheit der Packmittel und Packhilfsmittel.

– Ein Packmittel ist ein Erzeugnis aus Packstoff, das dazu bestimmt ist, das Packgut zu umhüllen oder zusammenzuhalten, damit es versand-, lager- und verkaufsfähig wird.

– Ein Packhilfsmittel ist ein Sammelbegriff für Hilfsmittel, die zusammen mit Packmitteln zum Verpacken wie z. B. Verschließen einer Packung oder eines Packstückes dienen. Sie können ggf. allein, z. B. beim Bilden einer Versandeinheit, verwendet werden.

– Ein Packstoff ist der Werkstoff, aus dem Packmittel und Packhilfsmittel hergestellt werden.

Bild 16-53 zeigt in einem Organigramm die Zusammenhänge von Packstück, Ladeeinheit, Ladung und Stückgut auf [Jün89].

16.5.1.3 Kennwerte und Eignungskriterien

Anforderungen des Packguts

Packgüter sind die Produkte und Waren, die während des TUL-Prozesses gegenüber den
– mechanisch-dynamischen,
– klimatischen und
– sonstigen Belastungen
zu schützen sind. Die Packgüter selbst werden durch *Kräfte*, die auf sie wirken in ihrer Struktur oder ihrer Oberfläche beschädigt oder gar zerstört. Beispiele hierfür sind der *Bruch* des Produkts, von Bauteilen oder -komponenten oder auch *Verletzungen* der Oberfläche. Der Verpackung fällt somit die Aufgabe zu, die Beanspruchungen unter die Grenze der *Produktempfindlichkeit* des Guts zu drücken. Die Produktempfindlichkeit selbst ist eine bauartspezifische Größe, bestimmt durch die Materialien, die Festigkeiten der Verbindungen und die Strukturen der Komponenten. Hierbei spielt die *Wöhlerkurve* als eine die Materialermüdung beschreibende Größe bei Schwingbelastung ebenso eine Rolle, wie Bruchgrenzen von Komponenten, hervorgerufen durch Stöße beim Umschlag. Zur Reduzierung der Beanspruchung werden – physikalisch betrachtet – die von außen wirkenden Kräfte bzw. deren Verlauf und ihre zeitliche Dauer durch die Verpackungen so abgeschwächt oder auch nur verändert, z. B. zeitlich gestreckt, daß die Grenzen nicht überschritten werden.

sicherungsmittel unterschieden. Die Packmittel und Packhilfsmittel sind in DIN 55 405 definiert:

– Ein Packstück ist das Ergebnis von Packgut und Verpackung und ist besonders für den Einzelversand geeignet.

– Eine Verpackung ist ein allgemeiner Begriff für die Gesamtheit der von der Verpackungswirtschaft eingesetzten Mittel und Verfahren

Anforderungen des Verpackungsprozesses

Das Verpacken ist laut DIN 55405 definiert als die „Herstellung einer Packung durch Vereinigung von Packgut und Verpackung unter Anwendung von Verpackungsverfahren mit Hilfe von Verpackungsmaschinen bzw. -geräten oder von Hand" und wird in vier bewertbare Gruppen aufgeteilt.

Die Verpackungsmethode ist die Methode zur Herstellung einer Packung unter Berücksichtigung der technischen, volkswirtschaftlichen und betriebswirtschaftlichen Aspekte sowie der Marktaspekte. Das Verpackungsverfahren ist die Folge von Verpackungsoperationen und -vorgängen zur Herstellung von Packungen. Die Verpackungsoperation ist die sinnvolle Zusammenfassung von Arbeitsvorgängen, die einen Teilabschnitt bei der Herstellung der Packung bilden. Verpackungsvorgänge sind technisch festgelegte Einzelprozesse zur Ausführung der Verpackungsoperationen.

Sowohl der manuelle als auch der maschinelle Verpackungsprozeß kann durch diese bewertbaren Gruppen beschrieben werden. Realisierungsziel muß eine wirtschaftliche Lösung sein, die den Aspekt der Sicherheit und der Systemlösung berücksichtigt.

Die Systemlösung berücksichtigt beispielsweise das Zusammenwirken von Verpackungsmaschinen in einer Linie [Ber90].

Anforderungen der logistischen Prozesse

Unter dem Begriff der logistischen Prozesse versteht man Tätigkeiten des Transportierens, Umschlagens und Lagerns. Daher wird in der Literatur auch häufig der Sammelbegriff TUL-Prozesse verwendet. Die Beanspruchungen, die dabei auf ein verpacktes Gut einwirken, lassen sich in:
- physikalische (Druck, Stöße, Schwingungen usw.)
- klimatische (Temperatur, Feuchte, Sonnenstrahlung usw.)
- chemische (Abgase, Salznebel usw.) und
- biologische (Schimmel, Pilze, Bakterien usw.) Beanspruchungen unterteilen [Hop78b].

Die zahlenwertmäßige Erfassung der einzelnen Beanspruchungsgrößen ist sehr schwierig und nur in Ansätzen in der Literatur dokumentiert [Hop78b, DIN 30786, DIN 50019, Die85]. In der Praxis muß zusätzlich beachtet werden, daß diese Beanspruchungen kaum einzeln nacheinander, sondern gleichzeitig als Kollektiv auftreten, wodurch sich deren ungünstige Auswirkungen noch verstärken können. So gibt z. B. feuchte Wellpappe einem gewissen Stapeldruck viel eher nach als trockene.

Neben der bei jedem Transportvorgang auftretenden mechanischen Belastung in Form von Schwingungen und Stößen spielt die Feuchtebelastung als klimatische Beanspruchung eine sehr wichtige Rolle. Güter in hermetisch abgeschlossenen Verpackungen (z. B. durch Folie) sind von Korrosion bedroht, wenn bei Unterschreiten der Taupunkttemperatur der in der Luft enthaltene Wasserdampf als Kondensat ausfällt [Bac78].

Ökologische Anforderungen

Die Bestimmung der ökologischen Anforderungen orientiert sich an der geringstmöglichen Belastung der Umwelt während des Verpackungslebensweges. Hieraus lassen sich die umweltpolitischen Zielsetzungen der Verpackungsverordnung [NN91b] in der Prioritätenfolge
- Verpackungsvermeidung,
- Verpackungsverminderung,
- Verpackungsverwertung,
- Verpackungsentsorgung
herleiten. Wesentliche Ansatzpunkte zur ökologischen Verpackungsgestaltung sind
- Reduzierung des Packstoffeinsatzes,
- Verwendung von Monomaterialien (Sortier- und Recyclingfähigkeit),
- Einsatz von wiederverwendbaren Packmitteln,
- Bildung von volumen- und gewichtsoptimierten Ladeeinheiten.

Für bestimmte Anwendungsfälle muß die ökologische Vorteilhaftigkeit alternativer Maßnahmen im Einzelfall mittels Ökobilanzen überprüft werden (z. B. Einweg/Mehrweg; rohstoffliche/energetische Verwertung).

Anforderungen des Handels und der Verbraucher

Der Handel hat spezifische Anforderungen an Verpackungen und Transportverpackungen (Ladungsträger, Ladungssicherungen, Versandverpackungen, Displays), Umverpackungen, Verkaufsverpackungen formuliert [CCG91]. Neben ökologischen Forderungen, wie z. B. das Forcieren von Mehrwegsystemen und der Verzicht auf Über- und Mehrfachverpackungen, stehen Ansprüche an logistikgerechte Verpackungen. Um einen reibungslosen, optimalen Warenfluß zu gewährleisten, verlangt der Handel die Einhaltung der ISO-Modulmaße für Transport-, Um- und Verkaufsverpackungen. Die Verpackungen müssen zudem alle gesetzlich vorgeschriebenen Deklarationen und handelsrelevanten Informationen wie z. B. Mindesthaltbarkeitsdatum (MHD) oder Europäische Artikelnummer (EAN) enthalten. Von besonderer Bedeutung für den Handel ist die Marketingfunktion der Verpackung. Daher sollen Versandverpackungen (insbesondere Displays) und Verkaufsverpackungen verkaufsfördernd gestaltet sein.

Aus Sicht des Verbrauchers muß die Verpackung mit allen für ihn relevanten Informationen bzw. gesetzlich vorgeschriebenen Angaben versehen sein (z. B. Inhalt, Mindesthaltbarkeitsdatum, Inhaltsstoffe) und sich bequem und ohne Beschädigung des Guts transportieren lassen. Bei zu lagernden Gütern darf die Verpackung bestimmte Abmessungen nicht überschreiten. Die Verpackung von Gütern, die nicht sofort vollständig aufgebraucht werden, muß ein Wiederverschließen ohne Qualitätsverlust des Guts gewährleisten.

Bildung und Sicherung von logistischen Einheiten [Böt90]

Die Bildung und die anschließend notwendige Sicherung logistischer Einheiten leistet einen unverzichtbaren Beitrag zur Rationalisierung der inner- und außerbetrieblichen Transport-, Umschlag- und Lagerungsprozesse. Vorrangige Ziele der Bildung logistischer Einheiten sind neben der Kostenminimierung:

– Schutz der Güter innerhalb der logistischen Einheit,
– Erleichterung der Identifikation und Information,
– Beschleunigung der Güterhandhabung,
– Entlastung des Menschen durch Technikeinsatz.

Die grundsätzlichen Zusammenhänge zwischen Packstück, Ladeeinheit, Ladung und Stückgut sowie deren begriffliche Abgrenzung sind in Bild 16-53 dargestellt. Weitere Begriffsbestimmungen finden sich einschlägigen Normen wie z. B. in DIN 30781.

Um eine gute Ausnutzung der eingesetzten Technik zu gewährleisten, ist eine möglichst hohe Flächen- und Volumennutzung anzustreben. Hierzu ist eine gegenseitige Maßabstimmung von Gutverpackung, Um-/Sammelverpackung,

Ladeeinheit und Transportraum erforderlich. Zu berücksichtigen sind hierbei besonders die Modulreihe nach DIN 55510 ff. [DIN94c] für die Flächenkompatibilität sowie die Richtwerte nach CCG (Centrale für Coorganisation, Köln) für die Ladeeinheitenhöhe.

Ladeeinheitenbildung. „Die Ladeeinheitenbildung beinhaltet das Zusammenfassen von Stückgütern und Packstücken zur rationelleren Handhabung, Lagerung und Beförderung von Gütern. Dabei gelangen i. allg. Ladehilfsmittel zum Einsatz" [Jün89].

Ladehilfsmittel bzw. Ladungsträger, die bei der Ladeeinheitenbildung zur Anwendung kommen, lassen sich in drei Hauptgruppen untergliedern:

Ladungsträger mit tragender Funktion. Hierunter fallen die unterschiedlichsten Ausführungsformen von Flachpaletten, Rollpaletten, Slipsheets usw., die überwiegend für stapelbare Güter eingesetzt werden.

Ladungsträger mit tragender und umschließender Funktion. In diese Gruppen fallen alle Arten an Transport- und Lagerbehältern, Gitterboxpaletten aber auch Flachpaletten mit entsprechenden Aufsetzrahmen. Eingesetzt werden diese Ladungsträger für schwer stapelbare oder schüttbare Güter, für Güter mit besonderen Schutzanforderungen oder zur Vermeidung von Einweg-Ladeeinheitensicherungsmitteln.

Ladungsträger mit tragender, umschließender und abschließender Funktion. Darunter fallen z. B. Tankpaletten, Wechselaufbauten und alle Arten von geschlossenen Containern für Gase, Flüssigkeiten oder Schüttgüter.

Verfahren für die Ladeeinheitenbildung lassen sich in bezug auf den Technisierungs- und Automatisierungsgrad unterscheiden. Eine Zusammenfassung entscheidungsrelevanter Parameter und ihre Auswirkungen auf die Verfahrensauswahl sind in Bild 16-54 zusammengestellt.

Ladeeinheitensicherung. Nach VDI3968 ist die Ladeeinheitensicherung folgendermaßen definiert: „Durch die Sicherung von Ladeeinheiten sollen qualitative, quantitative und stoffliche Veränderungen beim Lagern, Umschlagen und Transportieren eines Guts vermieden werden. Die Sicherung der Ladeeinheiten ist somit notwendige Voraussetzung für einen störfreien Warenfluß in der Transportkette bzw. Warendistribution vom Erzeuger zum Verbraucher."

Unzulässige und durch geeignete Ladeeinheitensicherung (Bild 16-55) zu vermeidende Gutveränderungen können z. B. durch Auseinander-

Entscheidungsrelevante Gutparameter		Ladeeinheitenbildungsverfahren			
		manuell	mechanisch unterstützt	teilautomatisch	vollautomatisch
Menge	hoch	-	•	*	+
	mittel	*	+	+	*
	gering	+	-	-	-
Packstück- gewicht	hoch	-	+	•	*
	mittel	•	*	*	+
	gering	+	•	+	*
geforderte Leistung	hoch	-	-	•	+
	mittel	-	•	+	*
	gering	+	*	•	-
Anzahl Artikel	hoch	+	•	*	•
	mittel	•	*	+	*
	gering	•	+	+	+

+ gut möglich/geeignet, * mit Einschränkungen möglich/geeignet, • in Ausnahmefällen möglich/geignet, - nicht möglich/geeignet

Bild 16-54 Einsatzmöglichkeiten gebräuchlicher Verfahren für die Ladeeinheitenbildung

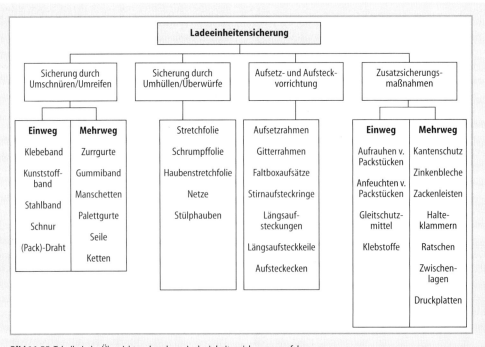

Bild 16-55 Tabellarische Übersicht vorhandener Ladeeinheitensicherungsverfahren

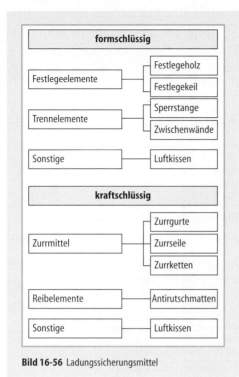

Bild 16-56 Ladungssicherungsmittel

fallen der Ladeeinheit, UV-Strahlung oder Feuchtigkeit bis hin zum Diebstahl verursacht werden.

Von besonderer wirtschaftlicher Bedeutung sind Stretch-, Schrumpf- und Umreifungsverfahren.

Ladungsbildung und Sicherung. Das Bilden von Ladungen aus Ladeeinheiten bzw. Stückgütern erfolgt üblicherweise im Bereich der Ladezone. Bei den Verladearten unterscheidet man zwischen der Flur- und der Rampenverladung. Die Flurverladung erfolgt meist als Seitenbeladung mit einem oder mehreren Gabelstaplern. Die Rampenverladung erfolgt dagegen meist heckseitig unter Einsatz von Gabelhubwagen.

Für spezielle Anwendungsfälle existieren auch vollautomatische Verladetechniken, die aber aus Gewichts- und Kostengründen nicht für die breite Anwendung geeignet sind.

Bei der Beladung ist auf eine mittige und möglichst niedrige Schwerpunktlage zu achten. Bei Lkws ist der fahrzeugspezifische Lastverteilungsplan zu berücksichtigen. Hohlräume sind mit geeigneten Mitteln zu schließen und die Ladung ist mit den in Bild 16-56 aufgeführten Ladungssicherungsmitteln festzulegen. Zu den Ausführungsformen der Ladungssicherung sei auf VDI 2700 sowie die Auslegungs- und Anwendungsvorschrif-

ten der Spannelementehersteller und firmenspezifische Vorschriften verwiesen.

Verpackungssysteme

Verpackungen können generell in Einweg- und Mehrwegverpackungen unterschieden werden. Während Einwegverpackungen nach ihrer Verwendung über entsprechende Entsorgungssysteme zurückgenommen werden, werden Mehrwegverpackungen einem erneuten Einsatz zugeführt. Das bedingt in Analogie zur Einwegverpackung ein logistisches Rückführsystem, in dem die leere Verpackung zu einer Bedarfsstelle zurücktransportiert wird. Innerhalb dieser Mehrwegsysteme kann eine Differenzierung nach der Standardisierung der Verpackung und der Abwicklung der Tauschvorgänge zwischen den Systembeteiligten (Verlader, Empfänger usw.) vorgenommen werden. So existieren individuelle Mehrwegverpackungen, die speziell auf die (Produkt-)Anforderungen eines Unternehmens abgestimmt sind. Daneben gibt es branchenspezifische und universelle Verpackungen, die in mehreren Unternehmen eingesetzt werden. Diese vereinheitlichten Verpackungen können in sog. Pool-Systemen geführt werden, wo sie untereinander getauscht werden können. Ziel eines solchen Systems ist es, unter betriebs- und volkswirtschaftlichen Gesichtspunkten den Warenverkehr kostensparend abzuwickeln. Denn durch die Tauschbarkeit besteht nicht mehr die Notwendigkeit, die leere Verpackung zum Erstverwender zurückzutransportieren, sondern einen nähergelegenen Verlader damit bedarfsgerecht zu versorgen und somit Retouren zu reduzieren. Ein solcher Austauschprozeß wird beispielsweise seit langem mit der genormten Euro-Flachpalette (DIN 15146-2) und der Gitterboxpalette (DIN 15155) im Paletten-Pool der Deutschen Bahn als Träger des nationalen Pools durchgeführt. Um die Materialflußkette bezüglich der Mehrwegverpackungen aufrechthalten zu können, sind gegenüber Einwegverpackungen zusätzliche Funktionen in unterschiedlichem Umfang erforderlich. Dazu zählen Rücktransport, Sortierung, Lagerung, Reinigung, Instandhaltung und Verwaltung der Verpackungen. Diese Tätigkeiten werden teilweise zentral von Logistik-Dienstleistern in einem Pool-System übernommen.

Ein Vergleich alternativer Einweg- und Mehrwegverpackungssysteme kann sowohl unter ökonomischen als auch ökologischen Kriterien

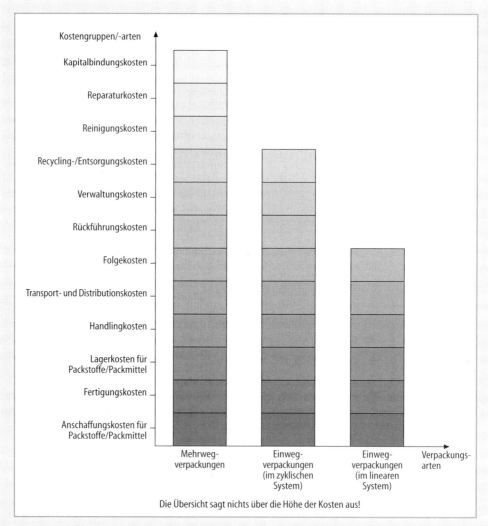

Bild 16-57 Kostenstruktur von Einweg- und Mehrwegsystemen

vorgenommen werden. In bezug auf den Wirtschaftlichkeitsaspekt müssen dabei sämtliche kostenrelevanten Unterschiede zwischen beiden Systemen über alle Distributions- und Redistributionsstufen einbezogen werden. Die jeweiligen Kostenarten sind in Bild 16-57 dargestellt. Für den Einwegbereich muß als Vergleichsbasis das zyklische System herangezogen werden, indem die Kosten für die weitere Behandlung der Verpackungen nach Gebrauch eingerechnet werden. Aus der Abbildung werden die gleichartigen und grundlegend unterschiedlichen Kostenbestandteile deutlich, wobei jedoch noch nichts über den Gesamtkostenumfang bzw. die Wirtschaftlichkeit ausgesagt wird. Pauschale Aussagen über den Einweg-/ Mehrwegvergleich lassen sich weder hinsichtlich der Umweltverträglichkeit noch der Kostenausauswirkungen machen. Diese Gegenüberstellungen können nur für definierte Systembedingungen und eine Verpackung als Untersuchungsgegenstand individuell durchgeführt werden.

16.5.2 Fördern

16.5.2.1 Aufgaben der Fördertechnik

Fördermittel sind Arbeitselemente des innerbetrieblichen oder innerwerklichen Materialflusses. Ihre Aufgaben werden durch die Begriffe

Fördern, Verteilen, Sammeln (u. a. das Kommissionieren) und Puffern umrissen. *Verteilen* ist die vorgegebene Verteilung von Fördergütern einer Quelle an mehrere Abgabestationen. Im Gegensatz dazu stellt das *Sammeln* eine Zusammenführung von Gütern mehrerer Quellen dar.

Das *Puffern* oder *Zwischenlagern* von Ladeeinheiten, z. B. im Vorfeld von Maschinen- oder Lagereinrichtungen, ist ein weiteres Kriterium der Ausgestaltung, mit denen die unterschiedlichen Betriebskennlinien und Charakteristika verschiedenster Systembereiche angepaßt werden können. Beispiele sind stetige Warenflüsse, die über Rollenbahnpuffer in ein unstetig arbeitendes Lager mit Regalbediengeräten eingebracht werden müssen. Eng mit diesem Begriff verknüpft ist das *Terminieren*, also das Erbringen einer Förderleistung zu einer bestimmten Zeit. Der Bedarf einer zu versorgenden Produktionskapazität gilt hier dann als erfüllt, wenn dessen Bedarfspuffer termingerecht beliefert wurde.

Verknüpfen und Sortieren beschreiben Arbeitsvorgänge, die funktional an betriebliche Prozesse gekoppelt sind. Unter *Verknüpfen* ist das Einstellen einer werkstückspezifischen Bearbeitungsfolge in Abhängigkeit von Bearbeitungsstatus und Arbeitsplatzbelegung zu verstehen. Das heißt, zur Förderung und Verteilung einzelner Güter werden ihr aktueller Zustand, die noch zu tätigenden Arbeitsschritte und die betrieblichen Ressourcen berücksichtigt. Das *Sortieren* ist gekennzeichnet durch ein Ordnen vermischter Werkstücksequenzen in eine vorgegebene Reihenfolge. Die zielgerichtete Verteilung von Briefen und Päckchen in Postämtern zeigt eine einfache Anwendung.

Je nach Aufgabenstellung ergeben sich Kombinationen dieser Funktionen, wie die Ver- und Entsorgung von Maschinen. Dies betrifft sowohl die direkte Kopplung der Maschinen untereinander als auch die Verbindung der Produktion mit Lagerstrukturen oder Versand und Wareneingang. Die Transporte können Einzeltransporte (Einzelprodukt oder auch bereits zusammengefaßte Ladeeinheiten) zur Verteilung auf verschiedene Abgabepunkte sein bzw. zu Sammelvorgängen dienen. *Sammelvorgänge* umfassen u. a. zielgerichtete Kommissionieraufgaben. Hierbei wird direkt auf dem Fördermittel die zu kommissionierende Ware zusammengestellt und abtransportiert.

Fördersysteme bestehen aus einer Vielzahl unterschiedlicher Funktionen und Elemente. Der Gabelstapler oder Handgabelhubwagen als alleiniges Arbeitsmittel, z. B. ohne eine steuernde Peripherie, kann nur noch in wenigen Fällen als wirtschaftlich angesehen werden. Ein Fördersystem ist durch seine Grenzen festzulegen. Erforderliche Schnittstellen, wie Übergabestationen, Bestands- oder Bedarfspuffer, sind dem System zuzurechnen. Damit umfaßt es je nach Komplexitätsgrad funktionale Komponenten wie:

Kopplungen an betriebliche Planungsinstrumentarien und ihre Steuerungen, die eigentliche Systemsteuerung, Datenkommunikationen und ihre Systeme (zu betrieblicher Steuerung, zu lokalen Steuerungen, zwischen Fördersteuerung und Fördermittel), Übergabeeinrichtungen (also Lastwechselstationen und -vorrichtungen), Förderwege (Fahrwege, Fundamente, Abhängevorrichtungen, Schienen usw.), die eigentlichen Fördermittel und alle zum Betrieb der Anlage erforderlichen Betriebseinrichtungen, wie Gas- oder Treibstoffversorgungen, Batterieladestationen und Wartungseinrichtungen.

In Bild 16-58 ist eine schematische Gliederung einzelner Funktionen zu finden. Einen mehr funktionsbezogenen Aufbau gibt Bild 16-59 wieder.

Aus beiden Bildern wird ersichtlich, daß neben dem eigentlichen Produkttransport mit seiner physischen Ausgestaltung die *Steuerung* und die *Informationsübertragung* wesentliche Säulen der Funktion „Fördern" sind. Erst die informationstechnische Integration der Fördermittel erlaubt deren Einbindung in eine Prozeßsteuerung zur Terminierung und Optimierung aller vor- und nachgeschalteten Bearbeitungs- und Logistikabläufe.

Die Abgrenzung gegenüber den fachlichen Aufgaben der Handhabungstechnik, der Kommissionierung, der Lagersysteme oder des Umschlagens fällt aufgrund des starken integrativen Faktors der unterschiedlichen Teilaufgaben eines Fördersystems häufig schwer. So sind Kräne ursprünglich als Umschlagmittel definiert worden. In den jeweiligen Aufgabenstellungen sind jedoch auch eindeutige Verwendungen als Fördermittel erkennbar. Aktive Lastwechsel von Fördermitteln gerade im Bereich der fahrerlosen Transportsysteme (FTS) besitzen dagegen eindeutig Handhabungscharakter. Besonders deutlich wird dies bei Fahrzeugen mit aufgesetztem Roboter.

Begriffe und Erläuterungen

Fördern und Fördertechnik umfassen das Bewegen von Personen oder Gütern zwischen ver-

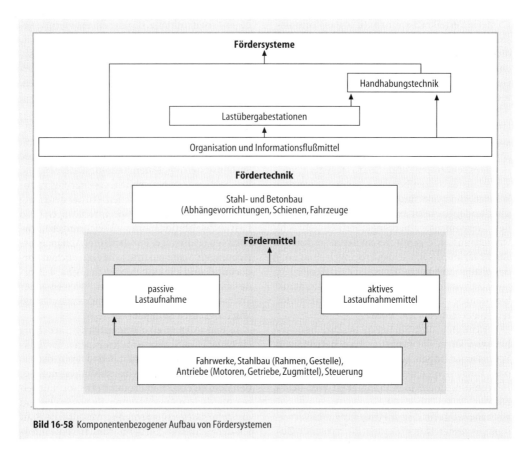

Bild 16-58 Komponentenbezogener Aufbau von Fördersystemen

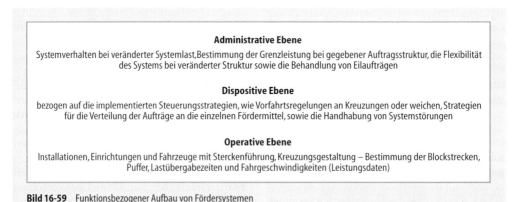

Bild 16-59 Funktionsbezogener Aufbau von Fördersystemen

schiedenen Punkten innerhalb einer festgelegten Struktur und der hierfür erforderlichen Strategien, Systeme und technisch-personellen Mittel. Wichtige Einzelmerkmale sind:

Fördern. In VDI 2411 ist Fördern als „das Fortbewegen von Arbeitsgegenständen oder Personen in einem System" definiert.

Fördertechnik. Sie kennzeichnet die Systeme und technischen Komponenten zur Bewegung „von Gütern in beliebiger Richtung über begrenzte Entfernungen durch technische Hilfsmittel" einschließlich der zugrunde liegenden Lehre. Fördergeräte sind die Arbeitsorgane der Fördertechnik.

Fördermittel. Hiermit werden die jeweiligen Transportmittel beschrieben, die innerhalb von örtlich begrenzten und zusammenhängenden Betriebseinheiten (beispielsweise innerhalb eines Werkes, eines Lagers, eines Flughafens) verfahren. Transportmittel dienen zur Ortsveränderung von Personen und/oder Gütern (DIN 30781).

Förderkette. Eine Förderkette entsteht durch das Zusammenschalten mehrerer Fördermittel gleicher oder unterschiedlicher Art. Dabei können auch stetige mit unstetigen Fördermitteln verknüpft werden.

Förderanlagen. Es handelt sich um Anlagen unterschiedlicher Komplexität mit örtlich begrenztem Arbeitsbereich, in denen Fördermittel gleicher oder verschiedener Ausführung die systemspezifischen Aufgaben erfüllen.

Fördergutstrom. Er ist eine Kenngröße zur Bestimmung der Fördermenge pro Zeit, gemessen an bestimmten Stationen oder in bestimmten Bereichen. Je nach Betrachtungsansatz ist er auf die Anlage oder einzelne Fördermittel zu beziehen.

Servicezeit. Ein Systemkennwert, welcher die mittlere oder maximal zulässige Zeit zwischen der Materialflußanforderung und der Belieferung des Bedarfspuffers einer Bedarfsstelle vorgibt. Disponible Bestände müssen vorliegen.

Bedeutung und Umfeld

Im produzierenden Bereich sind heute selbst durch Einsatz größerer Finanzmittel für neuere Techniken zumeist nur kleine Ertrags- und Strukturverbesserungen möglich. Zudem können die durch die Förderung entstehenden Kostenanteile je nach Industriebereich, Art der Fertigung und Produkt durchaus größer sein als diejenigen der eigentlichen Fertigung. Unter dem Gesichtspunkt von Kosten und Rentabilität bieten vernünftige Systemgestaltungen daher ein wesentlich größeres Potential. Eine ganzheitliche Betrachtungsweise erschließt Möglichkeiten, bei denen die ideelle und physische Verknüpfung der einzelnen Bereiche eine wesentliche Rolle besitzt. Damit erklärt sich die Bedeutung der Fördertechnik für die betrieblichen Ergebnisse.

Allgemein dient die Fördertechnik zur *Verkettung* funktional zusammenhängender Bereiche, wie Fertigungszellen, innerhalb definierter Strukturen. Ihr wesentliches Merkmal ist die Dynamik, d.h. die räumliche Positionierung von Güter oder Personen. Durch intelligente Auslegung, Planung und Organisation kann die gesamte Produktivität erheblich erhöht und zusätzliche Reserven freigemacht werden. Konkret stellt ein auf das Artikelspektrum und die betriebliche Umgebung angepaßtes/zugeschnittenes Fördermittel mit geeigneter Disposition einen der wesentlichen Kostendämpfungsfaktoren dar. Daneben resultiert eine Senkung der Bestände als Folge dieser Optimierung. Der reibungslose Förderprozeß darf auch bei definierten, oft stochastischen Aufträgen weder einen Rückstau verursachen, noch einen Versorgungsmangel entstehen lassen [Kuh88]. Die Forderung an die Fördertechnik lautet damit:

Die termingerechte Erbringung einer Förderleistung in optimaler Zeit und mit minimalem betrieblichen Kostenaufwand zur Gewährleistung bestandsarmer betrieblicher Prozesse.

Die *Förderleistung* ist dabei der Kennwert für den Prozeß, der zwischen den einzelnen Fertigungskapazitäten grundsätzlich existieren muß. Sie wird häufig durch Begriffe wie Fördermenge, -masse oder -volumen beschrieben und nach [Sche73] genauer durch die Bezeichnung Massen- oder *Fördergutstrom* gekennzeichnet. Grundsätzlich unterscheidet man den Förderprozeß nach der Art der Fortbewegung des Guts in einem kontinuierlichen Fördergutstrom (Schüttgut auf Stetigförderern), einen diskret kontinuierlichen Fördergutstrom (Stückgut auf Stetigförderern) und einem unterbrochenen diskreten Fördergutstrom (Schütt- oder Stückgut auf Unstetigförderern).

Umfeld und Einsatz finden Fördermittel und -systeme in allen Gebieten der primären bis tertiären Branchen und Funktionsbereiche. Sie werden im Bergbau oder den Produktionsbetrieben, aber auch genauso in Krankenhäusern oder den Büros von Versicherungen bzw. öffentlichen Einrichtungen benötigt. Die Förderung verbindet alle Prozesse innerhalb eines Wertschöpfungsprozesses zwischen Wareneinund ausgang. Sie beschreibt sowohl den Transport von Fertigungsteilen zwischen verschiedenen Bearbeitungsstufen, als auch die Förderung von Wäsche innerhalb eines Krankenhauses oder den Transport von Menschen auf einer Skiliftanlage oder mittels eines Aufzugs in einem Bürogebäude.

16.5.2.2 Systematik der Fördermittel

Eine Kennzeichnung und Gliederung der Fördermittel kann aus verschiedenen Blickwinkeln erfolgen. Ein häufig zu findender Ansatz berücksichtigt die Bauformen, also den technischen Aufbau des jeweiligen Geräts [Sche73, Hod85, VDI 2366]. Andere Beschreibungen gehen von Leistungsmerkmalen, wie Förderstromcharakteristika und Förderleistungen aus.

Der wesentliche Nachteil dieser Darstellungen ist das eingeschränkte Sichtfeld, kombiniert mit Details, die einen Überblick und die strukturelle Anpassung bei Neuentwicklungen erschweren. Das *Fördersystem* als Ganzes mit seinen Schnittstellen kommt darin wenig zur Geltung. Daher erscheint ein systemtechnischer Ansatz basierend auf den grundsätzlichen Kennzeichen der Fördermittel eher hilfreich. Der Anwendungsgedanke steht hierbei im Vordergrund.

Im Sinne der klassischen Konstruktionssystematik (Analyse des Problems, Pflichtenheft, Prinzipvariation, Konzeption, Ausarbeitung (s. 7.3.2)) entsteht so ein *Mehrebenen-Modell*, das z.B. bei einer Entscheidungsfindung im Rahmen einer innerbetrieblichen Planung übersichtlich und nachvollziehbar die Entscheidungspfade vorgibt und einsichtig aufschlüsselt. Fehlentwicklungen in grundsätzlichen Entscheidungen können somit leichter vermieden werden.

Zur Bestimmung der *Gliederungskriterien* müssen einige generelle Zielrichtungen für die Gestaltung zukünftiger Fördersysteme Berücksichtigung finden. Im Sinne einer betriebsoptimalen Ablauforganisation wird neben den Gesichtspunkten der Leistungsfähigkeit und Kosten vor allem das Kriterium der *Flexibilität* an Bedeutung gewinnen.

Zukünftige Änderungen von Fertigungsverfahren, baulichen Umgebungen, Produktionsstrukturen, Fertigungstiefen, Produkten und Sekundärbereichen, wie Läger mit ihren Strategien oder Ver- und Entsorgungsbereichen, Produktionshilfsmitteln, Versandbereichen usw. lassen nur bei angemessener Flexibilität der Fördertechnik kostenminimale Gesamtlösungen zu. Bei Neuplanungen zeichnet sich als Folge eine deutliche Tendenz von den heute weit verbreiteten Stetigförderern zu den flexibleren Unstetigförderern ab. Der Trend geht klar von rein manuell bedienten zu teil- und vollautomatischen Systemen.

Als erstes Kriterium der Systematik besitzen damit nicht die Bauformen den Vorrang, sondern die funktionalen Eigenschaften des gesamten Fördersystems. Konkret wird die Art des *Fördergutstroms* mit seiner Unterscheidung in stetigen und unstetigen Volumenstrom genutzt.

Stetigförderer erzeugen einen kontinuierlichen (Schüttgut) oder diskret kontinuierlichen (Stückgut) Fördergutstrom. Sie arbeiten üblicherweise kontinuierlich über einen längeren Zeitraum, wobei die Antriebe, falls vorhanden, im stationären Dauerbetrieb laufen. Aufgrund der erforderlichen ortsfesten Einrichtungen wie Schienen, Ständer o.ä. ist die Flexibilität gegenüber Layoutänderungen gering. Damit können sie für andere Arbeitsmittel ein Hindernis darstellen. Die Übergabeschnittstellen, also die Quellen und Senken des Fördergutstroms liegen fest. Stetigförderer beschränken sich zumeist auf eine Bewegungscharakteristik. So ist z.B. ein Reversierbetrieb üblicherweise systembedingt nicht vorgesehen. Grundsätzlich kann jedoch ein wesentlich größerer Volumendurchsatz als bei Unstetigförderern erreicht werden.

Unstetigförderer hingegen arbeiten in einzelnen Arbeitsspielen mit definierten Spielzeiten [Gr84]. Sie erzeugen einen unterbrochenen Fördergutstrom. Zeiten für Lastfahrten, Leerfahrten, Anschlußfahrten und Stillstandszeiten unterschiedlicher Längen wechseln einander ab. Ihre Be- und Entladung erfolgt während des Stillstands. Entsprechend sind ihre *Lastaufnahmemittel* häufig nur an bestimmten Stellen lastaufnahme- und abgabebereit. Dafür können sie zumeist mehrere Quellen und Senken frei bedienen.

Unstetigförderer können mit und ohne ortsfeste Einrichtungen realisiert sein und weisen entsprechend Unterschiede in der Flexibilität auf. Grundsätzlich ist ihre Flexibilität gegenüber Stetigförderern größer. Eine Annäherung an die Durchsatzleistungen der Stetigförderer kann durch Veränderung der Anzahl einzelner Unstetigförderer und durch Bildung größerer Ladeeinheiten erreicht werden. Damit verschwimmen die Grenzen, die aus den Leistungsparametern gebildet werden, zunehmend.

Von größerer Bedeutung für systemorientierte Gliederungen sind eher die *Förderebenen*, auf der die Güter transportiert werden, die *Verfahrebene* auf der sich die *Verfahrbewegung* vollzieht und der *Bedienungsraum*, in den die Fördermittel transportieren.

Dem folgend sind Fördermittel desweiteren zu unterscheiden in flurgebundene, aufgeständerte und flurfreie Varianten. Als *flurgebunden* sind Fördermittel dann zu bezeichnen, wenn sie die Verkehrswege am Boden nutzen oder über Einrichtungen verfahren, die im Boden eingelassen sind (Unterflur-Schleppkettenförderer). Auch schienengeführte Fördermittel zählen zu dieser Gruppe, obwohl die Schienen, falls sie gegenüber dem Boden erhaben sind, gewisse Hindernisse für andere Fördermittel darstellen. Bei den aufgeständerten Varianten befindet sich die Verfahrebene in festgelegten Höhen über dem Boden. Stetigförderer oder Tragschienen für Unstetigförderer werden mittels Säulen abgestützt. Das Fördergut kann sich dabei sowohl oberhalb (s. Rollenbahn) als auch unterhalb (s. Schaukelförderer) der Verfahrebene befinden. *Aufgeständerte* Fördermittel stellen zumeist Hindernisse für einen sie kreuzenden Verkehr anderer Fördermittel oder Personen dar.

Flurfreie Fördermittel (Stetigförderer, wie Kreisförderer, Schleppkreisförderer) oder die bei Unstetigförderern (Elektro-Hängebahn, Kleinbehältertransportsystem, Hängekran) benötigten Schienen sind an der Hallendecke befestigt. Die Förderebene ist oberhalb der eigentlichen Arbeitsebene der Fabrikanlage. Die Einordnung in die Kategorie „flurfrei" erfolgt dabei eindeutig hinsichtlich der Förderebene. So besitzen verschiedene Krantypen zwar aufgeständerte oder flurgebundene Verfahrebenen. Sie werden jedoch aufgrund ihrer bevorzugten Förderebene den flurfreien Systemen zugerechnet. Das Fördergut wird in der Regel hängend unterhalb des Fördermittels transportiert, kann aber auch oberhalb angeordnet sein. Die ortsfesten Einrichtungen sind zumeist keine Hindernisse für den sonstigen Verkehr, da sie sich i. allg. oberhalb der Arbeitsebene befinden [Jün89].

Der *Bedienungsraum* ist dann nach Art der zulässigen, nicht gesperrten Bewegungsachsen des Fördermittels beschrieben. Er kann eindimensional (geführt verfahrbares Fördermittel ohne Hubeinrichtung, Verschiebewagen), zweidimensional mit vertikaler Ausrichtung (geführt verfahrbares Fördermittel mit Hubeinrichtung, wie Regalbediengeräte), zweidimensional mit horizontaler Ausrichtung (frei verfahrbare Fördermittel ohne Hubeinrichtung, z. B. Schlepper und Wagen) und dreidimensional (frei verfahrbares Fördermittel mit Hubeinrichtung, z. B. Stapler) ausgeführt sein.

Fördermittel, die prinzipiell zwei- oder dreidimensionale Bewegungsachsen besitzen, lassen sich natürlich durch Sperrung einzelner Achsen in nieder-dimensionale Einrichtungen umwandeln. Ein Beispiel hierfür sind manuell verfahrbare Wagen oder Schlepper, die schienengeführt betrieben werden.

Die Darstellung der Bedienungsräume ist zusammengefaßt in die Kennzeichnung ortsfest, geführt verfahrbar und frei verfahrbar. Der damit abzulesende Grad der Beweglichkeit ist ein wichtiges Kriterium zur Beurteilung einzelner Fördermittel hinsichtlich ihrer Flexibilität und Hindernisbildung. Ortsfeste Anlagen und die Begrenzung des Wirkraums sind abfragbar.

Für *Stetigförderer* ist die Förderebene das interessante Kriterium, da die Verfahrebene aufgrund der ortsfesten Anordnung geringe Aussagekraft besitzt. Dabei können einige Förderer sowohl den flurgebundenen, aufgeständerten und flurfreien Ausführungen zugeordnet werden. Der Bedienungsraum spielt hingegen aufgrund des prinzipiell eindimensionalen Charakters von Stetigförderern keine Rolle.

Unstetigförderer sind aufgrund ihrer unterschiedlichen Ausführungen nur schwer mit einem dominant gewichteten Kriterium zu belegen. Als erster grundlegender Ansatz kann auch hier die Förderebene dienen. Aufgrund der häufig zu findenden Hubvorrichtung ist in vielen Fällen keine eindeutige Festlegung möglich. Damit ist für diese Gruppe eher die Verfahrebene vorzuziehen. Der Bedienungsraum bietet sich dagegen als ein grundsätzliches Merkmal der Unterscheidung an.

Ergänzt wird die Einstufung der Fördermittel durch die Angabe der *Antriebsart* (motorisch, fluidisch, Schwerkraft usw.) oder die Charakteristik der *Kraftübertragung* (mit oder ohne Zugmittel, Getriebe, direkt usw.). Hier ist vor allem eine Einstufung der Stetigförderer möglich. Die Bedeutung für Unstetigförderer ist aufgrund der benötigten Einzelantriebe oder manuellen Betätigungen als gering einzustufen.

Die Gliederung umreißt die prinzipielle Struktur zur Förderung von Gütern oder Personen. In lokal eingegrenzten Bereichen werden häufig Mischformen der einzelnen Techniken in einer Förderkette eingesetzt. Beispiele sind die Kombination von Bandförderern oder Teleskopbandförderern mit Verschiebewagen, die die zeitliche Verknüpfung verschiedener Schnittstellen (Quellen und Senken) erlauben. Unterhalb der hier dargestellten Gliederungsebenen sind jetzt einzelne Funktionsblöcke mit der möglichen Technik und ihrer heutigen Parametrisierung hinsichtlich Leistungen und Schnittstellencharakteristika aufzufüllen (Bild 16-60). Die Zuordnung der Fördermittel erfolgt entsprechend den heutigen Haupteinsatzfällen.

Weitere Merkmale betreffen die *Lastübergabe* und *Umschlagtechnik*. Sie ist bezogen auf die systemtechnische Betrachtung eine entscheidende

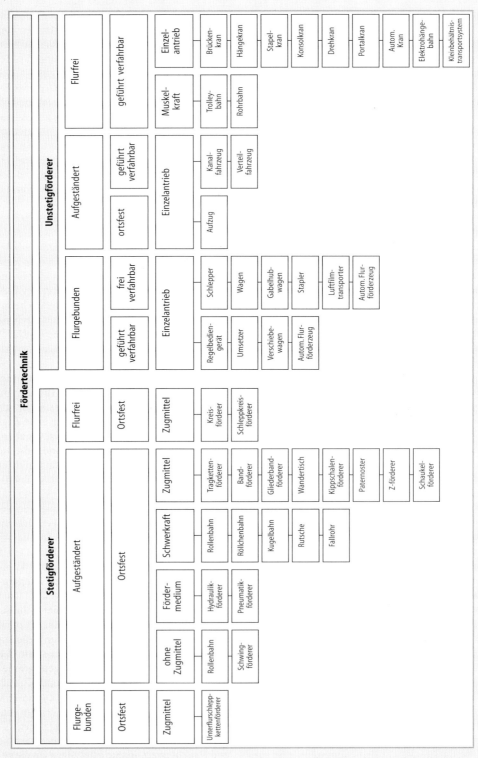

Bild 16-60 Gliederung der Fördermittel

Funktion. Eine erste schematische Unterscheidung findet in die Kriterien aktiv und passiv statt. „Aktiv" ist ein Fördermittel dann, wenn es mit seiner integrierten Lasttragfunktion einen eigenständigen *Lastwechsel* ohne Zuhilfenahme einer separaten Einrichtung durchführen kann. Man spricht dann von einem *Lastaufnahmemittel* (LAM). Stetigförderer zählen i. allg. zu den Fördermitteln mit passiver Übergabe. Sie benötigen zusätzliche Einrichtungen, wie Greifvorrichtungen oder Ausschleuser, um die Lastübergaben unabhängig vom Bedienpersonal gestalten zu können. Unstetigförderer sind in der Regel mit aktiven Lastübergabevorrichtungen ausgerüstet. Ausnahmen bilden z. B. einfache Plattformwagen. Je nach Aufgabenstellung und Schnittstellengestaltung sind die LAM unterschiedlich komplex aufgebaut. Sie prägen entscheidend das konstruktive Layout des Fördermittels, besonders der Flurförderzeuge. Eine detaillierte Gliederung gibt [Zi73].

Die klassische Einteilung der Fördervorgänge in manuell, mechanisiert oder automatisch ist heute ohne Bedeutung. Die Technik, speziell unterstützt von der Entwicklung der Sensorik, läßt prinzipiell die Vollautomatisierung fast aller Fördermittel zu. Zudem hängt die Definition der *Automatisierung* dicht mit der Betrachtungsweise zusammen. Eine einfache Rutsche ist alleinig betrachtet kein automatisiertes Fördermittel. Sie kann jedoch Bestandteil eines vollautomatischen Förderprozesses sein. Damit wird auch die Rutsche aus ihrer prinzipiell manuellen Funktion erhoben.

Schematische Gliederungen in diese drei Kategorien kennzeichnen im übrigen nur sehr ungenau die Gegebenheiten, da eine Vielzahl an Automatisierungsgraden realisiert werden können. Eine Einteilung spezieller Ausführungen fällt damit aufgrund der fließenden Grenzen schwer und ist zumeist eine Definitionsfrage.

Stetigförderer

Stetigförderer (DIN 15201) sind in flurgebundener, aufgeständerter und flurfreier Ausführung realisiert. Durch ihre ortsfeste Anordnung besitzen sie eine geringe *Flexibilität bei* Layoutänderungen (Kursänderung und Änderung der Zahl der Haltestellen). Hier sind fast immer umfangreiche Maßnahme bei Bauwerken, Maschinenbau, Elektro- und Steuerungstechnik erforderlich. Eine Behinderung anderer Förder- oder Arbeitsmittel ist oft vorhanden.

Bild 16-61 Rollenbahn

In der Regel sind sie mechanisiert oder automatisiert. Hierdurch wird ihre Integration in unterschiedliche Materialflußsysteme erleichtert. In der Mehrzahl werden sie elektrisch betrieben und sind mit *Zugmitteln* wie beispielsweise Ketten ausgerüstet. Bei kürzeren Strecken kann günstig die Schwerkraft genutzt werden. Positiv anzumerken ist auch ihr allgemein günstiges Verhältnis von Eigengewicht zur geförderten Nutzlast mit Werten, die häufig kleiner als eins sind.

Zur Be- und Entladung von Stetigförderern werden oft eigene *Umschlagmittel* benötigt, da der Förderer an sich zumeist passiven Charakter hat. Ein Beispiel hierfür ist die Querabgabe von Fördergüter bei Rollenbahnen (Bild 16-61). Sie findet damit nicht in Hauptbewegungsrichtung statt. Querschieber, Greifvorrichtungen, Puffer- oder Umlenkstationen werden erforderlich. Das Problem der Lastübergabe verschärft sich mit steigender Masse der Fördergüter.

Einsatzfälle der Stetigförderer sind Transporte von großen bis sehr großen Stück- oder Schüttgutmengen auf wenigen, verschiedenen, meist längeren Wegen. Sie sind heute sowohl in vielen Funktionsbereichen eines Unternehmens, wie dem Warenlager, der Lagervorzone, der Produktion oder dem Versand, aber auch zwischen ihnen zur Verbindung der Bereiche zu finden.

Unstetigförderer

Unstetigförderer sind durch eine aussetzende, intermittierende Förderung gekennzeichnet. Dabei entstehen i. allg. Last- und Leerfahrten mit unterschiedlichen Spielzeiten [Gr84]. Ihre Automatisierung ist schwieriger als bei Stetigförderern zu realisieren. Dementsprechend ist der Aufwand für Planung und Steuerung deutlich höher. Dennoch wird die Automatisierung in letzter Zeit weiter vorangetrieben, da der hohe Anteil manueller Bedienung zur Zeit noch erhebliche Kosten verursacht. Zudem sind sie gekennzeichnet durch eine hohe Anpassungsfähigkeit an zahlreiche Förderaufgaben, eine große Flexibilität bei Layoutänderungen und eine gute Erweiterungsfähigkeit.

Unstetigförderer sind selten ortsfest, sondern meist geführt oder frei verfahrbar. Dementsprechend behindern sie andere Fördermittel wenig (eine Ausnahme sind aufgeständerte Unstetigförderer) und weisen größere Arbeitsräume (z.B. Stapler oder Kran) auf. Sie besitzen jedoch gegenüber Stetigförderern meist ein ungünstigeres Verhältnis des Eigengewichts zur beförderten Nutzlast. Es ist in der Regel größer als eins. Ihre Tragorgane sind zumeist einzeln angetrieben, was eine gewisse Autonomie der Förderer ermöglicht. Im Unterschied zu Stetigförderern ist die Lastaufnahme und -abgabe in der Regel aktiv (eine Ausnahme bilden beispielsweise Schlepper), weshalb keine zusätzlichen Arbeitsmittel für den Umschlag erforderlich sind. Die Zahl der Be- und Entladestellen ist meist definiert, vor allem, wenn spezielle *Lastübergabestationen* erforderlich sind.

Sie eignen sich zum Transport von kleinen bis mittleren *Stückgutmengen* auf verschiedenen, teilweise beliebigen Wegen zu vielen, häufig auch wechselnden Orten. Ihren Einsatz finden sie im gesamten Unternehmen, im Wareneingang, im Lager und der Lagervorzone, in der Produktion, im Versand, zur Be- und Entladung von Verkehrsmitteln und auch zur Verbindung von verschiedenen Bereichen.

Besondere Aufmerksamkeit finden in dieser Gruppe der Fördermittel die sog. *Flurförderzeuge*, da sie die im innerbetrieblichen Einsatz bekannteste und am weitesten verbreitete Form der Fördertechnik darstellen. Es gibt eine große Vielzahl unterschiedlichster Bauformen mit entsprechend umfangreichen Einsatzspezifika.

Flurförderzeuge

Flurförderzeuge (VDI 2366, DIN 15140) sind gleislose, überwiegend innerbetrieblich verwendete *Fahrzeuge* mit oder ohne Einrichtungen zum Heben oder Stapeln von Lasten. Flurförderzeuge sind in der Regel manuell bediente, in jüngerer Zeit durch die Entwicklung automatischer Flurförderzeuge zunehmend auch automatisierte

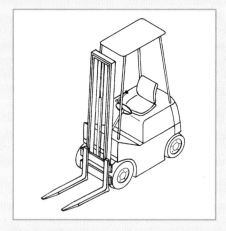

Bild 16-62 Gabelstapler

Unstetigförderer, die sich mit eigenem *Antrieb* fortbewegen. Als Antriebsformen finden heute sowohl der Mensch mit seiner Muskelkraft, als auch Elektro-, Diesel- und Gasmotoren Verwendung. Im Rahmen des innerbetrieblichen Transports, vor allem innerhalb von Gebäuden, stehen die elektrisch angetriebenen Flurförderzeuge im Vordergrund. Bei kombiniertem Innen- und Außeneinsatz werden z.B. auch gasbetriebene Geräte eingesetzt. Außerhalb von Gebäuden sind vornehmlich Dieselantriebe in den Flurförderzeugen zu finden. Gegen ihren Einsatz im Mischbetrieb sprechen die zur Zeit noch mangelnden Rußfiltertechnologien, z.B. gegenüber den gasbetriebenen Geräte, die mit Katalysator ausgerüstet sind.

Man gliedert die Flurförderzeuge sinnvollerweise nach ihrer Bauart in *Schlepper, Wagen, Gabelhubwagen, Stapler* und *Hochregalstapler*. Der Stapler (VDI 2366) als Fördermittel mit Hubfunktion ist unter diesen Bauarten die am meisten verbreitete Variante. Er ist für eine Lastaufnahme bzw. -übergabe von bodeneben gelagertem Fördergut ebenso geeignet, wie für die Handhabung von Fördergut, das auf Stetigförderern oder in Regalen gelagert ist. Stapler (Bild 16-62) existieren in zahlreichen Ausführungen als universellstes Fördermittel, Spreizenstapler, Schubgabelstapler, Schubmaststapler, Seitenstapler, Vierwegestapler, Portalstapler Kommissionierstapler und Hochregalstapler. Ein zweites Gliederungskriterium stellt der *Bedienerstatus* dar, wobei zwischen mitgehendem Bediener, mitfahrendem Bediener und bedienungslos unterschieden werden kann. Zur *Spielzeitermittlung* wichtiger Flurförderzeuge kann die VDI 2391 hinzugezogen werden. In ihr sind die Zeiten für wichtige Grundbewegungen manuell bedienter Flurförderzeuge aufgeführt. Die benötigten Zeiten eines *Arbeitsspiels*, also aller Tätigkeiten zur Durchführung eines *Förderauftrags*, lassen damit für eine individuelle Anwendung zusammenstellen.

Beachtenswert beim Einsatz von Flurförderzeugen ist der Einfluß der Staplerbauart und seines Lastaufnahmemittels auf die erforderliche *Arbeitsgangbreite*. Sie beinhaltet nicht nur die Breite des beladenen Flurförderzeugs. Auch das Drehen des Fahrwerks bei Frontgabelstaplern oder der zusätzliche Raum bei der Verwendung von Schwenkschubgabeln einschließlich benötigter Sicherheitsabstände ist im Layout zu berücksichtigen. Daneben ist auf die Festigkeit und Oberflächenbeschaffenheit der *Fahrwege* zu achten.

Neben den klassischen radgestützten Bauvarianten werden in einigen Anwendungsfällen, besonders dann, wenn Wendigkeit und ein Drehen auf der Stelle gefordert sind oder bei besonders schweren Lasten, *Luftfilmtransporter* verwandt. Hier sind Teile des Fahrgestells der Flurförderzeuge durch Luftkissen ersetzt. Verbleibende Räder haben keine Tragfunktion mehr, sondern lediglich Antriebs-, Brems- und Lenkfunktion. Diese Fahrzeuge sind zum Zweck der Luft- und Energiezufuhr über eine Versorgungsleitung mit einem stationären Kompressor bzw. dem Stromnetz verbunden und in der Regel nicht mit Batterien ausgerüstet. Sie stellen darüber hinaus besondere Anforderungen an die Bodenbeschaffenheit. Luftfilmtransporter sind meist manuell bedient.

Automatische Flurförderzeuge (VDI 3562) werden in *fahrerlosen Transportsystemen (FTS)* eingesetzt. Sie sind automatisch geführt und bewegen sich je nach Führungsprinzip entlang bestimmter Linien oder frei verfahrbar ohne direktes menschliches Einwirken fort. Häufig werden sie durch einen übergeordneten Rechner gesteuert, disponiert und verwaltet. Sie werden in Form von Schleppern, Wagen oder Gabelhubwagen für Transportvorgänge und als Stapler für Stapel- und Transportvorgänge gebaut. Daneben sind ein Vielzahl von Sonderbauformen zu finden (Bild 16-63).

Wichtigstes Kriterium dieser Technologie neben den Sicherheitsfragen ist, bezogen auf die Einzelfahrzeuge ihre Führung im Betriebslayout. Hier sind zwei Hauptprinzipien zu finden. Die Führung kann entlang von auf dem Par-

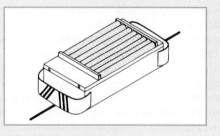

Bild 16-63 FTS mit Rollenbahn

cours angebrachten oder im Boden verlegten Leitlinien oder entlang programmierter Fahrwege mit Hilfe von im Fahrzeugrechner softwaremäßig abgelegten Umweltmodellen geschehen.

Die überwältigende Mehrzahl aller realisierten Anlagen greift auf das erste *Führungsprinzip* (zumeist induktive Verfahren) zurück. Neuere Installationen basieren allerdings bereits auf der Lasertechnologie in Verbindung mit der *Koppelnavigation*, einer Berechnung des zurückgelegten Fahrwegs mittels Messung von Radumdrehungen und Lenkeinschlägen. Hierdurch sind schnell und einfach ohne physische Änderungen der betrieblichen Anlagen neue *Fahrkurse* generierbar.

Ihre Verwendung finden Flurförderzeuge bei unstetigem horizontalen oder auch vertikalen *Stückguttransport* in Wareneingang, Produktion, Lager, Lagervorzone und Versand von Produktionsbetrieben sowie in Warenverteilzentren. Manuell bedient sind sie vor allem dann, wenn sich die Förderwege häufig ändern; automatisch betrieben, wenn sich in Netzen lediglich die Zielorte ändern. Neuere Entwicklungen der sensorisch gestützten Führung und Lasterfassung werden hier durch ein größeres Maß an freier Verfahrbarkeit die technischen Möglichkeiten vergrößern. Ihr bevorzugter Einsatz ist bei kleinen und mittleren Entfernungen, großen Trag- oder Schlepplasten und bei geringem bis mittlerem Durchsatz unterschiedlicher Fördergüter auf *Ladehilfsmitteln* wie Paletten und Behältern zu sehen.

16.5.2.3 Eignungskriterien zur Vorauswahl

Zukünftig wird neben der *Leistungsfähigkeit* die *Flexibilität* der Fördermittel von größter Bedeutung sein. Eine deutliche Tendenz von den heute weit verbreiteten Stetigförderern zu den flexibleren Unstetigförderern wird sich zumindest bei

Neuplanungen abzeichnen. Der Trend geht dabei klar von manuell bedienten zu automatischen Systemen.

Bei den unstetigen Fördermitteln bilden sich drei wesentliche Richtungen heraus, die die Fördertechnik der nächsten Jahre wesentlich prägen werden. Zum ersten werden flurgebundene, frei verfahrbare und vollautomatische Flurförderzeuge, erweitert um Funktionen der Pufferung bzw. der Handhabung, eingesetzt werden. Zum zweiten werden aufgeständerte Fördermittel in Form von autonomen Satellitenfahrzeugen verstärkt angewendet. Diese können in der Produktion und im Lager operieren. Die dritte Richtung bilden flurfreie Unstetigförderer wie Elektro-Hängebahnen, die gleichfalls zum Fördern oder zum Zweck der Handhabung nutzbar sind. Sie stellen ebenso wie Flurförderzeuge für andere Arbeitsmittel nur eine sehr geringe Hindernisbildung dar. Vor dem beschriebenen Hintergrund soll als grundlegendes Unterscheidungsmerkmal weiterhin der kontinuierliche oder unterbrochene *Fördergutstrom* durch stetige oder unstetige Fördermittel Verwendung finden, um dem vorrangigen Kriterium der Flexibilität Rechnung zu tragen.

Die Eigenschaften des Förderguts, Maschinenanlagen, Produktionsabläufe, Umgebungsbedingungen oder Fabriklayout stellen natürlich dominante Faktoren einer Konzipierung und Auslegung von Fördersystemen dar. Großen Einfluß besitzt aber auch die lokale physische Ausgestaltung der Schnittstellen. Hierdurch können z. B. durch Wahl ungünstiger Übergabehöhen große Zusatzinvestitionen erforderlich werden. Auch Engpässe wie Kreuzungsbereiche und Zusammenführungen können *Konfliktzonen* darstellen. Sie grenzen die *Förderleistung* ein und sind angemessen auszulegen. Der Ausnutzungsgrad der Fördermittel und damit ihre gesamte Systemleistung wird hierdurch erheblich beeinflußt.

Eine Voraussetzung der Planung ist die Beschreibung der Güter und der Ladehilfsmittel. Unterschiedliche Güter benötigen eventuell *Ladehilfsmittel* wie Paletten, um den Transport sinnvoll durchführen zu können. Der Grad der Universalität der Fördermittel spielt hier eine wesentliche Rolle. Mit Sonderausführungen der Lastträger, bzw. der *Lastaufnahmemittel*, also derjenigen technischen Mittel, die die physische Verbindung zwischen Fördermittel und Gut gewährleisten, lassen sich je nach konstruktiver Gestaltung eine Vielzahl an Möglichkeiten schaffen.

Weitere Grundlagen stellen die Beschreibung des Materialflußsystems auf Basis einer *Materi-*alflußmatrix und des *Kurslayouts (Wegeplan)*, die Bestimmung der *Servicezeiten*, eine Bemessung der Stochastizität aufgrund von Standardabweichungen einer Wahrscheinlichkeitsfunktion, die Kenntnisse über das zeitliche Quellen-Senken-Verhalten und die Auslegungen der Puffer in Abhängigkeit von der Kenntnis dieser Daten dar.

Einflußfaktoren und Parameter von *Planungen* können z. B. sein:

- das *Fördergut* mit Art, Masse, Geometrie, Zugriffsmöglichkeiten, mechanischer Belastbarkeit (statisch und auf Stoß), Temperatur, Feuchtigkeit, Staubbildung usw.,
- das *Ladehilfsmittel* und seine Ausbildung mit z. B. druckbelastbaren Transportflächen oder sonstigen Zugriffsflächen (s. Euro-Poolpaletten oder VDMA-Kästen),
- die *Lasterkennung*, Lastverfolgung und Lastsicherung zur Detektierung, z. B. mittels Codemarken oder zur Konturenkontrolle durch optische Einrichtungen usw.,
- die baulichen und konstruktiven Gegebenheiten, wie die Oberflächenbeschaffenheit des Bodens, seine Geometrie und Tragfähigkeit, die zulässige lokale Flächenpressung, das Säulen- und Wandraster, die Stabilität vorhandener Decken oder Wandträger und nicht zuletzt die Aufstellung und Art der vorhandenen Maschinen bzw. Anlagen mit den durch sie bedingten Restriktionen,
- die sonstigen Umgebungseinflüsse aus Innen- und Außeneinsatz und die möglicherweise relevanten Kriterien wie Temperatur, Feuchtigkeit, Wind, Staub, Schutzbedingungen (z. B. Explosionsgefahr), elektromagnetischen Beeinflussungen oder mechanischen Schwingungen, z. B. durch Produktionsmaschinen,
- die gesetzlichen Vorschriften bezogen auf die Art der Produktionsstätte, die Sicherheitsanforderungen, Arbeitsschutzbestimmungen, ergonomische Fragen, wie einer leichten und übersichtlichen Bedienung, oder Vereinbarungen mit den diversen Arbeitnehmervertretungen,
- die betrieblich-technischen Voraussetzungen (z. B. vorhandene Energieversorgung, Fördersysteme, Leit-, Steuerungs- und Rechnerkonzepte, Datenkommunikation, Wartungsvoraussetzungen oder Ausbildungsstand des Bedienpersonals),
- die Materialflußparameter mit zeitlichem Quellen-Senken-Verhalten (Durchsatz, Durch-

satzspitzen), der Verteilung der Förderströme auf die Quellen und Senken, den Puffererfordernissen und dem Materialflußlayout mit möglichen Förderwegen in Form, Länge und Belastung,

– die Auswirkungen des Fördersystems auf das betriebliche System und seine Umgebung,
– die Zielvorstellung gesetzt durch Leistungsfähigkeit und -reserven, Flexibilität, Betriebssicherheit, Verschleißfestigkeiten, Lebensdauer, Minimierung der Bestände usw.,
– die Schnittstellencharakteristika mit Erfordernissen zur Lastübergabe,
– die *Notfallstrategien* bei Ausfall des Fördersystems oder seiner Teilkomponenten,
– die Transport- und Montagemöglichkeiten für das Fördersystem in den Betrieb (z.B. in den Betriebsferien oder bei Export).

Bemessen wird eine Planung neben den technischen Merkmalen des Systems und seiner Verwendbarkeit in den vorhandenen oder neu zu schaffenden Strukturen hauptsächlich an ihrer *Wirtschaftlichkeit*. Stichworte wie Anschaffungskosten, Lebensdauer, Abschreibungen, Zinskosten, tägliche Nutzungszeiten, Rationalisierungseffekte auf angrenzende Bereiche, Personaleinsatz, Lagerbestände, bauliche Maßnahmen, Organisation und Verwaltung, Wartungs- und Reparaturkosten oder Betriebsmittelkosten (Energiebedarf, Fette, Öle usw.) bilden die Basis der Entscheidung. Voraussetzung, aber auch Schwierigkeit, ist die Einbeziehung aller anderen funktional betroffenen Betriebsbereiche. Eine alleinige Betrachtung des Fördersystems reicht aufgrund der komplexen Zusammenhänge nicht aus. Zudem sind mögliche Zukunftsentwicklungen einzubeziehen.

Eine direkte Bewertung und Bemessung der Fördermittel an diesen Kriterien oder mittels Angabe konkreter Leistungsdaten ist an dieser Stelle nicht zulässig. Hierfür sprechen zwei Gründe. Zum einen werden am Markt zu jedem Fördermittel derartig viele unterschiedliche Bauarten bis hin zur problembezogenen Einzelkonstruktion angeboten, daß eine Pauschalisierung z.B. über den Automatisierungsgrad oder gar ihren Investitionsbedarf bei einem konkreten Fall zu falschen Ergebnissen führen kann. Zum anderen stellen viele Fördermittel nicht alleinig die Basis eines Fördersystems, sondern sind nur Bestandteil einer Förderkette. Diese kann im Grenzfall wiederum sehr komplex aufgebaut sein. Damit ist eine Wichtung des einzelnen Förder-

mittels wenig hilfreich. Es müßten vielmehr alle sinnvoll möglichen Förderketten betrachtet werden, was sich aufgrund der großen Variantenvielfalt praktisch nicht durchführen läßt.

Zur Vorgehensweise empfiehlt sich das Verfahren der *Nutzwertanalyse* (s. 7.1.2.3). Nach Strukturierung der jeweilig vorliegenden Bedingungen und Forderungen kann nach Erstellung der Bewertungskriterien und ihrer Wichtung schnell eine Eingrenzung der komplexen Entscheidungsvarianten vorgenommen werden. Die verbleibenden sind dann mit vertretbarem Aufwand einer feineren Analyse zu unterziehen. Vorteile eines derartigen Vorgehens sind seine Stufung in mehrere überschaubare Abschnitte, die Nachvollziehbarkeit auch einzelner Entscheidungsprozesse und die weitgehende Entkopplung von subjektiven Beurteilungen.

16.5.3 Sortieren

Die Kommissionierung (s.16.5.7) von großen Gütermengen in kurzer Zeit ist das typische Einsatzgebiet von Hochleistungssortiersystemen, kurz *Sorter* genannt. Die zur Zeit verfügbaren Sortertechniken ermöglichen es, fast alle Arten von Stückgütern automatisch zu verteilen. Für dieses breite Anwendungsfeld ist u.a. eine weiterentwickelte Ident-Technik verantwortlich, die eine automatische Sortierung erst ermöglicht.

Bei der Kommissionierung von Stückgütern sind Sortieranlagen bezüglich ihrer Systemleistung im mittleren bis hohen Leistungsbereich (Durchsatz 3000–15000 Stück/h) anzusiedeln. Sie werden vornehmlich in Distributionszentren, Groß- und Versandhandelslägern und in produzierenden Unternehmen mit Großhandelsfunktion eingesetzt.

16.5.3.1 Aufgabe der Sortier- und Verteilanlagen

Gemäß VDI 3619 versteht man unter Stückgut-Sortiersystemen „Anlagen bzw. Einrichtungen zum Identifizieren von in ungeordneter Reihenfolge ankommenden Stückgut aufgrund vorgegebener Unterscheidungsmerkmale und zum Verteilen auf Ziele". Ein Sortier- und Verteilsystem hat folgende funktionelle Bestandteile:
– Systemeingabe,   – Verteilen,
– Vorbereiten,   – Systemausgabe,
– Identifizieren.

Zu einer *Sortier- und Verteilanlage* gehören die in Bild 16-64 dargestellten Komponenten. Der

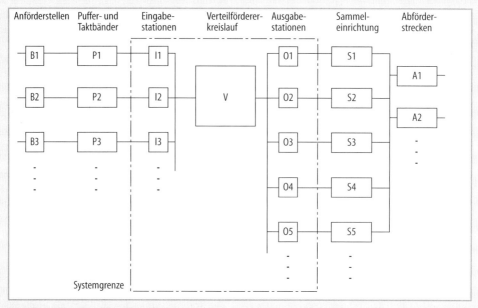

Bild 16-64 Systemaufbau von Sortier- und Verteilanlagen

an den Anförderstellen in das System eintretende Gutstrom, bestehend aus verschiedenen Packstücken, wird ausgerichtet und vereinzelt. Im Pufferbereich werden die Waren so verzögert und getaktet weitergegeben, daß die Durchsatzschwankungen, die bei der Aufgabe der Güter auf das Fördersystem entstehen, ausgeglichen werden. Die Takt- und Eingabebänder bringen die Güter auf definierte Abstände und beschleunigen sie so, daß eine geschwindigkeitssynchrone Aufgabe der Waren auf den Sorter möglich ist. Dabei wird ebenfalls berücksichtigt, daß nicht alle Plätze auf dem Sorter zur Verfügung stehen.

Auf dem Sorter wird das Ziel der Ware bestimmt, indem eine Identifizierungstechnik die Codierung erkennt, so daß die Anlagensteuerung über den Artikelcode eindeutig das Ziel bzw. die *Endstelle* zuordnen kann. Die Verteilung der Ware auf die End- oder Zielstellen geschieht mittels einer Abgabemechanik, die die Ware vom Sorter abschiebt, kippt oder fördert, und auf eine Pufferstrecke (Rutsche, Rollenbahn usw.) ableitet, auf der die dieser Endstelle zugeordnete Ware bis zum Abpacken gespeichert wird.

An der Endstelle werden die einzelnen Waren meist manuell zu Aufträgen zusammengestellt und anschließend Ladeeinheiten für den weiteren Transport zum Kunden gebildet.

16.5.3.2 Systematik der Sortier- und Verteilanlagen

Sortiertechniken

Die Sortersysteme lassen sich unterteilen in die Möglichkeit, den Förderer
– äquidistant auf Einzelplätzen oder
– wahlfrei ohne feste Teilung
zu belegen (vgl. Bild 16-65). Im ersten Fall können die Güter, die verteilt werden sollen, nur auf fest vorgegebene Plätze innerhalb des Förderers gelegt werden, im zweiten Fall ist die Belegung des Förderers beliebig, entweder weil der Ausgabemechanismus aus Segmenten besteht, oder weil der Transport der Güter auf einem herkömmlichen Band- oder Rollenförderer ohne Teilung stattfindet. Bei fester Teilung des Sorters ist die Systemleistung nur von der Fördergeschwindigkeit des Sorters abhängig, die Gutgröße hat keinen Einfluß auf den Durchsatz. Bei beliebiger Belegung des Sorters ist es möglich, die Güter mit einem definierten Abstand auf den Sorter zu bringen. Dadurch läßt sich bei stark wechselnden Gutabmessungen die Warendichte pro Meter Sorterstrecke und damit der Durchsatz erhöhen. Die in der Praxis verbreitet zum Einsatz kommenden Sortieranlagen werden im folgenden kurz beschrieben.

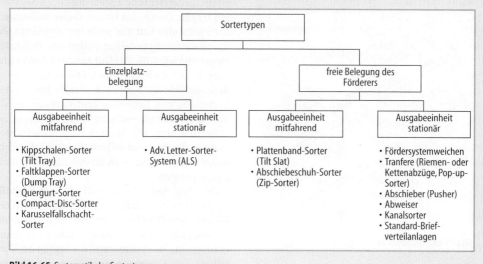

Bild 16-65 Systematik der Sortertypen

Kippschalen-Sorter (Bild 16-66). Der *Kippschalen-Sorter* besteht aus einem Kettenförderer, auf dem kippbare Plattformen angebracht sind. Die Abgabe des Guts geschieht, indem eine fest installierte Weiche die Plattform auslöst und die Ware zur Seite abkippt. Das Prinzip erlaubt eine einfache Sortierung vielfältig beschaffener Güter und ist somit universell einsetzbar. Einschränkungen sind bei der Sortierung von stabilen Gütern mit hohem Schwerpunkt zu sehen, dort sind andere Einrichtungen geeigneter. Die Technik ist bewährt und vielverbreitet, wichtige Einsatzfelder liegen in der Auftragszusammenstellung in Versandlägern und der Zusammenstellung von Touren in Distributionszentren.

Quergurt-Sorter (Bild 16-67). Der *Quergurtsorter* hat einen ähnlichen Einsatzbereich wie der Kippschalensorter, kann aber durch seine spezielle Ausgabetechnik höhere Durchsatzleistungen als ein Kippschalensorter erzielen. Die Ansteuerung des Ausgabemechanismus ist vollständig vom Fördervorgang getrennt, dadurch erreicht der Sorter eine sehr hohe Abgabepräzision und ein schonendes Guthandling. Das Feld der zu sortierenden Waren reicht von Briefen und Zeitungen über Textilien bis zu kleineren Kartoneinheiten.

Alle Quergurteinheiten eines Sorterkreislaufes sind im Regelfall zu einer Wagenkette zusammengestellt. Die einzelne Einheit besteht aus einem Wagen, der einen quer zur Förderrichtung montierten Bandförderer mit eigenem Antrieb trägt. Durch das zum entsprechenden Zeitpunkt

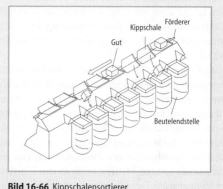

Bild 16-66 Kippschalensortierer

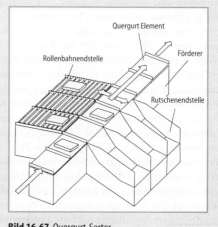

Bild 16-67 Quergurt-Sorter

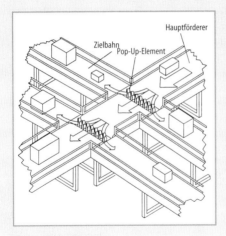

Bild 16-68 Pop-Up Sorter

angesteuerte Förderband wird das Gut an der Zielstelle abgegeben. Über die Steuerung des Sorters ist der Zeitpunkt der Ansteuerung des Quergurtes ebenso wie die Beschleunigung des Gurtes innerhalb technisch vorgegebener Grenzen frei wählbar.

Schiebeschuh-Sorter. Der *Schiebeschuh-Sorter* besitzt als Förderelement zwei parallele Ketten, zwischen denen Platten oder Tragstäbe angebracht sind. Auf den Platten oder Stäben gleiten Schuhe, die durch eine Bewegung quer zur Förderrichtung das Gut in die Zielstelle ausschleusen. Die Weichen sorgen dafür, daß das Gut unter einem spitzen Winkel sanft in die Zielstelle gefördert wird. Der Übergang erfolgt ohne starke Beschleunigung des Guts. Der Vorteil dieser Technik liegt in der schonenden Ausschleusung der Güter und der weitgehenden Unabhängigkeit gegenüber verschieden beschaffenen Warensorten. Mit dieser Technik kann ein weites Spektrum an Gütern sortiert werden, das Feld reicht von flachen, kleinen Beuteln bis zu Paletten. Ein Nachteil ist darin zu sehen, daß mit diesem Prinzip keine Kurven gefahren werden können, somit eignen sich diese Sorter mehr für den Aufbau von Linien- als von Kreistopologien.

Pop-up-Sorter (Bild 16-68). Unter der Gruppe der Transfere (VDI 3618 Bl. 2) sind die *Pop-up-Sorter* im Hochleistungssortierbereich am weitesten verbreitet. Sie bestehen aus einem Rollen- oder Riemenförderer, der für den Transport des Guts sorgt. Die Ausschleusung erfolgt durch an den Zielstellen installierte hebbare Förderstühle, die in der Regel in einem spitzen Winkel zur

Hauptförderrichtung angeordnet Rolleneinheiten tragen. Durch das Heben dieser Rollenweichen wird das Gut zur Seite hin abgelenkt, da durch die schräggestellten Rollen eine Reibkraft eingeleitet wird, die das Gut aus der Förderrichtung in die Zielstelle führt. Die Hauptanwendungsgebiete der Pop-up-Technik liegen in der Verteilung von Behältern und Kartonware, da das zu verteilende Gut eine ebene Bodenfläche aufweisen muß. Die Technik ist preiswert, modular aufbaubar und unkompliziert im Betrieb, daher eignet sie sich auch für den Einsatz in kleineren Anlagen.

Schiebetechnik (Pusher). Die Pusher-Technik ist geeignet zur Sortierung formstabiler Güter bis zu einem Durchsatz von 1000 St/h. Damit ist sie deutlich von den anderen Prinzipien abzugrenzen. Ihr Haupteinsatzgebiet liegt in der Verteilung von Gütern in Anlagen mit geringem Durchsatz, z. B. in Auslieferungszonen von Produktionsbetrieben oder Verpackungslinien, die Kommissionierbereichen nachgeschaltet sind.

Der *Pusher* besteht meist aus einem Pneumatikzylinder, der mit einer Schiebeplatte Güter von einer Fördertechnik in eine Endstelle abschiebt. Der Abschiebevorgang geschieht entweder rechtwinklig oder zur Förderstrecke. Die Gutbeanspruchung beim Ausgeben ist relativ hoch, daher kann das Prinzip nur bei unempfindlichen Gütern eingesetzt werden. Als Vorteil sind vor allem die niedrigen Investitionskosten für den Aufbau einer Anlage zu sehen.

Endstellen. Die End- bzw. Ausgabestellen von Sortier- und Verteilanlagen werden meistens auf einen bestimmten Anwendungsfall hin konstruiert und getestet. Nur einfach konzipierte Sortier- und Verteilanlagen haben Standardendstellen. An End- oder Zielstellen von Sortern kommen folgende Techniken zum Einsatz:
– ebene Rutschen, Stufenrutschen,
– Wendelrutschen,
– Rollen- oder Röllchenbahnen,
– Bremsrollenbahnen,
– Gurtförderer.

Daneben gibt es zusätzliche Speichereinrichtungen für die Waren in der Zielstelle:
– Endstellen mit Beuteln,
– Endstellen mit Rollbehältern.

Zur Vergrößerung der Zielanzahl werden neben Einfachendstellen auch Doppelendstellen eingesetzt, die über eine Klappenmechanik zwei Speicherplätze an einer Endstelle ermöglichen.

Wesentlichen Einfluß bei der Gestaltung der Endstellen hat die Beschaffenheit der Güter. Bei der Dimensionierung der Endstellen ist auf eine möglichst platzsparende Ausführung zu achten, da sonst der Flächenbedarf für den Sortierkreislauf groß wird. Gleichzeitig muß durch die konstruktive Ausführung der Endstelle eine schonende und sichere Speicherung der Waren gewährleistet sein. Aufgrund der Beschädigungsgefahr sollten die ausgegebenen Güter in der Zielstelle eine Geschwindigkeit von 4 m/s nicht überschreiten.

Layout. In der Praxis existieren zwei wesentliche Organisationsformen von Sortersystemen:
- Anlagen für Verteilzentren bzw. Umschlagpunkte,
- Anlagen im Handel (Versand-, Auslieferungs- oder Ersatzteillager).

Aufgrund des unterschiedlichen Anlieferungszustandes der Ware sind der Eingabe auf den Sorter verschiedene Systeme vorgeschaltet, die der Aufbereitung des Warenstromes dienen.

In *Verteilzentren* werden im Wareneingang die anliefernden Verkehrsträger entladen. Beim Entladen findet gleichzeitig ein Vereinzelungsprozeß statt, um das Gut zu identifizieren und auf den Sorter zu geben. Die Vereinzelung geschieht meist manuell, indem die Waren von Hand einzeln auf ein Band gegeben werden. Es gibt inzwischen auch automatische Vereinzelungsstrecken, die einen Gutstrom vereinzeln können (Unscrambler), allerdings beschränkt sich diese Methode auf Kartonware. Die Identifizierung der Ware geschieht entweder mittels eines Handscanners, Eingabetastatur oder vollautomatisch mit einem zentralen Scanner auf der Eingabestrecke des Sorters.

In Systemen, die im Handel eingesetzt werden, sind Sorter meist in ein zweistufiges Kommissioniersystem eingebunden. In der ersten Stufe werden Aufträge zu Serien zusammengefaßt und anschließend artikelorientiert entnommen. Mit der Verdichtung der Aufträge zu Serien ist eine Wegzeitersparnis für den Kommissionierer verbunden. Anschließend werden die Stückgüter einer Serie über ein Fördersystem dem Sorter zugeführt, um die zweite Stufe der Kommissionierung durchzuführen. Das Fördersystem hat eine Pufferfunktion, um das Picken von Auftragsserien vom Sortierprozeß zu entkoppeln. Wenn der Puffer voll ist und die Auftragsserie gepickt worden ist, werden die Waren einzeln über Eingabestationen auf die Sortieranlage gebracht. Durch die Verteilung der Güter in Endstellen findet die Zusammenführung der Waren zu Kundenaufträgen statt.

Neben der Systemumgebung, in der der Sorter arbeitet, ist auch die *Topologie des Sorters* eng mit seinen Einsatzbedingungen verbunden. Es gibt zwei Topologiestrukturen, die charakteristisch für Sorter sind:
- Ringstruktur
- Linien- oder Kammstruktur.

Bei einer Linien- oder Kammstruktur ist kein Kreislauf der Waren möglich, jedes aufgegebene Gut muß sofort eine ihm zugeordnete Endstelle haben. Der Förderkreislauf kann nicht als Puffer benutzt werden; die Anzahl der Endstellen ist meist geringer als bei Ringstrukturen. Daher werden Kammstrukturen vorwiegend in Verteilzentren oder Auslieferungslägern eingesetzt, wo jedes aufgegebene Gut eine Zielstelle hat und eine bekannte Zielanzahl existiert (z. B. Anzahl der Ladetore).

Demgegenüber setzt der Versandhandel in seinen Kommissioniersystemen vorwiegend Ringstrukturen ein. Eine Ringstruktur wird meist bei einer Bearbeitung von Kommissionieraufträgen im Batch-Betrieb (Auftragsserienbildung) eingesetzt. Das typische Auftragsspektrum für Batch-Bearbeitung hat relativ viele Aufträge mit kurzer Auftragslänge, da jede Endstelle aufgrund der Serienbildung mehrmals am Tag belegt werden kann.

Jede Topologie hat im organisatorischen Ablauf bestimmte Vor- und Nachteile [Boz83, Boz88]. Aufgrund der verschiedenen Topologien ergeben sich große Unterschiede im Layout der Systeme. Beispiele für verschiedene Layoutformen werden in [VDI89] vorgestellt, dort werden typische Realisierungen von Sortier- und Verteilanlagen beschrieben.

Bestimmte Strategien in der Auftragsabarbeitung müssen beachtet werden, um ein Sortersystem optimal funktionieren zu lassen. Eine tiefere Betrachtung dieser Problematik findet sich in [Boz88]. Die wichtigsten Auslegungsfragen sind:
- Zielanzahl des Sorters,
- Auftragsserieneinteilung und Dimensionierung der Serien,
- Steuerung der Serienüberlappungen,
- Dimensionierung des Auftragsserienpuffers,
- Steuerung der Auftragszuordnung zu den Endstellen (Leerplatzproblematik),
- Plazierung der Eingabestellen, Eingabeleistung.

Viele dieser Fragen lassen sich nur anhand eines Simulationsmodells (s. 16.2.2.2) der geplanten Gesamtanlage endgültig lösen. Eine analytische Betrachtungsweise reicht in den wenigsten Fällen aus, da die vorhandenen Berechnungsgrundlagen es nicht erlauben, ein derart komplexes System abzubilden.

16.5.3.3 Auswahlkriterien für den Einsatz von Sortern

Zur Auswahl einer geeigneten Sortertechnik müssen je nach Einsatzfall verschiedene Randbedingungen beachtet werden. Wichtige Kriterien, die eine Bewertung der Technik in Abhängigkeit vom Anwendungsfall ermöglichen, sind:

Gutspezifische Kriterien

– Fördergut-Beschaffenheit, Material des Guts, Empfindlichkeit des Guts,
– Abmessungen des Guts, Spektrum der Abmessungen,
– Gutgewichte.

Systemspezifische Kriterien

– geforderte Sortierleistung,
– Anzahl der Endstellen,
– Speicherbedarf der Endstelle,
– eingesetzte Identifikationstechnik,
– Zuverlässigkeit.

Sortertyp	Leistungs-bereich 1/h	vorwiegendes Gutspektrum	Restriktionen durch Gut eigenschaften	Flächenbedarf Hallenhöhe	technischer Aufwand	Beschädigungs-gefahr für Gut
Fördersystem-weichen	bis 1200	Pakete, Behälter, Paletten	–	+	++	0
Pusher	1000; z.T. bis 3000	Pakete, Gepäck, Behälter,	0	+	++	–
Abweiser	bis 1000	Pakete, Gepäck, Behälter,	0	+	++	–
Kanalsorter	7000 –12000	Päckchen, Pakete, Beutel, Briefe, Zeitschriften	++	+	–	++
Plattenband-Sorter (Dump Tray)	4000 – 10000	Pakete, Gepäck, Beutel	–	–	+	–
Kippschalen-förderer	5000 –12000	Briefe, Päckchen, Beutel, Pakete, Zeitschriften, Gepäck	+	–	+	0
Fallklappen-Sorter (Dump Tray)	bis 12000	flache Päckchen, Zeitschriften	+	+	+	0
Pop-Up Sorter	5000 – 10000; z.T. bis 15000	Pakete, Päckchen, Gepäck, Behälter	0	+	0	0
Quergurt-sorter	5000 – 15000	Päckchen, Beutel, Briefe, Behälter, Zeitschriften	++	0	–	+
Abschiebeschuh-Sorter	5000 – 15000	Pakete, Päckchen, Beutel, Zeitschriften, (Paletten)	++	0	0	++

++ sehr niedrig, + niedrig, 0 mittel, – hoch

Bild 16-69 Sortertypen und Einsatzkriterien

Allgemeine Kriterien

– Flächenbedarf, Hallenhöhe,
– konstruktiver und baulicher Aufwand,
– Lärm, Schwingungen, Klimabedingungen,
– Wartung,
– Lebensdauer,
– Kosten.

Aufgrund der obengenannten Bewertungskriterien ergibt sich ein Profil für den Einsatz der geeigneten Sortiertechnik. Im Vergleich mit den Vor- und Nachteilen der verschiedenen Sortertypen kann damit beurteilt werden, welche Sortiertechniken zur Lösung der Aufgabenstellung eingesetzt werden können.

Einen Überblick über die Eigenschaften verschiedener *Sortertypen* geben die in Bild 16-69 dargestellten wesentliche Merkmale der Bauarten.

16.5.3.4 Beispiel zur Auswahl einer Sortier- und Verteilanlagentechnik

Ausgangssituation

Es sollen Schachteln aus Karton und Beutel aus Polypropylen verteilt werden. Das Größenspektrum der Kartons liegt zwischen 500 x 300 x 200 mm und 150 x 100 x 70 mm. Die Gewichte der Güter liegen zwischen 100 g und 8 kg. Alle Güter tragen einen Barcode. Die Güter sind aufgrund des geringen Verpackungsmaterialeinsatzes sehr empfindlich gegen Stoßbeanspruchung.

Die geforderte Verteilleistung beträgt 11 000 Stück pro Stunde, dabei sind pro Tag (eine Schicht) etwa 14 000 Aufträge zu bearbeiten. Die Halle hat eine lichte Höhe von 5 m. Die Zuverlässigkeit und Sortiersicherheit muß betriebsbedingt sehr hoch sein. Sortiert wird bei normalen Raumtemperaturen, besondere Anforderungen bestehen nicht. Betriebsmechaniker stehen für die Wartung der Anlage zur Verfügung.

Entscheidung

Die Sortierleistung liegt mit 11 000 Stück/h im Bereich der Hochleistungssortieranlagen. Das Gut umfaßt sowohl kleine als auch große Güter, die Beschaffenheit der Güter reicht von biegeschlaff (Beutel) bis stabil (Schachteln). Die Gewichte liegen im mittleren Bereich (bis 8 kg). Die Hallenhöhe ist als gering einzustufen.

Aus diesen Informationen läßt sich mit Hilfe von Bild 16-69 schließen, daß drei Sortertypen

als Lösung in Frage kommen (Kanalsorter, Quergurtsorter, Abschiebeschuh-Sorter). Als weiteres Kriterium kann die Empfindlichkeit der Güter hinzugezogen werden. Der Kanalsorter sowie der Abschiebeschuh-Sorter sind am Besten geeignet, diese Aufgabe zu erfüllen. Wenn man zusätzlich berücksichtigt, daß der technische Aufwand für die installierte Anlage gering sein soll, begrenzt sich die Auswahl auf den Abschiebeschuh-Sorter.

Als Lösung für die gestellte Sortieraufgabe ist somit eine Technik gefunden worden, die alle Belange erfüllt. Trotzdem muß an dieser Stelle darauf hingewiesen werden, daß der Einsatz einer Sortier- und Verteilanlage eine vielschichtige und umfassende Planung verlangt. Das Konzept muß in das Gesamtsystem eingebunden werden, um eine umsetzungsfähige Lösung zu ergeben (s. 16.1). Daher kann die Auswahl der geeigneten Technik nur der erste Schritt der Lösungsfindung sein.

16.5.4 Handhaben

16.5.4.1 Aufgabe der Handhabung

Handhabung ist in einem automatisierten Materialfluß ein leistungsbestimmendes Element für schnelle und präzise Verfügbarkeit von Produkten. Neben den weiteren Hauptfunktionen Lagern und Fördern ist die Handhabung aus technischer Sicht wohl die größte Herausforderung, gilt es doch die menschliche Hand mit ihren Fähigkeiten durch technische Mittel zu ersetzen [Jün89: 339].

VDI 2860 definiert *Handhabung* als das „Schaffen, definierte Verändern oder vorübergehende Aufrechterhalten einer vorgegebenen räumlichen Anordnung von geometrisch bestimmten Körpern in einem Bezugskoordinatensystem. Es können dabei weitere Bedingungen, wie z.B. Zeit, Menge und Bewegungsbahn, vorgegeben sein."

Allgemein ist für das Lagern nur der Lagerort und für das Fördern nur der Anfangs- und Endpunkt vorgegeben. Im Unterschied hierzu ist beim Handhaben auch die Aufrechterhaltung des Orientierungszustands wichtig. Die Funktionen Fördern und Lagern berücksichtigen im Gegensatz zur Funktion Handhaben auch formlose Stoffe (z.B. Gase, Flüssigkeiten, Pulver) sowie Körper mit unbekannter Geometrie.

Durch die Gliederung der Hauptfunktion Handhaben in die Teilfunktionen

- Speichern (Halten von Mengen),
- Verändern (von Mengen),
- Bewegen (Schaffen und Verändern einer definierten räumlichen Anordnung),
- Sichern (das Aufrechterhalten einer definierten räumlichen Anordnung),
- Kontrollieren,

die wiederum einer weiteren Untergliederung unterliegen, lassen sich Handhabungsvorgänge analysieren und planen (VDI 2860).

Für die Handhabung im automatisierten Materialfluß nimmt die Teilfunktion Bewegen unter den Gesichtspunkten Leistung bzw. Leistungssteigerung und Flexibilität einen hohen Stellenwert ein. Hierbei kann das Bewegen von Material nicht losgelöst von den anderen Teilfunktionen Speichern, Verändern, Sichern und Kontrollieren betrachtet werden. Das wird deutlich durch den differenzierten und komplexen Aufbau von Handhabungsmitteln, wie z. B. Palettier- und Kommissionierrobotern.

16.5.4.2 Systematik der Handhabungsmittel

Handhabungsmittel lassen sich aufgrund des Variantenreichtums und der Kombinationsmöglichkeiten in eine Vielzahl von Typen unterteilen. Verschiedenste Klassifizierungen sowohl nach kinematischen Eigenschaften und nach den unterschiedlichsten Steuerungen bzw. Programmierungen als auch nach Tätigkeitsgebieten sind möglich.

Ausgehend von den Tätigkeitsgebieten lassen sich Handhabungsmittel in Bewegungseinrichtungen mit festgelegtem Tätigkeitsgebiet (Einzweckgeräte) sowie variablen Tätigkeitskeitsgebieten (Universalgeräte) aufteilen.

Einzweckgeräte

Einzweckgeräte werden häufig bei wiederkehrenden und inhumanen Tätigkeiten, z. B. in der Massenfertigung, eingesetzt. Beispiele dafür sind Teleoperatoren, Einlegegeräte und Einzweckmaschinen.

Teleoperatoren ersetzen die Arme des Arbeitspersonals und dienen zur Verstärkung der menschlichen Kraft, Leistung und Reichweite. Die Einsatzgebiete für Teleoperatoren sind der Schutz des Werkers vor gesundheitsschädlichen Umwelt- und Umgebungseinflüssen, die mechanische Erleichterung seiner Tätigkeit und die Ausführung von Arbeitsprozessen unter Reinraumbedingungen. Teleoperatoren werden mit Hilfe der menschlichen Wahrnehmungsfähigkeiten manuell ferngesteuert und sind nicht programmierbar.

Einlegegeräte führen einfache, sich wiederholende Bewegungsabläufe aus, wobei häufig die Anzahl der Bewegungsachsen vergleichsweise gering ist. Ein festes Programm steuert die Bewegungen bzw. die Bewegungsfolgen. Es kann nur durch Eingriffe in die Mechanik geändert werden, z. B. durch Versetzen von Endanschlägen. Einlegegeräte werden häufig auch als Pick-and-Place-Geräte bezeichnet und finden in starr verketteten Fertigungsstraßen für die Massenfertigung ihre Verwendung. Ihr Antrieb ist aufgrund der Einfachheit meistens pneumatisch ausgeführt. Die Ansteuerung erfolgt durch Kurvenscheiben, Nocken oder immer häufiger durch speicherprogrammierbare Steuerungen (SPS).

Einzweckmaschinen, gebräuchlicherweise Automaten genannt, führen festgelegte Aufgaben aus, die aber komplizierte, ggf. variable Bewegungsabläufe erfordern. Sie sind programmierbar und weisen meist durch manuell gesteuerte Programmselektion eine gewisse Flexibilität innerhalb ihres Einsatzgebietes auf. Einzweckmaschinen sind Sondermaschinen, die in der Regel ortsfest und im Bereich der Massenfertigung speziell für eine bestimmte Tätigkeit konstruiert sind, um die Leistungsfähigkeit zu erhöhen.

Universalgeräte

Die Fertigung von kleinen Losgrößen bis hin zur Einzelfertigung und der dazugehörige Materialfluß verlangt flexible Handhabungsmittel, welche an die sich häufig ändernden Bedingungen angepaßt werden können. Hier finden Universalgeräte Verwendung, die den Ansprüchen hoher Flexibilität genügen und so die wechselnden Tätigkeiten bewältigen.

Universalgeräte sind frei programmmierbar und teilweise zu selbständiger Programmadaption und Programmselektion fähig. Sie heben sich zusätzlich von den Einzweckmaschinen durch ihre flexible Aktorik ab.

Nach VDI 2860 sind *Industrieroboter* „universell einsetzbare Bewegungsautomaten mit mehreren Achsen, deren Bewegungen hinsichtlich Bewegungsfolge und Wegen bzw. Winkeln frei (d.h. ohne mechanischen Eingriff) programmierbar und gegebenenfalls sensorgeführt sind. Sie sind mit Greifern, Werkzeugen oder anderen Fertigungsmitteln ausrüstbar und können Handhabungs- und/oder Fertigungsaufgaben ausführen".

Variation der drei Hauptachsen	T	D		Arbeitsraum		Symbolische Darstellung und Achsbezeichnung (VDI 2861)
3 Translationsachsen (T)	3	0	quaderförmig	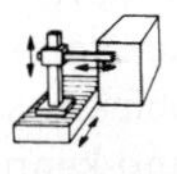	Kartesische Koordinaten	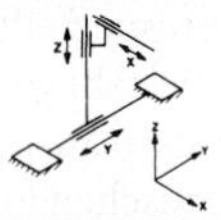
2 Translationsachsen 1 Drehachse (D)	2	1	zylindrisch	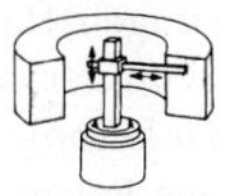	Zylinder-Koordinaten	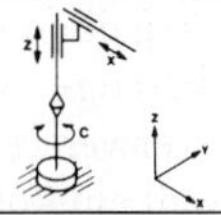
1 Translationsachse 2 Drehachse (D)	1	2	sphärisch	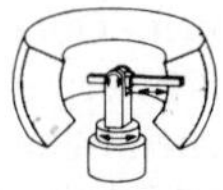	Kugel-Koordinaten	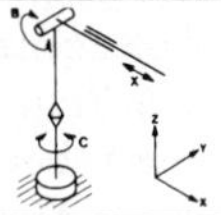
3 Drehachsen (D)	0	3	torusförmig	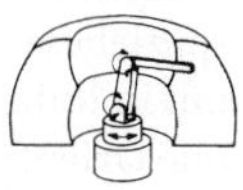	Gelenk-Koordinaten	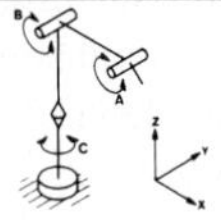

Bild 16-70 Die vier typischen Arbeitsräume von Industrierobotern mit den Achsbezeichnungen nach VDI 2861

Die gültige Definition von Industrierobotern verlangt dabei mindestens drei programmierbare Bewegungsachsen [Wa86: 4].

Signifikante Kenngrößen in der Begriffsbestimmung eines Roboters sind die sich aus den Handhabungsachsen ergebende Lage, Größe und Form des Arbeitsraums. Dies gilt sowohl für den stationären (ortsfesten) als auch für den mobilen Roboter. Der Arbeitsraum der Handhabungseinheit kann, wie in Bild 16-70 dargestellt, bezogen auf die Anzahl der Rotationsachsen und Translationsachsen quaderförmig, zylindrisch, sphärisch oder torusförmig sein (VDI 2861, Bl. 1 f.). Allerdings ist nicht nur die Anzahl der Achsen sondern auch die Anordnung und Reihenfolge kinematikbestimmend. Unter Zuhilfenahme eines räumlich festen Koordinatensystems reichen sechs unabhängige Bewegungsachsen aus, z.B. drei Translationsachsen und drei Rotationsachsen, um einen Körper eindeutig und beliebig im Arbeitsraum positionieren und orientieren zu können.

Der Schritt zu höherer Flexibilität im automatisierten Materialfluß erfolgt durch den mobilen Roboter. Dieser unterscheidet sich vom stationären Roboter durch die Integration in bzw. mit Fördersystemen. Hierdurch wird sein Arbeitsraum und Einsatzgebiet stark erweitert. Bild 16-71 gibt als Beispiel einen flurverfahrbaren, mobilen Roboter auf FTS-Basis.

Die Differenzierung in Handhabungs- und Verfahrebenen bildet eine weitere anwendungsbezogene Klassifizierung. Hier sieht die Systematik eine Unterscheidung der Handhabungs- bzw. Transporteinheiten in flurgebunden, auf-

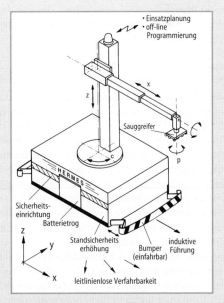

Bild 16-71 Flurverfahrbarer Materialflußroboter „Hermes"

geständert und flurfrei vor. Die Beweglichkeit der flurgebundenen und flurfreien Transporteinheiten findet eine weitere Unterteilung in linien- bzw. flächenförmige Arbeitsräume. Neben der Entwicklung von speziellen Transporteinheiten existieren eine Vielzahl von standardisierten Fördermitteln, die als Transporteinheit dienen können, z.B. automatische Flurförderzeuge, Elektro-Hängebahnen, Regalbediengeräte und automatische Verteilfahrzeuge.

Der primäre Verwendungszweck entscheidet darüber, inwieweit ein Roboter auch stationärer Handhabungsroboter genannt werden kann, oder ob es sich um einen Transportroboter oder mobilen Handhabungsroboter handelt.

Die Bezeichnung *Materialflußroboter* wird durch die hauptsächlichen Einsatzmöglichkeiten der Geräte in der Materialflußbewegung und -disposition geprägt.

Die Hauptfunktionen beim Einsatz von Materialflußrobotern sind
- der Transport von Teilen (z.B. Transportroboter),
- das Umschlagen von Teilen (z.B. Wechsel des Behälters oder Transportsystems),
- das Zusammenführen von Teilen (z.B. Ladeeinheitenbildung) in Gebinden,
- das Auflösen von Gebinden zu Teilen (z.B. Depalettieren).

Verpacken, Sortieren, Kommissionierung, Ver- und Entsorgung sind Tätigkeiten, die aus den obigen Funktionen zusammengesetzt sind [Duv92: 1.1].

Hauptkomponenten von Robotern

Die zu erfüllende Handhabungsaufgabe, die Einsatzbedingungen und die Peripherie bestimmen die Auswahl der Komponenten eines Roboters. Hierbei wird ein Gerät beeinflußt von den kinematischen Abhängigkeiten und den konstruktiven Ausführungen, der Wahl der Antriebe, Greifer, Wegmeßsysteme, Sensorik, Steuerungen und Leitsysteme einschließlich der Software und der Energieversorgung. Die Hauptkomponenten des Roboters und ihre gegenseitige Einflußnahme sind in Bild 16-72 dargestellt.

Greifer bilden die Schnittstelle zwischen der Handhabungseinrichtung (z.B. Roboter) und dem Handhabungsobjekt. Geeignete Greifer, ggf. mit Greiferwechselsystemen, haben die Aufgabe, ein Objekt in einer definierten Lage kontrolliert aufzunehmen und die relative Orientierung des Objektes zur Handhabungseinrichtung zu erhalten und zu sichern. Besonders wichtig für das perfekte Greifen ist eine genaue Analyse der Objekteigenschaften und des Objektverhaltens, wodurch ein optimaler Greifer entwickelt werden kann. Zur Beschreibung des Handhabungsobjektes sind Geometrieeigenschaften wie Form und kennzeichnende Formelemente (z.B. Bohrungen, Haken, Nuten, Absätze), Abmessungen, Symmetrien und Seitenverhältnisse wichtig. Hinzu kommen die physikalischen Eigenschaften wie Formstabilität, Gewicht, Steifigkeit, Festigkeit, Oberflächenbeschaffenheit, Temperatur, Schwerpunktlage, magnetische Eigenschaften, chemische Beständigkeit und elektrische Leitfähigkeit. Diese Eigenschaften bedingen ein spezielles Objektverhalten, welches sich wiederum in Ruheverhalten (z.B. Standsicherheit, stabile Orientierung, Vorzugsorientierung, Stapel- oder Hängefähigkeit) und Förderverhalten (z.B. Gleitfähigkeit, Rollfähigkeit, Richtungsstabilität) aufsplittet. Des weiteren spielt der Ordnungs- und Orientierungsgrad zur Zeit des Greifens eine wichtige Rolle.

Diese Objektdaten beeinflussen die Greifkraft, Greifbewegung und Greiferperipherie und lassen so neben einer Vielzahl von Standardgreifern spezielle, meist aufwendige Greifsysteme entstehen.

Die Krafteinbringung auf das Handhabungsobjekt kann durch unterschiedliche physikalische und technische Greifprinzipien geschehen. Es gelten hier, angelehnt an die Verbindungstechnik, die Grundprinzipien Kraftschluß, Formschluß und Stoffschluß. Das Kraftschlußprinzip wird bei mechanischen Greifern, z.B. Zangen- oder Parallelgreifern, bei magnetischen Greifern, basierend auf Elektro- bzw. Dauermagnetismus, oder bei pneumatischen Greifern z.B. über Saugergummis realisiert. Formschlüssige Greifer werden z.B. durch Zangengreifer realisiert. Adhäsionsgreifer, z.B. Klebe- oder Gefriergreifer, basieren auf dem Stoffschlußprinzip. Die konstruktive Umsetzung der Greifer, die Randbedingungen und das Greifobjekt nehmen über das Gewicht und die Abmessungen direkten Einfluß auf die Kennwerte des Handhabungsgerätes [See93: 6].

Ein Handhabungsgerät ist in der Regel auf sensorische Hilfe zur Informationsgewinnung über das Objekt (Lage, Orientierung usw.) angewiesen. Neben der Aufnahme von Objektdaten gewinnt die Sensorik immer stärker an Bedeutung, da sie gleichzeitig die Überwachung der System-

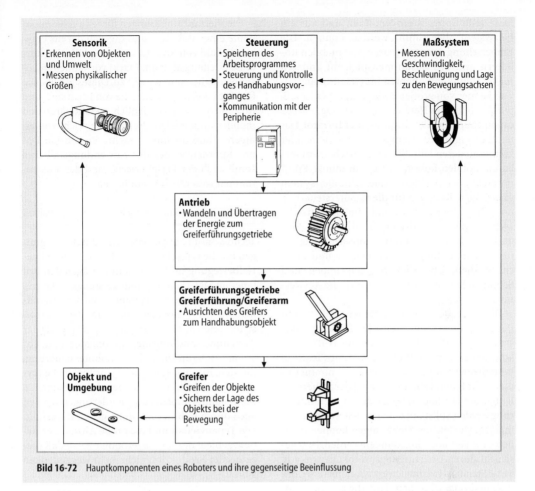

Bild 16-72 Hauptkomponenten eines Roboters und ihre gegenseitige Beeinflussung

umgebung sowohl für die Sicherheit von Bedienern und Geräten als auch für die erforderlichen Prozeßabläufe gewährleisten muß.

Der Begriff „Intelligentes Greifen" wird durch das Zusammenspiel der Sensorik, der Handhabungskomponenten und der Steuerung geprägt. Hierbei stellt der Einsatz von Steuerungen mit sich selbst generierenden Programmen eine weitere Flexibilitätssteigerung im Materialfluß dar.

Nicht nur die Anordnung sondern auch die Ausführung der Roboterachsen ist von entscheidender Bedeutung. Die Forderung nach hoher Dynamik und Genauigkeit muß konstruktiv durch Minimierung der zu bewegenden Massen (Handhabungs- und Achsmassen) bei gleichzeitiger statischer und dynamischer Steifigkeit der Komponenten erreicht werden. Hierbei fällt ein Hauptaugenmerk auf die Antriebe. Leistungsstarke Roboterantriebe ermöglichen hohe Beschleunigungen und Geschwin-

digkeiten einhergehend mit kurzen Verfahrzeiten, Reaktionszeiten und guter Regelbarkeit.

Von der Auflösung des Weg- bzw. Winkelmeßsystems, sowie der Spielfreiheit und Steifigkeit der maschinenbaulichen Komponenten, z.B. Getriebe, Zahnriemen, Führungen hängt es ab, über welche kleinste Schrittweite und welche Positionier- und Wiederholgenauigkeit das Handhabungsgerät verfügt. Die Wegmessung für flächenverfahrbare mobile Roboter geschieht häufig durch Abstandsmessung mit Hilfe von Lasertechnologien.

Die Regelung der Leistungselektronik, die Verwaltung der Meßsysteme zur Achspositionierung und die Interaktion mit weiterer Sensorik und Peripherie erfordern eine leistungsfähige Steuerung, deren Hardware der Implementierung komplexer Softwarebausteine gewachsen sein muß. Des weiteren muß eine Robotersteuerung zusätzlich in den gesamten

Materialflußprozeß eingebunden und auf ein Leitsystem abgestimmt werden können. Die Einbeziehung von stationären und mobilen Robotern und das Zusammenspiel mit anderen Materialflußkomponenten im Gesamtmaterialfluß ist hier von großer Bedeutung. Dies ist z.B. durch ein lokales Netzwerk (LAN) möglich, das drahtgebunden oder drahtlos über Infrarot-Datenübertragung die Komponenten miteinander kommunizieren läßt. Für einen flächenverfahrbaren mobilen Roboter ist die drahtlose Kommunikation mit einem Materialflußleitsystem unerläßlich. Kriterien für die Robotersteuerung und Prozeßperipherie sind die Schnittstelle Mensch-Maschine, digitale und analoge Ein- und Ausgänge, Kommunikationsschnittstellen für die Anbindung an Leitrechner und Speichermedien, Überwachungsbaugruppen und Schnittstellen für die opto-sensorische Auswertung.

Die Steuerungsart von Robotern läßt sich in Punkt-zu-Punkt-Steuerung (PTP), Vielpunktsteuerung (MP) und Bahnsteuerung (CP) unterscheiden. Die Art der Programmierung (Teach-in Betrieb oder Off-line- bzw. On-line-) nimmt immer mehr Einfluß auf die Auswahl der Steuerung. Durch die Off-line- bzw. On-line-Programmierung werden Stillstandzeiten in den Anlagen vermieden. Die lokalen Steuerungen können in einen CIM Verbund eingebunden werden. Dies geschieht durch Übertragungsprotokolle wie z.B. MAP-Standard (Manufacturing Automation Control) und/oder IEEE-Standard, die zu den Robotersteuerungen angeboten werden.

Die Energieversorgung für stationäre Roboter übernehmen einfache Zuleitungen. Linienverfahrbare, mobile Roboter auf der Basis einer Elektro-Hängebahn oder eines Regalbediengerätes werden über Schleifleitung oder Schleppkabel mit Energie versorgt. Bei flächenverfahrbaren, mobilen Robotern hingegen sorgen mitgeführte Batteriepakete für die benötigte Energie.

Durch den optimierenden Einsatz von CAD-Konstruktion und FEM (Finite-Elemente-Methode) werden Roboter bei gleichen Anforderungen schlanker und leichter. Die ständig fortschreitende Entwicklung der Hauptkomponenten, speziell der Antriebe, Steuerungen basierend auf PC-Komponenten und Sensorik nehmen über Preis und Marktakzeptanz Einfluß auf den Anwendungsbereich von Robotern und lassen so die Exoten von heute (Servicerobooter) morgen schon sehr realistisch erscheinen.

Die Vielzahl an Lösungen für jede Teilkomponente eines Roboters und die sich daraus ergebende Zahl von Robotervarianten läßt eine kurze Darstellung aller am Markt vorhandenen Lösungsmöglichkeiten nicht zu. Dieses gilt ebenso für eine tabellarische Angabe von Leistungs- und Kostendaten unterschiedlicher stationärer und mobiler Roboter. Die Preisspanne reicht von einigen 10 000 bis hin zu mehreren 100 000 DM pro Roboter, wobei der Anwendungsfall und somit auch der Peripherieaufwand den Kostenrahmen wesentlich beeinflussen.

16.5.4.3 Eignungskriterien für Roboter im Materialfluß

Technische und organisatorische Randbedingungen für die typischen Einsatzbereiche der Materialbewegung und -disposition prägen den Roboter im Materialflußsystem. Leistungsstarke und schnelle Geräte, große Variantenzahl der zu handhabenden Produkte, abgestimmte Greiferkonstruktionen mit Sensorik, ständiger Wechsel der Aufnahme- und Abgabeposition, Mobilität, Positioniertoleranzen und eine Robotersteuerung, die den Einsatz eines übergeordneten Leitsystems erfordert, kennzeichnen den eigentlichen Materialflußroboter. Diese Forderungen werden auch durch Roboter im Montagebereich erfüllt. Die Typenvielfalt und die große Anzahl der Arbeitsgebiete der Montageroboter zeigt, daß diese aus der Produktion nicht mehr wegzudenken sind.

Roboter in der Transport- und Umschlagtechnik

Der Wechsel der Güter zwischen Fördersystemen oder Förder- bzw. Transporthilfsmitteln ist eine typische Funktion für Materialflußsysteme. Derartige Übergabestationen bieten Einsatzgebiete für *Umschlag-* bzw. *Transportroboter*. Da beim Umschlagen eine vollständige Neuorientierung nicht notwendig ist, reicht meist eine Anzahl von vier Achsen aus. Große Ladungseinheiten mit Gewichten bis 1000 kg und großvolumige Güter im Kubikmeterbereich sind beim Umschlagen durchaus gebräuchlich. Hieraus resultieren große Arbeitsräume. Eine Positioniergenauigkeit im Millimeterbereich beim Umschlagen dieser Güter ist in der Regel vollkommen ausreichend. Durch Zusammenfassung von Ladungseinheiten wird eine hohe Umschlagleistung erzielt. Als Beispiele sind in diesem Bereich automatisierte Krane, Ladeportale und Regalbediengeräte zu nennen.

Ein typischer Anwendungsfall für Materialflußroboter ist die Ver- und Entsorgung von automatischen Bearbeitungszentren oder Pressen mit Werkzeugen und Werkstücken, wodurch der Werker aus dem Arbeitstakt entkoppelt werden kann. Definierte Übergabestellen und die definierte Greifposition am Werkzeug verlangen eine hohe Positioniergenauigkeit im Zehntelmillimeterbereich gegebenenfalls mit einer Lageänderung, wodurch ein mehrachsiges Gerät erforderlich wird. Geringe Handhabungsgewichte, für Werkzeuge ca. 5 – 50 kg, erlauben hohe Geschwindigkeiten und ermöglichen den Einsatz von Linien bzw. Flächenportalrobotern. Häufig werden *Ver-* und *Entsorgungsroboter* auch als flächenverfahrbare mobile Roboter auf FTS-Basis zur Mehrmaschinenbedienung eingesetzt. Der nötige Informationsfluß, die Anbindung an das Leitsystem und die Steuerung bilden hier eine zentrale komplexe Aufgabenstellung.

Roboter in der Verpackungstechnik

Die abnehemende Produktlebensdauer bei steigenden Variantenzahlen und kleinen Losgrößen fordert eine hohe Flexibilität der Geräte. Die starre Verkettung von Einzweckautomaten oder die Flexibilität durch manuelles Verpacken führt nicht zu wirtschaftlichen Lösungen. Neben dem eigentlichen Verpacken werden *Verpackungsroboter* auch zur Ausführung von Nebenarbeiten eingesetzt. Produkt- und leistungsabhängige Merkmale wie kurze Taktzeiten bei hoher Flexibilität erfordern hohe Geschwindigkeiten und Beschleunigungen. Die Handhabungsgewichte schwanken stark. Sie liegen unterhalb 100 g in der Lebensmittelbranche oder betragen bis zu 50 kg in der Unterhaltungselektronik. Ungenauigkeiten in der Größenordnung von wenigen Millimetern werden akzeptiert und verlangen so nur eine geringe Positioniergenauigkeit. Mittlere Arbeitsräume lassen stationäre Roboter zum Einsatz kommen, die durch mobile Roboter bei sehr großen Produkten ersetzt werden. Durch den Einsatz von vielen Robotern ist eine hohe Leistung zu erreichen. Nur durch spezielle Low-Cost-Varianten läßt sich eine gute Wirtschaftlichkeit erzielen. Leistungsfähige und preiswerte Steuerungen inklusive Bildverarbeitung sind für die flexible Verpackung ebenfalls erforderlich.

Die Bildung bzw. das Auflösen von Ladeeinheiten sowohl für die außerbetriebliche als auch für die innerbetriebliche Distribution ist die Hauptaufgabe, die ein *Palettier-* bzw. *Depalettierroboter* erfüllen muß. Hierbei kann die Leistung zwischen einigen hundert und über 8000 Gebinden pro Stunde liegen. Roboter mit einer Palettierleistung bis zu 700 Stück pro Stunde finden hier ihr Einsatzgebiet, da spezielle Palettier- bzw. Depalettierautomaten bei dieser Leistung nicht ausgelastet sind. Gleichzeitig erfüllen sie die Anforderungen der Abstapelung von variablen Packgütern in einer Verbundstapelung. Das Zusammenspiel zwischen einem Packmustergenerator zur Ladungsdichteerhöhung und den flexiblen Achsen eines Roboters zur beliebigen Orientierung und Positionierung der Objekte bildet so die optimale Lösung. Große Arbeitsräume, hohe Handhabungsgewichte und hohe Geschwindigkeiten werden hier sowohl von stationären als auch von mobilen Robotern gefordert. Eine hohe Positioniergenauigkeit ist in der Regel nicht erforderlich.

Roboter zum Kommissionieren

Kommissioniersysteme werden stark geprägt durch die verschiedenen Lager-, Förder- und Handhabungstechniken und die angewendete Informationstechnik. Das Leitsystem und das gewählte Kommissionierprinzip nehmen Einfluß auf die Gestaltung des Kommissionierbereichs. Für das Kommissionieren wird nach den Prinzipien Ware zum Roboter und Roboter zur Wa-

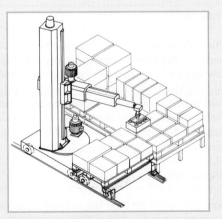

Bild 16-73 Mobiler Kommissionier-/Palettierroboter

re unterschieden. Letzteres Arbeitsgebiet wird in Bild 16-73 durch den flurgebundenen mobilen Kommissionier-/Palettierroboter gezeigt. Des weiteren werden mobile *Kommissionierroboter* auf Basis eines Regalfahrzeuges in Lagern mit entsprechenden Verfahrebenen eingesetzt. Die Bereitstellung der Ware in dem Arbeitsbereich des Roboters durch ein gesteuertes Umlaufregal ist ein Beispiel für das Prinzip Ware zum Roboter. Der unterschiedliche Artikelstrom im Kommissionierbereich verlangt aufwendige Greiftechniken mit entsprechender Sensorik. Jüngste Einsatzfälle in der Lebensmittelkommissionierung zeigen, daß durch Kombination geeigneter Techniken ein vollautomatischer, leitrechner-gesteuerter Kommissionierbetrieb möglich ist [Duv92: 2.1f.].

16.5.5 Umschlagen

Betrachtet man den Warenfluß vom Entstehungsort eines Rohprodukts bis zum Endverbraucher, so zeigt sich, daß die Glieder der Transportkette sowohl durch außerbetriebliche Verkehrssysteme (Bahn, Schiff, Flugzeug und Lkw) als auch durch innerbetriebliche Transportsysteme (Stapler, Rollenbahnen, Kettenförderer, Krane usw.), Handhabungssysteme (Roboter) oder auch Lagersysteme gebildet werden.

16.5.5.1 Aufgaben der Umschlagsysteme

Zwischen den einzelnen Gliedern der Transportkette sind Umschlagvorgänge erforderlich. Sie bewerkstelligen den Übergang des Transportguts von einem Arbeitsmittel auf das folgende Arbeitsmittel.

Definition des Umschlagens

Die DIN 30781 definiert *Umschlagen* als „Gesamtheit der Förder- und Lagervorgänge beim Übergang der Güter auf ein Transportmittel, beim Abgang der Güter von einem Transportmittel und, wenn Güter das Transportmittel wechseln". Gebräuchlich sind in diesem Zusammenhang auch die Begriffe *Beladen, Entladen, Umladen und Umlagern* [Bah88, Gro83, Te88].

Allgemeine Systemmerkmale

Kennzeichnend für *Umschlaganlagen* ist das Angrenzen unterschiedlicher Transporttechniken, deren Schnittstellen durch das Umschlaggerät

in geeigneter Weise miteinander verbunden werden. Damit sind Umschlagvorgänge prinzipiell Sonderformen des Transportierens, Lagerns und Handhabens und bedienen sich der bei diesen Funktionen bekannten Techniken. Die Besonderheit der Umschlagtechnik liegt im wesentlichen darin, daß es beim Umschlag auf ein reibungsloses örtliches und zeitliches Ineinandergreifen der dort zusammenlaufenden Materialströme ankommt. Unzulänglichkeiten in der Ablauforganisation erzeugen ansonsten innerhalb kürzester Zeit Störungen in den angrenzenden Bereichen.

16.5.5.2 Systematik der Umschlagprinzipien

Den Entstehungsorten des Umschlags entsprechend ist es sinnvoll, die Umschlagsprinzipien nach der Art der transporttechnischen Verknüpfung zu gliedern. Im folgenden wird daher auf die Schnittstellen zwischen den verbreiteten Verkehrsmitteln eingegangen.

Umschlag zwischen inner- und außerbetrieblichem Transport

Der Wechsel vom innerbetrieblichen zum außerbetrieblichen Transport erfolgt in der Regel über den Umschlag von Förder- und Lagermitteln auf den Lkw. Die Direktverladung auf Bahnwaggons hat einen wesentlich geringeren Stellenwert. Schließlich besitzen nur wenige Betriebe einen Gleisanschluß.

In den meisten Fällen ist zum Ausgleich der unterschiedlichen Höhenniveaus zwischen Produktionshalle und Lkw-Ladefläche eine innerhalb oder außerhalb des Gebäudes angeordnete *Laderampe* vorhanden.

Vor der *Rampe* erfolgt die Vorbereitung von Ladungen bzw. Ladeeinheiten. Sie umfaßt das Zusammenstellen mit möglicherweise notwendigem Sortieren, das Vereinzeln, Prüfen, Kontrollieren und Kennzeichnen von Ladungen und Ladeeinheiten [Jün89]. Ladungen können entweder komplett zusammengestellt werden, um dann innerhalb kürzester Zeit in einen Lkw, Container oder Wechselaufbau geladen zu werden, oder in kleineren Einheiten über einen längeren Zeitraum in einen bereitstehenden und angedockten Wechselaufbau, Hänger oder Container umgeschlagen werden. Platzverhältnisse und zeitliche Randbedingungen für die Verladung sowie die Nutzbarkeit von Wechselaufbauten, Containern usw. beeinflussen die jeweils günstigste Ram-

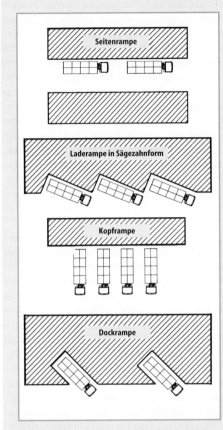

Bild 16-74 Rampenformen für die LKW Be- und Entladung [Jün89]

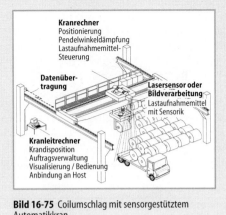

Bild 16-75 Coilumschlag mit sensorgestütztem Automatikkran

penform. Es herrschen vor allem die vier Rampenformen *Seitenrampe, Kopframpe, Laderampe in Sägezahnform* und die *Dockrampe* vor [Jün89] (vgl. Bild 16-74). Die Laderampe in Sägezahnform und die Dockrampe gestatten eine Verladung vom Heck und von einer Seite, beanspruchen gebäudeseitig aber mehr Anstellfläche als die Kopf- und Seitenrampe. Der Einsatz verzahnter Rampen ist zweckmäßig, wenn wenig Fläche für Rangier- und Fahrwege in der Fahrzeugbereitstellfläche zur Verfügung steht.

Für den Umschlag zwischen Produktion und Lkw stehen unterschiedliche *Ladesysteme* zur Verfügung. Man kann sie grob in Systeme mit *Ladeflächenausrüstung* und Systeme ohne Ladeflächenausrüstung des Lkw unterteilen. Ladesysteme mit Ladeflächenausrüstung können sowohl für die Beladung als auch für die Entladung eingesetzt werden und bedienen sich weitgehend der *Heckbeladung* [Jün89]. Verwendet wer-

den dabei z.B. Rollenbahnen, Rollenteppiche oder Hubkettenförderer. *Abrollcontainer* können bei einer entsprechenden Antriebseinheit am Lkw durch den Lkw-Fahrer be- und entladen werden.

Bei sehr großen oder schweren Gütern können die Grundfunktionen der Sammlung und Bereitstellung praktisch entfallen. Ein Beispiel dafür ist der Umschlag von Stahlcoils vom Lager zum Lkw (vgl. Bild 16-75). Dabei fährt der Lkw in die Lagerhalle ein und wird von einem Kran be- bzw. entladen. Der Kran ist dabei sowohl das Umschlag- als auch das Lagerbediengerät.

Bei einer Ausstattung mit Sensoren zur Identifikation und *Positionsbestimmung* kann ein automatisierter Kran in Kombination mit einem *Lagerverwaltungssystem* sowie der Kommunikation mit Kunden und Fuhrunternehmen in diesem Bereich die Transportkette schließen.

Umschlag zwischen Luft- und
Straßenverkehr (Flughafenterminal)

Bild 16-76 zeigt ein *Lufttransportumschlagterminal*. Eine komplette Flugzeugladung wird mit konventioneller Fördertechnik aus einzelnen Packstücken zusammengestellt. Die Beladung der Flugzeuge erfolgt mit Hilfe geeigneter Arbeitsmittel wie beispielsweise Schlepper mit Wagen für den Transport der Container zum Flugzeug und mobile Gurtbandförderer und Hubtische für das Umschlagen in die Flugzeuge. Die Container werden je nach Flugzeugbauart auf ein oder zwei Decks eingeladen. Auf dem Flugzeugdeck können sie auf speziellen Rollenböden verschoben werden [Jün89]. Kennzeichnend für

Bild 16-76 Umschlagezentrum Flughafenterminal
[Jün89]

1	Lkw Be- und Entladung	5	Gurtbandförderer
2	Lager	6	Flugzeug
3	Luftfrachtcontainer	7	Hubtisch
4	Güterverteilanlage		

die Umschlagaufgabe sind insbesondere die geforderte Schnelligkeit sowie die unterschiedlichen Höhenniveaus und verteilten Ladeorte, die ein durchgängiges System mit fest installierten Förder- und Übergabetechniken nicht erlauben.

Umschlag zwischen Schiffs- und
Straßenverkehr (Seehafenterminal)

Innerhalb eines Seehafenterminals (vgl. Bild 16-77) sind verschiedene Umschlagvorgänge mit unterschiedlichen Arbeitsmitteln erforderlich. Die zu handhabenden Container werden vorwiegend von oben gegriffen. Zum Einsatz kommen auf der Seeseite am Kai verfahrbare *Verladebrücken* sowie *Portalstapler* und *Portalkrane* [Jün89]. Insbesondere die schienengeführten Portalgeräte werden bereits teilweise automatisiert ausgeführt. Moderne Terminals setzen

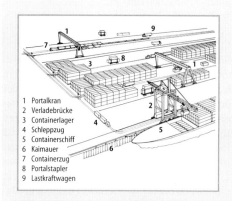

Bild 16-77 Umschlagzentrum Seehafenterminal
[Jün89]

1	Portalkran
2	Verladebrücke
3	Containerlager
4	Schleppzug
5	Containerschiff
6	Kaimauer
7	Containerzug
8	Portalstapler
9	Lastkraftwagen

auch auf den *Schiffsentladern* bereits *Pendeldämpfungssteuerungen* zur Unterstützung der Kranführer ein. Auch die Vollautomatisierung der Übergabe vom Schiffsentlader auf in der Kaizone automatisch fahrende Flurförderzeuge und die anschließende Einlagerung in Containerlager mit vollautomatischen Portalkranen ist bereits realisiert worden.

In zunehmendem Maße werden zur effizienten Abwicklung eines Terminals Lagerverwaltungssysteme zur Verwaltung des Containerbestands eingesetzt.

Umschlag zwischen Schienen- und Straßenverkehr
(Bahnterminal)

Allgemeines Ziel dieser Umschlaganlagen ist die Entkopplung der straßen- und schienenseitigen Ladevorgänge, um die *Verweilzeiten* sowohl der Lkw als auch der Züge zu minimieren [Sch94].

Binnen- und Überseecontainer werden in Europa mit einer maximalen Länge von etwa 15 m (49´) eingesetzt. Im Huckepackverkehr werden Wechselbehälter, Sattelanhänger und Lkw mit und ohne Hänger sowie komplette Sattelzüge auf geeignete Bahn-Tragwagen verladen. Wechselbehälter sind unter Verwendung von gabelartigen *Lastaufnahmemitteln* mit Kranen umschlagbar, Sattelanhänger nur bei entsprechender Ausrüstung. Das maximale Ladeeinheitengewicht wurde auf 37 t begrenzt. Exemplarisch werden im folgenden zwei moderne *Umschlagterminals* beschrieben:

Umschlaganlage mit Längseinfahrt der Züge und der Lkw (Fa. Noell). Konzipiert wurde eine Anlage, die längs der Bahngleise ausgerichtet ist und in die die Züge mit ihrer vollen Länge einfahren. Neben jedem Gleis befindet sich eine Regalzeile zur Einlagerung bzw. Zwischenpufferung von Containern, Wechselaufbauten und Sattelzugaufliegern. Dazu sind die Lastaufnahmemittel der Portalgeräte sowohl mit einem teleskopierbaren Spreader ausgestattet als auch mit Greifzangen versehen, die das Unterfassen der Wechselaufbauten und Sattelzugauflieger ermöglichen. Im Wechsel zu den Gleisen befinden sich Fahrspuren für Lkw, so daß von beiden Verkehrsmitteln jeder Container erreicht werden kann. Das Regalbediengerät übernimmt nach Vorinformationen über das Terminal-Informationssystem den kompletten Umschlag von der Be- und Entladung der Waggons über die Ein- und Auslagerung im Lager bis zur Be- und Entladung der Lkw [Sch94].

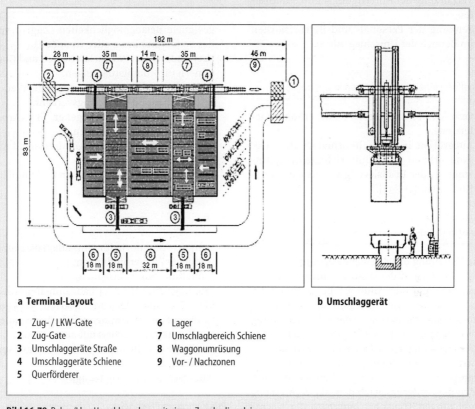

a Terminal-Layout   **b Umschlaggerät**

1   Zug- / LKW-Gate   6   Lager
2   Zug-Gate   7   Umschlagbereich Schiene
3   Umschlaggeräte Straße   8   Waggonumrüsung
4   Umschlaggeräte Schiene   9   Vor- / Nachzonen
5   Querförderer

Bild 16-78 Bahn-/Lkw-Umschlaganlage mit einem Zugabediengleis

Umschlaganlage mit einem Zugbediengleis, geschlossenem Lagerblock und getrennter Lkw-Ladezone (Fa. Krupp). Portal- bzw. Halbportalkrane übernehmen hierbei die vollautomatische Be- und Entladung der Bahnwaggons während langsamer Vorbeifahrt des Zuges an der Außenseite des Terminals. Bild 16-78 zeigt das Layout einer derartigen Umschlaganlage. Nach Abgabe auf Querförderer erfolgt die Einlagerung mittels eines Regalbediengeräts, das auf der gegenüberliegenden Seite der Anlage die ausgelagerten Container, Wechselaufbauten oder Sattelzugauflieger an teilautomatisierte Portalkrane übergibt. Diese erledigen die Be- und Entladung der Lkw. Lastpendelungen werden durch die Teleskopführung des Lastaufnahmemittels vermieden. Die Zugaufenthaltszeiten liegen bei 15–30 min für das Be- und Entladen. Gegenüber herkömmlichen Anlagen kann der Platzbedarf um ca. 25 bis 70 % reduziert werden. Mit der Inbetriebnahme der ersten ins Bahnnetz integrierten Anlage wird in 1996 gerechnet [Bru94].

16.5.5.3 Kriterien zur Auswahl geeigneter Techniken

Allgemeine Ziele

Moderne Umschlaganlagen dienen i. allg. nachfolgenden Zielen:
- Rationelle physische Abwicklung
- einfache Puffermöglichkeit,
- Erhöhung der Sicherheit des Umschlagvorganges,
- wenig Lkw-Rangieraufwand,
- Automatisierbarkeit,
- Notbetrieb bei Störungen.

Kostenreduzierung

- Reduzierung der erforderlichen Umschlagfläche,
- Verminderung der baulichen Investitionen,
- Vermeidung von Schäden durch sorgfältigere Handhabung des Guts,

- Verkürzung der Abfertigungs- und Standzeiten,
- Senkung der Personal- und Betriebskosten im Bereich der Umschlaganlage.

Schaffung eines durchgängigen Informationsflusses

- verbesserter Lieferservice und erhöhte Liefertreue,
- Integration in einen informatorischen Gesamtverbund und damit wichtige Unterstützung bei der Realisierung von Just-in-Time-Konzepten [Hül94].

Voraussetzungen

Die Verteilung der Anlagenbelastung über den Tag ist aufgrund der Anforderungen sehr ungleichmäßig. Ladeschluß ist beim Versender meist gegen 16 Uhr. Beim Empfänger wird die Ladung dann bis 10 Uhr am darauffolgenden Tag erwartet. In den Betrieben ergibt sich damit eine hohe Belastung in der Ladezone bzw. in der Bereitstellzone zwischen 10 und 16 Uhr. Für den Transport zwischen den Betrieben entsteht zum einen die Forderung nach dem als *Nachtsprung* bezeichneten Transport innerhalb der Nachtstunden und zum anderen die sehr hohe Spitzenbelastung der Bahn-/Lkw-Umschlaganlagen zwischen 16 und 20 Uhr sowie zwischen 5 und 9 Uhr. Erste Erfahrungen nach Einführung des Nachtsprungs durch die Bahn zeigten ein um ca. 40 % gestiegenes Transportvolumen.

Für nahezu alle Verladesysteme gilt dabei die Forderung nach einwandfreier Qualität der Paletten, genauer Ausrichtung der Ladung auf der Ladefläche für das Entladen und ausreichender Positionierung der Lkw vor dem Tor.

Wichtige Voraussetzungen für einen effektiven Umschlag sind deshalb für

Gebäude

- ausreichende Rangierflächen,
- ausreichende Rampenzahl,
- geeignete Rampenform,
- gute Abdichtung, besonders bei stetiger Beladung von Wechselbehältern,
- ausreichende Bereitstellflächen vor der Rampe,
- ggf. getrennte Ladezonenbereiche für Teil- und Komplettladungen;

Lkw

- geeignete Belademöglichkeiten (Zugriff von der Seite, von hinten oder von oben),
- Verwendung von Wechselaufbauten und Containern für Komplettladungen,
- witterungsgeschützte Abplanmöglichkeiten insbesondere im Teilladungsverkehr,
- Verwendung kundenbezogener Lkw-Arten durch die Fuhrunternehmen,
- Einhaltung der avisierten Ankunfts- und Abfahrtszeiten,
- Datenaustausch mit Versendern und Empfängern;

Bahn

- geeignete Standorte für Umschlaganlagen,
- geeignete Zugverbindungen,
- Einhaltung von Fahrplänen,
- Tragwagen mit flexibler Ladeeinheitengröße,
- klare Trennung der Ladungsarten Stückgut, Schüttgut und zusammengefaßte Ladeeinheiten (Container, Wechselaufbauten usw.),
- minimale Lkw-Bedienzeiten bei Empfang und Versand,
- datentechnische Vernetzung;

Produktion und Fertigung

- Verwendung durchgängig nutzbarer Ladungsträger,
- Vermeidung unnötiger Umschlagsvorgänge,
- lückenloser Informationsfluß zur Abstimmung der Förder-, Lager-, Handhabungs- und Produktionstechnik (vgl. [Hül94]).

16.5.6 Lagern

Nach VDI 2411 ist der Begriff *Lagern* bzw. Lagerung definiert als „jedes geplante Liegen des Arbeitsgegenstandes im Materialfluß". Unter einem Lager ist ein „Raum bzw. eine Fläche zum Aufbewahren von Stück- und/oder Schüttgut, das mengen- und/oder wertmäßig erfaßt wird" zu verstehen.

16.5.6.1 Aufgabe der Läger

Die Aufgaben eines *Lagers* innerhalb eines Materialflußsystems sind das Bevorraten, Puffern und Verteilen von Gütern. Die zeitliche Struktur und Abfolge dieser Aufgaben sowie die Veränderung der Zusammensetzung der Ladeeinheiten charakterisiert das Lager als Vorrats-, Puffer- oder Verteillager.

Vorratsläger haben die Aufgabe Bedarfsschwankungen auszugleichen. Dabei werden lang- und mittelfristige Schwankungen von Zu- und Abgängen im Bereich der Rohmaterialien, Halbfertigteile und Fertigteile ausgeglichen. Durch die Bevorratung von Rohmaterialien, Zukaufteilen und Halbfertigteilen wird eine reibungslose Produktion sichergestellt. Störungen können überbrückt und Produktionskapazitäten für eine wirtschaftliche Produktion gleichmäßig ausgelastet werden. Eine ständige Lieferbereitschaft wird durch die Bevorratung von Fertigteilen garantiert.

Pufferläger dienen dem Ausgleich von kurzfristigen Bedarfsschwankungen, insbesondere als Ausgleich der Bedarfsschwankungen zwischen Fertigungs- oder Montagestationen.

Verteilläger erfüllen neben der Bevorratungsfunktion noch eine Kommissionierfunktion. Hierbei wird die Zusammensetzung der Ladeeinheiten zwischen Zu- und Abgang verändert. Verteilläger finden dort Anwendung, wo nur Teilmengen mehrerer verschiedener Ladeeinheiten zur Erstellung einer Verbrauchseinheit benötigt werden (z.B. bei Handelsunternehmen). Die Güter werden anschließend vom Verteillager zu mehreren Verbrauchsstandorten weitergeleitet.

Elementare Aufgaben wie Kommissionieren, Palettieren, Verpacken, Etikettieren, Bereitstellen, Sortieren usw. werden in der Lagervorzone verrichtet, die Bestandteil des Lagers ist [Jün89].

16.5.6.2 Systematik der Lagertechnik

Die Gliederung der Lagertechniken kann nach verschiedenen Gesichtspunkten erfolgen. So gibt die *Lagerbauform* Auskunft über den eingesetzten Gebäudetyp. Man unterscheidet: Freiläger, Silos und Bunker, Gebäudeläger.

Diese werden noch einmal unterteilt in Hallen- und Etagenläger, Gebäudeläger in Silobauweise und Traglufthallenläger.

Bei der Lagerbauweise unterscheidet die Höhe den Lagertyp. Als Flachlager werden Läger bis zu einer Höhe von 7 m bezeichnet, über 12 m werden diese als Hochläger bezeichnet. Die Lagerbauweise hat Einfluß auf die Art der eingesetzten Fördermittel und ist maßgebend für die Gültigkeit verschiedener gesetzlicher Rahmenvorschriften.

Die Systematisierung der Läger nach dem Lagergut unterscheidet zunächst grundsätzlich zwischen Schütt- und Stückgutlägern. Beim Stückgut wird weiterhin nach Kleinteile-, Paletten- und Langgutlägern differenziert. Unterschiedliche Gefahrenklassen der eingelagerten Güter (z.B. infektiöse, radioaktive, explosive, giftige, ätzende, wassergefährdende oder feu-

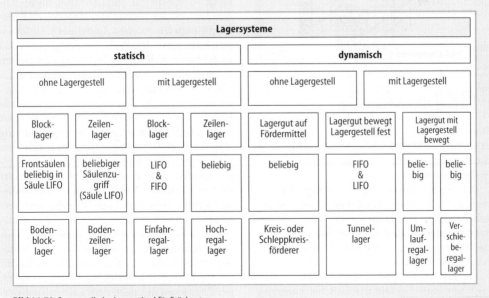

Bild 16-79 Systematik der Lagermittel für Stückgut

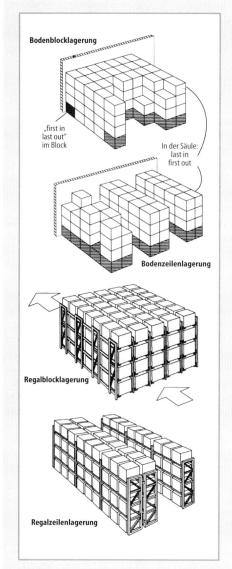

Bild 16-80 Block- und Zeilenlagerung

Bei statischer Lagerung befindet sich das Lagergut vom Zeitpunkt der Einlagerung bis zur Auslagerung in Ruhe. Bei dynamischer Lagerung hingegen wird das Lagergut während des Lagerprozesses bewegt. Sowohl statische als auch dynamische Läger lassen sich hinsichtlich der Verwendung von Lagergestellen weiter differenzieren. Statische Läger werden darüber hinaus hinsichtlich der Anordnung der Lagereinheiten bzw. der Lagergestelle in die Block- und Zeilenlagerung gegliedert (vgl. Bild 16-80).

Dynamische Läger werden nach Art und Weise der Lagergutbewegung während des Lagerprozesses weiter differenziert. Man unterscheidet zwischen „Lagergut im Lagergestell bewegt", „Lagergut mit Lagergestell bewegt" und „Lagerung auf Fördermitteln". Fast alle dynamischen Läger ermöglichen einen beliebigen Zugriff auf die Lagereinheiten.

Statische Läger ohne Lagergestell

Die *Bodenlagerung* (Lagerung ohne Lagergestell) ist die einfachste Form der Lagerung von Stückgütern. Dabei ist die Bodenblocklagerung neben der Bodenzeilenlagerung die gebräuchlichste Art innerhalb dieser Lagerkategorie. Bei der Bodenblocklagerung werden die Güter übereinander gestapelt und die einzelnen Stapel zu einem Block zusammengefaßt. Die Zugänglichkeit zu den einzelnen Ladeeinheiten ist meist nur vom Hauptgang aus gewährleistet, der quer zum Block angeordnet ist. Voraussetzung für die Anwendung ist der Einsatz von stapelbaren Ladehilfsmitteln wie Paletten, Containern, Gitterboxen, Kästen usw. Die Bodenblocklagerung (Bild 16-81) eignet sich für die Lagerung von großen Mengen eines Artikels bei kleiner Artikelzahl.

Bodenblocklager erfordern nur geringe Investitionskosten. Da man nicht an feststehende Lagermittel gebunden ist, sind Bodenblocklager äußerst flexibel. Änderungen der Lagerordnung sind durch einfaches Umstapeln zu realisieren. Eine Lagerplatzordnung sollte jedoch vorgegeben werden, da falsche Anordnungen einen erheblichen Aufwand für Umstapelungen bewirken können. Einzelne Lagerbereiche und Verkehrswege können durch einfache Farbmarkierungen am Boden voneinander getrennt werden.

Die Nachteile der Bodenblocklagerung bestehen einerseits darin, daß kein wahlfreier Zugriff auf alle Ladeeinheiten möglich ist. Innerhalb einer Zeile kann nur nach dem Last-in-first-out-Prinzip die oberste Palette des vorderen Stapels

ergefährliche Stoffe) kennzeichnen schließlich die Gefahrgutläger, wobei besondere Sicherheitsvorschriften gelten.

Die Gliederung der Läger nach Lagerbauformen, der Lagerbauweise oder dem Lagergut ergeben nur eine sehr grobe Struktur. Zur feineren Systematisierung der Stückgutläger bietet sich die Differenzierung nach eingesetzten Lagermitteln (Stapelhilfsmittel, Regale usw.) an.

Nach der Art der Lagermittel unterscheidet man zwischen statischer und dynamischer Lagerung (vgl. Bild 16-79).

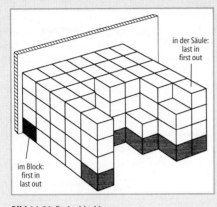

in der Säule:
last in
first out

im Block:
first in
last out

Bild 16-81 Bodenblocklagerung

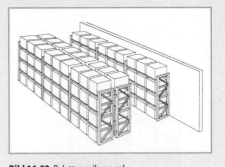

Bild 16-82 Palettenzeilenregal

ausgelagert werden. Andererseits gestattet die Überstapelung der Güter bzw. Ladehilfsmittel nur begrenzte Stapelhöhen. Die maximale Stapelhöhe richtet sich nach Nutzlast, Auflast (Gewicht aller auf die unterste Stapeleinheit aufgesetzten Stapeleinheiten) und Standsicherheit des Stapels.

Im Gegensatz zum Bodenblocklager hat das Bodenzeilenlager neben dem Hauptgang zusätzlich mehrere Nebengänge, die rechtwinklig zum Hauptgang angeordnet sind. Die Lagereinheiten werden ebenfalls ohne Lagergestelle übereinandergestapelt. Die Zeilenanordnung der Stapel ermöglicht einen beliebigen Zugriff auf jede Säule. Innerhalb einer Säule gilt das Last-in-first-out-Prinzip. Hierdurch eignen sich Bodenzeilenlager für die Lagerung von geringen Artikelzahlen und kleinen Losgrößen.

Statische Läger mit Lagergestell

Regale sind Lagereinrichtungen und eignen sich im Gegensatz zu Lagerhilfsmitteln (Paletten, Stapelbehältern und Stapelhilfsmitteln) aufgrund eines festen Lagergestells zur vielfachen „Überstapelung" von Lagereinheiten. Die Auflasten einer Lagereinheit reduzieren sich zu null, da die Gewichtskräfte der oberen Lagereinheiten in das Lagergestell eingeleitet werden. Die Lagerhöhen sind durch die zulässige statische Beanspruchung des Lagergestells begrenzt. Infolge der besseren Nutzung der Lagerhöhe kann ein Lager mit Lagereinrichtungen gegenüber einem Bodenlager bei gleicher Grundfläche eine größere Lagerkapazität besitzen. Regalläger ermöglichen zudem eine bessere räumliche Aufteilung und Ord-

nung, wodurch die Übersichtlichkeit eines Lagers verbessert wird. Ein weiterer Vorteil besteht darin, daß sie sich zur Lagerung von nicht stapelfähigen Einzelgütern und Lagereinheiten mit und ohne Ladehilfsmittel im gleichen Maße eignen.

Nachteil der Regallagerung ist der größere Investitionsaufwand, die geringere Flexibilität bei Änderungen sowie der Raumverlust durch das Lagergestell. Letzteres wird durch die bessere Nutzung der Lagerhöhe kompensiert. Regallager werden in den unterschiedlichsten Ausführungen hergestellt. Die wichtigsten Ausführungen der Regallagerung in Form von Zeilenregalen sind dabei die Palettenregale (Bild 16-82) mit der Sonderform des Hochregalpalettenlagers, die Behälter-, Fachboden-, Kragarm- und Wabenregale und als Blocklagerform die Einfahr- und Durchfahrregale.

Palettenregale.
Palettenregale dienen zur Aufnahme palettierter Lagereinheiten. Sie können auch mehrgeschossig oder verfahrbar (dynamische Lagerung) ausgeführt werden. Palettenregale werden durch Gabelstapler, Kanalfahrzeuge oder durch Stapelkrane auch in Verbindung mit Handhabungsgeräten bedient. Regalbediengeräte werden in der Regel nur bei Hochregalpalettenlagern eingesetzt.

Einfachregale eignen sich für die Einlagerung von großen Artikelzahlen und Gütern unterschiedlicher Abmessungen, ein Zugriff auf jede Lagereinheit ist gegeben. Man unterscheidet Längstraversen- und Quertraversenregale und Ein- oder Mehrplatzlagerung (Bild 16-83).

Bei Längstraversenregalen kann die Einlagerung der Paletten wahlweise längs oder quer erfolgen. Längstraversenregale ermöglichen Ein- und Mehrplatzlagerung, d.h., in einem Lager-

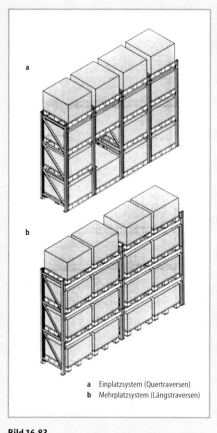

a   Einplatzsystem (Quertraversen)
b   Mehrplatzsystem (Längstraversen)

Bild 16-83

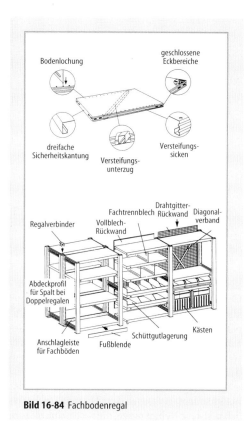

Bild 16-84 Fachbodenregal

feld (Raum zwischen den Stehern) können bis zu vier Paletten nebeneinander angeordnet sein. Quertraversenregale gestatten nur die Einplatzlagerung. Sie haben jedoch den Vorteil, Ladehilfsmittel verschiedener Fußausführungen aufnehmen zu können und gestatten auch wechselweise verschiedene Fachhöhen. Für überladene Paletten, wechselnde Palettenbreiten oder Ladehilfsmittel, die sich unter der Lagerlast stark durchbiegen, sind Quertraversenregale jedoch ungeeignet.

Die wichtigste Form der Palettenregalläger sind die Hochregalläger. VDI 2697 definiert ein *Hochregallager* als eingeschossige Anlage mit fest eingebauten Regalen, automatischen Regalbediengeräten und einer Bauhöhe von mindestens 12 Metern. Hochregalläger zeichnen sich durch einen hohen Automatisierungsgrad aus und werden in der Regel in Silobauweise errichtet, d.h., sie sind als reine Einzweckbauten ausgeführt und dienen nur der Lagerfunktion. Die Lagervorzo-

nen für die Ein-, Auslagerung und Kommissionierung usw. befinden sich meist in einem angrenzenden niedrigeren Gebäude.

Fachbodenregale (Bild 16-84) eignen sich für die Lagerung großer Artikelzahlen. Pro Artikel werden kleine bis mittlere Mengen wirtschaftlich gelagert. Besonders zweckmäßig sind sie für die Kleinteilelagerung und für die Lagerung nicht palettierter sperriger Güter.

Sie werden ebenso wie Palettenregale auch dynamisch und mehrgeschossig oder als Silolager gebaut. Fachbodenregale werden vorwiegend manuell bedient. Zur besseren Nutzung der Raumhöhe wird aufgrund der manuellen Bedienung die mehrgeschossige Bauweise (Podestanlagen) bevorzugt. Fachbodenregale entsprechen in ihrem Aufbau im wesentlichen den Palettenregalen.

Die Zwischenböden werden durch Verstellhaken befestigt, die in Abhängigkeit des Lochrasters der Steher höhenverstellbar eingehängt werden können. Die Einlegeböden verfügen meistens über eine Lochung, die der Steckmontage von Fachtrennblechen dient. Zur Lagerung von Schüttgut oder Kleinteilen ohne Lagerkästen können

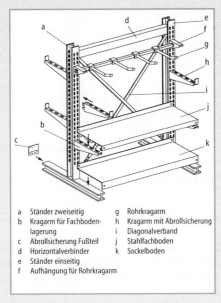

a Ständer zweiseitig
b Kragarm für Fachboden-
  lagerung
c Abrollsicherung Fußteil
d Horizontalverbinder
e Ständer einseitig
f Aufhängung für Rohrkragarm
g Rohrkragarm
h Kragarm mit Abrollsicherung
i Diagonalverband
j Stahlfachboden
k Sockelboden

Bild 16-85 Kragarmregal

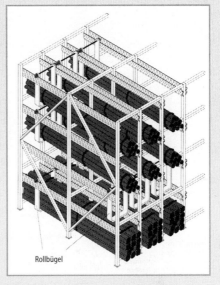

Rollbügel

Bild 16-86 Wabenregal

die Regale mit speziellen Facheinsätzen ausgerüstet werden. Werden Güter, die eine gute Luftumwälzung benötigen, eingelagert oder ist der Einsatz von Sprinkleranlagen erforderlich, so werden anstelle glatter, ganzflächiger Einlegeböden licht-, wasser- und luftdurchlässige Böden verwendet.

Kragarmregale (Bild 16-85) dienen zur Lagerung von Langgut und Ringmaterial. Sie gestatten kleine bis mittlere Einlagerungsmengen bei kleiner bis großer Artikelzahl. Die Anordnung der Regale erfolgt zeilenweise, so daß auf jeden Artikel freier Zugriff besteht. Langgutlager werden durch Seitenstapler bzw. Vierwegestapler oder Krane bedient. Für die Kranbedienung ist es erforderlich, daß entweder der Kran mit einem speziellen Lastaufnahmemittel ausgerüstet ist oder die Kragarme ausfahrbar sein müssen (Ausnahme: Stapelkran).

Das erforderliche Ständerprofil kann aus Herstellerkatalogen unter den Vorgaben der Armanzahl, der Armlänge, der Armlast und der Ständerhöhe gewählt werden.

Wabenregale (Bild 16-86) werden als Zeilenlager ausgeführt. Sie dienen vorrangig zur Aufnahme von Langgut oder Tafelmaterial und werden für geringe und mittlere Mengen pro Artikel bei geringer Artikelzahl eingesetzt.

Wabenregale haben eine sehr übersichtliche Fachanordnung. Durch die kompakte Lagerung erzielt das Wabenregal gegenüber dem Kragarmregal einen hohen Volumennutzungsgrad. Bei geringen Stückgewichten und geringer Zugriffshäufigkeit werden Wabenregale manuell, ansonsten durch Hallenkrane, Stapler oder Regalförderzeuge bedient. Das Ein- und Auslagern erfolgt stirnseitig.

Behälterregale in denen Behälter, Kästen, Kassetten und Tablare gelagert werden, werden auch als Kleinteile- oder Kompaktlager bzw. *automatische Kleinteilelager* (AKL) bezeichnet (Bild 16-87).

Der Aufbau des Behälterlagers ist dem eines Palettenregals sehr ähnlich. Man unterscheidet hier ebenso die Einplatz- und Mehrplatzeinlagerung. Zur Verbesserung des Raumnutzungsgrads werden beim Behälterlager häufiger mehrfach tiefe Einlagerungen vorgenommen, bei denen die Behälter auf Tablare aufgesetzt werden können. Behälterläger mit mehreren Behältertypen werden häufig in Felder mit gleichen Abmessungen unterteilt, in denen dann nur jeweils ein Behältertyp gelagert wird.

Einfahr- und *Durchfahrregalläger* (Bild 16-88) gehören zur Gruppe der statischen Blockregalläger. Sie eignen sich jedoch nur zur Lagerung von Stückgut auf Ladehilfsmitteln. Ein- und Durch-

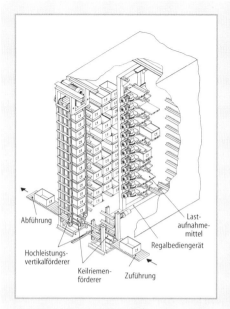

Bild 16-87 Automatisches Hochleitungs-behältersystem

Labels in image: Abführung, Hochleistungs-vertikalförderer, Keilriemen-förderer, Zuführung, Last-aufnahme-mittel, Regalbediengerät

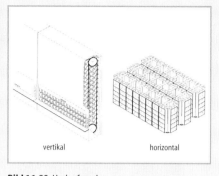

vertikal   horizontal

Bild 16-89 Umlaufregale

nicht stapelbare Güter eingelagert werden müssen.

Das Be- und Entladen erfolgt grundsätzlich mit dem Gabelstapler. Die einzelnen Felder bilden „Kanäle", in die der Gabelstapler einfährt. Einfahrregale werden einseitig, Durchfahrregale von zwei Seiten bedient. Ausgelagert wird beim Einfahrregal nach dem Last-in-first-out-Prinzip (LIFO), beim Durchfahrregal nach dem First-in-first-out-Prinzip (FIFO). Ein direkter Zugriff auf einzelne Lagereinheiten ist nur durch aufwendiges Umstapeln möglich.

Dynamische Läger mit bewegtem Lagermittel

Im Gegensatz zur statischen Lagerung wird bei der dynamischen Lagerung das Lagergut zwischen Ein- und Auslagerung bewegt und häufig automatisch direkt zur Entnahmestelle befördert. Dies ermöglicht kürzere Anfahrwege der Ein- und Auslagerungsmittel und eine Reduzierung des Personaleinsatzes. Nachteile ergeben sich jedoch durch die höheren Sicherheitsanforderungen, die bei Regalen mit bewegten Lagermitteln zu berücksichtigen sind. Zu der Gruppe dynamischer Läger mit bewegten Lagermitteln gehören horizontale und vertikale Umlaufregalläger, Verschiebeumlaufregalläger sowie Verschieberegalläger.

Umlaufregalläger (Bild 16-89) eignen sich für kleine bis mittlere Mengen pro Artikel, bei großen Artikelzahlen. Ihr Haupteinsatzfeld bilden Kommissionierläger für Kleinteile und Langgutläger. Des weiteren können sie zur Lagerung von Paketen, Kästen, Paletten und Gitterboxen genutzt werden. Die Ein- und Auslagerung kann manuell, kran-, gabelstapler- oder roboterbedient erfolgen. Vertikale Umlaufregale bieten den besonde-

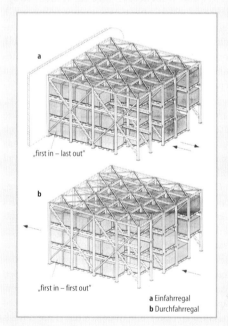

Bild 16-88 Einfahrregal (a) und Durchfahrregal (b)

Labels in image: „first in – last out", „first in – first out", a Einfahrregal, b Durchfahrregal

fahrregalläger werden meist dort eingesetzt, wo große Mengen pro Artikel, bei kleiner Artikelzahl und hohem Gewicht oder druckempfindliche,

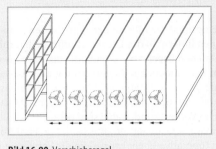

Bild 16-90 Verschieberegal

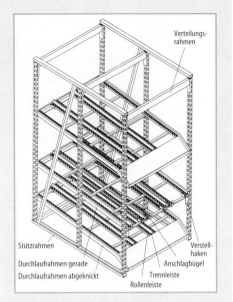

Bild 16-91 Durchlaufregal

(Labels in Bild 16-91: Verteilungsrahmen, Stützrahmen, Durchlaufrahmen gerade, Durchlaufrahmen abgeknickt, Verstellhaken, Anschlagbügel, Trennleiste, Rollenleiste)

ren Vorteil, daß sie eine hohe Lagerkapazität bei nur geringer Standfläche aufweisen.

Verschieberegalläger (Bild 16-90) werden nur entlang einer Horizontalachse vorwärts bzw. rückwärts bewegt, es erfolgt kein vollständiger Umlauf. Durch das Zusammenschieben der Regalzeilen läßt sich eine sehr gute Lagerraumnutzung erzielen. Verschieberegalanlagen bieten einen ähnlich hohen Volumennutzungsgrad wie Blockregalanlagen. Da aber zwischen zwei Regalzeilen ein Bediengang aufgefahren werden kann, hat man die Möglichkeit des direkten Zugriffs auf jede Lagereinheit.

Durch die sehr kompakte Lagerung ergeben sich im Vergleich zur normalen Zeilenlagerung wesentlich kürzere Wege bei der Regalbedienung. Die Zugriffszeiten verkürzen sich jedoch nur unwesentlich, da das Auffahren des gewünschten Regalganges sehr zeitintensiv ist. Infolge der kompakten Lagerung bei gleichzeitig direktem Zugriff eignen sich Verschieberegale besonders für den Einsatz in Kühlhäusern.

Dynamische Läger mit feststehendem Lagermittel

Durchlaufregalläger (Bild 16-91) gehören zu der Gruppe der Blockregalläger. Analog zu den Ein- und Durchfahrregallägern werden mehrere Lagereinheiten hintereinander in einem Regalfach gelagert. Der Einsatz von Durchlaufregalen ist bei begrenzten Artikelzahlen mit hoher Zugriffshäufigkeit sinnvoll. Für Waren mit relativ langer Lagerzeit und mit kleinen Abrufmengen sind Durchlaufregale zu aufwendig. Mit zunehmender Artikelzahl wird sich die durchschnittlich ungenutzte Fläche des Lagers erheblich erhöhen, da pro Fach nur ein Artikeltyp gelagert werden kann.

Innerhalb des Regals werden die Lagereinheiten selbsttätig von der Einlagerungsseite zur Auslagerungsseite bewegt. Infolge der Trennung von Beschickungs- und Entnahmeseite erfolgt der Zugriff auf die Ladeeinheiten nach dem First-in-first-out-Prinzip. Der Transport innerhalb der Regalfächer erfolgt entweder durch Ausnutzung der Schwerkraft oder mittels angetriebener Elemente. Bei der Schwerkraftförderung werden Rollen (mit und ohne Spurkranz) oder Röllchen als Tragmittel verwendet. Voraussetzung für die Nutzung von Durchlaufregallägern sind geeignete Ladehilfsmittel, wie z.B. Paletten, Kästen usw.

Um Beschädigungen zu vermeiden, muß die Ablaufgeschwindigkeit, insbesondere bei schweren Gütern, begrenzt werden. Dies kann durch entsprechende Anpassung des Neigungswinkels der Ablaufbahn und den Einsatz von Bremsrollen erzielt werden. Am Ende des Rollgangs muß eine sichere, z.B. mechanische Verriegelung erfolgen.

Als Sonderkonstruktion für schwerkraftbetriebene Durchlaufregale finden auch Regale Anwendung, bei denen die Tragrollen nicht Bestandteil des Regals sind. Der Rollgang des Regals besteht nur aus Führungsschienen (meist U-Profile), in die Rollpaletten eingesetzt werden. An den Füßen der Paletten befinden sich Laufrollen. Auch für diese Durchlaufregale sind Bremseinrichtungen entwickelt worden, die ein sanftes Abbremsen der Paletten gewährleisten.

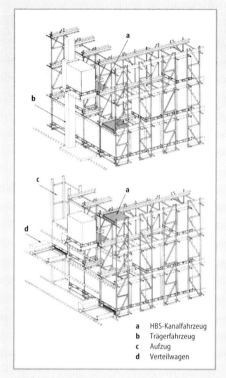

a	HBS-Kanalfahrzeug
b	Trägerfahrzeug
c	Aufzug
d	Verteilwagen

Bild 16-92 Hochregalblocklagersystem

Die optimale Erfüllung der logistischen Funktionen innerhalb des Lagers ist unmittelbar mit der an den Lagertyp angepaßten Lagerorganisation verbunden. Die Beherrschung aller Bewegungsprozesse (Material-, Personen-, Betriebsmittel- und Informationsfluß) im Lager steht dabei im Vordergrund. Dabei sind neben der Organisation rein materialflußtechnischer Funktionen (operative Ebene) vor allem die Verwaltung, Steuerung und Verteilung von Informationen (informative Ebene) von Bedeutung. Die Qualität einer Lagerorganisation wird zum einen durch den Servicegrad des Lagers bestimmt, das heißt die optimale Erfüllung eines Auftrages in einem vorgegebenen Zeitraum, zum anderen durch den minimalen Einsatz von Ressourcen.

Gemäß der eingangs erwähnten Aufgaben des Lagers liegen die Haupttätigkeiten innerhalb der Lagerorganisation in den Bereichen der Disposition und Administration. Bild 16-93 zeigt wichtige Aufgaben innerhalb dieser Tätigkeitsfelder.

In Analogie zur Unternehmensorganisation differenziert man innerhalb des Lagers eine Aufbau- und eine Ablauforganisation. Während in der Aufbauorganisation eine (hierarchische) Struktur festgelegt wird, deren einzelnen Ebenen definierte Arbeitsinhalte und Kompetenzen zugeordnet werden, bestimmt die Ablauforganisation den zeitlichen und räumlichen Ablauf eines Auftrages durch das Lager. Neben den Anforderungen des Betreibers und den Anforderungen

Rollpaletten haben den Vorteil, daß sie auch außerhalb des Lagers flurbeweglich sind.

Als Regalbediengeräte werden Gabelstapler eingesetzt. Sofern kleine und leichte Ladeeinheiten gelagert werden, kann die Regalbedienung auch von Hand erfolgen. Zur erleichterten Entnahme einer Ladeeinheit kann die vorletzte Ladeeinheit durch eine Zusatzverriegelung zurückgehalten werden, bis die Entnahme abgeschlossen ist. Dies ist besonders dann erforderlich, wenn die Entnahme vollautomatisch durch ein Regalförderzeug realisiert wird.

Eine Sonderform der dynamischen Läger ist das *Hochregalblocklagersystem* (Bild 16-92), welches durch Kanalfahrzeuge bedient wird. Die Fahrkanäle der Kanalfahrzeuge sind unterhalb der Ladeeinheiten angeordnet. Zur Auslagerung einer Palette wird diese durch das Kanalfahrzeug unterfahren und von der Hubplattform zum Abtransport angehoben. An der Stirnseite des Regals nimmt ein Trägerfahrzeug (Regalförderzeug, RFZ) das Kanalfahrzeug samt Ladeeinheit auf und bringt es zur Übergabestation. Von dort fährt das Kanalfahrzeug auf einem Schienensystem zum Bedarfsort.

Disposition	Administration
Bestands- und Platzverwaltung	Fakturierung
Fördermittel- und Hilfsmittelverwaltung	Kostenstellungbelastung
Auftragsentgegennahme und -verwaltung	Statistik
Auftragsbildung	Inventur
Zuordnung von Aufträgen und Fördermitteln	Bestellüberwachung
Auftragsübermittlung	

Bild 16-93 Aufgaben der Lagerorganisation

Statische Größen	Dynamische Größen
Artikelanzahl	Wareneingänge/Tag
ABC-Artikelverteilung	Warenausgänge/Tag
Anzahl Paletten/Artikel	Umlagerungen/Tag
Lagerkapazität	Umschlag/Jahr
Kosten/Artikel	Auftragszahl/Tag
ABC-Kostenverteilung	Positionen/Auftrag
Durchschnittliche Gesamtbestandskosten	Zugriffe/Position
	Gewicht/Zugriff
Durchschnittliche Bestandskosten/Artikel	Gesamtzahl der täglichen Artikel im Zugriff
	Gesamtumschlagskosten
	Kosten/Lagerbewegung

Bild 16-94 Wichtige Kenngrößen der Lagerorganisation

des Lagertyps bestimmen die statischen und dynamischen Kennzahlen (s. Bild 16-94) die Aufbau- und Ablauforganisation eines Lagers.

Aufbauorganisation des Lagers

Die Aufbauorganisation legt in den einzelnen Hierarchieebenen des Lagers die Arbeitsinhalte sowie Kompetenzen bzw. Verantwortlichkeiten fest. Im einfachsten Fall eines manuell bedienten Lagers mit wenigen Artikeln und geringen Umschlagzahlen werden die Aufgaben innerhalb des Personals einzeln definiert. In automatischen Lägern mit komplexen Materialflußstrukturen wird neben der Personalstruktur eine Rechnerhierarchie aufgebaut. Dabei werden in den einzelnen Ebenen in Analogie zum Personal unterschiedliche Aufgaben wahrgenommen. In der Regel werden drei Ebenen eingeführt. In der untersten Ebene, der Steuerungsebene findet man die Steuerungen der Einzelgeräte (z.B. der Regalbediengeräte, der Fördertechnik, der Fahrerlosen Transportsysteme) wieder. In dieser Ebene werden Transportaufträge entgegengenommen und Quittungen zurückgesandt. Die darüber angeordnete Materialflußrechnerebene dient der Überwachung, Abstimmung und Koordination der Einzelsteuerungen. In dieser Ebene werden in Echtzeit Transportaufträge verteilt und überwacht. Auftretende Fehler werden protokolliert. Zur Erzielung eines hohen Durch-

satzes können in dieser Ebene bestimmte Materialfluß-Strategien durchlaufen werden (um z.B. den Doppelspiel-Anteil der Regalbediengeräte zu erhöhen, wird die Reihenfolge der Transportaufträge entsprechend gesteuert). Die oberste Ebene bildet der Lagerverwaltungsrechner, in dem vor allem die administrativen Aufgaben der Lagerorganisation bewältigt werden. In dieser Ebene wird die Bestandsverwaltung, Auftragsabwicklung, die Bearbeitung von Fehlbeständen usw. durchgeführt. Die dargestellte Struktur wird in der Praxis bei Großprojekten und den damit entstehenden Anforderungen an Redundanz, schnelle Reaktionszeiten, sichere Datenvorhaltung, permanente Lieferbereitschaft usw. häufig durch zusätzliche Rechnerebenen erweitert; die Aufgaben werden entsprechend verteilt bzw. parallel ausgeführt. Bei kleineren Projekten kann die Struktur durch Zusammenlegung verschiedener Ebenen (Kumulierung der Aufgaben) verkleinert werden.

Ablauforganisation

Die Folge der Arbeitsvorgänge in den einzelnen Ebenen der Aufbauorganisation, die in der Ablauforganisation festgelegt ist, dient der Festlegung der Vorgehensweise bei der Abwicklung von Aufträgen. In Anlehnung an die Aufgaben der Lagerorganisation (Bild 16-93), bei denen administrative und dispositive Aufgaben differenziert werden, muß in der Ablauforganisation festgelegt werden, wie ein Auftrag entgegengenommen werden soll, wie dieser zusammengestellt werden soll, welche Fördermittel für diesen Auftrag zur Verfügung stehen, aus welchen Lagerbereichen dieser Auftrag befriedigt wird und es muß schließlich die Auftragsübermittlung an die einzelnen Ebenen festgelegt werden. Zum Ablauf gehören auch administrative Tätigkeiten, die Fakturierung, die Kostenstellenbelastung, die Ausarbeitung von Statistiken (z.B. die Umschlagshäufigkeit einzelner Artikel bzw. Artikelgruppen), die Inventur und die Bestellüberwachung.

Strategien

Strategien der Lagerplatzvergabe sowie die Ein- und Auslagerungsstrategien bestimmen die Effektivität eines Lagers (Bild 16-95). Sie ermöglichen die Minimierung der Lagerbedienwege, ei-

	Strategie		Kurzbeschreibung	Vorteile
Lagerplatzvergabestrategien	Feste Lagerplatzvergabe	Festplatzlagerung	Fester Lagerplatz für jeden Artikel	Zugriffssicherheit bei Verlust der Vollplatzdatei
	Freie Lagerplatzvergabe innerhalb fester Bereiche	Zonung	Lagerung der Ladeeinheiten entsprechend der Umschlaghäufigkeit	Erhöhte Umschlagsleistung
		Querverteilung	Lagerung mehrerer Ladeeinheiten eines Artikels über mehrere Gänge	Zugriffssicherheit bei Ausfall eines Fördermittels
	Vollständig freie Lagerplatzvergabe	Chaotische Lagerung	Lagerung der Ladeeinheiten auf beliebigen freien Lagerplätzen	Erhöhte Ausnutzung der Lagerkapazität
Ein- und Auslagerungsstrategien		Fifo	Auslagerung der zuerst eingelagerten Ladeeinheit eines Artikels	Vermeidung von Alterung
		Mengenanpassung	Auslagerung von vollen und angebrochenen Ladeeinheiten entsprechend der Auftragsmenge	Erhöhte Raumnutzung, weniger Rücklagerungen
		Wegoptimierte Ein- und Auslagerung	Auslagerung der Ladeeinheiten eines Artikels mit dem kürzesten Bedienweg	Fahrwegminimierung
		Lifo	Auslagerung der zuletzt eingelagerten Ladeeinheit eines Artikels	Vermeidung von Umlagerung bei bestimmten Lagertechniken

Bild 16-95 Lagerstrategien

ne gleichmäßige Auslastung der Lagerkapazitäten und vermeiden eine Überalterung der gelagerten Güter. Die Auswahl bestimmter Strategien hat Auswirkungen auf die Auswahl und die Gestaltung der Systemelemente eines Lagers.

Die Lagerplatzvergabe kann dabei fest, innerhalb fester Bereiche oder völlig frei (chaotische Lagerung) erfolgen. Die Lagerplatzvergabe innerhalb fester Bereiche bildet z.B. die Zonung nach sog. Schnell- und Langsamdrehern, die sog. ABC-Verteilung oder die Querverteilung, die gleiche Artikel über mehrere Gänge eines Lagers verteilt, um eine Zugriffsmöglichkeit auch bei Ausfall eines fest installierten Fördermittels zu sichern.

Bei den Ein- und Auslagerungsstrategien unterscheidet man das First-in-first-out-Prinzip, um eine Alterung der Güter zu verhindern, weiterhin kann eine Wegoptimierung vorliegen oder, ggf. systembedingt, das Last-in-first-out-Prinzip.

16.5.6.4 Auswahlkriterien und Kennwerte

Auswahlkriterien

Die Auswahl eines Lagertypes hängt unmittelbar von dem zur Verfügung stehenden Raum, der Zugriffsart und -häufigkeit sowie in ganz entscheidendem Maße von der Art des einzulagernden Guts ab. Die Festlegung der technischen Ausführung eines Lagers ist wegen der Vielzahl der Einflußgrößen sehr schwierig und ist nur auf ein konkretes Lagerproblem abzustimmen. Aus diesem Grund kann auch keine generelle Methode für die Auswahl eines Lagertyps vorgestellt werden.

Im folgenden werden einige Einflußgrößen aufgelistet, die bei Auswahl der technischen Ausführung eines Lagers zu beachten sind:
- Lagerkapazität,
- Platzbedarf,
- Artikelanzahl,

- Artikelverteilung (Anzahl der Lagereinheiten pro Artikel),
- Beschaffenheit des Lagerguts (Abmessungen, Gewicht, usw.),
- Ein- und Auslagerungsleistung,
- Fördermittel,
- Kosten,
- bauliche Restriktionen,
- Automatisierungsgrad.

Für die Auswahl der Lagermittel ist in erster Linie die Artikelanzahl, die Artikelverteilung und die Beschaffenheit der Artikel von Bedeutung. Die Zahl der Ein- und Auslagerungen ist vorrangig für die Auswahl der Bedientechnik maßgebend. Um die Eignung für den Einsatz bestimmter Lagermittel zu bestimmen, wird in Bild 16-96 eine Bewertung anhand der oben benannten Kriterien vorgenommen. Weitere Kriterien des Einsatzes sind in Bild 16-97 zusammengestellt.

Gesetzliche Vorschriften

Nach der Auswahl und Dimensionierung der Lagermittel erfolgt deren technische Ausführung. Auch hierbei gibt es eine Reihe verschiedener Einflußgrößen und Vorschriften, die zu beachten sind. Zur Anwendung kommen allgemeine Unfallverhütungsvorschriften, Arbeitsstättenrichtlinien, Arbeitsstättenverordnungen, Richtlinien der Berufsgenossenschaften sowie das Gesetz über technische Arbeitsmittel.

Läger gehören in den Bereich der Lager- und Betriebseinrichtungen, daher unterliegen sie den allgemeinen Güte- und Prüfbestimmungen für Lager- und Betriebseinrichtungen RAL-RG 614. Des weiteren sind die Richtlinien des Hauptverbandes der gewerblichen Berufsgenossenschaften ZH 1/428, ZH 1/361 zu beachten [POS88].

Weitere geltende Vorschriften differenzieren die Lagermittel nach deren Bauhöhe (s.o.). Lagermittel, insbesondere Regale die eine maximale Bauhöhe 12 m nicht überschreiten, stellen selbständige Einrichtungsgegenstände dar und sind im Sinne der Landesbauordnung nicht genehmigungs- und anzeigepflichtig. Für die Berechnung, bauliche Durchführung, Fertigung und Anwendung dieser Lagermitteln bestehen keine verbindlichen Vorschriften. Hochregalläger mit einer Bauhöhe über 12 m unterliegen der Landesbauordnung und sind durch einen amtlichen Prüfingenieur abzunehmen. Des weiteren existieren genaue Regeln für die Ausbil-

dung, Berechnung und Abnahme von Lagermitteln und Regalbediengeräten.

Besondere Vorschriften sind bei Gefahrgutlägern zu beachten. Man unterscheidet hier nach unterschiedlichen Gefährdungsklassen in den Kategorien wassergefährdender, giftiger, brennbarer oder explosiver Lagergüter. Dabei sind sowohl gesetzliche Vorschriften, Verordnungen und Technische Regeln auf Bundesebene (z.B. Verordnung für brennbare Flüssigkeiten VbF, Bundesimmissionsschutzgesetz BimSchG, Chemikaliengesetz ChemG, Gefahrstoffverordnung GefStoffV, Wasserhaushaltsgesetz WHG), als auch auf Landesebene (z.B. Landeswassergesetz LWG, Löschwasser Rückhalterichtlinie LöRüRL) zu beachten.

Kennwerte

Lager können neben den Leistungsdaten, die nach statischen und dynamischen Daten unterschieden werden, nach Nutzungsgraden (Flächen- und Raumnutzungsgrad) oder Kostenkennzahlen charakterisiert werden. Allgemeingültige Aussagen lassen sich infolge der Vielfalt möglicher Ausprägungen der Lagertypen nur schwer bestimmen. In Bild 16-98 wird an realisierten Beispielen eine Orientierung über Leistungs- und Kostendaten gegeben.

16.5.7 Kommissionieren

16.5.7.1 Aufgabe der Kommissionierung

Kommissionieren hat gemäß (VDI 3590) das Ziel, aus einer Gesamtmenge von Gütern (Sortiment), Teilmengen aufgrund von Anforderungen (Aufträge) zusammenzustellen. Ein *Kommissioniersystem* besteht immer aus den Teilsystemen
- Materialfluß,
- Informationsfluß und
- Organisation,
wobei die Koordination der Abläufe im Informations- und Materialfluß durch die übergreifende Organisation bestimmt wird. Jedes dieser Teilsysteme wird durch eine Abfolge von Grundfunktionen mit entsprechenden Realisierungsbausteinen beschrieben.

Wesentliches Merkmal der Kommissionierung ist, daß die Artikel ständig in verschiedenen, in Größe und Zusammensetzung wechselnden Einheiten bewegt und angefordert werden. Zur Beschreibung von Kommissioniersystemen wer-

Bild 16-96 Lagermittelauswahl anhand wichtiger Kenngrößen

			Anzahl Ladeeinheiten pro Artikel			Artikelanzahl			Gewicht der Ladeeinheiten		
Lagermittel			groß	mittel	gering	groß	mittel	gering	groß	mittel	gering
Bodenlagerung / Statische Lagerung	Blocklagerung	Block gestapelt und ungestapelt	●	◐	○	○	○	●	●	●	●
	Zeilenlagerung	Zeilen gestapelt und ungestapelt	◐	◐	○	○	◐	●	●	●	●
Regallagerung / Statische Lagerung	Blockregal	Einfahr-/Durchfahrregal	●	◐	○	○	○	●	●	●	●
		Wabenregal	○	◐	●	●	●	●	●	●	◐
	Zeilenregal	Fachbodenregal	○	◐	●	◐	○	○	●	●	◐
		Schubladenregal	○	◐	●	●	●	●	●	●	◐
		Paletten- oder Hochregal	●	●	●	◐	●	●	●	●	◐
		Behälterregal	○	◐	●	●	◐	○	○	◐	●
		Kragarmregal	○	◐	●	●	●	●	●	●	◐
Regallagerung / Dynamische Lagerung — Feststehende Regale, Bewegliche Ladeeinheiten		Durchlaufregal Stetigf. Schwerkraft	◐	●	○	○	◐	●	◐	●	●
		Einschubregal Stetigf. Schwerkraft	◐	●	○	◐	●	●	◐	●	●
		Durchlaufregal Stetigf. Antrieb	●	●	○	○	◐	●	●	●	●
		Durchlaufregal Unstetigf. Schwerkraft	●	●	○	○	◐	●	◐	●	●
		Einschubregal Unstetigf. Schwerkraft	◐	●	○	○	◐	●	◐	●	●
		Kanalregal Unstetigf. Antrieb	●	●	○	○	◐	●	●	●	◐
Regallagerung / Dynamische Lagerung — Bewegte Regale, Feststehende Ladeeinheiten		Umlaufregal horizontal	○	◐	●	●	●	○	◐	●	◐
		Umlaufregal vertikal	○	○	●	●	◐	●	●	◐	●
		Verschiebe-Umlaufregal	○	●	●	◐	●	●	●	●	●
		Verschieberegal (Tische)	○	◐	●	○	●	●	●	●	◐
		Verschieberegal (Zeilen)	◐	●	●	●	●	◐	●	●	●
		Regal auf Flurförderzeug	○	○	●	○	○	●	○	○	●

Legende:
- ● gut geeignet
- ◐ bedingt geeignet
- ○ schlecht geeignet

Lagermittel

Legend: ● günstig ◐ durchschnittlich ○ ungünstig

Column groups (Lagermittel):

- **Bodenlagerung** – Statische Lagerung
  - Block: Block gestapelt und un-gestapelt
  - Zeilen: Zeilen gestapelt und un-gestapelt
- **Statische Lagerung**
  - Blockregal: Einfahr-/Durchfahr-regal, Waben-regal
  - Zeilenregal: Fach-boden-regal, Schub-laden-regal, Paletten- oder Hochregal, Behälter-regal, Krag-arm-regal
- **Regallagerung**
  - Feststehende Regale, Bewegte Ladeeinheiten: Durchlauf-regal Stetigf. Schwer-kraft, Einschub-regal Stetigf. Schwer-kraft, Durchlauf-regal Stetigf. Antrieb, Durchlauf-regal Unstetigf. Schwer-kraft, Einschub-regal Unstetigf. Schwer-kraft, Kanal-regal Unstetigf. Antrieb
  - Dynamische Lagerung: Umlauf-regal horizontal, Umlauf-regal vertikal
  - Bewegte Regale, Feststehende Ladeeinheiten: Ver-schiebe-Umlauf-regal, Ver-schiebe-regal (Tische), Ver-schiebe-regal (Zeilen)
- **Regal auf Flur-förder-zeug**

Bestimmungskriterien (rows):

- Automatisierungsgrad
- Flexibilität bei Artikelmengenänderung
- Direktzugriff auf jede Ladeeinheit
- First in – first out
- chaotische Lagerung
- Eignung für eine automatische Kommissionierung
- Raumnutzung = $\dfrac{\text{Lagergutvolumen}}{\text{Lagergesamtvolumen}}$
- Flächennutzung = $\dfrac{\text{Lagergutvolumen}}{\text{Lagergesamtvolumen}}$
- Organisation mit Datenverarbeitung
- Erweiterungsfähigkeit
- Investitionsaufwand (Lager- und Fördertechnik)
- Wartungsaufwand
- Höhen- oder Lagerbegrenzung
- Störungsanfälligkeit und Unfallgefährdung
- Lagergutbelastung
- zusätzlich benötigte Fördertechnik zum Ein- und Auslagern
- Notbetrieb bei Betriebsstörungen
- Zugriffsdauer

Bild 16-97 Beispielhafte Bewertung häufig eingesetzter Lagermittel

Lagersystemdaten / Lagermittel	Blocklager		Palettenregallager	
Lagerausführung				
Fördermittel	2 Frontstapler	2 Frontstapler	3 Stapler mit Schwenkschubgabel	1 Regalbediengerät 2 Verteilfahrzeuge
Automatisierungsgrad	manuell	manuell	manuell	automatisch
Personalbedarf	2 Pers./Schicht	2 Pers./Schicht	3 Pers./Schicht	1 Pers./Schicht
Lageraufbau	1 Hauptgang 50 Zeilen mit 10 Paletten je Seite 3-fach Stapelung	3 Hauptgänge 2 Quergänge 10 Blöcke mit je 300 Paletten 3fach Stapelung	3 Gänge mit je 84 Paletten 6-fach Stapelung Einlagerrichtung 1200 mm tief	4 Kanäle mit je 60 Paletten 6 Kanäle übereinander Einlagerrichtung 1200 mm tief
Lagerkenngrößen				
Lagerabmaße einschl. Gänge und Überfahrten ohne Vorzonen m	45,1 · 30,3 · 3,2	49,9 · 36,3 · 3,2	84,2 · 12,3 · 7,2	62,3 · 15,7 · 8,1
Lagergutfläche in einer Ebene m²	960	960	484	484
Lagergesamtfläche m²	1.366	1.811	1.036	978
Flächennutzungsgrad ** %	70	53	47	49
Lagergutvolumen m³	2.880	2.880	2.903	2.903
Lagergutvolumen ohne Vorzone [m³]	4.373	5.796	7.457	7.923
Raumnutzungsgrad *** %	66	50	39	37
Zugriffsgrad **** %	3,3	6,7	100	100
Anschaffungskosten				
Lagermittel * DM]	-	-	240.000	450.000
Fördermittel * zum Ein- und Auslagern DM	80.000	80.000	225.000	575.000
Gebäude * [DM]	480.000	635.000	970.000	1.030.000
Gesamt [DM]	560.000	715.000	1.435.000	2.055.000
Preis / Palettenplatz ohne Gebäude [DM]	27,00	27,00	154,00	339,00
Preis / Palettenplatz DM	187,00	238,00	474,00	680,00
Betriebskosten				
Fixkosten [DM/a]	63.000	77.000	172.000	268.000
variable Kosten [DM/a]	236.000	244.000	376.000	240.000
Gesamtkosten [DM/a]	299.000	321.000	548.000	508.000
Kosten je Lagerbewegung (von den Gesamtkosten) [DM]	1,50	1,60	2,74	2,54
Kosten je Lagerplatz (von den Gesamtkosten) [DM/a]	100,00	107,00	181,00	168,00

Randbedingungen:

Ladeeinheiten (LE):	Europalette (800 + 1200 + 1000)	Stapelfähigkeit:	3fach
Gewicht:	1 t	Arbeitsstruktur:	< 100 Artikel
Menge der Ladeeinheiten:	3.000 Stück	Lagerbewegungen:	50 LE/h
		Betrieb:	2-schichtig, 250 Tage à 8 h

Bild 16-98 Beispielhafte Leistungs- und Kostenaufstellung für verschiedene Lagersysteme

Hochregallager	Durchlauf-regallager	Kanalregallager		Verschieberegallager	
2 Regalbediengeräte mit Teleskopgabel	2 Frontstapler	1 Regalbediengerät 2 Kanalfahrzeuge	2 Regalbediengeräte 2 Kanalfahrzeuge	2 Frontstapler	1 Regalbediengerät 2 Verteilfahrzeuge
automatisch	manuell	automatisch	automatisch	manuell	automatisch
1 Pers./Schicht	2 Pers./Schicht	1 Pers./Schicht	1Pers./Schicht	2 Pers./Schicht	1 Pers./Schicht
2 Gänge mit je 50 Paletten 15fach Stapelung Einlagerrichtung 1200 mm tief	20 Kanäle mit je 25 Paletten 6 Kanäle übereinander 1200 mm in Kanalrichtung	20 Kanäle mit je 25 Paletten 6 Kanäle übereinander 800 mm in Kanalrichtung	20 Kanäle mit je 25 Paletten 6 Kanäle übereinander 800 mm in Kanalrichtung	1 Hauptgang rechts und links je 5 Gänge mit je 30 Palettenplätzen 5fach Stapelung Einlagerrichtung 1200 mm tief	1 Hauptgang rechts und links je 5 Gänge mit je 30 Palettenplätzen 5fach Stapelung Einlagerrichtung 1200 mm tief
50,0 · 7,8 · 18,9	30,2 · 22,1 · 8,4	30,5 · 23,7 · 8,9	30,5 · 24,9 · 8,9	16,2 · 60,3 · 6,2	57,4 · 13,9 · 7,2
192	480	480	480	576	576
390	667	723	759	977	798
49	72	66	63	59	72
2.880	2.880	2.880	2.880	2.880	2.880
7.371	5.606	6.433	6.759	6.056	5.745
39	51	45	43	48	50
100	4	4	4	20	20
660.000	900.000	750.000	750.000	900.000	1.200.000
745.000	130.000	440.000	715.000	130.000	565.000
570.000	730.000	835.000	880.000	790.000	750.000
1.975.000	1.760.000	2.025.000	2.3453000	1.820.000	2.515.000
468,00	343,00	397,00	488,00	343,00	588,00
658,00	587,00	675,00	782,00	607,00	838,00
307.000	203.000	251.000	304.000	209.000	329.000
289.000	335.000	210.000	244.000	350.000	354.000
596.000	538.000	461.000	548.000	559.000	683.000
2,98	2,69	2,30	2,74	2,80	3,41
199,00	179,00	154,00	183,00	186,00	228,00

*   Erfahrungswerte, Basis 1988
**   Lagergutfläche in einer Ebene/Lagergesamtfläche
***   Lagervolumen/Lagergesamtvolumen ohne Vorzone
**** Anzahl der direkt greifbaren Ladeeinheiten/Anzahl aller gelagerten Ladeeinheiten

den folgende materialflußtechnische Einheiten verwendet:

- *Lagereinheiten* stellen die Einheiten dar, in der ein Artikel im Kommissioniersystem bevorratet wird.
- *Bereitstelleinheiten* werden die Einheiten genannt, die zur Entnahme angeboten werden.
- *Entnahmeeinheiten* sind die Einheiten eines bestimmten Artikels, die durch den Kommissionierer bei einem Zugriff bewegt werden. Die Summe der an einem *Bereitstellort* zusammengefaßte Mengen von Entnahmeeinheiten ist die Bereitstelleinheit.
- *Sammeleinheiten*, auch *Kommissioniereinheiten* genannt, entstehen durch Bearbeitung der einzelnen Positionen einer „Pickliste" durch den Kommissionierer.
- *Versandeinheiten* repräsentieren die Menge der Artikel in der entsprechenden Stückzahl, die der Kunde durch seinen Auftrag angefordert hat.

16.5.7.2 Systematik der Kommissioniertechniken

Materialfluß

Der Kommissioniervorgang besteht materialflußtechnisch aus maximal neun Grundfunktionen (vgl. Bild 16-99) [Jün89]. Diese können bezüglich ihrer charakteristischen Merkmale in Bewegungs-, Ort- und Handhabungsfunktionen unterteilt werden. Die technischen Realisierungsmöglichkeiten der einzelnen Funktionen sind in Bild 16-100 dargestellt. Die technische Realisierung einer Funktion ist dann vollständig beschrieben, wenn aus jeder Ebene genau ein Realisierungsbaustein ausgewählt worden ist. So beschreibt die Ortsfunktion „Bereitstel-

Grundfunktionen im Materialfluß	Beschreibung	Art
Transport zur Bereitstellung	Bewegung der Bereitstelleinheit zum Bereitstellort zur Erledigung des aktuellen Kommissionierauftrages. Sie ist nicht grundsätzlich erforderlich, bedingt andernfalls jedoch zwangsläufig eine dezentrale Bereitstellung mit Bewegung des Kommissionierers zum Bereitstellort.	Transport
Bereitstellung	Art und Lage der Darbietung der Bereitstelleinheiten zur Entnahme.	Ort
Bewegung des Kommissionierers zur Bereitstellung	Bewegung des Kommissionierers zum Erreichen des Bereitstellortes. Die Funktion wird stark durch die gewählte Bereitstellung beeinflußt. Ist die Bereitstellung dezentral, muß der Kommissionierer zu den verschiedenen Bereitstellorten bewegt werden. Bei einer zentralen Bereitstellung ist hingegen keine Bewegung erforderlich.	Transport
Entnahme	Physische Vereinzelung der Entnahmeeinheiten von der Bereitstelleinheit, jeder Vereinzelungsvorgang wird als Zugriff bezeichnet.	Handling
Transport der Entnahmeeinheit zur Abgabe	Nach der Entnahme werden die Entnahmeeinheiten einem Abgabeort zugeführt. Dieser Abgabeort ist der Ort an dem die Entnahmeeinheiten entweder am Entnahmeort zu Sammeleinheiten zusammengefaßt (Transport der Sammeleinheiten zur Abgabe erforderlich), oder als einzelne Einheiten zur z.B. nachgeschalteten Sortierung transportiert (keine Bildung von Sammeleinheiten erforderlich) werden.	Transport
Abgabe der Entnahmeeinheit	Art und Lage der Abgabeorte für Entnahmeeinheiten im Kommissioniersystem.	Ort
Transport der Sammeleinheit zur Abgabe	Sofern eine Sammeleinheit gebildet wird, müssen diese zur Komplettierung oder weiteren Bearbeitung nachfolgenden Arbeitsplätzen zugeführt werden.	Transport
Abgabe der Sammeleinheit	Art und Lage der Abgabeorte der Sammeleinheiten im Kommissioniersystem. Nur erforderlich sofern vor der Erstellung des Kundenauftrages eine teilweise Zusammenfassung entnommener Einheiten erfolgt.	Ort
Rücktransport angebrochener Einheiten	Bleibt die einmal an den Bereitstellort transportierte Einheit an diesem Ort stehen bis die letzte Entnahmeeinheit entnommen wurde, ist diese Funktion nicht erforderlich. Wird sie jedoch nach der Entnahme wieder an einen Lagerort transportiert, ist ein Rücktransport erforderlich. Dabei ist es für die Strukturierung von Kommissioniersystemen unerheblich, ob es sich dabei um den Rücktransport in das selbe Lager oder die Einlagerung z.B. in ein Anbruchlager handelt.	Transport

Bild 16-99 Grundfunktionen des Materialflusses

lung" durch die Bausteine „statisch", „dezentral" und „geordnet" eine statische Lagertechnik [Schu93].

Bewegungsfunktionen werden sowohl hinsichtlich ihrer Richtung mit den Alternativen ein-, zwei- oder dreidimensional als auch dem Automatisierungsgrad der Bewegung unterschieden. Eine eindimensionale Fortbewegung wird technisch durch Rollenbahnen oder induktiv geführte Flurförderzeuge realisiert. Eine zweidimensionale Bewegung ist durch ein Regalförderzeug oder die ebene Fortbewegungsmöglichkeit des Menschen und eine dreidimensionale Bewegung durch einen Stapelkran realisierbar. Speziell die zweidimensionale Bewegungsrichtung wird dabei noch in eine sog. zweidimensional horizontale und eine zweidimensional vertikale Bewegung unterschieden. Die horizontale zweidimensionale Fortbewegung ist im einfachsten Fall durch Hand- oder Gabelhubwagen realisiert, wobei die Kommissionierfahrzeuge vielfach in mechanisch oder induktiv zwangsgeführten Varianten angeboten werden, um den Kommissionierer von der Lenktätigkeit zu befreien.

Für die vertikale zweidimensionale Fortbewegung werden Regalbediengeräte und Kommissionierstapler eingesetzt. Auch hier werden Geräte mit den unterschiedlichsten Gangbreiten, Ausstattungsextras, Hubhöhen usw. angeboten. Welches Gerät für den speziellen Anwendungsfall optimal eingesetzt werden kann, muß im Einzelfall untersucht werden.

Die Bewegung kann manuell, mechanisiert oder automatisiert erfolgen. Dabei wird eine manuelle Bewegung vollständig vom Menschen ausgeführt bzw. gesteuert. Eine mechanisierte Bewegung ist dadurch gekennzeichnet, daß der Mensch nur einen Teil der erforderlichen Steuerungsaufgaben, wie Start- oder Stoppbefehle, gibt. Bei einer automatischen Bewegung ist die Anwesenheit eines Menschen nicht erforderlich [Jün89].

Ortsfunktionen werden in statische und dynamische Bereitstellung bzw. Abgabe unterschieden, wobei statische Orte dadurch gekennzeichnet sind, daß sie während der Durchführung entsprechender Kommissioniertätigkeiten nicht bewegt werden (z.B. Lagerfach im Fachbodenregal). Darüber hinaus wird in eine zentrale und dezentrale Anordnung z.B. der Bereitstellorte unterschieden. Eine zentrale Anordnung liegt dann vor, wenn z.B. mehrere Bereitstelleinheiten zu verschiedenen Zeiten am gleichen Ort zur Entnahme angeboten werden. Kommissioniersysteme mit einer derartigen Bereitstellung werden in der Praxis auch als Kommissionierung nach dem Prinzip *„Ware zum Kommissionierer"*, und die dezentrale Bereitstellung als Kommissionierung nach dem System *„Kommissionierer zur Ware"* bezeichnet.

Im Sinne einer verstärkten Integration von Handhabungseinrichtungen in den Kommissionierablauf muß ebenfalls zwischen dem Ordnungszustand der entsprechenden Einheiten differenziert werden. Als geordnet wird eine Einheit dann bezeichnet, wenn Position und Orientierung eindeutig definiert sind. So vereinfacht sich die Handhabungsaufgabe erheblich, wenn statt einem Haufwerk von Flaschen auf einem Förderband (ungeordneter Zustand), die Flaschen durchaus ungeordnet jedoch aufrecht stehend auf dem Förderband zur Entnahme angeboten werden (teilgeordneter Zustand). Ideal sind Flaschen in einem Getränkekasten, da sowohl die Position (Rasterfeld im Kasten) als auch die Orientierung (aufrecht stehende rotationssymmetrische Einheit) definiert ist [Schu93].

Die *Handhabungsfunktion* wird nach der Art des Zugriffes und der Anzahl der bei dem einzelnen Zugriff entnommenen Entnahmeeinheiten unterschieden (vgl. Bild 16-100). Bei der manuellen Entnahme werden die Zugriffe vom Menschen durchgeführt, während bei der automatischen Entnahme der Zugriff durch Automaten oder Handhabungseinrichtungen erfolgt. Eine mechanisierten Entnahme liegt dann vor, wenn der Entnahmevorgang durch Hilfsmittel realisiert werden, deren Steuerung durch den Menschen erfolgt. Die Steuerung beschränkt sich dabei auf einfache Stop- und Startbefehle. Die Befehlsausführung erfolgt selbsttätig [Jün89].

Der Entnahmevorgang wird darüber hinaus wesentlich durch die Anzahl der bei einem Zugriff entnommenen Entnahmeeinheiten charakterisiert. Werden von einem Artikel mehrere Einheiten von einem Bereitstellort benötigt, so ist der Mensch je nach Artikelgröße in der Lage, mit einem Zugriff mehrere der erforderlichen Einheiten zu entnehmen. Handhabungseinrichtungen können, sofern sie nicht mit Mehrfachgreifern ausgerüstet sind, in der Regel nur ein Stück des zu entnehmenden Artikels greifen.

In der Praxis wird der Entnahmevorgang häufig manuell ausgeführt, da das zumeist sehr inhomogene Artikelspektrum bei gleichzeitig ho-

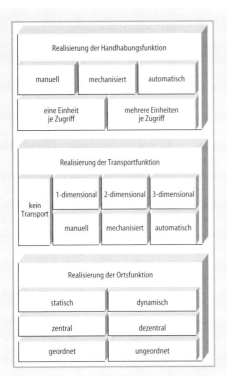

Bild 16-100 Bausteine der Materialflußtechnik [Scu93]

Das Informationssystem eines Kommissioniersystems setzt sich ebenso wie das Materialflußsystem aus bestimmten Grundfunktionen zusammen. Diese sind im einzelnen in Bild 16-101 erklärend dargestellt. Die prinzipiell zu unterscheidenden alternativen Realisierungsmöglichkeiten werden in Bild 16-102 aufgezeigt.

Die *Auftragserfassung* umfaßt alle administrativen Tätigkeiten beim Lieferanten, mit dem Ziel den Kundenauftrag bearbeiten zu können. Der Kundenauftrag muß die kundenseitigen Grundinformationen Kundenspezifikation, bestellter Artikel und bestellte Menge enthalten. Er kann darüber hinaus für die Kommissionierung nicht relevante Informationen wie gewünschte Versandart oder Verpackungsvorschriften aufweisen.

Die Erfassung kann durch eine telefonische oder per Telefax empfangene Mitteilung und anschließender manueller Übertragung in ein Auftragsformular erfolgen. Grundsätzliche Probleme bei der Übernahme der Bestelldaten von in schriftlicher Form zugehenden Informationen liegen in den Möglichkeiten der Unvollständigkeit der Daten und in der Verwechselungsgefahr bei der Eingabe (Zahlendreher, Mengenfehler). Bei telefonischer Auftragsannahme, wie sie z.B. in Handelsunternehmen und in der Feinverteilung von Pharmaprodukten auf Apotheken erfolgt, läßt sich zumindest die Unvollständigkeit der Daten als mögliche Störquelle im vorhinein ausschließen. Die telefonische Auftragsannahme bietet, sofern der Verkäufer direkt

her Entnahmeleistung zu hohe Anforderungen an die am Markt erhältlichen automatischen Systeme stellt. Eine automatische Entnahme ist in der Praxis dort realisierbar, wo ein bezüglich der handhabungstechnischen Eigenschaften eng begrenztes Spektrum der Entnahmeeinheiten vorliegt, wie z.B. in der Pharmaindustrie [Schu93].

Grundfunktionen im Informationsfluß	Beschreibung
Erfassung des Kundenauftrags	administrative Tätigkeiten beim Lieferanten, mit dem Ziel, den Kundenauftrag bearbeiten zu können
Aufbereitung des Kundenauftrags	Tätigkeiten nach der Auftragserfassung und vor der Weitergabe der Kundenauftragsinformationen zur Kommissionierung
Weitergabe	Art der Übermittlung der zur Kommissionierung wesentlichen Information an den Kommissionierer
Quittierung der Kommissionierung	Bestätigung der erfolgreichen Bearbeitung der jeweiligen Position oder des gesamten Auftrags. Eine Quittierung ist ebenso die Mitteilung, daß eine zu entnehmende Menge nicht in einer der Vorgabe entsprechenden Menge vorhanden ist (z.B. Fehlmengen)

Bild 16-101 Grundfunktionen des Informationsflusses

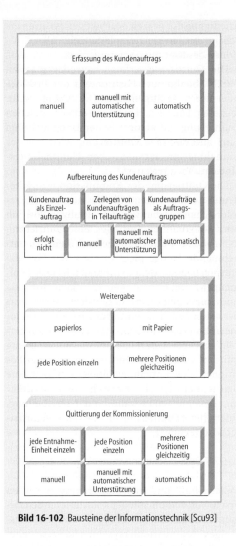

Bild 16-102 Bausteine der Informationstechnik [Scu93]

über, der in diesem Falle über eine gute Sortimentskenntnis verfügen muß. Für die technische Gestaltung einer automatischen Auftragserfassung stehen verschiedene Konzepte zur Verfügung, wobei die Nutzung mobiler Datenerfassungssysteme beim Kunden und die anschließende automatische Übermittlung der Daten über entsprechende Kommunikationshilfsmittel (Modem) in die EDV des Kommissioniersystems ein gängiges Verfahren darstellt. Die Auswahl des jeweilig geeigneten Verfahrens zur Auftragserfassung erfolgt im wesentlichen anhand der zu erfassenden Datenmenge, der Möglichkeit der Datenerfassung (Identifikationsmöglichkeiten), dem Verhältnis Kunde zu Lieferant, den branchenabhängigen Dokumentationspflichten sowie den erforderlichen Reaktionszeiten zwischen Bestellung und Versand.

Die *Aufbereitung des Kundenauftrages* beinhaltet alle beim Lieferanten stattfindenden Tätigkeiten, die nach der Auftragserfassung und vor der Weitergabe der Kundenauftragsinformationen zur Kommissionierung durchgeführt werden. Eine Aufbereitung der Kundenaufträge ist nicht in jedem Fall erforderlich. Der Kundenauftrag wird in solchen Fällen ohne Bearbeitung direkt dem Kommissionierer übergeben. Dies setzt jedoch entweder eine enge Zusammenarbeit zwischen Kunden und Lieferanten oder aber ein hohes spezifisches Wissen des Kommissionierers voraus.

Neben den notwendigen Grundinformationen Entnahmeort und Entnahmemenge werden auf gebräuchlichen Picklisten weiterer Informationen dargestellt, die zur Absicherung der Kommissioniervorgänge oder zur Beschreibung von Zusatztätigkeiten (z.B. Etikettieren) oder Folgetätigkeiten (Verpackungsvorschriften) dienen. Eine solche Vorgehensweise kann sinnvoll sein, birgt aber die Gefahr der Informationsüberfrachtung der Kommissionierlisten in sich.

Die Zeilen einer Pickliste werden als *Positionen* bezeichnet. Jede Position beschreibt dabei die Entnahmemenge eines Artikels für den Kundenauftrag. Beinhalten zwei verschiedene Kundenaufträge denselben Artikel mit entsprechenden Entnahmemengen, stellen diese bei einer auftragsweisen Kommissionierung zwei Positionen, bei der artikelweisen Kommissionierung eine Position auf der Pickliste dar.

Eine *Pickliste* kann einen oder mehrere komplette Kundenaufträge, oder aber einen Teilauftrag aus einem oder mehreren Kundenaufträgen beinhalten. Ein Teilauftrag stellt dabei nur

die verfügbaren Warenbestände mit den Bestellwünschen vergleichen kann, für den Kunden die direkte Information der Lieferfähigkeit. Hierzu ist es jedoch notwendig, die verfügbaren Bestände, durch datentechnische Kopplung der Bestellannahme mit der Bestandsführung und permanente Fortschreibung, ständig zu aktualisieren.

Etwas komfortabler ist die manuelle, jedoch automatisch unterstützte Erfassung der Aufträge, wie z.B. durch manuelle Eingabe in vorgegebene Masken. Eine vollständig automatische Auftragserfassung ist bei einer On-line-EDV-Verbindung zwischen Lieferanten und Kunden gegeben, bei der Eingabefehler bei der Auftragserfassung ausgeschlossen werden. Die Verantwortung bzgl. richtiger Bestellmenge und richtigem Artikel geht dann auf den Kunden

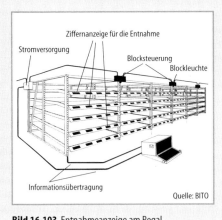

Bild 16-103 Entnahmeanzeige am Regal

Ziffernanzeige für die Entnahme
Stromversorgung
Blocksteuerung
Blockleuchte
Informationsübertragung
Quelle: BITO

einen bestimmten Ausschnitt aus dem Kundenauftrag dar. Bei der Angabe mehrerer Kundenaufträge auf einer Pickliste ist eine entsprechende Kundenkennung anzugeben.

Für die Zusammenfassung der Kundenaufträge zu *Auftragsgruppen* bzw. *Sammelaufträgen* muß im Vorfeld eine Sammlung der eingehenden Kundenaufträge erfolgen. Dadurch verzögert sich die Weitergabe der Aufträge, jedoch ergeben sich zum Teil erhebliche Wegzeitverkürzung durch die parallele Entnahme eines Artikels für mehrere Aufträge.

Die *Weitergabe des Kommissionierauftrags* bezeichnet die Art der Übermittlung der zur Kommissionierung wesentlichen Informationen an den Kommissionierer. Dieses kann sowohl papierlos als auch papierbehaftet erfolgen. Im ersten Fall werden dem menschlichen Kommissionierer beispielsweise Entnahmeort und -menge über ein am Bereitstellort installiertes oder mitgeführtes Display angezeigt (vgl. Bild 16-103). Diese Displays können ein- bis mehrzeilig ausgeführt sein, so daß mehrere Positionen gleichzeitig erkennbar sind. Eine ebenfalls papierlose Weitergabe ist bei den Systemen realisiert, die den Entnahmeort durch ein am Bereitstellort aufleuchtendes Licht und die Entnahmemenge über eine mehrstellige Ziffernanzeige vorgeben. Bei papierbehafteter Kommissionierung werden Kommissionierlisten gedruckt und dem Kommissionierer übergeben.

Wesentliches Unterscheidungsmerkmal der Weitergabe ist darüber hinaus, wieviele Positionen der Kommissionierer gleichzeitig im Einblick hat. Realisiert sind sowohl Einzelanzeigen, bei der eine neue Position des Auftrages erst nach

Erledigung der derzeit bearbeiteten Position erscheint, bis hin zur Komplettanzeige aller Positionen des Kommissionierauftrages.

Die *Quittierung* erfolgt entweder manuell durch Abhaken der Position auf der Pickliste oder durch Betätigen einer Quittungstaste. In letzterem Fall spricht man von einer manuellen Quittierung mit automatischer Unterstützung. Eine automatische Quittierung wird bei der Entnahme mit automatischen Handhabungseinrichtungen realisiert.

Die Quittierung der Kommissionierung bedeutet nicht zwingend die Bestätigung der erfolgreichen Bearbeitung der jeweiligen Position oder des gesamten Auftrages. Eine Quittierung kann auch die Mitteilung sein, daß eine zu entnehmende Menge nicht in einer der Vorgabe entsprechenden Menge vorhanden ist (z. B. Fehlmengen). Dabei kann gemäß Bild 16-102 jede Entnahmeeinheit einzeln quittiert werden, was der automatischen Quittierung bei Kommissionierrobotern entspricht, oder jede Position einzeln bzw. der gesamte Kommissionierauftrag quittiert werden. Die Quittierung einzelner Positionen bzw. Entnahmeeinheiten erlaubt eine Beurteilung des Arbeitsfortschrittes eines Kommissionierauftrages während der Bearbeitung, sofern diese Quittierung on line weiterverarbeitet wird [Schu93].

16.5.7.3 Organisation und Strategien

Materialfluß- und Informationssystem werden erst in Verbindung mit der koordinierenden Organisation zu einem funktions- und leistungsfähigen Kommissioniersystem. Die verschiedenen Bereiche der Organisation sind in Bild 16-104 dargestellt.

Aufbauorganisation der Kommissionierung

Die Aufbauorganisation beschreibt die physische Gestaltung eines Kommissioniersystems. Gemäß Bild 16-105 können Kommissioniersysteme in *Zonen* aufgeteilt werden, wobei eine Zone ein bezüglich der eingesetzten Material- und Informationsflußtechnik sowie der vorliegenden Organisation homogener Bereitstellungsbereich ist. Entsprechend wird von ein- bzw. mehrzonigen Kommissioniersystemen gesprochen.

Während eine Zonung aus organisatorischen Gründen zur Verbesserung der betrieblichen Abläufe und zur Leistungssteigerung durchgeführt wird, ist eine technische Zonung durch die

Organisations-struktur	Beschreibung
Aufbauorganisation	Die Aufbauorganisation bestimmt die Aufteilung des Sortiments in Zonen und die räumliche Anordnung der einzelnen Zonen.
Ablauforganisation	Die Ablauforganisation bestimmt die Abfolge der zur Bearbeitung notwendigen Teilaufgaben hinsichtlich ihrer zeitlichen Abläufe in den verschiedenen Kommissionierzonen und die Zuordnung von (Teil-) Aufträgen zum Kommissionierer. Sie wird durch die Auftragsstruktur bestimmt.
Betriebsorganisation	Die Betriebsorganisation bestimmt die Reihenfolge, in der die von dem Kommissioniersystem zu bearbeitenden Aufträge in das System eingelastet werden. Sie dient der Optimierung des Gesamtsystems hinsichtlich betrieblicher Zielgrößen.

Bild 16-104 Organisationsstruktur der Kommissionierung

Artikeleigenschaften bedingt. Deshalb kann die organisatorische Zonung auch als *freiwillige Zonung*, die Zonung aus technischen Gründen als *erzwungene Zonung* bezeichnet werden. Generell ist es anzustreben die Zahl unterschiedlicher Zonen in einem Kommissioniersystem zu minimieren, da z. B. der Aufwand zur Zusammenführung der Teilaufträge aus den verschiedenen Kommissionierzonen überproportional ansteigt. Gleichzeitig verliert das Kommissioniersystem an Übersichtlichkeit und Transparenz. Eine Auftragsverfolgung ist dann nur noch mit hohem Aufwand möglich.

Die häufigsten Einflüsse für eine Zonung aus organisatorischen Gründe sind:

- Absatzmenge je Artikel: Werden bestimmte Artikel in einem Kommissioniersystem zu bestimmten Zeiten in einer überproportional hohen Menge benötigt (Saison- oder Aktionsware), werden diese in einem gesonderten Bereich bereitgestellt und kommissioniert.
- Zugriffshäufigkeiten je Artikel: Die Artikel eines Kommissioniersystems werden mit unterschiedlichen Häufigkeiten angefordert. Die Zugriffshäufigkeit bezeichnet dabei die zeitbezogene Häufigkeit, mit der ein Artikel bei der Kommissionierung angesprochen wird. Dabei ist nicht die Entnahmemenge ausschlaggebend, sondern vielmehr, wie oft der betreffende Lagerort aufgrund der gewählten Orga-

nisation und Auftragsaufbereiitung angesprochen wird.
- Diebstahlsaspekte: Manche Sortimente enthalten Artikelgruppen oder einzelne Artikel, die einem hohen „Schwund" unterliegen. Je nach dem Wert dieser Artikel werden diese in einem separaten und abgegrenzten Bereich bereitgestellt. Dadurch steigt in der Regel der Kommissionieraufwand, z. B. durch längere Wegstrecken oder durch die erforderliche Zusammenführung der Teilaufträge. Hier ist eine exakte Abwägung des Warenwerts und des Aufwands notwendig.
- Zusammenfassung einzelner Artikel zu Gruppen: Vor allem im Ersatzteilbereich werden Artikelgruppen kommissioniert, da z. B. der Artikel Schalldämpferendtopf mit dem entsprechenden Befestigungssatz angefragt wird, so daß eine Zusammenlagerung dieser beiden Artikel sinnvoll sein kann. Ebenso ist eine Begrenzung bestimmter Kunden auf bestimmte Hersteller erkennbar.

Wichtige Gesichtspunkte für eine technische Zonung sind:
- Artikelabmessungen und -volumina: Großvolumige oder sperrige Artikel benötigen zwangsläufig eine andere Bereitstelltechnik als Kleinteile.
- Artikelgewichte: Artikel, deren Entnahmeeinheiten die zulässigen Lastgewichte überschreiten, z. B. Bremstrommeln für Lkw, müssen mit geeigneten Hebezeugen entnommen werden. In der Praxis werden solche Artikel zu einem zentralen Bereitstellort in der Lagervorzone transportiert, dort entnommen und die angebrochene Bereitstelleinheit zurück ins Lager transportiert.
- Anforderungen an die Lagerumgebung: Tiefkühlartikel müssen in einer anderen Umgebung gelagert werden und bedingen eine entsprechend angepaßte Kommissioniertechnik. Speziell Tiefkühlprodukte stellen in der Praxis extrem hohe Ansprüche an Planung und Betrieb der Kommissioniersysteme, da die Tiefkühlkette zwischen Produzent und Endverbraucher nicht unterbrochen werden darf.
- Anforderungen durch sonstige Artikeleigenschaften: Güter, die aufgrund von Gefahrstoffklassifizierungen nicht zusammen gelagert werden dürfen, zur Kommissionierung jedoch eine gleichartige Materialfluß- und Informationstechnik wie für die nicht gefährlichen Artikel benötigen. Eine Zonung aus diesem

Grund wird wegen des gestiegenen Umweltbewußtseins künftig immer wichtiger werden.

Ablauforganisation der Kommissionierung

Während die Aufbauorganisation eines Kommissioniersystems von der Sortimentsstruktur und den Artikeleigenschaften bestimmt wird, ist für die Ablauforganisation der Kommissionierung die Auftragsstruktur von entscheidender Bedeutung. Die Ablauforganisation beschreibt dabei zum einen die Zuordnung der Aufträge zu den einzelnen Kommissionierern und zum anderen die Wegstrategien der Kommissionierer zu den Bereitstellorten bei dezentraler Bereitstellung.

Gemäß Bild 16-105 kann die Bearbeitung eines Auftrages durch den Kommissionierer seriell (nacheinander) oder parallel (gleichzeitig) erfolgen. Dabei wird von einer *seriellen Kommissionierung* gesprochen, wenn ein Auftrag zonenweise von einem Kommissionierer bearbeitet wird bzw. ein Auftrag bei einer Bearbeitung durch mehrere Kommissionierer erst nach Beendigung der Kommissionierung durch den Vorgänger die Weiterbearbeitung des Auftrages beginnen kann. Systeme, bei denen Entnahmeeinheiten genau einmal identifiziert und dann unmittelbar dem Kundenauftrag oder -teilauftrag zugeordnet werden, bezeichnet man als *einstufige Kommissioniersysteme*.

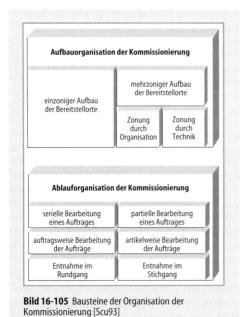

Bild 16-105 Bausteine der Organisation der Kommissionierung [Scu93]

Bei der *parallelen Auftragsabwicklung* wird ein Kundenauftrag in mehrere Teilaufträge zerlegt und diese zeitgleich von mehreren Kommissionierern bearbeitet. Durch die parallele Bearbeitung wird die Durchlaufzeit des einzelnen Auftrages deutlich verringert. Nach der Bearbeitung der Teilaufträge werden diese im Kontroll- oder Versandbereich zusammengefaßt.

Die *auftragsweise Kommissionierung* ist dadurch gekennzeichnet, daß der Kommissionierer bei der Entnahme jederzeit über ein Kundenidentifikationsmerkmal den Bezug zwischen Kommissionierauftrag und Kundenauftrag herstellen kann. Bearbeitet er beispielsweise zwei Aufträge zeitgleich, so würde er aufgrund der ihm vorliegenden Entnahmeinformation drei Entnahmeeinheiten für den Auftrag x in den mitgeführten ersten Kommissionierbehälter und vier Entnahmeeinheiten für den Auftrag y in einen zweiten Kommissionierbehälter ablegen. Auf der Kommissionierliste sind entsprechend zwei Positionen ausgewiesen, die neben Entnahmemenge und -ort auch einen Abgabeort enthalten.

Bei der *artikelweisen Kommissionierung* wird der Zusammenhang zwischen Kundenauftrag und Kommissionierauftrag aufgelöst. Durch die Zusammenfassung mehrerer Kundenaufträge zu einem Kommissionierauftrag bearbeitet der Kommissionierer ebenfalls zeitgleich mehrere Aufträge. Jedoch entnimmt er im Unterschied zur auftragsweisen Kommissionierung den gewünschten Artikel für alle in Bearbeitung befindlichen Aufträge gleichzeitig. In dem vorstehenden Beispiel würde der Kommissionierer sieben Einheiten entnehmen und zusammen abgeben. Seine Kommissionierliste weist die Entnahme für beide Aufträge in diesem Fall durch eine einzige Position aus. Zwangsläufig ist es bei dieser Vorgehensweise notwendig, in einem der Entnahme der Artikel nachfolgenden Sortierschritt die ursprünglich durch die verschiedenen Kunden gewünschte Auftragszusammensetzung herzustellen. Dieser Sortierschritt erfolgt abschließend in einer sog. zweiten Kommissionierstufe.

Die *zweistufige Kommissionierung* ist durch einen doppelten Handhabungs- und Identifikationsaufwand der Entnahmeeinheiten zwischen Bereitstellort und Abgabeort gekennzeichnet. Der zusätzliche Aufwand bedeutet erhöhte Investitions- und Betriebskosten sowie zusätzlichen Personalbedarf für die zweite Kommissionierstufe. Vorteile einer solchen Vorgehensweise liegen im Erreichen einer höheren Entnahmedich-

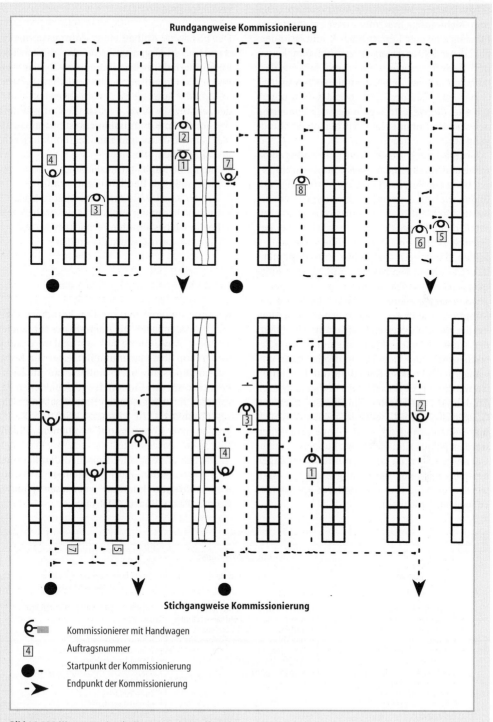

Bild 16-106 Wegestrategien der Kommissionierung [Scu93]

te bzw. kürzerer Wegzeiten je Auftragseinzelposition. Mehrstufige Systeme setzen bei ihrer Einführung eine gute Kenntnis der Kommissionierabläufe und ihrer gegenseitigen Abhängigkeiten und Beeinflussungen voraus und müssen deshalb im Einzelfall detailliert untersucht werden.

Der letzte Teil der Ablauforganisation unterscheidet die Wegestrategien des sich ebenerdig bewegenden Kommissionierers bei seinem Rundgang durch das Lager.

Grundsätzlich stehen ihm eine rundgangsweise und eine stichgangsweise Strategie zur Erreichung der Bereitstellorte zur Verfügung (vgl. Bild 16-106). Bei der rundgangsweisen Vorgehensweise durchläuft der Kommissionierer grundsätzlich alle Gänge des Lagerbereiches. Bei der Planung ist auf eine geradzahlige Gangzahl zu achten, damit kein Gang ohne Entnahmemöglichkeit durchlaufen werden muß. Ebenso sollte trotz schlechterer Flächennutzung auf eine genügend große Gangbreite, die ein Überholen der Kommissionierer ermöglicht, geachtet werden. Bei der stichgangsweisen Bearbeitung durchläuft der Kommissionierer den Gang nur bis zum Erreichen des Entnahmeortes und kehrt dann um. Gänge, in denen keine Entnahme durchzuführen ist, werden im Gegensatz zur rundgangsweisen Entnahme nicht betreten. Ein Überspringen von Gängen ist also bei dieser Strategie möglich. Auch hier sollten genügend breite Gänge vorgesehen werden, jedoch sind die Auswirkungen zu enger Gänge geringer, da die Kommissionierwagen beispielsweise vor dem Gang stehengelassen werden und die Kommissionierer aneinander vorbeigehen [Schu93].

Betriebsorganisation

Der physische Aufbau eines Kommissioniersystems und die Organisation der Auftragsabwicklung innerhalb und zwischen den Zonen wird durch die Organisation der zeitlichen Reihenfolge, in der Aufträge im System abgewickelt werden, ergänzt [VDI94]. Ziel ist die Optimierung des gesamten Kommissioniersystems hinsichtlich verschiedener und zum Teil konkurrierender Zielgrößen, wie

– maximale Kapazitätsauslastung,
– gleichmäßiger Beschäftigungsgrad,
– kurzfristige Einbindung von Eilaufträgen,
– Berücksichtigung von Kundenwünschen, z.B. bezüglich bestimmter Verpackungsarten,
– kürzeste Auftragsdurchlaufzeiten.

16.5.7.4 Kennwerte und Eignungskriterien

Kommissioniersysteme stellen komplexe logistische Systeme dar. Die Auswahl der für den jeweiligen Anwendungsfall optimalen Lösung fordert von dem Planer und Betreiber von Kommissioniersystemen ein hohes Maß an Sachkenntnis, um den Einfluß der verschiedenen Parameter auf den gesamten Betriebsablauf richtig abschätzen zu können. Wichtige Kenngrößen von Kommissioniersystemen sind in Bild 16-107 dargestellt.

Zur Erläuterung aller zwischen den Parametern bestehenden Zusammenhänge wird auf weiterführende Literatur verwiesen [Gud73, Bor75b, Für74, Bor75a, VDI 3657].

Wichtige Kenngrößen		
Auftragsstruktur	Artikelstruktur	Kommissionslagerstruktur (Zugriffsstruktur)
• Anzahl der Aufträge pro Zeiteinheit • Anzahl der Positionen pro Auftrag • Anzahl der Entnahmeeinheiten pro Position • Auftragsvolumen • Auftragsgewicht • Wiederholhäufigkeit • Eingangskontinuität • Auftragsdurchlaufzeit • (Kommissionierzeit) • Auftragsart • Auftragsbezogene Kommissionierung • Artikelbezogene Kommissionierung	• Gewicht der Entnahmeeinheit • Abmessungen der Entnahmeeinheit • Sortimentsbreite (Artikelanzahl) • Umschlaghäufigkeit (Gängigkeit) • Form der Artikel • Oberfläche der Artikel • Artikeltoleranzen	• Anzahl der Entnahmeeinheiten pro Ladeeinheit • Fläche pro Ladeeinheit Höhe pro Ladeeinheit • Toleranzen im Lagerbereich • Art der Lagermittel • Möglichkeiten des Zugriffs auf die Ladeeinheit • Zugriffsfläche • Abmessungen der Kommissionierfläche (Gangbreite) • Greiftiefe • Greifhöhe • Anzahl der Zugriffe pro Ladeeinheit

Bild 16-107 Kenngrößen der Kommissionierung

Transport zur Bereitstellung. Die Notwendigkeit des Transportes ist in erster Linie abhängig von der gewählten Art der Bereitstellung. Die Dimension der Bewegungsrichtung sowie der Automatisierungsgrad ergibt sich dabei bereits aus der eingesetzten Lagertechnik. Der Transport zur Bereitstellung kann entweder die räumliche Trennung von Lager- und Entnahmebereich in Reservelager mit vorgelagerten Bereitstellzonen, oder ein Zweigangsystem beim Durchlaulager bedingen.

Zweigangsysteme bieten durch die vermiedene Behinderung des Nachschubpersonals mit dem Kommissionierer generell eine höhere Leistungsfähigkeit als Eingangsysteme, haben jedoch bei kurzen Durchlaufkanälen (Extremfall: Fachbodenregal mit einer Fachtiefe von einer Lagereinheit) einen wesentlich höheren Flächenbedarf als Eingangsysteme zur Folge. Die Lagerung von Lagereinheiten in einem von der Bereitstellung getrennten Reservelager bietet sich dann an, wenn der durchschnittliche Artikelbestand wesentlich größer als die Bereitstellmenge ist, da je nach Lagertechnik hierdurch eine Verringerung der Wege für den Kommissionierer erreicht werden kann.

Bereitstellung. Die zentrale Bereitstellung mit Transport der Bereitstelleinheit zu einem in der Lagervorzone befindlichen Kommissionierer ist erst dann sinnvoll einsetzbar, wenn die Entnahmemenge je bereitgestellter Palette hoch genug ist. Andernfalls steigen die Fördervorgänge und die daraus resultierenden Kosten überproportional an. Ein wesentlicher Vorteil der zentralen Bereitstellung ist die Möglichkeit, den Kommissionierarbeitsplatz optimal an die spezifischen Arbeitsbedingungen anpassen und Nebentätigkeiten, wie Wiegen und Messen optimieren zu können, da die Arbeitsgeräte im Gegensatz zur dezentralen Bereitstellung direkt am Entnahmeort zur Verfügung gestellt werden. Gleichzeitig entfallen die Wegzeiten zum Entnahmeort, wodurch der Kommissionierer hohe spezifische Entnahmemengen erreichen kann.

Die Leistungsgrenze wird bei der zentralen Bereitstellung durch die Bereitstelltechnik, wie automatisierte Hochregallager oder automatische Kleinteilelager, vorgegeben. Die Ausfallsicherheit dieser Systeme hat einen großen Einfluß auf die Leistungsfähigkeit des Kommissioniersystems. Der sich bei automatischen Lösungen ergebende

Nachteil ist die mangelnde Flexibilität des Kommissioniersystems bei kurzfristigen Leistungssteigerungen. Ist eine höhere Anzahl Bereitstelleinheiten je Zeiteinheit erforderlich, muß bereits bei der Planung und Installierung des Systems für diesen Falle eine Leistungsreserve eingeplant werden.

Bei einer dezentralen Bereitstellung ist demgegenüber stets das gesamte Sortiment im Zugriff und eine kurzfristige Steigerung der Leistung kann durch Hinzunahme weiterer Kommissionierer z. B. aus anderen Bereichen erreicht werden.

Der Ordnungszustand der Bereitstelleinheiten beeinflußt im erheblichen Maße die Investitionskosten, z. B. eines Handhabungsgerätes. Ein geringer Ordnungszustand der jeweiligen Einheiten stellt einen Kommissionierroboter vor eine mit sinnvollem technischen und finanziellen Aufwand kaum realisierbare Aufgabe. In der Praxis sollte deshalb bei der Überlegung einer automatischen Entnahme grundsätzlich die Vereinfachung der Handhabungsaufgabe durch Schaffung eines hohen Ordnungsgrads der Bereitstelleinheiten vorrangig in die Überlegungen einbezogen werden [Schu93].

Bewegung des Kommissionierers. Die Realisierung ergibt sich im Zusammenhang mit der gewählten Bereitstelltechnik. Ist eine dezentrale Bereitstellung gewählt worden, muß der Kommissionierer zu den Bereitstellorten bewegt werden.

Die Entscheidung zwischen einer zweidimensionalen horizontalen oder vertikalen Fortbewegung wird durch die Ermittlung der *reziproken Anfahrdichte* herbeigeführt. Die reziproke Anfahrdichte gibt an, wieviel Regalfläche im Mittel auf eine Fachanfahrt entfällt. Nach [Gud73] ist bei einer reziproken Anfahrdichte kleiner als 15 die zweidimensionale horizontale Fortbewegung zu bevorzugen. Die zweidimensionale vertikale Fortbewegung wird bei einem Wert größer als 25 empfohlen, da auf diese Weise die Wegzeitanteile geringer sind als bei der ebenerdigen Fortbewegung. Liegt der Wert der reziproken Anfahrdichte im sog. kritischen Bereich zwischen 15 und 25 muß im Einzelfall eine detaillierte Ermittlung des tatsächlichen kritischen Werts erfolgen.

Je nach im Lager vorzuhaltender Artikelmenge kann eine ebenerdige zweidimensionale Kommissionierung sinnvoll sein, wenn über den in der untersten Ebene befindlichen Bereitstelleinheiten der Vorrat gelagert und zur Bereitstellung in die unterste Ebene umgelagert werden kann. Ein weiteres Unterscheidungsmerkmal ist der spezifische Flächenbedarf zur Artikelpräsentation. Da bei der zweidimensional horizontalen Fortbewegung je zurückgelegtem Meter Weg deutlich weniger Artikel erreicht werden können, resultiert hieraus ein höherer Flächenbedarf als bei der vertikalen Fortbewegung. Vorteilhaft bei der horizontalen Fortbewegung ist die Möglichkeit, auch stark schwankende Leistungsanforderungen abdecken zu können, da im Gegensatz zur vertikalen Fortbewegung keine Technik mit starrer Leistungsgrenze erforderlich ist.

Der Automatisierungsgrad wird über eine Abschätzung der Verbesserung der spezifischen Kommissionierleistung des Kommissionierers durch die Verringerung seiner Wegzeiten gegenüber den dadurch entstehenden Kosten beurteilt. Darüber hinaus müssen jedoch auch nicht quantifizierbare Verbesserungen als Folge der Entlastung des Kommissionierers von Transportaufgaben oder die Verbesserung der Kommissionierqualität berücksichtigt werden. Dieser Punkt wird im zunehmenden Maße ein Erfolgsfaktor der Kommissionierung sein.

Handhabung. Die Automatisierung dieser Funktion hängt im wesentlichen von der Wirtschaftlichkeit des installierten Systems ab, während die Mechanisierung in einigen Fällen unter Berücksichtigung ergonomischer Gesichtspunkte zwingend vorgeschrieben ist. Die Entscheidung kann über den Vergleich der Investitions- und Betriebskosten eines Automaten mit den Personalkosten unter Berücksichtigung der jeweiligen spezifischen Entnahmeleistung gefällt werden.

Den Vorteilen eines Automaten wie zum Beispiel eventuell höherer spezifischer Entnahmeleistungen im Vergleich zum Menschen, oder die Möglichkeit des Mehrschichtbetriebs, stehen in der Praxis hohe Anforderungen aufgrund unterschiedlichster Verpackungen entgegen. Deshalb eignet sich eine mechanisierte oder automatische Entnahme in den Fällen, in denen eine hohe Homogenität der Entnahmeeinheiten bezüglich Artikeleigenschaften und Toleranzen vorliegt. Gleichzeitig ist durch ein automatisches System eine starre Leistungsgrenze festgelegt, entsprechende Leistungsreserven sind deshalb bereits bei der Planung zu berücksichtigen.

Abgabe der Entnahmeeinheit. Die zentrale Abgabe ohne Transport der Entnahmeeinheit zur Abgabe an eine mitgeführte Palette bedingt die Bildung einer Sammeleinheit. Diese kann bereits den Kundenauftrag repräsentieren. In Verbindung mit einer dezentralen Bereitstellung ergibt sich die Notwendigkeit, einen Transport der Sammel- bzw. Versandeinheit zu einem Ort durchzuführen, an dem die Sammeleinheiten zum Kundenauftrag zusammengestellt werden.

Eine zentrale Abgabe jeder einzelnen Entnahmeeinheit wird in der Praxis nur bei sperrigen Gütern realisiert, wenn die Entnahme einer Positionen bereits die Transportkapazität des Kommissionierers erschöpft und eine dezentrale Abgabetechnik nicht realisierbar ist.

Die dezentrale Abgabe der Entnahmeeinheiten (*pick to belt*) ist sinnvoll, wenn die Wegzeiten zur Übergabe der kommissionierten Einheiten einen wesentlichen Anteil an der gesamten Kommissionierzeit haben. Bei einer dezentralen Abgabe von Einheiten ist quasi eine *Endloskommissionierung* ohne Begrenzung des Volumens möglich. Grundsätzlich kann die Abgabe sowohl artikelweise direkt auf eine Stetigfördertechnik, als auch auftragsweise in einen Behälter erfolgen. Im letzteren Fall sinkt der Sortieraufwand erheblich, da lediglich die so gebildeten Sammeleinheiten zu Versandeinheiten zusammengeführt bzw. die Versandeinheiten zu den nachfolgenden Bereichen, wie Packerei, Kontrolle usw., transportiert werden müssen.

Bei der dezentralen Abgabe muß immer eine entsprechende Codierung der Artikel bzw. Transporteinheiten vorhanden sein. Die dezentrale artikelweise Abgabe eignet sich deshalb schlecht für Sortimente, die nicht im vorhinein mit einem einheitlichen Code gekennzeichnet sind. Der personelle Aufwand zur nachträglichen Codierung der Entnahmeeinheiten mit einem einheitlichen Code kann erheblich sein und muß im Einzelfall überprüft werden.

Transport der Sammeleinheit zur Abgabe. Der Transport der Sammeleinheit zur Abgabe ist erforderlich, wenn aufgrund der gewählten Abgabetechnik der Entnahmeeinheiten für einen Kundenauftrag mehrere Sammeleinheiten gebildet werden müssen. Dies gilt generell für die

- parallele Bearbeitung eines Auftrages durch mehrere Kommissionierer,
- serielle Bearbeitung eines Auftrages durch einen Kommissionierer, wenn seine Transportkapazität für den gesamten Auftrag nicht ausreichend ist und
- gleichzeitige Entnahme, jedoch auftragsweise Abgabe der Einheiten eines Kommissio-

nierers an mehrere mitgeführte Sammeleinheiten.

Die Entscheidung über die zu realisierende Bewegungsrichtung und den Automatisierungsgrad der Transporttechnik ergibt sich aus dem
Vergleich der durch die Technik verursachten
Kosten mit der Leistungsverbesserung des Kom-
missionierpersonals, das von der Transportaufgabe befreit worden ist.

Die Entscheidungskriterien der Abgabe der
Sammeleinheit entsprechen denen der Abgabe
der Entnahmeeinheiten und können entsprechend an dieser Stelle zur Entscheidung herangezogen werden.

Informationsfluß

Auftragserfassung. Bei schriftlicher Bestellung
durch den Kunden kann sowohl ein kundenin-
dividueller Bestellungsaufbau als auch eine for-
matierte Bestellung über ein dem Kunden vorgegebenes Formular (Versandhäuser) vorliegen.
Beide Formen erfordern eine manuelle Umsetzung des Kundenauftrags in eine für die EDV
des Kommissioniersystems verarbeitbare Form.

Bei entsprechendem Formularaufbau und Disziplin der Kunden bei der Formularverwendung
sind automatische Lesemöglichkeiten, z. B. durch
Scannen, zur Übernahme der Bestellinforma-
tionen in die EDV möglich.

Die Auswahl des geeigneten Verfahrens zur
Auftragserfassung orientiert sich im an der Menge der zu erfassenden Daten, der Identifikati-
onsmöglichkeit der Artikel, dem Verhältnis Kunde und Lieferant, den spezifischen branchenabhängigen Verfahren und Notwendigkeiten und
den erforderlichen Reaktionszeiten.

Auftragsaufbereitung. In Kommissioniersystemen mit kleinem Sortiment oder geringen Leistungsanforderungen besteht nicht immer die
Notwendigkeit, den eingehenden Kundenauftrag für die Kommissionierung aufzubereiten,
da der Aufwand in keinem Verhältnis zum erreichbaren Nutzen steht. Beispiele sind der Er-
satzteilverkauf über die Theke oder Magazine
für Produktionshilfsmittel. In solchen Systemen
muß ein hohes spezifisches Know-how des
Kommissionierers vorhanden sein, da dieser
aufgrund der Artikelbezeichnung den Lagerort
finden muß. Zur besseren Orientierung werden
die Artikel bei derartigen Systemen, unabhängig von der Zugriffshäufigkeit, an festen Lager-

orten bereitgestellt. Eine Wegeoptimierung ist
nicht möglich.

Kundenaufträge als Einzel-, Teilaufträge oder
Auftragsgruppen zu bearbeiten, hängt direkt
mit der Organisation der Kommissionierung
zusammen. Wird der Kundenauftrag als Einzel-
oder Teilauftrag bearbeitet, liegt dem System eine auftragsweise serielle oder parallele Organisation zugrunde. Bei einer Aufbereitung in Auftragsgruppen wird sinnvollerweise eine artikelweise Kommissionierung eingesetzt.

Auftragsweitergabe. Die Information des Kommissionierer mit Hilfe einer Pickliste oder papierlos per Datenanzeige oder Terminal, hat Einfluß auf die Leistungsfähigkeit, die Kosten und
den Servicegrad des Kommissioniersystems.

Vorteile der papierlosen Kommissionierung
sind:
- Verkürzung der Nebenzeiten,
- Verringerung der Fehlerrate,
- schnelle Einbindung von Eilaufträgen in den
  laufenden Betrieb,
- bessere Einbindung der Nachschubsteuerung.

Speziell bei der papierlosen Kommissionierung
mit am Bereitstellort installierten Displays ist
eine erhebliche Verringerung der Entnahmefeh-
ler möglich, da Entnahmeort und -menge mit
einem Blick erfaßt werden können. Darüber hinaus sind papierlose Systeme durch ihre ständige Kommunikationsfähigkeit in der Lage schnell
auf unplanbare Einlüsse wie Eilaufträge oder
fehlerhaften Nachschub reagieren zu können.

Die Wahl zwischen der klassischen Kommissionierliste oder einem papierlosen Kommissioniersystem hängt von einer Vielzahl von Parametern ab. Sie kann deshalb erst nach einer
umfassenden Analyse der zu lösenden Kommis-
sionieraufgabe gefällt werden. In dieser Analye
und der anschließenden Überarbeitung des bestehenden Kommissioniersystems liegt vielleicht das größte Rationalisierungspotential pa-
pierloser Systeme [Schu93].

Quittierung. Quittiervorgänge können sich auf
den gesamten Auftrag, auf Positionsgruppen,
auf Einzelpositionen bis hin zu Einzelentnah-
men beziehen. Dabei ist die Quittierung der Ein-
zelentnahme eine Folge der automatischen Entnahme.

Werden die Positionen einzeln quittiert und
diese Quittierung on line an einen übergeordneten Rechner weitergeleitet, ist die gleichzeiti-

ge Überwachung der Kommissioniervorgänge möglich. Ebenso kann bei der On-line-Meldung der Nachschub vollständig entnommener Bereitstelleinheiten rechtzeitig und damit ohne Zeitverluste für den nächsten Kommissioniervorgang angestoßen werden. Werden die Positionen in Gruppen beispielsweise aus den einzelnen Zonen komplett quittiert, ist bei einer On-line-Verbindung zum Steuerungsrechner immer noch eine Überwachung der Zonenauslastung möglich. Der Nachschub kann hier jedoch erst in Abhängigkeit der Positionenzahl mit einem gewissen Zeitversatz erfolgen. Sinnvollerweise werden deshalb bei einer On-line-Verbindung zur übergeordneten Steuerung die Positionen einzeln quittiert und weitergegeben, um so die direkte Auskunftsfähigkeit der EDV optimal nutzen zu können.

Im Gegensatz dazu ist bei der manuellen Quittierung eine Einflußnahme auf die Kommissionierung während der Bearbeitung nicht mehr möglich.

Organisation

Aufbauorganisation. Die Aufteilung eines Kommissioniersystems in Zonen führt zu einem erhöhten Organisationsaufwand. Deshalb sollte die Notwendigkeit verschiedener Zonen hinterfragt werden. Die Aufträge in gezonten Kommissioniersystemen werden, wenn eine kurze Auftragsdurchlaufzeit erforderlich ist, parallel bearbeitet. Die Kommissionierer sind den verschiedenen Zonen dann fest zugeordnet.

Die Zonung eines Bereiches aufgrund einer ABC-Klassifizierung führt zu Leistungsverbesserungen. Hierzu ist eine genaue Kenntnis der Zugriffshäufigkeit eines Artikel erforderlich. Bei der Einrichtung der verschiedenen Bereiche ist darauf zu achten, daß durch die wegoptimierte Anordnung im Lager keine zu große Konzentration der Bereitstellorte für A-Artikel auf wenige Gänge erfolgt. Bei einer Nichtbeachtung kann dies zu Behinderungen der Kommissionierer mit entsprechenden Leistungsminderungen führen.

Ablauforganisation. Die serielle Kommissionierung ist die Strategie mit dem geringsten Organisationsaufwand, da die eingehenden Kundenaufträge ohne große Bearbeitung an den Kommissionierer weitergegeben werden können. Der Kundenbezug kann bei dieser Art der Kommissionierung jederzeit hergestellt werden. Die serielle Kommissionierung führt je nach Sortiment und Auftragsstruktur zu langen Auftragsdurchlaufzeiten, da die Kommissionierzeit mit zunehmender Sortimentsbreite aufgrund der längeren Wege entlang der Regalfront steigt. Werden die Aufträge nacheinander an verschiedene Kommissionierer in verschiedenen Zonen weitergegeben, entstehen zusätzlich Wartezeiten, weshalb vorzugsweise Aufträge mit wenig Positionen geeignet sind.

Die parallele Bearbeitung erfordert einen geringen Aufwand zur Erstellung von Teilaufträgen für den Kommissionierer. Der organisatorische Aufwand zur Zusammenführung der Sendungen ist ebenfalls gering. Die Auftragsdurchlaufzeit sinkt im Vergleich zur seriellen Bearbeitung.

Die auftragsweise Kommissionierung weist eine kürzere mittlere Auftragsdurchlaufzeit als die artikelweise Kommissionierung auf. Sie wird gewählt, wenn Aufträge nicht gesammelt werden können bzw. der Eingang für eine Sammlung zu ungleichmäßig ist und gleichzeitig nur ein kurzer Zeitraum zur Bearbeitung der Aufträge zur Verfügung steht. Sie ist deshalb geeignet für die Bearbeitung von Eilaufträgen.

Aufgrund der im Vergleich zur artikelweisen Kommissionierung höheren anteiligen Wegzeiten je Position, ist diese Kommissionierung besonders für große Aufträge mit vielen Positionen aus einem kleinem Sortiment geeignet, da in diesem Fall die Wege zwischen den Entnahmepunkten kurz sind.

Die artikelweise Bearbeitung stellt die organisatorisch und zumeist auch technisch aufwendigste Form der Kommissionierung dar. Mit ihr lassen sich die höchsten Entnahmeleistungen erreichen, da sich bei der artikelweisen Entnahme für mehrere Aufträge die Wegzeiten der Kommissionierung erheblich verringern lassen. Voraussetzung ist, daß mehrere Aufträge zu *Auftragsserien* zusammengefaßt werden können. Hierzu ist in der EDV eine stapelweise Bearbeitung der Aufträge erforderlich, wobei zu prüfen ist, ob die für die Aufbereitung und Abarbeitung erforderliche Zeit aufgrund des vorgegebenen Liefertermines zur Verfügung steht. Die innerhalb einer Auftragsgruppe gleichzeitig bearbeitbare Anzahl von Kundenaufträgen wird durch die Anzahl der in der nachfolgenden zweiten Stufe zur Verfügung stehenden Sortierziele vorgegeben. Bei der Zusammenstellung der Auftragsgruppen muß auf eine gleichmäßige Belastung aller Kommissionierer in den verschiedenen Zonen geachtet werden. Andernfalls führen die Wartezeiten bis zum Start der nächsten Serie, die erst gestartet werden kann, wenn der letzte Kommissionierer seinen Teilauftrag fertig bearbeitet hat, zu Leistungsverlusten.

Wegstrategie. Sinnvoll ist eine Rundgangstrategie, wenn möglichst viele Entnahmeorte auf einem Kommissionierrundgang angelaufen werden können. Dieses ist im starken Maße von der Transportkapazität abhängig, weshalb Aufträge mit vielen Positionen und kleinen Entnahmemengen für eine derartige Wegstrategie geeignet sind.

Ein stichgangweises Vorgehen ist bei Aufträgen mit wenig Positionen oder einer schnell erschöpften Transportkapazität des Kommissionierers sinnvoll. Ebenso kann durch artikelspezifische Eigenschaften oder die vorhandenen Arbeitsmittel, wie etwa eine zentrale Zählwaage, die Wegstrategie vorgezeichnet sein.

Betriebsorganisation. Jeder Betreiber legt individuell die Schwerpunkte seiner Betriebsorganisation und prägt so sein Kommissioniersystem und damit letztlich seine Stellung im Markt. Eine allgemeingültige Aussage über die zu wählende Betriebsorganisation ist daher nicht möglich.

Literatur zu Abschnitt 16.5

[Bac78] Bach, H.-W.: Klimatische Beanspruchung der Verpackung. In: RGV-Handbuch Verpackung. Berlin: E. Schmidt 1978

[Bah88] Bahke, E.: Entwicklungen der Gütertransportsysteme und Unternehmenspolitik. Rationalisierungs-Kuratorium der Deutschen Wirtschaft (RKW) e.V. Handbuch Transport. Berlin: E. Schmidt 1988

[Ber90] Berndt, D.: Packaging. Essen: Vulkan 1990

[BIT93] Firmenschrift BITO Lagertechnik Bittman GmbH, Meisenheim, 1993

[Böc92] Böcker, Th.; Duve, G.: Planungshandbuch für den Einsatz von Industrierobotern in Materialflußsystemen. Dortmund: Fraunhofer-Institut für Materialfluß und Logistik 1992

[Böc93] Böcker, Th.: Neuentwicklungen bei Sortier- und Verteilanlagen. Fördertechnik 1993, Sonderheft, 51–52

[Bor75a] Borries, R. v.; Fürwentsches, W.: Kommissioniersysteme im Leistungsvergleich. München: Vlg. Moderne Industrie 1975

[Bor75b] Borries, R. v.: Kennziffern zur Auswahl von Kommissioniersystemen für Stückgutlager des Handels und der Industrie. Diss. TU Berlin 1975

[Böt90] Böttger, M.; Hess, F.-J.: Methoden und Instrumente für die integrierte Bildung und Sicherung von Ladeeinheiten und Ladungen. Packaging. Essen: Vulkan 1990

[Boz88] Bozer, Y.A.; Quiroz, M.A.; Sharp, G.P.: An evaluation of alternative control strategies an issues for automated order accumulation and sortation systems. Material Flow 4 (1988), 265–282

[Boz93] Bozer, Y.A.; Sharp, G.P.: Throughput analysis of order accumulation an sortation systems. MHRC Report TR-83-07. Atlanta, Ca. 1993

[Bru94] Bruckmann, H.-G.: Die Krupp Schnellumschlaganlage. Hebezeuge u. Fördermittel 34 (1994), Nr. 5, 190–194

[Buc84] Buchanan, B.G.; Shortliffe, E.H.: Rule based expert systems: The Mycin experiments. Reading, Mass.: Addison-Wesley 1984

[CCG91] CCG (Hrsg.): EAN – Die internationale Artikelnumerierung in der Bundesrepublik Deutschland. Köln: CCG-Vlg. 1991

[Cha86] Charniak, E.; McDermott, D.: Introduction to artificial intelligance. Reading, Mass.: Addison-Wesley 1986

[DB92] Deutsche Bundesbahn (Hrsg.): DS 800 06. Bahnanlagen entwerfen: Güterverkehranlagen. Bundesbahnzentralamt München 1992

[DHI91] DHI (Hrsg.): Anforderungen des Handels an Verpackungen. Reihe: Enzyklopädie des Handels. ISBN-Vlg. Köln 1991

[Die85] Dietz, G.; Lippmann, R.: Verpackungstechnik. Heidelberg: Hüthig 1985

DIN 15140: Flurförderzeuge; Kurzzeichen, Benennungen. 1982

DIN 15146-2: Vierwege-Flachpalette aus Holz; 800mm x 1200mm. 1983

DIN 15155: Paletten; Gitterboxpalette mit zwei Vorderwandklappen. 1986

DIN 15201: Stetigförderer; Benennung, Sinnbilder. 1977

DIN 30781 (Beiblatt): Transportkette Grundbegriffe, Erläuterungen. 1983

DIN 30781: Transportkette, Grundbegriffe. 1977

DIN 30786: Mechanisch-dynamische Beanspruchungen Teil 2. 1986

DIN 50019: Klimate und ihre technische Anwendung. 1979

DIN 55405: Begriffe für das Verpackungswesen (02.88)

[Duv92] Duve, B.; Duve, H.-P.; Gottlieb, S.; Böcker, T.: Planungshandbuch für den Einsatz von Industrierobotern in Materialflußsystemen. Dortmund: Fraunhofer-Institut für Materialfluß und Logistik 1992

[Für74] Fürwentsches, W.: Verfahren zur Planung und Bewertung von Kommissioniersystemen in Stückgut-Warenverteilanlagen des Handels und der Industrie. Diss. TU Berlin 1974

[Gr84] Großeschallau, W.: Materialflußrechnung. Berlin: Springer 1984

[Gro83] Großmann, G.; Krampe, H.; Ziems, D.: Technologie für Transport, Umschlag und Lagerung im Betrieb. Berlin: Vlg. Technik 1983

[Gud73] Gudehus, T.: Grundlagen der Kommissioniertechnik. Essen: Girardet 1973

[Gus88] Guschok, I.; Jorichs, H.: Integrierte Logistikplanung ermöglicht permanente Bereitschaft zur Fabrikoptimierung. Maschinenmarkt 94 (1988), Nr. 44, 20–26

[Hel86] Hellingrath, B., Noche, B.: Arbeiten mit einer wissensbasierten Simulationsumgebung. Dortmunder Gespräche '86: Logistik - Daten-Information-Systeme, S. D.5.1-D.5.7, Tagung, Dortmund, 8. u. 9. Okt. 1986. Dt. Ges. f. Logistik; VDI-Gesellschaft Materialfluß- und Fördertechnik, Fraunhofer-Institut für Transporttechnik und Warendistribution, Dortmund 1986

[Hes92] Hesse, St.: Atlas der modernen Handhabungstechnik. Darmstadt: Hoppenstedt Technik Tabellen Vlg. 1992

[Hof85] Hoffmann, K.; Krenn, E.; Stanker, G.: Fördertechnik, Bd. 2. München: Oldenbourg 1985

[Hül94] Hülsmann, R.G.: Umschlagstationen für den Kombinierten Ladungsverkehr mit Mittelcontainern. R. Jünemann (Hrsg.). Dortmund: Vlg. Praxiswissen 1994

[ISO88] ISO 7498: Reference model for open communication

[Ja87] Jackson, P.: Expertensysteme. Bonn: Addison-Wesley 1987

[Jün89] Jünemann, R..: Materialfluß und Logistik. Berlin: Springer 1989

[Jün93] Jünemann, R. (Hrsg.); Lange, V.; Frerich-Sagurna, R.: Mehrweg-Transport-Verpackungssysteme (Marktübersicht). Dortmund: Vlg. Praxiswissen 1993

[Ki90] Kippels, D.: High-Tech wird zum Wachstumspeiler. VDI-Nachr. 1990, Nr. 6, 1

[Kl87] Kloth, M.: Exist - ein Expertensystem für die innerbetriebliche Standortplanung. In: Balzert, H.; Heyer, G.; Lutze, R. (Hrsg.): Expertensysteme '87, German Chapter of ACM. Stuttgart: Teubner 1987

[Kuh88] Kuhn, A.: Flurförderzeuge. (VDI-Ber. 671). Düsseldorf 1988

[Kuh93] Kuhn, A. (Hrsg.): Partnerschaftliche Logistik. Tagungsband der 11. Dortmunder Gespräche. Dortmund: Vlg. Praxiswissen 1993

[Lo88] Lorenz, P.: Simulation von Fertigungssystemen. In: Simulationstechnik und Fabrikbetrieb, Bericht der Fachtagung des ASIM – Arbeitskreis für Simulation in der Fertigung, Berlin 24.-26. Feb. 1988. München: Gesellschaft für Management und Technologie (gfmt) 1988, 245–259

[Ma78] Martin, H.: Förder- und Lagertechnik. Braunschweig: Vieweg 1978

[Mo92a] Moszyk, U.: EDV-unterstützte Umplanung von Gebäude-, Produktions- und Logistikstrukturen. Vortrag für das Deutsche Industrieforum für Technologie (DIF) 28./29.4.1992

[Mo92b] Moszyk, U.: Planung – oder die Kunst das Chaos zu beherrschen. Fördertechnik, Nr. 11, S. 5–6, November 1992

[NN88] N.N.: Planspiele für die Produktion. Industriemagazin 1988, Nr. 4, 168–174

[NN94c] Umschlaganlagen für den Kombinierten Ladungsverkehr von morgen. F + H Fördern und Heben 44 (1994), Nr. 5, 399ff.

[Pf81] Pfeifer, Heinz: Grundlagen der Fördertechnik. Braunschweig: Vieweg 1981

[POS88] Bundesministerium für das Post- und Fernmeldewesen, Richtlinie für die Gestaltung der Maschinellen Päckchenverteilung, Bonn 1988

[Sche73] Scheffler, Martin: Einführung in die Fördertechnik. Darmstadt: Technik Tabellen Vlg. Fikenscher 1973

[Schla94] Schlauderer, A.; Franke, K.-P.: Konzept einer Schnellumschlaganlage für den Kombinierten Verkehr. Hebezeuge u. Fördermittel 34 (1994), Nr. 5, 195–197

[Schm] Schmidt, B.: Simulation von Produktionssystemen. Institut für Mathematische Maschinen und Datenverarbeitung, Univ. Erlangen-Nürnberg 1989

[Schu93] Schulte, Joachim: Praxis des Kommissionierens. Königsbrunner Seminare, Augsburg 1993

[See93] Seegräber, L.: Greifsysteme für Montage, Handhabung und Industrieroboter. Ehningen: Expert Vlg. 1993

[St84] Stark, G. (Hrsg.): Busssysteme in der Automatisierungstechnik. Braunschweig: Vieweg 1984

[Suz91] Suzuki, J.: Guide to installation of automated sorter. Eigendruck, 274 3-1761-105 Hazama-Chou Funabashi, Chiba Japan, 1991

[Te88] Teller, K.-J.: Logistische Funktionen. In: Rationalisierungs-Kuratorium der Wirtschaft (RKW) e.V. Handbuch Logistik, Bd. 2. Berlin: E. Schmidt 1988

[VDI89] VDI-Ber. 756: Warensortiersysteme Verteilanlagen für Handel, Distribution, Esatzteildienst. Tagungsband 23/24 Nov. 1989. Düsseldorf: VDI-Vlg.

[VDI94] VDI-Ber. 1123: Vernetzung durch industrielle Kommunikation. Düsseldorf: VDI-Vlg. 1994

VDI 2340: Verteileinrichtungen. 1969

VDI 2366: Fördermittel (Gliederung), Blatt 1 und 2. 1963

VDI 2391: Zeitwerte für Arbeitsspiele und Grundbewegungen von Flurförderzeugen. 1982

VDI 2411: Begriffe und Erläuterung im Förderwesen. 1970

VDI 2697: Hochregalanlagen mit regalabhängigen Flurförderzeugen. 1972

VDI 2700: Ladungssicherung auf Straßenfahrzeugen. 1975

VDI 2860: Montage- und Handhabungstechnik. 1990

VDI 2861: Kenngrößen für Handhabungseinrichtungen, Einsatzspezifische Größen. 1980

VDI 3562: Fahrerlose Flurförderzeuge (Übersichtsblatt). 1974

VDI 3590 Kommissioniersysteme, Blatt 1: Grundlagen. 1994, Blatt 2: Aufbau- und Ablauforganisation. 1976, Blatt 3: Entscheidungshilfen. 1977

VDI 3618: Übergabeeinrichtungen für Stückgut, Blatt 2. 1994

VDI 3619: Sortiersysteme für Stückgut. 1983

VDI 3657 (Entwurf): Ergonomische Gestaltung von Kommissionierarbeitsplätzen. 1989

VDI 3968: Sicherung von Ladeeinheiten. 1994

[VO91] Verordnung über die Vermeidung von Verpackungsabfällen vom 12. Juni 1991 nach § 14 Abs. 1 Satz 1 Nr. 1 und 4 und Abs. 2 Satz 3 Nr. 1, 2 und 3 des Abfallgesetzes vom 27. Aug. 1986 (BGBl. I S. 1410)

[Vog91] Vogel, W.: Hochleitungssorter im Test. Techn. Rdsch. Heft 38, 84–91, 1991

[Wa86] Warnecke, H.-J.; Schraft, R.D.: Industrieroboter-Katalog 1986. Mainz: Vereinigte Fachverlage Krausskopf-Ingenieur Digest 1986

[Wo94] Wollboldt, F.: Verpackungsdesign. Packung und Transport 26 (1994), Nr. 5, 35–36

ZH 1/428: Richtlinie für Lagereinrichtungen und -geräte. Hauptverband der gewerblichen Berufsgenossenschaften. Köln: Heymanns 1988

[Zi73] Ziems, D.: Probleme und Methoden der Projektierung von Fördersystemen, 2. und 3. Lehrbrief, Berlin: Vlg. Technik 1973

Literatur zu Abschnitt 16.3

[ISO9506] Manufacturing Message Specification (MMS)-Part 1: Service Definition, Part 2: Protocol Definition (ISO/IEC 9506/1 und /2)

[Han87] Hansen, Hans-Günter: Zielsteuerung und Identifikationssyteme. Logistik im Unternehmen Teil 1, Nr. 4, S. 81–85, Düsseldorf: VDI-Verlag, 1987

[Kuh93] Kuhn, A. (Hrsg.): Partnerschaftliche Logistik. Tagungsband der 11ten Dortmunder Gespräche, Praxiswissen, Dortmund 1993

[Pae86] Paetz, V.: Beitrag zur Gestaltung von Informationssystemen der Produktionslogistik. (Forschungsber. z. ind. Logistik, 31). Dortmund: Dt. Ges. f. Logistik 1986

[Pol94] M. Polke (Hrsg.): Prozeßleittechnik, Oldenbourg Verlag München, 1994

[Sne94] Schnell, Gerhardt (Hrsg.): Bussysteme in der Automatisierungstechnik. Vieweg, 1994

[Swa91] Schwarz, K.: Manufacturing Message Specification (MMS), Übersicht über die Methoden, Modelle, Objekte und Dienste, Automatisierungstechnische Praxis, München 33 (1991) 7, S. 369–378

[VDI 1123] VDI Berichte 1123: Vernetzung durch industrielle Kommunikation. VDI Verlag, Düsseldorf, 1994

[VDI 2339] Zielsteuerung für Förder- und Materialflußsysteme, Richtlinie VDI 2339, Düsseldorf 1986

[VDMA 15276] Datenschnittstellen in Materialflußsteuerungen, Blatt 15276 der VDMA, Beuth Verlag, 10772 Berlin, Juni 94

Kapitel 17

Koordinator

PROF. DR. AUGUST-WILHELM SCHEER

Autoren

PROF. DR. AUGUST-WILHELM SCHEER (17.1, 17.4)
PROF. DR. PETER LOCKEMANN (17.2)
PROF. DR. HANS GRABOWSKI (17.3)

Mitautoren

DIPL.-KFM. RALF HEIB (17.1)
DIPL.-INFORM. ARNE KOSCHEL (17.2)
DIPL.-INFORM. RAINER SCHMIDT (17.2)
DIPL.-ING. CLAUS SCHMID (17.3)
DIPL.-INFORM. GERD LANGLOTZ (17.3)
DIPL.-ING. ADAM POLLY (17.3)
DIPL.-ING. THOMAS GEIB (17.4)
DIPL.-ING. WOLFGANG HOFFMANN (17.4)

17 Informationsmanagement im Betrieb

Informationsmanagement im Betrieb

17.1 Informationsmanagement als betriebliche Querschnittsfunktion

17.1.1 Gestaltungsobjekt, Ziele und Aufgaben des Informationsmanagements

Integrierte computergestützte Informationssysteme (IS) sind das Gestaltungsobjekt des Informationsmanagements (IM). Sie dienen als Vehikel, um betriebswirtschaftliche Anwendungskonzepte mit der Informationstechnologie (IT) zu verbinden [Sche94: 4]. Der Einsatz betrieblicher Informationssysteme hat verschiedenste Facetten und umfaßt alle Hierarchiestufen der Unternehmen (vgl. [Sche94: 5 ff.]). Informationssysteme sind einem ständigen Wandel unterzogen. Die Ursachen ergeben sich aus dem Wechselspiel zwischen organisatorischen Anforderungen und informationstechnologischen Möglichkeiten. Beide Einflußbereiche sind zur Zeit durch starke Veränderungen geprägt. So sind viele westliche Unternehmen gezwungen, ihre traditionellen Organisationsprinzipien radikal in Frage zu stellen. Konzepte wie Lean Production [Wom90] und Business Process Reengineering (vgl. [Ham93, Dav93]) verdeutlichen die neue Richtung. Im Laufe der Jahre zu groß und schwerfällig gewordene Unternehmen sollen durch die Reorganisation ihrer Geschäftsprozesse die nötige Flexibilität für eine erfolgreiche Marktbearbeitung zurückgewinnen. Gleichzeitig erhöhen sich mit der explosiven Entwicklung der Informationstechnologie die Unterstützungspotentiale der betrieblichen Informationsinfrastrukturen deutlich. Neue Informationstechnologien wie z. B. Multimedia, Client-Server-, Workflow-Management- und verteilte Systeme eröffnen neue Gestaltungsmöglichkeiten für betriebliche Informationssysteme.

Die Synchronisation der organisatorischen Anforderungen mit den informationstechnologischen Potentialen gewinnt folglich als unternehmerische Gestaltungsaufgabe immer mehr an Bedeutung. Das Informationsmanagement übernimmt als betriebliche Führungsfunktion diese Gestaltungsaufgabe. Ursprünglich hervorgegangen aus dem stärker technologisch orientierten DV-Management hat sich das Informationsmanagement zu einer unternehmensweiten Querschnittsfunktion entwickelt.

Informationsmanagement ist als Begriff eine Verkürzung des in den USA entstandenen Begriffs „Information Resource Management" (vgl. z. B. [Hot85]). Ihm liegt der Gedanke zugrunde, daß Information als ein Produktionsfaktor betrachtet werden kann, welcher ähnlich wie die anderen Produktionsfaktoren geplant und beschafft werden muß und dessen Einsatz einer wirtschaftlichen Steuerung unterliegt.

An theoretischen Modellen zum Informationsmanagement fehlt es nicht (einen Überblick gibt z. B. [Krc91]). Ebenso zeigen empirische Untersuchungen eine breite Vielfalt der Realisierungen des Informationsmanagements in der Praxis (vgl. z. B. [Krü91: 21-439] sowie [Hil92]. Während die Notwendigkeit des Informationsmanagements mittlerweile nicht mehr bezweifelt wird, ist die Begriffsbildung und Aufgabenabgrenzung noch nicht abgeschlossen (eine Darstellung der Ziele und Aufgaben des Informationsmanagements findet sich z. B. bei [Gri90]). Als IM-Kernziele lassen sich die strategische Gestaltung der technischen Komponenten des Informationssystems, die Entwicklung von Anwendungssystemen und die wirtschaftliche Betreibung des Informationssystems erkennen [Sche94: 690]. Eine Analyse verschiedener Ansätze des Informationsmanagements zeigt deutliche Gemeinsamkeiten in bezug auf Strukturierung und Aufgabenzuordnung. So findet sich vielfach eine Strukturierung in drei Ebenen in Abhängigkeit von der Nähe zur technologischen Umsetzung: Die erste Ebene steht für die Verwendung von Informationen durch die Geschäftsprozesse. Die zweite Ebene umfaßt die Gestaltung der Informationssysteme. Die dritte Ebene bezieht sich auf die zum Betrieb der Informationssysteme notwendigen Ressourcen. Beispiele für solche Einteilungen sind die Ansätze von Österle, Brenner und Hilbers [Öst92] sowie Wollnik [Wol88]. Österle, Brenner und Hilbers unterteilen das Informationsmanagement in die informationsbewußte Unternehmensführung, das IS-Management sowie das Informatik-Management. Wollnik strukturiert das Informationsmanagement in das Management des Informationseinsatzes, das Management der Informationssysteme sowie das Management der Infrastrukturen für Informationsverarbeitung und Kommunikation. Andere Ansätze unterteilen das Informationsmanagement nach der zeitlichen Reichweite und unternehmerischen Bedeutung in strategische, administrative und operative Aufgaben (vgl. [Hei90]).

Der im folgenden dargestellte Ansatz [Sche94: 690-734] baut auf dem von Wollnik entwickelten IM-Rahmen auf und detailliert diesen zu einem Funktionsreferenzmodell für das Informationsmanagement. Das dargestellte IM-Modell ist Bestandteil eines prozeßorientierten Unternehmensmodells (vgl. [Sche94]). Das Unternehmensmodell umfaßt Referenzmodelle, welche auf die Strukturen von Industrieunternehmen ausgerichtet sind. Das Gesamtmodell besteht aus den drei Hauptgeschäftsprozeßketten Logistik, Leistungsgestaltung sowie Information und Koordination. Die Prozeßketten der Logistik und Leistungsgestaltung sind in 17.3 und 17.4 beschrieben. Im Mittelpunkt der Betrachtung steht daher zunächst das Informationsmanagement, welches als unternehmensweite Querschnittsfunktion die Geschäftsprozesse eines Industrieunternehmens unterstützt. Das Informationsmanagement ist Bestandteil einer umfassenden Informations- und Koordinationsprozeßkette. Die Informations- und Koordinationsprozesse begleiten die operativen Prozesse der Logistik und Leistungsgestaltung. Ihr Ziel ist die Ausrichtung der operativen Prozesse auf die Unternehmensziele. Neben dem Informationsmanagement gehören so auch die Querschnittsfunktionen Rechnungswesen und Controlling zur Informations- und Koordinationsprozeßkette. Die Grobstruktur des Funktionsreferenzmodells für das Informationsmanagement ist in Bild 17-1 wiedergegeben. Hauptfunktionen des Informationsmanagements sind das Management der Informationsinfrastruktur, das Management der Informationssysteme sowie das Management des Informationseinsatzes und der Informationsverwendung.

Das *Management der Informationsinfrastruktur* umfaßt die strategische Planung der Infrastruktur sowie deren Betrieb. Im Zentrum der strategischen Planung der Infrastruktur steht die Festlegung der grundsätzlichen Architektur, nach der Informationssysteme beschrieben werden sollen. Die Architektur wird mit Hilfe eines Informationsmodells beschrieben, welches die Basis für die Implementierung eines Repository-Systems bildet. Das Informationsmodell enthält demnach die Definition der Konstrukte und Beziehungen, mit denen ein Informationssystem beschrieben werden soll. Darauf basierend speichert das Repository die nach diesen Konstrukten beschriebenen Informationssysteme.

Die Architektur übernimmt insgesamt als Rahmenvorgabe eine koordinierende Funktion für alle IM-Aktivitäten. Sie wird zum zentralen Instrument des Informationsmanagements. Weitere Aspekte der strategischen Planung der Infrastruktur betreffen die einzusetzenden Programmiersprachen und CASE-Werkzeuge, die Gestaltung der Netzwerk- und Hardwarearchitekturen einschließlich der internen und unternehmensübergreifenden Kommunikationskonzepte sowie die einzusetzenden Datenbanksysteme.

Basierend auf der strategischen Infrastrukturplanung erfolgt das Management des laufenden Betriebs. Der Infrastrukturbetrieb umfaßt die Verwaltung des Repositories, die Steuerung der zentral verwalteten Programmierressourcen, den Betrieb des Rechenzentrums und das Netzwerkmanagement, die Datenbankadministration, die Systemprogrammierung sowie den Benutzerservice für die individuelle Datenverarbeitung und das Workflow-Management.

Das *Management der Informationssysteme* besitzt in der Festlegung der Anwendungssoftwarearchitektur eine strategische Komponente ebenso wie die Festlegung des Vorgehensmodells, nach dem Anwendungssysteme entwickelt

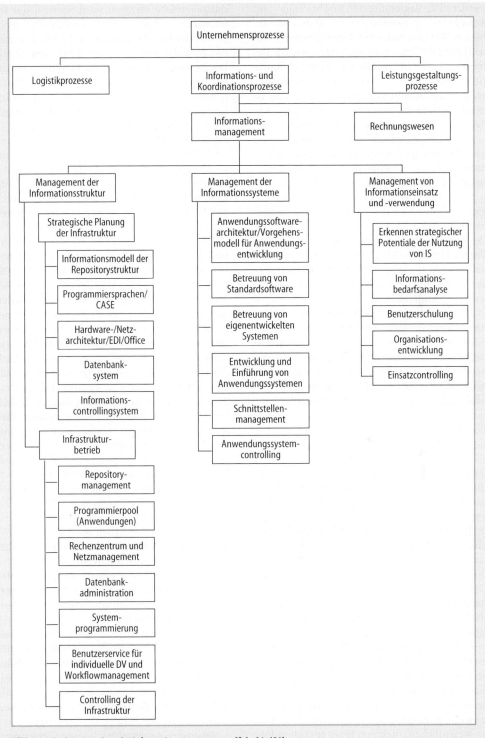

Bild 17-1 Funktionsstruktur des Informationsmanagements [Sche94: 691]

werden. Die Begleitung des Einführungs- und Entwicklungsprozesses von Anwendungssystemen gehört ebenso zu den Teilaufgaben des Management der Informationssysteme wie die Betreuung bereits eingeführter Standard- sowie Individualsoftware. Weitere wesentliche Teilaufgabe ist das Schnittstellenmanagement. Ziel ist insgesamt die umfassende Begleitung des Lebenszyklus betrieblicher Anwendungssysteme.

Das *Management des Informationseinsatzes und der Informationsverwendung* stellt die Verbindung zu den Geschäftsprozessen des Unternehmens her. Ziel der Funktion ist das Aufzeigen der Informationspotentiale und der Abgleich mit den Informationsbedarfen im Unternehmen. Als wichtige Aufgabe umfaßt diese IM-Funktion die IS-Schulung der Mitarbeiter als Voraussetzung zur adäquaten Nutzung entwickelter Informationssysteme und somit als Grundlage für die Umsetzung von Organisationsentwicklungsmaßnahmen.

Allen drei dargestellten Teilfunktionen des Informationsmanagements werden Controlling-Funktionen zugeordnet, welche eine Ausrichtung der IM-Prozesse an Kriterien der Effizienz und Effektivität gewährleisten sollen. Zielsetzungen und Aufgaben der IM-bezogenen Controlling-Funktionen sind in 17.1.3 dargestellt.

17.1.2 Organisation des Informationsmanagements

Die dargestellte ebenenorientierte Einteilung des Informationsmanagements in drei Grundfunktionen ist als Erklärungsmodell praktikabel, wenn auch nicht unumstritten (vgl. z.B. [Krc91: 187]). Probleme resultieren daraus, daß die drei Ebenen nicht völlig isoliert voneinander betrachtet werden können: die Verwendung von Informationen durch die Geschäftsprozesse, die Gestaltung der Informationssysteme sowie die Bereitstellung der Ressourcen der Infrastruktur sind durch vielfältige Wechselwirkungen miteinander verbunden.

Die Problematik wird deutlich, wenn die organisatorische Umsetzung des IM betrachtet wird. So werden die beschriebenen IM-Aufgaben von einer Vielzahl von Organisationseinheiten wahrgenommen. Während in den Anfängen der betrieblichen Datenverarbeitung die IM-Aufgaben im wesentlichen noch von einer zentralen IM-Abteilung geleistet wurden, entwickelt sich das Informationsmanagement zunehmend zu einer Managementfunktion, die in einzelne Anwendungsbereiche verlagert wird. So wird das Informationsmanagement zum Bestandteil jeder betrieblichen Managementfunktion, wie z.B. das Personalmanagement und das Controlling. Die Dezentralisierung der IM-Funktionen in die Fachbereiche betrifft in erster Linie das Management des Informationseinsatzes und der Informationsverwendung. Aber auch das Management der Informationssysteme geht stärker in die Verantwortlichkeit der Fachbereiche über. So sind die Fachbereiche von Anfang an in die Entwicklung der bereichsspezifischen Informationssysteme eingebunden. Ihr Aufgabenschwerpunkt liegt in der Definition der Fachkonzepte, durch welche die fachlichen Anforderungen an Informationssysteme eingebracht werden.

Trotz der weitgehenden Dezentralisierung bleibt die Notwendigkeit einer zentralen IM-Abteilung bestehen. Ziel dieser zentralen IM-Abteilung ist die Koordination der dezentralen IM-Aktivitäten. So gehören zu ihren wesentlichen Aufgaben weiterhin das strategische Management der Infrastruktur und der Anwendungssoftwarearchitektur einschließlich dem Vorgehensmodell für die Softwareentwicklung. Auch die Entwicklung und die Betreuung bereichsübergreifender Systeme ist Aufgabe einer zentralen IM-Funktion. Ebenso kann das Schnittstellenmanagement nur aus einer zentralen Perspektive durchgeführt werden. Durch die Entwicklung der Informationsinfrastrukturen ergeben sich auch Änderungen für den Aufgabenbereich einer zentralen IM-Abteilung. Gehörte der Betrieb des Rechenzentrums zu den klassischen Aufgaben einer zentralen IM-Abteilung, so wird im Zuge der Einführung von Client-Server-Architekturen lediglich noch das Datenmanagement und die Datensicherung zentral wahrgenommen. Dagegen wächst mit den neuen Infrastrukturen die Verantwortlichkeit einer zentralen IM-Abteilung für die Gestaltung der internen und unternehmensübergreifenden Kommunikationsnetzwerke.

Bild 17-2 zeigt das Organisationsmodell, welches sich aus dem entwickelten Szenario eines dezentralen Informationsmanagements ergibt. Es umfaßt die Unternehmensleitung, das Finanz- und Rechnungswesen, die zentrale IM-Abteilung sowie die Fachbereiche mit den ihnen zugeordneten dezentralen IM-Einheiten.

Neben den dargestellten internen Strukturen spielen zunehmend unternehmensübergreifende Aspekte für das Informationsmanagement eine wichtige Rolle. So müssen Kunden und Liefe-

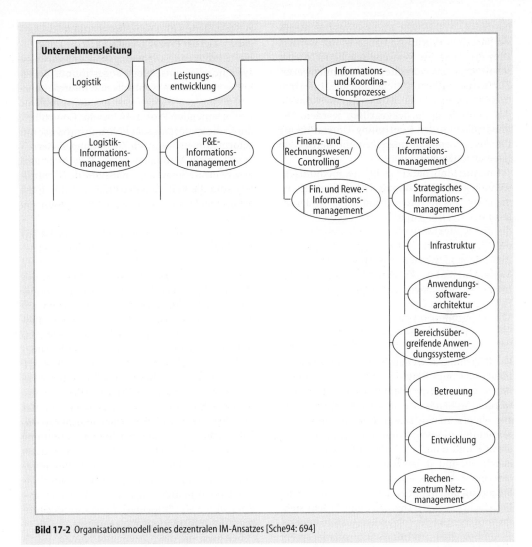

Bild 17-2 Organisationsmodell eines dezentralen IM-Ansatzes [Sche94: 694]

ranten bei der Entwicklung zwischenbetrieblicher Informationssysteme mit einbezogen werden. Ebenso werden unternehmensübergreifende Kooperationen zur gemeinsamen Nutzung von IS-Ressourcen abgeschlossen. Weiterhin ist ein Trend zur Verlagerung von IM-Funktionen auf externe Anbieter zu beobachten, man spricht in diesem Zusammenhang von Outsourcing (vgl. z.B. [Hew93]).

Insgesamt können durch die Dezentralisierung des Informationsmanagements eine Vielzahl von Einzelentscheidungen in die Fachabteilungen verlagert werden. Dennoch bleibt ein Abstimmungsaufwand zwischen den dezentralen IM-Entscheidungen, welcher von der zentralen IM-Abteilung zu leisten ist.

Die Koordinationsbedarfe im Rahmen des Informationsmanagements werden immer vielschichtiger und gehen über rein methodische und technologische Fragestellungen hinaus. Zunehmend spielen primär betriebswirtschaftliche Kriterien eine ausschlaggebende Rolle für die IM-Entscheidungen. Die Bestimmung der strategischen Relevanz, der Wirtschaftlichkeit und des Risikos werden zu grundlegenden Anforderungen bei IM-Entscheidungen. Die Festlegung des Anwendungssoftware-Portfolios eines Unternehmens verdeutlicht dies beispielhaft: So müssen Projektanträge der Fachbereiche bezüglich Strategievorgaben der Unternehmensleitung, Wirtschaftlichkeit und Risiko der Projektrealisierung, Stimmigkeit mit der definierten IS-Architektur und technischer Realisierbarkeit überprüft und abgestimmt werden. Dies erfordert die Verwendung betriebswirtschaftlicher Instrumente und Rahmenwerke. Zur wirtschaftlichen Steuerung des Informationsmanagements kann daher auf das Konzept des Controlling zurückgegriffen werden. Die Möglichkeiten der Controlling-Unterstützung für das Informationsmanagement werden im folgenden näher erläutert.

Im Anschluß daran steht die methodischtechnologische Koordination des Informationsmanagements im Vordergrund. Als zentrales Instrument des Informationsmanagements wird die IS-Architektur dargestellt. Als Beispiel wird die ARIS-Architektur nach Scheer hergeleitet. Abschließend werden die Möglichkeiten der Methoden- und Werkzeugunterstützung für das Informationsmanagement aufgezeigt.

17.1.3 Controlling des Informationsmanagements

Die Beziehung zwischen Informationsmanagement und Controlling sind aufgrund vorhandener Abgrenzungsprobleme vielfach diskutiert worden. So benötigt einerseits das Controlling zur Unterstützung seiner Informations- und Kommunikationsfunktion die Informationstechnik und damit auch das Informationsmanagement, und andererseits benötigt auch das Informationsmanagement eine wirtschaftliche Steuerung und damit eine Controllingfunktion (vgl. [Sche94: 692]). Dieser zweite Aspekt steht im Vordergrund der folgenden Ausführungen.

Ähnlich wie beim Informationsmanagement ist die Begriffsbildung für das Controlling sowohl in der Theorie als auch in der Praxis noch nicht einheitlich. Der zur Zeit in der Theorie dominierende Erklärungsansatz sieht die Koordination der Führungsteilsysteme als zentrale Aufgabe des Controlling. Dieser Ansatz wurde maßgeblich von Horváth [Hor94] beeinflußt. Horváth bezieht die Koordinationsaufgabe des Controlling auf das Planungs- und Kontroll- sowie das Informations(versorgungs)system der Unternehmung. So definiert Horváth Controlling – funktional gesehen – „als ein Subsystem der Führung, das Planung und Kontrolle sowie Informationsversorgung systembildend und systemkoppelnd koordiniert und so die Adaption und Koordination des Gesamtsystems unterstützt" [Hor94: 144]. Die Koordinationsaufgaben des Controlling umfassen demnach prozeßgestaltende und prozeßunterstützende Aufgaben. Ziel der Prozeßgestaltung ist die Entwicklung flexibler und anpassungsfähiger Führungssysteme, die konsequent abgestimmte Regelkreise aus Planung, Kontrolle und Informationsversorgung realisieren. Abstimmungsprobleme in den laufenden Prozessen löst das Controlling durch die Versorgung der Führungsprozesse mit Informationen bezüglich Zielbildung, Zielerreichung sowie Maßnahmen bei Zielabweichungen. Zentrale Steuerungsmaßstäbe des Controlling sind die Kriterien der Effizienz (doing the things right) und Effektivität (doing the right things).

Auch das Informationsmanagement bedarf zunehmend einer Ausrichtung an diesen Kriterien. Die Notwendigkeit ergibt sich zum einen daraus, daß die IM-Prozesse auf unterschiedliche Entscheidungsträger mit teilweise divergierenden Zielsetzungen verteilt sind und zum anderen die IM-Entscheidungen zu hohen Ressourcenbindungen führen. Daher wurde der Controlling-Ansatz auch auf das Informationsmanagement übertragen (vgl. z.B. [Krc92, Sok93]).

Aufgabe eines IM-bezogenen Controlling-Ansatzes ist demnach die Koordination des betrieblichen Informationsmanagements mit der Zielsetzung der wirtschaftlichen und an den Unternehmenszielen ausgerichteten Gestaltung und Nutzung des betrieblichen Informationssystems (vgl. [Hei94]). Das Controlling übernimmt prozeßgestaltende und prozeßunterstützende Koordinationsaufgaben für die Planungs-, Kontroll- sowie Informationsversorgungsprozesse des Informationsmanagements.

Beispiele für die prozeßgestaltenden Aufgaben sind die Definition der Planungs- und Kontrollprozesse des Informationsmanagements, die Entwicklung und Bereitstellung von betriebswirtschaftlichen Methoden und Werkzeugen zur Koordination der IM-Prozesse sowie die Entwicklung und Einführung von Führungsinformationssystemen für das Informationsmanagement. Beispiele für prozeßunterstützende Funktionen sind

- die Unterstützung bei Ableitung der IS-Strategie aus der Unternehmensstrategie und der Bestimmung des Anwendungssoftware-Portfolios,
- der Abgleich von IS-Bedarfen und IS-Potentialen,
- die betriebswirtschaftliche Analyse des internen IS-Leistungsangebots und der IM-Aufbauorganisation,

– die Unterstützung bei Outsourcing-Prozessen, der Kalkulation von IM-Projekten und Ersatzinvestitionsentscheidungen, sowie

– die Erstellung der IS-bezogenen Investitions-, sowie Kosten- und Leistungsbudgets.

Mit der zunehmenden Vielfalt der IM-Aufgaben wächst die Zahl der Unternehmen, welche ein Controlling für das Informationsmanagement einführen bzw. dessen Einführung planen (empirische Untersuchungen hierzu: [Zan94, Has94]). Während die ersten Lösungsansätze die kostenorientierte Steuerung der Informationsverarbeitung sehr stark in den Vordergrund stellten, wird das IM-Controlling zunehmend zum umfassenden Werkzeug für das Informationsmanagement, welches auch Aspekte der Strategie- und Nutzenorientierung berücksichtigt. Insbesondere die zunehmende Dezentralisierung des Informationsmanagements bedeutet eine neue Herausforderung für das Controlling. Die Entscheidungsträger in den Fachbereichen fordern ein aussagekräftiges betriebswirtschaftliches Instrumentarium zur Unterstützung der IM-relevanten Entscheidungen. Gleichzeitig müssen aus der Gesamtperspektive der Unternehmensleitung die dezentralen IM-Entscheidungen abgestimmt werden. Insgesamt wird das Controlling so zur wichtigen Unterstützungsfunktion für das Informationsmanagement. Das in Bild 17-1 dargestellte Funktionsmodell für das Informationsmanagement beinhaltet daher an den IM-Hauptfunktionen orientierte Controlling-Funktionen. So wird eine Untergliederung in das Controlling der Infrastruktur, das Anwendungssystem-Controlling sowie das Einsatz-Controlling vorgenommen. Das Controlling der Infrastruktur steuert die wirtschaftliche Gestaltung und Nutzung der vorhandenen Informationsinfrastruktur. Das Anwendungssystem-Controlling sichert die wirtschaftliche Steuerung des gesamten Lebenszyklus der Anwendungssysteme, von der Projektidee bis hin zur Ersatzinvestitionsentscheidung. Das Einsatz-Controlling sorgt für die Ausrichtung der Informationsverwendung an den Zielen der Effizienz und Effektivität. Insbesondere bei Reorganisationsprojekten übernimmt das Einsatz-Controlling eine unterstützende Funktion.

17.1.4 Die IS-Architektur als Gestaltungsinstrument des Informationsmanagements

Aufgabe des Informationsmanagements ist die Gestaltung integrierter betrieblicher Informationssysteme. Die Durchführung dieser Aufgabe setzt eine sorgfältige Planung voraus. Durch IS-Architekturen wird daher ein Generalbebauungsplan vorgegeben, um die Entwicklung inte-

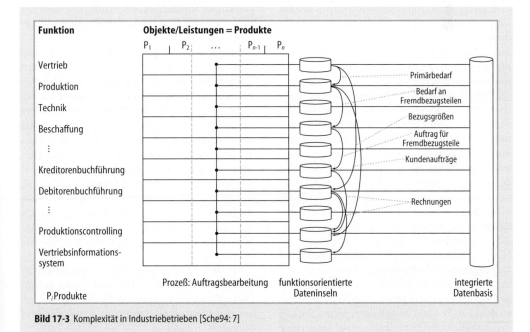

Bild 17-3 Komplexität in Industriebetrieben [Sche94: 7]

grierter betrieblicher Informationssysteme zu steuern. Mit zunehmender Komplexität der Informationssysteme werden IS-Architekturen zum zentralen Instrument des Informationsmanagements (vgl. [Nie91]). IS-Architekturen liefern ein Regelwerk zur ganzheitlichen Beschreibung von Informationssystemen und stellen so die Abstimmung der am Entwicklungsprozeß beteiligten Partner sicher [Sche92: 2-3].

Seit Ende der achtziger Jahre wurde eine Vielzahl von IS-Architekturen entwickelt (zu Übersichten der verschiedenen Ansätze vgl. z.B. [Tul91, Sche92: 24-40]). Beispiele sind die CIM-OSA-Architektur [Esp93], die Architektur von Zachmann [Zac87], die Architektur der IFIP WG 8.1 Gruppe [Oll91] sowie die ARIS-Architektur nach Scheer [Sche92]. Im folgenden wird die ARIS-Architektur nach Scheer vorgestellt. Die ARIS-Architektur ermöglicht die ganzheitliche Beschreibung von Informationssystemen und deren durchgängige Umsetzung von den fachlichen Anforderungen bis zur Implementierung. Die ARIS-Architektur wird konsequent aus einer prozeßorientierten Sichtweise hergeleitet. Deshalb erfolgt zunächst die Erörterung der Geschäftsprozeßorientierung als Gestaltungsprinzip der ARIS-Architektur.

17.1.4.1 Geschäftsprozeßorientierung als Entwurfsparadigma der ARIS-Architektur

Ziel integrierter Informationssysteme ist die Unterstützung der Unternehmensorganisation durch informationstechnologische Infrastrukturen. Mit Hilfe von IS-Architekturen werden die Anforderungen der Unternehmensorganisation schrittweise in IT-Lösungen überführt. Wesentliche Grundlage für die Entwicklung effektiver Informationssysteme ist das Verständnis der Aufbau- und Ablauforganisation im Unternehmen. Industrieunternehmen zeichnen sich durch eine hohe Komplexität der organisatorischen Strukturen aus. Diese Komplexität ergibt sich aus der Vielzahl der zu bearbeitenden Funktionen und aus der großen Anzahl der zu disponierenden Leistungen (Materialien, Einzelteile, Baugruppen bis hin zu Enderzeugnissen). In Bild 17-3 werden Funktionen und Leistungen als Dimensionen einander gegenüber gestellt. Die sich ergebende Fläche kennzeichnet die entstehende Gesamtkomplexität. Zur Beherrschung der Komplexität sind unterschiedliche Strategien denkbar. So kann beispielsweise eine Teilung der Komplexitätsfläche in einzelne senkrechte

Schnitte erfolgen. Dies bedeutet, daß jeweils alle Funktionen, die mit einer bestimmten Gruppe von Objekten verbunden sind, durchgängig bearbeitet werden. Dies könnte aufbauorganisatorisch zu einer objektorientierten (Sparten-)Organisation führen, was in der Bild 17-3 durch die gestrichelt gezeichneten Linien angedeutet wird.

Die vorherrschende Gliederungsform in Industrieunternehmen ist aber zur Zeit noch funktionsorientiert. Dies bedeutet, daß jeweils aufbauorganisatorische Organisationseinheiten zur Durchführung einer Unternehmensfunktion gebildet werden, die dann das gesamte Leistungsspektrum (d.h. alle Objekte) verantwortlich bearbeiten. In Bild 17-3 ist dies durch waagerechte Linien angedeutet. Die traditionelle Datenverarbeitung hat ihre Systeme an dieser klassisch funktionsorientierten Sichtweise ausgerichtet. So entstanden Informationssysteme zur Unterstützung der Funktionen in Produktion, Beschaffung, Vertrieb und Rechnungswesen. Diese Informationssysteme besaßen in der Regel eigene Datenbasen. Dies führte zu den bekannten Problemen funktionsorientierter Dateninseln. Es zeigt sich, daß die betriebswirtschaftlichen Funktionen durch vielfältige Entscheidungs- und Ablaufzusammenhänge verknüpft sind. Die Objekte (oder Leistungen) durchlaufen in der Regel mehrere Funktionen, beispielsweise führt eine Auftragsabwicklung vom Vertrieb über Produktion, Beschaffungsvorgänge bis hin zur Debitorenbuchführung und der Weiterleitung des Auftrags in das Controlling- und Vertriebs-IS.

Verwaltet jede Funktion ihre eigene Daten, so führt der Objektzusammenhang in Prozessen dazu, daß die zu einem Objekt gehörenden Daten von mehreren Funktionen und damit redundant geführt werden. Dies ergibt Probleme bezüglich der logischen Datenkonsistenz, da die verschiedenen Funktionen ihre Daten jeweils aus eigener Sicht definieren und die Weiterleitung von Daten zwischen den Funktionen erschwert wird. So wird die Verwendung einer integrierten Datenbasis gefordert, welche dafür sorgt, daß alle Datendefinitionen unternehmensweit einheitlich festgelegt und Daten möglichst redundanzfrei erfaßt, gespeichert und verarbeitet werden.

Mit dieser Forderung wird eine prozeßorientierte Sichtweise über die Funktionen gelegt. Diese Prozeßsicht ermöglicht die Integration von Informationssystemen in vertikaler und horizontaler Richtung. Die horizontale Integration führt auf der Ebene der operativen Systeme zu durchgängigen Informationsströmen, welche dem Materialfluß bzw. Leistungserstellungsprozeß in einem Industriebetrieb folgen. Die vertikale Integration verdeutlicht die Verbindung zwischen mengenorientierten operativen Systemen und den übergelagerten wertorientierten Abrechnungs- und Analysesystemen. Zusammenfassend kann daher festgestellt werden, daß integrierte Informationssysteme einem objektorientierten Entwurfsparadigma folgen. Im betrieblichen Zusammenhang wird dafür zunehmend der Terminus „prozeßorientiert" oder „geschäftsprozeßorientiert" verwendet. Der Terminus „Geschäftsprozeß" ist die Übersetzung des gebräuchlichen amerikanischen Terminus „business process", welcher im Deutschen auch als Unternehmens- oder Unternehmungsprozeß übersetzt wird. Ein Geschäftsprozeß beschreibt die mit der Bearbeitung eines bestimmten Objektes verbundenen Funktionen, die beteiligten Organisationseinheiten, die benötigten Daten und die Ablaufsteuerung der Ausführung. Die Analyse des grundsätzlichen Aufbaus von Geschäftsprozessen bildet die Grundlage des im folgenden beschriebenen Herleitungsprozesses der ARIS-Architektur.

17.1.4.2   Beschreibungssichten der ARIS-Architektur

Die Architektur integrierter Informationssysteme (ARIS) folgt dem dargestellten prozeßorientierten Entwurfsparadigma. Ausgangspunkt der Herleitung der ARIS-Architektur bildet ein Modell zur Beschreibung von Geschäftsprozessen. Aufgrund der Komplexität des Modells wird es in verschiedene Sichten zerlegt. Auf diese Weise besteht die Möglichkeit, einzelne Sichten durch besondere Methoden zu beschreiben, ohne jeweils die Zusammenhänge zu den anderen Sichten berücksichtigen zu müssen. Die Verbindungen zwischen den Sichten werden anschließend in einer eigenständigen Sicht wieder hergestellt. Als zweiter Abstraktionsschritt neben der Sichtenorientierung liegt der ARIS-Architektur ein Konzept unterschiedlicher Beschreibungsebenen zugrunde. So wird durch ein Life-cycle-Konzept eine durchgängige Beschreibung von der betriebswirtschaftlichen Problemstellung bis zur DV-technischen Implementierung sichergestellt.

Insgesamt verfolgt die ARIS-Architektur somit das Ziel, ein Informationssystem zur Unterstützung von Geschäftsprozessen ganzheitlich (aus allen Sichten und über alle Entwicklungsphasen) zu beschreiben.

Bild 17-4 zeigt beispielhaft die Struktur eines Geschäftsprozesses. So wird die Funktion „Auftragsannahme" durch das Ereignis „Kundenauftrag eingetroffen" ausgelöst. Ergebnis der Funktion ist das Ereignis „Auftragsbestätigung erstellt", welches wiederum auslösendes Ereignis für die Funktionen „Auftragsverfolgung" und „Produktionsplanung" ist. Zur Durchführung der Auftragsannahme sind Zustandsdaten über die Kunden und die Artikel notwendig. Die Funktion wird von einem Sachbearbeiter ausgeführt, welcher einer Abteilung zugeordnet ist. Dem Sachbearbeiter stehen zur Durchführung der Funktion IT-Ressourcen zur Verfügung. Das Beispiel zeigt, daß ein Geschäftsprozeß eine Vielzahl von Komponenten mit vielfältigen Querverbindungen umfaßt. So gehören Vorgänge (Funktionen), Ereignisse, Zustände, Bearbeiter, Organisationseinheiten und Ressourcen der Informationstechnologie zu den wesentlichen Geschäftsprozeßkomponenten. Um die Komplexität des Gesamtmodells zu reduzieren, erfolgt eine Zerlegung in Sichten, die jeweils eigene Entwurfsfelder darstellen und weitgehend unabhängig voneinander bearbeitet werden können (vgl. Bild 17-5). Dabei muß beachtet werden, daß die Beziehungen innerhalb der Sichten sehr hoch sind und die Einzelsichten untereinander nur relativ einfach und lose gekoppelt sind. Nur unter dieser Voraussetzung erscheint eine Zerlegung sinnvoll. Die durchgeführte Zerlegung führt mit der Daten-, Funktions-, Organisations- und Ressourcensicht zunächst zu vier Sichten.

Die Datensicht repräsentiert die Zustandsdaten und Ereignisse innerhalb von Geschäftsprozessen. Die Funktionssicht beschreibt die auszuführenden Funktionen und deren Beziehungen untereinander. Die Organisationssicht führt die Struktur und Beziehungen von Bearbeitern und Organisationseinheiten zusammen. Die Bestandteile der Informationstechnik werden in der Ressourcensicht beschrieben. Die Ressourcensicht ist für die betriebswirtschaftliche Betrachtungsweise nur insoweit von Bedeutung, als sie die Rahmenbedingungen für die Beschreibung der stärker betriebswirtschaftlich ausgerichteten Komponenten bildet. Daher werden die Beschreibungen für Daten, Funktionen und Organisation in Abhängigkeit ihrer Nähe zu den Ressourcen der Informationstechnik durchgeführt. Die Ressourcensicht wird somit als ei-

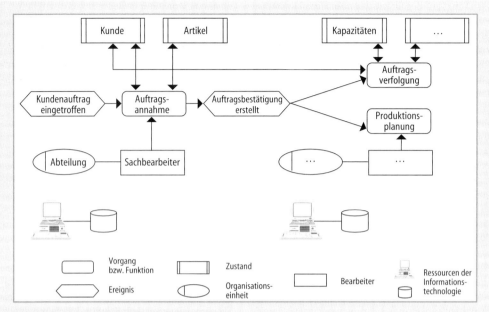

Bild 17-4 Beispiel eines Geschäftsprozesses [Sche94: 11]

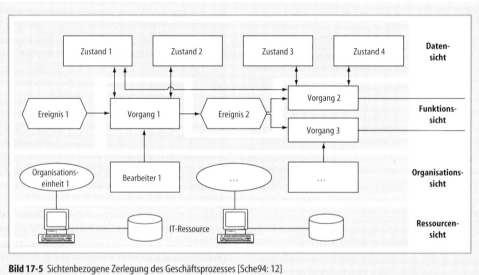

Bild 17-5 Sichtenbezogene Zerlegung des Geschäftsprozesses [Sche94: 12]

genständiger Beschreibungsgegenstand durch ein Life-cycle-Modell ersetzt.

Durch die Zerlegung des Geschäftsprozesses in die Einzelsichten wird zwar die Komplexität reduziert, allerdings geht dadurch auch der Zusammenhang zwischen den Sichten verloren. Daher wird mit der „Steuerungssicht" die Verbindung zwischen Komponenten wiederherge-

stellt. Insgesamt ergeben sich so mit der Daten-, Funktions-, Organisations- und Steuerungssicht vier ARIS-Sichten.

17.1.4.3 Beschreibungsebenen der ARIS-Architektur

Die Ressourcensicht wird im Rahmen der ARIS-Architektur in ein Life-cycle-Konzept aufgelöst.

Das Life-cycle-Konzept beschreibt den Lebenslauf eines Informationssystems. Es umfaßt unterschiedliche Beschreibungsebenen, die nach der Nähe zur Informationstechnik definiert werden. Ausgangspunkt der IS-Entwicklung ist die betriebswirtschaftliche Problemstellung. Deren Beschreibung umfaßt grobe Tatbestände, die sehr nahe an den fachlichen Zielsetzungen und der fachlichen Sprachwelt orientiert sind. Daher werden auf dieser Ebene auch nur halbformale Beschreibungsmethoden eingesetzt, die aufgrund ihrer fehlenden Detaillierung und Strukturierung noch nicht als formalisierte Basis für die Implementierung verwendet werden können.

Daher wird im Fachkonzept das zu unterstützende betriebswirtschaftliche Anwendungskonzept in einer soweit formalisierten Sprache beschrieben, daß es als Ausgangspunkt einer konsistenten Umsetzung in die Informationstechnik dienen kann. Auf der folgenden Ebene des DV-Konzeptes wird die Begriffswelt des Fachkonzeptes in die Kategorien der DV-Umsetzung übertragen. Beispielsweise werden für Funktionen die sie ausführenden Module und Transaktionen definiert. Mit dem DV-Konzept wird das Fachkonzept an die generellen Schnittstellen der Informationstechnik angepaßt. Auf der dritten Ebene, der technischen Implementierung, wird das DV-Konzept auf konkrete hardware- und softwaretechnische Komponenten übertragen. Auf diese Weise wird die physische Verbindung zur Informationstechnik hergestellt.

Bild 17-6 zeigt die Beschreibungsebenen eines Informationssystems nach der ARIS-Architektur. Die einzelnen Beschreibungsebenen sind durch unterschiedliche Änderungszyklen geprägt. Die Änderungsfrequenz ist tendenziell auf der Ebene der Informationstechnik am höchsten während die Ebene des Fachkonzeptes die höchste Stabilität aufweist. Die Ebene des Fachkonzeptes ist daher von besonderer Bedeutung, da sie zum einen langfristiger Träger des betriebswirtschaftlichen Gedankenguts ist und zum anderen den Ausgangspunkt für die weiteren Generierungsschritte zur Umsetzung in die technische Implementierung darstellt.

Zusammenfassend führen die beiden Abstraktionsschritte der sichten- und ebenenorientierten Beschreibung von Informationssystemen zu der in Bild 17-7 dargestellten ARIS-Architektur.

17.1.4.4 Methoden- und Werkzeugunterstützung der ARIS-Architektur

Durch die ARIS-Architektur sind die Beschreibungssichten und -ebenen definiert. Zusammen mit der als Ausgangspunkt dienenden betriebswirtschaftlichen Problemstellung ergeben sich dreizehn Komponenten. Für jede dieser Komponenten können unterschiedliche Beschreibungsmethoden eingesetzt werden. Zur Auswahl geeigneter Methoden können Kriterien herangezogen werden [Sche94: 18], wie z.B.

- die Einfachheit der Darstellungsmittel,
- die Eignung für die speziell auszudrückenden Fachinhalte,
- die Möglichkeit, für alle darzustellenden Anwendungen einheitliche Methoden einsetzen zu können,
- der vorhandene oder zu erwartende Bekanntheitsgrad der Methoden sowie
- die weitgehende Unabhängigkeit der Methoden von technischen Entwicklungen der Informations- und Kommunikationstechnik.

Beispiele für Beschreibungsmethoden auf der Ebene des Fachkonzepts sind das erweiterte Entity-Relationship-Modell für die Datensicht, Funktionshierarchiediagramme sowie Netzpläne für die Funktionssicht, Organigramme und Dispositionsebenendiagramme für die Organisationssicht sowie Vorgangskettendiagramme, Ereignisgesteuerte Prozeßketten, Datenebenen- und Funktionsebenendiagramme für die Darstellung in der Steuerungssicht Eine detaillierte Beschreibung der aufgeführten sowie weiterer Modellierungsmethoden im Rahmen der ARIS-Ar-

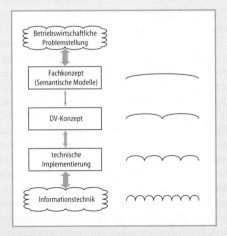

Bild 17-6 Beschreibungsebenen der ARIS-Architektur
[Sche94: 15]

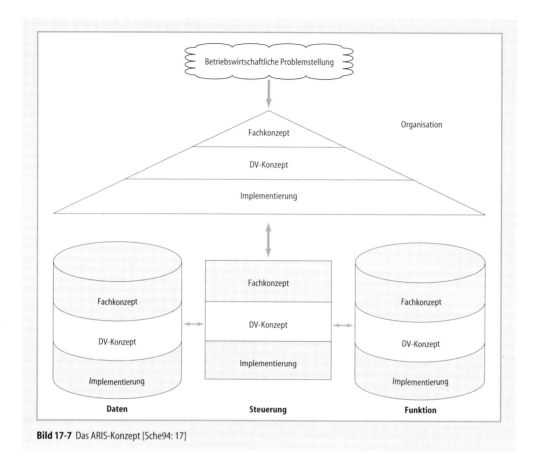

Bild 17-7 Das ARIS-Konzept [Sche94: 17]

chitektur befindet sich in [Sche92]. Bild 17-8 gibt einen Überblick der im Rahmen der ARIS-Architektur einsetzbaren Beschreibungsmethoden.

Die ARIS-Architektur selbst kann auch mit Beschreibungsmethoden dargestellt werden. So entsteht ein Informationsmodell, welches die Konstrukte und deren Beziehungen definiert, mit denen Informationssysteme beschrieben werden sollen. Dieses Informationsmodell wird DV-technisch in Form eines Repository implementiert. Das Repository bildet so die Datenbank, in der die Modelle zur Beschreibung integrierter Informationssysteme abgelegt werden.

Die im Rahmen der ARIS-Architektur eingesetzten Modellierungsmethoden können wiederum auch durch Werkzeuge unterstützt werden. Unter Werkzeugen versteht man im hier verwendeten Sinne computergestützte Hilfsmittel zur Unterstützung der Entwurfsmethoden. Der Einsatz der Werkzeuge kann sich einmal auf die Erstellung von Konzepten innerhalb der einzelnen Komponenten oder aber auf die Trans-

formation von einem Entwurfsergebnis in die jeweils unter- oder auch übergeordnete Ebene beziehen. Neben der Unterstützung des Entwurfs von Beschreibungen können Werkzeuge auch zur Navigation innerhalb und zwischen Entwurfsebenen dienen.

Der Einsatz von Werkzeugen kann erweitert werden, indem für den Entwurfsvorgang Ausgangslösungen in Form von Referenzmodellen bereit gestellt werden. Referenzmodelle erfassen als branchenspezifische oder auch branchenneutrale Modelle Anwendungswissen, welches für eine Vielzahl von Unternehmen anwendbar ist. Der Einsatz der Referenzmodelle in Form von Daten-, Funktions-, Organisations- und Steuerungsmodellen kann den Entwurfsprozeß erheblich beschleunigen [Sche91]. Mit Hilfe computergestützter Werkzeuge können die Referenzmodelle effizient an die unternehmensspezifischen Anforderungen angepaßt werden. Die Referenzmodelle selbst werden in Form von Bibliotheken im Repository verwaltet.

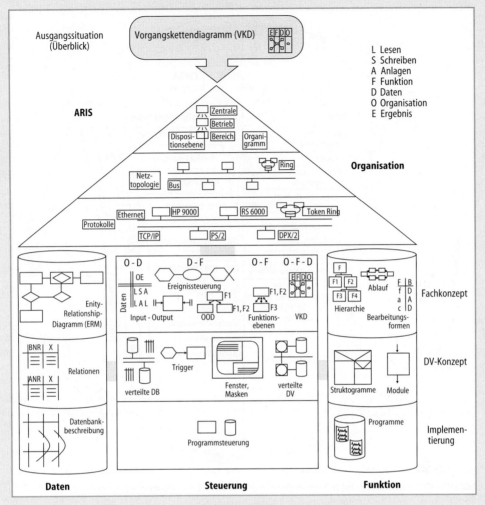

Bild 17-8 Im Rahmen der ARIS-Architektur einsetzbare Beschreibungsmethoden [Sche94: 82]

17.1.4.5 Informationsmanagement im Industrieunternehmen

Bisher wurden Gestaltungsobjekte sowie Ziele und Aufgaben des Informationsmanagements dargestellt. Es wurde aufgezeigt, wie das Informationsmanagement durch Controlling-Unterstützung wirtschaftlich gesteuert werden kann. IS-Architekturen wurden als wesentliches Instrument des Informationsmanagements vorgestellt.

Die dargestellten Konzepte können ohne gravierende Abweichungen branchenübergreifend angewendet werden. Lediglich die Intensität des Informationseinsatzes und damit die Notwendigkeit eines Informationsmanagements variieren je nach Branche. So ist in der Dienstleistungsbranche und hier vor allem in Versicherungen und Banken eine hohe Relevanz des Informationsmanagements festzustellen, da dort eine enge Verbindung zwischen Leistungen bzw. Produkten und den unterstützenden Informationssystemen und -technologien besteht.

Aber auch in Industrieunternehmen gewinnt das Informationsmanagement immer mehr an Bedeutung. Im folgenden wird das Informationsmanagement in die Prozeßstrukturen eines Industriebetriebs eingeordnet. Das in Bild 17-9 dargestellte CIM-Y-Modell zeigt die Geschäftsprozesse eines Industrieunternehmens. Der linke Ast des CIM-Y-Modells beschreibt den primär betriebswirtschaftlich-planerisch orientier-

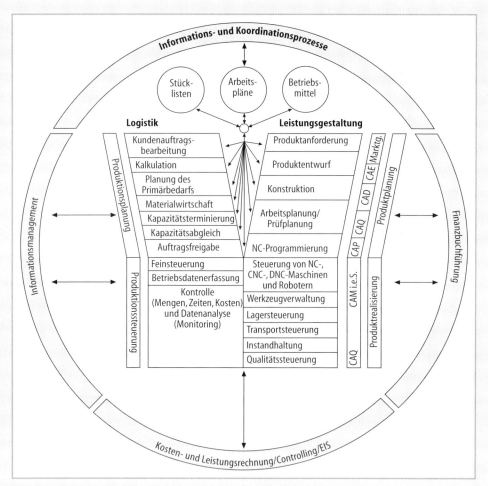

Bild 17-9 Informationsmanagement als Bestandteil der Geschäftsprozesse eines Industrieunternehmens

ten Prozeß der Produktionslogistik. Er umfaßt die durch den Auftragsfluß gesteuerten Funktionen der Kundenauftragsabwicklung über Bedarfsplanung, Zeitwirtschaft, Fertigungssteuerung, Betriebsdatenerfassung bis zum Versand.

Der rechte Ast des CIM-Y beschreibt im oberen Teil den Prozeß der Produkt- und Leistungsentwicklung. Die Steuerung der für die Leistungserstellung notwendigen computergesteuerten Ressourcen sind im unteren Teil des rechten Astes widergegeben. Der äußere Ring um das Y beschreibt mit der Informations- und Koordinationsprozeßkette den dritten Hauptprozeß eines Industrieunternehmens. Hierzu gehören neben dem Informationsmanagement die Finanzbuchführung, welche die mit der Umwelt des Unternehmens verbundenen Geschäftspro-

zesse aus der Wertesicht aufzeichnet sowie das innerbetriebliche Rechnungswesen, welches den wertebezogenen Verbrauch von Produktionsfaktoren zur Kontrolle und Steuerung der Leistungserstellung erfaßt. Das Informationsmanagement übernimmt eine koordinierende Funktion für die Geschäftsprozesse der Produktions-, Beschaffungs- und Vertriebslogistik sowie der Leistungsgestaltung und -erstellung. Gemäß dem dargestellten dezentralen Informationsmanagement-Ansatz finden verstärkt IM-Aktivitäten in den Geschäftsprozessen statt.

Literatur zu Abschnitt 17.1

[Dav93] Davenport, Th.: Process innovation. Boston: 1993

[Esp93] ESPRIT Consortium AMICE (Ed.): CIM-OSA: Open System Architecture for CIM. 2nd ed. Berlin: Springer 1993

[Gri90] Griese, J.: Ziele und Aufgaben des Informationsmanagements. In: Kurbel, K.; Strunz, H. (Hrsg): Hb. Wirtschaftsinformatik. Stuttgart: 1990, 642–657

[Ham93] Hammer, M; Champy, J.: Business Reengineering. 5. Aufl. Frankfurt: Campus 1993

[Has94] Haschke, W.: DV-Controlling. München: 1994

[Hei90] Heinrich, L.; Burgholzer, P.: Informationsmanagement. 2. Aufl. München: 1990

[Hei93] Heinzl, A.; Weber, J.: Alternative Organisationskonzepte für die betriebliche Datenverarbeitung. Stuttgart: 1993

[Hei94] Heib, R.; Scheer, A.-W.: Informationssystem-Controlling. Management & Computer 2 (1994), 2, 109–116

[Hil92] Hildebrandt, K.: Informationsmanagement. Wirtschaftsinformatik 34 (1992), 465–471

[Hot85] Horton, F. W.: Information resource management in public administration. Aslib Proc. 37 (1985), 1, 9–17

[Hor94] Horváth, P.: Controlling. 5. Aufl. München: 1994

[Krc91] Krcmar, H: Annäherungen an Informationsmanagement. In: Staehle, W.H.; Sydow, J. (Hrsg.): Managementforschung, (1991) 1, 163–203

[Krc92] Krcmar, H.: Informationsverarbeitungscontrolling in der Praxis. Information Management, (1992) 2, 6–18

[Krü91] Krüger, W.; Pfeiffer, P.: Eine konzeptionelle und empirische Analyse der Informationsstrategien und der Aufgaben des Informationsmanagements. ZfBF 43 (1991) 1

[Nie91] Niedermann, F.; Brancheau, J.; Wetherbe, C: Information systems management issues for the 1990s. MIS Quarterly/December 1991, 475–495

[Öst92] Österle, G.; Brenner, W.; Hilbers, K.: Unternehmensführung und Informationssystem. 2. Aufl. Stuttgart: 1992

[Oll91] Olle, T.W.; Hagelstein, J.; MacDonald, I.G.; Rolland, C.; Sol, H.G.; Van Assche, F.J.M.; Verrijn-Stuart, A.A.: Information systems methodologies. 2nd ed. Wokingham: 1991

[Sche91] Scheer, A.-W.: Papierlose Beratung. Information Management 6 (1991), 4, 6–16

[Sche92] Scheer, A.-W.: Architektur integrierter Informationssysteme. 2. Aufl. Berlin: Springer 1992

[Sche94] Scheer, A.-W.: Wirtschaftsinformatik: Referenzmodelle für industrielle Geschäftsprozesse. 6. Aufl. Berlin: Springer 1995

[Sok93] Sokolowsky, Z.: Controlling als Steuerungsinstrument des betrieblichen Informationsmanagements. In: Scheer, A.-W. (Hrsg.): Hb. Informationsmanagement. Wiesbaden: Gabler 1993, 529–566

[Tul91] Tulowitzki, U: Anwendungssystemarchitekturen im strategischen Informationsmanagement. Wirtschaftsinformatik 33 (1991), Nr. 2, 94–99

[Wol88] Wollnik, M.: Ein Referenzmodell des Informations-Managements. Information Management 3 (1988), 3, 34–43

[Wom90] Womack, J.P.; Jones, D.T.; Roos, D.: The machine that changed the world. New York: 1990

[Zac87] Zachmann, J.A.: A framework for information system architecture. IBM Systems J. 26 (1987), 3, 276–292

[Zan94] Zanger, C.; Schöne, K.: IV-Controlling. Information Management 9 (1994), 1, 62–69

17.2 Infrastruktur der Informationsverarbeitung

17.2.1 Informationsverarbeitung und Ressourcen

Die moderne Organisationslehre stellt anstelle des Funktionsbereichs immer mehr den Geschäftsprozeß in den Mittelpunkt der betrieblichen Gestaltung. Verfolgt wird also, wie eine bestimmte, nach außen zu erbringende Leistung – sei es im Büro, in der Produktion oder in den Dienstleistungen – durch das Unternehmen wandert. Betrachtet wird hierbei das Zusammenwirken der Funktionsbereiche zum Zwecke der Leistungserbringung sowie die einzusetzenden Betriebsmittel (Ressourcen), damit der Geschäftsprozeß gewissen Optimalitätskriterien gehorcht. Zu den Betriebsmitteln, also den materiellen, energetischen, maschinellen und finanziellen Ressourcen, treten gleichrangig die informatischen Ressourcen.

Daten, durch deren Interpretation Information gewonnen wird, scheinen sich zunächst von allen anderen Ressourcen durch ihre unbeschränkte Verfügbarkeit zu unterscheiden insofern, als sie sich unbegrenzt duplizieren lassen. Tatsächlich ist Information jedoch an andere Ressourcen gebunden, deren Kapazitäten sehr wohl begrenzt sind. So sind Daten zu ihrer Speicherung auf physische Speichergeräte und zu ihrer Verarbeitung auf Rechner angewiesen. Ihr Transport zwischen zwei Orten erfordert Übertragungseinrichtungen. Zudem müssen sie am einen Ende erst erfaßt und am anderen Ende nach Zugriff und Verarbeitung für die Steuerung der Geschäftsprozesse verwertet werden; beides erfordert Personen und Geräte. All diese anderen Ressourcen binden wiederum finanzielle Ressourcen. Auch die sofortige Verfügbarkeit von Daten ist oftmals eher scheinbar als real: Begrenzte Verarbeitungskapazitäten (etwa durch hohe Auslastung von Rechnern oder lizensierte Software), begrenzte Übertragungskapazität (etwa durch langsame Leitungen) oder begrenzter Datenzugriff (etwa durch konsistenzwahrende Wettbewerbsregelungen) können die Verfügbarkeit erheblich verzögern.

Information und Informationsverarbeitung ist also sehr wohl Kosten- und Verfügbarkeitsschranken unterworfen. Diese sind aber zu den stetig wachsenden Möglichkeiten der Informationsverarbeitung in Beziehung zu setzen. Man denke dazu an die Verlagerung intellektuell fordernder Aufgaben – etwa kreative Phasen in der Konstruktion oder Störfalldiagnosen und -korrekturen in der Produktion – in die Informationsverarbeitung oder den Ersatz materieller Ressourcen durch informatische, wie etwa beim Einsatz von Simulationen anstelle von Crashtests.

Unter Infrastruktur der Informationsverarbeitung sei im folgenden die Menge der Ressourcen verstanden, an die Informationsspeicherung, -transport und -verarbeitung gebunden sind und die damit die nutzbare Funktionalität, aber auch die Grenzen der Verfügbarkeit und die Kosten der Informationsverarbeitung bestimmen. Für diese Betrachtungsebene genügt ein allgemeines Verständnis, das weitgehend von technischen Details abstrahiert.

17.2.2 Architekturgrundsätze

17.2.2.1 Architekturbegriff

Wie bei jeder Investition entscheiden schon die frühen Phasen des Planens und Entwerfens darüber, ob die Informationsverarbeitung die gewünschte Leistungsfähigkeit aufbringt und wirtschaftlich zu betreiben ist. Solche Phasen beginnen mit einer Analyse der Bedürfnisse von Auftraggebern oder des Markts allgemein, der einsetzbaren Hardware-, Netz- und Softwaretechnologien, wirtschaftlicher Randbedingungen, Performanzvorgaben, gesetzlicher Auflagen sowie verfügbarer finanzieller Ressourcen für den Erwerb und den Betrieb.

Entscheidend für den weiteren Erfolg ist, daß eine Grobstruktur gefunden wird, die die informatischen Ressourcen in Form einer Menge von Bausteinen bestimmt und ihr Zusammenwirken so regelt, daß die Bedürfnisse unter möglichst weitgehender Beachtung der aufgezählten Randbedingungen und Auflagen erfüllt oder Zielkonflikte in tragfähige technische Kompromisse umgesetzt werden. Wegen der Ähnlichkeit dieses Schritts mit dem Vorgehen eines Architekten bezeichnet man in der Informationsverarbeitung diese Grobstruktur als (Informations-)Systemarchitektur.

Nun haben sich im Laufe der Zeit gewisse Grundmuster für die Architektur von Informationssystemen (Architekturgrundsätze) herausgebildet. Im folgenden werden die Grundsätze skizziert, die sich für das Informationsmanagement im Produktionsbereich bewährt haben.

17.2.2.2 Leistungsprozesse und Ressourcen-Manager

Das übergeordnete Architekturprinzip leitet sich aus der zentralen Stellung des Geschäftsprozesses her, der bestimmt, welche Ressourcen er benötigt, um eine oder mehrere vorbestimmte Leistungen zu erbringen. Da für die Informationsverarbeitung nur die zu erbringenden Leistungen selbst interessieren, sprechen wir im folgenden von der Unterstützung von Leistungsprozessen. Bild 17-10 illustriert diesen Zusammenhang für zwei gleichzeitig ablaufende Leistungsprozesse.

Wenn wir annehmen, daß die Schritte jedes Prozesses nacheinander durchlaufen werden, veranschaulicht Bild 17-10 hinsichtlich Prozeß 1 folgendes. Ressource 1 wird ausschließlich Schritt 1 zugeordnet (man spricht daher auch von einer festen Zuordnung). Man könnte sich hier etwa ein Betriebserfassungsgerät oder einen Sensor an einer Maschine vorstellen. Ressourcen 2 – 4 werden hingegen nacheinander mehreren Schritten zugeordnet (freie Zuordnung). Hier wäre etwa an einen Rechner zu denken, der jeweils unterschiedliche, schrittspezifische Verarbeitungsaufgaben übernimmt, oder aber an eine integrierte Datenbasis, in der ein Schritt Daten ablegt und ein weiterer Schritt sie wieder aufgreift.

Betrachtet man nun Prozeß 1 und Prozeß 2 gemeinsam, so werden alle vier Ressourcen von

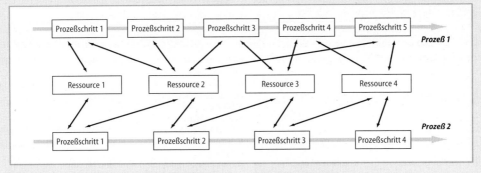

Bild 17-10 Nutzung von Ressourcen innerhalb von Prozessen und durch mehrere Prozesse

beiden Prozessen beansprucht. Auch hier muß man Unterschiede beachten. Steht eine Ressource zu einem Zeitpunkt nur jeweils einem Leistungsprozeß zur Verfügung, so spricht man von einer ungeteilten Zuordnung, andernfalls von einer geteilten Zuordnung. So wird etwa üblicherweise ein PC ungeteilt genutzt, ein größerer Rechner, ein Datenübertragungsnetz oder auch eine Datenbank jedoch geteilt.

Die moderne Auffassung der Dezentralisierung gilt schon lange für die Verwaltung der Ressourcen. Sie wird dorthin verlagert, „wo der Sachverstand vorhanden ist", indem man jeder Ressource (oder auch Gruppe gleichartiger Ressourcen) einen eigenen Verwalter, einen Ressourcen-Manager, zugesteht. Aufgabe eines Ressourcen-Managers ist es, die durch Prozesse von einer Ressource geforderte Funktionalität zu präsentieren und den Wettbewerb um die Ressource durch gleichlaufende Prozesse zu regeln. Um bei unseren Beispielen zu bleiben: Ressourcen-Manager wären etwa ein Netzmanager, ein Rechnerbetriebssystem oder ein Datenbankverwaltungssystem.

Aus Wirtschaftlichkeitsgründen wird man frei und geteilt zuordenbare Ressourcen anstreben. Der damit erreichbaren besseren Kapazitätsauslastung können jedoch Verfügbarkeitsengpässe sowie aufwendigere Ressourcen-Manager gegenüberstehen. Damit wird bereits deutlich, daß sich für erste Wirtschaftlichkeitsbetrachtungen die sehr grobe Architekturebene der Ressourcenverwaltung anbietet.

17.2.2.3 Schichtung von Leistungsprozessen und Ressourcen-Managern

Ein weiterer zentraler Architekturgrundsatz ist der der Systemschichtung. Er läßt sich auf das Organisationsprinzip der Delegation zurückführen. Anwendbar ist er sowohl auf die Leistungsprozesse als auf die Ressourcen-Manager.

Für die Schichtung auf der Ebene der Leistungsprozesse sollte man sich ein bestimmtes Kriterium vorgeben. Ein weitverbreitetes Beispiel ist der zeitliche Planungshorizont. Man beginnt mit Leistungsprozessen mit langem Horizont, also den eher strategischen Planungsprozessen. Dann untersucht man für deren Prozeßschritte, welche Aufgaben kürzeren Planungshorizonts sich aus ihnen herleiten, wie diese sich zu kürzeren Leistungsprozessen zusammensetzen und welche informatischen Beziehungen zwischen dem Ausgangsschritt und den Schritten der abgeleiteten Prozesse bestehen. Diese Vorgehensweise läßt sich zu einer Ebene mit weiter verkürztem Planungshorizont fortsetzen usf. Tabelle 17-1 faßt dies für das Beispiel der Hierarchieebenen in der Fertigung zusammen. Auf jeder Ebene kann man nun anschließend eigenständig die Bestimmung der erforderlichen informatorischen Ressourcen und ihre Zuordnung gemäß 17.2.2.2 vornehmen.

Durchläuft ein Leistungsprozeß einen Prozeßschritt, so durchläuft er auch einen dem Schritt zugeordneten Ressourcen-Manager oder löst dort einen Unterprozeß aus. Der Ressourcen-Manager hat also aus seiner Sicht selbst wieder einen Leistungsprozeß abzuwickeln. Daher ist sehr wohl denkbar, daß er sich selbst wieder der Dienste weiterer Ressourcen-Manager bedient, also Verwaltungsdienste an andere Ressourcen-Manager delegiert. Beispiele derartiger Hierarchien werden in Bild 17-12 und Bild 17-15 deutlich.

Man kann den Architekturgrundsatz der Schichtung als eine sukzessive Planung von einer Grobstruktur hin zu einer Feinstruktur auf-

Tabelle 17-1 Hierarchieebenen in der Fertigung

Hierarchieebene	Leistungsprozesse	Prozeßschritte	Planungszeitraum
Planungsebene	Kundenaufträge	Grobterminierung, Kapazitätsabgleich, Qualitätsanalyse	Monate / Wochen
Produktionsleitebene	Produktionsaufträge Eilaufträge	maschinenbezogene Ablaufeinplanung, dyn. Terminierung, Auftragsverfolgung, Material- und Betriebsmittel-bereithaltung	Tage / Schicht
Prozeßführungsebene	terminierte Arbeitsgänge	Feindisposition, Koordination der Maschinenebene, Transportsteuerung, Statusüberwachung, Störungsbehebung	Stunden / Minuten
Steuerungsebene	Maschinenaktionen	Maschinensteuerung, Störungsmeldung	Minuten / Sekunden

fassen. Auch hier dürfen Wirtschaftlichkeitsüberlegungen nicht außer acht bleiben. Man wird also anstreben, die letztendlich bereitgestellten Ressourcen so weit als möglich frei und geteilt zuordenbar zu halten. Beispielsweise sollte dieselbe Ressource auf verschiedenen Hierarchieebenen der Fertigung Verwendung finden können, oder bei der Schichtung von Ressourcen-Managern aufgedeckte Ressourcen (man denke etwa an die Datenverwaltung) sollten sich auch eigenständig gewissen Prozeßschritten zuweisen lassen.

17.2.2.4 Steuerungsfunktionen

Ein Spezifikum der beschriebenen Architekturgrundsätze ist es, daß sie letztendlich auf die isolierte Betrachtung jedes Ressourcen-Managers zielen. Damit sind mehrere Vorteile verbunden: Die freie Zuordenbarkeit, also die Wiederverwendbarkeit in den unterschiedlichsten Leistungsprozessen, läßt sich besser feststellen, es läßt sich leichter entscheiden, ob man für einen geplanten Ressourcen-Manager auf ein marktgängiges Produkt, und gegebenenfalls welches, zurückgreifen kann, und eine andernfalls notwendige Neuentwicklung bleibt ohne Einfluß auf andere Manager.

Nun nimmt ein Prozeß i.allg. eine größere Anzahl von Ressourcen in Anspruch. Es genügt also nicht, nur die einzelnen Ressourcen-Manager für sich wirken zu lassen. Vielmehr müssen diese Manager koordiniert zusammenwirken, damit die Gesamtziele des Prozesses – Funktionalität, Qualität und Wirtschaftlichkeit der Leistung – erfüllt werden. Notwendig sind also des weiteren managerübergreifende, leistungsprozeßgebundene Steuerungsfunktionen, deren zeitlicher Planungshorizont vom Planungshorizont des Leistungsprozesses selbst bestimmt ist. Die Steuerungsfunktionen übernehmen die Koordination der Manager eines Prozesses unter Berücksichtigung des Wettbewerbs durch andere Prozesse, soweit dieser ressourcenübergreifende Auswirkungen hat.

17.2.3 Geräteressourcen

17.2.3.1 Systemhierarchie in der Fertigung

In 17.2.2.3 und Tabelle 17-1 wurde unter dem Kriterium des zeitlichen Planungshorizonts eine Hierarchie von Prozeßebenen in der Fertigung aufgestellt und dann postuliert, man könne auf jeder Ebene eigenständig die Bestimmung der erforderlichen informatorischen Ressourcen vornehmen. Dies soll nun zunächst für die Geräte geschehen. Bild 17-11 zeigt eine entsprechende Zuordnung.

Die Planungsebene war über Jahrzehnte hinweg geprägt von großen Zentralrechnern, die sämtliche Verarbeitungsvorgänge übernahmen und auf die die Sachbearbeiter über Datenendgeräte zugriffen. Im Zuge immer mächtigerer Arbeitsplatzrechner und der Verbreitung dezentraler Organisationsformen wird die zentrale Lösung heute weitgehend durch sog. Client/Server-Lösungen abgelöst. Sie bieten eine Art tech-

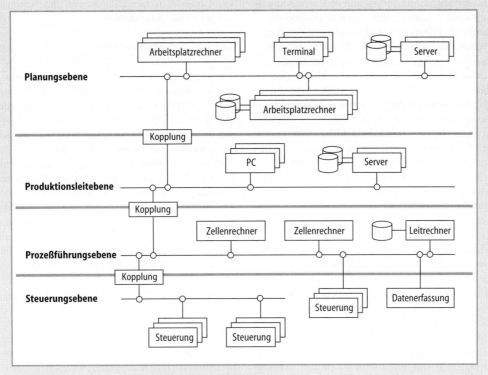

Bild 17-11 Geräteressourcen in den Hierarchieebenen der Fertigung

nische Arbeitsteilung. Eine Reihe von Rechnern meist mittlerer Größe (die Server) sind auf Informationsverarbeitungsdienste, die aufwendigere Ressourcen erfordern spezialisiert, wie einheitliche Verwaltungsdienste für geteilte Ressourcen oder die Bevorratung von Ressourcen begrenzter Kapazität. Diese Dienste bieten sie einer Vielzahl dezentraler Arbeitsplatzrechner (den Clients), von denen sie fallweise über Netzkommunikation zur Erledigung ihrer eigenen Informationsverarbeitungsaufgaben angefordert werden. Die beiden obersten Ebenen spiegeln diesen modernen Architekturgrundsatz wider. Angedeutet ist auch, daß auf der Planungsebene ein breites Spektrum unterschiedlich leistungsfähiger dezentraler Endgeräte Verwendung findet, während auf der Produktionsleitebene die dezentrale Versorgung nur über vergleichsweise einfache Rechner geschieht.

Auch auf der Prozeßführungsebene dominieren dezentrale Lösungen, allerdings nur in Ausnahmefällen mit Eingriffen menschlicher Bediener. Die Rechner sind daher stärker auf Automatisierungsaufgaben zugeschnitten, die sich durch einen intensiven Austausch von Signalen mit den technischen Fertigungseinrichtungen auszeichnen. Dabei läßt sich eine zweistufige Vorgehensweise ausmachen: Fertigungszellen werden jeweils autonom über Zellenrechner versorgt, während für das sachgerechte Zusammenspiel der Zellen ein Leitrechner sorgt. Auf der Steuerungsebene spielen Sonderkonstruktionen mit festverdrahteten oder programmierbaren Steuerungsalgorithmen und Signalverarbeitungsfunktionen die wesentliche Rolle.

Die wesentliche Bedeutung der Hierarchie liegt in dem Streben nach Durchgängigkeit der Informationsverarbeitung: An allen Stellen entstehen Daten in digitaler Form, sie können innerhalb jeder Ebene und quer über die Ebenen hinweg in beiden Richtungen weitergereicht und dann weiterverarbeitet werden.

17.2.3.2 Rechner

Server für Informationsverarbeitungsdienste, die besonders aufwendige Ressourcen erfordern, etwa hohe Prozessorleistung, hohe Ein-/Ausgaberaten oder hohe Haupt- und Hintergrundspeicherkapazitäten, decken sich mit den klassischen Mainframe-Rechnern. Ihr Leistungszuwachs kommt durch höhere Prozessorgeschwindigkeiten und Hauptspeichergrößen zustande, dies nicht zuletzt durch den Einsatz neuer Architekturprinzipien wie beispielsweise Parallelrechnerarchitekturen. Bei mehreren hundert Megabyte pro Prozessor stellen sich dabei Gesamthauptspeichergrößen in der Größenordnung von einigen Gigabyte ein. Auch die Hintergrundspeicher werden dann nicht mehr zwingend konzentriert an einer Stelle zu finden sein, sondern sich über die Prozessoren verteilen.

Dramatischer wirkt sich jedoch die Fortentwicklung durch verbesserte Prozessor- und Speichertechnologien sowie durch neue Rechnerarchitekturen (etwa dem Aufkommen von RISC-Architekturen) für die Rechner am Arbeitsplatz aus. Am oberen Ende des Spektrums erreichen bereits heute Mehrprozessorkonfigurationen auf einem Baustein eine Gesamtleistung von über 2000 MIPS bei einer Taktfrequenz von über 250 MHz, und auch kleinere Rechner lassen sich mit zusätzlichen Spezialeinheiten für Vektoroperationen sowie für die Eingabe, Verarbeitung und Ausgabe von Graphik, Video und Ton ausstatten. Damit werden sich weitere Verarbeitungsfunktionen von den Servern zu den dezentralen Rechnern verlagern, und Planungs- und Entwicklungsaufgaben lassen sich immer mehr kooperativ über Abteilungs- und Unternehmensgrenzen hinweg und ohne Einschalten von Servern wahrnehmen. Selbst die tragbaren Rechner in Form von Subnotebooks werden in Kürze die Leistung heutiger Arbeitsplatzrechner erbringen und dabei mit Hauptspeichern von mehreren zehn Megabyte (MB) und Plattenspeichern von mehreren hundert Megabyte Kapazität ausgestattet sein, dies bei Betriebsdauern von 5–10 Stunden pro Batterieaufladung. Die Folge ist eine zunehmende Mobilität der Arbeitsplätze in den oberen beiden Ebenen. Von dieser Entwicklung profitieren auch kleinere, spezialisierte Server, die meist auf der gleichen technischen Basis wie Arbeitsplatzrechner aufbauen, in denen jedoch hohe Verarbeitungsleistung einer hohen Kommunikationsleistung Platz macht.

Selbst mit kleineren Rechnern wird eine Datenerfassung immer problemloser möglich. Dabei gewinnt neben der traditionellen Eingabe über Bildschirmformulare die Eingabe über Handschrift und Sprache an Bedeutung. Mit speziellen Schnittstellen lassen sich derartige Rechner auch an Meßeinrichtungen zur Erfassung physikalischer, chemischer und biologischer Größen anschließen.

17.2.3.3 Hintergrundspeicher

Der Magnetplattenspeicher wird seine dominierende Rolle für eine verarbeitungsintensive nichtflüchtige Speicherung von Daten in absehbarer Zeit nicht einbüßen. Dabei ist angesichts der steten Fortentwicklung zu höheren Speicherdichten eine Tendenz zu physisch immer kleineren Einheiten zu beobachten. So werden inzwischen die 5,25-Zoll-Magnetplattenspeicher, die bis zu 11 Gigabyte (GB) bei rund 10 Millisekunden (ms) Zugriffszeit erreichen, durch Magnetplattenspeicher auf der Basis von 3,5-Zoll-Plattenlaufwerke abgelöst. Diese dominieren als Hintergrundspeichertechnologie bei den dezentralen Rechnern, wo sie Kapazitäten von ebenfalls nahezu 10 GB bei mittleren Suchzeiten zwischen 10 und 15 ms bieten. Der Trend geht in Richtung 2,5-Zoll-Laufwerke geringer Bauhöhe mit Kapazitäten bis zu 250 MB und Suchzeiten bis knapp unter 10 ms. Suchzeiten von nur noch 5 ms und Übertragungsraten von 50 Megabit pro Sekunde (Mbit/s) erscheinen erreichbar.

Angesichts dieser Leistungsdaten und der niedrigen Preise stellen kleine Laufwerke auch für große Server die wirtschaftlichste Lösung dar, wo sie als bis zu hundertfach eng gekoppelte sog. Plattenfarmen (Disk Arrays) Kapazitäten bis fast 200 GB erreichen und dabei neben hoher Übertragungsrate durch parallelen Zugriff auch hohe Datensicherheit bieten.

Wiederbeschreibbare optische Platten hingegen enttäuschen trotz ihrer Vorteile – hohe Speicherkapazität, leichter Transport und Robustheit – derzeit immer noch durch ihre zu hohen Zugriffszeiten im Bereich von 60–90 ms. Die Kapazitäten liegen demnächst für 5,25-Zoll-Platten bei 650 MB – 1 GB, für 3,5-Zoll-Platten bei 256 MB. Ständig kompakter werden auch Disketten. Die Kapazitäten von 3,5-Zoll-Disketten entwickeln sich von 1 – 4 MB bis hin zu 120 MB.

17.2.3.4 Steuerungen und Signalverarbeitung

Für die Steuerungsebene, z. T. auch schon für die Prozeßführungsebene, ist die Funktionalität vollausgebauter Rechner unwirtschaftlich. Hier finden sich vielmehr speicherprogrammierbare Steuerungen (SPS), das sind auf den Einsatz bei produktionsprozeß- und zeitgeführten Ablaufsteuerungen spezialisierte Rechner. Neben einer einfacheren Prozessor- und Speicherausstattung verfügen diese Geräte über besondere Koppelschnittstellen zur Aufnahme der Prozeß-, Bedien- und Beobachtungssignale und zum Anschluß von Programmier- und Testgeräten sowie über einen Buskoppler für die Vernetzung mehrerer SPSen. Die Geräte variieren im Ausbau je nach Zahl der aufzunehmenden Signale, die von wenigen 10 bis zu über 1000 gehen kann.

Noch stärker spezialiert sind Signalprozessoren, die Informationen aus Signalen extrahieren. Die dazu erforderlichen numerischen Algorithmen sind unmittelbar in der Hardware (z. B.

mittels Mikroprogrammen) realisiert. Beispiele für derartige Algorithmen sind Filterung oder Spektralanalyse.

17.2.4 Netzressourcen

17.2.4.1 Architekturen für offene Systeme

Das moderne Unternehmen ist dezentral organisiert. Informationsverarbeitungsleistung wird damit größtenteils dezentral erbracht. Die einzige Ressource, die für den Zusammenhalt sorgen kann, ist ein Datenübertragungsnetz. Dieser

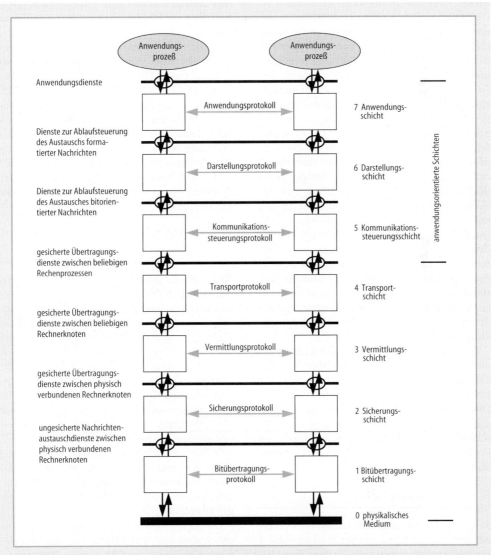

Bild 17-12 Struktur des ISO/OSI-Basisreferenzmodells

Zusammenhalt muß auch dann gewährleistet sein, wenn jede dezentrale Stelle autonom darüber befindet, welche Geräteressourcen oder lokalen Netze es einsetzt und welche Software es darauf betreibt. Vernetzte Systeme, die bei voller Autonomie der Netzknoten den Zusammenhalt gewährleisten, heißen offene Systeme.

Offenheit läßt sich nur durch Vereinbaren und Einhalten von Normen erreichen. Einen Rahmen für die Entwicklung solcher Normen stellt die OSI (Open Systems Interconnection)-Referenzarchitektur der ISO dar. Der Rahmen beruht selbst wieder auf dem Architekturprinzip der Schichtung von Ressourcen-Managern. Dabei wirken zwei Schichtungskriterien zusammen: Die Funktionalität erhöht sich schrittweise von unten nach oben, und ebenso steigt die Zuverlässigkeit der Übertragung von den unteren zu den höheren Schichten hin. Bild 17-12 zeigt schematisch den Rahmen und faßt zugleich den Funktionalitäts- und Zuverlässigkeitszuwachs zusammen. Deutlich erkennbar ist eine Zweiteilung der Referenzarchitektur. Die unteren vier Schichten bilden die sog. transportorientierten Schichten, die sich ausschließlich um die mehr oder weniger sichere Übertragung einer einzelnen Nachricht über mehr oder weniger große Entfernungen kümmern. Die oberen drei, anwendungsorientierten Schichten befassen sich mit einer Menge im Anwendungszusammenhang stehender Nachrichten und sorgen für die Bewahrung dieses Zusammenhangs auch unter Störungen. Dazu unterstützen sie die Anwendungsprozesse bei einem gemeinsamen Verständnis der ausgetauschten Nachrichteninhalte. Auf der obersten, der Anwendungsschicht findet sich eine Vielzahl spezialisierter Anwendungsdienste.

Die ISO/OSI-Basisreferenzarchitektur ist für die Kommunikation zwischen Rechnern gedacht. Tatsächlich lassen sich heute praktisch alle Rechner mühelos an Datenübertragungsnetze anschließen. Dazu müssen die Rechner lediglich mit den entsprechenden Einrichtungen, z. B. Anschlußkarten, ausgestattet sein. Bei tragbaren Rechnern können dies Einrichtungen für Funkübertragung sein.

17.2.4.2 Physikalische Medien

Sofern die Planungsebene betriebs- oder unternehmensübergreifend operiert, muß sie sich auf Weitverkehrsnetze abstützen. Im Bereich der leitungsgebundenen Weitverkehrsnetze spielt die vorhandene, durch die Telefonnetze gegebene Infrastruktur die dominierende Rolle. Auf Telefonleitungen sollen die heute üblichen 9,6 kbit/s auf das Dreifache (28,8 kbit/s) und durch Schmalband-ISDN noch weiter auf zwei 64-kbit/s-Datenkanäle und einen 16bit/s-Steuerkanal gesteigert werden. Geschwindigkeiten, die den Übertragungsraten der Hintergrundspeicher, wenn auch nicht den Prozessorgeschwindigkeiten nahekommen und sich für die Übertragung multimedialer Daten eignen, verspricht ATM als Basis von Breitband-Netzen mit zunächst 155 Mbit/s, später bis zu 622 Mbit/s. Bei der drahtlosen Übertragung beschränken hingegen aufwendige Kompressions- und Fehlerbehandlungstechniken die Übertragung auf Raten zwischen 100 und 1000 kbit/s.

Für die anderen drei Ebenen dominieren dagegen Nahbereichs-Übertragungstechniken. Dort geht die Entwicklung hin zu FastEthernet-Ansätzen und FDDI mit 100 Mbit/s, Funk im GHz-Bereich, bei niedrigeren Datenraten auch zu Infrarot. Als Netzarchitekturen finden (anstelle einer sternförmigen oder vermaschten Einzelverdrahtung) Busse mit konkurrierender Zuteilung des Mediums an die angeschlossenen Rechner und Token-Ring oder -Bus mit zirkulierender Zuteilung bei garantierter oberer Zeitschranke Verwendung.

17.2.4.3 Übertragungsprotokolle für Anwendungsdienste

Nicht nur die physikalischen Medien, sondern alle Schichten der ISO/OSI-Referenzarchitektur lassen sich grob zur Systemhierarchie in der Fertigung in Bezug setzen. So interessieren auf der Planungs – und Prozeßführungsebene erst die Dienste von der Transportschicht an aufwärts, die darunterliegenden Dienste sollen verdeckt bleiben. Als genormte oder normähnliche Transportprotokolle findet man dort etwa X.25 für die Vermittlung von Datenpaketen oder TCP/IP für die Verbindung von Teilnetzen zum Zwecke eines eventuell weltweiten Datenverkehrs. Ebenfalls dort ist auch ISDN geregelt, wobei an die Stelle der deutschen Lösung in Kürze Euro-ISDN und Euro-File-Transfer treten sollen. Daneben existieren eine Reihe herstellerabhängiger Protokollarchitekturen.

Die für die Anwendungen interessanteste, zugleich aber auch vielfältigste und noch am wenigsten geregelte Schicht 7 weist Dienste wie RPC (Fernaufruf von Programmen), RDA (Fernzugriff auf Datenbanken, meist gemäß SQL-Standard), FTAM (verteilte Dateiverwaltung und Dateitransfer) und CCR (Transaktionsdienste für die Abwicklung verteilter Geschäftsvorfälle) auf. Auf Schicht 7 bauen Protokolle auf wie X.400 für elektronische Post (E-mail), X.500 für Verzeichnisdienste, ODA für Textdokumentenaustausch, EDIFACT für den Austausch von Geschäftsunterlagen, STEP für den Produktdatenaustausch sowie eine Unzahl anderer Protokolle für den Austauch von Zeichnungen, Schaltplänen oder Multimedia-Dokumente. Die Chancen für eine wirtschaftliche Übertragung von Multimedia-Daten wachsen vor allem durch die Verbesserung der Datenkomprimierungstechniken in Standards wie JPEG für Einzelbilder und MPEG für Bewegtbilder. Weitere Dienste haben Computer-Fax, Fernwirken und Fernfehlerdiagnose zum Gegenstand.

Trotz aller Unterschiede ist diesen Übertragungsdiensten gemein, daß die beim Absender im Rechner entstandene Information im Rechner des Empfängers weiterverarbeitet werden kann. Zudem werden Garantien bezüglich der Zuverlässigkeit, Fehlerfreiheit und Auslieferungstreue der Übertragung gegeben.

17.2.4.4 Übertragungsprotokolle für die Fabrik

Wie bei den Geräten sprechen Gesichtspunkte der Wirtschaftlichkeit und Geschwindigkeit auch bei der Datenübertragung für einfachere Lösungen auf der Planungs- und Prozeßführungsebene. Dazu wird man die ISO/OSI-Referenzarchitektur auf die tieferliegenden transportorientierten Schichten beschränken und die anderen erst gar nicht implementieren.

Für die Verbindung von Steuergeräten untereinander und mit Zellenrechnern dominieren Busstrukturen, die hier aufgrund ihrer Besonderheiten als Feldbussysteme bezeichnet werden. Angesichts der lokalen und zahlenmäßigen Begrenzung der Teilnehmer werden nur die ISO/OSI-Schichten 1 und 2 benötigt, wobei jedoch die heterogene Gerätewelt und eine einfache Anschluß- und Leitungstechnik eine besondere Herausforderung darstellen. Dazu tritt dann noch die Anwendungsschicht mit sehr spezifischen, wenn auch vergleichsweise einfachen Diensten. Solche Dienste sind entweder bidirektional – wie das Lesen und Schreiben von Prozeßvariablen – oder unidirektional – etwa ereignisbedingtes Senden von Nachrichten und Initialisieren von Teilsystemen beim Hochfahren

technischer Prozesse. Dabei sind stets harte Realzeitanforderungen einzuhalten. Im übrigen fallen wie bei der vollen Referenzarchitektur die Anwendungsdienste je nach zu bedienendem Produktionsumfeld sehr vielfältig aus. Beispiele für Normungsansätze sind PROFIBUS für die Verfahrens- und Fertigungstechnk und FIP (Factory Instrumentation Protocol) für die Fertigungstechnik.

Im Gegensatz dazu stehen Bestrebungen, den Informationsfluß durchgängig über alle Ebenen der Systemhierarchie für die Fertigung zu regeln. Dazu müssen die spezialisierten Schichten 1 und 2 auf alle Schichten der Referenzarchitektur erweitert werden. Dies geschieht für den nicht zeitkritischen Bereich mit MAP, dem Manufacturing Automation Protocol.

17.2.5 Organisation der Softwareressourcen

Bei der Organisation von Ressourcen können zwei grundsätzliche Ansätze unterschieden werden. Ressourcen können zentral in einem System zusammengefaßt werden, oder durch sog. Server dezentral verwaltet werden. Dabei sind für jede Ressource ein oder mehrere Server zuständig. Die Entwicklung des Ressourcenmanagements zeigt Bild 17-13.

17.2.5.1 Zentrales Ressourcenmanagement

In der betrieblichen Informationsverarbeitung, wie sie vor allem für die Planungsebene aus Bild 17-11 charakteristisch ist, herrschten lange Zeit zentralisierte Strukturen vor. Ablaufsteuerung und Ressourcenmanagement waren an einem Ort zusammengefaßt. Geprägt wurde diese Informationsverarbeitungswelt von großen Zentralrechnern, die sämtliche Verarbeitungsvorgänge übernahmen und den Sachbearbeitern über Datenendgeräte zugänglich waren, um Eingaben vorzunehmen, Ergebnisse entgegenzunehmen und gegebenenfalls die Verarbeitungsvorgänge zu steuern. Die Vorteile lagen bei den guten Kontroll- und Steuerungsmöglichkeiten für die Ressourcen und dem erreichbaren hohen Sicherheitsstandard. Mit der Vielfalt der Ressourcen und dem Trend zur Dezentralisierung und Verlagerung von Entscheidungskompetenz auf untere Hierarchieebenen des Unternehmens zeigt sich jedoch immer mehr, daß ein zentral organisiertes Ressourcenmanagement den heutigen Ansprüchen nicht immer genügt.

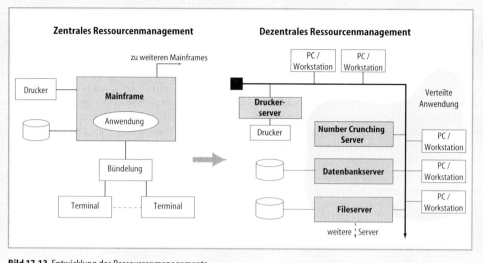

Bild 17-13 Entwicklung des Ressourcenmanagements

17.2.5.2 Dezentrales Ressourcenmanagement

Client-Server-Architektur

Mit der Client-Server-Architektur wird versucht, das Ressourcenmanagement zu dezentralisieren und damit zu einer Art technischer Arbeitsteilung zu kommen. Informationsverarbeitungsdienste, die aufwendigere Ressourcen erfordern, wie etwa umfangreiche numerische Rechnungen oder Datensicherungsmaßnahmen, einheitliche Verwaltungsdienste für geteilte Ressourcen wie etwa Datenbanken, Druckdienste oder elektronische Post, oder Bevorratung von Ressourcen begrenzter Kapazität wie etwa Softwarebibliotheken, werden auf Servern bereitgestellt. Alle andere Informationsverarbeitung erfolgt dezentral in den Arbeitsplatzrechnern. Die Arbeitsplatzrechner (die Clients oder „Klienten") fordern über Netzkommunikation fallweise die entsprechenden zentralen Dienste von den Servern (den „Dienstleistern") an. Häufig existieren in einem Netz mehrere, auf bestimmte Dienste spezialisierte Server. In einer Client-Server-Architektur existieren also mehrere Server, je einer (bei verteiltem Ressourcenmanagement auch mehrere) pro zu verwaltender Ressource, und eine weitaus größere Zahl von dezentralen Arbeitsplatzrechnern.

Unterschiedliche Ressourcen bedingen unterschiedliche Aufgabenverteilungen zwischen Client und Server (Bild 17-14). Das eine Extrem stellt dabei der sog. „Fat Client" dar. Der wesentliche Teil der Verarbeitung geschieht hierbei durch den Client, der Server stellt nur einfache Ressourcen zur Verfügung wie z. B. Dateien. Beim sog. „Fat Server" hingegen findet die Verarbeitung vorwiegend auf dem Server statt, und dementsprechend hochwertig sind die vom Server bereitgestellten Ressourcen. Ein Beispiel ist die Durchführung kompletter Geschäftsvorfälle durch Transaktions-Server, bei denen der Klient nur Transaktionsart und -parameter angeben muß.

Ein großer Vorteil von Client-Server-Systemen besteht darin, daß sie die Verbindung unterschiedlichster Hard- und Software-Plattformen ermöglichen. Hier hat auch die Basisreferenzarchitektur Bild 17-12 für offene Systeme ihren Ursprung. Gegenüber zentralisierten Ressourcenmanagern kann damit ein viel größeres Maß an Interoperabilität und Flexibilität erreicht werden, allerdings auf Kosten einer deutlich höheren Komplexität der Gesamtumgebung.

Klienten

Die Klientenrolle kann jedes System übernehmen, das mit dem Server in Verbindung treten, Aufträge an diesen stellen und deren Ergebnisse entgegennehmen kann. Ein Klient kann vom einfachsten PC mit MS-DOS bis hin zur hochentwickelten Workstation mit modernstem Betriebssystem und Spezialprozessoren reichen.

Middleware

Unter Middleware werden Hilfsmittel verstanden, die notwendig sind, um den Auftrag des Kli-

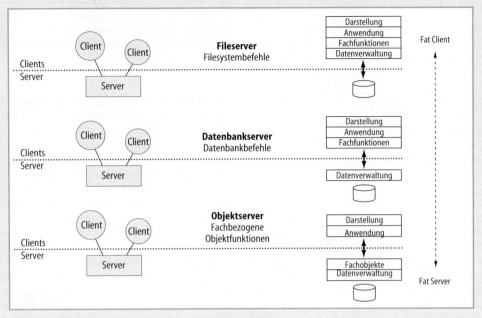

Bild 17-14 Unterschiedliche Arbeitsteilungen zwischen Server und Clients

enten zum Server zu transportieren und das vom Server erstellte Ergebnis an den Klienten zurückzuliefern, ohne daß sie der jeweiligen geographischen Orte, der eingesetzten Übertragungsmedien, -techniken und -protokolle und der erforderlichen Schnittstellenanpassungen gewahr sein müssen. Auch auf die Middleware findet der Grundsatz der Schichtung Anwendung. Häufig ist eine Aufteilung in drei Schichten. Die unterste Schicht bildet die sog. Transportschicht, die grundsätzlich die Kommunikation ermöglicht und damit weitgehend den transportorientierten Schichten des ISO/OSI-Referenzmodells entspricht. Weitergehende Aufgaben übernimmt die Schicht der Netzwerkbetriebssysteme: Diese verwalten unter anderem Benutzer und Zugriffsrechte und lokalisieren die beteiligten Ressourcen. Die oberste Schicht bietet ressourcenspezifische Dienste an, mit denen spezielle Formen der Client-Server-Beziehung unterstützt werden, wodurch den Anwendungen die Last der Anpassung an heterogene Schnittstellen oder der Fehlerbehandlung weitgehend abgenommen wird.

Ein anbieterspezifisches Beispiel für Middleware ist Lotus Notes zur Unterstützung von Groupware-Anwendungen. Verschiedene industrielle Vereinigungen suchen derzeit, Standards für Middleware zu setzen. Von der Open Software Foundation (OSF) stammt der Vorschlag des Distributed Computing Environment (DCE) mit einer Reihe von Diensten in Form von Werkzeugen und Laufzeitbibliotheken. Der Normvorschlag der Object Management Group (OMG) zur Object Management Architecture (OMA) regelt das Zusammenwirken heterogener Anwendungsobjekte in einer verteilten Umgebung über ein hochwertiges logisches Kommunikationsmedium, den Object Request Broker (ORB). Im Normvorschlag CORBA (Common ORB Architecture) präsentieren sich alle Anwendungsobjekte dem ORB und damit auch untereinander über eine objektorientierte Schnittstelle. Die Standards ODBC oder RDA zielen auf die Ankopplung verschiedener Datenbanken.

Zur Middleware kann man auch Internet zählen, eine Art „Übernetz", das über 30 000 Einzelnetze verbindet. Internet ist heute das Kommunikationsmedium im wissenschaftlichen Bereich schlechthin, wird völlig dezentral reguliert und von keiner Organisation kontrolliert. Angesichts seiner weiten Verbreitung und nachlassender Subventionierung öffnet es sich zunehmend kommerziellen Anbietern von Mehrwertdiensten, zudem sollte das Netzwerkmanagement und die Überwindung der augenblicklichen Wachstumsgrenzen in professionelle Hände gelegt werden. Internet wird daher in den

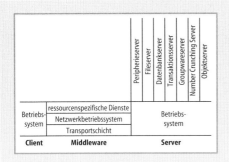

Bild 17-15 Ressourcen im Client-Server-Modell

nächsten Jahren einigen Wandel erfahren. Bereits existierende oder geplante Mehrwertdienste betreffen Diskussionsforen, Bulletin-Boards, Verzeichnisdienste, E-mail, Sprach- und Videoübertragung, Telekonferenzen, digitale Bibliotheken, Verlagswesen, Multimedia-E-mail, verteiltes Rechnen, CAD/CAM, vernetzte Fertigung, Geschäftstransaktionen, mobile Kommunikation u.a.m.

Server
Ein Server nimmt die Anforderungen der Klienten entgegen und versucht sie, unter Einhaltung ressourcenspezifischer Korrektheitskriterien, zu erfüllen. Für jede Art von Ressource gibt es einen eigenen Servertyp von dem es wiederum mehrere Ausprägungen geben kann. Unter anderem werden von Servern die in Bild 17-15 enthaltenen Ressourcen bereitgestellt, auf deren Dienste im folgenden Abschnitt näher eingegangen wird.

17.2.6 Basisressourcen

17.2.6.1 Betriebssysteme

Betriebssysteme bieten als Ressource eine Umgebung zur Ausführung von Programmen an. Sie stützen sich dabei auf tieferliegende Ressourcenmanager wie Hauptspeicherverwalter und Dateisysteme.

Mainframebetriebssysteme
Diese Betriebssysteme sind auf die Bedürfnisse und das außerordentlich vielseitige Leistungsangebot großer Zentralrechner oder auch der mittleren Datentechnik zugeschnitten und daher auch sehr aufwendig in der Betreuung. Wichtigstes Kennzeichen ist deren zentralisierte Ressourcenverwaltung und eine meist starke

Hersteller- und Hardwareabhängigkeit. Derartige Systeme widersprechen dem Trend zur dezentralen Organisation und zu offenen, herstellerunabhängigen Systemen und werden daher auch nicht mehr neu entwickelt.

UNIX
Dieses Betriebssystem errang seine Bedeutung mit dem Aufkommen mächtiger Arbeitsplatzrechner und entwickelte sich als ein erster Schritt in Richtung offener Systeme. Mehrere Vereinigungen (OSF, XOpen) bemühen sich um eine Standardisierung, dies allerdings konkurrierend, so daß es ein definitives Standard-UNIX nicht gibt. UNIX ist im Prinzip auf jeden genügend leistungsfähigen Rechner portierbar. Allerdings ist der Kern von UNIX im Lauf der Entwicklung sehr groß geworden, was die Portabilität erschwert. Weiterhin sind Erweiterungen nicht immer einfach durchzuführen, da es Unix an Modularität mangelt. Das Prozeßmanagement ist für die unteren Ebenen der Systemhierarchie (Bild 17-11) zu wenig differenziert, da es nur einen Typ von Prozeß kennt und keine kleineren Verarbeitungseinheiten (z.B. Threads) zuläßt.

Klassische PC-Betriebssysteme
Heute weit verbreitet ist MS-DOS. Für die Integration in Workstationnetze und Client-Server-Architekturen krankt es allerdings an einigen gravierenden Schwächen. Hierzu gehören der begrenzte Hauptspeicher, die fehlende Multitasking- und Mehrbenutzerfähigkeit, die Sicherheitslücken bei der Integration in Netzwerke und zahlreiche Einschränkungen durch das Dateisystem. Die Benutzeroberfläche Windows verfügt nur über sog. kooperatives Multitasking, d.h. der Taskwechsel erfolgt nur an vom Anwendungsprogramm vorgesehenen Stellen.

Ressourcenmanagement in modernen Betriebssystemen
Das Ressourcenmanagement moderner Betriebssysteme unterscheidet sich in Organisation und Art der angebotenen Ressourcen von den obigen Beispielen. In sog. Mikrokernel-Betriebssystemen ist das Ressourcenmanagement zweigeteilt. Das Bereitstellen der absoluten Basisfunktionalität übernimmt ein kleiner, hardwareabhängiger Kern, der sog. Mikrokernel. Das Management aller höheren Ressourcen, wie z.B. Dateisystem und Kommunikation, ist in speziellen, außerhalb des Mikrokernels liegenden Modulen

implementiert. Vorteile liegen bei der leichten Portier- und Anpaßbarkeit. Die Portierung auf verschiedene Hardwareplattformen wird erleichtert, da nur der relativ kleine Mikrokernel hardwareabhängig ist. So gibt es Windows NT sowohl für Intel-Prozessoren als auch für die Alpha-Serie von Digital, Portierungen auf RS/6000 und den PowerPC sind geplant. Die Anpaßbarkeit ist dadurch gegeben, daß lediglich einzelne Module für höhere Ressourcen ersetzt oder ergänzt werden müssen.

Werden die Module des Betriebssystems objektorientiert aufgebaut, und verwaltet das Betriebssystem seine Ressourcen objektorientiert, so spricht man von einem objektorientierten Betriebssystem. Hier ist in erster Linie NextStep – basierend auf einem hochportablen Mach-Mikrokernel – zu nennen, das sich vor allem durch sein ausgefeiltes Objektmodell und seine Kommunikationsmechanismen zwischen Objekten auszeichnet. Dabei können die kommunizierenden Objekte auch auf verschiedenen Rechnern angesiedelt sein (Distributed Objects). Hierbei ergeben sich Berührungspunkte mit den weiter unten vorgestellten Objektservern.

Im Gegensatz zu den Mainframe-Betriebssystemen erfordern dezentrale Rechner einen benutzerfreundlichen Zugang zu den Betriebssystemen. So sind Unix-Systeme meist mit graphischen Oberflächen ausgestattet. Nicht nur graphische sondern sogar objektorientierte Benutzeroberflächen sind im PC-Bereich durch den Apple Macintosh seit langer Zeit verfügbar, finden sich inzwischen aber auch bei NextStep und OS/2 sowie Windows 95.

17.2.6.2 Peripherieserver

Die von Peripherieservern verwalteten Ressourcen sind Geräte wie hochwertige Drucker und Zeichengeräte. Ein Peripherieserver stellt die ordnungsgemäße Nutzung der Ressource sicher und gibt auftretende Fehlermeldungen an den Klienten weiter.

17.2.6.3 Fileserver

Fileserver verwalten zentralisiert Dateien für die Klienten. Ihre vorrangige Aufgabe ist die wirtschaftliche Speicherung von und der Zugriff auf Dateien. Jedoch findet keine Überprüfung der Korrektheit der Operationen auf den Dateien statt, so daß die gesamte inhaltliche Integritätskontrolle durch die Klienten geschehen muß. Es

bleibt daher jedem Klienten selbst überlassen, für die Korrektheit seiner Operationen zu sorgen. In der Praxis bleibt diese Forderung meist unerfüllt. Mit Diensten wie dem Sperren von Dateien und der Überprüfung der Zugriffsberechtigung anfordernder Klienten werden jedoch Integritätsverletzungen durch konkurrierenden oder mißbräuchlichen Zugriff unterbunden.

Mit dem Fehlen einer inhaltlichen Integritätskontrolle geht auch das Fehlen einer über das Anlegen von Sicherungskopien hinausgehenden Recovery einher. Fileserver stellen keine Mechanismen zur Wiederherstellung eines als integer bekannten Zustands, etwa zu einem bestimmten Zeitpunkt oder vor Ausführung bestimmter Operationen, bereit. So bleibt auch das Recovery dem Anwendungsprogramm überlassen. Die fehlenden Interpretationsmöglichkeiten behindern also ganz allgemein die Verarbeitungsmöglichkeiten im Server. Daher kommt es leicht zu erheblichen Belastungen des Netzes, da unnötig viel Daten an den Klienten gesendet werden müssen. Wird z. B. ein Datensatz mit bestimmten Eigenschaften in einer Tabelle gesucht, so muß die gesamte Tabelle über das Netz geschickt werden.

Fileserver können dediziert sein, also nicht gleichzeitig als Klient dienen. Prominentes Beispiel sind die Novell-Netware-Server. Da sie nicht nur das gemeinsame Nutzen von Dateien, sondern auch von anderen Ressourcen wie z. B. Druckern, Modemzugängen und Faxgeräten, ermöglichen, sind sie sogar auch ein Peripherieserver. Nicht-dedizierte Server können gleichzeitig Klient sein. Sie finden sich beispielsweise im Network-File-System von Sun. Bis zum Extrem getrieben wird diese Architektur bei Windows for Workgroups. Dort kann jeder Benutzer persönlich darüber entscheiden, wem er welche Ressourcen unter welchen Umständen zur Verfügung stellen möchte. Es gibt keine zentralen Ressourcenmanager mehr, das gesamte Ressourcenmanagment erfolgt völlig dezentral durch die einzelnen Benutzer („personalisiertes Ressourcenmanagement"). Nachteile dieses Konzept sind angesichts des Mangels zentraler Kontrolle oder zumindest Führung ein erhöhter Verwaltungsaufwand durch einen Wildwuchs der Systeme und erhöhte Sicherheitsrisiken.

17.2.6.4. Datenbankserver

Datenbankserver beseitigen die Probleme von Dateiservern bezüglich Integritätssicherung und verringern die Netzbelastung. Dies liegt u.a. daran, daß ihnen eine den Inhalt der Daten widerspiegelnde Datenbankstruktur in Form eines Datenbankschemas bekanntgemacht wird. Damit kann bereits der Server einen Teil der Auswertung der Daten durchführen. Sucht der Klient z.B. einen bestimmten Datensatz in einer Tabelle, so sendet er eine Anfrage an den Server. Der Server sucht nun den oder die passenden Datensätze heraus und schickt nur diese dem Klient. Angesichts des erweiterten Aufgabenspektrums ist nun allerdings darauf zu achten, daß nicht der Datenbankserver zum Engpaß des Systems wird.

Möglich werden damit auch einfache inhaltliche Integritätskontrollen. Bei der Durchführung von Änderungsoperationen wird überprüft, ob zentral definierte Integritätsregeln erfüllt sind. Eine solche Integritätsregel legt z.B. für ein Feld zur Speicherung von Postleitzahlen fest, daß diese 5-stellig sein müssen. Verletzungen einer Integritätsregel durch eine Änderungsoperation haben das Rücksetzen der Operation durch den Datenbank-Server zur Folge.

Eine weitere Integritätskontrolle geschieht durch das Zusammenfassen mehrerer Operationen zu einer Transaktion. Bei deren Ausführung gilt der Grundsatz des Alles oder Nichts: Es werden entweder alle Operationen ausgeführt oder keine. Scheitert eine Operation einer Transaktion, so werden die anderen Operationen der Transaktion zurückgesetzt. So werden z.B. Buchung und Gegenbuchung zu einer Transaktion zusammengefaßt. Gelingt die Buchung und scheitert die Gegenbuchung so wird erstere ungeschehen gemacht. Die Buchhaltung bleibt also in einem korrekten Zustand.

Eng verbunden mit Transaktionen ist das Recovery. Es geht davon aus, daß die von einer Transaktion bearbeiteten Daten zu Beginn und Abschluß der Transaktion korrekt sind. Dabei wird durch den Datenbankserver sichergestellt, daß die zugrundeliegenden Daten auch beim Auftreten eines Fehlers in einer Transaktion oder eines Systemausfalls in einen transaktionskorrekten Zustand zurückversetzt werden können. Dies geschieht durch Mitführung sog. Loginformationen für die Rekonstruktion korrekter Zustände.

Ebenso ist die Wettbewerbsregelung („Synchronisation") bei Datenzugriff mehrerer Benutzer nun an die Transaktionen gebunden. Datenbank-Server verfügen über ausgefeilte Sperrmechanismen, die den gegenseitigen Einblick in die Wirkung laufender Transaktionen unterbinden.

Technologisch veraltete Vertreter der Datenbankserver sind Systeme mit hierarchischem oder netzwerkartigem Datenmodell wie IMS oder Codasyl. Das relationale Datenmodell bildet die Grundlage für eine größere Zahl von Server-Systemen, deren Funktionalität auf dem SQL-Standard basiert. Objektorientierte Datenbanken befinden sich noch in der Einführungsphase, doch herrscht unter den zahlreichen Produkten inzwischen ebenfalls die Server-Architektur vor. Sogenannte objekt-relationale Systeme integrieren relationale Systeme in ein objektorientiertes System und vereinigen so die Vorteile aus beiden Ansätzen und können damit die Basis für die Interoperabilität derartiger Systeme darstellen. Standardisierungsbemühungen wie SQL3 zielen ebenfalls in diese Richtung.

17.2.6.5 Transaktionsserver

Das Transaktionskonzept hat inzwischen Bedeutung über den Datenbankbereich hinaus erlangt. Daher werden Transaktionen als eigenständige Ressource betrachtet, und ihre Verwaltung wird – sozusagen als Schritt der Verlagerung von Verarbeitungskompetenz zu einem „Fat Server" hin – in einen eigenen Transaktionsserver verlegt. Bei ihm sendet der Klient nicht mehr eine Folge zu einer Transaktion zusammengefaßter Datenbankoperationen an den Server, sondern übergibt dem Transaktionsserver nur Transaktiontyp, z.B. Buchung, und Transaktionsparameter, z.B. Konto, Gegenkonto und Betrag. Der Transaktionsserver wählt daraufhin das geeignete Transaktionsprogramm, arbeitet es unter Einschalten von weiteren Ressourcenmanagern ab und meldet schließlich dem Klienten Gelingen oder Scheitern der Transaktion.

Ein weitverbreiteter Transaktionsserver ist das CICS-System von IBM. Es läuft auf dem Betriebssystem MVS, inzwischen gibt es jedoch auch eine Ausführung für OS/2. CICS bietet leistungsfähige Mechanismen zur Transaktionskoordination und -routing. Mit Hilfe von Distributed Program Links lassen sich transaktionsgeschützt Funktionsaufrufe auf anderen Rechnern durchführen. Verteilte Transaktionsverarbeitung ist mittels spezieller CICS-Kommandos möglich. Das sog. Function Shipping ermöglicht den transparenten Zugriff auf Ressourcen anderer CICS Maschinen. Moderne Transaktionsserver, z.B. Encina, sind unabhängig von speziel-

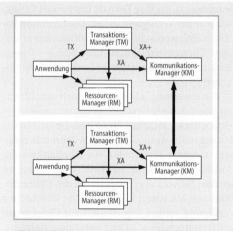

Bild 17-16 X-Open-Modell eines verteilten Transaktionssystems

len Rechner- und Netzplattformen und bedienen sich Middleware wie einem ORB. Bild 17-16 illustriert für das X-Open-Modell von Transaktionsservern die generelle Architektur von Fat Servern.

17.2.6.6 Groupwareserver

Zu den Aufgabenbereichen, die auch Datenbank- bzw. Transaktionsserver nur schwer bewältigen können, gehören insbesondere Groupwareanwendungen, bei denen mehrere Benutzer kooperieren wollen. Dies liegt am klassischen Transaktionsmodell, das konkurrierende Anwendungen voneinander isoliert. Für isolierte Anwendungen wie etwa in der Buchhaltung eignet sich daher das Modell hervorragend, nicht aber für Anwendungen wie simultanes Engineering, die auf einem kooperativen Ansatz beruhen.

Dem sollen die sog. Groupwareserver abhelfen, die Ressourcen für die Kooperation mehrerer Benutzer bereitstellen. Dies beginnt bei einfachen Kooperationsmechanismen wie Mail-, Bulletin- und Blackboardsystemen und geht bis zu komplexen Kooperationsmechanismen wie Verhandlungen, Abstimmungen usw. Ein weiterer Unterschied zu Datenbank- und Transaktionsservern liegt in der Art und Struktur der zugrundeliegenden Daten. Während Datenbank- und Transaktionsserver meistens mit strukturierten Daten arbeiten, wird zur Organisation der Daten in Groupwaresystemen häufig ein dokumentenzentrierter Ansatz gewählt, d.h., die Daten werden in Dokumenten zusammengefaßt. Zunehmend wird verlangt, daß Groupwa-

resysteme auch Multimediadaten verarbeiten können.

Ein weit verbreiteter Groupwareserver ist Lotus Notes. Es besitzt einen multimediafähigen, mehrbenutzerfähigen Datenbankserver, der neben strukturierten Daten auch Bilder, Töne und Videos speichert. Ein E-mailserver sorgt für die Verteilung von Nachrichten. Beide Teile stützen sich allerdings auf eine lotus-spezifische Middleware. Diese bietet außerdem Mechanismen für Zugriffssicherheit, elektronische Unterschriften usw. Für die Klientenseite steht eine graphische Benutzeroberfläche zur Verfügung. Mit Hilfe spezieller Anwendungsgeneratoren können Formulare und Datenbankanfragen entwickelt werden.

Eine Weiterentwicklung der Groupwareserver stellt die Unterstützung von Workflows dar. Dabei können für die Anwendungsobjekte Pfade bestimmt werden, entlang derer sie sich bewegen müssen. Mittels Regeln wird festgelegt, welche Informationen weitergegeben werden und an wen. Workflowserver sind insbesondere wichtig zur Implementierung und Überwachung von Geschäftsprozessen.

17.2.6.7 Number Crunching Server

Wenn auch häufig nicht als solche betrachtet, können in ein Netz eingebundene Systeme hoher Rechenleistung sehr wohl Serverfunktion übernehmen. Sie werden dann als Number Crunching Server bezeichnet. Ihre Rechenleistung wird etwa für die Konstruktion oder die Simulation benötigt. Entwicklungsabteilungen werden dann über das Netz rechenintensive Aufträge zur Bearbeitung an einen Number Crunching Server im Unternehmen verschicken.

17.2.6.8 Objektserver

Die bisher höchste Stufe in der Entwicklung von Servern sind die Objektserver. Sie verwalten Objekte, die ihrerseits irgendeine aller oben genannten Ressourcen enthalten können. Dabei wird eine Kapselung der Ressource gemäß dem objektorientierten Paradigma durchgeführt. Die Ressourcen sind nicht mehr direkt, sondern nur über eine vordefinierte Menge von Methodenaufrufen erreichbar (Kapselung). Dabei werden unterschiedliche Implementierungen einer Ressource verborgen (Polymorphismus), und es können Ableitungen von bereits bestehenden Ressourcentypen durchgeführt werden (Vererbung). Angesichts der Integration mehrerer Ressourcenmanager tragen Objektserver zugleich Züge einer Middleware. Als solche bieten sie Ortstransparenz: Ein Klient muß nicht wissen, wo sich eine bestimmte Ressource befindet.

Bei den Objektservern zeichnen sich zwei umfassende Standards ab. Auf der einen Seite steht die Object Management Architecture (OMA), die von der Object Management Group, einem Zusammenschluß nahezu aller namhaften Softwarehersteller, geschaffen wurde. Auf der anderen Seite steht Microsoft mit dem COM defacto Standard OLE/COM.

Wichtigster Bestandteil der Object Management Architecture ist die Common Object Request Broker Architecture (CORBA), die die Grundlage von OpenDoc darstellt. Durch OpenDoc wird ein dokumentenzentrierter Ansatz für CORBA Objekte bereitgestellt. Dieser kann, weitergehend als OLE 2.0 und COM, auch verteilte Objekte beinhalten und ist weitgehend standardisiert. Object Request Broker (ORB) sind für die Entgegennahme von Anfragen zuständig. Dabei braucht der Client das Serverobjekt nicht zu kennen. ORB übernehmen das Aufspüren eines Objekts, das die gewünschte Ressource zur Verfügung stellt, und die Weiterleitung der Anfrage. Unterstützt wird der ORB durch die Object Services, die grundlegende Funktionen für Objekte zur Verfügung stellen. Hierzu gehört das Objektlebenszyklusmanagement, also das Erzeugen, Löschen und Verschieben von Objekten, aber auch Aufgaben wie Benennung, Ereignisnotifikation usw. Die eigentlichen Anwendungen befinden sich in den sogenannten Application Objects, die ihre Dienste über einen Objektadapter zur Verfügung stellen. Die Common Facilities erfassen schließlich endbenutzerorientierte Dienste wie E-mail usw. Bild 17-17 zeigt den Grobaufbau der Object Management Architecture.

OLE 2.0 ermöglicht das Einbetten von Objekten, wie z.B. einer Geschäftsgrafik, in andere Objekte durch einfaches Drag-and-Drop. Mittels der sog. OLE-Automation ist es dann z.B. möglich, in einem Text, in den ein Tabellenkalkulationsblatt eingebettet ist, Befehle an dieses zu senden. Nahezu alle Programme des Office-Paketes von Microsoft können solche Objekte zur Verfügung stellen. Der Zugriff auf Objekte auf anderen Rechner wird erst unter dem Betriebssystem „Cairo" möglich sein.

17.2.7 Anwendungsressourcen

Die hier beschriebenen Anwendungsressourcen bauen auf den Basisressourcen auf. Sie sind allerdings bisher bei weitem nicht in dem Maße im Rahmen von Client-Server-Architekturen verfügbar wie Basisressourcen. Ziel der Entwicklungen ist es daher, Anwendungsressourcen in Netzen verfügbar zu machen und somit auch sie zu geteilt zuordenbaren Ressourcen zu machen.

17.2.7.1 Office-Pakete

Unter der Bezeichnung Office-Pakete versteht man Sammlungen von Anwendungsprogrammen, deren Ressourcenaustausch optimiert worden ist. So ist im Office Paket von Microsoft die Textverarbeitung Word für Windows, die Tabellenkalkulation Excel, das Geschäftsgrafikprogramm Powerpoint und die Datenbank Access enthalten. In einen mit Word erstellten Text kann nun leicht eine mit Excel erstellte Tabelle oder eine mit Powerpoint erstellte Graphik integriert werden. Zugrundeliegender Mechanismus ist dabei das oben beschriebene OLE 2.0. Auch andere fortgeschrittene Techniken finden sich in Office-Paketen. So verfügt Access über einen Query-Generator, der mit einem abgewandelten Query-by-example-Ansatz die Erstellung von SQL-Anfragen ermöglicht.

17.2.7.2 Branchensoftware

Standardsoftware, die hohe Verarbeitungsleistung und vergleichsweise wenig Benutzerinteraktion erfordert, ist im Mainframebereich sowie

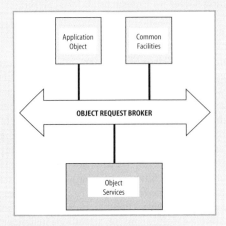

Bild 17-17 Object Management Architecture

in der mittleren Datentechnik schon lange gängig. Ein typisches Beispiel sind Produktionsplanungs- und -steuerungssysteme. Für nahezu alle betrieblichen Funktionsbereiche existieren heute standardisierte Programme, die nur noch auf die individuelle Situation des Betriebs angepaßt werden müssen. Diese Anpassung, etwa durch Parametereinstellung, versucht man inzwischen mit Hilfe von Expertensystemen vorzunehmen. Charakteristisch für den derzeitigen Trend ist, angesichts der Dezentralisierung die beiden Entwicklungsrichtungen im Zentral- und Arbeitsplatzrechnerbereich zusammenzuführen. Ein typisches Beispiel für diese Bestrebungen ist R3 von SAP.

17.2.7.3 Verteilte Anwendungen

Verteilte Anwendungen sind Individuallösungen, die sich auf über Netz verfügbare Ressourcen stützen. Besonders intensiven Gebrauch machen sie i. allg. von den Basisressourcen File- oder Datenbankserver und Transaktionsserver, um dezentrale Datenbestände zu nutzen. Erleichtert wird das Erstellen dieser Anwendungen durch Abstützen auf die früher besprochene Middleware.

17.2.7.4 Entscheidungsunterstützende Systeme

Entscheidungsunterstützende Systeme führen ihre Daten aus einer Palette weit verstreuter Quellen zusammen und verdichten sie nach einer Vielfalt zum Teil recht aufwendiger Rechenverfahren. Der Ressourcenansatz ist für sie also besonders erfolgversprechend. Die zunehmende Verbreitung der auf diesem Ansatz beruhenden Architekturen verbessert demnach die Erfolgschancen der sog. Management-Informationssysteme ganz entscheidend. Sie sollen die Unternehmensleitung rechtzeitig mit relevanten Informationen zur Unterstützung von Entscheidungen und zur Beurteilung der aktuellen Unternehmensgesamtsituation versorgen.

17.2.7.5 Expertensysteme

Expertensysteme sind Softwaresysteme, die auf einem stets sehr eng umschriebenen Wissensgebiet der Kompetenz menschlicher Experten nahekommen und eine Beratungsfunktion bei der Problemlösung durch menschliche Experten wahrnehmen sollen. Damit stellen sie eine zunehmend wichtige Ressource der betrieblichen Informationsverarbeitung dar. In nahezu allen betrieblichen Funktionsbereichen lassen sich Expertensysteme erfolgreich einsetzen. Beispiele sind u.a. in der Produktentwicklung, in der Transportlogistik, bei der Kundenberatung oder im Finanzmanagement zu finden. Insbesondere eignen sie sich auch für die Entwicklung und Verwaltung betrieblicher Informationsressourcen selbst. So gibt es Expertensysteme zur Konfigurierung von Rechnersystemen, Rechnernetzen, Branchensoftware, zur Planung des Einsatzes von EDV-Ressourcen und zur Diagnose von Engpässen und Fehlverhalten beim laufenden Betrieb dieser Ressourcen.

Während traditionelle Expertensysteme ihre Stärke zeigen, wenn sie von formalisiertem, präzisem Wissen ausgehen, setzen neuronale Netze bei nichtformalisiertem, unpräzisem oder unvollständigem Wissen an, um daraus probabilistische Aussagen zu gewinnen. Dazu müssen neuronale Netze vor ihrem Einsatz eine Trainingsphase durchlaufen, die sie mit den späteren Situationen und den dann erwarteten Folgerungen vertraut macht. Neuronale Netze haben ihren Namen von dem zugrundeliegenden technischen Ansatz, der auf Modellen für Nervenzellen (Neuronen) und deren Verknüpfung zu Netzen basiert.

Mehr der Prozeßführungs- und vor allem der Steuerungsebene zuzurechnen sind die Fuzzy-Systeme. Sie verwenden in den rechnergestützten Regelungsalgorithmen anstelle der binären Logik, die nur ja und nein kennt, Verknüpfungen „unscharfer" Aussagen auf der Basis von unscharfen Mengenzugehörigkeiten.

17.2.8 Entwicklungs- und Verwaltungshilfen

Entsprechend dem Ressourcencharakter der betrieblichen Informationsverarbeitung ist auch für eine geeignete Unterstützung bei der Entwicklung, Planung und Überwachung der Ressourcen und ihrer Verwalter zu sorgen, die diese nicht so sehr für sich, sondern mehr im Unternehmenszusammenhang sieht. Die entsprechenden Systeme stellen natürlich selbst auch wieder Ressourcenverwalter dar und sind daher denselben Beurteilungskriterien zu unterwerfen. Allseits bekannte Beispiele auf bestimmte Ressourcenarten zugeschnittener Entwicklungs- und Verwaltungshilfen sind Softwareentwicklungs-Umgebungen (CASE, Computer Aided Software Engineering), Netzmanager zur Kontrolle und Steuerung von Netzressourcen auf der

Grundlage eines breiten Spektrums von Hard- und Softwareunterstützung, oder die zuvor erwähnten Expertensysteme zur Verwaltung von Informationsressourcen.

Einen umfassenden Ansatz zur Ressourcenplanung stellt die Kommunikations-System-Studie (KSS) dar. Sie ermöglicht es, die Qualität der vorhandenen Informations- und Kommunikationssysteme zu beurteilen und eine Grundlage für die Verbesserung der Ressourcen auf der Basis ermittelter Geschäftsprozesse zu schaffen. Hierzu gehören Maßnahmenkataloge zur Verbesserung der Informationsressourcen und schließlich die Entwicklung einer Informationssystemarchitektur aufbauend auf diesen Ressourcen.

Insbesondere bei der Entwicklung von Anwendungsressourcen kommt Konzepten wie Componentware eine immer wichtigere Rolle zu. *Componentware* ist eine Weiterentwicklung des objektorientierten Ansatzes sowie des Modulkonzeptes und beruht auf Mechanismen wie CORBA und OLE 2.0. Traditionelle objektorientierte Systeme arbeiten mit relativ feingranularen Objekten sehr beschränkter Funktionalität. Gröbere Funktionskomplexe müssen daher bei ihrer Verwendung immer noch faktisch programmiert werden. Componentware geht im Gegensatz hierzu von grobgranularen Objekten aus. Typische Objekte der Componentware sind Texteditoren, kleine Tabellenkalkulationsprogramme und Datenbankbrowser, sogar Expertensysteme sind als Componentware verfügbar. Mit Componentware ist eine Veränderung des Entwicklungsprozesses in Richtung Auswählen und Zusammenfügen passender Module zu erwarten und damit einhergehend eine drastische Einsparung von Entwicklungskosten und Personal.

Während sich die Componentware in erster Linie an den Entwickler wendet, dienen sog. Assistenten der Unterstützung des Endanwenders bei der Erstellung einfacher Ressourcen wie Datenbankformulare und -berichte. Dazu führen sie durch geeignete Fragen den Benutzer Schritt für Schritt durch die Entwicklung einer Ressource.

Unerläßlich ist eine vollständige und stets aktuelle Dokumentation aller Entwicklungs- und Verwaltungsvorgänge und ihrer Ergebnisse. Dies geschieht mittels Information Resource Dictionary Systems (IRDS) oder Repositories. Sie sind selbst inzwischen Gegenstand von Standardisierungsbemühungen geworden, und für sie existieren inzwischen eine Vielzahl von Produkten auf dem Markt.

Literatur zu Abschnitt 17.2

[Dat91] Date, C.J.: An introduction to database systems. Reading, Mass.: Addison-Wesley 1991

[Dei90] Deitel, H.M.: An introduction to operating systems. Reading, Mass.: Addison-Wesley 1990

[Hab93] Habermann, H.-J., Leymann, F.: Repository. (Handbuch der Informatik, 8.1). München: Oldenbourg 1993

[Kar94] Karer, A.; Müller, B.: Client-Server-Technologie in der Unternehmenspraxis. Berlin: Springer 1994

[Loc92] Lockemann, P. C.: Kommunikation und Datenhaltung. Skriptum zur Vorlesung von Peter C. Lockemann und G. Krieger im SS92. Karlsruhe. Institut für Programmstrukturen und Datenhaltung und Institut für Telematik. 1992

[Loc93] Lockemann, P.C.; Krüger, G.; Krumm, H.: Kommunikation und Datenhaltung. München: Hanser 1993

[Mer90a] Mertens, P. Hrsg.: Lexikon der Wirtschaftsinformatik. Berlin: Springer 1990

[Mer90b] Mertens, P. , Borkowski, V., Geis, W.: Betriebliche Expertensystem-Anwendungen. Berlin: Springer 1990

[Mey88] Meyer-Wegener, K.: Transaktionssysteme. Stuttgart: Teubner 1988

[Müh92] Mühlhäuser, M., Schill, A.: Software Engineering für verteilte Anwendungen. Berlin: Springer 1992.

[Pup91] Puppe, F.: Einführung in Expertensysteme. 2. Aufl. Berlin: Springer 1991

[Sch91] Schneider, H.-J.: Lexikon der Datenverarbeitung. 3. Aufl. München: Oldenbourg 1991

[Tan92] Tanenbaum, A.S.: Computernetzwerke. 2. Aufl. Attenkirchen: Wolfram 1992

17.3 Informationsmanagement für das Produkt

Produkte sind i. allg. Ergebnisse einer Leistungserstellung von Unternehmen, die am Markt vertrieben werden. Die Produkterstellung erfolgt dabei vollständig in einem Unternehmen oder, wie heute meist, arbeitsteilig von mehreren Unternehmen im Verhältnis Hersteller – Zulieferant. Zugeliefert werden sowohl materielle Produkte in Form von Rohstoffen, Halbzeugen, Bauteilen, Komponenten usw., als auch „immaterielle" Produkte in Form von Software, Konstruktionslösungen usw. sowie Dienstleistungen. Entsprechend dem Produktentstehungsprozeß ergeben sich daraus vielfältige innerbetriebliche und überbetriebliche Informationsbeziehungen.

Jedes Produkt durchläuft einen typischen Lebenslauf, der sich in die in Bild 17-18 gezeigten Phasen unterteilen läßt. Dabei entstehen insbesondere in den Phasen der Produktentwicklung sowie der Planung der Fertigung, Montage und Qualitätsprüfung eine Vielzahl von Produktinformationen, die konventionell in unterschiedliche Dokumente einfließen. Beim Einsatz von Datenverarbeitungssystemen (DV-Systemen) stehen heute in vielen Unternehmensbereichen jedoch nicht mehr die Dokumente im Vordergrund, sondern die rechnerinterne Repräsentation der Produktdaten. Aus dieser rechnerinternen Repräsentation lassen sich dann ebenfalls für den Anwender die gewohnten Dokumente erzeugen. Im Bereich der Produktentwicklung und Konstruktion sind dies sog. rechnerinterne Modelle, auch als Produktdatenmodelle oder kurz Produktmodelle bezeichnet. Ein rechnerinternes Modell ist dabei die Menge an Informationen und ihre Beziehungen zueinander, die die Produkteigenschaften wiedergeben und die notwendigen Arbeitsoperationen zur Modellerstellung und -manipulation erlauben. Heutige Ansätze gehen davon aus, daß ein rechnerinternes Modell alle Informationen des gesamten Produktlebenslaufs enthalten soll. In diesem Zusammenhang spricht man auch von einem integrierten Produktmodell [Gra93]. Neben der Abbildung aller Informationen des Produktlebenslaufs von Bild 17-18 vereinigt das in-

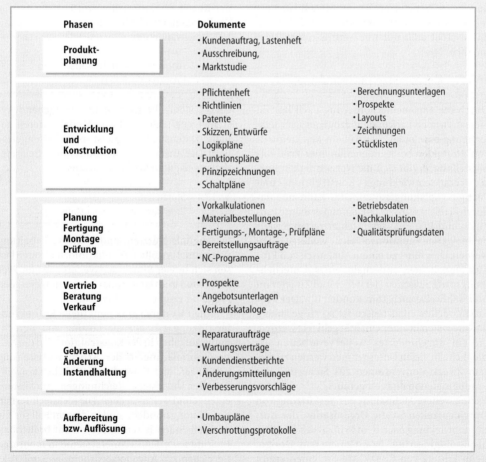

Bild 17-18 Produktinformationen im Produktentstehungsprozeß nach [And90]

tegrierte Produktmodell verschiedene physikalische Produkteigenschaften, wie z. B. mechanische, elektrische, elektronische, hydraulische usw., und erlaubt die Sicht der unterschiedlichen Anwendungen auf die Daten. Derartige integrierte Produktmodelle sind heute noch weitgehend Gegenstand der Forschung. Erste Ansätze sind jedoch bei STEP (Product Data Representation and Exchange) zu finden (ISO 10303-1). In den heutigen CAD/CAM-Systemen werden dagegen sog. Phasenmodelle verwendet. In ihnen werden im Gegensatz zu den integrierten Produktmodellen jeweils nur die Informationen einer Produktlebensphase abgebildet und das auch meist nur unvollständig. Ein Beispiel hierfür sind CAD-Systeme des Maschinenbaus, die im rechnerinternen Modell nur Informationen der Gestaltungsphase enthalten, obwohl der Konstruktionsprozeß bereits mit dem Pflichtenheft beginnt [Klä93]. Eine Weitergabe von Informationen an nachfolgende Phasen wird durch eine Transformation der Modelldaten erreicht. Eine Rücktransformation von Information ist nicht oder nur mit Informationsverlust möglich.

17.3.1 Anforderungen an Produktmodelle

Durch die allgemeine Forderung nach kurzen Lieferterminen bei kundenbezogener Auftragsfertigung bzw. möglichst frühem Markteintritt von Produkten bei kundenanonymer Produktherstellung, ergibt sich die Notwendigkeit kurzer Produktentwicklungs-, Konstruktions- und Fertigungsplanungszeiten. Dies kann nur dadurch erreicht werden, daß einmal erzeugte Produkt- und Planungsdaten fehlerfrei an jeweils nachfolgende Funktionsbereiche weitergegeben werden. Dies führt zu einem Austausch von Produktmodelldaten innerhalb eines Unternehmens sowie zwischen Hersteller und Zulieferant und wahlweise auch zum Kunden hin. Der Produktmodelldatenaustausch ist so zu gestalten, daß die Daten in einer Qualität geliefert werden, die ein ungehindertes Weiterverarbeiten ermöglicht. In vielen Unternehmen werden zu diesem Zweck Konventionen zur Sicherung der Produktdatenqualität eingeführt.

Eine weitere Maßnahme zur Verkürzung von Durchlaufzeiten ist die Organisation der Auftragsabwicklung nach dem Prinzip des Simultaneous Engineering, bzw. Concurrent Design. Beim Einsatz von CAD/CAM-Systemen ergibt sich daraus die Forderung nach der Verfügbar-

keit von Produktdaten an beliebigen Orten und die Möglichkeit der Verteilung und Verwaltung von Produktmodelldaten bei arbeitsteiliger Auftragsabwicklung.

Gesetzliche Vorgaben zwingen zur Archivierung von Produktdaten in Form von Dokumenten oder von Modelldaten über längere Zeiträume. Vor dem Hintergrund der relativ schnellen Entwicklung auf dem Gebiet der DV-Technik führt dies zur Forderung nach Archivierungskonzepten, die unabhängig von den gerade benutzten DV-Systemen einen Zugriff auf alterungsbeständig gespeicherte Daten ermöglichen. Unabhängig davon ist jedes Modelldatenarchiv als eine Sammlung von technischen Lösungen anzusehen, dessen gezielte Nutzung eine erhebliche Einsparung von Zeit und Kosten bedeutet. Untersuchungen haben ergeben, daß die Wiederverwendung z. B. einer DIN-A4-Zeichnung eine Kosteneinsparung zwischen 2 500 und 4 000 DM bedeutet. Diesen Werten liegen neben den Kosten für das Zeichnen die Folgekosten für die Erstellung von Teilestammsatz, Arbeitsplan, NC-Steuerdaten usw. zugrunde.

17.3.2 Abbildung und Austausch von Produktmodellen

CAx-Systeme besitzen heute weitgehend systemeigene rechnerinterne Modelle, deren genaue Datenstruktur meist nicht offengelegt wird. Der Austausch von Produktmodellen setzt daher geeignete Konzepte voraus.

17.3.2.1 Stufen des Produktmodelldatenaustausches

Die digitale Nutzung und Weiterverarbeitung von einmal erstellten Produktinformationen lassen sich in vier Stufen der Weitergabe von Produktdaten und der Rechnerintegration einteilen (vgl. Bild 17-19 und Bild 17-20).

Stufe 1 ist durch eine punktuelle Rechnerunterstützung z. B. auf die Lösung von Berechnungsaufgaben in der Konstruktion und die NC-Programmierung in der Arbeitsvorbereitung gekennzeichnet. Es werden die üblichen konventionellen Unterlagen (Zeichnungen, Stücklisten) erzeugt und weitergegeben. Die rechnerinternen Berechnungsmodelle sind in diesem Fall für die nachfolgenden Bereiche auch nicht brauchbar. In Stufe 2 werden Rechnersysteme in mehreren Bereichen, z. B. Angebotsbearbeitung, Konstruktion, AV, für die Bearbeitung unterschiedlicher

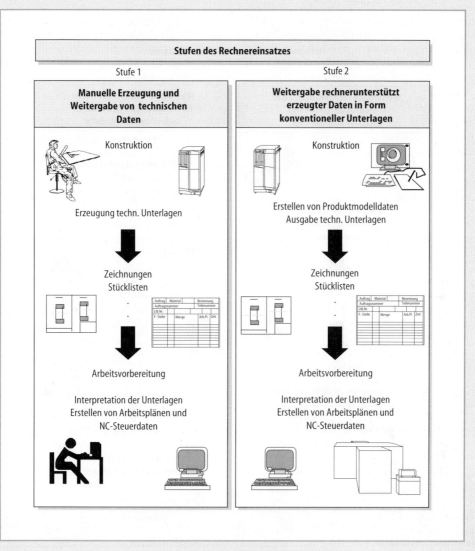

Bild 17-19 Stufen der Weitergabe von Produktdaten beim Einsatz von Digitalrechnern (Teil1)

Aufgaben eingesetzt. Dabei entstehen rechnerinterne Modelldaten, z.B. für Baugruppen und Bauteile, die auch für nachfolgende Bereiche verwendbar sind. Weitergegeben werden jedoch lediglich konventionelle Unterlagen. Organisatorische Aufgaben, wie beispielsweise Prüfung und Freigabe der Unterlagen, Weitergabe, Archivierung und der Änderungsdienst, werden ebenfalls mit konventionellen Methoden durchgeführt.

In Stufe 3 werden die Modelldaten digital weitergegeben. Die Modelldaten können den Charakter von Originalen besitzen. Konventionelle Unterlagen werden u. U. lediglich zur Dokumentation und zur Kommunikation zwischen Mitarbeitern benutzt. Der digitale Austausch von Modelldaten (z. B. Zeichnungsdaten, 3D-Geometriedaten) erfolgt dabei off line über Disketten oder Magnetbänder oder on line in Form von Dateien (File Transfer) in einem Rechnernetz. Diese Art der Verbindung verschiedener Anwendungen wird auch als DV-Systemkopplung bezeichnet. Der Datenaustausch kann zwischen DV-Systemen des gleichen Herstellers im systemeigenen Datenformat (native format) erfolgen oder über ein genormtes Zwischenformat. Über ein

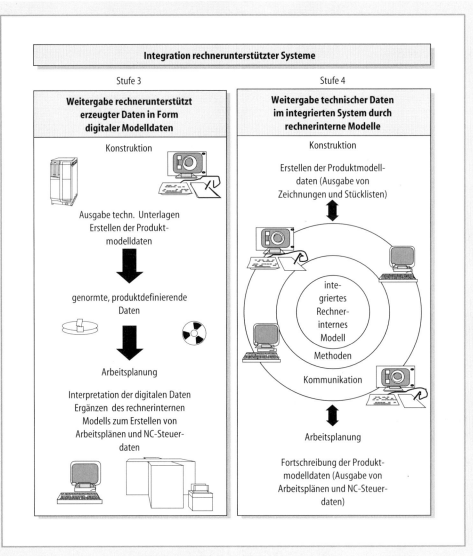

Bild 17-20 Stufen der Weitergabe von Produktdaten beim Einsatz von Digitalrechnern (Teil 2)

genormtes Zwischenformat können beliebige Systeme miteinander gekoppelt werden. In Stufe 4 werden die Modelldaten in einem für alle Anwendungen gemeinsamen integrierten rechnerinternen Datenmodell bereitgestellt. Die Anwendungsprogramme benutzen jeweils nur eine Sicht auf das integrierte Modell. Eine Transformation von Daten oder eine Weitergabe entfällt. In diesem Fall spricht man von einem integrierten System zur Produktdatenverarbeitung. Dieser Integrationsansatz besitzt zwei überaus wichtige Vorteile: Die strukturierte Speicherung und Bereitstellung von Produktinformationen und die Verfügbarkeit von Verfahren zur Steuerung des Zugriffs auf diese Informationen. Integrierte Systeme erlauben eine verteilte Produktdatenverarbeitung (Product Data Sharing). Sie bieten eine gute Voraussetzung zur Anwendung von Verfahren der abgestimmten und simultanen Produktentwicklung (Concurrent Design, Simultaneous Engineering).

Praktisch nutzbar ist zum gegenwärtigen Zeitpunkt die Stufe drei auf der Basis genormter Datenschnittstellen, da die Spezifikation integrierter Produktmodelle noch nicht abgeschlossen ist.

Da sich DV-Systeme und DV-Systemarchitekturen im Laufe der Zeit ändern, Schnittstellen, Daten und Methoden zur Verarbeitung von Produktdaten aber über einen langen Zeitraum konstant und die Daten weiterverarbeitbar bleiben müssen, wurde bereits in den 70er Jahren mit der Entwicklung von Normen zur Abbildung und zum Austausch von Produktdaten begonnen. Derzeit werden Datenschnittstellen eingesetzt, die die Übertragung von geometrischen Daten, technischen Zeichnungen und anwendungsbezogenen Repräsentationen, wie z.B. elektrotechnischen und pneumatischen Schemadarstellungen regeln. Eine ausführliche Beschreibung der Schnittstellenentwicklung kann u.a. [And90] entnommen werden. Ein Vergleich der Anwendungsgebiete und Spezifikationsmerkmale der bisher industriell eingesetzten Datenschnittstellen IGES [NIS92], SET [NN85], VDAFS [VDA87a] mit den neueren Entwicklungen PDDI [MDD84], CAD*I [Sch88] und ISO 10303-1 STEP [Gra93, Owe94] zeigt bei den Schnittstellen die Entwicklungstendenz hin zu komplexeren Anwendungsbereichen entlang des Produktlebenslaufs und bei der Schnittstellenspezifikation die Nutzung formaler Methoden. Formale Spezifikationsmethoden erlauben insbesondere die Überprüfung der Korrektheit der spezifizierten Modelle. Bild 17-21 stellt die genannten Schnittstellen hinsichtlich der mit ihnen austauschbaren Daten und ihrer Spezifikationsmerkmale gegenüber.

IGES

IGES (Initial Graphics Exchange Specification) bezeichnet eine standardisierte Spezifikation für den Austausch von produktdefinierenden Daten, die 1979 in den USA entwickelt worden ist. Sie stellt derzeit die am weitesten verbreitete Schnittstelle dar.

IGES wurde unter der Zielsetzung entwickelt, den Austausch von rechnerinternen Modelldaten zwischen verschiedenen CAD-Systemen zu ermöglichen. Der Datenaustausch erfolgt über sequentielle Dateien, die eine feste Satzlänge von 80 Zeichen pro Satz aufweisen.

Die IGES-Schnittstelle ist durch die Datenstruktur und das Dateiformat festgelegt. Eine IGES-Datei wird logisch durch die folgenden fünf Abschnitte festgelegt (vgl. Bild 17-22):
- Die *Start Section* bildet den Anfang der IGES-Datei und enthält einen vom Menschen lesbaren Kommentar.
- Die *Global Section* enthält Informationen, die den Preprozessor und das sendende System beschreiben sowie Informationen, die für den Postprozessor zur Verarbeitung benötigt werden.
- Die *Directory Entry Section* beinhaltet ein Verzeichnis der Modellelemente, die in der IGES-Datei enthalten sind sowie pro Element eine

	Austausch von Daten	IGES	SET	VDAFS	PDDI	CAD*I	STEP
Anwendungsgebiete	der Gestaltsdarstellung	•	•	•	•	•	•
	von Berechnungsergebnissen	•	•				•
	technischen Zeichnungen	•	•				•
	schematischen Darstellungen	•	•				•
	der Fertigungstechnik				•		•
	des Produktlebenszyklus						•
Merkmale der Spezifikation	formale Sprache				•	•	•
	Partialmodelle				•	•	•
	formal definiertes Dateiformat				•	•	•
	vorgegebene Prozessorarchitektur				•	•	•
	Softwarebausteine für Prozessoren				•	•	•
	definierte Systemschnitte				•	•	•

Bild 17-21 Anwendungsgebiete und Merkmale von Datenschnittstellen zum Austausch von produktdefinierenden Daten nach [Sch91]

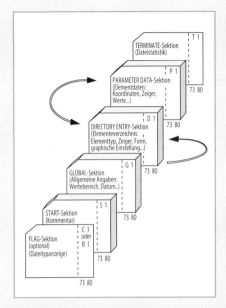

Bild 17-22 Sektionen der IGES-Datei

feste Anzahl elementunabhängiger Daten, die die Einbettung des Elements in das Produktmodell angeben.

- Die *Parameter Data Section* enthält die Parameterdaten für die Elemente, die in der Directory Entry Section verzeichnet sind.
- Die *Terminate Section* markiert das Ende einer IGES-Datei.

Zwischen den Abschnitten der IGES-Datei existieren Verzeigerungen, die die logischen Zusammenhänge von Daten festlegen.

VDAFS

Die Flächenschnittstelle des Verbands der deutschen Automobilindustrie (VDAFS) wurde von den Automobilherstellern und -Zulieferern entwickelt. Die VDAFS spezifiziert eine Schnittstelle speziell für die Übertragung von Freiformflächen und -kurven beliebigen Grads. Die VDAFS wurde als Version 1.0 genormt und liegt als DIN 66301 vor. Eine Weiterentwicklung der VDAFS führt zur Version 2, die über den Verband der deutschen Automobilindustrie veröffentlicht wurde.

SET

Die SET-Schnittstelle (Standard d'Exchange et de Transfer) wurde in Frankreich von der Firma Aerospatial entwickelt und 1984 international

vorgestellt. SET liegt als französischer Normvorschlag (AFNOR Z68-300) vor. SET wurde als Schnittstelle zum Austausch produktdefinierender Daten konzipiert mit der Zielsetzung einen 100%igen Datenaustausch zu erreichen.

Eine SET-Datei ist eine sequentielle Datei und besteht aus einer strukturierten Folge von ASCII-Zeichen. Die Dateistruktur von SET enthält drei Strukturstufen, die sog. Assemblies (franz.: ensembles), Sub-Assemblies (franz.: subensembles) und Blöcke (franz.: blocs). Die in SET spezifizierten Blöcke besitzen eine variable Blocklänge und können mehrere Unterblöcke enthalten, in denen die Elementparameter angegeben werden.

Product Data Representation and Exchange (STEP)

Die STEP-Schnittstelle wird im Rahmen von ISO TC184/SC4 „Manufacturing Data and Languages" entwickelt und genormt. Die erste Reihe von zwölf Normendokumenten dieser Schnittstelle hat 1994 den Status einer internationalen Norm erreicht. Zielsetzung der STEP-Norm ist die Festlegung von Produktdaten in einer rechnerverarbeitbaren Form. Die Produktdaten umfassen den gesamten Produktlebenslauf und werden unabhängig von einer bestimmten Implementierungsform beschrieben. Durch die Festlegung der Datenobjekte und ihrer Beziehungen in einer formalen Sprache ist der Standard sowohl für den Austausch von Produktdaten mittels physischer Dateien, als auch als Basis für die Implementierung und die gemeinsame Nutzung von Produktdatenbanken und zur Archivierung von Produktdaten geeignet (ISO 10303-1). Das integrierte Produktmodell von ISO 10303 enthält neben der eigentlichen Spezifikation des Modells auch die Methoden zur Beschreibung, Implementierung und Konformitätsprüfung. Insgesamt gliedert sich ISO 10303 in acht Themengebiete, die als Serien bezeichnet werden (Bild 17-23). Für die Anwendung von STEP sind lediglich die Anwendungsprotokolle (Application Protocols) von Bedeutung. Die integrierten Ressourcen (Generic Resources und Application Resources) bilden dabei die Grundlage für die Entwicklung der Anwendungsprotokolle und stellen somit eine gemeinsame Plattform für alle Anwendungsprotokolle dar.

Zur Entwicklung der integrierten Ressourcen und der Anwendungsprotokolle wurde eine Vorgehensweise definiert, die in [NN95] und [Gra93] beschrieben ist.

1 Overview and Fundamental Principles

Description Methods	Generic Resources	Application Protocols
11 The EXPRESS Language Reference Manual 12 The EXPRESS-I Language Reference Manual	41 Fundamentals of Product Description and Support 42 Geometric and Topological Representation 43 Representation Structures	201 Explicit Draughting 202 Associative Draughting 203 Configuration Controlled Designs 204 Mechanical Design using
Implementation Methods	44 Product Structure Configuration 45 Materials 46 Visual Presentation	Boundary Representation 205 Mechanical Design using SculpturedSurfaces
21 Clear Text Encoding of the Exchange Structure 22 Standard Data Access Interface Specification (SDAI)	47 Shape Tolerances 48 Form Features 49 Process Structure and Properties	206 Mechanical Design using Wireframe Representation 207 Sheet Metal Part Processing and Design ......
Conformance Testing Methodology & Framework	**Application Resources**	212 Electrotechnical Plants 213 Numerical Control Process Plans
31 General Concepts 32 Requirements on Testing Laboratories and Clients 33 Structure and Development of Abstract Test Cases 34 Abstract Test Methods	101 Draughting 102 Ship Structures 103 Electrical Functional 104 Finite Element Analysis 105 Kinematics	for Machined Parts 214 Core Data for AutomotiveMechanical Design Processes ......
		Abstract Test Suites1
		201 Expl. Draughting Abstract TestSuites ......

Bild 17-23 Die Struktur der ISO 10303

17.3.2.3 Nichtgenormte Schnittstellen zum Austausch von Zeichnungsdaten

Neben genormten Formaten zur Abbildung und zum Austausch von Produktdaten haben in der Industrie auch sog. proprietäre Formate Verbreitung gefunden. Besonders im Bereich der Personal Computer hat sich das von der Fa. Autodesk entwickelte DXF-Format etabliert.

DXF
Das Drawing Exchange Format (DXF) wurde von der Fa. Autodesk als neutrale Schnittstelle für das weitverbreitete AutoCAD-System entwickelt [Aut92]. Durch die weite Verbreitung von AutoCAD wird dieses Schnittstellenformat von einer Vielzahl von Systemen unterstützt.

Eine DXF-Datei basiert auf dem ASCII-Zeichensatz. Der Aufbau der Datei folgt einer Einteilung in folgende Abschnitte:

1. Im Abschnitt HEADER befinden sich alle Informationen zu einer Zeichnung. Jeder Parameter besitzt einen Variablennamen und einen zugeteilten Wert.
2. Der Abschnitt TABLES enthält Definitionen der Linientypen, Zeichnungsebenen (Layer), Stile (Schriftarten, -höhen, -neigungswinkel, Symbole usw.), Ausschnitte, Benutzerkoordinatensysteme, Bemaßungsstile und eine Identifikationstabelle).
3. Der Abschnitt BLOCKS enthält die Definitionen sämtlicher in der Zeichnung enthaltener Blöcke und deren Elemente.
4. Im Abschnitt ENTITIES befinden sich die Zeichnungsobjekte einschließlich der Referenzierung von Blöcken.

17.3.2.4 Funktionen der Produktdatenverarbeitung

Die Informationen aus Produktmodellen werden in unterschiedlichen Strukturen und Darstellungsformaten gebraucht. Ein integriertes Produktmodell muß daher so spezifiziert, d.h. festgelegt und beschrieben werden, daß es alle Funktionen der Produktdatenverarbeitung unterstützt. Bild 17-24 führt die hierfür notwendigen Funktionen am Beispiel von ISO 10303 (STEP) auf.

Für den Produktdatenaustausch wird eine Datei vorgesehen, die Produktdaten im ASCII-Format enthält. Zur Produktdatenspeicherung werden hierarchische, netzwerkartige, relationale und objektorientierte Datenbanken benutzt. Hierfür ist die Definition des Datenbankschemas in einer Datendefinitionssprache (DDL, Data Definition Language) erforderlich. Am Beispiel von ISO 10303 kann die Datendefinition direkt aus der formalen Spezifikation in EXPRESS abgeleitet werden. Für eine relationale Datenbank werden hieraus beispielsweise die SQL-Be-

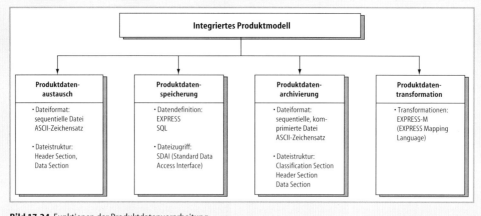

Bild 17-24 Funktionen der Produktdatenverarbeitung

fehle zur Erzeugung von Tabellen generiert. Der Zugriff auf bzw. die Manipulation von Produktdaten erfolgt über eine Datenmanipulationssprache (DML, Data Manipulation Language). Im Rahmen von ISO 10303 wird hierzu eine Schnittstelle zur Manipulation von Produktdaten definiert (SDAI, Standard Data Access Interface Specification). Für die Produktdatenarchivierung müssen Archivierungsformate mit der Festlegung des Dateiformats und der dazugehörigen Konventionen, wie Zeichensatz (z.B. ASCII) und Kompressionsverfahren festgelegt werden. Weiterhin sind Klassifizierungsmerkmale und Zugriffsschnittstellen notwendig. Zur Produktdatentransformation sind Methoden erforderlich. Im Rahmen von ISO 10303 können Transformationen beispielsweise mit der Sprache EXPRESS-M (EXPRESS Mapping Language) geschrieben werden.

Diese Anforderungen an die Entwicklung und Normung eines integrierten Produktmodells erfordern eine Entwicklungsmethodik nach der eine schrittweise Herleitung und Beschreibung seiner Inhalte ermöglicht wird.

17.3.3 Methoden und Werkzeuge zur Entwicklung eines Produktmodells

Zur Entwicklung und zur Darstellung des Produktmodells werden formale Methoden und Werkzeuge eingesetzt. Dadurch wird die formale und eindeutige Spezifikation des Modells möglich. Weiterhin können Softwarewerkzeuge zur Erstellung und zur Prüfung von Modellspezifikationen eingesetzt werden. Durch den Einsatz derartiger Werkzeuge kann die Qualität der einzelnen Phasenergebnisse erheblich erhöht werden, da z.B. die Prüfung der Modellkonsistenz möglich ist.

Ein Produktmodell wird sowohl hinsichtlich seiner statischen Eigenschaften (Funktions- und Datensicht) als auch seiner dynamischen Eigenschaften (Zustandsänderungen) betrachtet.

Zur Entwicklung und Dokumentation von Funktionsmodellen wird SADT [Mar88] benutzt. Für die Entwicklung und Dokumentation von Informationsmodellen werden die Methoden NIAM [Nij89], IDEF1X [IDE93b] und EXPRESS bzw. EXPRESS-G als graphische Notation von EXPRESS angewendet. Für die Abbildung dynamischer Eigenschaften, z.B. zum Zweck der Simulation, eignet sich vor allem die Methode der Petri-Netze [Abe90].

Im folgenden werden die genannten Methoden und deren Anwendungsmöglichkeiten anhand eines einfachen Beispiels (Bild 17-25) beschrieben.

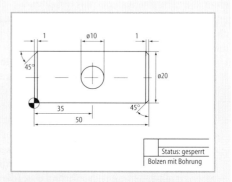

Bild 17-25 Konstruktionszeichnung eines Drehteils

Die Methoden zur Produktmodellentwicklung können manuell wie auch rechnerunterstützt eingesetzt werden. Für den rechnerunterstützten Einsatz der Methoden sprechen folgende Gründe:

- der Einsatz von Softwarewerkzeugen erleichtert die Erstellung und Prüfung von Dokumenten bzw. Modellen,
- die Wiederverwendung von erstellten Dokumenten bzw. Modellen in späteren Entwicklungsphasen und
- die Nutzung der erstellten Spezifikationen zur Entwicklung von Anwendungssoftware.

17.3.3.1 SADT für die funktionale Modellierung

Die Methode Structured Analysis Design Technique (SADT) wurde 1977 von der SofTech Corporation Massachusetts veröffentlicht. SADT eignet sich für die funktionale Modellierung, da sie den logischen, abstrahierenden Aspekt der funktionsbezogenen Modellbildung infolge ihrer einfachen Konstrukte sowie der hierarchischen Strukturierungsmöglichkeiten in besonders übersichtlicher und verständlicher Weise unterstützt. Das Aktivitätenmodell besteht im wesentlichen aus den graphischen Grundele-

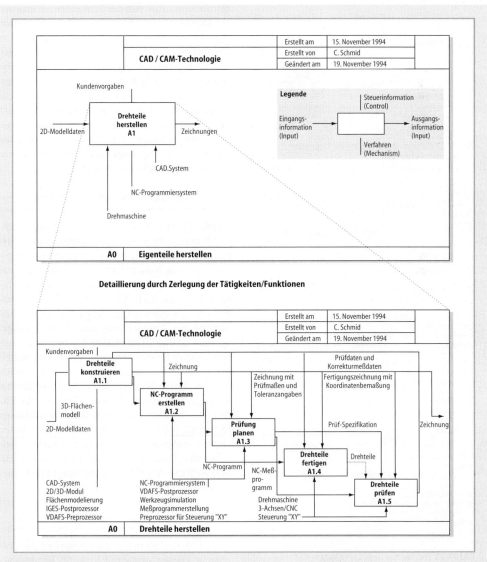

Bild 17-26

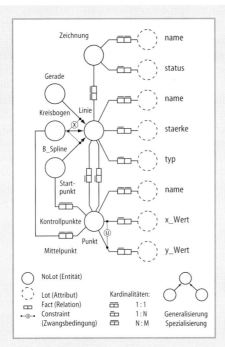

Bild 17-27 Datenmodellierung mit NIAM (Beispiel: Zeichnung eines Einzelteils)

```
SCHEMA Technische_Zeichnung;
TYPE status_Typ = ENUMERATION OF
   (in_Arbeit, gesperrt,freigegeben);
END_TYPE;
TYPE linien_TYP = ENUMERATION OF
   (normal, gestrichelt, punktiert,
strichpunktiert);
END_TYPE;
ENTITY Zeichnung;
   name : STRING;
   status : status_Typ;
   linien : SET [1 : ?] OF Linie;
END_ENTITY;
ENTITY Linie ABSTRACT SUPERTYPE OF
(ONEOF (Gerade, Kreisbogen, B_Spline));
   name : STRING;
   staerke : INTEGER;
   typ : linien_Typ;
   startpunkt : Punkt;
   endpunkt : Punkt;
END_ENTITY;
ENTITY Punkt;
   name : STRING;
   x_Wert : INTEGER;
   y_Wert : INTEGER;
END_ENTITY;
ENTITY Gerade SUBTYPE OF (Linie);
END_ENTITY;
ENTITY Kreisbogen SUBTYPE OF (Linie);
   mittelpunkt : Punkt;
END_ENTITY;
ENTITY B_Spline SUBTYPE OF (Linie);
   kontrollpunkte : SET [1 : ?] OF Punkt;
END_ENTITY;
END_SCHEMA;
```

Bild 17-28 Spezifikation eines EXPRESS-Schemas (Beispiel: Zeichnung eines Drehteils)

menten „Kasten" und „Pfeil". Die Kästen stellen dabei die Funktionen (Tätigkeiten, Aktivitäten) dar. Die Pfeile beschreiben die Funktionsbeziehungen in Form von Informationsflüssen bzw. Objektflüssen zwischen den erzeugenden und verarbeitenden Funktionen. Bild 17-26 zeigt am Beispiel die funktionalen Abläufe bei der Herstellung von Drehteilen.

17.3.3.2 NIAM für die Datenmodellierung

NIAM (Nijssen's Information Analysis Methodology) ist eine graphische Methode zur konzeptionellen, d.h. von der Implementierung unabhängigen Entwicklung und Dokumentation von Datenmodellen. Die Methode wurde Mitte der sechziger Jahre von Nijssen entwickelt und um die Systemplanung und funktionale Analyse sowie um die Softwaregenerierung und -implementierung erweitert. NIAM unterstützt die graphische Abbildung von Objekten (Entities), Typen, Relationen, Kardinalitäten und Zwangsbedingungen (Constraints) für die spezifizierten Entities. Bild 17-27 zeigt als Beispiel das Datenmodell des Bolzens aus Bild 17-25.

17.3.3.3 Die Spezifikationssprache EXPRESS

EXPRESS (ISO 10303-11), [Wil94] ist eine strukturell objektorientierte Informationsmodellierungssprache, die in der ISO entwickelt und genormt wurde. Neben der textuellen Repräsentation von Informationsmodellen ist die graphische Notation EXPRESS-G entwickelt worden, die eine Untermenge von EXPRESS darstellt. Zielsetzung der Entwicklung der Modellierungssprache EXPRESS ist es, eine Methode zur konzeptionellen Modellierung zur Verfügung zu stellen, die eine direkte, d.h. von Rechnersystemen durchgeführte Weiterverarbeitung der formal spezifizierten Informationsmodelle erlaubt. EXPRESS unterstützt die Darstellung von Objekten (Entities), Typen, Relationen und Kardinalitäten sowie Zwangsbedingungen (Constraints) zwischen den Entities. Bild 17-28 zeigt als Beispiel die EXPRESS-Spezifikation der in Bild 17-25 dargestellten Zeichnung eines Bolzens.

17.3.3.4 EXPRESS-G für die Datenmodellierung

EXPRESS-G (ISO 10303-11), [Wil94] ist die graphische Darstellung von EXPRESS. Die Methode enthält jedoch nur eine Untermenge von EX-

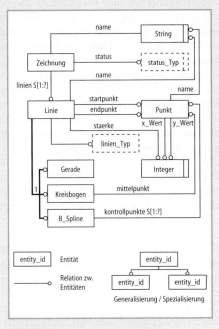

Bild 17-29 Datenmodellierung mit EXPRESS-G (Beispiel: Zeichnung eines Drehteils)

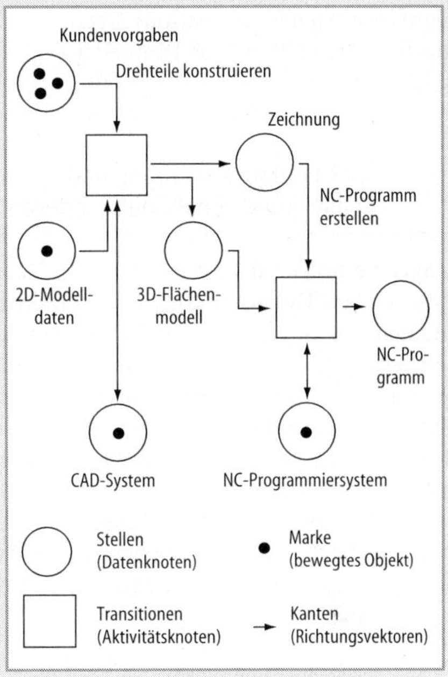

Bild 17-30 Petri-Netz für die Simulation von Prozessen

PRESS. Sie kann als eigenständiges Modellierungswerkzeug eingesetzt werden.

EXPRESS-G unterstützt ebenfalls die Darstellung von Objekten (Entities), Typen, Relationen und Kardinalitäten. Zwangsbedingungen (Constraints) für die spezifizierten Entities sind in EXPRESS-G nicht darstellbar. Bild 17-29 zeigt des Datenmodell des Bolzens aus Bild 17-25 in EXPRESS-G.

17.3.3.5 Petri-Netze zur Abbildung von Prozessen

Die Theorie der Petri-Netze geht auf C.A. Petri in den frühen sechziger Jahren zurück [Pet62]. Ziel war die Entwicklung einer verständlichen mathematischen Spezifikation, mit deren Hilfe grundlegende Eigenschaften und das Verhalten informationsverarbeitender, diskreter Systeme, wie beispielsweise Kommunikation, Synchronisation, Informationsfluß und Nebenläufigkeit, ausgedrückt werden können [Abe90]. Die Systemstrukturen werden in Petri-Netzen in einer graphentheoretischen Form dargestellt, die eine anschließende mathematische Analyse des dynamischen Verhaltens der abgebildeten Systeme ermöglicht. Daher eignen sie sich in besonderer Weise als Modellgrundlage für die Simulation

realer Abläufe. Petri-Netze beschreiben ein System anhand seiner statischen Struktur und seines dynamischen Verhaltens. Die statische Struktur der Petri-Netze wird durch aktive Knoten (Quadrate), passive Knoten (Kreise) und gerichteten Kanten (Pfeile) abgebildet (Bild 17-30). Passive Knoten beschreiben die unterschiedlichen Zustände, die ein System in Abhängigkeit seiner Dynamik annehmen kann. Die aktiven Knoten bewirken die Zustandsveränderung. Die Kanten stellen die Beziehung zwischen aktiven und passiven Knoten her. Das dynamische Systemverhalten wird in Petri-Netzen in Form von Marken (z.B. Zeichnung, Datenmodell) symbolisiert. Der „Fluß" der Marken unterliegt der sog. Schaltregel, die besagt, daß das Schalten eines aktiven Knotens erst dann möglich ist, wenn alle passiven Eingangsknoten mit einer Marke belegt sind und alle passiven Ausgangsknoten eine Marke aufnehmen können.

Im Laufe der Entwicklung der Petri-Netze wurden verschiedene Netzklassen definiert, die sich vorwiegend in der Ausdrucksmächtigkeit ihrer syntaktischen Komponenten unterscheiden. Eine übliche Einteilung unterscheidet Kanal-Instanzen-Netze, Bedingungs-Ereignis-Netze, Stellen-Transitions-Netze und Prädikat-Transitions-

Netze [Bau90]. Bild 17-30 zeigt den Teilausschnitt eines Stellen-Transitions-Netzes für den Prozeß zur Herstellung von Drehteilen (vgl. Bild 17-25).

17.3.4 Speicherung, Verwaltung und Archivierung von Produktmodellen

Als Speicherung wird die Zuweisung von Datenobjekten einer Datenstruktur, z.B. Produktmodelldaten, zu Speicherzellen bezeichnet. Die Speicherung auf internen und externen Speichern eines Rechners übernimmt das Betriebssystem. Für industrielle Anwendungen reichen die im Betriebssystem verfügbaren Funktionen häufig nicht aus, so daß Datenbanksysteme (DBS) oder sog. Ingenieurdatenbanken (Engineering Databases) zur Speicherung und Verwaltung der meist großen Datenmengen eingesetzt werden.

17.3.4.1 Ingenieurdatenbanken

Bei Ingenieurdatenbanken handelt es sich um relativ neue Softwareanwendungen. Aus diesem Grund hat sich noch keine einheitliche Terminologie durchgesetzt. Der Terminus „Engineering Data Base" (EDB) scheint sich vor allem im englischen Sprachraum zu etablieren. Häufig findet man jedoch die (synonymen) Ausdrücke TIS (Technisches Informationssystem), EDMS (Engineering Document Management System), PIM (Product Information Management) und PDMS (Product Data Management System) [Eig91].

Unabhängig von der Bezeichnung ist bei allen Systemen die Grundfunktionalität identisch: Das Speichern und Verwalten von Produktinformationen, wie z.B. Zeichnungen, 3D-Modelle, NC-Programme und technische Dokumente.

Eine Ingenieurdatenbank wird in [Eig91] als Plattform zur Bereitstellung der wesentlichen Komponenten zur Verwaltung und Organisation technischer Daten und Unterlagen sowie als Integrationsdrehscheibe zu den CIM-Komponenten CAD (Computer-Integrated Manufacturing), CAE (Computer-Aided Design), CAM (Computer-Aided Manufacturing), CAQ (Computer-Aided Quality Control), CAO (Computer-Aided Office Automation), PMS (Produktmanagementsysteme), PPS (Produktionsplanung und -steuerung) definiert. Die Funktionen von Ingenieurdatenbanken werden in fünf Gruppen eingeteilt [Eig91]:

Zugriffskontrolle und Datenschutz mit der Festlegung von Zugriffsrechten auf Daten und Funktionen, der Privilegienverwaltung und -kontrolle sowie der Verwaltung der Benutzer und Benutzergruppen.

Verwaltung und Organisation mit dem Freigabe- und Änderungswesen, der Versionsverwaltung, der Datentransport- und der Datenverwaltung, dem Mailing, der Dateiverwaltung (Filehandling, Datensicherung) und der Systemkonfigurierung (Hard- und Software).

Anwendungsfunktionen mit der Verwaltung von Projekten, der Verwaltung und Archivierung von Produkt- und Produktionsdaten sowie der Verwaltung und Archivierung der zugehörigen technischen Unterlagen und Dokumentationen mit unterschiedlichen Präsentationsformen (Pixelgraphik, Vektorgraphik, Video), der Verwaltung von Entscheidungslogiken, den Zugriffsfunktionen für Normteile und Normalien und den Zugriffsfunktionen auf Lösungsbibliotheken.

Verwaltung und Bereitstellung von Schnittstellen. Dazu gehören Datenbankschnittstellen, Schnittstellen zu Ausgabegeräten, Schnittstellen zum Produktdatenaustausch (z.B. VDAFS, IGES, STEP), Schnittstellen zu den unterschiedlichen CAx-Systemen, NC-Programmiersystemen usw., Schnittstellen zu Anwendungsfunktionen z.B. VDAPS, Normalienbibliotheken usw.

EDB-Systeme sind für unterschiedliche, auch heterogene Hardwareplattformen, von großen Zentralrechnern, einer Mischung von Zentralrechner und vernetzten Arbeitsplatzrechnern, bis zu Personalcomputern verfügbar. Softwarebasis ist heute üblicherweise eine relationale Datenbank [Eig91].

Beim Einsatz von Ingenieurdatenbanken ist von Bedeutung, daß in den Bereichen Projektierung, Konstruktion und Arbeitsvorbereitung gemeinsam auf Konstruktionsstammdatensätze (Ident- und Klassifizierungsnummer, Benennung, Werkstoff, Änderungsindex usw.) sowie in der Fertigung und Montage auf werkstattorientierte Stammdaten zugegriffen werden kann. Über diese Stammdaten erfolgt die Anbindung an die Systeme zur Produktionsplanung- und -Steuerung (PPS) und die Werkstattsteuerung (WST).

Die wirtschaftliche Bedeutung von EDBs liegt in der Erreichung von mehr Transparenz innerbetrieblicher Informationsbeziehungen, der möglichen Standardisierung von Abläufen sowie einer größeren Datensicherheit und Reduktion der Teilevielfalt.

Durch Maßnahmen des Gesetzgebers, aber auch infolge der schnellen Entwicklung der DV-Technologie gewinnt die Langzeitarchivierung von Produktdaten und der damit verbundenen Dokumente immer größere Bedeutung. Entsprechend der Gesetzgebung zur Produkthaftung, muß jeder Produzent in der Lage sein, die fehlerfreie Konstruktion und Fertigung seines Produkts auch noch nach Jahrzehnten nachzuweisen.

Bei Archivierungszeiträumen von Jahrzehnten ist die Wiederverwendbarkeit ohne Durchführung besonderer Maßnahmen nicht möglich. Grundlage für ein durchgängiges Konzept sind Lebensdauerbetrachtungen für alle an der Archivierung beteiligten Komponenten, d.h. Hardware (z.B. Rechner, Massenspeicher, Schnittstellen), Software (z.B. Anwendungssoftware, Softwareschnittstellen, Datenmodelle) und die zu archivierenden Daten. In Bild 17-31 ist ein Szenario dargestellt, das das Zusammenwirken der einzelnen Komponenten zeigt. Daten aus unterschiedlichen Anwendungsbereichen müssen bei der Archivierung verarbeitet werden. Die Datenübergabe zwischen den einzelnen Anwendungsprogrammen erfolgte bislang hauptsächlich über einen Dateiaustausch, wird aber in zunehmendem Maße über eine gemeinsame Produkt-/Betriebsmitteldatenbank abgewickelt werden.

Hier hat der STEP-Standard (ISO 10303) eine große Bedeutung. Aufgrund der noch nicht abgeschlossenen Entwicklung müssen jedoch auch andere Schnittstellenformate für die Langzeitarchivierung berücksichtigt werden. Zu nennen sind ISO 8613 „Office Document Architecture (ODA)" und ISO 8879 „Standard Generalized Markup Language (SGML)", die speziell für die Beschreibung und den Austausch von Dokumenten (Text und Grafik) entwickelt worden sind und systemspezifische Formate.

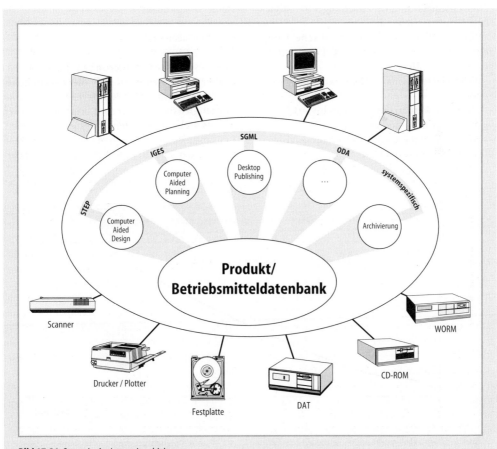

Bild 17-31 Szenario der Langzeitarchivierung

Die Menge an digitalen Daten insbesondere in den Bereichen Konstruktion und Entwicklung hat in den letzten Jahren stark zugenommen. Bild 17-32 zeigt die geschätzte Entwicklung des Speicherplatzbedarfs für die Archivierung von CAD-Modellen in einem Unternehmen.

Innerhalb verschiedener Unternehmen wurden in der Vergangenheit spezielle Datenverwaltungssysteme entwickelt, um beispielsweise im Bereich der Konstruktion und Entwicklung CAD-Daten, einschließlich der zugehörigen organisatorischen Daten (Ersteller, Erstellungsdatum, Freigabe usw.), zu speichern und zu verwalten. Diese Systeme integrieren auch Konvertierungsprogramme zur Umwandlung von Datenformaten, dienen zum Verschicken von Daten über Netzwerke an andere Benutzer und übernehmen zum Teil die Rolle von „Engineering Databases" (z.B. Freigabeprozeduren). Derartige Lösungen sind für eine Langzeitarchivierung nicht ausreichend.

Konzepte für eine firmenspezifische Langzeitarchivierung müssen folgende Fragestellungen berücksichtigen:
– Welche Datenformate müssen archiviert werden?
– Wie lange werden die Daten archiviert?
– Wie wird das Archiv genutzt?
– Welcher Organisationsform ist die Archivierung untergeordnet?

– Wie werden 2D-Modelle technischer Zeichnungen später in 3D-Modelle überführt, wenn z.B. in 10 Jahren nur noch mit 3D-CAD-Systemen gearbeitet wird?

Das Archivierungssystem muß so flexibel gestaltet sein, daß Daten aus unterschiedlichen Anwendungsbereichen gespeichert werden können. Darüber hinaus muß sichergestellt sein, daß jederzeit verlustfrei auf die archivierten Daten zugegriffen werden kann, d.h., die Daten müssen insbesondere physisch lesbar, logisch interpretierbar und in neuen Anwendungen weiterverarbeitbar sein.

In einzelnen Unternehmen im Bereich des Maschinenbaus rechnet man mit Datenzuwachsraten von 50 GB pro Jahr und mehr. Ein System zur Langzeitarchivierung muß deshalb an zukünftige Randbedingungen adaptierbar sein. Geeignete Schnittstellen müssen die Möglichkeit bieten, bereits bestehende Datenverwaltungs- und Archivierungssysteme an neue Systeme anzubinden.

Migration archivierter Daten

Eine wesentliche Anforderung an (Langzeit-)Archivierungssysteme ist, daß die zugrundeliegenden Datenmodelle kurzfristig erweiterbar und langfristig änderbar sind, ohne daß dadurch bereits archivierte Daten unbrauchbar werden. Bei Einführung eines neuen CAx-Systems muß folglich der Zugriff sowie die Interpretierbar-

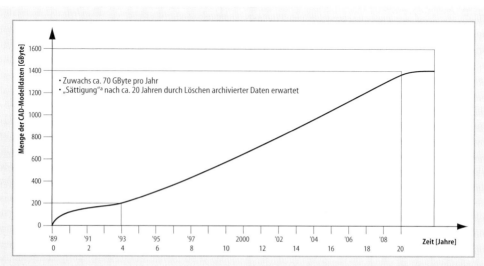

Bild 17-32 Entwicklung des Speicherplatzbedarfs von CAD-Modellen (Schätzung aufgrund gegenwärtiger Erfahrungswerte. Quelle: BMW

keit der archivierten Daten gewährleistet sein. Dies kann jedoch nur dadurch erreicht werden, daß die gespeicherten Daten nebst den zugehörigen Modellschemata stets an die mit der Zeit immer leistungsfähigeren Modellschemata angepaßt werden. In diesem Zusammenhang spricht man von vertikaler Migration von Daten. Die dazu notwendigen Algorithmen sind recht aufwendig, z.B. für die Interpretation von digitalen 2D-Zeichnungsdaten und deren Überführung in ein 3D-Modell.

Im Gegensatz zur vertikalen (zeitlichen) Migration versteht man unter der horizontalen Migration von Daten die Migration zwischen Systemen gleicher Leistungsklasse, die in der Regel durch relativ einfache Format- (bzw. Modell-) Konvertierungsalgorithmen zu realisieren ist.

Anforderungen an Konzepte zur Langzeitarchivierung

Ein Grundkonzept zur Langzeitarchivierung (Bild 17-33) muß laut [And94] den folgenden vier Anforderungen genügen:
– Anwendung von Standardformaten,
– Nutzung von standardisierten Zugriffsschnittstellen
– Nutzung von Methoden der Datenmodellierung,

– Festlegung einer geeigneten Systemarchitektur.

Im folgenden werden die genannten Anforderungen näher erläutert:

Standardisierte Datenformate sind die bereits beschriebenen Schnittstellen Initial Graphics Exchange Specification (IGES) [IGE91], VDA IGES Subset (VDA-IS) [VDA87b] oder die VDA-Flächenschnittstelle (VDAFS) [DIN85]. Dennoch werden heute bei der Archivierung in bestehenden Datenverwaltungssystemen überwiegend systemspezifische Datenformate verwendet. Dies liegt hauptsächlich am begrenzten Leistungsumfang o.g. Standards und dem damit verbundenen Informationsverlust bei der Konvertierung von systemspezifischen Daten in das Standardformat. STEP bietet im Vergleich zu den bisherigen Formaten, einen wesentlich größeren Leistungsumfang. Von Bedeutung sind neben STEP, speziell für den Bereich der Dokumentarchivierung, noch SGML (ISO 8879) und ODA (ISO 8613).

Die Anwendung von Standards für die Langzeitarchivierung ist vorteilhafter, da Versionswechsel bei Standards erfahrungsgemäß wesentlich seltener sind als bei systemspezifischen Formaten. Darüber hinaus ist eine Migration der Daten von Version n nach Version $n+1$ leichter

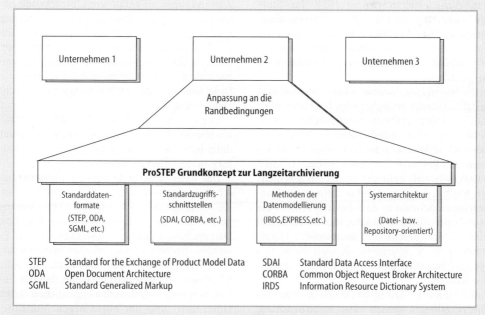

Bild 17-33 Grundkonzept zur Langzeitarchivierung (Quelle: ProSTEP-Bericht: Konzepte zur Langzeitarchivierung von produktdefinierenden Daten

zu bewerkstelligen, weil im Regelfall Version $n+1$ abwärtskompatibel ist. Zum anderen kann der Grad der Abhängigkeit zwischen Softwareapplikationen und Archiv erheblich verringert werden.

Ähnliche Ziele werden auch mit dem Einsatz standardisierter Zugriffsschnittstellen verfolgt. Auch hier steht die technische Stabilität des Systems für die Langzeitarchivierung im Vordergrund. Darüber hinaus wird durch die Anwendung standardisierter Zugriffsschnittstellen aber auch die Austauschbarkeit einzelner Komponenten des Archivierungssystems erleichtert.

Zu nennen sind in diesem Zusammenhang ISO 10303-22 (Standard Data Access Interface, SDAI) [SDAI-93] und CORBA (Common Object Request Broker Architecture) der Object Management Group (OMG). SDAI stellt eine Programmierschnittstelle zur Verfügung, mit Hilfe derer einheitlich auf STEP-basierte Produktmodelldaten zugegriffen werden kann, unabhängig von der zugrundeliegenden Datenbank- und Speichertechnologie. CORBA ist, vereinfacht ausgedrückt, eine standardisierte Programmierschnittstelle für Funktionsaufrufe zwischen Prozessen, die auf verschiedenen Rechnern laufen.

Erforderlich ist ebenfalls die physische Datenunabhängigkeit, um neue Speichermedien nachträglich integrieren oder alte ersetzen zu können und Optimierungen, z.B. von Zugriffszeiten, zu ermöglichen. Hierzu wird im „IEEE Mass Storage System Reference Model" [Mil88] eine allgemeine Architektur einschließlich der Spezifikation neutraler Schnittstellen im Inneren eines hierarchischen Speicherverwaltungssystems vorgeschlagen.

Die Anwendung systematischer Modellierungsverfahren für die zu archivierenden Daten hilft, die Konsistenz der Daten sicherzustellen. Außerdem ist die Interpretierbarkeit und Wiederverwertbarkeit der Daten leichter möglich. Der Information Resource Dictionary System Standard (IRDS, [IRD90]) definiert hierzu ein 4-Schichten-Modell, das ausgehend von einem fest vorgegebenen Schema in der obersten Schicht die Modellspezifikationssprache, das Datenmodell und die Daten beschreibt. Damit sollen u. U. auftretende ebenenübergreifende logische Widersprüche zwischen den Informationen vermieden werden.

Bei der Modellierung der Daten, die in das Archiv eingebracht werden sollen, ist zu beachten, daß sie in verschiedenen Erscheinungsformen, Strukturen bzw. Granularitäten vorliegen. Zu

unterscheiden sind sog. CI-Daten (= Coded Information, z.B. Dokumente im SGML Format) und sog. NCI-Daten (= Non Coded Information, z.B. mit einem Scanner aufgenommene Zeichnungsdaten) sowie Daten, zu denen es gleichzeitig Anwendungsdatenmodelle gibt (z.B. STEP-Daten). Diese Daten existieren in Form von Dateien (Files) oder auch als Datenbank.

Anfragen an das Archivierungssystem lassen sich prinzipiell nur bei einem zugrunde gelegten Datenmodell stellen, da die archivierten Daten nur dann vom Archivierungssystem interpretierbar sind. Bei NCI-Daten, die nur als Files archiviert werden, beschränken sich die Anfragen auf die Suche nach Werten von zusätzlich eingegebenen Attributen oder anderen Beschreibungsinformationen.

Die besonderen Probleme bei der Modellierung von (Archiv-)Daten über einen sehr langen Zeitraum resultieren aus der Vielfalt und der zeitlichen Veränderung der Datenmodelle (konzeptionelle Schemata). Eine relativ statische und isolierte Sichtweise ist für ein Archiv nicht realistisch, weil über lange Zeit nicht a priori bestimmt werden kann, welche Daten künftig an das Archiv übergeben werden.

Bei der Architektur eines Archivierungssystems muß dies berücksichtigt werden. Ziel ist es, die Daten verlustfrei aufzubewahren, sowie deren Interpretierbarkeit durch alte und neue Anwendungen zu garantieren. Bestehende Archivierungssysteme, bei denen die Archivierung von Dokumenten in Form von technischen Zeichnungen, Dokumentationen u. ä. betrachtet wird, beschränken sich auf die Speicherung von unstrukturierten Dateien, so daß der Inhalt der Dokumente für das Archivierungssystem nicht transparent ist.

Es gibt zwei verschiedene Architekturvarianten [Her93]. Unterschieden wird zwischen einer datei-basierten Architektur und einer repository-orientierten Architektur.

Das datei-basierte Archivierungssystem beschränkt sich auf eine Datei-Schnittstelle zu den Anwendungen und kann so z.B. STEP-Dateien, Scan-Daten und andere beliebig strukturierte Dateien bzw. Dokumente entgegennehmen. Es werden aber auch Abhängigkeiten zwischen verschiedenen Datei-Typen verwaltet. Im Falle STEP bedeutet dies beispielsweise, daß der Zusammenhang zwischen den eigentlichen Daten (Instanzen) und der zugehörigen Modellbeschreibung (EXPRESS-Schema, EXPRESS-Spezifikation (ISO 10303-11) hergestellt und verwaltet wird. Dies ist bei neutralen Datei-Formaten und interpretierbaren Datei-Inhalten weniger problematisch. Datei-basierte Archivierungssysteme erlauben die leichte Einbindung von (hierarchischen) Speicherverwaltungssystemen.

Das repository-orientierte Archivierungssystem bietet semantisch höhere Schnittstellen, so daß allgemeine Anfragen und der Zugriff auf feinere Strukturen (z.B. EXPRESS-Entities) von Daten und Teilmodellen möglich sind. Unter einem Repository ist in diesem Zusammenhang ein Informationsspeicher zu verstehen, der der IRDS-4-Schichten-Architektur entspricht. Die Interpretierbarkeit einer Schicht wird dabei durch die Instanzen der nächsthöheren Schicht gesichert. In einem solchen Repository können mehrere Anwendungsdatenmodelle sowie deren Weiterentwicklungen unterstützt werden.

17.3.4.3   Einführung von Langzeitarchiven

Bei der Einführung des Grundkonzeptes zur Langzeitarchivierung bedarf es einer Anpassung an die gegebenen Randbedingungen des jeweiligen Unternehmens. Die Einführung wird dabei in fünf Phasen unterteilt [Koc90]. In der ersten Phase, der Erfassung des Ist-Zustandes, wird eine Analyse der gegenwärtigen Anforderungen an ein System zur Langzeitarchivierung durchgeführt. Im zweiten Schritt wird prognostiziert, welche zusätzlichen Anforderungen zukünftig vom Langzeitarchiv erfüllt werden sollen. Aufbauend auf diesen Ergebnissen wird in der dritten Phase ein Realisierungskonzept erarbeitet. Daraus ergeben sich die Systemarchitektur, die Realisierungsphasen und der Kostenrahmen. Anschließend wird in Phase 4 die Hard- und Softwareauswahl getroffen. Zu berücksichtigen ist dabei auch die Integrationsmöglichkeit bestehender Systeme. Schließlich beschreibt Phase 5 die Systemeinführung, Nutzung und Betreuung. Neben der Einführung und Integration der Einzelsysteme müssen teilweise auch organisatorische Änderungen durchgeführt werden.

17.3.4.4   Juristische Aspekte der Langzeitarchivierung

Bei der Einrichtung und dem Betrieb eines Langzeitarchivs sind besondere gesetzliche Anforderungen aus verschiedenen Bereichen zu berücksichtigen. Die hierzu relevanten Stellen finden sich im Produkthaftungsgesetz, Umwelthaftungs-

gesetz, Handelsrecht, Zivilprozeßrecht und in der EG-Maschinenrichtlinie.

Daraus resultieren zum Beispiel die Anforderungen hinsichtlich der Archivierungsdauer. Die Archivierungsdauer beträgt nach dem Produkthaftungsgesetz 10 Jahre. Bei Anlagen und Unternehmen, für die das Umwelthaftungsgesetz Anwendung findet, beträgt die Archivierungsdauer 30 Jahre, für Daten über krebserregende Stoffe sogar 60 Jahre. Die Schuldfrage im Falle eines Schadens ist gesetzlich unterschiedlich geregelt. So haftet der Hersteller nach dem Produkthaftungsgesetz nicht für Schäden, die bei der Konstruktion und Entwicklung eines Produkts nach dem damaligen Wissensstand nicht erkennbar waren. Dies gilt jedoch nicht für Umweltschäden, die unter das Umwelthaftungsgesetz fallen. Im deutschen Zivilprozeßrecht besitzt ein elektronisches Dokument bisher keine Beweiskraft, weil es derzeit nicht als Urkunde anerkannt wird. Maßnahmen zur Garantie der Authentizität elektronisch gespeicherter Daten wie z.B. Verschlüsselung, WORM-Technologie (Write Once Read Many) oder Zugriffskontrolle können höchstens das Prozeßrisiko minimieren [Gei93]. Im Handels- und Steuerrecht dagegen genügt es (bis auf wenige Ausnahmen), wenn die Daten in angemessener Frist lesbar sind und die Aufbewahrung der Dokumente den Grundsätzen ordnungsgemäßer Buchführung entspricht. In den zitierten Gesetzen und Richtlinien finden sich jedoch keinerlei Angaben über die Art und Weise der Archivierung.

17.3.4.5   Produkthaftung

Rechtsgrundlage zur Produkthaftung bilden die Zusicherungshaftung, die Haftung wegen schuldhafter Vertragsverletzung, die deliktsrechtliche Produkthaftung sowie das Produkthaftungsgesetz [Bau94].

Zusicherungshaftung

Die Zusicherungshaftung (§ 463 BGB) ist eine Anspruchsgrundlage des Kaufvertragsrechts. Es regelt die Haftungsfrage zwischen Verkäufer und Käufer im Falle, daß eine verkaufte Sache nicht die zugesicherten Eigenschaften besitzt. Dagegen haftet ein Werkunternehmer nach Werkvertrag erst, wenn ihn am Fehlen der zugesicherten Eigenschaft auch eine Schuld trifft. Der Anspruch verjährt nach sechs Monaten bei beweglichen Gütern.

Haftung wegen schuldhafter Vertragsverletzung

Die Haftung wegen schuldhafter Vertragsverletzung setzt sich zusammen aus § 635 BGB und der positiven Vertragsverletzung (pVV). Der Beklagte haftet für Produktfehler nur dann, wenn er ihn zumindest fahrlässig verschuldet hat. Den Fehler des Produkts muß der Geschädigte nachweisen, üblicherweise mit einem Sachverständigengutachten. Je nachdem welcher Teil der Haftung wegen schuldhafter Vertragsverletzung geltend gemacht werden kann beträgt die Verjährung 6 Monate oder 30 Jahre (pVV bei Werkverträgen).

Deliktsrechtliche Produkthaftung

Ersatzpflichtig nach der deliktsrechtlichen Produkthaftung (§ 823 Abs. 1 BGB) sind Personen- und Sachschäden sowie Schmerzensgeld. Dabei haftet ein Hersteller bei eigener Herstellung für Konstruktions-, Fabrikations-, Instruktions-, Produktbeobachtungs- und Organisationsfehler. Des weiteren hat er umfangreiche Pflichten bei der Auswahl der Zulieferer, der Spezifikation und Kontrolle der Zulieferteile. Bei der deliktsrechtlichen Produkthaftung liegt die Beweislast beim Kläger mit einer Ausnahme. Die Beweislast für das Verschulden trägt der Beklagte, d.h. der Beklagte muß nachweisen, daß ihn für den vorliegenden Fehler keine Schuld trifft. Anprüche aus der deliktsrechtlichen Produkthaftung verjähren erst nach 30 Jahren nach Auslieferung des fehlerhaften Produkts.

Produkthaftungsgesetz

Die Haftung nach dem Produkthaftungsgesetz (ProdHaftG) von 1990 ist verschuldensunabhängig, d.h., ein Verschulden ist nicht erforderlich. Auch ist keine Vertragsbeziehung zwischen Kläger und Beklagtem erforderlich. Das bedeutet in der Praxis, daß jeder in der Kette der Produktentstehung (Lieferant der Halbzeuge, Zulieferer, Endprodukthersteller) verklagt werden kann. Dabei erfolgt die Haftung uneingeschränkt, also auch für Fehler von Zulieferern. Dies bedeutet eine erhebliche Haftungsverschärfung für Hersteller komplexer Produkte, die viele Zulieferteile verwenden. Bei der Haftung nach dem ProdHaftG kommt es nur darauf an, ob das Produkt fehlerhaft war. Dabei liegt die Beweislast für die Herkunft des Fehlers beim Beklagten. Ansprüche nach dem ProdHaftG können u.a.

ausgeschlossen werden, wenn das Produkt den Fehler noch nicht hatte, als der Hersteller es in den Verkehr brachte, insbesondere also, wenn der Fehler erst später entstanden ist (durch Transport oder beim Händler). Ein weiteres Kriterium zum Haftungsausschluß ist, wenn der Fehler nach dem Stand der Wissenschaft und Technik, als der Hersteller das Produkt in den Verkehr brachte, nicht erkannt werden konnte. Die Haftung erstreckt sich auf Personen- und Sachschäden, jedoch nicht auf Vermögensschäden. Ansprüche nach dem ProdHaftG verjähren nach 10 Jahren. Beim ProdHaftG und der deliktsrechtlichen Produkthaftung wird der Fehler allein nach Sicherheitsaspekten bestimmt. Anders als im Vertragsrecht spielt die Eignung zu einem im Vertrag vorausgesetzten Zweck keine Rolle.

Gesetzliche Randbedingungen bei der Archivierung

Die Archivierung technischer Unterlagen stellt einen großen technischen und organisatorischen Aufwand dar, der mit erheblichen Kosten verbunden ist. Um der Gesetzgebung zur Produkthaftung zu genügen, ist daher zu prüfen, mit welchen organisatorischen und technischen Maßnahmen Fehler vermieden oder erkannt werden können, denn der Hersteller haftet nach dem Produkthaftungsgesetz verschuldensunabhängig für seine Produkte. Im Hinblick auf Regreßforderungen an Zulieferer sind solche Unterlagen bedeutsam, sofern sie die Verantwortung des Zulieferers für die schadensauslösende Vorgänge belegen. Erst im Anschluß daran ist zu entscheiden, welche Produktunterlagen erstellt, wie diese ausgewertet und archiviert werden müssen. Dabei stellt der Gesetzgeber gezielte Anforderungen an solche Produktunterlagen. Wichtiges Kriterium ist die technische Aussagefähigkeit. Dabei ist nicht die Durchführung von Maßnahmen entscheidend, sondern der Nachweis der erzielten Wirksamkeit auf Leistung, Zuverlässigkeit und Sicherheit von Produkten. Für die Dauer der Archivierung gibt es keine allgemeingültigen Fristen. Diese sind immer unternehmensindividuell festzulegen. Dabei sind die Lebensdauer des Produkts, die längsten Fristen zwischen Inverkehrbringen eines Produkts und Geltendmachen eines Schadens sowie die technischen Möglichkeiten, Ursachen solcher Schäden nachzuweisen, zu berücksichtigen.

Für kurzlebige Verschleißteile sind Fristen ausreichend, die der üblichen Lebensdauer entsprechen. Für langlebige Gebrauchsgüter dagegen ist die Archivierung der vollständigen Dokumentation über die gesamte Lebensdauer empfehlenswert.

17.3.4.6 Speichermedien für die Langzeitarchivierung

Speichermedien für die Langzeitarchivierung sind zur materiellen Verkörperung oder dauerhaften Aufnahme von Daten geeignete physikalische Mittel. Das Leistungsvermögen von Datenträgern wird bestimmt durch die Speicherkapazität, durch die Zeit für einen Schreib- oder Lesevorgang (= Zugriffszeit), die Übertragungsgeschwindigkeit zwischen Laufwerk und der Zentraleinheit (= Transferrate, Übertragungsrate) und durch die mögliche Zusammenschaltung von Laufwerken zur Vervielfachung der Speicherkapazität und der Datentransferrate. Einen Überblick über gängige bzw. zukunftsträchtige Datenträger gibt Bild 17-34.

Zu der Gruppe der gelochten, bedruckten und handbeschrifteten Datenträger gehören Lochkarten und Lochstreifen, die heute noch aufgrund ihrer Unempfindlichkeit gegenüber Werkstattbedingungen (Schmutz, elektromagnetische Felder usw.) zur numerischen Steuerung von Maschinen eingesetzt werden, Strichmarkierungen (Balkencode) auf Produktverpackungen im Handel und Klarschriftbelege, die visuell und maschinell lesbare Papierbelege darstellen.

Magnetische Datenträger speichern Daten auf dünnen magnetisierbaren Schichten biegsamer oder starrer Trägermedien. Man unterscheidet Magnetstreifenkarten (Kundenkarten, Parkhauskarten usw.), Magnetbänder (Magnetbandrollen, Magnetbandkassetten) in erster Linie zur Sicherung (engl.: backup) und Archivierung von Daten, Disketten (2, 3.5, 5.25, 8 Zoll), die sich durch ihre einfache Austauschbarkeit auszeichnen und Magnetplattenspeicher, die als Fest- oder Wechselplatten in allen Rechnerarten verwendet werden.

Zu den optischen Datenträgern gehören Mikrofilme und, je nach äußerer Form des Datenträgers, optische Speicherplatten oder -karten, auf die Bitpositionen durch Einbrennen mittels scharf gebündelter Laserstrahlen aufgebracht werden.

Bei optischen Speicherplatten, unterscheidet man nach dem Kriterium der Wiederbeschreibbarkeit CD-ROMs (engl.: Compact Disc – read only memory), die im laufenden Betrieb nur gelesen werden können (bekannt als Audio-CDs), WORMs (engl.: write once read many), die nur einmal beschrieben und beliebig oft gelesen werden und optische Speicherplatten, die beliebig oft beschrieben, gelesen und gelöscht werden können, aber noch kurz vor der Markeinführung stehen.

Elektronische Datenträger verwenden Halbleiterbauelemente zur Datenspeicherung. Zu dieser Gruppe zählen außerhalb der Zentraleinheit liegende Halbleiterplatten als extrem schnelle Schreib-/Lesespeicher (engl.: random access memory disk; RAM-disk), „intelligente" Chipkarten, bestehend aus Mikroprozessor und Speicher, die eine größere Sicherheit gegen Mißbrauch als Magnetstreifenkarten besitzen, und sog. Flash-Speicherkarten als externe Speichermedien für tragbare Kleinrechner, die eine Weiterentwicklung der EPROM-/EEPROM-Techno-

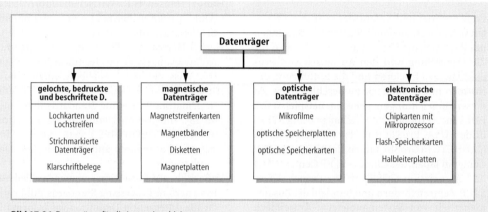

Bild 17-34 Datenträger für die Langzeitarchivierung

logie darstellen und Speicherkapazitäten von bis zu 40 MB erreichen [Han92].

17.3.5 Anwendungspotentiale von Produktmodellen

17.3.5.1 Bedeutung des integrierten Produktmodells für Unternehmen

Im Zuge des genannten Produkthaftungsgesetzes ist es für Unternehmen notwendig geworden, alle während des Produktlebenslaufs anfallenden Informationen, beginnend mit der Entwicklung bis hin zur Produktentsorgung, zu sammeln und zu archivieren. Das integrierte Produktmodell kann hierfür einen Beitrag leisten. Die Beschreibung des integrierten Produktmodelles nach ISO 10303 dient dabei nicht nur der einheitlichen Spezifikation von Schnittstellen und Datenmodellen, sondern auch dem Erlangen von flexiblen informationstechnischen Strukturen. Betrachtet man die grenzüberschreitenden wirtschaftlichen Beziehungen von Unternehmen, so kann mit diesem internationalen Standard der Informationsaustausch wesentlich erleichtert werden. Ziel ist es derzeit, durch verschiedene nationale Organisationen diese internationale Norm in den industriellen Einsatz zu überführen und somit eine neue Architektur der technischen Datenverarbeitung zur Verfügung zu stellen. Im Mittelpunkt dieser Architektur können Funktionen der Produktdatenverarbeitung (Produktdatenaustausch, Produktdatenspeicherung, Produktdatenarchivierung und Produktdatentransformation) stehen.

17.3.5.2 Einrichtungen zur Umsetzung und Einführung der Normen

Ende der 80er und Anfang der 90er Jahre bildeten sich in verschiedenen Staaten Einrichtungen mit dem Ziel, die Entwicklung von Normen für die Darstellung und den Austausch von Produktdaten zu forcieren und die Einführung der Normen in die Industrie zu beschleunigen. Zu diesen Einrichtungen gehören beispielsweise PDES Inc. (Product Data Exchange using STEP) in den USA, ProSTEP in der Bundesrepublik, CADDETC in Großbritanien, das NIPPON STEP Center in Japan, das Chinese STEP Center (CSC) und Association GOSET in Frankreich. Diese STEP-Zentren fördern und bündeln die Zusammenarbeit von Systemanbietern, Anwendern und Forschungseinrichtungen im STEP-Umfeld.

So sind beispielsweise im Oktober 1994 79 Firmen aus 6 Staaten im ProSTEP-Verein organisiert. Mittlerweile bieten viele in den STEP-Zentren eingebundene Systemanbieter kommerziell STEP–basierte Software, wie z.B. Prozessoren für den Austausch sequentieller Dateien, an.

Literatur zu Abschnitt 17.3

[Abe90] Abel, D.: Petri-Netze für Ingenieure. Berlin: Springer 1990

[And90] Anderl, R.; Castro, P: CAD/CAM. Berlin: Springer 1990

[And94] Anderl, R.; Endres, M.; Grabowski, H.; Malle, B.; Nill, R.; Römhild, W.; Rude, S.; Stenke, W.; Teunis, G.: Konzept zur Langzeitarchivierung von produktdefinierenden Daten: ProSTEP Bericht. Inst. f. Rechneranwendung in Planung und Konstruktion. Univ. Karlsruhe 1994

[Aut92] Autodesk: AutoCAD Release 12. Handbuch für Benutzeranpassungen. Autodesk Development B.V., 2000 Neuchatel (Schweiz) 1992

[Bau90] Baumgarten, B.: Petri-Netze. Mannheim: BI Wissenschaftsvlg. 1990

[Bau94] Bauer, C. O.; Hinsch, C. (Hrsg.): Produkthaftung. Berlin: Springer 1994

DIN 66301: Schnittstelle zum Austausch von Freiformflächendaten. 1985

[Eig91] Eigner; Hiller; Schindewolf; Schmich: Engineering Database. München: Hanser 1991

[Gei93] Geis, I.: Rechtliche Aspekte der elektronischen Dokumentenverarbeitung und -verwaltung. In: DIN (Hrsg.): NormDoc '93. Berlin: Beuth 1993

[Gra93] Grabowski, H.; Anderl, R.; Polly, A: Integriertes Produktmodell. Berlin: Beuth 1993

[Han92] Hansen, H.R.: Wirtschaftsinformatik I. (Uni-Taschenbücher, 802). 6.Aufl. Mannheim: BI Wissenschaftsvlg. 1992

[Her93] Herbst, A.: STEP-basierte Ansätze für Archivierungssysteme. Technical Note 93.01, IBM Wiss. Zentrum Heidelberg, August 1993

[IDE93a] ICAM Definition Language 0. Federal Information Processing Standards Publication 183, Integration Definition for Function Modelling (IDEF0). FIPS-Pub 183. National Institute of Standards and Technologies, December 1993

[IDE93b] ICAM Definition Language 1x. Federal Information Processing Standards Publication 184, Integration Definition for Information Modelling (IDEF1x). FIPS-Pub 184. National Institute of Standards and Technologies, December 1993

[IGE91] Initial Graphics Exchange Specification (IGES), Version 5.1. Washington D.C.: National Institute for Standards and Technology 1991

[IRD90] Information Technology Information Resource Dictionary System(IRDS) framework. ISO/IEC 10027. Genf, New York: ISO 1990

ISO 10303-1: Product data representation and exchange – Part 1: Overview and fundamental principles (09.94)

ISO 10303-11: Product data representation and exchange – Part-11: The EXPRESS language reference manual. 1994

[Klä37] Kläger, R.: Modellierung von Produktanforderungen als Basis für Problemlösungsprozesse in intelligenten Konstruktionssystemen. Aachen: Shaker 1993

[Koc90] Koch, K.; Kistenmacher, F.; Grempe, R.: Informationsmanagement und Archivierung im technischen Bereich. VDI-Z. 132 (1990), Nr. 3, 58–62

[Mar88] DeMarco, D.A.: SADT-structured analysis design technique. New York: McGraw-Hill 1988

[Mil88] Miller, S.W.: A reference model for mass storage systems. In: Yovits, M.C. (Ed.): Advances in computers, vol. 27. San Diego: Academic Press 1988, 157–210

[Nij89] Nijssen, G.M.; Halpin, T.A.: Conceptual schema and relational database design. Englewood Cliffs, N.J.: Prentice-Hall 1989

[NIS92] Initial Graphics Exchange Specification (IGES) Version 5.2. Washington D.C.: National Institute for Standards and Technology 1992

[MDD84] Product definition data interface. St. Louis, Ohio: McDonell Douglas Corp. 1984

[NN85] N.N.: Automatisation industrielle Représentation externe des données de définition des produits: Spécification du standard d'échange et de transfer (SET), Version 85-8, Z68-300, AFNOR, Paris 1985

[NN95] N.N.: Technical Architecture Reference Manual. ISO TC184/SC4/WG10, Juni 1995

[Owe94] Owen, J: An introduction to STEP. Information Geometers, 1994

[Pet62] Petri, C.A.: Kommunikation mit Automaten. Rheinisch-Westfälisches Inst. f. instrumentelle Mathematik Univ. Bonn; Schrift Nr. 2; Bonn 1962

[Sch88] Schlechtendahl, E.G.: Specification of a CAD*I neutral file for CAD geometrie. Berlin: Springer 1988

[Sch91] Schilli, B.: Ein Beitrag zur Spezifikation und Implementierung von neutralen Schnittstellen. Düsseldorf: VDI-Vlg. 1991

[SDAI93] Fowler, J.: Standard data access interface specification. ISO 10303 Committee Draft Part 22, Dokument-Nr.-SC4 N225

[VDA87a] Mund, A; u.a.: VDA-Flächenschnittstelle (VDAFS), Version 2.0. VDA-Arbeitskreis CAD/CAM. Frankfurt: VDA 1987

[VDA87b] Festlegung einer Untermenge von IGES-Version 4.0 (VDAIS), 1987

[Wil94] Wilson, P; Schenk, D.: Information modelling the EXPRESS way. Oxford Univ. Pr. 1994

17.4 Informationsmanagement für Logistikprozesse

Logistikprozesse beinhalten die planerische und dispositive Begleitung der Güterströme des Unternehmens. Sie werden in die Prozesse der Produktions-, Vertriebs- und Beschaffungslogistik unterschieden. Der Begriff Logistik wird vor allem deswegen hier verwendet, um den Prozeßcharakter der Darstellungen zu unterstützen. Pro betrachtetem Teilprozeß wird zunächst ein Überblick über den Prozeßablauf in Form eines Vorgangskettendiagramms (VKD) gegeben. In einem VKD sind alle Beschreibungssichten der ARIS-Architektur (Funktionen, Organisation, Daten und ihr Zusammenwirken) enthalten (vgl. Bild 17-7). Eine detaillierte Darstellung der einzelnen Sichten befindet sich in [Sche95: 90 ff.].

17.4.1 Produktionslogistik

Das Informationsmanagement für die Produktionslogistik begleitet den Auftragsdurchfluß von der Primärbedarfsplanung bis zur Fertigstellung der Produktionsaufträge. Dieses Gebiet wird auch als Produktionsplanung und -steuerung (PPS) bezeichnet. Die Produktionslogistik unterteilt sich aufgrund ihrer hohen Komplexität in mehrere Teilprozesse, die zunächst überblicksartig und anschließend detailliert behandelt werden.

17.4.1.1 Überblick: Teilprozesse der Produktion

Die Produktionsplanung und -steuerung stellt ein traditionelles Einsatzgebiet der EDV in Indu-

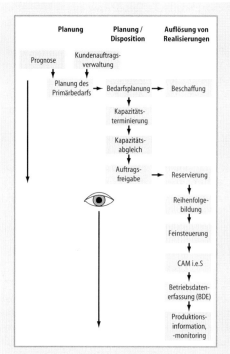

Bild 17-35 Vorausschauendes Stufenplanungskonzept zur Produktionsplanung und -steuerung
[Sche90: 204]

striebetrieben dar. Dies resultiert aus dem hohen Mengenvolumen der zu verarbeitenden Informationen über Stücklisten, Arbeitspläne und Aufträge sowie der hohen Planungskomplexität im Rahmen der Bedarfs- und Kapazitätsplanung.

Zur Verwaltung der Stücklisten, die die Zusammensetzung von Endprodukten aus Bauteilen und Materialien beschreiben, wurden bereits frühzeitig Datenverwaltungssysteme (z.B. of Materials Processor, BOMP) eingesetzt, die erste Entwicklungsschritte auf dem Weg zu universellen Datenbanksystemen waren. In größeren Industriebetrieben ist die Verwaltung von 100 000 Teilesätzen, mehreren hunderttausend Struktursätzen und mehreren hunderttausend Arbeitsgangsätzen keine Seltenheit.

Die Planungskonzeption der DV-gestützten PPS-Systeme folgt innerhalb der angebotenen Standardsoftwaresysteme einem weitgehend einheitlichen Ablauf von Teilprozessen, wie in Bild 17-35 dargestellt.

Die *Primärbedarfsplanung* bestimmt den Bedarf an Endprodukten für einen anstehenden Planungszeitraum. Dieser Bedarf ergibt sich aus Absatzprognosen bzw. bereits angenommenen Kundenaufträgen. Er initiiert eine Reihe von Planungs- bzw. Dispositionsschritten innerhalb des PPS-Systems.

Aufgabe der *Bedarfsplanung* ist die Ermittlung der benötigten untergeordneten Baugruppen, Einzelteile und Materialien nach Menge und Bedarfsperiode aus dem Primärbedarf. Ergebnis sind einerseits Bedarfe für eigengefertigte Teile und andererseits Bedarfe für fremdbezogene Teile und Materialien. Die Eigenbedarfe werden zu Fertigungslosen (Aufträgen) zusammengefaßt. Die Bedarfe der fremdbezogenen Komponenten werden innerhalb des Logistikprozesses „Beschaffung" zu Beschaffungsaufträgen zusammengestellt.

Im Rahmen der *Zeit- und Kapazitätsplanung* werden die Fertigungsaufträge den zur Bearbeitung benötigten Kapazitäten (z.B. Betriebsmittelgruppen) zugeordnet. Durch eine Kapazitätsterminierung wird der Kapazitätsbedarf nach Betriebsmittelgruppen und Perioden ermittelt.

Der *Kapazitätsabgleich* gleicht unter Einsatz von Ausweichaggregaten, Überstunden, Sonderschichten oder durch zeitliche Verschiebung von Aufträgen etwaige Engpässe oder Kapazitätsspitzen aus.

Die *Auftragsfreigabe* überprüft für anstehende Fertigungsaufträge, ob die benötigten Ressourcen (z.B. Werkzeuge, NC-Programme, Kapazitäten) zur Verfügung stehen. Anschließend werden die Aufträge zur Bearbeitung freigegeben. Die Auftragsfreigabe bildet den Übergang von der Planungsphase zur Realisierung und löst eine Folge von Realisierungsfunktionen zur operativen Umsetzung der Planungsvorgaben aus.

Innerhalb der *Feinsteuerung* erfolgt die Terminierung der Aufträge bzw. Arbeitsgänge auf die zugeordneten Betriebsmittel. Damit wird auch die Reihenfolge der Aufträge (Arbeitsgänge) bestimmt.

Informationen über realisierte Termine, Mengen bzw. eingetretene Zustände werden durch die *Betriebsdatenerfassung* erhoben und der Fertigungssteuerung als Ausgangsbasis weiterer Steuerungsfunktionen zurückgemeldet.

Im Gegensatz zu vielen betriebswirtschaftlichen Simultanplanungsansätzen im Produktionsbereich folgt das geschilderte PPS-System einem Stufenplanungskonzept. Dies bedeutet, daß die Ergebnisse eines Planungsvorgangs jeweils Ausgangspunkt der Planungsüberlegungen der nächsten Stufe sind. Rückwärts gerichtete Beziehungen, die zwischen Bedarfs- und Kapazitätsplanung leicht aufzuzeigen sind, können von dem Planungssystem nur schwer verarbeitet werden. Dieses gilt insbesondere dann, wenn die einzelnen Planungsschritte in Batchprozessen ablaufen, d. h. große Datenmengen zu einem festgelegten Zeitpunkt ohne Eingriff des Benutzers verarbeitet werden.

Dagegen besteht z. B. bei Einsatz eines dialogorientierten Fertigungssteuerungssystems die Möglichkeit, durch die Einplanung von fallbezogenen Vorgängen im Dialog mehrere Planungszyklen durchzuführen und beim Auftreten von Unzulässigkeiten oder unerwünschten Planungsergebnissen einzelne Planungsschritte mit geänderten Daten zu wiederholen. Die dadurch erzeugten kleineren Regelkreise ergeben eine höhere Flexibilität des Gesamtkonzepts. Trotzdem führt die Unvollkommenheit des Stufenplanungskonzepts zu Schwierigkeiten bei der Abstimmung der einzelnen Planungsstufen.

Die in der Betriebswirtschaftslehre entwickelten Simultanansätze bauen vor allen Dingen auf dem methodischen Instrumentarium der linearen und ganzzahligen Optimierung auf. Die in Industriebetrieben, insbesondere der Fertigungsindustrie anzutreffenden großen Mengenvolumen lassen allerdings den Einsatz dieser Techniken auf dem Detaillierungsgrad der Arbeitsgänge nicht zu [Sche76]. Aus diesem Grunde muß die Sukzessivkonzeption als origineller und wirksamer Beitrag der EDV zur Entwicklung von anwendungsgeeigneten betriebswirtschaftlichen Lösungen gesehen werden.

17.4.1.2 Bedarfsplanung

Überblick: Bedarfsplanung

Der Begriff Bedarfsplanung umfaßt die Ermittlung des Bedarfs an selbstgefertigten und fremdbezogenen Teilen zur Erfüllung des Primärbedarfs, die Verwaltung der Läger und die Beschaffung von Fremdteilen. Da die Beschaffungsfunktion in der Prozeßkette Beschaffung behandelt wird, stehen in der Produktionslogistik die dispositiven Funktionen der Bedarfsplanung im Vordergrund. Bild 17-36 zeigt hierzu den groben Funktionsbaum.

Im Rahmen der Bedarfsplanung wird der Bedarf an selbstgefertigten und fremdbezogenen Teilen ermittelt und zu Aufträgen (Losen) zusammengestellt. Ausgangspunkt sind die von

Bild 17-36 Grober Funktionsbaum der Bedarfsplanung [Sche95: 97]

der Absatzplanung vorgegebenen Primärbedarfe der Enderzeugnisse und selbständig absetzbaren Teile. Diese werden über Stücklisten in Bedarfe für Baugruppen, Einzelteile und Materialien aufgelöst. Zur Bedarfsauflösung werden somit die Stammdaten der Stücklisten benötigt. Die Verwaltung der Stücklisten ist eine grundlegende Funktion für die gesamte Produktionsplanung und -steuerung und darüber hinaus auch für weitere betriebswirtschaftliche Funktionen; so verwendet z. B. die Kostenrechnung Stücklisten für die Kalkulation.

Die Informationsverfolgung der Herkunft von Bedarfen ist insbesondere bei kundenauftragsbezogener Fertigung von erheblicher Bedeutung und wird von der Funktion „Bedarfsverfolgung" vorgenommen.

In Bild 17-37 ist der geschilderte Ablauf einschließlich der groben Datenbasen sowie der ausführenden Organisationseinheiten als Vorgangskettendiagramm (VKD) dargestellt. Das VKD macht die übergreifende Einbettung der Bedarfsplanung deutlich. Neben der Primärbedarfsplanung, die eine Schnittstelle zum Vertrieb zeigt, wird mit der Stücklistenverwaltung auch eine Schnittstelle zum Unternehmensprozeß „Leistungsgestaltung" deutlich. Die von der Konstruktion erstellten Zeichnungen und Konstruktionsstücklisten werden von der Produktions- oder Arbeitsvorbereitung zu Fertigungsstücklisten transformiert. Nahezu alle Funktionen werden durch interaktive DV-Systeme unterstützt. Lediglich die Bedarfsauflösung wird als automatischer (batchorientierter) Vorgang dargestellt, der auch zu einem automatischen Abgleich von Lagerbeständen führt. Daneben sind auch dialogorientierte Lagererfassungsfunktionen und fallbezogene Bedarfsauflösungen möglich.

Bei der Anlage von Konstruktionszeichnungen und -stücklisten werden auch „papierene" Zeichnungsunterlagen als Dateninput angeführt.

Die folgenden Ausführungen erläutern ein allgemeingültiges Konzept zur verteilten Datenverarbeitung, das nicht nur für die Bedarfsplanung zutrifft, sondern auch in anderen Teilprozessen Anwendung findet.

Die in Bild 17-37 aufgeführten Funktionen werden im Rahmen ihrer DV-technischen Um-

setzung in Programmodule überführt, die sich je nach Komplexität aus mehreren Teilmodulen zusammensetzen können. Die von den Funktionen benötigten Daten werden bei Verwendung von relationalen Datenbanksystemen in Relationen transformiert und den Modulen zugeordnet. Um eine reibungslose Kommunikation zwischen den beteiligten Organisationseinheiten zu gewährleisten, müssen sie auf eine geeig-

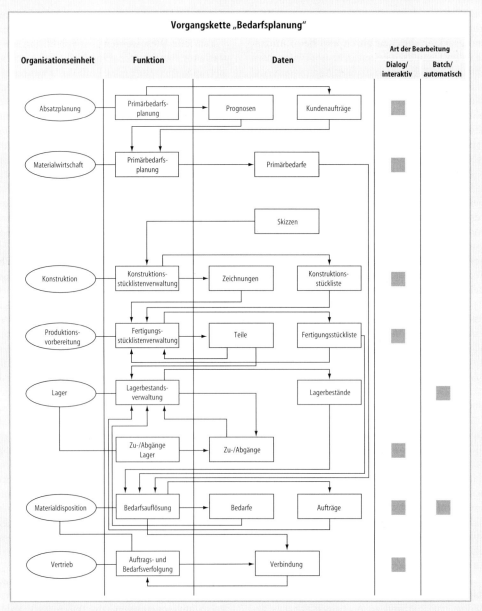

Bild 17-37 Vorgangkettendiagramm Bedarfsplanung [Sche95: 98]

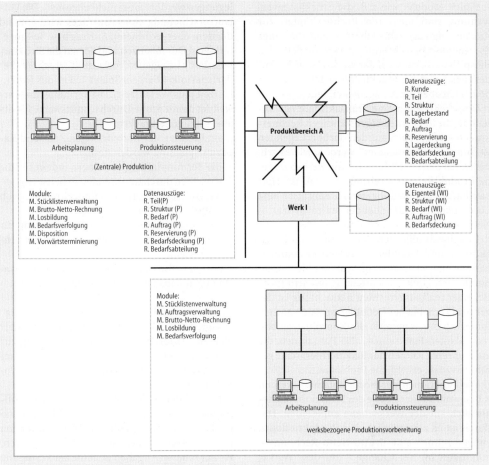

Bild 17-38 Aufteilung von Daten und Funktionen auf eine Client-Server-Netztopologie der Bedarfsplanung [Sche95: 193]

nete Netztopologie abgebildet werden. Diese Topologie ergibt sich aus den erforderlichen Kommunikationsbeziehungen.

Aufbauend auf den Netztopologien können die jeweils erforderlichen Module den Netzknoten zugeordnet werden. Dabei kann man zum einen die Zugriffsberechtigungen von Benutzergruppen auf Transaktionen festlegen und zum anderen die Modulausführung den entsprechenden Trägersystemen der Netzknoten zuordnen. Ebenso wird die Datenverteilung auf die Netzknoten festgelegt. Sind diese Kriterien erfüllt, redet man von verteilter Datenverarbeitung. Allgemeine Gründe zur Verteilung von Aufgaben auf bestimmte Trägersysteme (Rechner) sind u.a. die Ausnutzung von Spezialhard- und -software und die Verringerung des Datentransfers durch die Dezentralisierung der Datenhaltung. Um aber eine vollständige Transpa-

renz zu erhalten, ist bei einer solchen Verteilung ein hoher Koordinationsaufwand notwendig. Aus diesem Grund sind heute Sonderformen der verteilten Datenverarbeitung gebräuchlich, die auf eine vollständige Transparenz verzichten, trotzdem aber die Vorteile der Verteilung von Daten und Aufgaben wahrnehmen. Zu diesen Formen der verteilten Datenverarbeitung gehören Client-Server-Architekturen (vgl. 17.2). Ein Server (Bediener) bietet Dienste an und stellt sie den Clients (Kunden) zur Verfügung, die sie angefordert haben (vgl. [Pla93, Hou92]).

Bild 17-38 zeigt exemplarisch eine Client-Server-Netztopologie mit den Zuordnungen der Daten und Module auf die entsprechenden Trägersysteme für die Bedarfsplanung. Um den eigenständigen Entwurfsschritt der Modulbildung anzudeuten, wird den Funktionsnamen ein M. vorangestellt.

Einige Module, wie z.B. die Stücklistenverwaltung, sind mehreren Rechnerknoten zur Ausführung zugeteilt. Dabei können allerdings die Nutzungsberechtigungen verschieden sein. Beispielsweise kann auf der Werksebene der Änderungsdienst für Stücklisten zugelassen werden, nicht aber die Anlage neuer Teile.

Umgekehrt kann eine Transaktion einer Abteilung, die über einen eigenständigen Rechnerknoten verfügt, auch auf den darüberliegenden Rechner „durchgeschaltet" werden, wie es z.B. bezüglich der Losbildung für die werksbezogene Produktionsvorbereitung der Fall ist. Hier kann aufgrund detaillierterer Kenntnisse eine Losumplanung gegenüber der zentralen Brutto-Netto-Rechnung vorgenommen werden.

Da keine detailliertere Aufspaltung von Transaktionen und Modulen in diesem Zusammenhang erfolgt, ist die Aussagekraft der hier vorgenommenen Funktionsaufteilung nur sehr grob. Bei einer realitätsgerechten Betrachtung ist dagegen ein erheblicher Detaillierungsaufwand erforderlich. Auch bereitet die Koordination von redundanten Funktionen, also Funktionen, die auf mehreren Knoten der Rechnerhierarchie geführt werden, erhebliche Probleme.

Die Funktionen der Bedarfsplanung werden z.B. sowohl auf der Ebene des Produktbereiches als auch auf der Werksebene angesiedelt. Dadurch ist es z.B. möglich, bei Produktionsstörungen zeitnah eine Brutto-Netto-Rechnung – zumindest im Net-Change – auf dem Werksrechner durchzuführen.

17.4.1.3 Zeit- und Kapazitätsplanung

Überblick: Zeit- und Kapazitätsplanung

Bei der Bedarfsauflösung werden alle Aufträge bezüglich der vorgegebenen Bedarfsperioden der Primärbedarfe terminiert. Kapazitätsüberlegungen werden dabei nicht angestellt. Die Vorlaufverschiebung eines Auftrages wird anhand der dem übergeordneten Auftrag bzw. Teil zugeordneten Durchlaufzeit und der auf die Strukturbeziehung bezogenen Vorlaufzeit errechnet (Bedarfsperiode übergeordnetes Teil minus Durchlaufzeit plus Vorlaufzeit). Die Terminierung verwendet damit grobe Durchschnittswerte für die angesetzten Zeitdauern.

Im Rahmen der mittelfristigen Zeit- und Kapazitätsplanung werden deshalb

- die Terminplanung verfeinert, indem für die einzelnen durchzuführenden Arbeitsgänge eines Auftrages Start- und Endzeitpunkte grob festgelegt werden,
- aufgrund der verfeinerten Terminierung für einzelne Kapazitätsarten Belastungsübersichten erstellt,
- bei Engpaßsituationen oder Belastungsschwankungen Kapazitätsabgleiche durchgeführt.

Der Begriff „mittelfristige Kapazitätsplanung" besagt, daß die Kapazitäten selbst unverändert bleiben. Dadurch erfolgt eine Abgrenzung zur langfristigen Kapazitätsplanung im Sinne einer Investitionsplanung, bei der die Kapazitäten variabel sind.

Die bei der Bedarfsplanung angelegten Auftragssätze müssen für die Zeit- und Kapazitätsplanung um Angaben über die auszuführenden technologischen Operationen erweitert werden. Ferner müssen Angaben über die zur Verfügung stehenden Kapazitäten (Kapazitätsangebot) vorliegen.

In Bild 17-39 ist der Funktionsbaum der Zeit- und Kapazitätsplanung dargestellt. Sie besteht aus einer Grunddatenverwaltung, aus der Ergänzung der aus der Bedarfsplanung übernommenen Auftragsdaten sowie den Dispositionsmodulen zur Kapazitätsterminierung ohne Beachtung von Kapazitätsgrenzen und dem Kapazitätsabgleich. Zuständig für die Zeitwirtschaft

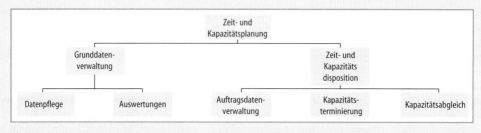

Bild 17-39 Funktionsbaum der Zeit- und Kapazitätsplanung [Sche95: 205]

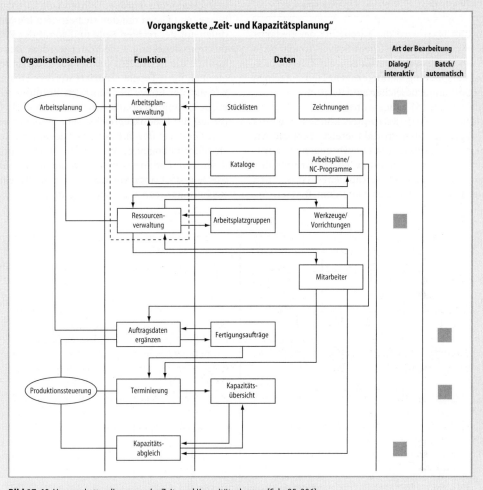

Bild 17-40 Vorgangkettendiagramm der Zeit- und Kapazitätsplanung [Sche95: 206]

ist die Produktionsvorbereitung, wobei die Grunddatenverwaltung von der Arbeitsplanung und die auftragsbezogenen Dispositionen von der Produktionssteuerung ausgeführt werden. Dabei können diese Aufgaben zentral oder dezentral ausgeführt werden.

Der grobe Ablauf der Zeit- und Kapazitätsplanung ist in dem Vorgangskettendiagramm der Bild 17-40 angegeben. Die Erstellung von Arbeitsplänen unter Zuhilfenahme von Stücklisten, Zeichnungen sowie Zeit- und Technologiekatalogen wird nur angedeutet. Neben den Fertigungsvorschriften werden im Rahmen der Grunddatenverwaltung auch die Daten über die einzusetzenden Ressourcen behandelt. Auch hier ergeben sich Schnittstellen zu anderen Prozessen, z. B. der Anlagenbuchführung bzw. Investitionsrechnung oder dem Personalbereich. Die Grunddatenverwaltung ist eine typisch dialogorientierte Funktion.

Die Dispositionsfunktion der Zeitwirtschaft beginnt mit der Ergänzung der aus der Bedarfsplanung übernommenen Auftragsdaten um technische sowie organisatorische Beschreibungs- und Vorgabewerte. Diese Funktion kann weitgehend automatisch durchgeführt werden. Bei Zuordnungs- und Optimierungsproblemen wird diese Funktion auch interaktiv durchgeführt. Die anschließende Terminierung der Aufträge ist ebenfalls eine weitgehend automatisch durchführbare Funktion. Für den Abgleich von Kapazitätsspitzen sowie den Ausgleich von Engpässen eignet sich eine dialogorientierte Bearbeitungsform.

In Bild 17-41 wird die bereits bei der Bedarfsplanung eingeführte Client-Server-Topologie in erweiterter Form als Grundlage für Zeit- und Kapazitätsplanung herangezogen. Den einzelnen Organisationsbereichen sind Relationen (R.) sowie Module (M.) zugeordnet.

Die einzelnen Relationen können den drei Hierarchiestufen Produktbereich, zentrale Arbeitsvorbereitung und werksbezogene Arbeitsvorbereitung zugeteilt werden. Die Grunddaten sowie die mit ihnen verbundenen Funktionen werden auf der linken Seite dem Bereich Arbeitsplanung zugeordnet, während die auftragsbezogenen Daten mit den sie betreffenden Modulen auf der rechten Seite und somit der Produktionssteuerung zugeordnet werden. Dabei können die Relationen sowohl nach Attributen als auch nach Tupeln separiert werden. So sind z. B. auf der Ebene der zentralen Produktionsvorbereitung nicht alle Attribute erforderlich, die auf der Produktbereichsebene geführt werden. Dies betrifft z. B. bestimmte detaillierte Kosteninformationen, die als übergreifende Stammdaten auf der Produktbereichsebene geführt werden, dort aber vornehmlich dem Bereich Rechnungswesen zur Verfügung stehen.

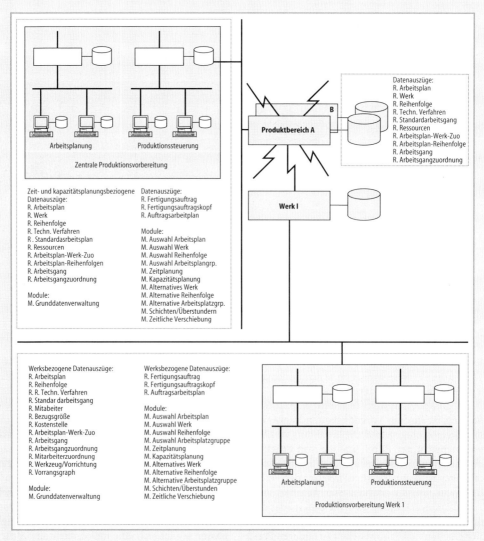

Bild 17-41 Client-Server-Topologie zur Zeit- und Kapazitätsplanung [Sche95: 267]

Auf der Ebene der werksbezogenen Produktionsvorbereitung wird eine Aufteilung der Auftragstupel nach den die Aufträge produzierenden Werken vorgenommen. Bei einer Verteilung zwischen zentraler und werksbezogener Produktionsvorbereitung kann die Aufteilung der Aufträge auf einzelne Werke von der zentralen Produktionsvorbereitung durchgeführt werden, während detaillierte Zuteilungsprobleme, so z.B. die Auswahl unterschiedlicher Reihenfolgen innerhalb des definierten Vorranggraphen, dezentral erfolgen. So werden z.B. in Bild 17-41 auf der Werksebene die Daten für Werkzeuge/Vorrichtungen sowie der Vorranggraph zur Definition unterschiedlicher Reihenfolgen geführt.

Der Einsatz von Workstations ist innerhalb der Netztopologie insbesondere im Bereich der Auswertungsfunktionen (z.B. der graphischen Darstellungen von Belastungsübersichten) sowie im Rahmen des interaktiven Entscheidungsprozesses beim Kapazitätsabgleich sinnvoll. Die Daten werden zwar weitgehend aus zentralen Funktionen und Dateien bereitgestellt, jedoch können sie für Ausschnitte auf Workstations ausgelagert werden und stehen dort für Anwendungen mit hoher Dialogintensität (Simulation) zur Verfügung.

17.4.1.4 Fertigung

Überblick: Fertigung

Die Planungsstufen Bedarfs-, Zeit- und Kapazitätsplanung sind auf mittelfristige Zeiträume mit relativ groben Periodeneinteilungen ausgerichtet. Ihre Ergebnisse sind Auftragsdefinitionen sowie Zuordnungen zu Ressourcen, welche aber für das Betriebsgeschehen noch keine bindende Wirkung besitzen. Gerade weil sich die Planung auf einen längeren Zeitraum bezieht, enthält sie Quellen vielfältiger Störungen: Kundenaufträge werden storniert, Bedarfsprognosen revidiert, Kapazitätsdaten ändern sich usw.

Mit der Auftragsfreigabe wird die Planungsphase verlassen und die Realisierungsphase eingeleitet. Diese ist besonders komplex, da sich hier die Weiterverfolgung des auftragsbezogenen Datenstroms durch eine Feinplanung und Rückmeldung mit dem Datenstrom zur technischen Ausführung von Fertigungs-, Lagerungs-, Transport-, Werkzeug-, Qualitäts- und Instandhaltungssteuerungsmaßnahmen trifft. Wegen der engen Verflechtung der kurzfristigen Fertigungssteuerung mit den technischen Ausfüh-

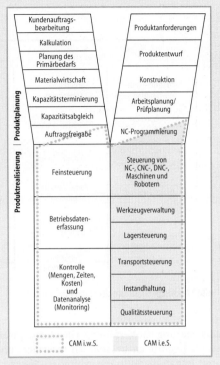

Bild 17-42 Definitionen CAM i.e.S. und CAM i.w.S. [Sche95: 269]

rungen wird der gesamte Fertigungsbereich als ein Gliederungspunkt behandelt.

Die Begriffsbildung zur Beschreibung des gesamten Fertigungsprozesses ist nicht einheitlich. In Bild 17-42 ist die hier gewählte Bezeichnung Computer-Aided Manufacturing (CAM) mit dem Zusatz „im weiteren Sinne" gewählt worden. Sie umschließt somit alle mit der Fertigungsrealisierung verbundenen computerunterstützten Aktivitäten sowohl der Auftragsfreigabe und der Auftragssteuerung als auch der Ressourcenverwaltung, Ressourcenbereitstellung, Instandhaltung und Qualitätssicherung. Daneben wird der Begriff CAM auch für die ressourcenorientierten Funktionen, also den rechten unteren Teil des Y-Modells, verwendet. In diesem Fall wird CAM mit dem Zusatz „im engeren Sinne" versehen.

Die Auftragsfreigabe ist die Verbindung zwischen der Planungs- und Realisierungsphase. Sie wählt nach einer Verfügbarkeitsprüfung der benötigten Ressourcen aus dem gesamten (zentralen) Fertigungsauftragsbestand die in einem anstehenden kürzeren Zeitraum zu fertigenden Aufträge aus und stellt diese der (dezentralen)

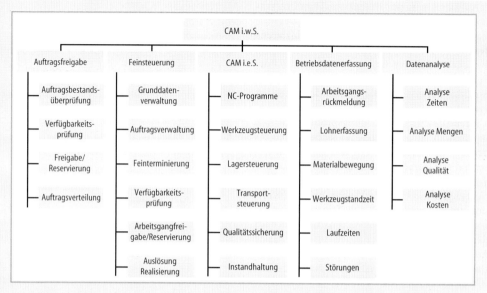

Bild 17-43 Funktionsbaum der Fertigung [Sche95: 274]

Feinsteuerung zur Verfügung. Gleichzeitig werden die benötigten Ressourcen reserviert und damit fest an die Aufträge gebunden. Sie greift auf die Grunddaten der Zeit- und Kapazitätsplanung sowie der Ressourcenverwaltung der einzelnen CAM-Komponenten zu, so daß keine neuen Datenstrukturen für die Verfügbarkeitsprüfung angelegt werden müssen. Erst mit der Übergabe freigegebener Aufträge an die Fertigungssteuerung werden neue Datenstrukturen gebildet.

Da die Auftragsfreigabe Mittler zwischen Planung und Steuerung ist, gehört sie nicht vollständig zur CAM-Definition. Dieses wird in Bild 17-42 durch diagonale Teilung des Funktionskästchens zum Ausdruck gebracht. Um aber Redundanzen in der Beschreibung zu vermeiden, wird sie im Zusammenhang mit der Realisierungsphase behandelt.

Die insgesamt zur Fertigung gehörenden Funktionen sind in dem Funktionsbaum von Bild 17-43 zusammengestellt. Dabei verbergen sich hinter einzelnen der aufgeführten Funktionen erheblich differenziertere Teilfunktionen. Dieses gilt z. B. für die Funktion Feinsteuerung, die den Einsatz unterschiedlicher Steuerungsalgorithmen umfaßt.

Einen groben Ablauf der Fertigungszusammenhänge gibt das Vorgangskettendiagramm von Bild 17-44. Der dargestellte Ablauf setzt voraus, daß alle Komponenten der Fertigung trans-

parent zur Verfügung stehen. Der Ablauf kann deshalb sowohl für eine werksbezogene (d.h. zentrale) Fertigungssteuerung als auch für eine werksbereichorientierte (d.h. dezentrale) Steuerung gelten. Wesentlich ist lediglich, daß alle benötigten Datenobjekte dem Benutzer zur Verfügung stehen. Werden zur Fertigungssteuerung differenzierte Arbeitspläne benötigt, die erst während der Feinsteuerung einem Auftrag zugeordnet werden, so ist eine dezentrale Arbeitsplanverwaltung und – zumindest ausschnittweise – Stücklistenverwaltung erforderlich, die diesen differenzierteren Betrachtungen Rechnung trägt. Die Ressourcenverwaltung der Arbeitsplätze und Mitarbeiter ist ebenfalls aus den vorhergehenden auftragsbezogenen Planungsschritten bekannt, wird aber auf der Ebene der Fertigungssteuerung um differenziertere Angaben ergänzt. Neu hinzugekommen sind differenzierte Schichtmodelle, die nicht nur Werk-, Sonn- und Feiertage berücksichtigen, sondern auch Pausenregelungen umfassen.

Die Pflege der Grunddaten wird interaktiv durchgeführt. Die von der Auftragsfreigabe übernommenen Fertigungsaufträge werden interaktiv gepflegt.

Im Rahmen der Feinsteuerung werden über Algorithmen automatisch und/oder über Disponenten interaktiv Arbeitsgangsequenzen gebildet. Hierbei können vielfältige Zielsetzungen berücksichtigt werden. Die Betriebswirtschaftslehre und insbesondere das Operations Research hat für diesen Teilausschnitt Optimierungstechniken entwickelt. Diese können allein aus Platzgründen nicht umfassend dargestellt werden. Für die hier im Vordergrund stehenden Ablauf- und Datenzusammenhänge werden sie deshalb auch nicht benötigt, sondern eher als eine Black box behandelt. Ergebnis dieses Optimierungsschrittes sind die konkreten Arbeitsplatzbelegungen und Mitarbeitereinsätze. Bei einer alle Ressourcen berücksichtigenden Optimierung werden auch die benötigten NC-Programme, Werkzeuge, Komponenten, Transportkapazitäten und Prüfpläne belegt. Dieser Zusammenhang ist in dem Vorgangskettendiagramm nicht durch eigene Belegungsdaten, sondern durch Datenflußbeziehungen zu den entsprechenden Ressourcen gekennzeichnet.

Nach der Feinsteuerung werden die anstehenden Arbeitsgänge freigegeben. Dabei wird durch eine Verfügbarkeitsprüfung aller Ressourcen sichergestellt, daß die benötigten Komponenten physisch und zeitgerecht vorhanden sind. Hiermit wird keine planerische oder dispositive Verfügbarkeitsprüfung angewendet, sondern sie ist auf das physische, zeit- und ortsgerechte Vorhandensein ausgerichtet. Wird die Arbeitsgangfreigabe für einen bestimmten Zeitraum vorgenommen, so kann sie automatisch erfolgen, für fallbezogene Anlässe kann dies auch interaktiv geschehen, wobei der Disponent bei fehlenden Komponenten die Möglichkeit einer dispositiven Freigabe besitzt.

Die Verwaltung der Ressourcen ist generell eine Dialogfunktion. Bei hochautomatisierten Systemen können aber auch Steuerungssignale automatisch von einer Ressource an eine andere weitergegeben werden.

Die Instandhaltungsfunktion kann ebenfalls differenziert betrachtet werden. Sie umfaßt nicht nur die Planung von Instandhaltungsmaßnahmen im Sinne einer vorbeugenden Instandhaltungspolitik, sondern auch umfangreiche Auftragssteuerungs- und Abrechnungsfunktionen. Das gleiche gilt für den Werkzeugbau. In beiden Fällen können eigenständige PPS-Systeme bis hin zur gesamten Produktionslogistik einschließlich Fertigung betrachtet werden, da diese Bereiche quasi als Fabriken in der Fabrik gestaltet werden können.

Rückmeldungen beziehen sich auf Start und Ende freigegebener Aufträge. Diese Daten können auch für leistungsbezogene Lohnberechnungen herangezogen werden. Die Anwesenheitsdaten der Mitarbeiter können durch automatisierte Erfassungssysteme sowie auch interaktiv erfaßt werden. Maschinenlaufzeiten und -störungen werden im Rahmen der Maschinendatenerfassung (MDE) registriert und zur Korrektur von Arbeitsplatzbelegungen herangezogen. Auch hier gilt wiederum, daß die Daten bei höherem Automatisierungsgrad automatisch von den intelligenten Steuerungen der Maschinen erfaßt werden.

Auswertungen werden in vielfältiger Form über alle Ressourcen und Steuerungen im Dialog zur Verfügung gestellt. Da hier quasi auf alle Datencluster zugegriffen wird, werden diese Beziehungen aus Übersichtsgründen in der Abbildung nicht weiter aufgeführt.

Der geschilderte Ablauf wurde aus Darstellungsgründen als weitgehend sequentieller Prozeß geschildert. Er besteht aber in Wirklichkeit aus vermaschten Regelkreisen. In Bild 17-45 ist deshalb der gesamte Fertigungsprozeß, also CAM i. w. S., als Regelkreis dargestellt. Ausgangspunkt sind Führungsgrößen, die als Sollwerte in Form von Mengen, Terminen und Qualitätsmerkmalen Ergebnisse der Bedarfs- und Kapazitätsplanung sowie der Feinsteuerung sind und der Fertigung vorgegeben werden. Diese Ausgangswerte werden von der Feinsteuerung unter ständigem Abgleich mit aus der Betriebs- und Maschinendatenerfassung rückgemeldeten Informationen in Stellgrößen umgeformt. Während der Produktionsdurchführung, die innerhalb des Regelkreises die Regelstrecke bildet, wird der Ressourceneinsatz in die gewünschten Arbeitsergebnisse umgeformt. Stellgrößen sind dabei die den Ressourceneinsatz auslösenden Informationen. Während der Regelstrecke werden Störgrößen in Form von Maschinenausfällen, Materialflußstockungen usw. wirksam. Aus diesem Grunde machen die Datenrückmeldungen eine ständige Überprüfung und Neueinstellung des Reglers erforderlich. Die ständige dezentrale Anpassung des Fertigungssystems an Störungen ist auch ein Grundelement des Konzeptes der fraktalen Fabrik [War92].

DV-Unterstützung: Fertigung

Zwischen der Fertigungssteuerung und den unterschiedlichen Systemen für Transport, Lager, Qualitätssicherung, Fertigung usw. muß eine enge Kommunikationsbeziehung bestehen. Bisher haben häufig herstellerbezogene Kommunikationsdienste für die einzelnen Teilkomponenten

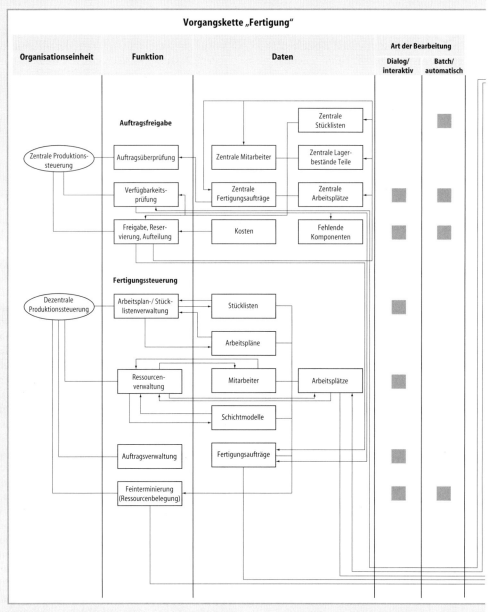

Bild 17-44 Vorgangkettendiagramm der Fertigung [Sche95: 275]

vorgeherrscht, die eine transparente Kommunikation verhinderten. Mit der fortschreitenden Forderung zur Integration, wie sie insbesondere durch das CIM-Konzept erhoben wird, ist ein Trend zu Kommunikationsstandards zu erkennen. In Bild 17-46 sind die Kommunikationshierarchien eines Betriebs dargestellt. Während auf den oberen Kommunikationshierarchien des Betriebs bzw. des Betriebsbereiches große Datenmengen in Form von Aufträgen und Rückmeldungen transportiert werden müssen, die allerdings in der Regel nicht zeitkritisch sind, werden auf den unteren Ebenen geringere Datenmengen mit hohen Anforderungen an Aktualität ausgetauscht. Unter zeitkritischen Anwendungen werden hierbei Reaktionszeiten von rund 10 ms verstanden. Dieses wird von mehr auf kommerzielle Anwendungen ausgerichteten

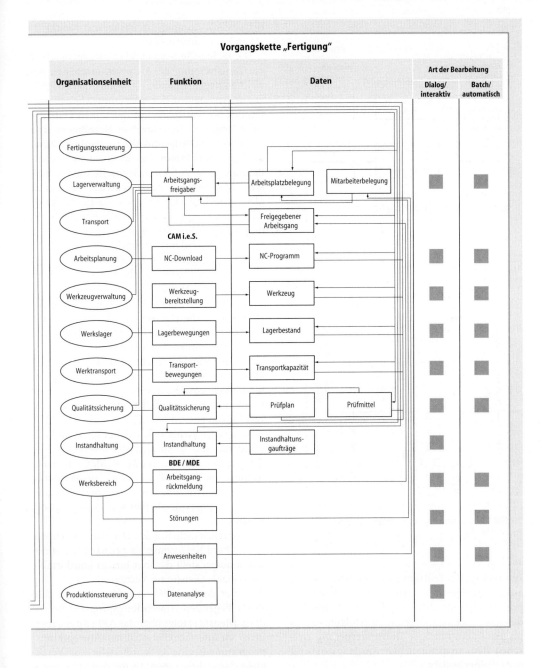

Vorgangskette „Fertigung"

Organisationseinheit	Funktion	Daten	Art der Bearbeitung	
			Dialog/ interaktiv	Batch/ automatisch

Fertigungssteuerung

Lagerverwaltung — Arbeitsgangs-freigaber ← Arbeitsplatzbelegung — Mitarbeiterbelegung ■ ■

Transport — Freigegebener Arbeitsgang

CAM i.e.S.

Arbeitsplanung — NC-Download — NC-Programm ■ ■

Werkzeugverwaltung — Werkzeug-bereitstellung — Werkzeug ■ ■

Werkslager — Lagerbewegungen — Lagerbestand ■ ■

Werktransport — Transport-bewegungen — Transportkapazität ■ ■

Qualitätssicherung — Qualitätssicherung — Prüfplan — Prüfmittel ■ ■

Instandhaltung — Instandhaltung ← Instandhaltuns-gaufträge ■ ■

BDE / MDE

Werksbereich — Arbeitsgang-rückmeldung ■ ■

Störungen ■ ■

Anwesenheiten ■ ■

Produktionssteuerung — Datenanalyse ■

Rechnern bzw. ihren Betriebssystemen wie UNIX nicht gewährleistet. Aus diesem Grund müssen auch andere Betriebssysteme eingesetzt werden (Prozeßrechner bzw. Prozeßleitstand). Auf der Prozeßebene greifen die Steuerungssysteme direkt auf die Aktoren (z. B. Ventile, Temperaturschalter usw.) zu und nehmen Daten der Sensoren (Temperaturfühler, Geschwindigkeitsmesser usw.) auf, um den Prozeß im Sinne eines Regelkreises zu steuern. So kann von dem Feinsteuerungsleitstand ein Transportauftrag von einem Ort zu einem anderen Ort aufgrund der Rückmeldung eines abgeschlossenen Arbeitsganges ausgelöst werden. Dieser Transportauftrag wird aber von der speicherprogrammierbaren Steuerung (SPS), die als „Rechner" die Aktoren und Sensoren des Transportsystems anspricht, in Teiltransportvorgänge für Teilstrek-

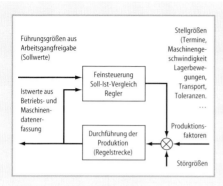

Bild 17-45 Regelkreis CAM [Zäp89: 2]

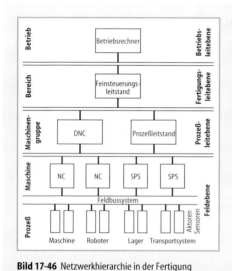

Bild 17-46 Netzwerkhierarchie in der Fertigung
[Sche95: 372]

ken zerlegt. Ein Teiltransport wird jeweils dann ausgelöst, wenn die vorhergehende Teiltransportstrecke abgeschlossen ist. Dieser Anstoß hat dabei ohne Zeitverzögerung zu erfolgen, so daß insgesamt ein flüssiger Transportvorgang zwischen dem ursprünglichen Ausgangsort und dem Zielort besteht.

Der Prozeßleitstand ist im Gegensatz zu dem Feinsteuerungsleitstand näher an die Feldebene der Prozeßausführung angeschlossen. So besitzt er über das interrupt-gesteuerte Betriebssystem eine enge Schnittstelle zu den Steuerungen. Als Cell Controller kann er eine gesamte Fertigungszelle steuern. Der Leitstand auf der Bereichsebene ist dagegen als Fortsetzung des PPS-Systems und der Koordination der unterschied-

lichen CAM-Komponenten einer nicht zeitkritischen Ebene zuzuordnen.

Der rechten Seite von Bild 17-46 sind den hier zur Beschreibung der Dispositionsebenen gewählten Begriffen andere gebräuchliche Begriffe zur Architektur der Kommunikationsbeziehungen der Fertigung auf der linken Seite gegenübergestellt. Den einzelnen Netzebenen sind typische Standardprotokolle zugeordnet. Dabei sind grob zwei Protokollgruppen zu unterscheiden: die mehr auf kaufmännische und technische Massendaten ausgerichteten Protokolle MAP, TOP und TCP/IP sowie die für zeitkritische Anwendungen geeigneten Protokolle Minimap und profibus. Auf einige Aspekte bei diesen Protokollen wird im folgenden näher eingegangen. Grundlegende und weiterführende Ausführungen zu Protokollen befinden sich z. B. in [Tan92, Kau88, Hen90, Wei91, Sup86a].

Für den Anwender sind vor allen Dingen der Netzzugang, die Dienste und die Konfigurationsmöglichkeiten eines Netzprotokolls wichtig.

Durch die direkte Anbindung von unterschiedlichen Steuerungen, die zum Teil Bestandteil von Maschinen sind und von den Lieferanten der Maschinen eingebaut werden, ergibt sich das Problem, heterogene Hardware miteinander zu verbinden.

Netzwerke richten sich dabei an Protokollstandards aus. Das speziell für Anwendungen in der Fertigung entwickelte MAP (Manufacturing Automation Protocol) ist ein wichtiger Beitrag zur Standardisierung der Datenübertragung in der Fertigung (vgl. z. B. [Sup86a: 170 ff., Sup86b, Schä86: 14 ff.].

MAP regelt nicht nur den Datenaustausch, wie das frühere Netzprotokolle primär unterstützten, sondern stellt darüber hinaus komfortable funktionale Dienste zur Verfügung. Der Zugang der über der ISO/OSI-Spezifikation (vgl. Bild 17-12) liegenden Anwendungsprogramme auf diese Dienste erfolgt über das API (Application Program Interface). Es stellt den Anwendungsprogrammen eine C-Schnittstelle zur Verfügung, damit diese interaktiv mit den MAP-Diensten kommunizieren können.

Obwohl durch MAP ein spektakulärer Schritt in Richtung einer Standardisierung zumindest auf dem Gebiet fertigungsnaher LANs erreicht wird, sind damit noch nicht alle Anforderungen an eine offene Netzarchitektur in einem Industriebetrieb erfüllt. So sind in vielen Unternehmungen bereits Teilnetze zur Verbindung von Automatisierungsinseln eingeführt, die auch mittelfristig bestehen bleiben und deshalb mit einem allgemeinen Netz verbunden werden müssen. Dieses bedeutet, daß MAP mit anderen Netzdiensten oder Netzkonzeptionen verbunden werden muß.

Damit wird MAP zu einem Rückgratnetz (Backbone-Netz) für weitere dedizierte Teilnetze. Im einzelnen werden dazu Gateways, Router, Bridges und Breitbandkomponenten eingesetzt (vgl. [Sim86]).

Gateways verbinden Netze mit unterschiedlichen Protokollstrukturen auf den höheren Ebenen.

Eine besondere Bedeutung besitzen *Router* innerhalb des Netzkonzeptes, da sie eine relativ effiziente Verbindung herstellen. Router verbinden Teilnetze mit gegebenenfalls unterschiedlichen Schichten 1 und 2, die dann über ein einheitliches Netzwerkprotokoll der Ebene 3 miteinander verbunden werden. Hierdurch ist auch eine Verbindung mit öffentlichen Netzen, z. B. Datex-P, möglich.

Über *Bridges* werden unterschiedliche Teilnetze, die eine einheitliche Adressenstruktur besitzen, miteinander verbunden. Breitbandkomponenten wie Verzweigungen, Equalizer und Verstärker ermöglichen auf der physikalischen Ebene eine Strukturierung und Erweiterung der Netze.

Zur Unterstützung nicht fertigungsnaher Anwendungen aus dem Bereich der Produktionsplanung oder der Konstruktion ist das Protokoll TOP (Technical Office Protocol) entwickelt worden. Es weist große Übereinstimmungen mit dem MAP-3.0-Protokoll auf, so daß eine Integration der fertigungsnahen und büroorientierten Anwendungen durch Einsatz von MAP/TOP möglich ist. Anstelle des MMS-Dienstes besitzt das TOP-3.0-Protokoll das zur Electronic-mail-Unterstützung entwickelte Message Handling System X.400-Protokoll.

Da der große Abstimmungsaufwand bei MAP/TOP zeitliche Verzögerungen gebracht hat und durch die nicht erfolgreiche Version 2.1 ein Rückschlag bei den Herstellern eingetreten ist, sind in der Zwischenzeit auch andere Protokolle mit großer Anwendungsdurchdringung entwickelt worden. Das Protokoll TCP/IP ist durch militärische Anwendungen gefördert worden und weist eine gegenüber MAP vereinfachte Konzeption aus.

Für Realtime-Unterstützungen ist mit dem PROFIBUS (Process Field Bus) eine in Deutschland vom BMFT geförderte Standardisierung

entwickelt worden. Wie bei Mini-map und EPA werden auch hier nur die Schichten 1, 2 und 7 des ISO/OSI-Referenzmodells (vgl. Bild 17-12) in Anspruch genommen (vgl. [Wei91: 301]).

17.4.1.5 Standardsoftware zur Produktionslogistik

Bisher gibt es keine Standardsoftware zur Produktionslogistik, in der alle Funktionen prozeßorientiert integriert sind. Die seit über 20 Jahren bekannten PPS-Systeme besitzen ihre Schwerpunkte in der Grunddatenverwaltung von Stücklisten und Arbeitsplänen sowie der Bedarfs- und Kapazitätsplanung. Für die einzelnen CAM-Funktionen werden dedizierte Systeme angeboten, die z. T. von Systemintegratoren zu Gesamtkonzepten gebündelt werden (z. B. das Konzept HP OpenCAM, vgl. [Sche93]).

Fertigungssteuerungssysteme nach dem Leitstandskonzept umfassen die Funktionen der Feinsteuerung, Fertigungskoordination, Ressourcenverwaltung und Schnittstellenkoordination zu den anderen CAM-Systemen.

Neue Konzeptionen, die dem Integrations- und Prozeßgedanken eher folgen, sind aber zu erwarten.

In den Bildern 17-47 bis 17-49 sind einige neuere aussichtsreiche Standardsoftwaresysteme für die Bereiche Produktionsplanung, Produktionssteuerung und technische CAM-Anwendungen aufgeführt.

Der hohe Entwicklungsaufwand für umfassende PPS-Systeme, hier sind Aufwandszahlen zwischen 50 und 200 Mannjahren keine Seltenheit, machen den Einsatz von Standardsoftware häufig zur einzigen Möglichkeit einer Systemrealisierung.

Die Gewichtung der ausgefüllten Funktionen von PPS-Systemen durch Standardsoftware macht bereits von der Angebotsseite her die Möglichkeit zur Implementierung integrierter Systeme deutlich. Die dreistufige Bewertung der Funktionen:

nicht vorhanden	(-)
Grundfunktionen vorhanden	(x)
Funktionen voll ausgefüllt	(xx)

vermittelt einen groben Eindruck des Leistungsumfangs, ist aber kein ausreichendes Kriterium für die Auswahl eines Systems. Hier muß ein wesentlich ausführlicherer Katalog der fachlichen und DV-technischen Anforderungen erstellt werden.

PPS-Systeme					
Funktion Name	**SAP R/3 bzw. R/2**	**TRITON**	**PSK 2000**	**PIUSS-O**
Grunddaten	XX	XX	X	XX
Auftragsbearbeitung	XX	XX	XX	XX
Debitorenbuchführung	X	X	X	–
Primärbedarfsplanung	XX	X	X	X
Bedarfsplanung	XX	X	X	X
Beschaffung	XX	XX	XX	X
Kreditorenbuchführung	X	X	X	–
Kapazitätsplanung	XX	X	X	XX
Abgleich	X	X	–	X
Freigabe	XX	X	X	XX
Feinsteuerung	X	X	X	X
BDE	X	X	X	X
Belastungsorientierte Auftragsfreigabe	XX	–	X	XX
KANBAN	–	–	–	–
JIT	XX	XX	–	XX
MRP II	XX	XX	XX	XX
Fortschrittszahlen	XX	–	–	
Leitstand	XX	X	X	XX

Bild 17-47 Leistungsumfang einer Auswahl von PPS-Systemen [Sche95: 399]

Leitstandssysteme				
Funktion Name	**FI-2/RI-2**	**DASS**	**AHP**	**Factory Power**
Grunddaten	XX	–	XX	XX
Auftragsbearbeitung	XX	X	XX	XX
Primärbeadrfsplanung	–	–	–	–
Bedarfsplanung	X	–	X	X
Beschaffung	X	–	–	–
Kapazitätsplanung	XX	XX	XX	XX
Abgleich	XX	XX	XX	XX
Freigabe	XX	XX	XX	XX
Feinsteuerung	XX	XX	X	XX
BDE	XX	XX	XX	X
Produktionsdatenanalyse	XX	X	X	XX

Bild 17-48 Leistungsumfang einer Auswahl von Leitstandssystemen [Sche95: 399]

Die Integration ganzheitlicher Logistikabläufe erfordert z. B., daß alle Funktionen auf abgestimmte Daten zugreifen können und daß die einzelnen Funktionen ineinandergreifen. Zur Unterstützung der Datenintegration werden deshalb von allen modernen Systemen Datenbanksysteme eingesetzt.

Auch das Ineinandergreifen von Funktionen in der Form, daß bei einem Net-Change-Vorgang in der Kundenauftragsbearbeitung alle nachfolgenden Auftragsbearbeitungsfunktionen bis in die Fertigungssteuerung ausgelöst werden, ist ansatzweise bereits vorhanden. So setzen bereits einige Systeme Triggerkonzepte zur Steuerung von zusammenhängenden Funktionsabläufen ein.

Detailliertere Marktuntersuchungen, die allerdings auch wegen der Entwicklungsdynamik der Systeme schnell veralten, finden sich regelmäßig in DV-Zeitschriften wie Computerwoche oder werden von Beratungsunternehmungen erstellt und veröffentlicht, vgl. [Plo89, Plo92].

Dedizierte CAM-Systeme			
System	**Hersteller**	**Systemfunktion**	**Module**
FIT	A & B Systems	Betriebsdatenerfassung	BDE MDE DNC Zeitdatenerfassung Qualitätsdatenerfassung
SysQua	eas	Qualitätssicherung	Wareneingang Fertigung Warenausgang Prüfmittelverwaltung FMEA
unc8500i	mbp datentechnik	NC-Programmierung	Laufzeitberechnung Postprozessorausgabe Betriebsmittelverwaltung (opt.) Datenübernahme aus CAD, PPS, Leitstand, Werkzeugverwaltungssystem

APROL	PLT	Prozeßvisualisierung
		und -steuerung
			Anlagenbild- und Bedien-
			  oberflächenherstellung
			Bedienung, Steuerung und
			  Überwachung von Prozessen

Bild 17-49 Funktionen dedizierter CAM-Systeme [Sche95: 400]

17.4.2 Beschaffungs- und Vertriebslogistik

Das Informationsmanagement für die Beschaffungs- und Vertriebslogistik umfaßt die planerische und dispositive Begleitung der Güterströme zwischen dem Unternehmen und seinen externen Partnern, den Lieferanten und Kunden. Der Begriff Güter betrifft die einzusetzenden Produktionsfaktoren. Er umfaßt neben materiellen Gütern auch Dienstleistungen sowie Finanzmittel. Die Einstellung von Mitarbeitern wird ebenfalls der Beschaffungslogistik zugeordnet.

Obwohl Beschaffung und Vertrieb von der Betriebswirtschaftslehre in der Regel getrennt behandelt werden, werden sie hier zusammen betrachtet. Damit wird dem Tatbestand Rechnung getragen, daß sich viele Funktionen und Abläufe in der Beschaffungs- und Vertriebslogistik zueinander spiegelbildlich verhalten und damit ähnlich sind.

Einige Beispiele sollen die durch Spiegelbildlichkeit, Datenüberschneidung, Funktionsüberlappung und -austausch gekennzeichnete Ähnlichkeit der Beschaffungs- und Vertriebslogistik verdeutlichen:

– Der Warenaustausch zwischen zwei Unternehmungen wird durch das Zusammenspiel der Beschaffungs- und Vertriebsfunktionen der beiden Partner abgewickelt. In beiden Logistiksystemen werden somit die gleichen Objekte Anfragen, Auftrag, Reklamationen, Rechnung usw. bearbeitet.

– Neue Logistikkonzepte, die mit einer engeren Kooperation zwischen Kunden und Lieferanten verbunden sind, führen zu einem Austausch von Funktionen zwischen den Partnern, indem z. B. die Wareneingangsprüfung des Kunden durch die Endprüfung beim Lieferanten ersetzt wird.

– Bei der Transportplanung wird versucht, Beschaffungs- mit Versandaktivitäten zu kombinieren, indem z. B. die Auslieferung an einen Kunden mit einer Warenanlieferung von einem dem Kunden benachbarten Lieferanten gekoppelt wird.

– Die Erstellung einer sog. Pro-forma-Rechnung bei der Anlage einer Bestellung ist die Rechnungsausschreibung aus Sicht des Lieferanten, also aus der Sicht dessen Fakturierung. Damit enthält die Beschaffung auch die Funktion Rechnungsschreibung, wie sie bei der Vertriebsabwicklung benötigt wird.

– Industrieunternehmungen kalkulieren nicht nur ihre selbstgefertigten Teile, sondern versuchen auch, die Fertigungskosten von Lieferanten zu bestimmen, um diese Information bei Vertragsverhandlungen verwenden zu können. Damit ist in beiden Systemen eine Kalkulationsfunktion vorhanden.

Die Funktionsbäume der Beschaffungs- und Vertriebslogistik sind in Bild 17-50 dargestellt. Die Funktionen sind nach ihrem Ablauf innerhalb der jeweiligen Prozesse angeordnet, so daß die spiegelbildliche Parallelität deutlich wird. Die von beiden Prozeßketten bearbeiteten Informationsobjekte sind in der Mitte angegeben. Sie stellen dabei generalisierte Objekttypen der von den beiden Prozeßketten bearbeiteten spezialisierten Informationsobjekte dar, so ist z.B. als Oberbegriff für Lieferanten und Kunden der Terminus „externe Geschäftspartner" eingesetzt.

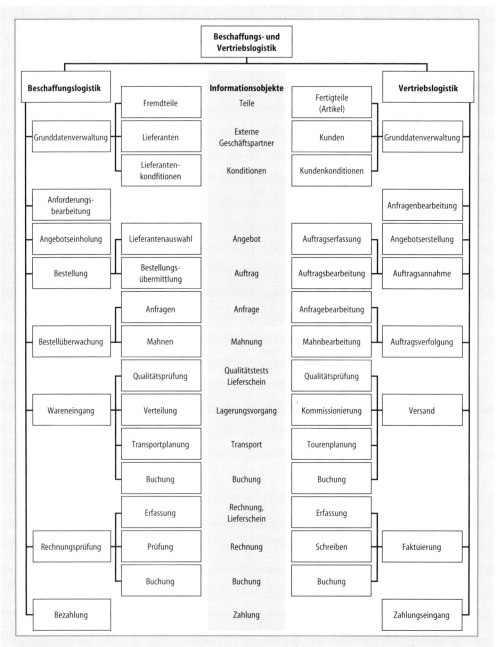

Bild 17-50 Funktionsbaum der Beschaffungs und Vertriebslogistik [Sche95: 403]

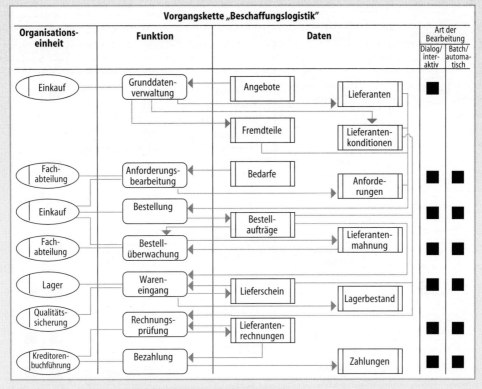

Bild 17-51 Vorgangskettendiagramm der Beschaffungslogistik [Sche95: 404]

Die Input- und Outputbeziehungen der Prozeßketten zu Datenclustern sind in den Vorgangskettendiagrammen von Bild 17-51 und 17-52 angegeben. Es zeigt sich, daß viele Funktionen sowohl interaktiv als auch automatisch durchgeführt werden. Sind z.B. für eine Bestellanforderung eines Materials die Lieferanten- und Konditionendaten detailliert vorhanden, so kann über eine programmierte Entscheidungsregel der Bestellvorgang automatisch erzeugt werden. Liegt dagegen ein Bedarf für ein Sondermaterial vor, für das erst die Konditionen erarbeitet werden müssen, so ist eine interaktive Bearbeitung erforderlich.

Die Daten können mit den externen Partnern konventionell über Briefverkehr, Telefax oder auch über den elektronischen Datenaustausch EDI ausgetauscht werden (vgl. [Her88, Sche94: 472ff.]).

Die beiden Logistikketten durchlaufen nahezu alle Organisationsbereiche eines Industriebetriebs. Bild 17-53 zeigt hierzu ein funktionales Referenzorganigramm. Wird zunächst die Materialbeschaffung betrachtet, so kann grund-

sätzlich jede Abteilung in jedem Organisationsbereich Auslöser von Bedarfen sein.

Dem Organisationsbereich Technik ist die Organisationseinheit der Normung zugeordnet, die darüber entscheidet, welche Materialien in die Grunddatenverwaltung aufgenommen werden sollen und die die dafür erforderlichen Spezifikationen festlegt.

Der Bereich Produktion bildet mit der ihm zugeordneten Organisationseinheit „Bedarfsplanung" eine wichtige Schnittstelle zur Beschaffungslogistik. Dort werden im Rahmen der Brutto-Netto-Rechnung die Nettobedarfe fremdbezogener Teile als Ausgangspunkt von Beschaffungsentscheidungen bestimmt. Während die Beschaffungslogistik quasi der Bedarfsplanung folgt, bildet die Vertriebslogistik mit der Generierung von Kundenaufträgen als einer Quelle der Primärbedarfe einen Auslöser der Bedarfsplanung.

Der Organisationseinheit „Lager" ist die Wareneingangsfunktion zugeordnet.

Der Bereich Beschaffung führt die Funktionen Disposition, Lieferantenpflege, Bestellschrei-

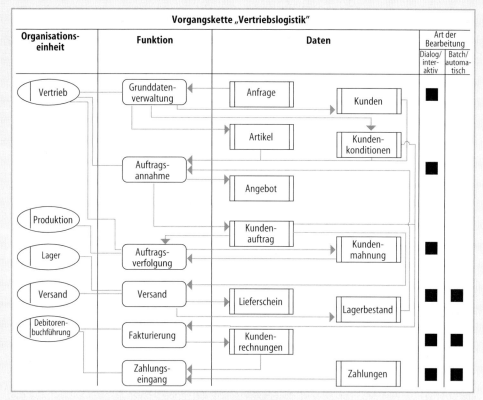

Bild 17-52 Vorgangskettendiagramm der Vertriebslogistik [Sche95: 405]

bung und Mahnwesen durch. Bei einer funktional arbeitsteiligen Gliederung könnten diese eigenständige Organisationseinheiten bilden. Bei einer funktionsintegrierten Bearbeitung werden dagegen die Funktionen zusammengefaßt und Organisationseinheiten nach dem Objektprinzip, also nach bestimmten Materialarten, gegliedert. In dem Organigramm sind beide Möglichkeiten angedeutet.

Ist das Beschaffungslager dem Beschaffungsbereich unterstellt, so ist die Wareneingangsprüfung eine Organisationseinheit innerhalb des Beschaffungsbereiches.

Der Bereich Finanz- und Rechnungswesen wird durch die Organisationseinheit Rechnungsprüfung einbezogen. Die Rechnungsprüfung ist ein wesentlicher Integrationskern der Beschaffungslogistik, da hier Daten aus dem gesamten Prozeßablauf wie Bestellung, Wareneingang und Lieferantenverwaltung zusammenfließen.

In Bild 17-53 sind auch die Sonderformen der Personalbeschaffung sowie der Investitions- und Kapitalbeschaffung eingetragen.

Die Personalbeschaffung wird innerhalb des Personalbereichs abgewickelt, die Investitionsbeschaffung einmal in dem Bereich Technik, aber auch über die Verbindung zur Finanzierung und zur Rechnungsprüfung in dem Bereich Finanz- und Rechnungswesen. Die Kapitalbeschaffung ist Aufgabe des Organisationsbereichs Finanz- und Rechnungswesen.

Die Vertriebslogistik wird schwerpunktmäßig im Bereich Marketing/Vertrieb bearbeitet. Auch hier können bei einer streng funktionalen Gliederung Organisationseinheiten für die Funktionen Angebotserstellung, Auftragsannahme und Auftragsverfolgung gebildet werden. Bei einer funktionsintegrierten Lösung werden dagegen Vertriebsgruppen nach dem Objektprinzip eingerichtet, die jeweils alle drei genannten Funktionen für eine definierte Artikelgruppe ausführen.

Der Bereich Konstruktion ist in der Vertriebslogistik eingebunden, wenn kundenauftragsorientiert Änderungen an einem Produkt vorgenommen werden sollen. Bei einer kunden-

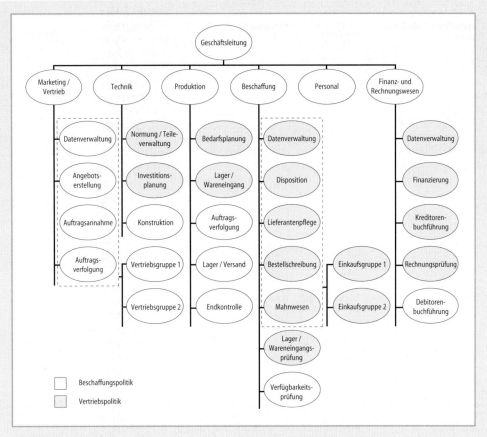

Bild 17-53 Organigramm der an der Beschaffungs- und Vertriebslogistik beteiligten Organisationseinheiten [Sche95: 406]

orientierten Produktion bestehen zur Auftragsverfolgung Verbindungen in den Produktionsbereichen.

Der Beschaffungsbereich kann zur Meldung von Verfügbarkeiten für Kundenanfragen einbezogen werden.

Die Verbindung zum Rechnungswesen wird über die Debitorenbuchführung hergestellt.

Beide Logistikketten besitzen intensive Beziehungen zum Finanz- und Rechnungswesen. Kreditoren- und Debitorenbuchführung können weitgehend auf die Daten der Logistikketten zurückgreifen, wobei Kontierungen bereits frühzeitig, z.B. innerhalb der Beschaffungslogistik mit der Bestellanforderung oder innerhalb der Vertriebslogistik mit der Auftragsannahme, durchgeführt werden. Die Buchungen werden erst später mit dem Rechnungseingang bzw. Rechnungsausgang ausgeführt. Auch Kontierungen für das innerbetriebliche Rechnungswesen, also die Angabe von Kostenart, Kostenstelle oder Kostenträger, können bereits am Anfang der jeweiligen Prozeßketten erfaßt werden.

DV-Unterstützung:
Beschaffungs- und Vertriebslogistik

Im Rahmen der Beschaffungs- und Vertriebslogistik können zur DV-Unterstützung bei der Koordination der Abläufe Leitstandskonzepte verwendet werden (vgl. [Sche95: 439, 464f.]). Diese sind in Bild 17-54 mit der Leitstandskonzeption der Fertigung zusammengefaßt und in das Dispositionsebenenmodell für Beschaffung, Vertrieb und Produktion eingeordnet. Dadurch wird einerseits die prozeßorientierte Organisationssicht und zum anderen die vernetzte Dezentralisierung als Organisationsprinzip verfolgt.

Der Vertriebsbeauftragte führt vor allen Dingen Auftragserfassungsfunktionen durch, bei denen er off line oder auch on line mit den

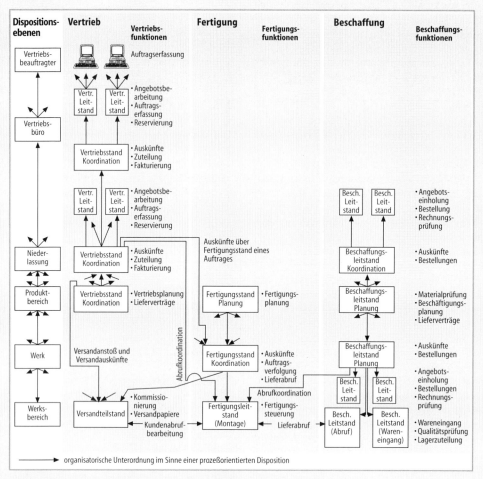

Bild 17-54 Vernetzte Leitstandorganisation von Vertrieb, Fertigung und Beschaffung [Sche95: 470]

Vertriebsleitständen eines Vertriebsbüros verknüpft sein kann. Der Vertriebsleitstand in einem Vertriebsbüro dient zur operativen Abwicklung der Auftragserfassung sowie der Reservierung von Lagerbeständen, die auf der Ebene des Vertriebsbüros oder auch darüberliegender Organisationseinheiten geführt werden. Neben Auftragserfassung wird auf der Vertriebsbüroebene auch die Angebotsbearbeitung durchgeführt.

Der Koordinationsleitstand des Vertriebs ist über mehrere einzelne Vertriebsleitstände hinweg auskunftsfähig und kann bei konkurrierenden Reservierungsansprüchen Zuteilungsprobleme lösen.

Auf der Ebene der Niederlassung werden ebenfalls die operativen Funktionen Angebotsbearbeitung, Auftragserfassung und Reservierung durchgeführt. Der Koordinationsleitstand auf der Ebene der Niederlassungen koordiniert nicht nur die operativen Vertriebsleitstände der Niederlassung, sondern auch die Koordinationsleitstände der Vertriebsbüros. Dadurch können vertriebsbüroübergreifende Konflikte bei Reservierungen behandelt werden. Der Koordinationsleitstand der Niederlassung ist auch gleichzeitig die Verbindung zu den Versandaktionen, die von den Produktionswerken ausgeführt werden. Damit ist der Leitstand sowohl auskunftsfähig zu den untergliederten Vertriebsorganisationseinheiten als auch über die Verbindung zum Versandleitstand der Werke bzw., wenn die Versandaktivitäten in das Konzept der Fertigungsleitstände des Werkes integriert sind, zu dem dafür zuständigen Fertigungsleitstand.

Da Werke für mehrere Produktbereiche zuständig sein können, ist es möglich, Versandleitstände mit mehreren Vertriebsniederlassungen, die auch für unterschiedliche Produktbereiche zuständig sind, zu verbinden. Das gleiche gilt auch für den Koordinationsleitstand der Fertigung, auf den verschiedene Niederlassungen zugreifen können.

Den Leitständen der Niederlassung sind Planungsleitstände für die Vertriebsplanung sowie die Gestaltung der langfristigen Lieferverträge mit Kunden auf der Ebene der Produktbereiche übergeordnet. Wegen der wechselseitigen Beziehungen zwischen Niederlassung und Produktbereich kann ein Vertriebsplanungsleitstand auf mehrere Niederlassungskoordinationsleitstände zugreifen, ebenso aber ein Niederlassungskoordinationsleitstand von mehreren Planungsleitständen betreut werden.

Die operativen Beschaffungsfunktionen werden auf der Ebene der Werke angesiedelt. Hier werden für einzelne Materialsegmente Beschaffungsleitstände zur Angebotseinholung, Bestellungsausführung und der Rechnungsprüfung eingerichtet. Sie werden über Koordinationsleitstände zur übergreifenden Auskunftserteilung sowie bei der Zusammenstellung von optimalen Bestellmengen aus verschiedenen Bestellsegmenten für gleiche Lieferanten eingerichtet. Dem Koordinationsleitstand der Beschaffung ist auch ein spezieller Abrufleitstand untergeordnet sowie spezielle Leitstände für den Wareneingang. Diese Leitstände werden auf der Ebene der Werksbereiche angesiedelt, da sie in der Regel örtlich getrennt von der administrativen Bestellabwicklung eingerichtet und den Werksbereichen zugeordnet sind. Werden Bestellabrufe direkt aus den Montageleitständen der Fertigung ausgeführt, so ist der Abruf-Beschaffungsleitstand in den Fertigungsleitstand der Montage integriert. In Bild 17-54 sind beide Möglichkeiten enthalten.

Für die langfristigen Funktionen der Materialplanung, der Beschaffungsplanung und der Aushandlung von Lieferverträgen ist auf der Ebene der Produktbereiche ein Planungsleitstand für die Beschaffung vorgesehen.

Werden sowohl die Direktabrufe an Lieferanten aufgrund der Montagesteuerung durchgeführt und richten sich die Direktabrufe der Kunden ebenfalls direkt an die Montagesteuerung, so treffen sich JIT-Ketten der Beschaffungs- und Vertriebslogistik in dem Leitstand der Montagesteuerung.

Die unternehmensinterne Netztopologie der in Bild 17-54 entwickelten vernetzten Leitstandsorganisation aus Beschaffung, Vertrieb und Fertigung ist analog den Konzepten der Fertigung sowie der Bedarfs- und Kapazitätsplanung zu entwickeln.

Die sich aus einem überbetrieblichen Datenaustausch ergebenden Kommunikationsbeziehungen können durch direkte Netzverbindungen oder durch vermittelnde Informationsmärkte realisiert werden. Im ersten Fall, der Punkt-zu-Punkt-Verbindung, muß für jede Datenübertragung die Verbindung aufgebaut und gesteuert werden. Dieses ist für Kunden und Lieferanten mit erheblichem Aufwand verbunden, da sie jeweils mit mehreren Partnern kommunizieren. Aus diesem Grund können neutrale oder unternehmensbezogene Clearingstellen einbezogen werden, die Nachrichten sammeln, in andere Formate transformieren und an die Empfänger zeitlich entkoppelt versenden. Damit können Absender Nachrichten an mehrere Empfänger und Empfänger Nachrichten von mehreren Absendern in einem Verbindungsaufbau abwickeln (vgl. [Hub92, Hub89, Act93]).

So hat z.B. Mercedes-Benz seine werksbezogenen zwölf EDI-Knoten durch vier firmenbezogene Clearingknoten abgelöst. Neutrale Clearingdienste werden von Value-Added-Netzwerkanbietern (IBM-Netz, AT&T, General Electric Information Service) angeboten.

Bei einer direkten Verbindung der Anwendungssysteme von Kunden und Lieferanten im Sinne eines Direct Data Link ist wiederum ein „Rückschritt" zur ersten Form notwendig, es sei denn, gemeinsam interessierende Daten werden von den Clearingstellen aktuell verwaltet und im Zugriff gehalten.

Die Datenübertragung zwischen den Partnern kann über Postdienste oder Value-Added Network Services (VANS) abgewickelt werden. Die Daten können dann von einem speziellen Kommunikationsrechner empfangen, transformiert und an verschiedene Verarbeitungsrechner des Empfängers weitergeleitet werden. Ein Beispiel einer solchen Realisierung zeigt Bild 17-55. Dabei kann als Kommunikationsrechner eine UNIX-Workstation eingesetzt werden, die über ein LAN mit den angeschlossenen Verarbeitungsrechnern kommuniziert. Als Übertragungsnetz stehen das Fernsprechwählnetz Datex-L, Datex-P, ISDN und VANS zur Verfügung. Die Wahl zwischen den Netzdiensten mit unterschiedlichen Übertragungsraten (z.B. DATEX-P

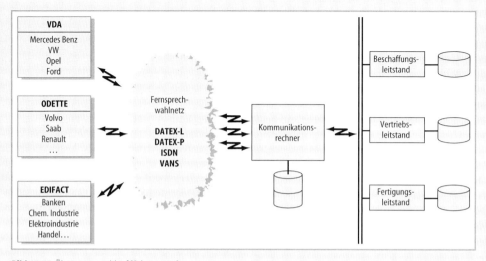

Bild 17-55 Übertragungsablauf [Sche95: 476]

mit 9600 bit/s und ISDN mit 64000 bit/s) richtet sich nach dem zu übertragenden Datenvolumen und der tolerierten Übertragungszeit.

In Bild 17-55 sind auf der linken Seite für die Standardformate typische Benutzergruppen angegeben (vgl. [Act92]). Bestehen auf beiden Seiten derartige Kommunikationsbeziehungen, so kann über sie auch eine direkte Anwendungskopplung der Partner durchgeführt werden.

Literatur zu Abschnitt 17.4

[Act92] ACTIS GmbH (Hrsg.): DFÜ-Box – Das leistungsstarke EDI-System für alle Branchen. Berlin: 1992

[Act93] ACTIS GmbH (Hrsg.): DFÜ-Box Version 2.0. Leistungsbeschreibung. Berlin: 1993

[Hen90] Henn, n.: Schnittstellen für die Automatisierungstechnik. In: Krallmann, H. (Hrsg.): CIM – Expertenwissen für die Praxis. München: 1990, 303–318

[Hou92] Houy, Chr.; Scheer, A.-W.; Zimmermann, V.: Anwendungsbereiche von Client/Server-Modellen. IM Information Management 7 (1992), 3, 14–23

[Hub89] Hubmann, E.: Elektronisierung von Beschaffungsmärkten und Beschaffungshierarchien. München: 1989

[Hub92] Hubmann, E.: Einsatz neuer Informations- und Kommunikationstechniken in der Beschaffung. HMD Theorie und Praxis der Wirtschaftsinformatik 29 (1992) 168, 111–121

[Kau86] Kauffels, F.-J.: Klassifizierung der lokalen Netze. In: Neumeier, H. (Hrsg): State of the Art: Lokale Netze. München: n 1986, 5–13

[Pla93] Plattner, H.: Client/Server-Architekturen. In: Scheer, A.-W. (Hrsg.): Hb. Informationsmanagement. Wiesbaden: Gabler 1993, 923–937

[Plo89] Ploenzke Informatik (Hrsg): PPS Studie. 3. Aufl. Wiesbaden: 1989

[Plo92] Ploenzke Informatik (Hrsg): Fertigungsleitstand-Report. 2. Aufl. Kiedrich: 1992

[Sche76] Scheer, A.-W.: Produktionsplanung auf der Grundlage einer Datenbank des Fertigungsbereichs. München: 1976

[Sche90] Scheer, A.-W.: EDV-orientierte Betriebswirtschaftslehre. 4. Aufl. Berlin: Springer 1990

[Sche93] Scheer, A.-W.; Hoffmann, W.; Wein, R. P.: HP OpenCAM – Offene Strukturen mit der ARIS-Architektur. CIM-Management 9 (1993), 2, 52–55

[Sche95] Scheer, A.-W.: Wirtschaftsinformatik: Referenzmodelle für industrielle Geschäftsprozesse. 6. Aufl. Berlin: Springer 1995

[Schä86] Schäfer, H.: Technische Grundlagen der lokalen Netze. In: Neumeier, H. (Hrsg.): State of the Art: Lokale Netze. (1986), 2, 14–23

[Sim86] Simon, T.: Kommunikation in der automatisierten Fertigung. Computer Magazin 15 (1986), 6, 38–42

[Sup86a] Suppan-Borowka, J.: MAP unter der Lupe. Techn. Rdsch. 78 (1986) 170–175

[Sup86b] Suppan-Borowka, J.; Simon, T.: MAP Datenkommunikation in der automatisierten Fertigung. Pulheim: 1986

[Tan92] Tanenbaum, A.S.: Computernetzwerke. 2. Aufl. Altenkirchen: Wolfram 1992

[Wei91] Wein, R.: Integration technischer Subsysteme in die Fertigungssteuerung. In: Scheer, A.-W. (Hrsg.): Fertigungssteuerung. München: 1991, 293–309

[War92] Warnecke, H.-J.; Huser, M.: Die Fraktale Fabrik. Berlin: Springer 1992

[Zäp89] Zäpfel, G.: Taktisches Produktions-Management. Berlin: 1989

Kapitel 18

Koordinator

Prof. Dr. Jürgen Weber

Autoren

Prof. Dr. Jürgen Weber (18.1)
Prof. Dr. Hans-Peter Wiendahl (18.2)
Prof. Dr. Péter Horváth (18.3)

Mitautoren

Dipl.-Ing. Holger Fastabend (18.2)
Dipl.-Kfm. Kai Scholl (18.3)

18 Logistik- und Produktionscontrolling

Logistik- und Produktionscontrolling

18.1 Logistik- und Produktionscontrolling

18.1.1 Grundlagen

18.1.1.1 Logistik

Die Ursprünge der Logistik als betriebswirtschaftliche Funktion liegen in den 50er Jahren in den USA. In Deutschland hatte 20 Jahre später die Automobilindustrie die Vorreiterrolle. Ursprünglich dominierte – mit starkem ingenieurwissenschaftlich-technischen Schwerpunkt – die Sicht der Logistik als integrierte Transport-, Lager- und Umschlagswirtschaft. Kristallisationskerne der Logistik in der Unternehmenspraxis waren dann auch mit physischen Materialflußaufgaben betraute Bereiche. So verstanden bedeutet Logistik eine weitere Funktionenlehre, die in diesem Kontext häufig als „Querschnittsfunktion" bezeichnet wird. Hiermit soll ausgedrückt werden, daß Materialflußleistungen in allen Abschnitten der Wertschöpfungskette, also alle traditionellen Funktionsbereiche durchziehend, erbracht werden.

Die anfängliche Sichtweise erfuhr in der Folge Konkurrenz durch die Interpretation der Logistik als materialflußbezogene Koordinationsfunktion, die sich als Reaktion auf eine (zu) weitgehende funktionale Spezialisierung längs der Wertschöpfungskette etablierte. Isolierte Optimierungen innerhalb der Beschaffungs-, Produktions- und Absatzwirtschaft schaffen Schnittstellenprobleme. Sie zugunsten einer ganzheitlichen Sicht des Material- und Warenflusses zu überwinden, reduziert Spezialisierungsnachteile bzw. schafft Koordinationsnutzen. Um eine derartige Koordinationsaufgabe erfüllen zu kön-

nen, wurden der Logistik in den Unternehmen bereichsübergreifende Steuerungsaufgaben des Material- und Warenflusses übertragen. Im weitestgehenden Fall bedeutet dies die aufgaben- und kompetenzmäßige Subsumtion der Bestelldisposition, Produktionsplanung und -steuerung und Vertriebsdisposition unter die Logistik. Die Herauslösung dieser Funktionen aus den drei traditionellen Unternehmensfunktionen führt zu einem machtvollen, allerdings auch komplexen Logistikbereich. Sie erweitert die Logistik im Vergleich zur ersten Konzeptvariante nicht auf der Ebene der Ausführungshandlungen, sondern im Bereich der Führungshandlungen (z.B. Produktionsplanung- und -steuerung als Bestandteil des Planungssystems) und auf der Ebene der Führungssystemgestaltung (Abstimmung der Produktions- mit der Absatzplanung).

Eine dritte Sichtweise fokussiert den Ansatz der Logistik allein und ausschließlich auf die Durchsetzung einer Flußorientierung des Unternehmens: „Das Ziel der Logistik besteht darin, das Leistungssystem des Unternehmens flußorientiert auszugestalten" [We94b: 21]. Von ihrer strategischen Bedeutung her steht sie als strategische Fähigkeit auf derselben Stufe wie z.B. Kundenorientierung. Logistik in diesem Sinne verstanden gestaltet die Führungsteilsysteme so, daß diese im Ausführungssystem durchgängige, turbulenzarme Leistungsströme ermöglichen.

18.1.1.2 Produktion

Anders als für Logistik bestehen für die Produktion kaum Abgrenzungsprobleme bzw. Auffassungsunterschiede. Produktion bezeichnet den Tatbestand der Stoffveränderung, des Einsatzes von Produktionsfaktoren zur Erzeugung der Absatzleistungen eines Unternehmens. Dieser, zumeist aus vielen Stufen bestehende Transformationsprozeß wurde in der Vergangenheit stets als eigenständiger Organisationsbereich gestaltet. Der zu lösenden Problemstellung entsprechend dominieren in der Führung des Bereichs häufig ingenieurmäßige bzw. technische Fragestellungen. Die Betriebswirtschaftslehre hat sich insbesondere mit Fragen der Produktionsplanung und -steuerung und der Anlagenwirtschaft [Mä89: 42–51] auseinandergesetzt. Eine deutlich gestiegene Aufmerksamkeit hat die Produktion im Zusammenhang mit neuen Führungskonzepten erfahren, wie sie unter den Schlagworten „Toyota Production System", Lean Production, Prozeßorganisation oder Fertigungssegmentierung diskutiert werden.

18.1.1.3 Controlling

Die Wurzeln des Controlling liegen in amerikanischen Unternehmen Anfang dieses Jahrhunderts in Stellen, die sich mit dem Aufbau der operativen Planung zu befassen hatten. Controller – wie diese Stellen genannt wurden – bauten nach dem Planungssystem eine entsprechende Plankontrolle auf und waren auch dafür verantwortlich, daß die zur Planung und Kontrolle notwendigen Informationen zur Verfügung standen. Nach dieser konzeptionellen Aufbauarbeit verlagerte sich der Aufgabenschwerpunkt. Controller übernahmen bestimmte Funktionen innerhalb der Planung. Sie stellten – prozessual und durch Einwirkung auf die Planer – sicher, daß die Planung im engeren Sinne des Wortes vernünftig funktionierte. Daneben überließ man ihnen die gesamte Aufgabe der Plankontrolle und auch der Betrieb der Informationssysteme wurde in der Folgezeit durchweg von Controllern wahrgenommen. In dieser Aufgabenausprägung kam der Controllerberuf ab den siebziger Jahren in die Bundesrepublik Deutschland. Es sei angemerkt, daß sich ein deutscher und ein amerikanischer Controller heute allerdings in ihren Aufgabenschwerpunkten durchaus unterscheiden, der amerikanische Controller deutlich stärker rechnungswesenbezogene, der deutsche Controller deutlich mehr koordinationsbezogene Aufgaben wahrnimmt.

Während der Aufgabenbereich von Controllern – als Controllership bezeichnet – als weitgehend präzise umrissen angesehen werden kann, besteht bezüglich des Controlling in der Praxis häufig eine nicht unbeträchtliche Unsicherheit. Controlling als Funktion wird häufig mit „Führen durch Pläne" gleichgesetzt. Im Kontext der Controller-Entwicklung sollte man aber mit Controlling besser eine spezielle Teilfunktion innerhalb einer so gearteten Führung bezeichnen, die Aufgabe nämlich zu gewährleisten, daß die Führung des Unternehmens über systematische Planungen effektiv und effizient abläuft. Controlling kommt hierbei eine gewisse systemgestaltende und systemüberwachende Funktion zu. Hiermit wird Planung und Controlling ausreichend voneinander abgegrenzt.

Die betriebswirtschaftliche Theorie hatte lange erhebliche Schwierigkeiten damit, die Eigenständigkeit, das Spezifische des Controlling zu erkennen. Mit Fragen der Planungsgestaltung und Planungseffizienz befaßt sich die betriebswirtschaftliche Planungstheorie schon seit langem. Ein eigenständiger Aufgabenbereich wird (erst) dann sichtbar, wenn man den Blick ausweitet auf andere Führungsbereiche, die mit der Planung in engem Zusammenhang stehen. In dieser Denkrichtung wird Controlling heute als Koordinationsfunktion innerhalb der Unternehmensführung betrachtet [Ho78: 194–208, Kü87: 82–116, We95: 32–50]. Controlling als Funktion hat in der Theorie die Aufgabe, Personalführung (als Einwirkung auf das Verhalten von Menschen), die Organisation, die Kontrolle und die Informationsversorgung so aufeinander abzustimmen, daß die Führung über Pläne effizient und effektiv funktioniert. Damit liegt in der theoretischen Auffassung exakt derselbe Fokus zugrunde, der zur Entstehung der Controller-Aufgaben in den USA geführt hat. Er wird nur ausgeweitet, breiter gesehen.

18.1.2 Aufgaben und Methoden des Logistik- und Produktionscontrolling

Controlling hat – wie gezeigt – die Aufgabe, Führung durch Pläne effizient und effektiv zu gestalten. Planung setzt Planbarkeit voraus. Planbarkeit verlangt eine genaue Kenntnis des zu Planenden. Somit setzt Controlling stets bei den planungsrelevanten Merkmalen des Ausführungs- bzw. Leistungssystems des zu gestaltenden Unternehmensausschnitts an.

18.1.2.1 Leistungswirtschaftliche Analyse des Produktions- und Logistikbereichs

Bezogen auf das hier betrachtete Objekt geht es dem Controlling somit im ersten Schritt um zwei unterschiedliche Erfassungsaufgaben: Auf der einen Seite muß das gesamte Material- und Warenflußsystem, von den Lieferanten bis zu den Kunden, systematisch abgebildet werden. Neben dieser – bildlich gesprochen horizontalen – Analysesicht gilt es auf der anderen Seite, quasi vertikal eine Abbildung für den Produktionsvorgänge betreffenden Teil der Wertschöpfungskette zu erreichen. Analyseergebnis sind jeweils die Elemente, Merkmale und Beziehungen, denen Planungsrelevanz zukommt. Diese stimmen in ihrer Grundstruktur überein, besitzen aber unterschiedliche Ausprägung und Bedeutung:

- Planungsrelevant sind in beiden Analysebereichen strukturell wie bedeutungsmäßig übereinstimmend die Ressourcenverzehre, bewertet in Zahlungs- und Erfolgsgrößen (Ausgaben, Kosten). Hier greifen gewohnte betriebswirtschaftliche Bewertungsmethoden (z. B. Kostenzurechnungsverfahren).
- Planungsrelevant sind weiter die jeweiligen Ergebnisse der Leistungserstellungsprozesse. Im Logistikbereich handelt es sich im engsten Sinn um Materialflußleistungen, wie z. B. beförderte Güter (tkm) oder gestapelte Paletten. Logistik als Flußorientierung verstanden, mißt die Leistung der Prozesse in Größen wie Durchlauf- und Wartezeiten oder Fehlmengen. Aufgrund des Dienstleistungscharakters der Leistungen in beiden Fällen fällt eine Messung – wie noch gezeigt wird – grundsätzlich schwer. Leistungen im Produktionsbereich sind die erstellten Stückzahlen bzw. mengenmäßig unproblematisch zu messende Produktionsmengen; daneben kommt aber auch der Einhaltung von Qualitätsstandards (gemessen etwa in Ausschußanteilen) oder von Zeitvorgaben (etwa ausgedrückt als Anteil verspätet fertiggestellter Aufträge) große Bedeutung zu. Hierbei kann das Controlling auf Methoden des Dienstleistungsmanagements zurückgreifen.
- Planungsrelevant sind auch die einzelnen Leistungserstellungsprozesse selbst. Dabei wird es stets das Ziel sein, funktionale Zusammenhänge zwischen Input und Output im Sinne von Leistungserstellungsfunktionen zu generieren. In diesem Feld tut sich das Produktionscontrolling derzeit deutlich leichter als das Logistikcontrolling, da sowohl die Ingenieurwissenschaften als auch die Betriebswirtschaftslehre seit langem um die Formulierung von Produktionsfunktionen bemüht sind. Leistungserstellungsfunktionen für „klassische" Logistikprozesse, also Transporte, Lagerung und Handlingsvorgänge, stecken dagegen noch in den Kinderschuhen. Für die flußorientierte Sicht der Logistik fehlt ein solcher funktionaler Zusammenhang völlig. Diesbezügliche Ausführungen in den Lehrbüchern (z. B. Zusammenhang zwischen Ressourceneinsatz und Servicegrad) entbehren in der Praxis zumeist jeder Grundlage. Entsprechende Methoden (z. B. dynamische Netzplantechniken oder Warteschlangenmodelle) müssen vor der Komplexität des Problems in der Regel kapitulieren.

- Die soeben zur Logistik getroffenen Ausführungen haben bereits zum letzten planungsrelevanten Zusammenhang übergeleitet, den das Controlling analysieren muß: dem Systemverhalten einer Vielzahl ineinander verflochtener Leistungserstellungsprozesse. Dieses Problemfeld ist in der Betriebswirtschaftslehre früher unter dem Terminus „Ablaufplanung" (Losgrößen-, Bearbeitungsreihenfolgen- und Terminplanung) thematisiert, allerdings kaum einer befriedigenden Lösung zugeführt worden. Aktuelle Ansätze stammen entweder aus den Ingenieurwissenschaften (z. B. die bereits dargestellte belastungsorientierte Auftragsfreigabe) oder der Unternehmenspraxis (insbesondere Toyota Production System bzw. Lean Management). Für die flußorientiert verstandene Logistik handelt es sich bei einer derartigen Systemanalyse um den Schwerpunkt der zu bewältigenden Führungsaufgabe. Allerdings sind bislang nur sehr partiell Ansätze zur Lösung entwickelt worden.

18.1.2.2 Einbindung des Produktions- und Logistikbereichs in die Unternehmensplanung

Die Einbindung des Produktions- und Logistikbereichs beginnt mit der Verankerung in der strategischen Planung. Sowohl Produktion als auch Logistik lassen sich als strategische Fähigkeiten ansehen, für die Funktionalstrategien zu formulieren sind. Diese Funktionalstrategien sind – neben weiteren – den Geschäftsfeldstrategien des Unternehmens gegenüberzustellen, in denen markt- und/oder kundenbezogene Erfolgspotentiale beschrieben und angegangen werden. Logistik- und Produktionsstrategien können dabei zum einen von Geschäftsfeldstrategien dominiert werden. Dies ist etwa dann der Fall, wenn das Halten eines immer stärker umkämpften Markts nur durch sehr hohen Lieferservice möglich ist. Zum anderen können sie aber auch einen aktiven Einfluß auf Geschäftsfeldstrategien ausüben. Ist eine Produktionsstrategie – hier im Sinne einer Technologiestrategie – etwa darauf gerichtet, einen Werkstoff für neue Anwendungsfelder zugänglich zu machen, so schafft sich das Unternehmen damit neue Möglichkeiten auf Märkten, die über Geschäftsfeldstrategien konkretisiert und umgesetzt werden müssen.

Strategien finden ihren Niederschlag in strategischen Programmen. Diese listen die der Strategiefindung zugrundegelegten Prämissen ebenso auf, wie sie konkrete sachinhaltliche und terminliche Meilensteine zur Strategierealisierung enthalten. Strategische Programme liefern damit „Übergabepunkte" für die taktische und die operative Planung. In der taktischen Planung geht es im wesentlichen darum, durch strukturverändernde Maßnahmen Strategierealisierungen zu unterstützen. Das zentrale Teilgebiet der taktischen Planung ist in den Unternehmen die Investitionsplanung. Als operative Planung ist schließlich die laufende Jahresplanung anzusprechen, die das Unternehmensergebnis ebenso beinhaltet wie die vorgelagerten Sachzielplanungen. Das Controlling hat – wie auch in den anderen Planungsbereichen – sicherzustellen, daß der Produktions- und der Logistikbereich adäquat in die operative Planung eingebunden sind. Während dies für die Produktion in den meisten Unternehmen der Fall ist – etwa über eine systematische, an Kostenstellen ansetzende Kosten- und Leistungsplanung realisiert, muß für die Logistik hier zumeist noch erhebliche Arbeit geleistet werden. Keine spezifischen Anstrengungen sind schließlich hinsichtlich spezifischer Planungsmethoden für die Produktion und die Logistik zu erbringen: Beide Bereiche lassen sich mit den in der Planung generell verwendeten Instrumenten „beplanen".

18.1.2.3 Einbindung des Produktions- und Logistikbereichs in andere Teilbereiche der Führung

Planung ist nicht der einzige Handlungstypus, mit dem Ausführungsprozesse geführt werden. Eng mit Planung verbunden sind zunächst Kon-

trollen als weitere Art von Führungshandlung zu nennen. Kontrollen stellen den geplanten Werten (z. B. den Sollkosten einer Produktionsstelle) die tatsächlich angefallenen Werte gegenüber und machen Aussagen über die Gründe möglicher Abweichungen. Kontrolle ist – obwohl zumeist sehr negativ assoziiert – ein Lernprozeß, auf den nicht verzichtet werden kann: Planung ohne Kontrolle macht keinen Sinn. Das Controlling hat für den Produktions- und Logistikbereich die systematische Verknüpfung zwischen Planung und Kontrolle in Form eines geschlossenen Regelkreises herzustellen. Dies beinhaltet auch Fragen der Kontrollträgerschaft. Üblicherweise wurde die Plankontrolle in der Vergangenheit den Controllern übertragen; neue Produktionsformen („Lean Production") bauen dagegen wesentlich auf Eigenkontrollen. Spezielle Kontrolltechniken für die betrachteten Bereiche sind nicht erforderlich.

Eine weitere Verbindung der Planung besteht zur Organisation. Das Controlling hat hier u. a. sicherzustellen, daß die Planungsstruktur eine Entsprechung in der Organisationsstruktur findet, Planungs- und Durchführungsverantwortlichkeiten im wesentlichen zusammenfallen. Während diese Kongruenz für den Produktionsbereich in der Regel leicht realisierbar ist, tritt für die flußorientiert verstandene Logistik an dieser Stelle ein besonderes Problem auf: nur in wenigen Unternehmen wurde konsequent der Weg gegangen, die traditionelle Organisationsgliederung durch eine flußbezogene Form zu ersetzen. Konzepte der Prozeßorganisation (z. B. [Gai83]) sind als Varianten der Ablauforganisation zu verstehen; Prozeßkettenverantwortlichkeiten („process ownership") durchziehen bzw. überlappen traditionelle hierarchische Strukturen, ohne sie in ihrem Kern zu verändern. Formen „echter" Prozeßorganisation lassen sich als eine logistikspezifische Methodik ansehen, für die in der Unternehmenspraxis noch wenig Erfahrung vorliegt.

Die Planung ist weiterhin eng mit der Informationsversorgung zu verknüpfen. Dieser Zusammenhang wurde schon in 18.1.2.1 deutlich. Fallweise und / oder permanent zu erfassen sind Kosten und Leistungen (Mengen, Zeiten, Qualitäten) der Produktion und Logistik. Diese Informationen bilden eine Erfahrungsbasis, auf der valide Planungen aufsetzen können. Zugleich erfassen sie diejenigen Ist-Werte, die Plan-Werten zwecks Kontrolle gegenübergestellt werden. Aufgabe des Controlling ist es sicherzustellen, daß die Informationsbedarfe effizient abgedeckt werden. Im Logistikbereich bedeutet dies in den meisten Unternehmen, die Informationsversorgung der Führungverantwortlichen deutlich auszuweiten; diese Erweiterung betrifft Kosten und Leistungen gleichermaßen. Für die Produktion besteht aktuell ein erheblicher Bedarf hinsichtlich von Leistungsdaten. Kosteninformationen liegen eher in zu detaillierter Form vor, so daß Entfeinerungsansätze Platz greifen [We92: 173–199].

Schließlich gilt es für das Controlling, eine Verbindung zum Personalführungssystem herzustellen. Das Personalführungssystem befaßt sich mit allen Instrumenten, Prozessen und Beziehungen, die auf die Motivation von Mitarbeitern gerichtet sind und zu deren Förderung spezielle Anreize ausüben. Fragen der anreizverträglichen Entgeltgestaltung werden hier ebenso thematisiert wie Personalentwicklungs- und Arbeitsplatzgestaltungsfragen. Vom Controlling abzustimmende Bezüge zwischen der Planung und Motivationsaspekten bestehen in großer Zahl. Nur zwei seien beispielhaft genannt (vgl. vertiefend [We95: 277–285]):

- Von der Abbildung von Materialflußleistungen als bislang in vielen Unternehmen nicht erfaßten Dienstleistungen gehen unmittelbare Anreizwirkungen aus, da damit die Leistung von Mitarbeitern und deren Anerkennung als zwei zentrale Motivatoren angesprochen werden können.
- Die starke Stellung der periodischen Kostenplanung für Produktionsstellen bei gleichzeitiger hoher Bedeutung von Zeit- und Qualitätsaspekten für den Erfolg der Produktion erweckt in vielen Unternehmen bei den Kostenstellenleitern den Eindruck der Ungerechtigkeit und damit mangelnde Akzeptanz und Funktionsfähigkeit dieses Planungsinstruments.

18.1.3 Strategisches Controlling

Im folgenden sei das Gesamtfeld der Controllingaufgabe in zweifacher Hinsicht strukturiert. Zum einen wird den unterschiedlichen Ebenen der Planung entsprechend in ein strategisches, taktisches und operatives Controlling unterschieden. Zum anderen wird eine strikte Trennung in Produktions- und in Logistikcontrolling vorgenommen, um den unterschiedlichen Bedingungen beider Bereiche genügend gerecht werden zu können.

18.1.3.1 Aufgaben des strategischen Controlling

Die in 18.1.2 angesprochenen Aufgaben gelten für das Controlling prinzipiell unabhängig von der betrachteten Planungsebene. Allerdings gilt es, jeweils Spezifika zu beachten. Im Bereich der strategischen Planung liegen die Aufgabenschwerpunkte des Controlling in der richtigen Instrumentierung des Planungsvorgehens, in der Herstellung eines in sich geschlossenen Planungskreislaufs (von der Formulierung einer Unternehmensmission bis zur Ableitung strategischer Budgets – vgl. im Überblick [Za89: 1909 f.]), in der Koordination der Einzelstrategien und in der Institutionalisierung der strategischen Kontrolle (vgl. zum Konzept [Schr85: 391–410]).

18.1.3.2 Strategisches Logistikcontrolling

Die Logistik strategisch adäquat zu verankern, betrifft insbesondere ihre Interpretation als Funktion zur Umsetzung des Flußprinzips im Unternehmen. Einer engen Logistiksicht – als erweiterte Materialflußtechnik – kommt kaum strategische Relevanz zu. Neben einer grundsätzlichen Abschätzung der strategischen Bedeutung der Logistik für das Unternehmen (vgl. hierzu [We90: 775–787]) beinhaltet die strategische Verankerung die Einigung auf strategische Ziele und die Formulierung von strategischen Programmen zur Umsetzung der Ziele.

Das Controlling hat sicherzustellen, daß beide Schritte adäquat erfolgen. Adäquat meint dabei u.a., daß beide Aufgaben unter Einbindung aller internen und ggf. erforderlichen externen (z.B. Berater) Know-how-Träger erfüllt werden und daß ein mehrstufiges, revolvierendes, den Erkenntnisfortschrittsprozeß berücksichtigendes Lösungsfindungsvorgehen gewählt wird.

Zielformulierung

Der erste Schritt der Umsetzung des Flußprinzips in den Teilstrategien ist die Formulierung von Zielen für die einzelnen Teilstrategien. (Nur) Durch die explizite Zielformulierung kann ein abgestimmtes Verhalten erreicht werden. Bild 18-1 zeigt Beispiele für eine – nach den Strategieebenen gegliederte – strategische Zielformulierung. Die strategischen Ziele dienen als Meßlatte und Bezugspunkt strategischen Handelns.

Ausgehend von strategischen Analysen müssen für die einzelnen hierarchischen Ebenen

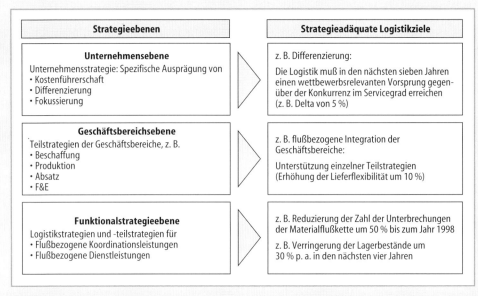

Bild 18-1 Überblick über mögliche strategische Logistikziele (modifiziert entnommen aus [We94: 140])

Strategien gefunden werden, die die jeweiligen Ziele unterstützen. Hierzu können die aus der Literatur zur strategischen Planung bekannten Instrumente eingesetzt werden. Nur einige wenige Ausführungen sollen das Vorgehen verdeutlichen.

Basisstrategien und ihre Bedeutung für die Logistik

Verfolgt ein Unternehmen die Strategie der Kostenführerschaft [Po80: 12 ff.], ergibt sich für die Logistik konsequenterweise eine sehr starke Konzentration auf Kostenreduzierung. Als Strategie könnte ein Unternehmen versuchen, den Servicegrad der Logistik auf einem akzeptablen Mindestniveau zu halten. Ziel wäre dann die Minimierung der Gesamtkosten. Das logistische Gesamtkostendenken soll sicherstellen, daß alle durch die Logistikentscheidungen beeinflußten Kosten betrachtet werden [Sha85: 46 ff.].

Derartige Unternehmensgesamtstrategien werden durch Teilstrategien unterstützt. Für diese seien im folgenden einige Beispiele zur Veranschaulichung genannt:

– Konsolidierung von Warenströmen im Transportbereich zur Verringerung von Transportkosten bei eventuell längeren Lieferzeiten.
– Geringere Lagerkosten durch eine Verringerung der Breite des Sortiments und der Anzahl der Lieferanten.

– Vereinfachung der Materialströme durch Streichung wenig nachgefragter Produktvarianten.

Zur Beurteilung und Abschätzung der Logistikkosten aus strategischer Sicht kann sowohl das Erfahrungskurvenkonzept als auch das Produktlebenszykluskonzept herangezogen werden (vgl. im Überblick [We95: 85–90]. So kommt einer Minimierung der Logistikkosten insbesondere bei Unternehmen mit Produkten, die sich in einer späten Lebenszyklusphase befinden, eine entscheidende wettbewerbliche Bedeutung zu. Die Kosten/Servicegradfunktion [Sha85: 65] – ein Beispiel gibt Bild 18-2 im oberen Teil – dient dazu, unterschiedliche Strategien zu beurteilen. Dies geschieht unter der Prämisse, daß es eine eindeutige Funktion gibt, die durch die Kombination von Logistikkosten und Servicegrad bestimmt wird. Mit Hilfe der Funktion können in einem ersten Schritt unter der Bedingung eines einzuhaltenden akzeptablen Mindestniveaus für den Service die minimalen Logistikkosten ermittelt werden. Dieses Vorgehen ist jedoch keineswegs befriedigend.

Um das für ein Unternehmen optimale Kosten-Serviceniveau zu bestimmen, wird deshalb in einem zweiten Schritt der Kosten/Servicegradfunktion die Erlös/Servicegradfunktion gegenübergestellt, wie Bild 18-2 im mittleren Teil

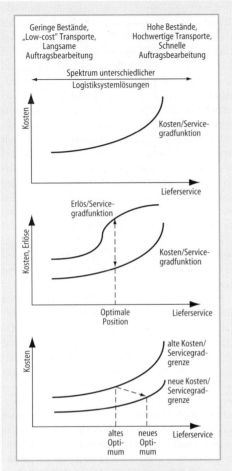

Bild 18-2 Beispiel für Kosten/Servicegradfunktion und Erlös/Servicegradfunktionen [We94: 142]

sten/Servicegradverhältnis in der Regel nur durch eine Veränderung des Logistiksystems möglich ist.

Für Differenzierungsstrategien durch Logistik findet sich eine Vielzahl von Facetten in den unterschiedlichsten Branchen (wählt ein Unternehmen die Strategie Differenzierung, so versucht es, in einer oder mehreren für die Abnehmer besonders wichtigen Eigenschaft eine einzigartige Position zu erlangen [Po80: 14]. Häufig wird eine Differenzierung durch Logistik nur möglich sein, wenn eine Übernahme zusätzlicher Wertschöpfungsaktivitäten für den Kunden durch den Lieferanten erfolgt. So übernimmt die Herlitz AG als Systemlieferant für Papier, Büro- und Schreibwaren vielfältige Logistikaufgaben wie die Gestaltung der Verkaufsräume, die Optimierung des Sortiments und Servicefunktionen (z.B. Regalpflege, Disposition, Wareneingangskontrollen, Inventur, Einräumen der Ware, Überprüfung der Preisauszeichnung, Unterstützung von Sonderaktionen). Das hierfür entwickelte leistungsfähige Logistikkonzept führte zu entscheidenden Wettbewerbsvorteilen.

Im Investitionsgüterbereich ist vor allem das Sicherstellen eines höheren Kundenservices und damit verbunden einer höheren Verfügbarkeit sowie eine Verkürzung der Ausfallzeiten bei Reparaturen besonders erfolgversprechend. Eine serviceorientierte Differenzierungsstrategie erfordert die Optimierung der Serviceleistungen. Hierzu muß unternehmensspezifisch festgelegt werden, welche Zielwerte für die unterschiedlichen Servicebestandteile (Lieferzeit, Lieferfähigkeit, Lieferqualität, Liefertreue, Lieferflexibilität, Informationsfähigkeit, Fehlmengenhäufigkeit) erreicht werden können und welche Systeme zur Realisierung und zur Kontrolle der entsprechenden Werte installiert werden müssen.

Ein Beispiel für ein Unternehmen, das sich durch eine Veränderung des Lieferservices und des Logistiksystems gegenüber seinen Konkurrenten differenzieren konnte, ist Caterpillar. Durch die Gewährleistung eines weltweiten 24-Stunden-Ersatzteilservices und die logistischen Leistungen während des Vietnamkrieges konnte lange Zeit eine Abhebung gegenüber den Wettbewerbern und dadurch ein Wettbewerbsvorteil erzielt werden.

Bei der Strategie Fokussierung konzentriert sich das Unternehmen auf Schwerpunkte. Zum Beispiel kann ein begrenztes Wettbewerbsfeld innerhalb einer Branche gewählt werden. Das

zeigt. Im Graph wird der Gewinn nun als Abstand zwischen beiden Funktionen dargestellt. Das Gewinnoptimum liegt an der Stelle des größten Abstandes beider Funktionen. Dieser Ansatz wird auch als Total Profit Concept bezeichnet.

Einen Schwachpunkt dieser Darstellung bildet die Tatsache, daß lediglich eine statische Situation betrachtet wird. Ziel der Logistikstrategie muß es in der Regel auch sein, die Kosten/Servicegradfunktion zu verschieben. Eine dynamische Darstellung ist durch die Berücksichtigung mehrerer Kosten/Servicegradfunktionen oder – wie in Bild 18-2 im unteren Teil exemplarisch dargestellt – durch Kosten/Servicegradgrenzen möglich. Bei der Analyse ist zu berücksichtigen, daß der Übergang zu einem niedrigeren Ko-

Unternehmen konzentriert sich optimal auf ein Segment oder eine Gruppe von Segmenten und kann sich hierdurch einen Wettbewerbsvorteil verschaffen [Po80: 12ff.].

Eine typische und für die Entwicklung von Logistikstrategien sehr wichtige Ausprägung der Fokussierungsstrategie ist die Erreichung von Wettbewerbsvorteilen durch Produktinnovationen. Bei dieser Strategie ist die Fähigkeit einer schnellen Marktentwicklung und Marktdurchdringung entscheidend für den Erfolg. Neben der Vorstellung des Produkts muß eine hohe Produktverfügbarkeit insbesondere bei Konsumgütern gewährleistet sein. Denn nur, wenn die Produkte für die Kunden verfügbar sind, können – nachdem die Kunden aufmerksam geworden sind – die entscheidenden Erstkäufe durchgeführt werden. Eine Produkteinführung mit dem Ziel einer möglichst hohen Verfügbarkeit innerhalb kürzester Zeit stellt erhebliche Flexibilitätsanforderungen an das Logistiksystem. So mußten bei der Markteinführung des Produkts Medipren der McNeil Consumer Products die Hälfte des normalen Monatsumsatzes innerhalb von 24 Stunden geliefert werden. Eine entsprechend flexible Distributionslogistik war hierzu erforderlich [Ha87: 43].

Wertschöpfungsanalyse

Wertschöpfung wird definiert als Rohertrag einer Aktivität (nach außen abgegebener Güter- und Leistungswert) abzüglich den Vorleistungskosten einer Aktivität (von außen hereingenommene Güter- und Leistungswerte). Der Zusammenhang zwischen Unternehmensstrategie und Wertschöpfungsketten (value chains) wurde von Porter [Po80: 34ff.] aufgegriffen. Bei der Entwicklung von Logistikstrategien eignen sich Wertschöpfungsanalysen vor allem für die Neuausrichtung der logistischen Aktivitäten innerhalb der logistischen Kette, indem sie die Effizienz- und Effektivitätsuntersuchung der unternehmensinternen und unternehmensexternen Logistikaktivitäten unterstützen. Mit Hilfe von Wertschöpfungsketten werden in einem ersten Schritt die Logistikaktivitäten beschrieben. In einem zweiten Schritt müssen Interdependenzen, Überschneidungen und Doppelarbeiten herausgearbeitet sowie mögliche Synergien unternehmensinterner und unternehmensexterner Logistikaktivitäten verdeutlicht werden. Wiederum sind flußbezogene Dienstleistungen (gemeinsame Lagerung von Einsatzstoffen durch

Lieferant und Kunde) ebenso angesprochen wie Koordinationsaktivitäten zur Sicherstellung des Material- und Warenflusses (z.B. Steuerung des Materialbereitstellungsbereichs eines Zweigwerks). Aus der Darstellung und aus der Analyse der Wertschöpfungskette ergibt sich die Frage, welche Wertschöpfungsaktivitäten vom Unternehmen durchgeführt und welche zugekauft werden sollen. Dabei werden prinzipiell alle Aktivitäten in Frage gestellt. Einigkeit besteht – auch bezogen auf die Logistik – im wesentlichen darüber, daß nur diejenigen Aktivitäten vom Unternehmen ausgeführt werden sollen, welche die Kernaktivitäten des Unternehmens darstellen (z.B. zentrale Technologiefähigkeiten erfordernde bzw. dokumentierende Produktionsvorgänge) oder bei denen (erhebliche) Spezialisierungsvorteile bestehen. Diese Überlegungen fließen in eine eventuell notwendige Neuausrichtung der logistischen Aktivitäten ein.

Neben der Identifizierung der Aktivitäten, für die bei einer Neuausrichtung eine andere Aufgabenerfüllung gefunden werden soll, spielt die Frage, in welcher Form die Neugestaltung und Neuausrichtung der Logistikaktivitäten erfolgen soll, eine wichtige Rolle. Auch für den Kauf von Logistikleistungen oder der Eigenerstellung werden in zunehmendem Maße Kooperationen innerhalb der Logistik diskutiert. Insgesamt ist im Sinne des Managements der logistischen Kette eine Abstimmung des gesamten Wertschöpfungssystems, insbesondere auch der Logistikstrategien der unterschiedlichen Unternehmen (Marktpartner) erstrebenswert, damit die Wertschöpfungsaktivitäten gemeinsam ausgerichtet und aufeinander abgestimmt werden können.

Strategische Erfolgsfaktoren

Mit Hilfe von kritischen (strategischen) Erfolgsfaktoren sollen die Faktoren beschrieben werden, die den Erfolg der Unternehmen entscheidend beeinflussen. In der Vergangenheit wurde der Beitrag der Logistik zum Unternehmenserfolg häufig von der Unternehmensführung unterschätzt. In vielen Branchen ist offenbar eine strategische Pattsituation entstanden. Produkt-, Preis- und auch Qualitätsvorteile erweisen sich in immer stärkerem Maße nur noch von kurzer Dauer. Kundennähe dagegen stellt sich als ein wichtiger kritischer Erfolgsfaktor heraus. Studien aus unterschiedlichen Branchen zeigen, daß die Unternehmen diesen Erfolgsfaktor erkannt haben und den Lieferservice neben einer hohen produktbezogenen Qualität als eines der beiden höchsten Ziele ansehen. Abgesehen von empirischen Erkenntnissen über die Bedeutung des Lieferservices und der Kundennähe beruht die Ableitung von Erfolgsfaktoren für das Entwickeln von Logistikstrategien und für den Aufbau entsprechender Logistiksysteme auf deduktiven Ableitungen oder auf den subjektiven Erfahrungen von Logistikmanagern. In bezug auf die Unternehmensstrategie besteht weitgehend Einigkeit darüber, daß die Logistikkosten und die Logistikleistungen als kritische Erfolgsfaktoren für den Unternehmenserfolg mit ausschlaggebend sind. Darüber hinaus wird die Flexibilität der Logistiksysteme als Erfolgsfaktor zur Erreichung der Unternehmensziele genannt.

Aufstellung strategischer Programme

Der strategischen Planung wird häufig der Vorwurf gemacht, sie erzeuge lediglich „strategische Wolken", ohne konsequent die Strategieumsetzung zu betreiben. In der Sicherstellung der Realisierung der strategischen Zielsetzungen und Stoßrichtungen wird auch von solchen Autoren, die Controlling stark auf Aufgaben in der operativen Führung beschränkt sehen wollen, ein möglicher Beitrag des Controlling für die strategische Führung konzediert. Das Controlling muß nach Abschluß der Ziel- und Strategieformulierung zwei weitere Schritte anstoßen, koordinieren und gewährleisten: zum einen müssen zur Erreichung der strategischen Ziele strategische Programme formuliert und durchgeführt werden, zum anderen muß die Zielerreichung durch den Aufbau einer strategischen Kontrolle überprüft werden.

Strategische Programme zur Umsetzung der Logistikstrategien erfordern in der Regel eine Neuausrichtung der Logistiksysteme. Die Programme (z.B. Verkürzung der Durchlaufzeit um 50 %) können unterteilt werden in einzelne Projekte (z.B. Beschleunigung der Auftragsabwicklung). Für die Projekte müssen geeignete Maßnahmen, die die Zielerreichung sicherstellen, gefunden werden (z.B. Elektronische Datenfernübertragung der Auftragsdaten). Die Programme, Projekte und Maßnahmen müssen definiert werden. Es müssen Ablaufpläne erstellt werden, die den zeitlichen Rahmen vorgeben (Meilensteine) und die benötigten Ressourcen enthalten. Auf allen drei Ebenen müssen Verantwortliche (Einzelpersonen oder Teams) für die Durchführung und die Zielerreichung festgelegt

werden. Es hat sich bewährt, für die strategischen Programme Machtpromotoren (möglichst aus der Unternehmensleitung) zu benennen. Das Controlling hat den Programmfindungsprozeß zu organisieren, entsprechende instrumentelle Unterstützung zu erbringen (z.B. durch die Vorgabe bestimmter formaler Erstellungstools) und Hilfestellung im Prozeß zu leisten (z.B. einzelne Phasen zu dokumentieren). Es trägt damit kurz gesagt Sorge und Verantwortung dafür, daß am Ende des Planungsprozesses umsetzungsreife Programme vorliegen.

Die strategische Kontrolle schließlich ist ein Feld der Führungsaufgabe, das in den Unternehmen zumeist noch vernachlässigt wird. Kontrolle stellt ganz allgemein Planwerte korrespondierenden Istwerten gegenüber. Diese Gegenüberstellung generiert Abweichungsinformationen. Im Sinne eines Regelkreismodells sollen diese Abweichungsinformationen Auslöser für Korrekturentscheidungen durch den Entscheidungsträger sein. Dieser Grundzusammenhang gilt unabhängig vom Zeithorizont der Planung, deren Komplexität und Unsicherheit. Letztere nehmen aber einen wesentlichen Einfluß darauf, welche Korrekturentscheidungen primär durch die Kontrollinformationen untermauert bzw. angestoßen werden können: Je weniger feststeht, welche Einflußgrößen in der Planung zu berücksichtigen sind und welche Ausprägung diese in Zukunft einnehmen werden, desto mehr kommt den Kontrollinformationen die Funktion zu, die Planung zu aktualisieren, Planwerte zu revidieren. Reine Feedback-Kontrollen, die zu einer Veränderung der Realisation führen sollen und im Bereich der operativen Planung vorherrschen, verlieren im strategischen Bereich an Bedeutung.

Strategische Kontrolle ist primär ein Instrument zur Anpassung der strategischen Planung an die sich ändernde Umwelt. Die von der strategischen Kontrolle gelieferten Abweichungsinformationen zeigen dabei nicht nur unvorhersehbare Prämissenänderungen auf, sondern helfen auch, Mängel im Planungsprozeß (z.B. unterlassene Einbeziehung der Erfahrungen der Mitarbeiter „vor Ort" in den strategischen Technologieplan eines Materialflußbereichs) zu erkennen und zu beseitigen. Die strategische Kontrolle liefert damit primär Anregungen zur Verbesserung des Planungsprozesses, so wie die operative Kontrolle primär Verbesserungen des Realisationsprozesses unterstützt. Ihr Kontrollhorizont kann dabei ex definitione nur zu einem geringen Teil vergangenheitsgerichtet sein. Sie muß stets versuchen, aus erkannten Veränderungen möglichst frühzeitig Anpassungserfordernisse zu identifizieren. Auch hierin unterscheidet sich die strategische von der operativen Kontrolle.

Die kurzen Ausführungen machen deutlich, daß zumindest zwei Teilbereiche der strategischen Kontrolle zu unterscheiden sind: Im Rahmen der Prämissenkontrolle müssen die Schlüsselannahmen der strategischen Planung einer fortlaufenden Prüfung unterzogen werden. Im Rahmen der Durchführungskontrolle stehen Erkenntnisse über bisherige Ergebnisse strategischer Maßnahmen im Vordergrund. Hierbei wird man häufig auf bestimmte zuvor gesetzte „Meilensteine" Bezug nehmen, wie etwa Marktanteil eines neu eingeführten Belieferungskonzepts nach einem Jahr, Fehlmengenhöhen einer neuen Produktionstechnologie nach einer bestimmten Produktionsdauer oder Zeitdauer bis zur Erzielung eines bestimmten Rationalisierungserfolgs einer logistikbezogenen Kostensenkungsstrategie. Die Durchführungskontrolle zielt wesentlich auf die Beantwortung der Frage ab, ob die eingeschlagene strategische Richtung des Unternehmens noch beibehalten werden kann.

Die strategische Überwachung schließlich kann man als Ergänzung der beiden vorhergehenden Kontrollarten kennzeichnen. Ihre Aufgabe ist es, den durch den selektiven Charakter der Prämissen- und Durchführungskontrolle bedingten Mangel in der Gesamtkontrolle und das damit verbundene Risiko aufzufangen. Charakteristisch für die strategische Überwachung ist eine (idealerweise) ungerichtete Beobachtungsaktivität zur Absicherung der gewählten Geschäftsfelder und Wettbewerbskonzeptionen.

Die Aufgaben des Controlling bezüglich der strategischen Kontrolle entsprechen denjenigen bezüglich der strategischen Planung: Das Controlling hat das Vorhandensein einer strategischen Kontrolle sicherzustellen; dies kann auch die Aufgabe beinhalten, sie erstmals aufzubauen. Weiterhin müssen die einzelnen Kontrollebenen ebenso systematisch verbunden werden, wie der Rückkopplungseffekt auf die strategische Planung sicherzustellen ist.

18.1.3.3 Strategisches Produktionscontrolling

Die Ausführungen zum strategischen Produktionscontrolling können aus zwei Gründen deutlich kürzer ausfallen:

– zum einen wurde die Grundstruktur des Vorgehens bereits im vorangegangenen Abschnitt dargestellt;
– zum anderen beinhaltet das strategische Produktionscontrolling im Sinne des vertikalen Analyseschnitts einen Teil der Problemstellung des strategischen Logistikcontrolling. Alle flußbezogenen Überlegungen (z. B. Produktionsschnelligkeit, Produktionsflexibilität, Produktionssicherheit) des Produktionsbereichs sind wesensnotwendig integrale Bestandteile einer strategischen Logistikkonzeption.

Aus diesen Gründen heraus können sich die folgenden Ausführungen im wesentlichen auf die strategische Gestaltung des in der Produktion zumeist dominanten Produktionsfaktors Betriebsmittel bzw. Anlagen und dort auf den praktisch besonders bedeutsamen Aspekt der Anlagenautomatisierung beschränken.

Anlagenautomatisierung und die damit verbundene zunehmende Substitution des Produktionsfaktors menschliche Arbeitskraft hat in den Unternehmen weit Platz gegriffen. Das Vorantreiben erfolgreicher technischer Entwicklungen ist dabei oftmals nur aufgrund „politischer" Entscheidungen des Managements möglich geworden; viele Innovationen haben sich anfangs „nicht gerechnet", waren in der rein auf monetäre Größen abstellenden „klassischen" Investitionsrechnung nicht vorteilhaft. Allerdings haben Unternehmen zuweilen aufgrund derartiger politischer Entscheidungen den „Automatisierungsbogen" auch überspannt.

Technologiepolitische Entscheidungen müssen auf eine rationale, aber über rein quantitative Wertungen hinausgehende informatorische Basis gestellt werden. Wesentlichen Anteil an einer solchen Basis können Varianten der Portfolioanalysetechnik liefern (Technologie-Portfolio-Analyse). Sie „versucht prinzipiell, die in einem Produkt steckenden bzw. im Unternehmen angewandten Technologien in einer zweidimensionalen Matrix abzubilden und aus den sich ergebenden Konstellationen differenzierte Strategien für zukünftige Entwicklungsaktivitäten abzuleiten" [Pfe83: 78]. Als vom Unternehmen nicht beeinflußbarer Erfolgsfaktor wird die Attraktivität der betrachteten Technologie angesehen. Welche Bestimmungsgrößen diese festlegen, zeigen für ein Beispiel der Prozeßautomatisierung in der chemischen Industrie das Chancen- und das Risiko-Profil in Bild 18-3.

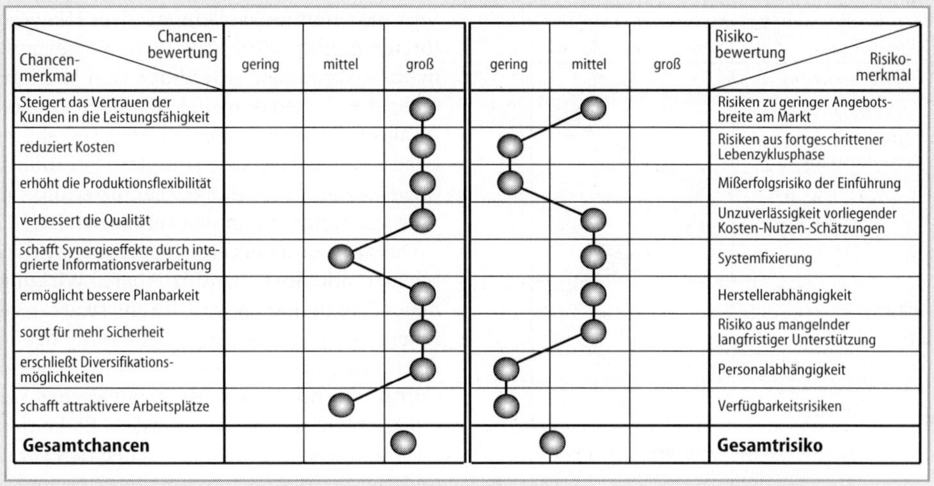

Chancenmerkmal	Chancenbewertung						Risikobewertung / Risikomerkmal
	gering	mittel	groß	gering	mittel	groß	
Steigert das Vertrauen der Kunden in die Leistungsfähigkeit			●		●		Risiken zu geringer Angebotsbreite am Markt
reduziert Kosten			●		●		Risiken aus fortgeschrittener Lebenzyklusphase
erhöht die Produktionsflexibilität			●	●			Mißerfolgsrisiko der Einführung
verbessert die Qualität			●		●		Unzuverlässigkeit vorliegender Kosten-Nutzen-Schätzungen
schafft Synergieeffekte durch integrierte Informationsverarbeitung		●			●		Systemfixierung
ermöglicht bessere Planbarkeit		●			●		Herstellerabhängigkeit
sorgt für mehr Sicherheit			●		●		Risiko aus mangelnder langfristiger Unterstützung
erschließt Diversifikationsmöglichkeiten			●	●			Personalabhängigkeit
schafft attraktivere Arbeitsplätze		●		●			Verfügbarkeitsrisiken
Gesamtchancen			●	●			**Gesamtrisiko**

Bild 18-3 Chancen- und Risikoprofil zur Beurteilung der Attraktivität digitaler Prozeßleittechnik in der chemischen Industrie [We94: 101]

Die Bestimmung der Technologieattraktivität ist einer Reihe von Problemen ausgesetzt, die es zu kennen und möglichst gering zu halten gilt:

- Mangelnde Vollständigkeit der Kriterien zur Technologiebeurteilung: Es liegt in der Natur der Sache, daß es schwer fällt, vor der Einführung einer innovativen Technologie alle wichtigen Auswirkungen auf die strategischen Ziele des Unternehmens zu erfassen. Dies führt zur Forderung nach einer mehrfachen Überprüfung der Vollständigkeit der Kriterien während des Durchführungsprozesses der Analyse.
- Mangelnde Sachkenntnis der Beurteilenden: Die Auswirkungen einer innovativen Technologie auf das Unternehmen abschätzen zu können, erfordert sehr spezifische Technologie-, Unternehmens- und Marktkenntnisse. Hieraus resultiert die Forderung, die Beurteilung der Technologie durch ein Team aus unterschiedlichen Bereichen stammender Experten vornehmen zu lassen.
- Zu geringe Differenzierung der Skalierung: Im Beispiel von Bild 18-3 wurde ein nur dreiwertiger Urteilsbereich pro Merkmal vorgegeben. Dieser wird angesichts der generell gegebenen hohen Unsicherheit als ausreichend erachtet. Dennoch sollte man grundsätzlich eine stärkere Differenzierung zulassen, wenn die enge Skala von den Beurteilenden als zu undifferenziert eingeschätzt wird.
- Zu undifferenzierte Gewichtung der Beurteilungskriterien: Im Grundmodell der Technologie-Portfolio-Analyse werden alle Beurteilungskriterien gleich gewichtet. Es bestehen jedoch keine verfahrensmäßigen Restriktionen, unterschiedliche Gewichte zu vergeben. Ebenfalls ist es möglich, das Problem über die Vorgabe von Mindestzielerreichungsgraden zu bewältigen.

Der vom Unternehmen beeinflußbare Erfolgsfaktor wird mit Ressourcenstärke bezeichnet: „Unter Ressourcenstärke werden ... die zur Realisierung des Technologiepotentials nötigen, im Unternehmen bereits vorhandenen Mittel – letztlich gemessen in Relation zur Konkurrenz – berücksichtigt" [Pfe83: 89]. Welche Faktoren hierbei im einzelnen zu beachten sind, zeigt – wiederum am Beispiel einer Prozeßautomatisierung – Bild 18-4. Um die Möglichkeit zu berücksichtigen, daß sich die Technologieposition eines Unternehmens häufig durch die Einbeziehung Externer (Technologielieferanten, Berater) nicht unerheblich steigern läßt, weist die Abbildung parallel zwei Skalierungsprofile aus. Für die Güte der so erfolgenden Einschätzung der Ressourcenstärke gelten dieselben Einschränkungen, wie sie vorab für die Beurteilung der Technologie-Attraktivität genannt wurden.

Auch die Technologie-Portfolio-Analyse mündet in den Vorschlag von Normstrategien, die Bild 18-5 zeigt.

Bei der kritischen Beurteilung der Aussagefähigkeit von Technologie-Portfolio-Analysen ist als wesentlicher Vorteil der durch das forma-

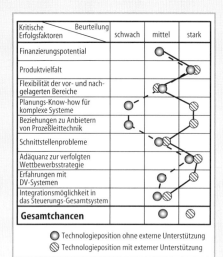

Kritische Erfolgsfaktoren	Beurteilung		
	schwach	mittel	stark
Finanzierungspotential			
Produktvielfalt			
Flexibilität der vor- und nachgelagerten Bereiche			
Planungs-Know-how für komplexe Systeme			
Beziehungen zu Anbietern von Prozeßleittechnik			
Schnittstellenprobleme			
Adäquanz zur verfolgten Wettbewerbsstrategie			
Erfahrungen mit DV-Systemen			
Integrationsmöglichkeit in das Steuerungs-Gesamtsystem			
Gesamtchancen			

◯ Technologieposition ohne externe Unterstützung
◎ Technologieposition mit externer Unterstützung

Bild 18-4 Technologieposition eines Unternehmens bezüglich der digitalen Prozeßleittechnik in der chemischen Industrie [We94: 102]

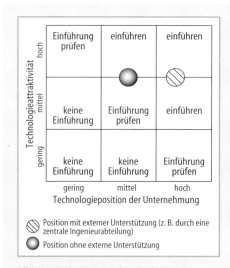

Bild 18-5 Technologie-Portfolio für die digitale Prozeßleittechnik in der chemischen Industrie [We94: 103]

lisierte Vorgehen induzierte Zwang anzuführen, neue Technologien über die unmittelbaren produktionswirtschaftlich-technischen Wirkungen hinaus in Hinblick auf ihre strategische Bedeutung für die Wettbewerbsfähigkeit des Unternehmens zu beurteilen. Dadurch kann die Portfolio-Technik sowohl verhindern, den Blick in der Entscheidungsvorbereitung allein auf Zah-

len zu richten, als auch Technologien unreflektiert und emotional allein mit dem Hinweis zu forcieren, man dürfe den Technologiezug keinesfalls verpassen. Allerdings darf man auch nicht die „Hemdsärmeligkeit" jeder Portfolio-Analyse verkennen, den nicht unerheblichen Grad an Vereinfachung komplexer Realität, die mit diesem Entscheidungsstrukturierungs- und -vorbereitungsinstrument verbunden ist.

Das soeben aufgezeigte Spannungsfeld zwischen unmittelbar quantifizierbaren Wirkungen neuer Technologien und ihrem strategischen Potential läßt die wichtige Bedeutung des Produktionscontrolling bzw. des dieses tragenden Controllers im Rahmen der strategischen Technologieplanung sichtbar werden. Er kann die Funktion des Vermittlers zwischen den Sprach- und Denkwelten der Technikbereiche und der kaufmännischen Führung einnehmen, den Technologieentwicklern das enge Korsett eines bestimmten internen Zinssatzes oder Pay-off-Zeitpunkts lockern, sie gleichzeitig jedoch darauf verpflichten, die Chancen und Risiken der neuen Technologie weit präziser abzuschätzen, als sie dies bislang gewohnt sind.

Der Controller muß das methodische Instrumentarium sehr intensiv erläutern, da die strukturierte und formalisierte Einbeziehung subjektiver Einschätzung und qualitativer, schlecht meßbarer Beurteilungskriterien einem Naturwissenschaftler und Techniker weit weniger geläufig sind als einem Marketingspezialisten bei der Anwendung der „klassischen" Produkt-Markt-Portfolio-Analyse. Aus dem gleichen Grund muß er auch bei der Aufstellung und Interpretation des Technologie-Portfolios verstärkt Hilfestellung leisten. Dabei sind hohe Anforderungen an das Kommunikations- und Einfühlungsvermögen des Controllers gestellt: er hat Forscher und Techniker von einem neuen Analyse- und Planungsinstrument so zu überzeugen, daß sie dieses vorbehaltlos annehmen, ohne die dem Instrument immanenten Schwächen zu vernachlässigen bzw. auszunutzen.

18.1.4 Taktisches Controlling

Taktisches Controlling läßt sich als Bindeglied zwischen dem strategischen und dem operativen Controlling verstehen. Während eine Trennung des Planungsfeldes in strategische, taktische und operative Planung in der einschlägigen Planungsliteratur fast durchweg gefordert wird, beschränkt sich die Literatur zum Controlling zumeist auf die Unterscheidung eines strategischen und eines operativen Controlling. Dennoch sei hier eine weitergehende Differenzierung gewählt. Es besteht in der Praxis ein breites Feld von Führungsaufgaben, das weder so grundsätzliche, richtungsgebende Bedeutung hat wie die strategische Führung, dennoch aber Strukturen im Unternehmen auf längere Zeit hin festlegt und damit weit über eine operative Führung hinausgeht. Im folgenden sollen die Grundzüge des taktischen Controlling für die Logistik und die Produktion wieder in einer Art Arbeitsteilung aufgezeigt werden. Der Abschnitt zum taktischen Logistikcontrolling ist primär inhaltlich ausgelegt, der zum Produktionscontrolling eher instrumentell.

18.1.4.1 Taktisches Logistikcontrolling

Strukturbeeinflussende Gestaltungsmaßnahmen betreffen die gesamte Wertschöpfungkette, ihre einzelnen Abschnitte ebenso wie die ihr zugrundeliegende Material- und Warenstruktur. Diese wiederum wird wesentlich von der Produktstruktur beeinflußt (vgl. zum folgenden [We94: 150–179].

Gestaltung der Produktstruktur

Produkte wurden in den Unternehmen in der Vergangenheit in den seltensten Fällen danach beurteilt, wie schnell, wie durchgängig, wie zeitlich und mengenmäßig präzise und fertigungsflußbezogen einfach sie zu erstellen sind. Unmittelbar erfolgsbezogene Kriterien standen im Mittelpunkt. Die in der Logistik gebündelte neue Sicht führt zu neuen Anforderungen an die Produktgestaltung. Die Konstrukteure sind im Rahmen des taktischen Logistikcontrolling davon zu überzeugen, daß die Flußqualität von Produkten einen konstruktionsrelevanten Tatbestand ausmacht, der mit anderen zusammen in der Gestaltung des Erzeugnisses Berücksichtigung finden muß (design to logistics). Beispielshalber seien einige Anforderungen bzw. Kriterien aufgeführt, die für die Flußqualität und die Flußkosten von Produkten eine wichtige Bedeutung besitzen:

- Prognosegenauigkeit bezüglich der Absatzmenge,
- Verwendung von – auch fremdbeziehbaren – Standardbaugruppen und/oder Standardmaterialien,
- Standardverpackungsmaße oder Spezialverpackungen,
- Anforderungen an die Transportsicherheit,
- Kapitalbindung im Produkt (höchste Wertschöpfung kurz vor der Auslieferung),
- konsistente Nummernsysteme für Varianten/Baugruppen/Einzelteile,
- Ersatzteillagerstrategien und Planbarkeit des Ersatzteilbedarfs,
- Entsorgungs- oder Recyclingfähigkeit aller Komponenten.

Gestaltung der Absatzstruktur

Ähnliche Überlegungen, wie sie soeben für die Produkte des Unternehmens angestellt wurden, lassen sich auch für die Absatzstruktur vornehmen. Objektbereiche der Gestaltung sind die Kunden-, die Auftrags- und die Distributionsstruktur.

Die Kundenstruktur wird durch die Anzahl und Größe der Kunden charakterisiert. Das Verhältnis von Klein- und Großkunden nimmt ebenso Einfluß auf das Flußsystem wie deren räumliche Streuung. Die entsprechenden Leistungs- und Kostenstrukturen sind derzeit in den wenigsten Unternehmen transparent. Die Beseitigung dieses Informationsdefizits ist eine wichtige Aufgabe des taktischen Logistikcontrolling und wird – so steht zu vermuten – zu einer Reduzierung der Kundenzahl und / oder zu einer Veränderung kundenspezifischer Preisstellung führen.

Analoges gilt für die Auftragsstruktur. Hoher Umfang bei kleinen Auftragsmengen, Heterogenität und Schwankungsbreite hinsichtlich der Zusammensetzung und und des zeitlichen Anfalls der Aufträge stellen hohe Anforderungen an das Logistiksystem, entsprechende Vereinfachungen bergen damit ein erhebliches Rationalisierungspotential.

Die Distributionsstruktur ist gekennzeichnet durch die Distributionskanäle (Direktvertrieb, unterschiedliche Handelsstufen), die Standorte von Lägern und Umschlagspunkten, die Zahl der Lagerstufen sowie die Zahl der Läger auf jeder Stufe. Die Zahl der Lagerstufen wurde in der Vergangenheit häufig von dem Argument, daß eine Kundennähe und ein hoher Lieferservicegrad nur durch regionale bzw. lokale Präsenz erreicht werden kann, geprägt. Durch das verbesserte Logistikangebot von Speditionen lassen sich aber bereits heute 24-Stunden-Auslieferungen innerhalb großer Teile Europas mit einer einstufigen Distribution realisieren. Außerdem wird die Verfügbarkeit der Ware bei einem Zentrallager erhöht. Insgesamt zeichnet sich ein deutlicher Trend zur zentralen Lagerhaltung ab, da Betriebsgrößenvorteile und eine bessere Bestandsdisposition in der Regel zu deutlichen Gesamtkostenvorteilen führen.

Gestaltung der Beschaffungsstruktur

Da die Gestaltung der Fertigungsstruktur in diesem Beitrag als Aufgabe des taktischen Produktionscontrolling dargestellt wird, ist der als nächstes zu betrachtende Abschnitt der Wertschöpfungskette die Beschaffung. Strukturrelavant sind hier insbesondere die Zahl der Lieferanten sowie die Art der Lieferabwicklung.

Bezüglich der Lieferantenstrutur gilt es, zwei zumeist widerstrebende Tendenzen auszutarieren.

– Auf der einen Seite sind die Unternehmen bemüht, die Globalisierung der Weltwirtschaft zu nutzen und tradierte Beschaffungskanäle zu teuren Volkswirtschaften durch neue, erfolgsgünstigere Kanäle zu ersetzen bzw. – zur Preisreduktion bei bestehenden Lieferanten – zu ergänzen. Oftmals wird dabei erfolgsgünstiger verkürzend als preisgünstiger aufgefaßt. Das taktische Logistikcontrolling muß an dieser Stelle gestaltend wirken, da globale Einkaufsquellen zumeist mit hohen flußbezogenen Kosten belastet sind, seien es unmittelbare Anlieferungskosten, seien es insbesondere Kosten der Beschaffungsadministration und Kosten von Störungen im Materialfluß (Fehlmengenkosten).

– Auf der anderen Seite realisieren Unternehmen entgegengesetzt eine Konzentration der Beschaffungsquellen (Single sourcing, Modular sourcing). Durch die Konzentration auf einen oder wenige Lieferanten können die Kosten der Beschaffungsabwicklung und die Logistikkosten gesenkt werden. Wareneingangskontrollen fallen weg und mit der Aufhebung der Trennung zwischen Lieferantenwerk und Produktionsstätte etabliert sich ein enges Zusammenarbeits- und Beratungsverhältnis. Eine Konzentration auf die eigenen Stärken führt zu Kosteneinsparungen, die sich aus der Arbeitsteilung ergeben. Ebenso wird die Neugestaltung der Material- und Warenflüsse zu Kostendegressionen führen, beispielsweise durch geringere Kapitalbindungskosten des Materials und geringere Kosten in der Lagerhaltung und -verwaltung.

Die Wirtschaftlichkeit derartiger enger Lieferanten-Kunden-Beziehungen zu analysieren, stellt ein erhebliches Problem des taktischen Logistikcontrolling dar. Es besteht noch wenig Erfahrung darüber, wie die Kosten und Nutzen eines gänzlich neuen Systems der firmenübergreifenden Zusammenarbeit, die sich in den Grundzügen evolutionär aus bestehenden Strukturen entwickelt, rechenbar gemacht werden können. Die bestehenden Systeme der Kostenerfassung tragen den vielfältigen Wechselbeziehungen nicht Rechnung. Ähnlich schwierig ist die Bewertung des Risikos, das bei der Beschränkung auf einen Zulieferer eingegangen wird. Hervorzuheben sind einige Risiken wie Produktionsstörungen und -unterbrechungen, Streikanfälligkeit eines Systems, Nichterfassen einer neuen technologischen Entwicklung, Verzicht auf das Ausnutzen des Wettbewerbs sowie entstehende „Switching Costs", die einen späteren Wechsel des Lieferanten oft stark erschweren.

Bezogen auf die Art der Lieferabwicklung gilt es insbesondere, die wirtschaftlichen Konsequenzen traditoneller programm- oder verbrauchsgesteuerter Bereitstellungsverfahren gegenüber einer Just-in-time-Anlieferung (JIT) abzuwägen.

JIT führt zu einer Senkung der Lager- und Bestandkosten, deckt Schwachstellen im Auftragsdurchlauf auf und schafft Vorteile durch den Aufbau eines Vertrauensverhältnisses zwischen Lieferanten und Kunden. Allerdings sind für diese Vorteile eine Reihe von Voraussetzungen notwendig:

– enge Informationskopplung Lieferant-Kunde (z.B. gemeinsame Bestandsführung oder direkten Zugriff des Kunden auf die Auftragsabwicklungs- und PPS-Systeme der Lieferanten),
– hoher Servicegrad des Lieferanten,
– hohe Qualitätssicherheit des Lieferanten (Verzicht auf Qualitätsprüfung beim Kunden),
– hinreichende Prognosesicherheit des Kundenbedarfs,
– hohe Anlieferungspräzision des Lieferanten,
– funktionierende Verkehrsinfrastruktur und
– hohes Logistik-Know-how beider Kooperationspartner.

Das Einsatzfeld von JIT ist damit begrenzt. Für die Ermittlung der Vorteilhaftigkeit gelten die für Single sourcing gemachten Aussagen analog.

Am Ende der Wertschöpfungskette steht die Entsorgung. Auch diese bedarf einer flußgerechten strukturellen Gestaltung. Die Rahmenbedingungen für die Festlegung der Entsorgungsstruktur sind gesetzliche Bestimmungen, der Wunsch der Kunden nach umweltfreundlichen Produkten und Dienstleistungen sowie ein Wertewandel innerhalb des Managements der Unternehmen und in der Gesellschaft. Alle drei Rahmenbedingungen bestimmen das Ziel der Entsorgungslogistik, das § 3 Abs. 2 AbfG (Gesetz über die Vermeidung und Entsorgung von Abfällen – Abfallgesetz) durch den Grundsatz: Vermeidung vor Verwertung vor Entsorgung ausdrückt.

Die Logistik versucht, die hinsichtlich der Entsorgungsstrukturen gestellten Anforderungen durch den Aufbau von kreisförmigen Material- und Warenflüssen zu bewältigen. Nach der Art der Systeme kann unterschieden werden in Mehrwegsysteme, die durch Wiederverwendung die Verwertung der Materialien und Waren sicherstellen, und in zyklische Einwegsysteme, die durch Recycling die Verwertung (auf gleicher Stufe oder auf einer niedrigeren Stufe) der Materialien und Waren gewährleisten. Der Aufbau dieser Systeme kann unternehmensspezifisch, branchenspezifisch oder branchenübergreifend erfolgen.

Für die Beurteilung der unterschiedlichen Entsorgungsstrukturen fehlt es derzeit an geeigneten Instrumenten. Der Hauptengpaß ist aber die mangelnde Informationsbasis. So wird die Höhe der Gesamtkosten der unterschiedlichen Konzepte durch die verursachungsgemäße Zuordnung der negativen externen Effekte beeinflußt. Um eine gesamtkostenoptimale Lösung zu finden, wäre eine Offenlegung der Kosten- und Nutzeneffekte und eine übergreifende Verständigung über deren Verteilung zwischen allen Beteiligten erforderlich. Hier besteht derzeit noch ein erheblicher „weißer Fleck" des taktischen Logistikcontrolling.

18.1.4.2 Taktisches Produktionscontrolling

Wie im letzten Abschnitt vermerkt, besteht das inhaltliche Aufgabenfeld des Produktionscontrolling in der Gestaltung des Fertigungssystems als einem zentralen Abschnitt der Wertschöpfungskette. Dabei sind fluß- bzw. ablaufbezogene Fragestellungen von anlagenbezogenen Fragestellungen zu trennen.

Zu Entscheidungen über die Struktur der Fertigung kommt es bei Produkt- oder Variantenwechseln, beim Übergang zu einer neuen Quantitätsstufe bezüglich des Produktionsausstoßes oder bei der Entscheidung über die Errichtung von neuen Fertigungseinheiten oder gar neuen Produktionsstufen. Die Wichtigkeit der Fertigungsstruktur für die gesamte Wertschöpfungskette beruht dabei auf den durch die Fertigungsstruktur definitiv bestimmten Interdependenzen zu anderen Teilen des Flußsystems. So werden mit der Festlegung der Fertigungsstruktur bereits der Verlauf des Materialflusses und der Verlauf des immateriellen Informationsflusses in ihren Grundzügen bestimmt. Des weiteren bedingen sich die gewählten Fertigungsstrukturen und die anzuwendenden Fertigungsprozesse gegenseitig. Somit bedeutet die Bestimmung der Fertigungsstruktur eine Vorentscheidung für den anzuwendenden Fertigungsprozeß.

Fertigungsstrukturen werden traditionell zum einen nach dem Weg der Erzeugnisse durch die Fertigungsstätten und zum anderen nach der Menge gleicher Produktionseinheiten unterschieden. Werkstatt-, Fließ- und Baustellenfertigung auf der einen Seite stehen Einzel-, Serien- und Massenfertigung auf der anderen Seite gegenüber. In den letzten Jahren haben sich an die Seite dieser traditionellen Strukturierungen neue Konzepte gestellt, die insbesondere als Antwort auf eine notwendige höhere Flußgeschwindigkeit durch das Fertigungssystem und / oder den höheren Bedarf an Komplexitätsbewältigungsfähigkeit gelten können. Lean Production mit seinen mittlerweile hinlänglich bekannten Bausteinen wie

– U-förmiges Maschinenlayout,
– Autonomation,
– Konzept zum Bandstop,
– Integration der Kontrolle,
– Poka-Yoke und
– SMED (Single Minute Exchange of Die)

hat in Industrie – weltweit – Verbreitung gefunden. Gleichzeitig ist ein Trend zur stärkeren Differenzierung zu beobachten, wie es sich etwa am Beispiel der von Wildemann vorgeschlagenen Fertigungssegmentierung äußert [Wi88].

Dem taktischen Produktionscontrolling stellt sich die Aufgabe, Aussagen über die Effizienz und Effektivität dieser unterschiedlichen Fertigungsstrukturvarianten zu treffen. Wie dies schon mehrfach für das taktische Logistikcontrolling angemerkt wurde, fallen derartige Aussagen jedoch schwer. Zu vielfältig sind die Einflußgrößen, zu komplex die Wirkungszusammenhänge, zu unsicher die Ergebniswirkungen und Veränderungen des Entscheidungsumfeldes. Unterbleiben valide Effizienz- und Effektivitätsüberlegungen allerdings gänzlich, besteht die große Gefahr, unreflektiert modernen Trends zu folgen und damit u.U. die Wettbewerbsposition durch die Schaffung unnötiger und/oder unpassender Fertigungsstrukturen zu gefährden. Methodisch sollte man deshalb zum einen nicht auf klassische Investitionsrechnungen ver-

zichten, allerdings diese durch nutzwertanalytische Verfahren ergänzen.

Gestaltung der Anlagenstruktur

Gestaltungen der Anlagenstruktur beziehen sich auf einzelne Produktionslagen und deren artmäßige Zusammensetzung im Anlagenpark. Im Vergleich zur Gestaltung der Fertigungsstruktur ist hier der Grad der Bestimmbarkeit von Effizienz und Effektivität (deutlich) höher. Investitionsrechnungen kommt somit eine größere Bedeutung zu. Hierfür steht ein bewährtes Instrumentarium zur Verfügung. Datenbeschaffungs-

Anlagenprojektierung	Anlagenbereitstellung	Anlagenanordnung	Anlagennutzung	Anlageninstandhaltung	Anlagenverbesserung	Anlagenausmusterung	Anlagenverwertung
Die Anlagenkonstruktion beeinflußt…	die Anzahl der potntiellen Lieferanten	die Anordnungsmöglichkeiten	die qualitative u. quantitative Kapazität	die möglichen Inspektionsverfahren	die Möglichkeit von Verbesserungsmaßnahmen	die Ausmusterungsdauer	die potentiellen Verwertungsstrategien
	die Bereitstellungsobjektkosten	die verwendbaren Transportsysteme	die Bearbeitungsdauer	die Verschleißfestigkeit		den Ausmusterungszeitpunkt	die Anzahl der potentiellen Verwertungsmöglichkeiten
	die Kosten der Projektbeschreibung	die Zeitdauer des Aufbaus	die Höhe der (sonstigen) Betriebskosten	die „Instandhaltungsfreundlichkeit"			
	Der Bereitstellungsweg beeinflußt…	den Anfall von Aufbauarbeiten im Unternehmen	–	die Anzahl der Träger von Instandhaltungsmaßnahmen	die Häufigkeit von potentiellen Verbesserungsmaßnahmen	den Anfall von Ausmusterungsarbeiten	die Art der Verwertung
		Die Art der Anordnung der Anlage beeinflußt…	die Höhe der Transportkosten	die Zugänglichkeit für Instandhaltungsmaßnahmen	die Möglichkeit von Verbesserungsmaßnahmen	die Ausmusterungsdauer	–
			die Durchlaufzeit der Produkte	die Dauer des instandhaltungsbedingten Anlagenstillstands			
			Die Art, Menge oder Intensität der Anlagennutzung beeinflußt…	die Höhe des Instandhaltungsbedarfs	die Vorteilhaftigkeit der Vornahme von Anlagenverbesserungsmaßnahmen	den Ausmusterungszeitpunkt	den Verwertungserlös
				die Instandhaltungsstrategie			die Anzahl der potentiellen Verwertungsmöglichkeiten
			die zeitliche Verfügbarkeit	Die Durchführung von Instandhaltungsmaßnahmen beeinflußt…	die (gleichzeitige) Durchführung von Anlagenverbesserungsmaßnahmen	den Ausmusterungszeitpunkt	den Verwertungserlös
			das Produktionsprogramm				die Anzahl der potentiellen Verwertungsmöglichkeiten
			die zeitliche Verfügbarkeit	die (gleichzeitige) Durchführung von Instandhaltungsmaßnahmen	Die Durchführung von Anlagenverbesserungsmaßnahmen beeinflußt…	den Ausmusterungszeitpunkt	den Verwertungserlös
			das Produktionsprogramm	die „Instandhaltungsfreundlichkeit"			die Anzahl der potentiellen Verwertungsmöglichkeiten
						Die Art oder der Zeitpunkt der Anlagenausmusterung beeinflussen…	den Verwertungserlös
							die Anzahl der potentiellen Verwertungsmöglichkeiten

Bild 18-6 Überblick über anlagenwirtschaftliche Interdependenzen [Me86: 77]

probleme, die die Validität dieser Verfahren beeinträchtigen können, liegen insbesondere hinsichtlich der Interdependenzen zwischen unterschiedlichen Phasen im Lebenszyklus einer Anlage vor. So bestehen bei vielen – insbesondere innovativen – Technologien starke Substitutionsbeziehung zwischen Projektierungskosten und laufenden Kosten einer Anlage. Theoretisch lassen sich diese durch Einrichtung entsprechender Investitionsvarianten leicht berücksichtigen. In der Praxis gehören Investitionsrechner und Anlageninstandhalter jedoch häufig zu unterschiedlichen Organisationseinheiten des Unternehmens, so daß das Produktionscontrolling den Prozeß des Informationsaustauschs bzw. der Evaluierung der Substitutionsbeziehungen konkret anstoßen und sicherstellen muß. Letztlich gilt es, die Planungsinterdependenzen zwischen allen Lebenszyklusphasen (Projektierung, Bereitstellung, Anordnung, Nutzung, Instandhaltung, Verbesserung, Ausmusterung, Verwertung) beherrschbar zu machen. Diese zeigt Bild 18-6. Als Vorbedingung sind dafür in allen Teilfeldern gleiche planungs- und kontrollbezogene Ausgangsbedingungen zu schaffen.

Ein weiteres Koordinationsfeld besteht in der Abstimmung von Investitionsplanung und Investitionskontrolle. Empirisch kann man feststellen, daß beide sehr ungleichgewichtig realisiert sind. Dies führt zu der Gefahr, daß zu optimistisch und häufig organisationszielkonträr (bereichs- bzw. indiviudalbezogen) geplant wird („kreative Investitionsrechnungen"). Im Sinne einer systembildenden Aufgabe des Produktionscontrolling ist der Aufbau einer systematischen Investitionskontrolle sicherzustellen, in der die Prämissen und angesetzten Daten im Zeitablauf auf ihre Gültigkeit hin überprüft werden. Derartige Investitionskontrollen bieten drei wesentliche Vorteile:
– „Realisierung der angestrebten Investitionspolitik durch Gewährleistung einer realistischen Planung und einer planentsprechenden Umsetzung,
– Erzeugung von Lerneffekten, die langfristig über eine Schwachstellenbeseitigung im Investitionsplanungs- und -entscheidungsprozeß und durch genauere Schätzungen eine verbesserte Investitionspolitik bewirken sollen,
– kurzfristige Korrektur realisierter Investitionsvorhaben" [Lü83: 40].

Auch hieran wird die Zwitterstellung der Investitionsplanung zwischen strategischer und operativer Planung deutlich. Die Kontrollen haben sowohl die Funktion, die Planerreichung zu unterstützen bzw. die Grundlagen für die Erreichung zu legen, als sie auch Lernfunktion für die Planung besitzen: „Es geht also nicht darum, ‚Schuldige' für Plan-Ist- bzw. Soll-Ist-Abweichungen zu finden, sondern Lernprozesse auszulösen, um die Genauigkeit der künftigen Investitionsplanung zu erhöhen und den gesamten Investitionsplanungs- und -kontrollprozeß besser auf die Unternehmensziele auszurichten" [La90: 142].

18.1.5 Operatives Logistikcontrolling

18.1.5.1 Überblick

Die Aufgaben des operativen Logistikcontrolling sollen im folgenden kurz skizziert werden, bevor der Informationsbereitstellung breiterer Raum geschenkt wird

Unterstützung des logistischen Zielfindungsprozesses

Wie dies auch für andere sog. Gemeinkostenbereiche (z. B. für die Instandhaltung) zutrifft, sind in den meisten Unternehmen die Ziele der Logistik nur unvollständig, unvollkommen und unpräzise beschrieben. Der globale Verweis auf die „4 Rs" (richtige Ware in der richtigen Menge am richtigen Ort zur richtigen Zeit) eignet sich zwar zur Formulierung eines globalen Leistungsanspruchs an die Logistik, hilft aber im logistischen Tagesgeschäft nicht weiter, eignet sich nicht als Richtschnur zur Steuerung einzelner logistischer Leistungsbereiche, läßt sich nicht zur Formulierung expliziter Vorgaben verwenden. Logistisch Verantwortliche haben derzeit häufig selbst für ihren Bereich den Zielrahmen nach ihren eigenen Vorstellungen auszufüllen. Gefordert ist somit ein in sich abgestimmtes logistisches Zielsystem, das an jedem einzelnen logistischen Aktivitätsfeld ansetzt, Zielgewichtungen vorsieht (z. B. Servicegrad versus Logistikkostenhöhe) und die Basis für eine Leistungsbeurteilung der Logistik bildet.

Die Struktur eines solchen Zielsystems, das einen wichtigen Teil des Planungssystems ausmacht, zeigt Bild 18-7. Es enthält der Vollständigkeit halber neben operativen auch strategische Logistikziele. Aufgabe der Logistik-Controller ist es, in Zusammenarbeit mit den zuständigen Führungskräften innerhalb (z. B. Lo-

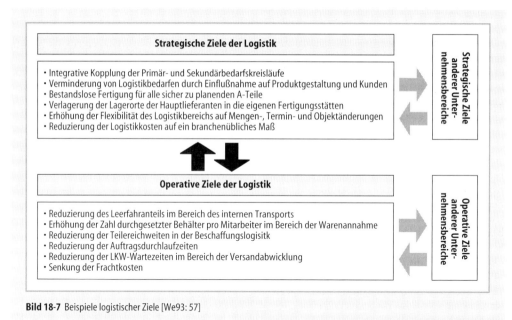

Strategische Ziele der Logistik

- Integrative Kopplung der Primär- und Sekundärbedarfskreisläufe
- Verminderung von Logistikbedarfen durch Einflußnahme auf Produktgestaltung und Kunden
- Bestandslose Fertigung für alle sicher zu planenden A-Teile
- Verlagerung der Lagerorte der Hauptlieferanten in die eigenen Fertigungsstätten
- Erhöhung der Flexibilität des Logistikbereichs auf Mengen-, Termin- und Objektänderungen
- Reduzierung der Logistikkosten auf ein branchenübliches Maß

Strategische Ziele anderer Unternehmensbereiche

Operative Ziele der Logistik

- Reduzierung des Leerfahranteils im Bereich des internen Transports
- Erhöhung der Zahl durchgesetzter Behälter pro Mitarbeiter im Bereich der Warenannahme
- Reduzierung der Teilereichweiten in der Beschaffungslogisitk
- Reduzierung der Auftragsdurchlaufzeiten
- Reduzierung der LKW-Wartezeiten im Bereich der Versandabwicklung
- Senkung der Frachtkosten

Operative Ziele anderer Unternehmensbereiche

Bild 18-7 Beispiele logistischer Ziele [We93: 57]

gistikleitung) und außerhalb der Logistik (z. B. Vorstand)

- Ziele für die Logistik zu sammeln,
- diese nach den Angaben der Führungskräfte hierarchisch zu ordnen und mit Gewichtungen zu versehen,
- Inkonsistenzen im Zielsystem aufzudecken und zu beseitigen und schließlich
- den Konsens über die Gültigkeit des erarbeiteten Logistik-Zielsystems herbeizuführen.

Dabei kann es nicht angehen, Logistikziele allein als auf Kurzfristzeiträume gerichtete Meßlatten zu verstehen. Wie bereits mehrfach angesprochen, muß der Logistik-Controller auch fragen,

- welche langfristigen Zielsetzungen die Logistik verfolgt (z. B. Übergang von personenintensiven zu weitgehend automatisierten Prozessen, Realisierung bestandsloser Fertigung für alle A-Teile usw.),
- welche Stellung den strategischen Logistikzielen innerhalb der anderen strategischen Ziele des Unternehmens zukommt (so kann z. B. ein hoher Servicegrad als Logistikziel die Rolle einer notwendigen Voraussetzung für andere strategische Ziele einnehmen) und
- wie operative Logistikziele in die Strategieziele eingepaßt sind, ob z. B. eine Senkung der Logistikkosten durch Leistungsreduzierung (etwa geringere Auslieferungsfrequenz) mit dem Ziel höherer Kundennähe vereinbar ist.

Festlegung operationaler Größen zur Messung der Ziele der Logistik

Mit der Formulierung und Präzisierung von Zielen für die Logistik ist es allerdings noch nicht getan, um ein effizientes und zielgerichtetes Handeln der Logistik-Verantwortlichen zu erreichen. Ziele bleiben häufig so lange Wunschvorstellungen, wie nicht gemessen wird, ob und wie sie befolgt wurden. Hieraus folgt die Aufgabe, operationale, d.h. leicht und objektiv erfaßbare Meßgrößen für die Logistik-Ziele festzulegen.

Den Logistik-Controller erwarten hierbei erhebliche Probleme. Die Logistik ist eine Dienstleistungsfunktion. Dienstleistungen sind generell viel unterschiedlicher als Sachleistungen, lassen sich folglich auch weit schwerer messen. Dies gilt auch für Logistikleistungen. Man kommt deshalb nicht umhin, lediglich einzelne Facetten des gesamten Leistungsspektrums der Logistik herauszugreifen, um damit die Erreichung der Logistik-Ziele zu messen.

Vor der genaueren Darstellung im folgenden Abschnitt sei als plastisches Beispiel eine Transportkostenstelle betrachtet. Um ihre Leistung umfassend abzubilden, kann man sich nicht nur an der Zahl gefahrener Kilometer, am transportierten Gewicht und am transportierten Volumen orientieren. Sicherlich spielt auch die Schnelligkeit, mit der Transportaufträge ausgeführt werden, und die Pünktlichkeit der Abholung und Anlieferung eine Rolle. Alle diese Leistungsmerkmale gleichzeitig festzuhalten, wird angesichts des hohen Erfassungsaufwands nur selten möglich sein. Eine Beschränkung auf ein Merkmal, beispielsweise die Fahrstrecke, birgt allerdings Gefahren: auf der einen Seite würde jeder unnütz gefahrene Kilometer die „Zielerreichung" der Transportkostenstelle erhöhen, auf der anderen Seite würde sich Unpünktlichkeit nicht auf die Zielerreichung auswirken. Welche und wieviele Leistungsmeßgrößen konkret für jede Logistik-Stelle ausgewählt und festgelegt werden sollen, ist folglich eine nicht einfache und zudem für die Gestaltung des Tagesgeschäfts sehr bedeutsame Entscheidung.

Unterstützung der Logistikplanung

Das Logistik-Controlling muß in diesem Aufgabenfeld ein in sich geschlossenes Planungssystem aufbauen – von der langfristigen Festlegung der Logistik-Strategie (z. B. alle Produkte sind spätestens 48 Stunden nach Bestellung beim Kunden) über die Investitionsplanung bis hin zur kurzfristigen Ablaufplanung – und für die innerhalb dieser Planungsfelder zu treffenden Entscheidungen die passenden Entscheidungsmethoden und benötigten Informationen bereitstellen.

Dieses in sehr knappen Worten umrissene Aufgabenfeld macht einen wesentlichen Teil des „Tagesgeschäfts" eines Logistik-Controllers aus. Anstehende Entscheidungen vorzubereiten und mit Zahlen zu untermauern, ist aktuell ein Aufgabenschwerpunkt. Ihn zu erfüllen, verlangt ein breites betriebswirtschaftliches und technisches Wissen. Zudem ist ein hohes Maß an Kommunikationsfähigkeit gefordert, da viele Logistikentscheidungen über die Logistik hinausgehend andere Unternehmensbereiche betreffen. Schließlich setzt die Vorbereitung derartiger Dispositionen eine umfassende und detaillierte Sammlung von Logistikleistungs- und -kosteninformationen voraus.

Aufstellung von Logistikbudgets

Der Planung von Budgetansätzen und deren Abstimmung mit Budgetvorgaben der Unternehmensleitung kommt im Aufgabenspektrum des Logistik-Controlling eine besondere Bedeutung zu. Angesichts anfangs (d. h. in den ersten Jahren nach Einführung eines Logistik-Konzepts im Unternehmen) hoher Rationalisierungsreserven in der Logistik und fehlender exakter Leistungsplanung und -erfassung besteht die Budgetfestlegung in vielen Betrieben immer noch darin, die Vorjahreswerte trotz Leistungsausweitung (z. B. höhere Verfügbarkeit, höhere Komplexität der Produkte) nicht zu erhöhen, zuweilen noch um einen Rationalisierungsprozentsatz zu kürzen. Nach einer verstärkten aufbau- und ablauforganisatorischen Durchdringung sowie einer starken Automatisierung der Logistik muß ein solches Vorgehen jedoch bald an Grenzen stoßen. Einige Unternehmen sind auf dem Weg der Logistikentwicklung schon so weit vorangeschritten, daß die Logistik vom arbeitsablauforganisatorischen Durchdringungsgrad mit der Fertigung vergleichbar ist. Folglich muß der Logistik-Controller Planungstechniken und -verfahren zur Budgetfestlegung anwenden, wie er sie aus dem Fertigungsbereich gewohnt ist.

Bild 18-8 zeigt, wie man dabei vorgehen kann. Betrachtet wird ein mehrere Werke umfassendes Unternehmen, das für die einzelnen Werke jeweils Kostenbudgets festlegen will. Innerhalb der Werksbudgets budgetiert man zunächst Einzelkosten und Gemeinkosten separiert, anschließend wichtige Kostenarten ebenfalls gesondert. Eines dieser kostenartenbezogenen Budgets ist das der Logistik. Aufbauend auf Vergangenheitswerten, wichtigen Veränderungen der Logistikaufgaben und unternehmerischen Zielvorstellungen werden von der Unternehmensleitung werksbezogene Budgetvorstellungen entwickelt. Diesen entgegengerichtet erfolgt eine an den einzelnen Logistikkostenstellen ansetzende Logistikkostenplanung. Diese baut zum einen wesentlich auf der Kenntnis auf, welchen Bedarf an Lagerungen, Transporten und Umschlagtätigkeiten die einzelnen Einsatzstoffe und Erzeugnisse besitzen. Zum anderen muß man wissen, wie sich das zu bewältigende Warenvolumen insgesamt entwickelt, und wie bzw. ob sich die Rahmenbedingungen für die Logistik (z. B. der einzuhaltende Servicegrad oder die Anlagenausstattung) verändern werden. Der Abgleich der top-down und bottom-up ermittelten Werte – unter Federführung des zuständigen Controllers – schließt sich an. Dieser Abgleich liefert als Ergebnis ein werksbezogenes Logistikkostenbudget. Dieses „verbraucherbezogene" Budget bildet schließlich – mit dem Korrekturfaktor des Fremdlogistikanteils – die Basis für das Budget der einzelnen Logistikkostenstellen.

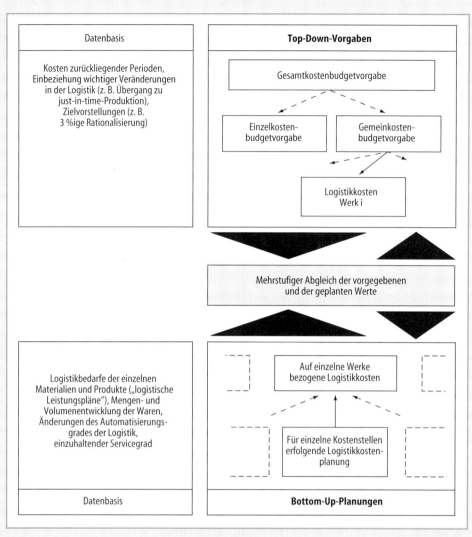

Bild 18-8 Vorgehen zur Budgetierung von Logistikkosten [We93: 62]

Wie bereits erkennbar, verlangt eine derartige Budgetierung im „Gegenstromverfahren" auf der logistikprozeßbezogenen Planungsseite (z. B. in einer Transportkostenstelle) detaillierte, analytisch ermittelte Informationen über den Zusammenhang zwischen Material- bzw. Warenmengen, Logistikleistungsmengen und Mengen von Einsatzfaktoren (Transportarbeiter, Gabelstapler, Dieselkraftstoff usw.). Diese Informationen sind allerdings derzeit in den wenigsten Unternehmen verfügbar. Man ist häufig auf Intuition und Schätzungen angewiesen. Damit verschlechtert sich automatisch die Argumentationsposition des Logistik-Controllers im Ab-

gleichprozeß zwischen den mit seiner Hilfe bottom-up geplanten und den top-down vorbudgetierten Werten. Anders als sein Kollege aus dem Fertigungsbereich kann er nicht auf Arbeitsgangpläne verweisen, deren Zeitansätze durch Multi-Moment-Aufnahmen belegt sind. Bei knappen Mitteln ist damit die Rolle des Verlierers im „Budgetringen" vorgezeichnet.

Aufbau einer Logistikkosten- und
-leistungsrechnung

Alle zuvor skizzierten Aufgabenfelder des Logistik-Controlling verlangen, sollen sie adäquat wahrgenommen werden, umfassende, differenzierte und zeitnahe Basisdaten. Hierbei denkt man zunächst an Kosteninformationen. Diese stehen in den meisten Unternehmen nicht in ausreichendem Maße zur Verfügung. Nicht nur in der einschlägigen Literatur bemängelt man, daß die traditionelle Kostenrechnung für Zwecke der Logistik nur unzureichend geeignet sei. Das Logistik-Controlling muß folglich das bestehende Kostenrechnungssystem soweit verändern und erweitern, daß es – wie schon bisher z.B. für die Fertigungskosten – Logistikkosten planen, ihren Anfall erfassen und ausweisen, sie auf die Erzeugnisse zurechnen und schließlich Abweichungsanalysen durchführen kann. Der – allerdings mit besonderem Augenmaß bezüglich der damit verbundenen Kosten erfolgende – Aufbau eines aussagefähigen Kostenplanungs-, -erfassungs- und -berichtssystems für die Logistik ist eine Vorbedingung, um die Koordinationsaufgaben des Logistik-Controlling erfüllen zu können.

Allerdings ist es mit einem solchen Kosteninformationssystem keinesfalls getan. Schon bei der Ansprache der Zielabstimmungsfunktion des Controlling wurde vielmehr der hohe Stellenwert einer logistischen Leistungsrechnung offensichtlich. Sie erfüllt nicht nur „Zulieferungsfunktionen" für die Kostenrechnung, wie etwa dann, wenn die Leistungen einer Logistikkostenstelle leistungsentsprechend weiterverrechnet werden sollen. Vielmehr werden Leistungsinformationen oft auch unmittelbar zur Steuerung der Logistik benötigt. Eine ausgebaute Logistikleistungsrechnung findet sich zur Zeit in fast keinem Unternehmen. Ähnlich, wie dies für andere Gemeinkostenbereiche (etwa für die Instandhaltung) zutrifft, scheut man zumeist den nicht unerheblichen Erfassungsaufwand. In der Logistikleistungsrechnung liegt zweifelsohne derzeit ein Engpaß des operativen Logistikcontrolling. Deshalb sei dieser Aspekt im folgenden näher beleuchtet.

18.1.5.2 Informationssystemgestaltung

Notwendigkeit einer Logistik-Leistungsrechnung

Eine Logistik-Leistungsrechnung aufzubauen, ist ein vergleichsweise komplexes, langwieriges und aufwendiges Unterfangen. Deshalb muß das Vorgehen in Umfang, Gestalt und Ablauf genau geplant werden. Ein „Durchwurschteln" ist ineffizient und gefährdet den Erfolg der Bemühungen um eine aussagefähige Informationsbasis. Allerdings sollte man umgekehrt auch nicht dem Irrglauben verfallen, das gesamte Leistungsrechnungskonzept quasi generalstabsmäßig „in einem Zuge" gestalten zu können. Die Erfahrung zeigt, daß man sich auch eine gewisse Offenheit, eine Anpassungsflexibilität erhalten sollte, um die Leistungsrechnung stets an neue Bedürfnisse anpassen zu können. Ein stufenweises „Rapid prototyping" erweist sich dann, wenn es in einen konsequent geführten Prozeß zum Aufbau einer Logistik-Leistungsrechnung eingebunden ist, als die bessere Lösung gegenüber perfektionistischen „Optimallösungen".

Im folgenden sollen die wichtigsten Schritte skizziert werden, die auf dem Weg zu einem tragfähigen Erfassungskonzept für die Logistikleistungen zu gehen sind.

Bestimmung der Aufgaben der Logistik-Leistungsrechnung

Der Informationsbedarf einer Logistik-Leistungsrechnung leitet sich aus dem Planungs- und Kontrollbedarf zur (insbesondere operativen) Steuerung der Logistik ab. Hierzu zählen die

- Lieferung von Anregungsinformationen (z.B.: Bei welchen Artikeln fallen die höchsten Durchlaufzeiten an? Wie hat sich der Anteil von Eil- und Sonderfahrten in den letzten Jahren verändert?),
- Planung logistischer Ressourcen (z.B. Personaleinsatzplanung, Kapazitätsplanung),
- Budgetierung der Logistikbereiche und die
- Fundierung und Kontrolle von Entscheidungen (z.B. einer Investition in automatische Fördersysteme).

Hinzu kommen weitere Zwecke, wie etwa die Kontrolle der Wirtschaftlichkeit in den Logistikstellen und – auf ganz anderer Planungsebene – die strategische Kontrolle von Logistikstrategien, indem etwa die zu einer Meilensteinkontrolle erforderlichen Daten erfaßt werden.

Dieses breite Spektrum von Zwecken wird in toto selten auf den ersten Blick erkannt. Anlaß, Logistikleistungen zu erfassen, sind zumeist einzelne konkrete Fragestellungen. Die Zwecke einer Logistik-Leistungsrechnung im Unternehmen wird man damit zum einen nur dann hinreichend vollständig erfassen, wenn man die operativ verantwortlichen Logistiker direkt anspricht und einbindet. Dies schafft zugleich die beste Voraussetzung für die spätere Akzeptanz des erarbeiteten Erfassungskonzepts. Allerdings darf es zum anderen auch nicht unterbleiben, systematisch in dem Planungssystem des Unternehmens logistische Schwachstellen herauszufiltern, also Bereiche zu bestimmen, in denen logistische Aspekte bislang nicht ausreichend eingebunden wurden (z. B. bei der Konstruktion von Produkten). Auch hiervon gehen Informationsbedarfe aus, die Einfluß auf die Gestaltung der Logistik-Leistungsrechnung nehmen. Der Logistik-Controller wird sich bei dieser Analyse eng mit dem Zentralcontrolling abstimmen müssen.

Definition und Abgrenzung
der zu erfassenden Leistungen

Logistikleistungen sind als Dienstleistungen generell schlechter faßbar als Sachleistungen, die man zählen, messen oder wiegen kann. Zudem lassen sich stets mehrere Varianten (genauer: Begriffsebenen) von Logistikleistungen nebeneinander unterscheiden, die
– Sicherstellung der Verfügbarkeit von Ressourcen, die
– vollzogene Orts- und/oder Zeitveränderung von Gütern und die
– vollzogenen Transport- oder Lagerungsvorgänge (z. B. Betrieb eines Förderbandes).

Alle drei aufeinander aufbauenden Begriffsschichten sind jeweils für spezielle Entscheidungsprobleme relevant. Logistikleistungen als Tätigkeiten definiert, benötigt man z. B. für viele Verfahrenswahlprobleme (z. B. Einsatz von Kettenförderern oder Gabelstaplern). Logistikleistungen als Tätigkeitsergebnis zu definieren und zu messen, ist u. a. zur produktbezogenen Kalkulation der Logistikkosten unabdingbar. Logistikleistungen als Wirkung eines Tätigkeitsergebnisses schließlich (insbesondere in Form des Verfügbarkeitsgrads von Material und Produkten) benötigt man für viele strategische Logistikentscheidungen (z. B. Festlegung des Servicegrads im Vertrieb). Dieses Nebeneinander unterschiedlicher „Leistungsebenen" erhöht zum einen die Komplexität der Logistik-Leistungsrechnung und macht sie zum anderen zu einem erklärungsbedürftigen „Produkt". Hieraus sind zwei wesentliche Konsequenzen zu ziehen:
– Jede zu erfassende Leistungsart ist genau zu spezifizieren. Es reicht z. B. nicht aus, einen

Servicegrad pauschal als Anteil von Gut-Lieferungen zu Gesamtlieferungen zu bezeichnen. Innerhalb einer solchen „Definition" bleiben so viele Freiheitsgrade offen, daß ohne Präzisierung derselbe Terminus mit sehr unterschiedlichen Bedeutungen belegt werden kann.
– In die Abgrenzung der zu erfassenden Größen sind möglichst viele der später Betroffenen einzubinden. Nur so kann sichergestellt werden, daß zum einen alles vorhandene Know-how berücksichtigt wird und zum anderen die präzisierten Leistungsgrößen später akzeptiert werden.

Ohne Zweifel ist eine derart gestaltete Abgrenzungs- und Definitionsphase nicht wenig aufwendig. Sie verlangt eine straffe Organisation und braucht Zeit. Ohne sie besteht aber die große Gefahr, daß die Logistik-Leistungsrechnung auf Sand baut.

Dem Material- und Warenfluß
folgende Beschreibung der Logistikleistungen

Nach der grundsätzlichen Klarheit über das, was in der Leistungsrechnung abgebildet werden soll, gilt es im nächsten Schritt, systematisch alle zu erfassenden Leistungen zu bestimmen. Hierbei folgt man am besten dem physischen Material- und Warenfluß und den ihm zugeordneten administrativen und dispositiven Tätigkeiten. Für jede „Station" dieser Kette ist festzulegen,
– welche Größen grundsätzlich dazu geeignet erscheinen, die jeweilige Leistung in Zahlen zu fassen und
– welche davon für eine Leistungsmessung vor dem Hintergrund der zu verfolgenden Zwecke tatsächlich herangezogen werden sollte.

Dieser Schritt läßt sich wiederum am besten dann leisten, wenn man die unmittelbar „vor Ort" Verantwortlichen in die Aufgabe einbezieht. Die Erfahrungen zeigen, daß eine solche Leistungsstrukturierung nicht nur die Basis für eine geeignete Leistungsrechnung legt, sondern auch die allgemeine Transparenz des Logistikbereichs bei allen an der Gestaltungsarbeit Beteiligten deutlich erhöht. Mit anderen Worten: Selbst wenn es nicht zu einer laufenden Logistik-Leistungsrechnung kommen sollte, erweist sich die Leistungsanalyse als ein effektives Unterfangen.

Die folgenden Schritte lassen sich strenggenommen nicht sukzessiv, sondern nur simultan bestimmen:
- Liegen relevante Daten bereits vor, so wird man oftmals (z. B. im Fall eines vorhandenen BDE-Systems, das auch logistische Daten enthält) weder die Erfassunghäufigkeit noch die Erfassungsgenauigkeit verändern.
- Liegen die benötigten Daten dagegen noch nicht vor, bilden die Häufigkeit und Genauigkeit der Leistungserfassung neben den Kosten die zentralen Auswahlkriterien der zu gestaltenden Erfassungsverfahren (z. B. manuell, automatisch).

Verwendung der erfaßten Logistikleistungen

Die Nutzung der erfaßten Daten kann zum einen fallweise, zum anderen regelmäßig erfolgen. Eine fallweise Nutzung greift für spezielle Fragestellungen auf den Datenpool zu. Die Auswertungen können von eng abgegrenzten Problemen (soll z. B. in einem Fertigungsabschnitt ein Stetigförderer durch Gabelstapler ersetzt werden?) bis hin zu komplexen Entscheidungen reichen (z. B. welche Konsequenzen hätte eine Reduzierung der Variantenvielfalt auf die Logistik?). Regelmäßige Auswertungen betreffen zum einen „Leistungsberichte" (vgl. als Beispiel [We93a: 165–189]), die in den Führungskräften unmittelbar verständlichen Termen Aussagen über die Logistik im Berichtszeitraum machen. Zum anderen dient die Logistik-Leistungsrechnung als standardmäßiger Datenspeicher der Logistik-Kostenrechnung.

Notwendigkeit einer „Logistik-Kostenrechnung"

Material- und Warenflußprozesse in der laufenden, periodischen Kostenrechnung eines Unternehmens zu verankern, ist ein zwar ein komplexes und vielstufiges Unterfangen. Es stellt den Kostenrechnungsspezialisten jedoch nicht vor neue oder gar unlösbare Probleme. Es geht wie in der traditionellen, leistungssystembezogenen Kostenrechnung generell um die Erfassung des Faktoreinsatzes (Kostenarten), die Abbildung von Leistungserstellungsprozessen (in Kostenstellen) und die Zurechnung von Kosten zu Verursachern, unter diesen insbesondere zu Produkten (Kostenträgerrechnung). Spezifische Pro-

bleme resultieren zum einen nur aus dem Dienstleistungscharakter der als Funktionsspezialisierung aufgefaßten Logistik. Wurde eine Logistik-Leistungsrechnung aufgebaut, sind diese Probleme hinlänglich gelöst. Zum anderen muß man sich bei der Einbindung der Material- und Warenflußprozesse in die Kostenrechnung noch genauer als sonst die Frage nach der Wirtschaftlichkeit der zusätzlich gewonnenen Informationen stellen. Dies bedeutet u. a. und insbesondere, zwischen einer permanenten und einer nur fallweisen Verfeinerung der Kostenrechnung zu unterscheiden.

Getrennt für die „klassischen" Teilgebiete Kostenartenrechnung, Kostenstellenrechnung und Kostenträgerrechnung sei letztere Frage im folgenden näher beleuchtet.

Verankerung in der Kostenartenrechnung

Sind die Logistikkosten – aufgrund vielfältiger Abgrenzungsprobleme zwangsläufig unternehmensindividuell – exakt definiert, besteht der erste Schritt ihrer adäquaten Erfassung in der differenzierten Abbildung von Kosten für material- und warenflußbezogene Fremdleistungen in der Kostenartenrechnung. Entsprechende Untergliederungen der Frachtkosten etwa lassen den Anteil teurer Eilfrachten an dem gesamten Frachtaufkommen erkennen und schaffen die Basis für gezielte Veränderungen dieser Struktur (Lieferung von Anregungsinformationen für Maßnahmen des Kostenmanagements).

Der Schwerpunkt des Nutzens solcher zusätzlicher Informationen liegt in der Gewinnung von Transparenz. Diese ist – wie Bild 18-9 veranschaulicht – bereits durch fallweise Erhebungen zu gewinnen. Nennenswerten Erfassungsproblemen ist man dabei nicht ausgesetzt. Kostenanalysen dieser Art werden häufig zu Beginn einer Beschäftigung eines Unternehmens mit der Logistik angestellt, z. B. im Rahmen einer Ermittlung der Logistikgesamtkosten. Allerdings bereitet auch eine permanente Erfassung keine Schwierigkeiten. Eine Erweiterung des Kontenplans in Hinblick auf die Logistik ist durchweg leicht, ohne großen Implementierungsaufwand möglich.

Verankerung in der Kostenstellenrechnung

Spezielle material- und warenflußbezogene Kostenstellen und Kostenplätze sind derzeit in den Unternehmen unterrepräsentiert. Nur ein Teil

Häufigkeit der Erfassung	Wesentlicher Erkenntnisgewinn	Hauptprobleme der Einbindung
Fallweise	• Erstmaliges Erkennen der Bedeutung bestimmter Logistikkostenarten • Vertiefte Erkenntnisse über die Struktur der Logistikkosten **Anregungsinformationen**	• Keine nennenswerten
Permanent	• Transparenz über die Entwicklung einzelner Kostenarten • Basis für Kostenstellen- und -trägerrechnung • Transparenz über die Logistikkosten-artenstrukturentwicklung **Anregungs- und Steuerungsinformationen**	• Systematische und vollständige Abgrenzung der Logistikkostenarten • Erfassung der Merkmale zur Zuordnung zu Kostenträgern

Bild 18-9 Erfassung der Logistikkosten in der Kostenartenrechnung [We93b: 142]

Häufigkeit der Erfassung	Wesentlicher Erkenntnisgewinn	Hauptprobleme der Einbindung
Fallweise	• Erstmaliges Erkennen der Bedeutung bestimmter Logistikbereiche • Einblicke in Logistikkostenstrukturen • Basis von Struktur- und Prozeßentscheidungen **Anregungs- und Entscheidungsinformationen**	• Keine nennenswerten
Permanent	• Gewinnen von Erfahrungen über Kostenfunktionen und Kosten-entwicklung • Erziehung zu wirtschaftlichem Verhalten • Optimierung des Leistungsniveaus durch verursachungsgerechte Leistungs-kalkulation **Anregungs-, Steuerungs- und Entscheidungsinformationen**	• Notwendigkeit einer ausgebauten Logistik-Leistungsrechnung • Bestimmung des Grades zusätzlich erforderlicher Logistikkostenstellen

Bild 18-10 Erfassung der Logistikkosten in der Kostenstellenrechnung [We93b: 144]

der (funktional verstandenen) Logistikkosten wird damit gesondert erfaßt. Der Rest fließt oftmals undifferenziert in die Fertigungsgemeinkosten ein, wird im entsprechenden Gemeinkostenzuschlagssatz pauschal verrechnet. Logistikkostenstellen bzw. -plätze einzurichten, verspricht insbesondere zwei Vorteile:

– Derartige Kostenstellen bzw. -plätze machen transparent, wo von der Warenannahme bis zur Fertigstellung der Erzeugnisse Logistik-

leistungen erbracht werden und damit Logistikkosten anfallen. Dieser Information kommt nicht nur für die Produktkalkulation eine hohe Bedeutung zu.

– Standardmäßig werden die Kosten einzelner Logistikleistungen ermittelt und verrechnet. Dies führt zunächst dazu, bislang in den Fertigungsgemeinkosten „untergehende" Kostenblöcke sichtbar zu machen. Allein schon ein solcher gesonderter Ausweis lenkt die Aufmerksamkeit der Betriebsleitung auf Beträge, die sonst nur im Rahmen aufwendiger Sonderuntersuchungen aufspürbar sind.

Weiterhin werden Informationen geliefert, um die Wirtschaftlichkeit der Logistik zu erhöhen. Die Kenntnis der Kosten einer Transportleistung z. B. ist die notwendige Voraussetzung, um richtig zwischen Eigen- und Fremdtransport wählen zu können. Schließlich wird durch die Kostentransparenz auch in den Logistikleistungen empfangenden Kostenstellen Kostenbewußtsein geschaffen.

Diese Vorteile lassen sich – wie Bild 18-10 zeigt – nur zum Teil dann realisieren, wenn man auf eine permanente zugunsten einer fallweisen Kostenerhebung verzichten will. Insbesondere der Wirtschaftlichkeitsnachweis und die Wirtschaftlichkeitskontrolle sind valide nur bei einer „normalen" Einbindung in die laufende Kostenstellenrechnung erreichbar. Diese Zwecke gewinnen mit zunehmender Logistikerfahrung an Bedeutung, so daß entsprechende Unternehmen fallweise Erhebungen im wesentlichen nur dafür einsetzen sollten, für einzelne Entscheidungen stärker differenzierte Daten zu gewinnen.

Grundsätzliche Probleme sind bei der – fallweisen oder permanenten – Einbindung der Logistik in die Kostenstellenrechnung nicht zu erwarten, zumindest dann nicht, wenn durch die Logistik-Leistungsrechnung eine wesentliche Bezugsbasis gelegt ist. Gesonderte Ausweis- oder Verrechnungsprozeduren sind nicht erforderlich.

Verankerung in der Kostenträgerrechnung

Die mit Abstand größten Probleme, die Material- und Warenflußprozesse adäquat in der laufenden, leistungssystembezogenen Kostenrechnung abzubilden, bestehen innerhalb der Kostenträgerrechnung. Deshalb soll dieser Problemkreis etwas ausführlicher behandelt werden. Betrachtet werden zwei Fragestellungen, die nach der anzustrebenden Genauigkeit und die nach der Häufigkeit der Kalkulation.

Die Ausgangssituation für eine exakte Kalkulation der material- und warenflußbezogenen Kosten ist in den Unternehmen potentiell sehr unterschiedlich:

- Unternehmen verfügen über sehr unterschiedliche Anteile von Logistikkosten an den Gesamtkosten.
- Unternehmen sind in sehr unterschiedlichem Maße „von außen" (z. B. von Kunden) gefordert, Aussagen über Logistikkostenanteile innerhalb der Herstellkosten oder Selbstkosten zu treffen.
- Unternehmen haben unterschiedlich heterogene und unterschiedlich breite Produktprogramme, so daß die Logistikkosten bislang fast zwangsläufig unterschiedlich „falsch" den Produkten zugeordnet werden.
- Unternehmen besitzen neben anderen Unterschieden schließlich – und dies ist sicher der letztlich dominierende Faktor – sehr unterschiedliche Ausgangssituationen bezüglich der Logistikleistungserfassung. Die Spannweite reicht dabei von CIM-orientierten Firmen bis hin zur fast völligen Intransparenz der Logistik.

Vor diesem Hintergrund muß nachdrücklich davor gewarnt werden, einem einheitlichen Normkonzept einer Logistikkostenkalkulation zu folgen. Eine solche Kalkulation ist – wie die gesamte Kostenrechnung eines Unternehmens auch – stets kontextabhängig zu sehen. Mißachtet man diese grundlegende Erkenntnis, scheitert entweder die Einführung oder das realisierte Konzept ist zu teuer, unpassend oder nicht akzeptiert bzw. jede beliebige Kombination aus diesen drei Attributen.

Für die angestrebte Kalkulationsgenauigkeit sind damit sehr unterschiedliche unternehmensspezifische Lösungen denkbar, die im folgenden idealtypisch zu insgesamt vier Möglichkeiten verdichtet werden sollen:

Variante 1: Der Aufbau der Kostenträgerrechnung bleibt unverändert. Diese „Nullösung" ist letztlich nur dann unbefriedigend, wenn sie aus Unwissenheit gepflegt wird, wenn sie sich nicht als Ergebnis einer detaillierten, auf die unternehmensrelevanten Kontextfaktoren bezogenen Analyse ergibt. Es gibt viele Unternehmen, für die die Material- und Warenflußprozesse eine nur sehr untergeordnete Rolle spielen und / oder für die aufgrund ihrer Wettbewerbsposition und -strategie der mögliche Unterschied im Kalkulationsergebnis kaum relevant ist. Diese Unternehmen haben Besseres zu tun, als sich mit Logistikkostenanteilen zu befassen.

Variante 2: Die Kalkulation wird unverändert gelassen, die Ausgangsbasis der Kalkulation aber im Bereich der Kostenstellenrechnung verbessert. Variante 2 unterscheidet sich von Variante 1 in Aufbau und Differenzierung des Kalkulationsschemas nicht. Eine erhöhte Genauigkeit resultiert allein aus der kostenstellenmäßig

Häufigkeit der Erfassung	Wesentlicher Erkenntnisgewinn	Hauptprobleme der Einbindung
Fallweise	• Erkennen de „richtigen" Kosten einzelner Produkte bzw. Produktkategorien (z. B. Auftragsklassen) • Erkennen des Kostenabweichungsgrades • Basis für Änderungen der Standardkalkulation **Anregungs- und Entscheidungsinformationen**	• Keine nennenswerten
Permanent	• Erkennen von Kostenstrukturveränderungen • Erkennen von Ergebnisveränderungen **Anregungs- und Entscheidungsinformationen**	• Notwendigkeit einer sehr stark ausgebauten (detaillierten) Logistik-Leistungsrechnung • Starke Erweiterung des Kalkulationsschemas

Bild 18-11 Erfassung der Logistikkosten in der Kostenträgerrechnung [We93b: 148]

exakten Erfassung der Material- und Warenflußkosten und ihrer (verursachungs-)gerechten Weiterverrechnung im Zuge der innerbetrieblichen Leistungsverrechnung. Hierfür ist es erforderlich, kostenstellenbezogene Leistungsmaße (Bezugsgrößen) zu definieren und zu erfassen, in einer Umschlagsstelle z. B. abgefertigte Behälter. Ein Produktbezug – im Beispiel: erfassen, was im Behälter exakt enthalten ist – ist nicht erforderlich. Dies schränkt den zusätzlichen Erfassungsaufwand ein. Der für Zwecke der Kalkulation erzielte Genauigkeitsgewinn ist allerdings (stark) beschränkt, da die Logistikkosten von den Endkostenstellen unverändert nach falschen Maßgrößen weiterbelastet werden: Das in der Fertigung logistikintensivste Produkt muß keinesfalls das sein, das auch die meisten Fertigungsminuten beansprucht!

Variante 3: Die Kalkulation wird um wichtige Logistikendkostenstellen verlängert. Was als „wichtige" Logistikkostenstelle gelten kann, die man als Endkostenstelle in der Kalkulation berücksichtigt, ist jeweils im Einzelfall zu entscheiden. Den zusätzlichen Erfassungskosten steht der Nutzen höherer Genauigkeit der Herstell- bzw. Selbstkostenbestimmung gegenüber.

Variante 4: Alle Logistikkostenstellen werden als Endkostenstellen aufgefaßt. Diese Maximallösung wird sich nur in solchen Unternehmen realisieren lassen, die – z. B. im Zuge weit gediehener CIM-Konzeptionen – über die meisten benötigten Daten bereits verfügen. Selbst dann muß man sich fragen, ob die 100 %ige Genauigkeit nicht unnötig Speicherplatz und Re

chenzeit kostet, ob man wirklich jeden Material- und Warenflußvorgang kostenmäßig exakt Produkten zuordnen sollte.

Keine der vier skizzierten Varianten hat stets alle Vorteile auf ihrer Seite; lediglich im Fall des Status quo kann man ohne Gefahr die Tendenzaussage wagen, daß sie „im Normalfall" ausgedient haben sollte, daß die Nichtberücksichtigung der Material- und Warenflußprozesse in der Kalkulation zu hohe Ungenauigkeiten bedeutet, die operative und ggf. auch strategische Gefahren hervorrufen. Die anderen drei Varianten stehen zur Disposition, generalisierende Aussagen sind kaum möglich. Allenfalls kann man auf Basis vorliegender Erfahrungen die Vermutung wagen, daß ein schrittweises „Hineinwachsen" in höhere Genauigkeit für die Akzeptanz und das Augenmaß der letztlich gewählten Lösung sich als sehr vorteilhaft erweist.

Die Frage, ob man die Logistik laufend oder nur fallweise in die Kalkulation der Erzeugnisse einbeziehen sollte, ist grundsätzlich offen. Auch bei einer fallweisen logistikgerechten Kalkulation lassen sich – wie Bild 18-11 zeigt – vielfältige Anregungs- und Entscheidungsinformationen gewinnen, wie z. B.

– Erkennen der „richtigen" Kosten einzelner Produkte bzw. Produktkategorien (z. B. Auftragsgrößenklassen),
– Erkennen des Kostenabweichungsgrads gegenüber der derzeitigen Kalkulation,
– Gewinnung von Basisgrößen für die Änderungen in der laufenden Standardkalkulation (z. B. durch gezielte, produkt- bzw. produkt

gruppenspezifische Veränderung der Zuschlagssätze).

Im Gegensatz zur laufenden Kalkulation kann man sich darauf beschränken, die „richtigen" Logistikkosten stichprobenhaft mit begrenztem Anspruch auf Genauigkeit zu erfassen. Schon das wird zumeist aufwendig genug sein. An der Tragweite der gewonnenen Erkenntnisse ändert das fallweise Vorgehen dann, wenn es mit hinreichender Sorgfalt durchgeführt wurde, kaum etwas. Lediglich ist man nicht in der Lage, „schleichende" Kostenstrukturveränderungen quasi automatisch zu erkennen. Nur in wenigen Unternehmen werden diese aber so erheblich ausfallen und/oder die Preis- und Programmpolitik potentiell so stark beeinflussen, daß eine laufende Erfassung der Kostenstrukturen unabdingbar erscheint. Ein fallweises Vorgehen muß deshalb gerade bei der Kalkulation von Logistikkosten nicht als „Quick-and-dirty"-Lösung angesehen werden, sondern kann den optimalen Ausgleich zwischen dem Wert dadurch gewonnener Informationen und der Höhe dafür angefallener Erfassungskosten darstellen. Diese Argumentation gilt im übrigen analog für die Diskussion der Einführung einer Prozeßkostenrechnung, die in Anspruch und Inhalt im wesentlichen mit der Logistikkostenrechnung in hier vertretenen Sinn zusammenfällt.

18.1.6 Operatives Produktionscontrolling

18.1.6.1 Überblick

Wie in 18.1.2.1 bereits angemerkt, ist der Produktionsbereich in den meisten Unternehmen deutlich stärker in die operative Planung und Kontrolle sowie die dafür erforderliche Informationsversorgung eingebunden als die Logistik. Für Produktionssegmente sind Kostenstellen und / oder Kostenplätze eingerichtet. Es wird eine detaillierte periodische Sachzielplanung (Produktionsprogramm- und -ablaufplanung) ebenso standardmäßig betrieben wie eine darauf aufbauende – zumeist flexible – Budgetierung. Anlagenwirtschaftliche Ziele (Nutzungsgrade, Fertigungstoleranzen) liegen ebenso vor wie flexible Plankostenrechnungssysteme, die neben Planungs- auch für Kontrollzwecke verwendet werden. Damit liegt der Aufgabenschwerpunkt des Produktionscontrollers deutlich weniger im Bereich der Systemgestaltung, wie es für seinen Logistik-Kollegen gilt.

Systemveränderungsbedarf besteht derzeit in vielen Unternehmen verstärkt hinsichtlich zweier Aspekte:
– Zum einen rücken Mengen-, Zeit- und insbesondere Qualitätsdaten immer stärker in den Mittelpunkt des Interesses. Erfahrungen im Rahmen von Lean-Production- und TQM-Prozessen haben gezeigt, daß die führungsmäßige Verfolgung derartiger „Vorsteuergrößen" für den Gewinn diesen weit direkter beeinflußt als die Betrachtung von Kosten und die Bemühung, diese zu senken. Für das Controlling bedeutet dies, das vorhandene Planungssystem in der Produktion um derartige Komponenten zu ergänzen und gleichzeitig die nötigen Informationen zur Planung und Kontrolle bereitzustellen. Dies schließt die Bildung entsprechender Kennzahlen ein.
– Zum anderen besteht ein zunehmender Rationalisierungsdruck in allen produktionsinternen Bereichen, die nicht unmittelbar am Wertschöpfungsprozeß beteiligt sind. Hierzu zählt insbesondere der Instandhaltungsbereich.

Das Instandhaltungscontrolling steht folglich im Mittelpunkt der folgenden Ausführungen. Diese Fokussierung vermeidet auch unnötigen Überschneidungen zu den Logistikcontrolling-bezogenen Ausführungen. Betrachtungschnitt im folgenden ist der Produktionsfaktor Anlagen, während im vorangegangenen Abschnitt u.a. der Fluß durch die Anlagen abgebildet wurde.

18.1.6.2 Informationssystemgestaltung

Instandhaltungskosten machen innerhalb der gesamten Anlagenkosten einen erheblichen Anteil aus. Zudem bildet die Instandhaltung den dominierenden Aufgabenschwerpunkt der Anlagenwirtschaft in der Produktion, da Instandhaltungsmaßnahmen während der gesamten Lebensdauer einer Anlage erforderlich sind, nicht – wie etwa die Anlagenbereitstellung oder -verwertung – nur punktuell und sporadisch zu erbringen sind. Deshalb kommt der Steuerung der Instandhaltung eine zentrale Bedeutung zu. Innerhalb dieser Steuerungsfunktion muß das Produktionscontrolling zwei Aufgabenschwerpunkte wahrnehmen.

Zum einen gilt es, systemkoppelnd die Interdependenzen der Instandhaltung zu den anderen anlagenwirtschaftlichen Teilfeldern aufzuzeigen und zieloptimal zu koordinieren. Einen anschaulichen Eindruck über die Komplexität der

Interdependenzen hat bereits Bild 18-6 vermittelt. Zum anderen muß das Controlling systembildend innerhalb der Instandhaltung ein geschlossenes Planungs- und Kontrollsystem aufbauen. Zu dessen Aktivitäten gehören u.a.

- die Ableitung von Unteraufträgen aus Hauptaufträgen,
- die Terminierung von Instandhaltungsaufträgen,
- die Festlegung des Bereitstellungsweges der Instandhaltungsleistungen (Eigen- oder Fremdinstandhaltung),
- die Erstellung von Arbeitsplänen,
- die Vorkalkulation von Instandhaltungsleistungen,
- die Festlegung der benötigten Materialien und die Sicherstellung ihrer zeitgerechten Bereitstellung sowie
- die Auswahl und Schaffung der erforderlichen personellen und maschinellen Kapazitäten.

Um beide Aufgabenfelder bewältigen zu können, bedarf es einer umfassenden, detaillierten Datenbasis, die derzeit in den meisten Unternehmen nicht vorhanden ist. Die systembildende Aufgabe des Controlling geht aktuell damit über das Planungs- und Kontrollsystem hinaus und greift auch in das Informationssystem ein.

Detaillierte, aktuelle, rasch verfügbare, universell auswertbare und die Realität weitestgehend wiedergebende technische und kaufmännische Daten lassen sich heute wirtschaftlich nur noch durch den Einsatz von EDV bereitstellen. So können

- in der EDV Standardarbeitspläne vorgehalten werden, die zur raschen Bildung spezifischer, detaillierter Arbeitspläne genutzt werden,
- Tabellenkalkulationsprogramme die Vorkalkulation komplexer Instandhaltungsaufträge erleichtern,
- Materialverwaltungssysteme zur Durchsicht bestehender Materialbestände und zur Reservierung benötigter Materialien herangezogen werden,
- Terminverwaltungsprogramme Auskunft geben über anstehende und bereits abgeschlossene Instandhaltungsaufträge und die Terminierung von Aufträgen vornehmen sowie
- Kapazitätsprogramme die Verfügbarkeit und Einsatzmöglichkeit des Personals kennzeichnen.

Darüber hinaus zählt die Erfassung, Steuerung und Abrechnung von Instandhaltungsaufträgen zu den typischen Aufgaben eines steuerungsorientierten Informationssystems der Anlagenwirtschaft. Ein solches System sollte u.a.

- umfassend die Instandhaltungsleistungen erfassen, wobei es insbesondere notwendig und bedeutsam ist, neben den geplanten auch die schadensbedingten Instandhaltungsleistungen zu berücksichtigen;
- benutzeradäquat die Instandhaltungsaufträge gestalten (Erfassungsformular-Design), um Akzeptanz bei den Instandhaltungshandwerkern zu schaffen;
- dezentral die Auftragseröffnung und -belegerstellung vorsehen, um somit beispielsweise unnötige Verzögerungen des Auftragsbeginns von schadensbedingten Instandhaltungsaufträgen weitgehend zu vermeiden;
- pro Anlage und pro Instandhaltungsleistungsart (z.B. Inspektion oder Wartung) differenziert die Instandhaltungskosten erfassen, um damit eine differenzierte kosten- und leistungsorientierte Planung und Kontrolle der Instandhaltung zu ermöglichen;
- zentral die Erfassung der Daten erbrachter Instandhaltungsaufträge vorsehen, um insbesondere bei einem hohen Volumen von abzuwickelnden Instandhaltungsaufträgen die dezentralen Stellen der Instandhaltung von sehr zeitaufwendigen Erfassungstätigkeiten zu entbinden und ihnen somit genügend Zeit für deren Dispositionen zu lassen;
- eine Vor- und Nachkalkulation von Instandhaltungsaufträgen vorsehen, um die Wirtschaftlichkeit (bzw. Unwirtschaftlichkeit) erbrachter Aufträge zu ermitteln, aus diesen Kontrollinformationen Hinweise auf Verbesserungen in der Instandhaltungsdurchführung abzuleiten und darüber hinaus ex ante den wirtschaftlichsten Bereitstellungsweg für die Instandhaltungsleistungen (Eigen- oder Fremdinstandhaltung) bestimmen zu können;
- die Instandhaltungskosten leistungsherkunftsbezogen (Eigen- oder Fremdinstandhaltung) als auch in ihrer Abhängigkeit vom Leistungsvolumen der Instandhaltung (getrennt in leistungsabhängige und -unabhängige Kosten) ausweisen und damit sachgerechte Dispositionen ermöglichen;
- die einzelnen technischen und betriebswirtschaftlichen Daten der Instandhaltung nur einmal erfassen, für wiederkehrende Leistungen Dauer- statt Einzelaufträge erstellen und die Einheitlichkeit und Stetigkeit beachten.

Zeitbezug der ausgewiesenen Information			Kostenstelle:			
			Monat		**laufendes Jahr**	
Art der ausgewiesenen Information			aktuell	Vorjahr	aktuell	Vorjahr
Objekte	Anlagenhalter	Baujahr				
		Anschaffungsjahr				
		Überholungsjahr				
	Anlagenwert	Anschaffungswert				
		Tageswert				
		Wiederbeschaffungswert				
	Verkettungsgrad					
Objektleistung	Sollaufzeit					
	Überstunden					
	Istlaufzeit					
	Stillstandzeit	insgesamt				
		instandhaltungsbedingt				
Instandhaltungsleistungen	Inspektion	Anzahl				
		Dauer				
	Wartung	Anzahl				
		Dauer				
	vorbeugende Instandhaltung	Anzahl				
		Dauer				
	schadensbedingte Instandhaltung	Anzahl				
		Dauer				
	Gereralüberholungen	Anzahl				
		Dauer				
	Schwachstellenbeseitigungen	Anzahl				
		Dauer				
	Optimierungen	Anzahl				
		insgesamt				
	Umbauten	Anzahl				
		Dauer				
Kosten	Instandhaltungskosten	Eigeninstandhaltungskosten				
		Fremdinstandhaltungskosten				
	Kapitalkosten					
Kennzahlen	Durchschnittliche Wartezeit auf störungsbedingte Instandhaltung					
	Anteil instandhaltungsbedingter Fehlzeiten am Anlagenstillstand					
	Instandhaltungskosten in Prozent des Wiederbeschaffungswerts					
	Anteil vorbeugender Instandhaltung an der Gesamtinstandhaltung					

Bild 18-12 Beispiel eines Instandhaltungskosten- und -leistungsberichts einer Produktionskostenstelle

Neben der Abrechnung von Instandhaltungsaufträgen für Zwecke der innerbetrieblichen Leistungsverrechnung ermöglicht ein solches System die Erstellung von vielfältigen, Rationalisierungspotentiale eröffnenden Auswertungen. Zu diesen gehören instandhaltungsbezogene Kosten- und Leistungsberichte für die Fertigungskostenstellen, die neben den Instandhaltungkosten Instandhaltungsleistungen, bedeutsame Instandhaltungskennzahlen und Stamm- und Leistungsdaten der in diesen Kostenstellen befindlichen Anlagen enthalten. Das Beispiel eines solchen Berichts zeigt Bild 18-12.

Um solche Kosten- und Leistungsberichte zu erstellen, greift das zuvor erläuterte Informationssystem auf bestimmte Daten anderer Rechensysteme zurück, wie es diesen umgekehrt Daten bereitstellt. Insbesondere besteht ein enger Verbund zu den Rechenkreisen der Materialwirtschaft und der Lohnabrechnung. Ein so ausgestaltetes und integriertes Informationssystem für die Instandhaltung ermöglicht es u.a.,

- Instandhaltungsaufträge maßnahmen- und objektbezogen (z.B. Wartung oder Instandsetzung) zu planen und zu budgetieren,
- den Nutzen einer opportunistischen Instandhaltungsstrategie (Koordination von schadensbedingten und geplanten Instandhaltungsleistungen) der Instandhaltung nachzuweisen,
- Entscheidungen über die Wahl zwischen Eigen- und Fremdinstandhaltung sachgerecht zu treffen,
- die einzelnen Instandhaltungsleistungen erfolgswirtschaftlich zu beurteilen und
- die Kosten einer Mehrfachbevorratung von Ersatzteilen zu vermeiden.

Ein solches System schlägt schließlich auch die Verbindung zu einem immer bedeutsamer werdenden Instrument der Anlagenwirtschaft: der Schwachstellenanalyse. Diese dient der Ermittlung der Ursachen häufigen Ausfalls von Anlagen und somit letztlich der Vermeidung bzw. Senkung von Instandhaltungsbedarfen. Ihrem Wesen nach ist die Schwachstellenanalyse eine bestimmte Problemermittlungs- und -analysemethode, zu deren Durchführung eine große Zahl von Erfahrungswerten erforderlich ist. Zu solchen im Vorfeld der Schwachstellenanalyse zu erfassenden und aufzuarbeitenden Daten gehören typischerweise u.a. die Spezifikation der ausgefallenen bzw. beschädigten Anlage, die Art des Fehlers, die Stillstandsdauer der betroffenen Anlage und das beschädigte bzw. fehlerhafte Bauteil und seine Funktion. Diese Daten sollten standardmäßig als Teil der bei Instandhaltungsmaßnahmen zu erfassenden Aspekte erhoben und aus diesem Datenbestand anschließend in einer Schwachstellenanalysedatei gespeichert werden. Bei entsprechender Auswertung geben sie dann im Zeitablauf Anhaltspunkte über die Ausfallursachen von Anlagen. Diese Anhaltspunkte können einerseits zur unmittelbaren Ermittlung der Schwachstellenursachen führen, andererseits jedoch auch gründliche technische Untersuchungen anregen.

18.1.7 Organisation des Logistik- und des Produktionscontrolling

Fragen der organisatorischen Zuordnung von Aufgabenbereichen auf Aufgabenträgern spielen für den Erfolg der Aufgabenwahrnehmung in den Unternehmen eine erhebliche Rolle. Dies gilt auch für das Produktions- und das Logistikcontrolling. Beide unterscheiden sich allerdings erheblich in ihrem betrieblichen Neuigkeitsgrad. Während das Produktionscontrolling auf eine längere Erfahrung zurückblicken kann, ist das Logistikcontrolling für viele Unternehmen heute noch weitgehend Neuland. Aus diesem Grund bietet es sich an, unterschiedlich zu verfahren.

18.1.7.1 Organisation des „eingeschwungenen Zustands": Produktionscontrolling

Wie anfangs im Rahmen der begrifflichen Unterscheidung zwischen Controller und Controlling bereits angesprochen, haben größere Unternehmen eine Vielzahl von Controllerstellen eingerichtet. Dabei findet man in der Regel ein Nebeneinander eines Controller-Zentralbereichs und diverser dezentraler Controller. Zu den Aufgaben der Controller-„Zentrale" werden zumeist u.a. gezählt

- die Aufstellung, Pflege und Weiterentwicklung einer Controlling-Methodenbank („Werkzeugkasten"),
- die Konzeptionierung, Implementierung und Operation eines controllingrelevante Daten bereitstellenden Informationssystems,
- die fachliche und personelle Koordination der dezentralen Controller (z.B. durch die Institutionalisierung periodischer Controllerkonferenzen),
- die Funktion einer zentralen Ansprechstelle für die dezentralen Controller und
- die Bearbeitung fallweise auftretender, grundsätzlicher Problemstellungen (bereichsübergreifende betriebswirtschaftliche Sonderuntersuchungen, wie z.B. Neustrukturierung von Unternehmensteilen).

Die dezentralen Unternehmensfunktionen bzw. -bereichen, Werken oder Sparten zugeordneten Controller sind dagegen als eine Art „frontnahe Anwendungsberater" [De86: 71] zu verstehen, die

- eine bereichsspezifische und damit unmittelbar wirksame Führungsunterstützung leisten,

– durch den engen Kontakt mit dem jeweiligen Bereichsmanager und die weitgehende Einbindung in den entsprechenden Unternehmensbereich ein Vertrauensverhältnis aufbauen können, aus der Rolle eines zentral gesteuerten „Wachhunds" in die eines unentbehrlichen persönlichen Beraters wechseln und
– durch den Kontakt zu Controller-Kollegen in anderen Unternehmensbereichen dem Manager bereichsübergreifende Kenntnisse ermöglichen.

Zu diesen „Anwendungsberatern" zählen auch die Produktionscontroller. Unterschiede über die Unternehmen hinweg bestehen weder im Aufgabenspektrum noch in der Lösung des Verhältnisses zwischen Zentralcontrolling und Produktionsleitung. Nur selten findet man die Möglichkeit realisiert, einen in sich geschlossenen Controllerbereich aufzubauen, die dezentralen Controller fachlich und disziplinarisch dem zentralen Controlling unterzuordnen. Dem Vorteil einer engeren Bindung aller Controller untereinander und höherer Unabhängigkeit gegenüber den Produktionsmanager steht der häufige Nachteil gegenüber, als Fremdkörper empfunden und leicht isoliert zu werden. Fachliche und disziplinarische Unterordnung unter das Zentralcontrolling fordert vom Controller „vor Ort" somit ein erhebliches „Verhaltensgeschick". Umgekehrt birgt die fachliche und disziplinarische Unterordnung des Produktionscontrollers unter den Produktionsmanager die Gefahr von Bereichsegoismus und Abkopplung vom Zentralcontrolling, mithin des Konterkarierens des bereichsübergreifenden, koordinierenden und integrierenden Ansatzes des Controlling. Deshalb nimmt man in der Praxis zumeist eine Aufspaltung von Kompetenz und Verantwortung vor, indem das fachliche (Zentralcontrolling) und das disziplinarische Weisungsrecht (Produktionsleitung) getrennt wird. Wegen der Visualisierung im Organisationsplan mit Hilfe zusätzlicher gestrichelter Linien nennt man diese Lösung auch „Dotted-line-Prinzip"

18.1.7.2 Organisation neuer Aufgaben: Logistikcontrolling

Für die hier zu diskutierende Frage sind zwei Fälle zu unterscheiden. Wurde die Logistik organisatorisch verselbständigt, liegt von den Leitungsbeziehungen her eine vergleichbare Situation wie für den Produktionsbereich vor. Verzichtet das Unternehmen dagegen auf eine organisatorische Heraushebung der Logistik und ordnet z. B. alle physischen und administrativen Materialflußaufgaben den Grundfunktionen Beschaffung/Einkauf, Produktion und Absatz/Distribution zu, so liegt eine gänzlich andere Ausgangssituation vor.

Im ersten Fall ist zu entscheiden, ob in der anfangs sehr durch Systembildungsaufgaben gekennzeichneten Phase der Vorsprung des für die Logistik Verantwortlichen im Fachwissen (Kenntnis der Technologie und Abläufe) schwerer wiegt als das höhere Prozeßwissen eines Controllers (z. B. Wie geht man bei der Bildung von Kennzahlen vor?). Erfahrungen zeichnen ein zwiespältiges Bild (vgl. z. B. [We93c]). Controller haben Logistikcontrolling in der Praxis ebenso aufgebaut wie Logistikleiter. Generell läßt sich aussagen, daß die Gestaltung adäquater Planungs-, Kontroll- und Informationsstrukturen seit jeher eine originäre Aufgabe von Controllern bildete, die zunächst nicht vorhandenes Fachwissen durch enge Zusammenarbeit mit den Fachverantwortlichen kompensierten. In Fortsetzung dieser Tradition sollte auch für die Logistik eine derartige Aufgabenzuordnung gesucht werden. Wenn Fachbereiche eigene, von den Controllern losgelöste Anstrengungen zum Aufbau von Controllingstrukturen unternehmen, ist dies nicht selten ein Indiz dafür, daß der Controllerbereich neue Entwicklungen „verschlafen" hat und damit ineffektiv arbeitet.

Wurde die Logistik in der Aufbauorganisation nicht an exponierter Stelle verankert, besteht für die Organisation des Logistikcontrolling eine besondere Herausforderung. Durch die Integration logistischer Gesichtspunkte in die Führung der einzelnen Unternehmensbereiche muß versucht werden, zumindest einen wesentlichen Teil des möglichen Koordinationsnutzens, den die Logistik verspricht, zu realisieren. Dies kann z. B. bedeuten, ein logistikbezogenes Team der Beschaffungs-, Produktions- und Distributionscontroller zu bilden, in denen diese wertschöpfungskettenübergreifende Planungs-, Kontroll- und Informationsinstrumente entwickeln und diese jeweils „ihren" Fachverantwortlichen zur Verfügung stellen (vgl. als Beispiel [Gi93]). Allerdings setzt die Funktionsfähigkeit einer solchen Lösung erhebliche Erfahrung mit mehrdimensionalen Organisationsstrukturen voraus. Liegen diese nicht vor, besteht die große Gefahr mangelnder Funktionsfähigkeit bzw. ineffizienten zusätzlichen Verwaltungsoverheads.

[De86] Deyhle, A.: Tendenzen im Controlling. In: Mayer, E.; Landsberg, G.v.; Thiede, W. (Hrsg.): Controlling-Konzepte im internationalen Vergleich. Freiburg: Haufe 1986, 61–76

[Gai83] Gaitanides, M.: Prozeßorganisation. München: Vahlen 1983

[Gi93] Giehl, H.: Weiterentwicklung des Logistik-Controlling zum Prozeßketten-Controlling in der BMW AG. In: Weber, J. (Hrsg.): Praxis des Logistik-Controlling. Stuttgart: Schäffer-Poeschel 1993, 291–307

[Ha87] Harrington, L.H.: Integrated logistics management. Traffic Management, September 1987, 105–102

[Ho78] Horváth, P.: Entwicklung und Stand einer Konzeption zur Lösung der Adaptions- und Koordinationsprobleme der Führung. ZfB 48 (1978), 194–208

[Kü87] Küpper, H.-U.: Konzeption des Controlling aus betriebswirtschaftlicher Sicht. In: Scheer, A.-W. (Hrsg.): Rechnungswesen und EDV, 8. Saarbrücker Arbeitstagung. Heidelberg: Physica 1987, 82–116

[La90] Lange, C.: Transparenz und Flexibilität: Erfolgsfaktoren für Investitionsentscheidungen. Controlling 2 (1990), 134–142

[Lü83] Lüder, K.: Investitionskontrolle. In: Management-Enzyklopädie, Bd. 5. 2. Aufl. Landsberg a. Lech: Vlg. Moderne Industrie 1983, 39–52

[Mä89] Männel., W.: Anlagenplanung. In: Hwb. der Planung. Stuttgart: Poeschel 1989, Sp. 41–51

[Me86] Meyer, J.: Grundzüge einer entscheidungsorientierten Anlagenkostenrechnung. Diss. Univ. Dortmund 1986

[Pfe83] Pfeiffer, W; Metze, G.; Schneider, W.; Amler, R.: Technologie-Portfolio zum Management strategischer Zukunftsgeschäftsfelder. 2. Aufl. Göttingen: Vandenhoeck & Ruprecht 1982

[Po80] Porter, M.E.: Competitive strategy. New York: Free Press 1980

[Schr85] Schreyögg, G.; Steinmann, H.: Strategische Kontrolle. ZfbF 37 (1985), 391–410

[Sha85] Shapiro, R.D.; Heskett, J.L.: Logistics strategy. St. Paul: West Publishing 1985

[We90] Weber, J.; Kummer, S.: Aspekte des betriebswirtschaftlichen Managements der Logistik. DBW 50 (1990), 775–787

[We92] Weber, J.: Entfeinerung der Kostenrechnung? In: Scheer, A,-W. (Hrsg.): Rechnungswesen und EDV. 13. Saarbrücker Arbeitstagung 1992. Heidelberg: Physica 1992, 173–199

[We93a] Weber, J.: Logistik-Controlling. 3. Aufl. Stuttgart: Schäffer-Poeschel 1993

[We93b] Weber, J.: Bedeutung und Gestaltung der Logistik-Kostenrechnung für das Logistik-Controlling. In: Weber, J. (Hrsg.): Praxis des Logistik-Controlling. Stuttgart: Schäffer-Poeschel 1993, 137–149

[We93c] Weber, J. (Hrsg.): Praxis des Logistik-Controlling. Stuttgart: Schäffer-Poeschel 1993

[We95] Weber, J.: Einführung in das Controlling. 6. Aufl. Stuttgart: Schäffer-Poeschel 1995

[We94] Weber, J.; Kummer, S.: Logistikmanagement. Stuttgart: Schäffer-Poeschel 1994

[Wi88] Wildemann, H.: Die modulare Fabrik. München: gfmt–Gesellschaft für Management und Technologie 1988

[Za89] Zahn, E.: Strategische Planung. In: Hwb. der Planung. Stuttgart: Poeschel 1989, Sp. 1903–1916

18.2 Modelle und Systeme des Produktionscontrolling

18.2.1 Anforderungen an Systeme des Produktionscontrolling

Das in der Praxis etablierte Produktionscontrolling erfolgt in der Regel kennzahlengestützt. Ausgehend von den logistischen und wirtschaftlichen Zielen der Produktion, werden zunächst hierarchisch gegliederte Kennzahlen zur periodischen Überwachung der Zielerreichung abgeleitet. Dazu definiert man für jedes Teilziel eine oder mehrere Kennzahlen, die sich entweder direkt messen oder aus Meßgrößen berechnen lassen. Dabei wird gefordert, daß die einzelnen Kennzahlen in sinnvoller Beziehung zueinander stehen, sich gegenseitig ergänzen und dem Zweck dienen, den Betrachtungsgegenstand möglichst ausgewogen und vollständig zu erfassen (u.a. [Rei90]). Die Kennzahlen werden periodisch berechnet, ein Soll-Ist-Vergleich wird durchgeführt und die jeweilige Zielerreichung überprüft. Die Ergebnisse stehen in Form von Berichten zur Verfügung. Die festgestellten Abweichungen sind schließlich zu analysieren und Maßnahmen zur Erhöhung der Zielerreichung vorzuschlagen [Wil95].

Auf diese Weise ergeben sich häufig komplexe Kennzahlensysteme. Ein Problem besteht in der Praxis darin, daß diese vielfach nicht anschaulich sind und daß daher die Beziehungen zwischen den einzelnen Kennzahlen nicht deutlich werden. Interpretationsprobleme sind die Folge. Dies kann vermieden werden, wenn folgende Anforderungen erfüllt sind:

- Das Produktionscontrolling erfolgt auf Basis eines durchgängigen logistischen Prozeßmodells.
- Es basiert auf den im Betrieb vorhandenen bzw. erhobenen Daten.
- Der Prozeß wird in Form von Graphiken visualisiert.
- Die berechneten Kennzahlen beschreiben das Systemverhalten.
- Die Wirkungen verschiedener Stellgrößen, wie z. B. Bestand, Kapazität und Prioritätsregel, auf die Zielgrößen lassen sich erkennen.
- Die gegenseitige Abhängigkeit der Kennzahlen wird deutlich.

18.2.2 Modelle des Produktionscontrolling

18.2.2.1 Modellanforderungen und -kategorien

Zunächst sollen die grundsätzlichen Forderungen, die an Modelle zu stellen sind, näher spezifiziert werden.

Grundsätzlich lassen sich an Modelle und Theorien die folgenden Forderungen stellen [Oer77]:

- Direkter Bezug zur Realität: Das Modell sollte das Realsystem möglichst realitätsnah im interessierenden Sachverhalt abbilden.
- Große Allgemeingültigkeit: Das Modell sollte sich direkt bzw. ohne größeren Anpassungsaufwand auf verschiedene Realsysteme anwenden lassen.
- Klarheit und Verständlichkeit der Aussagen: Ausgehend von der Zielsetzung, die der Modellanwendung zugrunde liegt, sollten die interessierenden Sachverhalte einfach, aber prägnant darstellbar sein. Insbesondere mit Graphiken oder mit mathematischen Schreibweisen lassen sich oftmals klarere Aussagen treffen als mit beschreibenden Texten, Listen oder Tabellen.
- Beschränkung auf das Wesentliche: Eine wichtige praktische Forderung an Modelle und Theorien besteht darin, daß sie sich in der Abbildung des Realsystems sowie in den Aussagen auf das Wesentliche beschränken.

Für Produktionsabläufe lassen sich diese Forderungen wie folgt konkretisieren:

- Allgemeingültigkeit: Es muß gewährleistet sein, daß alle im Bereich der Produktion relevanten Abläufe, wie Fertigung, Montage, Transport und Lagerung, beschrieben werden können.
- Prozeß- und Ressourcenorientierung: Die beiden grundsätzlichen Sichtweisen des Produktionscontrolling (prozeß- und ressourcenorientiert) müssen durch die entsprechende Modellierung unterstützt werden. Mit der prozeßorientierten Modellierung muß dabei der Durchlauf der Aufträge abbildbar sein (vgl. 18.2.2.3), während mit Hilfe einer ressourcenorientierten Modellierung das logistische Verhalten einzelner Kapazitätseinheiten der an der Auftragsabwicklung beteiligten Arbeitssysteme (Ressourcen) abbildbar sein muß (vgl. 18.2.2.2, auch 18.1).
- Datenverfügbarkeit: Das Modell sollte auf Daten basieren, die ohnehin zur Planung und Steuerung der Produktion und zur Auftragsverfolgung erhoben werden.
- Möglichkeit zur hierarchischen Verdichtung: Die Modellierungsmethode muß die Möglichkeit bieten, mit den Kennzahlen verschiedene Ebenen zu betrachten, d. h. eine entsprechende Verdichtung der Daten vorzunehmen. Ressourcenorientiert sind dies Arbeitsplatz, Arbeitsplatzgruppe, Kostenstelle, Betriebsbereich und Betrieb. Prozeßseitig sind es Arbeitsvorgang, Fertigungsauftrag, Beschaffungsauftrag und mehrstufige Kundenaufträge.
- Quantifizierbarkeit: Die abzubildenden Abläufe müssen quantifizierbar sein, d. h. das Modell muß sich numerisch beschreiben lassen und damit den Rechnereinsatz ermöglichen.
- Visualisierbarkeit: Die abgeleiteten Ergebnisse müssen durch Graphiken visualisierbar sein.
- Zielorientierung: Das Modell muß primär die logistischen Zielgrößen Bestand, Durchlaufzeit, Auslastung und Termintreue abbilden (vgl. 14.1.1) und eine weitestgehende Übertragung in monetäre Werte ermöglichen. Eine ausschließliche Konzentration auf monetäre Größen ist im Produktionsbereich nicht sinnvoll, da die Ableitung von Planungs- und Steuerungsmaßnahmen notwendigerweise auf der Basis von Mengen- und Zeitgrößen erfolgt.

Vor dem Hintergrund dieser speziellen Anforderungen wurden bereits eine Vielzahl von Modellen entwickelt, die in den unterschiedlichsten

Einsatzfeldern zur Anwendung kommen. Diese Modelle lassen sich grundsätzlich durch die vier Kategorienpaare theoretisch/empirisch, statisch/ dynamisch, deterministisch/stochastisch sowie unveränderlich/veränderlich charakterisieren [Pro77]. Zur realitätsnahen Abbildung der dynamischen Abläufe in der Produktion sind grundsätzlich nur empirische, dynamische, stochastische und veränderliche Modelle geeignet. Aus Raumgründen können hier lediglich die für Produktionsabläufe wesentlichen Modelle kurz vorgestellt und an den definierten Anforderungen gemessen werden.

Ein analytischer Ansatz zur Beschreibung von Produktionsabläufen basiert auf den sog. Markov-Ketten [Kön76]. Zur Modellierung werden hierbei zunächst alle möglichen Systemzustände beschrieben, wie z.B. „Einheit A in Betrieb", „Einheit B steht still". Danach sind alle Übergangswahrscheinlichkeiten von einem in den anderen Zustand mathematisch zu beschreiben. Hierfür ist eine große Anzahl von numerischen Gleichungssystemen erforderlich. Die Handhabung dieser Gleichungssysteme ist trotz heutiger Rechnersysteme sehr aufwendig und kompliziert. Folglich ist für eine aufwandsarme Anwendung dieses Modells ein stationärer Prozeß sowie grundsätzlich ein homogenes Abfertigungsverhalten notwendige Voraussetzung. Damit ist aber insbesondere die Dynamik der Produktionsprozesse nur unzureichend abzubilden.

Eine neuere Methode zur Analyse und Darstellung von Prozessen stellen die Petri-Netze dar [Sta90]. Mit ihnen läßt sich durch wenige logische Konstrukte eine Vielzahl unterschiedlicher Situationen beschreiben. Sie ermöglichen es ferner, bei der Modellierung die zeitliche Parallelität und die vorhandenen Abhängigkeiten zwischen den Abläufen zu berücksichtigen. Sie sind jedoch relativ benutzerunfreundlich und nur schwer interpretierbar. Darüber hinaus sind mit Petri-Netzen keine Prozeßdarstellungen möglich, mit denen unmittelbar die Dynamik der Prozesse visualisiert werden kann. Für Zwecke des Controlling sind sie, insbesondere im Hinblick auf die Anforderungen der Praxis, nicht geeignet.

Für die analytische Beschreibung des Abfertigungsverhaltens von Produktionssystemen werden ferner Warteschlangenmodelle eingesetzt. Hierbei wird der Fertigungsablauf durch Regeln beschrieben, nach denen die Fertigungsaufträge im Warteschlangensystem abgefertigt werden bzw. in das Warteschlangensystem eintreten. Die Beschreibung des Ankunfts- und Abfertigungsprozesses nimmt dabei eine zentrale Stellung ein, wodurch sich insbesondere Möglichkeiten zur Berücksichtigung des stochastischen Charakters des Fertigungablaufs bieten. Wichtige Voraussetzungen für die Entwicklung solcher Warteschlangenmodelle sind ein eingeschwungener Zustand des Fertigungsablaufs, voneinander unabhängige und zufallsverteilte Ereignisströme der Ankünfte und Abfertigungen sowie keine Prioritäten bei der Abfertigung von Fertigungsaufträgen in der Warteschlange [Lor84]. Da diese eingrenzenden Voraussetzungen bei einer realitätsnahen Modellierung von Produktionsabläufen meist nicht erfüllt sind, haben sich Warteschlangenmodelle in der Praxis nicht durchsetzen können.

Ein realitätsnahes Modell, das den genannten Anforderungen, insbesondere den speziellen Gegebenheiten von Produktionsprozessen, entspricht, stellt das sog. Trichtermodell sowie das auf dieser Basis abgeleitete Durchlaufdiagramm und die Betriebskennlinien dar. Das Trichtermodell beschreibt den Prozeß aufgrund einer Input-Output-Betrachtung der Arbeitssysteme. Es hat sich im Vergleich zu anderen Modellen als besonders vorteilhaft im Hinblick auf die Abbildung der Abfertigung von Aufträgen im Produktionsbereich erwiesen und deshalb auch eine große Verbreitung in kommerziell verfügbaren Controllingsystemen gefunden [Wie94]. Das Trichtermodell liegt daher den weiteren Ausführungen zugrunde.

18.2.2.2 Ressourcenorientierte Modellierung von Produktionsabläufen auf der Basis des Trichtermodells

Das nachfolgend beschriebene Trichtermodell zur ressourcenorientierten Abbildung und das daraus abgeleitete Durchlaufdiagramm basieren entweder auf Informationen aus dem betrieblichen Rückmeldewesen (Ist-Werte) oder auf den Ergebnissen einer Feinplanung (Soll-Werte). Zunächst sollen die hierzu notwendigen Meßpunkte bzw. Plandaten beschrieben und die zugrundeliegenden Definitionen für die zugehörigen Kennzahlen vorgestellt werden.

Betrachtet man den Durchlauf eines Auftrages in einem Produktionsbereich, so kann die Abfolge der einzelnen Arbeitsvorgänge auf einer Zeitachse abgebildet werden. Die Zeit für einen Arbeitsvorgang ist hierbei die kleinste Einheit. Sie wird als Arbeitsvorgangs-Durchlaufzeit be-

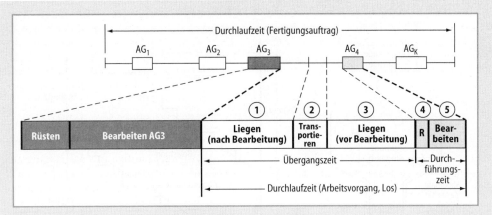

Bild 18-13 Durchlaufzeitanteile von Produktionsaufträgen

zeichnet. Die weitere Gliederung und die Abgrenzung der Durchlaufkomponenten ist sowohl im Schrifttum als auch in der Praxis sehr unterschiedlich. Bild 18-13 zeigt die Definition der Durchlaufzeit und ihrer Bestandteile, die den weiteren Ausführungen zugrunde liegt. Demnach unterscheidet man die Betrachtungsebenen „Auftrag" und „Arbeitsvorgang". Auf der Auftragsebene existieren einzelne Arbeitsvorgänge AG1 bis AG_K. Jeder Arbeitsvorgang wird auf der Arbeitsvorgangsebene in die folgenden fünf Bestandteile zerlegt:
– Liegen nach Bearbeiten,   – Rüsten und
– Transportieren,   – Bearbeiten.
– Liegen vor Bearbeiten,

Die Durchlaufzeit durch ein Arbeitssystem beginnt mit der Abmeldung des Auftrages am vorhergehenden Arbeitssystem. Das bedeutet, daß die Liegezeit nach der Bearbeitung am Vorgängerarbeitsplatz und die Transportzeit jeweils dem Folgearbeitsplatz zugeordnet werden. Für den ersten Arbeitsvorgang beginnt dieser mit der Freigabe des Auftrages in die Produktion, für alle weiteren mit dem Bearbeitungsende am Vorgängerarbeitsplatz. Die Liege- und Transportzeitanteile der Durchlaufzeit werden zusammenfassend als Übergangszeit bezeichnet, während die Summe aus Rüst- und Bearbeitungszeit nach [REF75] die Auftragszeit bildet. Wird diese auf die Kapazität der Ressource (Arbeitssystem) bezogen, ergibt sich die sog. Durchführungszeit. Wenn beispielsweise die Auftragszeit 16 Stunden beträgt und das Arbeitssystem 8 Stunden pro Tag arbeitet, beträgt die Durchführungszeit 2 Tage. Erhöht man die Kapazität

auf 16 Stunden pro Tag, beträgt die Durchführungszeit 1 Tag.

Wie bereits erwähnt, beginnt ein Arbeitsvorgang mit dem Bearbeitungsende am Vorgängerarbeitssystem und endet mit dem Bearbeitungsende am betrachteten Arbeitssystem. Dabei ist zu beachten, daß der Zeitpunkt der Rückmeldung am Vorgängerarbeitsplatz, entsprechend dieser Definition, nicht die körperliche Ankunft eines Auftrages am Arbeitssystem kennzeichnet.

Da die Durchlaufzeit durch ein Arbeitssystem das kleinste betrachtete Element ist, wird sie als Durchlaufelement bezeichnet. Aus der Summe aller Arbeitsvorgangs-Durchlaufzeiten eines Auftrages ergibt sich die Auftragsdurchlaufzeit.

Aufbauend auf dieser Basisdefinition der Durchlaufzeit, soll nun der Fluß von Aufträgen durch ein Arbeitssystem mittels des sog. *Trichtermodells* betrachtet werden. Beim Trichtermodell geht man in Analogie zur Abbildung verfahrenstechnischer Fließprozesse davon aus, daß jede beliebige Kapazitätseinheit im Produktionsbereich – gleichwohl ob ein Arbeitsplatz, eine Arbeitsplatzgruppe, ein Betriebsbereich oder die gesamte Produktion – sich als ein Trichter auffassen läßt [Bec84]. An jedem Trichter kommen Aufträge an (Zugang), warten auf ihre Abfertigung (Bestand) und verlassen das System (Abgang), so daß auf diese Weise das Durchlaufverhalten der Aufträge vollständig beschrieben wird. Dabei sind Zugang, Abgang und das Warten der Aufträge am Arbeitssystem entsprechend der zuvor vorgestellten Durchlaufzeitdefinition zu ermitteln. Der Zugang entspricht dann dem Ende der Bearbeitung am Vorgängerarbeitsplatz, der Abgang dem Ende der Bearbei-

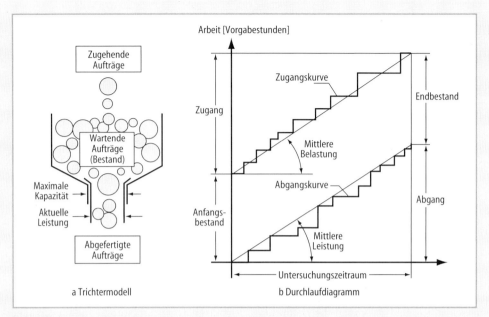

Bild 18-14 Trichtermodell und Durchlaufdiagramm zur ressourcenorientierten Abbildung von Produktionsabläufen

tung am betrachteten Arbeitsplatz und die Wartezeit der Übergangszeit.

In Bild 18-14a ist ein derartiger Trichter dargestellt. Seine veränderliche Öffnung deutet die unterschiedliche Nutzungsmöglichkeit der maximal verfügbaren Kapazität an. Beobachtet man das Arbeitssystem über einen längeren Zeitraum (hier Untersuchungszeitraum genannt), so läßt sich das Ergebnis in Form von Kurven abbilden. In Bild 18-14b erkennt man eine Zugangskurve und eine Abgangskurve. Die Zugangskurve entsteht dadurch, daß man zunächst den Bestand an Arbeit feststellt, der sich zu Beginn des Untersuchungszeitraums in diesem Arbeitssystem befindet (Anfangsbestand). Von diesem Punkt ausgehend, trägt man die zugehende Arbeit entsprechend ihrem Arbeitsinhalt in Stunden und dem Zeitpunkt des Zugangs bis zum Ende des Untersuchungszeitraums auf und erhält so den Zugangsverlauf. Analog dazu entsteht die Abgangskurve in der Weise, daß man die abgefertigten Aufträge mit ihrem Stundeninhalt entsprechend den Abmeldezeitpunkten aufträgt, beginnend am Koordinaten-Nullpunkt. Da beide Kurven zusammen den Durchlauf der Aufträge durch dieses System beschreiben, wird diese Darstellung *Durchlaufdiagramm* genannt. Am Ende des Untersuchungszeitraums ergibt sich wiederum ein bestimmter Bestand, in Bild

18-14b Endbestand genannt. Setzt man diesen Endbestand gleich dem Anfangsbestand des folgenden Untersuchungszeitraums, erweist sich das Durchlaufdiagramm als Ausschnitt aus der kontinuierlichen Beschreibung eines Arbeitssystems.

Die aus logistischer Sicht im Produktionsbereich wesentlichen Zielgrößen, nämlich
– Durchlaufzeit,   – Bestand und
– Termintreue,   – Kapazitätsauslastung,
sind im Durchlaufdiagramm visualisierbar und lassen sich unmittelbar in Kennzahlen überführen, mit deren Hilfe die Güte des jeweiligen Prozesses und somit seine Wirtschaftlichkeit beurteilt werden kann (Bild 18-15).

Im Durchlaufdiagramm werden die Zielgrößen wie folgt graphisch dargestellt:
– Der vertikale Abstand zwischen Zugangs- und Abgangskurve entspricht dem Bestand zum jeweiligen Betrachtungszeitpunkt.
– Die Durchlaufzeit der Aufträge bzw. Arbeitsvorgänge wird durch sog. Durchlaufelemente beschrieben. Als Durchlaufelement wird das Rechteck aus individueller Durchlaufzeit und Vorgabezeit (Arbeitsstundeninhalt) bezeichnet. Aufgrund der häufig auftretenden Reihenfolgevertauschungen in der Arbeitsplatzwarteschlange liegen Durchlaufelemente nicht genau zwischen der Zu- und Abgangskurve.

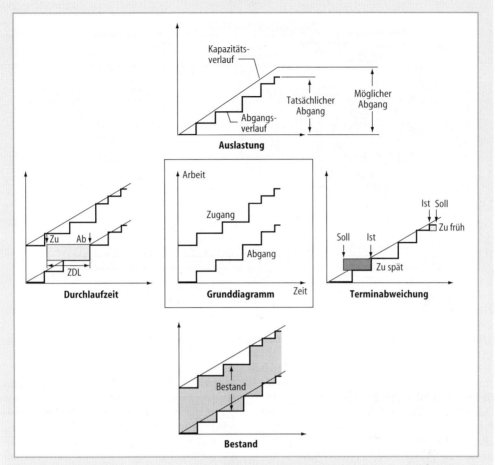

Bild 18-15 Abbildung der Kenngrößen Bestand, Durchlaufzeit, Auslastung und Terminabweichung im Durchlaufdiagramm

– Die Auslastung wird im Durchlaufdiagramm dadurch veranschaulicht, daß dem Abgangsverlauf zusätzlich der Kapazitätsverlauf überlagert wird. Das Verhältnis des maximal möglichen Abgangs zum tatsächlichen Abgang ist der Auslastungswert.

– Zur Darstellung der Terminabweichung wird dem jeweiligen Ist-Termin der Soll-Termin gegenübergestellt. Betrachtet man die Abgangstermineinhaltung, so beschreiben Abweichungsflächen links von der Abgangskurve eine Verspätung, Flächen rechts von ihr eine verfrühte Fertigstellung. Für die Zugangstermineinhaltung läßt sich die Darstellung analog übertragen.

Neben dieser Visualisierung der logistischen Zielgrößen, wie im Durchlaufdiagramm gezeigt, ist weiterhin mit diesem Modell auch für jeden Zeitpunkt eine numerische Berechnung aller Werte möglich. Aufgrund des diskontinuierlichen Zugangs- und Abgangsverlaufs empfiehlt sich allerdings eine periodenweise Berechnung von Mittelwerten [Hol87]. Typisch sind hierbei Periodenlängen von einer Woche. Eine genaue Herleitung mit Beispielen findet sich in [Wie87: 97f.].

Die Abbildung mit dem Trichtermodell und dem Durchlaufdiagramm erfolgt in der Regel nicht nur für einzelne Arbeitssysteme. Die Grundidee ist es vielmehr, die an der Auftragsabwicklung beteiligten Arbeitssysteme, ausgehend von den Materialflußbeziehungen, als ein Netz miteinander verketteter Trichter aufzufassen, zu modellieren und somit die Basis für ein Controlling aller Abläufe zu schaffen. Ein Beispiel für diese Modellierung zeigt Bild 18-16. Hier wurde der gesamte Auftragsfluß einer Werkstatt

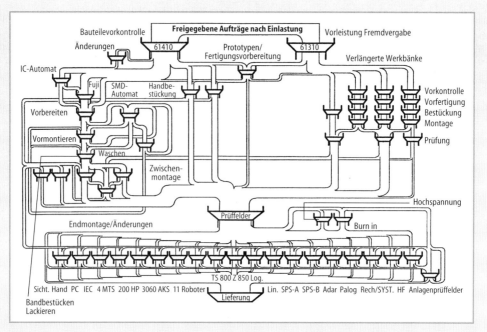

Bild 18-16 Modellierung von Auftragsfluß und Belastungsgruppen einer Leiterplattenbestückung [Siemens AG]

zur Bestückung von Leiterplatten mit Bauelementen abgebildet. In diesem Beispiel durchlaufen die Aufträge nach der Freigabe zunächst die typischen Vorbereitungsarbeitsplätze wie „Bauteilevorkontrolle", „Fertigungsvorbereitung" sowie die „Vorleistung Fremdvergabe". Anschließend werden die Stufen der direkten Wertschöpfung wie u. a. „Handbestückung", „Lackieren" und „Waschen" sowie die notwendigen Montagestufen zur Fertigstellung der Produkte vor der Ablieferung an den Kunden durchlaufen. Notwendige Materialrückflüsse z. B. aus den „Anlagenprüffeldern" sowie externe Arbeitssysteme, sog. „verlängerte Werkbänke", werden ebenfalls berücksichtigt. Bei der Betrachtung dieser Übersichtsdarstellung werden bereits erste Engpässe im Auftragsfluß, wie hier z. B. das zentrale Prüffeld, erkennbar.

Mit dem Trichtermodell und dem Durchlaufdiagramm lassen sich alle zeitabhängigen Abläufe von Objekten durch Ressourcen visualisieren, vorausgesetzt, für das betrachtete System können eindeutige Systemgrenzen definiert werden, und es existieren Eingangs- und Ausgangsgrößen in zeitlich gerichteter Form. So konnten Trichtermodell und Durchlaufdiagramm ebenfalls erfolgreich zur Abbildung der Abläufe in Bereichen der Konstruktion, Arbeitsvorberei-

tung, Beschaffung, Fertigung und Montage eingesetzt werden [Wie91, Glä92].

Um die Beziehungen zwischen den logistischen Zielgrößen transparent zu machen und zu beschreiben, bietet sich die Simulationstechnik an. Erfahrungsgemäß reicht dabei eine alleinige Auswertung der simulierten Fertigungsabläufe mit dem Durchlaufdiagramm und mit Kennzahlen nicht aus, um das dynamische Verhalten von Produktionssystemen und die Wirkungszusammenhänge zwischen den logistischen Zielgrößen vollständig zu beschreiben. Vielmehr hat es sich als sinnvoll erwiesen, die Ergebnisse verschiedener stationärer Zustände zu sog. Betriebskennlinien zu verdichten und somit die Abhängigkeit der Zielgrößen von Parameterveränderungen aufzuzeigen (vgl. 14.1.1) [Nyh91, Wie93, Nyh94].

Bild 18-17 verdeutlicht das Entstehen der Betriebskennlinien anhand von drei Betriebszuständen. Bei Überlast liegt kontinuierlich ausreichend Arbeit am betrachteten System in Form von Beständen vor, so daß keine Beschäftigungsunterbrechungen auftreten (Betriebszustand III). Reduziert man das Bestandsniveau drastisch, so kommt es zu einer Unterlast, d.h. zu einem kürzeren oder längeren „Leerlaufen" des Trichters und somit zu Leistungsverlusten

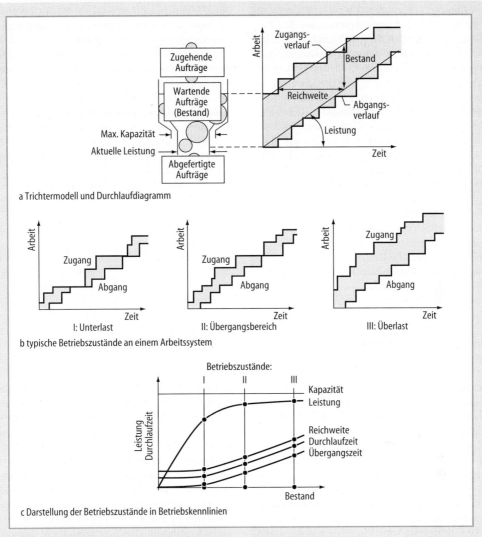

a Trichtermodell und Durchlaufdiagramm

I: Unterlast

II: Übergangsbereich

III: Überlast

b typische Betriebszustände an einem Arbeitssystem

c Darstellung der Betriebszustände in Betriebskennlinien

Bild 18-17 Ableitung der Betriebskennlinien aus Trichtermodell und Durchlaufdiagramm

des Arbeitssystems aufgrund eines zeitweilig fehlenden Arbeitsvorrates (Betriebszustand I). Ist am Arbeitssystem immer gerade soviel Bestand vorhanden, daß es zu keinem Zeitpunkt zu einem Leerlaufen des Trichters kommt, daß aber auch keine Aufträge unnötig warten, so befindet sich das System im sog. Übergangsbereich (Betriebszustand II). Im Idealfall würde hier immer gerade ein Auftrag bearbeitet, es gäbe keine wartenden Aufträge, und der nächste Auftrag ginge immer genau dann zu, wenn der vorangegangene Auftrag beendet wäre.

Die Werte für Bestände, Durchlaufzeiten und Leistungen in den verschiedenen möglichen Be-

triebspunkten werden nun in ein neues Diagramm eingetragen, wobei der Bestand der unabhängig eingestellte, primäre Parameter ist. Durch Verbinden der einzelnen Punkte entstehen Kurvenzüge, die als logistische Betriebskennlinien bezeichnet werden (vgl. 14.1.1). Mit ihnen lassen sich die logistischen Kenngrößen Leistung, Durchlaufzeit, Übergangszeit und Reichweite (nachfolgend näher beschrieben) als Funktion des Bestandes darstellen. Die Leistungskennlinie verdeutlicht, daß sich die Leistung, also der Durchsatz an Aufträgen, oberhalb eines bestimmten Bestandswerts nur noch unwesentlich ändert. Die Durchlaufzeitkennlinie hingegen steigt oberhalb eines bestimmten Bestandswerts mit dem Bestand an. Bei Bestandsreduzierungen sinkt die Durchlaufzeit, jedoch kann sie ein bestimmtes Minimum, welches sich aus der Summe der Durchführungszeiten der Aufträge (Auftragszeit dividiert durch die Kapazität) und gegebenenfalls der Transportzeit ergibt, nicht unterschreiten. Dieses Minimum der Durchlaufzeit wird als sog. Mindestdurchlaufzeit bezeichnet. Ein prinzipiell ähnliches Verhalten weist die Übergangszeitkennlinie auf. Der Verlauf dieser Kennlinie beschreibt letztlich den Bestands- bzw. Durchlaufzeitpuffer, der am Arbeitssystem zusätzlich zu den in Bearbeitung befindlichen Aufträgen vorliegt. Setzt man schließlich den Bestand zur jeweiligen Leistung ins Verhältnis, so ergibt sich die Reichweitenkennlinie. Die Reichweite erlaubt Aussagen über die Zeitdauer, nach der ein am Arbeitssystem vorliegender Bestand bei gleichbleibender Leistung des Arbeitssystems abgearbeitet sein wird.

Die beiden durchlaufzeitbezogenen Kenngrößen Reichweite und Durchlaufzeit werden auf unterschiedliche Weise berechnet und sind für unterschiedliche Anwendungszwecke einzusetzen.

Die Durchlaufzeit an einem Arbeitssystem wird auf der Basis der einzelnen Durchlaufelemente der bereits am Arbeitssystem abgearbeiteten Aufträge ermittelt. Sie ist folglich eine vergangenheitsbezogene Größe, die u.a. die Einflüsse aus Reihenfolgevertauschungen der Aufträge am Arbeitssystem berücksichtigt. Sie ist somit für Analyse- und Diagnosezwecke im Produktionscontrolling geeignet.

Die Reichweite wird hingegen auf der Basis des am Arbeitssystem vorliegenden Bestandes ermittelt. Dieser ergibt sich aus den am Arbeitssystem befindlichen Aufträgen, unabhängig davon, ob diese im Betrachtungszeitraum bereits abgefertigt wurden oder nicht. Die Reichweite berücksichtigt somit auch Veränderungen im Zugang des Arbeitssystems und zeigt demzufolge Veränderungen am Arbeitssystem frühzeitiger auf als die Durchlaufzeit. Die Reichweite ist folglich auch Indikator für zukünftige Entwicklungen und damit als Planungsgröße heranzuziehen.

Mit den in Bild 18-17c dargestellten Betriebskennlinien können die Abhängigkeiten der logistischen Kennzahlen für beliebige Arbeitssysteme aufgezeigt werden. Sie verdeutlichen anschaulich das sog. „Dilemma der Ablaufpla-

nung", denn es wird ersichtlich, daß sich einige der logistischen Ziele unterstützen, andere gegeneinander wirken. Es existiert demnach nicht nur ein Ziel, dessen Wert es zu maximieren oder zu minimieren gilt, sondern es müssen die Auswirkungen von Maßnahmen in bezug auf alle Teilziele gleichzeitig beurteilt werden.

Konnten Betriebskennlinien zunächst lediglich auf Basis von Simulationsuntersuchungen experimentell erzeugt werden [Bec84: 161, Wed89, Nyh93], so ist mittlerweile eine rechnerische Approximationslösung verfügbar, die eine Berechnung der Kennlinien mit Hilfe weniger betriebscharakteristischer Kenngrößen ermöglicht [Wie93].

18.2.2.3 Prozeßorientierte Modellierung von Produktionsabläufen

Ausgangspunkt für eine prozeßorientierte Beschreibung des Durchlaufs von Kundenaufträgen ist eine montageorientiert aufgebaute Produktstruktur, da sie die für die Herstellung des Produkts notwendigen Komponenten wie Fertigungsteile (F), Beschaffungsartikel (B) und Montagebaugruppen (M) mit den zugehörigen Aufbaustufen festlegt. Die montageorientierte Produktstruktur ergibt sich, indem das Produkt in vormontierbare, möglichst weitgehend vorprüfbare und oft auch austauschbare Baueinheiten gegliedert wird. Diese werden in Hauptbaugruppen, Baugruppen und Unterbaugruppen weiter unterteilt. Die sich daraus nach DIN 6789 ergebende Aufbauübersicht ist in Bild 18-18a zu erkennen. Sie ist Grundlage für die Struktur des Auftragsnetzes, welches sämtliche Bedarfe abdeckt, die zur Herstellung des gewünschten Produkts im Rahmen eines Kundenauftrages notwendig sind. Dieses Auftragsnetz kann nun in seinem zeitlichen Verlauf im Fristenplan veranschaulicht werden (Bild 18-18b). Hier wird jeder Auftrag als ein Balken dargestellt, dessen Länge der jeweiligen Durchlaufzeit einer Komponente entspricht. Die Reihenfolge der Aufträge ergibt sich in dieser Darstellung aus den logischen Abhängigkeiten im Auftragsnetz [Dom89].

Ein Kundenauftragsdiagramm wird, wie in Bild 18-18c zu sehen ist, in der Weise gebildet, daß die einzelnen Beschaffungs-, Fertigungs- und Montageaufträge eines Kundenauftrages, sortiert nach Fertigstellungstermin, kumuliert über der Zeit aufgetragen werden. Ein Element des Diagramms läßt sich hier durch ein Rechteck be-

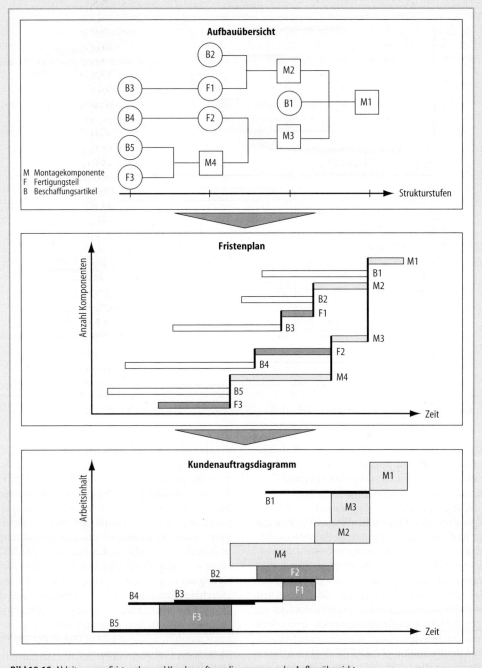

Bild 18-18 Ableitung von Fristenplan und Kundenauftragsdiagramm aus der Aufbauübersicht

schreiben, dessen Breite der Auftragsdurchlaufzeit und dessen Höhe dem Auftragsumfang entspricht. Der Auftragsumfang wird bei Fertigungs- und Montageaufträgen durch den Arbeitsinhalt aller Arbeitsvorgänge charakterisiert. Da Beschaffungsartikel praktisch keine Kapazitäten im eigenen Unternehmen binden, erscheinen Beschaffungsaufträge lediglich als Balken mit der Länge gemäß ihrer Wiederbeschaffungszeit, aber ohne Dimension hinsicht-

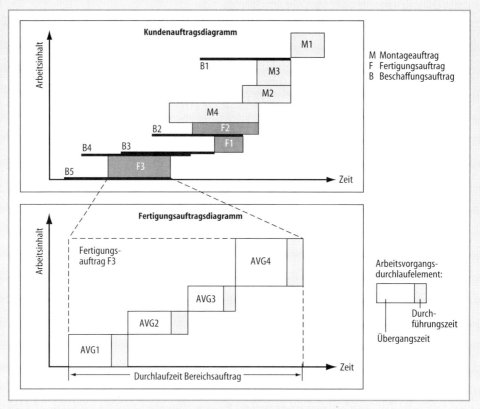

Bild 18-19 Modellierung des Auftragsdurchlaufs im Kunden- und Fertigungsauftragsdiagramm

lich des Arbeitsinhaltes [Wie94]. Das Kundenauftragsdiagramm veranschaulicht somit die zeitliche Verknüpfung sämtlicher zu einem Kundenauftrag gehörenden Einzelaufträge.

Jeder untergeordnete Fertigungs- und Montageauftrag eines Kundenauftrags kann nun auf der nächsttieferen Stufe in seine Arbeitsvorgänge zerlegt werden (Bild 18-19). So besteht der Fertigungsauftrag F3, der im Kundenauftragsdiagramm als erster zur Bearbeitung ansteht, aus vier Arbeitsvorgängen, die in Bild 18-19 unten als Arbeitsvorgangs-Durchlaufelemente in einem Fertigungsauftragsdiagramm dargestellt sind. Die einzelnen Durchlaufelemente entsprechen der Definition gemäß Bild 18-13 und lassen sich dem Arbeitssystem zuordnen, an dem der jeweilige Arbeitsvorgang erledigt wird.

18.2.2.4 Verknüpfung der ressourcen- und prozeßorientierten Sichtweise

Da die Arbeitsvorgangs-Durchlaufelemente auch Grundlage des ressourcenbezogenen Durchlauf-

diagramms sind, können die angesprochenen Abbildungen von Aufträgen und Arbeitssystemen ineinander überführt werden. Die Beziehungen zwischen der ressourcenorientierten und somit arbeitssystemspezifischen Beschreibung logistischer Abläufe im Durchlaufdiagramm und der prozeßorientierten Darstellung in Gestalt eines Auftragsdiagrammes zeigt Bild 18-20 am Beispiel des Durchlaufs von fünf Fertigungsaufträgen durch vier Arbeitssysteme. Im Durchlaufdiagramm für das Arbeitssystem 2 (Bild 18-20, unten) wird das Zu- und Abgangsverhalten sämtlicher Aufträge, die diesen Bereich durchlaufen, abgebildet. Das in der linken oberen Bildhälfte dargestellte Fertigungsauftragsdiagramm zeigt dagegen den Durchlauf eines Auftrages C mit seinen vier Arbeitsvorgängen. Der am Arbeitssystem 2 bearbeitete Arbeitsvorgang C2 ist als Durchlaufelement in beiden Darstellungen enthalten, so daß über diese „Brücke" eine Verbindung zwischen prozeß- und ressourcenorientierter Sichtweise logistischer Prozesse und damit die Voraussetzung für den

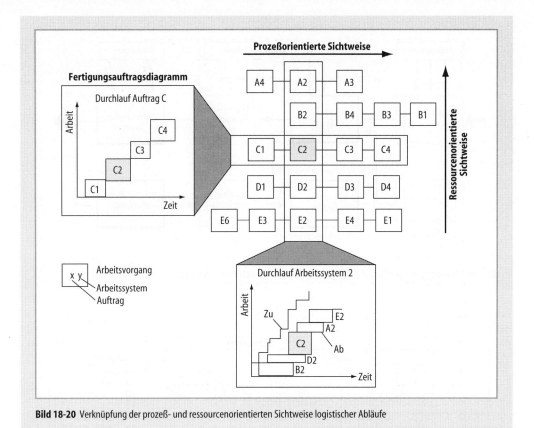

Bild 18-20 Verknüpfung der prozeß- und ressourcenorientierten Sichtweise logistischer Abläufe

geforderten ganzheitlichen Modellierungsansatz zum Controlling geschaffen wird.

18.2.3 Einsatz von Monitorsystemen im Produktionscontrolling

Mit Hilfe des beschriebenen Modellansatzes ist es nun möglich, sog. Monitorsysteme zu entwickeln. Diese ermöglichen mit Hilfe von Prozeßgraphiken und daraus abgeleiteten Kennzahlen statistisch abgesicherte Aussagen über die Erreichung der angestrebten Ziele. Mit dem Monitorsystem werden die anfallenden Ablaufdaten aus der Produktion geprüft, aus den ausgewerteten Rückmeldungen des Betriebs periodisch die für den Fertigungsablauf wesentlichen Kennzahlen berechnet und für einen längeren Zeitraum fortgeschrieben [Ull94]. Die Ausgabe und Visualisierung der Ergebnisse erfolgt vor allem in graphischer Form. Hierbei können insbesondere auf unterschiedlichen Verdichtungsstufen die geplanten und die tatsächlichen Produktionsabläufe einander gegenübergestellt und Verbesserungspotentiale

anhand von theoretischen Modellzusammenhängen aufgezeigt werden. Die bis dahin rückführungsfreie Planung und Steuerung der Produktionsabläufe kann somit über die Rückführungskomponente „Monitorsystem" in eine Ablaufregelung überführt werden – eine wesentliche Voraussetzung für die Realisierung eines logistisch beherrschten Produktionsprozesses.

Bild 18-21 zeigt die Einbindung eines Monitorsystems in den Regelkreis der Produktionsplanung und -steuerung (vgl. 14.1). Im inneren Regelkreis hat der Anwender mit Hilfe des Monitorsystems zunächst die Möglichkeit, den vom Produktionsplanungs- und -steuerungssystem erzeugten Termin- und Belegungsplan hinsichtlich Zielerreichungsgrad und Machbarkeit zu prüfen und gegebenenfalls anzupassen. Der so optimierte Plan wird nun im Durchführungssystem, d.h. in den Produktionsbereichen, realisiert. Betriebsdatenerfassungssysteme melden den Fortschritt der Aufträge zurück, so daß vom Monitorsystem im äußeren Regelkreis anhand des bereits geprüften Planes über einen Soll-Ist-Vergleich die Prozeßgüte beurteilt werden kann.

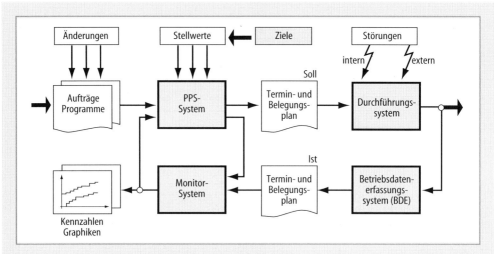

Bild 18-21 Monitorsystem als Rückführungskomponente im Regelkreis der Produktionsplanung und -steuerung

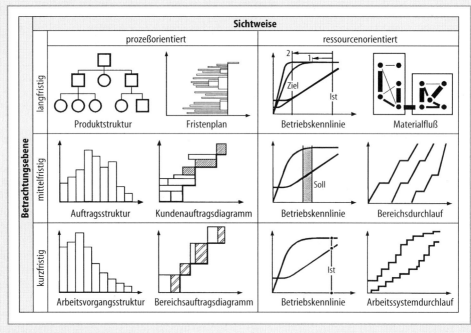

Bild 18-22 Gliederungsaspekte eines Monitorsystems zum Produktionscontrolling

Zusammenfassend bieten Monitorsysteme bei den Aufgaben auf drei verschiedenen Betrachtungsebenen folgende Unterstützung (vgl. Bild 18-22):
– Zielorientierte Überprüfung und Anpassung der Produktstruktur und der Produktionsstruktur (Materialfluß) sowie Unterstützung

einer logistischen Positionierung mit Hilfe von Betriebskennlinien (langfristig);
– Überführung der Produktionsplanung und -steuerung in eine Produktionsregelung durch eine kontinuierliche Abbildung des Ist-Zustands bezogen auf Kundenaufträge, Vorgangsketten und Kapazitätsbereiche in der

Produktion und Ableitung realistischer Planwerte für die Auftragstermin- und Kapazitätsplanung (mittelfristig);
– Überwachung des Durchlaufs einzelner Aufträge während der Durchsetzung mittels Betrachtung der betreffenden Arbeitssysteme und der dort abgewickelten Arbeitsvorgänge (kurzfristig).

18.2.3.1 Monitorsysteme im Ablauf des Produktionscontrolling

Monitorsysteme sind in folgender Weise in den Ablauf des Produktionscontrolling eingebunden (Bild 18-23). Zunächst führt das Monitorsystem auf Grundlage der sog. Basisdaten, die den Produktionsbereich im Aufbau und bezüglich seiner verfügbaren Ressourcen beschreiben, sowie der Ablaufdaten, die die Bewegungen im Produktionsprozeß abbilden, eine Kennzahlberechnung durch (Bild 18-23, links). Diese erfolgt dabei bedarfsbezogen für die entsprechenden Entscheidungsträger in verschiedenen Intervallen, auf unterschiedlichen Verdichtungsstufen und unter Berücksichtigung variierender Betrachtungszeiträume. Mit den vorliegenden Informationen kann die jeweils vorliegende Zielerreichung, gemessen an den Zielvorgaben für Durchlaufzeit, Termintreue, Auslastung, Bestand und Kosten, bestimmt werden. Dabei haben sich der Einsatz von Kennzahltabellen, die Darstellung der Kennzahlentwicklungen in Zeit-

reihen, aber auch vergleichende Darstellungen auf der Basis von Kennzahlen aus folgenden Gründen bewährt (Bild 18-23, Mitte):
– Kennzahltabellen: Die Definition von anwenderspezifischen Kennzahltabellen läßt eine individuelle Ermittlung der Zielerreichung sowie eine problembezogene Ursachenforschung auch in unterschiedlichen Produktionsbereichen zu.
– Zeitreihen: Die Zeitreihendarstellung von Zielgrößen fördert das Erkennen von Fehlentwicklungen und läßt Abhängigkeiten zwischen einzelnen Größen erkennbar werden.
– Vergleich: Diese Funktion stellt die Arbeitssysteme jeweils einer Hierarchiestufe anhand auszuwählender Kennzahlen in Form von Balkendiagrammen direkt gegenüber (vgl. 18.2.4.1) und ermöglicht so das rasche Erkennen von betrieblichen Schwachstellen (Topdown-Analyse).

Über die Kennzahlberechnung hinaus bereitet das Monitorsystem ferner die Eingangsdaten graphisch auf, so daß Prozeßgraphiken und Statistiken mit sowohl hierarchischen als auch klassifizierenden Selektionsmöglichkeiten zur Verfügung stehen. Dabei haben sich folgende Prozeßgraphiken sowohl für umfassende Analysen als auch für gezielte Detailbetrachtungen bewährt:
– Durchlaufdiagramme: Die Darstellung des dynamischen Prozeßablaufs trägt wesentlich

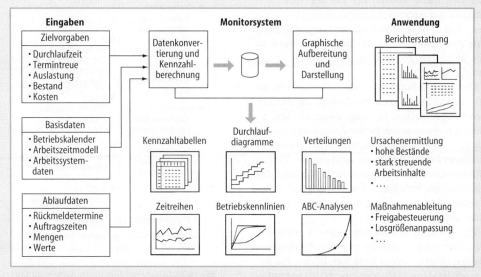

Bild 18-23 Einsatz des Monitorsystems im Ablauf des Produktionscontrolling

zum Verständnis bei und dient als Interpretations- und Argumentationsbasis.

– Betriebskennlinien: Die Beschreibung des dynamischen Betriebsverhaltens bietet die Möglichkeit zur Standortbestimmung und zur Abschätzung von Verbesserungspotentialen.

Zur statistischen Analyse sind folgende Funktionen hilfreich:

– Verteilungen: Häufigkeitsverteilungen bieten die Möglichkeit, ergänzend zu den Mittelwerten die Streuung der betrachteten Kenngröße aufzuzeigen. So können z. B. die Häufigkeitsverteilungen für Durchlaufzeit und Termintreue herangezogen werden, um den festgestellten Ist-Zustand bezüglich der erreichten Prozeßsicherheit zu überprüfen.

– ABC-Analysen: Aufbauend auf den Häufigkeitsverteilungen, kann eine Kenngröße zusätzlich bewertet werden und auf dieser Basis eine Klassifizierung in ABC-Klassen erfolgen. So ist z. B. die Bewertung der an einem Arbeitssystem vorliegenden Aufträge mit ihrem Arbeitsinhalt entsprechend der ABC-Analysemethodik hilfreich, um die Notwendigkeit einer weiteren Harmonisierung der Auftragszeitstrukturen zu erkennen.

Die mit diesen Funktionen verfügbaren Informationen können anschließend zur Berichterstellung herangezogen werden (Bild 18-23, rechts), damit wird eine permanente und betriebsweite Nutzung der Informationen gefördert (vgl. 18.2.3.4). Dazu werden die für die Entscheidungsträger relevanten Informationen über den derzeitigen Ist-Zustand zusammengestellt, was eine Bewertung dieses Zustandes gemessen an der aktuellen Zielsetzung (Soll-Zustand) ermöglicht.

Die Analysefunktionen des Monitorsystems können darüber hinaus zur Ermittlung der Abweichungsursachen herangezogen werden. So kann z. B. ein zu hoher Bestandswert als Ursache für zu hohe und schwankende Durchlaufzeiten an einem Arbeitssystem erkannt werden. Ferner können z. B. stark streuende Arbeitsinhalte der Aufträge als Verursacher unnötig großer Bestandspuffer an einem Arbeitssystem identifiziert werden.

Die mit Hilfe des Monitorsystems ermittelte Zielerreichung sowie die mit den Analysemethoden identifizierten Ursachen bilden die Basis, auf der dann Maßnahmenvorschläge zur Erhöhung der Zielerreichung erarbeitet werden

können. So sind z. B. in dem zuvor beschriebenen Beispiel neue Vorgaben zur Losgrößenfestlegung und Freigabesteuerung zu formulieren, um das Bestandsniveau entsprechend zu reduzieren, die Durchlaufzeit zu senken und somit die Prozeßsicherheit zu erhöhen. Zur Ermittlung dieser Vorgaben können wiederum wesentliche Informationen aus dem Monitorsystem herangezogen werden.

18.2.3.2 Datenbedarf eines Monitorsystems für das ressourcenorientierte Controlling

Wie bereits erwähnt, bilden zum einen die betrieblichen Basisdaten und zum anderen die Ablaufdaten die Datengrundlage für ein Monitorsystem. Letztere werden üblicherweise mit BDE-Systemen über Arbeitsfortschritts-Rückmeldungen erfaßt. Für den weitaus überwiegenden Fall geschlossen transportierter, d. h. ungesplitteter Fertigungsaufträge sind die in Bild 18-24 aufgeführten Daten ausreichend. Zu den Ablaufdaten zählen neben Angaben zur Identifikation des Auftrages (Auftragsnummer, Arbeitsvorgangsnummer laut Arbeitsplan und Nummer des Arbeitssystems, auf dem die Bearbeitung erfolgt ist), Termindaten (neben den Ist-Daten sind

Basisdaten	Ablaufdaten
► Betriebskalender ► Arbeitszeitmodell ► Arbeitssystemdaten ● Identifikation · Bezeichnung · Arbeitssystem-Nummer · Personalgruppen-Nummer · Obersystem-Nummer (Kostenstelle, Bereich, …) ● Kapazität · Anzahl der Maschinen bzw. Handarbeitsplätze · Schichtmodell · Leistungsgrad · Nutzungsgrad ● Kosten* · Arbeitssystem-stundensatz · Rüststundensatz	● Auftrags-Identifikation · Auftragsnummer · Arbeitsvorgangs-nummer · Arbeitssystemnummer (Ist) ● Termine · Auftragsbereitstellungstermin für den ersten Arbeitsvorgang (Soll, Ist) ● Zeiten · Bearbeitungszeit je Einheit · Rüstzeit ● Mengen · Menge (Ist), Gutmenge · Ausschußmenge ● Wert* · Zugangswert bei Bereitstellung (einschl. Materialwert)

* nur erforderlich, wenn eine monetäre Bewertung erfolgen soll

Bild 18-24 Datenbedarf eines Monitorsystems für das ressourcenorientierte Controlling

auch realistische Soll-Daten erforderlich), Zeit- und Mengendaten sowie Wertangaben für die Berechnung monetärer Größen. Zu den Basisdaten zählen der verwendete Betriebskalender, das im Produktionsbereich eingesetzte Arbeitszeitmodell sowie die Arbeitssystemdaten. Diese umfassen arbeitssystemidentifizierende Angaben sowie Informationen zur Einordnung des Arbeitssystems in die betriebliche Struktur, wie z.B. die Nummer der übergeordneten Kostenstelle. Die Ermittlung der zur Auftragsbearbeitung verfügbaren Kapazität macht ferner Angaben zur Anzahl der Maschinen, zum Schichtmodell sowie zum Leistungs- und Nutzungsgrad an den Arbeitssystemen erforderlich. Informationen zum Arbeitssystem- bzw. Rüststundensatz ermöglichen im Bedarfsfall darüber hinaus eine monetäre Bewertung.

Da die Sicherheit der durch die Controllingsysteme gelieferten Informationen unmittelbar von der Qualität der Eingangsdaten beeinflußt wird, sind diese möglichst genau, aktuell, fehlerfrei und vollständig zur Verfügung zu stellen. Mit dieser Forderung ist ein nicht zu unterschätzender Aufwand verbunden. Um aufzuzeigen, inwiefern sich dieser Aufwand begrenzen läßt und in welchen Punkten die genannten Forderungen jedoch zwingend erfüllt werden müssen, sollen hier noch einige Hinweise für den praktischen Einsatz gegeben werden.

Um im Monitorsystem ein realitätsnahes Abbild des betrachteten Bereichs zu erhalten, muß entsprechend der in 18.2.2.2 vorgestellten Systematik für jeden Arbeitsvorgang eines Auftrages eine Rückmeldung erfolgen. In der Praxis häufig anzutreffende sog. Blockrückmeldungen, bei denen gleichzeitig mehrere Arbeitsvorgänge eines Auftrages zurückgemeldet werden, verfälschen Bestands- und Durchlaufzeitkennwerte in erheblichem Maße und sind somit zu vermeiden. Ferner ist darauf zu achten, daß die Rückmeldung mit der Angabe des Arbeitssystems erfolgt, an dem der Arbeitsvorgang tatsächlich durchgeführt wurde. Dies gilt auch, wenn dieses Arbeitssystem im Arbeitsplan zunächst nicht vorgesehen war oder wenn von der Arbeitsgangreihenfolge nach Arbeitsplan abgewichen wurde. Nur so kann sichergestellt werden, daß die Auftragsabwicklung korrekt abgebildet wird, die tatsächlich angefallenen Belastungen den richtigen Arbeitssystemen zugeordnet und so die Kennzahlen richtig berechnet werden.

Für den Einsatz eines Monitorsystems sind in der Regel tagesgenaue Rückmeldungen der Arbeitsvorgänge ausreichend. Nur bei sehr kleinen Arbeitsinhalten, wie sie z.B. in der Elektronikbranche vorzufinden sind, sind kleinere Rückmeldeintervalle erforderlich. Hierbei ist jedoch der erhöhte Rückmeldeaufwand häufig nur mit einer geringfügig erhöhten Abbildungsgenauigkeit verbunden und somit kritisch zu hinterfragen. Zur Reduzierung des Aufwands ist ferner die Rückmeldung der Vorgabezeiten gemäß Arbeitsplan ausreichend. Ferner ist zu prüfen, ob die Vorgabezeiten des Arbeitsplans ausreichend mit den realisierten Ist-Auftragszeiten übereinstimmen. Ist dies der Fall, dann ist eine Reduzierung des Aufwands durch die Rückmeldung der Vorgabezeiten gemäß Arbeitsplan möglich. Erläuternd sei darauf hingewiesen, daß Abweichungen zwischen den vorgegebenen und den tatsächlich verbrauchten Bearbeitungs- und Rüstzeiten zudem nur einen untergeordneten Einfluß auf logistische Kenngrößen wie z.B. Durchlaufzeiten und Bestände haben.

Für den Einsatz eines Monitorsystems stellen die Arbeitssystemdaten eine weitere wichtige Komponente dar. Hier stellt sich in der Praxis häufig heraus, daß insbesondere die Kapazitätswerte nicht ausreichend ermittelt bzw. Abweichungen vom Planwert nicht dokumentiert werden. Damit fehlt jedoch die Basis für eine korrekte Ermittlung z.B. von Auslastungs- und Durchführungszeitwerten. Liegen keine verläßlichen Kapazitätswerte vor, so kann der an einem Arbeitssystem verzeichnete Abgang pro Zeiteinheit als Ersatzgröße herangezogen werden. Gemäß den in den Betriebskennlinien dargestellten Zusammenhängen ist hierfür Voraussetzung, daß im Betrachtungszeitraum keine bestandsbedingten Auslastungsverluste aufgetreten sind. Diese Herangehensweise kann jedoch nur eine Annäherung an die Realität darstellen.

Wie die Ausführungen zu den erforderlichen Eingangsdaten zeigen, ist eine systematische Datenerhebung und -bereitstellung notwendige Voraussetzung dafür, die Potentiale auch tatsächlich erschließen zu können, die sich mit dem Monitorsystemeinsatz bieten. Wie sich in zahlreichen Einführungsprojekten für Monitorsysteme jedoch herausgestellt hat, ergeben sich häufig schon bei der Realisierung einer entsprechenden Systematik zur Datenerhebung und -bereitstellung erste Ansätze zur Verbesserung des Rückmeldewesens und der Produktionsabläufe im Unternehmen. Die neben solchen Rationalisierungseffekten mit dem Einsatz eines solchen Systems im Produktionsbereich möglichen Verbesserungen werden in den Anwendungsbeispielen in 18.2.4 veranschaulicht.

18.2.3.3 Darstellung einer Kennzahlsystematik zur Arbeitssystemabbildung und -analyse

Die im Durchlaufdiagramm ersichtlichen und zum ressourcenorientierten Controlling ermittelten Kennzahlen stehen in einem Beziehungszusammenhang. Sie lassen sich deshalb in einem Rechensystem abbilden, dessen Kernteil in Bild 18-25 gezeigt ist. Ausgehend von den links aufgeführten Meßgrößen, lassen sich durch entsprechende Rechenoperationen Kennzahlen zunehmender Verdichtung ableiten. Aus den Ist-Terminen für den Auftragszugang sowie den rückgemeldeten Auftragszeiten der Aufträge werden auf der nächsthöheren Verdichtungsstufe jeweils der kumulierte Ist-Zugang bzw. Ist-Abgang ermittelt. Aus den Größen Tageskapazität und Periodenlänge läßt sich der kumulierte Plan-Abgang der Periode bestimmen.

Auf der Basis des kumulierten Ist-Zugangs bzw. Ist-Abgangs können dann auf der nächsthöheren Verdichtungsstufe die vorliegenden Bestände und Leistungen des Arbeitssystems berechnet werden. Durch die rechnerische Gegenüberstellung der Soll- mit den Ist-Zugangsterminen kann darüber hinaus die Terminabweichung im Zugang bestimmt werden. Analog dazu kann auf

dieser Verdichtungsstufe auch die Terminabweichung im Abgang ermittelt werden.

Der Quotient aus Bestands- und Leistungsgröße ergibt sich dann auf der höchsten Verdichtungsstufe zur Reichweite. Wird die mittlere Leistung dem kumulierten Plan-Abgang gegenübergestellt, so ergibt sich die Auslastung des Systems als weitere Spitzenkennzahl. Schließlich kann durch Gegenüberstellung von Soll- und Ist-Abgängen die Durchlaufzeitabweichung, auch relative Terminabweichung genannt, ermittelt werden. Sie zeigt, inwiefern ein Arbeitssystem die Durchlaufzeiten im Vergleich zum Planwert verringert oder erhöht hat. Die formelmäßige Berechnung der grundlegenden Kennzahlen auf den unterschiedlichen Verdichtungsstufen ist in [Wie87] detailliert dargestellt.

18.2.3.4 Beispiel eines Berichts aus dem Produktionscontrolling

Um den Zusammenhang zwischen den aufzunehmenden Daten, deren Aufbereitung sowie ihrer graphischen Darstellung zu veranschaulichen, soll im folgenden ein einfaches Beispiel vorgestellt werden.

Ein Arbeitsplatz wurde für einen Zeitraum von vier Wochen nach der beschriebenen Methode zur ressourcenorientierten Modellierung, d.h. durch die Beschreibung von Zu- und Abgang mit

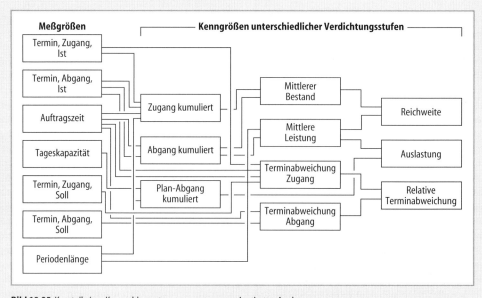

Bild 18-25 Kernteil eines Kennzahlensystems zur ressourcenorientierten Analyse

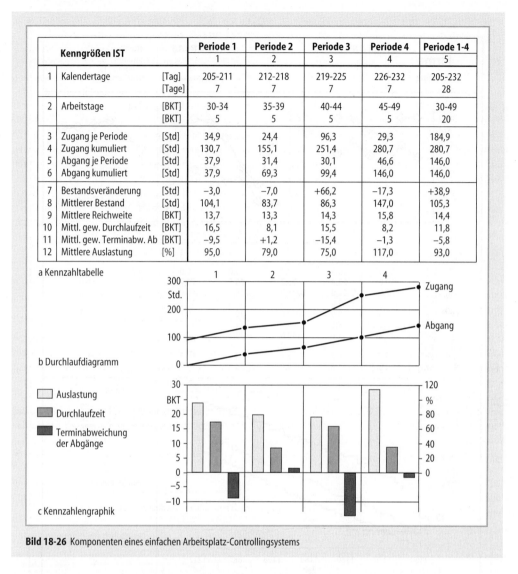

Kenngrößen IST		Periode 1	Periode 2	Periode 3	Periode 4	Periode 1-4
		1	2	3	4	5
1	Kalendertage [Tag]	205-211	212-218	219-225	226-232	205-232
	[Tage]	7	7	7	7	28
2	Arbeitstage [BKT]	30-34	35-39	40-44	45-49	30-49
	[BKT]	5	5	5	5	20
3	Zugang je Periode [Std]	34,9	24,4	96,3	29,3	184,9
4	Zugang kumuliert [Std]	130,7	155,1	251,4	280,7	280,7
5	Abgang je Periode [Std]	37,9	31,4	30,1	46,6	146,0
6	Abgang kumuliert [Std]	37,9	69,3	99,4	146,0	146,0
7	Bestandsveränderung [Std]	−3,0	−7,0	+66,2	−17,3	+38,9
8	Mittlerer Bestand [Std]	104,1	83,7	86,3	147,0	105,3
9	Mittlere Reichweite [BKT]	13,7	13,3	14,3	15,8	14,4
10	Mittl. gew. Durchlaufzeit [BKT]	16,5	8,1	15,5	8,2	11,8
11	Mittl. gew. Terminabw. Ab [BKT]	−9,5	+1,2	−15,4	−1,3	−5,8
12	Mittlere Auslastung [%]	95,0	79,0	75,0	117,0	93,0

a Kennzahltabelle

b Durchlaufdiagramm

Auslastung
Durchlaufzeit
Terminabweichung der Abgänge

c Kennzahlengraphik

Bild 18-26 Komponenten eines einfachen Arbeitsplatz-Controllingsystems

Soll- und Ist-Terminen der Aufträge, abgebildet, und die Daten wurden in einer Datenbank gespeichert. Aus diesen Informationen werden die Kennzahlen für Bestand, Leistung, Durchlaufzeit und Terminabweichung berechnet. Sie können nach Bedarf in der vom Benutzer gewünschten Weise in Form von Berichten und Graphiken zusammengestellt werden. In diesem Beispiel besteht das Monitorsystem aus drei typischen Komponenten (Bild 18-26). Die Kennzahltabelle enthält zunächst in möglichst knapper Form die wesentlichen Kenngrößen. Ein daraus abgeleitetes vereinfachtes Durchlaufdiagramm visualisiert den Auftragsdurchlauf an diesem Arbeitssystem. Eine Kennzahlengraphik

stellt schließlich periodenweise ausgewählte Kennzahlen dar.

18.2.3.5 Einbindung des Monitorsystems in das Berichtswesen

Die Bereitstellung der Informationen muß zur Beantwortung individueller Fragestellungen flexibel im direkten Dialog erfolgen können. Hierfür bieten sich PC-gestützte Lösungen an. Das auf dem PC installierte Monitorsystem wird zu diesem Zweck periodenweise mit den Sollwerten des PPS-Systems und den Ist-Daten des BDE-Systems versorgt. Darüber hinaus ist zur Sicherstellung einer möglichst einfachen, aber

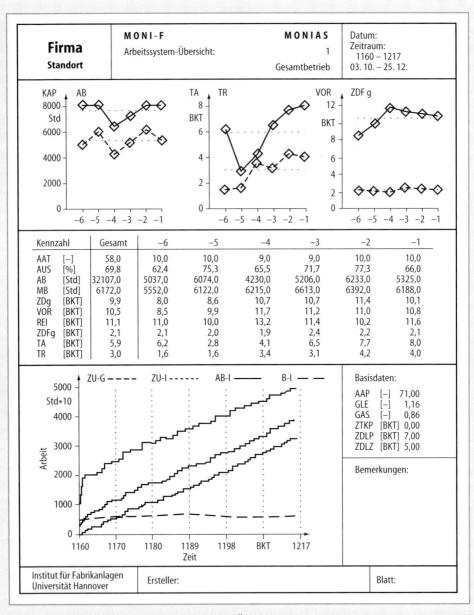

Bild 18-27 Beispiel eines Standard-Berichts zur Arbeitssystem-Übersicht

permanenten Nutzung der Informationen auch ein abgestimmtes Berichtswesen erforderlich. Von seiner Gestaltung hängt die unternehmensweite Akzeptanz und Wirksamkeit des Produktionscontrolling wesentlich ab.

Neben dem „Wer berichtet?" sind bei der Gestaltung eines Berichtswesens die Fragen zu beantworten: „Was soll berichtet werden?" (Struktur), „Wie soll berichtet werden?" (Form) und „Wann soll berichtet werden?" (Frequenz). Die verschiedenen am Produktionsprozeß beteiligten Personengruppen in den einzelnen Unternehmensbereichen (z.B. Produktionsleitung, Disponenten, Meisterbereiche in der Fertigung u.a.) haben je nach ihrem Tätigkeitsprofil jeweils einen individuellen Bedarf an Informationen über den Fertigungs- bzw. Auftragsdurchlauf. Dieser Informationsbedarf ist in einem Be-

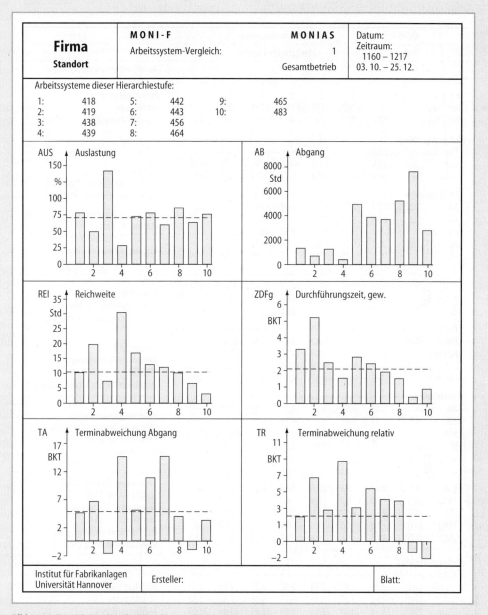

Bild 18-28 Beispiel eines Standard-Berichts zum Arbeitssystem-Vergleich

richtssystem standardisiert, aber trotzdem bedarfsorientiert zu berücksichtigen, d.h. der Berichtsumfang ist entsprechend der Hierarchiestufe und der Funktion auf den Empfänger zuzuschneiden. Die Daten werden bezüglich der Funktion selektiert und zur Hierarchiestufe passend verdichtet.

Das Berichtswesen unterscheidet zunächst die folgenden Berichtsarten:

– Standardberichte entsprechen der normalen Berichtsart. Sie sorgen durch eine einheitliche Zusammenstellung für eine durchgängige betriebliche Informationsgrundlage.

– Sonderberichte sind im Gegensatz dazu auf die einzelnen Empfänger gemäß ihren Vorstellungen und Wünschen zugeschnitten. Der Unterschied zu Standardberichten besteht in inhaltlichen, darstellungstechnischen oder ins-

System:	Mechanische Fertigung	
AAP: 71		Anzahl Arbeitsplätze

Periode	Gesamt	1	2	3	4	5	6	Perioden-Nummer
von 1160		-1169	-1179	-1188	-1197	-1207	-1217	Arbeitstage
ANZ [AT]	58	10	10	9	9	10	10	Anzahl Arbeitstage

Fertigungsablauf

– Plan-Abgang (Kapazität) –

		Gesamt	1	2	3	4	5	6	
KAP	[Std]	46029	8075	8075	6460	7268	8075	8075	Summe Planabgang
GN24	[%]	46,6	47,4	47,4	42,1	47,4	47,4	47,4	Plannutzungsgrad auf 24 Std. bez.

– Ist-Abgang –

AB	[Std]	32107	5037	6074	4230	5206	6233	5325	Summe Ist-Abgang
AUS	[%]	69,8	62,4	75,2	65,5	71,6	77,2	66,0	Mittlere Auslastung
AVG GES		12377	2037	2218	1630	1877	2504	2111	Anzahl Arbeitsvorgänge
AB/EAP	[Std]	452	70	85	59	73	87	75	Abgang je Einzelarbeitsplatz
AVG/AP		174	28	31	22	26	35	29	Arbeitsvorgänge/Einzelarbeitsplatz

– Zugang –

SUM	[Std]	33632	6559	5835	4873	5220	5764	5381	Summe Zugang
AVG GES		12416	2239	2090	1688	2063	2441	1895	Anzahl Arbeitsvorgänge
ZU/K	[%]	73,1	81,2	72,3	75,4	71,8	71,4	66,6	Zugang bezogen auf Kapazität

– Bestand –

ENDB	[Std]	4700	6221	5982	6625	6638	6169	6224	Endbestand
RWENDB	[AT]	11,24	12,35	9,85	14,10	11,47	9,90	11,69	Reichweite Endbestand
MIT	[Std]	6172	5552	6122	6215	6613	6392	6188	Mittelwert Bestand
AVG MIT		1173	1066	1137	1070	1222	1315	1222	Mittelwert Anzahl Arbeitsvorgänge

– Durchlaufzeit –

ZDI	[AT]	5,17	4,69	4,92	5,39	5,07	5,56	5,31	Mittelwert Durchlaufzeit
ZDIg	[AT]	9,97	8,08	8,61	10,78	10,77	11,42	10,18	Mittelwert Durchlaufzeit, gew.
STA	[AT]	10,05	7,71	8,56	9,21	11,09	10,69	11,76	Standardabw. ZDg
REI	[AT]	11,15	11,02	10,08	13,22	11,43	10,25	11,62	Reichweite

– Termineinhaltung –

TAZg	[AT]	3,0	4,7	1,2	0,7	3,4	3,5	4,0	Terminabw. Zugang, gew.
STA	[AT]	25,7	28,3	24,8	19,6	27,5	24,1	28,1	Standardabw. TAZg
TAAg	[AT]	6,0	6,2	2,8	4,2	6,5	7,7	8,0	Terminabw. Abgang, gew.
STA	[AT]	25,5	27,7	25,9	20,2	26,0	23,3	27,7	Standardabw. TAAg
TARg	[AT]	3,0	1,5	1,6	3,5	3,2	4,2	4,0	Rel. Terminabwichung, gew.
STA	[AT]	10,3	8,8	9,8	9,8	11,4	10,3	11,1	Standardabw. TARg

Auftragsstruktur

– Auftragszeit –

ZAUm	[Std]	2,59	2,47	2,74	2,60	2,77	2,49	2,52	Mittelwert Auftragszeit
STA	[Std]	7,52	7,27	7,55	6,71	8,36	7,63	7,38	Standardabw. ZAU
ZAUg	[Std]	24,38	23,87	23,53	19,94	27,99	25,89	24,09	Auftragszeit, gew.
ZDFg	[AT]	2,17	2,10	2,07	1,97	2,46	2,28	2,12	Durchführungszeit, gew.
STA	[AT]	2,76	3,06	2,37	2,83	3,16	2,76	2,32	Standardabw. ZDFg
GFL	[AT]	4,6	3,9	4,2	5,5	4,4	5,0	4,8	Mittlerer Flußgrad, gew.

– Losgröße –

MIT	[–]	3,5	3,5	3,3	3,7	3,6	3,7	3,3	Losgröße
STA	[–]	6,5	6,6	6,1	7,2	7,2	6,9	4,7	Standardabw. Losgröße

Bild 18-29 Beispiel eines Standard-Berichtes mit Arbeitssystem-Kennzahlen

besondere auf den Detaillierungsgrad bezogenen Abweichungen. Diese Berichte werden auf Wunsch des jeweiligen Empfängers regelmäßig oder einmalig zusätzlich zu den Standardberichten erstellt und verteilt.

Die verschiedenen Berichte sind durchgängig nach einem einheitlichen Aufbau zu gliedern. Dies bezieht sich sowohl auf die Berichtsarten als auch auf die unterschiedlichen Hierarchieebenen. Der einheitliche Aufbau soll das Lesen der Berichte erleichtern, das Erfassen des Inhalts beschleunigen und die innerbetriebliche Kommunikation unterstützen. Bei den Standardberichten empfiehlt sich die nachfolgend näher beschriebene Untergliederung der Berichtsformen [Ull94]:
- Die *Arbeitssystem-Übersicht* (Bild 18-27) beschreibt den Produktionsablauf an einem Arbeitssystem in seiner zeitlichen Entwicklung und vermittelt auf jeder Auswertungs-Hierarchiestufe einen ersten Überblick über die auf dieser Stufe zusammengefaßten Arbeitssysteme mittels Trendverläufen (oben), Spitzenkennzahlen (Mitte) sowie eines Durchlaufdiagramms (unten). Zur Erläuterung der verwendeten Abkürzungen siehe Bild 18-29. Die Übersicht dient hauptsächlich zur Kontrolle, inwiefern sich zurückliegende Maßnahmen auf den Fertigungsprozeß ausgewirkt haben. Die Zeitreihen zeigen außerdem die Zusammenhänge und Abhängigkeiten zwischen einzelnen Zielgrößen, die bereichsspezifisch und individuell für die Zeitreihen und ebenso für die Kennzahlentabelle frei definierbar sind.
- Der *Arbeitssystem-Vergleich* (Bild 18-28) stellt für frei wählbare Zielgrößen (in diesem Fall sind es sechs Werte) die Arbeitssysteme einer Hierarchiestufe nebeneinander und unterstützt so das rasche Erkennen von betrieblichen Schwachstellen. Dieser Bericht soll Ansatzpunkte dafür liefern, auf welche Arbeitssysteme besondere Aufmerksamkeit bezüglich einer gesetzten Zielerreichung gerichtet werden muß (vgl. 18.2.4.1).
- Die *Arbeitssystem-Kennzahlen* (Bild 18-29) ermöglichen eine umfassende Analyse der Verhältnisse an einzelnen Arbeitssystemen mittels umfangreicher, detaillierter Kennzahltabellen. In der abgebildeten, auf eine Seite komprimierten Beispielausgabe werden in einem ersten Block Informationen über das betrachtete Arbeitssystem „Mechanische Fertigung" sowie den betrachteten Zeithorizont

ausgegeben. Im mittleren Block (Fertigungsablauf) werden für sechs Perioden jeweils detaillierte Kenngrößen zu Kapazität, Abgang, Zugang, Durchlaufzeit und Termineinhaltung aufgeführt. Der untere Block (Auftragsstruktur) beinhaltet die charakteristischen Kenndaten zur Beschreibung der Struktur der bearbeiteten Aufträge.

Die so vorliegenden Standardberichte werden an die einzelnen Berichtsinstanzen in den Unternehmensbereichen bedarfsgerecht verteilt. Dabei bezieht sich die bedarfsgerechte Differenzierung nicht nur auf den Inhalt (Berichtsform), dessen Verdichtungsgrad (Berichtsebene: Kapazitätsgruppe, Kostenstelle, Fertigungs-/Montagebereich, Produktionsbereich, Werk) und die Funktion des Empfängers (Berichtsinstanz), sondern auch auf die zeitliche Frequenz der Verteilung.

Die Organisation des Berichtssystems richtet sich nach der institutionalen Einbindung des Produktionscontrolling. Diese hat insbesondere die Aufgabe, den maximalen Nutzen der Berichtssystems bei gleichzeitig minimalen Kosten sicherzustellen.

18.2.4 Anwendungsbeispiele der Modelle und Systeme des Produktionscontrolling

Nachfolgend werden für unterschiedliche Fragestellungen die Unterstützungsmöglichkeiten durch das Produktionscontrolling anhand von Beispielen aufgezeigt. Die in den Ausführungen herangezogenen Fallbeispiele sind Untersuchungen in größeren deutschen Maschinenbauunternehmen der Investitionsgüter-, der Automobilzuliefer- und der Elektronikindustrie entnommen.

18.2.4.1 Monitoring von Produktionsabläufen

Zunächst muß im Rahmen des Produktionscontrolling entschieden werden, auf welche Arbeitssysteme besondere Aufmerksamkeit bezüglich der gesetzten Zielerreichung gerichtet werden muß. Dies ist durch den Arbeitssystemvergleich möglich, den Bild 18-30 für die fünf Maschinengruppen der Kostenstelle 464 einer mechanischen Fertigung zeigt. Es handelt sich dabei um die Fertigung eines Maschinenbauunternehmens, das insbesondere im Anlagenbau tätig ist. Um beispielsweise die Termineinhaltung in der Fertigung zu verbessern, ist es hier sinnvoll zu

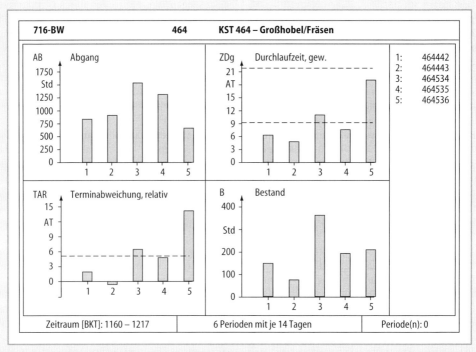

Bild 18-30 Vergleich der Arbeitssysteme auf einer Hierarchiestufe

wissen, welche Arbeitssysteme diese Zielsetzung am stärksten beeinflussen. Dementsprechend wird der gesamte Fertigungsbereich zunächst in die Ebene der Kostenstellen und anschließend in die Ebene der Maschinengruppen aufgegliedert. Der Vergleich auf Kostenstellen-, aber auch auf der Maschinengruppenebene wird für vier frei wählbare Kenngrößen, in diesem Beispiel Abgang (AB), Durchlaufzeit (ZDg), relative Terminabweichung (TAR) und Bestand (B) mit ihren Mittelwerten für den Auswertungszeitraum von sechs Perioden mit je 14 Tagen durchgeführt. Dies sind die Betriebskalendertage BKT 1160 – 1217. (Die Bezeichnung Betriebskalendertag wird in der Praxis, wie auch im folgenden, synonym zur Bezeichnung Arbeitstag (AT) verwendet.)

In diesem Fall weist das Arbeitssystem 5 sowohl die größte Durchlaufzeit als auch die größte relative Terminabweichung auf. Der Bestand an diesem System liegt ebenfalls auf hohem Niveau. Eine nähere Analyse zeigte, daß an diesem Arbeitssystem über einen längeren Zeitraum Störungen der Kapazität vorgelegen haben und somit die vorliegenden Aufträge nicht abgearbeitet werden konnten.

Eine weitere Maschinengruppe, die in diesem Vergleich auffällt, ist das Arbeitssystem 3. Es trägt mit einem hohen Abgang wesentlich zur Leistung der Kostenstelle bei. Dabei ergeben sich jedoch nennenswert hohe Durchlaufzeiten. Diese sind auf relativ hohe Bestände zurückzuführen, die zudem nicht nur die Durchlaufzeit, sondern auch die Terminabweichung negativ beeinflussen. Hier bietet sich eine nachfolgend näher beschriebene, tiefergehende Analyse dieser Maschinengruppe 464534 an.

Bild 18-31 zeigt die menügesteuerte Ausgabe des Durchlaufdiagramms für das Arbeitssystem 464534. Dargestellt sind hier die Verläufe von Ist-Zugang und Ist-Abgang der Arbeit über einen Zeitraum von sechs Perioden zu je zwei Wochen. Optional können bei diesem System zusätzlich die Verläufe von Soll-Zugang und Soll-Abgang, des Bestandes, der Plan-Kapazität und des Fertigungsbeginns gewählt werden. Auch ist die Anzeige der zugehörigen Datenwerte zu den einzelnen Kurvenverläufen sowie die Anzeige von Basisdaten und grundlegenden Kennzahlen zum Fertigungsablauf möglich.

In das Durchlaufdiagramm sind weiterhin die Durchlaufelemente eingetragen. Diese spiegeln

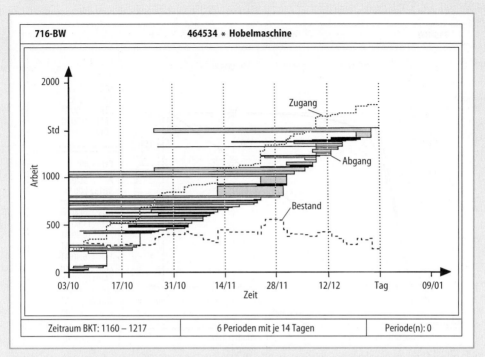

| Zeitraum BKT: 1160 – 1217 | 6 Perioden mit je 14 Tagen | Periode(n): 0 |

Bild 18-31 Durchlaufdiagramm mit Arbeitsvorgangsdurchlaufelementen

in diesem Fall die starken Reihenfolgevertauschungen wider, die teilweise zu Durchlaufzeiten bis zu 50 Tagen führen. Eine derartige Einzelbetrachtung von Aufträgen macht die Auswirkungen von getroffenen Entscheidungen oder Handlungsweisen auch auf Werkstattebene verständlich. Derartige „Visualisierungen" lassen sich nicht nur, wie hier gezeigt, für die Rückschau einsetzen, sondern auch als integraler Bestandteil von Planungssystemen zur mittel- und kurzfristigen Fertigungssteuerung.

18.2.4.2 Überprüfung und Anpassung von Auftrags- und Kapazitätsstrukturen

Mit Hilfe von Vergleichsgraphiken und Durchlaufdiagrammen wird das Verhalten von Arbeitssystemen über der Zeit im Verhältnis zum Soll-Zustand transparent. Es dient damit zur periodischen Kontrolle der Ist-Situation. Wie reagiert ein Produktionsbereich jedoch auf gezielte Einflußnahmen, und wie lassen sich Potentiale im Prozeßablauf aufzeigen? Durch die bereits angesprochene Entwicklung einer Approximationsformel zur Berechnung von sog. Betriebskennlinien wird die Abbildung der funk-

tionalen Abhängigkeiten zwischen den Zielgrößen ermöglicht [Nyh91].

Der Darstellung der berechneten Kennlinien für das in Bild 18-31 bereits vorgestellte Arbeitssystem (Bild 18-32) ist zu entnehmen, daß am betrachteten Arbeitssystem im betrachteten Zeitraum im Mittel ca. 357,6 Stunden Bestand (B) vorlagen und sich so eine Reichweite (REI) von 13,6 Arbeitstagen (AT) ergibt. Die Plan-Kapazität an diesem Arbeitssystem von 1740 Stunden (bezogen auf 58 Arbeitstage Untersuchungszeitraum) wird auch bei ausreichend hohen Beständen nicht erreicht. Hieraus läßt sich zunächst ableiten, daß der Wert für die Plan-Kapazität für dieses Arbeitssystem nicht realistisch ist und angepaßt werden muß. Die mit der Reichweite korrespondierende (gewichtete) Durchlaufzeit an dem System beträgt 10,9 AT. Die vom Betrieb an diesem System angestrebte Ziel-Durchlaufzeit (ZDLZ) von 5 AT – sie entspricht einer Reichweite in gleicher Größenordnung – ist allein mit Mitteln der Fertigungssteuerung (kürzere Plan-Durchlaufzeit, Bestandsregelung) nur bei einem gleichzeitigen Auslastungsverlust von deutlich mehr als 2 % möglich, die hier maximal toleriert werden sollen. Das bedeutet, daß in diesem Fall

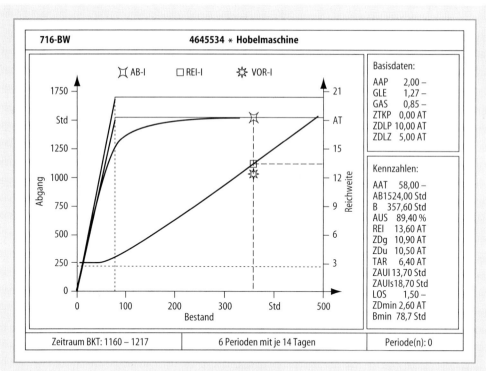

Bild 18-32 Bewertung des Ist-Zustandes mit Hilfe von Betriebskennlinien

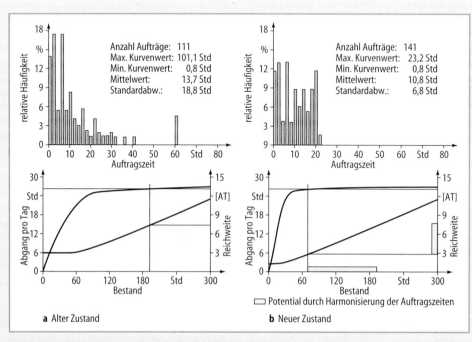

Bild 18-33 Einfluß der Auftragsstruktur auf das logistische Potential

nach der zunächst erforderlichen Umsetzung von Maßnahmen der Fertigungssteuerung auch über weitere Maßnahmen zur Beeinflussung des logistischen Potentials nachgedacht werden muß. Bei einer mittleren Auftragszeit (ZAUI) von 13,7 Stunden bietet sich eine Reduzierung bzw. Harmonisierung der Losgrößen und damit die Senkung des zur angestrebten Auslastung des Systems erforderlichen Bestands an. Im hier realisierten Monitorsystem kann eine solche Variation der mittleren Auftragszeit probeweise durchgeführt und sich dabei ergebende Potentiale können ausgewiesen werden.

In diesem Zusammenhang stellen sich häufig die Fragen:
- Welches sind die minimal realisierbaren mittleren Durchlaufzeiten aufgrund der bestehenden Auftrags- und Kapazitätsstrukturen und unter Beachtung der Wirtschaftlichkeit an den einzelnen Arbeitssystemen?
- Welches logistische Potential kann mit einer Vergleichmäßigung der Auftragszeiten erschlossen werden?

Hilfestellung bei der Beantwortung dieser Fragen bieten die berechneten Betriebskennlinien, wie an dem nachfolgenden Beispiel für die Kapazitätsgruppe 464534 verdeutlicht werden soll. Der in Bild 18-33a durch die Auftragszeitverteilung und die Betriebskennlinien beschriebene Ist-Zustand läßt sich durch folgende Daten charakterisieren:
- zwei Einzelmaschinen
- Tageskapazität zur Auftragsbearbeitung: 26 Stunden
- mittlere Auftragszeit: 13,7 Stunden
- Standardabweichung der Auftragszeit: 18,8 Stunden
- geforderte Mindestauslastung: 98 Prozent

Aufgrund der logistischen Gesetzmäßigkeiten ist bei diesen Randbedingungen nur eine mittlere Reichweite von minimal 7,5 Arbeitstagen erreichbar (s. Kennlinie). In Bild 18-33b ist dargestellt, welches logistische Potential erschlossen werden kann, wenn durch Auftragsteilung bei den extrem großen Aufträgen eine Verringerung der Auftragszeiten durchgeführt wird. In dem Beispiel wurden alle Aufträge geteilt, bei denen sich aufgrund des vorliegenden Losbildungsverfahrens Auftragszeiten von größer als 24 Stunden Arbeitsinhalt ergaben (s. Auftragszeitver-

teilung für den neuen Zustand). In der zugehörigen Betriebskennlinie ist zu erkennen, daß durch die Verringerung der Auftragszeitstreuung von 18,8 auf 6,8 Stunden eine minimale Reichweite von ca. drei Arbeitstagen bei einer geforderten Mindestauslastung von 98 % erreichbar ist. Gleichzeitig kann durch diese Maßnahme der mittlere Bestand von ca. 200 Stunden auf weniger als 80 Stunden gesenkt werden.

18.2.4.3 Überprüfung der Produktionsstruktur

Neben der Auftragsstuktur hat die Produktionsstruktur einen ganz wesentlichen Einfluß auf die Umsetzung logistischer Zielsetzungen. Gerade im Hinblick auf Just-in-time-Konzepte hat eine ungestörte und reibungslose Logistik der Materialströme im Produktionsbereich wesentlich an Bedeutung gewonnen. Von daher ist auch sie einer kontinuierlichen Überprüfung zu unterziehen.

Die Produktionsstruktur wird maßgeblich durch die betrieblichen Materialströme charakterisiert. Hierzu werden die Übergangsbeziehungen zwischen den Arbeitsplätzen und Lagern erfaßt und in Form von Übergangsmatrizen ausgewertet. Aus diesen lassen sich leicht graphische Materialflußpläne erstellen, mit denen sowohl eine Überprüfung und Bewertung der vorhandenen Strukturen als auch eine Optimierung hinsichtlich der günstigsten Anordnung möglich ist.

Bild 18-34 zeigt zunächst den Ausschnitt aus einer Materialflußmatrix (a) eines Beispielunternehmens der Automobilzulieferindustrie und das zugehörige Trichtermodell im Ist-Zustand (b). Durch zusätzliche sachnummernbezogene Auswertungen können nun Auftragsstränge im Materialfluß erkannt werden, die im Sinne einer Segmentierung aus der bisher rein funktional orientierten Werkstattanordnung herauszulösen sind. Im rechten Bildteil ist hierzu ein Beispiel angegeben, in dem eine Linienstruktur identifiziert und aus dem allgemeinen Materialfluß in Form einer Fertigungsinsel isoliert werden konnte. Bei entsprechender organisatorischer Gestaltung läßt sich durch die Bildung derartiger Inseln der Auftragsdurchlauf beschleunigen und die Termineinhaltung verbessern.

18.2.4.4 Engpaßorientierte Logistikanalyse

Eine interessante Anwendung von Betriebskennlinien eröffnet sich, wenn diese Technik zur

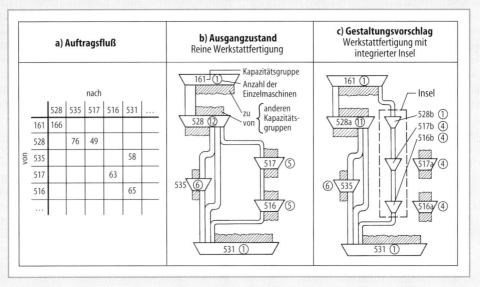

Bild 18-34 Neugestaltung der Produktionsstruktur auf der Basis des Auftrags- und Materialflusses

„logistischen Potentialbeurteilung" in Kombination mit der Analyse der Durchlaufzeiten, Bestände und Materialflüsse angewandt wird. Diese Kombination erlaubt den Übergang von der ressourcenbezogenen hin zu einer eher auftragsbezogenen Betrachtung. Hierbei wird der Auftragsfluß in einem Bereich dargestellt, und sich daraus ergebende Konsequenzen an den Ressourcen, wie z. B. das Entstehen von Engpässen, werden herausgearbeitet (sog. engpaßorientierte Logistikanalyse).

Der Einsatz dieser Methode soll an einem Beispiel veranschaulicht werden. Ziel war es, die Auftragsdurchlaufzeiten im Produktionsbereich Leiterplattenbestückung eines Herstellers hochwertiger Elektronikgeräte mit geringstmöglichem finanziellem Aufwand um 30 % zu reduzieren [Ewa93]. Zunächst wurde der Materialfluß im betrachteten Produktionsbereich aufgenommen und eine Analyse der Durchlaufzeiten und Bestände durchgeführt, ferner wurden die Betriebskennlinien der enthaltenen Arbeitssysteme berechnet. Die Ergebnisse dieser Analyse sind verdichtet in Bild 18-35 dargestellt. Mit Hilfe dieser Graphik, in der neben den wichtigsten logistischen Spitzenkennzahlen auch die Betriebskennlinien im Materialfluß dargestellt sind, läßt sich unmittelbar aufzeigen, welche Arbeitssysteme aus Sicht des Auftragsdurchlaufs besonders kritisch, d.h. durchlaufzeitverursachend sind. Mit den Kennlinien kann weiterhin aufge-

zeigt werden, an welchen Arbeitssystemen Durchlaufzeitreduzierungen durch reine Steuerungsmaßnahmen möglich sind. Bei diesen Systemen liegt der gemessene Betriebspunkt deutlich im Überlastbereich der Kennlinien. Bei den Arbeitssystemen hingegen, bei denen der Betriebspunkt schon im Übergangsbereich liegt, sind neben Steuerungsmaßnahmen auch Eingriffe in die Strukturen (Aufträge, Kapazitäten, Layout usw.) erforderlich, wenn noch signifikante Durchlaufzeitreduzierungen realisiert werden sollen.

In welcher Weise dazu die vorhandenen logistischen Potentiale aufgezeigt und die von dem Unternehmen angestrebten Maßnahmen zur Durchlaufzeit- und Bestandsreduzierung diskutiert und bewertet werden konnten, soll an den Arbeitssystemen Bestückungsautomaten (AS 17137) und Segmentfertigung (AS 57110) veranschaulicht werden. Die Bestückungsautomaten (AS 17137) zeichnen sich durch eine Vollauslastung im Dreischichtbetrieb aus. Weiterhin kann festgestellt werden, daß die Durchlaufzeiten bzw. Reichweiten (RW) im Vergleich zu den anderen Arbeitssystemen der Kostenstelle 17 (AS 17..., maschinelle Bestückung) recht hoch sind. Der auf der Kennlinie angedeutete Betriebspunkt zeigt schließlich, daß an diesem Arbeitssystem offensichtlich weitreichende Bestands- und somit auch Durchlaufzeitreduzierungen ohne strukturelle Veränderungen möglich sind. Im Rahmen der durchgeführten Untersuchung gab

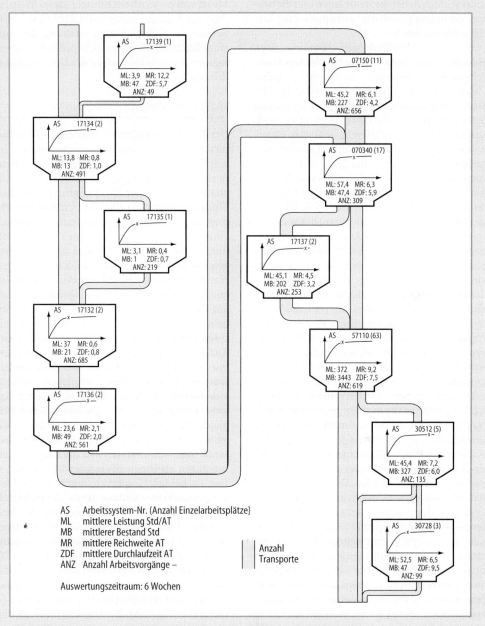

Bild 18-35 Logistische Spitzenkennzahlen im Materialfluß einer Leiterplattenbestückung

es aber auch eine Reihe von Arbeitssystemen, bei denen nachgewiesen werden konnte, daß zur Erhöhung des logistischen Potentials auch Eingriffe in die Auftragszeitstruktur bzw. in die Kapazitätssituation erforderlich waren.

Ein Beispiel für ein solches Arbeitssystem stellte die Segmentfertigung manuelle Leiterplattenbestückung (AS 57110) mit 63 Handarbeits-

plätzen dar, von denen durchschnittlich 48 im Einschichtbetrieb besetzt waren. Hier zeigte die Auswertung der Rückmeldedaten, daß die Reichweite 9,2 Arbeitstage (AT) und die mittlere Durchlaufzeit immerhin 7,5 AT beträgt. Dieses Arbeitssystem war somit aus logistischer Sicht von besonderer Bedeutung, da hier die Durchlaufzeitwerte deutlich über denen aller anderen untersuchten Arbeitssysteme lagen und die Segmentfertigung zudem die Leitkapazität des Fertigungsbereiches darstellte.

Wie die zugehörige Betriebskennlinie zeigt, sind diese recht hohen Werte für die Durchlaufzeitgrößen bei den gegebenen Bedingungen aber als angemessen zu bezeichnen. Bestands- und Durchlaufzeitreduzierungen waren an diesem System durch reine Fertigungssteuerungsmaßnahmen nicht zu realisieren, wenn das Unternehmen nicht gleichzeitig höhere Leistungseinbußen akzeptiert hätte. Bei der Diskussion der Analyseergebnisse stellte sich heraus, daß das hohe erforderliche Niveau für die Durchlaufzeiten und die Bestände insbesondere auf die vorliegende Auftragszeitstruktur zurückzuführen war. Die Auswertung der Auftragszeiten zeigte, daß sich die Verteilung der Auftragszeiten neben einem hohen Mittelwert vor allem auch durch eine breite Streuung auszeichnet. Da die Standardabweichung der Auftragszeiten nach 18.2.4.2 aber maßgeblich den Abknickbereich der Kennlinien und damit das logistische Potential eines Arbeitssystems bestimmt, liegt die Schlußfolgerung nahe, gezielt die Aufträge mit einem hohen Arbeitsinhalt zu reduzieren, um somit eine Harmonisierung der Auftragszeitstruktur zu erzielen.

Dementsprechend wurden vom Unternehmen nach der Analyse alle Aufträge geteilt, deren Auftragszeit größer als 50 Stunden war, wenn es sich um zusammengefaßte Bedarfe handelte. Ferner sollten die Aufträge mit einer Auftragszeit größer 30 Stunden durch zwei oder mehr Mitarbeiter parallel bearbeitet werden. Diese beiden Maßnahmen, die ca. 18 % der Arbeitsvorgänge und etwa 55 % des gesamten Arbeitsinhaltes betrafen, führten zu folgenden Ergebnissen, die in einer Nachanalyse belegt werden konnten. Bestände und Durchlaufzeiten konnten ohne zusätzliche Leistungsverluste jeweils um mehr als 30 % reduziert werden. Dabei muß betont werden, daß nicht die Maßnahmen zur Auftragszeitharmonisierung allein diese Reduzierung bewirkt haben. Vielmehr ist es dem Unternehmen gelungen, die dadurch geschaffenen Potentiale auch zu nutzen, indem der Bestand durch Fertigungssteuerungsmaßnahmen (Reduzierung der Plan-Durchlaufzeiten und bestandsabhängige Einsteuerung der Aufträge in die Fertigung) auf das angestrebte Bestandsniveau verringert wurde.

Der Erfolg aller durchgeführten Maßnahmen wird am deutlichsten ersichtlich in der Analyse der Auftragsdurchlaufzeiten. Diese konnten im Mittel von ca. 38 AT auf weniger als 20 AT reduziert werden. Als zweiter wichtiger Effekt ist dabei die deutlich geringere Streuung der Auftragsdurchlaufzeiten anzusehen, die die höhere logistische Prozeßsicherheit des Unternehmens dokumentiert.

18.2.4.5 Controlling des Auftragsdurchlaufs

Der Einsatz von Controllingwerkzeugen zur Unterstützung der prozeßorientierten Sichtweise soll hier am Beispiel eines mehrstufigen Kundenauftrages veranschaulicht werden. Wesentliche Bestandteile der dabei zugrundeliegenden Modellierungsweise sind die Aufbauübersicht und das Kundenauftragsdiagramm. Den Einsatz eines Kundenauftragsdiagramms für Controllingzwecke eines Maschinenbauerzeugnisses zeigt Bild 18-36. Im oberen Bildteil ist der geplante und im unteren Teil der realisierte Durchlauf der Fertigungs- und Montageaufträge eines auf Kundenwunsch hergestellten Produkts abgebildet. Durch den Vergleich der beiden Auftragsdiagramme läßt sich erkennen, daß der Kundenauftrag, obwohl wie geplant gestartet, mit einer Verspätung von 16 Betriebskalendertagen (BKT) abgeschlossen wurde; es ergab sich eine Gesamtdurchlaufzeit im Ist-Zustand von 91 BKT gegenüber 75 BKT im Soll-Zustand. Vergleicht man den Durchlauf der Montageaufträge im Soll- (schwarze Durchlaufelemente) und im Ist-Zustand, so lassen sich die Baugruppenmontagen als Hauptverursacher identifizieren. Der in beiden Graphiken durch einen Pfeil gekennzeichnete Auftrag 31770 „Zylinderrohr kpl.", auf den in der Fußzeile der Graphik hingewiesen wird, wirkt neben anderen Aufträgen verzögernd auf die Fertigstellung des Produkts.

Um nun bei unzulässigen Abweichungen im Auftragsdurchlauf eine Ursachenanalyse durchführen zu können, kann eine detailliertere Betrachtung im Fertigungsauftragsdiagramm (vgl. 18.2.2.3) erfolgen. Als Beispiel hierfür zeigt Bild 18-37 das Auftragsdiagramm des verspäteten Fertigungsauftrags für das „Zylinderrohr". Die Graphik veranschaulicht die Durchlaufelemente der Arbeitsvorgänge im Ist- (schwarz) und im Soll-Zustand (hell). Die Gegenüberstellung der Soll- und der Ist-Durchlaufelemente macht deutlich, daß der Auftrag zu spät gestartet wurde und sich im Laufe der Bearbeitung noch weiter verzögerte. Eine Ursache hierfür ist die lange Durchlaufzeit des Arbeitsvorgangs 2 am Arbeitsplatz 33050 „Taki 1" (s. Fußzeile der Graphik).

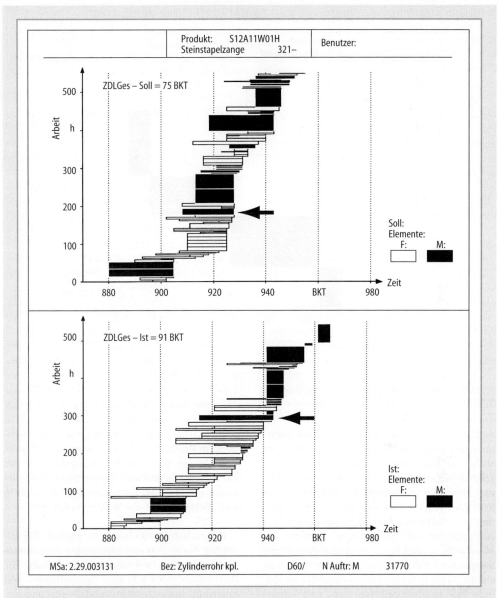

Bild 18-36 Kundenauftragsdiagramm im Monitorsystem

Zum Zwecke einer Ursachenanalyse kann über das identifizierte Durchlaufelement auf die Daten des verursachenden Arbeitssystems 33050 zugegriffen werden. Die Kennzahlen an diesem Arbeitssystem wiesen in diesem Fall auf eine deutliche Überlastung hin. Diese führte auf eine mittlere Durchlaufzeit von 10 BKT statt einer geplanten Durchlaufzeit von 5 BKT. In der Vorgehensweise zur Ursachenanalyse zeigt sich, wie wichtig in der Praxis die Realisierung von Controllingwerkzeugen ist, die einen schnellen Wechsel zwischen ressourcen- und prozeßorientierter Sichtweise unterstützen.

18.2.5 Anwendungserfahrungen und weitere Entwicklungen

Der zuvor beschriebene Ansatz, ein Produktionscontrolling auf der Basis eines durchgängigen Prozeßmodells aufzubauen und durch die

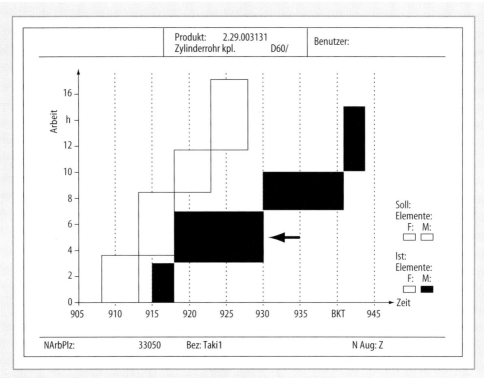

Bild 18-37 Fertigungsauftragsdiagramm im Monitorsystem

gezielte Aufbereitung der betrieblichen Informationen eine Entscheidungsunterstützung zu realisieren, wurde zunächst im Rahmen von Forschungsprojekten entwickelt. Die so entstandenen Systeme wurden dann prototypisch in der Praxis eingesetzt und weiterentwickelt. Kommerzielle Softwareanbieter führten nach diesen Ansätzen im Anschluß eigene Systeme zur Marktreife, so daß heute verschiedenste Monitorsysteme für den Praxiseinsatz zur Verfügung stehen [Wie94]. Sie sind dabei entweder als Module von Produktionsplanungs- und -steuerungssystemen (PPS) realisiert oder werden als dezentrale PC-basierte Systeme periodisch mit Daten aus PPS-Systemen und dem Rückmeldewesen versorgt.

Monitorsysteme sind bereits in einer Vielzahl von Unternehmen im Einsatz, z.B. in Unternehmen des Maschinenbaus, der elektrotechnischen Industrie, der kunststoffverarbeitenden Industrie und der Medizintechnik [Wie92]. Die mit der Einführung und konsequenten Nutzung dieser Systeme erzielten Erfolge belegen, daß durch eine gesteigerte Transparenz der Abläufe und Strukturen nennenswerte logistische Po-

tentiale aufgezeigt und durch gezielte Maßnahmen im Produktionsbereich ausgeschöpft werden können. So zeigen Erfahrungsberichte der Unternehmen, daß sich die Auftragsdurchlaufzeiten um 15–70 %, Terminverzüge um 20–81 % und Bestände bis zu 58 % reduzieren lassen [Wie92].

Es erscheint grundsätzlich möglich, die gezeigten Methoden und Ansätze auf die gesamte logistische Kette auszudehnen und neben Produktionsabläufen z.B. auch Beschaffungs- und Distributionsprozesse zu modellieren und damit ein entsprechendes Controlling zu ermöglichen. Vorschläge zum Aufbau eines Controlling der Lieferprozesse für Beschaffungsartikel sowie eine prototypische Realisierung eines entsprechenden Monitorsystems finden sich in [Glä95]. Auch sog. indirekte Bereiche, wie Konstruktion oder Arbeitsvorbereitung, lassen sich mit dem Trichtermodell abbilden [Drä94].

Das hier vorgestellte modellgestützte Produktionscontrolling ermöglicht die Analyse von Produktionsstrukturen und -abläufen mit der Zielsetzung, eine möglichst hohe logistische Prozeßfähigkeit und Prozeßsicherheit im Produktionsbereich zu erreichen. Zur Verwirklichung dieser sog. „logistischen Qualität" sind Leistungen notwendig, die sowohl direkte Kosten (Maschinenkosten, Lohnkosten, Energiekosten usw.) als auch indirekte Kosten (Kapitalbindung in Beständen, Fehlmengenkosten, Kosten für entgangene Erlöse usw.) hervorrufen. Um über eine wirtschaftliche Fertigung die Konkurrenzfähigkeit des Unternehmens am Markt zu sichern, ist eine zusätzliche Berücksichtigung der jeweiligen Kostenwirkungen von Entscheidungen unerläßlich. In ein umfassendes Produktionscontrolling sind folglich neben den Betrachtungseinheiten Art, Ort, Menge und Termin auch monetäre Größen mit einzubeziehen. Aufgabe des Produktionscontrolling ist es dann, eine individuelle Positionierung innerhalb des Spannungsfeldes „höchste logistische Qualität" vs. „minimale Kosten" zu unterstützen. Die jeweiligen Betriebszustände sowie mögliche Maßnahmenalternativen zu ihrer Verbesserung sind somit stets leistungs- und kostenseitig einer Bewertung zu unterziehen.

In der Praxis werden durch das Produktionscontrolling häufig die angesprochenen direkten Kosten unmittelbar erfaßt und können situationsbezogen ausgewiesen werden. Die indirekten Kosten können jedoch nur mit speziellen Bewertungsansätzen ermittelt werden und sind nur schwer zu quantifizieren. Bisher wurden hierzu lediglich einige Bewertungsansätze auf dem Gebiet der Forschung entwickelt [Wed89]. Diese zeigen beispielsweise, wie Kapitalbindungskosten für Umlaufbestände, Kosten für Terminabweichung (Konventionalstrafen) sowie die Kosten für die Unterlastung von Maschinen zu ermitteln und wie die entsprechenden Werte zur Entscheidungsunterstützung im Produktionsbereich zur Verfügung zu stellen sind. Diese Ansätze haben jedoch noch keine Verbreitung in der Praxis gefunden. Zusätzlich wünschenswerte Möglichkeiten, Erlöswirkungen der jeweils realisierten logistischen Qualität am Markt (Attraktivität der Produkte durch kurze Lieferzeit bei hoher Liefertreue) zu bestimmen, konnten bisher ebenfalls nur ansatzweise aufgezeigt werden.

Die derzeit im Produktionscontrolling eingesetzten Bewertungsmethoden werden nachfolgend in 18.3 vorgestellt. Sie sind eine notwendige Ergänzung, um ein Produktionscontrolling zu realisieren, das umfassend dazu beiträgt, die Konkurrenzfähigkeit des Unternehmens am Markt zu sichern.

Literatur zu Abschnitt 18.2

[Bec84] Bechte, W.: Steuerung der Durchlaufzeit durch belastungsorientierte Auftragsfreigabe bei Werkstattfertigung. (Fortschrittsber. VDI, Reihe 2, Nr. 70). Düsseldorf: VDI-Vlg. 1984

[Dom89] Dombrowski, U.: Logistische Produktanalyse als Ausgangsbasis für eine Reorganisation des gesamten Auftragsdurchlaufs. In: Wiendahl, H.-P. (Hrsg.): Belastungsorientierte Fertigungssteuerung. München: gfmt-Vlg. 1989, 73–99

[Drä94] Dräger, H.: Gesamtauftragsüberwachung in der Kleinserien- und Einzelfertigung am Beispiel des Betriebsmittelbaus. (Fortschrittsber. VDI, Reihe 2, Nr. 330). Düsseldorf: VDI-Vlg. 1994

[Ewa93] Ewald, H.: Einsatz von Betriebskennlinien zur Überprüfung und Sicherung der logistischen Qualität. Beitrag zum Kongreß „Qualitätsmanagement der Logistik", Stuttgart 1993

[Glä92] Gläßner, J.: Neues Monitorsystem für Beschaffungslogistik in der Testphase, Logistik im Unternehmen 6 (1992), Nr. 10, 76–83

[Glä95] Gläßner, J.: Modellgestütztes Controlling der beschaffungslogistischen Prozeßkette. (Fortschrittsber. VDI, Reihe 2, Nr. 337). Düsseldorf: VDI-Vlg. 1995

[Kön76] König, D.; Stoyan, D.: Methoden der Bedientheorie. Berlin: Vieweg 1976

[Hol87] Holzkämper, R.: Kontrolle und Diagnose des Fertigungsablaufs. (Fortschrittsber. VDI, Reihe 2, Nr. 131). Düsseldorf: VDI-Vlg. 1987

[Lor84] Lorenz, W.: Entwicklung eines arbeitsstundenorientierten Warteschlangenmodells zur Prozeßabbildung der Werkstattfertigung. (Fortschrittsber. VDI, Reihe 2, Nr. 72). Düsseldorf: VDI-Vlg. 1984

[Nyh91] Nyhuis, P.: Durchlauforientierte Losgrößenbestimmung. (Fortschrittsber. VDI, Reihe 2, Nr. 225). Düsseldorf: VDI-Vlg. 1991

[Nyh94] Nyhuis, P: Quantifizierung logistischer Rationalisierungspotentiale mit Betriebskennlinien. ZfB 64 (1994) 443–464

[Oer77] Oertli-Cajacob, P.: Praktische Wirtschaftskybernetik. München: Hanser 1977

[Pro77] Profos, P.: Modellbildung und ihre Bedeutung in der Regelungstechnik. VDI-Bericht Nr. 276, 1977

[Rei90] Reichmann, T.: Controlling mit Kennzahlen. 2. Aufl. München: Vahlen 1990

[REF75] REFA (Hrsg.): Methodenlehre des Arbeitsstudiums, Teil 2: Datenermittlung. 4. Aufl. München: Hanser 1975

[Sta90] Starke, P.: Analyse von Petri-Netz-Modellen. Stuttgart: Poeschel 1990

[Ull94] Ullmann, W.: Logistisches Produktions-Controlling. (Fortschrittsber. VDI, Reihe 2, Nr. 311). Düsseldorf: VDI-Vlg. 1994

[Wed89] Wedemeyer, H.-G. v.: Entscheidungsunterstützung in der Fertigungssteuerung mit Hilfe der Simulation. (Fortschrittsber. VDI, Reihe 2, Nr.176). Düsseldorf: VDI-Vlg. 1989

[Wie87] Wiendahl, H.-P.: Belastungsorientierte Fertigungssteuerung. München: Hanser 1987

[Wie89] Wiendahl, H.-P.: Betriebsorganisation für Ingenieure. 3. Aufl. München: Hanser 1989

[Wie91] Wiendahl, H.-P.: Beherrschung logistischer Qualitätsmerkmale der Produktion auf Basis eines allgemeinen Ablaufmodells. In: Wiendahl, H.-P. (Hrsg.): Modellbasiertes Planen und Steuern reaktionsschneller Produktionssysteme. München: gfmt-Vlg. 1991, 30–54

[Wie92] Wiendahl, H.-P. (Hrsg.): Anwendung der belastungsorientierten Fertigungssteuerung. München: Hanser 1992

[Wie93] Wiendahl, H.-P.; Nyhuis, P.: Die logistische Betriebskennlinie. RKW-Handbuch Logistik (HL0, 19. Lfg. XI/93). Berlin: Erich Schmidt 1993

[Wie94] Wiendahl, H.-P.; Gläßner, J.: Kundenorientiertes Controlling durch Verknüpfung von Ressourcen- und Auftragsmonitoring. Tagungsband zum 16. AWF-PPS-Kongreß „PPS – Heute. Morgen. Übermorgen" am 2.-4. November 1994 im Kongreßzentrum Böblingen

[Wil95] Wildemann, H.: Produktionscontrolling. 2. Aufl. München: TCW-Vlg. 1995

18.3 Bewertungsinstrumente des Produktionscontrolling

Führung ist ein Sammelbegriff für eine Vielzahl im Unternehmen anfallender Aufgaben. Die in der Literatur als Führungsaufgaben bezeichneten Tätigkeiten sind unübersehbar. Am häufigsten werden unter Führung Tätigkeiten wie Planung, Steuerung, Kontrolle, Organisation, Koordination, Entscheiden, Leiten, Informationen aufnehmen/abgeben und Motivieren verstanden. Führung kann als ein Prozeß der Willensbildung und -durchsetzung verstanden werden. Um die umfangreichen Führungstätigkeiten zu systematisieren, wird dieser Prozeß in eine Reihenfolge gebracht, obwohl vielfach Rückkoppelungen zwischen einzelnen Phasen stattfinden (vgl. Bild 18-38).

Die Koordination dieser vielfältigen und im ganzen Unternehmen anfallenden Führungstätigkeiten ist Aufgabe des Controlling. Controlling wird in diesem Verständnis als Teilbereich der Unternehmensführung gesehen, der die ergebnisorientierte Steuerung des Unternehmens durch die Mitwirkung bei der betrieblichen Planung und Kontrolle sowie der Bereitstellung der dafür notwendigen Informationen unterstützt.

Im Vergleich zum Aufgabenumfang von Führung und Controlling werden die Darstellungen in diesem Abschnitt stark fokussiert erfolgen. Es wird nur eine Phase des Führungsprozesses, die Phase der Bewertung, betrachtet. Für das Controlling bedeutet die Fokussierung auf die Führungsphase „Bewertung" vorwiegend die Ab-

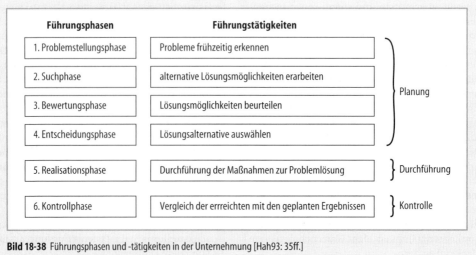

Bild 18-38 Führungsphasen und -tätigkeiten in der Unternehmung [Hah93: 35ff.]

bildung des Unternehmensprozesses in monetären Wertkategorien. Es sind dies

- *Auszahlungen und Einzahlungen:* Unter Einzahlungen (Auszahlungen) versteht man den Zugang (Abgang) an flüssigen Mitteln in der Periode.
- *Aufwendungen und Erträge:* Erträge (Aufwendungen) entsprechen dem Wert aller erbrachten (verbrauchten) Güter und Dienste pro Periode.
- *Kosten- und Leistungen:* Leistungen (Kosten) entsprechen dem Wert aller erbrachten (verbrauchten) Güter und Dienste pro Periode im Rahmen der betrieblichen Tätigkeit.

Die einer Bewertung zugrundeliegende Wertkategorie hängt in erster Linie vom Entscheidungszeitraum und vom Entscheidungsgegenstand ab. Eine Bewertung und Beurteilung des Entscheidungsgegenstandes Liquidität, d.h. der jederzeitigen Zahlungsfähigkeit, kann nur auf Basis der Geldströme im Unternehmen erfolgen, so daß hierfür Einzahlungen und Auszahlungen zum Einsatz kommen. Ist man bei der Beurteilung des wirtschaftlichen Geschehens nicht zu einer Periodisierung des wirtschaftlichen Geschehens gezwungen (Entscheidungszeitraum), ist es folgerichtig, den positiven oder negativen Zahlungsüberschuß als Wirkung von Handlungen auf der Basis von Einzahlungen und Auszahlungen zu bestimmen. Für den gegenwärtigen Entscheidungs- bzw. Planungszeitpunkt lassen sich Zahlungsüberschüsse künftiger Perioden als Gegenwartswert durch Diskontierung (Abzinsung) vergleichbar machen (vgl. [Hah93]: 112]). In dieser Weise geht man bei der Ergebnisermittlung und -bewertung von mehrperiodigen Investitionsobjekten vor (s. 18.3.1).

Für die Planung und Kontrolle des betriebswirtschaftlichen Ergebnisses des Wirtschaftsprozesses, die traditionell für Kalenderperioden (Jahr, Quartal, Monat) durchgeführt wird, reichen die Wertkategorien Einzahlungen/Auszahlungen nicht aus. Es interessieren die Wertkategorien Ertrag/Aufwand und Leistung/Kosten. Diese Wertgrößen sind auf das Ergebnis des Unternehmensprozesses ausgerichtet. Die Differenz zwischen Erträgen und Aufwendungen einer Periode führt zum bilanziellen Bruttoergebnis (Jahresüberschuß). Dieses Ergebnis ist jedoch noch durch Vorgänge verzerrt, die nicht unmittelbar dem Geschäftszweck dienen, und durch Wertansätze, die auf Konventionen und gesetzlichen Vorschriften des externen Rechnungswesens (Finanzbuchhaltung) beruhen. Die wertmäßige Eliminierung dieser Vorgänge sowie die Änderung der Wertansätze (z.B. kalkulatorische Abschreibungen, kalkulatorische Zinsen) wird durch den Übergang auf die Wertgrößen „Leistung" und „Kosten" vollzogen. Die Differenz dieser beiden Größen bezeichnet man als Betriebsergebnis. Die betriebliche Planung und Kontrolle beruht folglich hauptsächlich auf den Wertgrößen Kosten und Leistungen, wie in 18.3.2 dargelegt ist.

Bevor im Anschluß die Darstellungen zum Investitionscontrolling folgen, soll an dieser Stelle noch einmal deutlich gemacht werden, daß die Darstellungen in diesem Abschnitt (18.3) nur Teilaspekte des Controlling betreffen (s. ausführliche Darstellung zum Controlling in 3.5.3):

- In diesem Kapitel liegt der Schwerpunkt auf der Bewertungsphase. Das Controlling unterstützt jedoch durch die Mitwirkung bei Planung und Kontrolle sowie der Bereitstellung der hierfür notwendigen Informationen den gesamten Führungsprozeß. Soweit es zum Verständnis erforderlich ist, wird die Einbettung der Bewertungsinstrumente in das Planungs- und Kontrollsystem sowie das Informationsversorgungssystem vorgenommen.
- Aufgrund der Fokussierung auf die Bewertung stehen bei den Ausführungen in diesem Kapitel rein monetäre Steuerungsgrößen im Mittelpunkt des Controlling. Controlling bedeutet jedoch eine mehrdimensionale Steuerung von Zeit, Qualität, Kosten und Erlösen.

18.3.1 Investitionscontrolling

Der Begriff der „Investition" wird in der betriebswirtschaftlichen Literatur und in der Wirtschaftspraxis in vielfältiger, ja schillernder Weise benutzt, weswegen es notwendig ist, ihn hier zu definieren: Unter Investition soll die zu verschiedenen Zeitpunkten durch Ein- und Auszahlungen bewirkte Veränderung im Güterbestand verstanden werden. Als Investitionsobjekte kommen nach dieser Definition sämtliche Objekte des betrieblichen Vermögens in Frage, wobei im Regelfall unter Investitionen Veränderungen im Sachanlagevermögen verstanden werden. Finanzinvestitionen, die in keinem unmittelbaren Zusammenhang mit dem Geschäftszweck von Produktionsunternehmen stehen, werden nicht gesondert behandelt. Investiert wird in sämtlichen Organisationseinheiten im Unternehmen. Da sich die Vorgehensweise bei

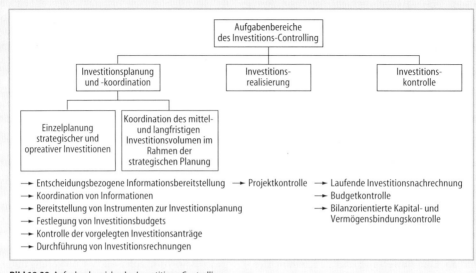

Bild 18-39 Aufgabenbereiche des Investitions-Controlling

der Durchführung von Investitionen in verschiedenen Unternehmensbereichen nicht grundsätzlich unterscheidet, wird in den folgenden Ausführungen vom Produktionsbereich ausgegangen, da dieser einer rechnerischen Beurteilung am zugänglichsten ist und nach wie vor im Zentrum der betriebswirtschaftlichen Theorie steht.

Die Entscheidung über die Durchführung von Investitionen sind von besonderer Tragweite, da sie die Unternehmensressourcen langfristig binden. Zum Investitionszeitpunkt entscheidet ein Unternehmen, mit welcher Ressourcenausstattung es sich künftig am Markt behaupten will. Fehlinvestitionen können sehr schnell die Existenz des Unternehmens gefährden. Neben den Kosten der bereitzustellenden Kapazität werden durch die Investitionsentscheidung auch sämtliche ständig für die Investition anfallenden Kosten determiniert, die häufig ein Vielfaches der Anschaffungskosten ausmachen.

Aufgrund der Bedeutung von Investitionsentscheidungen erscheint es nur als folgerichtig, ein Subsystem im Unternehmen zu implementieren, daß für eine wirtschaftliche und unternehmenszielgerichtete Durchführung von Investitionen verantwortlich zeichnet: das Investitionscontrolling. Arbeitsgebiete des Investitionscontrolling sind die Planung und Kontrolle einzelner Investitionen sowie des Investitionsprogramms, die Projektmitarbeit bei der Realisierung von Investitionen sowie die Durchführung von Investitionskontrollen (vgl. Bild 18-39). Ent-

sprechend dem hier zugrunde liegenden Controllingverständnis unterstützt das Controlling eine wirtschaftliche und zielorientierte Unternehmensführung durch die Wahrnehmung von Informationsversorgungsaufgaben sowie Planungskoordinationsaufgaben. Überträgt man diese Auffassung auf die Durchführung von Investitionen, so bedeutet Investitionscontrolling auch innerhalb der oben skizzierten Aufgabengebiete die Wahrnehmung von Koordinations und Informationsversorgungsaufgaben. Die drei Aufgabengebiete (vgl. Bild 18-39) sind Gegenstand der folgenden Ausführungen.

18.3.1.1 Investitionsplanung

Unter Investitionsplanung wird eine systematische Vorgehensweise zur Vorbereitung von Investitionsentscheidungen verstanden. Die Investitionsplanung ist in das System der Unternehmensplanung integriert. Aufgrund der vielfältigen Interdependenzen zu anderen Unternehmensteilplanungen (Produktion, Absatz und Finanzen) kann die Investitionsplanung nicht isoliert erfolgen. So zieht eine Absatz- oder Neuprodukt-Planung die Verfügbarkeit entsprechender Produktionskapazitäten nach sich. Die geplante Durchführung einer Investition hat wiederum direkten Einfluß auf die Finanzplanung. Aufgabe des Controlling ist es, für die Einbindung der Investitionsplanung in das betriebliche Planungs- und Kontrollsystem sowie für eine in-

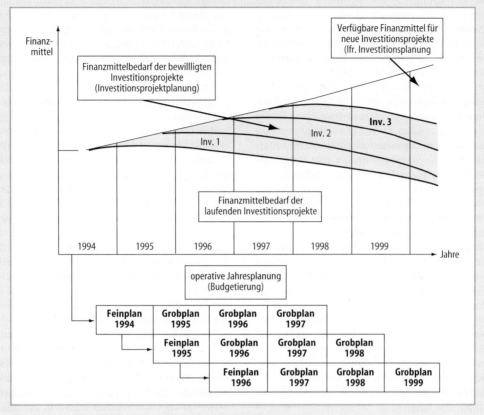

Bild 18-40 System der integrierten Investitionsplanung [Sto91: 140]

haltliche Abstimmung zu allen interdependenten Teilplanungen im laufenden Planungsprozeß zu sorgen. Dabei ist zu beachten, daß die Investitionsplanung der taktischen Planungsstufe zuzurechnen ist, d. h., sie dient insbesondere der Umsetzung von Strategien in investive Maßnahmen und der Deckung des aus den laufenden Unternehmensaktivitäten sich ergebenden Investitionsbedarfs. Die Investitionsplanung schlägt damit die Brücke zwischen der operativen Jahresplanung und der langfristig ausgerichteten strategischen Planung. Sie hat entgegen der Jahresplanung einen mehrperiodigen Planungshorizont und besteht aus drei sich ergänzenden Teilplanungen (vgl. [Lüd93: 1985 ff.]), die eine Abstimmung innerhalb der Investitionsplanung notwendig machen (vgl. Bild 18-40):

– die langfristige (mehrjährige) Investitionsplanung,
– die einjährige Investitionsplanung (Investitionsbudgetierung),
– die (mehrjährige) Investitionsprojektplanung (Planung der Durchführung von Einzel- bzw. Verbundprojekten).

Die langfristige Investitionsplanung mit einem Planungshorizont von bis zu 5 Jahren dient der Ermittlung des Investitionsbedarfs anhand der Strategien und der Planung der Umsetzung des sich ergebenden strategischen Investitionsprogramms. Das Controlling muß dafür sorgen, daß eine mit der strategischen Unternehmensplanung abgestimmte Konzeption der langfristigen Investitionsplanung existiert. Der Detaillierungs- und Genauigkeitsgrad für die einzelnen Planjahre ist umso geringer, je weiter das Planjahr in der Zukunft liegt. Mit zunehmender Annäherung des Planjahres an die Gegenwart gehen die Globalpläne in konkrete Projektplanungen über und es ergeben sich konkrete Werte für die operative Jahresplanung. Der langfristige Investitionsplan definiert somit den Rahmen für die beiden anderen Teilplanungen vor. Bestandteil der operativen Jahresplanung (Budgetierung) ist die einjährige Investitionsplanung. Dieser Plan enthält alle für das kommende Jahr vorgesehenen Investitionen, die mit den übrigen Teilplanungen, insbesondere mit dem einjährigen Finanzplan abgestimmt werden müssen. Nach der Genehmigung und Verabschiedung sämtlicher operativen Teilpläne wird aus dem Plan der vorgesehenen Investitionen das Investitionsbudget. Es enthält, meist getrennt für die einzelnen Organisationseinheiten im Unternehmen, alle Investitionen, die eine festgelegte Wertgrenze überschreiten und darüber hinaus Pauschalbeträge für nicht vorgesehene, kleinere Investitionen. Während der mehrjährige Investitionsplan der Koordinierung der Unternehmensressourcen mit den Anforderungen aus der Unternehmensstrategie dient, koordiniert das Investitionsbudget die Investitionsaktivitäten eines Jahres untereinander, wobei der Finanzplan die Prämisse für das Investitionsbudget darstellt. Die Investitionsaktivitäten eines Jahres ergeben sich aus der Investitionsprojektplanung, die ein Instrument zur Umsetzung der Strategie und der langfristigen Investitionsplanung in konkrete Maßnahmen ist. Sie stellt folglich die Brücke zwischen der langfristigen und der einjährigen Investitionsplanung dar. Ebenso wie die langfristige Investitionsplanung ist die Investitionsprojektplanung eine mehrperiodige Planung, die mindestens den Zeitraum der Realisierung eines Investitionsvorhabens und längstens den gesamten Lebenszyklus eines Investitionsobjekts umfaßt. Es geht hier um die organisatorische und technische Umsetzung geplanter Investitionen. Zunächst ist für jedes der geplanten Investitionsvorhaben eine Priorität zu vergeben, da generell alle Investitionen um die knappen finanziellen Mittel konkurrieren. Für die aus Sicht der Unternehmensstrategie bedeutendsten Investitionsvorhaben wird der für die einzelnen Planperioden erforderliche finanzielle Aufwand ermittelt. Die letztendliche Realisierung der Investitionsvorhaben erfolgt nach Abstimmung der finanziellen Aufwendungen der laufenden Investitionsvorhaben und den neu geplanten Investitionsvorhaben mit der jährlichen Finanzplanung. Die neu in Angriff zu nehmenden Investitionsvorhaben sowie die laufenden Investitionsvorhaben ergeben die Investitionsaktivitäten des jährlichen Investitionsplanes, die hierfür notwendigen finanziellen Mittel ergeben das Investitionsbudget. Zusammengefaßt leistet die Investitionsprojektplanung eine Abstimmung zwischen langfristiger und jährlicher Investitionsplanung, um zum einen das unter Liquiditäts- und Rentabilitätsgesichtspunkten optimale Investitionsprogramm für den jeweiligen Planungszeitraum festzulegen und um zum anderen die Investitionsvorhaben in Investitionsbudgets für einzelne Jahre und für einzelne Geschäftseinheiten, Unternehmensbereiche, Produktgruppen u. ä. aufzuteilen [Rei93: 215].

Wie man aus den bisherigen Ausführungen erkennen kann, ist die Abstimmung der Investitionsplanung aufgrund ihrer besonderen Charakteristika – Vielstufigkeit, Mehrperiodigkeit, Brückenfunktion – äußerst komplex. Bedenkt man zusätzlich, daß Investitionen grundsätzlich in allen Unternehmensbereichen durchgeführt werden, so wird unmittelbar einsichtig, daß eine Funktion im Unternehmen benötigt wird, die diese Koordinationsarbeit leistet. Diese Funktion übernimmt das Controlling, wobei die Koordinationstätigkeit vom Ausmaß der Dezentralisation der Planung und der Durchführung der Investitionsvorhaben abhängig ist.

Zumindest der Investitionsbedarf wird dezentral im Unternehmen ermittelt. Prinzipiell können aber auch alle anderen Tätigkeiten, wie die Informationsbeschaffung, die Bewertung und die Entscheidung über ein Investitionsvorhaben dezentral im Unternehmen erfolgen. Um aber Suboptima oder dysfunktionalen Wirkungen vorzubeugen, muß eine einheitliche Vorgehensweise im Unternehmen vorgeschrieben sein. Gleichzeitig muß eine unabhängige Investitionskontrolle die Einhaltung dieser Vorgehensweise überprüfen (vgl. Abschnitt 18.3.1.3). Zudem muß bei einer Dezentralisierung der Investitionsentscheidung zumindest über den Kapitaleinsatz koordiniert werden [Rüc93: 1934f.]. Dies kann zum einen im Rahmen der jährlichen Planung über die Zuweisung von Investitionsbudgets geschehen oder im Rahmen der Investitionsprojektplanung über die Vorschreibung von Mindestrentabilitäten und Amortisationszeiten. Mindestrentabilitäten haben den Charakter von Lenkpreisen und machen somit Investitionsvorhaben einer pretialen Lenkung zugänglich. Die Vorteile der Dezentralisation liegen in der größeren Motivation und Fachkenntnis der nachgeordneten Stellen sowie in einer raschen Entscheidungsfindung bei gleichzeitiger Entlastung der Unternehmensspitze. Die Vorteile einer Zentralisation, bei der nach der dezentralen Beantragung von Investitionsvorhaben sämtliche Tätigkeiten zentral ablaufen, liegen in einem verminderten Koordinationsaufwand und zwar bezüglich der Koordination der Investitionsvorhaben mit der Unternehmensstrategie, der Koordination innerhalb der Investitionsteilplanungen als auch in der Koordination zu den Planungen anderer Unternehmensbereiche. In der Praxis wird vielfach ein Mischsystem praktiziert. Investitionen, die ein bestimmtes Kapitalvolumen überschreiten, müssen zentral genehmigt werden. Kleinere Routineinvestitionen können dezentral realisiert werden. Dieser Zweiteilung entspricht die oben erwähnte Aufteilung der jährlichen Investitionsbudgets in Pauschalbeträge und in genau vorgegebene Mittel für einzelne Investitionsprojekte.

Inwieweit Investitionsrechnungen zu den Aufgaben des Controlling gehören oder von den Antragstellern selbst dezentral auf Basis der festgelegten Investitionsplanungs- und -bewilligungs-Richtlinien vorgenommen werden, hängt von den Kontextfaktoren des einzelnen Unternehmens wie beispielsweise Organisationskonzept oder Unternehmensgröße ab. Falls Investitionsrechnungen dezentral von den Antragstellern durchgeführt werden, sind diese zusätzlich auf Einhaltung der Investitionsrechnungs-Richtlinien und auf rechnerische Richtigkeit zu überprüfen [Rei85: 456].

Investitionsrechnungen haben die Aufgabe, Planung, Steuerung und Kontrolle von Investi-

Diese Hilfsverfahren der Praxis werden deshalb als statisch bezeichnet, weil sie den Zeitfaktor überhaupt nicht oder nur unvollkommen berücksichtigen, sich also meist nur auf eine Periode beziehen. Sie sind dadurch gekennzeichnet, daß sie von Kosten-, Gewinn- und Rentabilitätsvergleichen ausgehen, weshalb sie auch als teilzielorientierte Verfahren bezeichnet werden.

Kostenvergleichsrechnung	Gewinnvergleichsrechnung	Rentabilitätsrechnung	Amortisationsrechnung
Vergleich der in einer Periode bei gegebener Kapazität anfallenden Kosten der alten und neuen Investition oder mehrerer neuer Investitionen. Die Alternative mit den geringsten Kosten ist die günstigste, d. h. Kriterium der Vorteilhaftigkeit ist die Kostendifferenz zu den anderen Alternativen. In den Kostenvergleich, der Vergleich pro Periode, aber auch pro Leistungseinheit sein kann, sind alle durch das Investitionsobjekt verursachten Kosten (Betriebs- und Kapitalkosten) einzubeziehen. Mangel der Kostenvergleichsrechnung: • keine Berücksichtigung der Erträge (oder Unterstellung gleicher Erträge aller Alternativen), • Kurzfristigkeit des Kostenvergleichs, • keine Berücksichtigung von Veränderungen der Kosteneinflußgrößen und damit der Kosten, • keine Berücksichtigung des Restwerts der alten Anlage, • keine Aussage über Rentabilität des eingesetzten Kapitals.	Erweiterung der Kostenvergleichsrechnung, da sie auch die durch Investition erzielten Erlöse berücksichtigt und die zu erwartenden Jahresgewinne der Investitonsalternativen vergleicht. Die Alternative mit dem im Durchschnitt höheren Jahresgewinn ist die günstigste. Diese Methode berücksichtigt zwar die Erlösseite, doch taucht ein neues Problem auf, nämlich die Gewinnzurechnung. Da die Erlöse häufig nicht einzelnen Investitionsobjekten zuzurechnen sind, kann ein Gewinnvergleich auch derart durchgeführt werden, daß die Gesamterlöse und -kosten des Unternehmens, die bei Verzicht und bei Ausführung der Investition auftreten, gegenübergestellt werden. Im übrigen gelten die gleichen Mängel wie bei der Kostenvergleichsrechnung.	Verbesserte Form der Gewinnvergleichsrechnung, da nicht nur absolute Gewinnhöhe, sondern auch Verhältnis zwischen Gewinn und entgegengesetztem Kapital (Rentabilität) untersucht wird. Das Return on Investment bezieht in der einfachsten Form den erwarteten Jahresgewinn alternativer Investitionen auf das investierte Kapital. Durch Einbeziehen des Umsatzes werden Umsatzerfolg und Kapitalumschlag in der Rentabilität ausgedrückt. Die Alternative mit der größten Rentabilität ist die günstigste. Rentabilität wird nur für eine Periode berücksichtigt. Darum wird versucht, Rentabilitätsziffern für die einzelnen Jahre der Nutzungsdauer zu ermitteln und zu kumulieren (kumulative Rentabilitätsrechnung). Das bedingt im allgemeinen eine Schätzung der zukünftigen Werte. Ansonsten gelten die gleichen Mängel wie bei der Gewinnvergleichsrechnung.	Diese pay-back- oder pay-off-Methode, die ebenfalls auf Kosten- oder Gewinnvergleich aufbaut, ermittelt den Zeitraum, in dem das eingesetzte Kapital über die Erlöse wieder in das Unternehmen zurückfließt (Amortisationsdauer). Je kleiner die effektive Amortisationszeit im Vergleich zu der als zulässig angesehenen Amortisationszeit ist, desto vorteilhafter ist die Investition. Die Methode kommt dem Sicherheitsdenken der Praxis entgegen. Sie kann als Gewinnzuwachs- oder Kostenersparnisversion durchgeführt werden. Diese Methode ist eine Faustregel, mit der die aus zukünftiger Unsicherheit resultierenden Gefahren abgebaut werden sollen. Ihr haften die gleichen Mängel an wie den anderen Verfahren. Hinzu kommt aber noch, daß die Soll-Amortisationszeit auf subjektiver Schätzung beruht.

Bild 18-41 Statische Investitionsrechnungen (Überblick)

tionen mit Informationen zu versorgen. Sie liefern damit Informationen bezüglich der Wirtschaftlichkeit und beurteilen in dieser Hinsicht die absolute und relative Vorteilhaftigkeit von Investitionsprojekten. Eine Investitionsentscheidung kann natürlich nicht allein aufgrund des Ergebnisses einer Investitionsrechnung getroffen werden, da hierbei viele andere Faktoren neben der Wirtschaftlichkeit zu berücksichtigen sind. Sie sind aber das wichtigste Hilfsmittel, um die quantifizierbaren Vor- und Nachteile eines Investitionsprojekts zu beurteilen.

Bei der Investitionsrechnung lassen sich zwei Gruppen unterscheiden (vgl. Bild 18-41).

Statische Verfahren berücksichtigen den Zeitfaktor bei Investitonen nicht bzw. nur unzureichend, d.h., der Zeitpunkt der Zahlungen wird bei den Rechenverfahren nicht berücksichtigt. Sie beziehen sich auf eine Periode, was durch die Verwendung von Durchschnittsgrößen oder des Ansatzes eines „repräsentativen Jahres" möglich wird. Als Rechengrößen finden hier vorwiegend Kosten und Leistungen Verwendung. Obwohl vielfach auf die Unzulänglichkeiten der statischen Verfahren hingewiesen wird, sind sie in der Praxis aufgrund der Einfachheit und der geringen Anforderungen an die Daten weit verbreitet. Die Verfahren sollen daher nachfolgend kurz dargestellt werden.

Kostenvergleichsrechnung

Die Kostenvergleichsrechnung eignet sich insbesondere zur Auswahl alternativer Ersatz- bzw. Rationalisierungsinvestitionen, sofern keine starken Schwankungen in den Aufwendungen/Erträgen vorliegen.

Bei der Kostenvergleichsrechnung wird unterstellt, daß die Erträge der verglichenen Investitionsprojekte gleich hoch sind. Letzlich geht es aber nicht um eine Minimierung der Kosten, sondern um eine Maximierung des Gewinns. Zeitliche Unterschiede im Anfall der Kosten werden nicht berücksichtigt. Die Kostenvergleichsrechnung arbeitet immer mit Durchschnittswerten (der Auslastung, der Kosten). Außerdem liefert sie keinen absoluten Maßstab für die Beurteilung der Wirtschaftlichkeit einer Investition. Sie kann lediglich zur Auswahl einer von mehreren Alternativen herangezogen werden, wie das Beispiel in Bild 18-42 zeigt.

Gewinnvergleichsrechnung

Sofern einer Investition Erlöse zurechenbar sind, kann der Kostenvergleich zum Gewinnvergleich erweitert werden. Die Gewinnvergleichsrechnung wird für Auswahlentscheidungen oder zur Beurteilung einzelner Investitionsvorhaben durch-

			Anlage I	Anlage II
1	Kaufpreis	(DM)	100 000	60 000
2	Nutzungdauer	(Jahre)	10	8
3	Leistungseinheiten	(LE/Jahr)	16 000	16 000
4	kalkulierte Abschreibung (lineare Abschreibung)	(DM/Jahr)	10 000	7 500
5	kalkulierte Zinsen (10 % des 1/2 Anschaffungspreises)	(DM/Jahr)	5 000	3 000
6	Raumkosten	(DM/Jahr)	3 000	3 000
7	sonstige fixe Kosten (Versicherungskosten etc.)	(DM/Jahr)	1 000	600
8	Summe der fixen Kosten	(DM/Jahr)	19 000	14 100
9	Löhne/Gehälter	(DM/Jahr)	34 600	52 400
10	Betriebsstoffe	(DM/Jahr)	3 200	3 200
11	Energiekosten	(DM/Jahr)	2 800	4 400
12	Instandhaltungskosten	(DM/Jahr)	4 000	1 000
13	sonstige variable Kosten	(DM/Jahr)	600	1 500
14	Summe der variablen Kosten	(DM/Jahr)	45 200	62 500
15	Summe der Kosten	(DM/Jahr)	64 200	76 600
16	Kostendifferenz	(DM/Jahr)		12 400

Bild 18-42 Beispiel zum Gesamtkostenvergleich

		Gegenwärtige Situation	Geplante Situation
Betriebsertrag	(TDM)	5 000	6 500
Kosten (beschäftigungsabhängig):			
Material	(TDM)	1 450	1 700
Lohn	(TDM)	1 500	1 650
Variable Gemeinkosten	(TDM)	650	900
Sondereinzelkosten	(TDM)	200 3 800	300 4 550
Kosten (nicht beschäftigungsabhängig):			
Abschreibungen	(TDM)	350	550
Werbung	(TDM)	100	250
Versicherung	(TDM)	30	90
Fixe Gemeinkosten	(TDM)	450 930	600 1 490
Gewinn	(TDM)	270	460
Gewinnzunahme	(TDM)	190	–
		460	460

Bild 18-43 Beispiel zur Gewinnvergleichsrechnung

geführt. Während es bei der Auswahlentscheidung um einen Wirtschaftlichkeitsvergleich zwischen mehreren zur Auswahl stehenden Investitionsobjekten geht, dient die Beurteilung einer einzelnen Investition dem Vergleich des realisierten mit dem geplanten Gewinn (vgl. Bild 18-43). Die Vorgehensweise ist für beide Entscheidungsarten identisch und läßt sich Bild 18-43 entnehmen.

Rentabilitätsrechnung

Kosten- und Gewinnvergleich machen keine Aussage über die Verzinsung des notwendigen Kapitals. Zur Beantwortung der Frage, wie die knappen Investitionsmittel möglichst gewinnbringend einzusetzen sind, ist daher eine Rentabilitätsbetrachtung erforderlich. Unter Rentabilität versteht man das (prozentuale) Verhältnis aus Gewinn und Kapitaleinsatz:

$$\text{Rentabilität} = \frac{\varnothing \text{ jährlicher Gewinn (DM/Jahr)}}{\varnothing \text{ Kapitaleinsatz (DM)}}$$

Wie alle statischen Rechenverfahren unterstellt die Rentabilitätsrechnung einen gleichbleibenden Gewinnverlauf über die Nutzungsdauer. Es wird näherungsweise mit dem „Durchschnittsgewinn" oder dem Gewinn des ersten Jahres gerechnet.

Die Rentabilitätsrechnung ist sowohl für Erweiterungs- als auch für Rationalisierungsinvestitionen anwendbar und hat infolge ihrer Einfachheit in der Praxis – vor allem für überschlä-

gige Betrachtungen – sehr große Bedeutung erlangt.

Als Dispositionsinstrument besitzt die Rentabilitätsrechnung die Möglichkeit, die Rentabilität auszuwählender Investitionsobjekte an einer Mindestrentabilität zu messen, die betriebsspezifisch festgelegt wird. Damit wird ein gleichbleibendes Kriterium der Investitionsbeurteilung geschaffen.

Amortisationsrechnung

Die Amortisationsrechnung ermittelt lediglich den Rückgewinnungszeitraum des eingesetzten Kapitals. Die Amortisationszeit ist definiert als das Verhältnis von Kapitaleinsatz für eine Investition und dem durchschnittlichen jährlichen Rückfluß:

$$\text{Amortisationszeit (Jahre)}$$
$$= \frac{\text{Kapitaleinsatz (DM)}}{\varnothing \text{ jährlicher Rückfluß (DM/Jahr)}}$$

Streng genommen handelt es sich bei der Amortisationsrechnung nicht um eine Wirtschaftlichkeitsrechnung, bei der sich der Überschuß einer Investition ermitteln läßt oder bei der sich Aussagen über die Vorteilhaftigkeit des Kapitaleinsatzes ableiten lassen. Sie erfüllt vielmehr folgende Funktionen:
– Schaffung einer zusätzlichen Grundlage für die Abschätzung des Risikos des Kapitaleinsatzes,

– Generierung von Informationen für die Beurteilung der von Investitionsvorhaben ausgehenden Einflüsse auf die zukünftige Liquidität.

Die Amortisationsrechnung ist das am weitesten verbreitete Verfahren in der Praxis, obwohl sie keine Aussagen zur Wirtschaftlichkeit einer Investition trifft. Sie wird in der Regel zusätzlich zu einem anderen Verfahren der Investitionsrechnung zur verbesserten Risikoabschätzung erstellt.

Gemessen an einer Soll-Amortisationszeit können auch einzelne Investitionen beurteilt werden, wobei eine obere Grenze für die Wiedergewinnung in Abhängigkeit von der Investitionsart – insbesondere auch der geplanten Nutzungsdauer – gesehen werden muß.

Dynamische Verfahren betrachten die gesamte Lebensdauer des Investitionsobjekts. Zeitliche Unterschiede im Anfall der Ein- und Auszahlungen werden im Gegensatz zu den statischen Verfahren berücksichtigt, indem sie durch Diskontierung gleichnamig gemacht werden. Es wird dadurch berücksichtigt, daß Gewinne in frühen Perioden von höherer Bedeutung sind als Gewinne in späteren Perioden.

Kapitalwertmethode

Zur Beurteilung der Vorteilhaftigkeit einer Investition dient der Kapitalwert, der durch Abzinsung der Zahlungsströme auf einen Bezugszeitpunkt errechnet wird. Voraussetzung dafür ist die Annahme eines Kalkulationszinsfußes p. Er gibt die gewünschte Verzinsung des Investors an. Durch Abzinsung der Rückflüsse (Differenz zwischen Aus- und Einzahlung) mit dem Abzinsungsfaktor ergeben sich die sogenannten Barwerte. Sie drücken aus, welchen Wert künftige Rückflüsse (a_0, ..., a_n) zum Bezugszeitpunkt (Investitionszeitpunkt) haben, d.h., sie entsprechen dem Gegenwartswert einer Investition. Die Addition aller Barwerte ergibt den Kapitalwert (vgl. Bild 18-44) [War80: 87]: Der errechnete Kapitalwert ist folgendermaßen zu interpretieren: $C_0 > 0$.

Der Investor gewinnt über die Rückflüsse sein investiertes Kapital zurück und erhält die Verzinsung des eingesetzten Kapitals in Höhe des Kalkulationszinsfußes. Zusätzlich erhält er einen barwertigen Überschuß in Höhe des Kapitalwertes. Die Investition ist sonst vorteilhaft.

$C_0 = 0$. Bei einem Kapitalwert null fließt das investierte Kapital zurück und wird genau zum Kalkulationszinsfuß verzinst. Damit ist die Investition gerade noch lohnend.

$C_0 < 0$. Der Investor würde bei Durchführung der Investition einen barwertigen Verlust in Höhe des Kapitalwerts erleiden. Das kann zum einen daran liegen, daß die gewünschte Verzinsung nicht gegeben ist und/oder das Kapital nicht zurückfließt. Von der Investition ist daher abzusehen.

Bei der Kapitalwertmethode wird unterstellt, daß vollständige Investitionsalternativen vorliegen. Das bedeutet, daß sowohl die Investitionshöhe als auch die Nutzungsdauer gleich sind. Sonst muß zur Herstellung der Vergleichbarkeit eine tatsächliche oder hypothetische Differenzinvestition angesetzt werden. Eine weitere wesentliche Prämisse besteht in der Annahme, daß die Rückflüsse sofort wieder zum Kalkulationszinsfuß angelegt werden können.

Die Kapitalwertmethode eignet sich zur Beurteilung der Vorteilhaftigkeit von Investitionen im Vergleich zur Anlage zum kalkulatorischen Zinsfuß (Schuldentilgung oder Kapitalmarktanlage).

Für den (realistischeren) Fall der Kapitalknappheit ist die Kapitalwertmethode nicht zur Rangfolgenbildung geeignet, da der errechnete „Nettoüberschuß" (Kapitalwert) nicht auf den Kapitaleinsatz bezogen wird, d.h., ein bestimmter Kapitalwert kann sowohl durch einen kleinen Kapitaleinsatz als auch durch einen sehr großen Kapitaleinsatz erreicht werden.

Interne Zinsfußmethode

Mit Hilfe des Kapitalwerts wird der Gesamtüberschuß einer Investition bestimmt, ohne eine Aussage über die tatsächliche Rentabilität, also den auf den Kapitaleinsatz bezogenen Gesamtüberschuß zu machen. Diese Kritik an der Kapitalwertmethode, daß keine Informationen über die Verzinsung der Investition gemacht werden, wird bei der sog. internen Zinsfußmethode, die auf den Werten der Kapitalwertme-

$$C_0 = \frac{a_0}{(1+p)^0} + \frac{a_1}{(1+p)^1} + \dots + \frac{a_n}{(1+p)^n}$$

Bild 18-44 Bestimmung des Kapitalwerts C_0 einer Investition [War80: 87]

$$C_0 = \frac{a_0}{(1+p)^0} + \frac{a_1}{(1+p)^1} + \ldots + \frac{a_n}{(1+p)^n} \overset{!}{=} 0$$

Bild 18-45 Interne Zinsfußmethode [War80: 97]

thode aufbaut, aufgehoben. Der interne Zinsfuß ist derjenige Zins p, bei dem der Kapitalwert gerade null ist [Warn80: 97].

Bei diesem Zinssatz erbringt eine Investition neben der Wiedergewinnung des eingesetzten Kapitals zusätzlich die Zinsen auf das eingesetzte Kapital zum internen Zinssatz.

Die Berechnung des internen Zinsfußes erfolgt näherungsweise durch graphische oder rechnerische Interpolation (vgl. Bild 18-45). Eine exakte Lösung ist in der Regel nicht möglich, da es sich um ein Polynom n-ten Grads handelt (vgl. Bild 18-46).

Bei der internen Zinsfußmethode gelten dieselben Prämissen wie für die Kapitalwertmethode. Allerdings ist die Wiederanlageprämisse hier wesentlich kritischer zu sehen, denn eine Wiederanlage der freiwerdenden Mittel zum internen Zinsfuß einer sehr vorteilhaften Investi-

tion ist unrealistisch. Als Folge erscheint die interne Verzinsung als zu hoch.

Die interne Zinsfußmethode ist das wichtigste dynamische Verfahren der Investitionsrechnungen, da mit ihr Aussagen über die Verzinsung des gebundenen Kapitals möglich sind.

Verfahren zur Berücksichtigung der Unsicherheit

In Ergänzung der statischen und dynamischen Investitionsrechenverfahren haben sich Verfahren herausgebildet, die die Unsicherheit der zu verwendenden Daten berücksichtigen. Zur Auswahl stehen:
– das Korrekturverfahren, welches die Unsicherheit durch prozentuale Risikoauf- oder Risikoabschläge auf die geschätzten Ein- und Auszahlungen berücksichtigt. Pauschale Auf- oder Abschläge erfassen hierbei die Unsicherheit sicherlich nur ungenau;
– die Sensivitätsanalyse, die die Auswirkungen von vermuteten Datenänderungen auf das Ergebnis der Rechnung untersucht. Sie analysiert lediglich die Auswirkungen, setzt diese aber nicht in ein Entscheidungskriterium um;
– die Risikoanalyse, die anstelle von festen Zahlenwerten Wahrscheinlichkeitsverteilungen

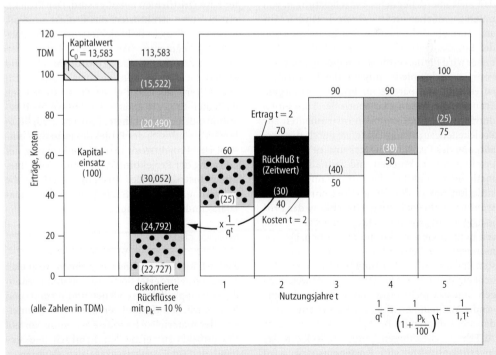

Bild 18-46 Bestimmung des Kapitalwertes C_0 einer Investition (zu Beispiel 1)

verwendet. Sie ist am besten geeignet, die Unsicherheit der Erwartung bei der Investitionsplanung zu berücksichtigen.

18.3.1.2 Investitionsrealisierung

Controlling in der Phase der Investitionsrealisierung bedeutet die Steuerung und Überwachung einzelner Investitionsvorhaben. Das Investitionscontrolling muß sicherstellen, daß das in Angriff genommene Investitionsvorhaben planmäßig mit den vorgesehenen Ressourcen abgeschlossen wird.

Investitionen werden in aller Regel außerhalb der permanenten Organisationsstruktur im Unternehmen in Form von Projekten realisiert. DIN 69901 definiert ein Projekt als ein Vorhaben, das im wesentlichen durch die Einmaligkeit der Bedingungen in ihrer Gesamtheit gekennzeichnet ist. Diese Bedingungen sind zeitliche, finanzielle und personelle Restriktionen, eine konkrete Zielvorgabe sowie eine Abgrenzung gegenüber anderen Vorhaben. Steuerung und Überwachung von Investitionsvorhaben sind somit projektbegleitende Tätigkeiten, die nach Abschluß der Projektplanung einsetzten und mit der Inbetriebnahme der Investition enden. Ein weiteres Kennzeichen von Projekten ist, daß viele interdependente Einzelleistungen von unterschiedlichen und häufig wechselnden Mitarbeitern übernommen werden. Eine Steuerung der Einzelaufgaben und der beteiligten Mitarbeiter wird für den Projektmanager sehr schnell komplex. Prinzipielle Aufgabe des Controllers ist es, für Transparenz im Projekt zu sorgen. Transparenz schafft der Controller zum einen durch die Bereitstellung von Instrumenten zur Projektsteuerung, zum anderen durch die Versorgung des Projektmanagers und der Projektbeteiligten mit aktuellen und zeitnahen Informationen hinsichtlich der Termin- und Kostensituation sowie des Projektfortschritts (Leistung). Für eine objektive Betrachtung des Projektstands ist eine Betrachtung der drei Faktoren in ihrer Gesamtheit unumgänglich. Nur eine integrierte Betrachtung von Terminen, Kosten und erbrachter Leistung (s. 18.3.1.3) ermöglicht ein frühzeitiges Erkennen von Abweichungen und das rechtzeitige Einleiten gegensteuernder Maßnahmen [Spr92: 418]. Steht nur einer der drei Faktoren im Blickpunkt, kann es leicht zu Fehlentscheidungen kommen. So kann das Investitionsbudget eine Kosteneinsparung im laufenden Jahr signalisieren. Betrachtet man jedoch die Projektleistung zum Betrachtungszeitpunkt, so wird erst deutlich, ob die Kosteneinsparung nicht aus einem hinter dem Plan zurückliegenden Projektfortschritt resultiert.

Die Rolle des Projektmanagements liegt im zweckmäßigen Reagieren auf Veränderungen. Um Veränderungen zu erkennen, benötigt das Projektmanagement die angesprochenen Informationen. Der Controller ist für die Bereitstellung der Informationen verantwortlich. Dies bedeutet nicht, daß der Controller alle Informationen selbst erfaßt, aufbereitet und übermittelt. Vielmehr muß der Controller dem Projektmanager und den Projektbeteiligten geeignete Instrumente zur Projektsteuerung und Informationsgenerierung zur Verfügung stellen und bei deren Anwendung unterstützend und beratend mitwirken. Von dem ganzen Arsenal moderner Instrumente (vgl. ausführlich [Mad94: 189–244]), sollen nachfolgend die wichtigsten kurz erläutert werden.

Projektstrukturplan

Der Projektstrukturplan wird aus Gründen eines effizienten Projektmanagements vor allem für große und langfristige Projekte eingesetzt, an denen eine Vielzahl unterschiedlicher Mitarbeiter bzw. Drittfirmen beteiligt sind. Der Projektstrukturplan strukturiert das Projekt sinnvoll, indem das Projekt in Projektelemente wie Bauphasen, Segmente, Baugruppen, Funktionen oder Arbeitspakete gegliedert wird. Anschließend erfolgt die klare Zuordnung eines verantwortlicher Mitarbeiters oder einer Drittfirma zu den einzelnen Projektelementen. Je besser das Investitionsvorhaben durchstrukturiert wird, desto konkreter läßt sich der Projektfortschritt ermitteln. Der Projektstrukturplan dient häufig der Ordnung der Projektunterlagen und ist als integrales Instrument der Ausgangspunkt für die Termin- und Ablaufplanung sowie die Kapazitäts- und Kostenplanung.

Kapazitätsplan

Ziel des Kapazitätsplans ist es, einen Ausgleich zwischen geforderter Sollkapazität und vorhandener Istkapazität zu erreichen und Termin- und Kostendrücke aufgrund personeller, maschineller oder materieller Engpässe schon im Vorfeld des Projekts zu vermeiden. Ermittelt man anhand der im Projektstrukturplan definierten Projektelemente in einem weiteren Schritt die für deren Durchführung notwendige Ressourcenbeanspruchung und vergleicht diese mit der zur Verfügung stehenden Kapazität der Ressourcen, so erhält man den Kapazitätsplan. Die graphische Darstellung dieses Vergleichs wird als Belastungsdiagramm bezeichnet.

Termin- und Ablaufplan

Im Anschluß an den Projektstrukturplan werden in den Termin- und Ablaufplänen sämtliche Pro-jektelemente zeitlich und unter Berücksichtigung ihrer gegenseitigen Abhängigkeiten übersichtlich zusammengefaßt. Die Realisierungsdauer des Investitionsprojekts hängt direkt von der zeitlichen Anordnung der Projektelemente ab, d.h., ob es gelingt, möglichst viele Aktivitäten zeitlich parallel statt hintereinander zu schalten. Mit dieser angestrebten Parallelisierung steigt allerdings der Koordinations- und Informationsaufwand zwischen den beteiligten Stellen [Ada94: 353]. Termin- und Ablaufpläne

Projekt	**Arbeitspaket** Personal- und Kostenplan		AP-Titel:		
Angebots-Auff.-Nr.	Währung:	Ausgabedatum:	AP-Ref.:		
Kategorie	Zeitperioden nach Auftragsvergabe (Mannstunden)				
Personalaufwand				Stunden	
Management & Administration					
Systemtechnik					
Zeichnungserst. u. Dokum.					
Andere					
Fertigung					
Gesamt-Personalaufwand					
Personalkosten				LC	AU
Management & Administration					
Systemtechnik					
Zeichnungserst. u. Dokum.					
Fertigung					
Andere					
Gesamt-Personalkosten					
Sonstige Kosten					
Material					
Interne Spezielle Anlagen					
Externe Zulieferungen					
Externe Spezialgeräte					
Externe Dienstleistungen					
Reisen					
Verpackung & Transport					
Andere					
Gesamt Sonstige Kosten					
Gesamtkosten (LC)					
Gesamtkosten (AU)					

Anmerkungen: Es sind Standard-Stundensätze, einschl. aller Zuschläge aber ohne Gewinn und Risikozuschläge zu verwenden
LC = Individuelle Währung
AU = Verrechnungseinheit (entspr. ca. 1 US $)

Bild 18-47 Beispiel eines Arbeitspaket-Kostenplans der ESA

werden in Form von Balken- oder Netzplänen, häufig unter Verwendung von Meilensteinen, erstellt. In der Praxis kommt der Balkenplan am häufigsten zum Einsatz, um Projekte in ihrem zeitlichen Ablauf darzustellen. Beim Balkendiagramm werden die einzelnen Tätigkeiten in ein Diagramm eingetragen, das horizontal aus den Zeiteinheiten und vertikal aus einer Auflistung von Projektelementen besteht. Die Zeitdauer der Tätigkeit wird im Diagramm als Balken dargestellt. Gegenseitige Abhängigkeiten werden nicht widergespiegelt. Hier setzt die Netzplantechnik an, die die einzelnen Projektelemente und Vorgänge unter Berücksichtigung ihrer logischen Abhängigkeiten zu einem Graphen (Netzplan) zusammensetzt. Meilensteine sind konkret nachprüfbare Zwischenergebnisse während der Projektlaufzeit, an denen ein Vergleich des Projektfortschritts und der hierfür bisher angefallenen Ressourcen sowie der Termine mit den Planwerten erfolgt. Das Projekt wird in einzelne Abschnitte aufgelöst, an deren Ende ein konkret nachprüfbares Ergebnis steht und in Balken- und Netzplänen fest verankert. Meilensteine bewirken einen erhöhten Realitätsbezug der Planwerte.

Kosten- und Einsatzmittelplanung

Die direkte Zuordnung der Kostenpläne zum Projektstrukturplan ermöglicht bei gleicher Zuordnung der Termin- und Ablaufpläne den Brückenschlag zwischen Termin- und Kostenplanung. Für eine Beurteilung der Wirtschaftlichkeit ist eine detaillierte Kostenplanung der Projektelemente unumgänglich. Sie sollte auf der untersten Ebene des Projektstrukturplans, den Arbeitspaketen, ansetzen und entsprechend den Projektstrukturplanebenen verdichtet werden. Eine zeitliche Zusammenfassung der Arbeitspakete zu den am Projekt beteiligten Organisationseinheiten führt die Kostenplanung in das Projektbudget über. Häufig werden die Kosten in liquiditätswirksame und kalkulatorische Kosten getrennt, so daß ebenfalls auf Basis der Kostenpläne der Mittelabflußplan (Auszahlungen) erstellt werden kann. Dies ist für die liquiditätsorientierte Kontrolle des Projekts erforderlich (s. 18.3.1.3). Bild 18-47 zeigt einen Arbeitspaket-Kostenplan, der vertikal nach Kostenarten gegliedert ist und horizontal die zeitliche Aufteilung der Kosten enthält.

Die für die Steuerung von Projekten notwendigen Projektfortschrittskontrollen hängen direkt von der Art und Beschaffenheit der vorliegenden Pläne ab. So lassen Balkenpläne bei weitem mehr Spielraum und Ungenauigkeiten bei der Ermittlung und Analyse von Abweichungen als Netzpläne, aus denen genau ersichtlich ist, zu welchem Zeitpunkt eine Tätigkeit angefangen, in Arbeit oder abgeschlossen sein sollte.

Trotz ausgiebiger Projekt- und Investitionsplanung treten während der Projektlaufzeit häufig noch Änderungen auf, die die Investitionsrealisierung, d.h. das Investitionsprojekt, oder die Investition selbst betreffen. Eine Änderung tangiert dabei die notwendigen Ressourcen, den zeitlichen Ablauf und Aufwand sowie den wirtschaftlichen Nutzen der Investition, so daß eine Aktualisierung der bisherigen Planungen notwendig wird [BDU92: 118ff.]. Änderungen der Planwerte zwingen zudem zu einer projektübergreifenden Sichtweise, da die zusätzliche Ressourcenbeanspruchung Fragen aufwirft, die andere Investitionsprojekte, die um die knappen Ressourcen konkurrieren oder andere Teilplanungen des Unternehmens betreffen. Es ist zu klären, ob zusätzliche Ressourcen bereitgestellt oder evtl. Investitionsvorhaben zeitlich gestreckt oder gerafft werden können und wie sich die Änderungen auf andere Teilplanungen (z.B. Produktion, Vertrieb) des Unternehmens auswirken.

18.3.1.3 Investitionskontrolle

Planung ohne Kontrolle ist sinnlos, Kontrolle ohne Planung unmöglich. Die Kontrolle ist das Pendant zur Planung. Nur der Vergleich der geplanten mit den realisierten Werten läßt Handlungsbedarf erkennen. So gesehen ist die Durchführung von Investitionskontrollen die logische Weiterführung der Investitionsplanung. Aufgrund der Bedeutung von Investitionsentscheidungen und der Unsicherheit der Datenbasis würde man erwarten, daß Investitionskontrollen regelmäßig und standardisiert in den Unternehmen durchgeführt werden. Dem ist nicht so. Nach einer Untersuchung von Lüder [Lüd93: 1993f.] werden in Großunternehmen lediglich etwa 50 % des Investitionsvolumens kontrolliert. Dabei werden bevorzugt große und dementsprechend kostenintensive Investitionsprojekte kontrolliert, was sicher aus Gründen der Aufwandsbegrenzung als sinnvoll erscheint. Allerdings bedeutet dies, daß die Anzahl der kontrollierten an der Gesamtzahl der realisierten Projekte kleiner als 25 % sein dürfte. Gründe für die nur mangelhaft ausgeprägten Investitionskontrollen liegen neben der angesprochenen Aufwandsbegrenzung auch wesentlich in der Schwierigkeit der Erhebung der Ist-Daten. Häufig müssen in der Praxis durch Sonderrechnungen die Ist-Daten aus dem bereichs- und vor allem periodenorientierten internen Rechnungswesen ermittelt werden. Dies ist aufgrund folgender Probleme nur eingeschränkt möglich [Hor88: 42]:

Ungewißheitsproblem: Kosten und Nutzen lassen sich gerade bei neuen, innovativen Projekten nur in Grenzen vorausschätzen. Dies erschwert eine frühzeitige Kontrolle.

Quantifizierungsproblem: Viele Nutzeneffekte von Investitionen, insbesondere bei Verbundprojekten, können nicht quantifiziert, geschweige denn monetarisiert werden.

Komplexitätsproblem: Die Komplexität vieler Investitionen lassen nicht die Interdependenzen zwischen den Kosten und dem dafür entstehenden Nutzen abbilden.

Systemabgrenzungsproblem: Je nachdem wie die Schnittstellen und damit die Auswirkungen der Investition auf das Unternehmen definiert werden, ergeben sich andere Ergebnisse.

Zeitrestriktionsproblem: Aufgrund der Komplexität können viele Daten nicht in einem angemessenen Zeitrahmen und nicht mit vertretbarem Aufwand beschafft werden.

Die Folge ist, daß viele Werte nicht verfügbar sind und damit auf Schätzungen beruhen, so daß sich eine Investitionskontrolle generell einem Dilemma gegenübersieht: der Zwang zu Investitionskontrollen ist gerade bei komplexen und teuren Investitionen für das Wohl des Unternehmens unbestritten. Allerdings ist die Datenerfassung bei diesen Projekten am schwierigsten.

Gelöst werden kann dieses Dilemma in der Praxis nur durch den Einbau von Puffern. So werden für eine Genehmigung in der Regel sehr kurze Amortisationszeiten und entsprechend hohe Kapitalwerte vorausgesetzt. Zudem werden neben den rein wirtschaftlich orientierten Daten, die in die Investitionsrechnungen eingehen, mit Hilfe der – zugegebenermaßen subjektiven – Nutzwertanalyse auch strategisch orientierte, qualitative Daten berücksichtigt. Vor diesem Hintergrund ist der Streit zwischen Betriebswirten, die sich in Wissenschaft oder Praxis mit der wirtschaftlichen Bewertung von CIM-Technologien beschäftigen, zu sehen. Während die einen darauf beharren, daß auch CIM-Projekte die klassischen Anforderungen hinsichtlich Kosteneinsparung und Amortisationszeiten erfüllen müssen, sehen andere die Nutzenfaktoren in strategischen Wettbewerbsvorteilen, so daß nur qualitative Bewertungsinstrumente zum Einsatz kommen könnten.

Dennoch, oder gerade aufgrund der geschilderten Probleme, mit denen Investitionskontrollen zu kämpfen haben, kann auf sie nicht verzichtet werden. Mit Investitionskontrollen werden neben einer Überprüfung der Wirtschaftlichkeit und Rentablilität noch weitere Zwecke verfolgt [Lüd93: 1992]:

Gewährleistung einer realistischen Investitionsplanung: Institutionalisierte Kontrollen vermindern das Risiko einer Manipulation durch den Zwang zu einer Offenlegung der Annahmen und der verwendeten Daten.

Langfristige Verbesserung der Investitionsentscheidung: Kontrollen sind ein wichtiges Instrument, um aus Fehlern zu lernen. Somit können Fehler und Schwachstellen im Investitionsplanungs- und -entscheidungsprozeß beseitigt und die individuellen Fähigkeiten zur Planung und Beurteilung verbessert werden.

Investitionskontrollen können nach verschiedenen, sich ergänzenden Kriterien unterteilt werden, wobei ein Verfahren der Investitionskontrolle jeweils eine Kombination aus beiden Kriterien darstellt (Bild 18-48).

Hinsichtlich der Erfolgswirkung von Investitionen kann man Finanz- und Wirtschaftlichkeitskontrollen unterscheiden. Finanzkontrollen stellen fest, inwieweit Soll- und Ist-Auszahlungen bzw. -einzahlungen bei der Investitionsabwicklung übereinstimmen. Hinsichtlich dem Rechenverfahren unterscheiden sich Finanzkontrollrechnungen und Investitionsrechenverfahren nicht. Erfolgswirtschaftliche Kontrollen rechnen die Investitionen mit den Ist-Daten im Hinblick auf ihre Wirtschaftlichkeit durch.

	Projekt		Lebenszyklus	
	laufend	End-kontrolle	laufend	End-kontrolle
Finanz-kontrolle				
Wirtschaft-lichkeits-kontrollen				

Bild 18-48 Arten von Investitionskontrollen

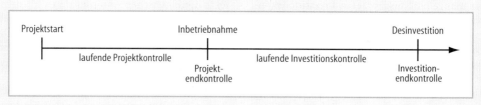

Bild 18-49 Zeitsystematik der Investitionskontrollen

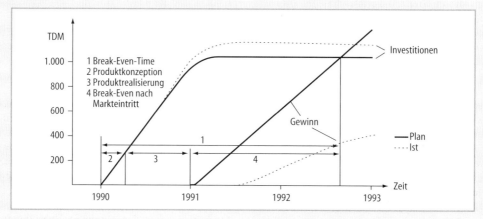

Bild 18-50 Break-Even-Time-Analyse

Hinsichtlich dem Zeitpunkt der Durchführung von Kontrollen kann man laufende Kontrollen oder Endkontrollen unterscheiden. Während Endkontrollen am Ende der Realisierung oder am Ende der Nutzungsdauer einer Investition (Lebenszyklusbetrachtung) durchgeführt werden, finden laufende Kontrollen während der Projektrealisierung (Projektfortschrittskontrolle) oder während der Nutzung des Investitionsobjektes statt. Der Endzeitpunkt der Projektrealisierung wird bei dieser Betrachtung mit dem Beginn der Inbetriebnahme des Investitionsobjektes gesehen (vgl. Bild 18-49). Für das Investitionscontrolling bedeutet die laufende Projektkontrolle die Erstellung von Berichten über Liefertermine, Zahlungsfristen, Investitionsauszahlungen, Realisierungsstand und die Abstimmung der jeweiligen Ist-Zahlen mit dem Investitionsbudget [Rei93: 217]. Eine laufende Investitionskontrolle während der Nutzungsphase der Investition bedeutet eine kontinuierliche Überwachung der Ist-Werte mit den zu dem Kontrollzeitpunkt geplanten Werten der Ablauf-, Termin-, Kosten- und Kapazitätspläne, um rasch

Anpassungsmaßnahmen einleiten zu können oder u. U. die geplante Zielerreichung zu revidieren und dies in der Unternehmensplanung zu berücksichtigen.

Die für Wirtschaftlichkeits- und Finanzkontrollen notwendigen Einzahlungs- bzw. Nutzeneffekte beruhen bei den laufenden Kontrollen auf Plan- oder Schätzwerten, die jedoch dem aktuellen Kenntnisstand anzupassen sind.

Die laufenden Kontrollen können noch weiter in mitlaufende und antizipierende Kontrollen untergliedert werden. Beide haben den Zweck der frühzeitigen Aufdeckung von Störgrößen und damit von potentiellen Plan-Ist-Abweichungen. Beide Verfahren haben prinzipiell die gleiche Vorgehensweise und beruhen auf dem Einbau von Meilensteinen im Ablauf- und Terminplan: An den Meilensteinen mißt die mitlaufende Kontrolle die Istentwicklung und nimmt einen Vergleich mit den an diesen Meilensteinen erwarteten Sollwerten vor. Die antizipierende Kontrolle nimmt eine Hochrechnung (Prognose) der an den Meilensteinen ermittelten Istwerte auf den Endzeitpunkt der Periode vor. Sie führt während der Periode einen Vergleich der vereinbarten Ziele mit prognostizierten Größen durch.

Ein Beispiel für die konsequente Anwendung einer antizipierenden Kontrolle ist die Break-even-time-Analyse von Hewlett-Packard. Die Break-even-time (BET) entspricht der Zeit im Produktlebenszyklus, die verstreicht, bis der Gewinn die Höhe der Investitionen (Entwicklungskosten, Kosten für Markt- und Produktionsvorbereitung, neuproduktbezogene Fertigungsinvestitionen) egalisiert. Der Fokus der Entwicklungsprojektsteuerung wird hier direkt auf die Entwicklungszeit gelenkt, indem die Auswirkungen von Zeitverzögerungen bzw. -kürzungen sichtbar werden (vgl. Bild 18-50). Der Hauptverdienst der Break-even-time-Analyse besteht in der phasenübergreifenden Sicht des Projekts und in dem „Einschwören" aller Beteiligten auf den kritischen Erfolgsfaktor Zeit.

Investitionskontrollen können auch im Rahmen der monatlichen oder jährlichen Budgetkontrolle durchgeführt werden. Sie beziehen sich dann nur auf einen begrenzten zeitlichen Ausschnitt. Es wird geprüft, ob die für den Budgetzeitraum geplanten Maßnahmen zu den geplanten Kosten durchgeführt wurden. Ganz wesentlich ist auch hier, nicht nur die Einhaltung der Kostenvorgabe zu kontrollieren, sondern diese immer im Vergleich zu der erbrachten Leistung zu sehen. Ebenso außerhalb der oben skizzierten Systematik stehen die Verfahrenskontrollen. Hier steht im Mittelpunkt der Kontrollaktivitäten die Frage, ob die vorgegebenen Richtlinien zur Planung, Durchführung und Kontrolle von Investitionsvorhaben eingehalten wurden. Strittig ist hierbei, ob das Controlling an dieser Stelle Aufgaben der internen Revision übernimmt.

Die Investitionskontrolle endet mit der Durchführung einer Abweichungsanalyse. Dies bedeutet, die Ergebnisse der Kontrollrechnung auszuwerten, indem nach den Ursachen für Abweichungen geforscht wird. Empirische Untersuchungen haben vier eindeutig gegeneinander abgrenzbare Ursachen für Abweichungen ergeben [Lüd93: 1997]:

- Fehlschätzungen der Absatzmengen und der Absatzpreise bzw. der Nutzeffekte von Investitionen,
- Außerachtlassen ergebnisrelevanter Faktoren in der Planung,
- Fehlschätzung der Investitionssumme,
- Fehlschätzung des Inbetriebnahmezeitpunkts.

18.3.2 Kostenplanung und -kontrolle in der Produktion

Im Hinblick auf den Zielbezug der Planung lassen sich in den Unternehmen zwei Planungssubsysteme unterscheiden:

- Die Aktionsplanung ist eine sachzielorientierte Planung, die sich auf reale Objekte (z. B. Produkte, Technologien oder Investitionen) und Aktivitäten (z. B. Einführung einer neuen Fertigungstechnologie oder Herstellung einer bestimmten Anzahl eines Produkts) bezieht.
- Die Budgetierung (Werteplanung) ist eine formalzielorientierte Planung, die sich auf die Erfolgs- und Liquiditätsaspekte der Aktivitäten und Objekte bezieht (z. B. die Erreichung einer Mindestrentabilität einer Investition oder die Erreichung eines Mindestumsatzes durch ein Produkt). Ergebnis der Budgetierung ist das Budget, d. h. ein in wertmäßigen Größen formulierter Plan, der einer Entscheidungseinheit aufgrund der in der Aktionsplanung vorgesehenen Maßnahmen vorgegeben wird. Im folgenden soll unter Budgetierung der gesamte Prozeß von der Aufstellung, über die Verabschiedung bis zur Kontrolle und Abweichungsanalyse von Budgets verstanden werden.

Die Budgetierung läßt sich weiter unterteilen in eine Kosten- und eine Leistungsplanung, die einander gegenübergestellt zur budgetierten GuV, zur budgetierten Bilanz und zum Finanzplan verdichtet werden können. Da die Kostenplanung und -kontrolle Gegenstand dieses Teilkapitels ist, werden zu diesem Themenbereich einige generelle Ausführungen vorangestellt.

Aufgabe der Kostenplanung und -kontrolle, die überwiegend für kurze Zeiträume durchgeführt wird, ist die Erfassung und Bewertung der im Rahmen der betrieblichen Tätigkeit verbrauchten Ressourcen. Obwohl sich die Kostenplanung – unabhängig von der Kostenart – generell aus einer Preis- und einer Mengenplanung zusammensetzt, ist die Vorgehensweise bei der Planung von Einzel- und Gemeinkosten unterschiedlich. Hierauf soll kurz eingegangen werden (vgl. ausführlich [Wöh93: 1363–1375].

Einzelkosten, die per Definition direkt dem einzelnen Kostenträger zugeordnet werden können, werden pro Kostenträgereinheit (Produkt) geplant. Die wesentlichen in der Produktion anfallenden Einzelkosten sind Material- und Lohnkosten. Sondereinzelkosten der Fertigung werden in ähnlicher Weise geplant.

Die Planung und Kontrolle der Einzelmaterialkosten vollzieht sich in fünf Schritten:

1. Ausgangspunkt ist die Ermittlung der planmäßigen Materialmenge pro Kostenträger mit Hilfe von technischen Angaben zur Produktgestaltung, wie beispielsweise Konstruktionszeichnungen, Stücklisten oder Materialbedarfsaufstellungen.

2. Diese Materialmenge wird mit der geplanten Produktionsmenge multipliziert. Man erhält die Netto-Materialmenge.

3. Diese Menge wird dann um geplante Quoten für Abfall und Schwund zur Bruttomaterialmenge erhöht.

4. Multipliziert man die Bruttomaterialmenge mit den Materialpreisen, erhält man die Einzelmaterialkosten. Um Preisschwankungen auf den Beschaffungsmärkten, die sich bei der Kostenkontrolle störend auswirken, auszuschalten, wird in der Planung mit Verrechnungspreisen gearbeitet, die über die Planperiode konstant gehalten werden. Grundlage der Verrechnungspreise können Vergangenheitspreise (Anschaffungskosten), Gegenwarts-(Tages-)preise oder Zukunftswerte (Wiederbeschaffungskosten) sein, wobei in der Praxis der Ansatz von Planpreisen dominiert.

5. Zur Kontrolle der Materialkosten werden die geplanten Werte den tatsächlich benötigten Werten gegenübergestellt. Die sich ergebende Verbrauchsabweichung kann ihre Ursache in besonderen Kundenwünschen, außerplanmäßigen Materialeigenschaften oder in Unwirtschaftlichkeiten der Produktion haben. Letztere sind das eigentliche Ziel der Kostenkontrolle in der Produktion, da diese Abweichungen – richtige Planung vorausgesetzt – durch dispositive Maßnahmen vermieden werden können.

Auf ähnlich analytische Weise werden die Lohnkosten auf Basis von Zeitstudien und Arbeitsablaufplänen mit Hilfe arbeitswissenschaftlicher Methoden geplant und kontrolliert:

1. Die Planarbeitszeiten werden bei planmäßigem Arbeitsablauf, geplanter Auftragsfolge und geplanten Leistungsgraden ermittelt.

2. Eine Multiplikation dieser Planarbeitszeiten mit den geplanten Lohnsätzen ergibt die geplanten (Einzel-)Lohnkosten.

3. Die Kontrolle der Lohnkosten erfolgt ebenfalls durch einen Vergleich der Ist- mit den Planwerten. Abweichungen können auf Konstruktionsänderungen oder Materialverände-

rungen zurückgeführt werden, die nicht von der Produktion zu vertreten sind. Abweichungen können aber auch produktionsspezifische Ursachen haben wie ablaufbedingte Wartezeiten, Betriebsstörungen oder Nichterreichen der Planzeiten für die Ausführung einzelner Tätigkeiten.

4. Neben der Planung der Zeitlöhne müssen auch die Akkordlöhne geplant werden. Da bei Akkordlöhnen per definitionem keine Abweichungen entstehen können, ist der Leistungsgrad der Arbeiter Gegenstand der Kontrolle.

Die Ausführungen haben gezeigt, daß die Kontrolle der Einzelkosten nach Kostenstellen (hier: Produktion) erfolgt, obwohl Einzelkosten den Kostenträgern direkt zugerechnet werden können. Der Grund liegt in der Überlegung, daß der Ressourcenverbrauch durch die Arbeitskräfte in den Kostenstellen beeinflußt wird und folglich nur dort gesteuert werden kann.

Im Vergleich zur eben geschilderten Planung und Kontrolle der Einzelkosten gestaltet sich die Planung und Kontrolle der Gemeinkosten ungleich schwieriger, da eine mengenmäßige und analytische Vorgehensweise nur eingeschränkt möglich ist. Gemeinkosten werden grundsätzlich pro Kostenstelle geplant. Vorherrschend in diesem Bereich sind statistische Verfahren, die die Kostenvorgaben aus Erfahrungswerten der Vergangenheit ableiten. Synthetische Verfahren versuchen, die Bezugsgrößen der Kostenverursachung in den Kostenstellen zu ermitteln. Meistens sind jedoch die Gemeinkosten einer Kostenstelle von unterschiedlichen Bezugsgrößen abhängig, so daß pro Kostenstelle mehrere Bezugsgrößen ausgewählt werden müssen. Man spricht von heterogener Kostenverursachung.

1. Die Planung der Gemeinkosten beginnt mit der Auswahl der Bezugsgrößen, die einfach ermittelbar sind und Aussagen über die Gemeinkostenverursachung in der Kostenstelle machen.

2. Anschließend muß die Höhe der Planwerte der Bezugsgrößen für die Planperiode festgelegt werden.

3. Als nächster Schritt ist festzustellen, welches Kostenvolumen auf eine Bezugsgrößeneinheit entfällt (Gemeinkostenverrechnungssatz).

4. Durch die Multiplikation der Bezugsgrößenplanwerte mit dem zugehörigen Gemeinkostenverrechnungssatz kann zum Schluß der Gemeinkostenplanung die Höhe der Gemeinkostenarten pro Kostenstelle und pro Bezugsgröße abgeleitet werden.

Faßt man für jede Kostenstelle die Einzel- und Gemeinkostenplanungen zusammen, erhält man als Ergebnis die Kostenbudgets.

In 3.5.4 und 3.5.5.2 wurde die Planung als zentrales Instrument des Controlling zur erfolgsorientierten Unternehmenssteuerung ausführlich beschrieben. Aufgrund der oben genannten Erfolgsorientierung der Budgetierung ist diese für das Controlling von größerer Bedeutung. Die Übergänge zwischen Aktionsplanung und Budgetierung sind jedoch fließend, denn eine inhaltlich fundierte Planung von wertmäßigen Zielgrößen ist nur bei gleichzeitiger Planung der hierzu erforderlichen Maßnahmen möglich. Betrachtet man die Unternehmensplanung in der Praxis, so fällt allerdings auf, daß in vielen Unternehmen eine durchgängige und systematische Erfolgsplanung nicht existiert. Vielmehr konzentriert man sich auf die Aktionsplanung, da sich die meisten Ziele der Unternehmen wie Kundenzufriedenheit und Nullfehlerproduktion nur schwer oder gar nicht in monetären Größen ausdrücken lassen. Maßstäbe zur Kundenzufriedenheit und zur internen Leistung entstammen jedoch der besonderen Sicht des Unternehmens. Aber diese muß nicht richtig sein. Qualität, Reaktionszeit, Produktivität und Produktinnovationen nutzen dem Unternehmen nur, wenn sie zu höherem Umsatz und Marktanteil, niedrigeren Betriebskosten oder höherem Kapitalumschlag führen. Die Validierung der internen Leistung kann letztlich nur durch finanzwirtschaftliche Größen erfolgen. Ein Budgetierungssystem – abgestimmt mit einem klaren Ablauf der Aktionsplanung – muß daher zentraler Bestandteil eines jeden Planungs- und Kontrollsystems sein. Damit können erfolgsorientierte Kontrollen und Abweichungsanalysen stattfinden und die Erfolgskonsequenzen von Entscheidungen überprüft werden. Somit besteht neben der erfolgs-, aber aktivitätsorientierten Steuerung von Investitionen die Notwendigkeit, die Produktion durch die Vorgabe und Kontrolle von Budgets auf das Ergebnisziel des Unternehmens auszurichten. Im folgenden wird der Ablauf der Budgetierung für den Unternehmensbereich Produktion näher erläutert, vgl. Bild 18-51.

Ausgangspunkt der Budgetierung ist – wie prinzipiell bei jeder Planung – der Engpaßbereich der Unternehmung. Dies ist in der Praxis meist der Absatzbereich. Die Planung beginnt daher mit der Erstellung des Absatzplanes des Unternehmens. Das Absatzbudget ergibt sich aus dem Absatzplan durch die Multiplikation der geplanten Verkaufsmengen mit den geplanten Verkaufspreisen. Mit dem Absatzplan steht auch schon die wesentliche Eingangsgröße für die Planung des Produktionsprogramms fest. Mit Hilfe des geplanten Endbestandes und des Ist-Bestandes an Halb- und Fertigerzeugnissen (Bestandsplanung) kann die Zahl der zu produzierenden Mengeneinheiten pro Produkt ermittelt werden. Der Produktionsplan bzw. die daraus abgeleiteten Budgets der Produktionsstellen gehen anschließend in die Personal-, Investitions- und Materialplanung ein. Zudem gehen die Wertgrößen der Produktionsstellenbudgets in aggregierter Form in die Plan-GuV, die Plan-Bilanz sowie in den Finanzplan ein.

Die Ermittlung der Produktionsstellenbudgets aus dem Produktionsaktionsplan geschieht mittels Stücklisten und Arbeitsplänen. Die Auflösung der Produkte über Stücklisten führt zu den erforderlichen Baugruppen und Teilen sowie zu den zu deren Fertigung notwendigen Rohstoffen und Zukaufteilen. Die Auflösung des Produktionsprogramms über die Arbeitspläne ergibt den rechnerischen Bedarf an direkten Lohn- und Maschinenminuten. Die Produktionsstellenbudgets ergeben sich aus dieser Aktionsplanung, indem man die Löhne, Maschinenminuten, Rohstoffe und Zukaufteile, die zur Realisierung des geplanten Produktionsprogramms notwendig sind, mit deren geplanten Preisen bewertet (Lohnstundensatz, Maschinenstundensatz, Einkaufspreise). Die Differenzierung der Kosten in den Produktionsstellenbudgets erstreckt sich im wesentlichen auf die folgenden Kostenartengruppen (vgl. [Rad89: 163 f.]):

- Materialkosten, die aufgeteilt werden in Roh-, Hilfs- und Betriebsstoffe sowie Fremdbauteile;
- Personalkosten, die für Angestellte, Fertigungslöhner und Hilfslöhner gesondert budgetiert werden;
- Kapitalkosten, die in Abschreibungen, Zinsen, Mieten, Pacht und Leasinggebühren unterteilt werden;
- Energiekosten (Strom, Gas);
- Sondereinzelkosten der Fertigung, zu denen beispielsweise Werkzeuge und Verfahrenslizenzen gehören.
- Zusätzlich zu diesen primären Kostenstellenkosten müssen noch die Kosten der innerbetrieblichen Leistungen budgetiert werden, die von der Produktion empfangen und von anderen Unternehmensbereichen (z. B. Instandhaltung, Wartung) geleistet werden.

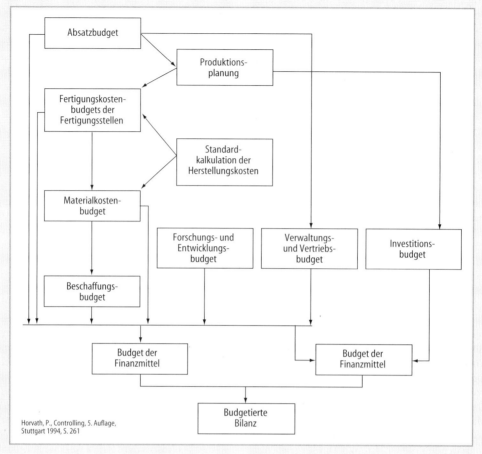

Bild 18-51 Struktur des (Jahres-)Budgets einer kleineren Unternehmung

Horvath, P., Controlling, 5. Auflage, Stuttgart 1994, S. 261

Die informatorische Grundlage für die Budgetierung des Produktionsbereichs ist die Plankostenrechnung (s. hierzu ausführlich 8.1.3 und 8.1.4). Die Plankostenrechnung dient nicht nur der Kostenvorgabe – wie die Bezeichnung vermuten lassen könnte –, sondern ist auch ein wirksames Instrument zur Kostenkontrolle. Als Haupteinflußgröße der Kosten wird in der Plankostenrechnung die Produktionsmenge angesehen. Auf Basis der geplanten Produktionsmenge, die sich aus dem Absatzplan ergibt (s. oben), werden die Kosten geplant, die bei der Realisierung der geplanten Produktionsmenge anfallen dürfen. In Abhängigkeit von der Differenzierung in fixe und variable Kosten und der davon abhängenden Möglichkeit zur Anpassung der Plankosten an die tatsächlich produzierte Menge (Sollkosten) unterscheidet man die folgenden drei Formen der Plankostenrechnung (vgl. [Sch94: 13ff.]):

Starre Plankostenrechnung

Bei dieser Form der Plankostenrechnung werden die gesamten Kosten der Produktion für die sich aus dem Absatzplan ergebende Produktionsmenge en bloc geplant, d.h. nicht weiter in fixe oder variable Bestandteile gesplittet. Mittels der geplanten Kosten wird ein Planverrechnungssatz (Plankosten/Planproduktionsmenge) gebildet, der zur Ermittlung der verrechneten Plankosten für eine Periode eingesetzt wird. Da eine Aufteilung in fixe und variable Bestandteile der Kosten unterbleibt, handelt es sich immer um einen Vollkostensatz. Den verrechneten Plankosten werden die Istkosten gegenübergestellt, ohne daß eine Anpassung an die veränderte Kosteneinflußgröße „Produktionsmenge" erfolgt. Dieser Sachverhalt führte zur Bezeichnung „starre Plankostenrechnung" und läßt sich Bild 18-52 entnehmen.

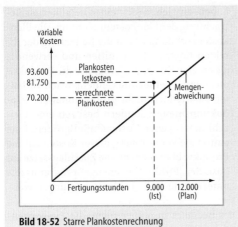

Bild 18-52 Starre Plankostenrechnung

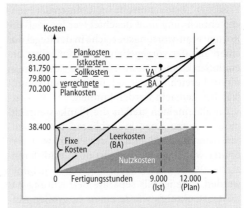

Bild 18-53 Flexible Plankostenrechnung auf Vollkostenbasis

Flexible Plankostenrechnung

Bei der flexiblen Plankostenrechnung werden die geplanten Kosten an die tatsächlich produzierte Menge angeglichen. Dabei lassen sich die flexible Plankostenrechnung auf Vollkostenbasis und die flexible Plankostenrechnung auf Grenzkostenbasis (Grenzplankostenrechnung) unterscheiden.

Bei der Rechnung auf Vollkostenbasis erfolgt eine Trennung der Kosten in fixe und variable Bestandteile. Die Sollkosten, die aus den gesamten (produktionsmengenunabhängigen) fixen Kosten sowie aus den (produktionsmengenabhängigen) variablen Plankosten bestehen, werden für die tatsächlich produzierte Menge ermittelt und den verrechneten Plankosten sowie den Istkosten für die Abweichungsanalyse gegenübergestellt. Dies läßt sich Bild 18-53 entnehmen.

Die Differenz zwischen Sollkosten und verrechneten Plankosten gibt die aufgrund der Fixkostenproportionalisierung nicht verrechneten fixen Kosten (Leerkosten) wieder. Diese Abweichung wird Beschäftigungsabweichung genannt. Daneben kann eine Differenz zwischen Ist- und Sollkosten als Verbrauchsabweichung identifiziert werden.

Der Fixkostenblock wird in Leer- und in Nutzkosten aufgeteilt. Lediglich die Nutzkosten werden vom ermittelten Planverrechnungssatz auf Vollkostenbasis gedeckt. Die Leerkosten stellen, gemäß der Idee der flexiblen Plankostenrechnung auf Vollkostenbasis, die bei dem tatsächlichen Beschäftigungsgrad angefallenen fixen Kosten dar, die durch Verwendung des Vollkosten-

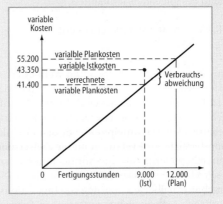

Bild 18-54 Grenzplankostenrechnung

satzes nicht auf die Kostenträger (Produkte) verrechnet wurden. Hier kommt die Problematik der Verwendung des Vollkostensatzes zum Ausdruck, der fälschlich die fixen Kosten in Abhängigkeit der geplanten Beschäftigung proportionalisiert.

Diese Proportionalisierung der fixen Kosten ist der Hauptkritikpunkt an der flexiblen Plankostenrechnung auf Vollkostenbasis und führte zur Entwicklung der Grenzplankostenrechnung. In dieser Plankostenrechnung werden lediglich die variablen Kosten an die Ist-Produktionsmenge angepaßt, die von der Beschäftigung unbeeinflußten Fixkosten finden in der Grenzplankostenrechnung keine Berücksichtigung. Die fixen Kosten werden für jede Kostenstelle bzw. jeden Kostenverantwortungsbereich getrennt analysiert und geplant. Bild 18-54 veranschaulicht diesen Sachverhalt:

Bei der Kostenkontrolle im Rahmen der Plankostenrechnung muß beachtet werden, daß die Kostenverantwortungsbereiche in der Regel nur einen Teil der vorgegebenen Kosten selbst beeinflußen können, sie also nicht für sämtliche in ihrem Bereich existierenden Fixkosten verantwortlich gemacht werden können.

Im allgemeinen stellen die Plankostenrechnungssysteme einen brauchbaren Instrumentenkasten dar und sind in der Praxis weit verbreitet, wobei jedoch zumeist noch undifferenzierte Vollkostenverrechnungssätze gebildet werden. Eine jeweils separate Betrachtung der Kostenstrukturen würde einen zu großen Aufwand darstellen. Die Grenzen der Plankostenrechnung und die hieran anknüpfende Ergänzung der Kostenrechnung in der Produktion durch die Prozeßkostenrechnung ist Gegenstand des folgenden Teilkapitels.

18.3.3 Prozeßkostenmanagement in der Produktion

Um den veränderten Markt- und Wettbewerbserfordernissen Rechnung zu tragen, steht bei den Unternehmen heute verstärkt die Gesamtheit der Ziele Flexibilität, Qualität und Wirtschaftlichkeit im Mittelpunkt. Für den Produktionsbereich wird versucht, dieser Zielsetzung durch kapitalintensive Investitionen in moderne Produktionsanlagen Rechnung zu tragen. Die ergebnisorientierte Steuerung von Investitionsvorhaben und die dabei auftretenden Schwierigkeiten sind in 18.3.1 beschrieben. Aber auch bei der Steuerung des laufenden Betriebs solcher Anlagen tauchen Anforderungen auf, denen das betriebswirtschaftliche Instrumentarium der Plankostenrechnung, das traditionell in den Unternehmen zum Einsatz kommt, nicht mehr gewachsen ist. Die Gründe hierfür sind einfach zu finden [Ren91: 1f.]:

- Automatisierung und Flexibilisierung der betrieblichen Abläufe bewirken eine Veränderung der Tätigkeitsschwerpunkte und damit auch der Kostenstrukturen. Die Zunahme planender, steuernder und überwachender Funktionen in der Produktion führt zu einer Verlagerung von direkten (ausführenden) zu indirekten (dispositive) Tätigkeiten. Dies führt im Ergebnis dazu, daß der Anteil der direkten Fertigungskosten in Relation zu den Gemeinkosten sinkt.
- Die Kosten in den indirekten Bereiche, die vorwiegend den Charakter von Gemeinkosten

haben, entziehen sich einer detaillierten Betrachtung der Plankostenrechnung. Die Plankostenrechnung ist auf die Bedeutung der direkten Kosten zugeschnitten und verwendet als einzige Kosteneinflußgröße die Produktionsmenge. Gerade die Gemeinkosten verhalten sich jedoch nicht proportional zur Produktionsmenge, sondern besitzen eine Vielzahl heterogener Kosteneinflußgrößen. Eine pauschale Verrechnung dieser Kosten auf die Produkte über prozentuale Zuschlagssätze auf Basis der „Produktionsmenge" programmiert unternehmerische Fehlentscheidungen vor.

Dies bedeutet nun aber nicht, die Plankostenrechnung durch ein anderes Kostenrechnungssystem zu ersetzen. Vielmehr geht es darum, die Plankostenrechnung, die in der Fertigung ihre Berechtigung nach wie vor besitzt, durch ein geeignetes Kostenrechnungssystem in den indirekten Produktionsbereichen zu ergänzen: der Prozeßkostenrechnung (s. die ausführliche Darstellung dieses Kostenrechnungssystems in 8.1.5).

Die Prozeßkostenrechnung trägt der Tatsache Rechnung, daß die umfangreichen und bezüglich des Kostenvolumens bedeutenden indirekten Tätigkeiten umfassend gesteuert werden müssen. Hierfür müssen die Leistungen der indirekten Bereiche definiert und deren Kostenvolumen erfaßt werden. Die Prozeßkostenrechnung erfüllt diese Anforderung, indem sie die zur Leistungserbringung in den indirekten Bereichen ablaufenden Tätigkeiten analysiert und bewertet. Analysieren und Bewerten heißt, daß für die Tätigkeiten eine Maßgröße bestimmt wird, die das Mengenvolumen der Tätigkeit pro Periode meßbar macht sowie die Bestimmung des hierfür notwendigen Kostenvolumens.

Die Grundlage der Prozeßkostenrechnung ist die Prozeßkostenstellenrechnung auf der alle weiteren Anwendungsmöglichkeiten aufbauen. Diese läuft in vier Schritten ab (vgl. Bild 18-55):

1. Durchführung einer Tätigkeitsanalyse in den ausgewählten Unternehmensbereichen
   Diese kann sich auf Befragungen, Aufzeichnungen oder bereits bestehende Ergebnisse stützen (gewonnen z.B. im Rahmen eines ZBB).
2. Prozeßdefinition, Festlegung der Bezugsgrößen und Bildung einer Prozeßhierarchie
   Die Prozeßhierarchie kann zwei oder mehrere Stufen umfassen. Eine Mehrstufigkeit läßt sich dadurch begründen, daß mehrere (Teil-)Tätigkeiten zur Erfüllung einer (Haupt-)Aufgabe notwendig sind.

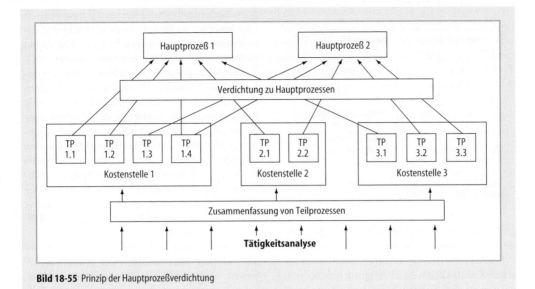

Bild 18-55 Prinzip der Hauptprozeßverdichtung

3. Bestimmung von Planprozeßmengen je definiertem Einzelprozeß mit Hilfe der Bezugsgrößen

 Die Festlegung der Bezugsgrößen und Planprozeßmengen je definiertem Einzelprozeß dienen der Quantifizierung und Planung im Rahmen einer Prozeßkostenstellenrechnung.

4. Ermittlung der Plankosten je Prozeß und Bildung von Prozeßkostensätzen

 Die aus der traditionellen Kostenstellenrechnung bekannten Kostenstellenkosten werden auf die einzelnen Prozesse anhand der von diesen in Anspruch genommenen Personalkosten (je nach Umfang und Bedeutung sind andere Kostenarten ebenfalls denkbar) aufgeschlüsselt.

Im Anschluß an eine solche prozeßorientierte Kostenstellenrechnung können die Tätigkeiten und Teilprozesse zu abteilungsübergreifenden Hauptprozessen verdichtet werden (vgl. Bild 18-53). Dies geschieht, um die Vielzahl von Tätigkeiten auf einige wenige übersichtliche Prozesse einzuschränken. Dies soll eine Reduzierung der Haupteinflußgrößen des Kostenanfalls, den sog. Kostentreibern (cost driver), bewirken. Die Kostentreiberanalyse in der Prozeßkostenrechnung unterscheidet sich von traditionellen Vorgehensweisen im Rahmen der Plankostenrechnung dadurch, daß die Betrachtungen kostenstellenübergreifend sind.

 Die Auswahl der Funktionsbereiche, in denen die Methodik der Prozeßkostenrechnung implementiert und angewendet werden soll, hängt von drei Kriterien ab:

- dem Gesamtkostenvolumen des jeweiligen Funktionsbereichs (Maßstab für die Wirtschaftlichkeit des Einsatzes der Prozeßkostenrechnung),
- der Anzahl der repetitiv anfallenden Prozesse (Maßstab für die Möglichkeit, Gemeinkosten analytisch planen zu können) und
- dem Produktbezug der Prozesse (Maßstab für die Verrechnung der Prozeßkosten auf Kalkulationsobjekte).

Orientiert man sich an diesen Kriterien, gibt es in der Produktion zwei indirekte Funktionsbereiche, die sich für den Einsatz der Prozeßkostenrechnung eignen: die Arbeitsvorbereitung und die Qualitätssicherung. Die Anwendung der Prozeßkostenrechnung in diesen beiden Produktionsbereichen wird im folgenden beschrieben, wobei der Schwerpunkt auf der Arbeitsvorbereitung liegt (vgl. hierzu ausführlich [Ren91: 96–142]).

18.3.3.1 Anwendung der Prozeßkostenrechnung in der Arbeitsvorbereitung

Der Bereich der Arbeitsvorbereitung umfaßt alle planenden, steuernden und überwachenden Maßnahmen für die wirtschaftliche und termingerechte Durchführung der Fertigung und Montage von Erzeugnissen. Dieses gesamte Auf-

Arbeitsplanung	Arbeitssteuerung
Arbeitsplan erstellen	Montageauftrag bereitstellen
Arbeitsplan ändern	Materialdisposition
Betriebsmittel planen	Fertigungsaufträge überwachen
NC-Programm schreiben	Montageaufträge überwachen

Bild 18-56 Beispiele für Tätigkeiten in der Arbeitsvorbereitung [Ren91: 131]

gabenspektrum läßt sich in die Arbeitsplanung und in die Arbeitssteuerung unterteilen:

Die Arbeitsplanung als Verbindungsstelle zwischen Konstruktion und Fertigung bzw. Montage nimmt die Auftragseinplanung (was wird produziert), die Verfahrenswahl (wie wird produziert) und die Wahl der Produktionsmittel (womit wird produziert) vor.

Die Arbeitssteuerung gibt vor, welche Mengen, an welchen Terminen, an welchem Ort und mit welchen Ressourcen (Maschinen, Mitarbeiter) hergestellt werden. Die Arbeitssteuerung verbindet den Vertrieb, die Produktionsprogrammplanung und den Einkauf.

Beide Teilbereiche sind aufgrund der kurzfristig und repetitiv anfallenden Tätigkeiten gut strukturierbar. Der im Verhältnis zur Produktionsmenge höhere Planungs- und Steuerungsaufwand für kleine Aufträge und exotische Varianten kann durch die Plankostenrechnung nicht adäquat berücksichtigt werden. Der unterschiedlichen Planungs- und Steuerungsaufwand kann nur durch eine Ermittlung der in der Arbeitsplanung und -steuerung durchgeführten Tätigkeiten, wie sie die Prozeßkostenrechnung vorsieht, erfaßt und verursachungsgerecht auf Kostenträger verrechnet werden. Bild 18-56 zeigt die in der Arbeitsvorbereitung ablaufenden Tätigkeiten und die zugehörigen Kostentreiber.

Bei einer Verrechnung der bei der Durchführung der Tätigkeiten entstandenen Kosten über Prozeßkostensätze ist zu beachten, daß die Prozeßkosten nur den Kostenträgereinheiten zugerechnet werden, bei denen sie als Einzelkosten erfaßt werden können. Man erhält für die Verrechnung der Arbeitsvorbereitungskosten eine Kostenträgerhierarchie:

Produkt- und auftragsorientierte Verrechnung. Der unterschiedliche Arbeitsaufwand, den Standardprodukte und Varianten bzw. einfach und komplex zu fertigende Produkte in der Arbeitsvorbereitung verursachen, können direkt dem speziellen Auftrag angelastet werden.

Kundenorientierte Verrechnung. Hierzu gehören alle Prozesse, die durch spezielle Kundenanforderungen und -wünsche anfallen, wie beispielsweise die Änderung des Produktionsprogrammes aufgrund nachträglicher Änderungswünsche oder Eilaufträgen des Kunden (Kundenservice). Diese Prozesse könnten grundsätzlich auch auftragsorientiert verrechnet werden, doch dienen solche Prozesse häufig dem Zweck der Festigung der Kunden-Bindung und sollten deshalb nicht nur einzelnen Aufträgen belastet werden.

Perioden- bzw. gesamtprogrammorientierte Verrechnung. Hierzu zählen alle unvorhergesehenen, nicht standardmäßig anfallenden Prozesse aufgrund von Kapazitätsengpässen, Auftragsunterbrechungen oder Fehlteilen.

Die Anwendung der Prozeßkostenrechnung in der Arbeitsvorbereitung erfüllt durch die analytische Erfassung der Tätigkeiten folgende Funktionen:

Der Zusammenhang zwischen den kurzfristigen Ablaufentscheidungen des Produktionsvollzugs und den hierdurch notwendigen Tätigkeiten in der Arbeitsvorbereitung werden transparent. Die Planung der vom Fertigungsprozeß abhängigen Gemeinkosten der Arbeitsvorbereitung wird verbessert. Die bei der Tätigkeitsanalyse gewonnenen Informationen bilden die Grundlage, um – ausgehend vom vorliegenden Produktionsprogramm – die zur Auftragsbearbeitung notwendigen Prozeßmengen zu planen und auf die Kostenstellen verteilen zu können. Der entscheidende Vorteil dieser Planungsmethode gegenüber einer klassischen Budgetierung, die in Gemeinkostenbereichen zumeist in einer reinen Budgetfortschreibung abgehandelt wird, besteht im Vorliegen eines objektiven Maßstabes für den zukünftigen Kapazitätsbedarf.

Die mit dem Produktionsprozeß verbundenen Kosten der Arbeitsvorbereitung können verursachungsgerecht auf verschiedene Kalkulationsobjekte (Produkte, Aufträge, Kunden, gesamtes Produktionsprogramm) verrechnet werden. Dabei verläuft die prozeßorientierte Kalkulation in zwei Schritten: Im ersten Schritt werden die Tätigkeiten, die für eine ordnungsmäßige und wirtschaftliche Durchführung notwendig sind, nach Art und Menge geplant. Erst in einem zweiten Schritt erfolgt der Übergang von der Mengenbetrachtung zur Kostenbetrachtung, indem über die Kostentreiber und deren (Prozeß-)Kostensätze eine Verbindung zwischen den Kosten der Tätigkeitsdurchführung und dem Produkt hergestellt wird.

18.3.3.2 Anwendung der Prozeßkostenrechnung in der Qualitätssicherung

Die Qualitätssicherung umfaßt nach DIN 55350-11, die Aufgabengebiete der Qualitätsplanung, der Qualitätslenkung und der Qualitätprüfung.

Die Qualitätsplanung beinhaltet alle Maßnahmen, die langfristig Qualitätsmerkmale auswählen und in Realisierungsspezifikationen umsetzen, um eine angestrebte Qualität der Leistungserstellung zu gewährleisten. Die Definition macht bereits deutlich, daß diese Tätigkeiten (vgl. Bild 18-57) nur sehr schwer Kunden oder Aufträgen zurechenbar sind.

Die Qualitätslenkung stellt die organisatorische Verbindung zwischen Qualitätsplanung und Qualitätsprüfung dar. Hier werden die Informationen der Prüfberichte ausgewertet und gegebenenfalls Maßnahmen zur Einhaltung der Qualität veranlaßt.

Die Qualitätsprüfung ist bzgl. der Verrechnungsmöglichkeiten auf Kalkulationsobjekte unproblematisch. Prüftätigkeiten sind häufig direkt in den Arbeitsplänen enthalten. Mit Hilfe der Prozeßkostenrechnung können die Tätigkeiten erfaßt und bewertet werden, so daß die Prüfkosten verursachungsgerecht als Einzelkosten verrechnet werden können. Eine Verrechnung über pauschale Gemeinkostenzuschlagssätze wird vermieden.

Der Schwerpunkt im Bereich der Qualitätssicherung liegt heute bei der Fehlervermeidung, wodurch die Qualitätsplanung gegenüber der Qualitätssteuerung und vor allem gegenüber

der Qualitätsprüfung zunehmend an Bedeutung gewinnt. Dieser Trend erschwert der Kostenrechnung den Zugang zum Bereich der Qualitätssicherung. Am ehesten verspricht jedoch die Prozeßkostenrechnung Aussicht auf Erfolg, da sie die Kosten auf Grundlage der in der Qualitätssicherung ablaufender Prozesse erfaßt und verrechnet (eine ausführliche Darstellung dieser Thematik findet sich in 13.7.3.1). Bild 18-57 zeigt Beispiele für Tätigkeiten im Bereich der Qualitätssicherung.

Mit der Darstellung der Prozeßkostenrechnung in den indirekten Bereichen „Arbeitsvorbereitung" und „Qualitätssicherung" schließt sich der Kreis der Ausführungen zur Kostenrechnung in der Produktion. Ausgehend von der Kostenrechnung für den Logistikbereich (18.1.5.2) wurde in 18.3.3 die Plankostenrechnung in der Fertigung und die Prozeßkostenrechnung in der Arbeitsvorbereitung und in der Qualitätssicherung erläutert. Ebenso unverknüpft, wie die Kostenrechnungssysteme dargestellt wurden, offenbaren sie sich in der Praxis. Die weiteste Verbreitung genießt die Plankostenrechnung, die – trotz der angesprochenen und bekannten Schwächen – auf den gesamten Produktionsbereich angewendet wird. Selbst die skizzierten Insellösungen für die indirekten Bereiche der Logistik, Arbeitsvorbereitung und Qualitätssicherung besitzen Seltenheitswert. Ein integriertes Gesamtkonzept aus allen dargestellten Kostenrechnungssystemen ist nicht einmal in der Theorie in Sicht.

Literatur Abschnitt 18.3

[Ada94] Adam, D.: Investitionscontrolling. München: Vahlen 1994

[BDU92] Bund Deutscher Unternehmensberater (Hrsg.): Controlling. 3. Aufl. Berlin: n 1992

DIN 69901: Projektmanagement. 1980

Qualitätsplanung	Qualitätslenkung	Qualitätsprüfung
Prüfmittel planen	Prüfdaten auswerten	Festigkeit prüfen
Prüfplan erstellen	Prüfberichte erstellen	Geräuschmessung durchführen
Erstmusterführung durchführen	Prüfplan ändern	Funktionsprüfung durchführen
FMEA abwickeln		
Lebensdauerprüfung durchführen		

Bild 18-57 Beispiele für Tätigkeiten der Qualitätssicherung [Ren91, S.133]

[Hah93] Hahn, D.: PuK. Planung und Kontrolle. 4. Aufl. Wiesbaden: Gabler 1993

[Hor88] Horváth, P.: Controlling und Informationsmanagement. Handbuch der modernen Datenverarbeitung Nr. 142, 1988, 36–45

[Lüd93] Lüder, K.: Investitionsplanung und -kontrolle. In: Wittmann. W.; u. a. (Hrsg.): Hwb. der Betriebswirtschaft, Bd. 2. 5. Aufl. Stuttgart: Schäffer-Poeschel 1993, Sp. 1982–1999

[Mad94] Madauss, B.J.: Handbuch Projektmanagement. 5. Aufl. Stuttgart: n 1994

[May91] Mayer, R.: Die Prozeßkostenrechnung als Instrument des Schnittstellenmanagements. In: Horváth, P. (Hrsg.): Synergien durch Schnittstellencontrolling. Stuttgart: Schäffer-Poeschel 1991, 211–226

[Hor92] Horváth, P.; Gentner, A.: Integrative Controllingsysteme. In: Hanssen, R. A.; Kern, W. (Hrsg.): Integrationsmanagement für neue Produkte (ZFBF-Sonderheft Nr. 30), Düsseldorf Frankfurt 1992

[Rad89] Radke, M: Handbuch der Budgetierung, Landsberg a. Lech: Vlg. Moderne Industrie 1989

[Rei85] Reichmann, T.; Lange, C.: Aufgaben und Instrumente des Investitionscontrolling. DBW 4 (1985), 454–466

[Rei93] Reichmann, T.: Controlling mit Kennzahlen und Managementberichten. 3. Aufl. München: Vahlen 1993.

[Ren91] Renner, A.: Kostenorientierte Produktionssteuerung. München: Vahlen 1991

[Rüc93] Rückle, D.: Investition. In: Wittmann, W.; u. a. (Hrsg.): Hwb. der Betriebswirtschaft, Bd. 2. 5. Aufl. Stuttgart: Schäffer-Poeschel 1993, Sp. 1924–1936

[Sch94] Scholl, K.; von Wangenheim, S.: Die Kosten im Visier. In: Raabe-Verlag (Hrsg.): Der Teamleiter – Handbuch für betriebliche Führungskräfte, Stuttgart 1994, Kapitel E1, 1–24

[Spr92] Spremann, K.; Zur, E. (Hrsg.): Controlling. Wiesbaden: Gabler 1992

[Sto91] Stockbauer, H. (1991): F&E-Budgetierung aus der Sicht des Controlling. Controlling 3 (1991), 136–143

[War80] Warnecke, H.-J.; Bullinger, H.-J.; Hichert, R.: Wirtschaftlichkeitsrechnung für Ingenieure. München: Hanser 1980

[Wöh] Wöhe, G.: Einführung in die Allgemeine Betriebswirtschaftslehre. 18. Aufl. München: Vahlen 1993

Sachverzeichnis

Notizen

Notizen

Notizen

Notizen

Notizen

Notizen

Notizen

Notizen

Notizen

Notizen

Notizen

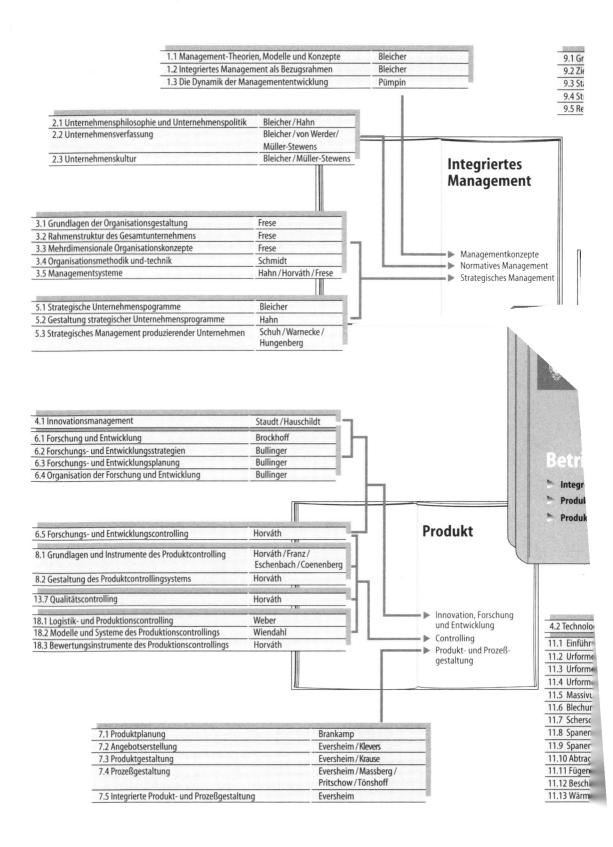